T0133283

Ursula Bünzli-Trepp

Handbuch für die systematische

Nomenklatur der Organischen Chemie, Metallorganischen Chemie und Koordinationschemie

Chemical-Abstracts-Richtlinien mit IUPAC-Empfehlungen und vielen Trivialnamen

Logos Verlag Berlin

Die Deutsche Bibliothek – CIP-Einheitsaufnahme

Bünzli-Trepp, Ursula:
Handbuch für die systematische Nomenklatur der Organischen Chemie, Metallorganischen Chemie und Koordinationschemie / Ursula Bünzli-Trepp. - Berlin: Logos-Verl., 2001

ISBN 3-89722-682-0

Layout: Gérard Perrin und Pierre-Yves Tétaz,
Compotronic SA, CH-2017 Boudry/NE

Einband: Régis Paroz, CH-1096 Cully

Comeniushof - Gubener Str. 47
10243 Berlin
Tel.: +49 (0)30 42 85 10 90
FAX: +49 (0)30 42 85 10 92
Internet: http://www.logos-verlag.de

Die Anfertigung des Layouts dieses Buches wurde von folgenden Firmen gefördert:

EMS-DOTTIKON AG
Postfach
CH-5605 Dottikon
Schweiz

Fluka Holding AG
Industriestrasse 25
CH-9471 Buchs
Schweiz

Firmenich SA
P.O. Box 239
CH-1211 Genève 8
Schweiz

Firmenich

Lonza Ltd
Münchensteinerstrasse 38
CH-4002 Basel
Schweiz

Lonzagroup

PerkinElmer Schweiz AG
Bösch 106
CH-6331 Hünenberg
Schweiz

SiberHegner & Co. AG
Wiesenstrasse 8
Postfach 888
CH-8034 Zürich
Schweiz

Mein herzlicher Dank geht in erster Linie an meine drei Söhne Dominique, Pascal und Daniel, die wesentlich dazu beigetragen haben, dass sich dieses Nomenklaturbuch nach fast sechzehn Jahren verwirklichen liess. Sie haben die gegen 6000 chemischen Formeln gezeichnet und den Text ins Reine geschrieben. Auch sind sie mir jeweils bei Fragen betreffend Hard- und Software mit viel Geduld zur Seite gestanden. Den Einband des Buchs hat Herr Régis Paroz gestaltet, und das Layout ist von den Herren Pierre-Yves Tétaz und Gérard Perrin der *Compotronic SA*, Boudry/NE, ausgearbeitet worden. Ihnen gilt mein besonderer Dank. Für mögliche Fehler oder Ungenauigkeiten in diesem Handbuch zeichne jedoch ich allein verantwortlich. Diesbezügliche Hinweise nehme ich gerne unter der folgenden E-mail-Adresse entgegen: ursula.buenzli-trepp@alumni.ethz.ch.

Während meiner 25-jährigen Tätigkeit als 'Assistant Editor' der Zeitschrift *Helvetica Chimica Acta* habe ich unzählige chemische Namen korrigiert oder hergeleitet, und deshalb gilt mein Dank auch den Autoren, die in dieser Zeitschrift publiziert haben. Sie haben mir die Schwierigkeiten bei der Namensgebung in der Chemie und bei der Anwendung der IUPAC-Empfehlungen aufgezeigt. Bedanken möchte ich mich aus dem gleichen Grund auch bei den Professoren, deren MitarbeiterInnen und DoktorandInnen sowie den StudentInnen der Institute und Abteilungen für Chemie und Pharmazie der Universität Lausanne (UNIL) und der Eidgenössischen Technischen Hochschule Lausanne (ETH-L), die sich bei Nomenklaturproblemen an mich gewandt haben. Ebenfalls Dank gebührt der UNIL und der ETH-L für das Gastrecht, welches ich in ihrer Chemiebibliothek (BiChi) seit Jahren geniesse. Herrn Dr. Pierre Cuendet, Leiter der BiChi, danke ich für seine Hilfe bei der Informationsbeschaffung. Eine frühe Fassung von Auszügen aus dem Handbuch ist von Frau dipl.-Chem. ETH Regula Näf-Müller kritisch begutachtet worden, was wesentlich zur Verbesserung des Konzepts, des Aufbaus und der Organisation der Materie geführt hat; auch dafür möchte ich mich herzlich bedanken. Den Mitarbeitern des *Chemical Abstracts Service* bin ich für die Beantwortung von Nomenklaturfragen und für die Zustellung von Nomenklatur-Richtlinien verbunden.

Ein ganz besonderer Dank geht an meine Freundinnen und Freunde, insbesondere an Sina Escher, Regula Näf-Müller und Ferdinand Näf, sowie an meine Verwandten und Bekannten für die Ausdauer, mit der sie mich über all diese Jahre mit Rat und Tat unterstützt haben. Schliesslich bedanke ich mich beim Logos Verlag Berlin und dessen Leiter, Herrn Dr. V. Buchholtz, für die Bereitschaft, dieses Werk zu publizieren, und bei den Sponsoren für ihre grosszügigen Beiträge an die Druckkosten.

Cugy/Lausanne, im Dezember 2000 Ursula Bünzli-Trepp

INHALTSVERZEICHNIS

1. ZUM GEBRAUCH DES HANDBUCHS

Das vorliegende Handbuch ist ein praktisches Hilfsmittel für fortgeschrittene Studenten der Chemie, Chemie-Dozenten, Naturwissenschaftler an Hochschulen und in der chemischen Industrie und Dokumentalisten, die mit der Aufgabe konfrontiert sind, ohne allzu grossen Aufwand auch schwierigere Namen für organische und metallorganische Verbindungen sowie Koordinationsverbindungen geben oder verstehen zu können. Das Handbuch stellt keine neuen Nomenklatur-Regeln auf, sondern soll helfen, durch eine ausführliche und übersichtliche Darstellung bestehender Regeln und Empfehlungen (2000) einen Weg durch den vermeintlichen Nomenklatur-Dschungel zu finden. Auch auf die historische Entwicklung der organisch-chemischen Nomenklatur oder auf das Warum eines bestimmten Namens bzw. dessen etymologische Bedeutung wird nicht eingegangen; der daran interessierte Leser sei auf die Literatur verwiesen[1]). Eine Übersicht über neue Nomenklatursysteme, die den effizienten Einsatz von Computern ermöglichen, ist vor ein paar Jahren erschienen (z.B. 'nodal nomenclature', 'HIRN system', 'Wisswesser line notation', 'Dyson notation', 'Darc system', 'CHEMO notation')[2]). Grosse Anstrengungen, die organisch-chemische Nomenklatur mittels Computer dem Gebraucher zugänglich zu machen, unternimmt seit mehreren Jahren das Beilstein-Institut[3]). Auch die Firmen Advanced Chemistry Development Inc.[4]) und ChemInnovation Software Inc.[5]) vertreiben Computerprogramme zur Erzeugung von systematischen Namen für gezeichnete Strukturformeln. Computerprogramme sind hauptsächlich für die Benennung einfacherer Strukturen geeignet.

Die '**International Union of Pure and Applied Chemistry**' **(IUPAC)** darf den Verdienst für sich beanspruchen, durch ihre Veröffentlichungen von Nomenklatur-Empfehlungen, insbesondere des sogenannten '**Blue Book**' **('Nomenclature of Organic Chemistry'**, 1979)[6]) und des '**Guide to IUPAC Nomenclature of Organic Compounds**' (Recommendations 1993)[7]), ganz wesentlich zur Schaffung einer international akzeptierten organisch-chemischen Nomenklatur beigetragen zu haben. **Hinweise auf diese IUPAC-Empfehlungen erscheinen jeweils am Buchrand als "IUPAC A – F", "H" oder "R"**, wenn sie den Haupttext des vorliegenden Handbuchs betreffen. Die IUPAC drängt der chemischen Gemeinschaft mit ihren Veröffentlichungen nicht starre Nomenklatur-Regeln auf, sondern bietet von international zusammengesetzten Nomenklatur-Kommissionen herausgearbeitete **Nomenklatur-Empfehlungen** an. Damit können jedoch oft ein und derselben organisch-chemischen Verbindung **mehrere gleichwertige, IUPAC-konforme Namen** gegeben werden, was vor allem bei Studenten zu Verunsicherung führt. Zur Benennung komplizierterer Verbindungen stellen die IUPAC-Empfehlungen A - F, H und R ausserdem nur unvollständige Anweisungen bereit. Dies ist in neueren IUPAC-Empfehlungen, insbesondere zu den Spezialnomenklaturen, nicht mehr der Fall; letztere werden regelmässig in der Zeitschrift *Pure and Applied Chemistry* veröffentlicht und sind auch über das Internet zugänglich (s. *Anhang 1* (*A.1.12*)). Eine allgemeine Einführung zu den IUPAC-Empfehlungen wurde 1998 veröffentlicht[8]).

Anhang 1 (A.1.12)

Das wohl am häufigsten verwendete Nachschlagewerk zur Wiedergewinnung von chemischen Informationen wird vom '**Chemical Abstracts Service**' **(CA)** der 'American Chemical Society' herausgegeben. Für Verbindungen, die im dazu gehörenden Verbindungsregister, dem 'Chemical Substance Index', angeführt sind, muss CA verständlicherweise **einen einzigen, bevorzugten Namen** wählen. CA hat deshalb eine Nomenklatur für ihre Indexe entwickelt, die auf den IUPAC-Empfehlungen basiert. **Entgegen einer weit verbreiteten Meinung sind die sogenannten Indexnamen von CA im allgemeinen mit**

---

[1]) P.E. Verkade, 'A History of the Nomenclature of Organic Chemistry', D. Reidel Publishing Company, Dordrecht – Boston – Lancaster, 1985; Ph. Fresenius, K. Görlitzer, 'Organisch-chemische Nomenklatur', 4. Auflage, Wissenschaftliche Verlagsgesellschaft mbH, Stuttgart, 1998; H. Reimlinger, 'Nomenklatur Organisch-Chemischer Verbindungen', Walter de Gruyter, Berlin – New York, 1998.

[2]) D.J. Polton, 'Chemical Nomenclatures and the Computer', Ed. Research Studies Press Ltd., Tauton, Somerset, England, John Wiley & Sons Inc., New York – Chichester – Toronto – Brisbane – Singapore, 1993; Y. Yoneda, *J. Chem. Inf. Comput. Sci.* **1996**, *36*, 299.

[3]) J.L. Wisniewski, *J. Chem. Inf. Comput. Sci.* **1990**, *30*, 324; L. Goebels, A.J. Lawson, J.L. Wisniewski, *J. Chem. Inf. Comput. Sci.* **1991**, *31*, 216; J.L. Wisniewski, *Chemtech* **1993**, June, 14; J.L. Wisniewski, 'AutoNom: a Computer Program for the Generation of IUPAC Systematic Nomenclature Directly from the Graphic Structure Input', in 'Recent Advances in Chemical Information II', The Royal Society of Chemistry, Thomas Graham House, Science Park, Cambridge CB4 4WF, England, 1993; MDL Information Systems GmbH, Frankfurt/Main, Deutschland, 'AutoNom 2000' (s. *Anhang 1, A.1.12*).

[4]) Advanced Chemistry Development Inc., Toronto, Canada, 'ACD/IUPAC Name Pro', Version 4.5 (2000) und 'ACD/Index Name', Version 4.5 (2000) (s. *Anhang 1, A.1.12*).

[5]) ChemInnovation Software Inc., San Diego, CA, USA, 'Nomenclator', Version 6.0 (2000), und 'NamExpert', Version 6.0 (2000) (s. *Anhang 1, A.1.12*).

[6]) International Union of Pure and Applied Chemistry, Organic Chemistry Division,'Nomenclature of Organic Chemistry, Sections A – F and H', Pergamon Press, Oxford – New York – Toronto – Sydney – Paris – Frankfurt, 1979: **IUPAC-Empfehlungen A – F und H**.

[7]) International Union of Pure and Applied Chemistry, Organic Chemistry Division, 'A Guide to IUPAC Nomenclature of Organic Compounds, Recommendations 1993', Blackwell Scientific Publications, Oxford – London – Edinburgh – Boston – Melbourne – Paris – Berlin – Vienna, 1993 (*Erratum* in *Pure Appl. Chem.* **1999**, *71*, 1327): **IUPAC-Empfehlungen R**. Diese Einführung wurde in die deutsche und französische Sprache übersetzt: IUPAC, 'Nomenklatur der Organischen Chemie, eine Einführung', Verlag Chemie, Weinheim – New York – Basel – Cambridge – Tokyo, 1997; UICPA, 'Nomenclature UICPA des composés organiques', Masson, Paris – Milan – Barcelone, 1994.

[8]) G.J. Leigh, H.A. Favre, W.V. Metanomski, 'Principals of Chemical Nomenclature, a Guide to IUPAC Recommendations', Blackwell Science Ltd., Oxford – London – Edinburgh – Malden – Victoria – Paris – Berlin – Tokyo, 1998.

den IUPAC-Empfehlungen vereinbar (wesentliche Abweichungen bestehen in den Prioritätsregeln[9])). Die Regeln zur Wahl der CA-Indexnamen sind in CAs '**Index Guide**', '**Appendix IV**'[10]) zusammengefasst, der alle zwei Jahre neu erscheint (z.T. überarbeitet) und sich jeweils auf die Indexnamen der entsprechenden Zeitspanne bezieht. **Hinweise auf diese CA-Regeln erscheinen jeweils am Buchrand als "CA ¶"**, wenn sie den Haupttext des Handbuchs betreffen. Appendix IV ist nicht ein eigentliches Nomenklatur-Handbuch sondern eine Sammlung von (einschränkenden) Indexierungsrichtlinien für den Benützer der CA-Register, um von der Struktur einer Verbindung zum Ort ihrer Registrierung im 'Chemical Substance Index' zu gelangen und *vice versa*.

Das vorliegende Handbuch basiert auf den von CA verwendeten Nomenklatur-Richtlinien zur Wahl von Indexnamen, enthält aber auch die meisten IUPAC-akzeptierten **Trivialnamen und IUPAC-Empfehlungen** (die IUPAC-Empfehlungen zur Wahl der vorrangigen Verbindungsklasse und der Gerüst-Stammstruktur werden gegenwärtig überarbeitet und sind deshalb nicht berücksichtigt). **Abweichungen von den CA-Indexnamen in den Namen dieses Handbuchs betreffen die Nicht-Inversion der Namensteile, die Anpassung an die deutsche Sprache, die Stellung und Angabe von Lokanten in Namen** (s. *Kap. 3.4*) **sowie die Handhabung von Klammern** (s. *Kap. 2.2.1*). CA lässt den Lokanten "1" oft weg, wenn der Name eindeutig bleibt, und geht mit Klammern sparsamer um (keine geschweiften Klammern). Weicht ein Name im Deutschen wesentlich von demjenigen im Englischen ab, dann wird jeweils auch der englische Name angegeben (nur in den eingerahmten Anweisungen). **Deutsche IUPAC-Namen** im vorliegenden Handbuch **weichen von den empfohlenen**[7]) vor allem **durch beigefügte Bindestriche** (statt Zusammenschreiben; z.B. bei Anhydriden, Estern, Säure-halogeniden *etc.*) **sowie durch einige dem Englischen und Französischen angepasste Präfixe ab** (z.B. "Chloro-" statt "Chlor-", "Cyano-" statt "Cyan-").

Kap. 3.4

Kap. 2.2.1

Das Handbuch ist so aufgebaut, dass man mittels der **eingerahmten Anweisungen** in den meisten Fällen einer Struktur einen adäquaten Namen geben bzw. von einem Namen die zugrunde liegende Struktur herleiten kann. Aber auch bei komplizierteren Namen sollte man mittels der **ergänzenden Angaben in *Fussnoten* und *Anhängen*** oder durch das Studium der **vielen Beispiele** zum Ziel kommen. Ausser den Hinweisen auf die CA-Richtlinien im 'Index Guide' und die IUPAC-Empfehlungen erscheinen auch **Hinweise auf andere Kapitel des Handbuchs jeweils am Buchrand**, wenn sie die eingerahmten Anweisungen betreffen.

(a) **Die Kunst der richtigen Namensgebung liegt in der Fähigkeit, die Struktur einer Verbindung korrekt zu analysieren und zu klassifizieren, bevor man versucht, sie zu benennen.** Manchmal ist es hilfreich, **zuerst eine einfachere Struktur** der gleichen Art zu **benennen** statt mit der komplizierten Struktur zu beginnen.

- **Zur Namensgebung wird die Struktur einer Verbindung in ihre konstitutionellen Teilstrukturen zerlegt**, welche separat benannt werden. Diese Namensteile werden dann nach bestimmten Richtlinien zum ganzen Namen zusammengesetzt.
- **Analog wird zur Herleitung der Struktur einer Verbindung von einem vorgegebenen Namen dieser Name in die einzelnen Namensteile zerlegt**, denen konstitutionelle Teilstrukturen zugeordnet werden (**Analyse am Namensende beginnen!**). Diese Teilstrukturen werden dann zur Struktur der Verbindung zusammengesetzt.

(b) Vereinfachend kann gesagt werden, dass sich der Name der meisten organisch-chemischen Verbindungen aus drei Teilen zusammensetzt:

Präfixe + **Stammname** + **Suffix**[11])
oder
Präfixe + **Stammsubstituentenname** + **Funktionsstammname**[11])

Die nötigen Informationen zur Namensgebung lassen sich *grosso modo* in drei Teilen des Handbuchs finden:

I. ***Kap. 3*** enthält die **eigentliche Anleitung** zur Namensgebung, insbesondere die Regeln zur **Wahl der vorrangigen Verbindungsklasse** (→ Präfixe, Suffix, Funktionsstammname; *Kap. 3.1*) und zur **Wahl der Gerüst-Stammstruktur** (→ Stammname; *Kap. 3.3*) **oder des Stammsubstituenten** (→ Stammsubstituentenname; *Kap. 5.8*). Dabei ist ***Tab. 3.2*** **ein wichtiges Hilfsmittel, nämlich eine Prioritätenliste der Verbindungsklassen**, die auch die häufigsten Suffixe, Funktionsstammnamen und Präfixe anführt. Weitere Präfixe sind in *Tab. 3.1* zu finden.

II. ***Kap. 4*** ist eine Sammlung der **Gerüst-Stammstrukturen**, mit Anweisungen zur Bildung der zugehörigen **Stammnamen und Stammsubstituentennamen**. Stammsubstituentennamen sind auch in ***Kap. 5*** zusammengefasst.

III. ***Kap. 6*** beschreibt die einzelnen **Verbindungsklassen** im Detail, mit den zugehörigen **Suffixen oder Funktionsstammnamen** und mit den entsprechenden **Präfixen.**

Die ***Anhänge*** liefern weitere nützliche Hinweise.

(c) **Beim Anwenden der Regeln** des Handbuchs **ist systematisch in der angegebenen Reihenfolge** (***(a)*** vor ***(b)*** vor ***(c)*** *etc.*) **vorzugehen** (nicht überspringen!).

Kap. 3
Kap. 3.1
Kap. 3.3
Kap. 5.8
Tab. 3.2
Tab. 3.1
Kap. 4
Kap. 5
Kap. 6
Anhänge 1–8

[9]) Für eine kritische Auseinandersetzung mit gewissen Divergenzen zwischen den IUPAC-Empfehlungen und den CA-Regeln sowie mit der unvollständigen Systematisierung der organisch-chemischen Nomenklatur, s. D. Hellwinkel, 'Die systematische Nomenklatur der organischen Chemie, eine Gebrauchsanweisung', 4. Auflage, Springer-Verlag, Berlin – Heidelberg – New York, 1998.

[10]) American Chemical Society, 'Chemical Abstracts, Index Guide, Appendix IV', Chemical Abstracts Service, Columbus, Ohio, letzte Ausgabe 1999: **Regeln CA ¶**. Ein Sonderdruck kann kostenlos angefordert werden.

[11]) **Die Grundbegriffe der organisch-chemischen Nomenklatur,** z. B. Präfix, Suffix *etc.*, **sind in *Kap. 2* erklärt.**

Das Zeichen > bei Hierarchieregeln **bedeutet vorrangig**, d.h. der davor stehende Struktur- oder Namensteil hat Priorität. Die **Numerierung der Formeln und Fussnoten** beginnt in jedem Unterkapitel (*Kap. 3.1, 3.2 etc.*) und in jedem *Anhang* neu mit **1** bzw. [1]) (Ausnahme: *Kap. 5*). **Fettdruck in einem Namen** (manchmal auch Kursivdruck) dient nur der Hervorhebung des entsprechenden Namensteils. **Ein Pfeil** (→) **bedeutet: der Name wird zu....** Der Hinweis **IUPAC** verweist allgemein auf IUPAC-Empfehlungen, welche den CA-Richtlinien zugrunde liegen oder davon abweichen.

In den Strukturformeln werden gelegentlich folgende Abkürzungen verwendet: **Me– für CH_3–, Et– für CH_3CH_2–** und **Ph– für C_6H_5–**. Die allgemeinen Namensteile Alkyl, Aryl und Acyl bedeuten:

Alkyl = monovalente Gruppe, formal entstanden durch Entfernen eines H-Atoms am C-Atom einer aliphatischen (auch Heteroatom-haltigen) Gerüst-Stammstruktur (s. *Kap. 4.2 – 4.5, 4.7, 4.9* und *4.10*), z.B. Me–;

Kap. 4.2 – 4.5, 4.7, 4.9 und 4.10

Aryl = monovalente Gruppe, formal entstanden durch Entfernen eines H-Atoms am C-Atom einer aromatischen (auch Heteroatom-haltigen) Gerüst-Stammstruktur (s. *Kap. 4.5, 4.6* und *4.8 – 4.10*), z.B. Ph–;

Kap. 4.5, 4.6 und 4.8 – 4.10

Acyl = mono- oder polyvalente Gruppe, formal entstanden durch Entfernen von einer oder mehreren OH-Gruppe(n) bzw. von Chalcogen-Analoga einer Säure (s. *Kap. 6.7 – 6.12*), z.B. MeC(=O)–, MeC(=S)–, $MeS(=O)_2$–, PH(=O)(OH)–, PH(=O)<.

Kap. 6.7 – 6.12

Die Strukturformeln von fünf- und siebengliedrigen Teil-Ringen in anellierten Polycyclen sind wegen der Namensgebung nicht als reguläre Polygone dargestellt (s. *Kap. 4.6*).

Kap. 4.6

2. Grundbegriffe

2.1. Nomenklaturbegriffe und Definitionen

Kap. 3.2.4

Additionsname ('additive name'):

- Name, in dem der Gerüst-**Stammstruktur** beigefügte Atome als **Präfix** ausgedrückt sind (z.B. zusätzliche H-Atome, d.h. keine Substitution),

  z.B. "1,2-Dihydronaphthalin" ($C_{10}H_{10}$).
- Name, in dem die Namensteile von Komponenten einer Struktur wie diese Komponenten aneinandergereiht werden, ohne dass dadurch der Verlust von Atomen (z.B. H-Atome) der Komponenten bezeichnet wird (d.h. keine Substitution),

  z.B. "Pyridin-1-oxid" ($C_5H_5N{=}O$),
  "Benzolethanol" ($PhCH_2CH_2OH$).

Anmerkung: **IUPAC**[1a]) fasst diesen Begriff weiter.

Affix:

ein Affix (≠ **Präfix**, **Infix** oder **Suffix**) modifiziert den Namensteil, dem es *vorangestellt* ist, und ist davon nicht abtrennbar (vgl. dazu auch **Multiplikationsaffix**),

z.B. "Thio" in "Thioschwefelsäure"
(z.B. $HS{-}S({=}O)_2{-}OH$),
"Peroxy" in "Peroxysulfamidsäure"
($H_2N{-}S({=}O)_2{-}OOH$).

Anmerkung: **IUPAC**[1a]) verwendet den Ausdruck Affix als Sammelbegriff für Infixe, Präfixe und Suffixe.

"a"-Name ("a'-name'):

s. **Austauschname**.

Kap. 4.6.3

Anellierungsname ('fusion name'):

Name für eine kondensierte (anellierte) polycyclische Gerüst-**Stammstruktur** mit **maximaler Anzahl nicht-kumulierter Doppelbindungen**, die keinen **Halbtrivial**- oder **Trivialnamen** hat. Unter den einzelnen Ringkomponenten, die durch zwei oder mehrere gemeinsame Atome aneinander kondensiert sind, wird eine als (**vorrangige**) **Hauptkomponente** gewählt; die Hauptkomponente bekommt den üblichen Ringnamen; die übrigen Ringkomponenten sind Anellanten und werden als **modifizierende Vorsilben** (= Anellantennamen) ausgedrückt,

z.B. "Cyclopenta[*b*]pyran", "Naphth[1,2-*a*]azulen", "Benzothiazol", "2*H*-Furo[3,2-*b*]pyrrol".

Kap. 4.3.2, 4.5.4, 4.5.5, 4.6.4, 4.7, 4.9 und 4.10

Austauschname ('replacement name'):

Name, der mittels **Heteroatom-Vorsilben** ("a"-Vorsilben) den Austausch von Gerüst-C-Atomen (inkl. H-Atom(e)) einer Gerüst-**Stammstruktur** durch nichtmetallische Heteroatome oder durch P-, As-, Sb-, Bi-, Si-, Ge-, Sn- oder B-Atome (wenn nötig inkl. H-Atome) angibt (auch "a"-Name),

z.B. "5-Oxa-3-thia-2,4-diazanonan(säure)" ($Me(CH_2)_3{-}O{-}NH{-}S{-}NH{-}C(OOH)$), "1-Aza-4-silacyclohexan" ($C_4H_{11}NSi$).

Im Speziellen:

- Name, der mittels eines **Affixes** "Thio-", "Seleno-" oder "Telluro-" den Austausch eines Gerüst-O-Atoms durch ein S-, Se- bzw. Te-Atom angibt,

  z.B. "2*H*-Thiopyran" (C_5H_6S).
- Name, der mittels eines **Affixes** oder **Infixes** den Austausch eines O-Atoms in einer **charakteristischen Gruppe** angibt,

  Tab. 3.2

  z.B. "Thioaceton" (IUPAC; $MeC({=}S)Me$), "Hexanthio-*S*-säure" ($Me(CH_2)_4C({=}O)SH$), "Dimethyl-phosphorochloridit" ($PCl(OMe)_2$).

"a"-Vorsilbe:

s. **Heteroatom-Vorsilbe**.

Basiskomponente ('base component'):

s. **Hauptkomponente**.

Anhang 7

Bindungszahl ('bonding number'):

die Bindungszahl *n* ist die Summe der Valenzbindungen eines Gerüst-Atoms und wird in einem Namen durch das Symbol λ^n bezeichnet (λ-Konvention).

'Blue Book'[1b]):

IUPAC-Nomenklatur-Empfehlungen der organischen Chemie, 1979; s. auch die 1993-Empfehlungen[1a]) dazu.

Anhang 6 (A.6.2)

Cahn-Ingold-Prelog-*System:*

von *R.S. Cahn*, *C.K. Ingold* und *V. Prelog* entwickeltes System zur Spezifikation der Konfiguration eines stereogenen Zentrums, einer stereogenen Achse (inklusive Chiralitätsebene) oder einer stereogenen Doppelbindung, welches die Angabe eines **Stereodeskriptors** (*"R"/"S", "P"/"M", "E"/"Z" etc.*) im Namen eines Stereoisomeren erlaubt.

[1]) International Union of Pure and Applied Chemistry, Organic Chemistry Division, a) 'A Guide to IUPAC Nomenclature of Organic Compounds, Recommendations 1993', Blackwell Scientific Publications, Oxford – London – Edinburgh – Boston – Melbourne – Paris – Berlin – Vienna, 1993 (*Erratum* in *Pure Appl. Chem.* **1999**, *71*, 1327; für die Übersetzung ins Deutsche und Französische, s. *Kap. 1, Fussnote 7*); b) 'Nomenclature of Organic Chemistry, Sections A – F and H', Pergamon Press, Oxford – New York – Toronto – Sydney – Paris – Frankfurt, 1979. IUPAC-Empfehlungen aus a) sind **am Buchrand** jeweils als "**IUPAC R**", solche aus b) als "**IUPAC A – F oder H**" angegeben.

CA-Name:

Name geprägt nach den 'Chemical-Abstracts'-Indexierungsnomenklatur-Richtlinien (**'Index Guide'**[2])).

Kap. 3.1

Charakteristische* (oder funktionelle) *Gruppe ('characteristic (or functional) group'):

Substituent, der *nicht durch eine (C–C)-Bindung* an eine Gerüst-**Stammstruktur** oder einen **Stammsubstituenten** gebunden ist (abgekürzt: **Gruppe**; s. auch **isolierte Gruppe**),

z.B. –OH, =O, $-NH_2$, –Cl, $-P(=O)(OH)_3$ *etc.*

Ausnahmen: Substituenten wie –COOH, –COOR, –C(=O)X (X = Hal, NH_2, NHR *etc.*), –CN, –CH(=O) und Derivate und entsprechende Chalcogen-Analoga sowie Ionen und Radikale (Spezies mit ungepaarten Elektronen) werden wie charakteristische Gruppen behandelt.

Anmerkung:

- In Kohlenwasserstoff-Ketten und ihren Heteroanaloga sowie in Carbo-und Heterocyclen werden *Unsättigungen und Heteroatome* (für Nomenklaturzwecke) *nicht als charakteristische Gruppen betrachtet.*
- Polyazane (z.B. $H_2N-NH-NH_2$), Hydroxylamine (z.B. NH_2-OH), Polyphosphine (z.B. H_2P-PH_2), Phosphin-oxid ($PH_3=O$), Phosphine (z.B. PH_3) *etc.*, Silane (z.B. SiH_4) *etc.*, Borane (z.B. BH_3), Polyoxide (z.B. R–O–O–O–R´), Peroxide (R–O–O–R´), Polysulfone (z.B. $R-S(=O)_2-S(=O)_2-R´$), Polysulfoxide (z.B. R–S(=O)–S(=O)–R´), Polysulfide (z.B. R–S–S–R´) *etc.* sind nichtfunktionelle Verbindungen ohne charakteristische Gruppe.

Anhang 6 (A.6.4)

Chiralitätssymbol:

Teil des **Stereodeskriptors** einer Koordinationsverbindung (s. auch **Polyeder-Symbol**, **Konfigurationszahl** und **Ligand-Segment**), der die absolute Konfiguration des stereogenen Zentralatoms beschreibt und die Unterscheidung von Enantiomeren durch die Angabe "*R*"/"*S*", "Δ"/"Λ" oder "*C*"/"*A*" erlaubt, z.B. endständiges "*C*" in "(*OC*-6-65-*C*)-".

CIP-System:

s. ***Cahn-Ingold-Prelog*-System**.

Anhang 7

Delta(δ)-Konvention ('δ convention'):

von IUPAC vorgeschlagene Konvention zur Bezeichnung eines Gerüst-Atoms in einer cyclischen Gerüst-**Stammstruktur**, zu welchem kumulierte Doppelbindungen führen, mittels des Symbols δ^c (*c* = Anzahl Doppelbindungen am Gerüst-Atom).

Kap. 2.2.2

Elision:

Auslassung eines Vokals von **Heteroatom-Vorsilben**, **Multiplikationsaffixen** oder **Infixen** vor Vokalen oder andern Namensteilen.

Endsilbe:

letzte Silbe eines Gerüst-**Stammnamens**,

z.B. "-en" in "But-2-en" (MeCH=CHMe),
"-ol" in "Oxazol" (C_3H_3NO),
"-epin" in "1,4-Thiazepin" (C_5H_5NS).

Kap. 3.1

Endung:

Suffix, **Funktionsstammname** oder **Klassenname** zur Benennung der **Hauptgruppe**,

z.B. "-ol" in "Ethanol" (Et–OH),
"-phosphonsäure" in "Ethylphosphonsäure" ($Et-P(=O)(OH)_2$),
"-hydroperoxid" in "Ethyl-hydroperoxid" (Et–O–OH).

Anmerkung: **IUPAC**[1a]) empfiehlt diesen Begriff für die letzte Silbe eines Gerüst-**Stammnamens** (s. **Endsilbe**).

Kap. 6.34

Eta(η)-Deskriptor ('η descriptor', 'hapto symbol', 'η symbol'):

Teil eines **Ligand-Namens**, der die Koordinationsstellen des Liganden einer Koordinationsverbindung bezeichnet,

z.B. "(η^3-Prop-2-enyl)" ($[\mathbf{C}H_2\mathbf{C}H\mathbf{C}H_2]^-$).

Ewens-Bassett-Zahl:

s. **Ladungszahl**.

Funktionelle Gruppe ('functional group'):

s. **charakteristische Gruppe**.

Kap. 3.2.6

Funktionsklassenname ('functional-class name')[3]):

Name, in dem die **Hauptgruppe** als **Klassenname** (= **Endung**) ausgedrückt wird und die 'Stammstruktur' als **substituierende Gruppe** (früher: **Radikal**) behandelt wird, d.h. als **Stammsubstituent**,

z.B. "Ethyl-hydroperoxid" (Et–O–OH).

Anmerkung: **IUPAC**[1a]) fasst diesen Begriff weiter.

Funktionsmodifikator:

s. **modifizierende Angabe**.

Kap. 3.3 und Tab. 3.2

Funktionsstammname ('functional-parent name')[3]):

- Name einer **Funktionsstammstruktur**,
  z.B. "Kohlensäure" (HO–C(=O)–OH),
  "Phosphonsäure" ($PH(=O)(OH)_2$).
- Name der **Hauptgruppe** in einem **Substitutionsnamen** aus einem oder mehreren **Stammsubstituentennamen** (mit **Präfix**(en)) und einer **Endung** (= Funktionsstammname),
  z.B. "-phosphonsäure" ($-P(=O)(OH)_2$) in "Ethylphosphonsäure" ($Et-P(=O)(OH)_2$).

Anmerkung: **IUPAC**[1a]) fasst diesen Begriff weiter.

Funktionsstammstruktur ('functional parent'):

s. **Stammstruktur**.

Funktionsstammverbindung ('functional parent'):

s. **Stammstruktur**.

Fusionsname ('fusion name'):

s. **Anellierungsname**.

Generischer Name ('generic name'):

allgemeiner Name (meist nicht-systematisch), der eine Verbindungsklasse bezeichnet,

---

[2]) American Chemical Society, 'Chemical Abstracts, Index Guide, Appendix IV', Chemical Abstracts Service, Columbus, Ohio, letzte Ausgabe 1999. CA-Regeln sind **am Buchrand** als "**CA ¶**" angegeben.

[3]) **Bei der Bildung eines Funktionsklassennamens** (s. Funktionsklassennomenklatur, *Kap. 3.2.6*) **und eines substituierten Funktionsstammnamens** (s. Substitutionsnomenklatur, *Kap. 3.2.1*) **wird ähnlich vorgegangen:** der (die) Name(n) des (der) Stammsubstituenten wird (werden, in alphabetischer Reihenfolge,) vor den Namen der Hauptgruppe (z.B. "Hydroperoxid" bzw. "Phosphinsäure") gesetzt.

z.B. "ein Acetal" der allgemeinen Formel RC(R´)(OR´´)(OR´´´) (R, R´= H, Alkyl; R´´, R´´´ = Alkyl).

Gerüst-Stammname:

s. **Stammname**.

Gerüst-Stammstruktur ('molecular-skeleton parent' (CA[2])), 'parent hydride (IUPAC[1a])):

s. **Stammstruktur**.

Gruppe:

s. **charakteristische Gruppe**, **isolierte Gruppe**.

Halbtrivialname oder halbsystematischer Name ('semi-trivial name' oder 'semisystematic name'):

Name, der mindestens einen Teil mit systematischer Bedeutung enthält (oft die **Endsilbe** oder die **Endung**),

z.B. "Propan" ("-an"; $MeCH_2Me$), "But-2-en" ("-en"; MeCH=CHMe), "Aceton" ("-on"; MeC(=O)Me; nach IUPAC).

Kap. 4.5.3

Hantzsch-Widman-*Name* ('*Hantzsch-Widman* name'):

Name für eine heteromonocyclische Gerüst-**Stammstruktur** mit bis zu 10 Ringgliedern, zusammengesetzt aus **Heteroatom-Vorsilben** (**"a"-Vorsilben**) für die Heteroatome (z.B. "Oxa-", "Thia-", "Aza-") und einer speziellen **Endsilbe** für die Ringgrösse (z.B. "-ol" für Fünfringe, "-epin" für Siebenringe),

z.B. "Oxazol"(C_3H_3NO), "1,4-Thiazepin" (C_5H_5NS).

Hapto-Symbol (η):

s. **Eta-Deskriptor**.

Kap. 3.1

Hauptgruppe ('principal group'):

charakteristische Gruppe höchster **Priorität**, die im Namen als **Endung**, d.h. als **Suffix**, **Funktionsstammname** oder **Klassenname** ausgedrückt wird,

z.B. –OH in $NH_2CH_2CH_2OH$, "2-Aminoethanol"; >P(=O)OH in $Me_2P(=O)OH$, "Dimethylphosphinsäure"; –O–O– in Et–O–O–H, "Ethyl-hydroperoxid".

Anmerkung: **CA**[2]) schränkt diesen Begriff auf charakteristische Gruppen ein, die als Suffix bezeichnet werden.

Kap. 3.3

Hauptkette ('principal chain'):

nach speziellen Hierarchieregeln gewählte (**vorrangige**) acyclische Gerüst-**Stammstruktur**.

Kap. 4.6.3

Hauptkomponente ('base component'):

vorrangige Ringkomponente einer polycyclischen Gerüst-**Stammstruktur** mit **Anellierungsnamen** (s. dort).

Kap. 3.3

Hauptringstruktur ('senior ring structure'):

nach speziellen Hierarchieregeln gewählte (**vorrangige**) (poly)cyclische Gerüst-**Stammstruktur**.

Anhang 4

Heteroatom-Vorsilbe:

zum Gerüst-**Stammnamen** gehörende Vorsilbe; s. auch **modifizierende Vorsilbe**

z.B. "Aza-" (–N<), "Oxa-" (–O–), "Thia-" (–S–).

'Index Guide'[2]):

enthält im Appendix IV die 'Chemical-Abstracts'-Indexierungsnomenklatur-Richtlinien, die für die Selektion von Namen für den 'Chemical Substance Index' verwendet werden.

Indexname ('index name'):

CA ¶ 104, 105, 138, 192 und 225–293 (255)

von CA im 'Chemical Substance Index' verwendeter **Titelstammname** mit **Präfix**(en) und **modifizierenden Angaben**,

z.B. 'acetic acid, chloro-, ethyl ester' ($CH_2ClC(=O)OEt$).

Anhang 5

Indiziertes H-Atom ('indicated hydrogen'):

dient u. a. der Unterscheidung isomerer Formen einer Ringstruktur mit der **maximalen Anzahl nicht-kumulierter Doppelbindungen** und gibt im allgemeinen die Lage eines gesättigten Ring-Atoms an,

z.B. "1*H*-Indol" und "3a*H*-Indol".

Tab. 3.2

Infix ('infix'):

nichtabtrennbare Silbe, die vor einem **Suffix** (z.B. "-säure") oder einer **Klassenbezeichnung** (z.B. "-säure") steht und damit ein modifiziertes Suffix (z.B. "-thiosäure") bzw. eine modifizierte Klassenbezeichnung bildet (z.B. "-peroxosäure"),

z.B. "-thio-" in "Butanthiosäure" ($MeCH_2CH_2COSH$), "-peroxo-" in "Phosphonoperoxosäure" (HO–PH(=O)–OOH).

Isolierte Gruppe:

Begriff, der anzeigt, dass das C-Atom der betreffenden **charakteristischen Gruppe**, die als **Präfix** zu bezeichnen ist, nicht Teil einer Kohlenwasserstoff-Kette oder einer Heterokette mit **Austauschnamen** ist,

z.B. CH(=O)– ("Formyl-"), $H_2NC(=O)$– ("(Aminocarbonyl)-"), HOC(=S)– ("[Hydroxy(thioxo)methyl]-"), MeOC(=O)– ("(Methoxycarbonyl)-") *etc.* an einem Ring oder an einer Heterokette mit regelmässig platzierten Heteroatomen (z.B. "Triazen").

IUPAC-Name:

Name geprägt nach IUPACs '**Blue Book**'[1b]) und den zugehörigen 1993-Empfehlungen[1a]).

Kap. 6.34

Kappa(κ)-Deskriptor ('κ system', 'κ convention'):

Teil eines **Ligand-Namens**, der die Koordinationsstelle(n) des Liganden einer Koordinationsverbindung bezeichnet,

z.B. "(Ethan-1,2-diamin-κ*N*,κ*N*´)" ($H_2\mathbf{N}CH_2CH_2\mathbf{N}H_2$).

Kap. 2.2.1

Klammern:

dienen der Abgrenzung von Namensteilen.

z.B. Kap. 6.15

Klassenbezeichnung ('class term'):

Teil eines **Funktionsstammnamens,**

z.B. "-säure" in "Phosphonsäure" (PH(=O)(OH)$_2$), "-chlorid" in "Kohlensäure-dichlorid" (Cl–C(=O)–Cl).

z.B. Kap. 6.22

Klassenname ('class name'):

Name der **Hauptgruppe** in einem **Funktionsklassennamen** bestehend aus einem **Stammsubstituentennamen** (mit **Präfix**(en)) und einer **Endung** (= Klassenname),

z.B. "-hydroperoxid" (–O–OH) in "Ethyl-hydroperoxid" (Et–O–OH).

2

Kap. 6.34

Konfigurationszahl ('configuration number', 'configuration index'):

Teil des **Stereodeskriptors** einer Koordinationsverbindung (s. auch **Polyeder-Symbol**, **Chiralitätssymbol** und **Ligand-Segment**), welcher aus **Prioritätszahlen** besteht und die Positionen der einzelnen koordinierenden Atome an den Ecken des Koordinationspolyeders beschreibt sowie die Unterscheidung von Diastereomeren erlaubt; z.B. gibt die Konfigurationszahl 2 in "(*SP*-4-2)-" an, dass in einer quadratisch-planaren Koordinationsverbindung (*SP*-4) das koordinierende Atom der Prioritätszahl ② in *trans*-Stellung zum koordinierenden Atom der Prioritätszahl ① liegt.

Kap. 3.2.2

Konjunktionsname ('conjunctive name'):

Name für eine Struktur, in der eine beliebige Ringkomponente mit einer funktionalisierten Kohlenwasserstoff-Kettenkomponente (mit **Suffix**) verbunden ist, unter Verlust von je einem H-Atom; dabei bilden die Ringkomponente und die Kohlenwasserstoff-Kettenkomponente zusammen die Gerüst-**Stammstruktur**, die einen **Additionsnamen** bekommt,

z.B. "Cyclohexanessigsäure" (C_6H_{11}–CH_2COOH), "Pyridin-2-propanol" (C_5H_4N–$CH_2CH_2CH_2OH$).

Kap. 6.34

Koordinationszahl ('coordination number', 'coordination valency'):

Anzahl formaler σ-Bindungen (auch mittels einsamer Elektronenpaare), die in einer Koordinationsverbindung zwischen dem Zentralatom und den Liganden möglich sind (= Anzahl koordinierender Ligand-Atome); z.B. hat Co^{III} die Koordinationszahl 6 in $[Co(NH_3)_6]^{3+}$.

Kap. 6.34

Ladungszahl ('charge number'):

arabische Zahl gefolgt vom Vorzeichen der Ladung (+ bzw. –), die direkt nach dem Namen eines Ions steht und die Grösse der Ionenladung angibt,

z.B. "Hexaammincobalt(3+)" ($[Co(NH_3)_6]^{3+}$), "Tetrafluoroborat(1–)" ($[BF_4]^-$), "Eisen(3+)-[hexakis(cyano-κC)ferrat(3–)] (1:1)" ($Fe[Fe(CN)_6]$).

Anhang 7

Lambda(λ)-Konvention ('λ convention'):

Konvention zur Bezeichnung eines Gerüst-Heteroatoms mit Nichtstandard-Valenz, in einer formal ladungsneutralen Struktur, mittels des Symbols λ^n (*n* = **Bindungszahl**),

z.B. "2λ^2-1,3,2-Dioxastannolan" (⌐CH_2O–Sn–OCH_2¬).

Kap. 6.34

Ligand-Name:

Name eines Atoms oder einer Gruppe, das bzw. die an das Zentralatom einer Koordinationsverbindung gebunden ist,

z.B. "Bromo" (Br^-), "Aqua" (H_2O), "Acetyl" ($MeC(=O)^-$).

Anhang 6 (A.6.4)

Ligand-Segment:

Teil des **Stereodeskriptors** einer Koordinationsverbindung, der die absolute oder relative Konfiguration des Liganden bezeichnet (s. auch **Polyeder-Symbol, Konfigurationszahl** und **Chiralitätssymbol**).

Kap. 3.4

Lokanten ('locants'):

Zahlen oder Buchstaben, die den Atomen einer Gerüst-**Stammstruktur**, eines **Stammsubstituenten** oder anderer Strukturteile zugeordnet werden,

z.B. "1,2,..."; "*N*,*O*,..."; "α,β,...".

Reihenfolge in Namen:

z.B. "*N*,*P*,*S*,α,β,1,2-Heptamethyl-", "*N*,*N*´,*S*,α´,1´,2,2´, 2´´,3-Nonakis[(1,1-dimethylethyl)dimethylsilyl]-".

Kap. 4.6.1

Maximale Anzahl nicht-kumulierter Doppelbindungen:

in Gerüst-**Stammstrukturen** unterscheidet man:

- kumulierte Doppelbindungen,

  z.B. –CH=C=CH–, –N=C=CH–;

- nichtkumulierte Doppelbindungen,

  z.B. –CH=CH–CH=CH–, –CH=CH–CH_2–CH=CH–, –N=CH–N=CH–, –O–CH=N–CH=CH–, –O–CH=N–CH_2–N=CH–.

Kap. 6.1

Modifizierende Angabe ('modification'):

von CA bei einem **Indexnamen** verwendete Beigabe zur Bezeichnung eines Derivats der **Hauptgruppe** oder eines anderen, additiven Namensteils oder zur Angabe der Konfiguration,

z.B. bei einem Säure-Namen zur Bezeichnung eines Anhydrids, Esters oder Hydrazids,

bei einem Aldehyd- oder Keton-Namen zur Bezeichnung eines Oxims oder Hydrazons,

bei einem beliebigen Indexnamen zur Bezeichnung eines Ions, Salzes *etc.*;

z.B. 'acetic acid, ethyl ester' (MeCOOEt), '2-propanone, oxime' (MeC(=NOH)Me), 'acetic acid, ion(1–)' ($MeCOO^-$), '1-propanol, 2-chloro-, (2*S*)-' ((2*S*)-$MeCHClCH_2OH$).

Anhang 3

Modifizierende Vorsilbe ('modifying syllable'):

zum Gerüst-**Stammnamen** gehörende, nichtabtrennbare Vorsilbe zur näheren Bezeichnung einer Ringstruktur ("Cyclo-", "Bicyclo-", "Spiro-", "Seco-", "Benzo-", "Furo-", "Ethano-", "Oxa-", "Aza-" *etc.*) und/oder einer acyclischen Struktur ("Oxa-", "Aza-", "Iso-", "Nor-", "Homo-" *etc.*).

Anhang 2

Multiplikationsaffix ('multiplying affix'):

nichtabtrennbares **Affix** zur Angabe des mehrfachen Auftretens von identischen **Substituenten** oder identischen Strukturteilen,

z.B. "Di-" in " Dimethylbenzol" ($Me_2C_6H_4$),
"Tri-" in "Cyclohexan-1,3,5-triol" ($C_6H_9(OH)_3$),
"Tetra-" *etc.*; "Bis-", "Tris-", "Tetrakis-" *etc.*;
"Bi-", "Ter-", "Quater-" *etc.*

Kap. 3.2.3

Multiplikationsname ('multiplicative name'):

Name, der das mehrfache Vorkommen von identischen Struktureinheiten anzeigt, wobei letztere über einen bi- oder multivalenten **Substituenten** miteinander verbunden sind,

z.B. "4,4´-Oxybis[butansäure]".

Multiplikationspräfix:

s. **Multiplikationsaffix.**

Multiplikationszahl:

s. **Multiplikationsaffix.**

Kap. 6.34

My(μ)-Deskriptor ('modifier *μ*'):

Teil eines **Ligand-Namens**, der die Überbrückung von zwei oder mehr Zentralatomen einer Koordinationsverbindung durch diesen Liganden anzeigt,

z.B. "[*μ*-(Acetato-*κO*:*κO*´)]" (M–O=C(Me)–O–M´, M, M´ = Zentralatome mit weiteren Liganden).

Nichtabtrennbares Präfix (nondetachable prefix'):

s. **modifizierende Vorsilbe.**

Numerisches Präfix:

s. **Multiplikationsaffix.**

Kap. 6.34

Oxidationszahl ('oxidation number'):

römische Ziffer (oder Null), welche in einer Formel die Oxidationsstufe eines einzelnen Atoms angibt,

z.B. N^{III}, Sn^{IV}, Fe^{III}, Pd^0.

Kap. 6.34

Polyeder-Symbol ('symmetry-site term'):

Teil des **Stereodeskriptors** einer Koordinationsverbindung (s. auch **Konfigurationszahl**, **Chiralitätssymbol** und **Ligand-Segment**), der die geometrische Anordnung der Gesamtheit der koordinierenden Atome um das Zentralatom beschreibt und aus einer Abkürzung für das entsprechende Polyeder (z.B. *T* für Tetraeder, *OC* für Oktaeder) und aus der **Koordinationszahl** besteht, z.B. "(*T*-4)-" (tetraedrisch, 4 Ligand-Atome am Zentralatom), "(*OC*-6)-" (oktaedrisch, 6 Ligand-Atome am Zentralatom).

Kap. 3.1
Tab. 3.1 und 3.2

Präfix ('prefix'):

Name von **Substituenten**, die nicht **Hauptgruppe** sind,

z.B. "Methyl-" (Me–) in "4-Methylcyclohexanol" ($Me–C_6H_{10}–OH$), oder "Phenyl-" (Ph–), "Amino-" (H_2N–), "Hydroxy-", (HO–),"Oxo-" (O=), "Chloro-" (Cl–) *etc.*

Anmerkung: **IUPAC**[1]) und **CA**[2]) fassen diesen Begriff weiter, z.B. bei IUPAC auch "nichtabtrennbares Präfix" (= **modifizierende Vorsilbe**) bzw. bei CA auch 'multiplicative prefix' (= **Multiplikationsaffix**).

Priorität ('seniority'):

Vorrang (>) von Strukturmerkmalen, Namensteilen oder Namen nach vorgeschriebenen Hierarchieregeln,

z.B. bei der Wahl von **Hauptgruppen** (d.h. Verbindungsklassen), **Stammstrukturen**, **Lokanten** oder **Titelstammnamen**.

Anhang 6 (A.6.2)

Prioritätsbuchstaben:

den Liganden einer stereogenen Einheit nach dem ***Cahn-Ingold-Prelog-System*** (CIP-System) zugeordnete Buchstaben *a*, *b*, *c* und *d*, welche die Prioritätenreihenfolge der Liganden beschreiben und zur Spezifikation der Konfiguration benötigt werden;

z.B. wird *a* dem Liganden höchster **Priorität** zugeordnet *etc.*

Anhang 6 (A.6.4)

Prioritätszahlen:

den Liganden einer Koordinationsverbindung nach dem ***Cahn-Ingold-Prelog-System*** (CIP-System) zugeordnete arabische Zahlen ①, ②, ③ *etc.*, welche die Prioritätenreihenfolge der Liganden beschreiben und zur Bestimmung der **Konfigurationszahl** und der **Chiralitätssymbole** benötigt werden;

z.B. wird ① dem Liganden höchster **Priorität** zugeordnet *etc.*

Radikal ('radical'):

früher anstelle von **Rest**.

Kap. 3.2.6

Radikofunktioneller Name ('radicofunctional name'):

früher anstelle von **Funktionsklassenname**.

Anhang 1 (A.1.12)

'Red Book':

IUPAC-Nomenklatur-Empfehlungen der anorganischen Chemie, 1990.

Rest:

Substituent, der (meist) über ein C-Atom an die Stammstruktur gebunden ist,

z.B. Me–, Ph–.

Anhang 1

Spezialnamen:

z.B. für Kohlenhydrate, Nucleinsäuren, Aminosäuren, Polymere, Borane *etc.*

Stammhydrid ('parent hydride' (IUPAC[1a])):

s. **Stammstruktur**.

Kap. 4

Stammname ('parent name'):

Name der Gerüst-**Stammstruktur**,

z.B. "Ethan" (CH_3CH_3), "Cyclohexan" (C_6H_{12})
"Pyridin" (C_5H_5N).

Stammstruktur ('parent structure'):

nach speziellen Hierarchieregeln gewählte(s) **vorrangiges** Molekülgerüst oder **vorrangige** chemische Funktion. Man unterscheidet:

Kap. 4.2–4.10

– ***Gerüst-Stammstruktur*** ('molecular-skeleton parent' (CA[2])), 'parent hydride' (IUPAC[1a])):

vorrangiges unverzweigtes acyclisches oder cyclisches Molekülgerüst (bei **Konjunktionsnamen** ein Ensemble von solchen Gerüsten), das nach Entfernen aller **Substituenten** und deren Ersatz durch H-Atome übrigbleibt,

z.B. "Cyclohexan" = Name der Gerüst-Stammstruktur (C_6H_{12}) von "4-Methylcyclohexanol" (Me–C_6H_{10}–OH; CA-Index: 'cyclohexanol, 4-methyl-'),
"Cyclohexanethan" = Name der Gerüst-Stammstruktur (C_6H_{11}–CH_2CH_3) von "Cyclohexanethanol" (C_6H_{11}–CH_2CH_2OH; CA-Index : 'cyclohexaneethanol'; **Konjunktionsname**).

Tab. 3.2

– ***Funktionsstammstruktur*** ('functional parent'):

Struktur, die eine **vorrangige** chemische Funktion (**charakteristische Gruppe**) beschreibt, auch eine solche Struktur mit substituierbaren H-Atomen, deren Name deshalb eine **Hauptgruppe** bezeichnen kann (s. **Funktionsstammname**); **Substituenten** werden immer mittels **Stammsubstituentennamen** bezeichnet,

z.B. "Kohlensäure" = Name der Funktionsstammstruktur HO–C(=O)–OH (CA-Index: 'carbonic acid');
"Phosphonsäure" = Name der Funktionsstammstruktur $PH(=O)(OH)_2$ (CA-Index: 'phosphonic acid') oder der Hauptgruppe $-P(=O)(OH)_2$ in Et–$P(=O)(OH)_2$ ("Ethylphosphonsäure"; CA-Index: 'phosphonic acid, ethyl-').

Anmerkung: **IUPAC**[1a]) fasst diesen Begriff weiter.

Anhang 1

– ***Stereostammstruktur*** ('stereoparent'):

vorrangige acyclische oder cyclische Struktur mit **Halbtrivial**- oder **Trivialnamen** (**Spezialnamen**), die **charakteristische Gruppen** und/oder **Reste** enthalten kann,

z.B. "*β,β*-Carotin", "D-Glucose", "Glycin", "Ergolin", "Adenosin".

Anmerkung: Ein **Stereostammname** hat im allgemeinen **Vorrang** vor einem gleichartigen Gerüst-**Stammnamen** mit **Präfixen** und/oder **Suffix**,

z.B "Butansäure" ($MeCH_2CH_2COOH$) > "Alanin" ($MeCH(NH_2)COOH$) > "Propansäure" ($MeCH_2COOH$) > "Glycin" ($CH_2(NH_2)COOH$) > "Essigsäure" (MeCOOH).

Kap. 5.2–5.8

Stammsubstituent ('parent substituent'):

meist von einer Gerüst-**Stammstruktur** hergeleiteter **Substituent** (Gerüst-Stammstruktur mit freier(n) Valenz(en)),

z.B. Et–, Ph–.

Kap. 5.2–5.8

Stammsubstituentenname:

Name eines **Stammsubstituenten**,

z.B. "Ethyl-" (Et–), "Phenyl-" (Ph–).

Stammverbindung:

s. **Stammstruktur**.

Anhang 6 (A.6.3)

Stereodeskriptor:

Teil eines Namens, der die absolute oder relative Konfiguration eines Stereoisomeren mittels eines nach dem ***Cahn-Ingold-Prelog*-System** (CIP-System) hergeleiteten Deskriptors "*R*"/"*S*", "*P*"/"*M*", "*E*"/"*Z*", "*cis*"/"*trans*", "*R**"/"*S**", "*α*"/"*β*", "*exo*"/"*endo*", "*syn*"/"*anti*", "D"/"L" *etc.* beschreibt (s. auch **Polyeder-Symbol**, **Konfigurationszahl**, **Chiralitätssymbol** und **Ligand-Segment**),

z.B. "(2*R*)-" in "(2*R*)-2,3-Dihydroxypropanal",
"(*P*)-" in "(*P*)-Penta-2,3-dien",
"(2*E*)-" in "(2*E*)-But-2-endisäure".

Anhang 1

Stereostammname:

Name einer **Stereostammstruktur**.

Stereostammstruktur ('stereoparent'):

s. **Stammstruktur**.

Stock-*Zahl:*

s. **Oxidationszahl**.

Substituent oder substituierende Gruppe ('substituent group'):

Gruppe, die ein oder mehrere H-Atome an einer **Stammstruktur**, einem **Stammsubstituenten** oder einem Heteroatom einer **charakteristischen Gruppe** (z.B. H von $-NH_2$) ersetzt,

z.B. –OH, =O, –COOH, Me–, Ph– *etc.*

Anmerkung: Im allgemeinen nicht für eine Gruppe, die das H-Atom an einem Chalcogen-Atom ersetzt (z.B. nicht H von –OH oder –COOH); Ausnahmen: Oxime, Hydroxylamine, Stereostammstrukturen.

Kap. 3.2.1

Substitutionsname ('substitutive name'):

– Name, der den Ersatz von H-Atom(en) an einer **Stammstruktur** oder an einem **Stammsubstituenten** durch **Substituenten** anzeigt; diese Substituenten werden als **Suffix** oder **Funktionsstammname** und/oder **Präfix**(e) (bzw. **Stammsubstituentenname**(n)) bezeichnet,

z.B. "Butan-1-ol" ($MeCH_2CH_2CH_2OH$),
"2-Bromo-5-nitropyridine" (Br–C_5H_3N–NO_2),
"2-Methylcyclohexan-1-on" (Me–C_6H_9=O),
"Ethylphosphonsäure" (Et–$P(=O)(OH)_2$).

– Name, der den Ersatz von H-Atom(en) an einem Heteroatom einer **charakteristischen Gruppe** durch **Substituenten** anzeigt; diese Substituenten werden als **Präfix**(e) bezeichnet,

z.B. "*N,N*-Dimethylethanamin" (Et–NMe_2),
"Propanal-dimethylhydrazon" ($MeCH_2CH$=N–NMe_2).

Anmerkung: Der Ersatz eines H-Atoms an einem Chalcogen-Atom einer Hauptgruppe (z.B. H von –OH oder –COOH) wird nicht als Substitution aufgefasst, sondern als Funktionalisierung, was z.B. zu Namen von Salzen, Anhydriden oder Estern führt; Ausnahmen sind solche H-Atome von Oximen, Hydroxylaminen oder Stereostammstrukturen.

Kap. 3.2.5

Subtraktionsname ('subtractive name'):

Name, in dem die aus einer Struktur entfernte Gruppe oder entfernten Atome mittels eines subtraktiven **Präfixes** (z.B. "Anhydro-" (– H_2O), "Deoxy-" (– –O–), "Didehydro-" (– 2 H) *etc.*), einer **modifizierenden Vorsilbe** (z.B. "Nor-"), einer **Endsilbe** (z.B. "-en",

"-in") oder einer **Endung** (z.B. "-yl", "-ylium", "-id") ausgedrückt sind (die entfernte Gruppe wird nötigenfalls durch H-Atom(e) ersetzt),

z.B. "2,5-Anhydro-D-mannitol", "2-Deoxy-D-ribose", "2,3-Didehydronaphthalin", "24-Nor-5β-cholan", "Non-2-en" (Me(CH$_2$)$_5$CH=CHMe), "Methyl" (Me$^•$), "Cyclopentadienid" ($C_5H_5^-$), "2*H*-Pyran-2-ylium" ($C_5H_5O^+$).

Kap. 3.1
Tab. 3.2

Suffix ('suffix'):

Name der **Hauptgruppe**, in einem **Substitutionsnamen** bestehend aus **Präfix**(en), Gerüst-**Stammname** und **Endung** (= Suffix),

z.B. "-ol" (–OH) in "Ethanol" (Et–OH).

Systematischer Name ('systematic name'):

Name aus Teilen mit systematischer Bedeutung, die speziell dafür geprägt wurden,

z.B. "Pentan-1-ol" (Me(CH$_2$)$_4$OH), "Heptansäure" (Me(CH$_2$)$_5$COOH), "Thiazol" (C_6H_3NS).

CA ¶ 104, 105, 138, 192 und 225–293 (255)

Titelstammname ('heading parent'):

von CA im 'Chemical Substance Index' verwendeter bevorzugter (**vorrangiger**) **Indexname** (ohne **Präfixe** und **modifizierenden Angaben**), nämlich ein

- **Stammname** (Molekülgerüst),
  z.B. 'ethane' (CH$_3$CH$_3$), 'cyclohexane' (C_6H_{12});
- **Stammname** (Molekülgerüst) + **Suffix**,
  z.B. '1-propanol' (MeCH$_2$CH$_2$OH), 'methanamine' (MeNH$_2$);
- **Funktionsstammname**,
  z.B. 'formic acid' (HCOOH), 'phosphonic acid' (PH(=O)(OH)$_2$);
- **Funktionsklassenname**,
  z.B. 'hydroperoxide' (R–O–OH).

Trivialname ('trivial name'):

Name ohne Bestandteile mit systematischer Bedeutung,

z.B. "Vindolin", "Morphin", "β,β-Carotin", "D-Glucose", "L-Alanin", "Adenosin", "Harnstoff" ('urea').

Verbundname:

s. **Konjunktionsname**.

Vorrang(ig) ('senior(ity)'):

s. **Priorität**.

2

2.2. Konventionen für Klammern und Vokale in Namen

CA ¶ 109
IUPAC R-0.1.5

2.2.1. Klammern

Klammern werden in Namen verwendet, um Namensteile der besseren Übersicht wegen abzugrenzen, nämlich

- **in zusammengesetzten Präfixen**: runde, eckige und geschweifte Klammern in der Reihenfolge "…{{{{[( )]}}}}…"[4])[5]); d.h. ein Teil eines zusammengesetzten Präfixes, der seinerseits zusammengesetzt ist, wird durch zusätzliche Klammern abgegrenzt,

  z.B. "4- **(**Dimethylamino**)**benzamid" ($Me_2N–C_6H_4–C(=O)NH_2$),
  "*N*-**[**2-**(**Diethylamino**)**ethyl**]**benzamid" ($Ph–C(=O)NH–CH_2CH_2–NMe_2$);

- **in Namen cyclischer Strukturen**: eckige Klammern, unabhängig von andern Klammern (d.h. z.B. eckige Klammern, auch wenn der Name einer solchen cyclischen Struktur Teil eines zusammengesetzten Präfixes ist),

  z.B. "Bicyclo**[**2.2.1**]**heptan",
  "Spiro**[**3.4**]**octan",
  "Spiro**[**estran-17,2´(3´*H*)-furan**]**",
  "**[**1,1´-Bicyclopropyl**]**-2-carbonsäure",
  "Naphtho**[**1,2-*a***]**azulen",
  "Pyrido**[**2,1-*c***][**1,4**]**benzothiazin",
  "2-(Bicyclo**[**2.2.1**]**hept-2-ylthio)pyridin";

- **in Multiplikationsnamen**: eckige Klammern, unabhängig von andern Klammern (d.h. z.B. eckige Klammern auch im Fall von allenfalls nötigen eckigen oder geschweiften Klammern für zusammengesetzte Präfixe innerhalb dieser eckigen Klammern)[5]),

  z.B. "4,4´-Oxybis**[**butansäure**]**",
  "*N,N*´-Ethan-1,2-diylbis**[***N*-(carboxymethyl)glycin**]**",
  "4,4´-Dithiobis**[**5-{{[bis(butylamino)methylen]amino}sulfonyl}-2-chlorobenzoesäure**]**".

CA ¶ 107
IUPAC R-0.1.7

2.2.2. Vokale

Elision (Auslassung) von Vokalen in folgenden Fällen:

- **endständiges "a" von Heteroatom-Vorsilben** vor Vokalen in *Hantzsch-Widman*-Namen,

  z.B. "1,4-Thi**aze**pin" (*nicht* "1,4-Thiaazaepin"; C_5H_5NS);

- **endständiges "a" von Heteroatom-Vorsilben** vor Vokalen in Namen von homogenen und heterogenen Heteroketten sowie in "Cyclo"-Namen,

  z.B. "Pentaz-2-**en**" (*nicht* "Pentaza-2-en"; $NH_2NH_2N{=}NNH_2$),
  "Disil**oxa**n" (*nicht* "Disilaoxaan"; SiH_3OSiH_3),
  "Cyclotetrasil**aza**n" (*nicht* "Cyclotetrasilaazaan"; $H_{12}N_4Si_4$);

- **endständiges "a" von Multiplikationsaffixen** vor Suffixen, die mit "a" oder "o" beginnen, vor Stammnamen-Endsilben, die mit Vokalen beginnen (nur, wenn das Multiplikationsaffix die Anzahl Gerüst-Atome bezeichnet), und vor "a" in Namen von homogenen Heteroketten,

  z.B. "Anthracen-2,3,6,7-tetr**a**min" (*nicht* "Anthracen-2,3,6,7-tetraamin"; $C_{14}H_6(NH_2)_4$),
  "Hexan-1,2,3,4,5,6-hex**o**l" (*nicht* "Hexan-1,2,3,4,5,6-hexaol"; $HOCH_2(CH(OH))_4CH_2OH$),
  "Pent-1-**en**" (*nicht* "Penta-1-en"; $MeCH_2CH_2CH{=}CH_2$),
  "Hex-2-**in**" (*nicht* "Hexa-2-in"; $MeCH_2CH_2C{\equiv}CMe$),
  "Non**aza**n" (**IUPAC**: "Nonaazan"; $NH_2(NH)_7NH_2$);

- **endständiges "a" von Multiplikationsaffixen** vor Vokalen von Heteroatom-Vorsilben in *Hantzsch-Widman*-Namen,

  z.B. "1*H*-Tetr**aza**ol" (*nicht* "1*H*-Tetraazol"; CH_2N_4);

- **endständiges "o" von Infixen** vor Vokalen (ausser von "-thio-", "-seleno-" und "-telluro-"),

  z.B. "Ethyl-phenylphosphonamid**at**" (*nicht* "Ethyl-phenylphosphonamidoat"; $PhP(=O)(NH_2)(OEt)$);

- **endständiges "o" von Infixen** vor "-säure" oder "-igsäure" (ausser von "-peroxo-" , "-(thioperoxo)-" *etc.*, "-thio-", "-seleno-" und "-telluro-"),

  z.B. "Phenylphosphonamidimid**s**äure" (*nicht* "Phenylphosphonamidoimidosäure"; $PhP(=NH)(NH_2)(OH)$),

---

[4]) **IUPAC** schlägt in den 1993-Empfehlungen (s. *Fussnote 1*) neu die Reihenfolge "…{[({[( )]})]}…" vor, in der 1990-Ausgabe des 'Red Book' (Nomenklatur der anorganischen Chemie, s. *Anhang 1*) dagegen "…{{{{[( )]}}}}…".

[5]) **CA verwendet "…[[[( )]]]…" und lässt Klammern weg, wenn sie nicht unbedingt zur Vermeidung von Zweideutigkeiten erforderlich sind**, z.B. 'diethylphenylphosphine' (registriert unter 'phosphine, diethylphenyl-') statt "Diethyl(phenyl)phosphin" ($Et_2P(Ph)$); 'di-2-furanylethanedione' (registriert unter 'ethanedione, di-2-furanyl-') statt "Di(furan-2-yl)ethandion" ($C_4H_3O–C(=O)–C(=O)–C_4H_3O$); '4,4´-oxybis[butanoic acid]' (registriert unter 'butanoic acid, 4,4´-oxybis-'), im Deutschen "4,4´-Oxybis[butansäure]" ($O(CH_2CH_2CH_2COOH)_2$; s. *Kap. 3.2.3*).

"Carbonochlorid**s**äure" (*nicht* "Carbonochlorido-säure"; Cl–C(=O)–OH).

Keine Elision von Vokalen in folgenden Fällen:

- **endständiges "a" von Heteroatom-Vorsilben und Multiplikationsaffixen** vor Vokalen in Austauschnamen,

  z.B. "2,3,5,6-Tetr**aa**za-4,7-disil**ao**ctan" (*nicht* "2,3,5,6-Tetraza-4,7-disiloctan"; Me–SiH_2–NHNH–SiH_2–NHNH–Me);

- **endständiges "a" von Multiplikationsaffixen** vor Vokalen von Präfixen, von Klassennamen, von modifizierenden Angaben und von Ligand-Namen,

  z.B. "Tetr**aa**cetylglucose" (*nicht* "Tetracetylglucose"),

  "1,2,3,4-Tetr**ae**thylbenzol" (*nicht* "1,2,3,4-Tetrethylbenzol"; $(Et)_4C_6H_2$),

  "Diethyl-tetr**ao**xid" (*nicht* "Diethyl-tetroxid"; Et–$(O)_4$–Et),

  "Cyclohex-5-en-1,2,3,4-tetron-tetr**ao**xim" (*nicht* "Cyclohex-5-en-1,2,3,4-tetron-tetroxim"; $C_6H_2(C{=}NOH)_4$),

  "Hex**aa**mmincobalt(3+)" (*nicht* "Hexammincobalt(3+)"($[Co(NH_3)_6]^{3+}$),

- **endständiges "a" von Multiplikationsaffixen** vor den Endsilben "-en" und "-in" beim mehrfachen Vorkommen einer Unsättigung,

  z.B. "Cycloocta-1,3,5,7-tetr**ae**n" (*nicht* "Cycloocta-1,3,5,7-tetren"; C_8H_8),

  "Dodeca-1,3,5,7,9,11-hex**ai**n" (*nicht* "Dodeca-1,3,5,7,9,11-hexin"; CH≡C–$(C{\equiv}C)_4$–C≡CH);

- **endständiges "a" von Multiplikationsaffixen** vor Vokalen beim Multiplizieren des Namens der Kohlenwasserstoff-Kettenkomponente mit Hauptgruppe in der Konjunktionsnomenklatur,

  z.B. "Benzol-1,2,3,4-tetr**aa**cetonitril" (*nicht* "Benzol-1,2,3,4-tetracetonitril"; $C_6H_2(CH_2CN)_4$);

- **endständiges "o" der Infixe "-thio-", "-seleno-" und "-telluro-"** vor Vokalen,

  z.B. "Ethanthi**oa**mid" (*nicht* "Ethanthiamid"; $MeC(=S)NH_2$),

  "Benzolcarbotellur**oa**ldehyd" (**IUPAC**: "Benzolcarbotelluraldehyd"; PhCH(=Te))

  dagegen jedoch "Ethanthial" (MeCH(=S));

- **endständiges "o" der Infixe "-peroxo-", "-(thioperoxo)-"** *etc.*, **"-thio-", "-seleno-" und "-telluro-"** vor "-säure" oder "-igsäure",

  z.B. "Carbonochloridoperox**o**säure" (*nicht* "Carbonochloridoperoxsäure"; Cl–C(=O)–OOH),

  "Phosphinoselen**oi**gsäure" (*nicht* "Phosphinoselenigsäure"; PH_2–SeH).

3. Anleitung zur Namensgebung[1])

CA ¶ 105, 106, 164 und 271
IUPAC R-4 und C-12

3.1. Allgemeines Vorgehen und Wahl der vorrangigen Verbindungsklasse (Wahl der Hauptgruppe)

Zur Benennung einer organischen, metallorganischen oder Koordinationsverbindung wird nach dem folgenden Schema **schrittweise** vorgegangen (**Illustration des Vorgehens, s. unten**).

(a) **Entscheide** gemäss der Struktur der zu benennenden Verbindung, **welche Nomenklatur** anzuwenden ist:

Kap. 1 (Fussnoten 5 und 7)

- **Nomenklatur der allgemeinen organischen Chemie** gemäss CAs 'Index Guide' oder IUPACs 'Blue Book' und 1993-Empfehlungen dazu;

Anhang 1

- **Spezialnomenklatur im Fall von Stereostammstrukturen und Polymeren** (s. *Anhang 1*), z.B. Nomenklatur der Kohlenhydrate, der Carotinoide, der Steroide, der Aminosäuren, der Peptide, der Nucleoside, der Polymere *etc.*;
- **Spezialnomenklatur, kombiniert mit der Nomenklatur der allgemeinen organischen Chemie**.

Spezialnomenklaturen enthalten Stereostammnamen, die Strukturen mit vorgegebenen Substitutionsmustern bezeichnen und meist komplexe, spezifische Konfigurationsangaben implizieren (z.B. "Adenosin"); sie erlauben deshalb eine Vereinfachung der Namensgebung. Aus diesem Grund ist, **wenn möglich**, auch für eine einfache Struktur, eine **Spezialnomenklatur mit Stereostammnamen** zu **wählen** (s. ***(d)***) (z. B. "Glycin" für H_2NCH_2COOH).

Tab. 3.2

(b) **Bestimme die vorrangige Verbindungsklasse** (z.B. Carbonsäure, Amin, Kohlenwasserstoff) **mittels *Tab. 3.2* durch Wahl der Hauptgruppe** (z.B. –COOH, $–NH_2$) aus der Gesamtheit der charakteristischen Gruppen der Struktur[1]) im Fall der Nomenklatur der allgemeinen organischen Chemie, **und benenne alle Substituenten** (= charakteristische Gruppen und / oder Reste). Dabei werden zwei Arten von Substituenten unterschieden:

Tab. 3.1

- **Substituenten**, die im Namen **nur als Präfix** ausgedrückt werden können:
  sie bekommen **Namen nach *Tab. 3.1***;

Tab. 3.2

- **Substituenten**, die im Namen **als Präfix oder Endung** (= **Suffix, Funktionsstammname oder Klassenname**) ausgedrückt werden können:
  sie bekommen **Namen nach *Tab. 3.2***.

Kap. 6

Im Zweifelsfalle sind bei der Bestimmung der vorrangigen Verbindungsklasse die **Definitionen** der Verbindungsklassen **in *Kap. 6* zu konsultieren**.

Beachte:

- **Nur eine charakteristische Gruppe** darf **als Hauptgruppe** gewählt und **im Namen als Endung** angegeben werden. Alle andern Substituenten werden als Präfixe benannt.
- **Kohlenwasserstoff-Ketten und ihre Heteroanaloga sowie Carbo- und Heterocyclen**, auch solche mit Substituenten, die nur als Präfixe benannt werden, haben keine als Endung benannte Hauptgruppe (nicht-funktionelle Verbindungsklassen), d.h. **Unsättigungen und Heteroatome in solchen Strukturen werden nicht als charakteristische Gruppen betrachtet**. Die Prioritätenreihenfolge wird in all diesen Fällen aufgrund des Molekülgerüsts nach *Kap. 3.3* bestimmt (vgl. ***(d)***).

Kap. 3.3

- Eine Gruppe **=O, –OH oder –O–Acyl** (inkl. Chalcogen-Analoga), ein Substituent **–OOH oder –OSH sowie ein nicht-saurer Acyl-Substituent** (ausser –CH(=O) und Chalcogen-Analoga (Aldehyd!) und ausser nicht-sauren Acyl-Substituenten, die sich als Säure-Derivate (*Klasse 6* in *Tab. 3.2*) bezeichnen lassen, z.B. –C(=O)Cl, $–P(NH_2)_2$) **an einem Heteroatom N, P, As, Sb, Bi, B, Ge, Sn oder Pb** einer Gerüst-Stammstruktur **wird ausnahmsweise** nicht als Suffix oder Klassenname, sondern **als Präfix oder mittels Additionsnomenklatur** (s.***(c)***) **bezeichnet, auch wenn** es sich um die '**Hauptgruppe**' handelt; vgl. dazu die **Pseudoester**, **Pseudoamide**, **Pseudohydrazide**, **Pseudoketone**, **Pseudoalkohole und Pseudohydroperoxide** der N-, P-, As-, Sb-, Bi-, B-, Ge-, Sn- und Pb-Verbindungen in den *Kap. 6.25 – 6.29*. **Dasselbe gilt für** einen Substituenten **=O** (inkl. Chalcogen-Analoga) **sowie einen nicht-sauren Acyl-Substituenten an einem Si-Atom**, ***nicht* aber für** einen Substituenten **–OH oder –O–Acyl** (inkl. Chalcogen-Analoga) **sowie für** einen Substituenten **–OOH oder –OSH an einem Si-Atom**, der jeweils regulär mittels Suffix oder Klassenname ausgedrückt wird (s. *Kap. 6.21*, *6.22* und *6.29*). Auch eine Gruppe **=O** oder ein Chalcogen-Analogon **an einem S-, Se- oder Te-Atom** wird **meist speziell** behandelt (Sulfoxide, Sulfone *etc.* (s.

Kap. 6.25 – 6.29

Kap. 6.21, 6.22 und 6.29

[1]) Das hier beschriebene **Verfahren** entspricht demjenigen, **das CA für organische, metallorganische oder Koordinationsverbindungen bei der Wahl der Indexnamen verwendet** (CA ¶ 105 und 106); es stimmt nicht immer mit dem von IUPAC empfohlenen Verfahren überein, das gegenwärtig in Überarbeitung ist (IUPAC R-3, R-4 und C-10.1 – C-10.5). **IUPAC** plant die Herausgabe detaillierter Empfehlungen für die Bestimmung der vorrangigen Verbindungsklasse (IUPAC R-4.1, Table 10).

Kap. 6.31 Kap. 6.25

Kap. 6.31); Sulfoxime, Sulfilimine, Sulfimide, Thionylimide *etc.* (s. *Kap. 6.25*)).

- Im Rahmen einer **Spezialnomenklatur** bezeichnet der Stereostammname alle in der Stereostammstruktur enthaltenen Substituenten (s. ***(d)***).

Zusammenfassend:

Tab. 3.1 und 3.2 / Kap. 5 und 6

Hauptgruppe → **Endung**		aus *Tab. 3.1* und *3.2* oder *Kap. 5* und *6*
übrige Substituenten → **Präfixe**		

(c) Bestimme den (die) **passenden Nomenklaturtyp**(en) gemäss der Struktur der Verbindung:

Substitutionsnomenklatur, (Kap. 3.2.1)
Konjunktionsnomenklatur, (Kap. 3.2.2)
Multiplikationsnomenklatur, (Kap. 3.2.3)
Additionsnomenklatur, (Kap. 3.2.4)
Subtraktionsnomenklatur, (Kap. 3.2.5)
Funktionsklassennomenklatur. (Kap. 3.2.6)

Der bevorzugte Nomenklaturtyp ist Substitutionsnomenklatur, wenn möglich kombiniert mit Konjunktionsnomenklatur (CA). Die Anwendung der übrigen Nomenklaturtypen muss von Fall zu Fall entschieden werden[2]).

Kap. 3.3 Kap. 5.8

(d) Bestimme nach *Kap. 3.3* die (vorrangige) **Gerüst-Stammstruktur, wenn die Endung ein Suffix ist, oder bestimme nach *Kap. 5.8* den** (die) (vorrangigen) **Stammsubstituenten, wenn die Endung ein Funktionsstammname oder ein Klassenname ist.** Dazu werden alle Substituenten am Molekülgerüst bzw. alle Nebensubstituenten am Substituenten entfernt und durch H-Atome ersetzt.

Kap. 4 Kap. 5 Anhang 5 Anhang 1

Benenne die Gerüst-Stammstruktur nach *Kap. 4* bzw. den (die) **Stammsubstituenten nach *Kap. 4* oder *5*,** unter Berücksichtigung von allenfalls notwendigem indiziertem H-Atom. Sind noch weitere **substituierte Substituenten** vorhanden, dann wird für jeden analog ein Stammsubstituent bestimmt und benannt. **Stereostammstrukturen bekommen Stereostammnamen** (*Anhang 1*)[3]).

Zusammenfassend:

Kap. 4 und 5 / Anhang 1

Gerüst-Stammstruktur	→	**Stammname**	aus *Kap. 4* und *5* bzw. *Anhang 1*
Stamm-substituent	→	**Stammsubstituentenname**	
Stereostamm-struktur	→	**Stereostamm-name**[3])	

(e) Bestimme die Lokanten durch Numerierung der Gerüst-Stammstruktur und allfälliger Stammsubstituenten gemäss den Numerierungsregeln **nach *Kap. 3.4*.** Stereostammstrukturen haben eine vorgegebene Numerierung[3]). **Platziere die Lokanten** im Namen **unmittelbar vor der Namenskomponente, zu der sie gehören.**

Kap. 3.4

Lokanten sind:

- **arabische Zahlen**, z.B. "Hexa-**1,4**-dien" ($MeCH{=}CHCH_2CH{=}CH_2$), "**1,2´**-Binaphthalin" ($C_{10}H_7{-}C_{10}H_7$), "**4**-(**2,6,6**-Trimethylcyclohex-**1**-en-**1**-yl)but-**3**-en-**2**-on" ($Me_3C_6H_6{-}CH{=}CH{-}C({=}O){-}Me$);
- **griechische Buchstaben**, z.B. "α-Methylpyridin-3-methanol" ($C_5H_4N{-}CH(Me){-}OH$);
- **Elementsymbole in Kursivschrift**, z.B. "***N,N***-Dimethylpentan-1-amin" ($Me(CH_2)_4{-}NMe_2$), "***N,N´***,2-Trimethylpropan-1,3-diamin" ($MeNH{-}CH_2CH(Me)CH_2{-}NHMe$);
- früher bei Benzol-Derivaten: "*ortho-*"("*o-*"), "*meta-*"("*m-*"), "*para-*"("*p-*"), z.B. "*p*-Diethylbenzol" ($Et{-}C_6H_4{-}Et$; CA: 'benzene, 1,4-diethyl-').

Reihenfolge der Lokanten für gleiche Strukturmerkmale: "*N,P,S*,α,β,γ,1,2,3-...", "*N,N´*,α,α´,1´,2,2´,2´´,3-...", z.B. "*N*,α,4-Trimethylbenzolmethanamin" ($Me{-}C_6H_4{-}CH(Me){-}NHMe$).

Kap. 3.5

(f) Bestimme die alphabetische Reihenfolge der Präfixe nach *Kap. 3.5* und ordne sie in dieser Reihenfolge.

Anhang 2 Kap. 2.2.1 Kap. 2.2.2

(g) Setze die Namenskomponenten (Präfixe, Stammsubstituentenname(n), Stammname, Endung) **unter Berücksichtigung der nötigen Multiplikationsaffixe** (*Anhang 2*), **Lokanten, Klammern** (*Kap. 2.2.1*) **und Elision von Vokalen** (*Kap. 2.2.2*) zum vollständigen Namen **zusammen.**

(g_1) Multiplikationsaffixe "Di-", "Tri-", "Tetra-" *etc.* (*Anhang 2*) werden verwendet:

- bei **mehrfachem Vorkommen eines einfachen** (d.h. unsubstituierten) **Substituenten** (vor **Präfix**), **einer Hauptgruppe** (vor **Suffix** oder **Klassenbezeichnung**; **nicht** bei Funktionsstammnamen oder Klassennamen, s. unten) **oder einer acyclischen Gerüstkomponente mit Hauptgruppe** (in **Konjunktionsnamen**), z.B. "**Tri**methyl-..." (3 Me–), "...-1,4,5,8-**tetra**hydroxy-..." (4 HO–), "...-1,3-**di**on" (2 =O), "...**di**carbonyl-**di**chlorid" ($2\ {-}C({=}O)Cl$), "...-1,3-**di**ethanol" ($2\ {-}CH_2CH_2OH$).

Multiplikationsaffixe "Bis-", "Tris-", "Tetrakis-" *etc.* (*Anhang 2*) werden verwendet:

- **bei mehrfachem Vorkommen eines substituierten Substituenten** (vor **zusammengesetztem Präfix**), z.B. "**Bis**(bromomethyl)-..." ($2\ CH_2Br{-}$);
- **zur Vermeidung von Zweideutigkeiten**, z.B. "**Tris**(decyl)phosphin" ($P(C_{10}H_{21})_3$) *vs.* "Tridecylphosphin" ($PH_2(C_{13}H_{27})$);
- **bei mehrfachem Vorkommen von identischen Struktureinheiten**, die miteinander über einen di- oder multivalenten Substituenten verknüpft sind, **d.h. in Multiplikationsnamen vor dem Stammnamen (+ Suffix), dem Funktionsstammnamen oder dem Klassennamen** (**IUPAC** empfiehlt "-di", "-tri-" *etc.*), z.B. "4,4´-Oxy**bis**[butansäure]" ($HOOC(CH_2)_3{-}O{-}(CH_2)_3COOH$), "Ethan-1,2-diyl**bis**[phosphonsäure]" ($(HO)_2P({=}O){-}CH_2CH_2{-}P({=}O)(OH)_2$), "Cyclopentyliden-**bis**[hydroperoxid]" ($C_5H_8(OOH)_2$).

---

[2]) Die meisten Namen werden durch Kombination mehrerer Nomenklaturtypen geprägt, z.B. "Pent-1-en-3-on" ($MeCH_2C({=}O)CH{=}CH_2$) gemäss der Subtraktions- ("-en-") und Substitutionsnomenklatur ("-on"). **Vom Gebrauch der Funktionsklassennomenklatur** (*Kap. 3.2.6*) **für Alkyl-cyanide, -isocyanide, -cyanate und -isocyanate, Ketone, Alkohole, Ether, Sulfide/Sulfoxide/Sulfone und ihre Chalcogen-Analoga sowie für Alkyl-halogenide und -azide wird abgeraten; CA** verwendet für diese Verbindungen ausschliesslich Substitutions- und/oder Konjunktionsnomenklatur (**Funktionsklassennomenklatur nur für Hydroperoxide, Polyoxide, Polysulfide, Polysulfoxide und Polysulfone** sowie für ihre Chalcogen-Analoga).

[3]) Stereostammnamen sind z.B. "Glucose", "β,β-Carotin", "5α-Cholestan", "L-Alanin", "Adenosin" *etc.* Stereostammstrukturen haben ein vorgegebenes Substitutionsmuster und besitzen meist eine vorgegebene Numerierung und Konfiguration (CA ¶ 202 ff. und IUPAC R-2.4.6). **Eine Stereostammstruktur kann** zusätzlich zu den im Stereostammnamen implizierten Substituenten **durch weitere charakteristische Gruppen und/oder Reste substituiert sein; die Stereostammstruktur wird dann** bei der Namensgebung meist **wie eine Gerüst-Stammstruktur behandelt.**

(*g*₂) **Klammern** (*Kap. 2.2.1*) umschliessen zusammengesetzte Präfixe oder andere Namensteile; ihre **Reihenfolge** ist "**...{{{{[[(...)]]}}}}...**" (für Ausnahmen, s. *Kap. 2.2.1*; **IUPAC** empfiehlt "...{[({[(...)]})]}..."; **CA**: "...[[[[[(...)]]]]]..."), z.B. "3-**[(**2-Methoxyethoxy**)**methoxy**]**-2-methyl-3-phenylpropan-1-ol" ($MeOCH_2CH_2OCH_2O–CH(Ph)CH(Me)CH_2–OH$).

(*g*₃) **Elision** (Auslassen) des endständigen "a" von Multiplikationsaffixen vor "a" oder "o" eines Suffixes (*Kap. 2.2.2*), z.B. "Anthracen-2,3,6,7-tetr**a**min" ($C_{14}H_6(NH_2)_4$), "Hexan-1,2,3,4,5,6-hex**o**l" ($HOCH_2[CH(OH)]_4CH_2OH$).

Keine Elision des endständigen "a" von Multiplikationsaffixen vor Vokalen von Präfixen (*Kap. 2.2.2*) und bei Konjunktionsnamen (*Kap. 2.2.2* und *3.2.3*), z.B. "1,4,5,8-Tetr**aa**minoanthracen-9,10-dion" ($(H_2N)_4C_{14}H_4(=O)_2$), "Naphthalin-1,4,5,8-tetr**ao**ctansäure" ($C_{10}H_4[(CH_2)_7COOH]_4$).

Illustration des Vorgehens nach (a) – (g) *am Beispiel von Alkohol* **1** *und von Phosphonsäure* **2:**

Nach (*a*):

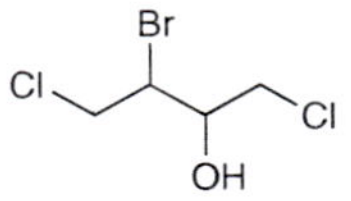

1

Nomenklatur der allgemeinen organischen Chemie

Nach (*b*):

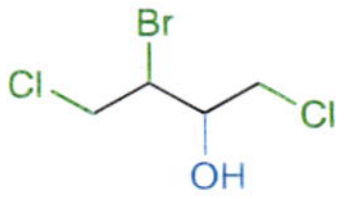

1

Hauptgruppe: "-ol" (Suffix)

Übrige Substituenten: "Bromo-", "Chloro-" (Präfixe)
IUPAC empfiehlt im Deutschen "Brom-" bzw. "Chlor-"

Nach (*c*):
Substitutionsnomenklatur

Nach (*d*):

1 ⇒ $CH_3CH_2CH_2CH_3$ (**3**)
↑
Ersatz aller Substituenten durch H-Atome

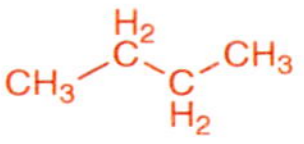

Gerüst-Stammstruktur: "Butan" (**3**) (Stammname)

Nach (*e*):

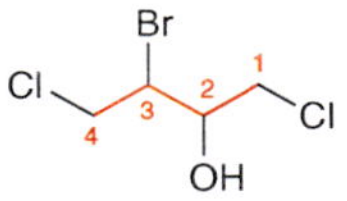

1

Numerierung der Gerüst-Stammstruktur:
möglichst niedriger Lokant für die Hauptgruppe

Nach (*f*):
Alphabetische Reihenfolge der Präfixe der Substituenten: "**B**romo-" > "**C**hloro-"

Nach (*g*):
Vollständiger Name:

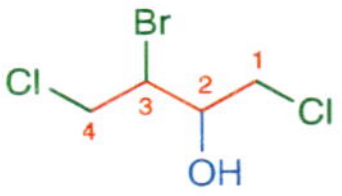

1

"3-Bromo-1,4-dichlorobutan-2-ol" (**1**)

Nach (*a*):

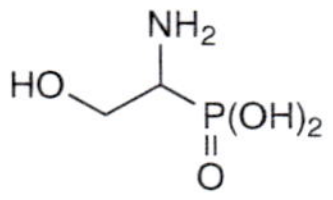

2

Nomenklatur der allgemeinen organischen Chemie

Nach (*b*):

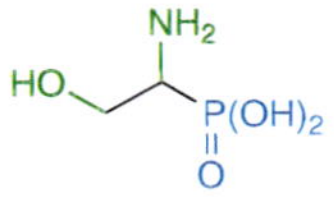

2

Hauptgruppe: "-phosphonsäure" (Funktionsstammname, hergeleitet von der Funktionsstammstruktur $PH(=O)(OH)_2$ (**5**); s. (***d***))

Übrige Nebensubstituenten: "Amino-", "Hydroxy-" (Präfixe)

Nach (*c*):
Substitutionsnomenklatur

Nach (*d*):

2 ⇒ $CH_3–CH_2–$ (**4**)
↑
Ersatz aller Nebensubstituenten durch H-Atome

Stammsubstituent: "Ethyl-" (**4**) (Stammsubstituentenname)

2 ⇒ $H–P(=O)(OH)_2$ (**5**)
↑
Ersatz des Stammsubstituenten durch ein H-Atom

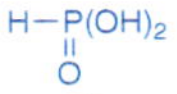

Funktionsstammstruktur (liefert den Namen für die Hauptgruppe nach (***b***)): "Phosphonsäure" (**5**)

Nach (*e*):

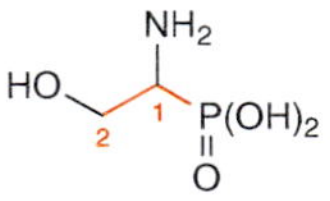

2

Numerierung des Stammsubstituenten:
möglichst niedriger Lokant für die freie Valenz

Nach (*f*):
Alphabetische Reihenfolge der Präfixe der Nebensubstituenten: "**A**mino-" > "**H**ydroxy-"

Nach (*g*):
Vollständiger Name:

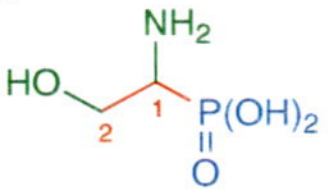

2

"(1-Amino-2-hydroxyethyl)phosphonsäure" (**2**)
Englisch: '(1-amino-2-hydroxyethyl)phosphonic acid'

Beispiele:

6

"5-Hydroxy-3,5-dimethylhex-2-ensäure" (**6**)

- Substitutions- und Subtraktionsnomenklatur
- Hauptgruppe: –[C]OOH[4]) "-säure" (Englisch: '-oic acid')
  übrige Substituenten[5]):
  HO– "Hydroxy-"
  Me– "Methyl-"
- Gerüst-Stammstruktur: "Hexen" (Subtraktionsname)
- Numerierung: möglichst niedriger Lokant für Hauptgruppe
- alphabetische Reihenfolge der Präfixe: "**H**ydroxy-" > "**M**ethyl-"

7

"5-Oxopent-3-ennitril" (**7**)

- IUPAC: auch "4-Formylbut-3-ennitril"
- Substitutions- und Subtraktionsnomenklatur
- Hauptgruppe: –[C]≡N[4]) "-nitril"
  übriger Substituent: O=[C]<[4]) "Oxo-"
- Gerüst-Stammstruktur: "Penten" (Subtraktionsname)
- Numerierung: möglichst tiefer Lokant für Hauptgruppe

8

"2-Methyl-2-(2-nitropropyl)cyclohexan-1,3-dion" (**8**)

- Substitutionsnomenklatur
- Hauptgruppe: >[C]=O[4]) "-on"
  übrige Substituenten: Me– "Methyl-"
  Me–CH(NO_2)–CH_2– "(2-Nitropropyl)-"
  Stammsubstituent: Me–CH_2–CH_2– "Propyl-"
  Nebensubstituent: O_2N– "Nitro-"
- Gerüst-Stammstruktur: "Cyclohexan"
- Numerierung: möglichst niedrige Lokanten für Hauptgruppen bzw. für freie Valenz in Me–CH_2–CH_2–
- alphabetische Reihenfolge der Präfixe: "**M**ethyl-" > "(**N**itropropyl)-"

9

"1-Nitro-2-oxocyclooctan-1-propanal" (**9**)

- Substitutions- und Konjunktionsnomenklatur
- Hauptgruppe: –[C]H=O[4]) "-al"
  übrige Substituenten: O=[C]<[4]) "Oxo-"
  O_2N– "Nitro-"
- Gerüst-Stammstruktur: "Cyclooctanpropan"
- Numerierung: möglichst niedriger Lokant für die Verknüpfungsstelle der cyclischen und acyclischen Komponente, dann für Präfixe
- alphabetische Reihenfolge der Präfixe: "**N**itro-" > "**O**xo-"

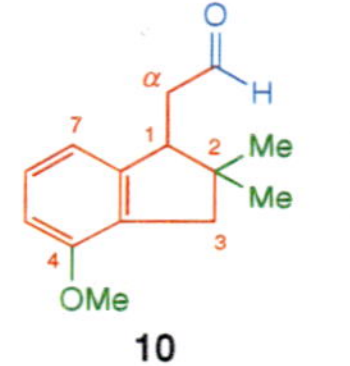

10

"2,3-Dihydro-4-methoxy-2,2-dimethyl-1*H*-inden-1-acetaldehyd"[6])[7]) (**10**)

- Substitutions-, Konjunktions- und Additionsnomenklatur
- Hauptgruppe: –[C]H=O[4]) "-al(dehyd)"[6])
  übrige Substituenten: MeO– "Methoxy-"
  Me– "Methyl-"
  H– "Hydro-"[7])
- Gerüst-Stammstruktur: "1*H*-Indenacet-", eigentlich "1*H*-Indenethan"[6]); die Absättigung einer Doppelbindung der Gerüst-Stammstruktur wird durch das Präfix "Hydro-" ausgedrückt
- Numerierung: vorgegebene Numerierung der Ringkomponente der Gerüst-Stammstruktur (s. *Kap. 4.6.2*), mit möglichst niedrigem Lokant für das indizierte H-Atom und die Verknüpfungsstelle der cyclischen und acyclischen Komponente
- alphabetische Reihenfolge der Präfixe: "**H**ydro-" > "**M**eth**o**xy-" > "**M**eth**y**l-"

11

"4,4´-Thiobis[2,6-dimethylpyridin-3-carbonsäure]"[8]) (**11**)

- Substitutions- und Multiplikationsnomenklatur
- Hauptgruppe: –COOH "-carbonsäure" (Englisch: '-carboxylic acid')
  übrige Substituenten: Me– "Methyl-"
  S< "Thio-"
- Gerüst-Stammstruktur: "Pyridin"
- Numerierung: vorgegebene Numerierung der Gerüst-Stammstruktur (s. *Kap. 4.5.2*) und möglichst niedriger Lokant für die Hauptgruppe
- alphabetische Reihenfolge der Präfixe: das Präfix des verbindenden Substituenten ("Thio-") wird nicht in die alphabetische Reihenfolge miteinbezogen

12

"Methyl-[3-methyl-1-(methylthio)butyl]-disulfid" (**12**)

- Substitutions- und Funktionsklassennomenklatur
- 'Hauptgruppe' (nicht-funktionelle Verbindungsklasse mit Klassenname; **ausnahmsweise** rot, s. *Kap. 3.2.6(**b**)*):
  –S–S– "-disulfid"
- Stammsubstituenten (**ausnahmsweise** grün, s. *Kap. 3.2.6(**b**)*): Me– "Methyl-"
  Me–CH_2–CH_2–CH_2– "Butyl-"
  Nebensubstituenten: Me– "Methyl-"
  MeS– "(Methylthio)-"
- Numerierung: möglichst niedriger Lokant für freie Valenz in Me–CH_2–CH_2–CH_2–
- alphabetische Reihenfolge der Präfixe der Nebensubstituenten des Stammsubstituenten Me–CH_2–CH_2–CH_2– bzw. der Namen des Stammsubstituenten Me– und des zusammengesetzten Substituenten Me–CH(Me)–CH_2–CH(SMe)–: "Methyl-" > "(Methyl**t**hio)-" bzw. "Methyl-" > "[Methyl-(**m**ethylthio)butyl]-"

13

"3,4-Dihydro-7-methoxy-*N*,*N*-dimethyl-naphthalin-1-amin" (**13**)

- Substitutions- und Additionsnomenklatur
- Hauptgruppe: –NH_2 "-amin"
  übrige Substituenten: MeO– "Methoxy-"
  Me– "Methyl-"
  H– "Hydro-"
- Gerüst-Stammstruktur: "Naphthalin" (Englisch: 'naphthalene'); die Absättigung einer Doppelbindung der Gerüst-Stammstruktur wird durch das Präfix "Hydro-" ausgedrückt
- Numerierung: vorgegebene Numerierung der Gerüst-Stammstruktur (s. *Kap. 4.6.2*) und möglichst niedriger Lokant für die Hauptgruppe
- alphabetische Reihenfolge der Präfixe: "**H**ydro-" > "**M**eth**o**xy-" > "**M**eth**y**l-"

14

"2,3,5,5,5-Pentachloro-4-oxopent-2-ensäure" (**14**)

- Substitutions- und Subtraktionsnomenklatur
- Hauptgruppe: –[C]OOH[4]) "-säure" (Englisch: '-oic acid')
  übrige Substituenten: Cl– "Chloro-"
  IUPAC empfiehlt im Deutschen "Chlor-"
  O=[C]<[4]) "Oxo-"
- Gerüst-Stammstruktur: "Penten" (Subtraktionsname)
- Numerierung: möglichst niedriger Lokant für die Hauptgruppe
- alphabetische Reihenfolge der Präfixe: "**C**hloro-" > "**O**xo-"

15

"1-Hydroxy-6-(trifluoromethyl)-1*H*-benzotriazol" (**15**)

- Substitutionsnomenklatur
- Hauptgruppe: **–OH an Heteroatom,** d.h. **ausnahmsweise Präfix** "Hydroxy-" (s. *Kap. 6.21*)
  übriger Substituent: F_3C– "(Trifluoromethyl)-"
- Gerüst-Stammstruktur: "1*H*-Benzotriazol"
- Numerierung: vorgegebene Numerierung der Gerüst-Stammstruktur (s. *Kap. 4.6.3*), mit möglichst niedrigem Lokant für das indizierte H-Atom
- alphabetische Reihenfolge der Präfixe: "**H**ydroxy-" > "(**T**rifluoromethyl)-"

---

[4]) **Eckige Klammern um ein Atom bedeuten, dass dieses Atom im Suffix bzw. Präfix nicht berücksichtigt ist.**

[5]) Die übrigen Substituenten können oft erst bestimmt werden, nachdem die Gerüst-Stammstruktur bekannt ist (s. ***(d)***), z.B. bei Alkyl-Substituenten.

[6]) Sowohl CA als auch IUPAC verwenden für "Ethanal" (MeCHO) den Trivialnamen "Acetaldehyd".

[7]) *Beachte*: **Alle "Hydro"-Präfixe werden im Namen beibehalten, auch wenn eines der damit bezeichneten H-Atome durch einen Substituenten ersetzt und durch das entsprechende Präfix ausgedrückt ist.**

[8]) Bei CA registriert unter '3-pyridinecarboxylic acid, 4,4´-thiobis[2,6-dimethyl-' (invertierter Namen). Im Gegensatz zu IUPAC setzt CA die Substituentenpräfixe ebenfalls in die eckigen Klammern (s. *Kap. 3.2.3*).

Tab. 3.1. Substituenten, die nur als Präfixe benannt werden

Ausnahmen sind Substituenten dieser Art in charakteristischen Gruppen von Säuren und Säure-Derivaten (s. *Tab. 3.2*, Klassen *5d – k* und *6*), z.B. "Carbonochloridsäure" (Cl–C(=O)–OH), "Benzoyl-chlorid" (PhCOCl).

Substituent	Präfix	Substituent	Präfix	Substituent	Präfix
Br–	"**Bromo-**"[a]	N_2=	"**Diazo-**"	RO–	"**[(R)oxy]-**"[b]
Cl–	"**Chloro-**"[a]	N_3–	"**Azido-**"	RS–	"**[(R)thio]-**"[b][c]
OCl–	"**Chlorosyl-**"	N(=O)–	"**Nitroso-**"	RSe–	"**[(R)seleno]-**"[b][c]
O_2Cl–[d]	"**Chloryl-**"	$N(=O)_2$–	"**Nitro-**"	RTe–	"**[(R)telluro]-**"[b][c]
O_3Cl–	"**Perchloryl-**"	HO–N(=O)=	"***aci*-Nitro-**"[e]	RS(=O)–	"**[(R)sulfinyl]-**"[b][f]
F–	"**Fluoro-**"[a]	CN–	"**Isocyano-**"[a]	RSe(=O)–	"**[(R)seleninyl]-**"[b][f]
I–	"**Iodo-**"[a]	OCN–	"**Isocyanato-**"[a]	RTe(=O)–	"**[(R)tellurinyl]-**"[b][f]
OI–	"**Iodosyl-**"	SCN–	"**Isothiocyanato-**"[a]	$RS(=O)_2$–	"**[(R)sulfonyl]-**"[b][f]
O_2I[d]	"**Iodyl-**"	SeCN–	"**Isoselenocyanato-**"[a]	$RSe(=O)_2$–	"**[(R)selenonyl]-**"[b][f]
At–	"**Astato-**"[a]	TeCN–	"**Isotellurocyanato-**"[a]	$RTe(=O)_2$–	"**[(R)telluronyl]-**"[b][f]
O_2At–	"**Astatyl-**"			R–	"**(R)-**"[b][g]

a) **IUPAC** empfiehlt, im Deutschen die Präfixe "Brom-" (Br–), "Chlor-" (Cl–), "Fluor-" (F–), "Iod-" (I–), "Astat-" (At–), "Isocyan-" (CN–), "Isocyanat-" (OCN–), "Isothiocyanat-" (SCN–), "Isoselenocyanat-" (SeCN–) und "Isotellurocyanat-" (TeCN–) zu verwenden (IUPAC R-4.1). **Im vorliegenden Handbuch** werden aber auch in IUPAC-Namen, wie im Französischen und Englischen (sowie im Deutschen für Ligand-Namen), die **Präfixe mit endständigem "o"** verwendet.

b) "(**R**)-" = Name eines Stammsubstituenten (= Substituentenpräfix; s. *Kap. 4* und *5*), z.B. "Ethyl-" (Et–), "Naphthalinyl-" ($C_{10}H_7$–), "Pyridinyl-" (C_5H_4N–) *etc.*; s. auch die *Klassen 21 – 23* in *Tab. 3.2*. **Ausnahmen**: bei RO– mit R– = Me–, Et–, Pr–, Bu– und Ph– entfällt das "-yl-" des Stammsubstituentennamens, d.h. "**Methoxy-**" (MeO–), "**Ethoxy-**" (EtO–), "**Propoxy-**" (PrO–), "**Butoxy-**" (BuO–) bzw. "**Phenoxy-**" (PhO–).

c) IUPAC empfiehlt für RS–, RSe– und RTe– die Präfixe "[(R)sulfanyl]-", "[(R)selanyl]-" bzw. "[(R)tellanyl]-" (IUPAC R-4.1; s. *Kap. 4.3.3* und auch *6.31*).

d) Substituenten vom Typ X_2Cl– und X_2I– mit X– = Hal–, HO– oder MeC(=O)– werden von **IUPAC** ebenfalls als Präfixe benannt, z.B. "(Dibromo-λ^3-chloranyl)-" (Br_2Cl–), "(Dibromo-λ^3-iodanyl)-" (Br_2I–), "(Dihydroxy-λ^3-iodanyl)-" ($(HO)_2I$–), "(Diacetoxy-λ^3-iodanyl)-" ($(AcO)_2I$–) (s. *Anhang 7* für "λ"). **CA** verwendet Koordinationsnamen (CA ¶ 215; Zentralatom Cl bzw. I, s. *Kap. 3.34*).

e) **IUPAC** empfiehlt anstelle von "*aci*-Nitro-" das Präfix "(Hydroxynitroryl)-" (HO–N(=O)=; IUPAC R-3.3 und R-5.3.2; s. *Kap. 6.19**(b)*** und *6.20**(e)***).

f) Für S-, Se- und Te-Austauschanaloga, s. *Kap. 6.8*; sind mehrere solcher Gruppen direkt benachbart, dann wird ein Funktionsklassenname verwendet (z.B. "(R)-(R′)-disulfoxid" (R–S(=O)–S(=O)–R′), s. *Kap. 6.31*).

g) Dieses Präfix wird verwendet, wenn der entsprechende Stammsubstituent an einer (vorrangigen) Gerüst-Stammstruktur (s. *Kap. 3.3*) haftet, z.B. "Methyl-" in "Methylcyclohexan" (Me–C_6H_{11}), oder wenn eine Funktionsstammstruktur einen Stammsubstituenten trägt, z.B. "Ethyl-" in "Ethylphosphonsäure" (Et–P(=O)$(OH)_2$).

CA ¶ 106 und 271

3

Tab. 3.2. Verbindungsklassen und charakteristische Gruppen (Endung oder Präfix), geordnet nach abnehmender Priorität bei der Wahl der Hauptgruppe (nach CA ¶ 106 und 271)

Höchste Priorität, *Klasse 1*; **tiefste Priorität**, *Klasse 24*. **Beachte die Fussnoten!**

Im folgenden sind die **von CA verwendeten**, dem Deutschen angepassten **Endungen (Suffixe, Funktionsstammnamen** oder **Klassennamen) und Präfixe** angegeben. **Sie weichen zum Teil von denjenigen der IUPAC-Empfehlungen ab**. Dies betrifft insbesondere:

- die **Stellung von Infixen in Namen** (s. *Fussnoten i, j* und *p*), z.B. 'carbono**trithio**ic acid' (CA) *vs.* '**trithio**carbonic acid' (IUPAC) für HS–C(=S)–SH;
- die **Elision von Vokalen**, z.B. 'furancarbothi**oa**ldehyde' (CA) *vs.* 'furancarbothi**a**ldehyde' (IUPAC) für C_4H_3O–CH(=S).

Die **IUPAC**-Empfehlungen zur Auswahl der vorrangigen Verbindungsklasse werden gegenwärtig überarbeitet (IUPAC R-4.1, Table 10).

Priorität (*Klasse*)	Verbindungsklasse	Charakteristische Gruppe	Endung	Präfix	Details in
1	**Freie Radikale**	M•	z.B. "**-yl**"[a])	–	*Kap. 6.2* und *6.6*
2	**Kationen** (inkl. kationische Koordinationsverbindungen)[b])	M^+	z.B. "**-ium**"[b])[c])	z.B. "**-io-**", "**-iumyl-**"	*Kap. 6.3, 6.5, 6.6* und *6.34*
3	**Neutrale Koordinationsverbindungen**[d])	[d])	[d])	[d])	*Kap. 6.34*
4	**Anionen** (inkl. anionische Koordinationsverbindungen)[e])	M^-	z.B. "**-at**", "**-id**"[e])	–[e])	*Kap. 6.4, 6.5, 6.6* und *6.34*
5	**Säuren**[f])				*Kap. 6.7 – 6.12*
5a	***Peroxy-Säuren mit Suffixen***[g])				*Kap. 6.7* und *6.8*
	Carboperoxosäure ('carboperoxoic acid'; Peroxycarbonsäure)	-C(=O)OOH	"**-carboperoxosäure**" (**IUPAC**: "-peroxycarbonsäure")	"**(Hydroperoxycarbonyl)-**" (isolierte Gruppe)	*Kap. 6.7.4*
		-[C](=O)OOH[h])	"**-peroxosäure**" (**IUPAC**: "Peroxy...säure")	–	
	[i])[j])	[i])[j])	[i])[j])	[i])[j])	
	Sulfonoperoxosäure ('sulfonoperoxoic acid')	$-S(=O)_2OOH$	"**-sulfonoperoxosäure**"	"**(Hydroperoxysulfonyl)-**"	*Kap. 6.8*

[a]) Beispiele: "Ethyl", "Pyridinyl". CA führt in *Klasse 1* auch Verbindungen an, für welche sich keine Substituentenpräfixe prägen lassen, z.B. "**Schwefel-diimid**" (HN=S=NH; s. *Klasse 14*).

[b]) Kationische Verbindungen: kationische Koordinationsverbindungen (s. *Fussnote d*; für Prioritäten, s. *Kap. 6.34*), Onium-Kationen (z.B. "**Ammonium**"), Ium-Kationen (z.B. "**Aminium**", "**Hydrazinium**", "**Alkenium**", "**Alkylium**").

[c]) In der Austauschnomenklatur wird das "**-a-**" der Heteroatom-Vorsilbe(n) zu "**-onia-**", z.B. "**Azonia-**" (>N^+<), "**Thionia-**" (>S^+–).

[d]) S. Nomenklatur der anorganischen Chemie: CA ¶ 215 und IUPACs 'Red Book' (*Anhang 1* (*A.1.12*)).

[e]) Anionische Verbindungen: anionische Koordinationsverbindungen (s. *Fussnote d*; für Prioritäten, s. *Kap. 6.34*), At-Anionen (z.B. "**Carboxylat**"), Id-Anionen (z. B. "**Alkanid**"). CA verwendet keine Präfixe für anionische Substituenten.

[f]) CA ordnet **Säuren nach abnehmender Priorität** folgendermassen (CA ¶ 106 und 271): **1) Peroxy-Säure mit Suffix** (*Klasse 5a*), in der Reihenfolge der entsprechenden Säuren mit Suffix (s. *Klassen 5b* und *5c*); **2) Säure mit Suffix, in der Reihenfolge C > S > Se > Te** (*Klassen 5b* und *5c*); **3) Oxosäure mit Funktionsstammname** (z.B. "-phosphonsäure", $-P(=O)(OH)_2$), **in der Reihenfolge C** (Kohlen- und Ameisensäuren) **> Chalcogen > N > P > As > Sb > Si > B** (*Klassen 5d – k*). Eine **Peroxy-Säure** ist der Einfachheit halber jeweils bei der entsprechenden Säure besprochen.

IUPAC legt die Priorität von anorganischen Säuren und deren Derivate in speziellen Prioritätenunterregeln fest (IUPAC D-1.33; Empfehlungen in Überarbeitung, s. IUPAC R-4.1, Table 10).

[g]) **Alle Peroxy-Säuren mit Suffix haben in der Prioritätenreihenfolge** als Klasse **vor** der Gesamtheit aller **andern Säuren Vorrang** (s. *Fussnote f*). Die Peroxy-Infixe "**-perox(o)-**" (OO; nicht: "-peroxy-"), "**-(thioperox(o))-**" (OS), "**-(dithioperox(o))-**" (SS) *etc.* **stehen in alphabetischer Reihenfolge** zusammen mit andern Infixen (z.B. "-thio-", "-hydrazon(o)-", "-imid(o)-"; s. *Fussnoten i* und *j*) **vor "-säure"**. Zur **Elision von "o"** eines Infixes, s. *Kap. 2.2.2* oder *Fussnote p*.

[h]) **Eckige Klammern um ein Atom bedeuten, dass dieses Atom nicht im Präfix bzw. in der Endung berücksichtig ist.**

[i]) Innerhalb jeder *Klasse 5a – c* **enthält die vorrangige Säure-Gruppe die maximale Anzahl vorrangiger Chalcogen-Atome**, gemäss O > S > Se > Te. Die Infixe "**-thio-**" (S), "**-seleno-**" (Se), "**-telluro-**" (Te), "**-hydrazon(o)-**" ($=N-NH_2$), "**-imido-**" (=NH), "**-perox(o)-**" (OO), "**-(thioperox(o))-**" (OS) *etc.* **stehen in alphabetischer Reihenfolge vor "-säure"**. Zur **Elision von "o"** eines Infixes, s. *Kap. 2.2.2* oder *Fussnote p*.

[j]) Innerhalb jeder *Klasse 5a – c* haben die **Chalcogen-Analoga** der Säuren (O > S > Se > Te) **Priorität vor Hydrazon- und Imidsäuren** (vgl. die Prioritäten in den *Klassen 5b* und *5c*). Die Infixe "**-thio-**" (S), "**-seleno-**" (Se), "**-telluro-**" (Te), "**-hydrazon(o)-**" ($=N-NH_2$), "**-imid(o)-**" (=NH), "**-perox(o)-**" (OO), "**-(thioperox(o))-**" (OS) *etc.* **stehen in alphabetischer Reihenfolge vor "-säure"**. Zur **Elision von "o"** eines Infixes, s. *Kap. 2.2.2* oder *Fussnote p*.

	[i,j]	[i,j]	[i,j]	[i,j]	
	Sulfinoperoxosäure ('sulfinoperoxoic acid') [i,j]	–S(=O)OOH [i,j]	"**-sulfinoperoxosäure**" [i,j]	"**(Hydroperoxysulfinyl)-**" [i,j]	*Kap. 6.8*
	Sulfenoperoxosäure ('sulfenoperoxoic acid') [i,j]	–SOOH [i,j]	"**-sulfenoperoxosäure**" (**IUPAC**: vermutlich "-sulfanylhydroperoxid") [i,j]	"**(Hydroperoxythio)-**" (**IUPAC**: vermutlich "(Hydroperoxysulfanyl)-") [i,j]	
	Selenonoperoxosäure ('selenonoperoxoic acid') [i,j]	–Se(=O)$_2$OOH [i,j]	"**-selenonoperoxosäure**" [i,j]	"**(Hydroperoxyselenonyl)-**" [i,j]	
	Seleninoperoxosäure ('seleninoperoxoic acid') [i,j]	–Se(=O)OOH [i,j]	"**-seleninoperoxosäure**" [i,j]	"**(Hydroperoxyseleninyl)-**" [i,j]	
	Selenenoperoxosäure ('selenenoperoxoic acid') [i,j]	–SeOOH [i,j]	"**-selenenoperoxosäure**" (**IUPAC**: vermutlich "-selanylhydroperoxid") [i,j]	"**(Hydroperoxyseleno)-**" (**IUPAC**: vermutlich (Hydroperoxyselanyl)-") [i,j]	
	Telluronoperoxosäure ('telluronoperoxoic acid') (vgl. oben)	–Te(=O)$_2$OOH (vgl. oben)	"**-telluronoperoxosäure**" (vgl. oben)	"**(Hydroperoxytelluronyl)-**" (vgl. oben)	
5b	***Carbonsäuren***				*Kap. 6.7.*
	Carbonsäure ('carboxylic acid')	–C(=O)OH –[C](=O)OH[h]	"**-carbonsäure**" "**-säure**"	"**Carboxy-**" –	*Kap. 6.7.2*
	Carbothiosäure ('carbothioic acid'; Thiocarbonsäure)	–COSH –C(=S)OH	"**-carbothiosäure**" "**-carbothio-*O*-säure**"	"**(Thiocarboxy)-**" "**[Hydroxy(thioxo)methyl]-**" (isolierte Gruppe)	*Kap. 6.7.3*
		–C(=O)SH	"**-carbothio-*S*-säure**"	"**(Mercaptocarbonyl)-**" (isolierte Gruppe)	
		–[C]OSH[h] –[C](=S)OH[h] –[C](=O)SH[h]	"**-thiosäure**" "**-thio-*O*-säure**" "**-thio-*S*-säure**"	– – –	
	Carbodithiosäure ('carbodithioic acid'; Dithiocarbonsäure)	–CSSH –[C]SSH[h]	"**-carbodithiosäure**" "**-(dithio)säure**"	"**(Dithiocarboxy)-**" –	
	Carboselenosäure ('carboselenoic acid'; Selenocarbonsäure) [i]	–COSeH [i]	"**-carboselenosäure**" [i]	"**(Selenocarboxy)-**" [i]	
	Carbohydrazonsäure ('carbohydrazonic acid') [i]	–C(=N–NH$_2$)OH –[C](=N–NH$_2$)OH[h] [i]	"**-carbohydrazonsäure**" "**-hydrazonsäure**" [i]	"**(Hydrazinocarbonyl)-**" (bevorzugtes Tautomer; isolierte Gruppe) – [i]	
	Carboximidsäure ('carboximidic acid') [i]	–C(=NH)OH –[C](=NH)OH[h] [i]	"**-carboximidsäure**" "**-imidsäure**" [i]	"**(Aminocarbonyl)-**" (bevorzugtes Tautomer; isolierte Gruppe) – [i]	
5c	***Sulfon-, Sulfin- und Sulfensäuren, Selenon- und Telluronsäuren* etc.**				*Kap. 6.8*
	Sulfonsäure ('sulfonic acid')	–S(=O)$_2$OH	"**-sulfonsäure**"	"**Sulfo-**"	
	Sulfonothiosäure ('sulfonothioic acid'; Thiosulfonsäure) [i]	–SO$_2$SH [i]	"**-sulfonothiosäure**" (**IUPAC**: "-thiosulfonsäure") [i]	"**(Thiosulfo)-**" [i]	
	Sulfonohydrazonsäure ('sulfonohydrazonic acid') [i]	–S(=O)(=N–NH$_2$)OH [i]	"**-sulfonohydrazonsäure**" [i]	"**(Hydrazin–osulfonyl)-**" (bevorzugtes Tautomer; **IUPAC**: "[Hydrazono(hydroxy)oxo-λ^6-sulfanyl]-"[k]) [i]	
	Sulfonodihydrazonsäure ('sulfonodihydrazonic acid') [i]	–S(=N–NH$_2$)$_2$OH [i]	"**-sulfonodihydrazonsäure**" [i]	"**(*S*-Hydrazinosulfonohydrazonoyl)-**" (bevorzugtes Tautomer; **IUPAC**: "[Dihydrazono(hydroxy)-λ^6-sulfanyl]-"[k]) [i]	

[k]) S. *Anhang 7* für λ.

	Sulfonohydrazonimidsäure ('sulfonohydrazonimidic acid') [i]	$-S(=N-NH_2)(=NH)OH$ [i]	**"-sulfonohydrazonimidsäure"** [i]	**"(S-Hydrazinosulfonimidoyl)-"** (bevorzugtes Tautomer; **IUPAC**: "[Hydrazono(hydroxy)imino-λ^6-sulfanyl]-"[k])) [i]	*Kap. 6.8*
	Sulfonimidsäure ('sulfonimidic acid') [i]	$-S(=O)(=NH)OH$ [i]	**"-sulfonimidsäure"** [i]	**"(Aminosulfonyl)-"** (bevorzugtes Tautomer; **IUPAC**: "[Hydroxy(imino)oxo-λ^6-sulfanyl]-"[k])) [i]	
	Sulfonodiimidsäure ('sulfonodiimidic acid') [i]	$-S(=NH)_2OH$ [i]	**"-sulfonodiimidsäure"** [i]	**"(S-Aminosulfonimidoyl)-"** (bevorzugtes Tautomer; **IUPAC**: "[Hydroxydi(imino)-λ^6-sulfanyl]-"[k])) [i]	
	Sulfinsäure ('sulfinic acid') [i][j]	$-S(=O)OH$ [i][j]	**"-sulfinsäure"** [i][j]	**"Sulfino-"** [i][j]	
	Sulfensäure ('sulfenic acid') [i][j]	$-SOH$ [i][j]	**"-sulfensäure"** (**IUPAC**: "-hydroxysulfan") [i][j]	**"Sulfeno-"** (**IUPAC**: "(Hydroxysulfanyl)-") [i][j]	
	Selenonsäure ('selenonic acid') [i][j]	$-Se(=O)_2OH$ [i][j]	**"-selenonsäure"** [i][j]	**"Selenono-"** [i][j]	
	Seleninsäure ('seleninic acid') [i][j]	$-Se(=O)OH$ [i][j]	**"-seleninsäure"** [i][j]	**"Selenino-"** [i][j]	
	Selenensäure ('selenenic acid') [i][j]	$-SeOH$ [i][j]	**"-selenensäure"** (**IUPAC**: "-hydroxyselan") [i][j]	**"Seleneno-"** (**IUPAC**: "(Hydroxyselanyl)-") [i][j]	
	Telluronsäure ('telluronic acid') (vgl. oben)	$-Te(=O)_2OH$ (vgl. oben)	**"-telluronsäure"** (vgl. oben)	**"Tellurono-"** (vgl. oben)	
5d	***C-Haltige Oxosäuren: Kohlensäuren und Ameisensäuren***[l][m]) ('carbonic acids and formic acids')				*Kap. 6.9*
	z.B. (mit abnehmender Priorität)	$HO-C(=O)-O-O-C(=O)-OH$	**"Peroxydikohlensäure"** ('peroxydicarbonic acid')	–	
		$HO-C(=O)-O-C(=O)-OH$	**"Dikohlensäure"** ('dicarbonic acid')	–	
		$HO-C(=O)-NH-C(=O)-OH$	**"Imidodikohlensäure"** ('imidodicarbonic acid')	–	
		$HO-C(=O)-OOH$	**"Carbonoperoxosäure"** ('carbonoperoxoic acid')	–	
		$HO-C(=O)-OH$	**"Kohlensäure"** ('carbonic acid'; mit Infixen, "Carbon(o)säure"[m]))	–	
		$HO-C(=NH)-OH$	**"Carbonimidsäure"** ('carbonimidic acid')	–	
		$Cl-C(=O)-OH$	**"Carbonochloridsäure"** ('carbonochloridic acid')	–	
		$H_2N-C(=O)-OH$	**"Carbamidsäure"** ('carbamic acid')	–	
		$H-C(=O)-OH$	**"Ameisensäure"** ('formic acid'; mit Infixen, "Methansäure"[m]))	–	
		$N\equiv C-OH$	**"Cyansäure"** ('cyanic acid')	–	
		$N\equiv C-SH$	**"Thiocyansäure"** ('thiocyanic acid')	–	

[l]) **In den *Klassen 5d – g* und *5k* wird die charakteristische Gruppe** (Hauptgruppe) **als Funktionsstammname ausgedrückt** (die entsprechende Funktionsstammstruktur ist, wenn nötig, durch den (die) Stammsubstituenten substituiert). Die Säuren der *Klassen 5d – g, 5j* und *5k* sind sogenannte **Oxosäuren**.

[m]) Innerhalb der *Klasse 5d* der **Kohlen- und Ameisensäuren** bestimmen der Reihe nach folgende Kriterien die **Priorität** (vgl. zu **3)** bis **5)** auch die Prioritäten in der *Klasse 5b* entsprechend den *Fussnoten i* und *j*): **1)** grösste Anzahl Säure-Gruppen; **2)** grösste Anzahl C-Atome des Zentralgerüsts (= C-Kernatome; 'nuclear C-atoms'); **3)** vorrangige, direkt an die C-Kernatome gebundene Atome (O > S > Se > Te > N *etc.*; s. *Anhang 4*); **4)** grösste Anzahl solcher vorrangiger, direkt an die C-Kernatome gebundener Heteroatome; **5)** Prioritätenreihenfolge anderer, direkt an die C-Kernatome gebundener Atome oder Gruppen (s. Priorität bei Säure-halogeniden, *Klasse 6a*). In Kombination mit Infixen (analog *Fussnote p*) wird **"Carbon(o)säure" statt "Kohlensäure"** und **"Methansäure" statt "Ameisensäure"** verwendet, z. B. "Carbonochloridsäure" ($Cl-C(=O)-OH$), "Methanthiosäure" ($H-COSH$).

5e	***S-, Se, Te und N-haltige Oxosäuren***[l)][n)]				*Kap. 6.10*
	Schwefelsäure ('sulfuric acid', $S(=O)_2(OH)_2$) z.B.	$H_2N-S(=O)_2-OH$	**"Sulfamidsäure"** ('sulfamic acid')	–	
	Schwefligsäure ('sulfurous acid', $S(=O)(OH)_2$) z.B.	$HO-S(=NH)-OH$	**"Imidoschwefligsäure"** ('imidosulfurous acid')	–	
	Sulfoxylsäure ('sulfoxylic acid', $S(OH)_2$)				
	Selensäure ('selenic acid', $Se(=O)_2(OH)_2$)				
	Selenigsäure ('selenious acid', $Se(=O)(OH)_2$)				
	Tellursäure ('telluric acid', z.B. H_2TeO_3, H_2TeO_4)				
	Salpetersäure ('nitric acid', $N(=O)_2(OH)$)				
	Salpetrigsäure ('nitrous acid', $N(=O)(OH)$)				
5f	***P-haltige Oxosäuren***[l)][o)][p)]				*Kap. 6.11*
	Phosphorsäure ('phosphoric acid', $P(=O)(OH)_3$)				
	Phosphonsäure ('phosphonic acid', $PH(=O)(OH)_2$; tautomer zu Phosphorigsäure ('phosphorous acid'), $P(OH)_3$)	$-P(=O)(OH)_2$	**"-phosphonsäure"**	**"Phosphono-"** (**IUPAC**: auch "(Dihydroxyphosphoryl)-")	
	Phosphinsäure ('phosphinic acid', $PH_2(=O)(OH)$; tautomer zu Phosphonigsäure ('phosphonous acid'), $PH(OH)_2$)	$>P(=O)(OH)$	**"-phosphinsäure"**	**"(Hydroxyphosphinyliden)-"** (**IUPAC**: "(Hydroxyphosphoryl)-"; **CA** und **IUPAC**: bei Multiplikationsnamen, "**Phosphinico-**")	
	Phosphonigsäure ('phosphonous acid', $PH(OH)_2$)	$-P(OH)_2$	**"-phosphonigsäure"**	**"(Dihydroxyphosphino)-"** (**IUPAC**: auch "(Dihydroxyphosphanyl)-")	
	Phosphinigsäure ('phosphinous acid', $PH_2(OH)$)	$>P(OH)$	**"-phosphinigsäure"**	**"(Hydroxyphosphiniden)-"** (**IUPAC**: "(Hydroxyphosphandiyl)-")	

---

n) Vgl. auch CA ¶ 219. Bei **S-, Se-, Te- und N-haltigen Oxosäuren** (*Klasse 5e*) und **Si- und B-haltigen Oxosäuren** (*Klassen 5j* und *5k*) werden **Affixe** statt Infixe zur Bezeichnung von Chalcogen-, Hydrazon- und Imid-Analoga verwendet. **Sb- und Bi-haltige 'Oxosäuren'** (*Klassen 5h* und *5i*) bekommen Salz-Namen.

o) Innerhalb der Gruppe der **P-haltigen Oxosäuren** (*Klasse 5f*) oder der **As-haltigen Oxosäuren** (*Klasse 5g*) wird die **Priorität** durch folgende Kriterien bestimmt: **1)** grösste Anzahl Säure-Gruppen; **2)** grösste Anzahl P- oder As-Kernatome ('nuclear atoms'); **3)** höchste Oxidationsstufe (V) der Kernatome; **4)** vorrangige, direkt an die Kernatome gebundene Atome (O > S > Se > Te > N *etc.*; s. *Anhang 4*); **5)** grösste Anzahl solcher vorrangiger Atome; **6)** die Natur der Atome tiefster Priorität. Eine partielle Prioritätenreihenfolge ist: "Triphosphorsäure" > "Diphosphorsäure" > "Imidodiphosphorsäure" > "Diphosphorigsäure" > "Phosphoroperoxosäure" > "Phosphorsäure" > "Phosphorothiosäure" > "Phosphorodithiosäure" > "Phosphorigsäure" > "Phosphorochloridsäure" > "Phosphorohydrazidsäure" > "Phosphoramidsäure" > "Phosphonsäure" > "Phosphinsäure" > "Phosphinigsäure" (**Chalcogen-Analoga** jeder Säure folgen letzterer in der Priorität unmittelbar, wobei die vorrangige Säure die maximale Anzahl vorrangiger Chalcogen-Atome enthält, gemäss O > S > Se > Te). **Nichtsaure Analoga** erscheinen in den entsprechenden Verbindungsklassen, z.B. Säure-halogenide, Amide (*Klasse 6*).

p) Die folgenden **Infixe werden für Heteroanaloga der P- und As-haltigen Oxosäuren** (*Klassen 5f* und *5g*) verwendet und **in alphabetischer Reihenfolge vor "-säure" oder "-igsäure"** angeordnet:

- **Austausch von OH-Gruppen**:
  "**-amid(o)-**" ($-NH_2$), "**-azid(o)-**" ($-N_3$), "**-bromid(o)-**" (–Br), "**-chlorid(o)-**" (–Cl), "**-cyanatid(o)-**" (–OCN), "**-cyanid(o)-**" (–CN), "**-fluorid(o)-**" (–F), "**-hydrazid(o)-**" ($-NHNH_2$), "**-iodid(o)-**" (–I), "**-isocyanatid(o)-**" (–NCO), "**-isocyanid(o)-**" (–NC), "**-isothiocyanatid(o)-**" (–NCS), "**-seleno-**" (–SeH), "**-telluro-**" (–TeH), "**-thio-**" (–SH), "**-thiocyanatid(o)-**" (–SCN), und gleichartig für Se- und Te-Analoga; z.B. "Phosphonochloridsäure" (PH(=O)(Cl)(OH)).
- **Austausch von (=O)-Gruppen**:
  "**-hydrazon(o)-**" ($=N-NH_2$), "**-imid(o)-**" (=NH), "**-seleno-**" (=Se), "**-telluro-**" (=Te), "**-thio-**" (=S), z.B. "Phosphinimidsäure" (PH(=NH)(OH)).
- **Austausch von OH- *und* (=O)-Gruppen**:
  "**-nitrido-**" (≡N).
- **Peroxy-Säuren**: sie werden mittels der Infixe "**-perox(o)-**" (OO), "**-(thioperox(o))-**" (OS), "**-(dithioperox(o))-**" (SS) *etc.* benannt.
- **Zur Elision von Vokalen** (s. auch *Kap. 2.2.2*):
  - **Vor Konsonanten von Infixen** wird "-phosphon-", "-phosphin-", "-arson-" und "-arsin-" zu "**-phosphono-**", "**-phosphino-**", "**-arsono-**" bzw. "**-arsino-**", z.B. "**Phosphino**dithiosäure" ($PH_2(=S)(SH)$), aber "**Phosphon**amidsäure" ($PH(=O)(NH_2)(OH)$).
  - **Elision von "o"** eines Infixes erfolgt **vor "-säure" oder "-igsäure"**, mit **Ausnahme** von "**-thio-**", "**-seleno-**", "**-telluro-**", "**-peroxo-**", "**-(thioperoxo)-**" *etc.*, z.B. "Phosphono**chlorid**säure" (PH(=O)(Cl)(OH)), "Phosphono**chlorid**igsäure" (PH(Cl)(OH)), aber "Phosphono**thio**säure" (z.B. $PH(=S)(OH)_2$).
  - **Elision von "o"** eines Infixes erfolgt **vor Vokalen**, mit **Ausnahme** von "**-thio-**", "**-seleno-**" **und** "**-telluro-**", z.B. "Phosphon**imid**iodidsäure" (PH(=NH)(I)(OH)).

3

	Phosphensäure ('phosphenic acid', $P(=O)_2(OH)$; oder Metaphosphorsäure, HPO_3)				*Kap. 6.11*
	Phosphenigsäure ('phosphenous acid', P(=O)(OH); oder Metaphosphorigsäure, HPO_2)				
5g	***As-haltige Oxosäuren***[h][o][p] (s. *Klasse 5f*)				*Kap. 6.11*
	Arsensäure ('arsenic acid', $As(=O)(OH)_3$)				
	Arsonsäure ('arsonic acid', $AsH(=O)(OH)_2$)	$-As(=O)(OH)_2$	**"-arsonsäure"**	**"Arsono-"** (**IUPAC**: auch "(Dihydroxyarsoryl)-")	
	Arsinsäure ('arsinic acid', $AsH_2(=O)(OH)$)	>As(=O)(OH)	**"-arsinsäure"**	**"(Hydroxyarsinyliden)-"** (**IUPAC**: "(Hydroxyarsoryl)-"; **CA** und **IUPAC**: bei Multiplikationsnamen, "**Arsinico-**")	
	Arsonigsäure ('arsonous acid', $AsH(OH)_2$)	$-As(OH)_2$	**"-arsonigsäure"**	**"(Dihydroxyarsino)-"** (**IUPAC**: auch "(Dihydroxyarsanyl)-")	
	Arsinigsäure ('arsinous acid', $AsH_2(OH)$)	>As(OH)	**"-arsinigsäure"**	**"(Hydroxyarsiniden)-"** (**IUPAC**: "(Hydroxyarsandiyl)-")	
	Arsenensäure ('arsenenic acid', $As(=O)_2(OH)$)				
	Arsenenigsäure ('arsenenous acid', As(=O)(OH)				
5h	***Sb-haltige 'Oxosäuren'***[l][n][q]				*Kap. 6.12*
	Antimon-hydroxid ('antimony hydroxid', $Sb(OH)_3$)				
	Antimon-hydroxid-oxid ('antimony hydroxide oxide', Sb(=O)(OH))				
5i	***Bi-haltige 'Oxosäuren'***[l][n][q]				*Kap. 6.12*
	Bismut-hydroxid ('bismuth hydroxide', $Bi(OH)_3$)				
	Bismut-hydroxid-oxid ('bismuth hydroxide oxide', Bi(=O)(OH))				
5j	***Si-haltige Oxosäuren***[l][n][r]				*Kap. 6.12*
	Kieselsäure ('silicic acid', $Si(OH)_4$)				
	Thiokieselsäure ('thiosilicic acid', $(Si(OH)_3(SH))$)				
5k	***B-haltige Oxosäuren***[l][n][s]				*Kap. 6.12*
	Borsäure ('boric acid', $B(OH)_3$)				
	Boronsäure ('boronic acid', $BH(OH)_2$)	$-B(OH)_2$	**"-boronsäure"**	**"Borono-"**	
	Borinsäure ('borinic acid', $BH_2(OH)$)	>B(OH)	**"-borinsäure"**	**"(Hydroxyborylen)-"**	
6	**Derivate von Säuren**[t][u][v]				*Kap. 6.13 – 6.17*
[u][v]	**Anhydrid**[v] [t]	–C(=O)–O–C(=O)– –[C](=O)–O–[C](=O)–[h] [t]	**"-carbonsäure-anhydrid"** **"-säure-anhydrid"** [t]	**"(Oxydicarbonyl)-"** (bei Multiplikationsnamen für einen isolierten divalenten Substituenten) – [t]	*Kap. 6.13*
[u][v]	**Ester**[v] [t]	–C(=O)OR –[C](=O)OR[h] [t]	**"-carbonsäure-(R)-ester"/ "(R)-...carboxylat"**[w] **"-säure-(R)-ester"/"(R)-...at"**[w] [t]	**"{[(R)oxy]carbonyl}-"**[w] (isolierte Gruppe) – [t]	*Kap. 6.14*
6a	**Säure-halogenid**[x] (inkl. **Säure-azid** *etc.*[x]) [t]	–C(=O)Hal –[C](=O)Hal[h] [t]	**"-carbonyl-halogenid"**[y] **"-oyl-halogenid"**[y] [t]	**"(Halogenocarbonyl)-"** (isolierte Gruppe) – [t]	*Kap. 6.15*

q) Vgl. CA ¶ 181.

r) Vgl. CA ¶ 199.

s) Vgl. CA ¶ 182 und *Anhang 1* (*A.1.12*)).

t) **Innerhalb der *Klasse 6* werden die Derivate von Säuren entsprechend der Prioritätenreihenfolge der Säuren selbst** (s. *Klasse 5* und *Fussnote f*; s. auch die *Fussnoten i, j, m* und *o*) **geordnet**; als Beispiele sind die Derivate von Carbonsäuren angeführt. Für **Derivate von Peroxy-Säuren** sind die entsprechenden Kapitel zur *Klasse 6* zu konsultieren. **Beachte auch die *Fussnoten u* und *v* für gewisse Derivate von Säuren.**

6b	**Amid**[v])	–C(=O)NH_2	**"-carboxamid"**[z])	**"(Aminocarbonyl)-"** (isolierte Gruppe; **IUPAC**: **"Carbamoyl-"**)	*Kap. 6.16*
		–[C](=O)NH_2[h])	**"-amid"**[z])	–	
	[t])	[t])	[t])	[t])	
	Imid[v])	–C(=O)–NH–C(=O)–	**Heterocyclus-Name** + **"-dion"** (s. auch Ketone) (**IUPAC**: auch **"-dicarboximid"**, oder **"-imid"** bei Trivialnamen, für ⌐[C](=O)–NH–[C](=O)⌐ [h]))	–	
	Amidin	–C(=NH)NH_2	**"-carboximidamid"** (**IUPAC**: früher "-carboxamidin")	**"[Amino(imino)methyl]-"** (isolierte Gruppe)	
[u])[v])	**Hydrazid**[v])	–C(=O)$NHNH_2$	**"-carbonsäure-hydrazid"**	**"(Hydrazinocarbonyl)-"** (isolierte Gruppe)	*Kap. 6.17*
		–[C](=O)NHNH[h])	**"säure-hydrazid"**	–	
	[t])	[t])	[t])	[t])	
7	**<u>Nitrile</u>**				*Kap. 6.18*
	Nitril	–C≡N	**"-carbonitril"**	**"Cyano-"** (**IUPAC**: im Deutschen "Cyan-")	
		–[C]≡N[h])	**"-nitril"**	–	
8	**<u>Aldehyde</u>**[aa])[bb])				*Kap. 6.19*
	Aldehyd	–CH=O	**"-carboxaldehyd"** (**IUPAC**: **"-carbaldehyd"**)	**"Formyl-"** (isolierte Gruppe)	
		–[C]H=O[h])	**"-al"**	**"Oxo-"** (Terminus einer C-Kette)	

---

[u]) **Bei CA hat ein Anhydrid, ein Ester oder ein Hydrazid im allgemeinen die gleiche Priorität wie die entsprechende Säure. Ausnahmen** betreffen insbesondere **Ester einer sogenannt kommunen Säure** ('class I acid'), z.B. "Essigsäure", "Benzoesäure", "Kohlensäure" *etc.* (s. *Kap. 6.14*), **mit einem sogenannt exotischen Alkohol** ('class II alcohol'); **ein solcher Ester hat die Priorität des exotischen Alkohols. IUPAC** empfiehlt die Prioritätenreihenfolge Anhydrid > Ester > Säure-halogenid > Amid > Hydrazid > Imid (Empfehlungen in Überarbeitung, IUPAC R-4.1, Table 10).

[v]) ***Beachte***:

- **Anhydride** (z.B. –C(=O)–O–C(=O)–), **Ester** (z.B. –C(=O)OR) **und Hydrazide** (z.B. –C(=O)$NHNH_2$) **von Carbonperoxo- und Carbonsäuren** und Austauschanaloga (*Klassen 5a* und *5b*) **und von Sulfonsäuren *etc.*** (*Klasse 5c*) **werden von CA im allgemeinen bei den entsprechenden Säuren indexiert** (CA ¶ 169), **unter Beigabe der modifizierenden Angabe** 'anhydride', z.B. 'methyl ester' bzw. 'hydrazide' (vgl. *Fussnote u*). **Gleiches gilt für Ester von Kohlen- und Ameisensäuren** (*Klasse 5d*) **sowie von Chalcogen-, N-, P-, As-, Si- und B-haltigen Oxosäuren** (*Klassen 5e – g, 5j* und *5k*); für Anhydride und Hydrazide dieser Säuren, s. die *Kap. 6.13* bzw. *6.17*, z.B. 'formic acid, anhydride' (H–C(=O)–O–C(=O)–H), aber 'dicarbonic acid' (HO–C(=O)–O–C(=O)–OH) und 'disiloxanehexol' ($(HO)_3Si–O–Si(OH)_3$).
- **Cyclische Anhydride** (⌐C(=O)–O–C(=O)⌐, s. *Kap. 6.13*), **Lactone** (⌐C(=O)–O⌐, s. *Kap. 6.14*), **Lactame** (⌐C(=O)–NH⌐, s. *Kap. 6.16*), **Lactime** (⌐C(OH)=N⌐, s. *Kap. 6.16*), **Imide** (⌐C(=O)–NH–C(=O)⌐, s. *Kap. 6.16*), **Sultone** (⌐O–SO_2⌐, s. *Kap. 6.14*) **und Sultame** (⌐NH–SO_2⌐, s. *Kap. 6.16*) **werden von CA als Derivate von Heterocyclen benannt**, z.B. als Ketone (*Kap. 6.20*).
- **Amide, deren N-Atom zu einem Heterocyclus oder einer Heterokette gehört** (z.B. R–S(=O)$_2$–N⊂ oder R–C(=O)–N=N–R′; **nicht bei Hydraziden** R–C(=O)–$NHNH_2$!) **werden von CA mittels Präfix als Acyl-substituierte Derivate des Heterocyclus bzw. der Heterokette benannt** (s. *Kap. 6.16* und *6.20*), z.B. "1-Acetylpyrrolidin" (C_4H_8N–C(=O)Me).
- **Azin- und Semicarbazon-Derivate von Säuren** (z.B. –C(=N–N=CRR′)OH bzw. –C[=N–NH–C(=O)NH_2]OH) **werden als substituierte Hydrazonsäuren** (z.B. –C(=N–NH_2)OH), **und Oxim-Derivate** (z.B. –C(=N–OH)OH) **als substituierte Imidsäuren** (z.B. –C(=NH)OH) **benannt**, z.B. "*N*-Hydroxypropanimidsäure" (MeCH_2C(=N–OH)OH).
- **Hydrate von Säuren** (z.B. **Orthocarbonsäuren**, –C(OH)$_3$) **und Acetale von Säuren** (z.B. **Orthocarbonsäurediester**, –C(OR)$_2$OH) **werden als Alkohole bezeichnet** (CA ¶ 169). **Orthocarbonsäure-triester sind Sauerstoff-Verbindungen** (s. *Kap. 6.30*).

[w]) **"(R)-"** oder **"(R′)-"** = Name eines Stammsubstituenten (s. *Kap. 4* und *5*), z.B. "Ethyl-", "Naphthalinyl-" *etc.*

[x]) **In die *Klasse 6a* gehören auch Säure-Derivate, in denen OH-Gruppen durch Hal ≠ F, Cl, Br und I ersetzt sind. Die Prioritätenreihenfolge der Säure-halogenide von Säuren mit Suffix** (*Klassen 5b* und *5c*) **ist Hal = F > Cl > Br > I > N_3 > NCO > NCS > NCSe > NCTe > NC** (> CN bei Nicht-Carbonsäuren), z.B. **"Benzoylisocyanid"** (PhC(=O)–NC). Die Prioritätenreihenfolge der **Säure-halogenide von Oxosäuren mit Funktionsstammnamen** (*Klassen 5d – g* und *5k*) ist speziell (s. *Kap. 6.15*).

[y]) **Weitere Suffixe** (inkl. Hal-Bezeichnungen) **dieser Art** sind:
"-carbothioyl-chlorid" (–C(=S)Cl),
"-thioyl-chlorid" (–[C](=S)Cl),
"-carbohydrazonoyl-chlorid" (–C(=N–NH_2)Cl),
"-hydrazonoyl-chlorid" (–[C](=N–NH_2)Cl),
"-carboximidoyl-chlorid" (–C(=NH)Cl),
"-imidoyl-chlorid" (–[C](=NH)Cl),
"-sulfonyl-chlorid" (–S(=O)$_2$Cl),
"-sulfonothioyl-chlorid" (–S(=O)(=S)Cl),
"-sulfonimidoyl-chlorid" (–S(=O)(=NH)Cl) *etc.* (s. *Tab. 6.1*).
Spezielle Endungen (und Präfixe) werden **für Säure-halogenide von Oxosäuren mit Funktionsstammnamen** (*Klassen 5d –g, 5j* und *5k*) verwendet (s. *Kap. 6.15*).

[z]) **Weitere Suffixe dieser Art** sind:
"-carbothioamid" (–C(=S)NH_2),
"-thioamid" (–[C](=S)NH_2),
"-carbohydrazonamid" (–C(=N–NH_2)NH_2; früher "-carboxamidhydrazon"),
"-carboximidamid" (–C(=NH)NH_2; früher "-carboxamidin"),
"-sulfonamid" (–S(=O)$_2NH_2$) *etc.* (s. *Tab. 6.2*).
Spezielle Endungen (und Präfixe) werden **für Amide von Oxosäuren mit Funktionsstammnamen** (*Klassen 5d – g, 5j* und *5k*) verwendet (s. *Kap. 6.16*).

[aa]) **Bei CA hat ein Oxim oder ein Hydrazon eines Aldehyds oder Ketons im allgemeinen die gleiche Priorität wie der/das entsprechende Aldehyd bzw. Keton. IUPAC** empfiehlt die Prioritätenreihenfolge Aldehyd > Aldehyd-Derivat > Keton > Keton-Derivat (Empfehlungen in Überarbeitung, IUPAC R-4.1, Table 10).

(Forts. S. 26)

	Thioaldehyd	–CH=S –[C]H=S[h]	**"-carbothioaldehyd"** (**IUPAC**: **"-carbothialdehyd"**) **"-thial"**	**"(Thioxomethyl)-"** (isolierte Gruppe; **IUPAC**: **"(Thioformyl)-"**) **"Thioxo-"** (Terminus einer C-Kette)	*Kap. 6.19*
	Selenoaldehyd	–CH=Se –[C]H=Se[h]	**-carboselenoaldehyd"** (**IUPAC**: **"-carboselenaldehyd"**) **"-selenal"**	**"(Selenoxomethyl)-"** (isolierte Gruppe; **IUPAC**: **"(Selenoformyl)-"**) **"Selenoxo-"** (Terminus einer C-Kette)	
	Telluroaldehyd	–CH=Te –[C]H=Te[h]	**"-carbotelluroaldehyd"** (**IUPAC**: **"-carbotelluraldehyd"**) **"-tellural"**	**"(Telluroxomethyl)-"** (isolierte Gruppe; **IUPAC**: **"(Telluroformyl)-"**) **"Telluroxo-"** (Terminus einer C-Kette)	
9	**Ketone**[aa][bb][cc]				*Kap. 6.20*
	Keton	>[C]=O[h]	**"-on"**	**"Oxo-"**	
	Thioketon	>[C]=S[h]	**"-thion"**	**"Thioxo-"**	
	Selenoketon	>[C]=Se[h]	**"-selon"** (**nicht** "-selenon" (>SeO_2))	**"Selenoxo-"**	
	Telluroketon	>[C]=Te[h]	**"-tellon"** (**nicht** "-telluron" (>TeO_2))	**"Telluroxo-"**	
10	**Alkohole**[dd]				*Kap. 6.21*
	Alkohol oder Phenol	–OH	**"-ol"**	**"Hydroxy-"**	
	Thiol	–SH	**"-thiol"**	**"Mercapto-"** (**IUPAC**: **"Sulfanyl-"**, früher "Mercapto-")	
	Selenol	–SeH	**"-selenol"**	**"Selenyl-"** (**IUPAC**: **"Selanyl-"**, früher "Hydroseleno-")	
	Tellurol	–TeH	**"-tellurol"**	**"Telluryl-"** (**IUPAC**: **"Tellanyl-"**, früher "Hydrotelluro-")	
11	**Hydroperoxide**[dd][ee][ff]				*Kap. 6.22*
	Hydroperoxid	–O–OH	**"-hydroperoxid"**	**"Hydroperoxy-"**	
	Thiohydroperoxid	–O–SH	**"-thiohydroperoxid"**	**"(Mercaptooxy)-"** (**IUPAC**: "(Sulfanyloxy)-")	

[bb]) ***Beachte***:

- **CA indexiert Oxime** (>C=N–OH; CA ¶ 195), **Hydrazone** (>C=N–NH_2; CA ¶ 190), **Azine** (>C=N–N=C<), **Osazone** (= vicinale Dihydrazone) **und Phosphazine** (>C=N–N=P≡) **von Aldehyden und Ketonen** (für entsprechende Säuren, s. *Fussnote v)* **beim entsprechenden Aldehyd bzw. Keton, unter Beigabe der modifizierenden Angabe** 'oxime' (oder z.B. '*O*-methyloxime'), 'hydrazone', 'alkylidenehydrazone', z.B. 'bis(methylhydrazone)' bzw. 'phosphoranylidenehydrazone'.
- **Semicarbazone** (>C=N–NH–C(=O)NH_2) werden dagegen als Alkylidenhydrazincarboxamide (*Klasse 6b*), **Isosemicarbazone** (>C=N–NH–C(=NH)OH) als Alkylidenhydrazincarboximidsäuren (*Klasse 5b*), **Carbohydrazone** (>C=N–NH–C(=O)–NH–N=C<) als Dialkylidenkohlensäure-dihydrazide (s. *Fussnote v*) und **Semioxamazone** (>C=N–NH–C(=O)–C(=O)–NH_2) als Amino(oxo)essigsäure-alkylidenhydrazide (s. *Fussnote v*) benannt; **Formazan** (HN=N–CH=N–NH_2) wird ab CAs '13th Coll. Index' (ab 1992) als Diazencarboxaldehyd-hydrazon bezeichnet.
- **Carbodiimide** (R–N=C=N–R) werden als "*N,N'*-Methantetraylbis[...amin]" bezeichnet (s. *Kap. 6.23*)
- **Acetale** werden mittels "[(R)oxy]"-Präfixen (acyclische Acetale) oder als Heterocyclen (cyclische Acetale) benannt (s. *Kap. 6.30*), **Halbacetale** sind Alkohole (s. *Kap. 6.21*).

[cc]) Eine Gruppe **=O, =S, =Se oder =Te an einem Heteroatom N, P, As, Sb, Bi, B, Si, Ge, Sn, Pb, S, Se oder Te oder ein nicht-saurer Acyl-Substituent an einem solchen Heteroatom (nicht im Fall von nicht-sauren Acyl-Substituenten,** die als Derivate von Säuren (s. *Klasse 6*) bezeichnet werden können; **nicht im Fall von –CH(=O)** und Chalcogen-Analoga: Aldehyde (!)) **wird nicht als Keton mit Suffix benannt**; die Gruppe =O *etc.* bzw. der Acyl-Substituent wird in diesen Fällen mittels **Additionsnomenklatur oder** als **Präfix** bezeichnet (s. *Kap. 6.20(**d**)* bzw. *(**b**)(**c**)*; **Pseudoketon, Pseudoamid** oder **'unausgedrücktes Amid'**), ausser wenn sie bzw. er Teil einer Funktionsstammstruktur ist (z.B. PH(=O)$(OH)_2$, "Phosphonsäure") oder wenn es sich um ein acyclisches Polysulfoxid, Polysulfon, Polyselenoxid *etc.* (s. *Kap. 6.31*) oder um ein Sulfoximin, Sulfilimin, Sulfimid oder Thionyl-imid *etc.* (s. *Kap. 6.25*) sowie deren Chalcogen-Analoga handelt.

[dd]) Ein Substituent **–OH, –SH, –SeH oder –TeH bzw. –OOH oder –OSH an einem Heteroatom N, P, As, Sb, Bi, B, Ge, Sn oder Pb** (**nicht** Si!) wird **nicht** als **Alkohol mit Suffix oder Hydroperoxid mit Funktionsklassenname** benannt; der Substituent –OH *etc.* wird in diesen Fällen als **Präfix** ausgedrückt (s. *Kap. 6.21(**b**)* bzw. *6.22(**b**)*; **Pseudoalkohol** bzw. **Pseudohydroperoxid**), ausser wenn er Teil einer Funktionsstammstruktur ist (z.B. PH(=O)$(OH)_2$, "Phosphonsäure").

[ee]) **Verbindungen der *Klassen 11* und *14 – 24* haben keine als Suffix oder Funktionsstammname bezeichnete Hauptgruppe.** Für die Prioritätenreihenfolge von cyclischen und acyclischen Strukturen in den *Klassen 14 – 24* (nicht-funktionelle Verbindungen), s. *Kap. 3.3*. **IUPAC** empfiehlt die Prioritätenreihenfolge Hydroperoxid > Amin > Imin > Hydrazin > Phosphan *etc.* > Ether > Sulfid > Selenid > Tellurid > Peroxid > Disulfid > Diselenid > Ditellurid (Empfehlungen in Überarbeitung, IUPAC R-4.1, Table 10). **"Hydroperoxid", "Thiohydroperoxid", "Hydrotrioxid", "Hydrotrisulfid", "Hydrotetrasulfid" *etc.*, "Polyoxid", "Polysulfid" und seine Oxide, "Polyselenid" *etc.* sind Funktionsklassennamen** (*Klassen 11* und *21 – 23*), z.B. "Dimethyl-trioxid" (Me–O–O–O–Me).

[ff]) Die Chalcogen-Analoga **–S–OH** und **–S–SH** werden als Sulfen- bzw. Sulfenthiosäuren betrachtet (s. *Klasse 5c*; **IUPAC**: "hydroxysulfan" bzw. "-disulfan").

Priorität (*Klasse*)	nicht-funktionelle Verbindung	Name	Substituent	Präfix	Details in
12	**Amine**[99])				*Kap. 6.23*
	Amin	$-NH_2$	**"-amin"**	**"Amino-"**	
13	**Imine**[99])				*Kap. 6.24*
	Imin	=NH	**"-imin"**	**"Imino-"**	
14	**Stickstoff-Verbindungen**[ee]) ('nitrogen compounds'; **ausser** Verbindungen der *Klassen 1 – 9, 12* und *13*)				*Kap. 6.25*
	Heterocyclen (*Kap. 4*) > **homogene Heteroketten** (*Kap. 4.3.3.1*) > **Heteroketten mit Austauschnamen** (*Kap. 4.3.2*) > **"Hydroxylamin"** (H_2N-OH) > **"Thiohydroxylamin"** (H_2N-SH) z.B. (mit abnehmender Priorität, d.h. Abnahme der Anzahl Heteroatome, Zunahme des Sättigungsgrades)				
	$HN=N-NH_2$	**"Triaz-1-en"**	$H_2N-N=N-$	**"Triaz-1-enyl-"**	
	$H_2N-NH-NH_2$	**"Triazan"**	$H_2N-NH-NH-$	**"Triazanyl-"**	
	$HN=NH$	**"Diazen"**	$HN=N-$	**"Diazenyl-"** (nur unsubstituiert; substituiert "[(R)azo]-")	
	H_2N-NH_2	**"Hydrazin"** (**IUPAC**: auch "Diazan")	H_2N-NH-	**"Hydrazino-"** (**IUPAC**: auch "Diazanyl-")	
	In die *Klasse 14* gehören auch **"Sulfoximin"** ($HN=SH_2(=O)$) und Chalcogen-Analoga, **"Sulfimin"** ($HN=SH_2$), **"Sulfimid"** ($HN=S(=O)_2$) und **"Thionyl-imid"** ($HN=S=O$). Dagegen werden **"Schwefel-diimid"** ('sulfur diimide'; $HN=S=NH$) und **"Schwefel-triimid"** ('sulfur triimide'; $S(=NH)_3$) nach CA in *Klasse 1* eingeordnet.				
15	**Phosphor-Verbindungen**[ee]) ('phosphorous compounds'; **ausser** Verbindungen der *Klassen 1 – 6*)				*Kap. 6.26*
	Heterocyclen (*Kap. 4*) > **homogene Heteroketten** (*Kap. 4.3.3.1*) > **Heteroketten mit Austauschnamen** (*Kap. 4.3.2*) z.B. (mit abnehmender Priorität, d.h. Abnahme der Anzahl Heteroatome, Zunahme des Sättigungsgrades, Art des additiven Heteroatoms)				
	$H_4P-PH_3-PH_4$	**"Triphosphoran"** (**IUPAC**: auch "Tri-λ^5-phosphan"[k]))	$H_4P-PH_3-PH_3-$	**"Triphosphoranyl-"** (**IUPAC**: auch "Tri-λ^5-phosphanyl-"[k]))	
	$H_2P-PH-PH_2$	**"Triphosphin"** (**IUPAC**: auch "Triphosphan")	$H_2P-PH-PH-$	**"Triphosphinyl-"** (**IUPAC**: "Triphosphanyl-")	
	$HP=PH$	**"Diphosphen"**	$HP=P-$	**"Diphosphenyl-"**	
	$PH_3=O$	**"Phosphin-oxid"**			
	$PH_3=S$	**"Phosphin-sulfid"**			
	$PH_3=NH$	**"Phosphin-imid"**			
	PH_5	**"Phosphoran"** (**IUPAC**: auch "λ^5-Phosphan"[k]))	H_4P-	**"Phosphoranyl-"** (**IUPAC**: auch "λ^5-Phosphanyl-"[k]))	
	PH_3	**"Phosphin"** (**IUPAC**: auch "Phosphan")	H_2P-	**"Phosphino-"** (**IUPAC**: auch "Phosphanyl-")	
16	**Arsen-Verbindungen**[ee]) ('arsenic compounds'; **ausser** Verbindungen der *Klassen 1 – 6*)				*Kap. 6.26*
	(s. *Klasse 15*) **Heterocyclen** (*Kap. 4*) > **homogene Heteroketten** (*Kap. 4.3.3.1*) > **Heteroketten mit Austauschnamen** (*Kap. 4.3.2*) z.B. **"Triarsoran"** ($H_4As-AsH_3-AsH_4$; **IUPAC**: auch "Tri-λ^5-arsan"[k])) > **"Triarsin"** ($H_2As-AsH-AsH_2$; **IUPAC**: auch "Triarsan") > **"Arsoran"** (AsH_5; **IUPAC**: auch "λ^5-Arsan"[k])) > **"Arsin"** (AsH_3; **IUPAC**: auch "Arsan")				
17	**Antimon- und Bismut(Wismut)-Verbindungen**[q])[ee]) ('antimony and bismuth compounds'; **ausser** Verbindungen der *Klassen 1 – 5*)				*Kap. 6.27*
	Heterocyclen (*Kap. 4*) > **homogene Heteroketten** (*Kap. 4.3.3.1*) > **Heteroketten mit Austauschnamen** (*Kap. 4.3.2*) z.B. (mit abnehmender Priorität, d.h. Abnahme der Anzahl Kettenatome, Zunahme des Sättigungsgrades, Art des additiven Heteroatoms)				
	$H_2Sb-SbH-SbH_2$	**"Tristibin"** (**IUPAC**: auch "Tristiban")	$H_2Sb-SbH-SbH-$	**"Tristibinyl-"** (**IUPAC**: auch "Tristibanyl-")	
	$HSb=SbH$	**"Distiben"**	$HSb=Sb-$	**"Distibenyl-"**	
	$H_2Sb-SbH_2$	**"Distibin"** (**IUPAC**: auch "Distiban")	$H_2Sb-SbH-$	**"Distibinyl-"** (**IUPAC**: auch "Distibanyl-")	
	$SbH_3=O$	**"Stibin-oxid"**			
	$SbH_3=S$	**"Stibin-sulfid"**			
	$SbH_3=NH$	**"Stibin-imid"**			
	SbH_3	**"Stibin"** (**IUPAC**: auch "Stiban")	H_2Sb-	**"Stibino-"** (**IUPAC**: auch "Stibanyl-")	
	analog: **"Tribismutin"** ($H_2Bi-BiH-BiH_2$; **IUPAC**: auch "Tribismutan") > **"Dibismutin"** ($H_2Bi-BiH_2$; **IUPAC**: auch "Dibismutan") > **"Bismutin"** (BiH_3; **IUPAC**: auch "Bismutan")				

[99]) Eine Verbindung **R–N=CR′R″** (R = Alkyl, Aryl *etc.*) ist ein *N*-Alkyliden-substituiertes Amin und **nicht** ein *N*-substituiertes **Imin** (Amin > Imin). Auch eine Verbindung **R–N=C=N–R′** wird als **Amin** bezeichnet (generisch ein **Carbodiimid**), ausser HN=C=NH ("Methandiimin").

3

18 — **Bor-Verbindungen**[s][ee] — *Kap. 6.28*

('boron compounds'; **ausser** Verbindungen der *Klassen 1-6*)

Carbapolyborane > Hetero-Polyborane > Polyborane > heterocyclische Bor-Verbindungen > Borane

19 — **Silicium-Verbindungen**[r][ee] — *Kap. 6.29*

('silicon compounds'; **ausser** Verbindungen der *Klassen 1 – 6*)

Heterocyclen (*Kap. 4*) > **homogene und heterogene Heteroketten** (*Kap. 4.3.3*) > **Heteroketten mit Austauschnamen** (*Kap. 4.3.2*)

z.B. (mit abnehmender Priorität, d.h. Abnahme der Anzahl Kettenatome, Abnahme der Priorität des zusätzlichen Heteroatoms)

$H_3Si{-}O{-}SiH_3$	**"Disiloxan"**	$H_3Si{-}O{-}SiH_2{-}$	**"Disiloxanyl-"**
$H_3Si{-}S{-}SiH_3$	**"Disilathian"**	$H_3Si{-}S{-}SiH_2{-}$	**"Disilathianyl-"**
$H_3Si{-}SiH_2{-}SiH_3$	**"Trisilan"**	$H_3Si{-}SiH_2{-}SiH_2{-}$	**"Trisilanyl-"**
$H_3Si{-}SiH_3$	**"Disilan"**	$H_3Si{-}SiH_2{-}$	**"Disilanyl-"**
SiH_4	**"Silan"**	$H_3Si{-}$	**"Silyl-"**
Beachte:			
$H_3Si{-}NH{-}SiH_3$	**"*N*-Silylsilanamin"** (Amin > Gerüst-Stammstruktur; **IUPAC**: "Disilazan")	$H_3Si{-}NH{-}SiH_2{-}$	**"Disilazanyl-"** (**CA** und **IUPAC**)

20 — **Germanium-, Zinn- und Blei-Verbindungen**[ee] — *Kap. 6.29*

('germanium, tin, and lead compounds')

(s. *Klasse 19*)
Heterocyclen (*Kap. 4*) > **homogene und heterogene Heteroketten** (*Kap. 4.3.3*) > **Heteroketten mit Austauschnamen** (*Kap. 4.3.2*)

z.B. **"German"** (GeH_4) > **"Stannan"** (SnH_4) > **"Plumban"** (PbH_4)

21 — **Sauerstoff-Verbindungen**[ee][hh] — *Kap. 6.30*

('oxygen compounds'; **ausser** Verbindungen der *Klassen 1 – 6, 8 – 11* und *14 – 20*)

Heterocyclen (*Kap. 4*) > **acyclische Polyoxide**[ee] > **Heteroketten mit Austauschnamen** (*Kap. 4.3.2*)[hh]

z.B. (mit abnehmender Priorität, d.h. Abnahme der Anzahl O-Atome)

R–O–O–O–R´	**"(R)-(R´)-trioxid"**[ww]	R–O–O–O–	**"[(R)trioxy]-"**[ww]
R–O–O–R´	**"(R)-(R´)-peroxid"**[ww]	R–O–O–	**"[(R)peroxy]-"**[ww]

22 — **Schwefel-Verbindungen**[ee][ii] — *Kap. 6. 31*

('sulfur compounds'; **ausser** Verbindungen der *Klassen 1 – 6, 8 – 11* und *14 – 22*)

Heterocyclen (*Kap. 4*) > **acyclische Polysulfide und ihre Oxide**[ee] > **Heteroketten mit Austauschnamen** (*Kap. 4.3.2*)[ii]

z.B. (mit abnehmender Priorität, d.h. Abnahme der S-Atome, dann Abnahme der O-Atome)

$R{-}SO_2{-}SO_2{-}SO_2{-}R'$	**"(R)-(R´)-trisulfon"**[ww]	$R{-}SO_2{-}SO_2{-}SO_2{-}$	**"[(R)trisulfonyl]-"**[ww]
R–S–S–S–R´	**"(R)-(R´)-trisulfid"**[ww]	R–S–S–S–	**"[(R)trithio]-"**[ww]
$R{-}SO_2{-}SO_2{-}R'$	**"(R)-(R´)-disulfon"**[ww]	$R{-}SO_2{-}SO_2{-}$	**"[(R)disulfonyl]-"**[ww]
R–SO–SO–R´	**"(R)-(R´)-disulfoxid"**[ww]	R–SO–SO–	**"[(R)disulfinyl]-"**[ww]
R–S–S–R´	**"(R)-(R´)-disulfid"**[ww]	R–S–S–	**"[(R)dithio]-"**[ww]

23 — **Selen- und Tellur-Verbindungen**[ee][ii] — *Kap. 6.31*

('selenium and tellurium compounds'; **ausser** Verbindungen der *Klassen 1-6, 8 – 11* und *14 – 22*)

(s. *Klasse 22*)
Heterocyclen (*Kap. 4*) > **acyclische Polyselenide bzw. -telluride und ihre Oxide**[ee] > **Heteroketten mit Austauschnamen** (*Kap. 4.3.2*)[ii]

z.B. "**(R)-(R´)-triselenon**" ($R{-}(SeO_2)_3{-}R'$; "[(R)triselenonyl]-") > "**(R)-(R´)-triselenid**" ($R{-}Se_3{-}R'$; "[(R)triseleno]-") > "**(R)-(R´)-diselenon**" ($R{-}(SeO_2)_2{-}R'$) > "**(R)-(R´)-diselenoxid**" ($R{-}(SO)_2{-}R'$; "[(R)diseleninyl]-") > "**(R)-(R´)-diselenid**" ($R{-}Se_2{-}R'$) > "**(R)-(R´)-tritelluron**" ($R{-}(TeO_2)_3{-}R'$; "[(R)tritelluronyl]-") > "**(R)-(R´)-tritellurid**" ($R{-}Te_3{-}R'$; "[(R)tritelluro]-") > "**(R)-(R´)-ditelluron**" ($R{-}(TeO_2)_2{-}R'$) > "**(R)-(R´)-ditelluroxid**" ($R{-}(TeO)_2{-}R'$; "[(R)ditellurinyl]-") > "**(R)-(R´)-ditellurid**" ($R{-}Te_2{-}R'$)

[hh]) **CA benennt acyclische Ether mittels Austauschnomenklatur** (s. *Kap. 4.3.2*), **mittels Multiplikationsnomenklatur** (s. *Kap. 3.2.3*) **oder, sofern möglich, mittels Präfixen** (s. *Tab. 3.1*), d.h."[(R)oxy]-" (RO–), z.B. "(Hexyloxy)-" ($Me(CH_2)_5{-}$), d.h. Ether haben die Priorität der entsprechenden Gerüst-Stammstruktur (s. *Kap. 3.3*).

[ii]) **CA benennt acyclische Sulfide, Sulfoxide und Sulfone** (je 1 oder mehrere **isolierte S-Atome) mittels Austauschnomenklatur** (s. *Kap. 4.3.2*), **mittels Multiplikationsnomenklatur** (s. *Kap. 3.2.3*) **oder, sofern möglich, mittels Präfixen** (s. *Tab. 3.1*), d.h. "[(R)thio]-" (RS–), "[(R)sulfinyl]-" (RS(=O)–), "[(R)sulfonyl]-" ($RS(=O)_2{-}$). Analoges gilt für die entsprechenden Se- und Te-Verbindungen.

24	**Kohlenstoff-Verbindungen**[ee]) ('carbon compounds') **Carbocyclen** (*Kap. 4*) > **Ketten** (*Kap. 4*) (**Kohlenwasserstoffe**; 'hydrocarbons')	*Kap. 6.32*
Sonder-klassen	**Halogen-Verbindungen**	*Kap. 6.33*
	Organometall- und Koordinationsverbindungen (s. *Klassen 2 – 4*)	*Kap. 6.34*

3.2. Nomenklaturtypen

Man unterscheidet folgende Nomenklaturtypen:

- Substitutionsnomenklatur, (Kap. 3.2.1)
- Konjunktionsnomenklatur, (Kap. 3.2.2)
- Multiplikationsnomenklatur, (Kap. 3.2.3)
- Additionsnomenklatur, (Kap. 3.2.4)
- Subtraktionsnomenklatur, (Kap. 3.2.5)
- Funktionsklassennomenklatur. (Kap. 3.2.6)

3.2.1. SUBSTITUTIONSNOMENKLATUR ('substitutive nomenclature')

CA ¶ 130–134 und 164; IUPAC R-0.2.3.3.6, R-1.2.1, C-01 und D-1.3

Beachte:

- **Substitutionsnomenklatur ist der bevorzugte Nomenklaturtyp; sie wird wenn möglich mit Konjunktionsnomenklatur kombiniert.** (Kap. 3.2.2)
- Substitutionsnomenklatur lässt sich auch mit Multiplikations-, Additions-, Substraktions- und Funktionsklassennomenklatur kombinieren (Kap. 3.2.3–3.2.6)

(a) Die **Hauptgruppe** ist ein Substituent (z.B. –OH in **1**) an einer Gerüst-Stammstruktur. Das entsprechende **Suffix** (z.B. "-ol") **wird an den Stammnamen** (z.B. "Ethan") **angehängt.**

z.B.

"Ethanol" (**1**)
- CA: 'ethanol'
- Alkohol (*Kap. 6.21*)

Die **Hauptgruppe** ist ein Substituent (z.B. $-P(=O)(OH)_2$ in **2**), der von einer Funktionsstammstruktur (z.B. $PH(=O)(OH)_2$) hergeleitet wird und deshalb an einem Stamm*substituenten* haftet. Der entsprechende **Funktionsstammname** (z.B. "-phosphonsäure") **wird an den Stammsubstituentennamen** (z.B. "Ethyl-") **angehängt.**

z.B.

"Ethylphosphonsäure" (**2**)
- CA: 'phosphonic acid, ethyl-'
- P-haltige Oxosäure (*Kap. 6.11*)

(b) **Alle übrigen Substituenten** an der Gerüst-Stammstruktur (z.B. Cl– in **3**) bzw. am Stammsubstituenten (z.B. H_2N– in **4**) werden als **Präfixe** (z.B. "Chloro-" bzw. "Amino-") ausgedrückt. Die Präfixe erscheinen **vor dem Stammnamen bzw. vor dem Stammsubstituentennamen**[1]).

z.B.

"2-Chloroethanol" (**3**)
- CA: 'ethanol, 2-chloro-'
- Alkohol (*Kap. 6.21*)

"2-Aminoethylphosphonsäure" (**4**)
- CA: 'phosphonic acid, 2-aminoethyl-'
- P-haltige Oxosäure (*Kap. 6.11*)

(c) *Zusammenfassend:*

Präfixe + Stammname + Suffix
oder
Präfixe + Stammsubstituentenname + Funktionsstammname

Beispiele:

"2-Pentylbutan-1,3-diol" (**5**)
Alkohol (*Kap. 6.21*)

"2-Aminoethanol" (**6**)
- Alkohol (*Kap. 6.21*)
- **nicht "Ethanolamin"** (Alkohol > Amin)

"3-Formyl-2-hydroxy-4-methoxy-5,6-dimethylbenzoesäure-methyl-ester" oder "Methyl-(3-formyl-2-hydroxy-4-methoxy-5,6-dimethylbenzoat)" (**7**)
- Ester (*Kap. 6.14*)
- "Benzolcarbonsäure" wird sowohl von CA als auch von IUPAC "Benzoesäure" ('benzoic acid') genannt, d.h. "Benzolcarboxylat" wird zu "Benzoat"

"4,4,8,8-Tetramethyl-3-(1-methylethenyl)-cyclooctan-1,5-dion" (**8**)
- Keton (*Kap. 6.20*)
- IUPAC: auch "Isopropenyl-" statt "(1-Methylethenyl)-"

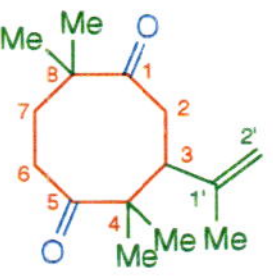

"4,5-Dichloro-3,6-dioxocyclohexa-1,4-dien-1,2-dicarbonitril" (**9**)
- Nitril (*Kap. 6.18*)
- nicht "2,3-Dichloro-5,6-dicyano-1,4-benzochinon" (Abkürzung: "**DDQ**")

[1]) **Modifizierende Vorsilben** (s. *Anhang 3*) wie "Cyclo-", "Spiro-", "Aza-", "Benzo-" *etc.* werden als zum Stammnamen gehörend und nicht als Präfixe betrachtet.

10

"*N*-Ethyl-1-methyl-3-(4-methylphenyl)triaz-2-en-1-carbothioamid" (**10**)
Amid (*Kap. 6.16*)

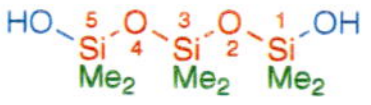

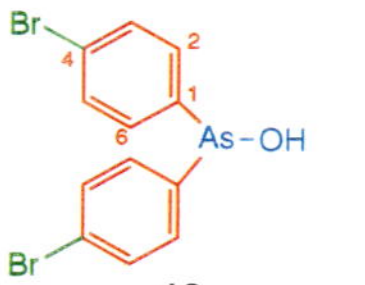

13

"Bis(4-bromophenyl)arsinigsäure" (**13**)
- Englisch: 'bis(4-bromophenyl)arsinous acid'
- As-haltige Oxosäure (*Kap. 6.11*)

11

"1,1,3,3,5,5-Hexamethyltrisiloxan-1,5-diol" (**11**)
Alkohol (*Kap. 6.21*)

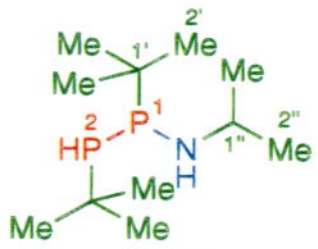

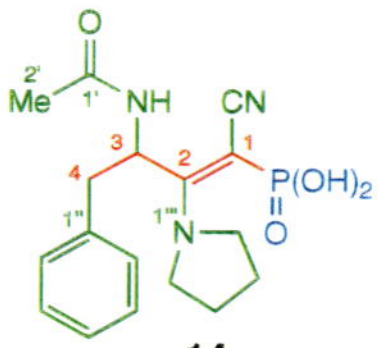

14

"[3-(Acetylamino)-1-cyano-4-phenyl-1-(pyrrolidin-1-yl)but-1-enyl]phosphonsäure" (**14**)
- Englisch: '...phosphonic acid'
- P-haltige Oxosäure (*Kap. 6.11*)

12

"1,2-Bis(1,1-dimethylethyl)-*N*-(1-methylethyl)diphosphinamin" (**12**)
- Amin (*Kap. 6.23*)
- IUPAC: "Diphosphan" statt "Diphosphin"; vgl. dazu *Kap. 4.3.3*
- IUPAC: auch "(*tert*-Butyl)-" statt "(1,1-Dimethylethyl)-" und "Isopropyl-" statt "(1-Methylethyl)-"

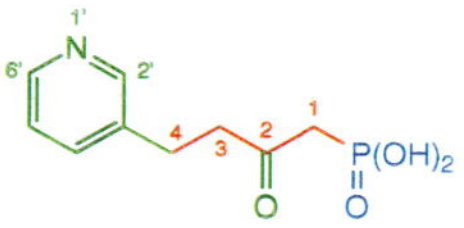

15

"[2-Oxo-4-(pyridin-3-yl)butyl]phosphonsäure" (**15**)
- Englisch: '...phosphonic acid'
- P-haltige Oxosäure (*Kap. 6.11*)
- *beachte:* **wegen Funktionsstammname** (–PO_3H) **ist Konjunktionsnomenklatur** (s. *Kap. 3.2.2*) **nicht anwendbar**

3

CA ¶ 124, 166 und 255
IUPAC R-0.2.3.3.7, R-1.2.4 und C-0.5

3.2.2. KONJUNKTIONSNOMENKLATUR ('conjunctive nomenclature'; auch Verbundnomenklatur)

Beachte:

Kap. 3.2.1

- Konjunktionsnomenklatur ist ein **Spezialfall der Substitutionsnomenklatur** und wird von CA, wenn immer möglich, ausgiebig gebraucht[2]).
- **Konjunktionsnomenklatur wird nicht verwendet, wenn** die **Hauptgruppe** einen **Funktionsstammnamen oder Klassennamen** bekommt (*Klassen 5d – g* und *5k* bzw. *Klassen 11* und *21 – 23* in *Tab. 3.2*), z.B. Phosphonsäuren, Carbamidsäuren, Hydroperoxide *etc.*

Tab. 3.2

- Ist die **Hauptgruppe** eine **Keton-Gruppe** oder ein Chalcogen-Analogon (*Kap. 6.20*), dann ist die **Konjunktionsnomenklatur nicht anwendbar** (s. ***(a)*** und ***(b)***); bei **Iminen** (*Kap. 6.24*) ist sie dagegen zulässig.
- Konjunktionsnomenklatur lässt sich kombinieren mit Substitutions-, Multiplikations-, Additions- und Subtraktionsnomenklatur, nicht aber mit Funktionsklassennomenklatur (s. oben).

Kap. 6.20

Kap. 6.24

Kap. 3.2.1 und 3.2.3 – 3.2.6

(a) **Eine Kohlenwasserstoff-Kettenkomponente** (oder mehrere gleiche Kohlenwasserstoff-Kettenkomponenten) **ist** (sind) an einer Extremität **durch eine Hauptgruppe (nur Suffix (!)**, aber **nicht** "**-on**" und Chalcogen-Analoga; nicht Funktionsstammname oder Klassenname) **substituiert und** an der andern über eine Einfachbindung **mit einer beliebigen Ringkomponente verknüpft.** Die Lage der Hauptgruppe (z.B. –OH in **16**) und die Lage der Ringkomponente (z.B. Piperidin-Ring) an der Kohlenwasserstoff-Kettenkomponente definieren willkürlich die Länge der Kohlenwasserstoff-Kettenkomponente (z.B. CH_3CH_3). **Die Kohlenwasserstoff-Kettenkomponente**(n) **und die Ringkomponente zusammen bilden die Gerüst-Stammstruktur** (die Kohlenwasserstoff-Kettenkomponente erstreckt sich nur von der Hauptgruppe bis zur Ringkomponente). **Im Namen wird der unveränderte Ringstrukturname** (= Stammname des Ringes) **vor den unveränderten Namen der Kohlenwasserstoff-Kettenkomponente** (= Stammname der Kette) **gesetzt** (Additionsname; z.B. "Piperidinethan" in **16**) **und das Suffix angehängt** (z.B. "Piperidinethanol"). Ist die Kohlenwasserstoff-Kettenkomponente mit der Hauptgruppe mehrfach vorhanden, dann wird vor den Stammnamen der Kette mit Suffix ausnahmsweise ein **Multiplikationsaffix** "**-di-**", "**-tri-**" *etc.* gesetzt (z.B. "Piperidin-1,4-**di**ethanol").

Anhang 2

z.B.

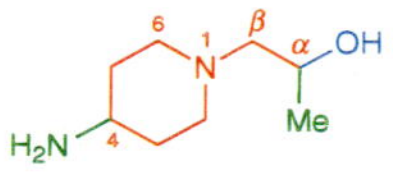

16

"4-Amino-α-methylpiperidin-1-ethanol" (**16**)
- CA: '1-piperidineethanol, 4-amino-α-methyl-'
- Alkohol (*Kap. 6.21*)

(b) **Alle übrigen Substituenten** werden als **Präfixe** ausgedrückt. Die Präfixe erscheinen **alle vor dem Ringstrukturnamen.** Die **Lokanten** der Kohlenwasserstoff-Kettenkomponente sind "***α,β,γ...***", diejenigen der Ringkomponente "**1,2,3**..." (C(α) ist das Atom, das die Hauptgruppe trägt, z.B. –OH, –NH_2, =NH, aber auch –COOH, –CHO, –CN).

z.B.

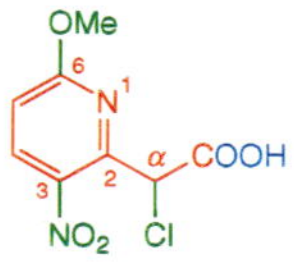

17

"α-Chloro-6-methoxy-3-nitropyridin-2-essigsäure" (**17**)
- CA: '2-pyridineacetic acid, α-chloro-6-methoxy-3-nitro-'
- Carbonsäure (*Kap. 6.7*)
- "Ethansäure" wird sowohl von CA als auch von IUPAC "Essigsäure" ('acetic acid') genannt

[2]) **Konjunktionsnomenklatur** erlaubt es CA unter anderem, eine grössere Anzahl ähnlicher Verbindungen unter demselben Ringstrukturnamen anzuführen. Dies hat den **Vorteil, im 'Chemical Substance Index'** in der Nähe des Titelstammnamens ('heading parent') einer solchen Verbindung **eine Strukturformel für die beteiligte Ringstruktur zu finden** (vgl. *Kap. 3.3*, dort *Fussnote 1*).

(c) **Konjunktionsnomenklatur ist nicht zulässig, wenn**

- die **Hauptgruppe** in der Kohlenwasserstoff-Kettenkomponente **mehrfach** auftritt[3];

z.B.

20

"1-(Pyridin-2-yl)ethan-1,2-diol" (**20**)
Alkohol (*Kap. 6.21*)

21

"2-(Naphthalin-1-yl)-3-oxobutandisäure" (**21**)
- Englisch: '2-(naphthalen-1-yl)-3-oxobutanedioic acid'
- Carbonsäure (*Kap. 6.7*)

- die **Kohlenwasserstoff-Kettenkomponente ungesättigt** ist, mit der Ringkomponente **über eine Doppelbindung verbunden** ist oder **Heteroatome enthält**;

z.B.

22

"4-Cyclopropylbut-3-ensäure" (**22**)
- Englisch: '4-cyclopropylbut-3-enoic acid'
- Carbonsäure (*Kap. 6.7*)

23

"2-Cyclohexylidenacetamid" (**23**)
- Amid (*Kap. 6.16*)
- "Ethanamid" wird sowohl von CA als auch von IUPAC "Acetamid" genannt
- IUPAC: früher auch "Cyclohexan-$\Delta^{1,\alpha}$-acetamid"

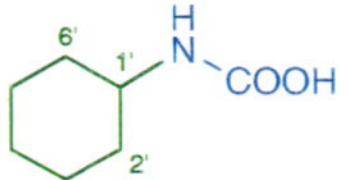

24

"Cyclohexylcarbamidsäure" (**24**)
- Englisch: 'cyclohexylcarbamic acid'
- C-haltige Oxosäure (*Kap. 6.9*)
- "Carbamidsäure" ist ein Funktionsstammname
- IUPAC: auch "Cyclohexancarbamidsäure"

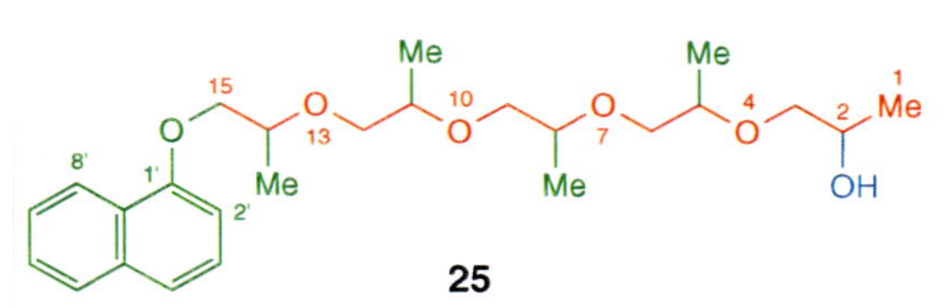

25

"5,8,11,14-Tetramethyl-15-(naphthalin-1-yloxy)-4,7,10,13-tetraoxapentadecan-2-ol" (**25**)
- Englisch: '...(naphthalen-1-yloxy)...'
- Alkohol (*Kap. 6.21*)

- die **Hauptgruppe öfters in der Ringkomponente** als in der Kohlenwasserstoff-Kettenkomponente vorkommt.

z.B.

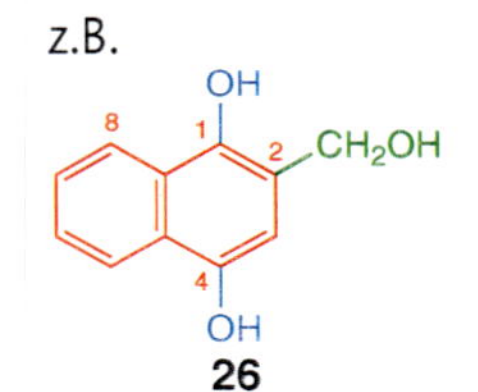

26

"2-(Hydroxymethyl)naphthalin-1,4-diol" (**26**)
- Englisch: '...naphthalene-1,4-diol'
- Alkohol (*Kap. 6.21*)

27

"1-(Carboxymethyl)cyclopropan-1,2-dicarbonsäure" (**27**)
- Englisch: '...1,2-dicarboxylic acid'
- Carbonsäure (*Kap. 6.7*)

(d) *Zusammenfassend:*

Präfixe +	**Gerüst-Stammname aus Ringstrukturname und Name der Kohlenwasserstoff-Kettenkomponente** (beide unverändert)	**+ Suffix**

Beispiele:

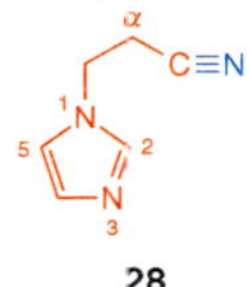

28

"1*H*-Imidazol-1-propannitril" (**28**)
- Nitril (*Kap. 6.18*)
- indiziertes H-Atom nach *Anhang 5****(a)(d)***

30

"Cyclohexan-1,2-diethanamin" (**30**)
- Amin (*Kap. 6.23*)
- auch "α^1,β^{1}" und "α^2,β^{2}" anstelle von "α,β" bzw. "α',β'"

29

"α-(1-Phenylethyl)pyridin-2-methanol" (**29**)
- Alkohol (*Kap. 6.21*)
- Heterocyclus > Carbocyclus (*Kap. 3.3*)
- die Gerüst-Stammstruktur erstreckt sich nur bis zur Hauptgruppe

31

"α,β-Dimethylbenzolethanimin" (**31**)
- Englisch: 'α,β-dimethylbenzeneethanimin'
- Imin (*Kap. 6.24*)
- die Gerüst-Stammstruktur erstreckt sich nur bis zur Hauptgruppe
- Vorsicht: **der Name ist nicht auf das entsprechende Keton übertragbar** (s. ***(a)***)

---

[3] In bestimmten solchen Fällen wird jedoch **trotzdem Konjunktionsnomenklatur** verwendet, nämlich dann, **wenn die Kohlenwasserstoff-Kettenkomponente mit endständiger Hauptgruppe mehrfach vorkommt**. Dann ist nämlich die Bedingung, dass die Gerüst-Stammstruktur möglichst viele Hauptgruppen tragen muss (s. *Kap. 3.3*) indirekt auch erfüllt.

z.B.

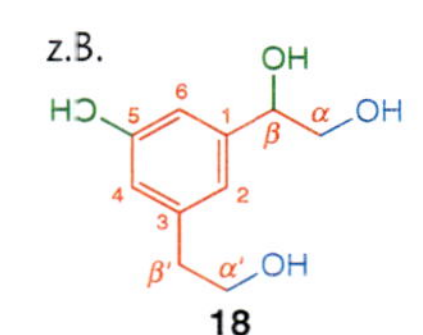

18

"β,5-Dihydroxybenzol-1,3-diethanol" (**18**)
Alkohol (*Kap. 6.21*)

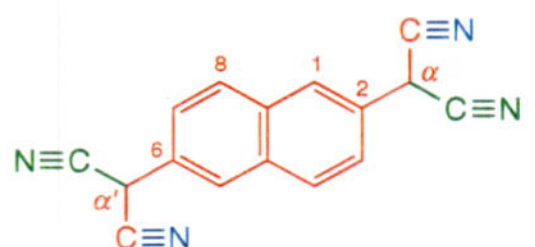

19

"α,α'-Dicyanonaphthalin-2,6-diacetonitril" (**19**)
- Englisch: 'α,α'-dicyanonaphthalene-2,6-diacetonitrile'
- Nitril (*Kap. 6.18*)
- "Ethannitril" wird sowohl von CA als auch von IUPAC "Acetonitril" genannt.

CA ¶ 118, 125 und 255
IUPAC R-0.2.3.3.10, R-1.2.8, C-72 und C-73

3.2.3. Multiplikationsnomenklatur ('multiplicative nomenclature'): Verbindungen mit identischen Struktureinheiten[4])

Beachte:

Kap. 3.2.1 und 3.2.2

Kap. 3.2.4–3.2.6

- Multiplikationsnomenklatur wird zusätzlich zur Substitutions- und Konjunktionsnomenklatur verwendet und lässt sich mit Additions-, Subtraktions- und Funktionsklassennomenklatur kombinieren.
- Enthalten identische Struktureinheiten einer Verbindung **identische Ringkomponenten, die nur über eine Einfachbindung miteinander verknüpft sind**, dann handelt es sich um eine sogenannte Ringsequenz ('ring assembly'), d.h. eine **Gerüst-Stammstruktur**, oder um ein Derivat davon. In allen andern Fällen gelten die folgenden Regeln.

Kap. 4.10

Kap. 3.2.6

Anhang 2

***(a)* Sind zwei oder mehr identische Struktureinheiten,** nämlich zwei oder mehr Gerüst-Stammstrukturen mit Substituenten (z.B. $HOOCCH_2CH_2CH_2...CH_2CH_2CH_2COOH$ in **33**), zwei oder mehr Funktionsstammstrukturen (z.B. $(HO)_2(O=)P...P(=O)(OH)_2$ in **35**) oder zwei oder mehr Strukturen mit einem Klassennamen (z.B. HOO...OOH; s. *Kap. 3.2.6*) **miteinander über eine gleichartige Bindung durch einen multivalenten Substituenten** (z.B. O< in **33**) **verbunden, dann wird das Präfix des multivalenten Substituenten** (z.B. "Oxy-"), **gefolgt von einem entsprechenden Multiplikatiionsaffix "-bis-", "-tris-"** *etc.*, **vor den Namen der identischen Struktureinheit** in eckigen Klammern (z.B. "-[butansäure]") **gestellt**[4])[5]). **Der Name der identischen Struktureinheit besteht aus allen übrigen Präfixen und dem Stammnamen** (Gerüst) **mit Suffix** (wenn nötig) **bzw. aus dem Funktionsstammnamen oder Klassennamen** gemäss der Substitutions- und/oder Konjunktionsnomenklatur oder der Funktionsklassennomenklatur. Der Name der identischen Struktureinheit soll möglichst oft wiederholt werden (s. unten, **46** und **48**; vgl. dazu aber **50 – 52**[5])).

z.B.

33

"4,4´-Oxybis[butansäure]" (**33**)
- CA: 'butanoic acid, 4,4´-oxybis-'; CA lässt in invertierten Namen die eckigen Klammern ganz oder teilweise (s. **34**) weg
- Carbonsäure (*Kap. 6.7*)

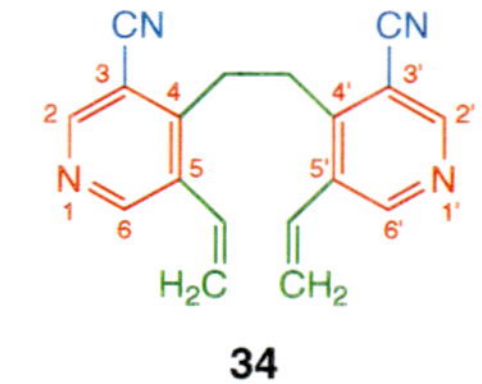

34

"4,4´-(Ethan-1,2-diyl)bis[5-ethenylpyridin-3-carbonitril]" (**34**)
- CA: '3-pyridinecarbonitrile, 4,4´-(1,2-ethanediyl)bis[5-ethenyl-'; CA lässt in invertierten Namen die eckigen Klammern ganz (s. **33**) oder teilweise weg
- Nitril (*Kap. 6.18*)

35

"(Nitrilotriethan-2,1-diyl)tris[phosphonsäure]" (**35**)
- CA: 'phosphonic acid, (nitrilotri-2,1-ethanediyl)tris-'; CA lässt in invertierten Namen die eckigen Klammern ganz oder teilweise (s. **34**) weg
- P-haltige Oxosäure (*Kap. 6.11*)
- ein Teil des zusammengesetzten multivalenten verbindenden Substituenten ist gleichzeitig Stammsubstituent der Funktionsstammstruktur $PH(=O)(OH)_2$ (s. *Kap. 3.1*)

***(b)* Der multivalente, als Multiplikator wirkende, verbindende Substituent muss symmetrisch sein** (z.B. O<, "Oxy-"), **kann aber unsymmetrisch substituiert sein** (z.B. $–CH_2–CHCl–$, "1-Chloroethan-1,2-diyl-"). **Der verbindende Substituent kann sich aus mehreren multivalenten Substituenten zusammensetzen, deren Namen *aneinander* gereiht werden** (z.B. $–CH_2–O–CH_2–$, "Oxybis(methylen)-"). Bedingung ist, dass der verbindende Substituent eine Zentraleinheit enthält, um welche sich weitere multivalente Substituenten so gruppieren, dass in jedem Ast die Sequenz der Atome und Bindungen identisch ist (z.B. $–CH_2–NH–C(=O)–CH_2–C(=O)–NH–CH_2–$, "[(1,3-Dioxopropan-1,3-diyl)bis(iminomethylen)]-").

---

[4]) Die hier beschriebene **CA-Version** der Multiplikationsnomenklatur **weicht stark von der IUPAC-Version ab. CA verlangt, dass nur der verbindende Substituent nicht zur identischen Struktureinheit gehört. Der Name wird** dann bei CA wie üblich **unter dem Stammnamen (+ Suffix) bzw. unter dem Funktionsstammnamen oder Klassennamen registriert,** z.B. '3-pyridinecarbonitrile, 4,4´-(1,2-ethanediyl)bis[5-ethenyl-' (**34**), 'phosphonic acid, (nitrilotri-2,1-ethanediyl)tris-' (**35**), 'hydroperoxide, cyclohexylidenebis-' ($C_6H_{10}(OOH)_2$). **IUPAC** verlangt nur Identität der Gerüst-Stammstruktur mit Hauptgruppe; die Verknüpfung und Anordnung der übrigen Substituenten kann unsymmetrisch sein. Ausserdem empfiehlt IUPAC die Multiplikationsaffixe "-di-", "-tri-" *etc.*

z.B.

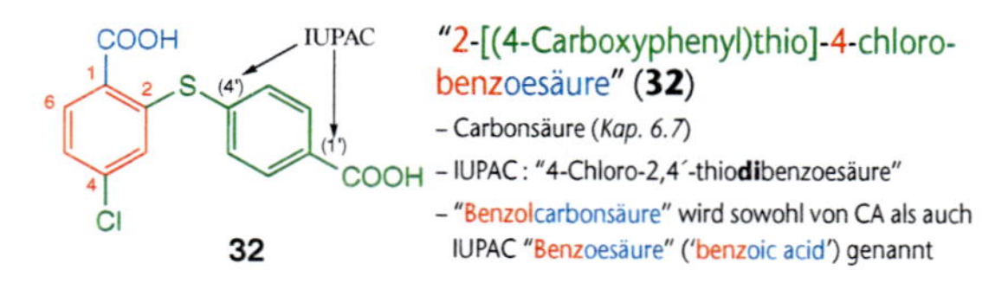

32

"2-[(4-Carboxyphenyl)thio]-4-chlorobenzoesäure" (**32**)
- Carbonsäure (*Kap. 6.7*)
- IUPAC: "4-Chloro-2,4´-thio**di**benzoesäure"
- "Benzolcarbonsäure" wird sowohl von CA als auch IUPAC "Benzoesäure" ('benzoic acid') genannt

[5]) **Vorsicht bei Dendrimeren**: Die Anzahl der identischen Struktureinheiten darf nicht erhöht werden durch willkürliches Zerstückeln des als Multiplikator wirkenden Gerüsts des verbindenden Substituenten (s. **51**).

Kommt die **identische Struktureinheit** (im Sinne des Titelstammnamens ('heading parent') in CAs 'Chemical Substance Index') **drei- oder mehrfach** vor, dann wird zuerst das **Zentralitätsprinzip** von *Kap. 3.3(i)* berücksichtigt, bevor die Multiplikationsnomenklatur angewandt wird (s. **50**).

Eine Stereostammstruktur (z.B. H_2NCH_2COOH, "Glycin") **hat Vorrang vor einer substituierten gleichartigen Gerüst-Stammstruktur mit Hauptgruppe** (z.B. CH_3COOH, "Essigsäure") **bei der Wahl der** allfällig vorhandenen **identischen Struktureinheit** (s. **52**). So heisst H_4edta (= **EDTA**; $(HOOCCH_2)_2NCH_2CH_2N(CH_2COOH)_2$) **bei CA** 'glycine, *N,N´*-(1,2-ethanediyl)bis[*N*-(carboxymethyl)-'; **IUPAC** empfiehlt u. a. den Trivialnamen "**Ethylendiamintetraessigsäure**". Entsprechend bekommt $N(CH_2COOH)_3$ **bei CA** einen gewöhnlichen Substitutionsnamen einer Stereostammstruktur ('glycine, *N,N*-bis(carboxymethyl)-'), während **IUPAC** einen Multiplikationsnamen empfiehlt ("**Nitrilotriessigsäure**").

Tab. 3.3

Dabei dürfen keine Zweideutigkeiten und willkürliche Zerstückelungen[5]) entstehen (Klammern verwenden). Häufig vorkommende multivalente **verbindende Substituenten und ihre Präfixe** sind **in *Tab. 3.3*** zusammengestellt.

Kap. 3.4

(c) In der identischen Struktureinheit werden **möglichst niedrige Lokanten zuerst der** (den) **Hauptgruppe**(n), **dann** allfälligen **Mehrfachbindungen gemäss den Numerierungsregeln** zugeordnet. Besteht eine Wahl, dann bekommt die Verknüpfungsstelle mit dem verbindenden Substituenten einen möglichst niedrigen Lokanten vor andern als Präfixe benannten Substituenten (die Lokanten der Verknüpfungsstelle werden im Fall einer Gerüst-Stammstruktur aus nur einem Atom (z.B. CH_4, "Methan") oder einer Funktionsstammstruktur (z.B. $PH(=O)(OH)_2$, "Phosphonsäure") weggelassen). Den identischen Struktureinheiten werden zur Unterscheidung ungestrichene ("**1**,**2**,**3**..."), einfach gestrichene ("**1´**,**2´**,**3´**..."), zweifach gestrichene ("**1´´**,**2´´**,**3´´**...") *etc.* Lokanten zugeordnet.

Im Fall eines zusammengesetzten verbindenden Substituenten haben seine nicht-zentralen multivalenten Substituenten den tiefsten Lokanten näher bei der identischen Strukureinheit; dieser Lokant wird im Substituentennamen zuletzt angeführt (z.B. $-CH_2(\mathbf{1})-CH_2(\mathbf{2})-O-CH_2(\mathbf{2})-CH_2(\mathbf{1})-$, "(Oxydiethan-**2**,**1**-diyl)-").

(d) **Multiplikationsnomenklatur** ist in folgenden Fällen **mit Vorsicht anzuwenden**:

Kap. 3.2.2

- **Ist der verbindende Substituent eine Ringstruktur**, dann wird, wenn möglich, bevorzugt Konjunktionsnomenklatur verwendet (vgl. dazu **42**).

z.B.

36

"2-Mercaptobenzol-1,3-dimethanthiol" (**36**)
- CA: '1,3-benzenedimethanethiol, 2-mercapto-'
- Alkohol (*Kap. 6.21*)
- Konjunktionsnomenklatur
- nicht "(2-Mercapto-1,3-phenylen)bis[methanthiol]", da nur eine Hauptgruppe berücksichtigt ist (**2 Hauptgruppen > 1 Hauptgruppe** nach *Kap. 3.3(**a**)*)

Kap. 3.2.1 und 3.2.2

- **Enthält der verbindende Substituent die Hauptgruppe**, dann wird, wenn möglich, bevorzugt Substitutions- und/oder Konjunktionsnomenklatur verwendet.

z.B.

37

"Di(furan-2-yl)methanon" (**37**)
- CA: 'methanone, di-2-furanyl-'
- Keton (*Kap. 6.20*)
- Substitutionsnomenklatur
- nicht "2,2´-Carbonylbis[furan]" (nach *Kap. 3.3(**a**)*)

38

"α-Cyclohexyl-α-methylcyclohexanmethanol" (**38**)
- CA: 'cyclohexanemethanol, α-cyclohexyl-α-methyl-'
- Alkohol (*Kap. 6.21*)
- Konjunktionsnomenklatur
- nicht "(1-Hydroxyethyliden)bis-[cyclohexan]" (nach *Kap. 3.3(**a**)*)

39

"*N*-(2-Aminoethyl)-*N*-methylethan-1,2-diamin" (**39**)
- CA: '1,2-ethanediamine, *N*-(2-aminoethyl)-*N*-methyl-'
- Amin (*Kap. 6.23*)
- Substitutionsnomenklatur
- nicht "2,2´-(Methylimino)bis[ethanamin]", da nur eine Hauptgruppe berücksichtigt ist (**Diamin > Monoamin** nach *Kap. 3.3(**a**)*)

(e) *Zusammenfassend*:

Präfix des multivalenten verbindenden Substituenten

\+ **Multiplikationsaffix**

\+ **Name der identischen Struktureinheit aus:**
Präfixe + **Stammname** + **Suffix**
oder
Funktionsstammname
oder
Klassenname

Tab. 3.3. Präfixe von häufig vorkommenden multivalenten verbindenden Substituenten[a]) (auch für zusammengesetzte Substituenten, s. ***(b)***)

Substituent	Präfix	Substituent	Präfix
-O-	**"Oxy-"**	-C(=O)-	**"Carbonyl-"**
-S-	**"Thio-"**	-C(=S)-	**"Carbonothioyl-"**
-Se-	**"Seleno-"**	-C(=NH)-	**"Carbonimidoyl-"**
-Te-	**"Telluro-"**	-S(=O)-	**"Sulfinyl-"**
-O-O-	**"Dioxy-"**	$-S(=O)_2-$	**"Sulfonyl-"**
-S-S-	**"Dithio-"**	-S(=O)-S(=O)-	**"Disulfinyl-"**
-S-S-S-	**"Trithio-"**	$-S(=O)_2-S(=O)_2-$	**"Disulfonyl-"**
-Se-Se-Se-	**"Triseleno-"**	$-C(=O)-CH_2-$	**"(1-Oxoethan-1,2-diyl)-"**
-NH-	**"Imino-"**	-C(=O)-C(=O)-	**"(1,2-Dioxoethan-1,2-diyl)-"**
>N- oder =N-	**"Nitrilo-"**	-C(=O)-C(=O)-C(=O)-	**"(1,2,3-Trioxopropan-1,3-diyl)-"**
-N=N-	**"Azo-"**	$-C(=O)-CH_2-C(=O)-$	**"(1,3-Dioxopropan-1,3-diyl)-"**
-NH-NH-	**"Hydrazo-"**	-O-C(=O)-O-	**"[Carbonylbis(oxy)]-"**
=N-N=, >N-N= *etc.*	**"Azino-"**	$-O-CH_2-O-$	**"[Methylenbis(oxy)]-"**
-N=N(=O)-	**"Azoxy-"**	$-CH_2-O-CH_2-$	**"[Oxybis(methylen)]-"**
-N(=O)=N(=O)-	**"(Dioxidoazo)-"**	$-O-C(Me)_2-O-$	**"[(1-Methylethyliden)bis(oxy)]-"**
-NH-N< oder -NH-N=	**"Hydrazin-1-yl-2-yliden-"**	$-S(=O)_2-CH_2-S(=O)_2-$	**"[Methylenbis(sulfonyl)]-"**

$-(NH)_4-$	**"Tetrazan-1,4-diyl-"**	$-CH(Me)-CH_2-$	**"(1-Methylethan-1,2-diyl)-"**
=N-NH-NH-N= *etc.*	**"Tetrazan-1,4-diyliden-"**	$-CH(CH_2-)_2$	**"Propan-1,2,3-triyl-"**
-PH-PH-	**"Diphosphin-1,2-diyl-"**[b])	$-C_6H_4-$	**"1,4-Phenylen-"** (z.B.)
-P=P-	**"Diphosphen-1,2-diyl-"**	$-(Me)C_6H_3-$	**"(2-Methyl-1,3-phenylen)-"** (z.B.)
$-CH_2-$	**"Methylen-"**	$>C_6H_3-$	**"Benzol-1,2,3-triyl-"** (z.B.)
>CH- oder =C-	**"Methylidin-"**	$-S(=O)_2-NH-S(=O)_2-$	**"[Iminobis(sulfonyl)]-"**
>C<, =C< oder =C=	**"Methantetrayl-"**	-C(=O)-NH-C(=O)-	**"(Iminodicarbonyl)-"**
$-CH_2-CH_2-$	**"Ethan-1,2-diyl-"**	-C(=O)-NHNH-C(=O)-	**"(Hydrazodicarbonyl)-"**
MeCH< oder MeCH=	**"Ethyliden-"**	-C(=S)-NHNH-C(=S)-	**"(Hydrazodicarbonothioyl)-"**
-CH=CH-	**"Ethen-1,2-diyl-"**	$-SiH_2-O-SiH_2-$	**"Disiloxan-1,3-diyl-"**
>C=CH- oder =C=CH-	**"Ethen-1-yl-2-yliden-**	$-CH_2-C_6H_4-CH_2-$	**"[1,4-Phenylenbis(methylen)]-"** (z.B.)
=CH-CH=, >C=C= *etc*	**"Ethan-1,2-diyliden-"**	$=CH-C_6H_4-CH=$, $>CH-C_6H_4-CH=$ *etc.*	**"(1,4-Phenylendimethylidin)-"** (z.B.)

$-CH_2-C(=O)-C_6H_4-C(=O)-CH_2-$ [c])	**"[1,4-Phenylenbis(2-oxoethan2,1-diyl)]-"**[c]) (z.B.)
$-CH=N-CH_2CH_2-N=CH-$	**"[Ethan-1,2-diylbis(nitrilomethylidin)]-"**
$(-CH_2)_2N-CH_2CH_2-N(CH_2-)_2$	**"{Ethan-1,2-diylbis[nitrilobis(methylen)]}-"**
-NH-C(=O)-NHNH-C(=O)-NHNH-C(=O)-NH-	**"[Carbonylbis(hydrazocarbonylimino)]-"**
$-NH-C(=O)-CH_2-O-CH_2-C(=O)-NH-$ [c])	**"{Oxybis[(1-oxoethan-2,1-diyl)imino]}-"**[c])
$-CH_2-C(=O)-NH-C_6H_4-CH=CH-C_6H_4-NH-C(=O)-CH_2-$ [c])	**"{Ethen-1,2-diylbis[4,1-phenylenimino(2-oxoethan-2,1-diyl)]}-"**[c]) (z.B.)
$N[CH_2CH_2-N(Me)-CH_2-C_6H_4-C(=O)-NH-(CH_2)_3-NH-C(=O)-]_3$ [c])	**"{Nitrilotris[ethan-2,1-diyl(methylimino)methylen-4,1-phenylen-carbonyliminopropan-3,1-diyliminocarbonyl]}-"**[c]) (z.B.)
(Strukturformel) **40**	**"[1,1´-Biphenyl]-4,4´-diyl-" (40)**
$-N=N-C_6H_4-C_6H_4-N=N-$	**"[[1,1´-Biphenyl]-4,4´-diylbis(azo)]-"**

[a]) **Diese Präfixe sind**, abgesehen von wenigen Ausnahmen, **verschieden von den entsprechenden Brückennamen** bei überbrückten anellierten Polycyclen (s. *Kap. 4.8*, *Tab. 4.4*). **Namen von verbindenden Carbonyl-haltigen Substituenten und ihren Analoga** sind **nicht immer mit den üblichen Präfixen** gemäss *Kap. 5.9* **identisch.**

[b]) **IUPAC**: "Diphosphan-1,2-diyl-".

[c]) **Multivalente Substituenten, die nicht zentral liegen, haben den tiefsten Lokanten näher bei der identischen Struktureinheit**; dieser Lokant wird im Substituentennamen zuletzt angeführt, z.B. $-CH_2(\mathbf{1})-CH_2(\mathbf{2})-O-CH_2(\mathbf{2})-CH_2(\mathbf{1})-$, "(Oxydiethan-**2,1**-diyl)-".

Kap. 6.30 und 6.31

Beispiele (weitere Beispiele in *Kap. 6.30* und *6.31*):

41

"1,1´-Oxybis[ethan]" (**41**)
- CA: 'ethane, 1,1´-oxybis-'; CA lässt in invertierten Namen die eckigen Klammern ganz oder teilweise weg (vgl. **34**)
- (nicht-funktionelle) Sauerstoff-Verbindung (*Kap. 6.30*)
- IUPAC: auch **"Diethyl-ether"** (Funktionsklassenname)

42

"1,1´-(Cyclohex-4-en-1,2-diyl)bis[ethan-1-on]" (**42**)
- Keton (*Kap. 6.20*)
- **Konjunktionsnomenklatur nicht möglich** (Keton!)

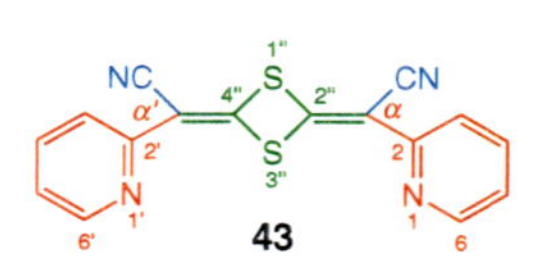

43

"α,α´-(1,3-Dithietan-2,4-diyliden)-bis[pyridin-2-acetonitril]" (**43**)
- Nitril (*Kap. 6.18*)
- "Ethannitril" wird sowohl von CA als auch von IUPAC "Acetonitril" genannt

44

"[Iminobis(methylen)]bis[phosphonsäure]" (**44**)
- Englisch: '...[phosphonic acid]'
- P-haltige Oxosäure (*Kap. 6.11*)
- der verbindende Substituent ist gleichzeitig Stammsubstituent der Funktionsstammstruktur $PH(=O)(OH)_2$ (s. *Kap. 3.1*)

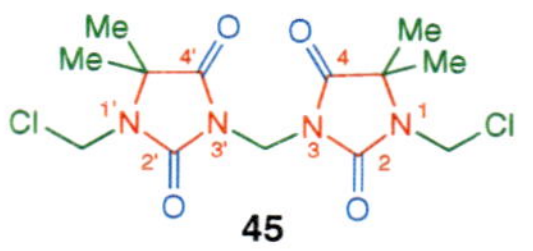

45

"3,3´-Methylenbis[1-(chloromethyl)-5,5-dimethylimidazolidin-2,4-dion]" (**45**)
Keton (*Kap. 6.20*)

46

"3,3´,3´´-(Ethen-1-yl-2-yliden)tris[6-methylbenzol-1-amin]" (**46**)
- Englisch: '...benzen-1-amine]'
- Amin (*Kap. 6.23*)

47

"6,6´-(Ethan-1,2-diyl)bis[4,4-dimethylcyclohex-2-en-1-on]" (**47**)
Keton (*Kap. 6.20*)

48

"{Oxybis[ethan-2,1-diylnitrilobis(methylen)]}tetrakis[phosphonsäure]" (**48**)
- Englisch: '...[phosphonic acid]'
- P-haltige Oxosäure (*Kap. 6.11*)
- ein Teil des zusammengesetzten multivalenten verbindenden Substituenten ist gleichzeitig Stammsubstituent der Funktionsstammstruktur $PH(=O)(OH)_2$ (s. *Kap. 3.1*)

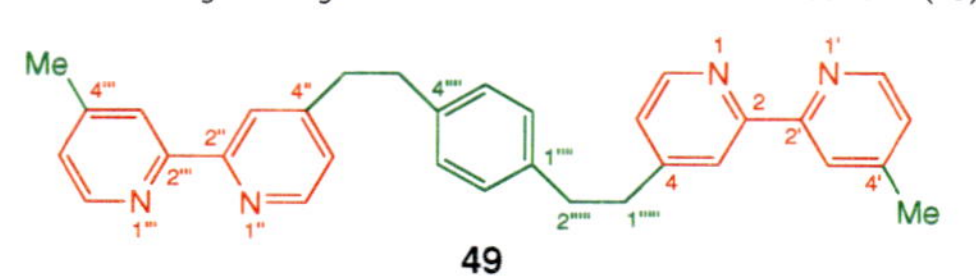

49

"4,4´´-(1,4-Phenylendiethan-2,1-diyl)bis[4´-methyl-2,2´-bipyridin]" (**49**)
(nicht-funktionelle) Stickstoff-Verbindung (*Kap. 6.25*)

50

"6,6´´-[Oxybis(methylen)]bis[6´-{{{6´-methyl[2,2´-bipyridin]-6-yl}methoxy}methyl}-2,2´-bipyridin]" (**50**)

- (nicht-funktionelle) Stickstoff-Verbindung (*Kap. 6.25*)
- beachte das Zentralitätsprinzip von *Kap. 3.3(**i**)* und *Fussnote 5*

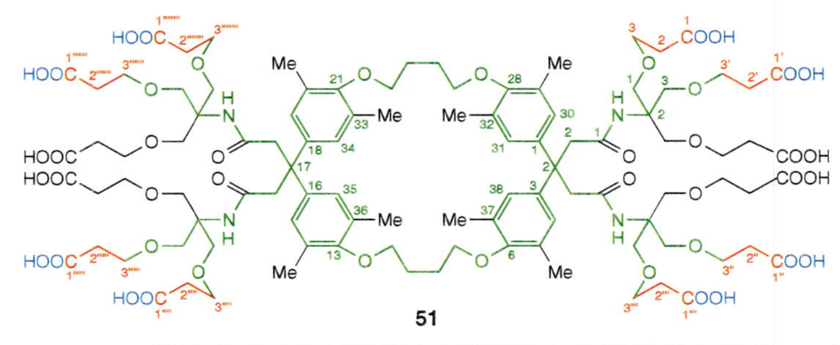

"3,3´,3´´,3´´´,3´´´´,3´´´´´,3´´´´´´,3´´´´´´´-{(5,14,20,29,32,33,36,37-Octamethyl-7,12,22,27-tetraoxapentacyclo[26.2.2.2^{3,6}.2^{13,16}.2^{18,21}]-octatriaconta-3,5,13,15,18,20,28,30,31,33,35,37-dodecaen-2,17-diyliden)tetrakis{(1-oxoethan-2,1-diyl)imino{2-[(2-carboxyethoxy)methyl]-propan-2,1,3-triyl}bis(oxy)}}octakis[propansäure]" (**51**)

- Englisch: '...[propanoic acid]'
- Carbonsäure (*Kap. 6.7*)
- zum Namen des Pentacyclus, s. *Kap. 4.7*
- der Substituentenname "{(...)tetrakis{(...)imino{**2-**[(...)**methyl**]**propan-2,1,3-triyl**}bis(oxy)}}-" hat nach CA Priorität vor "{(...)tetrakis[(...)(imino**methantetrayl**)**tris**(**methylen**oxy)]}-" (Zerstückelung!)[5])
- vergleiche dazu den Namen von HOOC–CH_2CH_2O–CH_2–C(NH_2)(CH_2–OCH_2CH_2–COOH)$_2$, entsprechend einem Hauptast von **51**: "3,3´-{{2-Amino-2-[(2-carboxyethoxy)methyl]propan-1,3-diyl}bis(oxy)}bis[propansäure]"
- IUPAC: vermutlich auch "3,3´,3´´,3´´´,3´´´´,3´´´´´,3´´´´´´,3´´´´´´´,3´´´´´´´´,3´´´´´´´´´,3´´´´´´´´´´,3´´´´´´´´´´´-{(5,14,20,29,32,33,36,37-Octamethyl-7,12,22,27-tetraoxapentacyclo-[26.2.2.2^{3,6}.2^{13,16}.2^{18,21}]octatriaconta-3,5,13,15,18,20,28,30,31,33,35,37-dodecaen-2,2,17,17-tetrayl)tetrakis[(1-oxoethan-2,1-diyl)(iminomethantetrayl)tris(methylenoxy)]}dodecapropansäure"

52

"N,N´-{Oxybis[methylen(4-bromopyridin-6,2-diyl)methylen]}bis[N-(carboxymethyl)glycin]" (**52**)

- α-Aminocarbonsäure (*Kap. 6.7.2.2*)
- die identische Struktureinheit ist eine "(Carboxymethyl)"-substituierte Stereostammstruktur (H_2NCH_2COOH, "Glycin")
- IUPAC: vermutlich auch "2,2´,2´´,2´´´-{Oxybis[methylen(4-bromopyridin-6,2-diyl)(methylennitrilo)]}tetraessigsäure"; "Ethansäure" wird von IUPAC "Essigsäure" ('acetic acid') genannt

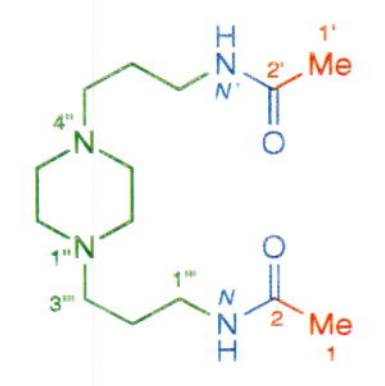

"N,N´-(Piperazin-1,4-diyldipropan-3,1-diyl)bis[acetamid]" (**53**)

- Amid (*Kap. 6.16*)
- "Ethanamid" wird sowohl von CA als auch von IUPAC "Acetamid" genannt

3.2.4. ADDITIONSNOMENKLATUR ('additive nomenclature')

CA ¶ 123 und 228A
IUPAC R-0.1.8.5, R-0.2.3.3.8, R-1.2.3, R-3.1.2 und C-0.3
Kap. 3.2.2

Beachte:

- Alle Konjunktionsnamen können auch als Additionsnamen aufgefasst werden (*Kap. 3.2.2*).
- Additionsnomenklatur im Sinne der folgenden Regeln wird meist kombiniert mit Substitutions-, Konjunktions-, Multiplikations-, Subtraktions- und Funktionsklassennomenklatur.
- Zur modifizierenden Vorsilbe "Homo-" bei Trivialnamen und zum indizierten H-Atom, s. die *Anhänge 3* bzw. *5*.
- **Molekulare Additionsverbindungen** werden wenn möglich als **Koordinationsverbindungen** betrachtet und benannt (*Kap. 6.34*), z.B. $BF_3 \cdot MeOH$, "Trifluoro(methanol)bor" (IUPAC: "Methanol–Trifluoroboran"; s. 'Red Book', I-5.6), oder mittels einer modifizierenden Angabe umschrieben, z.B. $EtOH \cdot C_5H_5N$, "Ethanol-Verbindung mit Pyridin (1:1)" (CA: 'ethanol, compd. with pyridine (1:1)').

Kap. 3.2.1–3.2.3, 3.2.5 und 3.2.6
Anhänge 3 bzw. 5
Kap. 6.3.4
CA ¶ 192, 198 und 265A

(a) Einer Gerüst-Stammstruktur ***paarweise*** **beigefügte H-Atome** werden durch das **Präfix "Hydro-" (H–)** zusammen mit den übrigen Präfixen in alphabetischer Reihenfolge **vor dem Stammnamen** angegeben[6]). Alle "Hydro"-Präfixe werden im Namen beibehalten, auch wenn eines oder mehrere der beigefügten H-Atome nachträglich durch andere Substituenten ersetzt werden. Zur Angabe von indiziertem H-Atom, s. *Anhang 5*.

Anhang 5

z.B.

54

"Tetrahydrofuran" (**54**)

- CA: 'furan, tetrahydro-'
- (nicht-funktionelle) Sauerstoff-Verbindung (*Kap. 6.30*)

(b) Ein einem Heteroatom N^{III}, P^{III}, As^{III}, Sb^{III}, Bi^{III}, S^{II}, Se^{II} oder Te^{II} (je Standard-Valenz, s. *Anhang 4*) **einer**

Anhang 4

[6]) CA behandelt **"Hydro-" und "Dehydro-" wie Substituentenpräfixe** und berücksichtigt sie bei der alphabetischen Reihenfolge der Präfixe (*Kap. 3.5*).

Gerüst-Stammstruktur (z.B. N von $H_2N–N=NH$) **oder einer Hauptgruppe** (Suffix oder Funktionsstammname; z.B. N von –C≡N, S von $–C(=S)NH_2$ oder $–P(=S)(NH_2)_2$) **beigefügtes Heteroatom O^{II}, S^{II}, Se^{II} oder Te^{II} wird** nach dem Stammnamen (+ Suffix) oder Funktionsstammnamen **mittels einer modifizierenden Angabe bezeichnet**[7]):

Modifizierende Angabe "**-oxid**" (=O)
"**-sulfid**" (=S)
"**-selenid**" (=Se)
"**-tellurid**" (=Te)

Dabei werden durch das beigefügte Heteroatom keine H-Atome substituiert. Der **Lokant** für einen solchen additiven Namensteil ist die entsprechende **arabische Zahl** der Gerüst-Stammstruktur **bzw.** der **Buchstabenlokant** der Hauptgruppe (z.B. *"N"*, *"S" etc.*, s. **60**).

Der Namensteil "**-imid**" (=NH) wird nur im Fall der Gerüst-Stammstrukturen PH_3, AsH_3, SbH_3 und BiH_3 verwendet (s. *Kap. 6.26**(d)*** und *6.27**(d)***).

3

Ein einem Heteroatom N^{III}, P^{III}, As^{III}, Sb^{III}, Bi^{III}, S^{II}, Se^{II} oder Te^{II} eines Substituenten oder eines andern Strukturteils, der sich nicht als Stammname (+ Suffix) oder Funktionsstammname benennen lässt, **beigefügtes Heteroatom O^{II}, S^{II}, Se^{II} oder Te^{II} wird** im Substituentennamen **mittels eines Pseudopräfixes** und eines entsprechenden Lokanten **bezeichnet** (CA bis und mit 1995 (bis und mit Vol. 123): modifizierende Angabe, s. CA ¶ 228A):

CA ¶ 288A

Pseudopräfix "**Oxido-**" (O=)
"**Sulfido-**" (S=)
"**Selenido-**" (Se=)
"**Tellurido-**" (Te=)

Diese Pseudopräfixe werden **wie Präfixe** behandelt (s. **61** und **62**), z.B. bei der alphabetischen Reihenfolge, obwohl dadurch keine H-Atome substituiert werden, **ausser bei der Bestimmung der Gerüst-Stammstruktur nach *Kap. 3.3(j)*** (s. Beispiele in *Anhang 7* (λ-Konvention)).

Kap. 3.5

Kap. 3.3(j)
Anhang 7

z.B.

"Pyridin-1-sulfid" (**55**)
– CA: 'pyridine, 1-sulfide'
– (nicht-funktionelle) Stickstoff-Verbindung (*Kap. 6.25*)

55

"β-Ethylpyrrolidin-1-ethanol-1-oxid" (**56**)
– CA: '1-pyrrolidineethanol, β-ethyl-, 1-oxide'
– Alkohol (*Kap. 6.21*)

56

(c) *Zusammenfassend:*

Präfix "Hydro-" und andere Präfixe, in alphabetischer Reihenfolge	+	**Stammname + Suffix** oder **Stammsubstituentenname + Funktionsstammname** oder **Stammsubstituentenname + Klassenname**

Präfixe +	**Stammname + Suffix** oder **Stammsubstituentenname + Funktionsstammname**	+	**modifizierende Angabe "-oxid", "-sulfid", "-selenid" oder "-tellurid"** für das beigefügte Heteroatom =O, =S, =Se bzw. =Te am Heteroatom der Gerüst-Stammstruktur, des Suffixes und/oder der Funktionsstammstruktur

Pseudopräfix "Oxido-", "Sulfido-", "Selenido-" oder "Tellurido-" für das beigefügte Heteroatom O=, S=, Se= bzw. Te= am Heteroatom des Substituenten, **sowie andere Präfixe**, in alphabetischer Reihenfolge	+	**Substituentenname** oder **Stammsubstituentenname**	+	**Stammname + Suffix** oder **Funktionsstammname**

Kap. 6.25 – 6.27 und 6.31

Beispiele (weitere Beispiele in *Kap. 6.25 – 6.27* und *6.31*):

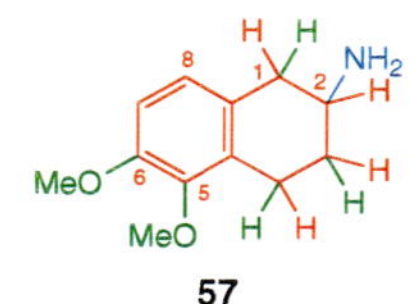

57

"1,2,3,4-Tetrahydro-5,6-dimethoxynaphthalin-2-amin" (**57**)
– Englisch: '...naphthalen-2-amine'
– Amin (*Kap. 6.23*)
– das an C(2) beigefügte H-Atom ist durch $–NH_2$ ersetzt

"1,2-Benzisothiazol-3(2*H*)-on-1,1-dioxid" (**59**)
– Keton (*Kap. 6.20*)
– indiziertes H-Atom nach *Anhang 5**(I$_2$)***
– trivial: "**Saccharin**"

59

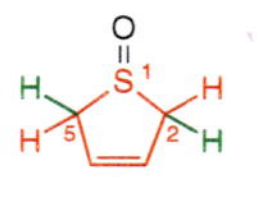

58

"2,5-Dihydrothiophen-1-oxid" (**58**)
(nicht-funktionelle) Schwefel-Verbindung (*Kap. 6.31*)

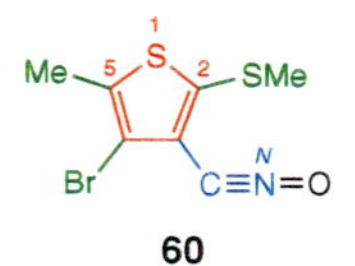

60

"4-Bromo-5-methyl-2-(methylthio)thiophen-3-carbonitril-*N*-oxid" (**60**)
Nitril (*Kap. 6.18*)

---

[7]) Vgl. dazu auch die **λ-Konvention** (*Anhang 7*). Namen wie "Butadien-monooxid" (= "Ethenyloxiran", $CH_2=CH–C_2H_3O$) oder "Chalcogen-dibromid" (= "2,3-Dibromo-1,3-diphenylpropan-1-on", PhCH(Br)CH(Br)C(=O)Ph) sind nicht mehr empfohlen. In den CA-Indexen sind jedoch bis und mit 1971 (bis und mit '8th Coll. Index') Namen wie 'ethylene oxide' (= "Oxiran", C_2H_4O), 'propylene oxide' (= "Methyloxiran", $Me–C_2H_3O$) *etc.* zu finden.

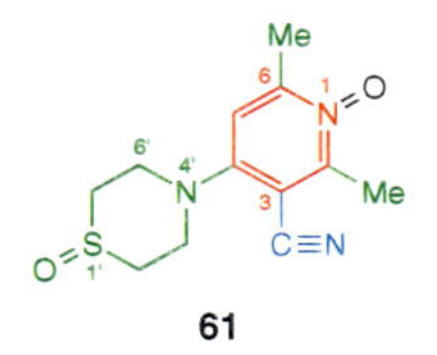

"2,6-Dimethyl-4-(1-oxidothiomorpholin-4-yl)pyridin-3-carbonitril-1-oxid" (**61**)
- Nitril (*Kap. 6.18*)
- CA bis 1996: 'pyridine-3-carbonitrile, 2,6-dimethyl-4-(4-thiomorpholinyl)-*S*,1-dioxide', d.h. **modifizierende Angabe statt Pseudopräfix**

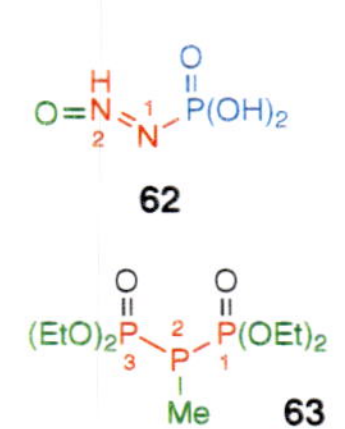

"(2-Oxidodiazenyl)phosphonsäure" (**62**)
- P-haltige Oxosäure (*Kap. 6.11*)
- CA bis 1996: 'phosphonic acid, diazenyl-, N^2-oxide', d.h. **modifizierende Angabe statt Pseudopräfix**

"1,1,3,3-Tetraethoxy-2-methyltriphosphin-1,3-dioxid" (**63**)
- CA: 'triphosphine, 1,1,3,3-tetraethoxy-2-methyl-, 1,3-dioxide'
- (nicht-funktionelle) Phosphor-Verbindung (*Kap. 6.26*)

CA ¶ 139
IUPAC R-0.1.8.4, R-0.2.3.3.6, R-1.2.5, R-3.1.1, R-3.1.3 und C-0.4
Kap. 3.2.1 – 3.2.4 und 3.2.6

3.2.5. Subtraktionsnomenklatur ('subtractive nomenclature')

Beachte:

- Subtraktionsnomenklatur lässt sich mit Substitutions-, Konjunktions-, Multiplikations-, Additions- und Funktionsklassennomenklatur kombinieren.
- Zur modifizierenden Vorsilbe "Nor-" bei Trivialnamen, s. *Anhang 3*. (Anhang 3)
- Zu den Endungen "-yl" (Radikal), "-ylium" (Kation) und "-id" (Anion), die eine Subtraktion bezeichnen, s. *Kap. 6.2 – 6.6*. (Kap. 6.2 – 6.6)

(a) ***Paarweises*** **Entfernen von H-Atomen aus einer gesättigten Gerüst-Stammstruktur** (Endsilbe des Stammnamens "-an") wird durch **Modifikation der Stammnamen-Endsilbe** angezeigt:

"**-an**" →
- "**-en**" (minus 2 H–)
- "**-dien**" (2x minus 2 H–)
- "**-in**" (minus 4 H–; Englisch: '-yne')
- "**-enin**" (minus 2 H– und minus 4 H–; Englisch: '-enyne') *etc.*

z.B.

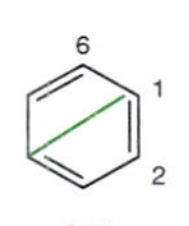

64

"Cyclohexen" (**64**)
- CA: 'cyclohexene'
- (nicht-funktionelle) Kohlenstoff-Verbindung (*Kap. 6.32*)

Paarweises **Entfernen von H-Atomen aus einer aromatischen Gerüst-Stammstruktur** wird durch das **Präfix "Dehydro-"** angezeigt (mit entsprechendem Multiplikationsaffix)[6]) (s. auch **λ-Konvention**). (Anhang 2 und 7)

z.B.

65

"1,4-Didehydrobenzol" (**65**)
- CA: 'benzene, 1,4-didehydro-'
- (nicht-funktionelle) Kohlenstoff-Verbindung (*Kap. 6.32*); vgl. dazu auch *Kap. 4.4* (dort **49**)

(b) Entfernte Atome oder Gruppen in Strukturen mit Trivialnamen (s. Spezialnomenklaturen) können durch **subtraktive Präfixe** ausgedrückt werden[8]): (Anhang 1)

"**De-**"[9]), z.B.	"Deoxy-" (minus HO–)
	"Demethyl-" (minus Me–)
	"Dehydro-" (minus H–; nur paarweise)
"**Anhydro-**"	(minus H_2O)

Die entfernten Atome oder Gruppen werden durch H-Atome ersetzt, wenn letztere nicht ihrerseits durch andere, im Namen mittels Präfixen ausgedrückte Substituenten substituiert sind.

z.B.

66

"6-Deoxy-α-D-glucopyranose" (**66**)
- CA: 'α-D-glucopyranose, 6-deoxy-'
- Kohlenhydrat (*Anhang 1*)

(c) *Zusammenfassend*:

Stammname mit Endsilbe "-an" → **Stammname mit Endsilbe** "**-en**", "**-dien**", "**-in**" (Englisch: '-yne'), "**-enin**" (Englisch: '-enyne') *etc.*

Präfix "Dehydro-" oder subtraktives Präfix ("Demethyl-", "Anhydro-" *etc.*)[8]) + **andere Präfixe** + **Stammname + Suffix** oder **Stammsubstituentenname + Funktionsstammname** oder **Stammsubstituentenname + Klassenname** oder **Stereostammname**

[8]) **Subtraktive Präfixe** werden meist **wie Substituentenpräfixe** behandelt und bei der alphabetischen Reihenfolge der Präfixe berücksichtigt (*Kap. 3.5*; vgl. *Fussnote 6*), z.B. in der Kohlenhydrat-Nomenklatur (s. *Anhang 1*).

[9]) **IUPAC** empfiehlt im Deutschen "Des-" statt "De-", ausser bei "Dehydro-".

Beispiele:

$HC{\equiv}C{-}CHO$ **67** — "Prop-2-inal" (**67**)
Aldehyd (*Kap. 6.19*)

68 — "Bicyclo[2.2.1]hept-2-en-2-methanamin" (**68**)
Amin (*Kap. 6.23*)

69 — "2,3-Didehydro-1,4,5,6-tetrahydropyridin" (**69**)
(nicht-funktionelle) Stickstoff-Verbindung (*Kap. 6.25*)

70 — "2,5-Anhydro-D-gluconsäure" (**70**)
Kohlenhydrat (*Anhang 1*)

CA ¶ 126
IUPAC
R-0.2.3.3.3,
R-1.2.3.3.2
und C-0.2

3.2.6. Funktionsklassennomenklatur ('functional-class nomenclature'; früher 'radicofunctional nomenclature')

Beachte:

Kap. 6.22, 6.30 und 6.31

- **CA** verwendet **Funktionsklassennamen nur für Hydroperoxide, Polyoxide, Peroxide, Polysulfone, Polysulfoxide und Polysulfide** sowie entsprechende Chalcogen-Analoga (*Kap. 6.22, 6.30* und *6.31*). Deshalb sind hier nur diese Verbindungsklassen angeführt. Dabei sind nur Hydroperoxide Verbindungen mit einer charakteristischen (funktionellen) Gruppe. Polyoxide, Peroxide, Polysulfone, Polysulfoxide und Polysulfide *etc.* werden als Verbindungen ohne charakteristische Gruppe betrachtet, d.h. als nicht-funktionelle Sauerstoff- bzw. Schwefel-Verbindungen und Chalcogen-Analoga.
- **IUPAC** lässt Funktionsklassennomenklatur ausserdem auch für folgende Verbindungsklassen, inkl. Chalcogen-Analoga, zu (geordnet nach abnehmender Priorität; vgl. *Kap. 3.1*):

Cyanide (= **Nitrile**)	**R–C≡N**: "(R)-cyanid"; nach CA: Suffix "**-nitril**"/"**-carbonitril**" (*Tab. 3.2* und *Kap. 3.2.1*; s. *Kap. 6.18*).
Isocyanide	**R–N⁺≡C⁻**: "(R)-isocyanid"; nach CA: Präfix "**Isocyano-**" (*Tab. 3.1* und *Kap. 3.2.1*; s. *Kap. 6.25*).
Cyanate	**R–O–C≡N**: "(R)-cyanat"; nach CA: **Ester-Name** des Funktionsstammnamens "Cyansäure" (*Tab. 3.2*; s. *Kap. 6.14*).
Isocyanate	**R–N=C=O**: "(R)-isocyanat"; nach CA: Präfix "**Isocyanato-**" (*Tab. 3.1* und *Kap. 3.2.1*; s. *Kap. 6.25*).
Ketone	**R–C(=O)–R´**: "(R)-(R´)-keton"; nach CA: Suffix "**-on**" (*Tab. 3.2* und *Kap. 3.2.1*; s. *Kap. 6.20*).
Alkohole	**R–OH**: "(R)-alkohol"; nach CA: Suffix "**-ol**" (*Tab. 3.2* und *Kap. 3.2.1*; s. *Kap. 6.21*).
Ether	**R–O–R´**: "(R)–(R´)-ether"; nach CA: Präfix "**[(R)-oxy]-**" (*Tab. 3.1* und *Kap. 3.2.1*) oder Multiplikations- oder Austauschname (*Kap. 3.2.3* bzw. *4.3.2*) (s. *Kap. 6.30*).
Sulfide	**R–S–R´**: "(R)-(R´)-sulfid"; nach CA: Präfix "**[(R)-thio]-**" (*Tab. 3.1* und *Kap. 3.2.1*) oder Multiplikations- oder Austauschname (*Kap. 3.2.3* bzw. *4.3.2*) (s. *Kap. 6.31*).
Sulfoxide	**R–S(=O)–R´**: "(R)-(R´)-sulfoxid"; nach CA: Präfix "**[(R)sulfinyl]-**" (*Tab. 3.1* und *Kap. 3.2.1*) oder Multiplikations- oder Austauschname (*Kap. 3.2.3* bzw. *4.3.2*) (s. *Kap. 6.31*).
Sulfone	**R–S(=O)₂–R´**: "(R)-(R´)-sulfon"; nach CA: Präfix "**[(R)sulfonyl]-**" (*Tab. 3.1* und *Kap. 3.2.1*) oder Multiplikations- oder Austauschname (*Kap. 3.2.3* bzw. *4.3.2*) (s. *Kap. 6.31*).
Alkyl-halogenide oder -azide	**R–X**: "(R)-halogenid" bzw. "(R)-azid"; nach CA: Präfix "**Halogeno-**" bzw. "**Azido-**" (*Tab. 3.1* und *Kap. 3.2.1*) (s. *Kap. 6.33* bzw. *6.25*).

Für eine Übersicht der Stammsubstituentennamen "(R)-" und "(R´)-", s. *Kap. 5*. Für **Amine**, s. *Kap. 6.23*.

- **Funktionsklassennamen** (im Deutschen nach IUPAC ohne Bindestrich(e), im folgenden aber immer mit Bindestrich(en); im Englischen zwei (oder drei) separate Wörter) werden **ähnlich** gebildet **wie Substitutionsnamen mit einem Funktionstammnamen als Endung** (letztere im Deutschen und im Englischen in einem Wort ohne Bindestrich).

Kap. 6.22

(a) Die **Hauptgruppe eines Hydroperoxids** (z.B. –OOH in **71**) wird durch den **Klassennamen** (z.B. "-hydroperoxid") ausgedrückt und über einen Bindestrich an den **Stammsubstituentennamen** (z.B. "Butyl-") gehängt (im Englischen zwei Wörter) (s. *Kap. 6.22*).

z.B.

71

"Butyl-hydroperoxid" (**71**)
– CA: 'hydroperoxide, butyl'
– Englisch: 'butyl hydroperoxide'
– Hydroperoxid (*Kap. 6.22*)

Kap. 6.30 und 6.31

(b) **Ein Polyoxid, Peroxid, Polysulfon, Polysulfoxid, Polysulfid oder Chalcogen-Analogon wird als Gerüst-Stammstruktur betrachtet** und nicht als charakteristische (funktionelle) Gruppe (s. *Kap. 6.30* und *6.31*). **Trotzdem** bekommen sie **Funktionsklassennamen**. Eine solche Gerüst-Stammstruktur kann **nur zwei Stammsubstituenten** tragen. Bei gleichem Stammsubstituenten werden Multiplikationsaffixe verwendet, und bei verschiedenen Stammsubstituenten werden die entsprechenden **Stammsubstituentennamen** (z.B. "Ethyl-", "Methyl-" in **73**; ausnahmsweise

grün) in alphabetischer Reihenfolge **vor dem Klassennamen** (z.B. "-disulfid"; ausnahmsweise rot) angeordnet.

z.B.

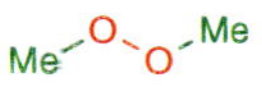

72 "Dimethyl-peroxid" (**72**)
- CA: 'peroxide, dimethyl'
- Englisch: 'dimethyl peroxide'
- (nicht-funktionelle) Sauerstoff-Verbindung (*Kap. 6.30*)

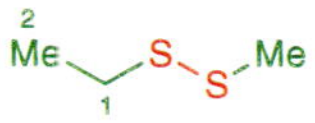

73 "Ethyl-methyl-disulfid" (**73**)
- CA: 'disulfide, ethyl methyl'
- Englisch: 'ethyl methyl disulfide'
- "**E**thyl-" > "**M**ethyl-"
- (nicht-funktionelle) Schwefel-Verbindung (*Kap. 6.31*)

(c) Alle **übrigen Substituenten** am (an den) Stammsubstituenten werden als **Präfixe** ausgedrückt.

(d) *Zusammenfassend:*

Präfixe + Stamm-substituentenname + **Klassenname** "**Hydroperoxid**" (–O–OH), "**Thiohydroperoxid**" (–O–SH)

Präfixe Stammsubstituentenname(n) + **Klassenname**
- "**Polyoxid**", ..., "**Trioxid**" ($-O_3-$), "**Peroxid**" ($-O_2-$)
- "**Polysulfon**", ..., "**Trisulfon**" ($-(SO_2)_3-$), "**Disulfon**" ($-(SO_2)_2-$)
- "**Polysulfoxid**", ..., "**Trisulfoxid**" ($-(SO)_3-$), "**Disulfoxid**" ($-(SO)_2-$)
- "**Polysulfid**", ..., "**Trisulfid**" ($-S_3-$), "**Disulfid**" ($-S_2-$)
- oder Chalcogen-Analoga

Kap. 6.22, 6.30 und 6.31

Beispiele (weitere Beispiele in *Kap. 6.22, 6.30* und *6.31*):

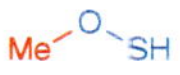

74 "*O*-Methyl-thiohydroperoxid" (**74**)
Hydroperoxid (*Kap. 6.22*)

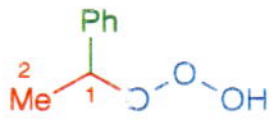

75 "(1-Phenylethyl)-hydrotrioxid" (**75**)
Hydroperoxid (*Kap. 6.22*)

76 "Bis(trifluoromethyl)-trioxid" (**76**)
(nicht-funktionelle) Sauerstoff-Verbindung (*Kap. 6.30*)

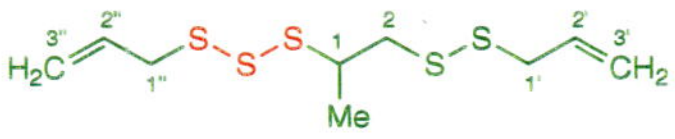

77 "[1-Methyl-2-(prop-2-enyldithio)ethyl]-(prop-2-enyl)-trisulfid" (**77**)
(nicht-funktionelle) Schwefel-Verbindung (*Kap. 6.31*)

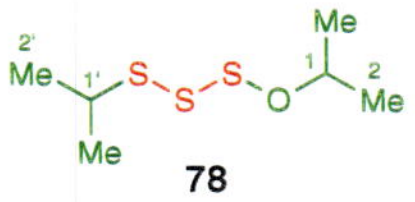

78 "(1-Methylethoxy)-(1-methylethyl)-trisulfid" (**78**)
(nicht-funktionelle) Schwefel-Verbindung (*Kap. 6.31*)

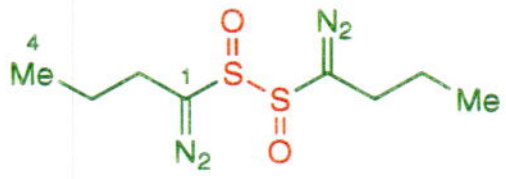

79 "Bis(1-diazobutyl)-disulfoxid" (**79**)
(nicht-funktionelle) Schwefel-Verbindung (*Kap. 6.31*)

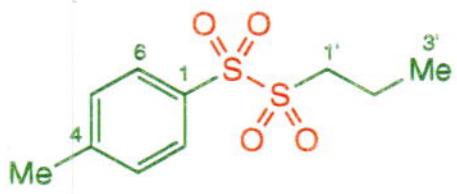

80 "(4-Methylphenyl)-propyl-disulfon" (**80**)
(nicht-funktionelle) Schwefel-Verbindung (*Kap. 6.31*)

CA 105, 106, 130, **138**, 140, 164, 255, 271 und 315 IUPAC C-12 – C-14

3.3. Bestimmung der Gerüst-Stammstruktur[1]) ('parent structure' oder 'parent hydride' oder 'molecular skeleton' = 'nonfunctional substitutive parent compound')

Beachte:

- **Eine Gerüst-Stammstruktur ist ein unverzweigtes acyclisches oder cyclisches Molekülgerüst** (bei Konjunktionsnamen ein Ensemble von solchen Gerüsten), das nach Entfernen aller Substituenten und deren Ersatz durch H-Atome übrigbleibt, und **das nach den im folgenden angeführten Hierarchieregeln Priorität bei der Wahl des Stammnamens hat**:

  Stammnamen in *Kap. 4*. (Kap. 4)

- **Ein Stammsubstituent** wird meist von einer Gerüst-Stammstruktur hergeleitet (Gerüst-Stammstruktur mit freier(n) Valenz(en)) und **hat nach den Hierarchieregeln von *Kap. 5.8* Priorität bei der Wahl des Stammsubstituentennamens**: (Kap. 5.8)

  Stammsubstituentennamen in *Kap. 4* und *5*. (Kap. 4 und 5)

- Eine **Funktionsstammstruktur** ist eine Struktur mit ersetzbaren H-Atomen, deren Name eine charakteristische Gruppe ausdrückt. Deshalb ist ihre **Wahl schon durch die Bestimmung der vorrangigen Verbindungsklasse nach *Kap. 3.1*** (s. *Tab. 3.2*) **festgelegt**: (Kap. 3.1 und Tab. 3.2, Kap. 6)

  Funktionsstammnamen in *Kap. 6*.

- **Eine Stereostammstruktur ist eine** acyclische oder cyclische vorrangige **Struktur mit Halbtrivial- oder Trivialnamen** (Spezialnamen), **die charakteristische Gruppen und/oder Reste enthalten kann**. Der entsprechende Stereostammname hat Vorrang vor einem gleichartigen Gerüst-Stammnamen mit Präfixen und/oder Suffix, z.B. "Propansäure" > "Glycin" > "Essigsäure" (d.h. "Glycin", nicht "Aminoessigsäure"; H_2NCH_2COOH). Für **Stereostammnamen** ist *Anhang 1* zu konsultieren.

Zur Bestimmung der Gerüst-Stammstruktur werden die folgenden Hierarchieregeln der Reihe nach angewandt, bis eine Wahl erfolgt.

(a) Vorrangig ist die **Ketten- oder Ringstruktur[2]), die am meisten Hauptgruppen trägt**.

z.B.

"2-Ethyl-3-methylbutan-1,4-diol" (**2**)
Alkohol (*Kap. 6.21*)

2

"2-(4-Carboxyphenyl)butan-1,4-disäure" (**3**)
- Englisch: '2-(4-carboxyphenyl)butane-1,4-dioic acid'
- Carbonsäure (*Kap. 6.7*)
- Konjunktionsname nicht zulässig

3

Beachte: (Kap. 3.2.2)

Bei Strukturen, auf die sich **Konjunktionsnomenklatur** anwenden lässt, wird die **Kohlenwasserstoff-Kettenkomponente und die Ringkomponente zusammengenommen** als **Gerüst-Stammstruktur** aufgefasst (s. auch ***(b)***).

z.B.

"Pyridin-2-propanal" (**4**)
- Aldehyd (*Kap. 6.19*)
- IUPAC: auch "3-(2-Pyridyl)propanal"

4

---

[1]) Das hier beschriebene **Verfahren entspricht den Richtlinien, die CA** für organisch-chemische Verbindungen bei der Wahl der Indexnamen ('index name selection') **für den sogenannten Titelstammnamen** ('heading parent') im 'Chemical Substance Index' **verwendet** (CA ¶ 138). Die **Titelstammnamen von CA** sind folgender Art:
- **Stammname** (Molekülgerüst), z.B. 'cyclohexane';
- **Stammname** (Molekülgerüst) + **Suffix** (charakteristische Gruppe), z.B. '1-propanol';
- **Funktionsstammname** (charakteristische Gruppe), z.B. 'phosphonic acid', 'formic acid' (*Klassen 5d – g* und *5k* in *Tab. 3.2*);
- **Klassenname** (charakteristische Gruppe bzw. Molekülgerüst), z.B. 'hydroperoxide', 'trisulfide' (*Klassen 11* und *21 – 23* in *Tab. 3.2*);

IUPAC empfiehlt für Kohlenwasserstoff-Ketten/Heteroketten und Ringstrukturen je ein gesondertes Auswahlverfahren zur Bestimmung der (vorrangigen) Gerüst-Stammstruktur (IUPAC C-13.11/C-63.1 bzw. C-14.11); ausserdem empfiehlt IUPAC ein spezielles Auswahlverfahren für cyclische Kohlenwasserstoffe mit aliphatischen Seitenketten (IUPAC A-61). Die Herausgabe von neuen Empfehlungen zur Bestimmung von Stammstrukturen, die zu einem einzigen bevorzugten Namen führen, sind jedoch geplant (IUPAC R-1.2 und R-4.0).

[2]) **Identische Ringkomponenten**, die miteinander nur **durch** eine **Einfachbindung verknüpft** sind, **bilden zusammen eine sogenannte Ringsequenz** ('ring assembly'), **d.h. eine eigenständige Gerüst-Stammstruktur** (s. *Kap. 4.10*), deren Priorität sich unmittelbar vor derjenigen der identischen Ringkomponente einreiht (CA ¶ 157).

z.B.

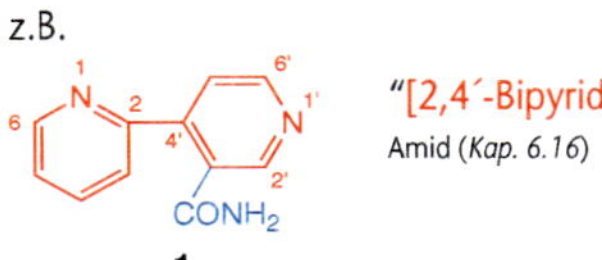

"[2,4'-Bipyridin]-3'-carboxamid" (**1**)
Amid (*Kap. 6.16*)

1

5

"Piperazin-1,4-dipropanamin" (**5**)
Amin (*Kap. 6.23*)

(*b*) Vorrangig ist die **Ketten- oder Ringstruktur**[2]**) mit vorrangigem Heteroatom-Gehalt *in Übereinstimmung mit der Prioritätenreihenfolge der Verbindungsklassen* nach *Tab. 3.2*, d.h. die Gerüst-Stammstruktur enthält mit abnehmender Priorität** ein (oder mehrere) Atom(e) der folgenden Art: **N > P > As > Sb > Bi > B > Si > Ge > Sn > Pb > O > S > Se > Te** (vgl. dazu die *Klassen 14 – 23* in *Tab. 3.2*).

Tab. 3.2

Dieses Kriterium gilt **nicht bei der Wahl zwischen verschiedenen Ringstrukturen** (s. (*c*)).

In Gegenwart einer Ketten- *und* Ringstruktur der gleichen Verbindungsklasse, d.h. bei gleichartigem Heteroatom-Gehalt (z.B. kein Heteroatom *vs.* kein Heteroatom, 1 N *vs.* 1 N, 1 N *vs.* 2 N) **hat die Ringstruktur vor der Kettenstruktur Priorität** (die Anzahl bevorzugter Heteroatome in der Ring- und Kettenstruktur spielt keine Rolle).

Beachte:

Kap. 3.2.2

- Bei Strukturen, auf die sich **Konjunktionsnomenklatur** anwenden lässt, wird das **Gerüst aus Kohlenwasserstoff-Kettenkomponente und Ringkomponente zusammengenommen** als **Ringstruktur** betrachtet (s. **6**; vgl. dazu auch (*a*)).
- Kommt bei Strukturen, auf die sich **Konjunktionsnomenklatur** anwenden lässt, die **Hauptgruppe** (in gleicher Anzahl) **sowohl in der Kohlenwasserstoff-Kettenkomponente als auch in der Ringkomponente** (wenn nötig nach (*c*) bestimmt) vor, **dann ist (*e*) zu berücksichtigen** (s. dort **61**).

z.B.

6

"α-Octylbenzolmethanol" (**6**)
- Englisch: 'α-octylbenzenemethanol'
- Alkohol (*Kap. 6.21*)
- **Ringkomponente + Kettenkomponente > Kette**
- IUPAC: auch "1-Phenylnonan-1-ol"

7

"Pentamethyl(phenanthren-9-yl)disilan" (**7**)
- (nicht-funktionelle) Silicium-Verbindung (*Kap. 6.29*)
- Kette Si-haltig

8

"1-(Diphosphinyl)piperidin" (**8**)
- (nicht-funktionelle) Stickstoff-Verbindung (*Kap. 6.25*)
- N > P

9

"(4-Cyanophenyl)diazencarbonitril" (**9**)
- Nitril (*Kap. 6.18*)
- Kette N-haltig

10

"5-(2-Carboxyhydrazino)pyridin-2-carbonsäure" (**10**)
- Englisch: '...pyridine-2-carboxylic acid'
- Carbonsäure (*Kap. 6.7*)
- Ring > Kette

11

"1-(3-Hydroxyoct-1-inyl)cyclohexanol" (**11**)
- Englisch: '1-(3-hydroxyoct-1-ynyl)cyclohexanol'
- Alkohol (*Kap. 6.21*)
- Konjunktionsname nicht zulässig
- Ring > Kette

12

"2-(9-Chloro-3,7-dimethylnona-1,3,5,7-tetraenyl)-1,3,3-trimethylcyclohex-1-en" (**12**)
- (nicht-funktionelle) Kohlenstoff-Verbindung (*Kap. 6.32*)
- Ring > Kette

13

"Triethyl[(trimethylstannyl)-ethinyl]silan" (**13**)
- (nicht-funktionelle) Silicium-Verbindung (*Kap. 6.29*)
- Englisch: '...ethynyl]silane'
- Si-Gerüst > Sn-Gerüst > C-Gerüst

(*c*) Bei **Wahl zwischen verschiedenen Ringstrukturen**[2]**)**[3]**) ist die Gerüst-Stammstruktur** (= Hauptringstruktur oder 'senior ring structure') nach abnehmender Priorität:

(*c*₁) **ein N-haltiger Heterocyclus** (irgendeiner Art);

z.B.

14 > 15

"1*H*-Pyrrol" (**14**) "2*H*-1-Benzopyran" (**15**)

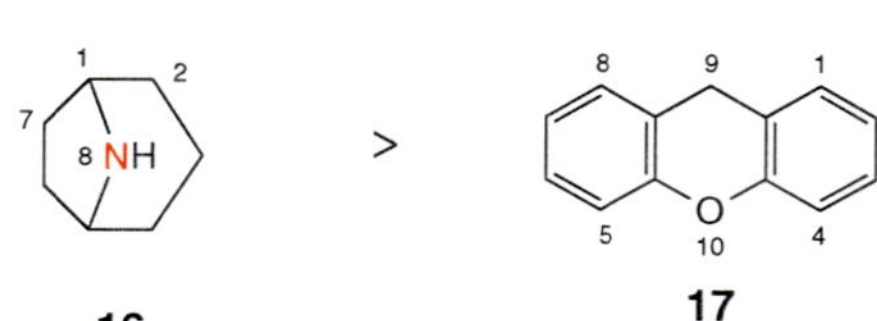

16 > 17

"8-Azabicyclo[3.2.1]octan" (**16**) "9*H*-Xanthen (**17**)

[3]) **Die Kriterien zur Wahl der vorrangigen Ringstruktur** entsprechen den CA-Richtlinien (s. *Fussnote 1*) und **sind zum Teil veschieden von den Kriterien zur Wahl der Hauptkomponente bei anellierten Stammstrukturen** (s. *Kap. 4.6.3*).

(c_2) **ein Heterocyclus**;

z.B.

18 > 19

"Furan"(**18**) "Pyren" (**19**)

(c_3) **eine cyclische Struktur** (irgendeiner Art) **mit der grössten Anzahl Einzelringe**; dieses Kriterium gilt auch bei anellierten Heterobicyclen mit einem Benzo-Anellanten (*Kap. 4.6.3*), z. B. "1*H*-Benzimidazol" > "Pyridin"; "Benzofuran" > "2*H*-Pyran";

Kap. 4.6.3

z.B.

20 > 21

"Chinolin" (**20**)
– Englisch: 'quinoline'
– 2 Ringe

"Pyrimidin" (**21**)
1 Ring

22 > 23

"2,5-Diazatricyclo-[4.2.1.0^{2,5}]nonan" (**22**)
3 Ringe

"2,5-Diazabicyclo-[4.2.1]nonan" (**23**)
2 Ringe

22 > **20**
23 > **21**

(c_4) eine cyclische Struktur, die in der folgenden Reihe Priorität hat:
Spiropolycyclus (*Kap. 4.9*) > **überbrückter anellierter Polycyclus** (*Kap. 4.8*) > **(nicht-anellierter) Brückenpolycyclus nach** ***von Baeyer*** (*Kap. 4.7*) > **anellierter Polycyclus** (*Kap. 4.6*);

Kap. 4.6 – 4.9

z.B.

24 > 25 >

"Dispiro[5.2.5.2]-hexadecan" (**24**)

"1,4-Ethanonaphthalin" (**25**)
Englisch: '1,4-ethanonaphthalene'

> 26 > 27

"Tricyclo[2.2.2.0^{2,6}]-octan" (**26**)

"Anthracen" (**27**)

(c_5) **eine cyclische Struktur mit dem grössten Einzelring** (gilt nicht für Brückenpolycyclen nach *von Baeyer* und Spiropolycyclen, die Brückenpolycyclen nach *von Baeyer* enthalten); bei Wahl zwischen zwei überbrückten anellierten Polycyclen ist zuerst der grösste Einzelring des unüberbrückten Polycyclus bestimmend;

z.B.

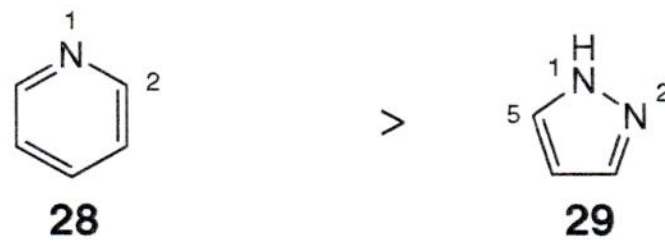

28 > 29

"Pyridin" (**28**)
Sechsring

"1*H*-Pyrazol" (**29**)
Fünfring

30 > 31

"Azulen" (**30**)
Siebenring

"Naphthalin" (**31**)
– Englisch: 'naphthalene'
– Sechsring

32 > 33

"Spiro[2.6]nonan" (**32**)
Siebenring

"Spiro[3.5]nonan" (**33**)
Sechsring

(c_6) **eine cyclische Struktur mit der grössten totalen Anzahl Ringatome**;

z.B.

15 > 34

"2*H*-1-Benzopyran" (**15**)
10 Ringatome

"Benzofuran" (**34**)
9 Ringatome

35 > 36

"Bicyclo[3.3.1]non-an" (**35**)
9 Ringatome

"Bicyclo[2.2.1]hept-an" (**36**)
7 Ringatome

(c_7) **eine cyclische Struktur,** bei Brückenpolycyclen nach *von Baeyer*, **mit der grössten Anzahl Ringatome, die zwei oder mehreren Ringen gemeinsam sind;**

z.B.

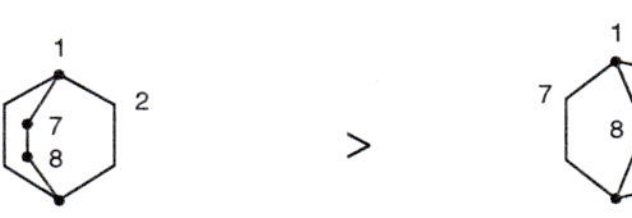

37 > 38

"Bicyclo[2.2.2]oct-an" (**37**)
4 gemeinsame Ringatome

"Bicyclo[3.2.1]oct-an" (**38**)
3 gemeinsame Ringatome

(c_8) eine cyclische Struktur mit möglichst tiefen Lokanten[4]) für Brückenköpfe;

z.B.

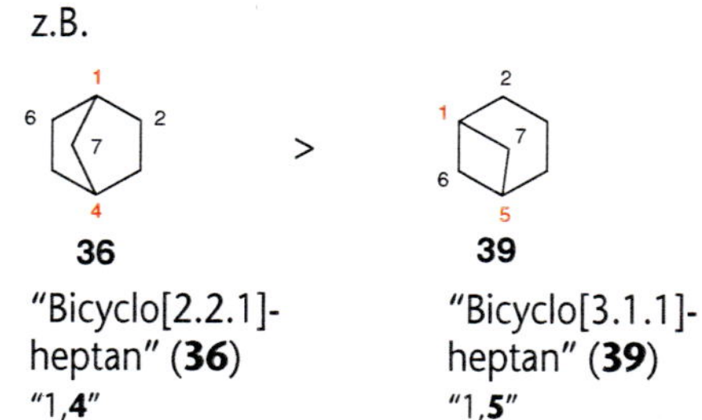

36
"Bicyclo[2.2.1]-heptan" (**36**)
"1,**4**"

39
"Bicyclo[3.1.1]-heptan" (**39**)
"1,**5**"

40
"1*H*-3a,6-Epoxyazulen" (**40**)
"3a,**6**"

41
"1*H*,4*H*-3a,8a-Epoxyazulen" (**41**)
"3a,**8a**"

(c_9) eine cyclische Struktur mit der grössten Anzahl Heteroatome;

z.B.

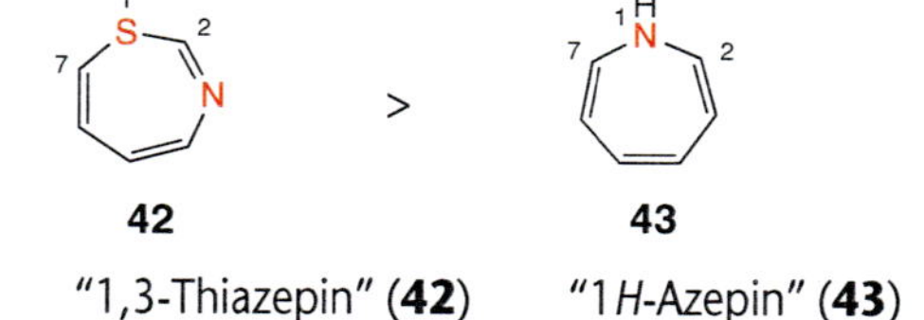

42
"1,3-Thiazepin" (**42**)

43
"1*H*-Azepin" (**43**)

(c_{10}) eine cyclische Struktur mit der grössten Anzahl an vorrangigen, von N verschiedenen Heteroatomen, d.h. O > S > Se > Te > P > As > Sb > Bi > Si > Ge > Sn > Pb > B;

z.B.

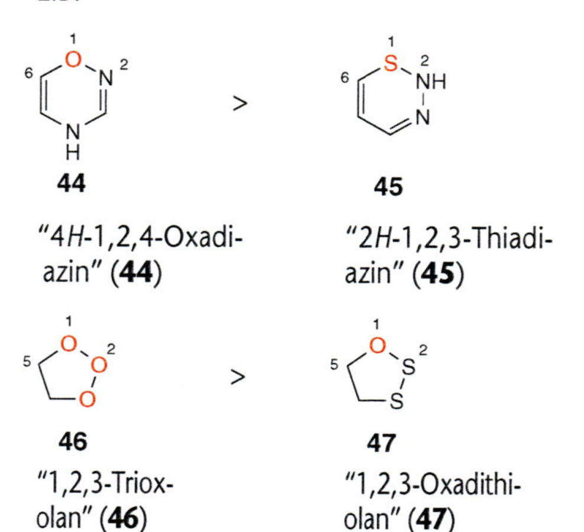

44
"4*H*-1,2,4-Oxadiazin" (**44**)

45
"2*H*-1,2,3-Thiadiazin" (**45**)

46
"1,2,3-Trioxolan" (**46**)

47
"1,2,3-Oxadithiolan" (**47**)

(c_{11}) eine cyclische Struktur mit den meisten Ringkomponenten in linearer Anordnung;

z.B.

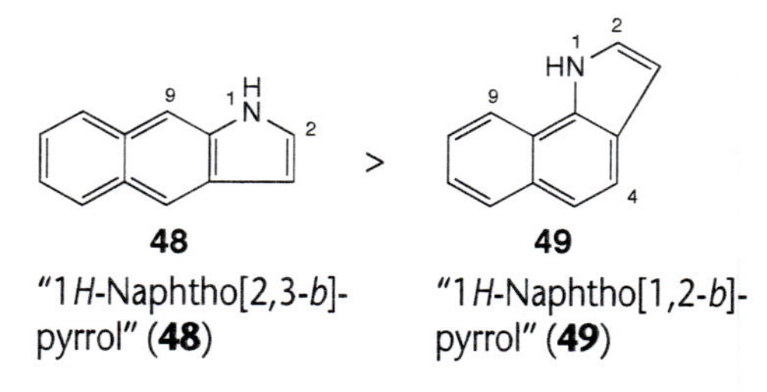

48
"1*H*-Naphtho[2,3-*b*]-pyrrol" (**48**)

49
"1*H*-Naphtho[1,2-*b*]-pyrrol" (**49**)

(c_{12}) eine cyclische Struktur mit möglichst tiefen Lokanten[4]) für Heteroatome;

z.B.

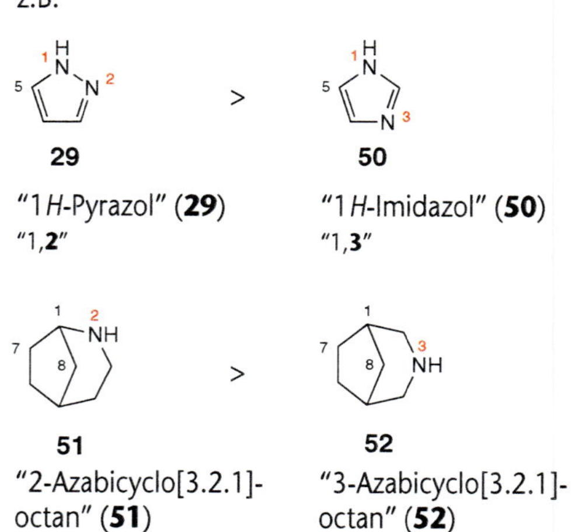

29
"1*H*-Pyrazol" (**29**)
"1,**2**"

50
"1*H*-Imidazol" (**50**)
"1,**3**"

51
"2-Azabicyclo[3.2.1]-octan" (**51**)
"2"

52
"3-Azabicyclo[3.2.1]-octan" (**52**)
"3"

(c_{13}) eine möglichst ungesättigte cyclische Struktur;

z.B.

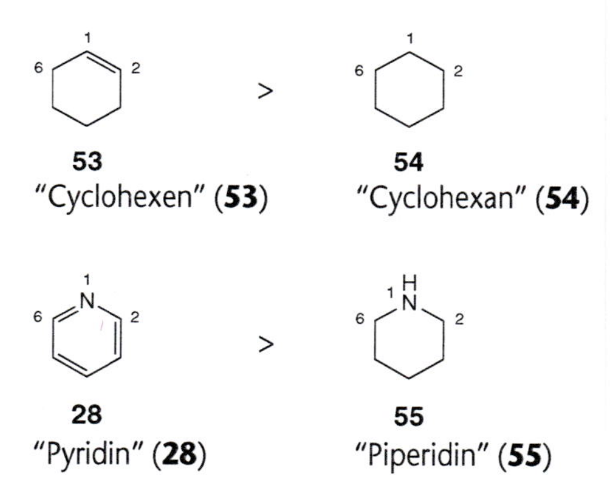

53
"Cyclohexen" (**53**)

54
"Cyclohexan" (**54**)

28
"Pyridin" (**28**)

55
"Piperidin" (**55**)

(c_{14}) eine cyclische Struktur mit möglichst tiefen Lokanten[4]) für indiziertes H-Atom (nicht für 'addiertes' indiziertes H-Atom);

Anhang 5

z.B.

14
"**1***H*-Pyrrol" (**14**)

56
"**2***H*-Pyrrol" (**56**)

57
"**3***H*-Pyrrol" (**57**)

---

[4]) **Diejenige Folge von Lokanten ist vorrangig** (niedriger), **die am ersten Unterscheidungspunkt die tiefere** (niedrigere) **Zahl hat**, z.B. "1,1,2,**3**,6" > "1,1,2,**5**,6".

(c_{15}) eine cyclische Struktur, deren Titelstammname[1]) im 'Chemical Substance Index' von CA früher erscheint (Anordnung der Titelstammnamen nach dem Prinzip der **alphabetischen Reihenfolge**, dann nach möglichst tiefen Lokanten)[5]).

z.B.

58 > 59

"1*H*-**Benz**[*f*]inden" (**58**) "1*H*-**F**luoren" (**59**)

(d) Vorrangig ist **eine (acyclische) Struktur mit der grössten Anzahl acyclischer Heteroatome.**

z.B.

60

"5,5-Dibutyl-2,4,6,8-tetraoxa-3,7-diphospha-5-stannanonan-3,7-dioxid (**60**)

- (nicht-funktionelle) Phosphor-Verbindung (*Kap. 6.26*); **nicht Ester** wegen Bindungen Sn–O (*Kap. 6.14*)
- 7 Heteroatome > 4 Heteroatome

(e) Vorrangig ist **die grösste (umfassendste) Struktur** im Sinne des Titelstammnamens (Molekülgerüst)[1])[5]).

Beachte:

Kap. 3.2.2

Bei Strukturen, auf die sich **Konjunktionsnomenklatur** anwenden lässt, **besteht die grösste Struktur aus der Kohlenwasserstoff-Kettenkomponente *und* der Ringstruktur** (s. ***(a)*** und ***(b)***).

z.B.

61 > 61'

"5-Amino-3-methylpyridin-2-propanamin" (**61**)

- Amin (*Kap. 6.23*)
- Konjunktionsname
- "Pyridinpropan" > "Pyridin"
- IUPAC: auch "6-(3-Aminopropyl)-5-methylpyridin-3-amin"

62

"2-Methyl-3-methylenhexan" (**62**)

- (nicht-funktionelle) Kohlenstoff-Verbindung (*Kap. 6.32*)
- "**Hex**an" > "**Pent**en"
- IUPAC: "**2**-Isopropyl**pent-1-en**" (**!**); nach IUPAC C-13.11(*b*) hat eine **möglichst ungesättigte Kette** Vorrang vor der längsten Kette

63

"1-Chloro-3-ethinylhex-1-en-3-ol" (**63**)

- Englisch: '...ethynyl...'
- Alkohol (*Kap. 6.21*)
- "**Hex**en" > "**Hex**in" (s. ***(g)***) > "**Pent**enin"
- IUPAC: "**1**-Chloro-**3**-propyl**pent-1-en-4-in-3**-ol" (**!**); nach IUPAC C-13.11(*b*) hat eine **möglichst ungesättigte Kette** Vorrang vor der längsten Kette

64

"3,5-Bis(aminomethyl)heptan-1,7-diamin" (**64**)

- Amin (*Kap. 6.23*)
- "**Hept**an" > "**Hex**an" > "**Pent**an" > "**But**an"

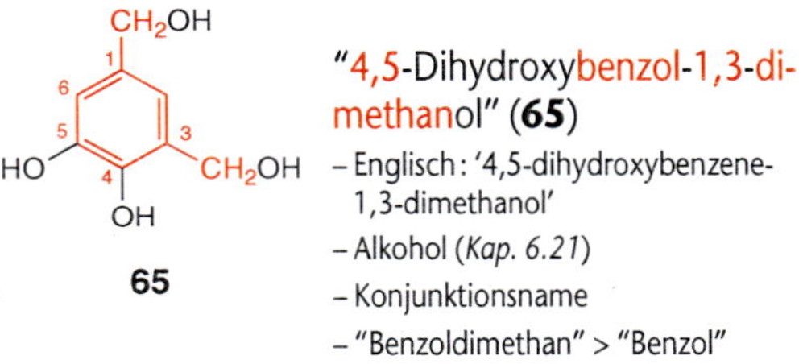

65

"4,5-Dihydroxybenzol-1,3-dimethanol" (**65**)

- Englisch: '4,5-dihydroxybenzene-1,3-dimethanol'
- Alkohol (*Kap. 6.21*)
- Konjunktionsname
- "Benzoldimethan" > "Benzol"

(f) Vorrangig ist **die (acyclische) Struktur mit der grössten Anzahl an vorrangigen acyclischen Heteroatomen**, d. h. O > S > Se > Te > N > P > As > Sb > Bi > Si > Ge > Sn > Pb > B.

z.B.

66

"Disilathianyldisiloxan" (**66**)

- (nicht-funktionelle) Silicium-Verbindung (*Kap. 6.29*)
- O > S

(g) Vorrangig ist **die Stuktur mit der grössten Anzahl Mehrfachbindungen**, wobei **Doppelbindungen vor der gleichen Anzahl Doppel- + Dreifachbindungen** Priorität haben.

---

[5]) Zur Reihenfolge der Titelstammnamen im 'Chemical Substance Index' von CA, s. 'Index Guide, Appendix II', ¶ 10C, Chemical Abstracts Service, Columbus, Ohio, letzte Ausgabe 1999.

Die Titelstammnamen werden der Reihe nach gemäss den folgenden Kriterien angeordnet (vgl. dazu auch *Kap. 3.5*):

- **alphabetisch (Entscheid beim ersten unterschiedlichen Buchstaben)**; dabei werden nicht-römische Buchstaben (z.B. "α", "β"), kursive Namenskomponenten (z.B. ("*cis*-", "(*R*)-"), Buchstabenlokanten (z.B. "*N*", "*O*") und Satzzeichen weggelassen, z.B. '1-butano**l**' > '2-butano**ne**';
- **nach tiefsten Anfangslokanten,** d.h. Lokanten vor dem ersten Buchstaben des Titelstammnamens (**Entscheid beim ersten unterschiedlichen Lokanten; kursive Buchstabenlokanten > griechische Buchstabenlokanten > arabische Zahlen**), z.B. '**1**-butene' > '**2**-butene' (hier: "But-**1**-en" > "But-**2**-en"), '1,**1**′-biaziridine' > '1,**2**′-biaziridine';
- **nach tiefsten Lokanten der Gesamtheit der übrigen Lokanten**[4]) **im Titelstammnamen** (Entscheid beim ersten unterschiedlichen Lokanten), z.B. '2-butene-**1,3**-diamine' > '2-butene-**1,4**-diamine' > '2-butene-**2,3**-diamine'.

Die **weitere Anordnung von Indexnamen** erfolgt durch Anwendung der gleichen Kriterien auf die im 'Chemical Substance Index' nach dem Inversionskomma angeführte Gesamtheit der Präfixe (s. CA ¶ 10C), z.B. '3-buten-2-one, 4-**a**mino-' > '3-buten-2-one, 4-**a**mino-3-**b**romo-' > '3-buten-2-one, 3-**b**romo-' > '3-buten-2-one, 3-**c**hloro-'.

z.B.

67

"3-Methylbut-3-en-2-on" (**67**)
- Keton (*Kap. 6.20*)
- "Buten" > "Butan"

68

"3-Ethinylhexa-1,5-dien" (**68**)
- Englisch: '3-ethynylhexa-1,5-diene'
- (nicht-funktionelle) Kohlenstoff-Verbindung (*Kap. 6.32*)
- "Hexadien" > "Hexenin"

(h) Vorrangig ist **die Struktur, deren Titelstammname**[1]**) der Reihe nach möglichst tiefe Lokanten**[4]**) hat für Heteroatome, Hauptgruppen** (Suffix), **alle Mehrfachbindungen, Doppelbindungen**.

z.B.

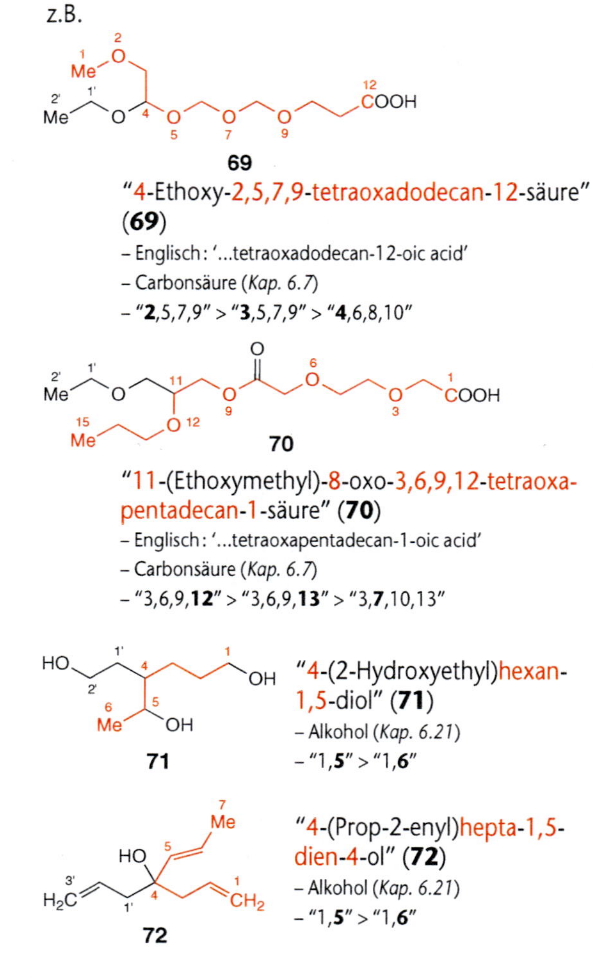

69

"4-Ethoxy-2,5,7,9-tetraoxadodecan-12-säure" (**69**)
- Englisch: '...tetraoxadodecan-12-oic acid'
- Carbonsäure (*Kap. 6.7*)
- "**2**,5,7,9" > "**3**,5,7,9" > "**4**,6,8,10"

70

"11-(Ethoxymethyl)-8-oxo-3,6,9,12-tetraoxapentadecan-1-säure" (**70**)
- Englisch: '...tetraoxapentadecan-1-oic acid'
- Carbonsäure (*Kap. 6.7*)
- "3,6,9,**12**" > "3,6,9,**13**" > "3,**7**,10,13"

71

"4-(2-Hydroxyethyl)hexan-1,5-diol" (**71**)
- Alkohol (*Kap. 6.21*)
- "1,**5**" > "1,**6**"

72

"4-(Prop-2-enyl)hepta-1,5-dien-4-ol" (**72**)
- Alkohol (*Kap. 6.21*)
- "1,**5**" > "1,**6**"

Kommt die Gerüst-Stammstruktur im Sinne des Titelstammnamens[1]**)** in einer Verbindung **mehrfach vor**, dann werden weiter folgende Kriterien angewandt:

(i) **Zentralität: Beim drei- oder mehrfachen Vorkommen der Struktur des Titelstammnamens**[1]**)** (bestimmt nach ***(a)*** – ***(h)***) **basiert der Name auf der zentralen Einheit** oder bei gerader Anzahl der Einheiten auf einer der Einheiten des zentralen Paars. Dabei sind alle **Einheiten** oder ein Teil ihrer maximalen Anzahl **linear angeordnet**, und **eine Einheit muss nicht-endständig sein. Ist Multiplikationsnomenklatur möglich, basiert der Name auf *beiden* Einheiten des zentralen Paars**.

Kap. 3.2.3

z.B.

73

"2,5-Bis[2-(furan-2-yl)ethenyl]furan" (**73**)
- (nicht-funktionelle) Sauerstoff-Verbindung (*Kap. 6.30*)
- Titelstammname: 'furan'

74

"2,2′-Methylenbis[5-(furan-2-ylmethyl)furan]" (**74**)
- (nicht-funktionelle) Sauerstoff-Verbindung (*Kap. 6.30*)
- Titelstammname: 'furan'
- Multiplikationsname

75

"1-(2-Chloroethoxy)-2-(2-methoxyethoxy)ethan" (**75**)
- (nicht-funktionelle) Kohlenstoff-Verbindung (*Kap. 6.32*)
- Titelstammname: 'ethane'

76

"1,1′-Oxybis[2-ethoxyethan]" (**76**)
- (nicht-funktionelle) Kohlenstoff-Verbindung (*Kap. 6.32*)
- Titelstammname: 'ethane'
- Multiplikationsname

77

"*N*,*N*′-Bis[4-(methylamino)phenyl]benzol-1,4-diamin" (**77**)
- Amin (*Kap. 6.23*)
- Titelstammname: '1,4-benzenediamine'

(j) Vorrangig ist **die Struktur mit maximaler Anzahl Präfixe** für Substituenten.

z.B.

78

"4-Ethyl-5-oxohexansäure" (**78**)
- Englisch: '4-ethyl-5-oxohexanoic acid'
- Carbonsäure (*Kap. 6.7*)
- 2 Präfixe > 1 Präfix

79

"4,4,4-Trifluoro-3-hydroxy-3-methylbutan-2-on" (**79**)
- Keton (*Kap. 6.20*)
- 5 Präfixe > 2 Präfixe

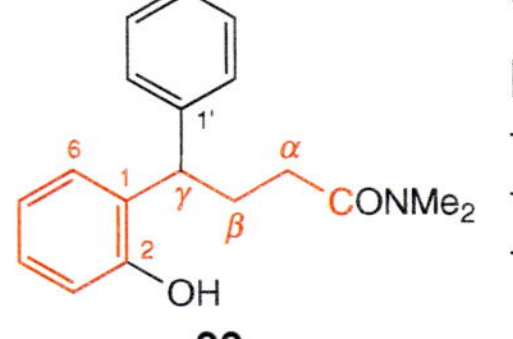

80

"2-Hydroxy-*N*,*N*-dimethyl-γ-phenylbenzolbutanamid" (**80**)
- Englisch: '...benzenebutanamide'
- Amid (*Kap. 6.16*)
- 4 Präfixe > 3 Präfixe

81

"2-Methyl-1-{1-methyl-2-{4-[(3,4,5-trimethylphenyl)methyl]phenyl}ethyl}-4-(phenylmethyl)benzol" (**81**)
- Englisch: '...benzene'
- (nicht-funktionelle) Kohlenstoff-Verbindung (*Kap. 6.32*)
- Multiplikationsnomenklatur nicht möglich
- der Name der gewählten Einheit des zentralen Paars (vgl. *(i)*) ergibt 3 Präfixe

(k) Vorrangig ist **die Struktur mit den tiefsten Lokanten**[4]**) für die Präfixe** der Substituenten bei Strukturen mit gleichem Titelstammnamen[1]) (die Lokanten des Suffixes sind in *(h)* schon berücksichtigt).

z.B.

82

"2-Methyl-*N*-(4-methylphenyl)benzolamin" (**82**)
- Englisch: '...benzenamine'
- Amin (*Kap. 6.23*)
- "N,2" > "N,4"

83

"3-(4-Carboxyphenoxy)benzoesäure" (**83**)
- Englisch: '...benzoic acid'
- Carbonsäure (*Kap. 6.7*)
- "3" > "4"
- "Benzolcarbonsäure" wird sowohl von CA als auch von IUPAC "Benzoesäure" ('benzoic acid') genannt

Kap. 3.2.3

(l) Lässt sich bei mehrfachem Vorkommen einer Struktur **Multiplikationsnomenklatur** anwenden, dann wird der Name so gewählt, dass der **Titelstammname**[1]**) so oft wie möglich multipliziert** wird.

z.B.

84

"1,1′,1′′-[(Ethan-1-yl-2-yliden)tris(oxymethylen)]tris[benzol]" (**84**)
- Englisch: '...tris[benzene]'
- (nicht-funktionelle) Kohlenstoff-Verbindung (*Kap. 6.32*)

85

"2,2′-[(Furan-2-ylmethylen)bis(thiomethylen)]bis[furan]" (**85**)
- (nicht-funktionelle) Sauerstoff-Verbindung (*Kap. 6.30*)
- nicht *(i)*, da alle Einheiten endständig sind

86

"1,1′,1′′-Methylidintris[4-(phenylmethyl)benzol]" (**86**)
- Englisch: '1,1′,1′′-methylidynetris[4-(phenylmethyl)benzene]'
- (nicht-funktionelle) Kohlenstoff-Verbindung (*Kap. 6.32*)
- zuerst *(i)*, dann *(l)*

(m) Vorrangig ist **die Struktur, deren vollständiger Indexname**[1]**)** im 'Chemical Substance Index' von CA **früher erscheint** (Anordnung der Titelstammnamen nach dem Prinzip der **alphabetischen Reihenfolge** und dann der möglichst tiefen Lokanten; dann Anordnung der Gesamtheit der Präfixe nach den gleichen Kriterien)[5]).

z.B.

87

"1,1′,1′′-{{[Diphenyl(triphenylmethoxy)methyl]thio}methylidin}tris[benzol]" (**87**)
- Englisch: '...methylidyne}tris[benzene]'
- (nicht-funktionelle) Kohlenstoff-Verbindung (*Kap. 6.32*)
- zuerst *(l)*, dann *(m)*
- "...triphenylmeth**o**xy..." > "...(triphenylmeth**y**l)thio..."

88

"3-**A**cetyl-4-methylpentansäure" (**88**)
- Englisch: '...pentanoic acid'
- Carbonsäure (*Kap. 6.7*)
- nicht "3-(1-**M**ethylethyl)-4-oxopentansäure"

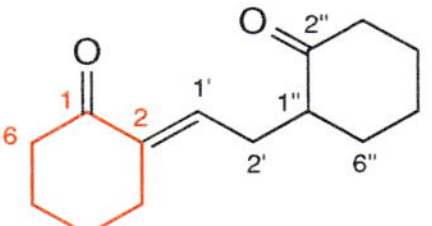

89

"2-[2-(2-Oxocyclohexyl)**e**thyliden]cyclohexanon" (**89**)
- Keton (*Kap. 6.20*)
- nicht "2-[2-(2-Oxocyclohexyl**i**den)ethyl]cyclohexanon"

Weitere **Beispiele** zur Illustration der Bestimmung der Gerüst-Stammstruktur sind an folgenden Stellen zu finden (**in Klammern** ist die betreffende **Prioritätsregel** angeführt):

Kap. 6.25

Kap. 6.25: Verbindungen **120** ((*m*)), **121** ((*m*)), **162** ((*b*)) und **168** ((*b*));

Kap. 6.26

Kap. 6.26: Verbindungen **65** ((*i*)) und **93** ((*i*));

Kap. 6.30

Kap. 6.30: Verbindungen **18** ((*m*)), **27** ((*b*)), **30** ((*i*)), **36** ((*e*)), **37** ((*b*)), **38** ((c_{13})), **39** ((c_1)), **40** ((*e*)), **46** ((*m*)), **53** ((*g*)), **54** ((*b*)), **55** ((c_5)), **56** ((c_2)), **57** ((c_1)) und **58 – 60** ((*e*));

Kap. 6.31

Kap. 6.31: Verbindungen **50** ((*b*)), **51** ((*b*)), **63** ((*b*)), **64** ((*b*)), **65** ((*e*)), **66** ((*e*)), **67** ((*b*)), **68** ((*b*)), **69** ((*j*)), **70** ((*j*)), **71** ((*b*)), **82** ((c_2)), **93** ((*b*)), **94** ((*b*)), **97** ((*g*)), **98** ((*i*)), **100** ((*b*)), **101** ((*b*)), **103** ((*e*)), **104** ((*b*)) und **105** ((*m*));

Kap. 6.32

Kap. 6.32: Verbindungen **19** ((*e*)), **20** ((*e*)), **21** ((*j*)), **22** ((c_2)), **23** ((c_4)), **24** ((c_5)), **25** ((c_6)), **26** ((c_7)), **27** ((c_{11})), **28** ((c_{13})), **29** ((c_{14})), **30** ((c_{15})), **31 – 33** ((*b*)), **36** ((*e*)), **37** ((*e*)), **40** ((c_3)), **41** ((c_4)), **42** ((c_{13})), **43** ((c_3)), **44** ((c_4)), **45** ((c_3)) und **46 – 49** ((*b*)).

3

CA ¶ 114–120, 137 und 263
IUPAC R-0.2.4.2, C-15.1 und C-15.2

3.4. Numerierung der Gerüst-Stammstruktur und anderer Strukturteile

Den Atomen einer Gerüst-Stammstruktur, einer Stereostammstruktur, eines Stammsubstituenten oder eines andern Strukturteils werden sogenannte Lokanten zugeordnet. **Lokanten sind ungestrichene oder gestrichene arabische Zahlen** ("1,2,3..."; "1′,1′′,2′,3′′..."), **griechische Buchstaben** ("α,β,γ..."; "α′,β′,β′′...") **oder kursive römische Buchstaben** ("*N,O,P,S,Si*,..."; "*N′,N′′, N′′′, S, S′*...")[1]).

3

Kap. 4 bzw. 5

Anhang 1

(a) Gerüst-Stammstrukturen und Stammsubstituenten haben eine nach *Kap. 4* bzw. *5* **vorgegebene Numerierung** (beachte jedoch **(b$_2$)** mit *Fussnote 4*). Zur Numerierung von Stereostammstrukturen, s. *Anhang 1*.

z.B.

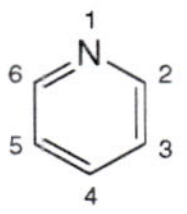

"Pyridin" (**1**)
(nicht-funktionelle) Stickstoff-Verbindung (*Kap. 6.25*)

1

(b) Bleibt eine Wahl offen, z.B. Beginn oder Richtung der Numerierung, **dann haben mit abnehmender Priorität die folgenden Strukturmerkmale möglichst tiefe Lokanten**[1])[2]):

Anhang 5

(b$_1$) indizierte H-Atome, nach Berücksichtigung von *Anhang 5*[3]);

z.B.

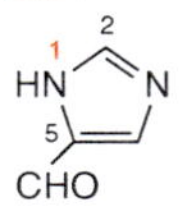

"1*H*-Imidazol-5-carboxaldehyd" (**6**)
- Aldehyd (*Kap. 6.19*)
- nicht "3*H*-Imidazol-4-carboxaldehyd"
- IUPAC: "1*H*-Imidazol-5-carbaldehyd"

6

(b$_2$) Hauptgruppen (Endungen) **oder freie Valenzen**[4])[5]);

z.B.

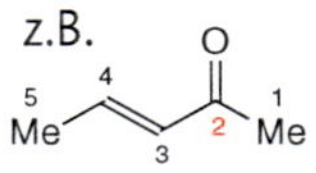

"Pent-3-en-2-on" (**9**)
Keton (*Kap. 6.20*)

9

---

[1]) Im Namen ist die **Reihenfolge von Lokanten für gleiche Strukturmerkmale: kursive römische Buchstaben** ("*As,N,N′,N′′,P,S*...") > **griechische Buchstaben** ("α,α′,α′′,β,β′...") > **arabische Zahlen** ("1,2,2′,2′′,3,3a,4′,4a..."), z.B. "*N*,α,4-Trimethylbenzolmethanamin" (4-$MeC_6H_4CH(Me)NHMe$).

Bei mehreren gleichen Strukturmerkmalen, die mehr als einen Lokanten zur Lokalisierung benötigen (z.B. bei Brücken), werden zur Abgrenzung **Doppelpunkte** verwendet, z.B. "1,4:9,10-Diepoxyanthracen" ($C_{14}H_8(>O)_2$).

[2]) **Diejenige Folge von Lokanten ist vorrangig** (niedriger), **die am ersten Unterscheidungspunkt die tiefere** (niedrigere) **Zahl hat**, z.B. "1,2,3,**3**,6" > "1,2,3,**6**,6". **Lokanten** einer Folge, z.B. für die Gesamtheit der Präfixe, **sind** zu diesem Zweck **vor dem Vergleich nach steigenden Zahlen anzuordnen**, z.B. "5,6,1,2,1" *vs.* "1,2,5,6,5" ergibt "1,**1**,2,5,6" > "1,**2**,5,5,6". Möglichst tiefe hochgestellte arabische Zahlen (z.B. "N^1" *vs.* "N^3"; s. **2**) und die Zuordnung von Strichen (z.B. "2′,2′′" *vs.* "2,3′′"; s. **3**) werden erst nach der Wahl von gewöhnlichen arabischen Zahlen berücksichtigt; ebenso gilt z.B. "*N*,***N***,*N′*,*N′′*" > "*N*,***N′***,*N′*,*N′′*" > "*N*,*N′*,*N′′*,*N′′*".

z.B.

"4-Chloro-N^3-methylbenzol-1,3-diamin" (**2**)
- Amin (*Kap. 6.23*)
- nicht "6-Chloro-N^1-methylbenzol-1,3-diamin", d.h. "4" > "6" nach **(b$_4$)**

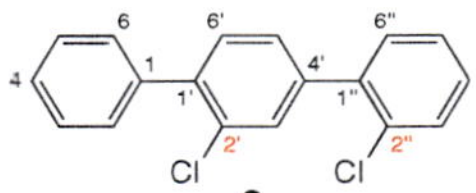

2

3

"2′,2′′-Dichloro-1,1′:4′,1′′-terphenyl" (**3**)
- (nicht-funktionelle) Kohlenstoff-Verbindung (*Kap. 6.32*)
- nicht "2,3′-Dichloro-1,1′:4′,1′′-terphenyl", d.h. "2,2" (⇔"2′,2′′") > "2,3" (⇔"2,3′′") nach **(b$_4$)**

[3]) Im *Anhang 5* sind **Fälle** beschrieben, **in denen indizierte H-Atome nicht möglichst tiefe Lokanten bekommen**.

z.B.

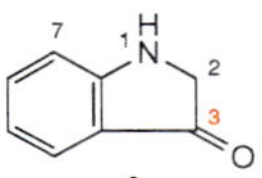

"1,2-Dihydro-3*H*-indol-3-on" (**4**)
- Keton (*Kap. 6.20*)
- nach *Anhang 5***(h)** "3*H*", nicht "1*H*"

4

aber:

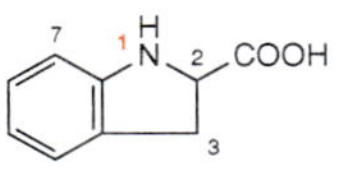

"2,3-Dihydro-1*H*-indol-2-carbonsäure" (**5**)
- Englisch: '...2-carboxylic acid'
- Carbonsäure (*Kap. 6.7*)
- nach *Anhang 5***(a)(d)** "1*H*", nicht "2*H*" oder "3*H*"

5

[4]) **Hauptgruppen oder freie Valenzen** haben für möglichst tiefe Lokanten immer **Priorität vor Mehrfachbindungen in acyclischen Strukturen und in *aliphatischen* Mono- und Polycyclen** (nicht in anellierten Polycyclen).

z.B.

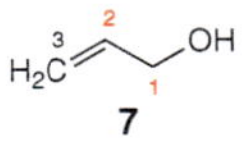

"Prop-2-en-1-ol" (**7**)
Alkohol (*Kap. 6.21*)

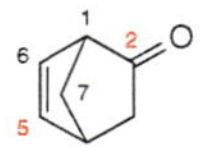

7

"Bicyclo[2.2.1]hept-5-en-2-on" (**8**)
Keton (*Kap. 6.20*)

8

[5]) ***Beachte:***

- **CA platziert** (im Gegensatz zu IUPAC) **die im Namen zuerst zitierten Lokanten von Hauptgruppen und Unsättigungen** und von freien Valenzen **vor dem Stammnamen** bzw. Stammsubstituentennamen, z.B. '2-butanone' (hier "Butan-2-on"; $MeCH_2C(=O)Me$), '1,4-butanediol' (hier "Butan-1,4-diol"; $HO(CH_2)_4OH$), '2,4-hexadiyne-1,6-diol' (hier "Hexa-2,4-diin-1,6-diol"; $HOCH_2C≡CC≡CCH_2OH$)), '1-buten-3-yne' (hier "But-1-en-3-in"; $CH≡CCH=CH_2$), '1,2-cyclopropanediyl-' (hier "Cyclopropan-1,2-diyl-"; $-C_3H_4-$). (*Forts. S. 52*)

"Pyridin-2-yl-" (**10**)
Substituent (*Kap. 5.6*)

10

(*b₃*) **Mehrfachbindungen als Gesamtheit**[4])[5]), bei Wahl Doppelbindungen vor Dreifachbindungen, in

Kap. 4.2 und 4.3

- acyclischen Strukturen,

z.B.

"Pent-2-en" (**11**)
(nicht-funktionelle) Kohlenstoff-Verbindung (*Kap. 6.32*)

11

"Triaz-1-en" (**12**)
(nicht-funktionelle) Stickstoff-Verbindung (*Kap. 6.25*)

12

Kap. 4.4

- aliphatischen Carbomonocyclen,

z.B.

"Cyclohexen" (**13**)
- (nicht-funktionelle) Kohlenstoff-Verbindung (*Kap. 6.32*)
- **CA lässt den Lokanten "1" weg**[5])

13

Kap. 4.5.4 bzw. 4.5.5

- Heteromonocyclen mit mehr als zehn Ringgliedern oder mit regelmässig platzierten Heteroatomen,

z.B.

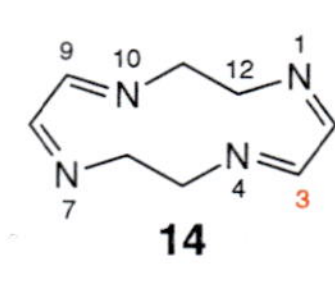

"1,4,7,10-Tetraazacyclododeca-1,3,7,9-tetraen" (**14**)
- (nicht-funktionelle) Stickstoff-Verbindung (*Kap. 6.25*)
- "1,**3**,7,9" > "1(**12**),**4**,6,10"

14

Kap. 4.7

- Brückenpolycyclen nach *von Baeyer*,

z.B.

"Bicyclo[2.2.1]hept-2-en" (**15**)
(nicht-funktionelle) Kohlenstoff-Verbindung (*Kap. 6.32*)

15

Kap. 4.9.2 bzw. 4.9.3

- Spirostrukturen mit Monocycloalken- oder Heteromonocycloalken-Komponenten und solche mit Brückenpolycyclus-Komponenten nach *von Baeyer*,

z.B.

"1-Oxaspiro[4.5]dec-6-en" (**16**)
(nicht-funktionelle) Sauerstoff-Verbindung (*Kap. 6.30*)

16

"Spiro[bicyclo[4.1.1]oct-2-en-7,2′-[1,3]dioxolan]" (**17**)
- (nicht-funktionelle) Sauerstoff-Verbindung (*Kap. 6.30*)
- wenn möglich hat jedoch die Spiroverknüpfung vor Unsättigung Priorität für möglichst tiefen Lokanten (*Kap. 4.9.3*)

17

Kap. 4.10

- gewissen Ringsequenzen;

z.B.

"Bi(cyclopent-2-en-1-yl)" (**18**)
- (nicht-funktionelle) Kohlenstoff-Verbindung (*Kap. 6.32*)
- die Verknüpfungsstelle hat Priorität für Lokant "1" (*Kap. 4.10*)

18

(*b₄*) die als **Präfixe** benannten Substituenten, inklusive "Hydro"- und "Dehydro"-Präfixe, **alle zusammengenommen**[6]). ***Vorsicht:*** **bei Isotop-modifizierten Verbindungen** haben Isotop-modifizierte Atome der Gerüst-Stammstruktur Priorität für möglichst tiefe Lokanten, was zu abweichenden Präfix-Lokanten führen kann (s. *Anhang 8, A.8.3(**a₂**)*);

Anhang 8 (A.8.3(a₂))

z.B.

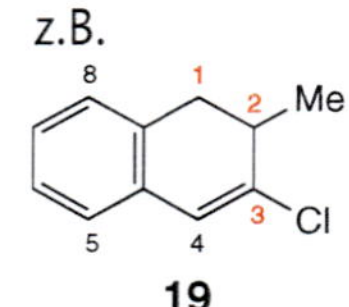

"3-Chloro-1,2-dihydro-2-methylnaphthalin" (**19**)
- Englisch: '...naphthalene'
- (nicht-funktionelle) Kohlenstoff-Verbindung (*Kap. 6.32*)
- "**1**,2,2,3" > z.B. "**2**,3,3,4"
- die Doppelbindung an C(3) ist im Stammnamen "Naphthalin" impliziert, d.h. (***b₃***) kommt nicht zur Anwendung

19

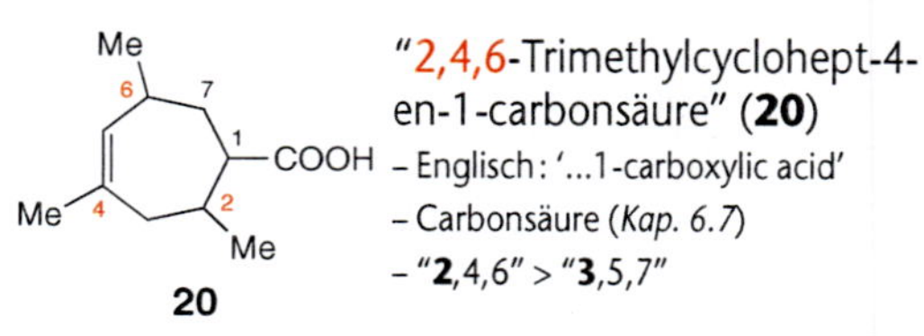

"2,4,6-Trimethylcyclohept-4-en-1-carbonsäure" (**20**)
- Englisch: '...1-carboxylic acid'
- Carbonsäure (*Kap. 6.7*)
- "**2**,4,6" > "**3**,5,7"

20

(*b₅*) der als **Präfix** benannte Substituent, inklusive "Hydro"- und "Dehydro"-Präfix, der **in der alphabetischen Reihenfolge** nach *Kap. 3.5* **zuerst** erscheint.

Kap. 3.5

- **Bei Unsättigung wird nur der erste Lokant der Mehrfachbindung angegeben** (ausser bei Zweideutigkeit).
- **Lokanten von Suffixen und freien Valenzen** werden weggelassen (CA), wenn dadurch keine Zweideutigkeiten entstehen, z.B. "Hex-2-ensäure" ($Me(CH_2)_2CH{=}CHCOOH$), "Hex-2-enal" ($Me(CH_2)_2CH{=}CHCH{=}O$), "Cyclohexanon" ($C_6H_{10}{=}O$), "Cyclohexyl-" (C_6H_{11}–), "Triaz-2-enyl-" (HN=NNH–); aber: "3,6,9,12-Tetraoxapentadecan-15-säure" ($HOOC(CH_2CH_2O)_4CH_2Me$), "Hexan-2-on" ($Me(CH_2)_3C({=}O)Me$), "Cyclopent-2-en-1-on" ($CH_2CH_2CH{=}CHC({=}O)$, cyclisch), Triaz-1-en-1,3-diyl-" (–NHN=N–), "Cyclohex-2-en-1-yl-" ($CH_2(CH_2)_2CH{=}CHCH(–)$, cyclisch).
- **Lokanten von Unsättigungen** in Gerüst-Stammstrukturen und Stammsubstituenten mit drei oder mehr Gerüst-Atomen sind anzugeben, ausser bei Carbomonocyclen mit nur einer Mehrfachbindung und ohne Suffix (CA), z.B. "Propa-1,2-dien" ($CH_2{=}C{=}CH_2$), "Prop-2-inyliden-" (CH≡CCH<); aber: "Ethen" ($CH_2{=}CH_2$), "Cyclohexen" (C_6H_{10}).
- **Lokanten von Präfixen** werden nur weggelassen, wenn keine Zweideutigkeiten entstehen (CA), z.B. "Iodobenzol" (PhI), "Tetrahydrofuran" (C_4H_8O).
- **Unbestimmte Lokanten** werden meist weggelassen; sie können auch ausgedrückt werden durch "mono", "*ar*" (aromatisch), "oder" oder "?", z.B. "Benzoldiamin" ($C_6H_4(NH_2)_2$), "2-Carboxybenzolessigsäure-**mono**methyl-ester" ($HOOCC_6H_4CH_2COOMe$ oder $MeOOCC_6H_4CH_2COOH$), "***ar***-Aminobenzolmethanol" ($H_2NC_6H_4CH_2OH$), "1,3(**oder 1,7**)-Dimethylnaphthalin" ($C_{10}H_6(Me)_2$), "1,2,**?**-Trimethylbenzol" ($C_6H_3(Me)_3$).
- **IUPAC** lässt bei Benzol-Derivaten noch die Lokanten "*o*" ("*ortho*"), "*m*" ("*meta*") und "*p*" ("*para*" zu (IUPAC A-12.3), die entsprechend ihren numerischen Äquivalenten "2", "3" bzw. "4" behandelt werden, z.B. "*o*-Nitrobenzamid" (o-$O_2NC_6H_4CONH_2$; CA: 'benzamide, 2-nitro-').

[6]) Die Lokanten werden unabhängig von der Natur der zugehörigen Präfixe nach *Fussnote 2* verglichen.

z.B.

21

"3-Bromo-5-chloro-4-hydroxybenzolessigsäure" (**21**)
- Englisch: '...benzeneacetic acid'; **CA lässt den Lokanten "1" weg**[5])
- Carbonsäure (*Kap. 6.7*)
- "**B**romo-" > "**C**hloro-"
- "Ethansäure" wird sowohl von CA als auch von IUPAC "Essigsäure" ('acetic acid') genannt

(c) Im vollständigen Namen erscheinen die **Lokanten** immer **unmittelbar vor der Namenskomponente** des entsprechenden Strukturmerkmals, **aber vor eventuell nötigen Multiplikationsaffixen**[5])[7]).

z.B.

22

"4-(3,4,5,6-Tetrahydro-3,3,7-trimethyl-2*H*-azepin-2-yliden)-butan-2-on" (**22**)
- Keton (*Kap. 6.20*)
- indiziertes H-Atom nach *Anhang 5**(h)***
- die Doppelbindung an C(7') ist im Stammnamen "2*H*-Azepin" impliziert, d.h. ***(b₃)*** kommt nicht zur Anwendung

Beispiele:

23

"3,4-Dihydro-2*H*-pyran-6-carbonsäure" (**23**)
- Englisch: '...pyr**an**-6-carboxylic acid'
- Carbonsäure (*Kap. 6.7*)
- nach ***(b₁)*** "**2***H*" > "**4***H*" oder "**6***H*"

24

"1*H*-Inden-3-carbonsäure" (**24**)
- Englisch: '...3-carboxylic acid'
- Carbonsäure (*Kap. 6.7*)
- nach ***(b₁)*** "**1***H*" > "**3***H*"

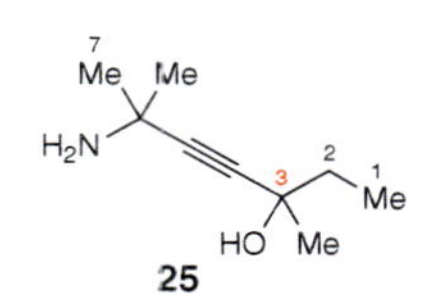

"6-Amino-3,6-dimethylhept-4-in-3-ol" (**25**)
- Englisch: '...hept-4-yn-3-ol'
- Alkohol (*Kap. 6.21*)
- nach ***(b₂)*** "**3**-ol" > "**5**-ol"

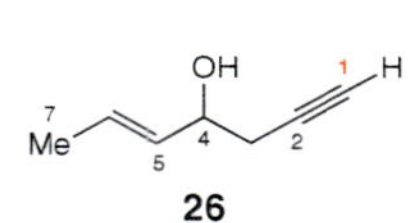

"Hept-5-en-1-in-4-ol" (**26**)
- Englisch: 'hept-5-en-1-yn-3-ol'
- Alkohol (*Kap. 6.21*)
- nach ***(b₃)*** "**5**-en-**1**-in" > "**2**-en-**6**-in", d.h. "**1**,5" > "**2**,6"

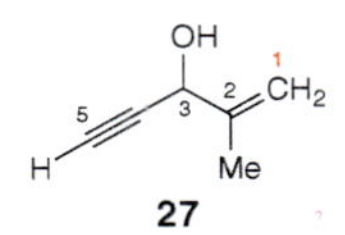

"2-Methylpent-1-en-4-in-3-ol" (**27**)
- Englisch: '...pent-1-en-4-yn-3-ol'
- Alkohol (*Kap. 6.21*)
- nach ***(b₃)*** "1-**en**-" > "1-**in**-"

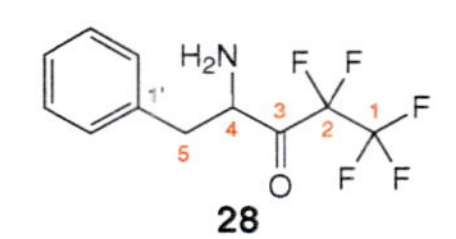

"4-Amino-1,1,1,2,2-pentafluoro-5-phenylpentan-2-on" (**28**)
- Keton (*Kap. 6.20*)
- nach ***(b₄)*** "1,**1**,1,2,2,4,5" > "1,**2**,4,4,5,5,5"

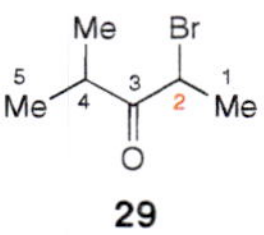

"2-Bromo-4-methylpentan-3-on" (**29**)
- Keton (*Kap. 6.20*)
- nach ***(b₅)*** "2-**B**romo-" > "2-**M**ethyl-"

30

"{[3-Bromo-5-(bromomethyl)phenyl]methyl}-phosphonsäure-diethyl-ester" oder "Diethyl-{{[3-bromo-5-(bromomethyl)phenyl]methyl}-phosphonat}" (**30**)
- Englisch: '...phosphonic acid diethyl ester' oder 'diethyl {[3-bromo...]methyl}phosphonate'
- Ester (*Kap. 6.14*)
- nach ***(b₅)*** "3-Bromo-" > "3-(Bromo**m**ethyl)-"

31

"(3,5,8-Trichloronaphthalin-2-yl)-" (**31**)
- Englisch: '...naphthalen-2-yl)-'
- Substituent (*Kap. 5.5*)
- nach ***(b₂)*** "**2**-yl" > z.B. "**6**-yl"

32

"(1-Methylbutyl)-" (**32**)
- Substituent (*Kap. 5.3*); vgl. dazu auch *Kap. 4.2**(c₁)***
- **CA lässt den Lokanten "1" weg**[5])
- nach ***(b₂)*** "**1**-yl" > z.B. "**4**-yl"

33

"Bicyclo[2.2.2]oct-5-en-2-yl- (**33**)
- Substituent (*Kap. 5.5*)
- nach ***(b₂)*** "**2**-yl" > z.B. "**5**-yl)

[7]) **In *Namen* von Stammsubstituenten** werden üblicherweise **ungestrichene Lokanten** verwendet, wobei das entsprechende zusammengesetzte Präfix von Klammern umschlossen ist (s. **22**). **In *Formeln*** können für Stammsubstituenten **gestrichene Lokanten** eingesetzt werden, wenn dabei keine Zweideutigkeiten entstehen.

CA ¶ 121
IUPAC R-0.1.8
und C-0.16

3.5. Alphabetische Reihenfolge von Präfixen oder Stammsubstituentennamen[1][2]

(a) **Präfixe** (inklusive "Hydro"- und "Dehydro"-Präfixe[3])) **für unsubstituierte Substituenten werden vor dem Stammnamen** entsprechend ihrer Buchstabenfolge (römische Buchstaben) **alphabetisch angeordnet. Dabei werden** griechische ("α", "β", "γ" *etc.*) oder kursive Buchstaben ("*N*", "*S*", "(*R*)" *etc.*) sowie **Multiplikationsaffixe nicht berücksichtigt**[4]). Gleiches gilt für Stammsubstituentennamen von unsubstituierten Stammsubstituenten[4]).

z.B.

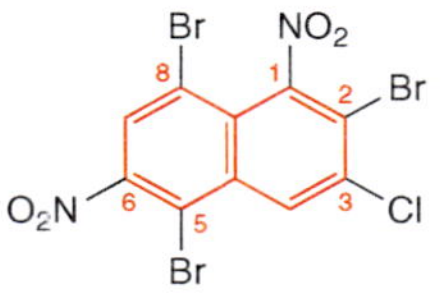

"2,5,8-Tri**b**romo-3-**c**hloro-1,6-di**n**itronaphthalin" (**1**)
- Englisch: '...naphthalene'
- (nicht-funktionelle) Kohlenstoff-Verbindung (*Kap. 6.32*)
- "**B**romo-" > "**C**hloro-" > "**N**itro-"

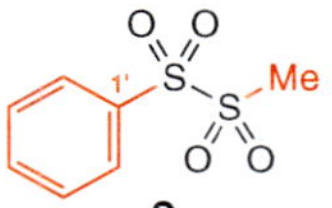

"**M**ethyl-**p**henyl-disulfon" (**2**)
- (nicht-funktionelle) Schwefel-Verbindung (*Kap. 6.31*)
- "**M**ethyl-" > "**P**henyl-"

z.B.

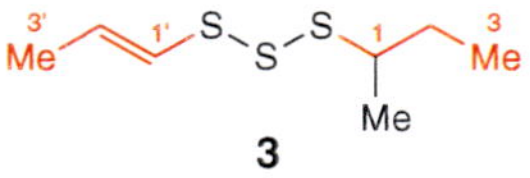

"(1-**M**ethylpropyl)-(**p**rop-1-enyl)-trisulfid" (**3**)
- (nicht-funktionelle) Schwefel-Verbindung (*Kap. 6.31*)
- "(**M**ethylpropyl)-" > "**P**ropenyl-"

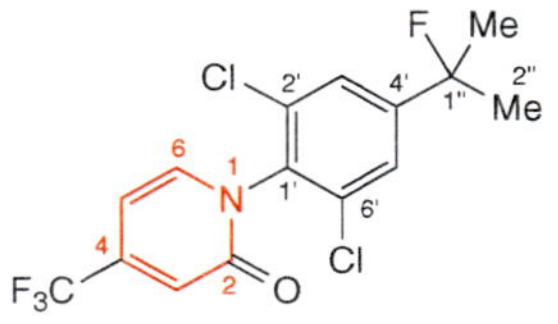

"1-[2,6-**D**ichloro-4-(1-fluoro-1-methylethyl)-phenyl]-4-(**t**rifluoromethyl)pyridin-2(1*H*)-on" (**4**)
- Keton (*Kap. 6.20*)
- Substituenten an Gerüst-Stammstruktur ("Pyridin"): "[**D**ichloro-...]- > "(**T**rifluoromethyl)-"
- Nebensubstituenten am Stammsubstituenten ("Phenyl-"): "Chloro-" > "(Fluoromethylethyl)-"
- Nebensubstituenten am Nebenstammsubstituenten ("Ethyl-"): "Fluoro-" > "Methyl-"
- indiziertes H-Atom nach *Anhang 5(i₂)*

(b) **In Präfixen oder Namen von zusammengesetzten Substituenten werden die Namen der Nebensubstituenten ebenfalls entsprechend *(a)* alphabetisch vor dem Stammsubstituentennamen angeordnet.** Das zusammengesetzte Präfix wird dann aufgrund seines (seiner) ersten Buchstabens(en) mit den andern Präfixen entsprechend ***(a)*** alphabetisch angeordnet, d.h. **die im zusammengesetzten Präfix enthaltenen Multiplikationsaffixe werden in die Buchstabenfolge miteinbezogen.**

(c) Bestehen **mehrere Präfixe aus der gleichen Buchstabenfolge**, dann wird dasjenige zuerst zitiert, das am ersten Unterscheidungspunkt den tieferen Lokanten aufweist.

z.B.

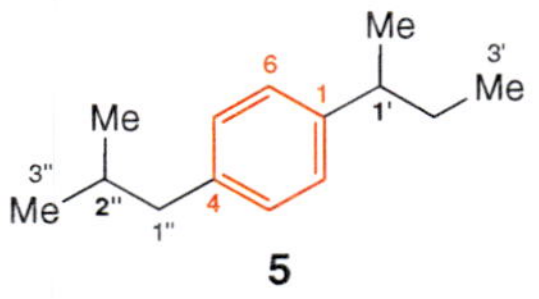

"1-(**1**-Methylpropyl)-4-(**2**-methylpropyl)benzol" (**5**)
- Englisch: '...benzene'
- (nicht-funktionelle) Kohlenstoff-Verbindung (*Kap. 6.32*)
- "1" > "2"

[1]) ***Beachte:*** **modifizierende Vorsilben** (*Anhang 3*) wie "Cyclo-", "Spiro-", "Aza-", "Benzo-" *etc.* **sind keine Präfixe** und werden nicht in die alphabetische Reihenfolge miteinbezogen.

[2]) **Alphabetische Reihenfolge wird auch bei der Anordnung** anderer Namenskomponenten verwendet, z.B. bei der Anordnung **von mehreren Brückennamen** untereinander (*Kap. 4.8*), **von mehreren Infixen** untereinander (*Tab. 3.2, Fussnoten i, j* und *p*), **von Spirokomponentennamen** (*Kap. 4.9.3*) *etc.*, **nicht aber bei** der Anordnung von **Heteroatom-Vorsilben** (*Kap. 4.3.2, 4.5, 4.6.4, 4.7* und *4.9*).

[3]) CA und z.B. IUPAC-IUB im Fall der Kohlenhydrat-Nomenklatur (*Anhang 1*) behandeln subtraktive und "Hydro"-Präfixe wie Substituentenpräfixe und berücksichtigen sie bei der alphabetischen Reihenfolge. **IUPAC dagegen empfiehlt, subtraktive und "Hydro"-Präfixe als zum Stammnamen gehörend zu betrachten** ('nondetachable parts'; IUPAC R-0.1.8.4 und R-0.1.8.5).

[4]) In CAs 'Chemical Substance Index' werden die Indexnamen unter anderm gemäss der alphabetischen Reihenfolge des vollständigen (invertierten) Namens eingeordnet (*Kap. 3.3, Fussnote 5*), z.B. 'naphthalene, 1-**n**itro-' > 'naphthalene, 1,4,5,8-**te**trachloro-' > 'naphthalene, 2,5,8-**tr**ibromo-3-chloro-1,6-dinitro-' (beachte die alphabetische Reihenfolge der Präfixe).

Beispiele:

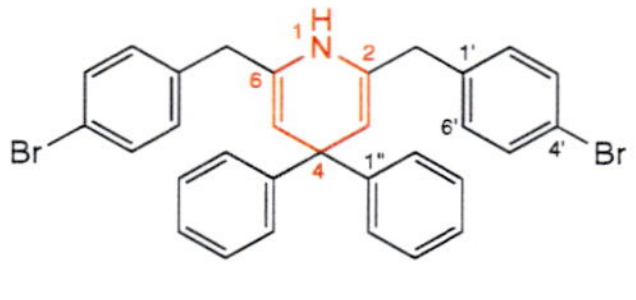

6

"2,6-Bis[(4-**b**romophenyl)methyl]-1,4-di**h**ydro-4,4-di**p**henylpyridin" (**6**)

- (nicht-funktionelle) Stickstoff-Verbindung (*Kap. 6.25*)
- "[(**B**romophenyl)methyl]-" > "**H**ydro-" > "**P**henyl-"

7

"1,8-Di**b**romo-1-**c**hloro-7-(**c**hloro**m**ethyl)octan" (**7**)

- (nicht-funktionelle) Kohlenstoff-Verbindung (*Kap. 6.32*)
- "**B**romo-" > "**C**hloro-" > "(**C**hloro**m**ethyl)-"

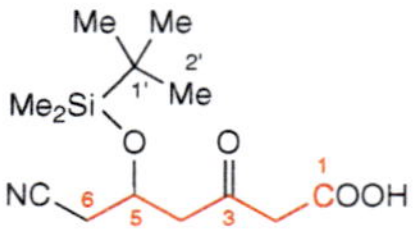

8

"6-**C**yano-5-{[(1,1-***d***imethylethyl)di*m*ethylsilyl]oxy}-3-**o**xohexansäure" (**8**)

- Englisch: '...oxohexanoic acid'
- Carbonsäure (*Kap. 6.7*)
- Substituenten an Gerüst-Stammstruktur ("Hexan"): "**C**yano-" > "(**D**imethylethyl)...]-" > "**O**xo-"
- Nebensubstituenten am Stammsubstituenten ("Silyl-"): "(*D*imethylethyl)-" > "*M*ethyl-"
- IUPAC verwendet auch "**(*tert*-Butyl)-**" statt "(1,1-Dimethylethyl)-", d.h. **die alphabetische Reihenfolge ändert sich** ("[(*tert*-**B**utyl...]" > "**C**yano-" > "**O**xo-"

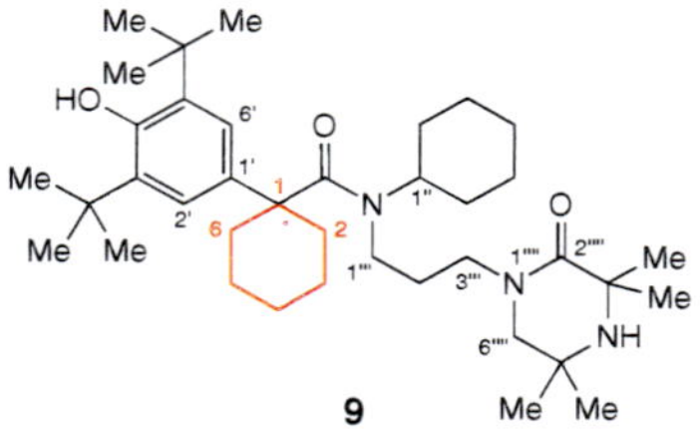

9

"1-[3,5-**B**is(1,1-*d*imethylethyl)-4-*h*ydroxyphenyl]-*N*-**c**yclohexyl-*N*-[3-(3,3,5,5-**t**etra<u>m</u>ethyl-2-<u>o</u>xo-piperazin-1-yl)propyl]cyclohexancarboxamid" (**9**)

- Amid (*Kap. 6.16*)
- Substituenten an Gerüst-Stammstruktur und Suffix ("Cyclohexancarboxamid"): "[**B**is(dimethyl...]-" > "**C**yclohexyl-" > "[(**T**etramethyl...]-"
- Nebensubstituenten am Stammsubstituenten ("Phenyl-"): "(*D*imethylethyl)-" > "*H*ydroxy-"
- Nebensubstituenten am Stammsubstituenten ("Piperazinyl-"): "<u>M</u>ethyl-" > "<u>O</u>xo-"
- IUPAC: auch "(*tert*-Butyl)-" statt "(1,1-Dimethylethyl)-", s. **8**

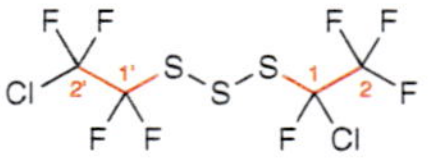

10

"(**1**-Chloro-1,2,2,2-tetrafluoroethyl)-(**2**-chloro-1,1,2,2-tetrafluoroethyl)-trisulfid" (**10**)

- (nicht-funktionelle) Schwefel-Verbindung (*Kap. 6.31*)
- nach **(c)** "1" > "2"

4. Gerüst-Stammstrukturen

4.1. Vorbemerkungen

Man unterscheidet zwischen **acyclischen, monocyclischen und polycyclischen Gerüst-Stammstrukturen**:

- Kohlenwasserstoff-Ketten, Kap. 4.2
- Heteroketten, Kap. 4.3
- Carbomonocyclen, Kap. 4.4
- Heteromonocyclen, Kap. 4.5
- anellierte Polycyclen (Carbo- und Heterocyclen), Kap. 4.6
- Brückenpolycyclen nach *von Baeyer* (Carbo- und Heterocyclen), Kap. 4.7
- überbrückte anellierte Polycyclen (Carbo- und Heterocyclen), Kap. 4.8
- Spiropolycyclen (Carbo- und Heterocyclen), Kap. 4.9
- Ringsequenzen aus identischen Ringkomponenten (Carbo- und Heterocyclen). Kap. 4.10

Namen von **Stammsubstituenten**, die sich von Gerüst-Stammstrukturen herleiten lassen, sind jeweils in den entsprechenden *Kap. 4.2 – 4.10* angegeben. Eine zusammenfassende Beschreibung von Stammsubstituentennamen gibt *Kap. 5*. Kap. 4.2 – 4.10 Kap. 5

4.2. Kohlenwasserstoff-Ketten

CA ¶ 141
IUPAC R-2.2.1, R-3.1.1 und A-1 – A-4

Im folgenden werden erläutert:

(a) Stammnamen von unverzweigten Kohlenwasserstoff-Ketten,

(b) Numerierung von unverzweigten Kohlenwasserstoff-Ketten,

(c) Präfixe von unverzweigten Kohlenwasserstoff-Kettensubstituenten,

(d) Namen von verzweigten Kohlenwasserstoff-Ketten.

(a) Der Stammname einer **unverzweigten Kohlenwasserstoff-Kette** setzt sich zusammen aus

- einer **numerischen Vorsilbe** (= **Multiplikationsaffix** nach *Anhang 2*) **oder** einer **Trivialvorsilbe "Alka-"**[1]: Anhang 2

C_1-Kette "**Metha-**"	C_5-Kette "**Penta-**"
C_2-Kette "**Etha-**"	C_6-Kette "**Hexa-**"
C_3-Kette "**Propa-**"	C_7-Kette "**Hepta-**"
C_4-Kette "**Buta-**"	*etc.*

- einer **Endsilbe**, die den Sättigungsgrad angibt[1]):

Alkan (gesättigt)	"**-an**"
Alken (1 Doppelbindung)	"**-en**"
Alkadien (2 Doppelbindungen)	"-dien"
Alkatrien (3 Doppelbindungen)	"-trien"
Alkatetraen (4 Doppelbindungen)	"-tetr**ae**n"
⋮	⋮

Alkin	(1 Dreifachbindung)	"**-in**" (Englisch: '**-yne**')
Alkadiin	(2 Dreifachbindungen)	"-diin"
Alkatriin	(3 Dreifachbindungen)	"-triin"
Alkatetrain	(4 Dreifachbindungen)	"-tetr**ai**n"
⋮		⋮
Alkenin	(1 Doppel- + 1 Dreifachbindung)	"-enin"
Alkadienin	(2 Doppel- + 1 Dreifachbindung)	"-dienin"
⋮		⋮
Alkendiin	(1 Doppel- + 2 Dreifachbindungen)	"-endiin"
⋮		⋮
Alkadiendiin	(2 Doppel- + 2 Dreifachbindungen)	"-diendiin"
etc.		

---

[1]) Das endständige "a" der Vorsilbe wird vor Vokalen weggelassen, nicht aber das endständige "a" eines Multiplikationsaffixes ("-tetra-", "-hexa-" *etc.*) vor der Endsilbe "-en" und "-in" (*Kap. 2.2.2*).

Anhang 6

Die Angabe der **Konfiguration** "(*E*)" **oder** "(*Z*)" einer Doppelbindung erfolgt nach *Anhang 6*.

IUPAC lässt noch die Trivialnamen "**Allen**" (**25**; CH_2=C=CH_2, substituierbar) und "**Acetylen**" (**26**; CH≡CH, substituierbar) zu. Für **Ph-substituierte** unverzweigte **Kohlenwasserstoff-Ketten** mit Trivialnamen, s. *Kap. 4.4(**d**)*.

z.B.

Me–CH₂–CH₂–Me (Lokanten 4 … 1)
1 "Butan" (**1**)

H_2C=CH–CH=CH_2 (Lokanten 4 3 2 1)
2 "Buta-1,3-dien" (**2**)

HC≡C–CH_2–CH=CH_2 (Lokanten 5 4 3 2 1)
3 "Pent-1-en-4-in" (**3**)
Englisch: 'pent-1-en-4-yne'

Kap. 3.4

(*b*) Die **Numerierung** beginnt an einem der Kettenenden. Besteht eine Wahl, dann gelten die Numerierungsregeln, d.h. **in Abwesenheit einer Hauptgruppe** bekommen **Mehrfachbindungen als Gesamtheit möglichst tiefe Lokanten**, und bei Wahl haben Doppel- vor Dreifachbindungen Priorität. Zur Stellung der **Lokanten** im Namen, s. Numerierungsregeln.

CA ¶ 161
IUPAC R-2.5

(*c*) Präfixe von unverzweigten Kohlenwasserstoff-Kettensubstituenten werden vom Namen der entsprechenden unverzweigten Kohlenwasserstoff-Kette (s. **(*a*)**) hergeleitet.

IUPAC lässt noch die Trivialnamen "**Vinyl-**" (**39**; CH_2=CH–, substituierbar), "**Allyl-**" (**5**; CH_2=CH–CH_2–, substituierbar) und "**Ethylen-**" (**11**; –CH_2–CH_2–, substituierbar) zu. Für **Ph-substituierte** unverzweigte **Kohlenwasserstoff-Kettensubstituenten** mit Trivialnamen, s. *Kap. 4.4(**d**)*.

(*c₁*) Monovalente Substituenten[2][3]:

"Alk**an**" → "Alk***yl-***"
"Alk**en**" → "Alk**enyl-**"
"Alk**in**" → "Alk**inyl-**" (Englisch: 'alk**y**nyl-')

z.B.

MeCH_2– (Lokanten 2 1)
4 "Ethyl-" (**4**)

CH_2=CH–CH_2– (Lokanten 3 2 1)
5 "Prop-2-enyl-" (**5**)
IUPAC: auch "**Allyl-**"; substituierbar

MeCH_2–CH_2–C≡C– (Lokanten 5 … 2 1)
6 "Pent-1-inyl-" (**6**)
Englisch: 'pent-1-ynyl-'

(*c₂*) Divalente Substituenten mit den beiden freien Valenzen am gleichen Kettenende[2][3][4]:

"Alk**an**" → "Alk***yliden-***"
"Alk**en**" → "Alk**enyliden-**"
"Alk**in**" → "Alk**inyliden-**" (Englisch: 'alk**y**nylidene-')

z.B.

MeCH= oder MeCH< (Lokanten 2 1)
7 "Ethyliden-" (**7**)
IUPAC: "Ethyliden-" bzw. "Ethan-1,1-diyl-"

CH_2=CH–CH= oder CH_2=CH–CH< (Lokanten 3 2 1)
8 "Prop-2-enyliden-" (**8**)
IUPAC: "Prop-2-enyliden-" bzw. "Prop-2-en-1,1-diyl-"

MeCH_2–C≡C–CH= oder MeCH_2–C≡C–CH< (Lokanten 5 … 2 1)
9 "Pent-2-inyliden-" (**9**)
– Englisch: 'pent-2-ynylidene-'
– IUPAC: "Pent-2-inyliden-" bzw. "Pent-2-in-1,1-diyl-"

Ausnahme:

CH_2=
10 "**Methylen-**"[5] (**10**)

(*c₃*) Divalente Substituenten mit je einer freien Valenz an jedem Kettenende[2][6]:

"Alk**an**" → "Alk**andiyl-**"
"Alk**en**" → "Alk**endiyl-**"
"Alk**in**" → "Alk**indiyl-**" (Englisch: 'alk**y**nediyl-')

---

[2]) ***Beachte:*** **Freie Valenzen** (einfache oder mehrfache) an einem oder zwei C-Atomen einer Kohlenwasserstoff-Kette **müssen immer endständig sein**; andernfalls muss ein zusammengesetztes Präfix verwendet werden, z.B. "(1-Methylethyl)-" (**31**; trivial "**Isopropyl-**") für Me_2CH–, "(1-Methylethenyl)-" (**40**; trivial "**Isopropenyl-**") für CH_2=C(Me)–.

Tragen drei oder mehr C-Atome freie Valenzen, dann müssen zwei davon endständig sein.

IUPAC lässt eine **vereinfachende Variante** zur Benennung von unverzweigten und verzweigten Kohlenwasserstoff-Kettensubstituenten zu (*Kap. 5.3(**b**)*).

[3]) **Der Lokant "1" der freien Valenz(en) entfällt bei monovalenten Substituenten**, z.B. "Ethyl-" (**4**; MeCH_2–), **und bei di- und trivalenten Substituenten mit den freien Valenzen am gleichen Kettenende**, z.B. "Prop-2-enyliden-" (**8**; CH_2=CHCH<), "Pent-2-inylidin-" (**17**; MeCH_2C≡C–C≡).

[4]) **Im Gegensatz zu CA empfiehlt IUPAC, dass ein Substituent, dessen Präfix die Endsilbe "-yliden-" oder "-ylidin-" trägt, immer über eine Doppel- bzw. Dreifachbindung an eine Gerüst-Stammstruktur oder einen Stammsubstituenten gebunden ist** (IUPAC R-2.5).

[5]) **CA** verwendet "**Methylen-**" sowohl für CH_2= (**10**) als auch für –CH_2– (**14**). **IUPAC** lässt **für CH_2= (10) auch "Methyliden-"** zu (vgl. "Ethyliden-" (**7**; MeCH=)), wenn die freien Valenzen zum gleichen Atom führen[4].

[6]) **Früher** wurde für einen divalenten Substituenten mit je einer freien Valenz an jedem Kettenende die **Endsilbe "-ylen-"** verwendet, z.B. "Ethylen-" statt "Ethan-1,2-diyl-" (**11**; –CH_2CH_2–).

Die früher verwendeten Namen "(Multiplikationsaffix)methylen-", z.B. "**Trimethylen-**" für –$CH_2CH_2CH_2$–, werden von IUPAC **nur noch für Polymer-Namen** empfohlen (IUPAC R-2.5, Fussnote 38).

z.B.

$-\overset{2}{C}H_2-\overset{1}{C}H_2-$ **11** "Ethan-1,2-diyl-" (**11**)
IUPAC: auch "**Ethylen**-"; substituierbar

$-\overset{2}{C}H=\overset{1}{C}H-$ **12** "Ethen-1,2-diyl-" (**12**)

$-\overset{2}{C}\equiv\overset{1}{C}-$ **13** "Ethin-1,2-diyl-" (**13**)
Englisch: 'ethyne-1,2-diyl-'

Ausnahme:

$-CH_2-$ **14** "**Methylen**-"[5]) (**14**)

***(c₄)* Trivalente Substituenten mit den drei freien Valenzen am gleichen Kettenende**[2])[3])[4]):

"Alk**an**" → "Alk***ylidin***-" (Englisch: 'alkylid**yne**-')
"Alk**en**" → "Alk**enylidin**-" (Englisch: 'alkenylid**yne**-')
"Alk**in**" → "Alk**inylidin**-" (Englisch: 'alk**y**nylid**yne**-')

z.B.

$CH\equiv$ oder $>CH-$ oder $=CH-$

15

"Methylidin-" (**15**)
- Englisch: 'methylidyne-'
- IUPAC: "Methylidin-", "Methantriyl-" bzw. "Methanylyliden-"

$\overset{3}{C}H_2=\overset{2}{C}H-\overset{1}{C}\equiv$ oder $CH_2=CH-\overset{|}{C}=$ oder $CH_2=CH-\overset{|}{C}<$

16

"Prop-2-enylidin-" (**16**)
- Englisch: 'prop-2-enylidyne-'
- IUPAC: "Prop-2-enylidin-", "Prop-2-en-1-yl-1-yliden-" bzw. "Prop-2-en-1,1,1-triyl-"

$\overset{5}{Me}CH_2-\overset{2}{C}\equiv C-\overset{1}{C}\equiv$ oder $MeCH_2-C\equiv C-\overset{|}{C}=$ oder $MeCH_2-C\equiv C-\overset{|}{C}<$

17

"Pent-2-inylidin-" (**17**)
- Englisch: 'pent-2-ynylidyne-'
- IUPAC: "Pent-2-inylidin-", "Pent-2-in-1-yl-1-yliden-" bzw. "Pent-2-in-1,1,1-triyl-"

***(c₅)* Trivalente Substituenten mit freien Valenzen an beiden Kettenenden**[2])[4])[7]):

"Alk**an**" → "Alk***anylyliden***-"
"Alk**en**" → "Alk**enylyliden**-"
"Alk**in**" → "Alk**inylyliden**-" (Englisch: 'alk**y**nylylidene-')

z.B.

$=\overset{2}{C}H-\overset{1}{C}H_2-$ oder $>CH-CH_2-$

18

"Ethan-1-yl-2-yliden-" (**18**)
IUPAC: "Ethan-1-yl-2-yliden-" bzw. "Ethan-**1,1,2**-triyl-"

$=\overset{3}{C}H-\overset{2}{C}H=\overset{1}{C}H-$ oder $>CH-CH=CH-$

19

"Prop-1-en-1-yl-3-yliden-" (**19**)
IUPAC: "Prop-1-en-1-yl-3-yliden-" bzw. "Prop-2-en-**1,1,3**-triyl-"

***(c₆)* Trivalente Substituenten mit den freien Valenzen an drei verschiedenen Atomen**[2]):

"Alk**an**" → "Alk**antriyl**-"
etc.

z.B.

$-\overset{3}{C}H_2-\overset{|}{C}H-\overset{1}{C}H_2-$ **20** "Propan-1,2,3-triyl-" (**20**)

(c₇)* Polyvalente Substituenten**[2])[4]) werden sinngemäss entsprechend den mono-, di- und trivalenten Substituenten nach ***(c₁)* – *(c₆) benannt (*beachte* ***Fussnote 7***),

"Alk**an**" → "Alk***andiyliden***-"
etc.

z.B.

$=\overset{3}{C}H-CH_2-\overset{1}{C}H=$ oder $=CH-CH_2-CH<$ oder $>CH-CH_2-CH<$

21

"Propan-1,3-diyliden-" (**21**)
IUPAC: "Propan-1,3-diyliden-", "Propan-1,1-diyl-3-yliden" bzw. "Propan-1,1,3,3-tetrayl-"

Ausnahme:

$=C=$ oder $=C<$ oder $>C<$

22

"**Methantetrayl**-" (**22**)
IUPAC: "Methandiyliden-", "Methandiylyliden-" bzw. "Methantetrayl-"

(d) Der Name einer **verzweigten Kohlenwasserstoff-Kette** setzt sich zusammen aus dem **Namen der** (vorrangigen) **Gerüst-Stammstruktur** (= Hauptkette) **und** dem(n) **Präfix**(en) **des**(r) **Substituenten** (s. ***(c)***). Analog setzt sich der Name eines verzweigten Kohlenwasserstoff-Kettensubstituenten aus dem Stammsubstituentennamen und dem(n) Präfix(en) des(r) Nebensubstituenten zusammen[2]).

Kap. 3.3

IUPAC lässt **für nicht zusätzlich substituierte Strukturen** (s. unten) noch die Trivialnamen "**Isobutan**" (**23**), "**Isopentan**" (**27**), "**Neopentan**" (**28**), "**Isopren**" (**30**), "**Isopropyl**-" (**31**), "**Isobutyl**-" (**32**), "(***sec*-Butyl**)-" (**33**), "(***tert*-Butyl**)-" (**34**), "**Isopentyl**-" (**35**), "**Neopentyl**-" (**36**), "(***tert*-Pentyl**)-" (**37**), "**Isopropenyl**-" (**40**) und "**Isopropyliden**" (**43**) zu. Für **Ph-substituierte** verzweigte **Kohlenwasserstoff-Ketten und -Kettensubstituenten** mit Trivialnamen, s. *Kap. 4.4(**d**)*.

z.B.

$\overset{3}{Me}-\overset{2}{C}H(Me)-\overset{1}{Me}$ **23** "2-Methylpropan" (**23**)
IUPAC: auch "**Isobutan**"; nicht substituierbar

[7]) **Reihenfolge im Namen: "-yl-" > "-yliden-" > "-ylidin-"** (***beachte:*** "-**an**-yl-yliden-", nicht "-yl-yliden-" *etc.*). **Möglichst niedrige Lokanten für "-yl-" > "-yliden-" > "-ylidin-"**; bleibt eine Wahl, dann gelten die Numerierungsregeln (*Kap. 3.4*); z.B. haben **freie Valenzen Priorität vor Unsättigungen**.

Trivialnamen[8]:

$CH_2{=}CH_2$ **24**
"Ethylen" (**24**)
- "Ethylen" sollte nicht mehr für **24** verwendet werden; vgl. dazu **11** (-CH_2CH_2-)
- IUPAC: **"Ethen"**
- CA: **'ethene'**

$CH_2{=}C{=}CH_2$ **25**
"Allen" (25)
- IUPAC: zugelassen, substituierbar
- CA: **'1,2-propadiene'**

$CH{\equiv}CH$ **26**
"Acetylen" (26)
- IUPAC: zugelassen, substituierbar
- CA: **'ethyne'**

23
"Isobutan" (**23**)
- IUPAC: zugelassen, nicht substituierbar
- CA: '2-methylpropane'

27
"Isopentan" (**27**)
- IUPAC: zugelassen, nicht substituierbar
- CA: '2-methylbutane'

28
"Neopentan" (**28**)
- IUPAC: zugelassen, nicht substituierbar
- CA: '2,2-dimethylpropane'

29
"Isohexan" (**29**)
CA: '2-methylpentane'

30
"Isopren" (30)
- IUPAC: zugelassen, nicht substituierbar
- CA: **'2-methyl-1,3-butadiene'**

Me_2CH– **31**
"Isopropyl-" (31)
- IUPAC: zugelassen, nicht substituierbar
- CA: **'(1-methylethyl)-'**

$Me_2CH{-}CH_2$– **32**
"Isobutyl-" (**32**)
- IUPAC: zugelassen, nicht substituierbar
- CA: '(2-methylpropyl)-'

$MeCH_2{-}CH(Me)$– **33**
"(*sec*-Butyl)-" (**33**)
- IUPAC: zugelassen, nicht substituierbar
- CA: '(1-methylpropyl)-'

Me_3C– **34**
"(*tert*-Butyl)-" (34)
- IUPAC: zugelassen, nicht substituierbar
- CA: **'(1,1-dimethylethyl)-'**

$Me_2CH{-}CH_2{-}CH_2$– **35**
"Isopentyl-" (**35**)
- IUPAC: zugelassen, nicht substituierbar
- CA: '(3-methylbutyl)-'
- früher auch **"Isoamyl-"**

$Me_3C{-}CH_2$– **36**
"Neopentyl-" (**36**)
- IUPAC: zugelassen, nicht substituierbar
- CA: '(2,2-dimethylpropyl)-'

$MeCH_2{-}C(Me)_2$– **37**
"(*tert*-Pentyl)-" (**37**)
- IUPAC: zugelassen, nicht substituierbar
- CA: '(1,1-dimethylpropyl)-'

38
"Isohexyl-" (**38**)
CA und IUPAC: '(4-methylpentyl)-'

$CH_2{=}CH$– **39**
"Vinyl-" (39)
- IUPAC: zugelassen, substituierbar
- CA: **'ethenyl-'**

$CH_2{=}CH{-}CH_2$– **5**
"Allyl-" (5)
- IUPAC: zugelassen, substituierbar
- CA: **'2-propenyl-'**

$CH_2{=}C(Me)$– **40**
"Isopropenyl-" (40)
- IUPAC: zugelassen, nicht substituierbar
- CA: **'(1-methylethenyl)-'**

$CH{\equiv}C{-}CH_2$– **41**
"Propargyl-" (**41**)
- IUPAC: **"Prop-2-inyl-"**
- CA: **'2-propynyl-'**

$CH_2{=}C{<}$ **42**
"Vinyliden-" (**42**)
- IUPAC: "Ethen-1,1-diyl-"
- CA: 'ethenylidene-'

$Me_2C{<}$ **43**
"Isopropyliden-" (43)
- IUPAC: zugelassen, nicht substituierbar
- CA: **'(1-methylethylidene)-'**

–$CH_2{-}CH_2$– **11**
"Ethylen-" (11)
- IUPAC: zugelassen, substituierbar; vgl. dazu **24**
- CA: **'1,2-ethanediyl-'**

–$CH_2{-}CH(Me)$– **44**
"Propylen-" (**44**)
- IUPAC: z.B. "(1-Methylethan-1,2-diyl)-"
- CA: '(1-methyl-1,2-ethanediyl)-'

45
"Geranyl-" (**45**)
- systematisch "[(2*E*)-3,7-Dimethylocta-2,6-dienyl]-"
- "(2*E*)" nach *Anhang 6*

46
"Neryl-" (**46**)
- systematisch "[(2*Z*)-3,7-Dimethylocta-2,6-dienyl]-"
- "(2*Z*)" nach *Anhang 6*

47
"Linalyl-" (**47**)
systematisch "(1-Ethenyl-1,5-dimethylhex-4-enyl)-"

48
"Farnesyl-" (**48**)
- systematisch "[(2*E*,6*E*)-3,7,11-Trimethyldodeca-2,6,10-trienyl]-"
- "(2*E*,6*E*)" nach *Anhang 6*

49
"Nerolidyl-" (**49**)
- systematisch "[(4*E*)-1-Ethenyl-1,5,9-trimethyldeca-4,8-dienyl]-"
- "(4*E*)" nach *Anhang 6*

50
"Phytyl-" (**50**)
- systematisch "[(2*E*,7*R*,11*R*)-3,7,11,15-Tetramethylhexadec-2-enyl]-"
- "(2*E*,7*R*,11*R*)" nach *Anhang 6*

---

[8]) **CA verwendet diese Trivialnamen nicht mehr.** IUPAC lässt relativ geläufige Trivialnamen noch zu (IUPAC R-1.9). Für **Ph-substituierte Kohlenwasserstoff-Ketten und -Kettensubstituenten** mit Trivialnamen, s. *Kap. 4.4(**d**)*.

Beispiele:

"(3*E*)-Penta-1,3-dien" (**51**)
- früher "**Piperylen**"
- "(3*E*)" nach *Anhang 6*

"(3*E*)-Hexa-1,3-dien-5-in" (**52**)
"(3*E*)" nach *Anhang 6*

"(3*E*)-Pent-3-en-1-in" (**53**)
"(3*E*)" nach *Anhang 6*

"2,3,5-Trimethylhexan" (**54**)

"2-Methylprop-1-en" (**55**)

"(4*E*)-4,5-Diethinyloct-4-en" (**56**)
- "(4*E*)" nach *Anhang 6*
- **CA**: Gerüst-Stammstruktur nach *Kap. 3.3(**e**)*, d.h. **längste Kette**
- **IUPAC**: "(3*E*)-3,4-Dipropylhex-3-en-1,5-diin"; nach IUPAC C-13.11(*b*) (in Überarbeitung) hat eine **möglichst ungesättigte Kette** Vorrang vor der längsten Kette

"Pentyl-" (**57**)
früher "**Amyl**-"

"(1-Methylpentyl)-" (**58**)

"(5-Methylhexyl)-" (**59**)

"[(2*E*)-Pent-2-en-4-inyl]-" (**60**)
"(2*E*)" nach *Anhang 6*

"[(2*E*)-Pent-2-enyliden]-" (**61**)
"(2*E*)" nach *Anhang 6*

"(3-Methylbut-2-enyl)-" (**62**)
früher "**Prenyl**-"

"Butan-1,4-diyl-" (**63**)
früher "Tetramethylen-"

"Prop-1-en-1,3-diyl-" (**64**)

"Butan-1,4-diyliden-" (**65**)

"[(2*E*)-Pent-2-en-1,5-diylidin]-" (**66**)
"(2*E*)" nach *Anhang 6*

"Pentan-3-yl-1-yliden-5-ylidin-" (**67**)

IUPAC R-2.2

4.3. Heteroketten

4.3.1. VORBEMERKUNGEN

Beachte:

Anhang 4

Anhang 7

- **Alle Heteroatome in Heteroketten müssen ihre Standard-Valenz aufweisen**, z.B. O^{II}, N^{III}, P^{III} *etc.* Treten Heteroatome mit Nichtstandard-Valenzen auf, dann sind die Regeln der λ-Konvention zu konsultieren.
- **Heteroatome** in Heteroketten werden für Nomenklaturzwecke **nicht** als **charakteristische Gruppen** betrachtet.

Man unterscheidet:

- Heteroketten mit unregelmässig platzierten Heteroatomen (**Austauschnomenklatur**), Kap. 4.3.2
- Heteroketten mit regelmässig platzierten Heteroatomen (= homogene und heterogene Heteroketten), Kap. 4.3.3
- Borane (s. Spezialnomenklatur und *Kap. 6.28*). Anhang 1 und Kap. 6.28

4

CA ¶ 142, 127, 279 und 282
IUPAC R-2.2.3.1 und C-61 – C-65

4.3.2. HETEROKETTEN MIT UNREGELMÄSSIG PLATZIERTEN HETEROATOMEN: AUSTAUSCHNOMENKLATUR ("a"-Nomenklatur; 'replacement nomenclature')

Im folgenden werden erläutert:

(a) Vorbedingungen für Austauschnomenklatur,

(b) Stammnamen von unverzweigten Heteroketten mit unregelmässig platzierten Heteroatomen,

(c) Numerierung von unverzweigten Heteroketten mit unregelmässig platzierten Heteroatomen,

(d) Präfixe von unverzweigten Heterokettensubstituenten mit unregelmässig platzierten Heteroatomen.

(a) **Vorbedingungen:**

- **Austauschnomenklatur** wird **nur** verwendet, **wenn** C-Atome einer Kohlenwasserstoff-Kette durch **Nichtmetall-Atome und/oder P, As, Sb, Bi, Si, Ge, Sn, Pb und B** ersetzt sind und nur, **wenn** die Kette **mindestens vier Hetero-Einheiten**[1]) **enthält, die nicht an der(n) Hauptgruppe(n) beteiligt sein dürfen** (s. **1**) (Vorsicht bei Kohlensäure- und P-haltigen Oxosäure-Derivaten und Analoga, z.B. bei Anhydriden, Estern, Amiden und Hydraziden!)
- **Der Austauschname darf nicht tiefere Priorität haben als ein entsprechender Substitutionsname** (z.B. müssen im Austauschnamen ebensoviele Hauptgruppen als Suffix ausgedrückt sein), und **die Kettenenden dürfen nur ein C-, P-, As-, Sb-, Bi-, Si-, Ge-, Sn-, Pb- oder B-Atom sein** (Vorsicht bei *N*-substituierten Aminen (s. **2**); Vorsicht bei nicht-funktionellen Verbindungen der *Klassen 14 – 23* (Prioritäten gemäss *Tab. 3.2*)).

Tab. 3.2

IUPAC verlangt nur, dass die Kettenenden C-Atome sind (IUPAC R-2.2.3.1).

Wenn die Vorbedingungen erfüllt sind, werden **"a"-Namen auch für Anhydride, Ester, Amide und Hydrazide** (*Klasse 6*, s. *Tab. 3.2*) verwendet, **nicht** aber **für Peptide und Polymere** oder (wenn vermeidbar) für Ketten ohne C-Atome.

Tab. 3.2

z.B.

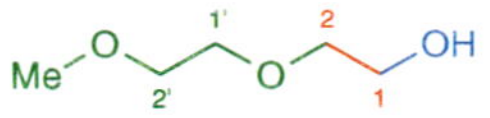

Me–O–CH₂CH₂–O–CH₂CH₂–OH (1', 2', 1, 2)

1

"2-(2-Methoxyethoxy)ethanol" (**1**)

- Alkohol (*Kap. 6.21*)
- **Substitutionsname**, da nur 2 Hetero-Einheiten vorhanden sind

MeNH–CH₂CH₂–N(Me)–CH₂CH₂–N(Me)–CH₂CH₂–NHMe (N', 2, 1, N, 2', 1')

2

"*N,N'*-Dimethyl-*N,N'*-bis[2-(methylamino)-ethyl]ethan-1,2-diamin" (**2**)

- Amin (*Kap. 6.23*)
- **Substitutionsname**, da Diamin > Stickstoff-haltige Heterokette
- Gerüst-Stammstruktur nach dem Zentralitätsprinzip (*Kap. 3.3(i)*)

(b) Der Stammname einer **unverzweigten Heterokette mit mindestens vier unregelmässig platzierten Heteroatomen**[1]) setzt sich zusammen aus

- **Heteroatom-Vorsilben** ("a"-Vorsilben) **mit Lokanten** für die Heteroatome: Anhang 4

  "**Oxa**-" (O^{II}) > "**Thia**-" (S^{II}) > "**Selena**-" (Se^{II}) > "**Tellura**-" (Te^{II}) >

  "**Aza**-" (N^{III}) > "**Phospha**-" (P^{III}) > "**Arsa**-" (As^{III}) > "**Stiba**-" (Sb^{III}) > "**Bisma**-" (Bi^{III}) >

[1]) Eine **Hetero-Einheit** ist ein isoliertes Heteroatom oder eine Reihe aufeinanderfolgender Heteroatome, die als eine Einheit benannt werden kann (z.B. als divalenter Substituent) und wie ein isoliertes Heteroatom behandelt wird: z.B. –S– ("-thio-"), –S–S– ("-dithio-"), –N=N– ("-azo-"), $-SiH_2-O-SiH_2-$ ("-disiloxan-1,3-diyl-"), $-SiH_2-NH-SiH_2-$ ("-disilazan-1,3-diyl-"), nicht aber –PH–NH–, –S–O–, $-O-SiH_2-O-$ *etc.*

"**Sila-**" (Si^{IV}) > "**Germa-**" (Ge^{IV}) > "**Stanna-**" (Sn^{IV}) > "**Plumba-**" (Pb^{IV}) > "**Bora-**" (B^{III})

Kap. 4.2(a)

- dem **Namen der entsprechenden Kohlenwasserstoff-Kette mit Endsilbe** "**-an**", "**-en**", "**-dien**", "**-in**" (Englisch: '**-yne**') *etc.*

Anhang 2

Die **Heteroatom-Vorsilben** werden im Namen **in der Reihenfolge abnehmender Priorität** (s. oben) mit den zugehörigen Lokanten **angeordnet**[2]); bei Bedarf sind **Multiplikationsaffixe** für die Angabe der Anzahl gleichartiger Heteroatome zu verwenden[3]).

z.B.

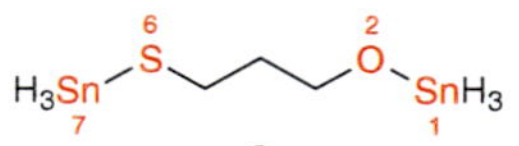

"2-Oxa-6-thia-1,7-distannaheptan" (**3**)

(*c*) Bei der **Numerierung** bekommen die **Heteroatome als Gesamtheit** (unabhängig von ihrer Priorität) **möglichst tiefe Lokanten** (**nicht** Hauptgruppen oder Unsättigungen!)[4]). Besteht eine Wahl, dann bekommen **Heteroatome höherer Priorität** (s. (*b*)) **tiefere Lokanten**, z.B. O > S in "2-Oxa-6-thia-1,7-distannaheptan" (**3**). Besteht immer noch eine Wahl, dann gelten die Numerierungsregeln. Zur Stellung der **Lokanten** im Namen, s. auch Numerierungsregeln.

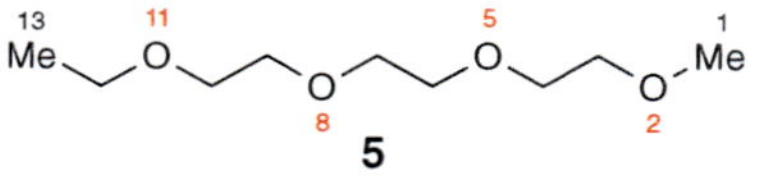

Kap. 3.4

"2,5,8,11-Tetraoxatridecan" (**5**)
"**2**,5,8,11" > "**3**,6,9,12"

auch Kap. 5.4

(*d*) **Präfixe von unverzweigten Heterokettensubstituenten** mit mindestens vier unregelmässig platzierten Heteroatomen[1]) werden **wie diejenigen der** entsprechenden **Kohlenwasserstoff-Kettensubstituenten** (inklusive Numerierung!) aufgrund der Namen gemäss (*b*) mittels der Endsilbe "-yl-", "-yliden-", "-diyl-", "-ylidin" *etc.* gebildet, d.h. **freie Valenzen müssen endständig sein** (**Lokant "1" immer zitieren**). Bleibt eine Wahl, dann erfolgt die Numerierung nach (*c*).

Kap. 4.2(c)

z.B.

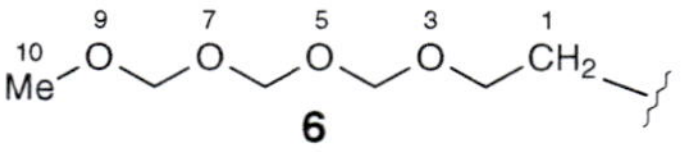

"3,5,7,9-Tetraoxadec-1-yl-" (**6**)
nicht "...-10-yl-"

Beispiele:

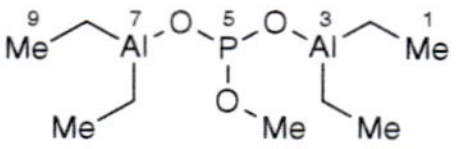

"3,7-Diethyl-5-methoxy-4,6-dioxa-5-phospha-3,7-dialuminanonan" (**7**)
- für "Alumina-", s. *Anhang 4*
- **7** sollte als **neutrale Organometall-Verbindung** benannt werden (*Kap. 6.34*(**h**)): "Tetraethyl{μ-(methyl-[phosphito(2–)-κO′,κO′′])}dialuminium" (s. (**a**) und *Tab. 3.2*)

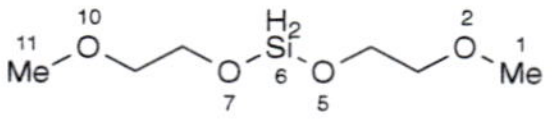

"2,5,7,10-Tetraoxa-6-silaundecan" (**8**)

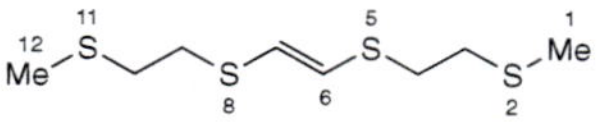

"2,5,8,11-Tetrathiadodec-6-en" (**9**)

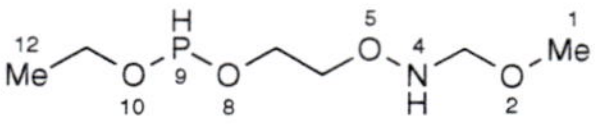

"2,5,8,10-Tetraoxa-4-aza-9-phosphadodecan" (**10**)
"**2**,4,5,8,9,10" > "**3**,4,5,8,9,11"

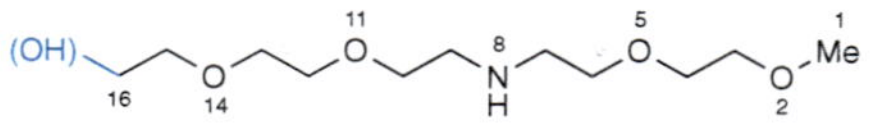

"2,5,11,14-Tetraoxa-8-azahexadecan(-16-ol)" (**11**)
das an der Hauptgruppe beteiligte O-Atom gehört nicht zur Gerüst-Stammstruktur; **zuerst Gerüst-Stammstruktur numerieren!**

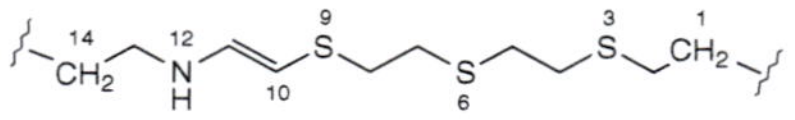

"3,6,9-Trithia-12-azatetradec-10-en-1,14-diyl-" (**12**)
S > N

4.3.3. Heteroketten mit regelmässig platzierten Heteroatomen: homogene und heterogene Heteroketten

CA ¶ 143, 193, 197 und 199
IUPAC R-2.2.2, D-4.1 und D-6.1

4.3.3.1. Homogene Heteroketten

Im folgenden werden erläutert:

(*a*) Stammnamen von unverzweigten homogenen Heteroketten aus N-, Si-, Ge-, Sn- oder Pb-Atomen,

(*b*) Stammnamen von unverzweigten homogenen Heteroketten aus P-, As-, Sb- oder Bi-Atomen,

(*c*) Numerierung von unverzweigten homogenen Heteroketten,

(*d*) Präfixe von unverzweigten homogenen Heterokettensubstituenten.

---

[2]) **Heteroatom-Vorsilben sind modifizierende Vorsilben** (*Anhang 3*) und werden deshalb bei der Bestimmung der alphabetischen Reihenfolge der Präfixe von Substituenten (*Kap. 3.5*) nicht berücksichtigt.

[3]) **Das endständige "a" der Heteroatom-Vorsilben und der Multiplikationsaffixe entfällt *nie* vor Vokalen in Austauschnamen** (*Kap. 2.2.2*), z.B. "2,5,7,10-Tetr**ao**xa-6-sil**au**ndecan" (**8**).

[4]) Diejenige Folge von Lokanten hat Priorität, die am ersten Unterscheidungspunkt die niedrigere Zahl hat.

z.B.

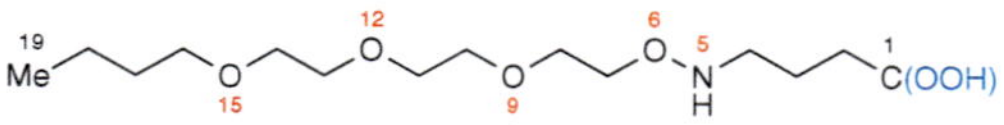

"6,9,12,15-Tetraoxa-5-azanonadecan(säure)" (**4**)
- Carbonsäure (*Kap. 6.7*)
- "5,**6**,9,12,15" > "5,**8**,11,14,15"
- nicht die Hauptgruppe bestimmt die Numerierung, sondern die Gerüst-Stammstruktur mit vorgegebener Numerierung; vgl. auch **11**.

(a) Der Stammname einer **unverzweigten homogenen Heterokette aus identischen Heteroatomen N, Si, Ge, Sn oder Pb** setzt sich zusammen aus

Anhang 2

- einem **Multiplikationsaffix** "Di-", "Tri-", "Tetra-" *etc.* **zur Angabe der Anzahl Kettenglieder**[5]);

Anhang 4

- der **Heteroatom-Vorsilbe**[6]) **Aza-**" (N^{III}), "**Sila-**" (Si^{IV}), "**Germa-**" (Ge^{IV}), "**Stanna-**" (Sn^{IV}) oder "**Plumba-**" (Pb^{IV})[6]);

Kap. 4.2(**a**)

- einer **Endsilbe** "**-an**", "**-en**", "**-dien**", "**-in**" (Englisch: '**-yne**') *etc.* zur Angabe des Sättigungsgrades.

z.B.

$\overset{4}{H_2N}-N=N-\overset{1}{NH_2}$ "Tetraz-2-en" (**13**)

13 IUPAC: "Tetr**aa**z-2-en"

Ausnahme:

$\overset{2}{H_2N}-\overset{1}{NH_2}$ "**Hydrazin**" (**14**)

14 IUPAC: auch "Diazan"

Analog werden die **monogliedrigen Hydride** benannt:

SiH_4 "**Silan**" (**15**)
15

GeH_4 "**German**" (**16**)
16

SnH_4 "**Stannan**" (**17**)
17

PbH_4 "**Plumban**" (**18**)
18

Ausnahme:

NH_3 "**Ammoniak**" (**19**)
19
- Englisch: 'ammonia'
- nicht: "Azan" oder "Amin"

(b) Der Stammname einer **unverzweigten homogenen Heterokette aus identischen Heteroatomen P, As, Sb oder Bi** setzt sich zusammen aus

Anhang 2

- einem **Multiplikationsaffix** "Di-", "Tri-", "Tetra-" *etc.* zur Angabe der Anzahl Kettenglieder[5]);

Anhang 4

- der **Heteroatom-Vorsilbe**[6]) "**Phospha-**" (P^{III} und P^{V}), "**Arsa-**" (As^{III} und As^{V}), "**Stiba-**" (Sb^{III}) oder "**Bismuta-**" (Englisch: 'bismutha-'; Bi^{III}; Ausnahme);
- der **Endsilbe** "**-in**" (gesättigte Kette), "**-en**", "**-dien**", "**-in**" (Englisch: '**-yne**'; 1 Dreifachbindung) *etc.* zur Angabe des Sättigungsgrades **bei P^{III}, As^{III}, Sb^{III} oder Bi^{III}**, oder
  der **Endsilbe** "**-oran**", "**-oren**", "**-oradien**", "**-orin**" (Englisch: '**-oryne**') *etc.* zur Angabe des Sättigungsgrades **bei P^{V} oder As^{V}**.

Beachte:

In Namen von zweigliedrigen homogenen Heteroketten können beim Übersetzen vom Englischen **ins Deutsche Zweideutigkeiten entstehen, die sich**, wenn nötig, **durch Beigabe von Klammern beheben lassen** (vgl. dazu auch unten, IUPAC-Varianten), nämlich

- bei der Übersetzung der **Dreifachbindung-Endsilbe** '-yne' in "**-in**" (statt "-yn") besteht **Verwechslungsgefahr mit einer gesättigten zweigliedrigen Kette** (H_2P-PH_2, $H_2As-AsH_2$, $H_2Sb-SbH_2$, $H_2Bi-BiH_2$),

  z.B.
  'diphosph**y**ne' → "Diphosphin" (P≡P),
  'diphosph**i**ne' → "Di**(**phosphin**)**" (H_2P-PH_2);
- bei der Übersetzung des **Element-Namens** 'arsenic' (As) in "**Arsen**" besteht **Verwechslungsgefahr mit der ungesättigten zweigliedrigen Kette**,

  'diarsen**ic**' → "Di**(**arsen**)**" (As_2),
  'diars**e**ne' → "Diarsen" (HAs=AsH).

Bei mehrgliedrigen homogenen Heteroketten sind Verwechslungen wegen der Lokanten der Unsättigungen ausgeschlossen.

IUPAC lässt zusätzlich noch andere Heteroatome zu (IUPAC R-2.2): Der Name einer unverzweigten homogenen **Heterokette aus F, Cl, Br, I, At, O, S, Se, Te, Po, N, P, As, Sb, Bi, Ge, Sn, Pb oder B** setzt sich zusammen aus

- einem **Multiplikationsaffix** "Di-", "Tri-" *etc.* (*Anhang 2*);
- einer **Heteroatom-Vorsilbe** nach *Anhang 4*, mit Ausnahme von "**Oxida-**" (O^{II}; nicht "Oxa-"), "**Sulfa-**" (S^{II}; nicht "Thia-"), "**Sela-**" (Se^{II}; nicht "Selena-"), "**Tella-**" (Te^{II}; nicht "Tellura-"), "**Pola-**" (Po^{II}; nicht "Polona-") und "**Bismuta-**" (Englisch: 'bismutha-'; Bi^{III}; nicht "Bisma-"), wegen möglicher Verwechslung mit *Hantzsch-Widman*-Namen für Heteromonocyclen (*Kap. 4.5.3*);
- der **Endsilbe** "**-an**", "**-en**", "**-dien**", "**-in**" (Englisch: '**-yne**') *etc.*

Nichtstandard-Valenzen werden mittels der λ-Konvention bezeichnet (*Anhang 7*). Beispiele sind "**Disulfan**" (SH–SH), "**Selan**" (SeH_2), "**Tellan**" (TeH_2), "**Phosphan**" (auch "Phosphin"; PH_3) *etc.*

z.B.

$\overset{2}{H_2Bi}-\overset{1}{BiH_2}$ "Di(bismutin)" (**20**)

20
- Englisch: 'dibismuthine'
- IUPAC: auch "Dibismutan"

$\overset{3}{H_4P}-\overset{2}{PH_3}-\overset{1}{PH_4}$ "Triphosphoran" (**21**)

21 IUPAC: auch "$1\lambda^5,2\lambda^5,3\lambda^5$-Triphosphan", d.h. die Nichtstandard-Valenzen werden gemäss λ-Konvention (*Anhang 7*) ausgedrückt

Analog werden die **monogliedrigen Hydride** benannt:

PH_3 "**Phosphin**" (**22**)
22 IUPAC: auch "Phosphan"

PH_5 "**Phosphoran**" (**23**)
23 IUPAC: auch "λ^5-Phosphan", gemäss λ-Konvention (*Anhang 7*)

AsH_3 "**Arsin**" (**24**)
24 IUPAC: auch "Arsan"

AsH_5 "**Arsoran**" (**25**)
25 IUPAC: auch "λ^5-Arsan", gemäss λ-Konvention (*Anhang 7*)

SbH_3 "**Stibin**" (**26**)
26
- IUPAC: auch "Stiban"
- **SbH_5** heisst "**Antimon-hydrid-(SbH_5)**"; Derivate davon bekommen Koordinationsnamen (*Kap. 6.34*), ausser wenn anstelle von H nur Gruppen =O und/oder –OH am Sb-Atom haften (Salze, s. *Kap. 6.12(**a**)*); IUPAC: "λ^5-Stiban" oder "Stiboran"

BiH_3 "**Bismutin**" (**27**)
27
- Englisch: 'bismuthine'
- IUPAC: auch "Bismutan"
- **BiH_5** heisst "**Bismut-hydrid-(BiH_5)**" (Englisch: 'bismuth hydride (BiH_5)'); Derivate davon bekommen Koordinationsnamen (*Kap. 6.34*), ausser wenn anstelle von H nur Gruppen =O und/oder –OH am Bi-Atom haften (Salze, s. *Kap. 6.12(**a**)*); IUPAC: keine Angaben

---

[5]) **Das endständige "a" des Multiplikationsaffixes wird vor "a" weggelassen** (*Kap. 2.2.2*), z.B. "Tetr**a**zan"($H_2N-NH-NH-NH_2$); **IUPAC** elidiert in solchen Fällen "a" nicht ("Tetr**aa**zan").

[6]) **Das endständige "a" der Heteroatom-Vorsilbe wird vor Vokalen weggelassen** (*Kap. 2.2.2*), z.B. "Pentaz-2-**e**n" ($H_2N-NH-N=N-NH_2$).

Kap. 4.2

(c) Die **Numerierung** erfolgt **wie bei Kohlenwasserstoff-Ketten**; bleibt eine Wahl, dann gelten die Numerierungsregeln. Zur Stellung der **Lokanten** im Namen, s. Numerierungsregeln.

Kap. 3.4

CA ¶ 161 auch Kap. 5.4

Kap. 4.2(c)

(d) Präfixe von unverzweigten homogenen Heterokettensubstituenten werden **wie diejenigen der** entsprechenden **Kohlenwasserstoff-Kettensubstituenten** aufgrund der Namen gemäss ***(a)*** und ***(b)*** mittels der Endsilbe "-yl-", "-yliden-", "-diyl-", "-ylidin-" *etc.* gebildet, d.h. freie Valenzen müssen endständig sein; **dabei wird aber die Endsilbe "-an" durch "-anyl-"** (nicht "-yl-"), **"-anyliden-"** *etc.* **ersetzt.**

z.B.

$\overset{5}{H_2N}-NH-\overset{2}{N}=\overset{1}{N}-N<$ "Pentaz-2-enyliden-" (**28**)
28 IUPAC: "Pentaaz-2-en-1,1-diyl-"

Ausnahmen[7]:

H_3Si- **29** "**Silyl-**"[8] (**29**)

H_3Ge- **31** "**Germyl-**"[8] (**31**)

H_3Sn- **32** "**Stannyl-**"[8] (**32**)

H_3Pb- **33** "**Plumbyl-**"[8] (**33**)

H_2N- **34** "**Amino-**" (**34**)

H_2P- **35** "**Phosphino-**" (**35**)
IUPAC: auch "Phosphanyl-"

H_2As- **36** "**Arsino-**" (**36**)
IUPAC: auch "Arsanyl-"

H_2Sb- **37** "**Stibino-**" (**37**)
IUPAC: auch "Stibanyl-"

H_2Bi- **38** "**Bismutino-**" (**38**)
- Englisch: 'bismuthino-'
- IUPAC: auch "Bismutanyl-"

$H_2\overset{2}{N}-\overset{1}{N}H-$ **39** "**Hydrazino-**" (**39**)
IUPAC: auch "Diazanyl-"

$H_2N-N=$ oder $H_2N-N<$ **40**
"**Hydrazono-**" (**40**)
IUPAC: auch "Diazanyliden-" oder "Hydrazinyliden-" bzw. "Diazan-1,1-diyl-"

$=\overset{2}{N}-\overset{1}{N}H-$ oder $>\overset{2}{N}-\overset{1}{N}H-$ **41**
"**Hydrazin-1-yl-2-yliden-**" (**41**)
IUPAC: auch "Diazan-1-yl-2-yliden-" bzw. "Diazan-**1,1,2**-triyl-"

$-\overset{2}{N}H-\overset{1}{N}H-$ **42** "**Hydrazo-**"/"**Hydrazi-**" (**42**)
- freie Valenzen zu verschiedenen Atomen/zum gleichen Atom
- IUPAC: auch "Diazan-1,2-diyl-"

$-N=N-$ **43** "**Azo-**"/"**Azi-**" (**43**)
- freie Valenzen zu verschiedenen Atomen/zum gleichen Atom
- IUPAC: auch "Diazen-1,2-diyl-"

$=N-N=$ oder $>N-N=$ **44**
"**Azino-**" (**44**)
IUPAC: auch "Diazandiyliden-" bzw. "Diazan-1,1-diyl-2-yliden-" *etc.*

Beispiele:

$\overset{3}{H_3Sn}-SnH_2-\overset{1}{SnH_3}$ **45**	"Tristannan" (**45**)	$\overset{2}{H}P=\overset{1}{P}H$ **51**	"Diphosphen" (**51**)
$\overset{5}{H_2P}-(PH)_3-\overset{1}{PH_2}$ **46**	"Pentaphosphin" (**46**) IUPAC: auch "Pentaphosphan"	$H_3\overset{2}{P}=\overset{1}{P}H_3$ **52**	"Diphosphoren" (**52**) IUPAC: auch "$1\lambda^5,2\lambda^5$-Diphosphen"
$H_4\overset{2}{P}-\overset{1}{P}H_4$ **47**	"Diphosphoran" (**47**) IUPAC: auch "$1\lambda^5,2\lambda^5$-Diphosphan"	$H\overset{2}{As}=\overset{1}{As}H$ **53**	"Diarsen" (**53**) wegen Verwechslungsgefahr sollten im deutschen Namen von As_2 Klammern beigefügt werden: "Di(arsen)" ('diarsenic')
$H_2\overset{2}{As}-\overset{1}{As}H_2$ **48**	"Di(arsin)" (**48**) - Englisch: 'diarsine' - Klammern im Deutschen wegen Verwechslungsgefahr mit "Diarsin" ('diarsyne'; As≡As) - IUPAC: auch "Diarsan"	$H_2\overset{2}{Ge}=\overset{1}{Ge}H_2$ **54**	"Digermen" (**54**)
$\overset{3}{H_2Sb}-SbH-\overset{1}{SbH_2}$ **49**	"Tristibin" (**49**) IUPAC: auch "Tristiban"	$H_2\overset{2}{Si}=\overset{1}{Si}H_2$ **55**	"Disilen" (**55**)
$\overset{4}{H_3Ge}-(GeH_2)_2-\overset{1}{GeH_3}$ **50**	"Tetragerman" (**50**)	$\overset{4}{H}N=\overset{3}{N}-N=\overset{1}{N}H$ **56**	"Tetraza-1,3-dien" (**56**) IUPAC: "Tetra**aza**-1,3-dien"

[7]) Präfixe für die entsprechenden **polyvalenten monogliedrigen Substituenten** sind in *Kap. 5.2* beschrieben (CA ¶ 161).

[8]) Diese Ausnahmen dienen der Vermeidung von Zweideutigkeiten; z.B. bedeutet "Disilyl-" zwei Gruppen H_3Si-, dagegen:

$H_3\overset{2}{Si}-\overset{1}{Si}H_2-$ **30** "Disilanyl-" (**30**)

$H_3Si-SiH=SiH_2$ (3, 1)
57

"Trisil-1-en" (**57**)

$H_2P-P=P-$ (3, 1)
58

"Triphosph-1-en-1-yl-" (**58**)

$H_3Ge-GeH(GeH_3)-GeH_3$ (3, 2, 1)
59

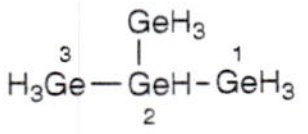

"2-Germyltrigerman" (**59**)

$H_3Si-Si(SiH_3)_2-Si(SiH_3)_2-SiH_3$ (4, 1)
60

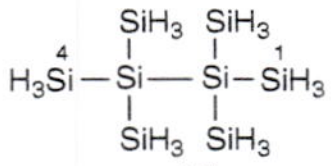

"2,2,3,3-Tetrasilyltetrasilan" (**60**)

CA ¶ 144 und 199

4.3.3.2. Heterogene Heteroketten mit regelmässigen Mustern

Man unterscheidet:

- Heteroketten mit regelmässigem Muster vom Typ X–(Y–X)$_n$–Y–X (X je endständig),
- Heteroketten mit regelmässigem Muster vom Typ X–Y–(X–Y)$_n$–X–Y oder X–Y–Z–(X–Y–Z)$_n$–X–Y–Z (**nur IUPAC**),

wobei die **Heteroatome X, Y und Z** ihre Standard-Valenzen aufweisen, die dazu passende Anzahl H-Atome tragen und die **Prioritätenreihenfolge X < Y < Z** haben (n = 0, 1, 2...).

Anhang 4

IUPAC R-2.2.3.2, D-4.3, D-6.22, D-6.31, D-6.41 und D-6.51

Heteroketten mit regelmässigem Muster vom Typ X–(Y–X)$_n$–Y–X: Siloxane, Silathiane, Germaselenane[9]) *etc.*

Im folgenden werden erläutert:

(a) Stammnamen von Heteroketten mit regelmässigem Muster des Typs X–(Y–X)$_n$–Y–X,

(b) Numerierung von Heteroketten mit regelmässigem Muster des Typs X–(Y–X)$_n$–Y–X,

(c) Präfixe von unverzweigten Heterokettensubstituenten mit regelmässigem Muster (z.B. X–(Y–X)$_n$–Y–X–).

(a) Der Stammname einer **Heterokette mit regelmässigem Muster des Typs X–(Y–X)$_n$–Y–X mit** dem Atom tieferer Priorität **X = Si, Ge, Sn oder Pb**[9]) (H-Atome tragend) **und** dem Atom höherer Priorität **Y = O, S, Se oder Te** (Chalcogen-Atome)[9]) setzt sich zusammen aus:

Anhang 2

- einem **Multiplikationsaffix** "Di-", "Tri-", "Tetra-" *etc.* zur **Angabe der Anzahl (*n*+2) Kettenatome X** (nicht-vorrangig);

Anhang 4

- der **Heteroatom-Vorsilbe "Sila-"** (Si), **"Germa-"** (Ge), **"Stanna-"** (Sn) oder **"Plumba-"** (Pb) **des Atoms X** (nicht-vorrangig) **gefolgt von** der **Heteroatom-Vorsilbe "-oxa-"** (O), **"-thia-"** (S), **"-selena-"** (Se) oder **"-tellura-"** (Te) **des Atoms Y** (vorrangig);
- der **Endsilbe "-an"** (gegebenenfalls "-en", "-dien", "-in" (Englisch: '-yne') *etc.*) zur Angabe des Sättigungsgrades[10]).

z.B.

$H_3Si-(O-SiH_2)_n-O-SiH_3$ (2, 1)
65

"(*n*+2)siloxan" (**65**)

$H_3Sn-(S-SnH_2)_n-S-SnH_3$ (2, 1)
66

"(*n*+2)stannathian" (**66**)

$H_3Ge-(Se-GeH_2)_n-Se-GeH_3$ (2, 1)
67

"(*n*+2)germaselenan" (**67**)

(b) Die **Numerierung** der Heterokette mit regelmässigem Muster beginnt an einem endständigen Atom X. Bleibt eine Wahl, dann gelten die Numerierungsregeln. Zur Stellung der **Lokanten** im Namen, s. Numerierungsregeln.

Kap. 3.4

(c) **Präfixe von unverzweigten Heterokettensubstituenten mit regelmässigem Muster** (z.B. X–(Y–X)$_n$–Y–X–) werden **wie diejenigen der** entsprechenden **Kohlenwasserstoff-Kettensubstituenten** aufgrund der Namen gemäss ***(a)*** mittels der Endsilbe "-yl-", "-yliden-", "-diyl-", "-ylidin-" *etc.* gebildet, d.h. **freie Valenzen müssen endständig sein; dabei wird aber die Endsilbe "-an" durch "-anyl-"** (nicht "-yl-"), **"-anyliden-"** *etc.* **ersetzt**.

CA ¶ 161 auch Kap. 5.4

Kap. 4.2(c)

z.B.

$-SiH_2-NH-SiH_2-NH-SiH_2-$ (5, 1)
68

"Trisilazan-1,5-diyl-" (**68**)

für Substituenten mit Y = NH verwendet CA ebenfalls Azan-Namen (vgl. dazu **63** in *Fussnote 9*)

[9]) **IUPAC lässt beliebige Atome X und Y zu** (Priorität X < Y; s. *Anhang 4*) (n = 0, 1, 2...).

z.B.

$H_3Si-(NH-SiH_2)_n-NH-SiH_3$ (2, 1) "(*n*+2)silazan" (**61**)
61

$H_2P-(NH-PH)_n-NH-PH_2$ (2, 1) "(*n*+2)phosphazan" (**62**)
62

CA benennt solche Verbindungen (Y = NH) mittels Substitutionsnomenklatur als Amine, es sei denn, der Azan-Name habe die gleiche Priorität gemäss *Kap. 3.3*.

z.B.

$H_3Si-NH-SiH_2-NH-SiH_3$ (N, N')
63

N,N'-Disilylsilandiamin" (**63**)
IUPAC: "Trisilazan"

$H_2N-SiH_2-NH-SiH_2-NH-SiH_2-NH_2$ (5, 1)
64

"Trisilazan-1,5-diamin" (**64**)
CA und IUPAC

[10]) **Das endständige "a" der Heteroatom-Vorsilben entfällt vor Vokalen** (*Kap. 2.2.2*), z.B. "Disiloxan" ($H_3Si-O-SiH_3$).

Beispiele:

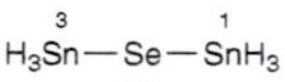

$\overset{3}{H_3Sn}-Se-\overset{1}{SnH_3}$ **69** "Distannaselenan" (**69**)

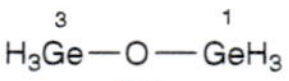

$\overset{3}{H_3Ge}-O-\overset{1}{GeH_3}$ **70** "Digermoxan" (**70**)

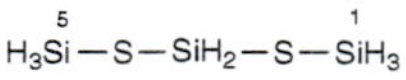

$\overset{5}{H_3Si}-S-SiH_2-S-\overset{1}{SiH_3}$ **71** "Trisilathian" (**71**)

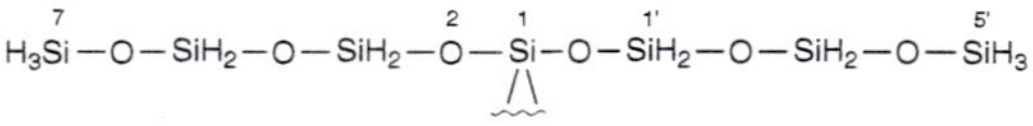

$\overset{7}{H_3Si}-O-SiH_2-O-\overset{2}{SiH_2}-\overset{1}{O}-\overset{1'}{Si}-O-SiH_2-O-SiH_2-O-\overset{5'}{SiH_3}$ **72**

"{1-[(Trisiloxanyl)oxy]tetrasiloxanyliden}-" (**72**)

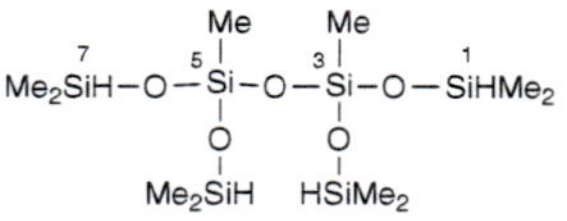

$\overset{7}{Me_2SiH}-O-\overset{5}{Si}(Me)(O-SiHMe_2)-O-\overset{3}{Si}(Me)(O-SiHMe_2)-O-\overset{1}{SiHMe_2}$ **73**

"3,5-Bis[(dimethylsilyl)oxy]-1,1,3,5,7,7-hexamethyltetrasiloxan" (**73**)
- *beachte:* "...silyloxy...", nicht "...siloxanyl..."
- IUPAC: auch "...siloxy..."

IUPAC D-4.4 und D-4.6

Heteroketten mit regelmässigem Muster vom Typ X–Y–(X–Y)$_n$–X–Y und X–Y–Z–(X–Y–Z)$_n$–X–Y–Z (nach **IUPAC**)[11])

Im folgenden werden erläutert (nach **IUPAC**):

(a) Stammnamen von Heteroketten mit regelmässigem Muster des Typs X–Y–(X–Y)$_n$–X–Y, X–Y–Z–(X–Y–Z)$_n$–X–Y–Z *etc.*,

(b) Numerierung von Heteroketten mit regelmässigem Muster des Typs X–Y–(X–Y)$_n$–X–Y, X–Y–Z–(X–Y–Z)$_n$–X–Y–Z *etc.*,

(c) Präfixe von unverzweigten Heterokettensubstituenten mit regelmässigem Muster (z.B. X–Y–(X–Y)$_n$–, X–Y–Z–(X–Y–Z)$_n$–).

(a) Der Stammname einer **Heterokette mit regelmässigem Muster des Typs X–Y–(X–Y)$_n$–X–Y, X–Y–Z–(X–Y–Z)$_n$–X–Y–Z** *etc.* (die Heteroatome X, Y und Z tragen die passende Anzahl H-Atome; C-Atome werden wie Heteroatome behandelt) setzt sich zusammen aus:
- der **modifizierenden Vorsilbe "Catena-"**;
- einem **Multiplikationsaffix** "-di-", "-tri-" *etc.* **zur Angabe der Anzahl wiederholt vorkommender Einheiten X–Y oder X–Y–Z**[12]);
- dem **Namen der wiederholt vorkommenden Einheit** X–Y oder X–Y–Z in Klammern, bestehend aus den entsprechenden **Heteroatom-Vorsilben** gemäss *Anhang 4* **und** der **Endung "-an", "-en", "-dien", "-in"** (Englisch: '**-yne**') *etc.* zur Bezeichnung des Sättigungsgrades[12])[13]).

Die Heteroatom-Vorsilben werden in der Reihenfolge der Verknüpfung X–Y oder X–Y–Z *etc.* aneinandergefügt, wobei bei Wahl mit dem Atom tiefster Priorität (*Anhang 4*) begonnen wird.

z.B.

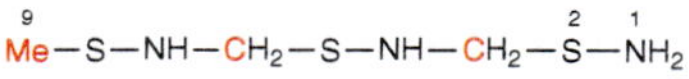

$\overset{9}{Me}-S-NH-CH_2-S-NH-CH_2-\overset{2}{S}-\overset{1}{NH_2}$ **75**

"Catenatri(carbathiazan)" (**75**)

CA: vermutlich 'methanesulfenamide, *N*-[(aminothio)methyl]-1-[(methylthio)amino]-'; beachte das Zentralitätsprinzip von *Kap. 3.3(**i**)*

(b) Die **Numerierung** beginnt mit dem endständigen Kettenglied höchster Priorität (Y bei X–Y, Z bei X–Y–Z). Besteht eine Wahl, dann gelten die Numerierungsregeln (*Kap. 3.4*).

(c) **Präfixe von unverzweigten Heterokettensubstituenten mit regelmässigem Muster** (z.B. X–Y–(X–Y)$_n$–, X–Y–Z–(X–Y–Z)$_n$–) werden **wie diejenigen von** entsprechenden **Kohlenwasserstoff-Kettensubstituenten** aufgrund der Namen gemäss ***(a)*** gebildet; dabei wird die Endsilbe "-an" durch "-anyl-" (nicht "-yl-"), "-anyliden-" *etc.* ersetzt.

Beispiele:

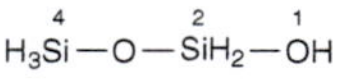

$\overset{4}{H_3Si}-O-\overset{2}{SiH_2}-\overset{1}{OH}$ **76** "Catenadi(siloxan)" (**76**)
CA: 'disiloxan-1-ol'

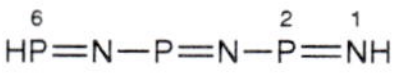

$\overset{6}{HP}=N-P=N-\overset{2}{P}=\overset{1}{NH}$ **77** "Catenatri(phosphazen)" (**77**)
CA: vermutlich 'phosphenimidous amide, *N'*-(iminophosphino)-*N*-phosphinidene-'

---

[11]) **CA behandelt solche Heteroketten als substituierte Derivate von Heteroketten X–(Y–X)$_n$–Y–X** (s. oben) **oder von funktionellen Gruppen oder als Heteroketten mit unregelmässig platzierten Heteroatomen** (*Kap. 4.3.2*).

[12]) Ist die wiederholt vorkommende Einheit substituiert, dann wird das Präfix des Substituenten in den Namen der Einheit aufgenommen und das Multiplikationsaffix "-bis-", "-tris-" *etc.* verwendet.

[13]) Tritt Unsättigung unregelmässig und/oder zwischen den wiederholt vorkommenden Einheiten auf, dann ist "-an" zu verwenden; die Unsättigung wird dann ausserhalb der Klammer angegeben.

z.B.

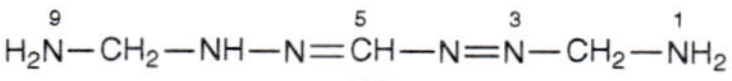

$\overset{9}{H_2N}-CH_2-NH-N=\overset{5}{CH}-N=\overset{3}{N}-CH_2-\overset{1}{NH_2}$ **74**

"Catenatri(azacarbazan)-3,5-dien" (**74**)

CA: vermutlich 'diazenecarboxaldehyde, (aminomethyl)-, (aminomethyl)hydrazone'

CA ¶ 145 und 281
IUPAC R-2.3, A-11 – A-13 und A-61

4.4. Carbomonocyclen[1])

Im folgenden werden erläutert:

(a) Stammnamen von unsubstituierten Carbomonocyclen,
(b) Numerierung von unsubstituierten Carbomonocyclen,
(c) Präfixe von unsubstituierten Carbomonocyclus-Substituenten,
(d) Namen von Kohlenwasserstoff-substituierten Carbomonocyclen.

(a) Der Stammname eines **unsubstituierten Carbomonocyclus** setzt sich zusammen aus

- der **modifizierenden Vorsilbe "Cyclo-"**
- dem **Namen der entsprechenden acyclischen unverzweigten Kohlenwasserstoff-Kette** mit der gleichen Anzahl C-Atome:

Kap. 4.2

"**Cycloalkan**"	(gesättigt)
"**Cycloalken**"	(1 Doppelbindung)
"Cycloalkadien"	(2 Doppelbindungen)
⋮	
"**Cycloalkin**"	(1 Dreifachbindung; Englisch: '**-yne**')
"Cycloalkadiin"	(2 Dreifachbindungen)
⋮	
"Cycloalkenin"	(1 Doppel- + 1 Dreifachbindung)
"Cycloalkadienin"	(2 Doppel- + 1 Dreifachbindung)
⋮	
"Cycloalkendiin"	(1 Doppel- + 2 Dreifachbindungen)
⋮	
"Cycloalkadiendiin"	(2 Doppel- + Dreifachbindungen)

etc.

z.B.

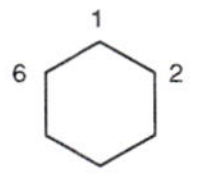

"Cyclohexan" (**1**)

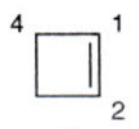

"Cyclobuten" (**2**)

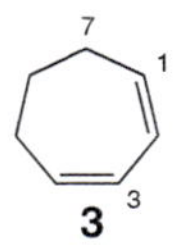

"Cyclohepta-1,3-dien" (**3**)

Ausnahme[2]):

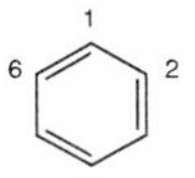

"**Benzol**" (**6**)
Englisch: '**benzene**'

(b) Die **Numerierung** erfolgt nach den Numerierungsregeln, d.h. **in Abwesenheit einer Hauptgruppe** bekommen **Mehrfachbindungen als Gesamtheit möglichst tiefe Lokanten**, und bei Wahl haben Doppel- vor Dreifachbindungen Priorität. Zur Stellung der Lokanten im Namen, s. Numerierungsregeln.

Kap. 3.4

(c) **Präfixe von unsubstituierten Carbomonocyclus-Substituenten** werden vom Namen des entsprechenden Carbomonocyclus (s. *(a)*) hergeleitet.

auch Kap. 5.5

(c_1) **Monovalente Substituenten**[3]):

"Cycloalk**an**" → "Cycloalk**yl**-"[3])
"Cycloalk**en**" → "Cycloalk**enyl**-"
"Cycloalk**in**" → "Cycloalk**inyl**-" (Englisch: 'cycloalk**y**nyl-')

z.B.

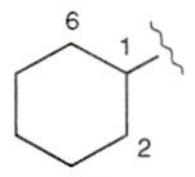

"Cyclohexyl-" (**7**)

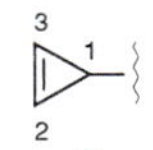

"Cycloprop-2-en-1-yl-" (**8**)

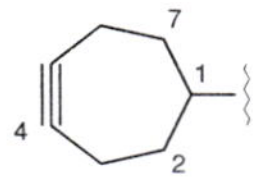

"Cyclohept-4-in-1-yl-" (**9**)
Englisch: 'cyclohept-4-yn-1-yl-'

[1]) Die von **IUPAC** in A-72 – A-75 angegebenen Trivialnamen von **Terpen-Carbomonocyclen** sind im *Anhang 1* zusammengestellt. In IUPAC R-9.1 sind diese Namen nicht mehr angeführt.

[2]) Im Gegensatz zu CA lässt **IUPAC** für Carbomonocyclen mit der maximalen Anzahl nicht-kumulierter Doppelbindungen (vgl. dazu *Fussnote 2* in *Kap. 4.6*) der allgemeinen Formel C_nH_n oder C_nH_{n+1} ($n > 6$) auch **Annulen-Namen** zu (IUPAC R-2.3.1.2).
z.B.

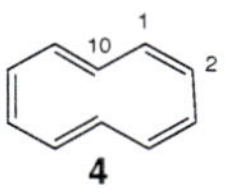

"[10]Annulen" (**4**)
CA: '1,3,5,7,9-cyclodecapentaene'

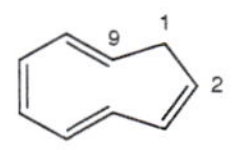

"1*H*-[9]Annulen" (**5**)
– indiziertes H-Atom nach *Anhang 5(a)*
– CA: '1,3,5,7-cyclononatetraene'

[3]) **Der Lokannt "1" der freien Valenz(en) entfällt bei "Cycloalkyl-" und "Cycloalkyliden-"**, nicht aber bei ungesättigten Substituenten (s. **8**) oder wenn zusätzliche freie Valenzen vorhanden sind (s. **14**).

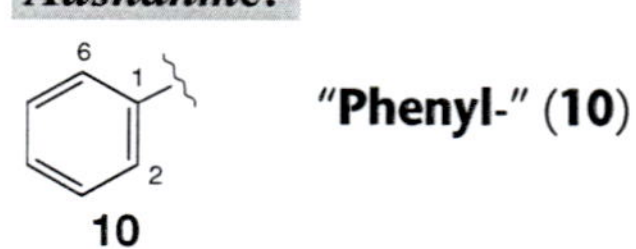

"**Phenyl-**" (**10**)

10

(c₂) **Divalente Substituenten mit den beiden freien Valenzen am gleichen Ringglied**[3]):

"Cycloalk**an**" → "Cycloalk***yliden-***"[3])
"Cycloalk**en**" → "Cylcoalk**enyliden-**"
"Cycloalk**in**" → "Cycloalk**inyliden-**"
(Englisch: 'cycloalk**y**nylidene-')

IUPAC empfiehlt, dass ein Substituent, dessen Präfix die **Endsilbe "-yliden-"** trägt, immer über eine Doppelbindung an eine Gerüst-Stammstruktur oder einen Stammsubstituenten gebunden ist (IUPAC R-2.5).

z.B.

oder **11**

"Cyclohexyliden-" (**11**)
IUPAC: "Cyclohexyliden-" bzw. "Cyclohexan-1,1-diyl-"

oder **12**

"Cycloprop-2-en-1-yliden-" (**12**)
IUPAC: "Cycloprop-2-en-1-yliden-" bzw. "Cycloprop-2-en-1,1-diyl-"

oder **13**

"Cyclohept-4-in-1-yliden-" (**13**)
- Englisch: 'cyclohept-4-yn-1-ylidene-'
- IUPAC: "Cyclohept-4-in-1-yliden-" bzw. "Cyclohept-4-in-1,1-diyl-"

(c₃) **Divalente Substituenten mit den beiden freien Valenzen an zwei verschiedenen Ringgliedern**[4]):

"Cycloalk**an**" → "Cycloalk**andiyl-**"
"Cycloalk**en**" → "Cycloalk**endiyl-**"
"Cycloalk**in**" → "Cycloalk**indiyl-**"
(Englisch: 'cycloalk**y**nediyl-')

z.B.

"Cyclohexan-1,2-diyl-" (**14**)

14

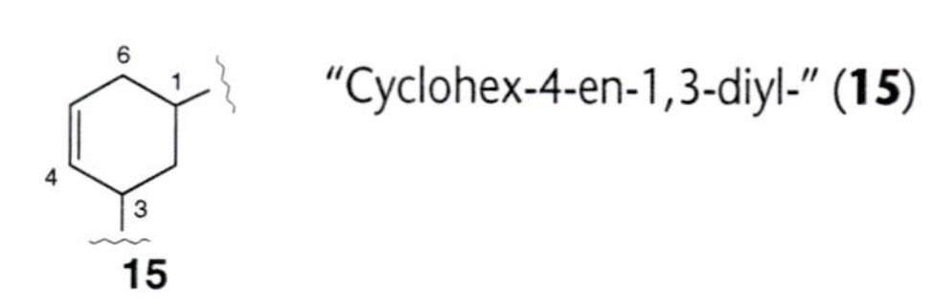

"Cyclohex-4-en-1,3-diyl-" (**15**)

15

"Cyclohept-4-in-1,2-diyl-" (**16**)
Englisch: 'cyclohept-4-yne-1,2-diyl-'

16

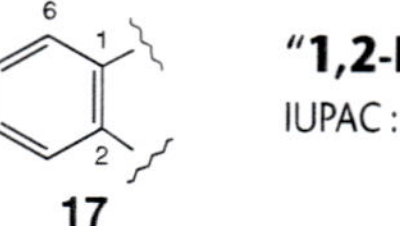

"**1,2-Phenylen-**" (**17**)
IUPAC: auch "*o*-Phenylen-" ("*o*" = "*ortho*")

17

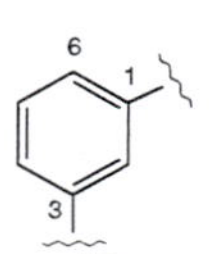

"**1,3-Phenylen-**" (**18**)
IUPAC: auch "*m*-Phenylen-" ("*m*" = "*meta*")

18

"**1,4-Phenylen-**" (**19**)
IUPAC: auch "*p*-Phenylen-" ("*p*" = "*para*")

19

(c₄) **Trivalente Substituenten**[5]):

"Cycloalk**an**" → "Cycloalk***anylyliden-***"
"Cycloalk**en**" → "Cycloalk**enylyliden-**"
"Cycloalk**an**" → "Cycloalk**antriyl-**"

Für **IUPAC**-Empfehlungen bzgl. Endsilbe "-yliden-", s. ***(c₂)***

z.B.

"Cyclohexan-1-yl-3-yliden-" (**20**)

20

"Cyclohex-6-en-1-yl-2-yliden-" (**21**)

21

"Cyclohexan-1,2,4-triyl-" (**22**)

22

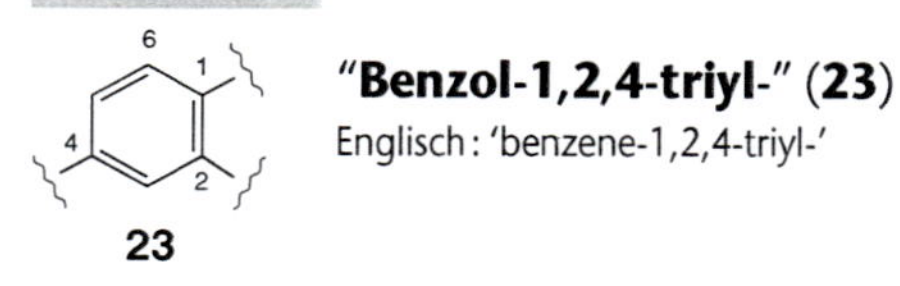

"**Benzol-1,2,4-triyl-**" (**23**)
Englisch: 'benzene-1,2,4-triyl-'

23

(c₅) **Polyvalente Substituenten**[5]) werden sinngemäss entsprechend den mono-, di- und trivalenten Substituenten nach ***(c₁)*–*(c₄)*** benannt (*beachte* ***Fussnote 5***):

z.B.

"Cycloalk**an**" → "Cycloalk**andiyliden-**"

Für **IUPAC**-Empfehlungen bzgl. Endsilbe "-yliden-", s. ***(c₂)***

z.B.

"Cyclobutan-1,2-diyliden-" (**24**)

24

[4]) **Früher** wurde für einen divalenten Substituenten mit den beiden freien Valenzen an zwei verschiedenen Ringgliedern die **Endsilbe "-ylen-"** verwendet, z.B. "Cyclohex-1,2-ylen-" statt "Cyclohexan-1,2-diyl-" (**14**) und "Cyclohex-4-en-1,3-ylen-" statt "Cyclohex-4-en-1,3-diyl-" (**15**). Die Endsilbe "-ylen-" ist nur noch für **17**–**19** zulässig.

[5]) **Reihenfolge im Namen: "-yl-" > "-yliden-"** (*beachte:* "**-an**-yl-yliden-", nicht "-yl-yliden-"). **Möglichst niedrige Lokanten für "-yl-" > "-yliden-"**; bleibt eine Wahl, dann gelten die Numerierungsregeln (*Kap. 3.4*); z.B. haben **freie Valenzen Priorität vor Unsättigungen**.

Kap. 3.3

(d) Der Name eines **Kohlenwasserstoff-substituierten Carbomonocyclus** setzt sich zusammen aus dem **Namen der** (vorrangigen) **Gerüst-Stammstruktur und** dem(n) **Präfix**(en) **des**(r) **Substituenten**. Analoges gilt für zusammengesetzte Kohlenwasserstoff-Substituenten.

IUPAC lässt **für nicht zusätzlich substituierte Strukturen** (s. unten) noch die Trivialnamen "**Cumol**" (**27**), "**Cymol**" (s. **28**), "**Mesitylen**" (**29**), "**Xylol**" (s. **32**), "**Fulven**" (**33**), "**Mesityl-**" (**38a**) und "**Tolyl-**" (s. **39**) zu. **Für allenfalls zusätzlich *am Ring* substituierte Strukturen** (Substituent(en) nur als Präfix(e) benennbar) werden auch noch die Namen "**Styrol**" (**30**), "**Toluol**" (**31**), "**Stilben**" (**34**), "**Benzyl-**" (**41**), "**Benzhydryl-**" (**42**), "**Cinnamyl-**" (**43**), "**Phenethyl-**" (**44**), "**Styryl-**" (**45**), "**Trityl-**" (**46**), "**Benzyliden-**" (**47**) und "**Cinnamyliden-**" (**48**) empfohlen. Für **Terpen-Carbomonocyclen**, s. *Fussnote 1*.

z.B.

25

"(Cyclopenta-1,3-dien-1-yl)cyclohexan" (**25**)

"Cyclohexan" > "Cyclopentadien" nach *Kap. 3.3(c₅)*

26

"(Buta-1,3-dienyl)cyclopropan" (**26**)

Ring > Kette nach *Kap. 3.3(**b**)*

Trivialnamen[1][6]:

27

"**Cumol**" (**27**)
- Englisch: '**cumene**'
- IUPAC: zugelassen, nicht substituierbar
- CA: '(1-methylethyl)benzene'

28

"***p*-Cymol**"[7]) (**28**)
- Englisch: '***p*-cymene**'
- IUPAC: zugelassen, nicht substituierbar
- CA: '1-methyl-4-(1-methylethyl)benzene'

29

"**Mesitylen**" (**29**)
- IUPAC: zugelassen, nicht substituierbar
- CA: '1,3,5-trimethylbenzene'

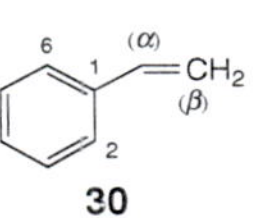
30

"**Styrol**" (**30**)
- Englisch: '**styrene**'
- IUPAC: zugelassen, nur am Ring substituierbar (Substituent(en) am Ring nur als Präfix(e) benennbar); früher waren die Lokanten "*α*" und "*β*" zugelassen
- CA: 'ethenylbenzene'

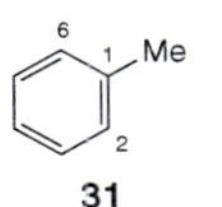
31

"**Toluol**" (**31**)
- Englisch: '**toluene**'
- IUPAC: zugelassen, nur am Ring substituierbar (Substituent(en) am Ring nur als Präfix(e) benennbar)
- CA: 'methylbenzene'

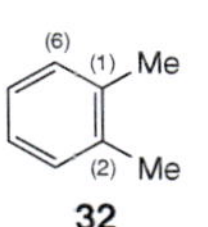
32

"***o*-Xylol**"[7]) (**32**)
- Englisch: '***o*-xylene**'
- IUPAC: zugelassen, nicht substituierbar
- CA: '1,2-dimethylbenzene'

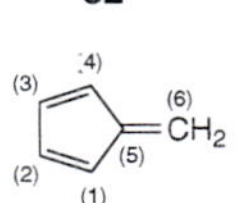
33

"**Fulven**" (**33**)
- IUPAC: zugelassen, nicht substituierbar
- auch "Pentafulven"
- CA: '5-methylene-1,3-cyclopentadiene'

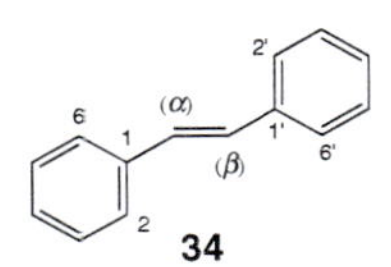
34

"**Stilben**" (**34**)
- IUPAC: zugelassen, nur an den Ringen substituierbar (Substituent(en) an den Ringen nur als Präfix(e) benennbar); früher waren die Lokanten "*α*" und "*β*" zugelassen
- CA: '1,1′-(1,2-ethenediyl)bis[benzene]'

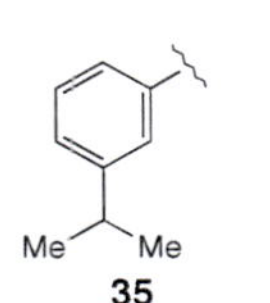
35

"*m*-Cumyl-" oder "*m*-Cumenyl-"[7]) (**35**)
CA: '[3-(1-methylethyl)phenyl]-'

36

"Thymyl-" (**36**)
- auch "Cymyl-"
- CA: '[5-methyl-2-(1-methylethyl)phenyl]-'

37

"Carvacryl-" (**37**)
- auch "Cymyl-"
- CA: '[2-methyl-5-(1-methylethyl)phenyl]-'

38a oder **38b**

"**Mesityl-**" (**38**)
- IUPAC: zugelassen für **38a**, nicht substituierbar
- CA: '(2,4,6-trimethylphenyl)-' (**38a**) bzw. '[(3,5-dimethylphenyl)methyl]-' (**38b**)

39

"***p*-Tolyl-**"[7]) (**39**)
- IUPAC: zugelassen, nicht substituierbar; auch "*m*-" und "*o*-Tolyl-"[7])
- CA: '(4-methylphenyl)-'

40

"Xylyl-" (**40**)
- auch "Xylenyl-"
- CA: '(2,3-dimethylphenyl)-' bzw. '[(2-methylphenyl)methyl]-'

41

"**Benzyl-**" (**41**)
- IUPAC: zugelassen, nur am Ring subtituierbar; früher war der Lokant "*α*" zugelassen
- CA: '(phenylmethyl)-'

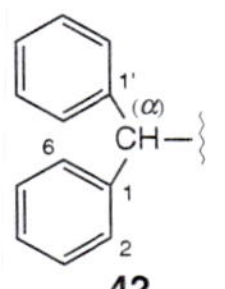
42

"**Benzhydryl-**" (**42**)
- IUPAC: zugelassen, nur an den Ringen substituierbar; früher war der Lokant "*α*" zugelassen
- CA: '(diphenylmethyl)-'

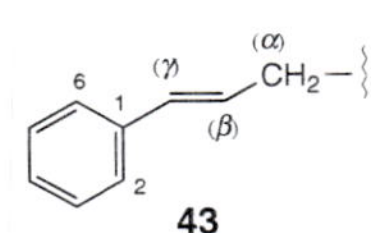
43

"**Cinnamyl-**" (**43**)
- IUPAC: zugelassen, nur am Ring substituierbar; früher waren die Lokanten "*α*", "*β*" und "*γ*" zugelassen
- CA: '(3-phenyl-2-propenyl)-'

---

[6]) CA verwendet diese Trivialnamen nicht mehr. IUPAC lässt relativ geläufige Trivialnamen noch zu (IUPAC R-9.1).

[7]) **IUPAC** (früher auch CA) lässt bei Benzol-Derivaten auch noch die Lokanten "***o***" ("***ortho***"), "***m***" ("***meta***") und "***p***" ("***para***") für 1,2-, 1,3- bzw. 1,4-Substitution zu. Für die 1-Stellung wird auch "***ipso***" verwendet. Vom Gebrauch dieser Bezeichnungen in systematischen Namen wird abgeraten.

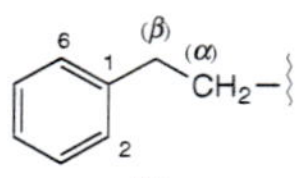

44

"Phenethyl-" (44)
- IUPAC: zugelassen, nur am Ring substituierbar; früher waren die Lokanten "α" und "β" zugelassen
- CA: '(2-phenylethyl)-'

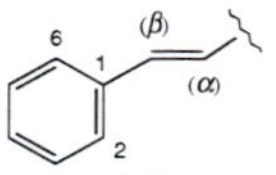

45

"Styryl-" (45)
- IUPAC: zugelassen, nur am Ring substituierbar; früher waren die Lokanten "α" und "β" zugelassen
- CA: '(2-phenylethenyl)-'

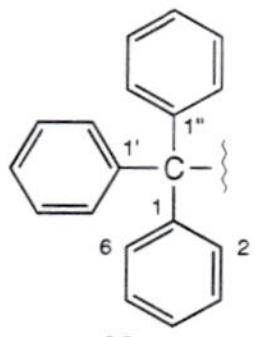

46

"Trityl-" (46)
- IUPAC: zugelassen, nur an den Ringen substituierbar
- CA: '(triphenylmethyl)-'

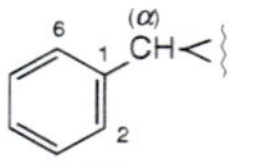

47

"Benzyliden-" (47)
- IUPAC: zugelassen, nur am Ring substituierbar; früher war der Lokant "α" zugelassen
- CA: '(phenylmethylene)-'

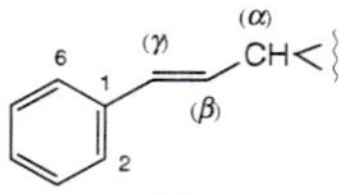

48

"Cinnamyliden-" (48)
- IUPAC: zugelassen, wenn die freien Valenzen zum gleichen Atom führen; nur am Ring substituierbar; früher waren die Lokanten "α", "β" und "γ" zugelassen
- CA: '(3-phenyl-2-propenylidene)-'

Beispiele:

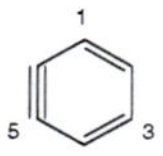

49

"Cyclohexa-1,3-dien-5-in" (**49**)
- **nicht "Benzin"**
- vgl. dazu "1,4-Didehydrobenzol" (*Kap. 3.2.5*, dort **65**)

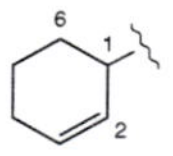

50

"Cyclohex-2-en-1-yl-" (**50**)

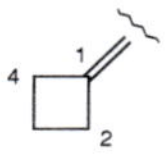

51

"Cyclobutyliden-" (**51**)

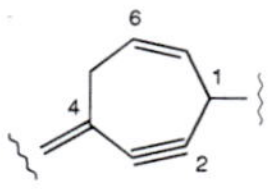

52

"Cyclohept-6-en-2-in-1-yl-4-yliden-" (**52**)

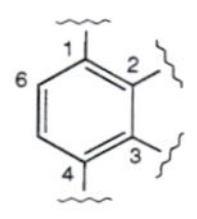

53

"Benzol-1,2,3,4-tetrayl-" (**53**)

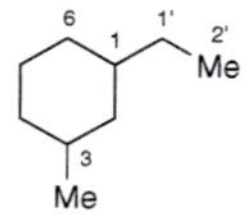

54

"1-Ethyl-3-methylcyclohexan" (**54**)

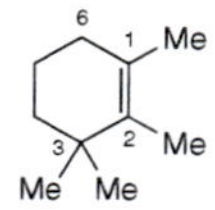

55

"1,2,3,3-Tetramethylcyclohex-1-en" (**55**)

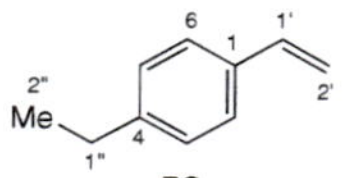

56

"1-Ethenyl-4-ethylbenzol" (**56**)
wird "**Vinyl-**" (IUPAC) statt "Ethenyl-" verwendet, ändert sich die Numerierung (*s. Kap. 3.4!*)

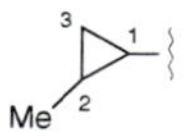

57

"(2-Methylcyclopropyl)-" (**57**)

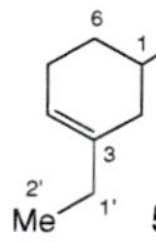

58

"(3-Ethylcyclohex-3-en-1-yl)-" (**58**)

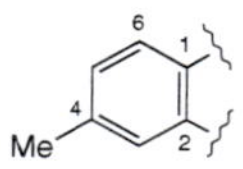

59

"(4-Methyl-1,2-phenylen)-" (**59**)

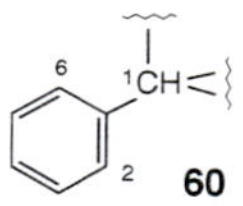

60

"(Phenylmethylidin)-" (**60**)
früher "**Benzylidin-**"

CA ¶ 146 und 281
IUPAC R-2.3

4.5. Heteromonocyclen

4.5.1. Vorbemerkungen

Beachte:

Anhang 4
Anhang 7

- **Alle Heteroatome in Heteromonocyclen müssen ihre Standard-Valenz aufweisen**, z.B. O^{II}, N^{III}, P^{III} *etc.* Treten Heteroatome mit Nichtstandard-Valenzen auf, dann ist die **λ-Konvention** zu konsultieren.
- **Heteroatome** in Heteromonocyclen werden für Nomenklaturzwecke **nicht** als **charakteristische Gruppen** betrachtet.
- Bei der **Benennung schon bekannter Heteromonocyclen** (Gerüst-Stammstrukturen) können CAs **'Index of Ring Systems'** und **'Ring Systems Handbook'** **hilfreich** sein, deren Organisation in *Kap. 4.6.1* beschrieben ist. Demnach findet man z.B.:

Kap. 4.6.1

Verbindung **1**: **'1-RING SYSTEM**
5
C_4Te
tellurophene';

Verbindungen **20-23**: **'1-RING SYSTEM**
6
C_4N_2
piperazine
pyrazine
pyridazine
...
pyrimidine
...';

Verbindung **24**: **'1-RING SYSTEM**
6
C_4NO
morpholine
2*H*-1,2-oxazine
2*H*-1,3-oxazine
2*H*-1,4-oxazine
...
1,2-oxazin-1-ium
...'.

Man unterscheidet:

- Heteromonocyclen mit Trivialnamen; (Kap. 4.5.2)
- Heteromonocyclen mit höchstens zehn Ringgliedern (nicht Si-haltig!): erweiterte ***Hantzsch-Widman*-Nomenklatur**; (Kap. 4.5.3)
- Heteromonocyclen mit mehr als zehn Ringgliedern (nicht Si-haltig!): **Austauschnomenklatur**; (Kap. 4.5.4)
- Silicium-haltige Heteromonocyclen (Kap. 4.5.5)
  - mit unregelmässigen Mustern: Austauschnamen,
  - mit regelmässigen Mustern: "Cyclo"-Namen.

4.5.2. Heteromonocyclen mit vorgegebenen Trivialnamen

Im folgenden werden erläutert:

(a) obligatorische Trivialnamen (= Stammnamen) für Heteromonocyclen,
(b) Numerierung von Heteromonocyclen mit Trivialnamen,
(c) Namen von (partiell) gesättigten Heteromonocyclen mit Trivialnamen,
(d) Präfixe von Heteromonocyclen mit Trivialnamen.

(a) Die folgenden **Heteromonocyclen** bekommen als Stammnamen **ausschliesslich Trivialnamen** (Fünf- und Sechsringe):

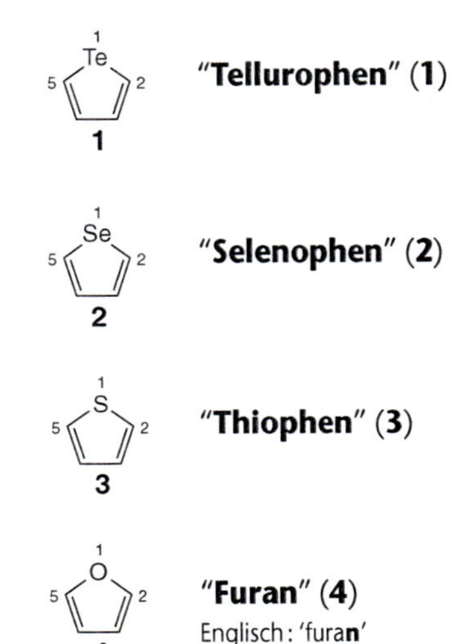

"**Tellurophen**" (**1**)

"**Selenophen**" (**2**)

"**Thiophen**" (**3**)

"**Furan**" (**4**)
Englisch: 'fura**n**'

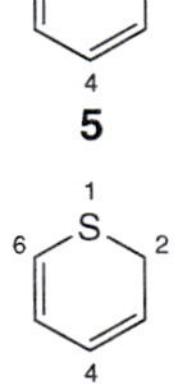

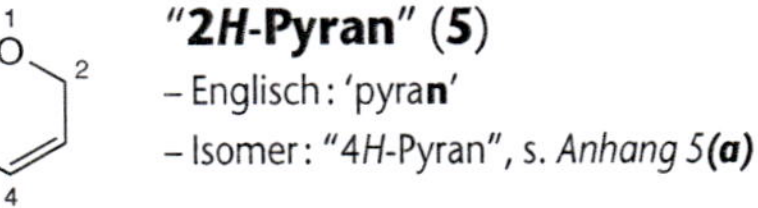
"**2*H*-Pyran**" (**5**)
- Englisch: 'pyra**n**'
- Isomer: "4*H*-Pyran", s. *Anhang 5**(a)***

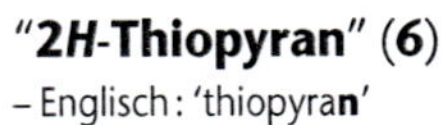
"**2*H*-Thiopyran**" (**6**)
- Englisch: 'thiopyra**n**'
- Isomer: "4*H*-Thiopyran", s. *Anhang 5**(a)***
- die Se- und Te-Analoga bekommen in den CA *Hantzsch-Widman*-Namen (*Kap. 4.5.3*): "**2*H*-Selenin**" (IUPAC: "Selenopyran") und "**2*H*-Tellurin**" (IUPAC: "Telluropyran"), im Englischen kein endständiges 'e'

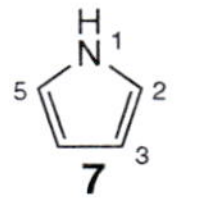

"**1*H*-Pyrrol**" (**7**)
Isomere: "2*H*-" oder "3*H*-Pyrrol", s. *Anhang 5**(a)***

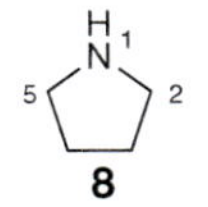

"**Pyrrolidin**" (**8**)

9

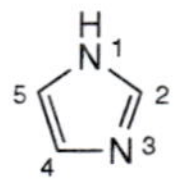

"**1*H*-Imidazol**" (**9**)
Isomere: "2*H*-" oder "3*H*-Imidazol", s. *Anhang 5(**a**)*

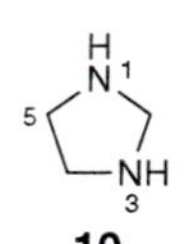

10

"**Imidazolidin**" (**10**)

11

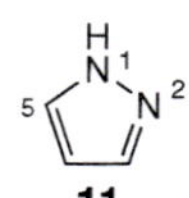

"**1*H*-Pyrazol**" (**11**)
Isomere: "3*H*-" oder "4*H*-Pyrazol", s. *Anhang 5(**a**)*

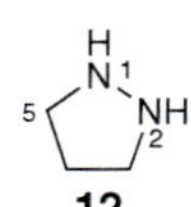

12

"**Pyrazolidin**" (**12**)

13

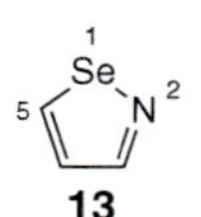

"**Isoselenazol**" (**13**)
- analog: "**Isotellurazol**"
- IUPAC empfiehlt neu "1,2-Selenazol" bzw. "1,2-Tellurazol", aber nur in Anellierungsnamen (*Kap. 4.6.2, Tab. 4.3*)

14

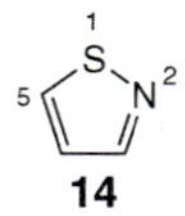

"**Isothiazol**" (**14**)
IUPAC empfiehlt neu "1,2-Thiazol", aber nur in Anellierungsnamen (*Kap. 4.6.2, Tab. 4.3*)

15

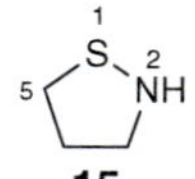

"**Isothiazolidin**" (**15**)
analog: "**Isoselenazolidin**" und "**Isotellurazolidin**"

16

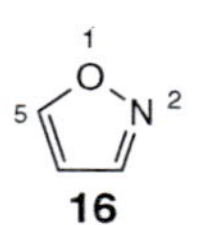

"**Isoxazol**" (**16**)
IUPAC empfiehlt neu "1,2-Oxazol", aber nur in Anellierungsnamen (*Kap. 4.6.2, Tab. 4.3*)

17

"**Isoxazolidin**" (**17**)

18

"**Pyridin**" (**18**)

19

"**Piperidin**" (**19**)

20

"**Pyrazin**" (**20**)

21

"**Piperazin**" (**21**)

22

"**Pyrimidin**" (**22**)

23

"**Pyridazin**" (**23**)

24

"**Morpholin**" (**24**)

25

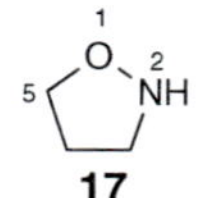

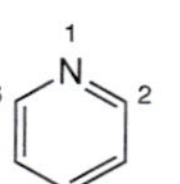

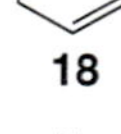

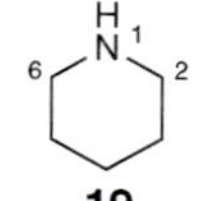

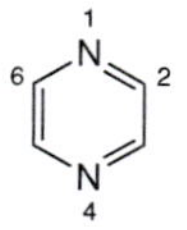

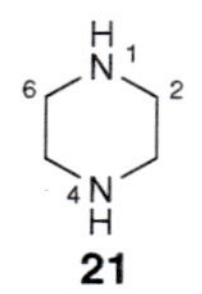

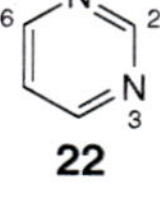

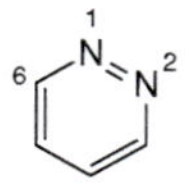

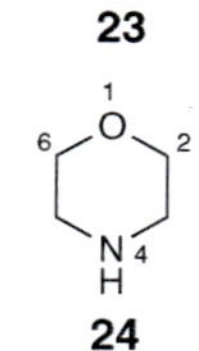

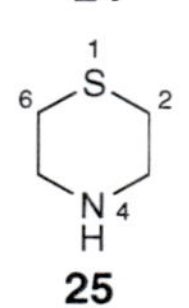

"**Thiomorpholin**" (**25**)
die Se- und Te-Analoga bekommen in den CA *Hantzsch-Widman*-Namen (*Kap. 4.5.3*): '2*H*-1,4-selenazine, tetrahydro-' (IUPAC: "Selenomorpholin") und '2*H*-1,4-tellurazine, tetrahydro-' (IUPAC: "Telluromorpholin")

26

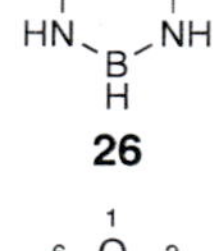

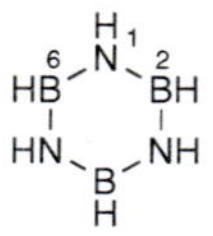

"**Borazin**" (**26**)
- Englisch: 'borazin**e**'
- IUPAC: auch "Cyclotriborazan" (s. *Kap. 4.5.5.2*)

27

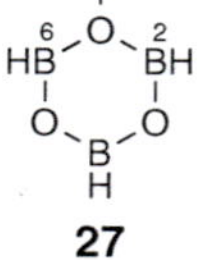

"**Boroxin**" (**27**)
- Englisch: 'boroxi**n**' (bei CA kein endständiges 'e')
- IUPAC: auch "Cyclotriboroxan" (s. *Kap. 4.5.5.2*)

28

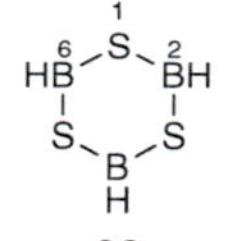

"**Borthiin**" (**28**)
- Englisch: 'borthii**n**' (bei CA kein endständiges 'e')
- IUPAC: auch "Cyclotriborathian" (s. *Kap. 4.5.5.2*)

29

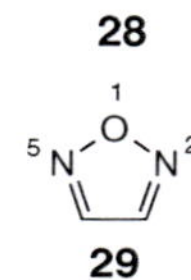

"**Furazan**" (**29**)
- Englisch: 'furaza**n**'
- IUPAC und **CA ab *Vol. 121* (1994)**: "**1,2,5-Oxadiazol**" (s. *Kap. 4.5.3*)

(b) Nach Berücksichtigung der **vorgegebenen Numerierung** (analog derjenigen von *Hantzsch-Widman*-Namen, s. *Kap. 4.5.3(**b**)*) gelten die Numerierungsregeln. Zur Stellung der Lokanten im Namen, s. Numerierungsregeln. Kap. 4.5.3(**b**) und 3.4

(c) Der Name eines **gesättigten oder partiell gesättigten Heteromonocyclus**, hergeleitet von einer ungesättigten Struktur aus ***(a)*** mit Trivialnamen, wird mittels des "Hydro"-Präfixes und dieses Trivialnamens gebildet, unter Beachtung der Regeln für **indiziertes H-Atom**[1]). **Bei vollständiger Sättigung** können die Anhang 5

[1]) **Trivialnamen von partiell gesättigten Fünfringen mit der Endsilbe "-olin" werden** von CA seit 1972 (ab '9th Coll. Index') und von IUPAC seit 1983 **nicht mehr verwendet**.
z.B.

30

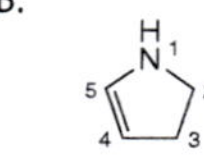

"2,3-Dihydro-1*H*-pyrrol" (**30**)
- indiziertes H-Atom nach *Anhang 5(**a**)(**d**)*
- **früher "2-Pyrrolin"**

31

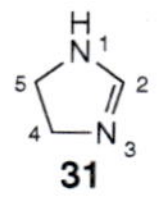

"4,5-Dihydro-1*H*-imidazol" (**31**)
- indiziertes H-Atom nach *Anhang 5(**a**)(**d**)*
- **früher "2-Imidazolin"**

32

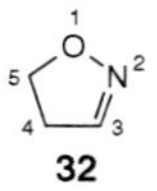

"4,5-Dihydroisoxazol" (**32**)
früher "2-Isoxazolin"

Lokanten zum "Hydro"-Präfix weggelassen werden (**nicht "Perhydro-"**).

Ausnahmen:

gesättigte Strukturen mit Trivialnamen nach ***(a)***, d.h. **8**, **10**, **12**, **15**, **17**, **19**, **21** und **24 – 26**.

z.B.

33

"3,4-Dihydro-2*H*-pyran" (**33**)
- Englisch: '3,4-dihydro-2*H*-pyra**n**'
- indiziertes H-Atom nach *Anhang 5**(a)(d)***

CA ¶ 161

auch Kap. 5.6

Anhang 5 **(h)(i)**

(d) **Präfixe von entsprechenden Heteromonocyclus-Substituenten** werden mittels der Trivialnamen (s. ***(a)***) durch Anhängen der Endsilbe "-yl-", "-yliden-", "-diyl-" *etc.* gebildet. Die ursprüngliche Numerierung des Heterocyclus wird beibehalten, wobei freie Valenzen als Gesamtheit möglichst tiefe Lokanten bekommen und die Regeln für **indiziertes H-Atom** berücksichtigt werden müssen.

z.B.

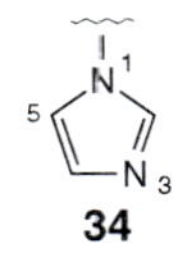

34

"1*H*-Imidazol-1-yl-" (**34**)
indiziertes H-Atom nach *Anhang 5**(h)***

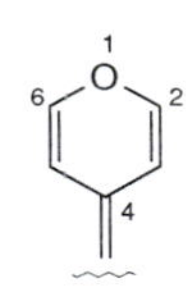

35

"4*H*-Pyran-4-yliden-" (**35**)
indiziertes H-Atom nach *Anhang 5**(h)***

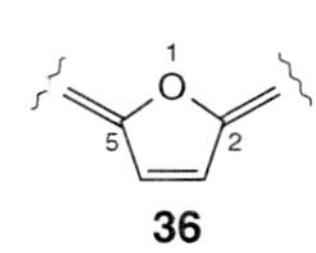

36

"Furan-2,5-diyliden-" (**36**)
kein indiziertes H-Atom nach *Anhang 5**(i_1)***

37

"Pyridin-1(2*H*)-yl-" (**37**)
- 'addiertes' indiziertes H-Atom nach *Anhang 5**(i_2)***
- IUPAC: auch "1(2*H*)-Pyridyl-"

Ausnahmen:

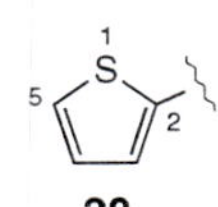

38

"**2-Thienyl-**" (**38**)
- auch in Anellierungsnamen nach *Kap. 4.6.3**(i)***
- nicht "Thiophen-2-yl-"
- IUPAC liess ausserdem bis 1999 "**Thenyl-**" für "[(2-Thienyl)methyl]-" zu[2]; nur für 2-Isomer und nur am Ring substituierbar

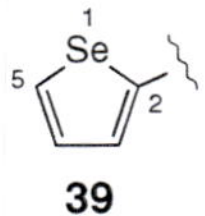

39

"**Selenophen-2-yl-**" (**39**)
CA: '**2-selenopheneyl-**' (Ausnahme), mit eingeschobenem 'e' wegen Stellung des Lokanten '2' (Verwechslungsgefahr: '...phenyl...')

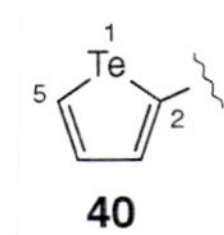

40

"**Tellurophen-2-yl-**" (**40**)
CA: '**2-tellurophenyl-**' (Ausnahme), mit eingeschobenem 'e' wegen Stellung des Lokanten '2' (Verwechslungsgefahr: '...phenyl...')

IUPAC R-2.5

IUPAC-akzeptierte Ausnahmen:

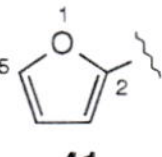

41

"**2-Furyl-**" (**41**)
- CA: '**2-furanyl-**'
- IUPAC liess ausserdem bis 1999 "**Furfuryl-**" für "[(Furan-2-yl)methyl]-" zu[2]; nur für 2-Isomer und nur am Ring substituierbar

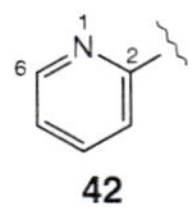

42

"**2-Pyridyl-**" (**42**)
CA: '**2-pyridinyl-**'

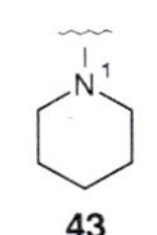

43

"**1-Piperidyl-**" oder "**Piperidino-**" (**43**)
CA: '**1-piperidinyl-**'

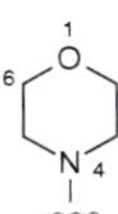

44

"**Morpholino-**" (**44**)
- CA: '**4-morpholinyl-**'
- analog: "Thiomorpholino-"

CA ¶ 146**(a)(b)**
IUPAC R-2.3.3.1 und B-1

4.5.3. HETEROMONOCYCLEN MIT HÖCHSTENS ZEHN RINGGLIEDERN: ERWEITERTE HANTZSCH-WIDMAN-NOMENKLATUR[3])

Im folgenden werden erläutert:

(a) Stammnamen von Heteromonocyclen mit *Hantzsch-Widman*-Namen (*Tab. 4.1*),

(b) Numerierung von Heteromonocyclen mit *Hantzsch-Widman*-Namen,

(c) Namen von (partiell) gesättigten Heteromonocyclen mit *Hantzsch-Widman*-Namen (*Tab. 4.1*),

(d) Präfixe von Heteromonocyclus-Substituenten mit *Hantzsch-Widman*-Namen.

---

[2]) Neu empfiehlt IUPAC den Gebrauch von "**Thenyl-**" für "[(2-Thienyl)methyl]-" und "**Furfuryl-**" für "[(Furan-2-yl)methyl]-" **nicht mehr** (*Pure Appl. Chem.* **1999**, *71*, 1327).

[3]) **Die CA-Regeln und IUPAC-Empfehlungen für *Hantzsch-Widman*-Namen stimmen nicht immer überein. Im folgenden ist die aktuelle CA-Version** (1997 – 2001, '14th Coll. Index') **beschrieben. IUPAC** empfiehlt eine revidierte erweiterte *Hantzsch-Widman*-Nomenklatur (IUPAC R-2.3.3.1 und *Pure Appl. Chem.* **1983**, *58*, 409). Auch die CA-Regeln wurden im Laufe der Jahre revidiert. Man konsultiere diesbezüglich den entsprechenden 'CA Index Guide' zum '13th, 12th, 11th *etc.* Coll. Index' (jeweils CA ¶ 281).

Kap. 4.5.2
Kap. 4.5.5
Anhang 4

(a) **Heteromonocyclen mit höchstens zehn Ringgliedern mit Nichtmetall-Heteroatomen sowie Sb-, Bi-, Ge-, Sn- oder Pb-Atomen**[4]**) bekommen** als Stammnamen sogenannte ***Hantzsch-Widman*-Namen**, mit **Ausnahme** von Ringen mit **Trivialnamen** (*Kap. 4.5.2*) **und Si-haltigen Heteromonocyclen** (*Kap. 4.5.5*). Ein *Hantzsch-Widman*-Name setzt sich zusammen aus

- **Heteroatom-Vorsilben** ("a"-Vorsilben) **mit Lokanten** für die Heteroatome:

  "**Fluora-**" (F^{I})[5]) > "**Chlora-**" (Cl^{I})[5]) > "**Broma-**" (Br^{I})[5]) > "**Ioda-**" (I^{I})[5]) >

  "**Oxa-**" (O^{II}) > "**Thia-**" (S^{II}) > "**Selena-**" (Se^{II}) > "**Tellura-**" (Te^{II}) >

  "**Aza-**" (N^{III}) > "**Phospha-**" (P^{III}) > "**Arsa-**" (As^{III}) > "**Stiba-**" (Sb^{III}) > "**Bisma-**" (Bi^{III}) >

  ("**Sila-**" (Si^{IV}))[5]) > "**Germa-**" (Ge^{IV}) > "**Stanna-**" (Sn^{IV}) > "**Plumba-**" (Pb^{IV}) > "**Bora-**" (B^{III});

- einer **Endsilbe aus *Tab. 4.1*** für die Ringgrösse und den Sättigungsgrad.

Tab. 4.1

Die Heteroatom-Vorsilben werden im Namen in der Reihenfolge abnehmender Priorität (s. oben) **angeordnet**, bei Bedarf sind **Multiplikationsaffixe** "Di-", "Tri-" *etc.* für die Anzahl gleichartiger Heteroatome zu verwenden[6]). Eventuell nötiges **indiziertes H-Atom** wird nach *Anhang 5* angegeben.

Anhang 2
Anhang 5

z.B.

"1,4-Dioxan" (**46**)

"1,4-Germaborin" (**47**)
Englisch: '1,4-germabori**n**' (bei CA kein endständiges 'e')

"2*H*-1,5,2-Dithiazin" (**48**)
- indiziertes H-Atom ("2*H*") nach *Anhang 5(**a**)*
- **kein** indiziertes H-Atom ("6*H*") nach *Anhang 5(**c**)*

(b) Zur **Numerierung** wird dem **Heteroatom höchster Priorität** (s. *(**a**)*) der **Lokant 1** zugeordnet. **Die übrigen Heteroatome bekommen dann als Gesamtheit** (unabhängig von ihrer Priorität) **möglichst tiefe Lokanten**[7]). Besteht eine Wahl, dann bekommen Heteroatome höherer Priorität (s. *(**a**)*) tiefere Lokanten. Besteht immer noch eine Wahl, dann gelten die Numerierungsregeln. **Die Lokanten werden im Namen *als Satz* in der Reihenfolge der zugehörigen Heteroatom-Vorsilben vor letzteren angeordnet.**

Kap. 3.4

z.B.

"1,3,5,2-Oxadiazaborol" (**49**)
- O > N > B
- "1,2,**3**,5" > "1,2,**4**,5"

"3*H*-1,2,5-Oxaselenazol" (**50**)
- Se > N
- indiziertes H-Atom nach *Anhang 5(**a**)*

(c) Der Name eines **partiell gesättigten Heteromonocyclus mit höchstens zehn Ringgliedern**, hergeleitet von einer ungesättigten Struktur mit *Hantzsch-Widman*-Namen nach *(**a**)*, wird mittels des "**Hydro**"-**Präfixes** und des ***Hantzsch-Widman*-Namens** gebildet, unter Beachtung der Regeln für **indiziertes H-Atom**[8]). **Für vollständig gesättigte Drei-, Vier- und Fünf- sowie gewisse Sechs-, Sieben-, Acht-, Neun- und Zehnringe werden die speziellen Endsilben aus *Tab. 4.1* verwendet. Bei vollständiger Sättigung** können die Lokanten zum allenfalls notwendigen "Hydro"-Präfix weggelassen werden (**nicht "Perhydro-"**).

Anhang 5
Tab 4.1

z.B.

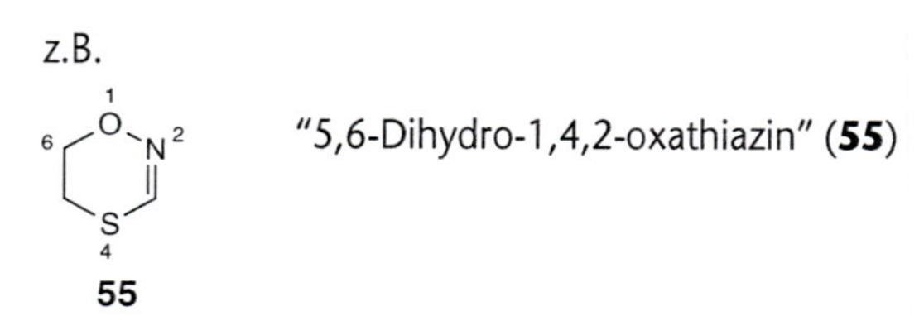

"5,6-Dihydro-1,4,2-oxathiazin" (**55**)

---

4) **CA verwendet für Heteromonocyclen mit andern Metallatomen als Sb, Bi, Ge, Sn oder Pb die Koordinationsnomenklatur** (s. *Kap. 6.34*; CA ¶ 215 und IUPACs 'Red Book' (*Anhang 1*)).
z.B.
"Ammindichloro(η-ethen)platin" (**45**)

5) **Die Heteroatom-Vorsilben der Halogen-Atome dienen der Benennung von Heteromonocyclen mit kationischen Halogen-Atomen oder von gewissen Heteromonocyclen mit Halogen-Atomen in Nichtstandard-Valenzzuständen** (vgl. dazu auch die Koordinationsnomenklatur, *Kap. 6.34(**a**)*), s. die Beispiele **122** – **134**.
***Hantzsch-Widman*-Namen mit einer "Sila"-Vorsilbe werden ausschliesslich in Anellierungsnamen** für Si-haltige Hauptkomponenten oder Anellanten mit höchstens zehn Ringgliedern **verwendet** (*Kap. 4.6.3*, dort *Fussnote 8*), **nicht aber für Si-haltige Heteromonocyclen** (*Kap. 4.5.5*)

6) **Das endständige "a" der Heteroatom-Vorsilben und der Multiplikationsaffixe entfällt vor Vokalen** (*Kap. 2.2.2*), z.B. "Ox**azol**", "1*H*-Tetr**azol**", "1,3,5,7-Tetr**oxo**can".

7) Diejenige Folge von Lokanten hat Priorität, die am ersten Unterscheidungspunkt die niedrigere Zahl hat, z.B. in "2*H*-1,5,2-Dithiazin" (**48**) gilt "1,**2**,5" > "1,**3**,6", "1,**3**,4" oder "1,**4**,5".

8) **Die früher** von IUPAC (bis 1982) und CA (bis und mit 1971) **für partiell gesättigte vier- und fünfgliedrige Heteromonocyclen verwendeten Endsilben "-etin" und "-eten"** (Vierringe) **bzw. "-olin" und "-olen"** (Fünfringe) **sind nicht mehr zulässig** (vgl. dazu auch *Fussnote 1*).
z.B.

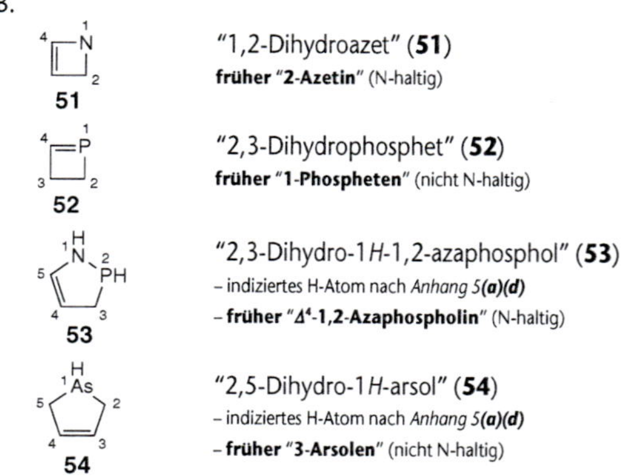

"1,2-Dihydroazet" (**51**)
früher "2-Azetin" (N-haltig)

"2,3-Dihydrophosphet" (**52**)
früher "1-Phospheten" (nicht N-haltig)

"2,3-Dihydro-1*H*-1,2-azaphosphol" (**53**)
- indiziertes H-Atom nach *Anhang 5(**a**)(**d**)*
- **früher "Δ^4-1,2-Azaphospholin"** (N-haltig)

"2,5-Dihydro-1*H*-arsol" (**54**)
- indiziertes H-Atom nach *Anhang 5(**a**)(**d**)*
- **früher "3-Arsolen"** (nicht N-haltig)

Tab. 4.1. Endsilben für *Hantzsch-Widman*-Namen

Ringgrösse	Unsättigung[a])	Sättigung[b])
3-Ring	**"-iren"** **"-irin"**, wenn N-haltig	**"-iran"** **"-iridin"**, wenn N-haltig
4-Ring	**"-et"**	**"-etan"** **"-etidin"**, wenn N-haltig
5-Ring	**"-ol"**	**"-olan"** **"-olidin"**, wenn N-haltig
6-Ring	**"-in"**[c])[d])	**"-an"**[e]) "...**hydro**...**-in**"[c]), wenn N-, (Si-)[f]), Ge-, Sn- oder Pb-haltig[f]) **"-inan"**, wenn P- oder B-haltig[g])
7-Ring	**"-epin"**[c])	**"-epan"** "...**hydro**...**-in**"[c]), wenn N-haltig[h])
8-Ring	**"-ocin"**[c])	**"-ocan"** "...**hydro**...**-ocin**"[c]), wenn N-haltig[h])
9-Ring	**"-onin"**[c])	**"-onan"** "...**hydro**...**-onin**"[c]), wenn N-haltig[h])
10-Ring	**"-ecin"**[c])	**"-ecan"** "...**hydro**...**-ecin**"[c]), wenn N-haltig[h])

[a]) Unsättigung entsprechend der maximalen Anzahl nicht-kumulierter Doppelbindungen (s. *Kap. 4.6.1, Fussnote 2*), wenn die Heteroatome ihre Standard-Valenz (*Anhang 4*) aufweisen. **Mindestens eine dieser Doppelbindungen muss im Ring vorhanden sein** (s. *(c)*).

[b]) Endsilben **für Ringe ohne Doppelbindungen** oder wenn keine möglich sind. Muss das "Hydro"-Präfix mit einem entsprechenden Multiplikationsaffix verwendet werden (s. 6- bis 10-Ringe), dann können die zugehörigen Lokanten weggelassen werden (aber **nicht "Perhydro-"**).

[c]) **Im Englischen (CA)**: '-ine', '-epine', '-ocine', '-onine' bzw. '-ecine' für N-haltige ungesättigte 6- bis 10-Ringe, aber **'-in'**, **'-epin'**, **'-ocin'**, **'-onin'** bzw. **'-ecin' für nicht N-haltige ungesättigte 6- bis 10-Ringe (IUPAC**: auch '-ine', '-epine', '-ocine' bzw. '-ecine' in letzteren Fällen).

[d]) **Unmittelbar vor "-in"** (Englisch: vor '-ine' und '-in'; vgl. *Fussnote c)*): **"Phosphor-"** (statt "Phospha-"), **"Arsen-"** (statt "Arsa-") **und "Stibin-"** (statt "Stiba-"); dagegen regulär z.B. "Bora-", "Germa-" *etc.*

Abweichend von CA empfiehlt **IUPAC** für ungesättigte P-, As-, Sb-, B- und Halogen-haltige 6-Ringe die üblichen Heteroatom-Vorsilben (**s. *(a)***) vor der **Endsilbe "-inin"**.

z.B.

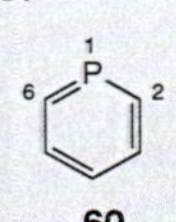

"Phosphorin" (60)
- Englisch: 'phosphorin' (bei CA kein endständiges 'e')
- IUPAC: "Phosphinin"

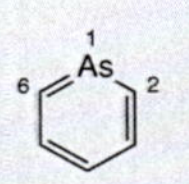

"Arsenin" (61)
- Englisch: 'arsenin' (bei CA kein endständiges 'e')
- IUPAC: "Arsinin"

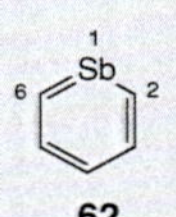

"Stibinin" (62)
- Englisch: 'stibinin' (bei CA kein endständiges 'e')
- IUPAC: "Stibinin"
- CA bis 1986: 'antimonin'

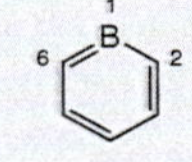

"Borin" (63)
- Englisch: 'borin' (bei CA kein endständiges 'e')
- IUPAC: "Borinin"

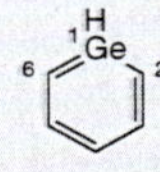

"Germin" (64)
- Englisch: 'germin' (bei CA kein endständiges 'e')
- IUPAC: "Germin"
- CA bis 1986: 'germanin'

[e]) **Unmittelbar vor "-an": "Arsen-"** (statt "Arsa-") **und "Stibin-"** (statt "Stiba-").

Abweichend von CA empfiehlt **IUPAC** für gesättigte As- und Sb-haltige 6-Ringe die üblichen Heteroatom-Vorsilben (s. ***(a)***) vor der **Endsilbe "-inan"** (s. *Fussnote g*).

z.B.

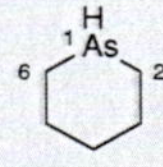

"Arsenan" (65)
IUPAC: "Arsinan"

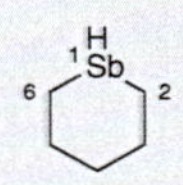

"Stibinan" (66)
IUPAC: "Stibinan"

[f]) Abweichend von CA empfiehlt **IUPAC** für gesättigte N-, Si-, Ge-, Sn- oder Pb-haltige 6-Ringe die üblichen Heteroatom-Vorsilben (s. ***(a)***) vor der **Endsilbe "-inan"**.

z.B.

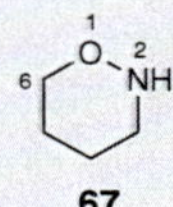

"Tetrahydro-2*H*-1,2-oxazin" (67)
IUPAC: "1,2-Oxazinan"

"Silacyclohexan"[5]) (68)
- vgl. dazu *Kap. 4.5.5*
- IUPAC: "Silinan"

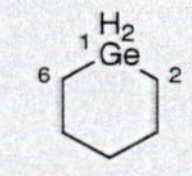

"Hexahydrogermin" (69)
- Englisch: 'hexahydrogermin' (bei CA kein endständiges 'e')
- IUPAC: "Germinan"
- CA bis 1986: 'germacyclohexane'

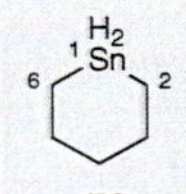

"Hexahydrostannin" (70)
- Englisch: 'hexahydrostannin' (bei CA kein endständiges 'e')
- IUPAC: "Stanninan"
- CA bis 1986: 'stannacyclohexane'

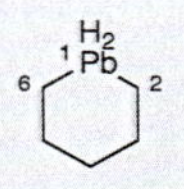

"Hexahydroplumbin" (71)
- Englisch: 'hexahydroplumbin' (bei CA ohne endständiges 'e')
- IUPAC: "Plumbinan"

[g]) **Unmittelbar vor "-inan": "Phosphor-"** (statt "Phospha-").

Abweichend von CA empfiehlt **IUPAC** für gesättigte P-, As-, Sb-, B- und Halogen-haltige 6-Ringe die üblichen Heteroatom-Vorsilben (s. ***(a)***) vor der **Endsilbe "-inan"** (vgl. *Fussnote e*).

z.B.

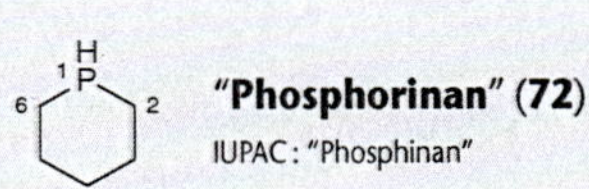

"Phosphorinan" (72)
IUPAC: "Phosphinan"

"Borinan" (73)
IUPAC: "Borinan"

[h]) Abweichend von CA empfiehlt **IUPAC** für alle gesättigten 7-, 8-, 9- und 10-Ringe die **Endsiblen "-epan", "-ocan", "-onan" bzw. "-ecan"**.

z.B.

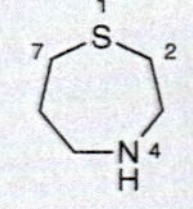

"Hexahydro-1,4-thiazepin" (74)
IUPAC: "1,4-Thiazepan"

CA ¶ 161

auch Kap. 5.6

Anhang 5(h)(i)

***(d)* Präfixe von entsprechenden Heteromonocyclus-Substituenten** werden mittels der *Hantzsch-Widman*-Namen durch Anhängen der Endsilben "-yl-", "-yliden-", "-diyl-" *etc.* gebildet. Die ursprüngliche Numerierung des Heterocyclus wird beibehalten, wobei freie Valenzen als Gesamtheit möglichst tiefe Lokanten bekommen und die Regeln für **indiziertes H-Atom** berücksichtigt werden müssen.

z.B.

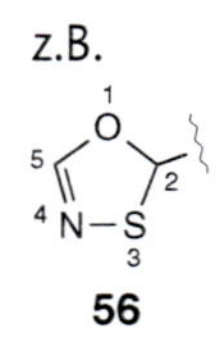

56

"1,3,4-Oxathiazol-2-yl-" (**56**)
kein indiziertes H-Atom ("2*H*") nach *Anhang 5(c)*

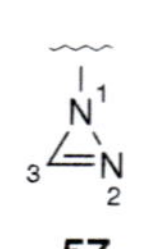

57

"1*H*-Diazirin-1-yl" (**57**)
indiziertes H-Atom nach *Anhang 5(h)*

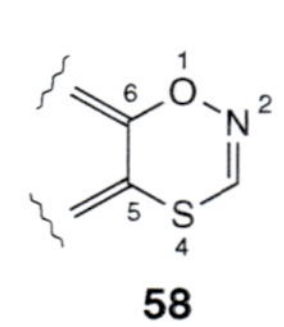

58

"1,4,2-Oxathiazin-5,6-diyliden-" (**58**)
kein indiziertes H-Atom nach *Anhang 5(i₁)*

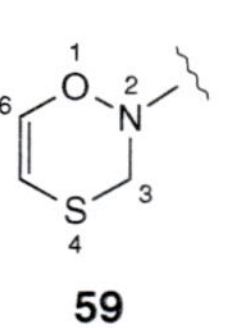

59

"1,4,2-Oxathiazin-2(3*H*)-yl-" (**59**)
'addiertes' indiziertes H-Atom nach *Anhang 5(i₂)*

Beispiele:

75

"Oxiren" (**75**)
Angabe des Lokanten "1" überflüssig

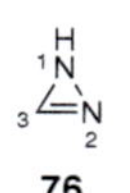

76

"1*H*-Diazirin" (**76**)
- Angabe der Lokanten "1,2" überflüssig
- indiziertes H-Atom nach *Anhang 5(a)*

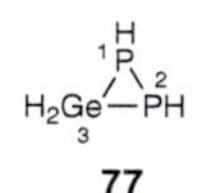

77

"Diphosphagermiran" (**77**)
Angabe der Lokanten "1,2,3" überflüssig

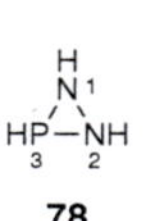

78

"Diazaphosphiridin" (**78**)
Angabe der Lokanten "1,2,3" überflüssig

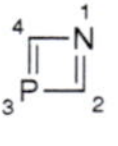

79

"1,3-Azaphosphet" (**79**)

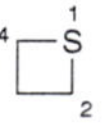

80

"Thietan" (**80**)
Angabe des Lokanten "1" überflüssig

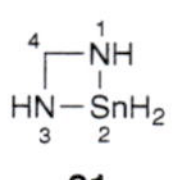
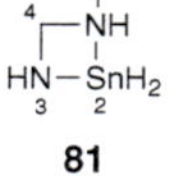

81

"1,3,2-Diazastannetidin" (**81**)

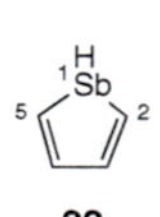

82

"1*H*-Stibol" (**82**)
- indiziertes H-Atom nach *Anhang 5(a)*
- Angabe des Lokanten "1" überflüssig

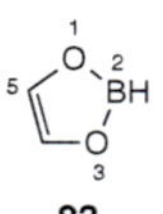
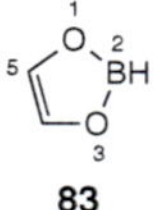

83

"1,3,2-Dioxaborol" (**83**)
kein indiziertes H-Atom ("2*H*") nach *Anhang 5(c)*

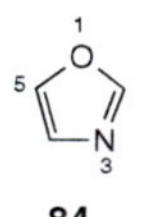

84

"**Oxazol**" (**84**)
- Angabe der Lokanten "1,3" überflüssig, denn das 1,2-Isomere hat den Trivialnamen "**Isoxazol**" (**16**; s. *Kap. 4.5.2*); IUPAC empfiehlt jedoch die Angabe von "1,3"
- entsprechend bei den Chalcogen-Analoga "**Thiazol**"/"**Isothiazol**" (**14**), "**Selenazol**"/"**Isoselenazol**" (**13**) und "**Tellurazol**"/"**Isotellurazol**"

85

"Bismolan" (**85**)
- CA bis 1986: 'bismacyclopentane', d.h. **bis 1986 Austauschnomenklatur** (*Kap. 4.5.4*) **für Sb-, Bi-, Ge-, Sn- oder Pb-haltige gesättigte oder partiell gesättigte Heteromonocyclen mit zusätzlichen C-Atomen** (in Abwesenheit anderer Nichtmetall-Atome)
- Angabe des Lokanten "1" überflüssig

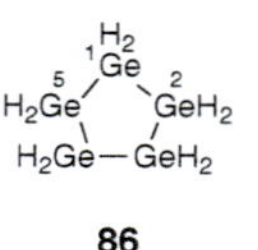

86

"Pentagermolan" (**86**)
CA bis 1991: 'cyclopentagermane', d.h. **bis 1991 "Cyclo"-Namen** (*Kap. 4.5.5*) **für Sb-, Bi-, Ge-, Sn- oder Pb-haltige gesättigte oder partiell gesättigte Heteromonocyclen mit identischen Ringgliedern** (bei totaler Unsättigung aber *Hantzsch-Widman*-Namen auch vor 1991)

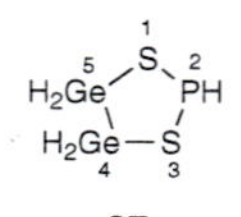

87

"1,3,2,4,5-Dithiaphosphadigermolan" (**87**)

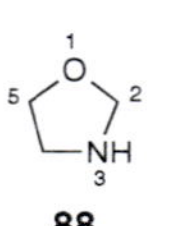

88

"**Oxazolidin**" (**88**)
- Angabe der Lokanten "1,3" überflüssig, denn das 1,2-Isomere hat den Trivialnamen "**Isoxazolidin**" (**17**; s. *Kap. 4.5.2*); IUPAC empfiehlt jedoch die Angabe von "1,3"
- entsprechend bei den Chalcogen-Analoga "**Thiazolidin**"/"**Isothiazolidin**" (**15**), "**Selenazolidin**"/"**Isoselenazolidin**" und "**Tellurazolidin**"/"**Isotellurazolidin**"

89

"Bismin" (**89**)
Angabe des Lokanten "1" überflüssig

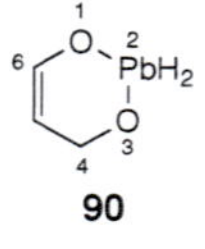

90

"4*H*-1,3,2-Dioxaplumbin" (**90**)
- indiziertes H-Atom ("4*H*") nach *Anhang 5(a)*
- **kein** indiziertes H-Atom ("2*H*") nach *Anhang 5(c)*

91

"1,3,2,4-Diphosphadigermin" (**91**)
CA bis 1986: '1,3,2,4-diphosphadigermanin'

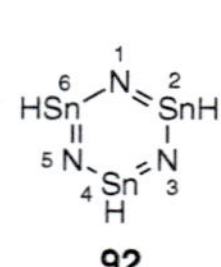

92

"1,3,5,2,4,6-Triazatristannin" (**92**)

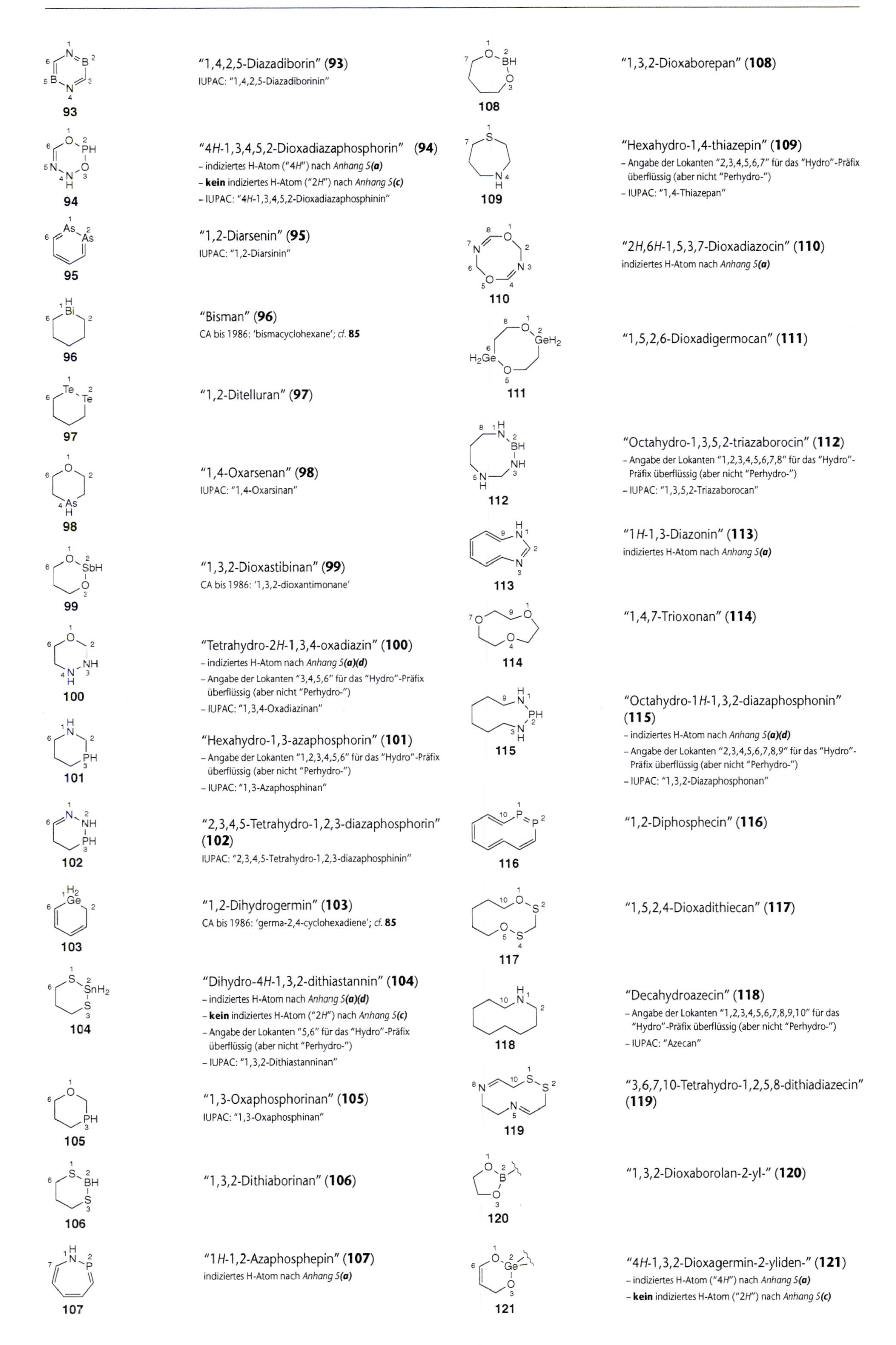

"1,4,2,5-Diazadiborin" (**93**)
IUPAC: "1,4,2,5-Diazadiborinin"

"4*H*-1,3,4,5,2-Dioxadiazaphosphorin" (**94**)
- indiziertes H-Atom ("4*H*") nach *Anhang 5(**a**)*
- **kein** indiziertes H-Atom ("2*H*") nach *Anhang 5(**c**)*
- IUPAC: "4*H*-1,3,4,5,2-Dioxadiazaphosphinin"

"1,2-Diarsenin" (**95**)
IUPAC: "1,2-Diarsinin"

"Bisman" (**96**)
CA bis 1986: 'bismacyclohexane'; *cf.* **85**

"1,2-Ditelluran" (**97**)

"1,4-Oxarsenan" (**98**)
IUPAC: "1,4-Oxarsinan"

"1,3,2-Dioxastibinan" (**99**)
CA bis 1986: '1,3,2-dioxantimonane'

"Tetrahydro-2*H*-1,3,4-oxadiazin" (**100**)
- indiziertes H-Atom nach *Anhang 5(**a**)(**d**)*
- Angabe der Lokanten "3,4,5,6" für das "Hydro"-Präfix überflüssig (aber nicht "Perhydro-")
- IUPAC: "1,3,4-Oxadiazinan"

"Hexahydro-1,3-azaphosphorin" (**101**)
- Angabe der Lokanten "1,2,3,4,5,6" für das "Hydro"-Präfix überflüssig (aber nicht "Perhydro-")
- IUPAC: "1,3-Azaphosphinan"

"2,3,4,5-Tetrahydro-1,2,3-diazaphosphorin" (**102**)
IUPAC: "2,3,4,5-Tetrahydro-1,2,3-diazaphosphinin"

"1,2-Dihydrogermin" (**103**)
CA bis 1986: 'germa-2,4-cyclohexadiene'; *cf.* **85**

"Dihydro-4*H*-1,3,2-dithiastannin" (**104**)
- indiziertes H-Atom nach *Anhang 5(**a**)(**d**)*
- **kein** indiziertes H-Atom ("2*H*") nach *Anhang 5(**c**)*
- Angabe der Lokanten "5,6" für das "Hydro"-Präfix überflüssig (aber nicht "Perhydro-")
- IUPAC: "1,3,2-Dithiastanninan"

"1,3-Oxaphosphorinan" (**105**)
IUPAC: "1,3-Oxaphosphinan"

"1,3,2-Dithiaborinan" (**106**)

"1*H*-1,2-Azaphosphepin" (**107**)
indiziertes H-Atom nach *Anhang 5(**a**)*

"1,3,2-Dioxaborepan" (**108**)

"Hexahydro-1,4-thiazepin" (**109**)
- Angabe der Lokanten "2,3,4,5,6,7" für das "Hydro"-Präfix überflüssig (aber nicht "Perhydro-")
- IUPAC: "1,4-Thiazepan"

"2*H*,6*H*-1,5,3,7-Dioxadiazocin" (**110**)
indiziertes H-Atom nach *Anhang 5(**a**)*

"1,5,2,6-Dioxadigermocan" (**111**)

"Octahydro-1,3,5,2-triazaborocin" (**112**)
- Angabe der Lokanten "1,2,3,4,5,6,7,8" für das "Hydro"-Präfix überflüssig (aber nicht "Perhydro-")
- IUPAC: "1,3,5,2-Triazaborocan"

"1*H*-1,3-Diazonin" (**113**)
indiziertes H-Atom nach *Anhang 5(**a**)*

"1,4,7-Trioxonan" (**114**)

"Octahydro-1*H*-1,3,2-diazaphosphonin" (**115**)
- indiziertes H-Atom nach *Anhang 5(**a**)(**d**)*
- Angabe der Lokanten "2,3,4,5,6,7,8,9" für das "Hydro"-Präfix überflüssig (aber nicht "Perhydro-")
- IUPAC: "1,3,2-Diazaphosphonan"

"1,2-Diphosphecin" (**116**)

"1,5,2,4-Dioxadithiecan" (**117**)

"Decahydroazecin" (**118**)
- Angabe der Lokanten "1,2,3,4,5,6,7,8,9,10" für das "Hydro"-Präfix überflüssig (aber nicht "Perhydro-")
- IUPAC: "Azecan"

"3,6,7,10-Tetrahydro-1,2,5,8-dithiadiazecin" (**119**)

"1,3,2-Dioxaborolan-2-yl-" (**120**)

"4*H*-1,3,2-Dioxagermin-2-yliden-" (**121**)
- indiziertes H-Atom ("4*H*") nach *Anhang 5(**a**)*
- **kein** indiziertes H-Atom ("2*H*") nach *Anhang 5(**c**)*

4

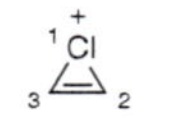

122 "Chlorirenium" (**122**)

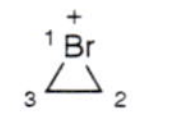

123 "Bromiranium" (**123**)

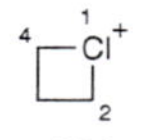

124 "Chloretanium" (**124**)

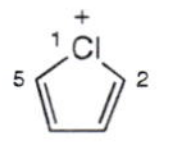

125 "Chlorolium" (**125**)

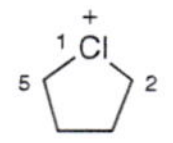

126 "Chlorolanium" (**126**)

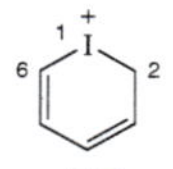

127 "2*H*-Iodinium" (**127**)
IUPAC: "2*H*-Iodininium"

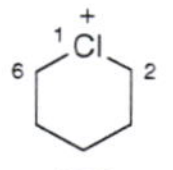

128 "Chloranium" (**128**)
IUPAC: "Chlorinanium"

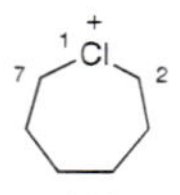

129 "Chlorepanium" (**129**)

Spezialfälle: neutrale Iodomonocyclen

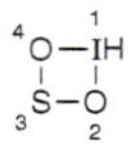

130 "1,2,4,3-Iodadioxathietan" (**130**)
IUPAC: "1λ^3,2,4,3-Iodadioxathietan"; "λ^3" nach *Anhang 7*

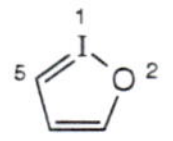

131 "1,2-Iodoxol" (**131**)
IUPAC: "1λ^3,2-Iodoxol"; "λ^3" nach *Anhang 7*

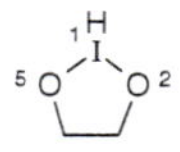

132 "1,2,5-Iodadioxolan" (**132**)
IUPAC: "1λ^3,2,5-Iodadioxolan"; "λ^3" nach *Anhang 7*

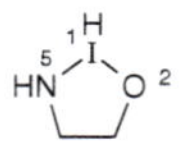

133 "1,2,5-Iodoxazolidin" (**133**)
IUPAC: "1λ^3,2,5-Iodoxazolidin"; "λ^3" nach *Anhang 7*

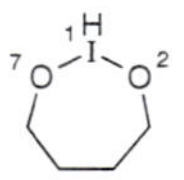

134 "1,2,7-Iodadioxepan" (**134**)
IUPAC: "1λ^3,2,7-Iodadioxepan"; "λ^3" nach *Anhang 7*

CA ¶ 146(c) IUPAC R-2.3.3.2, B-4.1, B-5.21 und D-1.6

4.5.4. Heteromonocyclen mit mehr als zehn Ringgliedern: Austauschnomenklatur ("a"-Nomenklatur; 'replacement nomenclature')[3])

Im folgenden werden erläutert:

(a) Stammnamen von Heteromonocyclen mit Austauschnamen,

(b) Numerierung von Heteromonocyclen mit Austauschnamen,

(c) Präfixe von Heteromonocyclen mit Austauschnamen.

(a) Der Stammname **eines Heteromonocyclus mit mehr als zehn Ringgliedern** setzt sich zusammen aus

Anhang 4

- **Heteroatom-Vorsilben** ("a"-Vorsilben) **mit Lokanten** für die Heteroatome:

  "**Fluora-**" (F[I])[5]) > "**Chlora-**" (Cl[I])[5]) > "**Broma-**" (Br[I])[5]) > "**Ioda-**" (I[I])[5]) >

  "**Oxa-**" (O[II]) > "**Thia-**" (S[II]) > "**Selena-**" (Se[II]) > "**Tellura-**" (Te[II]) >

  "**Aza-**" (N[III]) > "**Phospha-**" (P[III]) > "**Arsa-**" (As[III]) > "**Stiba-**" (Sb[III]) > "**Bisma-**" (Bi[III]) >

  "**Sila-**" (Si[IV]) > "**Germa-**" (Ge[IV]) > "**Stanna-**" (Sn[IV]) > "**Plumba-**" (Pb[IV]) > "**Bora-**" (B[III]);

Kap. 4.4

- dem **Namen des entsprechenden Carbomonocyclus mit der Endsilbe "-an", "-en", "-dien", "-in"** (Englisch: '**-yne**') *etc.* zur Bezeichnung des Sättigungsgrades.

Die Heteroatom-Vorsilben werden im so gebildeten Austauschnamen in der Reihenfolge abnehmender Priorität (s. oben) mit den zugehörigen Lokanten **angeordnet**[9]); bei Bedarf sind **Multiplikationsaffixe** "Di-", "Tri-" *etc.* für die Angabe der Anzahl gleichartiger Heteroatome zu verwenden[10]).

Anhang 2

z.B.

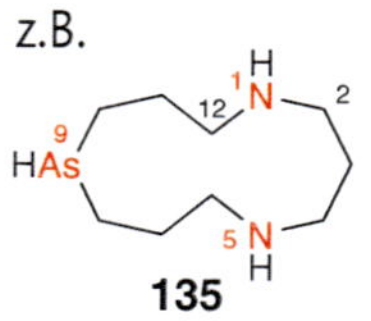

135 "1,5-Diaza-9-arsacyclododecan" (**135**)

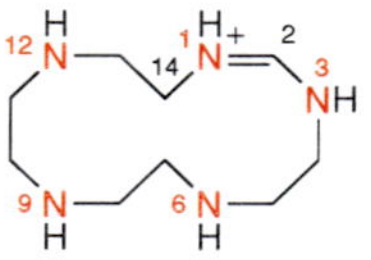

136 "3,6,9,12-Tetraaza-1-azoniacyclotetradec-1-en" (**136**)
- **ein geladenes Heteroatom hat vor einem ungeladenen Heteroatom der gleichen Art Priorität für möglichst tiefen Lokanten**
- Reihenfolge der Heteroatom-Vorsilben nach *Anhang 4* ("Aza-" > "Azonia-")

[9]) **Heteroatom-Vorsilben sind modifizierende Vorsilben** (*Anhang 3*) und werden deshalb bei der Bestimmung der alphabetischen Reihenfolge der Präfixe von Substituenten (*Kap. 3.5*) nicht berücksichtigt.

[10]) Das **endständige "a" der Heteroatom-Vorsilben und der Multiplikationsaffixe entfällt *nie* vor Vokalen in Austauschnamen** (*Kap. 2.2.2*), z.B. "3,6,9,12-Tetr**aaza**-1-**a**zoniacyclotetradec-1-en" (**136**).

Kap. 3.4

(b) Bei der **Numerierung** wird dem **Heteroatom höchster Priorität** (s. ***(a)***) der **Lokant 1** zugeordnet. **Die übrigen Heteroatome bekommen dann als Gesamtheit** (unabhängig von ihrer Priorität) **möglichst tiefe Lokanten**[7]). Besteht eine Wahl, dann bekommen Heteroatome höherer Priorität (s. ***(a)***) tiefere Lokanten (s. **136** für geladene Heteroatome). Besteht immer noch eine Wahl, dann gelten die Numerierungsregeln.

z.B.

"1,9,12-Trioxa-4,6-diazacyclotetradecan" (**137**)

"1,4,**6**,9,12" > "1,4,**7**,9,12" > "1,4,**7**,10,12"

137

"1,4,10-Trioxa-7,13-dithiacyclopentadecan" (**138**)

O > S

138

CA ¶ 161

Kap. 4.4

auch Kap. 5.6

(c) **Präfixe von Heteromonocyclus-Substituenten mit mehr als zehn Ringgliedern** werden **wie diejenigen der** entsprechenden **Carbomonocyclus-Substituenten** mittels der Endsilbe "-yl-", "-yliden-","-diyl-" *etc.* aufgrund der Namen gemäss ***(a)*** gebildet, wobei die **Numerierung jedoch nach *(b)*** erfolgt (Lokant(en) der freien Valenz(en) immer angeben).

z.B.

139

"1,4,10-Trioxa-13-thia-7,16-diazacyclooctadecan-7,16-diyl-" (**139**)

Beispiele:

"1,3,9,11-Tetraoxa-6,14-dithia-2,10-diphosphacyclohexadecan" (**140**)

140

"1,9-Dithiacyclohexadeca-2,15-diin (**142**)

142

"1,2-Dithia-5,9-diazacycloundeca-4,9-dien" (**141**)

141

"1,3,8,11-Tetraoxa-2-stannacyclopentadec-2-yliden-" (**143**)

143

4.5.5. Silicium-haltige Heteromonocyclen

CA ¶ 146(c)(d)

4.5.5.1. Silicium-haltige Monocyclen mit unregelmässigen Mustern: Austauschnamen ("a"-Namen)

Silicium-haltige Heteromonocyclen mit unregelmässigen Mustern bekommen als Stammnamen ausschliesslich **Austauschnamen** nach *Kap. 4.5.4*[11]).

Beispiele:

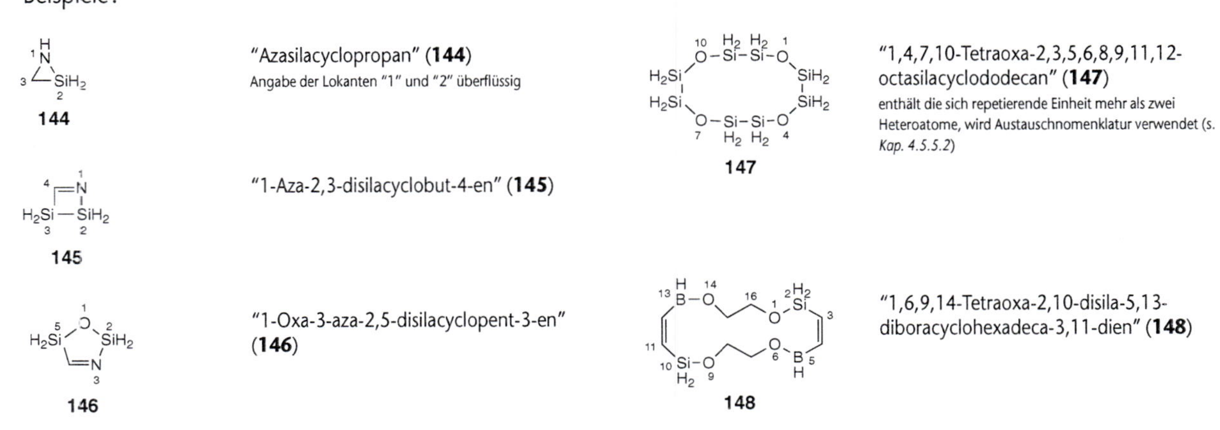

"Azasilacyclopropan" (**144**)
Angabe der Lokanten "1" und "2" überflüssig

"1-Aza-2,3-disilacyclobut-4-en" (**145**)

"1-Oxa-3-aza-2,5-disilacyclopent-3-en" (**146**)

"1,4,7,10-Tetraoxa-2,3,5,6,8,9,11,12-octasilacyclododecan" (**147**)
enthält die sich repetierende Einheit mehr als zwei Heteroatome, wird Austauschnomenklatur verwendet (s. *Kap. 4.5.5.2*)

"1,6,9,14-Tetraoxa-2,10-disila-5,13-diboracyclohexadeca-3,11-dien" (**148**)

---

[11]) **IUPAC** lässt für Si-haltige Ringe mit weniger als zehn Gliedern auch *Hantzsch-Widman*-Namen (*Kap. 4.5.3*) zu.

CA ¶ 146(d)
IUPAC R-2.3.2
und R-2.3.3.3

4.5.5.2. Silicium-haltige Monocyclen mit regelmässigen Mustern: "Cyclo"-Namen

IUPAC lässt "Cyclo"-Namen auch für gesättigte homogene Heteromonocyclen ohne Si-Atome zu [12][13][14].

Im folgenden werden erläutert:

(a) Stammnamen von gesättigten homogenen Heteromonocyclen aus Si-Atomen,

(b) Stammnamen von gesättigten heterogenen Heteromonocyclen aus sich repetierenden Einheiten (Si- und N-Atom oder Si- und Chalcogen-Atom),

(c) Präfixe von gesättigten Si-haltigen Heteromonocyclus-Substituenten mit regelmässigen Mustern.

(a) Der Stammname eines **gesättigten homogenen Heteromonocyclus aus Si-Atomen** setzt sich zusammen aus

- der **modifizierenden Vorsilbe "Cyclo-"**;
- dem **Namen der entsprechenden homogenen Kette aus Multiplikationsaffix, der Heteroatom-Vorsilbe "Sila-" und der Endsilbe "-an"**[12][13]. (Kap. 4.3.3.1)

Die **Numerierung** erfolgt nach den Numerierungsregeln. (Kap. 3.4)

z.B.

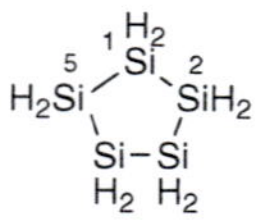

"Cyclopentasilan" (**155**)

155

(b) Der Stammname eines **gesättigten heterogenen Heteromonocyclus aus sich repetierenden Einheiten, die ein Si- und ein N-Atom oder ein Si- und ein Chalcogen-Atom enthalten**, setzt sich zusammen aus

- der **modifizierenden Vorsilbe "Cyclo-"**;
- einem **Multiplikationsaffix** "-di-", "-tri-", "-tetra-" *etc.* zur **Angabe der Anzahl der sich repetierenden Einheiten**; (Anhang 2)
- dem **Namen der sich repetierenden Einheit, bestehend aus den Heteroatom-Vorsilben** "Sila-", "Aza-", "Oxa-", "Thia-" *etc.*, **wobei das Atom tiefster Priorität zuerst zitiert wird**[14][15]; (Anhang 4)
- der **Endsilbe "-an"**.

---

[12] **CA verwendet** (abweichend von IUPAC) **für gesättigte homogene Heteromonocyclen aus andern Atomen als Si ausschliesslich *Hantzsch-Widman*-Namen** (≤ 10 Ringglieder; s. *Kap. 4.5.3*) **bzw. Austauschnamen** (> 10 Ringglieder; s. *Kap. 4.5.4*).

z.B.

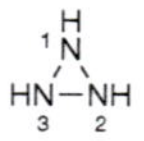

"Triaziridin" (**149**)
IUPAC: auch "Cyclotriazan"

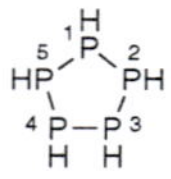

149

"Pentaphospholan" (**150**)
IUPAC: auch "Cyclopentaphosphan"

150

[13] **CA und** (seit 1993) **auch IUPAC verwenden für ungesättigte oder partiell gesättigte homogene Heteromonocyclen aus andern Atomen als Si *Hantzsch-Widman*-Namen** (≤ 10 Ringglieder; s. *Kap. 4.5.3*) **bzw. Austauschnamen** (> 10 Ringglieder; s. *Kap. 4.5.4*).

z.B.

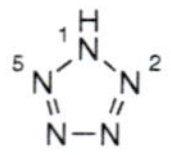

"1*H*-Pentazol" (**151**)

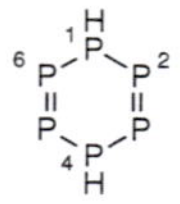

151

"1,4-Dihydrohexaphosphorin" (**152**)
- Englisch: '1,4-dihydrohexaphosphori**n**' (bei CA kein endständiges 'e')
- IUPAC: "1,4-Dihydrohexaphosphinin"

152

Ausnahmen: **Si-Haltige partiell ungesättigte homogene Heteromonocyclen bekommen "Cyclo"-Namen** (CA) **und der Si-haltige ungesättigte homogene Sechsring einen Austauschnamen** (CA).

z.B.

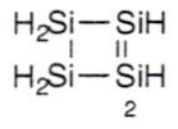

"Cyclotetrasilen" (**153**)

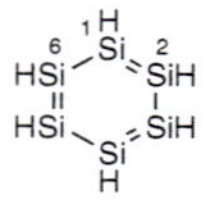

153

"Hexasilabenzol" (**154**)

154

[14] **CA verwendet** (abweichend von IUPAC) **für gesättigte Heteromonocyclen aus sich repetierenden Einheiten ohne Si-Atome oder aus sich repetierenden Si-haltigen Einheiten mit mehr als zwei Atomen *Hantzsch-Widman*-Namen** (≤ 10 Ringglieder, ohne Si; s. *Kap. 4.5.3*) **bzw. Austauschnamen** (>10 Ringglieder sowie Si-haltige Ringe; s. *Kap. 4.5.4*).

z.B.

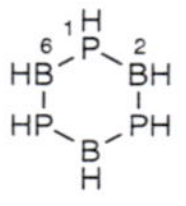

"1,3,5,2,4,6-Triphosphatriborinan" (**156**)
- IUPAC: auch "Cyclotriboraphosphan"
- vgl. dazu die Trivialnamen "Borazin" (**26**), "Boroxin" (**27**) und "Borthiin" (**28**) in *Kap. 4.5.2*

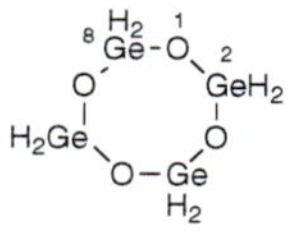

156

"1,3,5,7,2,4,6,8-Tetroxatetragermocan" (**157**)
IUPAC: auch "Cyclotetragermoxan"

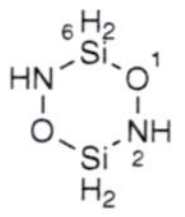

157

"1,4-Dioxa-2,5-diaza-3,6-disilacyclohexan" (**158**)
IUPAC: auch "Cyclodisilazoxan"

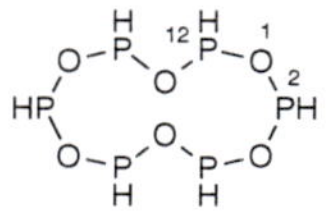

158

"1,3,5,7,9,11-Hexaoxa-2,4,6,8,10,12-hexaphosphacyclododecan" (**159**)
IUPAC: auch "Cyclohexaphosphoxan"

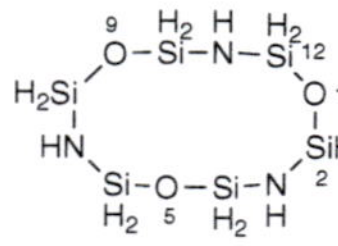

159

"1,5,9-Trioxa-3,7,11-triaza-2,4,6,8,10,12-hexasilacyclododecan" (**160**)
IUPAC: auch "Cyclotrisilazasiloxan"

160

[15] **Das endständige "a" der Heteroatom-Vorsilbe entfällt vor Vokalen** (*Kap. 2.2.2*), z.B. "Cyclodisil**oxan**".

Kap. 3.4

Zur **Numerierung** wird dem **Heteroatom höchster Priorität** (s. *Anhang 4* oder *Kap. 4.5.4 (a)*) der **Lokant 1** zugeordnet. Bleibt eine Wahl, dann gelten die Numerierungsregeln.

z.B.

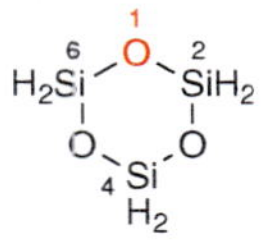

"Cyclotrisiloxan" (**161**)

161

auch Kap. 5.6

(c)* Präfixe** von gesättigten **Si-haltigen Heteromonocyclus-Substituenten mit regelmässigen Mustern** werden **wie** diejenigen von **Heteromonocyclus-Substituenten** mit *Hantzsch-Widman*-Namen gebildet. Die **Numerierung** erfolgt **nach *(a)* bzw. *(b).

Kap. 4.5.3

z.B.

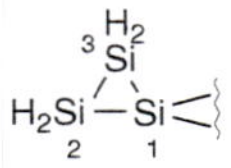

"Cyclotrisilan-1-yliden-" (**162**)

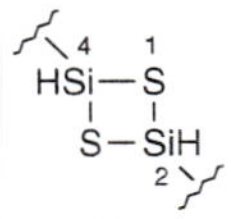

162

"Cyclodisilathian-2,4-diyl-" (**163**)

163

Beispiele:

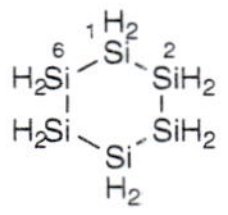

"Cyclohexasilan" (**164**)

164

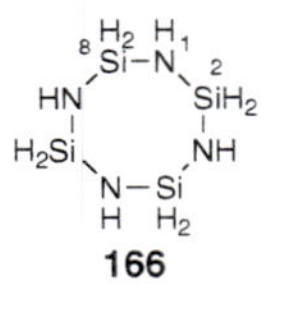

"Cyclotetrasilazan" (**166**)

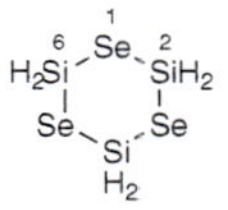

166

"Cyclotrisilaselenan" (**165**)

165

CA ¶ 148–153 und 281 IUPAC FR-0 – FR-7[1]), R-2.4.1, A-21 – A-28, B-2 und B-3

4.6. Anellierte Polycyclen (Carbo- und Heterocyclen)

4.6.1. Vorbemerkungen

Eine ausführliche Abhandlung zur Benennung von anellierten Polycyclen und überbrückten anellierten Polycyclen wurde von **IUPAC** veröffentlicht (**FR-Empfehlungen**)[1]). Diese Abhandlung enthält auch die Namensvarianten nach CA und nach Beilstein. Im folgenden werden die Abweichungen der IUPAC- von den CA-Richtlinien jeweils angegeben. Bei den Beispielen werden die Namensvarianten nach IUPAC jedoch nicht immer angeführt (s. *Kap. 4.6.3(**a**)* sowie die *Fussnoten 13* und *14*).

Definition: Anellierte (= kondensierte) Polycyclen besitzen **mindestens zwei**, nicht unbedingt direkt benachbarte **Ringe mit *mindestens 5 Gliedern* sowie die maximale Anzahl nicht-kumulierter Doppelbindungen**[2]); ein solcher Polycyclus muss sogenannt *ortho*-anelliert oder *ortho*- und *peri*-anelliert sein[3])[4]). Ein ***ortho*-anellierter Polycyclus** hat mindestens zwei Ringe, die miteinander an einer Seite durch zwei gemeinsame, unmittelbar benachbarte Atome verbunden sind (allgemein: *n* gemeinsame Seiten und 2*n* gemeinsame Atome, s. **1** und **3**). Ein ***ortho*- und *peri*-anellierter Polycyclus** hat mindestens drei Ringe, wovon ein Ring zwei, und nur zwei gemeinsame Atome mit jedem der zwei andern (*ortho*-anellierten) Ringe hat (allgemein: *n* gemeinsame Seiten und *weniger als* 2*n* gemeinsame Atome: s. **2**).

IUPAC hat die Einschränkung bezüglich Ringgrösse (mindestens zwei 5-Ringe) aufgehoben (IUPAC FR-0).

z.B.

"Anthracen" (**1**)
ortho-anelliert

1

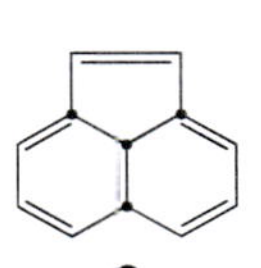

"Acenaphthylen" (**2**)
ortho-*peri*-anelliert

2

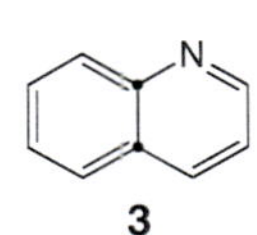

"Chinolin" (**3**)
ortho-anelliert

3

Beachte:

- Alle Teil-Ringe anellierter Polycyclen müssen vor der Namensgebung nach den Angaben in *Kap. 4.6.3(**g₁**)* gezeichnet werden, weshalb in *Kap. 4.6* **Teil-Ringe mit ungerader Anzahl Glieder ausnahmsweise als nicht-reguläre Polygone dargestellt** werden (z.B. Fünf- und Siebenringe; s. **2**). (Kap. 4.6.3(g_1))
- **Alle Heteroatome in anellierten Polycyclen müssen ihre Standard-Valenz aufweisen**, z.B. O^{II}, N^{III}, P^{III} *etc.* Treten Heteroatome mit Nichtstandard-Valenzen auf, dann ist die **λ-Konvention** zu konsultieren. (Anhang 4; Anhang 7)
- **Heteroatome** in anellierten Polycyclen werden für Nomenklaturzwecke **nicht** als **charakteristische Gruppen** betrachtet.
- Bei der **Benennung schon bekannter anellierter Polycyclen** (Gerüst-Stammstrukturen), sowie von Carbomonocyclen, Heteromonocyclen, Brückenpolycyclen nach *von Baeyer*, überbrückten anellierten Polycyclen und Spiropolycyclen können CAs '**Index of Ring Systems**' und '**Ring Systems Handbook**' **hilfreich** sein. Der 'Index of Ring Systems' für Ringgerüst-Stammstrukturen ist bis und mit 1994 (bis und mit Vol. 121) in CAs 'Formula Index' integriert und basiert auf einer **Ringanalyse** der zu benennenden Struktur (s. 'Index Guide', Appendix II, ¶12 und 12A), nämlich auf (Kap. 4.4 – 4.9)
  - der **Anzahl Teil-Ringe** (= Anzahl formaler Bindungsbrüche, die den Polycyclus in eine offenkettige Struktur überführen), z.B. **'3-RING SYSTEM'**;
  - den **Grössen der Teil-Ringe** (= Anzahl Ringglieder), geordnet nach steigenden Zahlen (entsprechend der tiefsten Anzahl kleinster Ringe, welche zusammen alle Atome und Bindungen berücksichtigen); Atome, die zu zwei oder mehr Teil-Ringen gehören, werden für jeden der Teil-Ringe gezählt, z.B. '***5,6,6***' (1 5- und 2 6-Ringe);

---

[1]) IUPAC, 'Nomenclature of Fused and Bridged Fused Ring Systems', *Pure Appl. Chem.* **1998**, *70*, 143 (Revision der Empfehlungen A-21, A-22, A-23, A-34 und B-3 im 'Blue Book' sowie von R-2.4.1 in den 1993er Empfehlungen).

[2]) **Kumulierte Doppelbindungen:**
mindestens drei Gerüstatome sind miteinander durch Doppelbindungen verbunden, z.B. –CH=C=C=CH–, –N=C=CH–.
Nicht-kumulierte Doppelbindungen:
jede andere Anordnung von zwei oder mehr Doppelbindungen, z.B. –CH=CH–CH=CH–, –CH=CH–CH_2–CH=CH–, –N=CH–N=CH–, –O–CH=N–CH=CH–, –O–CH=N–CH_2–N=CH–.

[3]) Namen von **Carbocyclen** dieser Art enden in "-en" als Zeichen für die Unsättigung mit der maximalen Anzahl nicht-kumulierter Doppelbindungen; der **allgemeine Name** lautet **"Aren"** (entsprechend der Substituent: **"Aryl-"**). Analog wird ein **Heterocyclus** dieser Art **"Heteroaren"** genannt (entsprechend der Substituent: **"Heteroaryl-"**). Als übergeordneter Begriff wird **"Aryl-" für einen aromatischen oder heteroaromatischen Substituenten** verwendet (s. *Kap. 1*).

[4]) **Gesättigte oder partiell gesättigte anellierte Polycyclen** leiten sich von den entsprechenden ungesättigten anellierten Polycyclen her (s. unten).

- **der Elementaranalyse der Teil-Ringe**, angeordnet wie die Grössen der Teil-Ringe, wobei nach C die Elementsymbole aller übrigen Ringglieder in alphabetischer Reihenfolge und mit Subskripten angegeben werden, z.B. '$\mathbf{C_3NS\text{-}C_4S}$' (2 5-Ringe) (Teil-Ringe gleicher Grösse werden ebenfalls 'alphabetisch' angeordnet, z.B. '$\mathbf{B_2N_4\text{-}B_3N_3\text{-}B_3O_3\text{-}CN_2O_2S\text{-}C_2NO_2S\text{-}C_2N_2OS\text{-}C_2N_2S_2\text{-}C_2N_3P\text{-}C_2N_4}$' (9 6-Ringe)).

z.B.

Verbindung **1**: '**3-RING SYSTEM**
6,6,6
$\mathbf{C_6\text{-}C_6\text{-}C_6}$
anthracene
...
1*H*-benzo[*d*]naphthalene
...';

Verbindung **2**: '**3-RING SYSTEM**
5,6,6
$\mathbf{C_5\text{-}C_6\text{-}C_6}$
acenaphthylene
...
1*H*-fluorene
...';

Verbindung **3**: '**2-RING SYSTEM**
6,6
$\mathbf{C_5N\text{-}C_6}$
...
isoquinoline
quinoline
...';

Verbindung **147**: '**4-RING SYSTEM**
6,6,6,6
$\mathbf{C_5N\text{-}C_5N\text{-}C_6\text{-}C_6}$
...
pyrido[2,3,4,5-*lmn*]phenanthridine
...';

Verbindung **162**: '**4-RING SYSTEM**
5,5,5,6
$\mathbf{C_3N_2\text{-}C_3N_2\text{-}C_3N_2\text{-}C_3N_3}$
tripyrazolo[1,5-*a*:1',5'-*c*:1'',5''-*e*][1,3,5]triazine';

Verbindung **298**: '**4-RING SYSTEM**
4,5,6,6
$\mathbf{C_3N\text{-}C_4N\text{-}C_4N_2\text{-}C_6}$
1*H*,4*H*-3a,8b-diazabenzo-[*f*]cyclobut[*cd*]indene'.

Die **Strukturformeln** der so gefundenen Namen sind **im jeweiligen 'Chemical Substance Index'** angegeben. CAs 'Ring Systems Handbook' erlaubt es ebenfalls, aufgrund der Ringanalyse sowie aufgrund der Molekularformel den entsprechenden Namen einer Ringgerüst-Stammstruktur zu finden. Das 'Ring Systems Handbook' ersetzt das 'Parent Compound Handbook' und wird alle fünf Jahre neu herausgegeben (letzte Ausgabe 1998), mit halbjährlichen Supplementen.

Man unterscheidet:

- anellierte Polycyclen mit vorgegebenen **Halbtrivial- oder Trivialnamen**: Kap. 4.6.2
  - anellierte carbocyclische Grundstrukturen (s. *Tab. 4.2*), Tab. 4.2
  - anellierte (und monocyclische) heterocyclische Grundstrukturen (s. *Tab. 4.3*); Tab. 4.3
- anellierte Polycyclen aus einer Hauptkomponente ('base component', 'principal component', 'parent component') und Anellanten ('fusion component', 'fusion-prefix component', 'attached component'): **Anellierungsnamen**; Kap. 4.6.3
- anellierte Polycyclen mit **Austauschnamen**. Kap. 4.6.4

Für überbrückte anellierte Polycyclen, s. *Kap.4.8*, und für Brückenpolycyclen nach *von Baeyer* (auch für **anellierte Polycyclen aus Teil-Ringen mit weniger als fünf Ringgliedern**), s. *Kap. 4.7*. Kap. 4.8 Kap. 4.7

CA ¶ 148 und 149

4.6.2. ANELLIERTE POLYCYCLEN MIT VORGEGEBENEN HALBTRIVIAL- ODER TRIVIALNAMEN

Im folgenden werden erläutert:

(a) obligatorische Halbtrivial- oder Trivialnamen (= Stammnamen) für anellierte Polycyclen (*Tab. 4.2* und *4.3*),

(b) Numerierung von anellierten Polycyclen mit Halbtrivial- oder Trivialnamen,

(c) Namen von (partiell) gesättigten Polycyclen mit Halbtrivial- oder Trivialnamen,

(d) Präfixe von anellierten Polycyclus-Substituenten mit Halbtrivial- oder Trivialnamen.

Tab. 4.2 und 4.3

(a) Die **anellierten Polycyclen** aus *Tab. 4.2* und *4.3* bekommen als Stammnamen ausschliesslich die dort angegebenen **Halbtrivial- oder Trivialnamen**[5]).

Kap. 3.4

(b) Nach Berücksichtigung der **vorgegebenen Numerierung** gelten die Numerierungsregeln. Zur Stellung der Lokanten im Namen, s. Numerierungsregeln.

(c) Der Name eines **gesättigten oder partiell gesättigten anellierten Polycyclus**, hergeleitet von einer ungesättigten Struktur aus ***(a)*** mit Halbtrivial- oder Tri-

---

[5]) Ab Vol. *121* (ab Mitte 1994) verwendet CA den Trivialnamen '**pyrindine**' nicht mehr:

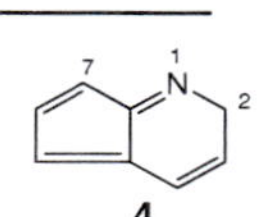

"2*H*-Cyclopenta[*b*]pyridin" (**4**)
- Anellierungsname nach *Kap. 4.6.3*
- CA früher: '2*H*-1-pyrindine'

Anhang 5

vialnamen, wird **mittels des "Hydro"-Präfixes** und dieses Halbtrivial- oder Trivialnamens gebildet, unter Beachtung der Regeln für **indiziertes H-Atom**[6]). Bei vollständiger Sättigung können die Lokanten zum "Hydro"-Präfix weggelassen werden (**nicht "Perhydro-"**).

z.B.

16

"1,2-Dihydronaphthalin" (**16**)
- Englisch: '1,2-dihydronaphthalene'
- die entsprechende vollständig gesättigte Struktur heisst "Decahydronaphthalin" (**früher "Decalin"**)

17

"Octahydro-1*H*-phosphindol" (**17**)
indiziertes H-Atom nach *Anhang 5(**a**)(**d**)*

CA ¶ 161

auch Kap. 5.5 und 5.6

Anhang 5 (h)(i)

(d) **Präfixe von entsprechenden anellierten Polycyclus-Substituenten** werden mittels der Halbtrivial- oder Trivialnamen durch Anhängen der Endsilbe "-yl-", "-yliden-", "-diyl-" *etc.* gebildet. Die ursprüngliche Numerierung wird beibehalten, wobei freie Valenzen als Gesamtheit möglichst tiefe Lokanten bekommen und die Regeln für **indiziertes H-Atom** berücksichtigt werden müssen.

z.B.

18

"2*H*-Isoindol-2-yl-" (**18**)
indiziertes H-Atom nach *Anhang 5(**h**)*

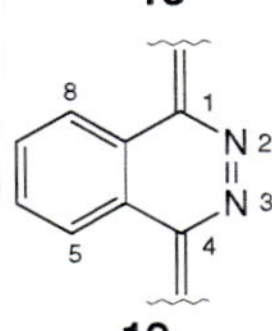
19

"Phthalazin-1,4-diyliden-" (**19**)
kein indiziertes H-Atom nach *Anhang 5(i_1)*

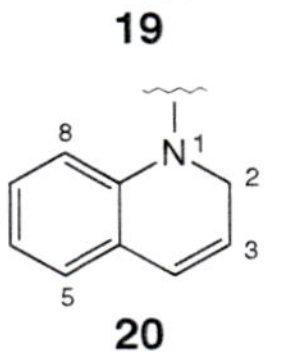
20

"Chinolin-1(2*H*)-yl-" (**20**)
- Englisch: 'quinolin-1(2*H*)-yl-'
- indiziertes H-Atom nach *Anhang 5(i_2)*

IUPAC-akzeptierte Ausnahmen:

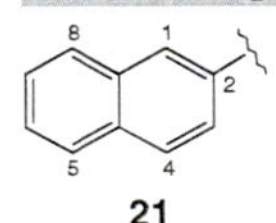
21

"**2-Naphthyl-**" (**21**)
CA: '2-naphthalenyl-'

22

"**1-Anthryl-**" (**22**)
- CA: '1-anthracenyl-'
- Ausnahme von der systematischen Numerierung

[6]) CA lässt (abweichend von IUPAC) für partiell gesättigte anellierte Polycyclen keine Trivialnamen zu (IUPAC FR-9.4, R-2.4 und R-9.1 (Tables 21 und 24), A-23.1 und B-2.12):

5

"2,3-Dihydro-1*H*-inden" (**5**)
- indiziertes H-Atom nach *Anhang 5(**a**)(**d**)*
- IUPAC: auch "**Indan**"

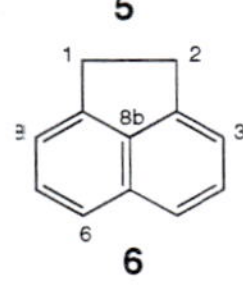
6

"1,2-Dihydroacenaphthylen" (**6**)
IUPAC: früher "Acenaphthen"

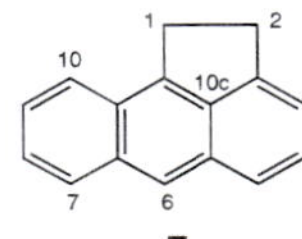
7

"1,2-Dihydroaceanthrylen" (**7**)
IUPAC: früher "Aceanthren"

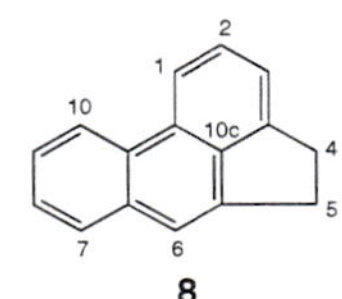
8

"4,5-Dihydroacephenanthrylen" (**8**)
IUPAC: früher "Acephenanthren"

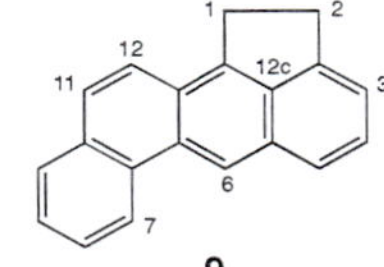
9

"1,2-Dihydrobenz[*j*]aceanthrylen" (**9**)
- Anellierungsname nach *Kap. 4.6.3*
- IUPAC: früher "Cholanthren"

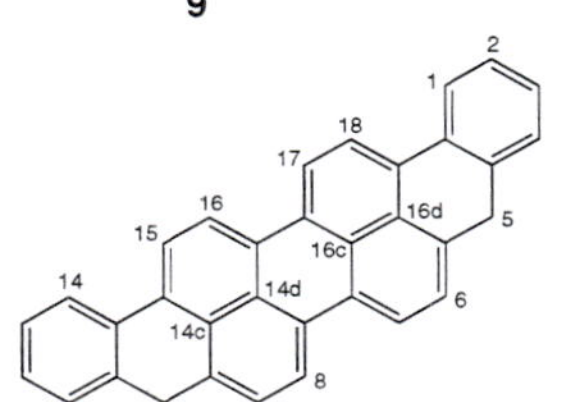
10

"5,10-Dihydroanthra[9,1,2-*cde*]benzo[*rst*]pentaphen" (**10**)
- Anellierungsname nach *Kap. 4.6.3*
- IUPAC: früher "Violanthren"

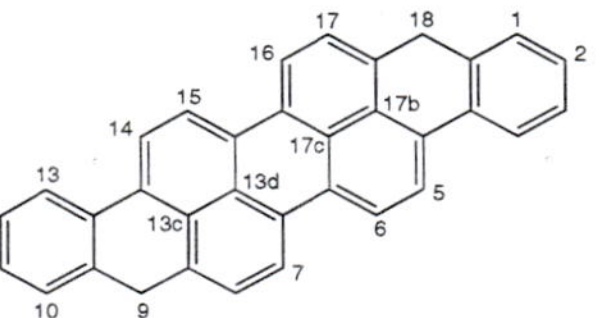
11

"9,18-Dihydrobenzo[*rst*]phenanthro-[10,12-*cde*]pentaphen" (**11**)
- Anellierungsname nach *Kap. 4.6.3*
- IUPAC: früher "Isoviolanthren"

12

"3,4-Dihydro-2*H*-1-benzopyran" (**12**)
- Englisch: '...benzopyra**n**'
- Anellierungsname nach *Kap. 4.6.3*
- indiziertes H-Atom nach *Anhang 5(**a**)(**d**)*
- IUPAC: auch "**Chroman**"; analog "**Thio-**", "**Seleno-**" oder "**Tellurochroman**"

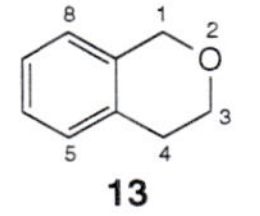
13

"3,4-Dihydro-1*H*-2-benzopyran" (**13**)
- Englisch: '...benzopyra**n**'
- Anellierungsname nach *Kap. 4.6.3*
- indiziertes H-Atom nach *Anhang 5(**a**)(**d**)*
- IUPAC: auch "**Isochroman**"; analog "**Isothio-**", "**Isoseleno-**" oder "**Isotellurochroman**"

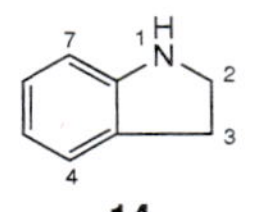
14

"2,3-Dihydro-1*H*-indol" (**14**)
- indiziertes H-Atom nach *Anhang 5(**a**)(**d**)*
- IUPAC: auch "**Indolin**"

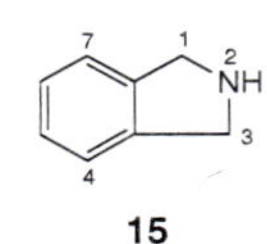
15

"2,3-Dihydro-1*H*-isoindol" (**15**)
- indiziertes H-Atom nach *Anhang 5(**a**)(**d**)*
- IUPAC: auch "**Isoindolin**"

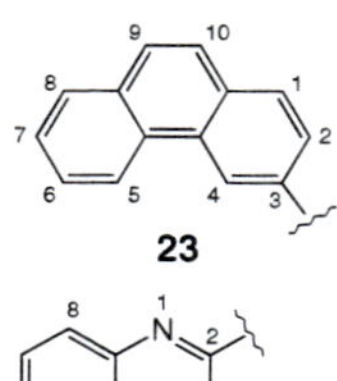

"**3-Phenanthryl-**" (**23**)
- CA: '3-phenanthrenyl-'
- Ausnahme von der systematischen Numerierung

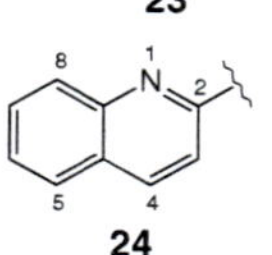

"**2-Chinolyl-**" (**24**)
CA: '2-quinolinyl-'

25

"**3-Isochinolyl-**" (**25**)
CA: '3-isoquinolinyl-'

sowie "**Furyl-**" (s. **81**) und "**Pyridyl-**" (s. **98**) nach *Kap. 4.5.2(d)*

auch IUPAC FR-2.1[1])

Tab. 4.2. Anellierte carbocyclische Grundstrukturen mit Halbtrivial- oder Trivialnamen

- **Anordnung nach steigender Priorität (26 < 27 < ... < 60 < 61) bei der Wahl der vorrangigen Hauptkomponente für Anellierungsnamen** nach *Kap. 4.6.3*;
- Ring-C-Atome, die an zwei Ringen beteiligt sind (= angulare Atome), werden mit dem um "a", "b", "c" *etc.* erweiterten Lokanten des unmittelbar vorangehenden peripheren Atoms gekennzeichnet, s. z.B. **31**;
- für Lokanten von Atomen im Innern eines Gerüsts, s. *Kap. 4.6.3(g₄)* (dort auch neue[1]) IUPAC-Empfehlungen), z.B. **34**.

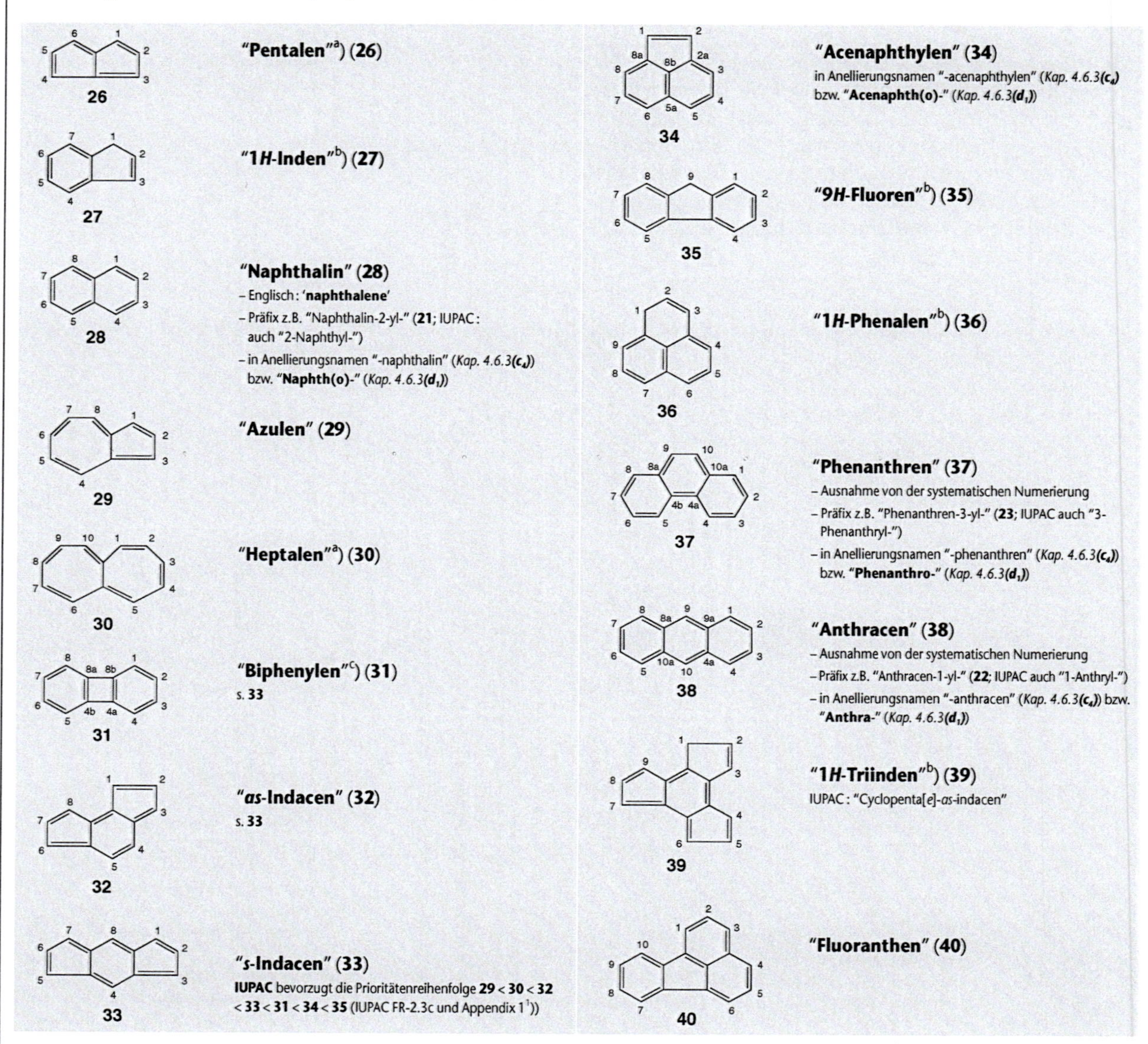

[a]) Der Name einer anellierten **Struktur aus zwei gleichen Monocyclen** setzt sich aus dem entsprechenden **Multiplikationsaffix** "Penta-", "Hepta-", "Octa-" *etc.* (s. *Anhang 2*) **und** der Endsilbe "**-alen**" zusammen.

[b]) Isomere werden durch die **Angabe von indiziertem H-Atom** nach *Anhang 5(a)(d)* unterschieden, ausser beim Verwenden in Anellierungsnamen (s. *Kap. 4.6.3, Fussnote 10*). **IUPAC** verzichtet im allgemeinen auf die Angabe von indiziertem H-Atom, wenn es sich um die abgebildeten Isomeren handelt.

[c]) Der Name einer **Struktur, die an jeder anderen Seite eines Monocyclus** (alternierende Seiten) **einen Benzol-Ring anelliert hat**, setzt sich aus dem entsprechenden **Multiplikationsaffix** "Bi-" (Ausnahme), "Tri-", "Tetra-" *etc.* (s. *Anhang 2*) **und** der Endsilbe "**-phenylen**" (**analog** auch "**-naphthylen**") zusammen.

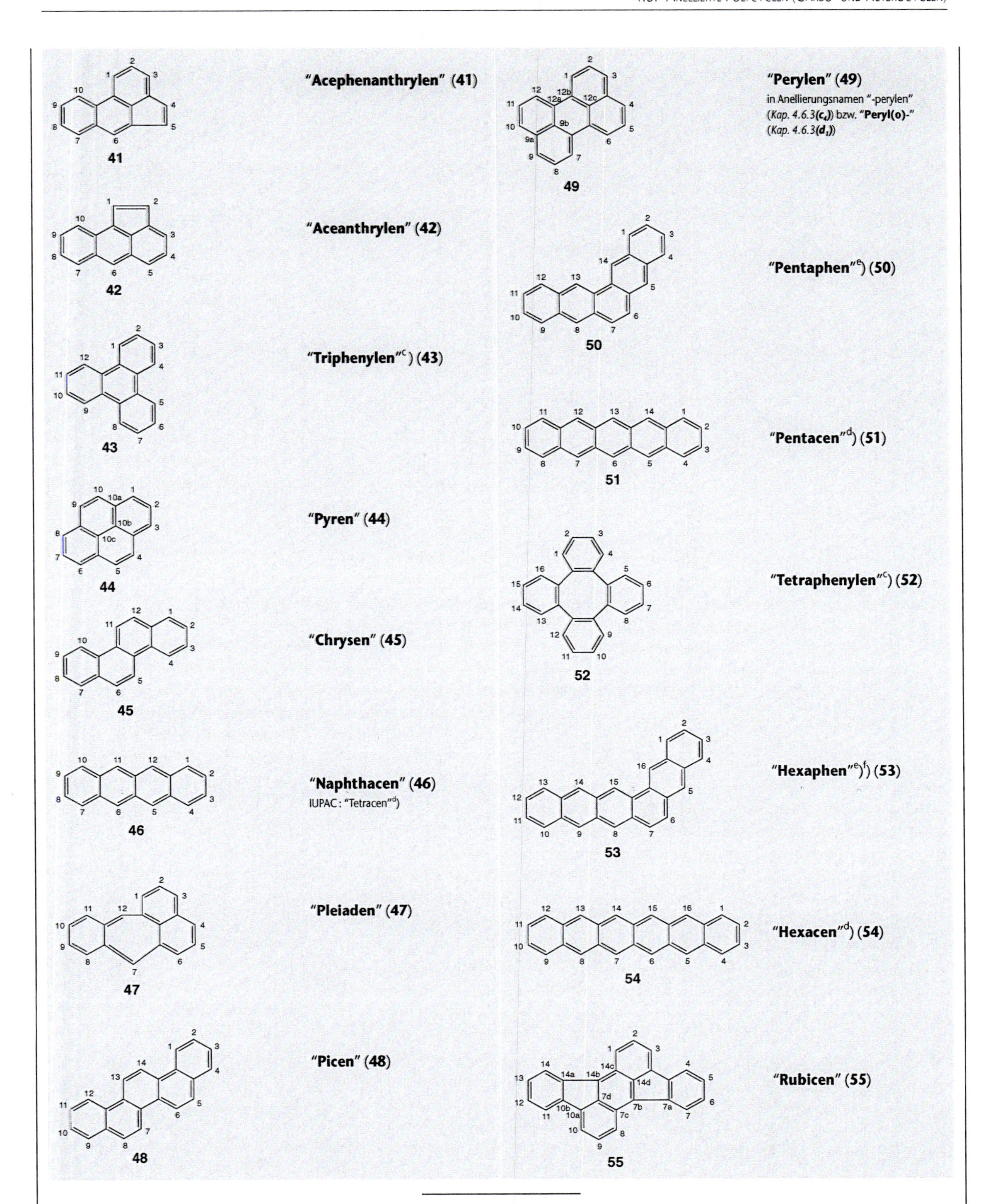

---

d) Der Name einer **Struktur aus fünf oder mehr Benzol-Ringen, die linear anelliert sind,** setzt sich aus dem entsprechenden **Multplikationsaffix** "Penta-", "Hexa-" *etc.* (s. *Anhang 2*) **und** der Endsilbe "**-acen**" zusammen.

e) Der Name einer **Struktur aus fünf oder mehr Benzol-Ringen, die an einer möglichst zentralen Stelle angular anelliert sind,** setzt sich aus dem entsprechenden **Multiplikationsaffix** "Penta-", "Hexa-" *etc.* (s. *Anhang 2*) **und** der Endsilbe "**-phen**" zusammen.

f) **IUPAC** bezeichnet anellierte Polycyclen aus helikal angeordneten Benzol-Ringen als **"Helicene"**.

z.B.

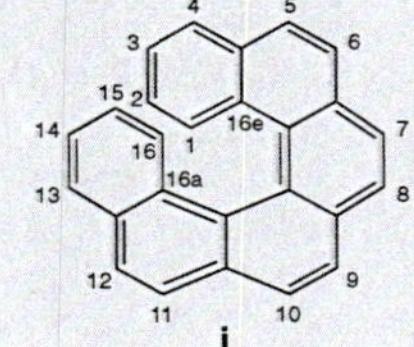

"Hexahelicen" (i)

- Ausnahme von der systematischen Numerierung; alle Helicene werden analog numeriert (IUPAC FR-2.1.7)
- CA: 'phenanthro[3,4-c]phenanthrene', Anellierungsname nach *Kap. 4.6.3*, mit systematischer Numerierung (5 → 1, 6 → 2 *etc.*; s. *Anhang 6* (*A.6.2*), dort **57**)

56 "**Coronen" (56)**

59 **"Heptacen"[d]) (59)**

57 **"Trinaphthylen"[c]) (57)**

60 **"Pyranthren" (60)**

58 **"Heptaphen"[e]) (58)**

61 **"Ovalen" (61)**

auch IUPAC FR-2.2[1])

Tab. 4.3. Heterocyclische Grundstrukturen mit Halbtrivial- oder Trivialnamen (Monocyclen (s. auch *Kap. 4.5*) und anellierte Polycyclen)

- **Anordnung nach steigender Priorität (62 < 63 < ... < 137 < 138) bei der Wahl der vorrangigen Hauptkomponente für Anellierungsnamen** nach *Kap. 4.6.3;*
- Ring-C-Atome, die an zwei Ringen beteiligt sind (= angulare Atome), werden mit dem um "a", "b", "c" *etc.* erweiterten Lokanten des unmittelbar vorangehenden peripheren Atoms gekennzeichnet, s. z.B. ***66***;
- für Lokanten von Atomen im Innern eines Gerüsts, s. *Kap. 4.6.3(g₄)* (dort auch neue[1]) IUPAC-Empfehlungen), z.B. **130**.

62 **"2*H*-Isoarsindol"[a]) (62)**

66 **"Arsanthridin" (66)**

63 **"1*H*-Arsindol"[a]) (63)**

67 **"Acridarsin" (67)**
IUPAC numerierte früher analog **119** (IUPAC R-9.1, Table 23; nicht mehr (!), s. IUPAC FR-2.2)

64 **"Isoarsinolin" (64)**

68 **"Arsanthren"[b]) (68)**

65 **"Arsinolin" (65)**

69 **"2*H*-Isophosphindol"[a]) (69)**

[a]) Isomere werden durch die **Angabe von indiziertem H-Atom** nach *Anhang 5(a)* unterschieden, ausser beim Verwenden in Anellierunsnamen (s. *Kap. 4.6.3, Fussnote 10*). **IUPAC** verzichtet im allgemeinen auf die Angabe von indiziertem H-Atom, wenn es sich um die abgebildeten Isomeren handelt.

[b]) Der Name eines **Dibenzo-anellierten 1,4-Dihetero-Sechsrings mit linearer Anordnung der drei Ringe und mit zwei gleichen Heteroatomen** (ausser N oder O) setzt sich zusammen aus der **Heteroatom-Vorsilbe** (*Anhang 4*) **und "-anthren"** (Elision von "a" der Heteroatom-Vorsilbe), z.B. "Boranthren" (**ii** mit einer zusätzlichen Doppelbindung, X = B), "Silanthren" (**ii** mit einer zusätzlichen Doppelbindung, X = SiH). **Ausnahmen**: **"Phenazin"** (**ii** mit einer zusätzlichen Doppelbindung, X = N; s. **122**), **"Dibenzo[*b,e*][1,4]dioxin"** (**ii**, X = O; s. *Kap. 4.6.3(d₀)*; IUPAC: "Oxanthren" (IUPAC FR-2.2.2)) und ***"cyclo*-Di-*µ*-1,2-phenylendiquecksilber"** (**ii**, X = Hg; s. *Kap. 6.34*; IUPAC: "Mercuranthren" (IUPAC FR-2.2.2), früher "Phenomercurin").

ii

"Boranthren" (**ii** + Doppelbindung, X = B)
"Silanthren" (**ii** + Doppelbindung, X = SiH)
"Phenazin" (**ii** + Doppelbindung, X = N)
"Dibenzo[*b,e*][1,4]dioxin" (**ii**, X = O)
"*cyclo*-Di-*µ*-1,2-phenylendiquecksilber" (**ii**, X = Hg)

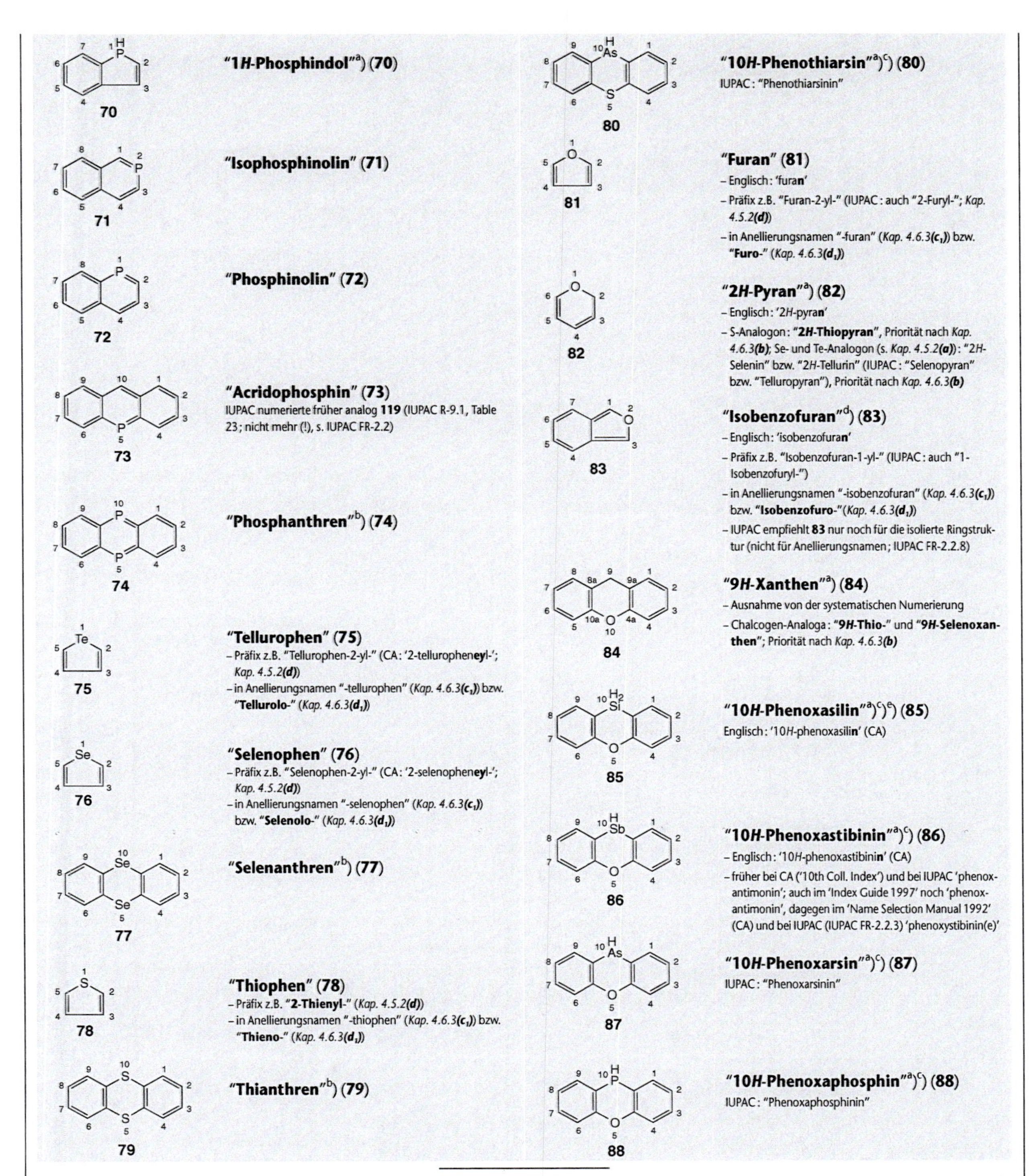

"1*H*-Phosphindol"[a]) **(70)**

"Isophosphinolin" (71)

"Phosphinolin" (72)

"Acridophosphin" (73)
IUPAC numerierte früher analog **119** (IUPAC R-9.1, Table 23; nicht mehr (!), s. IUPAC FR-2.2)

"Phosphanthren"[b]) **(74)**

"Tellurophen" (75)
- Präfix z.B. "Tellurophen-2-yl-" (CA: '2-tellurophen**eyl**-'; *Kap. 4.5.2(**d**)*)
- in Anellierungsnamen "-tellurophen" (*Kap. 4.6.3(**c**₁)*) bzw. **"Tellurolo-"** (*Kap. 4.6.3(**d**₁)*)

"Selenophen" (76)
- Präfix z.B. "Selenophen-2-yl-" (CA: '2-selenophen**eyl**-'; *Kap. 4.5.2(**d**)*)
- in Anellierungsnamen "-selenophen" (*Kap. 4.6.3(**c**₁)*) bzw. **"Selenolo-"** (*Kap. 4.6.3(**d**₁)*)

"Selenanthren"[b]) **(77)**

"Thiophen" (78)
- Präfix z.B. **"2-Thienyl-"** (*Kap. 4.5.2(**d**)*)
- in Anellierungsnamen "-thiophen" (*Kap. 4.6.3(**c**₁)*) bzw. **"Thieno-"** (*Kap. 4.6.3(**d**₁)*)

"Thianthren"[b]) **(79)**

"10*H*-Phenothiarsin"[a])[c]) **(80)**
IUPAC: "Phenothiarsinin"

"Furan" (81)
- Englisch: 'fura**n**'
- Präfix z.B. "Furan-2-yl-" (IUPAC: auch "2-Furyl-"; *Kap. 4.5.2(**d**)*)
- in Anellierungsnamen "-furan" (*Kap. 4.6.3(**c**₁)*) bzw. **"Furo-"** (*Kap. 4.6.3(**d**₁)*)

"2*H*-Pyran"[a]) **(82)**
- Englisch: '2*H*-pyra**n**'
- S-Analogon: **"2*H*-Thiopyran"**, Priorität nach *Kap. 4.6.3(**b**)*; Se- und Te-Analogon (s. *Kap. 4.5.2(**a**)*): "2*H*-Selenin" bzw. "2*H*-Tellurin" (IUPAC: "Selenopyran" bzw. "Telluropyran"), Priorität nach *Kap. 4.6.3(**b**)*

"Isobenzofuran"[d]) **(83)**
- Englisch: 'isobenzofura**n**'
- Präfix z.B. "Isobenzofuran-1-yl-" (IUPAC: auch "1-Isobenzofuryl-")
- in Anellierungsnamen "-isobenzofuran" (*Kap. 4.6.3(**c**₁)*) bzw. **"Isobenzofuro-"** (*Kap. 4.6.3(**d**₁)*)
- IUPAC empfiehlt **83** nur noch für die isolierte Ringstruktur (nicht für Anellierungsnamen; IUPAC FR-2.2.8)

"9*H*-Xanthen"[a]) **(84)**
- Ausnahme von der systematischen Numerierung
- Chalcogen-Analoga: **"9*H*-Thio-"** und **"9*H*-Selenoxanthen"**; Priorität nach *Kap. 4.6.3(**b**)*

"10*H*-Phenoxasilin"[a])[c])[e]) **(85)**
Englisch: '10*H*-phenoxasili**n**' (CA)

"10*H*-Phenoxastibinin"[a])[c]) **(86)**
- Englisch: '10*H*-phenoxastibini**n**' (CA)
- früher bei CA ('10th Coll. Index') und bei IUPAC 'phenoxantimonin'; auch im 'Index Guide 1997' noch 'phenoxantimonin', dagegen im 'Name Selection Manual 1992' (CA) und bei IUPAC (IUPAC FR-2.2.3) 'phenoxystibinin(e)'

"10*H*-Phenoxarsin"[a])[c]) **(87)**
IUPAC: "Phenoxarsinin"

"10*H*-Phenoxaphosphin"[a])[c]) **(88)**
IUPAC: "Phenoxaphosphinin"

---

[c]) Der Name eines **Dibenzo-anellierten 1,4-Dihetero-Sechsrings mit linearer Anordnung der drei Ringe und mit zwei verschiedenen Heteroatomen**, d.h. ein N- oder Chalcogen-Atom sowie ein anderes Nichtmetall-Atom (ausser P und As in Kombination mit N, s. "Phenophosphazin" (**125**) und "Phenarsazin" (**124**)) setzt sich zusammen aus **"Pheno-" und** den **Heteroatom-Vorsilben** in der Reihenfolge ihrer Priorität (*Anhang 4*) **und** der Endsilbe **"-in"** (CA: '-ine', wenn N-, P- oder As-haltig, sonst '-**in**'; IUPAC: immer '-ine') (Elision von "o" von "Pheno-" und "a" der Heteroatom-Vorsilben vor einem Vokal). Die Sb-, Bi-, Ge-, Sn- und Pb-Atome werden in solchen Strukturen als Nichtmetalle betrachtet (s. **86**).

[d]) **IUPAC** lässt für die Benzo-anellierten Pyrane **iii** und **iv** Trivialnamen zu, die jetzt[1]) neuerdings auch in Anellierungsnamen (s. *Kap. 4.6.3*) verwendet werden können (IUPAC FR-2.2.7).

[e]) Enthält ein anellierter Polycyclus ausser Si- und C-Atomen (s. *Kap. 4.6.4*) noch andere Heteroatome, dann wird die Si-haltige Struktur wie andere Heteroatom-haltige Strukturen behandelt.

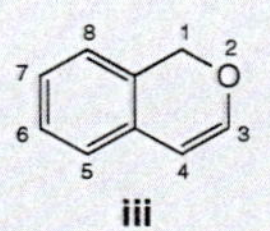

iii

"Isochromen" (iii)
- analog für die Chalcogen-Analoga: **"Isothiochromen"**, **"Isoselenochromen"** bzw. **"Isotellurochromen"**
- CA: **'1*H*-2-benzopyran**'[a]); Anellierungsname nach *Kap. 4.6.3*, indiziertes H-Atom nach *Anhang 5(**a**)(**d**)*

iv

"Chromen" (iv)
- analog für die Chalcogen-Analoga: **"Thiochromen"**, **"Selenochromen"** bzw. **"Tellurochromen"**
- CA: **'2*H*-1-benzopyran**'[a]); Anellierungsname nach *Kap. 4.6.3*, indiziertes H-Atom nach *Anhang 5(**a**)(**d**)*

"Phenoxatellurin"[c]) (89)
Englisch: 'phenoxatellurin' (CA)

"Phenoxaselenin"[c]) (90)
Englisch: 'phenoxaselenin' (CA)

"Phenoxathiin"[c]) (91)
Englisch: 'phenoxathiin' (CA)

"1*H*-Pyrrol"[a]) (92)

"1*H*-Imidazol"[a]) (93)
in Anellierungsnamen "-imidazol" (*Kap. 4.6.3*(c_1)) bzw. **"Imidazo-"** (*Kap. 4.6.3*(d_1))

"1*H*-Pyrazol"[a]) (94)

"Isoselenazol" (95)
- in Anellierungsnamen "-isoselenazol" (*Kap. 4.6.3*(c_1)) bzw. "Isoselenazolo-" (*Kap. 4.6.3*(d_1))
- IUPAC empfiehlt neu "1,2-Selenazol", aber **nur in Anellierungsnamen** (IUPAC FR-2.2.1)

"Isothiazol" (96)
- in Anellierungsnamen "-isothiazol" (*Kap. 4.6.3*(c_1)) bzw. "Isothiazolo-" (*Kap. 4.6.3*(d_1))
- IUPAC empfiehlt neu "1,2-Thiazol", aber **nur in Anellierungsnamen** (IUPAC FR-2.2.1)

"Isoxazol" (97)
- in Anellierungsnamen "-isoxazol" (*Kap. 4.6.3*(c_1)) bzw. "Isoxazolo-" (*Kap. 4.6.3*(d_1))
- IUPAC empfiehlt neu "1,2-Oxazol", aber **nur in Anellierungsnamen** (IUPAC FR-2.2.1)

"Pyridin" (98)
- Präfix z.B. "Pyridin-2-yl-" (IUPAC: auch "2-Pyridyl-"; *Kap. 4.5.2(d)*)
- in Anellierungsnamen "-pyridin" (*Kap. 4.6.3*(c_1)) bzw. **"Pyrido-"** (*Kap. 4.6.3*(d_1))

"Pyrazin" (99)

"Pyrimidin" (100)
in Anellierungsnamen "-pyrimidin" (*Kap. 4.6.3*(c_1)) bzw. **"Pyrimido-"** (*Kap. 4.6.3*(d_1))

"Pyridazin" (101)

"1*H*-Pyrrolizin"[a]) (102)

"Indolizin" (103)

"2*H*-Isoindol"[a]) (104)

"1*H*-Indol"[a]) (105)

"1*H*-Indazol"[a]) (106)

"7*H*-Purin"[a]) (107)
Ausnahme von der systematischen Numerierung

"Isochinolin" (108)
- Englisch: **'isoquinoline'**
- in Anellierungsnamen "-isochinolin" (*Kap. 4.6.3*(c_1)) bzw. **"Isochino-"** (*Kap. 4.6.3*(d_1))
- s. **110**

"Chinolin" (109)
- Englisch: **'quinoline'**
- in Anellierungsnamen "-chinolin" (*Kap. 4.6.3*(c_1)) bzw. **"Chino-"** (*Kap. 4.6.3*(d_1))
- s. **110**

"4*H*-Chinolizin"[a]) (110)
- Englisch: **'quinolizine'**
- IUPAC bevorzugt die Prioritätenreihenfolge **106** < **107** < **110** < **108** < **109** < **111** < **112** (IUPAC R-9.1, Table 23, und IUPAC FR-2.2.6)

"Phthalazin" (111)

"1,8-Naphthyridin" (112)
Isomere "1,5-", "1,6-", "1,7-", "1,8-", "2,6-" und "2,7-" mit abnehmender Priorität

"Chinoxalin" (113)
Englisch: **'quinoxaline'**

"Chinazolin" (114)
Englisch: **'quinazoline'**

"Cinnolin" (115)

"Pteridin" (116)

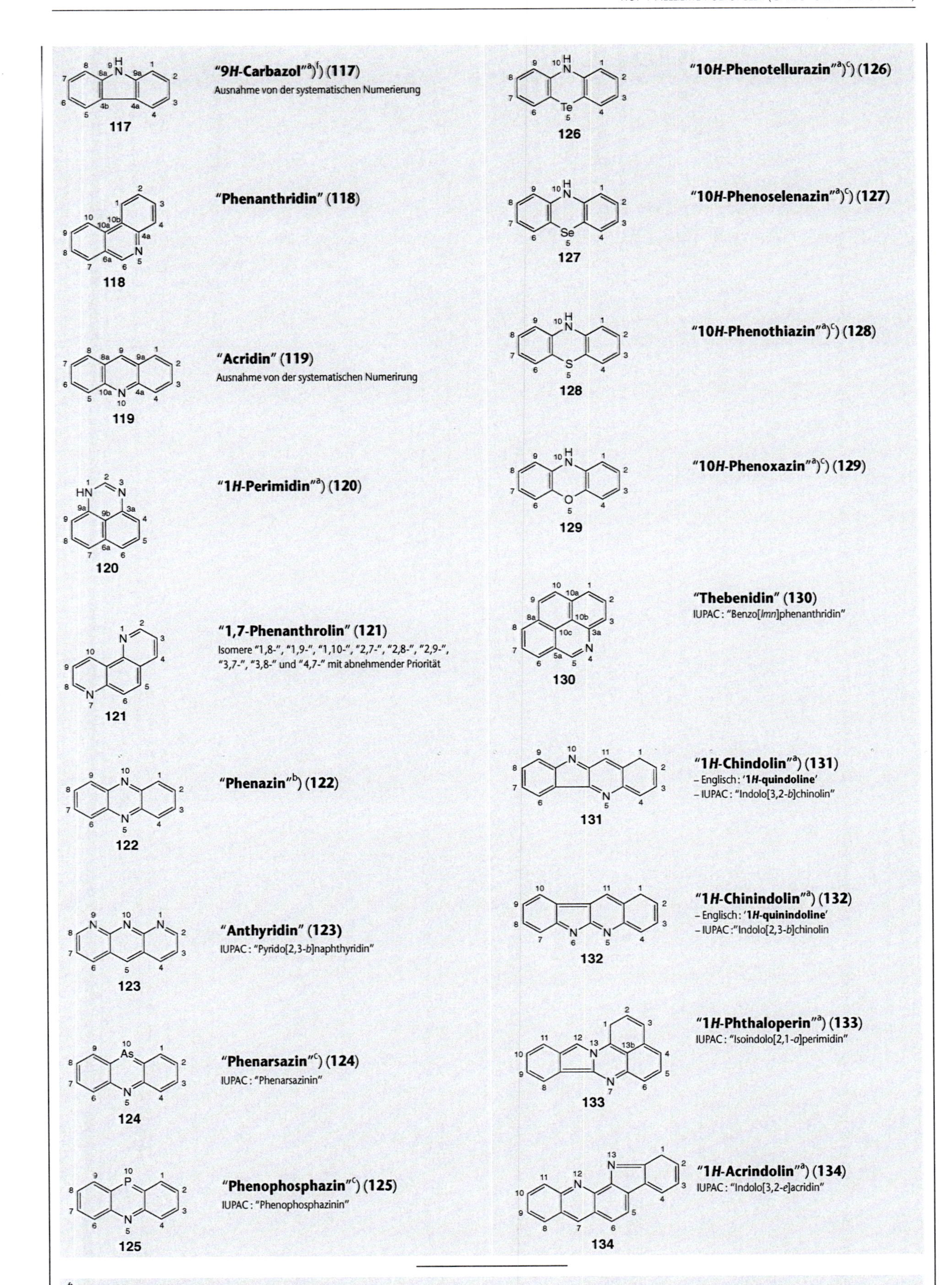

4

f) **IUPAC** liess auch noch den Trivialnamen **"Carbolin"** zu und empfahl ihn auch wieder für Anellierungsnamen (IUPAC R-0.1, Table 23), neuerdings[l]) allerdings **nicht mehr.** CA verwendet "Carbolin" auch nicht.

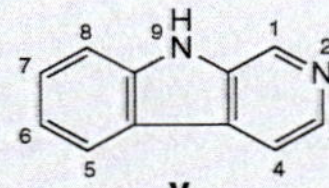

"9H-Pyrido[3,4-b]indole"a) (**v**)
- Anellierungsname nach *Kap. 4.6.3*
- indiziertes H-Atom nach *Anhang 5***(a)(d)**
- IUPAC früher "β-Carbolin"

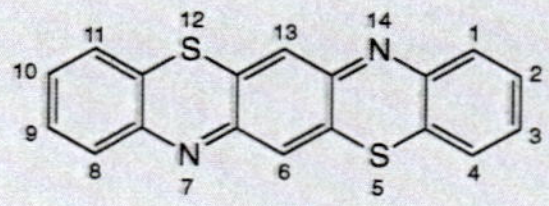

135

"Triphenodithiazin" (135)
IUPAC: "Dibenzo[*e*,*e'*]benzo[1,2-*b*:4,5-*b'*]bis[1,4]thiazin"

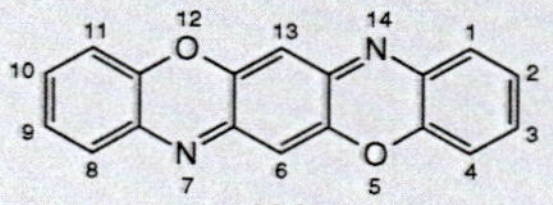

136

"Triphenodioxazin" (136)
IUPAC: "Dibenzo[*e*,*e'*]benzo[1,2-*b*:4,5-*b'*]bis[1,4]oxazin"

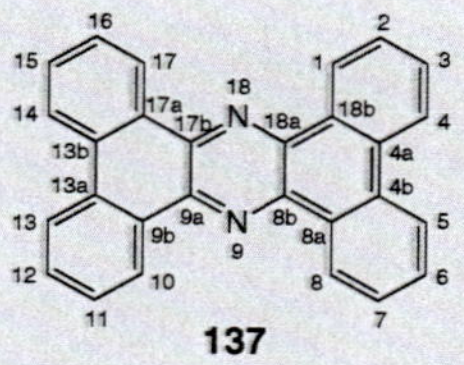

137

"Phenanthrazin" (137)
IUPAC: "Tetrabenzo[*a*,*c*,*h*,*j*]phenazin"

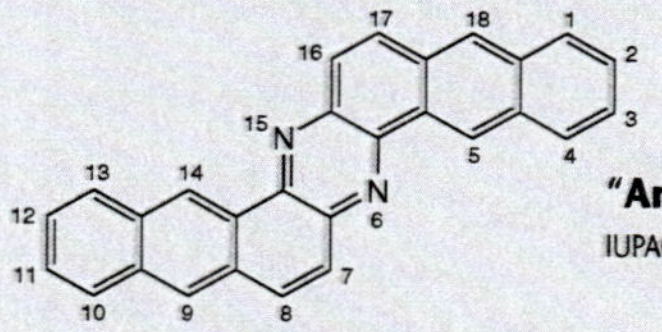

138

"Anthrazin" (138)
IUPAC: "Dinaphtho[2,3-*a*:2',3'-*h*]phenazin"

CA ¶ 150 – 152

4.6.3. Anellierte Polycyclen aus einer Hauptkomponente und Anellanten: Anellierungsnamen[7])[8])

Im folgenden werden erläutert:

(a) Stammnamen von anellierten Polycyclen mit Anellierungsnamen aus Anellant ('fusion component', 'fusion-prefix component', 'primary component', 'first-order attached component'), Anellierungsstelle und Hauptkomponente ('base component', 'principal component', 'parent component'),

(b) Wahl der vorrangigen Hauptkomponente,

(c) Name der Hauptkomponente,

(d) Name des Anellanten,

(e) Angabe der Anellierungsstelle,

(f) Bezeichnung eines Nebenanellanten ('secondary component', 'higher-order attached component'),

(g) Numerierung und Orientierung von anellierten Polycyclen mit Anellierungsnamen,

(h) Namen von (partiell) gesättigten anellierten Polycyclen mit Anellierungsnamen,

(i) Präfixe von anellierten Polycyclus-Substituenten mit Anellierungsnamen.

Im Zweifelsfalle ist CAs 'Index of Ring Systems' (bis 1994 in CAs 'Formula Index' integriert) **oder CAs 'Ring Systems Handbook' zu konsultieren** (s. *Kap. 4.6.1*). Kap. 4.6.1

Kap. 4.6.2
Tab. 4.2 und 4.3
Kap. 4.6.1

4

(a) Der Stammname eines **anellierten Polycyclus, der keinen Halbtrivial- oder Trivialnamen** nach *Kap. 4.6.2* (s. *Tab. 4.2* und *4.3*) **besitzt** und die Bedingungen der Definition aus *Kap. 4.6.1* erfüllt (**mindestens zwei fünfgliedrige Teil-Ringe** mit der maximalen Anzahl nicht-kumulierter Doppelbindungen[2])), setzt sich zusammen aus

- dem **Namen der nach *(b)* und *(c_0)* gewählten Hauptkomponente** ('base component', 'principal component', 'parent component'),
- dem(n) **Namen des(r) nach *(b)* und *(d_0)* gewählten, direkt an die Hauptkomponente anellierten Anellanten** ('fusion component', 'fusion-prefix component', 'primary component', 'first-order attached component') **und, wenn nötig, des(r) Nebenanellanten** ('secondary, tertiary *etc.* component', 'higher-order attached component'; s. ***(f)***)[7]).

Die der Hauptkomponente und dem(n) Anellanten gemeinsamen Atome müssen sowohl im Namen der Hauptkomponente (s. ***(c)***) als auch im Namen des(r) Anellanten (s. ***(d)***) berücksichtigt werden. Die **Angabe der Anellierungsstelle aus Lokanten und Buchstaben** (s. ***(e)***) steht zwischen dem Namen der Hauptkomponente und dem(n) Namen des(r) Anellanten **in eckiger Klammer** (für mehrere Anellanten, s. unten). Die **Numerierung** des anellierten Polycyclus erfolgt nach ***(g)***:

"Anellant [Anellierungsstelle]Hauptkomponente"
↑ ↑ ↑
(b)(d) ***(e)*** ***(b)(c)***

IUPAC lässt neuerding[1]) bei Anellierungsnamen auch von **"Annulen"** hergeleitete Namen zu (nur für die Hauptkomponente; IUPAC FR-2.1.1) und empfiehlt, das **endständige "o" oder "a" eines Anellant-Namens** immer beizubehalten, ausser bei Benzoheteromonocyclus-Namen (IUPAC FR-4.7, FR-2.2.8 und R-2.4.1.1); ebenso wird ein **neues Verfahren für die Numerierung innerer Atome** von anellierten Polycyclen vorgeschlagen (IUPAC FR-5.5). In *Kap. 4.6.3* werden **IUPAC-Varianten, die sich auf diese Neuerungen stützen, nicht angeführt** (vgl. dazu unten, *Fussnoten 13* bzw. *14* sowie ***(g_4)*** für die Numerierung).

---

[7]) **Anellierungsnamen sind nicht möglich, wenn zwei oder mehr Anellanten sowohl untereinander als auch an die Hauptkomponente anelliert sind.** Der Stammname ist dann **mit abnehmender Priorität** ein **Anellierungsname mit einer nicht-bevorzugten 'Hauptkomponente'** (vgl. ***(b)***; s. **139**), ein **Austauschname** im Fall einer heterocyclischen Struktur (*Kap. 4.6.4*; **s. 140**) oder, falls unmöglich, sowie im Fall einer carbocyclischen Struktur, der **Name eines überbrückten anellierten Polycyclus** (*Kap. 4.8*; s. **141 – 143**).

z.B.

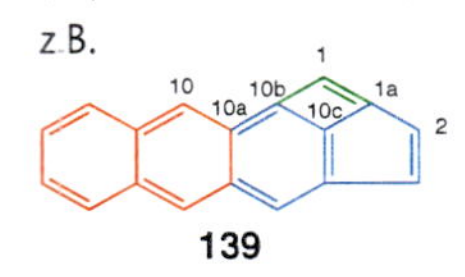

139

"Cyclobuta[1,7]indeno[5,6-*b*]naphthalin" (**139**)
- Englisch: '...naphthalene'
- nach ***(b_4)*** sollte "-anthracen" die Hauptkomponente sein; da der "Cyclobuta"-Anellant sowohl an dieser Hauptkomponente als auch am "Cyclopenta"-Anellant anelliert ist, wird "-naphthalin" zur 'Hauptkomponente'

140

"3*H*-2a,5a-Diazabenz[*cd*]azulen" (**140**)
- Numerierung wie Carbopolycyclus, auch für angulare Heteroatome (vgl. dazu ***(g)***)
- indiziertes H-Atom nach *Anhang 5**(a)**(**d**)*

141

"1,6-Epithiocycloprop[*a*]inden" (**141**)

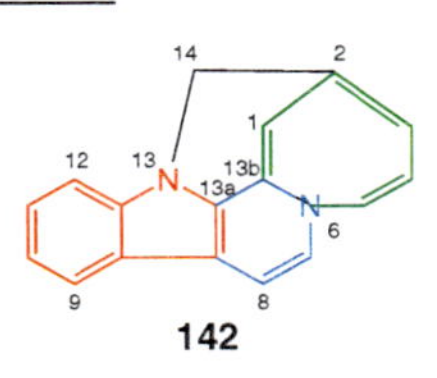

142

"2,13-Methano-13*H*-azepino[1′,2′:1,2]pyrido[3,4-*b*]indol" (**142**)
indiziertes H-Atom nach *Anhang 5**(f_{21})***

143

"1,12-Methanobenzocyclodecen" (**143**)

[8]) Anellierte Polycyclen, die **nur Si- und C-Atome** enthalten, bekommen als Stammnamen **Austauschnamen** nach *Kap. 4.6.4*, wenn der entsprechende Carbopolycyclus eine Grundstruktur aus *Tab. 4.2* ist. **Alle übrigen Si-haltigen anellierten Heteropolycyclen werden wie andere Heteroatom-haltige Strukturen behandelt** (s. auch *Fussnote 7*), **d.h.** für Si-haltige Hauptkomponenten oder Anellanten mit höchstens zehn Ringgliedern werden z.B. **ausnahmsweise** (vgl. *Kap. 4.5.3*, dort *Fussnote 5*) ***Hantzsch-Widman*-Namen** nach *Kap. 4.5.3* verwendet (s. ***(c_2)*** bzw. ***(d_2)***).

z.B.

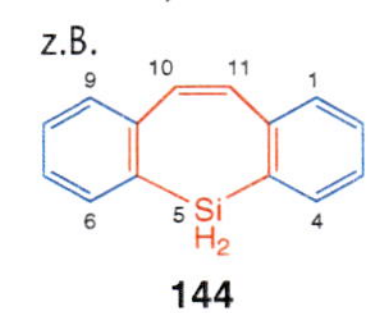

144

"5*H*-Dibenzo[*b,f*]silepin" (**144**)
- indiziertes H-Atom nach *Anhang 5**(a)**(**d**)*
- der nicht-anellierte Heteromonocyclus wird nach *Kap. 4.5.5.1* mittels Austauschnomenklatur benannt: "Silacyclohepta-2,4,6-trien"

z.B.

145

"Cyclopenta[*b*]pyran" (**145**)
- Englisch: 'cyclopenta[*b*]pyra**n**'
- Lokanten des Anellanten in der eckigen Klammer überflüssig, d.h. Anellierungsstelle nach (e_1) und (e_{21})

146

"Naphth[1,2-*a*]azulen" (**146**)
Anellierungsstelle nach (e_1)

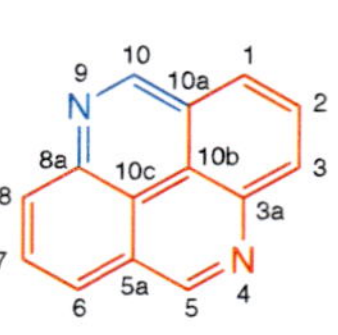

147

"Pyrido[2,3,4,5-*lmn*]phenanthridin" (**147**)
Anellierungsstelle nach (e_1) und (e_{25})

Ausnahmen:

Bei einem anellierten **Heterobicyclus mit *einem* Benzo-Anellanten, der keinen Trivialnamen hat** (s. *Tab. 4.2*), d.h. bei einem sogenannten **Benzoheteromonocyclus**, wird die **Anellierung durch die** dem vollständigen Namen **vorgestellten Lokanten der Heteroatome angegeben**; die Heteromonocyclus-Komponente (mindestens 5-Ring) hat einen *Hantzsch-Widman-*, Trivial- oder Austauschnamen nach *Kap. 4.5* (zur Elision des "o" von "Benzo-" vor Vokalen, vgl. (d_1)). Von dieser Regelung **ausgenommen** sind **Benzo-anelliertes Thiophen, Selenophen und Tellurophen** (s. unten, *Fussnote 9*).

Tab. 4.2

Kap. 4.5

IUPAC elidiert im Namen eines Benzoheteromonocyclus ausnahmsweise (wie CA) das "o" von "Benzo-" (vgl. unten, *Fussnote 14*; IUPAC FR-2.2.8).

Beachte:

Ein **Benzoheteromonocyclus** dieser Art **kann** seinerseits **als Hauptkomponente** (s. (c_3)) oder als Anellant (s. (d_3)) **dienen, wenn** *nach* der Wahl der vorrangigen Hauptkomponente und des(r) Anellanten gemäss (b_1) – (b_{10}) und (c_0) bzw. (d_0) **eine vorrangige Komponente einen *ortho*-anellierten *isolierten* Benzo-Anellanten trägt**, s. z.B. **233**, **235**, **236**, **245**, **269** (vgl. *(iii)*), **270**, **271**, **275**, **278**, **286**, **287**, **289**, **290** (vgl. *(ii)*), **291** (vgl. *(ii)*) und **293**. **Ein Benzoheteromonocyclus dieser Art *darf nicht* als Hauptkomponente oder Anellant verwendet werden,**

(i) **wenn er das Verwenden eines Trivialnamens** für einen Benzoheteromonocyclus (z.B. "Indol") oder einen Heteropolycyclus (z.B. "Carbazol") **aus *Tab. 4.3* verhindert**, s. z.B. **147 159**, **167**, **174**, **215**, **216**, **220**, **227**, **231**, **235**, **240**, **242** – **244**, **252**, **258** – **261**, **266**, **276**, **280** und **288**;

(ii) **wenn er das Verwenden eines Multiplikationsaffixes für** das mehrfache Auftreten der **Hauptkomponente** (s. (c_0)) **oder** eines **Anellanten** (s. (d_0)) **verhindert**, s. z.B. **161**, **163** und **227**;

(iii) **wenn am *ortho*-anellierten Benzo-Anellant** des Heteromonocyclus **eine zusätzliche Benzo- oder Carbocyclus-Komponente anelliert ist** (d.h. der *ortho*-anellierte Benzo-Anellant ist nicht isoliert), **wodurch ein nach *Tab. 4.2*** (im Vergleich mit "Benzo-") **vorrangiger Anellant erzeugt wird**, s. z.B. **237**, **238**, **241**, **292** und **293**.

Ausnahmsweise kann trotzdem ein Benzoheteromonocyclus als Hauptkomponente gewählt werden, wenn nämlich zwei oder mehr Anellanten sowohl untereinander als auch an die Hauptkomponente anelliert sind[7]), s. **148**.

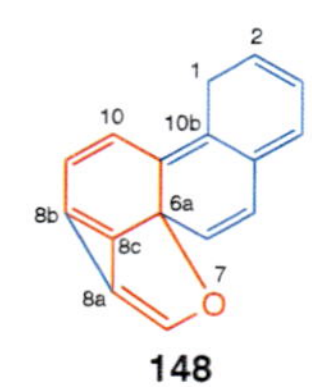

148

"1*H*-Cyclopropa[*cd*]naphtho[1,2-*h*]benzofuran" (**148**)
- Englisch: '...benzofura**n**'
- nach (b_6) sollte "-furan" die Hauptkomponente sein, wegen *(iii)*; da der "Cyclopropa"-Anellant sowohl an dieser Hauptkomponente als auch am "Phenanthro"-Anellanten anelliert ist, wird "-isobenzofuran" zur Hauptkomponente
- indiziertes H-Atom nach *Anhang 5(a)(d)*

z.B.

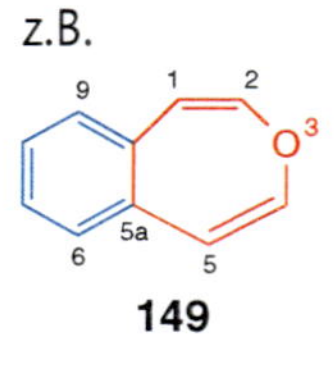

149

"3-Benzoxepin" (**149**)
- Englisch: '3-benzoxepi**n**' (bei CA kein endständiges 'e')
- in Anellierungsnamen "-[3]benzoxepin" $((c_3))$ bzw. "[3]Benzoxepino-" $((d_3))$

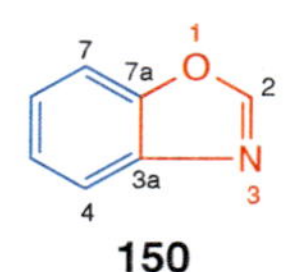

150

"Benzoxazol" (**150**)
- Lokanten "1,3" überflüssig, da die Isomeren "1,2-" bzw. "2,1-Benzisoxazol" heissen (s. **151**)
- in Anellierungsnamen "-benzoxazol" $((c_3))$ bzw. "Benzoxazolo-" $((d_3))$
- Chalcogen-Analoga: "**Benzothiazol**", "**Benzoselenazol**" bzw. "**Benzotellurazol**"
- IUPAC: "1,3-Benzoxazol" (**150**)

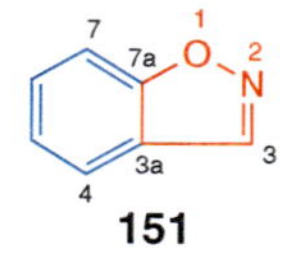

151

"1,2- Benzisoxazol" (**151**)
- in Anellierungsnamen "-[1,2]benzisoxazol" $((c_3))$ bzw. "[1,2]Benzisoxazolo-" $((d_3))$
- Chalcogen-Analoga: "**1,2-Benzisothiazol**", "**1,2-Benzisoselenazol**" bzw. "**1,2-Benzisotellurazol**"
- IUPAC: "1,2-Benzoxazol" (**151**)
- das Stellungsisomere heisst "2,1-Benzisoxazol" (IUPAC: "2,1-Benzoxazol"); vgl. **183**

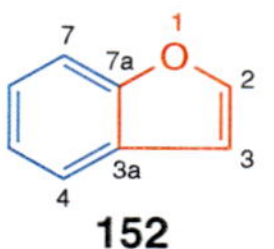

152

"Benzofuran"[9]) (**152**)
- Englisch: 'benzofura**n**'
- Lokant "1" überflüssig, da das Isomere den Trivialnamen "Isobenzofuran" (**83**) hat (*Tab. 4.3*)
- in Anellierungsnamen "-benzofuran" $((c_3))$ bzw. "Benzofuro-" $((d_3))$
- IUPAC: auch "1-Benzofuran" (obligatorisch in Anellierungsnamen; IUPAC FR-2.2.8)

---

[9]) Bei "**Benzothiophen**", "**Benzoselenophen**" und "**Benzotellurophen**" wird die Anellierung **wie üblich** in eckigen Klammern angegeben (s. (e_1) und (e_{21})), vgl. dazu jedoch **160**.

z.B.

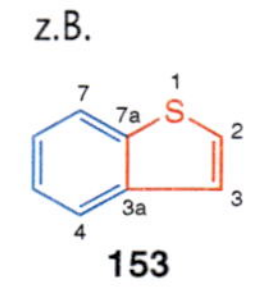

153

"Benzo[*b*]thiophen" (**153**)
- Lokanten des Anellanten in den eckigen Klammern überflüssig $((e_{21}))$
- in Anellierungsnamen dagegen "-[1]benzothiophen" $((c_3))$ bzw. "[1]Benzothieno-" $((d_3))$; s. jedoch **160** oder **180**
- IUPAC: "1-Benzothiophen"

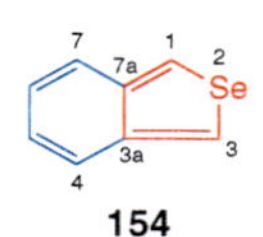

154

"Benzo[*c*]selenophen" (**154**)
- Lokanten des Anellanten in den eckigen Klammern überflüssig $((e_{21}))$
- in Anellierungsnamen dagegen "-[2]benzoselenophen" $((c_3))$ bzw. "[2]Benzoselenopheno-" $((d_3))$; s. jedoch **160** oder **181**
- IUPAC: "2-Benzoselenophen"

83

"Isobenzofuran"[9]) (**83**)
- Englisch: 'isobenzofura**n**'
- in Anellierungsnamen "-isobenzofuran" ((c_3)) bzw. "Isobenzofuro-" ((d_3))
- IUPAC: auch "2-Benzofuran" (obligatorisch in Anellierungsnamen; IUPAC FR-2.2.8)

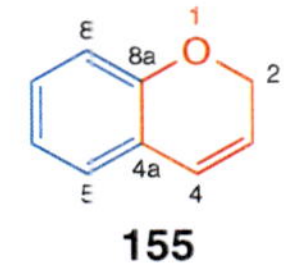
155

"2*H*-1-Benzopyran" (**155**)
- Englisch: '2*H*-1-benzopyra**n**'
- indiziertes H-Atom nach *Anhang 5**(a)(d)***
- in Anellierungsnamen "-[1]benzopyran" ((c_3)) bzw. "[1]Benzopyrano-" ((d_3))
- IUPAC: auch "**Chromen**", jetzt auch in Anellierungsnamen (IUPAC FR-2.2.7); s. *Fussnote d* in *Tab. 4.3*

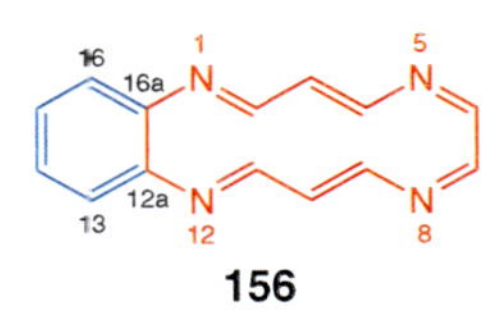
156

"1,5,8,12-Benzotetraazacyclotetradecin" (**156**)
- für die Endsilbe "-in" der Hauptkomponente, s. (c_2)
- in Anellierungsnamen "-[1,5,8,12]-benzotetraazacyclotetradecin" ((c_3)) bzw. "[1,5,8,12]Benzotetraazatetradecino-" ((d_3))

Anhang 5

Kap. 3.5

Die Angabe von **indiziertem H-Atom** erfolgt nach *Anhang 5*[10]) (s. **159**). Sind **mehrere Anellanten direkt an der Hauptkomponente** anelliert ('primary components', 'first-order attached components'), dann werden ihre Namen **in alphabetischer Reihenfolge angeordnet** (s. **160** und auch (e_{22})); allfällig notwendige Multiplikationsaffixe werden dabei nicht berücksichtigt (s. **258**). Ist die **Hauptkomponente oder** ein **gleichartiger Anellant mehrfach** vorhanden (s. **161** – **163**), dann werden die **Multiplikationsaffixe** "Di-", "Tri" *etc.* verwendet (bei Zweideutigkeiten oder bei gleichartigen Hauptkomponenten oder Anellanten mit Benzoheteromonocyclus-Namen (s. oben): "Bis-", "Tris-" *etc.*) (s. auch Beispiele in (e_{23}) und (e_{24})).

z.B.

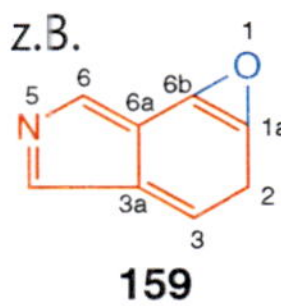
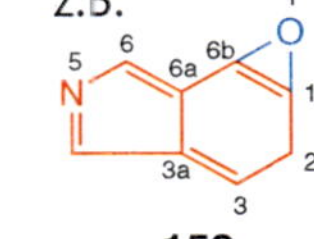
159

"2*H*-Oxireno[*e*]isoindol" (**159**)
- Anellierungsstelle nach (e_{21})
- indiziertes H-Atom nach *Anhang 5**(a)(d)***

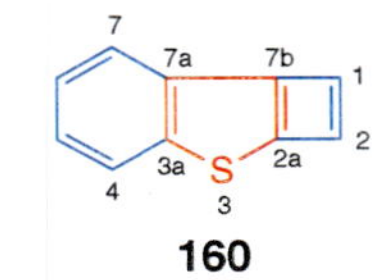
160

"Benzo[*b*]cyclobuta[*d*]thiophen" (**160**)
- Zuteilung von "*b*" und "*d*" nach (e_{22})
- CA: nicht "Cyclobuta[*b*][1]benzothiophen", trotz *Fussnote 9*
- **im Fall von zusätzlichen Carbocyclus-Anellanten an 153 oder 154** (S-, Se- und Te-Analoga) **verwendet CA meistens den Heteromonocyclus als Hauptkomponente**, auch wenn ***(iii)*** dafür einen Benzoheteromonocyclus erlauben würde, jedoch nicht immer; z.B. 'cyclobuta[4,5]benzo[1,2-*c*]thiophene' (nach ***(f)***) *vs.* '1*H*-cyclopropa[*f*]-2-benzothiophene' ("Cyclobuta"- *vs.* "Cyclopropa"-Anellant an C(5)–C(6) von **154** mit S statt Se, s. **181**)

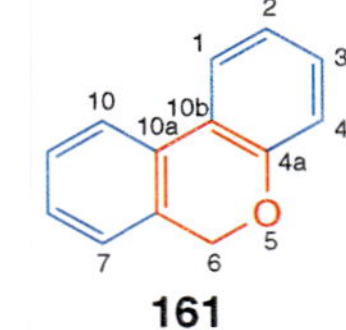
161

"6*H*-Dibenzo[*b,d*]pyran" (**161**)
- Englisch: '...pyra**n**'
- Anellierungsstelle nach (e_{23})
- indiziertes H-Atom nach *Anhang 5**(a)(d)***
- nicht "6*H*-Benzo[*c*][1]benzopyran" wegen Ausnahme ***(ii)*** (s. oben und (c_0))

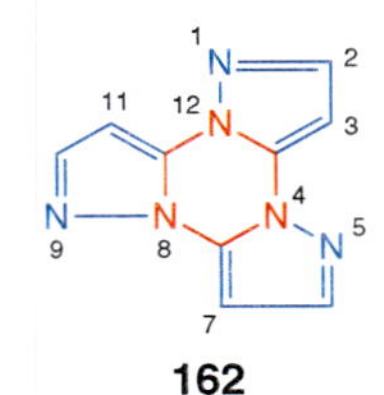
162

"Tripyrazolo[1,5-*a*:1′,5′-*c*:1′′,5′′-*e*][1,3,5]triazin" (**162**)
Anellierungsstelle nach (e_{23})

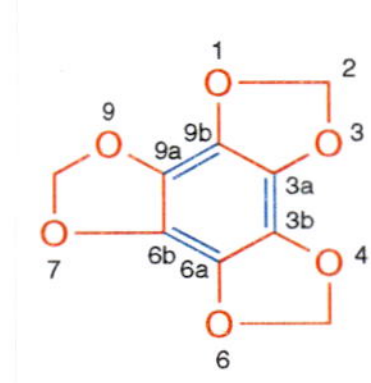
163

"Benzo[1,2-*d*:3,4-*d*′:5,6-*d*′′]tris[1,3]dioxol" (**163**)
- Anellierungsstelle nach (e_{24})
- nicht "Bis[1,3]dioxolo[4,5-*e*:4′,5′-*g*][1,3]-benzodioxol" wegen Ausnahme ***(ii)*** (s. oben und (c_0))

(b) Zuerst erfolgt die ***Wahl der vorrangigen Hauptkomponente*** ('base component', 'principal component', 'parent component'), wodurch auch die direkt an die Hauptkomponente anellierten Anellanten ('primary components', 'first-order attached components') und eventuell notwendige Nebenanellanten ('secondary, tertiary *etc.* components', 'higher-order attached components') identifiziert werden[11]). Dazu sind alle Ringe oder Ringkombinationen eines anellierten Polycyclus zu berücksichtigen. **Die vorrangige Hauptkomponente hat**

---

[10]) **Beim Anellierungsprozedere werden indizierte H-Atome sowie partielle Sättigungen vorerst ignoriert**; sowohl Hauptkomponente als auch Anellant(en) sind als Teilstrukturen mit der maximalen Anzahl nicht-kumulierter Doppelbindungen zu behandeln. **Erst nach erfolgter Anellierung** werden allfällig vorhandene indizierte H-Atome (möglichst tiefe nicht-angulare Lokanten (s. *Anhang 5*)) und/oder partielle Sättigung berücksichtigt. Dabei **wird zuerst in die Formel des anellierten Polycyclus die maximale Anzahl nicht-kumulierter Doppelbindungen eingetragen, *ausgehend vom höchst numerierten Atom*** (Achtung bei Atomen im Innern des Gerüsts, z.B. ist "10c" > "10b" > "10a" > "10"). Ist in der Formel eines anellierten Polycyclus mit der maximalen Anzahl nicht-kumulierter Doppelbindungen **ein gesättigtes angulares Zentrum unumgänglich, dann wird das im Namen nicht speziell erwähnt** (s. *Anhang 5**(b)***); anderen übrigbleibenden gesättigten Zentren werden indizierte H-Atome zugeteilt (s. **157** und **158**).

z.B.

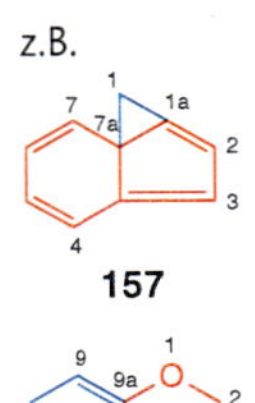
157

"1*H*-Cycloprop[*c*]inden" (**157**)
- Sättigung an C(7a) zwingend
- Anellierungsstelle nach (e_{21})
- indiziertes H-Atom nach *Anhang 5**(a)(d)***

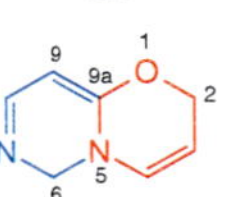
158

"2*H*,6*H*-Pyrimido[6,1-*b*][1,3]oxazin" (**158**)
- Sättigung an N(5) zwingend
- Anellierungsstelle nach (e_1)
- indiziertes H-Atom nach *Anhang 5**(a)(d)***
- das an der Anellierung beteiligte Heteroatom bekommt einen eigenen Lokanten (s. (g_2))

[11]) **Das Vorgehen zur Wahl der Hauptkomponente weicht von demjenigen zur Wahl der** (vorrangigen) **Gerüst-Stammstruktur** (*Kap. 3.3*) **ab. IUPAC** empfiehlt jetzt[1]) ein ausführlich beschriebenes Auswahlverfahren zur Bestimmung der vorrangigen Hauptkomponente, das weitgehend auf den CA-Richtlinien beruht (IUPAC FR-2.3 und FR-3.3.1).

Tab. 4.2 und 4.3

bevorzugt eine Struktur mit einem Trivial- oder Halbtrivialnamen aus den *Tab. 4.2* und *4.3* von *Kap. 4.6.2* oder mit einem Benzoheteromonocyclus-Namen aus *(a)*, ausgenommen wenn die für letztere geltenden **Einschränkungen *(i)* – *(iii)* zutreffen** (s. *(a)*). **Zusätzlich** zu den Prioritätenreihenfolgen in *Tab. 4.2* und *4.3* **sind der Reihe nach die folgenden Auswahlkriterien zu berücksichtigen**, d.h. auch Hauptkomponenten aus den *Tab. 4.2* und *4.3* und Benzoheteromonocyclen müssen diese Kriterien erfüllen (bei mehrfachem Auftreten der vorrangigen Hauptkomponente ist auch noch *(c_0)* zu konsultieren):

Die vorrangige Hauptkomponente ist[7]):

***(b_1)* ein Heterocyclus**;

z.B.

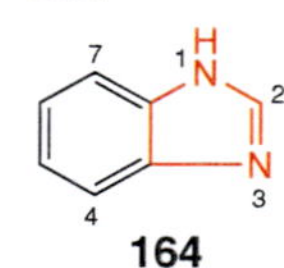

"1*H*-Benzimidazol" (**164**)
- Benzoheteromonocyclus nach *(a)*
- Lokanten "1,3" überflüssig, da das 1,2-Isomere den Trivialnamen "1*H*-Indazol" hat (s. **106** in *Tab. 4.3*)
- indiziertes H-Atom nach *Anhang 5(a)(d)*

***(b_2)* ein N-haltiger Heterocyclus**, unabhängig von der Ringgrösse und der Anzahl der übrigen Heteroatome;

z.B.

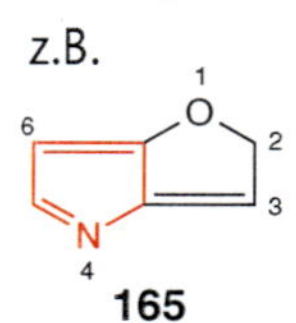

"2*H*-Furo[3,2-*b*]pyrrol" (**165**)
- Anellierungsstelle nach *(e_1)*
- indiziertes H-Atom nach *Anhang 5(a)(d)*

***(b_3)* ein nicht N-haltiger Heterocyclus mit einem Heteroatom höchster Priorität** (O > S > Se > Te > P > As > Sb > Bi > Si > Ge > Sn > Pb > B), unabhängig von der Ringgrösse und der Anzahl der übrigen Heteroatome, und **wenn *(b_2)* nicht zutrifft**;

z.B.

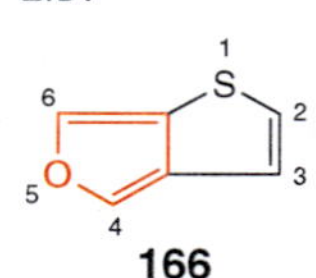

"Thieno[2,3-*c*]furan" (**166**)
- Englisch: 'thieno[2,3-*c*]fura**n**'
- O > S
- Anellierungsstelle nach *(e_1)*

Tab. 4.2 und 4.3

***(b_4)* eine Struktur mit der grössten Anzahl Ringe** (Struktur mit Trivialnamen aus *Tab. 4.2* und *4.3* oder mit Benzoheterocyclus-Namen aus *(a)* unter Berücksichtigung der Einschränkungen *(i)* – *(iii)*);

z.B.

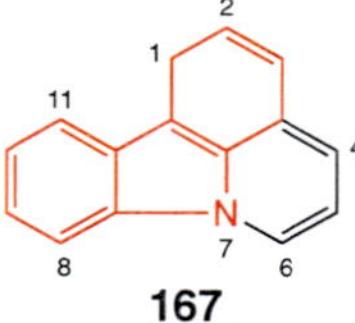

"1*H*-Pyrido[3,2,1-*jk*]carbazol" (**167**)
- nicht "Indolochinolin"; 3 Ringe > 2 Ringe > 1 Ring
- Anellierungsstelle nach *(e_{25})*
- indiziertes H-Atom nach *Anhang 5(a)(d)*

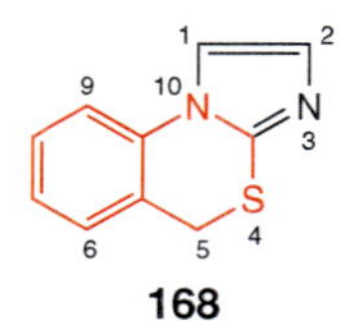

"5*H*-Imidazo[1,2-*a*][3,1]benzothiazin" (**168**)
- nicht "5*H*-Benzo[*d*]imidazo[2,1-*b*][1,3]thiazin"; 2 Ringe > 1 Ring
- Anellierungsstelle nach *(e_1)*
- indiziertes H-Atom nach *Anhang 5(a)(d)*

(b_5)* eine Struktur mit dem grössten Einzelring** am ersten Unterscheidungspunkt beim Vergleich der Teil-Ringe nach sinkender Grösse (z.B. *6* > *5* oder *6,**6**,5* > *6,**5**,5 etc.*; vgl. Ringanalyse in *Kap. 4.6.1*), unabhängig von der Anzahl des vorrangigen Heteroatoms im Teil-Ring (vgl. *(b_2)* und *(b_3)*; ***Ausnahme: **"Benzinden"** statt "Cyclopentanaphthalin" (s. unten **239**);

Kap. 4.6.1

z.B.

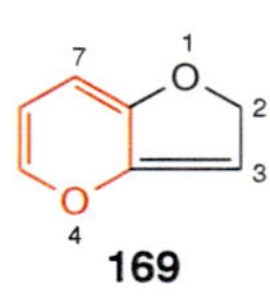

"2*H*-Furo[3,2-*b*]pyran" (**169**)
- Englisch: '2*H*-furo[3,2-*b*]pyra**n**'
- 6-Ring > 5-Ring
- Anellierungsstelle nach *(e_1)*
- indiziertes H-Atom nach *Anhang 5(a)(d)*

***(b_6)* eine Struktur mit der grössten Anzahl Heteroatome irgendeiner Art** (z.B. 2 O > 1 O, 1 O + 1 N > 1 N);

z.B.

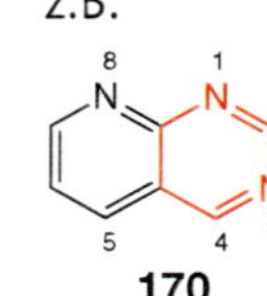

"Pyrido[2,3-*d*]pyrimidin" (**170**)
- 2 N > 1 N
- Anellierungsstelle nach *(e_1)*

***(b_7)* eine Struktur mit der grössten Varietät an Heteroatomen** (z.B. 1 S + 1 N > 2 N, 1 O + 1 P > 2 O, 1 O + 1 P + 1 N > 2 O + 1 N);

z.B.

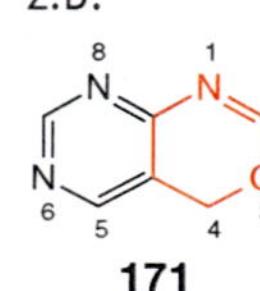

"4*H*-Pyrimido[4,5-*d*]-1,3-oxazin" (**171**)
- 1 O + 1 N > 2 N
- Anellierungsstelle nach *(e_1)*
- indiziertes H-Atom nach *Anhang 5(a)*
- die ursprüngliche Numerierung der Hauptkomponente fällt mit derjenigen von **171** zusammen (s. *(g_{32})*), d.h. CA lässt die eckigen Klammern um "1,3" weg (IUPAC: "...*d*][1,3]oxazin")

***(b_8)* eine Struktur mit der grössten Anzahl an Heteroatomen höchster Priorität** (O > S > Se > Te > N > P > As > Sb > Bi > Si > Ge > Sn > Pb > B);

z.B.

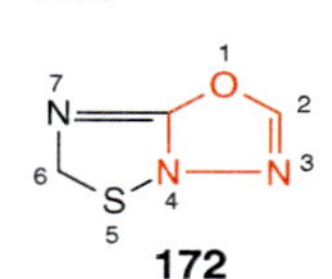

"6*H*-[1,2,4]Thiadiazolo[3,2-*b*]-1,3,4-oxadiazol" (**172**)
- 1 O + 2 N > 1 S + 2 N
- Anellierungsstelle nach *(e_1)*
- indiziertes H-Atom nach *Anhang 5(a)(d)*
- die ursprüngliche Numerierung der Hauptkomponente fällt mit derjenigen von **172** zusammen (s. *(g_{32})*), d.h. CA lässt die eckigen Klammern um "1,3,4" weg (IUPAC: "...*b*][1,3,4]oxadiazol")

***(b_9)* eine Struktur mit der linearsten Anordnung der Teil-Ringe**, d.h. allgemein mit der bevorzugten Anordung gemäss *(g_1)*;

z.B.

"Naphth[1,2-*a*]anthracen" (**173**)
- nicht "Naphtho[2,3-*c*]phenanthren" (s. auch Prioritäten in *Tab. 4.2*)
- Anellierungsstelle nach ***(e₁)***

173

(b₁₀) **eine Struktur mit den tiefsten Lokanten für Heteroatome** (vor der Anellierung); **Ausnahmen**: "Chinolizin" (**110**) > "Chinolin" (**109**) > "Isochinolin" (**108**).

z.B.

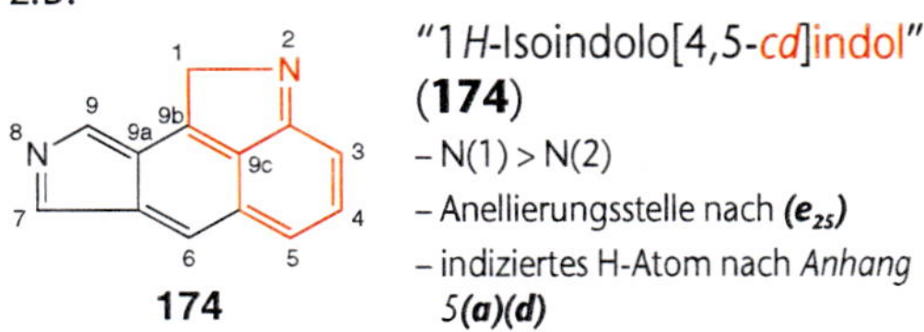

"1*H*-Isoindolo[4,5-*cd*]indol" (**174**)
- N(1) > N(2)
- Anellierungsstelle nach ***(e₂₅)***
- indiziertes H-Atom nach *Anhang 5(a)(d)*

174

(c) ***(c₀)*** Lässt sich die **vorrangige Hauptkomponente** im anellierten Polycyclus **mehrfach** lokalisieren, dann wird das im Namen **bevorzugt mit Multiplikatiaffixen angegeben** (s. ***(a)*** und ***(e₂₄)*** bzw. **163**, **225 – 228**, **238**, **278**, **283** und **288 – 291**).

Anhang 2

Ist dies nicht möglich, dann basiert der Name mit abnehmender Priorität auf der **Lage der vorrangigen Hauptkomponente** (s. IUPAC FR-3.3.1 für Beispiele),

- **die möglichst keine Nebenanellanten** ('secondary, tertiary *etc.* components', 'higher-order components') **benötigt** (vgl. ***(f)***),
- **die möglichst viele direkt daran anellierte Anellanten** ('primary components', 'first-order components') **aufweist**,
- **die wenn möglich den gleichen Anellanten mehrfach trägt**,
- **die einen zentral gelegenen Anellanten mit vorrangiger Struktur** (s. ***(d₀)***) **trägt**,
- **die vorrangige Anellanten** (s. ***(d₀)***) **trägt**.

Die *Hauptkomponente* wird dann entsprechend ihrer Struktur **benannt und die Anellierungsseite(n) nach *(e)* bestimmt** (der Anellant ist durch } angedeutet). Die **Hauptkomponente** ist ein:

(c₁) **Heteromono- oder Heteropolycyclus mit Trivialnamen** aus *Tab. 4.3*;

Tab. 4.3

z.B.

"-*c*]isochinolin" (**175**)
Englisch: '-*c*]isoquinoline'

175

"-*a*]imidazol"[10]) (**176**)

176

(c₂) **Heteromonocyclus mit *Hantzsch-Widman*-Namen** nach *Kap. 4.5.3* **oder mit Austauschnamen** nach *Kap. 4.5.4* (in beiden Fällen **mit** Unsättigung entsprechend **der maximalen Anzahl nicht-kumulierter Doppelbindungen**[2])):

Kap. 4.5.3
Kap. 4.5.4

- **Austauschnamen enden** in diesem speziellen Fall **auf "-in"**[12]) statt "-an", "-en", "-dien" *etc.*; die **Endsilbe "-in" bedeutet maximale Anzahl nicht-kumulierter Doppelbindungen**[2]) (nicht: 1 Dreifachbindung):

  "**...heterocycloalkin**"[12]);
- allfällig notwendige **Lokanten** werden **in eckige Klammern** gesetzt, wenn sie nicht mit den Lokanten des anellierten Polycyclus (s. ***(g₂)***) zusammenfallen (**IUPAC**: immer eckige Klammern (IUPAC FR-4.8));

z.B.

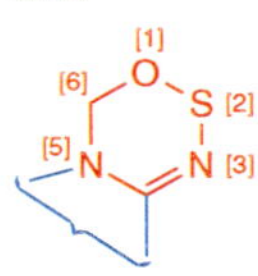

"-*d*][1,2,3,5]oxathiadiazin"[10]) (**177**)
Hantzsch-Widman-Name

177

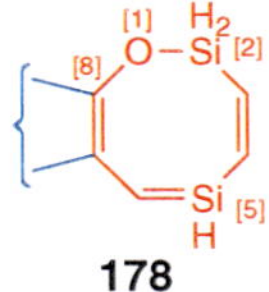

"-*g*][1,2,5]oxadisilocin"[10]) (**178**)
- Englisch: '-*g*][1,2,5]oxadisilocin' (bei CA kein endständiges 'e')
- *Hantzsch-Widman*-Name[8])

178

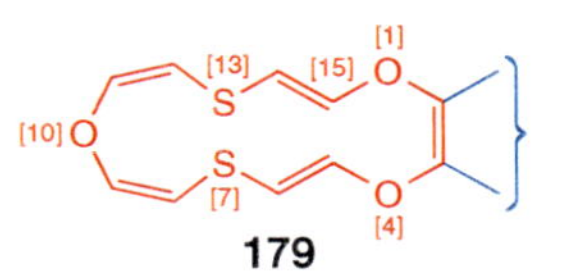

179

"-*b*][1,4,10,7,13]trioxadithiacyclopentadecin" (**179**)
- Englisch: '-*b*][1,4,10,7,13]trioxadithiacyclopentadecin' (bei CA kein endständiges 'e')
- **Anordnung der Lokanten** im Austauschnamen **von der** sonst **üblichen** (s. *Kap. 4.5.4*) **abweichend**

(c₃) **Heterobicyclus mit Benzo-Anellant ohne Hauptkomponentenbuchstaben im Namen** (= **Benzoheteromonocyclus-Namen**; s. Ausnahmen in ***(a)***; beachte auch *Fussnote 9*):

- von Trivialnamen hergeleiteter Namen,

z.B.

"-*f*]benzofuran" (**180**)
- Englisch: '-*f*]benzofuran'
- dagegen für die Chalcogen-Analoga[9]) "**-*f*][1]benzothiophen**", "**-*f*][1]benzoselenophen**" bzw. "**-*f*][1]benzotellurophen**" (CA auch "...4,5]benzo[1,2-*b*]thiophen" *etc.*, ohne dass die Einschränkung ***(iii)*** aus ***(a)*** zutrifft (s. **160**))
- IUPAC: "-*f*][1]benzofuran" (**180**)

180

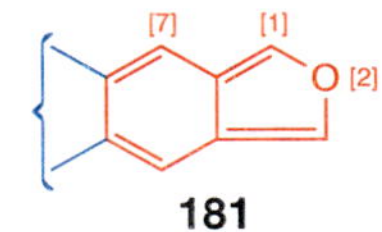

"-*f*]isobenzofuran" (**181**)
- Englisch: '-*f*]isobenzofuran'
- dagegen für die Chalcogen-Analoga[9]) "**-*f*][2]benzothiophen**", "**-*f*][2]benzoselenophen**" bzw. "**-*f*][2]benzotellurophen**" (CA auch "...4,5]benzo[1,2-*c*]thiophen" *etc.*, ohne dass die Einschränkung ***(iii)*** aus ***(a)*** zutrifft (s. **160**))
- IUPAC: "-*f*][2]benzofuran" (**181**)

181

[12]) CA unterscheidet – im Englischen – zwischen **'-ine' für N-, P- oder As-haltige Heterocyclen** und **'-in' für alle übrigen Heterocyclen** (CA ¶ 149).

182

"-*h*][1]benzopyran"[10]) (**182**)

- Englisch: '-*h*][1]benzopyra**n**'
- Chalcogen-Analoga: "**-*h*][1]benzothiopyran**", "**-*h*][1]benzoselenin**" bzw. "**-*h*][1]benzotellurin**"
- IUPAC: "-*h*]chromen" (**182**) und Chalcogen-Analoga "-*h*]thiochromen", "-*h*]selenochromen" bzw. "-*h*]tellurochromen"

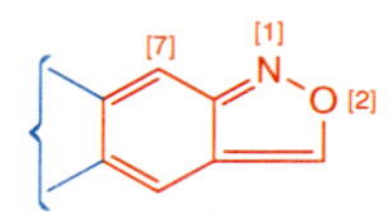

183

"-*f*][2,1]benzisoxazol" (**183**)
- IUPAC: "-*f*][2,1]benzoxazol"

- von *Hantzsch-Widman*- oder Austauschnamen hergeleiteter Namen (s. auch **(*c*$_2$)**);

z.B.

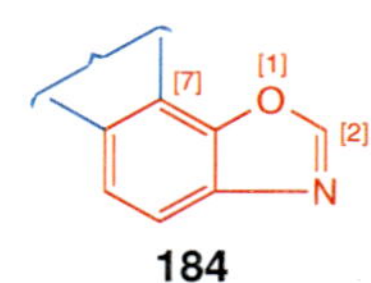

184

"-*g*]benzoxazol" (**184**)
- Lokanten "1,3" überflüssig, da das 1,2- oder 2,1-Isomere den Trivialnamen "**-benzisoxazol**" hat (s. **183**)
- IUPAC: "-*g*][1,3]benzoxazol"

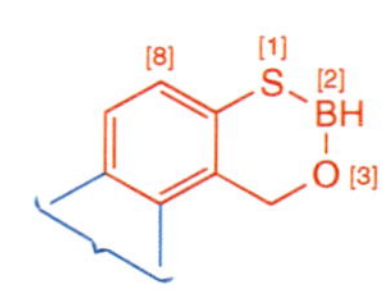

185

"-*f*][3,1,2]benzoxathiaborin"[10]) (**185**)
Englisch: '-*f*][3,1,2]benzoxathiabori**n**' (bei CA kein endständiges 'e')

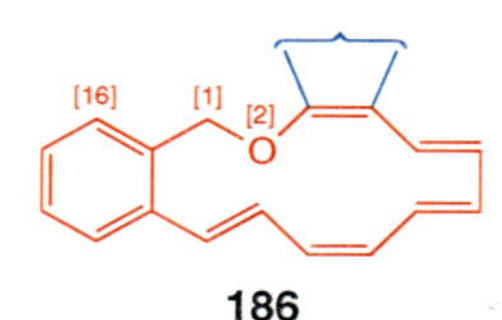

186

"-*c*][2]benzoxacyclotetradecin"[10]) (**186**)
Englisch: '-*c*][2]benzoxacyclotetradeci**n**' (bei CA kein endständiges 'e')

Tab. 4.2

(*c*$_4$) anellierter Carbopolycyclus mit Trivialnamen aus *Tab. 4.2*;

z.B.

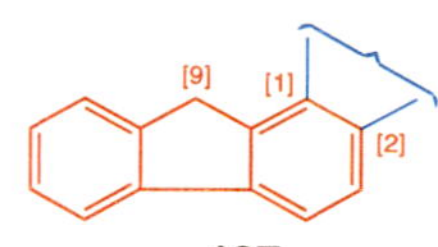

187

"-*a*]fluoren"[10]) (**187**)

Kap. 4.4

(*c*$_5$) Carbomonocylus:

"**-cycloalken**"[13])
- die **Endsilbe "-en" bedeutet** in diesem speziellen Fall **maximale Anzahl nicht-kumulierter Doppelbindungen**[2]) (nicht: 1 Doppelbindung),
- ***Ausnahme:*** "-...]**benzol**" (Englisch: '-...]benzene')

z.B.

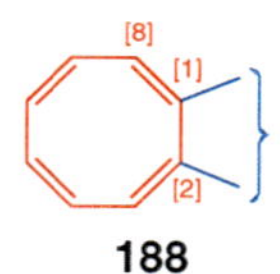

188

"-*a*]cycloocten" (**188**)

(*d*) (*d*$_0$) Besteht eine **Wahl zur Benennung eines direkt an die Hauptkomponente anellierten Anellanten** ('primary component', 'first-order attached component'), dann wird der vorrangige Anellant analog der **Prioritätenreihenfolge** für die vorrangige Hauptkomponente **nach *(b)*** bestimmt (die übrigbleibende Komponente ist dann ein Nebenanellant, s. ***(f)***). Lässt sich der **direkt an die Hauptkomponente anellierte Anellant** im anellierten Polycyclus (nach erfolgter Wahl der vorrangigen Hauptkomponente) **mehrfach** lokalisieren, dann wird das im Namen **bevorzugt mit Multiplikatiionsaffixen angegeben** (s. ***(a)*** und **(*e*$_{23}$)** bzw. **161**, **162**, **223**, **224**, **238**, **251**, **255**, **257**, **258** und **283**).

Anhang 2

Ist dies nicht möglich, dann basiert der Name mit abnehmender Priorität auf der **Lage des direkt anellierten Anellanten** (s. IUPAC FR-3.4.1 für Beispiele),

- **die tiefere Anellant-Lokanten nach *(e)* für die Anellierungsseite** an der Hauptkomponente **ergibt** (**als Satz**; z.B. "[2,1-*b*]" > "[4,3-*b*]", d.h. "**1**,2" > "**3**,4"),
- **die tiefere Anellant-Lokanten nach *(e)* für die Anellierunsseite** an der Hauptkomponente **in der angeführten Reihenfolge ergibt** (nicht als Satz; z.B. "[1,2-*a*]" > "[2,1-*a*]", d.h. "**1**,2" > "**2**,1").

Bleibt eine Wahl, dann wird das gleiche Prozedere auf die Anellant-Lokanten eines Nebenanellanten für dessen Anellierungsseite am direkt anellierten Anellanten angewandt (s. ***(f)***).

Der *Anellant* wird dann entsprechend seiner Struktur **benannt und, unter Beachtung der Anellierungsseite nach *(e)*, numeriert** (die Hauptkomponente ist durch } angedeutet). Der **Anellant** ist ein:

Tab. 4.2 oder 4.3

(*d*$_1$) Mono- oder Polycyclus mit Trivialnamen aus *Tab. 4.2* oder *4.3*:

"**Trivialname + o**"[14])

z.B.

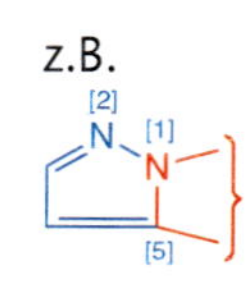

189

"Pyrazolo-"[10]) (**189**)

190

"Indolo-"[10]) (**190**)

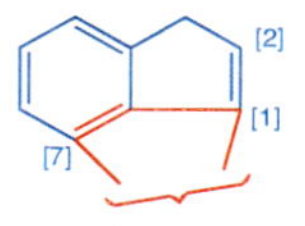

191

"Indeno-"[10]) (**191**)

[13]) Im Gegensatz zu CA lässt **IUPAC für carbomonocyclische Hauptkomponenten (nicht aber für Anellanten**, s. **(*d*$_4$)**) mit mehr als sechs Ringgliedern und der maximalen Anzahl nicht-kumulierter Doppelbindungen **Annulen-Namen** zu (IUPAC R-2.4.1); vgl. dazu *Fussnote 2* in *Kap. 4.4*. In Anellierungsnamen wird deshalb neu[1]) "-[*n*]annulen" (*n* > 6) empfohlen (IUPAC FR-2.1.1 und FR-Appendix 1). IUPAC-Varianten mit Annulen-Namen werden hier nicht angeführt.

[14]) **Das endständige "o" bzw. "a" der Anellant-Namen "Benzo-", "Naphtho-", "Acenaphtho-", "Perylo-" und "Cycloalka-"** (z.B. "Cyclopenta-") **wird vor Vokalen weggelassen; in allen andern Fällen wird das "o" bzw. "a" beibehalten,** z.B. "Benz[*a*]anthracen", "1*H*-Cycloprop[*a*]indolizin", aber "1*H*-Anthr**a**[2,3-*d*]**i**midazol". **IUPAC** empfiehlt, ausser in Benzoheteromonocyclus-Namen (s. Ausnahmen in ***(a)***), in allen Fällen auf die Elision von "o" und "a" der Anellant-Namen zu verzichten (IUPAC R-2.4.1.1) sowie die verkürzten Anellant-Namen "Acenaphtho-" und "Perylo-" sowie "Isochino-" und "Chino-" nicht mehr zu verwenden (IUPAC FR-2.1.9 bzw. FR-2.2.5).

Ausnahmen[14]):

- "**Tellurolo-**" (vom *Hantzsch-Widman*-Namen anstatt von "Tellurophen" (**75**), d.h. nicht "Telluropheno-"); **dagegen** "**Benzotelluropheno-**" (s. **199** und **200**)
- "**Selenolo-**" (vom *Hantzsch-Widman*-Namen anstatt von "Selenophen" (**76**), d.h. nicht "Selenopheno-"); **dagegen** "**Benzoselenopheno-**" (s. **199** und **200**)
- "**Thieno-**" (von "Thiophen" (**78**)); analog "**Benzothieno-**"(s. **199** und **200**)
- "**Furo-**" (von "Furan" (**81**)); analog "**Benzofuro-**"(**199**)
- "**Isobenzofuro-**" (von "Isobenzofuran (**83**); s. **200**)
- "**Imidazo-**" (von "Imidazol" (**93**)); analog "**Benzimidazo-**" (**201**)
- "**Pyrido-**" (von "Pyridin" (**98**))
- "**Pyrimido-**" (von "Pyrimidin" (**100**))
- "**Isochino-**" (von "Isochinolin" (**108**); Englisch: '**isoquino-**')
- "**Chino-**" (von "Chinolin" (**109**); Englisch: '**quino-**')
- "**Benz(o)-**" (von "Benzol"; s. **204**)
- "**Naphth(o)-**" (von "Naphthalin" (**28**))
- "**Acenaphth(o)-**" (von "Acenaphthylen" (**34**))
- "**Phenanthro-**" (von "Phenanthren" (**37**))
- "**Anthra-**" (von "Anthracen" (**38**))
- "**Peryl(o)-**" (von "Perylen" (**49**))

Kap. 4.5.3
Kap. 4.5.4

(*d*$_2$) Heteromonocyclus mit *Hantzsch-Widman*-Namen nach *Kap. 4.5.3* **oder mit Austauschnamen** nach *Kap. 4.5.4* (in beiden Fällen **mit** Unsättigungen entsprechend **der maximalen Anzahl nicht-kumulierter Doppelbindungen**[2])):

"***Hantzsch-Widman*-Name + o**"[14])

"**Austauschname (Endsilbe "-in") + o**"[14])

- entsprechend **(*c*$_2$)** bedeutet "**Heterocycloalkino-**" die **maximale Anzahl nicht-kumulierter Doppelbindungen**[2]),
- allfällig notwendige **Lokanten** werden **in eckige Klammern** gesetzt, wenn sie nicht mit den Lokanten des anellierten Polycyclus zusammenfallen (**IUPAC**: immer eckige Klammern (IUPAC FR-4.8));

z.B.

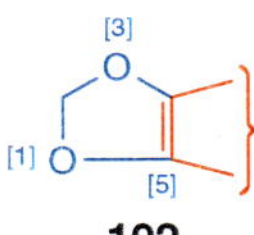

"[1,3]Dioxolo-"[10]) (**192**)
Hantzsch-Widman-Name

193

"[1,2]Disileto-" (**193**)
Hantzsch-Widman-Name[8])

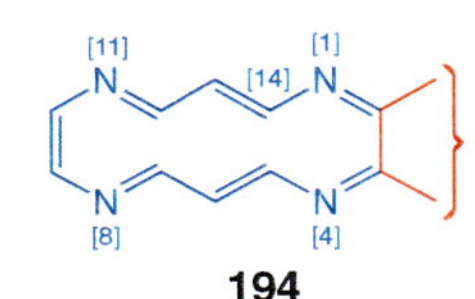

"[1,4,8,11]Tetraazacyclotetradecino-" (**194**)
Anordnung der Lokanten im Austauschnamen **von der** sonst **üblichen** (s. *Kap. 4.5.4*) **abweichend, wenn der Anellant verschiedenartige Heteroatome enthält** (vgl. **179**)

(*d*$_3$) Heterobicyclus mit Benzo-Anellant ohne Hauptkomponentenbuchstaben im Namen (= **Benzoheteromonocyclus-Namen**; s. Ausnahmen in **(*a*)**; beachte auch *Fussnote 9*):

"**Name entsprechend (*c*$_3$) + o**"[14])

z.B.

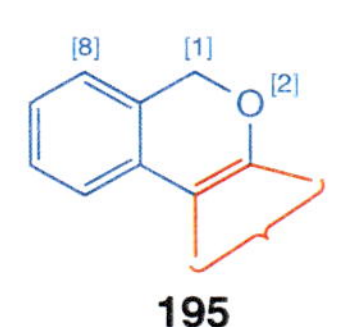

"[2]Benzopyrano-"[10]) (**195**)
- Chalcogen-Analoga: "**[2]Benzothiopyrano-**", "**[2]Benzoselenino-**" bzw. "**[2]Benzotellurino-**"
- IUPAC: "Isochromeno-" (**195**) und Chalcogen-Analoga "Isothiochromeno-", "Isoselenochromeno-" bzw. "Isotellurochromeno-"

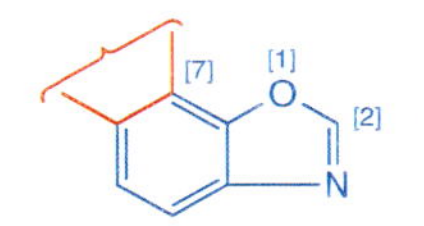

"Benzoxazolo-" (**196**)
IUPAC: "[1,3]Benzoxazolo-"

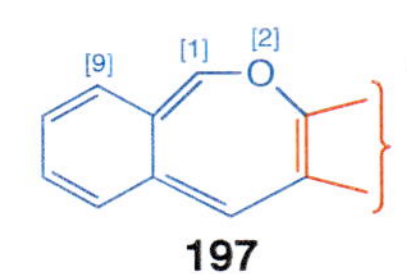

"[2]Benzoxepino-" (**197**)

198

"[4]Benzoxacycloundecino-" (**198**)

Ausnahmen (s. **(*d*$_1$)**):

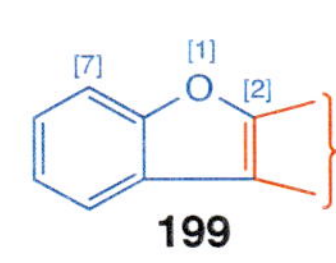

"**Benzofuro-**" (**199**)
- dagegen für die Chalcogen-Analoga[9]): "**[1]Benzothieno-**", "**[1]Benzoselenopheno-**" bzw. "**[1]Benzotelluropheno-**"
- IUPAC: "[1]Benzofuro-" (**199**)

"**Isobenzofuro-**" (**200**)
- dagegen für die Chalcogen-Analoga[9]): "**[2]Benzothieno-**", "**[2]Benzoselenopheno-**" bzw. "**[2]Benzotelluropheno-**"
- IUPAC: "[2]Benzofuro-" (**200**)

201

"**Benzimidazo-**"[10]) (**201**)
Lokanten "1,3" überflüssig, da das 1,2-Isomere den Trivialnamen "**Indazolo-**" hat (von "1*H*-Indazol" (**106**) in *Tab. 4.3*)

Kap. 4.4

(d_4) Carbomonocyclus:

"Cycloalk(a)-"[13])[14])

"Cycloalka-" bedeutet **maximale Anzahl nicht-kumulierter Doppelbindungen**[2]);

z.B.

"Cycloprop(a)-"[10]) (**202**)

202

"Cyclobut(a)-" (**203**)

203

Ausnahme (s. **(d_1)**):

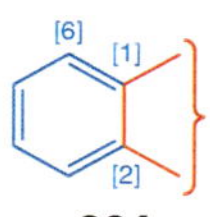

"Benz(o)-" (**204**)

204

z.B.

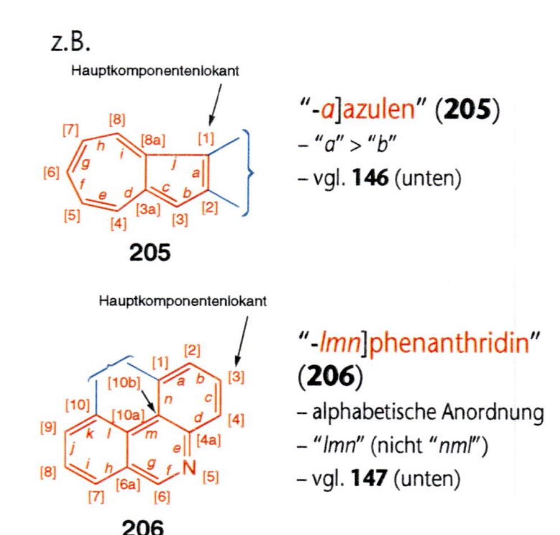

"-*a*]azulen" (**205**)
- "*a*" > "*b*"
- vgl. **146** (unten)

"-*lmn*]phenanthridin" (**206**)
- alphabetische Anordnung
- "*lmn*" (nicht "*nml*")
- vgl. **147** (unten)

Ausnahmen:

Bei **nicht-systematisch numerierten Hauptkomponenten** ("-phenanthren" (s. **37**), "-anthracen" (s. **38**), "-xanthen" (s. **84**), "-purin" (s. **107**), "-carbazol" (s. **117**) und "-acridin" (s. **119**)) wird der Hauptkomponentenbuchstabe "*a*" der Seite zwischen Lokant "1" und "2", dann "*b*" der Seite zwischen Lokant "2" und dem nächsten Ringglied auf der Peripherie des Gerüsts in der Richtung "1" → "2" → zugeordnet, *etc.*

z.B.

"-*f*]purin"[10]) (**207**)

207

(e) *Angabe der Anellierungsstelle:*

(e_1) Der **Ort der Anellierung** wird im Fall eines direkt an die Hauptkomponente anellierten Anellanten ('primary component', 'first-order attached component') im allgemeinen folgendermassen **in eckigen Klammern** angegeben (für Spezialfälle, s. die Benzoheteromonocyclus-Namen in **(*a*)** und **(e_2)**):

"**Anellant[Anellant-Lokanten - Hauptkomponentenbuchstabe(n)]Hauptkomponente**"

Die Lokanten betreffen die Anellierungsseite(n) des Anellanten, der (die) Buchstabe(n) die Anellierungsseite(n) der Hauptkomponente.

- **Hauptkomponentenbuchstaben:**

  Sie werden folgendermassen bestimmt:

  "*a*" = Seite der Hauptkomponentenperipherie zwischen Lokant "1" und "2" der Hauptkomponentennumerierung,

  "*b*" = entsprechende Seite zwischen Lokant "2" und "3" (oder ev. "2" und "2a"),

  etc. (werden mehr als 26 Buchstaben (**inkl. "*j*"**) zur Bezeichnung aller Seiten einer Hauptkomponente benötigt, dann wird mit "a_1", "b_1", "c_1"..., dann mit "a_2", "b_2", "c_2"... weitergefahren).

  Der (die) Hauptkomponentenbuchstabe(n) im Namen (in den eckigen Klammern) **bezeichnet(n) die Anellierungsseite(n) der Hauptkomponente. Bei Wahl** muss (müssen) der (die) **Hauptkomponentenbuchstabe(n)** (als Satz) **im Alphabet so früh wie möglich** erscheinen.

- **Anellant-Lokanten:**

  Die ursprünglichen peripheren Anellant-Lokanten (auch im Fall von nicht-systematisch numerierten Anellanten, vgl. oben; s. z.B. **254**) **werden zur Bezeichnung der Anellierungsseite des Anellanten verwendet.** Sie werden **im Namen in den eckigen Klammern** vor dem(n) Hauptkomponentenbuchstaben **gemäss der Buchstabenfolge** der Hauptkomponente **angeordnet** (d.h. entlang steigender ursprünglicher Hauptkomponentenlokanten; s. **Pfeil** →). Dabei entfällt ein um "a", "b", "c" *etc.* erweiterter Lokant (= alphanumerischer Lokant) einer ursprünglich angularen Stelle des Anellanten, wenn er zwischen Lokanten ohne "a", "b", "c" *etc.* von ursprünglich nicht-angularen Stellen angeführt werden müsste (s. **214** und **(e_{25})**). **Bei Wahl** müssen die **Anellant-Lokanten der Anellierungsseite(n) als Gesamtheit möglichst tief sein**[15]). Das führt dazu, dass im Namen die Anellant-Lokanten nicht immer nach steigenden Zahlen angeordnet werden (s. **209** und **211** sowie **(e_{25})**).

  z.B.

  "Naphtho[1,2-" (**208**)
  - "**1**,2" > "4,3" (⇔ "**3**,4")
  - vgl. **146** (unten)

  208 Anellant-Lokant

[15]) Diejenige Folge von Lokanten hat Priorität, die am ersten Unterscheidungspunkt die niedrigere Zahl hat, z.B. "2,1,8" (⇔ "1,**2**,8") > "7,8,1" (⇔ "1,**7**,8") (s. **214**), "1,**2**,5,7" > "1,**3**,4,5" *etc.* Bei Wahl sind die Lokanten jedoch nach steigenden Zahlen anzuordnen, z.B. "[1,2-*a*]" > "[2,1-*a*]" (s. **234**).

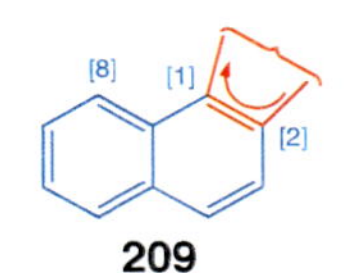
209

"Naphtho[2,1-" (**209**)
- "2,1" (⇔ "**1**,2") > "**3**,4"
- vgl. **212** (unten)

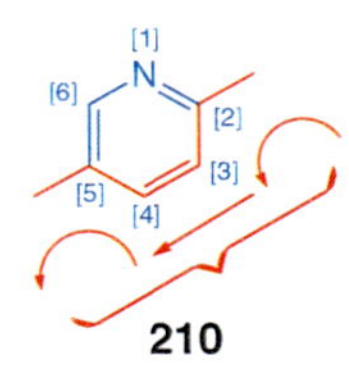
210

"Pyrido[2,3,4,5-" (**210**)
- "**2**,3,4,5" > "6,5,4,3" (⇔"**3**,4,5,6")
- vgl. **147** (unten)

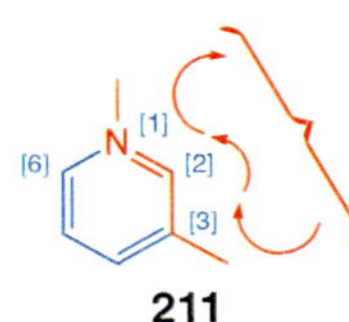
211

"Pyrido[3,2,1-" (**211**)
- "3,2,1" (⇔ "1,**2**,3") > "5,6,1" (⇔ "1,**5**,6")
- vgl. **215** (unten)

Die Anellant-Lokanten und Hauptkomponentenbuchstabe(n) in eckigen Klammern werden dann zwischen die Namen des Anellanten und der Hauptkomponente gesetzt.

z.B.

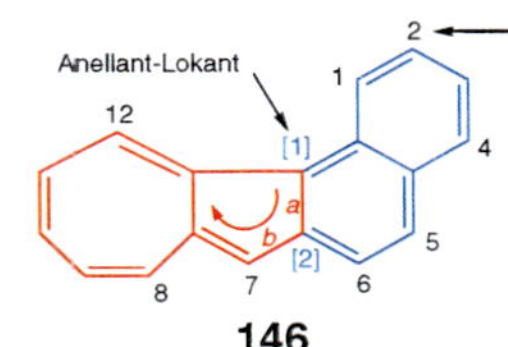

146

"Naphth[1,2-*a*]azulen" (**146**)
aus **208** und **205** (oben)

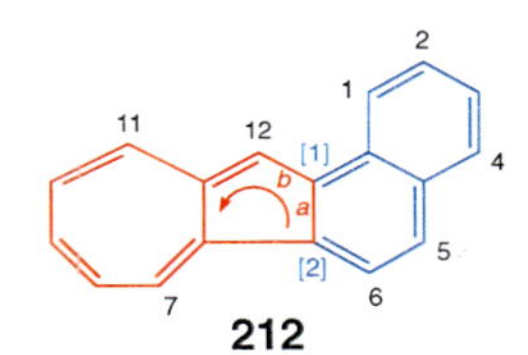
212

"Naphth[2,1-*a*]azulen" (**212**)
aus **209** und **205** (oben)

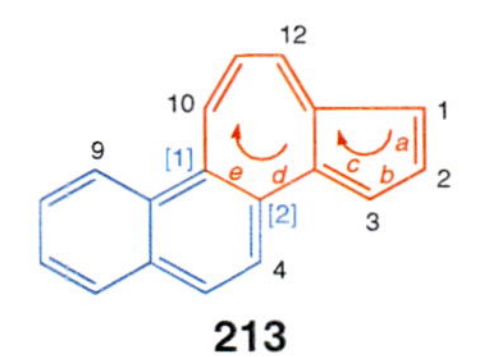
213

"Naphth[2,1-*e*]azulen" (**213**)

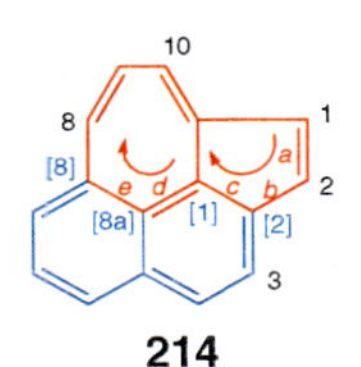
214

"Naphth[2,1,8-*cde*]azulen" (**214**)
Anellant-Lokanten von angularen Stellen (hier "[8a]", s. ***(g₂)***) werden weggelassen, s. ***(e₂₅)***

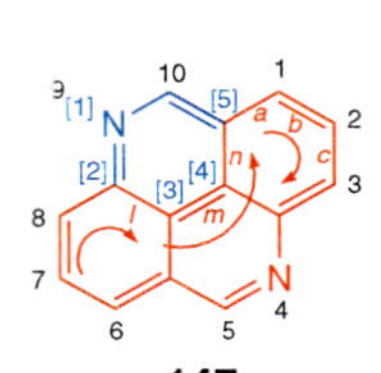
147

"Pyrido[2,3,4,5-*lmn*]phenanthridin" (**147**)
- aus **210** und **206** (oben)
- s. auch ***(e₂₅)***

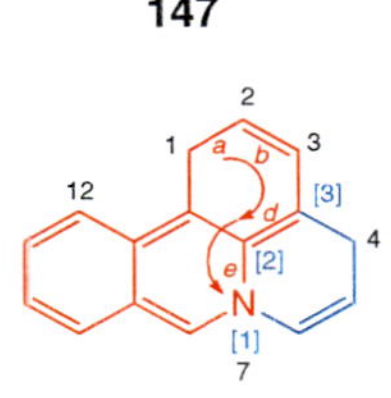
215

"1*H*,4*H*-Pyrido[3,2,1-*de*]phenanthridin" (**215**)
- s. auch ***(e₂₅)***
- angulare Heteroatome bekommen einen eigenen Lokanten: N(7) (s. ***(g₂)***)
- indiziertes H-Atom nach *Anhang 5**(a)**(**d**)* und *Fussnote 10*

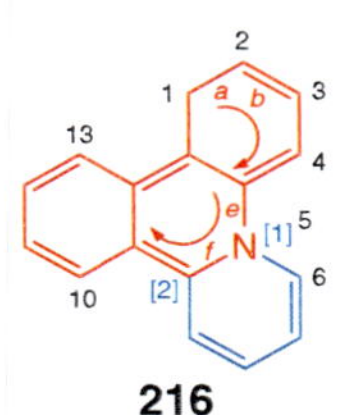
216

"1*H*-Pyrido[1,2-*f*]phenanthridin" (**216**)
- angulare Heteroatome bekommen einen eigenen Lokanten: N(5) (s. ***(g₂)***)
- indiziertes H-Atom nach *Anhang 5**(a)**(**d**)* und *Fussnote 10*

(e₂) ***Spezialfälle:***

(e₂₁) **Die Hauptkomponentenbuchstaben und/oder die Anellant-Lokanten werden weggelassen, wenn der Name eindeutig bleibt** (s. auch die Benzoheteromonocyclus-Namen in ***(a)***).

z.B.

217

"Cyclopropa[1,2:1,3]dibenzol" (**217**)
- s. auch ***(e₂₄)***
- Sättigung an C(8a) zwingend[10]

218

"Cyclobut[*a*]indolizin" (**218**)
angulare Heteroatome bekommen einen eigenen Lokanten: N(4) (s. ***(g₂)***)

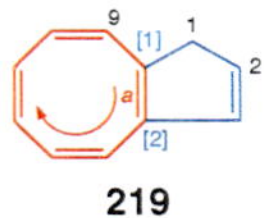
219

"1*H*-Cyclopentacycloocten" (**219**)
indiziertes H-Atom nach *Anhang 5**(a)**(**d**)*

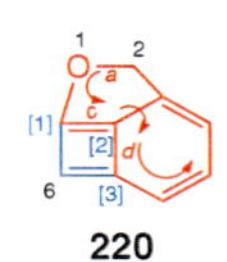
220

"2*H*-Cyclobut[*cd*]isobenzofuran" (**220**)
- Englisch: '...isobenzofura**n**'
- indiziertes H-Atom nach *Anhang 5**(a)**(**d**)*

(e₂₂) Sind **mehrere verschiedene Anellanten** vorhanden und besteht eine Wahl, dann bekommt **der zuerst genannte** (alphabetische Reihenfolge der Anellant-Namen, unter Weglassen von Multiplikationsaffixen; s. ***(a)***) einen **möglichst früh im Alphabet erscheinenden Hauptkomponentenbuchstaben**.

z.B.

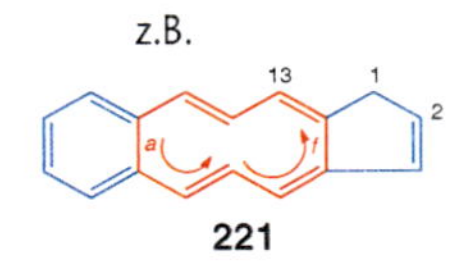
221

"1*H*-Benzo[*a*]cyclopenta[*f*]cyclodecen" (**221**)
- "**B**enzo-" > "**C**yclopenta-"
- indiziertes H-Atom nach *Anhang 5**(a)**(**d**)*

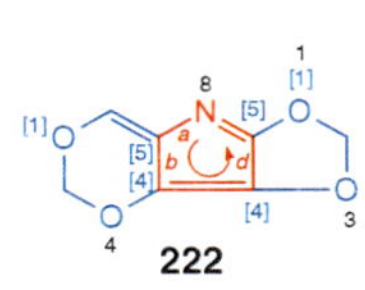
222

"[1,3]Dioxino[5,4-*b*]-1,3-dioxolo[4,5-*d*]pyrrol" (**222**)
- "Dio**x**ino-" > "Dio**x**olo-"
- kein indiziertes H-Atom ("2*H*,5*H*-") nach *Anhang 5**(c)***
- die ursprüngliche Numerierung des "Dioxolo"-Anellanten fällt mit derjenigen von **222** zusammen (s. ***(g₃₁)(g₃₂)***), d.h. CA lässt die eckigen Klammern um "1,3" weg (IUPAC: "-*b*][1,3]dioxolo[4,5-*d*]pyrrol")

(e₂₃) Bei **mehreren gleichartigen Anellanten** werden die Hauptkomponentenbuchstaben in den eckigen Klammern **in alphabetischer Reihenfolge** angeordnet und die Anellanten durch **gestrichene Lokanten** unterschieden. **Ungestrichene Lokanten bekommt der Anellant** an der Anellierungsseite der Hauptkomponente **mit möglichst früh im Alphabet erscheinendem Hauptkomponentenbuchstaben** (s. auch ***(a)***).

z.B.

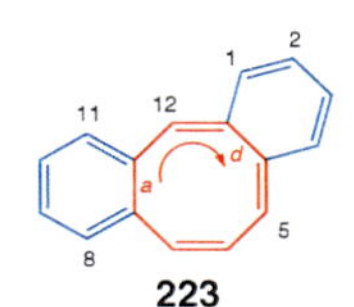
223

"Dibenzo[*a*,*d*]cycloocten" (**223**)
- "*a*,*d*" > "*a*,*f*"
- Anellierungsstellen, die sich **nur** mit **Hauptkomponentenbuchstaben** bezeichnen lassen, werden voneinander **durch ein Komma abgetrennt**

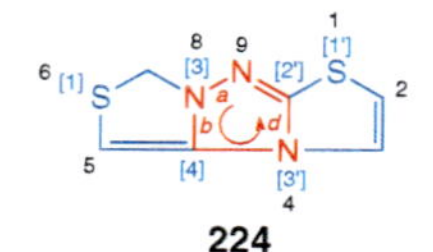

224

"7*H*-Bisthiazolo[3,4-*b*:3´,2´-*d*]-[1,2,4]triazol" (**224**)
- "*b,d*" > "*c,e*"
- "Bis-" zur Vermeidung von Zweideutigkeit
- angulare Heteroatome bekommen einen eigenen Lokanten: N(4) und N(8) (s. ***(g₂)***)
- Anellierungsstellen, die sich je mit **Anellant-Lokanten und Hauptkomponentenbuchstaben** bezeichnen lassen, werden voneinander **durch einen Doppelpunkt abgetrennt**
- indiziertes H-Atom nach *Anhang 5**(a)**(**d**)*

(e₂₄) Kommt die **Hauptkomponente mehrfach** vor, dann werden die Anellierungsseiten der zusätzlichen Hauptkomponenten durch **gestrichene Hauptkomponentenbuchstaben** unterschieden. Es sind **möglichst früh im Alphabet erscheinende Hauptkomponentenbuchstaben** zu verwenden ("*a*" > "*b*" > "*c*" > ...), unabhängig von den benötigten Anellant-Lokanten. Dabei muss der **zentrale Anellant** aber **so numeriert** werden, **dass seine Lokanten vom ungestrichenen zum einfach gestrichenen, dann zum zweifach gestrichenen Hauptkomponentenbuchstaben zunehmen** (s. **225**). Besteht eine Wahl, dann müssen die **Anellant-Lokanten als Gesamtheit möglichst tief** sein[15]) (s. **225**); dies kann die Zuordnung der ungestrichenen, gestrichenen *etc.* Hauptkomponentenbuchstaben beeinflussen (s. **226**). Besteht immer noch eine Wahl, dann bekommt der **früher im Alphabet erscheinende Hauptkomponentenbuchstaben tiefere Anellant-Lokanten** (s. **227**). Ein **zentraler Anellant** bekommt bei Wahl **einen möglichst früh im Alphabet erscheinenden Hauptkomponentenbuchstaben**, wenn noch andere (periphere) Anellanten an eine oder mehrere Hauptkomponenten anelliert sind (s. **228**).

z.B.

225

"Cyclopenta[1,2-*a*:1,5-*a*´]diinden" (**225**)
- "[1,2-*a*:1,5-*a*´]" > "[2,1-*a*:2,3-*a*´]", denn "1,**1**,2,5" > "1,**2**,2,3"
- Sättigung an C(12b) zwingend[10])

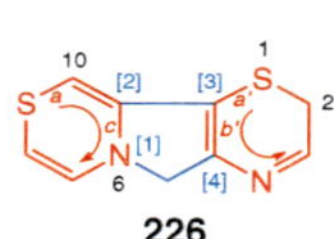

226

"2*H*,5*H*-Pyrrolo[2,1-*c*:3,4-*b*´]bis-[1,4]thiazin" (**226**)
- "[2,1-*c*:3,4-*b*´]" > "[5,1-*c*:3,4-*b*´]", denn "1,**2**,3,4" > "1,**3**,4,5"
- "Bis-" zur Vermeidung von Zweideutigkeit
- angulare Heteroatome bekommen einen eigenen Lokanten: N(6) (s. ***(g₂)***)
- indiziertes H-Atom nach *Anhang 5**(a)**(**d**)*
- ev. eher "[3,4-*b*:2,1-*c*´]" (?) (vgl. **278**)

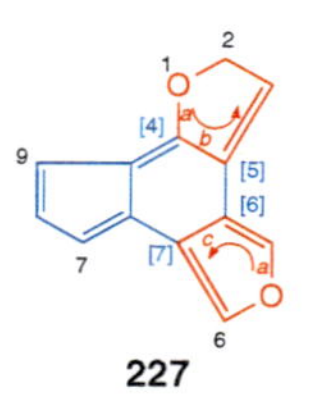

227

2*H*-Indeno[4,5-*b*:6,7-*c*´]difuran" (**227**)
- Englisch: '...difuran'
- "[4,5-*b*:6,7-*c*´]" > "[4,5-*c*:6,7-*b*´]"
- indiziertes H-Atom nach *Anhang 5**(a)**(**d**)*

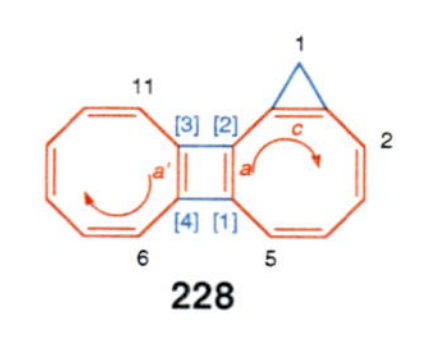

228

"1*H*-Cyclopropa[*c*]cyclobuta[1,2-*a*:3,4-*a*´]dicycloocten" (**228**)
- **der zentrale Anellant erscheint im Namen direkt vor den Hauptkomponenten, unabhängig von der alphabetischen Reihenfolge der Anellant-Namen**
- indiziertes H-Atom nach *Anhang 5**(a)**(**d**)*

(e₂₅) Sind **mehrere Seiten eines Anellanten mit der gleichen Hauptkomponente verknüpft**, dann ist die Reihenfolge der Hauptkomponentenbuchstaben entsprechend ihrer Zuordnung in der Hauptkomponente anzugeben (z.B. "*a*" → "*b*" → "*c*" → ... "***m***" → "***n***" → "***a***" → "*b*" in **230**), d.h. ein vorrangiger Buchstabe (oft "*a*", s. **230**) kann am Ende der Buchstabenfolge erscheinen. Die Anellant-Lokanten folgen wie üblich der Buchstabenfolge, wobei Anellant-Lokanten von angularen C-Atomen (nicht aber von angularen Heteroatomen, s. **261**) weggelassen werden.

z.B.

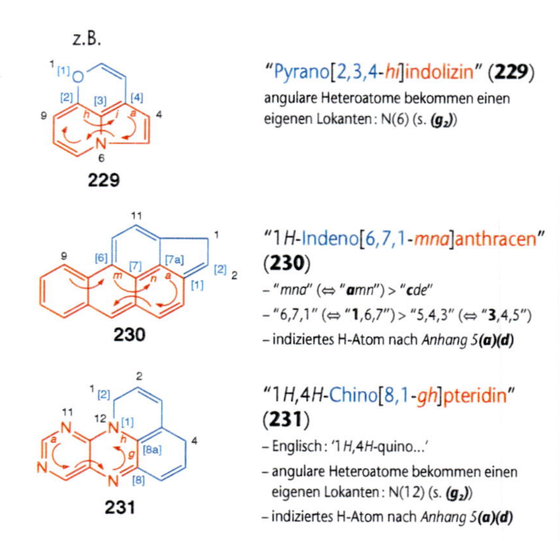

229

"Pyrano[2,3,4-*hi*]indolizin" (**229**)
angulare Heteroatome bekommen einen eigenen Lokanten: N(6) (s. ***(g₂)***)

230

"1*H*-Indeno[6,7,1-*mna*]anthracen" (**230**)
- "*mna*" (⇔ "***amn***") > "*cde*"
- "6,7,1" (⇔ "**1**,6,7") > "5,4,3" (⇔ "**3**,4,5")
- indiziertes H-Atom nach *Anhang 5**(a)**(**d**)*

231

"1*H*,4*H*-Chino[8,1-*gh*]pteridin" (**231**)
- Englisch: '1*H*,4*H*-quino...'
- angulare Heteroatome bekommen einen eigenen Lokanten: N(12) (s. ***(g₂)***)
- indiziertes H-Atom nach *Anhang 5**(a)**(**d**)*

(f) Ist ein **direkt an die Hauptkomponente anellierter Anellant** ('primary component', 'first-order attached component') seinerseits **mit einem Anellanten verknüpft**, dann bekommt dieser ***Nebenanellant*** ('secondary component', 'second-order attached component') **gestrichene Lokanten "1´,2´,3´..."** (Nebennebenanellant ('tertiary component'): "1´´,2´´,3´´..." *etc.*):

> "**Nebenanellant[Nebenanellant-Lokanten : Anellant-Lokanten]Anellant[Anellant-Lokanten-Hauptkomponentenbuchstaben]Hauptkomponente**"

Anellant und Hauptkomponente werden wie in ***(a)*** – ***(e)*** behandelt; **dabei müssen die Anellant-Lokanten auf der Seite der Hauptkomponente** (immer zitieren) **jedoch möglichst tief sein, auch wenn andere Anellierungsseiten des Anellanten höhere Anellant-Lokanten bekommen** (d.h. z.B. "[1,2-*a*]" > "[2,1-*a*]" in **234**!). **Jeder Nebenanellant wird unmittelbar vor dem Anellanten angeführt, an den er anelliert ist** (analog für Nebennebenanellant). **Die Anellierungsstelle zwischen Nebenanellant und Anellant wird durch die entsprechenden Lokanten**, getrennt durch einen Doppelpunkt, **bezeichnet** und ist sinngemäss nach ***(e)*** herzuleiten; **dabei müssen die Nebenanellant-Lokanten der Anellierungsseite** (möglichst nahe der Hautkomponente) **jedoch möglichst tief sein,** auch wenn andere Anellierungsseiten des Nebenanellanten höhere Nebenanellant-Lokanten bekommen. Sind noch andere Anellanten an die Hauptkomponente anelliert, dann wird bei der **alphabetischen Reihenfolge** der "Nebenanellant-anellant" (**vor Elision**!; s. **234**) mit den andern Anellanten verglichen (s. **234** und **235**).

Kap. 3.5

z.B.

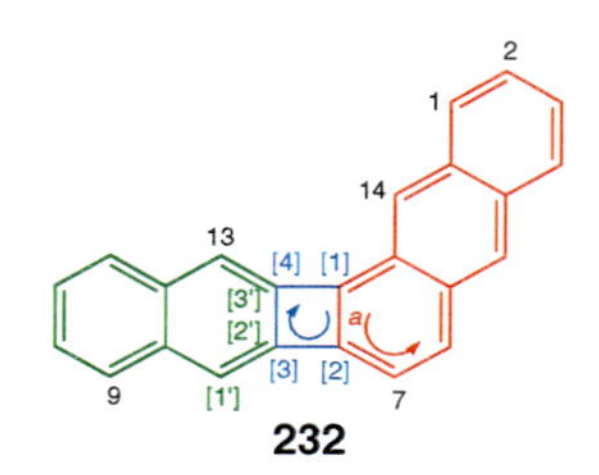

232

"Naphtho[2´,3´:3,4]cyclobut[1,2-*a*]anthracen" (**232**)
Anellierungsstellen nach ***(e₁)***

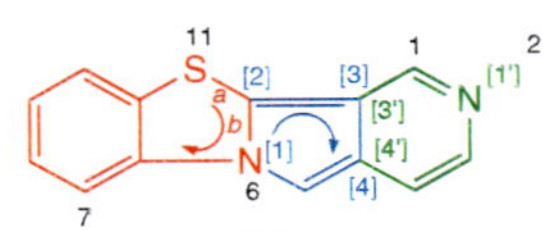

233

"Pyrido[3´,4´:3,4]pyrrolo[2,1-*b*]benzothiazol" (**233**)

- Anellierungsstellen nach ***(e₁)***
- angulare Heteroatome bekommen einen eigenen Lokanten: N(6) (s. ***(g₂)***)

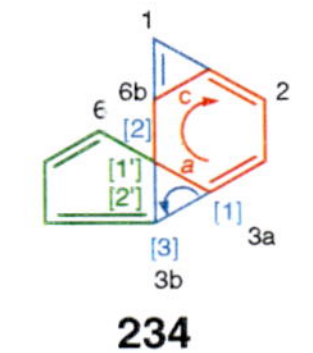

234

"Cyclopenta[2,3]cyclopropa[1,2-*a*]-cyclopropa[*c*]benzol" (**234**)

- Englisch: '...benzene'
- Anellierungsstellen nach ***(e₁)***, beachte jedoch die Anellant-Lokanten von "Cyclopropa-" an der "*a*"-Seite: "[1,2-*a*]" > "[2,1-*a*]"[15]), trotz der höheren Lokanten der Anellierungsstelle für "Cyclopenta-" ("2,3" *vs.* "1,3")
- die Lokanten "1´,2´" des Nebenanellanten sind überflüssig (s. ***(e₂₁)***)
- **alphabetische Reihenfolge**: "Cyclopenta-cyclopropa-" > "Cyclop**r**opa-"; **beachte**: die alphabetische Reihenfolge wird bestimmt, bevor ein endständiges "a" oder "o" eines Nebenanellanten elidiert wird, z.B. "Cyclopenta-**a**nthra-" (im Nebenanellant-anellant-Namen "Cyclopentanthra-") > "Cyclopenta-**n**aphtho-", oder "Naphtho-" > "Naphth**o**-**i**ndolo- (im Nebenanellant-anellant-Namen "Naphthindolo-")
- Sättigung an C(6a) zwingend[10])

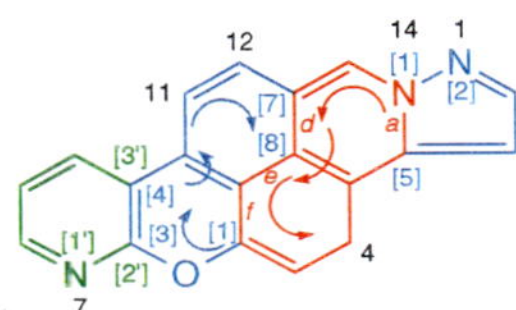

235

"4*H*-Pyrazolo[5,1-*a*]pyrido[2´,3´:3,4][2]benzo-pyrano[7,8,1-*def*]isochinolin" (**235**)

- Englisch: '...isoquinoline'
- Anellierungsstellen nach ***(e₁)*** und ***(e₂₅)***
- **alphabetische Reihenfolge**: "Pyr**a**zolo-" > "Pyr**i**do-benzopyrano-"
- angulare Heteroatome bekommen einen eigenen Lokanten: N(14) (s. ***(g₂)***)
- indiziertes H-Atom nach *Anhang 5**(a)**(**d**)*

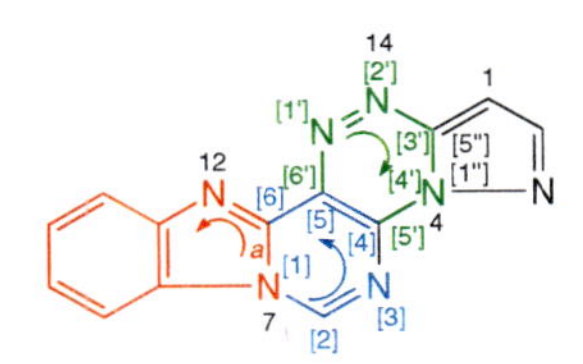

236

"Pyrazolo[5´´,1´´:3´,4´][1,2,4]triazino-[5´,6´:4,5]pyrimido[1,6-*a*]benzimidazol" (**236**)

- Anellierungsstellen nach ***(e₁)***
- angulare Heteroatome bekommen einen eigenen Lokanten: N(4) und N(7) (s. ***(g₂)***)

Spezialfälle:

Bei **mehreren gleichartigen Nebenanellanten** an einem Anellanten werden die Anellant-Lokanten für die Anellierungsseiten mit den Nebenanellanten nach steigenden Werten (tiefste einzelne Zahl eines Lokantensatzes) angeordnet (s. **237**). Ein **Nebenanellant** bekommt doppelt gestrichene Lokanten, wenn er **im Zentrum einer Struktur** mit identischen Einheiten aus Anellant und Hauptkomponente liegt (s. **238**).

z.B.

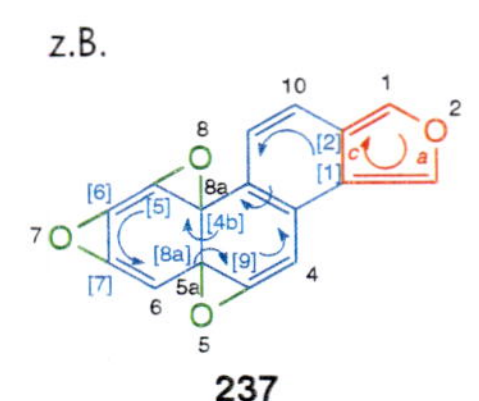

237

"Trisoxireno[4b,5:6,7:8a,9]phen-anthro[1,2-*c*]furan" (**237**)

- Englisch: '...fura**n**'
- Sättigung an C(5a) und C(8a) zwingend[10])
- "Tris-" zur Vermeidung von Zweideutigkeit

238

"1*H*,8*H*-Furo[2´´,3´´:6,7;4´´,5´´:7´,8´]dinaphtho[2,3-*c*:2´,3´-*c*´]dipyran" (**238**)

- Englisch: '...dipyra**n**'
- Zuteilung der ungestrichenen Lokanten und Numerierung im Nebenanellanten so, dass die Anellierungsseite je durch möglichst tiefe Lokanten angegeben ist ("6,7" > "7,8" und "2´´, 3´´" > "4´´,5´´")
- indiziertes H-Atom nach *Anhang 5**(a)**(**d**)*

4

CA ¶ 152

(g) Numerierung:

(g₁) Orientierung des anellierten Polycyclus:

Zur Numerierung wird das Gerüst **so in einem rechtwinkligen Koordinatensystem** orientiert, **dass** bei Wahl mit abnehmender Priorität folgende Bedingungen erfüllt sind:

- **möglichst viele direkt aneinander anellierte Ringe in einer horizontalen Reihe** (auf der horizontalen Achse),
- **möglichst viele Ringe oberhalb rechts** der horizontalen Reihe (im oberen rechten Quadranten),
- **möglichst wenige Ringe unterhalb links** der horizontalen Reihe (im unteren linken Quadranten),
- **möglichst viele Ringe oberhalb links** der horizontalen Reihe (im oberen linken Quadranten),
- **möglichst wenige Ringe unterhalb rechts** der horizontalen Reihe (im unteren rechten Quadranten),
- **Bedingungen von *(g₃)***.

Dabei ist jeder Ring in der horizontalen Reihe so zu zeichnen, dass er jeweils zwei möglichst weit voneinander entfernte parallele vertikale Bindungen aufweist (Ausnahme: Dreiring, s. **vi** und **vi´**). Diese zwei vertikalen Bindungen sind gleichzeitig die Anellierungsseiten zu den beiden direkt benachbarten Ringen in der horizontalen Reihe. Die **Ringe ausserhalb der horizontalen Reihe** können gleich gezeichnet werden aber anders orientiert sein: deformierte Ringe mit verlängerten Bindungen sind zu vermeiden.

IUPAC macht in den 1998er Empfehlungen[1]) ausführliche Angaben zur Darstellung der Ringe und Orientierung von anellierten Polycyclen (IUPAC FR-5.1 und FR-5.2).

vi oder vi' ; vii ; viii oder viii' ;

ix ; x oder x' ; xi

Die vertikale Achse des Koordinatensystems ist so anzubringen, dass rechts und links davon gleich viele Ringe der horizontalen Reihe zu liegen kommen (bei ungerader Anzahl Ringe wird der zentrale Ring durch die vertikale Achse halbiert).

z.B.

239

"1*H*-Benz[*e*]inden" (**239**)

- 2 Ringe in horizontaler Reihe; $^{1}/_{2}$ + 1 = 1$^{1}/_{2}$ Ringe im oberen rechten Quadranten; 2 Sechsringe in horizontaler Reihe nach ***(g₃₃)***, vgl. **239´´**
- **Ausnahme bzgl. Wahl der vorrangigen Hauptkomponente**, s. ***(b₅)***: nicht "1*H*-Cyclopenta[*a*]naphthalin"

nicht

239'

2 Ringe in horizontaler Reihe; $^{1}/_{2}$ Ring im oberen rechten Quadranten

oder

239''

2 Ringe in horizontaler Reihe; $^{1}/_{2}$ + 1 = 1$^{1}/_{2}$ Ringe im oberen rechten Quadranten; vgl. **239**

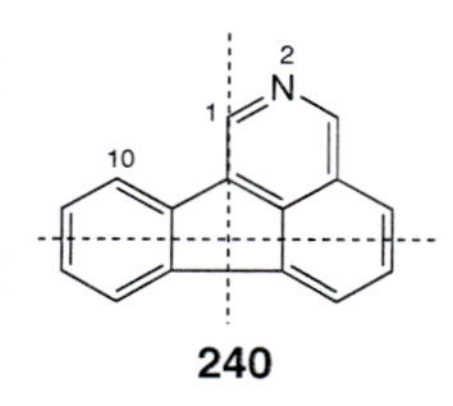

240

"Indeno[1,2,3-*de*]isochinolin" (**240**)

- Englisch: '...isoquinoline'
- 3 Ringe in horizontaler Reihe; $^{1}/_{4}$ + $^{1}/_{2}$ + 1 = 1$^{3}/_{4}$ Ringe im oberen rechten Quadranten; Stellung des Heteroatoms nach ***(g₃₁)***

nicht

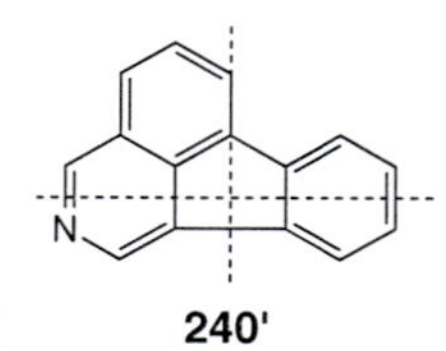

240'

3 Ringe in horizontaler Reihe; $^{1}/_{4}$ + $^{1}/_{2}$ = $^{3}/_{4}$ Ringe im oberen rechten Quadranten

oder

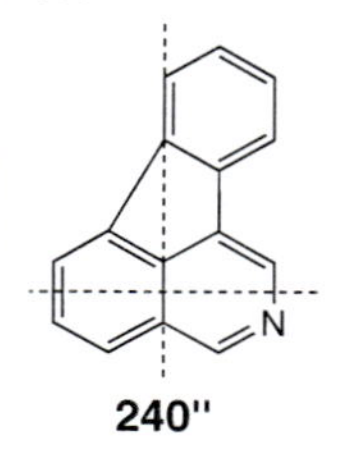

240''

2 Ringe in horizontaler Reihe

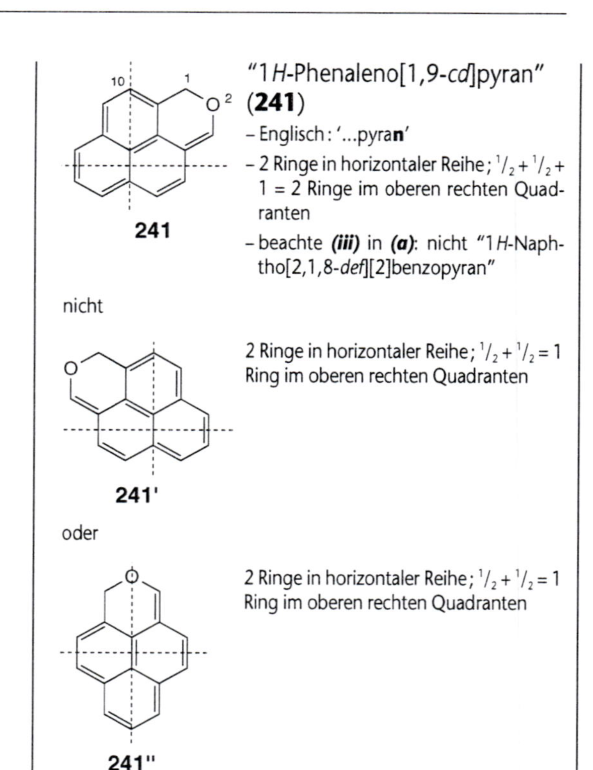

241

"1*H*-Phenaleno[1,9-*cd*]pyran" (**241**)

- Englisch: '...pyra**n**'
- 2 Ringe in horizontaler Reihe; $^{1}/_{2}$ + $^{1}/_{2}$ + 1 = 2 Ringe im oberen rechten Quadranten
- beachte ***(iii)*** in ***(a)***: nicht "1*H*-Naphtho[2,1,8-*def*][2]benzopyran"

nicht

241'

2 Ringe in horizontaler Reihe; $^{1}/_{2}$ + $^{1}/_{2}$ = 1 Ring im oberen rechten Quadranten

oder

241''

2 Ringe in horizontaler Reihe; $^{1}/_{2}$ + $^{1}/_{2}$ = 1 Ring im oberen rechten Quadranten

(g₂) **Peripherie-Numerierung**:

Man numeriert die Peripherie des anellierten Polycyclus, d.h. **alle peripheren *nicht-angularen* C-Atome und alle peripheren *angularen und nicht-angularen* Heteroatome**, unter Vernachlässigung der ursprünglichen Numerierung der Hauptkomponente, des(r) Anellanten, des(r) Nebenanellanten *etc.* (angulare Atome = an zwei (oder drei) Teil-Ringen beteiligte Atome). **Die Numerierung erfolgt im Uhrzeigersinn und beginnt mit dem Atom, das sich im obersten Ring, bei Wahl im obersten am weitesten rechts liegenden Ring, am weitesten links** (im Gegenuhrzeigersinn) **befindet, aber nicht angular ist.** Den **übrigbleibenden *angularen* C-Atomen der Peripherie** wird jeweils der um "a", "b", "c" *etc.* erweiterte Lokant (= **alphanumerischer Lokant**) des unmittelbar vorangehenden nicht-angularen Atoms zugeordnet; **angulare Heteroatom** werden dagegen fortlaufend numeriert (s. oben; vgl. *Fussnote 10* zur Sättigung angularer Atome).

Beachte:

Fällt die Peripherie-Numerierung mit der ursprünglichen Numerierung der Hauptkomponente und/oder des(r) Anellanten, Nebenanellanten *etc.* **zusammen, dann werden die eckigen Klammern** (Anzeige der ursprünglichen Numerierung) **um die Lokanten** des Hauptkomponentennamens und/oder Anellant-Namens, Nebenanellant-Namens *etc.* **weggelassen** (s. **171**, **172**, **222**, **269** und **270**).

IUPAC empfiehlt, auch beim Zusammenfallen der Peripherie-Numerierung mit ursprünglichen Numerierungen letztere immer in eckige Klammern zu setzen.

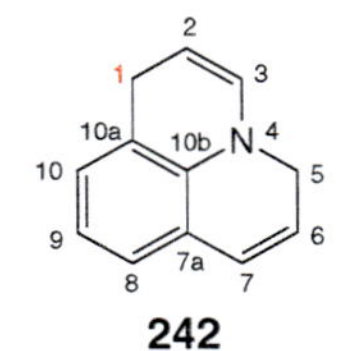

242

"1*H*,5*H*-Benzo[*ij*]chinolizin" (**242**)
- Englisch: '...quinolizine'
- Stellung des Heteroatoms, d.h. Ringe in horizontaler Reihe nach ***(g_{31})***
- C(10b) nach ***(g_4)***
- Anellierungsstelle nach ***(e_{21})*** und ***(e_{25})***
- indiziertes H-Atom nach *Anhang 5**(a)(d)***

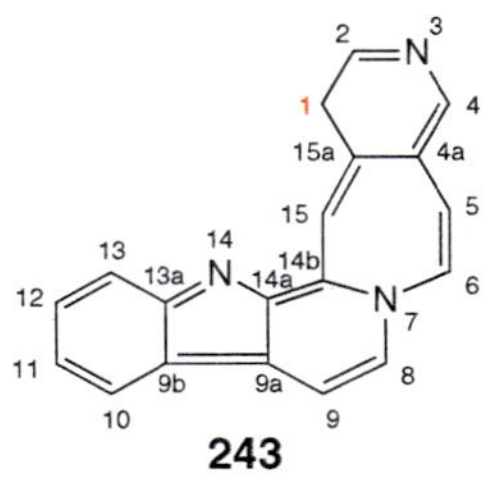

243

"1*H*-Pyrido[4´´,3´´:4´,5´]azepino[1´,2´:1,2]-pyrido[3,4-*b*]indol" (**243**)
- Stellung der Heteroatome, d.h. Ringe in horizontaler Reihe, nach ***(g_{31})***
- Anellierungsstellen nach ***(e_1)*** und ***(f)***
- indiziertes H-Atom nach *Anhang 5**(a)(d)***

244

"5*H*-Pyrrolo[2´,1´:2,3]pyrimido[6,1-*a*]isochinolin" (**244**)
- Englisch: '...isoquinoline'
- Stellung der Heteroatome, d.h. Ringe in horizontaler Reihe, nach ***(g_{31})***
- Anellierungsstellen nach ***(e_1)*** und ***(f)***
- indiziertes H-Atom nach *Anhang 5**(a)(d)***

(g_3) **Bei Wahl der Orientierung und/oder Numerierung:**
Möglichst tiefe Lokanten[15]) bekommen mit abnehmender Priorität:

(g_{31}) **Heteroatome als Gesamtheit;**

z.B.

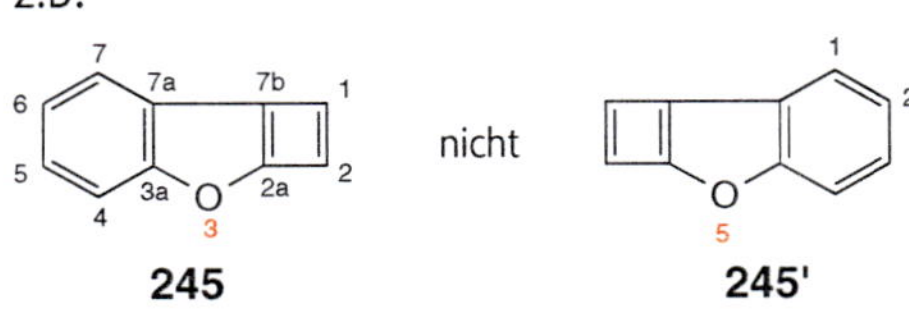

245 nicht **245'**

"Cyclobuta[*b*]benzofuran" (**245**)
- Englisch: '...benzofura**n**'
- "3" > "5"
- Anellierungsstelle nach ***(e_{21})***

246 nicht **246'**

"Thiazolo[4,5-*c*]pyridazin" (**246**)
- "1,**2**,5,7" > "1,**3**,4,5"
- Anellierungsstelle nach ***(e_1)***

(g_{32}) **Heteroatome höherer Priorität** (O > S > Se > Te > N > P > As > Sb > Bi > Si > Ge > Sn > Pb > B);

z.B.

247 nicht **247'**

"1*H*-Pyrano[4,3-*c*]pyridin" (**247**)
- O > N
- Anellierungsstelle nach ***(e_1)***
- indiziertes H-Atom nach *Anhang 5**(a)(d)***

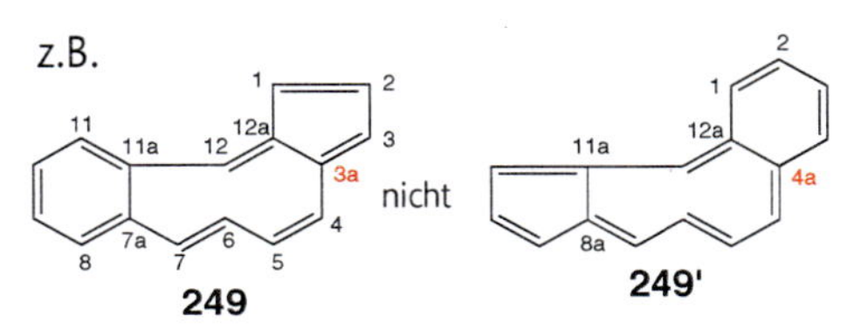

248 nicht **248'**

"5*H*-Thiazolo[3,2-*b*][1,2,4]triazin" (**248**)
- S > N
- Anellierungsstelle nach ***(e_1)***
- indiziertes H-Atom nach *Anhang 5**(a)(d)***

4

(g_{33}) **angulare C-Atome;**

z.B.

249 nicht **249'**

"Benzo[*a*]cyclopenta[*d*]cyclononen" (**249**)
- "**3**a,7a,11a,12a" > "**4**a,8a,11a,12a"
- Anellierungsstelle nach ***(e_{21})***

250 nicht **250'** oder **250''**

"Imidazo[1,2-*b*][1,2,4]triazin" (**250**)
- "4a" > "8a"
- Anellierungsstelle nach ***(e_1)***

(g_{34}) **indizierte H-Atome;**

z.B.

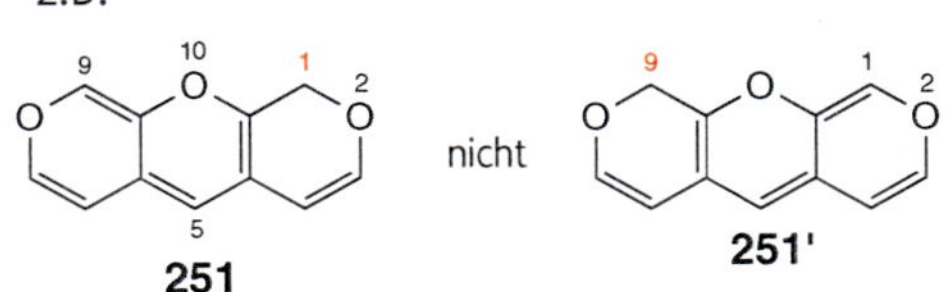

251 nicht **251'**

"1*H*-Dipyrano[3,4-*b*:4´,3´-*e*]pyran" (**251**)
- Englisch: '...pyra**n**'
- "1*H*" > "9*H*"
- Anellierungsstelle nach ***(e_{23})***

Anhang 5

(g_{35}) **angulare Heteroatome vor nicht-angularen Heteroatomen der gleichen Art;**

(g_{36}) Bleibt immer noch eine Wahl, dann gelten die **Numerierungsregeln.**

Kap. 3.4

IUPAC empfiehlt, ***(g_{35})*** vor ***(g_{34})*** anzuwenden und führt zwischen diesen zwei Auswahlregeln noch die Regel an, dass bei Wahl ein inneres Heteroatom so nahe wie möglich beim am tiefsten numerierten angularen Atom der Peripherie liegen muss (d.h. kürzester Weg über Bindungen; vgl. ***(iv)*** in ***(g_4)***) (IUPAC FR-5.4; s. auch IUPAC FR-5.3 für die Peripherie-Numerierung und IUPAC FR-5.5 für die Numerierung von inneren Atomen).

(g_4) Numerierung von Atomen im Innern des anellierten Polycyclus[16]:

Innere Atome werden zuletzt numeriert, und zwar mit möglichst hohen Lokanten.

Innere C-Atome werden ausgehend vom höchstnumerierten peripheren angularen Atom fortlaufend mittels des um "b", "c" oder "d" ***etc.*** **erweiterten höchsten Lokanten** (= alphanumerische Lokanten) **bezeichnet, auf einer zusammenhängenden, möglichst langen 'inneren Kette'**, die aus diesen inneren C-Atomen besteht und mit der Peripherie verbunden sein muss (s. **241**).

Bleiben innere C-Atome unnumeriert, dann wird das gleiche Prozedere auf das nächste, möglichst hoch numerierte periphere Atom angewandt *etc.*, bis alle inneren C-Atome mit alphanumerischen Lokanten versehen sind (s. **252**) (für innere Heteroatome, s. unten ***(iv)***). Bleibt eine Wahl, weil die Numerierung wegen einer **Verzweigung im Innern** über verschiedene 'innere Ketten' erfolgen kann, dann wird die **vorrangige 'innere Kette'** durch sukzessives Anwenden der folgenden Kriterien bestimmt[16]):

(i) die '**innere Kette**' muss **möglichst lang** sein, d.h. bei einer Verzweigung ist der längeren 'inneren Kette' zu folgen (s. **253**);

(ii) bei gleich langen 'inneren Ketten' wird die vorrangige 'innere Kette' durch die **Atome unmittelbar nach einer Verzweigung** bestimmt; **die vorrangige 'innere Kette' enthält das Atom nach der Verzweigung, das auf dem kürzesten Weg mit der Peripherie verbunden ist** (s. **254**); lässt sich so kein Entscheid treffen, dann enthält die vorrangige 'innere Kette' **das Atom** nach der Verzweigung, **das mit dem tiefer numerierten Atom der Peripherie verbunden** ist (s. **255** und **256**).

Bleiben nach Anwendung von ***(i)*** und ***(ii)*** innere C-Atome unnumeriert, weil ihre '**innere Kette' nicht mit der Peripherie verbunden** ist (**isolierte Atome, isolierte 'innere Kette'**), dann gilt:

(iii) die endständigen Atome der längsten 'inneren Kette' aus isolierten Atomen werden mit Hilfe der mit ihnen verbundenen peripheren Atome nach ***(ii)*** verglichen; das bevorzugte endständige Atom ist mit dem peripheren Atom mit möglichst tiefem Lokanten verbunden und bekommt den höchsten Lokanten, der mit "a" oder "b" oder "c" *etc.* erweitert wird, d.h. mit dem Buchstaben, der noch nicht für andere Zentren verwendet wurde; die 'innere Kette' wird dann fortlaufend mit demselben Lokanten und Buchstaben weiter numeriert (s. **257**) (für kompliziertere Fälle, s. *Fussnote 16*).

IUPAC führt in den 1998er Empfehlungen[1]) eine neue Art der Numerierung von Atomen im Innern des anellierten Polycyclus ein. **Ein inneres C-Atom bekommt den gleichen Lokanten wie das dazu am nächsten platzierte, periphere Atom, ergänzt durch ein Superskript, das die Anzahl Bindungen zwischen diesen Atomen bezeichnet**; bei Wahl ist das periphere Atom mit tieferem Lokanten vorrangig (IUPAC FR-5.5): s. **241** und **252** – **261**. Diese IUPAC-Empfehlung wird hier nicht verwendet.

z.B.

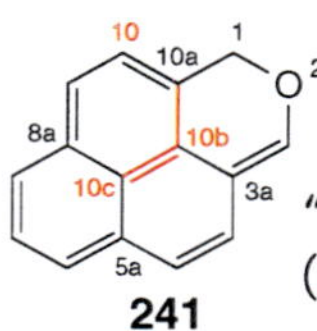

241

"1*H*-Phenaleno[1,9-*cd*]pyran" (**241**)
- Englisch: '...pyra**n**'
- alle inneren Atome lassen sich von C(10a) aus numerieren
- Anellierungsstelle nach ***(e_{25})***
- indiziertes H-Atom nach *Anhang 5**(a)**(**d**)*
- IUPAC: 10b wird zu $3a^1$ und 10c zu $5a^1$

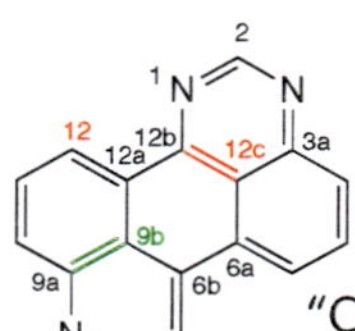

252

"Chino[5,4-*ef*]perimidin" (**252**)
- Englisch: 'Quino...'
- der Weg von C(12b) aus lässt ein inneres Atom unnumeriert; es wird deshalb von C(9a) aus numeriert
- Anellierungsstelle nach ***(e_{25})***
- IUPAC: 12c wird zu $3a^1$ und 9b zu $6b^1$

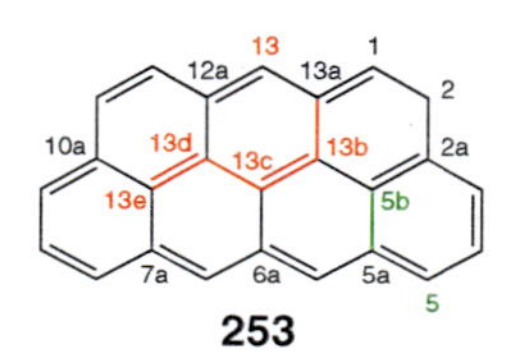

253

"2*H*-Anthra[2,1,9,8,7-*defghi*]naphthacen" (**253**)
- **Verzweigung C(13b)**: die längste 'innere Kette' führt zu C(10a) (***(i)***)
- Anellierungsstelle nach ***(e_{25})***
- IUPAC: 5b wird zu $2a^1$, 13b zu $13a^1$, 13c zu $6a^1$, 13d zu $12a^1$ und 13e zu $7a^1$

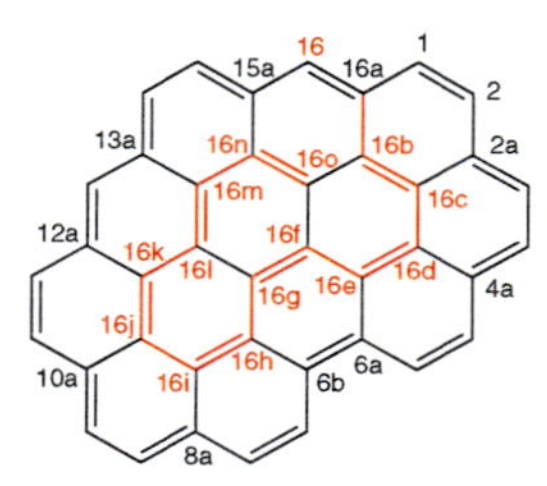

254

"Phenanthro[3,4,5,6-*uvabc*]ovalen" (**254**)
- **Verzweigung C(16b)**: zwei gleich lange 'innere Ketten' sind möglich; das Atom der vorrangigen 'inneren Kette' ist durch *eine* Bindung mit der Peripherie (C(2a)) verbunden, das Atom der nicht-vorrangigen 'inneren Kette' dagegen durch *zwei* Bindungen (mit C(15a)) (***(ii)***)
- Anellierungsstelle nach ***(e_{25})***
- IUPAC: 16b wird zu $16a^1$, 16c zu $2a^1$, 16d zu $4a^1$, 16e zu $6a^1$, 16f zu $6a^2$, 16g zu $6b^2$, 16h zu $6b^1$ *etc.*

[16]) Eine CA-konforme **Präzisierung der Regeln zur Numerierung von inneren Atomen** eines anellierten Polycyclus wurde von *C.L. Gladys* und *A.L. Goodson* veröffentlicht (*J. Chem. Inf. Comput. Sci.* **1991**, *31*, 523). Vgl. dazu auch die Beispiele in *Tab. 4.2* sowie in *Fussnote 6*.

255

"Tribenzo[*a,d,g*]coronen" (**255**)

- **Verzweigung C(8b)**: zwei gleich lange 'innere Ketten' sind möglich; das Atom der vorrangigen 'inneren Kette' ist durch eine Bindung mit dem tiefer numerierten peripheren C(6a) verbunden, das Atom der nicht-vorrangigen 'inneren Kette' durch eine Bindung mit dem höher numerierten peripheren C(10a) (***(ii)***)
- CA: im '13th Coll. Index' wird noch die alte Numerierung angegeben (d.h. ab C(8b) im Uhrzeigersinn)
- Anellierungsstelle nach ***(e₂₃)***
- IUPAC: 8b wird zu $8a^1$, 8c zu $6a^1$, 8d zu $4b^1$, 8e zu $18b^1$, 8f zu $14b^1$ und 8g zu $10a^1$

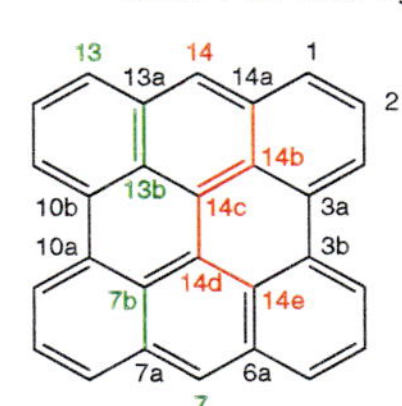

256

"Phenanthro[1,10,9,8-*opqra*]perylen" (**256**)

- **Verzweigung C(14c)**: die nicht-vorrangige kürzere 'innere Kette' führt zu C(10b) (***(i)***)
- **Verzweigung C(14d)**: zwei gleich lange 'innere Ketten' sind möglich; das Atom der vorrangigen 'inneren Kette' ist durch eine Bindung mit dem tiefer numerierten peripheren C(3b) verbunden (3b > 6a), das Atom der nicht-vorrangigen 'inneren Kette' durch eine Bindung mit dem höher numerierten peripheren C(7a) (7a > 10a) (***(ii)***)
- CA: im Vol. 128 (1998) wird noch die alte Numerierung angegeben (d.h. ab C(14d) im Uhrzeigersinn)
- Anellierungsstelle nach ***(e₂₅)***
- IUPAC: 14b wird zu $3a^1$, 14c zu $3a^2$, 14d zu $3b^2$, 14e zu $3b^1$, 7b zu $7a^1$ und 13b zu $10b^1$

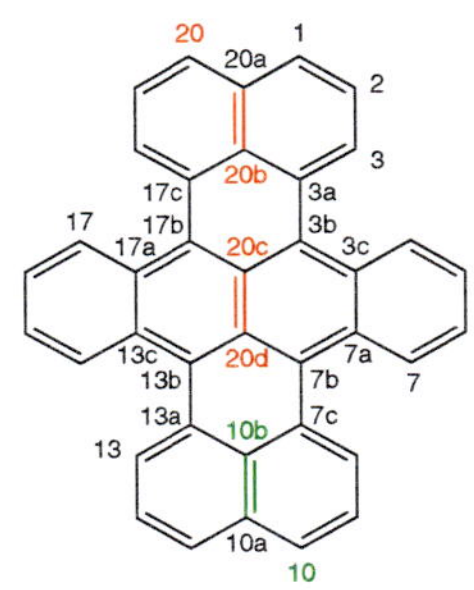

257

"Tribenzo[*de,h,kl*]naphtho[1,2,3,4-*rst*]pentaphen" (**257**)

- **isolierte 'innere Kette'**: das bevorzugte endständige Atom ist durch eine Bindung mit dem tiefer numerierten peripheren Atom C(3b) verbunden, d.h. 3b > 7b (***(iii)***)
- Anellierungsstelle nach ***(e₂₃)*** und ***(e₂₅)***
- IUPAC: 20b wird zu $3a^1$, 20c zu $3b^1$, 20d zu $7b^1$ und 10b zu $7c^1$

Innere Heteroatome bekommen nach der Numerierung der Peripherie **fortlaufend die nächst höheren Lokanten** (ohne Buchstaben!) (s. z.B. **258**). Besteht eine Wahl für die Lage und/oder Numerierung von inneren Heteroatomen, dann gilt:

(iv) Sind **äquivalente innere Lagen für ein einzelnes Heteroatom möglich**, dann ist diejenige vorrangig, die am nächsten zum peripheren Atom mit einem möglichst tiefen Lokanten liegt (s. **259**).

Sind **mehrere innere Heteroatome** vorhanden, dann wird zuerst das Heteroatom numeriert, das nach ***(ii)*** am nächsten zum peripheren Atom mit einem möglichst tiefen Lokanten liegt, dann das Heteroatom, das nach ***(ii)*** am nächsten zum peripheren Atom mit dem nächst möglichst tiefen Lokanten liegt, *etc.* (s. **260**), unabhängig von der Art der Heteroatome; sind diese Lagen äquivalent und die Heteroatome verschieden, dann bekommt das vorrangige Heteroatom den tieferen Lokanten (s. **260**). **Sind zusätzlich unnumerierte innere C-Atome vorhanden, dann werden sie ausgehend von den inneren Heteroatomen mit alphanumerischen Lokanten bezeichnet,** analog dem in ***(i)*** – ***(iii)*** beschriebenen Prozedere (s. **258**, **259** und **261**).

z.B.

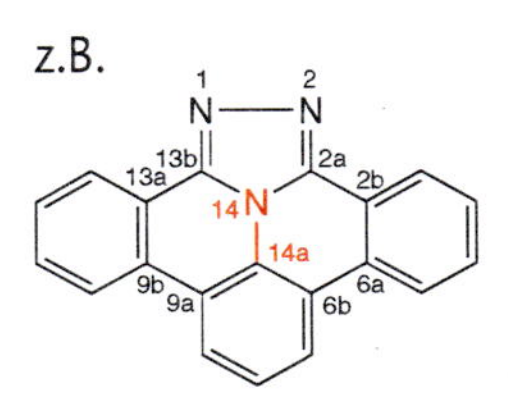

258

"Tribenzo[*b,g,ij*][1,2,4]triazolo[3,4,5-*de*]chinolizin" (**258**)

- Englisch: '...quinolizine'
- das innere N-Atom bekommt einen eigenen Lokanten, das innere C-Atom wird von N(14) aus numeriert (***(iv)***)
- Sättigung an N(14) zwingend[10])
- Anellierungsstellen nach ***(e₂₁)*** und ***(e₂₅)***
- IUPAC: 14a wird zu $6b^1$

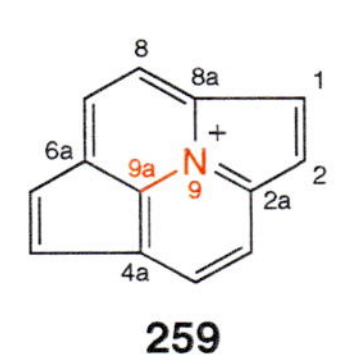

259

"Cyclopenta[*ij*]pyrrolo[2,1,5-*de*]chinolizinium" (**259**)

- das innere N-Atom bekommt einen eigenen Lokanten, das innere C-Atom wird von N(9) aus numeriert (***(iv)***)
- die vorrangige Lage von N(9) wird durch das periphere Atom mit dem möglichst tiefen Lokanten bestimmt: 2a > 4a (***(iv)***)
- Anellierungsstellen nach ***(e₂₁)*** und ***(e₂₅)***
- IUPAC: 9a wird zu $4a^1$

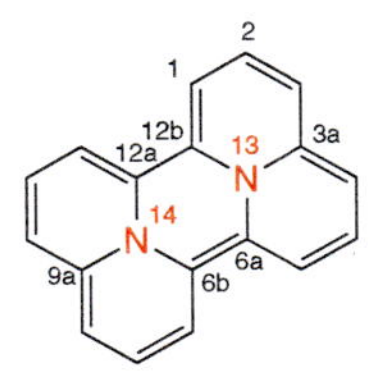

260

"Pyrazino[2,1,6-*de*:3,4,5-*d′e′*]dichinolizin" (**260**)

- Englisch: '...diquinolizine'
- die inneren N-Atome bekommen eigene Lokanten; N(13) ist nahe C(3a) (3a > 6a) und N(14) nahe C(6b) (6b > 9a): 3a > 6b (***(iv)***)
- **die Numerierung ändert sich nicht, wenn N(14) durch ein P-Atom ersetzt wird**
- Sättigung an N(13) und N(14) zwingend[10])
- Anellierungsstellen nach ***(e₂₄)*** jnd ***(e₂₅)***

261

"1*H*,5*H*,9*H*-Benzo[1,9]phosphinolizino-[3,4,5,6,7-*defg*]acridophosphin" (**261**)

- das innere P-Atom bekommt einen eigenen Lokanten, die inneren C-Atome werden von P(13) aus numeriert, C(13a) ist nahe C(3a), C(13b) nahe C(4a) *etc.* (***(ii)***)
- Anellierungsstellen nach (e_{25}) und ***(f)***
- indiziertes H-Atom nach *Anhang 5**(a)(d)***
- wird P(13) durch N(13) ersetzt, dann lautet der Name "1*H*,5*H*,9*H*-Benzo[1,9]chinolizino[3,4,5,6,7-*defg*]acridin" ("**Phosphinolizin**" entspricht "Chinolizin"; vgl. *Tab. 4.3*)
- IUPAC: 13a wird zu 3a[1], 13b zu 4a[1] ind 13c zu 8a[1]

(g_5) **Ausnahmen:**

262

"**15*H*-Cyclopenta[*a*]phenanthren**" (**262**)

- **Steroid-Numerierung** (*Anhang 1*)
- indiziertes H-Atom nach *Anhang 5**(a)(d)***
- Steroid-Numerierung (1 – 17) wird auch für zusätzlich anellierte Derivate verwendet, wobei "-cyclopenta[*a*]phenanthren" wie eine 'Hauptkomponente' behandelt wird (z.B. "Cyclopropa[1,2]cyclopenta[*a*]phenanthren"); "Oxireno-" und "Thiireno"-anellierte Derivate von **262** werden jedoch ausnahmsweise als überbrückte Derivate bezeichnet (*Kap. 4.8*, dort **69**)
- IUPAC empfiehlt jetzt[1]) systematische Namen und Numerierungen (IUPAC FR-5.3)

Tab. 4.2 und 4.3

sowie **Gerüste mit Trivialnamen** (*Tab. 4.2* und *4.3*):

"**Phenantren**" (**37**) "**Anthracen**" (**38**) "**9*H*-Xanthen**" (**84**) "**7*H*-Purin**" (**107**) "**9*H*-Carbazol**" (**117**) "**Acridin**" (**119**)

(h) Der Name eines **gesättigten oder partiell gesättigten anellierten Polycyclus**, hergeleitet von einer ungesättigten Struktur mit Anellierungsnamen nach ***(a)*** – ***(g)***, wird **mittels des "Hydro"-Präfixes und** dieses **Anellierungsnamens** gebildet, unter Beachtung der Regeln **für indiziertes H-Atom**[10]) (nicht mittels Trivialnamen von gesättigten Mono- oder Polycyclen!). Bei vollständiger Sättigung können die Lokanten zum "Hydro"-Präfix wegglassen werden (**nicht "Perhydro-"**).

Anhang 5

z.B.

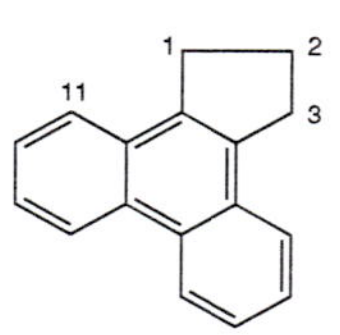

263

"2,3-Dihydro-1*H*-cyclopenta[*l*]phenanthren" (**263**)

- Anellierungsstelle nach (e_{21})
- indiziertes H-Atom nach *Anhang 5**(a)(d)***

(i) **Präfixe von entsprechenden anellierten Polycyclus-Substituenten** werden mittels der Anellierungsnamen durch Anhängen der Endsilbe "-yl-", "-yliden-", "-diyl-" *etc.* gebildet. **Die ursprüngliche Numerierung wird beibehalten**, wobei freie Valenzen als Gesamtheit möglichst tiefe Lokanten bekommen und die Regeln für **indiziertes H-Atom** berücksichtigt werden müssen.

CA ¶ 161

auch Kap. 5.5 und 5.6

Anhang 5**(h)(i)**

Ausnahmen: Ist der Name der Hauptkomponente "-thiophen", dann lautet das Präfix "**-thien-*x*-yl-**" (*x* = Lokant); ausserdem verwendet CA '-selenophen**e**-*x*-yl-' und '-tellurophen**e**-*x*-yl-' (s. *Kap. 4.5.2**(d)***).

z.B.

264

"4*H*-Imidazo[1,2-*d*]tetrazol-4-yl-" (**264**)

- Anellierungsstelle nach (e_1)
- indiziertes H-Atom nach *Anhang 5**(h)***

265

"(5,6,7,7a-Tetrahydrobenzo[*b*]selenophen-3a(4*H*)-yl)-" (**265**)

- Anellierungsstelle nach (e_{21})
- indiziertes H-Atom nach *Anhang 5*(i_2)

Beispiele:

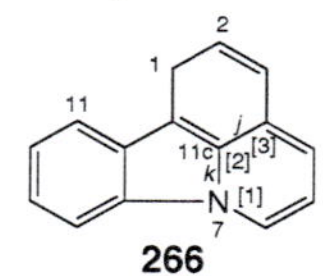

266

"1*H*-Pyrido[3,2,1-*jk*]carbazol" (**266**)

- nach $(b_1)(b_4)(c_1)(d_1)(e_{25})(g_1)(g_2)(g_4)$
- indiziertes H-Atom nach *Anhang 5**(a)(d)***

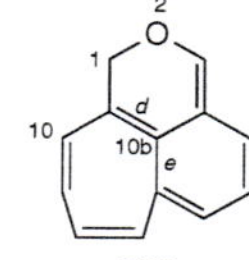

269

"1*H*-Cyclohepta[*de*]-2-benzopyran" (**269**)

- nach $(b_1)(b_4)(c_2)(d_4)(e_{21})(e_{25})(g_2)(g_{31})(g_4)$
- indiziertes H-Atom nach *Anhang 5**(a)(d)***

267

"2*H*-1,2,5-Benzoxadisilocin" (**267**)

- nach ***(a***; Ausnahmen***)***$(b_1)(c_2)(d_4)(g_2)(g_{31})$
- indiziertes H-Atom nach *Anhang 5**(a)(d)***

270

"5*H*-Pyrido[1,2,3-*de*]-1,4-benzothiazin" (**270**)

- nach $(b_1)(b_4)(b_6)(c_3)(d_1)(e_{25})(g_2)(g_{31})(g_4)$
- indiziertes H-Atom nach *Anhang 5**(a)(d)***

268

"Cyclopenta[*i*][1,6]dioxacyclotridecin" (**268**) nach $(b_1)(c_2)(d_4)(e_{21})(g_2)(g_{31})$

271

"3*H*-Oxireno[*h*][3]benzoxacyclododecin" (**271**)

- nach $(b_1)(b_4)(c_3)(d_2)(e_{21})(g_2)(g_{31})$
- indiziertes H-Atom nach *Anhang 5**(a)(d)***

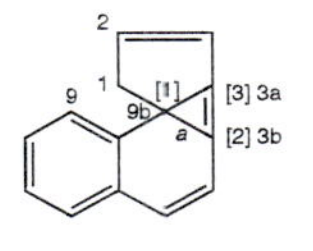

272

"1*H*-Cyclopenta[1,3]cyclopropa[1,2-*a*]naphthalin" (**272**)
- nach $(b_4)(c_4)(d_4)(e_1)(f)(g_1$; s. **vi**$)(g_2)(g_{33})$
- indiziertes H-Atom nach *Anhang 5(a)(d)*

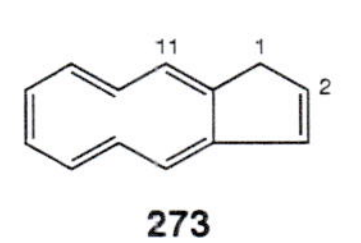

273

"1*H*-Cyclopentacyclodecen" (**273**)
- nach $(b_3)(c_5)(d_4)(e_{21})(g_2)(g_{33})$
- indiziertes H-Atom nach *Anhang 5(a)(d)*

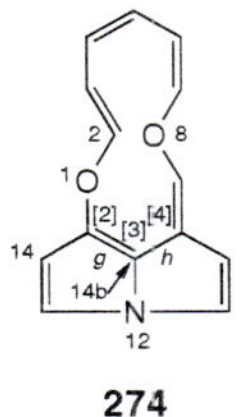
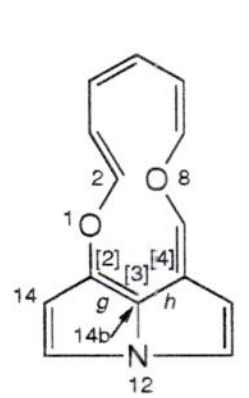

274

"[1,6]Dioxacyclododecino[2,3,4-*gh*]pyrrolizin" (**274**)
nach $(b_2)(b_4)(c_1)(d_2)(e_{25})(g_1)(g_2)(g_{31})(g_4)$

275

"[1]Benzothieno[2,3-*d*]pyrimidin" (**275**)
nach $(b_1)(b_2)(c_1)(d_3)(e_1)(g_2)(g_{31})$

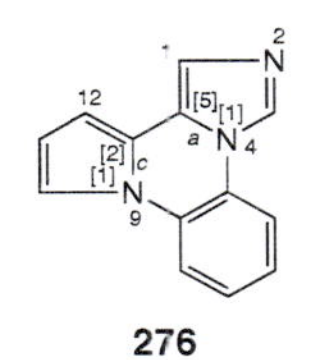

276

"Imidazo[1,5-*a*]pyrrolo[2,1-*c*]chinoxalin" (**276**)
nach $(b_1)(b_4)(c_1)(d_1)(e_{22})(g_1)(g_2)(g_{31})$

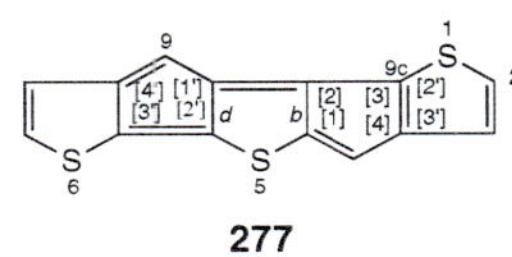

277

"Bisthieno[2´,3´:3,4]cyclopenta[1,2-*b*:1´,2´-*d*]thiophen" (**277**)
- nach $(b_1)(c_0)(c_1)(d_1)(d_4)(e_{23})(f)(g_2)(g_{31})$
- "Bis-", da zusammengesetzter gleichartiger Anellant
- das "2´,3´" bezieht sich auf "Thieno-", nicht auf "Cyclopenta-"
- IUPAC: "Bis(thieno[2´,3´:3,4]cyclopenta)[1,2-*b*:1´,2´-*d*]thiophen"

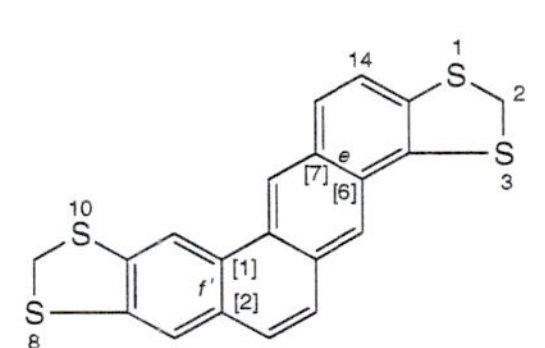

278

"Naphtho[6,7-*e*:1,2-*f*´]bis[1,3]benzodithiol" (**278**)
- nach $(b_1)(b_4)(c_0)(c_3)(d_1)(e_{24})(g_1)(g_2)$
- ev. eher "[1,2-*f*:6,7-*e*´]" (?) (vgl. **226**)

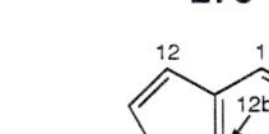

279

"Indeno[1,7-*ma*]fluoren" (**279**)
nach $(b_4)(c_4)(d_1)(e_{23})(g_1)(g_2)(g_4)$

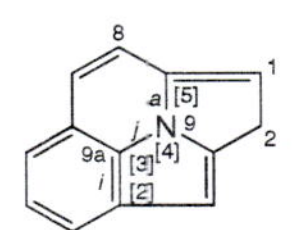

280

"2*H*-Pyrrolizino[2,3,4,5-*ija*]chinolin" (**280**)
- nach $(b_1)(b_5)(c_1)(d_1)(e_{25})(g_1)(g_2)(g_{33})(g_4)$
- indiziertes H-Atom nach *Anhang 5(a)(d)*

281

"1*H*-Pyrimido[4´,5´:3,4]pyrazolo[1,5-*a*][1,3]diazepin" (**281**)
- nach $(b_5)(c_1)(d_1)(e_1)(f)(g_2)(g_{31})$
- indiziertes H-Atom nach *Anhang 5(a)(d)*

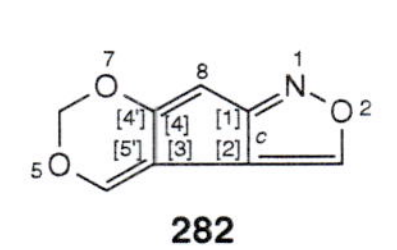

282

"[1,3]Dioxino[5´,4´:3,4]cyclopent[1,2-*c*]isoxazol" (**282**)
nach $(b_1)(b_2)(c_1)(d_2)(d_4)(e_1)(f)(g_2)(g_{31})$

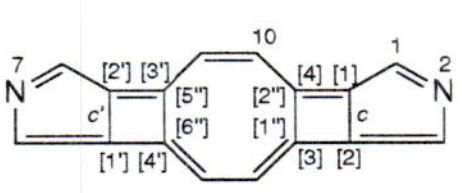
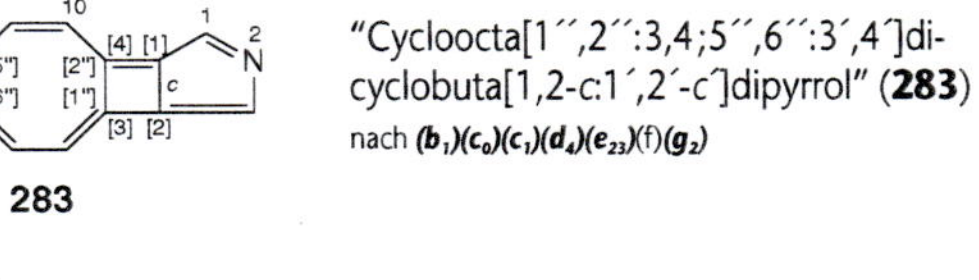

283

"Cycloocta[1´´,2´´:3,4;5´´,6´´:3´,4´]dicyclobuta[1,2-*c*:1´,2´-*c*´]dipyrrol" (**283**)
nach $(b_1)(c_0)(c_1)(d_4)(e_{23})(f)(g_2)$

284

"Cyclopropa[*cd*]pentalen" (**284**)
nach $(b_4)(c_4)(d_4)(e_{21})(g_1$; s. **vi**$)(g_2)(g_4)$

285

"Cyclopenta[*a*]cyclopropa[*k*]fluoren" (**285**)
nach $(b_4)(c_4)(d_4)(e_{22})(g_1$; s. **vi**$)(g_2)$

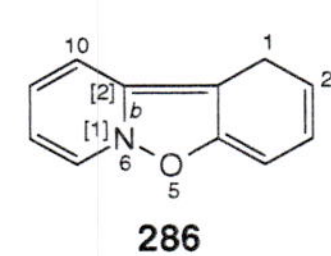

286

"1*H*-Pyrido[1,2-*b*][1,2]benzisoxazol" (**286**)
- nach $(b_1)(b_4)(c_1)(d_1)(e_1)(g_{32})$
- indiziertes H-Atom nach *Anhang 5(a)(d)*

287

"1*H*-3λ⁴-[1,2,3]Dithiazolo[4,5,1-*hi*][2,1,3]benzoxathiazol" (**287**)
- nach $(b_1)(b_7)(c_1)(d_2)(e_{25})(g_2)(g_{32})(g_4)$
- "3λ⁴" nach λ-Konvention (*Anhang 7*)
- indiziertes H-Atom nach *Anhang 5(a)(d)*

288

"Pyrrolo[1,2-*a*:5,4-*b*´]diindol" (**288**)
nach $(b_1)(b_4)(c_0)(c_1)(d_1)(e_{24})(g_2)(g_{33})$

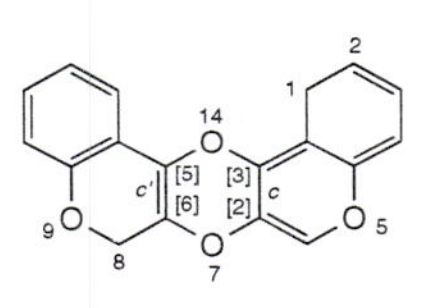

289

"1*H*,8*H*-[1,4]Dioxino[2,3-*c*:6,5-*c*´]bis[1]benzopyran" (**289**)
- nach $(b_1)(b_4)(c_0)(c_3)(d_2)(e_{24})(g_1)(g_2)(g_{34})$
- indiziertes H-Atom nach *Anhang 5(a)(d)*

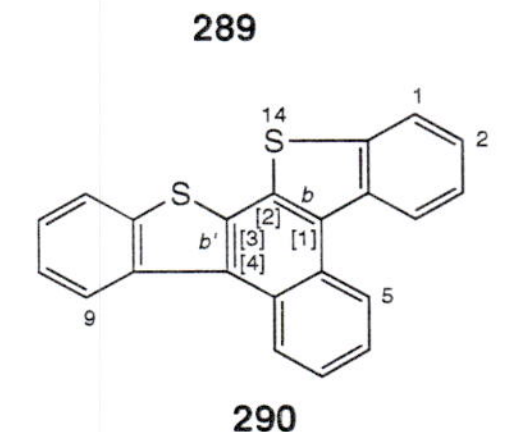

290

"Naphtho[2,1-*b*:3,4-*b*´]bis[1]benzothiophen" (**290**)
- nach $(b_1)(b_4)(c_0)(c_3)(d_1)(e_{24})(g_1)(g_2)$
- "bis" zur Vermeidung von Zweideutigkeiten

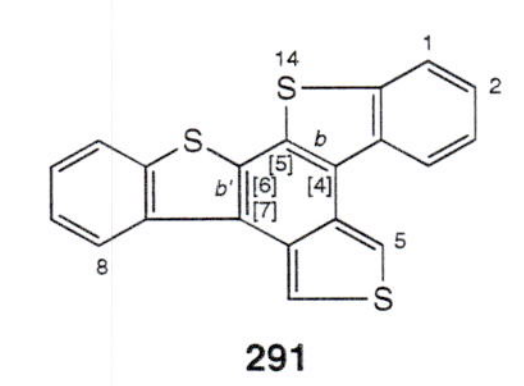

291

"[2]Benzothieno[5,4-*b*:6,7-*b*´]bis[1]benzothiophen" (**291**)
- nach $(b_1)(b_4)(b_{10})(c_0)(c_3)(d_3)(e_{24})(g_1)(g_2)$
- "bis" zur Vermeidung von Zweideutigkeiten

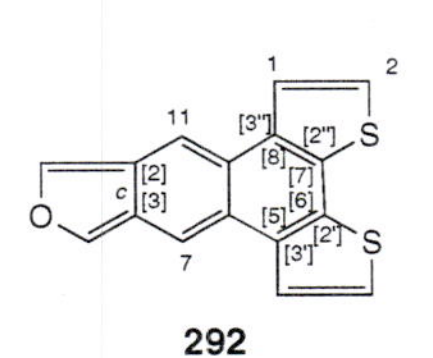

292

"Dithieno[3´,2´:5,6;2´´,3´´:7,8]naphtho[2,3-*c*]furan" (**292**)
- nach $(b_1)(b_3)(c_1)(d_0)(d_1)(e_1)(f)(g_1)(g_2)$
- nicht "Dithieno[3´,2´:3,4;2´´,3´´:5,6]benzo[*e*]isobenzofuran"

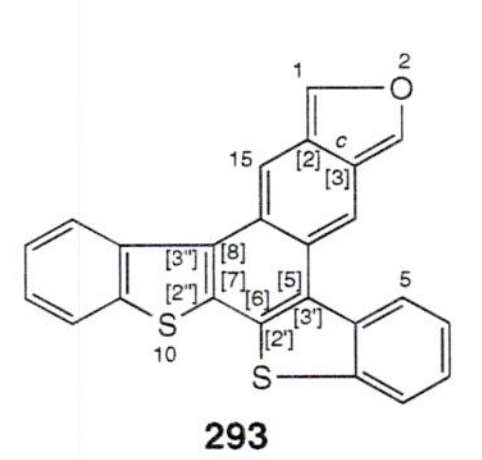

293

"Bis[1]benzothieno[3´,2´:5,6;2´´,3´´:7,8]naphtho[2,3-*c*]furan" (**293**)
- nach $(b_1)(b_3)(c_1)(d_0)(d_1)(d_3)(e_1)(f)(g_1)(g_2)(g_{31})$
- "Bis" zur Vermeidung von Zweideutigkeiten
- nicht "Bis[1]benzothieno[3´,2´:3,4;2´´,3´´:5,6]benzo[*e*]isobenzofuran"

CA ¶ 153

4.6.4. Anellierte Polycyclen mit Austauschnamen ("a"-Namen)

Im folgenden werden erläutert:

(a) Stammnamen von anellierten Polycyclen, die nur Si- und C-Atome enthalten,

(b) Stammnamen von anellierten Polycyclen mit zwei oder mehr Anellanten, die sowohl aneinander als auch an die Hauptkomponente anelliert sind,

(c) Namen von (partiell) gesättigten anellierten Polycyclen mit Austauschnamen,

(d) Präfixe von anellierten Polycyclus-Substituenten mit Austauschnamen.

Im Zweifelsfalle ist CAs 'Index of Ring Systems' (bis 1994 in CAs 'Formula Index' integriert) **oder CAs 'Ring Systems Handbook' zu konsultieren** (s. *Kap. 4.6.1*).

(a) Der Stammname eines **anellierten Polycyclus, der nur Si- und C-Atome enthält**, setzt sich zusammen aus

- der **Heteroatom-Vorsilbe "Sila-"**,
- **dem Stammnamen des entsprechenden Carbopolycyclus, wenn letzterer eine carbocyclische Grundstruktur** nach *Tab. 4.2* **ist**[17]).

Tab. 4.2

z.B.

"9,10-Disilaphenanthren" (**296**)

296

Ausnahme:

"**Silanthren**" (**297**)
vgl. dazu *Tab. 4.3, Fussnote b*, in *Kap. 4.6.2*

297

Dabei wird **indiziertes H-Atom** des Carbopolycyclus ignoriert aber angeführt, wenn es für die Formulierung des Heteropolycyclus nötig ist. **Die Numerierung des Carbopolycyclus wird beibehalten,** auch für angulare und innere Atome (*Kap. 4.6.3(**g**)*).

Anhang 5

Kap. 4.6.3(**g**)

Die Heteroatom-Vorsilben werden im so gebildeten Austauschnamen in der Reihenfolge abnehmender Priorität (s. oben[18])) **angeordnet**; bei Bedarf sind **Multiplikationaffixe** "Di-", "Tri" *etc.* für die Angabe der Anzahl gleichartiger Heteroatome zu verwenden[19]).

Anhang 2

z.B.

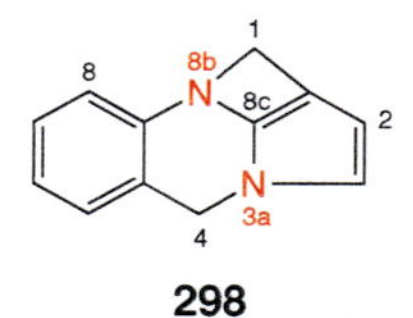

298

"1*H*,4*H*-3a,8b-Diazabenzo[*f*]cyclobut[*cd*]inden" (**298**)
- Name des Carbopolycyclus nach *Kap. 4.6.3* (nach *Fussnote 7*, vgl. dort **139**)
- Sättigung an N(3a) und N(8b) zwingend[10])
- indiziertes H-Atom nach *Anhang 5(**a**)(**d**)*

(b) Der Stammname eines **Heteroatom-haltigen anellierten Polycyclus mit zwei oder mehr Anellanten, die sowohl aneinander als auch an die Hauptkomponente anelliert sind** (Angabe der Anellierungsstelle unmöglich, auch nach Wahl einer nicht-vorrangigen 'Hauptkomponente' nach *Kap. 4.6.3*[7])), setzt sich zusammen aus

Kap. 4.6.3[7])

Anhang 4

- **Heteroatom-Vorsilben** ("a"-Vorsilben) **mit Lokanten** für die Heteroatome:
  "**Oxa-**"(O^{II}) > "**Thia-**"(S^{II}) > "**Selena-**"(S^{II}) > "**Tellura-**" (Te^{II}) >
  "**Aza-**"(N^{III}) > "**Phospha-**"(P^{III}) > "**Arsa-**"(As^{III}) > "**Stiba-**"(Sb^{III}) > "**Bisma-**"(Bi^{III}) >
  "**Sila-**"(Si^{IV}) > "**Germa-**"(Ge^{IV}) > "**Stanna-**"(Sn^{IV}) > "**Plumba-**"(Pb^{III}) > "**Bora-**"(B^{III});
- dem **Stammnamen des entsprechenden anellierten Carbopolycyclus.**

Kap. 4.6.2 und 4.6.3

(c) Der Name eines **gesättigten oder partiell gesättigten anellierten Polycyclus,** hergeleitet von einer ungesättigten Struktur mit Austauschnamen nach ***(a)*** oder ***(b)***, wird **mittels des "Hydro"-Präfixes und dieses Austauschnamens** gebildet, unter Beachtung der Regeln für **indiziertes H-Atom** (vgl. auch *Fussnote 10*). Bei vollständiger Sättigung können die Lokanten zum "Hydro"-Präfix weggelassen werden (**nicht "Perhydro-"**).

Anhang 5

z.B.

299

"Hexahydro-2*H*-2,2a-diazacyclopropa[*cd*]pentalen" (**299**)
- Name des Carbopolycyclus nach *Kap. 4.6.3* (s. **284**)
- Sättigung an N(2a) zwingend[10])
- indiziertes H-Atom nach *Anhang 5(**a**)(**d**)*

[17]) Sind **andere Heteroatome vorhanden**, dann werden Anellierungsnamen nach *Kap. 4.6.3* verwendet.
z.B.

"2*H*-1,2-Oxasilolo[4,5-*b*]pyrrol" (**294**)

294

Ausnahme:

"**1*H*-Phenoxasilin**" (**295**)
vgl. dazu *Tab. 4.3, Fussnote c*, in *Kap. 4.6.2*

295

[18]) **Heteroatom-Vorsilben sind modifizierende Vorsilben** (*Anhang 3*) und werden deshalb bei der Bestimmung der alphabetischen Reihenfolge der Präfixe von Substituenten (*Kap. 3.5*) nicht berücksichtigt.

[19]) **Das endständige "a" der Heteroatom-Vorsilben und der Multiplikationsaffixe entfällt nie vor Vokalen in Austauschnamen** (*Kap. 2.2.2*), z.B. "2*H*-1,4-Diox**a**-8c-**a**zapentaleno[1,6-*ab*]inden" (**302**).

CA ¶ 161

auch Kap. 5.5

Anhang 5(h)(i)

(*d*) **Präfixe von anellierten Polycyclus-Substituenten** werden **mittels der Austauschnamen** durch Anhängen der Endsilbe "-yl-", "-yliden-", "-diyl-" *etc.* gebildet. Die ursprüngliche Numerierung wird beibehalten, wobei freie Valenzen als Gesamtheit möglichst tiefe Lokanten bekommen und die Regeln für **indiziertes H-Atom** berücksichtigt werden müssen.

z.B.

300

"2*H*-1-Thia-4,5a-diazabenz[*cd*]azulen-4(5*H*)-yl-" (**300**)
- Name des Carbopolycyclus nach *Kap. 4.6.3*
- Sättigung an N(5a) zwingend[10])
- indiziertes H-Atom nach *Anhang 5(i₂)*

Beispiele:

301

"1*H*-1,2-Disilainden" (**301**)
indiziertes H-Atom nach *Anhang 5(a)(d)*

302

"2*H*-1,4-Dioxa-8c-azapentaleno[1,6-*ab*]inden" (**302**)
- Sättigung an N(8c) zwingend[10])
- indiziertes H-Atom nach *Anhang 5(a)(d)*

303

"2,6-Dithia-6b,8c-diazadicyclopent[*cd,ij*]-*s*-indacen" (**303**)
Sättigung an N(6b) und N(8c) zwingend[10])

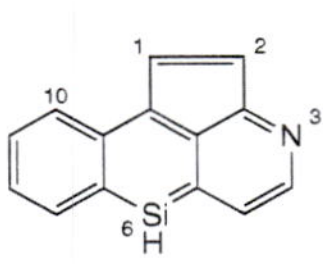

304

"3-Aza-6-silaaceanthrylen" (**304**)
Anellierungsname nicht möglich!

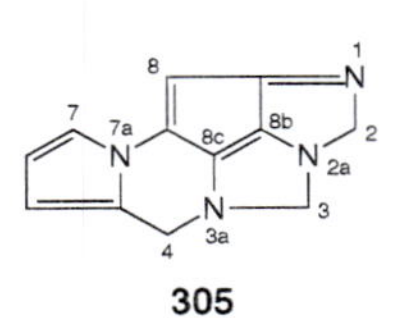

305

"2*H*,3*H*,4*H*-1,2a,3a,7a-Tetraazapentaleno[2,1,6-*kla*]-*s*-indacen" (**305**)
- Sättigung an N(2a), N(3a) und N(7a) zwingend[10])
- indiziertes H-Atom nach *Anhang 5(a)(d)*

4

CA ¶ 155 und 281
IUPAC VB-1 – VB-9[1]), R-2.4.2, A-31, A-32 und B-14

4.7. Brückenpolycyclen nach *von Baeyer* (Carbo- und Heterocyclen)

Eine ausführliche Abhandlung zur Benennung von Brückenpolycyclen nach *von Baeyer* wurde von **IUPAC** veröffentlicht (**VB-Empfehlungen**)[1]).

Definition: Brückenpolycyclen nach *von Baeyer* haben zwei oder mehr Ringe, wobei wenigstens **zwei Ringe zwei oder mehr gemeinsame Atome** (≠ H-Atom(e)) **besitzen**[2]); solche Brückenpolycyclen **können nicht als anellierte Polycyclen oder überbrückte anellierte Polycyclen** bzw. als deren "Hydro"-Derivate **benannt werden**[3]).

Kap. 4.6 und 4.8

z.B.

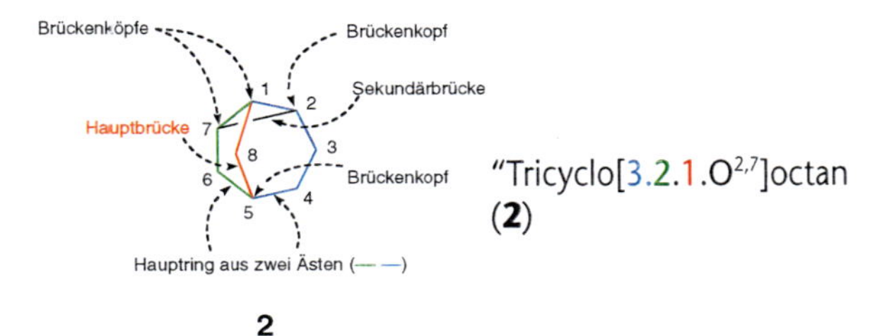

2

IUPAC plant für gewisse Strukturen dieser Art die Herausgabe einer **Cyclophan-Nomenklatur** (IUPAC R-2.4.5); Teil I dieser Empfehlungen ist erschienen[4]). Ein Cyclophan besteht aus Ring(en) oder Ringstruktur(en) mit der maximalen Anzahl nicht-kumulierter Doppelbindungen (s. *Fussnote 2* in *Kap. 4.6*), die miteinander durch gesättigte und/oder ungesättigte Ketten verbunden sind. Die von IUPAC in A-72 – A-75 angegebenen Trivialnamen von **Terpen-Carbopolycyclen** sind im *Anhang 1* zusammengestellt. In IUPAC R-9.1 sind diese Namen nicht mehr angeführt.

Beachte:

- **Alle Heteroatome in Brückenpolycyclen nach *von Baeyer* müssen ihre Standard-Valenz aufweisen**, z.B. O^{II}, N^{III}, P^{III} *etc.* Treten Heteroatome mit Nichtstandard-Valenzen auf, dann ist die **λ-Konvention** zu konsultieren.

Anhang 4
Anhang 7

- **Heteroatome** in Brückenpolycyclen nach *von Baeyer* werden für Nomenklaturzwecke **nicht** als **charakteristische Gruppen** betrachtet.
- Bei der **Benennung schon bekannter Brückenpolycyclen nach *von Baeyer*** (Gerüst-Stammstrukturen) können CAs '**Index of Ring Systems**' und '**Ring Systems Handbook**' **hilfreich** sein, deren Organisation in *Kap. 4.6.1* beschrieben ist. Demnach findet man z.B.:

Kap. 4.6.1

Verbindung **2**: **'3-RING SYSTEM**
3,5,6
C_3-C_5-C_6
...
tricyclo[3.2.1.$0^{2,7}$]octane';

Verbindung **43**: **'7-RING SYSTEM**
6,6,6,6,20,20,20
C_6-C_6-C_6-C_6-$C_{16}N_2O_2$-$C_{16}N_2O_2$-$C_{16}N_2O_2$
28,36,49-trioxa-5,9,17,21,40,44-hexaazaheptacyclo-[23.13.7.$2^{13,32}$.$1^{3,37}$.$1^{11,15}$.$1^{23,27}$.$1^{30,34}$]henpentacontane'.

- Auch mit dem **Computerprogramm POLCYC** von *G.* und *Ch. Rücker*[5]) lassen sich Brückenpolycyclen nach *von Baeyer* benennen.

Im folgenden werden erläutert:

(a) Stammnamen von Carbobrückenpolycyclen nach *von Baeyer*,
(b) Stammnamen von Heterobrückenpolycyclen nach *von Baeyer*,
(c) Bezeichnung der Äste und Brücken (in eckigen Klammern) von Brückenpolycyclen nach *von Baeyer*,
(d) Numerierung von Brückenpolycyclen nach *von Baeyer*,
(e) Bestimmung des Hauptrings, der Brücken oder der Numerierung von Brückenpolycyclen nach *von Baeyer* bei Wahl,
(f) Präfixe von Brückenpolycyclus-Substituenten nach *von Baeyer*.

---

[1]) IUPAC, 'Extension and Revision of the *von Baeyer* System for Naming Polycyclic Compounds (Including Bicyclic Compounds)', *Pure Appl. Chem.* **1999**, *71*, 513 (Revision der Empfehlungen A-31, A-32 und B-14 im 'Blue Book' sowie von R-2.4.2 in den 1993-Empfehlungen).

[2]) Die **Anzahl Ringe** eines Brückenpolycyclus nach *von Baeyer* **entspricht der Anzahl formaler Bindungsbrüche**, die den Polycyclus in eine offenkettige (verzweigte) Struktur überführen.

[3]) **Anellierte Polycyclen aus zwei Teil-Ringen, von denen mindestens einer weniger als fünf Glieder hat, bekommen *von-Baeyer*-Namen** (vgl. dazu *Kap. 4.6.1*).

z.B.

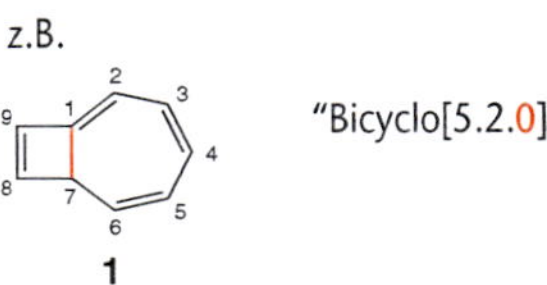

"Bicyclo[5.2.0]nona-1,3,5,8-tetraen" (**1**)

1

[4]) IUPAC, 'Phane Nomenclature. Part I: Phane Parent Names', *Pure Appl. Chem.* **1998**, *70*, 1513.

[5]) G.Rücker, Ch. Rücker, 'Nomenclature of Organic Polycycles out of the Computer – How to Escape the Jungle of the Secondary Bridges', *Chimia* **1990**, *44*, 166.

Anhang 3

Kap. 4.2

Kap. 4.2

(a) Der Stammname eines **Carbobrückenpolycyclus** nach *von Baeyer* setzt sich zusammen aus

- einer **modifizierenden Vorsilbe "Bicyclo-", "Tricyclo-"** *etc.* zur Angabe der Anzahl Ringe[2];
- einer **eckigen Klammer mit Angabe der Länge der Äste und Brücken** (s. ***(c)***);
- dem **Stammnamen der entsprechenden gesättigten Kohlenwasserstoff-Kette**.

"Polycyclo[$x.y.z.k^{l,m}.n^{o,p}...u^{v,w}$]alkan"

$x \geq y \geq z \geq k \geq n \ldots \geq u$; $l < m$, $o < p$, ... $v < w$; wenn $k = n \ldots = u$, dann ist $l \leq o \ldots \leq v$ und, wenn nötig (z.B. wenn $l = o$), $m < p$

Unsättigung wird durch Modifikation der Endsilbe "-an" ausgedrückt: "**-en**", "**-dien**", "**-in**" (Englisch: 'yne') *etc.*

IUPAC lässt noch die Trivialnamen "**Adamantan**" (**23**), "**Cuban**" (**24**) und "**Prisman**" (**25**) zu (s. unten, Beispiele).

z.B.

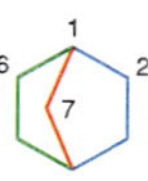

3

"Bicyclo[2.2.1]heptan" (**3**)

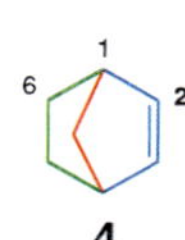

4

"Bicyclo[2.2.1]hept-**2**-en" (**4**)

(b) Der Stammname eines **Heterobrückenpolycyclus** nach *von Baeyer* setzt sich zusammen aus

- **Heteroatom-Vorsilben** ("a"-Vorsilben) **mit Lokanten** für die Heteroatome:

  "**Oxa-**"(O^{II}) > "**Thia-**" (S^{II}) > "**Selena-**" (Se^{II}) > "**Tellura-**"(Te^{II}) >

  "**Aza-**"(N^{III}) > "**Phospha-**"(P^{III}) > "**Arsa-**"(As^{III}) > "**Stiba-**" (Sb^{III}) > "**Bisma-**"(Bi^{III}) >

  "**Sila-**"(Si^{IV}) > "**Germa-**"(Ge^{IV}), "**Stanna-**"(Sn^{IV}) > "**Plumba-**"(Pb^{IV}) > "**Bora-**"(B^{III});
- dem **Stammnamen des entsprechenden Carbobrückenpolycyclus** nach ***(a)***[6]).

Die **Heteroatom-Vorsilben werden im so gebildeten Austauschnamen in der Reihenfolge abnehmender Priorität** (s. oben) mit den zugehörigen Lokanten **angeordnet**[7]); bei Bedarf sind **Multiplikationsaffixe** "Di-", "Tri-" *etc.* für die Angabe der Anzahl gleichartiger Heteroatome zu verwenden[8]).

Anhang 2

IUPAC lässt noch den Trivialnamen "**Chinuclidin**" ('quinuclidine'; **26**) zu (s. unten, Beispiele).

z.B.

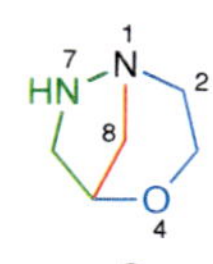

8

"4-Oxa-1,7-diazabicyclo[3.2.1]octan" (**8**)

(c) Die **eckigen Klammern** enthalten in absteigender Ordnung **Zahlen zur Angabe der Anzahl Atome in den beiden Ästen des Hauptrings** ($x \geq y$), **in der Hauptbrücke** (z) **und in den Sekundärbrücken** ($k \geq n \ldots \geq u$), wobei Brückenköpfe nicht mitgezählt werden. Die Lage der Sekundärbrücken ist durch hochgestellte Lokanten angegeben (l,m; o,p; ...; v,w). Dabei ist $l < m$, $o < p$, ... $v < w$. Bei gleich langen Sekundärbrücken ($k = n \ldots = u$) ist $l \leq o \ldots \leq v$ und, wenn nötig (z.B. $l = o$), $m < p$.

Der **Hauptring muss soviele Atome wie möglich enthalten**; zwei davon dienen als Brückenköpfe der Hauptbrücke. Besteht eine Wahl bei der Bestimmung des Hauptringes und der Brücken, dann ist ***(e)*** zu berücksichtigen.

z.B.

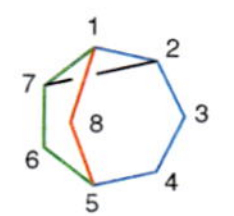

2

"Tricyclo[3.2.1.0^{2,7}]octan" (**2**)
Hauptring C(1) bis C(7)

(d) Die Numerierung beginnt an einem Brückenkopf der Hauptbrücke (= 1. Brückenkopf), durchläuft zuerst den längeren, dann (über den 2. Brückenkopf) den kürzeren Ast des Hauptringes (immer im Uhrzeigersinn), dann die Hauptbrücke (ausgehend vom 1. Brückenkopf) und schliesslich die Sekundärbrücken. Die **Sekundärbrücken werden fortlaufend – *unabhängig von ihrer Länge* – der Reihe sinkender Brückenkopf-Lokanten nach weiter numeriert**; dabei beginnt die Numerierung einer Sekundärbrücke jeweils beim höher numerierten Brückenkopf (m, p, ... w)[9]). Abhängige Sekundärbrücken (=

---

[6]) Eine Ausnahme bilden **Heterobrückenpolycyclen mit regelmässig platzierten Heteroatomen** (s. *Kap. 4.3.3*).

z.B.

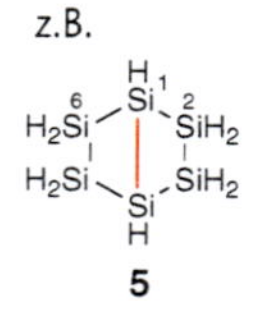

5

"Bicyclo[2.2.0]hexasilan" (**5**)

6

"Tricyclo[3.3.1.1^{3,7}]tetrasilathian" (**6**)

7

"1*Si*-Tricyclo[3.3.1.1^{2,4}]pentasilazan" (**7**)
"1*Si*" bezeichnet den Brückenkopf mit Lokant 1 (Beispiel aus IUPAC R-2.4.2.2)

[7]) **Heteroatom-Vorsilben sind modifizierende Vorsilben** (*Anhang 3*) und werden deshalb bei der Bestimmung der alphabetischen Reihenfolge der Präfixe von Substituenten (*Kap. 3.5*) nicht berücksichtigt.

[8]) **Das endständige "a" der Heteroatom-Vorsilben und der Multiplikationsaffixe entfällt *nie* vor Vokalen in Austauschnamen** (*Kap. 2.2.2*), z.B. "2-Oxa-1-azabicyclo[3.2.0]heptan", "2,3,5,6-Tetraazabicyclo[2.1.1]hexan".

[9]) **Diese Art der Numerierung der Sekundärbrücken** (nach CA) **ist vergleichbar mit der Numerierung von Brücken in überbrückten anellierten Polycyclen** (s. *Kap. 4.8(d)*). **IUPAC numeriert** seit 1999 **Sekundärbrücken** in Brückenpolycyclen nach *von Baeyer* **nicht mehr nach abnehmender Länge derselben** (s. IUPAC R-2.4.2.2 und A-32.23), sondern wie CA (VB-Regeln)[1]).

Brücken, die Sekundärbrücken untereinander oder mit dem Hauptring verbinden) werden sinngemäss zuletzt numeriert. Besteht eine Wahl, dann ist ***(e)*** zu berücksichtigen.

z.B.

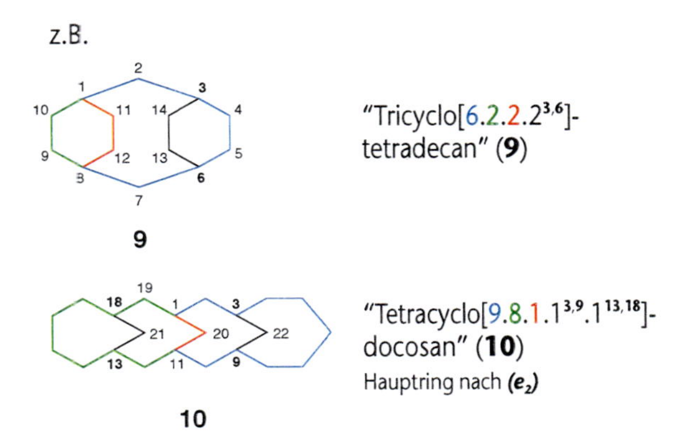

"Tricyclo[6.2.2.$2^{3,6}$]-tetradecan" (**9**)

"Tetracyclo[9.8.1.$1^{3,9}$.$1^{13,18}$]-docosan" (**10**)
Hauptring nach ***(e₂)***

(e) Besteht eine **Wahl bei der Bestimmung des Hauptringes, der Brücken oder der Numerierung**, dann sind der Reihe nach folgende Kriterien anzuwenden:

(e_1) die **Hauptbrücke** muss **so lang wie möglich** sein;

z.B.

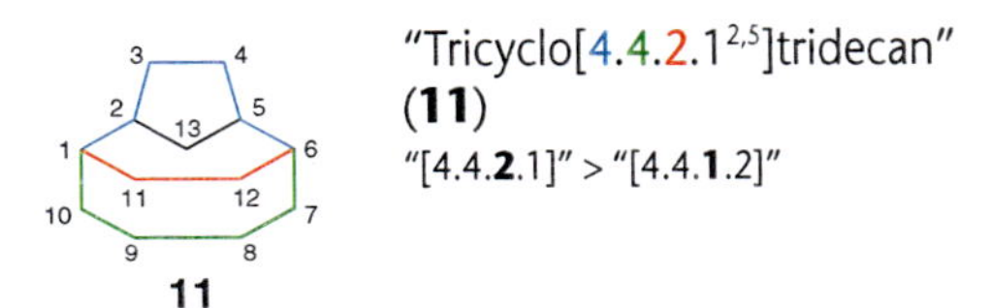

"Tricyclo[4.4.2.$1^{2,5}$]tridecan" (**11**)
"[4.4.**2**.1]" > "[4.4.**1**.2]"

(e_2) der **Hauptring** wird durch die Hauptbrücke so symmetrisch wie möglich geteilt, d.h. **seine beiden Äste sind möglichst gleich lang**;

z.B.

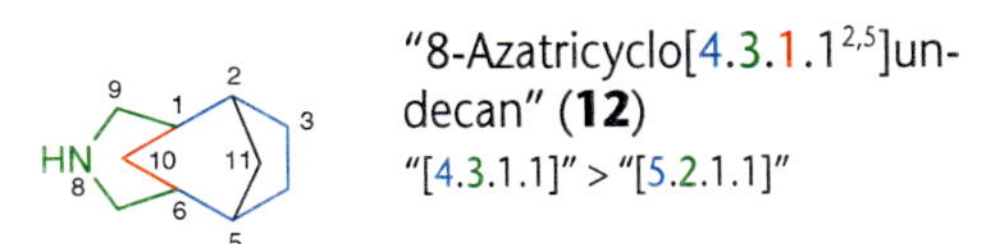

"8-Azatricyclo[4.3.1.$1^{2,5}$]undecan" (**12**)
"[4.3.1.1]" > "[5.2.1.1]"

(e_3) die **hochgestellten Lokanten** bei Sekundärbrücken müssen ***als Gesamtheit*** **so tief wie möglich** sein[10];

z.B.

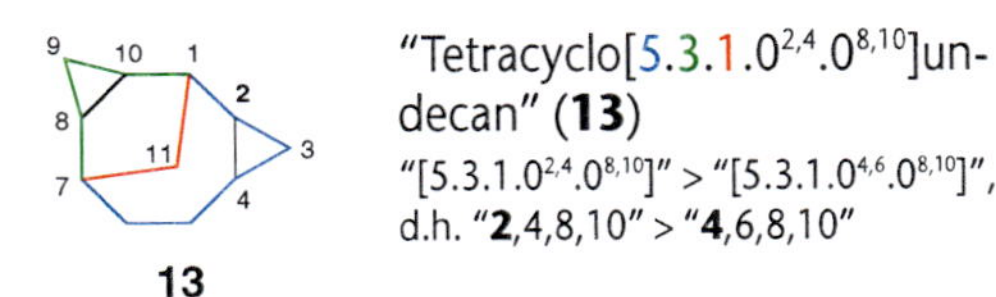

"Tetracyclo[5.3.1.$0^{2,4}$.$0^{8,10}$]undecan" (**13**)
"[5.3.1.$0^{2,4}$.$0^{8,10}$]" > "[5.3.1.$0^{4,6}$.$0^{8,10}$]", d.h. "**2**,4,8,10" > "**4**,6,8,10"

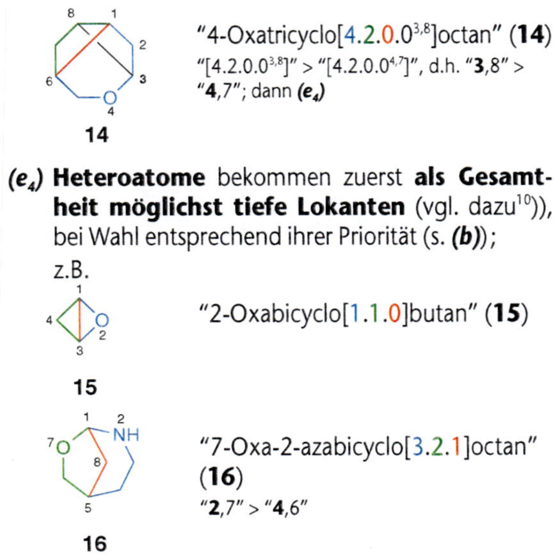

"4-Oxatricyclo[4.2.0.$0^{3,8}$]octan" (**14**)
"[4.2.0.$0^{3,8}$]" > "[4.2.0.$0^{4,7}$]", d.h. "**3**,8" > "**4**,7"; dann ***(e_4)***

(e_4) **Heteroatome** bekommen zuerst **als Gesamtheit möglichst tiefe Lokanten** (vgl. dazu[10]), bei Wahl entsprechend ihrer Priorität (s. ***(b)***);

z.B.

"2-Oxabicyclo[1.1.0]butan" (**15**)

"7-Oxa-2-azabicyclo[3.2.1]octan" (**16**)
"**2**,7" > "**4**,6"

"2-Oxa-7-thia-5-azabicyclo[2.2.2]octan" (**17**)
"2,5,**7**" > "2,5,**8**"; dann O(2) > S(2)

(e_5) **Unsättigungen** bekommen (im Uhrzeigersinn numeriert) **möglichst tiefe Lokanten**[11]), wobei die Angabe beider Lokanten einer Doppelbindung zu vermeiden (s. **20**) oder möglichst wenig zu verwenden ist; d.h. **beide Lokanten** werden **nur** angegeben, **wenn eine Doppelbindung an einem Brückenkopf nicht zum nächst höher numerierten Atom führt oder wenn ihre Lage an einem Brückenkopf nicht evident ist** (s. **44**); ist eine **Benzol-Struktur** (oder eine andere Struktur mit der maximalen Anzahl nicht-kumulierter Doppelbindungen) **im Polycyclus nach *von Baeyer*** enthalten, dann werden deren Doppelbindungen so angeordnet, dass die zuerst angetroffene Doppelbindung (Hauptring im Uhrzeigersinn numeriert) einen möglichst tiefen Lokanten bekommt und zum nächst höher numerierten Atom führt (s. **44**);

z.B.

"Bicyclo[3.2.1]oct-2-en" (**19**)
"2" > "3"

"Bicyclo[3.2.2]non-5-en" (**20**)
– "5" > "1(7)"
– IUPAC: **nicht mehr** "Bicyclo[3.2.2]-non-**1(7)**-en" wie in IUPAC R-3.1.1 vorgeschlagen, sondern neu wie bei CA (IUPAC VB-8.3.1[1]))

---

[10]) Diejenige Folge von Lokanten ist niedriger, die am ersten Unterscheidungspunkt die niedrigste Zahl hat, z.B. "[4.3.0.$0^{2,5}$.$0^{3,8}$.$0^{4,7}$]" > "[4.3.0.$0^{2,5}$.$0^{3,9}$.$0^{4,8}$]", d.h. "2,3,4,5,**7**,8" > "2,3,4,5,**8**,9" ("Pentacyclo[4.3.0.$0^{2,5}$.$0^{3,8}$.$0^{4,7}$]nonan"). Ist die **Folge der Lokanten gleich**, dann hat der bevorzugte Name den tieferen Lokanten am ersten im Namen zitierten Unterscheidungspunkt, z.B. "[3.3.0.$0^{2,4}$.$0^{3,7}$.$0^{6,8}$]" > "[3.3.0.$0^{2,8}$.$0^{3,7}$.$0^{4,6}$]" (beide mit "2,3,4,6,7,8") ("Pentacyclo[3.3.0.$0^{2,4}$.$0^{3,7}$.$0^{6,8}$]octan" = "Cunean").

[11]) Sind **zusätzlich zu einer Unsättigung Hauptgruppen oder freie Valenzen** vorhanden, dann haben nach Berücksichtigung der festgelegten Numerierung des Brückenpolycyclus **Hauptgruppe(n) oder freie Valenz(en) vor Mehrfachbindung(en) Priorität für tiefste Lokanten** (s. Numerierungsregeln, *Kap. 3.4*).

z.B.

"Bicyclo[2.2.1]hept-5-en-**2**-on" (**18**)

Kap. 3.4

(e_6) Numerierungsregeln[11]).

CA ¶ 161

Kap. 4.4(c)

auch Kap. 5.5 und 5.6

(f) **Präfixe von Brückenpolycyclus-Substituenten**, hergeleitet von Strukturen mit Namen nach ***(a)*** – ***(e)***, werden **wie** diejenigen der entsprechenden **Carbomonocyclus-Substituenten** mittels der Endsilbe "-yl-" (d.h. z.B. "...**[3.2.1]alk-1-yl-**"), "-yliden-", "-diyl-" *etc.* gebildet. Die **Numerierung** erfolgt nach ***(d)*** und ***(e)***, wobei jedoch freie Valenzen vor Unsättigung tiefste Lokanten bekommen[11]).

IUPAC empfiehlt, **auch bei gesättigten Brückenpolycyclus-Substituenten** die Endsilbe "-yl-" *etc.* an den Stammnamen zu hängen (IUPAC R-2.5, Methode b), z.B. "Bicyclo[2.2.1]hept**an**-2-**yl**-" (vgl. **3**; CA: 'bicyclo[2.2.1]hept-2-yl-').

z.B.

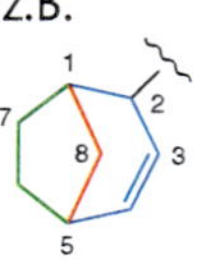

21

"Bicyclo[3.2.1]oct-3-en-2-yl-" (**21**)

Beachte:

Die **Konfigurationsbezeichnungen** ***"exo"*/*"endo"* und *"syn"*/*"anti"*** sollten nur im Fall von Bicyclo[*x.y.z*]alkanen **22** und ihren Hetero-Analoga (inklusive ungesättigte Strukturen) mit $x \geq y > z > 0$ verwendet werden:

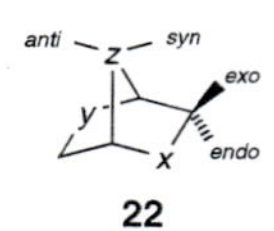

22

- *"exo"*/*"endo"*: Referenzsubstituent (nach CIP-Regeln; s. *Anhang 6 (A.6.3)*) auf der gleichen/gegenüberliegenden Seite in Bezug auf die *z*-Brücke;
- *"syn"*/*"anti"*: Referenzsubstituent auf der gleichen/gegenüberliegenden Seite in Bezug auf den *x*-Ast des Hauptrings.

Beispiele:

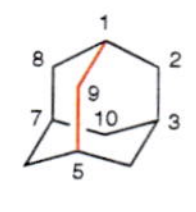

23

"Tricyclo[3.3.1.1^{3,7}]decan" (**23**)
IUPAC: auch "**Adamantan**"; substituierbar; entsprechend "**Adamantyl-**" für Substituentenpräfix

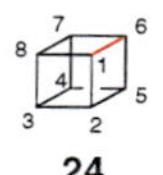

24

"Pentacyclo[4.2.0.0^{2,5}.0^{3,8}.0^{4,7}]octan" (**24**)
IUPAC: auch "**Cuban**"; substituierbar

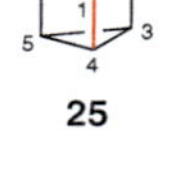

25

"Tetracyclo[2.2.0.0^{2,6}.0^{3,5}]hexan" (**25**)
IUPAC: auch "**Prisman**"; substituierbar

26

"1-Azabicyclo[2.2.2]octan" (**26**)
IUPAC: auch "**Chinuclidin**" ('quinuclidine'); substituierbar

27

"2,3,5,6-Tetraaza-1,4-diphosphabicyclo[2.2.1]heptan" (**27**)

28

"Tricyclo[7.2.0.0^{3,5}]undecan" (**28**)
"[**7.2**.0.0]" > "[**8.1**.0.0]" nach **(e_2)**

29

"Hexacyclo[4.4.0.0^{2,5}.0^{3,9}.0^{4,8}.0^{7,10}]decan" (**29**)
"[**4.4**.0.0.0.0.0]" > "[**6.2**.0.0.0.0.0]" nach **(e_2)**

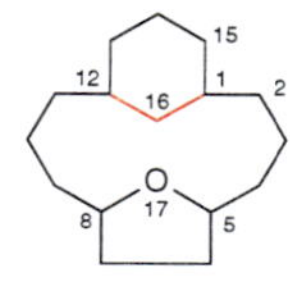

30

"17-Oxatricyclo[10.3.1.1^{5,8}]heptadecan" (**30**)
"[**10.3**.1.1]" > "[**11.2**.1.1]" nach **(e_2)**

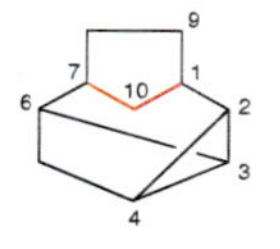

31

"Tetracyclo[5.2.1.0^{2,4}.0^{3,6}]decan" (**31**)
"[5.2.1.0^{2,4}.0^{3,6}]" > "[5.2.1.0^{2,5}.0^{4,6}]", d.h. "2,**3**,4,6" > "2,**4**,5,6" nach **(e_3)**

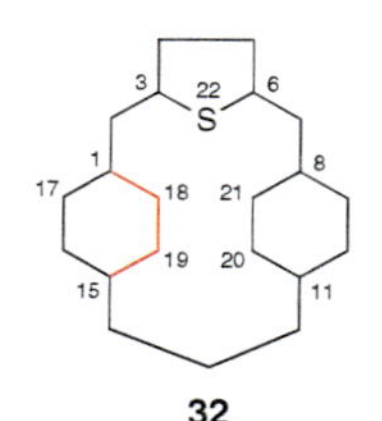

32

"22-Thiatetracyclo[13.2.2.2^{8,11}.1^{3,6}]docosan" (**32**)
"[13.2.2.2^{8,11}.1^{3,6}]" > "[13.2.2.2^{5,8}.1^{10,13}]", d.h. "**3**,6,8,11" > "**5**,8,10,13" nach **(e_3)**

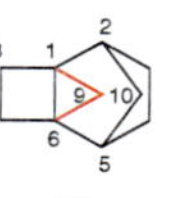

33

"Tetracyclo[4.2.1.1^{2,5}.0^{1,6}]decan" (**33**)
"[4.2.1.1^{2,5}.0^{1,6}]" > "[4.2.1.1^{2,5}.0^{2,5}]", d.h. "**1**,2,5,6" > "**2**,2,5,5" nach **(e_3)**

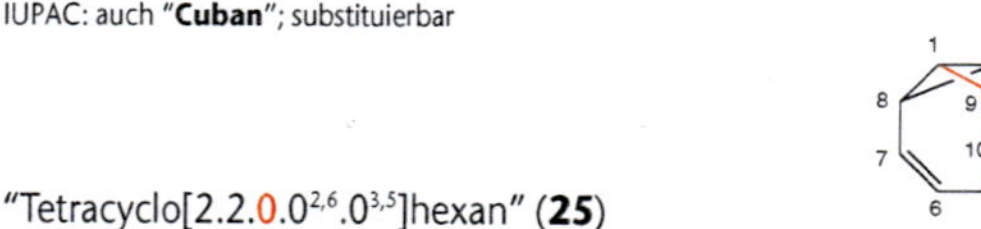

34

"Tricyclo[3.3.2.0^{2,8}]deca-3,6,9-trien" (**34**)
– **trivial "Bullvalen"**
– "[3.3.2.0^{2,8}]" > "[3.3.2.0^{4,6}]", d.h. "**2**,8" > "**4**,6" nach **(e_3)**

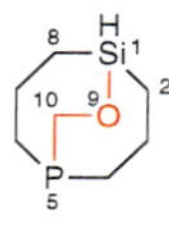

35

"9-Oxa-5-phospha-1-silabicyclo[3.3.2]decan" (**35**)
"1,5,**9**" > "1,5,**10**" nach **(e_4)**

36

"3,5-Dioxa-2,7-diazabicyclo[2.2.1]heptan" (**36**)
"2,3,**5**,7" > "2,3,**6**,7" nach **(e_4)**

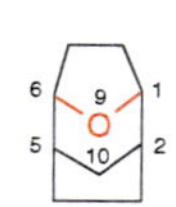

37

"9-Oxatricyclo[4.2.1.1^{2,5}]decan" (**37**)
O(**9**) > O(**10**) nach **(e_4)**

38

"4-Oxatricyclo[4.4.0.0^{3,8}]decan" (**38**)
"[4.4.0.0^{3,8}]" > "[4.4.0.0^{4,9}]" nach **(e_3)**, dann O(**4**) > O(**5**) > O(**9**) > O(**10**) nach **(e_4)**

39

"2-Azabicyclo[2.2.1]hept-5-en" (**39**)
N(**2**) > N(**5**) nach **(e_4)**

40

"2,10-Dioxa-16,24-dithiapentacyclo[23.3.1.$1^{4,8}$.$1^{11,15}$.$1^{18,22}$]dotriacontan" (**40**)

O(2), O(10) > **S(2)**, S(10) nach ***(e₄)***

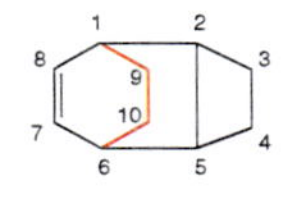

41

"Tricyclo[4.2.2.$0^{2,5}$]dec-7-en" (**41**)

"-7-en" > "-9-en" nach ***(e₅)***

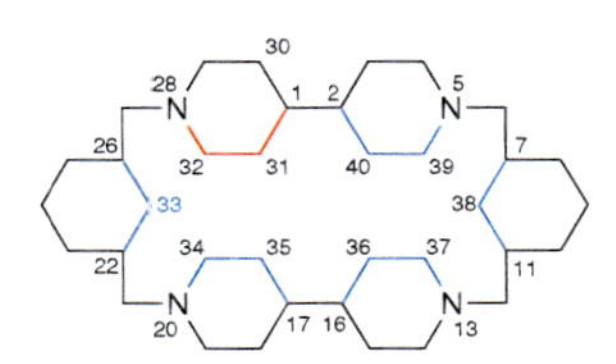

42

"5,13,20,28-Tetraazaheptacyclo-[26.2.2.$2^{2,5}$.$2^{13,16}$.$2^{17,20}$.$1^{7,11}$.$1^{22,26}$]tetracontan" (**42**)

- "[26.2.2.$2^{2,5}$.$2^{13,16}$.$2^{17,20}$.$1^{7,11}$.$1^{22,26}$]" > "[26.2.2.$2^{9,12}$.$2^{13,16}$.$2^{24,27}$.$1^{3,7}$.$1^{18,22}$]", d.h. "**2**,5,7,11,13,16,17,20,22,26" > "**3**,7,9,12,13,16,18,22,24,27" nach ***(e₃)***
- beachte die Numerierung der Sekundärbrücken nach ***(d)***

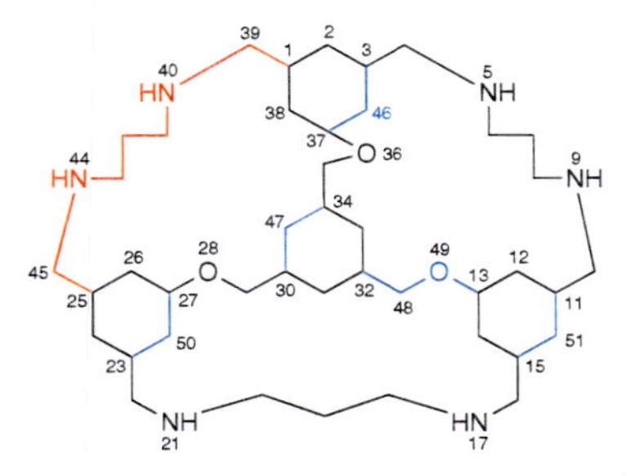

43

"28,36,49-Trioxa-5,9,17,21,40,44-hexaazaheptacyclo[23.13.7.$2^{13,32}$.$1^{3,37}$.$1^{11,15}$.$1^{23,27}$.$1^{30,34}$]henpentacontan" (**43**)

beachte die Numerierung der Sekundärbrücken nach ***(d)***

44

"18,37,40,44-Tetrabromo-11,16,30,35-tetraoxaheptacyclo[34.2.2.$2^{17,20}$.$1^{3,7}$.$1^{6,10}$.$1^{22,26}$.$1^{25,29}$]hexatetraconta-3,5,7(46),8,10(45),17,19,22,24,26(42),27,29(41),36,38,39,43-hexadecaen" (**44**)

- beachte die Numerierung der Sekundärbrücken nach ***(d)***
- beachte die Zuordnung der Lokanten der Doppelbindungen nach ***(e₅)***: "3,**5**,7(46),8,10(45)" > "3(**46**),4,6,8,10(45)" und "22,**24**,26(42),27,29(41)" > "22(**42**),23,25,27,29(41)"; die Lage von C(38)=C(1) ist evident (nur ein Lokant nötig)

CA ¶ 154 und 281
IUPAC FR-0[1]), FR-1[1]), FR-8[1]), R-2.4.1.2, A-34.1 und B-15

4.8. Überbrückte anellierte Polycyclen (Carbo- und Heterocyclen)

Eine ausführliche Abhandlung zur Benennung von anellierten Polycyclen und überbrückten anellierten Polycyclen wurde von **IUPAC** veröffentlicht (**FR-Empfehlungen**)[1]).

Definition: In überbrückten anellierten Polycyclen ist die **Brücke** ein Atom, eine Atom-Kette oder ein Ring; sie **verbindet zwei oder mehrere Teile eines** nach *Kap. 4.6* benannten **anellierten Polycyclus miteinander**, ohne dass dabei eine neue anellierte Struktur erzeugt oder die bestehende erweitert wird.

Kap. 4.6

z.B.

Brückenkopf
Brücke
Brückenkopf

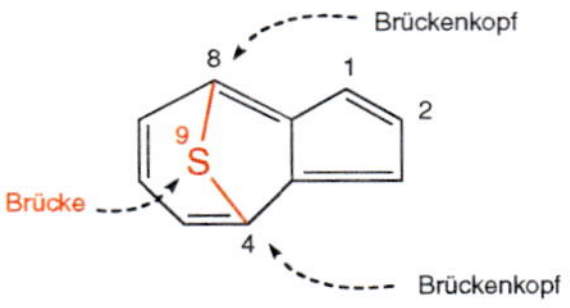

1

"4,8-Epithioazulen" (**1**)

IUPAC plant für gewisse Strukturen dieser Art die Herausgabe einer **Cyclophan-Nomenklatur** (IUPAC R-2.4.5); Teil I dieser Empfehlungen ist erschienen[2]). Ein Cyclophan besteht aus Ring(en) oder Ringstruktur(en) mit der maximalen Anzahl nicht-kumulierter Doppelbindungen (s. *Fussnote 2* in *Kap. 4.6*), die miteinander durch gesättigte und/oder ungesättigte Ketten verbunden sind.

Beachte:

- Alle Teil-Ringe der unüberbrückten anellierten Polycyclen müssen vor der Namensgebung nach den Angaben in *Kap. 4.6.3(g₁)* gezeichnet werden, weshalb in *Kap. 4.8* **5- und 7-gliedrige Teil-Ringe der unüberbrückten anellierten Polycyclen nicht als reguläre Polygone dargestellt** sind. (Kap. 4.6.3(g))
- **Alle Heteroatome in überbrückten anellierten Polycyclen müssen ihre Standard-Valenz aufweisen**, z.B. O^{II}, N^{III}, P^{III} *etc.* Treten Heteroatome mit Nichtstandard-Valenzen auf, dann ist die **λ-Konvention** zu konsultieren. (Anhang 4, Anhang 7)
- **Heteroatome** in überbrückten anellierten Polycyclen werden für Nomenklaturzwecke **nicht** als **charakteristische Gruppen** betrachtet.
- Bei der **Benennung schon bekannter überbrückter anellierter Polycyclen** (Gerüst-Stammstrukturen) können CAs **'Index of Ring Systems' und 'Ring Systems Handbook' hilfreich** sein, deren Organisation in *Kap. 4.6.1* beschrieben ist. Demnach findet man z.B.: (Kap. 4.6.1)

Verbindung **1**: **'3-RING SYSTEM**
5,5,6
C_4S-C_5-C_5S
4,8-epithioazulene';

Verbindung **10**: **'9-RING SYSTEM**
4,4,4,6,6,6,6,6,6
C_4-C_4-C_4-C_6-C_6-C_6-C_6-C_6-C_6
13,14[1′,2′]-benzeno-5,12-ethanobiphenyleno[2,3-*b*]biphenylene';

Verbindung **48**: **'4-RING SYSTEM**
6,6,6,12
C_6-C_6-C_6-C_{12}
...
1,5-(ethano[1,4]benzenoethano)naphthalene
...'.

- Für die im folgenden angeführten Beispiele wird jeweils die Struktur mit der maximalen Anzahl nicht-kumulierter Doppelbindungen (s. *Fussnote 2* in *Kap. 4.6*) angegeben, was zu **gespannten Ringen** führt. Bei den in der Praxis zu benennenden Verbindungen handelt es sich meistens um "Hydro"-Derivate dieser Strukturen. (Kap. 4.6)

Im folgenden werden erläutert:

(a) Stammnamen von überbrückten anellierten Polycyclen,
(b) Wahl der Brücken,
(c) geläufige Brückennamen (*Tab. 4.4*),
(d) Numerierung von überbrückten anellierten Polycyclen,
(e) Namen von (partiell) gesättigten überbrückten anellierten Polycyclen,
(f) Präfixe von überbrückten anellierten Polycyclus-Substituenten.

[1]) IUPAC, 'Nomenclature of Fused and Bridged Fused Ring Systems', *Pure Appl. Chem.* **1998**, *70*, 143 (Revision der Empfehlungen A-21, A-22, A-23, A-34 und B-3 im 'Blue Book' sowie von R-2.4.1 in den 1993er Empfehlungen).

[2]) IUPAC, 'Phane Nomenclature. Part I: Phane Parent Names', *Pure Appl. Chem.* **1998**, *70*, 1513.

(a) Der Stammname eines **überbrückten anellierten Polycyclus** setzt sich zusammen aus

- dem **Namen der nach *(b)* gewählten Brücke als modifizierende Vorsilbe**[3]) **mit Lokanten** für die Brückenköpfe (s. ***(c)***),
- dem **Stammnamen des unüberbrückten anellierten Polycyclus** gemäss *Kap. 4.6*.

Kap. 4.6

Anhang 5

Die Angabe von **indiziertem H-Atom** nach *Anhang 5* erfolgt erst nach Wahl aller notwendigen Brücken (s. **3**). Sind **mehrere unabhängige Brücken** vorhanden (s. **4**), dann werden ihre Namen **untereinander in alphabetischer Reihenfolge** angeordnet[3]). Eine unabhängige Brücke überbrückt nur den anellierten Polycyclus; **eine abhängige Brücke ist mindestens an eine andere Brücke** (und oder auch nicht an den anellierten Polycyclus) **gebunden und wird** unabhängig von der alphabetischen Reihenfolge **vor den unabhängigen Brücken zitiert** (z.B. ist "Benzeno-" in **10** eine abhängige Brücke).

Kap. 3.5

z.B.

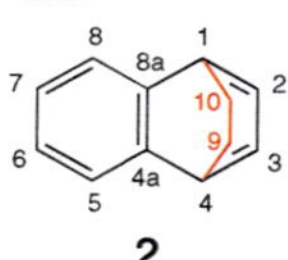

2

"1,4-Ethanonaphthalin" (**2**)
Englisch: '1,4-ethanonaphthalene'

3

"5*H*-4a,7-Ethano-2*H*-[1]benzopyran" (**3**)
- Englisch: '...pyra**n**'
- das unüberbrückte "4a*H*-1-Benzopyran" mit maximaler Anzahl nicht-kumulierter Doppelbindungen lässt sich nicht formulieren, d.h. indiziertes H-Atom wird nach *Anhang 5*(***f$_3$***), dann (***f$_{11}$***) zugeordnet

4

"10,9-(Epoxymethano)-1,4:5,8-dimethanoanthracen" (**4**)
- Numerierung von "Anthracen" (Ausnahme) nach *Kap. 4.6.2* (dort **38**)
- Numerierung der Brücken nach ***(d)*** (Heteroatom möglichst tiefer Lokant)
- IUPAC: "9,10-(Epoxymethano)-1,4:5,8-dimethanoanthracen" (mit O(12))

Ausnahme:

Statt des Brückennamens "Imino-" (–NH–) oder "Biimino-" (–NH–NH–) wird die **Endsilbe** (nicht Suffix!) "**-imin**" ('-imine') bzw. "**-biimin**" ('-biimine') verwendet, aber nur **im Fall von** (unüberbrückten) **anellierten Carbopolycyclen oder Heteropolycyclen ohne N-Atome**[4]) ("Imino-" bzw. "Biimino-", falls N-Atome in der Struktur vorhanden sind; s. **60** bzw. **42**).

z.B.

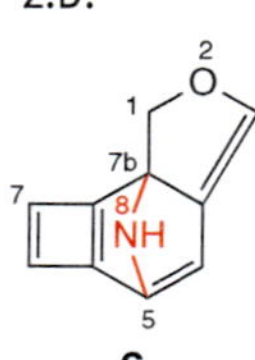

6

"1*H*-Cyclobut[*e*]isobenzofuran-5,7b-imin" (**6**)
- indiziertes H-Atom nach *Anhang 5*(***f$_{11}$***)
- IUPAC: "1*H*-5,7b-Epimino..."

(b) Die **Wahl der Brücke**(n) erfolgt der Reihe nach gemäss folgender Kriterien:

(b$_1$) Der **unüberbrückte anellierte Polycyclus hat am meisten Ringe**;

z.B.

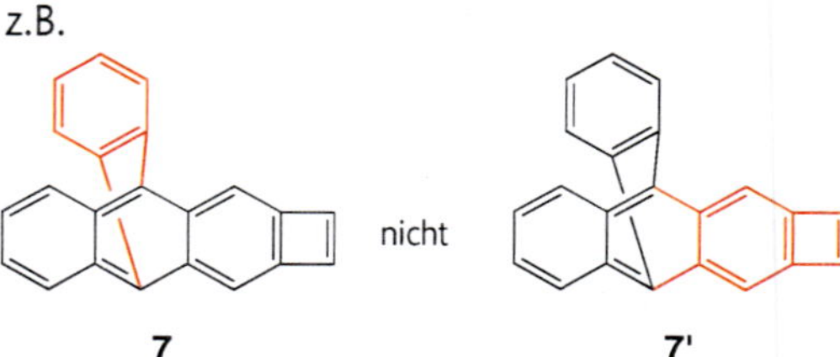

7 **7'**

Name von **7**, s. Beispiele
der unüberbrückte Polycyclus hat 4 Ringe

der unüberbrückte Polycyclus hat 3 Ringe

(b$_2$) der **unüberbrückte anellierte Polycyclus hat am meisten Ringatome**;

z.B.

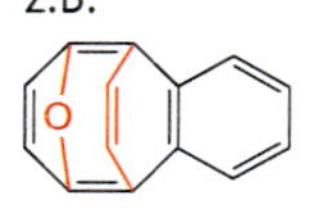

nicht

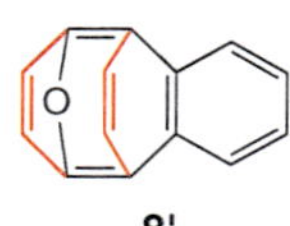

8 **8'**

Name von **8**, s. Beispiele
der unüberbrückte Polycyclus hat 12 Ringatome

der unüberbrückte Polycyclus hat 11 Ringatome

(b$_3$) **Brücken** sind **so einfach wie möglich**, z.B. haben gesättigte Brücken vor ungesättigten Brücken, zwei einfache Brücken vor einer komplizierteren Brücke und unabhängige Brücken vor abhängigen Brücken den Vorrang;

z.B.

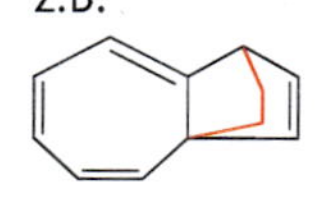

nicht

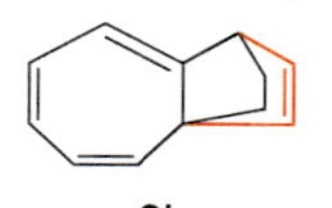

9 **9'**

Name von **9**, s. Beispiele
"Ethano"-Brücke > "Etheno"-Brücke

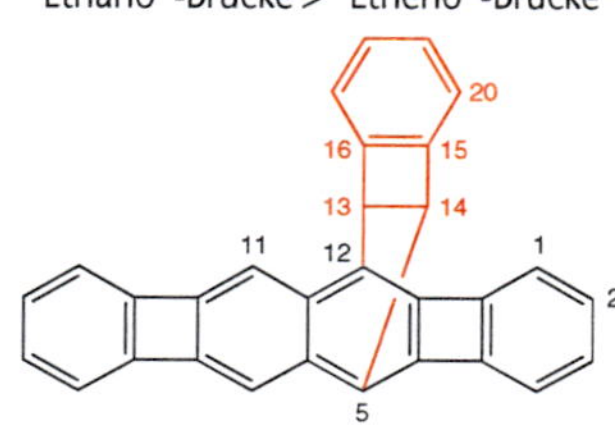

10

"13,14[1´,2´]-Benzeno-5,12-ethanobiphenyleno[2,3-*b*]biphenylen" (**10**)
- nicht "5,12-Bicyclo[4.2.0]octa[1,3,5]trien[7,8]diylbiphenyleno[2,3-*b*]biphenylen" (kompliziertere Brücke)
- "Benzeno-" ist eine abhängige Brücke (s. ***(a)***)

(b$_4$) der **unüberbrückte anellierte Polycyclus ist die Hauptpringstruktur**, d.h. vorrangig nach den Regeln zur Bestimmung der Gerüst-Stammstruktur (*Kap. 3.3*(***c***));

Kap. 3.3(c)

[3]) **Brückennamen sind modifizierende Vorsilben** (*Anhang 3*) und werden deshalb bei der Bestimmung der alphabetischen Reihenfolge der Präfixe von Substituenten (*Kap. 3.5*) nicht berücksichtigt. In CAs 'Chemical Substance Index' beginnt der Titelstammname ('index heading') eines überbrückten anellierten Polycyclus deshalb mit dem Brückennamen, z.B. '1,4-ethanonaphthalene' (**2**), **nicht** 'naphthalene, 1,4-ethano-'.

[4]) Hauptgruppen werden wie üblich als Endung ausgedrückt (s. *Kap. 3.1*).

z.B.

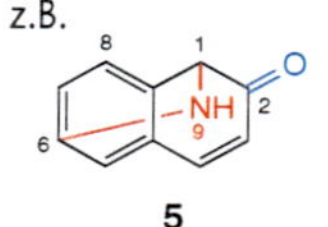

5

"Naphthalin-1,6-imin-2(1*H*)-on" (**5**)
- Englisch: 'naphthalen-1,6-imin-2(1*H*)-one'
- 'addiertes' indiziertes H-Atom nach *Anhang 5*(***l$_2$***)

z.B.

11 nicht **11'**

Name von **11**, s. Beispiele

Heterocyclus > Carbocyclus

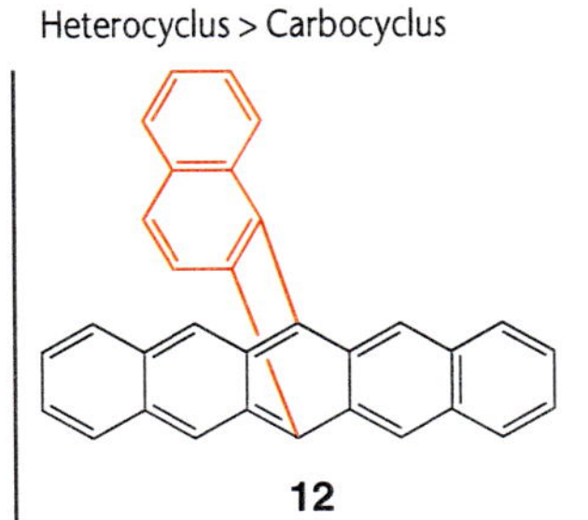

12

Name von **12**, s. Beispiele

mehr linear angeordnete Ringe in **12** als in **12'**

nicht

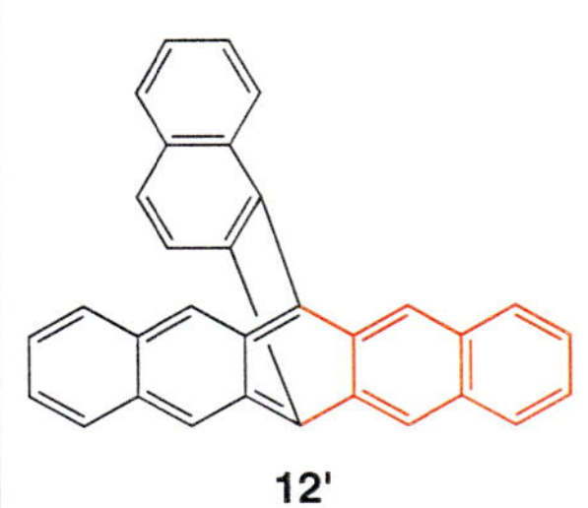

12'

≡

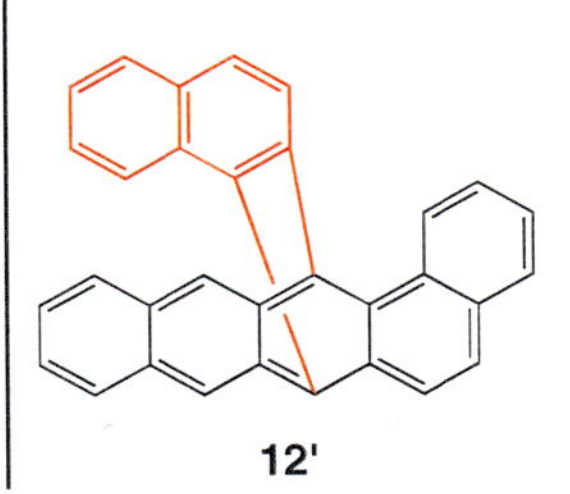

12'

IUPAC empfiehlt nach den Kriterien ***(b₁)*** und ***(b₂)*** eine von CA abweichende Reihenfolge sowie zusätzliche Auswahlkriterien (IUPAC FR-8.2).

Tab. 4.4

(c) **Geläufige Brückennamen** sind **in *Tab. 4.4*** angegeben. **Zur Benennung der Brücke** selbst **nötige Lokanten** werden **in eckige Klammern** gesetzt (gestrichene Lokanten für cyclische Brücken), wobei den freien Valenzen wie bei polyvalenten Substituenten möglichst tiefe Lokanten zugeordnet werden, z.B. "But[2]eno-", "[2´,3´]-Furano-".

Brückentypen:

(c₁) **Divalente acyclische Kohlenwasserstoff-Brücke**:

"Alkano-"[5], **"Alk[*x*]eno-"**[5], **"Alk[*x*]ino-"**[5]) (Englisch: 'alkyno-') *etc.* (*x* = Lokant)

IUPAC empfiehlt entsprechende Namen auch für von Heteroatom-haltigen Ketten (inkl. monogliedrige Hydride) hergeleitete Brückennamen (s. *Tab. 4.4*).

z.B.

[3] [1]
$-CH_2CH_2CH_2-$ "Propano-" (**13**)

13

(c₂) **Tri- oder polyvalente acyclische Kohlenwasserstoff-Brücke**:

Name des entsprechenden Substituenten nach *Kap. 4.2**(c)*** ("-yl-" > "-yliden-" > "-ylidin-" (Englisch: '-ylidyne-'); möglichst niedriger Lokant für "-yl-" > "-yliden-" > "-ylidin-", im Brückennamen in eckigen Klammern).

Kap. 4.2(c)

IUPAC empfiehlt entsprechende Namen auch für von Heteroatom-haltigen Ketten (inkl. monogliedrige Hydride) hergeleitete Brückennamen (s. *Tab. 4.4*) und setzt alle polyvalenten Brückennamen in runde Klammern.

z.B.

[3] [1]
$>CHCH_2CH_2-$ "Propan[1]yl[3]yliden-" (**14**)

IUPAC: "(Propan[1,1,3]triyl)-"

14

Ausnahmen:

$-CH<$ oder $-CH=$

15

"Metheno-"[5]) (**15**)

IUPAC: "(Methantriyl)-" bzw. "(Metheno)-"

$>C<$, $>C=$ oder $=C=$

16

"Methino-"[5]) (**16**)

- Englisch: 'methyno-'
- IUPAC: "(Methantetrayl)-", "(Methandiylyliden)-" bzw. "(Methandiyliden)-"

(c₃) **Divalente Carbomonocyclus-Brücke** (maximale Anzahl nicht-kumulierter Doppelbindungen):

***"endo*-Cycloalk(a)-"**[6])

- **analog Anellant-Namen** (*Kap. 4.6.3**(d₄)***), inklusive **Elision von "a"** vor Vokalen (s. **34** in *Fussnote 8*)
- allenfalls notwendiges **indiziertes H-Atom** wird der überbrückten Struktur nach *Anhang 5* zugeteilt (s. **59**)

Kap. 4.6.3(d₄)

IUPAC empfiehlt "Epicycloalka-"[5])[6]).

z.B.

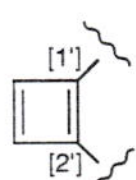

17

"[1´,2´]-*endo*-Cyclobut(a)-"[6]) (**17**)

IUPAC: "[1,2]Epicyclobuta-"

Ausnahme:

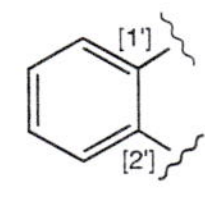

18

"[1´,2´]-Benzeno-"[5]) (**18**)

- nicht "[1´,2´]-Benzo-"
- IUPAC: "[1,2]Benzeno-" (auch im Deutschen)

---

[5]) **Das endständige "o" von "Alkano-", "Alkeno-", "Alkino-", "Metheno-", "Methino-" und "Benzeno-" entfällt nur vor dem Vokal eines *Heteroatom*-Partialnamens** (z.B. vor "-oxy-" (–O–), "-imino-" (–NH–)) **in einem zusammengesetzten Brückennamen**, nicht aber vor andern Vokalen (keine Elision, wenn endständig!), z.B. "(Methan**o**xymethano)-" ($-CH_2-O-CH_2-$), aber "Ethan**oa**zulen" (s. **9**) oder "([1,4]Benzen**oe**thano[1,4]benzeno)-" ($-C_6H_4-CH_2CH_2-C_6H_4-$). **IUPAC** empfiehlt, ein entständiges "a", "o" oder "e" eines Brückennamens nicht zu elidieren, auch nicht in einem zusammengesetzten Brückennamen.

[6]) **Der Deskriptor *"endo-"* wird nur verwendet, um eine Verwechslung des Brückennamens mit einem Anellant-Namen** gemäss *Kap. 4.6.3* **auszuschliessen**, d.h. wenn der Brücken- und Anellant-Name gleich lautet. **IUPAC** empfiehlt, zu diesem Zwecke die **Vorsilbe "Epi-"** (ohne Bindestrich) zu verwenden (IUPAC R-9.2.1.2 und FR-8.3) (epi = darüber).

Tab. 4.4. Brückennamen für überbrückte anellierte Polycyclen[3])[a])

$-N=N-NH-$	**"Azimino-"**[b]) (IUPAC: "Triaz[1]eno-")
$=N-N=$, $=N-N<$ oder $>N-N<$	**"Azino-"**[b]) (IUPAC: "(Diazandiyliden)-", "(Diazan[1,1]diyl[2]yliden)-" bzw. "(Diazantetrayl)-")
$-N=N-$	**"Azo-"**[b]) (IUPAC: "Diazeno-")
$-C_6H_4-$ **(18)**	**"[1′,2′]-Benzeno-"**[c]) (IUPAC: "[1,2]Benzeno-"; **18**)
$-BH-$	**"Borylen-"** (IUPAC: "Borano-")
$-B<$ oder $-B=$	**"Borylidin-"** (Englisch: 'borylidyne-'; IUPAC: "(Borantriyl)-" bzw. "(Boranylyliden)-")
$-CH_2CH_2CH_2CH_2-$	**"Butano-"**[c])
$-CH_2CH=CHCH_2-$	**"But[2]eno-"**[c])
$-NHNH-$	**"Biimino-"**[b])[d]) (IUPAC: "Diazano-")
$-C_5H_4-$ **(19)**	**"[1′,2′]-*endo*-Cyclopenta-"** (IUPAC: "[1,2]Epicyclopenta-"; **19**)
$-O-O-$	**"Epidioxy-"**[b])
$-S-S-$	**"Epidithio-"**[b])
$-S-$	**"Epithio-"**[b])
$-S-CH_2CH_2-$	**"(Epithioethano)-"**[c])
$-S-CH=CH-$	**"(Epithioetheno)-"**[c])
$-S-NH-C_6H_4-CH_2-C_6H_4-NH-S-$	**"(Epithioimino[1,3]benzenomethano[1,3]benzeniminothio)-"**[b])
$-S-CH_2-S-$	**"(Epithiomethanothio)-"**[b])
$-S-CH<$ oder $-S-CH=$	**"(Epithiometheno)-"**[c]) (IUPAC: entsprechend **(c_2)**)
$-S-C(<)-S-$ oder $-S-C(=)-S-$	**"(Epithiomethinothio)-"**[b]) (Englisch: '(epithiomethynothio)-'; IUPAC: entsprechend **(c_2)**)
$-O-$	**"Epoxy-"**[b])
$-O-C_6H_4-$ **(20)**	**"(Epoxy[1,2]benzeno)-"**[c]) **(20)**
$-O-C_6H_4-CH_2-O-$	**"(Epoxy[1,4]benzenomethanoxy)-"**[b])
$-O-CH_2CH_2-$	**"(Epoxyethano)-"**[c])
$-O-CH_2CH<$ oder $-O-CH_2CH=$	**"(Epoxyethanylyliden)-"**
$-O-NH-$	**"(Epoxyimino)-"**[b])
$-O-CH_2-NH-CH_2-$	**"(Epoxymethaniminomethano)-"**[c])
$-O-CH_2-$	**"(Epoxymethano)-"**[c])
$-O-CH_2-C_6H_4-CH_2-O-$	**"(Epoxymethano[1,2]benzenomethanoxy)-"**[b])
$-O-CH_2-O-$	**"(Epoxymethanoxy)-"**[b])
$-O-CH<$ oder $-O-CH=$	**"(Epoxymetheno)-"**[c]) (IUPAC: entsprechend **(c_2)**)
$-O-CH=N-$, $-O-CH(-)-N<$ oder $-O-CH(-)-N=$	**"(Epoxymethenonitrilo)-"**[b]) (IUPAC: "(Epoxymethenoazeno)-" *etc.*)
$-O-CH(-)-O-$	**"(Epoxymethenoxy)-"**[b]) (IUPAC: entsprechend **(c_2)**)
$-O-C(-)<$ oder $-O-C(-)=$	**"(Epoxymethino)-"**[c]) (Englisch: '(epoxymethyno)-'; IUPAC: entsprechend **(c_2)**)
$-O-N<$ oder $-O-N=$	**"(Epoxynitrilo)-"**[b]) (IUPAC: "(Epoxyazantriyl)-" bzw. "(Epoxyazeno)-")
$-O-S-$	**"(Epoxythio)-"**[b])
$-O-S-O-$	**"(Epoxythioxy)-"** (ausnahmsweise Elision von "o", vgl.[b]))
$-CH_2CH_2-NH-C_6H_4-NH-CH_2CH_2-$	**"(Ethanimino[1,2]benzeniminoethano)-"**[c])
$-CH_2CH_2-NH-CH_2-$	**"(Ethaniminomethano)-"**[c])
$-CH_2CH_2-$	**"Ethano-"**[c])
$-CH_2CH_2-C_6H_4-CH_2CH_2-$	**"(Ethano[1,4]benzeno*e*thano)-"**[c])
$-CH_2CH_2-O-CH_2CH_2-$	**"(Ethanoxyethano)-"**[c])
$-CH_2CH<$ oder $-CH_2CH=$	**"Ethanylyliden-"** (IUPAC: "(Ethan[1,1,2]triyl)-" bzw. "(Ethanylyliden)-")
$-CH=CH-$	**"Etheno-"**[c])
$-CH=CH-C_6H_4-C_6H_4-CH=CH-$	**"(Etheno[1,3]benzeno[1,3]benzeno*e*theno)-"**[c])
$-CH=CH-C_6H_4-O-C_6H_4-O-C_6H_4-CH=CH-$	**"(Etheno[1,4]benzenoxy[1,4]benzenoxy[1,4]benzeno*e*theno)-"**[c])
$-C\equiv C-$	**"Ethino-"**[c]) (Englisch: 'ethyno-')
$-C_4H_2O-$ **(28)**	**"[2′,3′]-Furano-"**[b]) (IUPAC: "[2,3]Furano-"; **28**)
$-GeH_2-$	**"Germano-"**[c])

[a]) **Diese Brückennamen sind**, abgesehen von wenigen Ausnahmen, **verschieden von den entsprechenden Präfixen für verbindende Substituenten in der Multiplikationsnomenklatur** (*Kap. 3.2.3, Tab. 3.3*).

[b]) **Keine Elision** des endständigen "o", "a" bzw. "y" vor Vokalen (s. *Fussnote 5*, auch für IUPAC-Empfehlung).

[c]) **Elision des endständigen "o" dieses Brückennamens vor dem Vokal eines Heteroatom-Partialnamens** in einem zusammengesetzten Brückennamen (s. *Fussnote 5*, auch für IUPAC-Empfehlung).

[d]) Beachte die Ausnahmen in ***(a)***, z.B. **6**.

-NH-	**"Imino-"**[b)][d)] (IUPAC: "Epimino-")
$-NH-CH_2CH_2-NH-$	**"(Iminoethanimino)-"**[b)] (IUPAC: "(Epiminoethanoimino)-")
$-NH-CH_2CH_2-$	**"(Iminoethano)-"**[c)] (IUPAC: "(Epiminoethano)-")
$-NH-CH_2CH_2-O-CH_2CH_2-O-CH_2CH_2-NH-$	**"(Iminoethanoxyethanoxyethanimino)-"**[b)] (IUPAC: "(Epiminoethanooxyethanooxyethanoimino)-")
$-NH-CH_2C{\equiv}CC{\equiv}CCH_2-NH-$	**"(Iminohexa[2,4]diinimino)-"**[b)] (Englisch: '(iminohexa[2,4]diynimino)-'; IUPAC: "(Epiminohexa[2,4]diinimino)-")
$-NH-CH_2-$	**"(Iminomethano)-"**[c)] (IUPAC: "(Epiminomethano)-")
-NH-CH=N-, -NH-CH(-)-N< oder -NH-CH(-)-N=	**"(Iminomethenonitrilo)-"**[b)] (IUPAC: "(Epiminomethenoazeno)-" *etc.*)
$-CH_2-NH-CH_2-$	**"(Methaniminomethano)-"**[c)]
$-CH_2-$	**"Methano-"**[c)]
$-CH_2-C_6H_4-CH_2-$ (**21**)	**"(Methano[1,2]benzenomethano)-"**[c)] (**21**)
$-CH_2-S-CH_2-$	**"(Methanothiomethano)-"**[c)]
$-CH_2-O-CH_2CH_2-O-CH_2-$	**"(Methanoxyethanoxymethano)-"**[c)]
$-CH_2-O-CH_2-$	**"(Methanoxymethano)-"**[c)]
-CH< oder -CH= (**15**)	**"Metheno-"**[c)] (**15**; IUPAC: "(Methantriyl)-" bzw. "(Metheno)-")
>C<, >C= oder =C= (**16**)	**"Methino-"**[c)] (Englisch: 'methyno-'; **16**; IUPAC: " (Methantetrayl)-", "(Methandiylyliden)-" bzw. "(Methandiyliden)-")
$-C_{10}H_6-$ (**29**)	**"[2′,3′]-Naphthaleno-"**[b)] (IUPAC: "[2,3]Naphthaleno-"; **29**)
-N< oder -N=	**"Nitrilo-"**[b)] (IUPAC: "(Azantriyl)-" bzw. "(Azeno)-")
$>N-CH_2-$ oder $=N-CH_2-$	**"(Nitrilomethano)-"**[c)] (IUPAC: "(Azantriylmethano)-" *etc.*)
-N=CH-, >N-CH< oder >N-CH=	**"(Nitrilometheno)-"**[c)] (IUPAC: "(Azenometheno)-" *etc.*)
-PH-	**"Phosphiniden-"** (IUPAC: "Phosphano-")
-P< oder -P=	**"Phosphinidin-"** (Englisch: 'phosphinidyne-'; IUPAC: "(Phosphantriyl)-" bzw. "(Phospheno)-")
-P=CH-, >P-CH< oder >P-CH=	**"(Phosphinidinmetheno)-"**[c)] (Englisch: '(phosphinidynemetheno)-'; IUPAC: "(Phosphenometheno)-" *etc.*)
$-PbH_2-$	**"Plumbano-"**[c)]
$-CH_2CH_2CH_2-$	**"Propano-"**[c)]
$-CH{=}CHCH_2-$	**"Propeno-"**[c)]
$-CH_2CH_2CH<$ oder $-CH_2CH_2CH=$ (**14**)	**"Propan[1]yl[3]yliden-"** (**14**; IUPAC: "(Propan[1,1,3]triyl)-" bzw. "(Propan[1]yl[3]yliden)-")
$-SiH_2-$	**"Silano-"**[c)]
$-SnH_2-$	**"Stannano-"**[c)]

19
"[1′,2′]-*endo*-Cyclopenta-" (**19**)
IUPAC: "[1,2]Epicyclopenta-"

20
"(Epoxy[1,2]benzeno)-" (**20**)

21
"(Methano[1,2]benzeno-methano)-" (**21**)

22
"[2′,3′]-Anthraceno-" (**22**)
IUPAC: "[2,3]Anthraceno-"

23
"(Ethaniminomethano[2,7]-*endo*-acridinomethaniminoethano)-" (**23**)
IUPAC: "(Ethanoiminomethano[2,7]acridinomethanoiminoethano)-"

24
"(Ethanoxy[1,4]benzeno[2,9]-*endo*-[1,10]phenanthrolino[1,4]benzenoxyethano)-" (**24**)
IUPAC: "(Ethanooxy[1,4]benzeno[2,9][1,10]phenanthrolino[1,4]benzenooxyethano)-"

25
"(Ethanoxyethanoxyethano[1,4]pyridinio[4,1]pyridinioethanoxyethanoxyethano)-" (**25**)
IUPAC: "(Ethanooxyethanooxyethano[1,4]pyridinio[4,1]pyridinioethanooxyethanooxyethano)-"

26
"([2,5]-*endo*-Pyrrolomethenopyrrol[2]yl[5]yliden)-" (**26**)
IUPAC: "([2,5]Epipyrrolomethenopyrrol[2]yl[5]yliden)-"

Tri- oder polyvalente Carbomonocyclus-Brücke: Name des entsprechenden Substituenten nach *Kap. 4.4(**c**)* (vermutlich).

Kap. 4.6.3 (d_1)(d_2)(d_3)

(*c_4*) Divalente Heteromonocyclus- oder Polycyclus-Brücke (maximale Anzahl nicht-kumulierter Doppelbindungen):

"***endo*-Heteroareno-**"[6]) **oder "Heteroareno-", "*endo*-Areno-**"[6]) **oder "Areno-"**

- **analog Anellant-Namen** (*Kap. 4.6.3(**d_1**)(**d_2**)(**d_3**)*), **keine Elision von "o"** vor Vokalen (CA: manchmal auch Elision)
- allenfalls notwendiges **indiziertes H-Atom** wird der überbrückten Struktur nach *Anhang 5* zugeteilt (s. **56**)

IUPAC empfiehlt "Epiheteroareno-"[6]) bzw. "Epiareno-"[6]).

Ausnahmen:

Alle trivialen verkürzten Anellant-Namen von *Kap. 4.6.3(**d_1**)* werden durch entsprechende **nicht-verkürzte Namen** ersetzt (s. **28** und **29**), und die **gesättigte Brücke** –CH–O–CH– heisst "***endo*-Oxirano-**" (nicht "Dihydro-*endo*-oxireno..."; s. **53** und **68**).

z.B.

27 "**[3´,4´]-*endo*-Pyrrolo-**"[6]) (**27**)
IUPAC: "[3,4]Epipyrrolo-"

28 "**[2´,3´]-Furano-**" (**28**)
- nicht "[2´,3´]-Furo-"
- IUPAC: "[2,3]Furano-"

29 "**[2´,3´]-Naphthaleno-**" (**29**)
- nicht "[2´,3´]-Naphtho-"
- IUPAC: "[2,3]Naphthaleno-" (auch im Deutschen)

Kap. 4.5 – 4.7 oder 4.9

Tri- oder polyvalente Heteromonocyclus- oder Polycyclus-Brücke: Name des entsprechenden Substituenten nach *Kap. 4.5 – 4.7* oder *4.9* (s. **26**).

(*c_5*) Zusammengesetzte unabbängige Brücke:

der Brückenname wird durch **Aneinanderreihen von einfachen Brückennamen** gebildet[5]), **in der Reihenfolge der entsprechenden Strukturteile**, und in runde Klammern gesetzt, z.B. "(Epoxymethano)-" ($-OCH_2-$). Dabei wird "Ep(i)" von "**Ep**oxy-", "**Epi**thio-" *etc.* im Innern eines zusammengesetzten Brückennamens weggelassen, nicht aber an dessen Anfang (vgl. **30** mit **32** und **33**), und für Mono- und Polycyclus-Brückennamen werden ungestrichene Lokanten in eckigen Klammern (ohne Bindestrich) verwendet (vgl. **31** mit **17, 18 und 27 – 29**). **Der zusammengesetzte Brückenname beginnt mit dem einfachen Brückennamen des Brückenterminus, der mit abnehmender Priorität folgende Kriterien erfüllt:**

Anhang 4

(*c_{51}*) vorrangiges Heteroatom nach *Anhang 4*,

z.B.

–O–NH– **30** "(Epoxyimino)-" (**30**)

Kap. 3.3(c)

(*c_{52}*) vorrangige Ringstruktur nach *Kap. 3.3(**c**)*,

z.B.

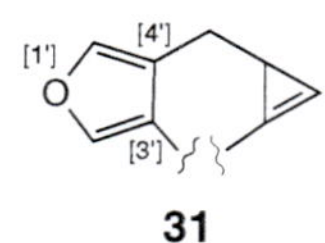

31

"([3,4]Furanomethano-*endo*-cyclopropa)-" (**31**)
IUPAC: "([3,4]Furanomethanocyclopropa)-"; "Epi" wird weggelassen, wenn es nicht am Anfang des Brückennamens steht

Kap. 3.3

(*c_{53}*) vorrangige Kette nach *Kap. 3.3*,

z.B.

$-CH_2CH_2OCH_2-$ **32** "(Ethanoxymethano)-" (**32**)

Kap. 3.5

(*c_{54}*) alphabetische Priorität.

z.B.

$-CH_2OCH<$ **33** "(Meth**a**noxymeth**e**no)-" (**33**)
IUPAC: "(Methantriyloxymethano)-"

Kap. 4.6

(*d*) Die Numerierung des unüberbrückten anellierten Polycyclus wird beibehalten (*Kap. 4.6*). Bei Wahl bekommen die **Brückenköpfe am unüberbrückten Polycyclus als Gesamtheit möglichst tiefe Lokanten. Die Brücken werden dann fortlaufend – *unabhängig von ihrer Länge* – der Reihe sinkender Brückenkopf-Lokanten nach weiter numeriert**; dabei beginnt die Numerierung einer Brücke jeweils beim höher numerierten Brückenkopf des unüberbrückten Polycyclus[7])[8]) (s. **37**).

Bei unsymmetrischen Brücken muss die Lokantenreihenfolge für die Brückenköpfe der Reihenfolge der Brückentermini im Brückennamen entsprechen, wobei bei Wahl Heteroatome in Brücken möglichst tiefe Lokanten bekommen[8]) (s. **4**, **36**, **38** und **43**).

[7]) **Diese Art der Numerierung der Brücke ist vergleichbar mit der Numerierung von Sekundärbrücken in Brückenpolycyclen nach *von Baeyer*** (*Kap. 4.7(**d**)*).

[8]) **Bei Carbomonocyclus-Brücken** (s. **34**) wird zuerst der kürzere Brückenast und dann fortlaufend um den Carbomonocyclus herum numeriert. **Bei Heteromonocyclus-Brücken** (s. **35**) **oder bei Wahl** (s. **36**) bekommen Heteroatome möglichst tiefe Lokanten.

z.B.

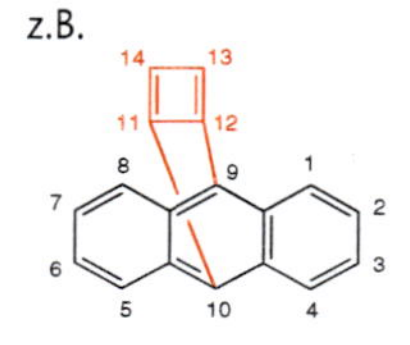

34

"9,10[1´,2´]-*endo*-Cyclobutanthracen" (**34**)
- Numerierung von "Anthracen" (Ausnahme) nach *Kap. 4.6.2* (dort **38**)
- IUPAC: "9,10-[1,2]Epicyclobutaanthracen"

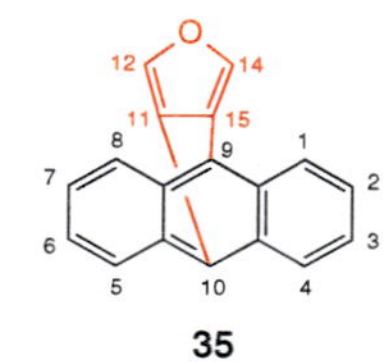

35

"9,10[3´,4´]-Furanoanthracen" (**35**)
- O(**13**) > O(**14**)
- IUPAC: "9,10-[3,4]Furanoanthracen"

36

"10,9-(Epoxymethano)-1,4-methanoanthracen" (**36**)
- O(**11**) > O(**12**)
- IUPAC: "9,10-(Epoxymethano)-1,4-methanoanthracen" (mit O(12))

Sind **mehrere Brücken** vorhanden und besteht eine Wahl, dann bekommt die **früher angeführte Brücke** (alphabetische Reihenfolge) **möglichst tiefe Brückenkopf-Lokanten** (s. **39**). Bei **mehreren gleichen Brücken** werden die Lokanten paarweise durch Doppelpunkte getrennt (z.B. "1,4:9,10-Diepoxyanthracen"; $C_{14}H_6(>O)_2$).

IUPAC empfiehlt, bei der Zuordnung und Reihenfolge (im Namen) der Brückenkopf-Lokanten das Kriterium der möglichst tiefen Lokanten für Heteroatome in Brücken zu vernachlässigen (IUPAC FR-8.4.3); **die Brückennumerierung erfolgt deshalb nicht immer analog CA** (IUPAC FR-8.6 und FR-8.7) (s. **4** und **36**).

z.B.

"1*H*,3*H*-4,7-Epoxy-3a,7a-(methanothiomethano)isobenzofuran" (**37**)
- Englisch: '...isobenzofura**n**'
- indiziertes H-Atom nach *Anhang 5(**f**$_{12}$)*

37

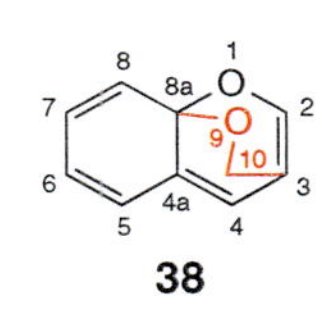

"8a,3-(Epoxymethano)-8a*H*-1-benzopyran" (**38**)
- Englisch: '...benzopyra**n**'
- die Reihenfolge der Brückenkopf-Lokanten "8a,3" entspricht der Reihenfolge der Brückentermini im Brückennamen
- indiziertes H-Atom nach *Anhang 5(**f**$_{21}$)*

38

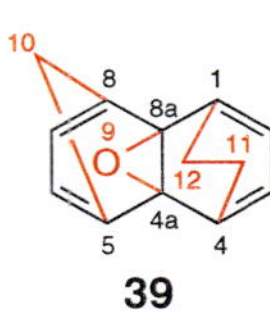

"4a,8a-Epoxy-1,4-**e**thano-5,8-**m**ethanonaphthalin" (**39**)
- Englisch: '...naphthalene'
- kein indiziertes H-Atom nach *Anhang 5(**f**$_{12}$)*

39

(e) Der Name eines **gesättigten oder partiell gesättigten überbrückten anellierten Polycyclus,** hergeleitet von einer ungesättigten Struktur mit Namen nach ***(a)*** – ***(d)***, wird **mittels des "Hydro"-Präfixes** und dieses Namens benannt, unter Beachtung der Regeln für **indiziertes H-Atom**. Bei vollständiger Sättigung können die Lokanten zum "Hydro"-Präfix weggelassen werden (**nicht "Perhydro-"**), ausser in Anwesenheit einer ungesättigten Brücke.

Anhang 5

z.B.

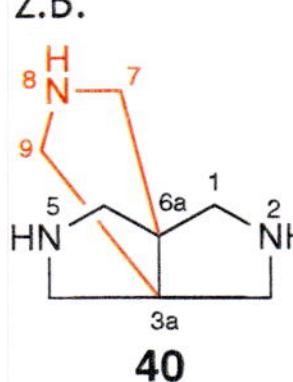

40

"Tetrahydro-1*H*,4*H*-3a,6a-(methaniminomethano)pyrrolo[3,4-*c*]pyrrol" (**40**)
- indiziertes H-Atom nach *Anhang 5(**f**$_{12}$)*
- IUPAC: "...(methanoiminomethano)..."

(f) **Präfixe von entsprechenden überbrückten anellierten Polycyclus-Substituenten** werden mittels der Namen nach ***(a)*** – ***(d)*** durch Anhängen der Endsilbe "-yl-", "-yliden-", "-diyl-" *etc.* gebildet. Die ursprüngliche Numerierung wird beibehalten, wobei freie Valenzen als Gesamtheit möglichst tiefe Lokanten bekommen und die Regeln für **indiziertes H-Atom** berücksichtigt werden müssen.

CA ¶ 161

auch Kap. 5.5 und 5.6

Anhang 5 **(h)(i)**

4

z.B.

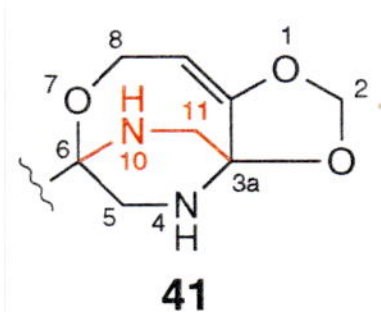

41

"[8*H*-6,3a-(Iminomethano)-4*H*-1,3-dioxolo[4,5-*e*][1,4]oxazocin-6(5*H*)-yl]-" (**41**)
indiziertes H-Atom nach *Anhang 5(**f**$_3$)(**i**$_2$)*

Beispiele:

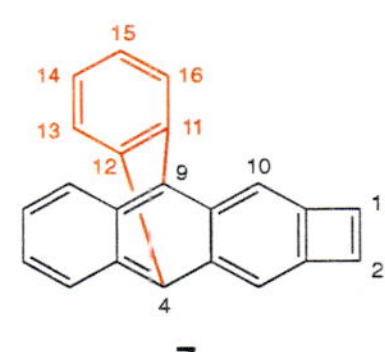

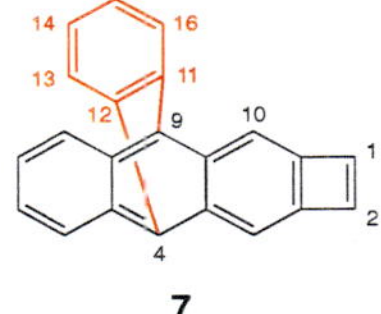

7

"4,9[1′,2′]-Benzenocyclobut[*b*]anthracen" (**7**)

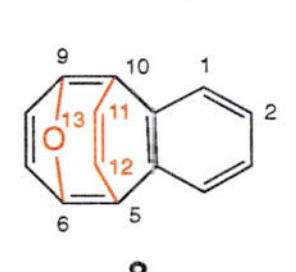

8

"6,9-Epoxy-5,10-ethenobenzocycloocten" (**8**)

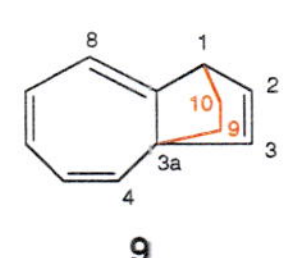

9

"1*H*-1,3a-Ethanoazulen" (**9**)
indiziertes H-Atom nach *Anhang 5(**f**$_{11}$)*

11

"1,4-Ethano-1*H*-2-benzopyran" (**11**)
- Englisch: '1,4-ethano-1*H*-benzopyra**n**'
- indiziertes H-Atom nach *Anhang 5(**e**)*

12

"6,13[1′,2′]-Naphthalenopentacen" (**12**)

42

"4,8-Biimino-1*H*,3*H*-thieno[3,4-*f*]-2,1-benzisothiazol" (**42**)
- vgl. Ausnahmen in ***(a)***; s. auch **66**
- indiziertes H-Atom nach *Anhang 5(**e**)*

43

"7a,3a-Propeno-1*H*-inden" (**43**)
- die Reihenfolge der Brückenkopf-Lokanten "7a,3a" entspricht der implizierten Numerierung der Brücke (Doppelbindung möglichst tiefer Lokant), d.h. –CH([1])=CH([2])–CH_2([3])–, Lokant [1] > Lokant [3]
- indiziertes H-Atom nach *Anhang 5(**f**$_{22}$)*

44

"1,5-(Methanoxyethanoxyethanoxyethanoxyethanoxyethanoxymethano)naphthalin" (**44**)
Englisch: '...naphthalene'

45

"2*H*-3,7a-(Epoxymethano)benzofuran" (**45**)
- Englisch: '...benzofura**n**'
- indiziertes H-Atom nach *Anhang 5(**f**$_{11}$)*

46

"6,1,4-Ethanylyliden-1*H*-inden" (**46**)
- die Reihenfoge der Brückenkopf-Lokanten "6,1,4" entspricht der Reihenfolge "-yl-" > "-yliden-" (s. (**c**$_2$) und (**d**))
- indiziertes H-Atom nach *Anhang 5(**e**)*

47

"6a,3-Methenobenz[*d*]inden" (**47**)
- die Reihenfolge der Brückenkopf-Lokanten "6a,3" entspricht der Reihenfolge Monovalenz > Divalenz der Brücke (s. ***(c₂)*** und ***(d)***)
- kein indiziertes H-Atom nach *Anhang 5(f₁₂)*

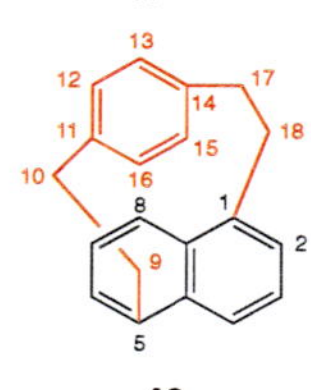

48

"1,5-(Ethano[1,4]benzenoethano)-naphthalin" (**48**)
Englisch: '...naphthalene'

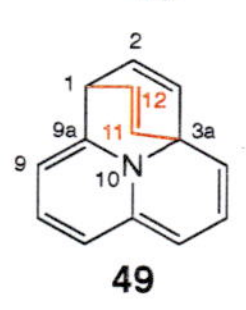

49

"1*H*-1,3a-Ethenopyrido[2,1,6-*de*]chinolizin" (**49**)
- Englisch: '...quinolizine'
- indiziertes H-Atom nach *Anhang 5(f₁₁)*

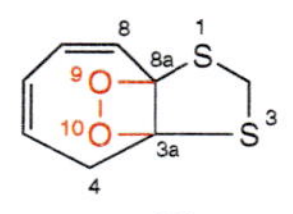

50

"3a,8a-Epidioxy-4*H*-cyclohepta[1,3]dithiol" (**50**)
indiziertes H-Atom nach *Anhang 5(f₂₂)*

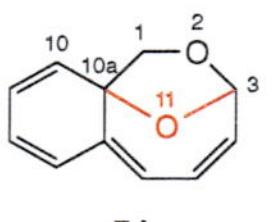

51

"3*H*-3,10a-Epoxy-1*H*-2-benzoxocin" (**51**)
- Englisch: '...benzoxoci**n**' (bei CA kein endständiges 'e')
- indiziertes H-Atom nach *Anhang 5(f₃)*, dann *(f₁₁)*

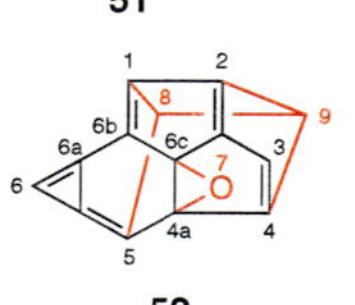

52

"4a,6c-Epoxy-1,5,2,4-ethandiylidencyclo-penta[*cd*]cycloprop[*f*]inden" (**52**)
kein indiziertes H-Atom nach *Anhang 5(f₁₂)*

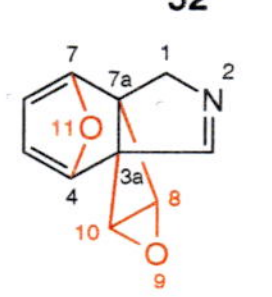

53

"4,7-Epoxy-3a,7a-*endo*-oxirano-1*H*-isoindol" (**53**)
- indiziertes H-Atom nach *Anhang 5(f₂₂)*
- nach ***(c₄)***, Ausnahme ("Oxir**a**no-")

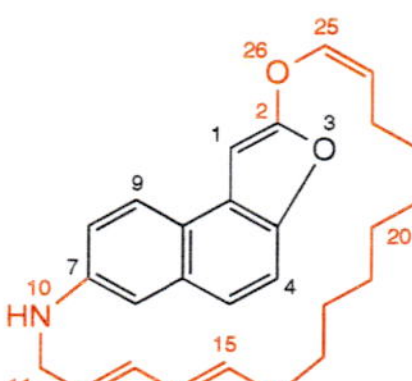

54

"2,7-(Epoxypentadeca[1,11,13]trien-imino)naphtho[2,1-*b*]furan" (**54**)
Englisch: '...fura**n**'

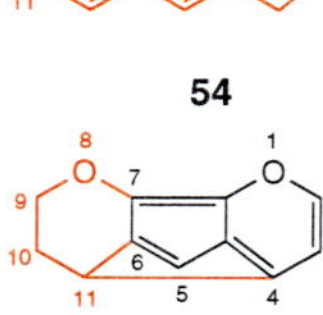

55

"7,4,6-(Epoxypropan[1]yl[3]yliden)cyclo-penta[*b*]pyran" (**55**)
Englisch: '...pyra**n**'

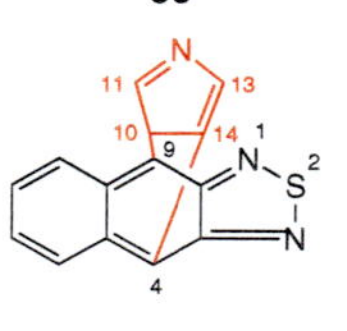

56

"10*H*-4,9[3′,4′]-*endo*-Pyrrolonaphtho[2,3-*c*][1,2,5]thiadiazol" (**56**)
indiziertes H-Atom nach *Anhang 5(e)(a)*

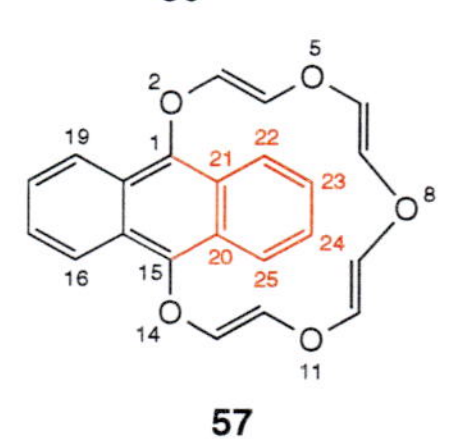

57

"1,15[1′,2′]-Benzeno-2,5,8,11,14-benzo-pentaoxacycloheptadecin" (**57**)
Englisch: '...benzopentaoxacycloheptadeci**n**' (bei CA kein endständiges 'e')

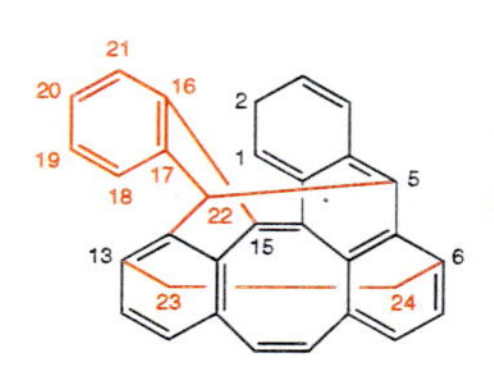

58

"15,5,14-([1,2]Benzenometheno)-6,13-ethano-2*H*-benzo[5,6]cyclooct[1,2,3-*de*]anthracen" (**58**)
indiziertes H-Atom nach *Anhang 5(e)*

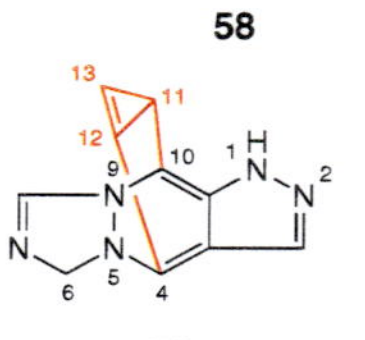

59

"11*H*-4,10-*endo*-Cyclopropa-1*H*,6*H*-pyra-zolo[3,4-*d*][1,2,4]triazolo[1,2-*a*]pyridazin" (**59**)
indiziertes H-Atom nach *Anhang 5(e)(a)*

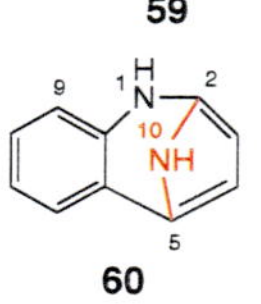

60

"2,5-Imino-1*H*-benzazepin" (**60**)
- vgl. Ausnahmen in ***(a)***; s. auch **65**
- indiziertes H-Atom nach *Anhang 5(e)*

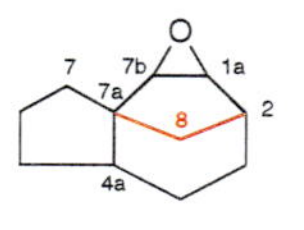

61

"Octahydro-2*H*-2,7a-methanoazuleno[4,5-*b*]oxiren" (**61**)
indiziertes H-Atom nach *Anhang 5(f₁₁)*

62

"4,7-Phophiniden-1*H*-isoindol" (**62**)
indiziertes H-Atom nach *Anhang 5(e)*

63

"5,12-Epoxy-6,11-methanonaphthacen" (**63**)
nach ***(d)***: die früher zitierte Brücke hat möglichst tiefe Brückenkopf-Lokanten ("**5**,12" > "**6**,11")

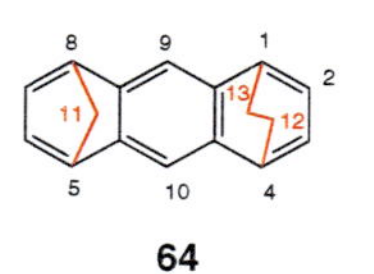

64

"1,4-Ethano-5,8-methanoanthracen" (**64**)
nach ***(d)***: die früher zitierte Brücke hat möglichst tiefe Brückenkopf-Lokanten ("**1**,4" > "**5**,8")

65

"5,8-Epoxyanthracen-1,4-imin" (**65**)
- vgl. Ausnahmen in ***(a)***; s. auch **60**
- O > N für möglichst tiefen Lokanten (?)

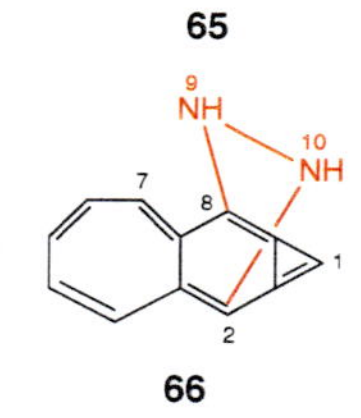

66

"Cyclopropa[4,5]benzo[1,2]cyclohepten-2,8-biimin" (**66**)
vgl. Ausnahmen in ***(a)***; s. auch **42**

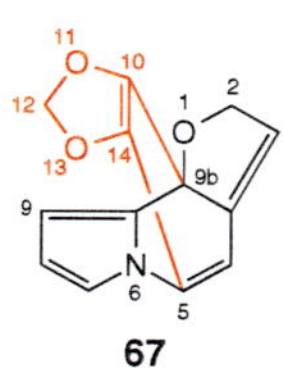

67

"2*H*-5,9b[4′,5′]-*endo*-[1,3]Dioxolofuro[3,2-*g*]indolizin" (**67**)
indiziertes H-Atom nach *Anhang 5(f₁₁)*

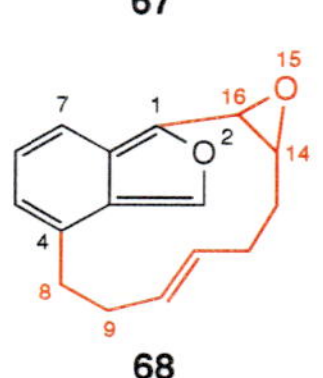

68

"1,4-(*endo*-Oxiranohex[3]eno)isobenzofu-ran" (**68**)
- Englisch: '...isobenzofura**n**'
- nach ***(c₄)***, Ausnahme ("Oxir**a**no-")

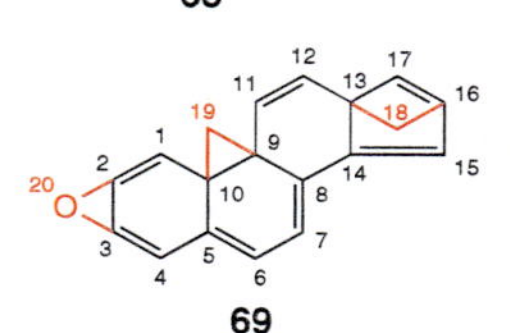

69

"2,3-Epoxy-9,10:13,16-dimethano-13*H*-cyclopenta[*a*]phenanthren" (**69**)
- ausnahmsweise **Steroid-Numerierung**, s. *Kap. 4.6.3* (dort **262**)
- indiziertes H-Atom nach *Anhang 5(f₂₁)* ("13*H*"), kein indiziertes H-Atom nach *Anhang 5(f₂₂)*

CA ¶ 156 und 281
IUPAC SP-0 – SP-9[1]), R-2.4.3, A-41 und B-10

4.9. Spiropolycyclen (Carbo- und Heterocyclen)

4.9.1. Vorbemerkungen

Eine ausführliche Abhandlung zur Benennung von Spiropolycyclen wurde von **IUPAC** veröffentlicht (**SP-Empfehlungen**)[1]).

Definition: Ein Spiropolycyclus besitzt **Paare von Ringen oder Ringstrukturen** (= Komponenten), **die nur ein gemeinsames Atom haben**. Dieses Atom wird **Spiroatom** genannt und ist die **einzige direkte Verknüpfung zwischen den Komponenten**[2]). Sind mehrere Spiroatome vorhanden, dann handelt es sich um Dispiro-, Trispiro- ... Polyspirostrukturen.

Beachte:

- **Alle Heteroatome in Spiropolycyclen müssen ihre Standard-Valenz aufweisen**, z.B. O^{II}, N^{III}, P^{III} *etc.* Treten Heteroatome mit Nichtstandard-Valenzen auf, dann ist die **λ-Konvention** zu konsultieren. (Anhang 4, Anhang 7)
- **Heteroatome** in Spiropolycyclen werden für Nomenklaturzwecke **nicht** als **charakteristische Gruppen** betrachtet.
- Bei der **Benennung schon bekannter Spiropolycyclen** (Gerüst-Stammstrukturen) können CAs **'Index of Ring Systems'** und **'Ring Systems Handbook' hilfreich** sein, deren Organisation in *Kap. 4.6.1* beschrieben ist. Demnach findet man z.B.: (Kap. 4.6.1)

Verbindung **6**: '**2-RING SYSTEM**
4,5
C_4-C_3NO
...
5-oxa-6-azaspiro[3.4]octane';

Verbindung **34**: '**3-RING SYSTEM**
3,5,6
C_3-C_5-C_6
...
spiro[bicyclo[3.2.1]octane-6,1´-cyclopropane]
...'.

Man unterscheidet:

- Spiropolycyclen mit Carbomonocyclus- oder Heteromonocyclus-Komponenten, (Kap. 4.9.2)
- Spiropolycyclen mit mindestens einer anellierten Polycyclus-Komponente oder mindestens einer Brückenpolycyclus-Komponente nach *von Baeyer*. (Kap. 4.9.3)

4.9.2. Spiropolycyclen mit Carbomonocyclus- oder Heteromonocyclus-Komponenten

Im folgenden werden erläutert:

(a) Stammnamen von Spiropolycyclen mit Carbomonocyclus- oder Heteromonocyclus-Komponenten,

(b) Numerierung von Spiropolycyclen mit Carbomonocyclus- oder Heteromonocyclus-Komponenten,

(c) Präfixe von Spiropolycyclus-Substituenten mit Carbomonocyclus- oder Heteromonocyclus-Komponenten.

(a) Der Stammname eines **Spiropolycyclus mit zwei oder mehr Carbo*mono*cyclus- oder Hetero*mono*cyclus-Komponenten** setzt sich zusammen aus

- einer **modifizierenden Vorsilbe "Spiro-", "Dispiro-", "Trispiro-"** *etc.* zur Angabe der Anzahl Spiroatome;
- einer **eckigen Klammer mit Angabe der Anzahl Atome** (ohne Spiroatom(e)) in jeder Komponente bei Monospirostrukturen bzw. zwischen den Spiroatomen bei Polyspirostrukturen, **in der Reihenfolge der Numerierungsrichtung** (s. ***(b)***);
- dem **Stammnamen der entsprechenden Kohlenwasserstoff-Kette** sowie **Heteroatom-Vorsilben** ("a"-Vorsiben) **mit Lokanten** für allfällig vorhandene Heteroatome: (Kap. 4.2)

"Oxa-" (O^{II}) > **"Thia-"** (S^{II}) > **"Selena-"** (Se^{II}) > **"Tellura-"** (Te^{II}) >

---

[1]) IUPAC, 'Extension and Revision of the Nomenclature for Spiro Compounds', *Pure Appl. Chem.* **1999**, *71*, 531 (Revision der Empfehlungen A-41 – A-43 und B-10 – B-12 im 'Blue Book'; Methode 2 von A-42 und B-11 wird nicht mehr empfohlen).

[2]) Besteht eine zusätzliche Verknüpfung, dann handelt es sich meist um einen anellierten Polycyclus (s. *Kap. 4.6*).

z.B.

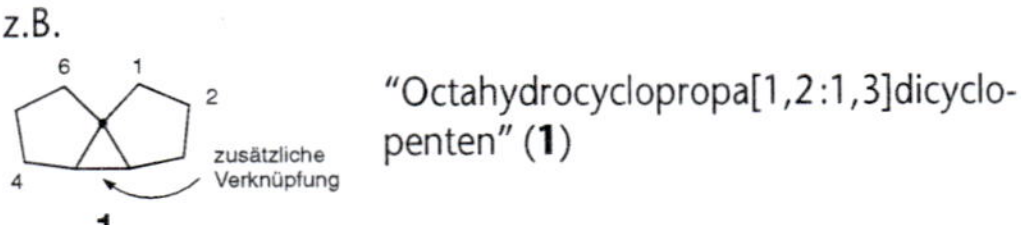

"Octahydrocyclopropa[1,2:1,3]dicyclopenten" (**1**)

"**Aza-**" (N^{III}) > "**Phospha-**" (P^{III}) > "**Arsa-**" (As^{III}) > "**Stiba-**" (Sb^{III}) > "**Bisma-**" (Bi^{III}) >

"**Sila-**" (Si^{IV}) > "**Germa-**" (Ge^{IV}), "**Stanna-**" (Sn^{IV}) > "**Plumba-**" (Pb^{IV}) > "**Bora-**" (B^{III}).

"**Polyspiro[*u*.*v*.*w*. ... *z*]alkan**"

"**Heteropolyspiro[*u*.*v*.*w*. ... *z*]alkan**"[3])

Die Heteroatom-Vorsilben werden im so gebildeten Austauschnamen in der Reihenfolge abnehmender Priorität (s. oben) mit den zugehörigen Lokanten **angeordnet**[4]); bei Bedarf sind **Multiplikationsaffixe** "Di-", "Tri-" *etc.* für die Angabe der Anzahl gleichartiger Heteroatome zu verwenden[5]).

Anhang 2

Unsättigung wird durch Modifikation der Endung "-an" ausgedrückt: "**-en**", "**-dien**", "**-in**" (Englisch: '-yne') *etc.*

Kap. 4.2

Beachte:

Dieses Verfahren ergibt **im Fall von Polyspiro-Strukturen nur eindeutige Namen, wenn maximal zwei Spiroatome** auftreten, nicht aber wenn die Struktur drei oder mehr Spiroatome enthält (s. **3** *vs.* **4**).

4

IUPAC empfiehlt deshalb **für Spiropolycyclen mit drei oder mehr Spiroatomen** die Angabe (in den eckigen Klammern) von **Superskript-Lokanten für Spiroatome, die bei der Numerierung nach *(b)* mehrmals angetroffen werden**: jedesmal, wenn bei der Numerierung ein Spiroatom zum zweiten Mal angetroffen wird, setzt man den ihm schon zugeteilten Lokanten als Superskript in die eckigen Klammern bei der Angabe der Anzahl Atome zwischen diesem Spiroatom und dem unmittelbar vorhergehenden Spiroatom (IUPAC SP-1.4 – SP-7), s. **3** und **4** (s. auch unten, Beispiele **20** und **21**).

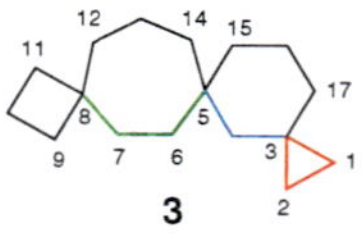

3 "Trispiro[2.1.2.3.3.3]heptadecan" (**3**)
IUPAC: "Trispiro[2.1.2.3^{8}.3^{5}.3^{3}]heptadecan"

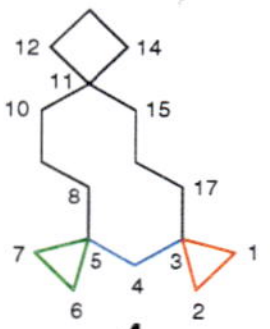

4 "Trispiro[2.1.2.3.3.3]heptadecan" (**4**)
IUPAC: "Trispiro[2.1.2^{5}.3.3^{11}.3^{3}]heptadecan"

z.B.

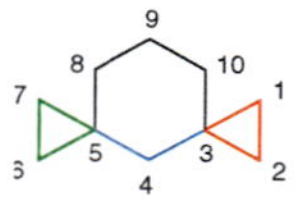

5 "Dispiro[2.1.2.3]decan" (**5**)

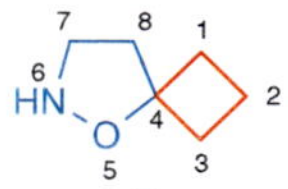

6 "5-Oxa-6-azaspiro[3.4]octan" (**6**)

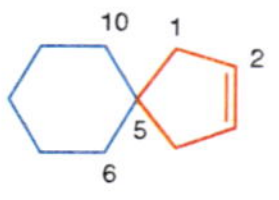

7 "Spiro[4.5]dec-2-en" (**7**)

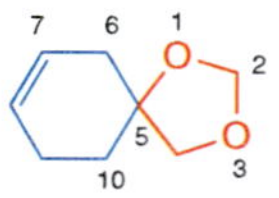

8 "1,3-Dioxaspiro[4.5]dec-7-en" (**8**)

(b) **Die Numerierung beginnt in allen Fällen mit dem Atom neben dem Spiroatom im kleineren endständigen Ring** und durchläuft diesen Ring und das Spiroatom. Bei **Monospirostrukturen** führt die Numerierung dann um den zweiten Ring herum und **bei Polyspirostrukturen auf dem kürzesten Weg zu den übrigen Spiroatomen**, so dass diese **Spiroatome möglichst tiefe Lokanten** bekommen.

Sind **Heteroatome** vorhanden, dann bekommen diese **als Gesamtheit so tiefe Lokanten wie sie mit der festgelegten Numerierung des Spiropolycyclus vereinbar sind**[6]). Besteht eine Wahl, dann bekommen vorrangige Heteroatome (s. ***(a)***) tiefste Lokanten.

Besteht eine Wahl nach Erfüllung dieser Bedingungen, dann bekommen **Unsättigungen** möglichst tiefe Lokanten[7]).

z.B.

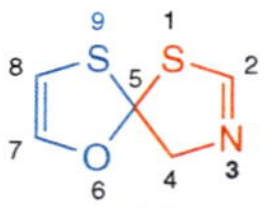

10 "6-Oxa-1,9-dithia-3-aza-spiro[4.4]nona-2,7-dien" (**10**)
"1,**3**,6,9" > "1,**4**,6,8"

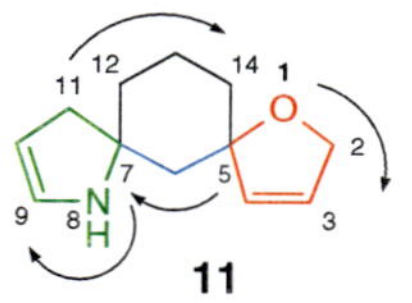

11 "**1**-Oxa-8-azadispiro[4.1.4.3]-tetradeca-3,9-dien" (**11**)
– Heteroatome > Unsättigungen
– O > N

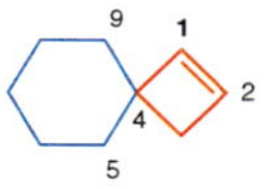

12 "Spiro[3.5]non-**1**-en" (**12**)

(c) **Präfixe von Spiropolycyclus-Substituenten**, hergeleitet von Strukturen mit Namen nach ***(a)*** und ***(b)***, werden **wie** diejenigen der entsprechenden **Carbomonocyclus-Substituenten** mittels der Endsilbe "-yl-" (d.h. z.B. "...**[4.5]alk-1-yl-**"), "-yliden-", "-diyl-"

CA ¶ 161

Kap. 4.4(c)

auch Kap. 5.5 und 5.6

---

[3]) Eine Ausnahme bilden **Spiropolycyclen mit regelmässig platzierten Heteroatomen** (s. *Kap. 4.3.3*).
z.B.

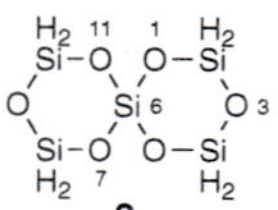

2 "Spiro[5.5]pentasiloxan" (**2**)

[4]) **Heteroatom-Vorsilben sind modifizierende Vorsilben** (*Anhang 3*) und werden deshalb bei der Bestimmung der alphabetischen Reihenfolge der Präfixe von Substituenten (*Kap. 3.5*) nicht berücksichtigt.

[5]) **Das endständige "a" der Heteroatom-Vorsilben und der Multiplikationsaffixe entfällt nie vor Vokalen in Austauschnamen** (*Kap. 2.2.2*), z.B. "5-Ox**a**-6-**a**zaspiro[3.4]octan" (**6**), "1,2,3,4,6,8-Hex**aaza**spiro[4.5]decan".

[6]) Diejenige Folge von Lokanten ist niedriger, die am ersten Unterscheidungspunkt die niedrigste Zahl hat, z.B. "1,**3**,6,9" > "1,**4**,6,8".

[7]) Sind **zusätzlich zu einer Unsättigung noch Hauptgruppen oder freie Valenzen** vorhanden, dann haben nach Berücksichtigung der festgelegten Numerierung des Spiropolycyclus **Hauptgruppe(n) oder freie Valenz(en) vor Mehrfachbindung(en) Priorität für tiefste Lokanten** (s. Numerierungsregeln, *Kap. 3.4*).
z.B.

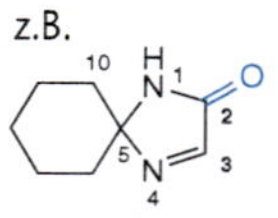

9 "1,4-Diazaspiro[4.5]dec-**3**-en-**2**-on" (**9**)

etc. gebildet. Die **Numerierung** erfolgt nach ***(b)***, wobei jedoch freie Valenzen (als Gesamtheit) vor Unsättigung tiefste Lokanten bekommen[7]).

IUPAC empfiehlt, **auch bei gesättigten Spiropolycyclus-Substituenten**, die Endsilbe "-yl-" *etc.* an den Stammnamen zu hängen (IUPAC R-2.5, Methode b; IUPAC SP-1.8.4), s. **13**.

z.B.

13 "Dispiro[2.0.2.2]oct-7-yl-" (**13**)
IUPAC: "Dispiro[2.0.2.2]oct**an**-7-**yl**-"

Beispiele:

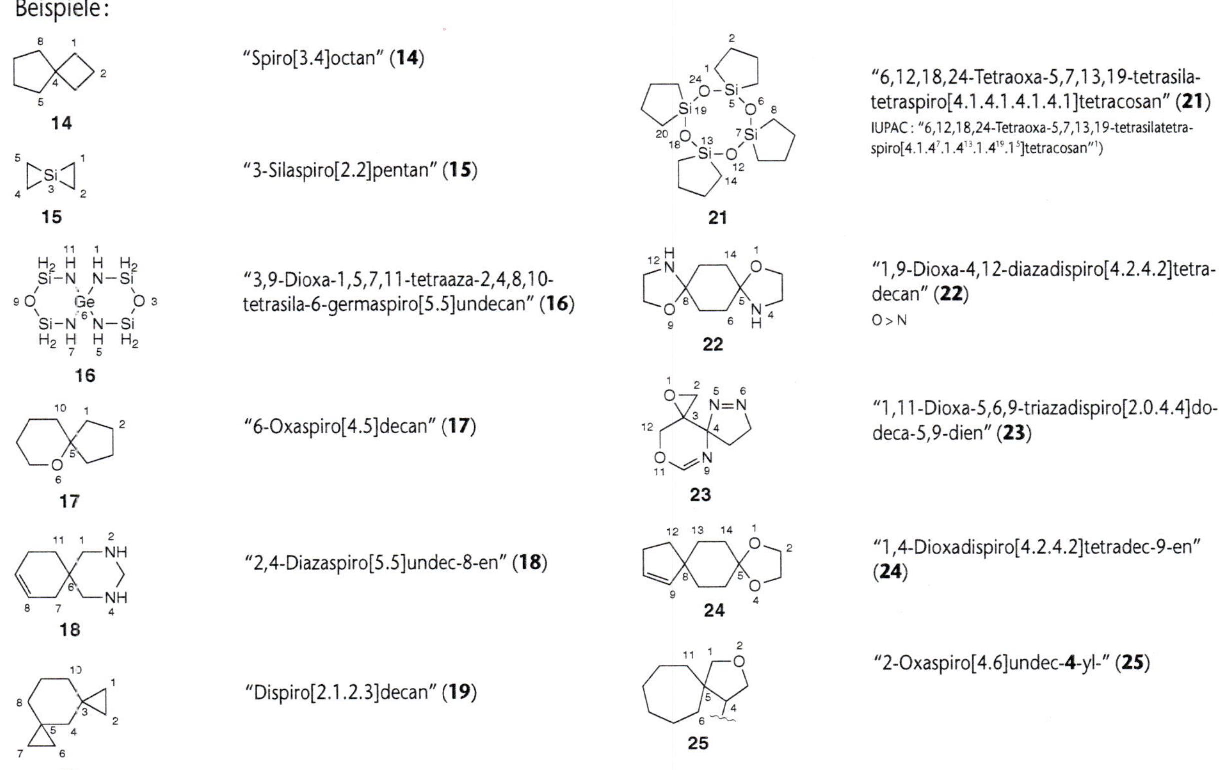

"Spiro[3.4]octan" (**14**)

"3-Silaspiro[2.2]pentan" (**15**)

"3,9-Dioxa-1,5,7,11-tetraaza-2,4,8,10-tetrasila-6-germaspiro[5.5]undecan" (**16**)

"6-Oxaspiro[4.5]decan" (**17**)

"2,4-Diazaspiro[5.5]undec-8-en" (**18**)

"Dispiro[2.1.2.3]decan" (**19**)

"Trispiro[2.0.3.0.3.0]undecan" (**20**)
IUPAC: "Trispiro[2.0.3⁴.0.3⁸.0³]undecan"[1])

"6,12,18,24-Tetraoxa-5,7,13,19-tetrasila-tetraspiro[4.1.4.1.4.1.4.1]tetracosan" (**21**)
IUPAC: "6,12,18,24-Tetraoxa-5,7,13,19-tetrasilatetra-spiro[4.1.4⁷.1.4¹³.1.4¹⁹.1⁵]tetracosan"[1])

"1,9-Dioxa-4,12-diazadispiro[4.2.4.2]tetra-decan" (**22**)
O > N

"1,11-Dioxa-5,6,9-triazadispiro[2.0.4.4]do-deca-5,9-dien" (**23**)

"1,4-Dioxadispiro[4.2.4.2]tetradec-9-en" (**24**)

"2-Oxaspiro[4.6]undec-**4**-yl-" (**25**)

4.9.3. Spiropolycyclen mit mindestens einer anellierten Polycyclus-Komponente oder mindestens einer Brückenpolycyclus-Komponente nach *von Baeyer*

Im folgenden werden erläutert:

(a) Stammnamen von Spiropolycyclen mit mindestens einer anellierten Polycyclus-Komponente oder Brückenpolycyclus-Komponente nach *von Baeyer*,

(b) Numerierung von Spiropolycyclen mit mindestens einer anellierten Polycyclus-Komponente oder Brückenpolycyclus-Komponente nach *von Baeyer*,

(c) Polyspirostrukturen der gleichen Art wie in ***(a)***,

(d) Präfixe von Spiropolycyclus-Substituenten mit mindestens einer anellierten Polycyclus-Komponente oder Brückenpolycyclus-Komponente nach *von Baeyer*.

Kap. 4.6
Kap. 4.7

(a) Der Stammname eines **Spiropolycyclus, der mindestens eine anellierte Polycyclus-Komponente oder Brückenpolycyclus-Komponente nach *von Baeyer* enthält**, setzt sich zusammen aus

- einer **modifizierenden Vorsilbe "Spiro-", "Dispiro-", "Trispiro-"** *etc.* zur Angabe der Anzahl Spiroatome,
- den **unveränderten Namen der Komponenten in eckigen Klammern**[8]), wobei die **erstgenannte**

[8]) Allfällig nötige **Angaben von indiziertem H-Atom** (*Anhang 5(**e**)(**g**)*) **und/oder von Lokanten** (z.B. für Heteroatome oder Unsättigungen) **in den Namen der Komponenten** werden gemäss CA zusätzlich **in eckige Klammern** gesetzt, **mit Ausnahme derjenigen der zuerst angeführten Komponente.**

IUPAC empfiehlt, **indiziertes H-Atom vor "Spiro-"** anzuführen[1]) (s. z.B. **27**); solche IUPAC-Varianten werden im folgenden nicht angeführt.

z.B.

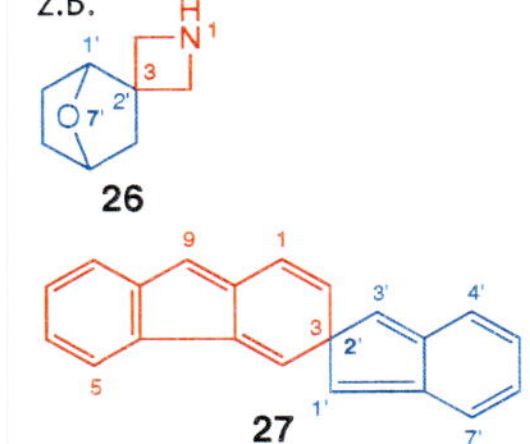

"Spiro[azetidin-3,2′-[**7**]oxabicyclo[2.2.1]heptan]" (**26**)
"**A**zetidin" > "**O**xabicycloheptan"

"Spiro[3*H*-fluoren-3,2′-[**2*H***]inden]" (**27**)
– "**F**luoren" > "**I**nden"
– IUPAC: "2′*H*,3*H*-Spiro[fluoren-3,2′-inden]"

Kap. 3.5

Komponente (endständig) **alphabetische Priorität** hat und die Namen der übrigen Komponenten in der Reihenfolge ihrer Verknüpfung angeordnet sind (für Polyspirostrukturen, s. auch ***(c)***),

- dem **Lokantenpaar der Spiroverknüpfung** zwischen den Namen der Komponenten (s. ***(b)***).

"**Polyspiro[aren-*u*,*v´*-aren´-*w´*,*x´´*-aren´´-*y´´*,...aren*ⁿ*´]**"
(*u*, *v´*, *w´*, *x´´*, *y´´*, ... = Lokanten)[9])

Anhang 5(e)(g)

Eventuell nötiges indiziertes H-Atom wird nach *Anhang 5* angegeben[8]).

z.B.

28

"Spiro[3-oxabicyclo[3.2.0]heptan-6,2´-oxetan]" (**28**)
"Ox**a**bicycloheptan" > "Ox**e**tan"

29

"Spiro[cyclobutan-1,1´(2´*H*)-phenanthren]" (**29**)
- "**C**yclobutan" > "**P**henanthren"
- indiziertes H-Atom nach *Anhang 5**(g)***

Spezialfall: Der Name einer **Monospirostruktur mit identischen Komponenten** besteht aus der modifizierenden Vorsilbe "**Spirobi-**" und dem **Namen der identischen Komponente in eckigen Klammern sowie vorgestellten Lokanten** (s. ***(b)***) zur Bezeichnung der Spiroverknüpfung (bei CA keine eckigen Klammern, wenn keine Lokanten folgen, z.B. '2,2´(1*H*,1´*H*)-spirobinaphthalene'), s. **30** und **32**. **Die Spiroverknüpfung kann auch unsymmetrisch sein**, solange die beiden Komponenten identisch sind (vgl. dazu **31**!).

IUPAC gibt bei "Spirobi"-Namen für Strukturen aus Brückencarbopolycyclus- und Brückenheteropolycyclus-Komponenten nach *von Baeyer* Unsättigung ("-en", "-dien" *etc.*) ***nach* den eckigen Klammern bzw. die Heteroatom-Vorsilben mit ihren Lokanten *vor* "Spiro" an**, z.B. "2,2´-Spirobi[bicyclo[2.2.1heptan]-**5-en**" (**CA**: '**5,6-didehydro**-2,2´-spirobi[bicyclo[2.2.1]heptane]') und "**3´,6-Dioxa**-3,6´-spirobi[bicyclo[3.2.1]octan]" (**CA**: 'spiro[**3-oxa**bicyclo[3.2.1]octane-6,3´-**[6]oxa**bicyclo[3.2.1]octane]'[8])) (IUPAC SP-2.4 bzw. SP-2.3). Diese IUPAC-Empfehlungen gelten **nur für "Spirobi"-Namen**, z.B. nicht bei "Spiro[fluoren-9,2´-**[3]selena**bicyclo[2.2.1]hept**[5]en**]" (**CA**: 'spiro[9*H*-fluorene-9,3´-**[2]selena**bicyclo[2.2.1]hept**[5]ene**]'[8])) (IUPAC SP-4.1). Man beachte die **von CA abweichende Numerierung von Brückenheteropolycyclus-Komponenten nach *von Baeyer*** (Spiroatome > Heteroatome > Unsättigungen für möglichst niedrigen Lokanten, s. IUPAC SP-2.3 und SP-4.1). Solche IUPAC-Varianten sind im folgenden nicht angegeben. Vgl. dazu auch die Ausnahmen der Numerierung in ***(b)***.

z.B.

30

"4,4´-Spirobi[4*H*-1-benzopyran]" (**30**)
- Englisch: '...pyra**n**]'
- indiziertes H-Atom nach *Anhang 5**(e)***

Vgl. dazu aber:

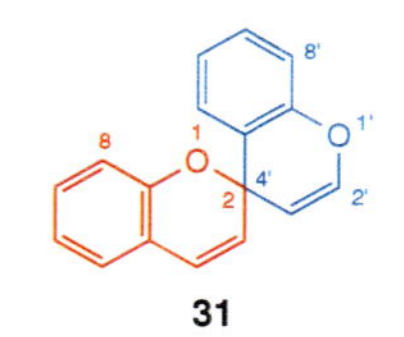

31

"Spiro[2*H*-1-benzopyran-2,4´-[4*H*-1]benzopyran]"[8]) (**31**)
- Englisch: '...benzopyra**n**-...benzopyra**n**]'
- Komponenten mit nicht-identischen Gerüst-Stammstrukturen wegen indiziertem H-Atom
- indiziertes H-Atom nach *Anhang 5**(e)***
- IUPAC: "2,4´-Spirobi[chromen]"

32

"1λ⁵-1,1´(3*H*,3´*H*)-Spirobi[2,1-benzoxaphosphol]" (**32**)
- indiziertes H-Atom nach *Anhang 5**(g)***
- "λ⁵" nach *Anhang 7*

(b) **Die ursprüngliche Numerierung jeder Komponente wird beibehalten**; die erstgenannte Komponente bekommt ungestrichene, die zweite gestrichene *etc.* Lokanten. Die **Spiroverknüpfung** wird durch **möglichst tiefe Lokanten** der jeweiligen Komponente angegeben (*u*, *v´*; *w´*,*x´´*; *y´´*, ... *etc.*)[8]),

z.B.

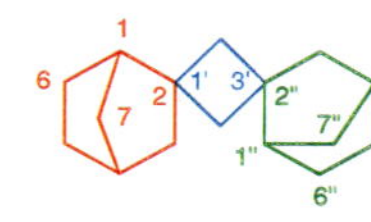

33

"Dispiro[bicyclo[2.2.1]heptan-2,1´-cyclobutan-3´,2´´-bicyclo[2.2.1]-heptan]" (**33**)
Reihenfolge der Komponenten nach ***(c)***, *Fussnote 10*

Ausnahmen:

Bei ungesättigten Carbomonocyclus-Komponenten, Heteromonocyclus-Komponenten mit Austauschnamen und Brückenpolycyclus-Komponenten nach *von Baeyer* hat die **Spiroverknüpfung Vorrang vor Unsättigung(en)** ("-en", "-dien" *etc.*) **für möglichst tiefen Lokanten** (d.h. **Heteroatome > Spiroatome > Hauptgruppen** (oder freie Valenzen) **> Unsättigungen**; s. Numerierungsregeln).

Kap. 3.4

IUPAC betrachtet im Gegensatz zu CA auch die **Heteroatome** von Heteromonocyclus-Komponenten mit Austauschnamen und von Brückenheteropolycyclus-Komponenten nach *von Baeyer* als **nicht-vorrangig** für möglichst tiefen Lokanten, d.h. Spiroatome > Heteroatome > Hauptgruppen > Unsättigungen (s. IUPAC-Empfehlungen zu den "Spirobi"-Namen in ***(a)*** sowie die Beispiele in IUPAC SP-4.1[1]). Solche IUPAC-Varianten werden im folgenden nicht angeführt.

z.B.

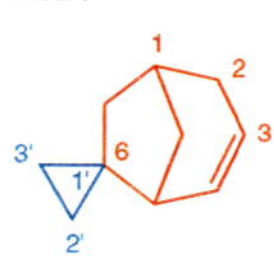

34

"Spiro[bicyclo[3.2.1]oct-3-en-6,1´-cyclopropan]" (**34**)
- "**6**,1´" > "**7**,1´"
- "**B**icyclooct**e**n" > "**C**yclopropan"

Kap. 3.5

(c) Bei **Polyspirostrukturen** muss die **zuerst genannte Komponente endständig** sein **und alphabetische Priorität** vor andern endständigen Komponenten haben. Bei **linearer Anordnung der Komponenten** folgen die Namen der übrigen Komponenten in der Reihenfolge ihrer Verknüpfung (s. **36**), bei zwei identischen endständigen Komponenten so, dass die zweitgenannte Komponente alphabetische Priorität hat (s. **37** und **38**)[10]). Entsprechendes gilt für eine '**verzweigte**' An-

---

[9]) In diesem allgemeinen Namen bedeuten **Aren und/oder Aren**´ *etc.* **anellierte Polycyclen**; diese Strukturen können durch einen **Carbomonocyclus, Heteromonocyclus oder Brückenpolycyclus nach *von Baeyer*** ersetzt werden, wobei aber **mindestens** eine Komponente **eine anellierte Polycyclus-Komponente oder Brückenpolycyclus-Komponente nach *von Baeyer*** sein muss.

Anhang 2

ordnung der Komponenten[10]), wobei jedoch zwei oder drei identische endständige Komponenten durch das Multiplikationsaffix "Bis-" bzw. "Tris-" angegeben werden (s. **39** – **41**). Ist bei 'verzweigter' Anordnung eine zentrale Komponente nur von identischen Komponenten umgeben, dann wird die zentrale Komponente ausnahmsweise zuerst genannt (s. **42** – **44**).

z.B.

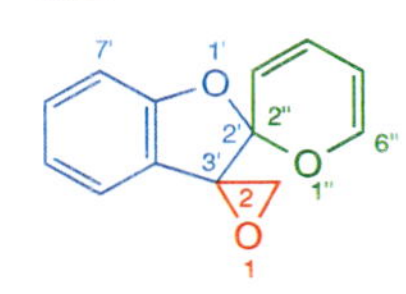

36

"Dispiro[oxiran-2,3´(2´*H*)-benzofuran-2´,2´´-[2*H*]pyran]" (**36**)
- Englisch: '...benzofura**n**-...pyra**n**]'
- "**O**xiran" > "**P**yran"
- indiziertes H-Atom nach *Anhang 5(**g**)* bzw. *(**e**)*

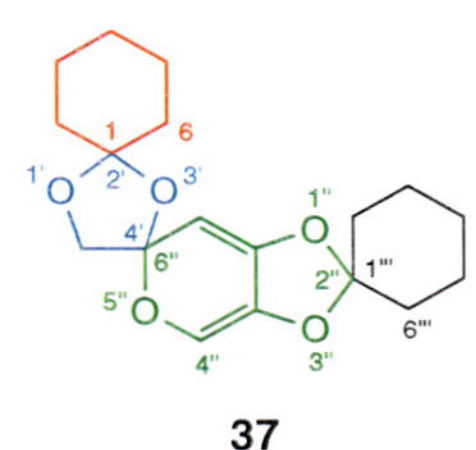

37

"Trispiro[cyclohexan-1,2´-[1,3]dioxolan-4´,6´´-[6*H*-1,3]dioxolo[4,5-*c*]pyran-2´´,1´´´-cyclohexan]" (**37**)
- Englisch: '...pyra**n**-...'
- "Dioxol**a**n" > "Dioxol**o**pyran"
- indiziertes H-Atom nach *Anhang 5(**e**)*

38

"Trispiro[1,3-dioxolan-2,3´-[3*H*]cyclopenta-[*a*]phenanthren-17´(2´*H*), 4´´-[1,3]dioxolan-5´´,4´´´-[1,3]dioxolan]" (**38**)
- "**C**yclopentaphenanthren" > "**D**ioxolan"
- Numerierung der "Cyclopentaphenanthren"-Komponente (Ausnahme) nach *Kap. 4.6.3* (dort **262**)
- indiziertes H-Atom nach *Anhang 5(**e**)* bzw. *(**g**)*

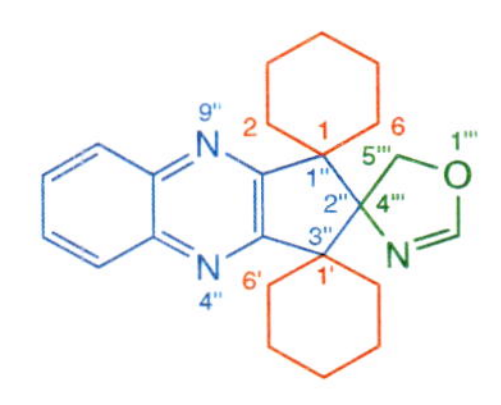

39

"Trispiro[biscyclohexan-1,1´´:1´,3´´(2´´*H*)-[1*H*]cyclopenta[*b*]chinoxalin-2´´,4´´´(5´´´*H*)-oxazol]" (**39**)
- Englisch: '...quinoxaline-...'
- "**C**yclohexan" > "**O**xazol"
- die identischen Komponenten haben alphabetische Priorität (d.h. erstgenannte Komponente) und folgen sich in der Zuordnung der ungestrichenen und einfach gestrichenen Lokanten
- die Zuordnung der ungestrichenen Lokanten erfolgt aufgrund der Priorität der Verknüpfungslokanten ("1,1´´" > "1,3´´")
- indiziertes H-Atom nach *Anhang 5(**e**)* und *(**g**)*

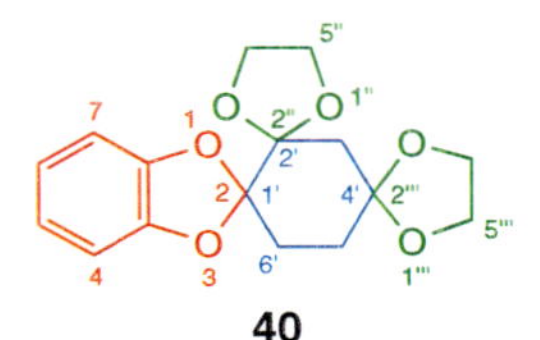

40

"Trispiro[1,3-benzodioxol-2,1´-cyclohexan-2´,2´´:4´,2´´´-bis[1,3]dioxolan]" (**40**)
- "**B**enzodioxol" > "**D**ioxolan"
- die identischen Komponenten haben nicht alphabetische Priorität
- die Zuordnung der zweifach gestrichenen Lokanten erfolgt aufgrund der Priorität der Verknüpfungslokanten ("2´,2´´" > "4´,2´´")

41

"Tetraspiro[6-oxa-3-silabicyclo[3.1.0]hexan-3,2´-cyclotetrasiloxan-4´,1´´:6´,1´´´:8´,1´´´´-trissilacyclopentan]" (**41**)
- "**O**xasilabicyclohexan" > "**S**ilacyclopentan"
- die identischen Komponenten haben nicht alphabetische Priorität
- die Zuordnung der mehrfach gestrichenen Lokanten erfolgt aufgrund der Priorität der Verknüpfungslokanten
- "Cyclotetrasiloxan" nach *Kap. 4.5.5.2*

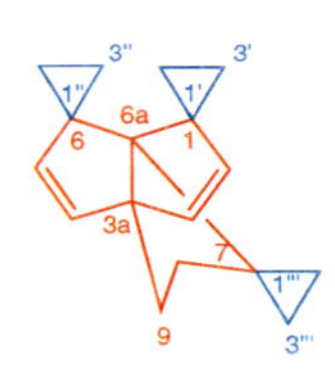

42

"Trispiro[1*H*,6*H*-3a,6a-propanopentalen-1,1´:6,1´´:7,1´´´-triscyclopropan]" (**42**)
- ausnahmsweise nicht alphabetische Anordnung der Komponenten, d.h. zentrale Komponente vor mehrfach vorkommender Komponente bei 'verzweigter' Struktur
- indiziertes H-Atom nach *Anhang 5(**f_{12}**)*

43

"Trispiro[1,2,4,5,7,8-hexoxonan-3,2´:6,2´´:9,2´´´-tris[2*H*]inden]" (**43**)
- zentrale Komponente vor mehrfach vorkommender Komponente bei 'verzweigter' Struktur
- "Hexoxonan" nach *Kap. 4.5.3*
- indiziertes H-Atom nach *Anhang 5(**e**)*

4

[10]) Lässt sich mittels der alphabetischen Priorität kein Entscheid treffen, dann sind die weiteren Kriterien anzuwenden (z.B. Lokanten), gemäss welchen CA die Titelstammnamen im 'Chemical Substance Index' anordnet (vgl. dazu *Kap. 3.3, Fussnote 5*).

z.B.

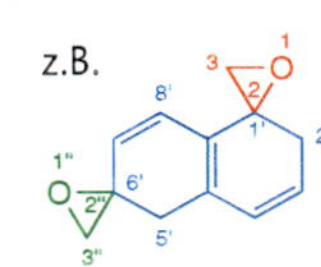

35

"Dispiro[oxiran-2,1´(2´*H*)-naphthalin-6´(5´*H*),2´´-oxiran]" (**35**)
- Englisch: 'dispiro[oxirane-2,1´(2´*H*)-naphthalene-6´(5´*H*),2´´-oxirane]'
- "2,1´´" > "2,**2**´´" (d.h. "**1**´, 2" > "**2**,2´´")
- indiziertes H-Atom nach *Anhang 5(**g**)*

44

"Trispiro[6-oxabicyclo[3.1.1]heptan-2,2´(3´*H*):4,2´´(3´´*H*):7,2´´´(3´´´*H*)-trisbenzofuran]" (**44**)

- Englisch: '...trisbenzofura**n**]'
- ausnahmsweise nicht alphabetische Anordnung der Komponenten, d.h. zentrale Komponente vor mehrfach vorkommender Komponente bei 'verzweigter' Struktur
- indiziertes H-Atom nach *Anhang 5(**g**)*

(d) **Präfixe von entsprechenden Spiropolycyclus-Substituenten** werden mittels der Namen nach ***(a)*** – ***(c)*** durch Anhängen der Endsilbe "-yl-", "-yliden-", "-diyl-" *etc.* gebildet. Die ursprüngliche Numerierung wird beibehalten, wobei freie Valenzen als Gesamtheit möglichst tiefe Lokanten bekommen und die Regeln für **indiziertes H-Atom** berücksichtigt werden müssen.

CA ¶ 161

auch Kap. 5.5 und 5.6

Anhang 5(**h**)(**i**)

z.B.

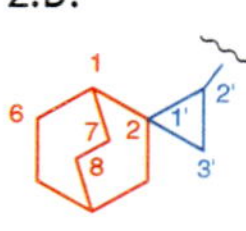

45

"Spiro[bicyclo[2.2.2]octan-2,1´-cyclopropan]-2´-yl-" (**45**)

Beispiele:

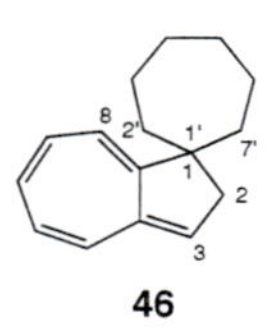

46

"Spiro[azulen-1(2*H*),1´-cycloheptan]" (**46**)
indiziertes H-Atom nach *Anhang 5(**g**)*

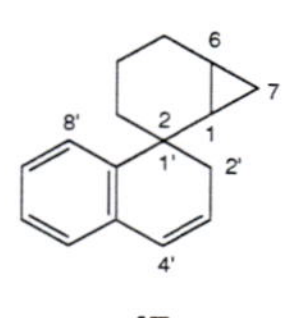

47

"Spiro[bicyclo[4.1.0]heptan-2,1´(2´*H*)-naphthalin]" (**47**)
indiziertes H-Atom nach *Anhang 5(**g**)*

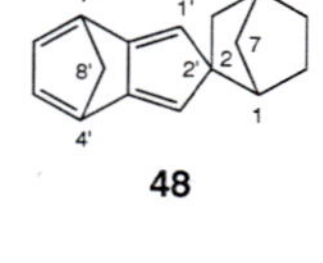

48

"Spiro[bicyclo[2.2.1]heptan-2,2´-[4,7]methano[2*H*]inden]" (**48**)
indiziertes H-Atom nach *Anhang 5(**e**)*

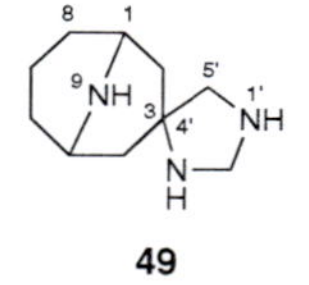

49

"Spiro[9-azabicyclo[3.3.1]nonan-3,4´-imidazolidin]" (**49**)

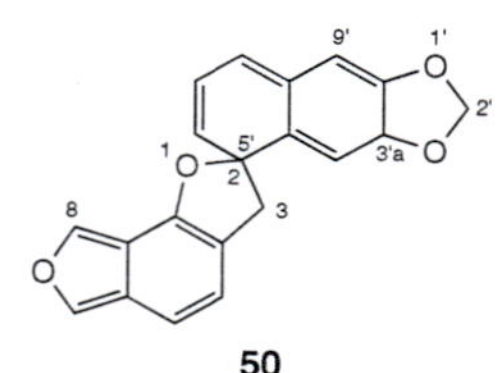

50

"Spiro[benzo[2,1-*b*:3,4-*c*´]difuran-2(3*H*),5´(3´a*H*)-naphtho[2,3-*d*][1,3]dioxol]" (**50**)
indiziertes H-Atom nach *Anhang 5(**g**)*

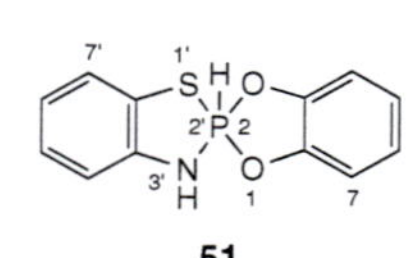

51

"Spiro[1,3,2-benzodioxaphosphol-2,2´λ^5(3´*H*)-[1,3,2]benzothiazaphosphol]" (**51**)
- indiziertes H-Atom nach *Anhang 5(**g**)*
- "λ^5" nach *Anhang 7*

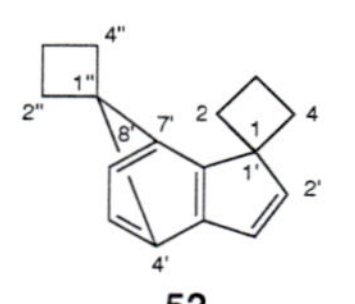

52

"Dispiro[cyclobutan-1,1´-[4,7]methano-[1*H*]inden-8´,1´´-cyclobutan]" (**52**)
- "1,1´" > "1,8´"
- indiziertes H-Atom nach *Anhang 5(**e**)*

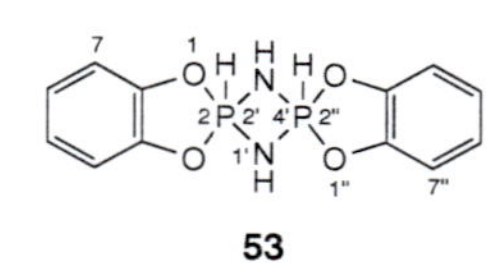

53

"Dispiro[1,3,2-benzodioxaphosphol-2,2´λ^5-[1,3,2,4]diazadiphosphetidin-4´,2´´λ^5-[1,3,2]benzodioxaphosphol]" (**53**)
"λ^5" nach *Anhang 7*

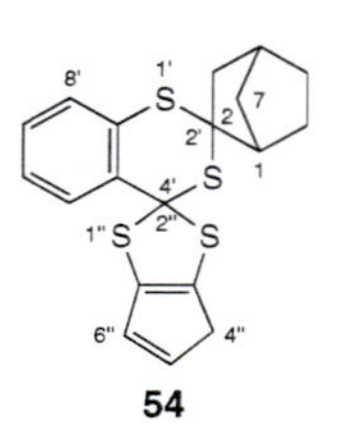

54

"Dispiro[bicyclo[2.2.1]heptan-2,2´-[4*H*-1,3]benzodithiin-4´,2´´-[4*H*]cyclopenta[1,3]dithiol]" (**54**)
indiziertes H-Atom nach *Anhang 5(**e**)*

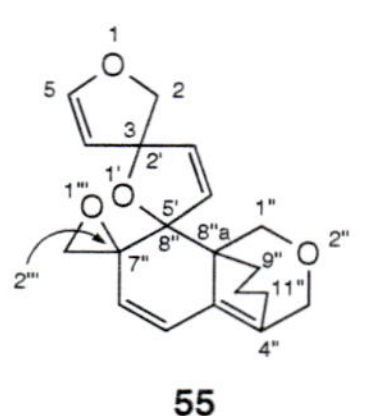

55

"Trispiro[furan-3(2*H*),2´(5´*H*)-furan-5´,8´´-[8*H*-4,8a]propano[1*H*-2]benzopyran-7´´(3´´*H*),2´´´-oxiran]" (**55**)
indiziertes H-Atom nach *Anhang 5(**g**)(**f**$_3$)*; vgl.

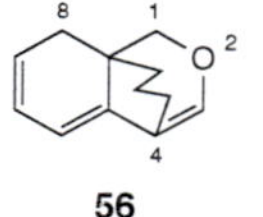

56

"8*H*-4,8a-Propano-1*H*-2-benzopyran" (**56**)

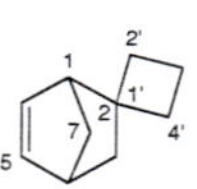

57

"Spiro[bicyclo[2.2.1]hept-5-en-2,1´-cyclobutan]" (**57**)
Spiroverknüpfung > Unsättigung für möglichst tiefen Lokanten

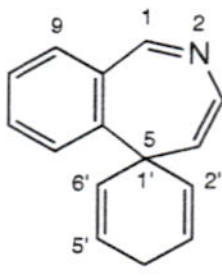

58

"Spiro[5*H*-2-benzazepin-5,1´-cyclohexa-[2,5]dien]" (**58**)
- Spiroverknüpfung > Unsättigung im Cyclohexadien für möglichst tiefen Lokanten
- indiziertes H-Atom nach *Anhang 5(**e**)*

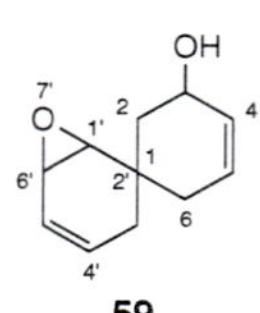

59

"Spiro[cyclohex-4-en-1,2´-[7]oxabicyclo[4.1.0]hept[4]en]-3-ol" (**59**)
Spiroverknüpfung > Hauptgruppe > Unsättigung für möglichst tiefe Lokanten

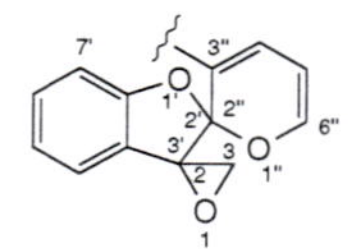

60

"Dispiro[oxiran-2,3´(2´*H*)-benzofuran-2´,2´´-[2*H*]pyran]-3´´-yl-" (**60**)
indiziertes H-Atom nach *Anhang 5(**e**)(**g**)*

CA ¶ 157 und 281
IUPAC R-2.4.4, A-51 – A-56, B-13 und C-71

4.10. Ringsequenzen aus identischen Ringkomponenten (Carbo- und Heterocyclen)

Definition: Eine Ringsequenz (Ringverband, 'ring assembly') besteht aus **zwei oder mehr identischen Ringkomponenten** (Mono- oder beliebige Polycyclen), **die miteinander durch Einfachbindungen**[1]) **verbunden sind**, wobei die Anzahl der Verknüpfungen kleiner ist als die Anzahl der Ringkomponenten[2]).

z.B.

4

"1,1´-Biphenyl" (**4**)
- 2 Ringe, 1 Verknüpfung
- eine **Ringsequenz**

5

"Biphenylen" (**5**)
ein **anellierter Polycyclus** (s. *Kap. 4.6*, *Tab. 4.2*)

Beachte:

Anhang 4

- **Alle Heteroatome in Ringsequenzen müssen ihre Standard-Valenz aufweisen**, z.B. O^{II}, N^{III}, P^{III} *etc.* Treten Heteroatome mit Nichtstandard-Valenzen auf, dann ist die **λ-Konvention** zu konsultieren. (Anhang 7)
- **Heteroatome** in Ringsequenzen werden für Nomenklaturzwecke **nicht** als **charakteristische Gruppen** betrachtet.
- Die **Priorität einer Ringsequenz** bei der Bestimmung der Gerüst-Stammstruktur reiht sich **unmittelbar vor derjenigen der identischen Ringkomponente** ein (z.B. "1,1´-Biphenyl" > "Benzol").

Im folgenden werden erläutert:

(a) Stammnamen von Ringsequenzen,
(b) Numerierung von Ringsequenzen,
(c) Präfixe von Ringsequenz-Substituenten.

(a) Der Stammname einer **Ringsequenz** setzt sich zusammen aus

- einem **speziellen Multiplikationsaffix "Bi-", "Ter-", "Quater-", "Quinque-", "Sexi-", "Septi-", "Octi-", "Novi-", "Deci-", "Undeci-"** *etc.* zur Angabe der Anzahl Ringkomponenten; (Anhang 2)
- dem **unveränderten Namen der Ringkomponente**[3]); (Kap. 4.4 – 4.9)
- dem (den) **vorgestellten Lokantenpaar(en) der Verknüpfungsstelle(n)** (s. ***(b)***).

Eventuell nötiges **indiziertes H-Atom** wird nach *Anhang 5* angegeben. (Anhang 5(e)(g))

z.B.

6

"2,2´-Bipyridin" (**6**)

Ausnahmen:

Statt des unveränderten Namens wird der **Substituentenname** (Präfix) **der Ringkomponente** verwendet **bei**

- **Ringsequenzen aus Benzol-Komponenten** (s. **9**),

---

[1]) **IUPAC** lässt zusätzlich bei Ringsequenzen aus *zwei* identischen Ringkomponenten **auch Verknüpfungen durch Doppelbindungen** zu (IUPAC R-2.4.4.1), nicht aber CA, die solche Verbindungen nach der Substitutionsnomenklatur (*Kap. 3.2.1*) benennen.

z.B.

1

"5-(Cyclopenta-2,4-dien-1-yliden)cyclopenta-1,3-dien" (**1**)
- IUPAC: auch "1,1'-Bi(cyclopenta-2,4-dien-1-yliden)"
- trivial: "**Fulvalen**", "**Pentafulvalen**"

z.B.

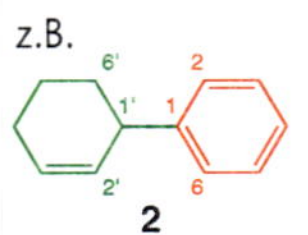

2

"(Cyclohex-2-en-1-yl)benzol" (**2**)
Englisch: '(cyclohex-2-en-1-yl)benzene'

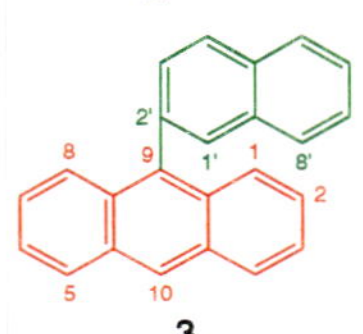

3

"9-(Naphthalin-2-yl)anthracen" (**3**)
Englisch: '9-(naphthalen-2-yl)anthracene'

[2]) **Ringsequenzen aus nicht-identischen Ringkomponenten** (z.B. verschiedenartige Unsättigung, die sich nicht mit dem "Hydro"-Präfix oder indiziertem H-Atom (*Anhang 5*) bezeichnen lässt; s. **2**) **werden nach der Substitutionsnomenklatur** (*Kap. 3.2.1*) **benannt**, wobei die Hauptringstruktur (s. *Kap. 3.3*) als Stammnamen und die übrigen Ringe als Präfixe ausgedrückt werden.

[3]) **Wenn nötig** (Vermeiden von Zweideutigkeiten) **kann der Name der identischen Ringkomponente in runde Klammern gesetzt werden** (nicht bei CA). **Der vollständige Stammname einer Ringsequenz** (inklusive Lokanten) **wird in eckige Klammern gesetzt, wenn er vor einem Suffix oder einer Endsilbe "-yl-", "-yliden-" *etc.* steht** (s. **12** und **13** in *Fussnote 5* bzw. **18**).

Kap. 4.4
Kap. 4.5.5

– 'symmetrischen' ***Zwei*komponentenringsequenzen aus Carbomonocyclen** (s. **10** und **11**), aus **Heteromonocyclen mit "Cyclo"-Namen** (z.B. "Cyclopentasilan", "Cyclotrisiloxan"; s. **37** und **38**) oder aus **Carbomonocyclen mit *einem* Si-Atom** ("Sila"-Name, s. **21**; *nicht* bei Heteromonocyclen mit andern Austauschnamen, s. **22** und **23**)[4])[5]).

Kap. 4.5.5

z.B.

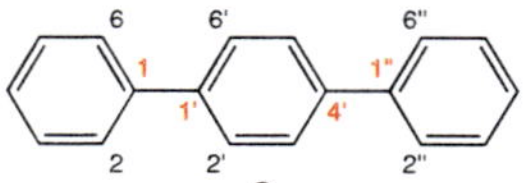

"1,1´:4´,1´´-Ter**phenyl**" (**9**)

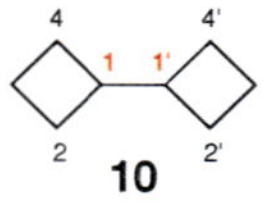

"1,1´-Bicyclobut**yl**"[5]) (**10**)
IUPAC: "1,1´-Bi(cyclobutyl)"

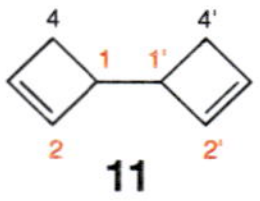

"Bi(cyclobut-2-en-1-**yl**)"[3])[5]) (**11**)
CA: 'bi-2-cyclobuten-1-yl'

(b)* Die ursprüngliche Numerierung der Ringkomponente bzw. des Substituenten** (s. Ausnahmen in ***(a)) **wird ausnahmslos beibehalten** (auch für Endsilben "-en", "-dien" *etc.*)[6]). Die einzelnen Komponenten werden durch **ungestrichene, gestrichene, doppelt gestrichene *etc.* Lokanten** unterschieden, und die **Verknüpfungsstellen haben mit der vorgegebenen Numerierung vereinbare, möglichst tiefe Lokanten**[6]). Bei Wahl bekommt die endständige Komponente mit dem tiefsten Lokanten der Verknüpfungsstelle ungestrichene Lokanten. Besteht weiterhin eine Wahl, dann gelten die Numerierungsregeln. Die **Lokantenpaare der Verknüpfungsstellen** werden durch Doppelpunkte voneinander abgegrenzt und **in der Reihenfolge der Verknüpfungen** ausgehend von der Komponente mit ungestrichenen Lokanten **angeordnet**.

Kap. 3.4

z.B.

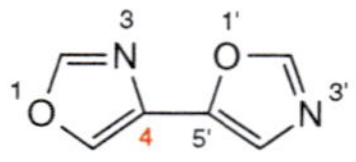

"4,5´-Bioxazol" (**15**)

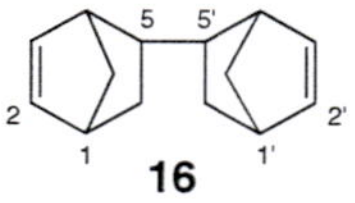

"5,5´-Bicyclo[2.2.1]hept-2-en" (**16**)
beachte die **ursprüngliche Numerierung des *Bicyclus***

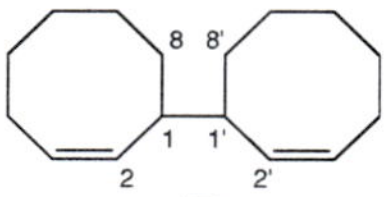

"Bi(cyclooct-2-en-1-yl)"[3])[5]) (**17**)
– CA: 'bi-2-cycloocten-1-yl'
– beachte die **ursprüngliche Numerierung des *Substituenten***

CA ¶ 161

(c)* Präfixe von entsprechenden Ringsequenz-Substituenten** werden mittels der Namen nach ***(a) und ***(b)*** durch Anhängen der Endsilbe "-yl-", "-yliden-", "-diyl-" *etc.* gebildet[7]). Die ursprüngliche Numerierung wird beibehalten, wobei freie Valenzen als Gesamtheit möglichst tiefe Lokanten bekommen und die Regeln für **indiziertes H-Atom** berücksichtigt werden müssen.

auch Kap. 5.7

Anhang 5**(h)(i)**

z.B.

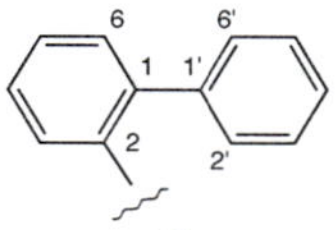

"[1,1´-Biphenyl]-2-yl-"[3]) (**18**)

Beispiele:

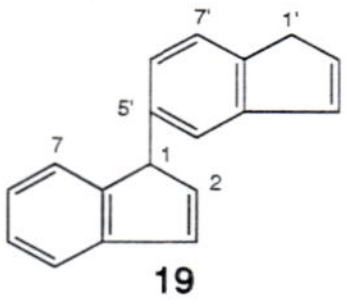

"1,5´-Bi-1*H*-inden" (**19**)
– "1,5´" > "5,1´"
– indiziertes H-Atom nach *Anhang 5**(e)***

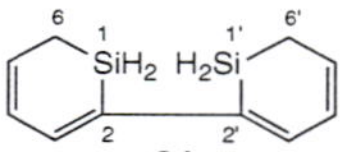

"Bisilacyclohexa-2,4-dien-2-yl" (**21**)
s. Ausnahmen in ***(a)***

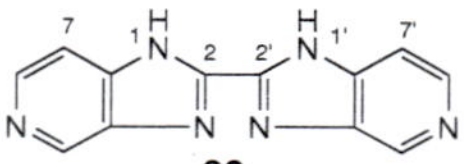

"2,2´-Bi-1*H*-imidazo[4,5-*c*]pyridin" (**20**)
indiziertes H-Atom nach *Anhang 5**(e)***

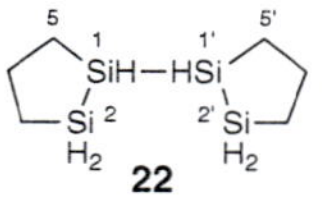

"1,1´-Bi-1,2-disilacyclopentan" (**22**)
keine Ausnahme, da 2 Si-Atome

---

[4]) Namen von **Zweikomponentenringsequenzen aus Monocyclo*alkenen* oder aus "Sila"-Monocyclen mit Substituentennamen** sind **nur** zulässig, **wenn die Unsättigung bzw. das Si-Atom** bezüglich der Verknüpfungsstelle **symmetrisch** angeordnet ist.
z.B.

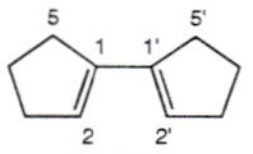

"Bi(cyclopent-1-en-1-yl)"[3])[5]) (**7**)
CA: 'bi-1-cyclopenten-1-yl'

aber:

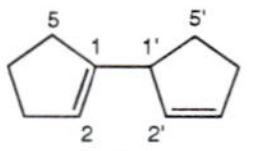

"1-(Cyclopent-2-en-1-yl)cyclopenten" (**8**)

IUPAC lässt Ringsequenz-Namen aus **Substituentennamen auch für symmetrische und unsymmetrische Zweikomponentenringsequenzen aus Heteromonocyclen** (z.B. "2,3´-Bifuryl") **oder anellierten Polycyclen** (z.B. "1,2´-Binaphthyl") zu (IUPAC R-2.4.4.1, A-52 und B-13).

[5]) Die (vorgestellten) **Verknüpfungslokanten** werden **bei** solchen **Zweikomponentenringsequenzen immer** angeführt (s. **10**), **ausser bei Monocycloalken-Komponenten** (s. **11**), da deren Substituentenname schon den nötigen Lokanten enthält. Bei Carbomonocyclen mit Substituentennamen sind die Verknüpfungslokanten immer "1,1´" (Priorität von "-yl" vor Unsättigungen).

[6]) **Vorsicht** beim Zuteilen der Lokanten **in Anwesenheit von Hauptgruppen und/oder indiziertem H-Atom**!
z.B.

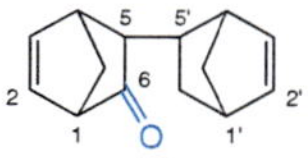

"[5,5'-Bicyclo[2.2.1]hept-2-en]-6-on"[3]) (**12**)

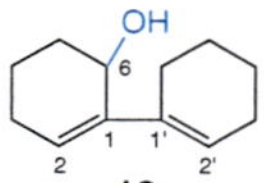

"[Bi(cyclohex-1-en-1-yl)]-6-ol"[3])[5]) (**13**)
CA: '[bi-1-cyclohexen-1-yl]-6-ol

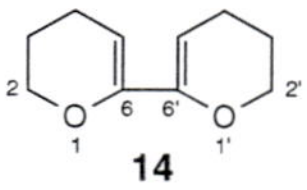

"3,3´,4,4´-Tetrahydro-6,6´-bi-2*H*-pyran" (**14**)
Englisch: '...2H-pyra**n**'

[7]) Für Substituenten von verzweigtem Polyphenyl, s. CA ¶ 162.

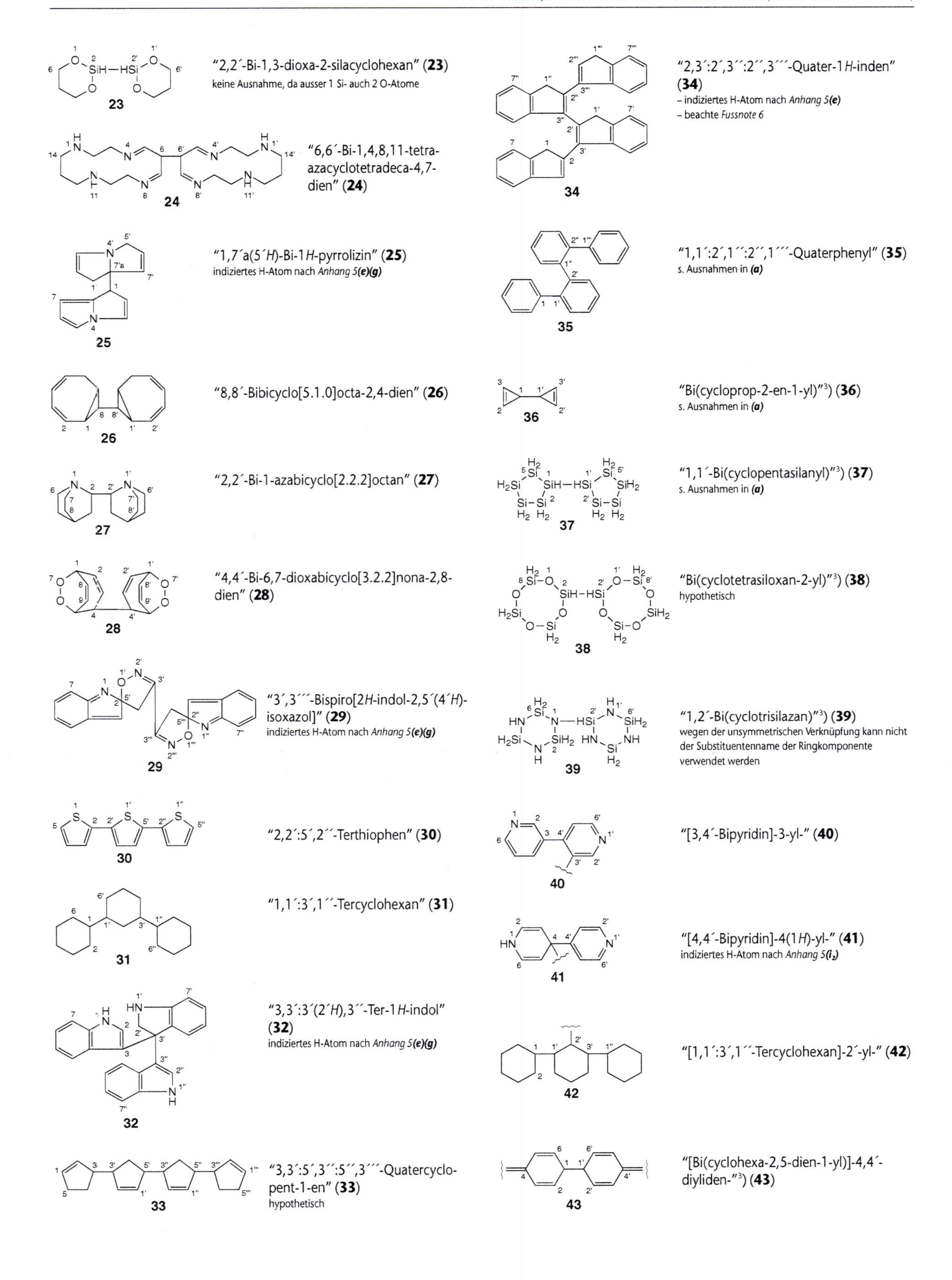
"2,2´-Bi-1,3-dioxa-2-silacyclohexan" (23)
keine Ausnahme, da ausser 1 Si- auch 2 O-Atome
"6,6´-Bi-1,4,8,11-tetra-azacyclotetradeca-4,7-dien" (24)
"1,7´a(5´H)-Bi-1H-pyrrolizin" (25)
indiziertes H-Atom nach Anhang 5(e)(g)
"8,8´-Bibicyclo[5.1.0]octa-2,4-dien" (26)
"2,2´-Bi-1-azabicyclo[2.2.2]octan" (27)
"4,4´-Bi-6,7-dioxabicyclo[3.2.2]nona-2,8-dien" (28)
"3´,3´´´-Bispiro[2H-indol-2,5´(4´H)-isoxazol]" (29)
indiziertes H-Atom nach Anhang 5(e)(g)
"2,2´:5´,2´´-Terthiophen" (30)
"1,1´:3´,1´´-Tercyclohexan" (31)
"3,3´:3´(2´H),3´´-Ter-1H-indol" (32)
indiziertes H-Atom nach Anhang 5(e)(g)
"3,3´:5´,3´´:5´´,3´´´-Quatercyclo-pent-1-en" (33)
hypothetisch
"2,3´:2´,3´´:2´´,3´´´-Quater-1H-inden" (34)
- indiziertes H-Atom nach Anhang 5(e)
- beachte Fussnote 6
"1,1´:2´,1´´:2´´,1´´´-Quaterphenyl" (35)
s. Ausnahmen in (a)
"Bi(cycloprop-2-en-1-yl)"[3] (36)
s. Ausnahmen in (a)
"1,1´-Bi(cyclopentasilanyl)"[3] (37)
s. Ausnahmen in (a)
"Bi(cyclotetrasiloxan-2-yl)"[3] (38)
hypothetisch
"1,2´-Bi(cyclotrisilazan)"[3] (39)
wegen der unsymmetrischen Verknüpfung kann nicht der Substituentenname der Ringkomponente verwendet werden
"[3,4´-Bipyridin]-3-yl-" (40)
"[4,4´-Bipyridin]-4(1H)-yl-" (41)
indiziertes H-Atom nach Anhang 5(i2)
"[1,1´:3´,1´´-Tercyclohexan]-2´-yl-" (42)
"[Bi(cyclohexa-2,5-dien-1-yl)]-4,4´-diyliden-"[3] (43)

5. Substituentenpräfixe

5.1. Vorbemerkungen

CA ¶ 132–134, 161, 162 und 287
IUPAC R-2.5, R-3.1.4 und R-3.2.1

Man unterscheidet:

- **Präfixe von charakteristischen Gruppen**: sie sind **in den *Tab. 3.1* und *3.2*** zusammengefasst; für Carbonyl-haltige Substituenten, s. auch unten (*Kap. 5.9*); (Tab. 3.1 und 3.2; Kap. 5.9)

  Präfixe von charakteristischen Gruppen sind im Detail **in *Kap. 6*** beschrieben; (Kap. 6)
- **Präfixe von Stammsubstituenten (Stammsubstituentennamen)**, hergeleitet von Gerüst-Stammstrukturen:
  - monogliedrige Substituenten, (Kap. 5.2)
  - Kohlenwasserstoff-Kettensubstituenten, (Kap. 5.3)
  - Heterokettensubstituenten, (Kap. 5.4)
  - Carbocyclus-Substituenten, (Kap. 5.5)
  - Heterocyclus-Substituenten, (Kap. 5.6)
  - Ringsequenz-Substituenten; (Kap. 5.7)

  Präfixe von Stammsubstituenten sind auch **in *Kap. 4*** angeführt; die *Kap. 5.2 – 5.7* geben eine Übersicht (für **IUPAC-Varianten**, s. *Kap. 4*); (Kap. 4)

  ein **Pfeil (→)** bedeutet: **der Name wird zu**;
- **Präfixe von zusammengesetzten Substituenten: Wahl des Stammsubstituenten**; (Kap. 5.8)
- **Präfixe von Carbonyl-haltigen Substituenten und Analoga**. (Kap. 5.9)

5.2. Präfixe von monogliedrigen Substituenten

CA ¶ 161 auch Kap. 4.2 und 4.3

Im folgenden werden erläutert:

(a) Präfixe für Substituenten hergeleitet von BH_3, CH_4, SiH_4, GeH_4, SnH_4 oder PbH_4,

(b) Präfixe für Substituenten hergeleitet von PH_5 oder AsH_5,

(c) Präfixe für Substituenten hergeleitet von SbH_3 oder BiH_3,

(d) Präfixe für Substituenten hergeleitet von PH_3 oder AsH_3.

IUPAC-Varianten in *Kap. 4.2* und *4.3*.

(a)

"Bor**an**" (BH_3)	→	"**-yl-**"	(– 1 H)
"Meth**an**" (CH_4)		"**-ylen-**"[1])	(– 2 H)
"Sil**an**" (SiH_4)		"**-ylidin-**"[1])	(– 3 H)
"Germ**an**" (GeH_4)		(Englisch: '-yli**dyne**')	
"Stann**an**" (SnH_4)		"**-antetrayl-**"	(– 4 H)
"Plumb**an**" (PbH_4)			

z.B.

$HSi\equiv$ **1** "Silylidin-"[1]) (**1**)
Englisch: 'silylidyne-'

$=C=$ **2** "Methantetrayl-" (**2**)

(b)

"Phosph**oran**" (PH_5)	→	"**-oranyl-**"	(– 1 H)
"Ars**oran**" (AsH_5)		"**-oranyliden-**"[1])	(– 2 H)
		"**-oranylidin-**"[1])	(– 3 H)
		(Englisch: '-oranyli**dyne**-')	

z.B.

$H_3P=$ **3** "Phosphoranyliden-"[1]) (**3**)

(c)

"Stib**in**" (SbH_3)	→	"**-ino-**"	(– 1 H)
"Bismut**in**" (BiH_3)		"**-ylen-**"[1])	(– 2 H)
		"**-ylidin-**"[1])	(– 3 H)
		(Englisch: '-yli**dyne**-')	

z.B.

$Bi\equiv$ **4** "Bismutylidin-"[1]) (**4**)
Englisch: 'bismuthylidyne-'

(d)

"Phosph**in**" (PH_3)	→	"**-ino-**"	(– 1 H)
"Ars**in**" (AsH_3)		"**-iniden-**"[1])	(– 2 H)
		"**-inidin-**"[1])	(– 3 H)
		(Englisch: '-ini**dyne**-')	

z.B.

$HP=$ **5** "Phosphiniden-" (**5**)

[1]) Im Gegensatz zu CA empfiehlt **IUPAC**, dass ein Substituent, dessen Präfix die Endsilbe "**-yliden-**" **oder** "**-ylidin-**" trägt, **über eine Doppel- bzw. Dreifachbindung an eine Stammstruktur gebunden** ist (IUPAC R-2.5); bei **CA** bedeuten diese Endsilben, dass **2 bzw. 3 H-Atome am gleichen Atom** der Gerüst-Stammstruktur **entfernt** worden sind (analog für "**-ylen-**"/"**-iniden-**" (– 2 H) bzw. "**-inidin-**" (– 3 H)). Ausserdem lässt **IUPAC** das Präfix "**Methyliden-**" für $CH_2=$ zu, wenn die freien Valenzen zum gleichen Atom führen.

CA ¶ 161 auch Kap. 4.2

5.3. Präfixe von Kohlenwasserstoff-Kettensubstituenten

Im folgenden werden erläutert:

(a) Präfixe für unverzweigte Kohlenwasserstoff-Kettensubstituenten,

(b) Präfixe für unverzweigte oder verzweigte Kohlenwasserstoff-Kettensubstituenten oder andere Kettensubstituenten (nach **IUPAC**).

Weitere **IUPAC-Varianten** in *Kap. 4.2.*

Kap. 5.8

(a) **Der acyclische Kohlenwasserstoff-Substituent muss unverzweigt sein**, d.h. **freie Valenzen** (einfache oder mehrfache) an einem oder zwei C-Atomen einer Kohlenwasserstoff-Kette müssen **immer endständig** sein (andernfalls ist ein zusammengesetztes Präfix zu verwenden). Tragen drei oder mehr C-Atome freie Valenzen, dann müssen zwei davon endständig sein:

Stammname "-an" →
- *"-yl"* (an einem Kettenende – 1 H)
- *"-yliden-"*[1] (am gleichen Kettenende – 2 H)
- **"-andiyl-"** (an jedem Kettenende – 1 H)
- *"-ylidin-"*[1] (Englisch: '-ylid**y**ne-') (am gleichen Kettenende – 3 H)
- *etc.*

Stammname "-en" "-in" (Englisch: '-yne') →
- **"-enyl-"**, **"-inyl-"** (Englisch: '-**y**nyl-') (an einem Kettenende – 1 H)
- **"-enyliden-"**, **"-inyliden-"**[1]) (Englisch: '-**y**nylidene-') (am gleichen Kettenende – 2 H)
- **"-endiyl-"**, **"-indiyl-"** (Englisch: '-**y**nediyl-') (an jedem Kettenende – 1 H)
- **"-enylidin-"**, **"-inylidin-"**[1]) (Englisch: '-enylid**y**ne-', '-**y**nylid**y**ne-') (am gleichen Kettenende – 3 H)
- *etc.*

- Lokant "1" weglassen, wenn nur ein C-Atom mit freier(n) Valenz(en)
- Lokanten für Unsättigungen angeben für Ketten $\geq C_3$

Im Namen und bei Wahl für möglichst niedrige Lokanten gilt: **"-yl-"** > **"-yliden-"** > **"-ylidin-"** (*beachte:* **"-an**-yl-yliden-", nicht "-yl-yliden-" *etc.*).

z.B.

$\overset{3}{C}H_2{=}\overset{2}{C}H{-}\overset{1}{C}H_2{-}$ **6** — "Prop-2-enyl-" (**6**)

$Me{-}\overset{7}{C}{\equiv}\overset{5}{C}{-}CH_2{-}\overset{2}{C}H{=}\overset{1}{C}H{-}CH{=}$ **7**

"Hept-2-en-5-inyliden-"[1]) (**7**)
Englisch: 'hept-2-en-5-ynylidene-'

$\equiv\overset{2}{C}{-}\overset{1}{C}H_2{-}$ **8**

"Eth**an**-1-yl-2-ylidin-"[1]) (**8**)
Englisch: 'ethan-1-yl-2-ylidyne-'

$-\overset{3}{C}H_2{-}\overset{2}{C}{-}\overset{1}{C}H_2{-}$ (mit $=$ an C-2) **9**

"Propan-1,3-diyl-2-yliden-"[1]) (**9**)

Ausnahmen:

"Methylen-"[1]) ($CH_2=$ oder $CH_2<$)
Englisch: 'methylene-'

"Methantetrayl-" (=C=, =C< oder >C<)

Kap. 5.2

(b) **IUPAC** schlägt eine **vereinfachende allgemeine Variante** vor zur Benennung von unverzweigten oder verzweigten acyclischen Kohlenwasserstoff-Substituenten und von andern, von Gerüst-Stammstrukturen hergeleiteten acyclischen Substituenten:

IUPAC R-2.5 und D-4.14

Stammname "-an" →
- *"-anyl-"* (– 1 H)
- *"-anyliden-"*[1]) (– 2 H)
- **"-andiyl-"** (je – 1 H)
- *"-anylidin-"*[1]) (Englisch: '-anylid**y**ne-') (– 3 H)

Stammname "-en", "-in" (Englisch: '-yne') →
- **"-enyl-"**, **"-inyl-"** (Englisch: '-**y**nyl-') (– 1 H)
- **"-enyliden-"**, **"-inyliden-"**[1]) (Englisch: '-**y**nylidene-') (– 2 H)
- **"-endiyl-"**, **"-indiyl-"** (Englisch: '-**y**nediyl-') (je – 1 H)
- **"-enylidin-"**, **"-inylidin-"**[1]) (Englisch: '-enylid**y**ne-', '-**y**nylid**y**ne-') (– 3 H)

Dabei lassen sich die **freien Valenzen an jeder beliebigen Stelle** des entsprechenden unverzweigten Kohlenwasserstoffes (bzw. der Gerüst-Stammstruktur) platzieren; sie bekommen jedoch möglichst tiefe Lokanten.

z.B.

$Me_2C<$ **10**

"Propan-2-yliden-"[1]) (**10**)
– CA: '1-methylethylidene-'
– IUPAC: auch **"Isopropyliden-"**

CA ¶ 161

5.4. Präfixe von Heterokettensubstituenten

Im folgenden werden erläutert:

(a) Präfixe für unverzweigte Heterokettensubstituenten mit mindestens vier unregelmässig platzierten Hetero-Einheiten (Austauschnamen),

(b) Präfixe für unverzweigte homogene oder heterogene Heterokettensubstituenten mit regelmässig platzierten Heteroatomen.

IUPAC-Varianten in *Kap. 4.3.3.*

auch Kap. 4.3.2

(a) **Unverzweigte Heterokettensubstituenten** mit mindestens vier unregelmässig platzierten (nicht endständigen) Hetero-Einheiten (**Austauschnamen**; s. *Kap. 4.3.2(a)*) werden **wie unverzweigte Kohlenwasserstoff-Kettensubstituenten** benannt, ausser dass der **Lokant "1" immer zitiert** wird.

Kap. 5.3(a)

z.B.

12 Me–11 NH–10 S–9 NH–...–5 O–...–1 CH₂–

11

"5-Oxa-10-thia-9,11-diazadodec-1-yl-" (**11**)

auch Kap. 4.3.3

(b) **Unverzweigte homogene und heterogene Heterokettensubstituenten** mit regelmässig platzierten Heteroatomen werden **wie unverzweigte Kohlenwasserstoff-Kettensubstituenten** benannt, jedoch **ohne Weglassen der Endsilbe "-an" bzw. "-in"** (gesättigte Kette) des Stammnamens (für monogliedrige Substituenten, s. *Kap. 5.2*):

Kap. 5.3(a)

Kap. 5.2

Stammname			
"-an", **"-in"** (gesättigte Kette)	+	**"-yl-"**	(– 1 H)
		"-yliden-"[1]	(– 2 H)
"-en", **"-in"** (Englisch: '-**yne**')		**"-diyl-"**	(– 2 H)
		"-ylidin-"[1] (Englisch: '-ylid**yne**-')	(– 3 H)

z.B.

$H_2\overset{3}{N}-NH-\overset{1}{N}H-$ **12** — "Triaz**an**yl-" (**12**)

$H_2\overset{2}{P}-\overset{1}{P}=$ **13** — "Di(phosph**in**)yliden-"[1]) (**13**)
- Englisch: 'diphosphinylidene-'
- im Deutschen Klammern wegen Zweideutigkeit von "-in" (s. *Kap. 4.3.3(b)*)

$H_3\overset{3}{Sn}-O-\overset{1}{Sn}\equiv$ **14** — "Distannox**an**ylidin-"[1]) (**14**)
Englisch: 'distannoxanylidyne-'

$-\overset{5}{Si}H_2-O-SiH(-)-O-\overset{1}{Si}H_2-$ **15** — "Trisiloxan-1,3,5-triyl-" (**15**)

Ausnahmen:

$H_2\overset{2}{N}-\overset{1}{N}H-$ **16** — **"Hydrazino-"** (**16**)

$H_2\overset{2}{N}-\overset{1}{N}=$ oder $H_2\overset{2}{N}-\overset{1}{N}<$ **17** — **"Hydrazono-"** (**17**)

$=\overset{2}{N}-\overset{1}{N}H-$ oder $>\overset{2}{N}-\overset{1}{N}H-$ **18** — **"Hydrazin-1-yl-2-yliden-"**[1]) (**18**)

$-NH-NH-$ **19** — **"Hydrazo-"**/**"Hydrazi-"** (**19**)
freie Valenzen zu verschiedenen Atomen/zum gleichen Atom

$-N=N-$ **20** — **"Azo-"**/**"Azi-"** (**20**)
freie Valenzen zu verschiedenen Atomen/zum gleichen Atom

$=N-N=$ oder $>N-N=$ **21** — **"Azino-"** (**21**)

CA ¶ 161

5.5. Präfixe von Carbocyclus-Substituenten

Im folgenden werden erläutert:

(a) Präfixe für gesättigte und ungesättigte Carbomonocyclus-Substituenten,

(b) Präfixe für anellierte Carbopolycyclus-Substituenten (inkl. überbrückte und Spirostrukturen),

(c) Präfixe für Brückencarbopolycyclus-Substituenten nach *von Baeyer* und Spirocarbopolycyclus-Substituenten.

IUPAC-Varianten in *Kap. 4.4, 4.6.2, 4.7* und *4.9.2.*

auch Kap. 4.4

(a) Gesättigte und ungesättigte Carbomonocyclus-Substituenten:

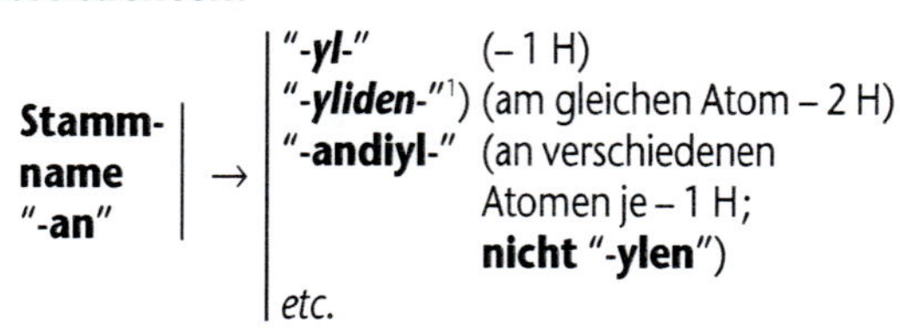

Lokant "1" weglassen, wenn nur ein C-Atom mit freier(n) Valenz(en)

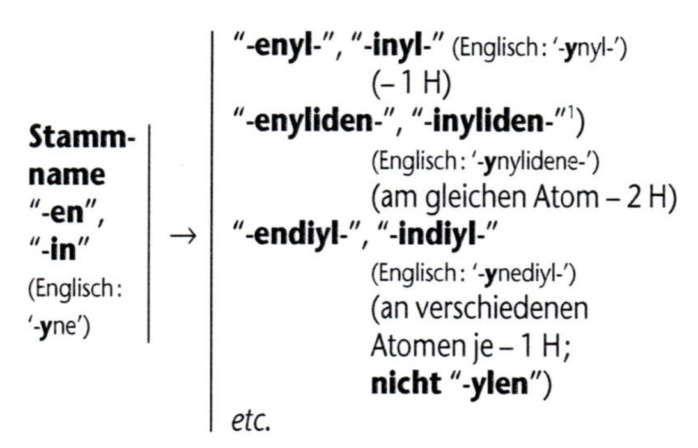

alle Lokanten zitieren, freie Valenzen als Gesamtheit möglichst niedrige Lokanten

Im Namen und bei Wahl für möglichst niedrige Lokanten gilt: "**-yl-**" > "**-yliden-**" (*beachte:* "**-an**-yl-yliden-", nicht "-yl-yliden-" *etc.*).

z.B.

22 "Cyclopentyl-" (**22**)

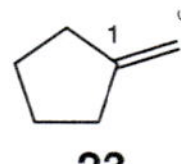

23 "Cyclopentyliden-"[1]) (**23**)

24 "Cyclopentan-1,2-diyl-" (**24**)

25 "Cyclopent**an**-1-yl-2-yliden-"[1]) (**25**)

26 "Cyclopent-3-en-1-yl-" (**26**)

27 "Cyclopenta-1,4-dien-1,2,3-triyl-" (**27**)

28 "Cyclohex-6-en-1-yl-2-yliden-"[1]) (**28**)

Ausnahmen:

29 "**Phenyl-**" (**29**)

30 "**1,2-Phenylen-**" (**30**)
analog: "1,3-Phenylen-" und "1,4-Phenylen-"

31 "**Benzol-1,2,3-triyl-**" (**31**)
Englisch: 'benzene-1,2,3-triyl-'

auch Kap. 4.6.2–4.6.4, 4.8 und 4.9.3

(b) Anellierte Carbopolycyclus-Substituenten (inkl. überbrückte und Spirostrukturen):

Stamm-name + "**-yl-**" (– 1 H)
"**-yliden-**"[1]) (am gleichen Atom – 2 H)
"**-diyl-**" (an verschiedenen Atomen je – 1 H)
etc.

Freie Valenzen als Gesamtheit haben **möglichst niedrige**, mit der vorgegebenen Numerierung vereinbare **Lokanten**, wobei die Regeln für indiziertes H-Atom zu berücksichtigen sind. Im Namen und bei Wahl für möglichst niedrige Lokanten gilt: "**-yl-**" > "**-yliden-**".

Anhang 5(h)(i)

z.B.

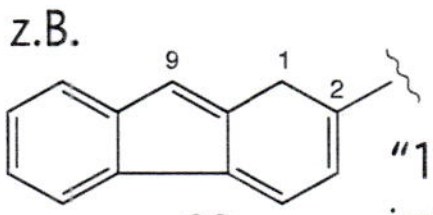

"1*H*-Fluoren-2-yl-" (**32**)
indiziertes H-Atom nach *Anhang 5(**a**)(**d**)*

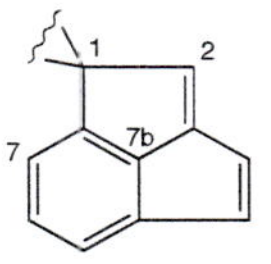

"1*H*-Cyclopent[*cd*]inden-1-yliden-"[1]) (**33**)
indiziertes H-Atom nach *Anhang 5(**h**)*

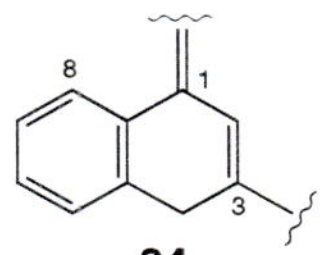

"Naphthalin-3-yl-1(4*H*)-yliden-"[1]) (**34**)
- "3,1" (⇔ "**1**,3") > "**2**,4"
- indiziertes H-Atom nach *Anhang 5(i_2)*

auch Kap. 4.7 und 4.9.2

(*c*) Brückencarbopolycyclus-Substituenten nach *von Baeyer* und Spirocarbopolycyclus-Substituenten:

Stammname "-an" →
- "*-yl-*" (–1 H)
- "***-yliden-***"[1]) (am gleichen Atom – 2 H)
- "**-andiyl-**" (an verschiedenen Atomen je – 1 H; **nicht "-ylen-"**)
- *etc.*

Stammname "-en", "-in" (Englisch: '-**yne**') →
- "**-enyl-**", "**-inyl-**" (Englisch: '-**ynyl**-') (– 1 H)
- "**-enyliden-**", "**-inyliden-**"[1]) (Englisch: '-**ynylidene**-') (am gleichen Atom – 2 H)
- "**-endiyl-**", "**-indiyl-**" (Englisch: '-**ynediyl**-') (an verschiedenen Atomen je – 1 H; **nicht "-ylen-"**)
- *etc.*

Freie Valenzen als Gesamtheit haben **möglichst niedrige**, mit der vorgegebenen Numerierung vereinbare **Lokanten** (freie Valenzen > Unsättigungen!). Im Namen und bei Wahl für möglichst niedrige Lokanten gilt: "**-yl-**" > "**-yliden**" (***beachte:*** "**-an**-yl-yliden-", nicht "-yl-yliden-" *etc.*)

z.B.

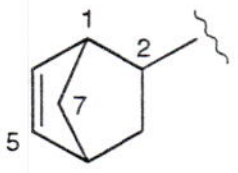

"Bicyclo[2.2.1]hept-5-en-2-yl-" (**35**)
"yl" > "en"

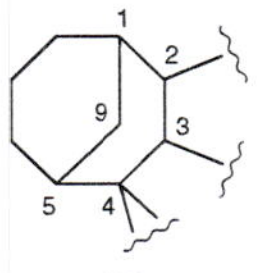

"Bicyclo[3.3.1]nonan-2,3-diyl-4-yl-iden-"[1]) (**36**)

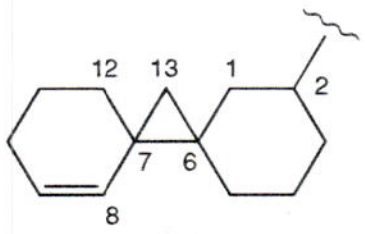

"Dispiro[5.0.5.1]tridec-8-en-2-yl-" (**37**)
"yl" > "en"

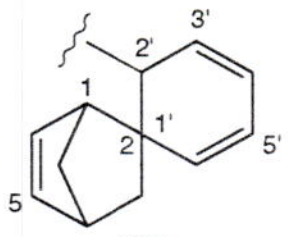

"Spiro[bicyclo[2.2.1]hept-5-en-2,1'-[3,5]cyclohexadien]-2'-yl-" (**38**)
"spiro" > "yl" > "en"; vgl. *Kap. 4.9.3(**b**)*

5

CA ¶ 161

5.6. Präfixe von Heterocyclus-Substituenten

Im folgenden werden erläutert:

(a) Präfixe für Heteromonocyclus-Substituenten mit Trivial-, *Hantzsch-Widman*- und "Cyclo"-Namen sowie für anellierte Heteropolycyclus-Substituenten (inkl. überbrückte und Spirostrukturen),

(b) Präfixe für Heteromonocyclus-Substituenten mit Austauschnamen, Brückenheteropolycyclus-Substituenten nach *von Baeyer* und Spiroheteropolycyclus-Substituenten mit Austauschnamen.

IUPAC-Varianten in *Kap. 4.5, 4.6.2, 4.7* und *4.9.2.*

auch Kap. 4.5.2, 4.5.3, 4.5.5.2, 4.6.2 – 4.6.4, 4.8 und 4.9.3

(a) **Heteromonocyclus-Substituenten mit Trivial-, *Hantzsch-Widman*- und "Cyclo"-Namen sowie anellierte Heteropolycyclus-Substituenten** (inkl. überbrückte und Spirostrukturen):

Stammname	+	"**-yl-**"	(– 1 H)
		"**-yliden-**"[1]	(am gleichen Atom – 2 H)
		"**-diyl-**"	(an verschiedenen Atomen – 2 H)
		etc.	

Freie Valenzen als Gesamtheit haben **möglichst niedrige**, mit der vorgegebenen Numerierung vereinbare **Lokanten**, wobei die Regeln für indiziertes H-Atom zu berücksichtigen sind. Bei freien Valenzen an einem Heteroatom mit Nichtstandard-Valenz ist die λ-Konvention zu konsultieren. Im Namen und bei Wahl für möglichst niedrige Lokanten gilt: "**-yl-**" > "**-yliden-**".

Anhang 5(h)(i)

Anhang 7

z.B.

39 "2*H*-1,2-Azaphosphol-2-yl-" (**39**)
indiziertes H-Atom nach *Anhang 5(**h**)*

40 "(1,3-Dihydro-2*H*-1,2-azaphosphol-2-yl)-" (**40**)
– indiziertes H-Atom nach *Anhang 5(**h**)*
– nicht "1*H*-1,2-Azaphosphol-2(3*H*)-yl-"

41 "Pyrido[3,2-*d*]pyrimidin-1(2*H*)-yl-" (**41**)
indiziertes H-Atom nach *Anhang 5(i_2)*

42 "Cyclotrisiloxan-2,4,6-triyl-" (**42**)

Ausnahmen:

Ein Heteromonocyclus- oder anellierter Heteropolycyclus-Substituent, der sich von "Thiophen" bzw. "-thiophen" herleiten lässt, heisst "***x*-Thienyl-**" bzw. "**-thien-*x*-yl-**" ("*x*" = Lokant); ausserdem müssen im Englischen (nur bei CA wegen Verwechslungsgefahr) '*x*-selenophen**e**yl-' und '*x*-tellurophen**e**yl-' bzw. '-selenophen**e**-*x*-yl-' und '-tellurophen**e**-*x*-yl' verwendet werden (s. *Kap. 4.5.2(**d**)* bzw. *Kap. 4.6.3(**i**)*).

Kap. 4.5.2(d)
Kap. 4.6.3(i)

(b) **Heteromonocyclus-Substituenten mit Austauschnamen, Brückenheteropolycyclus-Substituenten nach *von Baeyer* und Spiroheteropolycyclus-Substituenten mit Austauschnamen:**

auch Kap. 4.5.4, 4.5.5.1, 4.7 und 4.9.2

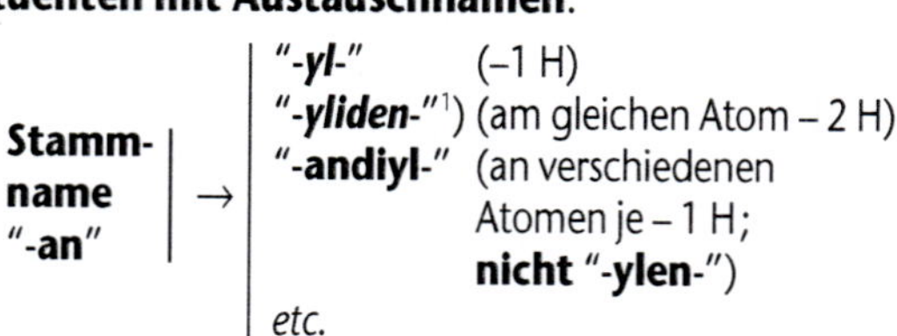
Stammname "-an" → "**-yl-**" (–1 H); "**-yliden-**"[1] (am gleichen Atom – 2 H); "**-andiyl-**" (an verschiedenen Atomen je – 1 H; **nicht** "**-ylen-**"); *etc.*

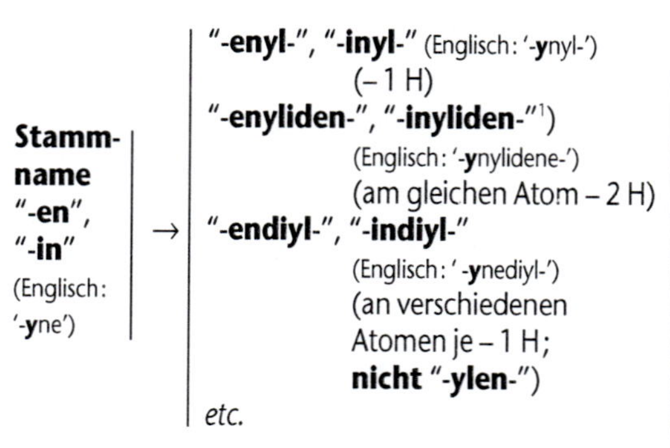
Stammname "-en", "-in" (Englisch: '-yne') → "**-enyl-**", "**-inyl-**" (Englisch: '-**y**nyl-') (– 1 H); "**-enyliden-**", "**-inyliden-**"[1] (Englisch: '-**y**nylidene-') (am gleichen Atom – 2 H); "**-endiyl-**", "**-indiyl-**" (Englisch: '-**y**nediyl-') (an verschiedenen Atomen je – 1 H; **nicht** "**-ylen-**"); *etc.*

Freie Valenzen als Gesamtheit haben **möglichst niedrige**, mit der vorgegebenen Numerierung vereinbare **Lokanten** (Heteroatome > freie Valenzen > Unsättigungen). Sind Heteroatome mit Nichtstandard-Valenzen vorhanden, dann ist die λ-Konvention zu konsultieren. Im Namen und bei Wahl für möglichst niedrige Lokanten gilt: "**-yl-**" > "**-yliden-**" (***beachte:*** "**-an**-yl-yliden-" nicht "-yl-yliden-" *etc.*).

Anhang 7

z.B.

43 "1-Silacyclohex-2-yl-" (**43**)
CA lässt den Lokanten "1" weg

44 "8-Oxa-6-thiabicyclo[3.2.1]oct**an**-7-yl-4-yliden-"[1]) (**44**)
vorgegebene Numerierung

45 "1,11-Dioxadispiro[4.0.4.3]tridec-3-en-7-yl-10-yliden-"[1]) (**45**)
"-yl-" > "-yliden-"

CA ¶ 161
auch
Kap. 4.10

5.7. Präfixe von Ringsequenz-Substituenten

Stamm-name	+	"**-yl-**"	(– 1 H)
		"**-yliden-**"[1])	(am gleichen Atom – 2 H)
		"**-diyl-**"	(an verschiedenen Atomen – 2 H)
		etc.	

Der **Stammname** steht **in eckigen Klammern** vor den Valenz-Endsilben. **Freie Valenzen als Gesamtheit** haben **möglichst niedrige**, mit der vorgegebenen Numerierung vereinbare **Lokanten** (***Vorsicht:*** Lokanten für Unsättigungen gleich wie ursprünglich in der Ringkomponente, dann tiefste Lokanten für Verknüpfungsstelle(n) gefolgt von freien Valenzen), wobei die Regeln für indiziertes H-Atom zu berücksichtigen sind. Im Namen und bei Wahl für möglichst niedrige Lokanten gilt: "**-yl-**" > "**-yliden-**".

Anhang 5**(h)(i)**

z.B.

46

"[1,1′:3′,1′′-Terphenyl]-4,4′-diyl-" (**46**)

nicht "(2-Phenyl[1,1′-biphenyl]-4,4′-diyl)-"

47

"[2,2′-Bi-1,3,4-oxadiazol]-4(5*H*)-yl-" (**47**)

– indiziertes H-Atom nach *Anhang 5**(i₂)***

– nicht "[2-(1,3,4-Oxadiazol-2-yl)-1,3,4-oxadiazol-4(5*H*)-yl]-"

48

"[Bi(cyclohept-2-en-1-yl)]-7,7′-diyliden-"[1]) (**48**)

s. Ausnahmen in *Kap. 4.10**(a)***

5

CA ¶ 132, 133 und 162

5.8. Präfixe von zusammengesetzten Substituenten: Wahl des Stammsubstituenten

Im folgenden werden erläutert:

(a) Präfixe für zusammengesetzte Substituenten durch Aneinanderreihen von einfachen Präfixen oder mittels Substitutionsnomenklatur,

(b) Wahl des Stammsubstituenten.

(a) Ein **zusammengesetzter Substituent** wird gebildet **durch**:

- **Addition von Komponenten**: das **zusammengesetzte Präfix** wird **durch Aneinanderreihen von einfachen Präfixen** gebildet;

z.B.

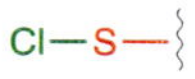

Cl–S–
49

"(Chlorothio)-" (**49**)
nicht "(Chloromercapto)-", s. unten (Ausnahmen)

5′ Me … 1′ O
50

"(Pentyloxy)-" (**50**)
nicht "(Pentylhydroxy)-", s. unten (Ausnahmen)

- **Substitution eines Stammsubstituenten** durch einen Nebensubstituenten unter Verlust von H-Atom(en): das **zusammengesetzte Präfix** wird **mittels Substitutionsnomenklatur** gebildet[2]).

Kap. 3.2.1

z.B.

MeNH–
51

"(Methylamino)-" (**51**)
Stammsubstituent ist NH_2–

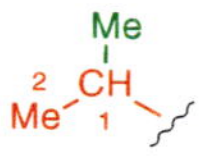

Me
2 CH
Me 1
52

"(1-Methylethyl)-" (**52**)
- Stammsubstituent ist $MeCH_2$–
- IUPAC: auch "**Isopropyl-**"; nicht substituierbar

Me_2N 2 1 O
53

"[2-(Dimethylamino)ethoxy]-" (**53**)
Stammsubstituent ist $MeCH_2O$–

Kap. 2.2.1

Zusammengesetzte Präfixe werden *immer* in Klammern gesetzt.

Ausnahmen:

Die folgenden Substituenten können **nicht** als **Stammsubstituenten für zusammengesetzte Präfixe** verwendet werden (**H-Atom(e) nicht substituierbar**):

HOAs(=O)<	"**Arsinico-**"[3])	HO–Se–	"**Seleneno-**"
$(HO)_2$As(=O)–	"**Arsono-**"	HOSe(=O)–	"**Selenino-**"
$(HO)_2$B–	"**Borono-**"	HOSe$(=O)_2$–	"**Selenono-**"
HOOC–	"**Carboxy-**"	HSe–	"**Selenyl-**"
HN=N–	"**Diazenyl-**"	HO–S–	"**Sulfeno-**"
HC(=O)–	"**Formyl-**"	HOS(=O)–	"**Sulfino-**"
HO–O–	"**Hydroperoxy-**"	HOS$(=O)_2$–	"**Sulfo-**"
HO–	"**Hydroxy-**"	HTe–	"**Telluryl-**"
HS–	"**Mercapto-**"	HS–Se–	"**(Thioseleneno)-**"
HOP(=O)<	"**Phosphinico-**"[3])	HS–S–	"**(Thiosulfeno)-**"
$(HO)_2$P(=O)–	"**Phosphono-**"		

z.B.

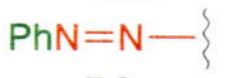

PhN=N–
54

"(Phenylazo)-" (**54**)
nicht "(Phenyldiazenyl)-"

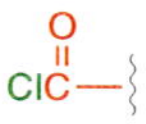

ClC(=O)–
55

"(Chlorocarbonyl)-" (**55**)
IUPAC: früher auch "(Chloroformyl)-"

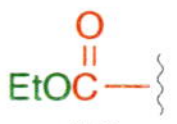

EtOC(=O)–
56

"(Ethoxycarbonyl)-" (**56**)
- nicht "(Ethylcarboxy)-"
- früher "Carbethoxy-"

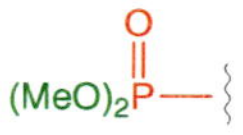

$(MeO)_2$P(=O)–
57

"(Dimethoxyphosphinyl)-" (**57**)
- nicht "(Dimethylphosphono)-"
- IUPAC: "(Dimethoxyphosphinoyl)-" oder "(Dimethoxyphosphoryl)-" (IUPAC R-3.3, D-5.66 und D-5.68)

CA ¶ 133

(b) ***Wahl des Stammsubstituenten:***

Bei zusammengesetzten Substituenten ist der **Stammsubstituent mit abnehmender Priorität**

(b_1) ein (acyclischer) **Substituent mit der grössten Anzahl acyclischer Heteroatome**;

z.B.

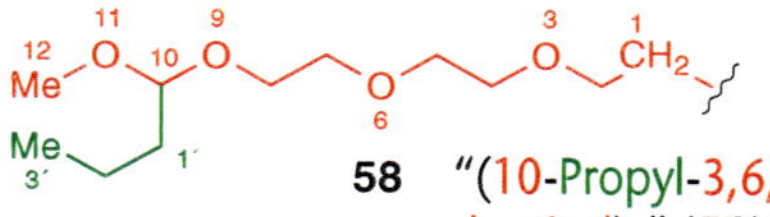

12 Me 11 O 10 9 O … 6 O … 3 O 1 CH_2
Me 3′ 1′
58

"(10-Propyl-3,6,9,11-tetraoxadodec-1-yl)-" (**58**)

[2]) **Substitution ist die bevorzugte Methode**, wenn ein einfacher substituierbarer Substituent zur Verfügung steht; z.B. ist CH_3– ("Methyl-") der Stammsubstituent von $PhCH_2$– ("(Phenylmethyl)-"; **IUPAC**: auch "**Benzyl-**"), CH_2< ("Methylen-") der Stammsubstituent von NH_2CH< ("(Aminomethylen)-") oder CH≤ ("Methylidin-") der Stammsubstituent von PhC≤ ("(Phenylmethylidin)-"; **früher** "**Benzylidin-**").

[3]) "**Arsinico-**" **und** "**Phosphinico-**" werden **nur in der Multiplikationsnomenklatur** für verbindende Substituenten verwendet (*Kap. 3.2.3*).

(b₂) ein **Substituent mit der grössten Anzahl Gerüst-Atome**;

z.B.

"(1-Acetylbut-2-enyl)-" (**59**)
"Acetyl-" nach *Kap. 5.9(a)*

"(3-Methylenpentyl)-" (**60**)
IUPAC: "(3-Ethylbut-3-enyl)-"; Priorität der ungesättigten Kette nach C-13.11, vor der längsten Kette (Empfehlungen in Überarbeitung)

"([1,1′-Biphenyl]-4-yloxy)-" (**61**)
nicht (4-Phenylphenoxy)-"

"([1,1′-Biphenyl]-4-ylcarbonyl)-" (**62**)
– nicht "(4-Phenylbenzoyl)-"
– s. auch *Kap. 5.9(c)*

"(4-Chlorobenzoyl)-" (**63**)
– nicht "[(4-Chlorophenyl)-carbonyl]-"
– s. auch *Kap. 5.9(c)*

(b₃) ein (acyclischer) **Substituent mit der grössten Anzahl an vorrangigen acyclischen Heteroatomen**, d.h. O > S > Se > Te > N > P > As > Sb > Bi > Si > Ge > Sn > Pb > B;

z.B.

"[1-(Silylthio)disiloxanyl]-" (**64**)
O > S

(b₄) ein **Substituent mit der grössten Anzahl Mehrfachbindungen**, wobei **Doppelbindungen vor** der gleichen Anzahl **Doppel- + Dreifachbindungen** Priorität haben;

z.B.

"(1-Acetylprop-2-enyl)-" (**65**)
"Acetyl-" nach *Kap. 5.9(a)*

"[1-(Hex-1-en-3-inyl)-hepta-3,5-dienyl]-" (**66**)

(b₅) ein **Substituent mit tiefsten Lokanten**[4]) **für Heteroatome** in Austauschnamen, dann **für alle Mehrfachbindungen**, dann **für Doppelbindungen**;

z.B.

"[2-(3,5,8-Trioxa-4-silanon-1-yl)-4,6,9-trioxa-5-silaundec-1-yl]-" (**67**)
"**4**,5,6,9" > "**5**,6,7,10"

"[2-(Hept-1-en-4-inyl)non-5-en-3-inyl]-" (**68**)
"3,**5**" > "3,**6**"

"[1-(Pent-4-en-2-inyl)hex-3-en-5-inyl]-" (**69**)
"3-en" > "5-en"

(b₆) ein **Substituent mit maximaler Anzahl Nebensubstituenten**;

z.B.

"1-Ethyl-3-phenylpropyl-" (**70**)
2 Substituenten > 1 Substituent

(b₇) ein **Substituent mit den tiefsten Lokanten**[4]) **für die Nebensubstituenten**;

z.B.

"[1-(2-Methylpropyl)-2-oxobutyl]-" (**71**)
"2" > "3"

(b₈) ein **Substituent, dessen vollständiger Name** (inkl. Präfixe der Nebensubstituenten) **im 'Chemical Substance Index' von CA zuerst erscheint** (alphabetische Reihenfolge > möglichst tiefe Lokanten)[5]).

z.B.

"(1-Acetyl-2-methylpropyl)-" (**72**)
– "**A**cetyl" > "**M**ethyl", d.h. nicht "[1-(1-**M**ethylethyl)-2-oxopropyl]-"
– "Acetyl-" nach *Kap. 5.9(a)*

[4]) **Diejenige Folge von Lokanten ist vorrangig** ('niedriger'), **die am ersten Unterscheidungspunkt die niedrigere** (tiefere) **Zahl hat**, z.B. "3,4,5,**8**,11" > "3,4,5,**9**,13".

[5]) Zur Reihenfolge der Index-Titelstammnamen in CAs 'Chemical Substance Index', s. 'Index Guide, Appendix II', ¶ 10C; Chemical Abstracts Service, Columbus, Ohio, letzte Ausgabe 1999.

Bei gleichem Index-Titelstammnamen werden die Präfixe der Substituenten der Reihe nach **gemäss folgender Kriterien angeordnet** (vgl. dazu die ausführlichere *Fussnote 5* mit Beispielen in *Kap. 3.3*):

- **alphabetisch** (Entscheid beim ersten unterschiedlichen Buchstaben);
- **nach tiefsten Anfangslokanten** (Entscheid beim ersten unterschiedlichen Lokanten; kursive Buchstabenlokanten > griechische Buchstabenlokanten > arabische Zahlen);
- **nach tiefsten übrigen Lokanten**[4]).

CA ¶ 134

5.9. Präfixe von Carbonyl-haltigen Substituenten und Analoga

Im folgenden werden erläutert:

(a) Präfixe für Carbonyl-Gruppen als Teil einer Kohlenwasserstoff-Kette,

(b) Präfixe für Analoga von Carbonyl-Guppen als Teil einer Kohlenwasserstoff-Kette,

(c) Präfixe für isolierte Carbonyl-Gruppen,

(d) Präfixe für Analoga von isolierten Carbonyl-Gruppen.

(a) **Carbonyl-Gruppen als Teil einer Kohlenwasserstoff-Kette:**

Präfix "Oxo-" (O=[C][6]) + **Stammsubstituentenname des Kettensubstituenten[7])**

Ausnahmen:

"**Carboxy-**" (HOOC–; auch an C-Kettenende),
"**Acetyl-**" (MeC(=O)–; C_2-Kette)

z.B.

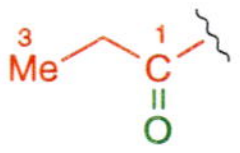

"(1-Oxopropyl)-"[7]) (**73**)
IUPAC: auch "**Propanoyl-**" oder "Propionyl-"

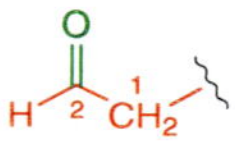

"(2-Oxoethyl)-" (**74**)
nicht "(Formylmethyl)-"

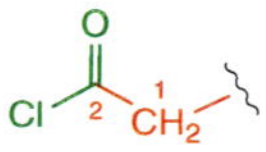

"(2-Chloro-2-oxoethyl)-" (**75**)
IUPAC: früher auch "[(Chloroformyl)methyl]-"

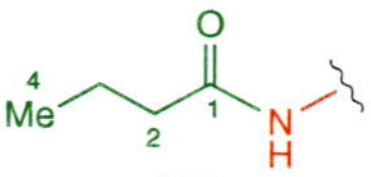

"[(1-Oxobutyl)amino]-"[7]) (**76**)
IUPAC: auch "**Butanamido-**", "(Butanoylamino)-", "Butyramido-" oder "(Butyrylamino)-"

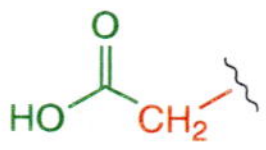

"(Carboxymethyl)-" (**77**)

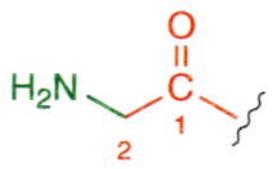

"(Aminoacetyl)-"[7]) (**78**)
in Peptiden "**Glycyl-**" (*Kap. 6.7.2.2*)

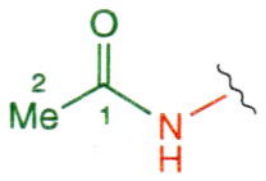

"(Acetylamino)-" (**79**)
IUPAC: auch "**Acetamido-**"

(b) **Analoga von Carbonyl-Gruppen als Teil einer Kohlenwasserstoff-Kette:**

Präfix
"**Thioxo-**" (S=[C][6]))
"**Selenoxo-**" (Se=[C][6]))
"**Telluroxo-**" (Te=[C][6]))
"**Hydrazono-**" (H_2NN=[C][6]))
"**Imino-**" (HN=[C][6]))

\+ **Stammsubstituentenname des Kettensubstituenten**

Ausnahmen:

S-, Se- und Te-Analoga von HOOC–, z.B. "(Dithiocarboxy)-" (HSSC–; *Kap. 6.7.3*).

Kap. 6.7.3

z.B.

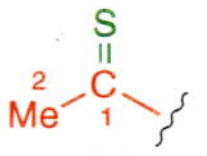

"(1-Thioxoethyl)-" (**80**)
trivial "Thioacetyl-"

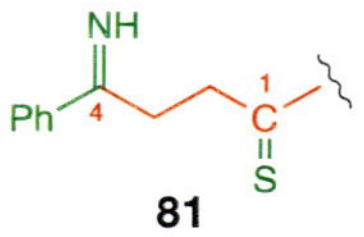

"(4-Imino-4-phenyl-1-thioxobutyl)-" (**81**)

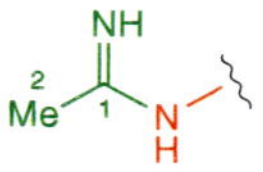

"[(1-Iminoethyl)amino]-" (**82**)

(c) ***Isolierte*** **Carbonyl-Gruppen O=C< oder R–C(=O)–** (z.B. an Ringen):

Präfix

"**Carbonyl-**" (O=C<): **nur, wenn** die freien **Valenzen zum gleichen Atom** führen, **oder** als verbindender Substituent **in Multiplikationsnamen**

Kap. 3.2.3

"**Formyl-**"[7]) (O=CH–): nur unsubstituiert

"**Benzoyl-**"[7]) (PhC(=O)–): nur, wenn Ph nicht durch Ph substituiert ist

[6]) **Eckige Klammern um ein Atom bedeuten, dass dieses Atom im Präfix nicht berücksichtigt ist.**

[7]) **CA gibt allen Acyl-*Substituenten* solche "Oxo"-Namen** (s. auch *Kap. 6.7*), **mit Ausnahme von "Formyl-"** (O=CH–), **"Acetyl-"** (MeC(=O)–) **und "Benzoyl-"** (PhC(=O)–), wenn es sich um isolierte Gruppen handelt, z.B. an Ringen (sowie immer "**Carboxy-**" (HOOC–) und seine Chalcogen-Analoga). Entsprechend werden **auch für Amido-Substituenten** solche "Oxo"-Namen verwendet (*Kap. 6.16*), ausser für die isolierte Gruppe H_2NC(=O)– ("**(Aminocarbonyl)-**"; IUPAC: auch "**Carbamoyl-**"). Für **Säure-halogenide**, s. *Kap. 6.15*.

In allen andern Fällen wird ein **zusammengesetztes Präfix** verwendet (**Ausnahme**: "**Carboxy-**" (HOOC–)):

Nebensubstituentenname "(R)-"	+	**Stammsubstituentenname "-carbonyl-"** (–C(=O)–)

z.B.

83 — "(2-Carbonylcyclopentyl)-" (**83**)

84 — "(Carbonyldi-3,1-phenylen)-" (**84**)
s. *Kap. 3.2.3* für Multiplikationsnamen

85 — "(4-Formylbenzoyl)-" (**85**)

86 — "([1,1´-Biphenyl]-3-ylcarbonyl)-" (**86**)
s. auch *Kap. 5.8(**b**$_2$)*

87 — "(Carboxycarbonyl)-" (**87**)

88 — "(Bromocarbonyl)-" (**88**)
IUPAC: früher auch "(Bromoformyl)-"; s. Ausnahmen in *Kap. 5.8(**a**)*

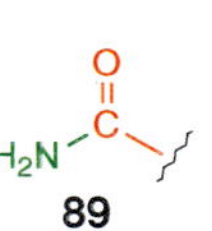

"(Aminocarbonyl)-" (**89**)
IUPAC: auch "**Carbamoyl-**"

(d) **Analoga X=C< oder R–C(=X)– von *isolierten* Carbonyl-Gruppen** (z.B. an Ringen):

Kap. 6.7.3(**c**) und 6.9(**c**)

Präfix	
"**Carbonothioyl-**"[8])	(S=C<)
"**Carbonoselenoyl-**"[8])	(Se=C<)
"**Carbonotelluroyl-**"[8])	(Te=C<)
"**Carbonohydrazonoyl-**"	(H_2NN=C<)
"**Carbonimidoyl-**"	(HN=C<)

nur, **wenn** die freien **Valenzen zum gleichen Atom** führen, **oder** als verbindender Substituent **in Multiplikationsnamen**

Kap. 3.2.3

In allen andern Fällen wird ein **zusammengesetztes Präfix** verwendet (**Ausnahmen**: S-, Se- und Te-Analoga von HOOC–, z.B. "(Selenocarboxy)-" (HSeOC–; s. *Kap. 6.7.3*)):

Kap. 6.7.3

Kap. 6.9(**c**)

Präfix	
"**Thioxo-**"	(S=[C][6])[9]))
"**Selenoxo-**"	(Se=[C][6])[9]))
"**Telluroxo-**"	(Te=[C][6])[9]))
"**Hydrazono-**"	(H_2NN=[C][6])[9]))
"**Imino-**"	(HN=[C][6])[9]))

\+ **Nebensubstituentenname "(R)-"**

\+ **Stammsubstituentenname "-methyl-"** (=C<)

z.B.

90 — "(Carbonimidoylamino)-" (**90**)
nicht "[(Imidocarbonyl)amino]-"

91 — "(Carbonoselenoyldiimino)-" (**91**)
– in Multiplikationsnamen
– nicht "[(Selenocarbonyl)diimino]-"[8])

92 — "[Chloro(imino)methyl]-" (**92**)

93 — "{Thioxo[4-(thioxomethyl)phenyl]-methyl}-" (**93**)
IUPAC: "[4-(Thioformyl)thiobenzoyl]-"

94 — "{[Amino(imino)methyl]amino}-" (**94**)
– nicht "(Amidinoamino)-"
– IUPAC: auch "**Guanidino-**"

[8]) Die entsprechenden **IUPAC-Varianten** lauten "**(Thiocarbonyl)-**" (S=C<), "**(Selenocarbonyl)-**" (Se=C<) und "**(Tellurocarbonyl)-**" (Te=C<) (*Kap. 6.9(**c**)*).

[9]) **IUPAC** empfiehlt "**(Thioformyl)-**" statt "(Thioxomethyl)-" (S=CH–), "**(Selenoformyl)-**" statt "(Selenoxomethyl)-" (Se=CH–), "**(Telluroformyl)-**" statt "(Telluroxomethyl)-" (Te=CH–), "**Formohydrazonoyl-**" statt "(Hydrazonomethyl)-" (H_2NN=CH–) und "**Formimidoyl-**" statt "(Iminomethyl)-" (HN=CH–) (*Kap. 6.9(**d**)*).

6. Verbindungsklassen

6.1. Vorbemerkungen

Tab. 3.2; CA ¶ 104, 112, 113, 192, 250 und 265A

Im *Kap. 6* werden die Verbindungsklassen in der Reihenfolge ihrer Priorität gemäss *Tab. 3.2* (*Kap. 3.1*) angeführt. Dabei ist zu beachten, dass **bei CA gewisse Verbindungsklassen** nicht als solche Eingang in die CA-Indexe finden, sondern **als modifizierende Angabe** ('modification') **bei einem bevorzugten Indexnamen** registriert werden. Diesem Umstand wird im folgenden Rechnung getragen; er ist auch aus *Tab. 3.2* ersichtlich (s. dort vor allem *Fussnoten v* und *bb*). Mittels einer modifizierenden Angabe werden folgende Derivate von Vertretern einer vorrangigen Verbindungsklasse bezeichnet (Reihenfolge wie bei den entsprechenden Index-Titelstammnamen im 'Chemical Substance Index'):

- Kap. 6.3 **ionischer Namensteil**, in CA beim Namen des Kations, z.B. '*N*,*N*,*N*-triethylethanaminium, chloride';
- Kap. 6.13, 6.14 und 6.17 **funktionelle Derivate von Säuren, nämlich Anhydride, Ester und Hydrazide**, in CA beim Namen der Säure, z.B. 'acetic acid, anhydride'; 'acetic acid, methyl ester'; 'acetic acid, hydrazide';
- Kap. 6.19 und 6.20 **funktionelle Derivate von Aldehyden und Ketonen, nämlich Oxime und Hydrazone**, in CA beim Namen des Aldehyds oder Ketons, z.B. 'propanal, oxime'; '2-propanone, hydrazone';
- **additiver Namensteil für ein kovalent gebundenes Strukturfragment** an der Stammstruktur oder an einer funktionellen Gruppe, das mittels **Additionsnomenklatur** bezeichnet wird, z.B. 'pyridine, 1-oxide'; Kap. 3.2.4
- Kap. 6.4–6.6 **ionische Namensteile**, in CA beim Namen der ungeladenen Verbindung, z.B. die modifizierenden Angaben 'ion(1–)', 'radical ion(1–)', 'metal salt', 'acetate', 'hydrochloride' *etc.*
- **andere additive Namensteile** wie 'compd. with...', 'hydrate', 'mixture with...', 'polymer with....'.

Die folgende Liste von weiteren, meist untergeordneten Verbindungsklassen verweist auf die Kapitel, in welchen Angaben zu entsprechenden Namen zu finden sind (vgl. *Tab. 3.2*):

Verbindungsklasse	Verweis	Kap.
Aldehydcarbonsäuren,	s. Carbonsäuren	Kap. 6.7.2.2
Aminocarbonsäuren,	s. Carbonsäuren	
Amidcarbonsäuren,	s. Carbonsäuren	
Hydroximcarbonsäuren,	s. Carbonsäuren	Kap. 6.7.3 und 6.16
Hydroxamcarbonsäuren,	s. Carbonsäuren und Amide	
Sulfonohydroximsäuren,	s. Sulfonsäuren *etc.*	Kap. 6.8
Hydrate von Carbonsäuren,	s. Alkohole	Kap. 6.21
Orthocarbonsäuren,	s. Alkohole	
Acetale von Carbonsäuren,	s. Alkohole	
Lactone,	s. Ester	Kap. 6.14
Sultone,	s. Ester	
Lactide,	s. Ester	Kap. 6.14
Glyceride,	s. Ester	
Urethane,	s. Ester	
Xanthogensäuren,	s. Ester	
Lactame,	s. Amide	Kap. 6.16
Lactime,	s. Amide	
Sultame,	s. Amide	
Imide,	s. Amide	
Peptide,	s. Amide	
Anilide,	s. Amide	
Harnstoffe,	s. Amide	
Biurete,	s. Amide	
Biguanide,	s. Amide	
Guanidine,	s. Amide	
Amidrazone,	s. Hydrazide	Kap. 6.17
Hydrazidine,	s. Hydrazide	
Isocyanide,	s. Säure-halogenide und Stickstoff-Verbindungen	Kap. 6.15 und 6.25
Cyanate,	s. Ester	Kap. 6.14
Thiocyanate und Chalcogen-Analoga,	s. Ester	
Fulminate,	s. Ester (und Nitrile)	(Kap. 6.18)
Isocyanate,	s. Säure-halogenide und Stickstoff-Verbindungen	Kap. 6.15 und 6.25
Isothiocyanate und Chalcogen-Analoga,	s. Säure-halogenide und Stickstoff-Verbindungen	
Azine,	s. Hydrazone von Aldehyden oder Ketonen	Kap. 6.19 und 6.20
Osazone,	s. Hydrazone von Aldehyden oder Ketonen	
Phosphazine,	s. Hydrazone von Aldehyden oder Ketonen	
Formazane,	s. Hydrazone von Aldehyden oder Ketonen	
Semicarbazide,	s. Amide (Hydrazincarboxamide)	Kap. 6.16
Isosemicarbazide,	s. Carbonsäuren (Hydrazincarboximidsäuren)	Kap. 6.7.3
Semicarbazone,	s. Amide (Alkylidenhydrazincarboxamide)	Kap. 6.16
Isosemicarbazone,	s. Carbonsäuren (Alkylidenhydrazincarboximidsäuren)	Kap. 6.7.3
Carbonohydrazide,	s. Hydrazide (Kohlensäure-dihydrazide)	Kap. 6.17
Isocarbonohydrazide,	s. Carbonsäuren (Hydrazincarbohydrazonsäuren)	Kap. 6.7.3
Acetale,	s. Sauerstoff- und Schwefel-Verbindungen *etc.*	Kap. 6.30 und 6.31

Kapitel	Verbindungsklasse	Verweis
Kap. 6.21	**Halbacetale**,	s. Alkohole
Kap. 6.23	**Aminale**,	s. Amine
Kap. 6.30 und 6.31	**Ketale**,	s. Sauerstoff-und Schwefel-Verbindungen *etc.*
Kap. 6.21	**Halbketale**,	s. Alkohole
Kap. 6.14	**Acylale**,	s. Ester (Alkansäure-alkyliden-ester)
Kap. 6.20	**Ketene**,	s. Ketone
Kap. 6.21	**Phenole**,	s. Alkohole
Kap. 6.23	**Carbodiimide**,	s. Amine
	Azomethine,	s. Amine
	***Schiff*-Basen**,	s. Amine
	Anile,	s. Amine
	Nitrone,	s. Amine
	Aldimine,	s. Imine
	Ketimine,	s. Imine
Kap. 6.25	**Azo-Verbindungen**,	s. Stickstoff-Verbindungen
	Azoxy-Verbindungen,	s. Stickstoff-Verbindungen
	Hydroxylamine,	s. Stickstoff-Verbindungen
Kap. 6.25	**Sulfoximine**,	s. Stickstoff-Verbindungen
	Sulfilimine,	s. Stickstoff-Verbindungen
	Schwefel-diimide,	s. Stickstoff-Verbindungen
	Sulfimide,	s. Stickstoff-Verbindungen
	Thionylimide,	s. Stickstoff-Verbindungen
Kap. 6.30	**Polyoxide**,	s. Sauerstoff-Verbindungen
	Peroxide,	s. Sauerstoff-Verbindungen
	Ether,	s. Sauerstoff-Verbindungen
	Orthoester,	s. Sauerstoff-Verbindungen
Kap. 6.31	**Sulfone** und Chalcogen-Analoga,	s. Schwefel-Verbindungen
	Sulfine und Chalcogen-Analoga,	s. Schwefel-Verbindungen
	Sulfide,	s. Schwefel-Verbindungen
	Thioorthoester,	s. Schwefel-Verbindungen
	Thioacetale,	s. Schwefel-Verbindungen
	Thioketale,	s. Schwefel-Verbindungen
Kap. 6.15 und 6.33	**Halogen-Verbindungen**,	s. Säure-halogenide und Halogen-Verbindungen

6

CA ¶ 187
IUPAC R-5.8.1
und RC-81[1])

6.2. Freie Radikale *(Klasse 1)*

6.2.1. VORBEMERKUNGEN

Eine ausführliche Abhandlung zur Benennung von freien Radikalen (im folgenden Radikale genannt) und Ionen wurde von **IUPAC** veröffentlicht (**RC-Empfehlungen**)[1]). Im folgenden werden neben den CA-Namen jeweils nur einige der Namensvarianten nach IUPAC angeführt.

Definition:

Für Nomenklaturzwecke ist ein Radikal eine Verbindung der Verbindungsklasse höchster Priorität, **formal hergeleitet von einer Stammstruktur** (Gerüst oder Funktion; inkl. Hydro-Derivate davon) **oder von einer charakteristischen Gruppe durch Entfernen von einem** (oder mehreren) **H-Atom**(en). Das Atom, welches das (die) resultierende(n) nichtbindende(n) Elektron(en) trägt, ist das **Radikal-Zentrum**:

- **monovalentes Radikal-Zentrum** (– 1 H): 1 freies (nichtbindendes) Elektron;
- **di- oder trivalentes Radikal-Zentrum** (– 2 H bzw. – 3 H): 2 bzw. 3 freie (nichtbindende) Elektronen, gepaart (Singlet) oder ungepaart (Triplet), die aber in der ursprünglichen Stammstruktur oder charakteristischen Gruppe nicht nichtbindende Elektronenpaare (einsame Elektronenpaare) an diesem Zentrum sein können.

M•

ein **Radikal**

Man unterscheidet:

- Radikal-Zentrum an Gerüst-Stammstruktur, Kap. 6.2.2
- Radikal-Zentrum an charakteristischer Gruppe, Kap. 6.2.3
- Polyradikale mit mehreren Radikal-Zentren. Kap. 6.2.4

IUPAC
RC-81.1[1])

6.2.2. RADIKAL-ZENTRUM AN GERÜST-STAMMSTRUKTUR

Mono-, di- oder trivalentes Radikal-Zentrum an Gerüst (Entfernen von 1, 2 bzw. 3 H-Atomen): der Radikal-Name entspricht dem **Substituentenpräfix**, nämlich

Kap. 4 oder 5

Name des Stammsubstituenten nach *Kap. 4* oder *5*[2])

oder

Name des entsprechenden zusammengesetzten Substituenten[2])

Ausnahmen:

$H_2B•$ **1** — **"Boran(2)" (1)**
IUPAC: **"Boranyl"**, früher "Boryl"

HB**:** **2** — **"Boran(1)" (2)**
IUPAC: **"Boranyliden"**

$H_2N–\dot{N}H$ **3** — **"Hydrazyl" (3)**
IUPAC: **"Diazanyl"**, auch "Hydrazinyl"

IUPAC akzeptiert auch **Substituentennamen mit Trivialnamen** aus *Kap. 4* (z.B. "Allyl" für CH_2=CH–CH_2•) sowie die Trivialnamen **"Acetonyl"** (**10**) und **"Phenacyl"** (**11**). Das **Radikal eines Polycyclus**, dessen Name auf "...alkan" endet, bekommt den Radikal-Namen **"...alkanyl"** (nicht "-alkyl"; s. **21**, **22** und **25**).

z.B.

H_2C=CH–CH=CH–$\dot{C}H_2$ **4** — "Penta-2,4-dienyl" (**4**)

Ph–$\dot{C}H_2$ **5** — "Phenylmethyl" (**5**)
IUPAC: auch **"Benzyl"**

H_2C**:** **6** — "Methylen" (**6**)
IUPAC: auch **"Carben"**[3])

H$\dot{C}$**:** **7** — "Methylidin" (**7**)
IUPAC: auch **"Carbin"**

8 — "Pyrimidin-5-yl" (**8**)

Me_3Si• **9** — "Trimethylsilyl" (**9**)

Me–CO–$\dot{C}H_2$ **10** — "2-Oxopropyl" (**10**)
IUPAC: auch **"Acetonyl"**

Ph–CO–$\dot{C}H_2$ **11** — "2-Oxo-2-phenylethyl" (**11**)
IUPAC: auch **"Phenacyl"**

[1]) IUPAC, 'Revised Nomenclature for Radicals, Ions, Radical Ions, and Related Species', *Pure Appl. Chem.* **1993**, *65*, 1357 (Revision der Empfehlungen bzgl. Radikale im 'Blue Book', z.B. IUPAC C-81). Zur Nomenklatur anorganischer Radikale und Radikalionen, s. auch IUPAC, *Pure Appl. Chem.* **2000**, *72*, 437.

[2]) In CAs 'Chemical Substance Index' ist der Titelstammname ('heading parent') eines solchen Radikal-Namens der Stammsubstituentenname (Präfix), z.B. 'methyl, phenyl-' (**5**), 'silyl, trimethyl-' (**9**) *etc.*

[3]) **"Carben"** wird auch **als generischer Name** für substituierte Derivate von H_2C**:** verwendet, nicht aber für systematische Namen (CA; IUPAC: keine "Carben"-Namen bei C-Ketten); z.B. ist Me_2C**:** "1-Methylethyliden", nicht "Dimethylcarben".

Beispiele:

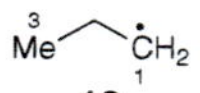

12 "Propyl" (**12**)

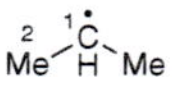

13 "1-Methylethyl" (**13**)
IUPAC: auch "Propan-2-yl"; s. *Kap. 5.3(b)*

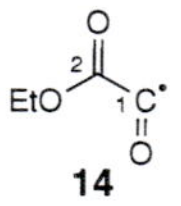

14 "2-Ethoxy-1,2-dioxoethyl" (**14**)
- vgl. auch *Kap. 6.2.3*
- IUPAC: auch "Ethoxalyl" (?)

15 "Phosphino" (**15**)
IUPAC: auch "Phosphanyl"

16 "Phosphoranyl" (**16**)
IUPAC: auch "λ^5-Phosphanyl"; "λ^5" nach *Anhang 7*

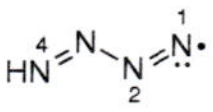

17 "Tetraza-1,3-dienyl" (**17**)
IUPAC: "Tetr**aa**za-1,3-dienyl"

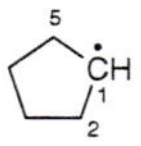

18 "Cyclopentyl" (**18**)

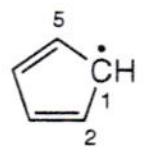

19 "Cyclopenta-2,4-dien-1-yl" (**19**)

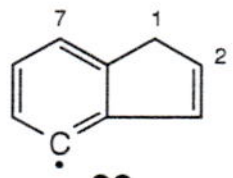

20 "1*H*-Inden-4-yl" (**20**)
indiziertes H-Atom nach *Anhang 5(a)(d)*

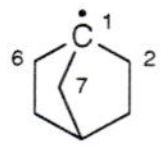

21 "Bicyclo[2.2.1]hept-1-yl" (**21**)
IUPAC: "Bicyclo[2.2.1]hept**an**-1-yl"

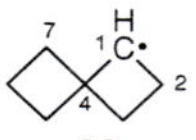

22 "Spiro[3.3]hept-1-yl" (**22**)
IUPAC: "Spiro[3.3]hept**an**-1-yl"

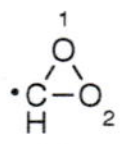

23 "Dioxiranyl" (**23**)

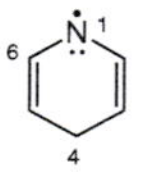

24 "Pyridin-1(4*H*)-yl" (**24**)
- formal von einem Dihydro-Derivat hergeleitet; das übrigbleibende H-Atom wird wie beim ensprechenden Stammsubstituentenpräfix durch indiziertes H-Atom nach *Anhang 5(i₂)* angegeben
- IUPAC: auch "1(4*H*)-Pyridyl"

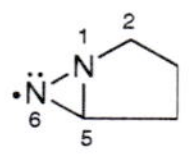

25 "1,6-Diazabicyclo[3.1.0]hex-6-yl" (**25**)
IUPAC: "1,6-Diazabicyclo[3.1.0]hex**an**-6-yl"

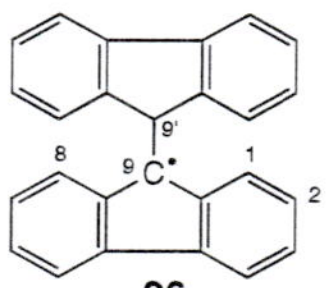

26 "[9,9′-Bi-9*H*-fluoren]-9-yl" (**26**)
indiziertes H-Atom nach *Anhang 5(e)*

H_2Si: 27 "Silylen" (**27**)

HP: 28 " Phosphiniden" (**28**)
IUPAC: "Phosphanyliden"; früher "Phosphindiyl"

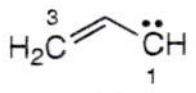

29 "Prop-2-enyliden" (**29**)
nicht "Vinylcarben"[3])

H_2N-N: 30 "Hydrazono" (**30**)
IUPAC: auch "Diazanyliden"

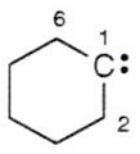

31 "Cyclohexyliden" (**31**)

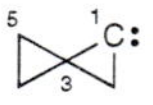

32 "Spiropentyliden (**32**)
IUPAC: "Spiropent**an**-1-yliden"

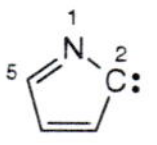

33 "2*H*-Pyrrol-2-yliden" (**33**)
indiziertes H-Atom nach *Anhang 5(h)*

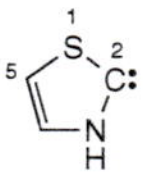

34 "Thiazol-2(3*H*)-yliden" (**34**)
formal von einem Dihydro-Derivat hergeleitet; das übrigbleibende H-Atom wird wie beim Stammsubstituentenpräfix durch indiziertes H-Atom nach *Anhang 5(i₂)* angegeben

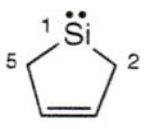

35 "Silacyclopent-3-en-1-yliden" (**35**)

Ph_2C: 36 "Diphenylmethylen" (**36**)
IUPAC: auch "Diphenylcarben"[3])

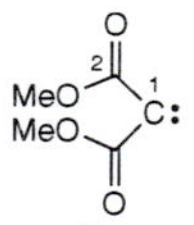

37 "2-Methoxy-1-(methoxycarbonyl)-2-oxoethyliden" (**37**)
IUPAC: "Bis(methoxycarbonyl)carben"[3]) oder "Bis(methoxycarbonyl)methylen"

HOOC–C: 38 "Carboxymethylidin" (**38**)
IUPAC: "Carboxycarbin"

IUPAC RC-81.2[1])

6.2.3. Radikal-Zentrum an charakteristischer Gruppe

Man unterscheidet:

(a) einfaches Radikal-Zentrum an einem Heteroatom oder benachbarten C-Atom;

(b) Acyl-Radikal-Zentrum, hergeleitet von einem Aldehyd oder einer Carbonsäure oder Analoga;

(c) Acyl-Radikal-Zentrum, hergeleitet von einer Sulfon-, Sulfin-, Phosphon- oder Phosphinsäure oder Analoga;

(d) Radikal-Zentrum am N-Atom von Aminen, Iminen oder Amiden;

(e) Radikal-Zentrum am O-Atom einer Carbonsäure oder Carboperoxosäure, eines Alkohols oder Hydroperoxids, einer Sulfon- oder Sulfinsäure bzw. am S-, Se- oder Te-Atom von Chalcogen-Analoga.

(a) Einfaches Radikal-Zentrum an einem Heteroatom oder benachbarten C-Atom (Entfernen von H-Atom(en)) mit speziellen Radikal-Namen:

$H_2\ddot{N}$•
39

"Amidogen" (39)
- Englisch: 'amido**gen**'
- H-Atome substituierbar, s. ***(d)***
- IUPAC: "**Aminyl**" oder "Azanyl", auch "Amino"

$H\ddot{N}$:
40

"Imidogen" (40)
- Englisch: 'imido**gen**'
- H-Atome substituierbar, s. ***(d)***
- IUPAC: "**Nitren**" oder "Aminylen"

$H\ddot{O}$•
41

"Hydroxyl" (41)
nur unsubstituiert

HO–$\ddot{O}$•
42

"Hydroperoxo" (42)
- IUPAC: "**Hydroperoxyl**"
- nur unsubstituiert

$H\ddot{S}$•
43

"Mercapto" (43)
- nur unsubstituiert
- IUPAC: "**Sulfanyl**"

$H\ddot{Se}$•
44

"Selenyl" (44)
- nur unsubstituiert
- IUPAC: "**Selanyl**"

$H\ddot{Te}$•
45

"Telluryl" (45)
- nur unsubstituiert
- IUPAC: "**Tellanyl**"

HOOC•
46

"Hydroxyoxomethyl" (46)
- nur unsubstituiert
- IUPAC: "**Carboxy**"

NC•
47

"Cyanogen" (47)
- Englisch: 'cyano**gen**'
- $(CN)_2$ ist "Ethandinitril"
- IUPAC: "**Cyanyl**"

CN•
48

"Isocyanogen" (48)
- Englisch: 'isocyano**gen**'
- IUPAC: "**Isocyanyl**"

H_2N–$\ddot{O}$•
49

"Nitroxid" (49)
- Funktionsklassenname
- H-Atome substituierbar
- IUPAC: "**Aminoxyl**", s. ***(e)***

(b) Acyl-Radikal-Zentrum, hergeleitet von einem Aldehyd oder einer Carbonsäure oder Analoga (Entfernen des H-Atoms bzw. der HO•-Gruppe(n) oder Analoga): der Radikal-Name wird nach *Kap. 6.2.2* gebildet und entspricht dem **Substituentenpräfix**, nämlich

Kap. 6.2.2

Präfix			
"Oxo-"	(O=[C][4])	+	**Name des Gerüst-Stamm-substituenten**[2]) oder **Name des zusammen-gesetzten Substituenten**[2])
"Thioxo-"	(S=[C][4])		
"Selenoxo-"	(Se=[C][4])		
"Telluroxo-"	(Te=[C][4])		
"Imino-"	(HN=[C][4])		
"Hydrazono-"	(H_2NN=[C][4])		

Kap. 5.9

Beachte:

Mit –C(=O)• substituierte cyclische Stammsubstituenten oder Heterokettensubstituenten mit regelmässig platzierten Heteroatomen bekommen **ebenfalls Namen mit "Oxo-"** (nicht "Carbonyl-" wie bei den Präfixen nach *Kap. 5.9**(c)***), s. **51**; vgl. auch **50**.

Kap. 5.9(c)

IUPAC empfiehlt von den entsprechenden Säuren hergeleitete **Acyl-Namen** auf "-yl", "-oyl" oder "-carbonyl" (s. *Kap. 6.15*, *Tab. 6.1*).

z.B.

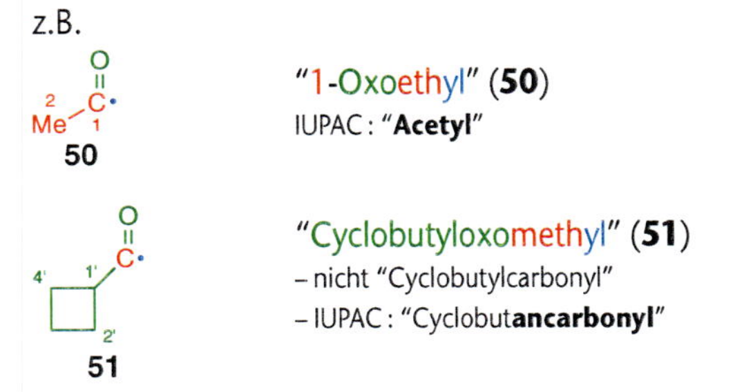

"1-Oxoethyl" (**50**)
IUPAC: "**Acetyl**"

"Cyclobutyloxomethyl" (**51**)
- nicht "Cyclobutylcarbonyl"
- IUPAC: "Cyclobut**ancarbonyl**"

(c) Acyl-Radikal-Zentrum, hergeleitet von einer Sulfon-, Sulfin-, Phosphon- oder Phosphinsäure oder Analoga (Entfernen der HO•-Gruppe(n) oder Analoga): der Radikal-Namen ist der

Name des entsprechenden Substituenten (= Substituentenpräfix)[5])

IUPAC empfiehlt von den entsprechenden Säuren hergeleitete **Acyl-Namen** auf "-yl" oder "-oyl" (s. *Kap. 6.15*).

z.B.

Me–S•(=O)(=O)
52

"Methylsulfonyl"[5]) (**52**)
IUPAC: "Meth**an**sulfonyl"

Ph–P•(=O)–Ph
53

"Diphenylphosphinyl"[5]) (**53**)
- "Phosphinyl" ist eine Art Funktionsstammname
- IUPAC: "Diphenylphosphin**oyl**"

(d) Radikal-Zentrum am N-Atom von Aminen, Iminen oder Amiden[6]) (Entfernen von H-Atom(en)): der Radikal-Name setzt sich zusammen aus

Substituenten-präfixe "(R)-" und "(R´)-" nach *Kap. 5*	+	**Funktions-stammname "-amidogen"** (H_2N:•)[7])	**für RR´N:•**

Kap. 5

[4]) Eckige Klammern um ein Atom bedeuten, dass dieses Atom im Präfix nicht berücksichtigt ist.

[5]) In CAs 'Chemical Substance Index' ist der Titelstammname eines solchen Radikals im Fall von Sulfon- und Sulfinsäuren der Name des zusammengesetzten Substituenten, im Fall von Phosphon- und Phosphinsäuren jedoch der vom Funktionsstammnamen hergeleitete Stammsubstituentenname, z.B. 'methylsulfonyl' (**52**) *vs.* 'phosphinyl, diphenyl-' (**53**).

[6]) Radikale von cyclischen Amiden, sogenannten **Imiden**, werden nach *Kap. 6.2.2* benannt (s. **85**).

[7]) In CAs 'Chemical Substance Index' ist der Titelstammname ('heading parent') eines solchen Radikal-Namens der Funktionsstammname 'amidogen' bzw. 'imidogen', z.B. 'amidogen, methyl-' (**54**) 'imidogen, acetyl-' (**55**).

Kap. 5

Substituenten-präfix "(R)-" nach *Kap. 5*	+	**Funktions-stammname "-imidogen"** (HN:••)[7])	**für RN:••**

Kap. 3.5

Alphabetische Reihenfolge der Präfixe "(R)-" und "(R´)-".

IUPAC empfiehlt für ein monovalentes Radikal-Zentrum die **Endung "-aminyl"**, **"-iminyl"**, **"-amidyl"**, **"-carboxamidyl"**, **"-sulfonamidyl"** *etc.* bzw. die Endung "-yl" bei Trivialnamen und für ein divalentes Radikal-Zentrum **"-nitren"** oder **"-aminylen"** *etc.*, hergeleitet vom entsprechenden Namen der Verbindung ohne Radikal-Zentrum.

z.B.

54

"Methylamidogen"[7]) (**54**)
- Englisch: 'methylamidogen'
- IUPAC: "Methan**aminyl**"

55

"Acetylimidogen"[7]) (**55**)
- Englisch: 'acetylimidogen'
- IUPAC: "Acetyl**nitren**" oder "Acetylaminylen"

(e) **Radikal-Zentrum am O-Atom einer Carbonsäure oder Carboperoxosäure, eines Alkohols oder Hydroperoxids, einer Sulfon- oder Sulfinsäure bzw. am S-, Se- oder Te-Atom von Chalcogen-Analoga** (Entfernen von 1 H-Atom): der Radikal-Name entspricht dem **Substituentenpräfix**, nämlich

Name des Gerüst-Stamm-substituenten oder **Name des zusammen-gesetzten Substituenten**	+		
		"-oxy"[8])	(–O•)
		"-thio"[8])	(–S•)
		"-seleno"[8])	(–Se•)
		"-telluro"[8])	(–Te•)
		"-dioxy"[8])	(–O–O•)
		"-dithio"[8])	(–S–S•)
		"-diseleno"[8])	(–Se–Se•)
		"-ditelluro"[8])	(–Te–Te•)

Beachte:

Mit –C(=O)–O•, –C(=O)–S• *etc.* **substituierte cyclische Stammsubstituenten** oder Heterokettensubstituenten mit regelmässig platzierten Heteroatomen bekommen **Namen mit "Oxomethoxy"**[8]), **"Oxomethylthio"**[8]) *etc.* (nicht "Carbonyloxy" *etc.* wie bei den Präfixen nach *Kap. 6.14(**e**$_{11}$)*), s. **61** und **68**; vgl. auch **62**.

Kap. 6.14 (e11)

Ausnahmen:

Ausser den unter ***(a)*** angeführten Trivialnamen **41** – **45** und **49** werden die folgenden verkürzten Radikal-Namen verwendet:

56

"Methoxy"[8]) (**56**)
IUPAC: **"Methoxyl"**

57

"Ethoxy"[8]) (**57**)
IUPAC: **"Ethoxyl"**

58

"Propoxy"[8]) (**58**)
IUPAC: **"Propoxyl"**

59

"Butoxy"[8]) (**59**)
IUPAC: **"Butoxyl"**

60

"Phenoxy"[8]) (**60**)
IUPAC: **"Phenoxyl"**

IUPAC empfiehlt die Namen **"Acyloxyl"**, **"Acylperoxyl"**, **"Alkyloxyl"** und **"Alkylperoxyl"** sowie die verkürzten **"Alkoxyl"-Namen 56** – **60**. Weitere Ausnahmen sind **"Acetoxyl"** (**62**) und **"Aminoxyl"** (**49**; s. ***(a)***). Namen von Chalcogen-Analoga werden bevorzugt von "Sulfan" (**"Sulfanyl"**; HS•), "Selan" (**"Selanyl"**; HSe•), "Tellan" (**"Tellanyl"**; HTe•) *etc.* hergeleitet (s. *Kap. 4.3.3.1**(b)*** und **68**, **69**, **90** – **92** und **97**).

z.B.

61

"Oxophenylmethoxy"[8]) (**61**)
IUPAC: **"Benzoyloxyl"**

62

"1-Oxoethoxy"[8]) (**62**)
IUPAC: **"Acetoxyl"**

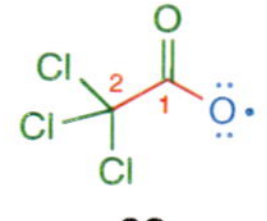

63

"2,2,2-Trichloro-1-oxoethoxy"[8]) (**63**)
IUPAC: "Trichloroacetoxyl"

64

"1-Oxoethyldioxy"[8]) (**64**)
IUPAC: "Peroxyacetoxyl"

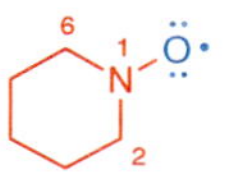

65

"Piperidin-1-yloxy"[8]) (**65**)
IUPAC: "Piperidin-1-yloxyl"

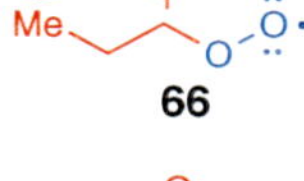

66

"Propyldioxy"[8]) (**66**)
IUPAC: "Propylperoxyl"

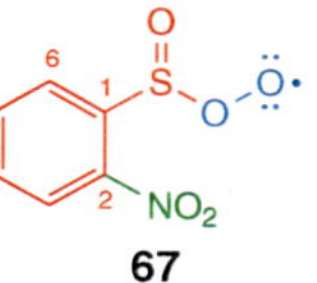

67

"(2-Nitrophenylsulfinyl)dioxy"[8]) (**67**)
IUPAC: "2-Nitrobenzolsulfinylperoxyl"

68

"Oxophenylmethylthio"[8]) (**68**)
IUPAC: "Benzoyl**sulfanyl**"; ev. "Benzoylthiyl"

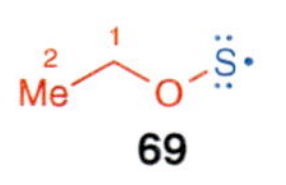

69

"Ethoxythio"[8]) (**69**)
IUPAC: "Ethoxy**sulfanyl**"; ev. "Ethoxythiyl"

70

"(Ethylthio)oxy"[8]) (**70**)
IUPAC: "(Ethylsulfanyl)oxyl"

[8]) In CAs 'Chemical Substance Index' ist der Titelstammname ('heading parent') eines solchen Radikal-Namens der Gerüst-Stammsubstituentenname + "-oxy", "-thio" *etc.* bzw. im Fall von Sulfon- und Sulfinsäuren der Name des zusammengesetzten Substituenten + "-oxy", "-thio" *etc.*, z.B. 'ethoxy, 2,2,2-trichloro-1-oxo-' (**63**), '(phenylsulfinyl)dioxy, 2-nitro-' (**67**).

Beispiele:

"1-Thioxohexyl" (**71**)
- nach ***(b)***
- IUPAC: "Hexanthioyl"

"Oxophenylmethyl" (**72**)
- nach ***(b)***
- IUPAC: "Benzoyl"

"1-Iminopropyl" (**73**)
- nach ***(b)***
- IUPAC: "Propanimidoyl" oder "Propionimidoyl"

"Aminooxomethyl" (**74**)
- nach ***(b)***
- IUPAC: "Aminocarbonyl" oder "Carbamoyl"

"4-Chlorophenylsulfinyl" (**75**)
- nach ***(c)***
- CA: 'phenylsulfinyl, 4-chloro-'[5])
- IUPAC: "4-Chlorobenzolsulfinyl"

"Diethylphosphinyl" (**76**)
- nach ***(c)***
- CA: 'phosphinyl, diethyl-'[5])
- IUPAC: "Diethylphosphinoyl"

"Phenylarsinyliden" (**77**)
- nach ***(c)***
- CA: 'arsinyliden, phenyl-'[5]); hypothetisch
- IUPAC: "Phenylarsonoyl"

"Propylidenamidogen" (**78**)
- nach ***(d)***
- IUPAC: "Propan-1-iminyl"

"Formylamidogen" (**79**)
- nach ***(d)***
- IUPAC: "Formamidyl"

"Ethyl(1-oxopropyl)amidogen" (**80**)
- nach ***(d)***
- IUPAC: "*N*-Ethylpropanamidyl" oder "*N*-Ethylpropionamidyl"

"(Phenylthioxomethyl)amidogen" (**81**)
- nach ***(d)***
- nicht "(Phenylthiocarbonyl)amidogen"
- IUPAC: "Thiobenzamidyl"

"([1,1′-Biphenyl]-2-ylcarbonyl)methylamidogen" (**82**)
- nach ***(d)***
- IUPAC: "*N*-Methyl-[1,1′-biphenyl]-2-carboxamidyl"

"Phenyl(phenylthio)amidogen" (**83**)
- nach ***(d)***
- IUPAC: "*N*-(Phenylsulfanyl)anilinyl"; nicht "*N*-Phenylbenzolsulfenamidyl", denn Sulfensäure-Namen sind nicht mehr empfohlen

"(Phenylsulfonyl)amidogen" (**84**)
- nach ***(d)***
- IUPAC: "Benzolsulfonamidyl"

"2,5-Dioxopyrrolidin-1-yl"[6]) (**85**)
- nach *Kap. 6.2.2*
- IUPAC: auch "Succinimidyl"

"Phenylimidogen" (**86**)
- nach ***(d)***
- IUPAC: "Phenylnitren"

"(Pyridin-2-ylcarbonyl)imidogen" (**87**)
- nach ***(d)***
- IUPAC: "(2-Pyridylcarbonyl)nitren"

"(Diethoxyphosphinyl)imidogen" (**88**)
- nach ***(d)***
- IUPAC: "(Diethoxyphosphoryl)nitren"

"1-Thioxopropoxy" (**89**)
- nach ***(e)***
- IUPAC: "Propanthioyloxyl", ev. "(Thiopropionyl)oxyl"

"1-Oxopropylthio" (**90**)
- nach ***(e)***
- IUPAC: "Propanoylsulfanyl", ev. "Propanoylthiyl"

"Ethylthio" (**91**)
- nach ***(e)***
- IUPAC: "Ethylsulfanyl", ev. "Ethylthiyl"

"2-Amino-2-carboxyethyldithio" (**92**)
- nach ***(e)***
- IUPAC: "2-Amino-2-carboxyethyldisulfanyl", ev. "2-Amino-2-carboxyethylperthiyl"

"Bis(2-hydroxyethyl)nitroxid" (**93**)
- nach ***(a)***; vgl. ***(e)***
- IUPAC: "Bis(2-hydroxyethyl)aminoxyl"

"(4-Chlorophenyl)diazenyloxy" (**94**)
- nach ***(e)***
- vermutlich besser: "[(4-Chlorophenyl)azo]oxy"; s. *Kap. 6.25*, dort **27** und **29**
- IUPAC: "(4-Chlorophenyl)diazenyloxyl"

"(Ethylsulfonyl)dioxy"[8]) (**95**)
- nach ***(e)***
- IUPAC: "Ethansulfonylperoxyl"

"Mercaptothioxomethylthio" (**96**)
- nach ***(e)***
- IUPAC: "(Dithiocarboxy)sulfanyl"

"4-Methoxyphenyldiseleno" (**97**)
- nach ***(e)***
- IUPAC: "(4-Methoxyphenyl)diselanyl"

"(Ethylthio)dioxy" (**98**)
- nach ***(e)***
- IUPAC: "Ethyl(sulfanylperoxyl)"

"Ethyltrioxy" (**99**)
- nach ***(e)***
- IUPAC: "Ethoxyperoxyl" (?) oder auch "Ethyltrioxidanyl" (vgl. *Kap. 4.3.3.1****(b)***)

IUPAC RC-81.3[1])

6.2.4. Polyradikale

Man unterscheidet:

(a) mehrere Radikal-Zentren an der gleichen Gerüst-Stammstruktur;

(b) mehrere Radikal-Zentren, die miteinander durch einen multivalenten Substituenten verbunden sind;

(c) mehrere Radikal-Zentren, sowohl an einer Gerüst-Stammstruktur als auch an einem Substituenten.

(a) **Mehrere** mono- oder polyvalente **Radikal-Zentren an der gleichen Gerüst-Stammstruktur** (Entfernen von ≥ 2 H-Atomen): der Radikal-Name entspricht dem **Substituentenpräfix**, nämlich

Kap. 5 und 4

Name des multivalenten Substituenten[2])

oder

Name des entsprechenden zusammengesetzten multivalenten Substituenten[2])

z.B.

HṄ–ṄH **100** — "Hydrazo" (**100**)
IUPAC: "Diazan-1,2-diyl"

101 — "But-2-en-1,4-diyl" (**101**)

102 — "Cyclopropan-1,2-diyliden" (**102**)

103 — "1-Oxopropan-1,3-diyl" (**103**)

(b) **Mehrere** mono- oder polyvalente **Radikal-Zentren, die miteinander durch einen multivalenten Substituenten verbunden sind** (Entfernen von ≥ 2 H-Atomen): es wird **Multiplikationsnomenklatur** verwendet

Kap. 3.2.3

Präfix des multivalenten Substituenten

+ | **Multiplikationsaffix "-bis-", "-tris-"** nach *Anhang 2*

+ | **Radikal-Name** nach *Kap. 6.2.2* oder *6.2.3*

Anhang 2

Kap. 6.2.2 oder 6.2.3

z.B.

104 — "Furan-3,4-diylbis[methyl]" (**104**)
- Radikal-Name nach *Kap. 6.2.2*
- IUPAC: "Furan-3,4-diyldimethyl"

105 — "Ethan-1,2-diylbis[amidogen]" (**105**)
- Englisch: '...amidogen]'
- Radikal-Name nach *Kap. 6.2.3* ***(d)***
- IUPAC: z.B. "Ethylenbis(aminyl)"

106 — "Pyridin-2,6-diylbis[oxomethoxy]" (**106**)
- Radikal-Name nach *Kap. 6.2.3****(e)***
- IUPAC: "Pyridin-2,6-diylbis(carbonyloxyl)"

(c) **Mehrere** mono- oder polyvalente **Radikal-Zentren, sowohl an einer Gerüst-Stammstruktur als auch an einem Substituenten** (Enfernen von ≥ 2 H-Atomen): Der Radikal-Name wird nach *Kap. 6.2.2* oder *6.2.3* gebildet. Dabei scheint ein **Radikal-Zentrum an einem N-Atom** (Amidogen; nicht aber Imidogen) **> C-Atom > O-Atom** bevorzugt zu sein **bei der Wahl des Stammradikals** (s. Beispiele **113** – **117**). Ein **zusätzliches C-Radikal-Zentrum** wird dabei als **Präfix eines divalenten Substituenten** ausgedrückt, denn nach *Kap. 6.2.2* und *6.2.3****(b)(c)(e)*** gilt: ein **Radikal-Name entspricht** dem **Substituentenpräfix** (s. z.B. **113**).

Kap. 6.2.2 und 6.2.3**(b)(c)(e)**

IUPAC gibt einem **substituierenden Radikal** ein spezielles **Präfix "Ylo-"** (– 1 H), **"Diylo-"** (– 2 H) *etc.*

z.B.

107 — "(Ylomethyl)-" (**107**)
CA: '**methylene**-'

108 — "(Ylooxy)-" (**108**)
CA: '**oxy**-'

109 — "(Ylocarbonyl)-" (**109**)
CA: '(**oxomethylene**)-'

110 — "[(Ylooxy)carbonyl]-" (**110**)
CA: '(**oxooxymethyl**)-'

111 — "(Yloamino)-" (**111**)
CA: '**imino**-'

112 — "(4-Ylophenyl)-" (**112**)
CA: '**4,1-phenylene**-'

Das **Stammradikal** wird nach *Kap. 6.2.2 – 6.2.4****(a)(b)*** benannt und hat nach IUPAC mit abnehmender Priorität: am meisten Radikal-Zentren (s. ***(a)***) > am meisten Radikal-Zentren, die sich mittels Multiplikationsnomenklatur bezeichnen lassen (s. ***(b)***) > am meisten Radikal-Zentren an vorrangigen Atomen (s. *Anhang 4*: O > S > Se > Te > N > P > As > Sb > Bi > C > Si > Ge > Sn > Pb > B). Bleibt eine Wahl, dann gelten die Kriterien zur Wahl der (vorrangigen) Stammstruktur gemäss IUPAC (IUPAC RC-81.3.3.2).

z.B.

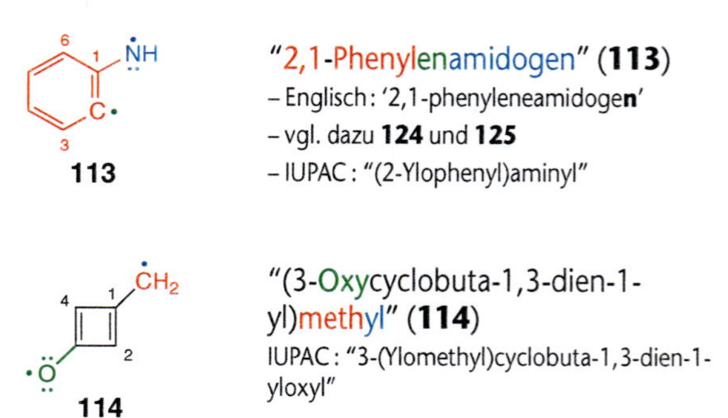

113 — "2,1-Phenylenamidogen" (**113**)
- Englisch: '2,1-phenyleneamidoge**n**'
- vgl. dazu **124** und **125**
- IUPAC: "(2-Ylophenyl)aminyl"

114 — "(3-Oxycyclobuta-1,3-dien-1-yl)methyl" (**114**)
IUPAC: "3-(Ylomethyl)cyclobuta-1,3-dien-1-yloxyl"

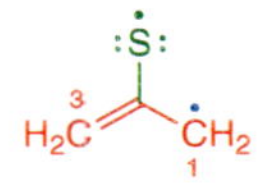

115

"2-Thioprop-2-enyl" (**115**)
- IUPAC: "[1-(Ylomethyl)ethenyl]sulfanyl"
- trivial "Thioxyallyl"

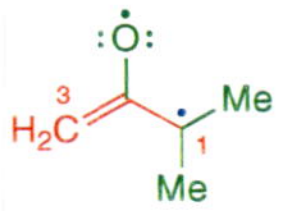

116

"1,1-Dimethyl-2-oxyprop-2-enyl" (**116**)
IUPAC: "[1-(Yloisopropyl)ethenyloxyl"

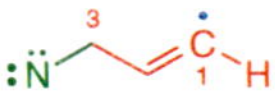

117

"3-Nitriloprop-1-enyl" (**117**)
IUPAC: "3-Yloprop-2-enylnitren"

Beispiele:

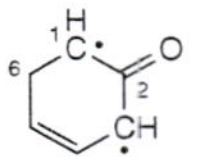

"2-Oxocyclohex-4-en-1,3-diyl" (**118**)
nach ***(a)***

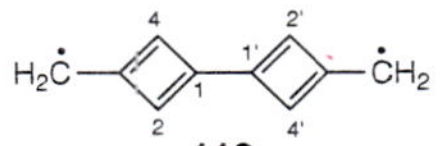

"[Bi(cyclobuta-1,3-dien-1-yl)]-3,3´-diylbis[methyl]" (**119**)
nach ***(b)***

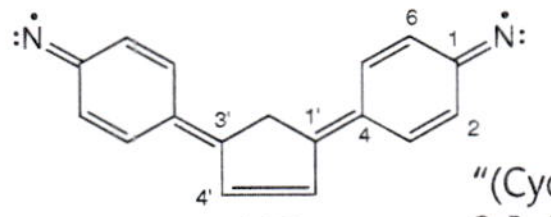

"(Cyclopent-4-en-1,3-diylidendicyclohexa-2,5-dien-4,1-diyliden)bis[amidogen]" (**120**)
nach ***(b)***

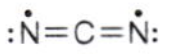

"Methantetraylbis[amidogen]" (**121**)
nach ***(b)***

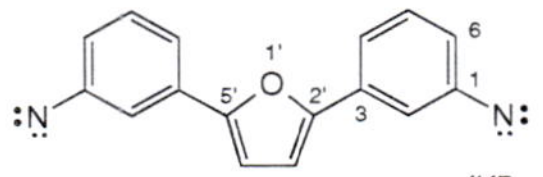

"(Furan-2,5-diyldi-3,1-phenylen)bis[imidogen]" (**122**)
nach ***(b)***

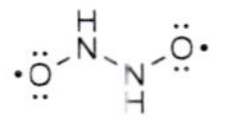

"Hydrazobis[oxy]" (**123**)
nach ***(b)***

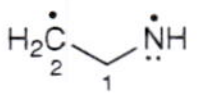

"Ethan-2,1-diylamidogen" (**124**)
nach ***(c)***

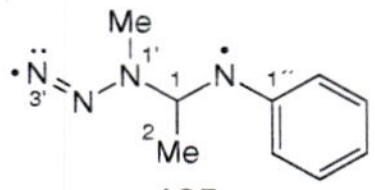

"[1-(1-Methyltriaz-2-en-3,1-diyl)ethyl]phenylamidogen" (**125**)
nach ***(c)***

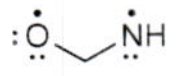

"(Oxymethyl)amidogen" (**126**)
nach ***(c)***

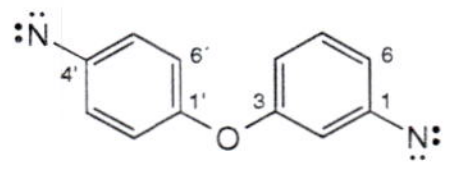

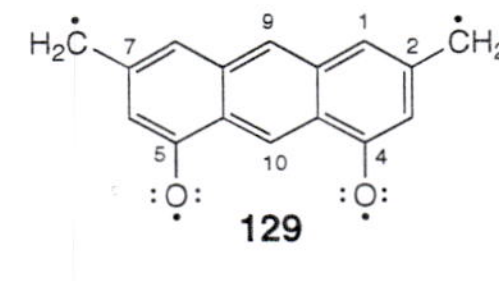

127

"[3-(4-Nitrilophenoxy)phenyl]imidogen" (**127**)
nach ***(c)***

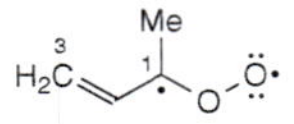

"1-Dioxy-1-methylprop-2-enyl" (**128**)
nach ***(c)***

"[4,5-Bis(oxy)anthracen-2,7-diyl]bis[methyl]" (**129**)
nach ***(b)(c)***

6

CA ¶ 184 und 270
IUPAC RC-82[1]) und R-5.8.2

6.3. Kationen *(Klasse 2)*

6.3.1. VORBEMERKUNGEN

CA ¶ 215
IUPAC 'Red Book'
Kap. 6.34

Kationische Koordinationsverbindungen werden nach den Richtlinien der **Nomenklatur der anorganischen Chemie** bezeichnet (*Kap. 6.34*) und sind hier nicht besprochen. Für neutrale Koordinationsverbindungen, s. auch *Klasse 3* (**Organometall-Verbindungen**, *Kap. 6.34*).

Eine ausführliche Abhandlung zur Benennung von freien Radikalen und Ionen wurde von **IUPAC** publiziert (**RC-Empfehlungen**)[1]). Im folgenden werden neben der CA-Version jeweils nur einige der Namensvarianten nach IUPAC angeführt.

Definition:

Für Nomenklaturzwecke ist ein Kation eine Molekülstruktur mit mindestens einer positiven Ladung, formal hergeleitet von einer Stammstruktur (Gerüst oder Funktion; inkl. Hydro-Derivate davon) **oder von einer charakteristischen Gruppe durch Beifügen von einem** (oder mehr) **Elektrophilen E$^+$, durch Entfernen von einem** (oder mehr) **Hydrid-Ion**(en) **H$^-$** oder durch Kombination dieser Operationen.

Das Atom, das die resultierende Ladung trägt, ist das **Kation-Zentrum**.

M$^+$
ein **Kation**

Man unterscheidet:

- Kation-Zentrum durch formales Beifügen von Elektrophilen E$^+$: (Kap. 6.3.2)
  - Kation-Zentrum an Gerüst-Stammstruktur, (Kap. 6.3.2.1)
  - Kation-Zentrum an charakteristischer Gruppe; (Kap. 6.3.2.2)
- Kation-Zentrum durch formales Entfernen von Hydrid-Ionen H$^-$: (Kap. 6.3.3)
  - Kation-Zentrum an Gerüst-Stammstruktur, (Kap. 6.3.3.1)
  - Kation-Zentrum an charakteristischer Gruppe; (Kap. 6.3.3.2)
- Kation-Zentrum durch Gerüst-Bindung eines Heteroatoms; (Kap. 6.3.4)
- Kation-Zentrum in Spiropolycyclen; (Kap. 6.3.5)
- Kation-Substituenten (Präfixe); (Kap. 6.3.6)
- Polykationen. (Kap. 6.3.7)

6

IUPAC RC-82.1[1])

6.3.2. KATION-ZENTRUM DURCH FORMALES BEIFÜGEN VON ELEKTROPHILEN E$^+$

Beachte:

CA führt ein Kation, das sich durch Beifügen von *Hydron(en)*[2]), z.B. H$^+$, an ein schon abgesättigtes C-Atom oder Heteroatom einer Stammstruktur oder einer charakteristischen Gruppe herleiten lässt, beim Namen der ungeladenen Struktur an, unter Beigabe einer modifizierenden Angabe:

Name der ungeladenen Struktur	+	'monoprotonated' 'conjugate acid' 'conjugate monoacid' 'compd. with...' *etc.* **Ausnahmen** in *Kap. 6.3.2.1(a)*

Kap. 6.3.2.1(a)

z.B.

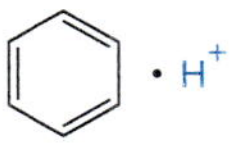

· H$^+$
1

'benzene, monoprotonated' (**1**)
IUPAC: "Benzenium" (Englisch: 'benzenium')

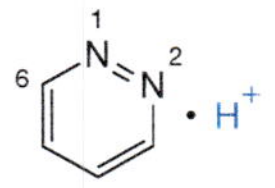

6 N1 N2 · H$^+$
2

'pyridazine, conjugate monoacid' (**2**)
IUPAC: "Pyridazin-1-ium"

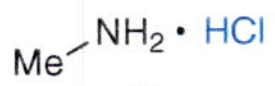

Me NH$_2$ · HCl
3

'methanamine, hydrochloride' (**3**)
IUPAC: z.B. "Methylammonium-chlorid"; zum **Bindestrich**, s. *Kap. 6.4.1*

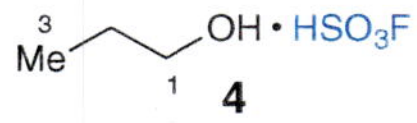

3 Me 1 OH · HSO$_3$F
4

'propanol, compd. with fluorosulfuric acid (1:1)' (**4**)
IUPAC; z.B. "Propyloxonium-fluorosulfat"; zum **Bindestrich**, s. *Kap. 6.4.1*

---

[1]) IUPAC, 'Revised Nomenclature for Radicals, Ions, Radical Ions, and Related Species', *Pure Appl. Chem.* **1993**, *65*, 1357 (Revision der Empfehlungen bzgl. Kationen im 'Blue Book', z.B. IUPAC C-82 und C-83).

[2]) "**Hydron**" ist der generische Name für das Wasserstoff-Kation, d.h. das natürliche Gemisch von Protonen, Deuteronen und Tritonen. Der Einfachheit halber wird im folgenden der Name "**Proton**" (H$^+$) statt "Hydron" verwendet.

IUPAC RC-82.1.1[1]

6.3.2.1 Kation-Zentrum an Gerüst-Stammstruktur (+ E^+)

Man unterscheidet:

(a) Kation-Zentrum an monogliedriger Stammstruktur;

(b) Kation-Zentrum an Kohlenwasserstoff-Kette (oder an gesättigtem Carbocyclus),

an Heterokette mit regelmässig platzierten Heteroatomen,

an Heteromonocyclus mit Trivial-, *Hantzsch-Widman-* oder "Cyclo"-Namen,

an anelliertem Heteropolycyclus mit Trivial- oder Anellierungsnamen (inkl. überbrückt), sowie an Spiropolycyclus oder an Ringsequenz aus solchen Heteromono- oder Heteropolycyclen;

(c) Kation-Zentrum an Struktur mit Austauschnamen.

Für Kation-Zentren, hervorgerufen durch Beteiligung eines freien Elektronenpaars eines Heteroatoms an den Gerüst-Bindungen, s. *Kap. 6.3.4*.

Kap. 6.3.4

Kap. 4.3.3.1 Kap. 6.3.2.2(a)

(a) **Kation-Zentrum**, durch formales **Beifügen von E^+, an einer monogliedrigen Stammstruktur** (mit substituierbaren H-Atomen; s. auch *Kap. 6.3.2.2(**a**)*):

spezielle Kation-Namen[3])	**für [ER¹R²R³X] mit X = P, As, Sb, Bi, O, S, Se, Te, F, Cl, Br, I** und E, R¹, R², R³ = meistens alle H oder alle ≠ H, und/oder einsame Elektronenpaare

Stammkationen:

H_4P^+ **5**	**"Phosphonium" (5)**
H_4As^+ **6**	**"Arsonium" (6)**
H_4Sb^+ **7**	**"Stibonium" (7)**
H_4Bi^+ **8**	**"Bismutonium" (8)** Englisch: 'bismuthonium'
H_3O^+ **9**	**"Oxonium" (9)** entspricht einem Kation-Zentrum an einer charakteristischen Gruppe, wenn voll substituiert (s. *Kap. 6.3.2.2(**a**)*)
H_3S^+ **10**	**"Sulfonium" (10)** - entspricht einem Kation-Zentrum an einer charakteristischen Gruppe, wenn voll substituiert (s. *Kap. 6.3.2.2(**a**)*) - das *S*-Oxid $H_3S(=O)^+$ hat den Namen **"Sulfoxonium"**
H_3Se^+ **11**	**"Selenonium" (11)** entspricht einem Kation-Zentrum an einer charakteristischen Gruppe, wenn voll substituiert (s. *Kap. 6.3.2.2(**a**)*)
H_3Te^+ **12**	**"Telluronium" (12)** entspricht einem Kation-Zentrum an einer charakteristischen Gruppe, wenn voll substituiert (s. *Kap. 6.3.2.2(**a**)*)
H_2F^+ **13**	**"Fluoronium" (13)**
H_2Cl^+ **14**	**"Chloronium" (14)**
H_2Br^+ **15**	**"Bromonium" (15)**
H_2I^+ **16**	**"Iodonium" (16)** das *I*-Oxid $H_2I(=O)^+$ hat den Namen **"Iodonium-*I*-oxid"**

Ausnahmen:

H_4N^+ **17**	**"Ammonium" (17)** - CA: **nur unsubstituiert;** s. *Kap. 6.3.2.2(**b**)* - IUPAC: **H-Atome auch substituierbar**
H_5C^+ **18**	**"monoprotoniertes Methan" (18)** - CA: 'methane, monoprotonated' - IUPAC: "Methanium" - **nicht "Carbonium"**[4])
H_5Si^+ **19**	**"monoprotoniertes Silan" (19)** - CA: 'silane, monoprotonated' - IUPAC: "Silanium" - **nicht "Siliconium"**[4])

z.B.

$Ph_3\overset{+}{P}-CH_2Br$ **20**	"(Bromomethyl)triphenylphosphonium" **(20)**
$Me-CH=\overset{+}{O}-Me$ (C-Atome 2, 1) **21**	"Ethylidenmethyloxonium" **(21)**

(b) **Kation-Zentrum**, durch formales **Beifügen von E^+, an** (gesättigtem C-Atom von) **Kohlenwasserstoff-Kette** (oder Carbocyclen), an **Heterokette mit regelmässig platzierten Heteroatomen**, an **Heteromonocyclus mit Trivial-, *Hantzsch-Widman-* oder "Cyclo"-Namen**, an **anelliertem Heteropolycyclus** mit Trivial- oder Anellierungsnamen (inkl. überbrückt) sowie an **Spiropolycyclus** (s. auch *Kap. 6.3.5*) **oder Ringsequenz aus solchen Heteromonocyclen oder Heteropolycyclen**: der Kation-Namen setzt sich zusammen aus

Kap. 4.2, 4.3.3, 4.5.2, 4.5.3, 4.5.5.2, 4.6.2, 4.6.3, 4.8, 4.9.3 und 4.10

Kap. 6.3.5

[3]) In CAs 'Chemical Substance Index' ist der Titelstammname ('heading parent') eines solchen Kation-Namens der Stammkation-Name, z.B. 'phosphonium, (bromomethyl)triphenyl-' (**20**).

[4]) **"Carbonium"** wurde lange Zeit für Carbokationen verwendet, die sich formal durch Entfernen eines Hydrid-Ions aus einer Stammstruktur bilden. Ähnliches gilt für **"Siliconium"**.

Stammname + **Endung "-ium"**[5])	**für** **[(Stammstruktur)E]$^+$**, **[(Stammstruktur)E^{1}E^2]$^{2+}$** *etc.*, **mit E, E^1, E^2 ≠ H** bei CA

Beachte:

- **CA** benützt im Gegensatz zu IUPAC die Endung **"-ium" auch, wenn zwei oder mehr Kation-Zentren** vorhanden sind, **meist ohne Lokanten** (**IUPAC**: **"-diium"**, **"-triium"** *etc.* mit Lokanten). **Die Anwesenheit und Position von Kation-Zentren sind** nämlich **festgelegt durch den** (die) **beigefügten kovalenten Substituenten** an einem (oder mehreren) in der ursprünglichen Struktur abgesättigten Heteroatom(en), ausgedrückt als Präfix(e) mit Lokant(en).
- **Indiziertes H-Atom** hat **Priorität** vor einem Kation-Zentrum **für möglichst tiefen Lokanten** (s. **25**), d.h. bei Resonanz-stabilisierten Kationen gelten die Regeln zur Bestimmung der (vorrangigen) Gerüst-Stammstruktur nach *Kap. 3.3*.
- Bei Wahl hat ein **Kation-Zentrum vor einem neutralen Heteroatom** des gleichen Elements **Priorität für möglichst tiefen Lokanten** (s. **47**).

Anhang 5

Kap. 3.3

z.B.

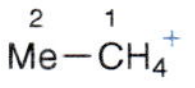

22

"monoprotoniertes Ethan" (**22**)
- s. oben: CA-Namen, wenn E$^+$ = H$^+$
- IUPAC: "Ethanium"

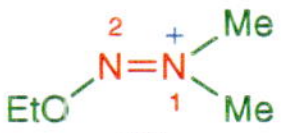

23

"2-Ethoxy-1,1-dimethyldiazenium" (**23**)

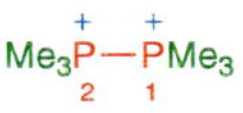

24

"Hexamethyldi(phosphinium)" (**24**)
- im Deutschen Klammern wegen Verwechslungsgefahr mit Dreifachbindung (P≡P; *Kap. 4.3.3(**b**)*)
- nicht "Hexamethyldiphosphorandiylium" (s. *Kap. 6.3.3.1*)
- IUPAC: "Hexamethyldiphosphan-1,2-diium"

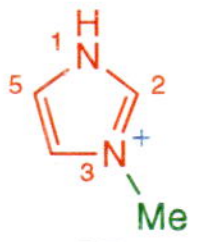

25

"3-Methyl-1*H*-imidazolium" (**25**)
- IUPAC: "3-Methyl-1*H*-imidazol-3-ium"
- indiziertes H-Atom nach *Anhang 5(**a**)*

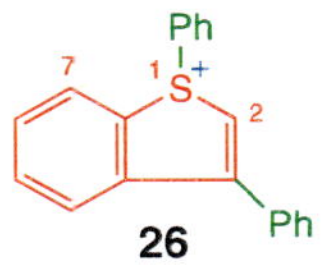

26

"1,3- Diphenylbenzo[*b*]thiophenium" (**26**)

IUPAC RC-82.4[1])

Kap. 4.3.2, 4.5.4, 4.5.5.1, 4.7, 4.9.2 und 4.10

(c) **Kation-Zentrum**, durch formales **Beifügen von E$^+$, an einer Stammstruktur mit Austauschnamen**, d.h. an einer Heterokette, an einem Heteromonocyclus mit mehr als zehn Ringgliedern oder mit Silicium-Atomen und unregelmässigem Muster, an einem Brückenheteropolycyclus nach *von Baeyer* sowie einem entsprechenden Spiroheteropolycyclus oder einer entsprechenden Ringsequenz: der Kation-Name setzt sich zusammen aus

"onia"-modifizierte Heteroatom-Vorsilbe(n) (= "onia"-Vorsilbe(n)) nach *Anhang 4* + **Name der entsprechenden Carbostruktur**[6])	**für** **[(Stammstruktur)E]$^+$**, **[(Stammstruktur)E^{1}E^2]$^{2+}$** *etc.*, **mit E, E^1, E^2 ≠ H** bei CA

Anhang 4

"onia"-Vorsilben: **"Oxonia-"** (>O$^+$–) > **"Thionia-"** (>S$^+$–) > **"Selenonia-"** (>Se$^+$–) > **"Telluronia-"** (>Te$^+$–) > **"Azonia-"** (>N$^+$<) > **"Phosphonia-"** (>P$^+$<) > **"Arsonia-"** (>As$^+$<) *etc.*[7])

Im Namen erscheint eine **"a"-Vorsilbe vor** der **"onia"-Vorsilbe** des gleichen Heteroatoms; bei Wahl hat aber die **"onia"-Vorsilbe Priorität für möglichst tiefen Lokanten** (s. **30**).

IUPAC zieht auch für diese Stammstrukturen Namen nach ***(b)*** mit **Endung "-ium"**, **"-diium"** *etc.* vor.

z.B.

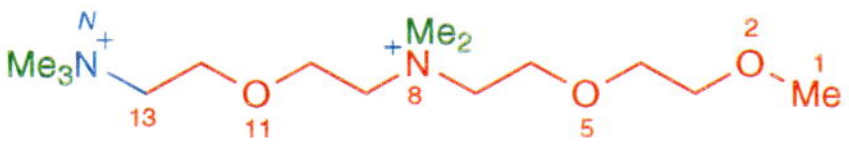

27

"*N,N,N*,8,8-Pentamethyl-2,5,11-trioxa-8-azoniatridecan-13-aminium" (**27**)
- für "-aminium", s. *Kap. 6.3.2.2*
- "Azonia...aminium" > "Diazonia"; vgl. *Kap. 4.3.2(**a**)*
- IUPAC: z.B. auch "8,8,14,14-Tetramethyl-2,5,11-trioxa-8,14-diazapentadecan-8,14-diium"

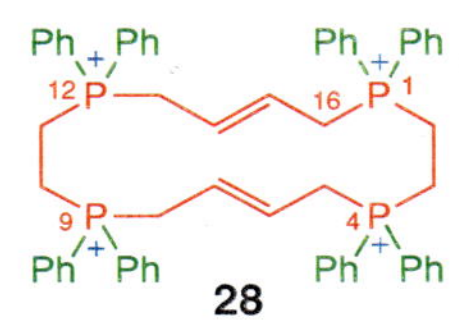

28

"1,1,4,4,9,9,12,12-Octaphenyl-1,4,9,12-tetraphosphoniacyclohexadeca-6,14-dien" (**28**)

IUPAC: auch "1,1,4,4,9,9,12,12-Octaphenyl-1,4,9,12-tetraphosphacyclohexadeca-6,14-dien-1,4,9,12-tetraium"

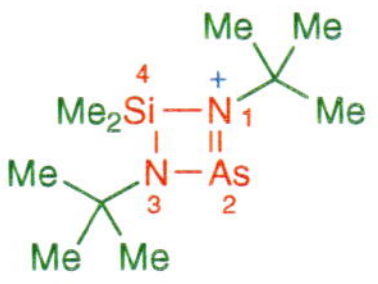

29

"1,3-Bis(1,1-dimethylethyl)-4,4-dimethyl-3-aza-1-azonia-2-arsa-4-silacyclobut-1-en" (**29**)

IUPAC: auch "1,3-Di(*tert*-butyl)-4,4-dimethyl-1,3-diaza-2-arsa-4-silacyclobut-1-en-1-ium"

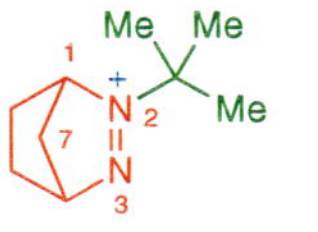

30

"2-(1,1-Dimethylethyl)-3-aza-2-azoniabicyclo[2.2.1]hept-2-en" (**30**)

IUPAC: auch "2-(*tert*-Butyl)-2,3-diazabicyclo[2.2.1]hept-2-en-2-ium"

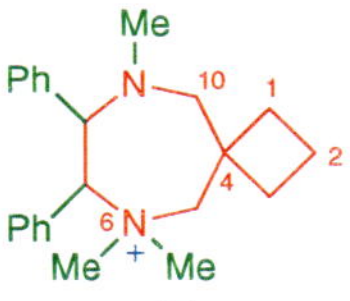

31

"6,6,9-Trimethyl-7,8-diphenyl-9-aza-6-azoniaspiro[3.6]decan" (**31**)

IUPAC: auch "6,6,9-Trimethyl-7,8-diphenyl-6,9-diazaspiro[3.6]decan-6-ium"

6

[5]) In CAs 'Chemical Substance Index' ist der Titelstammname ('heading parent') eines solchen Kation-Namens der Stammname gefolgt von "-ium", z.B. 'diazenium, 2-ethoxy-1,1-dimethyl-, hexafluorophosphate(1–)' (**23**·PF_6^-).

[6]) In CAs 'Chemical Substance Index' ist der Titelstammname ('heading parent') eines solchen Kation-Namens der 'onia'-modifizierte Stammname, z.B. '1,4,9,12-tetraphosphoniacyclohexadeca-6,14-diene, 1,1,4,4,9,9,12,12-octaphenyl-' (**28**).

[7]) Nach IUPAC ist "Bismutonia-" ('bismuthonia'; >Bi$^+$<) zu verwenden (vgl. **8**).

Beispiele:

32

"(Methylamino)tripropylarsonium" (**32**)
- nach *(a)*
- Kation > Amin

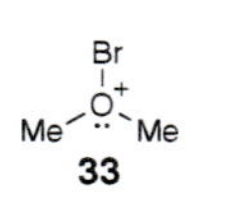

33

"Bromodimethyloxonium" (**33**)
nach *(a)*

34

"Butylidinoxonium" (**34**)
nach *(a)*

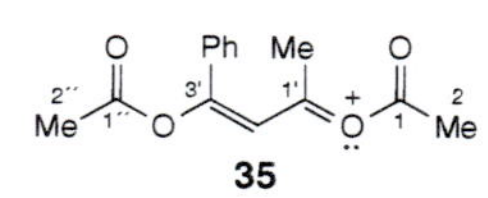

35

"Acetyl[3-(acetyloxy)-1-methyl-3-phenylprop-2-enyliden]oxonium" (**35**)
nach *(a)*

36

"Methylnaphthalin-2(8*H*)-ylidenoxonium" (**36**)
- nach *(a)*
- indiziertes H-Atom nach *Anhang 5(i₂)*

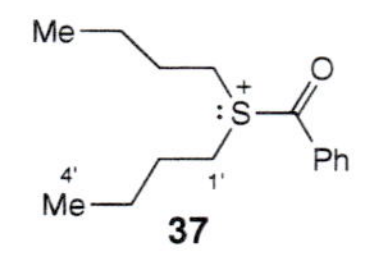

37

"Benzoyldibutylsulfonium" (**37**)
nach *(a)*

38

"(2-Chloro-1,2-dioxoethoxy)dimethylsulfonium" (**38**)
nach *(a)*

Ph_3Te^+

39

"Triphenyltelluronium" (**39**)
nach *(a)*

40

"Acetylmethylfluoronium" (**40**)
nach *(a)*

41

"1*H*-Indol-3-ylphenyliodonium" (**41**)
- nach *(a)*
- indiziertes H-Atom nach *Anhang 5(a)*

42

"2-Methyl-1-oxodiazenium" (**42**)
nach *(b)*

43

"1-Cyano-2,3-diphenyltriaz-1-enium" (**43**)
- nach *(b)*
- IUPAC: "1-Cyano-2,3-diphenyltriaz-1-en-2-ium"

44

"1,1-Dimethyl-2-(phenylmethylen)-1-propylhydrazinium" (**44**)
- nach *(b)*
- IUPAC: auch "1,1-Dimethyl-2-(phenylmethyliden)-1-propyldiazan-1-ium"

45

"2-Benzoyl-1,1,1,2-tetramethylhydrazinium" (**45**)
- nach *(b)*
- IUPAC: auch "2-Benzoyl-1,1,1,2-tetramethyldiazan-1-ium"

46

"1,2,5-Trimethyl-3*H*-pyrrolium" (**46**)
- nach *(b)*
- indiziertes H-Atom nach *Anhang 5(a)*

47

"3-Chloro-1-methylpyridazinium" (**47**)
nach *(b)*

48

"1,2-Dimethylfuranium" (**48**)
nach *(b)*

49

"2,4,4,6-Tetrachloro-1,4-dihydro-1,4-azaphosphorinium" (**49**)
- nach *(b)*
- IUPAC: "2,4,4,6-Tetrachloro-1,4-dihydro-1,4-azaphosphinin-4-ium"

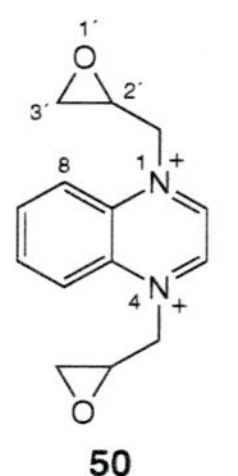

50

"1,4-Bis(oxiranylmethyl)chinoxalinium" (**50**)
- nach *(b)*
- IUPAC: "1,4-Bis(oxiranylmethyl)chinoxalin-1,4-diium"

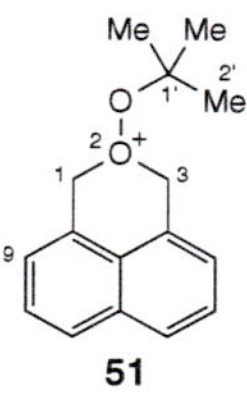

51

"2-(1,1-Dimethylethoxy)-1*H*,3*H*-naphtho[1,8-*cd*]pyranium" (**51**)
- nach *(b)*
- indiziertes H-Atom nach *Anhang 5(a)*
- IUPAC: "2-(*tert*-Butoxy)-1*H*,3*H*-naphtho[1,8-*cd*]pyran-2-ium"

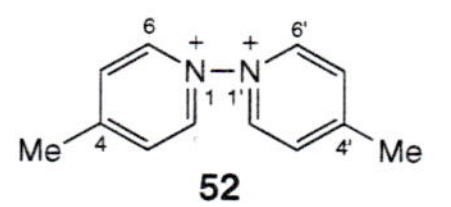

52

"4,4´-Dimethyl-1,1´-bipyridinium (**52**)
- nach *(b)*
- IUPAC: "4,4´-Dimethyl[1,1´-bipyridin]-1,1´-diium"

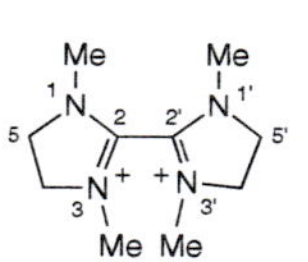

53

"4,4´,5,5´-Tetrahydro-1,1´,3,3´-tetramethyl-2,2´-bi-1*H*-imidazolium" (**53**)
- nach *(b)*
- indiziertes H-Atom nach *Anhang 5(a)*
- IUPAC: "4,4´,5,5´-Tetrahydro-1,1´,3,3´-tetramethyl[2,2´-bi-1*H*-imidazol]-3,3´-diium"

54

"*N,N,N,N´,N´,N´*,3,3,6,6,9,9,12,12-Tetradecamethyl-3,6,9,12-tetraazoniatetradecan-1,14-diaminium" (**54**)
- nach *(c)*
- für "-aminium", s. *Kap. 6.3.2.2*
- IUPAC: z.B. auch "2,2,5,5,8,8,11,11,14,14,17,17-Dodecamethyl-2,5,8,11,14,17-hexaazaoctadecan-2,5,8,11,14,17-hexaium"

55

"*N,N,N*,2,2-Pentamethyl-5,8,11-trithia-2-azoniatridecan-13-aminium" (**55**)
- nach *(c)*
- für "-aminium", s. *Kap. 6.3.2.2*
- zur Numerierung: "**2**,5,8,11" > "**3**,6,9,12" für Heteroatome der unsubstituierten Kette
- nach CA Austauschname nur, wenn mindestens 4 Heteroatome in Kette (s. *Kap. 4.3.2(a)*)
- IUPAC: z.B. auch "2,2,14,14-Tetramethyl-5,8,11-trithia-2,14-diazapentadecan-2,14-diium"

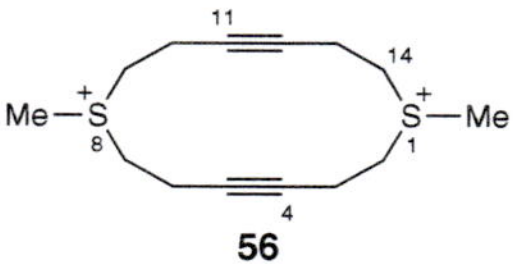

56

"1,8-Dimethyl-1,8-dithioniacyclotetradeca-4,11-diin" (**56**)
- nach *(c)*
- IUPAC: z.B. auch "1,8-Dimethyl-1,8-dithiacyclotetradeca-4,11-diin-1,8-diium"

"6-(2-Hydroxyethyl)-2,2,6-trimethyl-1,3-dioxa-6-azonia-2-silacyclooctan" (**57**)
- nach **(c)**
- IUPAC: z.B. auch "6-(2-Hydroxyethyl)-2,2,6-trimethyl-1,3-dioxa-6-aza-2-silacyclooctan-6-ium"

"7,7-Dimethyl-9-oxo-3-thia-7-azoniabicyclo[3.3.1]nonan" (**58**)
- nach **(c)**
- IUPAC: z.B. auch "7,7-Dimethyl-9-oxo-3-thia-7-azabicyclo[3.3.1]nonan-7-ium"

"3-(4-Chlorophenyl)-1-methyl-2-oxo-1-aza-3-azoniaspiro[4.4]non-3-en" (**59**)
- nach **(c)**
- IUPAC: z.B. auch "3-(4-Chlorophenyl)-1-methyl-2-oxo-1,3-diazaspiro[4.4]non-3-en-3-ium"

IUPAC RC-82.1.2[1])

6.3.2.2. Kation-Zentrum an charakteristischer Gruppe (+ E^+)

Man unterscheidet:

(a) Kation-Zentrum an P-, As-, Sb-, Bi-, O-, S-, Se-, Te-, F-, Cl-, Br- oder I-Atom,

(b) Kation-Zentrum an N-Atom.

IUPAC empfiehlt folgende Regelung zur Benennung von **Kation-Zentren an charakteristischen Gruppen** (Beifügen von Proton(en)[2]):

"-säure"	→	"**(-säure)ium**"
"-amid"	→	"**-amidium**"
"-imid"	→	"**-imidium**"
"-nitril"	→	"**-nitrilium**"
"-amin"	→	"**-aminium**"
"-imin"	→	"**-iminium**"

Alle übrigen Kation-Zentren an charakteristischen Gruppen können auch nach IUPAC gemäss ***(a)*** (s. unten, "-onium") benannt werden. Für **Uronium-Ionen**, s. IUPAC RC-82.1.2.2 (z.B. **66**; unten).

(a) **Kation-Zentrum**, durch formales **Beifügen von E^+, an** einem Heteroatom **P, As, Sb, Bi, O, S, Se, Te, F, Cl, Br oder I einer charakteristischen Gruppe**: der Kation-Name wird **nach *Kap. 6.3.2.1(a)*** gebildet (s. oben).

Kap. 6.3.2.1**(a)**

(b) **Kation-Zentrum**, durch formales **Beifügen von E^+, am acyclischen N-Atom von Aminen, Iminen** (s. Ausnahme!), **Amiden, Harnstoffen und Nitrilen** (für Hydrazine u. ä., s. *Kap. 6.3.2.1**(b)***): **der Kation-Name wird vom bevorzugten Amin-Namen** (*Kap. 6.23*) **hergeleitet** und setzt sich zusammen aus

Kap. 6.3.2.1**(b)**; Kap. 6.23; Kap. 5

Substituentennamen "(E)-", "(R´)-" und "(R´´)-" + **Stammname der Gerüst-Stammstruktur RH** + **Endung "-aminium"**[8])	**für $[ERR'R''N]^+$, mit E, R, R´, R´´ ≠ H** bei CA

Alphabetische Reihenfolge der Präfixe "(E)-", "(R´)-" und "(R´´)-".

Kap. 3.5

Ausnahme:

Kation-Zentrum an einem quaternären Imin-N-Atom mit einem oder zwei divalenten Gerüst-Stammsubstituenten, aber *ohne monovalente Gerüst-Stammsubstituenten* (s. **60** und **61**): Der Kation-Name **leitet sich vom Namen des bevorzugten Imins** (s. *Kap. 6.24*) **her** und setzt sich zusammen aus

Kap. 6.24; Kap. 5

Substituentennamen "(R´)-" bzw. "(R[1])-" und "(R[2])-" + **Stammname der Gerüst-Stammstruktur RH** + **Endung "-iminium"**	**für $R=N^+=R'$ mit R, R´ ≠ H_2** bei CA oder **für $R=N^+R^1R^2$ mit R ≠ H_2 und R^1, R^2 ≠ monovalenter Gerüst-Stammsubstituent** bei CA

z.B.

"*N*-Methylen-2-oxoethaniminium" (**60**)
- Ausnahme, d.h. **Iminium-Name**
- "Ethanimin" > "Methanimin"

"*N*-(Diphenylmethylen)-α-phenylbenzolmethaniminium" (**61**)
- Englisch: '...benzenemethaniminium'
- Ausnahme, d.h. **Iminium-Name**
- Konjunktionsname

"*N*,*N*,*N*-Triethylethanaminium" (**62**)
- IUPAC: auch "Tetraethyl**ammonium**" nach *Kap. 6.3.2.1**(a)***
- ähnlich heisst $HOCH_2CH_2N(Me)_3^+$ "2-Hydroxy-*N*,*N*,*N*-trimethylethanaminium" (früher "**Cholin**")

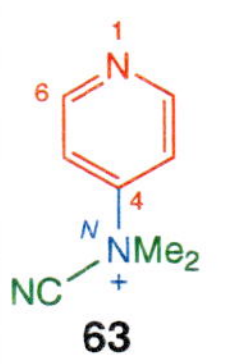

"*N*-Cyano-*N*,*N*-dimethylpyridin-4-aminium" (**63**)
- "Pyridinamin" > "Methanamin"
- IUPAC: auch "(Cyano)dimethyl(4-pyridyl)-**ammonium**" nach *Kap. 6.3.2.1**(a)***

[8]) In CAs 'Chemical Substance Index' ist der Titelstammname ('heading parent') eines solchen Kation-Namens der Name des bevorzugten Amins gefolgt von "-ium", z.B. 'ethanaminium, triethyl-' (**62**).

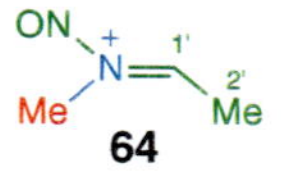

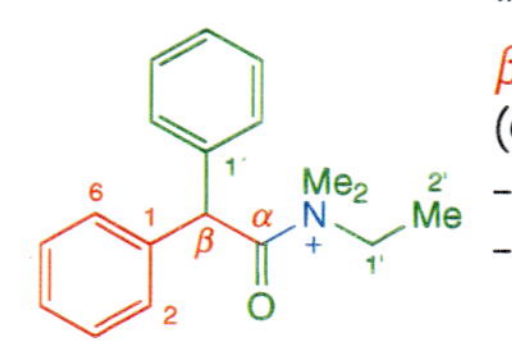

"*N*-Ethyliden-*N*-nitrosomethan-aminium" (**64**)
- nach *Kap. 6.23(**b**)*: "*N*-Ethylidenmethan-amin", nicht "*N*-Methylethanimin"
- IUPAC: auch "*N*-Methyl-*N*-nitrosoethan-**iminium**"

"1-Amino-*N,N,N*-trimethyl-1-oxomethanaminium" (**66**)
IUPAC: "Trimethyl**uronium**"

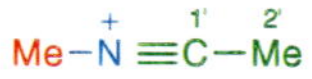

"*N*-Ethyl-*N,N*-dimethyl-*α*-oxo-*β*-phenylbenzolethanaminium" (**65**)
- Englisch: '...benzeneethanaminium'
- "Benzolethanamin" (Konjunktions-name) > "Ethanamin"
- IUPAC: auch z.B. "*N*-Ethyl-*N,N*-dimethyl-2,2-diphenylacet**amidium**"

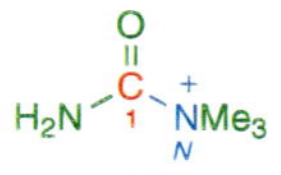

"*N*-Ethylidinmethanaminium" (**67**)
IUPAC: "*N*-Methylaceto**nitrilium**"

Beispiele:

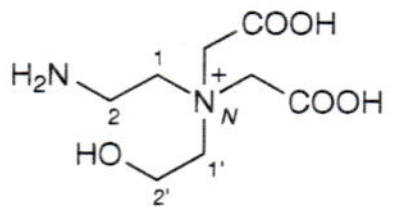

"2-Amino-*N,N*-bis(carboxymethyl)-*N*-(2-hydroxyethyl)ethan**aminium**" (**68**)
- "2-**A**minoethanamin" > "2-**H**ydroxyethanamin"
- IUPAC: auch "(2-Aminoethyl)bis(carboxymethyl)(2-hydroxyethyl)**ammonium**"

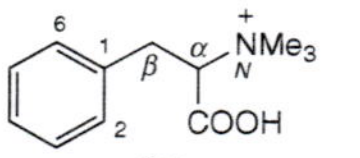

"*α*-Carboxy-*N,N,N*-trimethylbenzolethan-aminium" (**69**)
- "Benzolethanamin" > "Methanamin"
- IUPAC: z.B. "*N,N,N*-Trimethylphenyl**alaninium**"

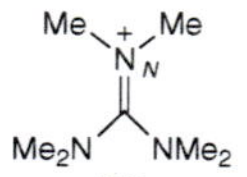

"*N*-[Bis(dimethylamino)methylen]-*N*-methylmethanaminium" (**70**)
IUPAC: z.B. "1,1,2,2,3,3-Hexamethyl**guanidinium**"

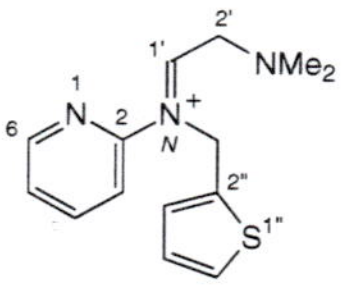

"*N*-[2-(Dimethylamino)ethyliden]-*N*-(2-thienylmethyl)pyridin-2-aminium" (**71**)
- "Pyridinamin" > "Thiophenmethanamin"
- IUPAC: z.B. "2-(Dimethylamino)-*N*-(2-pyridyl)-*N*-(2-thienylmethyl)ethan**iminium**"

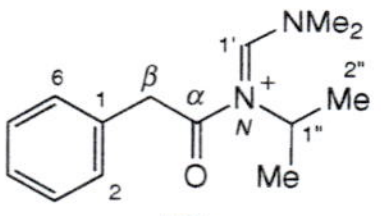

"*N*-[(Dimethylamino)methylen]-*N*-(1-methylethyl)-*α*-oxobenzolethanaminium" (**72**)
- "Benzolethanamin" > "Propan-2-amin"
- IUPAC: z.B. "*N*-[(Dimethylamino)methyliden]-*N*-isopropyl-2-phenylacet**amidium**"

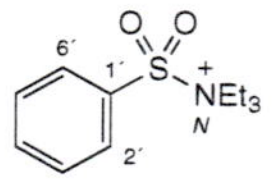

"*N,N*-Diethyl-*N*-(phenylsulfonyl)ethan-aminium" (**73**)
IUPAC: z.B. "*N,N,N*-Triethylbenzolsulfon**amidium**"

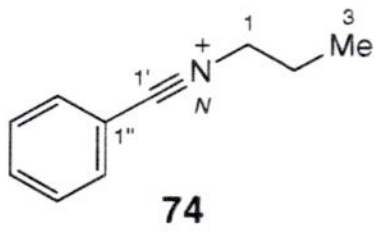

"*N*-(Phenylmethylidin)propanaminium" (**74**)
IUPAC: "*N*-Propylbenzo**nitrilium**"

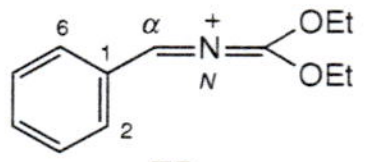

"*N*-(Diethoxymethylen)benzolmethan-iminium" (**75**)
- Ausnahme, d.h. **Iminium-Name**
- "Benzolmethanimin" (Konjunktionsname) > "Methanimin"

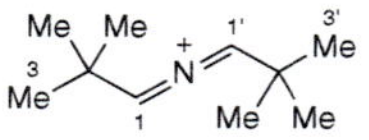

"*N*-(2,2-Dimethylpropyliden)-2,2-dimethyl-propan-1-iminium" (**76**)
Ausnahme, d.h. **Iminium-Name**

IUPAC RC-82.2[1]

6.3.3 Kation-Zentrum durch formales Entfernen von Hydrid-Ionen H^-

IUPAC RC-82.2.2[1]

6.3.3.1. Kation-Zentrum an Gerüst-Stammstruktur ($-H^-$)

Kation-Zentrum, durch formales **Entfernen von H^-, an einer Gerüst-Stammstruktur**: der Kation-Name ist der

Kap. 4 und 5

Name des Gerüst-Stammsubstituenten ("-yl")	**+ Endung "-ium"**[9]

oder

Name des entsprechenden zusammengesetzten Substituenten ("-yl")	**+ Endung "-ium"**[9]

Anhang 2

Für Di- und Trikationen dieser Art werden die **Multiplikationsaffixe** "Di-" bzw. "Tri-" verwendet ("**-diylium**", nicht "**-ylidenium**", s. **92**; "**-triylium**").

IUPAC empfiehlt die Multiplikationsaffixe "Bis-" bzw. "Tris-" ("**-bis(ylium)**", "**-tris(ylium)**"). Das Kation eines **Polycyclus**, dessen Name auf "...alkan" endet, bekommt den Kation-Namen "...**alkanylium**" (nicht "...alkylium"; s. **85** – **87**)

Ausnahmen:

(i) **Formal von PH_3 und AsH_3 hergeleitete Kation-Zentren** dieser Art werden als **Derivate der Phosphinigsäure** (PH_2–OH) bzw. Arsinigsäure (AsH_2–OH) benannt (s. **77**).

Kap. 6.15(**d**)

(ii) **Formal von PH_5 und AsH_5 hergeleitete Kation-Zentren** dieser Art werden nach *Kap. 6.3.2.1(**a**)* als Derivate von PH_4^+ ("**Phosphonium**") bzw. AsH_4^+ ("**Arsonium**") benannt (s. **78**).

Kap. 6.3.2.1(**a**)

[9]) In CAs 'Chemical Substance Index' ist der Titelstammname ('heading parent') eines solchen Kation-Namens der Gerüst-Stammsubstituentenname (Präfix) gefolgt von "-ium", z.B. 'silylium, diethyl-' (**80**).

Kap. 6.3.3.2(c)

***(iii)* Formal von RN=NH hergeleitete Kation-Zentren** dieser Art werden nach *Kap. 6.3.3.2(c)* als **Diazonium-Kationen** behandelt (s. **79**).

z.B.

77 "Bis(1-methylethyl)phosphinigsäure-iodid" (**77**)
- Englisch: 'bis(1-methylethyl)phosphinous iodide'
- nach *(i)*, **Ausnahme**
- IUPAC: z.B. "Diisopropylphosphanylium-iodid"

78 "Tetraphenylphosphonium" (**78**)
- nach *(ii)*, **Ausnahme**
- IUPAC: auch "Tetraphenyl-λ^5-phosphan-ylium"

79 "Butan-1-diazonium" (**79**)
- nach *(iii)*, **Ausnahme**
- s. *Kap. 6.3.3.2(c)*

80 "Diethylsilylium" (**80**)

81 "Ethylium" (**81**)

82 "Trisilanylium" (**82**)
Lokant "1" nicht nötig, s. *Kap. 4.3.3.1(d)*

83 "Cyclopentylium" (**83**)

84 "3a,7a-Dihydro-1*H*-inden-1-ylium" (**84**)
indiziertes H-Atom nach *Anhang 5(a)(d)*

85 "Bicyclo[1.1.0]but-2-ylium" (**85**)
IUPAC: "Bicyclo[1.1.0]butan-2-ylium"

86 "Spiropentylium" (**86**)
IUPAC: "Spiro[2.2]pentan-1-ylium"

87 "1-Azabicyclo[3.2.1]oct-2-ylium" (**87**)
IUPAC: "1-Azabicyclo[3.2.1]octan-2-ylium"

88 "1*H*-Pyrrol-1-ylium" (**88**)
indiziertes H-Atom nach *Anhang 5(a)*

89 "Oxiranylium" (**89**)

Beispiele:

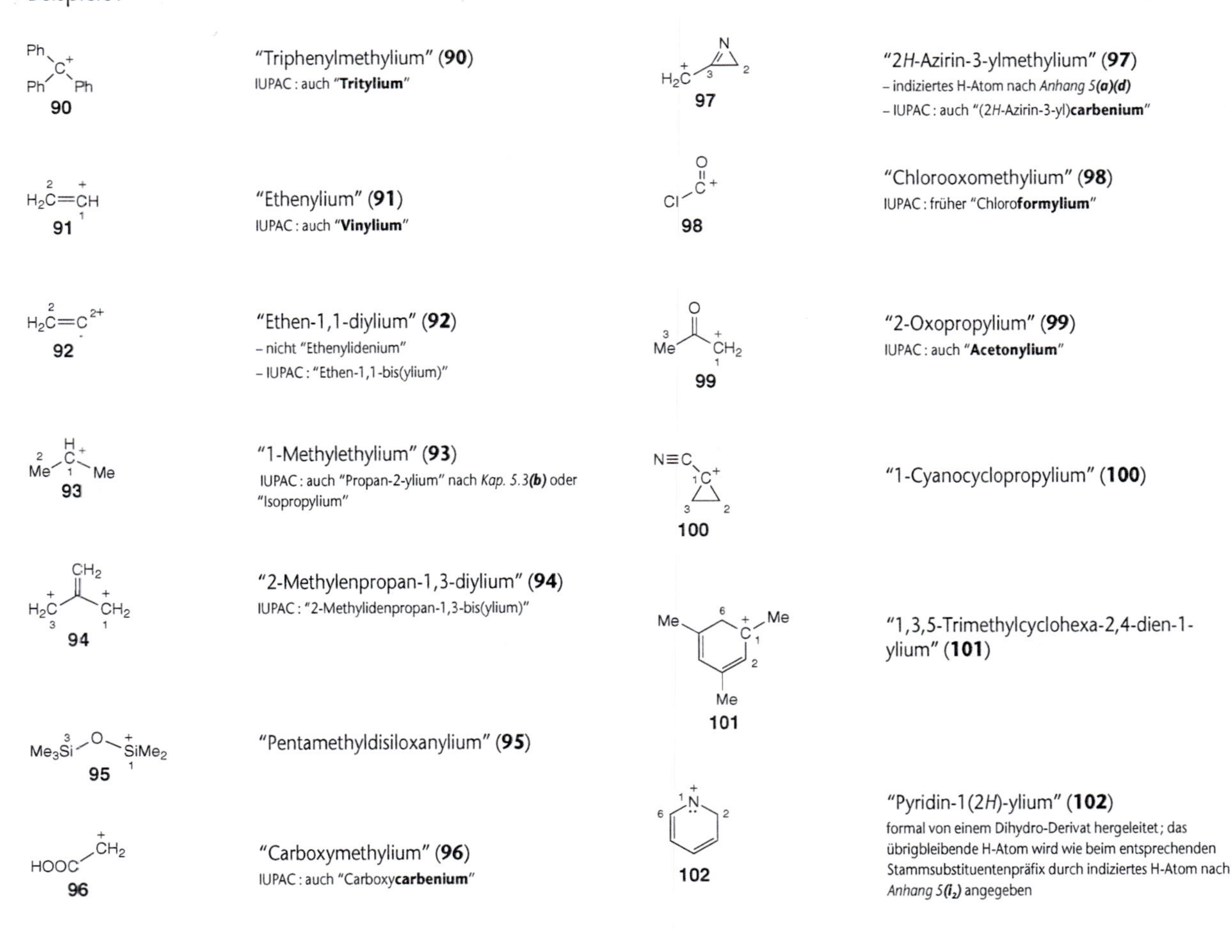

"Triphenylmethylium" (**90**)
IUPAC: auch "**Trityl**ium"

"Ethenylium" (**91**)
IUPAC: auch "**Vinyl**ium"

"Ethen-1,1-diylium" (**92**)
- nicht "Ethenylidenium"
- IUPAC: "Ethen-1,1-bis(ylium)"

"1-Methylethylium" (**93**)
IUPAC: auch "Propan-2-ylium" nach *Kap. 5.3(b)* oder "Isopropylium"

"2-Methylenpropan-1,3-diylium" (**94**)
IUPAC: "2-Methylidenpropan-1,3-bis(ylium)"

"Pentamethyldisiloxanylium" (**95**)

"Carboxymethylium" (**96**)
IUPAC: auch "Carboxy**carbenium**"

"2*H*-Azirin-3-ylmethylium" (**97**)
- indiziertes H-Atom nach *Anhang 5(a)(d)*
- IUPAC: auch "(2*H*-Azirin-3-yl)**carbenium**"

"Chlorooxomethylium" (**98**)
IUPAC: früher "Chloro**formylium**"

"2-Oxopropylium" (**99**)
IUPAC: auch "**Acetonylium**"

"1-Cyanocyclopropylium" (**100**)

"1,3,5-Trimethylcyclohexa-2,4-dien-1-ylium" (**101**)

"Pyridin-1(2*H*)-ylium" (**102**)
formal von einem Dihydro-Derivat hergeleitet; das übrigbleibende H-Atom wird wie beim entsprechenden Stammsubstituentenpräfix durch indiziertes H-Atom nach *Anhang 5(l₂)* angegeben

103 "Tetrahydro-2-phenylfuran-2-ylium" (**103**)

105 "1,?-Dihydroazulenylium" (**105**)
für "1,?", s. *Kap 3.4*, dort *Fussnote 5*

104 "Cyclotetrasilendiylium" (**104**)
Struktur unbestimmt

106 "[Bicyclopropenyl]diylium" (**106**)
IUPAC: "[Bi(cyclopropenyl)]bis(ylium)"

IUPAC RC-82.2.3[1])

6.3.3.2. Kation-Zentrum an charakteristischer Gruppe (– H⁻)

Man unterscheidet:

(a) Acyl-Kation-Zentrum, hergeleitet von Carbonsäuren und Analoga,

(b) Acyl-Kation-Zentrum, hergeleitet von Sulfon-, Sulfin-, Phosphon- oder Phosphinsäuren und Analoga,

IUPAC RC-82.2.2.3

(c) Kation-Zentrum an N-Atom, hergeleitet von RN=NH (Diazonium-Ionen),

(d) Kation-Zentrum an N-Atom von Aminen, Iminen oder Amiden,

(e) Kation-Zentrum an O-Atom von Säuren, Alkoholen oder Hydroperoxiden und Analoga.

Kap. 6.3.3.1

(a) **Acyl-Kation-Zentrum, hergeleitet von Aldehyden oder Carbonsäuren** und Analoga durch formales **Entfernen von H⁻ bzw. HO⁻** oder Analoga: der Kation-Name wird nach *Kap. 6.3.3.1* gebildet und setzt sich zusammen aus

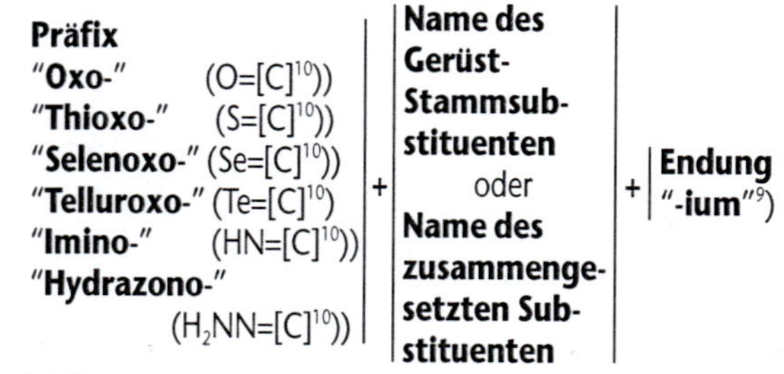

Präfix		Name des Gerüst-Stammsubstituenten oder Name des zusammengesetzten Substituenten		Endung
"Oxo-" (O=[C][10]) **"Thioxo-"** (S=[C][10]) **"Selenoxo-"** (Se=[C][10]) **"Telluroxo-"** (Te=[C][10]) **"Imino-"** (HN=[C][10]) **"Hydrazono-"** (H_2NN=[C][10])	+		+	**"-ium"**[9])

Beachte:

Auch mit –C(=O)⁺ substituierte cyclische Stammsubstituenten oder Heterokettensubstituenten mit regelmässig platzierten Heteroatomen bekommen **Namen mit "Oxo-"** (nicht "Carbonyl-" wie bei den Präfixen, s. (*Kap. 5.9(**c**)*) (s. **108**).

Kap. 5.9(c)

IUPAC empfiehlt von entsprechenden Säuren hergeleitete **Acyl-Namen** + **"-ium"**, nämlich "-ylium", "-oylium" oder "-carbonylium" (s. *Kap. 6.15*, *Tab. 6.1*).

z.B.

107 "1-Oxoethylium" (**107**)
IUPAC: **"Acetylium"**

108 "Cyclobutyloxomethylium" (**108**)
IUPAC: "Cyclobut**ancarbonylium**"

(b) **Acyl-Kation-Zentrum hergeleitet von Sulfon-, Sulfin-, Phosphon- oder Phosphinsäuren** und Analoga durch formales **Entfernen von HO⁻** oder Analoga: der Kation-Name setzt sich zusammen aus

Name des entsprechenden Substituenten
\+
Endung "-ium"[11])

z.B.

109 "4-Methylphenylsulfonylium" (**109**)
IUPAC: früher "*p*-Toluolsulfonylium", nicht "*p*-Tolylsulfonylium"

110 "Hydroxyphosphinylium" (**110**)
IUPAC: vermutlich "Hydrohydroxyphosphorylium" (s. *Kap. 6.11(**c**)*)

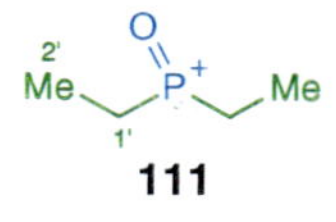

111 "Diethylphosphinylium" (**111**)
– hypothetisch
– IUPAC: "Diethylphosphin**o**ylium"

(c) **Kation-Zentrum am N-Atom einer Gruppe RN=NH,** hergeleitet durch formales **Entfernen von H⁻**: der Kation-Name setzt sich zusammen aus

Stammname der Gerüst-Stamm-struktur RH	+	Endung "-diazonium" "-bis(diazonium) *etc.*	für R-N=N:⁺ *etc.*

z.B.

112 "Cyclopenta-1,3-dien-1-diazonium" (**112**)

(d) **Kation-Zentrum**, durch formales **Entfernen von H⁻, am acyclischen N-Atom von Aminen, Iminen oder Amiden** (für Imide, s. *Kap. 6.3.3.1*): der Kation-Name setzt sich zusammen aus

Kap. 6.3.3.1

Substituentennamen "(R)-" und "(R´)-"	+	Funktionsstammname **"-aminylium"**[12]) (H_2N:⁺)	für RR´N:⁺

[10]) **Eckige Klammern um ein Atom bedeuten, dass dieses Atom im Präfix nicht berücksichtigt ist.**

[11]) In CAs 'Chemical Substance Index' ist der Titelstammname ('heading parent') eines solchen Kation-Namens im Fall von Sulfon- und Sulfinsäure der Name des Stammsubstituenten gefolgt von "-ium", im Fall von Phosphon- und Phosphinsäuren der Funktionsstammname, z.B, 'phenylsulfonylium, 4-methyl-' (**109**), aber 'phosphinylium, hydroxy-' (**110**).

[12]) In CAs 'Chemical Substance Index' ist der Titelstammname ('heading parent') eines solchen Kation-Namens der Funktionsstammname 'aminylium', z.B. 'aminylium, ethyl-' (**113**).

IUPAC empfiehlt für ein solches Kation-Zentrum die **Endung** "**-aminylium**", "**-iminylium**", "**-amidylium**", "**-carboxamidylium**", "**-sulfonamidylium**" *etc.* bzw. die Endung "**-ylium**" bei Trivialnamen, hergeleitet vom entsprechenden Namen der Verbindung ohne Kation-Zentrum.

z.B.

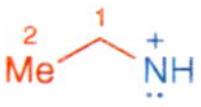

113 "Ethylaminylium" (**113**)
IUPAC: "Eth**an**aminylium"

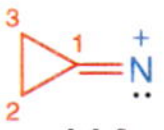

114 "Cyclopropylidenaminylium" (**114**)
IUPAC: auch "Cyclopropan**iminylium**"

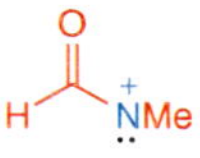

115 "Formylmethylaminylium" (**115**)
IUPAC: "*N*-Methylform**amidylium**"

(e) **Kation-Zentrum**, durch formales **Entfernen von H⁻, am O-Atom einer Carbonsäure oder Carboperoxosäure, eines Alkohols oder Hydroperoxids, einer Sulfon- oder Sulfinsäure bzw. am S-, Se- und Te-Atom von Chalcogen-Analoga**: CA macht keine Angaben zur Benennung solcher Kationen.

IUPAC empfiehlt die Namen "**Acyloxylium**", "**Acylperoxylium**", "**Alkyloxylium**" und "**Alkylperoxylium**" sowie die verkürzten "**Alkoxylium**"-**Namen 116 – 120**.

Weitere Ausnahmen sind "**Acetoxylium**" (**121**) und "**Aminoxylium**" (**122**) (IUPAC RC-82.2.3.4). Namen von Chalcogen-Analoga werden bevorzugt von "Sulfan" ("**Sulfanylium**"; HS^+), "Selan" ("**Selanylium**"; HSe^+), "Tellan" ("**Tellanylium**"; HTe^+) *etc.* hergeleitet (s. **124** und **125**) (IUPAC RC-82.2.3.5).

z.B.

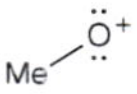

116 "Methoxylium" (**116**)

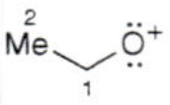

117 "Ethoxylium" (**117**)

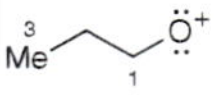

118 "Propoxylium" (**118**)

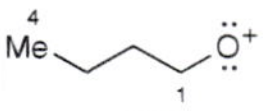

119 "Butoxylium" (**119**)

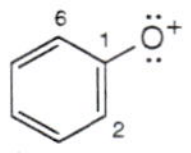

120 "Phenoxylium" (**120**)

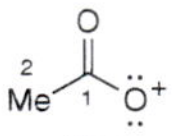

121 "Acetoxylium" (**121**)

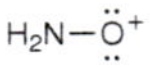

122 "Aminoxylium" (**122**)

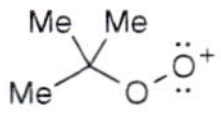

123 "*tert*-Butylperoxylium" (**123**)

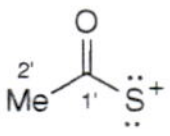

124 "Acetylsulfanylium" (**124**)

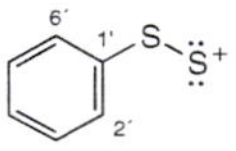

125 "Phenyldisulfanylium" (**125**)

Beispiele:

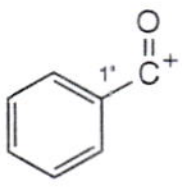

126 "Oxophenylmethylium" (**126**)
- nach *(a)*
- IUPAC: "Benzoylium"

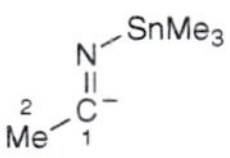

127 "1-[(Trimethylstannyl)imino]ethylium" (**127**)
- nach *(a)*
- IUPAC: "*N*-(Trimethylstannyl)acetimidoylium"

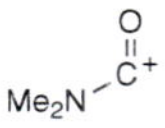

128 "(Dimethylamino)oxomethylium" (**128**)
- nach *(a)*
- IUPAC: "Dimethylcarbamoylium" oder "(Dimethylamino)carbonylium"

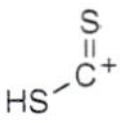

129 "Mercaptothioxomethylium" (**129**)
- nach *(a)*
- IUPAC: "Sulfanylthiocarbonylium"

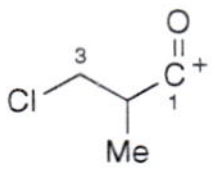

130 "3-Chloro-2-methyl-1-oxopropylium" (**130**)
- nach *(a)*
- IUPAC: "3-Chloro-2-methylpropionylium" oder "-propanoylium"

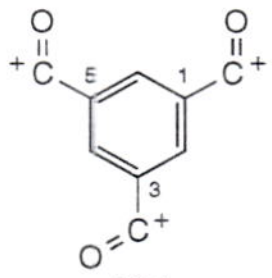

131 "Benzol-1,3,5-triyltris[oxomethylium]" (**131**)
- nach *(a)*
- IUPAC: "Benzol-1,3,5-tricarbonylium"

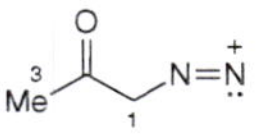

132 "2-Oxopropan-1-diazonium" (**132**)
nach *(c)*

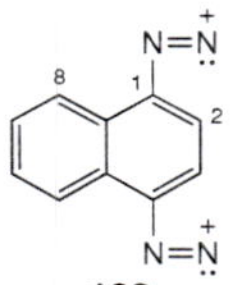

133 "Naphthalin-1,4-bis(diazonium)" (**133**)
nach *(c)*

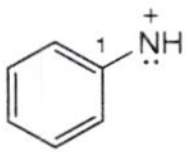

134 "Phenylaminylium" (**134**)
- nach *(d)*
- IUPAC: "Anilinylium" oder "Benzolaminylium"

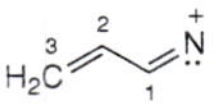

135 "Prop-2-enylidenaminylium" (**135**)
- nach *(d)*
- IUPAC: "Prop-2-en-1-iminylium"

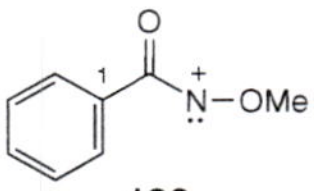

136 "Benzoylmethoxyaminylium" (**136**)
- nach *(d)*
- IUPAC: "*N*-Methoxybenzamidylium"

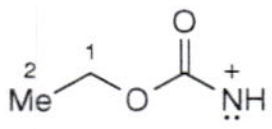

137 "(Ethoxycarbonyl)aminylium" (**137**)
nach *(d)*

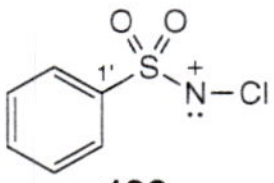

138 "Chloro(phenylsulfonyl)aminylium" (**138**)
- nach *(d)*
- IUPAC: "*N*-Chlorobenzolsulfonamidylium"

IUPAC RC-82.3 und RC-82.4[1])

6.3.4. Kation-Zentrum durch Gerüst-Bindung eines Heteroatoms

Das Kation-Zentrum wird formal durch die **Beteiligung eines freien Elektronenpaars eines Heteroatoms an den Gerüst-Bindungen** hervorgerufen, entweder im Doppelbindungssystem eines Ringes (z.B. "Chinolizinium" (**143**)) oder in der Bildung eines Ringes (z.B. "1,4-Dithioniabicyclo[2.2.2]octan" (**150**)).

Man unterscheidet:

(a) Kation-Zentrum, hervorgerufen durch Erweiterung des Doppelbindungssystems in einem Ring;

(b) Kation-Zentrum, hervorgerufen durch Bildung eines Ringes.

(a) **Kation-Zentrum**, hervorgerufen **durch Erweiterung des Doppelbindungssystems in einem Ring**: wenn nötig unter Beifügen oder Weglassen von indiziertem H-Atom zum bzw. aus der ursprünglichen ungeladenen Stammstruktur, bildet sich der Kation-Name aus

Stammname + | **Endung "-ium"**, **"-diium"**[5]) *etc.*

oder

"onia"-modifizierte Heteroatom-Vorsilbe(n) (= "onia"-Vorsilbe(n) nach *Anhang 4*, s. ***(b)***)

Anhang 5

Anhang 4

+ | **Name des entsprechenden Carbocyclus**[6]) (nur bei ursprünglich ungeladenen Strukturen mit Austauschnamen)

Beachte:

- **Indiziertes H-Atom** bekommt **möglichst tiefe Lokanten**. CA lässt Lokanten von Kation-Zentren weg, wenn keine andern ungeladenen Heteroatome vohanden sind.
- Bei Wahl hat ein **Kation-Zentrum vor einem neutralen Heteroatom** des gleichen Elements **Priorität für möglichst tiefen Lokanten** (s. z.B. **154**).

Ausnahmen:

139

"2*H*-Furylium" (139)
IUPAC: "2*H*-1λ^4-Furan-1-**ylium**"

140

"Pyrylium" (140)

141

"Thiopyrylium" (141)

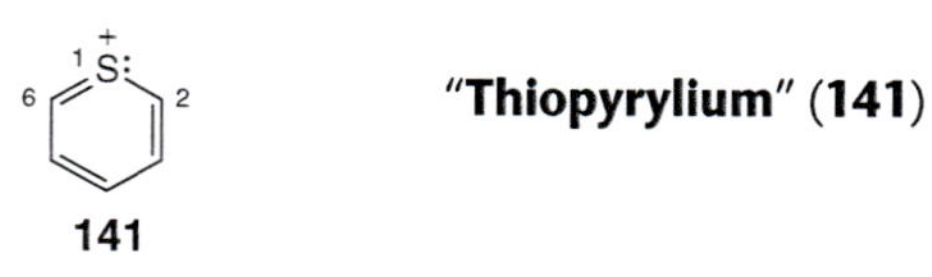

142

"Xanthylium" (142)
analog "Thioxanthylium"

Entsprechend **139 – 142** werden Benzo-anellierte oder andere anellierte **Polycyclen** benannt, **deren ungeladene Strukturen Namen haben, die mit "-furan", "-pyran" oder "-xanthen" enden**.

IUPAC empfiehlt für Kationen dieser Art durchwegs die **λ-Konvention** (s. *Anhang 7*) **kombiniert mit der Endung "-ylium"**. Ausnahmen sind die Trivialnamen **"Pyrylium" (140)**, **"Xanthylium" (142)**, **"Flavylium"** (CA: '2-phenyl-1-benzopyrylium'), **"Chromenylium"** (CA: '1-benzopyrylium'), **"Isochromenylium"** (CA: '2-benzopyrylium') und ihre Chalcogen-Analoga.

z.B.

143

"Chinolizinium" (**143**)
- Englisch: 'quinolizinium'
- das indizierte H-Atom der ungeladenen Struktur wird weggelassen
- IUPAC: "5λ^5-Chinolizin-5-**ylium**"

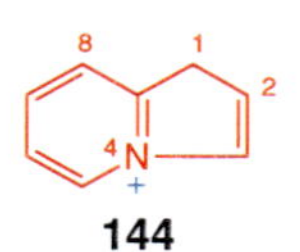

144

"1*H*-Indolizinium" (**144**)
- indiziertes H-Atom nach *Anhang 5**(a)(d)***
- IUPAC: "1*H*-4λ^5-Indolizin-4-**ylium**"

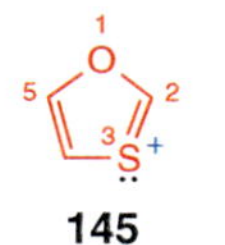

145

"1,3-Oxathiazol-3-ium" (**145**)
IUPAC: "1,3λ^4-Oxathiazol-3-**ylium**"

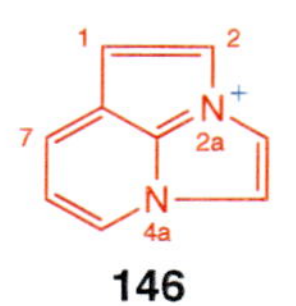

146

"4a-Aza-2a-azoniacyclopent[*cd*]-inden" (**146**)
- das indizierte H-Atom der ungeladenen Struktur wird weggelassen
- IUPAC: auch "2aλ^5,4a-Diazacyclopent[*cd*]-inden-2a-**ylium**"

(b) **Kation-Zentrum**, hervorgerufen **durch Bildung eines Ringes**: der Kation-Name setzt sich zusammen aus

"onia"-modifizierte Heteroatom-Vorsilbe(n) (= "onia"-Vorsilbe(n)) nach *Anhang 4*

+ | **Name des entsprechenden Carbocyclus**[6])

Anhang 4

"onia"-Vorsilben: **"Oxonia-"** (>O⁺–) > **"Thionia-"** (>S⁺–) > **"Selenonia-"** (>Se⁺–) > **"Telluronia-"** (>Te⁺–) > **"Azonia-"** (>N⁺<) > **"Phosphonia-"** (>P⁺<) > **"Arsonia-"** (>As⁺<) *etc.*[7]).

Im Namen erscheint eine **"a"-Vorsilbe vor** der **"onia"-Vorsilbe** des gleichen Heteroatoms; bei Wahl hat aber die **"onia"-Vorsilbe Priorität für möglichst tiefen Lokanten** (s. **162**).

IUPAC zieht für Kationen dieser Art Namen mit der **Endung "-ylium", kombiniert mit der λ-Konvention** (s. *Anhang 7*), vor (s. ***(a)***).

Ausnahmen:

Kationische Heterocyclen, die nach *(a)* benannt werden können (s. **147 – 149**).

z.B.

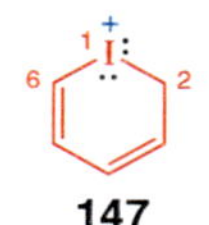

147

"2*H*-Iodinium" (**147**)
- **Ausnahme**: nach ***(a)***
- indiziertes H-Atom nach *Anhang 5**(a)***
- IUPAC: "2*H*-1λ^3-Iodinin-1-**ylium**"

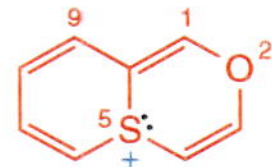

148

"Thiopyrano[2,1-c][1,4]oxathiin-5-ium" (**148**)
- **Ausnahme**: nach ***(a)***
- IUPAC: "5*H*-5λ^4-Thiopyrano[2,1-*c*][1,4]oxathiin-5-**ylium**"

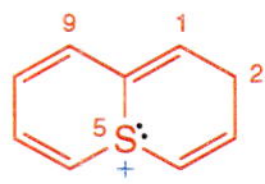

149

"2*H*-Thiopyrano[1,2-*a*]thiopyryl-ium" (**149**)
- **Ausnahme**: nach ***(a)***
- indiziertes H-Atom nach *Anhang 5**(a)***
- IUPAC: auch "2*H*,5*H*-5λ^4-Thiopyrano[1,2-*a*]thiopyran-5-**ylium**"

150

"1,4-Dithioniabicyclo[2.2.2]octan" (**150**)

IUPAC: auch "1λ^4,4λ^4-Dithiabicyclo-[2.2.2]octan-1,4-bis(**ylium**)"

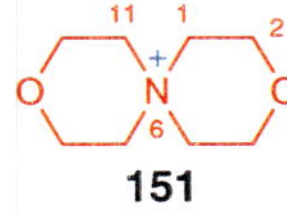

151

"3,9-Dioxa-6-azoniaspiro[5.5]un-decan" (**151**)

IUPAC: auch "3,9-Dioxa-6λ^5-azaspiro-[5.5]undecan-6-**ylium**"

Beispiele:

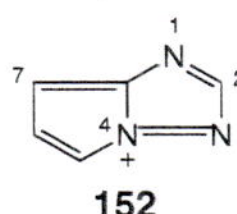

152

"Pyrrolo[1,2-*b*][1,2,4]triazol-4-ium" (**152**)
- nach ***(a)***
- das indizierte H-Atom der ungeladenen Struktur wird weggelassen
- IUPAC: "4λ^5-Pyrrolo[1,2-*b*][1,2,4]triazol-4-ylium"

153

"Dipyrido[1,2-*a*:2′,1′-*c*]pyrazindiium" (**153**)
- nach ***(a)***
- IUPAC: "5λ^5,8λ^5-Dipyrido[1,2-*a*:2′,1′-*c*]pyrazin-5,8-bis(ylium)"

154

"2*H*-1,3-Dioxin-1-ium" (**154**)
- nach ***(a)***
- eines der beiden indizierten H-Atome der ungeladenen Struktur ("4*H*") wird weggelassen
- IUPAC: "2*H*-1λ^4,3-Dioxin-1-ylium"

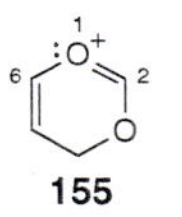

155

"4*H*-1,3-Dioxin-1-ium" (**155**)
- nach ***(a)***
- s. **154**, eines der beiden indizierten H-Atome der ungeladenen Struktur ("2*H*"; nicht ausgedrückt) wird weggelassen

156

"Naphtho[2,1-*b*]pyrylium" (**156**)
- nach ***(a)***
- das indizierte H-Atom der ungeladenen Struktur wird weggelassen

157

"1-Benzothiopyrylium" (**157**)
- nach ***(a)***
- das indizierte H-Atom der ungeladenen Struktur wird weggelassen

158

"1,2,4-Diselenazol-1-ium" (**158**)
- nach ***(a)***
- das indizierte H-Atom der ungeladenen Struktur wird weggelassen
- IUPAC: "1λ^4,2,4-Diselenazol-1-ylium"

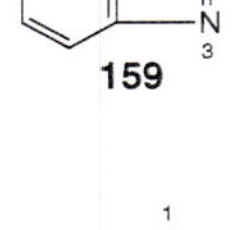

159

"1,2,3-Benzodithiazol-2-ium" (**159**)
- nach ***(a)***
- das indizierte H-Atom der ungeladenen Struktur wird weggelassen
- IUPAC: "1,2λ^4,3-Benzodithiazol-2-ylium"

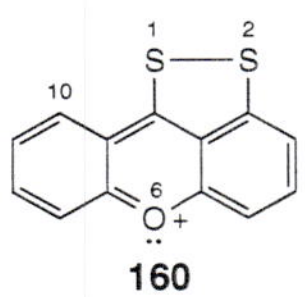

160

"1,2-Dithiolo[3,4,5-*kl*]xanthylium" (**160**)
- nach ***(a)***
- das indizierte H-Atom der ungeladenen Struktur wird weggelassen

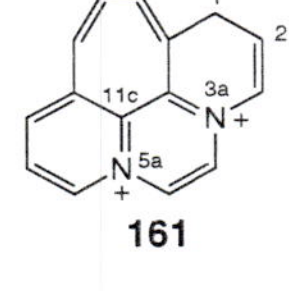

161

"1*H*-3a,5a-Diazoniacyclohepta[*def*]phenan-thren" (**161**)
- nach ***(a)***
- indiziertes H-Atom nach *Anhang 5**(a)(d)***
- IUPAC: auch "1*H*-3aλ^5,5aλ^5-Diazacyclohepta[*def*]phenan-thren-3a,5a-bis(ylium)"

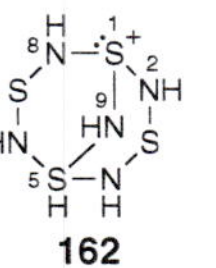
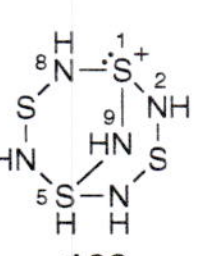

162

"3,5λ^4,7-Trithia-1-thionia-2,4,6,8,9-penta-azabicyclo[3.3.1]nonan" (**162**)
- nach ***(b)***
- "5λ^4" nach *Anhang 7*
- IUPAC: auch "1λ^4,3,5λ^4,7-Tetrathia-2,4,6,8,9-pentaaza-bicyclo[3.3.1]nonan-1-ylium"

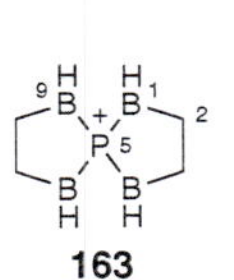

163

"5-Phosphonia-1,4,6,9-tetraboraspiro-[4.4]nonan" (**163**)
- nach ***(b)***
- IUPAC: auch "5λ^5-Phospha-1,4,6,9-tetraboraspiro[4.4]nonan-5-ylium"

6.3.5. KATION-ZENTRUM IN SPIROPOLYCYCLEN

Kap. 4.9.2
Kap. 6.3.2.1**(c)**
Kap. 6.3.3.1
Kap. 6.3.4**(b)**

Kation-Spiropolycyclen, deren entsprechende ungeladene Strukturen **ausschliesslich Austauschnamen** haben (*Kap. 4.9.2*), werden gemäss *Kap. 6.3.2.1**(c)*** (Beifügen von E⁺), *Kap. 6.3.3.1* (Entfernen von H⁻) oder *Kap. 6.3.4**(b)*** (Ringbildung) benannt. In allen andern Fällen gelten die folgenden Regeln.

Man unterscheidet:

(a) Kation-Zentrum ≠ Spiroatom,

(b) Kation-Zentrum = Spiroatom.

Kap. 4.9.3

(a) **Kation-Zentrum ≠ Spiroatom und Namen des ungeladenen Spiropolycyclus nach *Kap. 4.9.3*:** die geladene Spirokomponente wird ausgedrückt als

Kap. 6.3.2.1**(b)** und 6.3.4**(a)**

Ringkomponenten-stammname | + | **Endung "-ium"** (nach *Kap. 6.3.2.1**(b)*** oder *6.3.4**(a)***)

oder

"onia"-Vorsilbe(n) | + | **Name der entsprechen-den Carbokomponente** (nach *Kap. 6.3.2.1**(c)*** oder *6.3.4**(b)***)

Kap. 6.3.2.1**(c)** und 6.3.4**(b)**

oder

vollständiger unveränderter Spiropolycyclus-Name | + | **Endung "-ylium"** (nach *Kap. 6.3.3.1*)

Kap. 6.3.3.1

IUPAC-Namen entsprechend den Angaben in *Kap. 6.3.2.1(**b**)(**c**), 6.3.3.1* und *6.3.4(**a**)(**b**)*; vgl. dazu auch *Kap. 4.9*.

z.B.

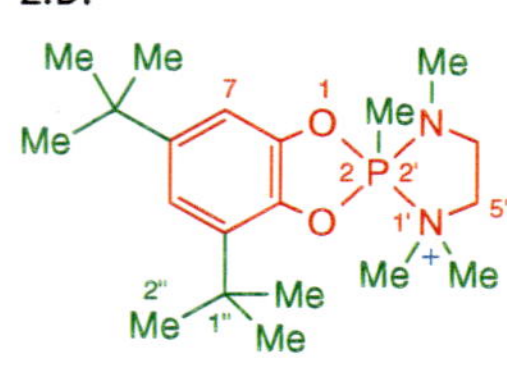

164

"4,6-Bis(1,1-dimethylethyl)-1´,1´,2,3´-tetramethylspiro-[1,3,2-benzodioxaphosphol-2,2´λ^5-[1,3,2]diazaphosphol-idinium]" (**164**)
- nach *Kap. 6.3.2.1(**b**)*
- "2,2´λ^{5}" nach *Anhang 7*

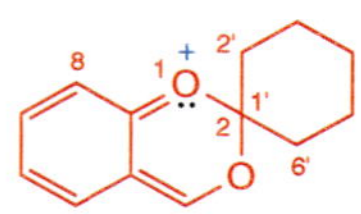

165

" Spiro[2*H*-1,3-benzodioxin-1-ium-2,1´-cyclohexan]" (**165**)
nach *Kap. 6.3.4(**a**)*

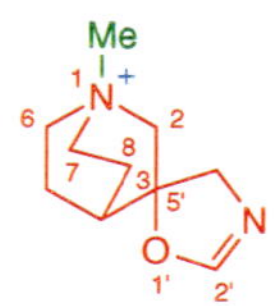

166

"1-Methylspiro[1-azonia-bicyclo[2.2.2]octan-3,5´(4´*H*)-oxazol]" (**166**)
nach *Kap. 6.3.2.1(**c**)*

167

"Spiro[benz[*a*]azulen-10(4b*H*),1´-cyclopropan]-4b-ylium" (**167**)
nach *Kap. 6.3.3.1*

(*b*) Kation-Zentrum = Spiroatom und Namen des ungeladenen Spiropolycyclus nach *Kap. 4.9.3*:

Kap. 4.9.3

(*b₁*) Spirokomponenten verschieden und **keine Austauschnamen** für Komponenten:

Ringkomponen-tenstammname	+	**Endung "-ium" nur für zweitgenannte Komponente** (vgl. *(**a**)*)

z.B.

168

"Spiro[morpholin-4,1´(2´*H*)-chinoxalinium]" (**168**)
- Englisch: '...quinoxalinium]'
- nach *Kap. 6.3.4(**b**)*, Ausnahmen

(*b₂*) Spirokomponenten verschieden und Austauschname für eine Komponente:

Ringkomponen-tenstammname	+	**Endung "-ium" *und* "onia"-modifizierter Name der entsprechenden Carbo-komponente** (vgl. *(**a**)*)

z.B.

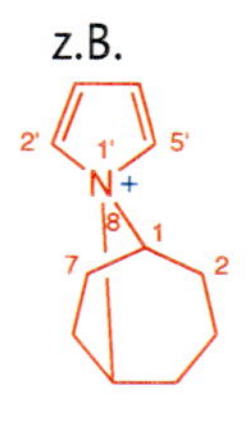

169

"Spiro[8-azoniabicyclo-[3.2.1]octan-8,1´-[1*H*]pyrrol-ium]" (**169**)
nach *Kap. 6.3.4(**b**)*

(*b₃*) Spirokomponenten gleich:

z.B.

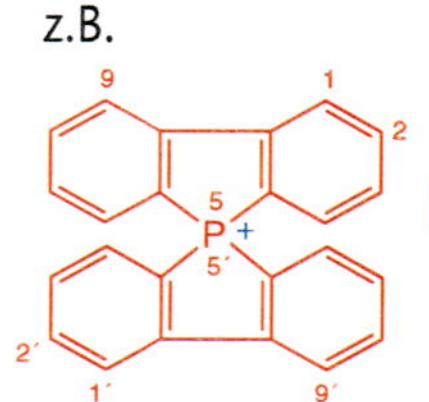

170

"5,5´-Spirobi[5*H*-benzo-[*b*]phosphindolium]" (**170**)
nach *Kap. 6.3.4(**b**)*, Ausnahmen

(*b₄*) Drei Spirokomponenten mit zwei kationischen Spirozentren:

erster und dritter Ring-komponentenstammname	**+ je "-ium"**

z.B.

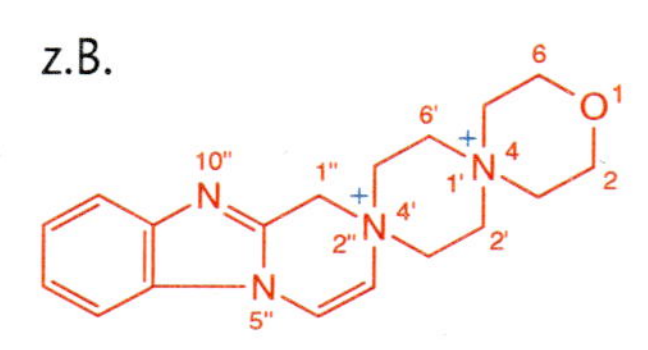

171

"Dispiro[morpholinium-4,1´-piperazin-4´,2´´(1´´*H*)-pyrazino[1,2-*a*]benzimidazolium]" (**171**)
nach *Kap. 6.3.4(**b**)*

IUPAC-Namen entsprechend den Angaben in *Kap. 6.3.2.1(**b**)(**c**), 6.3.3.1* und *6.3.4(**a**)(**b**)*; vgl. dazu auch *Kap. 4.9*.

IUPAC RC-82.5.8[1])

6.3.6. Kation-Substituenten (Präfixe)[13])

Man unterscheidet:

(*a*) Präfix eines N-haltigen mono- oder zweigliedrigen Kation-Substituenten;

(*b*) Präfix eines P-, As-, Sb-, Bi-, O-, S-, Se-, Te-, F-, Cl-, Br- oder I-haltigen monogliedrigen monovalenten Kation-Substituenten;

(*c*) Präfix eines acyclischen oder cyclischen Kation-Substituenten, hergeleitet von einer Gerüst-Stammstruktur.

(*a*) Das Präfix eines N-haltigen mono- oder zweigliedrigen Kation-Substituenten (H-Atome substituierbar) bekommt einen speziellen Namen:

$H_3\overset{+}{N}$— "**Ammonio-**" (**172**)

172

$H_2\overset{+}{N}$= oder $H_2\overset{+}{N}$< "**Iminio-**" (**173**)

173

$H\overset{+}{N}$≡ oder —$H\overset{+}{N}$< oder —$H\overset{+}{N}$= "**Nitrilio-**" (**174**)

174

[13]) Kation-Substituentenpräfixe werden hauptsächlich im Fall von **Polykationen** nach *Kap. 6.3.7(**d₂**)* verwendet.

$:N\equiv\overset{+}{N}—$ oder $:\overset{..}{N}=\overset{+}{N}—$ **"Diazonio-" (175)**

175

z.B.

$Me_2\overset{+}{N}<$ "(Dimethyliminio)-" **(176)**

176

(b) Das **Präfix eines P-, As-, Sb-, Bi-, O-, S-, Se-, Te-, F-, Cl-, Br- oder I-haltigen monogliedrigen monovalenten Kation-Substituenten** (H-Atome substituierbar) lautet auf "-io-":

Kap. 6.3.2.1**(a)**

Stammkation mit Endung "-ium"	→	**Kation-Substituent mit Endsilbe "-io-"**

$H_3\overset{+}{P}—$ **177** — **"Phosphonio-"**[14] **(177)**

$H_3\overset{+}{As}—$ **178** — **"Arsonio-"**[14] **(178)**

$H_3\overset{+}{Sb}—$ **179** — **"Stibonio-" (179)**

$H_3\overset{+}{Bi}—$ **180** — **"Bismutonio-" (180)**
Englisch: 'bismuthonio-'

$H_2\overset{+}{O}—$ **181** — **"Oxonio-" (181)**

$H_2\overset{+}{S}—$ **182** — **"Sulfonio-" (182)**

$H_2\overset{+}{Se}—$ **183** — **"Selenonio-" (183)**

$H_2\overset{+}{Te}—$ **184** — **"Telluronio-" (184)**

$H\overset{+}{F}—$ **185** — **"Fluoronio-" (185)**

$H\overset{+}{Cl}—$ **186** — **"Chloronio-" (186)**

$H\overset{+}{Br}—$ **187** — **"Bromonio-" (187)**

$H\overset{+}{I}—$ **188** — **"Iodonio-" (188)**

z.B.

$Me_3\overset{+}{As}—$ **189** — "(Trimethylarsonio)-" **(189)**

(c) Das **Präfix eines acyclischen oder cyclischen Kation-Substituenten,** hergeleitet von einem Stammkation-Namen mit Endung "-ium" oder "-ylium" oder mit "onia"-Vorsilbe(n) (**Gerüst-Stammstruktur**), setzt sich zusammen aus

Stammkation-Name mit Endung "-ium" oder "-ylium" oder mit "onia"-Vorsilbe	+	**"-yl-"** **"-yliden-"** **"-diyl-"** **"-ylidin-"** *etc.*

Kap. 6.3.2.1 **(b)(c)**, 6.3.3.1, 6.3.3.2**(a)**, 6.3.4 und 6.3.5

Bei Wahl hat die **freie Valenz vor dem Kation-Zentrum Priorität für einen möglichst tiefen Lokanten**.

Ausnahmen:

(i) Ein monovalenter Kation-Substituent mit der **freien Valenz am Heteroatom eines Heterocyclus mit einem einzigen Heteroatom** und einem Stammkation-Name auf "-ium" bekommt ein **Präfix** mit der Endsilbe "**-io-**", z.B. "Pyridinio-" (**190**).

(ii) Ein Kation-Substituent mit der (den) **freien Valenz**(en) **an einer beliebigen Stelle einer cyclischen Struktur mit Austauschnamen**, deren Stammkation-Name auf "-alkan" endet, bekommt nach *Kap. 5.4* und *5.6****(b)*** ein Präfix mit der Endsilbe "**-alkyl-**", "**-alkyliden-**" *etc.* (s. **191**).

Kap. 5.4 und 5.6**(b)**

IUPAC empfiehlt für die zu verwendenden Stammkation-Namen auch die in den *Kap. 6.3.2.1****(c)****, 6.3.3* und *6.3.4* angegebenen Namensvarianten.

z.B.

190 — "Pyridinio-" (**190**)
nach ***(i)***, **Ausnahme**

191 — "(1-Methyl-1-azoniabicyclo[2.2.1]-hept-3-yl)-" (**191**)
– nach ***(ii)***, **Ausnahme**
– IUPAC: z.B. "(1-Methyl-1-azoniabicyclo-[2.2.1]hept**an**-3-yl)-" oder "(1-Methyl-1-azabicyclo[2.2.1]heptan-1-**ium**-3-**yl**)-"

192 — "(1-Methylpyridinium-2-yl)-" (**192**)
IUPAC: "(1-Methylpyridin-1-**ium**-2-**yl**)-"

193 — "(2-Ethyl-2-azoniabicyclo[4.1.0]-hepta-2,4-dien-3-yl)-" (**193**)

194 — "Eth-1-ylium-1-yl-" (**194**)
IUPAC: "(Eth**an**-1-ylium-1-yl)-"

$H_2\overset{+}{Si}—$ **195** — "Silyliumyl-" (**195**)
IUPAC: "Sil**any**liumyl-"

[14]) Die entsprechenden bivalenten Kation-Substituenten $H_2P^+=$ oder $H_2P^+<$ und $H_2As^+=$ oder $H_2As^+<$ heissen **"Phosphinidenio-"** bzw. **"Arsinidenio-"** (H-Atome substituierbar).

Beispiele:

196 "(Triethylammonio)-" (**196**)
nach ***(a)***

197 "(Dimethyloxonio)-" (**197**)
nach ***(b)***

198 "(Phenyliodonio)-" (**198**)
nach ***(b)***

199 "2*H*-Pyranio-" (**199**)
nach ***(c)***, Ausnahme ***(i)***

200 "Phenanthridinio-" (**200**)
nach ***(c)***, Ausnahme ***(i)***

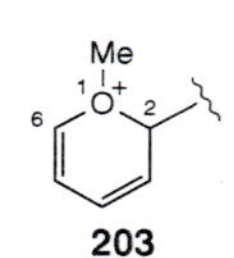

201 "1-Azoniabicyclo[3.3.1]non-1-yl-" (**201**)
– nach ***(c)***, Ausnahme ***(ii)***
– IUPAC: z.B. "1-Azoniabicyclo[3.3.1]nonan-1-yl-"

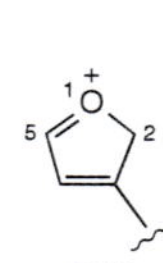

202 "(8,8-Dimethyl-2-aza-8-azoniaspiro[4.5]dec-4-yliden)-" (**202**)
– nach ***(c)***, Ausnahme ***(ii)***
– IUPAC: "(8,8-Dimethyl-2-aza-8-azoniaspiro[4.5]decan-4-yliden)-"

203 "(1-Methyl-2*H*-pyranium-2-yl)-" (**203**)
nach ***(c)***

204 "2*H*-Furylium-3-yl-" (**204**)
– nach ***(c)***
– IUPAC: "2*H*-1λ^4-Furan-1-ylium-3-yl-"; "λ^4" nach *Anhang 7*

205 "(1,4-Dimethylpiperazinium-1,4-diyl)-" (**205**)
– nach ***(c)***
– IUPAC: "(1,4-Dimethylpiperazin-1,4-diium-1,4-diyl)-"

206 "(Methylphosphoniumylidin)-" (**206**)
nach ***(c)***

207 "(Fluorodiazeniumyliden)-" (**207**)
nach ***(c)***

208 "(1,1,4,4-Tetramethyltetraz-2-enium-1-yl)-" (**208**)
– nach ***(c)***
– IUPAC: auch "(1,1,4,4-Tetramethyltetr**aa**z-2-en-1-io)-"

209 "Eth-1-ylium-1-yliden-" (**209**)
– nach ***(c)***
– IUPAC: "(Ethan-1-ylium-1-yliden)-"

210 "Di(phosphin)-1-ylium-1-yl-" (**210**)
– nach ***(c)***
– im Deutschen runde Klammern wegen Verwechslungsgefahr mit Dreifachbindung (P≡P; *Kap. 4.3.3**(b)***).

211 "Hydrazin-1-ylium-1-yl-" (**211**)
nach ***(c)***

212 "Disilinyliumyl-" (**212**)
nach ***(c)***

213 "Trisil-2-en-1-ylium-1,3-diyliden-" (**213**)
nach ***(c)***

214 "Cyclopenta-3,5-dien-2-ylium-1,3-diyl-" (**214**)
nach ***(c)***

215 "Pyridin-5-ylium-2-yl-" (**215**)
nach ***(c)***

6.3.7. POLYKATIONEN

IUPAC RC-82.5[1])

Man unterscheidet:

(a) gleichartige Kation-Zentren an der gleichen Gerüst-Stammstruktur,

(b) verschiedenartige Kation-Zentren an der gleichen Gerüst-Stammstruktur,

(c) durch einen multivalenten Substituenten verbundene Kation-Zentren,

(d) Kation-Zentren in verschiedenen Molekülteilen.

(a) Zwei oder mehr **gleichartige Kation-Zentren an der gleichen Gerüst-Stammstruktur**:

Kap. 6.3.2.1***(b)*** und 6.3.4

(a₁) Namen nach *Kap. 6.3.2.1**(b)*** und *6.3.4*:

Stammname + | **Endung "-ium"** ("-diium", "-triium" *etc.*, wenn zweideutig und bei **IUPAC**)

z.B.

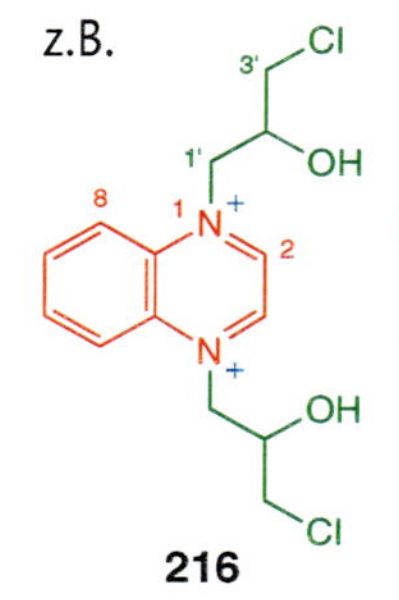

216

"1,4-Bis(3-chloro-2-hydroxypropyl)chinoxalinium" (**216**)
– Englisch: '...quinoxalinium'
– IUPAC: "1,4-Bis(3-chloro-2-hydroxypropyl)chinoxalin-1,4-diium"

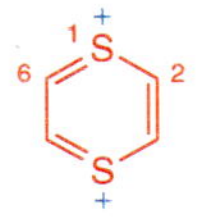

217

"1,4-Dithiindiium" (**217**)
CA: '1,4-Dithii**n**diium'

Kap. 6.3.2.1**(c)** und 6.3.4

(a₂) Namen nach *Kap. 6.3.2.1**(c)*** und *6.3.4*:

"onia"-modifizierte Heteroatom-Vorsilbe(n) (= "onia"-Vorsilbe(n)) nach *Anhang 4*	+	**Name der entsprechenden Carbostruktur**

Anhang 4

z.B.

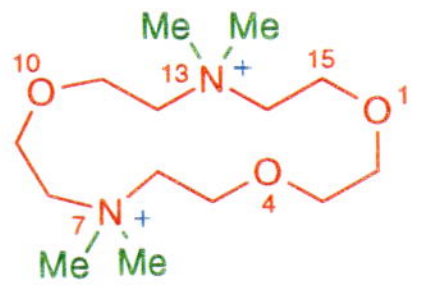

218

"7,7,13,13-Tetramethyl-1,4,10-trioxa-7,13-diazoniacyclopentadecan" (**218**)
IUPAC: auch "7,7,13,13-Tetramethyl-1,4,10-trioxa-7,13-diazacyclopentadecan-7,13-diium"

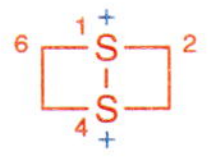

219

"1,4-Dithioniabicyclo[2.2.0]hexan" (**219**)
IUPAC: auch "1λ^4,4λ^4-Dithiabicyclo[2.2.0]hexan-1,4-bis(ylium)"

Kap. 6.3.3.1

(a₃) Namen nach *Kap. 6.3.3.1*

Stammname	+	**Endung** "**-diylium**" "**-triylium**" *etc.* (**IUPAC**: "bis(ylium)", "-tris(ylium)" *etc.*)

z.B.

220

"Butan-1,4-diylium" (**220**)

(b) Zwei oder mehr **verschiedenartige Kation-Zentren an der gleichen Gerüst-Stammstruktur**:

Der Name wird durch Kombination von ***(a₁)*** – ***(a₃)*** gebildet, wobei im Namen "-ium" vor "-ylium" zitiert wird.

IUPAC empfiehlt tiefste Lokanten für die Kation-Zentren als Gesamtheit; bei Wahl hat "-ylium" vor "-ium" Priorität für möglichst tiefen Lokanten.

z.B.

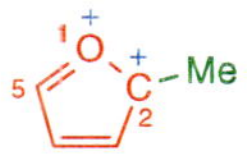

221

"2-Methyl-2*H*-furylium-2-ylium" (**221**)
IUPAC: "2-Methyl-2*H*-1λ^4-furan-1,2-bis(ylium)"

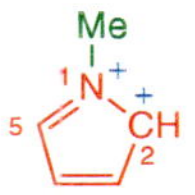

222

"1-Methyl-2*H*-pyrrolium-2-ylium" (**222**)

(c) **Mehrere Kation-Zentren**, die **durch** einen **multivalenten Substituenten verbunden** sind:

Kap. 3.2.3

Multiplikationsname aus Präfix des verbindenden Substituenten + Multiplikationsaffix + Name des Kations nach *Kap. 6.3.2 – 6.3.5*.

Kap. 6.3.2 – 6.3.5

z.B.

223

"(Butan-1,4-diyl)bis[triphenylphosphonium]" (**223**)
IUPAC: "*P,P,P,P′,P′,P′*-Hexaphenyl-(butan-1,4-diyl)diphosphanium"

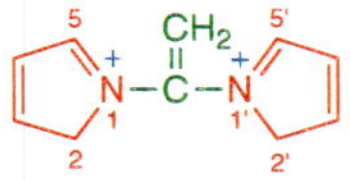

224

"1,1′-Ethenylidenbis[2*H*-pyrrolium]" (**224**)
IUPAC: "1,1′-Ethenylidendi-2*H*-pyrrolium"

(d) **Mehrere Kation-Zentren in verschiedenen Molekülteilen** (charakteristische Gruppen und/oder Gerüst-Stammstruktur):

(d₁) **Gleichartige geladene charakteristische Gruppen**:

Name nach *(c)* oder *Kap. 6.3.2.2* und *6.3.3.2* unter Verwendung von Multiplikationsaffixen.

Kap. 6.3.2.2 und 6.3.3.2

z.B.

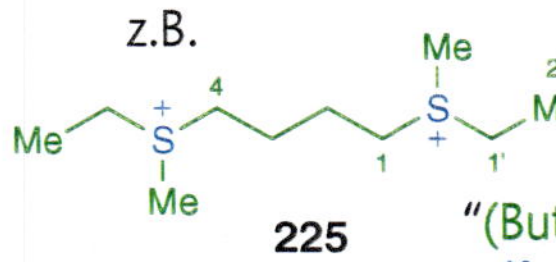

225

"(Butan-1,4-diyl)bis[ethylmethylsulfonium]" (**225**)
nach *Kap. 6.3.2.2**(a)*** (s. *Kap. 6.3.2.1**(a)***) und nach ***(c)***

226

"*N,N,N,N′,N′,N′*-Hexamethylpropan-1,3-diaminium" (**226**)
- nach *Kap. 6.3.2.2**(b)***
- IUPAC: "*N,N,N,N′,N′,N′*-Hexamethylpropan-1,3-bis(aminium)"

(d₂) **Kation-Zentrum sowohl an der Stammstruktur als auch an Substituent(en)**:

Präfix des Kation-Substituenten nach *Kap. 6.3.6*	+	**Name des Stammkations** nach *Kap. 6.3.2 – 6.3.5*

Kap. 6.3.2 – 6.3.5
Kap. 6.3.6

Das **Kation-Zentrum des Stammkations** ist mit abnehmender Priorität **an** folgendem Atom: **C > N > P > As > Sb > Bi > O > S > Se > Te > F > Cl > Br > I**.

Bleibt eine Wahl, dann gelten die Regeln zur Bestimmung der (vorrangigen) Stammstruktur nach *Kap. 3.3* (Kation-Zentrum = Hauptgruppe).

Kap. 3.3

IUPAC empfiehlt folgende Auswahlkriterien: das **Stammkation** hat mit abnehmender Priorität: am meisten Kation-Zentren irgendwelcher Art > am meisten "ylium"-Kation-Zentren > am meisten Kation-Zentren an vorrangigen Atomen (s. *Anhang 4*: F > Cl > Br > I > At > O > S > Se > Te > Po > N > P > As > Sb > Bi > C > Si > Ge > Sn > Pb > B).

Bleibt eine Wahl, dann gelten die Kriterien zur Wahl der (vorrangigen) Stammstruktur nach IUPAC (IUPAC RC-82.5.8.4)

z.B.

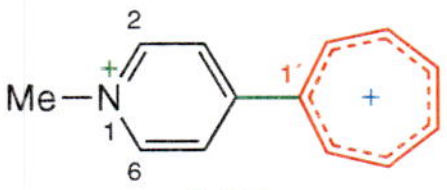

227

"(1-Methylpyridinium-4-yl)cycloheptatrienylium" (**227**)
- $C^+ > N^+$
- IUPAC: gleicher Name, aber weil "-ylium" > "-ium"

228

"3-(Dimethylsulfonio)-*N,N,N*-trimethylpropan-1-aminium" (**228**)
- $N^+ > S^+$
- IUPAC: "Dimethyl[3-(trimethylammonio)propyl]sulfanium", d.h. $S^+ > N^+$

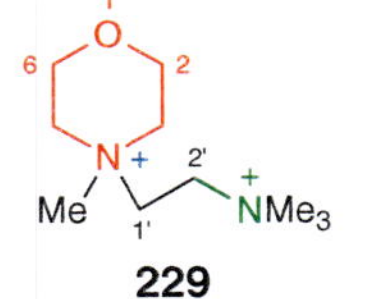

229

"4-Methyl-4-[2-(trimethylammonio)ethyl]morpholinium" (**229**)
Ring > Kette

6

Kap. 3.4

Beispiele:

230

"1,7-Dimethyl-4,10,15-trioxa-1,7-diazoniabicyclo[5.5.5]heptadecan" (**230**)
- nach (***a₂***)
- IUPAC: auch "1,7-Dimethyl-4,10,15-trioxa-1,7-diazabicyclo[5.5.5]heptadecan-1,7-diium"

231

"3,4-Dihydro-4-oxo-1-benzopyrylium-3-ylium" (**231**)
nach (***b***)

232

"1,1′-[(2-Bromo-5-methoxy-1,4-phenylen)bis(methylen)]bis[tetrahydrothiophenium]" (**232**)
nach (***c***)

233

"*N*,*N*′-Dibutyl-2,3-dimethoxy-*N*,*N*,*N*′,*N*′-tetramethylbutan-1,4-diaminium" (**233**)
- nach (***d₁***)
- IUPAC: *N*,*N*′-Dibutyl-2,3-dimethoxy-*N*,*N*,*N*′,*N*′-tetramethylbutan-1,4-bis(aminium)"

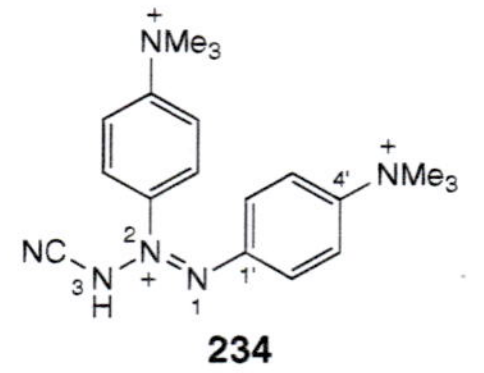

234

"3-Cyano-1,2-bis[4-(trimethylammonio)phenyl]triaz-1-enium" (**234**)
nach (***d₂***)

235

"1,4-Bis(2-hydroxy-3-pyridiniopropyl)-1,4-dimethylpiperazinium" (**235**)
- nach (***d₂***)
- IUPAC: "1,4-Bis(2-hydroxy-3-pyridiniopropyl)-1,4-dimethylpiperazin-1,4-diium"

236

"1-{2-[(Dimethylamino)methylen]-5-(dimethyliminio)pent-3-enyliden}piperidinium" (**236**)
nach (***d₂***)

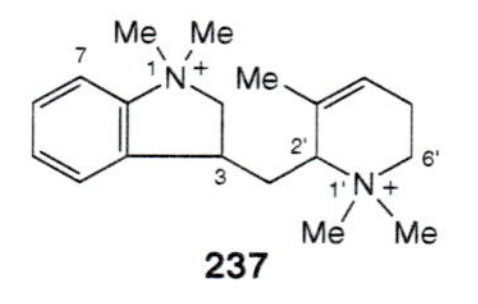

237

"2,3-Dihydro-1,1-dimethyl-3-[(1,2,5,6-tetrahydro-1,1,3-trimethylpyridinium-2-yl)methyl]-1*H*-indolium" (**237**)
nach (***d₂***)

6

CA ¶ 180
IUPAC RC-83[1])
und R-5.8.3

6.4. Anionen *(Klasse 4)*

6.4.1. Vorbemerkungen

CA ¶ 215
IUPAC 'Red Book'

Kap. 6.34

Anionische Koordinationsverbindungen werden nach den Richtlinien der **Nomenklatur der anorganischen Chemie** bezeichnet (*Kap. 6.34*) und sind hier nicht besprochen. Für neutrale Koordinationsverbindungen, s. auch *Klasse 3* (**Organometall-Verbindungen**, *Kap. 6.34*).

Eine ausführliche Abhandlung zur Benennung von freien Radikalen und Ionen wurde von **IUPAC** publiziert (**RC-Empfehlungen**)[1]).

Definition:

Für Nomenklaturzwecke ist ein Anion eine Molekülstruktur mit mindestens einer negativen Ladung, formal hergeleitet von einer Stammstruktur (Gerüst oder Funktion; inkl. Hydro-Derivate davon) **oder von einer charakteristischen Gruppe durch Entfernen von einem** (oder mehr) **Hydron**(en)[2]), **z.B. H^+, durch Beifügen von einem** (oder mehr) **Hydrid-Ion**(en) **H^-** oder durch Kombination dieser Operationen. Das Atom, welches die resultierende Ladung trägt, ist das **Anion-Zentrum**.

M^-

ein **Anion**

Man unterscheidet:

- Anion-Zentrum durch formales Entfernen von Protonen H^+: (Kap. 6.4.2)
  - Anion-Zentrum an Gerüst-Stammstruktur, (Kap. 6.4.2.1)
  - Anion-Zentrum an charakteristischer Gruppe; (Kap. 6.4.2.2)
- Anion-Zentrum durch formales Beifügen von Hydrid-Ionen H^-; (Kap. 6.4.3)
- Anion-Substituenten (Präfixe); (Kap. 6.4.4)
- Polyanionen. (Kap. 6.4.5)

Beachte:

- **CA[3]) führt ein Anion, das sich von einer Stammstruktur** (Gerüst oder Funktion) **oder von einer charakteristischen Gruppe herleiten lässt** (z.B. durch Entfernen von H^+), **beim Namen der ungeladenen Struktur an**, unter Beigabe einer modifizierenden Angabe:

Name der ungeladenen Struktur	+	**'ion(1–)'** **'ion(2–)'** **'ion(neg.)'** **'lithium salt'** **'monosodium salt'** *etc.*

Für **IUPAC-Varianten**, s. *Kap. 6.4.2.1* und *6.4.2.2*. Der **Bindestrich** zwischen Kation- und Anion-Namen wird im Deutschen meist weggelassen, im folgenden aber immer beigefügt (im Englischen zwei separate Wörter).

z.B.

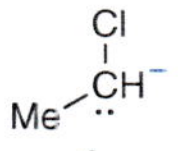

1 'ethane, chloro-, ion(1–)' (**1**)
IUPAC: "1-Chloroethan-1-id"

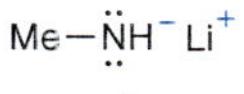

2 'methanamine, monolithium salt' (**2**)
IUPAC: "Lithium-methanaminid"

CA ¶ 198
und 281A

- **CA[3]) führt Anion-Namen als modifizierende Angabe für Salze und bei Kation-Namen an**, entweder als Namen auf '-ide', '-ate', '-ite' und '-oxide' gemäss *Kap. 6.4.2.1* und *6.4.2.2(**b**)(**c**)* oder umschrieben als 'salt with...', 'compd. with...':

Kap. 6.4.2.1 und 6.4.2.2(b)(c)

Name einer ungeladenen Struktur oder Kation-Name	+	**Anion-Name ('-ide', '-ate', '-ide', '-oxide')** **'salt with...'** **'compd. with...'**

Für **IUPAC-Varianten**, s. *Kap. 6.4.2.1* und *6.4.2.2*. Der **Bindestrich** zwischen Kation- und Anion-Namen wird im Deutschen meist weggelassen, im folgenden aber immer beigefügt (im Englischen zwei separate Wörter).

z.B.

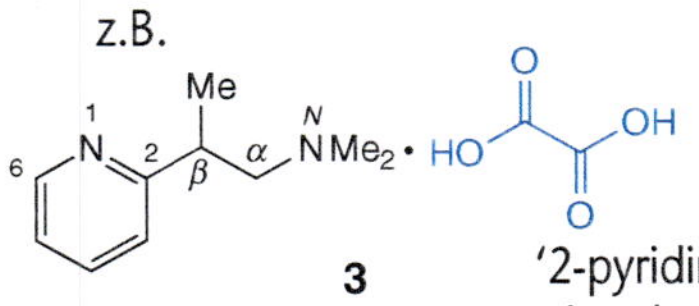

3 '2-pyridineethanamine, *N*,*N*,*β*-trimethyl-, ethanedioate (1:1)' (**3**)
IUPAC: z.B. "(*N*,*N*,*β*-Trimethylpyridin-2-ethanaminium)-hydrogen-ethandioat"

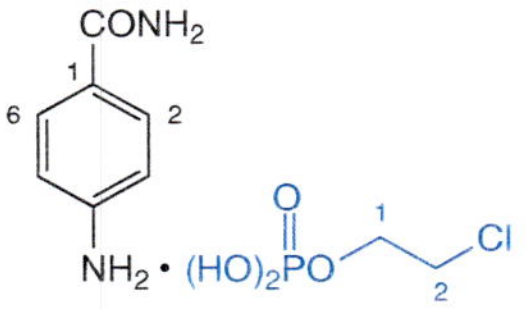

4 'benzamide, 4-amino-, compd. with 2-chloroethyl dihydrogen phosphate (1:1)' (**4**)

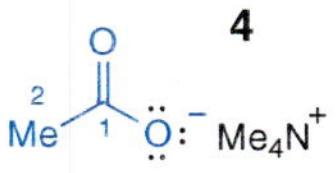

5 'methanaminium, *N*,*N*,*N*-trimethyl-, acetate' (**5**)
IUPAC: "Tetramethylammonium-acetate"

---

1) IUPAC, 'Revised Nomenclature for Radicals, Ions, Radical Ions, and Related Species', *Pure Appl. Chem.* **1993**, *65*, 1357 (Revision der Empfehlungen bzgl. Anionen im 'Blue Book', z.B. IUPAC C-84).

2) "**Hydron**" ist der generische Name für das Wasserstoff-Kation, d.h. das natürliche Gemisch von Protonen, Deuteronen und Tritonen. Der Einfachheit halber wird im folgenden der Name "**Proton**" (H^+) statt "Hydron" verwendet.

3) CA braucht Anion-Namen als Titelstammnamen ('index heading') nur, wenn ein Anion selbst untersucht wird.

MeÖ:⁻ Me_4N^+ **6**	'methanaminium, *N,N,N*-trimethyl-, methoxide' (**6**) IUPAC: "Tetramethylammonium-methoxid"	MeN̈H⁻ Me_4N^+ **8**	'methanaminium, *N,N,N*-trimethyl-, compd. with methanamine (1:1)' (**8**) IUPAC: "Tetramethylammonium-methanaminid"
Cl_3C–C(=O)–Ö:⁻ Me_4N^+ **7**	'methanaminium, *N,N,N*-trimethyl-, salt with trichloroacetic acid (1:1)' (**7**) – s. *Kap. 6.4.2.2(**b**)* – IUPAC: "Tetramethylammonium-trichloroacetat"	$^+PEt_4$ Benzotriazolid **9**	'phosphonium, tetraethyl-, salt with 1*H*-benzotriazole (1:1)' (**9**) IUPAC: "Tetraethylphosphonium-(1*H*-benzotriazol-1-id)"

6.4.2. Anion-Zentrum durch formales Entfernen von Protonen H^+

IUPAC RC-83.1.2[1])

6.4.2.1. Anion-Zentrum an Gerüst-Stammstruktur (– H^+)

Man unterscheidet:

(a) Anion-Zentrum mit speziellem Anion-Namen (z.B. "Acetylid", "Phosphid");

(b) Anion-Zentrum an einer Gerüst-Stammstruktur, nämlich an
Kohlenwasserstoff-Kette,
Heterokette,
Carbomonocyclus,
anelliertem Polycyclus (inkl. überbrückt),
Brückenpolycyclus nach *von Baeyer*,
Spiropolycyclus,
Ringsequenz.

(a) **Unsubstituiertes Anion-Zentrum**, durch formales **Entfernen von H^+, an HC≡CH** ("Ethin"), **PH_3** ("Phosphin"), **AsH_3** ("Arsin"), **SbH_3** ("Stibin"), **SiH_4** ("Silan") und **H_2N–NH_2** ("Hydrazin"):

spezielle Anion-Namen

HC≡C:⁻ **10**	**"Acetylid-(C_2H^-)" (10)** IUPAC: auch "Ethin-1-id"
⁻:C≡C:⁻ **11**	**"Acetylid-(C_2^{2-})" (11)** IUPAC: "Acetylid"
H_2P:⁻ **12**	**"Phosphid-(H_2P^-)" (12)** IUPAC: "Phosphanid" oder "Phosphinid"
HP:²⁻ **13**	**"Phosphid-(HP^{2-})" (13)** IUPAC: "Phosphandiid" oder "Phosphindiid"
:P:³⁻ **14**	**"Phosphid" (14)** IUPAC: "Phosphid"
H_2As:⁻ **15**	**"Arsenid-(H_2As^-)" (15)** IUPAC: "Arsanid" oder "Arsinid"
HAs:²⁻ **16**	**"Arsenid-(HAs^{2-})" (16)** IUPAC: "Arsandiid" oder "Arsindiid"
:As:³⁻ **17**	**"Arsenid" (17)** IUPAC: "Arsenid"
H_2Sb:⁻ **18**	**"Antimonid-(H_2Sb^-)" (18)** IUPAC: "Stibanid" oder "Stibinid"
HSb:²⁻ **19**	**"Antimonid-(HSb^{2-})" (19)** IUPAC: "Stibandiid" oder "Stibindiid"
:Sb:³⁻ **20**	**"Antimonid" (20)** IUPAC: "Antimonid"
H_3Si^- **21**	**"Silan-Ion(1–)" (21)** – nach *Kap. 6.4.1* – IUPAC: "Silanid"
:Si:⁴⁻ **22**	**"Silicid" (22)** IUPAC: "Silicid"
H_2N–N̈H⁻ **23**	**"Hydrazid" (23)** IUPAC: auch "Diazanid"

(b) **Anion-Zentrum i**, durch formales **Entfernen von H^+, an Kohlenwasserstoff-Kette, Heterokette, Carbomonocyclus, Heteromonocyclus, anelliertem Polycyclus** (inkl. überbrückt), **Brückenpolycyclus nach *von Baeyer*, Spiropolycyclus oder Ringsequenz**: Der Anion-Name setzt sich zusammen aus

Kap. 4.2–4.10

Name der ungeladenen Gerüst-Stammstruktur oder der substituierten Struktur	+	**"-Ion(1–)"** **"-Ion(2–)"** *etc.* **"-Lithium-Salz"** *etc.* nach *Kap. 6.4.1*

Kap. 6.4.1

oder

"Salz mit" **"Verbindung mit"** nach *Kap. 6.4.1*	+	**Name der ungeladenen Gerüst-Stammstruktur oder der substituierten Struktur**

oder

Stammname + Endung "-id" (Ausnahme[4]))	***nur* bei *unsubstituierten* Kohlenwasserstoff-Ketten und Carbomonocyclen,** nach *Kap. 6.4.1*[4])

Kap. 6.4.1

[Gerüst-Stammstruktur – H]⁻
i

[4]) Bei CA nur als modifizierende Angabe bei Salzen und Kation-Namen, nach *Kap. 6.4.1(**b**)*.

IUPAC empfiehlt in allen Fällen:

Stammname + Endung "-id", "-diid" *etc.*

oder

Radikal-Name nach *Kap. 6.2* + **"-Anion", "-Dianion"** *etc.*

Bei Austauschnamen können auch spezielle "a"-Vorsilben verwendet werden, die sich von den entsprechenden monogliedrigen Hydrid-Namen nach *Kap. 4.3.3.1* + "-id" herleiten, z.B. **"Phosphanida-"** (>P⁻; s. z.B. **39**). Zum **Bindestrich** zwischen Kation- und Anion-Namen, s. *Kap. 6.4.1.*

z.B.

$\ddot{C}H_3^-$ **24**

"Methan-Ion(1–)" oder "Methanid"[4]) (**24**)
IUPAC: "Methan**id**" oder "Methyl-Anion"

25

"Cyclopropen-Ion(1–)" oder "Cyclopropenid"[4]) (**25**)
IUPAC: "Cycloprop-2-en-1-**id**" oder "Cycloprop-2-en-1-yl-Anion"

26

"1,3-Diphenylprop-1-en-Ion(1–)" oder z.B. "Salz mit 1,3-Diphenylprop-1-en (1:1)" (**26**)
IUPAC: "1,3-Diphenylprop-2-en-1-**id**" oder "1,3-Diphenylprop-2-en-1-yl-Anion"

27

"1*H*-Imidazol-Lithium-Salz" (**27**)
IUPAC: "**Lithium**-1*H*-imidazol-1-**id**"

28

"Diphenylmethan-Ion(2–)" oder z.B. "Salz mit Diphenylmethan (2:1)" (**28**)
IUPAC: "Diphenylmethan**diid**" oder "Diphenylmethylen-Dianion"

Beispiele:

29 "2-Methylpropan-Ion(1–)" (**29**)
IUPAC: "2-Methylpropan-1-id"

$Me_2\ddot{A}s^-$ **30** "Dimethylarsin-Ion(1–)" (**30**)
IUPAC: "Dimethylarsanid" oder "Dimethylarsinid"

31 "Ethylsilan-Ion(1–)" (**31**)
IUPAC: "Ethylsilanid"

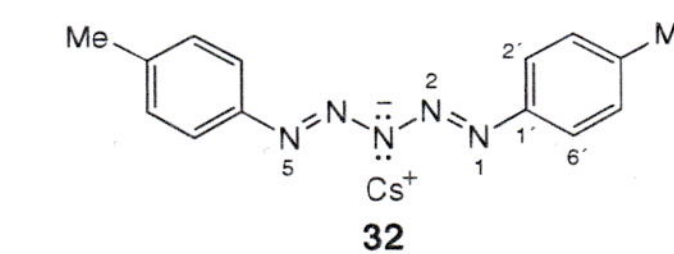

"1,5-Bis(4-methylphenyl)pentaza-1,4-dien-Caesium-Salz" (**32**)
IUPAC: "Caesium-1,5-di(*p*-tolyl)-penta**aza**-1,4-dien-3-id"

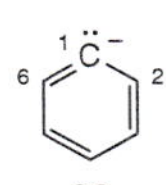

"Benzenid" (**33**)
– bei CA ab 1987 ('12th Coll. Index') als Titelstammname ('heading parent'); früher 'benzene, ion(1–)'
– IUPAC: "Benzenid" (?; vgl. dazu "Benzenium" (**1** in *Kap. 6.3.2*))

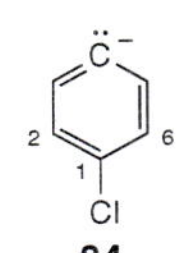

"Chlorobenzol-Ion(1–)" (**34**)
IUPAC: "4-Chlorobenzen-1-id" (?; vgl. **33**)

35 "Cyclopenta-1,3-dien-Ion(1–)" oder "Cyclopentadienid"[4]) (**35**)
IUPAC: "Cyclopenta-2,4-dien-1-id"

36 "Pyridin-Ion(1–)" (**36**)
IUPAC: "Pyridin-1(2*H*)-id", formal vom Dihydro-Derivat hergeleitet, wobei das übrigbleibende H-Atom durch indiziertes H-Atom nach *Anhang 5(i₂)* angegeben wird

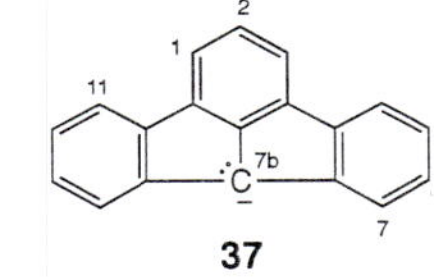

"1*H*-Indeno[1,2,3-*jk*]fluoren-Ion(1–)" (**37**)
– CA: Anion-Zentrum nicht lokalisiert
– IUPAC: "7b*H*-Indeno[1,2,3-*jk*]fluoren-7b-id"; Anion-Zentrum lokalisiert

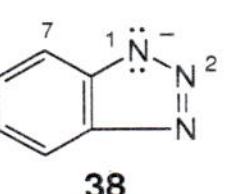

"1*H*-Benzotriazol-Ion(1–)" (**38**)
IUPAC: "1*H*-Benzotriazol-1-id"

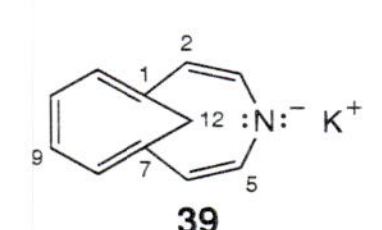

"4-Azabicyclo[5.4.1]dodeca-2,5,7,9,11-pentaen-Kalium-Salz" (**39**)
IUPAC: "Kalium-4-azabicyclo[5.4.1]dodeca-2,5,7,9,11-pentaen-4-id" oder, nach IUPAC RC-83.3, "Kalium-4-**azanida**bicyclo[5.4.1]dodeca-2,5,7,9,11-pentaen"

IUPAC RC-83.1.3 – RC-83.1.6[1])

6.4.2.2. Anion-Zentrum an charakteristischer Gruppe (– H⁺)

Man unterscheidet:

(a) Anion-Zentrum an acyclischem N-Atom,

(b) Anion-Zentrum an O-Atom oder Chalcogen-Atom (S, Se, Te) einer Carbon-, Carboperoxo-, Sulfon-, Sulfin-, Phosphon-, Phosphin- oder Kohlensäure *etc.* und Analoga,

(c) Anion-Zentrum an O-Atom oder Chalcogen-Atom (S, Se, Te) eines Alkohols oder Chalcogen-Analogons.

IUPAC RC-83.1.5 und RC-83.1.6[1])

(a) **Anion-Zentrum ii** oder **iii**, durch formales **Entfernen von H⁺, an einem acyclischen N-Atom**: Der Anion-Name setzt sich zusammen aus

Name der ungeladenen Struktur + **"-Ion(1–)"** / **"-Ion(2–)"** *etc.* / **"-Lithium-Salz"** *etc.* nach *Kap. 6.4.1*

oder

"Salz mit" / **"Verbindung mit"** nach *Kap. 6.4.1* + **Name der ungeladenen Struktur**

Kap. 6.4.1

$[R'-\ddot{N}-R']^-$ **ii** $[R-\ddot{N}:]^{2-}$ **iii**

IUPAC empfiehlt:

Name der ungeladenen Struktur	+	**Endung "-id", "-diid"** *etc.* (nicht bei Amiden)
	oder	
Name des(r) Substituenten	+	**"-amid"** ($RR'N^-$), **"-imid"** (RN^{2-})

Ausserdem werden für die unsubstituierten Anionen H_2N^- und HN^{2-} entsprechend die Namen **"Amid"** (H_2N^-) bzw. **"Imid"** (HN^{2-}) empfohlen. Zum **Bindestrich** zwischen Kation- und Anion-Namen, s. *Kap. 6.4.1.*

z.B.

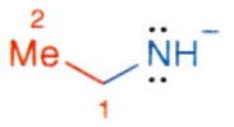

40: "Ethanamin-Ion(1–)" oder z.B. "Salz mit Ethanamin (1:1)" (**40**)
IUPAC: "Ethan**aminid**" oder "Ethyl**amid**"

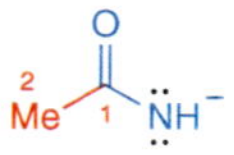

41: "Acetamid-Ion(1–)" oder z.B. "Salz mit Acetamid (1:1)" (**41**)
IUPAC: "Acetyl**amid**", **nicht** "Acet**amidid**"

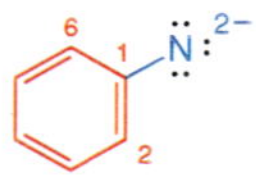

42: "Benzolamin-Ion(2–)" oder z.B. "Salz mit Benzolamin (2:1)" (**42**)
IUPAC: "Phenyl**imid**" oder "Anilin**diid**"

IUPAC RC-81.1.3[1]) Kap. 6.7–6.12 Kap 6.14

(b) **Anion-Zentrum**, durch formales **Entfernen von H⁺, am O-Atom oder Chalcogen-Atom einer Carbon-, Carboperoxo-, Sulfon-, Sulfin-, Phosphon-, Phosphin- oder Kohlensäure** *etc.* und Analoga (s. auch die **Salz-Namen** bei den Säure-Namen in *Kap. 6.7 – 6.12* und die Ester-Namen in *Kap. 6.14*): Der Anion-Name setzt sich zusammen aus

Name der ungeladenen Struktur	+	**"-Ion(1–)"** **"-Ion(2–)"** *etc.* **"-Lithium-Salz"** *etc.* nach *Kap. 6.4.1*
	oder	
"Salz mit" **"Verbindung mit"** nach *Kap. 6.4.1*	+	**Name der ungeladenen Struktur**
	oder	
"-carbonsäure" **"-säure"** **"-igsäure"** **"Kohlensäure"** **"Carbamidsäure"**	→	**"-carboxylat"** **"-(o)at"** **"-(o)it"** **"-carbonat"** **"-carbamat"** (**Ausnahmen**[4]))

Kap. 6.4.1 — Kap. 6.4.1 — Kap. 6.7.5, 6.8**(f)**, 6.9**(e)**, 6.10, 6.11**(h)** und 6.14**(b)(c)**

letztere Variante **nur bei *unsubstituierten* Säuren mit Suffixen** (Carbon-, Sulfonsäuren *etc.*) **oder bei unsubstituierten und substituierten Säuren mit Funktionsstammnamen** (Phosphon-, Kohlensäuren *etc.*) nach *Kap. 6.4.1*[4]).

Kap. 6.4.1

Die Suffixe "-oat", "-at", "-oit" und "-it" lassen sich von den englischen Suffixen '-oic acid', '-ic acid', '-o(o)us acid' bzw. '-ous acid' herleiten (s. *Kap. 6.14, Fussnote 3*). **Im Deutschen werden die folgenden, dem Englischen angepassten Anion-Namen verwendet** (s. *Kap. 6.14**(b)***):

Kap. 6.14, Fussnote 3 — Kap. 6.14**(b)**

$MeC(=O)O^-$	**"Acetat"**	$P(=O)(O^-)_3$	**"Phosphat"**
$PhC(=O)O^-$	**"Benzoat"**	$P(O^-)_3$	**"Phosphit"**
$^-OC(=O)O^-$	**"Carbonat"**	$Si(O^-)_4$	**"Silicat"**
$H_2NC(=O)O^-$	**"Carbamat"**		
$HC(=O)O^-$	**"Format"** IUPAC empfiehlt im Deutschen "Formiat"		
$^-OS(=O)_2O^-$	**"Sulfat"**		
$H_2NS(=O)_2O^-$	**"Sulfamat"**		
$^-OS(=O)O^-$	**"Sulfit"**		
$N(=O)_2O^-$	**"Nitrat"**		
$N(=O)O^-$	**"Nitrit"**		

IUPAC empfiehlt für Anion-Zentren an Säuren (Ausnahme: Peroxosäure-Anionen mit verschiedenen Chalcogen-Atomen, z.B. RC(S)OOH[5])) **immer**:

"-carbonsäure" **"-säure"** **"-igsäure"**	→	**"-carboxylat"** **"-(o)at"** **"-(o)it"**

Zum **Bindestrich** zwischen Kation- und Anion-Namen, s. *Kap. 6.4.1.*

z.B.

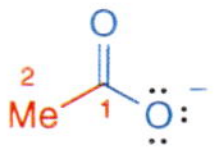

46: "Essigsäure-Ion(1–)" oder "Acetat"[4]) (**46**)
IUPAC: "Acet**at**"

47: "2,2-Dimethylpropansäure-Ion(1–)" oder z.B. "Salz mit 2,2-Dimethylpropansäure (1:1)" (**47**)
IUPAC: "2,2-Dimethylpropan**oat**"

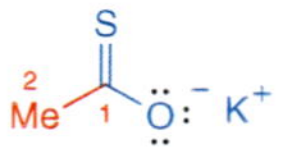

48: "Ethanthiosäure-Kalium-Salz" oder "Kalium-ethanthioat"[4]) (**48**)
IUPAC: "**Kalium**-ethan**thioat**"

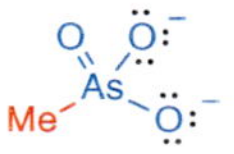

49: "Methylarsonsäure-Ion(2–)" oder z.B. "Salz mit Methylarsonat (2:1)"[4]) (**49**)
IUPAC: "Methylarson**at**"

IUPAC RC-83.1.4 und RC-83.1.6[1])

(c) **Anion-Zentrum**, durch formales **Entfernen von H⁺, am O-Atom eines Alkohols bzw. am Chalcogen-Atom** (S, Se und Te) **eines Chalcogen-Analogons**[5]): Der Anion-Name setzt sich zusammen aus

Name der ungeladenen Struktur	+	**"-Ion(1–)"** **"-Ion(2–)"** *etc.* **"-Lithium-Salz"** *etc.* nach *Kap. 6.4.1*
	oder	
"Salz mit" **"Verbindung mit"** nach *Kap. 6.4.1*	+	**Name der ungeladenen Struktur**
	oder	
Spezialname mit Endung "-oxid" nach *Kap. 6.4.1*[4])		***nur* bei den *unsubstituierten* Alkoholen MeOH, EtOH, PrOH, BuOH, PhOH** (beim unsubstituierten Thiol **PhSH**: **"-olat"**), s. **50 – 55**

Kap. 6.4.1 — Kap. 6.4.1 — Kap. 6.4.1

[5]) Anion-Zentren an Peroxosäuren mit verschiedenen Chalcogen-Atomen sowie an **Hydroperoxiden und Chalcogen-Analoga** benennt IUPAC nach *Kap. 6.4.2.1**(a)***.

z.B.

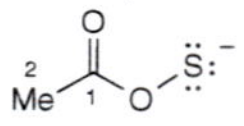

43: "Acetoxysulfanid" (**43**)
CA: 'ethan(thioperoxoic) acid, ion(1–)'

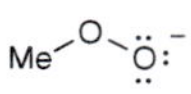

44: "Methyldioxidanid" (**44**)
CA: 'hydroperoxide, methyl-, ion(1–)'

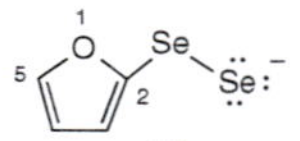

45: "(2-Furyl)diselenanid" (**45**)
CA: '2-furanselenenoselenoic acid, ion(1–)'

"**Methoxid**"[4]) (**50**)

"**Ethoxid**"[4]) (**51**)

"**Propoxid**"[4]) (**52**)

"**Butoxid**"[4]) (**53**)

"**Phenoxid**"[4]) (**54**)

"**Benzolthiolat**"[4]) (**55**)

IUPAC empfiehlt für Anion-Zentren an Alkoholen und Analoga die **Spezialnamen 50 – 54** (auch für substituierte Derivate) und "**Aminoxid**" ($H_2N\text{-}O^-$) sowie in allen andern Fällen (d.h. **nicht mehr Namen auf** "**-ylat**", z.B. **nicht** "**Methylat**" für **50**!):

"-ol"	→	"**-olat**",	"**-bis(olat)**" *etc.*
"-thiol"		"**-thiolat**",	"**-bis(thiolat)**" *etc.*
"-selenol"		"**-selenolat**",	"**-bis(selenolat)**" *etc.*
"-tellurol"		"**-tellurolat**",	"**-bis(tellurolat)**" *etc.*

Zum **Bindestrich** zwischen Kation- und Anion-Namen, s. *Kap. 6.4.1.*

z.B.

"2-Methoxyethanol-Ion(1–)" oder z.B. "Salz mit 2-Methoxyethanol (1:1)" (**56**)
IUPAC: "2-Methoxyeth**oxid**"

"Pentan-1-ol-Ion(1–)" oder z.B. "Verbindung mit Pentan-1-ol (1:1)" (**57**)
IUPAC: "Pentan-1-**olat**"

"Cyclohexanselenol-Ion(1–)" oder z.B. "Salz mit Cyclohexanselenol (1:1)" (**58**)
IUPAC: "Cyclohexan**selenolat**"

Beispiele:

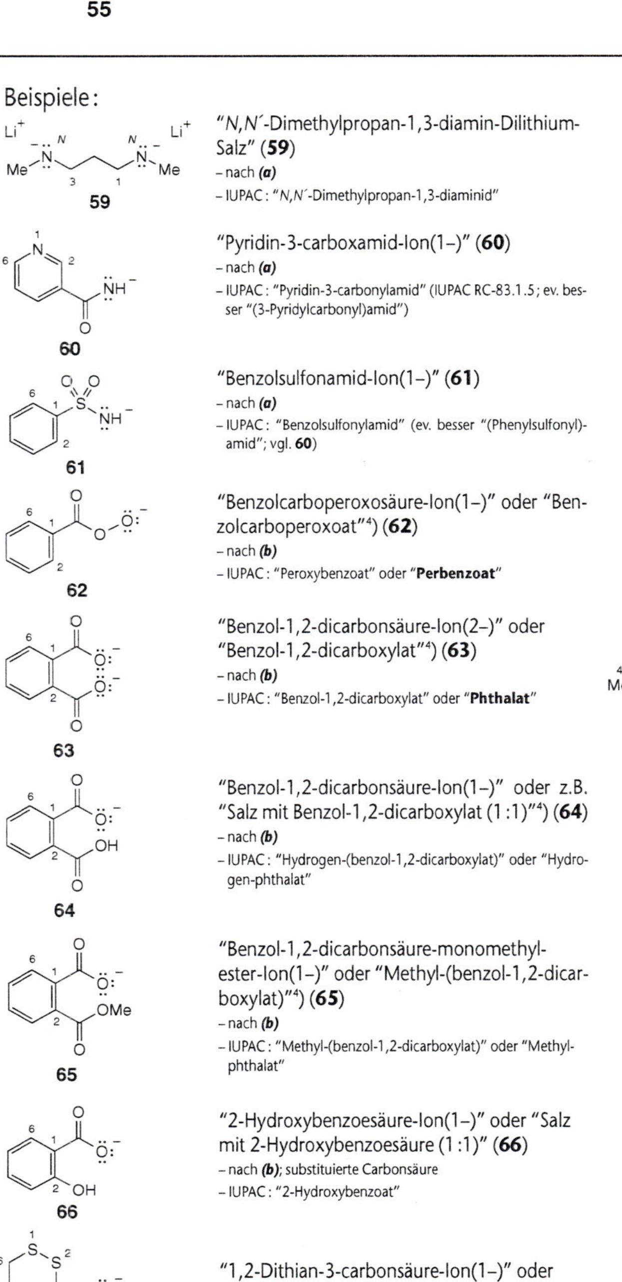

"*N,N'*-Dimethylpropan-1,3-diamin-Dilithium-Salz" (**59**)
- nach ***(a)***
- IUPAC: "*N,N'*-Dimethylpropan-1,3-diaminid"

"Pyridin-3-carboxamid-Ion(1–)" (**60**)
- nach ***(a)***
- IUPAC: "Pyridin-3-carbonylamid" (IUPAC RC-83.1.5; ev. besser "(3-Pyridylcarbonyl)amid")

"Benzolsulfonamid-Ion(1–)" (**61**)
- nach ***(a)***
- IUPAC: "Benzolsulfonylamid" (ev. besser "(Phenylsulfonyl)-amid"; vgl. **60**)

"Benzolcarboperoxosäure-Ion(1–)" oder "Benzolcarboperoxoat"[4]) (**62**)
- nach ***(b)***
- IUPAC: "Peroxybenzoat" oder "**Perbenzoat**"

"Benzol-1,2-dicarbonsäure-Ion(2–)" oder "Benzol-1,2-dicarboxylat"[4]) (**63**)
- nach ***(b)***
- IUPAC: "Benzol-1,2-dicarboxylat" oder "**Phthalat**"

"Benzol-1,2-dicarbonsäure-Ion(1–)" oder z.B. "Salz mit Benzol-1,2-dicarboxylat (1:1)"[4]) (**64**)
- nach ***(b)***
- IUPAC: "Hydrogen-(benzol-1,2-dicarboxylat)" oder "Hydrogen-phthalat"

"Benzol-1,2-dicarbonsäure-monomethyl-ester-Ion(1–)" oder "Methyl-(benzol-1,2-dicarboxylat)"[4]) (**65**)
- nach ***(b)***
- IUPAC: "Methyl-(benzol-1,2-dicarboxylat)" oder "Methyl-phthalat"

"2-Hydroxybenzoesäure-Ion(1–)" oder "Salz mit 2-Hydroxybenzoesäure (1:1)" (**66**)
- nach ***(b)***; substituierte Carbonsäure
- IUPAC: "2-Hydroxybenzoat"

"1,2-Dithian-3-carbonsäure-Ion(1–)" oder "1,2-Dithian-3-carboxylat"[4]) (**67**)
- nach ***(b)***
- IUPAC: "1,2-Dithian-3-carboxylat"

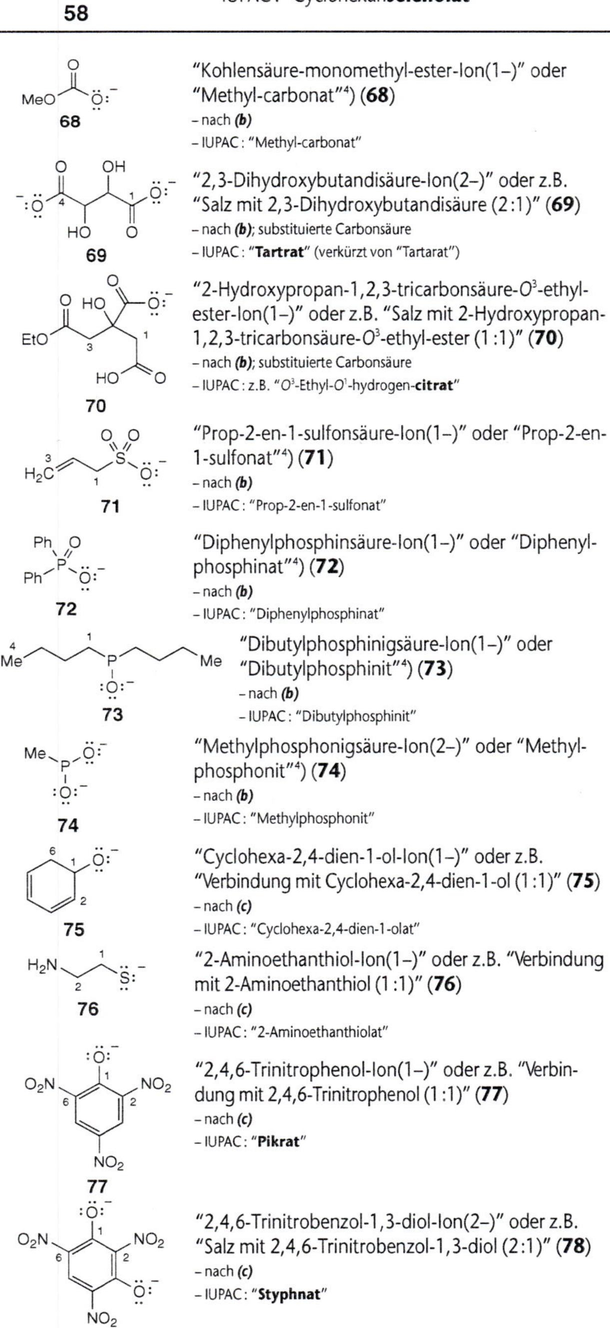

"Kohlensäure-monomethyl-ester-Ion(1–)" oder "Methyl-carbonat"[4]) (**68**)
- nach ***(b)***
- IUPAC: "Methyl-carbonat"

"2,3-Dihydroxybutandisäure-Ion(2–)" oder z.B. "Salz mit 2,3-Dihydroxybutandisäure (2:1)" (**69**)
- nach ***(b)***; substituierte Carbonsäure
- IUPAC: "**Tartrat**" (verkürzt von "Tartarat")

"2-Hydroxypropan-1,2,3-tricarbonsäure-O^3-ethyl-ester-Ion(1–)" oder z.B. "Salz mit 2-Hydroxypropan-1,2,3-tricarbonsäure-O^3-ethyl-ester (1:1)" (**70**)
- nach ***(b)***; substituierte Carbonsäure
- IUPAC: z.B. "O^3-Ethyl-O^1-hydrogen-**citrat**"

"Prop-2-en-1-sulfonsäure-Ion(1–)" oder "Prop-2-en-1-sulfonat"[4]) (**71**)
- nach ***(b)***
- IUPAC: "Prop-2-en-1-sulfonat"

"Diphenylphosphinsäure-Ion(1–)" oder "Diphenylphosphinat"[4]) (**72**)
- nach ***(b)***
- IUPAC: "Diphenylphosphinat"

"Dibutylphosphinigsäure-Ion(1–)" oder "Dibutylphosphinit"[4]) (**73**)
- nach ***(b)***
- IUPAC: "Dibutylphosphinit"

"Methylphosphonigsäure-Ion(2–)" oder "Methylphosphonit"[4]) (**74**)
- nach ***(b)***
- IUPAC: "Methylphosphonit"

"Cyclohexa-2,4-dien-1-ol-Ion(1–)" oder z.B. "Verbindung mit Cyclohexa-2,4-dien-1-ol (1:1)" (**75**)
- nach ***(c)***
- IUPAC: "Cyclohexa-2,4-dien-1-olat"

"2-Aminoethanthiol-Ion(1–)" oder z.B. "Verbindung mit 2-Aminoethanthiol (1:1)" (**76**)
- nach ***(c)***
- IUPAC: "2-Aminoethanthiolat"

"2,4,6-Trinitrophenol-Ion(1–)" oder z.B. "Verbindung mit 2,4,6-Trinitrophenol (1:1)" (**77**)
- nach ***(c)***
- IUPAC: "**Pikrat**"

"2,4,6-Trinitrobenzol-1,3-diol-Ion(2–)" oder z.B. "Salz mit 2,4,6-Trinitrobenzol-1,3-diol (2:1)" (**78**)
- nach ***(c)***
- IUPAC: "**Styphnat**"

IUPAC RC-83.2[1]

6.4.3. ANION-ZENTRUM DURCH FORMALES BEIFÜGEN VON HYDRID-IONEN H^-

Man unterscheidet:

(a) Koordinationsanionen,

(b) Anion-Zentrum an Gerüst-Stammstruktur, nach IUPAC.

CA ¶ 215 IUPAC 'Red Book' Kap. 6.34

(a) In einfachen Fällen ist **Koordinationsnomenklatur** (*Kap. 6.34*) möglich.

z.B.

$[BPh_4]^-$ **79** — "Tetraphenylborat(1–)" (**79**) nach *Kap. 6.34**(g)***

$[SbBr_6]^{3-}$ **80** — "Hexabromoantimonat(3–)" (**80**) nach *Kap. 6.34**(g)***

(b) **Anion-Zentrum**, durch formales **Beifügen von H⁻, an einer Gerüst-Stammstruktur**:

Nach **IUPAC** setzt sich der Anion-Name zusammen aus

Stammname + **Endung** "**-uid**", "**-diud**" *etc.*

Bei Austauschnamen können auch spezielle "a"-Vorsilben verwendet werden, die sich von den entsprechenden monogliedrigen Hydrid-Namen nach *Kap. 4.3.3.1* + "-uid" herleiten, z.B. "**Boranuida-**" ($>BH_2^-$; s. z.B. **84**). Zum **Bindestrich** zwischen Kation- und Anion-Namen, s. *Kap. 6.4.1*.

z.B.

$MeSiH_4^-$ **81** — "Methylsilanuid" (**81**)
CA: 'silicate(1–), tetrahydromethyl-'; nach ***(a)***, d.h. *Kap. 6.34**(g)***

$Me_4\ddot{P}^-$ **82** — "Tetramethylphosphanuid" (**82**)
CA: 'phosphate(1–), tetramethyl-'; nach ***(a)***, d.h. *Kap. 6.34**(g)***

$F_6\ddot{I}^-$ **83** — "Hexafluoro-λ^5-iodanuid" (**83**)
– "λ^5" nach *Anhang 7*
– CA: 'iodate(1–), hexafluoro-'; nach ***(a)***; d.h. *Kap. 6.34**(g)***

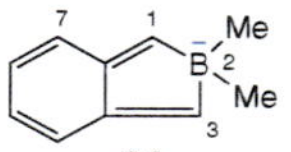

84 — "2,2-Dimethyl-2*H*-2-benzoborol-2-uid" (**84**)
– auch "2,2-Dimethyl-2*H*-2-**boranuida**inden"
– CA: vermutlich 'borate(1–), (3,5-cyclohexadiene-1,2-diylidenedimethylidyne)dimethyl-', nach ***(a)***, d.h. *Kap. 6.34**(g)***

6.4.4. ANION-SUBSTITUENTEN (PRÄFIXE)

CA gebraucht **keine Präfixe** für negativ geladene Substituenten (vgl. auch *Kap. 6.4.1* und *Kap. 6.5* (Zwitterionen).

IUPAC unterscheidet:

(a) Präfix eines Säure-Anion-Substituenten,
(b) Präfix eines Chalcogen-Anion-Substituenten,
(c) Präfix eines "-id"-Anion-Substituenten.

IUPAC RC-83.4.7.1[1]

IUPAC empfiehlt folgende Regeln:

(a) Präfix eines **Säure-Anion-Substituenten**, hergeleitet **durch Entfernen von H⁺ vom O-, S-, Se- oder Te-Atom einer Säure**:

Stammanion-Name (mit Endung "-at") + **"-o"**

z.B.

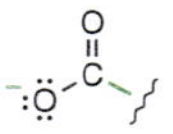

85 — "Carboxylato-" (**85**)

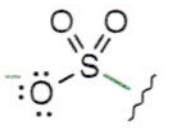

86 — "Sulfonato-" (**86**)

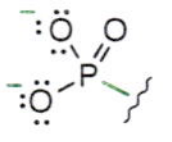

87 — "Phosphonato-" (**87**)

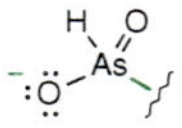

88 — "Arsinato-" (**88**)

(b) Präfix eines **monoatomigen Chalcogen-Anion-Substituenten**:

Anion-Name + **"-o"**

z.B.

89 — "Oxido-" (**89**)

(c) Präfix eines **Anion-Substituenten**, hergeleitet **von einem Stammanion, dessen Name auf "-id" endet**:

Stammanion-Name mit Endung "-id" + "**-yl-**", "**-yliden-**", "**-diyl-**" *etc.*

z.B.

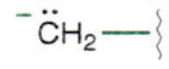

90 — "Methanidyl-" (**90**)

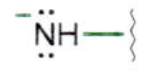

91 — "Amidyl-" (**91**)

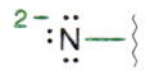

92 — "Imidyl-" (**92**)

93 — "Amidyliden-" (**93**)

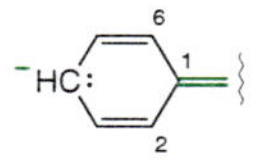

94 — "Cyclohexa-2,5-dien-4-id-1-yliden-" (**94**)

IUPAC RC-83.4[1]

6.4.5. POLYANIONEN

IUPAC unterscheidet:

(a) gleichartige Anion-Zentren an der gleichen Gerüst-Stammstruktur,
(b) verschiedenartige Anion-Zentren an der gleichen Gerüst-Stammstruktur,
(c) durch einen multivalenten Substituenten verbundene Anion-Zentren,
(d) Anion-Zentren in verschiedenen Molekülteilen.

IUPAC empfiehlt folgende Regeln:

(a) Zwei oder mehrere **gleichartige Anion-Zentren an der gleichen Gerüst-Stammstruktur:**

Stammname + **Endung** "**-diid**", "**-triid**" *etc.* nach *Kap. 6.4.2.1*

Stammname + **Endung** "**-diiud**", "**-triiud**" *etc.* nach *Kap. 6.4.3**(b)***

(b) Zwei oder mehr **verschiedenartige Anion-Zentren an der gleichen Gerüst-Stammstruktur**:

Stammname + **Endung "-id" gefolgt von "-uid"** (s. ***(a)***)

z.B.

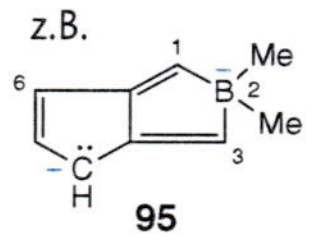

95 — "2,4-Dihydro-2,2-dimethylcyclopenta[*c*]borol-4-id-2-uid" (**95**)

(c) Mehrere **Anion-Zentren**, die **durch** einen **multivalenten Substituenten verbunden** sind:

Multiplikationsname aus

Präfix des verbindenden Substituenten	+	Multiplikationsaffix	+	Name des Anions nach *Kap. 6.4.2* oder *6.4.3(b)*

z.B.

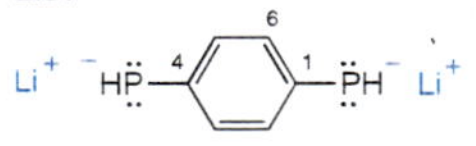

"Dilithium-1,4-phenylendiphosphanid" (**96**)

CA: 'phosphine, 1,4-phenylenebis-, dilithium salt'

(d) Mehrere **Anion-Zentren in verschiedenen Molekülteilen** (charakteristische Gruppen und/oder Gerüst-Stammstruktur):

(d₁) **Gleichartige geladene charakteristische Gruppen**:

Name nach ***(c)*** oder nach *Kap. 6.4.2.2* unter Verwendung von Multiplikationsaffixen

z.B.

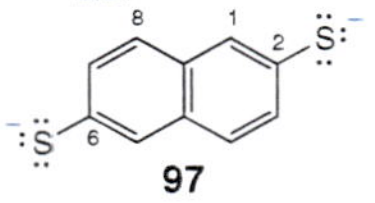

"Naphthalin-2,6-bis(thiolat)" (**97**)

"bis" zur Vermeidung von Zweideutigkeit

(d₂) **Anion-Zentren sowohl an Gerüst-Stammstruktur als auch an charakteristischer Gruppe**:

Stammname + **Endung "-id" oder "-uid"** nach *Kap. 6.4.2.1* bzw. *6.4.3(b)*	+	**Anion-Suffix der charakteristischen Gruppe** ("**-at**") nach *Kap. 6.4.2.2*

z.B.

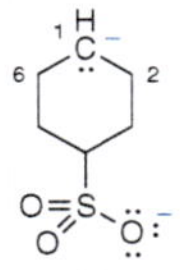

"Cyclohexan-1-id-4-sulfonat" (**98**)

(d₃) **Anion-Zentren sowohl an Gerüst-Stammstruktur oder Hauptgruppe als auch an Substituenten**:

Präfix des Anion-Substituenten nach *Kap. 6.4.4*	+	**Name des Stammanions** nach *Kap. 6.4.2.1* oder *6.4.3(b)* **oder** **Anion-Suffix der Hauptgruppe** nach *Kap. 6.4.2.2*

z.B.

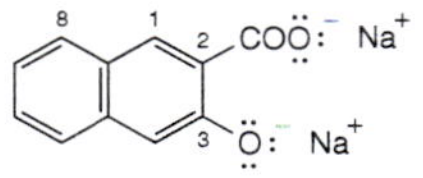

"Dinatrium-3-oxidonaphthalin-2-carboxylat" (**99**)

CA: '2-naphthalenecarboxylic acid, 3-hydroxy-, disodium salt'

CA ¶ 201 und 293A IUPAC RC-84[1]) und R-5.8.4

6.5. Zwitterionen *(Klassen 2 und 4)*

Eine ausführliche Abhandlung zur Benennung von freien Radikalen und Ionen wurde von **IUPAC** publiziert (**RC-Empfehlungen**)[1]).

Definition:

Ein **Zwitterion** hat die **gleiche Anzahl Kation- wie Anion-Zentren an der gleichen Struktur.**

$$^{+}\mathbf{X{-}Y}^{-}$$

ein **Zwitterion**

Man unterscheidet:

(a) Zwitterion mit Kation- und Anion-Zentrum an der gleichen Gerüst-Stammstruktur,

(b) Zwitterion mit Kation-Zentrum und Carbanion-Zentrum an verschiedenen Strukturteilen, aber direkt benachbart (**Ylide**),

(c) Zwitterion mit Kation- und Anion-Zentrum an verschiedenen, beliebigen Strukturteilen (z.B. **Sydnone**).

IUPAC RC-84.1.1[1])

Kap. 6.3

(a) **Gerüst-Zwitterion, d.h. Kation- und Anion-Zentrum an der gleichen Gerüst-Stammstruktur**: Der Zwitterion-Name setzt sich zusammen aus

Kation-Name mit Endung "-ium", "-ylium", oder mit "onia"-Vorsilben	+	**"Innensalz"** (oder **"-ylid"** in Spezialfällen)[2])

IUPAC empfiehlt:

Stammname	+	**"-ium" + "-id"** **"-ium" + "-uid"** **"-ylium" + "-id"** **"-ylium" + "-uid"** **oder entsprechende Heteroatom-Vorsilben** nach *Kap. 6.3* und *6.4*

Bei Wahl bekommen Anion-Zentren möglichst tiefe Lokanten, d.h. "-uid" > "-id" > "-ylium" > "-ium".

z.B.

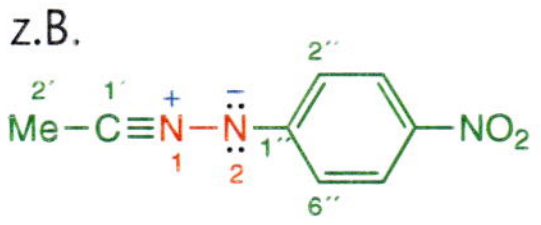

$Me{-}C{\equiv}\overset{+}{N}{-}\overset{-}{\ddot{N}}{-}C_6H_4{-}NO_2$

1

"Ethylidin(4-nitrophenyl)hydrazinium-Innensalz" (**1**)

- nach *Kap. 6.3.2.1**(b)***
- generisch ein **"Nitril-imin"**; analog ist $R_2C{=}N(R')^{+}{-}N^{-}{-}R''$ generisch ein **"Azomethin-imin"**
- IUPAC: z.B. "2-Ethylidin-1-(4-nitrophenyl)hydrazin-2-**ium**-1-**id**", nach *Kap. 6.3.2.1**(b)*** bzw. *6.4.2.1**(b)***

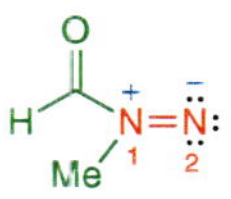

2

"1-Formyl-1-methyldiazenium-Innensalz" (**2**)

- nach *Kap. 6.3.2.1**(b)***
- IUPAC: z.B. "2-Formyl-2-methyldiazen-2-**ium**-1-**id**", nach *Kap. 6.3.2.1**(b)*** bzw. *6.4.2.1**(b)***

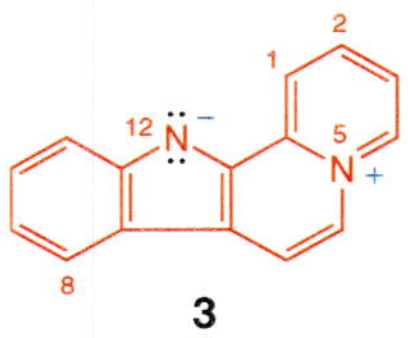

3

"12*H*-Indolo[2,3-*a*]chinolizin-5-ium-Innensalz" (**3**)

- Englisch: '...]quinolizin-5-ium...'
- nach *Kap. 6.3.4**(a)***
- IUPAC: z.B. "5λ⁵-12*H*-Indolo[2,3-*a*]chinolizin-5-**ylium**-12-**id**", nach *Kap. 6.3.4**(a)*** bzw. *6.4.2.1**(b)***; "λ⁵" nach *Anhang 7*

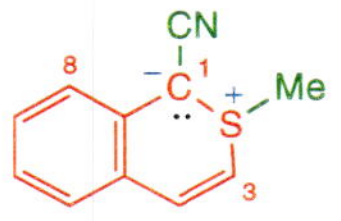

4

"1-Cyano-2-methyl-1*H*-2-benzothiopyranium-ylid"[2]) (**4**)

- nach *Kap. 6.3.2.1**(b)***, vgl. auch unten ***(b)***
- IUPAC: z.B. "1-Cyano-2-methyl-1*H*-2-benzothiopyran-2-**ium**-1-**id**", nach *Kap. 6.3.2.1**(b)*** bzw. *6.4.2.1**(b)***

IUPAC RC-84.3[1])

(b) **Zwitterion mit Kation-Zentrum und Carbanion-Zentrum** an verschiedenen Strukturteilen, aber **direkt benachbart**, ein sogenanntes **Ylid**:

Kap. 5.2 – 5.8

Kation-Name mit Endung "-ium", "-ylium", oder mit "onia"-Vorsilben	+	**Name des 'Kohlenwasserstoff'-*Stammsubstituenten*** nach *Kap. 5.2 – 5.8*
	+	**Endung "-id"**[3])

Ausnahmen:

(i) Ein **Phosphonium-Ylid** wird bevorzugt als **Phosphoran** benannt (s. **5**).

(ii) Ein **Alkanaminium-Zwitterion mit** dem direkt benachbarten **Carbanion-Zentrum im Alkan-Teil** wird durch die modifizierende Angabe **"-ylid"** gekennzeichnet (s. **6**).

---

[1]) IUPAC, 'Revised Nomenclature for Radicals, Ions, Radical Ions, and Related Species', *Pure Appl. Chem.* **1993**, *65*, 1357 (Revision der Empfehlungen bzgl. Zwitterionen im 'Blue Book', z.B. IUPAC C-87).

[2]) CA registriert ein solches Zwitterion als Kation-Name unter Beigabe der modifizierenden Angabe 'inner salt'; **'inner salt' zeigt ein nicht näher bezeichnetes kompensierendes Anion-Zentrum in der gleichen Struktur wie das Kation-Zentrum an** (Anion-Zentrum meist durch Verlust von H^{+} an einem Heteroatom). Bis 1992 (vor Vol. 119) wurde die modifizierende Angabe '**hydroxide, inner salt**' verwendet, d.h. formal wurde durch den Ausdruck 'inner salt' ein Molekül H_2O, bestehend aus OH^{-} ('hydroxide') und H^{+} an einem Heteroatom, aus der Struktur entfernt.
Ein **dem Kation-Zentrum direkt benachbartes Carbanion-Zentrum an der gleichen Gerüst-Stammstruktur** wird durch die modifizierende Angabe '**ylide**' statt 'inner salt' gekennzeichnet, s. Zwitterion **4**.

[3]) CA registriert ein solches Zwitterion als Kation-Name, unter Beigabe des '-ylide'-Namens für das Anion als modifizierende Angabe, z.B. 'oxonium, dimethyl-, methylide' (**7**).

z.B.

$Ph_3\overset{+}{P}-\overset{-}{C}HPh \longleftrightarrow Ph_3P{=}CHPh$

5

"Triphenyl(phenylmethylen)phosphoran" (**5**)
- wenn ausdrücklich das Zwitterion gemeint ist: "Triphenylphosphonium-phenylmethylid"
- IUPAC: "Phenyl(triphenylphosphonio)-methanid", s. unten

$Me{-}C{\equiv}\overset{+}{N}{-}\overset{-}{C}H_2$

6

"*N*-Ethylidinmethanaminium-ylid" (**6**)
- generisch ein "**Nitrilium-ylid**" (nicht "Nitril-ylid")
- nach *Kap. 6.3.2.2(**b**)*
- IUPAC: "(Ethylidinammonio)methanid", s. unten

IUPAC empfiehlt:

Präfix des Kation-Substituenten nach *Kap. 6.3.6*	+	**Anion-Name** nach *Kap. 6.4*

z.B.

7

"Dimethyloxonium-methylid" (**7**)
- nach *Kap. 6.3.2.1(**a**)* bzw. *5.2*
- IUPAC: "(Dimethyl**oxonio**)-methan**id**", nach *Kap. 6.3.6(**b**)* bzw. *6.4.2.1(**b**)*

8

"Phenyliodonium-(1-benzoyl-2-oxo-2-phenylethylid)" (**8**)
- nach *Kap. 6.3.2.1(**a**)* bzw. *5.3*
- IUPAC: "1,3-Dioxo-1,3-diphenyl-2-(phenyl**iodonio**)propan-2-**id**", nach *Kap. 6.3.6(**b**)* bzw. *6.4.2.1(**b**)*

9

"Thiophenium-(dicarboxymethylid)" (**9**)
- nach *Kap. 6.3.2.1(**b**)* bzw. *5.2*
- IUPAC: "Dicarboxy(thiophen**io**)methan**id**", nach *Kap. 6.3.6(**c**)* bzw. *6.4.2.1(**b**)*

***(c)* Zwitterion mit Kation- und Anion-Zentrum an verschiedenen, beliebigen Strukturteilen** (meistens mindestens eine Ladung an einer charakteristischen Gruppe (nach IUPAC als Suffix benennbar)):

IUPAC RC-84.1.2 und RC-84.3[1])

Kation-Name mit Endung "-ium", "-ylium", oder mit "onia"-Vorsilben	+	**"Innensalz"**[4]) (oder **"-ylid"** in Spezialfällen)[2])

IUPAC empfiehlt:

Kation-Name der Gerüst-Stammstruktur nach *Kap. 6.3*	+	**Anion-Name der geladenen charakteristischen Gruppe** nach *Kap. 6.4.2.2*

bei Wahl bekommt das Kation-Zentrum am Gerüst vor der Verknüpfungsstelle mit dem Anion-Suffix einen möglichst tiefen Lokanten;

oder

Präfix des Kation-Substituenten nach *Kap. 6.3.6*	+	**Anion-Name** nach *Kap. 6.4*

z.B.

12

"1-Carboxy-*N,N,N*-trimethylmethanaminium-Innensalz" (**12**)
- nach *Kap. 6.3.2.2(**b**)*
- Trivialname: "**Betain**"
- IUPAC: z.B. "(Trimethyl**ammonio**)acet**at**", nach *Kap. 6.3.6(**a**)* bzw. *6.4.2.2(**b**)*

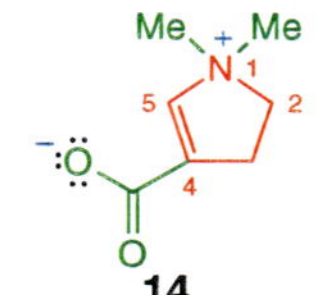

13

"(Cyanoamino)methylenoxonium-Innensalz" (**13**)
- nach *Kap. 6.3.2.1(**a**)*
- generisch ein "**Aldehyd-imin**" (besser **nicht** "**Carbonyl-imin**")
- IUPAC: z.B. "Cyano(methylen**oxonio**)**amid**", nach *Kap. 6.3.6(**a**)* bzw. *6.4.2.2(**a**)*

14

"4-Carboxy-2,3-dihydro-1,1-dimethyl-1*H*-pyrrolium-Innensalz" (**14**)
- nach *Kap. 6.3.2.1(**b**)*
- IUPAC: "2,3-Dihydro-1,1-dimethyl-1*H*-pyrrol**ium**-4-**carboxylat**" nach *Kap. 6.3.2.1(**b**)* bzw. *6.4.2.2(**b**)*

Beispiele:

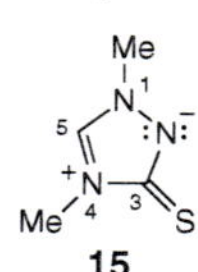

15

"2,3-Dihydro-1,4-dimethyl-3-thioxo-1*H*-1,2,4-triazolium-Innensalz" (**15**)
- nach (**a**) und *Kap. 6.3.2.1(**b**)*
- IUPAC: z.B. "2,3-Dihydro-1,4-dimethyl-3-thioxo-1*H*-1,2,4-triazol-4-ium-2-id", nach *Kap. 6.3.2.1(**b**)* bzw. *6.4.2.1(**b**)*

$Et_3\overset{+}{N}{-}\overset{-}{N}{-}CN$

16

"2-Cyano-1,1,1-triethylhydrazinium-Innensalz" (**16**)
- nach (**a**) und *Kap. 6.3.2.1(**b**)*
- IUPAC: z.B. "1-Cyano-2,2,2-triethylhydrazin-2-ium-1-id", nach *Kap. 6.3.2.1(**b**)* bzw *6.4.2.1(**b**)*

---

[4]) Meso-ionische Verbindungen wie **Sydnone** und **Sydnon-imine** (= Derivate von "1,2,3-Oxadiazolidin-5-on" bzw. "-5-imin", entstanden durch formales Entfernen von H-Atomen) registrierte CA bis 1993 (vor Vol. 120) unter 'sydnone' bzw. 'sydnone imine', ab Vol. 120 aber unter 'oxadiazolium, ...'.

z.B.

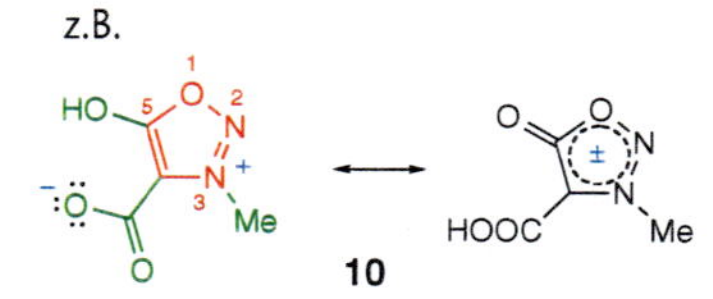

10

"4-Carboxy-5-hydroxy-3-methyl-1,2,3-oxadiazolium-Innensalz" (**10**)
- CA vor Vol. 120: 'sydnone, 4-carboxy-3-methyl-'
- IUPAC: z.B. "5-Hydroxy-3-methyl-1,2,3-oxadiazol-3-**ium**-4-**carboxylat**" oder "4-Carboxy-3-methyl-1,2,3-oxadiazol-3-**ium**-5-ol**at**", nach *Kap. 6.3.2.1(**b**)* bzw. *Kap. 6.4.2.2(**b**)* und (**c**)

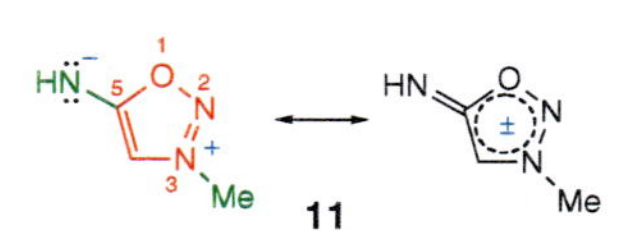

11

"5-Amino-3-methyl-1,2,3-oxadiazolium-Innensalz" (**11**)
- CA vor Vol. 120: 'sydnone imine, 3-methyl-'
- IUPAC: z.B. "3-Methyl-1,2,3-oxadiazol**ium**-5-amin**id**", nach *Kap. 6.3.2.1(**b**)* bzw. *6.4.2.2(**a**)*

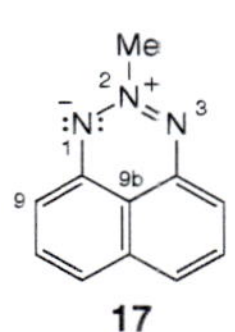

17

"2-Methyl-1*H*-naphtho[1,8-*de*]-1,2,3-triazinium-Innensalz" (**17**)
- nach ***(a)*** und *Kap. 6.3.2.1**(b)***
- IUPAC: "2-Methyl-1*H*-naphtho[1,8-*de*][1,2,3]triazin-2-ium-1-id", nach *Kap. 6.3.2.1**(b)*** bzw. *6.4.2.1**(b)***

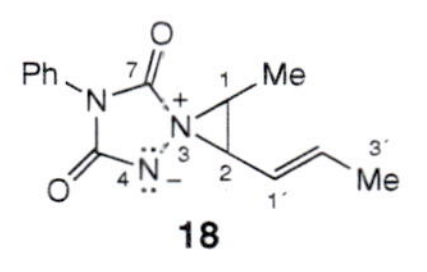

18

"1-Methyl-5,7-dioxo-6-phenyl-2-(prop-1-enyl)-4,6-diaza-3-azonia-spiro[2.4]heptan-Innensalz" (**18**)
- nach ***(a)*** und *Kap. 6.3.4**(b)***
- IUPAC: z.B. "1-Methyl-5,7-dioxo-6-phenyl-2-(prop-1-enyl)-3λ⁵,4,6-triazaspiro[2.4]heptan-3-ylium-4-id", nach *Kap. 6.3.4**(b)*** bzw. *6.4.2.1**(b)***; "3λ⁵" nach *Anhang 7*

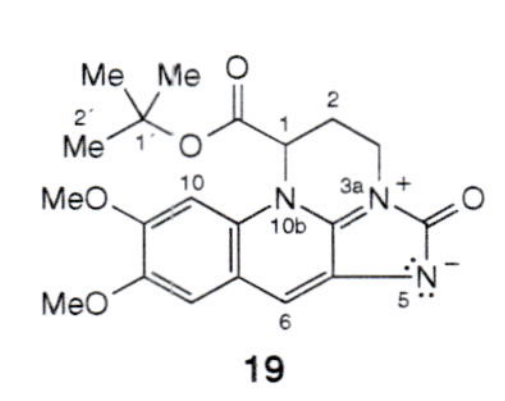

19

"1-[(1,1-Dimethylethoxy)carbonyl]-2,3,4,5-tetrahydro-8,9-dimethoxy-4-oxo-1*H*-5,10b-diaza-3a-azoniaace-phenanthren-Innensalz" (**19**)
- nach ***(a)*** und *Kap. 6.3.4**(a)***
- IUPAC: z.B. "1-[(*tert*-Butoxy)carbonyl]-2,3,4,5-tetrahydro-8,9-dimethoxy-4-oxo-1*H*-3aλ⁵,5,10b-triazaacephenanthren-3a-ylium-5-id", nach *Kap. 6.3.4**(a)*** bzw. *6.4.2.1**(b)***; "3aλ⁵" nach *Anhang 7*

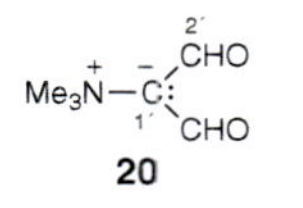

20

"*N,N*-Dimethylmethanaminium-(1-formyl-2-oxoethylid)" (**20**)
- nach ***(b)*** und *Kap. 6.3.2.2**(b)*** bzw. *5.3*
- IUPAC: "Diformyl(trimethylammonio)meth-anid", nach *Kap. 6.3.6**(a)*** bzw. *6.4.2.1**(b)***

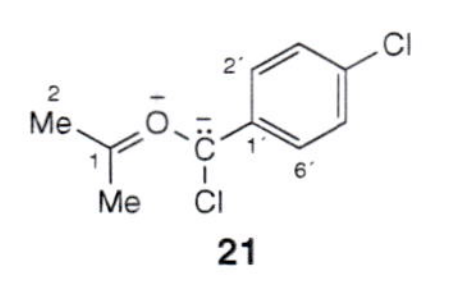

21

"(1-Methylethyliden)oxonium-[chloro(4-chlorophenyl)methylid]" (**21**)
- nach ***(b)*** und *Kap. 6.3.2.1**(a)*** bzw. *5.3*
- generisch ein "**Oxonium-ylid**" (besser **nicht** "**Carbonyl-ylid**"; nicht "Carbonylium-ylid"(!), s. *Kap. 6.3.3.2**(a)***)
- IUPAC: "Chloro(4-chlorophenyl)[(1-methyl-ethyliden)oxonio]methanid", nach *Kap. 6.3.6**(b)*** bzw. *6.4.2.1**(b)***

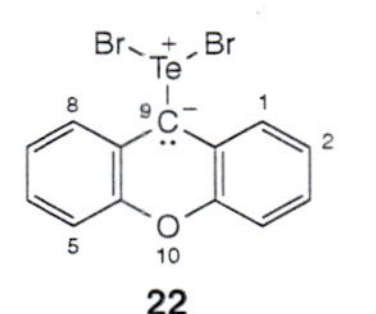

22

"Dibromotelluronium-(9*H*-xanthen-9-ylid)" (**22**)
- nach ***(b)*** und *Kap. 6.3.2.1**(a)*** bzw. *5.6**(a)***
- IUPAC: "9-(Dibromotelluronio)-9*H*-xanthen-9-id", nach *Kap. 6.3.6**(b)*** bzw. *6.4.2.1**(b)***

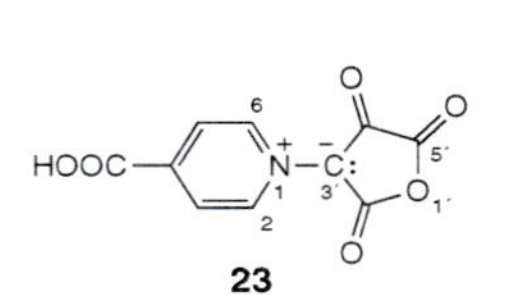

23

"4-Carboxypyridinium-(4,5-dihydro-2,4,5-trioxofuran-3(2*H*)-ylid)" (**23**)
- nach ***(b)*** und *Kap. 6.3.2.1**(b)*** bzw. *5.6**(a)***, indiziertes H-Atom nach *Anhang 5**(i₂)***
- generisch ist $R_2C{=}N(R')^+{-}C^-R''_2$ ein "**Iminium-ylid**" (besser **nicht** "**Azomethin-ylid**")
- IUPAC: "3-(4-Carboxypyridinio)-4,5-dihydro-2,4,5-trioxofuran-3(2*H*)-id", nach *Kap. 6.3.6**(c)*** bzw. *6.4.2.1**(b)***, indiziertes H-Atom nach *Anhang 5**(i₂)***

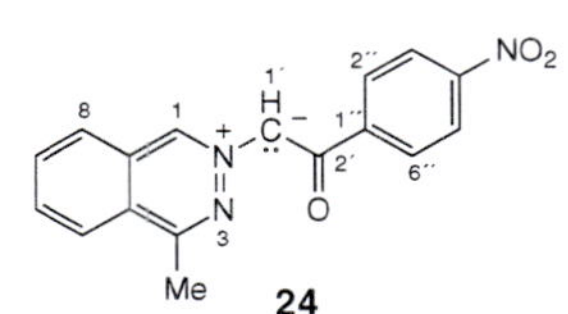

24

"4-Methylphthalazinium-2-[2-(4-nitrophenyl)-2-oxoethylid]" (**24**)
- nach ***(b)*** und *Kap. 6.3.2.1**(b)*** bzw. *5.3*
- IUPAC: "1-(4-Methylphthalazin-2-ium-2-yl)-2-(4-nitrophenyl)-2-oxoethanid", nach *Kap. 6.3.6**(c)*** bzw. *6.4.2.1**(b)***

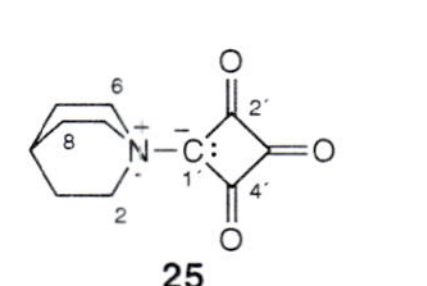

25

"1-Azoniabicyclo[2.2.2]octan-(tri-oxocyclobutylid)" (**25**)
- nach ***(b)*** und *Kap. 6.3.2.1**(c)*** bzw. *5.5**(a)***
- IUPAC: z.B. "1-(1-Azabicyclo[2.2.2]octan-1-ium-1-yl)-2,3,4-trioxocyclobutan-1-id", nach *Kap. 6.3.6**(c)*** bzw. *6.4.2.1**(b)***

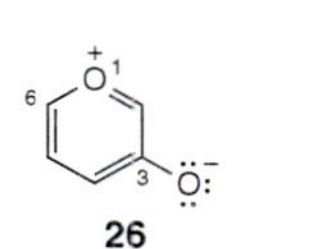

26

"3-Hydroxypyrylium-Innensalz" (**26**)
- nach ***(c)*** und *Kap. 6.3.4**(a)***
- IUPAC: "Pyrylium-3-olat", nach *Kap. 6.3.4**(a)*** bzw. *6.4.2.2**(c)***

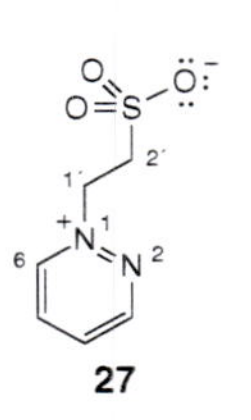

27

"1-(2-Sulfoethyl)pyridazinium-Innensalz" (**27**)
- nach ***(c)*** und *Kap. 6.3.2.1**(b)***
- IUPAC: "2-(Pyridazinio)ethansulfonat", nach *Kap. 6.3.6**(c)*** bzw. *6.4.2.2**(b)***

28

"[(2-Chlorophenyl)methylen]hydroxy-oxonium-Innensalz" (**28**)
- nach ***(c)*** und *Kap. 6.3.2.1**(a)***
- IUPAC: z.B. "[(2-Chlorophenyl)methyliden]oxonium-olat", nach *Kap. 6.3.2.1**(a)*** bzw. *6.4.2.2**(c)***

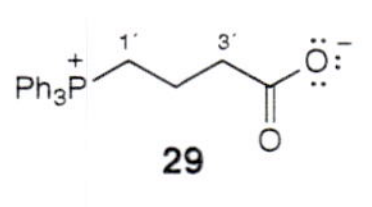

29

"(3-Carboxypropyl)triphenylphosphonium-Innensalz" (**29**)
- nach ***(c)*** und *Kap. 6.3.2.1**(a)***
- IUPAC: z.B. "4-(Triphenylphosphonio)butanoat", nach *Kap. 6.3.6**(b)*** bzw. *6.4.2.2**(b)***

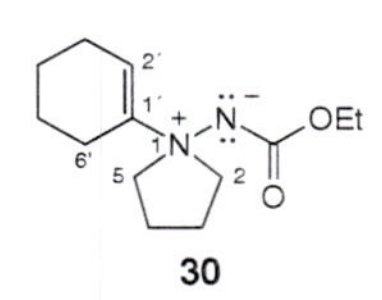

30

"1-(Cyclohex-1-en-1-yl)-1-[(ethoxycar-bonyl)amino]pyrrolidinium-Innensalz" (**30**)
- nach ***(c)*** und *Kap. 6.3.2.1**(b)***
- IUPAC: z.B. "1-(Cyclohex-1-en-1-yl)-*N*-(ethoxycarbonyl)-pyrrolidin-1-ium-1-aminid", nach *Kap. 6.3.2.1**(b)*** bzw. *6.4.2.2**(a)***

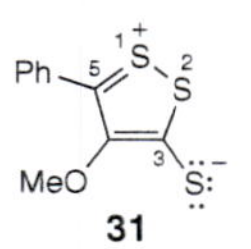

31

"3-Mercapto-4-methoxy-5-phenyl-1,2-di-thiol-1-ium-Innensalz" (**31**)
- nach ***(c)*** und *Kap. 6.3.4**(a)***
- IUPAC: "1λ⁴,2-Dithiol-1-ylium-3-thiolat", nach *Kap. 6.3.4**(a)*** bzw. *6.4.2.2**(c)***; "1λ⁴" nach *Anhang 7*

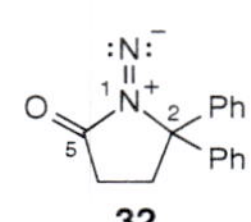

32

"1-Imino-5-oxo-2,2-diphenylpyrrolidinium-Innensalz" (**32**)
- nach ***(c)*** und *Kap. 6.3.2.1**(b)***
- IUPAC: z.B. "5-Oxo-2,2-diphenylpyrrolidin-1-ium-1-ylidenamid", nach *Kap. 6.3.2.1**(b)*** bzw. *6.4.2.2**(a)***

33

"1-Sulfino-1-azoniabicyclo[2.2.2]octan-Innensalz" (**33**)
- nach ***(c)*** und *Kap. 6.3.2.1**(c)***
- IUPAC: z.B. "1-Azabicyclo[2.2.2]octan-1-ium-1-sulfinat", nach *Kap. 6.3.2.1**(c)*** bzw. *6.4.2.2**(b)***

34

"1-{2-[(Hydroxyphosphinyl)oxy]ethyl}-1-methylpyrrolidinium-Innensalz" (**34**)
- nach ***(c)*** und *Kap. 6.3.2.1**(b)***
- IUPAC: "[2-(1-Methylpyrrolidinio)ethyl]-phosphonat", nach *Kap. 6.3.6**(c)*** bzw. *6.4.2.2**(b)***

35

"2-(Cyclopenta-1,3-dien-1-yl)-2-(cyclo-penta-2,4-dien-1-yliden)ethylium-Innen-salz" (**35**)
- nach ***(c)*** und *Kap. 6.3.3.1*
- IUPAC: z.B. "2-[1-(Cyclopenta-2,4-dien-1-yliden)ethan-2-ylium-1-yl]cyclopenta-2,4-dien-1-id", nach *Kap. 6.3.6**(c)*** bzw. *6.4.2.1**(b)***

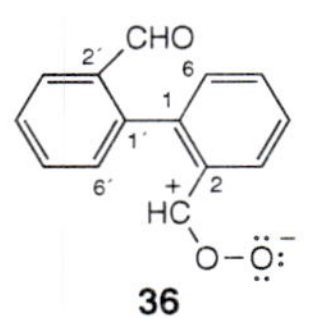

36

"(2′-Formyl[1,1′-biphenyl]-2-yl)hydro-peroxymethylium-Innensalz" (**36**)
- nach ***(c)*** und *Kap. 6.3.3.1*
- IUPAC: z.B. "[(2′-Formyl[1,1′-biphenyl]-2-yl)methyl-iumyl]dioxanid", nach *Kap. 6.3.6**(c)*** bzw. *6.4.2.2* (dort *Fussnote 5*)

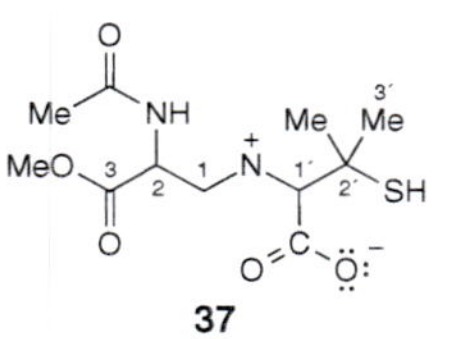

37

"[2-(Acetylamino)-3-methoxy-3-oxoprop-yl](1-carboxy-2-mercapto-2-methylpropyl)-aminylium-Innensalz" (**37**)
- nach ***(c)*** und *Kap. 6.3.3.2**(d)***
- IUPAC: z.B. "2-{[2-(Acetylamino)-2-(methoxycarbonyl)-ethyl]aminyliumyl}-3-mercapto-3-methylbutanoat", nach *Kap. 6.3.6**(c)*** bzw. *6.4.2.2**(b)***

6

CA ¶ 184 und 180 (auch ¶ 270) IUPAC RC-85[1])

6.6. Radikalionen *(Klassen 1,2 und 4)*

Eine ausführliche Abhandlung zur Benennung von freien Radikalen und Ionen wurde von **IUPAC** publiziert (**RC-Empfehlungen**)[1]).

Definition:

Kap. 6.2
Kap. 6.3
Kap. 6.4

Für Nomenklaturzwecke ist ein Radikalion eine Molekülstruktur mit mindestens einem Radikal-Zentrum und einem Kation- oder einem Anion-Zentrum (oder beiden), die am gleichen oder verschiedenen Atomen lokalisiert sein können.

$\mathbf{M}^{\bullet +}$ oder $\mathbf{M}^{\bullet -}$
ein **Radikalion**

Beachte:

Ein Radikalion in einer empirischen Formel wird durch einen hochgestellten Punkt gefolgt von der Ladung dargestellt, z.B. $M^{\bullet +}$ oder $M^{\bullet -}$. In der **Massenspektroskopie** wird gemäss einer fest verankerten Tradition die umgekehrte Reihenfolge verwendet, z.B. $M^{+\bullet}$ oder $M^{-\bullet}$.

Man unterscheidet:

(a) Radikalion, hergeleitet von einer ungeladenen Stammstruktur oder ungeladenen charakteristischen Gruppe durch Beifügen oder Entfernen von Elektronen,

(b) Radikalkation an Gerüst-Stammstruktur, hergeleitet von einem Kation durch Entfernen von einem (oder mehreren) H-Atom(en),

(c) Radikalion an charakteristischer Gruppe, hergeleitet von einer geladenen charakteristischen Gruppe durch Entfernen von einem oder mehreren H-Atom(en),

(d) Radikalion mit Radikal- und Ion-Zentrum an verschiedenen Strukturteilen.

CA ¶ 270 IUPAC RC-85.1 und z.T. RC-85.2 – RC-85.4[1])

(a) **Radikalion, formal hergeleitet von einer ungeladenen Stammstruktur** (Gerüst oder Funktion, inkl. Hydro-Derivate) **oder von einer ungeladenen charakteristischen Gruppe, durch Beifügen oder Entfernen von Elektronen** (s. auch ***(d)***): Der Radikalion-Name setzt sich zusammen aus

Name der ungeladenen Struktur	+	**"Radikalion(1+)"** ($M^{\bullet +}$) **"Radikalion(2+)"** ($M^{(2\bullet)(2+)}$) **"Radikalion(1–)"** ($M^{\bullet -}$) **"Radikalion(2–)"** ($M^{(2\bullet)(2-)}$) *etc.*[2])

IUPAC lässt auch folgende Varianten zu:

Name der ungeladenen Struktur	+	**"Radikalkation" oder "Kationradikal"** ($M^{\bullet +}$) **"Diradikaldikation"** ($M^{(2\bullet)(2+)}$) **"Radikalanion" oder "Anionradikal"** ($M^{\bullet -}$) *etc.*

oder

bei Radikalionen, die sich formal von einem entsprechenden Ion durch Entfernen von einem (oder mehr) H-Atom(en) herleiten lassen (s. auch ***(b)*** und ***(c)***),

Kation-Name nach *Kap. 6.3* oder **Anion-Name** nach *Kap. 6.4*	+ **Endung "-yl", "-yliden", "-diyl"** *etc.*

Bei Wahl hat das **Radikal-Zentrum vor dem Ion-Zentrum Priorität für möglichst tiefen Lokanten.**

z.B.

$[CH_3{-}CH_3]^{\bullet +}$ oder $^{+}CH_4{-}\dot{C}H_2$
1

"Ethan-Radikalion(1+)" (**1**)
IUPAC: auch "Ethan-2-**ium**-1-**yl**" nach *Kap. 6.3.2.1**(b)***

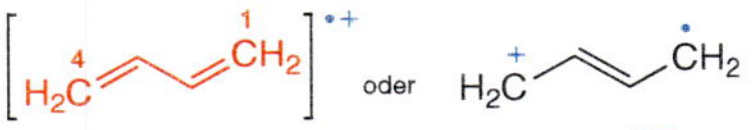

$[H_2C{=}CH{-}CH{=}CH_2]^{\bullet +}$ oder $H_2\overset{+}{C}{-}CH{=}CH{-}\dot{C}H_2$
2

"Buta-1,3-dien-Radikalion(1+)" (**2**)
IUPAC: auch "But-2-en-4-**ylium**-1-**yl**" nach *Kap. 6.3.3.1*

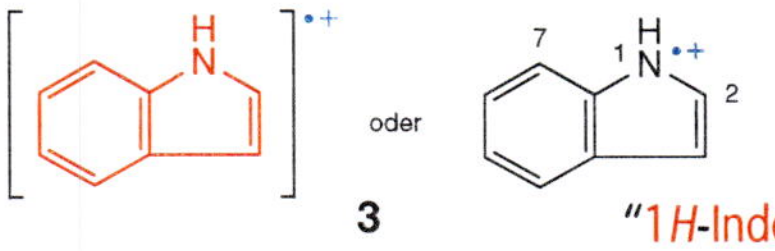

3

"1*H*-Indol-Radikalion(1+)" (**3**)
IUPAC: auch "1*H*-Indol-1-**ium**-1-**yl**" nach *Kap. 6.3.2.1**(b)***

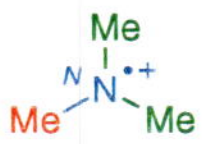

4

"*N*,*N*-Dimethylmethanamin-Radikalion(1+)" (**4**)
IUPAC (auch CA bis und mit '12th Coll. Index'): "Trimethyl**ammoniumyl**" nach *Kap. 6.3.2.1**(a)***

5

"Propan-1-ol-Radikalion(1+)" (**5**)
IUPAC (auch CA bis und mit '12th Coll. Index'): "Propyl**oxoniumyl**" nach *Kap. 6.3.2.1**(a)***

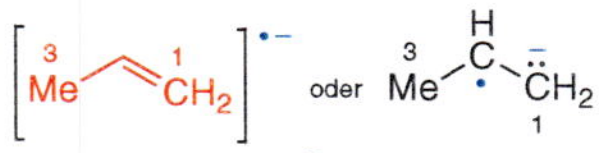

6

"Prop-1-en-Radikalion(1–)" (**6**)
IUPAC: auch "Propan-1-**id**-2-**yl**" nach *Kap. 6.4.2.1**(b)***

---

[1]) IUPAC, 'Revised Nomenclature for Radicals, Ions, Radical Ions, and Related Species', *Pure Appl. Chem.* **1993**, *65*, 1357 (Revision der Empfehlungen bzgl. Radikalionen im 'Blue Book', z.B. IUPAC C-83.3 und C-84.4). Zur Nomenklatur anorganischer Radikale und Radikalionen, s. auch IUPAC, *Pure Appl. Chem.* **2000**, *72*, 437.

[2]) Namen dieser Art sind vor allem angezeigt, wenn die Lage der Radikal- und Ion-Zentren unbestimmt ist. In CAs 'Chemical Substance Index' ist der Titelstammname ('heading parent') eines solchen Radikalions der Name der ungeladenen Struktur, z.B. 'ethane, radical ion(1+)' (**1**).

7

"Naphthalin-Radikalion(1–)" (**7**)
- Englisch: 'naphthalene radical ion(1–)'
- IUPAC: auch z.B. "Naphthalin-4(1*H*)-**id**-1-**yl**" oder "1,4-Dihydronaphthalin-4-**id**-1-**yl**" nach *Kap. 6.4.2.1(**b**)*, indiziertes H-Atom nach *Anhang 5(**i₂**)*

8

"Chlorosilan-Radikalion(1–)" (**8**)
IUPAC: auch "Chlorosilan**uidyl**" nach *Kap. 6.4.3(**b**)* (vgl. dazu "Trimethylboranuidyl" ($MeB^{•-}$; **37**) in IUPAC RC-85.2); s. *(**c**)*

IUPAC RC-82.2[1])

(b) **Radikal*kation* an Gerüst-Stammstruktur, formal hergeleitet von einem *Kation* durch Entfernen von einem** (oder mehreren) **H-Atom**(en), wenn ein Name nach *(**a**)* nicht möglich ist oder die Lage des Radikal- und Kation-Zentrums festgelegt ist: Der Radikalkation-Name ist identisch mit dem Kation-Präfix nach *Kap. 6.3.6(**c**)* (exklusive Ausnahmen mit Endsilbe "-o"), d.h. er setzt sich zusammen aus

Kap. 6.3.6(**c**)

Stammkation-Name mit Endung "-ium" oder "-ylium"	+ **Endung "-yl"**

Bei Wahl hat das **Radikal-Zentrum vor dem Kation-Zentrum Priorität für möglichst tiefen Lokanten.**

z.B.

9

"Methyliumyl" (**9**)
nach *Kap. 6.3.3.1* bzw. *6.3.6(**c**)*

10

"Eth-2-ylium-1-yl" (**10**)
- nach *Kap. 6.3.3.1* bzw. *6.3.6(**c**)*
- CA: auch 'ethene, radical ion(1+)'

11

"Hydrazin-1-ylium-1-yl" (**11**)
nach *Kap. 6.3.3.1* bzw. *6.3.6(**c**)*

12

"Cyclohexa-1,3-dien-4-ylium-1-yl" (**12**)
nach *Kap. 6.3.3.1* bzw. *6.3.6(**c**)*

13

"1,1-Dimethylpiperidinium-4-yl" (**13**)
- nach *Kap. 6.3.2.1(**b**)* bzw. *6.3.6(**c**)*
- CA: 'piperidinium-4-yl, 1,1-dimethyl-'
- IUPAC: "1,1-Dimethylpiperidin-1-**ium**-4-**yl**"

IUPAC RC-85.3[1])

(c) **Radikalion an charakteristischer Gruppe, formal hergeleitet von einer geladenen charakteristischen Gruppe durch Entfernen von einem** (oder mehreren) **H-Atom**(en): CA verwendet nur für $R\text{–}N^{•+}$ Radikalkation-Namen, nämlich

Funktionsstammname "-aminylium" nach *Kap. 6.3.3.2(**d**)*	+ **Endung "-yl"**

Kap. 6.3.3.2(**d**)

z.B.

14

"Methylaminyliumyl" (**14**)
- CA: 'aminyliumyl, methyl-'
- IUPAC: "Meth**an**aminyliumyl"

IUPAC empfiehlt (vgl. *(**a**)*):

Kation-Name nach *Kap. 6.3* oder **Anion-Name** nach *Kap. 6.4*	+	**Endung "-yl", "-yliden", "-diyl"** *etc.*

z.B.

15

"Acetamidyliumyl" (**15**)
- nach *Kap. 6.3.3.2(**d**)*
- CA: 'aminyliumyl, acetyl-'

16

"Cyclohexylmethanaminidyl" (**16**)
nach *Kap. 6.4.2.2(**a**)*

17

"Acetylamidyl" (**17**)
nach *Kap. 6.4.2.2(**a**)*

IUPAC RC-85.4[1])

(d) **Radikalion mit Radikal- und Ion-Zentrum an verschiedenen Strukturteilen:**

(d₁) **formal hergeleitet von einer ungeladenen Struktur durch Beifügen oder Entfernen von Elektronen**: Der Radikalion-Name setzt sich zusammen aus (vgl. *(**a**)*)

Name der ungeladenen Struktur	+	**"Radikalion(1+)"** **"Radikalion(2+)"** **"Radikalion(1–)"** **"Radikalion(2–)"** *etc.*[2])

IUPAC empfiehlt:

Ion-Präfix nach *Kap. 6.3.6* bzw. *6.4.4*	+	**Radikal-Name** nach *Kap. 6.2*

z.B.

18

"Ethenon-Radikalion(1+)" (**18**)
- Trivialname: "Keten-Radikalion(1+)"
- IUPAC: "2-**Oxoniumylidin**eth**yl**" nach *Kap. 6.3.6(**c**)* bzw. *6.2.2*, auch nach *(**a**)* "Vinyliden**oxoniumyl**" nach *Kap. 6.3.2.1(**a**)*

19

"Cyclohexa-2,5-dien-1,4-dion-Radikalion(1–)" (**19**)
IUPAC: "4-**Oxido**phenox**yl**" nach *Kap. 6.4.4(**b**)* bzw. *6.2.3(**e**)*

20

"Diphenylmethanon-Radikalion(1–)" (**20**)
- Trivialname: "Diphenyl**ketyl**"; **nicht "Benzophenonketyl"**
- IUPAC: "**Oxido**diphenylmeth**yl**" nach *Kap. 6.4.4(**b**)* bzw. *6.2.2*

(d₂) **formal hergeleitet aus einem Ion durch Entfernen von einem** (oder mehreren) **H-Atom**(en): Der Radikalion-Name setzt sich zusammen aus

Kation-Präfix nach *Kap. 6.3.6*	+	**Radikal-Name** nach *Kap. 6.2*[3])

Kap. 6.3.6
Kap. 6.2

IUPAC verwendet:

Ion-Präfix nach *Kap. 6.3.6* bzw. *6.4.4*	+	**Radikal-Name** nach *Kap. 6.2*

z.B.

21

"2-[1,1-Dimethylpyrrolidinium-2-yl)methyl]-1-methylpyrrolidin-2-yl" (**21**)

[3]) CA registriert ein solches Radikalkation unter dem Radikal-Namen als Titelstammnamen ('heading parent'), gefolgt vom Kation-Präfix, z.B. '2-pyrrolidinyl, 2-[(1,1-dimethylpyrrolidinium-2-yl)methyl]-1-methyl-' (**21**).

Beispiele:

22

"Azulen-Radikalion(1+)" (**22**)
- nach *(a)*
- IUPAC: auch "Azulen-2(1*H*)-ylium-1-yl" oder "1,2-Dihydroazulen-2-ylium-1-yl" nach *Kap. 6.3.3.1*, indiziertes H-Atom nach *Anhang 5(i₂)*

23

"1,1,4,4-Tetramethyltetraz-2-en-Radikal-ion(1+)" (**23**)
- nach *(a)*
- IUPAC: auch "1,1,4,4-Tetramethyltetra**az**-2-en-1-ium-1-yl" nach *Kap. 6.3.2.1(b)*

24

"1-Methylpyrrolidin-Radikalion(1+)" (**24**)
- nach *(a)*
- IUPAC (auch CA bis und mit '12th Coll. Index'): "1-Methylpyrrolidin(-1-)ium(-1-)yl" nach *Kap. 6.3.2.1(b)*

25

"2,2′-(1,4-Phenylen)bis[2,3-dihydro-1,2,3-trimethyl-1*H*-benzimidazol]-Radikal-ion(2+)" (**25**)
- nach *(a)*
- IUPAC: auch "2,2′,3,3′-Tetrahydro-1,1′,2,2′,3,3′-hexamethyl-2,2′-(1,4-phenylen)di[1*H*-benzimidazol-1-ium-1-yl]" nach *Kap. 6.3.2.1(b)*

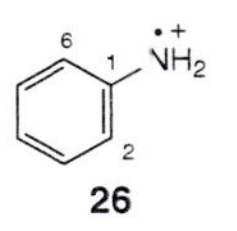
26

"Benzolamin-Radikalion(1+)" (**26**)
- nach *(a)*
- CA bis und mit '12th Coll. Index': 'ammoniumyl, phenyl-' nach *Kap. 6.3.2.1(a)*
- IUPAC: auch "Benzolaminiumyl" nach *Kap. 6.3.2.2(b)*

27

"Benzonitril-Radikalion(1+)" (**27**)
- nach *(a)*
- IUPAC: "Benzonitriliumyl" nach *Kap. 6.3.2.2(b)*

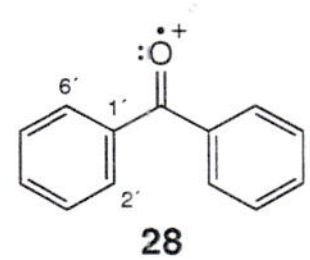
28

"Diphenylmethanon-Radikalion(1+)" (**28**)
- nach *(a)*
- IUPAC: "Diphenylmethylidenoxoniumyl" nach *Kap. 6.3.2.1(a)*

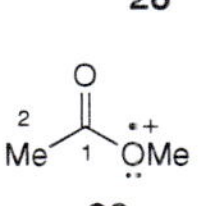
29

"Essigsäure-methyl-ester-Radikalion(1+)"/ "Methyl-acetat-Radikalion(1+)" (**29**)
- nach *(a)*
- CA: 'acetic acid, methyl ester, radical ion(1+)'
- IUPAC: "Acetyl(methyl)oxoniumyl" nach *Kap. 6.3.2.1(a)*

30

"Prop-2-ensäure-Radikalion(1+)" (**30**)
- nach *(a)*
- IUPAC: z.B. "Acryloyloxoniumyl" nach *Kap. 6.3.2.1(a)*

31

"(Ethylthio)ethan-Radikalion(1+)" (**31**)
- nach *(a)*
- IUPAC (auch CA bis und mit '12th Coll. Index'): "Diethylsulfoniumyl" nach *Kap. 6.3.2.1(a)*

32

"Trimethylphosphin-Radikalion(1+)" (**32**)
- nach *(a)*
- IUPAC (auch CA bis und mit '12th Coll. Index'): "Trimethylphosphoniumyl" nach *Kap. 6.3.2.1(a)*

33

"Methoxyethen-Radikalion(1−)" (**33**)
- nach *(a)*
- IUPAC: auch "1-Methoxyethan-2-id-1-yl" nach *Kap. 6.4.2.1(b)*

34

"1,1′-Biphenyl-Radikalion(2−)" (**34**)
- nach *(a)*
- IUPAC: auch "1,1′-Biphenyl-Diradikaldianion"

35

"Thiophen-Radikalion(1−)" (**35**)
- nach *(a)*
- IUPAC: "1λ⁴-Thiophen-1-id-1-yl" nach *Kap. 6.4.2.1(b)*; "1λ⁴" nach *Anhang 7*

$[C_2H_5Cl]^{\bullet -}$

36

"Chloroethan-Radikalion(1−)" (**36**)
nach *(a)*

37

"Trimethylboran-Radikalion(1−)" (**37**)
- nach *(a)*
- IUPAC: auch "Trimethylboranuidyl" nach *Kap. 6.4.3(b)*

38

"2-Bromo-1,1,1,3,3,3-hexafluoro-2-(trifluoromethyl)propan-Radikalion(1−)" (**38**)
nach *(a)*

39

"1-Chloro-3-iodobenzol-Radikalion(1−)" (**39**)
- nach *(a)*
- IUPAC: auch "3-Chloro-1-iodocyclohexa-3,5-dien-2-id-1-yl" nach *Kap. 6.4.2.1(b)*

40

"Buta-1,3-dienhexacarbonitril-Radikalion(1−) (**40**)
- nach *(a)*
- IUPAC: auch "Hexacyanobut-2-en-4-id-1-yl" nach *Kap. 6.4.2.1(b)*

41

"Di(phosphin)-1-ylium-1-yl" (**41**)
- nach *(b)* und *Kap. 6.3.3.1*
- im Deutschen Klammern wegen Verwechslungsgefahr mit Dreifachbindung (P≡P; *Kap. 4.3.3.1(b)*)

42

"Trisil-1-en-1-ylium-1-yl" (**42**)
nach *(b)* und *Kap. 6.3.3.1*

43

"3,4-Dihydro-2-methylen-2*H*-furylium-3-yl" (**43**)
- nach *(b)* und *Kap. 6.3.4(a)*
- auch "2-Methylen-2*H*-furylium-3(4*H*)-yl", indiziertes H-Atom nach *Anhang 5(i₂)*; vgl. *Kap. 6.2.2*, dort **24**
- IUPAC: "3,4-Dihydro-2-methyliden-2*H*-1λ⁴-furan-1-ylium-3-yl"; "1λ⁴" nach *Anhang 7*

44

"(Phenylmethyl)aminyliumyl" (**44**)
- nach *(c)*
- IUPAC: z.B. "Phenylmethanaminyliumyl" nach *Kap. 6.3.3.2(d)*

45

"1-(Diphenylmethyl)-4-methoxybenzol-Radikalion(1+)" (**45**)
- nach *(d₁)*
- Wahl der Gerüst-Stammstruktur nach *Kap. 3.3(j)*
- IUPAC: auch "1-(Diphenylmethyl)-4-(methyloxoniumyliden)cyclohexa-2,5-dien-1-yl" nach *Kap. 6.3.6(c)* bzw. *6.2.2*

46

"1,1′-[3-(2,3-Diphenylcycloprop-2-en-1-yliden)cycloprop-1-en-1,2-diyl]bis[benzol]-Radikalion(1+)" (**46**)
- nach *(d₁)*
- der Stammname "Benzol" wird nur verdoppelt, da der zentrale Strukturteil nach CA nicht als tetravalenter Substituent benannt werden kann (s. *Kap. 3.2.3*)
- IUPAC: auch "1-(2,3-Diphenylcycloprop-3-en-2-ylium-1-yl)-2,3-diphenylcycloprop-2-en-1-yl" nach *Kap. 6.3.6(c)* bzw. *6.2.2*

"Benzoesäure-ethyl-ester-Radikalion(1–)"/"Ethyl-benzoat-Radikalion(1–)" (**47**)
- nach ***(d_1)***
- CA: 'benzoic acid, ethyl ester, radical ion(1–)'
- IUPAC: "Ethoxy(oxido)phenylmethyl" nach *Kap. 6.4.4**(b)*** bzw. *6.2.2*

"1,1′,1′′,1′′′-(Cyclohexa-2,5-dien-1,4-diylidendimethantetrayl)tetrakis[benzol]-Radikalion(1–)" (**48**)
- nach ***(d_1)***
- IUPAC: "[4-(Diphenylmethanidyl)phenyl]diphenylmethyl" nach *Kap. 6.4.4**(c)*** bzw. *6.2.2*

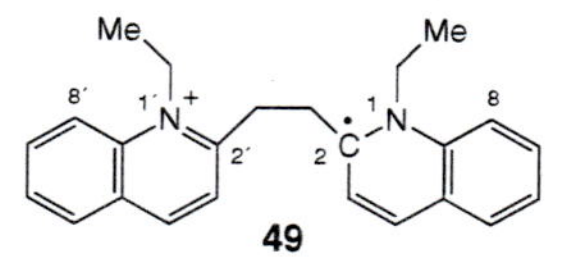

"1-Ethyl-2-[2-(1-ethylchinolinium-2-yl)ethyl]-1,2-dihydrochinolin-2-yl" (**49**)
- nach ***(d_2)***
- nach *Kap. 6.3.6**(c)*** bzw. *6.2.2*
- auch "1-Ethyl-2-[2-(1-ethylchinolinium-2-yl)ethyl]chinolin-2(1*H*)-yl", indiziertes H-Atom nach *Anhang 5**(l_2)***; vgl. *Kap. 6.2.2*, dort **24**
- IUPAC: "1-Ethyl-2-[2-(1-ethylchinolin-1-ium-2-yl)ethyl]-1,2-dihydrochinolin-2-yl" nach *Kap. 6.3.6**(c)*** bzw. *6.2.2*

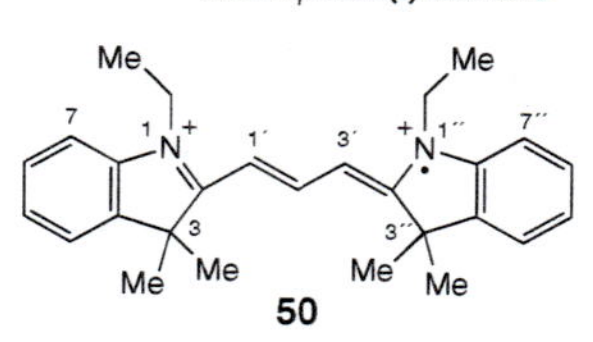

"1-Ethyl-2-[3-(1-ethyl-1,3-dihydro-3,3-dimethyl-2*H*-indol-2-yliden)prop-1-enyl]-3,3-dimethyl-3*H*-indolium-Radikalion(1+)" (**50**)
- nach ***(a)*** (Spezialfall)
- IUPAC: "1-Ethyl-2-[3-(1-ethyl-3,3-dimethyl-3*H*-indolium-2-yl)prop-2-enyliden]-2,3-dihydro-3,3-dimethyl-1*H*-indol-1-ium-1-yl" nach *Kap. 6.3.6**(c)*** (Substituent) und *6.3.2.1**(b)***

6

6.7. Carbonsäuren, Carbothio-, Carboseleno-, Carbotelluro-, Carbohydrazon- und Carboximidsäuren sowie entsprechende Carboperoxosäuren (*Klassen 5a* und *5b*) und entsprechende Salze

6.7.1. VORBEMERKUNGEN

Definition:

Eine **Carbonsäure** oder ein davon hergeleitetes Austauschanalogon besitzt die **Struktur 1** und eine entsprechende **Peroxy-Säure** die **Struktur 2**:

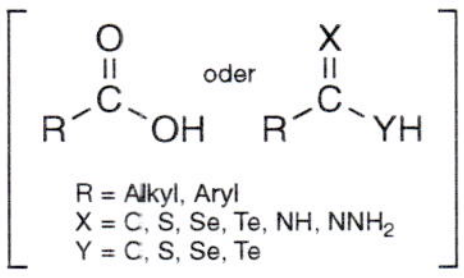

R–C(=O)–OH oder R–C(=X)–YH
R = Alkyl, Aryl
X = C, S, Se, Te, NH, NNH_2
Y = C, S, Se, Te

1

eine **Carbonsäure**

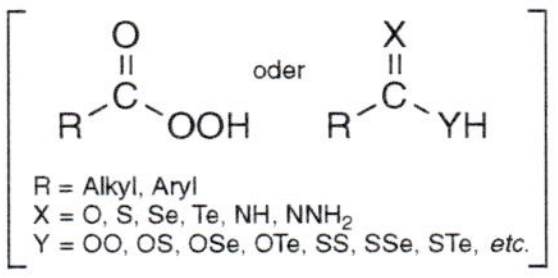

R–C(=O)–OOH oder R–C(=X)–YH
R = Alkyl, Aryl
X = O, S, Se, Te, NH, NNH_2
Y = OO, OS, OSe, OTe, SS, SSe, STe, *etc.*

2

eine **Carboperoxosäure** (Peroxy-Säure)

Alle Peroxy-Säuren, deren Hauptgruppe als Suffix bezeichnet wird, haben in der Prioritätenreihenfolge als Klasse vor der Gesamtheit aller andern Säuren Vorrang (s. *Tab. 3.2*).

Tab. 3.2

Man unterscheidet:
- Carbonsäuren: (Kap. 6.7.2)
  - acyclische und cyclische Mono- und Polycarbonsäuren; (Kap. 6.7.2.1)
  - Hydroxy-, Alkoxy-, Oxo- und Aminocarbonsäuren (inkl. entsprechende Mercapto-, (Alkylthio)- und Thioxo-Analoga sowie Se- und Te-Analoga); (Kap. 6.7.2.2)
- Carbothio-, Carboseleno-, Carbotelluro-, Carbohydrazon- und Carboximidsäuren; (Kap. 6.7.3)
- Carboperoxosäuren (Peroxy-Säuren) und ihre Austauschanaloga; (Kap. 6.7.4)
- Salze von Carbonsäuren und von ihren Chalcogen-, Hydrazono-, Imido- und Peroxy-Austauschanaloga (Anion-Namen). (Kap. 6.7.5)

Orthocarbonsäuren werden als Alkohole (*Kap. 6.21*) betrachtet (z.B. "Phenylmethantriol" für $PhC(OH)_3$, nicht "Orthobenzoesäure"). Sogenannte **Nitrol- und Nitrosolsäuren** sind Aldehyd-oxim-Derivate (*Kap. 6.19**(b)***).

Kap. 6.21 — Kap. 6.19(b)

6

Beachte:

- **Wenn möglich** sind **Konjunktionsnamen** nach *Kap. 3.2.2* zu verwenden (s. z.B. **9**). (Kap. 3.2.2)
- Die in *Kap. 6.7* beschriebenen **Acyl-*Präfixe* und Acyl-Austauschanalogon-*Präfixe* nach CA** werden nur als Präfixe verwendet (s. auch *Kap. 5.9*). **Sie weichen von den Säure-halogenid-Suffixen** (*Kap. 6.15*) **ab** (**Ausnahmen**: **"Acetyl-"** (MeC(=O)–) und **"Benzoyl-"** (PhC(=O)–)). **IUPAC** unterscheidet nicht immer zwischen Acyl-Präfix und Säure-halogenid-Suffix. (Kap. 5.9, Kap. 6.15)

6.7.2. CARBONSÄUREN

CA ¶ 165, 168, 134 und 228
IUPAC R-5.7.1, R-9.1 (Table 28) und C-4.0 – C-4.3

6.7.2.1. Acyclische und cyclische Mono- und Polycarbonsäuren

Man unterscheidet:

(a) acyclische Mono- und Dicarbonsäuren: Suffix, Präfixe, Trivialnamen;

(b) acyclische Polycarbonsäuren (≥ 3 COOH) sowie Carbonsäure-Gruppe(n) an Heteroketten mit regelmässig platzierten Heteroatomen oder an Carbo- oder Heterocyclen: Suffix, Präfixe, Trivialnamen.

***(a)* Acyclische Mono- und Dicarbonsäuren**: der Säure-Namen setzt sich zusammen aus

Stammname der Kohlenwasserstoff-Kette oder **Stammname der Heteroatom-haltigen Kette** ("a"-Name)	+	**Suffix** "**-säure**"[1]) (–[C]OOH) bzw. "**-disäure**"[1]) (HOO[C]...[C]OOH[2]))

Kap. 4.2 — Kap. 4.3.2

Ausnahme[3]):

Der Trivialname "**Essigsäure**" ('acetic acid'; **3**) wird sowohl von CA als auch von IUPAC verwendet, auch für substituierte Derivate und entsprechend für Anhydride, Ester und andere Säure-Derivate, **nicht** aber **für Peroxo- und andere Infix-Austauschnamen** (z.B. "Ethanperoxosäure" (MeC(=O)OOH), "Ethanthio-*O*-säure" (MeC(=S)OH)):

Kap. 6.7.4 bzw. 6.7.3

[1]) Im Englischen wird '-oic acid' bzw. '-dioic acid' verwendet.

[2]) Eckige Klammern um ein Atom bedeuten, dass dieses Atom nicht im Suffix bzw. Präfix enthalten ist.

[3]) Für **Kohlensäure** ('carbonic acid'; HOC(=O)OH), **Ameisensäure** ('formic acid'; HCOOH) und **Carbamidsäure** ('carbamic acid'; H_2NCOOH) sowie Derivate davon, s. *Kap. 6.9*.

"Essigsäure" (3)
- Englisch: '**acetic acid**'
- substituierbar[4])

Kap. 6.7.1

Ein **Acyl-*Präfix* für R–C(=O)–** setzt sich zusammen aus

Kap. 5

Präfix "Oxo-" (O=[C][2]))	+	**Stamm*substituenten*-name "(R´)-" des Kettensubstituenten R–C–** (= R´–; d.h. das C-Atom [C] gehört zur Kette R´–; Kohlenwasserstoff- oder "a"-Name), nach *Kap. 5*[5])

Ausnahmen:

"Carboxy-" (4)
H-Atom nicht substituierbar; **immer** "Carboxy-", auch an C-Kettenende

"Acetyl-" (5)
substituierbar[4]); **nur wenn isoliert**, nicht an C-Kettenende: z.B. "(2-Oxopropyl)-", **nicht "(Acetylmethyl)-"** für $MeC(=O)CH_2$–

IUPAC lässt ausserdem **für die acyclischen Carbonsäuren 7, 25 – 27, 29 – 39** und **47** (s. unten, Beispiele) **auch Trivialnamen**[5]) zu (IUPAC R-9.1, Table 28). Ein Acyl-Name nach IUPAC setzt sich zusammen aus

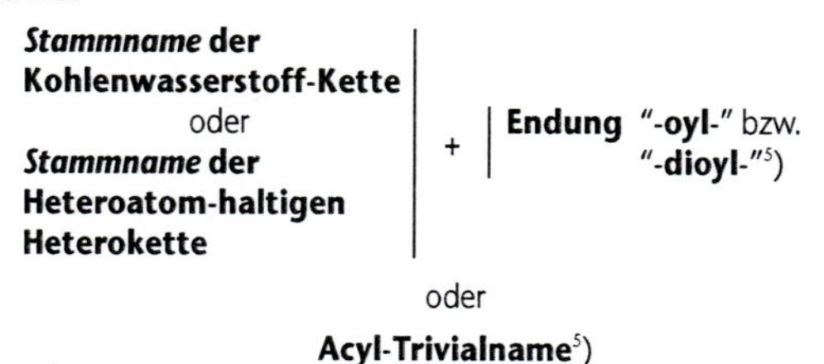

***Stammname* der Kohlenwasserstoff-Kette** oder ***Stammname* der Heteroatom-haltigen Heterokette**	+	**Endung** "**-oyl-**" bzw. "**-dioyl-**"[5])

oder

Acyl-Trivialname[5])

Die folgenden früher von IUPAC zugelassenen Trivialnamen werden **nicht mehr** empfohlen.

Gesättigte acyclische Monocarbonsäuren:

"Valeriansäure" (= "Pentansäure"; $Me(CH_2)_3COOH$)/"Valeryl-"
"Isovaleriansäure" (= "3-Methylbutansäure"; Me_2CHCH_2COOH)/"Isovaleryl-"
"Pivalinsäure" (= "2,2-Dimethylpropansäure"; Me_3CCOOH; s. **28**)/"Pivaloyl-"
"Capronsäure" (= "Hexansäure"; $Me(CH_2)_4COOH$)
"Caprylsäure" (= "Octansäure"; $Me(CH_2)_6COOH$)
"Caprinsäure" (= "Decansäure"; $Me(CH_2)_8COOH$)
"Laurinsäure" (= "Dodecansäure"; $Me(CH_2)_{10}COOH$)/"Lauroyl-"
"Myristinsäure" (= "Tetradecansäure"; $Me(CH_2)_{12}COOH$)/"Myristoyl-"
(**"Arachinsäure"** (= "Eicosansäure"; IUPAC: "Icosansäure"; $Me(CH_2)_{18}COOH$))

Gesättigte acyclische Dicarbonsäuren:

"Pimelinsäure" (= "Heptandisäure"; $HOOC(CH_2)_5COOH$)/"Pimeloyl-"
"Suberinsäure" (= "Korksäure" = "Octandisäure"; $HOOC(CH_2)_6COOH$)/"Suberoyl-"
"Azelainsäure" (= "Nonandisäure"; $HOOC(CH_2)_7COOH$)/"Azelaoyl-"
"Sebacinsäure" (= "Decandisäure"; $HOOC(CH_2)_8COOH$)/"Sebacoyl-"

Ungesättigte acyclische Mono- und Dicarbonsäuren:

"Crotonsäure" (= "(2*E*)-But-2-ensäure"; (*E*)-MeCH=CHCOOH)/"Crotonoyl-"
"Isocrotonsäure" (= "(2*Z*)-But-2-ensäure"; (*Z*)-MeCH=CHCOOH)/"Isocrotonoyl-"
"Elaidinsäure" (= "(9*E*)-Octadec-9-ensäure"; (*E*)-$Me(CH_2)_7CH=CH(CH_2)_7COOH$)/"Elaidoyl-"
(**"Arachidonsäure"** (= "(5*Z*,8*Z*,11*Z*,14*Z*)-Eicosa-5,8,11,14-tetraensäure"; IUPAC: "(5*Z*,8*Z*,11*Z*,14*Z*)-Icosa-5,8,11,14-tetraensäure"; $Me(CH_2)_4(CH=CHCH_2)_4(CH_2)_2COOH$))
"Citraconsäure" (= "(2*Z*)-2-Methylbut-2-endisäure"; (*Z*)-HOOCCH=C(Me)COOH)/"Citraconoyl-"
"Mesaconsäure" (= "(2*E*)-2-Methylbut-2-endisäure"; (*E*)-HOOCCH=C(Me)COOH)/"Mesaconoyl-"
"Atropasäure" (= "α-Methylenbenzolessigsäure"; $PhC(=CH_2)COOH$; s. **48**)/"Atropoyl-"

z.B.

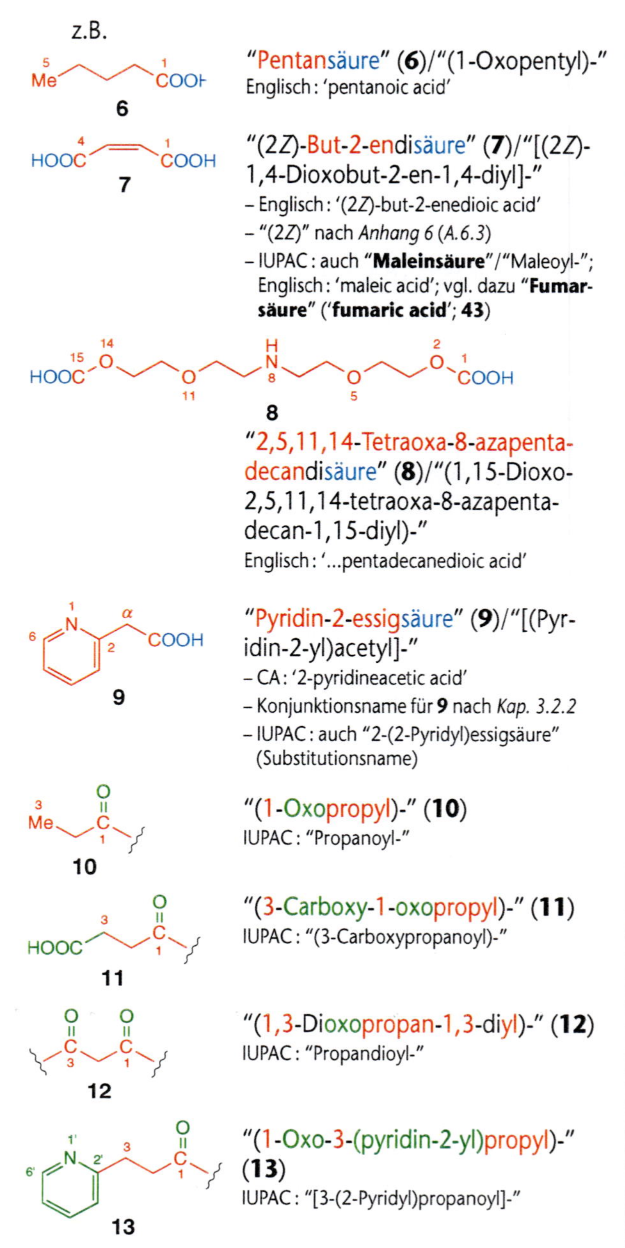

"Pentansäure" (**6**)/"(1-Oxopentyl)-"
Englisch: 'pentanoic acid'

"(2*Z*)-But-2-endisäure" (**7**)/"[(2*Z*)-1,4-Dioxobut-2-en-1,4-diyl]-"
- Englisch: '(2*Z*)-but-2-enedioic acid'
- "(2*Z*)" nach *Anhang 6* (*A.6.3*)
- IUPAC: auch **"Maleinsäure"**/"Maleoyl-"; Englisch: 'maleic acid'; vgl. dazu **"Fumarsäure"** ('**fumaric acid**'; **43**)

"2,5,11,14-Tetraoxa-8-azapentadecandisäure" (**8**)/"(1,15-Dioxo-2,5,11,14-tetraoxa-8-azapentadecan-1,15-diyl)-"
Englisch: '...pentadecanedioic acid'

"Pyridin-2-essigsäure" (**9**)/"[(Pyridin-2-yl)acetyl]-"
- CA: '2-pyridineacetic acid'
- Konjunktionsname für **9** nach *Kap. 3.2.2*
- IUPAC: auch "2-(2-Pyridyl)essigsäure" (Substitutionsname)

"(1-Oxopropyl)-" (**10**)
IUPAC: "Propanoyl-"

"(3-Carboxy-1-oxopropyl)-" (**11**)
IUPAC: "(3-Carboxypropanoyl)-"

"(1,3-Dioxopropan-1,3-diyl)-" (**12**)
IUPAC: "Propandioyl-"

"(1-Oxo-3-(pyridin-2-yl)propyl)-" (**13**)
IUPAC: "[3-(2-Pyridyl)propanoyl]-"

***(b)* Acyclische Polycarbonsäuren** (≥ 3 –COOH) sowie **Carbonsäure-Gruppe(n) an Heteroketten mit regelmässig platzierten Heteroatomen oder an Carbo- und Heterocyclen**: der Säure-Name setzt sich zusammen aus

Kap. 4.2

Kap. 4.3.2

Stammname der Kohlenwasserstoff-Kette (ohne C-Atome von –COOH; **≥ 3 –COOH**) oder **Stammname der Heteroatom-haltigen Kette** ("a"-Name; ohne C-Atome von –COOH; **≥ 3 –COOH**) oder	+	**Suffix** "**-carbonsäure**" (–COOH), "**-dicarbonsäure**" (2 –COOH), "**-tricarbonsäure**" (3 –COOH) *etc.*[6])

[4]) S. Substitutionsnomenklatur, *Kap. 3.2.1*. Der Ersatz des H-Atoms von –COOH wird nicht als Substitution betrachtet, wenn die Gruppe Hauptgruppe (Suffix) bleibt, sondern als 'Funktionalisierung'; letztere ist erlaubt, wenn eine Struktur als 'nicht substituierbar' bezeichnet wird; z.B. ist die Bildung von Salzen, Anhydriden oder Estern erlaubt (IUPAC R-9.1, Table 28).

[5]) Das Acyl-Präfix wird jeweils beim entsprechenden Namen oder Trivialnamen der Säure angegeben; bei Disäuren handelt es sich um das Diacyl-Präfix. **Die nach CA geprägten Acyl-*Präfixe* werden nur als *Präfixe*, nicht aber als Säure-halogenid-Suffixe** (s. *Kap. 6.15*) **verwendet** (vgl. *Kap. 6.7.1*).

[6]) Im Englischen werden '-carboxylic acid', '-dicarboxylic acid' *etc.* verwendet.

Kap. 4.3.3

Kap. 4.4–4.10

Stammname der Heterokette mit regelmässig platzierten Heteroatomen (inkl. monogliedriges Hydrid) oder **Stammname des Carbo- oder Heterocyclus**	+	**Suffix** **"-carbonsäure"** (–COOH), **"-dicarbonsäure"** (2 –COOH) **"-tricarbonsäure"** (3 –COOH) *etc.*[6])

Ausnahme: Der Trivialname "**Benzoesäure**" ('**benzoic acid**'; **14**) wird sowohl von CA als auch von IUPAC verwendet, auch für substituierte Derivate und entsprechend für Anhydride, Ester und andere Säurederivate, **nicht** aber **für Peroxo- und andere Infix-Austauschnamen** (z.B. "Benzolcarboperox**o**säure" (PhC(=O)OOH); "Benzolcarbothio-*S*-säure" (PhC(=O)SH)):

Kap. 6.7.4 bzw. 6.7.3

14

"Benzoesäure" (14)
- Englisch: **'benzoic acid'**
- substituierbar[4]), ausser durch Ph– (Ph–C_6H_4–COOH ist z.B. "[1,1´-Biphenyl]-4-carbonsäure")

Kap. 6.7.1

Ein **Acyl-*Präfix* für R–C(=O)–** setzt sich zusammen aus

Kap. 5

Präfix "Oxo-" (O=[C][2]))	+	**Stamm*substituenten*name "(R´)-" des Kettensubstituenten R–C–** (= R´–; d.h. das C-Atom [C] gehört zur Kette R´–; Kohlenwasserstoff- oder "a"-Name) **der Polycarbonsäure mit ≥ 3 COOH** (1 oder 2 Acyl-Gruppen, im letzteren Fall "Dioxo-"), nach *Kap. 5*, **mit Präfix für übrige HOOC–**[5])

oder

Kap. 5

Substituentenname ">(R)-" (z.B.) **des multivalenten Kettensubstituenten >R–** (z.B.) **der Polycarbonsäure mit ≥ 3 COOH** (≥ 3 Acyl-Gruppen), oder **Substituentenname "(R)-" für den cyclischen Substituenten R– oder Name des Heterokettensubstituenten mit regelmässig platzierten Heteroatomen** (inkl. monogliedriges Hydrid), nach *Kap. 5*	+	**Stammsubstituentenname "-carbonyl-"** (–C(=O)–) **"-dicarbonyl-"** (2 –C(=O)–; ausser bei einem Kettensubstituenten R<, s. oben) **"-tricarbonyl-"** (3 –C(=O)–) *etc.*[5])

Beachte:

Ist das **C-Atom der Acyl-Gruppe R–C(=O)– Teil eines Kettenstammsubstituenten R´–, dann wird statt "-carbonyl-" der entsprechende Stammsubstituentenname "(R´)-" verwendet**, z.B. "(3-Cyclohexyl-3-oxopropyl)-" ($C_6H_{11}C(=O)CH_2CH_2$–); Ausnahme: "Benzoyl-" (**15**).

Ausnahme:

15

"Benzoyl-" (15)
substituierbar[4]), ausser durch Ph- (vgl. **14**); **nur wenn isoliert**, nicht an C-Kettenende: z.B. "(2-Oxo-2-phenylethyl)-", **nicht "(Benzoylmethyl)-"** für PhC(=O)CH_2–

IUPAC lässt ausserdem **für die Carbonsäuren 58 – 61, 65, 68** und **69** (s. unten, Beispiele) **auch Trivialnamen**[5]) zu (IUPAC R-9.1, Table 28). Ein Acyl-Name nach IUPAC setzt sich zusammen aus

***Stammname* der Kette**	+	**Endung** "**-oyl-**" bzw. "**-dioyl-**"[5]) (1 oder 2 Acyl-Gruppen, s. ***(a)***)

oder

Stamm*substituenten*name der Kette (≥ 3 Acyl-Gruppen) **oder des Ringes**	+	"**-carbonyl-**" "**-dicarbonyl-**" *etc.*[5])

oder

Acyl-Trivialname[5])

Die folgenden früher von IUPAC zugelassenen Trivialnamen werden **nicht mehr** empfohlen:

"**o-**", "***m*-**" und "***p*-Toluylsäure**" (= "2-", "3-" bzw. "4-Methylbenzoesäure"; s. **62**)/"*o*-Toluoyl-" *etc.*
"**Camphersäure**" (= "1,2,2-Trimethylcyclopentan-1,3-dicarbonsäure"; s. **63**)/"Campheroyl-"
"**Thenoesäure**" (= "Thiophen-2-carbonsäure"; s. **66**)/"Thenoyl-"

z.B.

16

"Propan-1,2,3-tricarbonsäure" (**16**)/"(Propan-1,2,3-triyltricarbonyl)-"
Englisch: 'propane-1,2,3-tricarboxylic acid'

17

"3,6,9,12-Tetraazatetradecan-1,2,13,14-tetracarbonsäure" (**17**)/"(3,6,9,12-Tetraazatetradecan-1,2,13,14-tetrayltetracarbonyl)-"
Englisch: '...tetradecane-1,2,13,14-tetracarboxylic acid'

18

"Hydrazincarbonsäure" (**18**)/"(Hydrazinocarbonyl)-"
- Englisch: 'hydrazinecarboxylic acid'
- nicht "Kohlensäure-monohydrazid" (*Kap. 6.17**(c)***), d.h. Carbonsäure > Kohlensäure (*Tab. 3.2*)
- **früher "Carbazinsäure"**

19

"Phosphincarbonsäure" (**19**)/"(Phosphinocarbonyl)-"
- Englisch: 'phosphinecarboxylic acid'
- nicht "Phosphinoameisensäure" (*Kap. 6.9*)

20

"1*H*-Inden-3-carbonsäure" (**20**)/"(1*H*-Inden-3-ylcarbonyl)"
- Englisch: '1*H*-indene-3-carboxylic acid'
- indiziertes H-Atom nach *Anhang 5**(a)(d)***
- indiziertes H-Atom > –COOH für möglichst tiefen Lokanten (*Kap. 3.4*)

21

"Imidazolidin-1,3-dicarbonsäure" (**21**)/"(Imidazolidin-1,3-diyldicarbonyl)-"
Englisch: 'imidazolidine-1,3-dicarboxylic acid'

22

"(3,4-Dicarboxy-1-oxobutyl)-" (**22**)
IUPAC: "(3,4-Dicarboxybutanoyl)-"

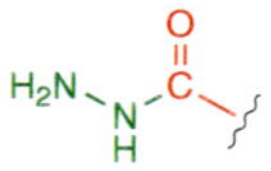

23

"(Hydrazinocarbonyl)-" (**23**)
IUPAC: auch "Diazanylcarbonyl-"; **früher** "**Carbazoyl-**"

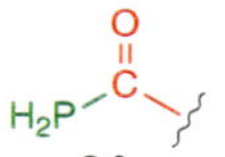

24

"(Phosphinocarbonyl)-" (**24**)
IUPAC: auch "Phosphanylcarbonyl-"

Beispiele:

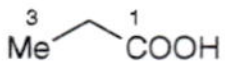

25
"Propansäure" (**25**)/"(1-Oxopropyl)-"
- nach *(a)*
- IUPAC: auch "**Propionsäure**"/"Propionyl-"; Englisch: '**propionic acid**'; nicht substituierbar[4])

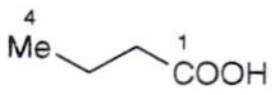

26
"Butansäure" (**26**)/"(1-Oxobutyl)-"
- nach *(a)*
- IUPAC: auch "**Buttersäure**"/"Butyryl-"; Englisch: '**butyric acid**'; nicht substituierbar[4])

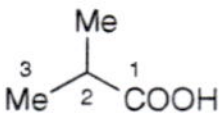

27
"2-Methylpropansäure" (**27**)/"(2-Methyl-1-oxopropyl)-"
- nach *(a)*
- IUPAC: auch "**Isobuttersäure**"/"Isobutyryl-"; Englisch: '**isobutyric acid**'; nicht substituierbar[4])

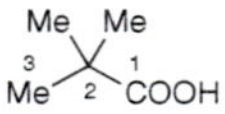

28
"2,2-Dimethylpropansäure" (**28**)/"(2,2-Dimethyl-1-oxopropyl)-"
- nach *(a)*
- IUPAC: **früher** "**Pivalinsäure**"/"Pivaloyl-"; Englisch: '**pivalic acid**'

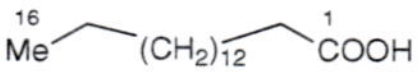

29
"Hexadecansäure" (**29**)/"(1-Oxohexadecyl)-"
- nach *(a)*
- IUPAC: auch "**Palmitinsäure**"/"Palmitoyl-"; Englisch: '**palmitic acid**'; nicht substituierbar[4])

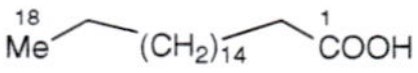

30
"Octadecansäure" (**30**)/"(1-Oxooctadecyl)-"
- nach *(a)*
- IUPAC: auch "**Stearinsäure**"/"Stearoyl-"; Englisch: '**stearic acid**'; nicht substituierbar[4])

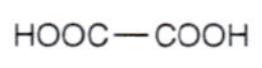

31
"Ethandisäure" (**31**)/"(1,2-Dioxoethan-1,2-diyl)-"
- nach *(a)*
- IUPAC: auch "**Oxalsäure**"/"Oxalyl-"[5]) (–CO–CO–; CA: '1,2-dioxo-1,2-ethanediyl-'; s. **54**)/"Oxalo-" (HOOC–CO–; CA: '(carboxycarbonyl)-'); Englisch: '**oxalic acid**'

32
"Propandisäure" (**32**)/"(1,3-Dioxopropan-1,3-diyl)-"
- nach *(a)*
- IUPAC: auch "**Malonsäure**"/"Malonyl-"[5]); Englisch: '**malonic acid**'; substituierbar[4])

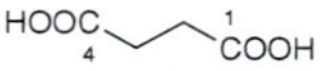

33
"Butandisäure" (**33**)/"(1,4-Dioxobutan-1,4-diyl)-"
- nach *(a)*
- IUPAC: auch "**Bernsteinsäure**"/"Succinyl-"[5]); Englisch: '**succinic acid**'; substituierbar[4])

34
"Pentandisäure" (**34**)/"(1,5-Dioxopentan-1,5-diyl)-"
- nach *(a)*
- IUPAC: auch "**Glutarsäure**"/"Glutaryl-"[5]); Englisch: '**glutaric acid**'; nicht substituierbar[4])

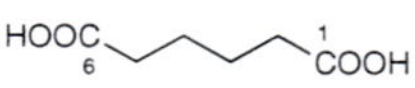

35
"Hexandisäure" (**35**)/"(1,6-Dioxohexan-1,6-diyl)-"
- nach *(a)*
- IUPAC: auch "**Adipinsäure**"/"Adipoyl-"[5]); Englisch: '**adipic acid**'; nicht substituierbar[4])

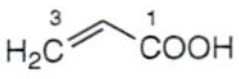

36
"Propensäure" (**36**)/"(1-Oxoprop-2-enyl)-"
- nach *(a)*
- IUPAC: auch "**Acrylsäure**"/"Acryloyl-"; Englisch: '**acrylic acid**'; substituierbar[4])

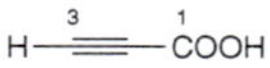

37
"Propinsäure" (**37**)/"(1-Oxoprop-2-inyl)-"
- nach *(a)*
- IUPAC: auch "**Propiolsäure**"/"Propioloyl-"; Englisch: '**propiolic acid**'; nicht substituierbar[4])

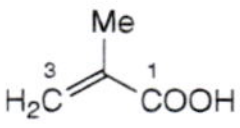

38
"2-Methylpropensäure" (**38**)/"(2-Methyl-1-oxoprop-2-enyl)-"
- nach *(a)*
- IUPAC: auch "**Methacrylsäure**"/"Methacryloyl-"; Englisch: '**methacrylic acid**'; nicht substituierbar[4])

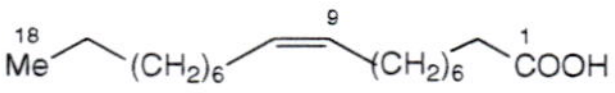

39
"(9*Z*)-Octadec-9-ensäure" (**39**)/"[(9*Z*)-1-Oxooctadec-9-enyl]-"
- nach *(a)*
- "(9*Z*)" nach *Anhang 6 (A.6.3)*
- IUPAC: auch "**Ölsäure**"/"Oleoyl-"; Englisch: '**oleic acid**'; nicht substituierbar[4]); **früher** wurde das (9*E*)-Isomer "**Elaidinsäure**"/"Elaidoyl-" genannt

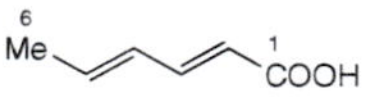

40
"(2*E*,4*E*)-Hexa-2,4-diensäure" (**40**)/"[(2*E*,4*E*)-1-Oxohexa-2,4-dienyl]-"
- nach *(a)*
- "(2*E*,4*E*)" nach *Anhang 6 (A.6.3)*
- **früher** "**Sorbinsäure**"/"Sorboyl-"; Englisch: '**sorbic acid**'

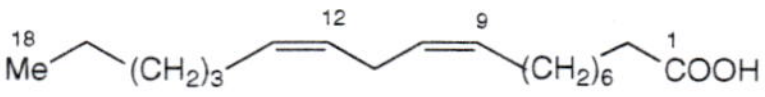

41
"(9*Z*,12*Z*)-Octadeca-9,12-diensäure" (**41**)/"[(9*Z*,12*Z*)-1-Oxooctadeca-9,12-dienyl]-"
- nach *(a)*
- "(9*Z*,12*Z*)" nach *Anhang 6 (A.6.3)*
- **trivial** "**Linolsäure**"/"Linoloyl-"; Englisch: '**linoleic acid**'

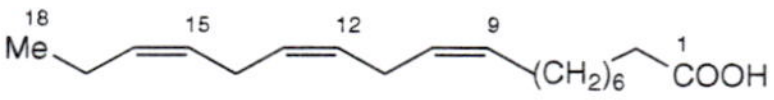

42
"(9*Z*,12*Z*,15*Z*)-Octadeca-9,12,15-triensäure" (**42**)/"[(9*Z*,12*Z*,15*Z*)-1-Oxooctadeca-9,12,15-trienyl]-"
- nach *(a)*
- "(9*Z*,12*Z*,15*Z*)" nach *Anhang 6 (A.6.3)*
- **trivial** "**Linolensäure**"/"Linolenoyl-"; Englisch: '**linolenic acid**'

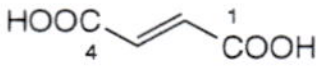

43
"(2*E*)-But-2-endisäure" (**43**)/"[(2*E*)-1,4-Dioxobut-2-en-1,4-diyl]-"
- nach *(a)*
- "(2*E*)" nach *Anhang 6 (A.6.3)*
- IUPAC: auch "**Fumarsäure**"/"Fumaroyl-"; Englisch: '**fumaric acid**'; substituierbar[4]); vgl. dazu "**Maleinsäure**" ('**maleic acid**'; **7**)

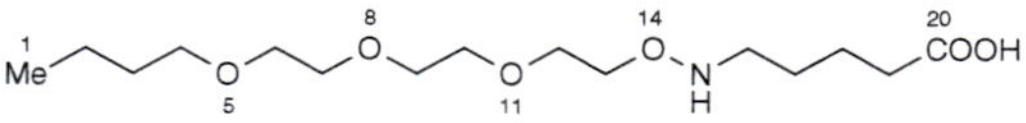

44
"5,8,11,14-Tetraoxa-15-azaeicosan-20-säure" (**44**)/"(1-Oxo-7,10,13,16-tetraoxa-6-azaeicos-1-yl)-" (s. *Kap. 4.3.2*(**c**))
- nach *(a)*
- IUPAC: "5,8,11,14-Tetraoxa-15-aza**i**cosan-20-säure"
- die Numerierung von **44** ist durch die Lage der Heteroatome bestimmt. d.h. "**5**,8,11,14,15" > "**6**,7,10,13,16"; beachte die Numerierung des Substituenten!

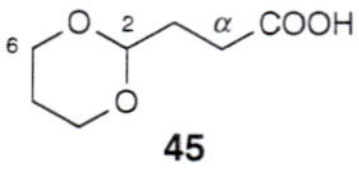

45
"1,3-Dioxan-2-propansäure" (**45**)/"[3-(1,3-Dioxan-2-yl)-1-oxopropyl]-"
- nach *(a)*
- Konjunktionsname für **45**
- IUPAC: auch "3-(1,3-Dioxan-2-yl)propansäure"

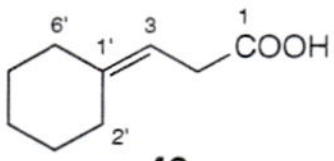

46
"3-Cyclohexylidenpropansäure" (**46**)/"(3-Cyclohexyliden-1-oxopropyl)-"
- nach *(a)*
- Konjunktionsname für **46** nicht zulässig wegen Doppelbindung

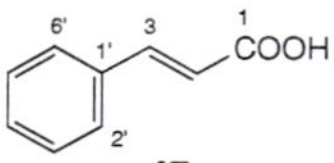

47
"(2*E*)-3-Phenylprop-2-ensäure" (**47**)/"[(2*E*)-1-Oxo-3-phenylprop-2-enyl]-"
- nach *(a)*
- Konjunktionsname für **47** nicht zulässig wegen Doppelbindung
- "(2*E*)" nach *Anhang 6 (A.6.3)*
- IUPAC: auch "**Zimtsäure**"/"Cinnamoyl-"; Englisch: '**cinnamic acid**'; nicht substituierbar[4])

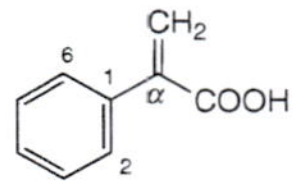

"α-Methylenbenzolessigsäure" (**48**)/"(1-Oxo-2-phenylprop-2-enyl)-"
- nach ***(a)***
- Konjunktionsname für **48**
- IUPAC: auch "2-Phenylprop-2-ensäure"; **früher "Atropasäure"**/"Atrop**oyl**-"; Englisch: **'atropic acid'**

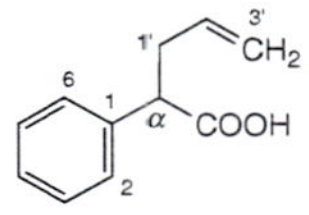

"α-(Prop-2-enyl)benzolessigsäure" (**49**)/"(1-Oxo-2-phenylpent-4-enyl)-"
- nach ***(a)***
- Konjunktionsname für **49**
- IUPAC: auch "2-Phenylpent-4-ensäure"

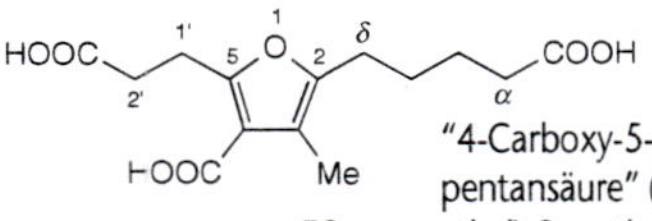

"4-Carboxy-5-(2-carboxyethyl)-3-methylfuran-2-pentansäure" (**50**)/"{5-[4-Carboxy-5-(2-carboxyethyl)-3-methylfuran-2-yl]-1-oxopentyl}-"
- nach ***(a)***
- Konjunktionsname für **50**
- IUPAC: auch "5-[4-Carboxy-5-(2-carboxyethyl)-3-methyl-2-furyl]pentansäure"

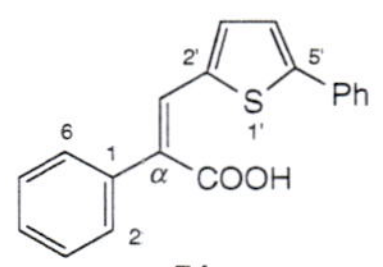

"α-[(5-Phenyl-2-thienyl)methylen]benzolessigsäure" (**51**)/"[1-Oxo-2-phenyl-3-(5-phenyl-2-thienyl)prop-2-enyl]-"
- nach ***(a)***
- Konjunktionsname für **51**
- IUPAC: auch "2-Phenyl-3-(5-phenyl-2-thienyl)prop-2-ensäure"

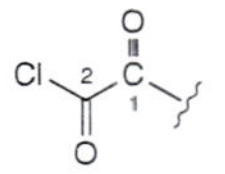

"(Chlorooxoacetyl)-" (**52**)
nach ***(a)***

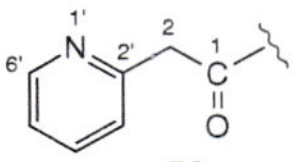

"[(Pyridin-2-yl)acetyl]-" (**53**)
nach ***(a)***

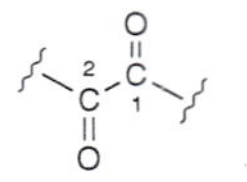

"(1,2-Dioxoethan-1,2-diyl)-" (**54**)
- nach ***(a)***
- IUPAC: auch "**Oxalyl**-"

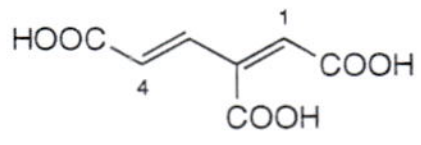

"(1*Z*,3*E*)-Buta-1,3-dien-1,2,4-tricarbonsäure" (**55**)/"[(1*Z*,3*E*)-Buta-1,3-dien-1,2,4-triyltricarbonyl]-"
- nach ***(b)***
- "(1*Z*,3*E*)" nach *Anhang 6* (*A.6.3*); CA bis 1999: "(*Z*,*E*)" (*A.6.3*)

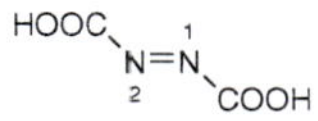

"Diazendicarbonsäure" (**56**)
- nach ***(b)***
- **früher "Azodicarbonsäure"**

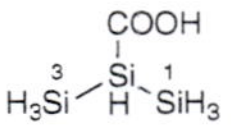

"Trisilan-2-carbonsäure" (**57**)/"[(1-Silyldisilanyl)carbonyl]-"
nach ***(b)***

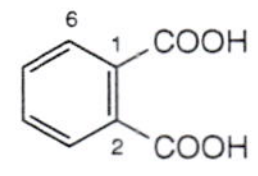

"Benzol-1,2-dicarbonsäure" (**58**)/"(1,2-Phenylendicarbonyl)-"
- nach ***(b)***
- IUPAC: auch "**Phthalsäure**"/"Phthal**oyl**-"; Englisch: **'phthalic acid'**; substituierbar[4])

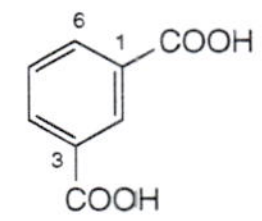

"Benzol-1,3-dicarbonsäure" (**59**)/"1,3-Phenylendicarbonyl)-"
- nach ***(b)***
- IUPAC: auch "**Isophthalsäure**"/"Isophthal**oyl**-"; Englisch: **'isophthalic acid'**; substituierbar[4])

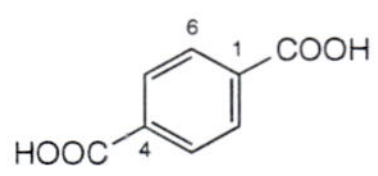

"Benzol-1,4-dicarbonsäure" (**60**)/"(1,4-Phenylendicarbonyl)-"
- nach ***(b)***
- IUPAC: auch "**Terephthalsäure**"/"Terephthal**oyl**-"; Englisch: **'terephthalic acid'**; substituierbar[4])

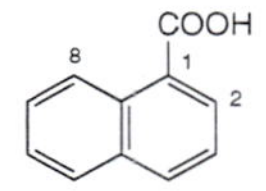

"Naphthalin-1-carbonsäure" (**61**)/"(Naphthalin-1-ylcarbonyl)-"
- nach ***(b)***
- IUPAC: auch "**1-Naphthoesäure**"/"1-Naphth**oyl**-" und Stellungsisomere; Englisch: **'naphthoic acid'**; substituierbar[4])

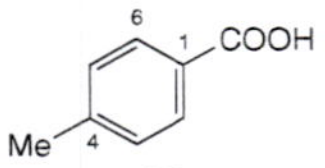

"4-Methylbenzoesäure" (**62**)/"(4-Methylbenzoyl)-"
- nach ***(b)***
- IUPAC: **früher "*p*-Toluylsäure"**/"*p*-Tolu**oyl**-" und Stellungsisomere; Englisch: **'*p*-toluic acid'**

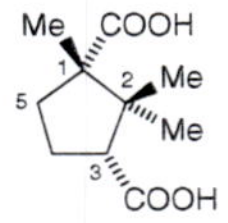

"*rel*-(1*R*,3*S*)-1,2,2-Trimethylcyclopentan-1,3-dicarbonsäure" (**63**)/"*rel*-{[(1*R*,3*S*)-1,2,2-Trimethylcyclopentan-1,3-diyl]dicarbonyl}-"
- nach ***(b)***
- "*rel*-(1*R*,3*S*)" nach *Anhang 6* (*A.6.3*)
- IUPAC: **früher "Camphersäure"**/"Camphero**yl**-"; Englisch: **'camphoric acid'**/'camphoroyl-'

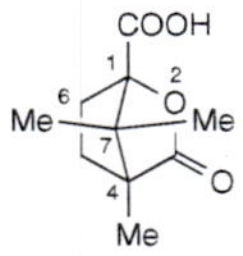

"4,7,7-Trimethyl-3-oxo-2-oxabicyclo[2.2.1]heptan-1-carbonsäure" (**64**)/"[(4,7,7-Trimethyl-3-oxo-2-oxabicyclo[2.2.1]hept-1-yl)carbonyl]-"
- nach ***(b)***
- **trivial "ω-Camphansäure"**/"ω-Camphan**oyl**-"; Englisch: **'ω-camphanic acid'**; das (–)-Enantiomere hat die Konfiguration (1*S*,4*R*) (s. *Anhang 6*)

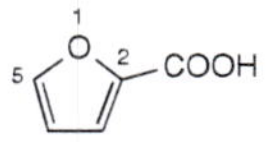

"Furan-2-carbonsäure" (**65**)/"(Furan-2-ylcarbonyl)-"
- nach ***(b)***
- IUPAC: auch "**2-Furoesäure**"/"Fur**oyl**-" und Stellungsisomeres; Englisch: **'2-furoic acid'**; substituierbar[4])

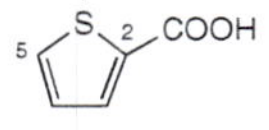

"Thiophen-2-carbonsäure" (**66**)/"(2-Thienylcarbonyl)-"
- nach ***(b)***
- IUPAC: **früher "2-Thenoesäure"**/"Then**oyl**-" und Stellungsisomeres; Englisch: **'2-thenoic acid'**

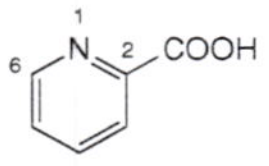

"Pyridin-2-carbonsäure" (**67**)/"(Pyridin-2-ylcarbonyl)-"
- nach ***(b)***
- IUPAC: **früher "Picolinsäure"**/"Picolin**oyl**-"; Englisch: **'picolinic acid'**

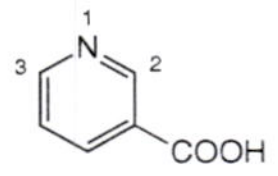

"Pyridin-3-carbonsäure" (**68**)/"(Pyridin-3-ylcarbonyl)-"
- nach ***(b)***
- IUPAC: auch "**Nicotinsäure**"/"Nicotin**oyl**-"; Englisch: **'nicotinic acid'**; substituierbar[4])

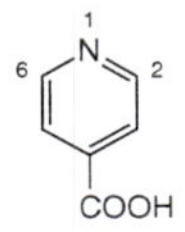

"Pyridin-4-carbonsäure" (**69**)/"(Pyridin-4-ylcarbonyl)-"
- nach ***(b)***
- IUPAC: auch "**Isonicotinsäure**"/"Isonicotin**oyl**-"; Englisch: **'isonicotinic acid'**; substituierbar[4])

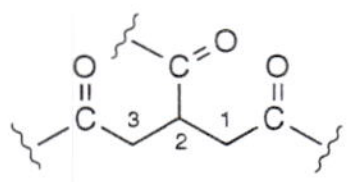

"(Propan-1,2,3-**triyl**tricarbonyl)-" (**70**)
nach ***(b)***

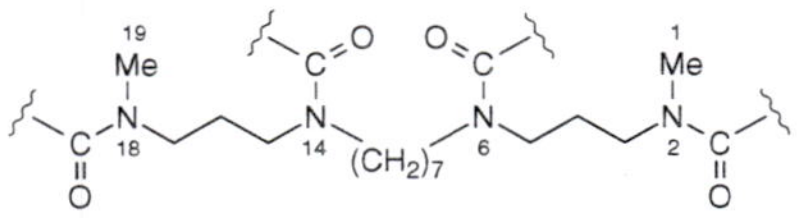

"(2,6,14,18-Tetraazanonadecan-2,6,14,18-**tetrayl**tetracarbonyl)-" (**71**)
nach ***(b)***

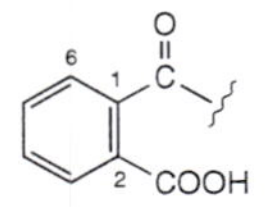

"(2-Carboxybenzoyl)-" (**72**)
nach ***(b)***

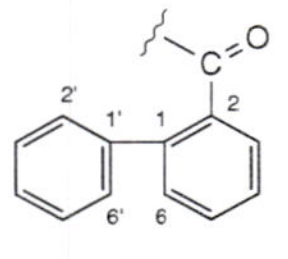

"([1,1´-Biphenyl]-2-**yl**carbonyl)-" (**73**)
- nach ***(b)***
- nicht "(2-Phenylbenzoyl)-"

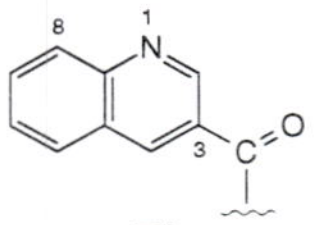

"(Chinolin-3-**yl**carbonyl)-" (**74**)
nach ***(b)***

IUPAC R-5.7.1.2

6.7.2.2. Hydroxy-, Alkoxy-, Oxo- und Aminocarbonsäuren

Man unterscheidet:

(a) Hydroxy-, Alkoxy- und Oxocarbonsäuren sowie Chalcogen-Analoga: Suffix, Präfixe, Trivialnamen;

(b) Aminocarbonsäuren: Suffix, Präfixe, Trivialnamen.

***(a)* Hydroxy-, Alkoxy- und Oxocarbonsäuren** (inkl. Chalcogen-Analoga): der Säure-Namen setzt sich zusammen aus:

Kap. 6.21 und 6.7.2.1

Präfix "Hydroxy-" (HO–)
"Mercapto-" (HS–)
"Selenyl-" (HSe–)
"Telluryl-" (HTe–)
nach *Kap. 6.21*
+ **Name der Carbonsäure** nach *Kap. 6.7.2.1*

Tab. 3.1 und Kap. 6.7.2.1

Präfix "[(R)oxy]-" (RO–)
"[(R)thio]-" (RS–)
"[(R)seleno]-" (RSe–)
"[(R)telluro]-" (RTe–)
nach *Tab. 3.1*
+ **Name der Carbonsäure** nach *Kap. 6.7.2.1*

Kap. 6.19, 6.20 und 6.7.2.1

Präfix "Oxo-" (O=[C][2]))
"Thioxo-" (S=[C][2]))
"Selenoxo-" (Se=[C][2]))
"Telluroxo-" (Te=[C][2]))
nach *Kap. 6.19* und *6.20*
+ **Name der Carbonsäure** nach *Kap. 6.7.2.1*

Kap. 6.19, und 6.7.2.1

Präfix "Formyl-" (O=CH–)
"(Thioxomethyl)-" (S=CH–)
"(Selenoxomethyl)-" (Se=CH–)
"(Telluroxomethyl)-" (Te=CH–)
nach *Kap. 6.19*
+ **Name der Carbonsäure** nach *Kap. 6.7.2.1*

Kap. 6.7.2.1

Acyl-*Präfixe* nach *Kap. 6.7.2.1*[5]).

IUPAC schlägt auch von CA abweichende Präfixe vor: **"Sulfanyl-"** (HS–), **"Selanyl-"** (HSe–), **"Tellanyl-"** (HTe–), **"[(R)sulfanyl]-"** (RS–), **"[(R)selanyl]-"** (RSe–), **"[(R)tellanyl]-"** (RTe–), **"(Thioformyl)-"** (S=CH–), **"(Selenoformyl)-"** (Se=CH–) und **"(Telluroformyl)-"** (Te=CH–) (IUPAC R-3.2.11 und R-5.6.1).

IUPAC lässt ausserdem **für die Carbonsäuren 114 – 119, 125, 128** und **129** (s. unten, Beispiele) **auch Trivialnamen**[5]) zu (IUPAC R-9.1, Table 28).

Ist ein –COOH einer Dicarbonsäure mit Trivialnamen ("...säure") durch ein –CH=O ersetzt, dann lässt IUPAC auch **Aldehydsäure-Namen** ("...aldehydsäure") zu (IUPAC R-5.7.1.2.1; s. **79** und unten, Beispiele **126** und **127**).

Die folgenden früher von IUPAC zugelassenen Trivialnamen werden **nicht mehr** empfohlen:

"**Tartronsäure**"	(= "Hydroxypropandisäure"; OOCCH(OH)COOH)/ "Tartron**oyl**-"
"**Äpfelsäure**"	(= "Hydroxybutandisäure"; HOOCCH$_2$CH(OH)COOH; s. **120**)/ "Mal**oyl**-"
"**Tropasäure**"	(= "α-(Hydroxymethyl)benzolessigsäure"; PhCH(CH$_2$OH)COOH; s. **121**)/ "Trop**oyl**-"
"**Mandelsäure**"	(= "α-Hydroxybenzolessigsäure; PhCH(OH)COOH; s. **122**)/ "Mandel**oyl**-"
"**Salicylsäure**"	(= "2-Hydroxybenzoesäure"; 2-HOC$_6$H$_4$COOH; s. **123**)/ "Salicyl**oyl**-"
"**Anissäure**"	(= "4-Methoxybenzoesäure"; 4-MeOC$_6$H$_4$COOH)/ "Anis**oyl**-"
"**Vanillinsäure**"	(= "4-Hydroxy-3-methoxybenzoesäure"; s. **76**)/ "Vanill**oyl**-"
"**Veratrumsäure**"	(= "3,4-Dimethoxybenzoesäure"; 3,4-(MeO)$_2$C$_6$H$_3$COOH)/ "Veratr**oyl**-"
"**Piperonylsäure**"	(= "1,3-Benzodioxol-5-carbonsäure"; s. **124**)/ "Piperonyl**oyl**-"
"**Protocatechusäure**"	(= "3,4-Dihydroxybenzoesäure"; 3,4-(HO)$_2$C$_6$H$_3$COOH)/ "Protocatechu**oyl**-"
"**Gallussäure**"	(= "3,4,5-Trihydroxybenzoesäure"; 3,4,5-(HO)$_3$C$_6$H$_2$COOH)/ "Gall**oyl**-"
"**Lävulinsäure**"	(= "4-Oxopentansäure"; MeC(=O)CH$_2$CH$_2$COOH; s. **130**)/ "Lävulin**oyl**-"
"**Mesoxalsäure**"	(= "Oxopropandisäure"; HOOCC(=O)COOH; s. **131**)/ "Mesoxal**yl**-"/"Mesoxazolo-"
"**Oxalessigsäure**"	(= "Oxobutandisäure"; HOOCCH$_2$C(=O)COOH; s. **132**)/ "Oxalacet**yl**-"/"Oxalaceto-"

z.B.

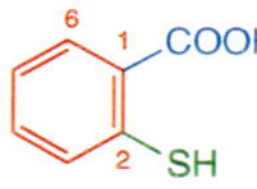

75

"2-Mercaptobenzoesäure" (**75**)/ "(2-Mercaptobenzoyl)-"
- Englisch: '2-mercaptobenzoic acid'
- IUPAC: "2-Sulfanylbenzoesäure"
- **trivial "Thiosalicylsäure"**

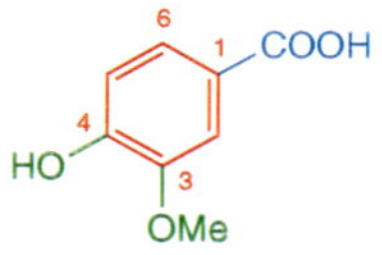

76

"4-Hydroxy-3-methoxybenzoesäure" (**76**)/"(4-Hydroxy-3-methoxybenzoyl)-"
- Englisch: '4-hydroxy-3-methoxybenzoic acid'
- IUPAC: **früher "Vanillinsäure"**/ "Vanill**oyl**-"; Englisch: **'vanillic acid'**

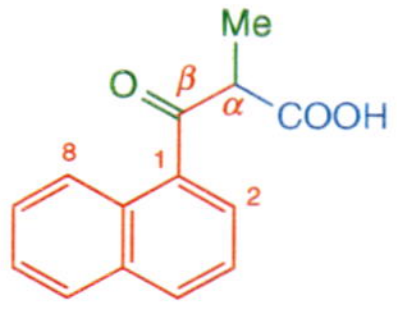

77

"α-Methyl-β-oxonaphthalin-1-propansäure" (**77**)/"[2-Methyl-3-(naphthalin-1-yl)-1,3-dioxopropyl]-"
- Englisch: 'α-methyl-β-oxonaphthalene-1-propanoic acid'
- Konjunktionsname für **77**
- IUPAC: auch "2-(1-Naphthoyl)propansäure"

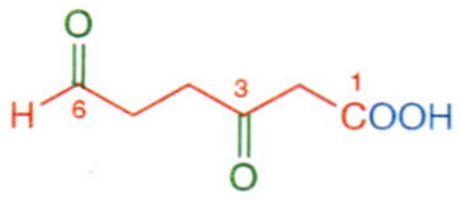

78

"3,6-Dioxohexansäure" (**78**)/ "(1,3,6-Trioxohexyl)-"
- Englisch: '3,6-dioxohexanoic acid'
- IUPAC: auch "5-Formyl-3-oxopentansäure"

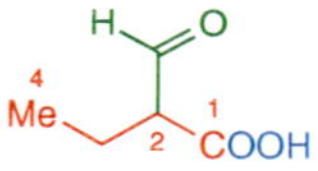

79

"2-Formylbutansäure" (**79**)/ "(2-Formyl-1-oxobutyl)-"
- Englisch: '2-formylbutanoic acid'
- IUPAC: auch "2-Ethylmalon**aldehydsäure**"

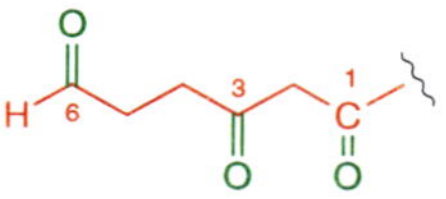

80

"(1,3,6-Trioxohexyl)-" (**80**)
IUPAC: auch "5-Formyl-3-oxopentanoyl-"

***(b)* Aminocarbonsäuren**: der Säure-Namen setzt sich zusammen aus

CA ¶ 205 und 236 Anhang 1 (A.1.3)

Präfix
"Amino-" (H$_2$N–)
"[(R)amino]-" (RNH–)
"(Acylamino)-" (RC(=O)NH–)
nach *Kap. 6.23* bzw. *6.16(**b$_{22}$**)*
+ **Name der Carbonsäure** nach *Kap. 6.7.2.1*

Kap. 6.23, 6.16(b$_{22}$) und 6.7.2.1

Acyl-*Präfixe* nach *Kap. 6.7.2.1*[5]).

α-Aminocarbonsäuren bekommen die Stereostammnamen 81 – 108. Die angegebenen **Drei-Buchstaben- und Ein-Buchstaben-Abkürzungen** (nach IUPAC-IUB; s. *Anhang 1*) werden für die entsprechenden L-α-Aminocarbonsäure-Einheiten in Peptiden (s. *Kap. 6.16*) verwendet.

Anhang 1

Kap. 6.16

Bei der **Benennung von Peptiden** werden ebenfalls **Trivial-Acyl-Präfixe**, in allen andern Fällen jedoch systematische Acyl-Präfixe verwendet[5]).

"L-Alanin" (Ala, A; **81**)/"L-Alanyl-"

- systematisch: "(2*S*)-2-Aminopropansäure"/"[(2*S*)-2-Amino-1-oxopropyl]-"
- "L" und "(2*S*)" nach *Anhang 6*

"β-Alanin" (βAla; **82**)/"β-Alanyl-"

systematisch: "3-Aminopropansäure"/"(3-Amino-1-oxopropyl)-"

"L-Arginin" (Arg, R; **83**)/"L-Arginyl-"

- systematisch: "(2*S*)-2-Amino-5-{[amino(imino)methyl]amino}pentansäure"/"{(2*S*)-2-Amino-5-{[amino(imino)methyl]amino}-1-oxopentyl}-"
- IUPAC: auch "(2*S*)-2-Amino-5-guanidinopentansäure"
- "L" und "(2*S*)" nach *Anhang 6*

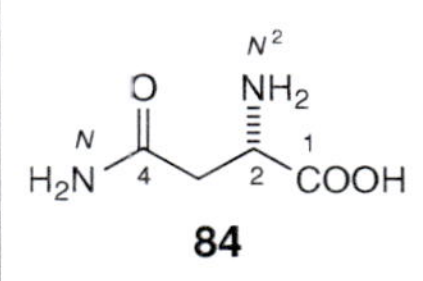

84

"L-Asparagin" (Asn, N; **84**)/"L-Asparaginyl-"

- systematisch "(2*S*)-2,4-Diamino-4-oxobutansäure"/"[(2*S*)-2,4-Diamino-1,4-dioxobutyl]-"
- **"α-Asparagin"** ($H_2NC(=O)CH(NH_2)CH_2COOH$) wird nur für Peptid-Namen verwendet (s. *Kap. 6.16*)
- IUPAC: auch "(2*S*)-2-Amino-3-carbamoylpropansäure"
- "L" und "(2*S*)" nach *Anhang 6*

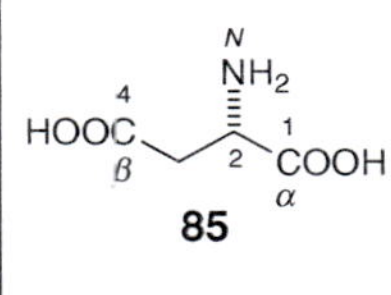

85

"L-Asparaginsäure" (Asp, D; **85**)/"L-Asparagoyl-" für Diacyl-Gruppe/"L-α-Asparagyl-" (IUPAC: auch "L-Asparag-1-yl-") und "L-β-Asparagyl-" (IUPAC: auch "L-Asparag-4-yl-") für Monoacyl-Gruppen

- Englisch: '**L-aspartic acid**'/'**L-aspartoyl-**' für Diacyl-Gruppe'/'**L-α-aspartyl-**' und '**L-β-aspartyl-**' für Monoacyl-Gruppe
- systematisch: "(2*S*)-2-Aminobutandisäure"/"[(2*S*)-2-Amino-1,4-dioxobutan-1,4-diyl]-"/"[(2*S*)-2-Amino-3-carboxy-1-oxopropyl]-" bzw. "[(3*S*)-3-Amino-3-carboxy-1-oxopropyl]-"
- "L","(2*S*)" und "(3*S*)" nach *Anhang 6*

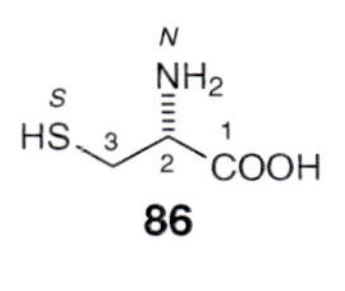

86

"L-Cystein" (Cys, C; **86**)/"L-Cysteinyl-"

- systematisch: "(**2*R***)-2-Amino-3-mercaptopropansäure"/"[(**2*R***)-2-Amino-3-mercapto-1-oxopropyl]-"
- IUPAC: auch "(2*R*)-2-Amino-3-sulfanylpropansäure"
- "L" und "(2*R*)" nach *Anhang 6*

"L-Cystin" (Cys Cys; **87**)/"L-Cystyl-"

- systematisch: "(**2*R*,2′*R***)-3,3′-Dithiobis[2-aminopropansäure]"/"{Dithiobis[(**2*R***)-2-amino-1-oxopropan-3,1-diyl]}-" (s. *Kap. 3.2.3*)
- "L" und "(2*R*,2′*R*)" nach *Anhang 6*

"L-Glutamin" (Gln, Q; **88**)/"L-Glutaminyl-"

- systematisch: "(2*S*)-2,5-Diamino-5-oxopentansäure"/"[(2*S*)-2,5-Diamino-1,5-dioxopentyl]-"
- **"α-Glutamin"** ($H_2NC(=O)CH(NH_2)CH_2CH_2COOH$) wird nur für Peptid-Namen verwendet
- IUPAC: auch "(2*S*)-2-Amino-4-carbamoylbutansäure"
- "L" und "(2*S*)" nach *Anhang 6*

"L-Glutaminsäure" (Glu, E; **89**)/"L-Glutamoyl-" für Diacyl-Gruppe/"L-α-Glutamyl-" (IUPAC: auch "L-Glutam-1-yl-") und "L-γ-Glutamyl-" (IUPAC: auch "L-Glutam-5-yl-") für Monoacyl-Gruppen

- Englisch: '**L-glutamic acid**'
- systematisch: "(2*S*)-2-Aminopentandisäure"/"[(2*S*)-2-Amino-1,5-dioxopentan-1,5-diyl]-"/"[(2*S*)-2-Amino-4-carboxy-1-oxobutyl]-" bzw. "[(4*S*)-4-Amino-4-carboxy-1-oxobutyl]-"
- "L", "(2*S*) und "(4*S*)" nach *Anhang 6*

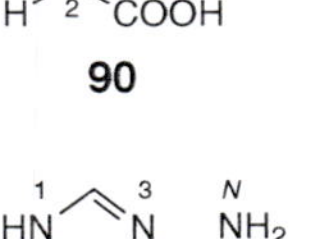

90

"Glycin" (Gly, G; **90**)/"Glycyl-"

systematisch: "Aminoessigsäure"/"(Aminoacetyl)-"

"L-Histidin" (His, H; **91**)/"L-Histidyl-"

- systematisch: "(α*S*)-α-Amino-1*H*-imidazol-4-propansäure" (Konjunktionsname)/"[(2*S*)-2-Amino-3-(1*H*-imidazol-4-yl)-1-oxopropyl]-"
- "L", "(α*S*)" und "(2*S*)" nach *Anhang 6*

"L-Homocystein" (Hcy; **92**)/"L-Homocysteinyl-"

- systematisch: "(2*S*)-2-Amino-4-mercaptobutansäure"/"[(2*S*)-2-Amino-4-mercapto-1-oxobutyl]-"
- IUPAC: auch "(2*S*)-2-Amino-4-sulfanylbutansäure"
- "L" und "(2*S*)" nach *Anhang 6*

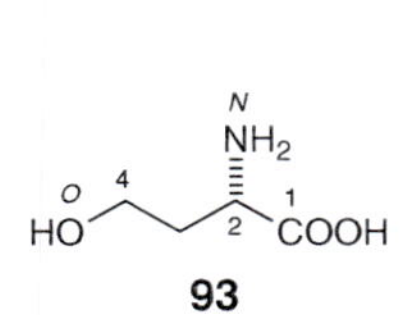

93

"L-Homoserin" (Hse; **93**)/"L-Homoseryl-"

- systematisch: "(2*S*)-2-Amino-4-hydroxybutansäure"/"[(2*S*)-2-Amino-4-hydroxy-1-oxobutyl]-"
- "L" und "(2*S*)" nach *Anhang 6*

"L-Isoleucin" (Ile, I; **94**)/"L-Isoleucyl-"

- systematisch: "(2*S*,3*S*)-2-Amino-3-methylpentansäure"/"[(2*S*,3*S*)-2-Amino-3-methyl-1-oxopentyl]-"
- das (2*S*,3*R*)-Diastereomere von **94** heisst **"L-Alloisoleucin"**
- "L" und "(2*S*,3*S*)" nach *Anhang 6*

"L-Isovalin" (Iva; **95**)/"L-Isovalyl-"

- systematisch: "(2*S*)-2-Amino-2-methylbutansäure"/"[(2*S*)-2-Amino-2-methyl-1-oxobutyl]-"
- "L" und "(2*S*)" nach *Anhang 6*

6

96

"**L-Leucin**" (Leu, L; **96**)/"L-Leucyl-"

- systematisch: "(2*S*)-2-Amino-4-methylpentansäure"/"[(2*S*)-2-Amino-4-methyl-1-oxopentyl]-"
- "L" und "(2*S*)" nach *Anhang 6*

97

"**L-Lysin**" (Lys, K; **97**)/"L-Lysyl-"

- systematisch: "(2*S*)-2,6-Diaminohexansäure"/"[(2*S*)-2,6-Diamino-1-oxohexyl]-"
- "L" und "(2*S*)" nach *Anhang 6*

98

"**L-Methionin**" (Met, M; **98**)/"L-Methionyl-"

- systematisch: "(2*S*)-2-Amino-4-(methylthio)butansäure"/"[(2*S*)-2-Amino-4-(methylthio)-1-oxobutyl]-"
- IUPAC: auch "(2*S*)-2-Amino-4-(methylsulfanyl)butansäure"
- "L" und "(2*S*)" nach *Anhang 6*

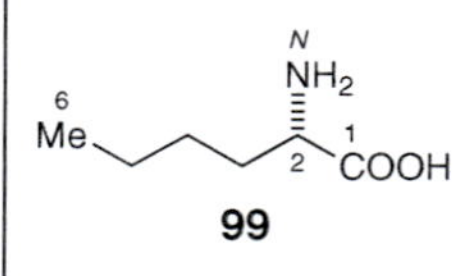
99

"**L-Norleucin**" (Ahx; **99**)/"L-Norleucyl-"

- systematisch: "(2*S*)-2-Aminohexansäure"/"[(2*S*)-2-Amino-1-oxohexyl]-"
- IUPAC-IUB empfiehlt "Norleucin" nicht mehr ("Nor" = minus Me oder CH_2); s. *Anhang 1*
- "L" und "(2*S*)" nach *Anhang 6*

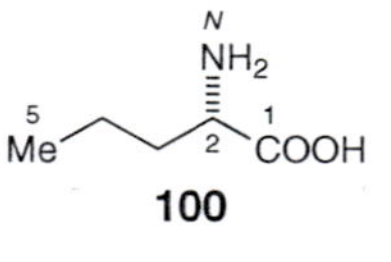
100

"**L-Norvalin**" (Ape; **100**)/"L-Norvalyl-"

- systematisch: "(2*S*)-2-Aminopentansäure"/"[(2*S*)-2-Amino-1-oxopentyl]-"
- IUPAC-IUB empfiehlt "Norvalin" nicht mehr ("Nor" = minus Me oder CH_2); s. *Anhang 1*
- "L" und "(2*S*)" nach *Anhang 6*

101

"**L-Ornithin**" (Orn; **101**)/"L-Ornithyl-"

- systematisch: "(2*S*)-2,5-Diaminopentansäure"/"[(2*S*)-2,5-Diamino-1-oxopentyl]-"
- "L" und "(2*S*)" nach *Anhang 6*

102

"**L-Phenylalanin**" (Phe, F; **102**)/"L-Phenylalanyl-"

- systematisch: "(α*S*)-α-Aminobenzolpropansäure" (Konjunktionsname)/"[(2*S*)-2-Amino-1-oxo-3-phenylpropyl]-"
- "L", "(α*S*)" und "(2*S*)" nach *Anhang 6*

103

"**L-Prolin**" (Pro, P; **103**)/"L-Prolyl-"

- systematisch: "(2*S*)-Pyrrolidin-2-carbonsäure"/"[(2*S*)-Pyrrolidin-2-ylcarbonyl]-"
- "L" und "(2*S*)" nach *Anhang 6*

104

"**L-Serin**" (Ser, S; **104**)/"L-Seryl-"

- systematisch: "(2*S*)-2-Amino-3-hydroxypropansäure"/"[(2*S*)-2-Amino-3-hydroxy-1-oxopropyl]-"
- "L" und "(2*S*)" nach *Anhang 6*

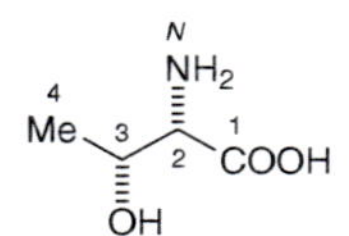
105

"**L-Threonin**" (Thr, T; **105**)/"L-Threonyl-"

- systematisch: "[(2*S*,3*R*)-2-Amino-3-hydroxybutansäure"/"[(2*S*,3*R*)-2-Amino-3-hydroxy-1-oxobutyl]-"
- das (2*S*,3*S*)-Diastereomere von **105** heisst "**L-Allothreonin**"
- "L" und "(2*S*,3*R*)" nach *Anhang 6*

106

"**L-Tryptophan**" (Trp, W; **106**)/"L-Tryptophyl-"

- systematisch: "(α*S*)-α-Amino-1*H*-indol-3-propansäure" (Konjunktionsname)/"[(2*S*)-2-Amino-3-(1*H*-indol-3-yl)-1-oxopropyl]-"
- "L", "(α*S*)" und "(2*S*)" nach *Anhang 6*

107

"**L-Tyrosin**" (Tyr, Y; **107**)/"L-Tyrosyl-"

- systematisch: "(α*S*)-α-Amino-4-hydroxybenzolpropansäure" (Konjunktionsname)/"[(2*S*)-2-Amino-3-(4-hydroxyphenyl)-1-oxopropyl]-"
- "L", "(α*S*)" und "(2*S*)" nach *Anhang 6*
- **früher "L-Thyronin"** für "*O*-(4-Hydroxyphenyl)-L-tyrosin"

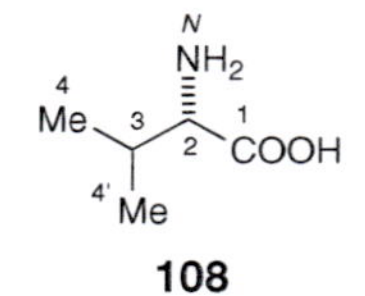
108

"**L-Valin**" (Val, V; **108**)/"L-Valyl-"

- systematisch: "(2*S*)-2-Amino-3-methylbutansäure"/"[(2*S*)-2-Amino-3-methyl-1-oxobutyl]-"
- "L" und "(2*S*)" nach *Anhang 6*

IUPAC lässt ausserdem **für die Aminocarbonsäuren 138** und **139** (s. unten, Beispiele) **auch Trivialnamen** zu (IUPAC R-9.1, Table 28). Ist ein –COOH einer Dicarbonsäure mit Trivialnamen ("...säure") durch ein –C(=O)NH_2 oder ein –C(=O)NHPh ersetzt, dann lässt IUPAC auch **Amidsäure-Namen** ("...amidsäure"; Englisch: '...amic acid') bzw. **Anilidsäure-Namen** ("...anilidsäure"; Englisch: '...anilic acid') zu (IUPAC R-5.7.1.2.2; s. **112** und **146** – **148**). Für **"Carbamidsäure"** (H_2NCOOH) und **"Carbazidsäure"** ($H_2NNHCOOH$), s. *Kap. 6.9(**a**)*.

Die folgenden früher zugelassenen Trivialnamen werden von IUPAC **nicht mehr** empfohlen:

"**Norleucin**"	(= "2-Aminohexansäure"; s. **99**)
"**Norvalin**"	(= "2-Aminopentansäure"; s. **100**)
"**Hippursäure**"	(= "*N*-Benzoylglycin"; s. **140**)

Die Trivialnamen "**L-Lanthionin**" (= "*S*-[(2*R*)-2-Amino-2-carboxyethyl]-L-cystein"; $HOOCCH(NH_2)CH_2SCH_2CH(NH_2)COOH$) und "**L-Cystathionin**" (= "*S*-[(2*R*)-2-Amino-2-carboxyethyl]-L-homocystein; $HOOCCH(NH_2)CH_2SCH_2CH_2CH(NH_2)COOH$) sollten auch nicht verwendet werden.

z.B.

109

"4-Aminopentansäure" (**109**)/"(4-Amino-1-oxopentyl)-"
Englisch: '4-aminopentanoic acid'

110

"5-(Dimethylamino)pyridin-2-carbonsäure" (**110**)/"{[5-(Dimethylamino)pyridin-2-yl]carbonyl}-"
Englisch: '...pyridine-2-carboxylic acid'

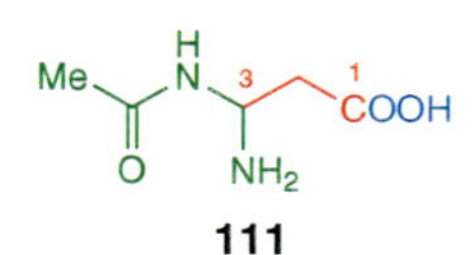
111

"3-(Acetylamino)-3-aminopropansäure" (**111**)/"[3-(Acetylamino)-3-amino-1-oxopropyl]-"

- Englisch: '...propanoic acid'
- IUPAC: auch "3-(Acetamido)-3-aminopropansäure", s. *Kap. 6.16(**b**22)*

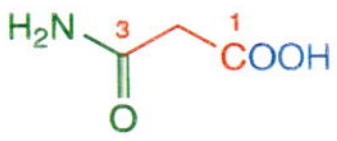

112

"3-Amino-3-oxopropansäure" (**112**)/"(3-Amino-1,3-dioxopropyl)-"
- Englisch: '...propanoic acid'
- IUPAC: auch "2-Carbamoylessigsäure" oder "Malon**amidsäure**"; Englisch: 'malonamic acid'

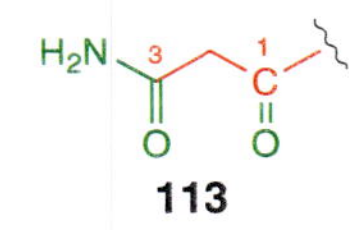

113

"(3-Amino-1,3-dioxopropyl)-" (**113**)
IUPAC: auch "(Carbamoylacetyl)-"

Beispiele:

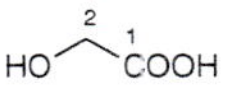

114

"Hydroxyessigsäure" (**114**)/"(Hydroxyacetyl)-"
- nach ***(a)***
- IUPAC: auch "**Glycolsäure**"/"Glycol**oyl**-"; nicht substituierbar[4]); Englisch: '**glycolic acid**'

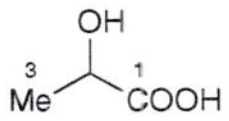

115

"2-Hydroxypropansäure" (**115**)/"(2-Hydroxy-1-oxopropyl)-"
- nach ***(a)***
- IUPAC: auch "**Milchsäure**"/"Lact**oyl**-"; nicht substituierbar[4]); Englisch: '**lactic acid**'

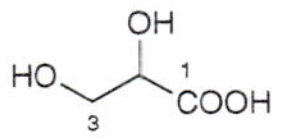

116

"2,3-Dihydroxypropansäure" (**116**)/"(2,3-Dihydroxy-1-oxopropyl)-"
- nach ***(a)***
- IUPAC: auch "**Glycerinsäure**"/"Glycer**oyl**-"; nicht substituierbar[4]); Englisch: '**glyceric acid**'

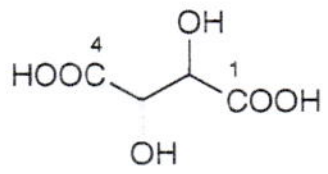

117

"2,3-Dihydroxybutandisäure" (**117**)/"(2,3-Dihydroxy-1,4-dioxobutan-1,4-diyl)-"
- nach ***(a)***
- IUPAC: auch "**Weinsäure**"/"Tartar**oyl**-"[5]); nicht substituierbar[4]); Englisch: '**tartaric acid**'

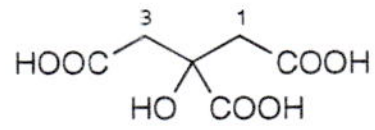

118

"2-Hydroxypropan-1,2,3-tricarbonsäure" (**118**)/"[(2-Hydroxypropan-1,2,3-triyl)tricarbonyl]-"
- nach ***(a)***
- IUPAC: auch "**Citronensäure**"/"Citr**oyl**-" für Triacyl-Gruppe; nicht substituierbar[4]); Englisch: '**citric acid**'

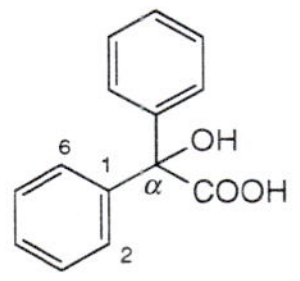

119

"α-Hydroxy-α-phenylbenzolessigsäure" (**119**)/"[Hydroxydi(phenyl)acetyl]-"
- nach ***(a)***
- Konjunktionsname für **119**
- IUPAC: auch "**Benzilsäure**"/"Benzil**oyl**-"; nicht substituierbar[4]); Englisch: '**benzilic acid**'

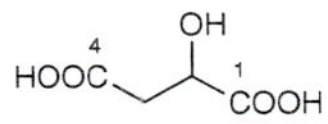

120

"Hydroxybutandisäure" (**120**)/"(2-Hydroxy-1,4-dioxobutan-1,4-diyl)-"
- nach ***(a)***
- IUPAC: **früher** "**Äpfelsäure**"/"Mal**oyl**-"; Englisch: '**malic acid**'

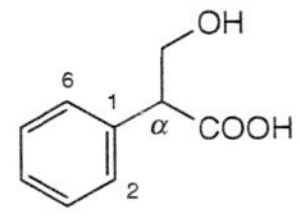

121

"α-(Hydroxymethyl)benzolessigsäure" (**121**)/"(3-Hydroxy-1-oxo-2-phenylpropyl)-"
- nach ***(a)***
- Konjunktionsname für **121**
- IUPAC: auch "3-Hydroxy-2-phenylpropansäure"; **früher** "**Tropasäure**"/"Trop**oyl**-"; Englisch: '**tropic acid**'

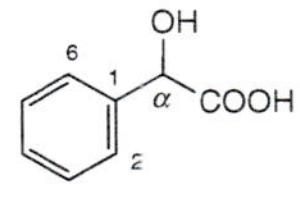

122

"α-Hydroxybenzolessigsäure" (**122**)/"[Hydroxy(phenyl)acetyl]-"
- nach ***(a)***
- Konjunktionsname für **122**
- IUPAC: auch "2-Hydroxy-2-phenylessigsäure"; **früher** "**Mandelsäure**"/"Mandel**oyl**-"; Englisch: '**mandelic acid**'

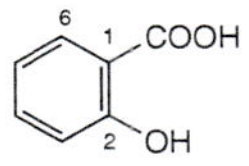

123

"2-Hydroxybenzoesäure" (**123**)/"(2-Hydroxybenzoyl)-"
- nach ***(a)***
- IUPAC: **früher** "**Salicylsäure**"/"Salicyl**oyl**-"; Englisch: '**salicylic acid**'

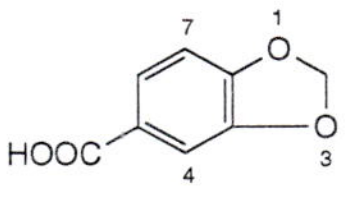

124

"1,3-Benzodioxol-5-carbonsäure" (**124**)/"(1,3-Benzodioxol-5-ylcarbonyl)-"
- nach ***(a)***
- IUPAC: **früher** "**Piperonylsäure**"/"Piperonyl**oyl**-"; Englisch: '**piperonylic acid**'

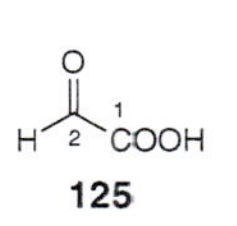

125

"Oxoessigsäure" (**125**)/"(Oxoacetyl)-"
- nach ***(a)***
- IUPAC: auch "**Glyoxylsäure**"/"Glyoxyl**oyl**-"; nicht substituierbar[4]); Englisch: '**glyoxylic acid**'
- **früher** auch "**Oxalaldehydsäure**" ('oxalaldehydic acid')

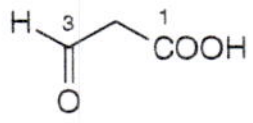

126

"3-Oxopropansäure" (**126**)/"(1,3-Dioxopropyl)-"
- nach ***(a)***
- IUPAC: auch "**Malonaldehydsäure**"; Englisch: '**malonaldehydic acid**'

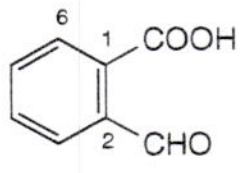

127

"2-Formylbenzoesäure" (**127**)/"(2-Formylbenzoyl)-"
- nach ***(a)***
- IUPAC: auch "**Phthalaldehydsäure**"; Englisch: '**phthalaldehydic acid**'

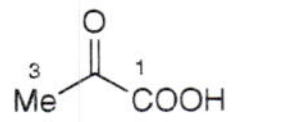

128

"2-Oxopropansäure" (**128**)/"(1,2-Dioxopropyl)-"
- nach ***(a)***
- IUPAC: auch "**Brenztraubensäure**"/"Pyruv**oyl**-"; nicht substituierbar[4]); Englisch: '**pyruvic acid**'

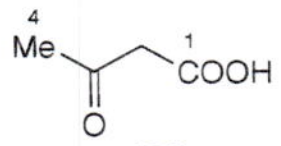

129

"3-Oxobutansäure" (**129**)/"(1,3-Dioxobutyl)-"
- nach ***(a)***
- IUPAC: auch "**Acetoessigsäure**"/"Acetoacet**yl**-"; nicht substituierbar[4]); Englisch: '**acetoacetic acid**'

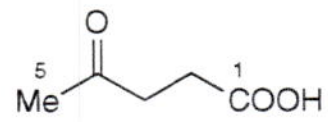

130

"4-Oxopentansäure (**130**)/"(1,4-Dioxopentyl)-"
- nach ***(a)***
- IUPAC: **früher** "**Lävulinsäure**"/"Lävulin**oyl**-"; Englisch: '**levulinic acid**'

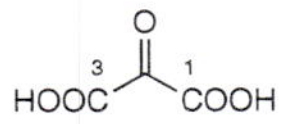

131

"Oxopropandisäure" (**131**)/"(1,2,3-Trioxopropan-1,3-diyl)-"
- nach ***(a)***
- IUPAC: **früher** "**Mesoxalsäure**"/"Mesoxal**yl**-" (–CO–CO–CO–)/"Mesoxal**o**-" (HOOC–CO–CO–; CA: '(carboxyoxoacetyl)-'); Englisch: '**mesoxalic acid**'

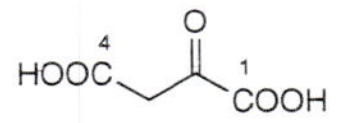

132

"Oxobutandisäure" (**132**)/"(1,2,4-Trioxobutan-1,4-diyl)-"
- nach ***(a)***
- IUPAC: **früher** "**Oxalessigsäure**"/"Oxalacet**yl**-" (–CO–CH_2–CO–CO–)/"Oxalaceto-" (HOOC–CH_2–CO–CO–; CA: '(3-carboxy-1,2-dioxopropyl)-'); Englisch: '**oxalacetic acid**'

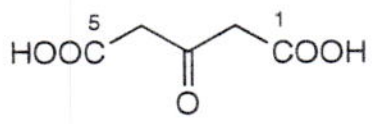

133

"3-Oxopentandisäure (**133**)/"(1,3,5-Trioxopentan-1,5-diyl)-"
- nach ***(a)***
- **früher** trivial "**Acetondicarbonsäure**"

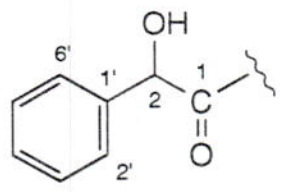

134

"[Hydroxy(phenyl)acetyl]-" (**134**)
- nach ***(a)***
- IUPAC: früher "Mandel**oyl**-", s. **122**

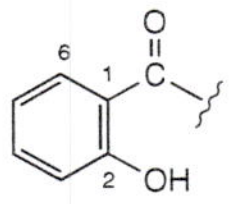

135

"(2-Hydroxybenzoyl)-" (**135**)
- nach ***(a)***
- IUPAC: früher "Salicyl**oyl**-", s. **123**

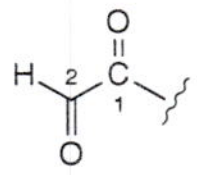

136

"(Oxoacetyl)-" (**136**)
- nach ***(a)***
- IUPAC: auch "Glyoxyl**oyl**-", s. **125**

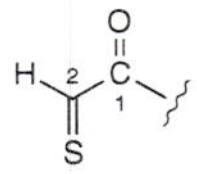

137

"(Thioxoacetyl)-" (**137**)
nach ***(a)***

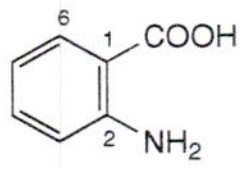

138

"2-Aminobenzoesäure" (**138**)/"(2-Aminobenzoyl)-"
- nach ***(b)***
- IUPAC: auch "**Anthranilsäure**"/"Anthranil**oyl**-" (nur 1,2-Isomer); nicht substituierbar[4]); Englisch: '**anthranilic acid**'

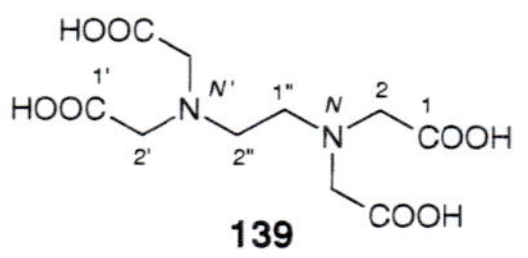

139

"N,N′-Ethan-1,2-diylbis[N-(carboxymethyl)glycin]" (**139**)/"{Ethan-1,2-diylbis[nitrilobis(1-oxoethan-2,1-diyl)]}-" (s. *Kap. 3.2.3*)
- nach *(b)*; s. **90**
- nicht "2,2′,2′′,2′′′-(Ethan-1,2-diyldinitrilo)tetrakis[essigsäure]", denn Stereostammname "Glycin" ($CH_2(NH_2)COOH$) > Titelstammname "Essigsäure" (MeCOOH); s. *Kap. 3.3*
- IUPAC: auch **"Ethylendiamintetraessigsäure"** (H_4edta); Englisch: **'ethylenediaminetetraacetic acid'**

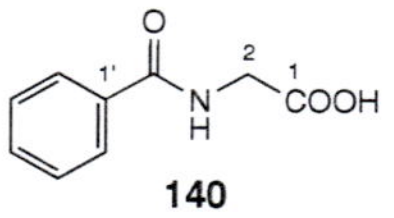

140

"N-Benzoylglycin" (**140**)/"[(Benzoylamino)acetyl]-"
- nach *(b)*; s. **90**
- IUPAC: **früher "Hippursäure"**/"Hippuroyl-"; Englisch: **'hippuric acid'**

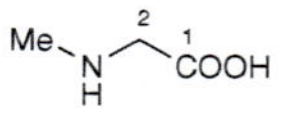

141

"N-Methylglycin" (**141**)/"[(Methylamino)acetyl]-"
- nach *(b)*; s. **90**
- **trivial "Sarcosin"**

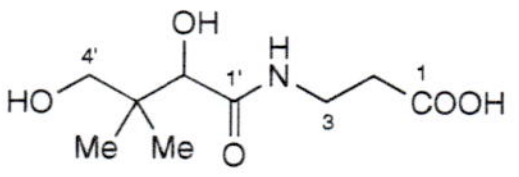

142

"N-(2,4-Dihydroxy-3,3-dimethyl-1-oxobutyl)-β-alanin" (**142**)/"{3-[(2,4-Dihydroxy-3,3-dimethyl-1-oxobutyl)amino]-1-oxopropyl}-"
- nach *(b)*; s. **82**
- **trivial "Pantothensäure"**

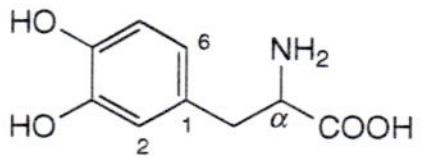

143

"3-Hydroxytyrosin" (**143**)/"[2-Amino-3-(3,4-dihydroxyphenyl)-1-oxopropyl]-"
- nach *(b)*; s. **107**
- **trivial "Dopa"**

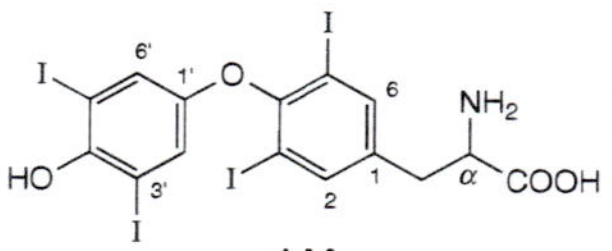

144

"O-(4-Hydroxy-3,5-diiodophenyl)-3,5-diiodotyrosin" (**144**)/"{2-Amino-3-[4-(4-hydroxy-3,5-diiodophenoxy)-3,5-diiodophenyl]-1-oxopropyl}-"
- nach *(b)*; s. **107**
- **trivial "Thyroxin"**

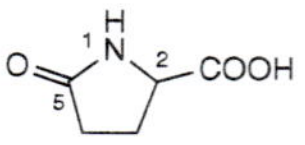

145

"5-Oxoprolin" (**145**)/"[(5-Oxopyrrolidin-2-yl)carbonyl]-"
- nach *(b)*; s. **103**
- **trivial "Pyroglutaminsäure"** (Glp)

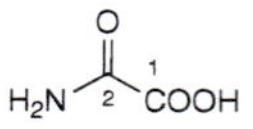

146

"Aminooxoessigsäure" (**146**)/"(Aminooxoacetyl)-"
- nach *(b)*
- IUPAC: auch **"Oxamidsäure"**/"Oxamoyl-"; substituierbar[4]); Englisch: **'oxamic acid'**

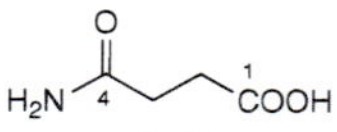

147

"4-Amino-4-oxobutansäure" (**147**)/"(4-Amino-1,4-dioxobutyl)-"
- nach *(b)*
- IUPAC: auch **"Succinamidsäure"**; Englisch: **'succinamic acid'**

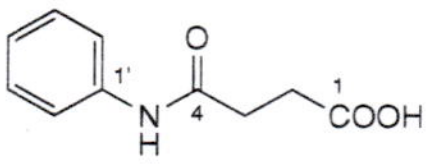

148

"4-Oxo-4-(phenylamino)butansäure" (**148**)/"[1,4-Dioxo-4-(phenylamino)butyl]-"
- nach *(b)*
- IUPAC: auch **"Succinanilidsäure"**; Englisch: **'succinanilic acid'**

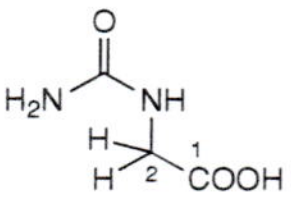

149

"N-(Aminocarbonyl)glycin" (**149**)/"[N-(Aminocarbonyl)glycyl]-" (für Peptide) oder "{[(Aminocarbonyl)amino]acetyl}-"
- nach *(b)*
- IUPAC: auch **"Hydantoinsäure"**/"Hydantoyl-"; Englisch: **'hydantoic acid'**

CA ¶ 165, 168, 134 und 228
IUPAC R-5.7.1.3, C-502, C-5.4 und C-451

6.7.3. CARBOTHIO-, CARBOSELENO-, CARBOTELLURO-, CARBOHYDRAZON- UND CARBOXIMIDSÄUREN

Man unterscheidet:

(a) Carbothio-, Carboseleno- und Carbotellurosäuren: Suffix, Präfixe;

(b) Carbohydrazon- und Carboximidsäuren (Carbohydroximsäuren): Suffix, Präfixe;

(c) Acyl-Austauschanalogon-Präfixe für R–C(=X)– (X = S, Se, Te, NNH_2, NH_2).

(a) **Carbothio-, Carboseleno- und Carbotellurosäuren R–CXYH**: der Säure-Namen setzt sich zusammen aus

Name der Carbonsäure R–COOH nach *Kap. 6.7.2* +

Infix	
"-thio-"	(X = O, Y = S)
"-seleno-"	(X = O, Y = Se)
"-telluro-"	(X = O, Y = Te)
"-dithio-"	(X = Y = S)
"-selenothio-"	(X = S, Y = Se)
"-tellurothio-"	(X = S, Y = Te)
"-diseleno-"	(X = Y = Se)
"-selenotelluro-"	(X = Se, Y = Te)
"-ditelluro-"	(X = Y = Te)

Kap. 6.7.2

Die Infixe stehen in alphabetischer Reihenfolge ("-seleno-" > "-telluro-" > "-thio-") **vor "-säure"** in den Suffixen "-säure" (–[C]OOH[2])) und "-carbo(n)säure" (–COOH) **oder vor** dem Präfix **"Carboxy-" und zeigen den Austausch von =O oder –OH an** (das endständige "o" dieser Infixe wird nie weggelassen). Dabei werden die Namen von tautomeren Gruppen nicht unterschieden.

z.B.

–[C]OSH[2])	"-thiosäure"
–COSH	"-carbothiosäure"
–[C]SSH[2])	"-(dithio)säure"
–CSSH	"-carbodithiosäure"
–[C]SSeH[2])	"-selenothiosäure"
–CSSeH	"-carboselenothiosäure"
HSOC–	"(Thiocarboxy)-"[7])
HSSC–	"(Dithiocarboxy)-"[7])
HSeSC–	"(Selenothiocarboxy)-"[7])

Tautomere können im Suffix durch die Lokanten "O", "S", "Se" bzw. "Te" und im Präfix durch entsprechende zusammengesetzte Präfixe (beachte *Fussnote 8*) gekennzeichnet werden.

Kap. 5.9

z.B.

–[C](=S)OH[2])	"-thio-O-säure"
–[C](=O)SH[2])	"-thio-S-säure"
–C(=S)OH	"-carbothio-O-säure"
–C(=O)SH	"-carbothio-S-säure"

---

[7]) Die Präfixe "(Thiocarboxy)-", "(Dithiocarboxy)-", "(Selenothiocarboxy)-" *etc.* bezeichnen auch entsprechende Gruppen an einem C-Kettenende (vgl. dazu *Fussnote 9*). Sie können nicht für zusammengesetzte Präfixe verwendet werden, d.h. das **H-Atom ist nicht substituierbar** (vgl. dazu *Fussnote 4*), z.B. *nicht* "(Methylthiocarboxy)-", sondern "[(Methylthio)carbonyl]-" für MeS–C(=O)–.

HO–C(=S)–	"(Hydroxythioxomethyl)-"[8])[9])
HS–C(=O)–	"(Mercaptocarbonyl)-"[8])[9])

Chalcogen-Austauschanaloga von "Essigsäure" (MeCOOH) **und "Benzoesäure"** (PhCOOH) **werden** (im Gegensatz zu IUPAC, s. unten) **von den Namen "Ethansäure" bzw. "Benzolsäure" hergeleitet** (s. z.B. **154** und **155**). Bei **Chalcogen-Austauschanaloga von Polycarbonsäuren mit unterschiedlichem Chalcogen-Gehalt in den verschiedenen Säure-Gruppen** gilt: die vorrangige Säure-Gruppe hat die maximale Anzahl vorrangiger Chalcogen-Atome (O > S > Se > Te), z.B. –CSSeH > –CSeSeH.

IUPAC empfiehlt, bei Namen von Chalcogen-Austauschanaloga von Carbonsäuren mit Trivialnamen ein Austausch-*Affix* (nicht Infix) **"Thio-"**, **"Dithio-"** *etc.* ***vor* den Trivialnamen** zu setzen, z.B. **"Thioessigsäure"** (MeCOSH); nicht "Essigthiosäure"; CA: 'ethanethioic acid') (IUPAC R-5.7.1.3.4). Ausserdem empfiehlt IUPAC **"Sulfanyl-"** (HS–), **"Selanyl-"** (HSe–) und **"Tellanyl-"** (HTe–) statt "Mercapto-", "Selenyl-" bzw. "Telluryl-" (IUPAC R-3.2.11).

Zusammenstellung[10]):

"-säure" (–[C]OOH)	→[2])	"-thiosäure"	(–[C]OSH)
		"-selenosäure"	(–[C]OSeH)
		"-tellurosäure"	(–[C]OTeH)
		"-(dithio)säure"	(–[C]SSH)
		"-selenothiosäure"	(–[C]SSeH)
		"-(diseleno)säure"	(–[C]SeSeH)
		"-(ditelluro)säure"	(–[C]TeTeH)
		etc.	

"-carbonsäure"/ "Carboxy-" (–COOH)	→	"-carbothiosäure"/ "(Thiocarboxy)-"[7])	(–COSH)
		"-carbothio-*O*-säure"/ "(Hydroxythioxomethyl)-"[8])[9])	(–C(=S)OH)
		"-carbothio-*S*-säure"/ "(Mercaptocarbonyl)-"[8])[9])	(–C(=O)SH)
		"-carboselenosäure"/ "(Selenocarboxy)-"[7])	(–COSeH)
		"-carboseleno-*O*-säure"/ "(Hydroxyselenoxomethyl)-"[8])[9])	(–C(=Se)OH)
		"-carboseleno-*Se*-säure"/ "(Selenylcarbonyl)-"[8])[9])	(–C(=O)SeH)
		"-carbotellurosäure"/ "(Tellurocarboxy)-"[7])	(–COTeH)
		"-carbotelluro-*O*-säure"/ "(Hydroxytelluroxomethyl)-"[8])[9])	(–C(=Te)OH)
		"-carbotelluro-*Te*-säure"/ "(Tellurylcarbonyl)-"[8])[9])	(–C(=O)TeH)
		"-carbodithiosäure"/ "(Dithiocarboxy)-"[7])	(–CSSH)
		"-carboselenothiosäure"/ "(Selenothiocarboxy)-"[7])	(–CSSeH)
		"-carbodiselenosäure"/ "(Diselenocarboxy)-"[7])	(–CSeSeH)
		"-carboditellurosäure"/ "(Ditellurocarboxy)-"[7])	(–CTeTeH)
		etc.	

"-disäure" (HOO[C]... ...[C]OOH)	→[2])	"-bis(thio)säure"	(HSO[C]...[C]OSH)
		"-bis(seleno)säure"	(HSeO[C]...[C]OSeH)
		"-bis(telluro)säure"	(HTeO[C]...[C]OTeH)
		"-bis(dithio)säure"	(HSS[C]...[C]SSH)
		"-bis(selenothio)säure"	(HSeS[C]...[C]SSeH)
		"-bis(diseleno)säure"	(HSeSe[C]...[C]SeSeH)
		"-bis(ditelluro)säure"	(HTeTe[C]...[C]TeTeH)
		etc.	

"-dicarbonsäure" (2 –COOH)	→	"-dicarbothiosäure"	(2 –COSH)
		"-dicarboselenosäure"	(2 –COSeH)
		"-dicarbotellurosäure"	(2 –COTeH)
		"-dicarbodithiosäure"	(2 –CSSH)
		"-dicarboselenothiosäure"	(2 –CSSeH)
		"-dicarbodiselenosäure"	(2 –CSeSeH)
		"-dicarboditellurosäure"	(2 –CTeTeH)
		etc.	

z.B.

3 Me 1 COSeH
150

"Propanselenosäure" (**150**)
Englisch: 'propaneselenoic acid'

8 1 2 COTeH
151

"Naphthalin-2-carbotellurosäure" (**151**)
Englisch: 'naphthalene-2-carbotelluroic acid'

HSOC 4 1 COSH
152

"Butanbis(thio)säure" (**152**)
Englisch: 'butanbis(thioic) acid'

HSSC 4 1 CSSH
153

"But-2-enbis(dithio)säure" (**153**)
Englisch: 'but-2-enebis(dithioic) acid'

2 Me 1 CSSeH
154

"Ethanselenothiosäure" (**154**)
– Englisch: 'ethaneselenothioic acid'
– IUPAC: **"Selenothioessigsäure"**

6 1 COSH 2
155

"Benzolcarbothiosäure" (**155**)
– Englisch: 'benzenecarbothioic acid'
– IUPAC: **"Thiobenzoesäure"**

HSOC 2 1 COOH
156

"2-(Thiocarboxy)essigsäure" (**156**)
– Englisch: '2-(thiocarboxy)acetic acid'
– –COOH > –COSH

---

[8]) *Beachte:*

CA benennt **tautomere Gruppen** mit der Atom-Folge O–C–S, O–C–Se, O–C–Te, O–C–N, S–C–N *etc.*, **deren Tautomerisierung nicht** durch Substituenten **blockiert ist,** bevorzugt so, dass eine **Doppelbindung vom Zentralatom** (C) **aus mit abnehmender Priorität zu** folgendem Atom führt: **O > S > Se > Te > N >, z.B. O=C–S, O=C–N** (CA ¶122 und ¶289A; s. auch J. Mockus, R.E. Stobaugh, *J. Chem. Inf. Comput. Sci.* **1980**, *20*, 18).

z.B.

HO–C(=S)CH_2CH_2–	"(3-Hydroxy-3-thioxopropyl)-"
HS–C(=O)CH_2CH_2–	"(3-Mercapto-3-oxopropyl)-"
H_2N–NH–C(=O)CH_2CH_2–	"(3-Hydrazino-3-oxopropyl)-"
H_2N–C(=O)CH_2CH_2–	"(3-Amino-3-oxopropyl)-"
aber: HSOC–CH_2CH_2–	"[2-(Thiocarboxy)ethyl]-"

[9]) *Beachte:*

Ist das C-Atom des Substituenten HXYC– mit einem solchen zusammengesetzten Präfix Teil eines Kettenstammsubstituenten, dann wird statt "Methyl-" bzw. "Carbonyl-" **der entsprechende Stammsubstituentenname verwendet** (vgl. *Kap. 5.9*).

[10]) Im Englischen werden, z.B., '-thioic acid' (–[C]OSH[2])), '-(dithioic) acid' (–[C]SSH[2])), '-bis(thioic) acid' (HSO[C]...[C]OSH[2])), '-bis(dithioic) acid' (HSS[C]...[C]SSH[2])), '-carbothioic acid' (–COSH), '-carbodithioic acid' (–CSSH) und '-dicarbodithioic acid' (HSSC...CSSH) verwendet.

(b) Carbohydrazon- und Carboximidsäuren R–C(=X)YH[8])[11]): der Säure-Namen setzt sich zusammen aus

Name der Carbonsäure	+	Infix
R–C(=O)YH nach *Kap. 6.7.2* oder nach ***(a)***	+	"**-hydrazon(o)-**" (X = =NNH$_2$) "**-imid(o)-**" (X = =NH)

Kap. 6.7.2

Das Infix steht vor "-säure" (Y = OH) in den Suffixen "-säure" (–[C]OOH[2])) und "-carbo(n)säure" (–COOH) und zeigt den Austausch von =O an. Das entständige "o" der Infixe wird vor "-säure" weggelassen.

"-säure" (–[C]OOH[2])) → "-hydrazonsäure"[11])[12]) –[C](=NNH$_2$)OH[2])); "-imidsäure"[11])[12]) (–[C](=NH)OH[2]))

"-carbonsäure" (–COOH) → "-carbohydrazonsäure"[11])[12]) (–C(=NNH$_2$)OH); "carbo**x**imidsäure"[11])[12]) (–C(=NH)OH)

Chalcogen-Austauschanaloga von Carbohydrazon- und Carboximidsäuren werden wie in ***(a)*** benannt, wobei die **Gesamtheit der Infixe alphabetisch angeordnet** wird[11]).

z.B.

–[C](=NNH$_2$)SH[2]) "-hydrazonothiosäure"
–[C](=NH)SH[2]) "-imidothiosäure"
–C(=NNH$_2$)SH "-carbohydrazonothiosäure"
–C(=NH)SH "-carbo**x**imidothiosäure"

Hydrazono- und Imido-Austauschanaloga von "Essigsäure" (MeCOOH) **und "Benzoesäure"** (PhCOOH) **werden** (im Gegensatz zu IUPAC, s. unten) **von den Namen "Ethansäure" bzw. "Benzolsäure" hergeleitet** (s. z.B. **159** und **160**).

Präfixe können analog ***(a)*** gebildet werden. CA zieht aber die Präfixe **der Amid- bzw. Hydrazid-Tautomere** vor [8])[11]).

z.B.

H$_2$N–NH–C(=O)– "(Hydrazinocarbonyl)-"[9])
H$_2$N–C(=O)– "(Aminocarbonyl)-"[9])
H$_2$N–NH–C(=S)– "(Hydrazinothioxomethyl)-"[9])
H$_2$N–C(=Se)– "(Aminoselenoxomethyl)-"[9])
H$_2$N–C(=Te)– "(Aminotelluroxomethyl)-"[9])

Analog ***(a)***:

HO–C(=NNH$_2$)– "(Hydrazonohydroxymethyl)-"[9])
HO–C(=NH)– "[Hydroxy(imi**no**)methyl]-"[9])
HS–C(=NNH$_2$)– "(Hydrazonomercaptomethyl)-"[9])
HSe–C(=NH)– "(Imi**no**selenylmethyl)-"[9])
HTe–C(=NH)– "(Imi**no**tellurylmethyl)-"[9])

IUPAC verwendet aus klanglichen Gründen "-**o**hydrazonsäure" statt "-hydrazonsäure". Ausserdem empfiehlt IUPAC, bei Namen von Hydrazono- und Imido-Austauschanaloga von Carbonsäuren mit Trivialnamen das **Infix** (Elision von "o") ***vor*** **"-säure" des Trivialnamens** zu setzen (vgl. dazu die Chalcogen-*Affixe* in ***(a)***), z.B. "**Acetohydrazonsäure**" (MeC(=NNH$_2$)OH; 'acet**o**hydrazonic acid'; CA: 'ethanehydrazonic acid'), "Benzimidsäure" (PhC(=NH)OH; 'benzimidic acid'; CA 'benzenecarboximidic acid') (IUPAC R-5.7.1.3.2).

IUPAC bezeichnet ***N*-Hydroxycarboximidsäuren auch als Carbohydroximsäuren**. Die entsprechenden Suffixe sind "**-ohydroximsäure**" (–[C](=NOH)OH[2])) und "**-carbohydroximsäure**" (–C(=NOH)OH) (IUPAC R-5.7.1.3.2, C-451.1 und C-451.2; s. **162**). Die dazu tautomeren **Carbohydroxamsäuren** (–C(=O)NHOH) werden jetzt auch von IUPAC bevorzugt **als *N*-Hydroxycarboxamide** bezeichnet (IUPAC R-5.7.1.3.3 und C-451.3; s. **162**).

IUPAC empfiehlt "**Sulfanyl-**" (HS-), "**Selanyl-**" (HSe-) und "**Tellanyl-**" (HTe-) statt "Mercapto-", "Selenyl-" bzw. "Telluryl-" (IUPAC R-3.2.11).

z.B.

157

"Butandiimidsäure"[11]) (**157**)
Englisch: 'butanediimidic acid'

158

"Cyclohexancarbohydrazonsäure"[11]) (**158**)
Englisch: 'cyclohexanecarbohydrazonic acid'

159

"Ethanimidoselenosäure"[11]) (**159**)
- Englisch: 'ethanimidoselenoic acid'
- IUPAC: "Selenoacetimidsäure"

160

"Benzolcarboximidotellurosäure"[11]) (**160**)
- Englisch: 'benzenecarboximidotelluroic acid'
- IUPAC: "Tellurobenzimidsäure"

161

"2-(Aminocarbonyl)benzoesäure"[11]) (**161**)
- Englisch: '2-(aminocarbonyl)benzoic acid'
- IUPAC: "2-Carbamoylbenzoesäure"

162

"*N*-Hydroxypropanimidsäure"[11]) (**162**)
- Englisch: '*N*-hydroxypropanimidic acid'
- IUPAC: auch "Propan**ohydroximsäure**"; das Tautomere wurde **früher** "Propan**ohydroxamsäure**" (EtC(=O)–NH–OH) genannt

[11]) Imid- und Hydrazonsäuren sind Tautomere von Amiden (*Klasse 6b*) bzw. Hydraziden (*Klasse 6*). **CA bevorzugt die Amid- bzw. Hydrazid-Form für Indexnamen**, ausser für Imid- und Hydrazonsäure-Derivate, in denen das Säure-Proton ersetzt ist, z.B. für Ester, Anhydride und Salze, oder wenn die Tautomerisierung durch Substituenten blockiert ist. S. auch *Fussnote 8*.

[12]) Im Englischen werden die Suffixe '-hydrazonic acid' (–[C](=NNH$_2$)OH[2])), '-imidic acid' (–[C](=NH)OH[2])), '-carbohydrazonic acid' (–C(=NNH$_2$)OH) bzw. '-carboximidic acid' (–C(=NH)OH) verwendet.

Kap. 6.7.1

Kap. 6.7.2.1

(c) Ein **Acyl-Austauschanalogon-*Präfix* für R–C(=X)–** (X = S, Se, Te, NNH_2, NH) *etc.* wird ähnlich wie das Acyl-Präfix einer Carbonsäure (X = O) gebildet. Es setzt sich zusammen aus

Präfix	+	
"Thioxo-" (S=[C][2])) **"Selenoxo-"** (Se=[C][2])) **"Telluroxo-"** (Te=[C][2])) **"Hydrazono-"** (H_2NN=[C][2])) **"Imino-"** (HN=[C][2]))	+	**Stamm*substituenten*name "(R´)-" des Kettensubstituenten R–C–** (= R´; d.h. das C-Atom [C] gehört zur Kette R´–; Kohlenwasserstoff- oder "a"-Name) oder **Substituentenname "(R)-" + Stammsubstituentenname "-methyl-"** (–C(=[X])–[2])), **wenn R– ein cyclischer Substituent oder ein Heterokettensubstituent mit regelmässig platzierten Heteroatomen ist** (inkl. monogliedriges Hydrid), nach *Kap. 5*

Kap. 5

Beachte:

- Alphabetische Reihenfolge der Präfixe "(R)-" und "Thioxo-" *etc.* vor "-methyl-".
- **Ist das C-Atom der Acyl-Austauschanalogon-Gruppe R–C(=X)– Teil eines Kettenstammsubstituenten R´–, dann wird statt "-methyl-" der entsprechende Stammsubstituentenname "(R´)-" verwendet** (s. z.B. **182**).
- Die Präfixe **"Carbonothioyl-"** (S=C<), **"Carbonoselenoyl-"** (Se=C<), **"Carbonotelluroyl-"** (Te=C<), **"Carbonohydrazonoyl-"** (H_2NN=C<) und **"Carbonimidoyl-"** (HN=C<) werden nur für verbindende Substituenten in der Multiplikationsnomenklatur verwendet oder wenn die Gruppe mit beiden freien Valenzen am gleichen Atom haftet.

Kap. 5.9 und 6.9(c)

Kap. 3.2.3

Ausnahmen:

Chalcogen-, Hydrazono- und Imido-Austauschanaloga von **HOOC–** gemäss ***(a)*** und ***(b)***, z.B. "(Thiocarboxy)-" (HSOC–).

Nach **IUPAC** werden Acyl-Austauschanalogon-Namen analog den Angaben bei den Carbonsäuren geprägt (s. *Kap. 6.7.2.1*), wobei gilt:

Endung "-oyl-" oder "-yl-" (R[C](=X)–[2]), X = O)	→	**"-thioyl-"**	(X = S)
		"-selenoyl-"	(X = Se)
		"-telluroyl-"	(X = Te)
		"-ohydrazonoyl-"	(X = NNH_2)
		"-imidoyl-"	(X = NH)
		"-ohydroximoyl-"	(X = NOH)
		oder	
"-carbonyl-" (RC(=X)–, X = O)	→	**"-carbothioyl-"**	(X = S)
		"-carboselenoyl-"	(X = Se)
		"-carbotelluroyl-"	(X = Te)
		"-carbohydrazonoyl-"	(X = NNH_2)
		"-carboximidoyl-"	(X = NH)
		"-carbohydroximoyl-"	(X = NOH)

oder

Acyl-Austauschanalogon-Trivialname

Bei letzteren wird ein Chalcogen-*Affix vor* den Acyl-Trivialnamen (X = O) gesetzt, z.B. "(**Thioacetyl**)-" (MeC(=S)–), bzw. anstelle von "-oyl-" oder "-yl-" des Acyl-Trivialnamens (X = O) die Endung "-ohydrazonoyl-" oder "-imidoyl-" verwendet, z.B. "**Succinimidoyl-**" (–C(=NH)CH_2CH_2C(=NH)–). Bei Multiplikationsnamen sind offenbar auch noch die Präfixe "(**Thiocarbonyl**)-" (S=C<), "(**Selenocarbonyl**)-" (Se=C<) und "(**Tellurocarbonyl**)-" (Te=C<) zulässig (IUPAC C-545.1, vgl. R-5.7.1.3.4).

z.B.

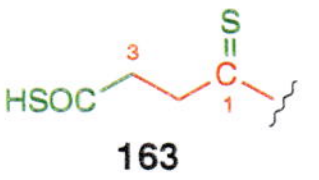

HSOC–CH₂CH₂–C(=S)– **163**

"[1-Thioxo-3-(thiocarboxy)propyl]-" (**163**)
IUPAC: "[3-(Thiocarboxy)propanthioyl]-"

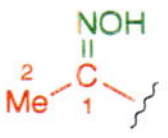

164

"[1-(Hydroxyimino)ethyl]-" (**164**)
IUPAC: "Acetohydroximoyl-"

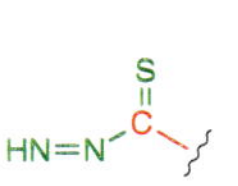

165

"(Diazenylthioxomethyl)-" (**165**)
IUPAC: "(Diazenylcarbothioyl)-"

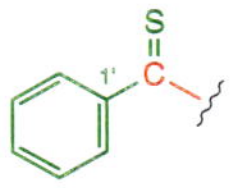

166

"(Phenylthioxomethyl)-" (**166**)
IUPAC: "(**Thiobenzoyl**)-"

Beispiele:

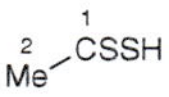

167	"Ethan(dithio)säure" (**167**) – nach ***(a)*** – IUPAC: "Dithioessigsäure"
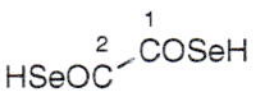 **168**	"Ethanbis(seleno)säure" (**168**) nach ***(a)***
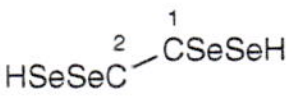 **169**	"Ethanbis(diseleno)säure" (**169**) nach ***(a)***
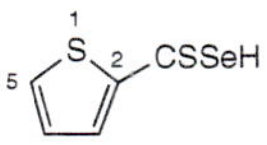 **170**	"Thiophen-2-carboselenothiosäure" (**170**) nach ***(a)***
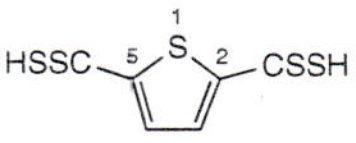 **171**	"Thiophen-2,5-dicarbodithiosäure" (**171**) nach ***(a)***
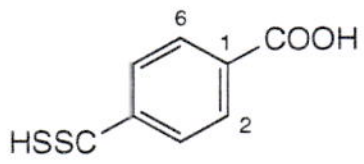 **172**	"4-(Dithiocarboxy)benzoesäure" (**172**) nach ***(a)***
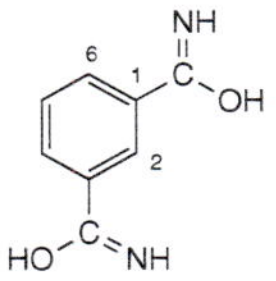 **173**	"Benzol-1,3-dicarboximidsäure"[11]) (**173**) nach ***(b)***
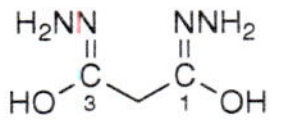 **174**	"Propandihydrazonsäure"[11]) (**174**) nach ***(b)***
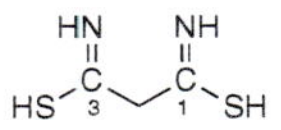 **175**	"Propandiimidothiosäure"[11]) (**175**) nach ***(b)***
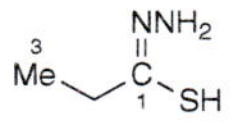 **176**	"Propanhydrazonothiosäure"[11]) (**176**) – nach ***(b)*** – IUPAC: "Propan**o**hydrazonothiosäure"
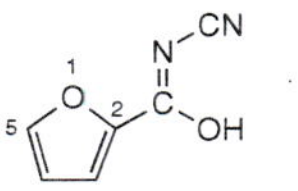 **177**	"*N*-Cyanofuran-2-carboximidsäure"[11]) (**177**) nach ***(b)***

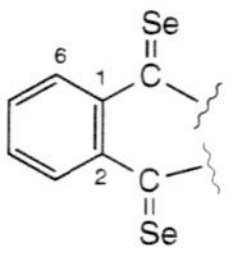

178 "(1,2-Phenylendicarbonoselenoyl)-" (**178**)
- nach *(c)*
- IUPAC: "[1,2-Phenylendi(selenocarbonyl)]-" nach *Kap. 5.9(d)*

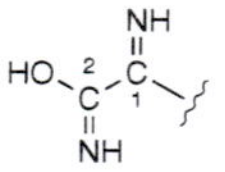

179 "(2-Hydroxy-1,2-diiminoethyl)-"[11]) (**179**)
- nach *(c)*
- IUPAC: "[Hydroxy(imino)acetimidoyl]-"

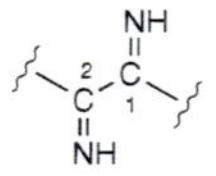

180 "(1,2-Diiminoethan-1,2-diyl)-" (**180**)
- nach *(c)*
- IUPAC: "Oxalimidoyl-"

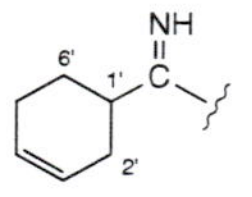

181 "[Cyclohex-3-en-1-yl(imino)methyl]-" (**181**)
- nach *(c)*
- IUPAC: "(Cyclohex-3-en-1-ylcarboximidoyl)-"

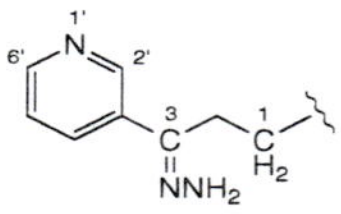

182 "[3-Hydrazono-3-(pyridin-3-yl)propyl]-" (**182**)
- nach *(c)*
- nicht "{2-[Hydrazono(pyridin-3-yl)methyl]ethyl}-"

CA ¶ 165 und 228 IUPAC R-5.7.1.3, C-441 und D-5.0

6.7.4 Carboperoxosäuren (Peroxy-Säuren) und ihre Chalcogen-, Hydrazono- und Imido-Austauschanaloga

Beachte:

- Generisch werden Carboperoxosäuren und ihre Analoga meist "**Peroxy-Säuren**" (**früher** "**Persäuren**") genannt. Vgl. dazu die IUPAC-Namen (s. unten).
- Eine **Carboperoxosäure** hat **vor der entsprechenden Carbonsäure** und andern Säuren der *Klassen 5b* und *5c* (mit Suffix) **Priorität** bei der Wahl der Hauptgruppe (s. *Tab. 3.2*).

Tab. 3.2

Carboperoxosäuren und ihre Austauschanaloga R-CXYH: der Säure-Namen setzt sich zusammen aus

Kap. 6.7.2 oder 6.7.3

Name der Carbonsäure	+	Infix
Name der Carbonsäure (X = O) **oder ihrer Chalcogen-** (X = S, Se, Te), **Hydrazono-** (X = NNH_2) **oder Imido-Austauschanaloga** (X = NH) nach *Kap. 6.7.2* oder *6.7.3*	+	"**-perox(o)-**" (Y = OO) "**-(thioperox(o))-**" (Y = OS) "**-(selenoperox(o))-**" (Y = OSe) "**-(telluroperox(o))-**" (Y = OTe) "**-(dithioperox(o))-**" (Y = SS) "**-(selenothioperox(o))-**" (Y = SSe) "**-(tellurothioperox(o))-**" (Y = STe) "**-(diselenoperox(o))-**" (Y = SeSe) "**-(selenotelluroperox(o))-**" (Y = SeTe) "**-(ditelluroperox(o))-**" (Y = TeTe)

Diese Peroxy-Infixe stehen in alphabetischer Reihenfolge zusammen mit allfällig nötigen Infixen "-thio-", "-seleno-", "-telluro-", "-hydrazono-" und "-imido-" **vor "-säure"** in den Suffixen "-säure" (–[C]OOH[2])) und "-carbo(n)säure" (–COOH). Das endständige "o" der Peroxy-Infixe wird nur vor Vokalen weggelassen (nicht vor "-säure"). Die Peroxy-Infixe unterscheiden nicht zwischen isomeren Y in der Gruppe –CXYH.

z.B.[13])

–[C]OOOH[2])	"-peroxosäure"
–COOOH	"-carboperoxosäure"
–[C]OOSH[2])	"-(thioperoxo)säure"
–COOSH	"-carbo(thioperoxo)säure"
–[C]OSSH[2])	"-(dithioperoxo)säure"
–COSSH	"-carbo(dithioperoxo)säure"
–[C]SSSH[2])	"-(dithioperoxo)thiosäure"
–CSSSH	"-carbo(dithioperoxo)thiosäure"
–CSSSeH	"-carbo(selenothioperoxo)thiosäure"
–[C](=NNH_2)OOH[2])	"-hydrazonoperoxosäure"
–C(=NNH_2)OOH	"-carbohydrazonoperoxosäure"
–[C](=NH)OOH[2])	"-imidoperoxosäure"
–C(=NH)OOH	"-carboximidoperoxosäure"
–C(=NNH_2)SSH	"-carbo(dithioperoxo)hydrazonsäure"
–C(=NH)SSH	"-carbo(dithioperox)imidsäure"

Isomere können im Suffix durch die Lokanten "*OS*", "*SO*", "*SSe*", "*SeS*" *etc.* angegeben werden.

z.B.

–[C](=O)O–SH[2])	"-(thioperoxo)-*OS*-säure"
–[C](=O)S–OH[2])	"-(thioperoxo)-*SO*-säure"

Peroxy-Analoga von "Essigsäure" (MeCOOH) **und "Benzoesäure"** (PhCOOH) und ihren Chalcogen-, Hydrazono- und Imido-Austauschanaloga **werden** (im Gegensatz zu IUPAC, s. unten) **von den Namen "Ethansäure" bzw. "Benzolsäure" hergeleitet** (s. **183** und **184**).

Präfixe der Peroxy-Analoga HXYC– setzen sich aus folgenden Namensteilen zusammen:

HY =	HO–O–	"Hydroperoxy-"[14])
	HS–O–	"(Mercaptooxy)-"[14])
	HSe–O–	"(Selenyloxy)-"[14])
	HO–S–	"Sulfeno-"[14])
	HS–S–	"(Thiosulfeno)-"[14])
	HO–Se–	"Seleneno"[14])
	HS–Se–	"(Thioseleneno)-"[14])
		etc.

[13]) Im Englischen werden, z.B., die Suffixe '-peroxoic acid' (–[C]OOOH[2])), '-(thioperoxoic) acid' (–[C]OOSH[2])), '-(dithioperoxo)thioic acid' (–[C]SSSH[2])), '-carbo(dithioperox)imidic acid' (–C(=NH)SSH) *etc.* verwendet.

[14]) Die Präfixe "Hydroperoxy-", "(Mercaptooxy)-", "(Selenyloxy)-", "Sulfeno-" *etc.* können nicht für weiter zusammengesetzte Präfixe verwendet werden, d.h. das **H-Atom ist nicht substituierbar** (vgl. dazu *Fussnote 4*), z.B. *nicht* "(Methylsulfeno)-" sondern "(Methoxythio)-" für MeO–S–.

und [HY]C(=O)–[2]) "-carbonyl-"[9])
[HY]C(=S)–[2]) "-(thioxomethyl)-"[9])
[HY]C(=Se)–[2]) "-(selenoxomethyl)-"[9])
[HY]C(=NH)–[2]) "-(iminomethyl)-"[9])
etc.

z.B.

HO–O–C(=O)– "(Hydroperoxycarbonyl)-"[9])
HO–O–C(=S)– "(Hydroperoxythioxomethyl)-"[9])
HS–O–C(=O)– "[(Mercaptooxy)carbonyl]-"[9])
HO–S–C(=O)– "(Sulfenocarbonyl)-"[9])
HO–S–C(=S)– "(Sulfenothioxomethyl)-"[9])

Im Gegensatz zu CA bildet **IUPAC** die Namen von Peroxy-Säuren durch Beifügen von **"Peroxy-"**, "Monoperoxy-" bzw. "Diperoxy-" **vor einem Trivialnamen oder vor einem systematischen Namen mit Suffix "-säure" oder vor "-carbonsäure"**, z.B. **"Peroxypropionsäure"** ($MeCH_2COOOH$), **"Peroxyhexansäure"**($Me(CH_2)_4COOOH$), **"Cyclohexanperoxycarbonsäure"**($C_6H_{11}COOOH$; IUPAC R-5.7.1.3.1 und C-441.1). Ausnahmen: **"Peressigsäure"** ('peracetic acid'; MeCOOOH; **183**) und **"Perbenzoesäure"** ('perbenzoic acid'; PhCOOOH; **184**), beide nicht substituierbar[4]).

IUPAC empfiehlt neben "Hydroperoxy-" (HO–O–) die Präfixe **"(Sulfanyloxy)-"** (HS–O–), **"(Selanyloxy)-"** (HSe–O–), **"(Hydroxysulfanyl)-"** (HO–S–), **"(Disulfanyl)-"** (HS–S–), **"(Hydroxyselanyl)-"** (HO–Se–), **"(Sulfanylselanyl)-"** (HS–Se–) *etc.* (IUPAC R-5.5.5, R-5.5.6 und C-515).

z.B.

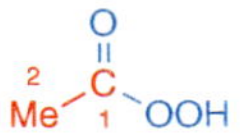

183

"Ethanperoxosäure" (**183**)
- Englisch: 'ethaneperoxoic acid'
- IUPAC: **"Peressigsäure"**, nicht substituierbar[4]); Englisch: **'peracetic acid'**

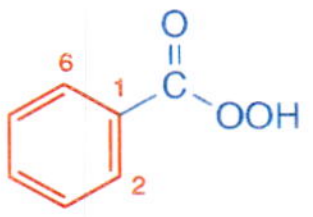

184

"Benzolcarboperoxosäure" (**184**)
- Englisch: 'benzenecarboperoxoic acid'
- IUPAC: **"Perbenzoesäure"**, nicht substituierbar[4]); Englisch: **'perbenzoic acid'**

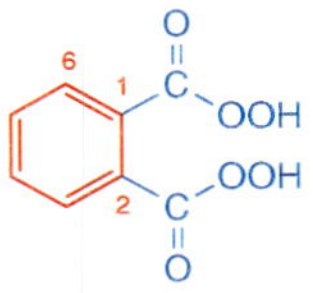

185

"Benzol-1,2-dicarboperoxosäure" (**185**)
- Englisch: 'benzene-1,2-dicarboperoxoic acid'
- IUPAC: "Diperoxyphthalsäure"

186

"Ethan(selenoperoxo)säure" (**186**)
Englisch: 'ethane(selenoperoxoic) acid'

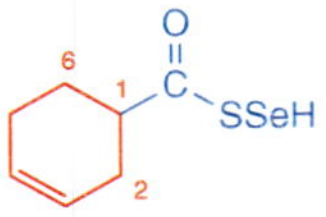

187

"Cyclohex-3-en-1-carbo(selenothioperoxo)-*SSe*-säure" (**187**)
Englisch: 'cyclohex-3-ene-1-carbo(selenothioperoxoic) *SSe*-acid'

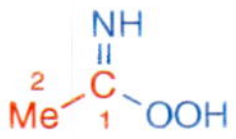

188

"Ethanimidoperoxosäure" (**188**)
Englisch: 'ethanimidoperoxoic acid'

189

"Benzolcarbo(dithioperoxo)hydrazonsäure" (**189**)
Englisch: 'benzenecarbo(dithioperoxo)hydrazonic acid'

Beispiele:

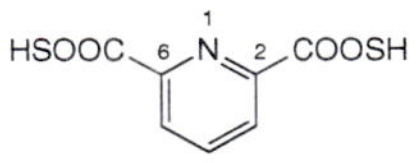

190 "Pyridin-2,6-dicarbo(thioperoxo)säure" (**190**)

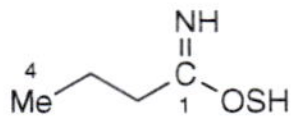

191 "Butanimido(thioperoxo)säure" (**191**)

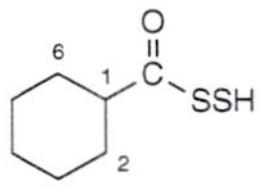

192 "Cyclohexancarbo(dithioperoxo)säure" (**192**)

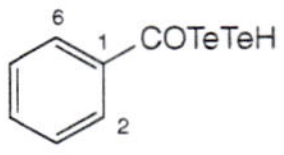

193 "Benzolcarbo(ditelluroperoxo)säure" (**193**)

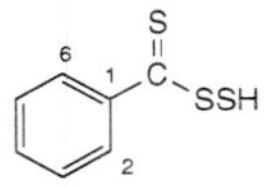

194 "Benzolcarbo(dithioperoxo)thiosäure" (**194**)

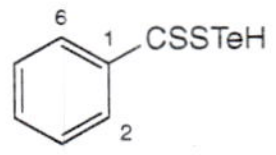

195 "Benzolcarbo(tellurothioperoxo)thiosäure" (**195**)

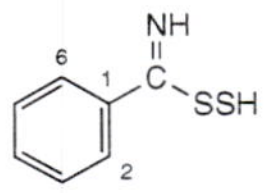

196 "Benzolcarbo(dithioperox)imidsäure" (**196**)

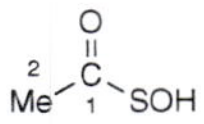

197 "Ethan(thioperoxo)-*SO*-säure" (**197**)

CA ¶ 198
IUPAC R-5.7.4.1, C-461 und C-542

6.7.5. Salze von Carbonsäuren und ihren Chalcogen-, Hydrazono-, Imido- und Peroxy-Austauschanaloga

Man unterscheidet:

(a) Salze von Carbonsäuren und ihren Analoga: Index-Namen;

(b) neutrale Salze von Carbonsäuren und ihren Analoga: Anion-Namen, Präfix;

(c) saure Salze von Polycarbonsäuren und ihren Analoga;

(d) Salze von α-Aminocarbonsäuren mit Trivialnamen.

Kap. 6.7.2 – 6.7.4

(a) Salze von Carbonsäuren und ihren Analoga werden nach *Kap. 6.4.1* benannt (CA-Index):

Name der Carbonsäure oder des Analogons nach *Kap. 6.7.2 – 6.7.4*	+	**"Lithium-Salz"** (Li^+) **"Natrium-Salz"** (Na^+) **"Dikalium-Salz"** ($2\ K^+$) *etc.*

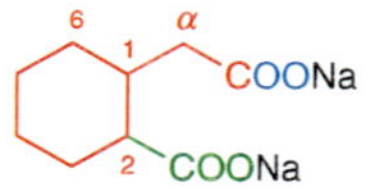

Kap. 6.4.2.2(**b**)

(b)* Neutrale Salze von Carbonsäuren und ihren Analoga** (alternativ zu ***(a); hauptsächlich bei IUPAC, vgl. *Kap. 6.4.2.2(**b**)*):

Kation-Name(n) (alphabetisch geordnet)	**vor Anion-Name**[15]) (bei IUPAC)

Kap. 6.7.2 – 6.7.4

Der **Anion-Name** (bei CA nur als modifizierende Angabe; vgl. dazu **198–202**) wird vom Carbonsäure-Namen oder einem Analogon hergeleitet.

z.B.

"-säure" → "-(o)at"[16]) (–[C]OO⁻²))
"-carbonsäure" → "-carboxylat" (–COO⁻)
"-disäure" → "-di(o)at"[16]) (⁻OO[C]...[C]OO⁻²))
"-dicarbonsäure" → "-dicarboxylat" (2 –COO⁻)

etc.

Kap. 6.4.4

Das **Präfix** "Carboxylato-" (⁻OOC–) wird **nur** von **IUPAC** empfohlen (*Kap. 6.4.4*).

z.B.

198: "Lithium-pentanoat" (**198**)
– Englisch: 'lithium pentanoate'
– CA: 'pentanoic acid, lithium salt'

199: "Kalium-natrium-butandioat" (**199**)
– Englisch: 'potassium sodium butanedioate'
– CA: 'butanedioic acid, potassium sodium salt'

200: "Dinatrium-(2-carboxylatocyclohexanacetat)" (**200**)
– Englisch: 'disodium 2-carboxylatocyclohexaneacetate'
– **IUPAC-Name**
– CA: 'cyclohexaneacetic acid, 2-carboxy-, disodium salt'

(c)* Saure Salze von Polycarbonsäuren und ihren Analoga** (alternativ zu ***(a); vgl. ***(b)***):

Kation-Name vor	**"hydrogen"** **"dihydrogen"** *etc.*	**vor Anion-Name**[15])

Beachte:

Die **Numerierung der Säure** wird beibehalten.

z.B.

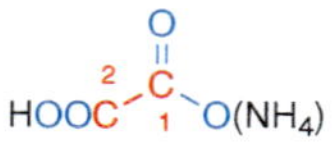

201: "Ammonium-hydrogen-ethandioat" (**201**)
– Englisch: 'ammonium hydrogen ethanedioate'
– IUPAC: auch "Ammonium-hydrogen-oxalat"
– CA: 'ethanedioic acid, monoammonium salt'

202: "Natrium-hydrogen-(3-nitrobenzol-1,2-dicarboxylat)" (**202**)
– Englisch: 'sodium hydrogen 3-nitrobenzene-1,2-dicarboxylate'
– IUPAC: auch "Natrium-hydrogen-(3-nitrophthalat)"
– CA: '1,2-benzenedicarboxylic acid, 3-nitro-, monosodium salt'

Kap. 6.7.2.2

(d)* Salze von α-Aminocarbonsäuren** mit Trivialnamen werden analog ***(a) – ***(c)*** benannt.

z.B.

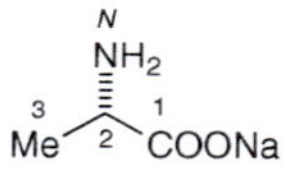

203: "L-Alanin-Natrium-Salz" oder "Natrium-L-alaninat" (**203**)
– Englisch: 'L-alanine sodium salt' oder 'sodium L-alaninate'
– von "L-Alanin" (**81**)

Beispiele:

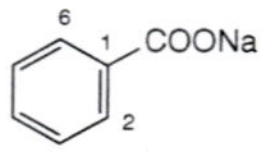

204: "Benzoesäure-Natrium-Salz" oder "Natrium-benzoat" (**204**)
nach ***(a)*** bzw. ***(b)***

205 (PH_2COONa): "Phosphincarbonsäure-Natrium-Salz" oder "Natrium-phosphincarboxylat" (**205**)
nach ***(a)*** bzw. ***(b)***

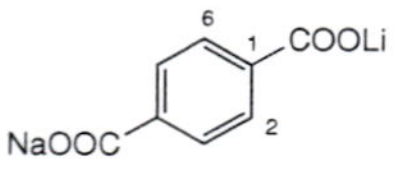

206: "Benzol-1,4-dicarbonsäure-Lithium-natrium-Salz" oder "Lithium-natrium-benzol-1,4-dicarboxylat" (**206**)
– nach ***(a)*** bzw. ***(b)***
– IUPAC: auch "Lithium-natrium-terephthalat"

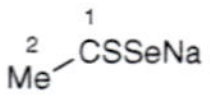

207: "Ethanselenothiosäure-Natrium-Salz" oder "Natrium-ethanselenothioat" (**207**)
– nach ***(a)*** bzw. ***(b)***
– IUPAC: "Natrium-selenothioacetat"

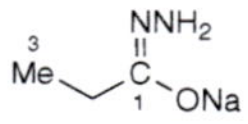

208: "Propanhydrazonsäure-Natrium-Salz" oder "Natrium-propanhydrazonat" (**208**)
nach ***(a)*** bzw. ***(b)***

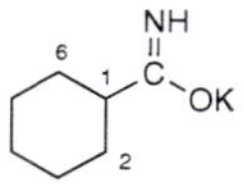

209: "Cyclohexancarboximidsäure-Kalium-Salz" oder "Kalium-cyclohexancarboximidat" (**209**)
nach ***(a)*** bzw. ***(b)***

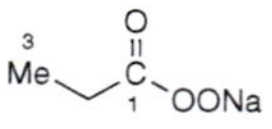

210: "Propanperoxosäure-Natrium-Salz" oder "Natrium-propanperoxoat" (**210**)
– nach ***(a)*** bzw. ***(b)***
– IUPAC: "Natrium-peroxypropanoat"

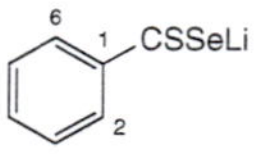

211: "Benzolcarboselenothiosäure-Lithium-Salz" oder "Lithium-benzolcarboselenothioat" (**211**)
nach ***(a)*** bzw. ***(b)***

---

[15]) Im Englischen werden die Kation- und Anion-Namen in getrennten Wörtern angeführt; im Deutschen sollte ein **Bindestrich** dazwischen stehen sowie der Kation- oder Anion-Name, wenn nötig, in Klammern gesetzt werden, um Zweideutigkeiten zu vermeiden (Lokanten!). **IUPAC** empfiehlt, im Deutschen den Bindestrich zwischen Kation- und Anion-Namen wegzulassen (IUPAC R-5.7.4.1), z.B. "Natriumacetat" ($MeCOONa$); er wird im folgenden aber immer beigefügt.

[16]) Das Suffix "**-oat**" lässt sich **vom englischen Suffix '-oic acid'** (z.B. 'propanoic acid', $MeCH_2COOH$) und das Suffix "**-at**" **von '-ic acid'** (z.B. 'acetic acid', $MeCOOH$; 'ethanimidic acid', $MeC(=NH)OH$) herleiten.

212

"Buta-1,3-dien-1,2,4-tricarbonsäure-Mononatrium-Salz" oder "Natrium-dihydrogen-(buta-1,3-dien-1,2,4-tricarboxylat)" (**212**)
nach ***(a)*** bzw. ***(c)***

213

"L-Asparagin-Natrium-Salz" oder "Natrium-L-asparaginat" (**213**)
- nach ***(d)***
- von "L-Asparagin" (**84**)

214

"L-Asparaginsäure-Dinatrium-Salz" oder "Dinatrium-L-aspartat" (**214**)
- nach ***(d)***
- auch im Deutschen wird der vom englischen Säure-Namen hergeleitete Anion-Name "**L-Aspartat**" verwendet (vgl. **213**)
- von "L-Asparaginsäure" (**85**; Englisch: 'L-aspartic acid')

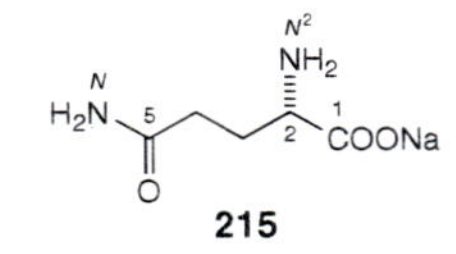

215

"L-Glutamin-Natrium-Salz" oder "Natrium-L-glutaminat" (**215**)
- nach ***(d)***
- von "L-Glutamin" (**88**)

216

"L-Glutaminsäure-Mononatrium-Salz" oder "Natrium-hydrogen-L-glutamat" (**216**)
- nach ***(d)***
- auch im Deutschen wird der vom englischen Säure-Namen hergeleitete Anion-Name "**L-Glutamat**" verwendet (vgl. **215**)
- von "L-Glutaminsäure" (**89**; Englisch: 'L-glutamic acid')
- auch "L-Glutamat(1–)"

6

CA ¶ 165, 168 und 129
IUPAC R-5.7.2, C-641 und C-701

6.8. Sulfon-, Sulfin- und Sulfensäuren, Selenon-, Selenin- und Selenensäuren, Telluron-, Tellurin- und Tellurensäuren sowie ihre Chalcogen-, Hydrazono-, Imido- und Peroxy-Austauschanaloga (*Klassen 5a* und *5c*) und entsprechende Salze[1])

Definition:

Eine **Sulfonsäure** oder ein davon hergeleitetes Austauschanalogon besitzt die **Struktur 1**, eine **Sulfinsäure** die **Struktur 2** und eine **Sulfensäure**[1]) die **Struktur 3**. Für die Strukturen der entsprechenden Selenon- und Telluron-, Selenin- und Tellurin- sowie Selenen- und Tellurensäuren[1]) ist in **1** – **3** das S- durch ein Se- bzw. Te-Atom zu ersetzen.

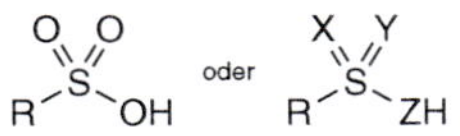

R = Alkyl, Aryl
X,Y = O, S, Se, Te, NH, NNH_2
Z = O, S, Se, Te

1
eine **Sulfonsäure**

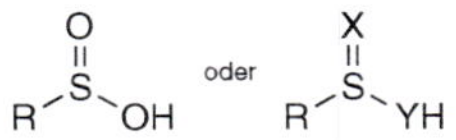

R = Alkyl, Aryl
X = O, S, Se, Te, NH, NNH_2
Y = O, S, Se, Te

2
eine **Sulfinsäure**

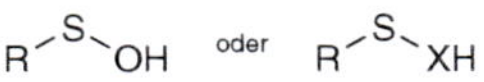

R = Alkyl, Aryl
X = O, S, Se, Te

3
eine **Sulfensäure**[1])

Tab. 3.2

Alle Peroxy-Säuren, deren Hauptgruppe als Suffix bezeichnet wird, haben in der Prioritätenreihenfolge als Klasse vor der Gesamtheit aller andern Säuren Vorrang (s. *Tab. 3.2*).

Kap. 3.2.2

Beachte:

Wenn möglich sind **Konjunktionsnamen** nach *Kap. 3.2.2* zu verwenden (s. z.B. **39** und **40**).

Man unterscheidet:

(a) Sulfon-, Sulfin- und Sulfensäuren sowie entsprechende Selen- und Tellur-Analoga: Suffixe, Präfixe, Trivialnamen;

(b) Sulfonothio-, Sulfinothio- und Sulfenothiosäuren, ihre Seleno- und Telluro-Austauschanaloga sowie entsprechende Selen- und Tellur-Analoga: Suffixe, Präfixe;

(c) Sulfonohydrazon-, Sulfinohydrazon-, Sulfonimid- und Sulfinimidsäuren sowie entsprechende Selen- und Tellur-Analoga: Suffixe, Präfixe (Sulfonohydroxim- und Sulfinohydroximsäuren);

(d) Acyl-Präfixe für R–X´(=O)$_2$–, R–X´(=O)– und R–X´– (X´ = S, Se, Te) und Austauschanaloga;

(e) Sulfonoperoxo-, Sulfinoperoxo- und Sulfenoperoxosäuren sowie entsprechende Selen- und Tellur-Analoga.

(a) Sulfon-, Sulfin- und Sulfensäuren[1]) **sowie entsprechende Selen- und Tellur-Analoga**: der Säure-Namen setzt sich zusammen aus:

Kap. 4.2 – 4.10

		Suffix	
Stammname der Gerüst-Stammstruktur nach *Kap. 4.2 – 4.10*	+	"**-sulfonsäure**"[2])	(–S(=O)$_2$OH)
		"**-sulfinsäure**"[2])	(–S(=O)OH)
		"**-sulfensäure**"[2])	(–S–OH)
		"**-selenonsäure**"[2])	(–Se(=O)$_2$OH)
		"**-seleninsäure**"[2])	(–Se(=O)OH)
		"**-selenensäure**"[2])	(–Se–OH)
		"**-telluronsäure**"[2])	(–Te(=O)$_2$OH)
		"**-tellurinsäure**"[2])	(–Te(=O)OH)
		"**-tellurensäure**"[2])	(–Te–OH)

Beachte:

- Bei Kettengerüst-Stammstrukturen müssen **die Säure-Hauptgruppen nicht an** einem **Kettenende** haften (s. **7**).
- CA betrachtet ein am O-Atom **mit** einer Gruppe **–SO$_3$H** (oder Derivat davon) **substituiertes Hydroxylamin** als **Sulfonsäure** (nicht Schwefelsäure, vgl. *Kap. 6.10*, *6.23* und *6.25*; s. **5**).

Kap. 6.10, 6.23 und 6.25

Präfixe (H-Atom nicht substituierbar, d.h. nicht für zusammengesetzte Präfixe verwendbar):

[1]) IUPAC empfiehlt für Sulfen-, Selenen- und Tellurensäuren und ihre Analoga von "Sulfan" (SH_2), "Selan" (SeH_2) bzw. "Tellan" (TeH_2) hergeleitete Namen (R-Regeln).

[2]) Im Englischen werden, z.B., die Suffixe '-sulfonic acid' (–SO$_3$H), '-sulfinic acid' (–SO$_2$H), 'sulfenic acid' (–SOH), '-sulfonothioic acid' (–SO$_2$SH), '-sulfonohydrazonic acid' (–S(=O)(=NNH$_2$)OH), '-sulfonimidic acid' (–S(=O)(=NH)OH), '-sulfonoperoxoic acid' (–SO$_2$OOH) *etc.* verwendet.

HO–S(=O)$_2$– **"Sulfo-"** HO–Te(=O)$_2$– **"Tellurono-"**
HO–S(=O)– **"Sulfino-"** HO–Te(=O)– **"Tellurino-"**
HO–S– **"Sulfeno-"**[1]) HO–Te– **"Tellureno-"**[1])
HO–Se(=O)$_2$– **"Selenono-"**
HO–Se(=O)– **"Selenino-"**
HO–Se– **"Seleneno-"**[1])

IUPAC lässt noch den Trivialnamen **"Sulfanilsäure"** (nur *p*-Isomeres; s. **30**) zu, jedoch nicht mehr "Naphthionsäure" (**31**) und "Taurin" (**32**). Auch die Trivialnamen **"*p*-Toluolsulfonsäure"** (**4**) und "2,4-Ditoluolsulfonsäure" (**33**) werden **nicht mehr** empfohlen (IUPAC R-5.7.2.1).

Anstelle von "Sulfen-", "Selenen-" und "Tellurensäure" schlägt IUPAC **von "Sulfan"** (SH_2), **"Selan"** (SeH_2) und **"Tellan"** (TeH_2) hergeleitete Namen vor[1]): "Hydroxysulfan"/"(Hydroxysulfanyl)-" (–S–OH), "Hydroxyselan"/"(Hydroxyselanyl)-" (–Se–OH) und "Hydroxytellan"/"(Hydroxytellanyl)-" (–Te–OH) (IUPAC R-2.1 und R-5.5).

z.B.

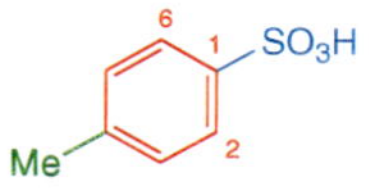

4: "4-Methylbenzolsulfonsäure" (**4**)
– Englisch: '4-methylbenzenesulfonic acid'
– IUPAC: **früher "*p*-Toluolsulfonsäure"**

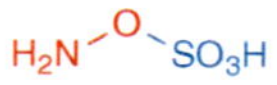

5: "Hydroxylamin-*O*-sulfonsäure" (**5**)
– Englisch: 'hydroxylamine-*O*-sulfonic acid'
– H an N substituierbar

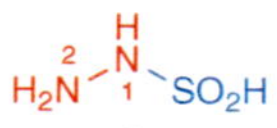

6: "Hydrazinsulfinsäure" (**6**)
Englisch: 'hydrazinesulfinic acid'

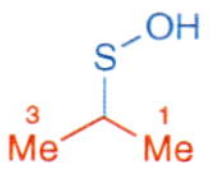

7: "Propan-2-sulfensäure"[1]) (**7**)
Englisch: 'propane-2-sulfenic acid'

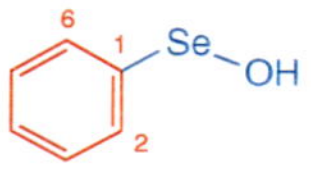

8: "Benzolselenensäure"[1]) (**8**)
Englisch: 'benzeneselenenic acid'

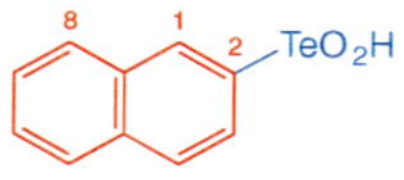

9: "Naphthalin-2-tellurinsäure" (**9**)
Englisch: 'naphthalene-2-tellurinic acid'

***(b)* Sulfonothio-, Sulfinothio- und Sulfenothiosäuren**[1]), **ihre Seleno- und Telluro-Austauschanaloga sowie entsprechende Selen- und Tellur-Analoga**[2]): der Säure-Namen setzt sich zusammen aus

Name der Sulfon-, Selenon- oder Telluronsäure (R–X´(XYZH)), der Sulfin-, Selenin- oder Tellurinsäure (R–X´(XYH)) oder der Sulfen-, Selenen- oder Tellurensäure (R–X´(XH)) nach *(a)* (X´= S, Se, Te; X = Y = Z = O)	+	Infix	
		"-thio-"	(X = S, Y = Z = O)
		"-seleno-"	(X = Se, Y = Z = O)
		"-telluro-"	(X = Te, Y = Z = O)
		"-dithio-"	(X = Y = S, Z = O)
		"-diseleno-"	(X = Y = Se, Z = O)
		"-ditelluro-"	(X = Y = Te, Z = O)
		"-trithio-"	(X = Y = Z = S)
		"-triseleno-"	(X = Y = Z = Se)
		"-tritelluro-"	(X = Y = Z = Te)
		etc.	

Die Infixe werden nach einem eingeschobenen "o" in alphabetischer Reihenfolge ohne Berücksichtigung der Multiplikationsaffixe ("-seleno-" > "-telluro-" > "-thio-") **vor "-säure" angeordnet und zeigen den Austausch von =O oder –OH an** (das endständige "o" dieser Infixe wird nie weggelassen). Dabei werden tautomere Gruppen nicht unterschieden[3]).

z.B.
–SO_2SH "-sulfonothiosäure"
–TeS_3H "-telluronotrithiosäure"
–SOSH "-sulfinothiosäure"
–SeOSeH "-seleninoselenosäure"
–S–SH "-sulfenothiosäure"[1])
–Se–TeH "-selenenotellurosäure"[1])
–Te–SH "-tellurenothiosäure"[1])

Tautomere können im Suffix durch die Lokanten "*O*", "*S*", "*Se*" bzw. "*Te*" gekennzeichnet werden (beachte *Fussnote 3*).

z.B. –S(=O)SH "-sulfinothio-*S*-säure"
–S(=S)OH "-sulfinothio-*O*-säure"

Präfixe (H-Atom nicht substituierbar, d.h. nicht für zusammengesetzte Präfixe verwendbar):

z.B.
HSO_2S– "(Thiosulfo)-"
HSOS– "(Thiosulfino)-"
HS–S– "(Thiosulfeno)-"[1])
HS–Se– "(Thioseleneno)-"[1])

IUPAC platziert ein Austausch-Affix (nicht Infix) **"Thio-"**, **"Dithio-"**, **"Trithio-"** *etc.* ***vor*** **"-sulfonsäure" und "-sulfinsäure"** und ihre Selen- und Tellur-Analoga, z.B. "Benzol**trithio**sulfonsäure" (PhSS_3H; CA: 'benzenesulfono**trithio**ic acid').

Ausserdem empfiehlt IUPAC die Präfixe "Disulfanyl-" (HS–S–), "(Sulfanylselanyl)-" (HS–Se–) *etc.* (IUPAC R-2.1 und R-5.5)[1]).

z.B.

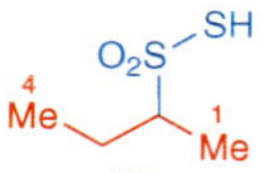

10: "Butan-2-sulfonothio-*S*-säure" (**10**)
– Englisch: 'butane-2-sulfonothioic *S*-acid'
– IUPAC: "Butan-2-thiosulfon-*S*-säure"

11: "Ethan-1,2-disulfonothiosäure" (**11**)
– Englisch: 'ethane-1,2-disulfonothioic acid'
– IUPAC: vermutlich "Ethan-1,2-bis(thio)-sulfonsäure"

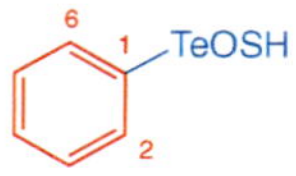

12: "Benzoltellurinothiosäure" (**12**)
– Englisch: 'benzenetellurinothioic acid'
– IUPAC: "Benzolthiotellurinsäure"

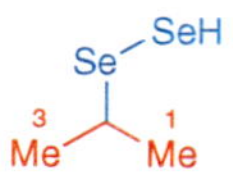

13: "Propan-2-selenenoselenosäure"[1]) (**13**)
Englisch: 'propane-2-selenenoselenoic acid'

[3]) **CA benennt tautomere Gruppen** mit der Atom-Folge O–X´–S, O–X´–Se, O–X´–Te, O–X´–N, S–X´–N *etc.* (X´ = S, Se, Te), **deren Tautomerisierung nicht** durch Substituenten **blockiert ist**, **bevorzugt so, dass eine Doppelbindung vom Zentralatom** (X´) **aus mit abnehmender Priorität zu** folgenden Atomen führt: **O > S > Se > Te > N**, wobei =NH vor =NNH_2 Priorität hat (CA ¶ 122 und 289A; s. auch J. Mockus, R.E. Stobaugh, *J. Chem. Inf. Comput. Sci.* **1980**,*20*, 18).

(c) Sulfonohydrazon-, Sulfinohydrazon-, Sulfonimid- und Sulfinimidsäuren sowie entsprechende Selen- und Tellur-Analoga[2])[3])[4]): ihre Namen setzen sich zusammen aus

Name der Sulfon-, Selenon- oder Telluronsäure (R–X´(XYZH)) oder der Sulfin-, Selenin- oder Tellurinsäure (R–X´(XYH)) nach *(a)* (X´ = S, Se, Te; X = Y = Z = O)	+	Infix
		"**-hydrazon(o)-**" (X = (NNH_2), Y = Z = O)
		"**-dihydrazon(o)-**" (X = Y = (NNH_2), Z = O)
		"**-imid(o)-**" (X = (NH), Y = Z = O)
		"**-diimid(o)-**" (X = Y = (NH), Z = O)

Die Infixe werden nach einem eingeschobenen "o" (ausser vor "-imid(o)-") **in alphabetischer Reihenfolge** ("-hydrazon(o)-" > "-imid(o)-") **vor "-säure" gesetzt und zeigen den Austausch von =O an**[4]). Das endständige "o" der Infixe wird vor "-säure" und vor Vokalen weggelassen.

z.B.	
–S(=O)(=NNH_2)OH	"-sulfonohydrazonsäure"
–S(=NNH_2)$_2$OH	"-sulfonodihydrazonsäure"
–S(=O)(=NH)OH	"-sulfonimidsäure"
–Se(=NH)$_2$OH	"-selenonodiimidsäure"
–Te(=NNH_2)OH	"-tellurinohydrazonsäure"
–Se(=NH)OH	"-seleninimidsäure"
–S(=NNH_2)(=NH)OH	"-sulfonohydrazonimidsäure"

Chalcogen-Austauschanaloga von Sulfonohydrazon-, Sulfonimid-, Sulfinohydrazon- und Sulfinimidsäuren sowie von entsprechenden Selen- und Tellur-Analoga werden wie in ***(b)*** benannt, wobei die **Gesamtheit der Infixe** (ohne Berücksichtigung der Multiplikationsaffixe) **alphabetisch angeordnet** wird[4]).

z.B.	
–S(=NNH_2)OSH	"-sulfonohydrazonothiosäure"
–S(=NH)SSH	"-sulfonimidodithiosäure"
–S(=NH)SeH	"-sulfinimidoselenosäure"

Als **Präfixe** werden bevorzugt (CA) die Präfixe **der Amid- bzw. Hydrazid-Tautomere** verwendet[3])[4]) (vgl. dazu auch die Acyl-Präfixe und Analoga in ***(d)***).

z.B.	
H_2N–S(=O)$_2$–	"(Aminosulfonyl)-"
H_2N–NH–S(=O)$_2$–	"(Hydrazinosulfonyl)-"
H_2N–S(=S)$_2$–	"(Aminosulfonodithioyl)-"
H_2N–NH–S(=O)(=NH)–	"(*S*-Hydrazinosulfonimidoyl)"[3])
H_2N–S(=S)(=NH)–	"(*S*-Aminosulfonimidothioyl)-"
H_2N–S(=O)–	"(Aminosulfinyl)-"

IUPAC bezeichnet ***N*-Hydroxysulfonimid- und *N*-Hydroxysulfinimidsäuren als "Sulfonohydroxim-" bzw. "Sulfinohydroximsäuren"** (IUPAC R-5.7.2 und C-642.1; s. **16**). Präfixe nach IUPAC für die Amid-Tautomeren lauten "Sulfamoyl-" (H_2N–S(=O)$_2$–), "Sulfinamoyl-" (H_2N–S(=O)–), "(Thiosulfamoyl)-" (H_2N–S(=O)(=S)–) *etc.* (IUPAC C-641.8).

z.B.

14

"Benzolsulfonohydrazonsäure"[4]) (**14**)
Englisch: 'benzenesulfonohydrazonic acid'

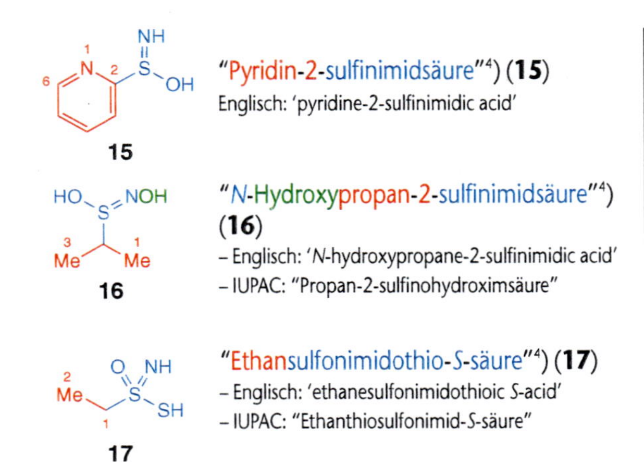

15

"Pyridin-2-sulfinimidsäure"[4]) (**15**)
Englisch: 'pyridine-2-sulfinimidic acid'

16

"*N*-Hydroxypropan-2-sulfinimidsäure"[4]) (**16**)
– Englisch: '*N*-hydroxypropane-2-sulfinimidic acid'
– IUPAC: "Propan-2-sulfinohydroximsäure"

17

"Ethansulfonimidothio-*S*-säure"[4]) (**17**)
– Englisch: 'ethanesulfonimidothioic *S*-acid'
– IUPAC: "Ethanthiosulfonimid-*S*-säure"

(d) Ein Acyl-*Präfix* für R–X´(=O)$_2$–, R–X´(=O)– oder R–X´– (X´ = S, Se, Te) setzt sich zusammen aus:

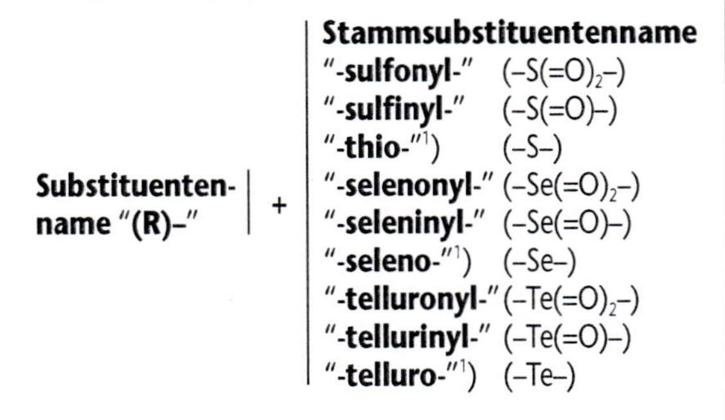

Substituentenname "(R)–"	+	Stammsubstituentenname	
		"**-sulfonyl-**"	(–S(=O)$_2$–)
		"**-sulfinyl-**"	(–S(=O)–)
		"**-thio-**"[1])	(–S–)
		"**-selenonyl-**"	(–Se(=O)$_2$–)
		"**-seleninyl-**"	(–Se(=O)–)
		"**-seleno-**"[1])	(–Se–)
		"**-telluronyl-**"	(–Te(=O)$_2$–)
		"**-tellurinyl-**"	(–Te(=O)–)
		"**-telluro-**"[1])	(–Te–)

Ein Acyl-Austauschanalogon-*Präfix* für R–X´(=Y)(=Z)– oder R–X´(=Y)– (X´ = S, Se, Te) leitet sich vom Acyl-Präfix der nicht-ausgetauschten Gruppe R–X´(=O)$_2$– bzw. R–X´(=O)– her:

"**-yl-**" von
"[(R)sulfon**yl**]-",
"[(R)selenon**yl**]-",
"[(R)telluron**yl**]-"
(R–X´(=Y)(=Z)–, Y = Z = O),
"[(R)sulfin**yl**]-",
"[(R)selenin**yl**]-",
"[(R)tellurin**yl**]-"
(R–X´(=Y)–, Y = O)
(X´ = S, Se, Te)

→

"**-othioyl-**"	(Y = S, Z = O)
"**-oselenoyl-**"	(Y = Se, Z = O)
"**-otelluroyl-**"	(Y = Te, Z = O)
"**-ohydrazonoyl-**"	(Y = NNH_2, Z = O)
"**-imidoyl-**"	(Y = NH, Z = O)"
"**-odithioyl-**"	(Y= Z = S)
"**-oselenothioyl-**"	(Y = S, Z = Se)
"**-imidothioyl-**"	(Y = S, Z = NH)
"**-odiselenoyl-**"	(Y = Z = Se)
"**-oselenotelluroyl-**	(Y = Se, Z = Te)
"**-oditelluroyl-**"	(Y = Z = Te)
"**-odihydrazonoyl-**"	(Y = Z = NNH_2)
"**-odiimidoyl-**"	(Y = Z = NH)
etc.	

[4]) Imid- und Hydrazonsäuren sind Tautomere von Amiden (*Klasse 6b*) bzw. Hydraziden (*Klasse 6*). **CA bevorzugt die Amid- bzw. Hydrazid-Form für Indexnamen**, ausser für Imid- und Hydrazonsäure-Derivate, in denen das Säure-Proton ersetzt ist, z.B. für Ester, Anhydride und Salze, oder wenn die Tautomerisierung durch Substituenten blockiert ist. S. auch *Fussnote 3*.

Beachte:

für **bivalente Gruppen** werden folgende Präfixe verwendet:

$S(=O)_2$< oder $S(=O)_2$=	"**Sulfonyl-**"
S(=O)(=NH)< oder S(=O)(=NH)=	"**Sulfonimidoyl-**"
$S(=NH)_2$< oder $S(=NH)_2$=	"**Sulfonodiimidoyl-**"
S(=O)< oder S(=O)=	"**Sulfinyl-**"
S(=S)< oder S(=S)=	"**Sulfinothioyl-**"
S(=NH)< oder S(=NH)=	"**Sulfinimidoyl-**"
Se(=Se)< oder Se(=Se)=	"**Seleninoselenoyl-**"
	etc.

IUPAC lässt weiterhin die Acyl-Trivialnamen "**Mesyl-**" (**18**) und "**Tosyl-**" (nur *p*-Isomeres; **19**) zu, aber nicht mehr "Tauryl-" ($H_2NCH_2CH_2SO_2$–). **Acyl-Austauschanaloga-Namen** werden sinngemäss von den entsprechenden Säure-Namen (s. ***(b)(c)***) hergeleitet, z.B. "-thiosulfonyl-" (–S(=O)(=S)–) von "-thiosulfonsäure". Anstelle von "[(R)thio]-", "[(R)seleno]-" und "[(R)telluro]-" empfiehlt IUPAC "[(R)sulfanyl]-" (RS–), "[(R)selanyl]-" (RSe–) bzw. "[(R)tellanyl]-" (RTe–) (IUPAC R-2.1 und R-5.5).

z.B.

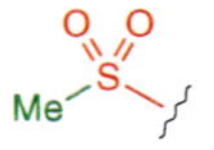

18: "(Methylsulfonyl)-" (**18**)
IUPAC: auch "**Mesyl-**"; nicht für Säure oder Salz, z.B. **nicht** "**Mesylat**", sondern "Methansulfonat" ($MeSO_3^-$; s. ***(f)***)

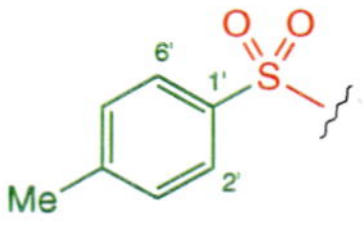

19: "[(4-Methylphenyl)sulfonyl]-" (**19**)
IUPAC: auch "**Tosyl-**"; nicht für Säure oder Salz, z.B. **nicht** "**Tosylat**", sondern "4-Methylbenzolsulfonat" (4-$MeC_6H_4SO_3^-$; s. ***(f)***)

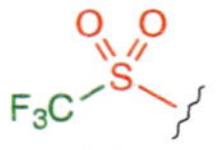

20: "[(Trifluoromethyl)sulfonyl]-" (**20**)
trivial: auch "Triflyl-", nicht für Säure oder Salz, z.B. **nicht** "**Triflat**", sondern "Trifluoromethansulfonat" ($CF_3SO_3^-$; s. ***(f)***)

R–S(=O)(=S)–	"[(R)sulfonothioyl]-" (IUPAC: "[(R)thiosulfonyl]-")
$R–S(=NH)_2$–	"[(R)sulfonodiimidoyl]-"
R–S(=S)–	"[(R)sulfinothioyl]-" (IUPAC: "[(R)thiosulfinyl]-")
R–S(=NH)–	"[(R)sulfinimidoyl]-"
$R–Se(=S)_2$–	"[(R)selenonodithioyl]-" (IUPAC: "[(R)dithioselenonyl]-")
$R–Se(=O)(=NNH_2)$–	"[(R)selenonohydrazonoyl]-"
R–Se(=Se)–	"[(R)seleninoselenoyl]-" (IUPAC: "[(R)selenoseleninyl]-")
R–Te(=O)(=NH)–	"[(R)telluronimidoyl]-"
R–Te(=Te)–	"[(R)tellurinotelluroyl]-" (IUPAC: "[(R)tellurotellurinyl]-")

(e) **Sulfonoperoxo-, Sulfinoperoxo- und Sulfenoperoxosäuren**[1]) **sowie entsprechende Selen- und Tellur-Analoga**[2]): eine solche **Peroxy-Säure** hat vor allen andern Säuren der *Klassen 5b* (Carbonsäuren) und *5c* mit Suffix **Priorität** bei der Wahl der Hauptgruppe (s. *Tab. 3.2*). Ihr Name setzt sich zusammen aus

Tab. 3.2

Name der Sulfon-, Sulfin- oder Sulfensäure oder des Selen- oder Tellur-Analogons nach *(a)* oder eines Austauschanalogons nach *(b)* und *(c)* (R–X´(XYZH), R–X´(XYH), R–X´(XH), X´ = S, Se, Te)

\+

Infix" -perox(o)-" | (X = OO)
"**-(thioperox(o))-**" | (X = OS)
"**-(selenoperox(o))-**" | (X = OSe)
"**-(telluroperox(o))-**" | (X = OTe)
"**-(dithioperox(o))-**" | (X = SS)
"**-(selenothioperox(o))-**" | (X = SSe)
"**-(tellurothioperox(o))-**" | (X = STe)
"**-(diselenoperox(o))-**" | (X = SeSe)
"**-(selenotelluroperox(o))-**" | (X = SeTe)
"**-(ditelluroperox(o))-**" | (X = TeTe)

Diese Peroxy-Infixe stehen in alphabetischer Reihenfolge (wenn nötig mit vorgestelltem "o") zusammen mit allfällig nötigen Infixen "-thio-", "-seleno-", "-telluro-", "-hydrazon(o)-" und "-imid(o)-" **vor "-säure"**. Das entständige "o" der Peroxy-Infixe wird nur vor Vokalen weggelassen (nicht vor "-säure"). Die Peroxy-Infixe unterscheiden nicht zwischen Isomeren X in den Gruppen (XYZ), (XY) und X.

z.B.

$–SO_2OOH$	"-sulfonoperoxosäure"
$–SO_2SSH$	"-sulfono(dithioperoxo)säure"
–Se(=O)(=NH)SSH	"-selenono(dithioperox)imidsäure"
–S(=O)OSH	"-sulfino(thioperoxo)säure"
–SSTeH	"-sulfeno(tellurothioperoxo)-säure"[1])
–SeSSeH	"-seleneno(selenothioperoxo)-säure"[1])

Isomere können im Suffix durch die Lokanten "*OS*", "*SO*", "*SSe*", "*SeS*" *etc.* angegeben werden.

z.B.

–S–O–SH	"-sulfeno(thioperoxo)-*OS*-säure"[1])
–S–S–OH	"-sulfeno(thioperoxo)-*SO*-säure"[1])

Präfixe der Peroxy-Analoga (HXYZ)X´–, (HXY)X´– und (HX)X´– (X´ = S, Se, Te) können aus folgenden Namensteilen zusammengesetzt werden:

HX–[5]) = HO–O– "Hydroperoxy-"
HS–O– "(Mercaptooxy)-"
etc.

und $–S(=O)_2$– "-sulfonyl-"
–S(=NH)– "-sulfinimidoyl-"
etc. (s. ***(d)***)

z.B.

$HO–O–S(=O)_2$–	"(Hydroperoxysulfonyl)-"
$HS–S–S(=O)_2$–	"[(Thiosulfeno)sulfonyl)]-"
HS–S–S(=O)(=NH)–	"[*S*-(Thiosulfeno)sulfonimidoyl]-"
HO–O–Se–	"(Hydroperoxyseleno)-"[1])
HS–O–S–	"[(Mercaptooxy)thio]-"[1])

IUPAC macht keine expliziten Angaben zu Peroxy-Säuren von Sulfon- und Sulfinsäuren und ihren Analoga. Für die Namensteile der zusammengesetzten Präfixe nach IUPAC, s. auch Carboperoxosäuren (*Kap. 6.7.4*).

[5]) Die Präfixe "Hydroperoxy-" (HO–O–), "(Mercaptooxy)-" (HS–O–), "(Selenyloxy)-" (HSe–O–), "Sulfeno-" (HO–S–), "(Thiosulfeno)-" (HS–S–), "Seleneno-" (HO–Se–), "(Thioseleneno)-" (HS–Se–) *etc.* können nicht für weiter zusammengesetzte Präfixe verwendet werden, d.h. das H-Atom ist nicht substituierbar.

z.B.

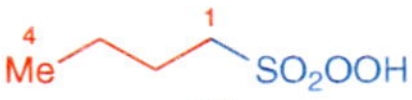

"Butan-1-sulfonoperoxosäure" (**21**)
Englisch: 'butane-1-sulfonoperoxoic acid'

"Ethansulfino(dithioperoxo)säure" (**22**)
Englisch: 'ethanesulfino(dithioperoxoic) acid'

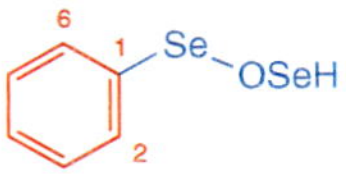

"Benzolseleneno(selenoperoxo)-*OSe*-säure"[1]) (**23**)
Englisch: 'benzeneseleneno(selenoperoxoic) *OSe*-acid'

"Butan-1-sulfeno(tellurothio-peroxo)-säure"[1]) (**24**)
Englisch: 'butane-1-sulfeno(tellurothioper-oxoic) acid'

CA ¶ 198

(f) **Salze** von Sulfon-, Sulfin- und Sulfensäuren, ihren Chalcogen-, Hydrazono-, Imido- und Peroxy-Austauschanaloga sowie entsprechenden Selen- und Tellur-Analoga: sie werden wie die Salze von Carbonsäuren (*Kap. 6.7.5*) nach *Kap. 6.4.1* bzw. *6.4.2.2(**b**)* benannt:

Kap. 6.7.5 oder 6.4.1

Name der Säure + **"Lithium-Salz"** (Li^+) / **"Natrium-Salz"** (Na^+) / **"Dikalium-Salz"** ($2K^+$) / *etc.*

oder

Kap. 6.7.5 oder 6.4.2.2(**b**)

Kation-Name(n) (alphabetisch geordnet)[6]) | **vor Anion-Name**

Der **Anion-Name** (bei CA nur als modifizierende Angabe; vgl. dazu **25** – **28**) wird vom Säure-Namen hergeleitet:

"**-säure**"('-ic acid') → "**-at**" ('-ate')

z.B.

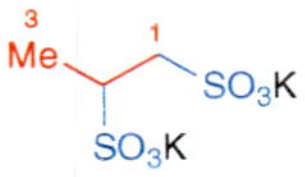

"Dikalium-(propan-1,2-disulfonat)" (**25**)
– Englisch: 'dipotassium propane-1,2-disulfonate'
– CA: '1,2-propanedisulfonic acid, dipotassium salt'

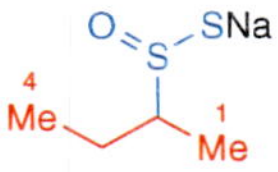

"*S*-Natrium-(butan-2-sulfinothioat)" (**26**)
– Englisch: '*S*-sodium butane-2-sulfinothioate'
– CA: '2-butanesulfinothioic acid, *S*-sodium salt'

"Lithium-(pyridin-2-sulfinimidat)" (**27**)
– Englisch: 'lithium pyridine-2-sulfinimidate'
– CA: '2-pyridinesulfinimidic acid, lithium salt'

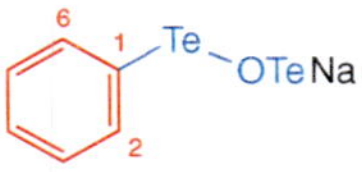

"*OTe*-Natrium-benzoltellureno-(telluroperoxoat)" (**28**)
– Englisch: '*OTe*-sodium benzenetellureno(telluroperoxoate)'
– CA: 'benzenetellureno(telluroperoxoic)acid, *OTe*-sodium salt'

Beispiele:

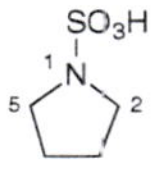

"Pyrrolidin-1-sulfonsäure" (**29**)
nach ***(a)***

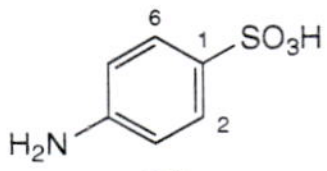

"4-Aminobenzol-1-sulfonsäure" (**30**)
– nach ***(a)***
– IUPAC: auch **"Sulfanilsäure"**; Englisch: **'sulfanilic acid'**

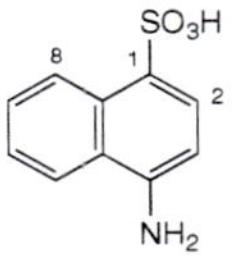

"4-Aminonaphthalin-1-sulfonsäure" (**31**)
– nach ***(a)***
– IUPAC: **früher "Naphthionsäure"**

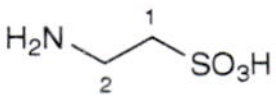

"2-Aminoethansulfonsäure" (**32**)
– nach ***(a)***
– IUPAC: **früher "Taurin"**

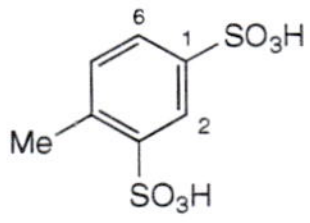

"4-Methylbenzol-1,3-disulfonsäure" (**33**)
– nach ***(a)***
– IUPAC: **früher "2,4-Toluoldisulfonsäure"**

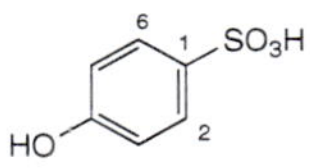

"4-Hydroxybenzolsulfonsäure" (**34**)
– nach ***(a)***
– IUPAC: früher auch "4-Phenolsulfonsäure"

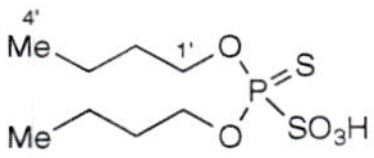

"Dibutoxyphosphinsulfonsäure-sulfid" (**35**)
– nach ***(a)***
– Additionsname

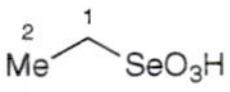

"Ethanselenonsäure" (**36**)
nach ***(a)***

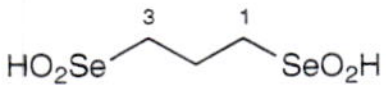

"Propan-1,3-diseleninsäure" (**37**)
nach ***(a)***

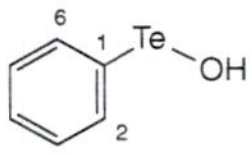

"Benzoltellurensäure"[1]) (**38**)
nach ***(a)***

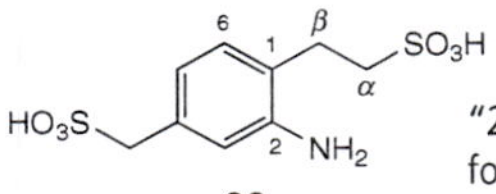

"2-Amino-4-(sulfomethyl)benzolethansulfonsäure" (**39**)
– nach ***(a)***
– Konjunktionsname

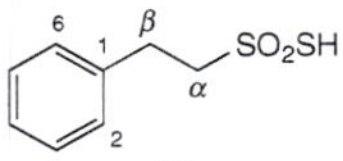

"Benzolethansulfonothiosäure" (**40**)
– nach ***(b)***
– Konjunktionsname
– IUPAC: "Benzolethanthiosulfonsäure"

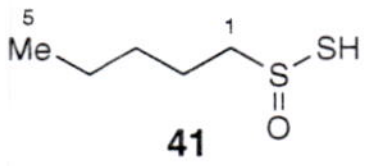

"Pentan-1-sulfinothio-*S*-säure" (**41**)
– nach ***(b)***
– IUPAC: "Pentan-1-thiosulfin-*S*-säure"

[6]) **Der Kation-Name steht vor allfällig notwendigem "hydrogen"**, z.B. "Natrium-hydrogen-(ethan-1,2-disulfinat)" ($NaSO_2CH_2CH_2SO_2H$). **IUPAC** empfiehlt, im Deutschen die **Bindestriche** zwischen Kation- und Anion-Namen wegzulassen (IUPAC R-5.7.4.1); sie werden im folgenden aber immer beigefügt.

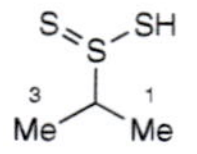

42

"Propan-2-sulfinodithiosäure" (**42**)
- nach ***(b)***
- IUPAC: "Propan-2-(dithio)sulfinsäure"

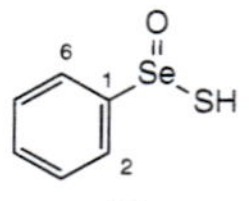

43

"Benzolseleninothio-*S*-säure" (**43**)
- nach ***(b)***
- IUPAC: "Benzolthioselenin-*S*-säure"

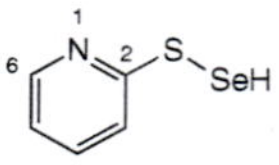

44

"Pyridin-2-sulfenoselenosäure"[1]) (**44**)
nach ***(b)***

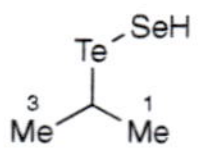

45

"Propan-2-tellurenoselenosäure"[1]) (**45**)
nach ***(b)***

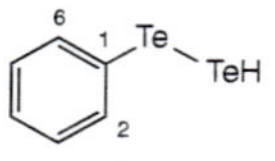

46

"Benzoltellurenotellurosäure"[1]) (**46**)
nach ***(b)***

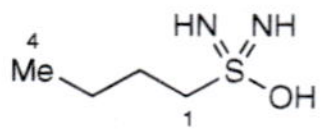

47

"Butan-1-sulfonodiimidsäure"[4]) (**47**)
nach ***(c)***

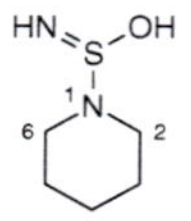

48

"Piperidin-1-sulfinimidsäure"[4]) (**48**)
nach ***(c)***

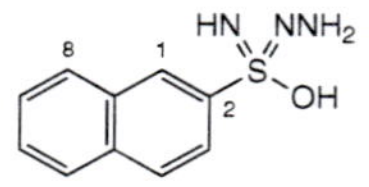

49

"Naphthalin-2-sulfonohydrazonimidsäure"[4]) (**49**)
nach ***(c)***

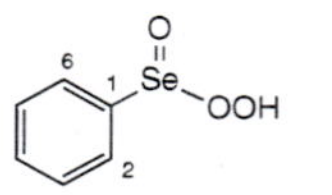

50

"Benzolseleninoperoxosäure" (**50**)
nach ***(e)***

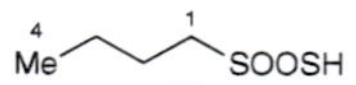

51

"Butan-1-sulfino(thioperoxo)säure" (**51**)
nach ***(e)***

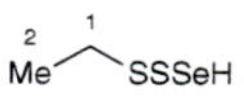

52

"Ethansulfeno(selenothioperoxo)säure"[1]) (**52**)
nach ***(e)***

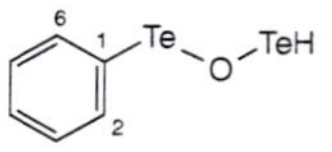

53

"Benzoltellureno(telluroperoxo)-*OTe*-säure"[1]) (**53**)
nach ***(e)***

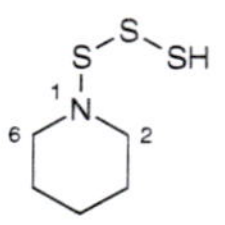

54

"Piperidin-1-sulfeno(dithioperoxo)säure"[1]) (**54**)
nach ***(e)***

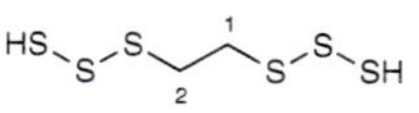

55

"Ethan-1,2-disulfeno(dithioperoxo)säure"[1]) (**55**)
nach ***(e)***

CA ¶ 183, 228 und 241
IUPAC C-404.1 und C-431

6.9. Kohlenstoff-haltige Oxosäuren: Kohlen- und Ameisensäure sowie ihre Austauschanaloga (*Klasse 5d*) und entsprechende Salze

Beachte:

- Kohlen- und Ameisensäure und ihre Analoga sind **Funktionsstammstrukturen**; sie werden **bei CA als Funktionsstammnamen indexiert** (**nicht** als **Konjunktionsnamen** nach *Kap. 3.2.2*, s. z.B. **58** und **59**).
- Die **Prioritätenreihenfolge der Analoga** bei der Wahl der Hauptgruppe ist **in *Tab. 3.2, Fussnote m***, gegeben; sie ist an die Stammstrukturen Kohlen- und Ameisensäure gebunden, auch wenn für Analoga systematische Namen oder Trivialnamen verwendet werden.

Kap. 3.2.2

So gehört "Methandithiosäure" (HCSSH) z.B. nicht in die *Klasse 5b* der Carbonsäuren und "Cyansäure" (HO–C≡N) nicht in die *Klasse 7* der Nitrile.

- **Analoga, die keine Säure-Funktion mehr tragen**, z.B. "Harnstoff" (H_2N–C(=O)–NH_2; ein Diamid der *Klasse 6b*), werden bei den entsprechenden Verbindungsklassen eingestuft und besprochen; dort haben sie jeweils die Priorität eines Kohlensäure- bzw. Ameisensäure-Derivats (s. oben).

Man unterscheidet:

(a) Einkernige Kohlen- und Ameisensäure sowie Austauschanaloga (Ausnahmen: Carbamidsäure, Hydrazincarbonsäure, Cyansäure, Thiocyansäure, Kohlensäure-dihalogenid, Harnstoff, Thioharnstoff, Guanidin, Kohlensäure-dihydrazid, Cyanamid, Cyanwasserstoff, Formyl-halogenid, Formamid, Methanimidamid, Hydrazincarboxaldehyd);

(b) lineare (Poly)anhydride von einkerniger Kohlensäure und Austauschanaloga;

(c) Acyl-Präfixe für HO–C(=O)– (mit Säure-Funktion) und X–C(=O)– (X ≠ HO, ohne Säure-Funktion), hergeleitet von Kohlensäure und Austauschanaloga;

(d) Acyl-Präfixe für X=CH–, hergeleitet von Ameisensäure und Austauschanaloga;

(e) Salze von Kohlen- und Ameisensäure sowie Austauschanaloga.

(a) **Einkernige** ('mononuclear') **C-Oxosäuren** haben folgende **Funktionsstammnamen**:

O
HO OH
1

"**Kohlensäure**" (**1**)
Englisch: '**carbonic acid**'

O
H OH
2

"**Ameisensäure**" (**2**)
Englisch: '**formic acid**'

auch Kap. 6.7.2.3 und 6.7.2.4
CA ¶ 129

Austauschanaloga von **1** und **2 mit einer Gruppe -C(=Y)-X** anstelle von –C(=O)OH werden **mittels Infix(en)** bezeichnet[1][2] (beachte die **Ausnahmen, wenn** durch den Austausch **die Säure-Funktion -OH, -SH *etc.* verloren geht!**):

Austausch von –OH durch –X in –COOH

–X: (–NH_2 "-amid(o)-")[2]
–F "**-fluorid(o)-**"[2]
–Cl "**-chlorid(o)-**"[2]
–Br "**-bromid(o)-**"[2]
–I "**-iodid(o)-**"[2]
–N_3 "**-azid(o)-**"[2]
–NCO "**-isocyanatid(o)-**"[2]
–NCS "**-(isothiocyanatid(o))-**"[2]
–NCSe "**-(isoselenocyanatid(o))-**"[2]
–NCTe "**-(isotellurocyanatid(o))-**"[2]
–NC "**-isocyanid(o)**"[2]
–CN "**-cyanid(o)**"[2]
–SH "**-thio-**"[1]
–SeH "**-seleno-**"[1]
–TeH "**-telluro-**"[1]
–OCN "-cyanatid(o)-"[2]
–SCN "-(thiocyanatid(o))-"[2]
–SeCN "-(selenocyanatid(o))-"[2]
–TeCN "-(tellurocyanatid(o))-"[2]

[1] CA benennt **tautomere Gruppen** mit der Atom-Folge O–C–S, O–C–Se, O–C–Te, O–C–N, S–C–N *etc.*, **deren Tautomerisierung nicht** durch Substituenten (oder z.B. Ester-, Anhydrid- oder Salz-Bildung) **blockiert ist**, bevorzugt so, dass eine **Doppelbindung vom Zentralatom** (C) **aus mit abnehmender Priorität zu** folgendem Atom führt: **O > S > Se > Te > N**, z.B. O=C–S, O=C–N. Ausserdem hat ein **unsubstituiertes =NH Priorität**, auch wenn das Zentralatom an –NH–, –NH–NH_2 oder einen andern N-haltigen Substituenten gebunden ist, z.B. H_2N–NH–C(=NH)– > H_2N–N=C(NH_2)– (CA ¶ 122 und ¶ 289A; s. auch J. Mockus, R.E. Stobaugh, *J. Chem. Inf. Comput. Sci.* **1980**, *20*, 18).

[2] **Austausch von einem –OH der "Kohlensäure" (1) durch –NH_2** ergibt ein Analogon mit dem Trivialnamen "**Carbamidsäure**" (**3**), der für weitere Austauschanaloga verwendet wird.
Austausch von –OH der "Ameisensäure" (2) durch –F, –Cl, –Br, –I, –N_3, –NCO, –NCS, –NCSe, –NCTe oder –NC ergibt Analoga, die als Säure-halogenide bezeichnet werden (s. **Ausnahmen**: **17**).
Austausch von –OH der "Ameisensäure" (2) durch –OCN, –SCN, –SeCN oder –TeCN ergibt Analoga, die als Anhydride bezeichnet werden (s. **Ausnahmen**: **15** und **16**); vermutlich gilt dies auch für entsprechende Analoga von Kohlensäure, in einem Fall ist bei CA allerdings ein Austauschname registriert (s. **50**).
Austausch von –OH durch –NHNH$_2$ oder –CN (im Fall von **1**, 2 –CN) **sowie von –OH *und* =O durch ≡N** ergibt anders hergeleitete Namen oder Trivialnamen (s. **Ausnahmen**).

Austausch von =O durch =Y in –COOH

=Y : =S "**-thio-**"[1])
=Se "**-seleno-**"[1])
=Te "**-telluro-**"[1])
$=NNH_2$ "**-hydrazon(o)-**"[1])
=NH "**-imid(o)-**"[1])

Peroxy-Säuren mit Austausch von –OH durch –X in –COOH

–X : –OOH "**-perox(o)-**"
–OSH "**-(thioperox(o))-**"
–OSeH "**-(selenoperox(o))-**"
–OTeH "**-(telluroperox(o))-**"
–SSH "**-(dithioperox(o))-**"
–SSeH "**-(selenothioperox(o))-**"
–STeH "**-(tellurothioperox(o))-**"
–SeSeH "**-(diselenoperox(o))-**"
–SeTeH "**-(selenotelluroperox(o))-**"
–TeTeH "**-(ditelluroperox(o))-**"

Diese Infixe stehen als Gesamtheit in alphabetischer Reihenfolge (ohne Berücksichtigung von Multiplikationsaffixen) **vor "-säure"** ('-ic acid' bzw. '-oic acid') **im Namen "Carbonsäure"**[3]) ('carbonic acid') **bzw. "Methansäure"**[4]) ('methanoic acid'). Für Ausnahmen, s. unten. **Vor dem Konsonanten eines Infixes** wird "**Carbono-**" und nicht "Carbon-" verwendet. Das endständige "o" eines Infixes wird vor einem Vokal weggelassen, mit Ausnahme von "-thio-", "-seleno-" und "-telluro-", ebenso vor "-säure", mit Ausnahme von "-thio-", "-seleno-", "-telluro-" und allen Peroxy-Infixen.

"**Carbamidsäure" (3) wird ebenfalls für weitere Austauschanaloga verwendet, wobei die Infixe** wie bei "Carbonsäure" **zwischen "Carbam(o)-" und "-säure" stehen.**

Die Namen von **tautomeren Gruppen** werden **beim Gebrauch der Infixe "-thio-", "-seleno-" und "-telluro-"** nicht unterschieden (Austausch von =O *oder* –OH); sie können aber durch die Lokanten "*O*", "*S*", "*Se*" bzw. "*Te*" gekennzeichnet werden (s. auch *Kap. 6.7.3*)[1]). **Tautomere Gruppen, die $=NNH_2$, =NH und/oder $-NH_2$ enthalten**, lassen sich durch die geeignete Wahl von Infixen unterscheiden (s. z.B. **24** und **25**)[1]). Die **Peroxy-Infixe** unterscheiden nicht zwischen isomeren –X in der Gruppe –C(=Y)–X; sie können aber durch die Lokanten "*OS*", "*SO*", "*SSe*", "*SeS*" *etc.* angegeben werden (s. auch *Kap. 6.7.4*)[1]).

Kap. 6.7.3

Kap. 6.7.4

Ausnahmen:

- **Kohlensäure-Analoga** (Prioritäten in den entsprechenden Verbindungsklassen als Kohlensäure-Derivat):

$H_2N-C(=O)-OH$

3

"Carbamidsäure"[2]) **(3)**
- Englisch: '**carbamic acid**'
- durch Kontraktion von "Carb(on)amidsäure"
- **früher auch "Carbaminsäure"**
- **wird für weitere Austauschanaloga verwendet: "Carbam(o)...säure"**, z.B. "Carbamimidsäure" ($H_2N-C(=NH)-OH$)
- bei cyclischen Substituenten am N-Atom **keine Konjunktionsnamen** verwenden (s. *Kap. 3.2.2* und **58**)!
- Präfixe: "**(Carboxyamino)-**" (HOOC–NH–) und "(Aminocarbonyl)-" ($H_2N-C(=O)-$)

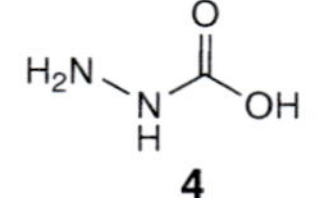

"Hydrazincarbonsäure"[2]) **(4)**
- Englisch: 'hydrazinecarboxylic acid'
- nach *Kap. 6.7.2.1*
- IUPAC: **früher "Carbazidsäure"** oder "**Carbazinsäure**"/"Carbazoyl-" ($H_2N-NH-C(=O)-$)

HO–C≡N

5

"Cyansäure"[2]) **(5)**
- Englisch: 'cyanic acid'
- die isomere "**Isocyansäure**" (H–N=C=O) und ihre Derivate werden von CA ab Vol. 76 nicht mehr verwendet; Ester R–N=C=O werden mittels des Präfixes "Isocyanato-" (*Kap. 6.25*) und Anhydride R–C(=O)–N=C=O als Säure-halogenide (*Kap. 6.15*) benannt
- die isomere Säure $HO-N^+\equiv C^-$ heisst "**Isoknallsäure**" ('isofulminic acid'), und $H-C\equiv N^+-O^-$ ist "**Knallsäure**" ('fulminic acid'); IUPAC und CA verwenden im Englischen für $HO-N^+\equiv C^-$ immer noch 'fulminic acid' (vgl. dazu IUPACs 'Red Book' (I-4.6.3) in der deutschen Übersetzung und G. Maier, J.H. Teles, B.A. Hess, Jr., L. J. Schaad, *Angew. Chem.* **1988**, *100*, 1014; *ibid. Int. Ed. Engl.* **1988**, *27*, 938)

HS–C≡N

6

"Thiocyansäure"[2]) **(6)**
- Englisch: 'thiocyanic acid'
- entsprechend "Selenocyansäure" und "Tellurocyansäure"

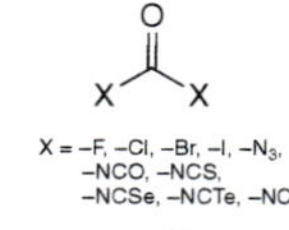

"Kohlensäure-dihalogenid"[3]) **(7)**
- Englisch: 'carbonic dihalogenide'
- z.B. "-difluorid", "-dichlorid" (trivial "**Phosgen**"), "-dibromid", "-diiodid", "-diazid", "-diisocyanat", "-diisothiocyanat", "-diisocyanid"
- Verbindung der *Klasse 6a* (*Kap. 6.15*)
- entsprechend für Austauschanaloga von =O[3])

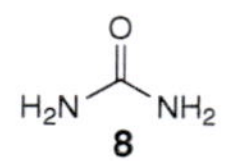

"Harnstoff" (8)
- Englisch: '**urea**'
- Verbindung der *Klasse 6b* (*Kap. 6.16*)
- **tautomer zu "Carbamimidsäure"** ($H_2N-C(=NH)-OH$; IUPAC: "**Isoharnstoff**", 'isourea')[1])

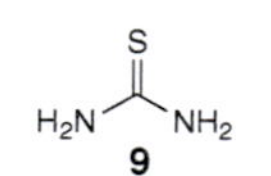

"Thioharnstoff" (9)
- Englisch: '**thiourea**'
- Verbindung der *Klasse 6b* (*Kap. 6.16*)
- **tautomer zu "Carbamimidothiosäure"** ($H_2N-C(=NH)-SH$; IUPAC: "**Isothioharnstoff**", 'isothiourea')[1])
- entsprechend für Chalcogen-Austauschanaloga

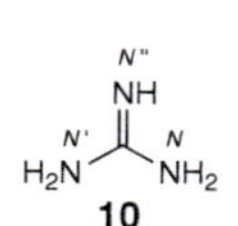

"Guanidin" (10)
- Englisch: 'guanidine'
- Verbindung der *Klasse 6b* (*Kap. 6.16*)
- Präfix: "[(Aminoiminomethyl)amino]-" ($H_2N-C(=NH)-NH-$; IUPAC: "**Guanidino-**")

[3]) Dem Gebrauch von "**Carbonsäure" in Kombination mit Infixen vor "-säure"**, in Anlehnung an das Englische, steht nichts im Wege, denn die so gebildeten Funktionsstammnamen können nicht mit den von "-carbonsäure" hergeleiteten Suffixen verwechselt werden, z.B. "**Carbonohydrazonsäure**" ('carbonohydrazonic acid'; früher auch "Hydrazonokohlensäure"; $HO-C(=NNH_2)-OH$) *vs.* "**-carbohydrazonsäure**" ('-carbohydrazonic acid'; $-C(=NNH_2)-OH$). **In allen andern Fällen** (d.h. wenn kein Infix zwischen "Kohlen-" und "-säure" steht) ist jedoch im Deutschen "**Kohlensäure**" zu bevorzugen.

[4]) Der Gebrauch des systematischen Namens "Methansäure" in Kombination mit Infixen entspricht demjenigen von "Ethansäure" statt "Essigsäure" (MeCOOH) für Austauschanaloga (s. *Kap. 6.7.3* und *6.7.4*).

11

"Kohlensäure-dihydrazid"[2])[3]) (**11**)
- Englisch: '**carbonic dihydrazide**'
- Verbindung der *Klasse 6* (Säure-Derivat; *Kap. 6.17*)
- IUPAC: "**Carbonohydrazid**", früher auch "Carbohydrazid" oder "Carbazid"
- entsprechend für Austauschanaloga bzgl. =O[3])

12

"2-Oxopropandinitril"[2]) (**12**)
Verbindung der *Klasse 7* (*Kap. 6.18*)

$H_2N{-}C{\equiv}N$ **13**

"Cyanamid"[2]) (**13**)
- Verbindung der *Klasse 6b* (*Kap. 6.16*)
- isomer zu "Isocyanamid" (H_2N–NC)

- **Ameisensäure-Analoga** (Prioritäten in den entsprechenden Verbindungsklassen als Ameisensäure-Derivat):

$H{-}C{\equiv}N$ **14**

"Cyanwasserstoff" (wässrige Lösung: "Cyanwasserstoffsäure")[2]) (**14**)
CA: 'hydrocyanic acid'

15

"Ameisensäure-anhydrid mit Cyansäure"[2]) (**15**)
- CA: 'formic acid, anhydride with cyanic acid'
- IUPAC: "Ameisensäure-cyansäure-anhydrid" ('cyanic formic anhydride')
- Verbindung der *Klasse 6* (Säure-Derivat; *Kap. 6.13*)

16

"Methan(dithio)säure-anhydrosulfid mit Thiocyansäure" (**16**)
- CA: 'methane(dithioic) acid, anhydrosulfide with thiocyanic acid'
- IUPAC: "Cyansäure-thioameisensäure-thioanhydrid" ('cyanic thioformic thioanhydride')
- Verbindung der *Klasse 6* (Säure-Derivat; *Kap. 6.13*)
- entsprechend für andere Austauschanaloga

X = –F, –Cl, –Br, –I, $-N_3$, –NCO, –NCS, –NCSe, –NCTe, –NC
17

"Formyl-halogenid" (**17**)
- Englisch: 'formyl halogenide'
- z.B. "-fluorid", "-chlorid", "-bromid", "-iodid", "-azid", "-isocyanat", "-isothiocyanat", "-isocyanid" (nicht "-cyanid", s. **10** in *Kap. 6.15*)
- Verbindung der *Klasse 6a* (*Kap. 6.15*)
- entsprechend für Austauschanaloga von =O, z.B. "Methanhydrazonoyl-chlorid"[4]) (H–C(=NNH_2)–Cl)

18

"Formamid" (**18**)
- Verbindung der *Klasse 6b* (*Kap. 6.16*)
- tautomer zu "Methanimidsäure" (H–C(=NH)–OH); IUPAC: "Ameisenimidsäure")[1])

19

"Methanimidamid" (**19**)
- Verbindung der *Klasse 6b* (*Kap. 6.16*)
- IUPAC: **früher "Formamidin"**
- Präfix: "[(Iminomethyl)amino]-" (H–C(=NH)–NH–)

20

"Hydrazincarboxaldehyd"[1])[2]) (**20**)
- Verbindung der *Klasse 8* (*Kap. 6.19*)
- IUPAC: "Hydrazincarbaldehyd"
- tautomer zu "Methanhydrazonsäure" (H–C(=NNH_2)–OH)[1])

IUPAC setzt bei Chalcogen-Analoga "-thio-", "-ditho-" *etc.* vor den Trivialnamen "Ameisensäure", z.B. **"Thioameisensäure"** ('thioformic acid'; HCOSH); Gleiches gilt für "-peroxy-" (vgl. *Kap. 6.7.3* und *6.7.4*). Zu Kohlensäure-Analoga (mit Säure-Funktion) macht IUPAC keine Angaben. Die Trivialnamen **"Allophansäure"** (**37**) und **"Perameisensäure"** (**'performic acid'**; HCOOOH) sind zugelassen (IUPAC R-9.1, Table 31 bzw. 28).

z.B.

21

"Carbonochloridsäure" (**21**)
- Englisch: 'carbonochloridic acid'
- ev. auch "Kohlenchloridsäure"[3])
- **früher "Chlorkohlensäure"** oder **"Chlorameisensäure"** ('chloroformic acid')

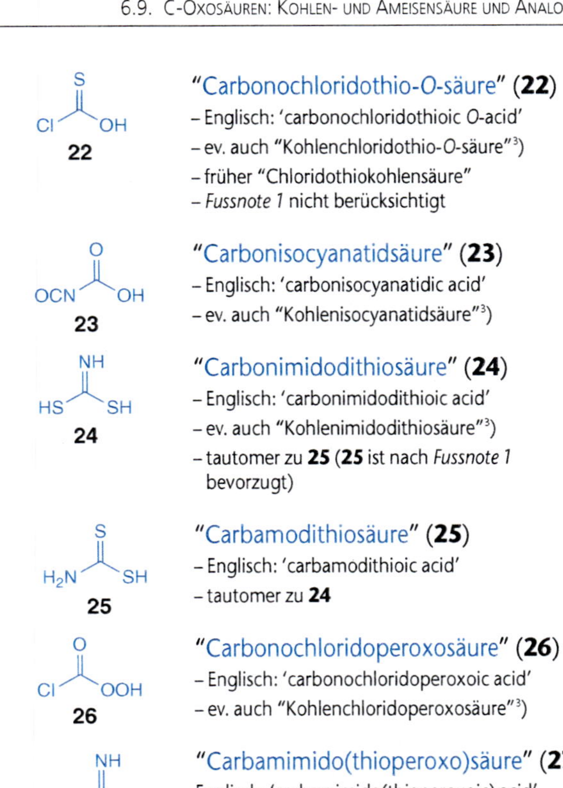

"Carbonochloridothio-*O*-säure" (**22**)
- Englisch: 'carbonochloridothioic *O*-acid'
- ev. auch "Kohlenchloridothio-*O*-säure"[3])
- früher "Chloridothiokohlensäure"
- *Fussnote 1* nicht berücksichtigt

"Carbonisocyanatidsäure" (**23**)
- Englisch: 'carbonisocyanatidic acid'
- ev. auch "Kohlenisocyanatidsäure"[3])

"Carbonimidodithiosäure" (**24**)
- Englisch: 'carbonimidodithioic acid'
- ev. auch "Kohlenimidodithiosäure"[3])
- tautomer zu **25** (**25** ist nach *Fussnote 1* bevorzugt)

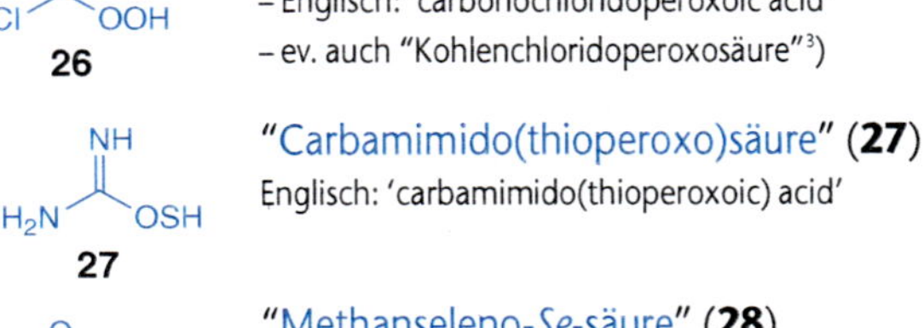

"Carbamodithiosäure" (**25**)
- Englisch: 'carbamodithioic acid'
- tautomer zu **24**

"Carbonochloridoperoxosäure" (**26**)
- Englisch: 'carbonochloridoperoxoic acid'
- ev. auch "Kohlenchloridoperoxosäure"[3])

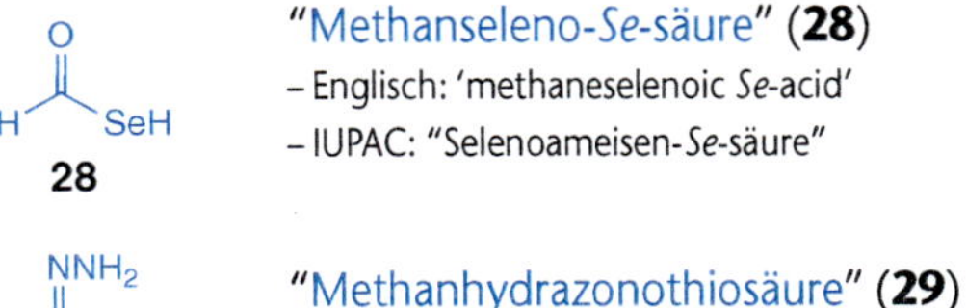

"Carbamimido(thioperoxo)säure" (**27**)
Englisch: 'carbamimido(thioperoxoic) acid'

"Methanseleno-*Se*-säure" (**28**)
- Englisch: 'methaneselenoic *Se*-acid'
- IUPAC: "Selenoameisen-*Se*-säure"

"Methanhydrazonothiosäure" (**29**)
- Englisch: 'methanehydrazonothioic acid'
- IUPAC: "Thioameisenhydrazonsäure"
- *Fussnote 1* nicht berücksichtigt

"Methanimidoperoxosäure" (**30**)
- Englisch: 'methanimidoperoxoic acid'
- IUPAC: "Peroxyameisenimidsäure"

(b) Lineare **(Poly)anhydride von** (einkerniger) **Kohlensäure** heissen "Dikohlensäure", "Trikohlensäure" *etc.* Lineare **(Poly)anhydride von** (einkernigen) **Carbonimid-, Carboperoxo- und Carbonimidoperoxosäuren** werden analog benannt.

auch Kap. 6.13

z.B.

31

"Dikohlensäure"[3]) (**31**)
- Englisch: 'dicarbonic acid'
- **früher "Pyrokohlensäure"** (**'pyrocarbonic acid'**)

32

"Dicarbonodiperoxosäure"[3]) (**32**)
Englisch: 'dicarbonodiperoxoic acid'

Sind alle **Anhydrid-O-Atome durch –OO– oder –NH– ersetzt**, dann wird dies durch ein vorgestelltes Austausch-Affix **"Peroxy-"** bzw. **"Imido-"** (nicht Infix) ausgedrückt, wenn nötig mit Multiplikationsaffixen (s. **63**)[5]).

[5]) Weitere Austauschanaloga werden mittels entsprechenden Affixen vor "Dikohlensäure", "Imidodikohlensäure" *etc.* bezeichnet, wobei der Chalcogen-Gehalt in einer zum Namen gehörenden linearen Formel spezifiziert wird, z.B. "Thiodikohlensäure-((HCO_2)S(HCOS))" für HO–C(=O)–S–C(=O)–SH oder HO–C(=O)–S–C(=S)–OH, "Thiodikohlensäure-([(HO)C(O)]$_2$S)" für HO–C(=O)–S–C(=O)–OH, "Thioimidodikohlensäure-((HO)C(O)NHC(S)SH)" für HO–C(=O)–NH–C(=S)–SH und "Thioimidodikohlensäure-([(HS)C(S)]$_2$NH)" für HS–C(=S)–NH–C(=S)–SH (vgl. *Kap. 6.10*(***c***)).

z.B.

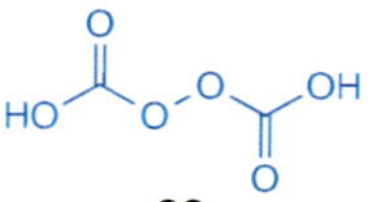

33 "Peroxydikohlensäure"[3]) (**33**)
Englisch: 'peroxydicarbonic acid'

Bei **Chalcogen-Analoga von OO-Anhydriden** wird ein entsprechendes Peroxy-Affix ohne Multiplikationsaffix vorgestellt. Der Chalcogen-Gehalt wird in einer linearen Formel im Namen spezifiziert[5]).

z.B.

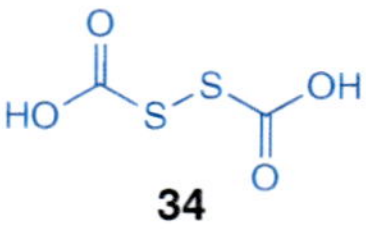

34 "Thioperoxydikohlensäure-([(HO)C(O)]$_2$S$_2$)"[3]) (**34**)
Englisch: 'thioperoxydicarbonic acid ([(HO)C(O)]$_2$S$_2$)'

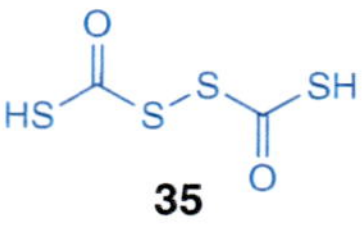

35 "Thioperoxydikohlensäure-([(HS)C(O)]$_2$S$_2$)"[3]) (**35**)
Englisch: 'thioperoxydicarbonic acid ([(HS)C(O)]$_2$S$_2$)'

Bei **unsymmetrischen Derivaten** wird eine einfachere Funktionsstammstruktur gewählt (s. *Tab. 3.2*), und längere Ketten können mittels Austauschnamen bezeichnet werden.

z.B.

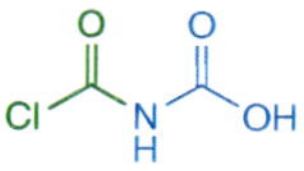

36 "(Chlorocarbonyl)carbamidsäure" (**36**)
Englisch: '(chlorocarbonyl)carbamic acid'

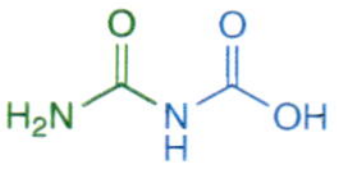

37 "(Aminocarbonyl)carbamidsäure" (**37**)
- Englisch: '(aminocarbonyl)carbamic acid'
- IUPAC: auch **"Allophansäure"**/"Allophan**yl**-" (H$_2$N–C(=O)–NH–C(=O)–; CA: '[[(aminocarbonyl)amino]carbonyl]–'); Englisch: '**allophanic acid**'

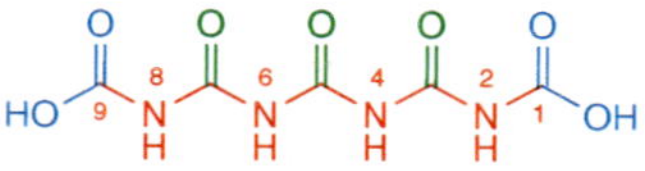

38 "3,5,7-Trioxo-2,4,6,8-tetraazanonandisäure" (**38**)

(c) Von Kohlensäure hergeleitete **Acyl-*Präfixe* und Acyl-Austauschanalogon-*Präfixe* für HX´–C(=Y)–** (mit Säure-Funktion) **und für X–C(=Y)–** (ohne Säure-Funktion), die nicht Teil einer Kettenstammstruktur sind:

- **X´ und/oder Y = O, S, Se, Te sowie Y = NH$_2$, NH**: Die Präfixe für HX´YC– entsprechen den Präfixen von Carbonsäuren und ihren Austauschanaloga gemäss *Kap. 6.7.2.1**(a)*** und *6.7.3**(a)(b)***,

  z.B.

  HOOC– "Carboxy-"
  HSOC– "(Thiocarboxy)-"
  HO–C(=S)–"(Hydroxythioxomethyl)-"

- **HX´– = HO–O–, HS–O– *etc.***:

Kap. 6.7.2.1(a) und 6.7.3(a)(b)

Die Präfixe HX´YC– entsprechen den Präfixen von Carboperoxosäuren und ihren Austauschanaloga gemäss *Kap. 6.7.4*,

Kap. 6.7.4

z.B.

HO–O–C(=O)– "(Hydroperoxycarbonyl)-"
HO–O–C(=S)– "(Hydroperoxythioxomethyl)-"

auch Kap. 5.9

- **X– = F–, Cl–, Br–, I–, N$_3$–, H$_2$N–, H$_2$NNH–, OCN– *etc.*, NCO– *etc.*, CN– und NC– sowie Y = O, S, Se, Te, NH$_2$ und NH** in X–C(=Y)–:

Präfix für X nach *Tab. 3.1* und *3.2*[6]) + **Stammsubstituentenname "-carbonyl-"** (–C(=O)–)

Tab. 3.1 und 3.2

Präfix für X nach *Tab. 3.1* und *3.2*[6]) + **Präfix**

"Thioxo-"	(S=[C][7]))
"Selenoxo-"	(Se=[C][7]))
"Telluroxo-"	(Te=[C][7]))
"Hydrazono-"	(H$_2$NN=[C][7]))
"Imino-"	(HN=[C][7]))

Tab. 3.1 und 3.2

+ **Stammsubstituentenname "-methyl-"** (–C(=[Y])–[7]))

Beachte:

- Alphabetische Reihenfolge der Präfixe "(X)–" und "Thioxo–" *etc.* vor "-methyl-".
- Ist das **C-Atom von HX´–C(=Y)– oder X–C(=Y)– Teil eines Kettenstammsubstituenten R–, dann wird statt "-carbonyl-" oder "-methyl-" der entsprechende Stammsubstituentenname "(R)-" verwendet**, zusammen mit den Präfixen für X und Y (s. z.B. **68**) (Ausnahmen: "Carboxy-" (HOOC–), "(Thiocarboxy)-" (HSOC–) *etc.*).
- Die **Acyl-Präfixe und Acyl-Austauschanalogon-Präfixe** werden nur als Präfixe und **nicht zur Benennung entsprechender Säure-halogenide** (*Klasse 6a, Kap. 6.15*) verwendet.
- **Divalente Acyl-Präfixe** werden nur für verbindende Substituenten in der **Multiplikationsnomenklatur** verwendet oder wenn die Gruppe Y=C< am gleichen Atom haftet:

Kap. 6.15
Kap. 3.2.3

Präfix		
	"Carbonyl-"	(O=C<)
	"Carbonothioyl-"	(S=C<)
	"Carbonoselenoyl-"	(Se=C<)
	"Carbonotelluroyl-"	(Te=C<)
	"Carbonohydrazonoyl-"	(H$_2$NN=C<)
	"Carbonimidoyl-"	(HN=C<)

Kap. 5.9

Nach **IUPAC** werden Acyl-Namen üblicherweise mittels "-carbonyl-" oder "-oyl-" gebildet (s. *Kap. 6.7.2* und *6.7.3*). **Namen auf "-oyl-" sollten für HX´–C(=Y)–** (X´, Y ≠ O) wegen Zweideutigkeiten **nicht verwendet werden**; z.B. gebraucht CA (s. oben) "Carbonothioyl-" für S=C< und nicht für HS–C(=O)– (CA: "(Thiocarboxy)-"), und "Carbonimidoyl-" ist sowohl bei CA als auch bei IUPAC HN=C<.

[6]) Weitere Präfixe für X sind **"Cyanato-"** (X– = NCO–), **"Thiocyanato-"** (X– = NCS–), **"Selenocyanato-"** (X– = NCSe–) und **"Tellurocyanato-"** (X– = NCTe–); für IUPAC-Empfehlungen im Deutschen (Weglassen des endständigen "o" des Präfixes), s. *Tab. 3.1*.

[7]) Eckige Klammern um ein Atom bedeuten, dass dieses Atom nicht im Präfix enthalten ist.

Für X–C(=Y)– können **Namen auf "-carbonyl-" oder "-oyl-"** verwendet werden. IUPAC lässt noch folgende Trivialnamen zu: **"Carbamoyl-"** (**40**) und **"(Thiocarbamoyl)-"** (**41**) (IUPAC R-5.7.8.1, C-431.2 und C-547.1). **"Amidino-"** (**42**) und **"Carbazoyl-"** (**43**) werden **nicht mehr** empfohlen (IUPAC R-3.2.1.1, R-9.1 (Table 31), C-951.4 und C-984.1). Bei Multiplikationsnamen sind offenbar auch noch die Präfixe **"(Thiocarbonyl)-"** (S=C<), **"(Selenocarbonyl)-"** (Se=C<) und **"(Tellurocarbonyl)-"** (Te=C<) zulässig (IUPAC C-545.1, vgl. R-5.7.1.3.4).

z.B.

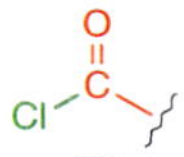

39 "(Chlorocarbonyl)-" (**39**)
IUPAC: **früher "(Chloroformyl)-"**

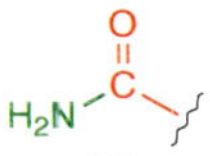

40 "(Aminocarbonyl)-" (**40**)
IUPAC: **"Carbamoyl-"**

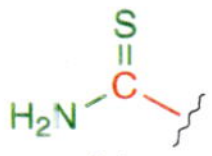

41 "(Aminothioxomethyl)-" (**41**)
IUPAC: **"Thiocarbamoyl-"**

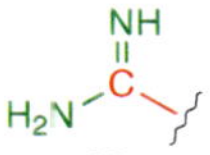

42 "[Amino(imino)methyl]-" (**42**)
IUPAC: **früher "Amidino-"**, seit 1993 **"Carbamimidoyl-"** (IUPAC R-3.2.1.1)

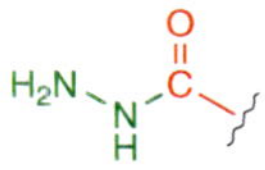

43 "(Hydrazinocarbonyl)-" (**43**)
IUPAC: **früher "Carbazoyl-"**

Kap. 5.9

(d) Von Ameisensäure hergeleitete **Acyl-*Präfixe* und Acyl-Austauschanalogon-Präfixe für X=CH–**, die nicht Teil einer Kettenstammstruktur sind:

O=CH–	**"Formyl-"** (nur unsubstituiert)
S=CH–	**"(Thioxomethyl)-"**
Se=CH–	**"(Selenoxomethyl)-"**
Te=CH–	**"(Telluroxomethyl)-"**
H_2NN=CH–	**"(Hydrazonomethyl)-"**
HN=CH–	**"(Iminomethyl)-"**

Beachte:

- Ist das **C-Atom von X=CH– Teil eines Kettenstammsubstituenten R–, dann wird statt "Formyl-" und "-methyl-" der entsprechende Stammsubstituentenname "(R)-"** mit den Präfixen "Oxo-" (O=), "Thioxo-" (S=) *etc.* **verwendet** (s. z.B. **69**).
- Die **Acyl-Präfixe und Acyl-Austauschanalogon-Präfixe** werden nur als Präfixe und **nicht zur Benennung entsprechender Säure-halogenide** (*Klasse 6a*, *Kap. 6.15*) verwendet.

Kap. 6.15

Nach **IUPAC** lauten die entsprechenden Acyl-Namen und Acyl-Austauschanalogon-Namen: **"Formyl-"** (O=CH–), **"(Thioformyl)-"** (S=CH–), **"(Selenoformyl)-"** (Se=CH–), **"(Telluroformyl)-"** (Te=CH–), **"Formohydrazonoyl-"** (H_2NN=CH–) und **"Formimidoyl-"** (HN=CH–).

z.B.

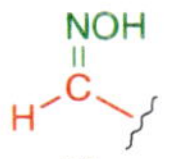

44 "[(Hydroxyimino)methyl]-" (**44**)
IUPAC: "Formohydroximoyl-", s. *Kap. 6.7.3* ***(c)***

(e) **Salze** von Kohlen- und Ameisensäure und ihren Austauschanaloga werden wie die Salze von Carbonsäuren (*Kap. 6.7.5*) nach *Kap. 6.4.1* bzw. *6.4.2.2**(b)*** benannt.

CA ¶ 198

Name der Säure	+	**"Ammonium-Salz"**	(NH_4^+)
		"Barium-Salz (1:1)"	(Ba^{2+})
		"Magnesium-Salz (2:1)"	(Mg^{2+})
		etc.	

Kap. 6.7.5 und 6.4.1

oder

Kation-Name(n) (alphabetisch geordnet)[8]) | **vor Anion-Name**

Kap. 6.7.5 und 6.4.2.2**(b)**

Der **Anion-Name** (bei CA nur als modifizierende Angabe; vgl. dazu **45** – **49**) wird vom Säure-Namen hergeleitet, wobei die **Namensteile "Carbon-"**[3]), **"Carbam-"**[3]) und **"Form-"** (vom Englischen 'formic acid') verwendet werden:

"-säure" ('-ic acid') → **"-at"** ('-ate')

Der Name eines mehrkernigen Anions wird in Klammern gesetzt, z.B. **"(Dicarbonat)"** ($C_2O_5^{2-}$; vgl. dazu **47**).

z.B.

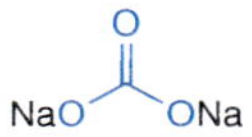

45 "Dinatrium-carbonat" (**45**)
- Englisch: 'disodium carbonate'
- CA: 'carbonic acid, disodium salt'

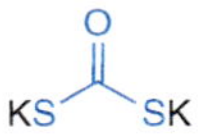

46 "*S*,*S*-Dikalium-carbonodithioat" (**46**)
- Englisch: '*S*,*S*-dipotassium carbonodithioate'
- CA: 'carbonodithioic acid, *S*,*S*-dipotassium salt'

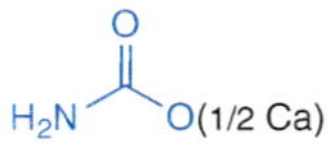

47 "Calcium-dicarbamat" (**47**)
- Englisch: 'calcium dicarbamate'
- CA: 'carbamic acid, calcium salt (2:1)'

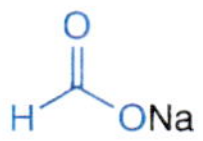

48 "Natrium-format" (**48**)
- Englisch: 'sodium formate'
- IUPAC empfiehlt im Deutschen "Natrium-**formiat**"
- CA: 'formic acid, sodium salt'

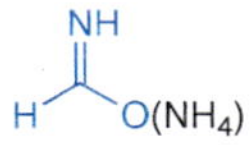

49 "Ammonium-methanimidat" (**49**)
- Englisch: 'ammonium methanimidate'
- CA: 'methanimidic acid, ammonium salt'

[8]) **Der Kation-Name steht vor allfällig notwendigem "hydrogen"**, z.B. "Natrium-hydrogen-carbonat" ($NaHCO_3$; IUPAC: auch "Natrium-hydrogencarbonat" (s. 'Red Book', *Anhang 1*)). **IUPAC** empfiehlt, im Deutschen die **Bindestriche** zwischen Kation- und Anion-Namen wegzulassen (IUPAC R-5.7.4.1); sie werden aber im folgenden immer beigefügt.

Beispiele:

"Carbono(thiocyanatid)säure"[2]) (**50**)
- nach ***(a)***
- besser wäre "Carbonothiosäure-anhydrosulfid mit Thiocyansäure"(?); vgl. **16**

"Carbonimid(isothiocyanatido)thiosäure" (**51**)
- nach ***(a)***
- *Fussnote 1* nicht berücksichtigt

"Carbamimidothiosäure" (**52**)
- nach ***(a)***
- tautomer zu "Thioharnstoff" ($H_2N–C(=S)–NH_2$, **9**; bevorzugter Name[1]))
- IUPAC: **"Isothioharnstoff"**

"Carbonofluoridodiselenosäure" (**53**)
nach ***(a)***

"Carbamohydrazonothiosäure" (**54**)
- nach ***(a)***
- *Fussnote 1* nicht berücksichtigt

"Carbonocyanido(dithioperoxo)thiosäure" (**55**)
nach ***(a)***

"Carbono(tellurothioperoxo)thiosäure" (**56**)
- nach ***(a)***
- *Fussnote 1* nicht berücksichtigt

"Carbamothio(thioperoxo)säure" (**57**)
nach ***(a)***

"(Pyrimidin-2-yl)carbamidsäure" (**58**)
- nach ***(a)***
- bei cyclischen Substituenten am N-Atom keine Konjunktionsnamen verwenden (s. *Kap. 3.2.2*)!
- IUPAC: auch "Pyrimidin-2-carbamidsäure" (Konjunktionsname)

"1,3-Phenylenbis[carbamodithiosäure]" (**59**)
- nach ***(a)***, Multiplikationsname
- bei cyclischen Substituenten am N-Atom keine Konjunktionsnamen verwenden (s. *Kap. 3.2.2*)!

"Methan(dithioperox)imidsäure" (**60**)
nach ***(a)***

"(Dithiocarboxy)methanthio-*S*-säure" (**61**)
- nach ***(a)***
- –COSH > –CSSH

"(Isocyanatocarbonyl)carbamidsäure" (**62**)
nach ***(b)***

"Diimidotrikohlensäure"[3]) (**63**)
nach ***(b)***

"[Amino(hydrazono)methyl]-" (**64**)
- nach ***(c)***
- tautomer zu **65**
- IUPAC: früher "(Aminoamidino)-"

"[Hydrazino(imino)methyl]-" (**65**)
- nach ***(c)***
- tautomer zu **64**
- IUPAC: **früher "Carbazidimidoyl-"**

"(Azidocarbonyl)-" (**66**)
- nach ***(c)***
- IUPAC: früher "(Azidoformyl)-"

"(Hydrazodicarbonothioyl)-" (**67**)
nach ***(c)***, d.h. *Kap. 6.7.3**(c)***, d.h. bei Multiplikationsnamen (*Kap. 3.2.3*)

"[(2-Chloro-2-oxoethyl)thio]benzoesäure" (**68**)
- nach ***(c)***
- das C-Atom von Cl–C(=O)– ist Teil einer Kettenstruktur

"4-(4-Oxobutyl)benzoesäure" (**69**)
- nach ***(d)***
- das C-Atom von H–C(=O)– ist Teil einer Kettenstruktur

"[Amino(imino)methyl]carbamidsäure" (**70**)
nach ***(a)*** und ***(c)*** (s. ***(b)***)

6.10. Schwefel-, Selen-, Tellur- und Stickstoff-haltige Oxosäuren *(Klasse 5e)*

Beachte:

CA ¶ 219

Anhang 1

- S-, Se-, Te- und N-haltige Oxosäuren werden meistens als **anorganische Säuren** betrachtet, z.B. "Schwefelsäure" ('sulfuric acid'; $(HO)_2S(=O)_2$). CA behandelt diese Säuren in CA ¶ 219 und IUPAC im 'Red Book' (s. *Anhang 1*).

IUPAC 'Red Book'

IUPAC lässt **neben** den im folgenden angeführten **traditionellen Namen auch** andere, systematischere Namen zu, nämlich ein **Säure-Name** bestehend aus dem Koordinationsnamen für die 'neutrale' Koordinationseinheit (ohne Protonen) gefolgt vom Wort "-säure" ('-ic acid') (IUPAC I-9.6, **'acid nomenclature'**) **oder** ein **Hydrogen-Salz-Name** bestehend aus einem Multiplikationsaffix, dem Wort "-hydrogen-" und dem Koordinationsnamen ("at"-Namen) für die anionische Koordinationseinheit (IUPAC I-9.5, **'hydrogen nomenclature'**), z.B. "Tetraoxoschwefelsäure" ('tetraoxosulfuric acid') bzw. "Dihydrogen-tetraoxosulfat" ('dihydrogen tetraoxosulfate') anstelle von "Schwefelsäure" ('sulfuric acid'; $(HO)_2S(=O)_2$). Für Koordinationsnamen, s. *Kap. 6.34*.

- Im Rahmen der Nomenklatur organisch-chemischer Verbindungen sind vor allem Derivate der S-, Se-, Te- und N-haltigen Oxosäuren von Bedeutung, wie Anhydride (*Kap. 6.13*), Ester (*Kap. 6.14*) und Amide (*Kap. 6.16*). Deshalb sind im folgenden häufig vorkommende **anorganische Oxosäuren und ihre Austauschanaloga** beschrieben (**nur CA-Namen**, d.h. nur traditionelle Namen). Ihre Namen sind **Funktionsstammnamen**.

Kap. 6.13, 6.14 und 6.16

CA ¶ 188

Namen von Halogen-haltigen Oxosäuren und ihren Salzen sind:

$HOCl_3$ **"Perchlorsäure"**/"Perchlorat" (ClO_4^{1-})
- Englisch (CA): 'perchloric acid'
- entsprechend für F-, Br- und I-Analoga

$HOClO_2$ **"Chlorsäure"**/"Chlorat" (ClO_3^{1-})
- Englisch (CA): 'chloric acid'
- entsprechend für F-, Br- und I-Analoga

HOClO **"Chlorigsäure"**/"Chlorit" (ClO_2^{1-})
- Englisch (CA): 'chlorous acid'
- entsprechend für F-, Br- und I-Analoga

HOCl **"Hypochlorigsäure"**/"Hypochlorit" (ClO^{1-})
- Englisch (CA): 'hypochlorous acid'
- entsprechend für F-, Br- und I-Analoga

CA ¶ 219

Namen von weiteren anorganischen Säuren:

HCl **"Chlorwasserstoff"** (IUPAC: auch "Hydrogen-chlorid"; wässrige Lösung: "Chlorwasserstoffsäure", trivial **"Salzsäure"**)/"Chlorid" (Cl^{1-})
- Englisch (CA): **'hydrochloric acid'** ('hydrogen chloride')
- entsprechend für F-, Br- und I-Analoga

H_2S **"Schwefelwasserstoff"** (IUPAC: auch "Hydrogen-sulfid"; wässrige Lösung: "Schwefelwasserstoffsäure")/"Sulfid" (S^{2-})
Englisch (CA): 'hydrogen sulfide'

H_2Se **"Selenwasserstoff"** (wässrige Lösung: "Selenwasserstoffsäure")/"Selenid" (Se^{2-})
Englisch (CA): 'hydrogen selenide'

HN_3 **"Stickstoffwasserstoff"** (wässrige Lösung: "Stickstoffwasserstoffsäure")/"Azid" (N_3^{1-})
Englisch (CA): 'hydrazoic acid'

Man unterscheidet:

(a) Einkernige S-, Se- und Te-Oxosäuren sowie N-Oxosäuren und ihre Salze (IUPAC: Azonsäure und Azinsäure);

(b) Austauschanaloga von einkernigen S-, Se- und N-Oxosäuren mit Säure-Funktion;

(c) mehrkernige S- und Se-Oxosäuren;

(d) Präfixe für (HX)–X´(=Y)(=Z)–, (HX)–X´(=Y)– und (HX)–X´– (X´ = S, Se, Te; X, Y, Z = O, S, Se, Te und HX– = HOO– *etc.*), Präfixe für Y´–X´(=Y)(=Z)–, Y´–X´(=Y)– und Y´–X´– (X´ = S, Se, Te; Y, Z = O, S, Se, Te, NH, NNH$_2$; Y´ = F, Cl, Br, I, N_3, H_2N, H_2NNH, OCN *etc.*, NCO *etc.*, CN, NC) und Präfixe von N-Oxosäuren;

(e) Präfixe für (HXYZ)X´–Z´– *etc.* (s. ***(d)***; Z´ = O, S, Se, Te, NH, NHNH).

(a) **Einkernige** ('mononuclear') **S-**, **Se-** und **Te-Oxosäuren** sowie N-Oxosäuren und ihre Salze haben folgende **Funktionsstammnamen**:

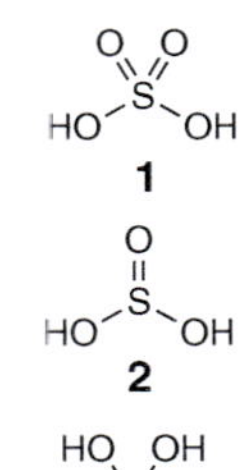

"Schwefelsäure" (**1**)/"Sulfat" (SO_4^{2-})
Englisch: 'sulfuric acid'

"Schwefligsäure" (**2**)/"Sulfit" (SO_3^{2-})
Englisch: 'sulfurous acid'

"Orthoschwefligsäure" (**3**)
- Englisch: 'orthosulfurous acid'
- nur Austauschanaloga, s. ***(b)***

"Sulfoxylsäure" (**4**)/"Sulfoxylat" (SO_2^{2-})
Englisch: 'sulfoxylic acid'

"Selensäure" (**5**)/"Selenat" (SeO_4^{2-})
Englisch: 'selenic acid'

"Selenigsäure" (**6**)/"Selenit" (SeO_3^{2-})
Englisch: 'selenious acid'

H_2TeO_3, H_2TeO_4, $H_2Te_2O_5$, H_2TeO_7 *etc.* "Tellursäure"/"Tellurat"
- Englisch: 'telluric acid'
- die Zusammensetzung wird durch eine lineare Formel im Namen spezifiziert

HO–NO₂ → $HO-NO_2$
7

"Salpetersäure" (7)/"Nitrat" (NO_3^{1-})
Englisch: 'nitric acid'

$HO-NO$
8

"Salpetrigsäure" (8)/"Nitrit" (NO_2^{1-})
Englisch: 'nitrous acid'

$HO-N(H)-NO_2$ oder $HO-N=N(=O)-OH$
9

"Hyposalpetersäure" (9)/"Hyponitrat" ($N_2O_3^{2-}$)
- Englisch: 'hyponitric acid'
- N-Atom substituierbar

$HO-N(H)-NO$ oder $HO-N=N-OH$
10

"Hyposalpetrigsäure" (10)/"Hyponitrit" ($N_2O_2^{2-}$)
- Englisch: 'hyponitrous acid'
- N-Atom substituierbar

Ausnahme:

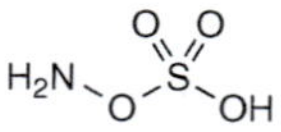

11

"Hydroxylamin-*O*-sulfonsäure" (11)
- s. *Kap. 6.8* und *6.25*
- N-Atom substituierbar

IUPAC erwähnt auch die Funktionsstammnamen **"Azonsäure"** (NH(=O)(OH)₂) und **"Azinsäure"** (NH₂(=O)(OH); CA: 'nitrogen hydride hydroxide oxide (NH₂(OH)O'); entsprechende Präfixe sind **"Azono-"/"(Dihydroxynitroryl)-"** (N(=O)(OH)₂–), **"Azonoyl-"/"(Hydronitroryl)-"** (NH(=O)<), **"(Hydrohydroxynitroryl)-"** (NH(=O)(OH)–), **"Azinoyl-"/"(Dihydronitroryl)-"** (NH₂(=O)–), **"(Hydroxynitroryl)-"** (N(=O)(OH)<) und **"Nitroryl-"** (–N(=O)<) (IUPAC R-3.3).

CA ¶ 129
IUPAC C-661.1

(b)* Austauschanaloga S(=Y)(=Z)(XH)(Y´), S(=Y)(XH)(Y´)** *etc.* **von einkernigen S-, Se- und N-Oxosäuren mit Säure-Funktion**[1]): Folgende **Austausch-Affixe** (nicht Infixe) **werden** einem Funktionsstammnamen aus ***(a) in alphabetischer Reihenfolge **vorgestellt**, wodurch ein neuer Funktionsstammname entsteht. Diese Affixe weichen zum Teil von den üblichen Infixen ab (vgl. *Kap. 6.11(**b**)*). Das endständige "o" eines Affixes wird vor einem Vokal *nicht* weggelassen.

Kap. 6.11(b)

Austausch von –OH durch –XH und/oder –Y´[1])

–XH und/oder –Y´:		
	–Cl	**"Chloro-"** (nicht "Chlorido-"; analog für –F, –Br, und –I)
	$-N_3$	**"Azido-"**
	–NCO	**"Isocyanato-"** (nicht "Isocyanatido-")
	–NCS	**"Isothiocyanato-"** (nicht "Isothiocyanatido"; analog für –NCSe und –NCTe)
	–NC	**"Isocyano-"** (nicht "Isocyanido-")
	–CN	**"Cyano-"** (nicht "Cyanido-")
	–SH	**"Thio-"**
	–SeH	**"Seleno-"**
	–TeH	**"Telluro-"**
	$-NH_2$	**"Amido-"**
	–OCN	**"Cyanato-"** (nicht "Cyanatido-")
	–SCN	**"Thiocyanato-"** (nicht "Thiocyanatido-"; analog für –SeCN und –TeCN)
	–OOH	**"Peroxy-"** (nicht "Peroxo-")
	–NO	**"Nitroso-"**

Austausch von =O durch =Y und/oder =Z

=Y und/oder =Z:		
	=S	**"Thio-"**
	=Se	**"Seleno-"**
	=Te	**"Telluro-"**
	=NH	**"Imido-"**

Bei **Chalcogen-Austauschanaloga** wird der **Chalcogen-Gehalt** nicht mittels Multiplikationsaffixen sondern **durch eine lineare Formel** im Namen spezifiziert (s. **15**, **18** und **19**).

Ausnahmen:

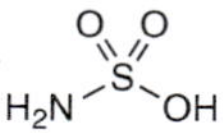

12

"Sulfamidsäure" (12)/"Sulfamat"
- Englisch: '**sulfamic acid**'/'sulfamate'
- IUPAC: auch **"Amidoschwefelsäure"**; **früher auch "Sulfaminsäure"**
- **wird für weitere Austauschanaloga verwendet**
- N-Atom substituierbar; **bei cyclischen Substituenten keine Konjunktionsnamen verwenden** (s. *Kap. 3.2.2* und **17**)!
- Präfixe: "(**Sulfoamino**)-" (HO₃S–NH–) und "(Aminosulfonyl)-" (H₂N–SO₂–)

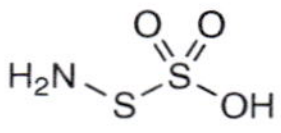

13

"Thiohydroxylamin-*S*-sulfonsäure" (13)
- s. *Kap. 6.8* und *6.25*
- N-Atom substituierbar

z.B.

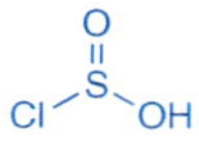

14

"Chloroschwefligsäure" **(14)**

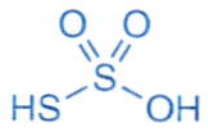

15

"Thioschwefelsäure-($H_2S_2O_3$)" **(15)**
der Name, mit entsprechender linearer Formel, wird auch für H_2S_2O, $H_2S_3O_2$ und $H_4S_2O_3$ verwendet

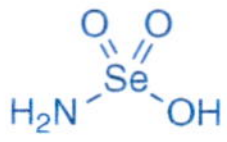

16

"Amidoselensäure" **(16)**
N-Atom substituierbar

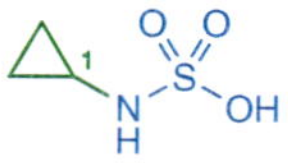

17

"Cyclopropylsulfamidsäure" **(17)**
Substitutions-, nicht Konjunktionsname (*Kap. 3.2.2*)

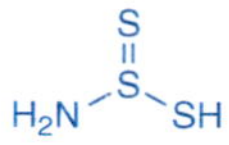

18

"Amidothioschwefligsäure-(H₂NS(S)SH)" **(18)**
N-Atom substituierbar

[1]) Geht durch den Austausch der OH-Gruppe(n) die **Säure-Funktion verloren**, dann handelt es sich um eine **Verbindung tieferer Priorität**, z.B. um ein Säure-halogenid (*Kap. 6.15*) oder ein Amid (*Kap. 6.16*) (s. *Tab. 3.2*).

19

"Amidothioschwefligsäure-($HS_2(NH_2)O$)" (**19**)

N-Atom substituierbar

20

"Bromodifluoroorthoschwefligsäure" (**20**)

21

"Peroxymonoschwefelsäure" (**21**)

$O_2N{-}OOH$

22

"Peroxysalpetersäure" (**22**)

auch Kap. 6.13 Anhang 2

(c) Namen **mehrkerniger** ('multinuclear') **S- und Se-Oxosäuren** werden mittels Multiplikationsaffixen und den Funktionsstammnamen von *(a)* geprägt.

z.B.

23

"Dischwefelsäure" (**23**)/ "(Disulfat)" ($S_2O_7^{2-}$)
- Englisch: 'disulfuric acid'
- **früher "Pyroschwefelsäure" ('pyrosulfuric acid')**

24

"Diselenigsäure" (**24**)/ "(Diselenit)" ($Se_2O_5^{2-}$)
- Englisch: 'diselenious acid'

25

"Trischwefelsäure" (**25**)/ "(Trisulfat)" ($S_3O_{10}^{2-}$)
- Englisch: 'trisulfuric acid'

Ausnahmen:

26

"**Dischwefligsäure**" (**26**)/ "(Disulfit)" ($S_2O_5^{2-}$)
- Englisch: 'disulfurous acid'
- **früher "Pyroschwefligsäure" ('pyrosulfurous acid')**

27

"**Dithionsäure**" (**27**)/ "(Dithionat)" ($S_2O_6^{2-}$)
- Englisch: 'dithionic acid'

28

"**Dithionigsäure**" (**28**)/ "(Dithionit)" ($S_2O_4^{2-}$)
- Englisch: 'dithionous acid'

Ist das **Anhydrid-O-Atom** solcher mehrkerniger Säuren **durch –NH– oder –OO– ersetzt**, dann wird dies durch ein vorgestelltes **Affix "Imido-" bzw. "Peroxy-"** ausgedrückt (s. **29** bzw. **30**). Mehrfaches Auftreten von –NH– wird durch ein Multiplikationsaffix angegeben. Bei "Peroxy-" wird dem Namen immer eine lineare Formel beigegeben (s. **30**). Andere Austauschanaloga werden nach *(b)* benannt (s. **31** und **46**)[2].

Anhang 2

Ausnahmen:

Bei **S-, Se- und Te-verbrückten Dithion- und Dithionigsäuren** werden Multiplikationaffixe und gegebenenfalls lineare Formeln verwendet (s. **32** – **34**).

z.B.

29

"Diimidotrischwefelsäure" (**29**)
- Englisch: 'diimidotrisulfuric acid'
- N-Atome substituierbar

30

"Peroxydischwefelsäure-($[(HO)S(O)_2]_2O_2$)" (**30**)

Englisch: 'peroxydisulfuric acid ($[(HO)S(O)_2]_2O_2$)'

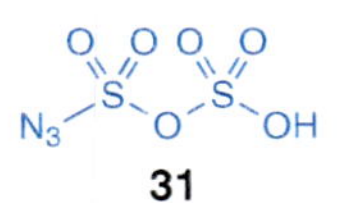

31

"Azidodischwefelsäure" (**31**)

Englisch: 'azidodisulfuric acid'

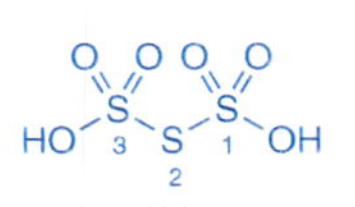

32

"Trithionsäure" (**32**)

Englisch: 'trithionic acid'

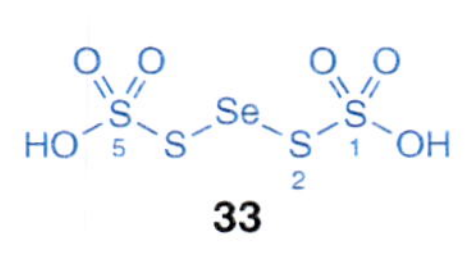

33

"Selenopentathionsäure-($[(HO)S(O)_2S]_2Se$)" (**33**)

Englisch: 'selenopentathionic acid ($[(HO)S(O)_2S]_2Se$)'

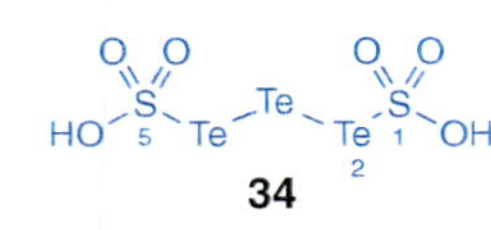

34

"Tritelluropentathionsäure-($[(HO)S(O)_2]_2Te_3$)" (**34**)

Englisch: 'tritelluropentathionic acid ($[(HO)S(O)_2]_2Te_3$)'

6

(d) **Präfixe für (HX)–X´(=Y)(=Z)–, (HX)–X´(=Y)– und (HX)–X´–** mit X´ = Kernatom = S, Se, Te sowie X und/oder Y und/oder Z = O, S, Se, Te und/oder HX– = HOO– *etc.* entsprechen den Präfixen von Sulfon- und Sulfinsäuren und ihren Analoga nach *Kap. 6.8(**a**)(**b**)(**e**)*.

Kap. 6.8 **(a)(b)(e)**

z.B.
- HO_3S– "Sulfo-"
- HSOS– "(Thiosulfino)-"
- HS–Se– "(Thioseleneno)-"
- HO–O–$S(=O)_2$– "(Hydroperoxysulfonyl)-"

Präfixe für Y´–X´(=Y)(=Z)–, Y´–X´(=Y)– und Y´–X´– mit X´ = Kernatom = S, Se, Te sowie Y und/oder Z = O, S, Se, Te, NH, NNH_2 und Y´– = F–, Cl–, Br–, I–, N_3–, H_2N–, H_2NNH–, OCN– *etc.*, NCO– *etc.*, CN– und NC– werden wie in *Kap. 6.8(**c**)(**d**)* zusammengesetzt aus

Kap. 6.8 **(c)(d)**

Präfix für Y´	+	Stammsubstituentenname	
Präfix für Y´ nach *Tab 3.1* und *3.2*[3])	+	"**-sulfonyl-**"	(–$S(=O)_2$–)
		"**-sulfinyl-**"	(–S(=O)–)
		"**-sulfonothioyl-**"	(–S(=O)(=S)–)
		"**-selenonimidoyl-**"	(–Se(=O)(=NH)–)
		etc., nach *Kap. 6.8(**d**)*	

Tab. 3.1 und 3.2

Kap. 6.8**(d)**

[2]) Dabei werden die Affixe in alphabetischer Reihenfolge vor das eventuell vorhandene "Imido-", "Diimido-" *etc.* gesetzt, z.B. "Thioimidodischwefelsäure-($(HS_4)_2NH$)" für $HS{-}S(=S)_2{-}NH{-}S(=S)_2{-}SH$ (vgl. *Kap. 6.9(**b**)*).

[3]) Weitere Präfixe für Y´– sind "**Cyanato-**" (Y´– = NCO–), "**Thiocyanato-**" (Y´– = NCS–), "**Selenocyanato-**" (Y´– = NCSe–) und "**Tellurocyanato-**" (Y´– = NCTe–); für IUPAC-Empfehlungen im Deutschen (Weglassen des endständigen "o" des Präfixes), s. *Tab. 3.1*.

z.B.	$H_2N-S(=O)_2-$	"(Aminosulfonyl)-" (IUPAC: "**Sulfamoyl-**")
	$H_2N-NH-S(=O)_2-$	"(Hydrazinosulfonyl)-"
	$Cl-S(=O)-$	"(Chlorosulfinyl)-"
	$H_2N-S(=NH)-$	"(Aminosulfinimidoyl)-"

Tab. 3.1

Präfixe von N-Oxosäuren (s. *Tab. 3.1*):

O_2N-	"Nitro-"
$ON-$	"Nitroso-"
$SN-$	"(Thionitroso)-"

***(e)* Präfixe für Substituenten mit der freien Valenz am Heteroatom Z´** (≠ Kernatom) der S-, Se-, Te- und N-Oxosäuren und ihrer Analoga, nämlich für

(HXYZ)X´–Z´– (HXY)X´–Z´– (HX)X´–Z´–	X´= Kernatom = S, Se, Te sowie X und/oder Y und/oder Z = O, S, Se, Te und/oder HX– = HOO– *etc.*	
Y´–X´(XY)–Z´– Y´–X´(X)–Z´– Y´–X´–Z´–	X´= Kernatom = S, Se, Te sowie X und/oder Y = O, S, Se, Te, NNH_2, NH und Y´– = F–, Cl–, Br–, I–, H_2N–, H_2NNH–, OCN– *etc.*, NCO– *etc.*, CN–, NC–	Z´= O, S, Se, Te, NH, NHNH
O_2N–Z´– ON–Z´–		

Präfixe für		
(HXYZ)X´– **(HXY)X´–** **(HX)X´–** **Y´–X´(XY)–** **Y´–X´(X)–** **Y´–X´–** **O_2N–** **ON–** nach ***(d)***	+	"**-oxy-**" (Z´ = O) "**-thio-**" (Z´ = S) "**-seleno-**" (Z´ = Se) "**-telluro-**" (Z´ = Te) "**-amino-**" (Z´ = NH) "**-hydrazino-**" (Z´ = NHNH)

z.B.

HO_3S-O-	"(Sulfooxy)-" (**nicht "Sulfato-"**)
HO_3S-S-	"(Sulfothio)-"
HO_3S-NH-	"(Sulfoamino)-"
$F-S(=O)_2-O-$	"[(Fluorosulfonyl)oxy]-"
$H_2N-S(=O)-O-$	"[(Aminosulfinyl)oxy]-"
$Cl-Se(=O)_2-O-$	"[(Chloroselenonyl)oxy]-"
O_2N-O-	"(Nitrooxy)-" (**nicht "Nitrato-"**)
$ON-S-$	"(Nitrosothio)-"
O_2N-NH-	"(Nitroamino)-"
$ON-NH-$	"(Nitrosoamino)-"

Beispiele:

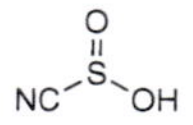

35 "Cyanoschwefligsäure" (**35**)
nach ***(b)***

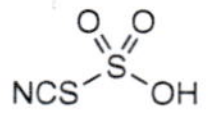

36 "Thiocyanatoschwefelsäure" (**36**)
nach ***(b)***

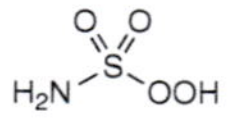

37 "Peroxysulfamidsäure" (**37**)
nach ***(b)***

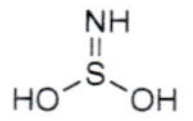

38 "Imidoschwefligsäure" (**38**)
- nach ***(b)***
- tautomer zu "Amidoschwefligsäure" ($H_2N-S(=O)-OH$; bevorzugter Name)

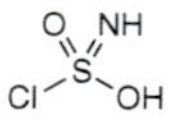

39 "Chloroimidoschwefelsäure" (**39**)
- nach ***(b)***
- tautomer zu "Sulfamidsäure-chlorid" ($H_2N-S(=O)_2-Cl$); bevorzugter Name)

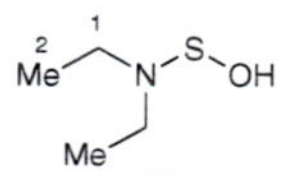

40 "Diethylamidosulfoxylsäure" (**40**)
nach ***(b)***

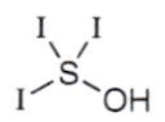

41 "Triiodoorthoschwefligsäure" (**41**)
nach ***(b)***

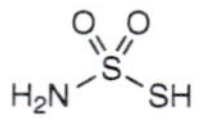

42 "Thiosulfamidsäure-($HS_2(NH_2)O_2$)" (**42**)
nach ***(b)***

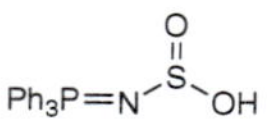

43 "(Triphenylphosphoranyliden)amidoschwefligsäure" (**43**)
nach ***(b)***

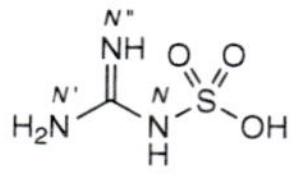

44 "(Aminoiminomethyl)sulfamidsäure" (**44**)
- nach ***(b)***
- IUPAC: auch "Guanidinsulfonsäure"

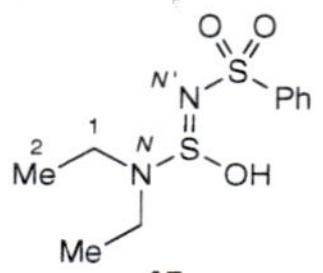

45 "*N,N*-Diethyl-*N*´-(phenylsulfonyl)amidoimidoschwefligsäure" (**45**)
- nach ***(b)***
- beachte: "Schweflig**säure**" > "Sulfon**amid**"
- das bevorzugte Tautomere heisst "*N*-[(Diethylamino)sulfinyl]benzolsulfonamid" ($Ph-S(=O)_2-NH-S(=O)-NEt_2$), d.h. "Sulfonamid" > "Schwefligsäure-diamid" (s. *Tab. 3.2*)

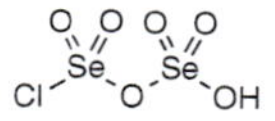

46 "Chlorodiselensäure" (**46**)
nach ***(b)*** und ***(c)***

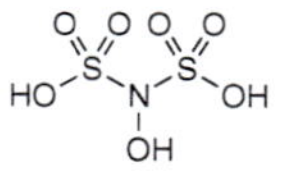

47 "Hydroxyimidodischwefelsäure" (**47**)
nach ***(c)***

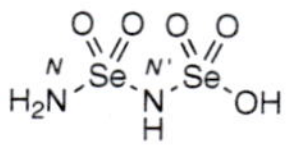

48 "Amidoimidodiselensäure" (**48**)
nach ***(b)*** und ***(c)***

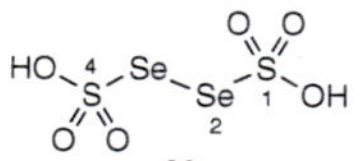

49 "Diselenotetrathionsäure-([(HO)S(O)$_2$]$_2$Se$_2$)" (**49**)
nach ***(c)***

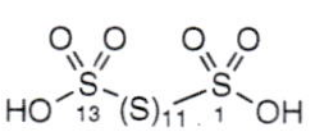

50 "Tridecathionsäure" (**50**)
nach ***(c)***

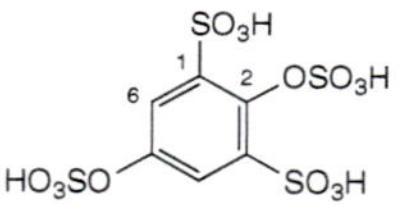

51 "2,5-Bis(sulfooxy)benzol-1,3-disulfonsäure" (**51**)
- nach ***(e)***
- beachte: "Sulfonsäure" > " Schwefelsäure" (s. *Tab. 3.2*)

CA ¶ 197 und 273
IUPAC R-5.7.3 und D-5

6.11. Phosphor- und Arsen-haltige Oxosäuren (*Klassen 5f* und *5g*)

Beachte:

- P- und As-haltige Oxosäuren werden zum Teil als **anorganische Säuren** betrachtet, z.B. "Phosphorsäure" ($(HO)_3P(=O)$). CA behandelt anorganische Säuren auch in CA ¶ 219 und IUPAC im 'Red Book' (s. *Anhang 1*). Im Rahmen der Nomenklatur organisch-chemischer Verbindungen sind vor allem Derivate dieser Säuren von Bedeutung (Anhydride, Ester, Amide). (CA ¶ 219)
- Alle P- und As-haltigen Oxosäuren sind **Funktionsstammstrukturen**; sie werden **bei CA als Funktionsstammnamen indexiert** (**nicht** als **Konjunktionsnamen** nach *Kap. 3.2.2*; z.B. 'phosphonic acid, phenyl-' ($PhPO_3H$); s. auch **9**). (Kap. 3.2.2)
- Die **Prioritätenreihenfolge** bei der Wahl der Hauptgruppe ist **in *Tab. 3.2, Fussnote o***, gegeben. Analoga, die keine Säure-Funktion mehr haben (z.B. "Phosphoramidsäure-dichlorid" ($Cl\text{-}P(=O)(NH_2)\text{–}Cl$)) werden bei den entsprechenden Verbindungsklassen eingestuft und besprochen. (Tab. 3.2)
- **P- oder As-haltige Ketten** nach *Kap. 4.3* **oder Ringe** nach *Kap. 4.5 – 4.10* **mit Gruppen –OH und =O** oder Chalcogen-Austauschanaloga **am P- oder As-Atom** werden nicht als Säuren betrachtet, sondern mittels der Präfixe "Hydroxy-" *etc.* und "Oxo-" *etc.* oder mittels Additionsnamen bezeichnet (s. *Kap. 6.21(**b**)* bzw. *6.20(**d**)*), z.B. "1-Hydroxydiphosphin" ($PH_2\text{–}PH\text{–}OH$) oder "1-Mercaptodiphosphin-1-sulfid" ($PH_2\text{–}PH(=S)SH$). (Kap. 4.3; Kap. 4.5 – 4.10; Kap. 6.21(**b**) bzw. 6.20(**d**))
- Die Übersetzungen der deutschen Säure-Endsilben ins Englische lauten:

  "...**säure**" → '...**ic acid**'
  "...**igsäure**" → '...**(o)us acid**'

In Austauschnamen wird das 'o' von 'ous' weggelassen nach dem 'o' eines Infixes ('-thio-', '-seleno-', '-telluro-', '-peroxo-' und weitere Peroxy-Infixe, s. **(*b*)**, z.B. "Phosphorotrithioigsäure" → 'phosphorotrithio**us** acid' ($P(SH)_3$).

Man unterscheidet:

(*a*) Einkernige P- und As-Oxosäuren und ihre Salze;

(*b*) Austauschanaloga von einkernigen P- und As-Oxosäuren mit Säure-Funktion;

(*c*) Acyl-Präfixe für X´(=O)(OH)₂–, X´(OH)₂–, X´H(=O)(OH)–, X´H₂(=O)–, X´H(OH)–, X´H₂–, X´(=O)₂– und X´(=O)– (X´ = P, As) sowie für Austauschanaloga (bzgl. O-Atome);

(*d*) Acyl-Präfixe für X´(=O)(OH)<, X´(OH)<, X´H(=O)< und X´H< und für –X´(=O)< und –X´< (X´ = P, As) sowie für Austauschanaloga (bzgl. O-Atome);

(*e*) Präfixe für X´(=O)(Y´)(Z´)–, X´(Y´)(Z´)–, X´H(=O)(Y´)–, X´H(Y´)–, X´(=O)(Y´)< und X´(Y´)< (X´ = P, As; Y´, Z´ = F, Cl, Br, I, N_3, H_2N, H_2NNH, OCN *etc.*, NCO *etc.*, CN, NC) sowie für Austauschanaloga (bzgl. O-Atom);

(*f*) Präfixe für X´(=O)(OH)₂–X´´– *etc.* (s. **(*c*)**; X´´= O, S, Se, Te, NH, NHNH);

(*g*) lineare (Poly)anhydride von einkernigen P- und As-Oxosäuren mit Säure-Funktion;

(*h*) Salze von P- und As-Oxosäuren.

(*a*) Einkernige ('mononuclear') **P- und As-Oxosäuren** und ihre Salze haben die folgenden **Funktionsstammnamen**, wobei die direkt am P- oder As-Atom haftenden **H-Atome substituierbar** sind:

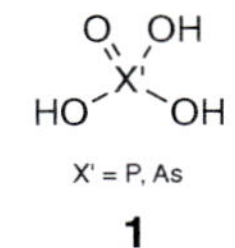

1

"Phosphorsäure" (**1**, X´= P)/
"Phosphat" (PO_4^{3-})
"Arsensäure-(H_3AsO_4)" (**1**, X´= As)/
"Arsenat-(AsO_4^{3-})" (AsO_4^{3-})
Englisch: 'phosphoric acid' bzw. 'arsenic acid (H_3AsO_4)'

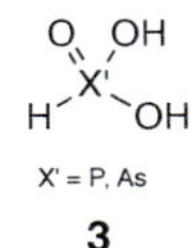

3

"Phosphonsäure" (**3**, X´= P)/
"Phosphonat" (HPO_3^{2-})
"Arsonsäure" (**3**, X´= As)/
"Arsonat" ($HAsO_3^{2-}$)
- Englisch: 'phosphonic acid' bzw. 'arsonic acid'
- **3** ist tautomer zu **2**

2

"Phosphorigsäure" (**2**, X´= P)/
"Phosphit" (PO_3^{3-})
"Arsenigsäure" (**2**, X´= As)/
"Arsenit" (AsO_3^{3-})
- Englisch: 'phosphorous acid' bzw. 'arsenous acid'
- **2** ist tautomer zu **3**

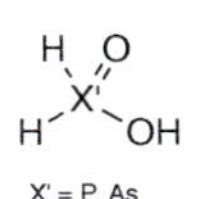

4

"Phosphinsäure" (**4**, X´= P)/
"Phosphinat" ($H_2PO_2^{1-}$)
"Arsinsäure" (**4**, X´= As)/
"Arsinat" ($H_2AsO_2^{1-}$)
- Englisch: 'phosphinic acid' bzw. 'arsinic acid'
- **4** ist tautomer zu **5**

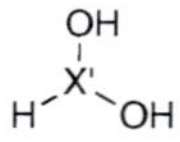

OH / X' / H OH — X' = P, As — **5**

"Phosphonigsäure" (5, X´= P)/
"Phosphonit" (HPO_2^{2-})
"Arsonigsäure" (5, X´= As)/
"Arsonit" ($HAsO_2^{2-}$)
- Englisch: 'phosphonous acid' bzw. 'arsonous acid'
- **5** ist tautomer zu **4**

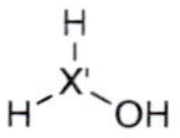

H / X' / H OH — X' = P, As — **6**

"Phosphinigsäure" (6, X´= P)/
"Phosphinit" (H_2PO^{1-})
"Arsinigsäure" (6, X´= As)/
"Arsinit" (H_2AsO^{1-})
- Englisch: 'phosphinous acid' bzw. 'arsinous acid'
- **6** ist tautomer zu "Phosphin-oxid" ($H_3P(=O)$) bzw. "Arsin-oxid" ($H_3As(=O)$)

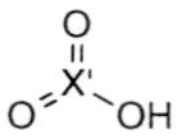

O / X' / O OH — X' = P, As — **7**

"Phosphensäure" (7, X´= P)/
"Phosphenat" (PO_3^{1-}) oder
"Metaphosphorsäure-(HPO_3)" (7, X´= P)/
"Metaphosphat-(PO_3^{1-})"
"Arsenensäure" (7, X´= As)/
"Arsenenat" (AsO_3^{1-})
- Englisch: 'phosphenic acid' oder 'metaphosphoric acid (HPO_3)' bzw. 'arsenenic acid'
- für die unsubstituierte P-Oxosäure **7**, ihre Ester und Salze wird **"Metaphosphorsäure-(HPO_3)"** verwendet; Namen von **Austauschanaloga basieren** jedoch **auf "Phosphensäure"** (s. ***(b)***), mit Ausnahme des **Trivialnamens "Metaphosphimsäure-((HO)P(O)(NH))"** ('metaphosphimic acid ((HO)P(O)(NH)'; P(=O)(=NH)OH) und seiner Chalcogen-Analoga (auch $P(\equiv N)(OH)_2$ heisst "Metaphosphimsäure", nicht "Phosphoronitridsäure")

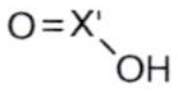

O=X' / OH — X' = P, As — **8**

"Phosphenigsäure" (8, X´= P)/
"Phosphenit" (PO_2^{1-}) oder
"Metaphosphorigsäure-(HPO_2)" (8, X´= P)/
"Metaphosphit-(PO_2^{1-})"
"Arsenenigsäure" (8, X´= As)/
"Arsenenit" (AsO_2^{1-})
- Englisch: 'phosphenous acid' oder 'metaphosphorous acid (HPO_2)' bzw. 'arsenenous acid'
- für die unsubstituierte P-Oxosäure **8**, ihre Ester und Salze wird **"Metaphosphorigsäure-(HPO_2)"** verwendet; Namen von **Austauschanaloga basieren** jedoch **auf "Phosphenigsäure"** (s. ***(b)***).

IUPAC lässt **neben den traditionellen Namen für fünfwertige Säuren**, ihre Austauschanaloga (s. ***(b)***) und Derivate nach IUPAC D-5.53 und D-5.6 **auch** Namen nach den Nomenklatur-Empfehlungen der anorganischen Chemie zu (s. *Anhang 1*, 'Red Book'), nämlich ***(i)*** ein **Säure-Name** bestehend aus dem Koordinationsnamen für die 'neutrale' Koordinationseinheit (ohne Protonen) gefolgt vom Wort "-säure" ('-ic acid') (IUPAC I-9.6, **'acid nomenclature') oder *(ii)*** ein **Hydrogen-Salz-Name** bestehend aus einem Multiplikationsaffix, dem Wort "-hydrogen-" und dem Koordinationsnamen ("at"-Name) für die anionische Koordinationseinheit (IUPAC I-9.5, **'hydrogen nomenclature'**). **Dreiwertige Säuren**, ihre Austauschanaloga (s. ***(b)***) und Derivate können nach IUPAC auch mittels ***(iii)*** **Substitutionsnamen basierend auf "Phosphin"** (auch "Phosphan"; PH_3) **bzw. "Arsin"** (auch "Arsan"; AsH_3) bezeichnet werden (IUPAC D-5.2) oder mittels ***(iv)*** **Koordinationsnamen**. Koordinationsnomenklatur wird von IUPAC ganz allgemein bevorzugt für Säuren ohne traditionelle Namen. Für Koordinationsnamen, s. *Kap. 6.34*.

z.B.

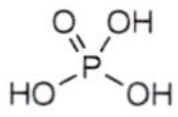

1
"Phosphorsäure" (**1; CA und IUPAC**)
"Tetraoxophosphorsäure" ***(i)***
"Trihydrogen-tetraoxophosphat(3–)" ***(ii)***

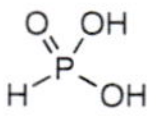

3
"Phosphonsäure" (**3; CA und IUPAC**)
"Hydridotrioxophosphor(2–)säure" ***(i)***
"Dihydrogen-hydridotrioxophosphat(2–)" ***(ii)***

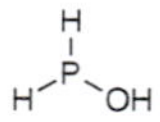

6
"Phosphinigsäure" (**6; CA und IUPAC**)
"Hydroxyphosphin" ***(iii)***
"Dihydridohydroxophosphor(III) ***(iv)***

Der Name für **eine einkernige *P*- bzw. *As*-substituierte P- oder As-Oxosäure RX´(=O)(OH)₂, R(R´)X´(=O)(OH), RX´(OH)₂ oder R(R´)X´(OH)** (X´ = P oder As) setzt sich zusammen aus:

Stammsubstituentenname(n) "(R)-" (und "(R´)-") nach *Kap. 4* oder *5*

Kap. 4 oder 5

\+ **Funktionsstammname**

"-phosphonsäure"	($-P(=O)(OH)_2$; s. **3**)
"-phosphinsäure"	($>P(=O)(OH)$; s. **4**)
"-phosphonigsäure"	($-P(OH)_2$; s. **5**)
"-phosphinigsäure"	($>P(OH)$; s. **6**)
"-arsonsäure"	($-As(=O)(OH)_2$; s. **3**)
"-arsinsäure"	($>As(=O)(OH)$; s. **4**)
"-arsonigsäure"	($-As(OH)_2$; s. **5**)
"-arsinigsäure"	($>As(OH)$; s. **6**)

z.B.

9

"[4-(Pyridin-2-yl)butyl]phosphonsäure" (**9**)
- "Butyl-" ist der Stammsubstituentenname
- *nicht* Konjunktionsnomenklatur (*Kap. 3.2.2*)

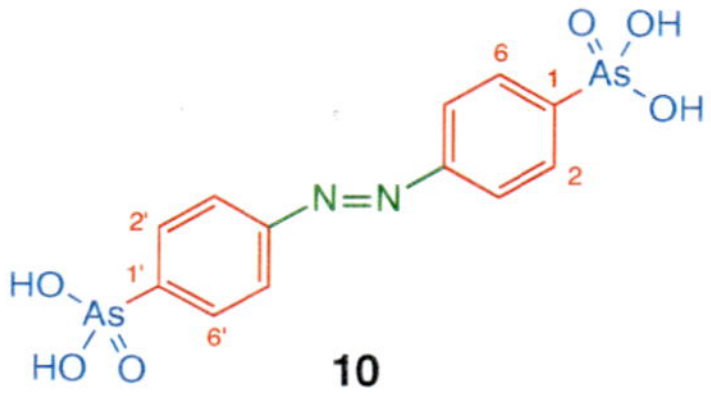

10

"(Azodi-4,1-phenylen)bis[arsonsäure]" (**10**)
- Multiplikationsname (*Kap. 3.2.3*)
- ein Teil des verbindenden multivalenten Substituenten ist gleichzeitig Stammsubstituent ($-C_6H_4-$)

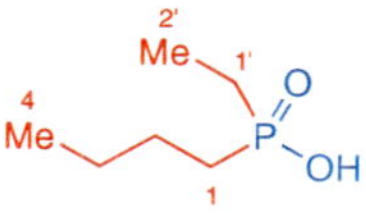

11

"(Butyl)(ethyl)phosphinsäure" (**11**)
- "Butyl-" und "Ethyl-" sind Stammsubstituentennamen
- CA lässt die Klammern weg

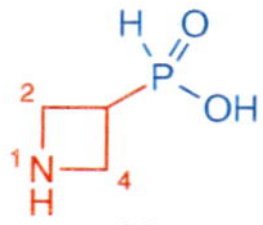

12

"(Azetidin-3-yl)phosphinsäure" (**12**)
"Azetidinyl-" ist der Stammsubstituentenname

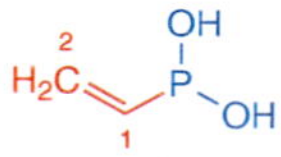

13

"Ethenylphosphonigsäure" (**13**)
"Ethenyl-" ist der Stammsubstituentenname

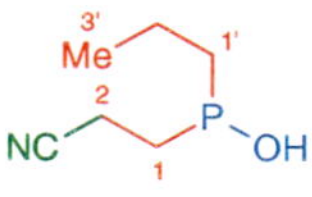

14

"(2-Cyanoethyl)propylphosphinigsäure" (**14**)
"Ethyl-" und "Propyl-" sind Stammsubstituentennamen

CA ¶ 129
IUPAC D-5.0

(*b*) Austauschanaloga

X´(=Y)(XH)(Y´)(Z´), X´(XH)(Y´)(Z´), X´H(=Y)(XH)(Y´), X´H$_2$(=Y)(XH), X´H(XH)(Y´), X´H$_2$(XH), X´(=Y)(=Z)(XH) und X´(=Y)(XH)

(X´= P oder As) von einkernigen P- und As-Oxosäuren mit Säure-Funktion[1][2]: Folgende Infixe werden für Austauschanaloga von **1** – **8** verwendet:

Austausch von –OH durch –XH, –Y´und/oder –Z´[2]

–XH, –Y´ und/ oder –Z´:		
	–F	"**-fluorid(o)-**"
	–Cl	"**-chlorid(o)-**"
	–Br	"**-bromid(o)-**"
	–I	"**-iodid(o)-**"
	$-N_3$	"**-azid(o)-**"
	–NCO	"**-isocyanatid(o)-**"
	–NCS	"**-(isothiocyanatid(o))-**"
	–NCSe	"**-(isoselenocyanatid(o)-**"
	–NCTe	"**-(isotellurocyanatid(o)-**"
	–NC	"**-isocyanid(o)-**"
	–CN	"**-cyanid(o)-**"
	–SH	"**-thio-**"
	–SeH	"**-seleno-**"
	–TeH	"**-telluro-**"
	$-NH_2$	"**-amid(o)-**"
	$-NHNH_2$	"**-hydrazid(o)-**"
	–OCN	"**-cyanatid(o)-**"
	–SCN	"**-(thiocyanatid(o))-**"
	–SeCN	"**-(selenocyanatid(o))-**"
	–TeCN	"**-(tellurocyanatid(o))-**"

Austausch von =O durch =Y und/oder =Z

=Y und/ oder =Z:		
	=S	"**-thio-**"
	=Se	"**-seleno-**"
	=Te	"**-telluro-**"
	=NH	"**-imid(o)-**"

Austausch von –OH und =O durch

≡N	"**-nitrid(o)-**"

Peroxy-Säuren mit Austausch von –OH durch –XH

–XH:		
	–OOH	"**-perox(o)-**"
	–OSH	"**-(thioperox(o))-**"
	–OSeH	"**-(selenoperox(o))-**"
	–OTeH	"**-(telluroperox(o))-**"
	–SSH	"**-(dithioperox(o))-**"
	–SSeH	"**-(selenothioperox(o))-**"
	–STeH	"**-(tellurothioperox(o))-**"
	–SeSeH	"**-(diselenoperox(o))-**"
	–SeTeH	"**-(selenotelluroperox(o))-**"
	–TeTeH	"**-(ditelluroperox(o))-**"

Diese Infixe stehen als Gesamtheit in alphabetischer Reihenfolge (ohne Berücksichtigung von Multiplikationsaffixen) **vor "-säure" bzw. "-igsäure" in den Namen von 1** – **8** nach **(*a*)**:

"Phosphor(o)...säure"	"Arsen(o)...säure"	(s.**1**)
"Phosphor(o)...igsäure"	"Arsen(o)...igsäure"	(s. **2**)
"Phosphon(o)...säure"	"Arson(o)...säure"	(s. **3**)
"Phosphin(o)...säure"	"Arsin(o)...säure"	(s. **4**)
"Phosphon(o)...igsäure"	"Arson(o)...igsäure"	(s.**5**)
"Phosphin(o)...igsäure"	"Arsin(o)...igsäure"	(s. **6**)
"Phospen(o)...säure"	"Arsenen(o)...säure"	(s.**7**)
"Phosphen(o)...igsäure"	"Arsenen(o)...igsäure"	(s. **8**)

Vor dem Konsonanten eines Infixes wird "**Phosphoro-**", "**Phosphono-**", "**Phosphino-**", "**Phospheno-**" *etc.* verwendet. Das endständige "o" eines Infixes wird vor einem Vokal weggelassen, mit Ausnahme von "-thio-", "-seleno-" und "-telluro-", ebenso vor "-säure" und "-igsäure", mit Ausnahme von "-thio-", "-seleno-", "-telluro-" und allen Peroxy-Infixen.

Die Namen von **tautomeren Gruppen** werden **beim Gebrauch der Infixe "-thio-", "-seleno-" und "-telluro-"** nicht unterschieden (Austausch von =O *oder* –OH); sie können aber durch die Lokanten "*O*", "*S*", "*Se*", bzw. "*Te*" gekennzeichnet werden (s. z.B. **21**[1]). **Tautomere Gruppen, die =NH und/oder –NH$_2$ enthalten**, lassen sich durch die geeignete Wahl von Infixen unterscheiden (s. z.B. **15** und **18**)[1]). Die Peroxy-Infixe unterscheiden nicht zwischen isomeren X; sie können aber durch die Lokanten "*OS*", "*SO*", "*SSe*", "*SeS*" *etc.* angegeben werden (s. z.B. **27**).

IUPAC lässt neben den CA-Namen für **fünfwertige Austauschanaloga** auch **(*i*) Austauschnamen** von Säuren unter Verwendung von Austausch-Affixen zu, die dem Funktionsstammnamen nach **(*a*)** in alphabetischer Reihenfolge vorgestellt werden (s. 'Red Book', IUPAC I-9.9.3), oder **(*ii*) Koordinationsnamen** (vgl. **(*a*)**). **Dreiwertige Austauschanaloga** können nach IUPAC auch mittels **(*iii*) Substitutionsnamen basierend auf "Phosphin"** (auch "Phosphan"; PH_3) **bzw. "Arsin"** (auch "Arsan"; AsH_3) benannt werden oder mittels **(*iv*) Koordinationsnamen** (vgl. **(*a*)**). Für Koordinationsnamen, s. *Kap. 6.34.*

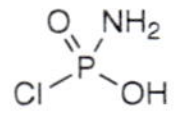

15
"Phosphoramidochloridsäure" (**15**; **CA und IUPAC**)
"Amidochlorophosphorsäure" **(*i*)**
"Amidochlorohydroxooxophosphor(V)" **(*ii*)**
"Hydrogen-amidochlorodioxophosphat(V)" **(*ii*)**

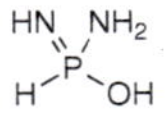

16
"Phosphonamidimidsäure" (**16**; **CA und IUPAC**)
"Amidoimidophosphonsäure" **(*i*)**
"Amidohydridohydroxoimidophosphor(V)" **(*ii*)**
"Hydrogen-amidohydridoimidooxophosphat(V)" **(*ii*)**

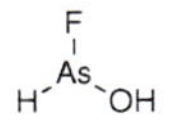

17
"Arsonofluoridigsäure" (**17**; **CA und IUPAC**)
"Fluorohydroxyarsin" **(*iii*)**
"Fluorohydridohydroxoarsen(III)" **(*iv*)**

---

[1]) CA benennt **tautomere Gruppen** mit der Atomfolge O–P–S, O–P–Se, O–P–Te, O–P–N, S–P–N *etc.* (analog für das As-Kernatom), **deren Tautomerisierung nicht** durch Substituenten (oder z.B. Ester-, Anhydrid- oder Salz-Bildung) **blockiert ist**, bevorzugt so, dass eine **Doppelbindung vom Kernatom** (P bzw. As) **aus mit abnehmender Priorität** zu folgendem Atom führt: **O > S > Se > Te > N**, z.B. O=P–S, S=P–N. Ausserdem hat ein **unsubstituiertes =NH Priorität**, auch wenn das Kernatom an –NH–, $-NHNH_2$ oder an einen andern N-haltigen Substituenten gebunden ist, z.B. HN=P–NH–NH_2, nicht H_2N–P=NNH_2 (CA ¶ 122; vgl. auch ¶ 129 und J. Mockus, R.E. Stobauch, *J. Chem. Inf. Comput. Sci.* **1980**, *20*, 18).

[2]) Geht durch Austausch der OH-Gruppen die **Säure-Funktion verloren**, dann handelt es sich um eine **Verbindung tieferer Priorität**, z.B. um ein Säure-halogenid (*Kap. 6.15*) oder ein Amid (*Kap. 6.16*) (s. *Tab. 3.2*).

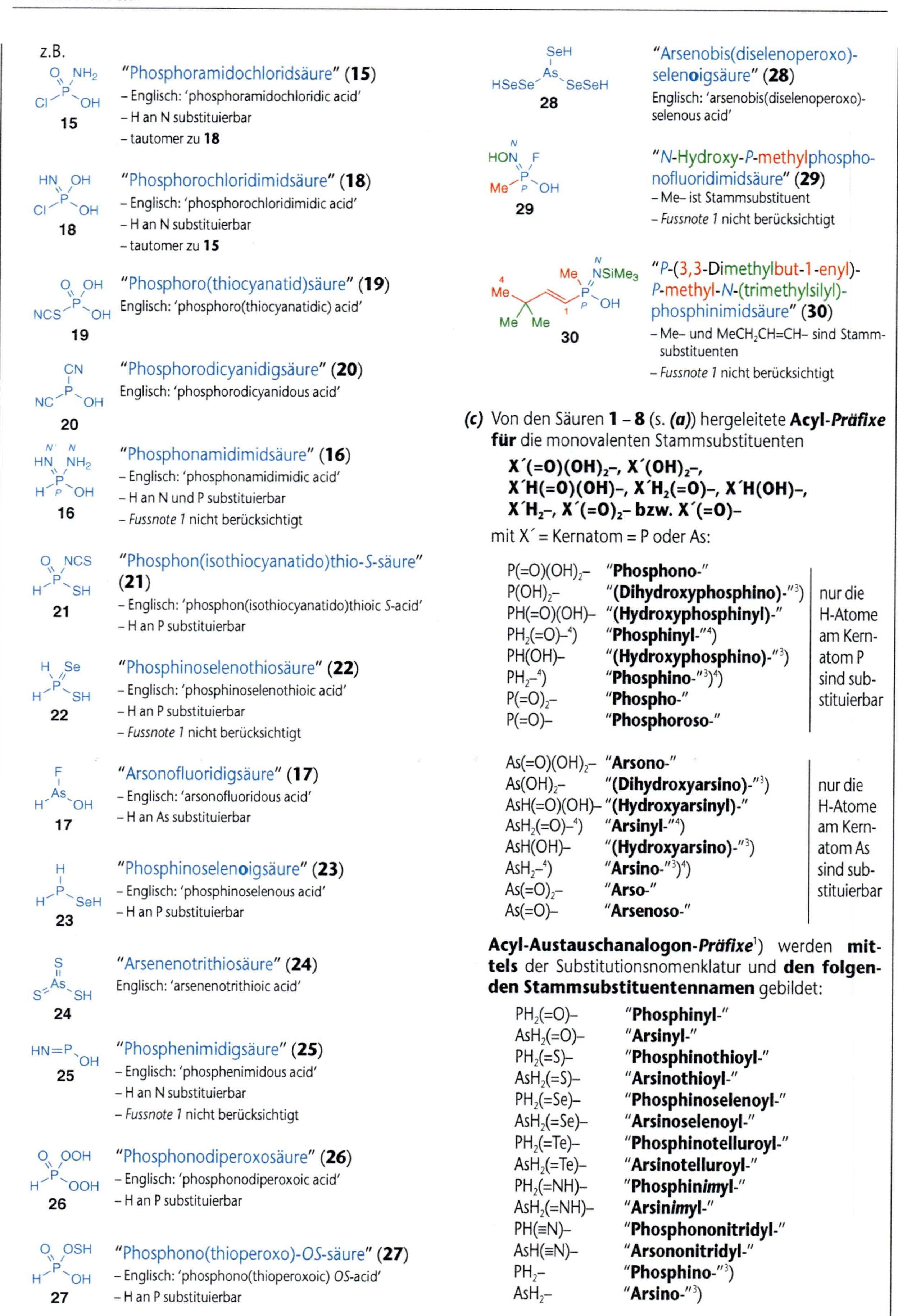

z.B.

"Phosphoramidochloridsäure" (**15**)
- Englisch: 'phosphoramidochloridic acid'
- H an N substituierbar
- tautomer zu **18**

"Phosphorochloridimidsäure" (**18**)
- Englisch: 'phosphorochloridimidic acid'
- H an N substituierbar
- tautomer zu **15**

"Phosphoro(thiocyanatid)säure" (**19**)
Englisch: 'phosphoro(thiocyanatidic) acid'

"Phosphorodicyanidigsäure" (**20**)
Englisch: 'phosphorodicyanidous acid'

"Phosphonamidimidsäure" (**16**)
- Englisch: 'phosphonamidimidic acid'
- H an N und P substituierbar
- *Fussnote 1* nicht berücksichtigt

"Phosphon(isothiocyanatido)thio-*S*-säure" (**21**)
- Englisch: 'phosphon(isothiocyanatido)thioic *S*-acid'
- H an P substituierbar

"Phosphinoselenothiosäure" (**22**)
- Englisch: 'phosphinoselenothioic acid'
- H an P substituierbar
- *Fussnote 1* nicht berücksichtigt

"Arsonofluoridigsäure" (**17**)
- Englisch: 'arsonofluoridous acid'
- H an As substituierbar

"Phosphinoselen**o**igsäure" (**23**)
- Englisch: 'phosphinoselenous acid'
- H an P substituierbar

"Arsenenotrithiosäure" (**24**)
Englisch: 'arsenenotrithioic acid'

"Phosphenimidigsäure" (**25**)
- Englisch: 'phosphenimidous acid'
- H an N substituierbar
- *Fussnote 1* nicht berücksichtigt

"Phosphonodiperoxosäure" (**26**)
- Englisch: 'phosphonodiperoxoic acid'
- H an P substituierbar

"Phosphono(thioperoxo)-*OS*-säure" (**27**)
- Englisch: 'phosphono(thioperoxoic) *OS*-acid'
- H an P substituierbar

"Arsenobis(diselenoperoxo)-selen**o**igsäure" (**28**)
Englisch: 'arsenobis(diselenoperoxo)-selenous acid'

"*N*-Hydroxy-*P*-methylphosphonofluoridimidsäure" (**29**)
- Me– ist Stammsubstituent
- *Fussnote 1* nicht berücksichtigt

"*P*-(3,3-Dimethylbut-1-enyl)-*P*-methyl-*N*-(trimethylsilyl)-phosphinimidsäure" (**30**)
- Me– und $MeCH_2CH{=}CH$– sind Stammsubstituenten
- *Fussnote 1* nicht berücksichtigt

(c) Von den Säuren **1** – **8** (s. ***(a)***) hergeleitete **Acyl-*Präfixe* für** die monovalenten Stammsubstituenten

$X'(=O)(OH)_2$–, $X'(OH)_2$–, $X'H(=O)(OH)$–, $X'H_2(=O)$–, $X'H(OH)$–, $X'H_2$–, $X'(=O)_2$– bzw. $X'(=O)$–

mit X´ = Kernatom = P oder As:

$P(=O)(OH)_2$–	**"Phosphono-"**	nur die H-Atome am Kernatom P sind substituierbar
$P(OH)_2$–	**"(Dihydroxyphosphino)-"**[3])	
$PH(=O)(OH)$–	**"(Hydroxyphosphinyl)-"**	
$PH_2(=O)$–[4])	**"Phosphinyl-"**[4])	
$PH(OH)$–	**"(Hydroxyphosphino)-"**[3])	
PH_2–[4])	**"Phosphino-"**[3])[4])	
$P(=O)_2$–	**"Phospho-"**	
$P(=O)$–	**"Phosphoroso-"**	

$As(=O)(OH)_2$–	**"Arsono-"**	nur die H-Atome am Kernatom As sind substituierbar
$As(OH)_2$–	**"(Dihydroxyarsino)-"**[3])	
$AsH(=O)(OH)$–	**"(Hydroxyarsinyl)-"**	
$AsH_2(=O)$–[4])	**"Arsinyl-"**[4])	
$AsH(OH)$–	**"(Hydroxyarsino)-"**[3])	
AsH_2–[4])	**"Arsino-"**[3])[4])	
$As(=O)_2$–	**"Arso-"**	
$As(=O)$–	**"Arsenoso-"**	

Acyl-Austauschanalogon-*Präfixe*[1]) werden **mittels** der Substitutionsnomenklatur und **den folgenden Stammsubstituentennamen** gebildet:

$PH_2(=O)$–	**"Phosphinyl-"**
$AsH_2(=O)$–	**"Arsinyl-"**
$PH_2(=S)$–	**"Phosphinothioyl-"**
$AsH_2(=S)$–	**"Arsinothioyl-"**
$PH_2(=Se)$–	**"Phosphinoselenoyl-"**
$AsH_2(=Se)$–	**"Arsinoselenoyl-"**
$PH_2(=Te)$–	**"Phosphinotelluroyl-"**
$AsH_2(=Te)$–	**"Arsinotelluroyl-"**
$PH_2(=NH)$–	**"Phosphin*imyl*-"**
$AsH_2(=NH)$–	**"Arsin*imyl*-"**
$PH(\equiv N)$–	**"Phosphononitridyl-"**
$AsH(\equiv N)$–	**"Arsononitridyl-"**
PH_2–	**"Phosphino-"**[3])
AsH_2–	**"Arsino-"**[3])

[3]) Für die **Stammsubstituentennamen "Phosphino-", "Arsino-", "Phosphiniden-", "Arsiniden-", "Phosphinidin-"** ('phosphinidyne-') **und "Arsinidin-"** ('arsinidyne-'), s. *Kap. 5.2*.

[4]) Ist mehr als ein Stammsubstituent dieser Art vorhanden, dann werden zur Vermeidung von Zweideutigkeiten die **Multiplikationsaffixe "Bis-", "Tris-"** *etc.* und Klammern verwendet, z.B. "Bis(phosphinyl)-" für 2 $PH_2(=O)$– ("Diphosphinyl-" ist PH_2–PH–; s. *Kap. 4.3.3.1*).

Kap. 6.15

Beachte:

Die **Acyl-Präfixe und Acyl-Austauschanalogon-Präfixe** werden nur als Präfixe und **nicht zur Benennung entsprechender Säure-halogenide** (*Klasse 6a; Kap. 6.15*) verwendet.

IUPAC empfiehlt u.a. folgende Acyl-Namen und Acyl-Austauschanalogon-Namen für monovalente Substituenten (IUPAC R-3.3, D-5.12, D-5.52, D-5.66 und D-5.67) (X´ = P oder As):

$X'(=O)(OH)_2$–	"Phosphono-"/"Arsono-" oder "(Dihydroxyphosphoryl)-"/"(Dihydroxyarsoryl)-"
$X'(OH)_2$–	"(Dihydroxyphosphanyl)-"/"(Dihydroxyarsanyl)-"
X´H(=O)(OH)–	"(Hydrohydroxyphosphoryl)-"/ "(Hydrohydroxyarsoryl)-"
$X'H_2(=O)$–	"Phosphin**o**yl-"/"Arsin**o**yl-" oder "(Dihydrophosphoryl)-"/"(Dihydroarsoryl)-"
X´H(OH)–	"(Hydroxyphosphanyl)-"/"(Hydroxyarsanyl)-"
$X'H_2$–	"Phosphanyl-"/"Arsanyl-"
$X'(=O)_2$–	"(Dioxo-λ^5-phosphanyl)-"/"(Dioxo-λ^5-arsanyl)-" (vermutlich; für "λ^5", s. *Anhang 7*)
X´(=O)–	"(Oxophosphanyl)-"/"(Oxoarsanyl)-" (vermutlich)
$X'H_2(=S)$–	"Phosphinothioyl-"/"Arsinothioyl-"
$X'H(=O)(NH_2)$–	"Phosphonamidoyl-" (s. **40**)/"Arsonamidoyl-"
$X'H(=NH)(NH_2)$–	"Phosphonamidimidoyl-" (s. **41**)/ "Arsonamidimidoyl-"
X´H(≡N)–	"Phosphononitridoyl-"

z.B

31 "(Hydroxymercaptophosphinyl)-" (**31**)
IUPAC: "(Hydroxymercaptophosphoryl)-"

32 "(Hydroxyphosphinothioyl)-" (**32**)
Fussnote 1 nicht berücksichtigt

33 "(Dihydroxyarsinimyl)-" (**33**)
– *Fussnote 1* nicht berücksichtigt
– IUPAC: "(Dihydroxyarsinimidoyl)-"

34 "(Thioxoarsino)-" (**34**)
IUPAC: auch "(Thioxoarsanyl)-"

35 "(Ditellurylphosphino)-" (**35**)
IUPAC: auch "[Bis(tellanyl)phosphanyl]-"

(d) Von den Säuren **1** – **3** und **5** (s. ***(a)***) hergeleitete **Acyl-*Präfixe* für** die divalenten Substituenten

X´(=O)(OH)<, X´(OH)<, X´H(=O)< bzw. X´H<

(X´ = P oder As) **und für** die trivalenten Substituenten

–X´(=O)< und –X´<

(X´ = P oder As) **und die entsprechenden Acyl-Austauschanalogon-*Präfixe***[1]) werden **mittels** der Substitutionsnomenklatur und den **folgenden Stammsubstituentennamen** gebildet (**...< kann durch ...=, und –...< durch –...= oder ... ≡ ersetzt werden**):

PH(=O)<	**"Phosphinyliden-"**[4])
AsH(=O)<[4])	**"Arsinyliden-"**[4])
PH<	**"Phosphiniden-"**[3])
AsH<	**"Arsiniden-"**[3])
–P(=O)<	**"Phosphinylidin-"** ('phosphinylidyne-')[4])
–As(=O)<[4])	**"Arsinylidin-"** ('arsinylidyne-')[4])
–P<	**"Phosphinidin-"** ('phosphinidyne-')[3])
–As<	**"Arsinidin-"** ('arsinidyne-')[3])
PH(=S)<	**"Phosphinothioyliden-"** entsprechend für Se- und Te-Analoga (s. ***(c)***)
AsH(=S)<	**"Arsinothioyliden-"** entsprechend für Se- und Te-Analoga (s. ***(c)***)
PH(=NH)<	**"Phosphin*imy*liden-"**
AsH(=NH)<	**"Arsin*imy*liden-"**
P(≡N)<	**"Phosphononitridyliden-"**
As(≡N)<	**"Arsononitridyliden-"**
–P(=S)<	**"Phosphinothioylidin-"** ('phosphinothioylidyne-') entsprechend für Se- und Te-Analoga (s. ***(c)***)
–As(=S)<	**"Arsinothioylidin-"** ('arsinothioylidyne-') entsprechend für Se- und Te-Analoga (s. ***(c)***)

Ausnahmen:

P(=O)(OH)< **"Phosphinico-"**
As(=O)(OH)< **"Arsinico-"**
– für verbindende Substituenten bei **Multiplikationsnamen** (*Kap. 3.2.3*)
– auch bei IUPAC

Beachte:

Die **Acyl-Präfixe und Acyl-Austauschanalogon-Präfixe** werden nur als Präfixe und **nicht zur Benennung entsprechender Säure-halogenide** (*Klasse 6a; Kap. 6.15*) verwendet.

Kap. 6.15

IUPAC empfiehlt u.a. folgende Acyl-Namen und Acyl-Austauschanalogon-Namen für bi- und trivalente Substituenten (IUPAC R-3.3, D-5.14, D-5.15, D-5.52, D-5.66 und D-5.67) (X´ = P oder As):

X´H(=O)<	"Phosphonoyl-"/"Arsonoyl-"
X´H<	"Phosphandiyl-"/"Arsandiyl-"
–X´(=O)<	"Phosphoryl-"/"Arsoryl-"
–X´<	"Phosphantriyl-"/"Arsantriyl-"
X´H(=S)<	"Phosphonothioyl-"/"Arsonothioyl-" entsprechend für Se- und Te-Analoga
X´H(=NH)<	"Phosphonimidoyl-"/"Arsonimidoyl-"
X´(≡N)<	"Phosphoronitridoyl-"/"Arsoronitridoyl-"
–X´(=S)<	"Phosphorothioyl-"/"Arsorothioyl-" entsprechend für Se- und Te-Analoga

z.B.

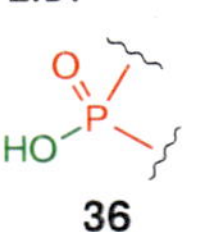

36 "(Hydroxyphosphinyliden)-" (**36**)
– **nicht bei Multiplikationsnamen** (s. Ausnahmen)
– IUPAC: "(Hydroxyphosphoryl)-"

37 "(Hydroxyarsiniden)-" (**37**)
IUPAC: "(Hydroxyarsandiyl)-"

38 "(Mercaptophosphinothioyliden)-" (**38**)
IUPAC: "(Mercaptophosphonothioyl)-"

(e) **Präfixe für**

X´(=O)(Y´)(Z´)–, X´(Y´)(Z´)–, X´H(=O)(Y´)–, X´H(Y´)–, X´(=O)(Y´)< und X´(Y´)<

(X´ = P oder As), in denen Y´– und/oder Z´– = F–, Cl–, Br–, I–, N_3–, H_2N–, H_2NNH–, OCN– *etc.*, NCO– *etc.*, CN– und NC– sind, **sowie für Austauschanaloga** bezüglich =O werden **mittels** Substitutionsnomenklatur und **der folgenden Stammsubstituentennamen** gebildet (**...< kann durch ...= ersetzt werden**):

$PH_2(=O)$–	"**Phosphinyl-**"
$AsH_2(=O)$–	"**Arsinyl-**"
PH_2–	"**Phosphino-**"[3])
AsH_2–	"**Arsino-**"[3])
$PH_2(=S)$–	"**Phosphinothioyl-**" entsprechend für Se- und Te-Analoga (s. ***(c)***)
$AsH_2(=S)$–	"**Arsinothioyl-**" entsprechend für Se- und Te-Analoga (s. ***(c)***)
$PH_2(=NH)$–	"**Phosphin*imyl*-**"
$AsH_2(=NH)$–	"**Arsin*imyl*-**"
PH(=O)<	"**Phosphinyliden-**"
AsH(=O)<	"**Arsinyliden-**"
PH<	"**Phosphiniden-**"[3])
AsH<	"**Arsiniden-**"[3])
PH(=S)<	"**Phosphinothioyliden-**" entsprechend für Se- und Te-Analoga (s. ***(c)***)
AsH(=S)<	"**Arsinothioyliden-**" entsprechend für Se- und Te-Analoga (s. ***(c)***)
PH(=NH)<	"**Phosphin*imyl*iden-**"
AsH(=NH)<	"**Arsin*imyl*iden-**"

Tab. 3.1 und 3.2

Präfixe für Y´– und Z´– sind in *Tab. 3.1* und *3.2* zu finden[5]).
Für IUPAC-Varianten, s. ***(c)***.

z.B.

"(Dichlorophosphinyl)-" (**39**)
IUPAC: z.B. "(Dichlorophosphoryl)-", s. ***(c)***

39

"(Aminophosphinyl)-" (**40**)
IUPAC: z.B. "Phosphonamidoyl-", s. ***(c)***

40

"(*P*-Aminophosphinimyl)-" (**41**)
IUPAC: z.B. "Phosphonamidimidoyl-", s. ***(c)***

41

"(Dibromoarsinothioyl)-" (**42**)

42

"(Iodoarsinyliden)-" (**43**)
IUPAC: z.B. "(Iodoarsoryl)-", s. ***(d)***

43

"(Chlorophosphiniden)-" (**44**)
IUPAC: z.B. "(Chlorophosphandiyl)-", s. ***(d)***

44

(f) **Präfixe für monovalente Substituenten mit der freien Valenz an einem** an das Kernatom X´ = P oder As gebundenen **Heteroatom X´´**, z.B. X´´ = O, S, Se, Te, NH, NHNH, **in X´(...)–X´´–**:

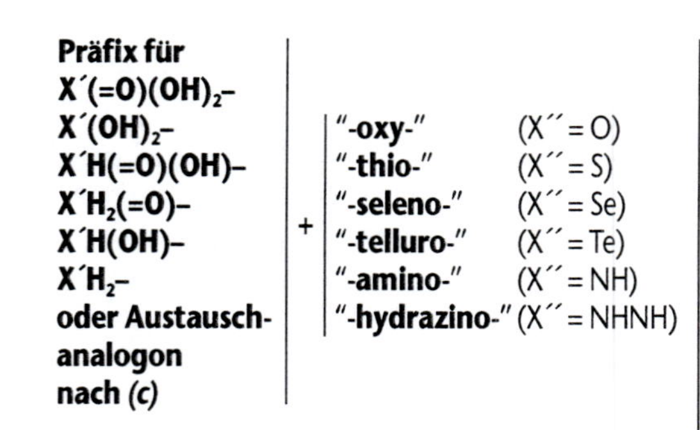

Präfix für			
$X'(=O)(OH)_2$–			
$X'(OH)_2$–		"**-oxy-**"	(X´´ = O)
$X'H(=O)(OH)$–		"**-thio-**"	(X´´ = S)
$X'H_2(=O)$–	+	"**-seleno-**"	(X´´ = Se)
$X'H(OH)$–		"**-telluro-**"	(X´´ = Te)
$X'H_2$–		"**-amino-**"	(X´´ = NH)
oder Austausch-analogon nach *(c)*		"**-hydrazino-**"	(X´´ = NHNH)

Kap. 3.2.3

Präfixe für multivalente Substituenten dieser Art für Multiplikationsnamen setzen sich entsprechend aus den Präfixen nach ***(d)*** oder ***(e)*** und "-bis(oxy)-", "-bis(thio)-" *etc.*, "-diimino-" (–NH–) *etc.* zusammen.

z.B.

"(Phosphonooxy)-" (**45**)

45

"(Phosphinyloxy)-" (**46**)

46

"(Diiodoarsinooxy)-" (**47**)

47

"[Phosphinylidenbis(thio)]-" (**48**)
bei Multiplikationsnamen

48

"(Phosphinicodiimino)-" (**49**)
bei Multiplikationsnamen (s. Ausnahmen in ***(d)***)

49

CA ¶ 179, 197 und 219, auch Kap. 6.13

(g) Lineare **(Poly)anhydride von (einkernigen) P- und As-Oxosäuren *mit Säure-Funktion*** werden nach den Nomenklaturregeln für anorganische P- und As-Säuren benannt.

z.B.

"Diphosphorsäure" (**50**)
– Englisch: '**diphosphoric acid**'
– **früher "Pyrophosphorsäure"**

50

"Diarsenigsäure" (**51**)
Englisch: 'diarsenous acid'

51

"Triphosphonsäure" (**52**)
Englisch: 'triphosphonic acid'

52

[5]) Weitere Präfixe für Y´– (oder Z´–) sind "**Cyanato-**" (Y´– = NCO–), "**Thiocyanato-**" (Y´– = NCS–), "**Selenocyanato-**" (Y´– = NCSe–) und "**Tellurocyanato-**" (Y´– = NCTe–); für IUPAC-Empfehlungen im Deutschen (Weglassen des endständigen "o" des Präfixes), s. *Tab. 3.1*.

53 "Peroxydiphosphorsäure- ($[(HO)_2P(O)]_2O_2$)" (**53**)
Austausch-Affix "Peroxy-" (nicht Infix), vgl. *Kap. 6.10(b)*

54 "Diimidotriphosphorigsäure" (**54**)
Austausch-Affix "Imido-" (nicht Infix), vgl. *Kap. 6.10(b)*

CA ¶ 198

(h) **Salze** von P- und As-Oxosäuren werden nach *Kap. 6.4.1* oder *6.4.2.2(b)* benannt:

Kap. 6.4.1

Name der Säure	+	"**Trinatrium-Salz**" (Na^+) "**Ammonium-magnesium-Salz (1:1:1)**" (NH_4^+, Mg^{2+}) *etc.*
		oder
Kation-Name(n) (alphabetisch angeordnet)[6])		**vor Anion-Name**

Kap. 6.4.2.2(b)

Der **Anion-Name** (bei CA nur als modifizierende Angabe; vgl. dazu **55** – **58**) leitet sich vom Säure-Namen her (s. *(a)* für **Ausnahmen**, z.B. "**Phosphat**" (PO_4^{3-})):

"-**säure**" ('-ic acid') → "-**at**" ('-ate')
"-**igsäure**" ('-(o)us acid') → "-**it**" ('-(o)ite')

Der Name eines mehrkernigen Anions wird in Klammern gesetzt, z.B. "**(Diphosphat)**" ($P_2O_7^{4-}$).

z.B.

55 "Ammonium-phosphorodifluorid**at**" (**55**)
- Englisch: 'ammonium phosphorodifluoridate'
- CA: 'phosphorodifluorid**ic** acid, ammonium salt'

56 "Eisen(2+)-lithium-phosphorotrithio**it**" (**56**)
- Englisch: 'iron(2+) lithium phosphorotrithioite'
- CA: 'phosphorotrithio**us** acid, iron(2+) lithium salt (1:1:1)'

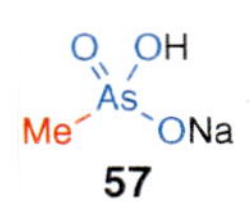
57 "Natrium-hydrogen-methylarson**at**" (**57**)
- Englisch: 'sodium hydrogen methylarsonate'
- CA: 'arson**ic** acid, methyl-, monosodium salt'

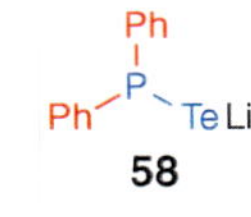
58 "Lithium-diphenylphosphinotelluro**it**" (**58**)
- Englisch: 'lithium diphenylphosphinotelluroite'
- CA: 'phosphinotelluro**us** acid, diphenyl-, lithium salt'

6

Beispiele:

59 "7-Azabicyclo[4.1.0]hept-7-ylphosphonsäure" (**59**)
nach *(a)*

60 "{[2-(Aminocarbonyl)piperidin-4-yl]methyl}phosphonsäure" (**60**)
nach *(a)*

61 "(3-Amino-1-hydroxypropyliden)bis-[phosphonsäure]" (**61**)
- nach *(a)*
- Multiplikationsname
- **trivial "Pamidronsäure"**

62 "(Benzofuran-2-ylmethyl)ethylphosphinsäure" (**62**)
nach *(a)*

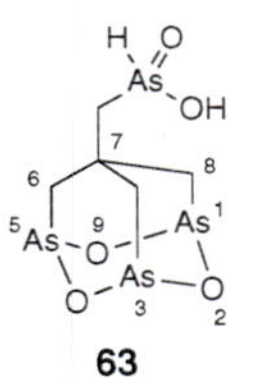
63 "(2,4,9-Trioxa-1,3,5-triarsatricyclo[3.3.1.1[3,7]]dec-7-ylmethyl)arsinsäure" (**63**)
nach *(a)*

64 "[1,1´-Biphenyl]-4,4´-diylbis[phosphonigsäure]" (**64**)
- nach *(a)*
- Multiplikationsname

65 "(2-Chloroethenyl)arsonigsäure" (**65**)
nach *(a)*

66 "[2-(Diethylphosphino)ethyl]ethylphosphinigsäure" (**66**)
nach *(a)*

---

[6]) **Die Kation-Namen stehen vor allfällig notwendigem "hydrogen", "dihydrogen"**, z.B. "Ammonium-natrium-hydrogen-phosphat" ($Na(NH_4)HPO_4$; IUPAC: auch "Ammonium-natrium-hydrogenphosphat" (s. 'Red Book', *Anhang 1*); CA-Index: 'phosphoric acid, compounds, monoammonium monosodium salt'). **IUPAC** empfiehlt, im Deutschen die **Bindestriche** wegzulassen (IUPAC R-5.7.4.1); sie werden im folgenden aber immer beigefügt.

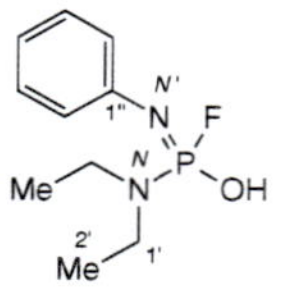

67

"*N*,*N*-Diethyl-*N*´-phenylphosphoramidofluoridimidsäure" (**67**)
- nach ***(b)***
- *Fussnote 1* nicht berücksichtigt

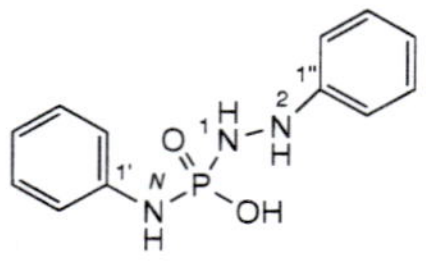

68

"*N*,2-Diphenylphosphoramidohydrazidsäure" (**68**)
nach ***(b)***

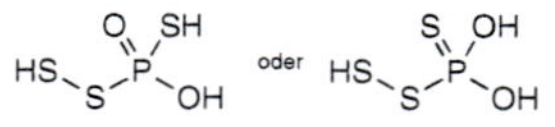

69

"Phosphoro(dithioperoxo)thiosäure" (**69**)
nach ***(b)***

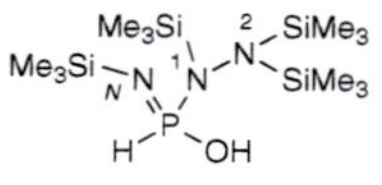

70

"*N*,1,2,2-Tetrakis(trimethylsilyl)phosphonohydrazidimidsäure" (**70**)
- nach ***(b)***
- *Fussnote 1* nicht berücksichtigt

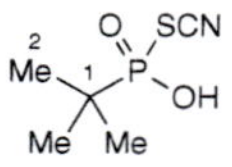

71

"(1,1-Dimethylethyl)phosphono(thiocyanatid)säure" (**71**)
nach ***(b)***

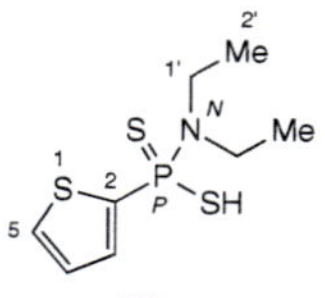

72

"*N*,*N*-Diethyl-*P*-(2-thienyl)phosphonamidodithiosäure" (**72**)
nach ***(b)***

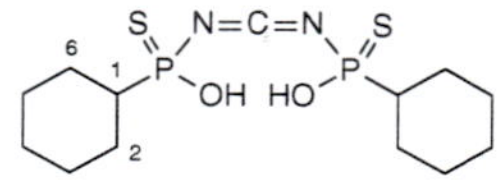

73

"Methantetraylbis[cyclohexylphosphonamidothiosäure]" (**73**)
- nach ***(b)***
- *Fussnote 1* nicht berücksichtigt
- Multiplikationsname

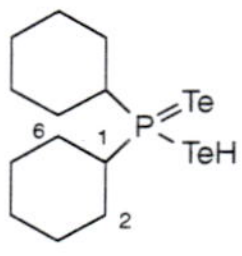

74

"Dicyclohexylphosphinoditellurosäure" (**74**)
nach ***(b)***

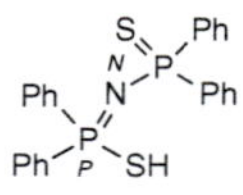

75

"*N*-(Diphenylphosphinothioyl)-*P*,*P*-diphenylphosphinimidothio-*S*-säure" (**75**)
- nach ***(b)*** und ***(c)***
- *Fussnote 1* nicht berücksichtigt

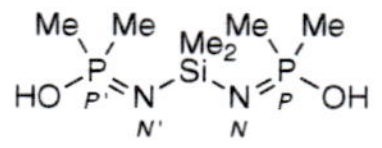

76

"*N*,*N*´-(Dimethylsilylen)bis[*P*,*P*-dimethylphosphinimidsäure]" (**76**)
- nach ***(b)***
- Multiplikationsname
- *Fussnote 1* nicht berücksichtigt

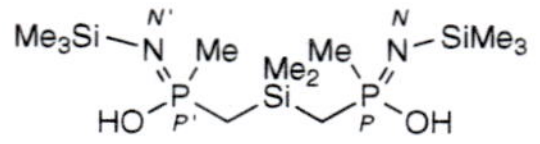

77

"*P*,*P*´-[(Dimethylsilylen)bis(methylen)]-bis[*P*-methyl-*N*-(trimethylsilyl)-phosphinimidsäure]" (**77**)
- nach ***(b)***
- Multiplikationsname
- *Fussnote 1* nicht berücksichtigt

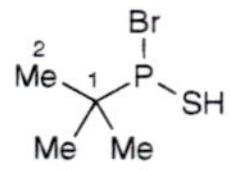

78

"(1,1-Dimethylethyl)phosphonobromidothioigsäure" (**78**)
nach ***(b)***

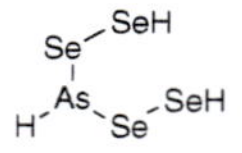

79

"Arsonobis(diselenoperoxo)igsäure" (**79**)
nach ***(b)***

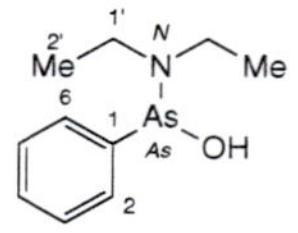

80

"*N*,*N*-Diethyl-*As*-phenylarsonamidigsäure" (**80**)
nach ***(b)***

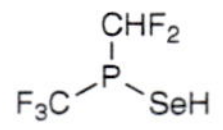

81

"(Difluoromethyl)(trifluoromethyl)-phosphinoselenoigsäure" (**81**)
nach ***(b)***

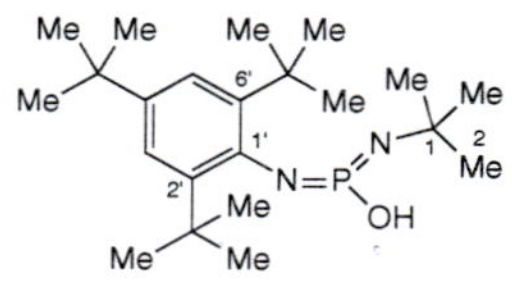

82

"(1,1-Dimethylethyl)[2,4,6-tris(1,1-dimethylethyl)phenyl]phosphenodiimidsäure" (**82**)
- nach ***(b)***
- *Fussnote 1* nicht berücksichtigt

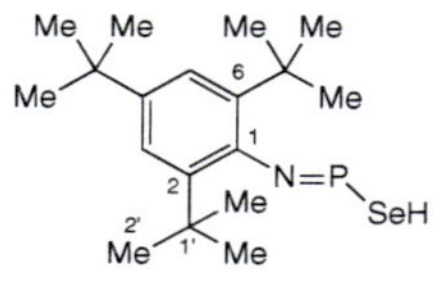

83

"[2,4,6-Tris(1,1-dimethylethyl)phenyl]-phosphenimidoselenoigsäure" (**83**)
- nach ***(b)***
- *Fussnote 1* nicht berücksichtigt

6.12. Antimon-, Bismut(Wismut)-, Silicium- und Bor-haltige Oxosäuren (*Klassen 5h – 5k*)

Beachte:

- Im Rahmen der Nomenklatur organisch-chemischer Verbindungen sind hauptsächlich Silicium- und Bor-haltige Oxosäuren von Bedeutung.
- Alle Si- und B-haltigen Oxosäuren sind **Funktionsstammstrukturen**, sie werden **bei CA als Funktionsstammnamen indexiert** (**nicht** als **Konjunktionsnamen** nach *Kap. 3.2.2*). Für **IUPAC**-Empfehlungen ist das 'Red Book' zu konsultieren.

Kap. 3.2.2
Anhang 1 (A.1.12)

Man unterscheidet:

(a) Sb- und Bi-Oxosäuren ("Metallhydroxid"- oder "Metall-hydroxid-oxid"-Namen);

(b) Si-Oxosäuren (Kieselsäuren);

(c) B-Oxosäuren (acyclische und cyclische Borsäuren, Boron- und Borinsäure).

CA ¶ 181 und 219
Kap. 6.27

(a) **Sb- und Bi-'Oxosäuren' werden** nach den Nomenklaturregeln der anorganischen Chemie **als "Metallhydroxid" oder "Metall-hydroxid-oxid"** (mit einer nachgestellten linearen Formel) **bezeichnet**[1]. Für andere Sb- und Bi-Verbindungen, s. *Kap. 6.27*.

z.B.

"Antimon-hydroxid-($Sb(OH)_3$)"(**1**)/ "Antimonat-(SbO_3^{3-})"
- Englisch: 'antimony hydroxide ($Sb(OH)_3$)'
- **nicht "Antimonigsäure"** (nicht 'antimonous acid')

"Antimon-hydroxid-oxid-($Sb(OH)O_2$)" (**2**)/ "Antimonat-(SbO_3^{1-})"
Englisch: 'antimony hydroxide oxide ($Sb(OH)O_2$)'

"Bismut-hydroxid-oxid-(Bi(OH)O)" (**3**)/ "Bismutat-(BiO_2^{1-})"
Englisch: 'bismu**th** hydroxide oxide (Bi(OH)O)'

CA ¶ 199, 219 und 282

(b) **Si-Oxosäuren** heissen Kieselsäuren. Sie leiten sich *formal* von Silan und Siloxanen (und Chalcogen-Analoga) her (Ersatz *aller* H-Atom durch OH und/oder =O bzw. Chalcogen-Analoga). **Acyclische ein- und zweikernige Kieselsäuren und cyclische Kieselsäuren der allgemeinen Formeln $H_{2n}Si_nO_{3n}$** ($n \geq 3$) **und $H_{2n}Si_{2n}O_{5n}$** ($n \geq 3$) und Chalcogen-Analoga **werden** nach den Nomenklaturregeln der anorganischen Chemie **"Kieselsäure"** ('**silicic acid**') (mit einer nachgestellten linearen Formel) **genannt**[2]. Für **Chalcogen-Analoga** werden die Austausch-Affixe (nicht Infixe) "Thio-", "Seleno-", "Telluro-" vor "Kieselsäure" (mit einer nachgestellten linearen Formel) gesetzt. Salze werden nach *Kap. 6.4.1* benannt[3]. Für andere Si-Verbindungen, s. *Kap. 6.29*.

---

[1]) Sb-Oxosäuren wurden von **CA bis 1981** ('10th Coll. Index') als '**antimonic acid**' ("**Antimonsäure**") registriert, z.B. 'antimonic acid ($HSbO_2$)', 'antimonic acid (H_3SbO_4)' *etc.* **Anionen** werden als "**Antimonat**" bzw. "**Bismutat**" (mit einer nachgestellten linearen Formel) bezeichnet.

[2]) **Unsymmetrische Anhydride** und **Ester** von Kieselsäuren werden wie üblich benannt (s. *Kap. 6.13* bzw. *6.14*). Andere Derivate von Kieselsäuren (z.B. **Säure-halogenide** und **Amide**), auch solche, die noch OH-Gruppen enthalten, bekommen jedoch Substitutionsnamen, d.h. sie werden als Derivate der Gerüst-Stammstrukturen Silan (*Kap. 4.3.3.1*), Siloxane (*Kap. 4.3.3.2*) oder Cyclosiloxane (*Kap. 4.5.5.2*) betrachtet. Vgl. dazu auch *Kap. 6.20**(d)*** (Ketone) und *6.21**(b)*** (Alkohole) sowie *Kap. 6.29* (Si-Verbindungen).

z.B.

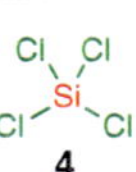

"Tetrachlorosilan" (**4**)

"Difluorosilandiol" (**5**)

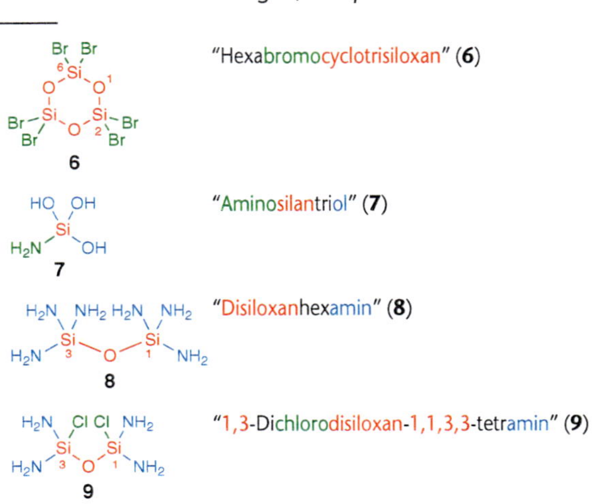

[3]) **Anionen** werden als "**Silicat**" (mit einer nachgestellten linearen Formel) bezeichnet, z.B. "Trihydrogen-silicat-(SiO_4^{4-})" ('trihydrogen silicate (SiO_4^{4-})') für $Si(OH)_3O^-$.

Ausnahme:

"Disilanhexol" (10)
s. *Kap. 4.3.3.1* für Stammname "Disilan" sowie *Kap. 6.29*

z.B.

"Kieselsäure-(H_4SiO_4)" (**11**)/
"Silicat-(SiO_4^{4-})"
- Englisch: 'silicic acid (H_4SiO_4)'
- nicht "Silantetrol"

"Kieselsäure-($H_2Si_2O_5$)" (**12**)/
"Silicat-($Si_2O_5^{2-}$)"
- Englisch: 'silicic acid ($H_2Si_2O_5$)'
- nicht "Kieselsäure-(H_2SiO_3)-monoanhydrid" (s. *Kap. 6.13*)

"Kieselsäure-($H_6Si_2O_7$)" (**13**)/
"Silicat-($Si_2O_7^{6-}$)"
- Englisch: 'silicic acid ($H_6Si_2O_7$)'
- nicht "Disiloxanhexol"

"Kieselsäure-($H_6Si_3O_9$)" (**14**)/
"Silicat-($Si_3O_9^{6-}$)"
- Englisch: 'silicic acid ($H_6Si_3O_9$)'
- nicht "Cyclotrisiloxanhexol"

"Thiokieselsäure-(H_2SiS_3)" (**15**)/
"Thiosilicat-(SiS_3^{2-})"
Englisch: 'thiosilicic acid H_2SiS_3)'

$BaSi_2O_5$ **16**

"Kieselsäure-($H_2Si_2O_5$)-Barium-Salz (1:1)" (**16**)
Englisch: 'silicic acid ($H_2Si_2O_5$) barium salt (1:1)'

CA ¶ 182 und 219 Kap. 6.28

(c) **B-Oxosäuren** sind *formal* OH-substituierte Borane (s. auch *Kap. 6.28* für B-Verbindungen).

(c₁) **Acyclische Borsäuren und cyclische Borsäuren der allgemeinen Formel $H_nB_nO_{2n}$** ($n \geq 3$) **werden** nach den Nomenklaturregeln der anorganischen Chemie **"Borsäure"** (**'boric acid'**) (mit einer nachgestellten linearen Formel) **genannt**[4]).

Ausnahme:

"Tetrahydroxydiboran(4)" (20)
- s. *Kap. 4.3.3.1* für Stammname "Diboran" sowie *Kap. 6.28*
- früher "Hypoborsäure"

z.B.

"Borsäure-(H_3BO_3)" (**21**)/
"Borat-(BO_3^{3-})"
- Englisch: 'boric acid (H_3BO_3)'
- nicht "Borantriol"
- IUPAC: auch "Trihydroxyboran" ('Red Book', s. *Anhang 1*)

"Borsäure-(HBO_2)" (**22**)/
"Borat-(BO_2^{1-})"
- Englisch: 'boric acid (HBO_2)'

"Borsäure-($H_3B_3O_6$)" (**23**)/
"Borat-($B_3O_6^{3-}$)"
- Englisch: 'boric acid ($H_3B_3O_6$)'
- **trivial "Metaborsäure"**/"Metaborat"
- nicht "Borsäure-(H_3BO_6)-trimol.-triahydrid"

"Thioborsäure-(HBOS)" (**24**)/
"Borat-(BOS^{1-})"
- Englisch: 'thioboric acid (HBOS)'

"Borsäure-(H_3BO_3)-Europium(3+)-Salz (1:1)" (**25**)
- Englisch: 'boric acid (H_3BO_3) europium(3+) salt (1:1)'

CA ¶ 182

(c₂) **Boron- und Borinsäure** werden mittels der **Funktionsstammnamen "Boronsäure"** (**28**) bzw. **"Borinsäure"** (**29**) benannt. Für Austauschanaloga werden die Austausch-Affixe (nicht Infixe) "Thio-", "Dithio-", "Seleno-", "Telluro-" *etc.* verwendet (s. **32** und **45**)[5]). Salze werden nach *Kap. 6.4.1* benannt:

Kap. 6.4.1

[4]) **Salze, unsymmetrische Anhydride** und **Ester** werden wie üblich benannt (s. *Kap. 6.4.1, 6.13* bzw. *6.14*). **Säure-halogenide** und **Amide** bekommen Substitutionsnamen, d.h. sie werden als Derivate der Gerüst-Stammstruktur Boran (*Kap. 4.3.3.1* oder *Kap. 6.28*) betrachtet. **Hydrazide** werden als substituierte Hydrazine benannt und **Anionen** als **"Borat"** (mit nachgestellter linearer Formel) bezeichnet.

z.B.

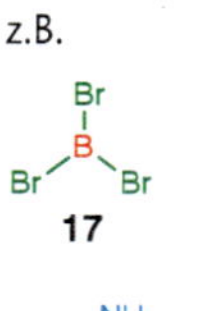

"Tribromoboran" (**17**)

"Borantriamin" (**18**)

"1,1′,1′′-Borylidintris[hydrazin]" (**19**)
- Englisch: '1,1′,1′′-borylidynetris[hydrazine]'
- Multiplikationsname

[5]) **Salze, Anhydride** (ausser symmetrischen von Borinsäuren), **Ester** und **Hydrazide** werden wie üblich benannt (s. *Kap. 6.4.1, 6.13, 6.14* bzw. *6.17*). **Säure-halogenide** und **Amide** bekommen jedoch Substitutionsnamen, d.h. sie werden als Derivate der Gerüst-Stammstruktur Boran (*Kap. 4.3.3.1* oder *Kap. 6.28*) betrachtet.

z.B.

"Dichloro(ethyl)boran" (**26**)
Wahl der Gerüst-Stammstruktur nach *Kap. 3.3* (B-Gerüst > C-Gerüst)

"*N*,1,1-Trimethylboranamin" (**27**)
Wahl der Gerüst-Stammstruktur nach *Kap. 3.3* (B-Gerüst > C-Gerüst)

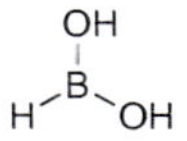

"Boronsäure" (**28**)/"Boronat"(HBO_2^{2-})
- Englisch: 'boronic acid'
- H an B substituierbar
- IUPAC: "Dihydroxyboran" ('Red Book', s. *Anhang 1*)

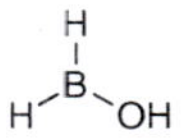

28

"Di(prop-2-enyl)borinsäure" (**31**)
- CA: 'boronic acid, di-2-propenyl-'
- CH_2=$CHCH_2$– ist Stammsubstituent

31

"Borinsäure" (**29**)/"Borinat" (H_2BO^{3-})
- Englisch: 'borinic acid'
- H an B substituierbar
- IUPAC: "Hydroxyboran" ('Red Book', s. *Anhang 1*)

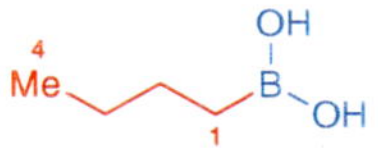

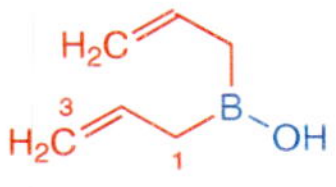

29

"Ethyldithioboronsäure" (**32**)
- CA: 'boronic acid, ethyldithio-' (**ausnahmsweise Affix nach Präfix** statt im Funktionsstammnamen)
- $MeCH_2$– ist Stammsubstituent

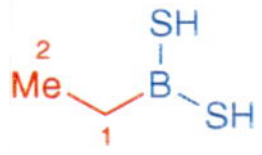

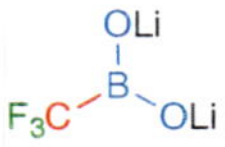

32

z.B.

"Butylboronsäure" (**30**)
- CA: 'boronic acid, butyl-'
- $MeCH_2CH_2CH_2$– ist Stammsubstituent

30

"(Trifluoromethyl)boronsäure-Dilithium-Salz" (**33**)
- CA: 'boronic acid, trifluoromethyl-, dilithium salt'
- Me– ist Stammsubstituent

33

Beispiele:

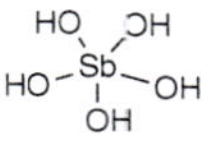

"Antimon-hydroxid-($Sb(OH)_5$)" (**34**)
nach ***(a)***

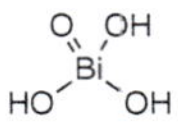

34

"Bismuth-hydroxid-oxid-($Bi(OH)_3O$)" (**35**)
nach ***(a)***

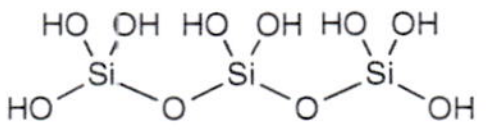

35

"Trisiloxanoctol" (**36**)
- nicht "Kieselsäure-($H_8Si_3O_{10}$)"
- nach ***(b)***

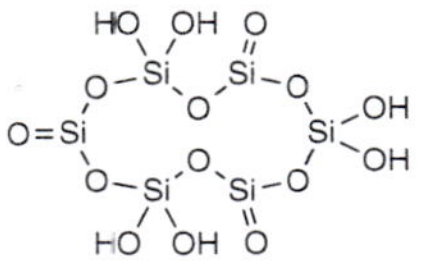

36

"Kieselsäure-($H_6Si_6O_{15}$)" (**37**)
nach ***(b)***

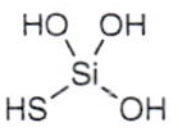

37

"Thiokieselsäure-(H_4SiO_3S)" (**38**)
nach ***(b)***

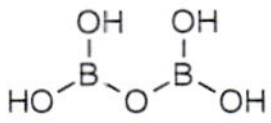

38

"Borsäure-($H_4B_2O_5$)" (**39**)
nach ***(c_1)***

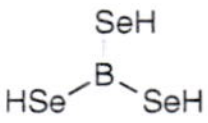

39

"Selenoborsäure-(H_3BSe_3)" (**40**)
nach ***(c_1)***

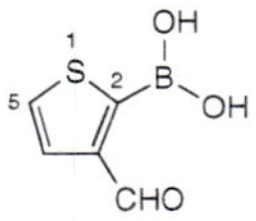

40

"(3-Formyl-2-thienyl)boronsäure" (**41**)
nach ***(c_2)***

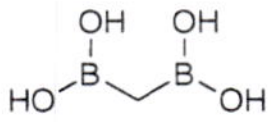

41

"Methylenbis[boronsäure]" (**42**)
- nach ***(c_2)***
- Multiplikationsname

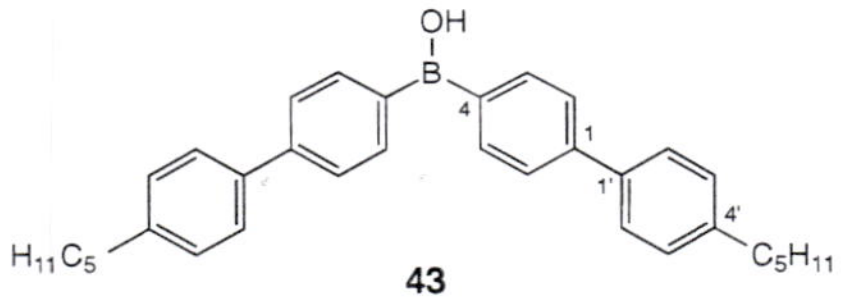

42

43

"Bis(4´-pentyl[1,1´-biphenyl]-4-yl)borinsäure" (**43**)
nach ***(c_2)***

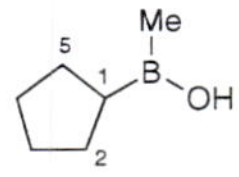

"Cyclopentyl(methyl)borinsäure" (**44**)
nach ***(c_2)***

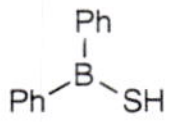

44

"Diphenylthioborinsäure" (**45**)
- CA: 'borinic acid, diphenylthio-' (Ausnahme, s. **32**)
- nach ***(c_2)***

45

CA ¶ 179 und 237
IUPAC R-5.7.7, C-491, C-543.5, C-643 und D-5.64

6.13. Anhydride

Definition:

Anhydride sind Verbindungen, die formal durch **Verlust von H_2O, H_2S, H_2Se oder H_2Te aus zwei Säure-Gruppen** von Säuren der *Kap. 6.2 – 6.12* (*Klasse 5*) entstehen. Im folgenden wird der **Ausdruck Anhydrid generell für alle Chalcogen-Austauschanaloga 1** (X = O, S, Se oder Te) verwendet.
IUPAC bezeichnet Chalcogen-Austauschanaloga als **"Thioanhydrid"**, **"Selenoanhydrid"** bzw. **"Telluroanhydrid"**.

z.B.

R–C(=O)–X–C(=O)–R' oder R–C(=Y)–X–C(=Y')–R' , R–S(=O)(=O)–X–S(=O)(=O)–R' oder R–S(=Y)(=Y')–X–S(=Y'')(=Y''')–R' *etc.*

R, R'= Alkyl, Aryl
X = O, S, Se, Te, OS, OSe *etc.* (**nicht OO, SS, SSS** *etc.*, s. Ausnahmen)
Y, Y', Y'', Y''' = O, S, Se ,Te, NH, NNH_2

1

"**Anhydrid**" (X = O)
"**Anhydrosulfid**" (X = S)
"**Anhydroselenid**" (X = Se)
"**Anhydrotellurid**" (X = Te)

Beachte:

Im CA-Index wird ein acyclisches Anhydrid beim Titelstammnamen der (vorrangigen) **Säure** unter Beigabe einer modifizierenden Angabe ('anhydride', 'anhydrosulfide', 'anhydride with ...', 'monoanhydride with ...', *etc.*) **eingeordnet. Das Anhydrid hat die Priorität dieser Säure** (*Klasse 5*; s. *Tab. 3.2*). **Zusätzlich gilt die** ***Fussnote 1*** (s. unten).

Tab. 3.2

Man unterscheidet:

(a) cyclische Anhydride (= Derivate von Heterocyclen);

(b) symmetrische acyclische Anhydride (d.h. formal *aus nur einer Säure* gebildet):

(b_1) Anhydrid einer monobasischen Carbonsäure sowie Sulfon-, Sulfin- oder Sulfensäure und ihrer Selen- und Tellur-Analoga, von Ameisensäure, von Phosphin- oder Arsinsäure, von Phosphinig- oder Arsinigsäure sowie von Austauschanaloga (Ausnahmen: Anhydrid R–X–X–X–R (X = O, S, Se, Te) einer Peroxy-Säure oder eines Austauschanalogons einer Sulfen-, Selenen-, oder Tellurensäure; Anhydrid einer Hydrazincarbonsäure),

(b_2) Anhydrid einer polybasischen Carbonsäure sowie Sulfon-, Sulfin- oder Sulfensäure und ihrer Selen- und Tellur-Analoga sowie von Austauschanaloga,

(b_3) Anhydrid einer Kohlensäure oder einer polybasischen S-, Se-, Te-, P- oder As-Oxosäure (mehrkernige Oxosäure),

(b_4) Anhydrid einer Si- oder B-Oxosäure;

(c) unsymmetrische acyclische Anhydride (d.h. formal *aus verschiedenen Säuren* gebildet):

(c_1) Anhydrid einer monobasischen vorrangigen Säure (Ausnahmen: Anhydrid R–X–X–X–R´ (X = O, S, Se, Te) einer monobasischen Peroxy-Säure oder eines Austauschanalogons einer monobasischen Sulfen-, Selenen- oder Tellurensäure; Anhydrid R–X–Y–R´ (X, Y = S, Se, Te) einer monobasischen Peroxy-Säure mit einer monobasischen Sulfen-, Selenen- oder Tellurensäure; Anhydrid R–X–X–R´(X = O, S, Se, Te) einer monobasischen Peroxy-Säure mit einer monobasischen Säure, ausser Sulfen-, Selenen- oder Tellurensäure; Anhydrid einer einkernigen P- oder As-Oxosäuren mit Cyansäure),

(c_2) Anhydrid einer polybasischen vorrangigen Säure (Ausnahmen: Anhydride R–X–X–X–R´, R–X–Y–R´ und R–X–X–R´ entsprechend ***(c_1)***; Anhydrid einer Kohlensäure oder einer polybasischen S-, Se-, Te-, P- oder As-Oxosäure mit gleichen Kernatomen; Anhydrid einer einkernigen P- oder As-Oxosäure mit Cyansäure);

(d) Anhydrid aus drei oder mehr verschiedenen Säuren;

(e) Substituentenpräfixe für Anhydrid-Gruppen.

Kap. 3.2.1 bzw. 3.2.4

Tab. 3.2 bzw. Kap. 6.20

Kap. 6.12

(a) Symmetrische und unsymmetrische **cyclische** (intramolekulare) **formale Anhydride werden mittels Substitutions- oder Additionsnomenklatur als Derivate von Heterocyclen bezeichnet** und erscheinen in der Prioritätenreihenfolge entsprechend dem dafür benötigten Suffix (z.B. als Keton (*Kap. 6.20*)).

Ausnahmen:

Cyclische formale Anhydride von Si- und B-haltigen Oxosäuren bekommen Säure-Namen nach *Kap. 6.12*.

z.B.

2

"Furan-2,5-dion" (**2**)
- kein indiziertes H-Atom nach *Anhang 5(**i_1**)*
- formales Anhydrid einer Dicarbonsäure
- IUPAC: auch "**Maleinsäure-anhydrid**" ('**maleic anhydride**')

3

"1,2-Oxathiolan-5-on-2,2-dioxid" (**3**)
- formales Anhydrid einer Carbon- und Sulfonsäure
- ein =O an einem Heteroatom (S^{II}) wird mittels Additionsnomenklatur ausgedrückt, s. *Kap. 6.20(**d**)*

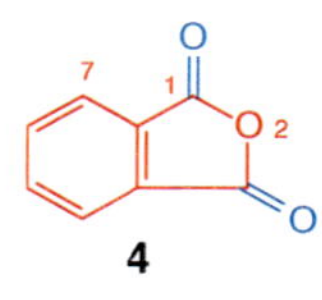

4

"Isobenzofuran-1,3-dion" (**4**)
- kein indiziertes H-Atom nach *Anhang 5(**i_1**)*
- formales Anhydrid einer Dicarbonsäure
- IUPAC: auch "**Phthalsäure-anhydrid**" ('**phthalic anhydride**')

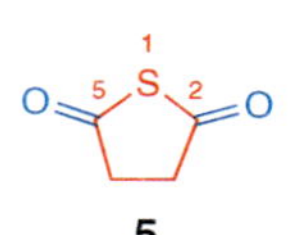

5

"3,4-Dihydrothiophen-2,5-dion" (**5**)
- kein indiziertes H-Atom nach *Anhang 5(**i_1**)*
- die Gerüst-Stammstruktur ("Thiophen") hat zwei Doppelbindungen, deren Absättigung durch das Präfix und Suffix ausgedrückt ist
- formales Anhydrid einer Dicarbothiosäure

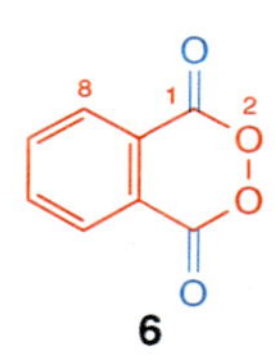

6

"2,3-Benzodioxin-1,4-dion" (**6**)
- kein indiziertes H-Atom nach *Anhang 5(**i_1**)*
- formales Anhydrid einer Carboperoxo- und Carbonsäure

(b) **Symmetrische acyclische Anhydride** stammen von nur einer mono- oder polybasischen Säure ab und werden nach ***(b_1)*** – ***(b_4)*** benannt, ausser wenn sich Austauschnomenklatur anwenden lässt[1]).

(b_1) Der Name eines symmetrischen acyclischen Anhydrids **einer *monobasischen* Carbonsäure sowie Sulfon-, Sulfin-, oder Sulfensäure und ihrer Selen- und Tellur-Analoga, von Ameisensäure, von Phosphin- oder Arsinsäure, Phosphinig- oder Arsinigsäure sowie eines entsprechenden Austauschanalogons** setzt sich zusammen aus:

Kap. 6.7, 6.8, 6.9 und 6.11

Name der monobasischen Säure (inkl. Präfixe, wenn nötig)	+	**modifizierende Angabe** "**-anhydrid**" "**-anhydrosulfid**" "**-anhydroselenid**" "**-anhydrotellurid**"

Bezeichnet ein Präfix einer monobasischen Säure eine (nicht-vorrangige) Säure-Gruppe, dann sind Lokanten zu verwenden (s. **14**).

Ausnahmen:

(i) Das symmetrische formale **Anhydrid R–X–X–X–R** (X = O, S, Se, Te; R = Acyl, Alkyl oder Aryl) **einer Peroxy-Säure oder eines Austauschanalogons einer Sulfen-, Selenen- oder Tellurensäure** wird als "**Trioxid**", "**Trisulfid**", "**Triselenid**" bzw. "**Tritellurid**" bezeichnet (s. *Kap. 6.30* und *6.31* und auch *Fussnote 1*) (s. **9** und **10**).

Kap. 6.30 und 6.31

(ii) Das symmetrische formale **Anhydrid einer Hydrazincarbonsäure** wird als Derivat von Dikohlensäure bezeichnet, d.h. als "**Dikohlensäure-dihydrazid**" ('dicarbonic dihydrazide' $H_2NNHC(=O)–O–C(=O)NHNH_2$) (vgl. dazu ***($b_3$)*** sowie *Kap. 6.17*).

z.B.

9

"Diacetyl-trioxid" (**9**)
- nach ***(i)***
- Verbindung der *Klasse 21* (*Kap. 6.30*)

10

"Dimethyl-trisulfid" (**10**)
- nach ***(i)***
- Verbindung der *Klasse 22* (*Kap. 6.31*)

IUPAC verwendet ebenfalls den Namen der monobasischen Säure, gefolgt von "-anhydrid" (**im Englischen wird das Wort 'acid' weggelassen**). Bei Chalcogen-Analoga wird jedoch der **Chalcogen-Gehalt der Acyl-Gruppe** (nicht der Säure) angegeben und "**Thioanhydrid**", "**Selenoanhydrid**" bzw. "**Telluroanhydrid**" verwendet (s. **12** und **13**); für Thioanhydride sind auch "Diacylsulfan"-Namen zulässig (IUPAC R-5.7.7.3). IUPAC empfiehlt, im Deutschen den **Bindestrich** vor "-anhydrid" *etc.* wegzulassen und bei Sulfan-Namen zur Vermeidung von Zweideutigkeiten Klammern um den Namen der Acyl-Gruppe zu gebrauchen; im folgenden werden aber bei Anhydrid-Namen immer Bindestriche verwendet.

---

[1]) Acyclische formale Anhydride bekommen **Austauschnamen** nach *Kap. 4.3.2*, wenn ihnen ein Suffix zugeteilt werden kann, das die Verbindung mit einer Funktionalität kennzeichnet, die mindestens die gleiche Priorität hat (s. *Tab. 3.2*) wie sie ein entsprechender regulärer Substitutionsname (Titelstammname) ausdrücken würde. Ausserdem müssen die Bedingungen für Austauschnamen nach *Kap. 4.3.2* erfüllt sein (z.B. mindestens vier Hetero-Einheiten in der Kette).

z.B.

7

"3,9-Dioxo-4,8-dioxa-5,7-dithiaundecandisäure-5,5,7,7-tetraoxid" (**7**)
- Englisch: '...undecanoic acid 5,5,7,7-tetraoxide'
- Dicarbonsäure *vs.* Dicarbonsäure
- Additionsname (=O an Heteroatom S^{II})

8

"1,1,3,7-Tetrahydroxy-7-methyl-2,4-dioxa-1,3-diphosphanonansäure-1,3-dioxid" (**8**)
- Englisch: '...nonanoic acid 1,3-dioxide'
- Carbonsäure *vs.* Carbonsäure
- Additionsname (=O an Heteroatom P^{III})

z.B.

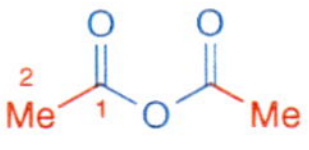

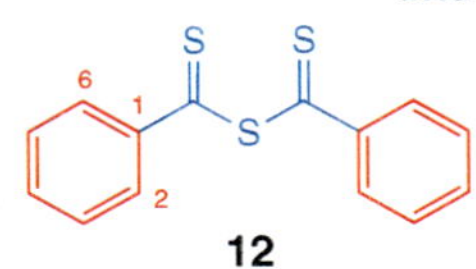

"Essigsäure-anhydrid" (**11**)
- CA: 'acetic acid, anhydride'
- IUPAC: im Englischen '**acetic anhydride**'
- im Deutschen **trivial** auch "**Acetanhydrid**"

12

"Benzolcarbodithiosäure-anhydrosulfid" (**12**)
- CA: 'benzenecarbodithioic acid, anhydrosulfide'
- IUPAC: "Thiobenzoesäure-thioanhydrid" ('thiobenzoic thioanhydride') oder "Bis(thiobenzoyl)sulfan"

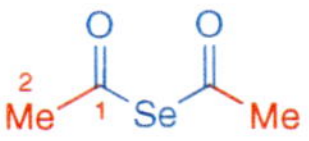

13

"Ethanselenosäure-anhydroselenid" (**13**)
- CA: 'ethaneselenoic acid, anhydroselenide'
- IUPAC: "Essigsäure-selenoanhydrid" ('acetic selenoanhydride')

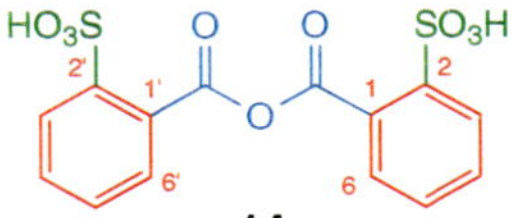

14

"2-Sulfobenzoesäure-1,1´-anhydrid" (**14**)
- CA: '2-sulfobenzoic acid, 1,1´-anhydride'
- IUPAC: im Englischen '2-sulfobenzoic 1,1´-anhydride'

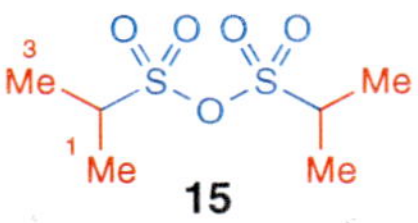

15

"Propan-2-sulfonsäure-anhydrid" (**15**)
- CA: '2-propanesulfonic acid, anhydride'
- IUPAC: im Englischen 'propane-2-sulfonic anhydride'

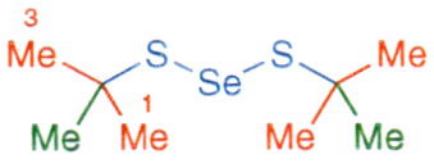

16

"2-Methylpropan-2-sulfenoselenosäure-anhydroselenid" (**16**)

CA: '2-propanesulfenoselenoic acid, 2-methyl-, anhydroselenide'

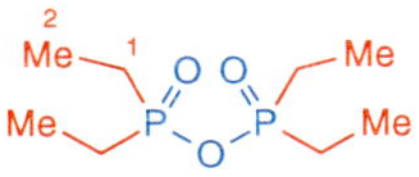

17

"Diethylphosphinsäure-anhydrid" (**17**)
- CA: 'phosphinic acid, diethyl-, anhydride'
- IUPAC: im Englischen 'diethylphosphinic anhydride'

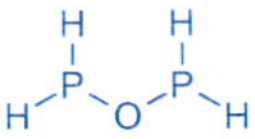

18

"Phosphinigsäure-anhydrid" (**18**)
- CA: 'phosphinous acid, anhydride'
- IUPAC: im Englischen 'phosphinous anhydride'

Kap. 6.7 und 6.8

(b₂) Der Name eines symmetrischen acyclischen Anhydrids **einer *polybasischen* Carbonsäure sowie Sulfon-, Sulfin- oder Sulfensäure und ihrer Selen- und Tellur-Analoga oder eines entsprechenden Austauschanalogons** setzt sich zusammen aus:

Name der polybasischen Säure (inkl. Präfixe, wenn nötig)

\+ **modifizierende Angabe**
"**-bimol.-monoanhydrid**"[2])
"**-trimol.-dianhydrid**"[2])
"**-bimol.-mono(anhydrosulfid)**"[2])
"**-trimol.-bis(anhydrosulfid)**"[2])
etc.

Bei unsymmetrischen Verknüpfungen sind Lokanten zu verwenden (s. **20**).

z.B.

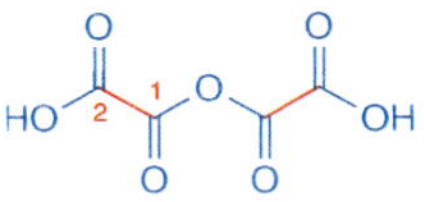

19

"Ethandisäure-bimol.-monoanhydrid" (**19**)

CA: 'ethanedioic acid, bimol. monoanhydride'

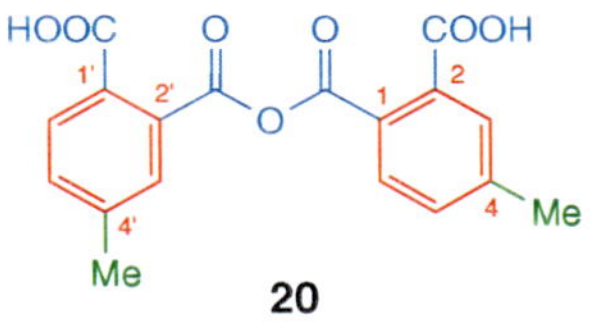

20

"4-Methylbenzol-1,2-dicarbonsäure-bimol.-1,2´-monoanhydrid" (**20**)

CA: 'benzene-1,2-dicarboxylic acid, 4-methyl-, bimol. 1,2´-monoanhydride'

Kap. 6.9, 6.10 und 6.11

(b₃) Das symmetrische formale Anhydrid **einer Kohlensäure oder einer polybasischen S-, Se-, Te-, P- oder As-Oxosäure, inklusive Phosphon- und Arsonsäure sowie Phosphonig- und Arsonigsäure**, wird mittels eines Multiplikationsaffixes als **mehrkernige Oxosäure** benannt. Entsprechendes gilt für Austausch- und Peroxy-Analoga.

z.B.

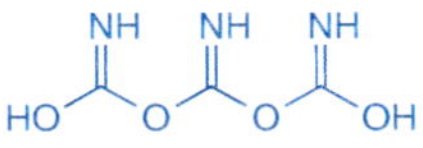

21

"Tricarbonimidsäure" (**21**)
- Englisch: 'tricarbonimidic acid'
- s. *Kap. 6.9**(b)***

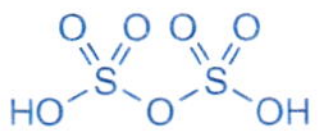

22

"Dischwefelsäure" (**22**)
- Englisch: 'disulfuric acid'
- s. *Kap. 6.10**(c)***

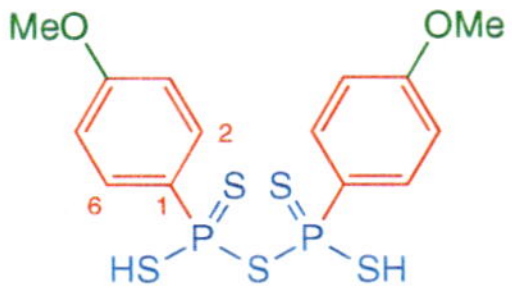

23

"Bis(4-methoxyphenyl)thiodiphosphonsäure-([(HS)HP(S)]$_2$S)" (**23**)
- Englisch: '...thiodiphosphonic acid ([(HS)HP(S)]$_2$S)'
- s. *Kap. 6.11**(g)***

[2]) Die Anzahl Säure-Moleküle wird durch "bimol.", "trimol." *etc.* angezeigt.

Kap. 6.12

(b_4) Symmetrische acyclische formale Anhydride von **Si- und B-Oxosäuren** werden als **Kieselsäuren** bzw. als **Borane** (aus Borinsäuren) oder nach ***(b_2)*** (aus Bor- oder Boronsäuren) benannt.

z.B.

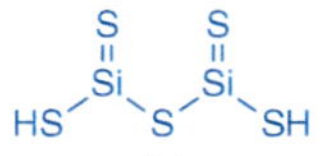

24

"Thiokieselsäure-($H_2Si_2S_5$)" (**24**)
- Englisch: 'thiosilicic acid ($H_2Si_2S_5$)'
- s. *Kap. 6.12**(b)***

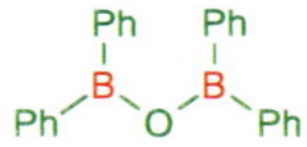

25

"Oxybis[diphenylboran]" (**25**)
s. *Kap. 6.12(c_2)*

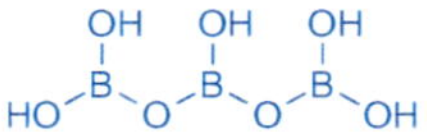

26

"Borsäure-(H_3BO_3)-trimol.-dianhydrid" (**26**)
- CA: 'boric acid (H_3BO_3), trimol. dianhydride'
- s. *Kap. 6.12(c_1)*

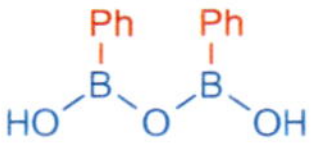

27

"Phenylboronsäure-bimol.-monoanhydrid" (**27**)
- CA: 'boronic acid, phenyl-, bimol. monoanhydride'
- s. *Kap. 6.12(c_2)*

Tab. 3.2
Kap. 3.3

(c) **Bei allen unsymmetrischen acyclischen Anhydriden wird** unter allen beteiligten Säuren **zuerst** nach den Prioritätsregeln (*Tab. 3.2*, wenn nötig *Kap. 3.3*) **die vorrangige Säure bestimmt**[3]). Die Namen werden dann nach ***(c_1)*** und ***(c_2)*** zugeteilt, ausser wenn sich Austauschnomenklatur anwenden lässt[1]).

(c_1) **Die vorrangige Säure ist *monobasisch*.** Der Anhydrid-Name setzt sich zusammen aus:

Name der vorrangigen monobasischen Säure (inkl. Präfixe, wenn nötig)

\+ **modifizierende Angabe**
"-anhydrid mit"
"-monoanhydrid mit"
"-dianhydrid mit"
"-anhydrosulfid mit"
"-bis(anhydrosulfid) mit"
"-anhydrotellurid mit"
etc.

\+ **Name der nicht-vorrangigen mono- oder polybasischen Säure** (inkl. Präfixe, wenn nötig) als modifizierende Angabe

Beachte:

Nicht-vorrangige veresterte Polysäuren mit freien Säure-Funktionen **bekommen Anion-Namen** (s. **44** und **50**).

Kap. 6.4.2.2 und 6.14

Ausnahmen:

(iii) Das unsymmetrische formale **Anhydrid R–X–X–X–R´** (X = O, S, Se, Te; R und R´ = Acyl, Alkyl oder Aryl) **einer monobasischen Peroxy-Säure oder eines Austauschanalogons einer monobasischen Sulfen-, Selenen- oder Tellurensäure** wird als **"Trioxid"**, **"Trisulfid"**, **"Triselenid"** bzw. **"Tritellurid"** bezeichnet (s. *Kap. 6.30* und *6.31* und auch Ausnahme ***(i)*** bei ***(b_1)*** sowie *Fussnote 1*) (s. **28**).

Kap. 6.30 und 6.31

(iv) Das unsymmetrische formale **Anhydrid R–X–Y–R´** (X, Y = S, Se, Te (**nicht O**); R = Acyl, R´ = Alkyl oder Aryl) **einer monobasischen Peroxy-Säure mit einer monobasischen Sulfen-, Selenen- oder Tellurensäure** wird als **Ester der Peroxy-Säure** bezeichnet (s. *Kap. 6.14* sowie *Fussnote 1*) (s. **29** und **30**).

Kap. 6.14

(v) Das unsymmetrische formale **Anhydrid R–X–X–R´** (X = O, S, Se, Te; R und R´ = Acyl) **einer monobasischen Peroxy-Säure mit einer monobasischen Säure**, ausser Sulfen-, Selenen- oder Tellurensäure (s. ***(iv)***), wird als **"Peroxid"**, **"Disulfid"**, **"Diselenid"** bzw. **"Ditellurid"** bezeichnet (s. *Kap. 6.30* und *6.31* sowie *Fussnote 1*) (s. **31** – **34**).

Kap. 6.30 und 6.31

(vi) Das unsymmetrische formale **Anhydrid einer einkernigen P- oder As-Oxosäure mit Cyansäure** (HO–C≡N) **oder mit dessen Chalcogen-Analoga** wird nicht als Anhydrid sondern mittels des **Infixes "-cyanatid(o)"**, **"-(thiocyanatid(o))-"** *etc.* (P- oder As-Oxosäure; *Kap. 6.11**(b)***) oder, wenn keine Säure-Funktion (OH) mehr vorhanden ist, als Cyanat, Thiocyanat *etc.* (Säure-halogenid; *Kap. 6.15*) bezeichnet (s. **35** und **36**).

Kap. 6.11**(b)**

Kap. 6.15

(vii) Ist eine (nicht-vorrangige) **Säure-Gruppe** einer am Anhydrid beteiligten Säure als **Präfix** benannt, dann wird bei deren Umwandlung in eine **Anhydrid-Gruppe** ein entsprechendes **zusammengesetztes Präfix** verwendet (s. **37** und **38** sowie ***(e)***).

z.B.

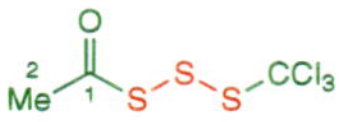

28

"Acetyl-(trichloromethyl)-trisulfid" (**28**)
- nach ***(iii)***
- Verbindung der *Klasse 22* (*Kap. 6.31*)

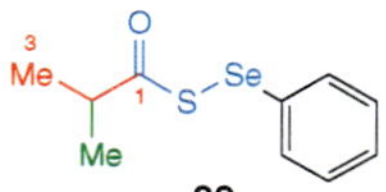

29

"2-Methylpropan(selenothioperoxo)säure-*SSe*-phenyl-ester"/"*SSe*-Phenyl-[2-methylpropan-(selenothioperoxoat)]" (**29**)
- Englisch: '2-methylpropane(selenothioperoxoic) acid *SSe*-phenyl ester'/'*SSe*-phenyl 2-methylpropane(selenothioperoxoate)'
- nach ***(iv)***
- Verbindung der *Klasse 6* (Säure-Derivat; *Kap. 6.14*)

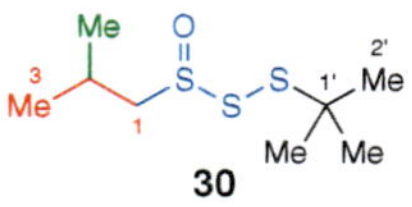

30

"2-Methylpropan-1-sulfino(dithioperoxo)säure-(1,1-dimethylethyl)-ester"/"(1,1-Dimethylethyl)-[2-methylpropan-1-sulfino(dithioperoxoat)]" (**30**)
- Englisch: '2-methylpropane-1-sulfino(dithioperoxoic) acid (1,1-dimethylethyl) ester'/'1,1-dimethylethyl 2-methylpropane-1-sulfino(dithioperoxoate)'
- nach ***(iv)***
- Verbindung der *Klasse 6* (Säure-Derivat; *Kap. 6.14*)

[3]) Im CA-Index werden unsymmetrische acyclische Anhydride unter dem Titelstammnamen der vorrangigen Säure angeführt.

31

"Acetyl-benzoyl-peroxid" (**31**)
- nach *(v)*
- Verbindung der *Klasse 21 (Kap. 6.30)*

32

"Acetyl-nitro-peroxid" (**32**)
- nach *(v)*
- Verbindung der *Klasse 21 (Kap. 6.30)*

33

"Bis(1-oxohexyl)-disulfid" (**33**)
- nach *(v)*
- Verbindung der *Klasse 22 (Kap. 6.31)*

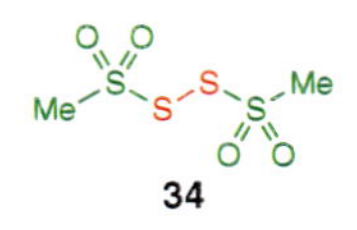

"Bis(methylsulfonyl)-disulfid" (**34**)
- nach *(v)*
- Verbindung der *Klasse 22 (Kap. 6.31)*

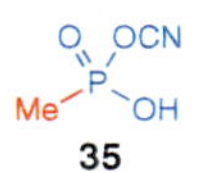

"Methylphosphonocyanatidsäure" (**35**)
- Englisch: 'methylphosphonocyanatidic acid'
- nach *(vi)*
- Verbindung der *Klasse 5f (Kap. 6.11)*

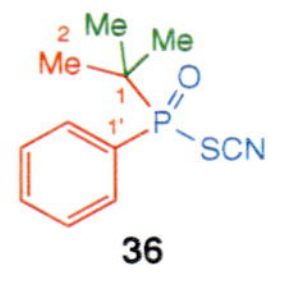

"(1,1-Dimethylethyl)phenylphosphinsäure-thiocyanat" (**36**)
- Englisch: '(1,1-dimethylethyl)phenylphosphinic thiocyanate'
- nach *(vi)*
- Verbindung der *Klasse 6a (Kap. 6.15)*

37

"4-[(Acetyloxy)sulfonyl]benzoesäure" (**37**)
- Englisch: '4-[(acetyloxy)sulfonyl]benzoic acid'
- nach *(vii)*
- Verbindung der *Klasse 5b (Kap. 6.7.2)*

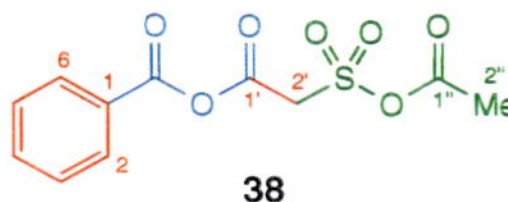

"Benzoesäure-anhydrid mit [(Acetyloxy)sulfonyl]essigsäure" (**38**)
- Englisch: 'benzoic acid anhydride with [(acetyloxy)sulfonyl]acetic acid'
- nach *(vii)*

IUPAC ordnet die Namen der beteiligten Säuren alphabetisch vor "-anhydrid" an, **im Englischen unter Weglassen der Namensteile 'acid'** (IUPAC R-5.7.7.2 und C-543.5). Chalcogen-Analoga werden als **"Thioanhydrid"**, **"Selenoanhydrid"** bzw. **"Telluroanhydrid"** bezeichnet, und der **Chalcogen-Gehalt der Acyl-Gruppen**, nicht der Säuren, wird angegeben; für Thioanhydride sind auch "Acylsulfan"-Namen zulässig (IUPAC R-5.7.7.3; s. **41**). IUPAC empfiehlt, im Deutschen die **Bindestriche** zwischen den Säurekomponenten und vor "-anhydrid" wegzulassen und bei Sulfan-Namen zur Vermeidung von Zweideutigkeiten Klammern um den (die) Namen der Acyl-Gruppe(n) zu gebrauchen; im folgenden werden aber bei Anhydrid-Namen immer Bindestriche verwendet.

z.B.

39

"Propansäure-anhydrid mit Essigsäure" (**39**)
- Propansäure > Essigsäure (s. *Kap. 3.3(**e**)*)
- CA: 'propanoic acid, anhydride with acetic acid'
- IUPAC: "Essigsäure-propansäure-anhydrid" ('acetic propanoic anhydride')

40

"Essigsäure-anhydrid mit Benzolsulfonsäure" (**40**)
- Carbonsäure > Sulfonsäure
- CA: 'acetic acid, anhydride with benzenesulfonic acid'
- IUPAC: "Benzolsulfonsäure-essigsäure-anhydrid" ('acetic benzenesulfonic anhydride'); beachte die unterschiedliche alphabetische Reihenfolge im Deutschen und im Englischen

41

"Benzolcarbothiosäure-anhydrosulfid mit Benzolcarbodithiosäure" (**41**)
- –COSH > –CSSH
- CA: 'benzenecarbothioic acid, anhydrosulfide with benzenecarbodithioic acid'
- IUPAC: "Benzoesäure-thiobenzoesäure-thioanhydrid" ('benzoic thiobenzoic thioanhydride') oder "Benzoyl(thiobenzoyl)sulfan"

42

"Chloroessigsäure-anhydrid mit Essigsäure" (**42**)
- Chloroessigsäure > Essigsäure (s. *Kap. 3.3(**j**)*)
- CA: 'acetic acid, chloro-, anhydride with acetic acid'
- IUPAC: "Chloroessigsäure-essigsäure-anhydrid" ('acetic chloroacetic anhydride'); beachte die unterschiedliche alphabetische Reihenfolge im Deutschen und im Englischen

43

"Ethanthiosäure-anhydrosulfid mit Thiocyansäure" (**43**)
- Carbonsäure > Kohlensäure
- CA: 'ethanethioic acid, anhydrosulfide with thiocyanic acid'
- IUPAC: "Cyansäure-essigsäure-thioanhydrid" ('acetic cyanic thioanhydride'); beachte die unterschiedliche alphabetische Reihenfolge im Deutschen und im Englischen

44

"Benzoesäure-anhydrid mit Ethyl-hydrogen-carbonat" (**44**)
- Carbonsäure > Kohlensäure
- die nicht-vorrangige Säure ist ein Monoester (s. *Kap. 6.14*)
- CA: 'benzoic acid, anhydride with ethyl hydrogen carbonate'

45

"Essigsäure-anhydrid mit Fluoroschwefelsäure" (**45**)
- Carbonsäure > S-Oxosäure
- CA: 'acetic acid, anhydride with fluorosulfuric acid'

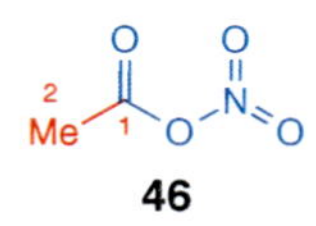

46

"Essigsäure-anhydrid mit Salpetersäure" (**46**)
- Carbonsäure > N-Oxosäure
- CA: 'acetic acid, anhydride with nitric acid'

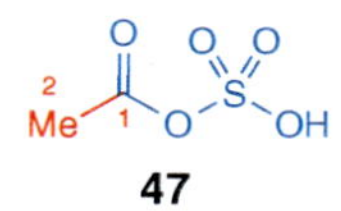

47

"Essigsäure-monoanhydrid mit Schwefelsäure" (**47**)
- Carbonsäure > S-Oxosäure
- CA: 'acetic acid, monoanhydride with sulfuric acid'

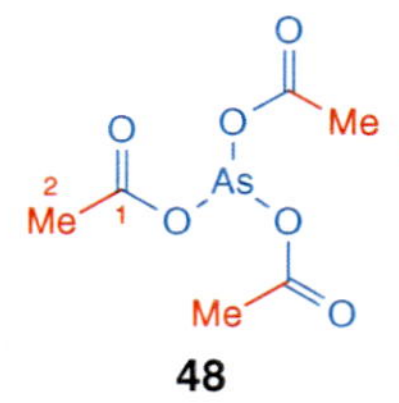

48

"Essigsäure-trianhydrid mit Arsenigsäure" (**48**)
- Carbonsäure > As-Oxosäure
- CA: 'acetic acid, trianhydride with arsenous acid'

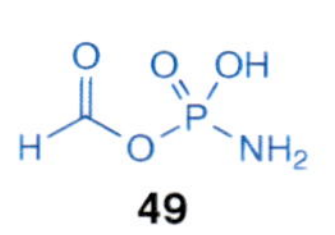

49

"Ameisensäure-monoanhydrid mit Phosphoramidsäure" (**49**)
- Ameisensäure > P-Oxosäure
- CA: 'formic acid, monoanhydride with phosphoramidic acid'

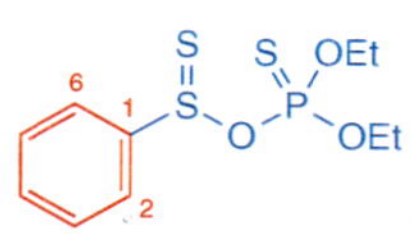

50

"Benzolsulfinothiosäure-anhydrid mit *O,O*-Diethyl-hydrogen-phosphorothioat" (**50**)
- Sulfinsäure > P-Oxosäure
- die nicht-vorrangige Säure ist ein Diester (s. *Kap. 6.14*)
- CA: 'benzenesulfinothioic acid, anhydride with *O,O*-diethyl hydrogen phosphorothioate'

51

"Carbamidsäure-dianhydrid mit Phosphorsäure" (**51**)
- Kohlensäure > P-Oxosäure
- CA: 'carbamic acid, dianhydride with phosphoric acid'

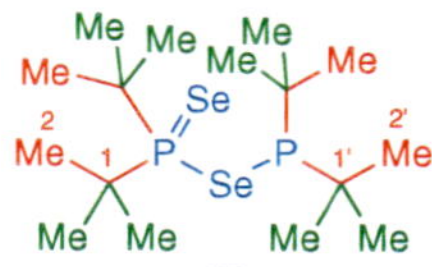

52

"Bis(1,1-dimethylethyl)phosphinodiselenosäure-anhydroselenid mit Bis(1,1-dimethylethyl)phosphinoselenoigsäure" (**52**)
- Phosphinsäure > Phosphinigsäure
- CA: 'phosphinodiselenoic acid, bis(1,1-dimethylethyl)-, anhydroselenide with bis(1,1-dimethylethyl)phosphinoselenous acid'

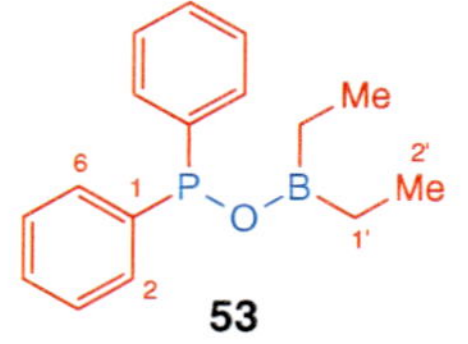

53

"Diphenylphosphinigsäure-anhydrid mit Diethylborinsäure" (**53**)
- P-Oxosäure > B-Oxosäure
- CA: 'phosphinous acid, diphenyl-, anhydride with diethylborinic acid'

(c_2) Die vorrangige Säure ist polybasisch. Der Anhydrid-Name setzt sich zusammen aus:

Name der vorrangigen polybasischen Säure (inkl. Präfixe, wenn nötig)

\+ **modifizierende Angabe**
"-monoanhydrid mit"
"-dianhydrid mit"
"-mono(anhydrosulfid) mit"
"-bis(anhydrosulfid) mit"
"-anhydrid mit ... (2:1)"
"-*x*-anhydrid mit" (***x* = Lokant**)
etc.

\+ **Name der nicht-vorrangigen mono- oder polybasischen Säure** (inkl. Präfixe, wenn nötig) als modifizierende Angabe

Beachte:

- Bei Anhydriden aus **zwei polybasischen Säuren** ist manchmal die Angabe von **Verhältniszahlen** (in Klammern) nötig (s. **63** und **64**).
- **Nicht-vorrangige veresterte Polysäuren** mit freien Säure-Funktionen **bekommen Anion-Namen** (s. **66**).

Ausnahmen:

(viii) Das unsymmetrische formale **Anhydrid einer polybasischen Peroxy-Säure** wird entsprechend den Ausnahmen ***(iii)*** – ***(v)*** von ***(c_1)*** benannt, ausser wenn dabei eine mehrkernige Oxosäure beteiligt ist (s. unten, ***(ix)***) (s. **54** und **55**).

Kap. 6.30 und 6.31 bzw. 6.14

(ix) Das unsymmetrische formale **Anhydrid einer Kohlensäure oder einer polybasischen S-, Se-, Te-, P- oder As-Oxosäure mit gleichen Kernatomen** wird als (meist) unsymmetrische **mehrkernige Oxosäure** betrachtet und mittels Austausch- oder Peroxy-Affixen benannt (s. **56** – **59**).

Kap. 6.9, 6.10 und 6.11

(x) Das unsymmetrische formale **Anhydrid einer einkernigen P- oder As-Oxosäure mit Cyansäure** (HO–C≡N) oder mit dessen Chalcogen-Austauschanaloga wird entsprechend der Ausnahme ***(vi)*** in ***(c_1)*** benannt (s. **60**).

(xi) Ist eine (nicht-vorrangige) **Säure-Gruppe** einer am Anhydrid beteiligten Säure als **Präfix** benannt, dann wird bei deren Umwandlung in eine **Anhydrid-Gruppe** ein entsprechendes **zusammengesetztes Präfix** verwendet (s. Ausnahme ***(vii)*** in ***(c_1)***).

6

z.B.

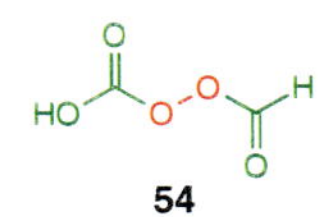

54

"Carboxy-formyl-peroxid" (**54**)
- nach ***(viii)***
- Verbindung der *Klasse 21* (*Kap. 6.30*)

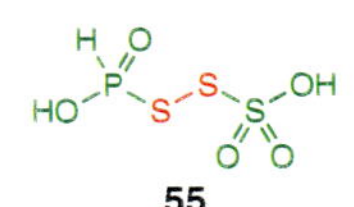

55

"(Hydroxyphosphinyl)-sulfo-disulfid" (**55**)
- nach ***(viii)***
- Verbindung der *Klasse 22* (*Kap. 6.31*)

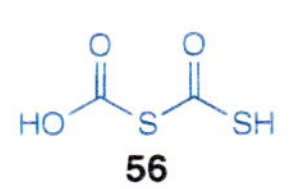

56

"Thiodikohlensäure-$((HCO_2)S(HCOS))$" (**56**)
- Englisch: 'thiodicarbonic acid $((HCO_2)S(HCOS))$'
- nach ***(ix)***
- s. *Kap. 6.9**(b)***

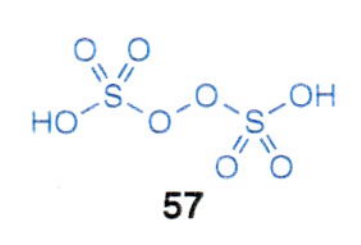

57

"Peroxydischwefelsäure-$([(HO)S(O)_2]_2O_2)$" (**57**)
- Englisch: 'peroxydisulfuric acid $([(HO)S(O)_2]_2O_2)$'
- nach ***(ix)***
- s. *Kap. 6.10**(c)***

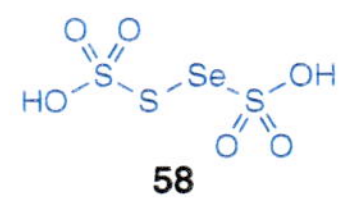

58

"Selenotetrathionsäure-$((HO)S(O)_2SSeS(O)_2(OH))$" (**58**)
- Englisch: 'selenotetrathionic acid $((HO)S(O)_2SSeS(O)_2(OH))$'
- nach ***(ix)***
- s. *Kap. 6.10**(c)***

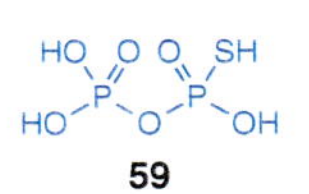

59

"Thiodiphosphorsäure-$((HO)_2P(O)OP(O)(OH)(SH))$" (**59**)
- Englisch: 'thiodiphosphoric acid $((HO)_2P(O)OP(O)(OH)(SH))$'
- nach ***(ix)***
- s. *Kap. 6.11**(g)***

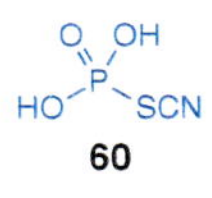

60

"Phosphoro(thiocyanatid)säure" (**60**)
- Englisch: 'phosphoro(thiocyanatidic) acid'
- nach ***(x)***
- Verbindung der *Klasse 5f* (*Kap. 6.11*)

z.B.

61

"Ethandisäure-monoanhydrid mit Essigsäure" (**61**)
- Dicarbonsäure > Carbonsäure
- CA: 'ethanedioic acid, monoanhydride with acetic acid'

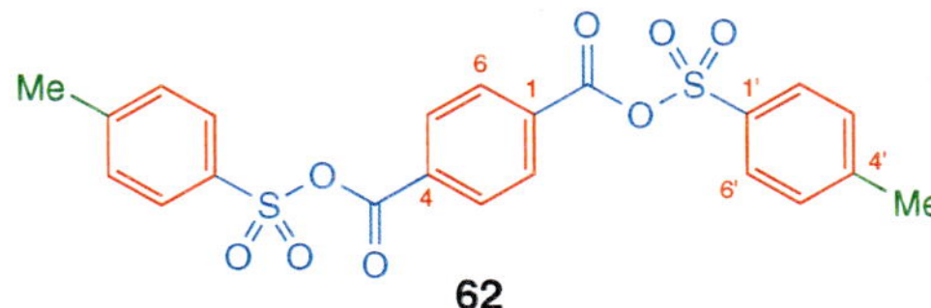

62

"Benzol-1,4-dicarbonsäure-dianhydrid mit 4-Methylbenzolsulfonsäure" (**62**)
- Carbonsäure > Sulfonsäure
- CA: '1,4-benzenedicarboxylic acid, dianhydride with 4-methylsulfonic acid'

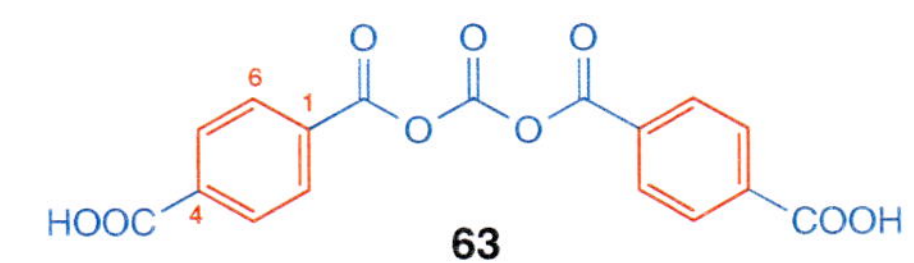

63

"Benzol-1,4-dicarbonsäure-anhydrid mit Kohlensäure (2:1)" (**63**)
- Carbonsäure > Kohlensäure
- CA: 1,4-benzenedicarboxylic acid, anhydride with carbonic acid (2:1)'

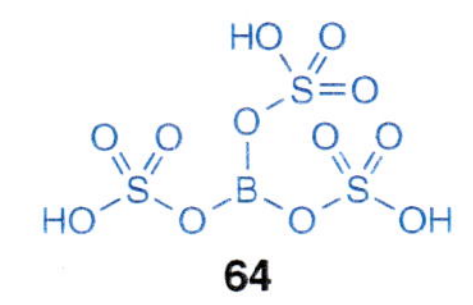

64

"Schwefelsäure-anhydrid mit Borsäure-(H_3BO_3) (3:1)" (**64**)
- S-Oxosäure > B-Oxosäure
- CA: 'sulfuric acid, anhydride with boric acid (H_3BO_3) (3:1)'

65

"Butan-1,3-disulfonsäure-3-anhydrid mit Methansulfonsäure" (**65**)
- Disulfonsäure > Sulfonsäure (s. *Kap. 3.3**(a)***)
- nicht "...-3-monoanhydrid mit ..."
- CA: '1,3-butanedisulfonic acid, 3-anhydride with methanesulfonic acid'

66

"Kohlensäure-monoanhydrid mit Dimethyl-hydrogen-phosphat" (**66**)
- Kohlensäure > P-Oxosäure
- die nicht-vorrangige Säure ist ein Diester (s. *Kap. 6.14*)
- CA: 'carbonic acid, monoanhydride with dimethyl hydrogen phosphate'

(d) **Ein Anhydrid aus drei oder mehr verschiedenen Säuren** wird entsprechend ***(b)*** und ***(c)*** durch Beigabe weiterer modifizierender Angaben ("Anhydrid mit" *etc.*) benannt.

z.B.

67

"Propansäure-(monoanhydrid mit Schwefelsäure)-anhydrid mit Essigsäure" (**67**)
- Propansäure > Essigsäure > S-Oxosäure
- CA: 'propanoic acid, monoanhydride with sulfuric acid, anhydride with acetic acid'

68

"Phosphorsäure-[monoanhydrid mit Borsäure-(HBO_2)]-monoanhydrid mit Borsäure-(H_3BO_3)" (**68**)
- P-Oxosäure > B-Oxosäure
- CA: 'phosphoric acid, monoanhydride with boric acid (HBO_2), monoanhydride with boric acid (H_3BO_3)'

(e) **Substituentenpräfixe** für Anhydrid-Gruppen **sind zusammengesetzte Präfixe** und werden nach *Kap. 5.8* und *5.9* gebildet (s. auch *Kap. 6.14**(e)***).

Kap. 5.8, 5.9 und 6.14(e)

z.B.

69

"[2-(Acetyloxy)-2-oxoethyl]-" (**69**)

6

70

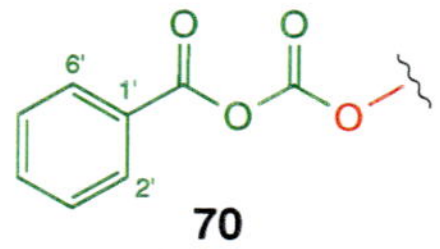

"{[(Benzoyloxy)carbonyl]oxy}-" (**70**)

71

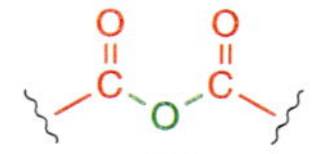

"(Oxydicarbonyl)-" (**71**)
bei Multiplikationsnamen (*Kap. 3.2.3*)

Beispiele:

72

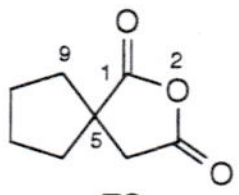

"2-Oxaspiro[4.4]nonan-1,3-dion" (**72**)
- nach ***(a)***
- Anhydrid einer Carboxycyclopentanessigsäure

73

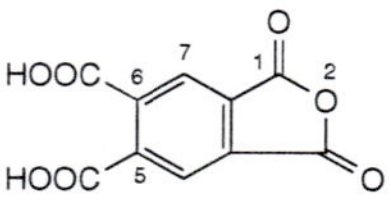

"1,3-Dihydro-1,3-dioxoisobenzofuran-5,6-dicarbonsäure" (**73**)
- nach ***(a)***
- Anhydrid einer Dicarbonsäure
- IUPAC: auch "Benzol-1,2,4,5-tetracarbonsäure-4,5-anhydrid"

74

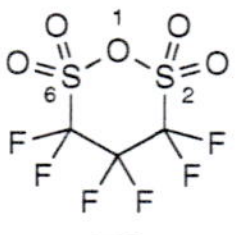

"3,3,4,4,5,5-Hexafluoro-1,2,6-oxa-dithian-2,2,6,6-tetraoxid" (**74**)
- nach ***(a)***
- Anhydrid einer Disulfonsäure
- Additionsname (=O an Heteroatom S^{II})

75

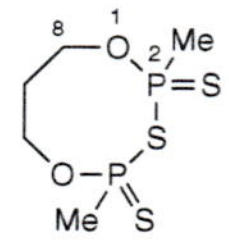

"2,4-Dimethyl-1,5,3,2,4-dioxathiadi-phosphocan-2,4-disulfid" (**75**)
- nach ***(a)***
- Anhydrid einer Phosphonodithiosäure
- Additionsname (=S an Heteroatom P^{III})

76

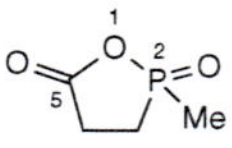

"2-Methyl-1,2-oxaphospholan-5-on-2-oxid" (**76**)
- nach ***(a)***
- Anhydrid einer Carbon- und Phosphinsäure
- Additionsname (=O an Heteroatom P^{III})

77

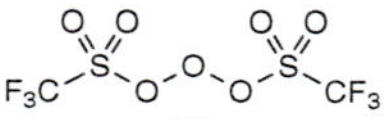

"Bis[(trifluoromethyl)sulfonyl]-trioxid" (**77**)
nach (b_1), Ausnahme ***(i)***

78

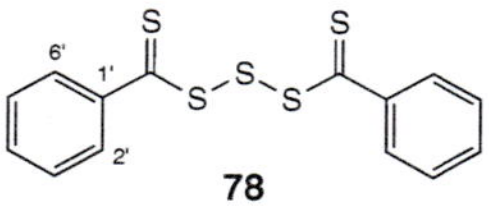

"Bis(phenylthioxomethyl)-trisulfid" (**78**)
nach (b_1), Ausnahme ***(i)***

79

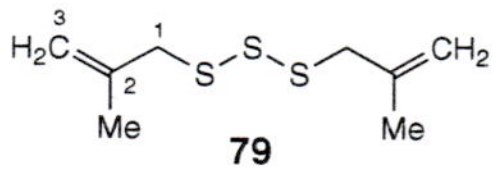

"Bis(2-methylprop-2-enyl)-trisulfid" (**79**)
nach (b_1), Ausnahme ***(i)***

80

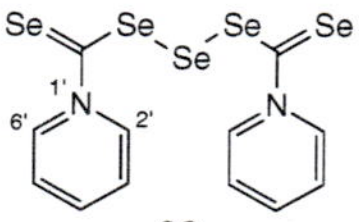

"Bis[(pyridin-1-yl)selenoxomethyl]-triselenid" (**80**)
nach (b_1), Ausnahme ***(i)***

81

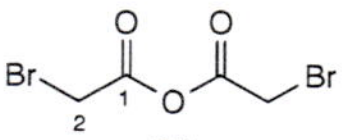

"Bromoessigsäure-anhydrid" (**81**)
nach (b_1)

82

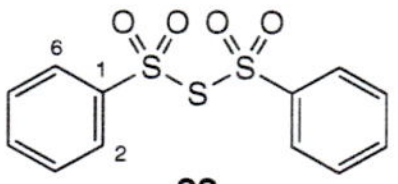

"Benzolsulfonothiosäure-anhydrosulfid" (**82**)
nach (b_1)

83

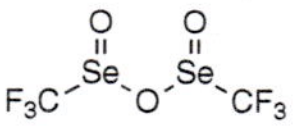

"Trifluoromethanseleninsäure-anhydrid" (**83**)
nach (b_1)

84

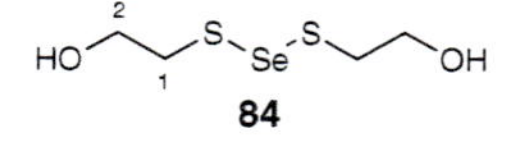

"2-Hydroxyethansulfenoselenosäure-anhydroselenid" (**84**)
nach (b_1)

85

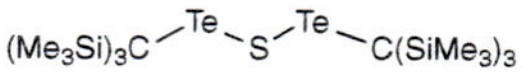

"Tris(trimethylsilyl)methantellurenothiosäure-anhydrosulfid" (**85**)
nach (b_1)

86

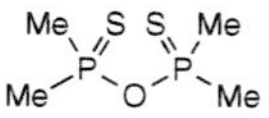

"Dimethylphosphinothiosäure-anhydrid" (**86**)
nach (b_1)

87

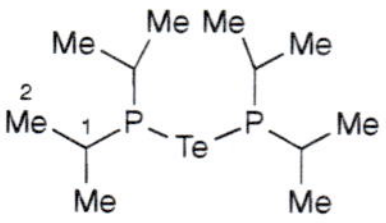

"Bis(1-methylethyl)phosphinotelluroigsäure-anhydrotellurid" (**87**)
nach (b_1)

88

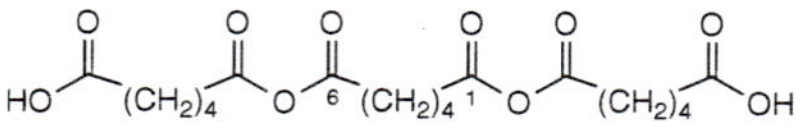

"Hexandisäure-trimol.-dianhydrid" (**88**)
nach (b_2)

89

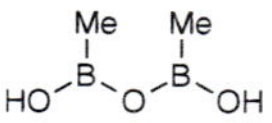

"Methylboronsäure-bimol.-monoanhydrid" (**89**)
nach $(b_4)(b_2)$

90

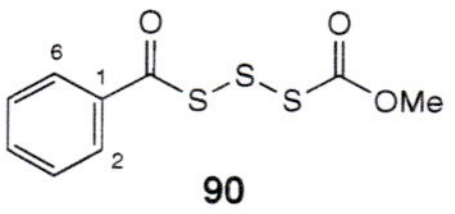

"Benzoyl-(methoxycarbonyl)-trisulfid" (**90**)
nach (c_1), Ausnahme ***(iii)***

91

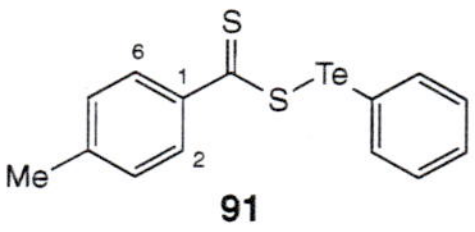

"4-Methylbenzolcarbo(tellurothioperoxo)thiosäure-*STe*-phenyl-ester"/ "*STe*-Phenyl-[4-methylbenzolcarbo-(tellurothioperoxo)thioat]" (**91**)
nach (c_1), Ausnahme ***(iv)***

92

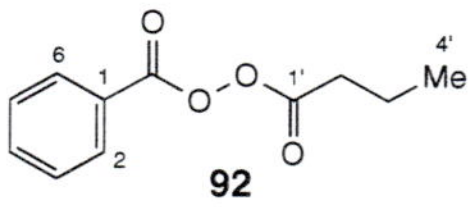

"Benzoyl-(1-oxobutyl)-peroxid" (**92**)
nach (c_1), Ausnahme ***(v)***

93

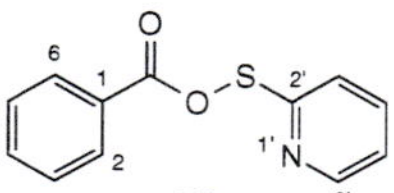

"Benzoesäure-anhydrid mit Pyridin-2-sulfensäure" (**93**)
nach (c_1) (keine Ausnahme nach ***(iv)***!) sowie *Kap. 6.7.2* und *6.8*

94

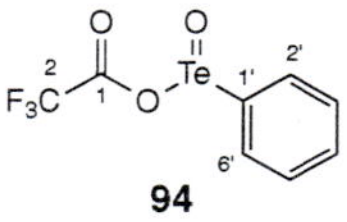

"Trifluoroessigsäure-anhydrid mit Benzoltellurinsäure" (**94**)
nach (c_1) sowie *Kap. 6.7.2* und *6.8*

95

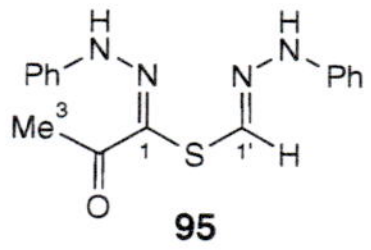

"2-Oxo-*N*-phenylpropanhydrazonothiosäure-anhydrosulfid mit *N*-Phenylmethanhydrazonothiosäure" (**95**)
nach (c_1) sowie *Kap. 6.7.3* und *6.9*

96

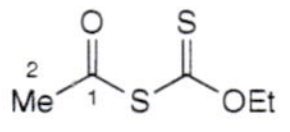

"Ethanthiosäure-anhydrosulfid mit *O*-Ethyl-hydrogen-carbonodithioat" (**96**)
nach **(c$_1$)** sowie *Kap. 6.7.3* und *6.9*

97

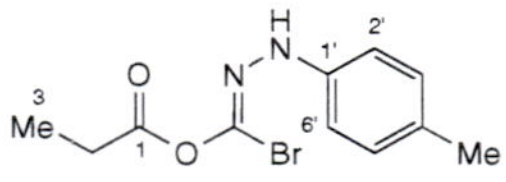

"Propansäure-anhydrid mit (4-Methylphenyl)carbonobromidohydrazonsäure" (**97**)
nach **(c$_1$)** sowie *Kap. 6.7.2* und *6.9*

98

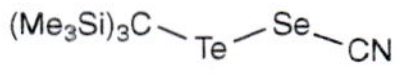

"Tris(trimethylsilyl)methantellurenoselenosäure-anhydroselenid mit Selenocyansäure" (**98**)
nach **(c$_1$)** sowie *Kap. 6.8* und *6.9*

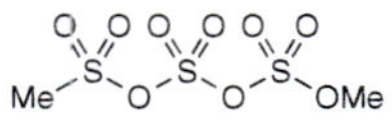

99

"Methansulfonsäure-anhydrid mit Methyl-hydrogen-(disulfat)" (**99**)
nach **(c$_1$)** sowie *Kap. 6.8* und *6.10*

100

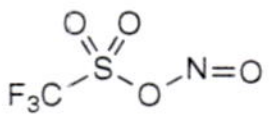

"Trifluoromethansulfonsäure-anhydrid mit Salpetrigsäure" (**100**)
nach **(c$_1$)** sowie *Kap. 6.8* und *6.10*

101

"Methansulfonsäure-anhydrid mit Arsenensäure" (**101**)
nach **(c$_1$)** sowie *Kap. 6.8* und *6.11*

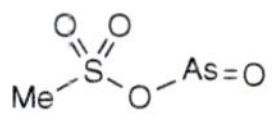

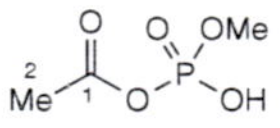

102

"Essigsäure-monoanhydrid mit Methyl-dihydrogen-phosphat" (**102**)
nach **(c$_1$)** sowie *Kap. 6.7.2* und *6.11*

103

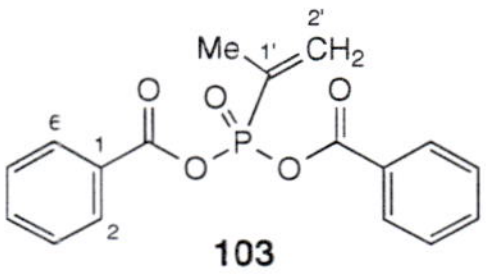

"Benzoesäure-dianhydrid mit (1-Methylethenyl)phosphonsäure" (**103**)
nach **(c$_1$)** sowie *Kap. 6.7.2* und *6.11*

104

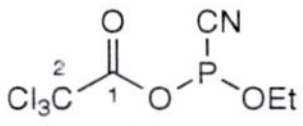

"Trichloroessigsäure-anhydrid mit Ethyl-hydrogen-phosphorocyanidit" (**104**)
nach **(c$_1$)** sowie *Kap. 6.7.2* und *6.11*

105

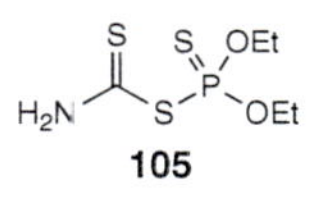

"Carbamodithiosäure-anhydrosulfid mit *O,O*-Diethyl-hydrogen-phosphorodithioat" (**105**)
nach **(c$_1$)** sowie *Kap. 6.9* und *6.11*

106

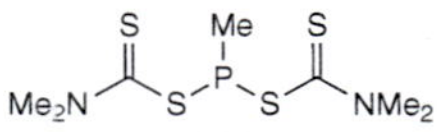

"Dimethylcarbamodithiosäure-bis(anhydrosulfid) mit Methylphosphonodithioigsäure" (**106**)
nach **(c$_1$)** sowie *Kap. 6.9* und *6.11*

107

"Essigsäure-monoanhydrid mit Kieselsäure-(H_4SiO_4)" (**107**)
nach **(c$_1$)** sowie *Kap. 6.7.2* und *6.12*

108

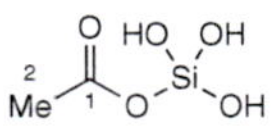

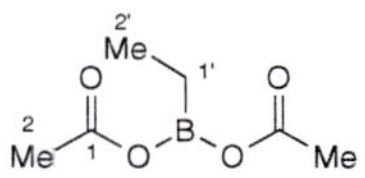

"Essigsäure-dianhydrid mit Ethylboronsäure" (**108**)
nach **(c$_1$)** sowie *Kap. 6.7.2* und *6.12*

109

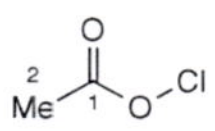

"Essigsäure-anhydrid mit Hypochlorigsäure" (**109**)
nach **(c$_1$)** sowie *Kap. 6.7.2* (und *6.10*); vgl. CA ¶ 188

110

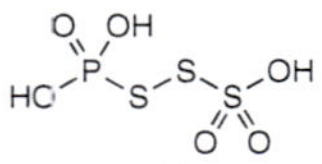

"Phosphono-sulfo-disulfid" (**110**)
nach **(c$_2$)**, Ausnahme **(*viii*)** (d.h. **(*v*)**)

111

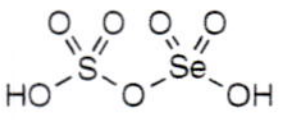

"Schwefelsäure-monoanhydrid mit Selensäure" (**111**)
nach **(c$_2$)** sowie *Kap. 6.10*

112

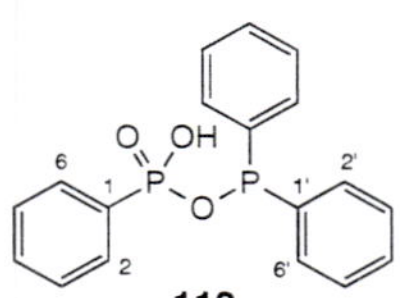

"Phenylphosphonsäure-monoanhydrid mit Diphenylphosphinigsäure" (**112**)
nach **(c$_2$)** sowie *Kap. 6.11*

113

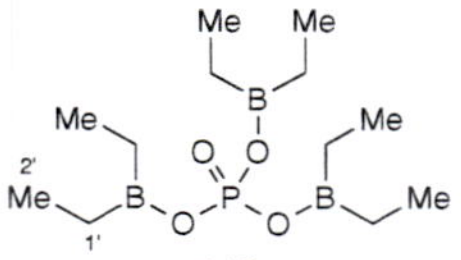

"Phosphorsäure-trianhydrid mit Diethylborinsäure" (**113**)
nach **(c$_2$)** sowie *Kap. 6.11* und *6.12*

114

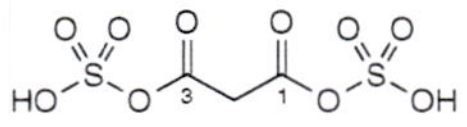

"Propandisäure-anhydrid mit Schwefelsäure (1:2)" (**114**)
nach **(c$_2$)** sowie *Kap. 6.7.2* und *6.10*

115

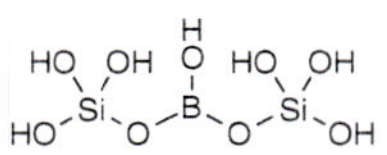

"Kieselsäure-(H_4SiO_4)-anhydrid mit Borsäure-(H_3BO_3) (2:1)" (**115**)
nach **(c$_2$)** sowie *Kap. 6.12*

116

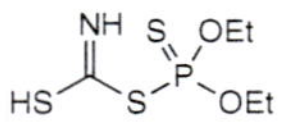

"Carbonimidodithiosäure-mono(anhydrosulfid) mit *O,O*-Diethyl-hydrogen-phosphorodithioat" (**116**)
nach **(c$_2$)** sowie *Kap. 6.9* und *6.11*

117

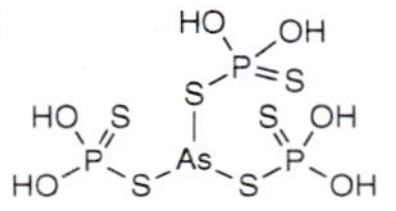

"Phosphorodithiosäure-tris(anhydrosulfid) mit Arsenotrithioigsäure" (**117**)
nach **(c$_2$)** sowie *Kap. 6.11*

118

"Essigsäure-monoanhydrid mit Phosphorsäure-monoanhydrid mit Carbamidsäure" (**118**)
nach **(*d*)** sowie *Kap. 6.7.2* und *6.11* und *6.9*

119

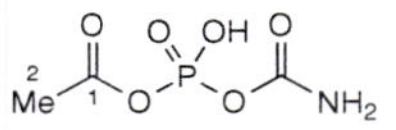

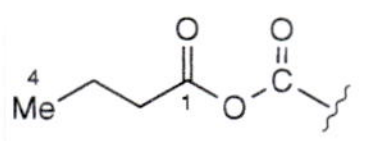

"[(1-Oxobutoxy)carbonyl]-" (**119**)
nach **(*e*)**

120

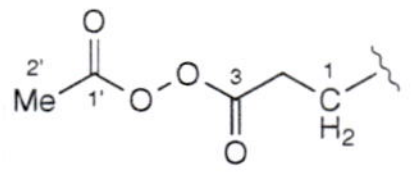

"[3-(Acetyldioxy)-3-oxopropyl]-" (**120**)
nach **(*e*)**

121

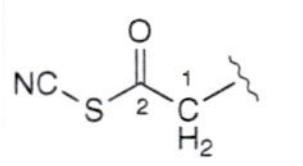

"(2-Thiocyanato-2-oxoethyl)-" (**121**)
nach **(*e*)**

122

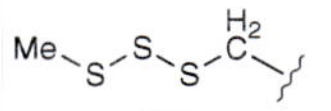

"[(Methyltrithio)methyl]-" (**122**)
nach **(*e*)**

123

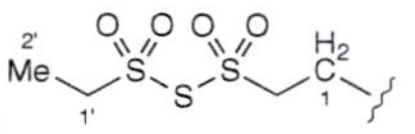

"{2-{[(Ethylsulfonyl)thio]sulfonyl}ethyl}-" (**123**)
nach **(*e*)**

124

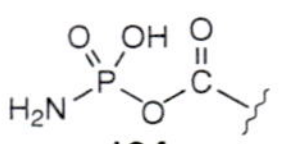

"{[(Aminohydroxyphosphinyl)oxy]carbonyl}-" (**124**)
nach **(*e*)**

6

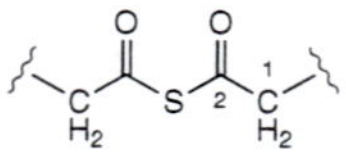

125

"[Thiobis(2-oxoethan-2,1-diyl)]-" (**125**)
nach *(e)*

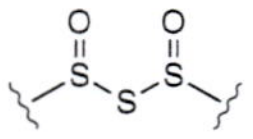

126

"(Thiodisulfinyl)-" (**126**)
nach *(e)*

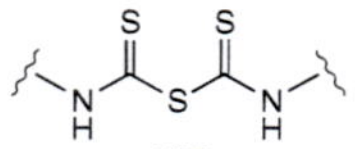

127

"[Thiobis(carbonothioylamino)]-" (**127**)
nach *(e)*

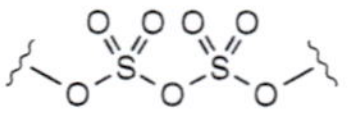

128

"[Oxybis(sulfonyloxy)]-" (**128**)
nach *(e)*

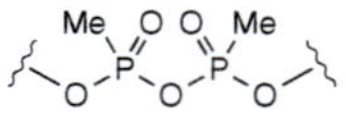

129

"{Oxybis[(methylphosphinyliden)-oxy]}-" (**129**)
nach *(e)*

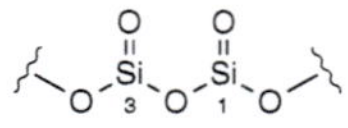

130

"[(1,3-Dioxodisiloxan-1,3-diyl)bis(oxy)]-" (**130**)
nach *(e)*

CA ¶ 185, 186, 247, 112 und 250
IUPAC R-5.7.4, R-5.7.5, C-441, C-463, C-464, C-471 – C-474, C-543, C-544, C-641, C-642, C-651, C-661, C-671, D-5.61 und D-6.9

6.14. Ester und Lactone

Definition:

Kap. 6.7 – 6.12

Kap. 6.21

Ester 1 sind Verbindungen, die formal durch **Verlust von H_2O, H_2S, H_2Se oder H_2Te aus einem Säure-Substituenten** von Säuren der *Kap. 6.7 – 6.12* (*Klasse 5*) **und aus einem Alkohol-Substituenten** (oder aus einem Chalcogen-Austauschanalogon) von Alkoholen des *Kap. 6.21* (*Klasse 10*); **inkl. Silanole!**) entstehen.

Ein Ester muss eine Einfachbindung O–C, S–C, Se–C oder Te–C bzw. O–Si, S–Si, Se–Si oder Te–Si (keine andern Heteroatom als Si!) **enthalten**. In allen andern Fällen handelt es sich um **Pseudoester**. So ist z.B. Cl–Et ("Chloroethan") mit einer Bindung Cl–C kein Ester aus HCl und EtOH; auch Me–C(=O)–O–NH_2 ("*O*-Acetylhydroxylamin") oder Me–C(=O)–O–N=CMe_2 ("Propan-2-on-(*O*-acetyloxim)") mit je einer Bindung O–N sind keine Ester, im Gegensatz zu $CF_3S(=O)_2$–O–$SiMe_3$ ("Trifluoromethansulfonsäure-(trimethylsilyl)-ester"/"(Trimethylsilyl)-(trifluoromethansulfonat)" mit einer Bindung O–Si.

z.B.

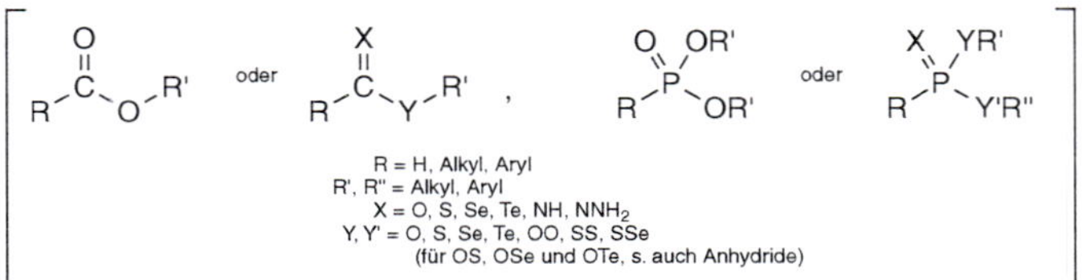

R–C(=O)–O–R' oder R–C(=X)–Y–R' , R–P(=O)(OR')–OR' oder R–P(=X)(YR')–Y'R"

R = H, Alkyl, Aryl
R', R" = Alkyl, Aryl
X = O, S, Se, Te, NH, NNH_2
Y, Y' = O, S, Se, Te, OO, SS, SSe
(für OS, OSe und OTe, s. auch Anhydride)

1

Ester einer Carbonsäure, Phosphonsäure *etc.*

Beachte:

Kap. 3.1 und 3.3

Tab. 3.2

Kap. 4.3

Kap. 4.5 – 4.10

Kap. 6.20(d)

Kap. 6.19(b) und 6.20(e)

- **Im CA-Index wird ein acyclischer Ester beim Titelstammnamen der** (vorrangigen) **Säure** unter Beigabe einer modifizierenden Angabe ('alkyl ester', 'aryl ester') **angeführt, oder ausnahmsweise** (s. unten, ***(d)***) **beim Titelstammnamen des Alkohols** (oder Chalcogen-Analogons) unter Beigabe einer modifizierenden Angabe "...at" (Anion-Name der Säure) und unter Nichtbeachtung der Prioritätsregeln nach *Kap. 3.1* und *3.3*. **Der Ester hat also die Priorität dieser vorrangigen Säure** (*Klasse 5*) **bzw. ausnahmsweise eines Alkohols** (*Klasse 10*) (s. *Tab. 3.2*). **Zusätzlich gelten die *Fussnoten* 1 und 2** (s. unten).
- **P- oder As-haltige Ketten** nach *Kap. 4.3* **oder Ringe** nach *Kap. 4.5 – 4.10* **mit Gruppen –OR und =O** oder Chalcogen-Austauschanaloga **am P- oder As-Atom** werden meist nicht als Ester betrachtet sondern mittels der Präfixe "[(R)oxy]-" *etc.* und "Oxo-" *etc.* oder mittels Additionsnamen bezeichnet (**Pseudoketon**, s. *Kap. 6.20**(d)***), z.B. "1-Methoxy-1,2-diphenyldiphosphin" (PH(Ph)–P(Ph)–OMe) oder "1,1-Dimethoxydiphosphin-1-oxid" (PH_2–P(=O)$(OMe)_2$)
- **Pseudoester Acyl–O–NRR´** und Chalcogen-Austauschanaloga **sind Oxime** (s. *Kap. 6.19**(b)*** und *6.20**(e)***) **oder Hydroxylamine** (R, R´= H; s. *Kap. 6.25*) **oder werden mittels eines Präfixes "(Acyloxy)-"** *etc.* **und dem Namen der N-haltigen Gerüst-Stammstruktur bezeichnet** (s. *Kap. 6.21**(c)*** und **2**). **"(Acyloxy)"-Präfixe** werden meist **auch für Strukturen Acyl–O–X mit X = P** (s. oben), **As** (s. oben), **Sb, Bi, Ge, Sn, Pb oder B in Gerüst-Stammstrukturen** verwendet (s. *Kap. 6.21**(c)***); vgl. dazu auch die **Pseudoester der N-, P-, As-, Sb-, Bi-, B-, Ge-, Sn- und Pb-Verbindungen** der *Klassen 14 – 20* (s. *Tab. 3.2* und *Kap. 6.25 – 6.29*).

Kap. 6.25

Kap. 6.21(c)

Tab. 3.2 und Kap. 6.25 – 6.29

z.B.

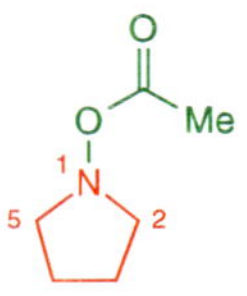

"1-(Acetyloxy)pyrrolidin" (**2**)

2

- **Lactone** von Hydroxysäuren, die im CA-Index einen anerkannten trivialen Titelstammnamen haben (**Naturprodukte, Stereostammstrukturen**; s. *Anhang 1*), werden meist bei letzterem unter Beigabe einer modifizierenden Angabe eingeordnet, z.B. 'L-ribonic acid, γ-lactone'(–C(=O)–CH(OH)–CH(OH)–CH(CH_2OH)–O–).

Man unterscheidet:

(a) cyclische Ester (= Derivate von Heterocyclen; u. a. Lactone, Sultone, Lactide);

(b) acyclische Ester (–C(=O)–O– *etc.*, nicht an Ring beteiligt), Definitionen:

(b₁) Ester einer kommunen 'Class-I'-Säure (z.B. "Essigsäure" (MeCOOH)) und eines kommunen 'Class-I'-Alkohols (z.B. "Ethanol" (EtOH)),

(b₂) Ester einer polybasischen kommunen 'Class-I'-Säure (z.B. "Kohlensäure" (HO–C(=O)–OH)) und von kommunen 'Class-I'- und/oder exotischen 'Class-II'-Alkoholen (Alkohol-Komponenten verschieden),

(*b_3*) Ester einer exotischen 'Class-II'-Säure und eines beliebigen Alkohols,

(*b_4*) Ester einer kommunen 'Class-I'-Säure (z.B. "Essigsäure") und eines exotischen 'Class-II'-Alkohols;

(*c*) Namen für Ester gemäss (*b_1*) – (*b_3*) (inkl. Trivialnamen "Acetat", "Benzoat" *etc.*, Aminocarbonsäure-ester, Glyceride, Urethane, Xanthogensäuren, Orthocarbonsäure-ester);

(*d*) Namen für Ester gemäss (*b_4*);

(*e*) Substituentenpräfixe für Ester-Substituenten:

(*e_1*) Präfixe für Acyl-O-,

(*e_2*) Präfixe für R–O–C(=O)–, R–O–S(=O)$_2$– *etc.*

Kap. 3.2.1 bzw. 3.2.4
Tab. 3.2
Kap. 6.20

(*a*) Cyclische (intramolekulare) **formale Ester werden mittels Substitutions- oder Additionsnomenklatur als Derivate von Heterocyclen benannt** und erscheinen in der Prioritätenreihenfolge entsprechend dem dafür benötigten Suffix (z.B. als Keton (*Kap. 6.20*)).

IUPAC lässt daneben für **Lactone** (⌐C(=O)–O⌐) auch noch Lacton-Namen zu, die sich von einem Trivialnamen oder einem systematischen Namen einer Hydroxycarbonsäure herleiten. Dabei wird ein allfällig vorhandenes "Hydroxy"-Präfix weggelassen und dafür der Lokant "*x*" der in der Säure vorhandenen OH-Gruppe angegeben (s. **3**); "**Olid**"-**Namen** für Lactone werden **nicht mehr** empfohlen (IUPAC R-5.7.5.1):

"**-säure**" (Trivialname) → "**-olacton**"
"***x*-Hydroxy... säure**" → "**...o-*x*-lacton**"
"*x*" = Lokant der OH-Gruppe

Enthält ein Polycyclus einen oder mehr Lacton-Ringe, dann kann auch ein Suffix "-carbolacton" für den bivalenten Substituenten –C(=O)–O– an der Gerüst-Stammstruktur verwendet werden (s. **6**; IUPAC R-5.7.5.1):

Stammname + | "**-*x*,*y*-carbolacton**" / "**-*x*,*y*:*u*,*v*-dicarbolacton**" / *etc.*

"*x*" bzw. "*u*" = Lokant der Gerüst-Stammstruktur für –C(=O) (möglichst tief)
"*y*" bzw. "*v*" = Lokant für O–

Analog können auch intramolekulare Ester von Hydroxysulfonsäuren, sogenannte **Sultone** (⌐SO$_2$–O⌐), benannt werden (s. **7**; IUPAC R-5.7.5.2):

Stammname + | "**-*x*,*y*-sulton**" / "**-*x*,*y*:*u*,*v*-disulton**" / *etc.*

"*x*" bzw. "*u*" = Lokant der Gerüst-Stammstruktur für –SO$_2$ (möglichst tief)
"*y*" bzw. "*v*" = Lokant für O–

Ein Spezialfall sind sogenannte **Lactide**, d.h. intramolekulare cyclische Ester, formal entstanden aus zwei oder mehr Molekülen einer Hydroxycarbonsäure durch Veresterung zwischen diesen Molekülen. Hat die Hydroxysäure einen systematischen Namen, dann wird das Lactid als Heterocyclus-Derivat benannt. Von Trivialnamen hergeleitete Lactide können mit "-id" bezeichnet werden (s. **8**; IUPAC C-474):

"**-säure**" (Trivialname) → | "**Di...id**" / "**Tri...id**"

z.B.

3

"4,5-Dihydrofuran-2(3*H*)-on" (**3**)
- indiziertes H-Atom nach *Anhang 5(**i_2**)*
- die Gerüst-Stammstruktur ("Furan") hat zwei Doppelbindungen, deren Absättigung durch das Präfix, Suffix und indizierte H-Atom ausgedrückt ist
- IUPAC: auch "Butano-4-**lacton**" oder **trivial** "**γ-Butyrolacton**"

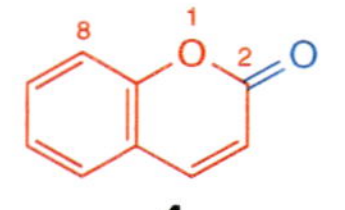

4

"2*H*-1-Benzopyran-2-on" (**4**)
- indiziertes H-Atom nach *Anhang 5(**h**)*
- **früher** "**Coumarin**"

5

"Isobenzofuran-1(3*H*)-on" (**5**)
- indiziertes H-Atom nach *Anhang 5(**i_2**)*
- **früher** "**Phthalid**"

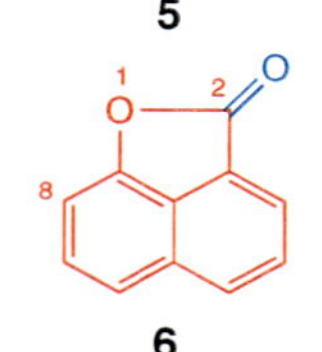

6

"2*H*-Naphtho[1,8-*bc*]furan-2-on" (**6**)
- indiziertes H-Atom nach *Anhang 5(**h**)*
- IUPAC: auch "Naphthalin-1,8-**carbolacton**"

7

"1,2-Oxathian-2,2-dioxid" (**7**)
- ein =O an einem Heteroatom (S^{II}) wird mittels Additionsnomenklatur ausgedrückt, s. *Kap. 6.20(**d**)*
- IUPAC: auch "Butan-1,4-**sulton**"

8

"3,6-Dimethyl-1,4-dioxan-2,5-dion" (**8**)
IUPAC: auch "**Dilactid**", von "Milchsäure" ('lactic acid'; MeCH(OH)COOH)

(*b*) Acyclische Ester: Zuerst wird bestimmt, in welche sogenannte 'Class' (CA) die am Ester beteiligte Säure- und Alkohol-Komponente (oder Chalcogen-Analoga) gehört:

– **'Class-I'-Säuren sind kommune Säuren** (s. unten),
'Class-II'-Säuren sind exotische Säuren, d.h. alle andern Säuren, inklusive Isotop-modifizierte Analoga von 'Class-I'-Säuren.

– **'Class-I'-Alkohole und -Thiole sind kommune Alkohole und Thiole** (s. unten),
'Class-II'-Alkohole und Chalcogen-Austauschanaloga sind exotische Alkohole, d.h. alle andern Alkohole und Chalcogen-Austauschanaloga (u. a. auch alle Selenole und Tellurole).

IUPAC macht keinen Unterschied zwischen 'Class-I'- und 'Class-II'-Säuren, -Alkoholen und -Chalcogen-Austauschanaloga und **empfiehlt die** im folgenden jeweils **nach dem Schrägstrich angeführten Namen** (ausser für Register), wobei jedoch die **Bindestriche** im Deutschen weggelassen werden (IUPAC R-5.7.4.2); sie werden im folgenden aber immer beigefügt.

'Class-I'-Säuren (= kommune Säuren):

"**Essigsäure**" (MeCOOH) Kap. 6.7
"**Propansäure**" (MeCH$_2$COOH)
"**Benzoesäure**" (PhCOOH) **und ihre Mono-amino-, Mononitro- und Dinitro-Derivate**
"**Methansulfonsäure**" (MeSO$_3$H) Kap. 6.8
"**Benzolsulfonsäure**" (PhSO$_3$H)
"**4-Methylbenzolsulfonsäure**" (4-Me–C$_6$H$_4$–SO$_3$H)
"**Kohlensäure**" (HO–C(=O)–OH) Kap. 6.9
"**Carbamidsäure**" (H$_2$N–C(=O)–OH)
"**Methylcarbamidsäure**" (MeNH–C(=O)–OH)
"**Phenylcarbamidsäure**" (PhNH–C(=O)–OH)
"**Ameisensäure**" (HCOOH)
"**Schwefelsäure**" (HO–S(=O)$_2$–OH) Kap. 6.10
"**Schwefligsäure**" (HO–S(=O)–OH)
"**Salpetersäure**" (HO–N(=O)$_2$)
"**Phosphorsäure**" (P(=O)(OH)$_3$) Kap. 6.11
"**Phosphorothiosäure**" (P(=S)(OH)$_3$ oder P(=O)(OH)$_2$SH)
"**Phosphorodithiosäure**" (P(=S)(OH)$_2$SH oder P(=O)OH(SH)$_2$)
"**Phosphorigsäure**" (P(OH)$_3$)
"**Borsäure-(H$_3$BO$_3$)**" Kap. 6.12

Kap. 6.21

'Class-I'-Alkohole (= kommune Alkohole):

"**Methanol**" (MeOH)
"**Ethanol**" (EtOH)
"**Ethenol**" (CH_2=CHOH)
"**2-(Dimethylamino)ethanol**" ($Me_2NCH_2CH_2OH$)
"**2-(Diethylamino)ethanol**" ($Et_2NCH_2CH_2OH$)
"**Propan-1-ol**" ($MeCH_2CH_2OH$)
"**Propan-2-ol**" (MeCH(OH)Me)
"**Prop-2-en-1-ol**" (CH_2=$CHCH_2OH$)
"**2-Methylpropan-1-ol**" (MeCH(Me)CH_2OH)
"**2-Methylpropan-2-ol**" (Me_2C(OH)Me)
"**Butan-1-ol**" (Me$(CH_2)_3$OH)
"**Butan-2-ol**" ($MeCH_2$CH(OH)Me)
"**2-Ethylbutan-1-ol**" ($MeCH_2$CH(Et)CH_2OH)
"**Pentan-1-ol**" (Me$(CH_2)_4$OH)
"**Hexan-1-ol**" (Me$(CH_2)_5$OH)
"**2-Ethylhexan-1-ol**" (Me$(CH_2)_3$CH(Et)CH_2OH)
"**Heptan-1-ol**" (Me$(CH_2)_6$OH)
"**Octan-1-ol**" (Me$(CH_2)_7$OH)
"**Nonan-1-ol**" (Me$(CH_2)_8$OH)
"**Decan-1-ol**" (Me$(CH_2)_9$OH)
"**Dodecan-1-ol**" (Me$(CH_2)_{11}$OH)
"**Octadecan-1-ol**" (Me$(CH_2)_{17}$OH)
"**Cyclohexanol**" (⌐$(CH_2)_5$–CH(OH)¬)
"**Phenol**" (PhOH) **und seine Monochloro-, Monomethyl- und Mononitro-Derivate**
"**Benzolmethanol**" ($PhCH_2OH$)
"**Benzolethanol**" ($PhCH_2CH_2OH$)

'Class-I'-Thiole (= kommune Thiole):

Analog zu den 'Class-I'-Alkoholen ("-ol" → "-**thiol**"), z.B. "Benzolmethanthiol" ($PhCH_2SH$); das 'Class-I'-Analogon von "Phenol" (PhOH) heisst jedoch "**Benzolthiol**" (PhSH)

Man unterscheidet Ester gemäss ***(b₁)* – *(b₄)*, nach Berücksichtigung der *Fussnoten 1* und *2*:**

Ester-Komponenten	Ester-Name (CA[a])[1])[2])
kommune Säure + kommuner Alkohol oder Thiol	**"(kommune Säure)-kommunyl-ester"** ***(b₁)(b₂)(c)***
exotische Säure + kommuner Alkohol oder Thiol	**"(exotische Säure)-kommunyl-ester"** ***(b₃)(c)***
exotische Säure + exotischer Alkohol oder Thiol	**"(exotische Säure)-exotischyl-ester"** ***(b₃)(c)***
kommune Säure + exotischer Alkohol oder Thiol	**"(exotischer Alkohol oder Thiol)-kommunat"** ***(b₄)(d)*** (***Ausnahme*** von der Prioritätenreihenfolge nach *Tab. 3.2*)

Tab. 3.2

[a]) Im CA-Index registriert unter dem Namen der Säure unter Beigabe der modifizierenden Angabe 'commonyl ester' oder 'exoticyl ester' (s. ***(c)***) bzw. unter dem Namen des Alkohols oder Thiols unter Beigabe der modifizierenden Angabe 'communate' (s. ***(d)***).

(b₁) **Ester einer kommunen 'Class-I'-Säure und eines kommunen 'Class-I'-Alkohols oder -thiols:**

Acyl—O—R (**9a**) | auch S-Atom(e) statt O-Atom(e) im Fall von "Phosphorothio-" und "Phosphorodithiosäure"

Acyl	= R‴–C(=O)– R‴–S(=O)₂– (HO, RO oder R′O)–C(=O)– (H_2N, MeNH oder PhNH)–C(=O)– H–C(=O)– (HO, RO oder R′O)–S(=O)₂– (HO, RO oder R′O)–S(=O)– N(=O)₂– (HO, RO, R′O und/oder R″O)₂P(=O)– bzw. 1 oder 2 S statt O (HO, RO, R′O und/oder R″O)₂P– (HO, RO, R′O und/oder R″O)₂B–	gemäss 'Class-I'-Säure-Liste (s. oben)
R, R′, R″	= Alkyl- oder Aryl-Substituent, hergeleitet vom 'Class-I'-Alkohol ROH, R′OH und/oder R″OH (bzw. Thiol-Analogon)	gemäss 'Class-I'-Alkohol- und -Thiol-Listen (s. oben)

(b₂) **Ester einer *polybasischen* kommunen 'Class-I'-Säure und von kommunen 'Class-I'- und/oder exotischen 'Class-II'-Alkoholen** oder von entsprechenden Chalcogen-Austauschanaloga, **wenn die Alkohol-Komponenten** bzw. deren Chalcogen-Austauschanaloga voreinander **verschieden sind** (vgl. dazu ***(b₄)***!):

X(OR)(OR′) (**10a**) | auch S-Atom(e) statt O-Atom(e) im Fall von "Phosphorothio-" und "Phosphorodithiosäure"

X	= C(=O)< S(=O)₂< S(=O)< (RO, R′O oder R″O)P(=O)< bzw. 1 oder 2 S statt O (RO, R′O oder R″O)P< (RO, R′O oder R″O)B<	gemäss 'Class-I'-Säure-Liste (s. oben)

R, R′, R″ = Alkyl- oder Aryl-Substituent, hergeleitet vom 'Class-I'- oder 'Class-II'-Alkohol ROH, R′OH und/oder R″OH (bzw. Chalcogen-Austauschanalogon), wobei mindestens ROH ≠ R′OH sein muss

(b₃) **Ester einer exotischen 'Class-II'-Säure und eines beliebigen Alkohols oder Chalcogen-Austauschanalogons:**

Acyl—O—R (**9b**) oder X(OR)(OR′) (**10b**)

Acyl, X = Acyl-Rest einer beliebigen Säure nach *Kap. 6.7 – 6.12*, die nicht in der Liste der 'Class-I'-Säuren (s. oben) angegeben ist

R, R′*etc.* = (H-Atom,) Alkyl- und/oder Aryl-Substituent, hergeleitet von einem 'Class-I'- oder 'Class-II'-Alkohol oder -Chalcogen Austauschanalogon

[1]) Ist eine **bei einem Titelstammnamen als Präfix ausgedrückte Gruppe** HO–, HS–, HOOC–, HO_3S–, HO_3P– *etc.* **verestert, dann wird dieser Ester-Substituent durch ein entsprechendes zusammengesetztes Präfix nach *(e)* ausgedrückt** und nicht durch eine modifizierende Angabe. Dies gilt auch für einen so substituierten exotischen Alkohol im Fall von ***(b₄)(d)***. Beispiele: **99**, **124** und **136 – 139**.

[2]) Acyclische formale Ester bekommen nach CA **Austauschnamen** gemäss *Kap. 4.3.2*, wenn die Bedingungen dafür erfüllt sind (z.B. mindestens vier Hetero-Einheiten in der Kette, die nicht an der Hauptgruppe beteiligt sein dürfen).

z.B.

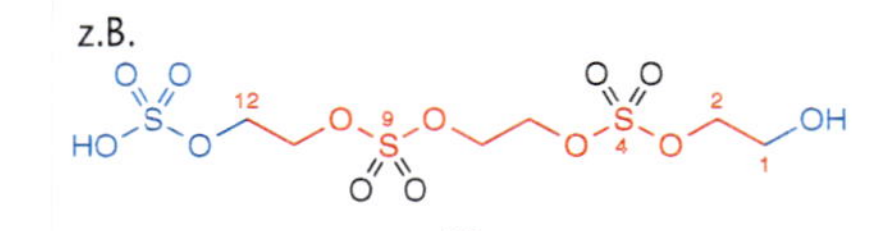

11

"3,5,8,10-Tetraoxa-4,9-dithiadodecan-1,12-diol-mono(hydrogen-sulfat)-4,4,9,9-tetraoxid" (**11**)

- die kommune Säure H_2SO_4 ist mit einem exotischen Alkohol verestert ("Ethan-1,2-diol"), der nach ***(d)*** als Titelstammname bevorzugt wäre; der exotische Alkohol mit Austauschname ist aber ebenfalls ein Diol und vorrangig
- Additionsname (=O) an Heteroatom S[6])

(b_4) Ester einer kommunen 'Class-I'-Säure und eines exotischen 'Class-II'-Alkohols oder -Chalcogen-Austauschanalogons:

Acyl—O—R (**9c**) | auch S-Atom(e) statt O-Atom(e) im Fall von "Phosphorothio-" und "Phosphorodithiosäure"

Acyl = R´–C(=O)–
R´–S(=O)$_2$–
(HO und/oder RO)–C(=O)–
(H_2N, MeNH oder PhNH)–C(=O)–
H–C(=O)–
(HO und/oder RO)–S(=O)$_2$–
(HO und/oder RO)–S(=O)–
N(=O)$_2$–
(HO und/oder RO)$_2$P(=O)–
bzw. 1 oder 2 S statt O
(HO und/oder RO)$_2$P–
(HO und/oder RO)$_2$B–
| gemäss 'Class-I'-Säure-Liste (s.oben)

R = Alkyl- oder Aryl-Substituent, hergeleitet von einem 'Class-II'-Alkohol oder -Chalcogen-Austauschanalogon RXH (X = O, S, Se, Te)

(c) Der **Name des acyclischen Esters 9a,b oder 10a,b gemäss *(b_1) – (b_3)*** (kommune Säure + kommuner Alkohol; exotische Säure + kommuner oder exotischer Alkohol) setzt sich zusammen aus (beachte die *Fussnoten 1* und *2*)

Kap. 5 | Kap. 6.7–6.12

Name der Säure, nach *Kap. 6.7 – 6.12* + **Substituentenpräfix "-(R)", und wenn nötig "-(R´)", "-(R´´)",** nach *Kap. 5*, als Teil der modifizierenden Angabe (in alphabetischer Reihenfolge), wenn nötig mit **Multiplikationsaffixen**
+ "**-ester**" als Teil der modifizierenden Angabe

oder[3])

Kap. 5

Substituentenpräfix "(R)-", und wenn nötig "(R´)-", "(R´´)-", nach *Kap. 5*, (in alphabetischer Reihenfolge), wenn nötig mit **Multiplikationsaffixen** + wenn nötig "**-hydrogen-**" "**-dihydrogen-**" etc.

Kap. 6.7–6.12 und 6.4.2.2

+ **Anion-Name der Säure:**
"**-säure**" → "**-(o)at**"[4])
"**-carbonsäure**" → "**-carboxylat**"
"**-igsäure**" → "**-(o)it**"[4])
nach *Kap. 6.7 – 6.12* und *6.4.2.2*
(s. auch **Ausnahmen 12 – 24**)

Beachte:

Kap. 3.5

- Das **Präfix eines multivalenten verbindenden Substituenten –R–** steht unter Missachtung der alphabetischen Reihenfolge **vor den übrigen Substituentenpräfixen** (s. **41** und **49**).

Anhang 2 | Kap. 3.4

- Bei polybasischen Säuren werden, wenn nötig, **Multiplikationsaffixe und/oder Buchstabenlokanten** vor "-(R)", "-(R´)" oder "-(R´´)" verwendet (s. **38** und **39** bzw. **42** und **49**). **Die Numerierung der polybasischen Säure wird beibehalten** (s. **44**).
- In einfachen Fällen kann im Deutschen der **Bindestrich** vor "-ester" wegfallen (im Englischen mindestens vier separate Wörter, s. z.B. **33**). Ist der Anion-Name der Säure zusammengesetzt, dann kann er im Deutschen der besseren Übersicht wegen in **Klammern** gesetzt werden (s. z.B. **34**).

IUPAC gebraucht die jeweils **zweitgenannte Namensvariante** ("(R)-...at") und empfiehlt die erstgenannte Namensvariante "...säure-...ester" nur bei Trivialnamen und für Register. Ausserdem werden im Deutschen die **Bindestriche** bei beiden Namensvarianten weggelassen (IUPAC R-5.7.4.2); sie werden im folgenden aber immer beigefügt. Im **Namen eines Salzes einer partiell veresterten polybasischen Säure** ist die Reihenfolge der Namensteile bei der zweiten Namensvariante (IUPAC R-5.7.4.2; vgl. z.B. *Kap. 6.7.5*):

Kation-Name > "(R)-", "(R´)-" > "hydrogen" > Anion-Name

Ausnahmen:

(i) Im Deutschen werden für **12** – **24** die folgenden, **dem Englischen angepassten Anion-Namen** verwendet:

12: "**Acetat**" (**12**)
analog für C-substituierte Derivate

13: "**Benzoat**" (**13**)
analog für C-substituierte Derivate, ausser bei Substitution durch Ph–

14: "**Carbonat**" (**14**)

15: "**Carbamat**" (**15**)
analog für N-substituierte Derivate

16: "**Format**" (**16**)
– IUPAC empfiehlt im Deutschen "**Formiat**"
– nur unsubstituiert (s. z.B. **47**)

17: "**Sulfat**" (**17**)

18: "**Sulfamat**" (**18**)

19: "**Sulfit**" (**19**)
analog "Selenit"

[3]) CA verwendet die zweitgenannte Variante mit dem Anion-Namen der Säure ('-(o)ate', '-(o)ite' gemäss ***(c)*** nur als modifizierende Angabe bei vorrangigen Indexnamen oder gemäss ***(d)*** für nicht invertierte Namen (s. z.B. **54**).

[4]) Das **Suffix "-oat"** lässt sich **vom englischen Suffix '-oic acid'** (z.B. 'propan**oic** acid' = "Propansäure", $MeCH_2COOH$) und die Endung "**-at**" **von '-ic acid'** (z.B. 'carbon**ic** acid' = "Kohlensäure", HO–C(=O)–OH) herleiten; analog stammt "**-oit**" **von '-o(o)us acid'** (z.B. 'phosphinoselen**ous** acid' = "Phosphinoselen**oig**säure" (H_2P–SeH) und "**-it**" **von '-ous acid'** her (z.B. 'phosphin**ous** acid' = "Phosphi**nig**säure", H_2P–OH; 'nitr**ous** acid' = "Salpetrigsäure", HNO_2).

20 "**Nitrat**" (**20**)

21 "**Nitrit**" (**21**)

22 "**Phosphat**" (**22**)

23 "**Phosphit**" (**23**)

24 "**Silicat-(SiO_4^{4-})**" (**24**)

(ii) Der **Anion-Name für Ester von α-Aminocarbonsäuren** lautet (s. **45**):

Trivialname der α-Aminocarbonsäure | + "**-at**"

(iii) **Ester von** "**Propan-1,2,3-triol**" (trivial "**Glycerin**" ('**glycerol**')) heissen generisch "**Glyceride**", werden aber nach ***(c)*** oder ***(d)*** benannt (s. **51** bzw. **60**).

(iv) **Ester von Carbamidsäuren** (H_2N–C(=O)–OH) heissen generisch "**Urethane**", und ***O*-Ester von Carbonodithiosäuren** (HS–C(=S)–OH) werden generisch auch als "**Xanthogensäuren**" bezeichnet; solche Ester werden aber nach ***(c)*** und ***(d)*** benannt (s. z.B. **37** und **48**).

(v) Formale **Ester von Orthocarbonsäuren** sowie ihre Peroxy- und Chalcogen-Austauschanaloga werden als Ether, Sulfide, Peroxide, Hydroperoxide, Alkohole *etc.* benannt (s. **25** – **29**).

(vi) Formale **Ester von cyclischen Borsäuren (HBO_2)$_n$** werden als Gerüst-Stammstruktur-Derivate benannt (s. **30**).

(vii) Formale **Oxide von Thioestern** (=O an S) werden nicht als Ester-Derivate sondern als Gerüst-Stammstruktur-Derivate mittels "Sulfinyl"- oder "Sulfonyl"-Präfixen benannt (s. **31** und **32**).

z.B.

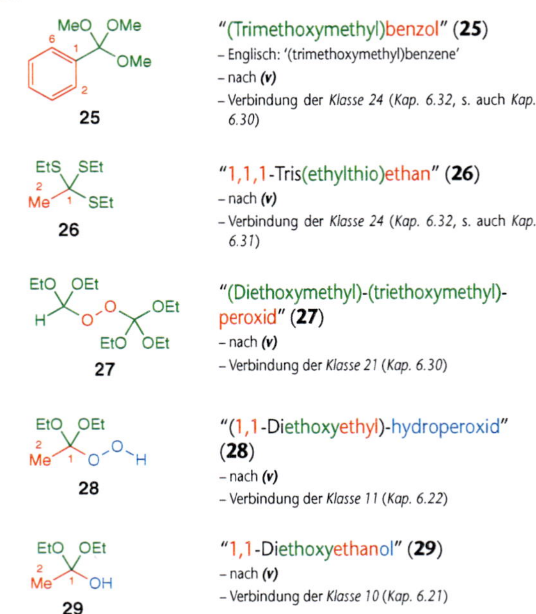

"(Trimethoxymethyl)benzol" (**25**)
- Englisch: '(trimethoxymethyl)benzene'
- nach ***(v)***
- Verbindung der *Klasse 24* (*Kap. 6.32*, s. auch *Kap. 6.30*)

"1,1,1-Tris(ethylthio)ethan" (**26**)
- nach ***(v)***
- Verbindung der *Klasse 24* (*Kap. 6.32*, s. auch *Kap. 6.31*)

"(Diethoxymethyl)-(triethoxymethyl)-peroxid" (**27**)
- nach ***(v)***
- Verbindung der *Klasse 21* (*Kap. 6.30*)

"(1,1-Diethoxyethyl)-hydroperoxid" (**28**)
- nach ***(v)***
- Verbindung der *Klasse 11* (*Kap. 6.22*)

"1,1-Diethoxyethanol" (**29**)
- nach ***(v)***
- Verbindung der *Klasse 10* (*Kap. 6.21*)

30 "Trimethoxyboroxin" (**30**)
- nach ***(vi)***
- Verbindung der *Klasse 18* (*Kap. 6.28*, s. auch *Kap. 6.30* und *4.5.2*)

31 "1-Methoxy-4-{[(4-methoxyphenyl)-sulfinyl]sulfonyl}benzol" (**31**)
- Englisch: '...benzene'
- nach ***(vii)***
- Verbindung der *Klasse 24* (*Kap. 6.32*, s. auch *Kap. 6.30* und *6.31*)

32 "*N*-Hydroxy-α-(methylsulfinyl)benzol-methanimin" (**32**)
- Englisch: '...benzenemethanimine'
- nach ***(vii)***
- Verbindung der *Klasse 13* (*Kap. 6.24*)

z.B.

33 "Essigsäure-ethyl-ester"/"Ethyl-acetat" (**33**)
- Englisch: 'acetic acid ethyl ester'/'ethyl acetate'
- nach ***(b₁)***

34 "4-Aminobenzoesäure-methyl-ester"/"Methyl-(4-aminobenzoat)" (**34**)
- Englisch: '4-aminobenzoic acid methyl ester'/'methyl 4-aminobenzoat'
- nach ***(b₁)***

35 "Benzolsulfonsäure-ethenyl-ester"/"Ethenyl-benzolsulfonat" (**35**)
- Englisch: 'benzenesulfonic acid ethenyl ester'/'ethenyl benzenesulfonate'
- nach ***(b₁)***
- IUPAC: "auch "Vinyl-" statt "Ethenyl-"

36 "Kohlensäure-mono(1-methylethyl)-ester"/"(1-Methylethyl)-hydrogen-carbonat" (**36**)
- Englisch: 'carbonic acid mono(1-methylethyl) ester'/'1-methylethyl hydrogen carbonate'
- nach ***(b₁)***
- IUPAC: auch "Isopropyl-" statt "1-Methylethyl-"

37 "Carbamidsäure-phenyl-ester"/"Phenyl-carbamat" (**37**)
- Englisch: 'carbamic acid phenyl ester'/'phenyl carbamate'
- nach ***(b₁)***
- generisch ein "**Urethan**" (s. ***(iv)***)

38

"Phosphorsäure-monoethyl-ester"/"Ethyl-dihydrogen-phosphat" (**38**)
- Englisch: 'phosphoric acid monoethyl ester'/'ethyl dihydrogen phosphate'
- nach (b_1)

39

"Phosphorsäure-diethyl-ester"/"Diethyl-hydrogen-phosphat" (**39**)
- Englisch: 'phosphoric acid diethyl ester'/'diethyl hydrogen phosphate'
- nach (b_1)

40

"Kohlensäure-(2-chloroethyl)-ethyl-ester"/"(2-Chloroethyl)-ethyl-carbonat" (**40**)
- Englisch: 'carbonic acid 2-chloroethyl ethyl ester'/'2-chloroethyl ethyl carbonate'
- nach (b_2), nicht nach (b_4) (verschiedene Alkohol-Komponenten)

41

"Kohlensäure-(1,3-phenylen)-dimethyl-ester"/"(1,3-Phenylen)-dimethyl-dicarbonat" (**41**)
- Englisch: 'carbonic acid 1,3-phenylene dimethyl ester'/'1,3-phenylene dimethyl dicarbonate'
- nach (b_2)
- beachte: "Phenylen-" (verbindender Substituent) > "Methyl-"

42

"Phosphorothiosäure-*O*,*O*-diethyl-*S*-[(ethylsulfinyl)methyl]-ester"/"*O*,*O*-Diethyl-*S*-[(ethylsulfinyl)methyl]-phosphorothioat" (**42**)
- Englisch: 'phosphorothioic acid *O*,*O*-diethyl *S*-[(ethylsulfinyl)methyl] ester'/'*O*,*O*-diethyl *S*-[(ethylsulfinyl)methyl] phosphorothioate'
- nach (b_2)

43

"Benzolcarboperoxosäure-ethyl-ester"/"Ethyl-benzolcarboperoxoat" (**43**)
- Englisch: 'benezecarboperoxoic acid ethyl ester'/'ethyl benzenecarboperoxoate'
- nach (b_3)

44

"Hydroxybutandisäure-4-methyl-ester"/"4-Methyl-hydrogen-(hydroxybutandioat)" (**44**)
- Englisch: 'hydroxybutanedioic acid 4-methyl ester'/'4-methyl hydrogen hydroxybutanedioate'
- nach (b_3)
- **bei Substitution wird die Numerierung der unveresterten Säure beibehalten**

45

"L-Alanin-ethyl-ester"/"Ethyl-L-alaninat" (**45**)
- Englisch: 'L-alanine ethyl ester'/'ethyl L-alaninate'
- nach (b_3)(s. (*ii*))
- "L" nach *Anhang 6*

46

"Butanbis(thio)säure-*S*,*S*-dimethyl-ester"/"*S*,*S*-Dimethyl-butanbis(thioat)" (**46**)
- Englisch: 'butanebis(thioic) acid *S*,*S*-dimethyl ester'/'*S*,*S*-dimethyl butanebis(thioate)'
- nach (b_3)

47

"Carbonochloridsäure-(phenylmethyl)-ester"/"(Phenylmethyl)-carbonochloridat" (**47**)
- Englisch: 'carbonochloridic acid phenylmethyl ester'/'phenylmethyl carbonochloridate'
- nach (b_3)
- IUPAC: auch "Benzyl-" statt "(Phenylmethyl)-"
- **nicht "Chlorameisensäure**-(phenylmethyl)-ester"/"(Phenylmethyl)-**chloroform(i)at**"

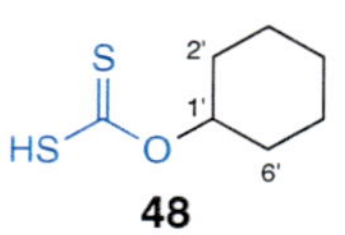

48

"Carbonodithiosäure-*O*-cyclohexyl-ester"/"*O*-Cyclohexyl-hydrogen-carbonodithioat" (**48**)
generisch eine "**Xanthogensäure**"

49

"Carbonoperoxosäure-*O*,*O*´-(2,2-dimethylpropan-1,3-diyl)-*OO*,*OO*´-bis(1,1-dimethylethyl)-ester"/"*O*,*O*´-(2,2-Dimethylpropan-1,3-diyl)-*OO*,*OO*´-bis(1,1-dimethylethyl)-dicarbonoperoxoat" (**49**)
- Englisch: 'carbonoperoxoic acid *O*,*O*´-(2,2-dimethylpropane-1,3-diyl) *OO*,*OO*´-bis(1,1-dimethylethyl) ester'/'*O*,*O*´-(2,2-dimethylpropane-1,3-diyl) *OO*,*OO*´-bis(1,1-dimethylethyl) dicarbonoperoxoate'
- nach (b_3)
- beachte: "(Dimethylpropandiyl)-" (verbindender Substituent) > "(Dimethylethyl)-"
- IUPAC: auch "(*tert*-Butyl)-" statt "(1,1-Dimethylethyl)-"

50

"Tetrakis(1-methylethyl)phosphorodiamidigsäure-(2-cyanoethyl)-ester"/"(2-Cyanoethyl)-[tetrakis(1-methylethyl)phosphorodiamidit]" (**50**)
- Englisch: 'tetrakis(1-methylethyl)phosphorodiamidous acid 2-cyanoethyl ester'/'2-cyanoethyl tetrakis(1-methylethyl)-phosphorodiamidite'
- nach (b_3)
- IUPAC: auch "Isopropyl-" statt "(1-Methylethyl)-"

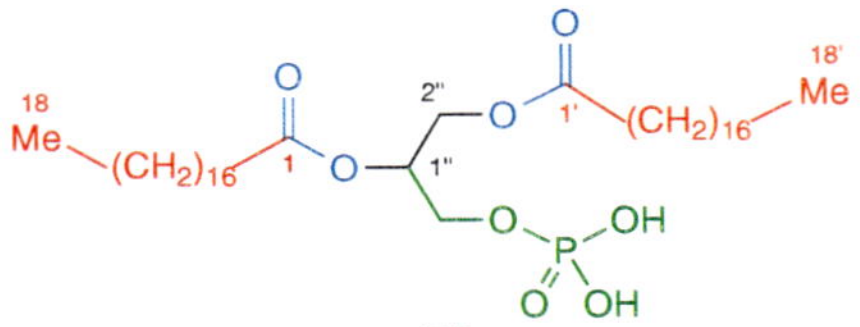

51

Octadecansäure-{1-[(phosphonooxy)methyl]-ethan-1,2-diyl}-ester"/"{1-[(Phosphonooxy)-methyl]ethan-1,2-diyl}-dioctadecanoat" (**51**)

- Englisch: 'octadecanoic acid 1-[(phosphonooxy)-methyl]ethane-1,2-diyl ester'/'1-[(phosphonooxy)-methyl]ethane-1,2-diyl dioctadecanoate'
- nach ***(b₃)*** (s. ***(iii)***)
- beachte: Carbonsäure > Phosphorsäure

(d) **Acyclische Ester einer kommunen 'Class-I'-Säure und eines exotischen 'Class-II'-Alkohols oder -Chalcogen-Austauschanalogons gemäss *(b₄)* werden** von CA **als Alkohole bzw. Chalcogen-Austauschanaloga unter Beigabe einer modifizierenden Angabe benannt**, unter Missachtung der Prioritätenreihenfolge gemäss *Tab. 3.2* und *Kap. 3.3*. **Trägt die Alkohol-Komponente** bzw. deren Chalcogen-Austauschanalogon **einen weiteren Substituenten mit höherer Priorität** als die Alkohol-Gruppe bzw. deren Analogon, **dann wird die vorrangige Verbindungsklasse** (≠ Alkohol bzw. Analogon) **durch diesen Substituenten bestimmt** und die Ester-Gruppe nach *Fussnote 1* als Präfix bezeichnet (s. ***(e)***; s. **99**, **124**, **136** – **139**).

Tab. 3.2 und Kap. 3.3

Der **Name des acyclischen Esters 9c gemäss *(b₄)*** (kommune Säure + exotischer Alkohol) setzt sich zusammen aus (beachte die *Fussnoten 1* und *2*):

Name des exotischen Alkohols oder Chalcogen-Analogons nach *Kap. 6.21*	+	**wenn nötig** "**-hydrogen-**" "**-dihydrogen-**" als Teil der modifizierenden Angabe

Kap. 6.21

\+ **Anion-Name der kommunen Säure** als Teil der modifizierenden Angabe:
"**-säure**" → "**-(o)at**"[4])
"**-carbonsäure**" → "**-carboxylat**"
"**-igsäure**" → "**-(o)it**"[4])
nach *Kap. 6.7* – *6.12* und *6.4.2.2*
(s. auch **Ausnahmen 12** – **24**)

Kap. 6.7 – 6.12 und 6.4.2.2

oder[3])

Substituenten-präfix "(R)-" des exotischen Alkohols R–OH oder Chalcogen-Analogons, nach *Kap. 5*, wenn nötig mit **Multiplikationsaffix**	+	**wenn nötig** "**-hydrogen-**" "**-dihydrogen-**"	+

Kap. 5

\+ **Anion-Name der kommunen Säure(n):**
"**-säure**" → "**-(o)at**"[4])
"**-carbonsäure**" → "**-carboxylat**"
"**-igsäure**" → "**-(o)it**"[4])
nach *Kap. 6.7* – *6.12* und *6.4.2.2*
(s. auch **Ausnahmen 12** – **24**)

Kap. 6.7 – 6.12 und 6.4.2.2

IUPAC empfiehlt die **zweitgenannte Namensvariante** ("(R)-...at") gemäss ***(c)***.

Für die zweitgenannte Namensvariante ("(R)-...at") **gelten die Angaben von *(c)*** betreffend die multivalenten verbindenden Substituenten, die Multiplikationsaffixe und/oder Buchstabenlokanten, die Bindestriche, die Klammern und die Ausnahmen ***(i)*** ("Acetat" *etc.*), ***(iii)*** (Glyceride), ***(iv)*** (Urethane, Xanthogensäuren) und ***(v)*** – ***(vii)*** (Ester von Orthocarbonsäuren und cyclischen Borsäuren, Oxide von Thioestern).

Ausnahmen:

Der **Ester einer polybasischen kommunen Säure** und eines exotischen Alkohols oder Chalcogen-Austauschanalogons, **wenn mehrere, voneinander verschiedene Alkohol- und/oder Chalcogen-Austauschanalogon-Komponenten beteiligt sind** (s. ***(b₂)***), wird nach ***(c)*** benannt (s. z.B. **40**).

Spezialfälle:

- Bei Zweideutigkeiten werden in Klammern **Verhältniszahlen** beigefügt (s. **55**).
- Bei **Estern der kommunen Säure H_3BO_3** wird mit "Monoester mit Borsäure-(H_3BO_3)" oder z.B. "Ester mit Borsäure-(H_3BO_3) (1:2)" umschrieben (s. **56** und **140**).
- Bei **Estern von exotischen Alkoholen oder Chalcogen-Austauschanaloga, die ein N-Atom oder ein trivalentes P- oder As-Atom enthalten**, wird in Klammern "**(Ester)**" beigefügt, um eine Verwechslung mit einem Salz auszuschliessen (s. **57** und **59**). Ist ein Lokant in der modifizierenden Angabe nötig, entfällt die Angabe "(Ester)" (s. **58**).

z.B.

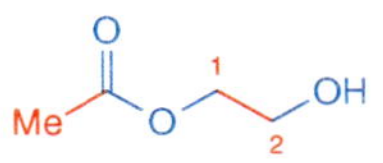

52

"Ethan-1,2-diol-monoacetat"/"(2-Hydroxyethyl)-acetat"[3]) (**52**)

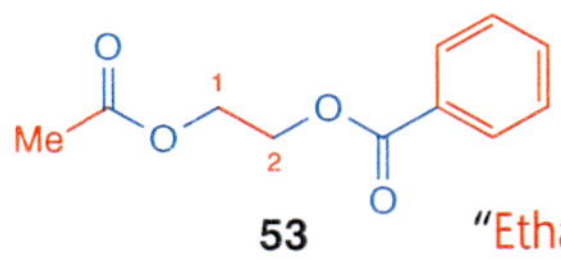

53

"Ethan-1,2-diol-acetat-benzoat"/"Ethan-1,2-diyl-acetat-benzoat"[3]) (**53**)

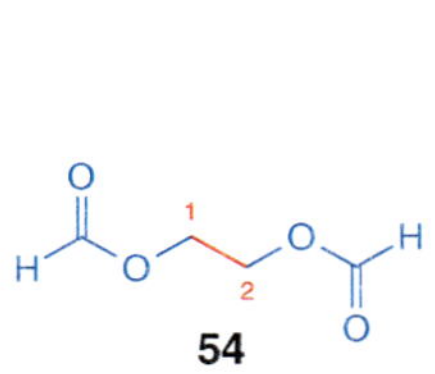

54

"Ethan-1,2-diol-diformat"/"Ethan-1,2-diyl-diformat"[3]) (**54**)

IUPAC empfiehlt im Deutschen "...-di**formiat**"

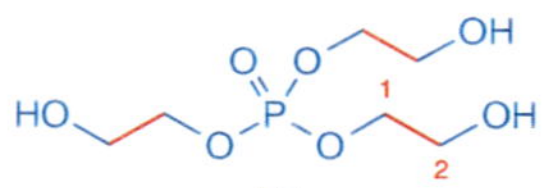

55

"Ethan-1,2-diol-phosphat (3:1)"/"Tris(2-hydroxyethyl)-phosphat"[3]) (**55**)

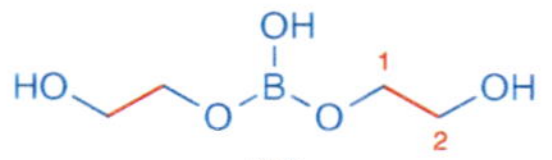

56

"Ethan-1,2-diol-ester mit Borsäure-(H_3BO_3) (2:1)"/"Bis(2-hydroxyethyl)-hydrogen-borat-(BO_3^{3-})"[3]) (**56**)

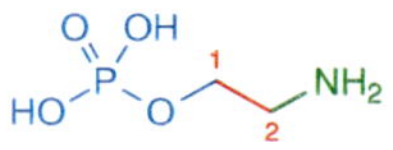

57

"2-Aminoethanol-(dihydrogen-phosphat) (Ester)"/"(2-Amino-ethyl)-dihydrogen-phosphat"[3]) (**57**)

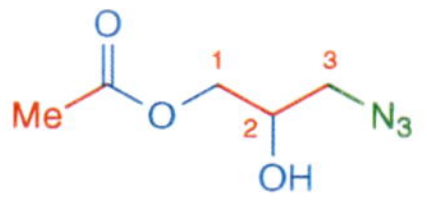

58

"3-Azidopropan-1,2-diol-1-acetat"/"(3-Azido-2-hydroxy-propyl)-acetat"[3]) (**58**)

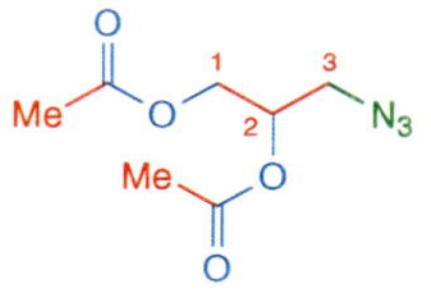

59

"3-Azidopropan-1,2-diol-diacet-at (Ester)"/"[1-(Azidomethyl)-ethan-1,2-diyl]-diacetat"[3]) (**59**)

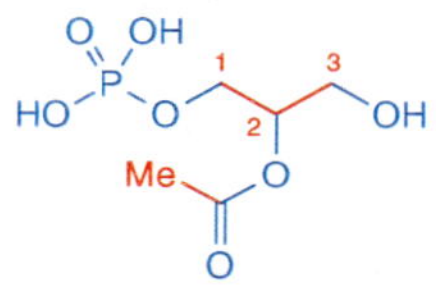

60

"Propan-1,2,3-triol-2-acetat-1-(dihydrogen-phosphat)"/"[1-(Hydroxymethyl)ethan-1,2-diyl]-1-acetat-2-(dihydrogen-phosphat)"[3]) (**60**)
s. ***(iii)***

(e) **Substituentenpräfixe für Ester-Substituenten** sind zusammengesetzte Präfixe und werden nach *Kap. 5.8* und *5.9*, u.a. mittels Acyl-Präfixen, gebildet.

Kap. 5.8 und 5.9

IUPAC-Varianten für Acyl-Präfixe sind in den *Kap. 6.7 – 6.11* angeführt.

(e₁) Allgemein gilt für **61**:

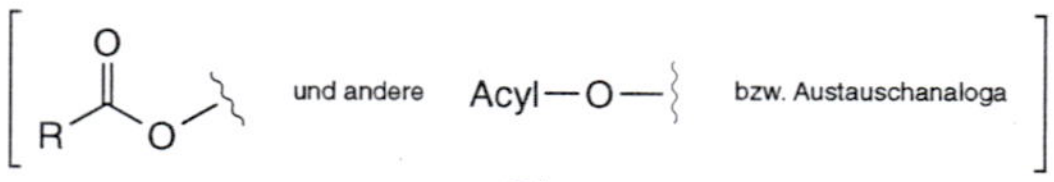

[R–C(=O)–O– und andere Acyl—O— bzw. Austauschanaloga]

61

Acyl-*Präfix* +

"-oxy"	(–O–)
"-thio-"	(–S–)
"-seleno-"	(–Se–)
"-telluro-"	(–Te–)
"-dioxy-"	(–O–O–)
"-oxythio-"	(–O–S–)
etc.	

(e₁₁) **Carbonsäuren und Ameisensäuren**: Acyl-Präfixe in *Kap. 6.7.2.1**(a)(b)*** und *6.7.3**(c)*** bzw. in *Kap. 6.9**(d)***.

Kap. 6.7.2.1(a)(b) und 6.7.3(c) Kap. 6.9(d)

Name von R–C(=O)–O– und Austauschanaloga R–C(=X)–Y–:

Substituentenname "(R)-" für cyclischen Substituenten R– oder für Heterokettensubstituenten mit regelmässig platzierten Heteroatomen (inkl. monogliedriges Hydrid), nach *Kap. 5*

+ **Stammsubstituentenname "-carbonyl-"** (–C(=O)–) (für Chalcogen-Austauschanaloga, s. unten)

Kap. 5

+

"-oxy"	(–O–)
"-thio-"	(–S–)
"-seleno-"	(–Se–)
"-telluro-"	(–Te–)
"-dioxy-"	(–O–O–)
"-oxythio-"	(–O–S–)
etc.	

und

Präfix

"Oxo-"	(O=[C][5]))
"Thioxo-"	(S=[C][5]))
"Selenoxo-"	(Se=[C][5]))
"Telluroxo-"	(Te=[C][5]))
"Hydrazono-"	(H_2NN=[C][5]))
"Imino-"	(HN=[C][5]))

+

Stammsubstituentenname "(R´)-" des Kettensubstituenten R–C– (= R´–; d.h. das Acyl-C-Atom [C] gehört zur Kette R´–; **R auch H**; Kohlenwasserstoff- oder "a"-Name)

oder

Substituentenname "(R)-" + **Stammsubstituentenname "-methyl-"** (–C(=[X])–[5])), **wenn R– ein cyclischer Substituent oder ein Heterokettensubstituent mit regelmässig platzierten Heteroatomen ist** (inkl. monogliedriges Hydrid) (**Ausnahmen**: **–C(=O)–** an Ring oder an Heterokette mit regelmässig platzierten Heteroatomen (s. oben); **"-methoxy-"** *etc.* (s. unten)), nach *Kap. 5*

Kap. 5

+

"-oxy"	(–O–)
"-thio-"	(–S–)
"-seleno-"	(–Se–)
"-telluro-"	(–Te–)
"-dioxy-"	(–O–O–)
"-oxythio-"	(–O–S–)
etc.	

[5]) Eckige Klammern um ein Atom bedeuten, dass dieses Atom im Präfix nicht berücksichtigt ist.

Ausnahmen:

"**Benzoyl-**" (PhC(=O)–, isoliert; H substituierbar, ausser durch Ph–)
"**Acetyl-**" (MeC(=O)–, isoliert; H substituierbar)
"**Formyl-**" (O=CH–, isoliert; H nicht substituierbar)
"**-methoxy-**" (CH(=[X])–O–[5]), ausser bei "Formyl-" (X = O); H substituierbar)
"**-ethoxy-**" (MeC(=[X])–O–[5]), ausser bei "Acetyl-" (X = O); H substituierbar)
"**-propoxy-**" ($MeCH_2C$(=[X])–O–[5]); H substituierbar)
"**-butoxy-**" ($MeCH_2CH_2C$(=[X])–O–[5]); H substituierbar)

Kap. 3.5

Alphabetische Reihenfolge der Präfixe "(R)-" (cyclischer Substituent) und "Thioxo-", "Selenoxo-" *etc.* vor "-methoxy-", "-methylthio-" *etc.*

z.B.

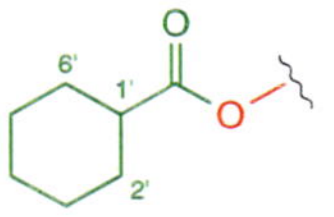

"[(Cyclohexylcarbonyl)oxy]-" (**62**)

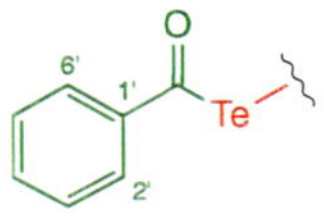

62

"(Benzoyltelluro)-" (**63**)

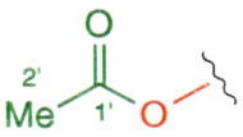

63

"(Acetyloxy)-" (**64**)
IUPAC: **früher "Acetoxy-"**

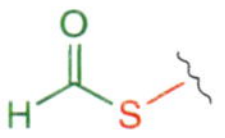

64

"(Formylthio)-" (**65**)

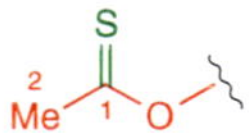

65

"(1-Thioxoethoxy)-" (**66**)

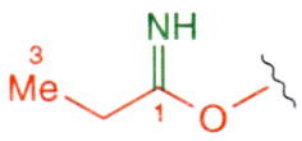

66

"(1-Iminopropoxy)-" (**67**)

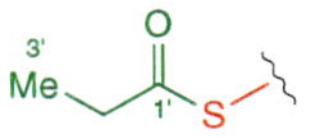

67

"[(1-Oxopropyl)thio]-" (**68**)

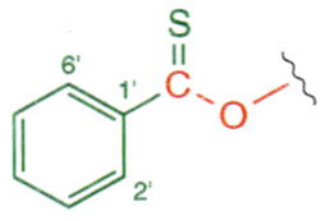

68

"(Phenylthioxomethoxy)-" (**69**)

69

(e_{12}) Sulfon-, Sulfin- und Sulfensäuren sowie entsprechende Selen- und Tellur-Analoga: Acyl-Präfixe in *Kap. 6.8(d)*.

Kap. 6.8(d)

Name von R–X´(=O)$_2$–O–, R–X´(=O)–O– und R–X´–O– (X´ = S, Se, Te) und Austauschanaloga:

Substituentenname "(R)-" nach *Kap. 5*

Kap. 5

\+ **Stammsubstituentenname**

"**-sulfonyl-**"	(–S(=O)$_2$–)
"**-sulfonothioyl-**"	(–S(=O)(=S)–)
"**-sulfonodithioyl-**"	(–S(=S)$_2$–)
"**-sulfonimidoyl-**"	(–S(=O)(=NH)–)
"**-sulfonimidothioyl-**"	(–S(=S)(=NH)–)
"**-sulfinyl-**"	(–S(=O)–)
"**-selenonyl-**"	(–Se(=O)$_2$–)
"**-seleninyl-**"	(–Se(=O)–
"**-telluronyl-**"	(–Te(=O)$_2$–)
"**-tellurinyl-**"	(–Te(=O)–)
etc.	

\+

"**-oxy**"	(–O–)
"**-thio-**"	(–S–)
"**-seleno-**"	(–Se–)
"**-telluro-**"	(–Te–)
"**-dioxy-**"	(–O–O–)
"**-oxythio-**"	(–O–S–)
etc.	

Anmerkung:
"**[(R)thiooxy]-**"
für R–S–O– (IUPAC: "[(R)sulfanyloxy]-")
"**[(R)dithio]-**"
für R–S–S– (IUPAC: "[(R)disulfanyl]-")
"**[(R)selenodithio]-**"
für R–Se–S–S– (IUPAC: "{[(R)selanyl]disulfanyl}-")
etc.

z.B.

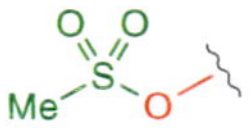

"[(Methylsulfonyl)oxy]-" (**70**)
IUPAC: auch "**(Mesyloxy)-**"

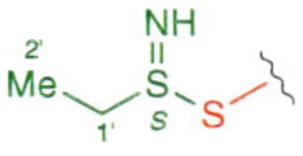

70

"[(*S*-Ethylsulfinimidoyl)thio]-" (**71**)

71

(e_{13}) Kohlensäuren: Acyl-Präfixe in *Kap. 6.9(c)*.

Kap. 6.9(c)

Name von X–C(=O)–O– (X– = RO–, F–, Cl–, Br–, I–, N_3–, H_2N–, H_2NNH–, OCN– *etc.*, NCO– *etc.*, CN–, NC–) und Austauschanaloga X–C(=Y)–Z–:

Präfix für X– nach *Tab. 3.1* und *3.2*[6]) + **Stammsubstituentenname** "**-carbonyl-**" **für –C(=O)–** (für Chalcogen-Austauschanaloga, s. unten)

Tab. 3.1 und 3.2

\+

"**-oxy**"	(–O–)
"**-thio-**"	(–S–)
"**-seleno-**"	(–Se–)
"**-telluro-**"	(–Te–)
"**-dioxy-**"	(–O–O–)
"**-oxythio-**"	(–O–S–)
etc.	

[6]) Weitere Präfixe für X– (Y´– in (e_{14}); Y´– und/oder Z´– in (e_{15})) sind "**Cyanato-**" (X– = NCO–), "**Thiocyanato-**" (X– = NCS–), "**Selenocyanato-**" (X– = NCSe–) und "**Tellurocyanato-**" (X– = NCTe–); für IUPAC-Empfehlungen im Deutschen (Weglassen des endständien "o" des Präfixes), s. *Tab. 3.1*.

und

Präfix für X– nach *Tab. 3.1* und *3.2*[6])

\+ | **Präfix**
"**Thioxo-**" (S=[C][5]))
"**Selenoxo-**" (Se=[C][5]))
"**Telluroxo-**" (Te=[C][5]))
"**Hydrazono-**" (H_2NN=[C][5]))
"**Imino-**" (HN=[C][5]))

\+ | **Stammsubstituentenname "-methyl-"** (–C(=[Y])–[5])) (**Ausnahme**: "**-methoxy-**" (s. unten))

\+ | "**-thio**" (–S–)
"**-seleno-**" (–Se–)
"**-telluro-**" (–Te–)
"**-dioxy-**" (–O–O–)
"**-oxythio-**" (–O–S–)
etc.

Tab. 3.1 und 3.2

Ausnahmen:

"**(Carboxyoxy)-**" (HOOC–O–)
"**[(Thiocarboxy)oxy]-**" (HSOC–O–)
etc. (s. *Kap. 6.7.3***(a)** und *6.7.4*)

"**-methoxy-**" (–C(=[Y])–O–[5]),
ausser bei "-carbonyloxy-" (–C(=O)–O–))

Kap. 6.7.3(a) und 6.7.4

Kap. 3.5

Alphabetische Reihenfolge der Präfixe "(X)-" und "Thioxo-", "Selenoxo-" *etc.* vor "-methyl-" bzw. "-methoxy-".

z.B.

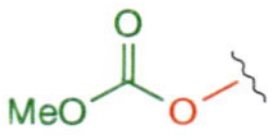

"[(Methoxycarbonyl)oxy]-" (**72**)

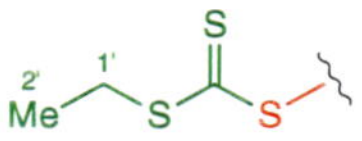

72

"{[(Ethylthio)thioxomethyl]-thio}-" (**73**)

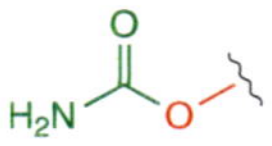

73

"[(Aminocarbonyl)oxy]-" (**74**)
IUPAC: auch "(**Carbamoyloxy**)-"

74

(e₁₄) **S-, Se-, Te- und N-Oxosäuren**: Acyl-Präfixe in *Kap. 6.10***(d)(e)**.

Kap. 6.10(d)(e)

Name von Y´-X´(=O)$_2$-O- und Y´-X´(=O)-O- (X´ = S, Se, Te; Y´– = RO–, F–, Cl–, Br–, I–, N_3–, H_2N–, H_2NNH–, OCN– *etc.*, NCO– *etc.*, CN–, NC–), **N(=O)$_2$-O- und N(=O)-O-** sowie Austauschanaloga Y´–X´(=Y)(=Z)–Z´–, Y´–X´(=Y)–Z´ *etc.*:

Präfix für Y´ nach *Tab. 3.1* und *3.2*[6]) + | **Stammsubstituentenname**
"**-sulfonyl-**" (–S(=O)$_2$–)
"**-sulfinyl-**" (–S(=O)–)
"**-selenonyl-**" (–Se(=O)$_2$–)
"**-seleninyl-**" (–Se(=O)–)
etc. (s. ***(e₁₂)***) | +

Tab. 3.1 und 3.2

\+ | "**-oxy**" (–O–)
"**-thio-**" (–S–)
"**-seleno-**" (–Se–)
"**-telluro-**" (–Te–)
"**-dioxy-**" (–O–O–)
"**-oxythio-**" (–O–S–)
etc.

und

"**Nitro-**" (N(=O)$_2$–)
"**Nitroso-**" (N(=O)–)
"**(Thionitroso)-**" (N(=S)–)
etc.

\+ | "**-oxy**" (–O–)
"**-thio-**" (–S–)
"**-seleno-**" (–Se–)
"**-telluro-**" (–Te–)
"**-dioxy-**" (–O–O–)
"**-oxythio-**" (–O–S–)
etc.

Ausnahmen:

"**(Sulfooxy)-**" (HO_3S–O–; **nicht** "**Sulfato-**")
"**[(Thiosulfo)thio]-**" (HO_2S_2–S–)
"**[(Thiosulfino)thio]-**" (HOS_2–S–)
etc. (s. *Kap. 6.8***(a)(b)**)

Kap. 6.8(a)(b)

z.B.

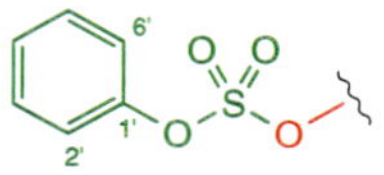

"[(Phenoxysulfonyl)oxy]-" (**75**)

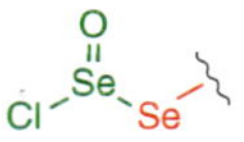

75

"[(Chloroseleninyl)seleno]-" (**76**)

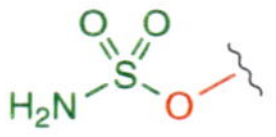

76

"[(Aminosulfonyl)oxy]-" (**77**)
IUPAC: auch "(**Sulfamoyloxy**)-"

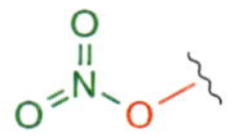

77

"(Nitrooxy)-" (**78**)
nicht "Nitrato-"

78

(e₁₅) **P- und As-Oxosäuren**: Acyl-Präfixe in *Kap. 6.11***(c)(e)(f)**.

Kap. 6.11(c)(e)(f)

Name von X´H$_2$(=O)-O-, X´H$_2$-O-, X´(=O)$_2$-O- und X´(=O)-O- (X´ = P oder As; mit H an X´ substituierbar durch die Substituenten Y´- und/oder Z´- = HO–, RO–, F–, Cl–, Br–, I–, N_3–, H_2N–, H_2NNH–, OCN– *etc.*, NCO– *etc.*, CN–, NC–) sowie Austauschanaloga:

Präfix(e) für Y´- und/oder Z´- nach *Tab. 3.1* und *3.2*[6])

\+ | **Stammsubstituentenname**
"**-phosphinyl-**" (>P(=O)–)
"**-phosphinothioyl-**" (>P(=S)–)
"**-phosphin*imyl*-**" (>P(=NH)–)
"**-phosphino-**" (>P–)
"**-arsinyl-**" (>As(=O)–)
"**-arsinoselenoyl-**" (>As(=Se)–)
"**-arsino-**" (>As–)
etc. | +

Tab. 3.1 und 3.2

"**-oxy**"	(–O–)
"**-thio-**"	(–S–)
"**-seleno-**"	(–Se–)
+ "**-telluro-**"	(–Te–)
"**-dioxy-**"	(–O–O–)
"**-oxythio-**"	(–O–S–)
etc.	

Ausnahmen:

"**Phosphono-**"	(P(=O)(OH)$_2$–)
"**Phospho-**"	(P(=O)$_2$–)
"**Phosphoroso-**"	(P(=O)–)
"**Arsono-**"	(As(=O)(OH)$_2$–)
"**Arso-**"	(As(=O)$_2$–)
"**Arsenoso-**"	(As(=O)–)

"**-oxy**"	(–O–)
"**-thio-**"	(–S–)
"**-seleno-**"	(–Se–)
+ "**-telluro-**"	(–Te–)
"**-dioxy-**"	(–O–O–)
"**-oxythio-**"	(–O–S–)
etc.	

Kap. 3.5

Alphabetische Reihenfolge der Präfixe "(Y´)-" und "(Z´)-" vor "-phosphinyl-" *etc.*

z.B.

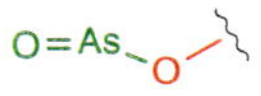

O=As–O– **79** "(Arsenosooxy)-" (**79**)

S=As–S– **80** "[(Thioxoarsino)thio]-" (**80**)

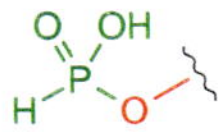

81 "[(Hydroxyphosphinyl)oxy]-" (**81**)

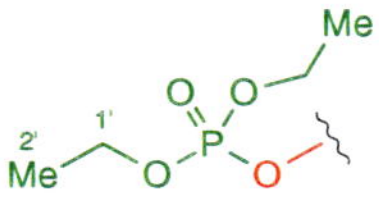

82 "[(Diethoxyphosphinyl)oxy]-" (**82**)

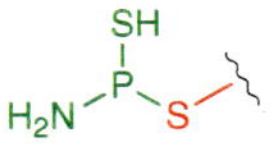

83 "[(Aminomercaptophos-phino)thio]-" (**83**)

(e$_2$) Allgemein gilt für **84**:

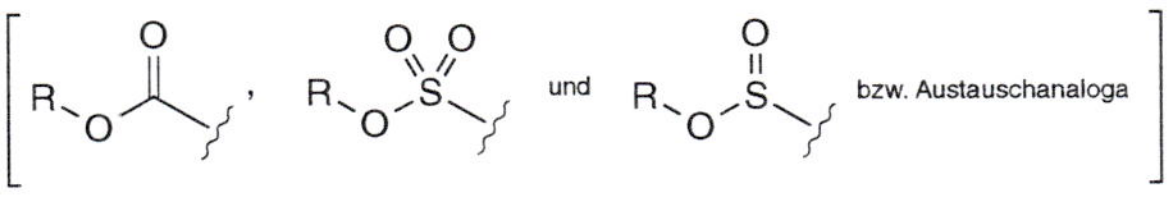

[R–O–C(=O)–, R–O–S(=O)$_2$– und R–O–S(=O)– bzw. Austauschanaloga]

84

Kap. 5

Substituen-tenname "**(R)**-" nach *Kap. 5* + "**-oxy**" (–O–), "**-thio-**" (–S–), "**-seleno-**" (–Se–), "**-telluro-**" (–Te–), "**-dioxy-**" (–O–O–), "**-oxythio-**" (–O–S–) *etc.* + **Stammsubstituenten-name von –C(=O)–, –S(=O)$_2$–, –S(=O)– bzw. Austauschanaloga**

Ausnahmen:

"**Methoxy-**" (MeO–; H substituierbar)
"**Ethoxy-**" (EtO–; H substituierbar)
"**Propoxy-**" (MeCH$_2$CH$_2$O–; H substituierbar)
"**Butoxy-**" (MeCH$_2$CH$_2$CH$_2$O–; H substituierbar)
"**Phenoxy-**" (PhO–; H substituierbar, ausser durch Ph–)

(e$_{21}$) **Carbonsäuren**: s. auch ***(e$_{11}$)***.

Name von R–O–C(=O)– und Austauschanaloga:

Kap. 5

Substituen-tenname "**(R)**-" nach *Kap. 5* (R ≠ H) + "**-oxy**" (–O–), "**-thio-**" (–S–), "**-seleno-**" (–Se–), "**-telluro-**" (–Te–), "**-dioxy-**" (–O–O–), "**-oxythio-**" (–O–S–) *etc.*

+ **Präfix**

"**Oxo-**"	(O=[C][5]))
"**Thioxo-**"	(S=[C][5]))
"**Selenoxo-**"	(Se=[C][5]))
"**Telluroxo-**"	(Te=[C][5]))
"**Hydrazono-**"	(H$_2$NN=[C][5]))
"**Imino-**"	(HN=[C][5]))

+ **Stammsubstituen-tenname "(R´)-" des Kettensubsti-tuenten R´–, der das C-Atom [C] enthält. Ausnahme**: für =O an C$_1$-Kette "**-carbonyl-**" (–C(=O)–) statt "-oxomethyl-" (d.h. –C(=O)– z.B. an Ring)

Ausnahmen:

"**Carboxy-**" (HOOC–)
"**(Thiocarboxy)-**" (HSOC–)
etc. (s. *Kap. 6.7.3**(a)*** und *6.7.4*)
"**Methoxy-**", "**Ethoxy-**" *etc.* (s. oben)

Kap. 6.7.3(a) und 6.7.4

Kap. 3.5

Alphabetische Reihenfolge der Präfixe "[(R)oxy]-" *etc.* und "Oxo-" *etc.* vor "(R´)-"

z.B.

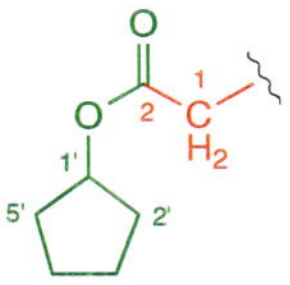

85 "[2-(Cyclopentyloxy)-2-oxo-ethyl]-" (**85**)

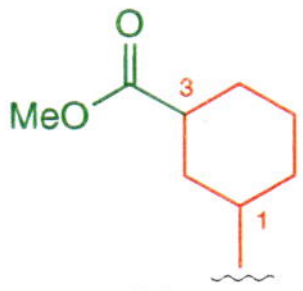

86 "[3-(Methoxycarbonyl)-cyclohexyl]-" (**86**)

Me–CH₂–CH₂–O–O–C(=O)–CH₂–CH₂–

87

"[3-Oxo-3-(propyldioxy)-propyl]-" (**87**)

88

"{5-[(Phenylthio)thioxomethyl]-2-thienyl}-" (**88**)

(e₂₁) **Sulfon-, Sulfin- und Sulfensäuren sowie entsprechende Selen- und Tellur-Analoga**: s. auch ***(e₁₂)***

Name von R–O–X´(=O)₂–, R–O–X´(=O)– und R–O–X´– (X´ = S, Se, Te) und Austauschanaloga:

Substituentenname "**(R)**-" nach *Kap. 5* (R ≠ H) + "**-oxy**" (–O–), "**-thio-**" (–S–), "**-seleno-**" (–Se–), "**-telluro-**" (–Te–), "**-dioxy-**" (–O–O–), "**-oxythio-**" (–O–S–), *etc.*

Kap. 5

+ **Stammsubstituentenname**

"**-sulfonyl-**"	(–S(=O)₂–)
"**-sulfonothioyl-**"	(–S(=O)(=S)–)
"**-sulfonodithioyl-**"	(–S(=S)₂–)
"**-sulfonimidoyl-**"	(–S(=O)(=NH)–)
"**-sulfonimidothioyl-**"	(–S(=S)(=NH)–)
"**-sulfinyl-**"	(–S(=O)–)
"**-selenonyl-**"	(–Se(=O)₂–)
"**-seleninyl-**"	(–Se(=O)–)
"**-telluronyl-**"	(–Te(=O)₂–)
"**-tellurinyl-**"	(–Te(=O)–)
etc.	

Anmerkung:

"**[(R)thiooxy]-**"
für R–S–O– (IUPAC: "{[(R)sulfanyl]oxy}-")

"**[(R)dithio]-**"
für R–S–S– (IUPAC: "[(R)disulfanyl]-")

"**[(R)selenodioxy]-**"
für R–Se–O–O– (IUPAC: "{[(R)selanyl]peroxy}-")

etc.

Ausnahmen:

"**Sulfo-**"	(HO_3S–)
"**(Selenosulfo)-**"	(HO_2SeS–)
"**(Tellurotellurino)-**"	($HOTe_2$–)

etc. (s. *Kap. 6.8**(a)**(**b**)*)

Kap. 6.8(a)(b)

"**Methoxy-**", "**Ethoxy-**", *etc.* (s. oben)

z.B.

89

"(Ethoxysulfonodithioyl)-" (**89**)

90

"[(Ethyldithio)sulfinimidoyl]-" (**90**)

Beispiele:

91 "3-Hydroxyoxetan-2-on" (**91**)
nach ***(a)***

92 "Furan-2(5*H*)-imin" (**92**)
– nach ***(a)***
– indiziertes H-Atom nach *Anhang 5(**i₂**)*

93 "1*H*-Naphtho[1,2-*c*:4,5-*b´c´*]difuran-4,9-dion" (**93**)
– nach ***(a)***
– indiziertes H-Atom ("1*H*") nach *Anhang 5**(a)(d)***; kein indiziertes H-Atom (2 =O) nach *Anhang 5(**i₁**)*

94 "2-Ethoxy-2,5-dihydro-1,2-oxaphosphol-2-oxid" (**94**)
– nach ***(a)***
– Additionsname (=O an P^{III})

95 "Phosphorothiosäure-*S*-methyl-ester"/ "*S*-Methyl-dihydrogen-phosphorothi**o**at" (**95**)
nach ***(b₁)(c)***

96 "Phosphorodithiosäure-*O*,*O*-dimethyl-ester"/ "*O*,*O*-Dimethyl-hydrogen-phosphorodithi**o**at" (**96**)
nach ***(b₁)(c)***

97 "Phosphorsäure-monoethyl-monomethyl-ester"/ "Ethyl-methyl-hydrogen-phosphat" (**97**)
nach ***(b₁)(c)***

98 "Schwefligsäure-dicyclohexyl-ester"/ "Dicyclohexyl-sulfit" (**98**)
nach ***(b₁)(c)***

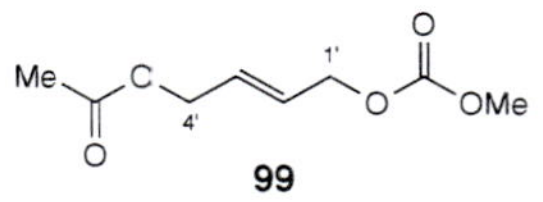

99

"Kohlensäure-[4-(acetyloxy)but-2-enyl]-methyl-ester"/"[4-(Acetyloxy)but-2-enyl]-methyl-carbonat" (**99**)
- nach $(b_2)(c)$
- die vorrangige kommune Säure MeCOOH ist mit einem exotischen Alkohol verestert, d.h. *(d)*, dann $(b_2)(c)(e_{11})$ (vgl. *Fussnote 1*)

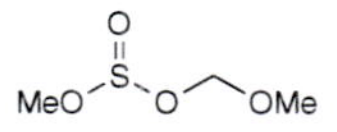

100

"Schwefligsäure-(methoxymethyl)-methyl-ester"/"(Methoxymethyl)-methyl-sulfit" (**100**)
nach $(b_2)(c)$

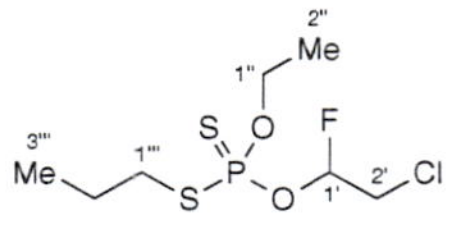

101

"Phosphorodithiosäure-*O*-(2-chloro-1-fluoroethyl)-*O*-ethyl-*S*-propyl-ester"/"*O*-(2-Chloro-1-fluoroethyl)-*O*-ethyl-*S*-propyl-phosphorodithi**o**at" (**101**)
nach $(b_2)(c)$

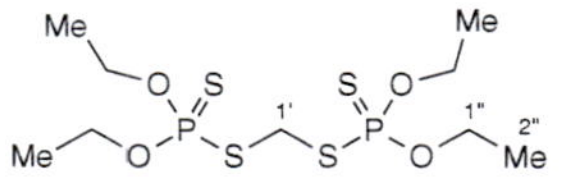

102

"Phosphorodithiosäure-*S,S'*-methylen-*O,O,O',O'*-tetraethyl-ester"/"*S,S'*-Methylen-*O,O,O',O'*-tetraethyl-diphosphorodithi**o**at" (**102**)
- nach $(b_2)(c)$
- "Methylen-" (verbindender Substituent) > "Ethyl-"

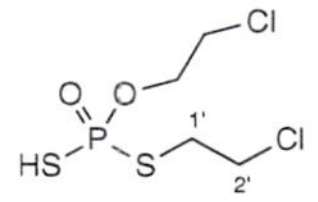

103

"Phosphorodithiosäure-*O,S*-bis(2-chloroethyl)-ester"/"*O,S*-Bis(2-chloroethyl)-hydrogen-phosphorodithi**o**at" (**103**)
- nach $(b_2)(c)$
- zwei verschiedene exotische Alkohol- bzw. Thiol-Komponenten

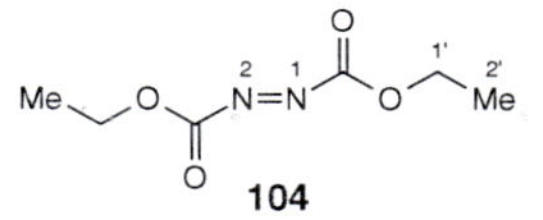

104

"Diazendicarbonsäure-diethyl-ester"/"Diethyl-diazendicarboxylat" (**104**)
- nach $(b_3)(c)$
- **trivial "Diethyl-azodicarboxylat"**

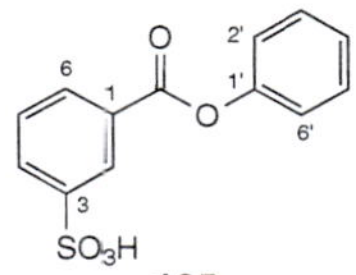

105

"3-Sulfobenzoesäure-1-phenyl-ester"/"1-Phenyl-(3-sulfobenzoat)" (**105**)
- nach $(b_3)(c)$, s. auch (e_{22})
- Carbonsäure > Sulfonsäure
- Lokant "1" zur Vermeidung von Missverständnissen

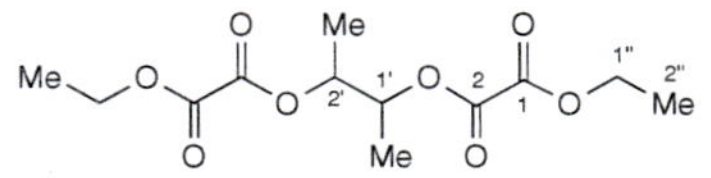

106

"Ethandisäure-(1,2-dimethylethan-1,2-diyl)-diethyl-ester"/"(1,2-Dimethylethan-1,2-diyl)-diethyl-diethandioat" (**106**)
nach $(b_3)(c)$

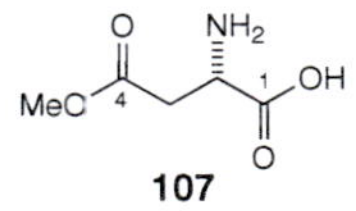

107

"L-Asparaginsäure-4-methyl-ester"/"4-Methyl-hydrogen-(L-aspartat)" (**107**)
- nach $(b_3)(c)$
- Englisch: 'L-aspartic acid 4-methyl ester'/'4-methyl hydrogen L-aspartate'
- "L" nach *Anhang 6*

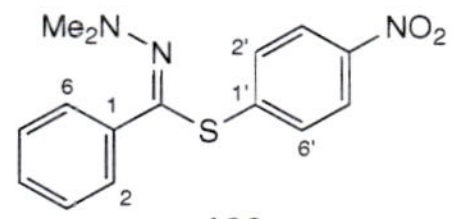

108

"*N,N*-Dimethylbenzolcarbohydrazonothiosäure-(4-nitrophenyl)-ester"/"(4-Nitrophenyl)-(*N,N*-dimethylbenzolcarbohydrazonothi**o**at)" (**108**)
nach $(b_3)(c)$

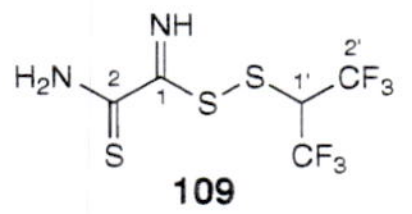

109

"2-Amino-2-thioxoethan(dithioperox)-imidsäure-[2,2,2-trifluoro-1-(trifluoromethyl)ethyl]-ester"/"[2,2,2-Trifluoro-1-(trifluoromethyl)ethyl]-[2-amino-2-thioxoethan(dithioperox)-imidat]" (**109**)
- nach $(b_3)(c)$
- Ester > Amid

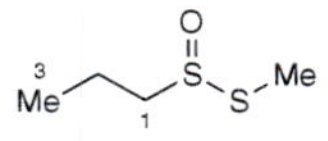

110

"Propan-1-sulfinothiosäure-*S*-methyl-ester"/"*S*-Methyl-(propan-1-sulfinothi**o**at)" (**110**)
nach $(b_3)(c)$

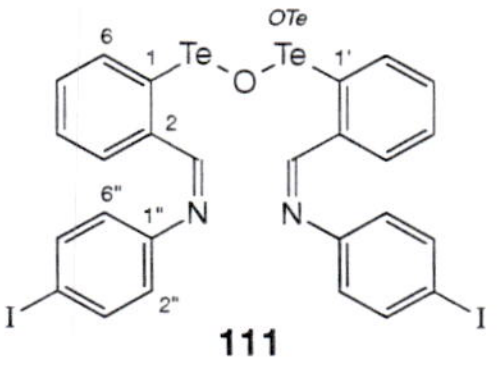

111

"2-{[(4-Iodophenyl)imino]methyl}-benzoltellureno(telluroperoxo)säure-*OTe*-{2-{[(4-iodophenyl)imino]methyl}-phenyl}-ester"/"*OTe*-{2-{[(4-Iodophenyl)imino]methyl}phenyl}-{2-{[(4-iodophenyl)imino]methyl}benzoltellureno(telluroperox**o**at)}" (**111**)
- nach $(b_3)(c)$
- "Tellureno(telluroperoxo)säure" > "Tellurensäure", d.h. Ester-Name, nicht Anhydrid-Name von "Tellurensäure"

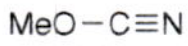

112

"Cyansäure-methyl-ester"/"Methyl-cyanat" (**112**)
nach $(b_3)(c)$

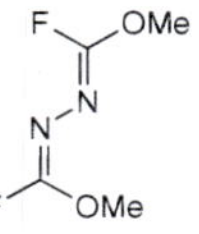

113

"(Fluoromethoxymethylen)carbonofluoridohydrazonsäure-methyl-ester"/"Methyl-[(fluoromethoxymethylen)carbonofluoridohydrazonat]" (**113**)
nach $(b_3)(c)$

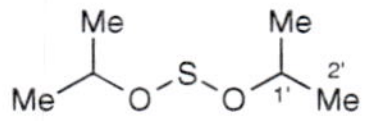

114

"Sulfoxylsäure-bis(1-methylethyl)-ester"/"Bis(1-methylethyl)-sulfoxylat" (**114**)
nach $(b_3)(c)$

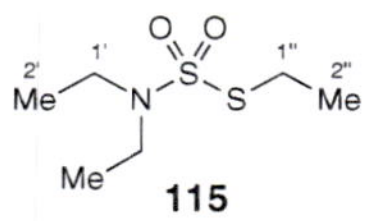

115

"Diethylthiosulfamidsäure-($HS_2(NH_2)O_2$)-*S*-ethyl-ester"/"*S*-Ethyl-[diethylthiosulfamat-($S_2(NH_2)O_2^-$)]" (**115**)
nach $(b_3)(c)$

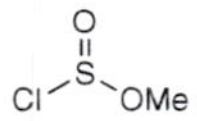

116

"Chloroschwefligsäure-methyl-ester"/"Methyl-chlorosulfit" (**116**)
nach $(b_3)(c)$

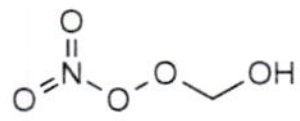

117

"Peroxysalpetersäure-(hydroxymethyl)-ester"/"(Hydroxymethyl)-peroxynitrat" (**117**)
nach $(b_3)(c)$

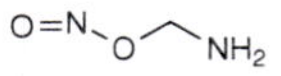

118

"Salpetrigsäure-(aminomethyl)-ester"/"(Aminomethyl)-nitrit" (**118**)
nach $(b_3)(c)$

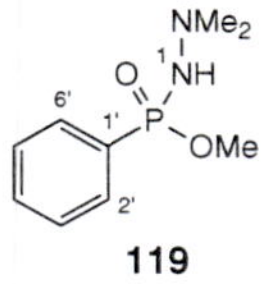

119

"2,2-Dimethyl-*P*-phenylphosphonohydrazidsäure-methyl-ester"/"Methyl-(2,2-dimethyl-*P*-phenylphosphonohydrazidat)" (**119**)
nach $(b_3)(c)$

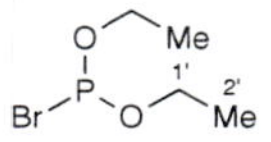

120

"Phosphorobromidigsäure-diethyl-ester"/"Diethyl-phosphorobromidit" (**120**)
nach $(b_3)(c)$

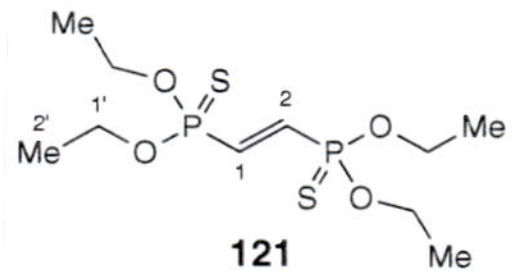

121

"(Ethen-1,2-diyl)bis[phosphonothiosäure]-*O,O,O',O'*-tetraethyl-ester"/"*O,O,O',O'*-Tetraethyl-{(ethen-1,2-diyl)bis[phosphonothi**o**at]}" (**121**)
nach $(b_3)(c)$

6

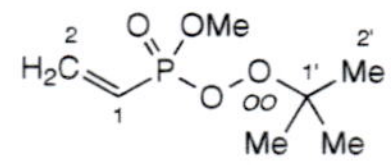

"Ethenylphosphonoperoxosäure-*OO*-(1,1-dimethylethyl)-*O*-methyl-ester"/"*OO*-(1,1-Dimethylethyl)-*O*-methyl-(ethenylphosphonoperox**o**at)" (**122**)
nach **(b$_3$)(c)**

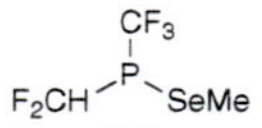

"(Difluoromethyl)(trifluoromethyl)phosphinoselenoigsäure-methyl-ester"/"Methyl-[(difluoromethyl)(trifluoromethyl)phosphinoselen**o**it]" (**123**)
nach **(b$_3$)(c)**

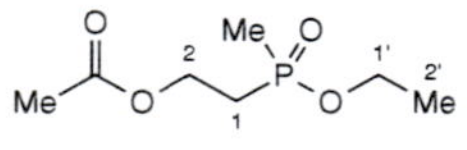

"[2-(Acetyloxy)ethyl]methylphosphinsäure-ethyl-ester"/"Ethyl-{[2-(acetyloxy)ethyl]methylphosphinat}" (**124**)
- nach **(b$_3$)(c)**
- die vorrangige kommune Säure MeCOOH ist mit einem exotischen Alkohol verestert, d.h. **(d)**, dann **(b$_3$)(c)(e$_{11}$)** (vgl. *Fussnote 1*)

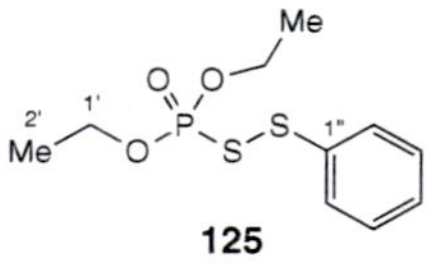

"Phosphoro(dithioperoxo)säure-*O*,*O*-diethyl-*SS*-phenyl-ester"/"*O*,*O*-Diethyl-*SS*-phenyl-phosphoro(dithioperox**o**at)" (**125**)
nach **(b$_3$)(c)**

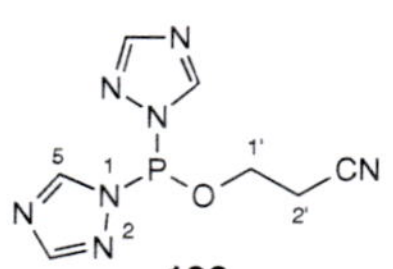

"Bis(1*H*-1,2,4-triazol-1-yl)phosphinigsäure-(2-cyanoethyl)-ester"/"(2-Cyanoethyl)-[bis(1*H*-1,2,4-triazol-1-yl)phosphinit]" (**126**)
nach **(b$_3$)(c)**

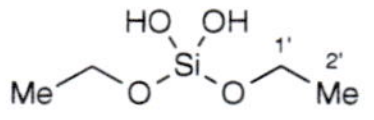

"Kieselsäure-(H_4SiO_4)-diethyl-ester"/"Diethyl-dihydrogen-silicat-(SiO_4^{4-})" (**127**)
nach **(b$_3$)(c)**

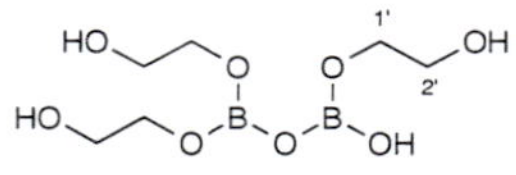

"Borsäure-($H_4B_2O_5$)-tris(2-hydroxyethyl)-ester"/"Tris(2-hydroxyethyl)-hydrogen-borat-($B_2O_5^{4-}$)" (**128**)
nach **(b$_3$)(c)**

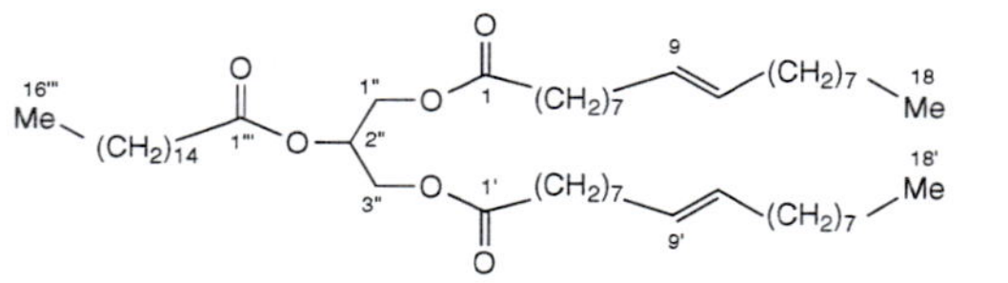

"(9*E*)-Octadec-9-ensäure-{2-[(1-oxohexadecyl)-oxy]propan-1,3-diyl}-ester"/"{2-[(1-Oxohexadecyl)oxy]propan-1,3-diyl}-di[(9*E*)-octadec-9-enoat]" (**129**)
- nach **(b$_3$)(c)**
- "(9*E*)" nach *Anhang 6*

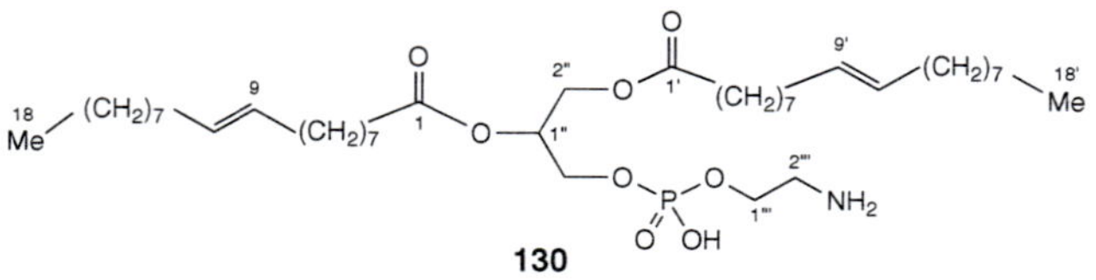

"(9*E*)-Octadec-9-ensäure-{1-{{[(2-aminoethoxy)-hydroxyphosphinyl]oxy}methyl}ethan-1,2-diyl}-ester"/"{1-{{[(2-Aminoethoxy)hydroxyphosphinyl]oxy}methyl}-ethan-1,2-diyl}-di[(9*E*)-octadec-9-enoat]" (**130**)
- nach **(b$_3$)(c)**
- "(9*E*)" nach *Anhang 6*

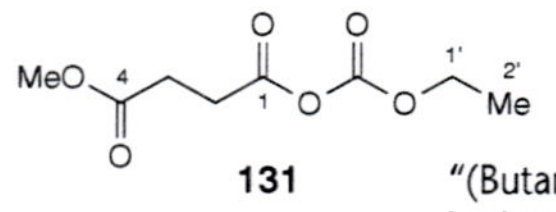

"(Butandisäure-monoanhydrid mit Ethyl-hydrogen-carbonat)-methyl-ester" (**131**)
- nach **(b$_3$)(c)**
- vgl. *Kap. 6.13***(c)**

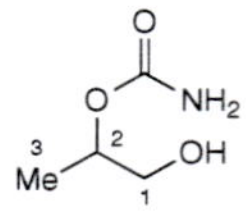

"Propan-1,2-diol-2-carbamat"/"(2-Hydroxy-1-methylethyl)-carbamat"[3]) (**132**)
nach **(d)**

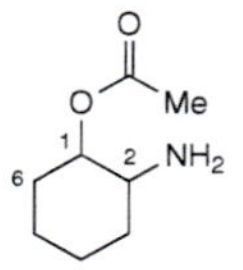

"2-Aminocyclohexanol-acetat (Ester)"/"(2-Aminocyclohexyl)-acetat"[3]) (**133**)
nach **(d)**

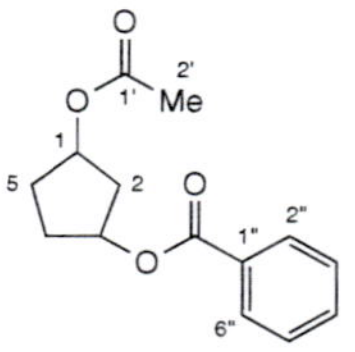

"Cyclopentan-1,3-diol-acetat-benzoat"/"(Cyclopentan-1,3-diyl)-acetat-benzoat"[3]) (**134**)
nach **(d)**

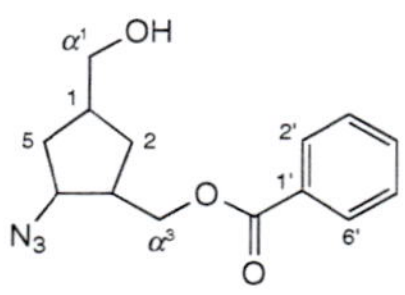

"4-Azidocyclopentan-1,3-dimethanol-α^3-benzoat"/"{[2-Azido-4-(hydroxymethyl)-cyclopentyl]methyl}-benzoat"[3]) (**135**)
- nach **(d)**
- Konjunktionsname für erste Variante

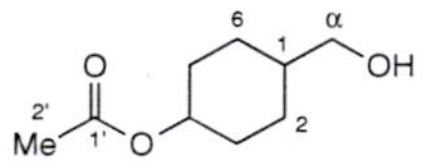

"4-(Acetyloxy)cyclohexanmethanol"/"[4-(Hydroxymethyl)cyclohexyl]-acetat"[3]) (**136**)
- nach **(d)(e$_{11}$)**
- die kommune Säure MeCOOH ist mit einem exotischen Alkohol verestert, d.h. **(d)**, wobei die entsprechende unveresterte OH-Gruppe im Alkohol-Namen als Präfix erscheint (vgl. *Fussnote 1*)
- Konjunktionsname für erste Variante

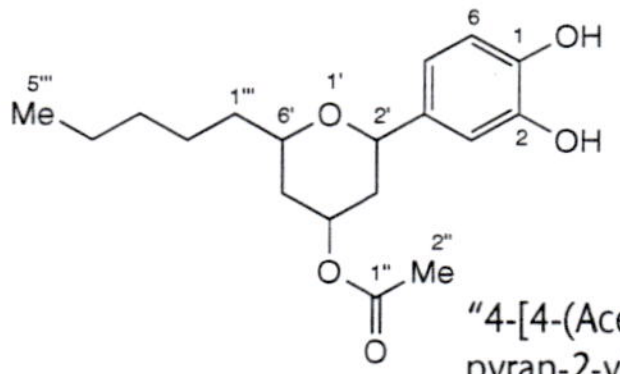

"4-[4-(Acetyloxy)tetrahydro-6-pentyl-2*H*-pyran-2-yl]benzol-1,2-diol"/"[2-(3,4-Dihydroxyphenyl)tetrahydro-6-pentyl-2*H*-pyran-4-yl]-acetat"[3]) (**137**)
- nach **(d)(e$_{11}$)**
- die kommune Säure MeCOOH ist mit einem exotischen Alkohol verestert, d.h. **(d)**, wobei die entsprechende unveresterte OH-Gruppe im Alkohol-Namen als Präfix erscheint (vgl. *Fussnote 1*)
- Priorität des unveresterten Alkohols: 2 OH > 1 OH (s. *Kap. 3.3***(a)**)
- indiziertes H-Atom nach *Anhang 5***(a)(d)**

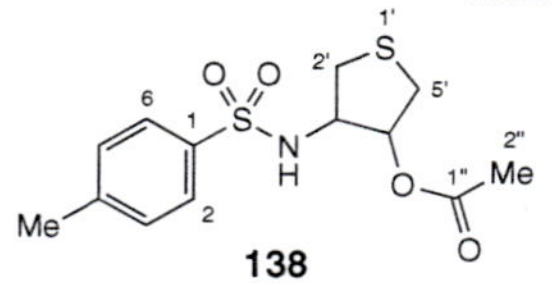

"*N*-[4-(Acetyloxy)tetrahydro-3-thienyl]-4-methylbenzolsulfonamid"/"{Tetrahydro-4-{[(4-methylphenyl)sulfonyl]-amino}-3-thienyl}-acetat"[3]) (**138**)
- nach **(d)(e$_{11}$)**
- die kommune Säure MeCOOH ist mit einem exotischen Alkohol verestert, d.h. **(d)**, wobei die entsprechende unveresterte OH-Gruppe im Alkohol-Namen als Präfix erscheint (vgl. *Fussnote 1*)
- Priorität des unveresterten Alkohols: Amid (s. *Tab. 3.2, Klasse 6b*)

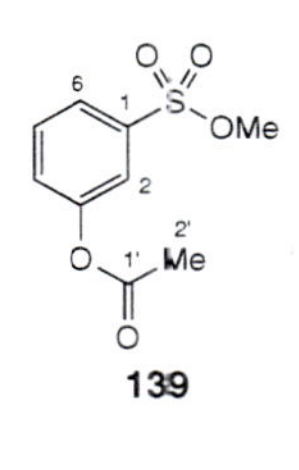

"3-(Acetyloxy)benzolsulfonsäure-methylester"/"Methyl-[3-(acetyloxy)benzolsulfonat]" (**139**)
- nach *(d)*(e_{11})
- die vorrangige kommune Säure MeCOOH ist mit einem exotischen Alkohol verestert, d.h. *(d)*, dann (b_3)*(c)*(e_{11}) (vgl. *Fussnote 1*)
- Priorität des unveresterten Alkohols: Sulfonsäure-ester (s. *Tab. 3.2, Klasse 6*, d.h. *Klasse 5c*)

"Propan-1,2,3-triol-diester mit Borsäure-(H_3BO_3)"/"[1-(Hydroxymethyl)ethan-1,2-diyl]-tetrahydrogen-di[borat-(BO_3^{3-})] (**140**)
nach *(d)*

"2-Chlorocyclohexanol-sulfat (2:1)"/"Bis(2-chlorocyclohexyl)-sulfat"[3]) (**141**)
nach *(d)*

"[(1-Thioxobutyl)dithio]-" (**142**)
nach (e_{11})

"[(Triazanylcarbonyl)oxy]-" (**143**)
nach (e_{11})

"[(Phenylseleninoselenoyl)seleno]-" (**144**)
nach (e_{12})

"[(Fluorocarbonyl)oxy]-" (**145**)
nach (e_{13})

"[(Azidothioxomethyl)thio]-" (**146**)
nach (e_{13})

"[(Hydrazinocarbonyl)oxy]-" (**147**)
nach (e_{13})

"4,4´-[Carbonylbis(oxy)]bis[benzoesäure]" (**148**)
- nach (e_{13}), vgl. *Kap. 3.2.3* (Multiplikationsname)
- Carbonsäure > Kohlensäure

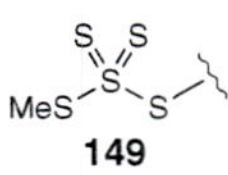

"{[(Methylthio)sulfonodithioyl]thio}-" (**149**)
nach (e_{14})

"[(Thionitroso)thio]-" (**150**)
nach (e_{14})

"[(Dimercaptoarsinothioyl)thio]-" (**151**)
nach (e_{15})

"{[Chloro(ethoxy)arsinyl]oxy}-" (**152**)
nach (e_{15})

"[(*P*-Aminophosphinimyl)oxy]-" (**153**)
nach (e_{15})

"[(*P,P*-Dimethoxyphosphinimyl)oxy]-" (**154**)
nach (e_{15})

"[(Ethoxymercaptophosphinyl)thio]-" (**155**)
nach (e_{15})

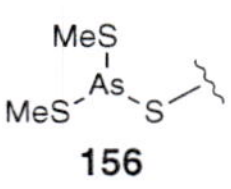

"{[Bis(methylthio)arsino]thio}-" (**156**)
nach (e_{15})

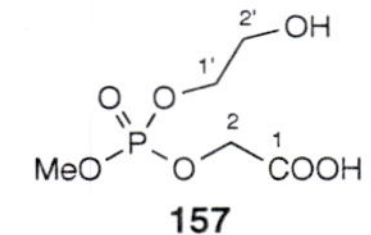

"{[(2-Hydroxyethoxy)methoxyphosphinyl]-oxy}essigsäure" (**157**)
- nach (e_{15})
- Carbonsäure > Phosphorsäure

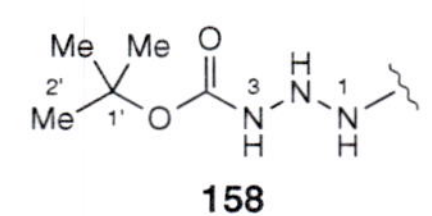

"{3-[(1,1-Dimethylethoxy)carbonyl]triazanyl}-" (**158**)
nach (e_{21})

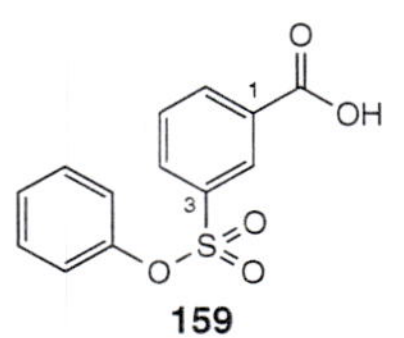

"3-(Phenoxysulfonyl)benzoesäure" (**159**)
- nach (e_{22})
- Carbonsäure > Sulfonsäure

CA ¶ 170, 183, 197 und 227 IUPAC R-5.7.6, C-21, C-22, C-481, C-641.7 und D-5.63

6.15. Säure-halogenide *(Klasse 6a)*

Definition:

Kap. 6.7 - 6.12

Ein **Säure-halogenid 1 leitet sich von einer Säure** aus *Kap. 6.7 – 6.12 (Klasse 5)* **her, indem eine oder mehrere Gruppen –OH, –SH, –SeH und/oder –TeH durch eine Halogenid-Gruppe ersetzt sind**, so dass keine solche Säure-Funktion übrigbleibt (***beachte***: der Begriff Halogenid beschränkt sich nicht auf –F, –Cl, –Br und –I, s. **1**).

z.B. R–C(=O)–Hal oder Acyl—Hal

R = H, Alkyl, Aryl
Hal = –F, –Cl, –Br, –I, $-N_3$, –NCO, –NCS, –NCSe, –NCTe und –NC (auch –CN bei Säuren ≠ Carbon-, und Ameisensäuren; auch –OCN, –SCN, –SeCN und –TeCN bei P- und As-Oxosäuren)

1

Beachte:

Kap. 3.2.2

- Für Säure-halogenide von Carbonsäuren und Sulfon-, Sulfin- und Sulfensäuren sowie Analoga sind **wenn möglich Konjunktionsnamen** nach *Kap. 3.2.2* zu verwenden (s. z.B. **77**).
- **Polybasische Säuren**, die ausser Halogenid-Gruppen noch eine oder mehr Säure-Funktionen (–OH, –SH, –SeH, –TeH) enthalten, werden als Säuren benannt.

Man unterscheidet:

(a) Säure-halogenide von Carbonsäuren, Ameisensäuren, Sulfen-, Sulfin- und Sulfensäuren und ihren Selen- und Tellur-Analoga sowie von Austauschanaloga:
- ***(a_1)*** Suffixe und Hal-Bezeichnungen (Ausnahmen: Peroxy-Säure-halogenide),
- ***(a_2)*** Substituentenpräfixe;

(b) Säure-halogenide von Kohlensäuren sowie von Austauschanaloga (Ausnahmen: Peroxy-Säure-halogenide und Cyansäure-halogenide)

(c) Säure-halogenide von S-, Se-, Te- und N-Oxosäuren;

(d) Säure-halogenide von P- und As-Oxosäuren:
- ***(d_1)*** Funktionsstammnamen (Ausnahmen: Phosphorsäure-halogenide, Peroxy-Säure-halogenide),
- ***(d_2)*** Substituentenpräfixe;

(e) formale Säure-halogenide von Si- und B-Oxosäuren.

6

CA ¶ 170 Kap. 6.7, 6.8 und 6.9

(a) **Säure-halogenide von Carbonsäuren, Ameisensäuren, Sulfon-, Sulfin- und Sulfensäuren und ihren Selen- und Tellur-Analoga** sowie von entsprechenden Austauschanaloga:

(a_1) Der **Name des Säure-halogenids** setzt sich zusammen aus[1])

Kap. 4.2 – 4.10 Tab. 6.1

Stammname der Gerüst-Stammstruktur nach *Kap. 4.2 – 4.10*	+	**Säure-halogenid-*Suffix*** (z.T. ≠ Acyl-Präfix) nach *Tab. 6.1*

\+ **Bezeichnung für Hal**:

"**-fluorid**"	(–F)
"**-chlorid**"	(–Cl)
"**-bromid**"	(–Br)
"**-iodid**"	(–I)
"**-azid**"	($-N_3$)
"**-isocyanat**"	(–NCO)
"**-isothiocyanat**"	(–NCS)
"**-isoselenocyanat**"	(–NCSe)
"**-isotellurocyanat**"	(–NCTe)
"**-isocyanid**"	(–NC)
"**-cyanid**"	(–CN)

(wenn Säure ≠ Carbon- oder Ameisensäure)

Anhang 2

Die **Säure-halogenid-Suffixe** (s. *Tab. 6.1*) werden von den Säure-Suffixen hergeleitet und sind von den in *Kap. 6.7* und *6.9* angegebenen Acyl-Präfixen (nach CA) z.T. verschieden. Wenn nötig werden **Multiplikationsaffixe** verwendet (z.B. "Propandioyl-dichlorid", $ClC(=O)CH_2C(=O)Cl$).

Tab. 3.2

Sind **mehrere Säure-halogenid-Substituenten** in einer Verbindung vorhanden, dann wird **diejenige der vorrangigen Säure** (s. *Tab. 3.2*) **als Suffix** benannt. Bleibt eine Wahl, dann ist die **Prioritätenreihenfolge**: **–F > –Cl > –Br > –I > N_3 > –NCO > –NCS > –NCSe > –NCTe > –NC** (> **–CN** bei Säuren ≠ Carbon- und Ameisensäuren). Für Präfixe von Säure-halogenid-Substituenten, s. ***(a_2)(d_2)***.

[1]) Im Englischen setzt sich der Name eines Säure-halogenids aus mindestens zwei separaten Wörtern zusammen (z.B. 'acetyl chloride', MeC(=O)Cl). IUPAC empfiehlt, im Deutschen ein Wort zu gebrauchen (IUPAC R-5.7.6; z.B. "Acetylchlorid"); im folgenden wird aber immer ein **Bindestrich** verwendet (z.B. "Acetyl-chlorid").

Tab. 6.1. Säure-halogenid-Suffixe für Halogenide von Carbon-, Ameisen-, Sulfon-, Sulfin- und Sulfensäuren sowie Analoga

Säure-Suffix[2])		**Säure-halogenid-Suffix**[2])	
"-säure"	-[C]OOH	**"-oyl"**	>[C](=O)
"-thiosäure"	-[C]OSH	**"-thioyl"**	>[C](=S)
"-selenosäure"	-[C]OSeH	**"-selenoyl"**	>[C](=Se)
"-tellurosäure"	-[C]OTeH	**"-telluroyl"**	>[C](=Te)
"-hydrazonsäure"	-[C](=NNH$_2$)OH	**"-hydrazonoyl"**	>[C](=NNH$_2$)
"-imidsäure"	-[C](=NH)OH	**"-imidoyl"**	>[C](=NH)
"-carbonsäure"	-COOH	**"-carbonyl"**	>C(=O)
"-carbothiosäure"	-COSH	**"-carbothioyl"**	>C(=S)
"-carboselenosäure"	-COSeH	**"-carboselenoyl-"**	>C(=Se)
"-carbotellurosäure"	-COTeH	**"-carbotelluroyl-"**	>C(=Te)
"-carbohydrazonsäure"	-C(=NNH$_2$)OH	**"-carbohydrazonoyl-"**	>C(=NNH$_2$)
"-carboximidsäure"	-C(=NH)OH	**"-carboximidoyl-"**	>C(=NH)
"-sulfonsäure"	-SO$_3$H	**"-sulfonyl"**	>S(=O)$_2$
"-sulfonothiosäure"[a])	-S$_2$O$_2$H	**"-sulfonothioyl"**[a])	>S(=O)(=S)
"-sulfonodithiosäure"[a])	-S$_3$OH	**"-sulfonodithioyl"**[a])	>S(=S)$_2$
"-sulfonoselenosäure"[a])	-SO$_2$SeH	**"-sulfonoselenoyl"**[a])	>S(=O)(=Se)
etc.		*etc.*	
"-sulfonohydrazonsäure"	-S(=O)(=NNH$_2$)OH	**"-sulfonohydrazonoyl"**	> S(=O)(=NNH$_2$)
"-sulfonimidsäure"	-S(=O)(=NH)OH	**"-sulfonimidoyl"**	>S(=O)(=NH)
etc.		*etc.*	
"-sulfinsäure"	-SO$_2$H	**"-sulfinyl"**	>S(=O)
"-sulfinothiosäure"[a])	-S$_2$OH	**"-sulfinothioyl"**[a])	>S(=S)
etc.		*etc.*	
"-sulfensäure"	-SOH	**"-sulfenyl"**[b])	>S
"-selenonsäure"	-SeO$_3$H	**"-selenonyl"**	>Se(=O)$_2$
"-seleninsäure"	-SeO$_2$H	**"-seleninyl"**	>Se(=O)
"-selenensäure"	-SeOH	**"-selenenyl"**[b])	>Se
etc.		*etc.*	
"-telluronsäure"	-TeO$_3$H	**"-telluronyl"**	>Te(=O)$_2$
"-tellurinsäure"	-TeO$_2$H	**"-tellurinyl"**	>Te(=O)
"-tellurensäure"	-TeOH	**"-tellurenyl"**[b])	>Te

[a]) **IUPAC** platziert ein Austausch-Affix (nicht Infix) vor "-sulfonsäure", "-sulfinsäure" *etc.*, z.B. "-thiosulfonsäure" (-S$_2$O$_2$H). Entsprechend werden die Säure-halogenid-Suffixe gebildet, z.B. "-thiosulfonyl" (>S(=O)(=S)).

[b]) Für Acyl-*Präfixe* wird "[(R)thio]-" (RS–), "[(R)seleno]-" (RSe–) bzw. "[(R)telluro]-" (RTe–) verwendet. Für **IUPAC**-Varianten, s. unten.

Ausnahmen:

(i) Folgende **Trivialnamen** für Säure-halogenid-Suffixe werden verwendet:

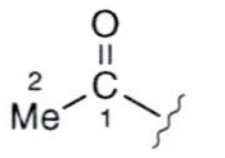

"Acetyl" (**2**)
H an C substituierbar

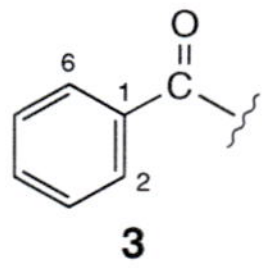

2

"Benzoyl" (**3**)
H an C substituierbar, ausser durch Ph

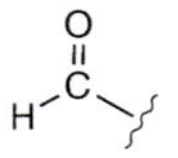

3

"Formyl" (**4**)
H **nicht** substituierbar

4

(ii) α-**Aminocarbonsäure-halogenide** werden systematisch benannt, ausser wenn sie Teil einer Peptid-Kette sind (s. **5** bzw. **6**).

(iii) Formale **Halogenide von Peroxy-Säuren sind Anhydride**, **Anhydrosulfide** *etc.* (s. *Kap. 6.13*) **mit** Halogenid-Oxosäuren wie "**Hypochlorigsäure**" (HO–Cl), "**Thiohypochlorigsäure**" (HS–Cl) *etc.* sowie entsprechende F-, Br- und I-Analoga (s. *Kap. 6.10*), "**Cyansäure**" (HO–CN), "**Thiocyansäure**" (HS–CN) *etc.* (s. *Kap. 6.9*) (s. **7** und **8**). Formale **Halogenide von Sulfeno(thioperoxo)-, Seleneno(selenoperoxo)- und Tellureno(telluroperoxo)-säuren** werden als Disulfide, Diselenide bzw. Ditelluride benannt (s. **9**).

(iv) Ist **Hal = CN** bei Derivaten von Carbon- und Ameisensäuren, dann handelt es sich um **Nitrile** (s. **10** und **11**).

[2]) Eckige Klammern um ein Atom bedeuten, das dieses Atom im Suffix bzw. Präfix nicht berücksichtigt ist.

z.B.

5

"(2*S*)-2-Aminopropanoyl-chlorid" (**5**)
- Englisch: '...propanoyl chloride'
- nach ***(ii)***
- "(2*S*)" nach *Anhang 6*

6

"*N*-[(1,1-Dimethylethoxy)carbonyl]-L-alanyl-L-alanyl-azid" (**6**)
- Englisch: '...alanyl azide'
- nach ***(ii)***
- "L" nach *Anhang 6*
- CA bis 1997: 'L-alanyl azide, *N*-[*N*-[(1,1-dimethylethoxy)carbonyl]-L-alanyl]-', d.h. nicht Aminosäuresequenz-Namen (s. *Kap. 6.16***(b)**)
- IUPAC: auch "(*tert*-Butoxy)-" statt "(1,1-Dimethylethoxy)-"

7

"Ethanthiosäure-anhydrosulfid mit Thiohypochlorigsäure" (**7**)
- Englisch: 'ethanethioic acid anhydrosulfide with thiohypochlorous acid'
- nach ***(iii)***
- Verbindung der *Klasse 6* (Säure-Derivat; *Kap. 6.13*)

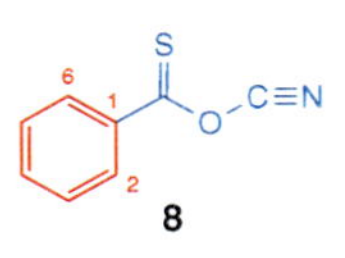

"Benzolcarbothiosäure-anhydrid mit Cyansäure" (**8**)
- Englisch: 'benzenecarbothioic acid anhydride with cyanic acid'
- nach ***(iii)***
- Verbindung der *Klasse 6* (Säure-Derivat; *Kap. 6.13*)

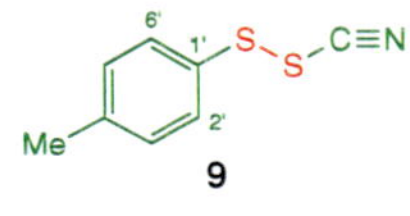

"Cyano-(4-methylphenyl)-disulfid" (**9**)
- nach ***(iii)***
- Verbindung der *Klasse 22* (*Kap. 6.31*)

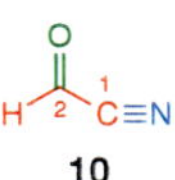

"Oxoacetonitril" (**10**)
- nach ***(iv)***
- Verbindung der *Klasse 7* (*Kap. 6.18*)
- nicht "Cyanoformaldehyd"

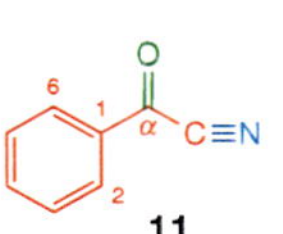

"α-Oxobenzolacetonitril" (**11**)
- Englisch: 'α-oxobenzeneacetonitrile'
- nach ***(iv)***
- Verbindung der *Klasse 7* (*Kap. 6.18*)

IUPAC verwendet als Säure-halogenid-Suffixe die in den *Kap. 6.7 – 6.9* angegebenen **Acyl-Namen** (s. auch *Tab. 6.1*). Vermutlich sind die Trivialnamen **"Mesyl"** (s. **19**) und **"Tosyl"** (s. **20**) auch als Suffixe zugelassen. Anstelle der Namen "[(R)sulfenyl]-", "[(R)selenenyl]-" und "[(R)tellurenyl]-halogenid" werden vermutlich "Halogeno(R)sulfan" (RS–Hal), "Halogeno(R)selan" (RSe–Hal) bzw. "Halogeno(R)tellan" (RTe–Hal) empfohlen (IUPAC R-2.1 und R-5.5).

z.B.

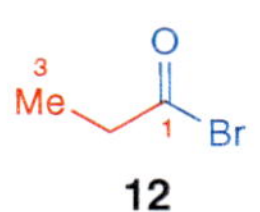

"Propanoyl-bromid" (**12**)
Englisch: 'propanoyl bromide'

13

"Ethanimidoyl-isocyanat" (**13**)
- Englisch: 'ethanimidoyl isocyanate'
- nicht "Acetimidoyl-isocyanat"

14

"Formyl-fluorid" (**14**)
Englisch: 'formyl fluoride'

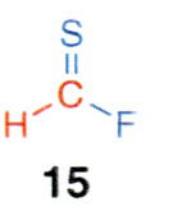

"Methanthioyl-fluorid" (**15**)
- Englisch: 'methanethioyl fluoride'
- IUPAC: "Thioformyl-fluorid"

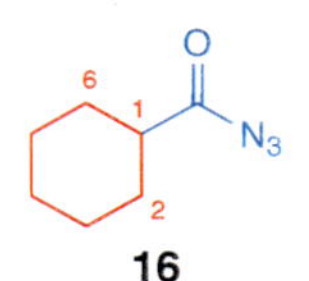

"Cyclohex**an**carbonyl-azid" (**16**)
- Englisch: 'cyclohexanecarbonyl azide'
- nicht "Cyclohex**yl**carbonyl-azid"

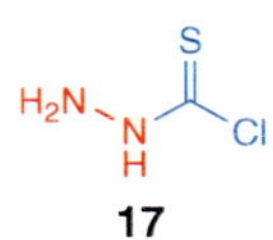

"Hydraz**in**carbothioyl-chlorid" (**17**)
Englisch: 'hydrazinecarbothioyl chloride'

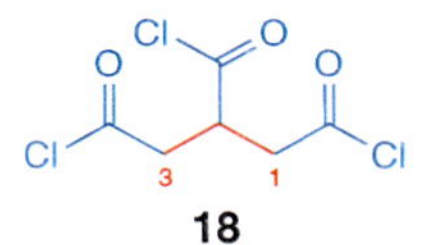

"Propan-1,2,3-tricarbonyl-trichlorid" (**18**)
Englisch: 'propane-1,2,3-tricarbonyl trichloride'

"Meth**an**sulfonyl-bromid" (**19**)
- Englisch: 'methanesulfonyl bromide'
- nicht "Meth**yl**sulfonyl-bromid"
- IUPAC: vermutlich auch **"Mesyl-bromid"**

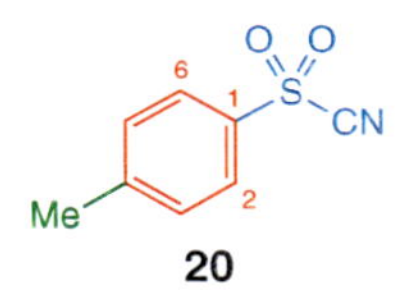

"4-Methyl**benzol**sulfonyl-cyanid" (**20**)
- Englisch: '4-methylbenzenesulfonyl cyanide'
- nicht "(4-Methyl**phenyl**)sulfonyl-cyanid"
- IUPAC: vermutlich auch **"Tosyl-cyanid"**

"Meth**an**sulfinimidoyl-fluorid" (**21**)
- Englisch: 'methanesulfinimidoyl fluoride'
- nicht "Meth**yl**sulfinimidoyl-fluorid'

22

"Meth**an**selenenyl-iodid" (**22**)
- Englisch: 'methaneselenenyl iodide'
- nicht "Meth**yl**selenenyl-iodid"
- IUPAC: vermutlich "Iodo(methyl)-selan"

(a₂) **Substituentenpräfixe** für entsprechende Säure-halogenid-Substituenten sind zusammengesetzte Präfixe und werden nach *Kap. 5.8* und *5.9* gebildet. **Name von Hal–C(=O)–** und Austauschanaloga:

Kap. 5.8 und 5.9

Präfix[3])
"**Fluoro-**" (F–)
"**Chloro-**" (Cl–)
"**Bromo-**" (Br–)
"**Iodo-**" (I–)
"**Azido-**" (N_3–)
"**Isocyanato-**" (OCN–)
"**Isothiocyanato-**" (SCN–)
"**Isoselenocyanato-**" (SeCN–)
"**Isotellurocyanato-**" (TeCN–)
"**Isocyano-**" (CN–)
"**Cyano-**" (NC–)

\+ **Stammsubstituentenname "-carbonyl-"** (–C(=O)–) (nur C_1-Kette; für Austauschanaloga, s. unten)

oder

Präfix[3])
"**Fluoro-**" (F–)
"**Chloro-**" (Cl–)
"**Bromo-**" (Br–)
"**Iodo-**" (I–)
"**Azido-**" (N_3–)
"**Isocyanato-**" (OCN–)
"**Isothiocyanato-**" (SCN–)
"**Isoselenocyanato-**" (SeCN–)
"**Isotellurocyanato-**" (TeCN–)
"**Isocyano-**" (CN–)
"**Cyano-**" (NC–)

\+ **Präfix**
"**Oxo-**" (O=[C][2])
"**Thioxo-**" (S=[C][2])
"**Selenoxo-**" (Se=[C][2])
"**Telluroxo-**" (Te=[C][2])
"**Hydrazono-**" (H_2NN=[C][2])
"**Imino-**" (HN=[C][2])

\+ **Stammsubstituentenname "(R´)-" des Kettensubstituenten R´-** (d.h. das C-Atom [C] gehört zur Kette R´-; für C_1-Kettensubstituent –C(=O)–, s. oben), nach *Kap. 5*.

Kap. 5

Alphabetische Reihenfolge der Präfixe "Fluoro-" *etc.* und "Oxo-" *etc.* vor "(R´)-".

Kap. 3.5

Name von Hal–X´(=O)$_2$–, Hal–X(=O)– und Hal–X´– (X´ = S, Se, Te) und Austauschanaloga:

Präfix[3])
"**Fluoro-**" (F–)
"**Chloro-**" (Cl–)
"**Bromo-**" (Br–)
"**Iodo-**" (I–)
"**Azido-**" (N_3–)
"**Isocyanato-**" (OCN–)
"**Isothiocyanato-**" (SCN–)
"**Isoselenocyanato-**" (SeCN–)
"**Isotellurocyanato-**" (TeCN–)
"**Isocyano-**" (CN–)
"**Cyano-**" (NC–)

\+ **Stammsubstituentenname**
"**-sulfonyl-**" (–S(=O)$_2$–)
"**-sulfonothioyl-**" (–S(=O)(=S)–)
"**-sulfonodithioyl-**" (–S(=S)$_2$–)
"**-sulfonohydrazonoyl-**" (–S(=O)(=NNH_2)–)
"**-sulfonimidoyl-**" (–S(=O)(=NH)–)
"**-sulfonimidothioyl-**" (–S(=S)(=NH)–)
"**-sulfinyl-**" (–S(=O)–)
"**-thio-**" (–S–)
"**-selenonyl-**" (–Se(=O)$_2$–)
"**-selenonohydrazonoyl-**" (–Se(=O)(=NNH_2)–)
"**-seleninyl-**" (–Se(=O)–)
"**-seleno-**" (–Se–)
"**-telluronyl-**" (–Te(=O)$_2$–)
"**-tellurinyl-**" (–Te(=O)–)
"**-telluro-**" (–Te–)
etc. (s. *Kap. 6.8(**d**)*)

Kap. 6.8(**d**)

IUPAC empfiehlt anstelle von "[(Hal)thio]-", "[(Hal)seleno]-" und "[(Hal)telluro]-" die Präfixe "[(Hal)sulfanyl]-" (Hal–S–), "[(Hal)selanyl]-" (Hal–Se–) bzw. "[(Hal)tellanyl]-" (Hal–Te–) (IUPAC R-2.1 und R-5.5). Für IUPAC-Namen von Austauschanaloga, s. *Kap. 6.8(**d**)*.

z.B.

23 "(Bromocarbonyl)-" (**23**)
IUPAC: **früher "(Bromoformyl)-"**

24 "(2-Imino-2-isocyanoethyl)-" (**24**)

25 "(Bromosulfonyl)-" (**25**)

26 "(Cyanosulfinothioyl)-" (**26**)
IUPAC: "[(Cyano)thiosulfinyl]-"

27 "(Chlorothio)-" (**27**)
IUPAC: auch "(Chlorosulfanyl)-"

(b) **Säure-halogenide von Kohlensäuren** sowie Austauschanaloga:

CA ¶ 183
Kap. 6.9

Der **Säure-halogenid-Name** (Funktionsstammname) besteht **aus** dem **Säure-Namen**[4]) **und** aus einer **Klassenbezeichnung. Sind verschiedene Halogenid-Gruppen und/oder als Infixe zu bezeichnende Gruppen vorhanden, dann wird zuerst die Priorität der Klassenbezeichnung bestimmt** (s. unten; für "-amid" z.T. von *Tab. 3.2* abweichend, s. z.B. **28** und **29** *vs.* **35**); die übrigbleibende Gruppe wird als Infix bezeichnet, ausser wenn verschiedenartige Halide (F, Cl, Br, I) vorhanden sind (s. z.B. **33**). Ist noch eine Säure-Funktion (–OH, –SH, –SeH, –TeH) vorhanden, dann handelt es sich um eine Säure (s. *Kap. 6.9*):

Tab. 3.2

Kap. 6.9

[3]) Weitere Präfixe für Hal sind "**Cyanato-**" (Hal– = NCO–), "**Thiocyanato-**" (Hal– = NCS–), "**Selenocyanato-**" (Hal– = NCSe–) und "**Tellurocyanato-**" (Hal– = NCTe–); für IUPAC-Empfehlungen im Deutschen (Weglassen des endständigen "o" des Präfixes), s. *Tab. 3.1*.

Kap. 6.9

Kap. 6.16

Name der Kohlensäure oder eines Austauschanalogons nach *Kap. 6.9*[4]) (Infixe alphabetisch angeordnet)	+	**Klassenbezeichnung** (abnehmende Priorität von oben nach unten)	
		"**-halid**" (alle gleichwertig, gegebenenfalls in alphabetischer Reihenfolge:	
		"**-bromid**"	(–Br)
		"**-chlorid**"	(–Cl)
		"**-fluorid**"	(–F)
		"**-iodid**"	(–I))
		"**-azid**"	($-N_3$)
		"-amid"	($-NH_2$)
		(s. *Kap. 6.16*)	
		"**-isocyanat**"	(–NCO)
		"**-isothiocyanat**"	(–NCS)
		"**-isoselenocyanat**"	(–NCSe)
		"**-isotellurocyanat**"	(–NCTe)
		"**-isocyanid**"	(–NC)
		"**-cyanid**"	(–CN)

Anhang 2

Wenn nötig wird für die Klassenbezeichnung das **Multiplikationsaffix** "-di-" verwendet.

Ausnahmen:

(i) Sind **zwei Gruppen -CN** vorhanden, dann handelt es sich um ein **Dinitril** (s. **30**).

(ii) Formale **Halogenide von Peroxy-Säuren sind Anhydride, Anhydrosulfide** *etc.* (s. *Kap. 6.13*) **mit** Halogenid-Oxosäuren wie "**Hypochlorigsäure**" (HO–Cl) und "**Thiohypochlorigsäure**" (HS–Cl) sowie entsprechende F-, Br- und I-Analoga (s. *Kap. 6.10*) (s. **31**).

(iii) Formale **Halogenide von Cyansäure** (HO–C≡N) und ihren Austauschanaloga werden als "**Cyanogen-halogenide**" bezeichnet (s. **32**).

z.B.

OCN–C(=O)–NH_2 **28**

"Carbonisocyanatidsäure-amid" (**28**)
- Englisch: 'carbonisocyanatidic amide'
- nicht "Carbamidsäure-isocyanat" ($-NH_2$ > –NCO)
- Verbindung der *Klasse 6b* (*Kap. 6.16*)

N≡C–C(=NH)–NH_2 **29**

"Carbonocyanidimidsäure-amid" (**29**)
- Englisch: 'carbonocyanidimidic amide'
- nicht "Carbamimidsäure-cyanid" ($-NH_2$ > –CN)
- Verbindung der *Klasse 6b* (*Kap. 6.16*)

N≡C–C(=S)–C≡N **30**

"Thioxopropandinitril" (**30**)
- nach *(i)*
- nicht "Carbonothiosäure-dicyanid"
- Verbindung der *Klasse 7* (*Kap. 6.18*)

Cl–C(=O)–O–Cl **31**

"Carbonochloridsäure-anhydrid mit Hypochlorigsäure" (**31**)
- Englisch: 'carbonochloridic acid anhydride with hypochlorous acid'
- nach *(ii)*
- Verbindung der *Klasse 6* (Säure-Derivat; *Kap. 6.13*)

Cl–C≡N **32**

"Cyanogen-chlorid-((CN)Cl)" (**32**)
- Englisch: 'cyanogen chloride ((CN)Cl)'
- nach *(iii)*

z.B.

Br–C(=O)–Cl **33**

"Kohlensäure-bromid-chlorid" (**33**)
Englisch: 'carbonic bromide chloride'

F–C(=Se)–F **34**

"Carbonoselenosäure-difluorid" (**34**)
Englisch: 'carbonoselenoic difluoride'

H_2N–C(=O)–N_3 **35**

"Carbamidsäure-azid" (**35**)
Englisch: 'carbamic azide'

N≡C–C(=N–OH)–Cl **36**

"Hydroxycarbonocyanidimidsäure-chlorid" (**36**)
Englisch: 'hydroxycarbonocyanidimidic chloride'

Br_2C=N–N=CBr_2 **37**

"(Dibromomethylen)carbonohydrazonsäure-dibromid" (**37**)
- Englisch: '(dibromomethylene)carbonohydrazonic dibromide'
- IUPAC: auch "(Dibromomethyliden)-" statt "(Dibromomethylen)-"

CA ¶ 219
Kap. 6.10

(c) **Säure-halogenide von S-, Se-, Te- und N-Oxosäuren** sowie entsprechende Austauschanaloga:
Der **Säure-halogenid-Name** besteht **aus** einem "**Acyl**"-**Namen und** einer oder mehreren **Klassenbezeichnungen**:

"**Sulfuryl**"	(>S(=O)$_2$)
"**Thiosulfuryl**"	(>S(=O)(=S))
"**Thionyl**"	(>S=O)
"**Thiothionyl**"	(>S=S)
"**Selenonyl**"	(>Se(=O)$_2$)
"**Seleninyl**"	(>Se=O)
"**Nitryl**"	(–N(=O)$_2$)
"**Nitrosyl**"	(–N(=O))
"**Thionitrosyl**"	(–N(=S))
etc.	

+	**Klassenbezeichnung**	
	"**-azid**"	($-N_3$)
	"**-bromid**"	(–Br)
	"**-chlorid**"	(–Cl)
	"**-cyanid**"	(–CN)
	"**-fluorid**"	(–F)
	"**-iodid**"	(–I)
	"**-isocyanat**"	(–NCO)
	"**-isocyanid**"	(–NC)
	"**-isoselenocyanat**"	(–NCSe)
	"**-isothiocyanat**"	(–NCS)

Die Klassenbezeichnungen werden alphabetisch angeordnet; es werden keine Multiplikationsaffixe verwendet. In diese Klasse gehört auch "**Amidosulfenyl-chlorid**" (H_2N–S–Cl, H substituierbar); entsprechende Präfixe sind "(Chlorothio)-" (Cl–S–) und "[(Chlorothio)amino]-" (Cl–S–NH–).

CA ¶ 200

z.B.

OCN–S(=O)$_2$–Cl **38**

"Sulfuryl-chlorid-isocyanat" (**38**)
IUPAC: auch "Sulfonyl-chlorid-isocyanat"

F–S(=O)–F **39**

"Thionyl-fluorid (**39**)
IUPAC: auch "Sulfinyl-fluorid"

[4]) **Im Englischen wird das Wort 'acid' des Säure-Namens jeweils weggelassen**, z.B. 'carbonic dichloride' (Cl–C(=O)–Cl), 'carbonimidic dichloride' (Cl–C(=NH)–Cl) *etc.* Da der Wortteil '-ic' von '-ic acid' im Deutschen keine Entsprechung kennt, wird der ganze Säure-Namen verwendet, z.B. "Kohlensäure-dichlorid", "Carbonimidsäure-dichlorid" *etc.*

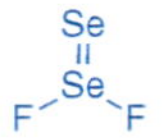

40 "Selenoseleninyl-fluorid" (**40**)

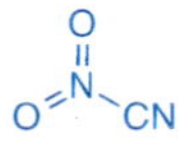

41 "Nitryl-cyanid-((NO_2)(CN))" (**41**)
IUPAC: auch "Nitroyl-cyanid"

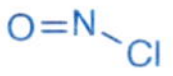

42 "Nitrosyl-chlorid-((NO)Cl)" (**42**)

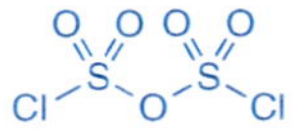

43 "Disulfuryl-chlorid" (**43**)

CA ¶ 197 und 219
Kap. 6.11

(d) **Säure-halogenide von P- und As-Oxosäuren** und Austauschanaloga:

(d_1) Der **Säure-halogenid-Name** (Funktionsstammname) besteht **aus** dem **Säure-Namen**[5]) **und** aus einer **Klassenbezeichnung. Sind verschiedene Halogenid-Gruppen und/oder als Infixe zu bezeichnende Gruppen vorhanden, dann wird zuerst die Priorität der Klassenbezeichnung bestimmt** (s. unten; z.T. von *Tab. 3.2* abweichend; Vorsicht bei "-hydrazid" und "-amid", s. **44** – **46**); die übrigbleibenden Gruppen werden als Infixe bezeichnet, ausser wenn verschiedenartige Halide (F, Cl, Br, I) vorhanden sind (s. z.B. **57**). Ist noch eine Säure-Funktion (–OH, –SH, –SeH, –TeH) vorhanden, dann handelt es sich um eine Säure (s. *Kap. 6.11*):

Tab. 3.2
Kap. 6.11
Kap. 6.11

Name der P- oder As-Oxosäure oder eines Austauschanalogons nach *Kap. 6.11*[5])
(Infixe alphabetisch angeordnet)

\+

Klassenbezeichnung
(abnehmende Priorität von oben nach unten)

"-hydrazid" ($-NHNH_2$) (s. Kap. *6.17(**e**)*)	
"**-halid**" (alle gleichwertig, gegebenenfalls in alphabetischer Reihenfolge:	
"**-bromid**"	(–Br)
"**-chlorid**"	(–Cl)
"**-fluorid**"	(–F)
"**-iodid**"	(–I))
"**-azid**"	($-N_3$)
"-amid" (s. *Kap. 6.16(**e**)*)	($-NH_2$)
"**-cyanid**"	(–CN)
"**-isocyanid**"	(–NC)
"**-cyanat**"	(–OCN)
"**-thiocyanat**"	(–SCN)
"**-selenocyanat**"	(–SeCN)
"**-tellurocyanat**"	(–TeCN)
"**-isocyanat**"	(–NCO)
"**-isothiocyanat**"	(–NCS)
"**-isoselenocyanat**"	(–NCSe)
"**-isotellurocyanat**"	(–NCTe)
"-nitrid"	(≡N)
("-imid"	(=NH) ?)

Kap. 6.17(e)
Kap. 6.16(e)

Wenn nötig wird für die Klassenbezeichnung ein **Multiplikationsaffix** verwendet. Sind **mehrere Säure-halogenid-Substituenten** in einer Verbindung vorhanden, dann wird **derjenige der vorrangigen Säure** (s. *Tab. 3.2*) **als Suffix + Hal-Bezeichnung** (s. ***(a_1)***) **bzw. als Funktionsstammname** (mittels Klassenbezeichnung; s. ***(b)*** – ***(d)***) bezeichnet. Für Präfixe von Säure-halogenid-Substituenten, s. ***(a_2)(d_2)***.

Anhang 2

Ausnahmen:

(i) **Hydrazide** und **Amide** sind in *Kap. 6.17(**e**)* bzw. *6.16(**e**)* beschrieben (s. **44** – **46**).

(ii) **Abweichend von den regulären Nitriden** (z.B. "Phosphorsäure-nitrid" ('phosphoric nitride' (früher 'phosphoryl nitride'); O=P≡N) sowie **50** und **51**) leiten sich die **Namen von** nicht-sauren Phosphorsäure-Derivaten der allgemeinen Formel **P(≡N)(X)$_2$** (X=Hal, NH_2) vom Stammnamen "**Phosphonitril**" her (s. **47**).

(iii) Seit 1994 (Vol. 120) verwendet CA "**Phosphoryl**"-**Namen nur noch für mehrkernige Derivate** (s. **48**), jedoch **nicht mehr für P(=O)(Hal)$_3$** (s. **52** – **54**).

(iv) Formale **Halogenide von Peroxy-Säuren sind Anhydride, Anhydrosulfide** *etc.* (s. *Kap. 6.13*) **mit** Halogenid-Oxosäuren wie "**Hypochlorigsäure**" (HO–Cl), "**Thiohypochlorigsäure**" (HS–Cl) *etc.* sowie entsprechende F-, Br- und I-Analoga (s. *Kap. 6.10*) (s. **49**), nicht aber mit "Cyansäure" (HO–CN) und Chalcogen-Analoga (s. *Kap. 6.11*).

z.B.

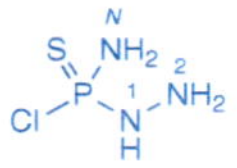

44 "Phosphoramidochloridothiosäure-hydrazid" (**44**)
- Englisch: 'phophoramidochloridothioic hydrazide'
- nach ***(i)***
- nicht "Phophoramidohydrazidothiosäure-chlorid" ($-NHNH_2$ > –Cl)
- Verbindung der *Klasse 6* (Säure-Derivat; *Kap. 6.17*)

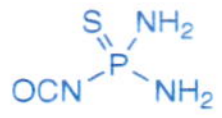

45 "Phosphorisocyanatidothiosäure-diamid" (**45**)
- Englisch: 'phosphorisocyanatidothioic diamide'
- nach ***(i)***
- nicht "Phosphorodiamidothiosäure-isocyanat" ($-NH_2$ > –NCO)
- Verbindung der *Klasse 6b* (*Kap. 6.16*)

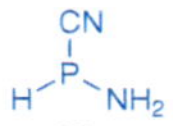

46 "Phosphonocyanidigsäure-amid" (**46**)
- Englisch: 'phophonocyanidous amide'
- nach ***(i)***
- nicht "Phophonamidigsäure-cyanid" ($-NH_2$ > –CN)
- Verbindung der *Klasse 6b* (*Kap. 6.16*)

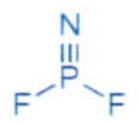

47 "Phosphonitril-fluorid" (**47**)
- Englisch: 'phosphonitrile fluoride'
- nach ***(ii)***
- nicht "Phosphoronitridsäure-difluorid"
- analog "**Phosphonitril-amid**" (P(≡N)(NH_2)$_2$)

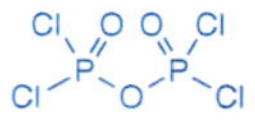

48 "Diphosphoryl-chlorid" (**48**)
- Englisch: 'diphosphoryl chloride'
- nach ***(iii)***
- das P^{III}-Analogon heisst "**Diphosphorigsäure-tetrachlorid**" ('diphosphorous tetrachloride'; $Cl_2P-O-PCl_2$)
- analog für alle übrigen Polyphosphor- und Polyphosphorigsäure-halogenide
- entsprechende Amide heissen "**Diphosphoramid**" (($H_2N)_2P(=O)-O-P(=O)(NH_2)_2$) bzw. "**Diphosphorigsäure-tetraamid**" ('diphosphorous tetraamide'; $(H_2N)_2P-O-P(NH_2)_2$) (*Kap. 6.16(**e**)*)

[5]) **Im Englischen wird das Wort 'acid' des Säure-Namens jeweils weggelassen,** z.B. 'phosphonic dichloride' ($HP(=O)Cl_2$), 'phosphonimidic dichloride' ($HP(=NH)Cl_2$) *etc.* Da der Wortteil '-ic' von '-ic acid' im Deutschen keine Entsprechung kennt, wird der ganze Säure-Namen verwendet, z.B. "Phosphonsäure-dichlorid", "Phosphonimidsäure-dichlorid" *etc.*

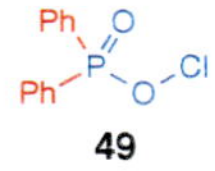

49

"Diphenylphosphinsäure-anhydrid mit Hypochlorigsäure" (**49**)
- Englisch: 'diphenylphosphinic acid anhydride with hypochlorous acid'
- nach ***(iv)***
- Verbindung der *Klasse 6* (Säure-Derivat; *Kap. 6.13*)

IUPAC lässt anstelle eines Säure-Namens[5]) auch die im *Kap. 6.11* angegebenen **Acyl-Namen auf "-oyl"** zu (IUPAC R-5.7.6). Von dreiwertigen P- und As-Oxosäuren hergeleitete Halogenide können auch als **Substitutionsderivate von "Phosphin"** (auch "Phosphan"; PH_3) **bzw. "Arsin"** (auch "Arsan"; AsH_3) bezeichnet werden (vgl. *Kap. 6.11**(a)(b)***).

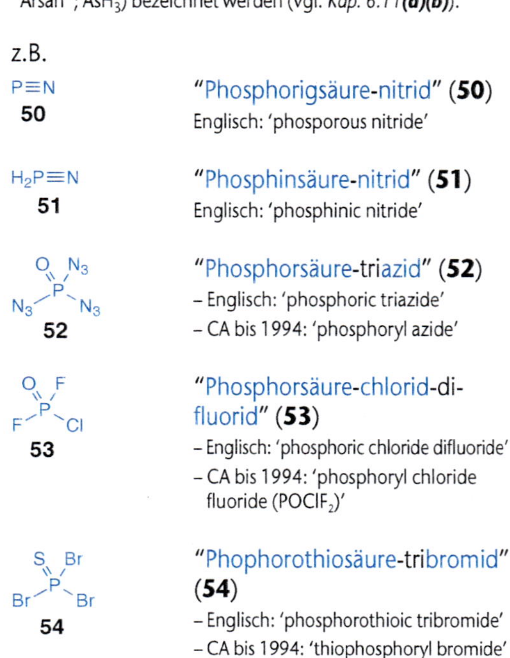

z.B.

P≡N
50

"Phosphorigsäure-nitrid" (**50**)
Englisch: 'phosporous nitride'

$H_2P{\equiv}N$
51

"Phosphinsäure-nitrid" (**51**)
Englisch: 'phosphinic nitride'

52

"Phosphorsäure-triazid" (**52**)
- Englisch: 'phosphoric triazide'
- CA bis 1994: 'phosphoryl azide'

53

"Phosphorsäure-chlorid-di-fluorid" (**53**)
- Englisch: 'phosphoric chloride difluoride'
- CA bis 1994: 'phosphoryl chloride fluoride ($POClF_2$)'

54

"Phophorothiosäure-tribromid" (**54**)
- Englisch: 'phosphorothioic tribromide'
- CA bis 1994: 'thiophosphoryl bromide'

55

"Phosphorisocyanatidsäure-di-fluorid" (**55**)
Englisch: 'phosphorisocyanatidic difluoride'

56

"Phosphorodiamidothiosäure-azid" (**56**)
Englisch: 'phosphorodiamidothioic azide'

57

"Arsenigsäure-chlorid-difluorid" (**57**)
- Englisch: 'arsenous chloride difluoride'
- IUPAC: auch "Chlorodifluoroarsin", s. *Kap. 6.11**(a)***

58

"Phenylphosphenimidigsäure-chlorid" (**58**)
Englisch: 'phosphenimidous chloride'

59

"*N*-Ethenyl-*N*-ethyl-*P*-methyl-phosphonamidsäure-fluorid" (**59**)
Englisch: '*N*-ethenyl-*N*-ethyl-*P*-methyl-phophonamidic fluoride'

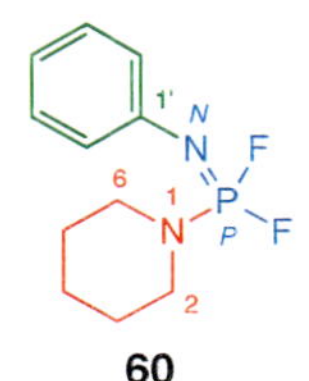

60

"*N*-Phenyl-*P*-(piperidin-1-yl)-phosphonimidsäure-difluorid" (**60**)
Englisch: '*N*-phenyl-*P*-(piperidin-1-yl)-phosphonimidic difluoride'

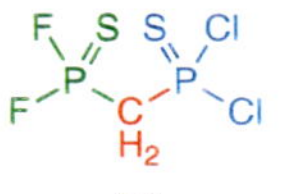

61

"[(Difluorophosphinothioyl)-methyl]phosphonothiosäure-dichlorid" (**61**)
- Englisch: '[(difluorophosphinothioyl)-methyl]phosphonothioic dichloride'
- $HP(=S)Cl_2 > HP(=S)F_2$

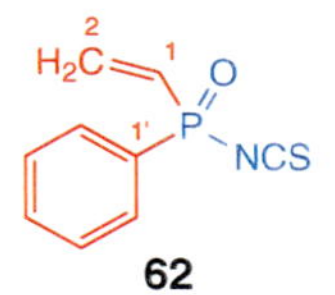

62

"Ethenyl(phenyl)phosphinsäure-isothiocyanat" (**62**)
Englisch: 'ethenyl(phenyl)phosphinic isothiocyanate'

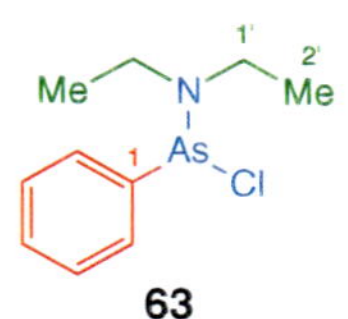

63

"*N*,*N*-Diethyl-*As*-phenyl-arsonamidigsäure-chlorid" (**63**)
Englisch: '*N*,*N*-diethyl-*As*-phenylarson-amidous chloride'

64

"(Triphenylphosphoranyliden)-phosphoramidigsäure-dichlorid" (**64**)
Englisch: '(triphenylphosphoranylidene) phosphoramidous dichloride'

(d₂) **Substituentenpräfixe** für entsprechende Säure-halogenid-Substituenten sind zusammengesetzte Präfixe und werden nach *Kap. 5.8* und *5.9* gebildet.

Kap. 5.8 und 5.9

Name von Hal–X´(=O)(OH)–, Hal–X´H(=O)–, Hal–X´(OH)– und Hal–X´H– und Austauschanaloga (**X´ = P und As**; H an Kernatom substituierbar):

Präfix[3])	
"Fluoro-"	(F–)
"Chloro-"	(Cl–)
"Bromo-"	(Br–)
"Iodo-"	(I–)
"Azido-"	(N_3–)
"Isocyanato-"	(OCN–)
"Isothiocyanato-"	(SCN–)
"Isoselenocyanato-"	(SeCN–)
"Isotellurocyanato-"	(TeCN–)
"Isocyano-"	(CN–)
"Cyano-"	(NC–)

\+ **wenn nötig Präfix für einen zusätzlichen Substituenten,** der das H-Atom am Kernatom X´ substituiert (z.B. "Hydroxy-" (OH–))

\+

Stammsubstituentenname	
"**-phosphinyl-**"	(–PH(=O)–)
"**-phosphinothioyl-**"	(–PH(=S)–)
"**-phosphinoselenoyl-**"	(–PH(=Se)–)
"**-phosphinotelluroyl-**"	(–PH(=Te)–)
"**-phosphinimyl-**"	(–PH(=NH)–)
"**-phosphino-**"	(–PH–)
"**-arsinyl-**"	(–AsH(=O)–)
"**-arsinothioyl-**"	(–AsH(=S)–)
"**-arsinoselenoyl-**"	(–AsH(=Se)–)
"**-arsinotelluroyl-**"	(–AsH(=Te)–)
"**-arsinimyl-**"	(–AsH(=NH)–)
"**-arsino-**"	(–AsH–)

Kap. 3.5

Alphabetische Reihenfolge der Präfixe vor "-phosphinyl-", "-phosphinothioyl-" *etc.*

IUPAC empfiehlt von CA z.T. abweichende Stammsubstituentennamen. Sie sind in *Kap. 6.11* ***(c)(e)*** zusammengefasst.

z.B.

"(Diazidophosphinyl)-" (**65**)
IUPAC: z.B. "(Diazidophosphoryl)-"

"(Isothiocyanatomercapto-phosphinothioyl)-" (**66**)

"(Chlorohydroxyphosphino)-" (**67**)
IUPAC: auch "(Chlorohydroxyphosphanyl)-"

"(Diiodoarsino)-" (**68**)
IUPAC: auch "(Diiodoarsanyl)-"

"(*P*,*P*-Dichloro-*N*-methyl-phosphinimyl)-" (**69**)
IUPAC: vermutlich "(Methylphosphono-dichloridimidoyl)-"

Kap. 6.12

Kap. 4.3.3, 4.5.5.2, 4.5, 4.29 und 4.28

(e) **Formale Säure-halogenide von Kieselsäuren und von Bor-, Boron- und Borinsäuren werden als Substitutionsderivate der entsprechenden Gerüst-Stammstrukturen betrachtet** (s. *Kap. 4.3.3* für Silan und Siloxane, *Kap. 4.5.5.2* für Cyclosiloxane, *Kap. 4.3.3* für Borane, *Kap. 4.5* für monocyclische B-Verbindungen sowie allgemein *Kap. 6.29* für Si-Verbindungen und *6.28* für B-Verbindungen).

Kap. 2.2.1

z.B.

"Dibromodifluorosilan" (**70**)
Verbindung der *Klasse 19* (*Kap. 6.29*)

"Hexachlorodisiloxan" (**71**)
Verbindung der *Klasse 19* (*Kap. 6.29*)

"Dibromochloroboran" (**72**)
Verbindung der *Klasse 18* (*Kap. 6.28*)

"Dibromo(ethenyl)boran" (**73**)
Verbindung der *Klasse 18* (*Kap. 6.28*)

"Bromodipropylboran" (**74**)
Verbindung der *Klasse 18* (*Kap. 6.28*)

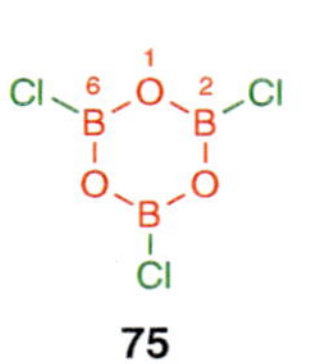

75

"Trichloroboroxin" (**75**)
Verbindung der *Klasse 18* (*Kap. 6.28*)

Beispiele:

"Benzoyl-isothiocyanat" (**76**)
nach ***(a₁)***

"α-Methoxy-α-(trifluoromethyl)benzolacetyl-chlorid" (**77**)
- nach ***(a₁)***
- Konjunktionsname
- oft fälschlicherweise "α-Methoxy-α-(trifluoromethyl)phenyl-acetyl-chlorid" (= "**MTPCl**" = "***Mosher-chlorid***")
- IUPAC: auch "3,3,3-Trifluoro-2-methoxy-2-phenylpropanoyl-chlorid"

"Cyclohexancarboximidoyl-chlorid" (**78**)
nach ***(a₁)***

"Thiophen-2-carbohydrazonoyl-bromid" (**79**)
nach ***(a₁)***

"Hydrazinsulfonyl-chlorid" (**80**)
nach ***(a₁)***

"Benzolsulfonimidoyl-fluorid" (**81**)
nach ***(a₁)***

"Ethansulfinyl-bromid" (**82**)
nach ***(a₁)***

"Benzolsulfenyl-isocyanat" (**83**)
nach ***(a₁)***

"(2-Chloro-2-oxoethyl)-" (**84**)
nach ***(a₂)***

"(Isoselenocyanatoselenoxomethyl)-" (**85**)
nach ***(a₂)***

"(Cyanatocarbonyl)-" (**86**)
nach ***(a₂)***

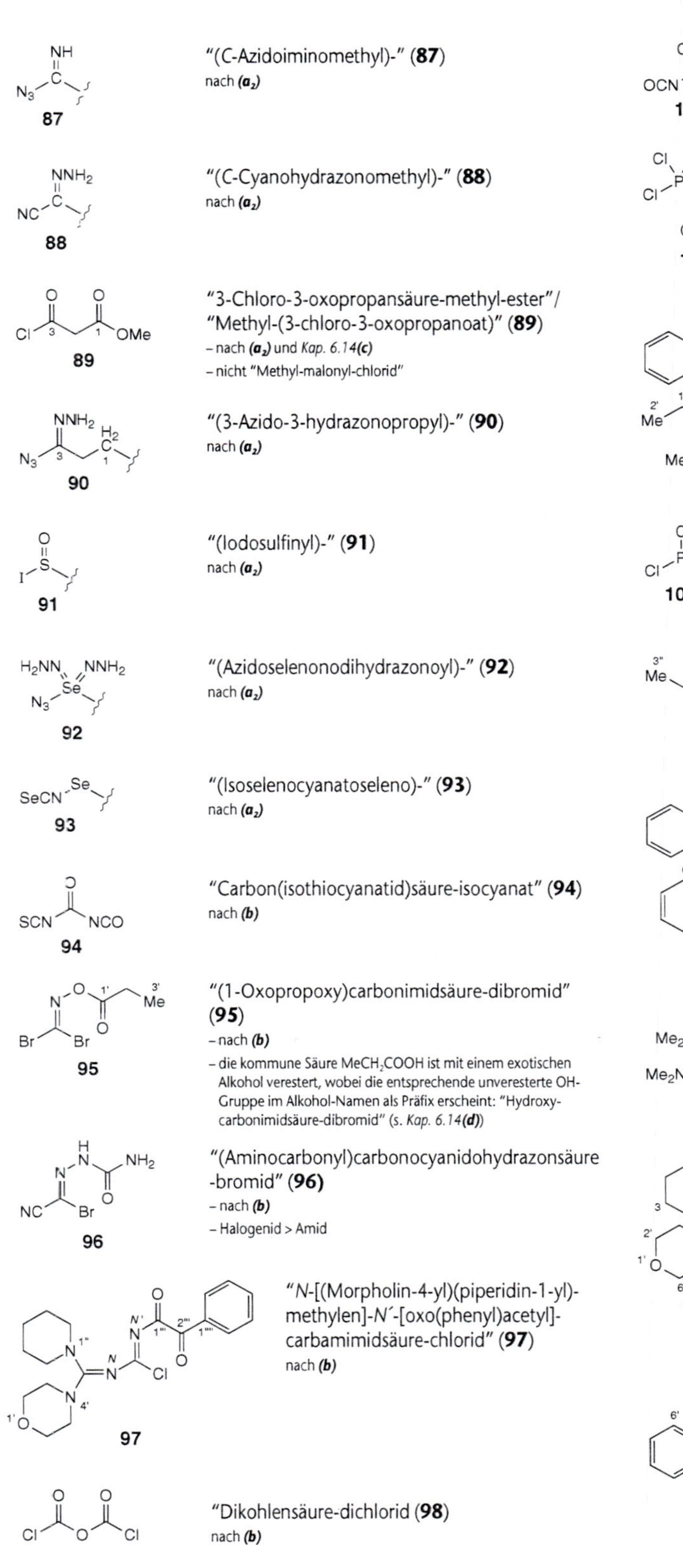

"(C-Azidoiminomethyl)-" (**87**)
nach ***(a₂)***

"(C-Cyanohydrazonomethyl)-" (**88**)
nach ***(a₂)***

"3-Chloro-3-oxopropansäure-methyl-ester"/ "Methyl-(3-chloro-3-oxopropanoat)" (**89**)
- nach ***(a₂)*** und *Kap. 6.14(c)*
- nicht "Methyl-malonyl-chlorid"

"(3-Azido-3-hydrazonopropyl)-" (**90**)
nach ***(a₂)***

"(Iodosulfinyl)-" (**91**)
nach ***(a₂)***

"(Azidoselenonodihydrazonoyl)-" (**92**)
nach ***(a₂)***

"(Isoselenocyanatoseleno)-" (**93**)
nach ***(a₂)***

"Carbon(isothiocyanatid)säure-isocyanat" (**94**)
nach ***(b)***

"(1-Oxopropoxy)carbonimidsäure-dibromid" (**95**)
- nach ***(b)***
- die kommune Säure $MeCH_2COOH$ ist mit einem exotischen Alkohol verestert, wobei die entsprechende unveresterte OH-Gruppe im Alkohol-Namen als Präfix erscheint: "Hydroxycarbonimidsäure-dibromid" (s. *Kap. 6.14**(d)***)

"(Aminocarbonyl)carbonocyanidohydrazonsäure-bromid" (**96**)
- nach ***(b)***
- Halogenid > Amid

"*N*-[(Morpholin-4-yl)(piperidin-1-yl)-methylen]-*N'*-[oxo(phenyl)acetyl]-carbamimidsäure-chlorid" (**97**)
nach ***(b)***

"Dikohlensäure-dichlorid (**98**)
nach ***(b)***

"Imidodikohlensäure-bromid-chlorid" (**99**)
nach ***(b)***

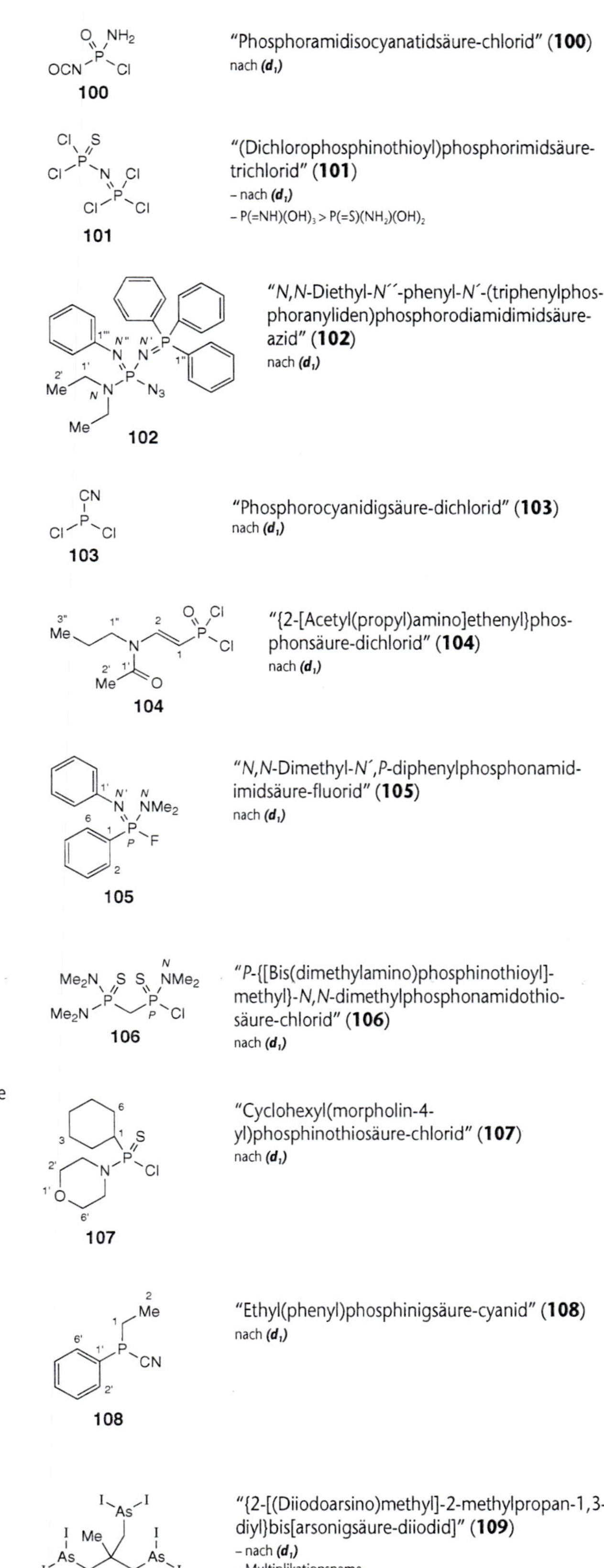

"Phosphoramidisocyanatidsäure-chlorid" (**100**)
nach ***(d₁)***

"(Dichlorophosphinothioyl)phosphorimidsäure-trichlorid" (**101**)
- nach ***(d₁)***
- $P(=NH)(OH)_3 > P(=S)(NH_2)(OH)_2$

"*N,N*-Diethyl-*N''*-phenyl-*N'*-(triphenylphosphoranyliden)phosphorodiamidimidsäure-azid" (**102**)
nach ***(d₁)***

"Phosphorocyanidigsäure-dichlorid" (**103**)
nach ***(d₁)***

"{2-[Acetyl(propyl)amino]ethenyl}phosphonsäure-dichlorid" (**104**)
nach ***(d₁)***

"*N,N*-Dimethyl-*N',P*-diphenylphosphonamidimidsäure-fluorid" (**105**)
nach ***(d₁)***

"*P*-{[Bis(dimethylamino)phosphinothioyl]-methyl}-*N,N*-dimethylphosphonamidothiosäure-chlorid" (**106**)
nach ***(d₁)***

"Cyclohexyl(morpholin-4-yl)phosphinothiosäure-chlorid" (**107**)
nach ***(d₁)***

"Ethyl(phenyl)phosphinigsäure-cyanid" (**108**)
nach ***(d₁)***

"{2-[(Diiodoarsino)methyl]-2-methylpropan-1,3-diyl}bis[arsonigsäure-diiodid]" (**109**)
- nach ***(d₁)***
- Multiplikationsname

CA ¶ 171, 182, 183, 191, 197, 199, 219, 233 und 234 IUPAC R-5.7.8.1, R-5.7.8.2, C-821 - C-827, C-951 - C-953, C-961, C-962, C-971 - C-975, C-981 - C-985, C-641.8 - C-641.10, C-643.2, C-661, C-662, C-671 und D-5.62

6.16. Amide *(Klasse 6b)*, Lactame, cyclische Imide und Amidine

Definition:

Ein **Amid 1** entsteht formal durch **Verlust von H_2O, H_2S, H_2Se oder H_2Te aus einem Säure-Substituenten** von Säuren der *Kap. 6.7 – 6.12 (Klasse 5)* **und aus NH_3 oder einem Amin-Substituenten** von Aminen des *Kap. 6.23 (Klasse 12)*.

Kap. 6.7 - 6.12 Kap. 6.23

z.B.

R–C(=O)–NR'R'' oder R–C(=X)–NR'R'' oder R–P(=O)(NR'''R'''')–NR'R'' oder R–P(=X)(NR'''R'''')–NR'R'' etc.

R, R', R'', R''', R'''' = H, Alkyl, Aryl
X = S, Se, Te, NH, NNH_2

1

primäres Amid: R´ = R´´ = H
sekundäres Amid: R´ = H, R´´ = Alkyl, Aryl **oder Acyl**
tertiäres Amid: R´, R´´ = Alkyl, Aryl **oder Acyl**

Sekundäre und tertiäre Amide werden als ***N*-substituierte primäre Amide** betrachtet (s. unten).

IUPAC empfiehlt die generischen Namen primäres, sekundäres und tertiäres Amid für $RCONH_2$, $(RCO)_2NH$ bzw. $(RCO)_3N$ nicht mehr (IUPAC R-5.7.8.1).

Beachte:

Für Carboxamide und Sulfon-, Sulfin- und Sulfenamide sowie Analoga sind **wenn möglich Konjunktionsnamen** nach *Kap. 3.2.2* zu verwenden (s. **158** und **159**).

Kap. 3.2.2

Man unterscheidet:

(a) cyclische Amide (= Derivate von Heterocyclen):

(a_1) formale Amid-Gruppe im Heterocyclus integriert (u.a. Lactame, Lactime, Sultame, Imide),

(a_2) Amid-Gruppe nur mit N-Atom am Heterocyclus beteiligt ('unausgedrücktes Amid');

(b) acyclische Amide von Carbonsäuren, Ameisensäuren, Sulfon-, Sulfin- und Sulfensäuren und ihren Selen- und Tellur-Analoga sowie von Austauschanaloga:

(b_1) Suffixe (Ausnahmen: Monoamide von α-Aminocarbonsäuren, Peptide, Amide von Peroxy-Säuren; triviale Amid-Namen),

(b_2) Substituentenpräfixe für $H_2N–C(=O)–$, $H_2N–S(=O)_2–$ *etc.* sowie R–C(=O)–NR´–, $R–S(=O)_2–NR´–$ *etc.*;

(c) acyclische Amide von Kohlensäuren sowie von Austauschanaloga:

(c_1) Funktionsstammnamen (Ausnahmen: Harnstoffe, Guanidin, Cyanamid, Amide von Peroxy-Säuren),

(c_2) Substituentenpräfixe für X–C(=O)–NR´– (X– ≠ HO–);

(d) acyclische Amide von S-, Se-, Te-, und N-Oxosäuren:

(d_1) Funktionsstammnamen (Ausnahmen: Sulfamid, Nitramid, Nitrosamid, Amide von Peroxy-Säuren),

(d_2) Substituentenpräfixe für $Y´–X´(=O)_2–NR´–$, Y´–X´(=O)–NR´– *etc.* (X´ = S, Se, Te; Y´ = RO, F, Cl, Br, I, N_3, H_2N, H_2NNH, OCN *etc.*, NCO *etc.*, CN, NC) und $N(=O)_2–NR´–$, N(=O)–NR´– *etc.*;

(e) acyclische Amide von P- und As-Oxosäuren:

(e_1) Funktionsstammnamen (Ausnahmen: Amide von Polyphosphor- und Polyarsensäuren, Amide von Peroxy-Säuren),

(e_2) Substituentenpräfixe für X´(=O)(Y´)(Z´)–, X´(Y´)(Z´)–, X´H(=O)(Y´)–, X'H(Y´)–, X´(=O)(Y´)<, X´(Y´)<, X´(=O)(Y´)(Z´)–NR´–, X´(Y´)(Z´)–NR´–, X´H(=O)(Y´)–NR´–, X´H(Y´)–NR´– *etc.* (X´ = P, As; Y´, Z´ = HO, RO, F, Cl, Br, I, N_3, H_2N, H_2NNH, OCN *etc.*, NCO *etc.*, CN, NC);

(f) formale Amide von Si- und B-Oxosäuren.

CA ¶ 191 Kap. 3.2.1 bzw. 3.2.4

(a) **Cyclische Amide** werden mittels Substitutions- oder Additionsnomenklatur als **Derivate von Heterocyclen** benannt. Man unterscheidet cyclische formale Amide, deren Amid-Gruppe vollständig in den Heterocyclus integriert ist und cyclische 'unausgedrückte Amide', die nur mit ihrem N-Atom am Heterocyclus beteiligt sind.

(a_1) Die **Amid-Gruppe**(n) ist (sind) **vollständig in den Heterocyclus integriert**. Das formale Amid wird **mittels eines geeigneten Suffixes** (z.B. "-on") **oder mittels Additionsnomenklatur** benannt und erscheint in der Prioritätenreihenfolge entsprechend dem gewählten Suffix (z.B. als Keton (*Kap. 6.20*)).

Kap. 3.2.4 Tab. 3.2 Kap. 6.20

IUPAC lässt daneben für **Lactame** (⌐C(=O)–NH⌐) und **Lactime** (⌐C(OH)=N⌐) auch noch Lactam- bzw. Lactim-Namen zu, die sich vom systematischen Namen einer Aminocarbonsäure herleiten. Dabei wird das "Amino"-Präfix wegglassen und dafür der Lokant "*x*" der in der Säure vorhandenen NH_2-Gruppe angegeben (s. **2** bzw. **3**) (IUPAC R-5.7.5.3):

"*x*-Amino...säure" → | **"...o-*x*-lactam"** ('...o-*x*-lactam') **"...o-*x*-lactim"** ('...o-*x*-lactim')

Analog den Sultonen (s. *Kap. 6.14(**a**)*) können gemäss IUPAC intramolekulare Amide von Aminosulfonsäuren, sogenannte **Sultame** (⌐SO_2–NH⌐), mittels eines Suffixes "-sultam" (Englisch: '-sultam') für den bivalenten Substituenten –S(=O)$_2$–NH– an der Gerüst-Stammstruktur bezeichnet werden (s. **4** und **5**) (IUPAC R-5.7.5.4):

Stammname + | **"-*x*,*y*-sultam"** ('-*x*,*y*-sultam') **"-*x*,*y*:*u*,*v*-disultam"** ('-*x*,*y*:*u*,*v*-disultam') *etc.*

"*x*" bzw. "*u*" = Lokant der Gerüst-Stammstruktur für –SO_2 (möglichst tief)

"*y*" bzw. "*v*" = Lokant für NH–

IUPAC lässt in einigen Fällen (**"Pyrrolidin"**, **"Chinolin"** und **"Isochinolin"**) noch die früher oft verwendeten **Kontraktionsnamen** für Lactame zu (s. **6**–**8**) (R-5.7.5.3):

"-idinon" → **"-idon"**
"-olinon" → **"-olon"**

IUPAC empfiehlt für **intramolekulare cyclische Diamide**, sogenannte **Imide** (⌐C(=O)–NH–C(=O)⌐), auch Imid-Namen (s. **9** und **10**) (IUPAC R-5.7.8.3); die früher für entsprechende Substituenten mit der freien Valenz am N-Atom verwendeten Präfixe "...**imido**-" (IUPAC C-827.2) werden **nicht mehr** empfohlen:

"-säure" (Trivialname) → **"-imid"** (s. ***(b₁)***)
"-dicarbonsäure" (2 –COOH) → **"-dicarboximid"** (⌐C(=O)–NH–C(=O)⌐)

z.B.

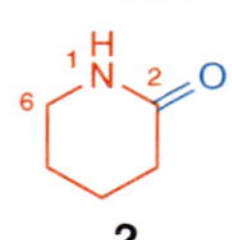
2

"Piperidin-2-on" (**2**)
IUPAC: auch "Pentano-5-**lactam**"; früher auch "2-Piperidon"

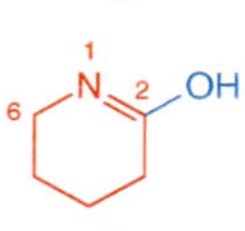
3

"3,4,5,6-Tetrahydropyridin-2-ol" (**3**)
- die Absättigung von zwei Doppelbindungen der Gerüst-Stammstruktur ("Pyridin") wird durch das Präfix ausgedrückt
- IUPAC: auch "Pentano-5-**lactim**"
- CA verwendet den Namen des Tautomeren **2**

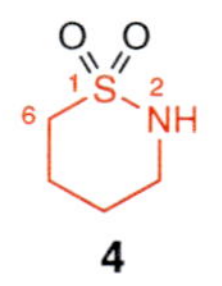
4

"Tetrahydro-2*H*-1,2-thiazin-1,1-dioxid" (**4**)
- indiziertes H-Atom nach *Anhang 5**(a)(d)***
- die Absättigung der zwei Doppelbindungen der Gerüst-Stammstruktur ("2*H*-1,2-Thiazin") wird durch das Präfix ausgedrückt
- ein =O an einem Heteroatom (S^{II}) wird mittels Additionsnomenklatur ausgedrückt, s. *Kap. 6.20**(d)***
- IUPAC: auch "Butan-1,4-**sultam**" oder "1,2-Thiazinan-1,1-dioxid"

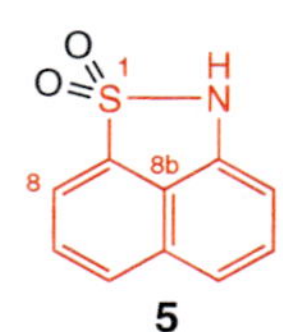
5

"2*H*-Naphth[1,8-*cd*]isothiazol-1,1-dioxid" (**5**)
- indiziertes H-Atom nach *Anhang 5**(a)(d)***
- ein =O an einem Heteroatom (S^{II}) wird mittels Additionsnomenklatur ausgedrückt, s. *Kap. 6.20**(d)***
- IUPAC: auch "Naphthalin-1,8-**sultam**"

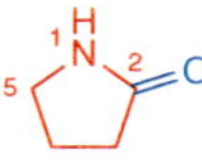
6

"Pyrrolidin-2-on" (**6**)
IUPAC: auch **"2-Pyrrolidon"**

7

"Chinolin-2(1*H*)-on" (**7**)
- Englisch: 'quinolin-2(1*H*)-one'
- indiziertes H-Atom nach *Anhang 5**(i₂)***
- IUPAC: auch **"2-Chinolon"**
- früher trivial "Carbostyryl"

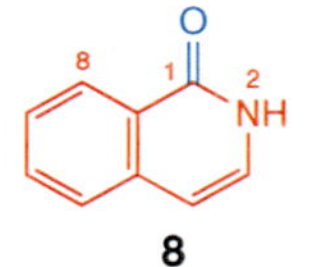
8

"Isochinolin-1(2*H*)-on" (**8**)
- Englisch: 'isoquinolin-1(2*H*)-one'
- indiziertes H-Atom nach *Anhang 5**(i₂)***
- IUPAC: auch **"1-Isochinolon"**

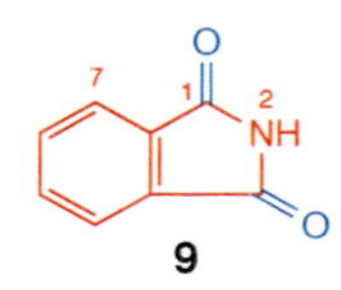
9

"1*H*-Isoindol-1,3(2*H*)-dion" (**9**)
- indiziertes H-Atom nach *Anhang 5**(h)(i₂)***
- IUPAC: auch **"Phthalimid"**; **früher** Präfix **"Phthalimido-"** für Substituent mit freier Valenz an N(2) (systematisch: "(1,3-Dihydro-1,3-dioxo-2*H*-isoindol-2-yl)-")

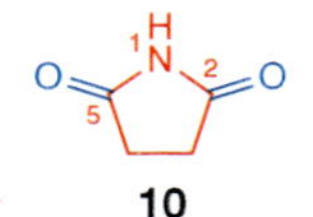
10

"Pyrrolidin-2,5-dion" (**10**)
IUPAC: auch **"Succinimid"**; **früher** Präfix **"Succinimido-"** für Substituent mit freier Valenz an N(1) (systematisch: "(2,5-Dioxopyrrolidin-1-yl)-")

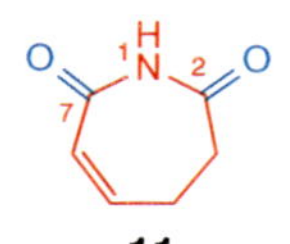
11

"3,4-Dihydro-1*H*-azepin-2,7-dion" (**11**)
- indiziertes H-Atom nach *Anhang 5**(a)(d)***, kein indiziertes H-Atom nach *Anhang 5**(i₁)*** ("1*H*-...-2,7-dion" > "2*H*-...-2,7(1*H*)-dion")
- die Absättigung von formal zwei Doppelbindungen der Gerüst-Stammstruktur ("1*H*-Azepin") wird durch das Präfix und Suffix ausgedrückt
- nicht "Hex-2-enimid"

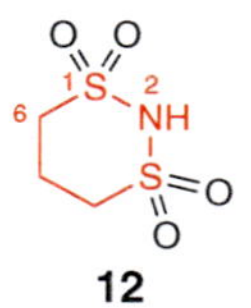
12

"Dihydro-4*H*-1,3,2-dithiazin-1,1,3,3-tetraoxid" (**12**)
- indiziertes H-Atom nach *Anhang 5**(a)(d)***
- die Absättigung der Doppelbindung der Gerüst-Stammstruktur ("4*H*-1,3,2-Dithiazin") wird durch das Präfix ausgedrückt
- ein =O an einem Heteroatom (S^{II}) wird mittels Additionsnomenklatur ausgedrückt, s. *Kap. 6.20**(d)***
- nicht "Propan-1,3-disulfonimid"

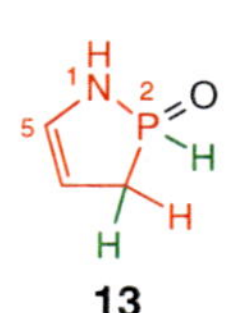
13

"2,3-Dihydro-1*H*-1,2-azaphosphol-2-oxid" (**13**)
- indiziertes H-Atom nach *Anhang 5**(a)(d)***
- die Absättigung der Doppelbindung der Gerüst-Stammstruktur ("1*H*-1,2-azaphosphol") wird durch das Präfix ausgedrückt
- ein =O an einem Heteroatom (P^{III}) wird mittels Additionsnomenklatur ausgedrückt, s. *Kap. 6.20**(d)***

(a₂) Die **Amid-Gruppe(n)** ist (sind) **nur mit** ihrem **N-Atom am Heterocyclus beteiligt**. Das Amid wird **mittels eines Acyl-Präfixes** benannt (s. Ausnahmen in *Kap. 6.20**(c)***) und erscheint in der Prioritätenreihenfolge als **'unausgedrücktes Amid'** unmittelbar nach einem 'ausgedrückten Amid' des gleichen Säure-Typus, wenn keine andern charakteristischen Gruppen vorliegen. **Charakteristische Gruppen tieferer Priorität am Acyl-Teil** werden ebenfalls **als Präfixe** ausgedrückt (s. **21**), solche **am N-haltigen Heterocyclus** jedoch wenn möglich **als Suffix** (s. **22**).

Kap. 6.7–6.11
Kap. 6.20(c)
Tab. 3.2

Ausnahmen:

Tab. 3.2

Acyl-Gruppen von Ameisen- und Kohlensäuren am N-Atom von Heterocyclen werden **als Suffixe** "-carboxaldehyd", -carbonsäure", "-carboxamid" *etc.* ausgedrückt und erscheinen in der Prioritätenreihenfolge entsprechend dem benötigten Suffix (s. **14** – **16**).

z.B.

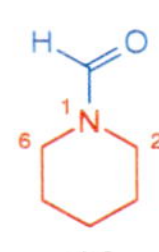

14

"Piperidin-1-carboxaldehyd" (**14**)
- nicht "1-Formylpiperidin"
- Verbindung der *Klasse 8* (*Kap. 6.19*)

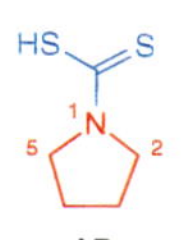

15

"Pyrrolidin-1-carbodithiosäure" (**15**)
- nicht "1-(Dithiocarboxy)pyrrolidin"
- Verbindung der *Klasse 5b* (*Kap. 6.7.3*)

16

"1*H*-Pyrrol-1-carbonyl-chlorid" (**16**)
- indiziertes H-Atom nach *Anhang 5(**a**)(**d**)*
- nicht "1-(Chlorocarbonyl)-1*H*-pyrrol"
- Verbindung der *Klasse 6a* (*Kap. 6.15*)

IUPAC verwendet z.T. von CA abweichende Acyl-Namen. Sie sind in den *Kap. 6.7* – *6.11* angegeben.

z.B.

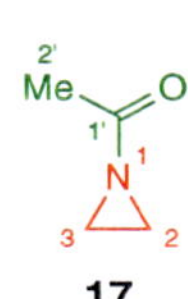

17

"1-Acetylaziridin" (**17**)
'unausgedrücktes Carboxamid'

18

"1-(1-Oxopropyl)pyrrolidin" (**18**)
- 'unausgedrücktes Carboxamid'
- IUPAC: z.B. "1-Propanoylpyrrolidin"

19

"1-(Methylsulfonyl)-1*H*-pyrrol" (**19**)
- 'unausgedrücktes Sulfonamid'
- indiziertes H-Atom nach *Anhang 5(**a**)(**d**)*

20

"1-(Diphenylphosphinyl)-1*H*-imidazol" (**20**)
- 'unausgedrücktes Phosphinsäure-amid'
- indiziertes H-Atom nach *Anhang 5(**a**)(**d**)*
- IUPAC: z.B. "1-(Diphenylphosphinoyl)-1*H*-imidazol"

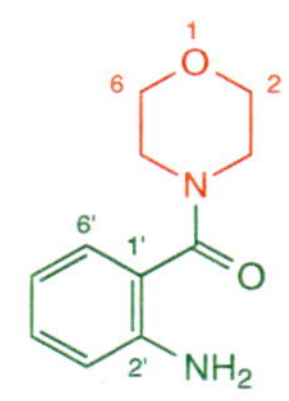

21

"4-(2-Aminobenzoyl)morpholin" (**21**)
- 'unausgedrücktes Carboxamid'
- der Substituent $-NH_2$ an der Acyl-Gruppe wird als Präfix bezeichnet

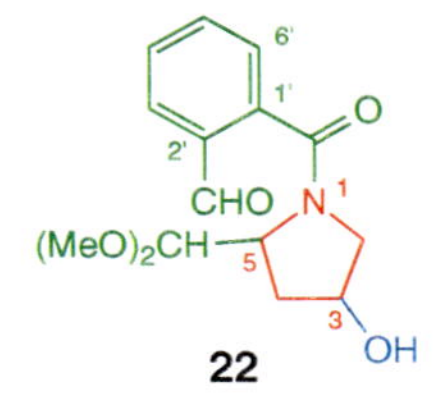

22

"5-(Dimethoxymethyl)-1-(2-formylbenzoyl)pyrrolidin-3-ol" (**22**)
- 'unausgedrücktes Carboxamid' mit dem Namen einer Verbindung der *Klasse 10* (*Kap. 6.21*)
- der Substituent –CHO an der Acyl-Gruppe wird als Präfix und der Substituent –OH am N-Heterocyclus als Suffix bezeichnet

23

"1-{[2-(Aminosulfonyl)pyridin-3-yl]carbonyl}pyrrolidin" (**23**)
'unausgedrücktes Carboxamid' > Sulfonamid

CA ¶ 171
Kap. 6.7 – 6.9

(b) **Acyclische Amide von Carbonsäuren, Ameisensäuren, Sulfon-, Sulfin- und Sulfensäuren und ihren Selen- und Tellur-Analoga** sowie entsprechenden Austauschanaloga:

(b₁) Die **Amid-Suffixe für primäre Amide** leiten sich von den entsprechenden Säure-Suffixen her. Sie sind **in *Tab. 6.2*** zusammengestellt. Der **Name des primären Amids** setzt sich zusammen aus

Tab. 6.2

Stammname der Gerüst-Stammstruktur nach *Kap. 4.2* – *4.10*	+	**Amid-Suffix** nach *Tab. 6.2*

Kap. 4.2 – 4.10
Tab. 6.2
Anhang 2

Wenn nötig werden **Multiplikationsaffixe** verwendet (z.B. "Propandiamid", $H_2NC(=O)CH_2C(=O)NH_2$). **Sekundäre und tertiäre Amide werden** mittels Substitutionsnomenklatur **als *N*-substituierte primäre Amide benannt,** wobei die entsprechenden Präfixe mit den Buchstabenlokanten "*N*, *N´*, *N*¹" *etc.* dem Namen des primären Amids vorgestellt werden (s. **40**), wenn nötig unter Berücksichtigung der Prioritätenreihenfolge der beteiligten Säuren (s. **44**). Ist die **Amid-Gruppe mit ihrem N-Atom an einer Heterokette beteiligt**, dann wird die Amid-Gruppe mittels eines Acyl-Präfixes nach ***(a₂)*** benannt (s. Ausnahmen in *Kap. 6.20(**b**)*).

Kap. 3.2.1
Kap. 6.20(**b**)

Ausnahmen:

(i) Die folgenden **Trivialnamen** werden von den englischen Säure-Namen hergeleitet (entsprechende Austauschanaloga werden dagegen nach *Tab. 6.2* benannt):

Tab. 6.2

24

"**Acetamid**" (**24**)
H an C und N substituierbar

25

"**Benzamid**" (**25**)
H an C und N substituierbar, ausser durch Ph an C

26

"**Formamid**" (**26**)
H an N substituierbar

Tab. 6.2. Amid-Suffixe für Amide von acyclischen Carbon-, Ameisen-, Sulfon-, Sulfin- und Sulfensäuren sowie Analoga[1])

Säure-Suffix[1])		**Amid-Suffix**[1])		**Amid-Präfix**[1])	
"-säure"	–[C]OOH	"**-amid**"	–[C](=O)NH$_2$	–	–
"-thiosäure"	–[C]OSH	"**-thioamid**"	–[C](=S)NH$_2$	–	–
"-selenosäure"	–[C]OSeH	"**-selenoamid**"	–[C](=Se)NH$_2$	–	–
"-tellurosäure"	–[C]OTeH	"**-telluroamid**"	–[C](=Te)NH$_2$	–	–
"-hydrazonsäure"	–[C](=NNH$_2$)OH	"**-hydrazonamid**" (**früher "-amidrazon"** oder "-amid-hydrazon")	–[C](=NNH$_2$)NH$_2$	–	–
"-imidsäure"	–[C](=NH)OH	"**-imidamid**" (**früher "-amidin"**)	–[C](=NH)NH$_2$	–	–
"*N*-Hydroxy...imidsäure" (IUPAC: "-hydroximsäure")	–[C](=NOH)OH	"***N*-Hydroxy...imidamid**" (**früher "-amidoxim"** oder "-amid-oxim")	–[C](=NH)NHOH	–	–
"-carbonsäure"	–COOH	"**-carboxamid**"	–C(=O)NH$_2$	"**(Aminocarbonyl)-**"[a]) (IUPAC: auch "**Carbamoyl-**")	H$_2$NC(=O)–
"-carbothiosäure"	–COSH	"**-carbothioamid**"	–C(=S)NH$_2$	"**(Aminothioxomethyl)-**"[b]) (IUPAC: auch "**Thiocarbamoyl-**")	H$_2$NC(=S)–
"-carboselenosäure"	–COSeH	"**-carboselenoamid**"	–C(=Se)NH$_2$	"**(Aminoselenoxomethyl)-**"[b]) (IUPAC: auch "**Selenocarbamoyl-**")	H$_2$NC(=Se)–
"-carbotellurosäure"	–COTeH	"**-carbotelluroamid**"	–C(=Te)NH$_2$	"**(Aminotelluroxomethyl)-**"[b]) (IUPAC: auch "**Tellurocarbamoyl-**")	H$_2$NC(=Te)–
"-carbohydrazonsäure"	–C(=NNH$_2$)OH	"**-carbohydrazonamid**" (**früher "-carboxamidrazon-"**) oder "-carboxamid-hydrazon"	–C(=NNH$_2$)NH$_2$	"**(Aminohydrazonomethyl)-**"[b]) (IUPAC: vermutlich "Carbamo-hydrazonoyl-"	H$_2$NC(=NNH$_2$)–
"-carboximidsäure"	–C(=NH)OH	"**-carboximidamid**" (**früher "-carboxamidin"**)	–C(=NH)NH$_2$	"**[Amino(imino)methyl]-**"[b]) (IUPAC: vermutlich "Carbamimidoyl; **früher "Amidino-"**)	H$_2$NC(=NH)–
"*N*-Hydroxy...carboximid-säure" (IUPAC: "-carbohydroximsäure")	–C(=NOH)OH	"***N*-Hydroxy...carbox-imidamid**" (**früher "-carboxamidoxim"** oder "-carboxamid-oxim")	–C(=NH)NHOH	"**[(Hydroxyamino)(imino)-methyl]-**"[b]) (**bevorzugtes Tautomeres**)	HONHC(=NH)–
"-sulfonsäure"	–SO$_3$H	"**-sulfonamid**"	–S(=O)$_2$NH$_2$	"**(Aminosulfonyl)-**"	H$_2$NS(=O)$_2$–
"-sulfonothiosäure" (IUPAC: "-thiosulfonsäure")	–S$_2$O$_2$H	"**-sulfonothioamid**" (IUPAC: "**-thiosulfonamid**")	–S(=O)(=S)NH$_2$	"**(Aminosulfonothioyl)-**"	H$_2$NS(=O)(=S)–
"-sulfonodithiosäure" (IUPAC: "-dithiosulfonsäure")	–S$_3$OH	"**-sulfonodithioamid**" (IUPAC: "**-dithiosulfonamid**")	–S(=S)$_2$NH$_2$	"**(Aminosulfonodithioyl)-**"	H$_2$NS(=S)$_2$–
"-sulfonoselenosäure" (IUPAC: "-selenosulfonsäure")	–SO$_2$SeH	"**-sulfonoselenoamid**" (IUPAC: "**-selenosulfonamid**")	–S(=O)(=Se)NH$_2$	"**(Aminosulfonoselenoyl)-**"	H$_2$NS(=O)(=Se)–
etc.	*etc.*	*etc.*			
"-sulfonohydrazonsäure"	–S(=O)(=NNH$_2$)OH	"**-sulfonohydrazonamid**"	–S(=O)(=NNH$_2$)NH$_2$	"**(Aminosulfonohydrazonoyl)-**"	H$_2$NS(=O)(=NNH$_2$)–
"-sulfonimidsäure"	–S(=O)(=NH)OH	"**-sulfonimidamid**"	–S(=O)(=NH)NH$_2$	"**(Aminosulfonimidoyl)-**"	H$_2$NS(=O)(=NH)–
etc.	*etc.*	*etc.*			
"-sulfinsäure"	–SO$_2$H	"**-sulfinamid**"	–S(=O)NH$_2$	"**(Aminosulfinyl)-**"	H$_2$NS(=O)–
"-sulfinothiosäure" (IUPAC: "-thiosulfinsäure")	–S$_2$OH	"**-sulfinothioamid**" (IUPAC: "**-thiosulfinamid**")	–S(=S)NH$_2$	"**(Aminosulfinothioyl)-**"	H$_2$NS(=S)–
etc.	*etc.*	*etc.*			
"-sulfensäure"[c])	–SOH	"**-sulfenamid**"[c])	–SNH$_2$	"**(Aminothio)-**"[c])	H$_2$NS–
"-selenonsäure"	–SeO$_3$H	"**-selenonamid**"	–Se(=O)$_2$NH$_2$	"**(Aminoselenonyl)-**"	H$_2$NSe(=O)$_2$–
"-seleninsäure"	–SeO$_2$H	"**-seleninamid**"	–Se(=O)NH$_2$	"**(Aminoseleninyl)-**"	H$_2$NSe(=O)–
"-selenensäure"[c])	–SeOH	"**-selenenamid**"[c])	–SeNH$_2$	"**(Aminoseleno)-**"[c])	H$_2$NSe–
etc.	*etc.*	*etc.*			
"-telluronsäure"	–TeO$_3$H	"**-telluronamid**"	–Te(=O)$_2$NH$_2$	"**(Aminotelluronyl)-**"	H$_2$NTe(=O)$_2$–
"-tellurinsäure"	–TeO$_2$H	"**-tellurinamid**"	–Te(=O)NH$_2$	"**(Aminotellurinyl)-**"	H$_2$NTe(=O)–
"-tellurensäure"[c])	–TeOH	"**-tellurenamid**"[c])	–TeNH$_2$	"**(Aminotelluro)-**"[c])	H$_2$NTe–
etc.	*etc.*	*etc.*			

[a]) Nur für isolierten Substituenten; ist das **C-Atom des Amid-Substituenten H$_2$NC(=O)– Teil einer Kette R´–**, dann werden dem Stammsubstituentennamen "(R´)-" die Präfixe "ω-Amino-ω-oxo-" ("ω" = höchster Lokant von R´–) vorgestellt, z.B. "**(3-Amino-3-oxopropyl)-**" (H$_2$NC(=O)CH$_2$CH$_2$–).

[b]) Nur für isolierten Substituenten; ist das **C-Atom des Amid-Substituenten Teil einer Kette R´–**, dann wird statt "-methyl-" der Stammsubstituentenname "(R´)-" verwendet, z.B. "**(3-Amino-3-thioxopropyl)-**" (H$_2$NC(=S)CH$_2$CH$_2$–).

[c]) IUPAC empfiehlt von "**Sulfan**" (SH$_2$), "**Selan**" (SeH$_2$) und "**Tellan**" (TeH$_2$) hergeleitete Namen (IUPAC R-2.1 und R-5.5).

[1]) Eckige Klammern um ein Atom bedeuten, dass dieses Atom im Suffix bzw. Präfix nicht berücksichtigt ist.

CA ¶ 205

(ii) **Monoamide von α-Aminocarbonsäuren** werden systematisch benannt (s. **27** – **29**, **32** und **33**), ausser wenn sie Teil einer Peptid-Kette sind. Die ω-Monoamide der α-Aminodicarbonsäuren "Asparaginsäure" und "Glutaminsäure" werden jedoch mittels der Trivialnamen "**Asparagin**" (**30**) bzw. "**Glutamin**" (**31**) bezeichnet.

CA ¶ 206 und 274

Polyamide von α-Aminocarbonsäuren sind Peptide. Lineare Peptide mit zwei bis zwölf α-Aminocarbonsäure-Einheiten wurden bis 1996 mittels der Trivialnamen aus *Kap. 6.7.2.2(**b**)* 'systematisch' als *N*-substituierte Derivate der C-terminalen Einheit benannt, unter Berücksichtigung von Lokanten und Klammern (s. **34**). Aminosäuresequenz-Namen bekamen bis 1996 nur Peptide mit mehr als zwölf α-Aminocarbonsäure-Einheiten oder Peptid-Amide (d.h. Peptide mit einer α-Aminocarboxamid-Einheit am C-Terminus). **Seit 1997 bekommen alle linearen Peptide Aminosäuresequenz-Namen** (s. **34** – **36**). **Der Titelstammname einer solchen Aminosäuresequenz ist der Name der α-Aminocarbonsäure-Einheit am C-Terminus**, und **die übrigen Einheiten werden** im Substituenten dazu **mittels der Trivial-Acyl-Präfixe** aus *Kap. 6.7.2.2(**b**)* **angeführt**. Dabei wird vom N-Terminus aus von links nach rechts in der Sequenz fortgeschritten, und Klammern und Lokanten zur Abgrenzung bzw. Stellung der α-Aminoacyl-Substituenten werden weggelassen, ausser bei Zweideutigkeiten (z.B. "α-Aspartyl-") und für Substituenten in Seitenketten.

Kap. 6.7.2.2(**b**)

Anhang 1 (A.1.3)

Kap. 6.7.2.2(**b**)

Kap. 4.3.2

(iii) **Formale Polyamide** bekommen **Austauschnamen** nach *Kap. 4.3.2* (s. **37**), wenn die Bedingungen dafür erfüllt sind und wenn es sich nicht um ein Peptid handelt.

(iv) Formale **Amide von Peroxy-Säuren** werden als Derivate von "**Hydroxylamin**" (NH_2OH), "**Thiohydroxylamin**" (NH_2SH) *etc.* benannt (s. **38** und **39**).

z.B.

27

"(2*S*)-2-Aminopropanamid" (**27**)
- als Peptid-C-Terminus: "**L-Alaninamid**"
- "(2*S*)" und "L" nach *Anhang 6*

28

"(2*S*)-2-Aminobutandiamid (**28**)
- als Peptid-C-Terminus: "**L-Aspartamid**" (s. **36**)
- IUPAC: vermutlich "L-Asparaginamid"
- "(2*S*)" und "L" nach *Anhang 6*

29

"(2*S*)-2-Aminopentandiamid (**29**)
- als Peptid-C-Terminus: "**L-Glutamamid**"
- IUPAC: vermutlich "L-Glutaminamid"
- "(2*S*)" und "L" nach *Anhang 6*

30

"**L-Asparagin**" (**30**)
- "L" nach *Anhang 6*
- "**α-Asparagin**" ($H_2NC(=O)CH(NH_2)CH_2COOH$) wird nur für Peptid-Namen verwendet

31

"**L-Glutamin**" (**31**)
- "L" nach *Anhang 6*
- "**α-Glutamin**" ($H_2NC(=O)CH(NH_2)CH_2CH_2COOH$) wird nur für Peptid-Namen verwendet

32

"(3*S*)-3,4-Diamino-4-oxobutansäure" (**32**)
- IUPAC: auch '**L-aspartic 1-amide**' oder '**L-isoasparagine**'
- "(3*S*)" und "L" nach *Anhang 6*

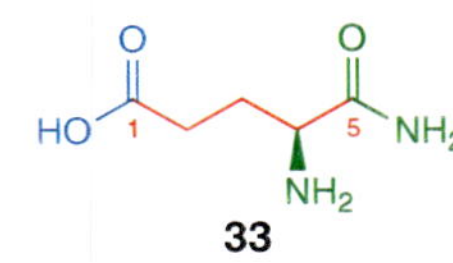

33

"(4*S*)-4,5-Diamino-5-oxopentansäure" (**33**)
- IUPAC: auch '**L-glutamic 1-amide**' oder '**L-isoglutamine**'
- "(4*S*)" und "L" nach *Anhang 6*

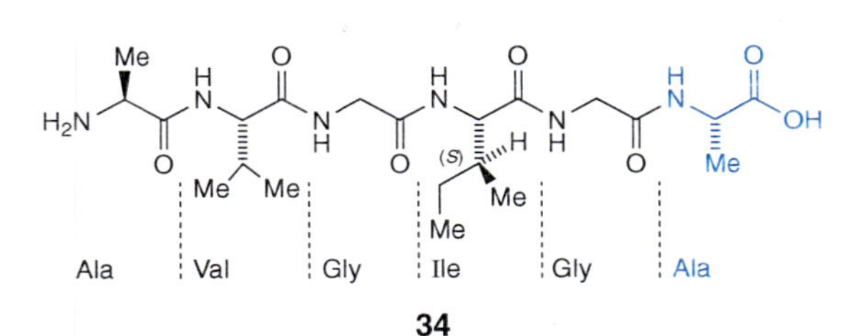

34

"L-Alanyl-L-valylglycyl-L-isoleucylglycyl-L-alanin" (**34**)
- bei CA registriert unter 'L-alanine, L-alanyl-L-valylglycyl-L-isoleucylglycyl-'
- bis 1996 bei CA '*N*-[*N*-[*N*-[*N*-(*N*-L-alanyl-L-valyl)glycyl]-L-isoleucyl]glycyl]-L-alanine', registriert unter 'L-alanine, *N*-[*N*-[*N*-[*N*-(*N*-L-alanyl-L-valyl)glycyl]-L-isoleucyl]glycyl]-'
- "L" nach *Anhang 6*
- s. *Kap. 6.7.2.2(**b**)* für die Drei-Buchstaben-Abkürzungen

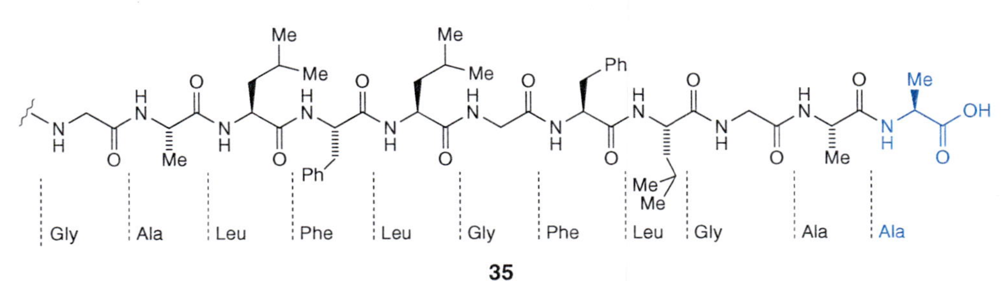

35

"...glycyl-L-alanyl-L-leucyl-L-phenylalanyl-L-leucylglycyl-L-phenylalanyl-L-leucylglycyl-L-alanyl-L-alanin" (**35**)
- bei CA registriert unter 'L-alanine, ...glycyl-L-alanyl-L-leucyl-L-phenylalanyl-L-leucylglycyl-L-phenylalanyl-L-leucylglycyl-L-alanyl-'
- "L" nach *Anhang 6*
- s. *Kap. 6.7.2.2(**b**)* für die Drei-Buchstaben-Abkürzungen

36

"*N*-Acetyl-L-cysteinyl-L-tyrosyl-*N*[1]-methyl-L-aspartamid" (**36**)

- bei CA registriert unter 'L-aspartamide, *N*-acetyl-L-cysteinyl-L-tyrosyl-*N*[1]-methyl-'
- "L" nach *Anhang 6*

37

"3,8,10,15-Tetraoxo-4,7,11,14-tetraazaheptadecandiamid" (**37**)

38

"*O*-Acetylhydroxylamin" (**38**)
- nicht "Ethanperoxoamid"
- Verbindung der *Klasse 14* (*Kap. 6.25*)

39

"*S*-(Piperidin-1-ylcarbonyl)thiohydroxylamin" (**39**)
- nicht "Piperidin-1-carbo(thioperoxo)amid"
- Verbindung der *Klasse 14* (*Kap. 6.25*)

IUPAC-Varianten für Amid-Suffixe sind in *Tab. 6.2* angegeben (hauptsächlich **Chalcogen-Austauschanaloga von Sulfonsäure** *etc.* und Analoga).

Für Amide von Säuren mit IUPAC-akzeptierten Trivialnamen nach *Kap. 6.7* werden entsprechende **triviale Amid-Namen** zugelassen (IUPAC R-5.7.8.1: '**-ic**' **oder** '**-oic acid**' → '**-amide**'):

"**Acetamid**"[2])	($MeCONH_2$; **24**)
"**Benzamid**"[2])	($PhCONH_2$; **25**)
"**Formamid**"[3])	($HCONH_2$; **26**)
"**Propionamid**"[3])	($MeCH_2CONH_2$)
"**Butyramid**"[3])	($Me(CH_2)_2CONH_2$)
"**Isobutyramid**"[3])	($Me_2CHCONH_2$)
"**Palmitamid**"[3])	($Me(CH_2)_{14}CONH_2$)
"**Stearamid**"[3])	($Me(CH_2)_{16}CONH_2$)
"**Oxamid**"[3])	(Ausnahme; $H_2NC(O)C(O)NH_2$)
"**Malonamid**"[2])	($H_2NC(O)CH_2C(O)NH_2$)
"**Succinamid**"[2])	($H_2NC(O)(CH_2)_2C(O)NH_2$)
"**Glutaramid**"[3])	($H_2NC(O)(CH_2)_3C(O)NH_2$)
"**Adipamid**"[3])	($H_2NC(O)(CH_2)_4C(O)NH_2$)
"**Acrylamid**"[2])	($CH_2{=}CHCONH_2$)
"**Propiolamid**"[3])	($CH{\equiv}CCONH_2$)
"**Methacrylamid**"[3])	($CH_2{=}C(Me)CONH_2$)
"**Oleamid**"[3])	((*Z*)-$Me(CH_2)_7CH{=}CH(CH_2)_7CONH_2$)
"**Fumaramid**"[2])	((*E*)-$H_2NC(O)CH{=}CHC(O)NH_2$)
"**Maleamid**"[2])	((*Z*)-$H_2NC(O)CH{=}CHC(O)NH_2$)
"**Cinnamamid**"[3])	((*E*)-$PhCH{=}CHCONH_2$)
"**Phthalamid**"[2])	(1,2-$C_6H_4(CONH_2)_2$)
"**Isophthalamid**"[2])	(1,3-$C_6H_4(CONH_2)_2$)
"**Terephthalamid**"[2])	(1,4-$C_6H_4(CONH_2)_2$)
"**Naphthamid**"[2])	($C_{10}H_7{-}CONH_2$)
"**Furamid**"[2])	($C_4H_3O{-}CONH_2$)
"**Nicotinamid**"[2])	(3-$C_5H_4N{-}CONH_2$)
"**Isonicotinamid**"[2])	(4-$C_5H_4N{-}CONH_2$)
"**Glycolamid**"[3])	($HOCH_2CONH_2$)
"**Lactamid**"[3])	($MeCH(OH)CONH_2$)
"**Glyceramid**"[3])	($HOCH_2CH(OH)CONH_2$)
"**Tartaramid**"[3])	($H_2NC(O)CH(OH)CH(OH)C(O)NH_2$)
"**Citramid**"[3])	($H_2NC(O)CH_2C(OH)(CONH_2)CH_2C(O)NH_2$)
"**Benzilamid**"[3])	($Ph_2C(OH)CONH_2$)
"**Glyoxylamid**"[3])	($HC(O)CONH_2$)
"**Pyruvamid**"[3])	($MeC(O)CONH_2$)
"**Acetoacetamid**"[3])	($MeC(O)CH_2CONH_2$)
"**Anthranilamid**"[3])	(1,2-$H_2N{-}C_6H_4{-}CONH_2$)
"**Ethylendiamintetraacetamid**"[3])	($[H_2NC(O)CH_2]_2N(CH_2)_2N[CH_2C(O)NH_2]_2$)

Entsprechend sind **triviale Imid-Namen** von Dicarbonsäuren mit Trivialnamen zugelassen ("**-amid**" → "**-imid**"; s. auch ***(a₁)***, **9** – **11**).

IUPAC verwendet auch immer noch sogenannte **Anilid-Namen für *N*-Phenyl-substituierte primäre Amide** ("**-amid**" → "**-anilid**"; s. z.B. **40**) sowie den Trivialnamen "**Semicarbazid**" (**45**).

Dicarbonsäuren mit Trivialnamen, deren eine Gruppe –COOH durch eine Gruppe $-CONH_2$ oder –CONHPh ersetzt ist, bezeichnet IUPAC als **Amidsäuren** bzw. **Anilidsäuren**. Sie sind im *Kap. 6.7.2.2(**b**)* besprochen.

Für **Diacyl- und Triacyl-Derivate von Ammoniak** lässt IUPAC ausser den Namen nach CA auch Amin- oder Azan-Namen zu (s. **41** – **44**), aber **nicht mehr** Trivialnamen wie "**Diacetamid**", "**Tribenzamid**" *etc.*, auch nicht für *N*-substituierte Derivate davon (IUPAC R-5.7.8.2; s. **41** – **43**).

z.B.

40

"*N*-Phenylcyclohexancarboxamid" (**40**)
- ein sekundäres Amid
- IUPAC: auch "Cyclohexancarbox**anilid**"

41

"*N*-Acetylacetamid" (**41**)
- ein sekundäres Amid
- IUPAC: auch "**Diacetylamin**" oder "Diacetylazan"; trivial "Diacetamid"

42

"*N*-Acetyl-*N*-phenylacetamid" (**42**)
- ein tertiäres Amid
- IUPAC: auch "**Diacetyl(phenyl)amin**" oder "Diacetyl(phenyl)azan"; trivial "*N*-Phenyldiacetamid"

43

"*N*,*N*-Dibenzoylbenzamid" (**43**)
- ein tertiäres Amid
- IUPAC: auch "**Tribenzoylamin**" oder "Tribenzoylazan"; trivial "Tribenzamid"

44

"*N*-Acetylbenzamid" (**44**)
- ein sekundäres Amid
- Benzamid > Acetamid
- IUPAC: auch "**Acetyl(benzoyl)amin**" oder "Acetyl(benzoyl)azan"

45

"**Hydrazincarboxamid**" (**45**)
- nicht "Carbamidsäure-hydrazid" (s. *Kap. 6.17(**c₁**)*)
- IUPAC: auch "**Semicarbazid**"

46

"*N*,*N*-Dimethylethanthioamid" (**46**)
IUPAC: "*N*,*N*-Dimethyl**thioacetamid**"

[2]) Am C-Gerüst und N-Atom(en) substituierbar (bei **25** nicht durch Ph an C).

[3]) Nur an N-Atom(en) substituierbar.

47

"*N*,*N*′-Dimethylpentandithioamid" (**47**)
nicht "...bis(thioamid)"

48

"*N*,*N*-Diethyl-*N*′,*N*′-dimethyl-3-oxobutanhydrazonamid" (**48**)
früher auch "*N*,*N*-Diethyl-3-oxobutan**amid**-dimethyl**hydrazon**"

49

"*N*-Hydroxypropanimidamid" (**49**)
- bevorzugtes Tautomer; **früher** auch "Propan**amidoxim**"
- CA registriert alle **Amidoxime unter den tautomeren "*N*-Hydroxy...imidamiden"**

50

"*N*-Methylcyclopropancarboximidamid" (**50**)

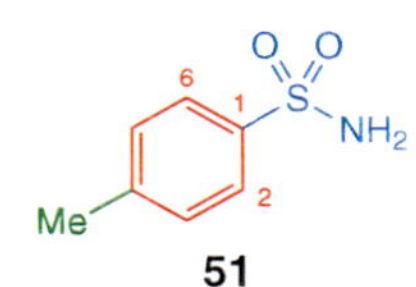

51

"4-Methylbenzolsulfonamid" (**51**)
- Englisch: '4-methylbenzenesulfonamide'
- **früher "*p*-Toluolsulfonamid"**

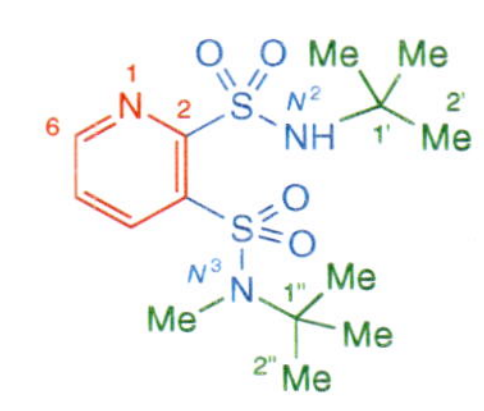

52

"N^2,N^3-Bis(1,1-dimethylethyl)-N^3-methylpyridin-2,3-disulfonamid" (**52**)
IUPAC: statt "(1,1-Dimethylethyl)-" auch "(*tert*-Butyl)-"

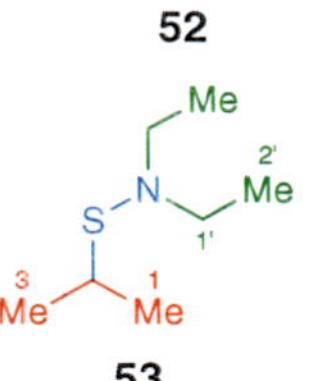

53

"*N*,*N*-Diethylpropan-2-sulfenamid" (**53**)
IUPAC: vermutlich "*N*-(Isopropylsulfanyl)diethylamin" (IUPAC R-5.4.2)

(*b₂*) **Substituentenpräfixe für entsprechende Amid-Substituenten** sind zusammengesetzte Präfixe und werden nach *Kap. 5.8* und *5.9* gebildet.

Kap. 5.8 und 5.9

(*b₂₁*) **Substituentenpräfixe für $H_2N–C(=O)–$, $H_2N–S(=O)_2–$** *etc.* und Austauschanaloga sind in *Tab. 6.2* zusammengestellt (s. (***b₁***); ***beachte Fussnoten a* und *b* in *Tab. 6.2***). *N*-Substituierte Analoga werden entsprechend benannt.

Tab. 6.2

z.B.

54

"[(Dimethylamino)carbonyl]-" (**54**)

55

"[Imino(phenylamino)methyl]-" (**55**)

56

"[3-(Diacetylamino)-3-oxopropyl]-" (**56**)

57

"[2-(Hydroxyimino)-2-(phenylamino)ethyl]-" (**57**)

58

"[(Ethylamino)sulfinothioyl]-" (**58**)

(*b₂₂*) **Substituentenpräfixe für R–C(=O)–NR′–, R–S(=O)₂–NR′–** *etc.* und Austauschananloga R–C(=Y)–NR′– *etc.* setzen sich aus einem **Acyl-Präfix** nach *Kap. 6.7.2.1(**a**)(**b**), 6.7.3(**c**), 6.8(**d**)* und *6.9(**d**)* **und "-amino-"** (–NH–) **oder "-imino-"** (–N=) zusammen, wenn nötig (R′≠H) unter Beigabe eines Präfixes für R′–:

Kap. 6.7.2.1(**a**)(**b**), 6.7.3(**c**), 6.8(**d**), 6.9(**d**)

Substituentenname "(R)-" für cyclischen Substituenten R– oder für Heterokettensubstituenten R– mit regelmässig platzierten Heteroatomen (inkl. monogliedriges Hydrid), nach *Kap. 5*

Kap. 5

\+ **Stammsubstituentenname "-carbonyl-"** (–C(=O)–) (für Chalcogen-Austauschanaloga, s. unten)

\+ **"-amino-"** (–NH–)
"-imino-" (–NH=)

und

Präfix	
"Oxo-"	(O=[C][1]))
"Thioxo-"	(S=[C][1]))
"Selenoxo-"	(Se=[C][1]))
"Telluroxo-"	(Te=[C][1]))
"Hydrazono-"	(H_2NN=[C][1]))
"Imino-"	(HN=[C][1]))

Stammsubstituentenname "(R′′)-" des Kettensubstituenten R–C– (= R′′–; d.h. das Acyl-C-Atom [C] gehört zur Kette R′′–; **R auch H**; Kohlenwasserstoff- oder "a"-Name),

oder

\+ **Substituentenname "(R)-" + Stammsubstituentenname "-methyl-"** (–C(=[Y])–[1])), **wenn R– ein cyclischer Substituent oder ein Heterokettensubstituent mit regelmässig platzierten Heteroatomen ist** (inkl. monogliedriges Hydrid) (***Ausnahmen*: –C(=O)–** an Ring oder an Heterokette mit regelmässig platzierten Heteroatomen (s. oben)), nach *Kap. 5*

Kap. 5

\+ **"-amino-"** (–NH–)
"-imino-" (–N=)

Kap. 3.5

Alphabetische Reihenfolge der Präfixe "(R)-" (cyclischer Substituent *etc.*) und "Thioxo-", "Selenoxo-" *etc.* vor "-methyl-" (s. **63**).

und

Kap. 5

Substituentenname "(R)-" nach *Kap. 5*

	Stammsubstituentenname	
	"**-sulfonyl-**"	(–S(=O)$_2$–)
	"**-sulfonothioyl-**"	(–S(=O)(=S)–)
	"**-sulfonodithioyl-**"	(–S(=S)$_2$–)
	"**-sulfonimidoyl-**"	(–S(=O)(=NH)–)
	"**-sulfonimidothioyl-**"	(–S(=S)(=NH)–)
	"**-sulfinyl-**"	(–S(=O)–)
+	"**-thio-**"	(–S–)
	"**-selenonyl-**"	(–Se(=O)$_2$–)
	"**-seleninyl-**"	(–Se(=O)–)
	"**-seleno-**"	(–Se–)
	"**-telluronyl-**"	(–Te(=O)$_2$–)
	"**-tellurinyl-**"	(–Te(=O)–)
	"**-telluro-**"	(–Te–)
	etc.	

\+ | "**-amino-**" (–NH–)
"**-imino-**" (–N=)

Ausnahmen:

"**Benzoyl-**" (PhC(=O)–, isoliert; H substituierbar, ausser durch Ph)

"**Acetyl-**" (MeC(=O)–, isoliert; H substituierbar)

"**Formyl-**" (O=CH–, isoliert; H nicht substituierbar)

Kap. 3.5

Alphabetische Reihenfolge der Präfixe (R´≠ H) vor "-amino-" (s. **60**).

IUPAC-Varianten für Acyl-Präfixe sind in den *Kap. 6.7 – 6.9* angeführt.

IUPAC lässt zusätzlich für monovalente Substituenten R–C(=O)–NR´–, R–S(=O)$_2$–NR´– *etc.* Präfixe zu, die sich von den Amid-Namen mit Suffix herleiten (IUPAC R-5.7.8.1, C-641.8 und C-823.1; nicht bei α-Aminocarbonsäure-Derivaten; nicht mehr bei Imiden):

"...**amid**"	→	"...**amido-**"
"...**carboxamid**"	→	"...**carboxamido-**"
"...**sulfonamid**"	→	"...**sulfonamido-**"
etc.		*etc.*

z.B.

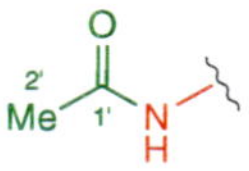

59 "(Acetylamino)-" (**59**)
IUPAC: auch "Acetamido-"

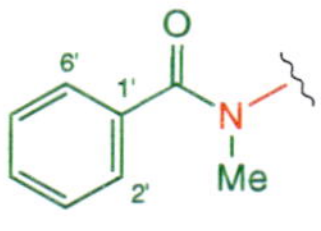

60 "[Benzoyl(methyl)amino]-" (**60**)
- CA: '(benzoylmethylamino)-'
- IUPAC: auch "(*N*-Methylbenzamido)-"

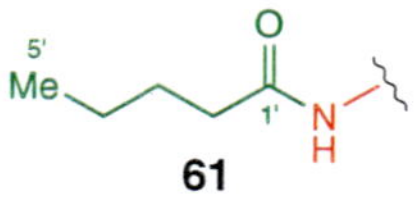

61 "[(1-Oxopentyl)amino]-" (**61**)
IUPAC: auch "Pentanamido-"

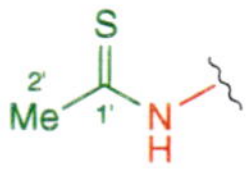

62 "[(1-Thioxoethyl)amino]-" (**62**)
IUPAC: auch "Thioacetamido-"

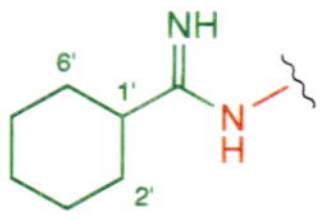

63 "{[Cyclohexyl(imino)methyl]-amino}-" (**63**)
IUPAC: auch "Cyclohexancarboximidamido-"

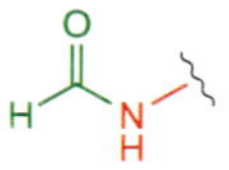

64 "(Formylamino)-" (**64**)
IUPAC: auch "Formamido-"

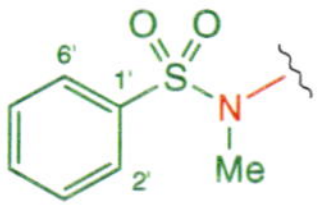

65 "[Methyl(phenylsulfonyl)-amino]-" (**65**)
IUPAC: auch "(*N*-Methylbenzolsulfonamido)-"

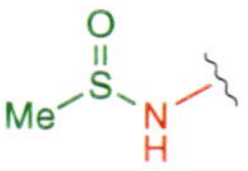

66 "[(Methylsulfinyl)amino]-" (**66**)
IUPAC: auch "Methansulfinamido-"

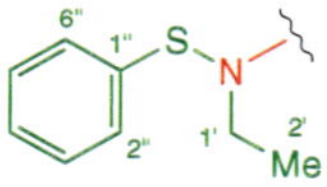

67 "[Ethyl(phenylthio)amino]-" (**67**)
IUPAC: auch "[Ethyl(phenylsulfanyl)azanyl]-"

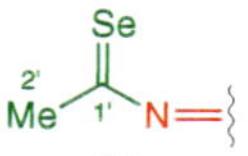

68 "[(1-Selenoxoethyl)imino]-" (**68**)

CA ¶ 183 und 292 Kap. 6.9

(c) **Acyclische Amide von Kohlensäuren** sowie Austauschanaloga:

(c$_1$) Der **Amid-Name** (Funktionsstammname) besteht aus dem

Säure-Namen[4]) | + | **Klassenbezeichnung** "**-amid**" (–NH$_2$)

Ist noch eine Säure-Funktion (–OH, –SH, –SeH, –TeH) vorhanden, dann handelt es sich um eine Carbamidsäure (s. *Kap. 6.9*). Ist **zusätzlich zur NH$_2$-Gruppe eine Halogenid-Gruppe** vorhanden, dann wird die Priorität der Klassenbezeichnung nach *Kap. 6.15**(b)*** (Säure-halogenide) bestimmt (Vorsicht bei Hydrazin-Derivaten, s. **45** in ***(b$_1$)***). Wenn nötig wird für die Klassenbezeichnung das **Multiplikatiaffix** "-di-" verwendet.

Kap. 6.9

Kap. 6.15(b)

Anhang 2

Ausnahmen:

(i) Folgende **Trivialnamen** werden für Kohlensäure-diamide verwendet:

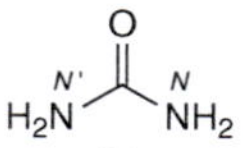

69 "**Harnstoff**" (**69**)
- Englisch: '**urea**'
- früher auch "Carbamid"
- das Tautomere heisst "**Carbamimidsäure**" (H$_2$N–C(=NH)–OH; IUPAC: "**Isoharnstoff**", '**isourea**')

---

[4]) **Im Englischen wird das Wort 'acid' des Säure-Namens jeweils weggelassen**, z.B. 'carbonocyanidic amide' (NC–C(=O)–NH$_2$). Da der Wortteil '-ic' von '-ic acid' im Deutschen keine Entsprechung kennt, wird der ganze Säure-Namen verwendet, z.B. "Carbonocyanidsäure-amid".

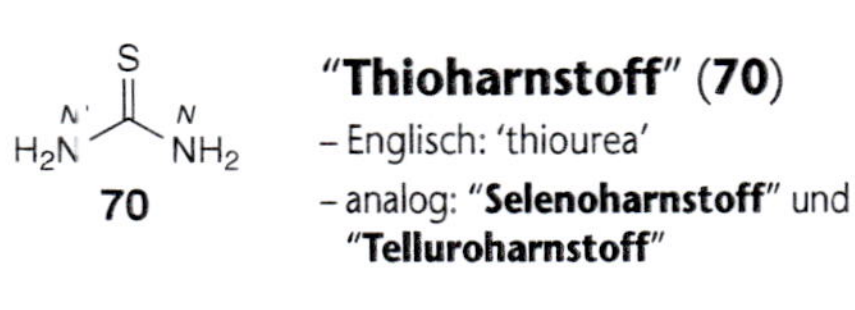

"Thioharnstoff" (70)
- Englisch: 'thiourea'
- analog: **"Selenoharnstoff"** und **"Telluroharnstoff"**

"Guanidin" (71)

71

$H_2N-C{\equiv}N$

"Cyanamid" (72)

72

(ii) Formale **Amide von Peroxy-Säuren** werden als Derivate von **"Hydroxylamin"** (NH_2OH), **"Thiohydroxylamin"** (NH_2SH) *etc.* benannt.

z.B.

73

"*O*-(Aminocarbonyl)hydroxylamin" (**73**)
Verbindung der *Klasse 14* (*Kap. 6.25*)

74

"*S*-[(Dimethylamino)thioxomethyl]-thiohydroxylamin" (**74**)
Verbindung der *Klasse 14* (*Kap. 6.25*)

IUPAC lässt auch noch die Trivialnamen **"Thiouram-monosulfid"** ($H_2N-C(=S)-S-C(=S)-NH_2$; CA: 'thiodicarbonic diamide ([(H_2N)C(S)]$_2$S)') und **"Thiouram-disulfid"** ($H_2N-C(=S)-S-S-C(=S)-NH_2$; CA: 'thioperoxydicarbonic diamide ([(.6H_2N)C(S)]$_2$S$_2$)') zu (IUPAC R-9.1, Table 30).

z.B.

75

"*N*,*N*´-Dicyclohexylharnstoff" (**75**)
Englisch: '*N*,*N*´-dicyclohexylurea'

76

"*N*-Ethyl-*N*´-hydroxythioharnstoff" (**76**)
- Englisch: '*N*-ethyl-*N*´-hydroxythiourea'
- bevorzugtes Tautomeres

77

"*N*-Cyano-*N*´,*N*´´-dimethylguanidin" (**77**)

78

"(Benzoxazol-2-yl)cyanamid" (**78**)
nicht "Benzoxazol-2-carbamonitril"

79

"Carbonisocyanidsäure-amid" (**79**)
- Englisch: 'carbonisocyanidic amide'
- $-NH_2 > -NC$ (s. *Kap. 6.15*)

80

"Phenylcarbonocyanido-thiosäure-amid" (**80**)
- Englisch: 'phenylcarbonocyanidothioic amide'
- $-NH_2 > -CN$ (s. *Kap. 6.15*)

81

"Carbonohydrazonsäure-diamid" (**81**)
Englisch: 'carbonohydrazonic diamide'

82

"Imidodicarbonsäure-diamid" (**82**)
- Englisch: 'imidodicarbonic diamide'
- IUPAC: auch **"Biuret"**; entsprechend "Triuret", "Tetrauret" *etc.* ($H_2N-[C(=O)-NH]_n-C(=O)-NH_2$, $n = 2, 3$ *etc.*)

83

"Imidodicarbonimidsäure-diamid" (**83**)
- Englisch: 'imidodicarbonimidic diamide'
- IUPAC: auch **"Biguanid"**; entsprechend "Triguanid", Tetraguanid" *etc.* ($H_2N-[C(=NH)-NH]_n-C(=NH)-NH_2$, $n = 2, 3$ *etc.*)

(c₂) **Substituentenpräfixe für X–C(=O)–NR´–** (X– = RO–, F–, Cl–, Br–, I–, N_3–, H_2N–, H_2NNH–, OCN– *etc.*, NCO– *etc.*, CN– und NC–) und Austauschanaloga X–C(=Y)–NR´– werden nach *Kap. 5.8* und *5.9* gebildet. Sie setzen sich aus einem **Acyl-*Präfix*** nach *Kap. 6.9**(c)*** **und** "**-amino-**" (–NH–) **oder** "**-imino-**" (–N=) zusammen, wenn nötig (R´≠ H) unter Beigabe eines Präfixes für R´–:

Kap. 5.8 und 5.9

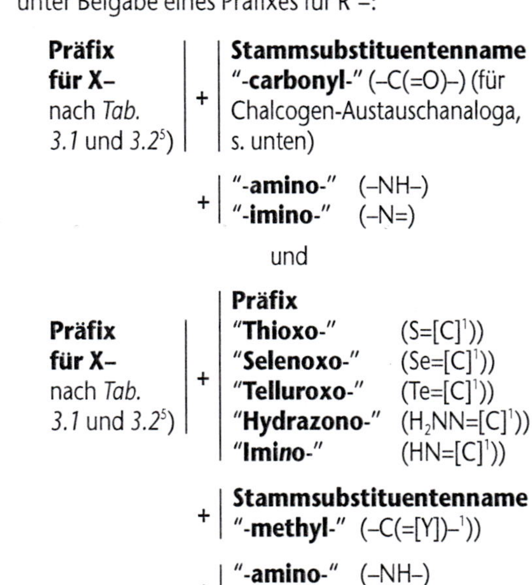
Präfix für X– nach *Tab. 3.1* und *3.2*[5]) + **Stammsubstituentenname** "**-carbonyl-**" (–C(=O)–) (für Chalcogen-Austauschanaloga, s. unten)

+ "**-amino-**" (–NH–) / "**-imino-**" (–N=)

und

Präfix für X– nach *Tab. 3.1* und *3.2*[5]) + **Präfix** "**Thioxo-**" (S=[C][1])), "**Selenoxo-**" (Se=[C][1])), "**Telluroxo-**" (Te=[C][1])), "**Hydrazono-**" (H_2NN=[C][1])), "**Imino-**" (HN=[C][1]))

+ **Stammsubstituentenname** "**-methyl-**" (–C(=[Y])–[1]))

+ "**-amino-**" (–NH–) / "**-imino-**" (–N=)

Tab. 3.1 und 3.2

Tab. 3.1 und 3.2

Ausnahmen:

"**(Carboxyamino)-**" (HOOC–NH–)
"**[(Thiocarboxy)amino]-**" (HSOC–NH–)
etc. (s. *Kap. 6.7.3**(a)*** und *6.7.4*)

Kap. 6.7.3(a) und 6.7.4

Alphabetische Reihenfolge der Präfixe "(X)-" und "Thioxo-" *etc.* vor "-methyl-" (s. z.B. **87**) sowie der Präfixe (R´≠ H) vor "-amino-" (s. z.B. **94**).

Kap. 3.5

IUPAC-Varianten für Acyl-Präfixe sind in *Kap. 6.9* angeführt. Ausserdem sind noch die Trivialnamen **"Ureido-"** (**84**), **"Allophanyl-"** (**85**), **"Hydantoyl-"** (**86**) und **"Guanidino-"** (**87**) zugelassen, sowie **"Semicarbazido-"** (**89**), **"Carbazono-"** (**96**) und **"Ureylen-"** (**91**).

[5]) Weitere Präfixe für X– (bzw. für Y´– in ***(d₂)*** und für Y´– und/oder Z´– in ***(e₂₂)***) sind **"Cyanato-"** (X– = NCO–), **"Thiocyanato-"** (X– = NCS–), **"Selenocyanato-"** (X– = NCSe–) und **"Tellurocyanato-"** (X– = NCTe–); für IUPAC-Empfehlungen im Deutschen (Weglassen des endständigen "o" des Präfixes), s. *Tab. 3.1*.

z.B.

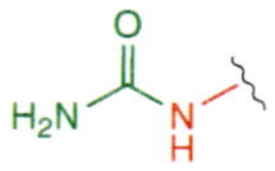

84 "[(Aminocarbonyl)amino]-" (**84**)
- das Tautomere heisst "{[Hydroxy-(imino)methyl]amino}-" (HO–C(=NH)–NH–; **früher "Isoureido-"**)
- IUPAC: auch **"Ureido-"**

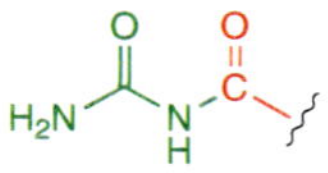

85 "{[(Aminocarbonyl)amino]carbonyl}-" (**85**)
IUPAC: auch **"Allophanyl-"**

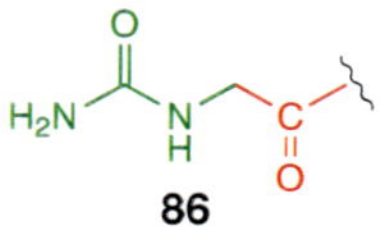

86 "{[(Aminocarbonyl)amino]acetyl}-" (**86**)
- in Peptiden: "*N*-(Aminocarbonyl)glycyl-"
- IUPAC: auch **"Hydantoyl-"**

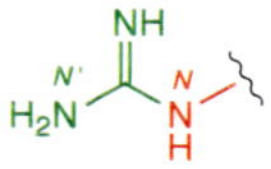

87 "{[Amino(imino)methyl]amino}-" (**87**)
IUPAC: auch **"Guanidino-"**

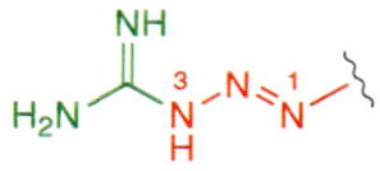

88 "{3-[Amino(imino)methyl]triaz-1-enyl}-" (**88**)
nicht "(Guanidinoazo)-"

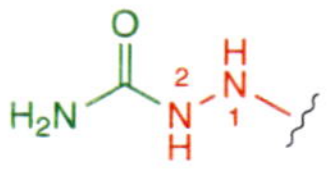

89 "[2-(Aminocarbonyl)hydrazino]-" (**89**)
IUPAC: auch **"Semicarbazido-"**

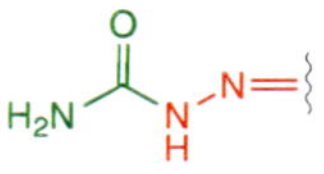

90 "[(Aminocarbonyl)hydrazono]-" (**90**)
nicht "Semicarbazono-"

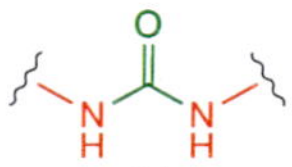

91 "(Carbonyldiimino)-" (**91**)
- verbindender Substituent in Multiplikationsnamen
- IUPAC: auch **"Ureylen-"**

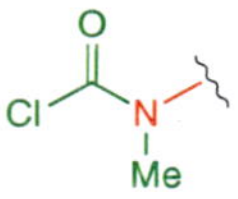

92 "[(Chlorocarbonyl)methylamino]-" (**92**)

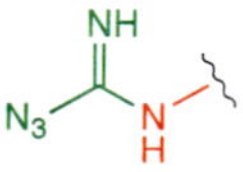

93 "{[Azido(imino)methyl]amino}-" (**93**)

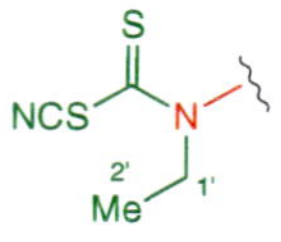

94 "[Ethyl(thiocyanatothioxomethyl)amino]-" (**94**)

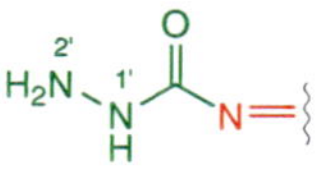

95 "[(Hydrazinocarbonyl)imino]-" (**95**)
nicht "(Carbazoylimino)-"

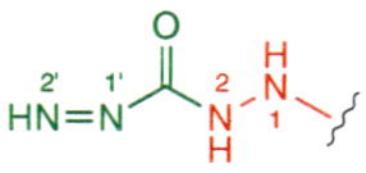

96 "[2-(Diazenylcarbonyl)-hydrazino]-" (**96**)
IUPAC: auch **"Carbazono-"**

***(d)* Acyclische Amide von S-, Se-, Te- und N-Oxosäuren** sowie entsprechende Austauschanaloga:

CA ¶ 219
Kap. 6.10

(d₁) Der **Amid-Name** (Funktionsstammname) besteht aus dem

Säure-Namen[4]) + | **Klassenbezeichnung "-amid"** (–NH_2)

Ist noch eine Säure-Funktion (–OH, –SH, –SeH, –TeH) vorhanden, dann handelt es sich um eine Säure (s. *Kap. 6.10*). Wenn nötig wird für die Klassenbezeichnung das **Multiplikationsaffix** "-di-" verwendet.

Kap. 6.10
Anhang 2

Ausnahmen:

(i) Folgende **Trivialnamen** werden verwendet:

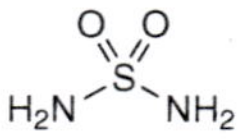

97 **"Sulfamid" (97)**
- auch für Austauschanaloga, z.B. "Imidosulfamid" (H_2N–S(=O)(=NH)–NH_2)
- IUPAC: auch "Schwefelsäure-diamid" ('sulfuric diamide')

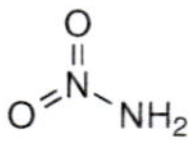

98 **"Nitramid" (98)**
- organische Derivate davon werden als "*N*-Nitro...amin" bezeichnet
- IUPAC: auch "Salpetersäure-amid" ('nitric amide')

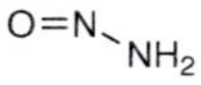

99 **"Nitrosamid" (99)**
- organische Derivate davon werden als "*N*-Nitroso...amin" bezeichnet
- IUPAC: auch "Salpetrigsäure-amid" ('nitrous amide')

(ii) Formale **Amide von Peroxy-Säuren** werden als Derivate von **"Hydroxylamin"** (NH_2OH), **"Thiohydroxylamin"** (NH_2SH) *etc.* benannt.

z.B.

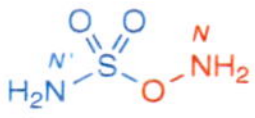

100 "Hydroxylamin-*O*-sulfonamid" (**100**)

z.B.

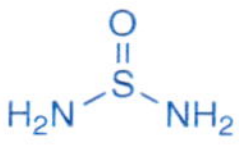

101 "Schwefligsäure-diamid" (**101**)
Englisch: 'sulfurous diamide'

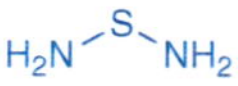

102 "Sulfoxylsäure-diamid" (**102**)
Englisch: 'sulfoxylic diamide'

(d₂) **Substituentenpräfixe für Y´–X´(=O)₂–NR´– und Y´–X´(=O)–NR´–**, in denen Y´– = RO–, F–, Cl–, I–, N_3–, H_2N–, H_2NNH–, OCN– *etc.*, NCO– *etc.*, CN– und NC– und **X´ = S, Se oder Te** sind, **sowie für N(=O)₂–NR´– und N(=O)–NR´–** setzen sich aus einem **Acyl-Präfix** nach *Kap. 6.10(d)* **und "-amino-"** (–NH–) **oder "-imino-"** (–N=) zusammen (s. *Kap. 5.8* und *5.9*), wenn nötig unter Beigabe eines Präfixes für R´–:

Kap. 6.10(**d**)
Kap. 5.8 und 5.9

Präfix für Y´– nach *Tab. 3.1* und *3.2*[5])	+	**Stammsubstituentenname**	
		"-sulfonyl-"	(–S(=O)₂–)
		"-sulfinyl-"	(–S(=O)–)
		"-selenonyl-"	(–Se(=O)₂–)
		"-seleninyl-"	(–Se(=O)–)
		etc. (s. **(*b₂₂*)**)	
	+	**"-amino-"**	(–NH–)
		"-imino-"	(–N=)

Tab. 3.1 und 3.2

6

und

"**Nitro-**" ($N(=O)_2$–)
"**Nitroso-**" (N(=O)–)
"(**Thionitroso**)-" (N(=S)–)
etc.

\+ "**-amino-**" (–NH–)
"**-imino-**" (–N=)

Ausnahmen:

"**(Sulfoamino)-**" (HO_3S–NH–)
"**[(Thiosulfo)amino]-**" (HOS_2–NH–)
"**(Sulfinoamino)-**" (HO_2S–NH–)
etc. (s. *Kap. 6.8**(a)(b)***)

Kap. 6.8(a)(b)

z.B.

H_2N–S(=O)(=O)–NH–

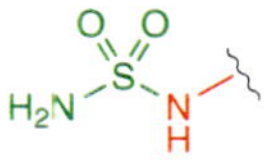

103

"[(Aminosulfonyl)amino]-" (**103**)

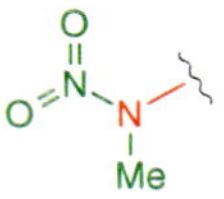

O=N(=O)–N(Me)–

104

"(Methylnitroamino)-" (**104**)
alphabetische Reihenfolge der Präfixe

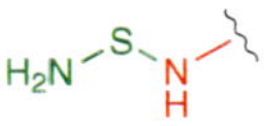

H_2N–S–NH–

105

"[(Aminothio)amino]-" (**105**)

CA ¶ 197 und 219 IUPAC D-5.62 Kap. 6.11

(e) **Acyclische Amide von P- und As-Oxosäuren** und Austauschanaloga:

(e_1) Der **Amid-Name** (Funktionsstammname) besteht aus dem

Säure-Namen[4]) + | **Klassenbezeichnung** "**-amid**" (–NH_2)

Ist noch eine Säure-Funktion (–OH, –SH, –SeH, –TeH) vorhanden, dann handelt es sich um eine Säure (s. *Kap. 6.11*). Sind **zusätzlich zur NH_2-Gruppe Halogenid-Gruppen** vorhanden, dann wird die Priorität der Klassenbezeichnung nach *Kap. 6.15**(d)*** (Säure-halogenide) bestimmt. Wenn nötig wird für die Klassenbezeichnung ein **Multiplikationsaffix** "-di-", "-tri-" verwendet.

Kap. 6.11

Kap. 6.15(d)

Anhang 2

Ausnahmen:

(i) **Amid-Namen von Polyphosphor- und Polyarsensäuren** (nicht aber von Polyphosphorig- und Polyarsenigsäuren) und Austauschanaloga bekommen die Trivialnamen "**Polyphosphoramid**" bzw. "**Polyarsenamid**" *etc.*

z.B.

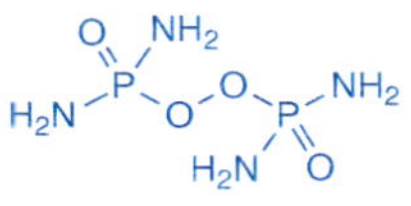

H_2N–P(=O)(NH_2)–O–O–P(=O)(NH_2)–NH_2

106

"Peroxydiphosphoramid" (**106**)
dagegen z.B. "**Diphosphorigsäuretetraamid**" ('diphosphorous tetraamide'; $(H_2N)_2P$–O–$P(NH_2)_2$); vgl. dazu *Kap. 6.15**(d)***

Ausserdem wird der Trivialname "**Phosphonitrilamid**" ('phosphonitrile amide') für H_2N–P(≡N)–NH_2 verwendet (s. auch *Kap. 6.15**(d)***)

Kap. 6.15(d)

(ii) Formale **Amide von Peroxy-Säuren** werden als Derivate von "**Hydroxylamin**" (NH_2OH), "**Thiohydroxylamin**" (NH_2SH) *etc.* benannt.

z.B.

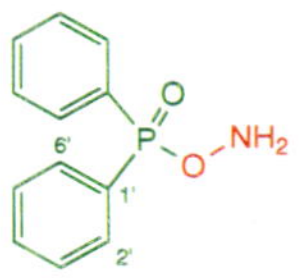

107

"*O*-(Diphenylphosphinyl)hydroxylamin" (**107**)
Verbindung der *Klasse 14* (*Kap. 6.25*)

IUPAC lässt auch Koordinationsnamen zu (vgl. *Kap. 6.11**(a)(b)***).

z.B.

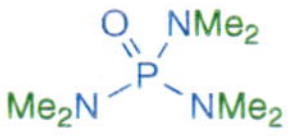

Me_2N–P(=O)(NMe_2)–NMe_2

108

"Hexamethylphophorsäuretriamid" (**108**)
- Englisch: 'hexamethylphosphoric triamide'
- Abkürzung: "**HMPA**", vom Trivialnamen 'hexamethylphosphoramide' hergeleitet

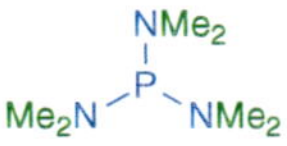

Me_2N–P(NMe_2)–NMe_2

109

"Hexamethylphosphorigsäuretriamid" (**109**)
- Englisch: 'hexamethylphosphorous triamide'
- Abkürzung: "**HMPT**"

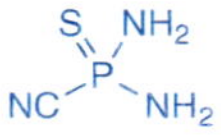

NC–P(=S)(NH_2)–NH_2

110

"Phophorocyanidothiosäurediamid" (**110**)
- Englisch: 'phosphorocyanidothioic diamide'
- –NH_2 > –CN (s. *Kap. 6.15*)

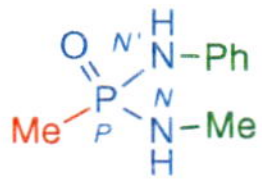

Me–P(=O)(NH–Ph)–NH–Me

111

"*N*,*P*-Dimethyl-*N*′-phenylphosphonsäure-diamid" (**111**)
- bei CA registriert als 'phosphonic diamide, *N*,*P*-dimethyl-*N*′-phenyl-'
- nicht "Methylphosphonsäure-(*N*-methyl-*N*′-phenyldiamid)"

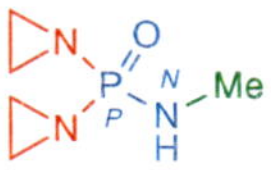

112

"*P*,*P*-Bis(aziridin-1-yl)-*N*-methylphosphinsäure-amid" (**112**)
- bei CA registriert als 'phosphinic amide, *P*,*P*-bis(1-aziridinyl)-*N*-methyl-'
- "Bis" zur Vermeidung von Zweideutigkeit
- nicht "Bis(aziridin-1-yl)phosphinsäure-(methylamid)"

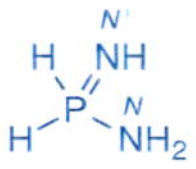

H–P(H)(=NH)–NH_2

113

"Phosphinimidsäure-amid" (**113**)
Englisch: 'phosphinimidic amide'

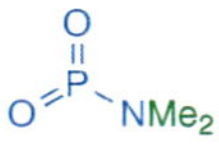

O=P(=O)–NMe_2

114

"Dimethylphosphensäure-amid" (**114**)
bei CA registriert als 'phosphenic amide, dimethyl-'

"N-(1,1-Dimethylethyl)-N,N′-bis(trimethylsilyl)phosphenimidigsäure-amid" (**115**)
- bei CA registriert als 'phosphenimidous amide, N-(1,1-dimethylethyl)-N,N′-bis(trimethylsilyl)-'
- IUPAC: statt "(1,1-Dimethylethyl)-" auch "(*tert*-Butyl)-"

Kap. 5.8 und 5.9

***(e_2)* Substituentenpräfixe für entsprechende Amid-Substituenten** sind zusammengesetzte Präfixe und werden nach *Kap. 5.8* und *5.9* gebildet.

Kap. 6.11**(c)(e)**

(e_{21})* Substituentenpräfixe für X′(=O)(Y′)(Z′)–, X′(Y′)(Z′)–, X′H(=O)(Y′)–, X′H(Y′)–, X′(=O)(Y′)< und X′(Y′)<** und Austauschanaloga bezüglich =O, in denen **Y′– und/oder Z′– = H_2N– und X′ = P oder As** sind, werden mittels Substitutionsnomenklatur wie in *Kap. 6.11**(c)(e) beschrieben gebildet (H am Kernatom X′ substituierbar; vgl. auch ***(e_{22})***).

z.B.

"(Diaminophosphinyl)-" (**116**)
IUPAC: z.B. "(Diaminophosphoryl)-"

"[Amino(methyl)phosphino]-" (**117**)
IUPAC: auch "[Amino(methyl)phosphanyl]-"

Kap. 6.11**(c)(e)**

(e_{22})* Substituentenpräfixe für X′(=O)(Y′)(Z′)–NR′–, X′(Y′)(Z′)–NR′–, X′H(=O)(Y′)–NR′–, X′H(Y′)–NR′–** *etc.* und Austauschanaloga bezüglich =O, in denen Y′– und/oder Z′– = HO–, RO–, F–, Cl–, Br–, I–, N_3–, H_2N–, H_2NNH–, OCN– *etc.*, NCO– *etc.*, CN– und NC– und **X′ = P oder As** sind (H am Kernatom X′ substituierbar), setzen sich aus einem **Acyl-Präfix** nach *Kap. 6.11**(c)(e) **und "-amino-"** (–NH–) **oder "-imino-"** (–N=) zusammen, wenn nötig (R′ ≠ H) unter Beigabe eines Präfixes für R′–:

Tab. 3.1 und 3.2

Präfix(e) für Y′– und/oder Z′–
nach *Tab. 3.1* und *3.2*[5])

	Stammsubstituentenname	
	"-phosphinyl-"	(>P(=O)–)
	"-phosphinothioyl-"	(>P(=S)–)
	"-phosphinoselenoyl-"	(>P(=Se)–)
	"-phosphinotelluroyl-"	(>P(=Te)–)
	"-phophinimyl-"	(>P(=NH)–)
+	**"-phosphino-"**	(>P–)
	"-arsinyl-"	(>As(=O)–)
	"-arsinothioyl-"	(>As(=S)–)
	"-arsinoselenoyl-"	(>As(=Se)–)
	"-arsinotelluroyl-"	(>As(=Te)–)
	"-arsinimyl-"	(>As(=NH)–)
	"-arsino-"	(>As–)
+	**"-amino-"**	(–NH–)
	"-imino-"	(–N=)

Ausnahmen:

"(Phophonoamino)-"	((HO)$_2$P(=O)–NH–)
"(Phosphoamino)-"	(P(=O)$_2$–NH–)
"(Phosphorosoamino)-"	(P(=O)–NH–)
"(Arsonoamino)-"	((HO)$_2$As(=O)–NH–)
"(Arsoamino)-"	(As(=O)$_2$–NH–)
"(Arsenosoamino)-"	(As(=O)–NH–)

Kap. 3.5

Alphabetische Reihenfolge der Präfixe "(Y′)–" und "(Z′)–" vor "-phosphinyl-" *etc.* (s. z.B. **118**) sowie der Präfixe (R′ ≠ H) vor "-amino-" (s. z.B. **119**).

IUPAC-Varianten für die P- und As-Stammsubstituentennamen sind in *Kap. 6.11**(c)(e)*** angeführt.

z.B.

"[(Aminochlorophosphinyl)amino]-" (**118**)
IUPAC: z.B. "[(Aminochlorophosphoryl)amino]-"

"{[P-(Dimethylamino)-N-methylphosphinimyl]methylamino}-" (**119**)
IUPAC: z.B. "[Methyl(N,N,N′-trimethylphosphonamidimidoyl)amino]-"

"[(Diaminophosphino)imino]-" (**120**)
IUPAC: auch "[(Diaminophosphanyl)imino]-"

CA ¶ 182 und 199

Kap. 4.3.3, 4.5.5.2, 4.3.3 und 4.5

Kap. 6.29 und 6.28

***(f)* Formale Amide von Kieselsäuren und von Bor-, Boron- und Borinsäuren werden als Substitutionsderivate der entsprechenden Gerüst-Stammstrukturen betrachtet** (s. *Kap. 4.3.3* für Silan und Siloxane, *Kap. 4.5.5.2* für Cyclosiloxane, *Kap. 4.3.3* für Borane und *Kap. 4.5* für monocyclische B-Verbindungen sowie allgemein *Kap. 6.29* für Si-Verbindungen und *Kap. 6.28* für B-Verbindungen).

z.B.

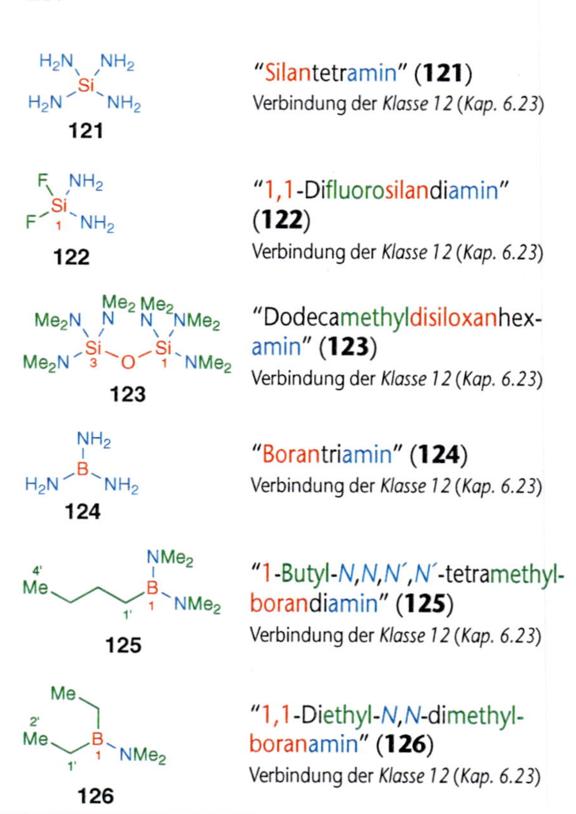

"Silantetramin" (**121**)
Verbindung der *Klasse 12* (*Kap. 6.23*)

"1,1-Difluorosilandiamin" (**122**)
Verbindung der *Klasse 12* (*Kap. 6.23*)

"Dodecamethyldisiloxanhexamin" (**123**)
Verbindung der *Klasse 12* (*Kap. 6.23*)

"Borantriamin" (**124**)
Verbindung der *Klasse 12* (*Kap. 6.23*)

"1-Butyl-N,N,N′,N′-tetramethylborandiamin" (**125**)
Verbindung der *Klasse 12* (*Kap. 6.23*)

"1,1-Diethyl-N,N-dimethylboranamin" (**126**)
Verbindung der *Klasse 12* (*Kap. 6.23*)

Beispiele:

127

"Imidazolidin-2,4-dion" (**127**)
- nach (a_1)
- IUPAC: auch "**Hydantoin**"

128

"2-Thioxothiazolidin-4-on" (**128**)
- nach (a_1)
- IUPAC: auch "**Rhodanin**"

129

"Pyrimidin-2,4,6(1*H*,3*H*,5*H*)-trion" (**129**)
- nach (a_1)
- indiziertes H-Atom nach *Anhang* $5(i_2)$
- IUPAC: auch "**Barbitursäure**"

130

"Pyrimidin-2,4,5,6(1*H*,3*H*)-tetron" (**139**)
- nach (a_1)
- kein indiziertes H-Atom nach *Anhang* $5(i_1)$, indiziertes H-Atom nach *Anhang* $5(i_2)$
- IUPAC: auch "**Alloxan**"

131

"4-Aminopyrimidin-2(1*H*)-on" (**131**)
- nach (a_1)
- indiziertes H-Atom nach *Anhang* $5(i_2)$
- **trivial "Cytosin"** ("**Cyt**")

132

"Pyrimidin-2,4(1*H*,3*H*)-dion" (**132**)
- nach (a_1)
- indiziertes H-Atom nach *Anhang* $5(i_2)$
- **trivial "Uracil"** ("**Ura**")

133

"5-Methylpyrimidin-2,4(1*H*,3*H*)-dion" (**133**)
- nach (a_1)
- indiziertes H-Atom nach *Anhang* $5(i_2)$
- **trivial "Thymin"** ("**Thy**")

134

"2,3-Dihydro-2-thioxopyrimidin-4(1*H*)-on" (**134**)
- nach (a_1)
- indiziertes H-Atom nach *Anhang* $5(i_2)$
- **trivial "Thiouracil"** ("**Sur**")

135

"2-Amino-1,7-dihydro-6*H*-purin-6-on" (**135**)
- nach (a_1)
- Ausnahme von der systematischen Numerierung
- indiziertes H-Atom nach *Anhang* $5(h)$
- **trivial "Guanin"** ("**Gua**")

136

"1,7-Dihydro-6*H*-purin-6-on" (**136**)
- nach (a_1)
- Ausnahme von der systematischen Numerierung
- indiziertes H-Atom nach *Anhang* $5(h)$
- **trivial "Hypoxanthin"** ("**Hyp**")

137

"3,7-Dihydro-1*H*-purin-2,6-dion" (**137**)
- nach (a_1)
- Ausnahme von der systematischen Numerierung
- indiziertes H-Atom nach *Anhang* $5(a)(d)$, kein indiziertes H-Atom nach *Anhang* $5(i_1)$ ("1*H*-...-2,6-dion" > "2*H*-...2,6(1*H*)-dion")
- **trivial "Xanthin"** ("**Xan**")

138

"7,9-Dihydro-1*H*-purin-2,6,8(3*H*)-trion" (**138**)
- nach (a_1)
- Ausnahme von der systematischen Numerierung
- indiziertes H-Atom nach *Anhang* $5(a)(d)$, kein indiziertes H-Atom nach *Anhang* $5(i_1)$ und indiziertes H-Atom nach *Anhang* $5(i_2)$ ("1*H*-...2,6,8(3*H*)-trion" > "2*H*-...2,6,8(1*H*,3*H*)-trion")
- **trivial "Harnsäure"** ('**uric acid**')

139

"1*H*-Benz[*f*]isoindol-1,3(2*H*)-dion" (**139**)
- nach (a_1)
- indiziertes H-Atom nach *Anhang* $5(h)(i_2)$
- IUPAC: auch "Naphthalin-1,2-**dicarboximid**"

140

"1,2-Benzisothiazol-3(2*H*)-on-1,1-dioxid" (**140**)
- nach (a_1)
- indiziertes H-Atom nach *Anhang* $5(i_2)$
- Additionsname (=O an S^{II})
- **trivial "Saccharin"**

141

"2-(2,6-Dioxopiperidin-3-yl)-1*H*-isoindol-1,3(2*H*)-dion" (**141**)
- nach (a_1)
- indiziertes H-Atom nach *Anhang* $5(h)(i_2)$
- **trivial "Thalidomid"**

142

"4,4,5,5-Tetrafluoro-1,3,2-dithiazolidin-1,1,3,3-tetraoxid" (**142**)
- nach (a_1)
- Additionsname (=O an S^{II})

143

"1,2-Dihydro-3,5-dimethyl-1-(1-methylethyl)-1,2-azaphosphorin-2-sulfid" (**143**)
- nach (a_1)
- Additionsname (=S an P^{III})

144

"1-(Cyclohexylthioxomethyl)pyrrolidin" (**144**)
- nach (a_2)
- 'unausgedrücktes Amid'

145

"4-(2-Cyano-1-iminoethyl)morpholin" (**145**)
- nach (a_2)
- 'unausgedrücktes Amid'

146

"4-[(2-Oxocyclopentyl)carbonyl]morpholin" (**146**)
- nach (a_2)
- 'unausgedrücktes Amid'

147

"1-Acetyl-1*H*-pyrrol-2-carboxaldehyd" (**147**)
- nach (a_2)
- indiziertes H-Atom nach *Anhang* $5(a)$
- 'unausgedrücktes Amid' mit dem Namen einer Verbindung der *Klasse 8* (*Kap. 6.19*)

148

"1-[(4-Methylphenyl)sulfonyl]azetidin-2-carbonitril" (**148**)
- nach (a_2)
- 'unausgedrücktes Amid' mit dem Namen einer Verbindung der *Klasse 7* (*Kap. 6.18*)

149

"3-[4-(Aminosulfonyl)phenyl]-1-(1-oxopropyl)-1*H*-pyrrol" (**149**)
- nach (a_2)
- indiziertes H-Atom nach *Anhang* $5(a)$
- 'unausgedrücktes Carboxamid' > Sulfonamid; keine charakteristische Gruppe mit Suffix am N-haltigen Heterocyclus

6

"4-(Diphenylphosphinothioyl)morpholin" (**150**)
- nach *(a_2)*
- 'unausgedrücktes Amid'

"*N*-Acetyl-*N*-formylbenzamid" (**151**)
- nach *(b_1)*
- Benzamid > Acetamid > Formamid

"*N*-[(Benzoylamino)thioxomethyl]-*N*-(pyrimidin-2-yl)benzamid" (**152**)
- nach *(b_1)*
- Wahl der vorrangigen Benzamid-Einheit nach *Kap. 3.3(j)* (maximale Anzahl Präfixe)

"*N*-Acetyl-4-(acetyloxy)butanamid" (**153**)
- nach *(b_1)*
- die kommune Säure MeCOOH ist mit einem exotischen Alkohol verestert, d.h. nach *Kap. 6.14(c)* gilt ausnahmsweise Ester < Alkohol; letzterer trägt gleichzeitig die vorrangige Amid-Gruppe

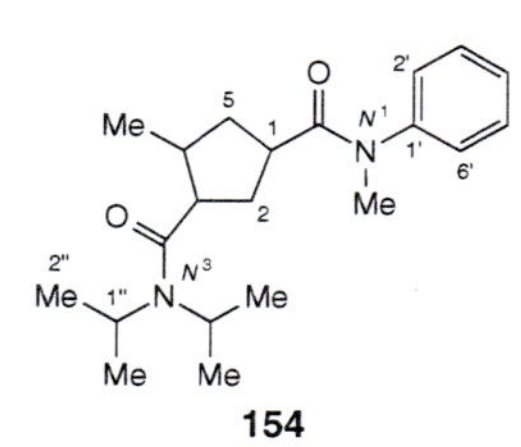

"N^1,4-Dimethyl-N^3,N^3-bis(1-methylethyl)-N^1-phenylcyclopentan-1,3-dicarboxamid" (**154**)
nach *(b_1)*

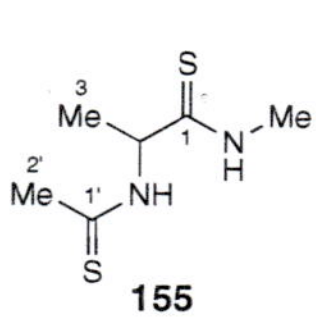

"*N*-Methyl-2-[(1-thioxoethyl)amino]-propanthioamid" (**155**)
nach *(b_1)*

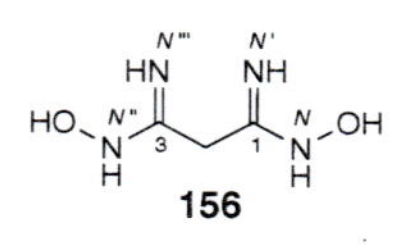

"*N*,*N*''-Dihydroxypropandiimidamid" (**156**)
- nach *(b_1)*
- bevorzugtes Tautomer (trivial "Malonamidoxim")

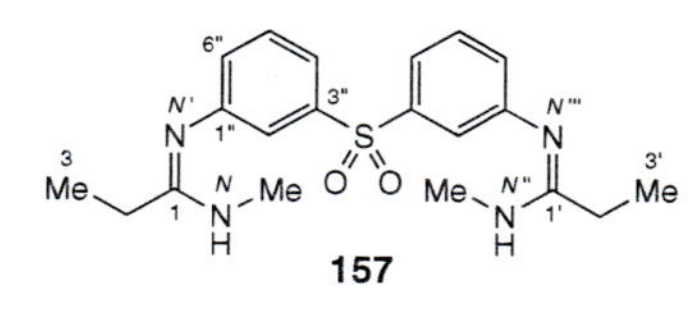

"*N*',*N*'''-(Sulfonyldi-3,1-phenylen)bis[*N*-methylpropanimidamid]" (**157**)
- nach *(b_1)*
- Multiplikationsname

"*N*-(Aminocarbonyl)benzolmethansulfonamid" (**158**)
- nach *(b_1)*
- Sulfonamid > Harnstoff (= 'Kohlensäure-amid')
- Konjunktionsname

"*β*-Hydroxy-*N*,*N*-dimethyl-*α*-(1-methylethyl)naphthalin-1-ethansulfonamid" (**159**)
- nach *(b_1)*
- Konjunktionsname

"*N*-(1-Methylethyl)propan-2-sulfinamid" (**160**)
nach *(b_1)*

"*N*,*N*'-Bis(1,1-dimethylethyl)-*N*-(trichlorosilyl)benzolsulfinimidamid" (**161**)
nach *(b_1)*

"*N*,*N*-Bis(1-methylethyl)benzoltelluren-amid" (**162**)
nach *(b_1)*

"*N*,*N*-Bis(phenylseleno)benzolselenen-amid" (**163**)
nach *(b_1)*

"*N*,*N*',*N*''-Phosphinothioylidintris[*N*-phenylpropan-2-sulfenamid]" (**164**)
- nach *(b_1)*
- Sulfenamid > Phosphorsäure-triamid
- Multiplikationsname

"3-Amino-3-thioxopropanamid" (**165**)
- nach *(b_{21})*
- Propanamid > Propanthioamid

"*N*-Formyl-*N*-methyl-*N*'-phenylharnstoff" (**166**)
- nach *(c_1)*
- Harnstoff (= 'Kohlensäure-amid') > Formamid (= 'Ameisensäure-amid')

"*N*,*N*'-Bis[amino(imino)methyl]harnstoff" (**167**)
- nach *(c_1)*
- Harnstoff > Guanidin

"*N*,*N*''-(Ethan-1,2-diyl)bis[*N*-nitrosoharnstoff]" (**168**)
- nach *(c_1)*
- Multiplikationsname

"Tetramethylthioharnstoff-*S*-oxid" (**169**)
- nach *(c_1)*
- Additionsname (=O an S^{II})

"Phosphinidintris[methylcyanamid]" (**170**)
- nach *(c_1)*
- Multiplikationsname

"*N*'-(1,1-Dicyanopropyl)-*N*-[tris(diethylamino)phosphoranyliden]carbonocyanidimidsäure-amid" (**171**)
nach *(c_1)*

"Hexamethylphosphoroselenosäure-triamid" (**172**)
nach *(e_1)*

"*N*,*N*-Bis(2-chloroethyl)-*N*'-cyclohexylphosphorocyanidsäure-diamid" (**173**)
nach *(e_1)*

"*P,N*-Diethyl-*N*-(prop-2-inyl)phosphonoselenosäure-diamid" (**174**)
nach **(*e*$_1$)**

"*P,P*´-(Piperazin-1,4-diyl)bis-[*N,N,N*´,*N*´,*N*´´-pentaethylphosphonimidsäure-diamid]" (**175**)
nach **(*e*$_1$)**

"*As,As,N*-Triphenylarsinothiosäure-amid" (**176**)
nach **(*e*$_1$)**

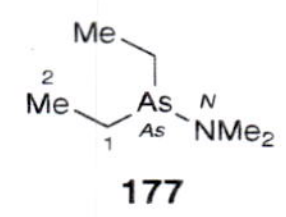

"*As,As*-Diethyl-*N,N*-dimethylarsinigsäure-amid" (**177**)
nach **(*e*$_1$)**

"*N,N*´-Bis(1,1-dimethylethyl)-*N*-(trimethylsilyl)phosphenimidothiosäure-amid" (**178**)
nach **(*e*$_1$)**

CA ¶ 189, 183, 197, 182, 199 und 219
IUPAC R-5.7.8.4, C-641.9, C-921.5, C-953, C-954 und D-5.62
Kap. 6.7 – 6.12

6.17. Hydrazide

Definition:

Ein **Hydrazid** entsteht formal durch **Verlust von H_2O, H_2S, H_2Se oder H_2Te aus einem Säure-Substituenten** von Säuren der *Kap. 6.7 – 6.12* (*Klasse 5*) **und aus einem Hydrazin** des *Kap. 6.25* (*Klasse 14*).

Kap. 6.25

z.B.

R, R', R'', *etc.* = H, Alkyl, Aryl
X = S, Se, Te, NH, NNH_2

1

Beachte:

Im CA-Index wird ein acyclisches Hydrazid beim Titelstammnamen der (vorrangigen) **Säure** unter Beigabe einer modifizierenden Angabe (z.B. 'hydrazide', '1,2-dimethylhydrazide' *etc.*) **angeführt** (*Ausnahmen* in **(c)** – **(e)**; vgl. *Fussnote 3*). **Das Hydrazid hat die Priorität dieser Säure** (*Klasse 5*; s. *Tab. 3.2*). **Zusätzlich gilt die *Fussnote 1*** (s. unten).

Tab. 3.2

Man unterscheidet:

(a) cyclische formale Hydrazide (= Derivate von Heterocyclen):

- ***(a₁)*** Hydrazid-Gruppe im Heterocyclus integriert,
- ***(a₂)*** Hydrazid-Gruppe nur mit N-Atomen am Heterocyclus beteiligt (Pseudohydrazid = 'unausgedrücktes Amid');

(b) acyclische Hydrazide von Carbonsäuren, Ameisensäuren, Sulfon-, Sulfin- und Sulfensäuren und ihren Selen- und Tellur-Analoga sowie von Austauschanaloga:

- ***(b₁)*** Hydrazid-Namen (Ausnahmen: Hydrazide von Ameisensäuren, Hydrazide von Sulfensäuren und Analoga),
- ***(b₂)*** Substituentenpräfixe für H_2N-NH–C(=O)–, H_2N-NH-S(=O)$_2$– *etc.* sowie R–C(=O)–NR´–NR´´–, R–S(=O)$_2$–NR´–NR´´– *etc.*;

(c) acyclische Hydrazide von Kohlensäuren sowie von Austauschanaloga:

- ***(c₁)*** Namen von Hydrazincarbonsäure-Derivaten und von Funktionsstammnamen (Spezialfälle: Carbazon, Carbodiazon),
- ***(c₂)*** Substituentenpräfixe für X–C(=O)–NR´–NR´´– (X– ≠ HO–);

(d) acyclische formale Hydrazide von S-, Se-, Te- und N-Oxosäuren:

- ***(d₁)*** Namen von Hydrazin-Derivaten:
- ***(d₂)*** Substituentenpräfixe für Y´–X´(=O)$_2$–NR´–NR´´– *etc.* (X´ = S, Se, Te; Y´ = RO, F, Cl, Br, I, N_3, H_2N, H_2NNH, OCN *etc.*, NCO *etc.*, CN, NC) und N(=O)$_2$–NR´–NR´´–, N(=O)–NR´–NR´´– *etc.*;

(e) acyclische Hydrazide von P- und As-Oxosäuren:

- ***(e₁)*** Funktionsstammnamen,
- ***(e₂)*** Substituentenpräfixe für X´(=O)(Y´)(Z´)–NR´–NR´´–, X´(Y´)(Z´)–NR´–NR´´–, X´H(=O)(Y´)–NR´–NR´´–, X´H(Y´)–NR´–NR´´– *etc.* (X´ = P, As; Y´, Z´ = HO, RO, F, Cl, Br, I, N_3, H_2N, H_2NNH, OCN *etc.*, NCO *etc.*, CN, NC);

(f) acyclische Hydrazide von Boron- und Borinsäuren.

Kap. 3.2.1 bzw 3.2.4
Kap. 6.16(a)

(a) **Cyclische formale Hydrazide** werden mittels Substitutions- oder Additionsnomenklatur als **Derivate von Heterocyclen** benannt. Analog den Angaben zu den cyclischen Amiden unterscheidet man die Fälle ***(a₁)*** und ***(a₂)***.

(a₁) Die **Hydrazid-Gruppe** ist **vollständig in den Heterocyclus integriert**. Das formale Hydrazid wird mittels eines geeigneten Suffixes (z.B. "-on") **oder mittels Additionsnomenklatur** benannt und erscheint in der Prioritätenreihenfolge entsprechend dem gewählten Suffix (z.B. als Keton (*Kap. 6.20*)).

Kap. 3.2.4
Tab. 3.2
Kap. 6.20

z.B.

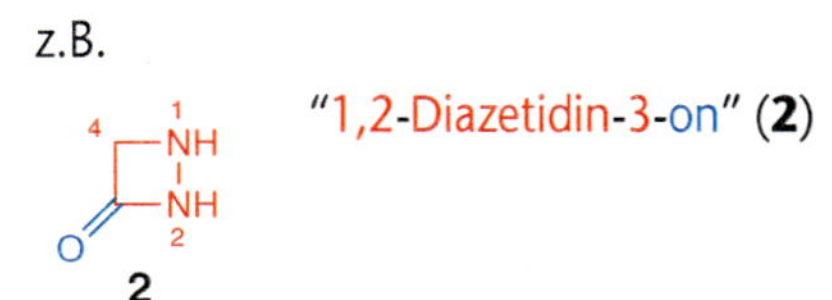

"1,2-Diazetidin-3-on" (**2**)

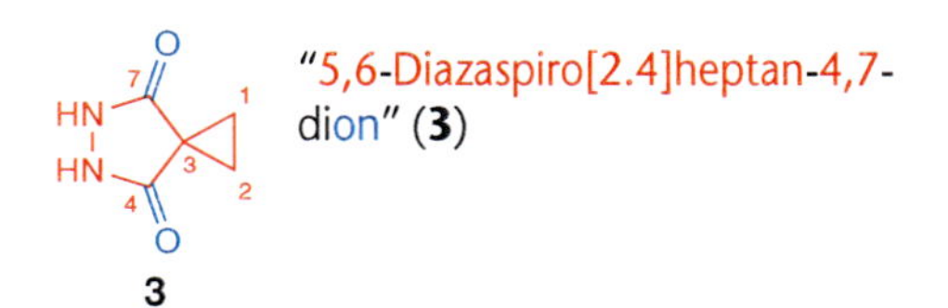

"5,6-Diazaspiro[2.4]heptan-4,7-dion" (**3**)

"3,6-Dihydro-3,5-dimethyl-2*H*-1,3,4-thiadiazin-2-imin" (**4**)
- indiziertes H-Atom nach *Anhang 5(h)*
- die Absättigung einer Doppelbindung der Gerüst-Stammstruktur ("2*H*-1,3,4-Thiadiazin") wird durch das "Hydro"-Präfix ausgedrückt

Kap. 6.7–6.11 und 6.20(c) Tab. 3.2

Kap. 6.16(a₂)

(a₂) Die **Hydrazid-Gruppe** ist **nur mit ihren N-Atomen am Heterocyclus beteiligt**. Das formale **Hydrazid** wird **mittels eines Acyl-Präfixes** benannt (s. Ausnahmen in *Kap. 6.20(c)*) und erscheint in der Prioritätenreihenfolge als '**unausgedrücktes Amid**' gemäss den Angaben zu entsprechenden cyclischen Amiden (charakteristische Gruppen tieferer Priorität am Acyl-Teil werden als Präfixe und solche am Heterocyclus wenn möglich als Suffix ausgedrückt (s. **7**)).

z.B.

"1-Benzoyl-1*H*-1,2,4-diazarsol" (**5**)
- 'unausgedrücktes Carboxamid'
- indiziertes H-Atom nach *Anhang 5(a)(d)*

"Hexahydro-4,5-bis(1-oxopropyl)-2*H*-1,4,5-thiadiazocin" (**6**)
- 'unausgedrücktes Carboxamid'
- indiziertes H-Atom nach *Anhang 5(a)(d)*
- die Absättigung der drei Doppelbindungen der Gerüst-Stammstruktur ("2*H*-1,4,5-Thiadiazocin") wird durch das "Hydro"-Präfix ausgedrückt
- IUPAC: z.B. "4,5-Dipropanoyl-1,4,5-thiadiazocan"

"3-Acetyl-5-methyl-1,3,4-thiadiazol-2(3*H*)-thion" (**7**)
- 'unausgedrücktes Carboxamid' mit dem Namen einer Verbindung der *Klasse 9* (*Kap. 6.20*)
- indiziertes H-Atom nach *Anhang 5(i₂)*

CA ¶ 189 Kap. 6.7–6.9

(b) Acyclische Hydrazide von Carbonsäuren, Ameisensäuren, Sulfon-, Sulfin- und Sulfensäuren und ihren Selen- und Tellur-Analoga sowie entsprechenden Austauschanaloga:

(b₁) Der **Hydrazid-Name von Acyl-NR′–NR′′R′′′** setzt sich zusammen aus[1])

Kap. 6.7–6.9 und 5

Name der Säure nach *Kap. 6.7–6.9*		**Substituentenpräfixe "(R′)-", "(R′′)-" und/oder "(R′′′)-"** nach *Kap. 5* als Teil der modifizierenden Angabe
	+	"**-hydrazid**" (–NH–NH_2) als Teil der modifizierenden Angabe

Kap. 3.3 und 3.4

Anhang 2

Substituentenpräfixe werden alphabetisch angeordnet und wenn nötig mit Lokanten und **Multiplikationsaffixen** versehen. Letztere sind auch beim mehrfachen Auftreten des Hydrazid-Substituenten zu verwenden (s. **16**). Haften mehrere Acyl-Gruppen an NH_2–NH_2, dann bekommt die vorrangige Säure Acyl–OH (s. *Tab. 3.2*) den Säure-Namen (s. **13** und **18**). Ist die **Hydrazid-Gruppe mit ihren N-Atomen an einer Heterokette beteiligt,** dann wird die Hydrazid-Gruppe mittels eines Acyl-Präfixes nach **(a₂)** benannt (s. Ausnahmen in *Kap. 6.20(b)*).

Tab. 3.2

Kap. 6.20(b)

Ausnahmen:

Kap. 6.9

Kap. 6.8

Hydrazide von Ameisensäure und Austauschanaloga werden als **Aldehyde** bezeichnet (s. **9**; vgl. dazu auch **(c₁)**) und **Hydrazide von Sulfensäuren** und ihren Analoga als Hydrazin-Derivate (mit Präfix, s. **10**).

z.B.

"Hydrazincarboxaldehyd" (**9**)
- nicht "Ameisensäure-hydrazid"
- Verbindung der *Klasse 8* (*Kap. 6.19*)
- IUPAC: "Formohydrazid" (s. unten)

"(Methylthio)hydrazin" (**10**)
- nicht "Methansulfensäure-hydrazid"
- Verbindung der *Klasse 14* (*Kap. 6.25*)

IUPAC leitet die Hydrazid-Namen von den Säure-Namen ab (IUPAC R-5.7.8.4, C-641.9 und C-921.5):

"**-säure**" ('-ic acid', '-oic acid')	→	"**-ohydrazid**"
"**-carbonsäure**" ('-carboxylic acid')	→	"**-carbohydrazid**"
"**-sulfonsäure**"	→	"**-sulfonohydrazid**"
etc.		*etc.*

Als **Lokanten** werden "*N*-" (oder "1′-") für das an der Acyl-Gruppe haftende N-Atom und "*N′*-" (oder "2′-") für das andere N-Atom verwendet. **Diacyl-Derivate** von Hydrazin werden mittels Acyl-Namen (Präfixe) benannt (IUPAC R-5.7.8.4; s. **12** und **13**). Ein Austauschanalogon RC(=NH)NHNH_2 (bzw. RC(=NNH_2)NH_2) wird auch als **Amidrazon** (IUPAC C-953; s. **15** und **16**) und RC(=NNH_2)NHNH_2 generisch als **Hydrazidin** (IUPAC C-954; s. **17**) bezeichnet. Eine Verbindung RC(=NNH_2)N=NH ist ein **Formazan** (IUPAC C-955; s. Hydrazone in *Kap. 6.19(c)* und *6.20(f)*).

z.B.

"Essigsäure-hydrazid" (**11**)
- Englisch: 'acetic acid hydrazide'
- IUPAC: "Acetohydrazid"

"Essigsäure-(2-acetylhydrazid)" (**12**)
- Englisch: 'acetic acid 2-acetylhydrazide'
- nicht Multiplikationsname
- IUPAC: "Diacetylhydrazin" oder "Diacetyldiazan"

"Benzoesäure-(2-acetylhydrazid)" (**13**)
- Englisch: 'benzoic acid 2-acetylhydrazide'
- Benzoesäure > Essigsäure nach *Kap. 3.3(b)*
- IUPAC: "1-Acetyl-2-benzoylhydrazin" oder "1-Acetyl-2-benzoyldiazan"

[1]) Hydrazide bekommen **Austauschnamen** nach *Kap. 4.3.2*, wenn die Bedingungen dafür erfüllt sind.

z.B.

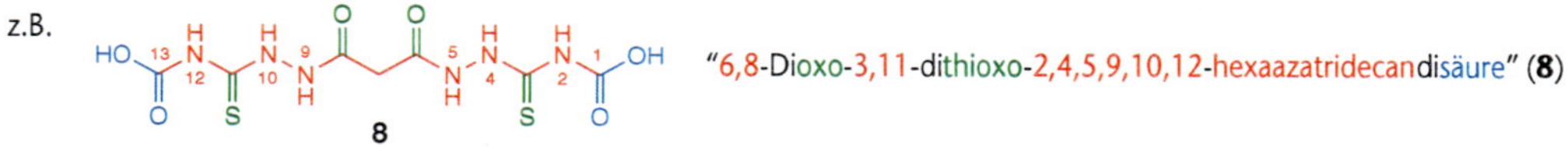

"6,8-Dioxo-3,11-dithioxo-2,4,5,9,10,12-hexaazatridecandisäure" (**8**)

14

"Ethandisäure-mono(2-phenylhydrazid)" (**14**)
- Englisch: 'ethanedioic acid mono(2-phenylhydrazide)'
- IUPAC: keine Angaben

15

"Benzolcarboximidsäure-hydrazid" (**15**)
- Englisch: 'benzenecarboximidic acid hydrazide'
- bevorzugtes Tautomeres; tautomer zu "Benzolcarbohydrazonamid" ($PhC(=NNH_2)NH_2$; s. *Kap. 6.16*)
- IUPAC: "Benzolcarboximidohydrazid" oder auch "Benz**amidrazon**" (Tautomer nicht spezifiziert)

16

"Ethandiimidsäure-bis(2-phenylhydrazid)" (**16**)
- Englisch: 'ethanediimidic acid bis(2-phenylhydrazide)'
- bevorzugtes Tautomeres
- IUPAC: ein "Ethandiimidohydrazid" oder auch "Ethandi**amidrazon**" (Tautomer nicht spezifiziert)

"Benzolcarbohydrazonsäure-hydrazid" (**17**)
- Englisch: 'benzenecarbohydrazonic acid hydrazide'
- IUPAC: "Benzolcarbohydrazonohydrazid", ein **Hydrazidin**

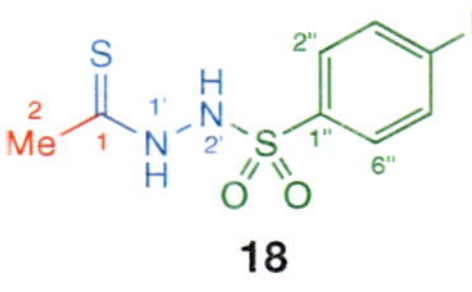

"Ethanthiosäure-{2-[(4-methylphenyl)sulfonyl]hydrazid}" (**18**)
- Englisch: 'ethanethioic acid 2-[(4-methylphenyl)sulfonyl]hydrazide'
- Carbothiosäure-Derivat > Sulfonsäure-Derivat
- IUPAC: vermutlich "1-Thioacetyl-2-tosylhydrazin"

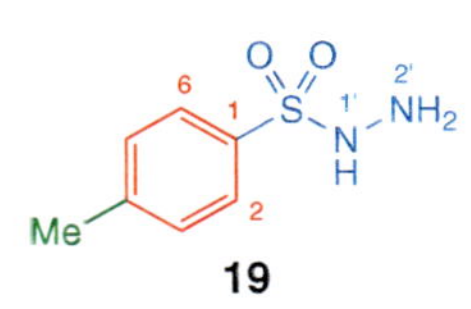

"4-Methylbenzolsulfonsäure-hydrazid" (**19**)
- Englisch: '4-methylbenzenesulfonic acid hydrazide'
- IUPAC: "4-Methylbenzolsulfonohydrazid"; nicht mehr "4-Toluolsulfonohydrazid"
- nicht "Tosylhydrazid"

(b₂) **Substituentenpräfixe für entsprechende Hydrazid-Substituenten** sind zusammengesetzte Präfixe und werden nach *Kap. 5.8* und *5.9* gebildet[2]).

(b₂₁) **Substituentenpräfixe für $H_2NNH–C(=O)–$, $H_2NNH–S(=O)_2–$** *etc.* und Austauschanaloga: **in den Amid-Präfixen** von *Tab. 6.2 (Kap. 6.16(**b₂₁**))* ist **"Amino-"** ($H_2N–$) jeweils **durch "Hydrazino-"** ($H_2N–NH–$) zu **ersetzen** (*beachte Fussnoten a* und *b* in *Tab. 6.2*). *N*-Substituierte Analoga werden entsprechend benannt.

Kap. 5.8 und 5.9

Tab. 6.2
Kap. 6.16(b₂₁)

z.B.

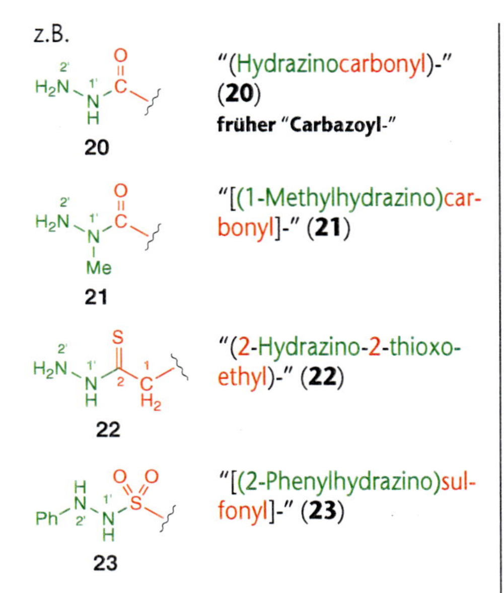

"(Hydrazinocarbonyl)-" (**20**)
früher "Carbazoyl-"

"[(1-Methylhydrazino)carbonyl]-" (**21**)

"(2-Hydrazino-2-thioxoethyl)-" (**22**)

"[(2-Phenylhydrazino)sulfonyl]-" (**23**)

(b₂₂) **Substituentenpräfixe für $R–C(=O)–NR'–NR''–$, $R'–S(=O)_2–NR'–NR''–$** *etc.* und Austauschanaloga setzen sich aus einem **Acyl-*Präfix*** nach *Kap. 6.7.2.1(**a**)(**b**), 6.7.3(**c**), 6.8(**d**)* und *6.9(**d**)* **und "-hydrazino-"** (–NH–NH–) **oder "-hydrazono-"** (–NH–N=) zusammen, wenn nötig (R´, R´´ ≠ H) unter Beigabe von Präfixen für R´– und R´´–: **in den Amid-Präfixen** von *Kap. 6.16(**b₂₂**)* ist **"-amino-"** (–NH–)/**"-imino-"** (–N=) jeweils **durch "-hydrazino-"** (–NH–NH–)/**"-hydrazono-"** (–NH–N=) zu **ersetzen**.

Kap. 6.7.2.1(a)(b), 6.7.3(c), 6.8(d) und 6.9(d)

Kap. 6.16(b₂₂)

z.B.

24

"(2-Acetyl-2-methylhydrazino)-" (**24**)

25

"{1,2-Bis[imino(phenyl)methyl]hydrazino}-" (**25**)

26

"[(Ethylsulfinyl)hydrazono]-" (**26**)

(c) **Acyclische Hydrazide von Kohlensäuren** und Austauschanaloga:

(c₁) Ein formales **Monohydrazid $H_2N–NH–C(=Y)–X$** (Y = O, S, Se, Te, NH, NNH_2) bekommt den **Namen des entsprechenden Hydrazincarbonsäure-Derivats**, nämlich einer Carbonsäure (X = –OH, –SH, –SeH, –TeH) nach *Kap. 6.7.2* und *6.7.3*, eines Säurehalogenids (X = –F, –Cl, –Br, –I, $–N_3$, –NCO, –NCS, –NCSe, –NCTe, –NC) nach *Kap. 6.15(**a**)* oder eines Amids (X = $–NH_2$, –NHR, –NRR´) nach *Kap. 6.16(**b**)*.

CA ¶ 183
Kap. 6.9

Kap. 6.7.2 und 6.7.3

Kap. 6.15(a)

Kap. 6.16(b)

[2]) Ein **multivalenter verbindender Substituent** in der Multiplikationsnomenklatur (s. *Kap. 3.2.3*) wird nach *Kap. 4.3.3(**d**)* (s. *auch Kap. 5.4* oder *6.25*) benannt: **"Hydrazin-1-yl-2-yliden-"** (–NH–N=), **"Hydrazo-"** (–NH–NH–), **"Azo-"** (–N=N–) und **"Azino-"** (=N–N=).

Ein **Dihydrazid H_2N-NH-C(=Y)-NH-NH_2** (Y = O, S, Se, Te, NH, NNH_2) bekommt einen Funktionsstammnamen bestehend aus[1])

Säure-Namen[3])	+	**Klassenbezeichnung "-dihydrazid"** (2 -$NHNH_2$)

Spezialfälle (s. auch *Kap. 6.19*):

27 "Diazencarbonsäure-hydrazid" (**27**)
IUPAC: **"Carbazon"**

28 "1,1´-Carbonylbis[diazen]" (**28**)
- Multiplikationsname
- Verbindung der *Klasse 14* (*Kap. 6.25*)
- IUPAC: **"Carbodiazon"**
- **trivial auch "Carbadiazon"**

z.B.

29 "Hydrazincarbonsäure" (**29**)
- Verbindung der *Klasse 5b* (*Kap. 6.7.2.1*)
- **trivial "Carbazinsäure"**

30 "Trimethylhydrazincarbothioylchlorid" (**30**)
Verbindung der *Klasse 6a* (*Kap. 6.15*)

31 "Hydrazincarboxamid" (**31**)
- Verbindung der *Klasse 6b* (*Kap. 6.16*)
- IUPAC: **"Semicarbazid"**

32 "Hydrazincarboselenoamid" (**32**)
Verbindung der *Klasse 6b* (*Kap. 6.16*)

33 "Hydrazin-1,2-dicarboximidamid" (**33**)
Verbindung der *Klasse 6b* (*Kap. 6.16*)

34 "Kohlensäure-dihydrazid" (**34**)
- Englisch: 'carbonic dihydrazide'
- IUPAC: **"Carbonohydrazid"**
- **früher auch "Carbohydrazid" oder "Carbazid"**

35 "Carbonothiosäure-dihydrazid" (**35**)
Englisch: 'carbonothioic dihydrazide'

(c_2) Substituentenpräfixe für X-C(=O)-NR´-NR´´- (X- = RO-, F-, Cl-, Br-, I-, N_3-, H_2N-, H_2NNH-, OCN- *etc.*, NCO- *etc.*, CN- und NC-; X- ≠ HO-) und Austauschanaloga werden nach *Kap. 5.8* und *5.9* aus einem **Acyl-*Präfix*** nach *Kap. 6.9***(c)* **und "-hydrazino-"** (-NH-NH-) **oder "-hydrazono-"** (-NH-N=) gebildet, wenn nötig (R´, R´´ ≠ H) unter Beigabe von Präfixen für R´- und R´´-: **in den Amid-Präfixen** von *Kap. 6.16(**c_2**)* ist **"-amino-"** (-NH-)/**"-imino-"** (-N=) jeweils **durch "-hydrazino-"** (-NH-NH-)/ **"-hydrazono-"** (-NH-N=) zu **ersetzen**[2]).

Kap. 5.8 und 5.9
Kap. 6.9**(c)**
Kap. 6.16**(c_2)**

z.B.

36 "[2-(Methoxycarbonyl)hydrazino]-" (**36**)

37 "[2-(Aminocarbonyl)hydrazino]-" (**37**)
IUPAC: **"Semicarbazido-"**

38 "[(Aminocarbonyl)hydrazono]-" (**38**)
nicht "Semicarbazono-"

39 "[2-(Diazenylcarbonyl)hydrazino]-" (**39**)
IUPAC: **"Carbazono-"**

40 "[2-(Hydrazinocarbonyl)hydrazino]-" (**40**)

41 "{2-[Amino(imino)methyl]-1,2-diphenylhydrazino}-" (**41**)
früher "Amidino-" für H_2N-C(=NH)-

***(d)* Acyclische Hydrazide von S-, Se-, Te- und N-Oxosäuren** sowie entsprechende Austauschananloga:

Kap. 6.10

(d_1) Ein formales **Monohydrazid** bekommt den Namen des entsprechenden **Hydrazinsulfonsäure-Derivats** (vgl. **(c_1)**) **oder Hydrazin-Derivats** (mit Präfix).

Der Name eines **Dihydrazids** besteht vermutlich aus dem Säure-Namen[3]) + "-dihydrazid" z.B. "Schwefelsäure-dihydrazid" (S(=O)$_2$($NHNH_2$)$_2$; hypothetisch).

z.B.

42 "Hydrazinsulfonsäure" (**42**)

43 "Hydrazin-1,2-disulfonamid" (**43**)

44 "Nitrosohydrazin" (**44**)

(d_2) Substituentenpräfixe für Y´-X´(=O)$_2$-NR´-NR´´- (Y´- = RO-, F-, Cl-, Br-, I-, N_3-, H_2N-, H_2NNH-, OCN- *etc.*, NCO- *etc.*, CN- und NC-), **in denen X´= S, Se oder Te ist, sowie für N(=O)$_2$-NR´-NR´´- und N(=O)-NR´-NR´´-** und Austauschanaloga werden nach *Kap. 5.8* und *5.9* aus einem **Acyl-Präfix** nach *Kap. 6.10***(d)* **und "-hydrazino-"** (-NH-NH-) **oder "-hydrazono-"** (-NH-N=) gebildet, wenn nötig (R´, R´´ ≠ H) unter Beigabe von Präfixen für R´- und R´´- : **in den Amid-Präfixen** von *Kap. 6.16(**d_2**)* ist **"-amino-"** (-NH-)/**"-imino-"** (-N=) jeweils **durch "-hydrazino-"** (-NH-NH-)/ **"-hydrazono-"** (-NH-N=) zu **ersetzen**[2]).

Kap. 5.8 und 5.9
Kap. 6.10**(d)**
Kap. 6.16**(d_2)**

[3]) Im Englischen wird das Wort 'acid' des Säure-Namens jeweils weggelassen. Da der Wortteil '-ic' von '-ic acid' im Deutschen keine Entsprechung kennt, wird der ganze Säure-Namen verwendet.

z.B.

45 — "[2-(Chlorosulfonyl)hydrazino]-" (**45**)

46 — "[(Hydrazinosulfonyl)hydrazono]-" (**46**)

47 — "[1,2-Dimethyl-2-nitrohydrazino]-" (**47**)

CA ¶ 197
IUPAC D-5.62
Kap. 6.11

(e) **Acyclische Hydrazide von P- und As-Oxosäuren** und Austauschanaloga:

(e_1) Der **Hydrazid-Name** (Funktionsstammname) besteht aus

Säure Namen[3])	+	**Klassenbezeichnung** "**-hydrazid**" (–NH–NH_2).

Ist noch eine Säure-Funktion (–OH, –SH, –SeH, –TeH) vorhanden, dann handelt es sich um eine Säure (s. *Kap. 6.11*). Sind **zusätzlich zur NHNH$_2$-Gruppe Halogenid-Gruppen oder Amid-Gruppen** vorhanden, dann werden diese als Infixe bezeichnet, da nach *Kap. 6.15(**d**)* (Säure-halogenide) "Hydrazid" die bevorzugte Klassenbezeichnung ist. Wenn nötig wird für die Klassenbezeichnung ein **Multiplikationsaffix** verwendet.

Kap. 6.11
Kap. 6.15(**d**)
Anhang 2

IUPAC lässt auch Koordinationsnamen zu (vgl. *Kap. 6.11(**a**)**b**)*).

z.B.

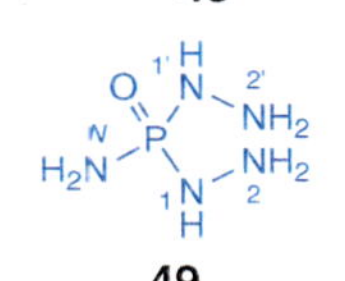

48 — "Phosphorsäure-trihydrazid" (**48**)
Englisch: 'phophoric trihydrazide'

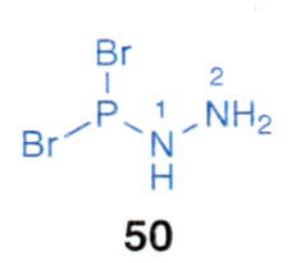

49 — "Phosphoramidsäure-dihydrazid" (**49**)
Englisch: 'phosphoramidic dihydrazide'

50 — "Phophorodibromidigsäure-hydrazid" (**50**)
Englisch: 'phosphorodibromidous hydrazide'

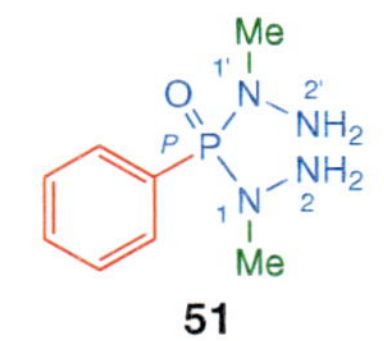

51 — "1,1´-Dimethyl-*P*-phenylphosphonsäure-dihydrazid" (**51**)
Englisch: '1,1´-dimethyl-*P*-phenylphosphonic dihydrazide'

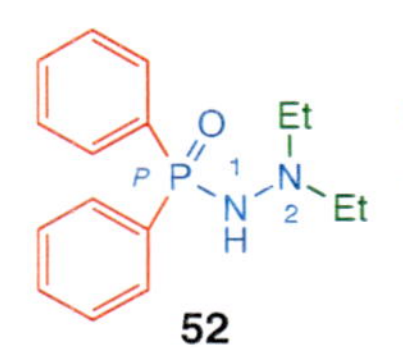

52 — "2,2-Diethyl-*P*,*P*-diphenylphosphinsäure-hydrazid" (**52**)
Englisch: '2,2-diethyl-*P*,*P*-diphenylphosphinic hydrazide'

(e_2) **Substituentenpräfixe für X´(=O)(Y´)(Z´)–NR´–NR´´–, X´(Y´)(Z´)–NR´–NR´´–, X´H(=O)(Y´)–NR´–NR´´–, X´H(Y´)–NR´–NR´´–** *etc.* und Austauschanaloga bezüglich =O (Y´– und/oder Z´– = HO–, RO–, F–, Cl–, Br–, I–, N_3–, H_2N–, H_2NNH–, OCN– *etc.*, NCO– *etc.*, CN– und NC–) **mit X´ = P oder As** (H am Kernatom X´ substituierbar) setzen sich aus einem **Acyl-Präfix** nach *Kap. 6.11(**c**)(**e**)* **und "-hydrazino-"** (–NH–NH–) **oder "-hydrazono-"** (–NH–N=) zusammen, wenn nötig (R´, R´´ ≠ H) unter Beigabe von Präfixen für R´– und R´´–: **in den Amid-Präfixen** von *Kap. 6.16(**e_{22}**)* ist "**-amino-**" (–NH–)/"**-imino-**" (–N=) jeweils **durch "-hydrazino-"** (–NH–NH–)/"**-hydrazono-**" (–NH–N=) zu **ersetzen**[2]).

Kap. 6.11(**c**)(**e**)
Kap. 6.16(**e_{22}**)

IUPAC-Varianten für die in *Kap. 6.16(**e_{22}**)* angegebenen P- und As-Stammsubstituentennamen sind in *Kap. 6.11(**c**)(**e**)* angeführt.

z.B.

53 — "{2-[Amino(methyl)phosphinyl]-hydrazino}-" (**53**)

54 — "(Phosphinohydrazono)-" (**54**)

CA ¶ 182 und 199
Kap. 6.12(**c_2**)

(f) **Acyclische Hydrazide von Boron- und Borinsäuren** werden folgendermassen benannt:

Säure-Namen nach *Kap. 6.12(**c_2**)*	+	"**-dihydrazid**" **bzw.** "**-hydrazid**"

Kap. 6.12(**b**)(**c_1**)

Von Kieselsäuren und von Borsäuren hergeleitete formale Hydrazide werden als Substitutionsderivate der entsprechenden vorrangigen Stammstruktur betrachtet (s. **57** und **58**).

z.B.

55 — "Phenylboronsäure-dihydrazid" (**55**)
CA: 'boronic **acid**, phenyl-, dihydrazide'

56 — "Bis(2,4,6-trimethylphenyl)-borinsäure-(1,2-diphenylhydrazid)" (**56**)
CA: 'borinic **acid**, bis(2,4,6-trimethylphenyl)-, 1,2-diphenylhydrazide'

57 — "1,1´-(Dichlorosilylen)bis[hydrazin]" (**57**)
- hypothetisch
- N > Si bei der Wahl der vorrangigen Kette (s. *Kap. 3.3(**b**)*)
- Multiplikationsname

58 — "1,1´,1´´-Borylidintris[hydrazin]" (**58**)
- Englisch: '1,1´,1´´-borylidynetris-[hydrazine]'
- N > B bei der Wahl der vorrangigen Kette (s. *Kap. 3.3(**b**)*)
- Multiplikationsname

Beispiele:

59

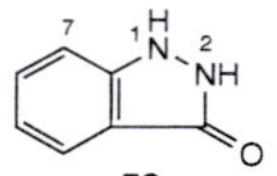

"1,2-Dihydro-3*H*-indazol-3-on" (**59**)
- nach (a_1)
- indiziertes H-Atom nach *Anhang 5(h)*

60

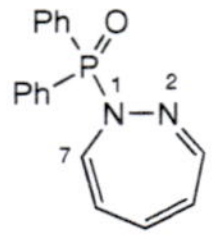

"1-(Diphenylphosphinyl)-1*H*-1,2-diazepin" (**60**)
- nach (a_2)
- 'unausgedrücktes Phosphinsäure-amid'
- indiziertes H-Atom nach *Anhang 5(a)(d)*

61

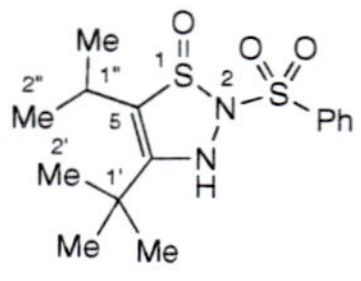

"4-(1,1-Dimethylethyl)-2,3-dihydro-5-(1-methylethyl)-2-(phenylsulfonyl)-1,2,3-thiadiazol-1-oxid" (**61**)
- nach (a_2)
- 'unausgedrücktes Sulfonamid'
- Additionsname (=O an S[1])

62

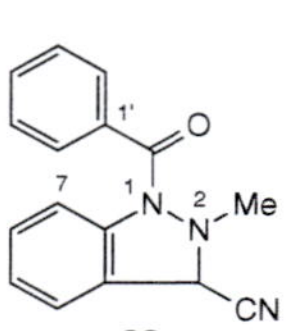

"1-Benzoyl-2,3-dihydro-2-methyl-1*H*-indazol-3-carbonitril" (**62**)
- nach (a_2)
- 'unausgedrücktes Carboxamid' mit dem Namen einer Verbindung der *Klasse 7* (*Kap. 6.18*)

63

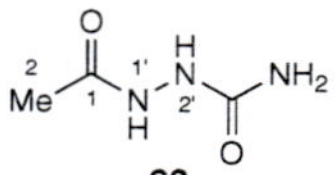

"Essigsäure-[2-(aminocarbonyl)hydrazid]" (**63**)
- nach (b_1)
- Carbonsäure-Derivat > Kohlensäure-Derivat

64

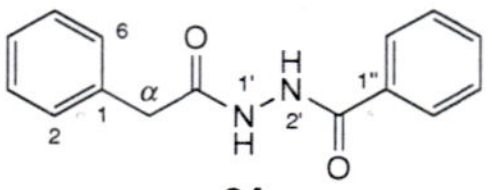

"Benzolessigsäure-(2-benzoylhydrazid)" (**64**)
- nach (b_1)
- Benzolessigsäure-Derivat > Benzoesäure-Derivat (s. *Kap. 3.3(a)(e)*)
- Konjunktionsname

65

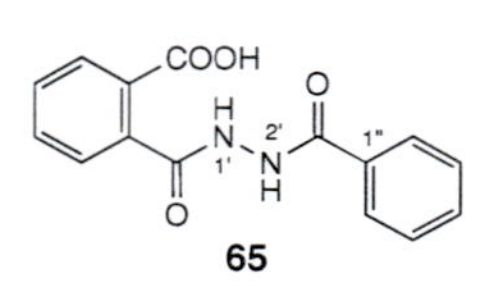

"Benzol-1,2-dicarbonsäure-mono-(2-benzoylhydrazid)" (**65**)
nach (b_1)

66

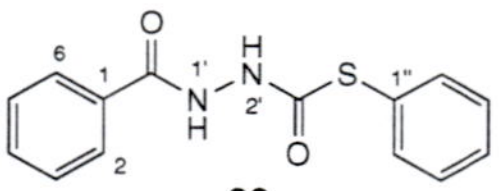

"Benzoesäure-{2-[(phenylthio)carbonyl]hydrazid}" (**66**)
- nach (b_1)
- Carbonsäure-Derivat > Kohlensäure-Derivat

67

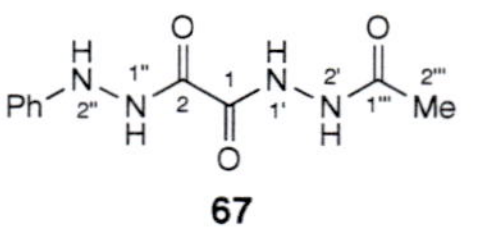

"Ethandisäure-(2-acetylhydrazid)-(2-phenylhydrazid)" (**67**)
nach (b_1)

68

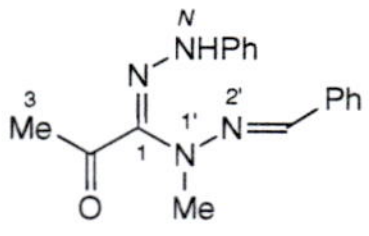

"2-Oxo-*N*-phenylpropanhydrazonsäure-[methyl(phenylmethylen)-hydrazid]" (**68**)
nach (b_1)

69

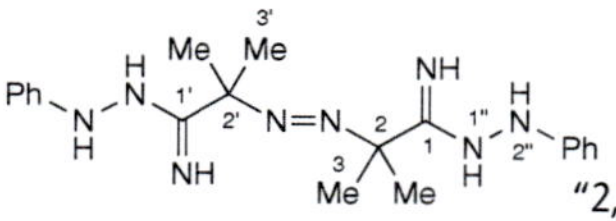

"2,2′-Azobis[2-methylpropanimidsäure]-bis(2-phenylhydrazid)" (**69**)
- nach (b_1)
- Multiplikationsname

70

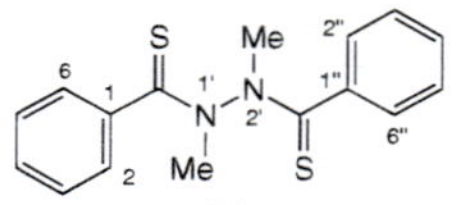

"Benzolcarbothiosäure-[1,2-dimethyl-2-(phenylthioxomethyl)hydrazid]" (**70**)
- nach (b_1)
- nicht Multiplikationsname

71

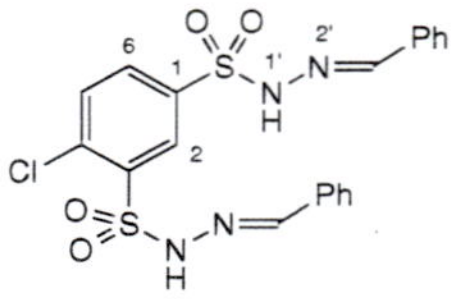

"4-Chlorobenzol-1,3-disulfonsäure-bis[(phenylmethylen)hydrazid]" (**71**)
nach (b_1)

72

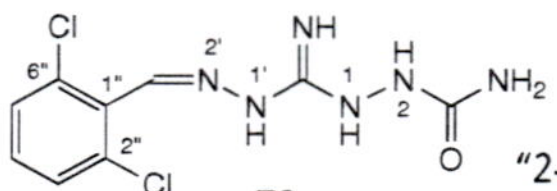

"2-(Aminocarbonyl)-2′-[(2,6-dichlorophenyl)methylen]carbonimidsäure-dihydrazid" (**72**)
nach (c_1)

73

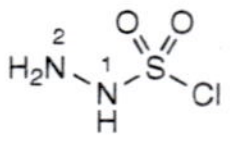

"Hydrazinsulfonyl-chlorid" (**73**)
nach (d_1)

74

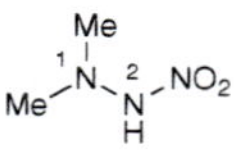

"1,1-Dimethyl-2-nitrohydrazin" (**74**)
nach (d_1)

75

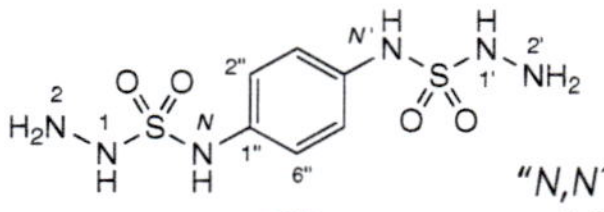

"*N*,*N*′-(1,4-Phenylen)bis[hydrazinsulfonamid]" (**75**)
- nach (d_1)
- Multiplikationsname

76

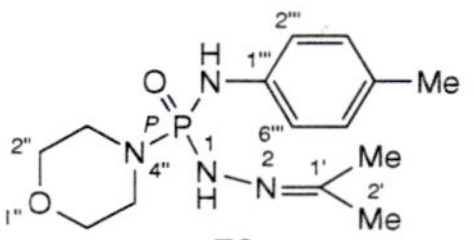

"2-(1-Methylethyliden)-*N*-(4-methylphenyl)-*P*-(morpholin-4-yl)phosphonamidsäure-hydrazid" (**76**)
nach (e_1)

77

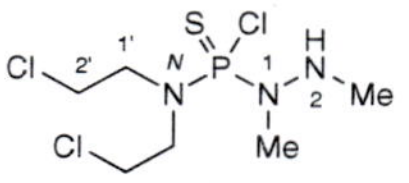

"*N*,*N*-Bis(2-chloroethyl)-1,2-dimethylphosphoramidochloridothiosäure-hydrazid" (**77**)
nach (e_1)

78

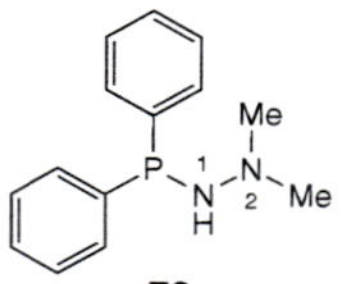

"2,2-Dimethyl-*P*,*P*-diphenylphosphinigsäure-hydrazid" (**78**)
nach (e_1)

79

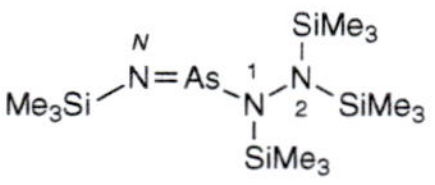

"Tetrakis(trimethylsilyl)arsenenimidigsäure-hydrazid" (**79**)
nach (e_1)

6

CA ¶ 172 und 267
IUPAC R-5.7.9 und C-831 – C-833

6.18. Nitrile *(Klasse 7)*

Definition:

Kap. 6.7.2

Ein **Nitril 1** (**auch Cyanid** genannt) **leitet sich formal von einer Carbonsäure** aus *Kap. 6.7.2* (*Klasse 5b*) **her, indem der Substituent -COOH durch den Substituenten -C≡N ersetzt wird.** Bei allen andern CN-haltigen Verbindungen handelt es sich entweder um eine **Säure mit Infix** "**-cyanid(o)-**" **oder Affix** "**Cyano-**" aus *Kap. 6.9 – 6.12* (z.B. "Carbonocyanidsäure" (HO–C(=O)–CN), "Cyanoschwefelsäure" (HO–S(=O)$_2$–CN), "Phosphonocyanidsäure" (HO–PH(=O)–CN)) oder um ein **Anhydrid mit "Cyansäure"** (HO–CN) bzw. ein Chalcogen-Austauschanalogon aus *Kap. 6.13* (z.B. "Essigsäure-anhydrid mit Cyansäure" (MeCO–O–CN), "Ethanthiosäure-anhydrosulfid mit Thiocyansäure" (MeCO–S–CN) oder um ein **Säure-halogenid** aus *Kap. 6.15* (z.B. "Benzolsulfonylcyanid" (PhS(=O)$_2$–CN)). H$_2$N–CN ist "**Cyanamid**" (s. *Kap. 6.16*).

Kap. 6.9 – 6.12; Kap. 6.13; Kap. 6.15; Kap. 6.16

R–C≡N   R–N⁺≡C⁻
R = Alkyl, Aryl
1 ein Nitril   **2** ein Isocyanid

Ein **Isocyanid 2** (**auch Isonitril** genannt) wird in der Substitutionsnomenklatur (CA) immer mit einem **Präfix "Isocyano-"** (CN– ; s. *Tab. 3.1* und *Tab. 6.3*) **und** dem **Namen der Gerüst-Stammstruktur** bezeichnet (z.B. "Isocyanomethan" (Me–NC)). Bei allen andern NC-haltigen Verbindungen handelt es sich entweder um eine **Säure mit Infix "-isocyanid(o)-" oder Affix "Isocyano-"** aus *Kap. 6.9 – 6.12* (z.B. "Carbonisocyanidsäure" (HO–C(=O)–NC), "Isocyanoschwefligsäure" (HO–S(=O)–NC), "Phosphorisocyanidigsäure" ((HO)$_2$P–NC) oder um ein **Anhydrid mit "Isoknallsäure"** (**'isofulminic acid'**, **HO–N⁺≡C⁻**; s. *Kap. 6.9*)[1]) oder um ein **Säure-halogenid** aus *Kap. 6.15* (z.B. "Phophinigsäure-isocyanid" (PH$_2$–NC)).

Tab. 3.1 und 6.3; Kap. 6.9 – 6.12; Kap. 6.9; Kap. 6.15

CA ¶ 188

Die **Wahl der Verbindungsklasse** von Nitrilen, Isocyaniden und verwandten Verbindungen erfolgt nach *Tab. 6.3*.

Tab. 6.3. Verbindungsklassen für R-X mit X = -CN, -NC, -OCN *etc.*, -ONC, -NCO *etc.* und R = Alkyl oder Aryl[a])

R-X[a])	CA	IUPAC (Funktionsklassennamen)[b])	Präfix für X[c]) (CA und IUPAC)
R-CN	**Nitril**	**Cyanid** (1)	**"Cyano-"**
R-NC	–[d])	Isocyanid (2)	"Isocyano-"
R-OCN	Ester der "Cyansäure" (HO–CN) (s. *Kap. 6.14*)	Cyanat (3)	"Cyanato-"
R-SCN	Ester der "Thiocyansäure" (HS–CN) (s. *Kap. 6.14*)	Thiocyanat (6)	"Thiocyanato-"
R-SeCN	Ester der "Selenocyansäure" (HSe–CN) (s. *Kap. 6.14*)	Selenocyanat (8)	"Selenocyanato-"
R-TeCN	Ester der "Tellurocyansäure" (HTe–CN) (s. *Kap. 6.14*)	Tellurocyanat (10)	"Tellurocyanato-"
R-ONC	Ester der "Isoknallsäure" (HO–NC; 'isofulminic acid')[1]) (s. *Kap. 6.14*)	Isofulminat[1]) (5)	"Isofulminato-"[1])
R-NCO	–[d])	Isocyanat (4)	"Isocyanato-"
R-NCS	–[d])	Isothiocyanat (7)	"Isothiocyanato-"
R-NCSe	–[d])	Isoselenocyanat (9)	"Isoselenocyanato-"
R-NCTe	–[d])	Isotellurocyanat (11)	"Isotellurocyanato-"

[a]) Ist **R = Acyl** (R′S(=O)$_2$–, X′–C(=O)– (X′ = HO, Hal), X′–S(=O)$_2$– (X′ = HO, Hal), X′–P(Y)(=O)– (X′, Y = H, HO, Hal) *etc.*), dann handelt es sich entweder um eine **Säure** aus *Kap. 6.9 – 6.12* oder um ein **Anhydrid** aus *Kap. 6.13* oder um ein **Säure-halogenid** aus *Kap. 6.15* (s. Definition).

[b]) In Klammern ist die Priorität bei der Wahl des Funktionsklassennamens angegeben (1 = höchste Priorität); vgl. dazu IUPAC R-5.7.9.

[c]) **IUPAC** empfiehlt, im Deutschen bei diesen Präfixen das endständige "o" wegzulassen. **Im vorliegenden Handbuch** werden aber auch in IUPAC-Namen, wie im Französischen und Englischen, die **Präfixe mit endständigem "o"** verwendet.

[d]) Name der Gerüst-Stammstruktur mit Präfix für X (s. *Kap. 6.25*).

[1]) *Beachte*:

- "**Knallsäure**" ('fulminic acid') ist **H–C≡N⁺–O⁻**; IUPAC und CA verwenden im Englischen für HO–N⁺≡C⁻ immer noch 'fulminic acid' (vgl. dazu IUPACs 'Red Bock' (I-4.6.3) in der deutschen Übersetzung und G. Maier, J.H. Teles, B.A. Hess, Jr., L.J. Schaad, *Angew. Chem.* **1988**, *100*, 1014; *ibid.*, *Int. Ed. Engl.* **1988**, *27*, 938).
- "**Isocyansäure**" ('isocyanic acid') ist **H–N=C=O**; ihre 'Anhydride' mit organischen Säuren werden als Säure-halogenide (*Kap. 6.15*) bezeichnet (vgl. *Tab. 6.3*), z.B. "Benzoyl-isocyanat" (PhC(=O)–N=C=O).

Kap. 6.7.2
Kap. 3.2.2
Anhang 2

Das **Suffix eines Nitrils** leitet sich von demjenigen der entsprechenden Carbonsäure aus *Kap. 6.7.2* her (**beachte: wenn möglich sind Konjunktionsnamen** nach *Kap. 3.2.2* zu gebrauchen, s. z.B. **17** – **19**). Wenn nötig werden **Multiplikationsaffixe** verwendet (z.B. "Ethandinitril", s. **7**):

"**-säure**" ('-ic acid') (–[C]OOH[2])	→ "**-nitril**" (–[C]≡N[2])
"**-carbonsäure**" ('-carboxylic acid') (–COOH)	→ "**-carbonitril**" (–C≡N)

Das Präfix für N≡C– lautet immer "Cyano-" (nicht "Nitrilo-" für N≡[C][2])**.**

Kap. 3.2.4

Das **Oxid**, Sulfid, Selenid oder Tellurid **eines Nitrils** (R–C≡N=X, X = O, S, Se, Te) bekommt einen Additionsnamen nach *Kap. 3.2.4* (s. **23**).

Ausnahmen:

Me–C≡N **3** — **"Acetonitril" (3)**
H an Me substituierbar

4 — **"Benzonitril" (4)**
H an Ph substituierbar, ausser durch Ph ($Ph–C_6H_4–C≡N$ ist z.B. "[1,1'-Biphenyl]-4-carbonitril")

H–C≡N **5** — **"Cyanwasserstoff" (5)**
– wässrige Lösung: "Cyanwasserstoffsäure"
– CA: 'hydrocyanic acid'

IUPAC verwendet für Nitrile, die von Säuren mit **Trivialnamen** hergeleitet werden, eine spezielle Regelung (s. **8** und **10**; vgl. auch **3** und **4**):

"**-säure**" (Trivialname auf '-oic' oder '-ic acid') → "**-onitril**"

Ausserdem lässt IUPAC für Nitrile R–C≡N weiterhin auch Funktionsklassennamen zu (vgl. *Tab. 6.3*):

Stammsubstituentenname "(R)-" + "-cyanid"

z.B.

6 — "Propannitril" (**6**)
IUPAC: auch "Ethyl-cyanid"

N≡C–C≡N **7** — "Ethandinitril" (**7**)
nicht "Cyanogen"

8 — "Propandinitril" (**8**)
IUPAC: auch "Malon**o**nitril"

9 — "2-Oxopropandinitril" (**9**)
– nicht "Kohlensäure-dicyanid"
– isomer zu "Kohlensäure-diisocyanid" (CN–C(=O)–NC)

10 — "Oxoacetonitril" (**10**)
– IUPAC: auch "Glyoxyl**o**nitril" oder "Formyl-cyanid"
– **nicht "Cyanoformaldehyd"** oder "Ameisensäure-cyanid"

11 — "Pentan-1,3,5-tricarbonitril" (**11**)
nicht "4-Cyanoheptandinitril"

12 — "Ethentetracarbonitril" (**12**)
nicht "Tetracyanoethylen" (Abkürzung: "**TCNE**")

13 — "Hydrazincarbonitril" (**13**)

14 — "Cyclohex-3-en-1-carbonitril" (**14**)
IUPAC: auch "(Cyclohex-3-en-1-yl)-cyanid"

15 — "Cyclopentan-1,1-dicarbonitril" (15)

16 — "1*H*-Pyrrol-1-carbonitril" (**16**)
indiziertes H-Atom nach *Anhang 5(**a**)(**d**)*

17 — "α-Heptylbenzolacetonitril" (**17**)
– Englisch: 'α-heptylbenzeneacetonitrile'
– Konjunktionsname
– Wahl der Gerüst-Stammstruktur nach *Kap. 3.3(**b**)*

18 — "2-Cyanobenzolacetonitril" (**18**)
– Englisch: '2-cyanobenzeneacetonitrile'
– Konjunktionsname
– Wahl der Gerüst-Stammstruktur nach *Kap. 3.3(**e**)*

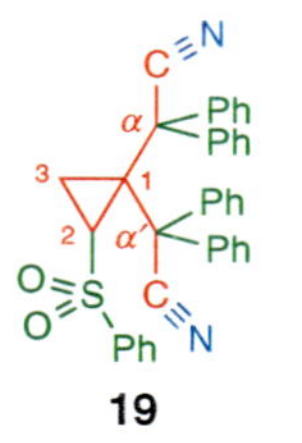

19

"α,α,α',α'-Tetraphenyl-2-(phenylsulfonyl)cyclopropan-1,1-diacetonitril" (**19**)
– Konjunktionsname
– Wahl der Gerüst-Stammstruktur nach *Kap. 3.3(**a**)* ("Benzolacetonitril" würde nur 1 –CN bezeichnen)

N≡C–CH2–CH2–COOH **20** — "3-Cyanopropansäure" (**20**)
nicht "4-Nitrilobutansäure"

[2]) Eckige Klammern um ein Atom bedeuten, dass dieses Atom nicht im Suffix bzw. Präfix berücksichtigt ist.

Beispiele:

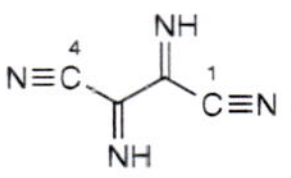

21

"Diiminobutandinitril" (**21**)

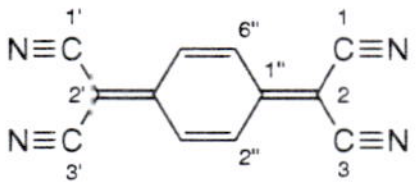

22

"2,2´-(Cyclohexa-2,5-dien-1,4-diyliden)bis-[propandinitril]" (**22**)
- Multiplikationsname (Konjunktionsname nicht möglich)
- **nicht "Tetracyanochinodimethan"** (Abkürzung: **"TCNQ"**)

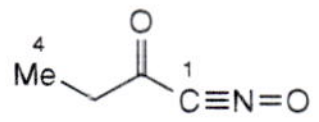

23

"2-Oxobutannitril-*N*-oxid" (**23**)
- Additionsname (=O an N^{III})
- ein **Nitril-oxid**

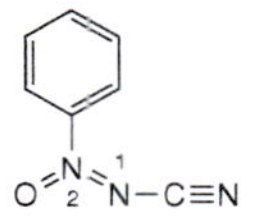

24

"Phenyldiazencarbonitril-2-oxid" (**24**)
Additionsname (=O an N^{III})

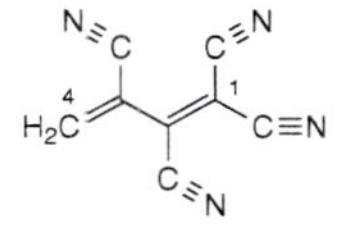

25

"Buta-1,3-dien-1,1,2,3-tetracarbonitril" (**25**)

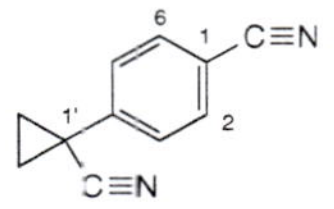

26

"4-(1-Cyanocyclopropyl)benzonitril" (**26**)

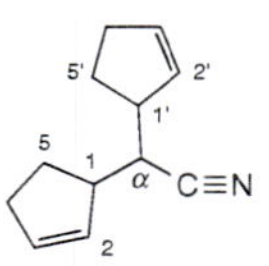

27

"*α*-(Cyclopent-2-en-1-yl)cyclopent-2-en-1-acetonitril" (**27**)
Konjunktionsname

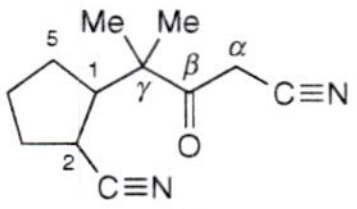

28

"2-Cyano-*γ*,*γ*-dimethyl-*β*-oxocyclopentan-butannitril" (**28**)
Konjunktionsname

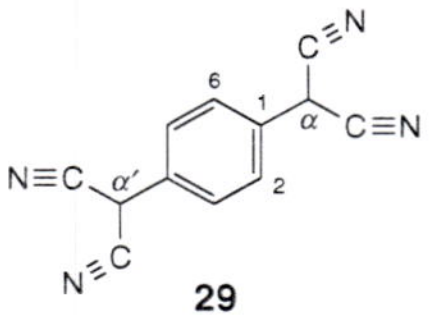

29

"*α*,*α*´-Dicyanobenzol-1,4-diacetonitril" (**29**)
- Konjunktionsname (vgl. **22**)
- Wahl der Gerüst-Stammstruktur nach *Kap. 3.3(**b**)*

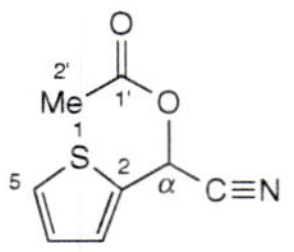

30

"*α*-(Acetyloxy)thiophenacetonitril" (**30**)
- Konjunktionsname
- Nitril-Name für Ester der kommunen Säure MeCOOH (s. *Kap. 6.14(**d**)*)

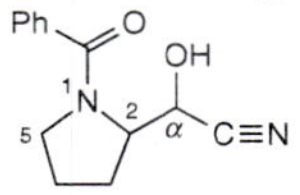

31

"1-Benzoyl-*α*-hydroxypyrrolidin-2-aceto-nitril" (**31**)
- Konjunktionsname
- Nitril-Name für 'unausgedrücktes Amid' (s. *Kap. 6.16(**a_2**)*)

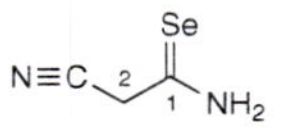

32

"2-Cyanoethanselenoamid" (**32**)

6

CA ¶ 173, 190, 195 und 230 IUPAC R-5.6.1, R-5.6.6, C-303 – C-305, C-416, C-531, C-842, C-922 und C-923

6.19. Aldehyde und ihre Oxim- und Hydrazon-Derivate (*Klasse 8*)

Definition:

Kap. 6.7.2 oder 6.7.3

Ein Aldehyd 1 leitet sich formal von einer Carbonsäure aus *Kap. 6.7.2* oder *6.7.3* (*Klasse 5b*) **her, indem ein Substituent -COOH, -COSH *etc.* durch einen Substituenten -CH=O, -CH=S *etc.* ersetzt wird.** Im folgenden wird der Ausdruck Aldehyd generell für alle Chalcogen-Austauschanaloga **1** (X = O, S, Se, Te) verwendet.

R = H, Alkyl, Aryl

1

"**Aldehyd**" (X = O)
"**Thioaldehyd**" (X = S)
"**Selenoaldehyd**" (X = Se)
"**Telluroaldehyd**" (X = Te)

In die Verbindungsklasse der Aldehyde **1** gehören auch die **Aldehyd-oxime 2** und die **Aldehyd-hydrazone 3. Azine 4, Osazone 5, Phosphazine 6** und **Formazane 7** werden als Hydrazone betrachtet.

2 "**Aldehyd-oxim**"[1])[2]) (**2**)

3 "**Aldehyd-hydrazon**"[1])[3]) (**3**)

4 "Alkylidenhydrazon" (R, R´, R´´, R´´´ = H, Alkyl; **4**)
IUPAC: generisch ein "**Azin**" (R = R´´ und R´ = R´´´) (IUPAC R-5.6.6.3 und C-923)

5 "Dihydrazon"[1]) (R, R´ = Alkyl; **5**)
trivial generisch ein "**Osazon**" (R = Alkyl, R´ = H), bei Kohlenhydraten

6 "Phosphoranylidenhydrazon"[1]) (R, R´ = H, Alkyl; **6**)
trivial ein "**Phosphazin**"

7 "Diazencarboxaldehyd-hydrazon"[1]) (R´ = H; **7**)
- IUPAC: "**Formazan**"[1]) (R´ = H, Alkyl; IUPAC R-9.1 (Table 31; Numerierung falsch) und C-955); ***beachte***: NH_2 bekommt den Lokanten 5 (nicht 1) und NH den Lokanten 1 (nicht 5), s. IUPAC, *Pure Appl. Chem.* **1999**, *71*,1327
- auch bei CA 'formazane' bis Vol. 115 (1991; d.h. inkl. '12th Coll. Index')

Dagegen sind die N-haltigen Derivate **8** – **17** von Carbonyl-Verbindungen in andere Verbindungsklassen einzuordnen (s. auch *Fussnoten 2* und *3*; Lokanten nach CA).

8 "Hydrazincarboxamid"[1]) (**8**)
- Verbindung der *Klasse 6b* (*Kap. 6.16*)
- IUPAC: "**Semicarbazid**"[1]) (IUPAC R-5.6.6.4 und C-981)

9 "Hydrazincarboximidsäure"[1]) (**9**)
- Englisch: 'hydrazinecarboximidic acid'
- Verbindung der *Klasse 5b* (*Kap. 6.7.3*)
- tautomer zu **8** und zu "Carbamohydrazonsäure" ($H_2N-C(=NNH_2)-OH$; s. *Kap. 6.9*)
- IUPAC: "**Isosemicarbazid**"[1]) (IUPAC C-983; nicht in R-Empfehlungen)

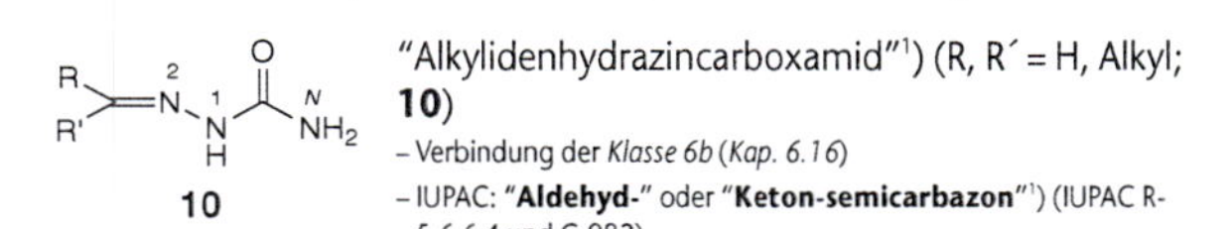

10 "Alkylidenhydrazincarboxamid"[1]) (R, R´ = H, Alkyl; **10**)
- Verbindung der *Klasse 6b* (*Kap. 6.16*)
- IUPAC: "**Aldehyd-**" oder "**Keton-semicarbazon**"[1]) (IUPAC R-5.6.6.4 und C-982)

11 "Alkylidenhydrazincarboximidsäure"[1]) (R, R´ = H, Alkyl; **11**)
- Englisch: 'alkylidenehydrazinecarboximidic acid'
- Verbindung der *Klasse 5b* (*Kap. 6.7.3*)
- trivial "**Aldehyd-**" oder "**Keton-isosemicarbazon**"[1])

12 "Kohlensäure-dihydrazid"[1]) (**12**)
- Englisch: 'carbonic dihydrazide'
- Verbindung der *Klasse 6* (*Kap. 6.17*)
- IUPAC: "**Carbonohydrazid**"[1]) (IUPAC R-9.1 (Table 31), C-981 und C-982.2); **früher** "**Carbohydrazid**" oder "**Carbazid**"

13 "Hydrazincarbohydrazonsäure"[1]) (**13**)
- Englisch: 'hydrazinecarbohydrazonic acid'
- Verbindung der *Klasse 5b* (*Kap. 6.7.3*)
- IUPAC: "**Isocarbonohydrazid**"[1]) (IUPAC C-983; nicht in R-Empfehlungen)

14 "Diazencarbonsäure-hydrazid"[1]) (**14**)
- Englisch: 'diazenecarboxylic acid hydrazide'
- Verbindung der *Klasse 6* (*Kap. 6.17*)
- IUPAC: "**Carbazon**"[1]) (IUPAC R-9.1 (Table 31) und C-981)

---

[1]) H-Atome an O-, P- bzw. N-Atomen sind substituierbar.

[2]) **Oxime von Carbonsäuren** (z.B. RC(=NOH)OH), **von Säurehalogeniden** (z.B. RC(=NOH)Cl) **und von Amiden** (z.B. $RC(=NOH)NH_2$) sind *N*-Hydroxy-Derivate von Imidsäuren (*Kap. 6.7.3*), Imidoyl-halogeniden (*Kap. 6.15*) bzw. Imidamiden (*Kap. 6.16*). **Von "Hydroxylamin-*O*-sulfonsäure"** (NH_2-O-SO_3H; *Kap. 6.10*) **hergeleitete Oxime** sind *N*-Alkyliden-Derivate der letzteren (z.B. "*N*-Ethylidenhydroxylamin-*O*-sulfonsäure", $MeCH=N-O-SO_3H$) (s. CA ¶ 195).

[3]) **Hydrazone von Carbonsäuren** (z.B. $RC(=NNH_2)OH$), **von Säurehalogeniden** (z.B. $RC(=NNH_2)Cl$) **und von Amiden** (z.B. $RC(=NNH_2)NH_2$) werden als Hydrazonsäuren (*Kap. 6.7.3*) bzw. als entsprechende Halogenide (*Kap. 6.15*) und Amide (*Kap. 6.16*) bezeichnet (für Ausnahmen, s. *Kap. 6.7.3*, dort *Fussnoten 8* und *11*) (s. CA ¶ 190).

15

"1,1´-Carbonylbis[diazen]"[1]) (**15**)
- Verbindung der *Klasse 14* (*Kap. 6.25*)
- IUPAC: "**Carbodiazon**"[1]) (IUPAC R-9.1 (Table 31) und C-981)
- **trivial** auch "**Carbadiazon**"

16

"Amino(oxo)essigsäure-alkylidenhydrazid"[1]) (R, R´ = H, Alkyl; **16**)
- Englisch: 'amino(oxo)acetic acid alkylidenehydrazide'
- Verbindung der *Klasse 6* (*Kap. 6.17*); Säure > Amid
- **trivial** "**Aldehyd-**" oder "**Keton-semioxamazon**"

17

"2,2´-Dialkylidenkohlensäure-dihydrazid"[1]) (R, R´, R´´, R´´´ = H, Alkyl; **17**)
- Englisch: '2,2´-dialkylidenecarbonic dihydrazide'
- Verbindung der *Klasse 6* (*Kap. 6.17*)
- **trivial** "**Carbohydrazon**"[1])

Ebenso werden die von Aldehyden und Ketonen hergeleiteten **Acetale 18** und **19**, **Halbacetale 20** und **Acylale 21** in andere Verbindungsklassen eingestuft (CA ¶ 226) (s. **18** - **21**). Die entsprechenden generischen Namen "**Aminal**" (2 NH statt 2 O in **18** und **19**) und "**Halbaminal**" (1 NH statt 1 O in **20**) sind Verbindungen der *Klasse 12* (Amine; *Kap. 6.23*) oder N-haltige Heterocyclen der *Klasse 14* (*Kap. 6.25*).

18

"[(R´´)oxy][(R´´´)oxy]alkan" (R, R´ = H, Alkyl, Aryl; **18**)
- Verbindung der *Klasse 21* (*Kap. 6.30*)
- generisch ein "**Acetal**" (R, R´ = H, Alkyl, Aryl) oder ein "**Ketal**" (R, R´ = Alkyl, Aryl)
- entsprechend für Chalcogen-Austauschanaloga der *Klassen 22* und *23* (*Kap. 6.31*)
- IUPAC: auch "**Aldehyd-[(R´´)-(R´´´)-acetal]**" (RCH(OR´´)(OR´´´)), "**Aldehyd-[*O*-(R´´)-*S*-(R´´´)-monothioacetal]**" (RCH(OR´´)(SR´´´)), "**Aldehyd-[*Se*-(R´´)-*S*-(R´´´)-selenothioacetal]**" (RCH(SeR´´)(SR´´´) *etc.*; entsprechend für Ketale (IUPAC R-5.6.4.1)

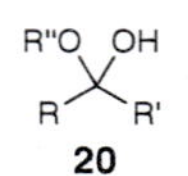

19

Substituentenpräfix(e) "(R)-" (und "(R´)-") + Name des O-Heterocyclus (R, R´ = H, Alkyl, Aryl; **19**)
- Verbindung der *Klasse 21* (*Kap. 6.30*)
- generisch ein "**Acetal**" (R, R´ = H, Alkyl, Aryl) oder ein "**Ketal**" (R, R´ = Alkyl, Aryl)
- entsprechend für Chalcogen-Austauschanaloga der *Klassen 22* und *23* (*Kap. 6.31*)
- IUPAC: s. **18**

20

"[(R´´)oxy]alkanol" (R, R´ = H, Alkyl, Aryl; **20**)
- Verbindung der *Klasse 10* (*Kap. 6.21*)
- generisch ein "**Halbacetal**" ('**hemiacetal**')
- entsprechend für Chalcogen-Austauschanaloga der *Klasse 10* (*Kap. 6.21*)
- IUPAC: auch "**Aldehyd-[(R´´)-halbacetal]**" (RCH(OR´´)(OH)) *etc.* (IUPAC R-5.6.4.2)

21 "Alkansäure-alkyliden-ester" (R, R´ = H, Alkyl, Aryl; **21**)
- Englisch: 'alkanoic acid alkylidene ester'
- Verbindung der *Klasse 6* (*Kap. 6.14*)
- generisch ein "**Acylal**"

Beachte:

Kap. 3.2.2

- **Wenn möglich** werden **Konjunktionsnamen** nach *Kap. 3.2.2* verwendet (s. z.B. **32**).
- **Im CA-Index wird ein Oxim** (s. **2**) **oder Hydrazon** (s. **3**) **beim Titelstammnamen des vorrangigen Aldehyds** unter Beigabe einer modifizierenden Angabe ('oxime', '*O*-methyloxime', 'hydrazone', 'phenylhydrazone' *etc.*) **angeführt. Das Oxim oder Hydrazon hat die Priorität dieses Aldehyds** (*Klasse 8*; s. *Tab. 3.2*).
- Das **Oxid**, Sulfid, Selenid oder Tellurid **eines Aldehyds** (RCH=X=Y, RCH=X(=Y)$_2$, X, Y = O, S, Se, Te) bekommt einen Additionsnamen nach *Kap. 3.2.4*, z.B. "Ethanthial-*S*-oxid" (trivial "Methyl-**sulfin**"; MeCH=S=O), "Ethanthial-*S*,*S*-dioxid" (trivial "Methyl-**sulfen**"; MeCH=S(=O)$_2$).

Kap. 3.2.4

Man unterscheidet:

(a) Suffixe und Substituentenpräfixe für Aldehyde (Ausnahmen: "Acetaldehyd", "Benzaldehyd", "Formaldehyd");

(b) Aldehyd-oxim-Namen und Substituentenpräfixe (Nitrolsäuren, Nitrosolsäuren, Azinsäuren, "*aci*-Nitro-");

(c) Aldehyd-hydrazon-Namen und Substituentenpräfixe (Azine, Osazone, Phosphazine, Formazane).

CA ¶ 173
IUPAC R-5.6.1, C-301 - C-305 und C-531
Kap. 6.7.2 oder 6.7.3

(a) Das **Suffix eines Aldehyds** leitet sich von demjenigen der entsprechenden Carbonsäure aus *Kap. 6.7.2* oder *6.7.3* her:

"**-säure**" ('-ic acid'; -[C]OOH[4]))	→	"**-al**" (-[C]H=O[4]))
"**-thiosäure**" ('-thioic acid'; -[C]OSH[4]))	→	"**-thial**" (-[C]H=S[4]))
"**-selenosäure**" ('-selenoic acid'; -[C]OSeH[4]))	→	"**-selenal**" (-[C]H=Se[4]))
"**-tellurosäure**" ('-telluroic acid'; -[C]OTeH[4]))	→	"**-tellural**" (-[C]H=Te[4]))
"**-carbonsäure**" ('-carboxylic acid'; -COOH)	→	"**-carboxaldehyd**" (-CH=O)
"**-carbothiosäure**" ('-carbothioic acid'; -COSH)	→	"**-carboth*io*aldehyd**" (-CH=S)
"**-carboselenosäure**" ('-carboselenoic acid'; -COSeH)	→	"**-carboselenoaldehyd**" (-CH=Se)
"**-carbotellurosäure**" ('-carbotelluroic acid'; -COTeH)	→	"**-carbotelluroaldehyd**" (-CH=Te)

Wenn nötig werden **Multiplikationsaffixe** verwendet (z.B. "Butandial", O=CHCH$_2$CH$_2$CH=O). **Das H-Atom der Gruppe -[C]HO, -CHO *etc.* ist nicht substituierbar**[5]). Von Hydroxy-, Alkoxy-, Oxo- und Aminocarbonsäuren hergeleitete Aldehyde werden entsprechend systematisch unter Verwendung von Präfixen benannt.

Anhang 2

[4]) Eckige Klammern um ein Atom bedeuten, dass dieses Atom im Suffix oder Präfix nicht berücksichtigt ist.

[5]) ***Ausnahmen:*** **Substitution des H-Atoms** in -[C]HO, -CHO *etc.* **durch O$_2$N-** ("Nitro-") **oder ON-** ("Nitroso-") (im Fall von Formaldehyd (CH$_2$O) und seinen Chalcogen-Austauschanaloga auch durch eine einzelne Sulfonyl- oder Sulfinyl-Gruppe) **ist zulässig**, z.B. "*α*-Nitrobenzaldehyd" (PhC(=O)NO$_2$), "(Ethenylsulfonyl)formaldehyd" (CH(=O)SO$_2$CH=CH$_2$); s. auch Spezialfälle in ***(b)***.

Ausnahmen[5]**):**

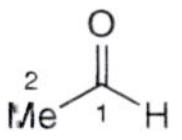

"Acetaldehyd" (22)
H an Me substituierbar

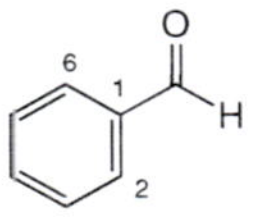

"Benzaldehyd" (23)
H an Ph substituierbar, ausser durch Ph ($Ph-C_6H_4-CHO$ ist z.B. "[1,1´-Biphenyl]-4-carboxaldehyd")

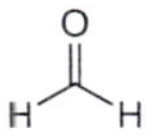

"Formaldehyd" (24)

Substituentenpräfixe für Aldehyd-Substituenten sind meist zusammengesetzte Präfixe und werden nach *Kap. 5.8* und *5.9* gebildet.

Kap. 5.8 und 5.9

Name von O=CH-R– (= O=R´–; =O endständig) und Austauschanaloga:

"Oxo-"	(O=[CH][4])
"Thioxo-"	(S=[CH][4])
"Selenoxo-"	(Se=[CH][4])
"Telluroxo-"	(Te=[CH][4])

\+ **Stammsubstituentenname "(R´)-" des Kettensubstituenten CH_3–R–** (= R´–; d.h. das Acyl-C-Atom [C] gehört zur Kette R´–; Kohlenwasserstoff oder "a"-Name), nach *Kap. 5*; ***Ausnahme:*** **"Formyl-" für C_1-Kettensubstituenten** O=CH– (s. unten)

Kap. 5

oder

"Formyl-"	(O=CH–)
"(Thioxomethyl)-"	(S=CH–)
"(Selenoxomethyl)-"	(Se=CH–)
"(Telluroxomethyl)-"	(Te=CH–)

\+ **Substituentenname "(R)-" für cyclischen Substituenten R– oder für Heterokettensubstituenten R– mit regelmässig platzierten Heteroatomen** (inkl. monocyclisches Hydrid), nach *Kap. 5*

Kap. 5

IUPAC verwendet die Suffixe "**-carbaldehyd**" (–CH=O), "**-carbothialdehyd**" (–CH=S), "**-carboselenaldehyd**" (–CH=Se) und "**-carbotelluraldehyd**" (–CH=Te) sowie als Alternativen die Präfixe "**Formyl-**" (O=CH–), "**(Thioformyl)-**" (S=CH–), "**(Selenoformyl)-**" (Se=CH–) und "**(Telluroformyl)-**" (Te=CH–), auch wenn der entsprechende Aldehyd-Substituent am Terminus eines Kohlenwasserstoff-Stammsubstituenten haftet (IUPAC C-302; s. **42** und **46**). Für Aldehyde, die sich von Säuren mit **Trivialnamen** (s. *Kap. 6.7.2*) herleiten lassen, verwendet IUPAC eine spezielle Regelung (s. **22** – **24** sowie **26** und **28** – **30**):

"**-säure**" (Trivialname auf '-oic' oder '-ic acid') → "**-aldehyd**"

Dagegen werden die Affixe "Thio-", "Seleno-" und "Telluro-" im Zusammenhang mit Trivialnamen nicht mehr empfohlen (IUPAC R-5.6.1, s. C-531.3; nicht "Thioacetaldehyd", sondern "Ethanthial" (MeCH=S; s. **38** und **41**). IUPAC bildet die Namen von *α*-**Aminoaldehyden** ausgehend von den Namen der *α*-Aminocarbonsäuren (s. **31** und **43**).

"**-in**" → "**-al**"
"**-säure**" ('-ic acid') → "**-al**"

z.B

"Hexanal" (25)

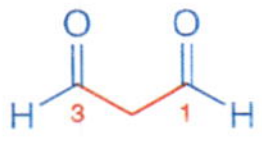

"Propandial" (26)
IUPAC: auch "**Malonaldehyd**"; substituierbar an C(2)

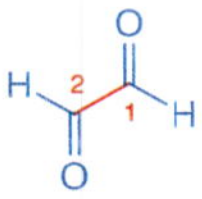

"Ethandial" (27)
IUPAC: auch "**Glyoxal**" (nicht "Oxalaldehyd"), von "Glyoxylsäure" (OHC–COOH)

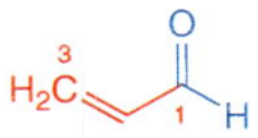

"Prop-2-enal" (28)
IUPAC: auch "**Acrylaldehyd**"; **früher auch "Acrolein"**; substituierbar an C(2) und C(3)

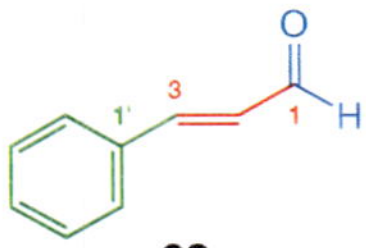

"(2*E*)-3-Phenylprop-2-enal" (29)
- "(2*E*)" nach *Anhang 6*
- IUPAC: auch "**Zimtaldehyd**" ('**cinnamaldehyde**'); nicht substituierbar

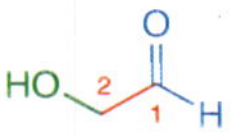

"Hydroxyacetaldehyd" (30)
IUPAC: auch "**Glycolaldehyd**"; nicht substituierbar

"(2*S*)-2-Aminopropanal" (31)
- IUPAC: auch "**L-Alaninal**"
- "(2*S*)" und "L" nach *Anhang 6*

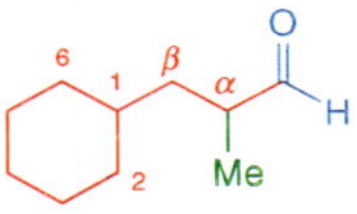

"*α*-Methylcyclohexanpropanal" (32)
Konjunktionsname

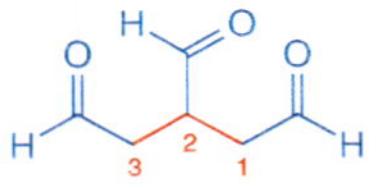

"Propan-1,2,3-tricarboxaldehyd" (33)
- IUPAC: "Propan-1,2,3-tri**carbaldehyd**"
- nicht "3-Formylpentandial"

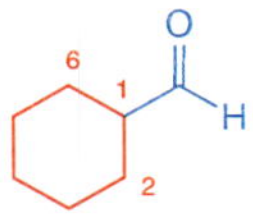

"Cyclohexancarboxaldehyd" (34)
IUPAC: "Cyclohexan**carbaldehyd**"

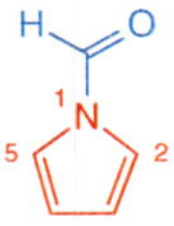

"1*H*-Pyrrol-1-carboxaldehyd" (35)
- indiziertes H-Atom nach *Anhang 5(a)(d)*
- IUPAC: "1*H*-Pyrrol-1-**carbaldehyd**"

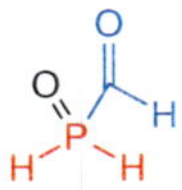

"Phosphincarboxaldehyd-oxid" (36)
- IUPAC: auch "Phosphan**carbaldehyd**-oxid"
- ein =O an einem Heteroatom (P^{III}) wird mittels Additionsnomenklatur ausgedrückt, s. *Kap. 6.20(d)*

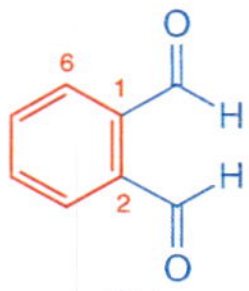

"Benzol-1,2-dicarboxaldehyd" (37)
IUPAC: auch "**Phthalaldehyd**"; substituierbar

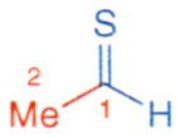

"Ethanthial" (38)
IUPAC: **nicht mehr "Thioacetaldehyd"**

"Butanselenal" (**39**)

"Thiophen-2-carbothioaldehyd" (**40**)
IUPAC: "Thiophen-2-**carbothialdehyd**"; der Trivialname "**Furfural**" **für das O-Analogon** "Furan-2-carboxaldehyd" wird auch von IUPAC **nicht mehr** empfohlen (s. **71**)

Benzolcarbotelluroaldehyd" (**41**)
- Englisch: 'benzenecarbotelluroaldehyde'
- IUPAC: "Benzol**carbotelluraldehyd**"; **nicht "Tellurobenzaldehyd"**

"5-Oxopentansäure" (**42**)
- Englisch: '5-oxopentanoic acid'
- IUPAC: auch "4-Formylbutansäure" oder "**Glutaraldehydsäure**" (s. *Kap. 6.7.2.2*)

"(3*S*)-3-Amino-4-oxobutansäure (**43**)
- Englisch: '...butanoic acid'
- IUPAC: auch "**L-Aspart-1-al**", von "L-Asparaginsäure" ('L-aspartic acid') oder "(3*S*)-3-Amino-3-formylpropansäure"
- "(3*S*)" und "L" nach *Anhang 6*

"Formylbutandisäure (**44**)
- Englisch: 'formylbutanedioic acid'
- isolierte Gruppe –CHO

"(Thioxomethyl)-" (**45**)
IUPAC: auch "(Thioformyl)-"

"(2-Oxoethyl)-" (**46**)
IUPAC: auch "(Formylmethyl)-"

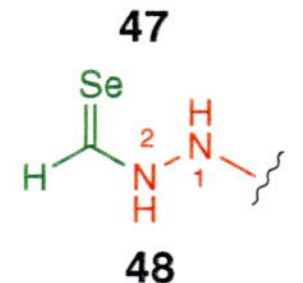

"(2-Formylcyclohexyl)-" (**47**)

"[2-(Selenoxomethyl)hydrazino]-" (**48**)
IUPAC: auch "2-(Selenoformyl)diazanyl-"

CA ¶ 195
IUPAC R-5.6.6.1 und C-842

(b) Der **Name eines Aldehyd-oxims** (auch Aldoxims) **RCH=N-OR´ oder Aldehyd-thiooxims RCH=N-SR´** (R´ = H, Alkyl, Aryl, Acyl) setzt sich zusammen aus[2])[6])

Aldehyd-Name nach *(a)*	+	modifizierende Angabe	
		"-oxim"	([CH]=N–OH[4]))
		"-[*O*-(R´)oxim]"	([CH]=N–OR´[4]))
		"thiooxim"	([CH]=NSH´[4]))
		"-[*S*-(R´)thiooxim]"	([CH]=N–SR´[4]))

Die **Numerierung** des Aldehyds wird beibehalten. Das **Substituentenpräfix für einen Oxim-Substituenten R´X–N=[CH]**[4]) (R´ = Alkyl, Aryl, Acyl; X = O, S) ist ein zusammengesetztes Präfix und wird nach *Kap. 5.8* gebildet[6]). Ein Präfix wird nur verwendet, wenn der entsprechende Aldehyd-Substituent mittels eines Substituentenpräfixes bezeichnet würde (s. **56**):

Kap. 5.8

"(Hydroxyimino)-"	(HO–N=[CH][4]))
"{[(R´)oxy]imino}-"	(R´O–N=[CH][4]))
"(Mercaptoimino)-"	(HS–N=[CH][4]))
"{[(R´)thio]imino}-"	(R´S–N=[CH][4]))

Wenn nötig erfolgt die Angabe der **Konfiguration** (*E*) oder (*Z*) der Doppelbindung C=N nach *Anhang 6*.

Anhang 6

Spezialfälle: Früher wurden 1-Nitro- und 1-Nitroso-substituierte Aldehyd-oxime als **Nitrol- bzw. Nitrosolsäuren** bezeichnet (s. CA ¶ 228 und *Fussnote 5*).

z.B.

"1-Nitropropanal-oxim" (**49**)
früher "Proprionitrolsäure"

"1-Nitrosoacetaldehyd-oxim" (**50**)
früher "Acetonitrosolsäure"

z.B.

"(*E*)-Benzaldehyd-oxim" (**51**)
- Englisch: '(*E*)-benzaldehyde oxime'
- "(*E*)" nach *Anhang 6*; "**[C(*E*)]**", wenn zusätzlich Stereodeskriptoren für Substituenten nötig sind
- **früher auch "Benzaldoxim"**

"Butanal-(*O*-methyloxim)" (**52**)
Englisch: 'butanal *O*-methyloxime'

"Benzaldehyd-[*S*-(1-methylethyl)-thiooxim]" (**53**)
- Englisch: 'benzaldehyde *S*-(1-methylethyl)thiooxime'
- IUPAC: auch "Benzaldehyd-(*S*-isopropylthiooxim)"

"2-Oxopropanal-1-oxim" (**54**)
Aldehyd > Keton (s. *Tab. 3.2*)

"(1*E*,2*E*)-2-(Hydroxyimino)propanal-oxim" (**55**)
- Englisch: '(1*E*,2*E*)-2-(hydroxyimino)propanal oxime'
- Aldehyd > Keton (s. *Tab. 3.2*)
- "(1*E*,2*E*)" nach *Anhang 6*

"5-[(Hydroxyimino)methyl]thiophen-2-carbonsäure" (**56**)
- Englisch: '...thiophene-2-carboxylic acid'
- Säure > Aldehyd

[6]) Ein Substituent **=N(=O)–OH** wird bei CA immer mittels des Präfixes "***aci*-Nitro-**" (kein Suffix) bezeichnet (s. *Tab. 3.1*); **IUPAC** empfiehlt dafür einen vom Funktionsstammnamen "**Azinsäure**" ($NH_2(=O)(OH)$; H an N substituierbar) hergeleiteten Namen bzw. das Präfix "**(Hydroxynitroryl)-**" (N(=O)(OH)<) (IUPAC R-3.3 und R-5.3.2; vgl. *Kap. 6.10**(a)***).

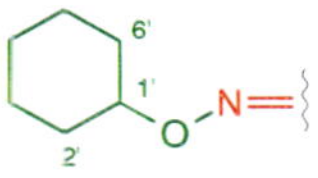

"[(Cyclohexyloxy)imino]-" (**57**)

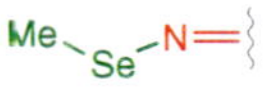

"[(Methylseleno)imino]-" (**58**)

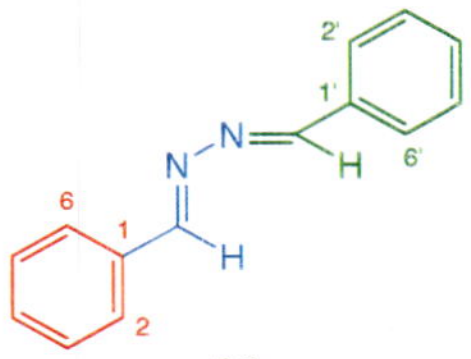

CA ¶ 190
IUPAC R-5.6.6.2, C-922 und C-923

(c) Der **Name eines Aldehyd-hydrazons RCH=N–NR´R´´** (R´, R´´ = H, Alkyl, Aryl; nicht Acyl (Hydrazid!)) setzt sich zusammen aus[3])[7])

Kap. 5

Aldehyd-Name nach ***(a)***	+	**Substituenten-präfixe "(R´)-" und "(R´´)-"** nach *Kap. 5*, als Teil der modifizierenden Angabe	+	**"-hydrazon"** ([CH]=N–NH_2[4])), als Teil der modifizierenden Angabe

Die **Numerierung** des Aldehyds wird beibehalten. Hydrazon-Namen werden auch für

Azine	(s. **4**; RCH=N–N=CR´R´´),
Osazone	(s. **5**; H_2N–N=C(R´)–CH=N–NH_2),
Phosphazine	(s. **6**; RCH=N–N=PH_3) und
Formazane	(s. **7**; HN=N–CH=N–NH_2)

verwendet (s. **60** – **64**).

Kap. 5.8

Das **Substituentenpräfix für H_2N–N=[CH]**[4]) lautet **"Hydrazono-"**. Das **Substituentenpräfix für einen Hydrazon-Substituenten R´R´´N–N=[CH]**[4]) (R´, R´´ = H, Alkyl, Aryl, Acyl) ist ein zusammengesetztes Präfix und wird nach *Kap. 5.8* gebildet [7]). Ein Präfix wird nur verwendet, wenn der entsprechende Aldehyd-Substituent mittels eines Substituentenpräfixes bezeichnet würde (s. **65**):

Kap. 5

Substituentenpräfixe "(R´)-" und "(R´´)-" nach *Kap. 5*	+	**"-hydrazono-"** (>N–N=[CH][4]))

Kap. 3.5

Anhang 6

Alphabetische Reihenfolge der Präfixe "(R´)-" und "(R´´)-". Wenn nötig erfolgt die Angabe der **Konfiguration** (*E*) oder (*Z*) der Doppelbindung C=N nach *Anhang 6*.

Für **IUPAC**-Varianten, s. **4** – **7**. Insbesondere sind für symmetrische **Azine** RCH=N–N=CHR auch Azin- oder Diazan-Namen zugelassen (IUPAC R-5.6.6.3; s. **60**) sowie für HN=N–CH=N–NH_2 der Stammname **"Formazan"** (IUPAC R-9.1 (Table 31); s. **64**).

z.B.

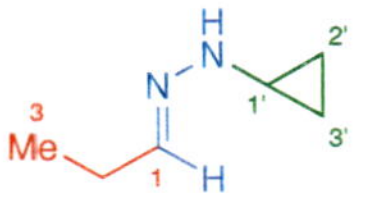

"Propanal-(cyclopropylhydrazon)" (**59**)
Englisch: 'propanal cyclopopylhydrazone'

"Benzaldehyd-[(phenylmethylen)hydrazon]" (**60**)
- Englisch: 'benzaldehyde (phenylmethylene)hydrazone'
- IUPAC: auch "Benzaldehyd-**azin**"

"Ethandial-dihydrazon" (**61**)
- Englisch: 'ethanedial dihydrazone'
- ein **Osazon**

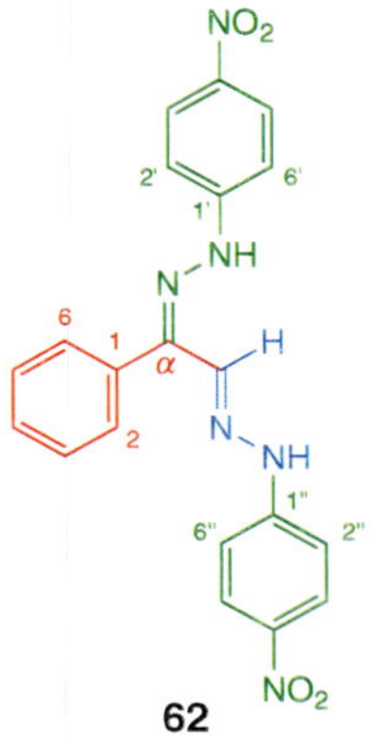

"*α*-[(4-Nitrophenyl)hydrazono]-benzolacetaldehyd-[(4-nitrophenyl)-hydrazon]" (**62**)
- Englisch: '*α*-[(4-nitrophenyl)hydrazono]-benzeneacetaldehyde (4-nitrophenyl)-hydrazone'
- Konjunktionsname
- ein **Osazon**

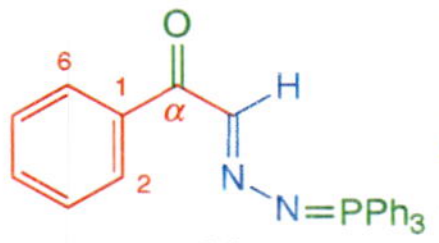

"*α*-Oxobenzolacetaldehyd-*aldehydo*-[(triphenylphosphoranyliden)hydrazon]" (**63**)
- Englisch: '*α*-oxobenzeneacetaldehyde *aldehydo*-[(triphenylphosphoranylidene)hydrazone]'
- bei CA manchmal ***"aldehydo"*** der Eindeutigkeit wegen
- ein **Phosphazin**

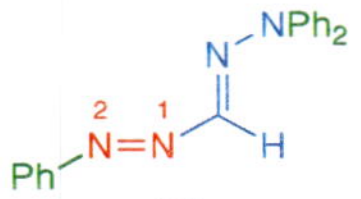

"Phenyldiazencarboxaldehyd-(diphenylhydrazon)" (**64**)
- Englisch: 'phenyldiazenecarboxaldehyde diphenylhydrazone'
- IUPAC und CA bis *Vol. 115* (1991): "1,**5**,5-Triphenyl**formazan**" (s. **7**)

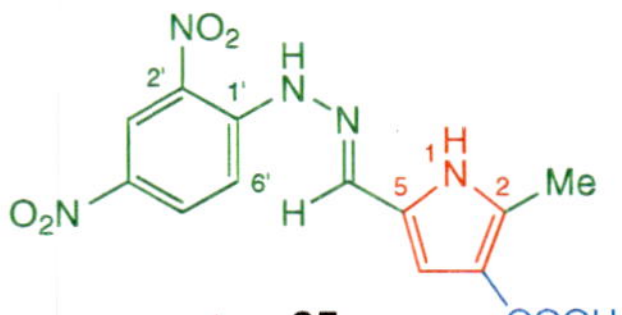

"5-{[(2,4-Dinitrophenyl)-hydrazono]methyl}-2-methyl-1*H*-pyrrol-3-carbonsäure" (**65**)
- Englisch: '...1*H*-pyrrole-3-carboxylic acid'
- indiziertes H-Atom nach *Anhang 5**(a)**(d)*
- Säure > Aldehyd

Beispiele:

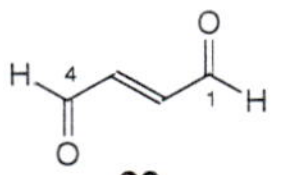

"(2*E*)-But-2-endial" (**66**)
- nach ***(a)***
- "(2*E*)" nach *Anhang 6*
- IUPAC: auch "**Fumaraldehyd**"; substituierbar an C(2) und C(3)

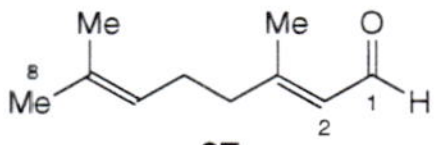

"(2*E*)-3,7-Dimethylocta-2,6-dienal" (**67**)
- nach ***(a)***
- "(2*E*)" nach *Anhang 6*
- **trivial "(*E*)-Citral"**

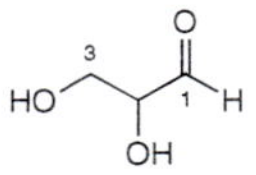

"2,3-Dihydroxypropanal" (**68**)
- nach ***(a)***
- IUPAC: auch "**Glyceral**"

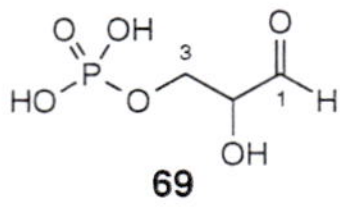

"2-Hydroxy-3-(phosphonooxy)propanal" (**69**)
- nach ***(a)***
- Aldehyd-Name für Ester der kommunen Säure H_3PO_4 (s. *Kap. 6.14**(d)***)

[7]) Eine Verbindung **R–N=N(=O)–R** ist ein **"Diazen-oxid"** (*Klasse 14, Kap. 6.25*) und eine Verbindung **R–N=C=N–R** ein ***"N,N´*-Methantetraylbis[alkanamin]"** (*Klasse 12, Kap. 6.23*). Ein multivalenter verbindender Substituent in der Multiplikationsnomenklatur (*Kap. 3.2.3*) wird nach *Kap. 4.3.3.1**(d)*** (s. auch *Kap. 5.4*) benannt: **"Hydrazin-1-yl-2-yliden-"** (–NH–N=), **"Hydrazo-"** (–NH–NH–), **"Azo-"** (–N=N–) und **"Azino-"** (=N–N=).

"Benzolacetaldehyd" (**70**)
- nach ***(a)***
- Konjunktionsname

"Furan-2-carboxaldehyd" (**71**)
- nach ***(a)***
- IUPAC: auch **"2-Furaldehyd"**; substituierbar am Ring; **nicht mehr "Fural" oder "Furfural"**

"Pyridin-3-carboxaldehyd" (**72**)
- nach ***(a)***
- IUPAC: auch **"Nicotinaldehyd"**; substituierbar am Ring

"4-Methoxybenzaldehyd" (**73**)
- nach ***(a)***
- **früher "Anisaldehyd"**

"4-Hydroxy-3-methoxybenzaldehyd" (**74**)
- nach ***(a)***
- **früher "Vanillin"** oder auch "Vanillaldehyd"

"1,3-Benzodioxol-5-carboxaldehyd" (**75**)
- nach ***(a)***
- **früher "Piperonal"** oder "Piperonylaldehyd"

"But-2-endithial" (**76**)
nach ***(a)***

"Benzolpropanthial" (**77**)
- nach ***(a)***
- Konjunktionsname

"Formaldehyd-(*O*-methyloxim)" (**78**)
nach ***(b)***

"Formaldehyd-[*O*,*O*′-(ethan-1,2-diyl)-dioxim]" (**79**)
nach ***(b)***

"2-Methyl-2-(methylthio)propanal-(*O*-acetyloxim)" (**80**)
- nach ***(b)***
- nicht Ester (keine Bindung O–C; vgl. Ester-Definition in *Kap. 6.14*)

"2,2,3-Trichlorobutanal-[*O*-(diethoxyphosphinothioyl)oxim]" (**81**)
- nach ***(b)***
- nicht Ester (nicht alle Bindungen sind O–C; vgl. Ester-Definition in *Kap. 6.14*)

"3-Nitro-*α*-oxobenzolacetaldehyd-aldoxim" (**82**)
- nach ***(b)***
- bei CA manchmal **"-aldoxim"** der Eindeutigkeit wegen

"*α*-Hydrazonobenzolacetaldehyd-oxim" (**83**)
nach ***(b)***

"*N*-[(Ethoxyimino)acetyl]thiophen-2-carboxamid" (**84**)
- nach ***(b)***
- Amid > Aldehyd

"Pentandial-mono[(2,4-dinitrophenyl)hydrazon]" (**85**)
nach ***(c)***

"2-(Hydroxyimino)-3-oxobutanal-1-(dimethylhydrazon)" (**86**)
- nach ***(b)*** und ***(c)***
- Aldehyd > Keton
- Lokant "1" der Eindeutigkeit wegen

"Dinitroformaldehyd-(methylphenylhydrazon)"[5] (**87**)
nach ***(c)***

"Propanal-[(3-methylbenzothiazol-2(3*H*)-yliden)hydrazon]" (**88**)
- nach ***(c)***
- Aldehyd > Keton
- indiziertes H-Atom nach *Anhang 5(I₂)*

"2-Methylpropanal-[(2-methylpropyliden)hydrazon]" (**89**)
nach ***(c)***

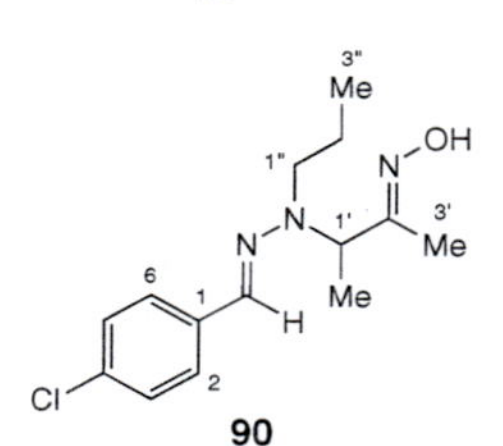

"4-Chlorobenzaldehyd-{[2-(hydroxyimino)-1-methylpropyl]propylhydrazon}" (**90**)
- nach ***(b)*** und ***(c)***
- Aldehyd > Keton

"Benzolpropanal-[(1,4-phenylen)dihydrazon]" (**91**)
- nach ***(c)***
- hypothetisch

"(Thiazol-2-yl)diazencarboxaldehyd-[(thiazol-2-yl)hydrazon]" (**92**)
- nach ***(c)***
- ein **Formazan**

"1,2-Dimethyl-5-{[(3-methylbenzoyl)hydrazono]methyl}-1*H*-pyrrol-3-carbonsäure" (**93**)
- nach ***(c)***
- indiziertes H-Atom nach *Anhang 5(a)(d)*
- Säure > Aldehyd und "Pyrrolcarbonsäure" > "Benzoesäure" (Hydrazid)

CA ¶ 174, 190, 195, 261, 262 und 289A IUPAC R-5.6.2, R-5.6.3, R-5.6.5 R-5.6.6, C-311 - C-315, C-117, C-118, C-321, C-333, C-532 und C-21 - C-24

6.20. Ketone und ihre Oxim- und Hydrazon-Derivate *(Klasse 9)*

Definition:

Ein Keton 1 enthält eine Gruppe >C=X (Substituent X = O, S, Se, Te), **die an *zwei* C-Atome gebunden sein muss, ausser wenn** das C-Atom von **>C=X an einem Ring beteiligt ist.** Im folgenden wird der Ausdruck Keton generell für alle Chalcogen-Austauschanaloga **1** verwendet.

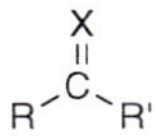

R, R' ≠ H; R, R' = Alkyl, Aryl

1

"**Keton**" (X = O) "**Selenoketon**" (X = Se)
"**Thioketon**" (X = S) "**Telluroketon**" (X = Te)

In die Verbindungsklasse der Ketone **1** gehören auch die **Keton-oxime 2** und die **Keton-hydrazone 3**. **Azine, Oxazone, Phosphazine** und **Formazane** werden als Hydrazone betrachtet[1]).

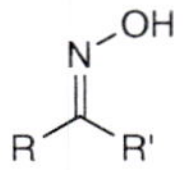

"**Keton-oxim**"[2]) (R, R´ ≠ H; **2**)
s. auch *Kap. 6.19*

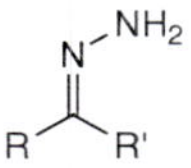

2

"**Keton-hydrazon**"[2]) (R, R´ ≠ H; **3**)
s. auch *Kap. 6.19*

3

Beachte:

- **Ketone bekommen *nie* Konjunktionsnamen** (s. *Kap. 3.2.2*; vgl. unten, Beispiele **111** und **112**).
- **Ketene RC(R´)=C=X** (X = O, S, Se, Te) werden als ungesättigte Ketone benannt (s. z.B. **27** und **31**).
- **Im CA-Index wird ein Oxim** (s. **2**) **oder ein Hydrazon** (s. **3**) **beim Titelstammnamen des vorrangigen Ketons** unter Beigabe einer modifizierenden Angabe ('oxime', '*O*-acetyloxime', 'hydrazone', '(2,4-dinitrophenyl)hydrazone' *etc.*) angeführt. **Das Oxim oder Hydrazon hat die Priorität dieses Ketons** (*Klasse 9*, s. *Tab. 3.2*).
- Das **Oxid**, Sulfid, Selenid oder Tellurid **eines Ketons** (RC(R´)=X=Y, RC(R´)=X(=Y)$_2$; X, Y = O, S, Se, Te) bekommt einen Additionsnamen nach *Kap. 3.2.4*, z.B.
"Hexan-3-thion-*S*-oxid" (trivial "Ethyl-propyl-**sulfin**"; MeCH$_2$CH$_2$C(=S=O)CH$_2$Me),
"Hexan-3-thion-*S,S*-dioxid" (trivial "Ethyl-propyl-**sulfen**"; MeCH$_2$CH$_2$C[=S(=O)$_2$]CH$_2$Me) (s. auch **108** und **117**).

Kap. 3.2.2 · Tab. 3.2 · Kap. 3.2.4

Man unterscheidet:

(a) cyclische Ketone (d.h. die Gruppe >C=O *etc.* ist mit dem C-Atom am Ring beteiligt), inkl. Chinone: Suffixe und Substituentenpräfixe;
(b) acyclische Ketone ohne direkte Bindung an (endständige) cyclische Substituenten: Suffixe und Substituentenpräfixe (Pseudoketone, Trivialnamen "Aceton" *etc.*, Ketene, Acyloine);
(c) acyclische Ketone mit direkten Bindungen an (endständige) cyclische Substituenten: Suffixe und Substituentenpräfixe (Trivialnamen "Acetophenon" *etc.*, Acyloine);
(d) Pseudoketone mit der Gruppe =O *etc.* an einem Heteroatom: Additionsnamen oder Substituentenpräfixe;
(e) Keton-oxim-Namen und Substituentenpräfixe (Azinsäuren, "*aci*-Nitro-");
(f) Keton-hydrazon-Namen und Substituentenpräfixe (Azine, Osazone, Phosphazine und Formazane).

(a) **Cyclische Ketone**: Der Name eines cyclischen Ketons setzt sich zusammen aus

Stammname der cyclischen Gerüst-Stammstruktur nach *Kap. 4.4 – 4.10*	+	**Suffix**	
		"**-on**"	([C]=O[3]))
		"**-thion**"	([C]=S[3]))
		"**-selon**"[4])	([C]=Se[3]))
		"**-tellon**"[4])	([C]=Te[3]))

Kap. 4.4 - 4.10

Wenn nötig werden **Multiplikationsaffixe** verwendet (z.B. "Cyclohexan-1,2-dion", s. **4**). **Indiziertes H-Atom** wird nach *Anhang 5* zugeteilt (s. dort insbesondere die Regeln ***(h)*** und ***(i)***[5])). Cyclische Ketone können **formal cyclische Anhydride** (*Kap. 6.13**(a)***), **Ester** (*Kap. 6.14**(a)***) **oder Amide** (*Kap. 6.16**(a)***) sein (Priorität der *Klasse 9*!).

Anhang 2 · Anhang 5 · Kap. 6.13**(a)**, 6.14**(a)** und 6.16**(a)**

[1]) Detaillierte Angaben zu **Azinen**, **Osazonen**, **Phosphazinen** und **Formazanen** sowie zu **Acetalen**, **Halbacetalen** und **Acylalen** sind bei der Verbindungsklasse der Aldehyde (*Klasse 8*; *Kap. 6.19*) zu finden.

[2]) H-Atome an O- und N-Atomen sind substituierbar. Für **Oxime und Hydrazone von Carbonsäuren** und Derivaten, s. die *Fussnoten 2* und *3* in *Kap. 6.19*.

[3]) Eckige Klammern um ein Atom bedeuten, dass dieses Atom im Suffix bzw. Präfix nicht berücksichtigt ist.

[4]) Die Suffixe "-selon" ([C]=Se[3])) und "-tellon" ([C]=Te[3])) sind nicht zu verwechseln mit den Klassennamen "**Selenon**" (>SeO$_2$) bzw. "**Telluron**" (>TeO$_2$) (s. *Klasse 23*, *Kap. 6.31*).

[5]) **Indiziertes H-Atom** wird wenn möglich dem durch =X (X = O, S, Se, Te) substituierten Ringglied [C] zugeordnet (*Anhang 5**(h)***; s. z.B. **10**) bzw. zusätzlich zu =X einem andern Ringglied beigefügt (*Anhang 5**(i$_2$)***, 'added hydrogen'; s. z.B. **14**).

Substituentenpräfixe für Keton-Substituenten sind:

"**Oxo-**" (O=[C]^{3})) "**Selenoxo-**" (Se=[C]^{3}))
"**Thioxo-**" (S=[C]^{3})) "**Telluroxo-**" (Te=[C]^{3}))

IUPAC verwendet für ein cyclisches Diketon, das sich von einer Gerüst-Stammstruktur mit der maximalen Anzahl nicht-kumulierter Doppelbindungen aus *Kap. 4.4 – 4.6* und *4.8 – 4.10* herleiten lässt, auch die Endung "**-chinon**" ('**-quinone**') anstelle von "-dion". Dabei werden formal unter Umlagerung von Doppelbindungen zwei Gruppen –CH= durch zwei Gruppen >C=O ersetzt (IUPAC R-5.6.2.1; s. **5**). Ausserdem werden noch die Trivialnamen "**Benzochinon**" (s. **6**), "**Naphthochinon**" (s. **7**), "**Anthrachinon**" (s. **8**), "**Acenaphthochinon**" (s. **9**), "**Pyrrolidon**" (s. **13**), "**Chinolon**" (s. **14**) und "**Isochinolon**" (s. **15**) zugelassen (IUPAC R-5.6.2.1), aber **nicht mehr verkürzte Namen auf** "**-on**" (s. **16**), "**-idon**" (s. **17**) **oder** "**-olon**" (s. **18**) für N-heterocyclische Ketone (IUPAC C-315.3) sowie für "Anthracen-9(10*H*)-on" (früher "Anthron") und "Phenanthren-9(10*H*)-on" (früher "Phenanthron") (IUPAC C-315.2). Die Affixe "Thio-", "Seleno-" und "Telluro-" im Zusammenhang mit Trivialnamen werden nicht mehr empfohlen (IUPAC R-5.6.2.2, vgl. C-532.2).

z.B.

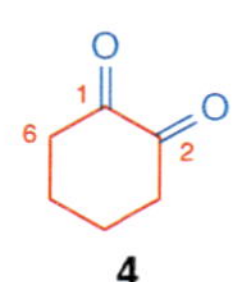

4

"Cyclohexan-1,2-dion" (**4**)

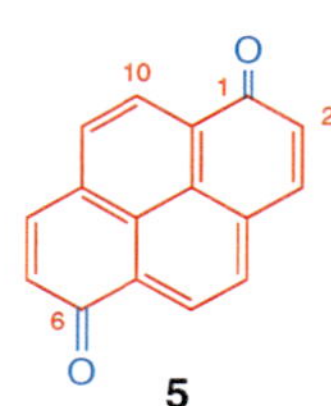

5

"Pyren-1,6-dion" (**5**)
- kein indiziertes H-Atom nach *Anhang 5*(***i***$_1$)
- IUPAC: auch "Pyren-1,6-chinon" ('pyrene-1,6-quinone')

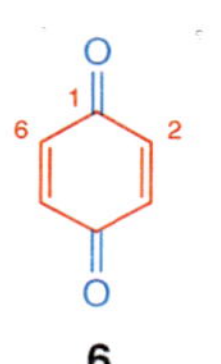

6

"Cyclohexa-2,5-dien-1,4-dion" (**6**)
IUPAC: auch "***p*-Benzochinon**" ('*p*-benzoquinone'); substituierbar

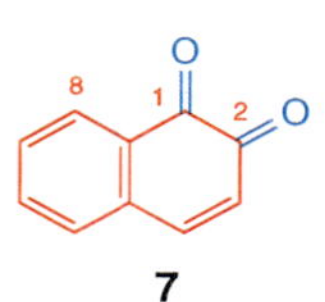

7

"Naphthalin-1,2-dion" (**7**)
- Englisch: 'naphthalene-1,2-dione'
- kein indiziertes H-Atom nach *Anhang 5*(***i***$_1$)
- IUPAC: auch "**1,2-Naphthochinon**" ('1,2-naphthoquinone'); substituierbar

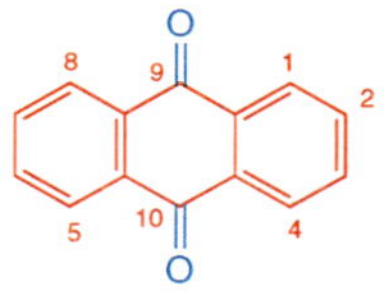

8

"Anthracen-9,10-dion" (**8**)
- kein indiziertes H-Atom nach *Anhang 5*(***i***$_1$)
- IUPAC: auch "**9,10-Anthrachinon**" ('9,10-anthraquinone'); substituierbar

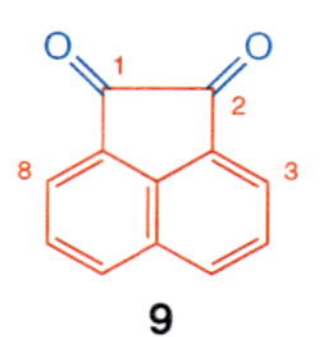

9

"Acenaphthylen-1,2-dion" (**9**)
- kein indiziertes H-Atom nach *Anhang 5*(***i***$_1$)
- IUPAC: auch "**Acenaphthochinon**" ('acenaphthoquinone'); nur 1,2-Isomeres; substituierbar

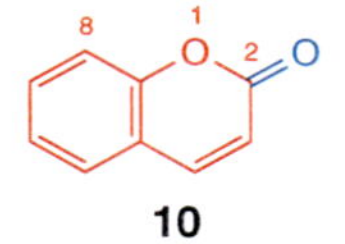

10

"2*H*-1-Benzopyran-2-on" (**10**)
- indiziertes H-Atom nach *Anhang 5*(***h***)
- IUPAC: auch "**Chromen-2-on**"
- **nicht "Coumarin"**

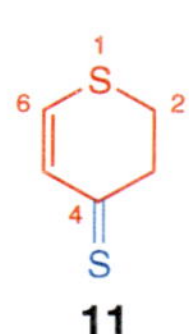

11

"2,3-Dihydro-4*H*-thiopyran-4-thion" (**11**)
- indiziertes H-Atom nach *Anhang 5*(***h***) (d.h. nicht "3,4-Dihydro-2*H*-thiopyran-4-thion" oder "2*H*-Thiopyran-4(3*H*)-thion")
- "**Di**hydro-" entsprechend Additionsnomenklatur (s. *Kap. 3.2.4*); die Absättigung einer Doppelbindung der Gerüst-Stammstruktur ("4*H*-Thiopyran") wird durch das Präfix ausgedrückt

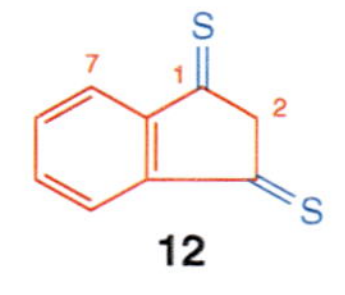

12

"1*H*-Inden-1,3(2*H*)-dithion" (**12**)
indiziertes H-Atom nach *Anhang 5*(***h***)(***i***$_2$)

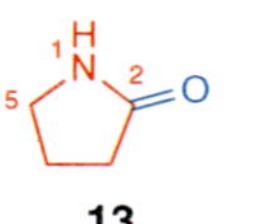

13

"Pyrrolidin-2-on" (**13**)
IUPAC: auch "**2-Pyrrolidon**"; substituierbar

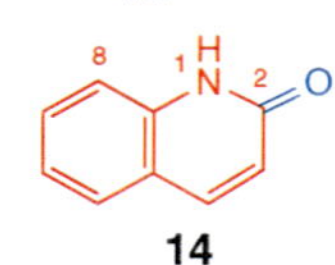

14

"Chinolin-2(1*H*)-on" (**14**)
- Englisch: 'quinolin-2(1*H*)-one'
- indiziertes H-Atom nach *Anhang 5*(***i***$_2$)
- IUPAC: auch "**2-Chinolon**" ('2-quinolone'); substituierbar
- **trivial "Carbostyril"**

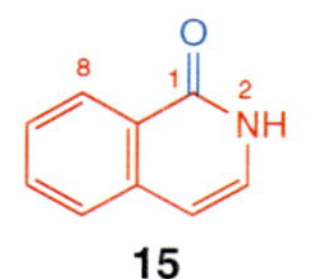

15

"Isochinolin-1(2*H*)-on" (**15**)
- Englisch: 'isoquinolin-1(2*H*)-one'
- indiziertes H-Atom nach *Anhang 5*(***i***$_2$)
- IUPAC: auch "**1-Isochinolon**" ('1-isoquinolone'); substituierbar

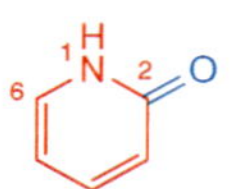

16

"Pyridin-2(1*H*)-on" (**16**)
- indiziertes H-Atom nach *Anhang 5*(***i***$_2$)
- **früher "2-Pyridon"**

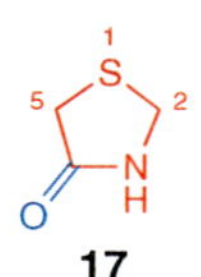

17

"Thiazolidin-4-on" (**17**)
früher "4-Thiazolidon"

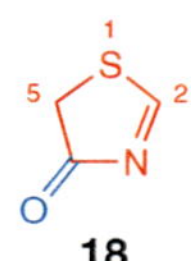

18

"Thiazol-4(5*H*)-on" (**18**)
- indiziertes H-Atom nach *Anhang 5*(***i***$_2$)
- früher "4-Thiazolon"

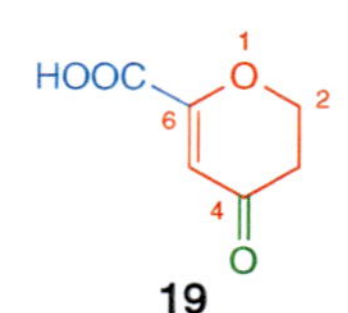

19

"3,4-Dihydro-4-oxo-2*H*-pyran-6-carbonsäure" (**19**)
- Englisch: '...2*H*-pyran-6-carboxylic acid'
- indiziertes H-Atom nach *Anhang 5*(***a***)(***d***) ("2*H*", nicht "4*H*")
- "**Di**hydro-" entsprechend Additionsnomenklatur (s. *Kap. 3.2.4*); die Absättigung einer Doppelbindung der Gerüst-Stammstruktur ("2*H*-Pyran") wird durch das Präfix ausgedrückt

(b) **Acyclische Ketone ohne direkte Bindung an** (endständige) **cyclische Substituenten**:

Der Substituent [C]=X^{3}) (X = O, S, Se, Te) darf nicht an einem Kettenende haften (vgl. dazu Aldehyde!), ausser an einem ungesättigten C-Atom (Ketene), und **[C] muss an C-Atome gebunden sein (s. Ausnahmen, wenn Bindung an Heteroatom(e)**; vgl. dazu auch Säuren, Anhydride, Ester, Säure-halogenide, Amide und Hydrazide!). Der Name des acyclischen Ketons setzt sich dann zusammen aus

Kap. 4.2 und 4.3

Stammname der acyclischen Gerüst-Stammstruktur nach *Kap. 4.2* und *4.3*[6]) + **Suffix "-on"** ([C]=O[3])), **"-thion"** ([C]=S[3])), **"-selon"**[4]) ([C]=Se[3])), **"-tellon"**[4]) ([C]=Te[3]))

Wenn nötig werden **Multiplikationsaffixe** verwendet (z.B. "Butan-2,3-dion", MeC(=O)C(=O)Me).

Substituentenpräfixe für isolierte Keton-Substituenten X=[C] (auch wenn [C] das Kettenende ist, s. **118**):

"Oxo-"	(O=[C][3]))	**"Selenoxo-"**	(Se=[C][3]))
"Thioxo-"	(S=[C][3]))	**"Telluroxo-"**	(Te=[C][3]))

Kap. 6.7.2.1(a)(b) und 6.7.3(c)

Substituentenpräfixe für zusammengesetzte Keton-Substituenten R–C(=X)– sind Acyl-Präfixe nach *Kap. 6.7.2.1****(a)(b)*** und *6.7.3****(c)***:

Substituentenname "(R)-" für cyclischen Substituenten R– oder für Heterokettensubstituenten R– mit regelmässig platzierten Heteroatomen (inkl. monogliedriges Hydrid), nach *Kap. 5* + **Stammsubstituentenname "-carbonyl-"** (–C(=O)–) (für Chalcogen-Austauschanaloga, s. unten)

Kap. 5

und

Präfix
"Oxo-" (O=[C][3]))
"Thioxo-" (S=[C][3]))
"Selenoxo-" (Se=[C][3]))
"Telluroxo-" (Te=[C][3]))

+ **Stammsubstituentenname "(R´)-" des Kettensubstituenten R–C–** (= R´–; d.h. das C-Atom [C] gehört zur Kette R´–; Kohlenwasserstoff- oder "a"-Name)

oder

Substituentenname "(R)-" + Stammsubstituentenname "-methyl-" (–C(=[X])–[3])), **wenn R– ein cyclischer Substituent oder ein Heterokettensubstituent mit regelmässig platzierten Heteroatomen ist** (inkl. monogliedriges Hydrid) (***Ausnahmen:*** **–C(=O)–** an Ring oder an Heterokette mit regelmässig platzierten Heteroatomen (s. oben)), nach *Kap. 5*

Kap. 5

Kap. 3.5

Alphabetische Reihenfolge der Präfixe "(R)-" (cyclischer Substituent *etc.*) und "Thioxo-", "Selenoxo-" *etc.* vor "-methyl-".

Ausnahmen:

"Benzoyl-" (PhC(=O)–, isoliert; H substituierbar, ausser durch Ph–)

"Acetyl-" (MeC(=O)–, isoliert; H substituierbar)

Ausnahmen:

Ist ein Substituent **R–C(=X)–** (R = Alkyl, Aryl; X = O, S, Se, Te) **an** ein **Heteroatom einer Heterokette** gebunden, dann handelt es sich um ein **Pseudoamid oder Pseudoketon**; anstelle eines Keton-Suffixes wird dann immer ein **Acyl-Präfix** nach *Kap. 6.7.2.1****(a)(b)*** und *6.7.3****(c)*** (s. oben) vor dem entsprechenden Stammnamen der Heterokette verwendet (s. **21** – **24**; nicht bei Säure-Derivaten der *Klasse 6*: z.B. ist R–C(=O)–$NHNH_2$ ein Säure-hydrazid!). Die vorrangige Verbindungsklasse (nicht Keton!) wird dann durch allenfalls vorhandene andere Substituenten bestimmt (s. **24**). Vgl. dazu auch die **N-, P-, As-, Sb-, Bi-, B-, Si-, Ge-, Sn-, Pb-, S-, Se- und Te-Verbindungen** der *Klassen 14 – 20, 22* und *23* (s. *Tab. 3.2* und *Kap. 6.25 – 6.29* und *6.31*).

Kap. 6.7.2.1(a)(b) und 6.7.3(c)

Tab. 3.2 Kap. 6.25 – 6.29 und 6.31

IUPAC lässt für acyclische Ketone auch die **Funktionsklassennomenklatur** (*Kap. 3.2.6*) zu (s. **29**; im Deutschen ohne Bindestrich(e), welche jedoch hier immer beigefügt werden) sowie die Trivialnamen **"Aceton"** (**25**), **"Biacetyl"** (**26**) und **"Keten"** (**27**); Funktionsklassennomenklatur kann auch für Ketene verwendet werden (s. **31**) sowie für vicinale Diketone (s. **26**) (IUPAC R-5.6.2.1). Dagegen werden die Affixe "Thio-", "Seleno-" und "Telluro-" im Zusammenhang mit Trivialnamen (IUPAC R-5.6.2.2, vgl. C-532.2; s. **30**) und **Acyloin**-Namen für α-Hydroxy-ketone RCH(OH)C(=O)R (R = Alkyl) nicht mehr empfohlen (IUPAC R-5.6.5, vgl. C-333; s. **28**). Die Substituentenpräfixe **"Acetonyl-"** (MeC(=O)CH_2–; s. **34**) und **"Phenacyl-"** (PhC(=O)CH_2–; s. **35**) sind noch zugelassen.

z.B.

21

"Acetyl(phenyl)diazen" (**21**)
- Verbindung der *Klasse 14* (*Kap. 6.25*)
- nicht "1-(Phenylazo)ethanon"; beachte ausserdem: "Diazenyl-" (HN=N–) ist nicht substituierbar (CA)

22

"1,4-Diacetyl-1,4-diethyltetraz-2-en" (**22**)
Verbindung der *Klasse 14* (*Kap. 6.25*)

23

"(Acetyl)diphenylphosphin" (**23**)
- Verbindung der *Klasse 15* (*Kap. 6.26*)
- nicht "1-(Diphenylphosphino)ethanon"

24

"2-(1,1-Dimethylethyl)-2-(2,2-dimethyl-1-oxopropyl)-*N*,*N*,*N´*,*N´*-tetraethyldiphosphin-1,1-diamin" (**24**)
- Verbindung der *Klasse 12* (*Kap. 6.23*)
- IUPAC: auch "(*tert*-Butyl)-" statt "(1,1-Dimethylethyl)-"

25

"Propan-2-on" (**25**)
IUPAC: auch "**Aceton**"; substituierbar

[6]) Acyclische Ketone bekommen nach CA **Austauschnamen** ("a"-Namen) gemäss *Kap. 4.3.2*, wenn die Bedingungen dafür erfüllt sind (z.B. mindestens 4 Hetero-Einheiten in der Kette; der Austauschname darf nicht von tieferer Priorität als ein Substitutionsname sein).

z.B.

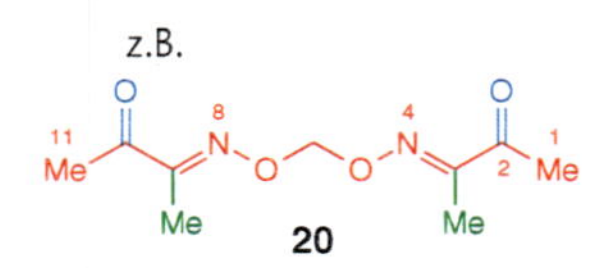

"3,9-Dimethyl-5,7-dioxa-4,8-diazaundeca-3,8-dien-2,10-dion" (**20**)

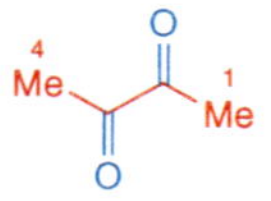

"Butan-2,3-dion" (**26**)
IUPAC: auch "**Biacetyl**" (nicht substituierbar) oder "Dimethyl-diketon"

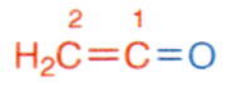

"Ethenon" (**27**)
IUPAC: auch "**Keten**"; substituierbar, d.h. Funktionsstammstruktur

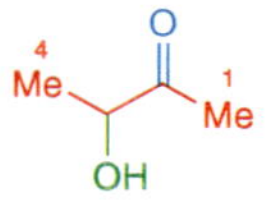

"3-Hydroxybutan-2-on" (**28**)
früher "Acetoin"

"Hexa-3,5-dien-2-on" (**29**)
- nicht "Hexa-1,3-dien-4-on", s. Numerierungsregeln *Kap. 3.4* (Hauptgruppe > Unsättigung)
- IUPAC: auch "(Buta-1,3-dienyl)-methyl-keton"

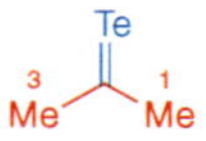

"Propan-2-tellon" (**30**)
trivial "Telluroaceton"

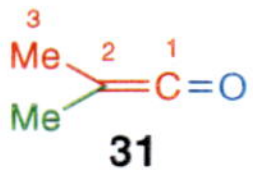

"2-Methylprop-1-en-1-on" (**31**)
IUPAC: auch "Dimethyl-keten"

"3,3-Dimethylbut-1-en-1-selon" (**32**)
generisch ein Keten

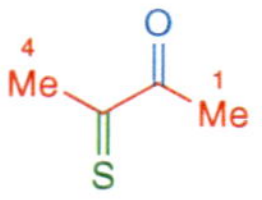

"3-Thioxobutan-2-on" (**33**)

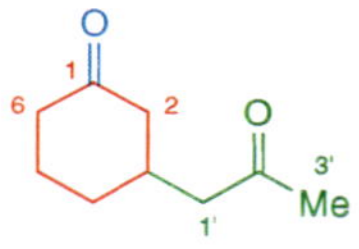

"3-(2-Oxopropyl)cyclohexanon" (**34**)
- Ring > Kette
- IUPAC: auch "3-Acetonylcyclohexanon"; "**Acetonyl-**" ist substituierbar

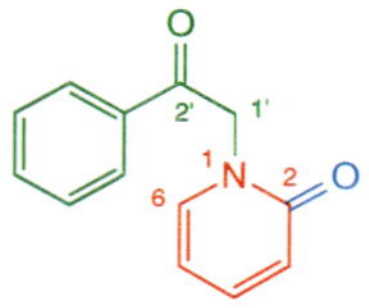

"1-(2-Oxo-2-phenylethyl)pyridin-2(1*H*)-on" (**35**)
- Ring > Kette
- indiziertes H-Atom nach *Anhang 5(**i₂**)*
- IUPAC: auch "1-Phenacylpyridin-2(1*H*)-on"; "**Phenacyl-**" ist nicht substituierbar

(c) **Acyclische Ketone mit direkten Bindungen an** (endständige) **cyclische Substituenten**: Der Substituent [C]=X[3]) (X = O, S, Se, Te) darf an einem substituierten Kettenende haften und **[C] muss an C-Atome gebunden sein (s. Ausnahmen, wenn Bindung an Heteroatom(e))**. Der Name des acyclischen Ketons setzt sich dann zusammen aus

Kap. 5, 4.2 und 4.3

Präfix(e) für endständige cyclische Substituenten nach *Kap. 5*	+	**Stammname der acyclischen Gerüst-Stammstruktur** nach *Kap. 4.2* und *Kap. 4.3*[6])

	Suffix	
+	"**-on**"	([C]=O[3]))
	"**-thion**"	([C]=S[3]))
	"**-selon**"[4])	([C]=Se[3]))
	"**-tellon**"[4])	([C]=Te[3]))

Anhang 2

Wenn nötig werden **Multiplikationsaffixe** verwendet (z.B. "Diphenylethandion", PhC(=O)C(=O)Ph). Ein **Keton R–C(=X)–R′oder R=C(=X)** mit cyclischen Substituenten R– und R′– oder R= **ist ein "Methanon"** (X = O), "**Methanthion**" (X = S), "**Methanselon**" (X = Se) oder "**Methantellon**" (X = Te) (**s. Ausnahmen, wenn Bindung an Heteroatom(e)**).

Substituentenpräfixe für isolierte Keton-Substituenten X=[C] und für zusammengesetzte Keton-Substituenten R–C(=X)– (X = O, S, Se, Te) werden **wie unter *(b)*** beschrieben gebildet. Spezielle **Präfixe** werden verwendet **für Substituenten X=C=, wenn die freien Valenzen zum gleichen Ring-Atom führen**:

"**Carbonyl-**"	(O=C=)
"**Carbonothioyl-**"	(S=C=)
"**Carbonoselenoyl-**"	(Se=C=)
"**Carbonotelluroyl-**"	(Te=C=)

Ausnahmen:

Kap. 3.2.3

Sind in **R–C(=X)–R** (X = O, S, Se, Te) die cyclischen **Substituenten R– identisch und über ein Heteroatom an >C=X gebunden**, dann wird **Multiplikationsnomenklatur** verwendet (nicht "Methanon" *etc.*), mit den Präfixen "**Carbonyl-**" (O=C<), "**Carbonothioyl-**" (S=C<), "**Carbonoselenoyl-**" (Se=C<) oder "**Carbonotelluroyl-**" (Te=C<) für den verbindenden Substituenten (s. **36** und **37**). Ist die **Gruppe R–C(=X)–** (R = Alkyl, Aryl; X = O, S, Se, Te) **in R–C(=X)–R′ an ein Heteroatom eines Heterocyclus** (R′H) **gebunden**, dann wird statt eines Keton-Suffixes immer ein Acyl-Präfix nach *Kap. 6.7.2.1**(a)(b)*** und *6.7.3**(c)*** (s. oben unter ***(b)***: **Pseudoketon** oder 'unausgedrücktes Amid') vor dem entsprechenden Stammnamen des Heterocyclus verwendet (s. **38** – **41**). Die Priorität von Verbindungen mit der Gruppe >C=X an Heteroatomen (nicht Ketone!) wird durch allenfalls vorhandene andere charakteristische Gruppen bestimmt, wenn es sich nicht um ein 'unausgedrücktes Amid' nach *Kap. 6.16**(a₂)*** handelt (s. **36** – **41**). Vgl. dazu auch die **N-, P-, As-, Sb-, Bi-, B-, Si-, Ge-, Sn-, Pb-, S-, Se- und Te-Verbindungen** der *Klassen 14 – 20, 22* und *23* (s. *Tab. 3.2* und *Kap. 6.25 – 6.29* und *6.31*).

Kap. 6.7.2.1**(a)(b)** und 6.7.3**(c)**

Kap. 6.16**(a₂)**

Tab. 3.2 Kap. 6.25 – 6.29 und 6.31

IUPAC lässt für cyclische Ketone **auch** die **Funktionsklassennomenklatur** (*Kap. 3.2.6*) zu (s. **36** – **38**, **47**, **48** und **51**; im Deutschen ohne Bindestrich(e), welche jedoch hier immer beigefügt werden) sowie die Trivialnamen "**Acetophenon**" (**42**), "**Propiophenon**" (**43**), "**Benzophenon**" (**44**), "**Benzil**" (**45**) und "**Chalcon**" (**46**) (IUPAC R-5.6.2.1). Dagegen nicht mehr empfohlen werden die Affixe "Thio-", "Seleno-" und "Telluro-" im Zusammenhang mit Trivialnamen (IUPAC R-5.6.2.2, vgl. C-532.2; z.B. nicht "Thiobenzophenon" für S-Analogon von **44**) und **Acyloin**-Namen für α-Hydroxy-ketone RCH(OH)C(=O)R (R = Ring-Substituent) (IUPAC R-5.6.5, vgl. C-333; s. **47** und **48**). Das Substituentenpräfix "**Phenacyl-**" (PhC(=O)CH_2–; s. **35**) ist noch zugelassen, ebenso offenbar die Präfixe "**(Thiocarbonyl)-**" (S=C<), "**(Selenocarbonyl)-**" (Se=C<) und "**(Tellurocarbonyl)-**" (Te=C<) bei Multiplikationsnamen (IUPAC C-545.1, vgl. R-5.7.1.3.4).

z.B.

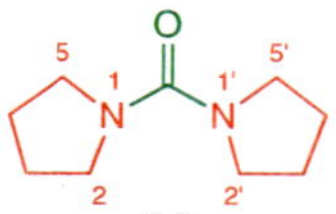

"1,1′-Carbonylbis[pyrrolidin]" (**36**)
- Multiplikationsname
- 'unausgedrücktes Amid', d.h. Verbindung der *Klasse 6b* (*Kap. 6.16*)
- IUPAC: vermutlich auch "Di(pyrrolidin-1-yl)-keton"

37

"4,4´-Carbonothioylbis[morpholin]" (**37**)
- Multiplikationsname
- 'unausgedrückstes Amid', d.h. Verbindung der *Klasse 6b* (*Kap. 6.16*)
- IUPAC: vermutlich auch "Di(morpholin-4-yl)-keton"

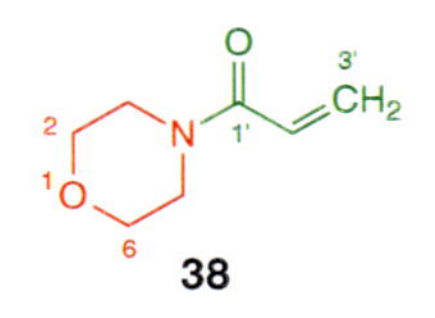

38

"4-(1-Oxoprop-2-enyl)morpholin" (**38**)
- 'unausgedrückstes Amid', d.h. Verbindung der *Klasse 6b* (*Kap. 6.16*)
- nicht "1-(Morpholin-4-yl)prop-2-enon"
- IUPAC: vermutlich auch "(Morpholin-4-yl)-vinyl-keton"

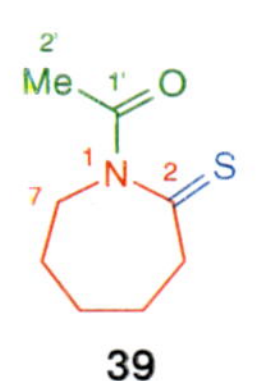

39

"1-Acetylhexahydro-2*H*-azepin-2-thion" (**39**)
- 'unausgedrückstes Amid' mit dem Namen einer Verbindung der *Klasse 9* (*Kap. 6.20*)
- indiziertes H-Atom nach *Anhang 5(**h**)*
- die Absättigung der drei Doppelbindungen der Gerüst-Stammstruktur ("2*H*-Azepin") wird durch das "Hydro"- Präfix ausgedrückt
- nicht "1-(Hexahydro-2-thioxo-2*H*-azepin-1-yl)ethanon"

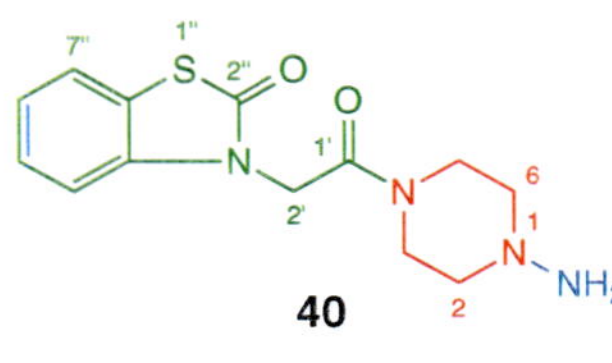

40

"4-{[2-Oxobenzothiazol-3(2*H*)-yl]acetyl}-piperazin-1-amin" (**40**)
- 'unausgedrückstes Amid' mit dem Namen einer Verbindung der *Klasse 12* (*Kap. 6.23*), d.h. Amid > Benzothiazolon
- indiziertes H-Atom nach *Anhang 5(**i$_2$**)*

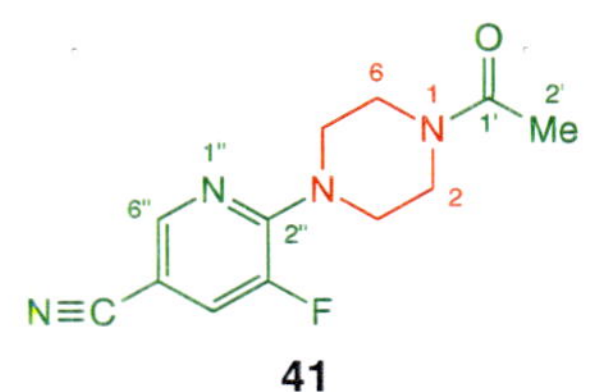

41

"1-Acetyl-4-(5-cyano-3-fluoropyridin-2-yl)-piperazin" (**41**)

'unausgedrückstes Amid', d.h. Verbindung der *Klasse 6b* (*Kap. 6.16*), d.h. Amid > Nitril

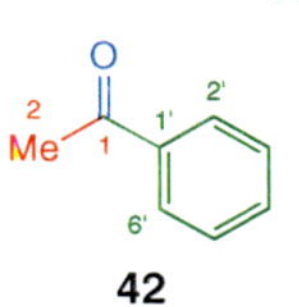

42

"1-Phenylethanon" (**42**)
- IUPAC: auch "**Acetophenon**"; nicht substituierbar
- nicht "1-Phenylacetaldehyd"

43

"1-Phenylpropan-1-on" (**43**)

IUPAC: auch "**Propiophenon**"; nicht substituierbar

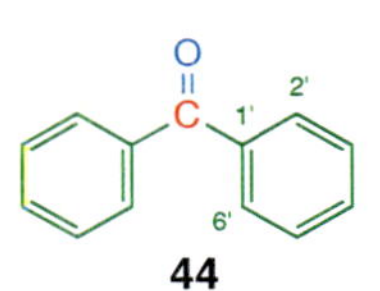

44

"Diphenylmethanon" (**44**)

IUPAC: auch "**Benzophenon**"; nicht substituierbar

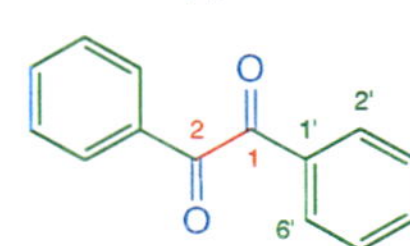

45

"Diphenylethandion" (**45**)

IUPAC: auch "**Benzil**"; nicht substituierbar

46

"1,3-Diphenylprop-2-en-1-on" (**46**)

IUPAC: auch "**Chalcon**"; nicht substituierbar

47

"1,2-Diphenyl-2-hydroxyethanon" (**47**)

IUPAC: **früher "Benzoin"**; auch "[Hydroxy(phenyl)methyl]-phenyl-keton"

48

"1,2-Di(furan-2-yl)-2-hydroxyethanon" (**48**)

IUPAC: **früher "2,2´-Furoin"**; auch "(2-Furyl)-[(2-furyl)hydroxymethyl]-keton"

49

"Phenyl(2-thienyl)ethandion" (**49**)

50

"1-Phenylbutan-1,3-dithion" (**50**)

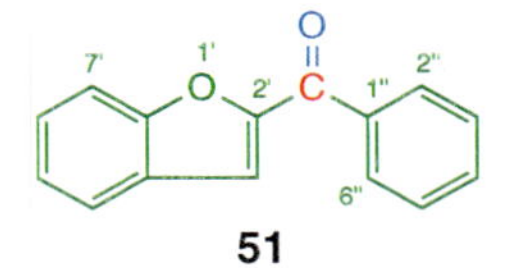

51

"(Benzofuran-2-yl)phenylmethanon" (**51**)

IUPAC: auch "(Benzofuran-2-yl)-phenyl-keton"

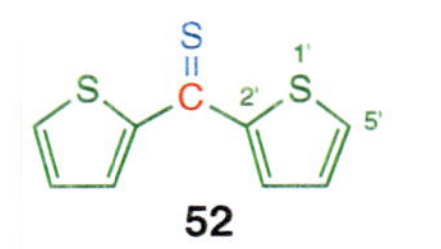

52

"Di(2-thienyl)methanthion" (**52**)

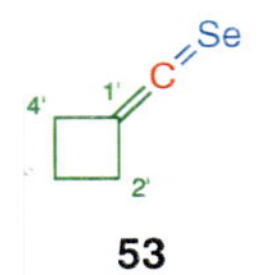

53

"Cyclobutylidenmethanselon" (**53**)

generisch ein Keten

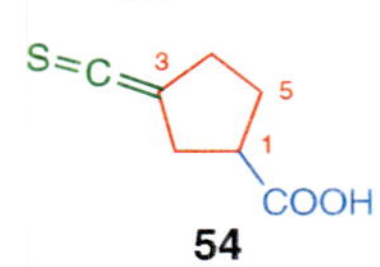

54

"3-Carbonothioylcyclopentancarbonsäure" (**54**)

Englisch: '3-carbonothioylcyclopentanecarboxylic acid'

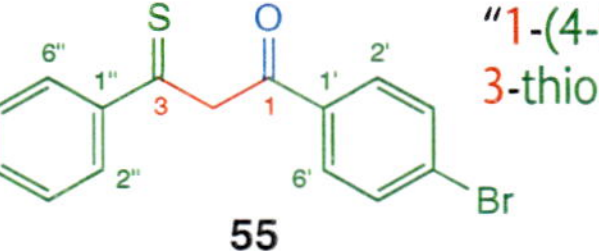

55

"1-(4-Bromophenyl)-3-phenyl-3-thioxopropan-1-on" (**55**)

(d) Ein **Heterocyclus oder** eine **Heterokette mit einer Gruppe =X** (X = O, S, Se, Te) **an einem Heteroatom** wird nicht als Keton betrachtet. Für ein solches **Pseudoketon** sind zwei Fälle zu unterscheiden:

- **Durch *Addition* der Gruppe =X** (≠ Substituent) **an ein Heteroatom N^{III}, P^{III}, As^{III}, Sb^{III}, Bi^{III}, S^{II}, Se^{II} oder Te^{II} verliert das Heteroatom seine Standardvalenz** (z.B. N^{III} → N^{V}, P^{III} → P^{V}, As^{III} → As^{V}, S^{II} → S^{IV} *etc.*): es ist ein **Additionsname** zu verwenden. Die vorrangige Verbindungsklasse wird dann durch allenfalls vorhandene charakteristische Gruppen bestimmt und die **Gruppe =X am Heteroatom der Gerüst-Stammstruktur** (oder einer Hauptgruppe) **als modifizierende Angabe** (s. **56** – **58** und **60** – **64**) **bzw. am Heteroatom eines Substituenten als Pseudopräfix** (s. **59**) bezeichnet (s. auch Beispiele im *Anhang 7* (λ-Konvention)):

Anhang 4
Kap. 3.2.4
Anhang 7

Modifizierende Angabe **"-oxid"** (=O)
"-sulfid" (=S)
"-selenid" (=Se)
"-tellurid" (=Te)

Pseudopräfix **"Oxido-"** (O=)
"Sulfido-" (S=)
"Selenido-" (Se=)
"Tellurido-" (Te=)

Kap. 6.31
Kap. 6.25

Ein Spezialfall sind **offenkettige Sulfoxide, Sulfone** und Chalcogen-Analoga (s. *Kap. 6.31*) sowie **Sulfoxime, Sulfilimine, Sulfimide, Thionylimide** und Chalcogen-Analoga (s. *Kap. 6.25*).

Tab. 3.1

- **Nach *Substitution* von H-Atomen an einem Heteroatom durch den Substituenten X= bleibt die Standard-Valenz des Heteroatoms erhalten**: der **Substituent X=** wird **ausschliesslich als Präfix** (nicht Suffix!) benannt, auch im Fall von Si^{IV}. Die vorrangige Verbindungsklasse wird dann durch allenfalls vorhandene andere charakteristische Gruppen bestimmt. ***Ausnahme:*** **O=N–** wird als **Präfix** "Nitroso-" bezeichnet (s. *Tab. 3.1*):

Präfix **"Oxo-"** (O=)
"Thioxo-" (S=)
"Selenoxo-" (Se=)
"Telluroxo-" (Te=)

6
Tab. 3.2 Kap. 6.25 – 6.29 und 6.31

Vgl. dazu auch die **N-, P-, As-, Sb-, Bi-, B-, Si-, Ge-, Sn-, Pb-, S-, Se- und Te-Verbindungen** der *Klassen 14 – 20, 22* und *23* (s. *Tab. 3.2* und *Kap. 6.25 – 6.29* und *6.31*).

56

"Tetrahydrothiophen-1,1-dioxid" (**56**)
- Additionsname (2 =O an S^{II})
- die Absättigung der zwei Doppelbindungen der Gerüst-Stammstruktur ("Thiophen") wird durch das Präfix ausgedrückt
- Verbindung der *Klasse 22* (*Kap. 6.31*)
- **trivial "Sulfolan"**
- Beispiel eines entsprechenden Substituenten: "(Tetrahydro-1,1-di**oxido**-2-thienyl)-"

57

"1,3,2-Dioxathiolan-2-sulfid" (**57**)
- Additionsname (=S an S^{II})
- Verbindung der *Klasse 21* (*Kap. 6.30*; s. *Kap. 6.31*)
- Beispiel eines entsprechenden Substituenten "(2-**Sulfido**-1,3,2-dioxathiolan-4-yl)-"

58

"Pyridin-2-carbonsäure-1-oxid" (**58**)
- Englisch: 'pyridine-2-carboxylic acid 1-oxide'
- Additionsname (=O an N^{III})
- Verbindung der *Klasse 5b* (*Kap. 6.7.2.1*)

59

"*N*-(5,5-Dimethyl-2-oxido-1,3,2-dioxaphosphorinan-2-yl)pyridin-2-amin" (**59**)
- Additionsname (O= an P^{III})
- Verbindung der *Klasse 12* (*Kap. 6.23*)

60

"Isothiazol-3(2*H*)-on-1,1-dioxid" (**60**)
- Additionsname (2 =O an S^{II})
- indiziertes H-Atom nach *Anhang 5(**i**₂)*
- Verbindung der *Klasse 9* (*Kap. 6.20*)

61

"2-Methoxy-1,2-oxaphospholan-2-oxid" (**61**)
- Additionsname (=O an P^{III})
- Verbindung der *Klasse 15* (*Kap. 6.26*), **nicht Ester**

62

"(1*Z*)-Diphenyldiazen-1-oxid" (**62**)
- Additionsname (=O an N^{III})
- "(1*Z*)" nach *Anhang 6*
- Verbindung der *Klasse 14* (*Kap. 6.25*)
- **trivial "(*Z*)-Azoxybenzol"**
- Beispiel eines entsprechenden Substituenten: "[4-(Phenyl-***NNO*-azoxy**)phenyl]-" (Ph–**N=N(=O)**–C_6H_4–; s. *Kap. 6.25(**d**)*); **dagegen** aber "[(**Dioxidoazo**)di-4,1-phenylen]-" (–C_6H_4–**N(=O)=N(=O)**–C_6H_4–; verbindender Substituent für Multiplikationsname; s. *Kap. 3.2.3*)

63

"Diphosphin-1,2-disulfid" (**63**)
- Additionsname (=S an P^{III})
- Verbindung der *Klasse 15* (*Kap. 6.26*)

$H_3Sb{=}O$

64

"Stibin-oxid" (**64**)
- Additionsname (=O an Sb^{III})
- Verbindung der *Klasse 17* (*Kap. 6.27*)

65

"Dioxodiphosphin" (**65**)
- Präfix für =O
- Verbindung der *Klasse 15* (*Kap. 6.26*)

66

"Phenylthioxoarsin" (**66**)
- Präfix für =S
- Verbindung der *Klasse 16* (*Kap. 6.26*)

67

"Oxodisilan" (**67**)
- Präfix für =O
- Verbindung der *Klasse 19* (*Kap. 6.29*)

68

"Oxosilanol" (**68**)
- Präfix für =O
- Verbindung der *Klasse 10* (*Kap. 6.21*), **nicht Säure**

69

"Hydroxyoxostibin (**69**)
- Präfix für =O *und* –OH (s. *Klasse 10*, *Kap. 6.21*)
- Verbindung der *Klasse 17* (*Kap. 6.27*)
- auch "Antimon-hydroxid-oxid-(Sb(OH)O)", vgl. *Kap. 6.12*

CA ¶ 195 IUPAC R-5.6.6.1 und C-842

(e) Der **Name eines Keton-oxims** (auch Ketoxims) **RC(R´)=NOR´´ oder Keton-thiooxims RC(R´)=N–SR´´** (R´´ = H, Alkyl, Aryl, Acyl) setzt sich zusammen aus[2)][7)]

[7)] Eine Gruppe **=N(=O)–OH** wird bei CA immer mittels des Präfixes "***aci*-Nitro-**" (kein Suffix) bezeichnet (z.B. "*aci*-Nitrocyclohexan", $-CH_2-(CH_2)_4-C$=N(=O)–OH; s. *Tab. 3.1*); IUPAC empfiehlt dafür einen vom Funktionsstammnamen "**Azinsäure**" (NH_2(=O)(OH); H an N substituierbar) hergeleiteten Namen bzw. das Präfix "**(Hydroxynitroryl)-**" (N(=O)(OH)<) (IUPAC R-3.3 und R-5.3.2; vgl. *Kap. 6.10(**a**)*). Eine Verbindung RC(R´)=N–O–SO_3H ist eine "*N*-Alkylidenhydroxylamin-*O*-sulfonsäure" (s. *Kap. 6.10*).

Keton-Name nach *(a)*, *(b)* oder *(c)*	+	**modifizierende Angabe**	
		"**-oxim**"	([C]=N–OH[3])
		"**-[*O*-(R´´)oxim]**"	([C]=N–OR´´[3])
		"**-thiooxim**"	([C]=N–SH[3])
		"**-[*S*-(R´´)thiooxim]**"	([C]=N–SR´´[3])

Kap. 5.8

Die **Numerierung** des Ketons wird beibehalten. Das **Substituentenpräfix für einen Oxim-Substituenten R´´X–N=** (R´´ = H, Alkyl, Aryl, Acyl; X = O, S) ist ein zusammengesetztes Präfix und wird nach *Kap. 5.8* gebildet[7]). Ein Präfix wird nur verwendet, wenn der entsprechende Keton-Substituent mittels eines Substituentenpräfixes bezeichnet würde (s. **72** – **74**):

"**(Hydroxyimino)-**" (HO–N=)
"**{[(R´´)oxy]imino}-**" (R´´O–N=)
"**(Mercaptoimino)-**" (HS–N=)
"**{[(R´´)thio]imino}-**" (R´´S–N=)

Anhang 6

Wenn nötig erfolgt die Angabe der **Konfiguration** (*E*) oder (*Z*) der Doppelbindung C=N nach *Anhang 6*.

z.B.

70

"Cyclopentan-1,2-dion-dioxim" (**70**)
Englisch: 'cyclopentane-1,2-dione dioxime'

71

"2-Methoxycyclohexa-2,5-dien-1,4-dion-4-oxim" (**71**)
Englisch: '2-methoxycyclohexa-2,5-diene-1,4-dione 4-oxime'

72

"2-[2-(Hydroxyimino)propyl]cyclohexanon" (**72**)
cyclisches Keton > acyclisches Keton (nicht Konjunktionsnamen für Ketone)

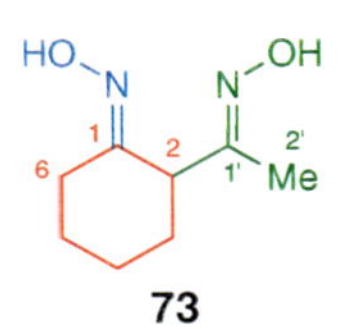

73

"2-[1-(Hydroxyimino)ethyl]-cyclohexanon-oxim" (**73**)
- Englisch: '2-[1-(hydroxyimino)ethyl]-cyclohexanone oxime'
- cyclisches Keton > acyclisches Keton (nicht Konjunktionsnamen für Ketone)

74

"(1*E*)-[(1*E*)-1-(Hydroxyimino)-ethyl]phenyldiazen" (**74**)
- vgl. dazu **(b)**: Acyl-Gruppe an Heteroatom einer Heterokette mit regelmässig platzierten Heteroatomen
- "(1*E*)" nach *Anhang 6*

75

"(2*E*)-Butan-2-on-(*O*-acetyloxim)" (**75**)
- Englisch: '(2*E*)-butan-2-one *O*-acetyloxime'
- "(2*E*)" nach *Anhang 6*
- nicht Ester (keine Bindung O–C; vgl. Ester-Definition in *Kap. 6.14*)

76

"(2*E*)-1-Phenylbutan-1,2-dion-2-oxim" (**76**)
- Englisch: '(2*E*)-1-phenylbutane-1,2-dione 2-oxime'
- "(2*E*)" nach *Anhang 6*

77

"Pentan-2,3,4-trion-3-(*O*-methyloxim)-2-oxim" (**77**)
Englisch: 'pentane-2,3,4-trione 3-(*O*-methyloxime) 2-oxime'

78

"4-[1-(Hydroxyimino)ethyl]morpholin" (**78**)
vgl. **(c)**: 'unausgedrücktes *N*-Hydroxyimidamid'

79

"1-[(Ethoxyimino)phenylmethyl]-1*H*-imidazol" (**79**)
vgl. **(c)**: 'unausgedrücktes *N*-Ethoxyimidamid'

80

"(Propoxyimino)-" (**80**)

CA ¶ 190 IUPAC R-5.6.6.2, C-922 und C-923

(f) Der **Name eines Keton-hydrazons RC(R´)=N–NR´´R´´´** (R´´, R´´´ = H, Alkyl, Aryl; nicht Acyl (Hydrazid!)) setzt sich zusammen aus[2])[8])

Keton-Name nach *(a)*, *(b)* oder *(c)*	+	**Substituentenpräfixe "(R´´)-" und "(R´´´)-"** nach *Kap. 5*, als Teil der modifizierenden Angabe	+	"**-hydrazon**" ([C]=N–NH$_2$[3])), als Teil der modifizierenden Angabe

Kap. 5

Die **Numerierung** des Ketons wird beibehalten. Hydrazon-Namen werden auch für **Azine** (RC(R´)=N–N=C(R´)R´´), **Osazone** (H$_2$N–N=C(R´)–CH=N–NH$_2$), **Phosphazine** (RC(R´)=N–N=PH$_3$) und **Formazane** (HN=N–C(R)=N–NH$_2$) verwendet (s. **82** – **85**). Das **Substituentenpräfix für H$_2$N–N=** lautet "**Hydrazono-**".

Kap. 5.8

Das **Substituentenpräfix für einen Hydrazon-Substituenten R´´R´´´N–N=** (R´´, R´´´ = H, Alkyl, Aryl, Acyl) ist ein zusammengesetztes Präfix und wird nach *Kap. 5.8* gebildet[8]). Ein Präfix wird nur verwendet, wenn der entsprechende Keton-Substituent mittels eines Substituentenpräfixes bezeichnet würde (s. **86**, **87**, **90** und **91**):

Substituentenpräfixe "(R´´)-" und "(R´´´)-" nach *Kap. 5*	+ "**-hydrazono-**" (>N–N=)

Kap. 5

Kap. 3.5

Anhang 6

Alphabetische Reihenfolge der Präfixe "(R´´)-" und "(R´´´)-". Wenn nötig erfolgt die Angabe der **Konfiguration** (*E*) oder (*Z*) der Doppelbindung C=N nach *Anhang 6*.

[8]) Eine Verbindung **R–N=N(=O)–R** ist ein "**Diazen-oxid**" (*Klasse 14, Kap. 6.25*); s. **62**) und eine Verbindung **R–N=C=N–R** ein "***N,N´*-Methantetraylbis[alkanamin]**" (*Klasse 12, Kap. 6.23*). Ein multivalenter verbindender Substituent in der Multiplikationsnomenklatur (*Kap. 3.2.3*) wird nach *Kap. 4.3.3.1(d)* (s. auch *Kap. 5.4*) benannt: "**Hydrazin-1-yl-2-yliden-**" (–NH–N=), "**Hydrazo-**" (–NH–NH–), "**Azo-**" (–N=N–) und "**Azino-**" (=N–N=).

Für **IUPAC**-Varianten, s. *Fussnote 1*. Insbesondere sind für symmetrische **Azine** RC(R´)=N–N=C(R´)R auch Azin- oder Diazan-Namen zugelassen (IUPAC R-5.6.6.3; s. **83**).

z.B.

81

"Cyclobutanon-[(2,4-dinitrophenyl)hydrazon]" (**81**)
Englisch: 'cyclobutanone (2,4-dinitrophenyl)hydrazone'

82

"Pyridin-2(1*H*)-on-{[phenyl-(phenylazo)methylen]hydrazon}" (**82**)
- Englisch: 'pyridin-2(1*H*)-one [phenyl-(phenylazo)methylene]hydrazone'
- indiziertes H-Atom nach *Anhang 5(i₂)*
- Keton > N-Verbindung (s. Ausnahmen in *(b)*)
- nicht "(Phenyldiazenyl)-" anstelle von "(Phenylazo)-"
- ein **Azin** oder auch **Formazan** (s. **86**)

83

"Propan-2-on-[(1-methylethyliden)hydrazon]" (**83**)
- Englisch: 'propan-2-one (1-methylethylidene)hydrazone'
- IUPAC: auch "Aceton-**azin**" oder "1,2-Diisopropylidendiazan"
- nicht "Dimethyl-ketazin"

84

"Propan-2-on-[(1-phenylethyliden)hydrazon]" (**84**)
- Englisch: 'propan-2-one (1-phenylethylidene)hydrazone'
- C_3-Keton > C_2-Keton
- ein **Azin**

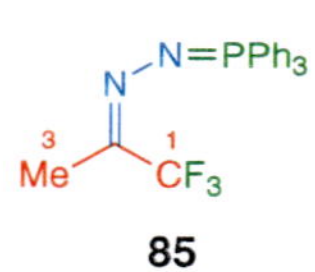

85

"1,1,1-Trifluoropropan-2-on-[(triphenylphosphoranyliden)-hydrazon]" (**85**)
- Englisch: '1,1,1-trifluoropropan-2-one (triphenylphophoranylidene)hydrazone'
- ein **Phosphazin**

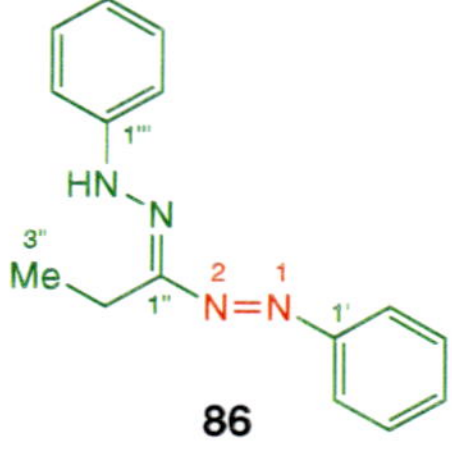

86

"Phenyl[1-(phenylhydrazono)-propyl]diazen" (**86**)
- vgl. dazu *(b)*: Acyl-Gruppe an Heteroatom einer Heterokette mit regelmässig platzierten Heteroatomen
- CA bis '12th Coll. Index': '**formazan**, 3-ethyl-1,5-diphenyl-'

87

"2-Hydrazono-2-(methylazo)-ethanol" (**87**)
- vgl. dazu *(b)*: Acyl-Gruppe an Heteroatom einer Heterokette mit regelmässig platzierten Heteroatomen
- ein **Formazan**
- nicht "(Methyldiazenyl)-" anstelle von "(Methylazo)-"

88

"Pentan-2,4-dion-mono-(methylhydrazon)" (**88**)
Englisch: 'pentane-2,4-dione mono(methylhydrazone)'

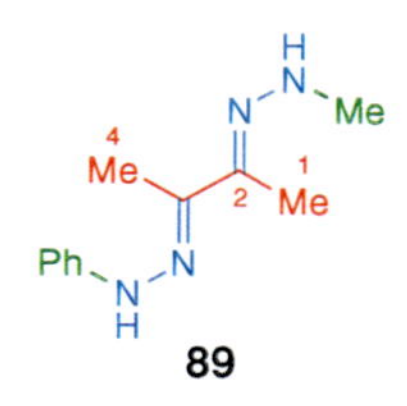

89

"Butan-2,3-dion-(methylhydrazon)-(phenylhydrazon)" (**89**)
Englisch: 'butane-2,3-dione methylhydrazone phenylhydrazone'

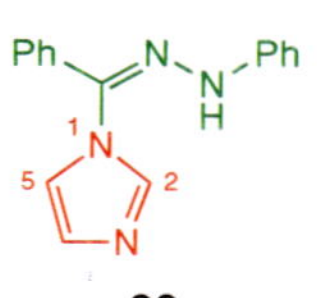

90

"1-[Phenyl(phenylhydrazono)-methyl]-1*H*-imidazol" (**90**)
vgl. *(c)*: 'unausgedrücktes Hydrazonamid'

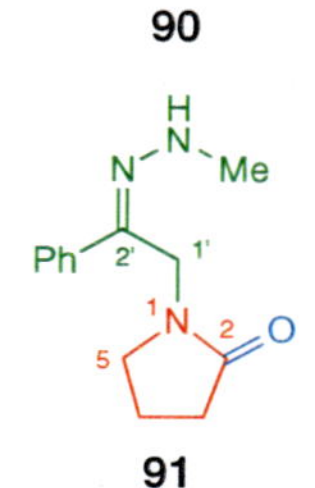

91

"1-[2-(Methylhydrazono)-2-phenylethyl]pyrrolidin-2-on" (**91**)
Heterocyclus-Keton > Kettenketon

Beispiele:

92

"Imidazolidin-2-selon"(**92**)
nach *(a)*

93

"Silacyclobutan-2-thion" (**93**)
nach *(a)*

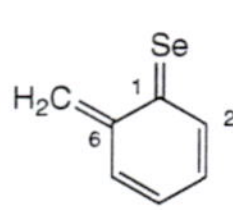

94

"6-Methylencyclohexa-2,4-dien-1-selon" (**94**)
nach *(a)*

95

"2λ²-1,3,2-Dioxaplumbolan-4,5-dion" (**95**)
- nach *(a)*
- "λ²" nach *Anhang 7*

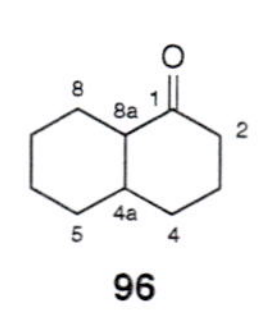

96

"Octahydronaphthalin-1(2*H*)-on" (**96**)
- nach *(a)*
- indiziertes H-Atom nach *Anhang 5(i₂)*
- **früher** auch "α-**Decalinon**" oder "α-**Decalon**"
- isomer zu "Octahydronaphthalin-2(1*H*)-on", früher auch "β-Decalinon" oder "β-Decalon"

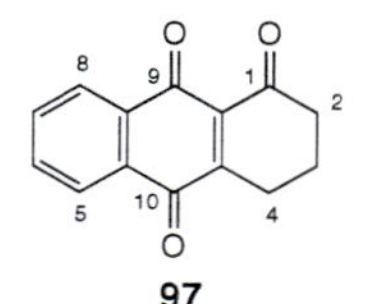

97

"3,4-Dihydroanthracen-1,9,10(2*H*)-trion" (**97**)
- nach *(a)*
- kein indiziertes H-Atom nach *Anhang 5(i₁)*, indiziertes H-Atom nach *Anhang 5(i₂)* (möglichst tiefer Lokant)

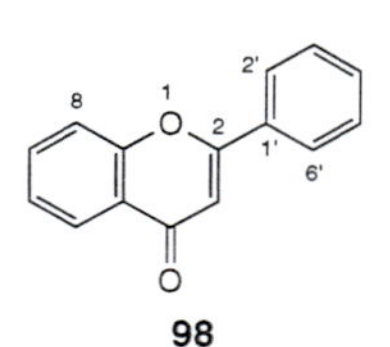

98

"2-Phenyl-4*H*-1-benzopyran-4-on" (**98**)
- nach *(a)*
- indiziertes H-Atom nach *Anhang 5(h)*
- **trivial "Flavon"**

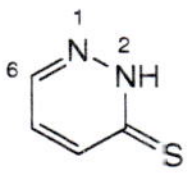

99

"Pyridazin-3(2*H*)-thion" (**99**)
- nach ***(a)***
- indiziertes H-Atom nach *Anhang 5(**i_2**)*

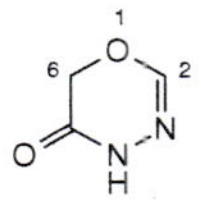

100

"4*H*-1,3,4-Oxadiazin-5(6*H*)-on" (**100**)
- nach ***(a)***
- indiziertes H-Atom nach *Anhang 5**(a)(d)*** und ***(i_2)***, d.h. indiziertes H-Atom > addiertes indiziertes H-Atom für möglichst tiefen Lokanten

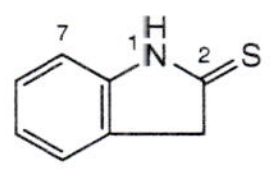

101

"1,3-Dihydro-2*H*-indol-2-thion" (**101**)
- nach ***(a)***
- indiziertes H-Atom nach *Anhang 5**(h)***, d.h. nicht "2,3-Dihydro-1*H*-indol-2-thion"
- Chalcogen-Austauschanalogon von (trivial) "**Oxindol**" (= "1,3-Dihydro-2*H*-indol-2-on")

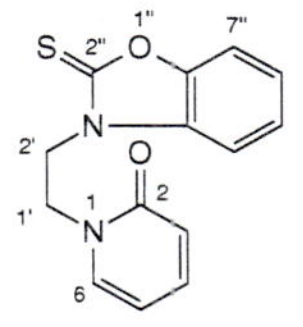

102

"1-{2-[2-Thioxobenzoxazol-3(2*H*)-yl]ethyl}pyridin-2(1*H*)-on" (**102**)
- nach ***(a)***
- indizierte H-Atome nach *Anhang 5(**i_2**)*

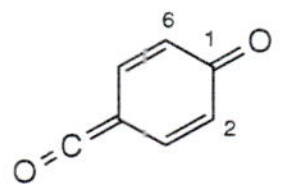

103

"4-Carbonylcyclohexa-2,5-dien-1-on" (**103**)
nach ***(a)(c)***

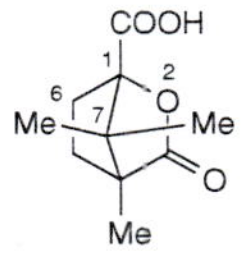

104

"4,7,7-Trimethyl-3-oxo-2-oxabicyclo[2.2.1]heptan-1-carbonsäure" (**104**)
nach ***(a)***

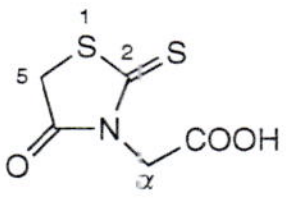

105

"4-Oxo-2-thioxothiazolidin-3-essigsäure" (**105**)
- nach ***(a)***
- Konjunktionsname

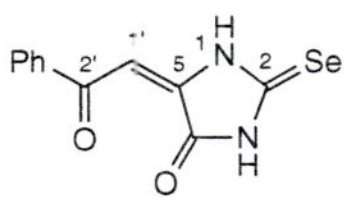

106

"5-(2-Oxo-2-phenylethyliden)-2-selenoxoimidazolidin-4-on" (**106**)
nach ***(a)***

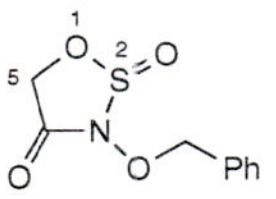

107

"3-(Phenylmethoxy)-1,2,3-oxathiazolidin-4-on-2-oxid" (**107**)
- nach ***(a)(d)***
- Additionsname (=O an S^{II})

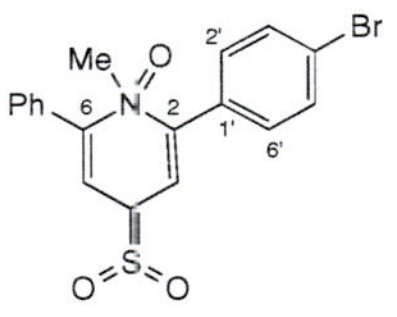

108

"2-(4-Bromophenyl)-1-methyl-6-phenylpyridin-4(1*H*)-thion-*S*,*S*,1-trioxid" (**108**)
- nach ***(a)(d)***
- indiziertes H-Atom nach *Anhang 5(**i_2**)*
- Additionsname (1 =O an N^{III}, 2 =O an S^{II})
- trivial ein **Sulfen**

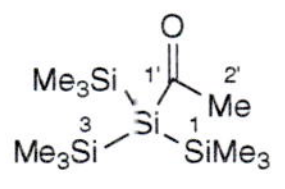

109

"2-Acetyl-1,1,1,3,3,3-hexamethyl-2-(trimethylsilyl)trisilan" (**109**)
- nach ***(b)***, Ausnahme
- Verbindung der *Klasse 19 (Kap. 6.29)*

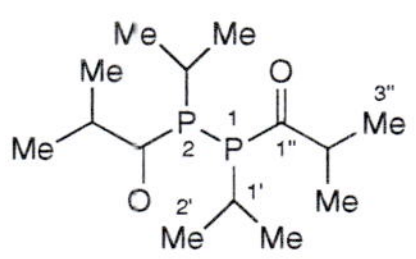

110

"1,2-Bis(1-methylethyl)-1,2-bis(2-methyl-1-oxopropyl)diphosphin" (**110**)
- nach ***(b)***, Ausnahme
- Verbindung der *Klasse 15 (Kap. 6.26)*

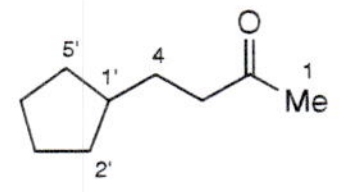

111

"4-Cyclopentylbutan-2-on" (**111**)
- nach ***(b)***
- **nicht Konjunktionsname**, d.h. nicht "α-Methylcyclopentanpropanon"

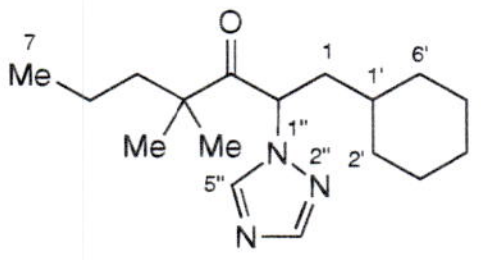

112

"1-Cyclohexyl-4,4-dimethyl-2-(1*H*-1,2,4-triazol-1-yl)heptan-3-on" (**112**)
- nach ***(b)***
- indiziertes H-Atom nach *Anhang 5**(h)***
- **nicht Konjunktionsname**

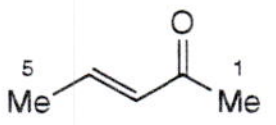

113

"Pent-3-en-2-on" (**113**)
nach ***(b)***

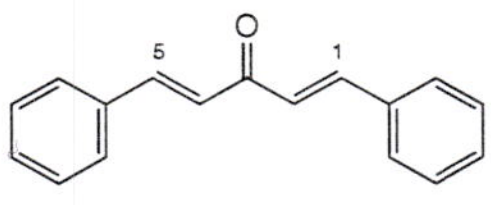

114

"1,5-Diphenylpenta-1,4-dien-3-on" (**114**)
- nach ***(b)***
- **nicht "Dibenzylidenaceton"** (Abkürzung: "**DBA**")

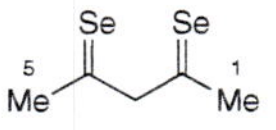

115

"Pentan-2,4-diselon" (**115**)
nach ***(b)***

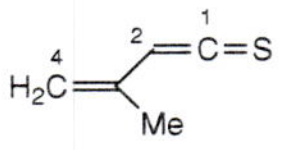

116

"3-Methylbuta-1,3-dien-1-thion" (**116**)
- nach ***(b)***
- ein Keten

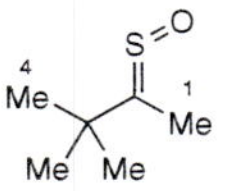

117

"(2*E*)-3,3-Dimethylbutan-2-thion-*S*-oxid" (**117**)
- nach ***(b)(d)***
- "(2*E*)" nach *Anhang 6*
- Additionsname (=O an S^{II})
- trivial ein **Sulfin**

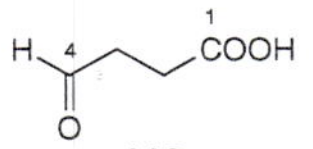

118

"4-Oxobutansäure" (**118**)
- nach ***(b)***
- IUPAC: auch "3-Formylpropansäure"

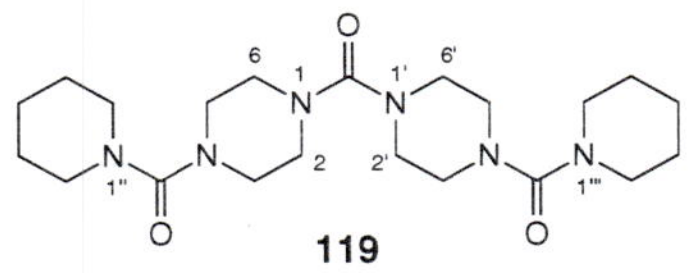

119

"1,1′-Carbonylbis[4-(piperidin-1-ylcarbonyl)piperazin]" (**119**)
- nach ***(c)***, Ausnahme
- Multiplikationsname

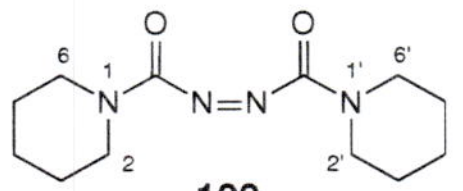

120

"1,1′-(Azodicarbonyl)bis[piperidin]" (**120**)
- nach ***(c)***, Ausnahme
- Multiplikationsname

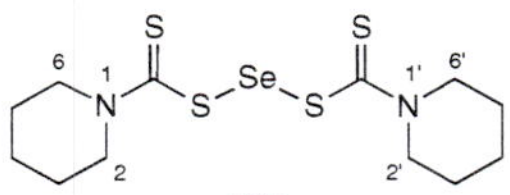

121

"1,1′-[Selenobis(thiocarbonothioyl)]-bis[piperidin]" (**121**)
- nach ***(c)***, Ausnahme
- Multiplikationsname

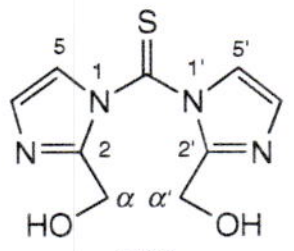

122

"1,1′Carbonothioylbis[1*H*-imidazol-2-methanol]" (**122**)
- nach ***(c)***, Ausnahme
- indiziertes H-Atom nach *Anhang 5**(a)(d)***
- Multiplikations- und Konjunktionsname

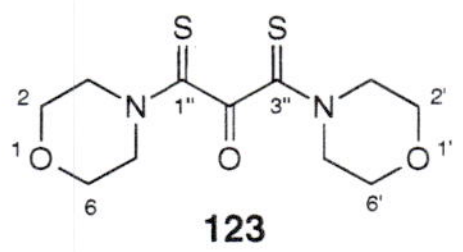

123

"4,4′-(2-Oxo-1,3-dithioxopropan-1,3-diyl)bis[morpholin]" (**123**)
- nach ***(c)***, Ausnahme
- Multiplikationsname

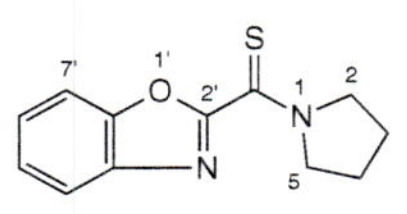

124

"1-[(Benzoxazol-2-yl)thioxomethyl]pyrrolidin" (**124**)
- nach ***(c)***, Ausnahme
- 'unausgedrücktes Amid', nicht "Methanthion"

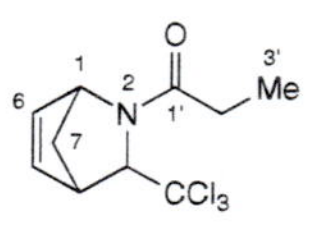

125

"2-(1-Oxopropyl)-3-(trichloromethyl)-2-azabicyclo[2.2.1]hept-5-en" (**125**)
- nach *(c)*, Ausnahme
- 'unausgedrücktes Amid', nicht "Propanon"

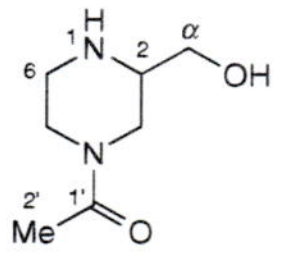

126

"4-Acetylpiperazin-2-methanol" (**126**)
- nach *(c)*, Ausnahme
- 'unausgedrücktes Amid' mit dem Namen einer Verbindung der *Klasse 10* (*Kap. 6.21*)

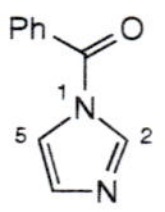

127

"1-Benzoyl-1*H*-imidazol" (**127**)
- nach *(c)*, Ausnahme
- 'unausgedrücktes Amid'; vgl. **128**
- indiziertes H-Atom nach *Anhang 5(a)(d)*

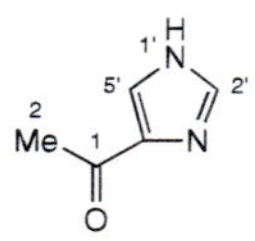

128

"1-(1*H*-Imidazol-4-yl)ethanon" (**128**)
- nach *(c)*
- vgl. **127**
- indiziertes H-Atom nach *Anhang 5(a)(d)*

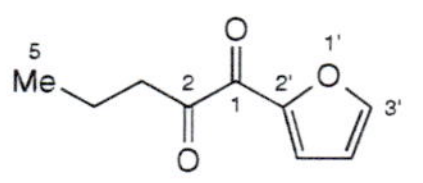

129

"1-(Furan-2-yl)pentan-1,2-dion" (**129**)
nach *(c)*

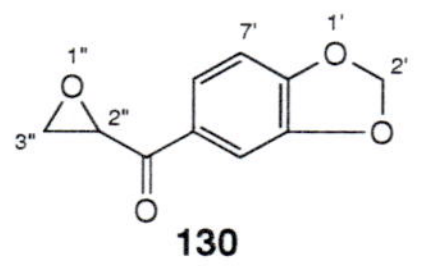

130

"(1,3-Benzodioxol-5-yl)oxiranylmethanon" (**130**)
nach *(c)*

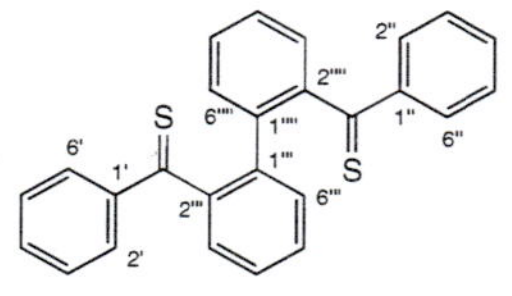

131

"([1,1´-Biphenyl]-2,2'-diyl)bis[phenylmethanthion]" (**131**)
- nach *(c)*
- Multiplikationsname

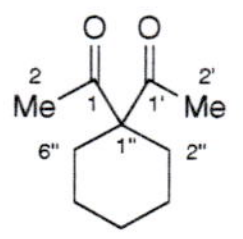

132

"1,1´-Cyclohexylidenbis[ethanon]" (**132**)
- nach *(c)*
- Multiplikationsname

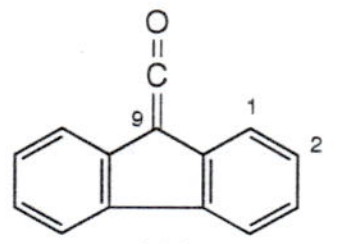

133

"(9*H*-Fluoren-9-yliden)methanon" (**133**)
- nach *(c)*
- indiziertes H-Atom nach *Anhang 5(h)*

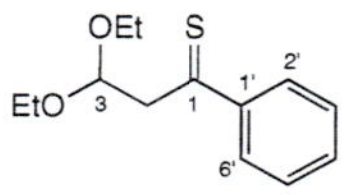

134

"3,3-Diethoxy-1-phenylpropan-1-thion" (**134**)
- nach *(c)*
- beachte Acetal-Gruppe an C(3)

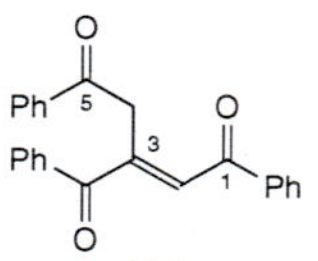

135

"(2*E*)-3-Benzoyl-1,5-diphenylpent-2-en-1,5-dion" (**135**)
- nach *(c)*
- "(2*E*)" nach *Anhang 6*

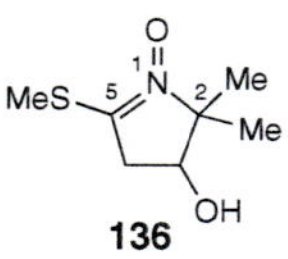

136

"3,4-Dihydro-2,2-dimethyl-5-(methylthio)-2*H*-pyrrol-3-ol-1-oxid" (**136**)
- nach *(d)*
- indiziertes H-Atom nach *Anhang 5(a)(d)*

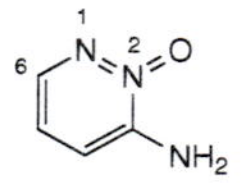

137

"Pyridazin-3-amin-2-oxid" (**137**)
nach *(d)*

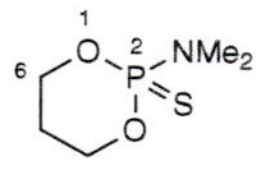

138

"*N,N*-Dimethyl-1,3,2-dioxaphosphorinan-2-amin-2-sulfid" (**138**)
- nach *(d)*
- Verbindung der *Klasse 12* (*Kap. 6.23*), nicht Amid

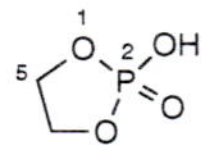

139

"2-Hydroxy-1,3,2-dioxaphospholan-2-oxid" (**139**)
- nach *(d)*
- Präfix für OH an Heteroatom P (s. *Klasse 10*, *Kap. 6.21*)
- nicht "Ethylen-phosphat", nicht Säure

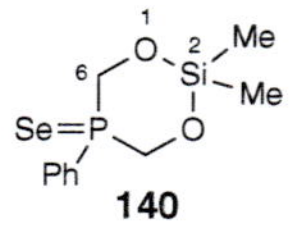

140

"2,2-Dimethyl-5-phenyl-1,3-dioxa-5-phospha-2-silacyclohexan-5-selenid" (**140**)
nach *(d)*

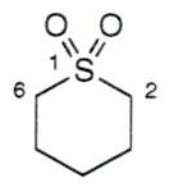

141

"Thiiran-1,1-dioxid" (**141**)
nach *(d)*

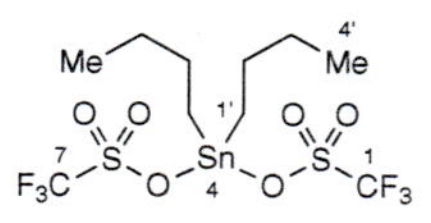

142

"4,4-Dibutyl-1,1,1,7,7,7-hexafluoro-3,5-dioxa-2,6-dithia-4-stannaheptan-2,2,6,6-tetraoxid" (**142**)
- nach *(d)*
- nicht Ester (keine Bindung O–C; vgl. Ester-Definition in *Kap. 6.14*)

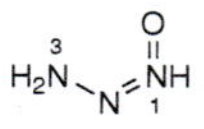

143

"Triaz-1-en-1-oxid" (**143**)
nach *(d)*

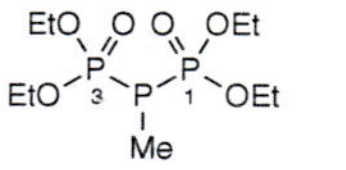

144

"1,1,3,3-Tetraethoxy-2-methyltriphosphin-1,3-dioxid" (**144**)
- nach *(d)*
- nicht Ester

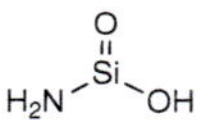

145

"Aminooxosilanol" (**145**)
- nach *(d)*
- nicht Säure

PH=S

146

"Thioxophosphin" (**146**)
nach *(d)*

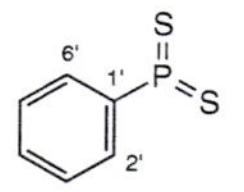

147

"Phenylthioxophosphin-sulfid (**147**)
nach *(d)*

Cl—Sb=O

148

"Chlorooxostibin" (**148**)
- nach *(d)*
- nicht Antimon-oxychlorid

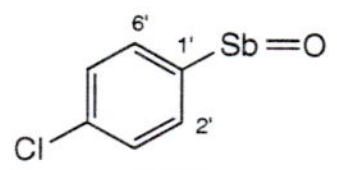

149

"(4-Chlorophenyl)oxostibin" (**149**)
nach *(d)*

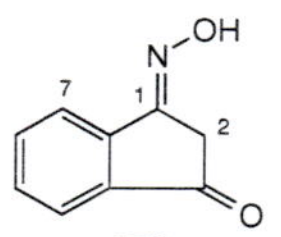

150

"1*H*-Inden-1,3(2*H*)-dion-monooxim" (**150**)
- nach *(e)*
- indiziertes H-Atom nach *Anhang 5(i_1)*

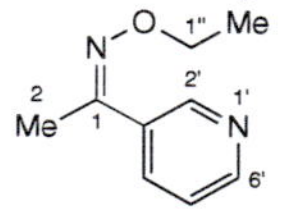

151

"1-(Pyridin-3-yl)ethanon-(*O*-ethyloxim)" (**151**)
nach *(e)*

"(3*E*,4*E*)-4-[(Phenylmethyl)imino]pentan-2,3-dion-3-oxim" (**152**)
- nach *(e)*
- "(3*E*,4*E*)" nach *Anhang 6*

"1,2-Dimethyl-1*H*-imidazol-4,5-dion-4-oxim" (**153**)
- nach *(e)*
- kein indiziertes H-Atom nach *Anhang 5(i₁)*, indiziertes H-Atom nach *Anhang 5(a)(d)* (d.h. nicht "...4*H*-imidazol-4,5(1*H*)-dion...")

"1-(2-Thienyl)butan-1-on-[*O*,*O*´-(ethan-1,2-diyl)dioxim]" (**154**)
nach *(e)*

"Butan-2,3-dion-(*O*-aminooxim)-oxim" (**155**)
nach *(e)*

"Propan-2-on-[*O*-(aminocarbonyl)oxim]" (**156**)
- nach *(e)*
- nicht Ester (keine Bindung O–C; vgl. Ester-Definition in *Kap. 6.14*)

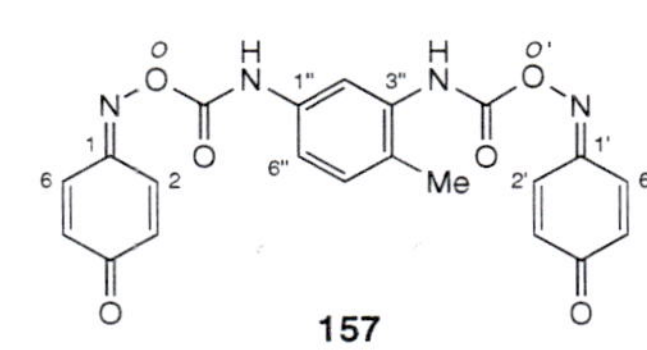

"Cyclohexa-2,5-dien-1,4-dion-{*O*,*O*´-[(4-methyl-1,3-phenylen)-bis(iminocarbonyl)]dioxim}" (**157**)
- nach *(e)*
- nicht Ester (keine Bindung O–C; vgl. Ester-Definition in *Kap. 6.14*)

"(1*E*)-1-(Pyridin-2-yl)ethanon-[*O*-(pyridin-2-ylcarbonyl)oxim]" (**158**)
- nach *(e)*
- "(1*E*)" nach *Anhang 6*
- nicht Ester (keine Bindung O–C; vgl. Ester-Definition in *Kap. 6.14*)

"Cyclohexa-2,5-dien-1,4-dion-bis[(2*H*-1-benzopyran-2-yliden)hydrazon]" (**159**)
- nach *(f)*
- indiziertes H-Atom nach *Anhang 5(h)*
- Diketon > Monoketon

"2,2,14,14-Tetramethyl-3,13-dioxa-2,14-disilapentadecan-8-on-(dimethylhydrazon)" (**160**)
nach *(f)*

"(2*E*,3*E*)-Butan-2,3-dion-bis{[(1*E*,2*E*)-2-(hydroxyimino)-1-methylpropyliden]-hydrazon}" (**161**)
- nach *(f)*
- Wahl er Gerüst-Stammstruktur nach *Kap. 3.3(l)* (Zentralität)
- "(2*E*,3*E*)" und "(1*E*,2*E*)" nach *Anhang 6*

"1-(2-Methoxyphenyl)-4-{1-[(pyridin-4-ylmethylen)hydrazono]propyl}piperazin" (**162**)
- nach *(f)*
- 'unausgedrücktes Hydrazonamid' (vgl. *(c)*)
- Numerierung von "Piperazin" entsprechend alphabetischer Reihenfolge der Substituenten ("**M**ethoxy..." > "**P**yridinyl...")

"1-(Thiazol-2-yl)ethanon-hydrazon" (**163**)
nach *(f)*

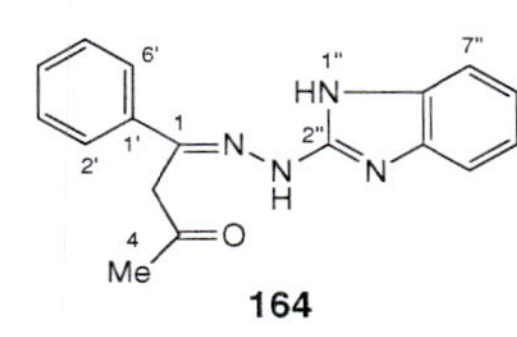

"1-Phenylbutan-1,3-dion-1-[(1*H*-benzimidazol-2-yl)hydrazon]" (**164**)
- nach *(f)*
- indiziertes H-Atom nach *Anhang 5(a)(d)*

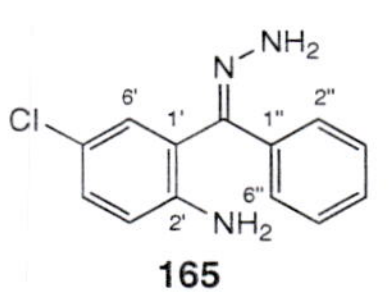

"(2-Amino-5-chlorophenyl)phenylmethanon-hydrazon" (**165**)
nach *(f)*

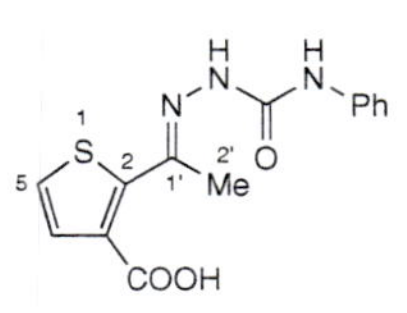

"2-{1-{[(Phenylamino)carbonyl]hydrazono}ethyl}thiophen-3-carbonsäure" (**166**)
- nach *(f)*
- Carbonsäure > Hydrazincarboxamid
- ein **Keton-semicarbazon**

"1-{[Bis(trimethylsilyl)hydrazono]phosphino}-2,2,6,6-tetramethylpiperidin" (**167**)
- nach *(e)(f)*
- 'unausgedrücktes Phosphenigsäure-amid' (O=P–OH ist "Phosphenigsäure")

CA ¶ 175, 229 und 291
IUPAC R-5.5.1, R-5.5.2, R-5.4.4, C-201 - C-204, C-511, C-21 - C-24, C-331.4 und C-533.2

6.21. Alkohole und Phenole *(Klasse 10)*

Definition:

Ein Alkohol 1a oder Phenol 1b trägt einen Substituenten -XH (X = O, S, Se, Te) **an einem C- oder Si-Atom** einer Gerüst-Stammstruktur. Im folgenden wird der Ausdruck Alkohol generell für alle Chalcogen-Austauschanaloga **1a,b** (X = O, S, Se, Te) verwendet.

Je nach Substitutionsgrad wird ein Alkohol generisch bezeichnet als

primärer Alkohol	RCH_2-OH	(R ≠ H)
sekundärer Alkohol	RCH(R´)-OH	(R, R´ ≠ H)
tertiärer Alkohol	RC(R´)(R´´)-OH	(R, R´, R´´ ≠ H)

XH – C(R)(R')(R'') oder XH – Si(R)(R')(R'')
R, R', R'' = H, Alkyl, Aryl

1a

Aren—XH

1b

"Alkohol" oder **"Phenol"** (X = O) **"Selenol"** (X = Se)
"Thiol" (X = S) **"Tellurol"** (X = Te)

Beachte:

Kap. 3.2.2

- **Wenn möglich** werden **Konjunktionsnamen** nach *Kap. 3.2.2* verwendet (s. **11, 27, 28, 34, 40, 73, 75, 76** und **78 - 80**).
- **Halbacetale RC(R´)(XR´´)XH** (X = O, S, Se, Te; R´´ ≠ H) werden als Alkohole bezeichnet (s. **41** und **42**).
- **Alkoholate R-X⁻** sind in *Kap. 6.4.2.2(c)* und **Ether R-X-R´**(X = O, S, Se, Te) in *Kap. 6.30* und *6.31* beschrieben.

Kap. 6.4.2.2(c) Kap. 6.30 und 6.31

6

Man unterscheidet:

(a) Alkohole mit dem Substituenten -XH (X = O, S, Se, Te) an einem C- oder Si-Atom: Suffixe und Substituentenpräfixe (Ausnahme: "Phenol"; Trivialnamen "Ethylenglycol", "Glycerin", "Pentaerythrit", "Pinacol", "Kresol", "Carvacrol", "Thymol", "Brenzcatechin", "Resorcin", "Hydrochinon", "Pikrinsäure", "Naphthol", "Anthrol", "Phenanthrol");

(b) Pseudoalkohole mit dem Substituenten -XH (X = O, S, Se, Te) an einem Heteroatom (≠ Si): Substituentenpräfixe;

(c) Substituenten Acyl-X- (X = O, S, Se, Te) an Heteroatom (≠ Si): Substituentenpräfixe;

(d) Substituenten R-X- (X = O, S, Se, Te; R = Alkyl, Aryl, Silyl): Substituentenpräfixe (Ether).

(a) Der **Name eines Alkohols oder Phenols R-XH** (-XH an C- oder Si-Atom; X = O, S, Se, Te; R = Alkyl, Aryl, Silyl) setzt sich zusammen aus

Kap. 4.2 - 4.10
Anhang 2

Stammname der Gerüst-Stammstruktur RH nach *Kap. 4.2 - 4.10*	+	**Suffix** **"-ol"**	(-OH)
		"-thiol"	(-SH)
		"-selenol"	(-SeH)
		"-tellurol"	(-TeH)

Wenn nötig werden **Multiplikationsaffixe** verwendet (z.B. "Ethan-1,2-diol", $HOCH_2CH_2OH$).

Phenole Aren-OH und Chalcogen-Analoga werden **wie Alkohole** benannt.

Halbacetale RC(R´)(OR´´)OH und Chalcogen-Analoga sind substituierte Alkohole (s. **41** und **42**).

Ausnahme:

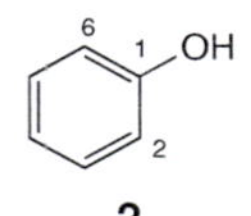

2

"Phenol" (2)
H an C substituierbar, ausser durch Ph ($Ph-C_6H_4-OH$ ist z.B. "[1,1´-Biphenyl]-4-ol")

Substituentenpräfixe für HX- lauten (H-Atom nicht substituierbar)

"Hydroxy-" (HO-) **"Selenyl-"** (HSe-)
"Mercapto-" (HS-) **"Telluryl-"** (HTe-)

IUPAC lässt für Alkohole mit -XH = -OH **auch** die **Funktionsklassennomenklatur** (*Kap. 3.2.6*) zu (s. **3** - **11**; für triviale Substituentenpräfixe, s. *Kap. 4.2* und *4.4 - 4.6*), im Deutschen ohne Bindestrich, der aber hier immer beigefügt wird.

Folgende Trivialnamen sind noch zulässig: **"Ethylen-glycol"** (**12**), **"Glycerin"** ('glycerol'; **13**), **"Pentaerythrit"** (**14**), **"Pinacol"** (**15**), **"Kresol"** (s. **16**), **"Carvacrol"** (**17**), **"Thymol"** (**18**), **"Brenzcatechin"** ('pyrocatechol'; **19**), **"Resorcin"** ('resorcinol'; **20**), **"Hydrochinon"** ('hydroquinone'; **21**), **"Pikrinsäure"** ('picric acid'; **22**), **"Naphthol"** (s. **23**), **"Anthrol"** (s. **24**) und **"Phenanthrol"** (s. **25**). Dagegen wird die **Carbinol**-Nomenklatur schon seit 1978 nicht mehr empfohlen (IUPAC C-201.1; s. **28**). Die Affixe "Thio-", "Seleno-" und "Telluro-" im Zusammenhang mit Trivialnamen werden nicht mehr verwendet (IUPAC R-5.5.1.2, vgl. C-511.2; s. **26**). Anstelle der früher empfohlenen Substituentenpräfixe "Mercapto-" (HS-; C-511.1) und "(Hydroseleno)-" (HSe-; C-701) werden die Präfixe **"Sulfanyl-"** (HS-), **"Selanyl-"** (HSe-) und **"Tellanyl-"** (HTe-) vorgeschlagen (IUPAC R-5.5.1.2).

z.B.

Me—OH

3

"Methanol" (**3**)
IUPAC: auch "**Methyl-alkohol**" ('methyl alcohol'); substituierbar

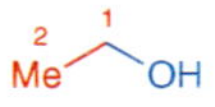

4

"Ethanol" (**4**)
IUPAC: auch "**Ethyl-alkohol**" ('ethyl alcohol'); substituierbar

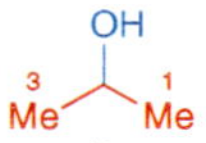

5

"Propan-2-ol" (**5**)
- IUPAC: auch "**Isopropyl-alkohol**" ('isopropyl alcohol'); nicht substituierbar
- **nicht "Isopropanol"**!

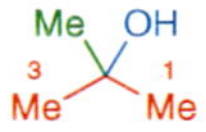

6

"2-Methylpropan-2-ol" (**6**)
- IUPAC: auch "***tert*-Butyl-alkohol**" ('*tert*-butyl alcohol'); nicht substituierbar
- **nicht "*tert*-Butanol"**!

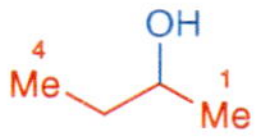

7

"Butan-2-ol" (**7**)
- IUPAC: auch "***sec*-Butyl-alkohol**" ('*sec*-butyl alcohol'); nicht substituierbar
- **nicht "*sec*-Butanol"**!

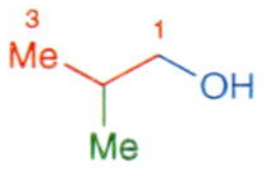

8

"2-Methylpropan-1-ol" (**8**)
- IUPAC: auch "**Isobutyl-alkohol**" ('isobutyl alcohol'); nicht substituierbar
- **nicht "Isobutanol"**!

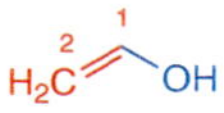

9

"Ethenol" (**9**)
IUPAC: auch "**Vinyl-alkohol**" ('vinyl alcohol'); substituierbar

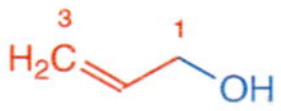

10

"Prop-2-en-1-ol" (**10**)
IUPAC: auch "**Allyl-alkohol**" ('allyl alcohol'); substituierbar

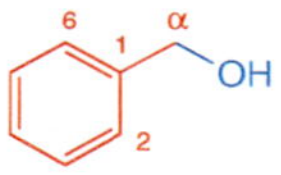

11

"Benzolmethanol" (**11**)
- Englisch: 'benzenemethanol'
- Konjunktionsname
- IUPAC: auch "**Benzyl-alkohol**" ('benzyl alcohol'); nur am Ring substituierbar

12

"Ethan-1,2-diol" (**12**)
IUPAC: auch "**Ethylen-glycol**" ('ethylene glycol'); nicht substituierbar

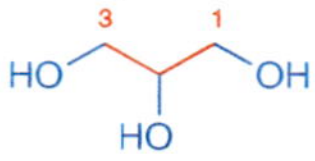

13

"Propan-1,2,3-triol" (**13**)
IUPAC: auch "**Glycerin**" ('**glycerol**'); nicht substituierbar

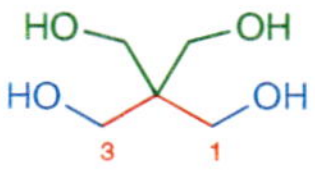

14

"2,2-Bis(hydroxymethyl)propan-1,3-diol" (**14**)
IUPAC: auch "**Pentaerythrit**" ('**pentaerythritol**'); nicht substituierbar

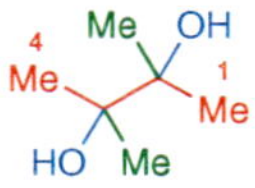

15

"2,3-Dimethylbutan-2,3-diol" (**15**)
IUPAC: auch "**Pinacol**"; nicht substituierbar; "Pinacol" wurde auch als generischer Name für vicinale Diole verwendet

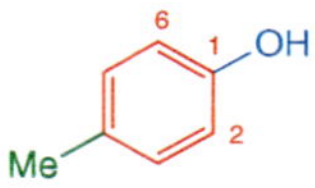

16

"4-Methylphenol" (**16**)
IUPAC: auch "***p*-Kresol**"; nicht substituierbar

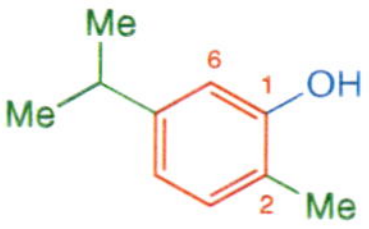

17

"2-Methyl-5-(1-methylethyl)-phenol" (**17**)
IUPAC: auch "**Carvacrol**"; nicht substituierbar

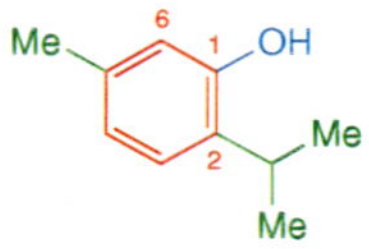

18

"5-Methyl-2-(1-methylethyl)-phenol" (**18**)
IUPAC: auch "**Thymol**"; nicht substituierbar

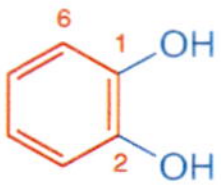

19

"Benzol-1,2-diol" (**19**)
- Englisch: 'benzene-1,2-diol'
- IUPAC: auch "**Brenzcatechin**" ('**pyrocatechol**'); nicht substituierbar
- der **Trivialname "Guajacol"** (= "2-Methoxyphenol") für *o*-MeO–C_6H_4–OH wird von IUPAC **nicht mehr** empfohlen

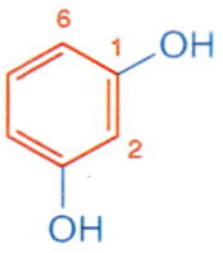

20

"Benzol-1,3-diol" (**20**)
- Englisch: 'benzene-1,3-diol'
- IUPAC: auch "**Resorcin**" ('**resorcinol**'); nicht substituierbar

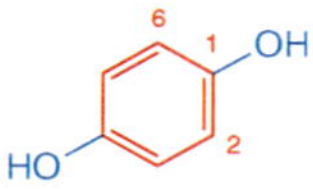

21

"Benzol-1,4-diol" (**21**)
- Englisch: 'benzene-1,4-diol'
- IUPAC: auch "**Hydrochinon**" ('hydroquinone'); nicht substituierbar
- früher auch "Hydrochinol"

22

"2,4,6-Trinitrophenol" (**22**)
IUPAC: auch "**Pikrinsäure**" ('**picric acid**'); nicht substituierbar

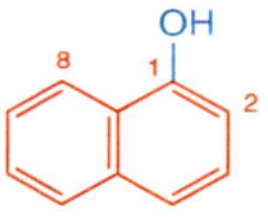

23

"Naphthalin-1-ol" (**23**)
- Englisch: 'naphthalen-1-ol'
- IUPAC: auch "**1-Naphthol**"; substituierbar

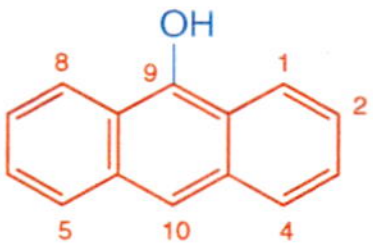

24

"Anthracen-9-ol" (**24**)
IUPAC: auch "**9-Anthrol**"; substituierbar

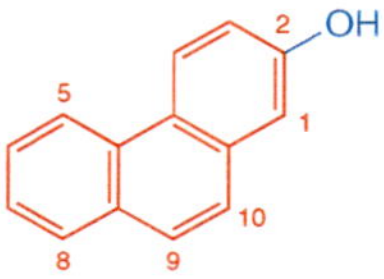

25

"Phenanthren-2-ol" (**25**)
IUPAC: auch "**2-Phenanthrol**"; substituierbar

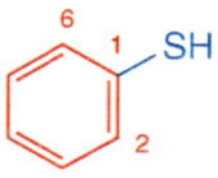

26

"Benzolthiol" (**26**)
- Englisch: 'benzenethiol'
- **früher "Thiophenol"**

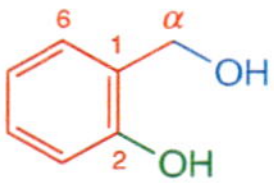

27

"2-Hydroxybenzolmethanol" (**27**)
- Englisch: '2-hydroxybenzenemethanol'
- Konjunktionsname
- Wahl der Gerüst-Stammstruktur nach *Kap. 3.3(**e**)*
- **trivial "Salicylalkohol"**

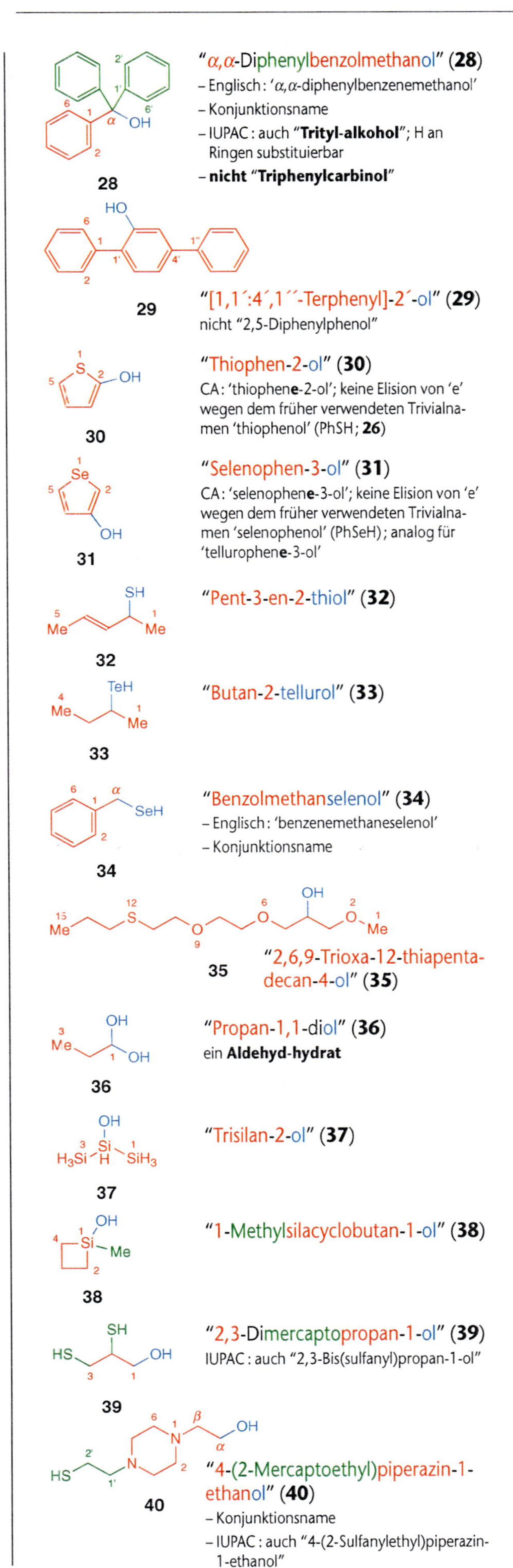

"α,α-Diphenylbenzolmethanol" (**28**)
- Englisch: 'α,α-diphenylbenzenemethanol'
- Konjunktionsname
- IUPAC: auch "**Trityl-alkohol**"; H an Ringen substituierbar
- **nicht** "**Triphenylcarbinol**"

"[1,1´:4´,1´´-Terphenyl]-2´-ol" (**29**)
nicht "2,5-Diphenylphenol"

"Thiophen-2-ol" (**30**)
CA: 'thiophen**e**-2-ol'; keine Elision von 'e' wegen dem früher verwendeten Trivialnamen 'thiophenol' (PhSH; **26**)

"Selenophen-3-ol" (**31**)
CA: 'selenophen**e**-3-ol'; keine Elision von 'e' wegen dem früher verwendeten Trivialnamen 'selenophenol' (PhSeH); analog für 'tellurophen**e**-3-ol'

"Pent-3-en-2-thiol" (**32**)

"Butan-2-tellurol" (**33**)

"Benzolmethanselenol" (**34**)
- Englisch: 'benzenemethaneselenol'
- Konjunktionsname

"2,6,9-Trioxa-12-thiapentadecan-4-ol" (**35**)

"Propan-1,1-diol" (**36**)
ein **Aldehyd-hydrat**

"Trisilan-2-ol" (**37**)

"1-Methylsilacyclobutan-1-ol" (**38**)

"2,3-Dimercaptopropan-1-ol" (**39**)
IUPAC: auch "2,3-Bis(sulfanyl)propan-1-ol"

"4-(2-Mercaptoethyl)piperazin-1-ethanol" (**40**)
- Konjunktionsname
- IUPAC: auch "4-(2-Sulfanylethyl)piperazin-1-ethanol"

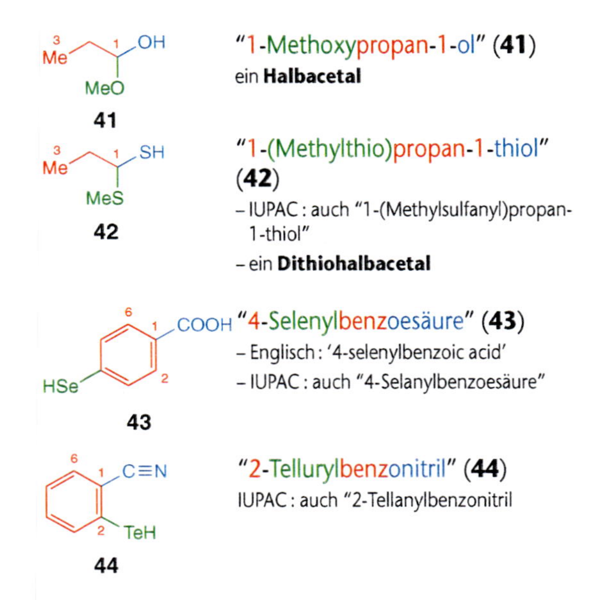

"1-Methoxypropan-1-ol" (**41**)
ein **Halbacetal**

"1-(Methylthio)propan-1-thiol" (**42**)
- IUPAC: auch "1-(Methylsulfanyl)propan-1-thiol"
- ein **Dithiohalbacetal**

"4-Selenylbenzoesäure" (**43**)
- Englisch: '4-selenylbenzoic acid'
- IUPAC: auch "4-Selanylbenzoesäure"

"2-Tellurylbenzonitril" (**44**)
IUPAC: auch "2-Tellanylbenzonitril

(b) **Ein Substituent HX–** (X = O, S, Se, Te) **an einem Heteroatom ≠ Si wird immer als Präfix ausgedrückt** (**Pseudoalkohol**), **ausser wenn er Teil einer Säure-Gruppe ist**; d.h. für Säuren der *Klassen 5c, 5e – g, 5j* und *5k* (s. *Tab. 3.2*) sind Suffixe bzw. Funktionsstammnamen zu verwenden (z.B. "Methansulfonsäure" (Me–S(=O)$_2$–OH), "Schwefelsäure" (HO–S(=O)$_2$–OH), "Phosphonsäure" (HP(=O)(OH)$_2$).

Tab. 3.2

"**Hydroxy-**" (HO–)	"**Selenyl-**" (HSe–)
"**Mercapto-**" (HS–)	"**Telluryl-**" (HTe–)

Ausnahmen (CA ¶ 193):

CA ¶ 193

$H_2N–OH$ **45**

"**Hydroxylamin**" (**45**)
Verbindung der *Klasse 14* (*Kap. 6.25*); Gerüst-Stammstruktur; Substituenten am O-Atom werden mit Präfixen bezeichnet, ausser –SO$_3$H und Analoga (s. *Kap. 6.10(**a**)*) und entsprechende Derivate

$H_2N–SH$ **46**

"**Thiohydroxylamin**" (**46**)
- Verbindung der *Klasse 14* (*Kap. 6.25*); Gerüst-Stammstruktur, vgl. **45**
- entsprechend für Se- und Te-Analoga

Vgl. dazu auch die **N-, P-, As-, Sb-, Bi-, B-, Ge-, Sn- und Pb-Verbindungen** der *Klassen 14 – 20* (s. *Tab. 3.2* und *Kap. 6.25 – 6.29*).

Tab. 3.2 und Kap. 6.25 – 6.29

z.B.

HO–NH–N=NH **47**

"3-Hydroxytriaz-1-en" (**47**)

HO–NH–NH–OH **48**

"1,2-Dihydroxyhydrazin" (**48**)

49

"1-Chloro-3-hydroxy-1,1,3,3-tetramethyldistannoxan" (**49**)

50

"Trimercaptodiphosphin-1,2-disulfid" (**50**)
Additionsname (=S an P^{III}); vgl. *Kap. 6.20(**d**)*

6

51

"1-Hydroxyphospholan" (**51**)

52

"1-Hydroxypiperidin-4-ol (**52**)
nicht "Piperidin-1,4-diol"

53

"1-Hydroxy-1*H*-benzotriazol" (**53**)
- indiziertes H-Atom nach *Anhang 5**(a)**(d)*
- Abkürzung: **"HOBt"**

54

"2-Hydroxyborazin" (**54**)

55

"4-Mercaptomorpholin" (**55**)

56

"2-Mercapto-1,3,2-dioxaphospholan-2-sulfid" (**56**)
Additionsname (=S an P^{III}); vgl. *Kap. 6.20**(d)***

(c) Entsprechend ***(b)*** wird ein **Substituent Acyl–X–** (X = O, S, Se, Te) **an einem Heteroatom ≠ Si** immer **als zusammengesetztes Präfix** ausgedrückt (**Pseudoester,** nicht Ester!).

Acyl-Präfix nach *Kap. 6.14**(e)***	+	**"-oxy-"** (–O–) **"-thio-"** (–S–) **"-seleno-"** (–Se–) **"-telluro-"** (–Te–)

Kap. 6.14**(e)**

Vgl. dazu auch die **N-, P-, As-, Sb-, Bi-, B-, Ge-, Sn- und Pb-Verbindungen** der *Klassen 14 – 20* (s. *Tab. 3.2* und *Kap. 6.25 – 6.29*).

Tab. 3.2 und Kap. 6.25 – 6.29

z.B.

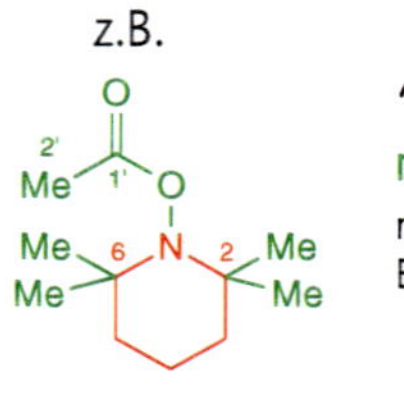

57

"1-(Acetyloxy)-2,2,6,6-tetramethylpiperidin" (**57**)
nicht Ester (keine Bindung O–C; vgl. Ester-Definition in *Kap. 6.14*)

58

"1,3-Bis[(cyclopentylcarbonyl)oxy]-1,1,3,3-tetramethyldistannathian" (**58**)
- Heterokette mit regelmässigem heterogenem Muster > Heterokette mit Austauschnamen (s. *Kap. 3.3**(b)***, d.h. *Tab. 3.2*)
- nicht Ester (keine Bindung O–C; vgl. Ester-Definition in *Kap. 6.14*)

(d) Ein **Substituent R–X–** (X = O, S, Se, Te; R = Alkyl, Aryl, Silyl) wird immer als **zusammengesetztes Präfix** bezeichnet (vgl. ***(c)*** und *Kap. 6.30* und *6.31*), wobei die Trivialnamen "**Methoxy-**" (MeO–), "**Ethoxy-**" (EtO–), "**Propoxy-**" ($MeCH_2CH_2O$–), "**Butoxy-**" ($MeCH_2CH_2CH_2O$–) und "**Phenoxy-**" (PhO–) verwendet werden; für IUPAC-Varianten, s. *Kap. 6.30* und *6.31*.

Kap. 6.30 und 6.31

Beispiele:

59

"But-2-en-1-ol" (**59**)
- nach ***(a)***
- **früher** trivial **"Crotyl-alkohol"**

60

"(2*E*)-3,7-Dimethylocta-2,6-dien-1-ol" (**60**)
- nach ***(a)***
- "(2*E*)" nach *Anhang 6*
- **trivial "Geraniol"**

61

"(2*E*,7*R*,11*R*)-3,7,11,15-Tetramethylhexadec-2-en-1-ol" (**61**)
- nach ***(a)***
- "(2*E*,7*R*,11*R*)" nach *Anhang 6*
- **trivial "Phytol"**

62

"(1*R*,2*S*,5*R*)-5-Methyl-2-(1-methylethyl)cyclohexanol" (**62**)
- nach ***(a)***
- "(1*R*,2*S*,5*R*)" nach *Anhang 6*
- **trivial "(1*R*)-Menthol"**

63

"1,7,7-Trimethylbicyclo[2.2.1]heptan-2-ol" (**63**)
- nach ***(a)***
- **trivial "Borneol"**

64

"[1,1′-Biphenyl]-2-ol" (**64**)
- nach ***(a)***
- nicht "2-Phenylphenol"

65

"1,1,1,3,4,4,4-Heptafluorobutan-2,2-diol" (**65**)
- nach ***(a)***
- ein **Keton-hydrat**

66

"1,4-Dimercaptobutan-2,3-diol" (**66**)
nach ***(a)***

67

"4-[(3-Hydroxypropyl)telluro]butan-1-ol" (**67**)
- nach ***(a)***
- C_4-Kette > C_3-Kette

68

"2-(Hydroxymethyl)butan-1,2,3,4-tetrol" (**68**)
nach ***(a)***

69

"Benzol-1,2,3-triol" (**69**)
- nach ***(a)***
- **früher** trivial **"Pyrogallol"**

"Benzol-1,3,5-triol" (**70**)
- nach ***(a)***
- **früher** trivial "Phloroglucinol" oder "**Phloroglucin**"

"Benzolhexol" (**71**)
nach ***(a)***

"2,4,6-Trinitrobenzol-1,3-diol" (**72**)
- nach ***(a)***
- **früher** trivial "**Styphninsäure**" ('**styphnic acid**')

"Benzolethanol" (**73**)
- nach ***(a)***
- Konjunktionsname
- IUPAC: auch "**Phenethyl-alkohol**"; nur H an Ring substituierbar

"3-Phenylprop-2-en-1-ol" (**74**)
- nach ***(a)***
- Konjunktionsname nicht möglich wegen Unsättigung in der Kette
- IUPAC: auch "**Cinnamyl-alkohol**"; nur H an Ring substituierbar; **nicht** "**Zimtalkohol**"

"α-Phenylbenzolmethanol" (**75**)
- nach ***(a)***
- Konjunktionsname
- IUPAC: auch "**Benzhydryl-alkohol**"; nur H an Ringen substituierbar; **trivial** "**Benzhydrol**"

"α-Ethenylcyclohexanpropanol" (**76**)
- nach ***(a)***
- Konjunktionsname

"1-(3-Hydroxyprop-1-inyl)cyclohexanol" (**77**)
- nach ***(a)***
- Konjunktionsname nicht möglich wegen Unsättigung in der Kette

"5-Hydroxy-6-methylpyridin-3,4-dimethanol" (**78**)
- nach ***(a)***
- Konjunktionsname
- **trivial** "**Pyridoxin**"

"α-Cyclohexyl-1,3,5-trioxan-2-methanol" (**79**)
- nach ***(a)***
- Konjunktionsname
- Heterocyclus > Carbocyclus

"4-(2-Hydroxyphenyl)-α-(pyridin-3-yl)piperazin-1-ethanol" (**80**)
- nach ***(a)***
- Konjuktionsname

"1,3,3-Triethoxydisiloxan-1,1,3-triol" (**81**)
nach ***(a)***

"Disilanhexaselenol" (**82**)
nach ***(a)***

"3-Methyl-3-silabicyclo[3.2.1]octan-3-ol" (**83**)
nach ***(a)***

"2,2-Dihydroxy-1*H*-inden-1,3(2*H*)-dion" (**84**)
- nach ***(a)***
- indiziertes H-Atom nach *Anhang 5(**h**)(**i**$_2$)*
- **trivial** "**Ninhydrin**"

"2-Hydroxybenzoesäure" (**85**)
- nach ***(a)***
- **trivial** "**Salicylsäure**"

"2-Mercaptobenzoesäure" (**86**)
- nach ***(a)***
- **trivial** "**Thiosalicylsäure**"

"2-Hydroxy-1,1-dimethylhydrazin" (**87**)
nach ***(b)***

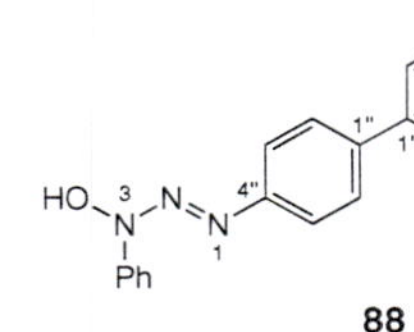

"1,1′-([1,1′-Biphenyl]-4,4′-diyl)bis[3-hydroxy-3-phenyltriaz-1-en]" (**88**)
- nach ***(b)***
- Multiplikationsname

"1-(1,1-Dimethylethyl)-2-fluoro-2-mercapto-1-phenyldiphosphin-2-sulfid" (**89**)
- nach ***(b)***
- Additionsname (=S an P^{III}); vgl. *Kap. 6.20(**d**)*

"Hydroxytrimethylplumban" (**90**)
nach ***(b)***

"Pentachlorohydroxydigermoxan" (**91**)
nach ***(b)***

"1-(Acetyloxy)-1,1,3,3-tetrabutyl-3-hydroxydistannoxan" (**92**)
- nach ***(b)(c)***
- Heterokette mit regelmässigem heterogenem Muster > Heterokette mit Austauschnamen (s. *Kap. 3.3(**b**)*, d.h. *Tab. 3.2*)
- nicht Ester (keine Bindung O–C; vgl. Ester-Definition in *Kap. 6.14*)

"2-Hydroxy-2-azabicyclo[2.2.1]heptan" (**93**)
nach ***(b)***

"1-Hydroxy-1*H*-benzotriazol-4-ol" (**94**)
- nach ***(b)***
- indiziertes H-Atom nach *Anhang 5(**a**)(**d**)*

"1-Hydroxy-1*H*-pyrazol-2-oxid" (**95**)
- nach ***(b)***
- Additionsname (=O an N^{III}); vgl. *Kap. 6.20(**d**)*
- indiziertes H-Atom nach *Anhang 5(**a**)(**d**)*

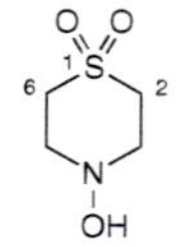

"4-Hydroxythiomorpholin-1,1-dioxid" (**96**)
- nach ***(b)***
- Additionsname (2 =O an S^{II}); vgl. *Kap. 6.20**(d)***

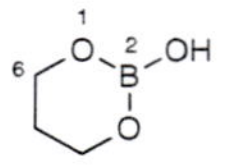

"2-Hydroxy-1,3,2-dioxaborinan" (**97**)
nach ***(b)***

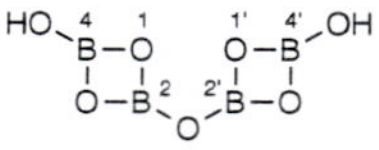

"2,2´-Oxybis[4-hydroxy-1,3,2,4-dioxadiboretan]" (**98**)
- nach ***(b)***
- Multiplikationsname

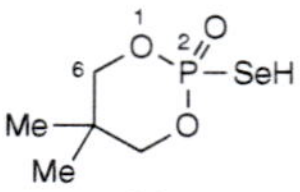

"5,5-Dimethyl-2-selenyl-1,3,2-dioxaphosphorinan-2-oxid" (**99**)
- nach ***(b)***
- Additionsname (=O an P^{III}); vgl. *Kap. 6.20**(d)***

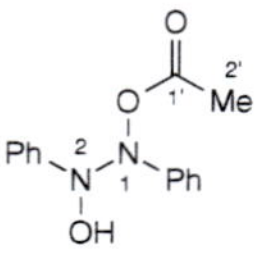

"1-(Acetyloxy)-2-hydroxy-1,2-diphenylhydrazin" (**100**)
- nach ***(b)(c)***
- N-Gerüst > C-Gerüst (s. *Kap. 3.3**(b)***)
- nicht Ester (keine Bindung O–C; vgl. Ester-Definition in *Kap. 6.14*)
- nicht Austauschname (ein O-Atom als Kettenende, s. *Kap. 4.3.2*)

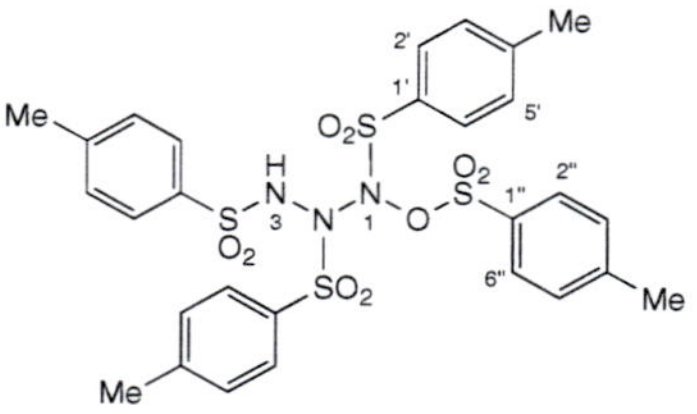

"1,2,3-Tris[(4-methylphenyl)sulfonyl]-1-{[(4-methylphenyl)sulfonyl]oxy}triazan" (**101**)
- nach ***(c)***
- N-Gerüst > C-Gerüst (s. *Kap. 3.3**(b)***)
- nicht Ester (keine Bindung O–C; vgl. Ester-Definition in *Kap. 6.14*)
- nicht Austauschname (S-Atome als Kettenenden, s. *Kap. 4.3.2*)

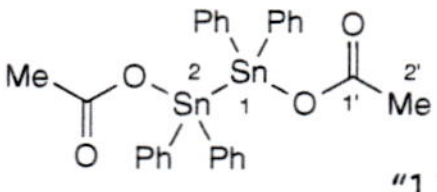

"1,2-Bis(acetyloxy)-1,1,2,2-tetraphenyldistannan" (**102**)
- nach ***(c)***
- homogene Heterokette > Heterokette mit Austauschname (s. *Kap. 3.3**(b)***, d.h. *Tab.3.2*)
- nicht Ester (keine Bindung O–C; vgl. Ester-Definition in *Kap. 6.14*)

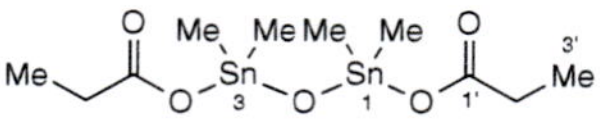

"1,1,3,3-Tetramethyl-1,3-bis(1-oxopropoxy)-distannoxan" (**103**)
- nach ***(c)***
- Heterokette mit regelmässigem heterogenem Muster > Heterokette mit Austauschnamen (s. *Kap. 3.3**(b)***, d.h. *Tab. 3.2*)
- nicht Ester (keine Bindung O–C; vgl. Ester-Definition in *Kap. 6.14*)

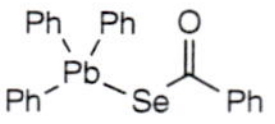

"(Benzoylseleno)triphenylplumban" (**104**)
- nach ***(c)***
- Pb-Gerüst > C-Gerüst (s. *Kap. 3.3**(b)***)
- nicht Ester (keine Bindung Se–C; vgl. Ester-Definition in *Kap. 6.14*)

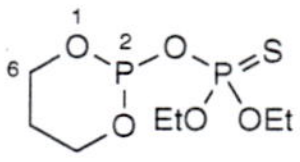

"2-[(Diethoxyphosphinothioyl)oxy]-1,3,2-dioxaphosphorinan" (**105**)
- nach ***(c)***
- Ring > Kette (s. *Kap. 3.3**(b)***)
- nicht Ester (keine Bindung O–C; vgl. Ester-Definition in *Kap. 6.14*)

CA ¶ 196
IUPAC
R-5.5.5,
C-21 – C-24,
C-218.1

6.22. Hydroperoxide *(Klasse 11)*

Definition:

Ein Hydroperoxid oder Thiohydroperoxid trägt einen Substituenten -O-XH (X = O, S) **an einem C- oder Si-Atom** einer Gerüst-Stammstruktur. Im folgenden wird der Ausdruck Hydroperoxid generell für beide Chalcogen-Analoga **1a,b** (X = O, S) verwendet.

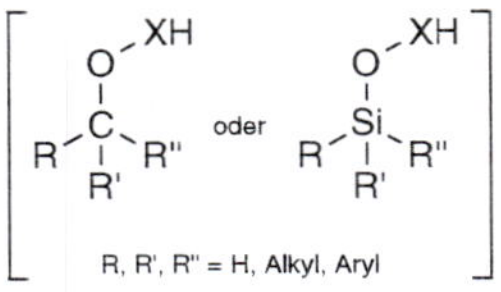

R, R', R'' = H, Alkyl, Aryl

1a

Aren–O–XH

1b

"Hydroperoxid" (X = O)
"Thiohydroperoxid" (X = S)

Beachte:

- Eine Verbindung mit einem **Substituenten -S-OH oder -S-SH** ist eine **Sulfensäure bzw.** eine **Sulfenothiosäure** (s. *Kap. 6.8*).
- **Hydroperoxide bekommen Funktionsklassennamen** nach *Kap. 3.2.6* und sind im CA-Index unter dem **Titelstammnamen 'hydroperoxide' bzw. 'thiohydroperoxide'** registriert, z.B. 'hydroperoxide, 3-butenyl' (**2**).

Kap. 6.8
Kap. 3.2.6

Man unterscheidet:

(a) Hydroperoxide mit dem Substituenten -O-XH (X = O, S) an einem C- oder Si-Atom (analog für Hydrotrioxide *etc.*): Klassennamen und Substituentenpräfixe;

(b) Pseudohydroperoxide mit dem Substituenten -O-XH (X = O, S) an einem Heteroatom (≠ Si): Substituentenpräfixe.

(a) Der **Name eines Hydroperoxids R-O-XH** (-O-XH an C- oder Si-Atom; X = O, S; R = Alkyl, Aryl, Silyl) setzt sich zusammen aus

Stammsubstituentenname "(R)-" nach *Kap. 4* oder *5*[1])	+	Klassenname "-hydroperoxid" (-O-OH) "-thiohydroperoxid" (-O-SH)

Kap. 4 oder 5

Wenn nötig werden die **Multiplikationsaffixe "Bis-", "Tris-"** *etc.* verwendet (Multiplikationsnamen nach *Kap. 3.2.3*).

Anhang 2
Kap. 3.2.3

Substituentenpräfixe für HX-O- lauten (H-Atom nicht substituierbar):

"Hydroperoxy-" (HO-O-)
"**(Mercaptooxy)-**"[2]) (HS-O-)

Ein **Hydrotrioxid** (-O-O-OH) oder **Hydrotetraoxid** (-O-O-O-OH) (Präfixe: "**(Hydrotrioxy)-**" bzw. "**(Hydrotetraoxy)-**") wird analog benannt, ebenso deren Chalcogen-Analoga "**-hydrotrisulfid**"/"**(Hydrotrithio)-**" (-S-S-SH), "**-hydrotriselenid**"/"**(Hydrotriseleno)-**" (-Se-Se-SeH), "**-hydrotritellurid**"/"**(Hydrotritelluro)-**" (-Te-Te-TeH) *etc.*[1]).

IUPAC empfiehlt für Hydroperoxide ebenfalls **Funktionsklassennomenklatur** (s. *Kap. 3.2.6*; im Deutschen ohne Bindestrich, der jedoch hier immer beigefügt wird; für triviale Substituentenpräfixe, s. *Kap. 4.2* und *4.4 – 4.6*), neben der Möglichkeit, die Gruppe HO-O- immer als Präfix "**Hydroperoxy-**" anzugeben (IUPAC R-5.5.5). Es sind auch Substitutionsnamen zulässig, die auf den Stammnamen "**Dioxidan**" (HO-OH), "**Disulfan**" (HS-SH), "**Diselan**" (HSe-SeH), "**Ditellan**" (HTe-TeH) *etc.* basieren (IUPAC R-5.5.5, R-5.5.6 und R-2-2-2).

z.B.

2

"(But-3-enyl)-hydroperoxid" (**2**)
- Englisch: 'but-3-enyl hydroperoxide'
- IUPAC: auch "4-Hydroperoxybut-1-en"

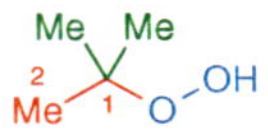

3

"(1,1-Dimethylethyl)-hydroperoxid" (**3**)
- Englisch: '1,1-dimethylethyl hydroperoxide'
- IUPAC: auch "(*tert*-Butyl)-hydroperoxid"

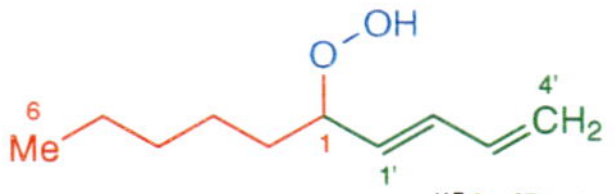

4

"[1-(Buta-1,3-dienyl)hexyl]-hydroperoxid" (**4**)
- Englisch: '1-(buta-1,3-dienyl)hexyl hydroperoxide'
- IUPAC: auch "5-Hydroperoxydeca-1,3-dien"

[1]) **Acyl-substituierte formale Hydroperoxide Acyl-O-OH sind Peroxy-Säuren** (s. *Kap. 6.7.4* und *6.8 – 6.11*), z.B. "Ethanperoxosäure" (MeC(=O)-O-OH). Für entsprechende **Hydrotrioxide Acyl-O-O-OH** *etc.* werden dagegen **Funktionsklassennamen** verwendet (s. **28**). Gleiches gilt für Acyl-substituierte formale Hydrodichalcogenide **Acyl-X-XH** (X = S, Se, Te; Peroxy-Säuren) und Hydrotrichalcogenide **Acyl-X-X-XH** (X = S, Se, Te; Funktionsklassennamen nach ***(a)***). **Hydropolychalcogenide R-(X)$_n$-H** ($n \geq 3$; X = O, S, Se, Te; R = Alkyl, Aryl, Acyl) bekommen **immer Funktionsklassennamen** nach ***(a)***.

[2]) Dazu isomer ist "**Sulfeno-**" (HO-S-), z.B. in "3-Sulfenoalanin" (HO-S-$CH_2CH(NH_2)COOH$).

5

"(1,4-Dioxan-2-yl)-hydroperoxid" (**5**)
- Englisch: '1,4-dioxan-2-yl hydroperoxide'
- IUPAC: auch "2-Hydroperoxy-1,4-dioxan"

6

"(Triphenylmethyl)-hydroperoxid" (**6**)
- Englisch: 'triphenylmethyl hydroperoxide'
- IUPAC: auch "Trityl-hydroperoxid"
- vgl. Name des entsprechenden Alkohols (s. **28** in *Kap. 6.21*) !

7

"(1,1,4,4-Tetramethylbutan-1,4-diyl)-bis[hydroperoxid]" (**7**)
- Englisch: '(1,1,4,4-tetramethylbutane-1,4-diyl) bis[hydroperoxide]'
- CA: 'hydroperoxide, (1,1,4,4-tetramethyl-1,4-butanediyl)bis-'
- Multiplikationsname

8

"Cyclopentyliden-bis[hydroperoxid]" (**8**)
- Englisch: 'cyclopentylidene bis[hydroperoxide]'
- CA: 'hydroperoxide, cyclopentylidenebis-'
- Multiplikationsname

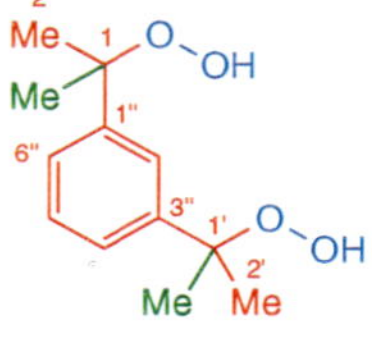

9

"[1,3-Phenylenbis(1-methylethyliden)]-bis[hydroperoxid]" (**9**)
- Englisch: '[1,3-phenylenebis(1-methylethylidene)] bis[hydroperoxide]'
- CA: 'hydroperoxide, [1,3-phenylenebis(1-methylethylidene)]bis-'
- Multiplikationsname; der verbindende 'Stammsubstituent' ist zusammengesetzt und Me-substituiert; "(1-Methylethyliden)-" ist Me–C(Me)<

10

"[Dichloro(ethyl)silyl]-hydroperoxid" (**10**)
Englisch: 'dichloro(ethyl)silyl hydroperoxide'

11

"Cyclohexyl-hydrotrioxid" (**11**)
Englisch: 'cyclohexyl hydrotrioxide'

12

"*O*-Methyl-thiohydroperoxid" (**12**)
Englisch: '*O*-methyl thiohydroperoxide'

13

"4-Hydroperoxyphenol" (**13**)

14

"3-(Mercaptooxy)prop-2-enal"[2]) (**14**)

(b) **Ein Substituent HX–O– (X = O, S) an einem Heteroatom ≠ Si wird immer als Präfix ausgedrückt** (nicht substituierbar) (**Pseudohydroperoxid**), **ausser wenn er Teil einer Säure-Gruppe ist**; d.h. für Säuren der *Klassen 5c, 5e – g, 5j* und *5k* (s. *Tab. 3.2*) sind Suffixe bzw. Funktionsstammnamen zu verwenden (z.B. "Benzolsulfonoperoxosäure" (Ph–S(=O)$_2$–O–OH), "Peroxymonoschwefelsäure" (HO–S(=O)$_2$–O–OH), "Phosphonoperoxosäure" (HP(=O)(OH)–O–OH) *etc.*):

"Hydroperoxy-" (HO–O–)
"(Mercaptooxy)-"[2]) (HS–O–)

Vgl. dazu auch die **N-, P-, As-, Sb-, Bi-, B-, Ge-, Sn- und Pb-Verbindungen** der *Klassen 14 – 20* (s. *Tab. 3.2* und *Kap. 6.25 – 6.29*).

Tab. 3.2 und Kap. 6.25 und 6.29

z.B.

15

"1-Hydroperoxypyrrolidin" (**15**)
hypothetisch

Beispiele:

16

"(1-Ethenylbut-2-enyl)-hydroperoxid" (**16**)
nach ***(a)***

17

"(1,1-Diethoxyethyl)-hydroperoxid" (**17**)
nach ***(a)***

18

"[1-(Butylnitrosoamino)butyl]-hydroperoxid" (**18**)
nach ***(a)***

19

"(1-Methyl-1-phenylethyl)-hydroperoxid" (**19**)
- nach ***(a)***
- **trivial "Cumol-hydroperoxid"** ('cumene hydroperoxide')

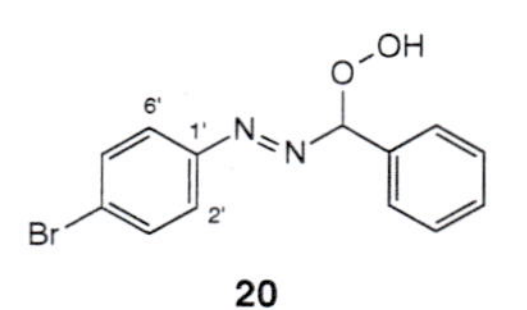

20

"{[(4-Bromophenyl)azo]phenylmethyl}-hydroperoxid" (**20**)
nach ***(a)***

21

"[2-(Diethylamino)tetrahydro-2-oxido-2*H*-1,3,2-oxazaphosphorin-4-yl]-hydroperoxid" (**21**)
- nach ***(a)***
- Additionsname (=O an P^{III})

22

"(1-Butylpentyliden)-bis[hydroperoxid]" (**22**)
- nach ***(a)***
- Multiplikationsname

23

"(1,4-Dihydro-2,3-benzodioxin-1,4-diyl)-bis[hydroperoxid]" (**23**)
- nach *(a)*
- Multiplikationsname

24

"(Dioxydiethyliden)-bis[hydroperoxid]" (**24**)
- nach *(a)*
- Multiplikationsname; "Ethyliden-" ist MeCH<

25

"{(Propan-1,3-diyl)bis[4,1-phenylen(1-methylethyliden)]}-bis[hydroperoxid]" (**25**)
- nach *(a)*
- Multiplikationsname (vgl. **9**)

26

"[(1,1-Dimethylethyl)dimethylsilyl]-hydroperoxid" (**26**)
nach *(a)*

27

"(Triethylsilyl)-hydrotrioxid" (**27**)
nach *(a)*

28

"Benzoyl-hydrotrioxid"[1]) (**28**)
nach *(a)*

29

"Amino-hydrotetrasulfid"[1]) (**29**)
nach *(a)*

30

"4-(1-Hydroperoxy-1-methylethyl)benzoesäure" (**30**)
nach *(a)*

31

"2-Hydroperoxypropan-2-ol" (**31**)
nach *(a)*

32

"2-(Hydrotrioxy)propan-2-ol" (**32**)
nach *(a)*

33

"3-(1-Hydroperoxy-1-methylethyl)-α,α-dimethylbenzolmethanol" (**33**)
- nach *(a)*
- Konjunktionsname

34

"(Hydrotritelluro)boran" (**34**)
nach *(b)*

CA ¶ 176 und 235
IUPAC R-5.4, C-811 – C-815 und D-6.84

6.23. Amine *(Klasse 12)*

Definition:

Ein Amin 1 trägt einen Substituenten –N(R´)R´´ (R´, R´´ = H, Alkyl, Aryl) **an einem C-Atom oder an einem beliebigen Heteroatom** einer Gerüst-Stammstruktur (Vorsicht: homogene Heteroketten H_2NNH_2, $H_2NN{=}NH$ *etc.* sind Gerüst-Stammstrukturen, s. *Kap. 4.3.3.1* und *6.25*).

Kap. 4.3.3.1 und 6.25

Je nach Substitutionsgrad wird ein Amin generisch bezeichnet als:

primäres Amin	$R{-}NH_2$	(R ≠ H)
sekundäres Amin	R–NHR´	(R, R´ ≠ H)
tertiäres Amin	R–N(R´)R´´	(R, R´, R´´ ≠ H)

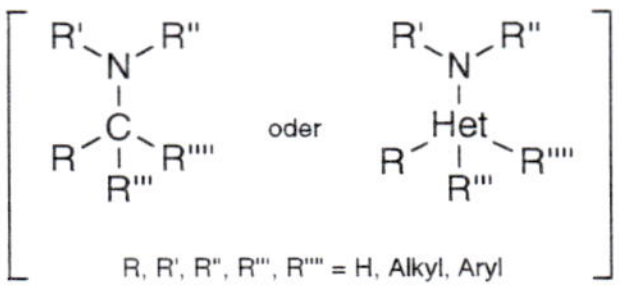

oder

R, R', R'', R''', R'''' = H, Alkyl, Aryl

1

Beachte:

- **Sekundäre und tertiäre Amine** werden im CA-Index als ***N*-substituierte primäre Amine** betrachtet (s. unten).
- **Wenn möglich** werden **Konjunktionsnamen** nach *Kap. 3.2.2* verwendet (s. z.B. **6**, **14** und **31**). (Kap. 3.2.2)
- **Formale *N*-Alkylimine und *N*-Arylimine** *etc.* **R–N=C(R´)R´´** (s. unten) **werden als Amine** (*Klasse 12*) **benannt** und nicht als *N*-substituierte Imine (*Klasse 13*, s. *Kap. 6.24*) (s. z.B. **38**; **Amin > Imin**). **Ebenso sind sogenannte Carbodiimide R–N=C=N–R´** (R, R´ ≠ H) **als Amine zu bezeichnen** (s. z.B. **40** und **43**). (Kap. 6.24)
- Auch sogenannte **Aminale RC(R´)[N(R´´)R´´´]₂** (R, R´, R´´, R´´´ = H, Alkyl, Aryl) **bekommen Amin-Namen** (vgl. dazu die Acetale **18** und Halbacetal **20** in *Kap. 6.19*). (Kap. 6.19)
- **N-Haltige Heterocyclen** (z.B. "Pyridin") werden nicht als Amine betrachtet sondern als **Gerüst-Stammstrukturen** (s. *Kap. 4*). (Kap. 4)
- Von Aminen hergeleitete **Kationen, Anionen und Zwitterionen** sind in *Kap. 6.3 – 6.5* beschrieben. (Kap. 6.3. – 6.5)
- **Hydroxylamine H_2NOH** (H an N nicht substituierbar) sind Verbindungen der *Klasse 14* (s. *Kap. 6.25*). (Kap. 6.25)

6

Beachte:

- Im **CA-Index** erscheinen **bis und mit 1971** (bis und mit '8th Coll. Index') **Amino-Derivate N-haltiger Heterocyclen** beim Heterocyclus-Namen mit Präfix, z.B. 'pyridine, 2-amino-' (ab 1972: '2-pyridinamine' (**10**)), ebenso **Amino-Derivate von "Boran"** (BH_3), **"Phosphoran"** (PH_5) und **"Stannan"** (SnH_4), z.B. 'borane, amino-' (ab 1972: 'boranamine' (**22**)).
- Im **CA-Index** sind **Amine bis und mit 1971** (bis und mit '8th Coll. Index') **als eine Art 'Funktionsstammnamen'** registriert, z.B. 'triethylamine' (ab 1972: 'ethanamine, *N*,*N*-diethyl-' (**18**)), 'dipropylamine, *N*-ethyl-' (ab 1972: '1-propanamine, *N*-ethyl-*N*-propyl-' (**20**)), **sowie als Trivialnamen**, z.B. 'aniline, *N*-ethyl-' (ab 1972: 'benzenamine, *N*-ethyl-' (**16**)).

Man unterscheidet:

(a) primäre, sekundäre und tertiäre Amine: Suffix und Substituentenpräfixe (IUPAC-Varianten: Alkylamine oder -azane; Trivialnamen "Anilin", "Benzidin", "Toluidin");

(b) Amine R–N=C(R´)R´´ (R ≠ H; R´, R´´ = H, Alkyl, Aryl; *Schiff*-Basen, Anile, Azomethine) und Amine R–N=C=N–R´ (R, R´ ≠ H; Carbodiimide): Amin-Namen;

(c) Amine R–NR´–OH (R ≠ H; R´ = H, Alkyl, Aryl; *N*-Hydroxyamine) und R–N(=O)(R´)R´´ oder R–N(=O)=C(R´)R´´ (R ≠ H; R´, R´´ = H, Alkyl, Aryl; Amin-*N*-oxide, Nitrone): modifizierte Amin-Namen.

(a) **Alle Amine, auch sekundäre und tertiäre, werden als primäre Amine $R{-}NH_2$ bezeichnet.** Der **Name eines primären Amins $R{-}NH_2$** setzt sich zusammen aus[1])

Stammname der Gerüst-Stammstruktur RH nach *Kap. 4.2 – 4.10* + **Suffix "-amin"** ($-NH_2$)

Kap. 4.2 – 4.10

[1]) Acyclische formale Amine, auch sekundäre und tertiäre, bekommen nach CA **Austauschnamen** gemäss *Kap. 4.3.2*, wenn die Bedingungen dafür erfüllt sind (z.B. mindestens vier Hetero-Einheiten, die nicht an der Hauptgruppe beteiligt sein dürfen).

z.B.

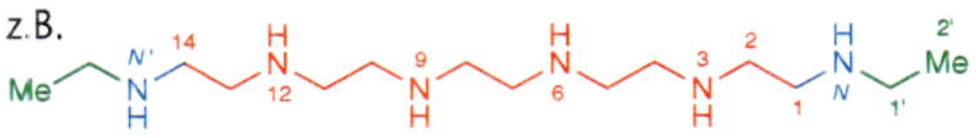

2

"*N*,*N*´-Diethyl-3,6,9,12-tetraazatetradecan-1,14-diamin" (**2**)

Diamin > Heterokette mit Austauschnamen

aber:

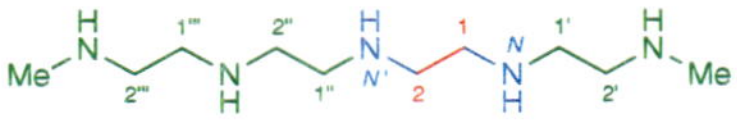

3

"*N*-[2-(Methylamino)ethyl]-*N*´-(2-{[2-(methylamino)ethyl]-amino}ethyl)ethan-1,2-diamin" (**3**)

- Diamin > Heterokette mit Austauschnamen; Gerüst-Stammstruktur nach *Kap. 3.3(l)* (Zentralität); nicht "2,5,8,11,14-Pentaazapentadecan
- nicht "*N*,*N*´-Dimethyl-3,6,9-triazaundecan-1,11-diamin"; nur 3 Hetero-Einheiten
- nicht "*N*-Methyl-3,6,9,12-tetraazatridecan-1-amin"; Diamin > Monoamin

Anhang 2

Wenn nötig werden **Multiplikationsaffixe** verwendet (z.B. "Propan-1,3-diamin", $H_2NCH_2CH_2CH_2NH_2$).

Kap. 3.2.1

Ein **sekundäres Amin R–NHR´** oder ein **tertiäres Amin R–N(R´)R´´** wird mittels Substitutionsnomenklatur und den Buchstabenlokanten *"N, N´, N[1], N[2]" etc.* als ***N*-substituiertes primäres Amin R–NH₂** benannt[1]), wenn nötig unter **Berücksichtigung der Prioritätenreihenfolge der beteiligten Gerüst-Stammstrukturen RH, R´H und R´´H** nach *Kap. 3.3* (s. **15** – **21**).

Kap. 3.3

Das **Substituentenpräfix für** den Amin-Substituenten **H_2N–** lautet:

"**Amino**-" (H_2N–)

Das **Substituentenpräfix für R´N(R´´)–** ist ein zusammengesetztes Präfix und wird nach *Kap. 5.8* gebildet:

Kap. 5.8

Substituentenpräfixe "**(R´)**-" **und** "**(R´´)**-" nach *Kap. 5*	+ "**-amino**-" (>N–)

Kap. 5

Alphabetische Reihenfolge der Präfixe "(R´)-" und "(R´´)-".

Kap. 3.5

Bei **Multiplikationsnamen** werden für multivalente verbindende Substituenten die Präfixe "**Imino**-" (–NH–), "**Nitrilo**" (>N–), "**Carbonimidoyl**-" (–C(=NH)–) *etc.* verwendet.

Kap. 3.2.3 und Tab. 3.3

IUPAC (R-5.4) **lässt ausserdem für ein primäres Amin R–NH₂ auch andere Substitutionsnamen zu, die auf der Gerüst-Stammstruktur NH₃ mit Namen "Amin" oder "Azan" basieren, oder eine Art 'Funktionsstammname', bestehend aus dem Substituentennamen "(R)-" + Klassenbezeichnung "-amin"** (s. **4** – **6**; für triviale Substituentenpräfixe "(R)-", s. *Kap. 4.2* und *4.4 – 4.6*). **Für symmetrische sekundäre und tertiäre Amine R₂NH und R₃N werden nur diese beiden Methoden empfohlen** (s. **15** und **18**).

Für ein unsymmetrisches sekundäres oder tertiäres Amin RNHR´, R₂NR´, RNR´₂ oder RN(R´)R´´ ist wie bei den primären Aminen **ein Substitutionsname zugelassen, wobei die Substituentenpräfixe in alphabetischer Reihenfolge vor dem Stammnamen "Amin" oder "Azan" angeordnet werden** (s. **16**, **17** und **19** – **21**). **Als Variante ist ebenfalls eine Art 'Funktionsstammname' empfohlen** (vgl. die von CA bis 1971 verwendeten Amin-Namen, s. oben), **wobei der Name des vorrangigen Substituenten unter R, R´ und R´´ zusammen mit einem allfällig notwendigen Multiplikationsaffix und der Klassenbezeichnung "-amin" den 'Funktionsstammnamen' bilden** und die übrigen Substituentenpräfixe in alphabetischer Reihenfolge mit dem Lokanten "*N*" davor angeordnet werden (s. **16**, **17** und **19** – **21**).

Substituentenpräfixe "**(R)**-", "**(R´)**-", "**(R)´´**-" in alphabetischer Reihenfolge	+	**Gerüst-Stammname** "**-amin**" **oder** **Gerüst-Stammname** "**-azan**"

oder

Substituentenpräfixe "**(R´)**-", "**(R´´)**-" in alphabetischer Reihenfolge mit **Lokant(en)** "*N*"	+	**Substituentenname** "**(R)**-" des vorrangigen Substituenten R–
	+	**Klassenbezeichnung** "**-amin**"

Abgesehen von den Stammnamen von **N-haltigen Heterocyclen mit Trivialnamen** oder mit davon hergeleiteten Namensteilen nach *Kap. 4.5 – 4.10* (≠ Amine) werden noch folgende Trivialnamen zugelassen (IUPAC R-9.1, Table 29): "**Anilin**" (**7**), "**Benzidin**" (**8**) und "**Toluidin**" (s. **9**) sowie die Substituentenpräfixe "**Anilino**-" (s. **32**), "**Benzidino**-" (s. **33**) und "**Toluidino**-" (s. **34**).

z.B.

Primäre Amine:

Me—NH₂

4

"Methanamin" (**4**)
IUPAC: auch "**Methylamin**" oder "-azan" (Substitutionsnamen) oder "Methylamin" ('Funktionsstammname')

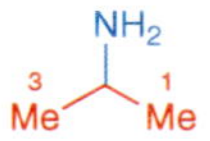

5

"Propan-2-amin" (**5**)
IUPAC: auch "**Isopropylamin**" oder "-azan" (Substitutionsnamen) oder "Isopropylamin" ('Funktionsstammname')

6

"Benzolmethanamin" (**6**)
- Englisch: 'benzenemethanamine'
- Konjunktionsname
- IUPAC: auch "**Benzylamin**" oder "-azan" (Substitutionsnamen) oder "Benzylamin" ('Funktionsstammname')

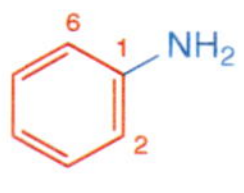

7

"Benzolamin" (**7**)
- Englisch: 'benzenamine'
- IUPAC: auch "**Anilin**", substituierbar

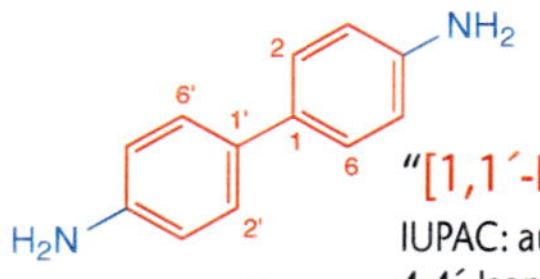

8

"[1,1´-Biphenyl]-4,4´-diamin" (**8**)
IUPAC: auch "**Benzidin**", substituierbar; nur 4,4´-Isomer

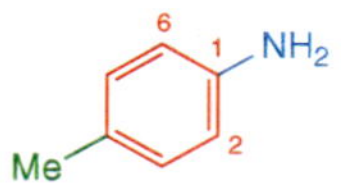

9

"4-Methylbenzolamin" (**9**)
- Englisch: '4-methylbenzenamine'
- IUPAC: auch "***p*-Toluidin**", nicht substituierbar; analog für *o*- und *m*-Isomer

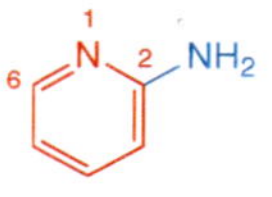

10

"Pyridin-2-amin" (**10**)
- IUPAC: auch "2-Pyridylamin" oder "-azan" (Substitutionsnamen) oder "2-Pyridylamin" ('Funktionsstammname')
- **früher "2-Aminopyridin"**

11

"Ethan-1,2-diamin" (**11**)
IUPAC: auch "**Ethylenediamin**"

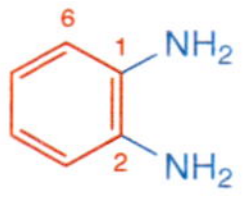

12

"Benzol-1,2-diamin" (**12**)
- Englisch: 'benzene-1,2-diamine'
- IUPAC: auch "**1,2-Phenylendiamin**"

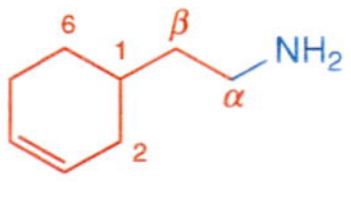

13

"Cyclohex-3-en-1-ethanamin" (**13**)
- Englisch: 'cyclohex-3-ene-1-ethanamine'
- Konjunktionsname

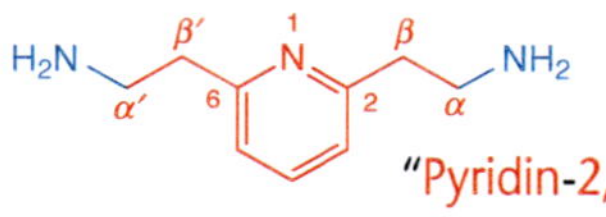

14

"Pyridin-2,6-diethanamin" (**14**)
Konjunktionsname

Sekundäre Amine:

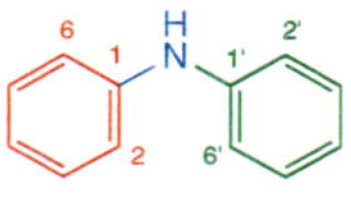

15

"*N*-Phenylbenzolamin" (**15**)
- Englisch: '*N*-phenylbenzenamine'
- IUPAC: **nur "Diphenylamin"** oder "-azan" (Substitutionsname) oder "Diphenylamin" ('Funktionsstammname'); symmetrisches sekunkäres Amin

16

"*N*-Ethylbenzolamin" (**16**)
- Englisch: '*N*-ethylbenzenamine'
- "Benzol" > "Ethan" nach *Kap. 3.3(b)*
- IUPAC: auch "Ethyl(phenyl)amin" oder "-azan" (Substitutionsnamen) oder "*N*-Ethylphenylamin" ('Funktionsstammname'); auch "*N*-Ethylanilin"

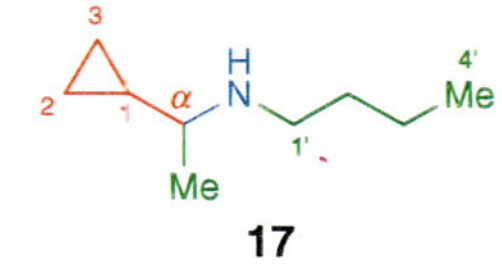

17

"*N*-Butyl-α-methylcyclopropanmethanamin" (**17**)
- "Cyclopropanmethan" > "Butan" nach *Kap. 3.3(b)*
- Konjunktionsname
- IUPAC: auch "Butyl(1-cyclopropylethyl)amin" oder "-azan" (Substitutionsnamen) oder "*N*-(1-Cyclopropylethyl)butylamin" ('Funktionsstammname'; "Butyl-" > "Ethyl-")

Tertiäre Amine:

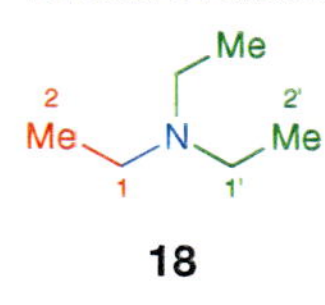

18

"*N*,*N*-Diethylethanamin" (**18**)
IUPAC: **nur "Triethylamin"** oder "-azan" (Substitutionsnamen) oder "Triethylamin" ('Funktionsstammname'); symmetrisches tertiäres Amin

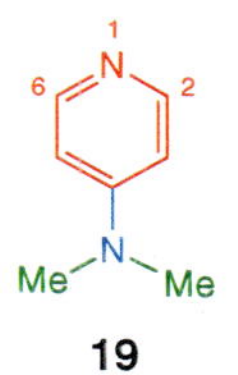

19

"*N*,*N*-Dimethylpyridin-4-amin" (**19**)
- "Pyridin" > "Methan" nach *Kap. 3.3(b)*
- IUPAC: auch "Dimethyl(4-pyridyl)amin" oder "-azan" (Substitutionsnamen) oder "*N*,*N*-Dimethyl(4-pyridyl)amin" ('Funktionsstammname')
- **früher "4-(Dimethylamino)pyridin"** (Abkürzung: **"DMAP"**)

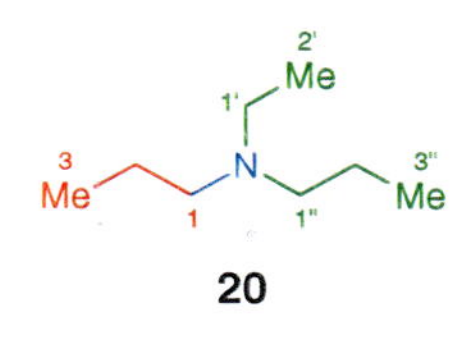

20

"*N*-Ethyl-*N*-propylpropan-1-amin" (**20**)
- "Propan" > "Ethan" nach *Kap. 3.3(e)*
- IUPAC: auch **"Ethyldipropylamin"** oder "-azan" (Substitutionsname) oder "*N*-Ethyldipropylamin" ('Funktionsstammname'); **trivial "*Hünigs* Base"**

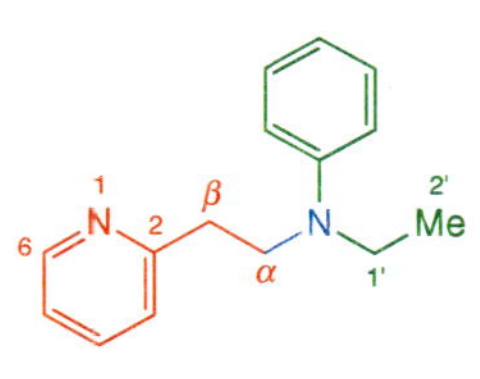

21

"*N*-Ethyl-*N*-phenylpyridin-2-ethanamin" (**21**)
- Englisch: '*N*-ethyl-*N*-phenylpyridin**e**-2-ethanamine'
- "Pyridinethan" > "Benzol" > "Ethan" nach *Kap. 3.3(b)*
- Konjunktionsname
- IUPAC: auch "Ethyl(phenyl)[2-(2-pyridyl)ethyl]amin" oder "-azan" (Substitutionsnamen) oder "*N*-Ethyl-*N*-[2-(2-pyridyl)ethyl]phenylamin" ('Funktionsstammname'); auch "*N*-Ethyl-*N*-[2-(2-pyridyl)ethyl]anilin"

Amin-Substituent an Heteroatom(en):

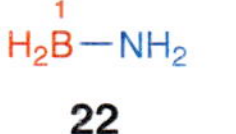

22

"Boranamin" (**22**)
- IUPAC: auch "Borylamin" ('borylamine') oder "-azan"
- früher "Aminoboran"

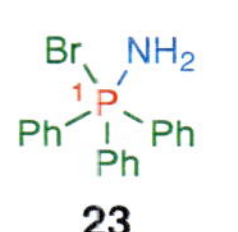

23

"Bromotriphenylphosphoranamin" (**23**)
- IUPAC: auch "(Bromotriphenyl-λ^5-phoshanyl)-amin" oder "-azan"; s. *Anhang 7* für λ^5
- früher "Aminobromotriphenylphosphoran"

24

"Tributylstannanamin" (**24**)
- IUPAC: auch "(Tributylstannyl)-amin" oder "-azan"
- früher "Aminotributylstannan"

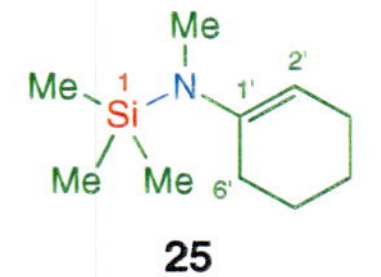

25

"*N*-(Cyclohex-1-en-1-yl)-*N*,1,1,1-tetramethylsilanamin" (**25**)
- Si-Gerüst > C-Gerüst nach *Kap. 3.3(b)*
- IUPAC: z.B. auch "(Cyclohex-1-en-1-yl)methyl-(trimethylsilyl)amin" oder "-azan"

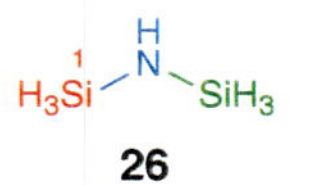

26

"*N*-Silylsilanamin" (**26**)
- **nicht "Disilazan"**; Amin > Si-Kettenverbindung nach *Kap. 3.3(a)* (s. auch *Kap. 4.3.3.2* oder *Tab. 3.2*)
- IUPAC: "Disilazan" (IUPAC R-2.2.3.2 und R-5.1.4.2)

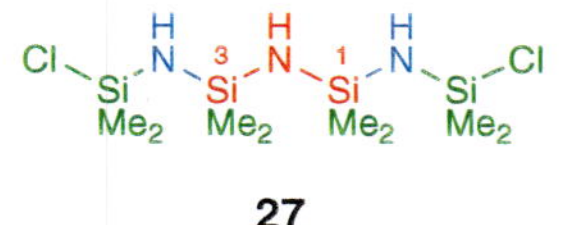

27

"*N*,*N*´-Bis(chlorodimethylsilyl)-1,1,3,3-tetramethyldisilazan-1,3-diamin" (**27**)
nicht "Tetrasilazan"-Derivat; Diamin > Si-Kettenverbindung nach *Kap. 3.3(a)* (s. auch *Kap. 4.3.3.2* oder *Tab. 3.2*)

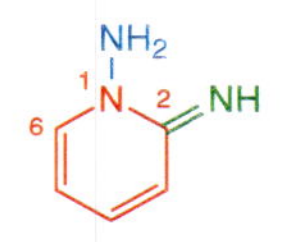

28

"2-Iminopyridin-1(2*H*)-amin" (**28**)
- indiziertes H-Atom nach *Anhang 5(i_2)*
- IUPAC: auch "[2-Imino-1(2*H*)-pyridyl]amin" oder "-azan"

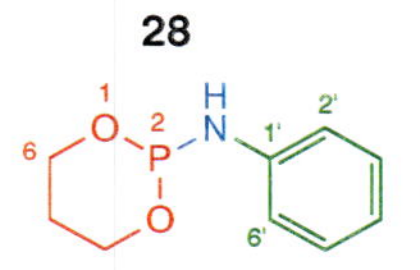

29

"*N*-Phenyl-1,3,2-dioxaphosphorinan-2-amin" (**29**)
- Heterocyclus > Carbocyclus nach *Kap. 3.3(c_2)*
- IUPAC: auch "(1,3,2-Dioxaphosphinan-2-yl)phenylamin" oder "-azan"

Präfixe:

30

"2-Aminoethanol" (**30**)
- **nicht "Ethanolamin"**
- **früher "Colamin"**

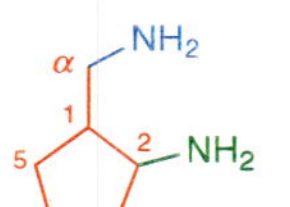

31

"2-Aminocyclopentanmethanamin" (**31**)
- Gerüst-Stammstrukur "Cyclopentanmethan" > "Cyclopentan" nach *Kap. 3.3(e)*
- Konjunktionsname

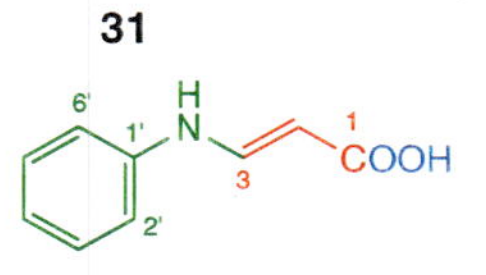

32

"3-(Phenylamino)prop-2-ensäure" (**32**)
- Englisch: '...prop-2-enoic acid'
- IUPAC: auch "3-Anilinoprop-2-ensäure"; **"Anilino-"** (Ph–NH–) ist nicht substituierbar

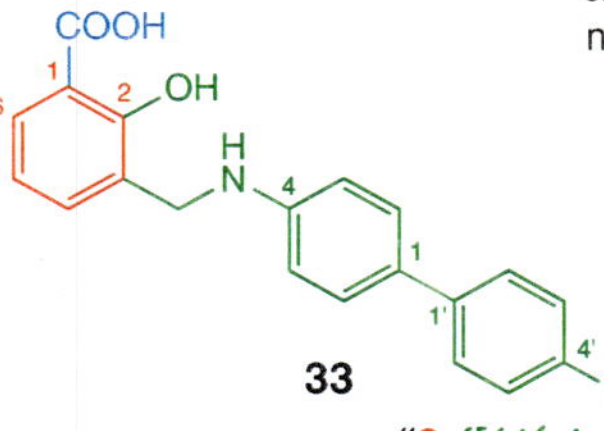

33

"3-{[(4´-Amino[1,1´-biphenyl]-4-yl)-amino]methyl}-2-hydroxybenzoesäure" (**33**)
- Englisch: '...benzoic acid'
- IUPAC: auch "3-(Benzidinomethyl)-2-hydroxybenzoesäure"; **"Benzidino-"** (nur 4,4´-Isomer $H_2N–C_6H_4–C_6H_4–NH–$) ist nicht substituierbar

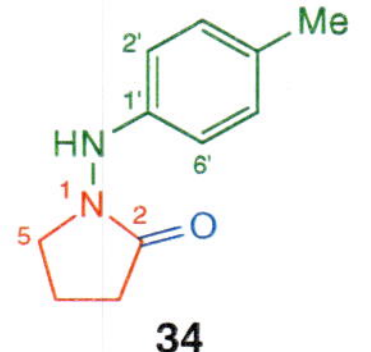

34

"1-[(4-Methylphenyl)amino]pyrrolidin-2-on" (**34**)
IUPAC: auch "1-(*p*-Toluidino)pyrrolidin-2-on"; **"Toluidino-"** (*o*-, *m*- oder *p*-Isomer $Me–C_6H_4–NH–$) ist nicht substituierbar

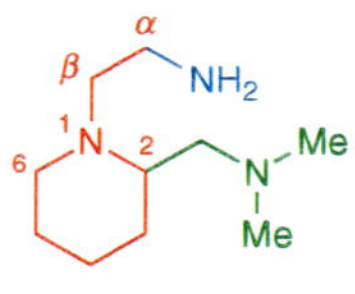

35

"2-[(Dimethylamino)methyl]-piperidin-1-ethanamin" (**35**)
- Gerüst-Stammstruktur "Piperidineth-an" > "Piperidinmethan" nach *Kap. 3.3(e)*
- Konjunktionsname

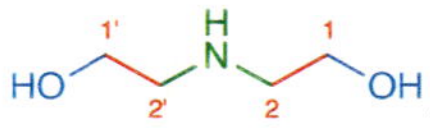

36

"2,2´-Iminobis[ethanol]" (**36**)
- Multiplikationsname
- "Imino-" (HN<) ist substituierbar

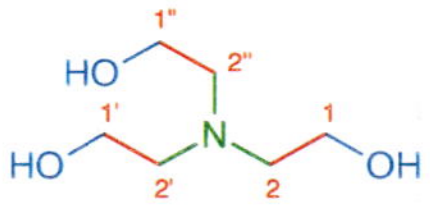

37

"2,2´,2´´-Nitrilotris[ethanol]" (**37**)
Multiplikationsname

IUPAC C-815.3

(b) **Ein Amin R–N=C(R´)R´´** (R ≠ H; R = Alkyl, Aryl; R´, R´´ = H, Alkyl, Aryl), generisch eine ***Schiff*-Base**, ein **Azomethin** oder ein **Anil** (wenn R = Ph), **wird nach *(a)* als *N*-Alkyliden-substituiertes primäres Amin R–NH$_2$ bezeichnet** (nicht Imin (!); ***Amin > Imin*** (*Kap. 6.24*) nach *Tab. 3.2*). **Auch ein Amin R–N=C=N–R´** (R, R´≠ H), generisch ein **Carbodiimid, bekommt einen Amin-Namen nach *(a)*.**

Kap. 6.24 Tab. 3.2

IUPAC lässt für R–N=C(R´)R´´ (R ≠ H) auch Imin-Namen nach *Kap. 6.24* neben Amin-Namen nach ***(a)*** zu (IUPAC R-5.4.3). Ausserdem werden für Carbodiimide R–N=C=N–R´ (R, R´ = H, Alkyl, Aryl) Substitutionsnamen empfohlen, die sich vom **Stammnamen "Carbodiimid"** (HN=C=NH) herleiten (IUPAC R-9.1, Table 31; s. **40**, **43** und **81**).

z.B.

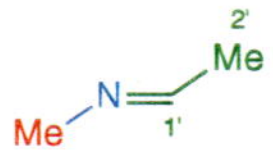

38

"*N*-Ethylidenmethanamin" (**38**)
- **Amin > Imin**
- IUPAC: auch "*N*-Methylethanimin", "Ethyliden(methyl)amin" oder "-azan" (Substitutionsname) oder "*N*-Methylethylidenamin" ('Funktionsstammname')

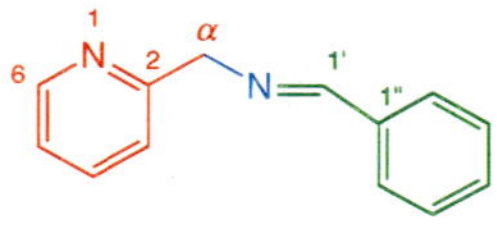

39

"*N*-(Phenylmethylen)pyridin-2-methanamin" (**39**)
- **Amin > Imin**
- Konjunktionsname
- IUPAC: auch "(Phenylmethyliden)-[(2-pyridyl)methyl]amin" oder "-azan" (Substitutionsname)

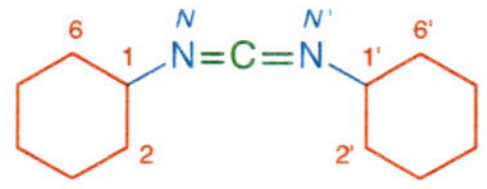

40

"*N*,*N*´-Methantetraylbis[cyclohexanamin]" (**40**)
- **Amin > Diimin**
- Multiplikationsname
- IUPAC: "**Dicyclohexylcarbodiimid**" (Abkürzung: "**DCC**"); "Carbodiimid" ist der Stammname von HN=C=NH (CA: 'methanediimine')

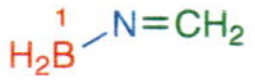

41

"*N*-Methylenboranamin" (**41**)
- **Amin > Imin**
- IUPAC: auch "Boryl(methyliden)amin" oder "-azan"

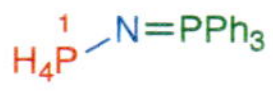

42

"*N*-(Triphenylphosphoranyliden)phosphoranamin" (**42**)
- **Amin > Imin**; nicht Derivat von "Phosphinimid" (PH$_3$=NH; s. *Kap. 6.26*)
- IUPAC: auch "(λ^5-Phosphanyl)(triphenyl-λ^5-phosphanyliden)amin" oder "-azan"; s. *Anhang 7* für "λ^5"

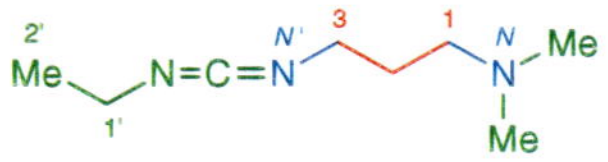

43

"*N*´-(Ethylcarbonimidoyl)-*N*,*N*-dimethylpropan-1,3-diamin" (**43**)
- **Diamin > Diimid**
- "Carbonimidoyl-", wenn die freien Valenzen von HN=C< zum gleichen Atom führen (s. *Kap. 5(**d**)*)
- trivial "*N*-[3-(Dimethylamino)propyl]-*N*´-ethylcarbodiimid" (Abkürzung: "**EDC**")

(c) Der **Name eines *N*-Hydroxyamins R–NR´–OH** (R ≠ H) **oder eines Amin-*N*-oxids R–N(=O)(R´)R´´ oder R–N(=O)=C(R´)R´´** (R ≠ H) leitet sich vom Namen des entsprechenden Amins R–NHR´ bzw. R–N(R´)R´´ oder R–NH$_2$ nach ***(a)*** oder ***(b)*** her:

Präfix "Hydroxy-" bzw. Chalcogen-Analogon **mit Lokant "*N*-"**	+	**Name des Amins R–NHR´**(R ≠ H; R = Alkyl, Aryl; R´ = H, Alkyl, Aryl) nach ***(a)***

bzw.

Name des Amins R–N(R´)R´´ oder R–N=C(R´)R´´ (R ≠ H; R = Alkyl, Aryl; R´, R´´ = H, Alkyl, Aryl) nach ***(a)*** bzw. ***(b)***	+	"**-*N*-oxid**" bzw. Chalcogen-Analogon gemäss Additionsnomenklatur (*Kap. 3.2.4*)

Kap. 3.2.4

Amin-*N*-oxide R–N(=O)=C(R´)R´´ (R = Alkyl, Aryl) sind generisch *N*-substituierte Nitrone (vgl. **Trivialname "Nitron" für H–N(=O)=CH$_2$** (CA: 'methanimine *N*-oxide'); s. *Kap. 6.24* sowie Nitron **48**).

CA ¶ 268 Kap. 6.24

Substituentenpräfixe für (Hydroxyamino)-Substituenten und Analoga sowie Derivate davon sind zusammengesetzte Präfixe und werden nach *Kap. 5.8* gebildet (s. **49** und **50**). Ein nicht-vorrangiger **Amin-oxid-Substituent** wird **mittels des Pseudopräfixes "Oxido-"** *etc.* gemäss Additionsnomenklatur (*Kap. 3.2.4*) **vor dem "Amino"-Präfix** ausgedrückt (s. **51** und auch **52**).

Kap. 5.8 Kap. 3.2.4

"(Hydroxyamino)-"	(HO–NH–)
"(Mercaptoamino)-"	(HS–NH–)
"(Hydroxyimino)-"[2]	(HO–N=)
"(Aminooxy)-"	(H$_2$N–O–)
"(Aminothio)-"	(H$_2$N–S–)
"(Oxidoamino)-"	(H$_2$N(=O)–)
"(Oxidoimino)-"	(HN(=O)=)
etc.	

Beachte:

Hydroxylamine H$_2$N–OH, Thiohydroxylamine H$_2$N–SH und Chalcogen-Austauschanaloga (nur am Chalcogen-Atom substituierbar!) **sind keine Amine sondern Gerüst-Stammstrukturen** mit der Priorität der *Klasse 14* (*Kap. 6.25*).

Kap. 6.25

[2]) S. Oxim-Derivate von Aldehyden und Ketonen (*Kap. 6.19* und *6.20*).

IUPAC bezeichnet Verbindungen der allgemeinen Struktur R–NH–OR´ meist als **N- und/oder O-substituierte Hydroxylamine** (IUPAC R-5.4.4; vgl. *Kap. 6.25*). Für die Gruppe **$H_2N(=O)$–** wird ausserdem das Präfix **"Azinoyl-"** (s. **51**) vorgeschlagen (von "Azinsäure" ('azinic acid'), $H_2N(=O)OH$; IUPAC R-5.4.5).

z.B.

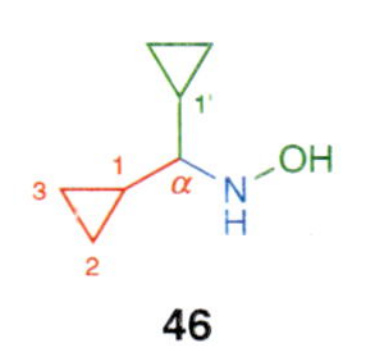

44

"*N*-Hydroxypyrrolidin-3-amin" (**44**)
IUPAC: "*N*-(Pyrrolidin-3-yl)hydroxylamin"

45

"*N*-Ethyl-*N*-hydroxypropan-1-amin" (**45**)
- "Propan" > "Ethan" nach *Kap. 3.3(**e**)*
- IUPAC: "*N*-Ethyl-*N*-propylhydroxylamin"

46

"α-Cyclopropyl-*N*-hydroxycyclopropanmethanamin" (**46**)
- Konjunktionsname
- IUPAC: "*N*-(Dicyclopropylmethyl)-hydroxylamin"

47

"*N*,*N*-Dimethylbutan-1-amin-*N*-oxid" (**47**)
- "Butan" > "Methan" nach *Kap. 3.3(**e**)*
- Englisch: '*N*,*N*-dimethylbutan-1-amine *N*-oxide'
- Additionsname

48

"*N*-(Diphenylmethylen)-benzolamin-*N*-oxid" (**48**)
- Englisch: '*N*-(diphenylmethylene)-benzenamine *N*-oxide'
- Amin > Imin
- Additionsname
- **trivial "Triphenylnitron"**

49

"2-(Hydroxyamino)ethansulfonsäure" (**49**)

50

"2-(Aminooxy)ethanamin" (**50**)

51

"2-(Diethyloxidoamino)-*N*-(2,6-dimethylphenyl)acetamid" (**51**)
- früher "2-(Diethylamino)-*N*-(2,6-dimethylphenyl)acetamid-N^2-oxid"
- Additionsname
- IUPAC: "2-(Diethylazinoyl)-*N*-(2,6-dimethylphenyl)acetamid"

52

"2,2´-(Oxidoimino)bis[ethanol]" (**52**)
- früher "2,2-Iminobis[ethanol]-*N*-oxid"
- Additionsname

Beispiele:

53

"*N*-Butyl-*N*-nitrosobutan-1-amin" (**53**)
nach *(**a**)*

54

"2-Bromo-*N*-(2-bromoethyl)ethanamin" (**54**)
- nach *(**a**)*
- IUPAC: auch "2,2´-Dibromodiethylamin" ('Funktionsstammname')

55

"*N*-(2-Chloroethyl)propan-1-amin" (**55**)
nach *(**a**)*

56

"Butan-1,4-diamin" (**56**)
- nach *(**a**)*
- **früher "Putrescin"** (vgl. **"Cadaverin"** für $H_2N(CH_2)_5NH_2$)

57

"*N*-(3-Aminopropyl)propan-1,3-diamin" (**57**)
- nicht "3,3´-Iminobis[propan-1-amin]", denn Diamin > Monoamin nach *Kap. 3.3(**a**)*
- **früher "Norspermidin"** oder **"Caldin"**

58

"N^1-(2-Aminoethyl)-N^2-(3-aminopropyl)pentan-1,2,5-triamin" (**58**)
- nach *(**a**)*
- Triamin > Diamin nach *Kap. 3.3(**a**)*

59

"α-Methylbenzolethanamin" (**59**)
- nach *(**a**)*
- Konjunktionsname
- **trivial "Benzedrin"**

60

"α-Nonylcyclopropanmethanamin (**60**)
- nach *(**a**)*
- Konjunktionsname
- Gerüst-Stammstruktur "Cyclopropanmethan" > "Decan" nach *Kap. 3.3(**b**)*

61

"*N*,*N*-Bis[2-(pyridin-2-yl)ethyl]pyridin-2-ethanamin" (**61**)
- nach *(**a**)*
- Konjunktionsname

62

"2-Methoxybenzolamin" (**62**)
- nach *(**a**)*
- **früher "*o*-Anisidin"**

63

"2-Ethoxybenzolamin" (**63**)
- nach *(**a**)*
- **früher "*o*-Phenetidin"**

64

"2,3-Dimethylbenzolamin" (**64**)
- nach *(**a**)*
- **früher "2,3-Xylidin"**

65

"1*H*-Purin-6-amin" (**65**)
- nach *(**a**)*
- indiziertes H-Atom nach *Anhang 5(**a**)(**d**)*
- **trivial "Adenin"** (**"Ade"**)

66

"N^2-(3,5-Diaminophenyl)benzol-1,2,4-triamin" (**66**)
- nach *(**a**)*
- tiefste Lokanten für Hauptgruppen, nach *Kap. 3.3(**m**)*

"*N*,*N*′-Bis[4-(methylamino)phenyl]benzol-1,4-diamin" (**67**)
- nach ***(a)***
- Gerüst-Stammstruktur nach *Kap. 3.3(**l**)* (Zentralität)

"*N*-(1,1-Dimethylethyl)-1-[(1,1-dimethylethyl)imino]-*N*-(trimethylsilyl)boranamin" (**68**)
- nach ***(a)***
- Amin > Imin nach *Tab. 3.2* und B-Gerüst > Si-Gerüst nach *Kap. 3.3(**b**)*

"1-(1,1-Dimethylethyl)-*N*-(dipentylboryl)-*N*-methyl-1-pentylboranamin" (**69**)
- nach ***(a)***
- Gerüst-Stammstruktur nach *Kap. 3.3(**m**)*: "(Dimethylethyl)-(**d**ipentylboryl)-methyl-pentylboranamin" > "[(Dimethylethyl)**p**entylboryl]-methyl-dipentylboranamin"

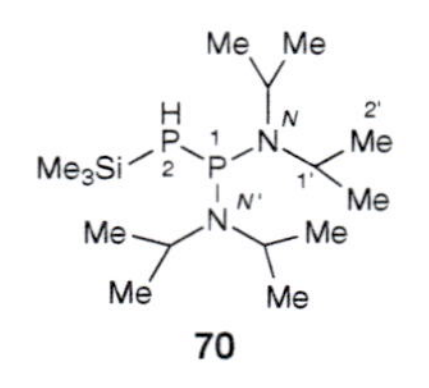

70

"*N*,*N*,*N*′,*N*′-Tetrakis(1-methylethyl)-2-(trimethylsilyl)diphosphin-1,1-diamin" (**70**)
nach ***(a)***

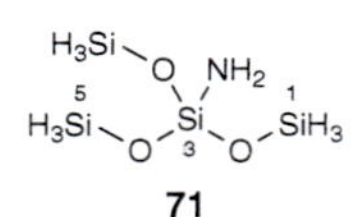

71

"3-(Silyloxy)trisiloxan-3-amin" (**71**)
nach ***(a)***

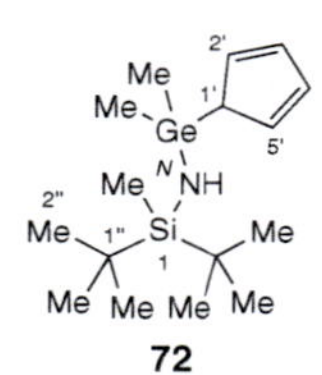

72

"N-[(Cyclopenta-2,4-dien-1-yl)dimethylgermyl]-1,1-bis(1,1-dimethylethyl)-1-methylsilanamin" (**72**)
- nach ***(a)***
- Si-Gerüst > Ge-Gerüst nach *Kap. 3.3(**b**)*

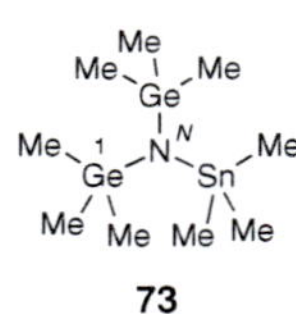

73

"1,1,1-Trimethyl-*N*-(trimethylgermyl)-*N*-(trimethylstannyl)germanamin" (**73**)
- nach ***(a)***
- Ge-Gerüst > Sn-Gerüst nach *Kap. 3.3(**b**)*

"*N*,*N*-Dimethyl-2,4-dioxa-3-phosphabicyclo[3.2.2]nonan-3-amin" (**74**)
nach ***(a)***

"1-Methyl-*N*-(1-methylsilacyclobut-1-yl)silacyclobutan-1-amin" (**75**)
nach ***(a)***

"4-[(1*R*)-1-Hydroxy-2-(methylamino)ethyl]benzol-1,2-diol" (**76**)
- nach ***(a)***
- "(1*R*)" nach *Anhang 6*
- **trivial "Adrenalin"**

"*N*-Butylidenpropan-1-amin" (**77**)
nach ***(b)***

"*N*-(Prop-2-enyliden)prop-2-en-1-amin" (**78**)
nach ***(b)***

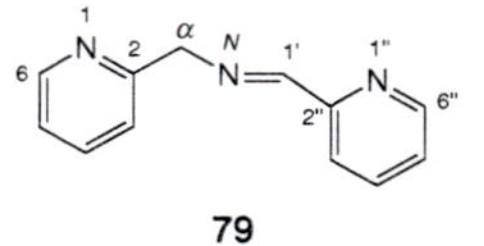

79

"*N*-[(Pyridin-2-yl)methylen]pyridin-2-methanamin" (**79**)
- nach ***(b)***
- Konjunktionsname

"*β*-Ethyl-*N*-(1-methoxyethyliden)cyclohex-1-en-1-ethanamin" (**80**)
- nach ***(b)***
- Konjunktionsname

"*N*,*N*′-Methantetraylbis[2-methylpropan-2-amin]" (**81**)
- nach ***(b)***
- IUPAC: **"Di(*tert*-butyl)carbodiimid"**

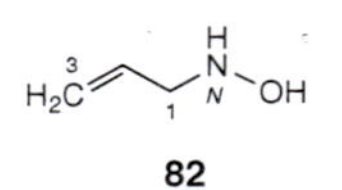

82

"*N*-Hydroxyprop-2-en-1-amin" (**82**)
- nach ***(c)***
- nicht "*N*-(Prop-2-enyl)hydroxylamin"

"*N*-Hydroxy-*N*-[2-(pyridin-2-yl)ethyl]pyridin-2-ethanamin" (**83**)
- nach ***(c)***
- Konjunktionsname
- nicht "*N*,*N*-Bis[2-(pyridin-2-yl)ethyl]hydroxylamin"

"*N*-Cyclohexyl-*N*-ethylcyclohexanamin-*N*-oxid" (**84**)
nach ***(c)***

"*N*-Butylidenbutan-1-amin-*N*-oxid" (**85**)
nach ***(c)***

"(2*E*)-(Methoxyoxidoimino)acetonitril" (**86**)
- nach ***(c)***
- "(2*E*)" nach *Anhang 6*
- früher "(*E*)-(Methoxyimino)acetonitril-N^2-oxid"

CA ¶ 177 und 254 IUPAC R-5.4.3 und C-815.3

6.24. Imine *(Klasse 13)*

Definition:

Anhang 4

Ein Imin 1 trägt einen Substituenten =NH (nicht =NR (!); s. Amine in *Kap. 6.23*) **an einem beliebigen C-Atom oder an einem beliebigen Heteroatom mit Standard-Valenz** (Substitution von H-Atomen; Vorsicht: homogene Ketten HN=NH, H_2N–N=NH und R–N=NH, R–N=N–R´ *etc.* sind Gerüst-Stammstrukturen, s. *Kap. 4.3.3.1* und *6.25*).

Kap. 4.3.3.1 und 6.25

R(R')C=NH oder R–Het(=NH)–R'

R, R' = H, Alkyl, Aryl

1

Beachte:

Kap. 3.2.2

- **Wenn möglich** werden **Konjunktionsnamen** nach *Kap. 3.2.2* verwendet (s. **4** und **21**).

Kap. 6.3 – 6.5

- Von Iminen hergeleitete **Kationen, Anionen und Zwitterionen** sind in den *Kap. 6.3 – 6.5* beschrieben.

Tab. 3.2

- Die folgenden Verbindungen sind **keine Imine, sondern** gehören in die Verbindungsklassen der **Säuren** (*Klasse 5*, s. *Tab. 3.2*):

R–C(=NH)–OH R–C(=NOH)–OH R–C(=NNH_2)–OH *etc.*	Carboximidsäuren sowie Carbohydrazonsäuren, inkl. Chalcogen-Austauschanaloga (*Kap. 6.7.3(**b**)*)
R–S(=O)(=NH)–OH R–S(=NH)$_2$–OH R–S(=NH)–OH R–S(=O)(=NNH_2)–OH R–S(=NNH_2)$_2$–OH R–S(=NNH_2)–OH *etc.*	Sulfonimid- und Sulfinimidsäuren sowie Sulfonohydrazon- und Sulfinohydrazonsäuren und entsprechende Selen- und Tellur-Analoga, inkl. Chalcogen-Austauschanaloga (*Kap. 6.8(**c**)*)
HO–C(=NH)–OH H–C(=NH)–OH HO–C(=NNH_2)–OH H–C(=NNH_2)–OH *etc.*	Carbonimid- und Methanimidsäuren sowie Carbonohydrazon- und Methanhydrazonsäuren, inkl. Chalcogen-Austauschanaloga (*Kap. 6.9(**a**)*)
HO–S(=O)(=NH)–OH *etc.*	Imidoschwefelsäuren *etc.* (*Kap. 6.10*)
P(=NH)$(OH)_3$ HP(=NH)$(OH)_2$ H_2P(=NH)(OH) P(=NNH_2)$(OH)_3$ HP(=NNH_2)$(OH)_2$ H_2P(=NNH_2)(OH)	Phosphorimid-, Phosphonimid- und Phosphinimidsäuren sowie Phosphorohydrazon-, Phosphonohydrazon- und Phosphinohydrazonsäuren und entsprechende Arsen-Analoga, inkl. Chalcogen-Austauschanaloga (*Kap. 6.11(**b**)*)

Kap. 6.7.3(**b**) Kap. 6.8(**c**) Kap. 6.9(**a**) Kap. 6.10 Kap. 6.11(**b**)

Analoges gilt für die entsprechenden Säure-Derivate der *Klasse 6* (s. *Tab. 3.2*).

Tab. 3.2

- Verbindungen **RC(R´)=N–OH und RC(R´)=N–NH_2 sind Oxime** (H an O substituierbar) **bzw. Hydrazone** (H an N substituierbar) von Aldehyden (R = H, R´ = Alkyl, Aryl) und Ketonen (R, R´ = Alkyl, Aryl) (s. *Klasse 8* bzw. *9*, *Tab. 3.2*; *Kap. 6.19* bzw. *6.20*).

Tab. 3.2 Kap. 6.19 bzw. 6.20

- **Formale *N*-Alkyl- und *N*-Arylimine RC(R´)=N–R´´** (R´´ ≠ H; R´´ = Alkyl, Aryl; R, R´ = H, Alkyl, Aryl), generisch auch ***Schiff*-Basen, Azomethine** oder **Anile** (wenn R´´ = Ph) genannt, **werden** immer nach *Kap. 6.23(**a**)(**b**)* **als *N*-Alkyliden-substituierte primäre Amine R´´–NH_2 bezeichnet** (nicht Imin (!); ***Amin > Imin*** nach *Tab. 3.2*). Auch sogenannte **Carbodiimide R–N=C=N–R´** (R und/oder R´ ≠ H) bekommen Amin-Namen nach *Kap. 6.23(**a**)(**b**)* (s. **11**, **27** und **28**).

Kap. 6.23(**a**)(**b**) Tab. 3.2 Kap. 6.23(**a**)(**b**)

- **Verbindungen H_3P(=NH), H_3As(=NH), H_3Sb(=NH) und H_3Bi(=NH)** sind "Phosphin-", "Arsin-", "Stibin-" bzw. "Bismutin-imide" (*Kap. 6.26(**d**)* und *6.27(**d**)*). Eine Gruppe **=NH an einem P-, As-, Sb- oder Bi-Atom** (Valenz V) **eines Heterocyclus** (Pseudoimin) wird mit einem Präfix bezeichnet (s. *Kap. 6.26(**b**)*, *6.27(**b**)* und λ-Konvention).

Kap. 6.26(**d**) und 6.27(**d**) Kap. 6.26(**b**) und 6.27(**b**) Anhang 7

Man unterscheidet:

Imine R–C(=NH)–R´: Suffix sowie Substituentenpräfixe für HN=, R´´N=, R´´N(R´´´)–N=, R–C(=NH)–, R–C(=NNH_2)–, –NH–, >N–, –C(=NH)–, –C(=NNH_2)–;

Ausnahmen: *Schiff*-Basen, Azomethine, Anile und Carbodiimide.

Der **Name eines Imins R–C(=NH)–R´** setzt sich zusammen aus

Stammname der Gerüst-Stammstruktur nach *Kap. 4.2 – 4.10*	+	**Suffix "-imin"** (=NH) (H-Atom nicht durch ein C-, N- oder O-Atom substituierbar)

Kap. 4.2.–4.10

Anhang 2

Anhang 5

Kap. 6.13(a), 6.14(a) und 6.16(a)

Wenn nötig werden **Multiplikationsaffixe** verwendet (z.B. "Ethandiimin", HN=CH–CH=NH). Bei cyclischen Iminen wird, wenn nötig, wie bei cyclischen Ketonen **indiziertes H-Atom** nach *Anhang 5* zugeteilt (s. dort insbesondere die Regeln ***(h)*** und ***(i)***[1]). Cyclische Imine können **formal cyclische Anhydride** (*Kap. 6.13**(a)***), **Ester** (*Kap. 6.14**(a)***) oder **Amide** (*Kap. 6.16**(a)***) sein (Priorität der *Klasse 13* !).

Das **Substituentenpräfix für** einen isolierten Imin-Substituenten **HN=** lautet:

"**Imino-**" (HN=; H-Atom beliebig substituierbar)

Kap. 5.8

Kap. 6.25(c)

Substituentenpräfixe für R´´N= oder R´´N(R´´´)–N= sind zusammengesetzte Präfixe und werden nach *Kap. 5.8* gebildet (s. auch *Kap. 6.25**(c)***):

Substituentenpräfix "(R´´)-" bzw. "(R´´)-" und "(R´´´)-" nach *Kap. 5*	+	**"-imino-"** (–N=) **"-hydrazono-"** (>N–N=)

Kap. 5

Kap. 3.5

Alphabetische Reihenfolge der Präfixe "(R´´)-" und "(R´´´)-".

6

Kap. 6.7.3(c)

Substituentenpräfixe für R–C(=NH)– oder R–C(=NNH$_2$)– sind Acyl-Präfixe nach *Kap. 6.7.3**(c)***:

Präfix
"**Imino-**" (HN=[C][2])
"**Hydrazono-**" (H$_2$NN=[C][2])

	Stammsubstituentenname "(R´)-" des Kettensubstituenten R–C– (= R´–; d.h. das Acyl-C-Atom [C] gehört zur Kette R´–; R auch H; Kohlenwasserstoff- oder "a"-Name)
	oder
+	**Substituentenname "(R)-" + Stammsubstituentenname "-methyl-"** (–C(=[NH])–[2]) bzw. –C(=[NNH$_2$])–[2])), **wenn R– ein cyclischer Substituent oder ein Heterokettensubstituent mit regelmässig platzierten Heteroatomen ist** (inklusive monogliedriges Hydrid), nach *Kap. 5*

Kap. 5

Kap. 3.5

Alphabetische Reihenfolge der Präfixe "(R)-" (cyclischer Substituent *etc.*) und "Imino-" oder "Hydrazono-" vor "-methyl-".

Beachte:

Kap. 3.2.3

- **Bei Multiplikationsnamen** werden für multivalente verbindende Substituenten die folgenden Präfixe verwendet:

"**Imino-**"	(–NH–; H-Atom substituierbar)
"**Nitrilo-**"	(>N–)
"**Carbonimidoyl-**"	(–C(=NH)–; H-Atom substituierbar)
"**Carbonohydrazonoyl-**"	(–C(=NNH$_2$)–; H-Atome substituierbar)

"Carbonimidoyl-" (HN=C=) und "Carbonohydrazonoyl-" (H$_2$NN)=C=) bezeichnen auch Substituenten, die mit beiden freien Valenzen am gleichen Atom haften (H-Atome substituierbar; s. **11** und **27**). Haftet ein **Substituent HN=C= an einem einzelnen Atom**, dann wird **immer** das Präfix **"Carbonimidoyl-"** verwendet, z.B. "Carbonimidoylphosphin" (HN=C=PH).

- Wenn nötig erfolgt die Angabe der Konfiguration (*E*) oder (*Z*) der Doppelbindung nach *Anhang 6*.

Anhang 6

Weitere zusammengesetzte Präfixe für Substituenten, die die Gruppe HN= oder H$_2$NN= enthalten, sind die bei den entsprechenden Säuren beschriebenen **Säure- und Acyl-Präfixe** (s. *Kap. 6.7.3**(b)(c)*** (Carbonsäuren), *6.8**(c)(d)*** (Sulfonsäuren *etc.*), *6.9**(c)(d)*** (Kohlen- und Ameisensäuren), *6.10**(d)*** (Schwefelsäuren *etc.*) und *6.11**(c)(d)(e)*** (Phosphonsäuren *etc.*)).

Kap. 6.7.3(b)(c), 6.8(c)(d), 6.9(c)(d), 6.10(d) und 6.11(c)(d)(e)

IUPAC empfiehlt die generischen Namen "**Aldimin**" für R–C(=NH)–H und "**Ketimin**" für R–C(=NH)–R´. Ausserdem ist **wie bei den Aminen auch ein Substitutionsname** zugelassen, **der auf** der Gerüst-Stammstruktur NH$_3$ mit Namen "**Azan**" **basiert**, **oder eine Art 'Funktionsstammname'**, bestehend aus dem Substituentennamen für RC(R´)= +"-amin" (s. **2**, **4**, **8** und **9**; für triviale Substituentenpräfixe, s. *Kap. 4.2* und *4.4 – 4.6*).

Für formale *N*-Alkyl- und *N*-Arylimine RC(R´)=N–R´´ (R´´ ≠ H; R´´ = Alkyl, Aryl; R, R´ = H, Alkyl, Aryl), sogenannte ***Schiff*-Basen**, **Azomethine oder Anile** (wenn R´´ = Ph), lässt IUPAC im Gegensatz zu CA statt Amin-Namen **auch noch Imin-Namen** zu. Ausserdem sind für Carbodiimide Substitutionsnamen empfohlen, die sich vom **Stammnamen "Carbodiimid"** (HN=C=NH; s. **10**) herleiten (IUPAC R-9.1, Table 31; s. **11**, **27** und **28**).

Für Acyl-Präfixe nach IUPAC, die die Gruppe HN= enthalten, s. die Angaben bei den entsprechenden Säuren.

z.B.

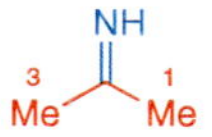

2

"Propan-2-imin" (**2**)
IUPAC: auch "Isopropylidenazan" (Substitutionsname) oder "Isopropylidenamin" ('Funktionsstammname')

HP=NH
3

"Phosphinimin" (**3**)
beachte: H$_3$P=NH wird als "Phosphin-imid" bezeichnet (Additionsname), s. *Kap. 6.26*

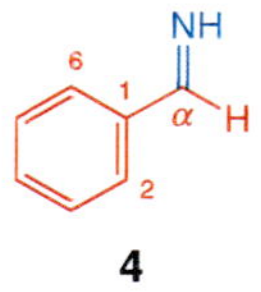

4

"Benzolmethanimin" (**4**)
- Englisch: 'benzenemethanimine'
- Konjunktionsname
- IUPAC: auch "Benzylidenazan" (Substitutionsname) oder "Benzylidenamin" ('Funktionsstammname')

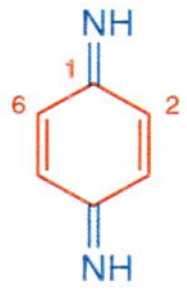

5

"Cyclohexa-2,5-dien-1,4-diimin" (**5**)
früher "*p*-Benzochinon-diimin"

---

[1]) Indiziertes H-Atom wird, wenn möglich, dem durch =NH substituierten Ringatom zugeordnet (*Anhang 5**(h)***; s. z.B. **6**) bzw. zusätzlich zu =NH einem andern Ringatom beigefügt (*Anhang 5**(i$_2$)***, 'added hydrogen'; s. z.B. **7**).

[2]) Eine eckige Klammer um ein Atom bedeutet, dass dieses Atom im Präfix bzw. Suffix nicht enthalten ist.

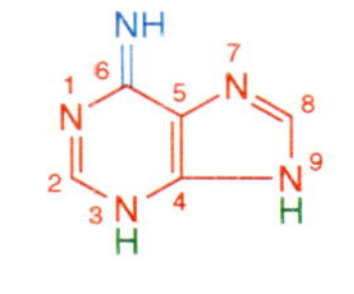

6

"3,9-Dihydro-6*H*-purin-6-imin" (**6**)
- indiziertes H-Atom nach *Anhang 5(h)*
- die formale Absättigung einer Doppelbindung der Gerüst-Stammstruktur ("6*H*-Purin") wird durch das Präfix ausgedrückt

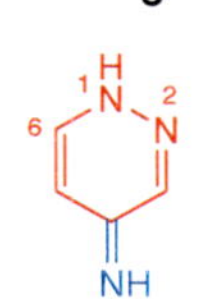

7

"Pyridazin-4(1*H*)-imin" (**7**)
indiziertes *H*-Atom nach *Anhang 5(i₂)*

8

"*N*-Chlorocyclohexanimin" (**8**)
IUPAC: auch "Chloro(cyclohexyliden)azan" (Substitutionsname) oder "*N*-Chlorocyclohexylidenamin" ('Funktionsstammname')

9

"*N*-Chloroethanimin-*N*-oxid" (**9**)
- Additionsname (=O an N^{III})
- IUPAC: auch "Chloro(ethyliden)azan-oxid" (Substitutionsname) oder "*N*-Chloroethylidenamin-oxid" ('Funktionsstammname')
- generisch ein **Nitron**

HN=C=NH

10

"Methandiimin" (**10**)
IUPAC: "Carbodiimid" (Stammname)

11

"*N*-Carbonimidoylbenzolamin" (**11**)
- Englisch: '*N*-carbonimidoylbenzenamine'
- IUPAC: "*N*-Phenylcarbodiimid"; vgl. **10**

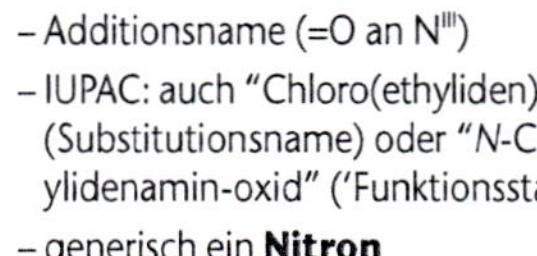

12

"3-Imino-*N*-propylbutanamid" (**12**)

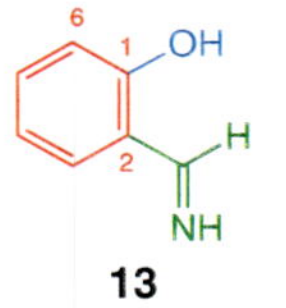

13

"2-(Iminomethyl)phenol" (**13**)
- IUPAC: auch "2-Formimidoylphenol"
- CA und IUPAC verwenden für 'benzenol' den Trivialnamen 'phenol', s. *Kap. 6.21*

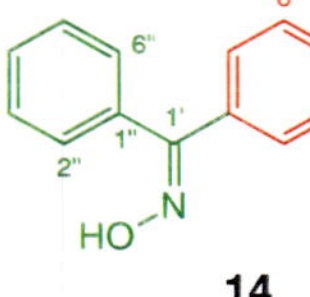

14

"4-[(Hydroxyimino)phenylmethyl]benzoesäure" (**14**)
Englisch: '...benzoic acid'

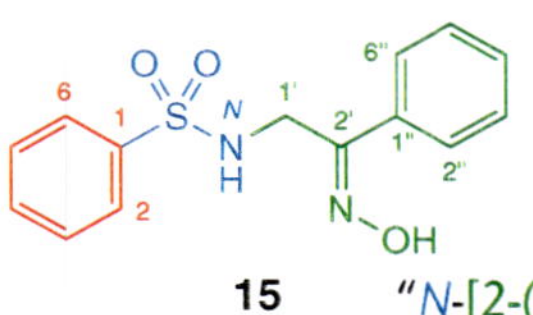

15

"*N*-[2-(Hydroxyimino)-2-phenylethyl]benzolsulfonamid" (**15**)
Englisch: '*N*-[2-(hydroxyimino)-2-phenylethyl]benzenesulfonamide'

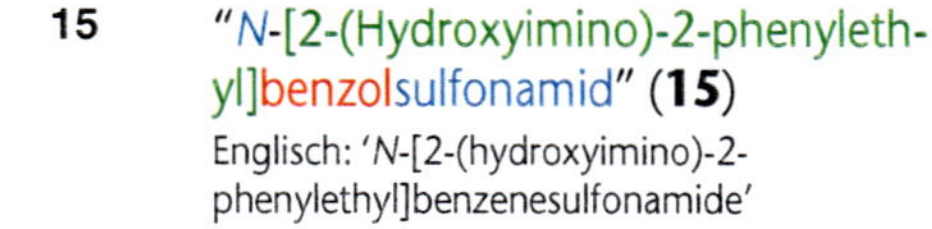

16

"4,4´-Carbonimidoylbis[*N*,*N*-dimethylbenzolamin]" (**16**)
- Englisch: '4,4´-carbonimidoylbis[*N*,*N*-dimethylbenzenamine]'
- Multiplikationsname

Beispiele:

17

"Prop-1-en-1-imin" (**17**)

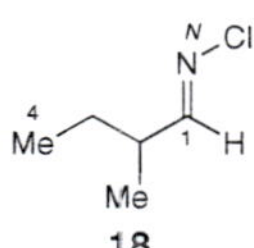

18

"*N*-Chloro-2-methylbutan-1-imin" (**18**)

19

"(1*E*)-Diphosphinimin" (**19**)
"(1*E*)" nach *Anhang 6*

$H_2Si{=}NH$

20

"Silanimin" (**20**)

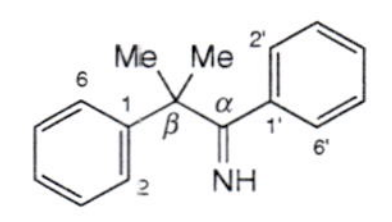

21

"*β*,*β*-Dimethyl-*α*-phenyl-benzolethanimin" (**21**)
Konjunktionsname

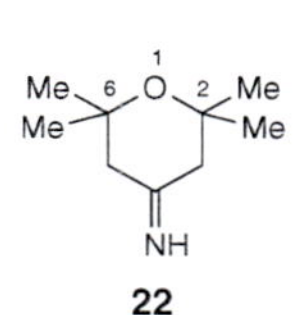

22

"Tetrahydro-2,2,6,6-tetramethyl-4*H*-pyran-4-imin" (**22**)
indiziertes H-Atom nach *Anhang 5(h)* (nicht "Tetrahydro-2,2,6,6-tetramethyl-2*H*-pyran-4-imin")

23

"Tetrahydro-*N*,1,3,5-tetranitro-1,3,5-triazin-2(1*H*)-imin" (**23**)
indiziertes H-Atom nach *Anhang 5(i₂)*

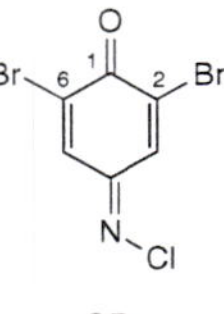

24

"4-Iminocyclohexa-2,5-dien-1-on" (**24**)
früher "*p*-Benzochinon-monoimin"; vgl. **5**

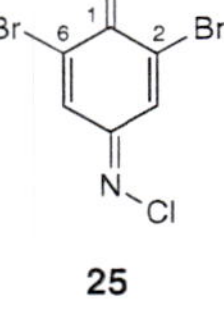

25

"2,6-Dibromo-4-(chloroimino)cyclohexa-2,5-dien-1-on" (**25**)
trivial "2,6-Dibromochinon-4-chloroimid"

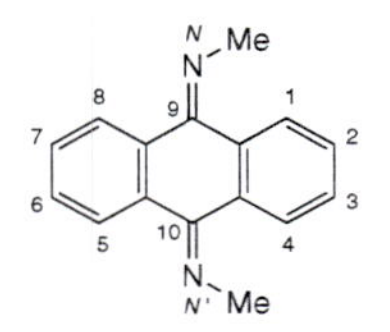

26

"*N*,*N*´-(Anthracen-9,10-diyliden)bis[methanamin]" (**26**)
- Multiplikationsname
- Amin-Name (s. *Kap. 6.23*), vgl. **5**
- kein indiziertes H-Atom nach *Anhang 5(i₁)*

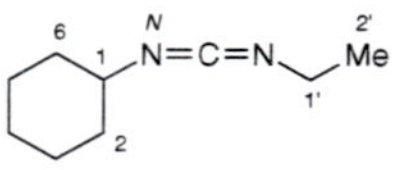

27

"*N*-(Ethylcarbonimidoyl)cyclohexanamin" (**27**)
- Amin-Name (s. *Kap. 6.23*)
- IUPAC: "*N*-Cyclohexyl-*N´*-ethylcarbodiimid"

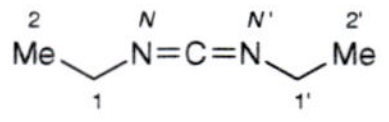

28

"*N*,*N´*-Methantetraylbis[ethanamin]" (**28**)
- Multiplikationsname
- Amin-Name (s. *Kap. 6.23*)
- IUPAC: "Diethylcarbodiimid"

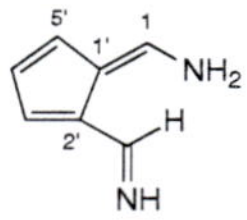

29

"1-[2-(Iminomethyl)cyclopenta-2,4-dien-1-yliden]methanamin" (**29**)

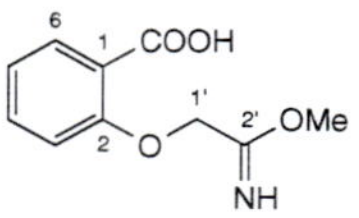

30

"2-(2-Imino-2-methoxyethoxy)benzoesäure" (**30**)

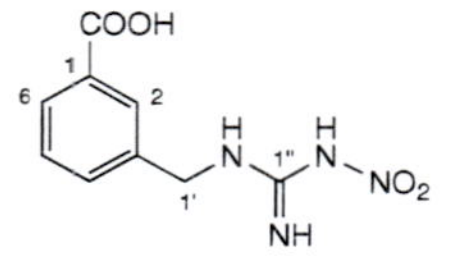

31

"3-{{[Imino(nitroamino)methyl]amino}-methyl}benzoesäure" (**31**)

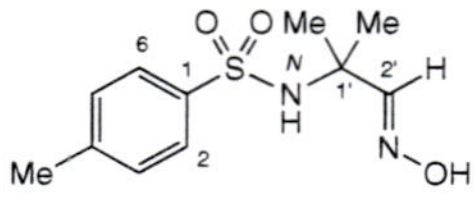

32

"*N*-[2-(Hydroxyimino)-1,1-dimethyl-ethyl]-4-methylbenzolsulfonamid" (**32**)

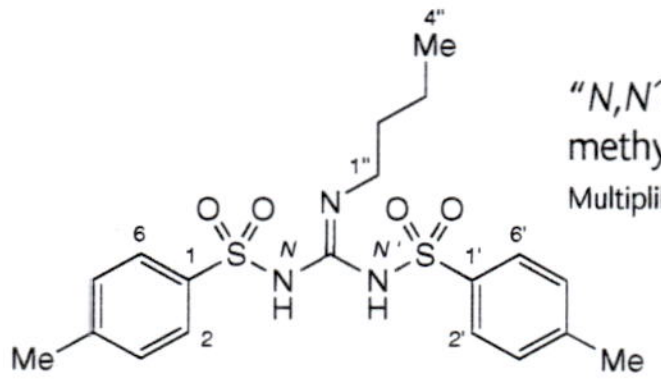

33

"*N*,*N´*-(Butylcarbonimidoyl)bis[4-methylbenzolsulfonamid]" (**33**)
Multiplikationsname

6.25. Stickstoff-Verbindungen *(Klasse 14)*

CA ¶ 193, 200, 238, 243, 249, 252 und 253
IUPAC R-2, R-5.3.2 – R-5.3.5, R-5.4.4, R-5.7.9, C-9.1 und C-633.1

Tab. 3.2

Verbindungen mit den folgenden Strukturen gehören in andere, vorrangige Verbindungsklassen (s. *Tab. 3.2*):

Kap. 6.2 – 6.6

- **N-haltige Radikale und Ionen**, s. *Klassen 1 – 4 (Kap. 6.2 – 6.6)*;

Kap. 6.7 – 6.12

- **N-haltige Säuren**, z.B. **Imid- und Hydrazonsäuren** (z.B. RC(=NH)OH, RC(=NNH_2)OH), s. *Klassen 5 (Kap. 6.7 – 6.12)*;

Kap. 6.13 – 6.17

- **N-haltige Säurederivate**, z.B. **Amide und Hydrazide** (z.B. RC(=O)NH_2, RC(=O)$NHNH_2$), s. *Klassen 6 (Kap. 6.13 – 6.17)*;

Kap. 6.18

- **Nitrile** (z.B. RC≡N), s. *Klasse 7 (Kap. 6.18)*;

Kap. 6.19

- **Aldehyd-oxime** (RCH=NOH) und **Aldehyd-hydrazone** (RCH=NNH_2), inkl. **Azine** (RCH=N–N=CHR), **Osazone** (CH(=NNH_2)C(=NNH_2)R), **Phosphazine** (RCH=N–N=PH_3) und **Formazane** (HN=N–CH=NNH_2), s. *Klasse 8 (Kap. 6.19)*;

Kap. 6.20

- **Keton-oxime** (RC(R´)=NOH) und **Keton-hydrazone** (RC(R´)=NNH_2), inkl. **Azine** (RC(R´)=N–N=C(R´)R), **Osazone** (CH(=NNH_2)C(=NNH_2)R), **Phophazine** (RC(R´)=N–N=PH_3) und **Formazane** (HN=N–C(R)=NNH_2), s. *Klasse 9 (Kap. 6.20)*;

Kap. 6.23

- **Amine** (z.B. RNH_2), *Klasse 12 (Kap. 6.23)*;

Kap. 6.24

- **Imine** (z.B. RC(R´)=NH), *Klasse 13 (Kap. 6.24)*.

Man unterscheidet:

(a) N-haltige Heterocyclen;

(b) speziell am N-Atom substituierte N-haltige Heterocyclen (Pseudoester, Amide, formale Hydrazide, Pseudoketone, -alkohole und -hydroperoxide);

(c) N-haltige homogene Heteroketten (inkl. **Azo-Verbindungen**);

(d) speziell am N-Atom substituierte N-haltige homogene Heteroketten (inkl. **Azoxy-Verbindungen**; Pseudoester, -amide, -ketone, -alkohole und -hydroperoxide);

(e) N-haltige Heteroketten mit Austauschnamen;

(f) **Hydroxylamine** (H_2N–OH, H_2N–SH);

(g) **Sulfoximine** (HN=SH_2=O) und **Sulfilimine** (HN=SH_2) und Chalcogen-Analoga, **Schwefel-diimide** (HN=S=NH), **Schwefel-triimide** (HN=S(=NH)=NH), **Sulfimide** (HN=S(=O)$_2$) und **Thionyl-imide** (HN=S=O);

(h) N-haltige Substituenten, die nur als Präfixe bezeichnet werden (N_2=, N_3–, O=N–, (O=)$_2$N–, HO–N(=O)–, CN–, OCN–, SCN–, SeCN–, TeCN–).

(a) **N-Haltige Heterocyclen** sind Gerüst-Stammstrukturen. Ihre **Stammnamen** und entsprechende **Substituentenpräfixe** sind **in *Kap. 4.5 – 4.10*** beschrieben. Präfixe sind auch in *Kap. 5.6* und *5.7* zusammengefasst.

Kap. 5.6 und 5.7

- Heteromonocyclen, entsprechend *Kap. 4.5*, s. **1**;
- anellierte Polycyclen, entsprechend *Kap. 4.6*, s. **2**;
- Brückenpolycyclen nach *von Baeyer*, entsprechend *Kap. 4.7*, s. **3**;
- überbrückte anellierte Polycyclen, entsprechend *Kap. 4.8*, s. **4**;
- Spiropolycyclen, entsprechend *Kap. 4.9*, s. **5**;
- Ringsequenzen, entsprechend *Kap. 4.10*, s. **6**.

Kap. 4.5 · Kap. 4.6 · Kap. 4.7 · Kap. 4.8 · Kap. 4.9 · Kap. 4.10

Beachte:

Mit Ausnahme der in *(b)* angeführten Fälle wird eine Hauptgruppe oder ein acyclischer Substituent mit Hauptgruppe an einem N-haltigen Heterocyclus (auch am N-Atom) **als Suffix** (z.B. –COOH) **oder Funktionsstammname** (z.B. –PO_3H) **bzw. mittels eines Konjunktionsnamens** (z.B. –CH_2OH; beachte Ausnahmen bei den einzelnen Verbindungsklassen) **bezeichnet**.

Kap. 3.2.2

z.B.

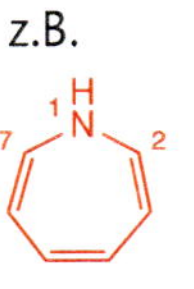

1

"1*H*-Azepin" (**1**)
indiziertes H-Atom nach *Anhang 5**(a)(d)***

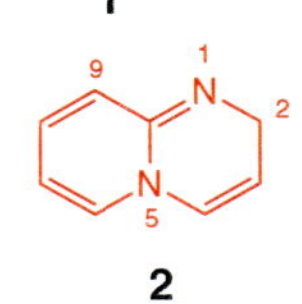

2

"2*H*-Pyrido[1,2-*a*]pyrimidin" (**2**)
indiziertes H-Atom nach *Anhang 5**(a)(b)(d)***

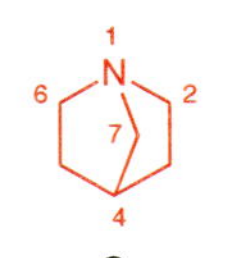

3

"1-Azabicyclo[2.2.1]heptan" (**3**)

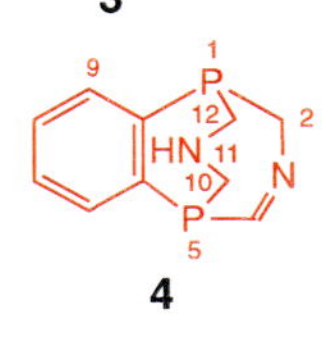

4

"1,5-(Methaniminomethano)-2*H*-3,1,5-benzazadiphosphepin" (**4**)
indiziertes H-Atom nach *Anhang 5**(f_{22})***

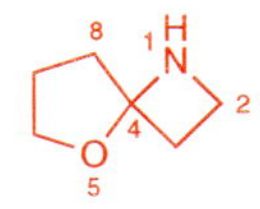

5

"5-Oxa-1-azaspiro[3.4]octan" (**5**)

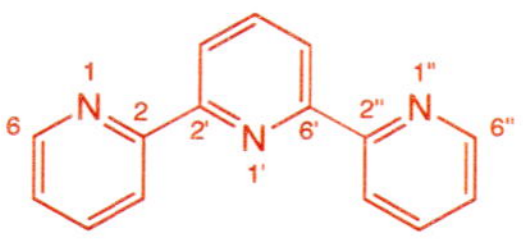

6

"2,2´:6´,2´´-Terpyridin" (**6**)

(b) **Speziell am N-Atom substituierte N-haltige Heterocyclen** bekommen ebenfalls **Stammnamen ohne Suffix** nach *(a)*. Der spezielle Substituent wird als Präfix oder mittels eines Additionsnamens (*Kap. 3.2.4*) bezeichnet. Folgende Verbindungen werden so benannt:

Kap. 3.2.4

- **ein Pseudoester ⊃N–X–Acyl** (X = O, S, Se, Te), entsprechend *Kap. 6.21**(c)*** (s. auch Ester-Definition in *Kap. 6.14*), s. **7**;
- **ein Amid ⊃N–Acyl** mit der Priorität eines 'unausgedrückten Amids' (!), entsprechend *Kap. 6.16**(a$_2$)*** (Ausnahmen: nicht bei einer Acyl-Gruppe von Ameisen- oder Kohlensäure und Analoga (Aldehyd bzw. Carbonsäure!); nicht bei einer Acyl-Gruppe, die noch eine Säure-Funktion enthält), s. **8** und **9**;
- **ein formales Hydrazid ≷–N–N–Acyl** mit der Priorität eines 'unausgedrückten Amids' (!), entsprechend *Kap. 6.17**(a$_2$)*** (Ausnahmen: nicht bei einer Acyl-Gruppe von Ameisen- oder Kohlensäure und Analoga (Aldehyd bzw. Carbonsäure!); nicht bei einer Acyl-Gruppe, die noch eine Säure-Funktion enthält), s. **10**;
- **ein Amid ⊃N–C(=X)–N⊂** (X = O, S, Se, Te, NH, NH_2) mit der Priorität eines 'unausgedrückten Amids' (!), entsprechend *Kap. 6.20**(c)***, s. **11**;
- **ein Pseudoketon ⊃N(=X)–≷** (X = O, S, Se, Te), entsprechend *Kap. 6.20**(d)***, s. **12**;
- **ein Pseudoalkohol ⊃N–XH** (X = O, S, Se, Te) **oder ein Pseudohydroperoxid ⊃N–O–XH** (X = O, S), entsprechend *Kap. 6.21**(b)*** bzw. *6.22**(b)***, s. **13**.

Kap. 6.21(c)
Kap. 6.14
Kap. 6.16(a$_2$)
Kap. 6.17(a$_2$)
Kap. 6.20(c)
Kap. 6.20(d)
Kap. 6.21(b) bzw 6.22(b)

z.B.

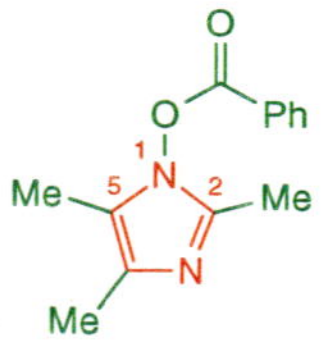

7

"1-(Benzoyloxy)-2,4,5-trimethyl-1*H*-imidazol" (**7**)

- Pseudoester, s. *Kap. 6.21**(c)***; nicht Ester (keine Bindung O–C; vgl. Ester-Definition in *Kap. 6.14*)
- indiziertes H-Atom nach *Anhang 5**(a)**(d)***

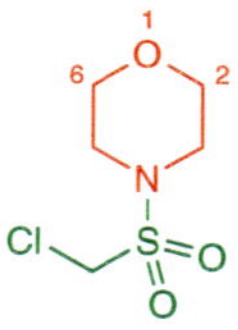

8

"4-[(Chloromethyl)sulfonyl]-morpholin" (**8**)

Amid ('unausgedrücktes Amid'), s. *Kap. 6.16**(a$_2$)***

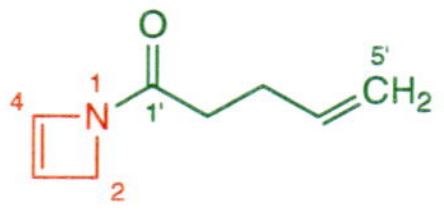

9

"1,2-Dihydro-1-(1-oxopent-4-enyl)azet" (**9**)

- Amid ('unausgedrücktes Amid'), s. *Kap. 6.16**(a$_2$)***
- die Absättigung einer Doppelbindung der Gerüst-Stammstruktur ("Azet") wird durch das "Hydro"-Präfix ausgedrückt

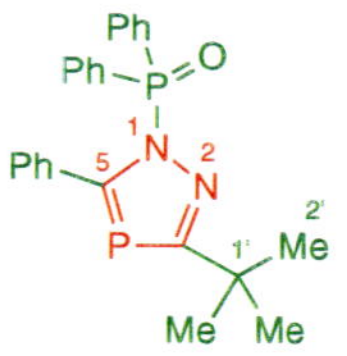

10

"3-(1,1-Dimethylethyl)-1-(diphenylphosphinyl)-5-phenyl-1*H*-1,2,4-diazaphosphol" (**10**)

- formales Hydrazid ('unausgedrücktes Amid'), s. *Kap. 6.17**(a$_2$)***
- indiziertes H-Atom nach *Anhang 5**(a)**(d)***
- IUPAC: z.B. "3-(*tert*-Butyl)-1-(diphenylphosphoryl)-5-phenyl-1*H*-1,2,4-diazaphosphol"

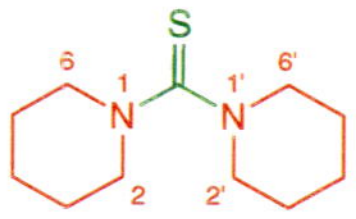

11

"1,1´-Carbonothioylbis[piperidin]" (**11**)

Amid ('unausgedrücktes Amid'), s. *Kap. 6.20**(c)***

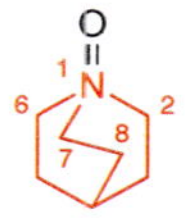

12

"1-Azabicyclo[2.2.2]octan-1-oxid" (**12**)

- Pseudoketon, s. *Kap. 6.20**(d)***
- Additionsname (=O an N^{III})
- Beispiel eines entsprechenden Substituenten: "(1-**Oxido**-1-azabicyclo[2.2.2]oct-3-yl)-"

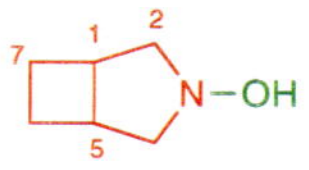

13

"3-Hydroxy-3-azabicyclo[3.2.0]-heptan" (**13**)

Pseudoalkohol, s. *Kap. 6.21**(b)***

(c) **N-Haltige homogene Heteroketten** sind Gerüst-Stammstrukturen. Ihre **Stammnamen** und entsprechende **Substituentenpräfixe** sind **in *Kap. 4.3.3.1*** beschrieben. Präfixe sind auch in *Kap. 5.4**(b)*** zusammengefasst (s. auch **14** – **19** und **27** – **29**).

Kap. 4.3.3.1
Kap. 5.4(b)

Beachte:

- **Azo-Verbindungen ohne Hauptgruppen** werden als homogene Heteroketten betrachtet (für Azo-Verbindungen mit Hauptgruppen, z.B. $-SO_3H$, ist nach *Kap. 3.1* und *3.3* vorzugehen).
- Vom monogliedrigen Hydrid NH_3 ("Ammoniak"; 'ammonia') hergeleitete Gerüst-Stammstrukturen sind in ***(f)*** und ***(g)*** beschrieben ($H_2N–OH$, $H_2N–SH$, $HN=SH_2=O$, $HN=SH_2$ *etc.*).
- N-Haltige Heteroketten mit **Austauschnamen** ("a"-Namen) sind in *Kap. 4.3.2* besprochen (s. auch ***(e)***).
- **Säure-hydrazide Acyl–NHNH$_2$ und Hydrazone RC(R´)=NH$_2$** sind Säure-Derivate der *Klasse 6* (s. auch dort, Ausnahmen) bzw. Aldehyde und Ketone mit einer modifizierenden Angabe der *Klasse 8* bzw. *9* (s. *Tab. 3.2*).
- **Ausser einer Amino- oder Imino-Gruppe** (z.B. $-NH_2$, =NH) **und den in *(d)* angeführten Fällen wird eine Hauptgruppe** an einer N-haltigen homogenen Heterokette **als Suffix** (z.B. –COOH) **oder Funktionsstammname** (z.B. $-PO_3H$) **bezeichnet.**

Kap. 3.1 und 3.3
Kap. 4.3.2
Tab. 3.2

Ausnahmen für Präfixe:

$H_2N–NH–$

14

"Hydrazino-" (**14**)

IUPAC: auch "Diazanyl-"

$H_2N–N=$ oder $H_2N–N<$

15

"Hydrazono-" (**15**)

IUPAC: auch "Diazanyliden-" oder "Hydrazinyliden-" bzw. "Diazan-1,1-diyl-"

16

"Hydrazin-1-yl-2-yliden-" (16)
IUPAC: auch "Diazan-1-yl-2-yliden-" bzw. "Diazan-**1**,**1**,**2**-triyl-"

17

"Hydrazo-"/"Hydrazi-" (17)
- freie Valenzen zu verschiedenen Atomen/ freie Valenzen zum gleichen Atom
- IUPAC: auch "Diazan-1,2-diyl-"

18

"Azo-"/"Azi-" (18)
- freie Valenzen zu verschiedenen Atomen/ freie Valenzen zum gleichen Atom
- IUPAC: auch "Diazen-1,2-diyl-"

oder etc.

19

"Azino-" (19)
IUPAC: auch "Diazandiyliden-" bzw. "Diazan-1,1-diyl-2-yliden-"

IUPAC betrachtet die **traditionelle Methode zur Bezeichnung von Azo-Verbindungen als akzeptable Alternative** (IUPAC R-5.3.3.1 und C-911). Darnach setzt sich der Name einer symmetrischen Azo-Verbindung **R–N=N–R** (s. **24**) oder einer unsymmetrischen Azo-Verbindung **R–N=N–R´** (s. **26**) zusammen aus

"**Azo-**" + **Name von RH**

bzw.

Name von RH + "**-azo-**" + **Name von R´H**.

Ausserdem ist noch der Trivialname "**Isodiazen**" für das divalente Radikal H_2N-N**:** (H substituierbar) zugelassen, neben "Hydrazinyliden" (IUPAC R-5.3.5). Für Substituentenpräfixe sind statt der Trivialnamen **14** - **19** auch systematische Namen empfohlen (s. *Kap. 5.3(**b**)*; IUPAC R-2.5), ebenso wie "Diazan" anstelle von "Hydrazin" (**20**) (IUPAC R-2.2.2).

z.B.

20

"Hydrazin" (**20**)
IUPAC: auch "Diazan"

21

"Diazen" (**21**)

22

"Triazan" (**22**)

23

"Triazen" (**23**)

24

"(1*E*)-Diphenyldiazen" (**24**)
- "(1*E*)" nach *Anhang 6*
- IUPAC: **traditionell "Azobenzol"** ('azobenzene')

25

"(1*E*)-(Naphthalin-1-yl)(naphthalin-2-yl)diazen" (**25**)
- Englisch: '(1*E*)-(naphthalen-1-yl)(naphthalen-2-yl)diazene'
- "(1*E*)" nach *Anhang 6*
- IUPAC: **traditionell "1,2´-Azonaphthalin"** ('1,2´-azonaphthalene')

26

"(1*E*)-Ethenyl(phenyl)diazen" (**26**)
- "(1*E*)" nach *Anhang 6*
- IUPAC: **traditionell "Benzolazoethen"** ('benzeneazoethene'); die zuerst genannte Komponente RH ist komplexer; vgl. **38**

27

"Diazenyl-" (**27**)
- **H nicht substituierbar**, s. **29**
- IUPAC: H substituierbar
- **früher "Diazeno-"**

28

"Triaz-1-en-1-yl-" (**28**)

29

"(Phenylazo)-" (**29**)
IUPAC: auch "(Phenyldiazenyl)-"

(d) **Speziell am N-Atom substituierte N-haltige homogene Heteroketten** bekommen ebenfalls **Stammnamen ohne Suffix** nach ***(c)***. Der spezielle Substituent wird als Präfix oder mittels eines Additionsnamens (*Kap. 3.2.4*) bezeichnet. Folgende Verbindungen werden so benannt:

Kap. 3.2.4

- **ein Pseudoester ⦚>N–X–Acyl** (X = O, S, Se, Te), entsprechend *Kap. 6.21**(c)*** (s. auch Ester-Definition in *Kap. 6.14* sowie Anhydride von *Kap. 6.13*), s. **31**;
- **ein Pseudoamid ⦚>N–Acyl oder ⦚>N–C(=X)–N<⦚** (X = O, S, Se, Te, NH_2; nicht NH!), entsprechend *Kap. 6.20**(b)*** (Ausnahmen: nicht bei einer Acyl-Gruppe von Ameisen- oder Kohlensäure und Analoga (Aldehyd bzw. Carbonsäure!); nicht bei einer Acyl-Gruppe die noch eine Säure-Funktion enthält; **nicht bei H_2N–NH–Acyl** (Säure-hydrazid!), s. **33** – **35**;
- **ein Pseudoketon ⦚>N(=X)–⦚** (X = O, S, Se, Te), entsprechend *Kap. 6.20**(d)***, s. **36** – **39**;
- **ein Pseudoalkohol ⦚>N–XH** (X = O, S, Se, Te) **oder ein Pseudohydroperoxid ⦚>N–O–XH** (X = O, S), entsprechend *Kap. 6.21**(b)*** bzw. *6.22**(b)***, s. **40** und **41**.

Kap. 6.21**(c)**
Kap. 6.14
Kap. 6.13
6
Kap. 6.20**(b)**
Kap. 6.20**(d)**
Kap. 6.21**(b)** bzw. Kap. 6.22**(b)**

Beachte:

Azoxy-Verbindungen ohne Hauptgruppen werden als speziell am N-Atom substituierte N-haltige homogene Heteroketten ohne Suffix betrachtet (für Azoxy-Verbindungen mit Hauptgruppen, z.B. –COOH, ist nach *Kap. 3.1* und *3.3* vorzugehen).

Kap. 3.1 und 3.3

Ausnahme für Präfix:

30

"Azoxy-" (30)
- die Stellung des O-Atoms wird durch die Lokanten "*NNO*–" bzw. "*ONN*–" angegeben, wenn bekannt (s. **42** und **43**)
- dagegen aber regulär "(**Dioxidoazo**)-" für **–N(=O)=N(=O)–**

IUPAC betrachtet die **traditionelle Methode zur Bezeichnung von Azoxy-Verbindungen als akzeptable Alternative** (IUPAC R-5.3.3.2 und C-913). Darnach setzt sich der Name einer symmetrischen Azoxy-Verbindung **R–N_2O–R** (s. **37**) oder einer unsymmetrischen Azoxy-Verbindung **R–N_2O–R´** (s. **38**) zusammen aus

"Azoxy-" + Name von RH

bzw.

Name von RH + "-azoxy-" + Name von R´H

z.B.

31

"1-[(Trifluoroacetyl)oxy]-triaz-1-en" (**31**)

- Pseudoester, s. *Kap. 6.21**(c)***; nicht Ester (keine Bindung O–C; vgl. Ester-Definition in *Kap. 6.14*)
- hypothetisch

32

"Carbonylhydrazin" (**32**)

Pseudoamid, s. *Kap. 6.20**(b)***

33

"Dibenzoyldiazen" (**33**)

Pseudoamid, s. *Kap. 6.20**(b)***

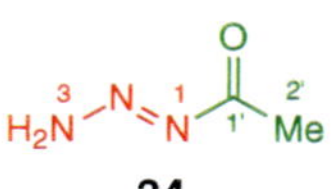

34

"1-Acetyltriaz-1-en" (**34**)

Pseudoamid, s. *Kap. 6.20**(b)***

35

"1,1´-Carbonylbis[diazen]" (**35**)

- Pseudoamid, s. *Kap. 6.20**(b)***
- IUPAC: "**Carbodiazon**" (IUPAC R-9.1, Table 31)
- **trivial auch "Carbadiazon"**

36

"Triaz-1-en-1-oxid" (**36**)

- Pseudoketon, s. *Kap. 6.20**(d)***
- Additionsname (=O an N^{III})
- Beispiel eines entsprechenden Substituenten: "(1-**Oxido**triaz-1-enyl)-" ($H_2N–N=N$**(=O)**–)

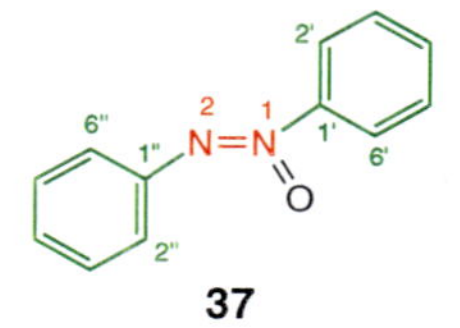

37

"(1*Z*)-Diphenyldiazen-1-oxid" (**37**)

- Pseudoketon, s. *Kap. 6.20**(d)***
- Additionsname (=O an N^{III})
- "(1*Z*)" nach *Anhang 6*
- IUPAC: **traditionell "Azoxybenzol"** ('azoxybenzene')
- Beispiel eines entsprechenden Substituenten: "[4-(Phenyl-***NNO*-azoxy**)-phenyl]-" (Ph–**N=N(=O)**–C_6H_4–)

38

"(Naphthalin-2-yl)phenyldiazen-2-oxid" (**38**)

- Englisch: '(naphthalen-2-yl)phenyldiazene 2-oxide'
- Pseudoketon, s. *Kap. 6.20**(d)***
- Additionsname (=O an N^{III})
- IUPAC: **traditionell "Naphthalin-2-*NNO*-azoxybenzol"** ('naphthalene-2-*NNO*-azoxybenzene'); die zuerst genannte Komponente RH ist komplexer; vgl. **26**

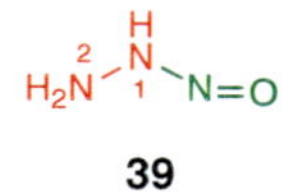

39

"Nitrosohydrazin" (**39**)

- Pseudoketon, s. *Kap. 6.20**(d)***
- s. auch unten, ***(h)***

40

"Hydroxyhydrazin" (**40**)

Pseudoalkohol, s. *Kap. 6.21**(b)***

41

"(1*E*)-Hydroxy(phenyl)diazen" (**41**)

- Pseudoalkohol, s. *Kap.6.21**(b)***
- "(1*E*)" nach *Anhang 6*
- IUPAC: **"Phenyldiazenol", traditionell "Benzoldiazohydroxid"** ('benzenediazohydroxide'; IUPAC R-5.3.3.4)
- **früher** auch **"Phenyldiazosäure"** ('phenyldiazoic acid')
- das entsprechende Salz **Ph–N=N–O⁻Na⁺** wird nach *Kap. 6.4.2.2**(c)*** benannt: "(1*E*)-Hydroxy(phenyl)diazen-Natrium-Salz"; IUPAC: "Natrium-phenyldiazenolat", **traditionell "Natrium-benzoldiazoat"** ('sodium benzenediazoate'; IUPAC R-5.3.3.4)

42

"[(1*Z*)-Phenyl-*ONN*-azoxy]-" (**42**)

- s. Ausnahme **30**
- "(1*Z*)" nach *Anhang 6*

43

"(Phenyl-*NNO*-azoxy)-" (**43**)

s. Ausnahme **30**

(e) **N-Haltige Heteroketten mit Austauschnamen** ("a"-Namen) sind in *Kap. 4.3.2* besprochen. Sie haben eine **tiefere Priorität als N-haltige homogene Heteroketten** nach ***(c)*** und ***(d)*** (s. *Tab. 3.2* und CA ¶ 271). Für **spezielle Substituenten am N-Atom** (Pseudoester, -amide, -ketone, -alkohole und -hydroperoxide) gelten die Anweisungen von ***(d)***, für andere Substituenten diejenigen von ***(c)***.

Kap. 4.3.2

Tab. 3.2 CA ¶ 271

(f) **Der Name eines Hydroxylamins oder eines Austauschanalogons $H_2N–XH$** (X = O, S, Se, Te; s. **45** und **46**) **ist ein Stammname** (Gerüst!) und hat die tiefste Priorität in der *Klasse 14* (s. *Tab. 3.2*). Nur das H-Atom am Chalcogen-Atom X ist substituierbar, wobei der **Substituent am X-Atom immer als Präfix** bezeichnet wird (s. jedoch **Ausnahme 44**); **die H-Atome am N-Atom können jedoch durch O- oder Halogen-Atome substituiert sein** (O, F, Cl, Br, I).

Tab. 3.2

Beachte:

- **Formale *N*-Alkyl- und *N*-Arylhydroxylamine RN(R´)–XH** (X = O, S, Se, Te; R und/oder R´ ≠ H) **sind Hydroxyamine** der *Klasse 12*, und **formale *N*-Alkylidenhydroxylamine RC(R´)=N–XH** (X = O, S, Se, Te) sind **Oxime** der *Klassen 8* oder *9* (s. *Tab. 3.2*), s. **56** bzw. **57**.
- **Formale *N*-Acylhydroxylamine Acyl–NR–XH** (X = O, S, Se, Te; R = H, Alkyl, Aryl) sind ***N*-Hydroxyamide** der *Klasse 6b* (s. *Tab. 3.2*), s. **58**, **142** und **144**.
- **Formale *S*-Alkyl- und *S*-Arylthiohydroxylamine $H_2N–S–R$** (R = Alkyl, Aryl) sind **Sulfenamide** der *Klasse 6b* (s. *Tab. 3.2*), s. **59** sowie **145**.

Tab. 3.2

Tab. 3.2

Tab. 3.2

Von Hydroxylaminen hergeleitete Präfixe sind zusammengesetzte Präfixe und werden nach *Kap. 5.8* gebildet:

Kap. 5.8

"(Hydroxyamino)-" (HO–NH–; H an N substituierbar)
"(Mercaptoamino)-" (HS–NH–; H an N substituierbar)
"(Aminooxy)-" (H_2N–O–; H an N substituierbar)
"(Aminothio)-" (H_2N–S–; H an N substituierbar)
"{[(R)oxy]amino}-" (RO–NH–; H an N substituierbar)
"{[(R)thio]amino}-" (RS–NH–; H an N substituierbar)

IUPAC empfiehlt Hydroxylamin-Namen für Verbindungen der Formel R–NH–OR´ (IUPAC R-5.4.4), ausser für *N*-Hydroxyamide (s. **58**).

Ausnahme:

"Hydroxylamin-*O*-sulfonsäure" (44)
- **H an N substituierbar**!
- Verbindung der *Klasse 5c* (s. *Tab. 3.2* und *Kap. 6.8*)
- analog werden die Säurederivate der *Klasse 6* benannt

z.B.

"Hydroxylamin" (**45**)
H an N nur durch Chalcogen- oder Halogen-Atom(e) substituierbar

"Thiohydroxylamin" (**46**)
H an N nur durch Chalcogen- oder Halogen-Atom(e) substituierbar

"*O*-Butylhydroxylamin" (**47**)
nicht auf S-Analogon übertragbar, s. **59**!

"*O*-Acetylhydroxylamin" (**48**)

"*O*-(Aminocarbonyl)hydroxylamin" (**49**)

"*S*-[(Dimethylamino)thioxomethyl]thiohydroxylamin" (**50**)

"*O*-Phosphonohydroxylamin" (**51**)

"*N*-Chloro-*O*-methylhydroxylamin" (**52**)

"*N*,*N*-Dihydroxy-*O*-(prop-2-inyl)-hydroxylamin" (**53**)

"*N*-Methylhydroxylamin-*O*-sulfonsäure" (**54**)
s. Ausnahme **44**

"Hydroxylamin-*O*-sulfonyl-fluorid" (**55**)
s. Ausnahme **44**

"*N*-Hydroxybutanamin" (**56**)
- Verbindung der *Klasse 12* (*Kap. 6.23*)
- IUPAC: "*N*-Butylhydroxylamin"

"Propanal-oxim" (**57**)
Verbindung der *Klasse 8* (*Kap. 6.19*)

"*N*-Hydroxyacetamid" (**58**)
- Verbindung der *Klasse 6b* (*Kap. 6.16*)
- IUPAC: **generisch** eine **"Hydroxamsäure"**

"Ethansulfenamid" (**59**)
- Verbindung der *Klasse 6b* (*Kap. 6.16*)
- IUPAC: vermutlich "(Ethylsulfanyl)azan" oder "-amin" nach *Kap. 6.23*

"4-(Hydroxyamino)benzonitril" (**60**)

"4-(Aminooxy)benzoesäure" (**61**)
Englisch: '...benzoic acid'

"4-(Methoxyamino)benzoesäure" (**62**)
Englisch: '...benzoic acid'

(g) Die folgenden **gleichzeitig N- und S-haltigen** (bzw. Se- und Te-haltigen) **Verbindungen** werden als substituierbare Gerüst-Stammstrukturen **mit Stammnamen** betrachtet:

(g_1) **Sulfoximine und Sulfilimine** sowie Chalcogen-Analoga (**alle H-Atome substituierbar**) sind Verbindungen der *Klasse 14*: s. **63** und **64**.

Trägt das N-Atom von **63** oder **64** einen Substituenten mit einer vorrangigen charakteristischen Gruppe, muss trotzdem der Stammname **63** bzw. **64** verwendet werden, da **H_2S=** (bzw. H_2Se= oder H_2Te=) **nicht als Präfix** bezeichnet werden kann (s. **68** – **70**).

Ist das S-Atom von **63** oder **64** so substituiert, dass die resultierende Verbindung vor einer solchen vom Typ **63** oder **64** Priorität hat, dann sind die **Acyl-Präfixe 65** bzw. **66** zu verwenden (s. *Kap. 6.8(d)* und **71**), oder es handelt sich um eine **Imidsäure** der *Klassen 5* (s. *Kap. 6.8* und *6.10*) oder um ein entsprechendes Säurederivat der *Klassen 6* (s. *Kap. 6.13* – *6.17*) (s. **72** – **75**).

Kap. 6.8**(d)**
Kap. 6.8 und 6.10
Kap. 6.13 – 6.17

Die von **IUPAC** verwendeten Namen für **63** und **64** (IUPAC C-633.1) sind in den 1993-Empfehlungen nicht mehr erwähnt. Dagegen werden die folgenden Präfixe vorgeschlagen (IUPAC R-2.2.2 und R-2.5): "λ^4-" und "λ^6-Sulfanyliden-" (H_2S= bzw. H_4S=), "λ^4-" und "λ^6-Selanyliden-" (H_2Se= bzw. H_4Se=) und "λ^4-" und "λ^6-Tellanyliden-" (H_2Te= bzw. H_4Te=) (s. *Anhang 7* für "λ").

z.B.

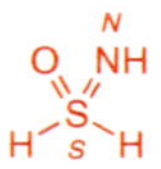

63

"Sulfoximin" (**63**)
- analog "Selenoximin" bzw. "Telluroximin"
- alle H substituierbar
- IUPAC: "Sulfoximi**d**", "Selenoximi**d**" bzw. "Telluroximi**d**" (IUPAC C-633.1)

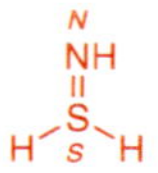

64

"Sulfilimin" (**64**)
- analog "Selenilimin" bzw. "Tellurilimin"
- alle H substituierbar
- IUPAC: "Sulfimid", "Selenimid" bzw. "Tellurimid" (IUPAC C-633.1)

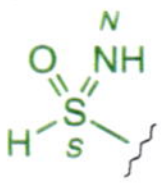

65

"Sulfonimidoyl-" (**65**)
- beide H substituierbar
- analog "Selenonimidoyl-" bzw. "Telluronimidoyl-"

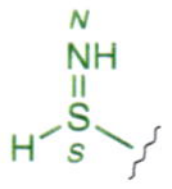

66

"Sulfinimidoyl-" (**66**)
- beide H substituierbar
- analog "Seleninimidoyl-" bzw. "Telluronimidoyl-"

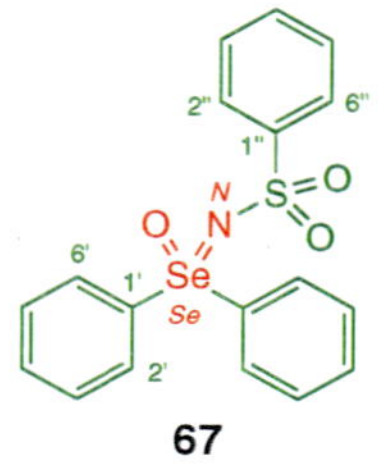

67

"*Se,Se*-Diphenyl-*N*-(phenylsulfonyl)selenoximin" (**67**)
IUPAC: "...selenoximid"

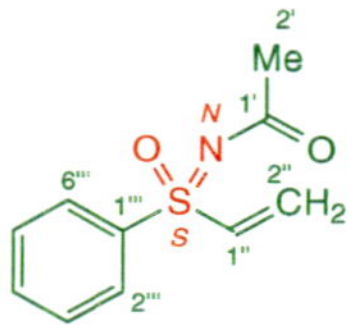

68

"*N*-Acetyl-*S*-ethenyl-*S*-phenylsulfoximin" (**68**)
IUPAC: "...sulfoximid"

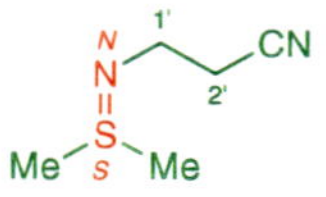

69

"*N*-(2-Cyanoethyl)-*S,S*-dimethylsulfilimin" (**69**)
IUPAC: "...sulfimid"

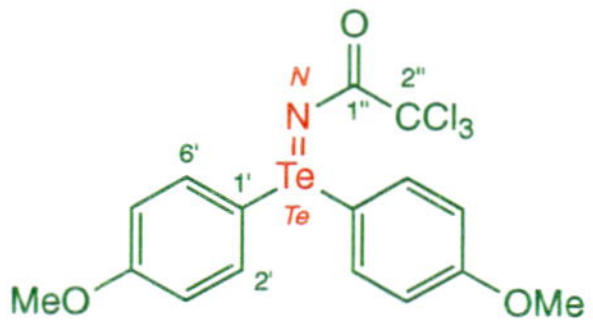

70

"*Te,Te*-Bis(4-methoxyphenyl)-*N*-(trichloroacetyl)tellurilimin" (**70**)
IUPAC: "...tellurimid"

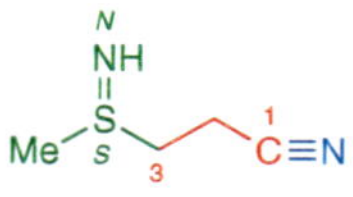

71

"3-(*S*-Methylsulfinimidoyl)propannitril" (**71**)
Verbindung der *Klasse 7* (*Kap. 6.18*)

72

"*N*-Methylbenzolsulfonimidoylchlorid" (**72**)
- Englisch: '*N*-methylbenzenesulfonimidoyl chloride'
- Verbindung der *Klasse 6a* (*Kap. 6.15*)

73

"2-Nitro-*N*-(phenylsulfonyl)benzolsulfinimidsäure-methyl-ester"/"Methyl-[2-nitro-*N*-(phenylsulfonyl)-benzolsulfinimidat]" (**73**)
- Englisch: '...benzenesulfinimidic acid methyl ester'/'methyl ...benzenesulfinimidate'
- Verbindung der *Klasse 6* (*Kap. 6.14*)

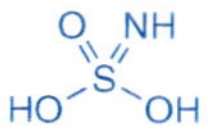

74

"Imidoschwefelsäure" (**74**)
- Englisch: 'imidosulfuric acid'
- Verbindung der *Klasse 5e* (*Kap. 6.10*)

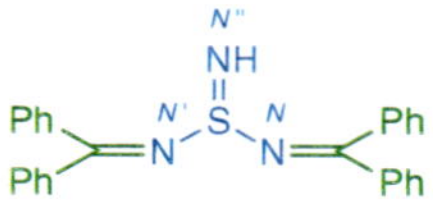

75

"*N,N'*-Bis(diphenylmethylen)-imidoschwefligsäure-diamid" (**75**)
- Englisch: '*N,N'*-bis(diphenylmethylene)-imidosulfurous diamide'
- Verbindung der *Klasse 6b* (*Kap. 6.16*(***d***))

(g₂)* Schwefel-diimide und Schwefel-triimide** sowie Chalcogen-Analoga (**alle H-Atome substituierbar**) **sind** bei CA **Verbindungen der *Klasse 1 (höchste Priorität, s. *Tab. 3.2*). **Substituenten** an den N-Atomen werden **immer als Präfixe** benannt.

Tab. 3.2

z.B

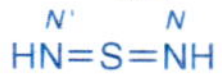

76

"Schwefel-diimid" (**76**)
- Englisch: 'sulfur diimide'
- analog "Selen-diimid" ('selenium diimide') bzw. "Tellur-diimid" ('tellurium diimide')

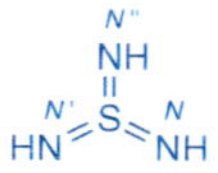

77

"Schwefel-triimid" (**77**)
- Englisch: 'sulfur triimide'
- analog "Selen-triimid" ('selenium triimide') bzw. "Tellur-triimid" ('tellurium triimide')

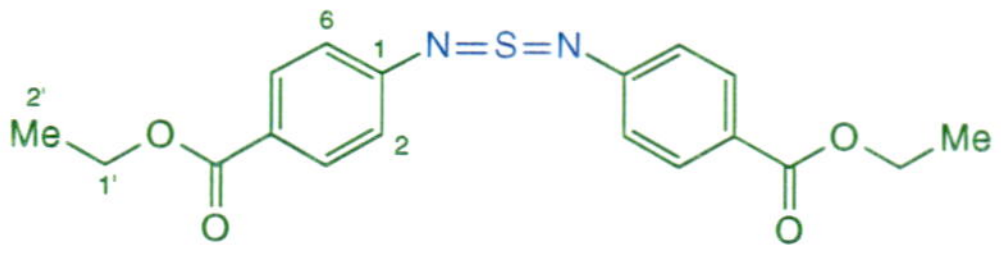

78

"Bis[4-(ethoxycarbonyl)phenyl]-schwefel-diimid" (**78**)

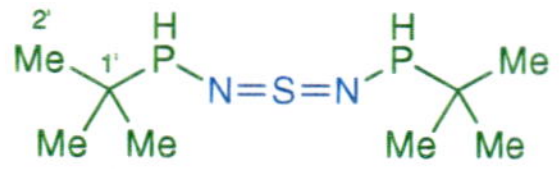

79

"Bis[(1,1-dimethylethyl)phosphino]-schwefel-diimid" (**79**)
IUPAC: vermutlich "Bis[(*tert*-butyl)phosphanyl]schwefel-diimid"

80

"(Difluorophosphinyl)bis(1,1-dimethylethyl)schwefel-triimid" (**80**)
IUPAC: vermutlich z.B. "Di(*tert*-butyl)-(difluorophosphin**o**yl)schwefel-triimid"

***(g₃)* Sulfimide und Thionyl-imide** sowie Chalcogen-Analoga (**H-Atom substituierbar**) sind Verbindungen der *Klasse 14*: s. **81** und **82**.

Ist das N-Atom von **81** oder **82** so substituiert, dass die resultierende Verbindung vor einer solchen vom Typ **81** bzw. **82** Priorität hat, dann sind die Präfixe **"Sulfonyl-"** ($S(=O)_2=$) oder **"Sulfinyl-"** (S(=O)=) **oder die zusammengesetzten Präfixe 83** bzw. **84** zu verwenden (s. *Kap. 6.8(**d**)* oder *6.16(**d₂**)* und **86** – **88**) oder andere Namen zu geben.

Kap. 6.8(**d**) oder 6.16(**d₂**)

z.B

81 "Sulfimid" (**81**)
- Englisch: 'sulfimide'
- analog vermutlich "Selenimid" bzw. "Tellurimid"
- vgl. dazu die von IUPAC für **64** vorgeschlagenen Namen!

O=S=NH **82** "Thionyl-imid" (**82**)
- Englisch: 'thionyl imide'
- analog vermutlich "Seleninyl-imid" bzw. "Tellurinyl-imid"

83 "(Sulfonylamino)-" (**83**)

O=S=N– **84** "(Sulfinylamino)-" (**84**)

O=S=N–Br **85** "Bromothionyl-imid" (**85**)

86 "*N*-Sulfinylpropanamin" (**86**)
Verbindung der *Klasse 12* (*Kap. 6.23*)

87 "*N*-Sulfinothioylmethanamin" (**87**)
Verbindung der *Klasse 12* (*Kap. 6.23*)

88 "*N*-Sulfinylmethansulfonamid" (**88**)
Verbindung der *Klasse 6b* (*Kap. 6.16*)

***(h)* N-Haltige Substituenten, die nur als Präfixe bezeichnet werden**, sind (s. *Tab. 3.1*):

Tab. 3.1

$N_2=$ **89** **"Diazo-"** (**89**)

N_3- **90**

"Azido-" (**90**)

O=N– **91** **"Nitroso-"** (**91**)

92 **"Nitro-"** (**92**)

93 **"*aci*-Nitro-"** (**93**)
- H substituierbar
- IUPAC: "**(Hydroxynitroryl)-**"; vgl. *Kap. 6.19(**b**)* oder *6.20(**e**)*

CN– **94** **"Isocyano-"**[1]) (**94**)
vgl. dazu *Tab. 6.3* in *Kap. 6.18*

O=C=N– **95** **"Isocyanato-"**[1]) (**95**)
vgl. dazu *Tab. 6.3* in *Kap. 6.18*

S=C=N– **96** **"Isothiocyanato-"**[1]) (**96**)
vgl. dazu *Tab. 6.3* in *Kap. 6.18*

Se=C=N– **97** **"Isoselenocyanato-"**[1]) (**97**)
vgl. dazu *Tab. 6.3* in *Kap. 6.18*

Te=C=N– **98** **"Isotellurocyanato-"**[1]) (**98**)
vgl. dazu *Tab. 6.3* in *Kap. 6.18*

Beachte:

Die **Präfixe 90** – **98** werden **nicht** verwendet, **wenn** die entsprechende Gruppe

- **Teil eines Säure-Substituenten** ist, z.B. **bei Austauschanaloga von Kohlensäuren**, z.B. OCN–C(=O)–OH ("Carbonisocyanatidsäure", s. *Kap. 6.9*), **von S-Oxosäuren**, z.B. CN–S(=O)–OH ("Isocyanoschwefligsäure", s. *Kap. 6.10*), und **von P- und As-Oxosäuren**, z.B. N_3–P(=O)(OH)₂ ("Phosphorazidsäure", s. *Kap. 6.11*);
- **Teil eines Säure-Derivats der *Klasse 6*** ist (s. *Kap. 6.13* – *6.17*), z.B. N(=O)–O–$(CH_2)_3$Me ("Salpetrigsäure-butyl-ester", s. *Kap. 6.14*) oder SCN–C(=S)–NH_2 ("Carbon(isothiocyanatido)thiosäure-amid", s. *Kap. 6.16*);
- insbesondere **Teil eines Säure-halogenids der *Klasse 6a*** ist (s. *Kap. 6.15*), z.B. $MeCH_2C(=O)$–NC ("Propanoyl-isocyanid"), MeS–N_3 ("Methansulfenyl-azid"), CH(=O)–NCO ("Formyl-isocyanat") oder HP(=O)(NH_2)–N_3 ("Phosphonamidsäure-azid").

Kap. 6.9 Kap. 6.10 Kap. 6.11 Kap. 6.13 –6.17 Kap. 6.16

IUPAC lässt für eine Verbindung mit dem Substituenten N_3–, CN– und XCN– (X = O, S, Se, Te) **auch einen Funktionsklassennamen** (*Kap. 3.2.6*) zu (IUPAC R-5.3.4 bzw. R-5.7.9; für triviale Substituentenpräfixe, s. *Kap. 4.2* und *4.4* – *4.6*), im Deutschen ohne Bindestrich, der hier aber immer beigefügt wird. Ausser für R–N_3 (s. **102**) sind die entsprechenden Funktionsklassennamen in *Tab. 6.3* (s. *Kap. 6.18*) angegebenen.

[1]) **IUPAC** empfiehlt, im Deutschen bei diesen Präfixen das endständige "o" wegzulassen. **Im vorliegenden Handbuch** werden aber auch in IUPAC-Namen, wie im Französischen und Englischen, die **Präfixe mit enständigem "o"** verwendet.

geben. Ausserdem wird für eine Verbindung mit dem Substituenten =N(=O)–OH ein vom Funktionsstammnamen "**Azinsäure**" ($H_2N(=O)(OH)$; H an N substituierbar) hergeleiteter Name empfohlen (s. **105**) bzw. das Präfix "**(Hydroxynitroryl)-**" (HO–N(=O)=; **93**) (IUPAC R-3.3 und R-5.3.2).

z.B.

$N_2{=}CH_2$

99

"Diazomethan" (**99**)

100

"Diazoessigsäure" (**100**)
Englisch: 'diazoacetic acid'

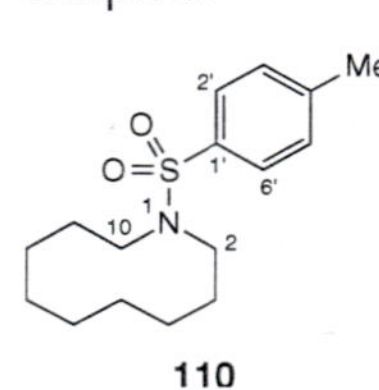

101

"2-Diazo-1-phenylethanon" (**101**)
trivial "Diazophenon"

102

"Azidobenzol" (**102**)
- Englisch: 'azidobenzene'
- IUPAC: auch "Phenyl-**azid**"

103

"3-Nitrosopentan" (**103**)

104

"1,3-Dinitrocyclohexa-1,3-dien" (**104**)

105

"2-*aci*-Nitropropan" (**105**)
IUPAC: "Isopropylidenazinsäure"

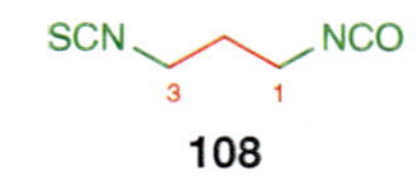

106

"Isocyanobenzol" (**106**)
- Englisch: 'isocyanobenzene'
- IUPAC: auch "Phenyl-isocyanid"

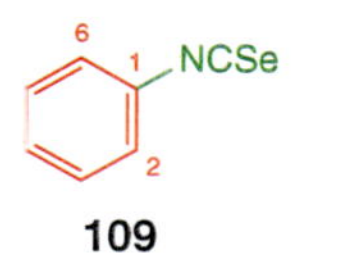

107

"(Isocyanomethyl)benzol" (**107**)
- Englisch: '(isocyanomethyl)benzene'
- Ring > Kette (s. *Kap. 3.3*(**b**))
- IUPAC: auch "Benzyl-isocyanid"

108

"1-Isocyanato-3-isothiocyanato-propan" (**108**)

109

"Isoselenocyanatobenzol" (**109**)
- Englisch: 'isoselenocyanatobenzene'
- IUPAC: auch "Phenyl-isoselenocyanat"

Beispiele:

110

"Decahydro-1-[(4-methylphenyl)sulfonyl]-azecin" (**110**)
nach **(b)**, 'unausgedrücktes Amid'

111

"4-[(3-Hydroxybenzo[*b*]thien-2-yl)imino-methyl]morpholin" (**111**)
nach **(b)**, 'unausgedrücktes Amid'

112

"4,4´,4´´-Phosphinothioylidintris[morpholin]" (**112**)
- nach **(b)**, 'unausgedrücktes Amid'
- Multiplikationsname

113

"2-(Cyclohexylcarbonyl)-1-[(4-methyl-phenyl)sulfonyl]-1*H*-pyrrol" (**113**)
- nach **(b)**, 'unausgedrücktes Amid' (keine charakteristische Gruppe mit Suffix am N-haltigen Heterocyclus)
- indiziertes H-Atom nach *Anhang 5*(**a**)(**d**)

114

"6-Chloro-1*H*-purin-3-oxid" (**114**)
- nach **(b)**, Pseudoketon
- Additionsname (=O an N^{III})
- Beispiel eines entsprechenden Substituenten: "(6-Chloro-3-**oxido**-9*H*-purin-9-yl)-"

115

"1-Hydroxypyrrolidin" (**115**)
nach **(b)**, Pseudoalkohol

116

"(1*E*)-1,3-Dimethyltriaz-1-en" (**116**)
- nach **(c)**
- "(1*E*)" nach *Anhang 6*

117

"Azidodiazen" (**117**)
nach **(c)** und **(h)**

118

"1,1´-Thiobis[diazen]" (**118**)
- nach **(c)**
- Multiplikationsname

119

"(Naphthalin-2-ylthio)phenyldiazen" (**119**)
nach **(c)**

120

"(1*E*)-{4-[(1*E*)-(Naphthalin-1-yl)azo]phenyl}-phenyldiazen" (**120**)
- nach **(c)**
- "(1*E*)" nach *Anhang 6*
- "[(Naphthalinyl**azo**)phenyl]phenyl" > "(Naphthalinyl)-[(**phenylazo**)phenyl]" nach *Kap. 3.3*(**m**)
- IUPAC: traditionell "Naphthalin-1-azo-1´-benzol-4´-azo-benzol" ('naphthalene-1-azo-1´-benzene-4´-azobenzene')

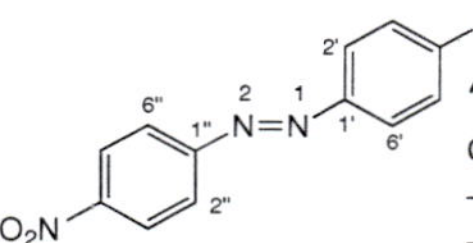

121

"[4-(Hydroxyazo)phenyl](4-nitrophenyl)-diazen" (**121**)
- nach **(c)** und **(d)**, Pseudoalkohol
- "[(Hydroxy**azo**)phenyl](nitrophenyl)" > "Hydroxy{[(**nitro**-phenyl)azo]phenyl}" nach *Kap. 3.3*(**m**)

"[(4-Methoxyphenyl)methyl]-{[(4-methylphenyl)sulfonyl]-oxy}diazen" (**122**)
nach ***(d)***, Pseudoester

"1-Benzoyl-3-phenyltriaz-1-en" (**123**)
nach ***(d)***, Pseudoamid

"2,3-Diacetyl-1,1,4,4-tetramethyltetrazan" (**124**)
nach ***(d)***, Pseudoamid

"Diazen-1-oxid" (**125**)
- nach ***(d)***, Pseudoketon
- Additionsname (=O an N[III])
- Substituent z.B. "*NNO*-Azoxy-" (HN=N(=O)–)

"(1*Z*)-Diphenyldiazen-1,2-dioxid" (**126**)
- nach ***(d)***, Pseudoketon
- Additionsname (=O an N[III])
- "(1*Z*)" nach *Anhang 6*
- Beispiel eines entsprechenden Substituenten: "[(**Dioxidoazo**)di-4,1-phenylen]-" (–C_6H_4–N(=O)=N(=O)–C_6H_4–; verbindender Substituent für Multiplikationsnamen, s. *Kap. 3.2.3*)

"(1*Z*)-Methoxy(methyl)diazen-2-oxid" (**127**)
- nach ***(d)***, Pseudoketon
- Additionsname (=O an N[III])
- "(1*Z*)" nach *Anhang 6*

"3-Hydroxy-1-phenyl-3-propyltriaz-1-en" (**128**)
nach ***(d)***, Pseudoalkohol

"*S*-[(Piperidin-1-yl)carbonyl]thiohydroxylamin" (**129**)
nach ***(f)***

"*O*-(1-Oxobut-2-enyl)hydroxylamin" (**130**)
nach ***(f)***

"*O*-[(4-Methylphenyl)sulfonyl]hydroxylamin" (**131**)
nach ***(f)***

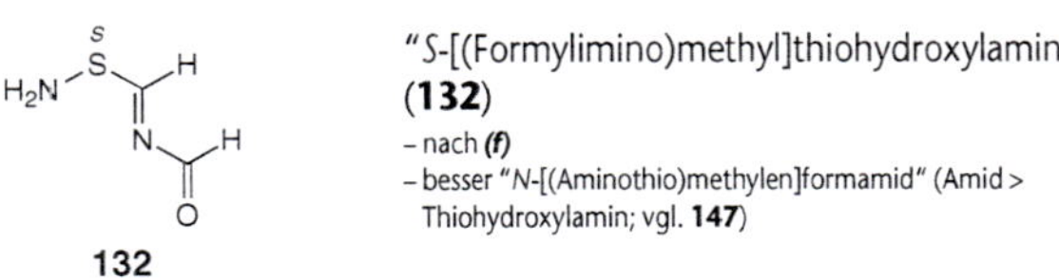

"*S*-[(Formylimino)methyl]thiohydroxylamin" (**132**)
- nach ***(f)***
- besser "*N*-[(Aminothio)methylen]formamid" (Amid > Thiohydroxylamin; vgl. **147**)

"*O*-(Diphenoxyphosphinyl)hydroxylamin" (**133**)
nach ***(f)***

"*O*,*O*´-(Ethan-1,2-diyl)bis[hydroxylamin]" (**134**)
- nach ***(f)***
- Multiplikationsname

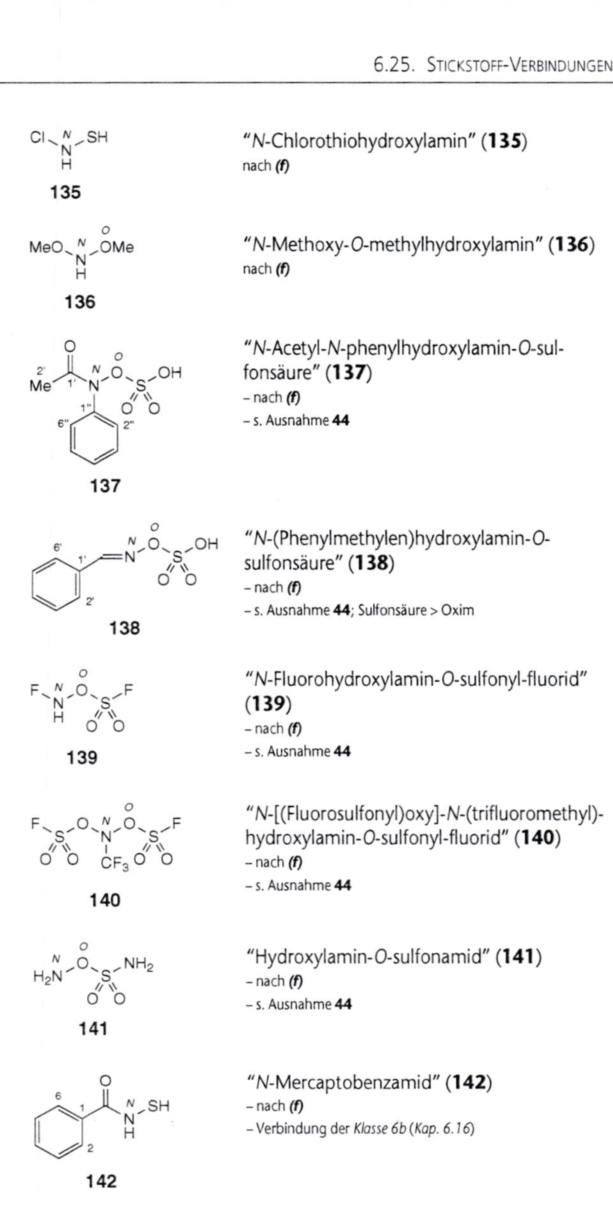

"*N*-Chlorothiohydroxylamin" (**135**)
nach ***(f)***

"*N*-Methoxy-*O*-methylhydroxylamin" (**136**)
nach ***(f)***

"*N*-Acetyl-*N*-phenylhydroxylamin-*O*-sulfonsäure" (**137**)
- nach ***(f)***
- s. Ausnahme **44**

"*N*-(Phenylmethylen)hydroxylamin-*O*-sulfonsäure" (**138**)
- nach ***(f)***
- s. Ausnahme **44**; Sulfonsäure > Oxim

"*N*-Fluorohydroxylamin-*O*-sulfonyl-fluorid" (**139**)
- nach ***(f)***
- s. Ausnahme **44**

"*N*-[(Fluorosulfonyl)oxy]-*N*-(trifluoromethyl)-hydroxylamin-*O*-sulfonyl-fluorid" (**140**)
- nach ***(f)***
- s. Ausnahme **44**

"Hydroxylamin-*O*-sulfonamid" (**141**)
- nach ***(f)***
- s. Ausnahme **44**

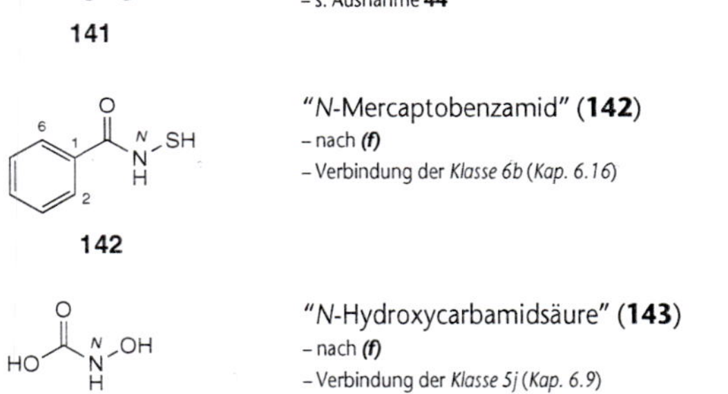

"*N*-Mercaptobenzamid" (**142**)
- nach ***(f)***
- Verbindung der *Klasse 6b* (*Kap. 6.16*)

"*N*-Hydroxycarbamidsäure" (**143**)
- nach ***(f)***
- Verbindung der *Klasse 5j* (*Kap. 6.9*)

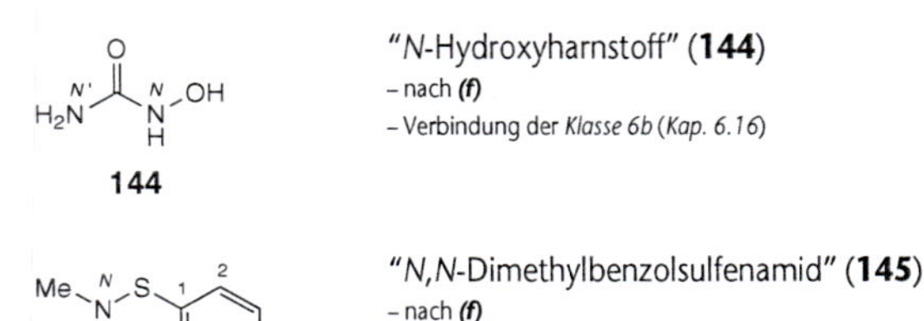

"*N*-Hydroxyharnstoff" (**144**)
- nach ***(f)***
- Verbindung der *Klasse 6b* (*Kap. 6.16*)

"*N*,*N*-Dimethylbenzolsulfenamid" (**145**)
- nach ***(f)***
- Verbindung der *Klasse 6b* (*Kap. 6.16*)

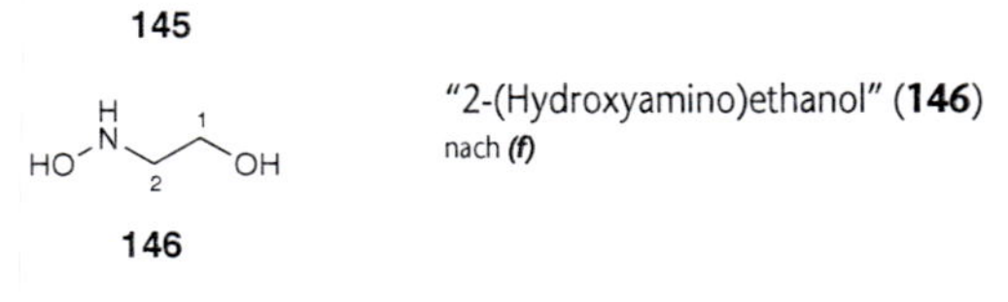

"2-(Hydroxyamino)ethanol" (**146**)
nach ***(f)***

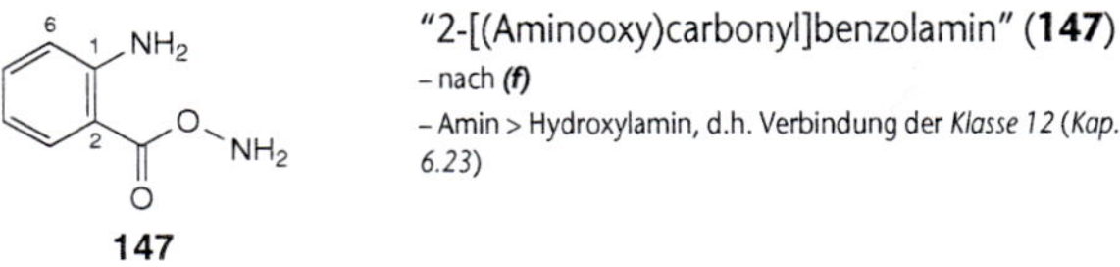

"2-[(Aminooxy)carbonyl]benzolamin" (**147**)
- nach ***(f)***
- Amin > Hydroxylamin, d.h. Verbindung der *Klasse 12* (*Kap. 6.23*)

"*N*-[4-Amino-5-(methoxycarbonyl)thiazol-2-yl]-*S*,*S*-dimethylsulfoximin" (**148**)
nach ***(g₁)***

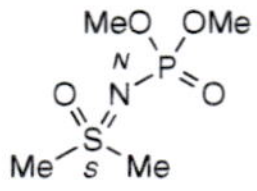
149

"*N*-(Dimethoxyphosphinyl)-*S*,*S*-dimethylsulfoximin" (**149**)
nach (g_1)

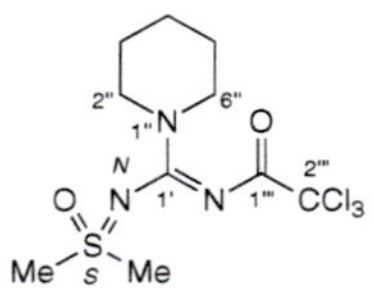
150

"*S*,*S*-Dimethyl-*N*-{(piperidin-1-yl)[(trichloroacetyl)imino]methyl}sulfoximin" (**150**)
nach (g_1)

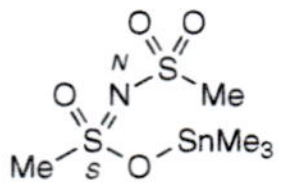
151

"*S*-Methyl-*N*-(methylsulfonyl)-*S*-[(trimethylstannyl)oxy]sulfoximin" (**151**)
nach (g_1)

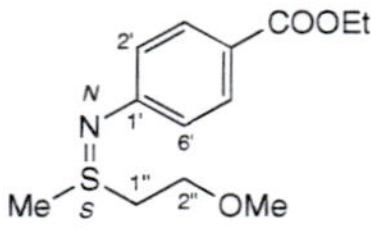
152

"*N*-[4-(Ethoxycarbonyl)phenyl]-*S*-(2-methoxyethyl)-*S*-methylsulfilimin" (**152**)
nach (g_1)

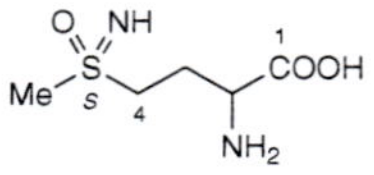
153

"2-Amino-4-(*S*-methylsulfonimidoyl)butansäure" (**153**)
nach (g_1)

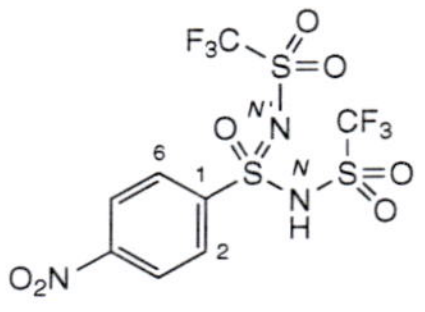
154

"4-Nitro-*N*,*N*´-bis[(trifluoromethyl)sulfonyl]-benzolsulfonimidamid" (**154**)
nach (g_1)

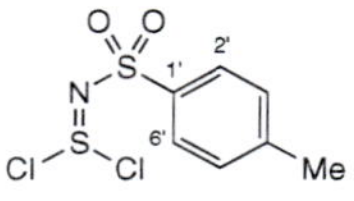
155

"[(4-Methylphenyl)sulfonyl]imidoschwefligsäure-dichlorid" (**155**)
nach (g_1)

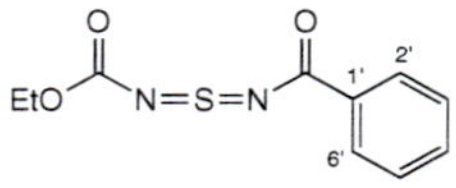
156

"Benzoyl(ethoxycarbonyl)schwefel-diimid" (**156**)
- nach (g_2)
- **Verbindung der *Klasse 1*** (s. *Tab. 3.2*)

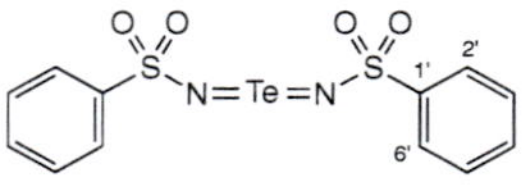
157

"Bis(phenylsulfonyl)tellur-diimid" (**157**)
- nach (g_2)
- **Verbindung der *Klasse 1*** (s. *Tab. 3.2*)

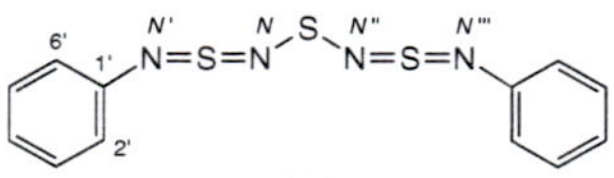
158

"*N*,*N*´´-Thiobis[*N*´-phenylschwefel-diimid]" (**158**)
- nach (g_2)
- **Verbindung der *Klasse 1*** (s. *Tab. 3.2*)
- Multiplikationsname

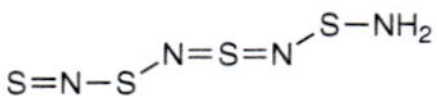
159

"(Aminothio)[(thionitroso)thio]schwefel-diimid" (**159**)
- nach (g_2)
- **Verbindung der *Klasse 1*** (s. *Tab. 3.2*)

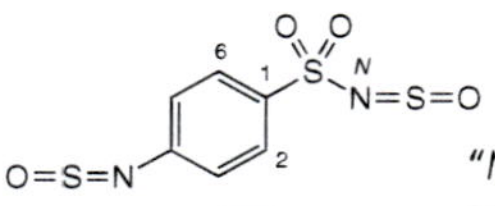
160

"*N*-Sulfinyl-4-(sulfinylamino)benzolsulfonamid" (**160**)
- nach (g_3)
- Verbindung der *Klasse 6b* (*Kap. 6.16*)

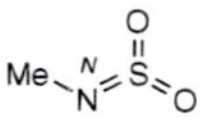
161

"*N*-Sulfonylmethanamin" (**161**)
- nach (g_3)
- Verbindung der *Klasse 12* (*Kap. 6.23*)

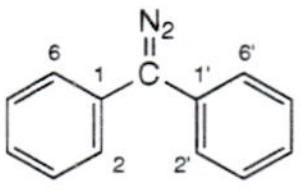
162

"1,1´-(Diazomethylen)bis[benzol]" (**162**)
- nach (*h*)
- Ring > Kette nach *Kap. 3.3*(***b***)
- Multiplikationsname

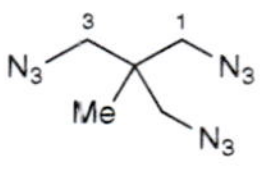
163

"1,3-Diazido-2-(azidomethyl)-2-methylpropan" (**163**)
nach (*h*)

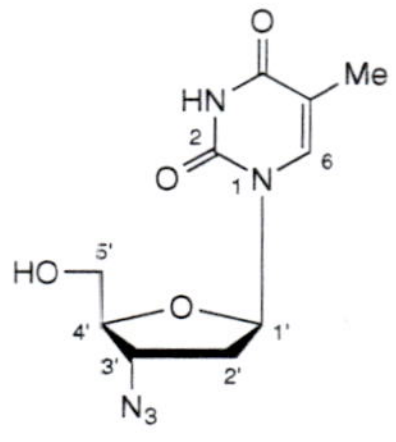
164

"3´-Azido-3´-deoxythymidin" (**164**)
- nach (*h*)
- **trivial "Azidothymidin"** (Abkürzung: "**AZT**")

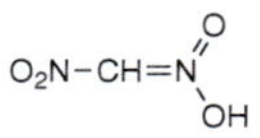
165

"Nitro(*aci*-nitro)methan" (**165**)
nach (*h*)

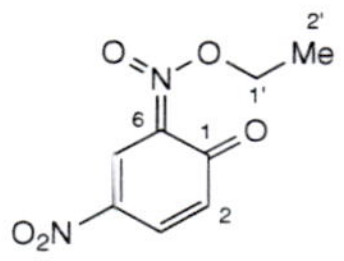
166

"6-(Ethyl-*aci*-nitro)-4-nitrocyclohexa-2,4-dien-1-on" (**166**)
nach (*h*)

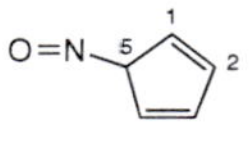
167

"5-Nitrosocyclopenta-1,3-dien" (**167**)
- nach (*h*)
- Numerierung nach *Kap. 3.4*(b_3)

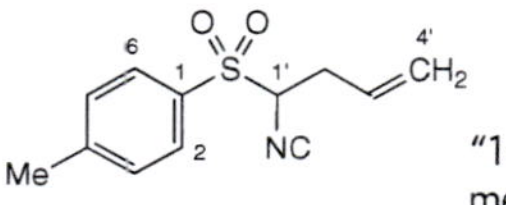
168

"1-[(1-Isocyanobut-3-enyl)sulfonyl]-4-methylbenzol" (**168**)
- nach (*h*)
- Ring > Kette nach *Kap. 3.3*(***b***)

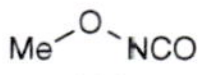
169

"(Isocyanatooxy)methan" (**169**)
nach (*h*)

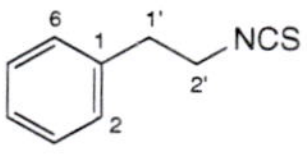
170

"(2-Isothiocyanatoethyl)benzol" (**170**)
nach (*h*)

CA ¶ 197 und 276
IUPAC R-2, R-5.1.3.2 und R-5.1.3.3

6.26. Phosphor- und Arsen-Verbindungen (*Klassen 15* und *16*)

Tab. 3.2

Verbindungen mit den folgenden Strukturen gehören in andere, vorrangige Verbindungsklassen (s. *Tab. 3.2*):

Kap. 6.2 – 6.6

- **P- oder As-haltige Radikale und Ionen**, s. *Klassen 1 – 4* (*Kap. 6.2 – 6.6*);
- **P- oder As-Oxosäuren** (z.B. Phosphorsäure ($P(=O)(OH)_3$), Phosphorigsäure ($P(OH)_3$), Phosphonsäure ($PH(=O)(OH)_2$), Phosphinsäure ($PH_2(=O)(OH)$), Phosphonigsäure ($PH(OH)_2$), Phosphinigsäure ($PH_2(OH)$), Phosphensäure ($P(=O)_2(OH)$) und Phosphenigsäure ($P(=O)(OH)$), s. *Klassen 5f* und *5g* (*Kap. 6.11*);

Kap. 6.11

- **mehrkernige P- oder As-Oxosäuren** (z.B. $PH(=O)(OH)–O–PH(=O)(OH)$) sowie **Anhydride** (z.B. $H_2P(=O)–O–P(=O)H_2$, $H_2P–O–PH_2$, $PH(=O)(OH)–O–PH_2$), s. *Klasse 6* (*Kap. 6.13*);

Kap. 6.13

- **P- oder As-Oxosäure-Derivate**, z.B. **Ester** (z.B. $PhP(=O)(OMe)_2$), **Säure-halogenide** (z.B. $PH(=NH)Cl_2$, $AsH(NH_2)Br$, $PH(NH_2)N_3$, $P(≡N)Cl_2$) und **Amide** (z.B. $PH(=O)(NH_2)_2$, $AsH(NH_2)_2$, $PH(NH_2)CN$), s. *Klassen 6* (*Kap. 6.13 – 6.17*);

Kap. 6.13 – 6.17

- **Carbonsäuren** (z.B. $P(COOH)_3$), **Sulfonsäuren *etc.* und ihre Derivate** (z.B. $P(CONH_2)_3$), s. *Klassen 5a – c* und *6* (*Kap. 6.7, 6.8* und *6.13 – 6.17*);

Kap. 6.7, 6.8 und 6.13 – 6.17
Kap. 6.18

- **Nitrile** (z.B. $NC–PHPH–CN$), s. *Klasse 7* (*Kap. 6.18*);
- **Aldehyde** und deren Oxime und Hydrazone s. *Klasse 8* (*Kap. 6.19*);

Kap. 6.19

- **Phosphazine** ($RC(R')=N–N=PH_3$) sind *N*-Phosphoranyliden-substituierte Hydrazone von Aldehyden und Ketonen, s. *Klassen 8* und *9* (*Kap. 6.19* und *6.20*);

Kap. 6.19 und 6.20

- **Amine** (z.B. $H_2N–PHPH–NH_2$; **Vorsicht**: monogliedrige Vertreter sind Amide von Oxosäuren, s. oben), s. *Klasse 12* (*Kap. 6.23*);

Kap. 6.23

- **Imine** (z.B. $AsH=NH$), s. *Klasse 13* (*Kap. 6.24*).

Kap. 6.24

Alle P-haltigen Verbindungen der *Klasse 15* haben vor As-haltigen Verbindungen der *Klasse 16* Vorrang (s. *Tab. 3.2*).

Tab. 3.2

Man unterscheidet

(a) P-oder As-haltige Heterocyclen;

(b) speziell am P- oder As-Atom substituierte P- bzw. As-haltige Heterocyclen (Pseudoester, -säuren, -ketone, -imine, -alkohole und -hydroperoxide);

(c) P- oder As-haltige homogene Heteroketten;

(d) speziell am P- oder As-Atom substituierte P- bzw. As-haltige homogene Heteroketten (Pseudoester, -säuren, -ketone, -alkohole und -hydroperoxide; "Phosphinoxid", "-sulfid", "-imid" *etc.*);

(e) P- oder As-haltige Heteroketten mit Austauschnamen.

(a) **P- oder As-haltige Heterocyclen** sind Gerüst-Stammstrukturen. Ihre **Stammnamen** und entsprechende **Substituentenpräfixe** sind **in *Kap. 4.5 – 4.10*** beschrieben. Präfixe sind auch in *Kap. 5.6* und *5.7* zusammengefasst.

Kap. 5.6 und 5.7

- Heteromonocylen, entsprechend *Kap. 4.5*, s. **1**;
- anellierte Polycyclen, entsprechend *Kap. 4.6*, s. **2**;
- Brückenpolycyclen nach *von Baeyer*, entsprechend *Kap. 4.7*, s. **3**;
- überbrückte anellierte Polycyclen, entsprechend *Kap. 4.8*, s. **4**;
- Spiropolycyclen, entsprechend *Kap. 4.9*, s. **5**;
- Ringsequenzen, entsprechend *Kap. 4.10*, s. **6**.

Kap. 4.5
Kap. 4.6
Kap. 4.7
Kap. 4.8
Kap. 4.9
Kap. 4.10

Beachte:

Mit Ausnahme der in *(b)* angeführten Fälle wird eine Hauptgruppe oder ein acyclischer Substituent mit Hauptgruppe an einem P- oder As-haltigen Heterocyclus (auch am P- oder As-Atom) **als Suffix** (z.B. –COOH) **oder Funktionsstammname** (z.B. $–PO_3H$) **bzw. mittels eines Konjunktionsnamens** (z.B. $–CH_2OH$; beachte Ausnahmen bei den einzelnen Verbindungsklassen) **bezeichnet**.

Kap. 3.2.2

z.B.

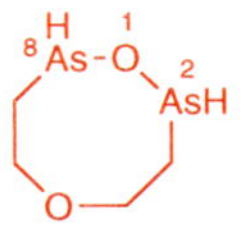

1

"1,5,2,8-Dioxadiarsocan" (**1**)

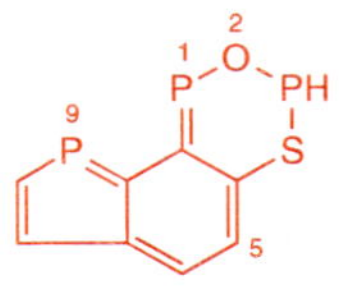

2

"Phospholo[3,2-*h*]-2,4,1,3-benzoxathiadiphosphorin" (**2**)

- Englisch: '...benzoxathiadiphosphori**n**' (bei CA kein endständiges 'e')
- kein indiziertes H-Atom nach *Anhang 5*(***c***)

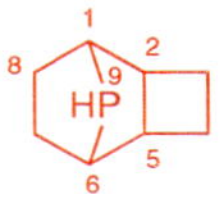

3

"9-Phosphatricyclo[4.2.1.0^{2,5}]-nonan" (**3**)

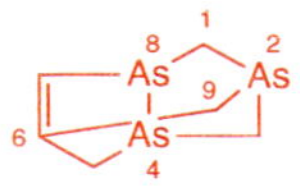

4

"3*H*-2,6-Methano-1*H*,5*H*-[1,2]diarsolo[1,2-*a*][1,2,4]triarsol" (**4**)

indiziertes H-Atom nach *Anhang 5*(***b***)(***f***$_3$)

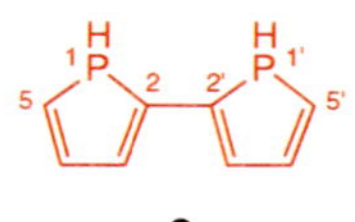

5

"Spiro[1,3,2-dioxaphosphol-2,2′λ⁵-[4*H*]furo[3,2-*d*][1,3,2]dioxaphosphorin" (**5**)

- Englisch: '...[1,3,2]dioxaphosphori**n**' (bei CA kein endständiges 'e')
- indiziertes H-Atom nach *Anhang 5(**a**)(**d**)*
- "λ⁵" nach *Anhang 7*

6

"2,2′-Bi-1*H*-phosphol" (**6**)

indiziertes H-Atom nach *Anhang 5(**a**)(**d**)*

(b) **Speziell am P- oder As-Atom substituierte P- bzw. As-haltige Heterocyclen** bekommen ebenfalls **Stammnamen ohne Suffix** nach *(a)*.

Der spezielle Substituent wird als Präfix oder mittels eines Additionsnamens (*Kap. 3.2.4*) bezeichnet. Folgende Verbindungen werden so benannt:

Kap. 3.2.4

- **ein Pseudoester ⊃P–X–Acyl/⊃As–X–Acyl** (X = O, S, Se, Te), entsprechend *Kap. 6.21(**c**)* (s. auch Ester-Definition in *Kap. 6.14*), s. **7**;
- **eine Pseudosäure, ein Pseudoester oder ein Pseudosäure-halogenid ⊃P(=X)(Y)/⊃As(=X)(Y)** (X = O, S, Se, Te; Y = OH, OR, Hal) wird wie ein Pseudoketon bzw. wie ein Pseudoalkohol behandelt, entsprechend *Kap. 6.20(**d**)* bzw. *6.21(**b**)*; s. **11** und **12**;
- **ein *P*- oder *As*-Acyl-substituierter Heterocyclus ⊃P–Acyl/⊃As–Acyl**, entsprechend *Kap. 6.20(**c**)* (Ausnahmen: nicht bei einer Acyl-Gruppe von Ameisen- oder Kohlensäure und Analoga (Aldehyd bzw. Carbonsäure!); nicht bei einer Acyl-Gruppe, die noch eine Säure-Funktion enthält), s. **8**;
- **ein Pseudoketon ⊃P–C(=X)–P⊂/⊃As–C(=X)–As⊂** (X = O, S, Se, Te), entsprechend *Kap. 6.20(**c**)*, s. **9**;
- **ein Pseudoketon (oder Pseudoimin) ⊃P(=X)–≀/⊃As(=X)–≀** (X = O, S, Se, Te, (NH)), entsprechend *Kap. 6.20(**d**)* (bei Pseudoiminen (X=NH) Präfix, nicht Additionsnamen), s. **10** – **13**;
- **ein Pseudoalkohol ⊃P–XH/⊃As–XH** (X = O, S, Se, Te) **oder ein Pseudohydroperoxid ⊃P–O–XH/⊃As–O–XH** (X = O, S), entsprechend *Kap. 6.21(**b**)* bzw. *6.22(**b**)*, s. **12**.

Kap. 6.21(c)
Kap. 6.14
Kap. 6.20(c) bzw. 6.21(b)
Kap. 6.20(c)
Kap. 6.20(c)
Kap. 6.20(d)
Kap. 6.21(b) bzw. 6.22(b)

z.B.

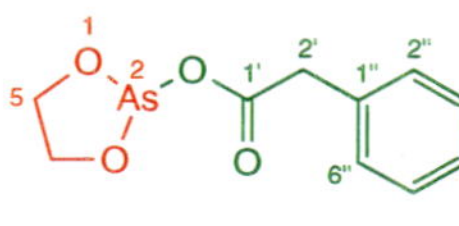

7

"2-[(Phenylacetyl)oxy]-1,3,2-dioxarsolan" (**7**)

Pseudoester, s. *Kap. 6.21(**c**)*; nicht Ester (keine Bindung O–C; vgl. Ester-Definition in *Kap. 6.14*)

8

"2-Benzoyl-4,5-dimethyl-1,3,2-dioxaphospholan" (**8**)

P-Acyl-Substituent (Pseudoketon), s. *Kap. 6.20(**c**)*

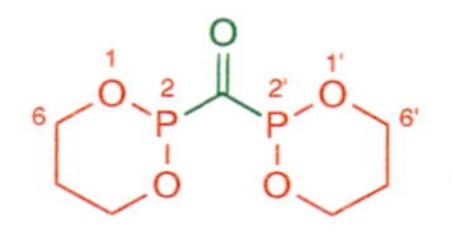

9

"2,2′-Carbonylbis[1,3,2-dioxaphosphorinan]" (**9**)

- hypothetisch
- Pseudoketon, s. *Kap. 6.20(**c**)*
- Multiplikationsname

10

"4*H*-1,3,2-Dioxaphosphocin-2-oxid" (**10**)

- Englisch: '...dioxaphosphoci**n** 2-oxide' (bei CA kein endständiges 'e')
- Pseudoketon, s. *Kap. 6.20(**d**)*
- indiziertes H-Atom nach *Anhang 5(**a**)(**d**)*, kein indiziertes H-Atom (an P) nach *Anhang 5(**c**)*
- Beispiel eines entsprechenden Substituenten: "(2-**Oxido**-4*H*-1,3,2-dioxaphosphocin-2-yl)-"

11

"3-Methoxy-2,4-dioxa-3-phosphabicyclo[3.2.2]nonan-3-sulfid" (**11**)

- Pseudoketon (Pseudoester), s. *Kap. 6.20(**d**)*
- Beispiel eines entsprechenden Substituenten: "(3-Methoxy-3-**sulfido**-2,4-dioxa-3-phosphabicyclo[3.2.2]non-1-yl)-"

12

"1-Hydroxyarsenan-1-oxid" (**12**)

- Pseudoalkohol (Pseudosäure), s. *Kap. 6.21(**b**)*
- Beispiel eines entsprechenden Substituenten: "(1-Hydroxy-1-**oxido**arsenan-4-yl)-"

13

"2,2-Dihydro-2-imino-2-(prop-2-enyl)-1,3,2-dioxaphospholan" (**13**)

- Pseudoimin; **nicht "-imid"**
- für "Dihydro", s. λ-Konvention, *Anhang 7*

(c) **P- oder As-haltige homogene Heteroketten** sind Gerüst-Stammstrukturen. Ihre **Stammnamen** und entsprechende **Substituentenpräfixe** sind **in *Kap. 4.3.3.1*** beschrieben. Präfixe sind auch in *Kap. 5.2* und *5.4(**b**)* zusammengefasst (s. auch **23** – **31**).

Kap. 4.3.3.1
Kap. 5.2 und 5.4(b)

Beachte:

- P- oder As-haltige Heteroketten mit **Austauschnamen** ("a"-Namen) sind in *Kap. 4.3.2* besprochen (s. auch *(**e**)*).
- **Ausser gewissen P- bzw. As-haltigen Gruppen** (z.B. $-PH_2(=X)$, X = O, S, Se, Te) **und den in *(d)* angeführten Fällen wird eine Hauptgruppe** an einer P- bzw. As-haltigen homogenen Heterokette **als Suffix** (z.B. –COOH) **oder Funktionsstammname** (Vorsicht bei $-PO_3H$ u.ä.!) **bezeichnet**. Eine Ausnahme bilden mit =X (X = O, S, Se, Te, NH) substituierte Phosphorane (PH_5) und Arsorane (AsH_5), die mittels Additionsnamen bezeichnet werden (s. *(**d**)*).

Kap. 4.3.2

IUPAC empfiehlt für die monogliedrigen Vertreter **14** und **15** auch die Namen **"Phosphan"** (PH_3)/**"Arsan"** (AsH_3) bzw. **"λ⁵-Phosphan"** (PH_5)/**"λ⁵-Arsan"** (AsH_5); Entsprechendes gilt für mehrgliedrige homogene Heteroketten (s. *Kap. 4.3.3.1*; IUPAC R-2.1, R-2.2.2, R-5.1.3.2 und R-5.1.3.3) sowie für die Substituenten **23** – **29** (s. *Kap. 5.3(**b**)*; IUPAC R-2.5). Für "λ⁵", s. *Anhang 7*.

z.B.

PH_3/AsH_3 **14**

"Phosphin"/"Arsin" (**14**)

IUPAC: auch "Phosphan"/"Arsan"

PH_5/AsH_5 **15**

"Phosphoran"/"Arsoran" (**15**)

IUPAC: auch "λ⁵-Phosphan"/"λ⁵-Arsan"

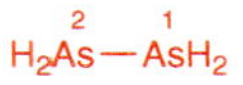

$H_2As—AsH_2$

16

"Di(arsin)" (**16**)
- Englisch: 'diarsine'
- Klammern im Deutschen wegen Verwechslungsgefahr mit "Diarsin" ('diarsyne'; As≡As)
- IUPAC: auch "Diarsan"

$H_2P-P=PH$

17

"Triphosph-1-en" (**17**)

$H_3As=AsH_3$

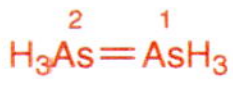

18

"Diarsoren" (**18**)
IUPAC: auch "1λ^5,2λ^5-Diarsen"

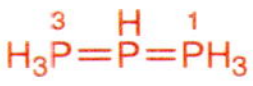

$H_3P=PH=PH_3$

19

"Triphosphora-1,2-dien" (**19**)
IUPAC: auch "1λ^5,2λ^5,3λ^5-Triphospha-1,2-dien"

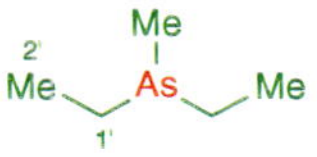

20

"Diethyl(methyl)arsin" (**20**)
IUPAC: auch "Diethyl(methyl)arsan"

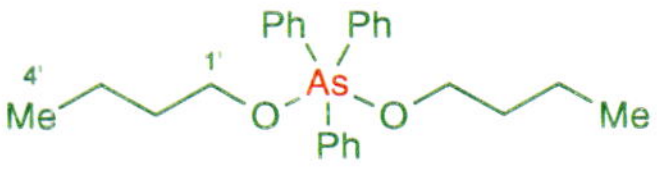

21

"Dibutoxytriphenylarsoran" (**21**)
IUPAC: auch "Dibutoxytriphenyl-λ^5-arsan"

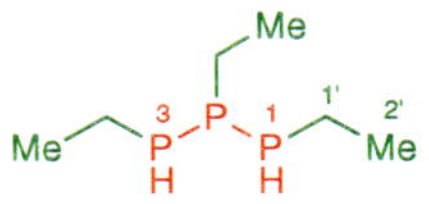

22

"1,2,3-Triethyltriphosphin" (**22**)
IUPAC: auch "1,2,3-Triethyltriphosphan"

$H_2P—$ / $H_2As—$

23

"Phosphino-"/"Arsino-" (**23**)
- H substituierbar
- bei mehrfachem Auftreten "**Bis**(phosphino)-" (2 PH_2-Gruppen) *etc.*
- IUPAC: auch "Phosphanyl-"/"Arsanyl-"

$HP=$ / $HAs=$ oder $HP<$ / $HAs<$

24

"Phosphiniden-"/"Arsiniden-" (**24**)
- H substituierbar
- IUPAC: z.B. "Phosphandiyl-"/"Arsandiyl-" neben "Phosphindiyl-"/"Arsindiyl-"

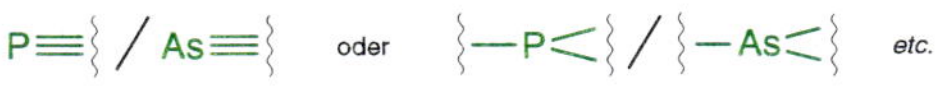

$P\equiv$ / $As\equiv$ oder $—P<$ / $—As<$ *etc.*

25

"Phosphinidin-"/"Arsinidin-" (**25**)
- Englisch: 'phosphinidyne-'/'arsinidyne-'
- IUPAC: z.B. "Phosphantriyl-"/"Arsantriyl-" neben "Phosphintriyl-"/"Arsintriyl-"

$H_4P—$ / $H_4As—$

26

"Phosphoranyl-"/"Arsoranyl-" (**26**)
- H substituierbar
- bei mehrfachem Auftreten "**Bis**(phosphoranyl)-"(2 PH_4-Gruppen) *etc.*
- IUPAC: auch "λ^5-Phosphanyl-"/"λ^5-Arsanyl-"

$H_3P=$ / $H_3As=$ oder $H_3P<$ / $H_3As<$

27

"Phosphoranyliden-"/"Arsoranyliden-" (**27**)
- H substituierbar
- bei mehrfachem Auftreten "**Bis**(phosphoranyliden)-" (2 Gruppen PH_3<) *etc.*
- IUPAC: z.B. "λ^5-Phosphandiyl-"/"λ^5-Arsandiyl-" neben "Phosphorandiyl-"/"Arsorandiyl-"

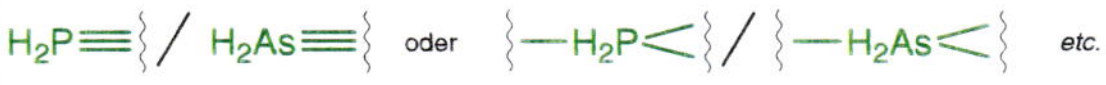

$H_2P\equiv$ / $H_2As\equiv$ oder $—H_2P<$ / $—H_2As<$ *etc.*

28

"Phosphoranylidin-"/"Arsoranylidin-" (**28**)
- Englisch: 'phosphoranylidyne-'/'arsoranylidyne-'
- H substituierbar
- bei mehrfachem Auftreten "**Bis**(phosphoranylidin)-" (2 Gruppen $–PH_2$<) *etc.*
- IUPAC: z.B. "λ^5-Phosphantriyl-"/"λ^5-Arsantriyl-" neben "Phosphorantriyl-"/"Arsorantriyl-"

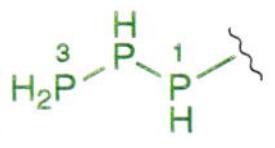

29

"Triphosphinyl-" (**29**)
IUPAC: auch "Triphosphanyl-"

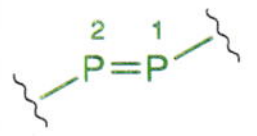

30

"Diphosphen-1,2-diyl-" (**30**)

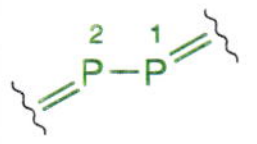

31

"Diphosphin-1,2-diyliden-" (**31**)
IUPAC: auch "Diphosphan-1,1,2,2-tetrayl-"

(d) **Speziell am P- oder As-Atom substituierte P- bzw. As-haltige homogene Heteroketten** bekommen ebenfalls **Stammnamen ohne Suffix** nach ***(c)***. Der spezielle Substituent wird als Präfix oder mittels eines Additionsnamens (*Kap. 3.2.4*) bezeichnet. Folgende Verbindungen werden so benannt (**beachte Ausnahmen** (s. unten): Oxosäuren und **32** – **34**):

Kap. 3.2.4

- **ein Pseudoester ⦚>P–X–Acyl/⦚>As–X–Acyl oder ⦚P^V–X–Acyl/⦚As^V–X–Acyl** (X = O, S, Se, Te), entsprechend *Kap. 6.21**(c)*** (s. auch Ester-Definition in *Kap. 6.14* sowie Anhydride von *Kap. 6.13*), s. **35** und **36**;
- **eine Pseudosäure, ein Pseudoester oder ein Pseudosäure-halogenid ⦚>P(=X)(Y)/⦚>As(=X)(Y)** (X = O, S, Se, Te; Y = OH, OR, Hal) wird wie ein Pseudoketon bzw. wie ein Pseudoalkohol behandelt, entsprechend *Kap. 6.20**(d)*** und *6.21**(b)***, s. **48**;
- **eine *P*- oder *As*-Acyl-substituierte homogene Heterokette ⦚>P–Acyl/⦚>As–Acyl oder ⦚P^V–Acyl/⦚As^V–Acyl**, entsprechend *Kap. 6.20**(b)*** (Ausnahmen: nicht bei einer Acyl-Gruppe von Ameisen- oder Kohlensäure (Aldehyd bzw. Carbonsäure!); nicht bei einer Acyl-Gruppe, die noch eine Säure-Funktion enthält; Vorsicht bei P- bzw. As-haltigen Acyl-Gruppen, s. z.B. **85**), s. **37** – **39**;
- **ein Pseudoketon ⦚–P(=X)/⦚–As(=X) oder ⦚>P(=X)–⦚/⦚>As(=X)–⦚** (X = O, S, Se, Te), entsprechend *Kap. 6.20**(d)*** (Vorsicht ⦚–P=NH/⦚–As=NH sind Imine, s. *Kap. 6.24*), s. **40** – **44** und **48** sowie die **Ausnahmen 32** – **34** und **49** – **52**;

Kap. 6.21(c), 6.14 und 6.13
Kap. 6.20(d) und 6.21(b)
Kap. 6.20(b)
Kap. 6.20(d)
Kap. 6.24

Kap. 6.21**(b)** bzw. 6.22**(b)**

- **ein Pseudoalkohol ⦚>P–XH/⦚>As–XH oder ⦚P^V–XH/⦚As^V–XH** (X = O, S, Se, Te) oder ein Pseudohydroperoxid, entsprechend *Kap. 6.21**(b)*** bzw. *6.22**(b)***, s. **45 – 48**.

Ausnahmen:

Kap. 6.11 und 6.13 – 6.17

- **Monogliedrige Phosphine/Arsine und Phosphorane/Arsorane, die mit den Gruppen =X und –YH oder =X und –Hal** (X = O, S, Se, Te, NH; Y = O, S, Se, Te, OO, OS *etc.*; –Hal = –F, –Cl, –Br, –I, $-N_3$, –NCX′, –NC, –CN, –OR, $-NH_2$, $-NHNH_2$, –X′CN, (≡N)) **substituiert sind, werden**, wenn möglich, **als Oxosäuren oder deren Derivate benannt** (s. *Kap. 6.11* und *6.13 – 6.17*).

Kap. 6.20**(d)**

Kap. 3.2.4

- **Pseudoketone und Pseudoimine von monogliedrigen Phosphoranen/Arsoranen** (PH_3(=X)/AsH_3(=X); X = O, S, Se, Te, NH) werden nicht substitutiv mittels Präfixen nach *Kap. 6.20**(d)***, sondern mittels Additionsnomenklatur (*Kap. 3.2.4*) benannt. Die entsprechenden **Stammnamen 32 – 34** sind **Titelstammnamen** (CA) und die **H-Atome am P- oder As-Atom sowie am N-Atom substituierbar** (Vorsicht: Oxosäuren und Derivate sind vorrangig, s. oben):

PH_3(=O) / AsH_3(=O)

32

"Phosphin-oxid"/"Arsin-oxid" (32)

- **nicht** "Oxophosphoran"/"Oxoarsoran"
- IUPAC: auch "Phosphan-oxid"/"Arsan-oxid"
- der entsprechende Substituent heisst **"Phosphinyl-"/"Arsinyl-"** (PH_2(=O)–/AsH_2(=O)–); **nicht** "(Oxidophosphino)-" *etc.*; s. unten

PH_3(=S) / AsH_3(=S)

33

"Phosphin-sulfid"/"Arsin-sulfid" (33)

- **nicht** "Thioxophosphoran"/"Thioxoarsoran"
- analog **"Phosphin-selenid"** und **"-tellurid"/"Arsin-selenid"** und **"-tellurid"**
- IUPAC: auch "Phosphan-sulfid", "-selenid" und "-tellurid"/"Arsan-sulfid", "-selenid" und "-tellurid"
- der entsprechende Substituent heisst **"Phosphinothioyl-"/"Arsinothioyl-"** (PH_2(=S)–/AsH_2(=S)–; **nicht** "(Sulfidophosphino)-" *etc.*; s. unten

PH_3(=NH) / AsH_3(=NH) (Lokanten: *P*, *N* / *As*, *N*)

34

"Phosphin-imid"/"Arsin-imid" (34)

- **nicht** "Iminophosphoran"/"Iminoarsoran"
- die Lage von Substituenten ist durch die **Lokanten "*P*", "*As*" bzw. "*N*"** zu spezifizieren, s. **52** und **92**
- IUPAC: vermutlich auch "Phosphan-imid"/"Arsan-imid"
- beachte: PH=NH heisst **"Phosphinimin"** (s. *Kap. 6.24*)
- der entsprechende Substituent heisst **"Phosphinimyl-"/"Arsinimyl-"** (PH_2(=NH)–/AsH_2(=NH)–); **nicht** "(Imidophosphino)-" *etc.*; s. unten

Kap. 6.11**(c)** – **(e)**

Von monogliedrigen Hydriden hergeleitete, entsprechende **Präfixe** sind in *Kap. 6.11**(c)** – **(e)*** zusammengestellt. Sie basieren auf den folgenden Stammsubstituentenamen (**H-Atome am P- bzw. As-Atom substituierbar**, z.B. durch HO–, RO–, Hal–)

PH_2(=O)–/AsH_2(=O)–[1]	"Phosphinyl-"/"Arsinyl-"[1]
PH_2(=S)–/AsH_2(=S)–	"Phosphinothioyl-"/"Arsinothioyl-"
PH_2(=Se)–/AsH_2(=Se)–	"Phosphinoselenoyl-"/"Arsinoselenoyl-"
PH_2(=Te)–/AsH_2(=Te)–	"Phosphinotelluroyl-" / "Arsinotelluroyl-"
PH_2(=NH)–/AsH_2(=NH)–	"Phosphinimyl-"/"Arsinimyl-"
PH(≡N)–/AsH(≡N)–	"Phosphononitridyl-"/"Arsononitridyl-"
PH(=O)</AsH(=O)<[1]	"Phosphinyliden-"/Arsinyliden-"[1]
PH(=S)</AsH(=S)<	"Phosphinothioyliden-"/"Arsiothioyliden-"
etc.	*etc.*
–P(=O)</–As(=O)<[1]	"Phosphinylidin-"/"Arsinylidin-"[1]
–P(=S)</–As(=S)<	"Phosphinothioylidin-"/"Arsinothioylidin-"
etc.	*etc.*

Ausnahmen:

P(=O)$(OH)_2$–/As(=O)$(OH)_2$– **"Phosphono"/"Arsono-"**
H nicht substituierbar

P$(=O)_2$–/As$(=O)_2$– **"Phospho-"/"Arso-"**

P(=O)–/As(=O)– **"Phosphoroso-"/"Arsenoso-"**

P(=O)(OH)</As(=O)(OH)< **"Phosphinico-"/"Arsinico-"**
- nur für verbindenden Substituenten in Multiplikationsnamen, s. *Kap. 3.2.3*
- H nicht substituierbar

IUPAC-Varianten für Präfixe sind in *Kap. 6.11**(c)** – **(e)*** beschrieben.

z.B.

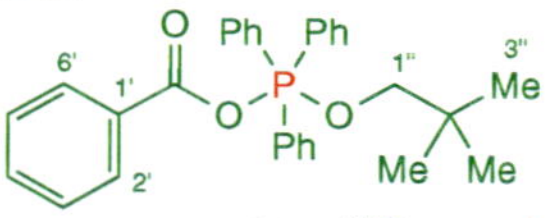

35 "(Benzoyloxy)(2,2-dimethylpropoxy)triphenylphosphoran" (**35**)
- Pseudoester, s. *Kap. 6.21**(c)***; nicht Ester (keine Bindung O–C; vgl. Ester-Definition in *Kap. 6.14*)
- IUPAC: auch "(Benzoyloxy)(2,2-dimethylpropoxy)triphenyl-λ^5-phosphan"

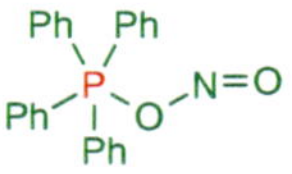

36 "(Nitrosooxy)tetraphenylphosphoran" (**36**)
- Pseudoester, s. *Kap. 6.21**(c)***; nicht Ester (keine Bindung O–C; vgl. Ester-Definition in *Kap. 6.14*)
- IUPAC: auch "(Nitrosooxy)tetraphenyl-λ^5-phosphan"

[1]) Bei mehrfachem Auftreten eines Stammsubstituenten dieser Art sind die **Multiplikationsaffixe "Bis-"**, **"Tris-"** *etc.* und Klammern zur Vermeidung von Zweideutigkeiten zu verwenden, z.B. "Bis(phosphinyl)-" für zwei Gruppen PH_2(=O)–.

37

"1-(2-Methyl-1-oxopropyl)diphosphin" (**37**)
- *P*-Acyl-Substituent (Pseudoketon), s. *Kap. 6.20(b)*
- IUPAC: auch "1-(2-Methylpropanoyl)diphosphan"

HP=C=O

38

"Carbonylphosphin" (**38**)
- *P*-Acyl-Substituent (Pseudoketon), s. *Kap. 6.20(b)*
- IUPAC: auch "Carbonylphosphan"

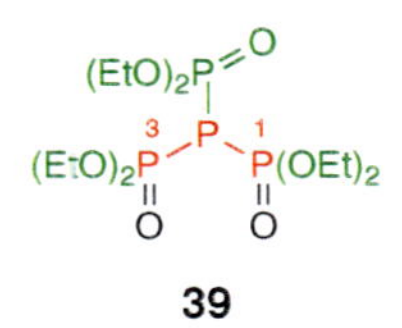

39

"2-(Diethoxyphosphinyl)-1,1,3,3-tetraethoxytriphosphin-1,3-dioxid" (**39**)
- *P*-Acyl-Substituent und Pseudoketon, vgl. *Kap. 6.20(b)(d)*
- IUPAC: auch "2-(Diethoxyphosphin**o**yl)-1,1,3,3-tetraethoxytriphosphan-1,3-dioxid"

40

"Dioxodiphosphin" (**40**)
- Pseudoketon, s. *Kap. 6.20(d)*
- IUPAC: auch "Dioxodiphosphan"

41

"Dithioxotriphosphin" (**41**)
- Pseudoketon, s. *Kap. 6.20(d)*
- IUPAC: auch "Dithioxotriphosphan"

42

"Methyloxoarsin" (**42**)
- Pseudoketon, s. *Kap. 6.20(d)*
- IUPAC: auch "Methyloxoarsan"

43

"Triphosphin-1,3-dioxid" (**43**)
- Pseudoketon, s. *Kap. 6.20(d)*
- IUPAC: auch "Triphosphan-1,3-dioxid"
- Beispiel eines entsprechenden Substituenten: "(1,3-Di**oxido**triphosphinyl)-" ($H_2P(=O)PHPH(=O)-$)

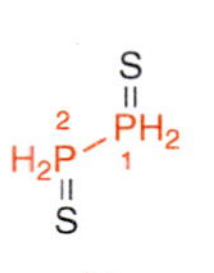

44

"Di(phosphin)-1,2-disulfid" (**44**)
- Englisch: 'diphosphine 1,2-disulfide'
- Pseudoketon, s. *Kap. 6.20(d)*
- Klammern im Deutschen wegen Verwechslungsgefahr mit "Diphosphin" ('diphosphyne'; P≡P)
- IUPAC: auch "Diphosphan-1,2-disulfid"
- Beispiel eines entsprechenden Substituenten: "(1,2-Di**sulfido**diphosphinyl)-" ($H_2P(=S)PH(=S)-$)

45

"Hydroxytetramethylarsoran" (**45**)
- Pseudoalkohol, s. *Kap. 6.21(b)*
- IUPAC: auch "Hydroxytetramethyl-λ^5-arsan"

H_4P-SH

46

"Mercaptophosphoran" (**46**)
- Pseudoalkohol, s. *Kap. 6.21(b)*
- IUPAC: auch "Mercapto-λ^5-phosphan"

47

"(1*E*)-Hydroxydiphosphen" (**47**)
- Pseudoalkohol, s. *Kap. 6.21(b)*
- "(1*E*)" nach *Anhang 6*

48

"1,1,2,3,3-Pentamercaptotriphosphin-2-oxid-1,3-disulfid" (**48**)
- Pseudoalkohol und Pseudoketon, s. *Kap. 6.21(b)* bzw. *6.20(d)*
- IUPAC: auch "1,1,2,3,3-Pentamercaptotriphosphan-2-oxid-1,3-disulfid"

49

"Benzoylphosphin-oxid" (**49**)
- Ausnahme **32** und *P*-Acyl-Substituent (Pseudoketon), s. *Kap. 6.20(b)*
- IUPAC: auch "Benzoylphosphan-oxid"

50

"Methylthioxophosphin-sulfid" (**50**)
- Ausnahme **33** und Pseudoketon, s. *Kap. 6.20(d)*
- IUPAC: auch "Methylthioxophosphan-sulfid"

51

"Trimethylphosphin-tellurid" (**51**)
- Ausnahme **33**
- IUPAC: auch "Trimethylphosphan-tellurid"

52

"*As,As,As*-Trimethylarsin-imid" (**52**)
- Ausnahme **34**
- IUPAC: vermutlich auch "*As,As,As*-Trimethylarsan-imid"

(e) **P- oder As-haltige Heteroketten mit Austauschnamen** ("a"-Namen) sind in *Kap. 4.3.2* beschrieben. Sie haben eine **tiefere Priorität als P- bzw. As-haltige homogene Heteroketten** nach *(c)* und *(d)* (s. *Tab. 3.2* und CA ¶ 271). Für **spezielle Substituenten am P- oder As-Atom** (Pseudoester, -säuren, -ketone, alkohole und -hydroperoxide) gelten die Anweisungen von ***(d)***, für andere Substituenten diejenigen von ***(c)***.

Kap. 4.3.2

Tab. 3.2
CA ¶ 271

Beispiele:

53

"4,5-Dimethyl-2-[(trifluoroacetyl)oxy]-1,3,2-dioxaphospholan" (**53**)
nach *(b)*, Pseudoester

55

"2-(3-Chloro-1-oxopropyl)-4,4,5,5-tetramethyl-1,3,2-dioxaphospholan-2-oxid" (**55**)
nach *(b)*, *P*-Acyl-Substituent und Pseudoketon

54

"2-{[Bis(2,2-dimethylpropoxy)phosphinothioyl]thio}-4-methyl-1,3,2-dioxaphosphorinan-2-oxid" (**54**)
nach *(b)*, Pseudoester und Pseudoketon, s. auch *(d)*

56

"2,2,5-Trimethyl-1,3-dioxa-5-phospha-2-silacyclohexan-5-selenid" (**56**)
- nach *(b)*, Pseudoketon
- Beispiel eines entsprechenden Substituenten: "(2,2,5-Trimethyl-5-**selenido**-1,3-dioxa-5-phospha-2-silacyclohex-4-yl)-"

57

"2-Fluoro-2,2-dihydro-2-(phenylimino)-1,3,2-dioxaphospholan" (**57**)
- nach ***(b)***, Pseudoimin oder Pseudosäure-halogenid
- für "Dihydro-", s. λ-Konvention, *Anhang 7*

58

"1-(2-Chlorophenyl)-3-hydroxy-2,4-dioxa-3-phosphaspiro[5.5]undecan-3-oxid" (**58**)
- nach ***(b)***, Pseudoketon und Pseudoalkohol
- Beispiel eines entsprechenden Substituenten: "[5-(2-Chlorophenyl)-3-hydroxy-3-**oxido**-2,4-dioxa-3-phosphaspiro[5.5]undec-1-yl]-"

59

"2-Mercapto-4,7-dimethyl-1,3,2-dioxaphosphepan-2-sulfid" (**59**)
- nach ***(b)***, Pseudoketon und Pseudoalkohol
- Beispiel eines entsprechenden Substituenten: "(2-Mercapto-4,7-dimethyl-2-**sulfido**-1,3,2-dioxaphosphepan-5-yl)-"

60

"2,2′-[Ethan-1,2-diylbis(oxy)]bis-[1,3,2-dioxaphospholan]-2,2′-dioxid" (**60**)
- nach ***(b)***, Pseudoketon
- Multiplikationsname

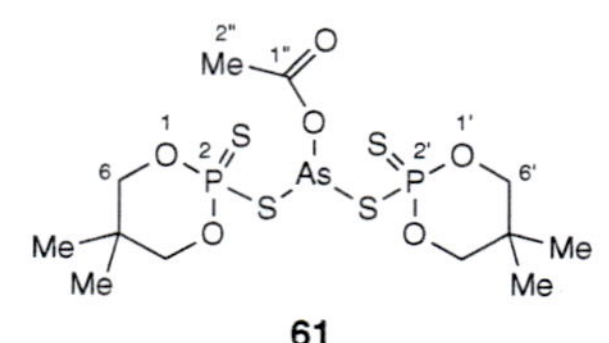

61

"2,2′-{[(Acetyloxy)arsiniden]bis-(thio)}bis[5,5-dimethyl-1,3,2-dioxaphosphorinan]-2,2′-disulfid" (**61**)
- nach ***(b)***, Pseudoketon
- Multiplikationsname

62

"Buta-1,3-dienylphosphin" (**62**)
nach ***(c)***

63

"(Chloromethylidin)phosphin" (**63**)
nach ***(c)***

64

"Bis(methylen)diphosphin" (**64**)
nach ***(c)***

65

"Bis[(diphenylphosphino)methyl]phosphin" (**65**)
- nach ***(c)***
- zentrale Struktur > terminale Struktur nach *Kap. 3.3(**i**)*

66

"Methylenbis[methylphosphin]" (**66**)
- nach ***(c)***
- Multiplikationsname

67

"Arsinidenphosphin" (**67**)
- nach ***(c)***
- P > As

68

"2-Phosphinotriphosphin" (**68**)
nach ***(c)***

69

"Dithiobis[methyl(phenyl)arsin]" (**69**)
- nach ***(c)***
- Multiplikationsname

70

"(1-Bromoethyliden)triphenylphosphoran" (**70**)
nach ***(c)***

71

"[Bis(diphenylphosphino)methylen]trimethylphosphoran" (**71**)
- nach ***(c)***
- $P^{V} > P^{III}$

72

"[(Diethylarsino)methylen]triethylarsoran" (**72**)
- nach ***(c)***
- $As^{V} > As^{III}$

73

"Bis(1-oxobutoxy)triphenylarsoran" (**73**)
nach ***(d)***, Pseudoester

74

"[(Chlorosulfinyl)oxy][(diethoxyphosphinyl)oxy]diethoxy(ethylthio)-phosphoran" (**74**)
- nach ***(d)***, Pseudoester
- 5 Präfixe > 4 Präfixe nach *Kap. 3.3(**j**)*

75

"Oxybis[triphenyl{[(trifluoromethyl)sulfonyl]oxy}phosphoran]" (**75**)
- nach ***(d)***, Pseudoester
- Multiplikationsname

76

"Acetyl(ethyl)(trimethylsilyl)phosphin" (**76**)
nach ***(d)***, *P*-Acyl-Substituent (Pseudoketon)

77

"Chloro(3,5-dinitrobenzoyl)triphenylarsoran" (**77**)
nach ***(d)***, *As*-Acyl-Substituent (Pseudoketon)

78

"Carbonimidoylphosphin" (**78**)
- nach ***(d)***, *P*-Acyl-Substituent
- nicht "Phosphinidenmethanimin", s. *Kap. 6.24*

79

"(1,3-Dioxopropan-1,3-diyl)bis[diphenylphosphin]" (**79**)
- nach ***(d)***, *P*-Acyl-Substituent (Pseudoketon)
- Multiplikationsname

80

"Diphenyl[phenyl(pyridin-2-ylimino)methyl]phosphin" (**80**)
nach ***(d)***, *P*-Acyl-Substituent

81

"2-(Dimethylphosphinothioyl)-1,1,3,3-tetramethyltriphosphin-1,3-disulfid" (**81**)
nach ***(d)***, *P*-Acyl-Substituent

82

"[(2-Chlorophenyl)methyl]selenoxoarsin" (**82**)
nach ***(d)***, Pseudoketon

83

"Thioxophosphin" (**83**)
nach ***(d)***, Pseudoketon

84

"1,1,3,3-Tetraethoxytriphosphin-1,3-dioxid" (**84**)
nach ***(d)***, Pseudoketon

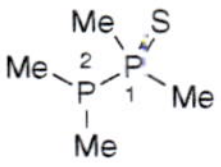

85

"Tetramethyldiphosphin-1-sulfid" (**85**)
nach ***(d)***, Pseudoketon

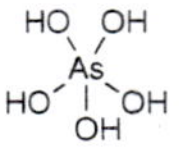

86

"Pentahydroxyarsoran" (**86**)
nach ***(d)***, Pseudoalkohol

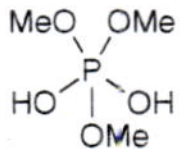

87

"Dihydroxytrimethoxyphosphoran" (**87**)
nach ***(d)***, Pseudoalkohol

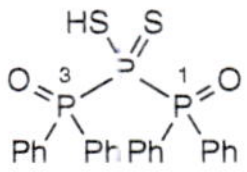

88

"2-Mercapto-1,1,3,3-tetraphenyltriphosphin-1,3-dioxid-2-sulfid" (**88**)
nach ***(d)***, Pseudoalkohol und Pseudoketon

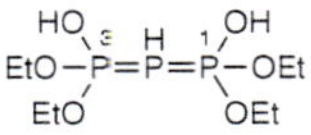

89

"1,1,3,3-Tetraethoxy-1,3-dihydroxytriphosphora-1,2-dien" (**89**)
nach ***(d)***, Pseudoalkohol

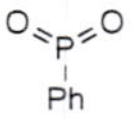

90

"Oxophenylphosphin-oxid" (**90**)
nach ***(d)***, Ausnahme **32** und Pseudoketon

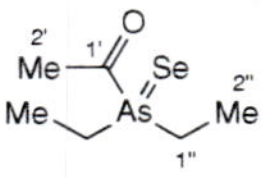

91

"Acetyldiethylarsin-selenid" (**91**)
nach ***(d)***, Ausnahme **33** und Pseudoketon

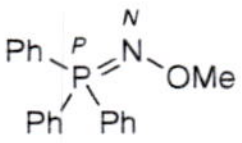

92

"*N*-Methoxy-*P*,*P*,*P*-triphenylphosphinimid" (**92**)
nach ***(d)***, Ausnahme **34**

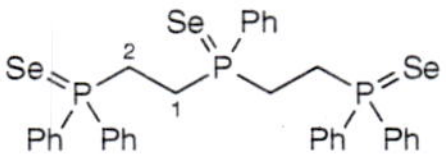

93

"Bis[2-(diphenylphosphinoselenoyl)-ethyl]phenylphosphin-selenid" (**93**)
- nach ***(d)***, Ausnahme **33**
- zentrale Struktur > terminale Struktur nach *Kap. 3.3(**l**)*

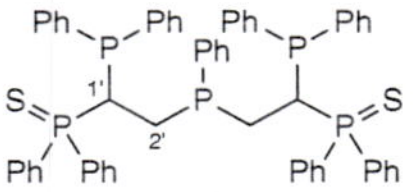

94

"{(Phenylphosphiniden)bis[1-(diphenylphosphino)ethan-2,1-diyl]}bis[diphenylphosphin-sulfid]" (**94**)
- nach ***(d)***, Ausnahme **33**
- Phosphin-sulfid > Phosphin (s. *Tab. 3.2*)
- Multiplikationsname

CA ¶ 181
IUPAC R-2
und R-5.2

6.27. Antimon- und Bismut(Wismut)-Verbindungen *(Klasse 17)*

CA ¶ 215 und 219
IUPAC 'Red Book'

"**Antimon**" (Sb) **und "Bismut**" (Bi; Englisch: '**bismuth**') **sind Metalle**[1]). Ihre Salze werden nach der Nomenklatur der anorganischen Chemie benannt, mit Ausnahme ihrer dreiwertigen Hydride (z.B. SbH_3) und Halide (z.B. $BiCl_3$) (s. unten).

Tab. 3.2

Verbindungen mit den folgenden Strukturen gehören in andere, vorrangige Verbindungsklassen (s. *Tab. 3.2*):

- **Sb- oder Bi-haltige Radikale und Ionen**, s. *Klassen 1 – 4* (*Kap. 6.2 – 6.6*) und Nomenklatur der anorganischen Chemie; (Kap. 6.2 – 6.6)
- **Sb- oder Bi-'Oxosäuren**' (z.B. Sb(=O)(OH), $Bi(OH)_3$ *etc.*) werden als Metall-hydroxide und -oxide bezeichnet (alle H-Atome von SbH_3 oder BiH_3 sind durch –OH und/oder =O bzw. Chalcogen-Analoga ersetzt), s. *Klassen 5h* und *5i* (*Kap. 6.12*); (Kap. 6.12)
- **Carbonsäuren, Sulfonsäuren *etc.* und ihre Derivate**, s. *Klassen 5a – c* und *6* (*Kap. 6.7, 6.8* und *6.13 – 6.17*); (Kap. 6.7, 6.8 und 6.13 – 6.17)
- **Nitrile** (z.B. SbH_2–CN), s. *Klasse 7* (*Kap. 6.18*); (Kap. 6.18)
- **Aldehyde** und deren Oxime und Hydrazone, s. *Klasse 8* (*Kap. 6.19*); (Kap. 6.19)
- **Amine** (z.B. $SbH_2(NH_2)$, $Sb(NH_2)_3$), s. *Klasse 12* (*Kap. 6.23*); (Kap. 6.23)
- **Imine**, s. *Klasse 13* (*Kap. 6.24*). (Kap. 6.24)

Man unterscheidet

(a) Sb- oder Bi-haltige Heterocyclen;
(b) speziell am Sb- oder Bi-Atom substituierte Sb- bzw. Bi-haltige Heterocyclen (Pseudoester, -ketone, -imine, alkohole und -hydroperoxide);
(c) Sb- oder Bi-haltige homogene Heteroketten;
(d) speziell am Sb- oder Bi-Atom substituierte Sb- bzw. Bi-haltige homogene Heteroketten (Pseudoester, -ketone, -alkohole und -hydroperoxide; "Stibin-oxid", "-sulfid", "-imid" *etc*);
(e) Sb- oder Bi-haltige Heteroketten mit Austauschnamen.

(a) **Sb- oder Bi-haltige Heterocyclen** sind Gerüst-Stammstrukturen. Ihre **Stammnamen** und entsprechende **Substituentenpräfixe** sind **in *Kap. 4.5 – 4.10*** beschrieben. Präfixe sind auch in *Kap. 5.6* und *5.7* zusammengefasst. (Kap. 5.6 und 5.7)

- Heteromonocyclen, entsprechend *Kap. 4.5*, s. **1**; (Kap. 4.5)
- anellierte Polycyclen, entsprechend *Kap. 4.6*, s. **2**; (Kap. 4.6)
- Brückenpolycyclen nach *von Baeyer*, entsprechend *Kap. 4.7*, s. **3**; (Kap. 4.7)
- überbrückte anellierte Polycyclen, entsprechend *Kap. 4.8*, s. **4**; (Kap. 4.8)
- Spiropolycyclen, entsprechend *Kap. 4.9*, s. **5**; (Kap. 4.9)
- Ringsequenzen, entsprechend *Kap. 4.10*, s. **6**. (Kap. 4.10)

Beachte:

Mit Ausnahme der in *(b)* angeführten Fälle wird eine Hauptgruppe oder ein acyclischer Substituent mit Hauptgruppe an einem Sb- oder Bi-haltigen Heterocyclus (auch am Sb- bzw. Bi-Atom) **als Suffix** (z.B. –COOH) **oder Funktionsstammname** (z.B. $–PO_3H$) **bzw. mittels eines Konjunktionsnamens** (z.B. $–CH_2OH$; beachte Ausnahmen bei den einzelnen Verbindungsklassen) **bezeichnet**. (Kap. 3.2.2)

z.B.

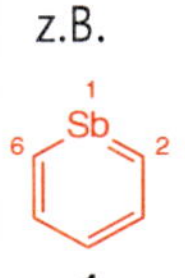

1

"Stibinin" (**1**)
Englisch: 'stibini**n**' (bei CA kein endständiges 'e')

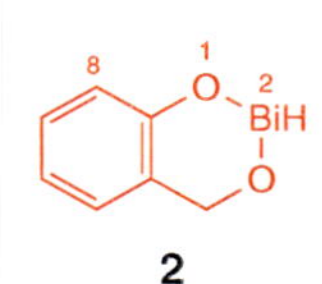

2

"4*H*-1,3,2-Benzodioxabismin" (**2**)
- Englisch: '4*H*-1,3,2-benzodioxabismi**n**' (bei CA kein enständiges 'e')
- indiziertes H-Atom nach *Anhang 5**(a)(d)***, kein indiziertes H-Atom ("2*H*") nach *Anhang 5**(c)***

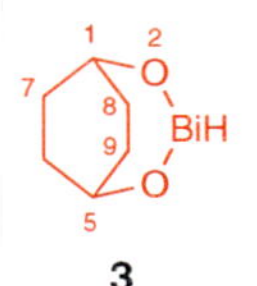

3

"2,4-Dioxa-3-bismabicyclo[3.2.2]-nonan" (**3**)
hypothetisch

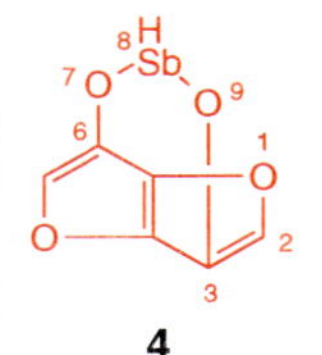

4

"3,6-(Epoxystibylenoxy)furo[3,2-*b*]furan" (**4**)
- Englisch: '...fura**n**'
- hypothetisch (das P-Analogon existiert)

[1]) CA betrachtete Antimon bis und mit 1981 (bis und mit '10th. Coll. Index') als Nichtmetall.

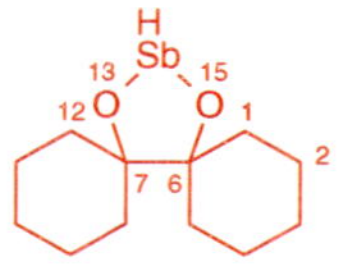

"13,15-Dioxa-14-stibadispiro[5.0.5.3]pentadecan" (**5**)

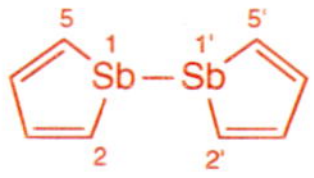

5

"1,1′-Bi-1*H*-stibol" (**6**)
indiziertes H-Atom nach *Anhang 5(a)(d)*

6

(b) **Speziell am Sb- oder Bi-Atom substituierte Sb- bzw. Bi-haltige Heterocyclen** bekommen ebenfalls **Stammnamen ohne Suffix** nach *(a)*. Der spezielle Substituent wird als Präfix oder mittels eines Additionsnamens (*Kap. 3.2.4*) bezeichnet. Folgende Verbindungen werden so benannt:

Kap. 3.2.4

- **ein Pseudoester ⊂Sb–X–Acyl/⊂Bi–X–Acyl** (X = O, S, Se, Te), entsprechend *Kap. 6.21(c)* (s. auch Ester-Definition in *Kap. 6.14*), s. **7**;
- **ein *Sb*- oder *Bi*-Acyl-substituierter Heterocyclus ⊂Sb-Acyl/⊂Bi-Acyl**, entsprechend *Kap. 6.20(c)* (Ausnahmen: nicht bei einer Acyl-Gruppe von Ameisen- oder Kohlensäure und Analoga (Aldehyd bzw. Carbonsäure!); nicht bei einer Acyl-Gruppe, die noch eine Säure-Funktion enthält), s. analoge Beispiele in *Kap. 6.26(b)*;
- **ein Pseudoketon (oder Pseudoimin) ⊂Sb(=X)–⌇/⊂Bi(=X)–⌇** (X = O, S, Se, Te, (NH)), entsprechend *Kap. 6.20(d)* (bei Pseudoiminen Präfix, nicht Additionsnamen), s. analoge Beispiele in *Kap. 6.26(b)*
- **ein Pseudoalkohol ⊂Sb–XH/⊂Bi–XH** (X = O, S, Se, Te) **oder ein Pseudohydroperoxid ⊂Sb–O–XH/⊂Bi–O–XH** (X = O, S), entsprechend *Kap. 6.21(b)* bzw. *6.22(b)*, s. **8**.

Kap. 6.21(c)
Kap. 6.14
Kap. 6.20(c)
Kap. 6.26(b)
6
Kap. 6.20(d)
Kap. 6.26(b)
Kap. 6.21(b) bzw. 6.22(b)

z.B.

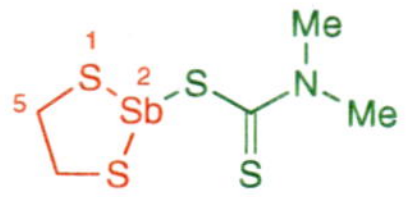

"2-{[(Dimethylamino)thioxomethyl]thio}-1,3,2-dithiastibolan" (**7**)
Pseudoester, s. *Kap. 6.21(c)*; nicht Ester (keine Bindung S–C; vgl. Ester-Definition in *Kap. 6.14*)

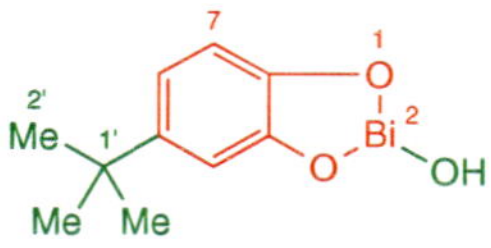

7

"5-(1,1-Dimethylethyl)-2-hydroxy-1,3,2-benzodioxabismol" (**8**)
Pseudoalkohol, s. *Kap. 6.21(b)*

8

(c) **Sb- oder Bi-haltige homogene Heteroketten** sind Gerüst-Stammstrukturen. Ihre **Stammnamen** und entsprechende **Substituentenpräfixe** sind **in *Kap. 4.3.3.1*** beschrieben. Präfixe sind auch in *Kap. 5.2* und *5.4(b)* zusammengefasst (s. auch **15** – **18**).

Kap. 4.3.3.1
Kap. 5.2 und 5.4(b)

Beachte:

- Sb- oder As-haltige Heteroketten mit **Austauschnamen** ("a"-Namen) sind in *Kap. 4.3.2* besprochen (s. auch *(e)*).

Kap. 4.3.2

- **Mit Ausnahme der in *(d)* angeführten Fälle wird eine Hauptgruppe** an einer Sb- oder Bi-haltigen homogenen Heterokette **als Suffix** (z.B. –COOH) **oder als Funktionsstammname** (z.B. $-PO_3H$) **bezeichnet**.

IUPAC empfiehlt für die monogliedrigen Vertreter **9** und **10** auch die Namen **"Stiban"** (SbH_3)/**"Bismutan"** (BiH_3) bzw. **"λ^5-Stiban"** (SbH_5); Entsprechendes gilt auch für mehrgliedrige homogene Heteroketten (s. *Kap. 4.3.3.1*; IUPAC R-2.1, R-2.2, R-5.1.3.2 und R-5.1.3.3) sowie für die Substituenten **15** – **18** (s. *Kap. 5.3(b)*; IUPAC R-2.5). Für "λ^5", s. *Anhang 7*.

z.B.

SbH_3 / BiH_3 **9**

"Stibin"/"Bismutin" (**9**)
- Englisch: 'bismuthine'
- IUPAC: auch "Stiban"/"Bismutan" ('bismuthane')

SbH_5 / BiH_5 **10**

"Antimon-hydrid-(SbH_5)"/"Bismut-hydrid-(BiH_5)" (**10**)
- Derivate davon bekommen Koordinationsnamen (*Kap. 6.34*), ausser wenn anstelle von H nur Gruppen =O und/oder –OH am Sb- bzw. Bi-Atom haften (Salze, s. *Kap. 6.12(a)*) oder wenn ein mittels der Stammnamen **19** – **21** gebildeter Substitutionsname möglich ist
- IUPAC: "λ^5-Stiban" oder "Stiboran"/keine Angaben für Bi-Analogon

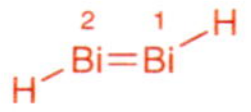

11

"(1*E*)-Dibismuten" (**11**)
- Englisch: '(1*E*)-dibismuthene'
- "(1*E*)" nach *Anhang 6*

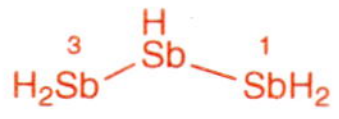

12

"Tristibin" (**12**)
IUPAC: auch "Tristiban"

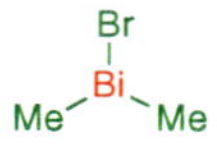

13

"Bromodimethylbismutin" (**13**)
- Englisch: 'bromodimethylbismuthine'
- IUPAC: auch "Bromodimethylbismutan" ('bromodimethylbismuthane')

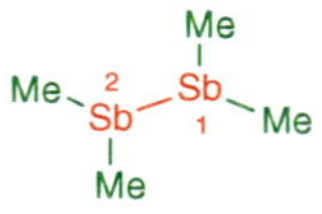

14

"Tetramethyldistibin" (**14**)
IUPAC: auch "Tetramethyldistiban"

H_2Sb–⌇ / H_2Bi–⌇ **15**

"Stibino-"/"Bismutino-" (**15**)
- Englisch: 'bismuthino-'
- H substituierbar
- IUPAC: auch "Stibanyl-"/"Bismutanyl-" ('bismuthanyl-')

HSb=⌇ / HBi=⌇ oder HSb<⌇ / HBi<⌇

16 "Stibylen-"/"Bismutylen-" (**16**)
- Englisch: 'bismuthylene-'
- H substituierbar
- IUPAC: z.B. "Stibandiyl-"/"Bismutandiyl-" ('bismuthanediyl-')

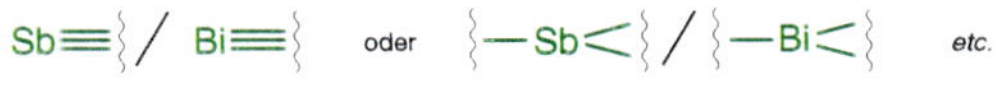

Sb≡⦚ / Bi≡⦚ oder ⦚–Sb<⦚ / ⦚–Bi<⦚ etc.

17

"Stibylidin-"/"Bismutylidin-" (**17**)
- Englisch: 'stibylidyne-'/'bismuthylidyne-'
- IUPAC: z.B. "Stibantriyl-"/"Bismutantriyl-" ('bismuthanetriyl-')

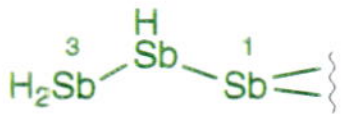

H_2Sb–SbH–Sb≡

18

"Tristibinyliden-" (**18**)
IUPAC: auch "Tristiban-1,1-diyl-"

(d) **Speziell am Sb- oder Bi-Atom substituierte Sb- bzw. Bi-haltige homogene Heteroketten** bekommen ebenfalls **Stammnamen ohne Suffix** nach *(c)*. Der spezielle Substituent wird als Präfix oder mittels eines Additionsnamens (s. *Kap. 3.2.4*) bezeichnet. Folgende Verbindungen werden so benannt (**beachte Ausnahmen** (s. unten): anorganische Verbindungen und **19 – 21**):

Kap. 3.2.4

- **ein Pseudoester ⦚>Sb–X–Acyl/⦚>Bi–X–Acyl** (X = O, S, Se, Te), entsprechend *Kap. 6.21**(c)*** (s. auch *Kap. 6.14*), s. **22** und **23**;
- **eine *Sb*- oder *Bi*-Acyl-substituierte homogene Heterokette ⦚>Sb–Acyl/⦚>Bi–Acyl**, entsprechend *Kap. 6.20**(b)*** (Ausnahmen: nicht bei einer Acyl-Gruppe von Ameisen- oder Kohlensäure (Aldehyd bzw. Carbonsäure!); nicht bei einer Acyl-Gruppe, die noch eine Säure-Funktion enthält), s. **24**;
- **ein Pseudoketon ⦚–Sb(=X)/⦚–Bi(=X) oder ⦚>Sb(=X)–⦚/⦚>Bi(=X)–⦚** (X = O, S, Se, Te), entsprechend *Kap. 6.20**(d)*** (Vorsicht: ⦚–Sb=NH/⦚–Bi=NH sind Imine, s. *Kap. 6.24*), s. **25** und **26** sowie die **Ausnahmen 19 – 21** und **29 – 31**;
- **ein Pseudoalkohol ⦚>Sb–XH/⦚>Bi–XH** (X = O, S, Se, Te) oder ein Pseudohydroperoxid, entprechend *Kap. 6.21**(b)*** bzw. *Kap. 6.22**(b)***, s. **27** und **28**.

Kap. 6.21(c)
Kap. 6.14
Kap. 6.20(b)
Kap. 6.20(d)
Kap. 6.24
Kap. 6.21(b) bzw. 6.22(b)

Ausnahmen:

- **Monogliedrige Stibine/Bismutine** und fünfwertige Analoga, die **vollständig mit den Gruppen =X und –YH** (X = O, S, Se, Te; Y = O, S, Se, Te) substituiert sind, werden meist als **anorganische Verbindungen** benannt (vgl. *Kap. 6.12* und *6.34*).
- **Pseudoketone und Pseudoimine SbH_3(=X)/ BiH_3(=X)** (X = O, S, Se, Te, NH) werden nach *Kap. 6.20**(d)*** mittels Additionsnomenklatur benannt. Die entsprechenden **Stammnamen 19 – 21** sind **Titelstammnamen** (CA) und **die H-Atome am Sb- oder Bi-Atom sowie am N-Atom substituierbar** (auch durch OH-Gruppen (!), s. **49 – 53**);

CA ¶ 215 und 219
IUPAC 'Red Book'
Kap. 6.12 und 6.34
Kap. 6.20(d)

SbH_3(=O) / BiH_3(=O)

19

"**Stibin-oxid**"/"**Bismutin-oxid**" (**19**)
- Englisch: 'bismuthine oxide'
- **nicht** "Oxostiboran"/"Oxobismutoran"
- IUPAC: auch "Stiban-oxid"/"Bismutan-oxid" ('bismuthane oxide')

SbH_3(=S) / BiH_3(=S)

20

"**Stibin-sulfid**"/"**Bismutin-sulfid**" (**20**)
- Englisch: 'bismuthine sulfide'
- **nicht** "Thioxostiboran"/ Thioxobismutoran"
- analog "**Stibin-selenid**" und "**-tellurid**"/"**Bismutin-selenid**" und "**-tellurid**"
- IUPAC: auch "Stiban-sulfid", "-selenid" und "-tellurid"/"Bismutan-sulfid", "-selenid" und "-tellurid" ('bismuthane sulfide', 'selenide' und 'telluride')

Sb *N* / *Bi* *N*
SbH_3(=NH) / BiH_3(=NH)

21

"**Stibin-imid**"/"**Bismutin-imid**" (**21**)
- Englisch: 'bismuthine imide'
- **nicht** "Iminostiboran"/"Iminobismutoran"
- die Lage von Substituenten ist durch die Lokanten "*Sb*", "*Bi*" bzw. "*N*" zu spezifizieren, s. **31** und **55**
- IUPAC: vermutlich auch "Stiban-imid"/"Bismutan-imid" ('bismuthane imide')
- beachte: SbH=NH heisst "**Stibinimin**" (s. *Kap. 6.24*)

Beachte: bis und mit 1981 (bis und mit '10th. Coll. Index') wurden von CA die folgenden Präfixe verwendet "**Stiboso-**" (O=Sb–), "**Stibo-**" ($Sb(=O)_2$–), "**Stibinico-**" (Sb(=O)(OH)<) und "**Stibono-**" ($Sb(=O)(OH)_2$–).

z.B.

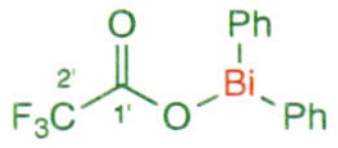

F_3C–C(=O)–O–BiPh₂

22

"Diphenyl[(trifluoroacetyl)oxy]bismutin" (**22**)
- Englisch: '...bismuthine'
- Pseudoester, s. *Kap. 6.21**(c)***; nicht Ester (keine Bindung O–C; vgl. Ester-Definition in *Kap. 6.14*)
- IUPAC: auch "...bismutan" ('...bismuthane')

Ph₂Bi–O–C(=O)–CH=CH–C(=O)–O–BiPh₂

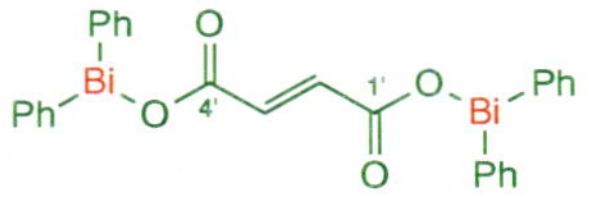

23

"[(1,4-Dioxobut-2-en-1,4-diyl)bis(oxy)]bis[diphenylbismutin]" (**23**)
- Englisch: '...bismuthine'
- Pseudoester, s. *Kap. 6.21**(c)***; nicht Ester (keine Bindung O–C; vgl. Ester-Definition in *Kap. 6.14*)
- Multiplikationsname
- IUPAC: auch "...bismutan" ('...bismuthane')

Me–C(=O)–Sb(OBu)₂

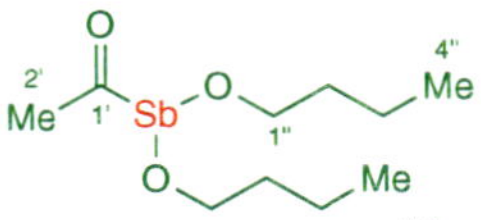

24

"Acetyldibutoxystibin" (**24**)
- *Sb*-Acyl-Substituent (Pseudoketon), s. *Kap. 6.20**(b)***
- IUPAC: auch "...stiban"

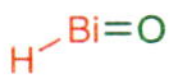

H–Bi=O

25

"Oxobismutin" (**25**)
- Englisch: 'oxobismuthine'
- Pseudoketon, s. *Kap. 6.20**(d)***
- IUPAC: auch "Oxobismutan" ('oxobismuthane')

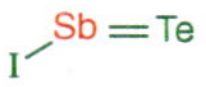

I–Sb=Te

26

"Iodotelluroxostibin" (**26**)
- Pseudoketon, s. *Kap. 6.20**(d)***
- IUPAC: auch "Iodotelluroxostiban"

"Hydroxystibin" (**27**)
- Pseudoalkohol, s. *Kap. 6.21(b)*
- IUPAC: auch "Hydroxystiban"

"Hydroxydiphenylbismutin" (**28**)
- Englisch: '...bismuthine'
- Pseudoalkohol, s. *Kap. 6.21(b)*
- IUPAC: auch "Hydroxydiphenylbismutan" ('hydroxydiphenylbismuthane')

"Oxophenylstibin-oxid" (**29**)
- Pseudoketon und Ausnahme **19**
- IUPAC: auch "Oxophenylstiban-oxid"

"Triphenylbismutin-oxid" (**30**)
- Englisch: 'triphenylbismuthine oxide'
- Ausnahme **19**
- IUPAC: auch "Triphenylbismutan-oxid" ('triphenylbismuthane oxide')

"*Sb*,*Sb*,*Sb*-Triethyl-*N*-(phenylsulfonyl)stibin-imid" (**31**)
- Ausnahme **21**
- IUPAC: vermutlich auch "...stiban-imid"

(e) **Sb- oder Bi-haltige Heteroketten mit Austauschnamen** ("a"-Namen) sind in *Kap. 4.3.2* beschrieben. Sie haben eine **tiefere Priorität als Sb- bzw. Bi-haltige homogene Heteroketten** nach ***(c)*** und ***(d)*** (s. *Tab. 3.2* und CA ¶ 271). Für **spezielle Substituenten am Sb- oder Bi-Atom** (Pseudoester, -ketone, -alkohole und -hydroperoxide) gelten die Anweisungen von ***(d)***, für andere Substituenten diejenigen von ***(c)***.

Kap. 4.3.2

Tab. 3.2
CA ¶ 271

Beispiele:

"2-(Acetyloxy)-1,3,2-benzodioxabismol" (**32**)
nach ***(b)***, Pseudoester

"2,4-Dimercapto-1,3,2,4-dithiadistibetan" (**33**)
nach ***(b)***, Pseudoalkohol

"Tris(methylseleno)stibin" (**34**)
nach ***(c)***

"(1*E*)-Dimethyldistiben" (**35**)
- nach ***(c)***
- "(1*E*)" nach *Anhang 6*

"Tetrakis(trimethylsilyl)distibin" (**36**)
- nach ***(c)***
- Sb > Si

"Dichloro(cyclopenta-2,4-dien-1-yl)bismutin" (**37**)
nach ***(c)***

"Chlorodiisocyanostibin" (**38**)
nach ***(c)***

"(Dimethylbismutino)dimethylstibin" (**39**)
- nach ***(c)***
- Sb > Bi

"Bis(2,2-dimethyl-1-oxopropoxy)methylbismutin" (**40**)
nach ***(d)***, Pseudoester

"[(Diphenylphosphinyl)oxy]diphenylstibin" (**41**)
- nach ***(d)***, Pseudoester
- besser (P > Sb): "[(Diphenylstibino)oxy]diphenylphosphin-oxid"

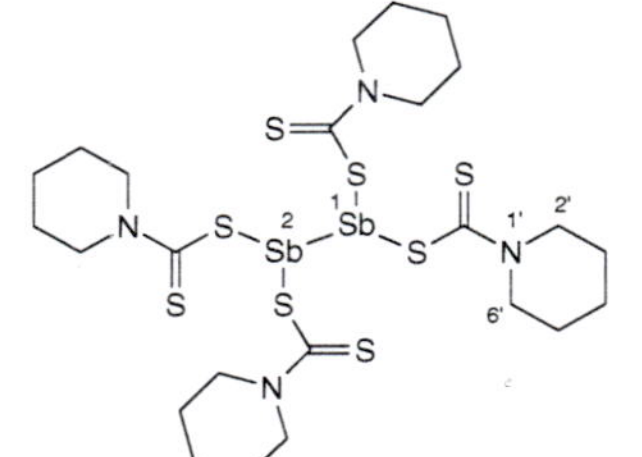

"Tetrakis{[(piperidin-1-yl)thioxomethyl]thio}distibin" (**42**)
nach ***(d)***, Pseudoester

"Tris[(4-chlorophenyl)sulfonyl]-bismutin" (**43**)
nach ***(d)***, *Bi*-Acyl-Substituent

"Chlorooxobismutin" (**44**)
nach ***(d)***, Pseudoketon

"Iodoselenoxostibin" (**45**)
nach ***(d)***, Pseudoketon

"Oxophenylstibin" (**46**)
nach ***(d)***, Pseudoketon

"(Formyloxy)oxobismutin" (**47**)
nach ***(d)***, Pseudoester und Pseudoketon

"[Carbonylbis(oxy)]bis[oxobismutin]" (**48**)
- nach ***(d)***, Pseudoester und Pseudoketon
- Multiplikationsname

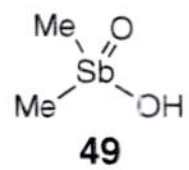

49

"Hydroxydimethylstibin-oxid" (**49**)

- nach ***(d)***, Ausnahme **19** und Pseudoalkohol
- **nicht** von "**Stibinsäure**" hergeleiteter Name: $SbH_2(=O)(OH)$ heisst "Hydroxystibin-oxid"

50

"{{[3-Ethyl-6-(1-methylethyl)azulen-1-yl]sulfonyl}oxy}dihydroxybismutin" (**50**)

nach ***(d)***, Pseudoester und Pseudoalkohol

51

"1,1-Dihydroxystibinamin-1-oxid" (**51**)

- nach ***(d)***, Pseudoketon und Pseudoalkohol mit dem Namen eines Amins
- **nicht** von "**Antimonsäure**" hergeleiteter Name: $Sb(=O)(OH)_3$ heisst "Antimon-hydroxid-oxid-($Sb(OH)_3O$)", s. *Kap. 6.12*

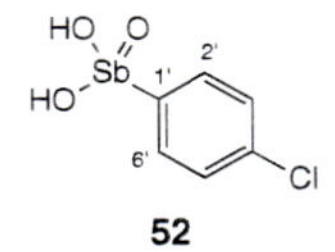

52

"(4-Chlorophenyl)dihydroxystibin-oxid" (**52**)

nach ***(d)***, Ausnahme **19** und Pseudoalkohol

53

"Hydroxydiphenylbismutin-oxid" (**53**)

nach ***(d)***, Ausnahme **19** und Pseudoalkohol

54

"Trimethylstibin-selenid" (**54**)

nach ***(d)***, Ausnahme **20**

55

"*Bi*,*Bi*,*Bi*-Triphenyl-*N*-[(trifluoromethyl)sulfonyl]bismutin-imid" (**55**)

nach ***(d)***, Ausnahme **21**

CA ¶ 159, 160, 182 und 239
IUPAC R-2 und 'Red Book'

6.28. Bor-Verbindungen (*Klasse 18*)[1]

Die Nomenklatur von Bor-Verbindungen ('boron compounds') ist wegen der speziellen Bindungen ihrer Strukturen äusserst komplex[2]).

Verbindungen mit den folgenden Strukturen gehören in andere, vorrangige Verbindungsklassen (s. *Tab. 3.2*):

Tab. 3.2

- **Additionsverbindungen, wenn möglich als Koordinationsverbindungen** mit dem B-Atom als Zentralatom **zu benennen**, s. *Klassen 2 – 4* (*Kap. 6.34*); (Kap. 6.34)
- **B-haltige Radikale und Ionen**, s. *Klassen 1 – 4* (*Kap. 6.2 – 6.6*) und Nomenklatur der anorganischen Chemie; (Kap. 6.2 – 6.6)
- **B-haltige Oxosäuren**, z.B. Borsäuren (z.B. $B(OH)_3$), Boronsäure ($BH(OH)_2$) und Borinsäure (BH_2OH), s. *Klasse 5k* (*Kap. 6.12*); (Kap. 6.12)
- **B-haltige Oxosäure-Derivate**, d.h. Anhydride (z.B. $(HO)_2B$–O–$S(=O)_2$–OH) und Ester (z.B. $B(OEt)_3$), nicht aber Säure-halogenide und Amide, s. *Klassen 6* (*Kap. 6.13 – 6.17*); (Kap. 6.13 – 6.17)
- **Carbonsäuren** (z.B. BH_2COOH), **Sulfonsäuren *etc.* und ihre Derivate** (z.B. BH_2CONH_2), s. *Klassen 5a – c* und *6* (*Kap. 6.7, 6.8* und *6.13 – 6.17*); (Kap. 6.7, 6.8 und 6.13 – 6.17)
- **Nitrile** (z.B. BH_2CN), s. *Klasse 7* (*Kap. 6.18*); (Kap. 6.18)
- **Aldehyde** und deren Oxime und Hydrazone (z.B. BH_2CHO), s. *Klasse 8* (*Kap. 6.19*); (Kap. 6.19)
- **Amine** (z.B. BH_2NH_2, $B(NH_2)_3$; viele Ausnahmen[1])), s. *Klasse 12* (*Kap. 6.23*); (Kap. 6.23)
- **Imine** (z.B. BH=NH), s. *Klasse 13* (*Kap. 6.24*). (Kap. 6.24)

Man unterscheidet:

(a) Polyborane und ihre Austauschanaloga, sog. 'Hetero'-Polyborane (Carbapolyborane > andere 'Hetero'-Polyborane > Polyborane);
(b) B-haltige Heterocyclen;
(c) speziell am B-Atom substituierte Polyborane, 'Hetero'-Polyborane und B-haltige Heterocyclen (Pseudoester, -ketone, -alkohole und -hydroperoxide);
(d) Boran (BH_3);
(e) speziell substituiertes Boran (Pseudoketone, -alkohole und -hydroperoxide);
(f) B-haltige Ketten mit Austauschnamen.

CA ¶ 159 und 160

(a) **Polyborane B_xH_y und 'Hetero'-Polyborane** sind Gerüst-Stammstrukturen[3]). Entsprechende **Stammnamen** sind, sofern schon bekannt, **in CAs 'Index of Ring Systems' oder 'Ring Systems Handbook'** angeführt, deren Organisation in *Kap. 4.6.1* beschrieben ist (vgl. dazu *Fussnote 1*).

Die **stöchiometrische Zusammensetzung** von Polyboranen B_xH_y und 'Hetero'-Polyboranen **muss im Namen angegeben werden**[2]): die **Anzahl B-Atome *x*** wird durch ein **vorgestelltes Multiplikationsaffix** "Di-", "Tri-" *etc.* und die **Anzahl H-Atome *y*** durch eine **nachgestellte arabische Zahl in Klammern** angegeben. In **'Hetero'-Polyboranen** sind B-Atome durch andere Atome, z.B. C-, P- oder Si-Atome, ersetzt. **Borane** (s. ***(d)***) und **Diborane** sind homogene Heteroketten. Höhere Polyborane und 'Hetero'-Polyborane sind Heterocyclen.

Beachte:

- **Mit Ausnahme der in *(c)* angeführten Fälle wird eine nicht-überbrückende Hauptgruppe oder ein nicht-überbrückender acyclischer Substituent mit Hauptgruppe** an einem ungeladenen Polyboran oder 'Hetero'-Polyboran **als Suffix** (z.B. $-NH_2$) **oder Funktionsstammname** (z.B. $-PO_3H$) **bzw. mittels eines Konjunktionsnamens** (z.B. $-CH_2CH_2OH$; beachte Ausnahmen bei den einzelnen Verbindungsklassen) **bezeichnet**, s. **10**. (Kap. 3.2.2)
- **Bei Substitution eines überbrückenden H-Atoms** eines Polyborans oder 'Hetero'-Polyborans wird in Analogie zur Nomenklatur für anorganische Koordinationsverbindungen (*Kap. 6.34*) ein "μ" **und** das **Präfix** (nicht Suffix) des Substituenten vor den Stammnamen gesetzt, wenn nötig unter Beigabe der Brückenkopf-Lokanten, s. **11** und **12**. (Kap. 6.34; CA ¶ 215; IUPAC 'Red Book')
- **Bei Substitution von nicht-überbrückenden H-Atomen** eines Polyborans (≠ "Diboran (4)") oder 'Hetero'-Polyborans **unter Bildung eines Ringes** wird der polyvalente Substituent als **Präfix** ausgedrückt, s. **13**.

Präfixe für Polyboran- und 'Hetero'-Polyboran-Substituenten werden im Fall von Diboranen wie homogene Heterokettensubstituenten nach *Kap. 5.4**(b)*** und im Fall von höheren Polyboranen und 'Hetero'-Polyboranen wie Heteromonocyclus-Substituenten mit Trivialnamen nach *Kap. 5.6**(a)*** benannt, s. **14 – 19**:

[1]) Ausführlichere Angaben zur Nomenklatur von Bor-Verbindungen sind in CA ¶ 159, 160 und 182 sowie in IUPACs 'Red Book' (s. *Anhang 1*) zu finden.

[2]) Die Schwierigkeiten bei der Benennung von Bor-haltigen Gerüst-Stammstrukturen beruhen darauf, dass oft keine einfache Beziehung zwischen der Anzahl B-Atome und den daran gebundenen H-Atomen besteht.

z.B.

HB=BH **1** — "Diboran(2)" (B_2H_2; **1**)

HB—BH_2 **2** — "Diboran(3)"[3] (B_2H_3; **2**)

H_2B—BH_2 **3** — "Diboran(4)" (B_2H_4; **3**)

4 — "Diboran(6)"[3] (B_2H_6; **4**)

5 — "Triboran(6)"[3] (B_3H_6; **5**)

6 — oder — "Pentaboran(9)" [3] (B_5H_9; **6**)

7 — "1,6-Dicarbahexaboran(6)"[3] ($C_2H_6B_4$; **7**)

8 — "Bis(1-methylethyl)diboran(2)" (**8**)

9 — "Ethenyldiboran(4)" (**9**)

10 — "1,2-Dichlorodiboran(4)-1,2-diamin" (**10**)

11 — "μ-Aminodiboran(6)"[3] (**11**)

12 — "1,2-μ-Iminotriboran(7)"[3] (**12**)

13 — "1,1:2,2-Bis(1,4-dimethylbutan-1,4-diyl)diboran(6)"[3] (**13**)

14 — "Diboran(4)yl-" (**14**)

15 — "Diboran(4)-yliden-" (**15**)

16 — "Diboran(4)-1,2-diyl-" (**16**)

17 — "Diboran(6)yl-"[3] (**17**)

18 — "Pentaboran(9)-1-yl-"[3] (**18**) s. Formel **6**

19 — "1,6-Dicarbahexaboran(6)-1-yl-"[3] (**19**) s. Formel **7**

(b) **B-haltige Heterocyclen** sind Gerüst-Stammstrukturen. Ihre **Stammnamen** und entsprechende **Substituentenpräfixe** sind **in *Kap. 4.5 – 4.10*** beschrieben. Präfixe sind auch in *Kap. 5.6* und *5.7* zusammengefasst. Kap. 5.6 und 5.7

- Heteromonocyclen, entsprechend *Kap. 4.5*, s. **20** und **21**; Kap. 4.5
- anellierte Polycyclen, entsprechend *Kap. 4.6*, s. **22**; Kap. 4.6
- Brückenpolycyclen nach *von Baeyer*, entsprechend *Kap. 4.7*, s. **23**; Kap. 4.7
- überbrückte anellierte Polycylen, entsprechend *Kap. 4.8*, s. **24**; Kap. 4.8
- Spiropolycyclen, entsprechend *Kap. 4.9*, s. **25**; Kap. 4.9
- Ringsequenzen, entsprechend *Kap. 4.10*, s. **26**. Kap. 4.10

Beachte:

- **Mit Ausnahme der in *(c)* angeführten Fälle wird eine Hauptgruppe oder ein Substituent mit Hauptgruppe** an einem B-haltigen Heterocyclus (auch am B-Atom) als **Suffix** (z.B. $-NH_2$) **oder Funktionsstammname** (z.B. $-PO_3H$) **bzw. mittels eines Konjunktionsnamens** (z.B. $-CH_2CH_2OH$; beachte Ausnahmen bei den einzelnen Verbindungsklassen) **bezeichnet**. Kap. 3.2.2

[3] **In den Strukturformeln von Polyboranen oder 'Hetero'-Polyboranen oder in ihren planaren Projektionen zeigen Verbindungslinien nicht Elektronenpaarbindungen an, sondern nur die Geometrie der Struktur.**

- Eine **intramolekulare Koordinationsbindung** zwischen einem B-Atom und einem Heteroatom wird im Namen ignoriert, s. z.B **21** (ein 'Monocyclus', der nur wegen einer solchen Bindung ein Ring ist, wird als offenkettige Verbindung betrachtet).

z.B.

20

"1,3,2-Dithiaborol" (**20**)
kein indiziertes H-Atom ("2*H*") nach *Anhang 5(**c**)*

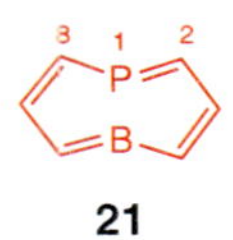

21

"1,5-Phosphaborocin" (**21**)
- Englisch: '1,5-phophaborocin' (bei CA kein enständiges 'e')
- eine Zwitterion-Bindung zwischen dem B- und P-Atom wird ignoriert

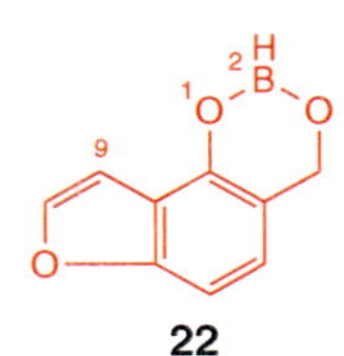

22

"4*H*-Furo[2,3-*h*]-1,3,2-benzodioxaborin" (**22**)
- Englisch: '4*H*-furo[2,3-*h*]-1,3,2-benzodioxaborin' (bei CA kein endständiges 'e')
- indiziertes H-Atom nach *Anhang 5(**a**)(**d**)*, kein indiziertes H-Atom ("2*H*") nach *Anhang 5(**c**)*

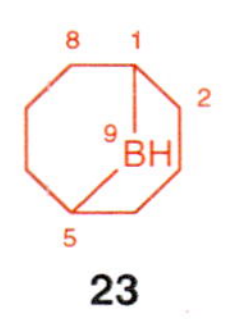

23

"9-Borabicyclo[3.3.1]nonan" (**23**)
Abkürzung: "**9-BBN**"

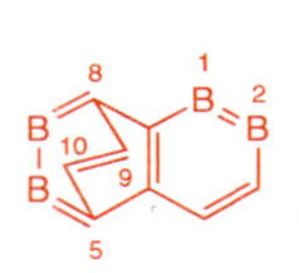

24

"5,8-Etheno[1,2]diborino[4,5-*c*]-1,2-diborin" (**24**)
Englisch: '5,8-etheno[1,2]diborino[4,5-*c*]-1,2-diborin (bei CA kein enständiges 'e')

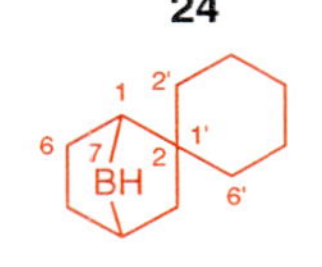

25

"Spiro[7-borabicyclo[2.2.1]heptan-2,1´-cyclohexan]" (**25**)

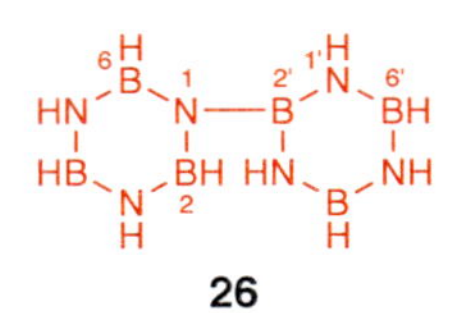

26

"1,2´-Biborazin" (**26**)
Englisch: '1,2'-biborazin' (bei CA kein endständiges 'e')

(*c*) **Speziell am B-Atom substituierte Polyborane, 'Hetero'-Polyborane und B-haltige Heterocyclen** bekommen ebenfalls **Stammnamen ohne Suffix** nach (***a***). Der spezielle Substituent wird als Präfix bezeichnet. Folgende Verbindungen werden so benannt:

- **ein Pseudoester ⨟B–X–Acyl** (X = O, S, Se, Te), entsprechend *Kap. 6.21(**c**)* (s. auch Ester-Definition in *Kap. 6.14*), s. **27**;
- **ein *B*-Acyl-substituiertes(r) Polyboran, 'Hetero'-Polyboran oder Heterocyclus ⨟B–Acyl**, entsprechend *Kap. 6.20(**c**)* (Ausnahmen: nicht bei einer Acyl-Gruppe von Ameisen- oder Kohlensäure (Aldehyd bzw. Carbonsäure!); nicht bei einer Acyl-Gruppe, die noch eine Säure-Funktion enthält), s. **28** und **29**;

Kap. 6.21(**c**)
Kap. 6.14
Kap. 6.20(**c**)

- **ein Pseudoketon ⨟B(=X)** (X = O, S, Se, Te), entsprechend *Kap. 6.20(**d**)* (Vorsicht: ⨟B=NH sind Imine, s. *Kap. 6.24*), s. **30**;
- ein **Pseudoalkohol ⨟B–XH** (X = O, S, Se, Te) oder ein Pseudohydroperoxid ⨟B–O–XH (X = O, S), entsprechend *Kap. 6.21(**b**)* bzw. *6.22(**b**)*, s. **31**.

Kap. 6.24
Kap. 6.21(**b**) bzw. 6.22(**b**)

z.B.

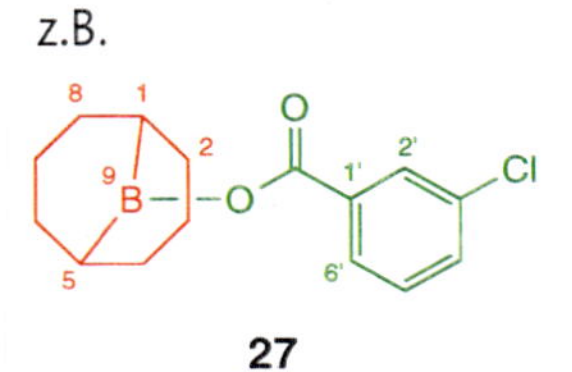

27

"9-[(3-Chlorobenzoyl)oxy]-9-borabicyclo[3.3.1]nonan" (**27**)
Pseudoester, s. *Kap. 6.21(**c**)*; nicht Ester (keine Bindung O–C; vgl. Ester-Definition in *Kap. 6.14*)

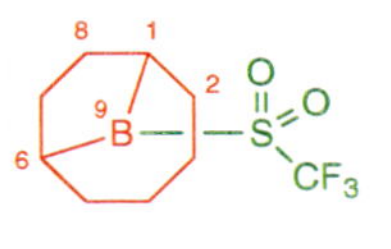

28

"9-[(Trifluoromethyl)sulfonyl]-9-borabicyclo[4.2.1]nonan" (**28**)
B-Acyl-Substituent, vgl. *Kap. 6.20(**c**)*

O=C=B–B=C=O

29

"1,2-Dicarbonyldiboran(4)" (**29**)
B-Acyl-Substituent (Pseudoketon), vgl. *Kap. 6.20(**b**)(**c**)*

H_2B–B=O

30

"Oxodiboran(4)" (**30**)
Pseudoketon, s. *Kap. 6.20(**d**)*

31

"1-Hydroxyboriran" (**31**)
Pseudoalkohol, s. *Kap. 6.21(**b**)*

(*d*) **Boran** (homogene Heterokette) **ist eine Gerüst-Stammstruktur. Substituentenpräfixe** sind in *Kap. 5.2* zusammengefasst (s. auch **41** – **43**). Ausnahmsweise muss bei "Boran" (**32**) die stöchiometrische Zusammensetzung im Namen nicht angegeben werden, wohl aber in den Boranen **33** und **34**.

Kap. 5.2

Beachte:

- B-haltige Heteroketten mit **Austauschnamen** ("a"-Namen) sind in *Kap. 4.3.2* besprochen (s. auch (***f***)).
- **Mit Ausnahme der in (*e*) angeführten Fälle wird eine Hauptgruppe an "Boran" (32) als Suffix** (z.B. –COOH) **oder Funktionsstammname** (z.B. –PO_3H) **bezeichnet**, s. **37** und **38**.
- **Substituenten an den Boranen 33 und 34** werden immer mittels **Präfixen** benannt, s. **39** und **40**.

Kap. 4.3.2

IUPAC empfiehlt das Präfix "**Boryl-**" (**41**) und für die Substituenten **42** und **43** die Varianten nach *Kap. 5.3(**b**)* (IUPAC R-2.5; IUPACs 'Red Book', s. *Anhang 1*).

z.B.

BH_3 **32** — "Boran" (**32**)

BH_2 **33** — "Boran(2)" (**33**)

BH **34** — "Boran(1)" (**34**)

35

"Diethylboran" (**35**)

36

"Cyclohexyldimethylboran" (**36**)

37

"Borandiamin" (**37**)

HB=NH

38

"Boranimin" (**38**)

B=NH

39

"Iminoboran(2)" (**39**)

B—NH₂

40

"Aminoboran(1)" (**40**)

41

"Boryl-" (**41**)
- H substituierbar
- IUPAC: "Boryl-" (**nicht "Boranyl-"** wegen möglicher Verwechslung bei mehrfachem Auftreten; s. "Diboran(4)yl-" (**14**))

42

"Borylen-" (**42**)
- H substituierbar
- IUPAC: z.B. "Borandiyl-"

43

"Borylidin-" (**43**)
- Englisch: 'borylidyne-'
- IUPAC: z.B. "Borantriyl-"

(e) **Speziell substituiertes Boran (BH_3) bekommt ebenfalls den Stammnamen "Boran" ohne Suffix** nach ***(d)***. Der spezielle Substituent wird als Präfix bezeichnet. Folgende Verbindungen werden so benannt (**beachte Ausnahmen** (s. unten): Oxosäuren und deren Anhydride und Ester):

- **ein *B*-Acyl-substituiertes Boran ⦚>B-Acyl**, entsprechend *Kap. 6.20**(b)*** (Ausnahmen: nicht bei einer Acyl-Gruppe von Ameisen- oder Kohlensäure (Aldehyd bzw. Carbonsäure!); nicht bei einer Acyl-Gruppe, die noch eine Säure-Funktion enthält), s. **44** und **45**;
- **ein Pseudoketon ⦚-B=X** (X = O, S, Se, Te), entsprechend *Kap. 6.20**(d)*** (Vorsicht: ⦚-B=NH sind Imine, s. *Kap. 6.24* und **38**), s. **46** – **48**;
- **ein Pseudoalkohol ⦚>B–XH** (X = O, S, Se, Te) oder ein Pseudohydroperoxid, wenn die Verbindung nicht als B-haltige Oxosäure bezeichnet werden kann (s. **Ausnahmen**), entsprechend *Kap. 6.21**(b)*** bzw. *6.22**(b)***, s. **49** und **50**.

Kap. 6.20(b)

Kap. 6.20(d)

Kap. 6.24

Kap. 6.21(b) bzw. 6.22(b)

Ausnahmen:

Mit –XH (X = O, S, Se, Te) substituiertes Boran (BH_3) wird als **Borsäure** (z.B. $B(OH)_3$), **Boronsäure** ($BH(OH)_2$; H an B substituierbar, ausser durch Hal oder NH_2) bzw. **Borinsäure** (BH_2OH; H an B substituierbar ausser durch Hal, =X oder NH_2) oder als ein Chalcogen-Austauschanalogon bezeichnet (s. *Kap. 6.12*); Entsprechendes gilt für davon hergeleitete Anhydride, Ester und Hydrazide, nicht aber für 'Halogenide' (Präfixe) und 'Amide' (= Amine) (s. *Kap. 6.13 – 6.17*).

Kap. 6.12

Kap. 6.13 – 6.17

z.B.

44

"Acetylboran" (**44**)
B-Acyl-Substituent (Pseudoketon), s. *Kap. 6.20**(b)***

HB=C=O

45

"Carbonylboran" (**45**)
B-Acyl-Substituent (Pseudoketon), s. *Kap. 6.20**(b)***

46

"(4-Bromobutoxy)oxoboran" (**46**)
Pseudoketon, s. *Kap. 6.20**(d)***

47

"Bromothioxoboran" (**47**)
Pseudoketon, s. *Kap. 6.20**(d)***

48

"Methyloxoboran" (**48**)
Pseudoketon, s. *Kap. 6.20**(d)***

49

"Bromodimercaptoboran" (**49**)
- Pseudoalkohol, s. *Kap. 6.21**(b)***
- nicht "Thioborsäure-bromid" (s. *Kap. 6.15**(e)***)

50

"(Hydrotritelluro)boran" (**50**)
analog Pseudohydroperoxid, s. *Kap. 6.22**(b)***

(f) **B-haltige Heteroketten mit Austauschnamen** ("a"-Namen) sind in *Kap. 4.3.2* beschrieben. Sie haben **tiefere Priorität als Diborane und Borane** nach ***(a)***, ***(c)***, ***(d)*** und ***(e)*** (s. *Tab. 3.2* und CA ¶ 271). Für **spezielle Substituenten am B-Atom** (Pseudoketone, -alkohole und -hydroperoxide) gelten die Anweisungen von ***(e)***, für andere Substituenten diejenigen von ***(d)***.

Kap. 4.3.2

Tab. 3.2 CA ¶ 271

Beispiele:

51

"1,1-Dimethyldiboran(6)"[3] (**51**)
nach ***(a)***

52

"1,2,4-Trimethyl-3,5,6-tris(1-methylethyl)-2,3,4,5-tetracarbahexaboran(6)"[3] (**52**)
nach ***(a)***

HN=B—B=NH

53

"Diboran(4)diimin" (**53**)
nach ***(a)*** und *Kap. 6.24*

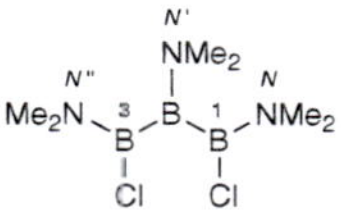

54

"1,3-Dichloro-*N,N,N´,N´,N´´,N´´*-hexamethyltriboran(5)-1,2,3-triamin" (**54**)
nach ***(a)*** und *Kap. 6.23*

OHC—[$C_2H_{12}B_{10}$]—CHO

55

"1,7-Dicarbadodecaboran(12)-1,7-dicarboxaldehyd" (**55**)
nach ***(a)*** und *Kap. 6.19*

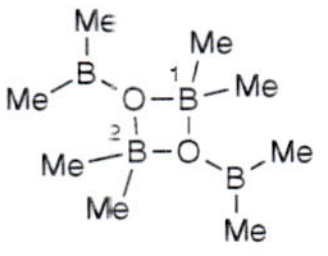

56

"Bis{*µ*-[(dimethylboryl)oxy]}tetramethyldiboran(6)"[3]) (**56**)
nach ***(a)***

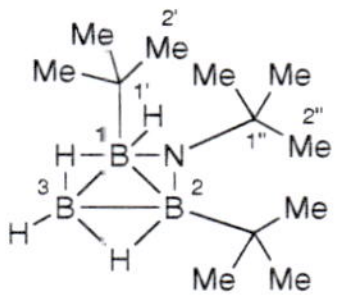

57

"1,2-Bis(1,1-dimethylethyl){1,2-*µ*-[(1,1-dimethylethyl)imino]}triboran(7)"[3]) (**57**)
nach ***(a)***

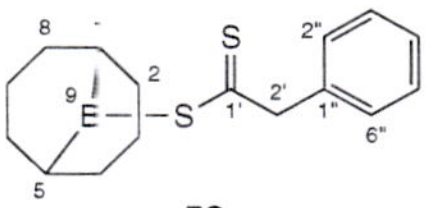

58

"9-[(2-Phenyl-1-thioxoethyl)thio]-9-borabicyclo[3.3.1]nonan" (**58**)
nach ***(c)***, Pseudoester

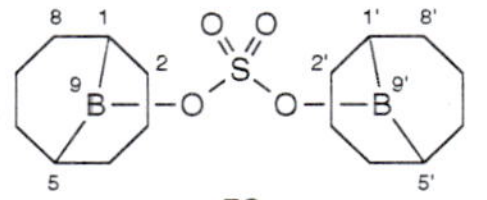

59

"9,9´-[Sulfonylbis(oxy)]bis[9-borabicyclo[3.3.1]nonan]" (**59**)
- nach ***(c)***, Pseudoester
- Multiplikationsname

O=B—B=NH

60

"Oxodiboran(4)imin" (**60**)
nach ***(c)***, Pseudoketon mit dem Namen eines Imins (s. *Kap. 6.24*)

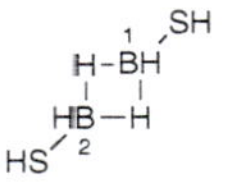

61

"1,2-Dimercaptodiboran(6)"[3]) (**61**)
nach ***(c)***, Pseudoalkohol

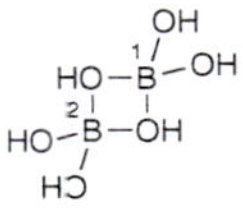

62

"Di-*µ*-hydroxytetrahydroxydiboran(6)"[3]) (**62**)
nach ***(c)***, Pseudoalkohol

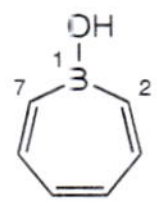

63

"1-Hydroxy-1*H*-borepin" (**63**)
- nach ***(c)***, Pseudoalkohol
- indiziertes H-Atom nach *Anhang 5**(a)(d)***

B≡CH

64

"Methylidinboran" (**64**)
- nach ***(d)***
- B > C

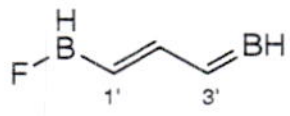

65

"(3-Borylenprop-1-enyl)fluoroboran" (**65**)
- nach ***(d)***
- 2 Präfixe > 1 Präfix nach *Kap. 3.3**(j)***

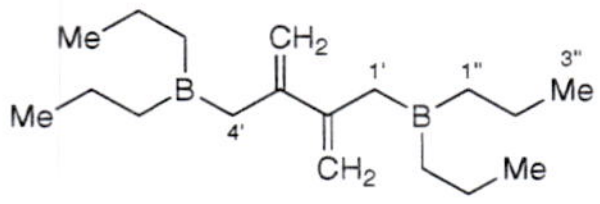

66

"[2,3-Bis(methylen)butan-1,4-diyl]bis[dipropylboran]" (**66**)
- nach ***(d)***
- Multiplikationsname

$HB{=}SiH_2$

67

"Silylenboran" (**67**)
- nach ***(d)***
- B > Si

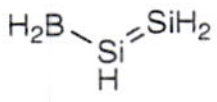

68

"Disilenylboran" (**68**)
- nach ***(d)***
- B > Si

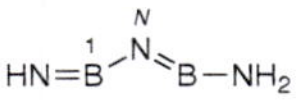

69

"*N*-(Aminoborylen)-1-iminoboranamin" (**69**)
- nach ***(d)*** und *Kap. 6.23*
- 2 Präfixe > 1 Präfix nach *Kap. 3.3**(j)***

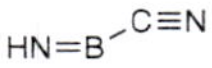

70

"Iminoborancarbonitril" (**70**)
nach ***(d)*** und *Kap. 6.18*

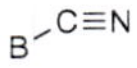

71

"Cyanoboran(1)" (**71**)
nach ***(d)***

B=S

72

"Thioxoboran(2)" (**72**)
nach ***(d)***

B—OH

73

"Hydroxyboran(1)" (**73**)
nach ***(d)***

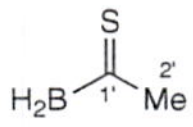

74

"(1-Thioxoethyl)boran" (**74**)
nach ***(e)***, *B*-Acyl-Substituent (Pseudoketon)

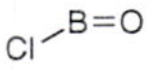

75

"Chlorooxoboran" (**75**)
nach ***(e)***, Pseudoketon

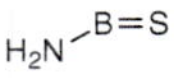

76

"1-Thioxoboranamin" (**76**)
nach ***(e)***, Pseudoketon mit dem Namen eines Amins (s. *Kap. 6.23*)

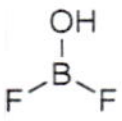

77

"Difluorohydroxyboran" (**77**)
- nach ***(e)***, Pseudoalkohol
- nicht "Borsäure-difluorid" (s. *Kap. 6.15**(e)***)

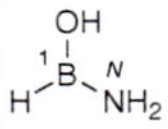

78

"1-Hydroxyboranamin" (**78**)
- nach ***(e)***, Pseudoalkohol mit dem Namen eines Amins (s. *Kap. 6.23*)
- nicht "Boronsäure-monoamid" (s. *Kap. 6.16**(f)***)

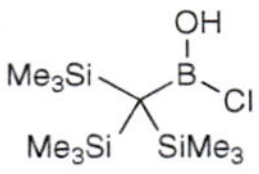

79

"Chlorohydroxy[tris(trimethylsilyl)methyl]boran" (**79**)
- nach ***(e)***, Pseudoalkohol
- nicht "Boronsäure-halogenid" (s. *Kap. 6.15**(e)***)

CA ¶ 199 und 282
IUPAC R-2, R-5.1.4 und R-5.2

6.29. Silicium-, Germanium-, Zinn- und Blei-Verbindungen (*Klassen 19* und *20*)

CA ¶ 215 und 219
IUPAC 'Red Book'

"**Germanium**" (Ge), "**Zinn**" (Sn; Englisch: 'tin') **und** "**Blei**" (Pb; Englisch: 'lead') **sind Metalle**. Ihre Salze werden nach der Nomenklatur der anorganischen Chemie benannt, mit Ausnahme ihrer Hydride (z.B. GeH_4) und Halide (z.B. $SnCl_4$) (s. unten).

Verbindungen mit den folgenden Strukturen gehören in andere, vorrangige Verbindungsklassen (s. *Tab. 3.2*):

- **Si-, Ge-, Sn- oder Pb-haltige Radikale und Ionen**, s. *Klassen 1 – 4* (*Kap. 6.2 – 6.6*) und Nomenklatur der anorganischen Chemie; (Kap. 6.2 – 6.6)
- **Si-haltige Oxosäuren** (Kieselsäuren, z.B. $Si(OH)_4$), s. *Klasse 5j* (*Kap. 6.12*); (Kap. 6.12)
- **Ge-, Sn- und Pb-haltige 'Oxosäuren'** (z.B. $Sn(=O)(OH)_2$, $Ge(OH)_4$ *etc.*) werden als Metall-hydroxide und -oxide bezeichnet (alle H-Atome am Zentralatom des entsprechenden Hydrids sind durch –OH und/oder =O bzw. Chalcogen-Analoga ersetzt), s. Nomenklatur der anorganischen Chemie; (CA ¶ 219, IUPAC 'Red Book')
- **Carbonsäuren, Sulfonsäuren** *etc.* (z.B. GeH_3COOH) **und alle Säure-Derivate** (z.B. $CF_3S(=O)_2$–$SiMe_3$, $Si(OMe)_4$, SnH_3CONH_2), s. *Klassen 5a – c* und *6* (*Kap. 6.7, 6.8* und *6.13 – 6.17*); (Kap. 6.7, 6.8 und 6.13 – 6.17)
- **Nitrile** (z.B. PbH_3CN), s. *Klasse 7* (*Kap. 6.18*); (Kap. 6.18)
- **Aldehyde** und deren Oxime und Hydrazone (z.B. SiH_3CHO), s. *Klasse 8* (*Kap. 6.19*); (Kap. 6.19)
- **Alkohole**, aber **nur im Fall von Si-Verbindungen** (z.B. SiH_3OH), s. *Klasse 9* (*Kap. 6.21*); für entsprechende Ge-, Sn- oder Pb-Verbindungen, s. unten; (Kap. 6.21)
- **Hydroperoxide**, aber **nur im Fall von Si-Verbindungen** (z.B. SiH_3OOH), s. *Klasse 11* (*Kap. 6.22*); für entsprechende Ge-, Sn- oder Pb-Verbindungen, s. unten; (Kap. 6.22)
- **Amine** (z.B. $Si(NH_2)_4$, PbH_3NH_2), s. *Klasse 12* (*Kap. 6.23*); (Kap. 6.23)
- **Imine** (z.B. GeH_2=NH), s. *Klasse 13* (*Kap. 6.24*). (Kap. 6.24)

Man unterscheidet:

(a) Si-, Ge-, Sn- oder Pb-haltige Heterocyclen;
(b) speziell am Si-, Ge-, Sn- oder Pb-Atom substituierte Si-, Ge-, Sn- bzw. Pb-haltige Heterocyclen (Pseudoester, -ketone, -alkohole und -hydroperoxide);
(c) Si-, Ge-, Sn- oder Pb-haltige homogene und heterogene Heteroketten mit regelmässigem Muster;
(d) speziell am Si-, Ge-, Sn- oder Pb-Atom substituierte Si-, Ge-, Sn- bzw. Pb-haltige homogene Heteroketten und heterogene Heteroketten mit regelmässigem Muster (Pseudoester, -ketone, -alkohole und -hydroperoxide);
(e) Si-, Ge-, Sn- und Pb-haltige Heteroketten mit Austauschnamen.

6

(a) **Si-, Ge-, Sn- oder Pb-haltige Heterocyclen** sind Gerüst-Stammstrukturen. Ihre **Stammnamen** und entsprechende **Substituentenpräfixe** sind **in *Kap. 4.5 – 4.10*** beschrieben (Si-haltige Heterocyclen haben oft spezielle Namen). Präfixe sind auch in *Kap. 5.6* und *5.7* zusammengefasst. (Kap. 5.6 und 5.7)

- Heteromonocyclen, entsprechend *Kap. 4.5*, s. **1** – **5**; (Kap. 4.5)
- anellierte Polycyclen, entsprechend *Kap. 4.6*, s. **6** und **7**; (Kap. 4.6)
- Brückenpolycyclen nach *von Baeyer*, entsprechend *Kap. 4.7*, s. **8** und **9**; (Kap. 4.7)
- überbrückte anellierte Polycyclen, entsprechend *Kap. 4.8*, s. **10** und **11**; (Kap. 4.8)
- Spiropolycyclen, entsprechend *Kap. 4.9*, s. **12**; (Kap. 4.9)
- Ringsequenzen, entsprechend *Kap. 4.10*, s. **13**. (Kap. 4.10)

Beachte:

Mit Ausnahme der in *(b)* angeführten Fälle wird eine Hauptgruppe oder ein acyclischer Substituent mit Hauptgruppe an einem Si-, Ge-, Sn- oder Pb-haltigen Heterocyclus (auch am Si-, Ge-, Sn- bzw. Pb-Atom) **als Suffix** (z.B. –COOH) **oder Funktionsstammname** (z.B. $-PO_3H$) **bzw. mittels eines Konjunktionsnamens** (z.B. $-CH_2OH$; beachte Ausnahmen bei den einzelnen Verbindungsklassen) **bezeichnet**. (Kap. 3.2.2)

z.B.

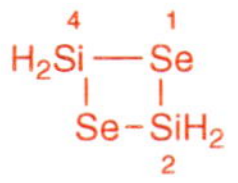

"Cyclodisilaselenan" (**1**)

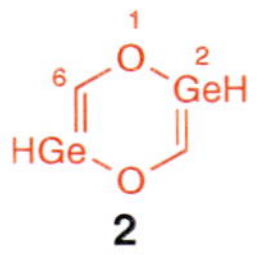

"1,4,2,5-Dioxadigermanin" (**2**)
Englisch: '1,4,2,5-dioxadigermani**n**' (bei CA kein endständiges 'e')

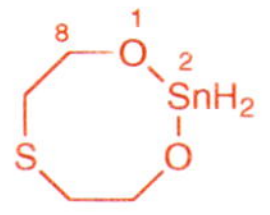

"1,3,6,2-Dioxathiastannocan" (**3**)

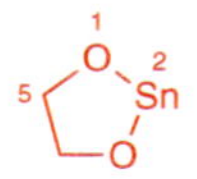

"2λ²-1,3,2-Dioxastannolan" (**4**)
"2λ²" nach *Anhang 7*

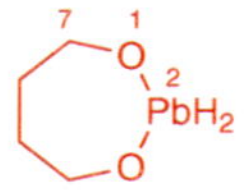

"1,3,2-Dioxaplumbepan" (**5**)

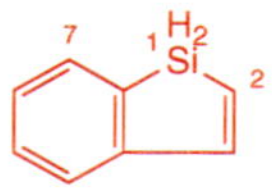

"1*H*-1-Silainden" (**6**)
indiziertes H-Atom nach *Anhang 5**(a)(d)***

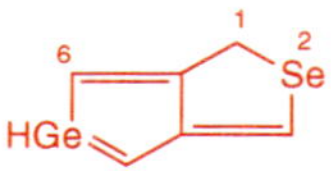

"1*H*-Germolo[3,4-c]selenophen" (**7**)
indiziertes H-Atom nach *Anhang 5**(a)(d)***

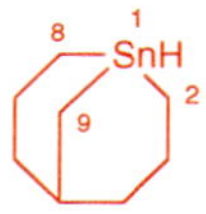

"1-Stannabicyclo[3.3.1]nonan" (**8**)

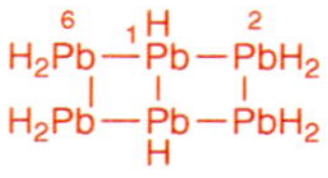

"Hexaplumbabicyclo[2.2.0]-hexan" (**9**)

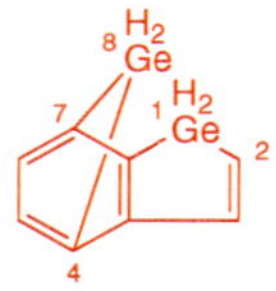

"4,7-Germano-1*H*-1-benzogermol" (**10**)
indiziertes H-Atom nach *Anhang 5**(a)(d)***

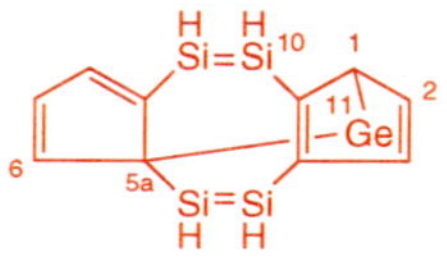

"1*H*-11λ²-1,5a-Germanodicyclopenta[*c,g*][1,2,5,6]tetrasilocin" (**11**)
- Englisch: '...tetrasilocin' (bei CA kein enständiges 'e')
- indiziertes H-Atom nach *Anhang 5**(f₁₁)***
- "11λ²" nach *Anhang 7*

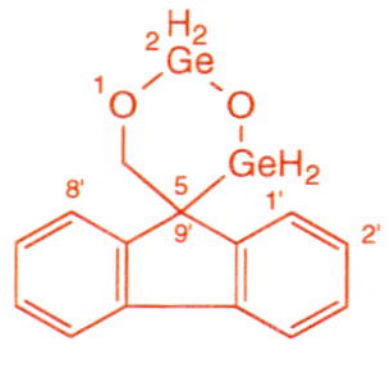

"Spiro[4*H*-1,3,2,4-dioxadigermin-5(6*H*),9´-[9*H*]fluoren]" (**12**)
- Englisch: '...germin-...' (bei CA kein endständiges 'e')
- indiziertes H-Atom nach *Anhang 5**(a)(d)*** ("4*H*" und "[9*H*]") und ***(g)*** ("5(6*H*)"), kein indiziertes H-Atom ("2*H*") nach *Anhang 5**(c)***

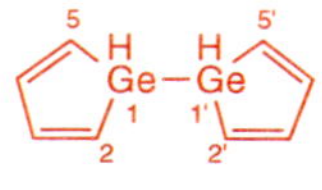

"1,1´-Bi-1*H*-germol" (**13**)
indiziertes H-Atom nach *Anhang 5**(a)(d)***

(b) **Speziell am Si-, Ge-, Sn- oder Pb-Atom substituierte Si-, Ge-, Sn- oder Pb-haltige Heterocyclen** bekommen ebenfalls **Stammnamen ohne Suffix** nach ***(a)***. Der spezielle Substituent wird als Präfix bezeichnet. Folgende Verbindungen werden so benannt:

- **ein Pseudoester ⊃GeH-X-Acyl/⊃SnH-X-Acyl/⊃PbH-X-Acyl** (X = O, S, Se, Te; **nicht bei ⊃SiH-X-Acyl**, das wie ein regulärer Ester benannt wird), entsprechend *Kap. 6.21**(c)*** (s. auch Ester-Definition in *Kap. 6.14*), s. **14** bzw. **15**;
- **ein *Si*-, *Ge*-, *Sn*- oder *Pb*-Acyl-substituierter Heterocyclus ⊃SiH-Acyl/⊃GeH-Acyl/⊃SnH-Acyl/⊃PbH-Acyl**, entsprechend *Kap. 6.20**(c)*** (Ausnahmen: nicht bei einer Acyl-Gruppe von Ameisen- oder Kohlensäure und Analoga (Aldehyd bzw. Carbonsäure!); nicht bei einer Acyl-Gruppe, die noch eine Säure-Funktion enthält), s. analoge Beispiele in ***(d)***;
- **ein Pseudoketon ⊃Si(=X)/⊃Ge(=X)/⊃Sn(=X)/⊃Pb(=X)** (X = O, S, Se, Te), ensprechend *Kap. 6.20**(d)***, s. analoge Beispiele in ***(d)***;
- **ein Pseudoalkohol ⊃GeH-XH/⊃SnH-XH/⊃PbH-XH** (X = O, S, Se, Te; **nicht bei ⊃SiH-XH**, das wie ein regulärer Alkohol benannt wird) oder ein Pseudohydroperoxid ⊃GeH-O-XH/⊃SnH-O-XH/⊃PbH-O-XH (X = O, S; nicht bei ⊃SiH-O-XH), entsprechend *Kap. 6.21**(b)*** bzw. *6.22**(b)***, s. **16** bzw. **17**.

Kap. 6.21**(c)**
Kap. 6.14
Kap. 6.20**(c)**
Kap. 6.20**(d)**
Kap. 6.21**(b)** bzw. 6.22**(b)**

z.B.

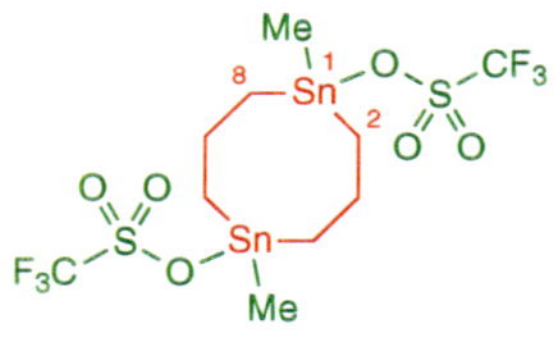

"1,5-Dimethyl-1,5-bis-{[(trifluoromethyl)sulfonyl]oxy}-1,5-distannocan" (**14**)
Pseudoester, s. *Kap. 6.21**(c)***; nicht Ester (keine Bindung O–C; vgl. Ester-Definition in *Kap. 6.14*)

aber:

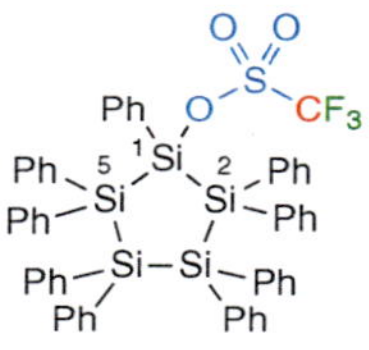

"Trifluoromethansulfonsäure-nonaphenylcyclopentasilanylester"/"Nonaphenylcyclopentasilanyl-(trifluoromethansulfonat)" (**15**)
regulärer Ester, Bindung O–Si (vgl. Ester-Definition in *Kap. 6.14*)

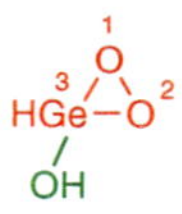

"Hydroxydioxagermiran" (**16**)
Pseudoalkohol, s. *Kap. 6.21**(b)***

aber:

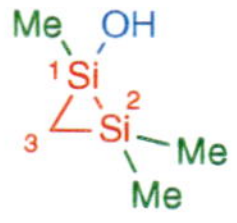

"1,2,2-Trimethyldisilacyclopropan-1-ol" (**17**)
regulärer Alkohol, Bindung Si–OH, s. *Kap. 6.21**(a)***

(c) **Si-, Ge-, Sn- oder Pb-haltige homogene Heteroketten oder heterogene Heteroketten mit regelmässigem Muster X–Y–X, X–Y–X–Y–X** *etc.* (X= Si, Ge, Sn oder Pb; Y = O, S, Se oder Te) sind Gerüst-Stammstrukturen. Ihre **Stammnamen** und entsprechende **Substituentenpräfixe** sind **in *Kap.* 4.3.3.1 bzw. 4.3.3.2** beschrieben. Präfixe sind auch in *Kap. 5.2* und *5.4**(b)*** zusammengefasst (s. auch **28** – **40**).

Kap. 4.3.3.1 bzw. 4.3.3.2
Kap. 5.2 und 5.4**(b)**

Kap. 4.3.2

Beachte:

- Si-, Ge-, Sn- oder Pb-haltige Heteroketten mit **Austauschnamen** ("a"-Namen) sind in *Kap. 4.3.2* besprochen (s. auch *(e)*).
- **Mit Ausnahme der in *(d)* angeführten Fälle wird eine Hauptgruppe** an einer Si-, Ge-, Sn- oder Pb-haltigen homogenen Heterokette oder heterogenen Heterokette mit regelmässigem Muster **als Suffix** (z.B. –COOH) oder als Funktionsstammname (z.B. $–PO_3H$) **bezeichnet**.

IUPAC lässt auch andere Atome X und Y für heterogene Heteroketten mit regelmässigem Muster X–Y–X, X–Y–X–Y–X *etc.* zu (Priorität X < Y, s. *Anhang 4*; IUPAC R-2.2.3.2); z.B. ist H_3Si-NH-SiH_3 "Disilazan" (CA: '*N*-silylsilanamine', da Amin > Gerüst-Stammstruktur). IUPAC empfiehlt die Präfixe "**Silyl-**"/"**Germyl-**" (**28**) und "**Stannyl-**"/"**Plumbyl-**" (**29**) sowie für die Substituenten **30** – **33** die Varianten nach *Kap. 5.3(b)* (IUPAC R-2.5).

z.B.

SiH_4 / GeH_4 **18** — "Silan"/"German" (**18**)

SnH_4 / PbH_4 **19** — "Stannan"/"Plumban" (**19**)

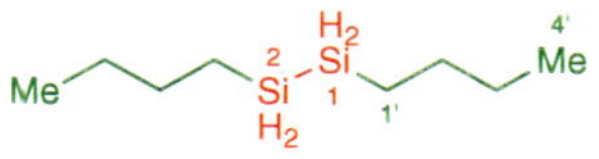

20 — "1,2-Dibutyldisilan" (**20**)

$H_2Ge{=}GeH_2$ **21** — "Digermen" (**21**)

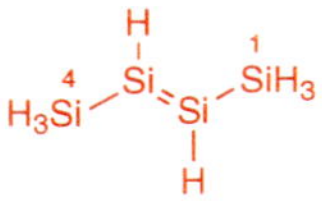

22 — "(2*E*)-Tetrasil-2-en" (**22**)
"(2*E*)" nach *Anhang 6*

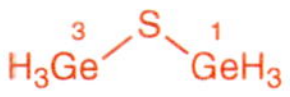

$H_3Ge{-}S{-}GeH_3$ **23** — "Digermathian" (**23**)

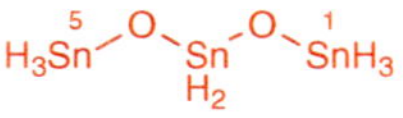

24 — "Tristannoxan" (**24**)

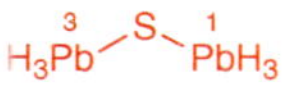

$H_3Pb{-}S{-}PbH_3$ **25** — "Diplumbathian" (**25**)

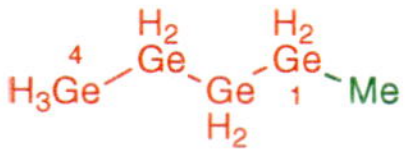

26 — "1-Methyltetragerman" (**26**)

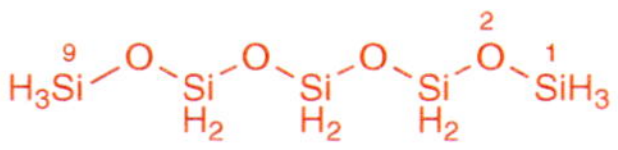

27 — "Pentasiloxan" (**27**)

H_3Si— / H_3Ge— **28** — "Silyl-"/"Germyl-" (**28**)
- H substituierbar
- IUPAC: "Silyl-"/"Germyl-" (**nicht** "**Silanyl-**"/"**Germanyl-**", wegen möglicher Verwechslung bei mehrfachem Auftreten; s. "Disilanyl-" (**36**))

H_3Sn— / H_3Pb— **29** — "Stannyl-"/"Plumbyl-" (**29**)
- H substituierbar
- IUPAC: "Stannyl-"/"Plumbyl-" (**nicht** "**Stannanyl-**"/"**Plumbanyl-**", wegen möglicher Verwechslung bei mehrfachem Auftreten)

$H_2Si{=}$ / $H_2Ge{=}$ oder $H_2Si{<}$ / $H_2Ge{<}$ **30** — "Silylen-"/"Germylen-" (**30**)
- H substituierbar
- IUPAC: z.B. "Silandiyl-"/"Germandiyl-"

$H_2Sn{=}$ / $H_2Pb{=}$ oder $H_2Sn{<}$ / $H_2Pb{<}$ **31** — "Stannylen-"/"Plumbylen-" (**31**)
- H substituierbar
- IUPAC: z.B. "Stannandiyl-"/"Plumbandiyl-"

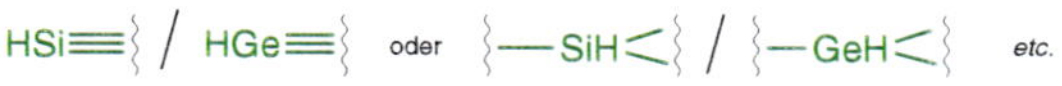

$HSi{\equiv}$ / $HGe{\equiv}$ oder —$SiH{<}$ / —$GeH{<}$ etc. **32** — "Silylidin-"/"Germylidin-" (**32**)
- Englisch: 'silylidyne-'/'germylidyne-'
- H substituierbar
- IUPAC: z.B. "Silantriyl-"/"Germantriyl-"

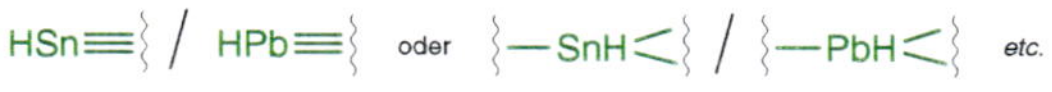

$HSn{\equiv}$ / $HPb{\equiv}$ oder —$SnH{<}$ / —$PbH{<}$ etc. **33** — "Stannylidin-"/"Plumbylidin-" (**33**)
- Englisch: 'stannylidyne-'/'plumbylidyne-'
- H substituierbar
- IUPAC: z.B. "Stannantriyl-"/"Plumbantriyl-"

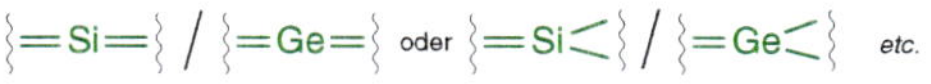

=Si= / =Ge= oder =Si< / =Ge< etc. **34** — "Silantetrayl-"/"Germantetrayl-" (**34**)

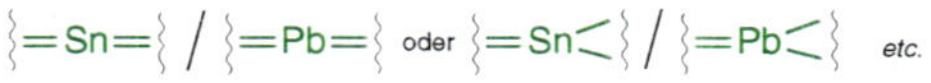

=Sn= / =Pb= oder =Sn< / =Pb< etc. **35** — "Stannantetrayl-"/"Plumbantetrayl-" (**35**)

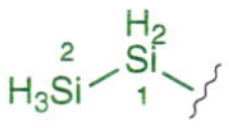

36 — "Disilanyl-" (**36**)

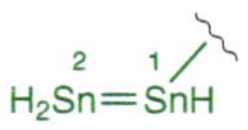

$H_2Sn{=}SnH$— **37** — "Distannenyl-" (**37**)

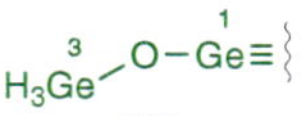

$H_3Ge{-}O{-}Ge{\equiv}$ **38** — "Digermoxanylidin-" (**38**)
Englisch: 'digermoxanylidyne-'

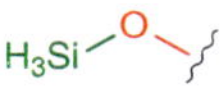

$H_3Si{-}O$— **39** — "(Silyloxy)-" (**39**)

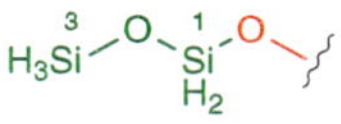

40 — "(Disiloxanyloxy)-" (**40**)

(d)* Speziell am Si-, Ge-, Sn- oder Pb-Atom substituierte Si-, Ge-, Sn- bzw. Pb-haltige homogene Heteroketten oder heterogene Heteroketten mit regelmässigem Muster X–Y–X, X–Y–X–Y–X** *etc.* (X = Si, Ge, Sn oder Pb; Y = O, S, Se oder Te) bekommen ebenfalls **Stammnamen** ohne Suffix nach ***(c). Der spezielle Substituent wird als Präfix bezeichnet. Folgende Verbindungen werden so benannt (**beachte Ausnahmen** (s. unten): Oxosäuren und deren Anhydride und Ester sowie anorganische Verbindungen):

Kap. 6.21**(c)**
Kap. 6.14

- **ein Pseudoester ⌇>GeH–X–Acyl/⌇>SnH–X–Acyl/⌇>PbH–X–Acyl** (X = O, S, Se, Te; **nicht bei ⌇>SiH–X–Acyl**, das wie ein regulärer Ester benannt wird), entsprechend *Kap. 6.21**(c)*** (s. auch Ester-Definition in *Kap. 6.14*) s. **41** und **42** bzw. **43**;

Kap. 6.20**(c)**

- **eine *Si*-, *Ge*-, *Sn*- oder *Pb*-Acyl-substituierte homogene Heterokette oder heterogene Heterokette mit regelmässigem Muster ⌇>SiH–Acyl/⌇>GeH–Acyl/⌇>SnH–Acyl/⌇>PbH–Acyl**, entsprechend *Kap. 6.20**(c)*** (Ausnahmen: nicht bei einer Acyl-Gruppe von Ameisen- oder Kohlensäure und Analoga (Aldehyd bzw. Carbonsäure!); nicht bei einer Acyl-Gruppe, die noch eine Säure-Funktion enthält), s. **44** – **46**;

Kap. 6.20**(d)**

- **ein Pseudoketon ⌇>Si(=X)/⌇>Ge(=X)/⌇>Sn(=X)/⌇>Pb(=X)** (X = O, S, Se, Te), entsprechend *Kap. 6.20**(d)***, s. **47** – **50**;

Kap. 6.21**(b)** bzw. 6.22**(b)**

- **ein Pseudoalkohol ⌇>GeH–XH/⌇>SnH–XH/⌇>PbH–XH** (X = O, S, Se, Te; **nicht bei ⌇>SiH–XH**, das wie ein regulärer Alkohol benannt wird) oder ein Pseudohydroperoxid ⌇>GeH–O–XH/⌇>SnH–O–XH/⌇>PbH–O–XH (X = O, S; nicht bei ⌇>SiH–O–XH), entsprechend *Kap. 6.21**(b)*** bzw. *6.22**(b)***, s. **51** – **55** bzw. **56** – **58**.

Ausnahmen:

Kap. 6.12
Kap. 6.13 – 6.17

Monogliedrige Silane/Germane/Stannane/Plumbane, die vollständig mit den Gruppen =X und –YH (X = O, S, Se, Te; Y = O, S, Se, Te) **substituiert sind**, werden als **Kieselsäuren oder anorganische Verbindungen** benannt (vgl. *Kap. 6.12*); Entsprechendes gilt für von Kieselsäuren hergeleitete Anhydride und Ester, nicht aber für 'Halogenide' (Präfixe) und 'Amide' (= Amine) (s. *Kap. 6.13 – 6.17*).

z.B.

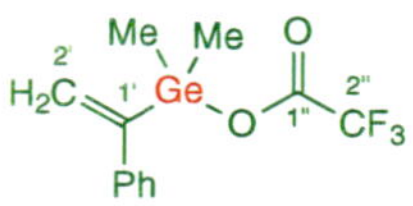

41

"Dimethyl(1-phenylethenyl)[(trifluoroacetyl)oxy]german" (**41**)
Pseudoester, s. *Kap. 6.21**(c)***; nicht Ester (keine Bindung O–C; vgl. Ester-Definition in *Kap. 6.14*)

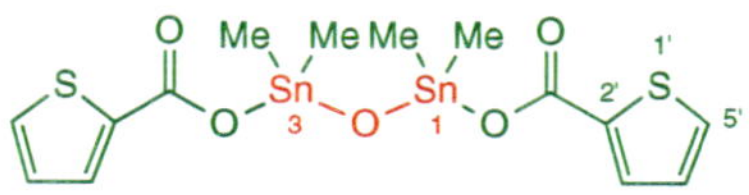

42

"1,1,3,3-Tetramethyl-1,3-bis[(2-thienylcarbonyl)oxy]distannoxan" (**42**)
- Pseudoester, s. *Kap. 6.21**(c)***; nicht Ester (keine Bindung O–C; vgl. Ester-Definition in *Kap. 6.14*)
- heterogene Heterokette mit regelmässigem Muster > Heterokette mit Austauschname (s. *Tab. 3.2*)

aber:

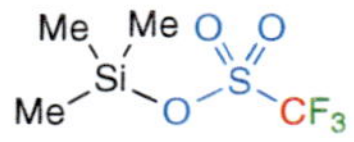

43

"Trifluoromethansulfonsäure-(trimethylsilyl)-ester"/"(Trimethylsilyl)-(trifluoromethansulfonat)" (**43**)
- regulärer Ester, Bindung O–Si (vgl. Ester-Definition in *Kap. 6.14*)
- Abkürzung: "**TfOSiMe₃**" ("Trimethylsilyl-triflat")

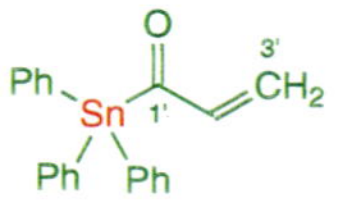

44

"(1-Oxoprop-2-enyl)triphenylstannan" (**44**)
Sn-Acyl-Substituent (Pseudoketon), s. *Kap. 6.20**(b)***

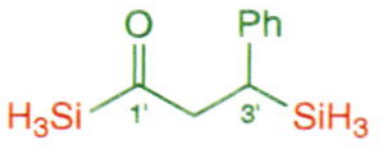

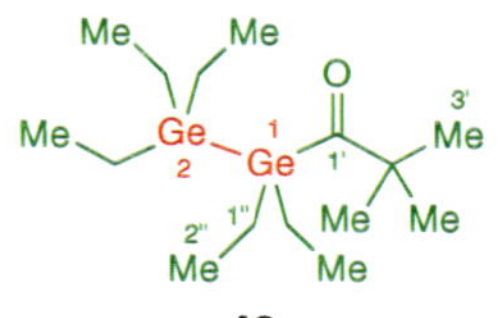

45

"(1-Oxo-3-phenylpropan-1,3-diyl)bis[silan]" (**45**)
- *Si*-Acyl-Substituent (Pseudoketon), s. *Kap. 6.20**(b)***
- Multiplikationsname

46

"(2,2-Dimethyl-1-oxoprop-yl)pentaethyldigerman" (**46**)
Ge-Acyl-Substituent (Pseudoketon), s. *Kap. 6.20**(b)***

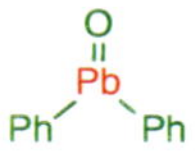

47

"Oxodiphenylplumban" (**47**)
Pseudoketon, s. *Kap. 6.20**(d)***

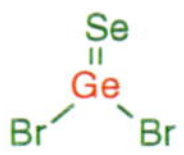

48

"Dibromoselenoxogerman" (**48**)
Pseudoketon, s. *Kap. 6.20**(d)***

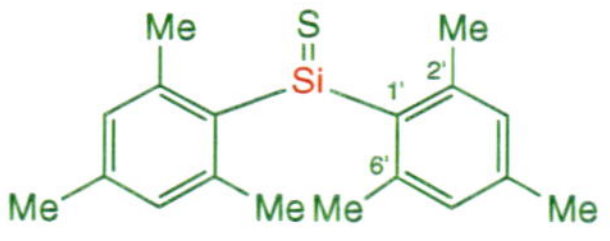

49

"Thioxobis(2,4,6-trimethylphenyl)silan" (**49**)
Pseudoketon, s. *Kap. 6.20**(d)***

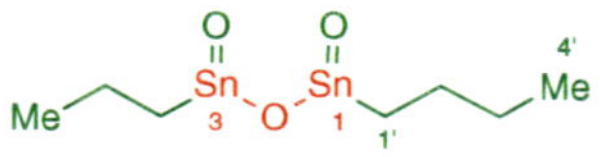

50

"Dibutyldioxodistannoxan" (**50**)
Pseudoketon, s. *Kap. 6.20**(d)***

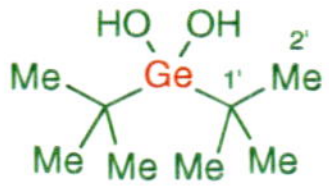

51

"Bis(1,1-dimethylethyl)dihydroxygerman" (**51**)
Pseudoalkohol, s. *Kap. 6.21**(b)***

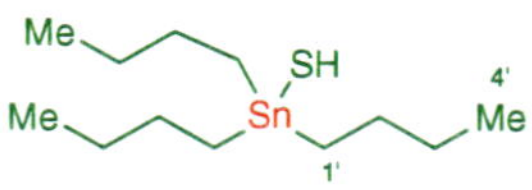

52

"Tributylmercaptostannan" (**52**)
Pseudoalkohol, s. *Kap. 6.21**(b)***

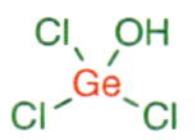

53

"Trichlorohydroxygerman" (**53**)
Pseudoalkohol, s. *Kap. 6.21**(b)***

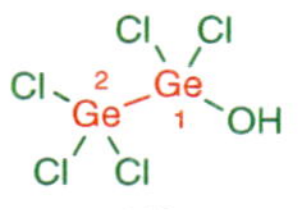

54

"Pentachlorohydroxydigerman" (**54**)
Pseudoalkohol, s. *Kap. 6.21**(b)***

55

"1-Chloro-3-hydroxy-1,1,3,3-tetramethyldistannoxan" (**55**)
- Pseudoalkohol, s. *Kap. 6.21(**b**)*
- "**C**hloro-" > "**H**ydroxy-" für Lokant "1"

aber:

56

"Trichlorosilanol" (**56**)
regulärer Alkohol, Bindung Si–OH, s. *Kap. 6.21(**a**)*

57

"Disilanol" (**57**)
regulärer Alkohol, Bindung Si–OH, s. *Kap. 6.21(**a**)*

58

"Tetrasiloxan-1,7-diol" (**58**)
regulärer Alkohol, Bindung Si–OH, s. *Kap. 6.21(**a**)*

(e) **Si-, Ge-, Sn- oder Pb-haltige Heteroketten mit Austauschnamen** ("a"-Namen) sind in *Kap. 4.3.2* beschrieben. Sie haben eine **tiefere Priorität als Si-, Ge-, Sn- oder Pb-haltige homogene Heteroketten oder heterogene Heteroketten mit regelmässigem Muster** nach ***(c)*** und ***(d)*** (s. *Tab. 3.2* und CA ¶ 271). Für **spezielle Substituenten am Si-, Ge-, Sn- oder Pb-Atom** (Pseudoester, -ketone, -alkohole und Hydroperoxide) gelten die Anweisungen von ***(d)*** (**Vorsicht bei Si-Atomen**), für andere Substituenten diejenigen von ***(c)***.

Kap. 4.3.2

Tab. 3.2
CA ¶ 271

Beispiele:

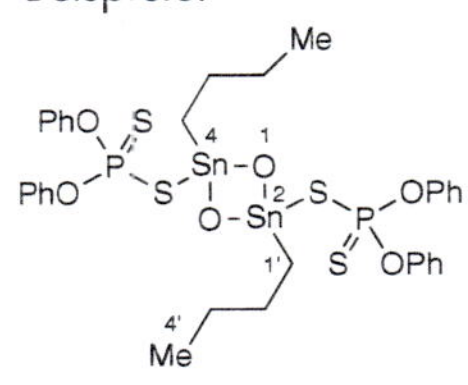

"2,4-Dibutyl-2,4-bis[(diphenoxyphosphinothioyl)thio]-1,3,2,4-dioxadistannetan" (**59**)
- nach ***(b)***, Pseudoester
- besser (P > Sn): "[(2,4-Dibutyl-1,3,2,4-dioxadistannetan-2,4-diyl)bis(thio)]bis[diphenoxyphosphin-sulfid]"

60

"Ethyldigerman" (**60**)
nach ***(c)***

61

"Hexamethyldistannan" (**61**)
nach ***(c)***

62

"2,2-Disilyltrisilan" (**62**)
nach ***(c)***

63

"Tetrachlorogerman" (**63**)
nach ***(c)***

64

"Stannylgerman" (**64**)
- nach ***(c)***
- Ge > Sn

65

"Methoxytrimethylplumban" (**65**)
nach ***(c)***

66

"(But-2-enyl)stannan" (**66**)
nach ***(c)***

67

"1,3-Diethyl-1,3-dimethyldisiloxan" (**67**)
nach ***(c)***

68

"Hexamethyldigermaselenan" (**68**)
nach ***(c)***

69

"Bromo{[(dimethylamino)thioxomethyl]thio}dimethylgerman" (**69**)
nach ***(d)***, Pseudoester

70

"Bis[(diphenoxyphosphinyl)oxy]dimethylstannan" (**70**)
- nach ***(d)***, Pseudoester
- besser (P > Sn): "[(Dimethylstannylen)bis(oxy)]bis[diphenoxyphosphin-oxid]"

71

"[1,4-Phenylenbis(carbonyloxy)]bis[trimethylplumban]" (**71**)
- nach ***(d)***, Pseudoester
- Multiplikationsname

72

"1-Hydroxy-1,1,3,3-tetrakis(phenylmethyl)-3-{[(trifluoromethyl)sulfonyl]oxy}distannoxan" (**72**)
nach ***(d)***, Pseudoester und Pseudoalkohol

73

"Acetyltributylstannan" (**73**)
nach ***(d)***, *Sn*-Acyl-Substituent (Pseudoketon)

74

"1,1,1-Trimethyl-2,2-diphenyl-2-(tricyclo[3.3.1.$1^{3,7}$]dec-1-ylcarbonyl)disilan" (**74**)
nach ***(d)***, *Si*-Acyl-Substituent (Pseudoketon)

75

"{[2-(But-3-enyl)cyclohexyl]carbonyl}triphenylgerman" (**75**)
nach ***(d)***, *Ge*-Acyl-Substituent (Pseudoketon)

76

"Oxophenylsilan" (**76**)
nach ***(d)***, Pseudoketon

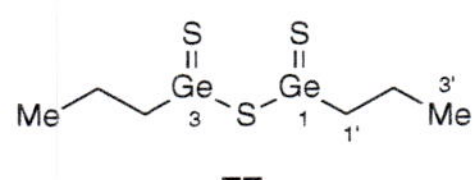

77

"Dipropyldithioxodigermathian" (**77**)
nach ***(d)***, Pseudoketon

78

"Hydroxy(methyl)oxostannan" (**78**)
nach ***(d)***, Pseudoketon und Pseudalkohol

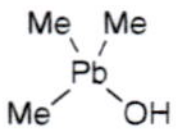

Me Me
Pb
Me OH
79

"Hydroxytrimethylplumban" (**79**)
nach ***(d)***, Pseudoalkohol

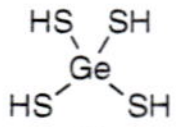

HS SH
Ge
HS SH
81

"Tetramercaptogerman" (**81**)
nach ***(d)***, Pseudoalkohol; eigentlich Ausnahme!

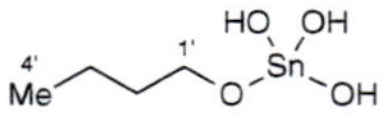

4' Me 1' O Sn HO OH OH
80

"Butoxytrihydroxystannan" (**80**)
nach ***(d)***, Pseudoalkohol

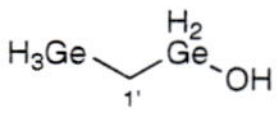

H_3Ge 1' H_2Ge OH
82

"(Germylmethyl)hydroxygerman" (**82**)
nach ***(d)***, Pseudoalkohol

6

CA ¶ 196, 276, 248 und 275 IUPAC R-2, R-5.5.4, R-5.5.5 und R-5.6.4

6.30. Sauerstoff-Verbindungen *(Klasse 21)*

Tab. 3.2

Verbindungen mit den folgenden Strukturen gehören in andere, vorrangige Verbindungsklassen (s. *Tab. 3.2*):

- **O-haltige Radikale und Ionen**, s. *Klassen 1 – 4* (*Kap. 6.2 – 6.6*);
- **Säuren und ihre Derivate** (z.B. MeC(=O)–O–OH, MeC(=O)–OH, $MeS(=O)_2$–OH, HO–C(=O)–OH, $PH(=O)(OH)_2$ *etc.*; MeC(=O)–O–C(=O)Ph, MeC(=O)–OEt, MeC(=O)Cl, $MeC(=O)NH_2$, $MeC(=O)NHNH_2$ *etc.*), s. *Klassen 5* und *6* (*Kap. 6.7 – 6.17*);
- **Aldehyde und deren Oxime** (z.B. MeCH=O, MeCH=NOH), s. *Klasse 8* (*Kap. 6.19*);
- **Ketone und deren Oxime** (z.B. MeC(=O)Me, MeC(=NOH)Me), s. *Klasse 9* (*Kap. 6.20*);
- **Alkohole** (z.B. EtOH), s. *Klasse 10* (*Kap. 6.21*);
- **Hydroperoxide** (z.B. Et–O–OH), s. *Klasse 11* (*Kap. 6.22*);
- **O-haltige Derivate von N-, P-, As-, Sb-, Bi-, B-, Si-, Ge-, Sn- und Pb-Verbindungen**, s. *Klassen 14 – 20* (*Kap. 6.25 – 6.29*; vgl. dazu auch die Additionsnomenklatur (*Kap. 3.2.4*)).

Kap. 6.2 – 6.6; Kap. 6.7 – 6.17; Kap. 6.19; Kap. 6.20; Kap. 6.21; Kap. 6.22; Kap. 6.25 – 6.29; Kap. 3.2.4

Man unterscheidet:

(a) O-haltige Heterocyclen;

(b) acyclische **Polyoxide** und **Peroxide**;

(c) acyclische **Ether** (inkl. **Orthoester**, **Acetale** und **Ketale**).

(a) **O-Haltige Heterocyclen** sind Gerüst-Stammstrukturen. Ihre **Stammnamen** und entsprechende **Substituentenpräfixe** sind **in *Kap. 4.5 – 4.10*** beschrieben. Präfixe sind auch in *Kap. 5.6* und *5.7* zusammengefasst.

- Heteromonocyclen, entsprechend *Kap. 4.5*, s. **1** und **2**;
- anellierte Polycyclen, entsprechend *Kap. 4.6*, s. **3** und **4**;
- Brückenpolycyclen nach *von Baeyer*, entsprechend *Kap. 4.7*, s. **5**;
- überbrückte anellierte Polycyclen, entsprechend *Kap. 4.8*, s. **6** und **7**;
- Spiropolycyclen, entsprechend *Kap. 4.9*, s. **8**;
- Ringsequenzen, entsprechend *Kap. 4.10*, s. **9**.

Kap. 5.6 und 5.7; Kap. 4.5; Kap. 4.6; Kap. 4.7; Kap. 4.8; Kap. 4.9; Kap. 4.10

Beachte:

- **Eine Hauptgruppe oder ein acyclischer Substituent mit Hauptgruppe** an einem O-haltigen Heterocyclus **wird als Suffix** (z.B. =O) **oder Funktionsstammname** (z.B. $-PO_3H$) **bzw. mittels eines Konjunktionsnamens** (z.B. $-CH_2COOH$; beachte Ausnahmen bei den einzelnen Verbindungsklassen) **bezeichnet. Cyclische formale Anhydride** (*Kap. 6.13*), **cyclische formale Ester** (Lactone, Sultone *etc.*; *Kap. 6.14*), **cyclische formale Amide** (Lactame, Sultame *etc.*; *Kap. 6.16*), **cyclische formale Hydrazide** (*Kap. 6.17*) **sowie cyclische Ether und cyclische formale Peroxide** (s. unten) **bekommen Heterocyclus-Namen.**
- Im Gegensatz zu IUPAC lässt CA das ***Präfix*** **"Epoxy-" nur bei** Substitution von **Stereostammstrukturen** zu (s. *Anhang 1*; z.B. Steroide) (vgl. IUPAC R-5.5.4.4; s. **2**). Dagegen ist der ***Brückenname*** **"Epoxy-"** jeweils **Teil des Stammnamens** (s. *Kap. 4.8* und **6**).

Kap. 3.2.2; Kap. 6.13; Kap. 6.14; Kap. 6.16; Kap. 6.17; Anhang 1; Kap. 4.8

z.B.

1

"4*H*-1,3-Dioxin" (**1**)
- Englisch: '4*H*-1,3-dioxi**n**' (bei CA kein endständiges 'e')
- indiziertes H-Atom ("4*H*") nach *Anhang 5(**a**)(**d**)*, kein indiziertes H-Atom ("2*H*") nach *Anhang 5(**c**)*

2

"Ethyloxiran" (**2**)
IUPAC: auch "1,2-**Epoxy**butan"; nicht mehr "1,2-Epoxybutylen"

3

"Benzo[1,2-*c*:3,4-*c*′:5,6-*c*′′]trifuran" (**3**)
Englisch: '...trifura**n**'

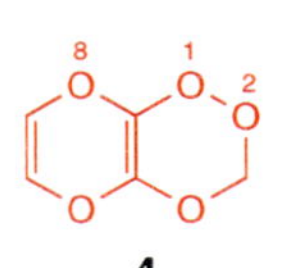

"[1,4]Dioxino[2,3-*e*]-1,2,4-trioxin" (**4**)
- Englisch: '...trioxi**n**' (bei CA kein endständiges 'e')
- kein indiziertes H-Atom ("3*H*") nach *Anhang 5(**c**)*

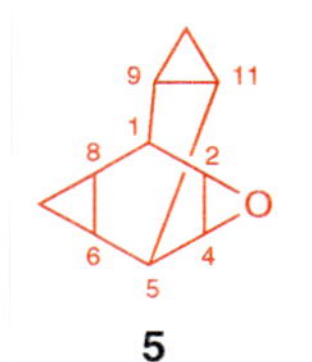

"3-Oxapentacyclo[3.3.3.$0^{2,4}$.$0^{6,8}$.$0^{9,11}$]undecan" (**5**)

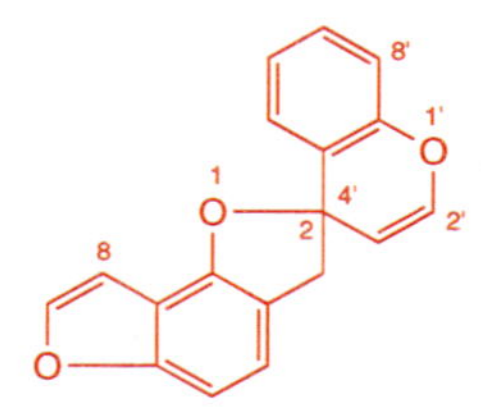

"1*H*,4*H*-3a,8a-Epoxy-4,7-methanoazulen" (**6**)
- indiziertes H-Atom nach *Anhang 5*(**f_{12}**)
- **"Epoxy-" ist nicht Präfix, sondern Brückenname**

"1,2,4-(Methanoxymetheno)-1*H*-benz[*f*]inden" (**7**)
- indiziertes H-Atom nach *Anhang 5*(**e**)
- "Benzinden" ist eine Ausnahme (s. *Kap. 4.6.3*(**b_5**); nicht "Cyclopentanaphthalin")

"Spiro[benzo[1,2-*b*:3,4-*b*´]difuran-2(3*H*),4´-[4*H*-1]benzopyran]" (**8**)
- Englisch: '...furan...pyran]'
- indiziertes H-Atom nach *Anhang 5*(**e**) ("4*H*") bzw. (**g**) ("2(3*H*)")

"2,2´:3´,2´´-Terfuran" (**9**)
Englisch: '2,2´:3´,2´´-terfuran'

(b) Acyclische Polyoxide (*n* = 1,2,3...) **und Peroxide** (*n* = 0) **R-O-(O)$_n$-O-R´** (R, R´= Alkyl, Aryl oder Acyl; **s. jedoch Ausnahmen**) bekommen **Funktionsklassennamen** nach *Kap. 3.2.6*, obwohl sie als Gerüst-Stammstrukturen betrachtet werden[1]); analog werden **Thioperoxide Acyl-X-O-Acyl´** benannt:

Kap. 3.2.6

Stammsubstituentennamen
"**(R)**-" **und** "**(R´)**-" nach *Kap. 5*,
in alphabetischer Reihenfolge

Kap. 5

\+ **Klassenname**[1])
"**-peroxid**" (-O-O-)
"**-trioxid**" (-O-O-O-)
"**-tetraoxid**" (-O-O-O-O-) *etc.*
"**-thioperoxid**" (-S-O-)

Ausnahmen:

(*i*) **Formale Peroxide Acyl-O-O-R** (R = Alkyl, Aryl, Silyl) sind Ester von Peroxy-Säuren nach *Kap. 6.14*, s. **10**.

(*ii*) **Formale Thioperoxide R-S-O-R´** und Chalcogen-Analoga R-X-O-R´ (X = Se, Te) (R, R´ = Alkyl, Aryl, Silyl) sind Ester von Sulfensäuren *etc.* nach *Kap. 6.14*, s. **11**.

(*iii*) **Die symmetrischen formalen Peroxide Acyl-O-O-Acyl** mit Oxosäure-Acyl-Gruppen werden nach *Kap. 6.9 – 6.12* als mehrkernige Oxosäuren bzw. Oxosäure-Derivate (*Kap. 6.13 – 6.17*) betrachtet, s. **12** und **13**.

Kap. 6.14
Kap. 6.14
Kap. 6.9 – 6.12
Kap. 6.13 – 6.17

Beachte:

- **Im Zweifelsfall** sind auch die Verbindungsklassen der **Anhydride** (*Kap. 6.13*) und der **Ester** (*Kap. 6.14*) zu konsultieren.

Kap. 6.13
Kap. 6.14

- **Hydroperoxide R-O-OH und Thiohydroperoxide R-O-SH** sind Verbindungen der *Klasse 11* (s. *Tab. 3.2* und *Kap. 6.22*).

Tab. 3.2
Kap. 6.22

Substituentenpräfixe für R-(O)$_n$- sind zusammengesetzte Präfixe und werden nach *Kap. 5.8* gebildet:

Kap. 5.8

Substituentenpräfix
"**(R)**-" nach *Kap. 5*

Kap. 5

\+ "**-dioxy-**" (-O-O-)
"**-trioxy-**" (-O-O-O-)
"**-tetraoxy-**" (-O-O-O-O-)

IUPAC empfiehlt für Peroxide R-O-O-R´ ebenfalls **Funktionsklassennomenklatur** (*Kap. 3.2.6*; im Deutschen ohne Bindestriche, die jedoch hier immer beigefügt werden; für triviale Substituentenpräfixe "(R)-" und "(R´)-", s. *Kap. 4.2* und *4.4 – 4.6*), neben der Möglichkeit, die Gruppe **R´-O-O-** immer als **Präfix** "**[(R´)peroxy]-**" vor dem Stammnamen von RH anzugeben (IUPAC R-5.5.5). Es sind auch Substitutionsnamen zulässig, die auf dem Stammnamen "**Dioxidan**" (HO-OH) basieren (IUPAC R-5.5.5 und R-2.2.2).

z.B.

"Propanperoxosäure-(1,1-dimethylethyl)-ester"/"(1,1-Dimethylethyl)-propanperoxoat" (**10**)
- nach (*i*), regulärer Ester
- IUPAC: auch "(*tert*-Butyl)-" statt "(1,1-Dimethylethyl)-"

"Benzolsulfensäure-(methoxymethyl)-ester"/"(Methoxymethyl)-benzolsulfenat" (**11**)
- Englisch: 'benzenesulfenic acid methoxymethyl ester'/'methoxymethyl benzenesulfenate'
- nach (*ii*), regulärer Ester

"Peroxyphosphorsäure-([(HO)$_2$P(O)]$_2$O$_2$)" (**12**)
- Englisch: 'peroxyphosphoric acid ([(HO)$_2$P(O)]$_2$O$_2$)'
- nach (*iii*), mehrkernige Oxosäure

"Peroxydikohlensäure-difluorid" (**13**)
- Englisch: 'peroxydicarbonic difluoride'
- nach (*iii*), Derivat einer mehrkernigen Oxosäure

"Bis(1,1-dimethylethyl)-peroxid" (**14**)
- Englisch: 'bis(1,1-dimethylethyl) peroxide'
- IUPAC: auch "Di(*tert*-butyl)-peroxid"
- **trivial "*tert*-Butyl-peroxid"**

"Methyl-[1-methyl-1-(1-methylethoxy)ethyl]-tetraoxid" (**15**)
- Englisch: 'methyl 1-methyl-1-(1-methylethoxy)ethyl tetraoxide'
- nicht Austauschname (*Kap. 4.3.2*), s. auch (**c_1**)
- IUPAC: auch "Isopropyl-" statt "(1-Methylethyl)-"

[1]) In CAs 'Chemical Substance Index' ist der Titelstammname ('index heading') eines Polyoxids oder Peroxids der Klassenname, z.B. 'peroxide, dimethyl' (Me-O-O-Me).

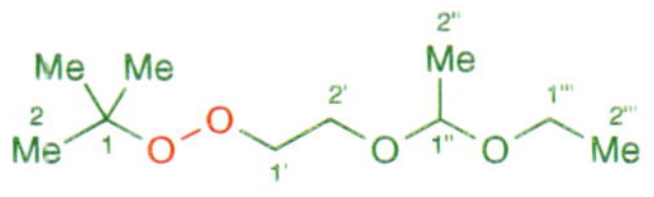

16

"(1,1-Dimethylethyl)-[2-(1-ethoxyethoxy)-ethyl]-peroxid" (**16**)

- Englisch: '1,1-dimethylethyl 2-(1-ethoxyethoxy)ethyl peroxide'
- nicht Austauschname (*Kap. 4.3.2*), s. auch ***(c₁)***
- IUPAC: auch "(*tert*-Butyl)-" statt "(1,1-Dimethylethyl)-"

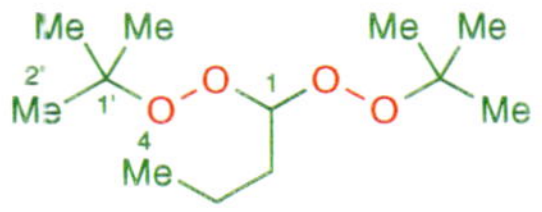

17

"Butyliden-bis[(1,1-dimethylethyl)-peroxid] (**17**)

- Englisch: 'butylidene bis[(1,1-dimethylethyl) peroxide]'
- CA: 'peroxide, butylidenebis[(1,1-dimethylethyl)'
- nicht Austauschname (*Kap. 4.3.2*), s. auch ***(c₁)***
- Multiplikationsname
- IUPAC: auch "(*tert*-Butyl)-" statt "(1,1-Dimethylethyl)-"

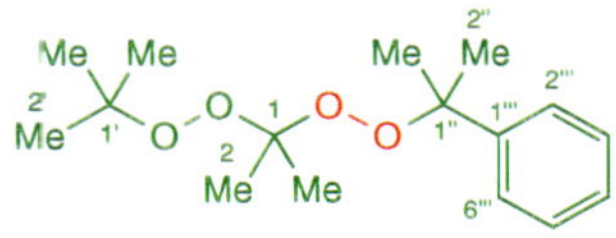

18

"{1-[1,1-Dimethylethyl)dioxy]-1-methylethyl}-(1-methyl-1-phenylethyl)-peroxid" (**18**)

- Englisch: '1-[(1,1-dimethylethyl)dioxy]-1-methylethyl 1-methyl-1-phenylethyl peroxide'
- nicht Austauschname (*Kap. 4.3.2*), s. auch ***(c₁)***
- "{[(Dimethylethyl)**d**ioxy]methylethyl}(methylphenylethyl)" > "(Dimethylethyl){**m**ethyl[(methylphenylethyl)dioxy]ethyl}" (*Kap. 3.3**(m)***)
- IUPAC: auch "(*tert*-Butyl)-" statt "(1,1-Dimethylethyl)-"

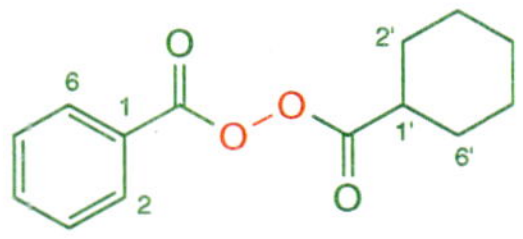

19

"Benzoyl-(cyclohexylcarbonyl)-peroxid" (**19**)

Englisch: 'benzoyl cyclohexylcarbonyl peroxide'

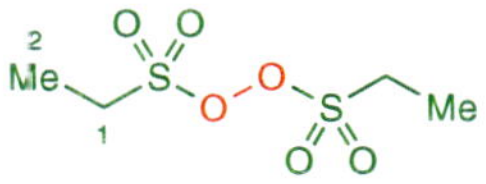

20

"Bis(ethylsulfonyl)-peroxid" (**20**)

Englisch: 'bis(ethylsulfonyl) peroxide'

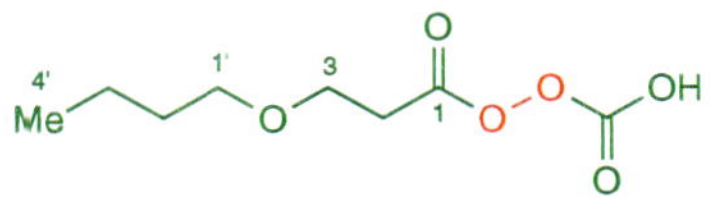

21

"(3-Butoxy-1-oxopropyl)-carboxy-peroxid" (**21**)

Englisch: '3-butoxy-1-oxopropyl carboxy peroxide'

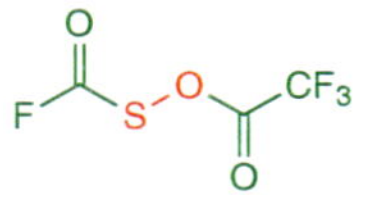

22

"*S*-(Fluorocarbonyl)-*O*-(trifluoroacetyl)-thioperoxid" (**22**)

Englisch: '*S*-(fluorocarbonyl) *O*-(trifluoroacetyl) thioperoxide'

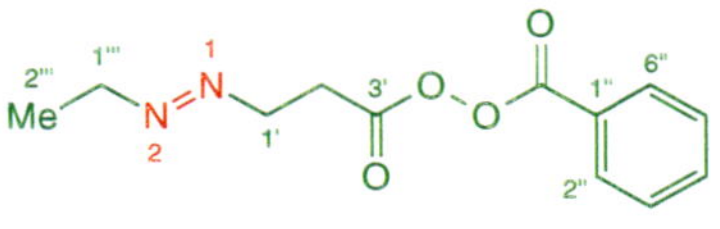

23

"[3-(Benzoyldioxy)-3-oxopropyl]ethyldiazen" (**23**)

- Anhydrid- oder Ester-Name unzulässig (s. *Kap. 6.13* bzw. *6.14*)
- nicht Austauschname (*Kap. 4.3.2*)
- N-haltige Kette > O-haltige Kette

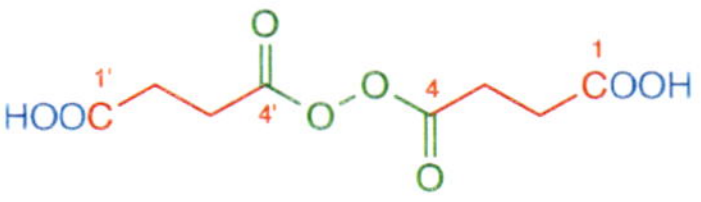

24

"4,4′-Dioxybis[4-oxobutansäure]" (**24**)

Multiplikationsname

(c) **Acyclische Ether R–O–R′** schliessen **Orthocarbonsäure-ester RC(OR′)(OR′′)(OR′′′)** (R = H, Alkyl, Aryl; R′, R′′, R′′′ = Alkyl, Aryl) sowie **Acetale und Ketale RC(R′)(OR′′)(OR′′′)** (R, R′= H, Alkyl, Aryl; R′′, R′′′ = Alkyl, Aryl) mit ein. Sie bekommen

CA ¶ 226

- Austauschnamen,
- Multiplikationsnamen,
- Substitutionsnamen (zusammengesetzte Präfixe).

IUPAC lässt für **Acetale RC(R′)(OR′′)(OR′′′)** (R, R′ = H, Alkyl, Aryl; R′′, R′′′ = Alkyl, Aryl) auch von Aldehyd- bzw. Keton-Namen hergeleitete Namen zu; **Acetal** ist der übergeordnete generische Begriff für solche **Derivate von Aldehyden *und* Ketonen**; **Ketal** wird nur für **Derivate von Ketonen** verwendet (IUPAC R-5.6.4.1), s. **25**, **40** und **41** (vgl. auch *Kap. 6.19*).

(c₁) **Acyclische Ether mit Austauschnamen** ("a"-Namen) sind O-haltige Ketten, die nach *Kap. 4.3.2* bezeichnet werden können. Sie haben eine **tiefere Priorität als Polyoxide oder Peroxide** nach ***(b)*** (s. *Tab. 3.2* und CA ¶ 271). Man beachte auch die Anweisungen zur **Bestimmung der Gerüst-Stammstruktur** nach *Kap. 3.3*.

Kap. 4.3.2

Tab. 3.2
CA ¶ 271

Kap. 3.3

IUPAC lässt die Austauschnomenklatur für Ether auch für Ketten mit weniger als vier Hetero-Einheiten zu (IUPAC R-5.5.4.3).

z.B.

25

"2,4,7,9-Tetraoxadecan" (**25**)

IUPAC: auch "Formaldehyd-(ethan-1,2-diyl)-dimethyl-diacetal"

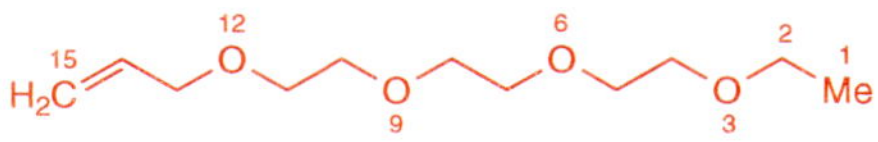

26

"3,6,9,12-Tetraoxapentadec-14-en" (**26**)

beachte die Numerierung (Heteroatome möglichst tiefe Lokanten)

6

27

"1,23-Bis[(naphthalin-2-yl)oxy]-3,6,9,12,15,18,21-heptaoxatricosan" (**27**)

- O-haltige Kette > Carbocyclus (*Kap. 3.3(**b**)*)
- die Kette muss mit C-Atomen (nicht O-Atomen) enden (s. *Kap. 4.3.2*)

Kap. 3.2.3

Kap. 3.3

(c₂) **Acyclische symmetrische Ether R–O–R** bekommen **Multiplikationsnamen** nach *Kap. 3.2.3*, wenn sie nicht nach ***(b)*** oder ***(c₁)*** benannt werden können. Man beachte die Anweisungen zur Bestimmung der Gerüst-Stammstruktur nach *Kap. 3.3*.

IUPAC empfiehlt für acyclische symmetrische Ether R–O–R **Funktionsklassennomenklatur** analog ***(b)*** (*Kap. 3.2.6*; im Deutschen ohne Bindestrich, der jedoch hier immer beigefügt wird; für triviale Substituentenpräfixe "(R)-", s. *Kap. 4.2* und *4.4 – 4.6* (IUPAC R-5.5.4.2). Daneben sind auch Substitutionsnamen zulässig, die auf dem Stammnamen "**Oxidan**" (H–O–H) basieren (IUPAC R-5.5.4.1 und R-2.1)

z.B.

28

"1,1´-Oxybis[ethan]" (**28**)

- IUPAC: "**Diethyl-ether**" ('diethyl ether')
- Abkürzung: "**Et₂O**"

29

"1,1´-[Oxybis(ethan-2,1-diyloxy)]bis[benzol]" (**29**)

- Englisch: '1,1´-[oxybis(ethan-2,1-diyloxy)]bis[benzene]'
- nicht Austauschname (nur 3 Hetero-Einheiten)
- IUPAC: " Bis(2-phenoxyethyl)-ether" ('bis(2-phenoxyethyl) ether')

30

"1,1´-Oxybis[3-(3-phenoxyphenoxy)benzol]" (**30**)

- Englisch: '1,1´-oxybis[3-(3-phenoxyphenoxy)benzene]'
- zentrale Struktur > terminale Struktur (*Kap. 3.3(**i**)*)
- IUPAC: "Bis[3-(3-phenoxyphenoxy)phenyl]-ether" ('bis[3-(3-phenoxyphenoxy)phenyl] ether')

(c₃) **Acyclische Ether R–O–R´ mit Substitutionsnamen** sind oft unsymmetrisch (R ≠ R´) und lassen sich nicht nach ***(b)***, ***(c₁)*** oder ***(c₂)*** benennen. Ihre Namen setzen sich zusammen aus

Kap. 5

Kap. 4.2–4.10

Substituentenpräfix "**[(R´)O]-**" nach *Kap. 5* + **Stammname von RH** nach *Kap. 4.2 – 4.10*

Kap. 5.8

Die **Substituentenpräfixe für R´O–** werden nach *Kap. 5.8* gebildet:

Kap. 5.2–5.7

Präfix "(R´)-" + "**-oxy-**" (–O–) nach *Kap. 5.2 – 5.7*

Man beachte dabei die Anweisungen zur **Bestimmung der Gerüst-Stammstruktur** nach *Kap. 3.3* (Wahl von RH).

Kap. 3.3

Ausnahmen:

31 "**Methoxy-**" (**31**)

32 "**Ethoxy-**" (**32**)

33 "**Propoxy-**" (**33**)

34 "**Butoxy-**" (**34**)

35 "**Phenoxy-**" (**35**)

IUPAC empfiehlt für acyclische Ether R–O–R´ zusätzlich **Funktionsklassennomenklatur** (*Kap. 3.2.6*; im Deutschen ohne Bindestriche, die jedoch hier immer beigefügt werden; für triviale Substituentenpräfixe "(R)-" und "(R´)-", s. *Kap. 4.2* und *4.4 – 4.6*) (IUPAC R-5.5.4.2). Daneben sind auch Substitutionsnamen zulässig, die auf dem Stammnamen "**Oxidan**" (H–O–H) basieren (IUPAC R-5.5.4.1 und R-2.1). Neben den trivialen Substituentenpräfixen **31 – 35** sind auch die Präfixe "**Isopropoxy-**" (Me_2CH–O–; nicht substituierbar), "**Isobutoxy-**" (Me_2CHCH_2–O–; nicht substituierbar), "**(*sec*-Butoxy)-**" ($MeCH_2CH(Me)$–O–; nicht substituierbar) und "**(*tert*-Butoxy)-**" (Me_3C–O–; nicht substituierbar) noch zulässig, sowie der Trivialname "**Anisol**" (Ph–O–Me; **61**; nicht substituierbar) (IUPAC R-9.1, Table 26).

z.B.

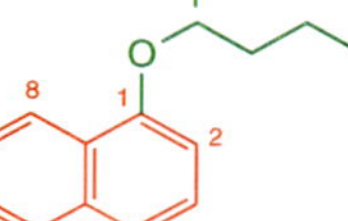
36

"Methoxyethan" (**36**)

- C_2-Kette > C_1-Kette (*Kap. 3.3(**e**)*)
- IUPAC: auch "Ethyl-methyl-ether" ('ethyl methyl ether')

37

"1-(Nonyloxy)naphthalin" (**37**)

- Englisch: '1-(nonyloxy)naphthalene'
- Ring > Kette (*Kap. 3.3(**b**)*)
- IUPAC: auch "(1-Naphthyl)-nonyl-ether" ('1-naphthyl nonyl ether')

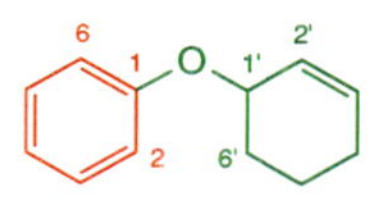
38

"(Cyclohex-2-en-1-yloxy)-benzol" (**38**)

- Englisch: '(cyclohex-2-en-1-yloxy)-benzene'
- totale Unsättigung > partielle Unsättigung (*Kap. 3.3(**c₁₃**)*)
- IUPAC: auch "(Cyclohex-2-en-1-yl)-phenyl-ether" ('cyclohex-2-en-1-yl phenyl ether')

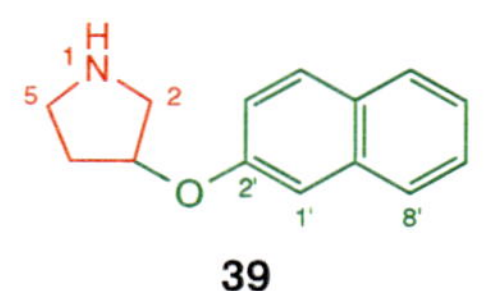
39

"3-(Naphthalin-2-yloxy)-pyrrolidin" (**39**)

- Englisch: '3-(naphthalen-2-yloxy)pyrrolidine'
- N-haltiger Heterocyclus > Carbocyclus (*Kap. 3.3(**c₁**)*)
- IUPAC: auch "(2-Naphthyl)-(pyrrolidin-3-yl)-ether" ('2-naphthyl pyrrolidin-3-yl ether')

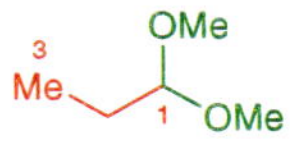

40

"1,1-Dimethoxypropan" (**40**)
- C_3-Kette > C_1-Kette (*Kap. 3.3*(***e***))
- generisch ein **Acetal**
- IUPAC: auch "Propanal-dimethyl-acetal" ('propanal dimethyl acetal')

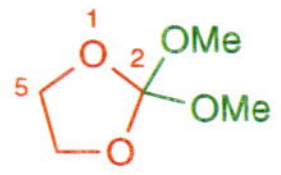

41

"2,2-Dimethoxy-1,3-dioxolan" (**41**)
- generisch ein **Acetal** oder **Ketal**
- IUPAC: auch "1,3-Dioxolan-2-on-dimethyl-acetal" ('1,3-dioxolan-2-one dimethyl acetal')

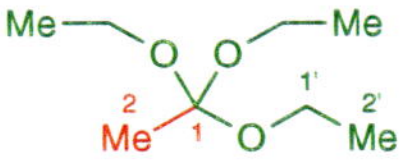

42

"1,1,1-Triethoxyethan" (**42**)
- generisch ein **Orthocarbonsäure-ester**
- **trivial** "Orthoessigsäure-triethyl-ester"/"Triethyl-**orthoacetat**" (s. *Kap. 6.14*)

Beispiele:

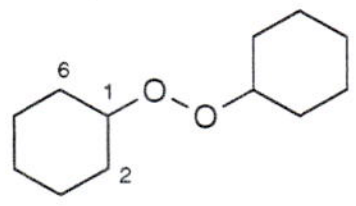

43

"Dicyclohexyl-peroxid" (**43**)
nach ***(b)***

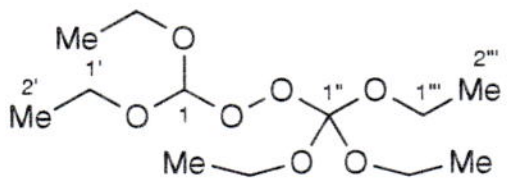

44

"(Diethoxymethyl)-(triethoxy-methyl)-peroxid" (**44**)
- nach ***(b)***
- nicht Austauschname

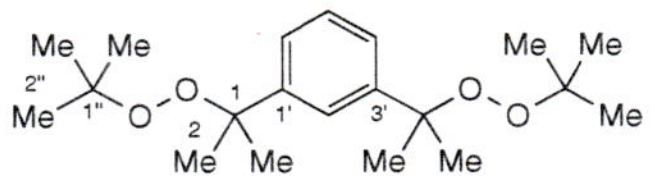

45

"[1,3-Phenylenbis(1-methylethyliden)]-bis[(1,1-dimethyl-ethyl)-peroxid]" (**45**)
- nach ***(b)***
- Multiplikationsname

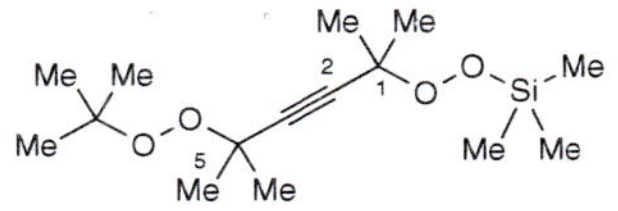

46

"{4-[(1,1-Dimethylethyl)dioxy]-1,1,4-trimethylpent-2-inyl}-(trimethylsilyl)-peroxid" (**46**)
- nach ***(b)***
- nicht Austauschname
- "{[(Dimethylethyl)**d**ioxy]trimethylpentinyl}(trimethylsilyl)" > "(Dimethylethyl){**t**rimethyl[(trimethylsilyl)dioxy]pentinyl}" (*Kap. 3.3*(***m***))

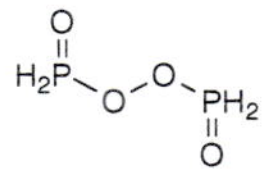

47

"Bis(phosphinyl)-peroxid" (**47**)
- nach ***(b)***
- nicht Austauschname
- besser (P > O): "Dioxybis[phosphin-oxid]"

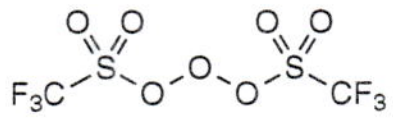

48

"Bis[(trifluoromethyl)sulfonyl]-trioxid" (**48**)
- nach ***(b)***
- nicht Austauschname

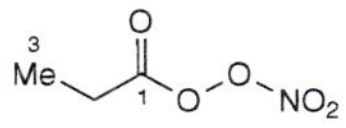

49

"Nitro-(1-oxopropyl)-peroxid" (**49**)
nach ***(b)***

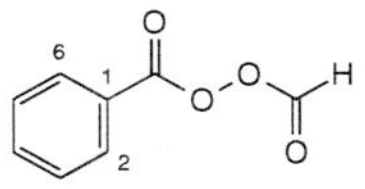

50

"Benzoyl-formyl-peroxid" (**50**)
nach ***(b)***

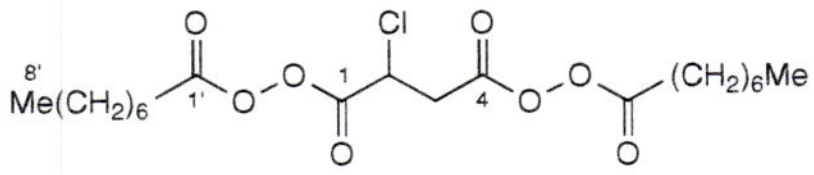

51

"(2-Chloro-1,4-dioxobutan-1,4-diyl)bis[(1-oxooctyl)-peroxid]" (**51**)
- nach ***(b)***
- Multiplikationsname, nicht Austauschname

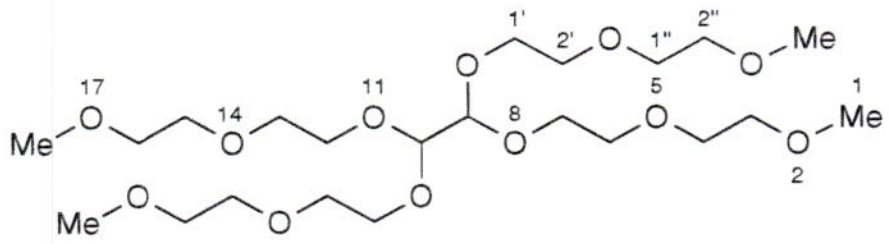

52

"9,10-Bis[2-(2-methoxyethoxy)ethoxy]-2,5,8,11,14,17-hexaoxaoctadecan" (**52**)
nach (c_1)

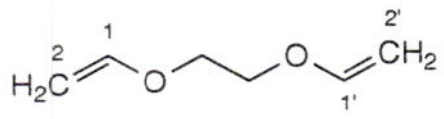

53

"1,1´-[Ethan-1,2-diylbis(oxy)]bis[ethen]" (**53**)
- nach (c_2)
- ungesättigte Kette > gesättigte Kette (*Kap. 3.3*(***g***))
- Multiplikationsname

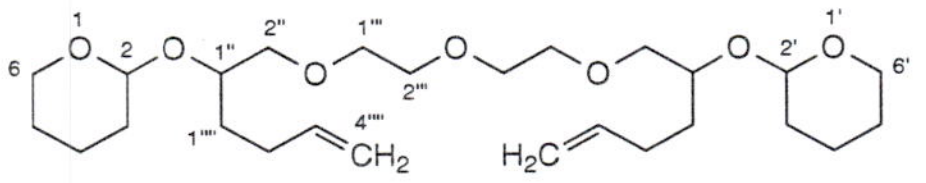

54

"2,2´-{Oxybis{ethan-2,1-diyloxy[1-(but-3-enyl)ethan-2,1-diyl]oxy}}bis[tetrahydro-2*H*-pyran]" (**54**)
- nach (c_2)
- O-haltiger Ring > O-haltige Kette (*Kap. 3.3*(***b***))
- Multiplikationsname

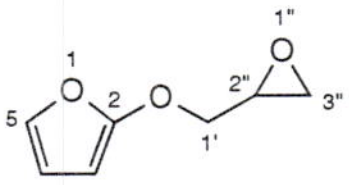

55

"2-(Oxiranylmethoxy)furan" (**55**)
- nach (c_3)
- Fünfring > Dreiring (*Kap. 3.3*(c_5))

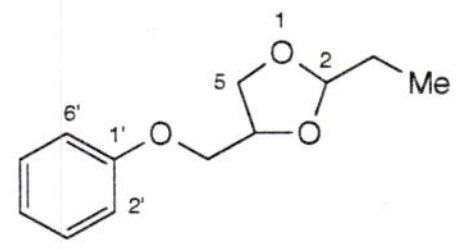

56

"2-Ethyl-4-(phenoxymethyl)-1,3-diox-olan" (**56**)
- nach (c_3)
- O-haltiger Heterocyclus > Carbocyclus (*Kap. 3.3*(c_2))

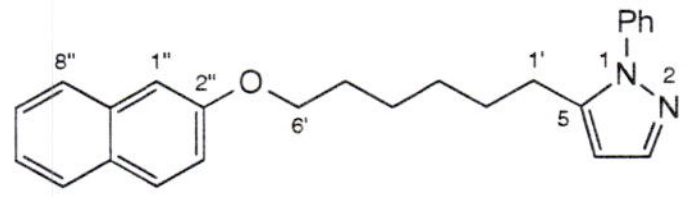

57

"5-[6-(Naphthalin-2-yloxy)hexyl]-1-phenyl-1*H*-pyrazol" (**57**)
- nach (c_3)
- N-haltiger Heterocyclus > Carbocyclus (*Kap. 3.3*(c_1))
- indiziertes H-Atom nach *Anhang 5*(***a***)(***d***)

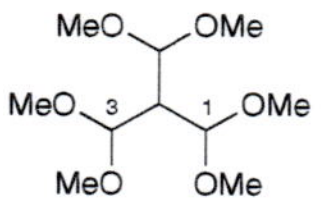

58

"2-(Dimethoxymethyl)-1,1,3,3-tetramethoxypropan" (**58**)
- nach ***(c_3)***
- C_3-Kette > C_1-Kette (*Kap. 3.3(**e**)*)
- generisch ein **Acetal**

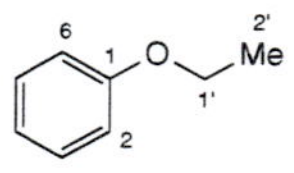

62

"Ethoxybenzol" (**62**)
- nach ***(c_3)***
- Ring > Kette (*Kap. 3.3(**b**)*)
- **früher "Phenetol"**

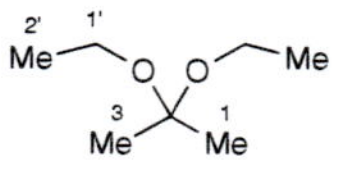

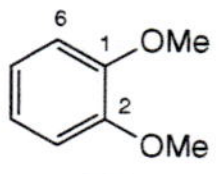

59

"2,2-Diethoxypropan" (**59**)
- nach ***(c_3)***
- C_3-Kette > C_2-Kette (*Kap. 3.3(**e**)*)
- generisch ein **Acetal** oder **Ketal**

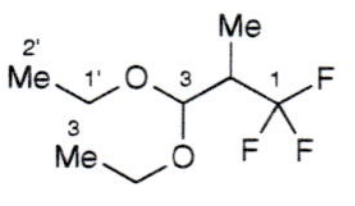

63

"1,2-Dimethoxybenzol" (**63**)
- nach ***(c_3)***
- Ring > Kette (*Kap. 3.3(**b**)*)
- **früher "Veratrol"**

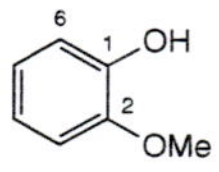

60

"3,3-Diethoxy-1,1,1-trifluoro-2-methylpropan" (**60**)
- nach ***(c_3)***
- C_3-Kette > C_2-Kette (*Kap. 3.3(**e**)*)
- generisch ein **Acetal**
- beachte die Numerierung (s. *Kap. 3.4*)

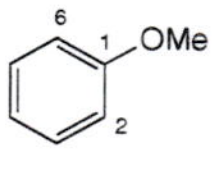

64

"2-Methoxyphenol" (**64**)
- nach ***(c_3)*** und *Kap. 6.19*
- **früher "Guajacol"**

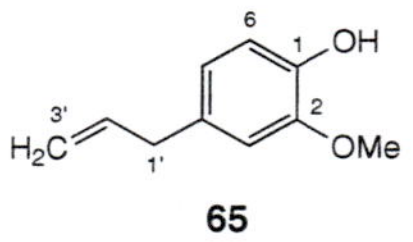

61

"Methoxybenzol" (**61**)
- nach ***(c_3)***
- Ring > Kette (*Kap. 3.3(**b**)*)
- IUPAC: auch "**Anisol**"; nicht substituierbar

65

"2-Methoxy-4-(prop-2-enyl)phenol" (**65**)
- nach ***(c_3)*** und *Kap. 6.19*
- **früher "Eugenol"**

6.31. Schwefel-, Selen- und Tellur-Verbindungen (*Klassen 22* und *23*)

CA ¶ 200, 288 und 289
IUPAC R-2, R-5.5.4, R-5.5.6, R-5.5.7 und R-5.6.4
Tab. 3.2

Verbindungen mit den folgenden Strukturen gehören in andere, vorrangige Verbindungsklassen (s. *Tab. 3.2*):

- **S-, Se- oder Te-haltige Radikale und Ionen**, s. *Klassen 1 – 4* (*Kap. 6.2 – 6.6*); (Kap. 6.2 – 6.6)
- **Säuren und ihre Derivate** (z.B. MeC(=O)–S–SH, MeC(=S)–SH, MeS(=O)$_2$–OH, MeSe(=O)–OH, MeTe–OH, HS–C(=S)–SH, PH(=Se)(SeH)$_2$ *etc.*; MeC(=O)–S–C(=O)Ph, MeC(=O)–SEt, MeC(=Se)Cl, MeC(=S)NH$_2$, MeC(=S)NHNH$_2$ *etc.*), s. *Klassen 5* und *6* (*Kap. 6.7 – 6.17*); (Kap. 6.7 – 6.17)
- **Aldehyde und deren Oxime** (z.B. MeCH=Te, MeCH=NSH), s. *Klasse 8* (*Kap. 6.19*); (Kap. 6.19)
- **Ketone und deren Oxime** (z.B. MeC(=Se)Me, MeC(=NSH)Me), s. *Klasse 9* (*Kap. 6.20*); (Kap. 6.20)
- **Alkohole** (z.B. EtSH), s. *Klasse 10* (*Kap. 6.21*); (Kap. 6.21)
- **Hydroperoxide** (z.B. Et–O–SH), s. *Klasse 11* (*Kap. 6.22*); (Kap. 6.22)
- **S-, Se- oder Te-haltige Derivate von N-, P-, As-, Sb-, Bi-, B-, Si-, Ge-, Sn-, Pb- und O-Verbindungen**, s. *Klassen 14 – 21* (*Kap. 6.25 – 6.30*; vgl. dazu auch die Additionsnomenklatur (*Kap. 3.2.4*)). (Kap. 6.25 – 6.30; Kap. 3.2.4)

Man unterscheidet:

(a) S-, Se- oder Te-haltige Heterocyclen;

(b) speziell am S-, Se- oder Te-Atom substituierte S-, Se- bzw. Te-haltige Heterocyclen (**cyclische Sulfone und Sulfoxide** sowie Chalcogen-Analoga);

(c) **acyclische Polysulfone und Polysulfoxide** sowie Chalcogen-Analoga;

(d) **acyclische Polysulfide** sowie Chalcogen-Analoga;

(e) **acyclische Monosulfone, Monosulfoxide und Monosulfide** (inkl. **Thioorthoester**, **Thioacetale** und **Thioketale**) sowie Chalcogen-Analoga.

6

(a) **S-, Se- oder Te-haltige Heterocyclen** sind Gerüst-Stammstrukturen. Ihre **Stammnamen** und entsprechende **Substituentenpräfixe** sind **in *Kap. 4.5 – 4.10*** beschrieben. Präfixe sind auch in *Kap. 5.6* und *5.7* zusammengefasst. (Kap. 5.6 und 5.7)

- Heteromonocyclen, entsprechend *Kap. 4.5*, s. **1** und **2**; (Kap. 4.5)
- anellierte Polycyclen, entsprechend *Kap. 4.6*, s. **3** – **5**; (Kap. 4.6)
- Brückenpolycyclen nach *von Baeyer*, entsprechend *Kap. 4.7*, s. **6**; (Kap. 4.7)
- überbrückte anellierte Polycyclen, entsprechend *Kap. 4.8*, s. **7** und **8**; (Kap. 4.8)
- Spiropolycyclen, entsprechend *Kap. 4.9*, s. **9**; (Kap. 4.9)
- Ringsequenzen, entsprechend *Kap. 4.10*, s. **10**. (Kap. 4.10)

Beachte:

Mit Ausnahme der in *(b)* angeführten Fälle wird eine Hauptgruppe oder ein acyclischer Substituent mit Hauptgruppe an einem S-, Se- oder Te-haltigen Heterocyclus **als Suffix** (z.B. –COOH) **oder Funktionsstammname** (z.B. –PO$_3$H) **bzw. mittels eines Konjunktionsnamens** (z.B. –CH$_2$CH$_2$OH; beachte Ausnahmen bei den einzelnen Verbindungsklassen) **bezeichnet. Chalcogen-Analoga von cyclischen formalen Anhydriden** (s. *Kap. 6.13*), **cyclischen formalen Estern** (Lactone, Sultone *etc.*, s. *Kap. 6.14*), **cyclischen formalen Amiden** (Lactame, Sultame *etc.*, s. *Kap. 6.16*), **cyclischen formalen Hydraziden** (s. *Kap. 6.17*) **sowie cyclische formale Sulfide und Chalcogen-Analoga** (s. unten) **bekommen Heterocyclus-Namen.** Für **cyclische formale Sulfone und Sulfoxide** sowie Chalcogen-Analoga, s. ***(b)***. (Kap. 3.2.2; Kap. 6.13; Kap. 6.14; Kap. 6.16; Kap. 6.17)

z.B.

1 "1,3-Diselenetan" (**1**)

2 "2*H*-Tellurin" (**2**)
- Englisch: '2*H*-tellurin' (bei CA kein endständiges 'e')
- indiziertes H-Atom nach *Anhang 5(**a**)(**d**)*

3 "Benzo[*b*]selenophen" (**3**)

4 "1*H*-2-Benzothiopyran" (**4**)
- Englisch: '1*H*-2-benzothiopyran'
- indiziertes H-Atom nach *Anhang 5(**a**)(**d**)*

5 "Anthra[1,9-*cd*:4,10-*c'd'*]bis[1,2]-diselenol" (**5**)

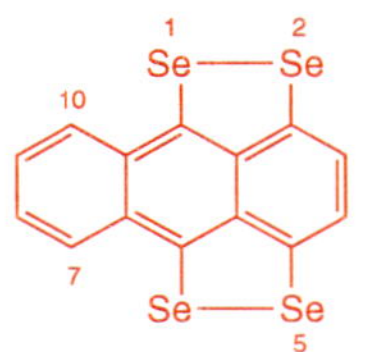

6 "4-Thiatricyclo[3.2.1.0^{3,6}]octan" (**6**)

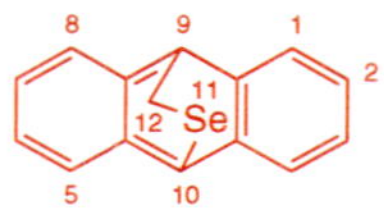

7

"10,9-(Episelenomethano)anthracen" (**7**)

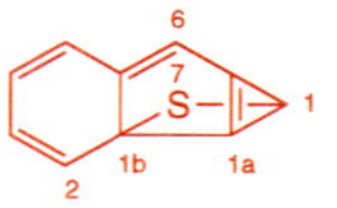

8

"1*H*-1,1b-Epithiocycloprop-[*a*]inden" (**8**)

indiziertes H-Atom nach *Anhang 5*(**f_{11}**)

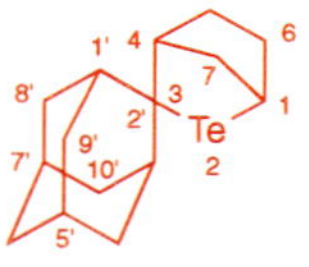

9

"Spiro[2-tellurabicyclo[2.2.1]-heptan-3,2´-tricyclo[3.3.1.1^{3,7}]-decan]" (**9**)

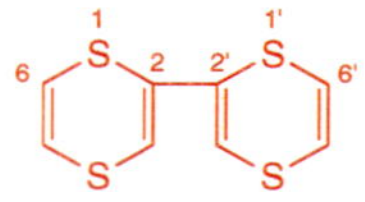

10

"2,2´-Bi-1,4-dithiin" (**10**)

Englisch: '2,2´-bi-1,4-dithii**n**' (bei CA kein endständiges 'e')

(b) **Speziell durch =X** (X = O, S, Se, Te) **am S-, Se- oder Te-Atom substituierte S-, Se- oder Te-haltige Heterocyclen** bekommen ebenfalls **Stammnamen ohne Suffix** nach *(a)* **(cyclische formale Sulfone und Sulfoxide** sowie Chalcogen-Analoga). Der spezielle Substituent wird mittels eines Additionsnamens (*Kap. 3.2.4*) nach *Kap. 6.20(d)* bezeichnet (bei Pseudoiminen (X = NH) Präfix, nicht Additionsnamen, s. **13**):

Kap. 3.2.4
Kap. 6.20(**d**)

z.B.

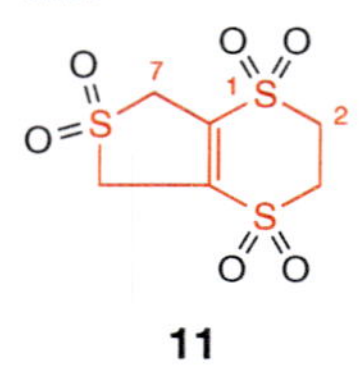

11

"2,3,5,7-Tetrahydrothieno[3,4-*b*]-1,4-dithiin-1,1,4,4,6,6-hexaoxid" (**11**)

- Englisch: '2,3,5,7-tetrahydrothieno[3,4-*b*]-1,4-dithii**n** 1,1,4,4,6,6,-hexaoxide' (bei CA kein endständigs 'e')
- die Absättigung von zwei Doppelbindungen der Gerüst-Stammstruktur ("Thieno[3,4-*b*]-1,4-dithiin") wird durch das Präfix ausgedrückt
- Beispiel eines entsprechenden Substituenten: "(2,3,5,7-Tetrahydro-1,1,4,4,6,6-**hexaoxido**thieno[3,4-*b*]-1,4-dithiin-2,3-diyl)-"

12

"Thiiran-1-sulfid" (**12**)

Beispiel eines entsprechenden Substituenten: "(1-**Sulfido**thiiranyl)-"

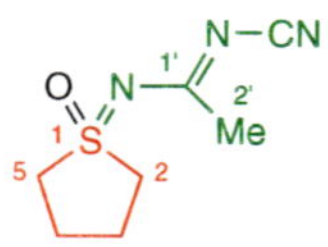

13

"1-{[1-(Cyanoimino)ethyl]imino}-1,1,2,3,4,5-hexahydrothiophen-1-oxid" (**13**)

- für "1,1,...hydro", s. λ-Konvention, *Anhang 7*
- die Absättigung von zwei Doppelbindungen der Gerüst-Stammstruktur ("Thiophen") wird ebenfalls durch das "Hydro"-Präfix ausgedrückt

(c) **Acyclische Polysulfone R-[S(=O)$_2$]$_n$-R´** (***n* > 1**; R, R´ = Alkyl, Aryl) **und Polysulfoxide R-[S(=O)]$_n$-R´** (***n* > 1**; R, R´ = Alkyl, Aryl) sowie ihre Chalcogen-Analoga bekommen **Funktionsklassennamen** nach *Kap. 3.2.6*, obwohl sie als Gerüst-Stammstrukturen betrachtet werden[1]):

Kap. 3.2.6

Stammsubstituentennamen "(R)-" und "(R´)-" nach *Kap. 5*, in alphabetischer Reihenfolge

Kap. 5

\+

Klassenname[1])
"**-disulfon**" (–S(=O)$_2$–S(=O)$_2$–)
"**-trisulfon**" (–S(=O)$_2$–S(=O)$_2$–S(=O)$_2$–) *etc.*
"**-disulfoxid**" (–S(=O)–S(=O)–)
"**-trisulfoxid**" (–S(=O)–S(=O)–S(=O)–)) *etc.*
"**-diselenon**"[2]) (–Se(=O)$_2$–Se(=O)$_2$–) *etc.*
"**-diselenoxid**" (–Se(=O)–Se(=O)–) *etc.*
"**-ditelluron**"[2]) (–Te(=O)$_2$–Te(=O)$_2$–) *etc.*
"**-ditelluroxid**" (–Te(=O)–Te(=O)–) *etc.*

Beachte:

- **Tragen nicht alle S-Atome einer S-Kette O-Atome** (=O), dann ist die Verbindung wenn möglich als **Anhydrid oder Ester** (s. *Kap. 6.13* bzw. *6.14*) eines S-Austauschanalogons **einer S-Säure** aus *Kap. 6.8 – 6.10* zu bezeichnen; Entsprechendes gilt für Chalcogen-Analoga; s. **14**–**21**. Wenn dies nicht möglich ist, sind Substitutionsnamen mittels der Präfixe "[(R)sulfonyl]-", "[(R)sulfinyl]-" oder "[(R)thio]-" sowie Chalcogen-Analoga (s. *(e$_3$)*) zu verwenden, s. **22**.
- Mehrkernige S-Säuren mit benachbarten formalen Sulfon- oder Sulfoxid-Gruppen sind **Dithion- bzw. Dithionigsäuren** (s. *Kap. 6.10* und *(d)* (dort *(ii)*)); z.B. "Dithionsäure" (HO–S(=O)$_2$–S(=O)$_2$–OH)).

Kap. 6.13 bzw. 6.14
Kap. 6.8 – 6.10
Kap. 6.10

Substituentenpräfixe für R–S(=O)$_2$–S(=O)$_2$–, R–S(=O)–S(=O)– *etc.* sind zusammengesetzte Präfixe und werden nach *Kap. 5.8* gebildet:

Kap. 5.8

Substituentenpräfix "(R)-" nach *Kap. 5*

Kap. 5

\+

"**-disulfonyl-**" (–S(=O)$_2$–S(=O)$_2$–)
"**-disulfinyl-**" (–S(=O)–S(=O)–)
"**-diselenonyl-**" (–Se(=O)$_2$–Se(=O)$_2$–)
"**-diseleninyl-**" (–Se(=O)–Se(=O)–)
"**-ditelluronyl-**" (–Te(=O)$_2$–Te(=O)$_2$–)
"**-ditellurinyl-**" (–Te(=O)–Te(=O)–)
etc.

IUPAC empfiehlt für Polysulfone R–[S(=O)$_2$]$_n$–R´ (*n* auch 1) und Polysulfoxide R–[S(=O)]$_n$–R´ (*n* auch 1) vermutlich wie für Monosulfone und Monosulfoxide ebenfalls **Funktionsklassennomenklatur** (*Kap. 3.2.6*; im Deutschen ohne Bindestriche, die jedoch hier immer beigefügt werden; für triviale Substituentenpräfixe "(R)-" und "(R´)-", s. *Kap. 4.2* und *4.4 – 4.6*; IUPAC R-5.5.7). Es sind auch Substitutionsnamen zulässig, die auf den Stammnamen "**λ^6-Sulfan**" (SH$_6$), "**λ^4-Sulfan**" (SH$_4$), "**1λ^6, 2λ^6-Disulfan**" (H$_5$S–SH$_5$), "**1λ^4, 2λ^4-Disulfan**" (H$_3$S–SH$_3$) *etc.* basieren, wobei die Gruppen =O als Präfix "Oxo-" zu bezeichnen sind (IUPAC R-5.5.7. und R-2.2.2); für "λ^{6}" und "λ^{4}", s. *Anhang 7*.

[1]) In CAs 'Chemical Substance Index' ist der Titelstammname ('index heading') eines Polysulfons, Polysulfoxids oder Polysulfids sowie ihrer Chalcogen-Analoga der Klassenname, z.B. 'disulfone, diphenyl'; 'diselenide, ethyl methyl'.

[2]) Die Klassennamen "Selenon" (>Se(=O)$_2$) bzw. "Telluron" (>Te(=O)$_2$) sind nicht zu verwechseln mit den Suffixen "**-selon**" ([C]=Se) bzw. "**-tellon**" ([C]=Te) (s. *Klasse 9*, *Tab 3.2* und *Kap. 6.20*).

z.B.

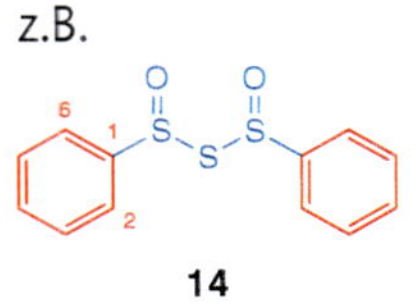

14

"Benzolsulfinothiosäure-anhydrosulfid" (**14**)
- Englisch: 'benzenesulfinothioic acid anhydrosulfide'
- Anhydrid einer S-Säure aus *Kap. 6.8*

15

"Benzolsulfonothiosäure-anhydrosulfid mit Thioschwefelsäure-($H_2S_2O_3$)-*O*-methyl-ester" (**15**)
- Englisch: 'benzenesulfonothioic acid anhydrosulfide with thiosulfuric acid ($H_2S_2O_3$) O-methyl ester'
- Anhydrid von S-Säuren aus *Kap. 6.8* und *6.10*

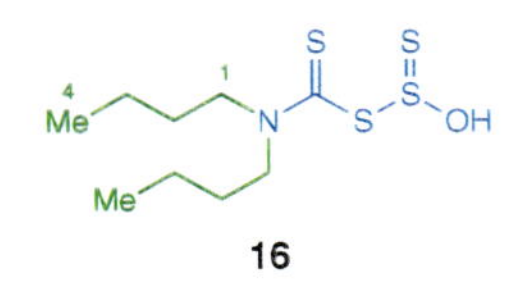

16

"Dibutylcarbamodithiosäure-anhydrosulfid mit Thioschwefligsäure-(H_2S_2O)" (**16**)
- Englisch: 'dibutylcarbamodithioic acid anhydrosulfide with thiosulfurous acid (H_2S_2O)'
- Anhydrid von S-Säuren aus *Kap. 6.9* und *6.10*

17

"Carbonodithiosäure-bis(anhydrosulfid) mit Thioschwefelsäure-($H_2S_2O_3$)" (**17**)
- Englisch: 'carbonodithioic acid bis(anhydrosulfide) with thiosulfuric acid ($H_2S_2O_3$)'
- Anhydrid von S-Säuren aus *Kap. 6.9* und *6.10*

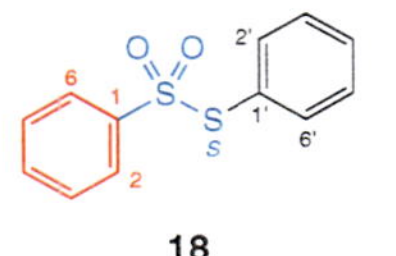

18

"Benzolsulfonothiosäure-*S*-phenyl-ester"/"*S*-Phenyl-benzolsulfonothioat" (**18**)
- Englisch: 'benzenesulfonothioic acid *S*-phenyl ester'/'*S*-phenyl benzenesulfonothioate'
- Ester einer S-Säure aus *Kap. 6.8*

19

"Propan-1-sulfinothiosäure-*S*-methyl-ester"/"*S*-Methyl-propan-1-sulfinothioat" (**19**)
Ester einer S-Säure aus *Kap. 6.8*

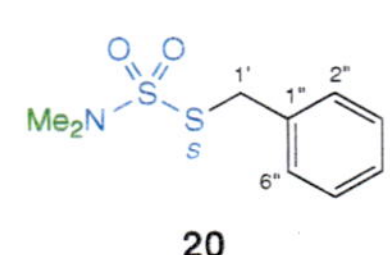

20

"Dimethylthiosulfamidsäure-($HS_2(NH_2)O_2$)-*S*-(phenylmethyl)-ester"/"*S*-(Phenylmethyl)-[dimethylthiosulfamidat-($S_2(NH_2)O_2^-$)]" (**20**)
- Englisch: 'dimethylthiosulfamic acid ($HS_2(NH_2)O_2$) *S*-(phenylmethyl) ester'/'*S*-(phenylmethyl) dimethylthiosulfamate ($(S_2(NH_2)O_2^-)$'
- Ester einer S-Säure aus *Kap. 6.10*

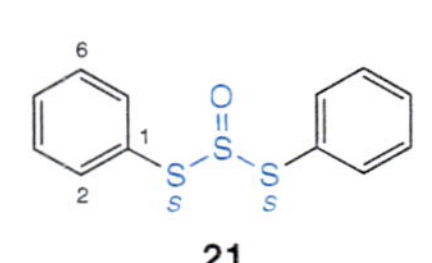

21

"Thioschwefligsäure-(H_2S_2O)-*S,S*-diphenyl-ester"/"*S,S*-Diphenyl-thiosulfit-(S_2O^{2-})" (**21**)
- Englisch: 'thiosulfurous acid (H_2S_2O) *S,S*-diphenyl ester'/'*S,S*-diphenyl thiosulfite (S_2O^{2-})'
- Ester einer S-Säure aus *Kap. 6.10*

22

"Bis(methylsulfonyl)-disulfid" (**22**)
Substitutionsname nach ***(e₃)***, vgl. auch ***(d)***

23

"(Naphthalin-2-yl)-propyl-disulfon" (**23**)
Englisch: 'naphthalen-2-yl propyl sulfone'

24

"Methyl-(methylthio)-disulfoxid" (**24**)
Englisch: 'methyl methylthio disulfoxide'

(d) **Acyclische Polysulfide R–(S)$_n$–R´** (***n*** **= 2,3,4...**; R, R´ = Alkyl, Aryl oder Acyl; s. jedoch Ausnahmen) sowie ihre Chalcogen-Analoga bekommen **Funktionsklassennamen** nach *Kap. 3.2.6*, obwohl sie als Gerüst-Stammstrukturen betrachtet werden[1]):

Kap. 3.2.6

Stammsubstituentennamen "(R)-" und "(R´)-" nach *Kap. 5*, in alphabetischer Reihenfolge	+	**Klassenname**[1])
		"**-disulfid**" (–S–S–)
		"**-trisulfid**" (–S–S–S–) *etc.*
		"**-diselenid**" (–Se–Se–)
		"**-triselenid**" (–Se–Se–Se–) *etc.*
		"**-ditellurid**" (–Te–Te–)
		"**-tritellurid**" (–Te–Te–Te–) *etc.*

Kap. 5

Ausnahmen:

(i) **Formale Dichalcogenide Acyl–X–X–R** (X = S, Se, Te; R = Alkyl, Aryl) sind Ester nach *Kap. 6.14* von Chalcogenperoxy-Säuren aus *Kap. 6.7 – 6.13*, s. **25 – 28**.

(ii) **Symmetrische formale Dichalcogenide Acyl–X–X–Acyl** (X = S, Se, Te) mit Oxosäure-Acyl-Gruppen werden nach *Kap. 6.9 – 6.12* als mehrkernige Oxosäuren bzw. Oxosäure-Derivate (s. *Kap. 6.13 – 6.17*) betrachtet, mit Ausnahme von Schwefelsäure- und Schwefligsäure-Derivaten, die als **Polythionsäuren** (HO–S(=O)$_2$–(S)$_n$–S(=O)$_2$–OH) bzw. Polythionigsäuren (HO–S(=O)–(S)$_n$–S(=O)–OH) oder Chalcogen-Austauschanaloga (s. *Kap. 6.10*) bezeichnet werden, s. **29 – 33**.

(iii) **Heterogene formale Dichalcogenide R–X–Y–R´** (**X ≠ Y**; X, Y = S, Se, Te; R, R´ = Alkyl, Aryl) sind Ester nach *Kap. 6.14* von Sulfen-, Selenen- bzw. Tellurensäuren (s. *Kap. 6.8*) (s. **34**), im Gegensatz zu den **regulären homogenen Dichalcogeniden R–X–X–R´** (X = S, Se, Te; R, R´= Alkyl, Aryl), s. **36**.

(iv) **Heterogene formale Trichalcogenide R–X–Y–X–R´** (X ≠ Y; X, Y = S, Se, Te; R, R´ = Alkyl, Aryl) sind Ester nach *Kap. 6.14* von Chalcogenperoxy-Austauschanaloga einer Sulfen-, Selenen- bzw. Tellurensäure (s. *Kap. 6.8*) (s. **35**), im Gegensatz zu den **regulären homogenen Trichalcogeniden R–X–X–X–R´** (X = S, Se, Te; R, R´ = Alkyl, Aryl), s. **37**.

Kap. 6.14 Kap. 6.7 – 6.13 Kap. 6.9 – 6.12 Kap. 6.13 – 6.17 Kap. 6.10 Kap. 6.14 Kap. 6.8 Kap. 6.14 Kap. 6.8

6

Beachte:

Im Zweifelsfall sind auch die Verbindungsklassen der Anhydride (*Kap. 6.13*) und der **Ester** (*Kap. 6.14*) zu konsultieren.

Kap. 6.13 Kap. 6.14

Substituentenpräfixe für R–(X)$_n$– (X = S, Se, Te; ***n*** **= 2,3...**) sind zusammengesetzte Präfixe und werden nach *Kap. 5.8* gebildet:

Kap. 5.8

Substituentenpräfix "(R)-" nach *Kap. 5*	+	
		"**-dithio-**" (–S–S–)
		"**-trithio-**" (–S–S–S–) *etc.*
		"**-diseleno-**" (–Se–Se–)
		"**-triseleno-**" (–Se–Se–Se–) *etc.*
		"**-ditelluro-**" (–Se–Se–)
		"**-tritelluro-**" (–Te–Te–Te–) *etc.*

Kap. 5

IUPAC empfiehlt für Polysulfide R–(S)$_n$–R´ (*n* = 2,3...) und Chalcogen-Analoga ebenfalls **Funktionsklassennomenklatur** (*Kap. 3.2.6*; im Deutschen ohne Bindestriche, die jedoch hier immer beigefügt werden; für triviale Substituentenpräfixe "(R)-" und "(R´)-", s. *Kap. 4.2* und *4.4 – 4.6*; IUPAC R-5.5.6). Es sind auch Substitutionsnamen zulässig, die auf den Stammnamen "**Polysulfan**" (H–(S)$_n$–H), "**Polyselan**"

(H–(Se)$_n$–H) bzw. "**Polytellan**" (H–(Te)$_n$–H) basieren (IUPAC R-5.5.6). IUPAC empfiehlt, anstelle von Sulfensäure, Selenensäure bzw. Tellurensäure Monohydrid-Namen zu verwenden, d.h. "Hydroxysulfan" (HS–OH), "Hydroxyselan" (HSe–OH) bzw. "Hydroxytellan" (HTe–OH) (IUPAC R-5.7.2 und R-2.1). Die Trivialnamen "**Thiouram-monosulfid**" (H_2N–C(=S)–S–C(=S)–NH_2; CA: 'thiodicarbonic diamide ([(H_2N)C(S)]$_2$S)') und "**Thiouram-disulfid**" (H_2N–C(=S)–S–S–C(=S)–NH_2; CA: 'thioperoxydicarbonic diamide ([(H_2N)C(S)]$_2$S$_2$)') sind noch zulässig (IUPAC R-9.1, Table 30).

25

"2,2,6,6-Tetramethylcyclohexan-carbo(dithioperoxo)säure-(4-methylphenyl)-ester"/"(4-Methylphenyl)-[2,2,6,6-tetramethylcyclohexan-carbo(dithioperoxoat)]" (**25**)
nach *(i)*, regulärer Ester

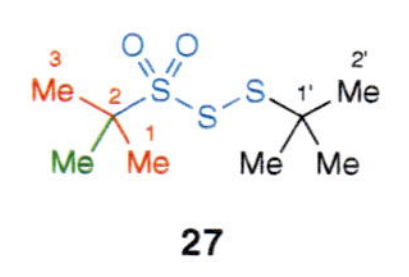

"2-Amino-2-thioxoethan(dithioperox)imidsäure-[2,2,2-trifluoro-1-(trifluoromethyl)ethyl]-ester"/"[2,2,2-Trifluoro-1-(trifluoromethyl)ethyl]-[2-amino-2-thioxoethan(dithioperox)imidat]" (**26**)
nach *(i)*, regulärer Ester

27

"2-Methylpropan-2-sulfono(dithioperoxo)säure-(1,1-dimethylethyl)-ester"/"(1,1-Dimethylethyl)-[2-methylpropan-2-sulfono(dithioperoxoat)]" (**27**)
- nach *(i)*, regulärer Ester
- IUPAC: auch "(*tert*-Butyl)-" statt "(1,1-Dimethylethyl)-"

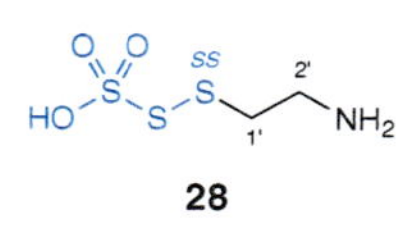

"Thioperoxymonoschwefelsäure-((HO)(HSS)SO$_2$)-*SS*-(2-aminoethyl)-ester"/"*SS*-(2-Aminoethyl)-[thioperoxymonosulfat-((HO)S(O)$_2$S$_2^-$)]" (**28**)
- Englisch: 'thioperoxymonosulfuric acid ((HO)HSS)SO$_2$) *SS*-(2-aminoethyl) ester'/'*SS*-(2-aminoethyl) thioperoxymonosulfate ((HO)S(O)$_2$S$_2^-$)'
- nach *(i)*, regulärer Ester

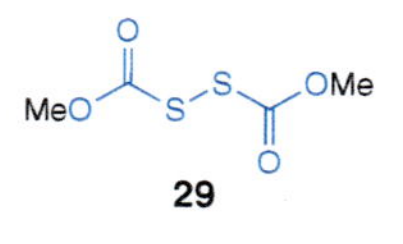

"Thioperoxydikohlensäure-([(HO)C(O)]$_2$S$_2$)-dimethyl-ester"/"Dimethyl-[thioperoxydicarbonat-((CO$_2$)$_2$S$_2^{2-}$)]" (**29**)
- Englisch: 'thioperoxydicarbonic acid ([(HO)C(O)]$_2$S$_2$) dimethyl ester'/'dimethyl thioperoxydicarbonate ((CO$_2$)$_2$S$_2^{2-}$)'
- nach *(ii)*, Ester einer mehrkernigen Oxosäure
- vgl. dazu **44**

30

"Selenoperoxydikohlensäure-diamid-([(H_2N)C(Se)]$_2$Se$_2$)" (**30**)
- Englisch: 'selenoperoxydicarbonic diamide ([(H_2N)C(Se)]$_2$Se$_2$)'
- nach *(ii)*, Derivat einer mehrkernigen Oxosäure

31

"Selenoperoxydiphosphorsäure-([(HO)$_2$P(O)]$_2$Se$_2$)" (**31**)
- Englisch: 'selenoperoxydiphosphoric acid ([(HO)$_2$P(O)]$_2$Se$_2$)'
- nach *(ii)*, mehrkernige Oxosäure

32

"Tetrathionigsäure" (**32**)
- Englisch: 'tetrathionous acid'
- nach *(ii)*, Ausnahme

33

"Triselenopentathionsäure-([(HO)S(O)$_2$]$_2$Se$_3$)" (**33**)
- Englisch: 'triselenopentathionic acid ([(HO)S(O)$_2$]$_2$Se$_3$)'
- nach *(ii)*, Ausnahme

34

"Benzolsulfenotellurosäure-phenyl-ester"/"Phenyl-benzolsulfenotelluroat" (**34**)
- Englisch: 'benzenesulfenotelluroic acid phenyl ester'/'phenyl benzenesulfenotelluroate'
- nach *(iii)*, regulärer Ester
- vgl. dazu **36**

35

"Benzolsulfeno(selenothioperoxo)-säure-*SeS*-phenyl-ester"/"*SeS*-Phenyl-[benzolsulfeno(selenothioperoxoat)]" (**35**)
- Englisch: 'benzenesulfeno(selenothioperoxoic) acid *SeS*-phenyl ester'/'*SeS*-phenyl benzenesulfeno(selenothioperoxoate)'
- nach *(iv)*, regulärer Ester
- vgl. dazu **37**

36

"Diphenyl-disulfid" (**36**)
- Englisch: 'diphenyl disulfide'
- vgl. dazu **34**
- IUPAC: auch "Diphenyldisulfan"

37

"Diphenyl-trisulfid" (**37**)
- Englisch: 'diphenyl trisulfide'
- vgl. dazu **35**
- IUPAC: auch "Diphenyltrisulfan"

38

"(But-2-enyl)-methyl-disulfid" (**38**)
- Englisch: 'but-2-enyl methyl disulfide'
- IUPAC: auch "(but-2-enyl)methyldisulfan"

39

"Dipropoxy-disulfid" (**39**)
Englisch: 'dipropoxy disulfide'

40

"Acetyl-chloro-disulfid" (**40**)
Englisch: 'acetyl chloro disulfide'

41

"Bis(furan-2-ylcarbonyl)-diselenid" (**41**)
Englisch: 'bis(furan-2-ylcarbonyl) diselenide'

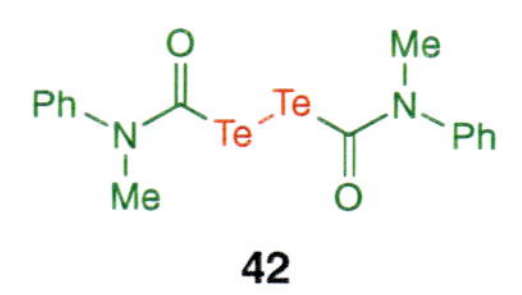

"Bis{[methyl(phenyl)amino]-carbonyl}-ditellurid" (**42**)
Englisch: 'bis{[methyl(phenyl)-amino]carbonyl} ditelluride'

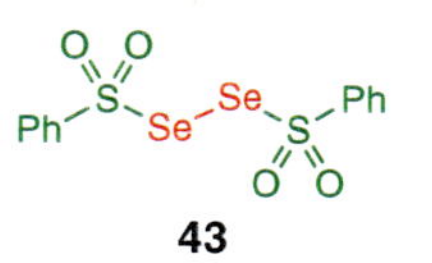

"Bis(phenylsulfonyl)-diselenid" (**43**)
Englisch: 'bis(phenylsulfonyl) diselenide'

44

"Bis(methoxycarbonyl)-trisulfid" (**44**)
- Englisch: 'bis(methoxycarbonyl) trisulfide'
- vgl. dazu Ausnahmen nach *(ii)*, z.B. **29**

45

"Dicyano-triselenid" (**45**)
Englisch: 'dicyano triselenide'

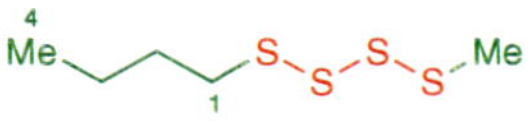

46

"Butyl-methyl-tetrasulfid" (**46**)
- Englisch: 'butyl methyl tetrasulfide'
- IUPAC: auch "Butyl(methyl)-tetrasulfan"

47

"Diethyl-pentatellurid" (**47**)
- Englisch: 'diethyl pentatelluride'
- IUPAC: auch "Diethylpentatellan"

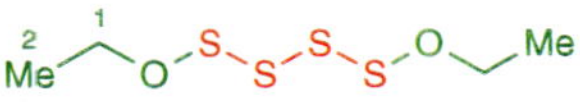

48

"Diethoxy-tetrasulfid" (**48**)
- Englisch: 'diethoxy tetrasulfide'
- nicht Austauschname (*Kap. 4.3.2*), s. auch ***(e₁)***

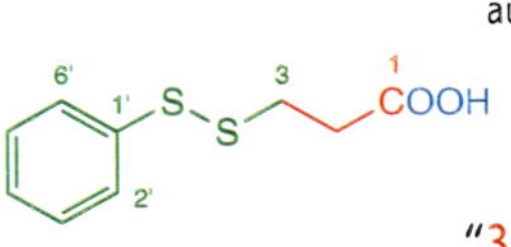

49

"3-(Phenyldithio)propansäure" (**49**)
IUPAC: auch "3-(Phenyldisulfanyl)-propansäure"

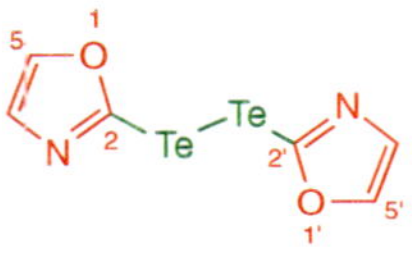

50

"2,2´-Ditellurobis[oxazol]" (**50**)
- O-haltiger Ring > Te-haltige Kette (*Kap. 3.3(**b**)*)
- Multiplikationsname

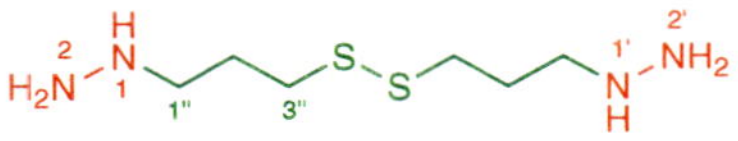

51

"1,1´-(Dithiodipropan-3,1-diyl)bis[hydrazin]" (**51**)
- nicht Austauschname (*Kap. 4.3.2*)
- N-haltige Kette > S-haltige Kette (*Kap. 3.3(**b**)*)
- Multiplikationsname

(e) **Acyclische formale Monosulfone R–S(=O)$_2$–R´** (R, R´ = Alkyl, Aryl), **acyclische formale Monosulfoxide R–S(=O)–R´** (R, R´= Alkyl, Aryl) und **acyclische formale Monosulfide R–S–R´** (R, R´ = Alkyl, Aryl; nicht Acyl, s. unten) oder mehrere solcher isolierter Gruppen sowie ihre Chalcogen-Analoga bekommen

- Austauschnamen,
- Multiplikationsnamen,
- Substitutionsnamen (zusammengesetzte Präfixe).

Acyclische formale Monosulfide und Chalcogen-Analoga schliessen auch **Thioorthocarbonsäure-ester RC(SR´)(SR´´)(SR´´´)** (R = H, Akyl, Aryl; R, R´´, R´´´= Alkyl, Aryl) sowie **Thioacetale und Thioketale RC(R´)(SR´´)(SR´´´)** (R, R´ = H, Alkyl, Aryl; R´´, R´´´ = Alkyl, Aryl) bzw. Chalcogen-Analoga mit ein.

IUPAC lässt für **Thioacetale RC(R´)(SR´´)(SR´´´)** (R, R´ = H, Alkyl, Aryl; R´´, R´´´ = Alkyl, Aryl) und Chalcogen-Analoga auch von Aldehyd- bzw. Keton-Namen hergeleitete Namen zu (vgl. *Kap. 6.30(**c**)*, IUPAC R-5.6.4.1), s. **70** und **71** (vgl. auch *Kap. 6.19*).

Beachte:

- **Formale Sulfide Acyl-S-R** (R = Alkyl, Aryl) und Chalcogen-Analoga sind Ester von Thiosäuren *etc.* nach *Kap. 6.14* (z.B. PhC(=O)–SMe).
- **Formale Sulfide Acyl-S-Acyl´** und Chalcogen-Analoga sind Anhydrosulfide von Thiosäuren *etc.* nach *Kap. 6.13* (z.B. PhC(=O)–S–C(=S)Me).
- **Symmetrische formale Sulfide Acyl–S–Acyl** und Chalcogen-Analoga mit Oxosäure-Acyl-Gruppen werden nach *Kap. 6.9 – 6.12* als mehrkernige Oxosäuren bzw. Oxosäure-Derivate (*Kap. 6.13 – 6.17*) betrachtet, s. **52** – **54**.

Kap. 6.14
Kap. 6.13
Kap. 6.9 – 6.12
Kap. 6.13 – 6.17

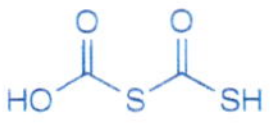

52

"Thiodikohlensäure-((HCO$_2$)S(HCOS))" (**52**)
- Englisch: 'thiodicarbonic acid ((HCO$_2$)S(HCOS))'
- mehrkernige Oxosäure

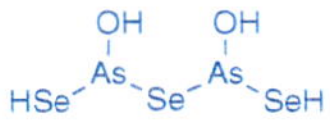

53

"Selenodiarsenigsäure-((H$_2$AsOSe)$_2$Se)" (**53**)
- Englisch: 'selenodiarsenous acid ((H$_2$AsOSe)$_2$Se)'
- mehrkernige Oxosäure

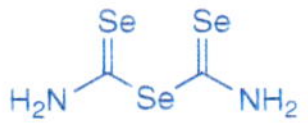

54

"Selenodikohlensäure-diamid-([(H$_2$N)C(Se)]$_2$Se)" (**54**)
- Englisch: 'selenodicarbonic diamide ([(H$_2$N)C(Se)]$_2$Se)'
- Derivat einer mehrkernigen Oxosäure

(e₁) **Acyclische formale Monosulfone, Monosulfoxide oder Monosulfide** (isolierte Gruppen) und Chalcogen-Analoga **mit Austauschnamen** ("a"-Namen) sind S-, Se- oder Te-haltige Ketten, die nach *Kap. 4.3.2* bezeichnet werden können. Sie haben eine **tiefere Priorität als Polysulfone, Polysulfoxide oder Polysulfide** bzw. Chalcogen-Analoga nach ***(c)*** oder ***(d)*** (s. *Tab. 3.2* und CA ¶ 271). Die O-Atome (=O) solcher Sulfon- oder Sulfoxid-Gruppen werden mittels **Additionsnomenklatur** nach *Kap. 3.2.4* angezeigt (s. **55**). Man beachte wenn nötig die Anweisungen zur **Bestimmung der Gerüst-Stammstruktur** nach *Kap. 3.3*.

Kap. 4.3.2
Tab. 3.2
CA ¶ 271
Tab. 3.2.4
Tab. 3.3

IUPAC lässt die Austauschnomenklatur für Sulfone, Sulfoxide oder Sulfide und Chalcogen-Analoga auch für Ketten mit weniger als vier Hetero-Einheiten zu (IUPAC R-5.5.4.3).

z.B.

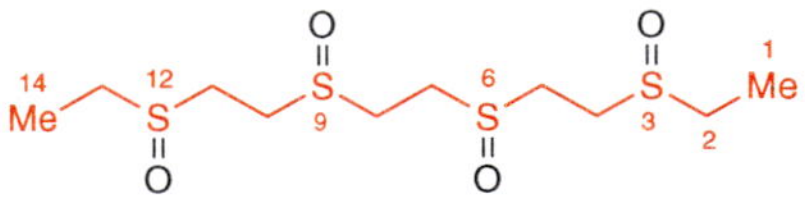

55

"3,6,9,12-Tetrathiatetradecan-3,6,9,12-tetraoxid" (**55**)
Additionsname (=O an S^{II})

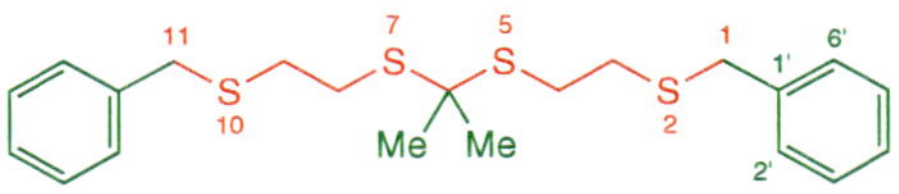

56

"6,6-Dimethyl-1,11-diphenyl-2,5,7,10-tetrathiaundecan" (**56**)
IUPAC: auch "Aceton-bis[2-(benzylsulfanyl)ethyl]-dithioacetal

6

Kap. 3.2.3

Kap. 3.3

(e₂) Acyclische symmetrische formale Monosulfone, Monosulfoxide oder Monosulfide (isolierte Gruppen) und Chalcogen-Analoga bekommen **Multiplikationsnamen** nach *Kap. 3.2.3*, wenn sie nicht nach ***(e₁)*** benannt werden können. Man beachte wenn nötig die Anweisungen zur **Bestimmung der Gerüst-Stammstruktur** nach *Kap. 3.3*.

IUPAC empfiehlt für acyclische symmetrische **Monosulfone R–S(=O)₂–R**, **Monosulfoxide R–S(=O)–R** oder **Monosulfide R–S–R** sowie Chalcogen-Analoga **Funktionsklassennomenklatur** oder Substitutionsnamen (Sulfane *etc.*), analog zu ***(c)*** und ***(d)***.

z.B.

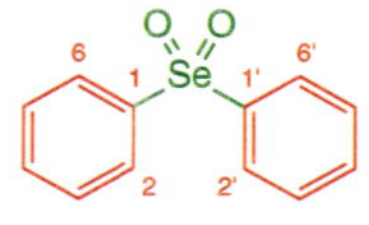

57

"1,1´-Selenonylbis[benzol]" (**57**)
- Englisch: '1,1´-selenonylbis[benzene]'
- Multiplikationsname
- IUPAC: auch "Diphenyl-selenon"

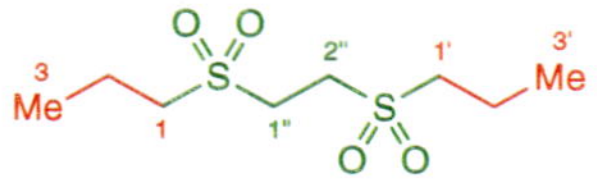

58

"1,1´-[Ethan-1,2-diylbis(sulfonyl)]bis[propan]" (**58**)
Multiplikationsname

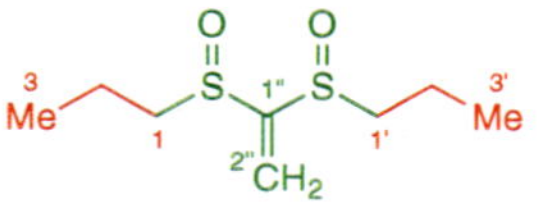

59

"1,1´-[Ethylidenbis(sulfinyl)]bis[propan] (**59**)
Multiplikationsname

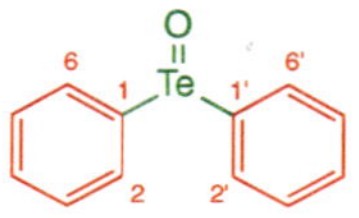

60

"1,1´-Tellurinylbis[benzol]" (**60**)
- Englisch: '1,1´-tellurinylbis[benzene]'
- Multiplikationsname
- IUPAC: auch "Diphenyl-telluroxid"

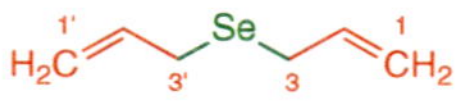

61

"3,3´-Selenobis[prop-1-en]" (**61**)
- Multiplikationsname
- IUPAC: auch "Di(prop-2-enyl)-selenid" oder "Di(prop-2-enyl)selan"

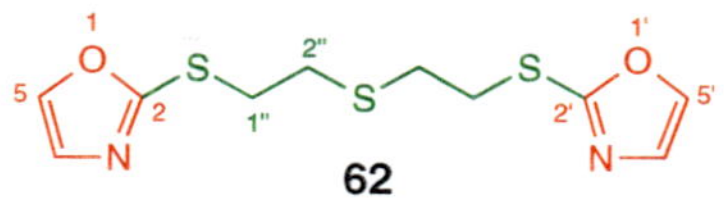

62

"2,2´-[Thiobis(ethan-2,1-diylthio)]bis[oxazol]" (**62**)
Multiplikationsname

(e₃) Acyclische formale Monosulfone R–S(=O)₂–R´, Monosulfoxide R–S(=O)–R´ oder Monosulfide R–S–R´ (R, R´ = Alkyl, Aryl; isolierte Gruppen) und Chalcogen-Analoga **mit Substitutionsnamen** sind oft unsymmetrisch (R ≠ R´) und lassen sich nicht nach ***(e₁)*** oder ***(e₂)*** benennen. Ihre Namen setzen sich zusammen aus

Kap. 5

Kap. 4.2–4.10

Substituentenpräfix "[(R´)S(=O)₂]-", "[(R´)S(=O)]-", "[(R´)S]-" *etc.* nach *Kap. 5*	+	**Stammname von RH** nach *Kap. 4.2–4.10*

Kap. 5.8

Die Substitutentenpräfixe für R´S(=O)₂–, R´S(=O)–, R´S– *etc.* werden nach *Kap. 5.8* gebildet:

Kap. 5.2–5.7

Substituenten-präfix "(R´)-" nach *Kap. 5.2–5.7*	+	
		"-sulfonyl-" (–S(=O)₂–)
		"-sulfinyl-" (–S(=O)–)
		"-thio-" (–S–)
		"-selenonyl-" (–Se(=O)₂–)
		"-seleninyl-" (–Se(=O)–)
		"-seleno-" (–Se–)
		"-telluronyl-" (–Te(=O)₂–)
		"-tellurinyl-" (–Te(=O)–)
		"-telluro-" (–Te–)

Kap. 3.3

Man beachte dabei die Anweisungen zur **Bestimmung der Gerüst-Stammstruktur** nach *Kap. 3.3* (Wahl von RH).

IUPAC empfiehlt für acyclische **Monosulfone R–S(=O)₂–R´**, **Monosulfoxide R–S(=O)–R´** oder **Monosulfide R–S–R´** (isolierte Gruppen) und Chalcogen-Analoga **Funktionsklassennomenklatur** oder Substitutionsnamen (Sulfane *etc.*), analog zu ***(c)*** und ***(d)***. Die Trivialnamen **"Mesyl-"** (**72**) und **"Tosyl-"** (nur *p*-Isomeres; **73**) sind weiterhin zugelassen.

z.B.

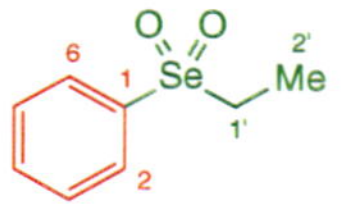

63

"(Ethylselenonyl)benzol" (**63**)
- Englisch: '(ethylselenonyl)benzene'
- Ring > Kette (*Kap. 3.3(**b**)*)
- IUPAC: auch "Ethyl-phenyl-selenon"

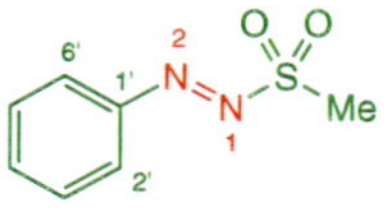

64

"(Methylsulfonyl)phenyldiazen" (**64**)
- N-haltige Kette > Carbocyclus oder C-Kette (*Kap. 3.3(**b**)*)
- IUPAC: auch "Mesyl(phenyl)diazen"; vgl. **72**

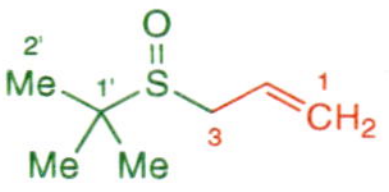

65

"3-[(1,1-Dimethylethyl)sulfinyl]-prop-1-en" (**65**)
- C₃-Kette > C₂-Kette (*Kap. 3.3(**e**)*)
- IUPAC: auch "(*tert*-Butyl)-(prop-2-enyl)-sulfoxid"

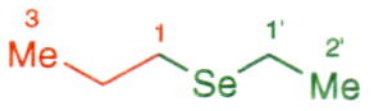

66

"1-(Ethylseleno)propan" (**66**)
- C₃-Kette > C₂-Kette (*Kap. 3.3(**e**)*)
- IUPAC: auch "Ethyl-propyl-selenid" oder "Ethyl(propyl)selan"

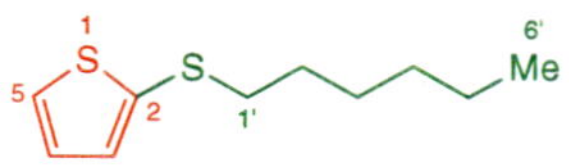

67

"2-(Hexylthio)thiophen" (**67**)
- S-haltiger Heterocyclus > C-Kette (*Kap. 3.3(**b**)*)
- IUPAC: auch "Hexyl-(2-thienyl)-sulfid" oder "Hexyl(2-thienyl)sulfan"

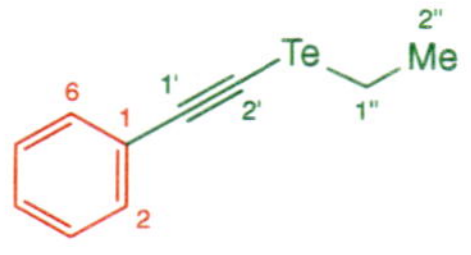

68

"[2-(Ethyltelluro)ethinyl]benzol" (**68**)
- Englisch: '[2-(ethyltelluro)ethynyl]benzene'
- Ring > Kette (*Kap. 3.3(**b**)*)
- IUPAC: auch "Ethyl-(2-phenylethinyl)-tellurid" oder "Ethyl(2-phenylethinyl)tellan"

69

"Tris(methylthio)methan" (**69**)
- 3 Präfixe > 1 Präfix (*Kap. 3.3(j)*)
- generisch ein **Thioorthocarbonsäure-ester**
- **trivial** "Thioorthoameisensäure-*S,S,S*-triethyl-ester"/"*S,S,S*- Trimethyl-**thioorthoformat**"

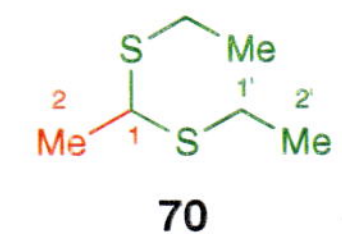

70

"1,1-Bis(ethylthio)ethan" (**70**)
- 2 Präfixe > 1 Präfix (*Kap. 3.3(j)*)
- generisch ein **Thioacetal**
- IUPAC: auch "Acetaldehyd-diethyl-**dithioacetal**

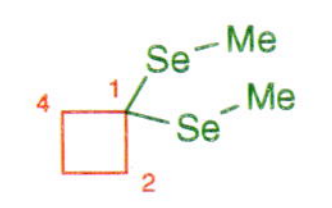

71

"1,1-Bis(methylseleno)cyclobutan" (**71**)
- Ring > Kette (*Kap. 3.3(**b**)*)
- generisch ein **Selenoacetal** oder **Selenoketal**
- IUPAC: auch "Cyclobutanon-dimethyl-**diselenoacetal**"

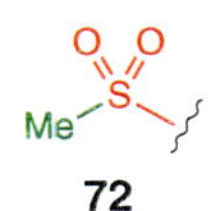

72

"(Methylsulfonyl)-" (**72**)
IUPAC: auch "**Mesyl-**"; vgl. *Kap. 6.8(**d**)*

73

"[(4-Methylphenyl)sulfonyl]-" (**73**)
IUPAC: auch "**Tosyl-**" (nur *p*-Isomeres); vgl. *Kap. 6.8(**d**)*

(*f*) Die folgenden gleichzeitig N- und S-haltigen (bzw. Se- und Te-haltigen) Verbindungen sind Stammstrukturen, die bei den **Stickstoff-Verbindungen** (s. *Kap. 6.25*) besprochen werden:

Kap. 6.25

74 — "Sulfoximin" (**74**)

75 — "Sulfilimin" (**75**)

76 — "Schwefel-diimid" (**76**)

77 — "Schwefel-triimid" (**77**)

78 — "Sulfimid" (**78**)

79 — "Thionyl-imid" (**79**)

Beispiele:

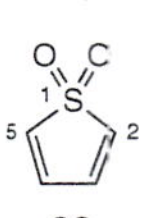

80

"Thiophen-1,1-dioxid" (**80**)
- nach (***b***)
- Beispiel eines entsprechenden Substituenten: "(1,1-**Dioxido**-2-thienyl)-"
- das "Tetrahydro"-Derivat von **80** hat den Trivialnamen "**Sulfolan**"

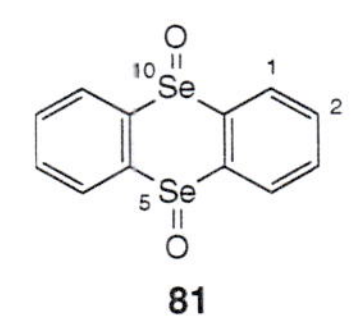

81

"Selenanthren-5,10-dioxid" (**81**)
- nach (***b***)
- Beispiel eines entsprechenden Substituenten: "(5,10-**Dioxido**selenanthren-2-yl)-"

82

"Tetrahydro-2-(phenylseleno)thiophene-1-oxid" (**82**)
- nach (***b***) und (***e₁***)
- S-haltiger Heterocyclus > Carbocyclus (*Kap. 3.3(**c₂**)*)

83

"Phenyl-(phenylmethyl)-disulfon" (**83**)
nach (***c***)

84

"Bis(1-diazobutyl)-disulfoxid" (**84**)
nach (***c***)

85

"Bis(phenylthioxomethyl)-diselenid" (**85**)
nach (***d***)

86

"(Methoxycarbonyl)-[(methylthio)carbonyl]-disulfid" (**86**)
nach (***d***)

87

"Bis[amino(imino)methyl]-disulfid" (**87**)
- nach (***d***)
- besser: "Thioperoxydicarbonimidsäure-diamid-([(H₂N)C(NH)]₂S₂)"

88

"Bis[bis(1,1-dimethylethyl)phosphinoselenoyl]-diselenid" (**88**)
- nach (***d***)
- besser (P > Se): "Diselenobis[bis(1,1-dimethylethyl)-phosphin-selenid]"

89

"Bis[(tetrafluoroethyliden)amino]-trisulfid" (**89**)
nach (***d***)

90

"Bis{[bis(2-methylpropyl)amino]selenoxomethyl}-triselenid" (**90**)
nach (***d***)

91

"Methyl-nitro-hexasulfid" (**91**)
nach (***d***)

92

"Diethyl-heptaselenid" (**92**)
nach (***d***)

93

"3,3´-Dithiobis[thiophen]" (**93**)
- nach (***d***)
- Ring > Kette (*Kap. 3.3(**b**)*)
- Multiplikationsname

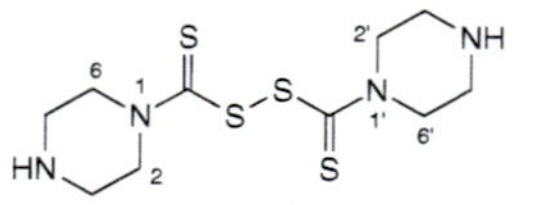

94

"1,1´-(Dithiodicarbonothioyl)bis[piperazin]" (**94**)
- nach ***(d)***
- N-haltiger Ring > S-haltige Kette (*Kap. 3.3***(b)**)
- Multiplikationsname

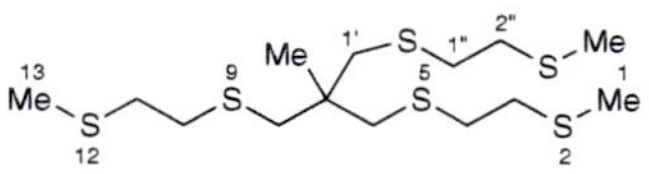

95

"7-Methyl-7-{{[2-(methylthio)ethyl]thio}methyl}-2,5,9,12-tetrathiatridecan" (**95**)
nach ***(e_1)***

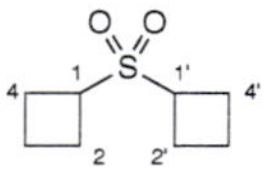

96

"1,1´-Sulfonylbis[cyclobutan]" (**96**)
- nach ***(e_2)***
- Multiplikationsname

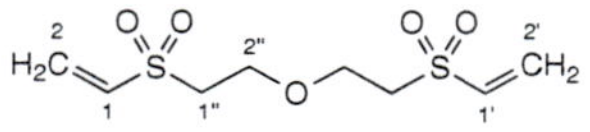

97

"1,1´-[Oxybis(ethan-2,1-diylsulfonyl)]bis[ethen]" (**97**)
- nach ***(e_2)***
- ungesättigte C_2-Kette > gesättigte C_2-Kette (*Kap. 3.3***(g)**)
- Multiplikationsname

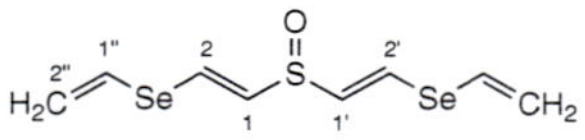

98

"1,1´-Sulfinylbis[2-(ethenylseleno)ethen]" (**98**)
- nach ***(e_2)***
- zentrale Struktur > terminale Struktur (*Kap. 3.3***(l)**)
- Multiplikationsname

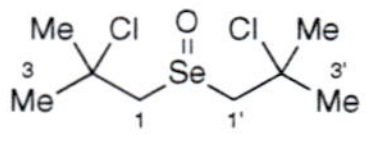

99

"1,1´-Seleninylbis[2-chloro-2-methylpropan]" (**99**)
- nach ***(e_2)***
- Multiplikationsname

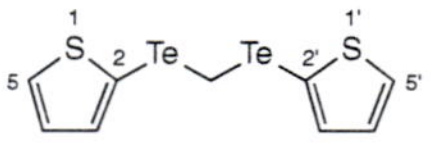

100

"2,2´-[Methylenbis(telluro)]bis[thiophen]" (**100**)
- nach ***(e_2)***
- S-haltiger Heterocyclus > C_1-Kette (*Kap. 3.3***(b)**)
- Multiplikationsname

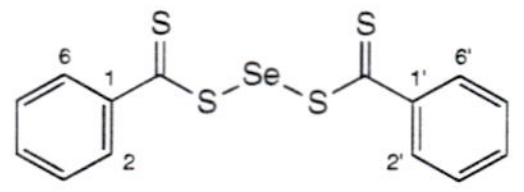

101

"1,1´-[Selenobis(thiocarbonothioyl)]bis[benzol]" (**101**)
- nach ***(e_2)***
- Carbocyclus > C_1-Kette (*Kap. 3.3***(b)**)
- Multiplikationsname

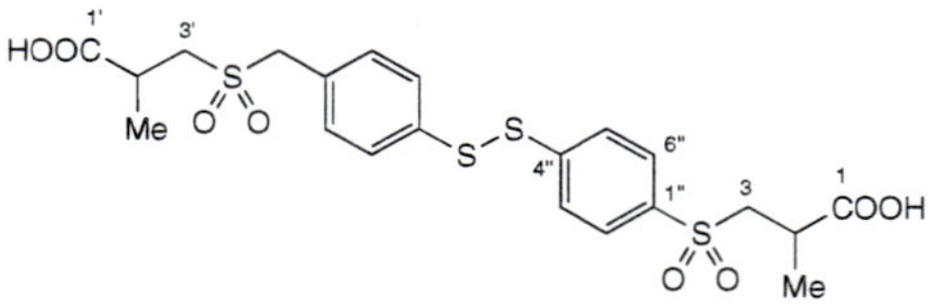

102

"3,3´-[Dithiobis(4,1-phenylensulfonyl)]bis[2-methylpropansäure]" (**102**)
- nach ***(e_2)***
- Multiplikationsname

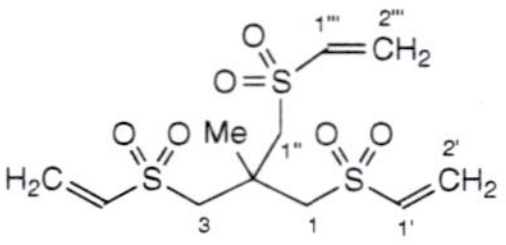

103

"1,3-Bis(ethenylsulfonyl)-1-[(ethenylsulfonyl)methyl]-2-methylpropan" (**103**)
- nach ***(e_3)***
- C_3-Kette > C_2-Kette (*Kap. 3.3***(e)**)

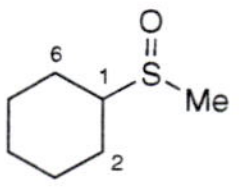

104

"(Methylsulfinyl)cyclohexan" (**104**)
- nach ***(e_3)***
- Ring > Kette (*Kap. 3.3***(b)**)

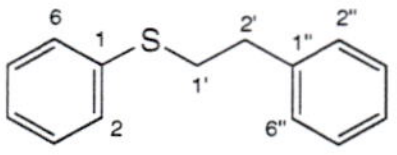

105

"[(2-Phenylethyl)thio]benzol" (**105**)
- nach ***(e_3)***
- "(Phenyl**ethyl**)thio" > "(Phenyl**thio**)ethyl" (*Kap. 3.3***(m)**)

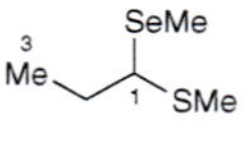

106

"1-(Methylseleno)-1-(methylthio)propan" (**106**)
- nach ***(e_3)*** (hypothetisch)
- IUPAC: auch "Propanal-dimethyl-**selenothioacetal**"

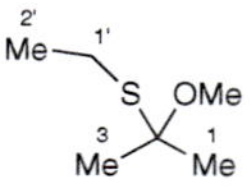

107

"2-(Ethylthio)-2-methoxypropan" (**107**)
- nach ***(e_3)***
- IUPAC: auch "Aceton-*S*-ethyl-*O*-methyl-**monothioacetal**"

CA ¶ 141, 145, 148, 151, 152, 154 – 157 IUPAC R-2 und R-5.1.1

6.32. Kohlenstoff-Verbindungen *(Klasse 24)*

Tab. 3.2 Anhang 1

C-Haltige Radikale und Ionen sind Verbindungen, die in die vorrangigen *Klassen 1 – 4* (s. *Tab. 3.2*) gehören. Zur Nomenklatur von **Fullerenen**, s. *Anhang 1*.

Man unterscheidet folgende Kohlenwasserstoffe:

(a) Carbocyclen,

(b) Ketten (unverzweigte und verzweigte),

(c) Carbocyclen, die durch Ketten oder Carbocyclen substituiert sind.

(a) **Carbocyclen** (cyclische Kohlenwasserstoffe; 'cyclic hydrocarbons') sind Gerüst-Stammstrukturen. Ihre **Stammnamen** und entsprechende **Substituentenpräfixe** sind **in *Kap. 4.4* und *4.6 – 4.10*** beschrieben. Präfixe sind auch in den *Kap. 5.5* und *5.7* zusammengefasst.

Kap. 5.5 und 5.7

- Carbomonocyclen, entsprechend *Kap. 4.4*, s. **1** und **2**; (Kap. 4.4)
- anellierte Polycyclen, entsprechend *Kap. 4.6*, s. **3** und **4**; (Kap. 4.6)
- Brückenpolycyclen nach *von Baeyer*, entsprechend *Kap. 4.7*, s. **5**; (Kap. 4.7)
- überbrückte anellierte Polycyclen, entsprechend *Kap. 4.8*, s. **6** und **7**; (Kap. 4.8)
- Spiropolycyclen, entsprechend *Kap. 4.9*, s. **8** und **9**; (Kap. 4.9)
- Ringsequenzen, entsprechend *Kap. 4.10*, s. **10 – 12**. (Kap. 4.10)

Beachte:

Kap. 3.2.2

Eine Hauptgruppe oder ein acyclischer Substituent mit Hauptgruppe an einem Carbocyclus wird **als Suffix** (z.B. $-NH_2$) **oder Funktionsstammname** (z.B. $-PO_3H$) **bzw. mittels eines Konjunktionsnamens** (z.B. $-CH_2COOH$; beachte Ausnahmen bei den einzelnen Verbindungsklassen) **bezeichnet**.

z.B.

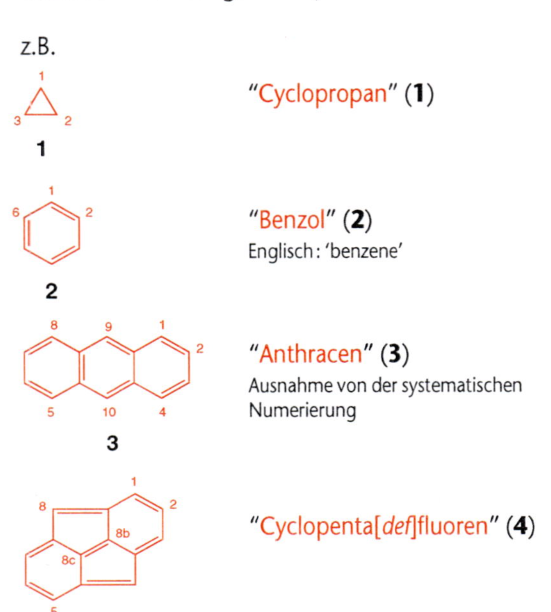

"Cyclopropan" (**1**)

"Benzol" (**2**)
Englisch: 'benzene'

"Anthracen" (**3**)
Ausnahme von der systematischen Numerierung

"Cyclopenta[*def*]fluoren" (**4**)

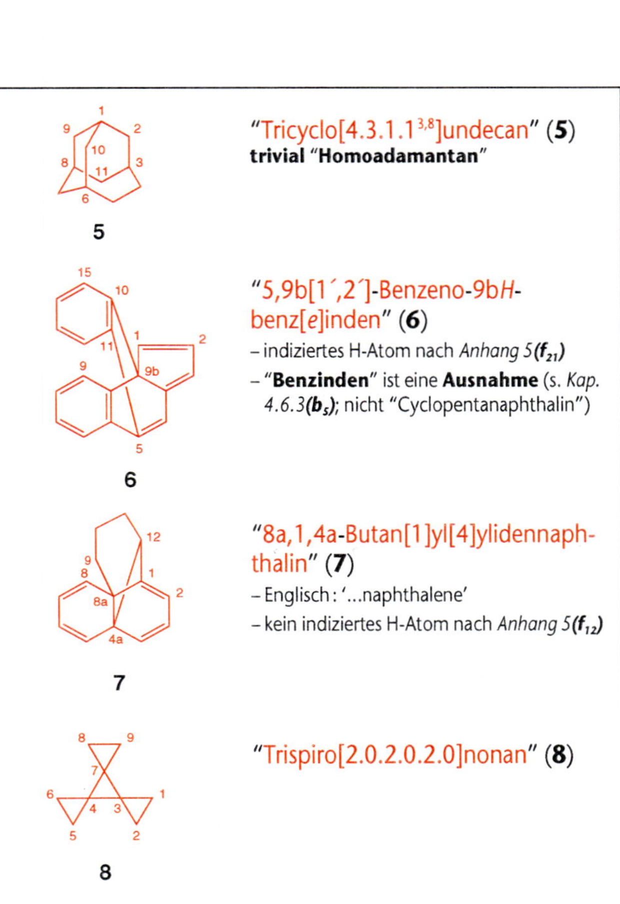

"Tricyclo[4.3.1.1^{3,8}]undecan" (**5**)
trivial "Homoadamantan"

"5,9b[1´,2´]-Benzeno-9b*H*-benz[*e*]inden" (**6**)
- indiziertes H-Atom nach *Anhang 5(*f_{21}*)*
- "**Benzinden**" ist eine **Ausnahme** (s. *Kap. 4.6.3(*b_5*)*; nicht "Cyclopentanaphthalin")

"8a,1,4a-Butan[1]yl[4]ylidennaphthalin" (**7**)
- Englisch: '...naphthalene'
- kein indiziertes H-Atom nach *Anhang 5(*f_{12}*)*

"Trispiro[2.0.2.0.2.0]nonan" (**8**)

"Spiro[bicyclo[2.1.0]pentan-5,1´-cyclopropan]" (**9**)

"Bi(cycloprop-1-en-1-yl)" (**10**)
CA: 'bi-1-cyclopropen-1-yl'

"1,1´:3´,1´´-Terphenyl" (**11**)

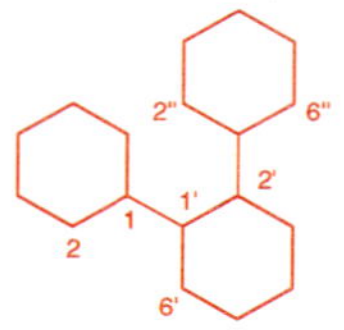

12

"1,1´:2´,1´´-Tercyclohexan" (**12**)

(b) **Unverzweigte Kohlenwasserstoff-Ketten** ('unbranched acyclic hydrocarbons') sind Gerüst-Stammstrukturen. Ihre **Stammnamen** und entsprechende **Substituentenpräfixe** sind **in *Kap. 4.2*** beschrieben. Präfixe sind auch in den *Kap. 5.2* und *5.3* zusammengefasst.

Kap. 4.2
Kap. 5.2 und 5.3

Beachte:

Eine Hauptgruppe an einer Kohlenwasserstoff-Kette **wird als Suffix** (z.B. –OH) **oder Funktionsstammname** (z.B. $-PO_3H$) **bezeichnet**.

Der Name einer verzweigten Kohlenwasserstoff-Kette ('branched acyclic hydrocarbon') ohne Hauptgruppe, z.B. **R–CH(R´´)–R´**, setzt sich zusammen aus

Substituentenpräfix "(R´´)-" nach *Kap. 5.2* und *5.3*	+	**Stammname der unverzweigten Kette R–CH$_2$–R´** nach *Kap. 4.2*

Kap. 5.2 und 5.3
Kap. 4.2

Die **Gerüst-Stammstruktur R–CH$_2$–R´ (Hauptkette**; unverzweigt) wird **nach *Kap. 3.3*** gewählt.

Kap. 3.3

z.B.

CH_4

13

"Methan" (**13**)

14

"Butan" (**14**)

15

"Hexan" (**15**)

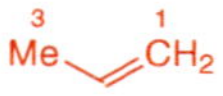

16

"Prop-1-en" (**16**)

17

"(3*E*)-Penta-1,3-dien" (**17**)
"(3*E*)" nach *Anhang 6*

18

"Hept-3-in" (**18**)
Englisch: 'hept-3-yne'

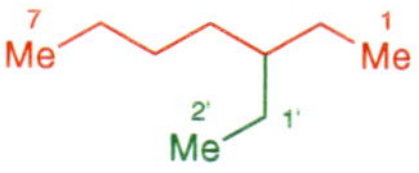

19

"3-Ethylheptan" (**19**)
C_7-Kette > C_5-Kette (*Kap. 3.3(**e**)*)

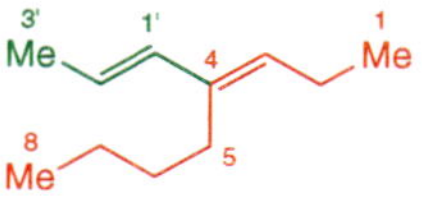

20

"(3*E*)-4-[(1*E*)-Prop-1-enyl]oct-3-en" (**20**)
- "(3*E*)" und "(1*E*)" nach *Anhang 6*
- C_8-Kette > C_7-Kette (*Kap. 3.3(**e**)*)
- IUPAC: "4-Butylhept-2,4-dien" (Dien > En)

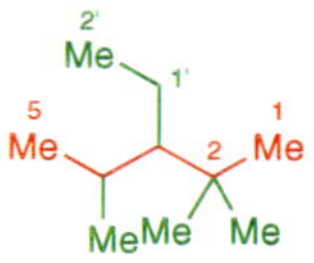

21

"3-Ethyl-2,2,4-trimethylpentan" (**21**)
4 Präfixe > 3 Präfixe (*Kap. 3.3(**j**)*)

(c) **Der Name eines Kohlenwasserstoffes R–R´ aus verschiedenen Carbocyclen oder aus Carbocyclen und Ketten** setzt sich zusammen aus

Substituentenpräfix des nicht-vorrangigen Carbocyclus- oder Kettensubstituenten "(R´)-" nach *Kap. 5.5* und *5.7* bzw. *5.2* und *5.3*	+	**Stammname des vorrangigen Carbocyclus RH** nach *Kap. 4.4* und *4.6–4.10*

Kap. 5.5 und 5.7 bzw. 5.2 und 5.3
Kap. 4.4 und 4.6–4.10

Die **Gerüst-Stammstruktur RH (Hauptringstruktur)** wird nach *Kap. 3.3* gewählt. So haben alle **Carbocyclen vor Kohlenwasserstoff-Ketten Vorrang**, wenn keine Hauptgruppe vorhanden ist (*Kap. 3.3(**b**)*).

Kap. 3.3

z.B.

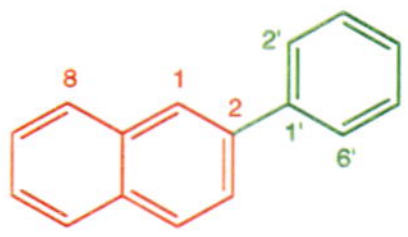

22

"2-Phenylnaphthalin" (**22**)
- Englisch: '2-phenylnaphthalene'
- 2 Einzelringe > 1 Einzelring (*Kap. 3.3(**c$_3$**)*)

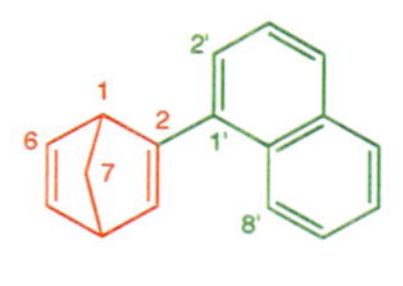

23

"2-(Naphthalin-1-yl)bicyclo[2.2.1]hepta-2,5-dien" (**23**)
- Englisch: '2-(naphthalen-1-yl)bicyclo-[2.2.1]hepta-2,5-diene'
- Brückenpolycyclus nach *von Baeyer* > anellierter Polycyclus (*Kap. 3.3(**c$_4$**)*)

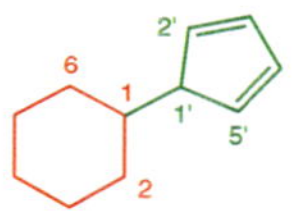

24

"(Cyclopenta-2,4-dien-1-yl)-cyclohexan" (**24**)
Sechsring > Fünfring (*Kap. 3.3(**c$_5$**)*)

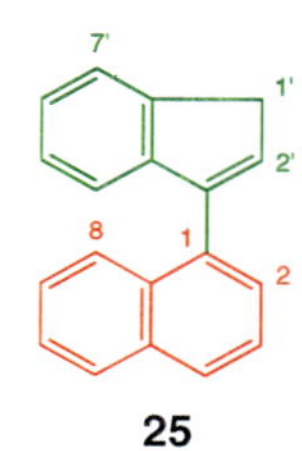

25

"1-(1*H*-Inden-3-yl)naphthalin" (**25**)
- Englisch: '...naphthalene'
- 10 Ringatome > 9 Ringatome (*Kap. 3.3(**c$_6$**)*)

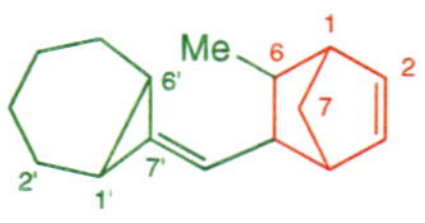

26

"5-(Bicyclo[4.1.0]hept-7-ylidenmethyl)-6-methylbicyclo-[2.2.1]hept-2-en" (**26**)
3 gemeinsame Ringatome > 2 gemeinsame Ringatome (*Kap. 3.3(**c$_7$**)*)

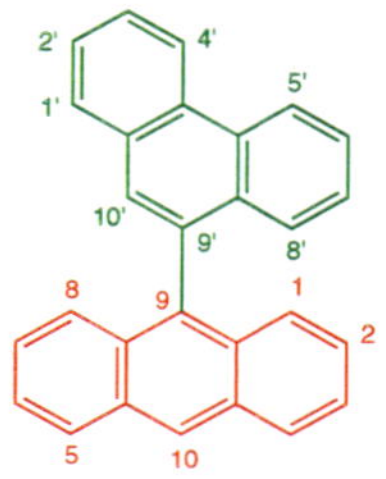

27

"9-(Phenanthren-9-yl)anthracen" (**27**)
3 Einzelringe linear > 2 Einzelringe linear (*Kap. 3.3(**c$_{11}$**)*)

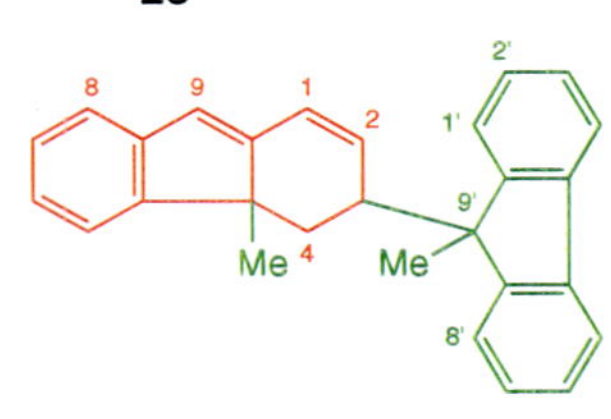

28

"1-(Cyclopent-2-en-1-yl)cyclopenta-1,3-dien" (**28**)
2 Doppelbindungen > 1 Doppelbindung (*Kap. 3.3*(**c_{13}**))

29

"4,4a-Dihydro-4a-methyl-3-(9-methyl-9*H*-fluoren-9-yl)-3*H*-fluoren" (**29**)
- indiziertes H-Atom nach *Anhang 5*(**a**)(**d**)
- "3*H*" > "9*H*" (*Kap. 3.3*(**c_{14}**))
- die Absättigung einer Doppelbindung der Gerüst-Stammstruktur ("3*H*-Fluoren") wird durch das "Hydro"-Präfix ausgedrückt

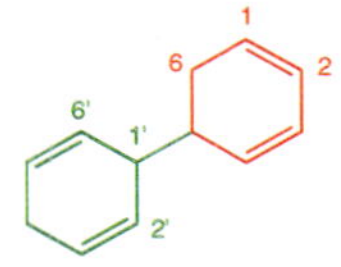

30

"5-(Cyclohexa-2,5-dien-1-yl)cyclohexa-1,3-dien" (**30**)
"...1,3-dien" > "...1,4-dien" (*Kap. 3.3*(**c_{15}**))

31

"1-(Oct-1-inyl)cyclopenten" (**31**)
- Englisch: '1-(oct-1-ynyl)cyclopentene'
- Ring > Kette (*Kap. 3.3*(**b**))

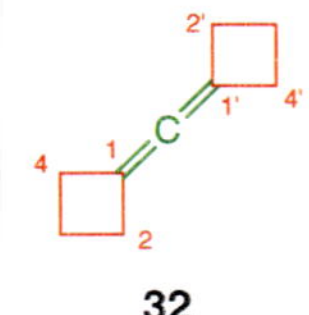

32

"1,1´-Methantetraylbis[cyclobutan]" (**32**)
- Ring > Kette (*Kap. 3.3*(**b**))
- Multiplikationsname

33

"1,1´-(1-Methylethyliden)bis[cyclohexan]" (**33**)
- Ring > Kette (*Kap. 3.3*(**b**))
- Multiplikationsname

Beispiele:

34

"Oct-1-en-7-in" (**34**)
nach (**b**)

35

"4-Ethyl-2,2-dimethylhexan" (**35**)
nach (**b**)

36

"3-Ethenylhexa-1,3-dien" (**36**)
- nach (**b**)
- C_6-Kette > C_5-Kette (*Kap. 3.3*(**e**))

37

"3-Methylenhex-1-en" (**37**)
- nach (**b**)
- C_6-Kette > C_4-Kette (*Kap. 3.3*(**e**))
- IUPAC: "2-Propylbutan-1,3-dien" (Dien > En)

38

"2-(Bicyclo[2.1.1]hex-2-yliden)bicyclo[2.1.1]hexan" (**38**)
- nach (**c**)
- bei CA nicht Ringsequenz wegen Doppelbindung

aber:

39

"3,3´-Bibicyclo[3.1.1]heptan" (**39**)
- nach (**a**)
- Ringsequenz

40

"3,3´-(1,3-Phenylen)bis[bicyclo[4.2.0]-octa-1,3,5-trien]" (**40**)
- nach (**c**)
- 2 Einzelringe > 1 Einzelring (*Kap. 3.3*(**c_3**))
- Multiplikationsname

41

"7-(3,4-Dihydronaphthalin-1(2*H*)-yliden)bicyclo[4.1.0]heptan" (**41**)
- nach (**c**)
- indiziertes H-Atom nach *Anhang 5*(**i_2**)
- Brückenpolycyclus nach *von Bayer* > anellierter Polycyclus (*Kap. 3.3*(**c_4**))

42

"8-Chloro-1-(8-chlorobicyclo[5.1.0]oct-8-yl)bicyclo[5.1.0]oct-7-en" (**42**)
- nach (**c**)
- 1 Doppelbindung > keine Doppelbindung (*Kap. 3.3*(**c_{13}**))

43

"10,10´-Bis([1,1´-biphenyl]-3-yl)-9,9´-bianthracen" (**43**)
- nach (**c**)
- 3 Einzelringe > 1 Einzelring (*Kap. 3.3*(**c_3**), s. dort auch *Fussnote 2*)

44

"3-[2-(Naphthalin-2-yl)ethenyl]bicyclo[4.2.0]octa-1,3,5-trien" (**44**)
- nach (**c**)
- Ring > Kette (*Kap. 3.3*(**b**)); Brückenpolycyclus nach *von Baeyer* > anellierter Polycyclus (*Kap. 3.3*(**c_4**))

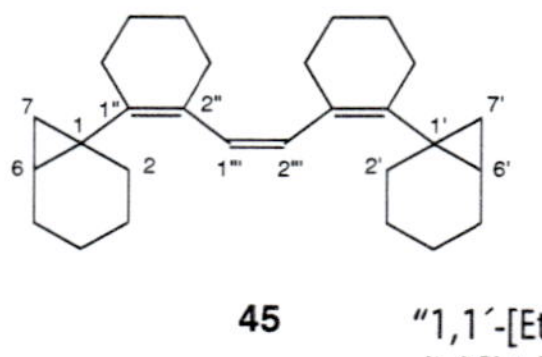

45

"1,1´-[Ethen-1,2-diyldi(cyclohex-1-en-2,1-diyl)]bis[bicyclo[4.1.0]heptan]" (**45**)
- nach **(c)**
- Ring > Kette (*Kap. 3.3***(b)**; 2 Einzelringe > 1 Einzelring (*Kap. 3.3***(c_3)**)
- Multiplikationsname

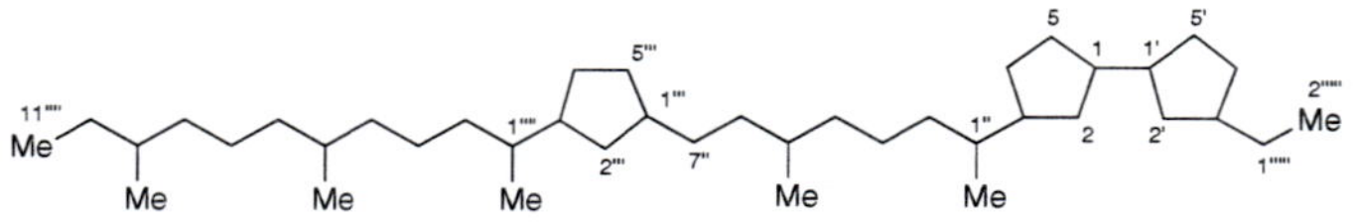

46

"3-{1,5-Dimethyl-7-[3-(1,5,9-trimethylundecyl)-cyclopentyl]heptyl}-3´-ethyl-1,1´-bicyclopentyl" (**46**)
- nach **(c)**
- Ring > Kette (*Kap. 3.3***(b)**); Ringsequenz > isolierte Komponente (*Kap. 3.3, dort Fussnote 2*)

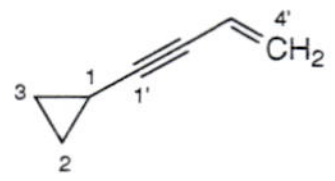

47

"(But-3-en-1-inyl)cyclopropan" (**47**)
- nach **(c)**
- Ring > Kette (*Kap. 3.3***(b)**)

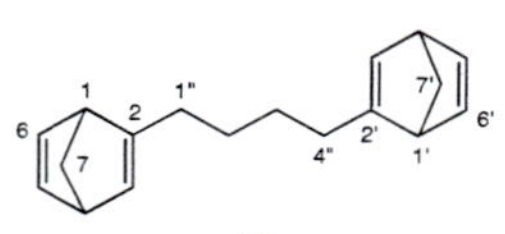

48

"2,2´-(Butan-1,4-diyl)bis[bicyclo[2.2.1]hepta-2,5-dien]" (**48**)
- nach **(c)**
- Ring > Kette (*Kap. 3.3***(b)**)
- Multiplikationsname

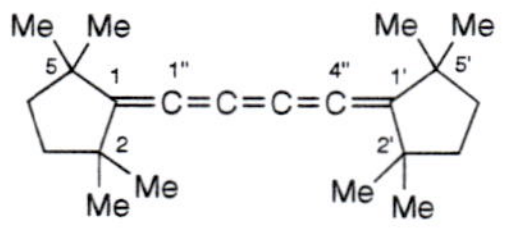

49

"1,1´-(Buta-1,2,3-trien-1,4-diyliden)bis[2,2,5,5-tetramethylcyclopentan]" (**49**)
- nach **(c)**
- Ring > Kette (*Kap. 3.3***(b)**)
- Multiplikationsname

6

CA ¶ 188, 132, 259 und 215
IUPAC R-5.3.1

6.33. Halogen-Verbindungen

Verbindungen mit den folgenden Strukturen gehören in andere, vorrangige Verbindungsklassen:

- **Halogen-Austauschanaloga von Oxosäuren** (z.B. Cl–C(=O)–OH, Cl–S(=O)$_2$–OH), s. *Klassen 5j – q* (*Kap. 6.9 – 6.12*);
- **Halogen-Oxosäuren HOXO$_3$, HOXO$_2$, HOXO und HX** (X = F, Cl, Br, I), s. *Kap. 6.10*;
- **Säure-halogenide** (z.B. MeC(=O)–Cl, F–C(=O)–F, P(=S)F$_3$) **und andere Derivate von Halogen-haltigen Oxosäuren** (z.B. Cl–C(=O)–NH$_2$, P(NHNH$_2$)Br$_2$), s. *Klassen 6* (*Kap. 6.13 – 6.17*).

Kap. 6.9 – 6.12; Kap. 6.10; Kap. 6.13 – 6.17

Die **Halogenoid-Gruppen N$_3$–, CN–, OCN–, SCN–, SeCN– und TeCN–** sind N-haltig und deshalb in *Kap. 6.25(**h**)* angeführt.

Kap. 6.25(h)

Man unterscheidet:

(a) Halogen-haltige (F, Cl, Br, I, At) Substituenten;
(b) acyclische ionische Halogen-Verbindungen;
(c) cyclische Halogen-Verbindungen.

Tab. 3.1

(a) **Halogen-haltige** (F, Cl, Br, I, At) **Substituenten werden nur als Präfixe bezeichnet** (s. auch *Tab. 3.1*):

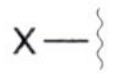

X = F, Cl, Br, I, At — **1**

"**Halogeno-**"[1] (1)
"**Fluoro-**"[1] (F–), "**Chloro-**"[1] (Cl–), "**Bromo-**"[1] (Br–), "**Iodo-**"[1] (I–), "**Astato-**"[1] (At–)

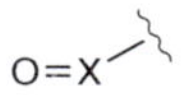

X = F, Cl, Br, I, At — **2**

"**Halogenosyl-**" (**2**)
- z.B. "**Chlorosyl-**" (OCl–), "**Iodosyl-**" (OI–)
- **früher "Halogenoso-"**

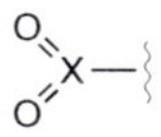

X = F, Cl, Br, I, At — **3**

"**Halogenyl-**" (**3**)
- z.B. "**Chloryl-**" (O$_2$Cl–), "**Iodyl-**" (O$_2$I–), "**Astatyl-**" (O$_2$At–)
- **früher "Halogenoxy-"**

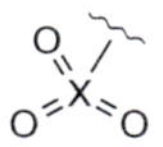

X = F, Cl, Br, I, At — **4**

"**Perhalogenyl-**" (**4**)
z.B. "**Perchloryl-**" (O$_3$Cl–), "**Periodyl-**" (O$_3$I–)

Kap. 5.8

Entsprechende **zusammengesetzte Präfixe** können nach *Kap. 5.8* mittels **1** – **4** gebildet werden (s. **5** – **7**).

Ausnahmen:

Verbindungen vom Typ (HO)$_2$X–R, (MeCOO)$_2$X–R und Y$_2$X–R (X, Y = Halogen) **und andere** acyclische ungeladene **dreiwertige Halogen-Verbindungen XRR´R´´ sind neutrale Koordinationsverbindungen mit der Priorität der *Klasse 3*** (s. *Tab. 3.2*), wobei X das Zentralatom ist. Sie bekommen **Koordinationsnamen** gemäss *Kap. 6.34* nach den Nomenklatur-Regeln der anorganischen Chemie (nicht zusammengesetzte Präfixe für (HO)$_2$X– *etc.*), s. **8** und **9**.

Tab. 3.2; Kap. 6.34; CA ¶ 215; IUPAC 'Red Book'

IUPAC lässt für Verbindungen R–X mit den Substituenten X– = F–, Cl–, Br–, I– und At– auch **Funktionsklassennomenklatur** zu (*Kap. 3.2.6*; im Deutschen ohne Bindestrich, der hier aber immer beigefügt wird; für triviale Substituentenpräfixe "(R)-", s. *Kap. 4.2* und *4.4 – 4.6*; IUPAC R-5.3.1). Ausserdem werden für Substituenten vom Typ (HO)$_2$X–, (MeCOO)$_2$X– und (Y)$_2$X– (X, Y = Halogen) ausschliesslich zusammengesetzte Präfixe empfohlen, die auf den Stammnamen "λ^3-**Chloran**" (ClH$_3$), "λ^3-**Iodan**" (IH$_3$; nicht "Iodinan") *etc.* basieren (IUPAC R-4.1). Für "λ^3", s. *Anhang 7*.

z.B.

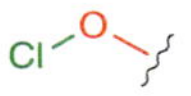

5 — "(Chlorooxy)-" (**5**)

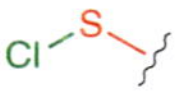

6 — "(Chlorothio)-" (**6**)

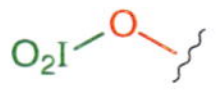

7 — "(Iodyloxy)-" (**7**)

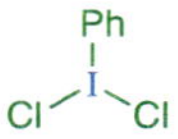

8 — "Dichloro(phenyl)iod" (**8**)
- Englisch: 'dichloro(phenyl)iodine'
- Koordinationsname (*Kap. 6.34*)
- IUPAC: auch "(Dichloro-λ^3-iodanyl)benzol"; nicht mehr "(Dichloroiodo)benzol"

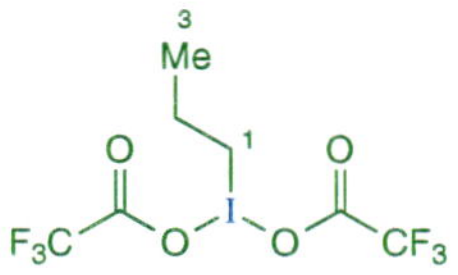

9 — "Propylbis(trifluoroacetato-κO)-iod" (**9**)
- Englisch: 'propylbis(trifluoroacetato-κO)iodine'
- Koordinationsname (s. *Kap. 6.34*, auch für "κO")
- IUPAC: auch "[Bis(trifluoroacetoxy)-λ^3-iodanyl]propan"

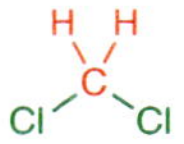

10 — "Dichloromethan" (**10**)
- IUPAC: auch "Methylen-dichlorid"
- **trivial "Methylenchlorid"**

[1]) **IUPAC** empfiehlt, im Deutschen bei diesen Präfixen das endständige "o" wegzulassen. **Im vorliegenden Handbuch** werden aber auch in IUPAC-Namen, wie im Französischen und Englischen, die **Präfixe mit enständigem "o"** verwendet.

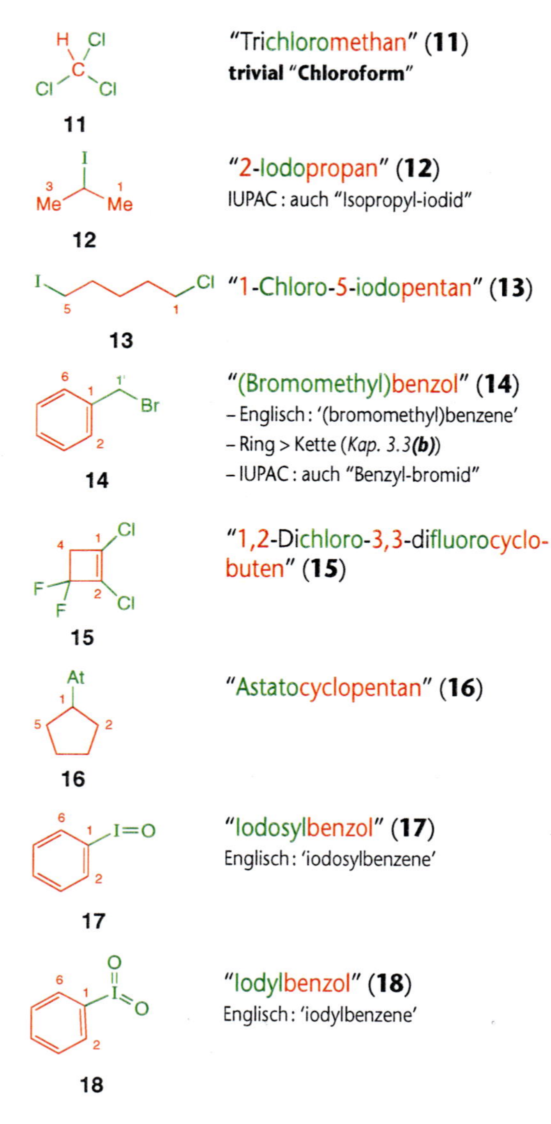

"Trichloromethan" (**11**)
trivial "Chloroform"

"2-Iodopropan" (**12**)
IUPAC: auch "Isopropyl-iodid"

"1-Chloro-5-iodopentan" (**13**)

"(Bromomethyl)benzol" (**14**)
- Englisch: '(bromomethyl)benzene'
- Ring > Kette (*Kap. 3.3(**b**)*)
- IUPAC: auch "Benzyl-bromid"

"1,2-Dichloro-3,3-difluorocyclobuten" (**15**)

"Astatocyclopentan" (**16**)

"Iodosylbenzol" (**17**)
Englisch: 'iodosylbenzene'

"Iodylbenzol" (**18**)
Englisch: 'iodylbenzene'

*(**b**)* **Acyclische ionische Halogen-Verbindungen** (ausser Salzen) sind entweder **Derivate der Stammkationen H_2F^+, H_2Cl^+, H_2Br^+ oder H_2I^+** (s. *Kap. 6.3.3.1*) **oder Koordinationsverbindungen** mit dem Halogen-Atom als Zentralatom (s. *Kap. 6.34* sowie **8** und **9** in *(**a**)*); sie haben die **Priorität von Kationen** (*Klasse 2*, s. *Tab. 3.2*).

Kap. 6.3.3.1
Kap. 6.34
Tab. 3.2

z.B.

"Dimethylfluoronium" (**19**)
nach *Kap. 6.3.3.1*

"Fluoro(phenyl)iodonium (**20**)
nach *Kap. 6.3.3.1*

"Hydrosilylenfluor(1+)" (**21**)
- Englisch: 'hydrosilylenefluorine(1+)'
- Koordinationsname (*Kap. 6.34*)

"Tris(methylen)chlor(1+)" (**22**)
- Englisch: 'tris(methylene)chlorine(1+)'
- Koordinationsname (*Kap. 6.34*)

*(**c**)* **Cyclische Halogen-Verbindungen**, deren **Halogen-Atom im Ring** integriert ist, werden wie Heterocyclen nach *Kap. 4.5 – 4.10* benannt. Die **Standard-Valenz *1*** eines Halogen-Atoms führt zu Kation-Namen nach *Kap. 6.3.2.1(**b**)(**c**)* bzw. *6.3.4(**b**)* mit der Priorität von Kationen (*Klasse 2*, s. *Tab. 3.2*) (s. auch die Beispiele **122 – 127** in *Kap. 4.5.3*). Die **Nichtstandard-Valenz *3*** eines Halogen-Atoms in einem Ring wird nicht speziell angezeigt bei CA und führt zu ungeladenen Verbindungen (vgl. λ-Konvention, *Anhang 7*).

Kap. 4.5 – 4.10
Kap. 6.3.2.1(**b**)(**c**) bzw. 6.3.4(**b**)
Tab. 3.2
Kap. 4.5.3
Anhang 7

IUPAC empfiehlt für Halogen-Verbindungen mit Nichtstandard-Valenz des Halogen-Atoms die **λ-Konvention**, s. *Anhang 7*.

z.B.

"2*H*-Fluoretium" (**23**)
nach *Kap. 6.3.2.1(**b**)* oder *6.3.4(**b**)*

"Fluorepinium" (**24**)
nach *Kap. 6.3.2.1(**b**)* oder *6.3.4(**b**)*

"7-Bromoniabicyclo[2.2.1]-heptan" (**25**)
nach *Kap. 6.3.2.1(**c**)* oder *6.3.4(**b**)*

"6-Chloroniabicyclo[3.1.0]hexan" (**26**)
nach *Kap. 6.3.2.1(**c**)* oder *6.3.4(**b**)*

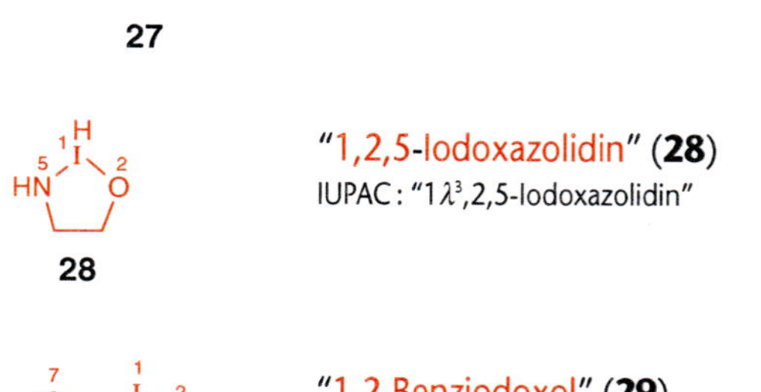

"1*H*-Dibenz[*b*,*e*]iodinium" (**27**)
nach *Kap. 6.3.2.1(**b**)* oder *6.3.4(**b**)*

"1,2,5-Iodoxazolidin" (**28**)
IUPAC: "1λ³,2,5-Iodoxazolidin"

"1,2-Benziodoxol" (**29**)
IUPAC: "1λ³,2-Benziodoxol"

Beispiele:

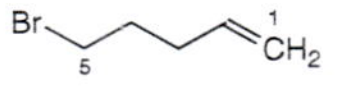

30

"5-Bromopent-1-en" (**30**)
nach ***(a)***

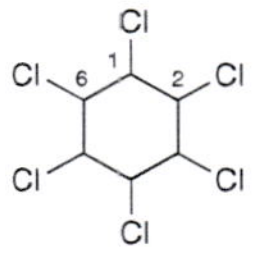

31

"Hexachlorocyclohexan" (**31**)
nach ***(a)***

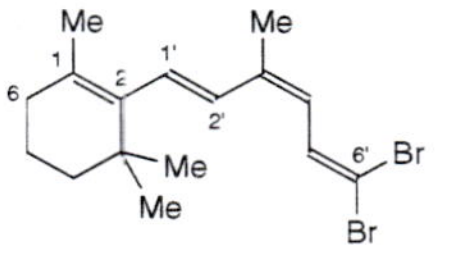

32

"2-[(1*E*,3*Z*)-6,6-Dibromo-3-methylhexa-1,3,5-trienyl]-1,3,3-trimethylcyclohexen" (**32**)
- nach ***(a)***
- "(1*E*,3*Z*)" nach *Anhang 6*
- Ring > Kette (*Kap. 3.3**(b)***)

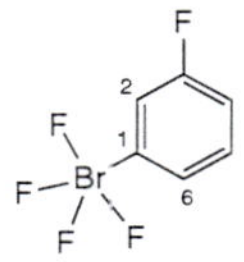

33

"Tetrafluoro(3-fluorophenyl)brom" (**33**)
- nach ***(a)***, analog Ausnahmen
- Koordinationsname

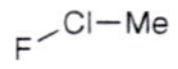

34

"Fluoro(methyl)chlor" (**34**)
- nach ***(a)***, analog Ausnahmen
- Koordinationsname

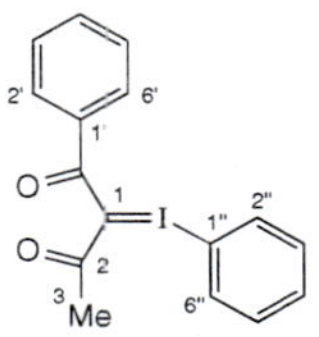

35

"(1-Benzoyl-2-oxopropyliden)phenyliod" (**35**)
- nach ***(a)***, Ausnahmen
- Koordinationsname

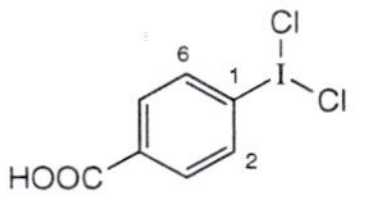

36

"(4-Carboxyphenyl)dichloroiod" (**36**)
- nach ***(a)***, Ausnahmen
- Koordinationsname

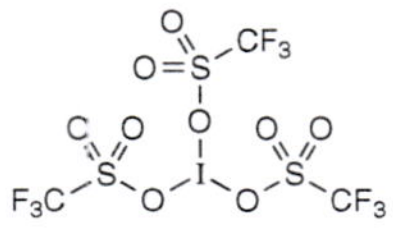

37

"Tris(trifluoromethansulfonato-κ*O*)iod" (**37**)
- nach ***(a)***, Ausnahmen
- Koordinationsname; für κ, s. *Kap. 6.34*

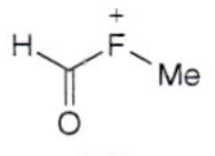

38

"Formyl(methyl)fluoronium" (**38**)
nach ***(b)*** (*Kap. 6.3.3.1*)

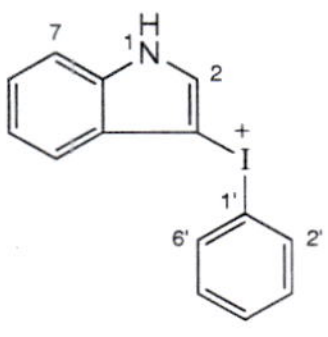

39

"(1*H*-Indol-3-yl)phenyliodonium" (**39**)
nach ***(b)*** (*Kap. 6.3.3.1*)

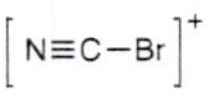

40

"(Cyano-κ*C*)brom(1+)" (**40**)
nach ***(b)*** (Koordinationsname; für κ, s. *Kap. 6.34*)

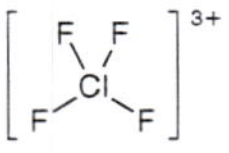

41

"Tetrafluorochlor(3+)" (**41**)
nach ***(b)*** (Koordinationsname)

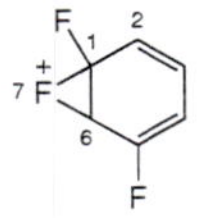

42

"1,5-Difluoro-7-fluoroniabicyclo[4.1.0]-hepta-2,4-dien" (**42**)
nach ***(c)*** (*Kap. 6.3.2.1**(c)***)

43

"Fluorirenium" (**43**)
nach ***(c)*** (*Kap. 6.3.2.1**(b)***)

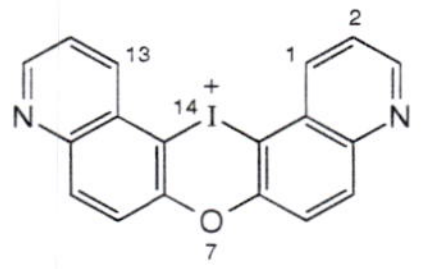

44

"[1,4]Iodoxino[2,3-*f*:6,5-*f'*]dichinolin-14-ium" (**44**)
nach ***(c)*** (*Kap. 6.3.2.1**(b)***)

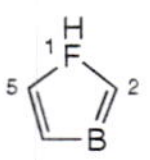

45

"1*H*-1,3-Fluoroborol" (**45**)
- indiziertes H-Atom nach *Anhang 5**(a)(d)***
- IUPAC: "1*H*-1λ^3,3-Fluoroborol"

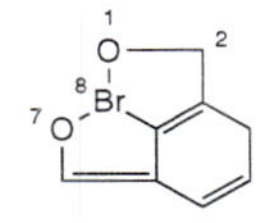

46

"2*H*,3*H*-[1,2]Bromoxolo[4,5,1-*hi*][1,2]-benzobromoxol" (**46**)
- indiziertes H-Atom nach *Anhang 5**(a)(d)***
- IUPAC: "2*H*,3*H*-8λ^3-[1,2]Bromoxolo[4,5,1-*hi*][1,2]-benzobromoxol"

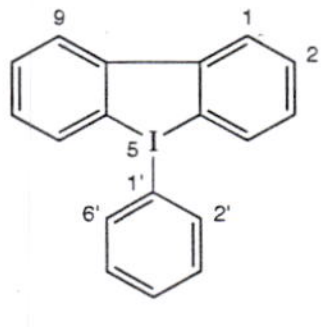

47

"5-Phenyl-5*H*-dibenziodol" (**47**)
- indiziertes H-Atom nach *Anhang 5**(a)(d)***
- IUPAC: "5-Phenyl-5*H*-5λ^3-benziodol"

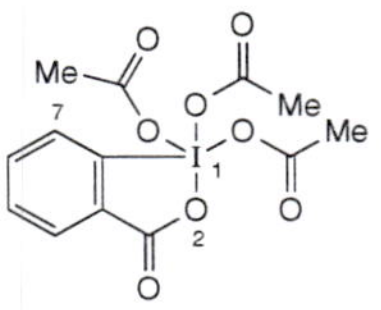

48

"1,1,1-Tris(acetyloxy)-1,1-dihydro-1,2-benziodoxol-3(1*H*)-on" (**48**)
- indiziertes H-Atom nach *Anhang 5**(I_2)***
- für "1,1-Dihydro-", s. λ-Konvention (*Anhang 7*)
- IUPAC: "1,1,1-Tris(acetyloxy)-1λ^5,2-benziodoxol-3(1*H*)-on"
- **trivial** ein "**Periodinan**"

CA ¶ 194, 215, 219, 242, 264 und 272
IUPAC R-5.2, und 'Red Book'

6.34. Organometall- und Koordinationsverbindungen (*Klassen 2 – 4*)

Organometall- und Koordinationsverbindungen werden mit Ausnahme von Sb-, Bi-, Ge-, Sn- und Pb-Verbindungen mit Standard-Valenzen (s. ***(d)***) nach der **Nomenklatur der anorganischen Chemie** benannt. Die folgenden Anweisungen beruhen auf den CA-Richtlinien; **IUPAC-Varianten** (s. 'Red Book' und 1999-Empfehlungen dazu) werden **nicht immer** erwähnt.

Anhang 1 (A.1.12)

Vor der Benennung von Organometall- und Koordinationsverbindungen sind die **Definitionen I – III** zu **berücksichtigen**:

I. Definition der Metalle;

II. Definition einer einkernigen Koordinationsverbindung, der Koordinationszahl, einer mehrkernigen Koordinationsverbindung sowie einer Organometall-Verbindung;

III. Prioritätenreihenfolge von Organometall- und Koordinationsverbindungen ensprechend ihrer globalen Ladung gemäss *Tab. 3.2*; Definition der Ladungszahl (*Ewens-Bassett*-Zahl).

I. Als Metalle werden alle Elemente betrachtet, die verschieden sind von:

H	Te, Se, S, O
B	At, I, Br, Cl, F
Si, C	Rn, Xe, Kr, Ar, Ne, He
As, P, N	

Bis und mit 1981 (bis und mit '10th Coll. Index') wurde "Antimon" (Sb; 'antimony') ebenfalls als Nichtmetall betrachtet. Die **Namen von Elementen** sind **im *Anhang 4*** angeführt. Wesentliche **Abweichungen von Element-Namen im Deutschen und Englischen** betreffen:

Anhang 4

Element	Deutsch	Englisch
O	"Sauerstoff"	'oxygen'
S	"Schwefel"	'sulfur'
N	"Stickstoff"	'nitrogen'
Bi	"Bismut" (früher "Wismut")	'bismuth'
C	"Kohlenstoff"	'carbon'
Sn	"Zinn"	'tin'
Pb	"Blei"	'lead'
Al	"Aluminium"	'aluminum' (IUPAC: 'aluminium')
Zn	"Zink"	'zinc'
Hg	"Quecksilber"	'mercury'
Cu	"Kupfer"	'copper'
Ag	"Silber"	'silver'
Fe	"Eisen"	'iron'
W	"Wolfram"	'tungsten'
H	"Wasserstoff"	'hydrogen'
Na	"Natrium"	'sodium'
K	"Kalium"	'potassium'
Cs	"Caesium"	'cesium' (IUPAC: 'caesium')

II. Eine **einkernige** ('mononuclear') **Koordinationsverbindung 1** ist ein Molekül oder ein Ion mit einem **Zentralatom M** (Metall-Atom oder Nichtmetall-Atom mit Nichtstandard-Valenz, s. ***(a)***), das an Atome oder Atomgruppen gebunden ist, d.h. an die **Liganden L, L´, L´´** *etc.* Die Anzahl Liganden an M ist festgelegt durch die sogenannte **Koordinationszahl** (oder Koordinationsvalenz) **von M**; sie **entspricht der Anzahl formaler σ-Bindungen** (auch mittels einsamer Elektronenpaare), die zwischen M und den Liganden möglich sind (= **Anzahl koordinierender Ligand-Atome**).

Eine **mehrkernige** ('polynuclear') **Koordinationsverbindung 2** ist ein Molekül oder ein Ion **mit mehreren Zentralatomen M, M´, M´´** *etc.*, **die** miteinander **durch einen Brückenliganden** μ**-L** (mehrzähnig, s. unten) **oder durch eine (Zentralatom–Zentralatom)-Bindung** (M–M, M–M´*etc.*) oder durch beide Verknüpfungsarten **verbunden sind.**

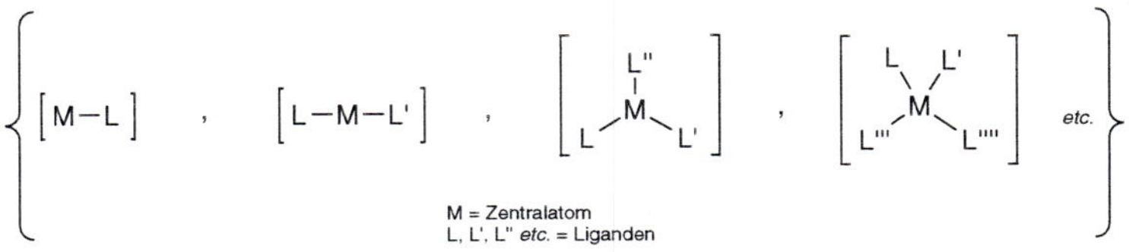

$\left\{ [\mathrm{M{-}L}], \quad [\mathrm{L{-}M{-}L'}], \quad [\mathrm{ML L' L''}], \quad [\mathrm{ML L' L'' L'''}] \quad etc. \right\}$

M = Zentralatom
L, L', L'' *etc.* = Liganden

1

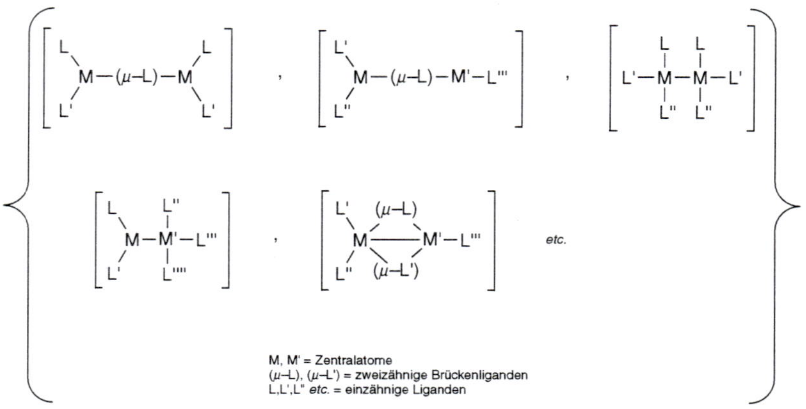

M, M' = Zentralatome
(μ-L), (μ-L') = zweizähnige Brückenliganden
L,L',L'' *etc.* = einzähnige Liganden

2

Eine Organometall-Verbindung wird meist als neutrale Koordinationsverbindung betrachtet (s. unten, *(d)*).

Ausnahmen:

Neutrale Verbindungen ML, ML_2, ML_3 *etc.* mit L = monoatomiger Ligand, CO (**Carbonyle**) oder NO (**Nitrosyle**) werden nicht als Koordinationsverbindungen betrachtet, sondern als **Salze**; sie bekommen **binäre Salz-Namen** mit einer nachstehenden linearen Formel (im Deutschen auch ohne Bindestrich).

z.B.

$AlCl_3$ **3** "Aluminium-chlorid-($AlCl_3$)" (**3**)
CA: 'aluminum chloride ($AlCl_3$)'

NaH **4** "Natrium-hydrid-(NaH)" (**4**)
CA: 'sodium hydride (NaH)'

K_2O **5** "Kalium-oxid-(K_2O)" (**5**)
CA: 'potassium oxide (K_2O)'

$Cr(CO)_6$ **6** "Chrom-carbonyl-($Cr(CO)_6$)" (**6**)
CA: 'chromium carbonyl ($Cr(CO)_6$)'

$Fe(NO)_3$ **7** "Eisen-nitrosyl-($Fe(NO)_3$)" (**7**)
CA: 'iron nitrosyl ($Fe(NO)_3$)'

III. **Unabhängig von der Art des Zentralatoms** ist für die Benennung folgende **Prioritätenreihenfolge** zu beachten (s. *Tab. 3.2*):

Tab. 3.2

kationische Koordinationsverbindung > neutrale Organometall- oder Koordinationsverbindung > Metallocen > anionische Koordinationsverbindung

Bei gleichem Zentralatom gilt ausserdem:

kationische Koordinationsverbindung > **"onium"-Kation** (z.B. "...phosphor(1+)" > "...phosphonium")

und

höher geladene Koordinationsverbindung > weniger hoch geladene Koordinationsverbindung bei gleicher Art der Ladung (z.B. "...platin(4+)" > "...platin(2+)"; "...antimonat(3–)" > "...antimonat(1–)").

Die **globale Ladung einer Koordinationsverbindung** hängt von der Oxidationszahl (= *Stock*-Zahl) von M, M´ *etc.* und der Ladung der Liganden L, L´, L´´ *etc.* ab. Die **Oxidationszahl** wird im folgenden **in Formeln**, wenn möglich, mit Null oder einer römischen Ziffer angegeben, z.B. "0", "I", "II", "III" *etc.* (im Gegensatz zu IUPAC verwendet **CA in Namen keine Oxidationszahlen**). **Eine kationische oder neutrale Koordinationsverbindung** bekommt bei CA als Titelstammnamen ('index heading') den **Namen des** (vorrangigen) **Zentralatoms** (s. **8**, **9** und **11** – **13**) und **eine anionische Koordinationsverbindung** den **"at"-Namen des** (vorrangigen) **Zentralatoms** (s. **10**). **Dabei wird die globale positive oder negative Ladung** der Koordinationsverbindung **durch eine Ladungszahl** (= *Ewens-Bassett*-Zahl; z.B. "(3+)", "(2–)") **ausgedrückt**; eine neutrale Koordinationsverbindung bekommt keine Ladungszahl (z.B. 'cobalt, ...', 'cobalt(2+), ...' bzw. 'cobaltate(1–), ...').

Anhang 4
Anhang 4

z.B.

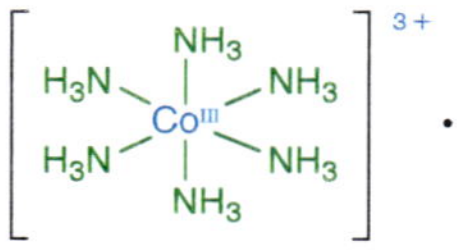

$[Co^{III}(NH_3)_6]^{3+} \cdot 3Cl^-$

8

"Hexaammincobalt(3+)-trichlorid" (**8**)
- CA: 'cobalt(3+), hexaammine-, trichloride'
- Koordinationszahl von Co^{III}: 6; 6 neutrale Liganden (s. ***(b₄)***)
- kationische Koordinationsverbindung mit Ladungszahl "(3+)" (s. ***(c)***)
- Stereodeskriptor "(*OC*-6-11)" (s. ***(i)***)

9

"Triammintrifluorocobalt" (**9**)
- CA: 'cobalt, triamminetrifluoro-'
- Koordinationszahl von Co^{III}: 6; 3 neutrale und 3 anionische Liganden (s. ***(b₄)*** bzw. ***(b₃₁)***)
- neutrale Koordinationsverbindung (s. ***(e)***)
- Stereodeskriptor "(*OC*-6-22)" (s. ***(i)***)

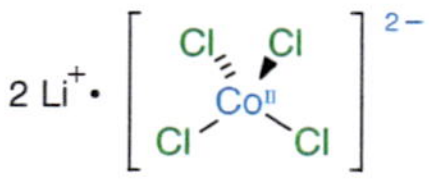

$2 Li^+ \cdot [Co^{II}Cl_4]^{2-}$

10

"Dilithium-tetrachlorocobaltat(2–)" (**10**)
- CA: 'cobaltate(2–), tetrachloro-, dilithium'
- Koordinationszahl von Co^{II}: 4; 4 anionische Liganden (s. ***(b₃₁)***)
- anionische Koordinationsverbindung mit Ladungszahl "(2–)" (s. ***(g)***)
- Stereodeskriptor "(*T*-4)" (s. ***(i)***)

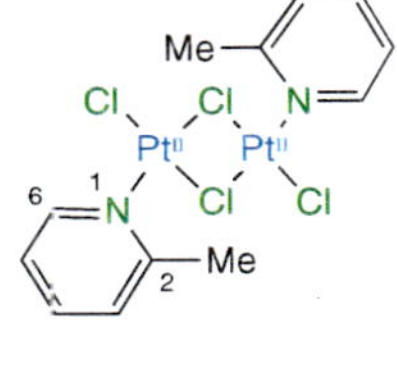

11

"Di-μ-chlorodichlorobis(2-methylpyridin)diplatin" (**11**)

- CA: 'platinum, di-μ-chlorodichloro-bis(2-methylpyridine)di-'
- Koordinationszahl von Pt^{II}: 4; 2 neutrale und 4 anionische Liganden (s. ***(b_4)*** bzw. ***(b_{31})***)
- neutrale Koordinationsverbindung (s. ***(e)***)

13

"Hexacarbonylbis[μ-(methanthiolato)]dieisen(*Fe–Fe*)" (**13**)

- CA: 'iron, hexacarbonylbis[μ-(methanthiolato)]di-, (*Fe–Fe*)'
- Koordinationszahl von Fe: 6; 6 neutrale und 2 anionische Liganden (s. ***(b_4)*** bzw. ***(b_{32})***)
- neutrale Koordinationsverbindung (s. ***(e)***)

12

"Hexakis(*N*-methylmethanaminato)dimolybdän(*Mo–Mo*)" (**12**)

- CA: 'molybdenum, hexakis(*N*-methyl-methanaminato)di-, (*Mo–Mo*)'
- Koordinationszahl von Mo: 4; 6 anionische Liganden (s. ***(b_{32})***)
- neutrale Koordinationsverbindung (s. ***(e)***)

Man unterscheidet bei der Namensgebung:

(a) das Zentralatom;

(b) die Liganden:

- ***(b_1)*** Angabe der Koordinationsstelle mittels κ ('kappa system'),
- ***(b_2)*** Angabe der Koordinationsstelle mittels η ('hapto convention'),
- ***(b_3)*** anionische Liganden,
- ***(b_4)*** neutrale Liganden,
- ***(b_5)*** kationische Liganden,
- ***(b_6)*** Brückenliganden μ-L;

(c) kationische einkernige Koordinationsverbindungen;

(d) Organometall-Verbindungen:

- ***(d_1)*** organische Derivate von Sb, Bi, Ge, Sn und Pb (Standard-Valenzen),
- ***(d_2)*** Acetylide,
- ***(d_3)*** global ungeladene Organometall-Verbindungen;

(e) neutrale einkernige Koordinationsverbindungen;

(f) Metallocene;

(g) anionische einkernige Koordinationsverbindungen;

(h) mehrkernige neutrale oder geladene Koordinationsverbindungen:

- ***(h_1)*** zweikernige Koordinationsverbindungen,
- ***(h_2)*** mehrkernige Koordinationsverbindungen;

(i) Stereodeskriptoren.

6

(a) **Zuerst** wird das ***Zentralatom M*** einer Organometall- oder Koordinationsverbindung bestimmt und **benannt**. Das Zentralatom M ist meist ein **Metall-Atom** (s. **14** – **16**), kann aber im Fall von Koordinationsverbindungen **auch** ein **Nichtmetall-Atom mit Nichtstandard-Valenz** sein, z.B. ein tetra- oder hexavalentes S-Atom, ein tetravalentes B-Atom (ohne Liganden O^{2-} und OH^-) (s. **17** – **21**). **Sind nach Berücksichtigung der Prioritätenreihenfolge gemäss *Tab. 3.2*** (s. auch oben (**III**): kationische Koordinationsverbindung > neutrale Organometall- oder Koordinationsverbindung > Metallocen > anionische Koordinationsverbindung) **mehrere Zentralatome M, M´, M´´** *etc.* in einer Organometall- oder Koordinationsverbindung **vorhanden, dann ist das bevorzugte Zentralatom M mit abnehmender Priorität**[1]):

Anhang 4

Tab. 3.2

(Rn) > (Xe) > (Kr) > (Ar) > (Ne) > (He) >
Fr > Cs > Rb > K > Na > Li > (H) >
Ra > Ba > Sr > Ca > Mg > Be >
Lr > No > Md > Fm > Es > Cf > Bk > Cm > Am > Pu > Np > U > Pa > Th > Ac >
Lu > Yb > Tm > Er > Ho > Dy > Tb > Gd > Eu > Sm > Pm > Nd > Pr > Ce > La >
Y > Sc >
Hf > Zr > Ti >
Ta > Nb > V >
W > Mo > Cr >
Re > Tc > Mn >
Os > Ru > Fe >
Ir > Rh > Co >
Pt > Pd > Ni >
Au > Ag > Cu >
Hg > Cd > Zn >
Tl > In > Ga > Al > (B) >
(Pb) > (Sn) > (Ge) > (Si) > (C) >
(Bi) > (Sb) > (As) > (P) > (N) >
Po > (Te) > (Se) > (S) > (O) >
(At) > (I) > (Br) > (Cl) > (F)

Das vorrangige **Zentralatom M** bekommt je nach globaler Ladung der Organometall- oder Koordinationsverbindung folgenden Namen:

- **kationische oder neutrale Organometall- oder Koordinationsverbindung**:
  Name des Elements M, nach *Anhang 4*
- **anionische Koordinationsverbindung**:
  "at"-Name des Elements M, nach *Anhang 4*

Anhang 4

Anhang 4

[1]) **Atome in Klammern** sind entweder Nichtmetalle oder werden für Nomenklaturzwecke als Nichtmetalle betrachtet (vgl. oben, **I**); sie **können** aber in Koordinationsverbindungen **als Zentralatom fungieren, mit Ausnahme der Atome Sb, Bi, Ge, Sn und Pb mit Standard-Valenzen** (s. *Anhang 4* und ***(d_1)***).

Die **globale positive oder negative Ladung** wird durch eine nachgestellte **Ladungszahl** ausgedrückt (s. **III**).

Bei mehrkernigen Organometall- oder Koordinationsverbindungen wird das nicht-vorrangige Zentralatom M´ nicht als Substituentenpräfix (z.B. nicht "Aluminio-"), **sondern als zusätzlicher 'Ligand'** am vorrangigen Zentralatom M **ausgedrückt**, mittels des Namens oder "at"-Namens von M´ (s. ***(h)***); ist **M´ = Sb, Bi, Ge, Sn oder Pb** (Standard-Valenzen[1])), dann werden als 'Ligand'-Namen **reguläre Substituentenpräfixe** nach *Kap. 6.27* bzw. *6.29* verwendet (z.B. "Stibino-" (H_2Sb^-; H substituierbar), "Plumbyl-" (H_3Pb^-; H substituierbar), s. ***(d₁)***).

Kap. 6.27 bzw. 6.29

Metall-Substituentenpräfixe "(M´)-", sogenannte "io"-Präfixe, sind **ausschliesslich in Anwesenheit von charakteristischen Gruppen höherer Priorität** (s. *Tab. 3.2*, z.B. freie Radikale; s. **25** – **29**) zulässig. Da Metall-Substituentenpräfixe "(M´)-" keine Valenz ausdrücken, müssen allfällig an M´ gebundene weitere Gruppen als Präfixe dazu bezeichnet werden. Ist **M´ = Sb, Bi, Ge, Sn oder Pb** (Standard-Valenzen[1])), dann werden **reguläre Substituentenpräfixe** nach *Kap. 6.27* bzw. *6.29* verwendet (z.B. "Bismutino-" ('bismuthino-'; H_2Bi^-; H substituierbar), "Germyl-" (H_3Ge^-; H substituierbar, s. ***(d₁)***).

Tab. 3.2

Kap. 6.27 bzw. 6.29

Metall-Substituentenpräfixe für M´:

Fr	"Francio-"
Cs	"Caesio-" ('cesio-' (CA); 'caesio-' (IUPAC))
Rb	"Rubidio-"
K	"Kalio-" ('potassio-')
Na	"Natrio-" ('sodio-')
Li	"Lithio-"
Ra	"Radio-"
Ba	"Bario-"
Sr	"Strontio-"
Ca	"Calcio-"
Mg	"Magnesio-"
Be	"Beryllio-"
Lr	"Lawrencio-"
⋮	⋮
Ac	"Actinio-"
Lu	"Lutetio-"
⋮	⋮
La	"Lanthanio-"
Y	"Ytterbio-"
Sc	"Scandio-"
Hf	"Hafnio-"
Zr	"Zirconio-"
Ti	"Titanio-"
Ta	"Tantalio-"
Nb	"Niobio-"
V	"Vanadio-"
W	"Wolframio-" ('tungstenio-')
Mo	"Molybdänio-" ('molybdenio-')
Cr	"Chromio-"
Re	"Rhenio-"
Tc	"Technetio-"
Mn	"Manganio-"
Os	"Osmio-"
Ru	"Ruthenio-"
Fe	"Ferrio-"
Ir	"Iridio-"
Rh	"Rhodio-"
Co	"Cobaltio-"
Pt	"Platinio-"
Pd	"Palladio-"
Ni	"Nickelio-"
Au	"Aurio-"
Ag	"Argentio-"
Cu	"Cuprio-"
Hg	"Mercurio-"
Cd	"Cadmio-"
Zn	"Zinkio-" ('zincio-')
Tl	"Thallio-"
In	"Indio-"
Ga	"Gallio-"
Al	"Aluminio-"
Po	"Polonio-"

z.B.

14

"Carbonyl(1-oxopropyl)bis(trimethylphosphin)-palladium(1+)-tetrafluoroborat(1−)" (**14**)
- CA: 'palladium(1+), carbonyl(1-oxopropyl)bis(trimethyl-phosphine)-, tetrafluoroborate(1−)'
- anionischer und neutrale Liganden (s. ***(b₃₁)*** bzw. ***(b₄)***)
- Stereodeskriptor "(*SP*-4-1)-" (Anion: "(*T*-4)-") (s. ***(i)***)

15

"Bromo(butyl)magnesium" (**15**)
- CA: 'magnesium, bromobutyl-'
- anionische Liganden (s. ***(b₃₁)***)

16

"Lithium-tetrahydroaluminat(1−)" (**16**)
- CA: 'aluminate(1−), tetrahydro-, lithium'
- anionischer Ligand (s. ***(b₃₁)***)
- Stereodeskriptor "(*T*-4)-" (s. ***(i)***)
- **trivial "Lithiumaluminium-hydrid"**

17

"Pentafluoro(prop-2-inyl)-schwefel" (**17**)
- CA: 'sulfur, pentafluoro-2-propynyl-'
- anionische Liganden (s. ***(b₃₁)***)
- Stereodeskriptor "(*OC*-6-21)-" (s. ***(i)***)

18

"Trifluoro(morpholinato-κN^4)-schwefel" (**18**)
- CA: 'sulfur, trifluoro(morpholinato-κN^4)-'
- anionische Liganden (s. ***(b₃₁)*** bzw. ***(b₃₂)***); "κN^4" nach ***(b₁)***
- Stereodeskriptor "(*T*-4)-" (s. ***(i)***)

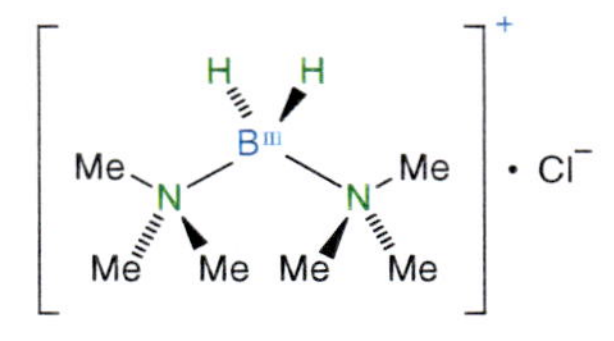

19

"Bis(*N*,*N*-dimethylmethanamin)dihydrobor(1+)-chlorid" (**19**)

- CA: 'boron(1+), bis(*N*,*N*-dimethylmethanamine)dihydro-, chloride'
- neutraler und anionischer Ligand (s. (***b₄***) bzw. (***b₃₁***))
- Stereodeskriptor "(*T*-4)-" (s. (***i***))

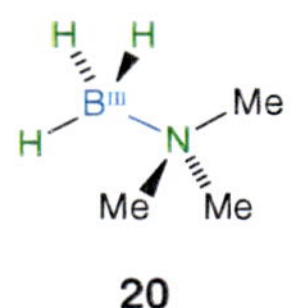

20

"(*N*,*N*-Dimethylmethanamin)-trihydrobor" (**20**)

- CA: 'boron, (*N*,*N*-dimethylmethan-amine)trihydro-'
- neutraler und anionischer Ligand (s. (***b₄***) bzw. (***b₃₁***))
- Stereodeskriptor "(*T*-4)-" (s. (***i***))
- **molekulare Additionsverbindung** von BH_3 und Me_3N (früher in CA unter 'borane' und 'methanamine' registriert)

21

"Caesium-(cyano-κ*C*)triphenyl-borat(1−)" (**21**)

- CA: 'borate(1−), (cyano-κ*C*)triphenyl-, cesium'
- anionische Liganden (s. (***b₃₁***); "κ*C*" nach (***b₁***)
- Stereodeskriptor "(*T*-4)-" (s. (***i***))

22

"(Methylmagnesio)-" (**22**)

23

"(Chloromercurio)-" (**23**)

24

"(Dihydroaluminio)-" (**24**)

25

"2-Natrioethyl" (**25**)

- CA: 'ethyl, 2-sodio-'
- freies Radikal > Organometall-Verbindung (neutral)

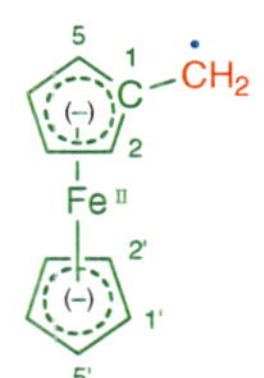

26

"Ferrocenylmethyl" (**26**)

- CA: 'methyl, ferrocenyl-'
- freies Radikal > Metallocen (neutral)
- die Ladungen (–) sind in der globalen Ladung der Verbindung berücksichtigt

27

"2-Gallioprop-2-enyl" (**27**)

- CA: '2-propenyl, 2-gallio-
- freies Radikal > Organometall-Verbindung (neutral)

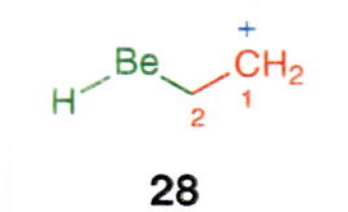

28

"2-(Hydroberyllio)ethylium" (**28**)

- CA: 'ethylium, 2-(hydroberyllio)-'
- Kation > Organometall-Verbindung (neutral)

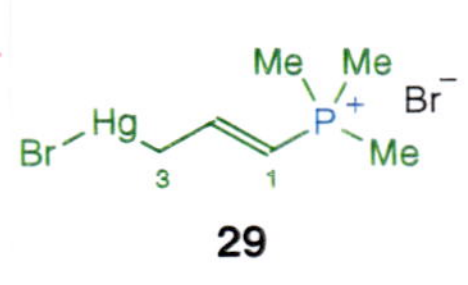

29

"[3-(Bromomercurio)prop-1-enyl]trimethylphosphonium-bromid" (**29**)

- CA: 'phosphonium, [3-(bromomer-curio)-1-propenyl]trimethyl-, bromide'
- Kation > Organometall-Verbindung (neutral)

(***b***) Ein **Ligand L** kann formal **geladen oder neutral** sein und **ein oder mehrere Atome** enthalten, **die an das Zentralatom M gebunden sind** (= **Koordinationsstellen**), d.h. **L ist ein- oder mehrzähnig** ('mono-' oder 'polydentate'). **Für einen Liganden, der sich von einer organischen Verbindung herleitet**, wird **zuerst** nach *Kap. 1 – 6.33* der **Name der nicht-koordinierten Verbindung** geprägt.

Kap. 1 – 6.33

Ein mehrzähniger Ligand heisst **Chelat-Ligand**, wenn mehrere seiner Koordinationsstellen an das gleiche Zentralatom M gebunden sind (z.B. [L>ML´L´´], L> = zweizähniger Chelat-Ligand. **Bei den meisten mehrzähnigen Liganden wird (werden) die Koordinationsstelle(n) des Liganden im Ligand-Namen mittels des Kappa-Deskriptors angegeben** (s. (***b₁***)).

Ein Spezialfall sind **olefinische, aromatische oder andere ungesättigte Liganden**, die über einige oder alle 'ungesättigte(n)' (= mehrfach gebundene(n)) Atome in spezieller Weise an das Zentralatom gebunden sind (Hapto-Bindungen): **die koordinierenden Ligand-Atome werden im Ligand-Namen mittels des Eta-Deskriptors angegeben** (s. (***b₂***)).

(***b₁***) **Bezeichnung der Koordinationsstelle(n) mittels des** ***Kappa-Deskriptors*** (κ; 'kappa system')[2]:

Im Namen des Liganden wird direkt nach dem Namensteil, der den Strukturteil mit der Koordinationsstelle bezeichnet, der griechische Buchstabe Kappa (κ) gefolgt vom kursiven Elementsymbol des koordinierenden Atoms angeführt.

Ausnahmen:

Bei Konjunktionsnamen (s. *Kap. 3.2.2*) und Namen mit Suffixen (s. *Kap. 3.2.1*) erscheint der κ-Deskriptor erst nach dem Suffix (s. **40** – **42**).

Kursive Elementsymbole werden **alphabetisch** angeordnet ("*C*" > "*H*" > "*N*" > "*O*" *etc.*). Allenfalls notwendige **Multiplikationsaffixe "Di-"**, **"Tri-"** *etc.* (nur bei nicht-zusammengesetzten Präfixen für koordinierende Strukturteile; s. **35**) bzw. "Bis-", "Tris-" *etc.* (in allen andern Fällen; s. **36**) **multiplizieren auch den κ-Deskriptor. Der Namensteil und der zugehörige κ-Deskriptor werden** zusammen immer **in Klammern gesetzt**. κ-Deskriptoren für Atome, die an ver-

Anhang 2

[2]) **Seit 1997** (ab '14th Coll. Index') verwendet **auch CA** anstelle des bisher üblichen Donoratom-Deskriptors ('donor-atom system', d.h. kursive Buchstabenlokanten für die Donoratome der Koordinationsstellen, z.B. "*O,O´*", "*N,O*" *etc.*) den **κ-Deskriptor** ('κ system') zur Bezeichnung der Koordinationsstellen in mehrzähnigen Liganden, z.B. "κ*O*,κ*O´*", "κ*N*,κ*O*" *etc.* **IUPAC** führte den κ-Deskriptor ('κ convention') 1990 ein (s. 'Red Book', I-10.6.2.2, und 1999-Empfehlungen dazu (*Anhang 1, A.1.12*)).

schiedene Zentralatome M, M´ *etc.* gebunden sind, werden durch **Doppelpunkte** voneinander abgegrenzt (s. ***(b₆)*** und **39**). Im Namen der Organometall- oder Koordinationsverbindung ist die **Reihenfolge der Ligand-Namen für denselben, aber verschiedenartig** an das (die) Zentralatom(e) **gebundenen Liganden: überbrückender Ligand** mit einem oder mehreren κ-Deskriptoren > **nicht-überbrückender Ligand mit *einem* κ-Deskriptor > nicht-überbrückender Ligand mit mehreren κ-Deskriptoren**, z.B. "[μ-(Acetato-κ*O*:κ*O*´)](acetato-κ*O*)(acetato-κ*O*,κ*O*´)...", [μ-(Formato-κ*O*:κ*O*)]bis[μ-(formato-κ*O*:κ*O*´)]-(formato-κ*O*)...", "(Nitrato-κ*O*)(nitrato-κ*O*,κ*O*´)..." (s. **37**). Dagegen wird das **Präfix eines koordinierenden Substituenten vor dem Präfix des gleichen, aber nicht-koordinierenden Substitutenten** eines Liganden angeführt (s. **38**).
Bei folgenden Liganden ist (sind) die **Koordinationsstelle(n) *nicht* anzugeben**:

- **Liganden mit Substitutionspräfixen, die nur über die freie Valenz koordinieren** (s. ***(b₃)***), z.B. "Methoxy" (MeO^-), "Phenyl" (Ph^-), "Pyridin-2-yl" ($C_4H_4NC^-$);
- **andere σ-gebundene Liganden** ohne Heteroatome oder mit nicht-koordinierenden Heteroatomen, z.B. "Ferrocenyl" ($[C_5H_5–Fe–C_5H_4]^-$, s. ***(f)***);
- **einatomige Liganden**, z.B. "Hydro" (H^-), "Chloro" (Cl^-);
- **Liganden mit nicht-spezifizierter Bindungsart**;
- **neutrale oder monoanionische organische Liganden**, hergeleitet von cyclischen oder acyclischen Verbindungen, **die nur ein zur Koordination befähigtes Heteroatom enthalten**, z.B. "(Pyridin)" (C_5H_5N), "(*N*,*N*-Dimethylmethanamin)" (Me_3N), "(*N*-Methylmethanaminato-)" (Me_2N^-);
- **einfache polyatomige anorganische Liganden**: "**Amido**" (H_2N^-), "**Imido**" (HN^{2-}), "**Ammin**" (H_3N), "**Aqua**" (H_2O), "**Hydroxy**" (HO^-), "**Mercapto**" (HS^-), "**Selenyl**" (HSe^-), "**Telluryl**" (HTe^-), "**Phosphino**" (H_2P^-; H substituierbar) sowie (ausser wenn Brückenligand-Name, s. ***(b₆)***) "**Carbonyl**" (CO), "**Nitrosyl**" (NO), "**Carbonothioyl**" (CS), "**(Distickstoff)**" ('(dinitrogen)'; N_2), "**(Disauerstoff)**" ('(dioxygen)'; O_2), "**Azido**" (N_3^-), "**Peroxy**" (O_2^{2-}).

z.B. (M und M´ = vorrangiges bzw. nicht-vorrangiges Zentralatom mit weiteren Liganden[3])[4]); zusätzliche Beispiele in ***(b₃)*** – ***(b₆)***)

"(2-Aminoethanolato-κ*O*)" (**30**)
anionischer Ligand (s. ***(b₃₂)***)

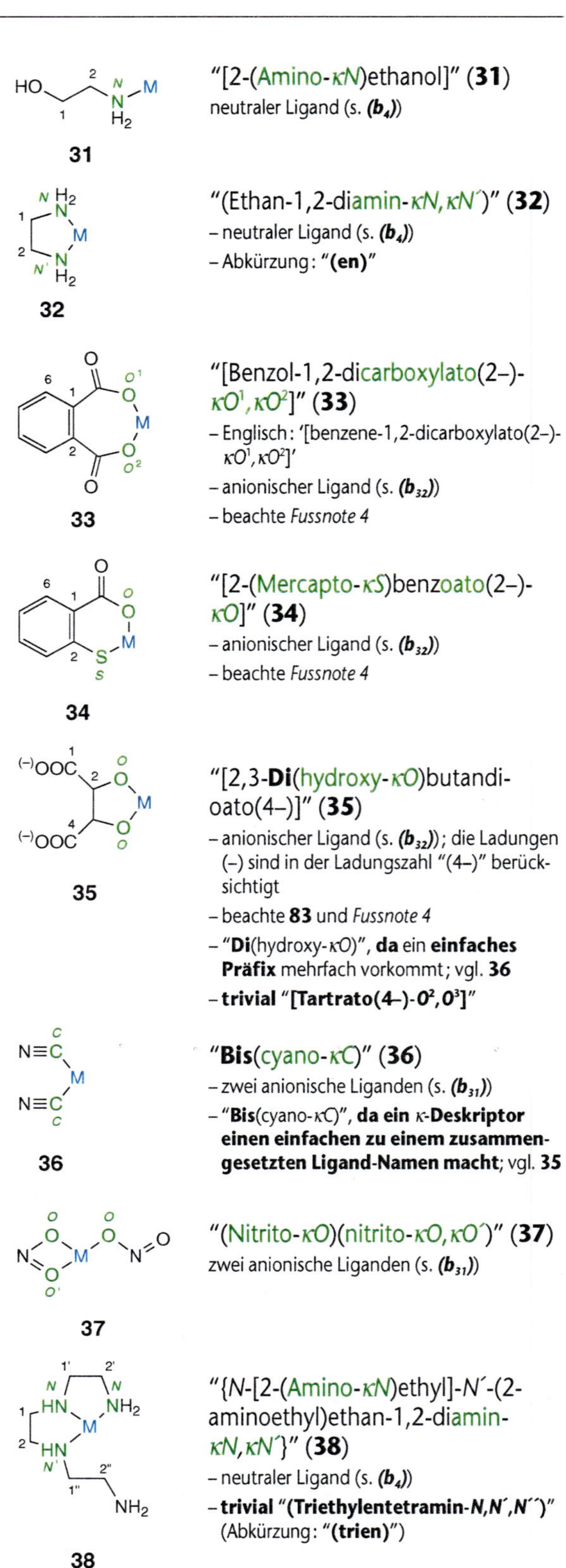

"[2-(Amino-κ*N*)ethanol]" (**31**)
neutraler Ligand (s. ***(b₄)***)

"(Ethan-1,2-diamin-κ*N*,κ*N*´)" (**32**)
- neutraler Ligand (s. ***(b₄)***)
- Abkürzung: "**(en)**"

"[Benzol-1,2-dicarboxylato(2–)-κ*O*[1],κ*O*[2]]" (**33**)
- Englisch: '[benzene-1,2-dicarboxylato(2–)-κ*O*[1],κ*O*[2]]'
- anionischer Ligand (s. ***(b₃₂)***)
- beachte *Fussnote 4*

"[2-(Mercapto-κ*S*)benzoato(2–)-κ*O*]" (**34**)
- anionischer Ligand (s. ***(b₃₂)***)
- beachte *Fussnote 4*

"[2,3-**Di**(hydroxy-κ*O*)butandioato(4–)]" (**35**)
- anionischer Ligand (s. ***(b₃₂)***); die Ladungen (–) sind in der Ladungszahl "(4–)" berücksichtigt
- beachte **83** und *Fussnote 4*
- "**Di**(hydroxy-κ*O*)", **da** ein **einfaches Präfix** mehrfach vorkommt; vgl. **36**
- **trivial "[Tartrato(4–)-*O*[2],*O*[3]]"**

"**Bis**(cyano-κ*C*)" (**36**)
- zwei anionische Liganden (s. ***(b₃₁)***)
- "**Bis**(cyano-κ*C*)", **da ein κ-Deskriptor einen einfachen zu einem zusammengesetzten Ligand-Namen macht**; vgl. **35**

"(Nitrito-κ*O*)(nitrito-κ*O*,κ*O*´)" (**37**)
zwei anionische Liganden (s. ***(b₃₁)***)

"{*N*-[2-(Amino-κ*N*)ethyl]-*N*´-(2-aminoethyl)ethan-1,2-diamin-κ*N*,κ*N*´}" (**38**)
- neutraler Ligand (s. ***(b₄)***)
- **trivial "(Triethylentetramin-*N*,*N*´,*N*´´)"** (Abkürzung: "**(trien)**")

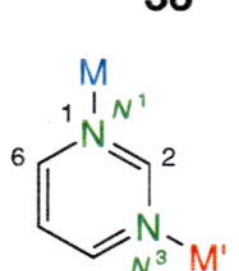

"[μ-(Pyrimidin-κ*N*[1]:κ*N*[3])]" (**39**)
neutraler Brückenligand (s. ***(b₄)*** und ***(b₆)***)

[3]) **In den folgenden Formeln bedeutet M ein vorrangiges Zentralatom mit allfällig weiteren Liganden und M´ ein nicht-vorrangiges Zentralatom mit allfällig weiteren Liganden**. Ist **M = M´**, dann ändert sich der Ligand-Name nicht, wohl aber der Name der Koordinationsverbindung (s. ***(h)***).

[4]) Oft sind **mehrere mesomere oder tautomere Strukturformeln** für einen Liganden möglich. **Diejenige Strukturformel ist gezeichnet, die dem von CA bevorzugten Indexnamen für solche Liganden entspricht** (CA ¶ 122 und 180). **Vorsicht bei nicht-koordinierenden Säure-Funktionen** COOH und SO_3H *etc.* sowie nicht-koordinierenden Säure-Funktionen OH *etc.* von Oxosäuren (s. ***(b₃₂)***, dort **83**).

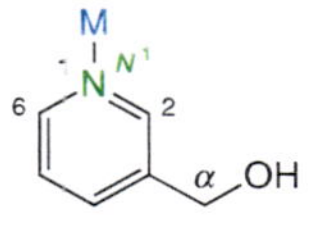

40

"(Pyridin-3-methanol-κN[1])" (**40**)
- CA: '(3-pyridinemethanol-κN[1])'
- neutraler Ligand (s. (*b₄*))

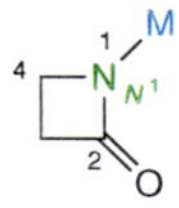

41

"(Azetidin-2-onato-κN[1])" (**41**)
- CA: '(2-azetidinonato-κN[1])'
- anionischer Ligand (s. (*b₃₂*))

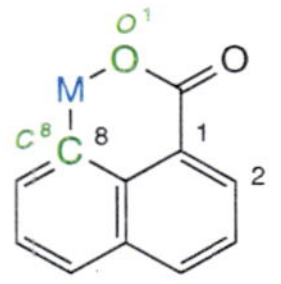

42

"[Naphthalin-1-carboxylato(2–)-κC[8],κO[1]]" (**42**)
- CA: '[1-naphthalenecarboxylato(2–)-κC[8],κO[1]]'
- anionischer Ligand (s. (*b₃₂*))
- beachte *Fussnote 4*

43

"{{2,2´-{Ethan-1,2-diylbis[(nitrilo-κN)methylidin]}bis[phenolato-κO]}(2–)}" (**43**)
- Englisch: '...methylidyne...'
- anionischer Ligand (s. (*b₃₂*))
- Multiplikationsname

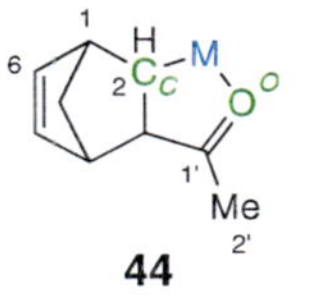

44

"[3-(Acetyl-κO)bicyclo[2.2.1]hept-5-en-2-yl-κC]" (**44**)
- anionischer Ligand (s. (*b₃₁*))
- wegen Koordination des Nebensubstituenten muss "κC" angegeben werden

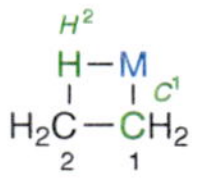

45

"(Ethyl-κC[1],κH[2])" (**45**)
anionischer Ligand (s. (*b₃₁*))

(*b₂*) Bezeichnung der Koordinationsstelle(n) mittels des *Eta-Deskriptors* (η; 'hapto convention'):

Im Namen eines π-gebundenen Liganden (ungesättigte Moleküle oder Substituenten) **wird dem Ligand-Namen in Klammern der griechische Buchstabe Eta (η) vorgestellt, zur Bezeichnung der koordinierenden 'ungesättigten'** (= mehrfach gebundenen) **Atome** (≠ Heteroatome), inklusive der anionischen Atome. Solche Liganden werden **hapto-Liganden** genannt.

Dabei werden delokalisierte Bindungen eines ungesättigten Liganden so 'fixiert', dass eine allenfalls vorkommende **freie Valenz** (anionisches Atom) **vor einer Unsättigung** einen **möglichst niedrigen Lokanten** bekommt (vgl. dazu *Kap. 3.4*). Man unterscheidet folgende Fälle:

Kap. 3.4

- **Alle Gerüst-Atome *n*** (≠ Heteroatome) eines konjugierten acyclischen oder cyclischen Moleküls oder Substituenten sind an das Zentralatom **M gebunden** (s. **46** – **49**):

Deskriptor "η^n-"

Ausnahmen: Metallocene, s. (*f*).

- **Nur einige Gerüst-Atome** (≠ Heteroatome), **mit den Lokanten *x*, *y*, *z*...**, eines konjugierten acyclischen oder cyclischen Moleküls oder Substituenten sind **an** das Zentralatom **M gebunden** (s. **50** – **55**) **oder die mit allen Gerüst-Atomen** (Lokanten *u*, *v*, *w*, *x*, *y*, *z*...) **an M gebundenen Struktur ist substituiert** (s. **56** und **58**):

Deskriptor "(*x*,*y*,*z*...-η)-" bzw. "(*u*,*v*,*w*,*x*,*y*,*z*...-η)-"

Ausnahmen:

- Enthält der π-gebundene Ligand ein **koordinierendes C-Atom ohne Lokant**, dann wird der Deskriptor "η^n" verwendet (s. **63** – **65**);
- Liganden mit negativen Ladungen an benachbarten Heteroatomen werden als neutrale ungesättigte Verbindungen betrachtet (z.B. >C⁺–O⁻ ⇒ >C=O).

Koordinierende Heteroatome eines π-gebundenen Liganden werden mittels des **κ-Deskriptors** bezeichnet (s. (***b₁***) sowie **61** und **62**). η-Deskriptoren für Atome, die an verschiedene Zentralatome M, M´ *etc.* gebunden sind, werden durch **Doppelpunkte** voneinander abgegrenzt (s. (***b₆***) sowie **66** – **69**).

z.B. (M und M´ = vorrangiges bzw. nicht-vorrangiges Zentralatom mit weiteren Liganden[3])[4]); zusätzliche Beispiele in (***b₃***) – (***b₆***))

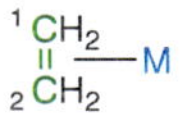

46

"(η^2-Ethen)" (**46**)
neutraler Ligand (s. (*b₄*))

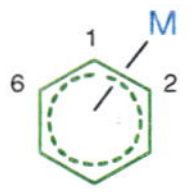

47

"(η^6-Benzol)" (**47**)
- Englisch: '(η^6-benzene)'
- neutraler Ligand (s. (*b₄*))

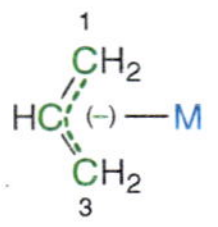

48

"(η^3-Prop-2-enyl)" (**48**)
anionischer Ligand (s. (*b₃₁*)); die Ladung (–) ist im Ligand-Namen berücksichtigt

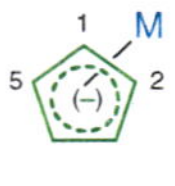

49

"(η^5-Cyclopenta-2,4-dien-1-yl)" (**49**)
anionischer Ligand (s. (*b₃₁*); die Ladung (–) ist im Ligand-Namen berücksichtigt

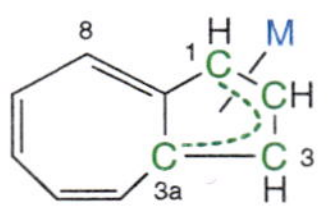

50

"[(1,2,3,3a-η)-Azulen]" (**50**)
neutraler Ligand (s. (*b₄*))

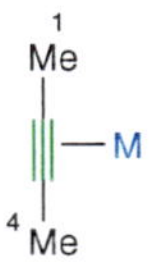

51

"[(2,3-η)-But-2-in]" (**51**)
- Englisch: '[(2,3-η)-but-2-yne]'
- neutraler Ligand (s. (*b₄*))

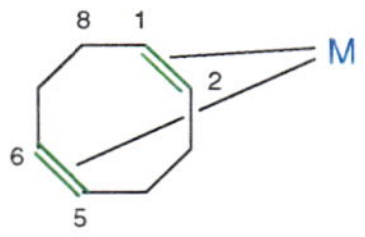

52

"[(1,2,5,6-η)-Cycloocta-1,5-dien]" (**52**)
neutraler Ligand (s. (*b₄*))

6

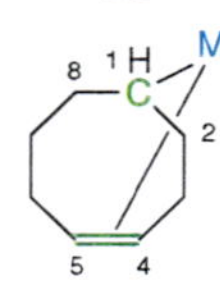

53

"[(1,2,3-η)-But-2-enyl]" (**53**)
anionischer Ligand (s. ***(b₃₁)***); die Ladung (–) ist im Ligand-Namen berücksichtigt

54

"[(1,4,5-η)-Cyclooct-4-en-1-yl]" (**54**)
anionischer Ligand (s. ***(b₃₁)***)

55

"[(2,3-η)-Prop-2-en-1-amin]" (**55**)
neutraler Ligand (s. ***(b₄)***)

56

"[(1,2,3-η)-2-Methylprop-2-enyl]" (**56**)
anionischer Ligand (s. ***(b₃₁)***), substituiert; die Ladung (–) ist im Ligand-Namen berücksichtigt

57

"(η^3-2-Chloroprop-2-enyl)" (**57**)
- anionischer Ligand (s. ***(b₃₁)***); die Ladung (–) ist im Ligand-Namen berücksichtigt
- alle C-Atome sind beteiligt, vgl. **56**; Cl wird offenbar nicht als Substituent betrachtet (?)

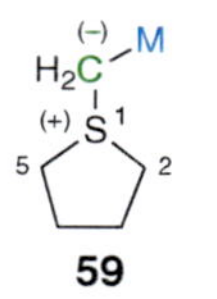

58

"[(1,2,3,4,5-η)-1-(Methoxycarbonyl)cyclopenta-2,4-dien-1-yl]" (**58**)
anionischer Ligand (s. ***(b₃₁)***), substituiert; die Ladung (–) ist im Ligand-Namen berücksichtigt

59

"[Tetrahydrothiophenium-(η-methylid)]" (**59**)
Zwitterion-Ligand (s. *Kap. 6.5**(b)***); die Ladungen sind im Ligand-Namen berücksichtigt

60

"{Triphenylphosphonium-[(1-η)-2-oxopropylid]}" (**60**)
Zwitterion-Ligand (s. *Kap. 6.5**(b)***); die Ladungen sind im Ligand-Namen berücksichtigt

61

"{Triphenylphosphonium-[(1-η)-(cyano-κN)methylid]}" (**61**)
- Zwitterion-Ligand (s. *Kap. 6.5**(b)***); die Ladungen sind im Ligand-Namen berücksichtigt
- "κN" nach ***(b₁)***

62

"[(4a,5a,9a,10a-η)-5,10-Dihydro-5,10-dimethyldiboranthren-κB^5,κB^{10}]" (**62**)
- neutraler Ligand (s. ***(b₄)***)
- "κB^5,κB^{10}" nach ***(b₁)***

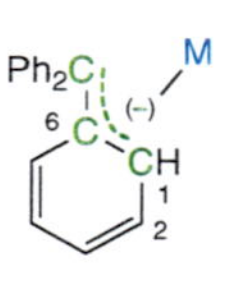

63

"(η^3-2-Methylen-3-oxobutyl)" (**63**)
anionischer Ligand (s. ***(b₃₁)***), Ausnahme (η^3); die Ladung (–) ist im Ligand-Namen berücksichtigt

64

"[η^3-6-(Diphenylmethylen)-cyclohexa-2,4-dien-1-yl]" (**64**)
anionischer Ligand (s. ***(b₃₁)***), Ausnahme (η^3); die Ladung (–) ist im Ligand-Namen berücksichtigt

65

"{1,1´-(η^4-1-Ethinylprop-2-inyliden)bis[benzol]}" (**65**)
- Englisch: '{1,1´-(η^4-1-ethynyl-prop-2-ynylidene)bis[benzene]}'
- neutraler Ligand (s. ***(b₄)***), Ausnahme (η^4)
- Multiplikationsname

66

"{μ-[(1,2-η:4,5-η)-1,5-Diphenylpenta-1,4-dien-3-on]}" (**66**)
neutraler Brückenligand (s. ***(b₄)*** und ***(b₆)***)

67

"{μ-[(1,9,9a-η:4,4a,10-η)-Anthracen]}" (**67**)
neutraler Brückenligand (s. ***(b₄)*** und ***(b₆)***)

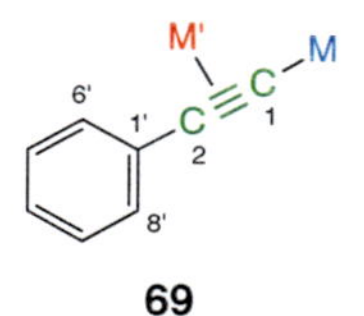

68

"{μ-[(η^3:η^3)-2,3-Bis(methylen)butan-1,4-diyl]}" (**68**)
anionischer Brückenligand (s. ***(b₃₁)*** und ***(b₆)***); die Ladungen (–) sind im Ligand-Namen berücksichtigt

69

"{μ-[(1-η:1,2-η)-Phenylethinyl]}" (**69**)
- Englisch: '...ethynyl...'
- anionischer Brückenligand (s. ***(b₃₁)*** und ***(b₆)***)

(b₃) Anionische Liganden:

Beachte:

- Ein **Ligand H^- am Zentralatom M** muss immer mit "**Hydro**" (**IUPAC**: "**Hydrido**") bezeichnet werden, wenn noch andere Liganden vorhanden sind. **Neutrale Verbindungen MH, MH_2, MH_3** *etc.* bekommen dagegen binäre **Salz-Namen** (s. oben, **II**; z.B. "Magnesium-hydrid-(MgH_2)" (H–Mg–H)).
- **Koordinationsstellen** werden mittels der κ- oder η-Deskriptoren gemäss ***(b₁)*** bzw. ***(b₂)*** und **Brückenliganden** gemäss ***(b₆)*** bezeichnet.

(b₃₁) **Viele Ligand-Namen von anionischen Liganden sind identisch mit den entsprechenden Substituentenpräfixen** gemäss *Kap. 5* und *6*. Allfällig an solche Liganden gebundene Nebensubstituenten werden immer als Präfixe bezeichnet (s. **70** – **82**);

Kap. 5 und 6

Ausnahmen sind Liganden, denen ein "ato"-Namen (s. *(b₃₂)*) gegeben werden kann (s. z.B. **42** aus ***(b₁)*** und **97**, **124** und **125** aus ***(b₃₂)***). **Die Koordinationsstelle entspricht dem Atom der freien Valenz und muss nicht angegeben werden, ausser wenn noch andere Strukturteile** eines solchen Liganden **koordinieren** (s. **44** und **45** aus ***(b₁)***, **48**, **49**, **53**, **54**, **56** – **58**, **63**, **64**, **68** und **69** aus ***(b₂)*** sowie **75** – **82**).

z.B. (M und M´ = vorrangiges bzw. nicht-vorranginges Zentralatom mit weiteren Liganden[3])[4]); zusätzliche Beispiele in ***(b₁)***, ***(b₂)*** und ***(b₆)***)

R^-	"**Alkyl**"	(auch mit 'Hauptgruppen' (= Nebensubstituenten) substituiertes Alkyl), z.B. "Ethyl" (Et^-), "Ethan-1,2-diyl" ($^-CH_2CH_2^-$), "{2-[(2-Oxopropyl)amino]ethyl}" ($MeC(=O)CH_2NHCH_2CH_2^-$)
Ar^-	"**Aryl**"	**mit (C–M)-Bindung**: z.B. "Phenyl" (Ph^-), "Pyridin-2-yl" ($C_4H_4NC^-$) **mit (Heteroatom–M)-Bindung**: "ato"-Namen nach ***(b₃₂)***, ausser wenn nur 1 Heteroatom und kein Heteroatom-haltiger Nebensubstituent vorhanden ist, z.B. "Piperidin-1-yl" ($C_5H_{10}N^-$), "1*H*-Pyrrol-1-yl" ($C_4H_4N^-$)
$RC(=O)^-$, $ArC(=O)^-$	"**Acyl**"	z.B. "Acetyl" ($MeC(=O)^-$), "Benzoyl" ($PhC(=O)^-$), "(1-Oxopropyl)" ($MeCH_2C(=O)^-$), "(Cyclobutylcarbonyl)" ($C_4H_7C(=O)^-$)
$Me(CH_2)_nO^-$	"**Alkoxy**" "**(Alkyloxy)**"	**mit *n* = 0 – 12** (für **andere** RO^-, RS^- *etc.*, s. ***(b₃₂)***), z.B. "Methoxy" (MeO^-), "(Pentyloxy)" ($Me(CH_2)_4O^-$)
PhO^-	"**Phenoxy**"	(für **andere** ArO^-, ArS^- *etc.* s. ***(b₃₂)***)
F^-, Cl^- Br^-, I^- At^- H^-	"**Fluoro**", "**Chloro**" "**Bromo**", "**Iodo**" "**Astato**" "**Hydro**"	(**IUPAC**: "**Hydrido**")
HO^- HS^- HSe^- HTe^-	"**Hydroxy**" "**Mercapto**" "**Selenyl**" "**Telluryl**"	
HO_2^- HS_2^-	"**Hydroperoxy**" "**(Thiosulfeno)**"	
O^{2-} S^{2-} Se^{2-} Te^{2-}	"**Oxo**" "**Thioxo**" "**Selenoxo**" "**Telluroxo**"	
HO_3S^- $PhS(=O)_2^-$ $H_2P(=O)^-$ $Ph_2P(=O)^-$ $H_2As(=O)^-$	"**Sulfo**" "**(Phenylsulfonyl)**" "**Phosphinyl**" "**(Diphenylphosphinyl)**" "**Arsinyl**"	(H substituierbar) (bei Phosphinyl); (H substituerbar) (bei Arsinyl)
H_2N^- $ClHN^-$ HN^{2-} N^{3-} N_3^- $HN{=}N^-$ $PhN{=}N^-$	"**Amido**"[5]) "**(Chloramido)**"[5]) "**Imido**"[5]) "**Nitrido**"[5]) "**Azido**" "**Diazenyl**" "**(Phenylazo)**"	(H nicht substituierbar) (bei Diazenyl)

$N{\equiv}C^-$	"**(Cyano-κC)**"[5])	(nicht "Cyano")
$C{=}N^-$	"**(Cyano-κN)**"[5])	(nicht "Isocyano")
$N{\equiv}C{-}O^-$	"**(Cyanato-κO)**"[5])	(nicht "Cyanato"; analog für S-, Se- und Te-Analoga)
$O{=}C{=}N^-$	"**(Cyanato-κN)**"[5])	(nicht "Isocyanato"; analog für S-, Se- und Te-Analoga)
H_2P^-	"**Phosphino**"	(H substituierbar)
H_2As^-	"**Arsino**"	(H substituierbar)
H_2Sb^-	"**Stibino**"	(H substituierbar)
H_2Bi^-	"**Bismutino**"	('bismuthino'; H substituierbar)
HP^{2-}	"**Phosphiniden**"	(H substituerbar)
HAs^{2-}	"**Arsiniden**"	(H subtituierbar)
HSb^{2-}	"**Stibylen**"	(H substituierbar)
HBi^{2-}	"**Bismutylen**"	('bismuthylene'; H substituierbar)
P^{3-}	"**Phosphido**"[5])	
As^{3-}	"**Arsenido**"[5])	
O_2^-	"**Superoxido**"[5])	
O_2^{2-}	"**Peroxy**"	
S_2^{2-}	"**(Dithio)**"	
Se_2^{2-}	"**(Diseleno)**"	
Te_2^{2-}	"**(Ditelluro)**"	

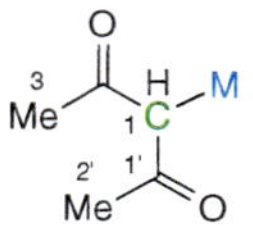

70

"(1-Acetyl-2-oxopropyl)" (**70**)
- **trivial** "**(Acetylacetonato)**" (Abkürzung: "**(acac)**"; entsprechende ladungsneutrale Verbindung: "**Hacac**")
- vgl. dazu "Pentan-2,4-dionato-κO,κO´" (**161**)

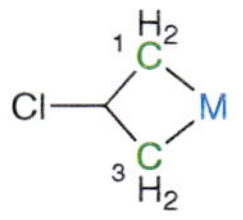

71

"(2-Chloropropan-1,3-diyl)" (**71**)

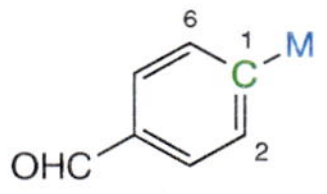

72

"(4-Formylphenyl)" (**72**)

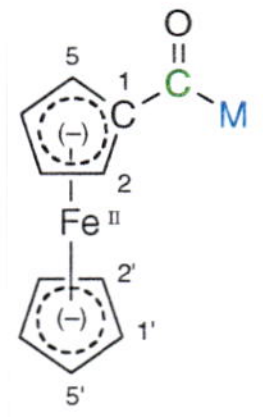

73

"(Ferrocenylcarbonyl)" (**73**)
- neutrale oder kationische Koordinationsverbindung > Metallocen
- die Ladungen (–) sind im Ligand-Namen berücksichtigt

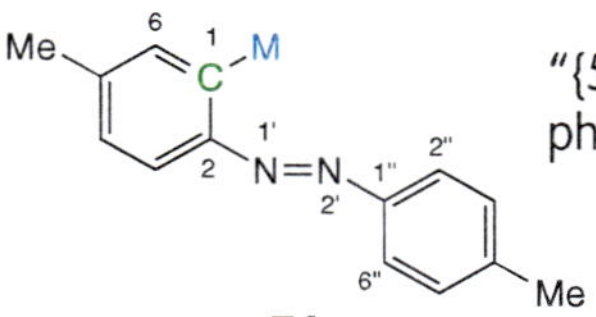

74

"{5-Methyl-2-[(4-methylphenyl)azo]phenyl}" (**74**)

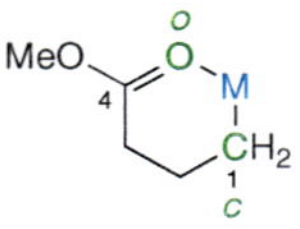

75

"[4-Methoxy-4-(oxo-κO)butyl-κC]" (**75**)

5) **Die Ligand-Namen von** H_2N^-, $ClHN^-$, HN^{2-}, N^{3-}, NC^-/CN^-, NCX^-/XCN^- (X = O, S, Se, Te), P^{3-}, As^{3-} **und** O^{2-} **weichen von den entsprechenden Substituentenpräfixen ab. H-Atome** in H_2N^-, $ClHN^-$ und HN^{2-} sind **nicht** durch R- oder Ar- **substituierbar** (s. "...aminato"-Liganden in ***(b₃₂)***).

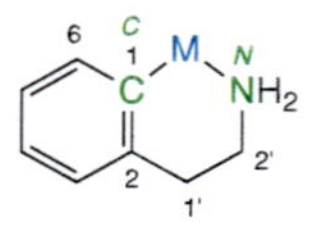

"{2-[2-(Amino-κN)ethyl]phenyl-κC}" (**76**)

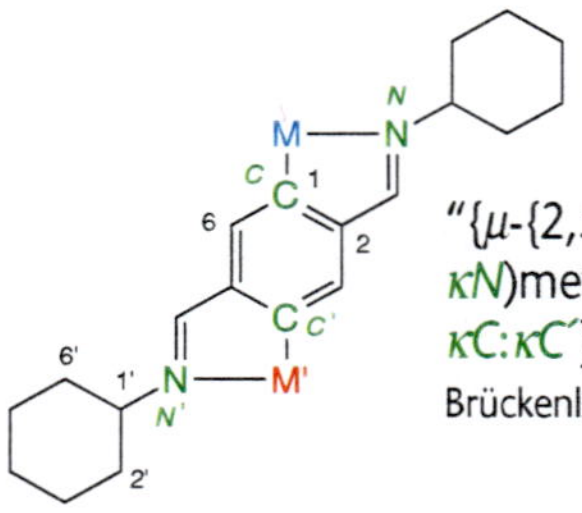

"{μ-{2,5-Bis[(cyclohexylimino-κN)methyl]-1,4-phenylen-κC:κC′}}" (**77**)
Brückenligand (s. (b_6))

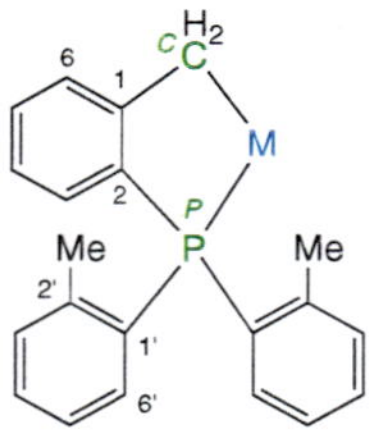

"{{2-[Bis(2-methylphenyl)phosphino-κP]phenyl}methyl-κC}" (**78**)

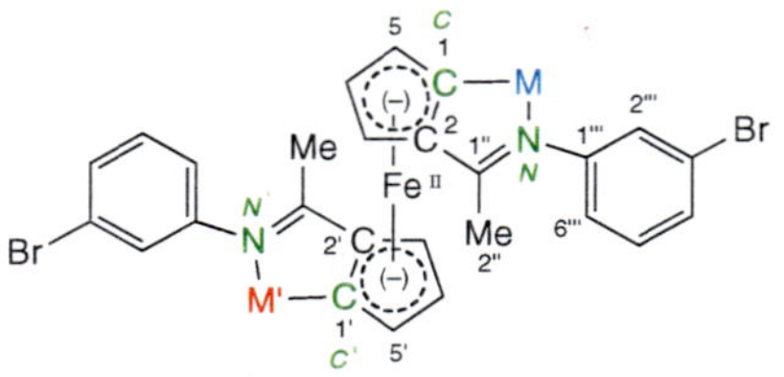

"{μ-{2,2′-Bis{1-[(3-bromophenyl)imino-κN]ethyl}ferrocen-1,1′-diyl-κC:κC′}}" (**79**)
- neutrale oder kationische Koordinationsverbindung > Metallocen
- die Ladungen (–) sind im Ligand-Namen berücksichtigt
- Brückenligand (s. (b_6))

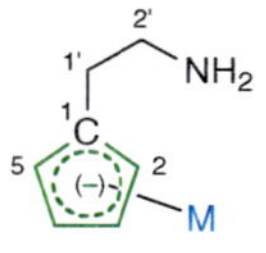

"[(1,2,3,4,5-η)-1-(2-Aminoethyl)-cyclopenta-2,4-dien-1-yl]" (**80**)
die Ladung (–) ist im Ligand-Namen berücksichtigt

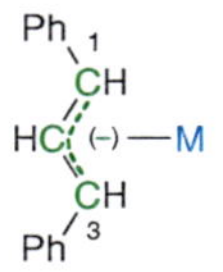

"[(1,2,3-η)-1,3-Diphenylprop-2-enyl]" (**81**)
die Ladung (–) ist im Ligand-Namen berücksichtigt

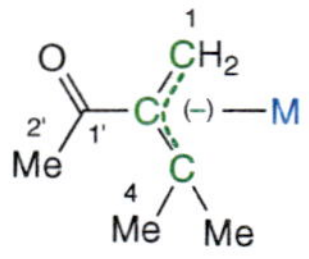

"[(1,2,3-η)-2-Acetyl-3-methyl-but-2-enyl]" (**82**)
die Ladung (–) ist im Ligand-Namen berücksichtigt

(b_{32}) **"ato"- und "ito"-Ligand-Namen** zeigen anionische Liganden an, die sich aus einer Struktur durch **Entfernen von einem oder mehreren Hydronen** (im folgenden Protonen (H^+) genannt) formulieren lassen, die **aber von den in (b_{31}) beschriebenen Liganden verschieden** sind, nämlich

- **Anionen von organischen Säuren** (–COOH, –SO_3H *etc.*) **und von Oxosäuren** (–PO_3H *etc.*):

  "-säure" → **"-ato"**
  "-igsäure" → **"-ito"**

Kap. 6.7–6.12

- **Anionen von Alkoholen** (–OH, –SH *etc.*):

  "-ol" → **"-olato"**
  "-thiol" → **"-thiolato"** *etc.*

Kap. 6.21

- **anionische heterocyclische Liganden,** hergeleitet von:

  Heterocyclen mit mehr als einem Heteroatom (inkl. in Nebensubstituenten; vgl. dazu Ar^- in (b_{31})), Porphinen, Corrinen, Phthalocyaninen *etc.*

  Name des Heterocyclus + "ato"

Kap. 4.5–4.10

- **anionische Liganden von Estern:**

  "-säure-alkyl-ester"
  → **"(Alkyl- ...ato)"** ('(alkyl ...ato)')
  "-igsäure-alkyl-ester"
  → **"(Alkyl- ...ito)"** ('(alkyl ...ito)')

Kap. 6.14

- **anionische Liganden von Aminen, Amiden, Ketonen, Oximen, Hydrazonen** *etc.* und andere negativ geladene Liganden:

  "-amin" → **"-aminato"**
  "-amid" → **"-amidato"**
  "-on" → **"-onato"**
  "-thion" *etc.* → **"-thionato"** *etc.*
  "-oxim" → **"-oximato"**
  "-hydrazon" → **"-hydrazonato"**
  "-hydrazid" → **"-hydrazidato"**
  "-nitril" → **"-nitrilato"**
  "-oxid" → **"-oxidato"**
  "-tellurid" → **"-telluridato"**
  etc.

Kap. 6.23, 6.16, 6.20 und 6.19

Die Ladung von "ato"- und "ito"-Liganden **wird durch eine nachgestellte Ladungszahl angezeigt, ausser** in einfachen Fällen, **wenn die Ladung "(1–)" ist,** z.B. "[Sulfato(2–)]" ($^-OSO_2O^-$) *vs.* "(Acetato)" ($MeCOO^-$) (Vorsicht bei nicht-koordinierenden Säure-Funktionen, s. unten). **"ato"- und "ito"-Ligand-Namen** werden **immer in Klammern** gesetzt, auch wenn keine κ- oder η-Deskriptoren zur Bezeichnung der Koordinationsstellen nötig sind. Bei mehrfachem Vorkommen sind **immer die Multiplikationsaffixe "Bis-", "Tris-"** *etc.* zu verwenden, z.B. "Bis(chlorato)" (2 ClO_4^-).

Anhang 2

Beachte:

Ein Ligand mit einer nicht-koordinierenden Säure-Funktion OH, SH *etc.* (z.B. OH in $O{=}P(OH)(O^-)_2$, COOH in $HOOCCH_2COO^-$, SO_3H in $ArSO_3H$ (Ar-koordinierend), nicht aber OH, SH *etc.* von Alkoholen, NH_2 *etc.* von Aminen oder Amiden oder andere saure Strukturteile (z.B. C–H)) **bekommt immer die Ladungszahl, welche die maximale Anzahl dissoziierter Protonen (H^+) anzeigt.** Das Proton der nicht-koordinierenden Säure-Funktion wird mittels des Kation-Namens **"Hydrogen"** vor dem Namen der Koordinationsverbindung ausgedrückt, obwohl der Ligand-Name die unveränderte

CA ¶ 215

Säure-Funktion angibt (s. **83a**); **ähnliches gilt für entsprechende Salz-Funktionen –COONa, –SO_2SK** *etc.* (vgl. dazu *Fussnote 4* und die Beispiele **272 – 274, 276** und **278** in ***(g)***).

z.B.

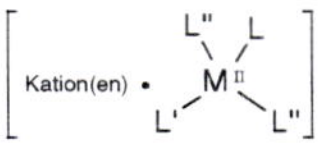

83a,b

M = zweiwertiges Zentralatom

L = **"[Ligandato(2–)]"** = Ligand mit zwei Säure-Funktionen, wovon nur eine koordiniert (**83a**), oder Ligand, der über andere Strukturteile als die zwei Säure-Funktionen koordiniert (**83b**)

L´ = "(Ligandyl´)" = Ligand mit Substituentenpräfix-Name gemäss ***(b₃₁)***

L´´= "(Ligand´´)" = neutraler Ligand gemäss ***(b₄)*** (**83a**), oder "(Ligandyl´´)" = Ligand mit Substituentenpräfix-Name gemäss ***(b₃₁)*** (**83b**)

"Hydrogen-{[(ligandato(2–)](ligandyl´)-bis(ligand´´)metallat(1–)}" (**83a**)

"Natrium-dihydrogen-{[ligandato(2–)](ligandyl´)bis(ligandyl´´)metallat(3–)}" (**83b**)

Ausnahme:

$^{(-)}O_2C^{(-)}$ **84** — **"(Carboxylato)" (84)**
- **nicht** "[(Carboxylato(**2–**)]"
- die Ladungen (–) sind im Ligand-Namen berücksichtigt

z.B. (M und M´ = vorrangiges bzw. nicht-vorrangiges Zentralatom mit weiteren Liganden[3])[4]), zusätzliche Beispiele in ***(b₁)*** und ***(b₆)***)

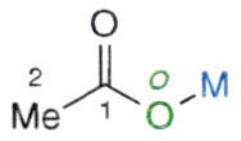

85 "(Acetato-κO)" (**85**)

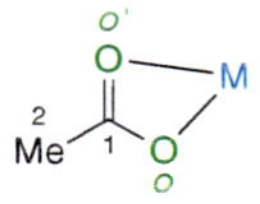

86 "(Acetato-κO,κO´)" (**86**)

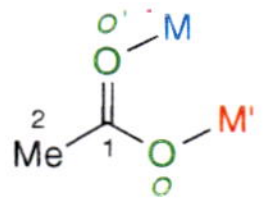

87 "[μ-(Acetato-κO:κO´)]" (**87**)
Brückenligand (s. ***(b₆)***)

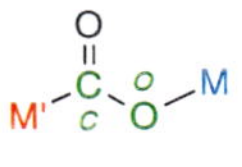

88 "[μ-(Carboxylato-κC:κO)]" (**88**)
- s. Ausnahme **84**
- Brückenligand (s. ***(b₆)***)

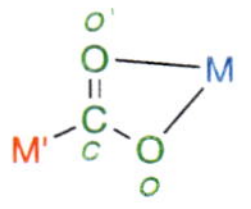

89 "[μ-(Carboxylato-κC:κO,κO´)]" (**89**)
- s. Ausnahme **84**
- Brückenligand (s. ***(b₆)***)

Kap. 6.7 – 6.12

Anionen von organischen Säuren und Oxosäuren (beachte **83**):

$Cl(=O)_3O^-$, $Cl(=O)_3OH$	**"(Perchlorato)"**[6])
$S(=O)_2(O^-)_2$, $S(=O)_2(OH)(O^-)$, $S(=O)_2(OH)_2$	**"[Sulfato(2–)]"**[6])
$S(=O)_2(O^-)(S^-)$, $S(=O)_2(OH)(S^-)$, $S(=O)(OH)(SH)$ *etc.*	**"[Monothiosulfato(2–)]"**[6])[7])
$S(=O)(O^-)_2$, $S(=O)(OH)(O^-)$, $S(=O)(OH)_2$	**"[Sulfito(2–)]"**[6])
$N(=O)_2(O^-)$, $N(=O)_2(OH)$	**"(Nitrato)"**[6])
$O=N–O^-$, $O=N–OH$	**"(Nitrito-κO)"** (nicht "Nitrito")
$N(=O)_2^-$	**"(Nitrito-κN)"** (nicht "Nitro")
$^-O–N=N–O^-$, $HO–N=N–O^-$, $HO–N=N–OH$	**"[Hyponitrito(2–)]"**[6])
$P(=O)(O^-)_3$, $P(=O)(OH)(O^-)_2$, $P(=O)(OH)_2(O^-)$, $P(=O)(OH)_3$	**"[Phosphato(3–)]"**[6])
$PF(=O)(O^-)_2$, $PF(=O)(OH)(O^-)$, $PF(=O)(OH)_2$	**"[Phosphorofluoridato(2–)]"**[6])
$PH(=O)(O^-)_2$, $PH(=O)(OH)(O^-)$, $PH(=O)(OH)_2$	**"[Phosphonato(2–)]"**[6])
$PH(O^-)_2$, $PH(OH)(O^-)$, $PH(OH)_2$	**"[Phosphonito(2–)]"**[6])
$C(=O)(O^-)_2$, $C(=O)(OH)(O^-)$, $C(=O)(OH)_2$	**"[Carbonato(2–)]"**[6])

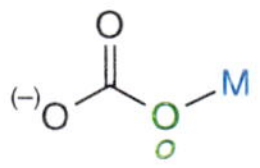

90 "[Carbonato(2–)-κO]" (**90**)
- beachte **83** und *Fussnote 4*
- die Ladung (–) ist im Ligand-Namen berücksichtigt

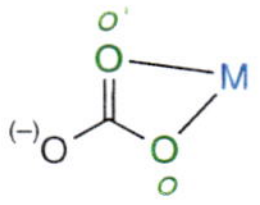

91 "[Carbonato(2–)-κO,κO´]" (**91**)
- beachte **83** und *Fussnote 4*
- die Ladung (–) ist im Ligand-Namen berücksichtigt

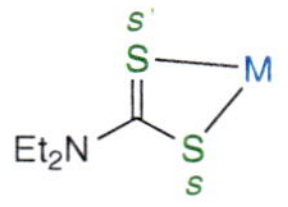

92 "(Diethylcarbamodithioato-κS,κS´)" (**92**)

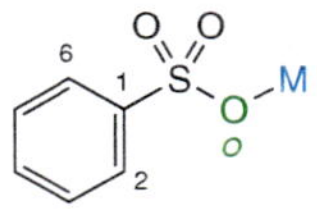

93 "(Benzolsulfonato)" (**93**)
Englisch: '(benzenesulfonato)'

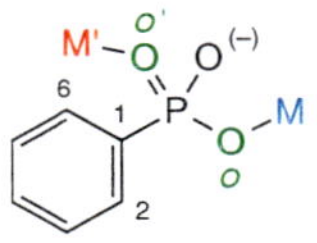

94 "{μ-[Phenylphosphonato(2–)-κO:κO´]}" (**94**)
- beachte **83** und *Fussnote 4*
- die Ladung (–) ist im Ligand-Namen berücksichtigt
- Brückenligand (s. ***(b₆)***)

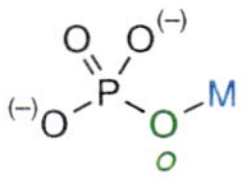

95 "[Phosphato(3–)-κO]" (**95**)
- beachte **83** und *Fussnote 4*
- die Ladungen (–) sind im Ligand-Namen berücksichtigt

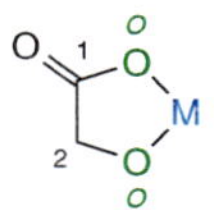

96 "[(Hydroxy-κO)acetato(2–)-κO]" (**96**)
beachte *Fussnote 4*

6) **Koordinationsstellen** werden mittels des κ-Deskriptors nach ***(b₁)*** bezeichnet, z.B. "(Nitrato-κO)" ($N(=O)O^-$), "[Sulfato(2–)-κO,κO´]" ($S(=O)_2(O^-)_2$).

7) Oxosäuren, die im Namen eine lineare Formel enthalten (s. *Kap. 6.10, 6.11**(g)*** und *6.12*), z.B. "Thioschwefelsäure-($H_2S_2O_3$)", bekommen anders spezifizierte Ligand-Namen, z.B. "[Monothiosulfato(2–)]" ($S_2O_3^{2-}$).

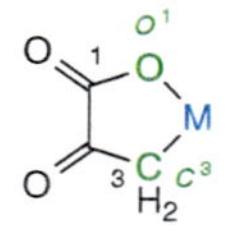

97

"[2-Oxopropanoato(2–)-$\kappa C^3, \kappa O^1$]" (**97**)
beachte (***b***$_{31}$) und *Fussnote 4*

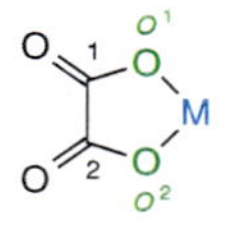

98

"[Ethandioato(2–)-$\kappa O^1, \kappa O^2$]" (**98**)
beachte *Fussnote 4*

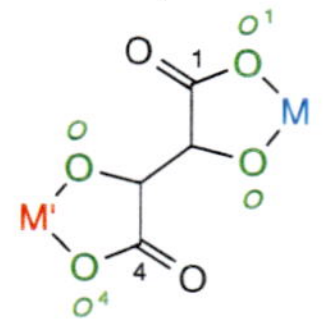

99

"{μ-[2,3-Di(hydroxy-κO)butandioato(4–)-κO^1:κO^4]}" (**99**)
- Brückenligand (s. (***b***$_6$))
- beachte *Fussnote 4*

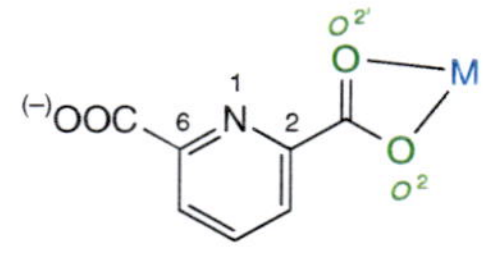

100

"[Pyridin-2,6-dicarboxylato(2–)-$\kappa O^2, \kappa O^{2'}$]" (**100**)
- beachte **83**
- die Ladung (–) ist im Ligand-Namen berücksichtigt

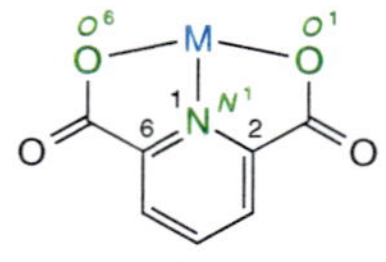

101

"[Pyridin-2,6-dicarboxylato(2–)-$\kappa N^1, \kappa O^2, \kappa O^6$]" (**101**)
beachte *Fussnote 4*

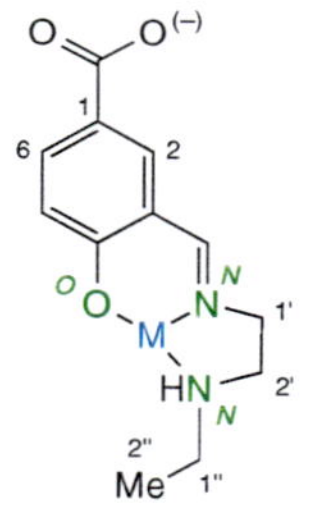

102

"{3-{{[2-(Ethylamino-κN)ethyl]imino-κN}methyl}-4-(hydroxy-κO)benzoato(2–)}" (**102**)
- beachte **83** und *Fussnote 4*
- die Ladung (–) ist im Ligand-Namen berücksichtigt

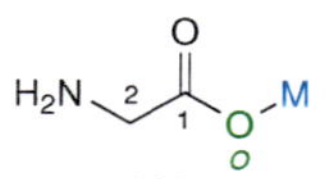

103

"(Glycinato-κO)" (**103**)

104

"(L-Alaninato-$\kappa N, \kappa O$)" (**104**)

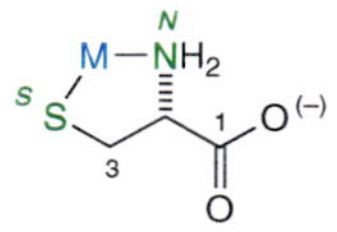

105

"[L-Cysteinato(2–)-$\kappa N, \kappa S$]" (**105**)
- beachte **83** und *Fussnote 4*
- die Ladung (–) ist im Ligand-Namen berücksichtigt
- vgl. dazu **197**

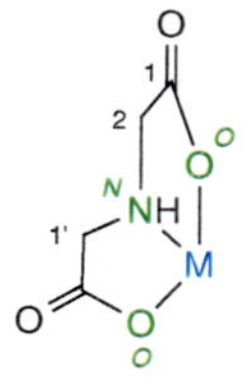

106

"{*N*-[(Carboxy-κO)methyl]glycinato-(2–)-$\kappa N, \kappa O$}" (**106**)
- beachte *Fussnote 4*
- Stereostammstruktur ("Glycin") > "Essigsäure" (s. *Kap. 3.3*)
- **trivial "[Iminodiacetato(2–)]"** (Abkürzung: **"(ida)"**; entsprechende Säure: **"H$_2$ida"**)

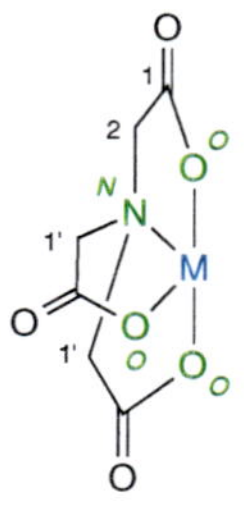

107

"{*N*,*N*-Bis[(carboxy-κO)methyl]glycinato(3–)-$\kappa N, \kappa O$}" (**107**)
- beachte *Fussnote 4*
- Stereostammstruktur ("Glycin") > "Essigsäure" (s. *Kap. 3.3*)
- **trivial "[Nitrilotriacetato(3–)]"** (Abkürzung: **"(nta)"**; entsprechende Säure: **"H$_3$nta"**)

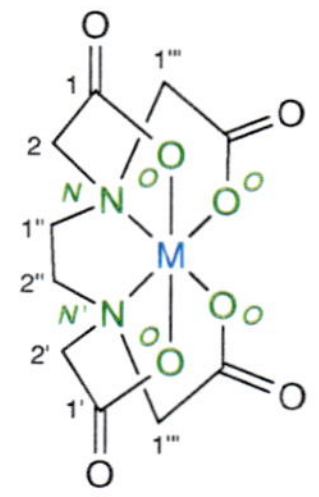

108

"{{*N*,*N'*-(Ethan-1,2-diyl)bis[*N*-[(carboxy-κO)methyl]glycinato-$\kappa N, \kappa O$]}(4–)}" (**108**)
- beachte *Fussnote 4*
- Stereostammstruktur ("Glycin") > "Essigsäure" (s. *Kap. 3.3*)
- Multiplikationsname
- **trivial "{[(Ethan-1,2-diyldinitrilo)tetraacetato](4–)}"** oder **"[Ethylendiamintetraacetato(4–)]"** (Abkürzung: **"(edta)"**; entsprechende Säure: **"H$_4$edta"**)

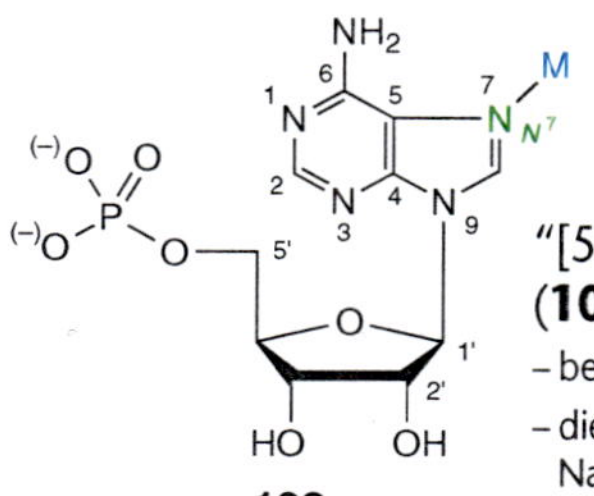

109

"[5'-Adenylato(2–)-κN^7]" (**109**)
- beachte **83**
- die Ladungen (–) sind im Ligand-Namen berücksichtigt

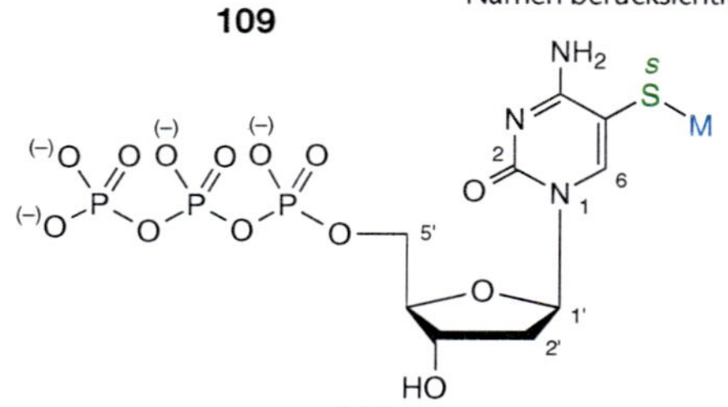

110

"[2'-Deoxy-5-(mercapto-κS)cytidin-5'-(triphosphato)(5–)]" (**110**)
- beachte **83**
- die Ladungen (–) sind im Ligand-Namen berücksichtigt

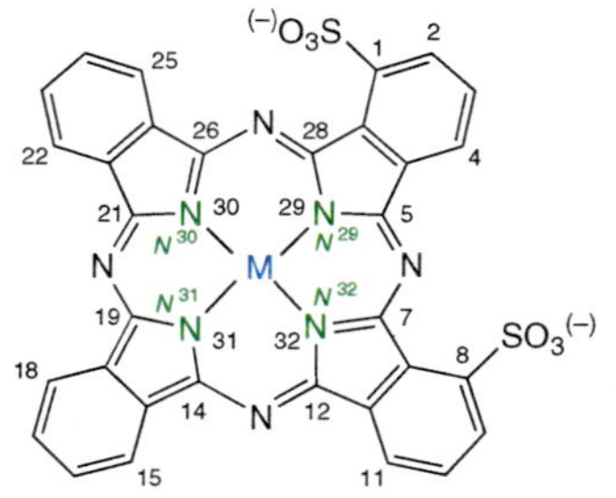

111

"[29*H*,31*H*-Phthalocyanin-1,8-disulfonato(4–)-$\kappa N^{29}, \kappa N^{30}, \kappa N^{31}, \kappa N^{32}$]" (**111**)
- beachte **83**
- die Ladungen (–) sind im Ligand-Namen berücksichtigt

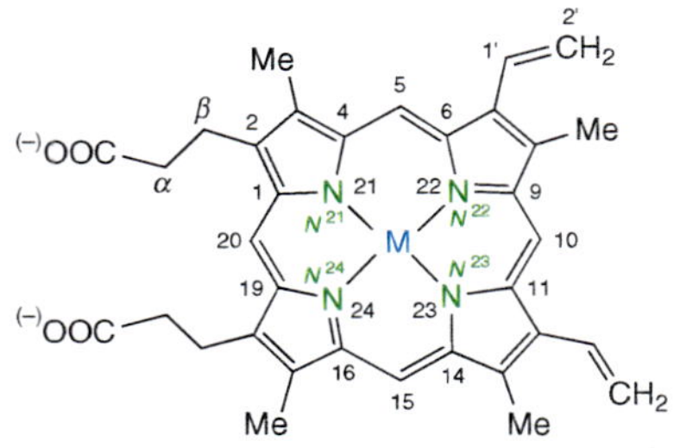

112

"[7,12-Diethenyl-3,8,13,17-tetramethyl-21*H*,23*H*-porphin-2,18-dipropanoato(4–)-κN^{21},κN^{22},κN^{23},κN^{24}]" (**112**)

- beachte **83**
- die Ladungen (–) sind im Ligand-Namen berücksichtigt

Kap. 6.21

Anionen von Alkoholen (beachte ***(b₃₁)*** für einfache Fälle):

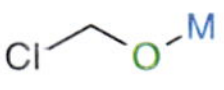

113

"(Chloromethanolato)" (**113**)
nicht "(Chloromethoxy)"

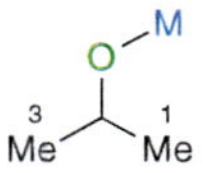

114

"(Propan-2-olato)" (**114**)
nicht "(1-Methylethoxy)"

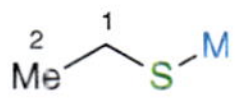

115

"(Ethanthiolato)" (**115**)
nicht "(Ethylthio)"

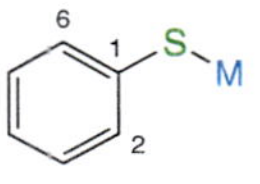

116

"(Benzolthiolato)" (**116**)
- Englisch: '(benzenethiolato)'
- nicht "(Phenylthio)"

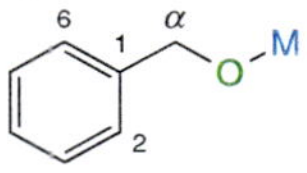

117

"(Benzolmethanolato)" (**117**)
Englisch: '(benzenemethanolato)'

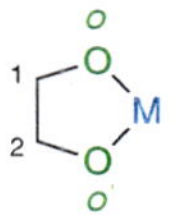

118

"[Ethan-1,2-diolato(2–)-κ*O*,κ*O*´]" (**118**)

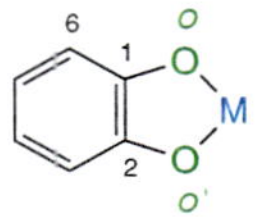

119

"[Benzol-1,2-diolato(2–)-κ*O*,κ*O*´]" (**119**)
Englisch: '[benzene-1,2-diolato(2–)-κ*O*,κ*O*´]

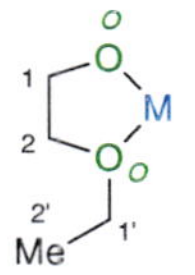

120

"[2-(Ethoxy-κ*O*)ethanolato-κ*O*]" (**120**)

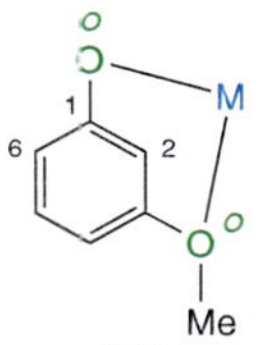

121

"[3-(Methoxy-κ*O*)phenolato-κ*O*]" (**121**)

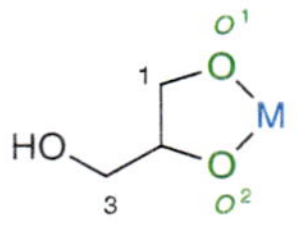

122

"[Propan-1,2,3-triolato(2–)-κO^1,κO^2]" (**122**)

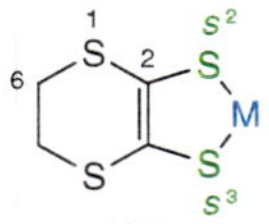

123

"[5,6-Dihydro-1,4-dithiin-2,3-dithiolato(2–)-κS^2,κS^3]" (**123**)

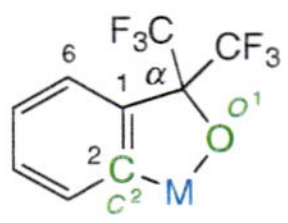

124

"[α,α-Bis(trifluoromethyl)benzolmethanolato(2–)-κC^2,κO^1]" (**124**)
- Englisch: '...benzenemethanolato...'
- beachte ***(b₃₁)***

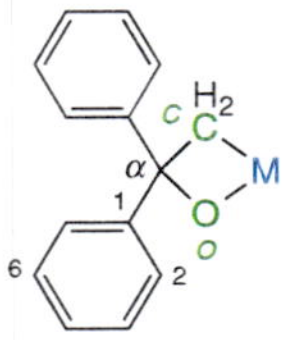

125

"[α-(Methyl-κ*C*)-α-phenylbenzolmethanolato(2–)-κ*O*]" (**125**)
- Englisch: '...benzenemethanolato...'
- beachte ***(b₃₁)***

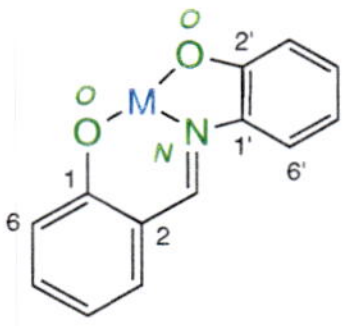

126

"{2-{{[2-(Hydroxy-κ*O*)phenyl]-imino-κ*N*}methyl}phenolato(2–)-κ*O*}" (**126**)

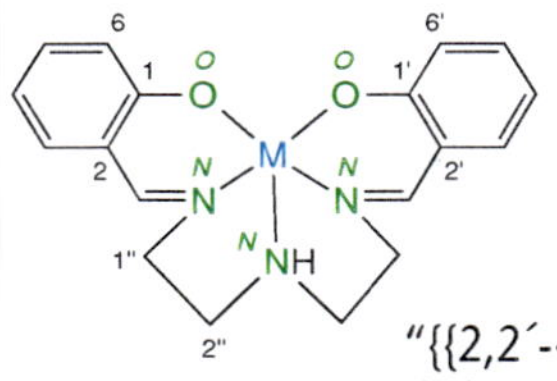

127

"{{2,2´-{(Imino-κ*N*)bis[ethan-2,1-diyl(nitrilo-κ*N*)methylidin]}bis-[phenolato-κ*O*]}(2–)}" (**127**)
- Englisch: '...methylidyne...'
- Multiplikationsname

Kap. 4.5 – 4.10

Anionische heterocyclische Liganden:

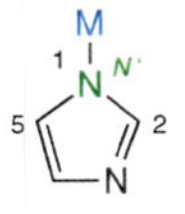

128

"(1*H*-Imidazolato-κN^1)" (**128**)

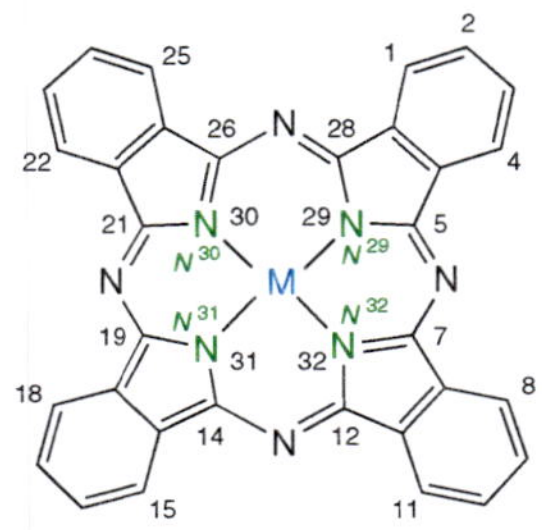

129

"[29*H*,31*H*-Phthalocyaninato(2–)-κN^{29},κN^{30},κN^{31},κN^{32}]" (**129**)

130

"[5,10,15,20-Tetraphenyl-21*H*,23*H*-porphinato(2–)-$\kappa N^{21},\kappa N^{22},\kappa N^{23},\kappa N^{24}$]" (**130**)

Kap. 6.14

Anionische Liganden von Estern (beachte **83**; vgl. auch neutrale Ester in (b_4)):

131

"{Diethyl-[2,3-di(mercapto-κ*S*)-butandioato(2–)]}" (**131**)
Englisch: '[diethyl 2,3-di(mercapto-κ*S*)butanedioato(2–)]'

132

"{Monomethyl-[2,3-bis(diphenylphosphino-κ*P*)but-2-endioato]}" (**132**)
- Englisch: '[monomethyl 2,3-bis(diphenylphosphino-κ*P*)but-2-enedioato]'
- beachte **83**
- die Ladung (–) ist im Ligand-Namen berücksichtigt

133

"{Ethyl-[2-(hydroxyimino-κ*N*)-3-(imino-κ*N*)butanoato]}" (**133**)
Englisch: '[ethyl 2-(hydroxyimino-κ*N*)-3-(imino-κ*N*)butanoato]'

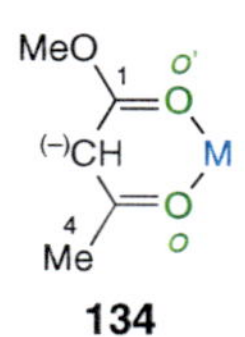

134

"{Methyl-[3-(oxo-κO)butanoato-κ*O*′]}" (**134**)
- Englisch: '[methyl 3-(oxo-κO)butanoato-κ*O*′]'
- beachte *Fussnote 4*
- die Ladung (–) ist im Ligand-Namen berücksichtigt

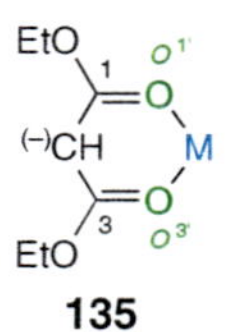

135

"[Diethyl-(propandioato-$\kappa O^{1'},\kappa O^{3'}$)]" (**135**)
- Englisch: '(diethyl propanedioato-$\kappa O^{1'},\kappa O^{3'}$)'
- **nicht** "$\kappa O'^{1},\kappa O'^{3}$"
- beachte *Fussnote 4*
- die Ladung (–) ist im Ligand-Namen berücksichtigt

136

"{[Mono(methoxymethyl)]-carbonato-κ*O*′}" (**136**)
- Englisch: '[mono(methoxymethyl) carbonato-κ*O*′]'
- beachte *Fussnote 4*

137

"[*O*-Ethyl-(carbonothioato-κ*O*′)]" (**137**)
- Englisch: '(*O*-ethyl carbonothioato-κ*O*′)'
- beachte *Fussnote 4*

138

"[*O*-Ethyl-(carbonodithioato-κ*S*,κ*S*′)]" (**138**)
Englisch: '(*O*-ethyl carbonodithioato-κ*S*,κ*S*′)'

139

"[Dibutyl-(phosphato-κ*O*′′)]" (**139**)
- Englisch: '(dibutyl phosphato-κ*O*′′)'
- beachte *Fussnote 4*

140

"{[Mono(4-nitrophenyl)]-phosphato(2–)-κ*O*′}" (**140**)
- Englisch: '[mono(4-nitrophenyl) phosphato(2–)-κ*O*′]'
- beachte **83** und *Fussnote 4*
- die Ladung (–) ist im Ligand-Namen berücksichtigt

141

"{μ-[Diphenyl-(phosphato-κ*O*′′:κ*O*′′′)]}" (**141**)
- Englisch: [μ-(diphenyl phosphato-κ*O*′′:κ*O*′′′)]'
- Brückenligand (s. (b_6))

142

"[Dimethyl-(phosphonato-κ*P*)]" (**142**)
Englisch: '(dimethyl phosphonato-κ*P*)'

143

"{*O*-(2-Ethylhexyl)-[(2-ethylhexyl)phosphonato-κ*O*′]}" (**143**)
- Englisch: '[*O*-(2-ethylhexyl) (2-ethylhexyl)phosphonato-κ*O*′]'
- beachte *Fussnote 4*

144

"[Monomethyl-(phenylphosphonito-κ*P*)]" (**144**)
- Englisch: '(monomethyl phenylphosphonito-κ*P*)'
- beachte **83**
- die Ladung (–) ist im Ligand-Namen berücksichtigt

Anionische Liganden von Aminen:

Kap. 6.23

145

"(Methanaminato)" (**145**)

146

"(*N*-Methylmethanaminato)" (**146**)

147

"[2-(Nitroso-κ*N*)-*N*-phenylbenzolaminato-κ*N*]" (**147**)
Englisch: '...benzenaminato-κ*N*]'

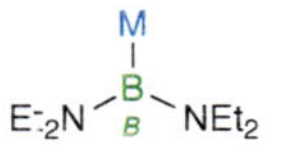

148

"(*N*,*N*,*N*´,*N*´-Tetraethylborandiaminato-κ*B*)" (**148**)

149

"[*N*´,*N*´´-Dicyclohexyl-*N*,*N*-dimethylstibintriaminato(2–)-κ*N*´,κ*N*´´]" (**149**)
"*N*,*N*,*N*´,*N*´´" > "*N*,*N*´,*N*´,*N*´´" > "*N*,*N*´,*N*´´,*N*´´"

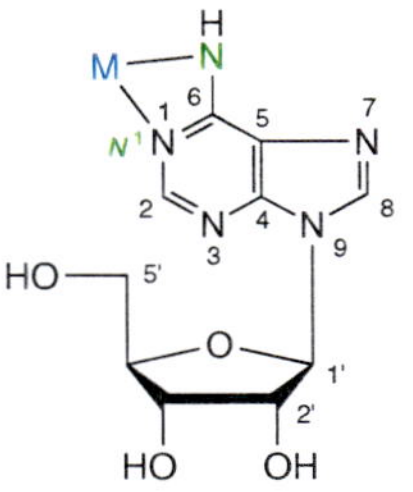

150

"(Adenosinato-κ*N*,κ*N*[1])" (**150**)

Kap. 6.16

Anionische Liganden von Amiden:

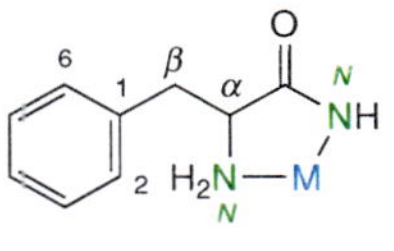

151

"[α-(Amino-κ*N*)benzolpropanamidato-κ*N*]" (**151**)
- Englisch: '...benzene...'
- beachte *Fussnote 4*

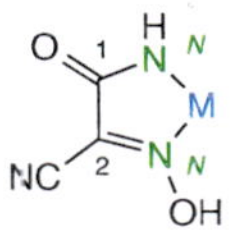

152

"[2-Cyano-2-(hydroxyimino-κ*N*)acetamidato-κ*N*]" (**152**)
beachte *Fussnote 4*

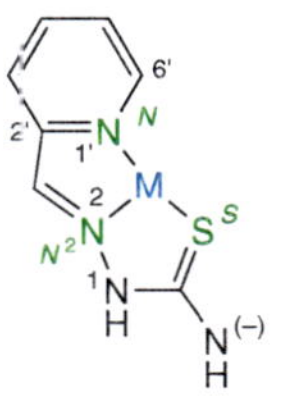

153

"{2-[(Pyridin-2-yl-κ*N*)methylen]hydrazincarbothioamidato-κN^2,κ*S*}" (**153**)
- beachte *Fussnote 4*
- die Ladung (–) ist im Ligand-Namen berücksichtigt

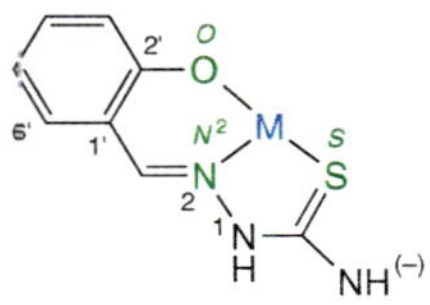

154

"{2-{[2-(Hydroxy-κ*O*)phenyl]-methylen}hydrazincarbothioamidato(2–)-κN^2,κ*S*}" (**154**)
- beachte *Fussnote 4*
- die Ladung (–) ist im Ligand-Namen berücksichtigt

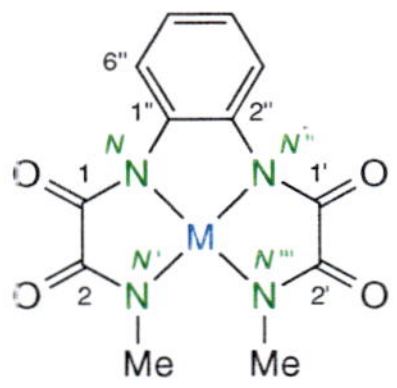

155

"{{*N*,*N*´´-(1,2-Phenylen)bis[*N*´-methylethandiamidato-κ*N*,κ*N*´]}(4–)}" (**155**)
- beachte *Fussnote 4*
- Multiplikationsname

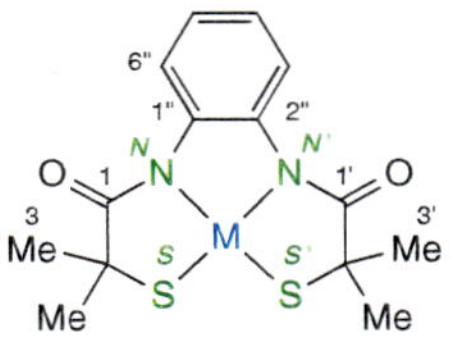

156

"{{*N*,*N*´-(1,2-Phenylen)bis[2-(mercapto-κ*S*)-2-methylpropanamidato-κ*N*]}(4–)}" (**156**)
- beachte *Fussnote 4*
- Multiplikationsname

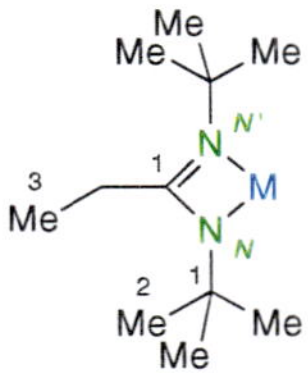

157

"[*N*,*N*´-Bis(1,1-dimethylethyl)propanimidamidato-κ*N*,κ*N*´]" (**157**)
trivial "[*N*,*N*´-Bis(*tert*-butyl)propan**amidinato**" (**IUPAC empfiehlt "Amidin"-Namen nicht mehr**; IUPAC R-3.2.1.1)

158

"(*N*,*N*-Diethyl-*N*´-phenylthioureato-κ*N*´,κ*S*)" (**158**)
vom Englischen 'thiourea' ($H_2NC(=S)NH_2$)

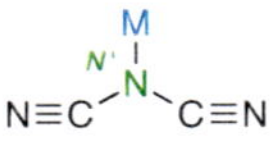

159

"(Cyanocyanamidato-κ*N*´)" (**159**)

Kap. 6.19 und 6.20

Anionische Liganden von Aldehyden und Ketonen:

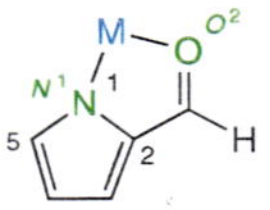

160

"(1*H*-Pyrrol-2-carboxaldehydato-κN^1,κO^2)" (**160**)

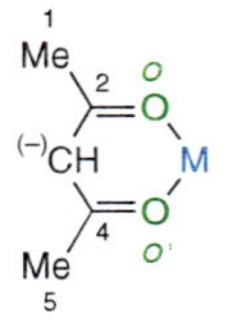

161

"(Pentan-2,4-dionato-κ*O*,κ*O*´)" (**161**)
- beachte *Fussnote 4*
- die Ladung (–) ist im Ligand-Namen berücksichtigt
- **trivial "(Acetylacetonato)"** (Abkürzung: **"(acac)"**; entsprechende neutrale Verbindung "**Hacac**")
- vgl. dazu "(1-Acetyl-2-oxopropyl)" (**70**)

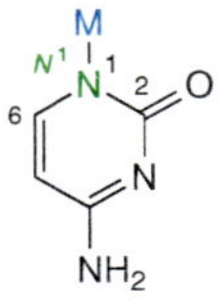

162

"[4-Aminopyrimidin-2(1*H*)-onato-κN^1]" (**162**)

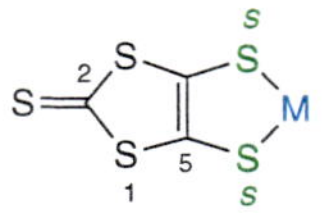

163

"[4,5-Di(mercapto-κ*S*)-1,3-dithiol-2-thionato(2–)]" (**163**)

Kap. 6.19 und 6.20

Anionische Liganden von Oximen und Hydrazonen:

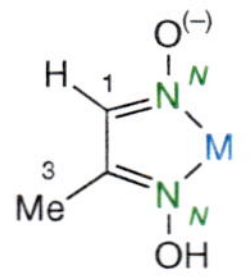

164

"{[2-(Hydroxyimino-κ*N*)propanal]-(oximato-κ*N*)}" (**164**)
- Englisch: '[2-(hydroxyimino-κ*N*)propanal oximato-κ*N*]'
- beachte *Fussnote 4*
- die Ladung (–) ist im Ligand-Namen berücksichtigt

165

"{[3-(Imino-κN)-1,3-diphenylprop-an-1,2-dion]-2-(oximato-κO)}" (**165**)
- Englisch: '[3-(imino-κN)-1,3-diphenylprop-ane-1,2-dione 2-(oximato-κO)]'
- beachte *Fussnote 4*

166

"{{[Butan-2,3-dion]-di(oximato-κN)}(1–)}" (**166**)
- Englisch: '{[butane-2,3-dione di(oximato-κN)](1–)}'
- beachte *Fussnote 4*
- die Ladung (–) ist im Ligand-Namen berücksichtigt
- **ausnahmsweise** wird **bei Dioximen und Trihydrazonen** die Ladungszahl **auch** angegeben, wenn sie "**(1–)**" ist
- **trivial "(Dimethylglyoximato)"** (Abkürzung: **"(Hdmg)"**; entsprechende neutrale Verbindung: **"H_2dmg"**)

167

"{{[Cyclohexa-3,5-dien-1,2-dion]-di(oximato-κN)}(1–)}" (**167**)
- Englisch: '{[cyclohexa-3,5-diene-1,2-dione di(oximato-κN)](1–)}'
- beachte *Fussnote 4*
- die Ladung (–) ist im Ligand-Namen berücksichtigt
- zur Ladungszahl, s. **166**

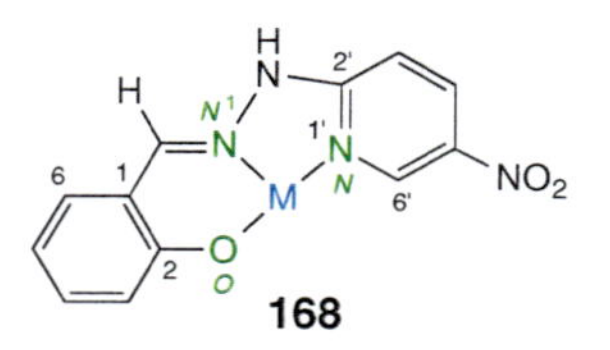

168

"{[2-(Hydroxy-κO)benzaldehyd]-[(5-nitropyridin-2-yl-κN)hydrazonato-κN^1]}" (**168**)
Englisch: '[2-(hydroxy-κO)benzaldehyde (5-nitropyridin-2-yl-κN)hydrazonato-κN^1]'

Verschiedene anionische Liganden:

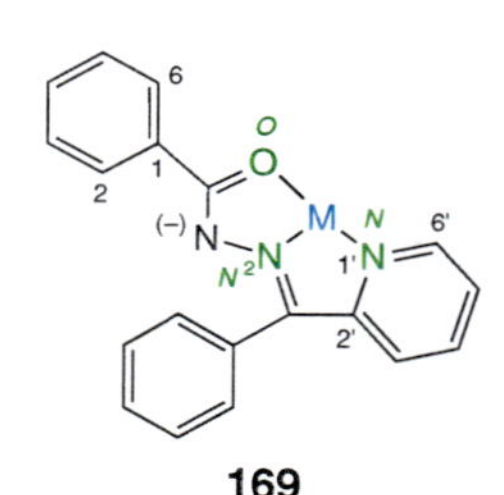

169

"{(Benzoesäure-κO)-{[phenyl(pyridin-2-yl-κN)methylen]-hydrazidato-κN^2}}" (**169**)
- Englisch: '{(benzoic acid-κO) [phenyl(pyridin-2-yl-κN)methylene]hydrazidato-κN^2}'
- beachte *Fussnote 4*
- die Ladung (–) ist im Ligand-Namen berücksichtigt

170

"[2,3-Di(mercapto-κS)but-2-en-dinitrilato(2–)]" (**170**)

171

"[(Mercapto-κS)schwefel-diimidato(2–)-κN′]" (**171**)
Englisch: '[(mercapto-κS)sulfur diimidato(2–)-κN′]'

172

"[(1,3,2-Dioxaphosphorinan)-2-oxidato-κP^2]" (**172**)
Englisch: '(1,3,2-dioxaphosphorinane 2-oxidato-κP^2)'

173

"{[2-(Hydroxy-κO)-2-phenylethen-yl]triphenylphosphoniumato}" (**173**)
im Fall einer kationischen Koordinationsverbindung mit M > P (s. oben, **III**)

174

"[1-(Sulfo-κO)pyridiniumato]" (**174**)
im Fall einer kationischen Koordinationsverbindung mit M > N (s. oben, **III**)

175

"{μ_3-[Triethylphosphin-(imidato-κN:κN:κN)]}" (**175**)
- Englisch: '[μ_3-(triethylphosphine imidato-κN:κN:κN)]'
- Brückenligand (s. ***(b₆)***)

176

"{N-Ethyl-N,N-bis[(hydroxy-κO)-methyl]ethanaminiumato(2–)}" (**176**)
im Fall einer kationischen Koordinationsverbindung mit M > N (s. oben, **III**)

177

"{2-[2-(2,3,5,6,8,9,11,12-Octahydro-1,4,7,10,13-benzopentaoxacyclopentadec-in-15-yl-κO^1,κO^4,κO^7,κO^{10},κO^{13})ethenyl]-3-(3-sulfopropyl)benzothiazoliumato}" (**177**)
- beachte **83**
- die Ladung (–) ist im Ligand-Namen berücksichtigt

(b₄) Neutrale Liganden bekommen **unveränderte Namen**, die **in Klammern** gesetzt werden.

Ausnahmen:

H_3N	"**Ammin**" ('ammine')
H_2O	"**Aqua**"
CO	"**Carbonyl**"
CS	"**Carbonothioyl**"
NO	"**Nitrosyl**"

Bei mehrfachem Auftreten werden **immer die Multiplikationsaffixe "Bis-", "Tris-"** *etc.* verwendet, **ausgenommen bei H_3N, H_2O, CO, CS und NO**, z.B. "Bis(pyridin)" (2 C_5H_5N), "Tris(distickstoff)" (3 N_2), "Tetrakis(phosphin)" (4 PH_3); aber "Diammin" (2 NH_3), "Hexacarbonyl" (6 CO). **Koordinationsstellen** werden mittels der κ- oder η-Deskriptoren gemäss ***(b₁)*** bzw. ***(b₂)*** und **Brückenliganden** gemäss ***(b₆)*** bezeichnet.

Anhang 2

z.B. (M und M′ = vorrangiges bzw. nicht-vorrangiges Zentralatom mit weiteren Liganden[3)][4)]); zusätzliche Beispiele in ***(b₁)***, ***(b₂)*** und ***(b₆)***)

H_2S	**"(Schwefelwasserstoff)"** ('(hydrogen sulfide)'; **IUPAC**: auch "(Hydrogen-sulfid)")
H_2O_2	**"(Wasserstoff-peroxid)"** ('(hydrogen peroxide)'; **IUPAC**: auch "(Hydrogen-peroxid)")
O_2	**"(Disauerstoff)"** ('(dioxygen)'; **IUPAC**: auch "(Dioxygen)")
N_2	**"(Distickstoff)"** ('(dinitrogen)'; **IUPAC**: auch "(Dinitrogen)")
$MeNH_2$	**"(Methanamin)"**
H_2NNH_2	**"(Hydrazin)"**
C_5H_5N	**"(Pyridin)"**
PH_3	**"(Phosphin)"**
MeCN	**"(Acetonitril)"**
MeOH	**"(Methanol)"**

178 "(Triphenylphosphin)" (**178**)

179 "(Trimethylphosphin-tellurid-κ*Te*)" (**179**)
Englisch: '(trimethylphosphine telluride-κ*Te*)'

180 "(Trimethyl-phosphit-κ*P*)" (**180**)
Englisch: '(trimethyl phosphite-κ*P*)'

181 "(Ethan-1,2-diyl)bis[dimethylphosphin-κ*P*])" (**181**)
Multiplikationsname

182 "[1,1´-Bis(diphenylphosphino-κ*P*)ferrocen]" (**182**)
- die Ladungen (–) sind im Ligand-Namen berücksichtigt
- für "...ferrocen", s. *(f)*

183 "{*μ*-[*N*-(Diphenylphosphino-κ*P*)-*P*,*P*-diphenylphosphinigsäure-amid-κ*P*]}" (**183**)
Englisch: '{...phosphinous amide-κ*P*]}'

184 "[*N*,*N*´-Bis(diphenylphosphino-κ*P*)-*N*-methyl-*N*´-phenylharnstoff]" (**184**)
Englisch: '[...*N*´-phenylurea]'

185 "(Thioharnstoff-κ*S*)" (**185**)
Englisch: '(thiourea-κ*S*)'

186 "(Guanidin-κ*N*,κ*N*´´)" (**186**)

187 "(Ethanimidamid-κ*N*,κ*N*´)" (**187**)
trivial "Acetamidin" (IUPAC empfiehlt "Amidin"-Namen nicht mehr; IUPAC R-3.2.1.1)

188 "(*N*,*N*-Dimethylformamid-κ*O*)" (**188**)

189 "(Tetrahydrothiophen)" (**189**)

190 "[(2,3,4,5-*η*)-Thiophen-κ*S*]" (**190**)

191 "[Pyridin-1-(oxid-κ*O*)]" (**191**)
Englisch: '[pyridine 1-(oxide-κ*O*)]'

192 "[2,2´-Bipyridin-κN^1,κ$N^{1´}$]" (**192**)

193 "(Pyridin-2-ethanamin-κN^1,κN^2)" (**193**)
Konjunktionsname

194 "[(2,3-*η*)-Prop-2-en-1-amin]" (**194**)

195 "(Propan-1,3-diamin-κ*N*,κ*N*´)" (**195**)
Abkürzung: **"(pn)"**

196 "(*N*,*N*´-Ethandiylidenbis[propan-2-amin-κ*N*])" (**196**)
Multiplikationsname

197 "[Methyl-(*S*-methyl-L-cysteinat-κ*N*,κ*S*)]" (**197**)
- Englisch: '(methyl *S*-methyl-L-cysteinate-κ*N*,κ*S*)'
- vgl. dazu **105**

"[2-(Isocyano-κC)-2-methylpropan]" (**198**)

"Isocyano" ist hier ein Präfix und nicht der Ligand-Name eines anionischen Liganden, vgl. **36** und ***(b₃₁)***

"(Oxetan-2-on-κO^2)" (**199**)

"(Thiobis[methan])" (**200**)
- Multiplikationsname
- IUPAC: auch **"(Dimethyl-sulfid)"**

"(1,1´-Oxybis[ethan])" (**201**)
- Multiplikationssname
- IUPAC: auch **"(Diethyl-ether)"**

"[1,2-Di(methoxy-κO)ethan]" (**202**)

"{1,1´-(Oxy-κO)bis[2-(methoxy-κO)ethan]}" (**203**)
Multiplikationsname

(b₅) ***Kationische Liganden*** bekommen **unveränderte Kation-Namen** nach *Kap. 6.3*. **Wenn nötig wird** die **Ladung** eines kationischen Liganden **durch** eine nachgestellte **Ladungszahl angezeigt**, z.B. "(3+)".

Kap. 6.3

z.B. (M = Zentralatom mit weiteren Liganden; zusätzliche Beispiele in ***(b₃₂)*** (s. **173 – 177**))

H_3O^+	**"Oxonium"**
$H_2NNH_3^+$	**"[Hydrazinium(1+)]"**
$^+H_3NNH_3^+$	**"[Hydrazinium(2+)]"**
H_4P^+	**"Phosphonium"**
H_4N^+	**"Ammonium"** (nur unsubstituiert)

"(1-Methyl-4-aza-1-azoniabicyclo[2.2.2]octan-κN^4)" (**204**)

im Fall einer kationischen Koordinationsverbindung mit M > N (s. oben, **III**)

"[(2,3,4,5-η)-2-Methyl-1-phenylthiophenium]" (**205**)

im Fall einer kationischen Koordinationsverbindung mit M > S (s. oben, **III**)

(b₆) ***Brückenliganden*** (= **μ-Liganden**) **sind mehrzähnige Liganden** nach ***(b₁)*** – ***(b₅)***, **die zwei oder mehr Zentralatome M, M´** *etc.* miteinander verbinden (s. ***(h)***). Dabei können die Zentralatome an der gleichen oder an verschiedenen Koordinationsstellen des Brückenliganden μ-L haften. **Ein Brückenligand-Name wird nach *(b₁)* – *(b₅)* gebildet und durch einen *My-Deskriptor*** (μ; 'modifier μ'), **d.h. durch einen vorgestellten griechischen Buchstaben My (μ), gekennzeichnet**:

Deskriptor "μ": zwei überbrückte Zentralatome
"$μ_3$": drei überbrückte Zentralatome
etc.

Ein **μ-Ligand-Name** steht **in Klammern** (eckige oder geschweifte), **wenn der Ligand-Name des entsprechenden nicht-überbrückenden Liganden schon in Klammern steht**; z.B. "[μ-(Cyano-κC:κC)]" (NC^-<), "[μ-(Peroxy-κO:κO´)]" (O_2^{2-}<), aber "μ-Bromo" (Br^-<), "$μ_3$-Hydro" ($-H^-$<), "μ-Carbonyl" (CO<), "μ-Mercapto" (HS^-<), "μ-Oxo" (O^{2-}<), "μ-Hexan-1,6-diyl" ($(CH_2)_6^{2-}$<), *etc.* Die κ- **und/oder** η**-Deskriptoren** für die Koordinationsstellen (s. ***(b₁)*** bzw. ***(b₂)***) **werden durch Doppelpunkte abgegrenzt, um deren Verteilung auf verschiedene Zentralatome M, M´ *etc.* anzuzeigen; dabei wird nicht spezifiziert, welche Koordinationsstellen mit welchem Zentralatom verbunden sind** (s. ***(h)***).

IUPAC schlägt eine präzisere Formulierung mit zusätzlichen Lokanten für die Zentralatome vor, um die Verteilung der Koordinationsstellen zu spezifizieren (IUPAC 'Red Book', I-10.8.3).

Ein **μ-Ligand-Name** wird in der alphabetischen Reihenfolge der Ligand-Namen **direkt vor dem Namen des entsprechenden nicht-überbrückenden Liganden** angeführt, und mehrere überbrückende Liganden der gleichen Art werden nach steigender Überbrückung angeordnet (s. ***(h)***); z.B. "Di-μ-chlorodichloro...", "Di-μ-carbonyl-$μ_3$-carbonyl...", "Tri-μ-hydro-$μ_3$-hydro...", "Di-$μ_3$-chlorotetrachlorotetra-μ-hydroxytetradeca-$μ_3$-hydroxy...".

Beachte:

Ein μ-Ligand wird nicht als Multiplikator wirkender Ligand betrachtet, wenn M = M´ = M´´ *etc.*, d.h. es darf **nicht Multiplikationsnomenklatur** nach *Kap. 3.2.3* verwendet werden, sondern **in symmetrischen mehrkernigen Verbindungen müssen *alle* übrigen Liganden angeführt werden** (s. ***(h)***).

Kap. 3.2.3

z.B. (M und M´(M´´) = vorrangiges bzw. nicht-vorrangiges Zentralatom mit weiteren Liganden [3][4]; zusätzliche Beispiele in ***(b₁)*** – ***(b₄)***)

206

"μ-Chloro" (**206**)
anionischer Ligand (s. ***(b₃₁)***)

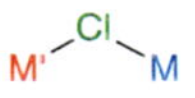

206

"μ-Oxo" (**207**)
anionischer Ligand (s. b_{31})

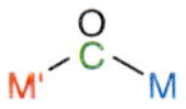

208

"μ-Carbonyl" (**208**)
neutraler Ligand (s. b_4)

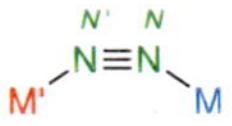

209

"[μ-(Distickstoff-κN:κN´)]" (**209**)
- Englisch: '[μ-(dinitrogen-κN:κN´)]'
- neutraler Ligand (s. b_4)

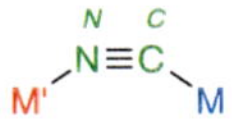

210

"[μ-(Cyano-κC:κN)]" (**210**)
- anionischer Ligand (s. b_{31})
- M und M´ vertauschbar (CA)

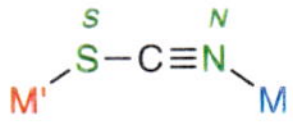

211

"[μ-(Thiocyanato-κN:κS)]" (**211**)
- anionischer Ligand (s. b_{31})
- M und M´ vertauschbar (CA)

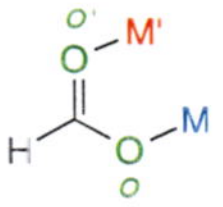

212

"[μ-(Formato-κO:κO´)]" (**212**)
- anionischer Ligand (s. b_{32})
- M und M´ vertauschbar (CA)

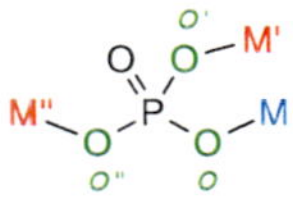

213

"{μ_3-[Phosphato(3–)-κO:κO´:κO´´]}" (**213**)
- anionischer Ligand (s. b_{32})
- beachte *Fussnote 4*

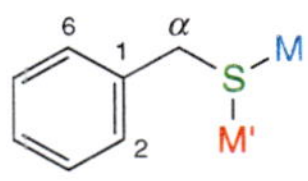

214

"[μ-(Benzolmethanthiolato)]" (**214**)
- Englisch: '[μ-(benzenemethanethiolato)]'
- anionischer Ligand (s. b_{32})

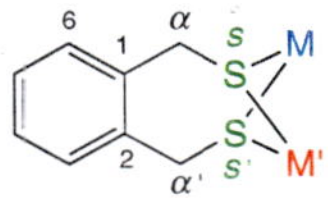

215

"{μ-[Benzol-1,2-dimethanthiolato(2–)-κS,κS´:κS,κS´]}" (**215**)
- Englisch: '{μ-[benzene-1,2-dimethanethiolato(2–)-κS,κS´:κS,κS´]}'
- anionischer Ligand (s. b_{32})

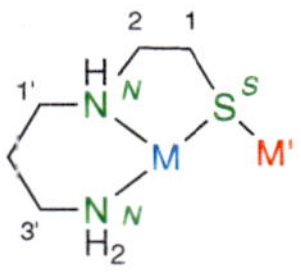

216

"{μ-{2-{[3-(Amino-κN)propyl]amino-κN}ethanthiolato-κS:κS}}" (**216**)
- anionischer Ligand (s. b_{32})
- M und M´ vertauschbar (CA)

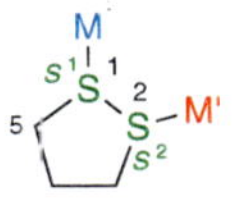

217

"[μ-(1,2-Dithiolan-κS^1:κS^2)]" (**217**)
neutraler Ligand (s. b_4)

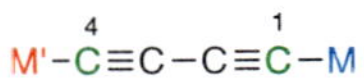

218

"(μ-Buta-1,3-diin-1,4-diyl)" (**218**)
- Englisch: '(μ-buta-1,3-diyne-1,4-diyl)'
- anionischer Ligand (s. b_{31})

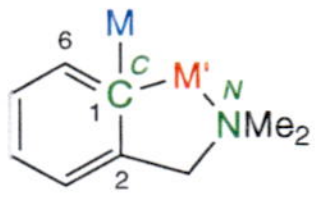

219

"{μ-{2-[(Dimethylamino-κN)methyl]phenyl-κC:κC}}" (**219**)
- anionischer Ligand (s. b_{31})
- M und M´ vertauschbar (CA)

220

"[μ_3-(1,2-Phenylen-κC:κC:κC´)]" (**220**)
- anionischer Ligand (s. b_{31})
- M, M´ und M´´ vertauschbar (CA)
- dagegen "μ-1,2-Phenylen" für $-C_6H_4^{2-}-$

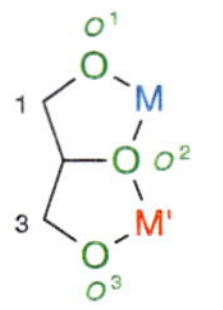

221

"{μ-[Propan-1,2,3-triolato(3–)-κO^1,κO^2:κO^2,κO^3]}" (**221**)
anionischer Ligand (s. b_{32})

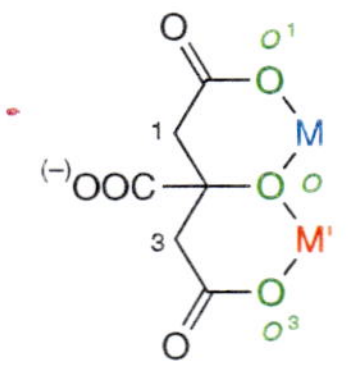

222

"{μ-[2-(Hydroxy-κO:κO)propan-1,2,3-tricarboxylato(4–)-κO^1:κO^3]}" (**222**)
- anionischer Ligand (s. b_{32})
- beachte **83** und *Fussnote 4*
- die Ladung (–) ist im Ligand-Namen berücksichtigt

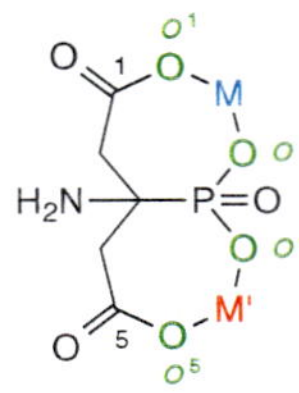

223

"{μ-[3-Amino-3-(phosphono-κO:κO´)pentandioato(4–)-κO^1:κO^5]}" (**223**)
- anionischer Ligand (s. b_{32})
- beachte *Fussnote 4*

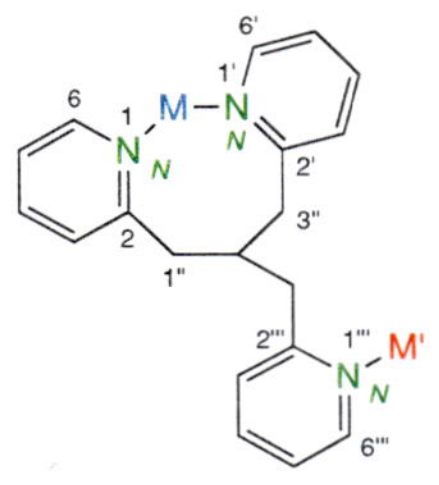

224

"{μ-{2,2´-{2-[(Pyridin-2-yl-κN)-methyl]propan-1,3-diyl}-bis[pyridin-κN]}}" (**224**)
- neutraler Ligand (s. b_4)
- M und M´ vertauschbar (CA)
- Multiplikationsname

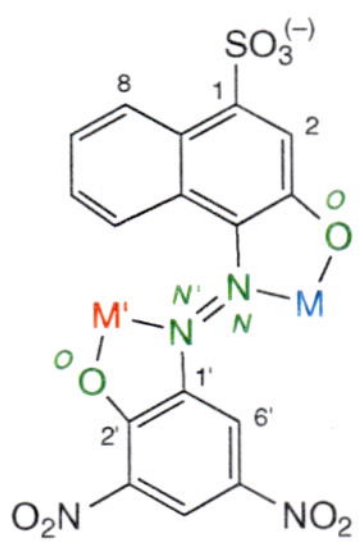

225

"{μ-{3-(Hydroxy-κO)-4-{[2-(hydroxy-κO)-3,5-dinitrophenyl]azo-κN:κN´}naphthalin-1-sulfonato(3–)}}" (**225**)
- Englisch: '...naphthalene-1-sulfonato...'
- anionischer Ligand (s. b_{32})
- M und M´ vertauschbar (CA)
- beachte **83** und *Fussnote 4*
- die Ladung (–) ist im Ligand-Namen berücksichtigt

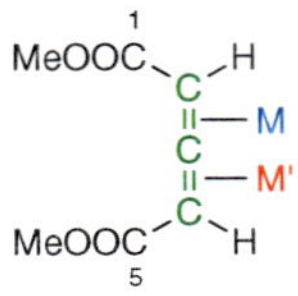

226

"{μ-[(2,3-η:3,4-η)-Dimethyl-(penta-2,3-diendioat)]}" (**226**)
- Englisch: '{μ-[(2,3-η:3,4-η)-dimethyl penta-2,3-dienoate]}'
- neutraler Ligand (s. b_4)

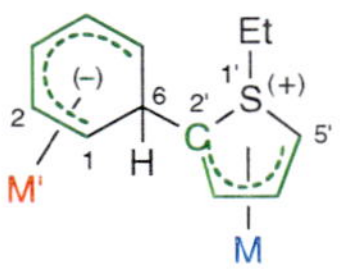

227

"{μ-[η^4:η^5-6-(1-Ethylthiophenium-2-yl)cyclohexa-2,4-dien-1-yl]}" (**227**)
- anionischer Ligand (s. b_{31})
- im Fall einer kationischen Koordinationsverbindung mit M und M´ > S (s. oben, **III**)
- M und M´ vertauschbar (CA)
- die Ladungen sind im Ligand-Namen berücksichtigt

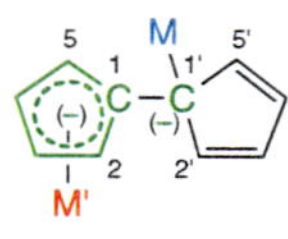

228

"{μ-[(2-η:2,3,4-η)-5-Cyanothien-2(5*H*)-yliden-κ*S*]}" (**228**)
- anionischer Ligand (s. ***(b₃₁)***)
- M und M´ vertauschbar (CA)
- die Ladung (2–) ist im Ligand-Namen berücksichtigt

229

"{μ-{(1,2,3,4,5-η:1´-η)-[Bi(cyclopenta-2,4-dien-1-yl)]-1,1´-diyl}}" (**229**)
- anionischer Ligand (s. ***(b₃₁)***)
- M und M´ vertauschbar (CA)
- die Ladungen (–) sind im Ligand-Namen berücksichtigt

(c) ***Kationische einkernige Koordinationsverbindungen*** **[ML]$^{x+}$, [MLL´]$^{x+}$, [MLL´L´´]$^{x+}$** *etc.* (M = Zentralatom; L, L´, L´´ *etc.* = neutrale oder geladene Liganden; *x* = 1, 2, ...): Ihre Namen setzen sich zusammen aus

Kap. 3.5
Anhang 2

Ligand-Namen "(L)", "(L´)", "(L´´)" *etc.* gemäss ***(b)***, **in alphabetischer Reihenfolge** (gegebenenfalls mit Multiplikationsaffixen)

Anhang 4

\+ | **Name des Zentralatoms M** nach *Anhang 4*

\+ | **Ladungszahl "(*x*+)"**[8])

Im Fall von **anionischen Liganden mit nicht-koordinierenden Säure-Funktionen** ist **83** zu beachten. **Stereodeskriptoren** (s. ***(i)***) werden der besseren Übersicht wegen im folgenden unter den Namen statt vor den Namen angegeben.

z.B.

230

"[Pentaammin(nitrito-κ*O*)cobalt(2+)]-dichlorid"[8]) (**230**)
- CA: 'cobalt (2+), pentaammine(nitrito-κ*O*)-, (*OC*-6-22)-, dichloride'[8])
- anionischer und neutrale Liganden (s. ***(b₃₂)*** bzw. ***(b₄)***)
- Stereodeskriptor "(*OC*-6-22)-" (s. ***(i)***)

231

"{{Methylenbis[diphenylphosphin-κ*P*]}bis(triphenylphosphin)palladium(2+)}-bis[(tetrafluoroborat(1–)]"[8]) (**231**)
- CA: 'palladium(2+), [methylenebis[diphenylphosphine-κ*P*]]bis(triphenylphosphine)-, (*SP*-4-2)-, bis[(tetrafluoroborate(1–)]' [8])
- Kation: neutrale Liganden (s. ***(b₄)***); Multiplikationsname für $Ph_2PCH_2PPh_2$
- Stereodeskriptor für Kation "(*SP*-4-2)-" (s. ***(i)***)
- Koordinationsanion nach ***(g)***, Stereodeskriptor "(*T*-4)-"

232

"{{2-[1-(Dimethylamino-κ*N*)ethyl]phenyl-κ*C*}-(tetrahydrofuran)[(triphenylphosphoranyliden)-acetonitril-κ*N*]palladium(1+)}-perchlorat"[8]) (**232**)
- CA: 'palladium(1+), [2-[1-(dimethylamino-κ*N*)ethyl]phenyl-κ*C*](tetrahydrofuran)[(triphenylphosphoranylidene)-acetonitrile-κ*N*]-, (*SP*-4-3)-, perchlorate'[8])
- anionischer und neutrale Liganden (s. ***(b₃₁)*** bzw. ***(b₄)***)
- Stereodeskriptor "(*SP*-4-3)-" (s. ***(i)***)

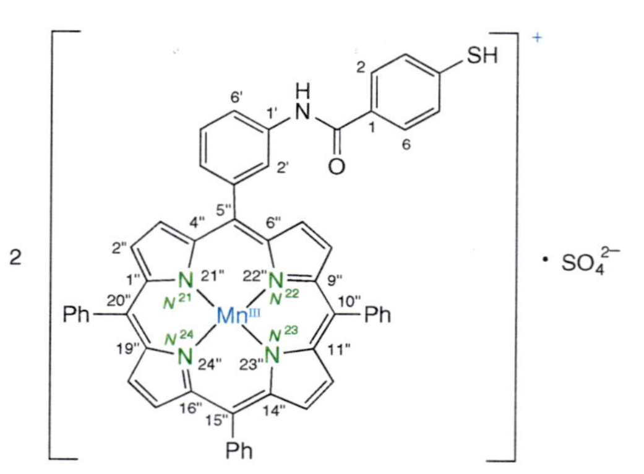

233

"{(4-Mercapto-*N*-[3-(10,15,20-triphenyl-21*H*,23*H*-porphin-5-yl-κ*N*[21],κ*N*[22],κ*N*[23],κ*N*[24])phenyl]benzamidato(2–)}mangan(1+)}-sulfat-(2:1)"[8]) (**233**)
- CA: 'manganese(1+),...benzamidato(2–)]-, (*SP*-4-2)-, sulfate (2:1)'[8])
- anionischer Ligand (s. ***(b₃₂)***)
- Stereodeskriptor "(*SP*-4-2)-" (s. ***(i)***)

---

[8]) In CAs 'Chemical Substance Index' ist der **Titelstammname** ('index heading') **einer einkernigen kationischen Koordinationsverbindung** unter dem **Namen des Zentralatoms mit der Ladungszahl** registriert, gefolgt von den Ligand-Namen (in alphabetischer Reihenfolge), vom Stereodeskriptor (s. ***(i)***) und von allfällig notwendigen **modifizierenden Angaben für die Anionen** (in alphabetischer Reihenfolge) (s. **230** – **232**).

Müssen **multivalente Anionen** (s. **233**) oder **Gemische von Anionen und Kationen** (Kationen vor Anionen) (s. **235** – **237**) in der modifizierenden Angabe zitiert werden, dann werden **Verhältniszahlen** verwendet, wobei sich bei invertierten Namen die erste Zahl auf den Titelstammnamen bezieht.

Sind zusätzlich zum Koordinationskation **einfache Kationen** vorhanden, so werden sie ebenfalls in der **modifizierenden Angabe** (vor den Anionen) angeführt (s. **235**), ebenso wie andere, nicht-vorrangige Koordinationskationen (s. **237**).

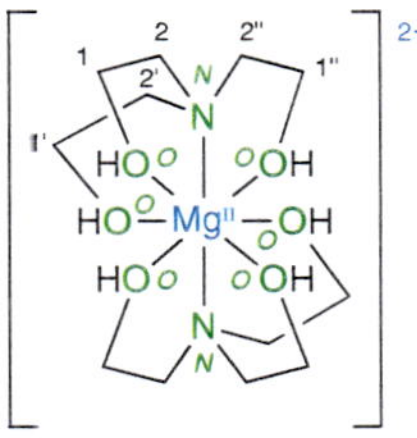

234

"{Bis{2,2´,2´´-(nitrilo-κN)tris[ethanol-κO]}-magnesium(2+)}-dichlorid" (**234**)

neutraler Ligand (s. ***(b_4)***), Multiplikationsname

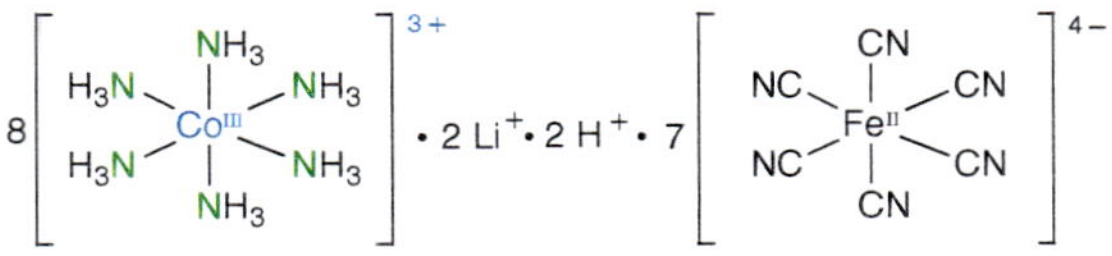

235

"[Hexaammincobalt(3+)]-lithium-hydrogen-[hexakis(cyano-κC)ferrat(4–)]-(8:2:2:7)"[8]) (**235**)

- CA: 'cobalt(3+), hexaammin-, (OC-6-11)-, lithium hydrogen (OC-6-11)-hexakis(cyano-κC)ferrate(4–) (8:2:2:7)'[8])
- kationische > anionische Koordinationsverbindung (s. *Tab. 3.2*)
- Kation: neutraler Ligand (s. ***(b_4)***)
- Stereodeskriptor für Kation "(OC-6-11)-" (s. ***(i)***)
- Koordinationsanion nach ***(g)***, Stereodeskriptor "(OC-6-11)-"

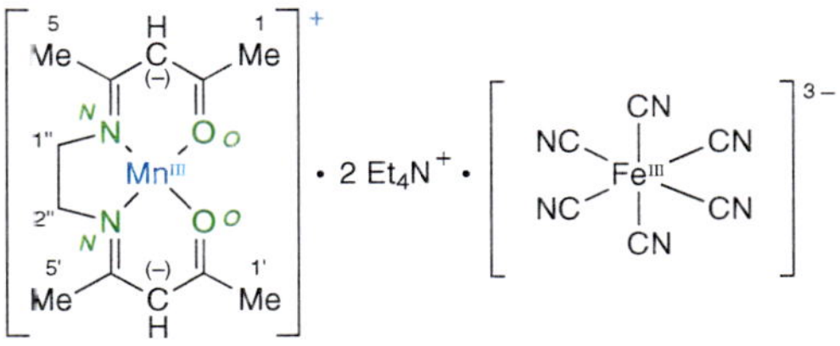

236

"{{{4,4´-[Ethan-1,2-diyldi(nitrilo-κN)]bis[pentan-2-onato-κO]}(2–)}mangan(1+)}-(N,N,N-triethylethanaminium)-[hexakis(cyano-κC)ferrat(3–)]-(1:2:1)"[8]) (**236**)

- CA: 'manganese(1+), [[4,4´-[1,2-ethanediyldi(nitrilo-κN)]bis[2-pentanonato-κO]](2–)]-, (SP-4-2)-, N,N,N-triethylethanaminium (OC-6-11)-hexakis(cyano-κC)ferrate(3–) (1:2:1)'[8])
- kationische > anionische Koordinationsverbindung (s. *Tab. 3.2*)
- Kation: anionischer Ligand (s. ***(b_{32})***; beachte *Fussnote 4*; die Ladungen (–) sind im Ligand-Namen berücksichtigt, Multiplikationsname
- Stereodeskriptor für Kation "(SP-4-2)-" (s. ***(i)***)
- Koordinationsanion nach ***(g)***, Stereodeskriptor "(OC-6-11)-"

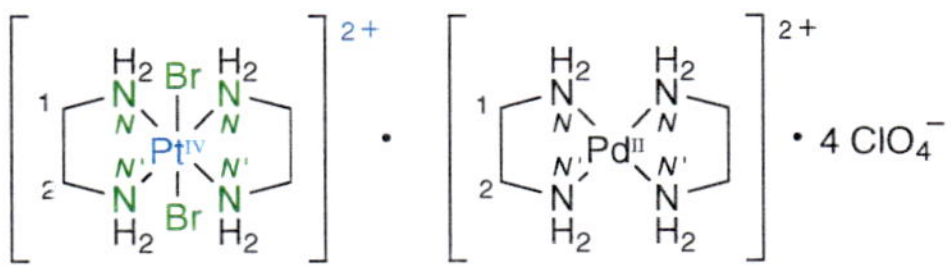

237

"[Bis(ethan-1,2-diamin-κN,κN´)palladium(2+)]-[dibromobis(ethan-1,2-diamin-κN,κN´)platin(2+)]-perchlorat (1:1:4)"[8]) (**237**)

- CA: 'platinum(2+), dibromobis(1,2-ethanediamine-κN,κN´)-(OC-6-12)-, (SP-4-1)-bis(1,2-ethanediamine-κN,κN´)palladium(2+) perchlorate (1:1:4)'[8])
- Pt > Pd; **alphabetische Anordnung der Kation-Namen**
- anionische und neutrale Liganden (s. ***(b_{31})*** bzw. ***(b_4)***)
- Stereodeskriptor für vorrangiges Kation (Pt^{IV}) "(OC-6-12)-" und für nicht-vorrangiges Kation (Pd^{II}) "(SP-4-1)-" (s. ***(i)***)

(d) Organometall-Verbindungen

[ML], [MLL´], [MLL´L´´] *etc.* (M = Zentralatom, L, L´, L´´ = neutrale oder geladene Liganden); man unterscheidet:

(d_1) Sb-, Bi-, Ge-, Sn- und Pb-Derivate,

(d_2) Acetylide,

(d_3) neutrale Organometall-Verbindungen.

(d_1) **Organische Derivate von "Antimon"** (Sb), **"Bismut"** (Bi), **"Germanium"** (Ge), **"Zinn"** (Sn) und **"Blei"** (Pb) **mit ihren Standard-Valenzen** (Sb^{III}, Bi^{III}, Ge^{IV}, Sn^{IV} und Pb^{IV}) **sind Gerüst-Stammstrukturen** (cyclische und acyclische), obwohl es sich um Metalle handelt. Sie bekommen immer **Stammnamen nach *Kap. 6.27* bzw. *6.29***; dasselbe gilt für entsprechende Substituenten oder Liganden (s. dagegen unten, Beispiel **272**).

Anhang 4

Kap. 6.27 bzw. 6.29

z.B.

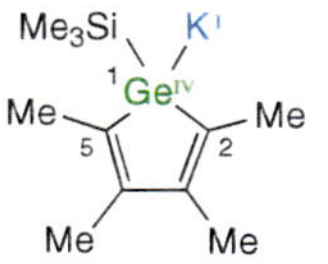

238

"[2,3,4,5-Tetramethyl-1-(trimethylsilyl)-1H-germol-1-yl]kalium" (**238**)

- CA: 'potassium, [2,3,4,5-tetramethyl-1-(trimethylsilyl)-1H-germol-1-yl]-'
- K > Ge
- indiziertes H-Atom nach *Anhang 5(**a**)(**d**)*

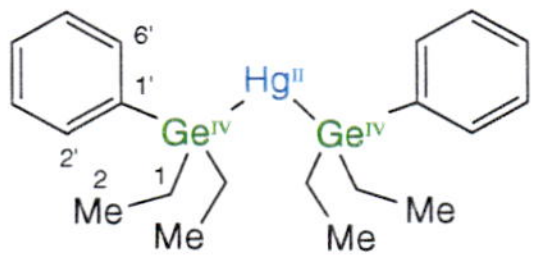

239

"Bis[diethyl(phenyl)germyl]quecksilber" (**239**)

- CA: 'mercury, bis(diethylphenylgermyl)-'
- Hg > Ge

(d_2) Ein **Acetylid M–C≡CH oder M–C≡C–M** bekommt einen binären **Salz-Namen** mit einer nachstehenden linearen Formel:

CA ¶ 219

Kation-Name M⁺ |

+ | **"-acetylid"**

+ | **"(M(C_2H))" oder "(M(C_2))"** *etc.* [9])

Ausnahme:

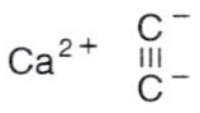

240

"Calcium-carbid-(CaC_2)" (**240**)

CA: 'calcium carbide (CaC_2)'

Beachte:

C-Substituierte Acetylide und alle andern Metall-Derivate von Alkinen werden wie Organometall- oder Koordinationsverbindungen nach ***(d_3)*** bzw. ***(c)*** und ***(e)*** – ***(h)*** benannt[9]) (s. **246**).

z.B.

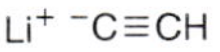

$Li^+ {}^-C{\equiv}CH$ **241**

"Lithium-acetylid-(Li(C_2H))" (**241**)

CA: 'lithium acetylide (Li(C_2H))'

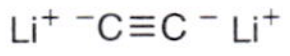

$Li^+ {}^-C{\equiv}C^- Li^+$ **242**

"Lithium-acetylid-(Li_2(C_2))" (**242**)

CA: 'lithium acetylide Li_2(C_2)'

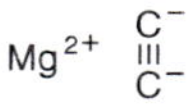

243

"Magnesium-acetylid-(Mg(C_2))" (**243**)

CA: 'magnesium acetylide Mg(C_2)'

[9]) In CAs 'Chemical Substance Index' ist der Titelstammname ('index heading') eines unsubstituierten Acetylids der Salz-Name, z.B. 'sodium acetylide (Na(C_2H))' (Na–C≡CH). Ein C-substituiertes Acetylid und alle andern Metall-Derivate von Alkinen werden beim Metall-Namen registriert, wie für andere Organometall- und Koordinationsverbindungen üblich.

(d_3) Neutrale Organometall-Verbindungen, die nicht nach **(d_1)** oder **(d_2)** benannt werden können, **werden als neutrale einkernige Koordinationsverbindungen betrachtet und nach *(e)* benannt** (für mehrkernige Vertreter, s. ***(h)***).

(e) ***Neutrale einkernige Organometall- oder Koordinationsverbindungen*** **[ML], [MLL´], [MLL´L´´]** *etc.* (M = Zentralatom; L, L´, L´´ *etc.* = neutrale oder geladene Liganden): Ihre Namen setzen sich zusammen aus

Kap. 3.5
Anhang 4
Anhang 2

Ligand-Namen "(L)", "(L´)", "(L´´)" *etc.* gemäss ***(b)*, in alphabetischer Reihenfolge** (gegebenenfalls mit Multiplikationsaffixen)	+	**Name des Zentralatoms M** nach *Anhang 4*[10])

Im Fall von **anionischen Liganden mit nicht-koordinierenden Säure-Funktionen** ist **83** zu beachten. **Stereodeskriptoren** (s. ***(i)***) werden der besseren Übersicht wegen im folgenden unter den Namen statt vor den Namen angegeben.

z.B.

244

"Butyllithium" (**244**)
– CA: 'lithium, butyl-'
– anionischer Ligand (s. **(b_{31})**)

245

"1*H*-Inden-1-ylnatrium" (**245**)
– CA: 'sodium, 1*H*-inden-1-yl-'
– indiziertes H-Atom nach *Anhang 5**(a)**(**d**)*
– anionischer Ligand (s. **(b_{31})**)

246

"Bromo(ethinyl)magnesium" (**246**)
– CA: 'magnesium, bromoethynyl'
– anionische Liganden (s. **(b_{31})**)
– vgl. dazu **(d_2)**

247

"Cyclohexylhydroquecksilber" (**247**)
– CA: 'mercury, cyclohexylhydro-'
– anionische Liganden (s. **(b_{31})**)

248

"Cyclohexa-2,5-dien-1,4-diylberyllium" (**248**)
– CA: 'beryllium, 2,5-cyclohexadiene-1,4-diyl-'
– anionischer Ligand (s. **(b_{31})**)

249

"Dichloro(ethan-1,2-diamin-*κN*,*κN´*)platin" (**249**)
– CA: 'platinum, dichloro...'
– neutraler und anionische Liganden (s. **(b_4)** bzw. **(b_{31})**)
– Stereodeskriptor "(*SP*-4-2)-" (s. ***(i)***)

250

"Bis[(mercapto-*κS*)acetato-*κO*]quecksilber" (**250**)
– CA: 'mercury, bis...'
– anionische Liganden (s. **(b_{32})**)
– Stereodeskriptor "(*T*-4)-" (s. ***(i)***)

251

"(1-Acetyl-2-oxopropyl)dimethyl(piperidin)gold" (**251**)
– CA: 'gold, (1-acetyl...'
– neutraler und anionische Liganden (s. **(b_4)** bzw. **(b_{31})**)
– Stereodeskriptor "(*SP*-4-3)-" (s. ***(i)***)

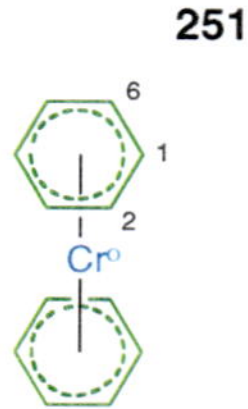

252

"Bis(η^6-benzol)chrom" (**252**)
– CA: 'chromium, bis(η^6-benzene)-'
– neutrale Liganden (s. **(b_4)**)

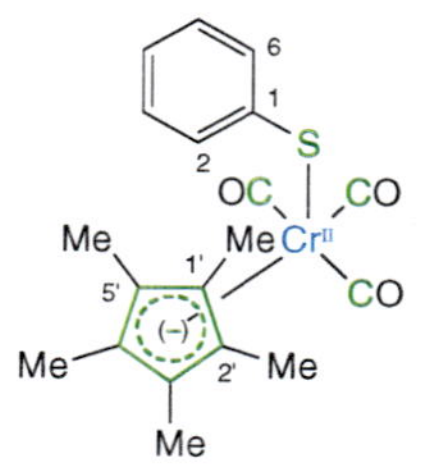

253

"(Benzolthiolato)tricarbonyl-[(1,2,3,4,5-η)-1,2,3,4,5-pentamethylcyclopenta-2,4-dien-1-yl]chrom" (**253**)
– CA: 'chromium, (benzenethiolato)...'
– neutrale und anionische Liganden (s. **(b_4)**, **(b_{32})** bzw. **(b_{31})**); die Ladung (–) ist im Ligand-Namen berücksichtigt

254

"{*N*,*N´*-Bis(2-methoxyethyl)[2,2´-bipyridin]-5,5´-dicarboxamid-*κN*[1],*κN*[1´]}dichloropalladium" (**254**)
– CA: 'palladium, [*N*,*N´*-bis...'
– neutraler und anionische Liganden (s. **(b_4)** bzw. **(b_{31})**)
– Stereodeskriptor "(*SP*-4-3)-" (s. ***(i)***)

255

"(Pentan-2,4-dionato-*κO*,*κO´*){(phenylmethyl)-{{[2-(hydroxy-*κO*)phenyl]methylen}hydrazincarbodithioato(2–)-*κN*[2],*κS*[1´]}}mangan" (**255**)
– CA: 'manganese, (2,4-pentanedionato-*κO*,*κO´*)[phenylmethyl [[2-(hydroxy-*κO*)phenyl]methylene]hydrazinecarbodithioato(2–)-*κN*[2],*κS*[1´]]-, (*SP*-5-23)-'
– anionische Liganden (s. **(b_{32})**; die Ladungen (–) sind in den Ligand-Namen berücksichtigt
– Stereodeskriptor "(*SP*-5-23)-" (s. ***(i)***)

[10]) In CAs 'Chemical Substance Index' ist der **Titelstammname** ('index heading') **einer neutralen einkernigen Organometall- oder Koordinationsverbindung** unter dem **Namen des Zentralatoms** registriert, gefolgt von den Ligand-Namen (in alphabetischer Reihenfolge) und vom Stereodeskriptor (s. ***(i)***).

CA ¶ 215 und 264

(f) ***Metallocene*** **sind Bis(cyclopentadienyl)metall-Koordinationsverbindungen $M(C_5H_5)_2$,** in denen alle C-Atome der beiden Liganden C_5H_5 an den Ligand-Metall-Bindungen beteiligt sind. Ihre Namen setzen sich zusammen aus

Anhang 4

Heteroatom-Vorsilbe ("a"-Vorsilbe) **des Zentralatoms M,** nach *Anhang 4*, **unter Elision von "a"**	+	**"-ocen"**[11])

Beachte:

Tab. 3.2

- Alle Ringglieder beider C_5H_5-Ringe werden als äquivalent betrachtet und **alle Substituenten an C_5H_5** werden als **Präfixe** bezeichnet, wenn keine vorrangige Verbindungsklasse vorliegt (s. *Tab. 3.2*, **261** und **262**).
- Ein **Metallocen** kann selbst **als Präfix oder Ligand-Name** bezeichnet werden, wenn eine vorrangige Verbindungsklasse vorliegt (s. **265**).
- Sind **zusätzliche Liganden oder kompliziertere Ringstrukturen** (s. jedoch Ausnahmen) **an M** gebunden, dann wird die übliche Nomenklatur für Koordinationsverbindungen verwendet (s. ***(c)***, ***(e)***, ***(g)*** und ***(h)***).
- Es können **Kation-Namen auf "-ium"** gebildet werden (s. **268 – 271**).

Ausnahmen:

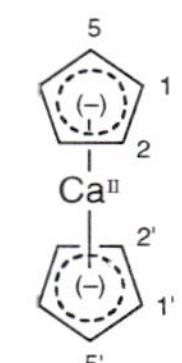

256

"**Calciocen**" (**256**)
- nicht "Calcocen"
- die Ladungen (–) sind im Namen berücksichtigt

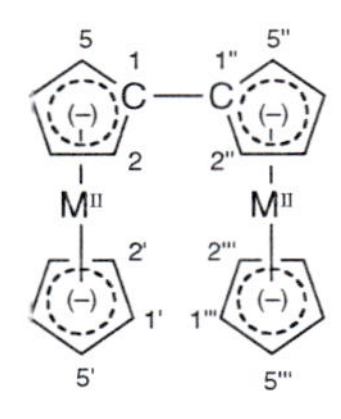

257

"**1,1´´-Bimetallocen**" (**257**)
- M^{II} = zweiwertiges Metall-Zentralatom
- die Ladungen (–) sind im Namen berücksichtigt

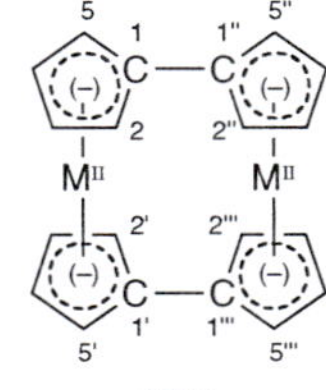

258

"**1,1´´:1´,1´´´-Bimetallocen**" (**258**)
- M^{II} = zweiwertiges Metall-Zentralatom
- die Ladungen (–) sind im Namen berücksichtigt

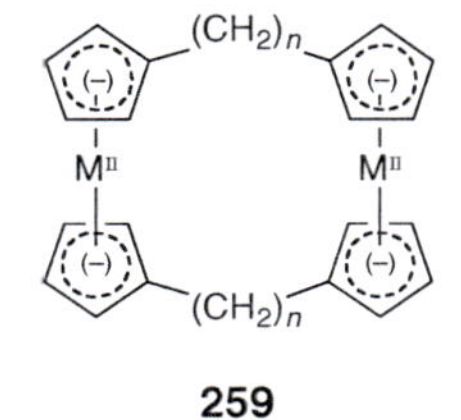

259

"**[n.n]Metallocenophan**" (**259**)
- M^{II} = zweiwertiges Metall-Zentralatom
- die Ladungen (–) sind im Namen berücksichtigt
- s. **267** für Numerierung

z.B.

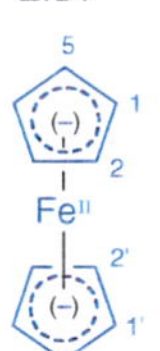

260

"Ferrocen" (**260**)
die Ladungen (–) sind im Namen berücksichtigt

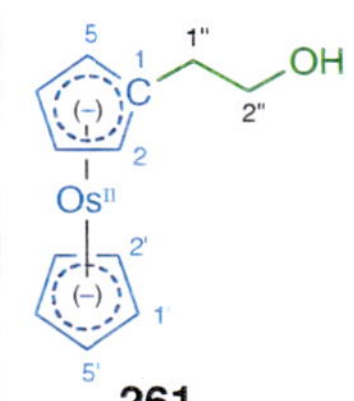

261

"1-(2-Hydroxyethyl)osmocen" (**261**)
- nicht "Osmocen-1-ethanol" (Metallocen > Alkohol)
- die Ladungen (–) sind im Namen berücksichtigt

262

"1-Acetyl-1´-carboxyruthenocen" (**262**)
- nicht "1´-Acetylruthenocen-1-carbonsäure" (Metallocen > Carbonsäure)
- die Ladungen (–) sind im Namen berücksichtigt

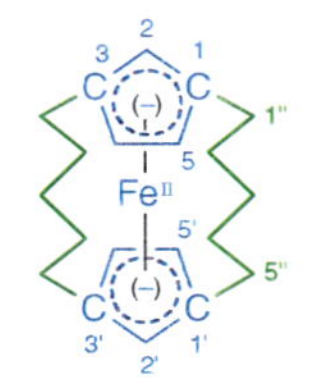

263

"1,1´:3,3´-Bis(pentan-1,5-diyl)ferrocen" (**263**)
die Ladungen (–) sind im Namen berücksichtigt

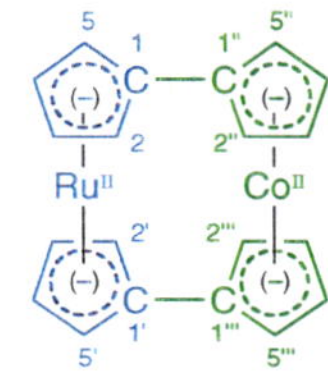

264

"1,1´-(Cobaltocen-1,1´-diyl)ruthenocen" (**264**)
- Ru > Co
- die Ladungen (–) sind im Namen berücksichtigt

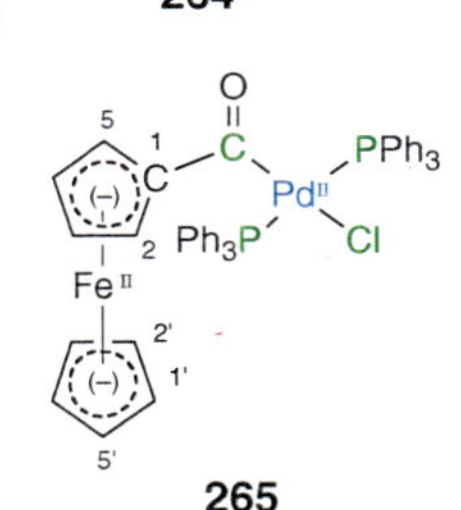

265

"Chloro(ferrocenylcarbonyl)bis(triphenylphosphin)palladium" (**265**)
- neutrale Koordinationsverbindung > Metallocen
- neutrale und anionische Liganden an Pd^{II} nach ***(b₄)*** bzw. ***(b₃₁)***
- Stereodeskriptor für Pd^{II} "(*SP*-4-3)-" (s. ***(i)***)
- die Ladungen (–) sind im Namen berücksichtigt

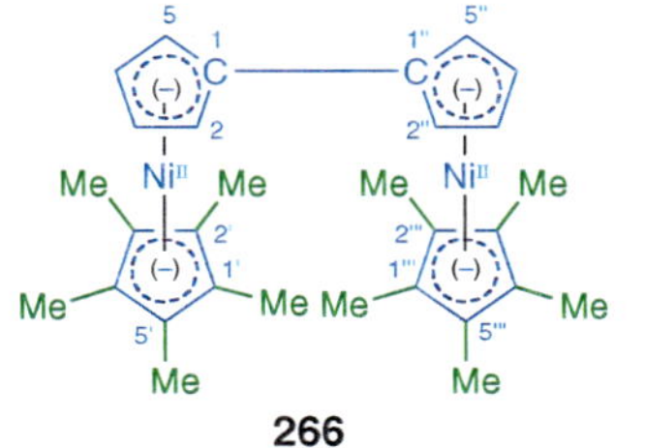

266

"1´,1´´´,2´,2´´´,3´,3´´´,4´,4´´´,5´,5´´´-Decamethyl-1,1´´-binickelocen" (**266**)
die Ladungen (–) sind im Namen berücksichtigt

[11]) In CAs 'Chemical Substance Index' sind **Metallocen-Namen Titelstammnamen** ('index heading'), z.B. 'osmocene, 1-(2-hydroxyethyl)-' (**261**).

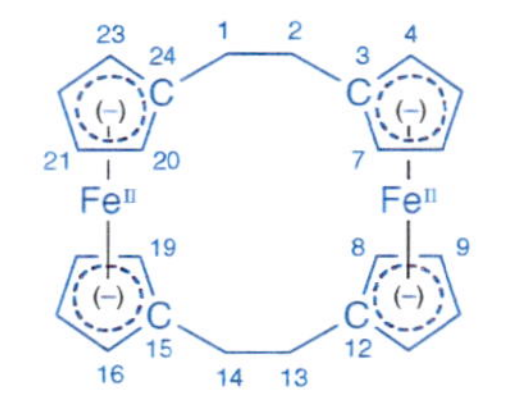

267

"[2.2]Ferrocenophan" (**267**)

die Ladungen (–) sind im Namen berücksichtigt

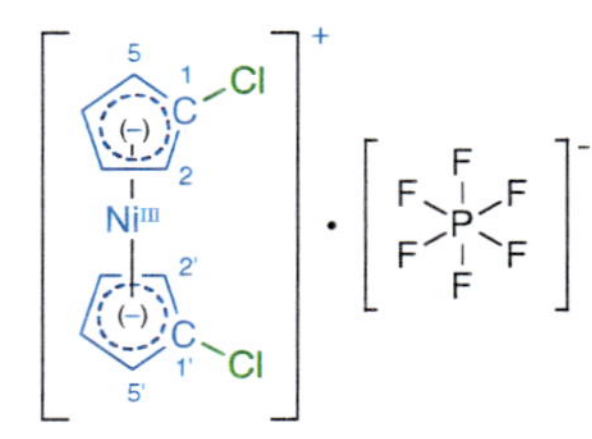

268

"(1,1´-Dichloronickelocen-ium)-[hexafluorophos-phat(1–)]" (**268**)

- die Ladungen (–) sind im Namen berücksichtigt
- Koordinationsanion nach ***(g)***, Stereodeskriptor "(*OC*-6-11)-" (s. ***(i)***)

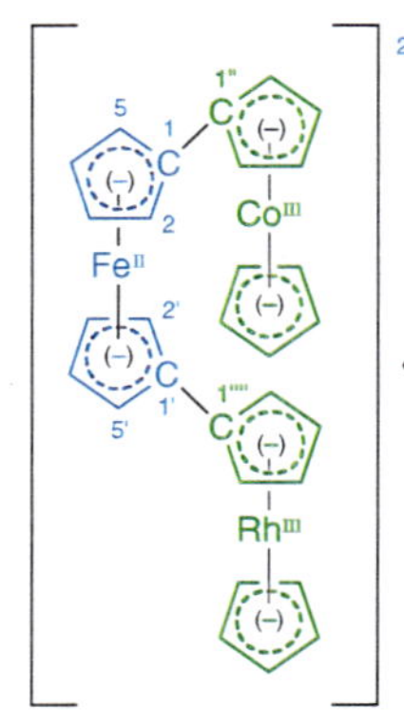

269

"[1-Cobaltocenyl-1´-rhodocenyl-ferrocenium(2+)]-bis[hexafluoro-phosphat(1–)]" (**269**)

- Fe > Rh > Co
- die Ladungen (–) sind im Namen berücksichtigt
- Koordinationsanion nach ***(g)***, Stereo-deskriptor "(*OC*-6-11)-" (s. ***(i)***)

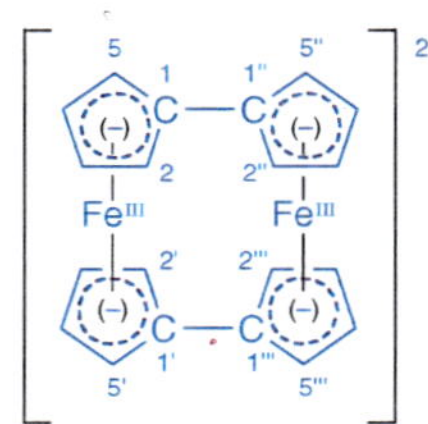

270

"1,1´´:1´,1´´´-Biferrocen-ium(2+)" (**270**)

die Ladungen (–) sind im Namen berücksichtigt

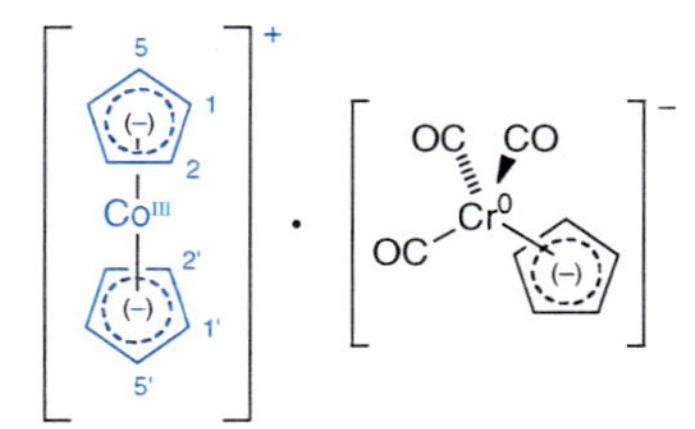

271

"Cobaltocenium-[tricarbonyl(η^5-cyclopenta-2,4-dien-1-yl)chromat(1–)]" (**271**)

- Metallocenium > anionische Koordinationsverbindung
- die Ladungen (–) sind im Namen berücksichtigt
- Koordinationsanion nach ***(g)***, Stereodeskriptor "(*T*-4)-" (s. ***(i)***)

***(g)* Anionische einkernige Koordinationsverbindungen**

[ML]$^{x-}$, [MLL´]$^{x-}$, [MLL´L´´]$^{x-}$ *etc.* (M = Zentralatom; L, L´, L´´ *etc.* = neutrale oder geladene Liganden; *x* = 1,2,...): Ihre Namen setzen sich zusammen aus

Ligand-Namen "(L)", "(L´)", "(L´´)" *etc.* gemäss ***(b)***, **in alphabetischer Reihenfolge** (gegebenenfalls mit Multiplikationsaffixen)

\+ **Heteroatom-Vorsilbe** ("a"-Vorsilbe) **des Zentralatoms M** nach *Anhang 4*, unter **Beifügen von "t"** (**"at"-Name**)

\+ **Ladungszahl "(*x*–)"**[12])

Kap. 3.5

Anhang 2

Anhang 4

Im Fall von **anionischen Liganden mit nicht-koordinierenden Säure-Funktionen** ist **83** zu beachten. **Stereodeskriptoren** (s. ***(i)***) werden der besseren Übersicht wegen im folgenden unter den Namen statt vor den Namen angegeben.

z.B.

272

"Natrium-hydrogen-{{*N*,*N*-bis{2-{bis[(carboxy-κ*O*)methyl]amino-κ*N*}ethyl}glycinato(5–)-κ*N*,κ*O*}antimonat(2–)}"[12]) (**272**)

- CA: 'antimonate(2–), [*N*,*N*-bis[2-bis[(carboxy-κ*O*)methyl]amino-κ*N*]ethyl]glycinato(5–)-κ*N*,κ*O*]-, sodium hydrogen'[12]); nicht unter 'sodium, ...' registriert
- anionischer Ligand (s. ***(b***$_{32}$***)***)
- beachte **83** und *Fussnote 4*
- **272** kann nicht nach ***(d***$_1$***)*** benannt werden, da die Koordinationszahl von Sb^{VIII} 6 ist (s. oben, **II**)

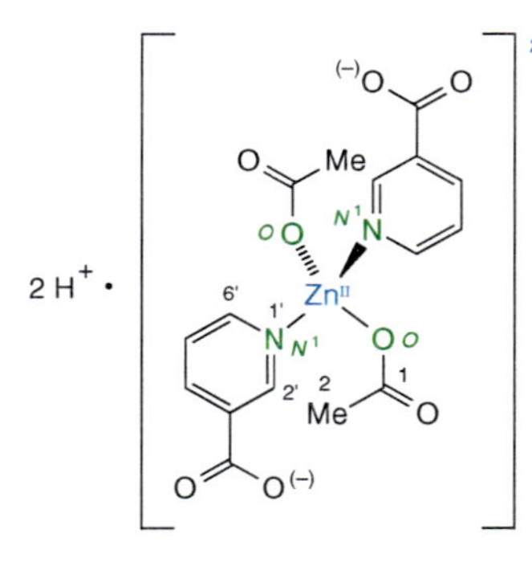

273

"Dihydrogen-[bis(acetato-κ*O*)bis(pyridin-3-carboxylato-κ*N*^{1})zinkat(2–)]"[12]) (**273**)

- CA: 'zincate(2–), bis(acetato-κ*O*)bis(3-pyridinecarboxylato-κ*N*^{1})-, (*T*-4)-, dihydrogen'[12])
- anionische Liganden (s. ***(b***$_{32}$***)***); die Ladung (–) ist im Ligand-Namen berücksichtigt
- beachte **83**
- Sterodeskriptor "(*T*-4)-" (s. ***(i)***)

[12]) In CAs 'Chemical Substance Index' ist der **Titelstammname** ('index heading') **einer einkernigen anionischen Koordinationsverbindung** unter dem **"at"-Namen des Zentralatoms mit der Ladungszahl** registriert, gefolgt von den Ligand-Namen (in alphabetischer Reihenfolge), vom Stereodeskriptor (s. ***(i)***) und von allfällig notwendigen **modifizierenden Angaben für das (die) Kation(en)** (in alphabetischer Reihenfolge, ausser **'hydrogen'** (H^+), das **zuletzt** zitiert wird) (s. **272** und **273**).

Müssen **multivalente Kationen** in der modifizierenden Angabe zitiert werden, dann werden **Verhältniszahlen** verwendet, wobei sich bei invertierten Namen die erste Zahl auf den Titelstammnamen bezieht (s. **274** und **275**). Das **Kation eines Metalls mit variabler Valenz** wird durch eine Ladungszahl spezifiziert (s. **275**).

Sind zusätzlich zum Koordinationsanion **einfache Anionen und/oder einfache Kationen** vorhanden, dann werden sie in der modifizierenden Angabe (Kationen vor Anionen) angeführt (s. **276**), ebenso wie andere, nicht vorrangige Koordinationsanionen (s. **279**).

274

"Strontium-{[carbonato(2–)-κO]dioxo-cuprat(4–)}-(2:1)"[12]) (**274**)
- CA: 'cuprate(4–), [carbonato(2–)-κO]dioxo-, strontium (1:2)'[12])
- anionische Liganden (s. ***(b_{31})*** bzw. ***(b_{32})***); die Ladung (–) ist im Ligand-Namen berücksichtigt
- beachte **83**

275

"Europium(3+)-[hexafluoro-phosphat(1–)]-(1:3)"[12]) (**275**)
- CA: 'phosphate(1–), hexafluoro-, (*OC*-6-11)-, europium(3+) (3:1)'[12])
- anionische Liganden (s. ***(b_{31})***)
- Stereodeskriptor "(*OC*-6-11)-" (s. ***(i)***)

276

"Hydrogen-{bis{monomethyl-bis[2,3-(diphenylphosphino-κ*P*)but-2-endioato]}cuprat(1–)}-chlorid-(2:1:1)"[12]) (**276**)
- CA: 'cuprate(1–), bis[monomethyl 2,3-bis(diphenylphosphino-κ*P*)-2-butenedioato]-, (*T*-4)-, hydrogen chloride (1:2:1)'[12])
- anionische Liganden (s. ***(b_{32})***); die Ladung (–) ist im Ligand-Namen berücksichtigt
- beachte **83**
- Stereodeskriptor "(*T*-4)-" (s. ***(i)***)

277

"Natrium-{bis(benzoato-κO)[4-methylbenzol-1,2-diolato(2–)-κO,κO′]}aluminat(1–)" (**277**)
- CA: 'aluminate(1–), bis(benzoato-κO)[4-methyl-1,2-benzenediolato(2–)-κO,κO′]-, (*T*-4)-, sodium'
- anionische Liganden (s. ***(b_{32})***)
- Stereodeskriptor "(*T*-4)-" (s. ***(i)***)

278

"Trihydrogen-[29*H*,31*H*-phthalocyanin-2,9,16,23-tetrasulfonato(6–)-κN^{29},κN^{30},κN^{31},κN^{32}]gallat(3–)" (**278**)
- CA: 'gallate(3–), [29*H*,31*H*-phthalocyanine-2,9,16,23-tetrasulfonato(6–)-κN^{29},κN^{30},κN^{31},κN^{32}]-, (*SP*-4-2)-, trihydrogen'
- anionischer Ligand (s. ***(b_{32})***); die Ladungen (–) sind im Ligand-Namen berücksichtigt
- beachte **83**
- Sterodeskriptor "(*SP*-4-2)-" (s. ***(i)***)

279

"Eisen(3+)-kalium-[hexakis(cyano-κC)-ferrat(4–)]-[hexakis(cyano-κC)ferrat(3–)]-(2:1:1:1)"[12]) (**279**)
- CA: 'ferrate(4–), hexakis(cyano-κC)-, (*OC*-6-11)-, iron(3+) potassium (*OC*-6-11)-hexakis(cyano-κC)ferrate(3–) (1:2:1:1)'[12])
- "...ferrat**(4–)**" > "...ferrat**(3–)**" (s. **III**)
- anionische Liganden (s. ***(b_{31})***)
- Stereodeskriptoren "(*OC*-6-11)-" (s. ***(i)***)

(h) ***Mehrkernige neutrale oder geladene Koordinationsverbindungen*** (s. **II** (oben) und **2** für Definition): in allen Fällen ist **zuerst das vorrangige Zentralatom M** nach ***(a)*** zu **bestimmen** und zu prüfen, ob die Zentralatome M, M′ *etc.* mittels **Brückenliganden** (s. ***(b_6)***) und/oder durch eine (oder mehrere) **direkte Bindung(en) M–M, M–M′, M–M′–M″** *etc.* verbunden sind. Man unterscheidet je nach Ladung zwischen **kationischen, neutralen und anionischen mehrkernigen Koordinationsverbindungen**; sie werden sinngemäss nach den Anweisungen für entsprechende einkernige Koordinationsverbindungen gemäss ***(c)*** – ***(g)*** benannt.

Beachte:

- **Metall-Substituentenpräfixe "(M′)-", "(M″)-"** *etc.*, sogenannte "io"-Präfixe (s. ***(a)***), **werden *nie* zur Benennung von nicht-vorrangigen Zentralatomen** M′, M″ *etc.* in mehrkernigen Koordinationsverbindungen **verwendet** (**Ausnahmen**: **M′ = Sb^{III}, Bi^{III}, Ge^{IV}, Sn^{IV} und Pb^{IV}**, s. ***(d_1)***).
- **Brückenliganden** (μ-L) **werden** nach ***(b_6)*** benannt und ***nicht* als verbindende Substituenten wie in der Multiplikationsnomenklatur betrachtet**, d.h. alle übrigen Liganden müs-

Kap. 3.2.3

6

sen einzeln im Namen einer symmetrischen mehrkernigen Koordinationsverbindung angeführt werden (s. z.B. **280**).

- Eine **direkte Verknüpfung von Zentralatomen** wird meist durch einen dem Namen **nachgestellten Bindungsdeskriptor "(*M–M*)", "(*M–M´*)", "(2*M–M´*)", "(*M–M´*)(*M–M´´*)"** *etc.* bezeichnet (z.B. "(*Fe–Fe*)", "(*Co–Re*)").
- **CA-Namen von mehrkernigen Koordinationsverbindungen geben nur deren stöchiometrische Zusammensetzung und die Koordinationsstellen der Liganden an** und liefern wenig strukturelle Informationen.

IUPAC empfiehlt für mehrkernige Koordinationsverbindungen eine von CA zum Teil etwas abweichende, ebenfalls auf der stöchiometrischen Zusammensetzung beruhende Nomenklatur ('compositional nomenclature') sowie zusätzlich eine präzisere, auf der Struktur beruhende Nomenklatur ('structural nomenclature'; vgl. dazu ***(b₆)***) (IUPAC 'Red Book', I-10.8).

(h₁) **Zweikernige Koordinationsverbindungen**: Man unterscheidet solche **mit zwei gleichen** und solche **mit zwei verschiedenen Zentralatomen**. Zweikernige Koordinationsverbindungen können **kationisch** (s. ***(c)***), **neutral** (s. ***(d)*** – ***(f)***) **oder anionisch** (s. ***(g)***) sein.

(h₁₁) **Zwei gleiche Zentralatome**: Der Name einer Koordinationsverbindung

[(MLL´L´´)–(*μ*–L)–(MLL´L´´)]ˣ,
[(ML´L´´L´´´)–(*μ*–L)–(ML´´´´L´´´´´L´´´´´´)]ˣ,
[(MLL´L´´)–(MLL´L´´)]ˣ,
[(MLL´L´´)–(ML´´´L´´´´L´´´´´)]ˣ *etc.*

(M = Zentralatome; (*μ*–L) = Brückenligand; L´, L´´, L´´´ *etc.* = übrige Liganden; *x* = 1+, 2+, 3+ ..., 0, 1–, 2–, 3– ...) setzt sich zusammen aus

Ligand-Namen "(*μ*-L)", "(L)", "(L´)", "(L´´)" *etc.* gemäss ***(b)*, in alphabetischer Reihenfolge**, wobei "(*μ*-L)" > "(L)" (gegebenenfalls mit Multiplikationsaffixen) | + | **Multiplikationsaffix "-di-"** (2 M)

Kap. 3.5

Anhang 2

+ | **Name** (*x* ≥ 0) **oder "at"-Name** (*x* < 0) **des Zentralatoms M** nach *Anhang 4* | + | **wenn nötig** (*x* ≠ 0), **Ladungszahl**[13])

Anhang 4

oder

Ligand-Namen "(L)", "(L´)", "(L´´)", "(L´´´)" *etc.* gemäss ***(b)*, in alphabetischer Reihenfolge** (gegebenenfalls mit Multiplikationsaffixen) | + | **Multiplikationsaffix "-di-"** (2 M) | +

Kap. 3.5

Anhang 2

+ | **Name** (*x* ≥ 0) **oder "at"-Name** (*x* < 0) **des Zentralatoms M** nach *Anhang 4* | + | **wenn nötig** (*x* ≠ 0), **Ladungszahl**

Anhang 4

+ | **Bindungsdeskriptor "(*M–M*)"**[13])

Bei **Verknüpfung** der zwei Zentralatome M sowohl **mittels (*μ*-L) als auch mittels M–M** werden die beiden Namensvarianten kombiniert. Im Fall von **anionischen Liganden mit nicht-koordinierenden Säure-Funktionen** ist **83** zu beachten.

z.B.

280

"(*μ*-[1,1´-Biphenyl]-4,4´-diyl)diiodotetrakis(triphenylphosphin)dipalladium" (**280**)

- CA: 'palladium, *μ*-[1,1´-biphenyl]-4,4´-diyldiiodotetrakis(triphenylphosphine)di-'
- **nicht** "(*μ*-[1,1´-Biphenyl]-4,4´-diyl)bis[iodobis(triphenylphosphin)palladium]", d.h. **nicht Multiplikationsname**
- neutrale Koordinationsverbindung (s. ***(e)***)
- anionische und neutrale Liganden (s. ***(b₃₁)*** bzw. ***(b₄)***)

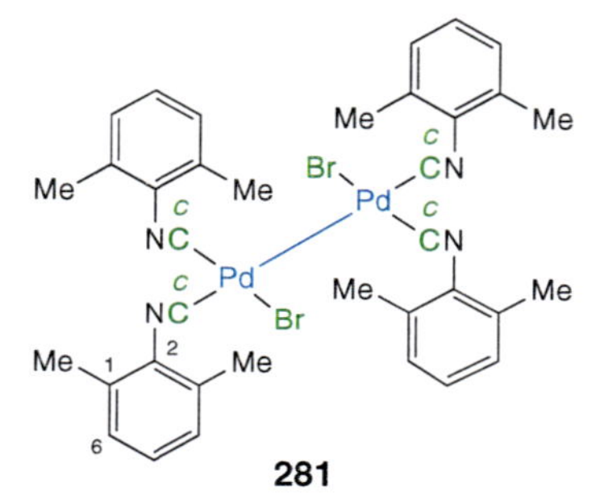

281

"Dibromotetrakis[2-(isocyano-*κC*)-1,3-dimethylbenzol]dipalladium(*Pd–Pd*)" (**281**)

- CA: 'palladium, dibromotetrakis[2-(isocyano-*κC*)-1,3-dimethylbenzene]di-, (*Pd-Pd*)'
- neutrale Koordinationsverbindung (s. ***(e)***)
- anionische und neutrale Liganden (s. ***(b₃₁)*** bzw. ***(b₄)***)

282

"Dichlorobis{*μ*-[2-(diphenylphosphino-*κP*)-pyrimidin-*κN*¹]}dipalladium(*Pd–Pd*)" (**282**)

- CA: 'palladium, dichlorobis[μ-[2-(diphenylphosphino-*κP*)pyrimidin-*κN*¹]]di-, (*Pd–Pd*)'
- neutrale Koordinationsverbindung (s. ***(e)***)
- anionische und neutrale Liganden (s. ***(b₃₁)*** bzw. ***(b₄)***)

[13]) In CAs 'Chemical Substance Index' ist der **Titelstammname** ('index heading') **einer mehrkernigen Koordinationsverbindung unter dem Namen des vorrangigen Zentralatoms mit der Ladungszahl** (kationisch), **dem Namen des vorrangigen Zentralatoms** (neutral) **bzw. dem "at"-Namen des vorrangigen Zentralatoms mit der Ladungszahl** (anionisch) **registriert.** Weitere Namensteile sind analog den Angaben in den *Fussnoten* 8 (kationisch), *10* (neutral) bzw. *12* (anionisch) angeordnet.

283

"{Tetrakis[μ-(*N*,*N´*-diphenylbenzolcarboximidamidato-κN:$\kappa N´$)]dicobalt(1+)(*Co–Co*)}-[hexafluorophosphat(1–)]" (**283**)

- CA: 'cobalt(1+), tetrakis[μ-(*N*,*N´*-diphenylbenzenecarboximidamidato-κN:$\kappa N´$)]di-, (*Co–Co*), hexafluorophosphate(1–)'
- kationische Koordinationsverbindung (s. ***(c)***)
- anionische Liganden (s. ***(b$_{32}$)***); die Ladung (–) ist im Ligand-Namen berücksichtigt
- **trivialer Ligand-Name**: "(Diphenylbenz**amidinato**)" (**IUPAC empfiehlt "Amidin"-Namen nicht mehr**; IUPAC R-3.2.1.1)
- Koordinationsanion nach ***(g)***, Stereodeskriptor "(*OC*-6-11)-" (s. ***(i)***)

284

"Dichlorobis{μ-[phenyldi(pyridin-2-yl-κN)-methyl-κC]}dipalladium(2+)" (**284**)

- CA: 'palladium(2+), dichlorobis[μ-[phenyldi(2-pyridinyl-κN)methyl-κC]]di-'
- **nicht Multiplikationsname** (s. **280**)
- kationische Koordinationsverbindung (s. ***(c)***)
- anionische Liganden (s. ***(b$_{31}$)***)

285

"Hexacarbonyl{μ-[η^4:η^5-6-(2-thienyl-κS)cyclohexa-2,4-dien-1-yl]}dimangan(1+)-[tetrafluoroborat(1–)]" (**285**)

- CA: 'manganese(1+), hexacarbonyl[μ-[η^4:η^5-6-(2-thienyl-κS)-2,4-cyclohexadien-1-yl]]di-, tetrafluoroborate(1–)'
- kationische Koordinationsverbindung (s. ***(c)***)
- anionischer und neutrale Liganden (s. ***(b$_{31}$)*** bzw. ***(b$_4$)***)
- Koordinationsanion nach ***(g)***, Stereodeskriptor "(*T*-4)-" (s. ***(i)***)

286

"{μ-{Methylenbis[diphenylphosphin-κP]}}[μ-(pentafluorobenzolthiolato-κS:κS)]bis(triphenylstibin)dipalladium(1+)(*Pd–Pd*)" (**286**)

- CA: 'palladium(1+), [μ-[methylenebis[diphenylphosphine-κP]]][μ-(pentafluorobenzenethiolato-κS:κS)]bis(triphenylstibino)di-, (*Pd–Pd*)'
- **nicht Multiplikationsname** (s. **280**)
- kationische Koordinationsverbindung (s. ***(c)***)
- anionischer und neutrale Liganden (s. ***(b$_{32}$)*** bzw. ***(b$_4$)***; Multiplikationsname für $Ph_2PCH_2PPh_2$

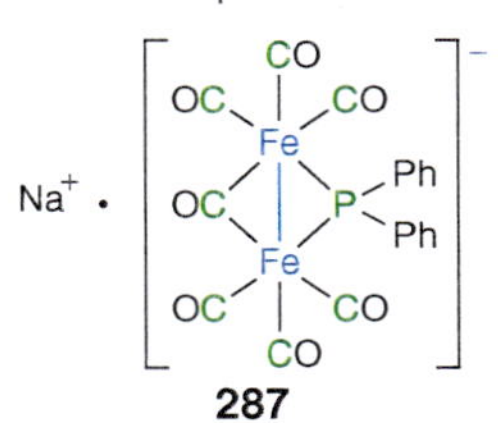

287

"Natrium-{μ-carbonylhexacarbonyl[μ-(diphenylphosphino)]diferrat(1–)(*Fe–Fe*)}" (**287**)

- CA: 'ferrate(1–), μ-carbonylhexacarbonyl[μ-(diphenylphosphino)]di-, (*Fe–Fe*), sodium'
- **nicht Multiplikationsname** (s. **280**)
- anionische Koordinationsverbindung (s. ***(g)***)
- anionischer und neutrale Liganden (s. ***(b$_{31}$)*** bzw. ***(b$_4$)***)

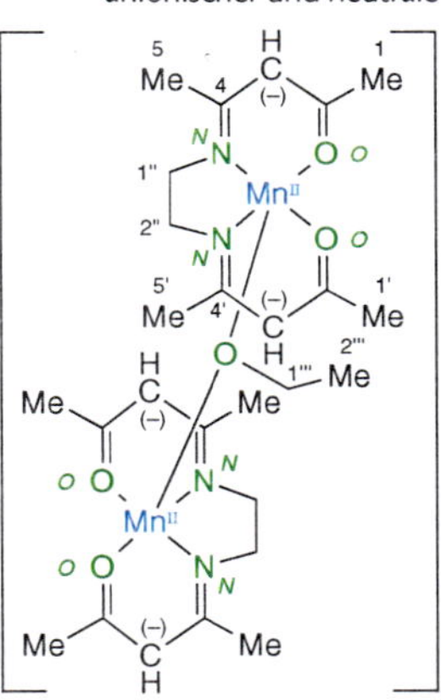

288

"Bis{{4,4´-[ethan-1,2-diyldi(nitrilo-κN)]bis[pentan-2-onato-κO]}(2–)}-μ-ethoxydimanganat(1–)" (**288**)

- CA: 'manganate(1–), bis[[4,4´-[1,2-ethanediyldi(nitrilo-κN)]bis[2-pentanonato-κO]](2–)]-μ-ethoxydi-'
- **nicht Multiplikationsname** (s. **280**)
- anionische Koordinationsverbindung (s. ***(g)***)
- anionische Liganden (s. ***(b$_{31}$)*** und ***(b$_{32}$)***; die Ladungen (–) sind im Ligand-Namen berücksichtigt; Multiplikationsname für Chelat-Ligand; beachte *Fussnote 4*

(h$_{12}$) **Zwei verschiedene Zentralatome**: Der Name einer Koordinationsverbindung **[(MLL´L´´)-(μ-L)-(M´LL´L´´)]^x, [(ML´L´´L´´´)-(μ-L)-(M´L´´´´L´´´´´L´´´´´´)]^x, [(MLL´L´´)-(M´LL´L´´)]^x, [(MLL´L´´)-(M´L´´´L´´´´L´´´´´)]^x** *etc.*

(M = vorrangiges Zentralatom, M´ = nicht vorrangiges Zentralatom; (μ-L) = Brückenligand; L, L´, L´´ *etc.* = übrige Liganden; x = 1+, 2+, 3+ ..., 0, 1–, 2–, 3– ...) wird **wie in (h_{11})** beschrieben gebildet; **dabei gilt jedoch**:

> **das nicht-vorrangige Zentralatom M´ mit all seinen Liganden, ausser dem (den) Brückenliganden zu M**, z.B. (M´LL´L´´), (M´L´´´´L´´´´´L´´´´´´), (M´L´´´L´´´´L´´´´´) (s. oben), **wird als zusätzlicher 'Ligand' des vorrangigen Zentralatoms M betrachtet**.

Der **Name dieses zusätzlichen M´-haltigen 'Liganden' wird** nach ***(c)*** – ***(g)*** gebildet (unter Weglassen der Ladungszahl für den zusammengesetzten 'M´-Ligand'-Namen) und mit den übrigen Ligand-Namen zu M und allfällig notwendigen Brückenligand-Namen **in die alphabetische Reihenfolge miteinbezogen**.

Kap. 3.5

Dabei wird für M´ **der Name des Zentralatoms M´** gewählt, **wenn** die ganze Koordinationsverbindung **kationisch oder neutral** ist (d.h. $x \geq 0$) **oder der "at"-Name des Zentralatoms M´, wenn** die ganze Koordinationsverbindung **anionisch** ist (d.h. $x < 0$); **ist $x > 0$ oder < 0**, dann ist dem Namen bzw. "at"-Namen von M wie üblich eine **Ladungszahl** beizufügen (s. ***(c)*** bzw. ***(g)***).

z.B.

289

"Tricarbonyl{μ-[η^5:η^6-1-(cycloheptatrienyliumyl)cyclopenta-2,4-dien-1-yl]}(tricarbonylmangan)chrom(1+)" (**289**)

- CA: 'chromium(1+), tricarbonyl[μ-[η^5:η^6-1-(cycloheptatrienyliumyl)-2,4-cyclopentadien-1-yl]](tricarbonylmanganese)-'
- Cr > Mn
- kationische Koordinationsverbindung (s. ***(e)***)
- zwitterionischer und neutrale Liganden (s. ***(b_{31})*** und ***(b_5)*** bzw. ***(b_4)***; die Ladungen (–) und (+) sind im Ligand-Namen berücksichtigt; für den Namen des Kation-Substituenten des anionischen Ligand-Teils, s. *Kap. 6.3.6**(c)***

290

"[(1-Azabicyclo[2.2.2]octan)diethylgallium]pentacarbonylmangan(*Ga–Mn*)" (**290**)

- CA: 'manganese, [(1-azabicyclo[2.2.2]octane)diethylgallium]pentacarbonyl-, (*Ga–Mn*)'
- Mn > Ga
- neutrale Koordinationsverbindung (s. ***(e)***)
- anionische und neutrale Liganden (s. ***(b_{31})*** bzw. ***(b_4)***)

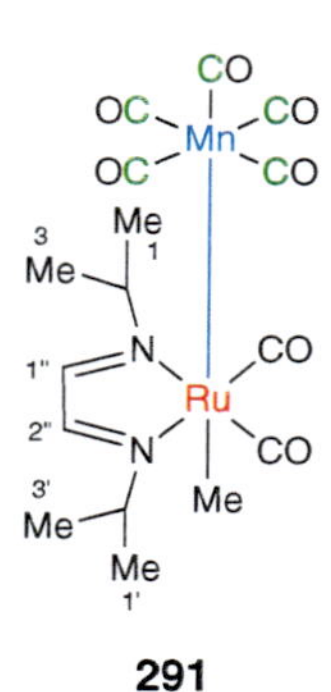

291

"Pentacarbonyl{dicarbonyl{*N,N´*-ethan-1,2-diylidenbis[propan-2-amin-κN]}methylruthenium}-mangan(Mn–Ru)" (**291**)

- CA: 'manganese, pentacarbonyl[dicarbonyl[*N,N´*-1,2-ethanediylidenebis[2-propanamine-κN]]methylruthenium]-, (*Mn–Ru*)'
- Mn > Ru
- neutrale Koordinationsverbindung (s. ***(e)***)
- anionischer und neutrale Liganden (s. ***(b_{31})*** bzw. ***(b_4)***); Multiplikationsname für Amin-Ligand

292

"{μ-[Ethandioato(2–)-κO^1,$\kappa O^{2´}$:$\kappa O^{1´}$,κO^2]}-[ethandioato(2–)-κO^1,κO^2]{[ethandioato(2–)-κO^1,κO^2]cuprat}ferrat(1–)" (**292**)

- CA: 'ferrate(1–), [μ-[ethanedioato(2–)-κO^1,$\kappa O^{2´}$:$\kappa O^{1´}$,κO^2]]-[ethanedioato(2–)-κO^1,κO^2][[ethanedioato(2–)-κO^1,κO^2]-cuprate]-'
- Fe > Cu
- anionische Koordinationsverbindung (s. ***(g)***), d.h. "Cupr**at**"-'Ligand'
- anionische Liganden (s. ***(b_{32})***)

293

"Tricarbonyltri-μ-hydro[tris(triphenylphosphin)ruthenat]chromat(1–)(*Cr–Ru*)" (**293**)

- CA: 'chromate(1–), tricarbonyltri-μ-hydro[tris(triphenylphosphine)ruthenate]-, (*Cr–Ru*)'
- Cr > Ru
- anionische Koordinationsverbindung (s. ***(g)***), d.h. "Ruthen**at**"-'Ligand'
- anionische und neutrale Liganden (s. ***(b_{31})*** bzw. ***(b_4)***)

(h_2) **Mehrkernige Koordinationsverbindungen** können gleiche oder verschiedene Zentralatome haben. Sie **werden** sinngemäss **wie zweikernige Koordinationsverbindungen mit gleichen** (s. ***(h_{11})***) **bzw. verschiedenen Zentralatomen** (s. ***(h_{12})***) **benannt**. Dem Namen einer **nicht-linearen Cluster-Verbindung** kann zur Beschreibung einer zentralen Struktureinheit aus Zentralatomen ein **Struktur-Deskriptor** als modifizierende Angabe beigefügt werden, z.B. "*cyclo*", "*triangulo*", "*tetrahedro*", "*octahedro*" *etc.*, "*cluster*" (s. **294** – **301**).

Eine mehrkernige Koordinationsverbindung aus sich repetierenden Monomer-Einheiten, deren Struktur durch einen Brückenliganden hervorgerufen wird, bekommt den Namen der Monomer-Einheit. Dabei werden allfällige Brückenliganden in der Monomer-Einheit wie üblich mittels "μ" gekennzeichnet, nicht aber

Anhang 1 (A.1.11)

der die unendliche Ausdehnung bewirkende Brückenligand. Dem Namen der sich repetierenden Monomer-Einheit folgt die **modifizierende Angabe "Homopolymer"** (s. **310** und **311** sowie *Anhang 1 (A.1.11)*).

z.B.

294

"*cyclo*-Tri-μ-oxotrimagnesium" (**294**)
- CA: 'magnesium, tri-μ-oxo-, *cyclo*'
- neutrale Koordinationsverbindung (s. ***(e)***)
- anionische Liganden (s. ***(b₃₁)***)

295

"*triangulo*-μ_3-Hydrotripalladium" (**295**)
- CA: 'palladium, μ_3-hydro-, *triangulo*'
- neutrale Koordinationsverbindung (s. ***(e)***)
- anionischer Ligand (s. ***(b₃₁)***)

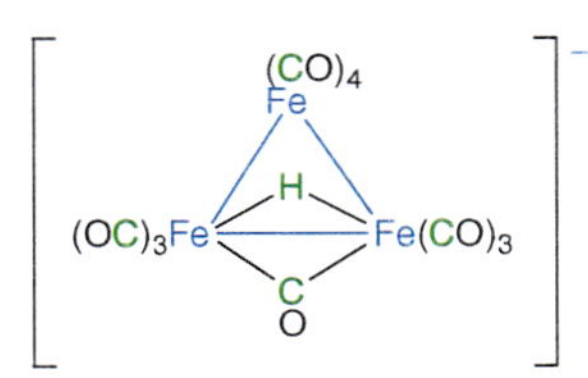

296

"*triangulo*-μ-Carbonyldecacarbonyl-μ-hydrotriferrat(1–)" (**296**)
- CA: 'ferrate(1–), μ-carbonyldecacarbonyl-μ-hydrotri-, *triangulo*'
- anionische Koordinationsverbindung (s. ***(g)***)
- anionische und neutrale Liganden (s. ***(b₃₁)*** bzw. ***(b₄)***)

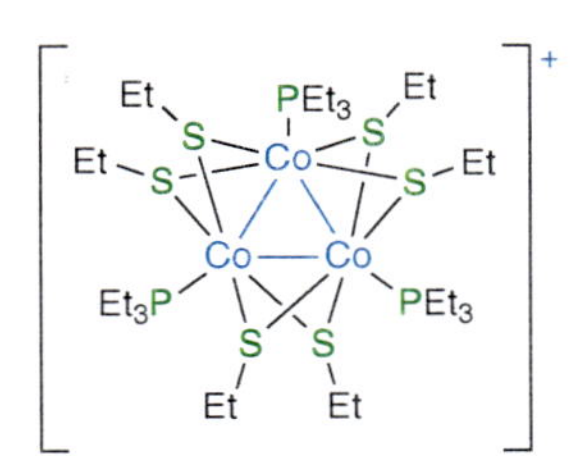

297

"*triangulo*-Hexakis[μ-(ethanthiolato)]tris(triethylphosphin)tricobalt(1+)" (**297**)
- CA: 'cobalt(1+), hexakis[μ-(ethanethiolato)]tris-(triethylphosphine)tri-, *triangulo*'
- kationische Koordinationsverbindung (s. ***(c)***)
- anionische und neutrale Liganden (s. ***(b₃₂)*** bzw. ***(b₄)***)

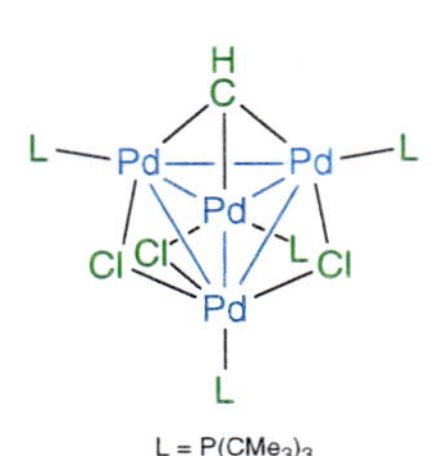

298

"*tetrahedro*-Tri-μ-chloro-μ_3-methylidintetrakis-[tris(1,1-dimethylethyl)phosphin]tetrapalladium (**298**)
- CA: 'palladium, tri-μ-chloro-μ_3-methylidynetetrakis[tris(1,1-dimethylethyl)phosphine]tetra-, *tetrahedro*'
- neutrale Koordinationsverbindung (s. ***(e)***)
- anionische und neutrale Liganden (s. ***(b₃₁)*** bzw. ***(b₄)***)

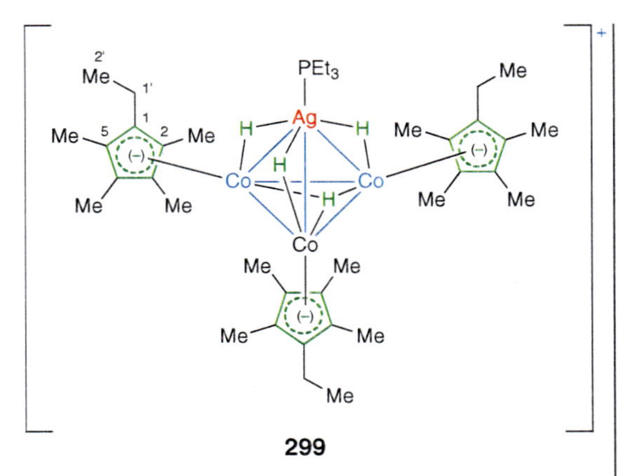

299

"*tetrahedro*-Tris[(1,2,3,4,5-η)-1-ethyl-2,3,4,5-tetramethylcyclopenta-2,4-dien-1-yl]tri-μ-hydro-μ_3-hydro[(triethylphosphin)silber]tricobalt(1+)" (**299**)
- CA: 'cobalt(1+), tris[(1,2,3,4,5-η)-1-ethyl-2,3,4,5-tetramethyl-2,4-cyclopentadien-1-yl]tri-μ-hydro-μ_3-hydro-[(triethylphosphine)silver]tri-, *tetrahydro*'
- Co > Ag
- kationische Koordinationsverbindung (s. ***(c)***)
- neutraler und anionische Liganden (s. ***(b₄)*** bzw. ***(b₃₁)***); die negative Ladung (–) ist im Ligand-Namen berücksichtigt

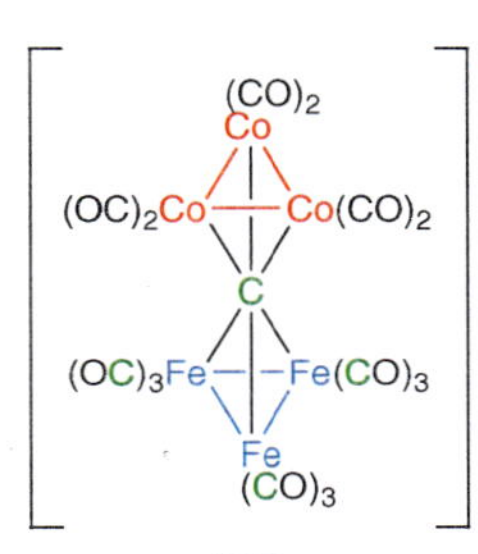

300

"*octahedro*-Nonacarbonyl(hexacarbonyltricobaltat)-μ_6-methantetrayltriferrat(1–)" (**300**)
- CA: 'ferrate(1–), nonacarbonyl(hexacarbonyltricobaltat)-μ_6-methanetetrayltri-, *octahedro*'
- Fe > Co
- anionische Koordinationsverbindung (s. ***(g)***); d.h. "Cobalt**at**"-'Ligand'
- anionischer und neutrale Liganden (s. ***(b₃₁)*** bzw. ***(b₄)***)

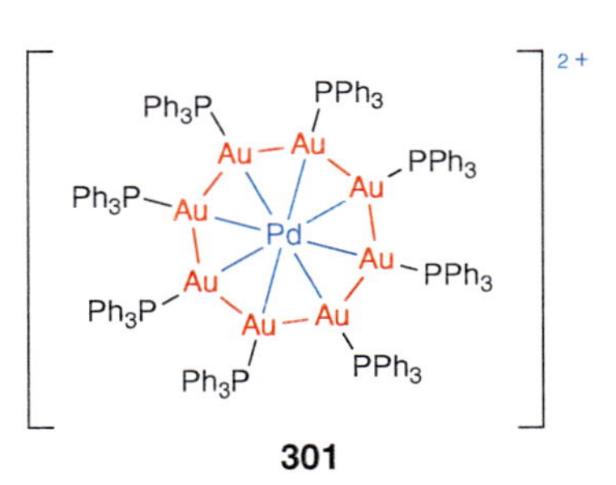

301

"*cluster*-[Octakis(triphenylphosphin)octagold]-palladium(2+)" (**301**)
- CA: 'palladium(2+), [octakis(triphenylphosphine)octa-gold]-, *cluster*'
- Pd > Au
- kationische Koordinationsverbindung (s. ***(c)***)
- neutrale Liganden (s. ***(b₄)***)

6

302

"Dicarbonylbis[μ-(cyano-κC:κN)](gold)tetrakis{methylenbis[diphenylphosphin-κP]}dimangan(1+)" (**302**)

- CA: 'manganese(1+), dicarbonylbis[μ-(cyano-κC:κN)]-(gold)[tetrakis[methylenebis[diphenylphosphine-κP]]di-'
- Mn > Au
- kationische Koordinationsverbindung (s. ***(c)***)
- anionische und neutrale Liganden (s. ***(b_{31})*** bzw. ***(b_4)***; Multiplikationsname für $Ph_2PCH_2PPh_2$

303

"Tetrakis{μ-{2-{[3-(amino-κN)propyl]amino-κN}-ethanthiolato-κS:κS}}(zink)dieisen(2+)" (**303**)

- CA: 'iron(2+), tetrakis[μ-[2-[[3-(amino-κN)propyl]amino-κN]ethanethiolato-κS:κS]](zinc)di-'
- Fe > Zn
- kationische Koordinationsverbindung (s. ***(c)***)
- anionische Liganden (s. ***(b_{32})***)

304

"[Bis(η^5-cyclopenta-2,4-dien-1-yl)dinickel]{μ_4-{1,1´-[(1,2-η:1,2-η:3,4-η:3,4-η)-buta-1,3-diin-1,4-diyl]bis[benzol]}}hexacarbonyl-dicobalt(1+)(*Co–Co*)(*Ni–Ni*)" (**304**)

- CA: 'cobalt(1+), [bis(η^5-2,4-cyclopentadien-1-yl)dinickel][μ_4-[1,1´-[(1,2-η:1,2-η:3,4-η:3,4-η)-1,3-butadiyne-1,4-diyl]bis[benzene]]]hexacarbonyldi-, (*Co–Co*)(*Ni–Ni*)'
- Co > Ni
- kationische Koordinationsverbindung (s. ***(c)***)
- anionische und neutrale Liganden (s. ***(b_{31})*** bzw. ***(b_4)***); die Ladung (–) ist im Ligand-Namen berücksichtigt; Multiplikationsname für PhC_4Ph

305

"{μ_3-{(1-η:1,2,3,4,5,6-η:3-η)-4,6-Bis[(dimethylamino-κN)methyl]-1,3-phenylene}}tricarbonylbis(tetracarbonylmangan)chrom" (**305**)

- CA: 'chromium, [μ_3-[(1-η:1,2,3,4,5,6-η:3-η)-4,6-bis[(dimethylamino-κN)methyl]-1,3-phenylene]]tricarbonylbis(tetracarbonylmanganese)-'
- Cr > Mn
- neutrale Koordinationsverbindung (s. ***(e)***)
- anionischer und neutrale Liganden (s. ***(b_{31})*** bzw. ***(b_4)***); die Ladung (2–) ist im Ligand-Namen berücksichtigt

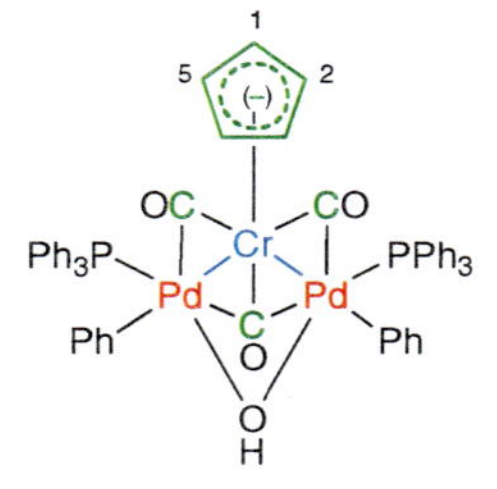

306

"Di-μ-carbonyl-μ_3-carbonyl(η^5-cyclopenta-2,4-dien-1-yl)[μ-hydroxydiphenylbis(triphenylphosphin)dipalladium]chrom(2*Cr–Pd*)" (**306**)

- CA: 'chromium, di-μ-carbonyl-μ_3-carbonyl(η^5-2,4-cyclopentadien-1-yl)[μ-hydroxydiphenylbis(triphenylphosphine)dipalladium]-, (2*Cr–Pd*)'
- Cr > Pd
- neutrale Koordinationsverbindung (s. ***(e)***)
- anionischer und neutrale Liganden (s. ***(b_{31})*** bzw. ***(b_4)***); die Ladung (–) ist im Ligand-Namen berücksichtigt

307

"Nonacarbonyl(iodomercurat)-μ_3-selenoxotriferrat(1–)(3*Fe–Fe*)(2*Fe–Hg*)" (**307**)

- CA: 'ferrate(1–), nonacarbonyl(iodomercurate)-μ_3-selenoxotri-, (3*Fe–Fe*)(2*Fe–Hg*)'
- Fe > Hg
- anionische Koordinationsverbindung (s. ***(g)***); d.h. "Mercur**at**"-'Ligand'
- anionische und neutrale Liganden (s. ***(b_{31})*** bzw. ***(b_4)***)

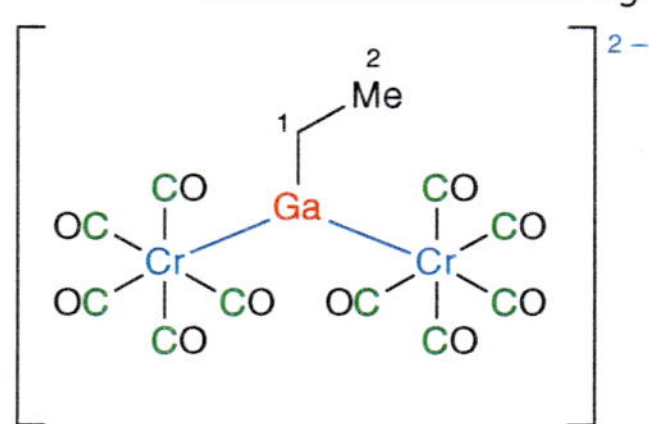

308

"Decacarbonyl(ethylgallat)dichromat(2–)-(2*Cr–Ga*)" (**308**)

- CA: 'chromate(2–), decacarbonyl(ethylgallate)di-, (2*Cr–Ga*)'
- Cr > Ga
- anionische Koordinationsverbindung (s. ***(g)***); d.h. "Gall**at**"-'Ligand'
- anionischer und neutrale Liganden (s. ***(b_{31})*** bzw. ***(b_4)***)

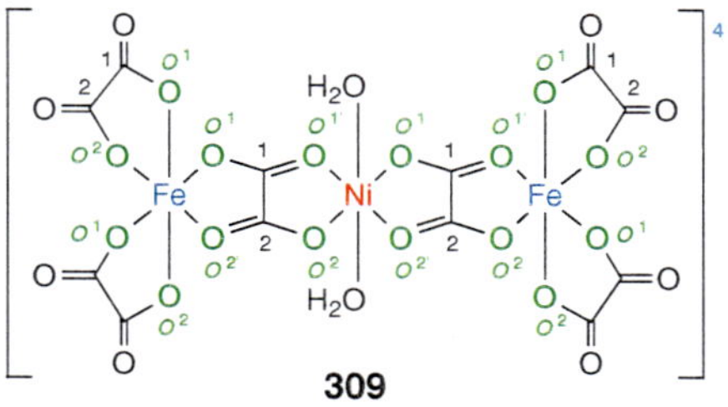

309

"(Diaquanickelat)bis{μ-[ethandioato(2–)-κO[1],κO[2′]:κO[1′],κO[2]]}tetrakis[ethandioato(2–)-κO[1],κO[2]]diferrat(4–)" (**309**)

- CA: 'ferrat(4–), (diaquanickelate)bis[μ-[ethanedioato(2–)-κO[1],κO[2′]:κO[1′],κO[2]]]tetrakis[ethanedioato(2–)-κO[1],κO[2]]di-'
- Fe > Ni
- anionische Koordinationsverbindung (s. ***(g)***); d.h. "Nickel**at**"-'Ligand'
- anionische Liganden (s. ***(b₃₂)***)

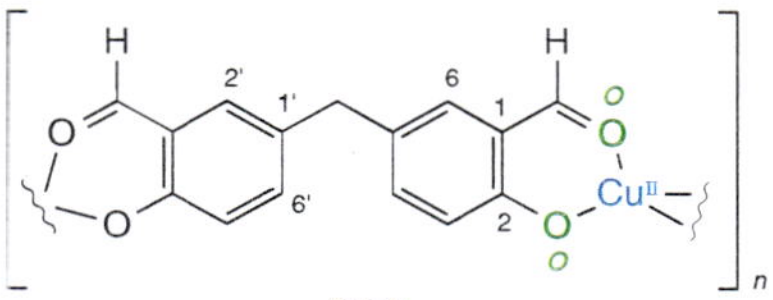

310

"{5-[(3-Formyl-4-hydroxyphenyl)methyl]-2-(hydroxy-κO)benzaldehydato(2–)-κO}kupfer-Homopolymer" (**310**)

- CA: 'copper, [5-[(3-formyl-4-hydroxyphenyl)methyl]-2-(hydroxy-κO)benzaldehydato(2–)-κO]-, homopolymer'
- neutrale Koordinationsverbindung (s. ***(e)***)
- anionischer Ligand (s. ***(b₃₂)***)
- s. *Anhang 1 (A.1.11(**c**))* für "Homopolymer"

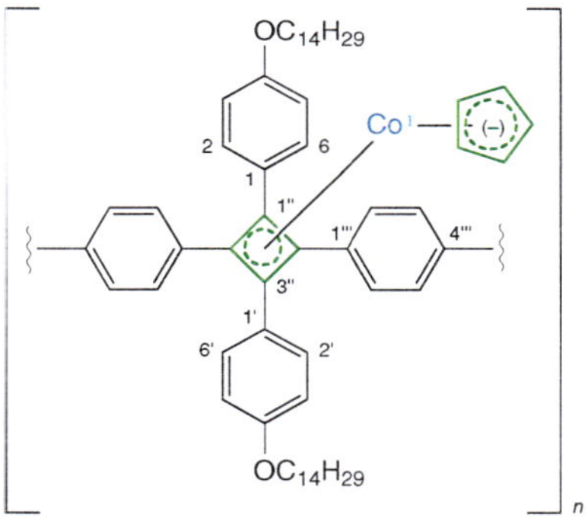

311

"{1,1′-[(1,2,3,4-η)-2,4-Bis(4-chlorophenyl)-cyclobuta-1,3-dien-1,3-diyl]bis[4-(tetradecyl-oxy)benzol]}(η[5]-cyclopenta-2,4-dien-1-yl)cobalt-Homopolymer" (**311**)

- CA: 'cobalt, [1,1′-[(1,2,3,4-η)-2,4-bis(4-chlorophenyl)-1,3-cyclobutadiene-1,3-diyl]bis[4-(tetradecyloxy)benzene]](η[5]-2,4-cyclopentadien-1-yl)-, homopolymer'
- neutrale Koordinationsverbindung (s. ***(e)***)
- anionischer und neutraler Ligand (s. ***(b₃₁)*** bzw. ***(b₄)***); die Ladung (–) ist im Ligand-Namen berücksichtigt
- s. *Anhang 1 (A.1.11(**c**))* für "Homopolymer"; **311** entsteht aus $Cl–C_6H_4–[C_4(Ar)_2–Co(Cp)]–C_6H_4–Cl$ ($Ar = C_{14}H_{29}O–C_6H_4–$, $Cp = C_5H_5^-$) und Ni^0

(i) **Der** ***Stereodeskriptor*** **einer einkernigen Organometall- oder Koordinationsverbindung steht vor dem gesamten Namen** und beschreibt die Anordnung der Liganden um das Zentralatom mit einer Koordinationszahl ≥ 4. Der **Stereodeskriptor** setzt sich zusammen **aus**

CA ¶ 203

Polyeder-Symbol |

+ | **Konfigurationszahl**

+ | **Chiralitätssymbol**[14])

Das Polyeder-Symbol, die Konfigurationszahl und das Chiralitätssymbol müssen in dieser Reihenfolge nach *Anhang 6 (A.6.4)* bestimmt werden. **Im folgenden** werden **nur** das **Polyeder-Symbol und** die **Konfigurationszahl für tetraedrische** (*T*-4), **quadratisch-planare** (*SP*-4), **trigonal-bipyramidale** (*TB*-5), **quadratisch-pyramidale** (*SP*-5) **und oktaedrische** (*OC*-6) **Koordinationspolyeder** kurz beschrieben (für Details und zusätzliche Stereodeskriptoren, s. *Anhang 6 (A.6.4)*).

Anhang 6 (A.6.4)

Das Polyeder-Symbol ('symmetry-site term') **bezeichnet die geometrische Anordnung der Gesamtheit der koordinierenden Atome um das Zentralatom** und besteht aus einer **Abkürzung für das entsprechende Polyeder und** aus der **Koordinationszahl** (für eine vollständige Liste, s. *Tab. A3* in *Anhang 6*):

Tab. A.3 in Anhang 6

- **tetraedrisches Koordinationspolyeder** (Koordinationszahl 4),
  Polyeder-Symbol "***T*-4**";
- **quadratisch-planares Koordinationspolyeder** (Koordinationszahl 4),
  Polyeder-Symbol "***SP*-4**";
- **trigonal-bipyramidales Koordinationspolyeder** (Koordinationszahl 5),
  Polyeder-Symbol "***TB*-5**" (**IUPAC**: "*TBPY*-5");
- **quadratisch-pyramidales Koordinationspolyeder** (Koordinationszahl 5),
  Polyeder-Symbol "***SP*-5**" (**IUPAC**: "*SPY*-5");
- **oktaedrisches Koordinationspolyeder** (Koordinationszahl 6),
  Polyeder-Symbol "***OC*-6**".

Zur Bestimmung der Konfigurationszahl ('configuration number', 'configuration index') **werden die Liganden nach dem** ***Cahn-Ingold-Prelog*****-System** (CIP-System; s. *Anhang 6 (A.6.2)*) in eine Prioritätenreihenfolge eingeordnet, wobei die CIP-Prioritätsbuchstaben *a* > *b* > *c* > *d* ... den **CIP-Prioritätszahlen** ① > ② > ③ > ④ ... entsprechen (① = Ligand höchster Priorität, ② = Ligand zweithöchster Priorität *etc.*); dazu wird jeder Ligand ausgehend vom Zentralatom auf einem Weg nach 'aussen' mit Hilfe der CIP-Sequenzregeln (*Anhang 6 (A.6.2(**d**))* untersucht. **Liganden gleicher Priorität bekommen die gleiche Prioritätszahl.** Die Konfigurationszahl erlaubt die Unterscheidung von Diastereomeren.

Anhang 6 (A.6.2)

Anhang 6 (A.6.2(**d**))

[14]) Für die Konventionen bezüglich des sogenannten **Ligand-Segments**, s. *Anhang 6 (A.6.4(**a₄**))*.

[M*abcd*]	[M*a*₂*b*₂]	[M*a*₂*b*₂*c*₂]
$a > b > c > d$	$a = a > b = b$	$a = a > b = b > c = c$
① > ② > ③ > ④	① = ① > ② = ②	① = ① > ② = ② > ③ = ③

M = Zentralatom
a, b, c, d = Liganden abnehmender Priorität gemäss dem CIP-System

z.B.

Tetraedrische Koordinationsverbindungen: sie bekommen **keine Konfigurationszahl**.

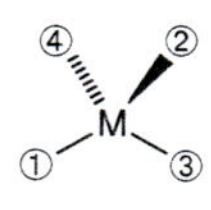

312

"(*T*-4)-[M*abcd*]" (**312**)
keine Diastereomeren möglich

Quadratisch-planare Koordinationsverbindungen: die **Konfigurationszahl** ist die **Prioritätszahl**, die **in '*trans*'-Stellung zur Prioritätszahl** ① ist.

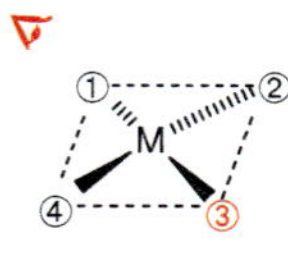

313

"(*SP*-4-3)-[M*abcd*]" (**313**)

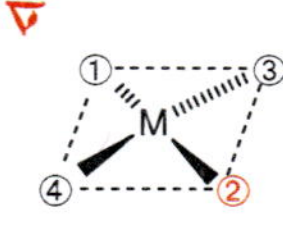

314

"(*SP*-4-2)-[M*abcd*]" (**314**)

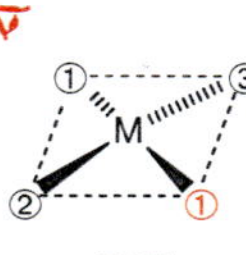

315

"(*SP*-4-1)-[M*a*₂*bc*]" (**315**)
traditionell "*trans*-[M*a*₂*bc*]"

Trigonal-bipyramidale Koordinationsverbindungen: die **Konfigurationszahl** besteht aus den beiden **Prioritätszahlen an den beiden Extremitäten der Hauptachse**, in der Reihenfolge abnehmender Priorität.

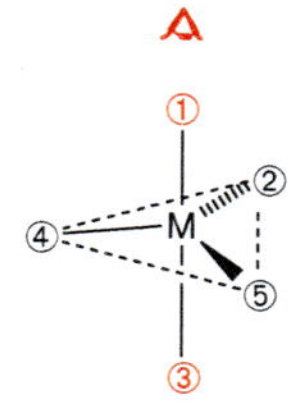

316

"(*TB*-5-13)-[M*abcde*]" (**316**)

Quadratisch-pyramidale Koordinationsverbindungen: die **Konfigurationszahl** besteht aus der **Prioritätszahl an der Extremität der Hauptachse**, gefolgt von der **Prioritätszahl, die der tiefsten Prioritätszahl in der Ebene diagonal gegenüber liegt**.

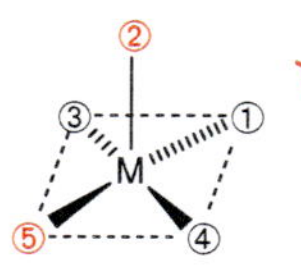

317

"(*SP*-5-25)-[M*abcde*]" (**317**)

318

"(*SP*-5-13)-[M*a*₂*b*₂*c*]" (**318**)

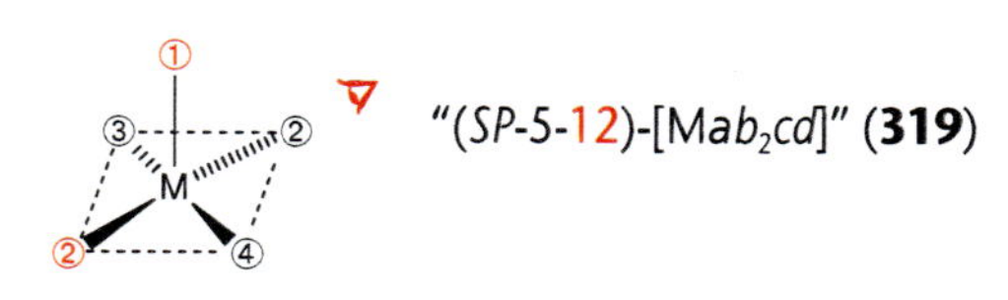

319

"(*SP*-5-12)-[M*ab*₂*cd*]" (**319**)

Oktaedrische Koordinationsverbindungen: die **Konfigurationszahl** besteht aus der **Prioritätszahl, die der Prioritätszahl ① diagonal gegenüber liegt**, gefolgt von der **Prioritätszahl, die der tiefsten Prioritätszahl in der Ebene diagonal gegenüber liegt** (Ebene senkrecht zur ① enthaltenden Achse).

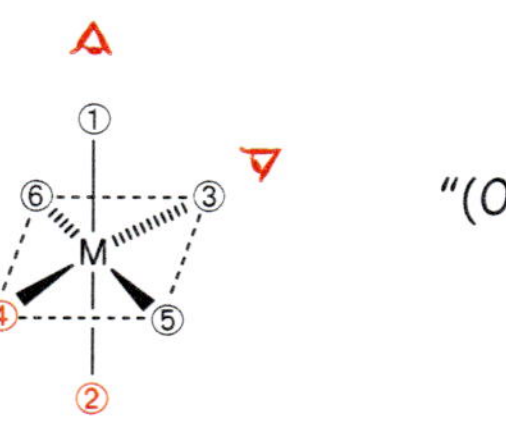

320

"(*OC*-6-24)-[M*abcdef*]" (**320**)

321

"(*OC*-6-32)-[M*a*₂*b*₂*c*₂]" (**321**)
Priorität hat die Achse ① – ③ wegen der *trans*-Maximaldifferenz der Prioritätszahlen (s. *Anhang 6, A.6.4*(***a*₂**))

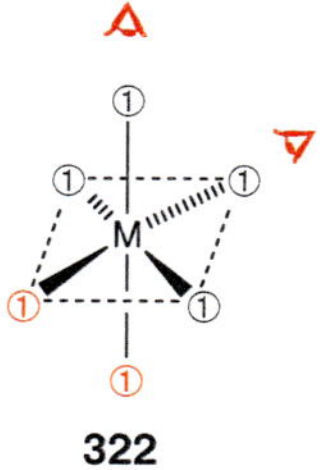

322

"(*OC*-6-11)-[M*a*₆]" (**322**)

ANHÄNGE

Anhang 1. Spezialnomenklaturen

A.1.1. VORBEMERKUNGEN

CA ¶ 202 und 285

Für viele Trivialnamen, die keine Stereostammnamen sind, **gibt CA's 'Index Guide'** die entsprechenden **systematischen Namen an. Für einen Stereostammnamen einer Spezialnomenklatur ist in CA's 'Chemical Substance Index'** oder 'Index Guide' **eine Formel mit Numerierung** für die entsprechende Stereostammstruktur **angeführt**.

Im *Anhang 1* werden die Spezialnomenklaturen nur übersichtsmässig besprochen. Details sind in den entsprechenden CA-Richtlinien zu finden. Auch die jeweils in den Fussnoten angegebenen IUPAC-Empfehlungen enthalten zusätzliche Informationen.

Im folgenden werden erläutert:
- Alkaloide; (A.1.2)
- Aminosäuren und Peptide (inkl. Folsäuren); (A.1.3)
- Kohlenhydrate ('carbohydrates'); (A.1.4)
- Cyclitole; (A.1.5)
- Nucleoside und Nucleotide (Nucleinsäuren); (A.1.6)
- Steroide; (A.1.7)
- Terpene (inkl. Carotinoide und Retinoide); (A.1.8)
- Vitamine; (A.1.9)
- Porphyrine und Gallenfarbstoffe; (A.1.10)
- Polymere; (A.1.11)
- andere spezielle Verbindungsklassen (Lit.), Internet-Adressen und Computerprogramme. (A.1.12)

A.1.2. ALKALOIDE[1])

CA ¶ 204, 231 und 285

CA unterscheidet:

(a) 'Class-A'-Alkaloide,
(b) 'Class-B'-Alkaloide,
(c) 'Class-C'-Alkaloide,
(d) 'Class-D'-Alkaloide.

(a) **'Class-A'-Alkaloide** haben nur ein oder gar kein stereogenes Zentrum, oder sie besitzen eine einfach zu definierende Konfiguration (z.B. eine auf eine Ringgerüst-Stammstruktur beschränkte Konfiguration). 'Class-A'-Alkaloide haben **systematische Namen** nach *Kap. 1 – 6*. (Kap. 1 – 6)

z.B.

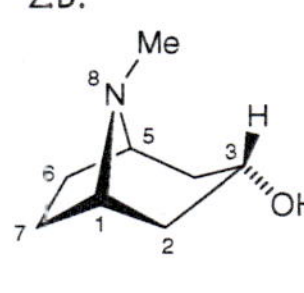

1

"(3-*endo*)-8-Methyl-8-azabicyclo[3.2.1]octan-3-ol" (**1**)
- "(3-*endo*)-" nach *Anhang 6 (A.6.3(**g**))*
- **trivial "Tropin"**

(b) **'Class-B'-Alkaloide** haben eine kompliziertere Konfiguration und lassen sich mittels Nomenklatur nach *Kap. 1 – 6* als **Derivate einer Stereostammstruktur** mit bekannter absoluter Konfiguration bezeichnen, **die einen Stereostammnamen hat**. Für Steroid-Alkaloide, s. auch *A.1.7*. (Kap. 1 – 6; A.1.7)

Für die Namen von Derivaten gilt:

- **Präfixe, Suffixe, Konjunktionsnamen** *etc.* der regulären Substitutionsnomenklatur werden verwendet (s. *Kap. 3.1* und *3.2*).
- **Substituentennamen** werden durch Anhängen der Endsilbe "-yl-" *etc.* an den Stereostammnamen gebildet.
- **Ring-modifizierende Vorsilben wie "Cyclo-", "Homo-", "Nor-" und "Seco-" sind nicht zulässig;** es muss systematische Nomenklatur verwendet werden.
- **Carbonsäure-Derivate** haben Namen mit dem Suffix **"-säure"** ('-oic acid'), wenn ein C-Atom der Stereostammstruktur oxidiert ist, **bzw. "-carbonsäure"** ('-carboxylic acid'), wenn eine zusätzliche COOH-Gruppe vorhanden ist (s. *Kap. 6.7*).
- **Entfernen von H-Atomen** wird durch das Präfix **"Dehydro-"** angezeigt (s. *Kap. 3.2.5*).

Stereostammnamen für 'Class-B'-Alkaloide sind z.B.

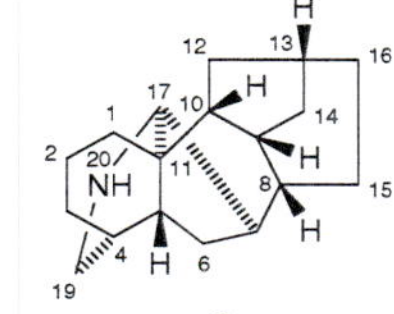

2

"Aconitan" (2)

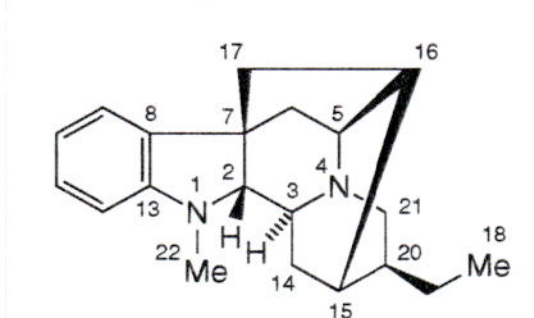

3

"Ajmalan" (3)
Englisch: 'ajmalan'

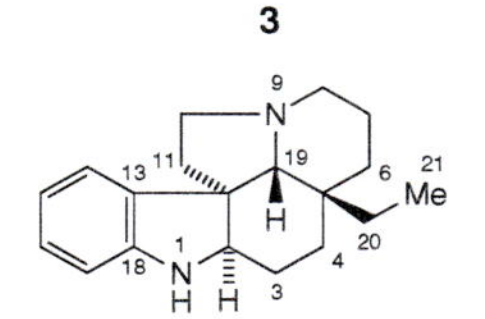

4

"Aspidospermidin" (4)

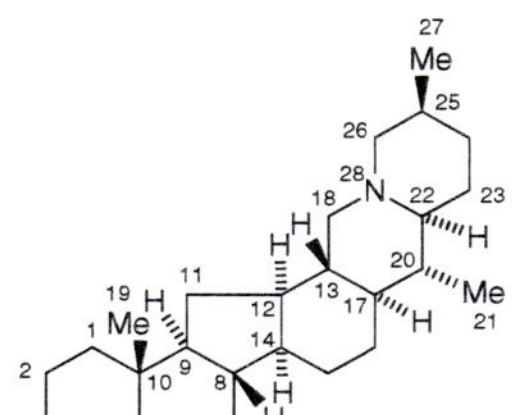

5

"Cevan" (5)

---

[1]) **IUPAC-Empfehlungen**:
IUPAC, **'Revised Section F: Natural Products and Related Compounds'**, *Pure Appl. Chem.* **1999**, *71*, 587.

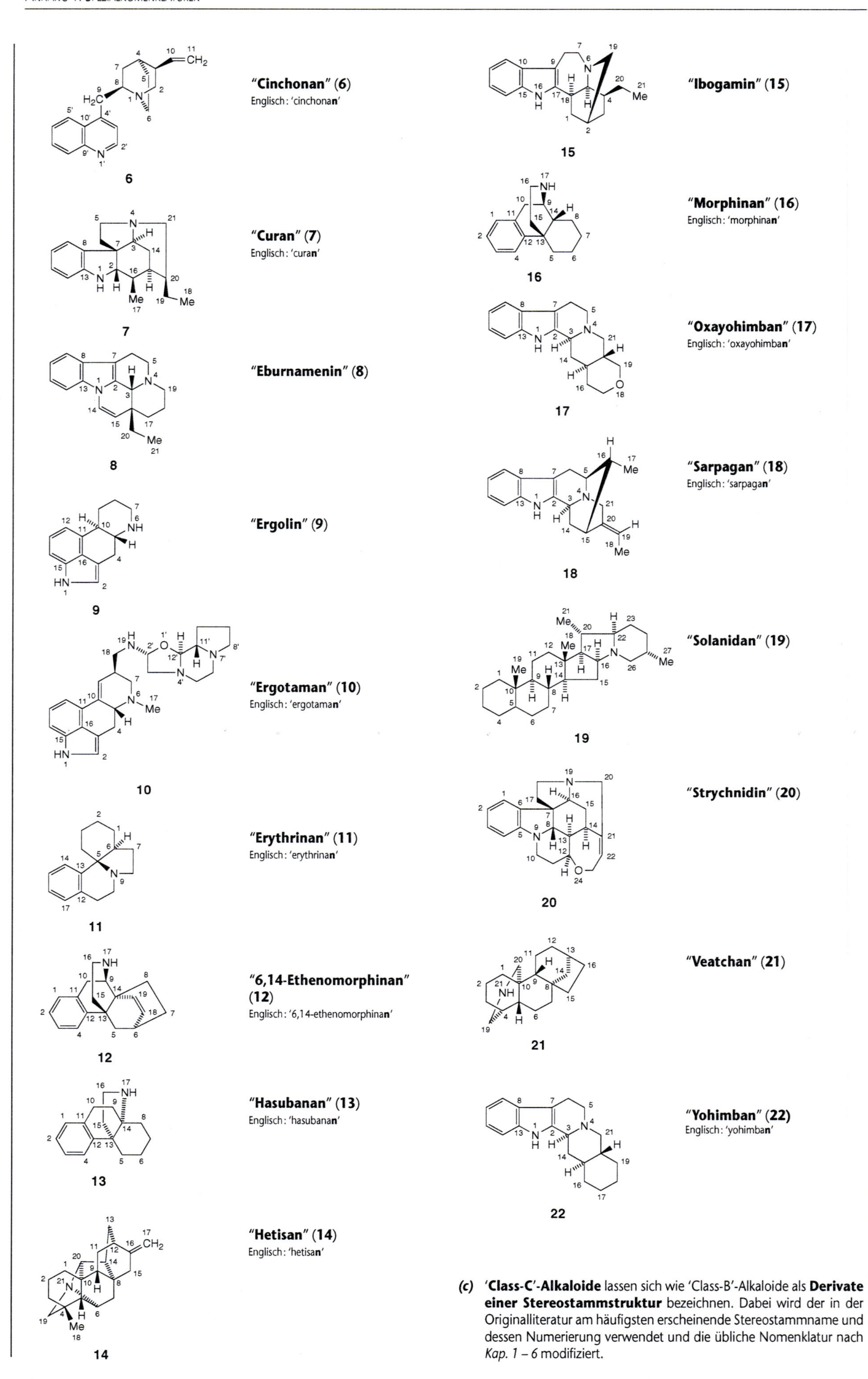

"Cinchonan" (6)
Englisch: 'cinchonan'

"Curan" (7)
Englisch: 'curan'

"Eburnamenin" (8)

"Ergolin" (9)

"Ergotaman" (10)
Englisch: 'ergotaman'

"Erythrinan" (11)
Englisch: 'erythrinan'

"6,14-Ethenomorphinan" (12)
Englisch: '6,14-ethenomorphinan'

"Hasubanan" (13)
Englisch: 'hasubanan'

"Hetisan" (14)
Englisch: 'hetisan'

"Ibogamin" (15)

"Morphinan" (16)
Englisch: 'morphinan'

"Oxayohimban" (17)
Englisch: 'oxayohimban'

"Sarpagan" (18)
Englisch: 'sarpagan'

"Solanidan" (19)

"Strychnidin" (20)

"Veatchan" (21)

"Yohimban" (22)
Englisch: 'yohimban'

(c) **'Class-C'-Alkaloide** lassen sich wie 'Class-B'-Alkaloide als **Derivate einer Stereostammstruktur** bezeichnen. Dabei wird der in der Originalliteratur am häufigsten erscheinende Stereostammname und dessen Numerierung verwendet und die übliche Nomenklatur nach *Kap. 1 – 6* modifiziert.

Kap. 1–6

Für die Namen von Derivaten gilt:

- **Die Numerierung der Stereostammstruktur wird bei Bedarf erweitert**, sodass sie ausser acyclischen Heteroatomen alle Atome miteinbezieht. Acyclische Heteroatome bekommen **Buchstabenlokanten**, wenn nötig mit dem Superskript des Lokanten (möglichst tief) eines Atoms, an welches das Heteroatom gebunden ist (z.B. "$N^{b'}$", "O^{6}" *etc.*).
- **Ring-modifizierende Vorsilben wie "Cyclo-", "Homo-", "Nor-" und "Seco-" sind nicht zulässig**; es muss systematische Nomenklatur verwendet werden.
- **Ausser "-säure"** ('-oic acid') für eine oxidierte Me-Gruppe oder das Entfernen einer Ester-Gruppe werden **keine Suffixe** verwendet; **alle zusätzlichen Substituenten werden mit Präfixen bezeichnet** (auch Brücken, z.B. "Epoxy-").
- **Modifikationen** können **mit "Hydro-" und "De"-Präfixen** ausgedrückt werden (s. *Kap. 3.2.4* bzw. *3.2.5*), z.B. "Tetrahydro-", "Didehydro-", "Deoxy-", "Deepoxy-", "Deoxo-", "Demethyl-", "De(methoxycarbonyl)-" *etc.* Die modifizierende Vorsilbe "**Nor-**" ist ausnahmsweise für den Verlust einer Me-Gruppe des C-Gerüsts zulässig (dagegen "Demethyl-" für Verlust von Me an Heteroatom).

Stereostammnamen für 'Class-C'-Alkaloide sind z.B.

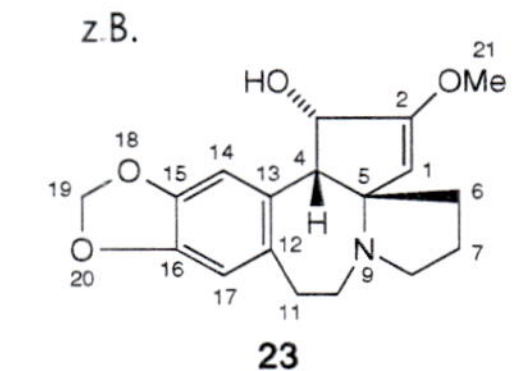

23

"**Cephalotaxin**" (**23**)

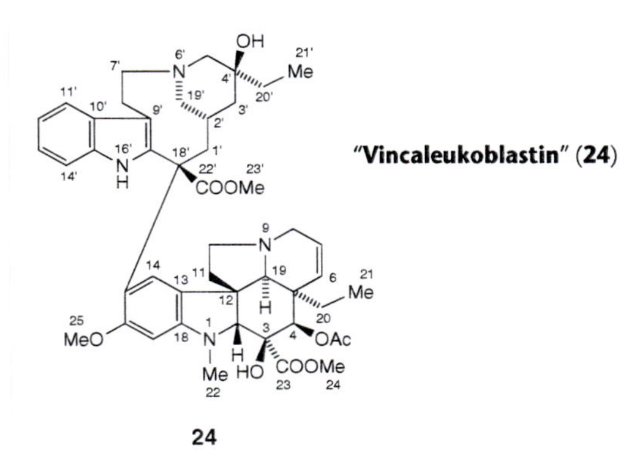

24

"**Vincaleukoblastin**" (**24**)

(*d*) '**Class-D'-Alkaloide** haben eine **teilweise unbekannte Struktur**. Sie bekommen systematische Namen ohne Stereodeskriptoren, die ursprünglichen Autorennamen oder 'Class-B'-Stereostammnamen mit partieller Konfigurationsangabe.

A.1.3. AMINOSÄUREN UND PEPTIDE[2]

CA ¶ 205, 206, 236 und 274
Kap. 6.7.2.2

Im folgenden werden erläutert:

(*a*) biologisch wichtige Aminocarbonsäuren (s. *Kap. 6.7.2.2*),
(*b*) Aminosäuren mit (von CA nicht verwendeten) Trivialnamen,
(*c*) Peptide,
(*d*) Folsäuren.

Kap. 6.7.2.2

(*a*) Die **biologisch wichtigen Aminocarbonsäuren** haben Stereostammstrukturen. Die entsprechenden **Stereostammnamen** und Acyl-Substituentennamen sind **in *Kap. 6.7.2.2*** aufgeführt (dort **81** – **108**).

Spezialfall "Histidin": die COOH-enthaltende Seitenkette ist immer an C(4), auch im Fall eines Tautomeren mit formalem indiziertem H-Atom an N(3) (s. **91** in *Kap. 6.7.2.2*).

Kap. 1–6
A.6.3

(*b*) Die folgenden Aminocarbonsäuren, Aminosulfonsäuren und Aminoarsonsäuren werden nach *Kap. 1 – 6* systematisch oder mittels der Stereostammnamen der Aminocarbonsäuren aus *Kap. 6.7.2.2* benannt (Stereodeskriptoren "*R*"/"*S*" und "D"/"L" nach *Anhang 6* (*A.6.3*):

25

"*S*-[(2*S*)-2-Amino-2-carboxyethyl]-L-homocystein" (**25**)
trivial "L-Allocystathionin"

26

"2-Aminobenzoesäure" (**26**)
- Englisch: '...benzoic acid'
- **trivial "Anthranilsäure"** ('anthranilic acid')

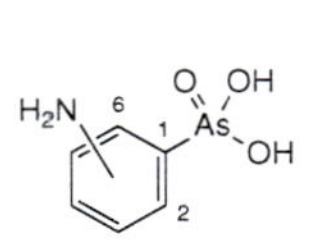

27

"(Aminophenyl)arsonsäure" (**27**)
- Englisch: '...arsonic acid'
- 3 Isomere
- **trivial "Arsanilsäure"**

28

"*N*-β-Alanyl-L-hystidin" (**28**)
trivial "Carnosin"

29

"*N*-(Aminoiminomethyl)-*N*-methylglycin" (**29**)
trivial "Creatin"

30

"*S*-[(2*R*)-2-Amino-2-carboxyethyl]-L-homocystein" (**30**)
trivial "L-Cystathionin"

31

"*S*-Ethyl-L-homocystein" (**31**)
trivial "L-Ethionin"

32

"*N*-Benzoylglycin" (**32**)
trivial "Hippursäure" ('hippuric acid')

33

"*S*-[(2*R*)-2-Amino-2-carboxyethyl]-L-cystein" (**33**)
trivial "L-Lanthionin"

34

"3-Aminobenzolsulfonsäure" (**34**)
- Englisch: '...benzenesulfonic acid'
- **trivial "Metanilsäure"** ('metanilic acid')

---

[2]) **IUPAC-Empfehlungen**:

IUPAC-IUBMB-IUPAB, '**Recommendations for the Presentation of NMR Structures of Proteins and Nucleic Acids**', *Pure Appl. Chem.* **1998**, *70*, 117.

IUPAC-IUB, '**Nomenclature of Glycoproteins, Glycopeptides, and Peptidoglycans**', *Pure Appl. Chem.* **1988**, *60*, 1389.

IUPAC-IUB, '**Nomenclature and Symbols for Folic Acid and Related Compounds**', *Pure Appl. Chem.* **1987**, *59*, 833.

IUPAC-IUB, '**Nomenclature and Symbolism for Amino Acids and Peptides**', *Pure Appl. Chem.* **1984**, *56*, 595.

IUPAC-IUB, '**Abbreviations and Symbols for Description of Conformation of Polypeptide Chains**', *Pure Appl. Chem.* **1974**, *40*, 291.

IUPAC-IUB, '**Abbreviated Nomenclature of Synthetic Polypeptides (Polymerized Amino Acids)**', *Pure Appl. Chem.* **1973**, *33*, 437.

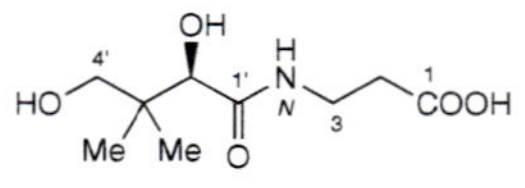

"*N*-[(2*R*)-2,4-Dihydroxy-3,3-dimethyl-1-oxobutyl)-β-alanin" (**35**)
trivial "Pantothensäure" ('pantothenic acid')

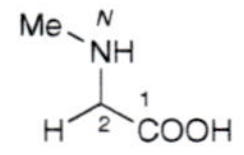

"*N*-Methylglycin" (**36**)
trivial "Sarcosin"

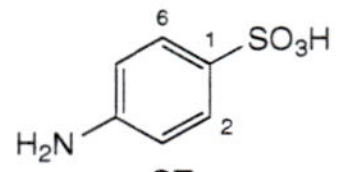

"4-Aminobenzolsulfonsäure" (**37**)
- Englisch: '...benzenesulfonic acid'
- **trivial "Sulfanilsäure"** ('sulfanilic acid')

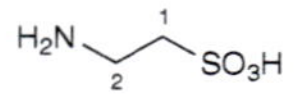

"2-Aminoethansulfonsäure" (**38**)
- Englisch: 'ethanesulfonic acid'
- **trivial "Taurin"**

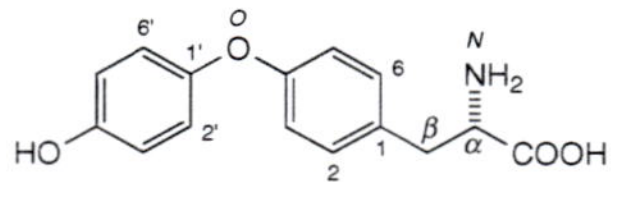

"*O*-(4-Hydroxyphenyl)-L-tyrosin" (**39**)
trivial "L-Thyronin"

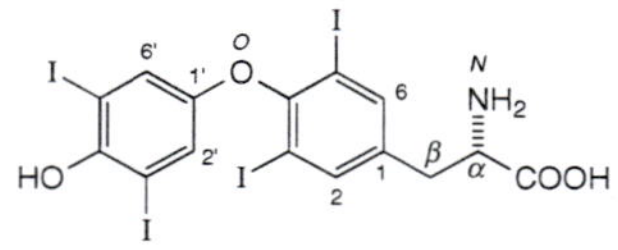

"*O*-(4-Hydroxy-3,5-diiodo-phenyl)-3,5-diiodo-L-tyrosin" (**40**)
trivial "L-Thyroxin"

CA ¶ 206, 207 und 274

(c) **Alle linearen Peptide**, inkl. solche mit zwei bis zwölf α-Aminosäure-Einheiten aus ***(a)* haben seit 1997 Aminosäuresequenz-Namen** (s. **41** und **43**), d.h. in CA's 'Chemical Substance Index' wird die **α-Aminocarbonsäure am C-Terminus als Titelstammname** ('heading parent') bezeichnet, und **die übrigen α-Aminocarbonsäure-Einheiten werden** im Substituenten dazu **mittels der Trivial-Acyl-Präfixe** aus *Kap. 6.7.2.2**(b)*** **angeführt, ohne Klammern und Lokanten** (s. auch *Kap. 6.16**(b)***, dort ***(ii)*** sowie dort **34** – **36**). Nur die folgenden (unsubstituierten) Trivial-Acyl-Präfixe werden mit Lokanten versehen: "α-**Asparagyl**-" ('α-aspartyl-'), "γ-**Asparagyl**-" ('γ-aspartyl-'), "α-**Glutamyl**-" und "γ-**Glutamyl**-".

Kap. 6.7.2.2**(b)**
A.1 Kap. 6.16**(b)**

Ausserdem gilt:

- ***N*-, *O*- und *S*-Substituenten eines Acyl-Substituenten werden mittels Präfixen ausgedrückt**, z.B. "N^6-Methyl-L-lysyl-", "*O*-Methyl-L-tyrosyl-" (ohne Klammern). **Ester** von Carboxy-Gruppen von "Asparagyl"- ('aspartyl-') und "Glutamyl"-Einheiten werden **als modifzierende Angaben** bezeichnet. **Vorrangige funktionelle Gruppen** an einem Peptid-Gerüst werden **immer mit** einem **Präfix** benannt.
- **Nichtstandard-α-Aminosäuren** mit systematischen Namen sind in Peptid-Namen **zugelassen**, wenn das Peptid mindestens zwei Standard-α-Aminosäuren (s. ***(a)***) enthält. Nichtstandard-Aminosäuren mit der NH_2-Gruppe an einer andern Stelle als an C(α) dürfen jedoch nicht endständig sein.
- **Verzweigte Peptide werden als lineare Peptide mit Peptid-Substituenten** (in Klammern) **benannt**, z.B. "...N^5-(L-alanyl-L-alanyl)-L-ornithyl...", "...N^6-(L-prolyl-D-phenylalanyl)-L-lysyl...", "...*O*-(L-seryl-L-alanyl)-L-seryl-".
- **Cyclische Tripeptide und längere cyclische Peptide** bekommen **Aminosäuresequenz-Namen** aus Trivial-Acyl-Präfixen **mit einem vorgestellten "Cyclo-"**. Die Reihenfolge der Trivial-Acyl-Präfixe ist alphabetisch, wobei allfällig vorhandene Substituenten ignoriert werden, z.B. "Cyclo[L-**a**lanyl-N^5-acetyl-D-**o**rnithyl**g**lycyl-L-**a**lanyl-D-**p**rolyl-*O*-(1,1-dimethylethyl)-L-**s**eryl]".
- Wenn der **C-Terminus** nicht eine α-Aminocarbonsäure- oder α-Aminocarboxamid-Einheit, sondern ein davon hergeleiteter **Alkohol** oder **Aldehyd** oder ein entsprechendes **Nitril** ist, dann ist die daran gebundene Aminocarboxamid-Einheit der Titelstammname, und **die terminale Gruppe wird als Präfix ausgedrückt**, z.B. "*N*-(Cyanomethyl)-" (–[N]CH_2CN), "*N*-(2-Oxoethyl)-" (-[N]CH_2CHO).
- **Pseudopeptid-Bindungen –X–X´–** anstelle von –C(=O)–NH– zwischen zwei von α-Aminocarbonsäuren hergeleiteten Einheiten in –NH–CHR–X–X´–CHR´–C(=O)– werden mit der **Angabe "ψ(X–X´)" zwischen den regulären Trivial-Acyl-Präfixen** bezeichnet, z.B. "...L-valyl-ψ(CH_2–CH_2)-L-isoleucyl-L-alanyl...".
- **Natürlich vorkommende, biologisch aktive Peptide** mit 6 – 50 α-Aminocarbonsäuren bekommen **Trivialnamen**, z.B. "**Bradykinin**", "**Oxytocin**", "**Vasopressin**"; die zugehörigen Formeln sind in CA's 'Index Guide' oder 'Chemical Substance Index' zu finden.

z.B.

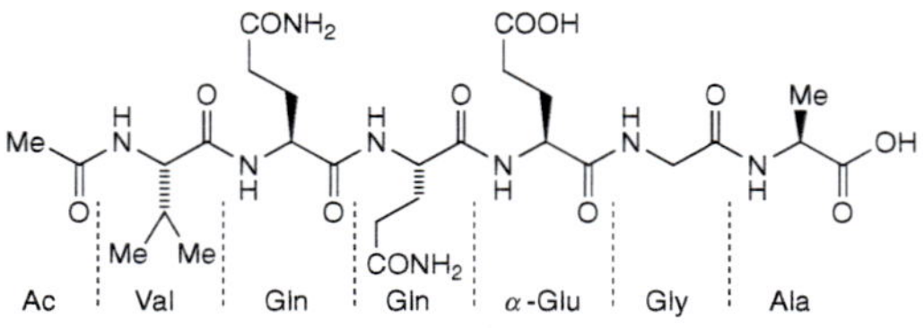

Ac | Val | Gln | Gln | α-Glu | Gly | Ala

41

"*N*-Acetyl-L-valyl-L-glutaminyl-L-glutaminyl-L-α-glutamyl-glycyl-L-alanin" (**41**)

(d) **Folsäuren** ('folic acids') sind Amid-Derivate der "Pteroinsäure" ('pteroic acid') und der "L-Glutaminsäure" ('L-glutamic acid'); sie werden halbsystematisch als *N*-Substitutionsderivate der "L-Glutaminsäure" bezeichnet.

z.B.

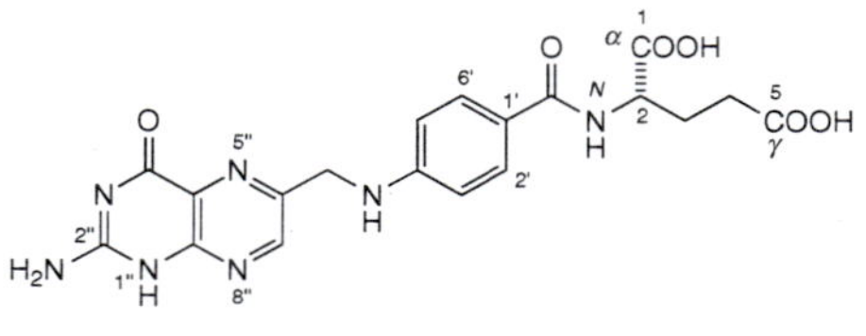

42

"*N*-{4-{[(2-Amino-1,4-dihydro-4-oxopteridin-6-yl)methyl]amino}benzoyl}-L-glutaminsäure" (**42**)
– **trivial "Folsäure"** oder **"Pteroylglutaminsäure"**
– **IUPAC** empfiehlt **für "Pteroinsäure"** den systematischen Namen "4-{[(2-Amino-**3**,4-dihydro-4-oxopteridin-6-yl)methyl]amino}benzoesäure"

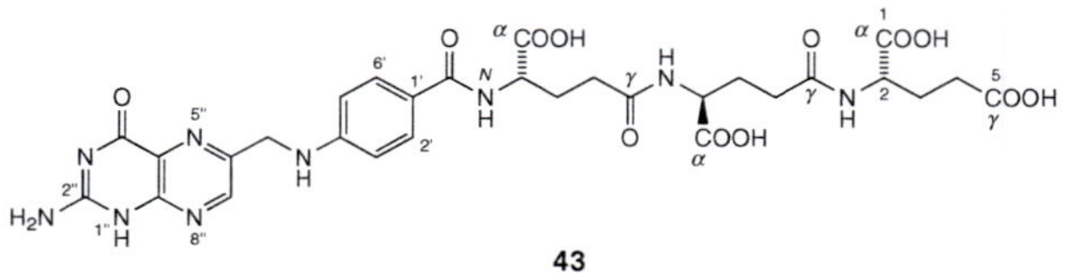

43

"*N*-{4-{[(2-Amino-1,4-dihydro-4-oxopteridin-6-yl)methyl]amino}benzoyl}-L-γ-glutamyl-L-γ-glutamyl-L-glutaminsäure" (**43**)
– **trivial "Pteroyltriglutaminsäure"**
– bis 1997 (s. ***(c)***): "*N*-{*N*-{*N*-{4-{[(2-Amino-1,4-dihydro-4-oxopteridin-6-yl)methyl]amino}benzoyl}-L-γ-glutamyl}-L-γ-glutamyl}-L-glutaminsäure"

CA ¶ 208 und 240

A.1.4. KOHLENHYDRATE ('CARBOHYDRATES')[3])

Im folgenden werden erläutert:

(a) Definitionen;

(b) Stereostammnamen für Pentosen, Hexosen, Hex-2-ulosen und Kohlenhydrat-Säuren;

(c) halbsystematische Aldose-Stammnamen und Wahl des vorrangigen Monosaccharids;

(d) Aldosen mit mehr als sechs Kettenatomen, Ketosen, Dialdosen, Diketosen und Ketoaldosen (halbsystematische Namen);

(e) Alditole;

(f) Kohlenhydrat-Säuren: Aldonsäuren, Alduronsäuren, Aldarsäuren, Ulosonsäuren, Ulosuronsäuren und Ulosarsäuren;

(g) cyclische Halbacetale von Monosacchariden: Furanosen, Pyranosen und Septanosen;

[3]) **IUPAC-Empfehlungen:**

IUPAC-IUBMB, **'Nomenclature of Glycolipids'**, *Pure Appl. Chem.* **1997**, *69*, 2475.

IUPAC-IUBMB, **'Nomenclature of Carbohydrates'**, *Pure Appl. Chem.* **1996**, *68*, 1919.

IUPAC-IUB, **'Nomenclature of Glycoproteins, Glycopeptides, and Peptidoglycans'**, *Pure Appl. Chem.* **1988**, *60*, 1389.

IUPAC-IUB, **'Symbols for Specifying the Conformation of Polysaccharide Chains'**, *Pure Appl. Chem.* **1983**, *55*, 1269.

(h) *C*- und *O*-substituierte Monosaccharide (nicht am anomeren Zentrum substituiert): Ester, Oxime, Hydrazone (Osazone), Hydrate, offenkettige Acetale und Halbacetale, Deoxy-, Thio- und Anhydromonosaccharide, ungesättigte Monosaccharide, intramolekulare Amide (Lactame), sowie andere, nicht am anomeren Zentrum substituierte Monosaccharide;

(i) Glycosyl-Substituenten, Glycosyl-halogenide, Glycosylamine, Glycoside, '*C*-Glycoside' und *N*-Glycoside;

(j) Disaccharide und Oligosaccharide sowie Polysaccharide.

(a) *Definitionen* (nach CA):

- **Kohlenhydrate mit Stereostammnamen** (s. ***(b)***, z.B. "Glucose", "Ribose" und davon hergeleitete Namen) werden für Polyhydroxycarbonsäuren, -aldehyde, -ketone und -alkane verwendet, **wenn mindestens ein C_5-Gerüst vorliegt und mehr als die Hälfte der C-Atome an ein O-Atom** (oder Chalcogen-Analogon) **oder N-Atom gebunden ist sowie wenn mindestens ein nicht-terminales C-Atom über eine Einfachbindung an ein O-Atom** (oder Chalcogen-Atom) **oder N-Atom gebunden ist.** Ausserdem muss **mindestens die Hälfte der nicht-terminalen C-Atome stereogen** sein. Ist dies nicht der Fall, dann sind halbsystematische Monosaccharid-Namen (s. ***(c)*** – ***(f)***) oder systematische Namen zu gebrauchen.
- Stereostammstrukturen von **cyclischen Halbacetal-Formen mit Stereostammnamen** (s. oben) müssen **mindestens drei stereogene C-Atome** aufweisen, inklusive das anomere Zentrum (vermutlich muss es heissen: exklusive das anomere Zentrum, s. **115** – **117**).
- **Offenkettige Kohlenhydrate** werden **in der *Fischer*-Projektion** (C(1) zuoberst) und **cyclische Halbacetal-Formen in der *Haworth*-Projektion** (C(1) rechts) gezeichnet (s. *Anhang 6* (*A.6.1*)).
- **Ausser** im Fall von **Uron- und Ulosuronsäuren** (s. unten) wird die offene Kette so numeriert, dass die **Hauptgruppe** einen **möglichst tiefen Lokanten** hat.

A.6.1

(b) **Die folgenden Trivialnamen sind *Stereostammnamen*** (Titelstammnamen im 'Chemical Substance Index'; analog für die L-Reihe; Stereodeskriptoren "D"/"L" nach *Anhang 6* (*A.6.3*)); **die zusammengesetzten Stereodeskriptoren, z.B. "D-*arabino*-", werden für halbsystematische Namen verwendet**, s. ***(c)*** – ***(i)***).

A.6.3

Pentosen:

^{1}CHO
HO–C–H
H–C–OH
H–C–OH
^{5}CH$_2$OH
44

"D-Arabinose" (44)
- **Stereodeskriptor: "D-*arabino*-"**
- Abkürzung: "D-Ara"

^{1}CHO
HO–C–H
HO–C–H
H–C–OH
^{5}CH$_2$OH
45

"D-Lyxose" (45)
- **Stereodeskriptor: "D-*lyxo*-"**
- Abkürzung: "D-Lyx"

^{1}CHO
H–C–OH
H–C–OH
H–C–OH
^{5}CH$_2$OH
46

"D-Ribose" (46)
- **Stereodeskriptor: "D-*ribo*-"**
- Abkürzung: "D-Rib"

^{1}CHO
H–C–OH
HO–C–H
H–C–OH
^{5}CH$_2$OH
47

"D-Xylose" (47)
- **Stereodeskriptor: "D-*xylo*-"**
- Abkürzung: "D-Xyl"

Hexosen:

^{1}CHO
H–C–OH
H–C–OH
H–C–OH
H–C–OH
^{6}CH$_2$OH
48

"D-Allose" (48)
- **Stereodeskriptor: "D-*allo*-"**
- Abkürzung: "D-All"

^{1}CHO
HO–C–H
H–C–OH
H–C–OH
H–C–OH
^{6}CH$_2$OH
49

"D-Altrose" (49)
- **Stereodeskriptor: "D-*altro*-"**
- Abkürzung: "D-Alt"

^{1}CHO
H–C–OH
HO–C–H
HO–C–H
H–C–OH
^{6}CH$_2$OH
50

"D-Galactose" (50)
- **Stereodeskriptor: "D-*galacto*-"**
- Abkürzung: "D-Gal"

^{1}CHO
H–C–OH
HO–C–H
H–C–OH
H–C–OH
^{6}CH$_2$OH
51

"D-Glucose" (51)
- **Stereodeskriptor: "D-*gluco*-"**
- Abkürzung: "D-Glc"

^{1}CHO
H–C–OH
H–C–OH
HO–C–H
H–C–OH
^{6}CH$_2$OH
52

"D-Gulose" (52)
- **Stereodeskriptor: "D-*gulo*-"**
- Abkürzung: "D-Gul"

^{1}CHO
HO–C–H
H–C–OH
HO–C–H
H–C–OH
^{6}CH$_2$OH
53

"D-Idose" (53)
- **Stereodeskriptor: "D-*ido*-"**
- Abkürzung: "D-Ido"

^{1}CHO
HO–C–H
HO–C–H
H–C–OH
H–C–OH
^{6}CH$_2$OH
54

"D-Mannose" (54)
- **Stereodeskriptor: "D-*manno*-"**
- Abkürzung: "D-Man"

^{1}CHO
HO–C–H
HO–C–H
HO–C–H
H–C–OH
^{6}CH$_2$OH
55

"D-Talose" (55)
- **Stereodeskriptor: "D-*talo*-"**
- Abkürzung: "D-Tal"

***Hex-2-ulosen*:**

$^{1}CH_2OH$ – $^{2}C{=}O$ – HO–C–H – H–C–OH – H–C–OH – $^{6}CH_2OH$

56

"D-Fructose" (56)
Abkürzung: "D-Fru"

$^{1}CH_2OH$ – $^{2}C{=}O$ – H–C–OH – H–C–OH – H–C–OH – $^{6}CH_2OH$

57

"D-Psicose" (57)
Abkürzung: "D-Psi"

$^{1}CH_2OH$ – $^{2}C{=}O$ – H–C–OH – HO–C–H – H–C–OH – $^{6}CH_2OH$

58

"D-Sorbose" (58)
Abkürzung: "D-Sor"

$^{1}CH_2OH$ – $^{2}C{=}O$ – HO–C–H – HO–C–H – H–C–OH – $^{6}CH_2OH$

59

"D-Tagatose" (59)
Abkürzung: "D-Tag"

***Säuren*:**

4 O 1 =O, 2, OH OH, H–^{5}C–OH, $^{6}CH_2OH$

60

"D-Ascorbinsäure" (60)
- Englisch: 'D-ascorbic acid'
- das D-Enantiomere hat den Trivialnamen "**Vitamin C**" (s. *A.1.9*)

$^{6}CH_2OH$, O, OH, 1, HO, O, 2, NH_2, 7, 9, H–C–Me, $^{8}COOH$

61

"β-Muramsäure" (61)
- Englisch: 'β-muramic acid'
- Abkürzung: "β-Mur"
- Acyl-Substituentenpräfix: "β-Muramoyl-"
- für "β", s. ***(g)***

H_2N 6 O $^{1}COOH$, 2, HO, 3 OH, 7, H–C–OH, H–C–OH, $^{9}CH_2OH$

62

"α-Neuraminsäure" (62)
- Englisch: 'α-neuraminic acid'
- Abkürzung: "α-Neu"
- Acyl-Substituentenpräfix: "α-Neuraminoyl-"
- für "α", s. ***(g)***

Von den Trivialnamen "**D-Glyceraldehyd**" (**63**), "**D-Erythrose**" (**64**) **und** "**D-Threose**" (**65**) verwendet CA die beiden letzteren **nur noch für Polysaccharid-Namen** (s. unten).

^{1}CHO – H–C–OH – $^{3}CH_2OH$

63

"(2*R*)-2,3-Dihydroxypropanal" (**63**)
- IUPAC: "**D-Glyceraldehyd**"
- **Stereodeskriptor**: "**D-*glycero*-**"

^{1}CHO – H–C–OH – H–C–OH – $^{4}CH_2OH$

64

"(2*R*,3*R*)-2,3,4-Trihydroxybutanal" (**64**)
- CA bis 1999: '[*R*-(*R**,*R**)]-'; s. *Anhang 6 (A.6.3)*
- IUPAC: "**D-Erythrose**"
- **Stereodeskriptor**: "**D-*erythro*-**"

^{1}CHO – HO–C–H – H–C–OH – $^{4}CH_2OH$

65

"(2*S*,3*R*)-2,3,4-Trihydroxybutanal" (**65**)
- CA bis 1999: '[*S*-(*R**,*S**)]-'; s. *Anhang 6 (A.6.3)*
- IUPAC: "**D-Threose**"
- **Stereodeskriptor**: "**D-*threo*-**"

(c) **Alle halbsystematischen Monosaccharid-Namen** (s. ***(d)*** – ***(f)***) **leiten sich von den Stammnamen der Aldosen 66 – 69 her.** ***Vorsicht:*** diese Stammnamen dürfen **nicht** verwendet werden, **wenn an ihrer statt ein Stereostammname 44 – 62 möglich ist** (vgl. dazu die Definitionen in ***(a)***, **115** sowie **117** *vs.* **116**). **Die Konfiguration von Monosacchariden mit halbsystematischen Namen wird mittels der Stereodeskriptoren "D-*arabino*-", "D-*allo*-", "D-*glycero*-", "D-*erythro*-"** *etc.* (analog für die L- oder DL-Reihe) **angegeben, die bei** den Stereostammnamen **44 – 55 und** den systematischen Namen **63 – 65 in *(b)* angeführt sind.** Diese Stereodeskriptoren beziehen sich auf alle vorhandenen stereogenen Zentren (ausgehend von C(2)), die jedoch nicht unmittelbar nebeneinander liegen müssen (s. **70 – 78**). Für **mehr als vier stereogene Zentren** werden Kombinationen dieser Stereodeskriptoren verwendet, wobei die stereogenen Zentren **von C(2) aus in Vierergruppen zusammengefasst** und bezeichnet werden; **im Namen** erscheinen die entsprechenden Stereodeskriptoren **in umgekehrter Reihenfolge**, s. z.B. **70**, **76** und **82**.

Aldose-Stammnamen:

^{1}CHO – $(CHOH)_3$ – $^{5}CH_2OH$

66

"Pentose" (66)

^{1}CHO – $(CHOH)_4$ – $^{6}CH_2OH$

67

"Hexose" (67)

^{1}CHO – $(CHOH)_5$ – $^{7}CH_2OH$

68

"Heptose" (68)

^{1}CHO – $(CHOH)_6$ – $^{8}CH_2OH$

69

"Octose" (69)

etc.

Sind **mehrere Namen** für ein Monosaccharid **möglich, dann wird der bevorzugte Name durch sukzessives Anwenden der folgenden Kriterien gewählt**:
- vorrangig ist ein **Monosaccharid mit vorrangiger charakteristischer Gruppe** (Hauptgruppe), d.h. Aldarsäure > Uronsäure, Ketoaldonsäure, Aldonsäure > Dialdose > Ketoaldose > Aldose > Diketose > Ketose > Alditol; Tab. 3.2
- vorrangig ist das **Monosaccharid mit der längsten Kette**, z.B. "Octose" > "Heptose";
- vorrangig ist das **Monosaccharid mit einem möglichst tiefen Lokanten für die Gruppe [C]=O** (oder eine andere Gruppe höherer Priorität, nicht aber COOH von Uron- und Ulosuronsäuren), z.B. "Pent-2-ulose", nicht "Pent-4-ulose"; s. **71** und **73**;

Kap. 3.5

- vorrangig ist das **Monosaccharid, dessen Stereostammname alphabetische Priorität hat oder dessen halbsystematischer Name Stereodeskriptoren mit alphabetischer Priorität hat**, z.B, "Allose" > "**G**lucose", "*gluco-*" > "*gulo-*", s. **74**, **76** und **79**;
- der bevorzugte Name hat "D-" > "L-", s. z.B. **88**;
- der bevorzugte Name hat "*α*-" > "*β*-";
- der bevorzugte Name hat **am meisten als Präfixe zitierte Substituenten**;
- der bevorzugte Name hat **möglichst tiefe Lokanten für alle Substituentenpräfixe** zusammengenommen;
- der bevorzugte Name hat einen **möglichst tiefen Lokanten für das zuerst zitierte Substituentenpräfix**.

(d) ***Aldosen mit mehr als sechs Kettenatomen*** (s. **70**), ***Ketosen*** (= **Ulosen**; s. **71** – **74**), ***Dialdosen*** (s. **75** und **76**), ***Diketosen*** (= **Diulosen**; s. **77**) und ***Ketoaldosen*** (= **Aldosulosen**; s. **78**) **bekommen immer von den halbsystematischen Aldose-Stammnamen** (s. **66** – **69** *etc.*) **hergeleitete Namen**, wobei die **Prioritätenreihenfolge** von ***(c)*** zu **berücksichtigen** ist.

Endung "**-ose**" von **66** – **69** *etc.*	→	**Endung** "**-ulose**" (Ketose) "**-odialdose**" (Dialdose) "**-odiulose**" (Diketose) "**-osulose**" (Ketoaldose)

Ausnahmen:
Die Hex-2-ulosen **56** – **59** aus ***(a)*** haben Trivialnamen.

z.B.

```
     1
    CHO
 H-C-OH  ]
 H-C-OH  |
HO-C-H   | L-manno
HO-C-H   ]
 H-C-OH  ] D-glycero
  7 CH2OH
```
70 "D-*glycero*-L-*manno*-Heptose" (**70**)

```
    1
   CH2OH
  2 C=O
HO-C-H
HO-C-H
  5 CH2OH
```
71 "L-*erythro*-Pent-2-ulose" (**71**)
C(2) > C(4) für =O

```
    1
   CH2OH
HO-C-H
  3 C=O
HO-C-H
  5 CH2OH
```
72 "*erythro*-Pent-3-ulose" (**72**)
meso-Form

```
    1
   CH2OH
HO-C-H
  3 C=O
 H-C-OH
 H-C-OH
  6 CH2OH
```
73 "D-*arabino*-Hex-3-ulose" (**73**)
C(3) > C(4) für =O

```
    1
   CH2OH
HO-C-H
 H-C-OH
  4 C=O
HO-C-H
HO-C-H
  7 CH2OH
```
74 "L-*gluco*-Hept-4-ulose" (**74**)
"L-**g**luco-" > "D-**g**ulo-"

```
    1
   CHO
 H-C-OH
HO-C-H
 H-C-OH
HO-C-H
  6 CHO
```
75 "L-*ido*-Hexodialdose" (**75**)

```
    1
   CHO
 H-C-OH  ]
HO-C-H   |
HO-C-H   | D-galacto
 H-C-OH  ]
HO-C-H   ] L-glycero
  7 CHO
```
76 "L-*glycero*-D-*galacto*-Heptodialdose" (**76**)
"L-glycero-D-**g**alacto-" > "L-glycero-D-**g**luco-"

```
    1
   CH2OH
  2 C=O
 H-C-OH
HO-C-H
  5 C=O
  6 CH2OH
```
77 "L-*threo*-Hexo-2,5-diulose" (**77**)

```
    1
   CHO
 H-C-OH
  3 C=O
 H-C-OH
 H-C-OH
  6 CH2OH
```
78 "D-*ribo*-Hex-3-ulose" (**78**)

(e) ***Alditole*** bekommen **wenn möglich von den Stereostammnamen 44 – 55 hergeleitete Namen**; **andernfalls** werden ihre **Namen von** den halbsystematischen **Aldose-Stammnamen** (s. **66** – **69** *etc.*) **hergeleitet**. Dabei ist immer die **Prioritätenreihenfolge** von ***(c)*** zu **berücksichtigen**.

Endung "**-ose**" (Aldose)	→	**Endung** "**-itol**" (Alditol)

z.B.

```
    1
   CH2OH
 H-C-OH
HO-C-H
 H-C-OH
 H-C-OH
  6 CH2OH
```
79 "D-Glucitol" (**79**)
"D-**Gl**ucitol" > "L-**Gu**litol"

```
    1
   CH2OH
HO-C-H
HO-C-H
 H-C-OH
 H-C-OH
  6 CH2OH
```
80 "D-Mannitol" (**80**)

```
    1
   CH2OH
 H-C-OH
 H-C-OH
 H-C-OH
  5 CH2OH
```
81 "Ribitol" (**81**)
meso-Form

```
   1
   CH2OH
HO-C-H    ┐
HO-C-H    │
 H-C-OH   │ L-gulo
HO-C-H    ┘
 H-C-OH   ] D-glycero
   7
   CH2OH
```

82

"D-*glycero*-L-*gulo*-Heptitol" (**82**)

"D-*glycero*-L-***gulo***-" > "D-*glycero*-D-***ido***-"

(f) ***Kohlenhydrat-Säuren*** haben die folgenden charakteristischen Endungen;

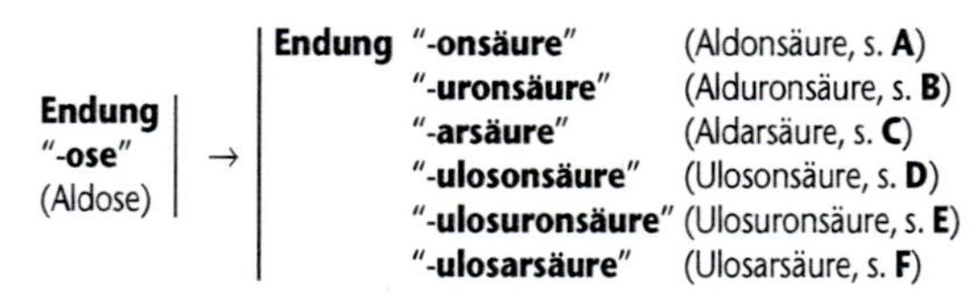

Solche Säure-Namen können wie Carbonsäure-Namen mit der Endung "-säure" abgewandelt werden:

- **Salze** nach *Kap. 6.7.5*,
- **Anhydride** nach *Kap. 6.13*,
- **Ester** nach *Kap. 6.14* (Lactone mittels modifizierender Angabe),
- **Säure-halogenide** nach *Kap. 6.15*,
- **Amide** nach *Kap. 6.16*,
- **Hydrazide** nach *Kap. 6.17*,
- **Nitrile** nach *Kap. 6.18*.

```
1
COOH
(CHOH)x
CH2OH
```

A

"**-onsäure**" (**A**)
Englisch: '-onic acid'

```
1
CHO
(CHOH)x
COOH
```

B

"**-uronsäure**" (**B**)
Englisch: '-uronic acid'

```
1
COOH
(CHOH)x
COOH
```

C

"**-arsäure**" (**C**)
Englisch: '-aric acid'

```
  1
  COOH
2 C=O
  (CHOH)x
  CH2OH
```

D

"**-ulosonsäure**" (**D**)
- Englisch: '-ulosonic acid'
- die Gruppe =O kann auch an einem andern C-Atom haften (nicht-terminal)

```
  1
  CHO
2 C=O
  (CHOH)x
  COOH
```

E

"**-ulosuronsäure**" (**E**)
- Englisch: '-ulosuronic acid'
- die Gruppe =O kann auch an einem andern C-Atom haften (nicht-terminal)

```
  1
  COOH
2 C=O
  (CHOH)x
  COOH
```

F

"**-ulosarsäure**" (**F**)
- Englisch: '-ulosaric acid'
- die Gruppe =O kann auch an einem andern C-Atom haften (nicht-terminal)

Aldon-, Alduron- und Aldarsäuren bekommen **wenn möglich von den Stereostammnamen 44 – 55 hergeleitete Namen; andernfalls** werden ihre **Namen von** den halbsystematischen **Aldose-Stammnamen 66 – 69** (*etc.*) **hergeleitet. Uloson-, Ulosuron- und Ulosarsäuren** bekommen dagegen **immer von** den halbsystematischen **Aldose-Stammnamen 66 – 69** (*etc.*) **hergeleitete Namen.**

z.B.

```
   1
   COOH
 H-C-OH
 H-C-OH
 H-C-OH
   5
   CH2OH
```

83

"D-Ribonsäure" (**83**)

```
   1
   COOH
 H-C-OH   ┐
HO-C-H    │
 H-C-OH   │ L-ido
HO-C-H    ┘
HO-C-H    ] L-glycero
   7
   CH2OH
```

84

"L-*glycero*-L-*ido*-Heptonsäure" (**84**)

```
   1
   CHO
 H-C-OH
HO-C-H
HO-C-H
 H-C-OH
   6
   COOH
```

85

"D-Galacturonsäure" (**85**)

```
   1
   CHO
HO-C-H    ┐
 H-C-OH   │
 H-C-OH   │ D-altro
 H-C-OH   ┘
HO-C-H    ] L-glycero
   7
   COOH
```

86

"L-*glycero*-D-*altro*-Hepturonsäure" (**86**)

```
   1
   COOH
 H-C-OH
HO-C-H
 H-C-OH
HO-C-H
   6
   COOH
```

87

"L-Idarsäure" (**87**)

```
   1
   COOH
 H-C-OH   ┐
HO-C-H    │
HO-C-H    │ L-altro
HO-C-H    ┘
 H-C-OH   ] D-glycero
   7
   COOH
```

88

"D-*glycero*-L-*altro*-Heptarsäure" (**88**)

"**D**-*glycero*-L-*altro*-" > "**L**-*glycero*-D-*altro*-"

```
   1
   COOH
HO-C-H
   3
   C=O
 H-C-OH
HO-C-H
   6
   CH2OH
```

89

"L-*xylo*-Hex-3-ulosonsäure" (**89**)

```
   1
   COOH
 2 C=O
 3 C=O
 H-C-OH
HO-C-H
   6
   CH2OH
```

90

"L-*threo*-Hexo-2,3-diulosonsäure" (**90**)

A.1

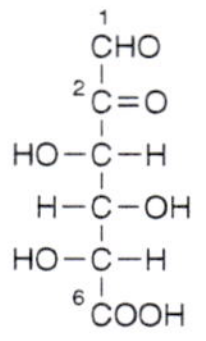

91

"L-*xylo*-Hex-2-ulosuronsäure" (**91**)

92

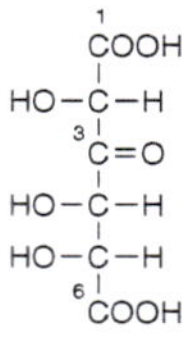

"L-*ribo*-Hex-3-ulosarsäure" (**92**)

(g) Die ***Namen von cyclischen Halbacetalen*** von Monosacchariden werden folgendermassen gebildet:

Endung		Endung	
Endung "-ose" (offenkettige Aldose)	→	**"-furanose"**	(5-Ring)
		"-pyranose"	(6-Ring)
		"-septanose"	(7-Ring)

Analog gilt:

Endung		**Endung**
"-ulose"	→	**"-ulofuranose"** *etc.*
"-dialdose"	→	**"-dialdofuranose"** *etc.*
"-diulose"	→	**"-diulofuranose"** *etc.*
"-osulose"	→	**"-furanosulose"** (Ring mit Aldehyd-Gruppe) oder **"-osulofuranose"** (Ring mit Keto-Gruppe) *etc.*
"-uronsäure"	→	**"-furanuronsäure"** ('-furanuronic acid') *etc.*
"-ulosonsäure"	→	**"-ulofuranosonsäure"** ('-ulofuranosonic acid') *etc.*
etc.		

Dabei sind die Bedingungen von ***(c)*** zu berücksichtigen und wenn nötig Lokanten zur Lokalisierung des Rings vor "-furanose" *etc.* beizufügen (s. **96**).

Die ***Konfiguration*** **am** sogenannten **anomeren Zentrum** (= **stereogenes Halbacetal-Zentrum**) **wird** im Namen **mit** dem Stereodeskriptor "-*α*-" **oder** "-*β*-" **vor dem Stereodeskriptor "-D-" oder "-L-" des Referenzatoms angegeben.** Bei C_5- und C_6-Monosacchariden ist das Referenzatom das stereogene Zentrum mit dem höchsten Lokanten (= Konfigurationsatom; s. **93** – **97**). Bei Monosacchariden mit mehr als vier stereogenen Zentren ist das Referenzatom das höchstnumerierte stereogene Zentrum der Gruppe von stereogenen Zentren, die am nächsten beim anomeren Zentrum liegt (s. **98**). **Der Stereodeskriptor "-*α*-" bedeutet, dass das exocyclische O-Atom am anomeren Zentrum in der *Fischer*-Projektion formal *cis*-ständig ist zum O-Atom am Referenzatom,** der Stereodeskriptor "-*β*-" dagegen bezeichnet die entsprechende *trans*-Anordnung.

z.B.

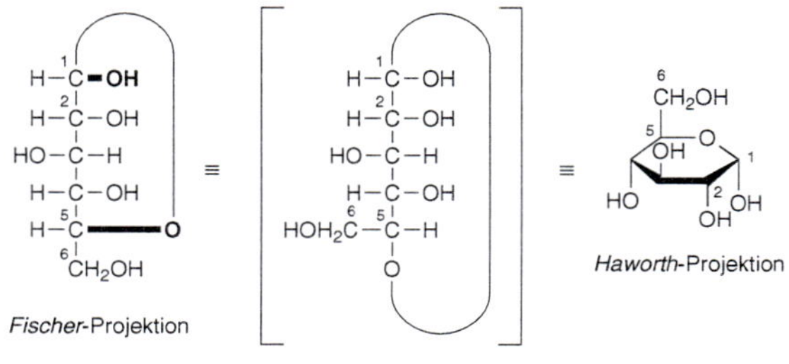

Fischer-Projektion ≡ [ ] ≡ *Haworth*-Projektion

93

"*α*-D-Glucopyranose" (**93**)
- das Referenzatom ist C(5), s. *Fischer*-Projektion
- die O-Atome an C(1) und C(5) sind formal *cis*-ständig: "*α*"

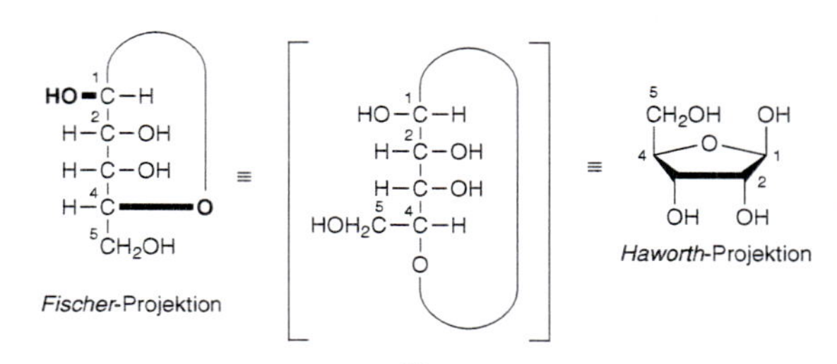

94

"*β*-D-Ribofuranose" (**94**)
- das Referenzatom ist C(4), s. *Fischer*-Projektion
- die O-Atome an C(1) und C(4) sind formal *trans*-ständig: "*β*"

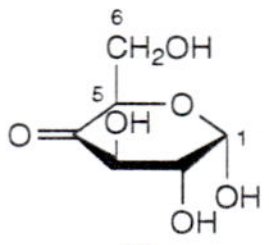

95

"*α*-D-*xylo*-Hexopyranos-4-ulose" (**95**)
- das Referenzatom ist C(5)
- Pyran-Ring mit Aldehyd-Gruppe (C(1))

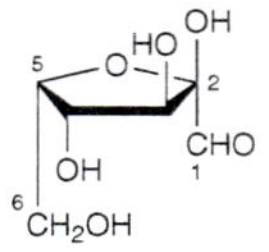

96

"*α*-L-*xylo*-Hexos-2-ulo-2,5-furanose" (**96**)
- das Referenzatom ist C(5)
- Furan-Ring mit Keto-Gruppe (C(2))

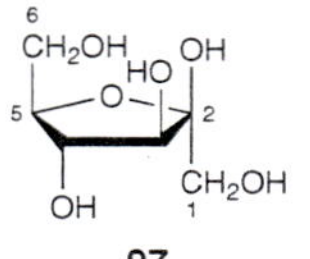

97

"*β*-D-Fructofuranose" (**97**)
das Referenzatom ist C(5)

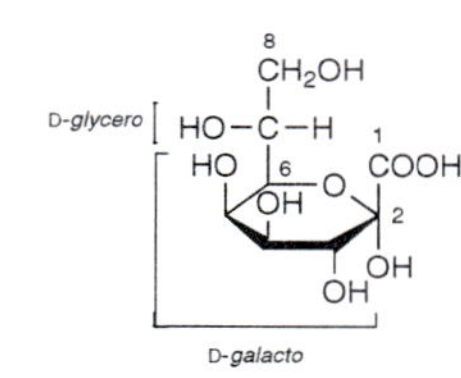

98

"D-*glycero*-*α*-D-*galacto*-Octulopyranosonsäure" (**98**)
das Referenzatom ist C(6), d.h. das höchstnumerierte stereogene Atom der D-*galacto*-Vierergruppe

(h) ***C- und O-Substituierte Monosaccharide*** **(aber nicht am anomeren Zentrum substituierte,** s. ***(i)***):

- **Ester und Lactone** (s. *Kap. 6.14*), **Oxime und Hydrazone** (Osazone) (s. *Kap. 6.19*, dort **2**, **3** und **5**), **Hydrate, offenkettige Acetale und Halbacetale** bekommen den **Namen des Monosaccharids mit einer** entsprechenden **modifizierenden Angabe** (ausnahmsweise auch, wenn das anomere Zentrum betroffen ist) (s. **99**, **100** und **102**; vgl. auch **268**). *Kap. 6.14* *Kap. 6.19*
- **Ersatz einer OH-Gruppe** durch ein H-Atom oder durch einen Substituenten wird **mittels** des **"Deoxy"-Präfixes** ausgedrückt (s. **99**, **101** – **103** und **106**). *Kap. 3.2.5*
- Ein **vorrangiger Substituent am C-Gerüst** (Priorität höher als Polyol im Fall von cyclischen Halbacetalen und Alditolen) wird **mittels eines Präfixes** bezeichnet. (Wenn ein solcher Substituent an einem Strukturteil haftet, der seinerseits ans anomere Zentrum gebunden ist, dann gilt ***(i)***). Trägt das so substituierte C-Atom noch einen O-Substituenten, dann wird der entsprechende **Lokant um "C" erweitert** (s. **100** und **101**). *Tab. 3.2*
- **Substitution des H-Atoms einer OH-Gruppe** wird durch einen **um "O" erweiterten Lokanten** vor dem Substituentenpräfix bezeichnet (s. **102** und **103**).
- Ein **Thiomonosaccharid** wird mit einem **"Thio"-*Präfix*** bezeichnet (ohne entsprechendes "Deoxy"!; s. **101**).
- Ein **intramolekulares Anhydrid** wird mit dem **"Anhydro"-*Präfix*** bezeichnet (s. **104** – **106**). *Kap. 3.2.5*
- Eine **Unsättigung** wird durch die **Endsilbe "-en-", "-dien-", "-in-"** (Englisch: '-yne-') *etc.* ausgedrückt (s. **106**).

- Ein **intramolekulares Amid** einer Kohlenhydrat-Säure wird nicht mehr (ab '13th Coll. Index') als Lactam, sondern **als Heterocyclus-Derivat** bezeichnet (s. **107**).
- Ein **verzweigtes Monosaccharid** bekommt meist den Namen des nach ***(c)*** gewählten vorrangigen linearen Monosaccharids mit einem Substituentenpräfix. Der Trivialname **"Apiose"** wird beibehalten für "3-C-(Hydroxymethyl)-*glycero*-tetrose" (IUPAC), z.B. "D-Apio-α-D-furanose".

z.B.

"(6-Deoxy-β-L-mannopyranose)-1-(dihydrogen-phosphat)" (**99**)
- Englisch: '...pyranose 1-(dihydrogen phosphate)'
- "6-Deoxymannose" heisst **trivial "Rhamnose"**

99

"(3-C-Cyano-β-D-allofuranose)-1,2-diacetat-5,6-dibenzoat-3-methansulfonat" (**100**)
Englisch: '...furanose 1,2-diacetate 5,6-dibenzoate 3-methanesulfonate'

100

"2-(Acetylamino)-2-deoxy-5-thio-α-D-altropyranose" (**101**)

101

"(6-Deoxy-3,4-di-*O*-methyl-β-L-mannopyranose)-2-acetat" (**102**)
Englisch: '...pyranose 2-acetate'

102

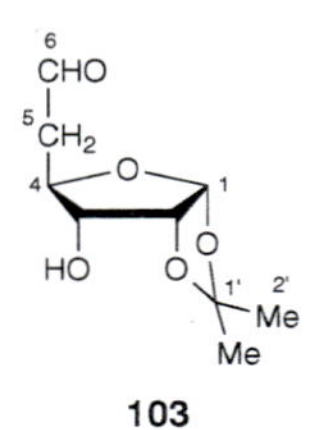

"5-Deoxy-1,2-*O*-(1-methylethyliden)-α-D-*ribo*-hexodialdo-1,4-furanose" (**103**)

103

"1,6-Anhydro-β-D-altrofuranose" (**104**)

104

"1,4:3,6-Dianhydro-D-glucitol" (**105**)

105

"1,5-Anhydro-2-deoxy-*arabino*-hex-1-enitol" (**106**)

106

"(3*R*,4*S*,5*S*,6*R*)-3,4,5-Trihydroxy-6-(hydroxymethyl)piperidin-2-on" (**107**)
CA bis 1999: Stereodeskriptor '[3*R*-(3α,4β,5β,6β)]-'

107

(i) **Glycosyl-Substituenten, Glycosyl-halogenide, Glycosylamine, Glycoside, 'C-Glycoside' und *N*-Glycoside:**

Ein *Glycosyl-Substituent* ist ein Halbacetal mit der freien Valenz am anomeren Zentrum (ausschliesslich!), **der durch Entfernen der freien Halbacetal-OH-Gruppe entsteht**. Ein **Glycosyl-Name** wird folgendermassen gebildet:

Endung "**-ose**"	→	"**-osyl-**" (Ringgrösse unbekannt)
"**-furanose**"	→	"**-furanosyl-**" (5-Ring)
"**-pyranose**"	→	"**-pyranosyl-**" (6-Ring)

Analog gilt:

Endung "**-furanosulose**"	→	"**-furanosulosyl-**" *etc.*
"**-furanuronsäure**"	→	"**-furanuronosyl-**" *etc.*
"**-furanuronamid**"	→	"**-furanuronamidosyl-**" *etc.*
"**Neuraminsäure**"	→	"**Neuraminosyl-**"
"**Muramsäure**"	→	"**Muramosyl**"

Bei Zweideutigkeiten sind Lokanten zu verwenden. ***Vorsicht:*** **von Alditol-Namen lassen sich keine Glycosyl-Namen herleiten.**

Der **Name für ein *Glycosyl-halogenids*** (inkl. Glycosyl-azid, -isocyanat *etc.*) **oder ein *Glycosylamin* wird mit einem Glycosyl-Namen gebildet** (–Cl, –N_3, –NCO, –NH_2 *etc.* ausschliesslich am anomeren Zentrum!), wenn der cyclische Monosaccharid-Teil (üblicherweise ein Polyol) nicht eine Gruppe höherer Priorität trägt, der sich als Monosaccharid-Name bezeichnen lässt (z.B. Uronsäure; s. **109**). Halogenid- und Amin-Gruppen an andern Atomen als am anomeren Zentrum werden nach ***(h)*** benannt (s. z.B. **101**). Tab. 3.2

z.B.

"β-D-Ribofuranosyl-chlorid" (**108**)
Englisch: 'β-D-ribofuranosyl chloride'

108

"1-Chloro-1-deoxy-β-D-glucopyranuronsäure" (**109**)
- Englisch: '...uronic acid'
- "Uronsäure" > "Uronosyl-chlorid"

109

"β-D-Galactopyranosylamin" (**110**)

110

Ein *Glycosid* ist ein gemischtes Acetal eines nach ***(g)*** benannten cyclischen Monosaccharids, d.h. **das anomere Zentrum trägt eine "(Alkyloxy)"-Gruppe** oder ein Chalcogen-Analogon (nicht "(Acyloxy)"-Gruppe (!); s. Ester **99** und **100** in ***(h)***), die keine Gruppe höherer Priorität als das cyclische Monosaccharid (üblicherweise ein Polyol) trägt. Die **Namen von Glycosiden** werden folgendermassen gebildet: Tab. 3.2

Endung

"**-furanose**"	→	"**Alkyl-...furanosid**"
"**-pyranose**"	→	"**Alkyl-...pyranosid**"
"**-septanose**"	→	"**Alkyl-...septanosid**"

Analog gilt:

Endung

"**-furanosulose**"	→	"**Alkyl-...furanosidulose**" (Ring mit Aldehyd-Gruppe) *etc.*
"**-osulofuranose**"	→	"**Alkyl-...osulofuranosid**" (Ring mit Keto-Gruppe) *etc.*
"**-furanuronsäure**"	→	"**Alkyl-...furanosiduronsäure**" *etc.*
"**-ulofuranosonsäure**"	→	"**Alkyl-...ulofuranosidonsäure**" *etc.*
"**-dialdofuranose**"	→	"**Alkyl-...dialdofuranosefuranosid**" *etc.*

z.B.

"Methyl-(α-D-allofuranosid)" (**111**)
Englisch: 'methyl α-D-allofuranoside'

111

"[2-(Trimethylsilyl)ethyl]-β-D-galactopyranosid" (**112**)
Englisch: '2-(trimethylsilyl)ethyl β-D-galactopyranoside'

"[5,7-Dihydroxy-2-(4-hydroxyphenyl)-4-oxo-4*H*-1-benzopyran-6-yl]-β-D-glucopyranosiduronsäure" (**113**)
- Englisch: '...pyranosiduronic acid'
- Säure > Keton
- vgl. dazu das 'C-Glycosid' **114**

Tab. 3.2

Ein *'C-Glycosid'* ist am anomeren Zentrum durch ein C-Atom substituiert. Trägt der am anomeren Zentrum haftende Strukturteil eine Gruppe mit höherer Priorität als das cyclische Monosaccharid (üblicherweise ein Polyol), dann wird der Monosaccharid-Teil mit dem Glycosyl-Namen bezeichnet (s. **114**). Andernfalls wird ein Monosaccharid-Name verwendet (s. **115**).

z.B.

"6-(β-D-Glucopyranosyl)-5,7-dihydroxy-2-(4-hydroxyphenyl)-4*H*-1-benzopyran-4-on" (**114**)
- Keton > Polyol
- vgl. dazu das Glycosid **113**

"(1*R*)-1,4-Anhydro-1-*C*-(pyridin-2-yl)-D-ribitol" (**115**)
- die Konfiguration an C(1) muss durch den Stereodeskriptor "(1*R*)-" bezeichnet werden
- das 2-Deoxy-Analogon heisst: "(1*S*)-1,4-Anhydro-2-deoxy-1-*C*-(pyridin-2-yl)-**D-*erythro*-pentitol**" (s. ***(a)***)

Tab. 3.2

A.1.6

Ein *N-Glycosid* ist am anomeren Zentrum durch ein N-Atom eines *Heterocyclus* substituiert (für Glycosylamine, s. **110**; vgl. dazu auch **101**). **Ein *N*-Glycosid wird als *N*-Glycosyl-substituierter Heterocyclus benannt, auch wenn der Heterocyclus keine Gruppe mit höherer Priorität als Polyol des cyclischen Monosaccharid-Teils trägt** (s. auch die Namen von Nucleosiden ohne Stereostammnamen, *A.1.6*). Trägt der cyclische Monosaccharid-Teil dagegen eine Gruppe höherer Priorität als Polyol (z.B. eine Aldehyd- oder Säure-Gruppe), die sich als Monosaccharid-Name bezeichnen lässt (z.B. Uronsäure), dann ist der Heterocyclus der Substituent (s. **118**).

z.B.

"9-(2-Deoxy-β-D-*threo*-pentofuranosyl)-9*H*-purin-6-amin" (**116**)
nicht "9-(2-Deoxy-**β-D-lyxofuranosyl**)-9*H*-purin-6-amin" (vgl. ***(a)*** und **117**; s. auch **115**)

"4-Amino-1-(β-D-arabinofuranosyl)pyrimidin-2(1*H*)-on" (**117**)
- **trivial "Aracytidin"**
- der Monosaccharid-Name lässt sich von "D-Arabinose" herleiten (vgl. ***(a)*** und **116**)

"1-(6-Amino-9*H*-purin-9-yl)-1-deoxy-β-D-ribofuranuronsäure" (**118**)
Englisch: '...furanuronic acid'

(j) ***Disaccharide*** werden entweder als **"Glycosylglycose"** (reduzierende Disaccharide, s. **119**) **oder** als **"Glycosyl-glycosid"** (nichtreduzierende Disaccharide; s. **120**) bezeichnet. **Trisaccharide und längere Oligosaccharide** ("(Glycosyl)$_n$glycose" bzw. "(Glycosyl)$_n$-glycosid") **bekommen** sogenannte ***"Pfeil"-Namen***, auch solche mit einem "-osid"-Stammnamen (s. **121** und **122**). Der Stammname eines reduzierenden Di- oder Oligosaccharids ist derjenige der offenkettigen Form, es sei denn, die anomere Konfiguration der endständigen Glucose sei bekannt (s. **119** und **121**).

z.B.

"4-*O*-β-D-Galactopyranosyl-D-glucose" (**119**)
- **trivial "Lactose"**
- Abkürzung nach IUPAC: "β-D-Gal*p*-(1→4)-D-Glc"
- anomere Konfiguration der endständigen "-D-glucose" bekannt: z.B. "4-*O*-β-D-Galactopyranosyl-α-D-glucopyranose" ("β-D-Gal*p*-(1→4)-α-D-Glc*p*")

"(β-D-Fructofuranosyl)-α-D-glucopyranosid" (**120**)
- Englisch: 'β-D-fructofuranosyl α-D-glucopyranoside'
- "Glucose" > "Fructose" für Glycosid (s. ***(c)***)
- **trivial "Sucrose" oder "Saccharose"**
- Abkürzung nach IUPAC: "β-D-Fru*f*-(2↔1)-α-D-Glc*p*"

"*O*-β-D-Glucopyranosyl-(1→4)-*O*-β-D-glucopyranosyl-(1→4)-D-glucose" (**121**)
- **trivial "Cellotriose"**
- Abkürzung nach IUPAC: "β-D-Glc*p*-(1→4)-β-D-Glc*p*-(1→4)-D-Glc"
- anomere Konfiguration der endständigen "-D-glucose" bekannt: z.B. "*O*-β-D-Glucopyranosyl-(1→4)-*O*-β-D-glucopyranosyl-(1→4)-β-D-glucopyranose" ("β-D-Glc*p*-(1→4)-β-D-Glc*p*-(1→4)-β-D-Glc*p*")

"(β-D-Fructofuranosyl)-[*O*-α-D-galactopyranosyl-(1→6)-α-D-glucopyranosid]" (**122**)
- Englisch: 'β-D-fructofuranosyl *O*-α-D-galactopyranosyl-(1→6)-α-D-glucopyranoside'
- "Glucose" > "Fructose" für Glycosid (s. ***(c)***)
- **trivial "Raffinose"**
- Abkürzung nach IUPAC: "α-D-Gal*p*-(1→6)-α-D-Glc*p*-(1↔2)-β-D-Fru*f*"

***Glycane* sind Polysaccharide.** Sie werden oft mit einem gemeinen Namen bezeichnet, z.B. **"Stärke"** ('starch'), **"Cellulose"**, **"Agaropectin"** *etc.* Der **Name eines Homoglycans** (nur eine Art Monosaccharid-Einheit) wird folgendermassen gebildet:

Endung "-ose" der Monomer-Einheit (Aldose, Ketose)	→	**Endung "-an"** ("**Glycosan**"; Englisch: 'glycos**an**')
Endung "-uronsäure" der Monomer-Einheit (Alduronsäure)	→	**Endung "-uronan"** ("**Glycuronan**"; Englisch: 'glycuron**an**')

Die meisten Substituenten werden als modifizierende Angabe bezeichnet (nicht aber "Deoxy-"), z.B.

"(2→6)-β-D-Fructan",
"[(1→6)-α-L-Mannan]-2-methansulfonat-3,4-[bis(phenylmethyl)-ether]",
"(1→4)-α-D-Galacturonan".

Im Namen eines Heteroglycans wird **zuerst** die **bevorzugte Monosaccharid-Einheit** (s. **(c)**) **mit dem Namen "Glyco-"** angeführt, z.B.

"(1→4)-β-D-Galacto-β-D-mannan",
"(1→4),(1→6)-α-D-Galacto-β-D-mannan",
"Galact**oa**rabinan",
"D-Galacturono-6-deoxy-L-mann**oa**rabinan",
"(1→3),(1→4),(1→6)-β-D-Galacto-α-L-galacto-β-D-xylan".

Synthetische homo- und copolymere Polysaccharide werden nach der Polymer-Nomenklatur benannt (s. *A.1.11*).

A.1.11

CA ¶ 209 und 258

A.1.5. CYCLITOLE[4])

Cyclitole mit mindestens fünf stereogenen Zentren am Cyclohexan-Ring, **wovon mindestens drei ein O-Atom** (oder Chalcogen-Analogon) **oder N-Atom tragen müssen, haben Stereostammnamen**. Alle andern Cyclitole werden systematisch als Cyclohexanpolyole bezeichnet. Die **relative Konfiguration in den acht Stereostammnamen wird mittels speziellen Stereodeskriptoren** (nicht mit Lokanten) **angegeben** (s. *"allo-"*, *"chiro-"*, *"cis-" etc.* in **123 – 131**).

Bei Wahl wird der bevorzugte Stereostammname durch sukzessives Anwenden der folgenden Kriterien gewählt:

- vorrangig ist das **Cyclitol mit der relativen Konfiguration *"allo-"* > *"chiro-"* > *"cis-"* > *"epi-"* > *"muco-"* > *"myo-"* > *"neo-"* > *"scyllo-"***,
- der bevorzugte Name hat "D-" > "L-",
- der bevorzugte Name hat eine **möglichst tiefe Folge von Lokanten für die Präfixe von Substituenten**.

Der **Stereodeskriptor "D-" oder "L-"** wird **nur** zugeteilt, **wenn ein Cyclitol infolge zusätzlicher Substitution optisch aktiv ist.** Dazu wird die OH-Gruppe (oder entsprechende Gruppe) am tiefst-numerierten stereogenen Zentrum oberhalb der Ring-Ebene gezeichnet; erfolgt dann die Numerierung im Uhrzeigersinn, dann wird der Stereodeskriptor "L-" verwendet; erfolgt die Numerierung im Gegenuhrzeigersinn, dann ist der Stereodeskriptor "D-" (Herleitung mittels einer vertikalen Projektion entsprechend einer *Fischer*-Projektion (vgl. *A.1.4*; C(1) zuoberst)).

A.1.4(h)

C- und O-Substituierte Cyclitole werden wie entsprechende Monosaccharide benannt (s. *A.1.4(h)*). **Quercitole** (= Cyclohexan-1,2,3,4,5-pentole) werden als **Deoxyinositole** bezeichnet.

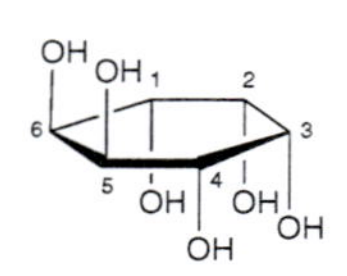

123

"D-*allo*-Inositol" (**123**)
"1,2,3,4" = Lokanten der OH-Gruppen auf der gleichen Seite des Ringes

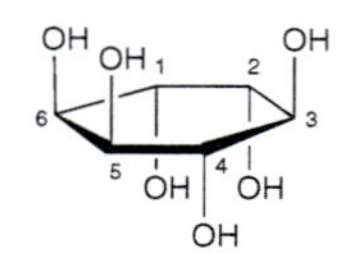

124

"D-*chiro*-Inositol" (**124**)
"1,2,4" = Lokanten der OH-Gruppen auf der gleichen Seite des Ringes

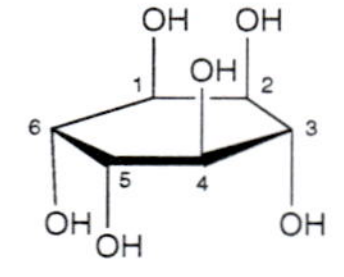

125

"L-*chiro*-Inositol" (**125**)
"1,2,4" = Lokanten der OH-Gruppen auf der gleichen Seite des Ringes

126

"D-*cis*-Inositol" (**126**)
"1,2,3,4,5,6" = Lokanten der OH-Gruppen auf der gleichen Seite des Ringes

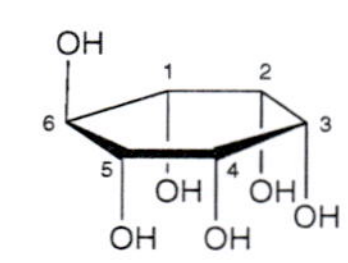

127

"D-*epi*-Inositol" (**127**)
"1,2,3,4,5" = Lokanten der OH-Gruppen auf der gleichen Seite des Ringes

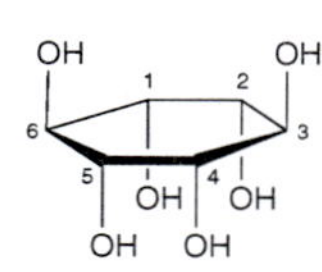

128

"D-*muco*-Inositol" (**128**)
"1,2,4,5" = Lokanten der OH-Gruppen auf der gleichen Seite des Ringes

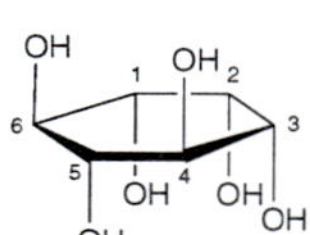

129

"D-*myo*-Inositol" (**129**)
"1,2,3,5" = Lokanten der OH-Gruppen auf der gleichen Seite des Ringes

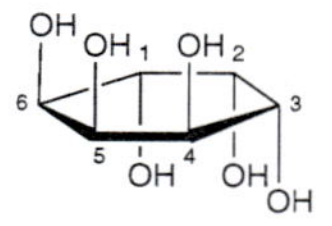

130

"D-*neo*-Inositol" (**130**)
"1,2,3" = Lokanten der OH-Gruppen auf der gleichen Seite des Ringes

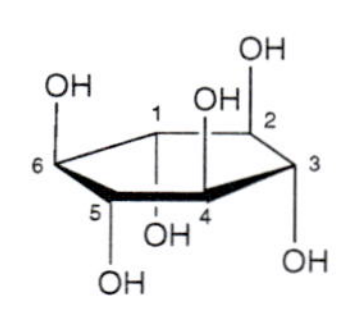

131

"D-*scyllo*-Inositol" (**131**)
"1,3,5" = Lokanten der OH-Gruppen auf der gleichen Seite des Ringes

[4]) **IUPAC-Empfehlungen**:

IUPAC-IUBMB, '**Nomenclature of Glycolipids**', *Pure Appl. Chem.* **1997**, *69*, 2475.

IUB, '**Numbering of Atoms in *myo*-Inositol**', *Eur. J. Biochem.* **1989**, *180*, 485.

IUPAC-IUB, '**Nomenclature of Cyclitols**', *Pure Appl. Chem.* **1974**, *37*, 283; **s. auch** IUPAC-Empfehlungen für **Kohlenhydrate** (*A.1.4*).

Als Ausnahmen werden die Stereostammnamen "**Streptamin**" und "**Inosose**" verwendet:

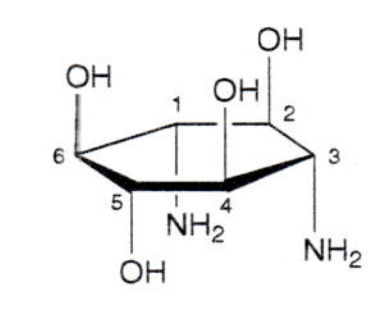

132

"**D-Streptamin**" (**132**)

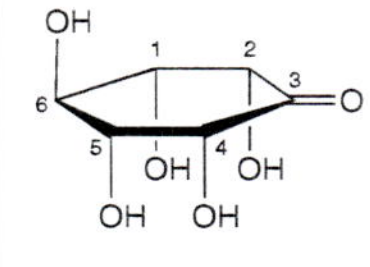

133

"**D-*epi*-Inos-3-ose**" (**133**)
nicht "D-*muco*-Inos-3-ose", denn "*epi*-" > "*muco*-"

CA ¶ 210 und 269

A.1.6. Nucleoside und Nucleotide[5])

Im folgenden werden erläutert:

(a) Definitionen;
(b) Nucleosid-Basen (systematische Namen);
(c) Nucleoside mit Stereostammnamen;
(d) Nucleotide mit Stereostammnamen, cyclische Nucleosid-Phosphorsäure-Ester und andere Nucleosid-Ester;
(e) Oligonucleotide und Polynucleotide.

A.1.1.4(i)

(a) **Nucleoside sind *N*-Glycoside** von heterocyclischen Basen (hauptsächlich "Purin" ("Pur") und "Pyrimidin" ("Pyr")). **Nucleotide sind Ester von Nucleosiden mit Phosphorsäure und Polyphosphorsäuren.**

(b) *Nucleosid-Basen* bekommen **systematische Namen**, nämlich

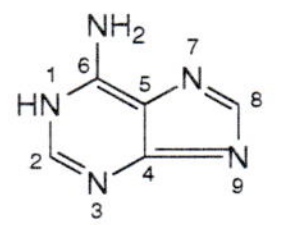

134

"1*H*-Purin-6-amin" (**134**)
- indiziertes H-Atom nach *Anhang 5(**a**)(**d**)*
- **trivial "Adenin"**
- Abkürzung nach IUPAC: "**Ade**"

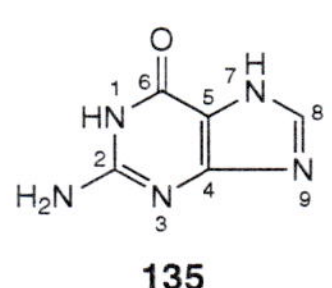

135

"2-Amino-1,7-dihydro-6*H*-purin-6-on" (**135**)
- indiziertes H-Atom nach *Anhang 5(**h**)*
- **trivial "Guanin"**
- Abkürzung nach IUPAC: "**Gua**"

136

"3,7-Dihydro-1*H*-purin-2,6-dion" (**136**)
- indiziertes H-Atom nach *Anhang 5(**a**)(**d**)(**i**1)*
- **trivial "Xanthin"**
- Abkürzung nach IUPAC: "**Xan**"

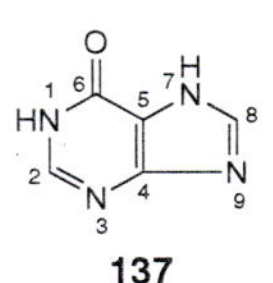

137

"1,7-Dihydro-6*H*-purin-6-on" (**137**)
- indiziertes H-Atom nach *Anhang 5(**h**)*
- **trivial "Hypoxanthin"**
- Abkürzung nach IUPAC: "**Hyp**"

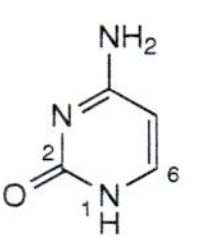

138

"4-Aminopyrimidin-2(1*H*)-on" (**138**)
- indiziertes H-Atom nach *Anhang 5(**i**2)*
- **trivial "Cytosin"**
- Abkürzung nach IUPAC: "**Cyt**"

139

"5-Methylpyrimidin-2,4(1*H*,3*H*)-dion" (**139**)
- indiziertes H-Atom nach *Anhang 5(**i**2)*
- **trivial "Thymin"**
- Abkürzung nach IUPAC: "**Thy**"

140

"Pyrimidin-2,4(1*H*,3*H*)-dion" (**140**)
- indiziertes H-Atom nach *Anhang 5(**i**2)*
- **trivial "Uracil"**
- Abkürzung nach IUPAC: "**Ura**"

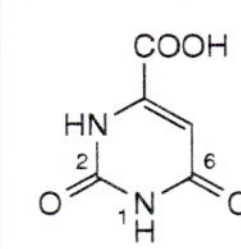

141

"1,2,3,6-Tetrahydro-2,6-dioxopyrimidin-4-carbonsäure" (**141**)
- Englisch: '...carboxylic acid'
- **trivial "Orotsäure"** ('orotic acid')
- Abkürzung nach IUPAC: "**Oro**"

(c) **Die sieben *Nucleoside*** (Abkürzung "N", auch "Nuc") **142 – 148 sind Stereostammstrukturen mit Stereostammnamen.** Diese Stereostammnamen werden **auch für tautomere Formen von 142 – 148** verwendet. **Substituierende Gruppen an 142 – 148** werden im allgemeinen **als Präfixe** bezeichnet, inklusive "*N*-Acyl"- und "*N*-Carboxy"-Gruppen (z.B. "*N*-Acetyl-" (MeC(=O)–N<), "*N*-(Ethoxycarbonyl)-" (EtOC(=O)–N<)). Wenn eine **charakteristische Gruppe höherer Priorität als Carboxamid** (s. *Tab. 3.2*) vorhanden ist (ausser "*N*-Carboxy-", "*N*-[(Alkyloxy)carbonyl]-"), **dann basiert der Name auf dieser Gruppe** (s. **151**), es sei denn, diese Gruppe hafte am Monosaccharid-Teil, ausser an dessen C(1´) (d.h. in letzterem Fall kann der Monosaccharid-Teil als Glycosyl-Substituent (s. *A.1.4(**i**)*) bezeichnet werden). **Im übrigen**, z.B. für "Deoxy"-Nucleoside, **gelten die Richtlinien der Kohlenhydrat-Nomenklatur** (s. vor allem *A.1.4(**h**)*, **ausser für Phosphat-Ester** (s. unten, ***(d)*** und ***(e)***). **Eine Gruppe =S statt =O an der Nucleosid-Base** wird durch das **"Thio"-*Präfix*** bezeichnet (ohne entsprechendes "Deoxy"!), z.B. "6-Thioinosin" (s. **145**, dort S=C(6) statt O=C(6)).

Tab. 3.2

A.1.4(i)

A.1.4(h)

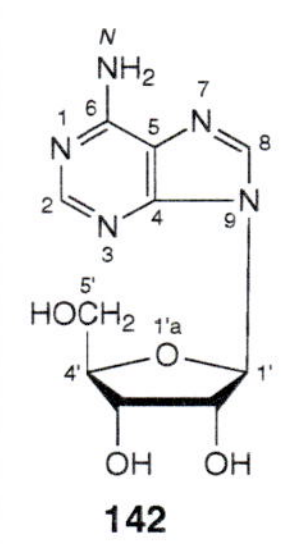

142

"**Adenosin**" (**142**)
Abkürzung: "**A**" (auch "**Ado**")

143

"**Guanosin**" (**143**)
Abkürzung: "**G**" (auch "**Guo**")

[5]) **IUPAC-Empfehlungen**:

IUPAC-IUBMB-IUPAB, '**Recommendations for the Presentation of NMR Structures of Proteins and Nucleic Acids**', *Pure Appl. Chem.* **1998**, *70*, 117.

IUB, '**Nomenclature for Incompletely Specified Bases in Nucleic Acid Sequences**', *Eur. J. Biochem.* **1985**, *150*, 1.

IUPAC-IUB, '**Abbreviations and Symbols for the Description of Conformations of Polynucleotide Chains**', *Pure Appl. Chem.* **1983**, *55*, 1273.

IUPAC-IUB, '**Abbreviations and Symbols for Nucleic Acids, Polynucleotides, and Their Constituents**', *Pure Appl. Chem.* **1974**, *40*, 277; s. **auch** IUPAC-Empfehlungen für **Kohlenhydrate** (*A.1.4*).

144

"Xanthosin" (144)
Abkürzung: **"X"** (auch **"Xao"**)

145

"Inosin" (145)
- Abkürzung: **"I"** (auch **"Ino"**)
- "6-Thioinosin" ist das Chalcogen-Analoge mit S=C(6) (CA: 'inosine, 6-thio-')

146

"Cytidin" (146)
Abkürzung: **"C"** (auch **"Cyd"**)

147

"Thymidin" (147)
- Abkürzung: **"dT"** oder **"T_d"** (auch **"dThd"**)
- beachte: **"Thymidin" ist ein 2´-Deoxynucleosid**

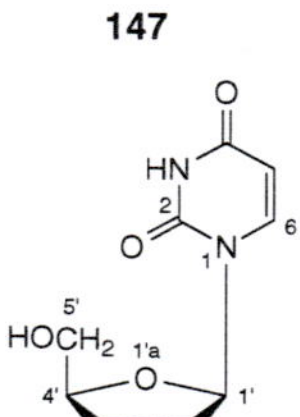
148

"Uridin" (148)
Abkürzung: **"U"** (auch **"Urd"**)

"Isoguanosin" (149) bekommt einen von "Adenosin" hergeleiteten Namen, und **"Pseudouridin" (150)** und **"Orotidin" (151)** werden systematisch benannt:

149

"1,2-Dihydro-2-oxoadenosin" (**149**)
trivial "Isoguanosin"

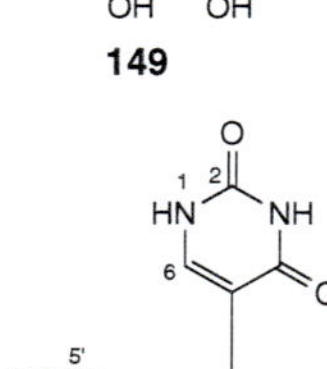
150

"5-(*β*-D-Ribofuranosyl)pyrimidin-2,4(1*H*,3*H*)-dion" (**150**)
- indiziertes H-Atom nach *Anhang 5(I₂)*
- **trivial "Pseudouridin"**
- Abkürzung nach IUPAC: "*ψ*" (auch "*ψ***rd**")

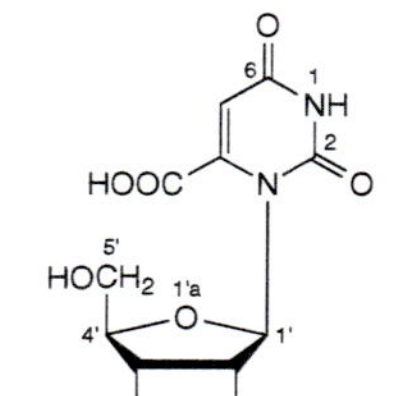
151

"1,2,3,6-Tetrahydro-2,6-dioxo-3-(*β*-D-ribofuranosyl)pyrimidin-4-carbonsäure" (**151**)
- Englisch: '...carboxylic acid'
- **trivial "Orotidin"**
- Abkürzung: **"O"** (auch **"Ord"**)

(d) *Nucleotide* (Ester von Nucleosiden und Phosphorsäure) **mit Stereostammnamen sind**:

"Adenylsäure"	('adenylic acid'; Ester von "Adenosin" + H_3PO_4)
"Guanylsäure"	('guanylic acid'; Ester von "Guanosin" + H_3PO_4)
"Xanthylsäure"	('xanthylic acid'; Ester von "Xanthosin" + H_3PO_4)
"Inosinsäure"	('inosinic acid'; Ester von "Inosin" + H_3PO_4)
"Cytidylsäure"	('cytidylic acid'; Ester von "Cytidin" + H_3PO_4)
"Thymidylsäure"	('thymidylic acid'; Ester von "Thymidin" + H_3PO_4)
"Uridylsäure"	('uridylic acid'; Ester von "Uridin" + H_3PO_4)

Die Stellung der Phosphat-Einheit am Monosaccharid-Teil **wird durch einen vorgestellten Lokanten angezeigt**, der bei Wahl (mehr als eine Phosphat-Einheit, s. **154**) möglichst tief sein muss (s. **152** – **154**). Die entsprechenden **Acyl-Substituentennamen für Nuc-P(=O)(OH)–** lauten **"Adenylyl-"**, **"Guanylyl-"**, **"Xanthylyl-"**, **"Inosinylyl-"**, **"Cytidylyl-"**, **"Thymidylyl-"** und **"Uridylyl-"**.

z. B.

152

"5´-Adenylsäure" (152)
Acyl-Präfix für Ado-P(=O)(OH)–: **"5´-Adenylyl-"**

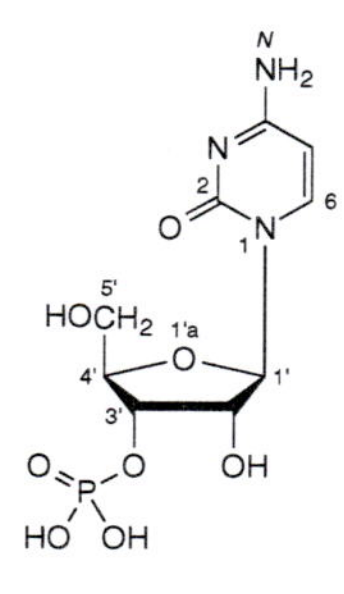
153

"3´-Cytidylsäure" (153)
Acyl-Präfix für Cyd-P(=O)(OH)–: **"3´-Cytidylyl-"**

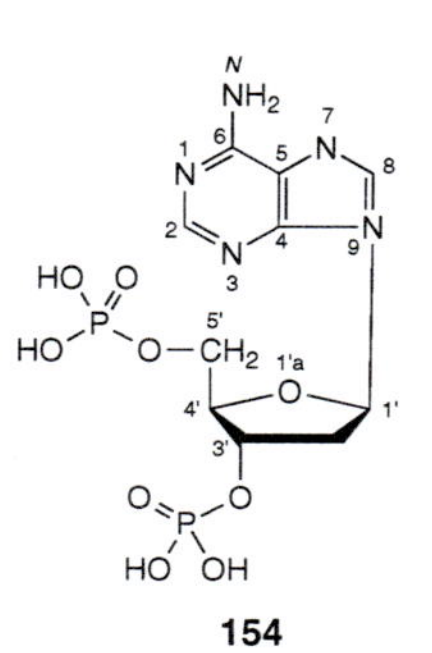
154

"2´-Deoxy-3´-adenylsäure-5´-(dihydrogen-phosphat)" (**154**)
- Englisch: '2´-deoxy-3´-adenylic acid 5´-(dihydrogen phosphate)'
- CA: '3´-adenylic acid, 2´-deoxy-, 5´-(dihydrogen phosphate)'

Nucleosid-Ester mit unsubstituierten Polyphosphorsäuren haben ebenfalls **Stereostammnamen**.

z.B.

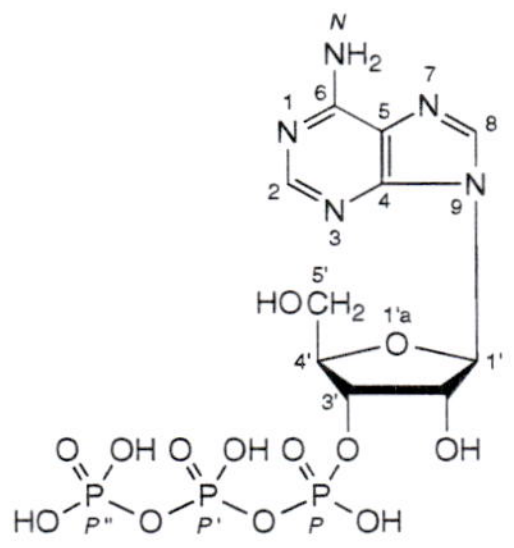

"Adenosin-3´-(tetrahydrogen-triphosphat)" (155)

Englisch: 'adenosine 3´-(tetrahydrogen triphosphate)'; **bei CA unter diesem Titelstammnamen registriert**

155

Cyclische Nucleosid-Phosphorsäure-Ester und andere Nucleosid-Ester werden dagegen durch eine **modifizierende Angabe zum Nucleosid-Namen** (s. *(c)*) bezeichnet (s. **156** und **157**). **Im übrigen**, z.B. für "Deoxy"-Nucleoside und "Thio"-Analoga, **gelten die Richtlinien der Kohlenhydrat-Nomenklatur** (s. vor allem *A.1.4(h)*) (s. **157** und **159** – **161**). **"Coenzym A"** (**158**) ist ein Stereostammname.

A.1.4(h)

z.B.

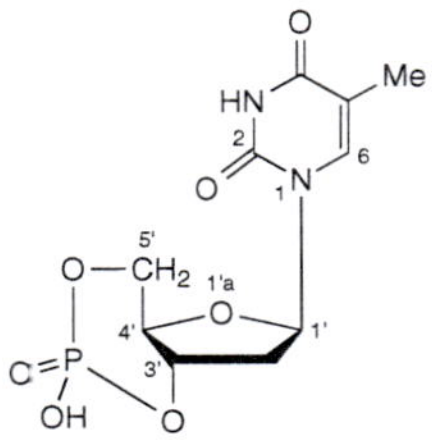

"Thymidin-cycl.-3´,5´-(hydrogen-phosphat)" (**156**)

CA: 'thymidine, cyclic 3´,5´-(hydrogen phosphate)'

156

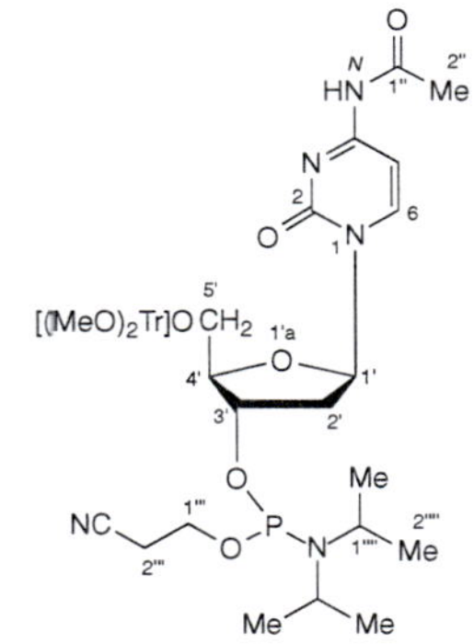

"*N*-Acetyl-5´-*O*-[bis(4-methoxy-phenyl)phenylmethyl]-2´-deoxy-cytidin-3´-[(2-cyanoethyl)-bis(1-methylethyl)phosphoramidit]" (**157**)

Englisch: '...cytidine 3´-[2-cyanoethyl bis(1-methylethyl)phosphoramidite]'

$(MeO)_2Tr$ = $(4\text{-MeO-}C_6H_4)_2C(Ph)$

157

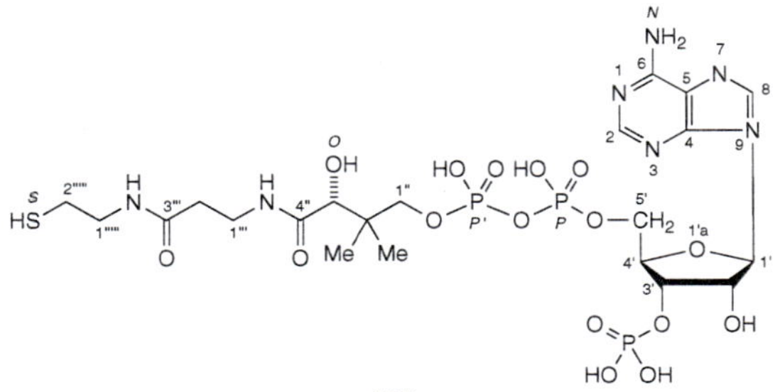

158

"Coenzym A" (158)

der halbsystematische Name wäre (nach CA): 'adenosin 5´-(trihydrogen diphosphate), esters, 3´-(dihydrogen phosphate), *P*´-[(3*R*)-3-hydroxy-4-[[3-[(2-mercaptoethyl)amino]-3-oxopropyl]amino]-2,2-dimethyl-4-oxobutyl] ester'

(e) ***Oligonucleotide*** **haben nicht mehr als acht Nucleotid-Einheiten**, die durch Phoshorsäure-Einheiten verbunden sind. Der **Name** eines Oligonucleotids besteht **aus dem Stereostammnamen des endständigen Nucleosids oder Nucleotids, das über seine 5´-Stellung an den Rest der Oligonucleotid-Kette gebunden ist, und einem "Pfeil"-Namen für diesen Rest**, der wie ein Substituent behandelt wird. **Der *"Pfeil"-Name*** für den Substituenten **beginnt mit dem "-ylyl"-Präfix der Nucleotid-Einheit, die am weitesten von der** (endständigen) **Stereostammstruktur entfernt ist; dabei ist die verbindende Phosphorsäure-Einheit in "Adenylyl-", "Guanylyl-", "Xanthylyl-", "Inosinylyl-" "Cytidylyl-", "Thymidylyl-" und "Uridylyl-" des "Pfeil"-Namens jeweils enthalten** (Herleitung von den entsprechenden "-ylsäuren" aus *(d)*, s. z.B. **152** und **153**). Nebensubstituenten und Ester-Gruppen der Nucleotid-Einheiten des Substituenten werden durch Präfixe vor den entsprechenden "ylyl"-Präfixen bezeichnet (s. **159**).

Bis 1999 galten abweichende Auswahlkriterien für die Wahl der endständigen Stereostammstruktur: Trug das Oligonucleotid eine zusätzliche, nicht-verbindende Phosphorsäure-Einheit, dann war die Stereostammstruktur ein Nucleotid und nicht ein Nucleosid. Die Wahl erfolgte durch sukzessives Anwenden der folgenden Kriterien:

- vorrangig war das **Nucleotid** mit dem Namen **"Xanthylsäure"** > **"Guanylsäure"** > **"Inosinsäure"** > **"Adenylsäure"** > **"Thymidylsäure"** > **"Uridylsäure"** > **"Cytidylsäure"**;
- vorrangig war das **Nucleotid mit möglichst tiefem Lokanten** ("3´-" > "5´-");
- vorrangig war das **Nucleosid** mit dem Namen **"Xanthosin"** > **"Guanosin"** > **"Inosin"** > **"Adenosin"** > **"Thymidin"** > **"Uridin"** > **"Cytidin"**;
- vorrangig war das **Nucleotid, das über seine 5´-Stellung an den Rest der Nucleotid-Kette gebunden ist** (bei gleichen terminalen Nucleosid-Einheiten).

z.B.

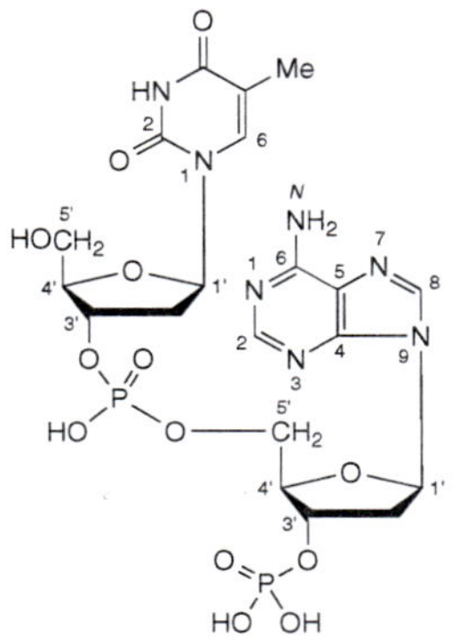

"Thymidylyl-(3´→5´)-2´-deoxy-3´-adenylsäure" (**159**)

- Englisch: '...adenylic acid'
- bei CA registriert unter '3´-adenylic acid, thymidylyl-(3´→5´)-2´-deoxy-'
- eine **Methyl-ester-Gruppe an der verbindenden Phosphorsäure-Einheit** würde mit einem Präfix bezeichnet: ***"P*-Methylthymidylyl-(3´→5´)..."** (auch "*P*(*O*)-" statt "*P*-"; besser wäre "*O*´-")

159

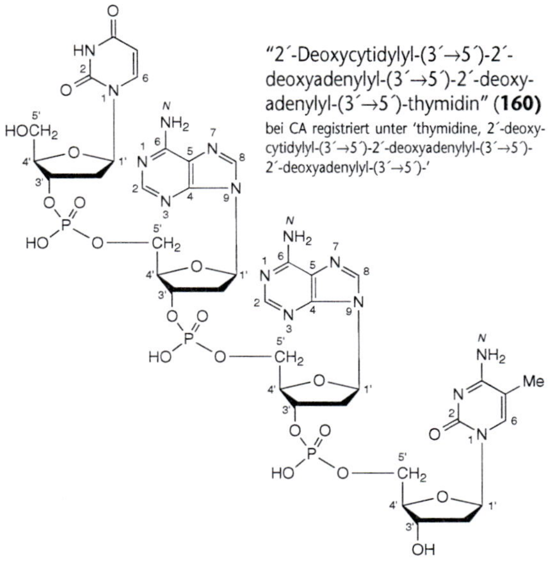

"2´-Deoxycytidylyl-(3´→5´)-2´-deoxyadenylyl-(3´→5´)-2´-deoxy-adenylyl-(3´→5´)-thymidin" (**160**)

bei CA registriert unter 'thymidine, 2´-deoxycytidylyl-(3´→5´)-2´-deoxyadenylyl-(3´→5´)-2´-deoxyadenylyl-(3´→5´)-'

160

"Uridylyl-(3′→5′)-5′-thiouridin" (**161**)

- bei CA registriert unter 'uridine, uridylyl-(3′→5′)-5′-thio-'
- haftet das **S-Atom nur am P-Atom**, d.h. nicht an den Monosaccharid-Einheiten, dann lautet der entsprechende Name "*P*-Thiouridylyl-(3′→5′)-uridin"

161

A.1.11

Polynucleotide werden entweder **mittels der Polymer-Nomenklatur** benannt (s. *A.1.11*) **oder mittels** der in ***(c)*** bei **142** - **148** angegebenen **Abkürzungen vor "-Ribonucleinsäure" oder "-Desoxyribonucleinsäure"** bezeichnet, wobei der Verbindungsstrich zwischen den Nucleotid-Symbolen eine (3′→5′)-Verknüpfung mittels einer Phosphorsäure-Einheit bedeutet (s. **162** und **163**). Eine davon abweichende Verknüpfung kann im Namen durch eine entsprechende Beigabe vor der Sequenz angegeben werden, z.B. "(2′→5′)(A-A-A-A-A-A-A-A-A)-Ribonucleinsäure-5′-(dihydrogen-phosphat)".

z. B.

5′–(A–A–G–A–A–G–G–A–A–A–A–G)–3′

162

"(A-A-G-A-A-G-G-A-A-A-A-G)-Ribonucleinsäure" (**162**)
bei CA registriert unter 'ribonucleic acid, (A-A-G-A-A-G-G-A-A-A-A-G)'

5′–d(G–A–G–G–G–C–G–A–G–G)–3′

163

"d(G-A-G-G-G-C-G-A-G-G)-Deoxyribonucleinsäure" (**163**)
bei CA registriert unter 'deoxyribonucleic acid, d(G-A-G-G-G-C-G-A-G-G)'

CA ¶ 211, 203, 285 und 286

A.1.7. Steroide[6])

Im folgenden werden erläutert:

(a) Definitionen und Stereodeskriptoren;
(b) einfache Steroide mit Stereostammnamen;
(c) Bufanolide, Cardanolide, Furostane, Spirostane, Cyclosteroide, Norsteroide und Secosteroide;
(d) Steroide mit funktionellen Gruppen, Unsättigungen oder freien Valenzen;
(e) Steroid-Gerüste mit zusätzlich anellierten Ringen;
(f) Alkaloid-Steroide.

A.6.3(a)

(a) **Steroide sind "Cyclopenta[*a*]phenanthren"-Derivate mit Stereostammnamen. Diese Stereostammnamen implizieren die in 164 gegebene Numerierung und absoluten *Konfigurationen* "(8*β*,9*α*,10*β*,13*β*,14*α*)"**; die absolute Konfiguration an C(5) muss jeweils mit einem Stereodeskriptor "(5*α*)-" oder "(5*β*)-" spezifiziert werden (bei CA als modifizierende Angabe) (s. *Anhang 6*, dort *A.6.3(**a**)*). **Abweichungen von im Namen implizierten absoluten Konfigurationen am Ringgerüst** werden mittels des Stereodeskriptors **"(*xα*)-" oder "(*xβ*)-"** (*x* = Lokant) angegeben; **bei unbekannter modifizierter Konfiguration** wird **"(*xξ*)-"** (Xi) verwendet.

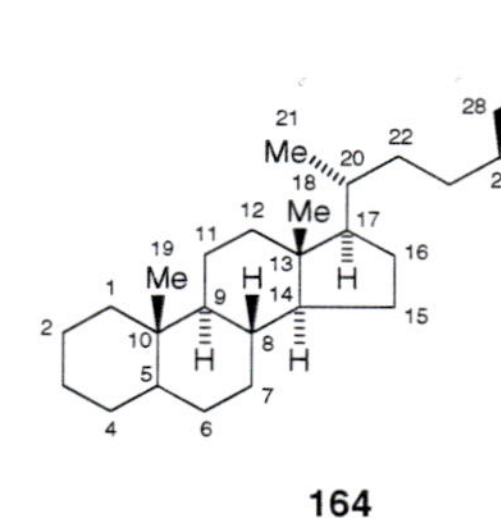

164

Numerierung und absolute Konfigurationen "(8*β*,9*α*,10*β*,13*β*,14*α*)" von Steroid-Stereostammstrukturen **164**
die absoluten Konfigurationen an C(17), C(20) und C(24) sind in den Stereostammnamen enthalten (s. unten, **169** - **172**)

A.1.8

Trägt C(4) zwei Me-Gruppen, C(14) ebenfalls eine Me-Gruppe und C(17) einen "1,5-Dimethylhexyl"-Substituenten, dann handelt es sich um einen **Terpen-Stereostammnamen** (s. *A.1.8*)

(b) Steroid-Stereostammstrukturen mit einfachen Gerüsten haben die folgenden ***Stereostammnamen:***

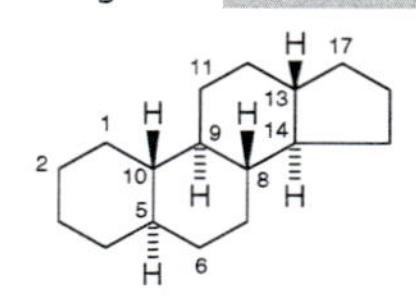

165

"(5*α*)-**Gonan**" (**165**)

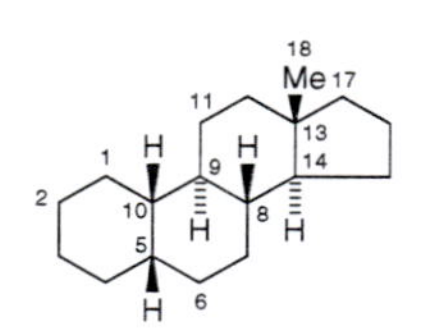

166

"(5*β*)-**Estran**" (**166**)
im Deutschen auch "(5*β*)-**Ö**stran"

167

"(5*α*)-**Androstan**" (**167**)

168

"(5*α*)-**Pregnan**" (**168**)
die absolute Konfiguration "(17*β*)" ist in "Pregnan" impliziert

169

"(5*α*)-**Cholan**" (**169**)
die absoluten Konfigurationen "(17*β*,20*R*)" sind in "Cholan" impliziert

170

"(5*β*)-**Cholestan**" (**170**)
die absoluten Konfigurationen "(17*β*,20*R*)" sind in "Cholestan" impliziert

171

"(5*β*)-**Ergostan**" (**171**)
die absoluten Konfigurationen "(17*β*,20*R*,24*S*)" sind in "Ergostan" impliziert

[6]) **IUPAC-Empfehlungen**:

IUPAC, **'Revised Section F, Natural Products and Related Compounds'**, *Pure Appl. Chem.* **1999**, *71*, 587.

IUPAC-IUB, **'Nomenclature of Steroids'**, *Pure Appl. Chem.* **1989**, *61*, 1783.

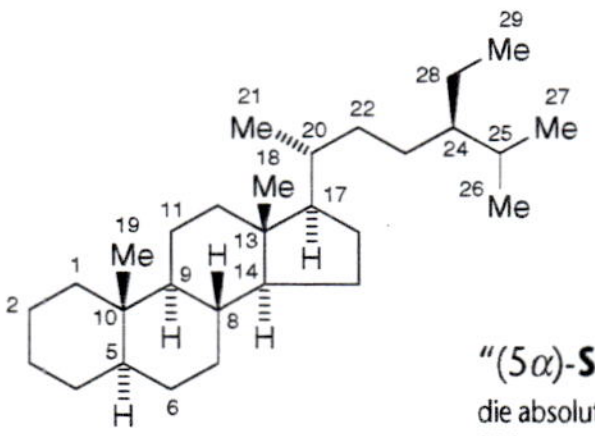

172

"(5α)-**Stigmastan**" (**172**)
die absoluten Konfigurationen "(17β,20*R*,24*R*)" sind in "Stigmastan" impliziert

(c) ***Bufanolide, Cardanolide, Furostane, Spirostane, Cyclosteroide, Norsteroide und Secosteroide*** haben entweder **eigene Stereostammnamen oder durch die modifizierenden Vorsilben "Cyclo-", "Nor-" und "Seco-"** (mit Lokanten) **abgeänderte Stereostammnamen:**

Anhang 3

- **Cyclosteroid**: **ein zusätzlicher Ring wird gebildet** durch eine Bindung zwischen zwei schon vorhandenen Ringatomen oder zwischen einem Ringatom und einer angularen Me-Gruppe oder einem Seitenkettenatom (s. **177** und **178**).
- **Norsteroid**: **ein acyclisches C-Atom wird entfernt**, d.h. angulare Me-Gruppe(n) oder C-Atom(e) aus der Seitenkette, ohne dass dabei eine kleinere Stereostammstruktur entsteht (s. **179** – **182**).
- **Secosteroid**: **Ringöffnung ist nur noch** (bei CA) **zwischen C(9) und C(10) zulässig** (vgl. dazu die Vitamine D in *A.1.9*) (s. **183**).

A.1.9

Beachte:

"Nor-" und "Homo-" dürfen nicht mehr zur Bezeichnung einer Ringverengerung bzw. -erweiterung verwendet werden (IUPAC lässt dies zu); solche Verbindungen werden systematisch benannt. Dasselbe gilt jetzt auch für Heterosteroide (**nicht mehr Austauschnamen** ("a"-Namen)).

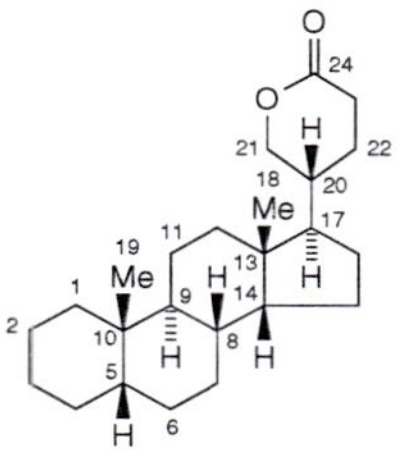

173

"(5β)-**Bufanolid**" (**173**)
die absoluten Konfigurationen "(17β,20*R*)" sind in "Bufanolid" impliziert, ebenso die "(14β)"-Konfiguration

174

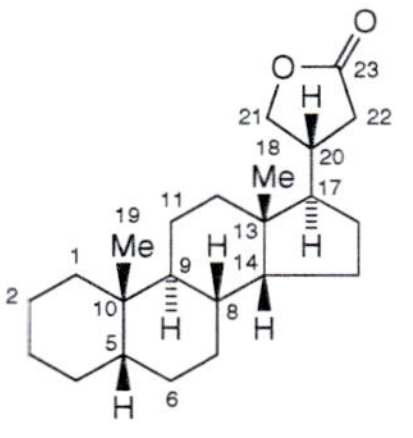

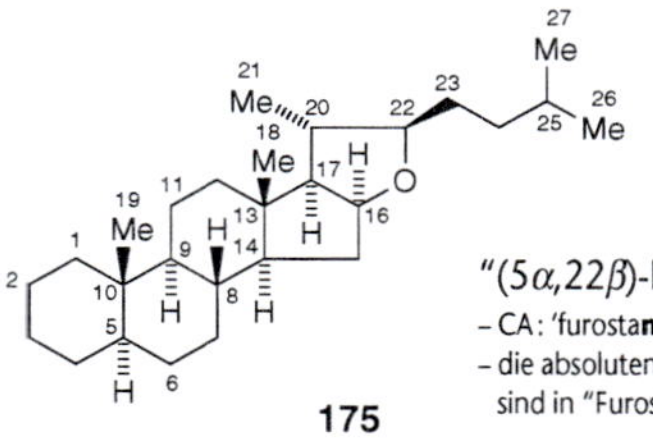

"(5β)-**Cardanolid**" (**174**)
die absoluten Konfigurationen "(17β,20*R*)" sind in "Cardanolid" impliziert, ebenso die "(14β)"-Konfiguration

175

"(5α,22β)-**Furostan**" (**175**)
- CA: 'furostan, (5α,22β)-'
- die absoluten Konfigurationen "(16α,17α,20α)" sind in "Furostan" impliziert

176

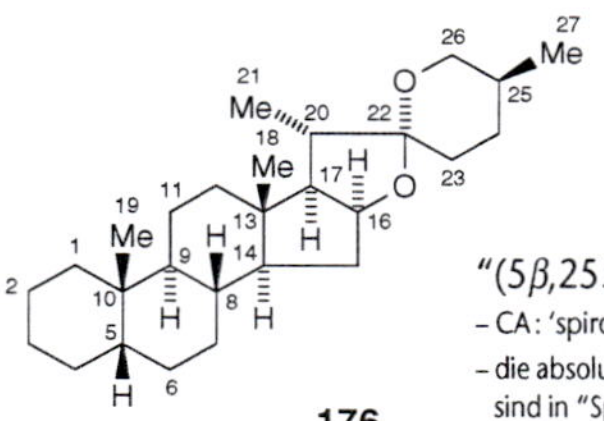

"(5β,25*S*)-**Spirostan**" (**176**)
- CA: 'spirostan, (5β,25*S*)-'
- die absoluten Konfigurationen "(16α,17α,20α,22α)" sind in "Spirostan" impliziert; beachte die absolute Konfiguration "(22α)" (O-Atom > C-Atom)

177

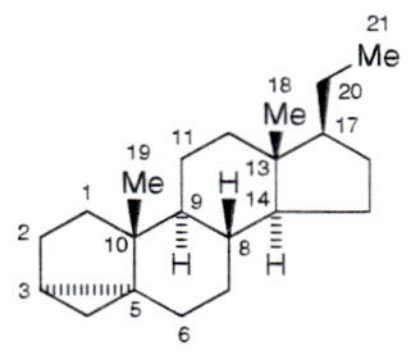

"(3β,5α)-**3,5-Cyclopregnan**" (**177**)
- **C(3) ist ein** mit einem H-Atom substituiertes ***angulares* Zentrum** der absoluten Konfiguration **"(3β)"**
- s. **168**

178

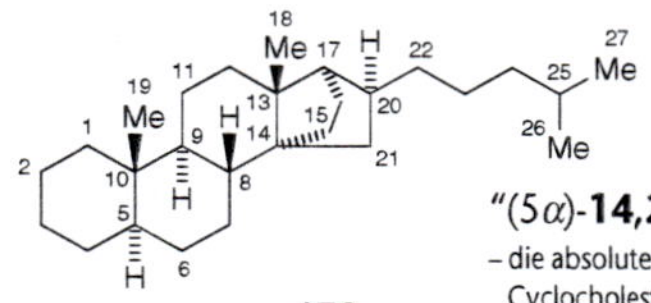

"(5α)-**14,21-Cyclocholestan**" (**178**)
- die absoluten Konfigurationen sind in "14,21-Cyclocholestan" impliziert
- s. **170**

179

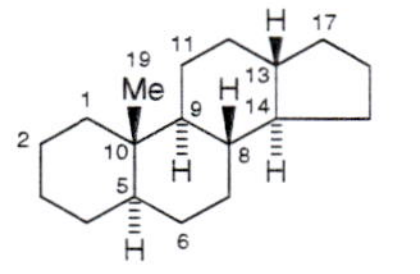

"(5α)-**18-Norandrostan**" (**179**)
s. **167**

180

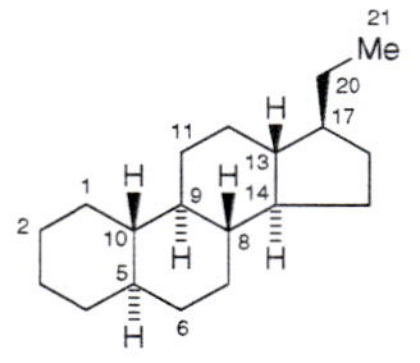

"(5α)-**18,19-Dinorpregnan**" (**180**)
- nicht "Ethylgonan"!
- s. **168**

181

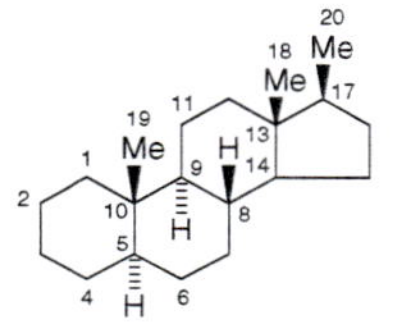

"(5α,17β)-17-Methylandrostan" (**181**)
- **Ausnahme**: nicht "(5α)-21-Norpregnan"
- s. **167**

A.1

182

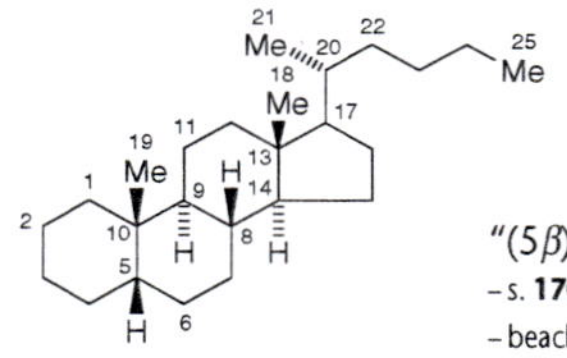

"(5β)-**26,27-Dinorcholestan**" (**182**)
- s. **170**
- beachte: dagegen "Cholan-24-carbonsäure", nicht "26,27-Dinorcholestan-25-säure"

183

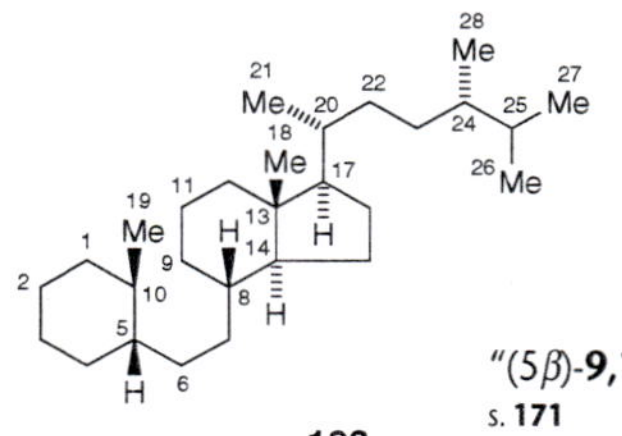

"(5β)-**9,10-Secoergostan**" (**183**)
s. **171**

(d) ***Steroide mit funktionellen Gruppen, Unsättigungen oder freien Valenzen*** **werden mittels der Stereostammnamen aus *(b)* und *(c)* und den üblichen Suffixen und Präfixen** (s. *Tab. 3.1* und *3.2*) **benannt**, wobei **Unsättigungen** durch die Endsilben **"-en"**, **"-dien"**, **"-in"** (Englisch: '-yne') *etc.* bezeichnet werden (s. z.B. **184** – **186**). Dabei sind folgende Punkte zu beachten:

Tab. 3.1 und 3.2

- **Der Lacton-Ring eines Steroid-Lactons** (ausser derjenigen der Bufanolide (s. **173**) und Cardanolide (s. **174**) ohne andere vorrangige funktionelle Gruppen) **wird "geöffnet"**, wenn dadurch ein Stereostammname gegeben werden kann; **das Lacton wird dann als modifizierende Angabe bezeichnet** (s. **187**). Dasselbe gilt für Bufanolide (s. **173**) und Cardanolide (s. **174**) mit vorrangigen funktionellen Gruppen (z.B. eine zusätzliche COOH-Gruppe).

- **Acyclische Acetale** werden immer mit **"(Alkyloxy)"- oder "(Aryloxy)"-Präfixen** bezeichnet. **Cyclische Acetale** bekommen **"[Alkandiylbis(oxy)]"- oder "[Alkylidenbis(oxy)]"-Präfixe** (Ausnahme: "[Meth**ylen**bis(oxy)]-" für $CH_2O_2<$) (s. **188**), **ausser wenn die Hauptgruppe acetalysiert ist**; in letzterem Fall wird das Acetal als modifizierende Angabe bezeichnet (s. **189**).
- **"Brücken" -O-, -OO-, -S- und -NHNH-** werden mit einem **"Epoxy"-, "Epidioxy"-, "Epithio"- bzw. "Hydrazo"-*Präfix*** bezeichnet ("Hydrazi", wenn freie Valenzen zum gleichen Atom führen) (s. **190**).
- **Der Substituentenname eines Steroids** (ausser derjenige der Bufanolide (s. **173**) und Cardanolide (s. **174**)) **wird wie üblich gebildet**, z.B. "[(3*β*,5*α*)-3-Hydroxyandrost**an**-5-yl]-".

z.B.

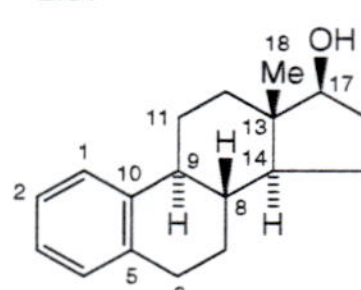

184

"(17*β*)-Estra-1,3,5(10)-trien-17-ol" (**184**)
im Deutschen auch "(17*β*)-**Ö**stra-1,3,5(10)-trien-17-ol"

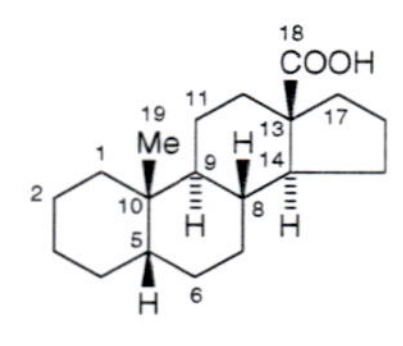

185

"(5*β*)-Androstan-18-säure" (**185**)
Englisch: '...-18-oic acid'

186

"(5*β*,17*β*)-Androstan-17-carbonitril" (**186**)

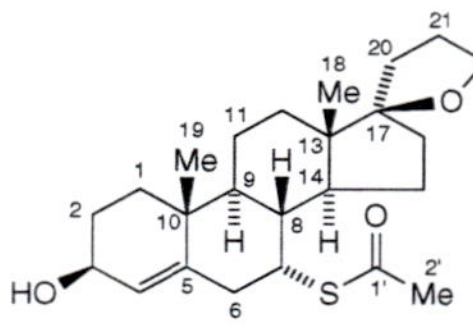

187

"(3*β*,7*α*,17*α*)-7-(Acetylthio)-3,17-dihydroxypregn-4-en-21-carbonsäure-*γ*-lacton" (**187**)
- Englisch: '...-21-carboxylic acid *γ*-lactone'
- beachte die absolute Konfiguration "(17*α*)-" (der Stereostammname "Pregnan" impliziert "(17*β*)", s. **168**

188

"(2*α*,3*α*,5*α*,20*S*)-6,6-[Ethan-1,2-diylbis(oxy)]-2,3-[(1-methylethyliden)bis(oxy)]pregnan-20-carboxaldehyd" (**188**)

189

"(6*β*)-6,19-Epoxy-17-iodoandrosta-4,16-dien-3-on-[cycl.-(ethan-1,2-diylacetal)]" (**189**)
CA: '...-3-one, cyclic 1,2-ethanediyl acetal'

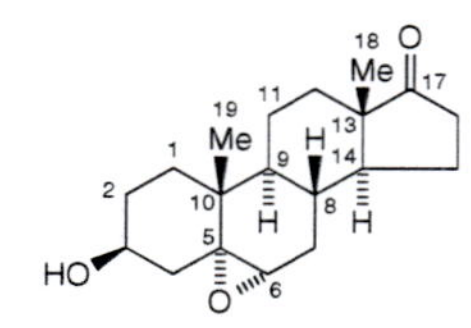

190

"(3*β*,5*α*,6*α*)-5,6-Epoxy-3-hydroxyandrostan-17-on" (**190**)

(e) **Zusätzlich** *an ein Steroid-Gerüst anellierte Ringe* können mit einer Art **Anellierungsnamen** bezeichnet werden. Dabei ist die Steroid-Komponente die Hauptkomponente im Fall eines zusätzlichen Carbocyclus (s. **191**), oder sie ist der Anellant im Fall eines zusätzlichen Heterocyclus (s. **192** und **193**). Hauptkomponente und Anellant bekommen ihre ursprüngliche Numerierung (abweichend von *Kap. 4.6.3*), und der zusätzliche Ring bekommt gestrichene Lokanten. Substituentenlokanten sind wenn möglich Steroid-Lokanten.

Kap. 4.6.3

z.B.

191

"(5*α*)-3′*H*-Cyclopropa[2,3]cholest-2-en" (**191**)

192

"(5*α*)-Androst-2-eno[3,2-*d*]isoxazol" (**192**)

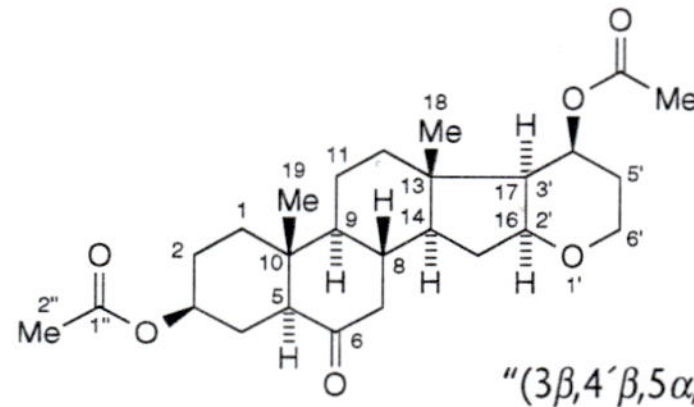

193

"(3*β*,4′*β*,5*α*,16*α*,17*α*)-3,4′-Bis(acetyloxy)-5′,6′,16,17-tetrahydro-4′*H*-androst-16-eno[16,17-*b*]pyran-6-on" (**193**)
C(16) und C(17) sind mit einem H-Atom substituierte ***angulare* Zentren** der absoluten Konfigurationen "(16*α*,17*α*)"

(f) *Steroid-Alkaloide* **mit exocyclischem N-Atom bekommen Steroid-Namen** (s. **194**). Ausserdem werden die Stereostammnamen "**Conanin**" (**195**), "**Spirosolan**" (**196**), "**Solanidan**" (**197**), "**Veratraman**" (**198**) und "**Cevan**" (**199**) verwendet.

z.B.

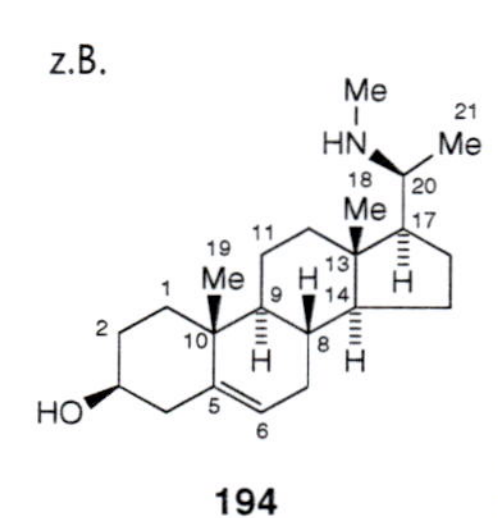

194

"(3*β*,20*S*)-20-(Methylamino)-pregn-5-en-3-ol" (**194**)
trivial "Irehamin"

195

"(5*α*)-**Conanin**" (**195**)
die absoluten Konfigurationen "(17*α*,20*β*)" sind in "Conanin" impliziert

A.1

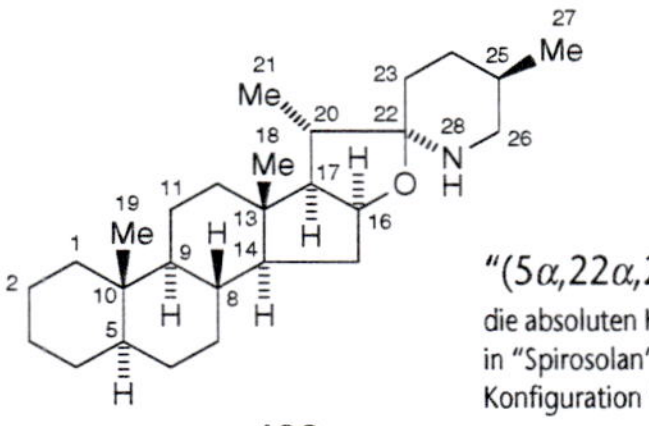

196

"(5α,22α,25R)-**Spirosolan**" (**196**)
die absoluten Konfigurationen "(16α,17α,20α)" sind in "Spirosolan" impliziert; beachte die absolute Konfiguration "(22α)" (N-Atom > C-Atom)

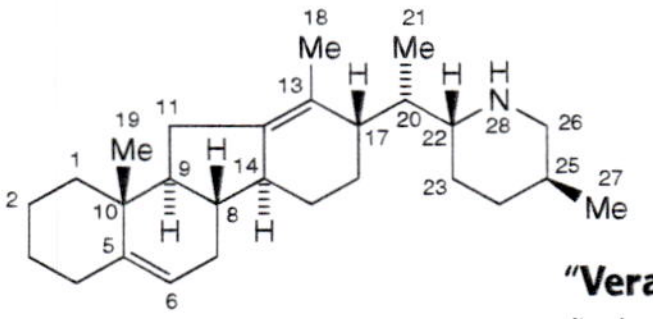

198

"**Veratraman**" (**198**)
die absoluten Konfigurationen "(17α,20S,22R,25S)" sind in "Veratraman" impliziert

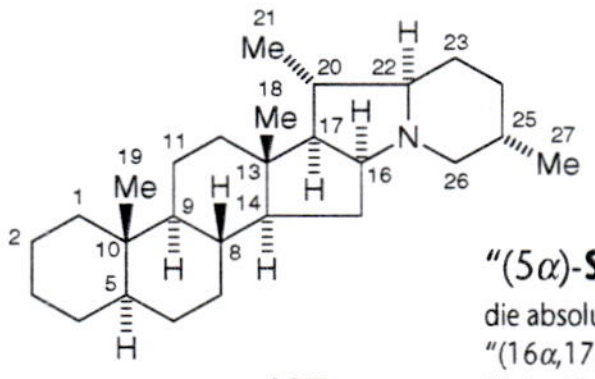

197

"(5α)-**Solanidan**" (**197**)
die absoluten Konfigurationen "(16α,17α,20α, 22α,25α)" sind in "Solanidan" impliziert

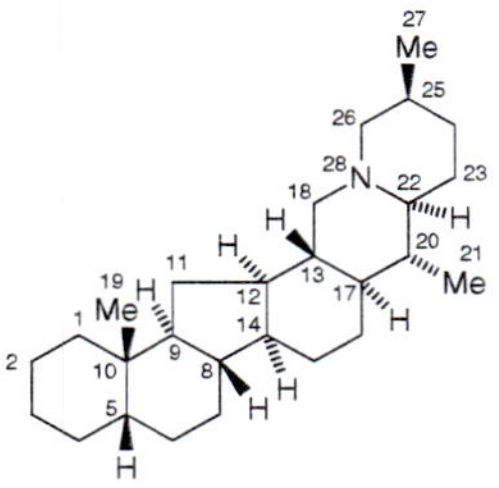

199

"**Cevan**" (**199**)
alle angegebenen absoluten Konfigurationen sind in "Cevan" impliziert

CA ¶ 212, 285 und 290

A.1.8. Terpene, Carotinoide und Retinoide[7])

Im folgenden werden erläutert:

(a) Definitionen, Stereodeskriptoren und Derivate mit funktionellen Gruppen, Unsättigungen oder freien Valenzen;
(b) Monoterpene (C_{10}-Verbindungen);
(c) Sesquiterpene (C_{15}-Verbindungen);
(d) Diterpene, inkl. Retinoide (C_{20}-Verbindungen);
(e) Sesterpene (C_{25}-Verbindungen);
(f) Triterpene (C_{30}-Verbindungen);
(g) Carotinoide (Tetraterpene; C_{40}-Verbindungen).

(a) Terpene enthalten sich repetierende 'Isopentan'-Einheiten **i**:

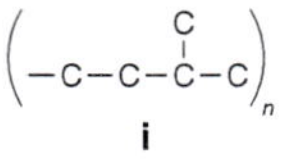

$$\left(-C-C-\overset{C}{\overset{|}{C}}-C\right)_n$$

i

$n = 2$: Monoterpen
$n = 3$: Sesquiterpen
$n = 4$: Diterpen
$n = 5$: Sesterpen
$n = 6$: Triterpen
$n = 8$: Tetraterpen

CA ¶ 290

Terpene mit vier oder mehr Ringen oder mit komplexen absoluten Konfigurationen bekommen Stereostammnamen. Alle andern Terpene, d.h. die meisten Mono-, Sesqui- und Diterpene, werden systematisch nach *Kap. 1 – 6* benannt.

Kap. 1 – 6

Der Stereostammname eines Terpens impliziert die in der Stereostammstruktur angegebenen absoluten *Konfigurationen*. Abweichungen davon werden **mittels** des Stereodeskriptors **"(*x*α)-" oder "(*x*β)-"** (*x* = Lokant) angegeben, wenn ein angulares Ringatom betroffen ist (wie bei den Steroiden, s. *A.1.7(**a**)*), **bzw. mittels** des Stereodeskriptors **"(*R*)-" oder "(*S*)-"**, wenn eine Inversion der Konfiguration an einem Brückenatom oder an einem Atom in einer Seitenkette stattgefunden hat. **Die geminalen Me-Gruppen haben keine mit den Lokanten assoziierte Konfiguration**; bei Substitution an diesen Me-Gruppen wird "(*y*α)-" oder "(*y*β)-" (*y* = Lokant) verwendet.

A.1.7(**a**)

Terpene mit Stereostammnamen, die funktionelle Gruppen, Unsättigungen oder freie Valenzen haben, werden wie die entsprechenden Derivate der Steroide **nach *A.1.7(d)* bezeichnet.**

A.1.7(**d**)

(b) ***Monoterpene*** (C_{10}-Verbindungen): **Anstelle der Trivialnamen** verwendet CA **für 200 – 223 systematische Namen** nach *Kap. 1 – 6* (Stereodeskriptoren sind nicht angegeben; s. *Anhang 6*).

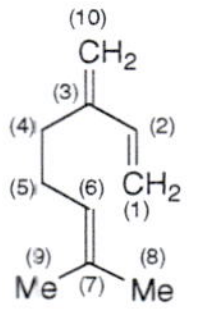

Kap. 1 – 6
Anhang 6

200

"7-Methyl-3-methylenocta-1,6-dien" (**200**)
– **trivial "Myrcen"**
– Numerierung in Formel trivial

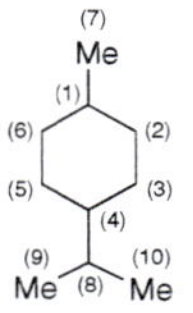

201

"1-Methyl-4-(1-methylethyl)cyclohexan" (**201**)
– **trivial "*p*-Menthan"**
– Numerierung in Formel trivial

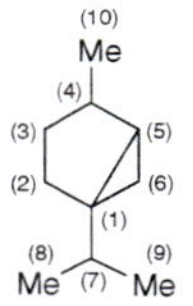

202

"4-Methyl-1-(1-methylethyl)bicyclo[3.1.0]-hexan" (**202**)
– **trivial "Thujan"**
– Numerierung in Formel trivial

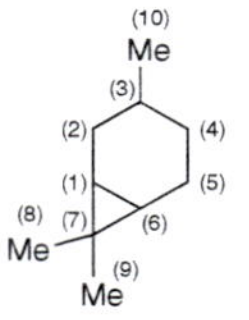

203

"3,7,7-Trimethylbicyclo[4.1.0]heptan" (**203**)
– **trivial "Caran"**
– Numerierung in Formel trivial

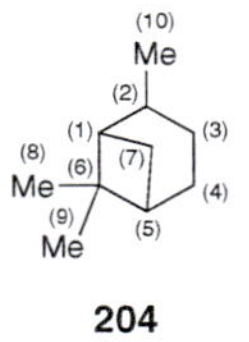

204

"2,6,6-Trimethylbicyclo[3.1.1]heptan" (**204**)
– **trivial "Pinan"**
– Numerierung in Formel trivial

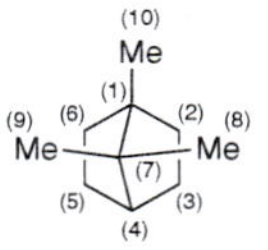

205

"1,7,7-Trimethylbicyclo[2.2.1]heptan" (**205**)
– **trivial "Bornan"**; nicht "Camphan" oder "Bornylan"
– Numerierung in Formel trivial

[7]) **IUPAC-Empfehlungen**:
IUPAC, '**Revised Section F, Natural Products and Related Compounds**' (**RF-Empfehlungen**), *Pure Appl. Chem.* **1999**, *71*, 587.
IUPAC-IUB, '**Nomenclature of Prenols**', *Pure Appl. Chem.* **1987**, *59*, 683.
IUPAC-IUB, '**Nomenclature of Retinoids**', *Pure Appl. Chem.* **1983**, *55*, 721.
IUPAC-IUB, '**Nomenclature of Carotinoids**', *Pure Appl. Chem.* **1975**, *41*, 405.
IUPAC, '**Nomenclature of Organic Chemistry, Sections A – F and H**' ('**Blue Book**'), Pergamon Press, 1979; Empfehlungen A-71 bis A-75 (**Monoterpene**).

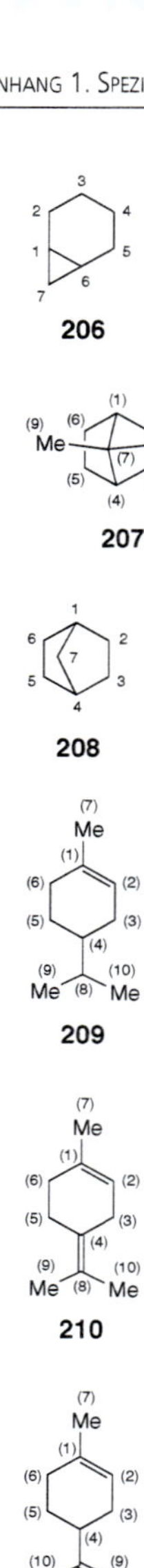

206

"Bicyclo[4.1.0]heptan" (**206**)
trivial "8,9,10-Trinorcaran"; s. **203**

207

"7,7-Dimethylbicyclo[2.2.1]heptan" (**207**)
- **trivial "10-Norbornan"**; s. **205**
- Numerierung in Formel trivial

208

"Bicyclo[2.2.1]heptan" (**208**)
trivial "8,9,10-Trinorbornan"; **nicht "Norbornan"**; s. **205**

209

"1-Methyl-4-(1-methylethyl)cyclohexen" (**209**)
- **trivial "*p*-Menth-1-en"**
- Numerierung in Formel trivial

210

"1-Methyl-4-(1-methylethyliden)cyclohexen" (**210**)
- **trivial "*p*-Mentha-1,4-dien"** oder **"Terpinolen"**
- Numerierung in Formel trivial

211

"1-Methyl-4-(1-methylethenyl)cyclohexen" (**211**)
- **trivial "α-Limonen"**
- Numerierung in Formel trivial

212

"4-Methylen-1-(1-methylethyl)bicyclo[3.1.0]hexan" (**212**)
- **trivial "Thuj-4(10)-en"**
- Numerierung in Formel trivial

213

"3,7,7-Trimethylbicyclo[4.1.0]hept-2-en" (**213**)
- **trivial "Car-2-en"**
- Numerierung in Formel trivial

214

"6,6-Dimethyl-4-methylenbicyclo[3.1.1]hept-2-en" (**214**)
- **trivial "Pina-2(10),3-dien"**
- Numerierung in Formel trivial

215

"1,7,7-Trimethylbicyclo[2.2.1]hept-2-en" (**215**)
- **trivial "Born-2-en"**
- Numerierung in Formel trivial

216

"2,2-Dimethyl-3-methylenbicyclo[2.2.1]heptan" (**216**)
- **trivial "Camphen"**
- Numerierung in Formel trivial

217

"3,7-Dimethyloct-6-en-1-ol" (**217**)
- **trivial "Citronellol"**
- Numerierung in Formel trivial

218

"3,7-Dimethylocta-1,6-dien-3-ol" (**218**)
- **trivial "Linalool"**
- Numerierung in Formel trivial

219

"(2*E*)-3,7-Dimethylocta-2,6-dien-1-ol" (**219**)
- **trivial "Geraniol"**
- Numerierung in Formel trivial

220

"(2*Z*)-3,7-Dimethylocta-2,6-dien-1-ol" (**220**)
- **trivial "Nerol"**
- Numerierung in Formel trivial

221

"5-Methyl-2-(1-methylethyl)cyclohexanol" (**221**)
- **trivial "Menthol"**
- Numerierung in Formel trivial

222

"(2*E*)-3,7-Dimethylocta-2,6-dienal" (**222**)
- **trivial "(*E*)-Citral"**
- Numerierung in Formel trivial

223

"1,7,7-Trimethylbicyclo[2.2.1]heptan-2-on" (**223**)
- **trivial "Campher"** ('camphor')
- Numerierung in Formel trivial

(c) ***Sesquiterpene*** (C_{15}-Verbindungen): **Anstelle der Trivialnamen verwendet CA für 224 – 228 systematische Namen** nach *Kap. 1 – 6.*

Kap. 1 – 6

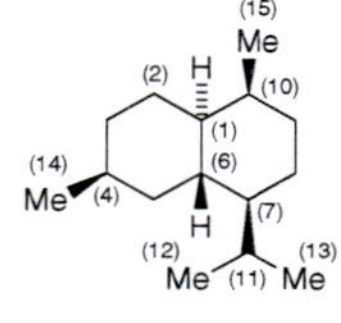

224

"(1*S*,4*S*,4a*S*,6*S*,8a*S*)-Decahydro-1,6-dimethyl-4-(1-methylethyl)naphthalin" (**224**)
- CA bis 1999: '...naphthalene, ..., [1*S*-(1α,4α,4aα,6α,8aβ)]-'; s. *Anhang 6 (A.6.3)* für Stereodeskriptoren
- **trivial "Cardinan"**
- Numerierung in Formel trivial

A.1

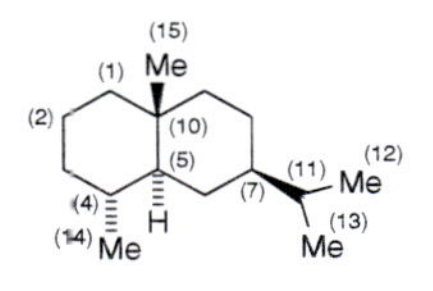

225

"(1*R*,4a*R*,7*R*,8a*S*)-Decahydro-1,4a-dimethyl-7-(1-methylethyl)naphthalin" (**225**)

- CA bis 1999: '...naphthalene, ..., [1*R*-(1α,4aβ,7β,8aα)]-'; s. *Anhang 6* (*A.6.3*) für Stereodeskriptoren
- **trivial "Eudesman"**
- Numerierung in Formel trivial

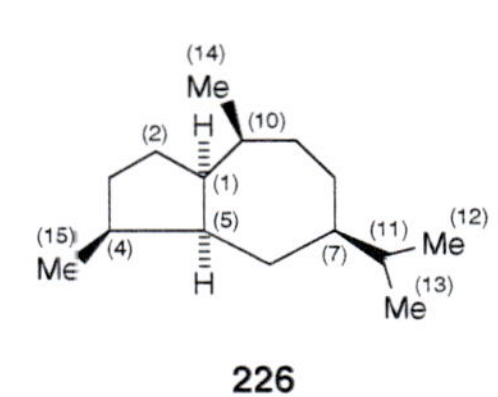

226

"(1*S*,3a*S*,4*S*,7*R*,8a*S*)-Decahydro-1,4-dimethyl-7-(1-methylethyl)azulen" (**226**)

- CA bis 1999: '...azulene, ...[1*S*-(1α,3aβ,4α,7α,8aβ)]-'; s. *Anhang 6* (*A.6.3*) für Stereodeskriptoren
- **trivial "Guaian"**
- Numerierung in Formel trivial

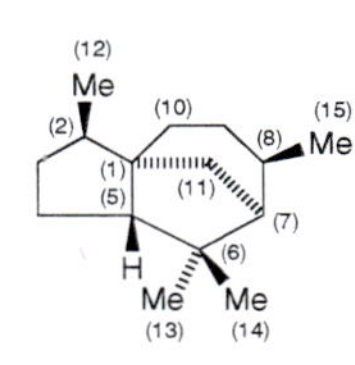

227

"(3*R*,3a*S*,6*R*,7*S*,8a*S*)-Octahydro-3,6,8,8-tetramethyl-1*H*-3a,7-methanoazulen" (**227**)

- CA bis 1999: '...azulene, ..., [3*R*-(3α,3aβ,6α,7β,8aα)]-'; s. *Anhang 6* (*A.6.3*) für Stereodeskriptoren
- **trivial "Cedran"**
- Numerierung in Formel trivial

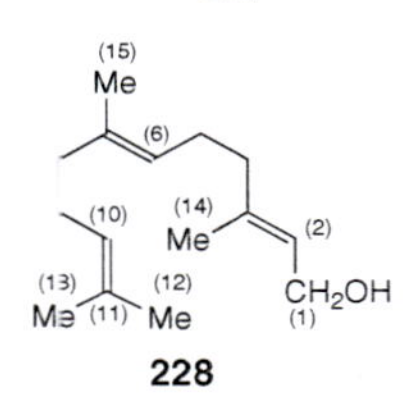

228

"(2*E*,6*E*)-3,7,11-Trimethyldodeca-2,6,10-trien-1-ol" (**228**)

- **trivial "(*E*,*E*)-Farnesol"**
- Numerierung in Formel trivial

Die folgenden **Sesquiterpene** haben **Stereostammnamen**:

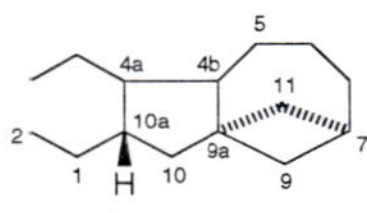

229

"Gibban" (229)

- die absoluten Konfigurationen "(7α,9aα,10aβ)" sind im Stereostammnamen impliziert; die absoluten Konfigurationen an C(4a) und C(4b) müssen zusätzlich spezifiziert werden
- die Namen der **"Gibbellerine"** (= "Gibban-1,10-dicarbonsäuren") leiten sich von **229** her

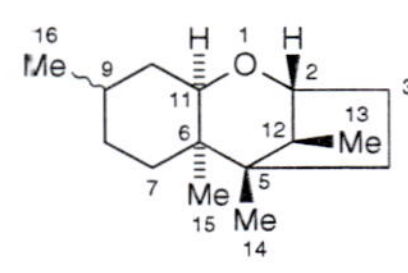

230

"Trichothecan" (230)

die absoluten Konfigurationen "(2β,5β,6α,11α,12*S*)" sind im Namen impliziert; der **Bezugssubstituent** an C(2) und C(5) ist die **β-ständige C(12)-Brücke** ("β" bzgl. "Decahydro-1-benzoxepin"-Ringstruktur)

(d) **Diterpene** (C_{20}-Verbindungen): **Anstelle von Trivialnamen** verwendet CA z.B. **für 231 – 233 systematische Namen** nach *Kap. 1 – 6*.

Kap. 1 – 6

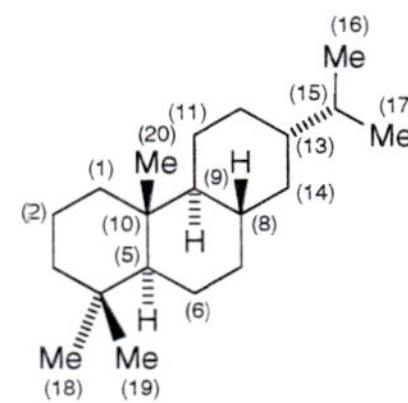

231

"(4a*R*,4b*S*,7*S*,8a*S*,10a*S*)-Tetradecahydro-1,1,4a-trimethyl-7-(1-methylethyl)phenanthren" (**231**)

- CA bis 1999: '...phenanthrene, ..., [4a*R*-(4aα,4bβ,7β,8aα,10aβ)]-'; s. *Anhang 6* (*A.6.3*) für Stereodeskriptoren
- **trivial "(–)-Abietan"**
- Numerierung in Formel trivial

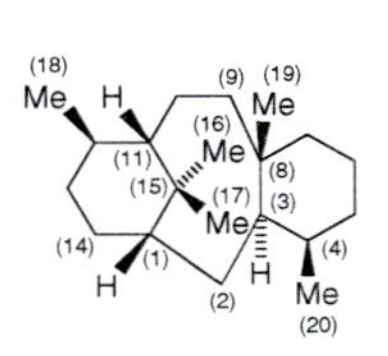

232

"(4*R*,4a*R*,6*S*,9*R*,10*S*,12a*S*)-Tetradecahydro-4,9,12a,13,13-pentamethyl-6,10-methanobenzocyclodecen" (**232**)

- CA bis 1999: '...cyclodecene, ..., [4*R*-(4α,4aβ,6α,9α,10α,12aα)]-'; s. *Anhang 6* (*A.6.3*) für Stereodeskriptoren; im 'Index Guide 1999' gibt CA für "Taxan" die folgende, vermutlich unkorrekte Konfiguration an: "(4*R*,4a*R*,6*S*,9*R*,10*S*,**12a*R***)-"
- **trivial "Taxan"**
- Numerierung in Formel trivial
- **Bezuggssubstituent** an C(1) und C(11) (triviale Numerierung) ist die **β-ständige C(15)-Brücke** ("β" bzgl. "Tetradecahydrobenzocyclodecen"-Ringstruktur), d.h. im CA-Stereodeskriptor "(6α,10α)" (bis 1999)

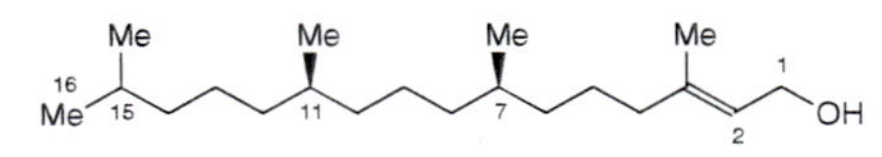

233

"(2*E*,7*R*,11*R*)-3,7,11,15-Tetramethylhexadec-2-en-1-ol" (**233**)

- CA bis 1999: '...-2-hexadecen-1-ol, [*R*-[*R**,*R**-(*E*)]]-'; s. *Anhang 6* (*A.6.3*) für Stereodeskriptoren
- **trivial "Phytol"**

Die folgenden **Diterpene** haben **Stereostammnamen**:

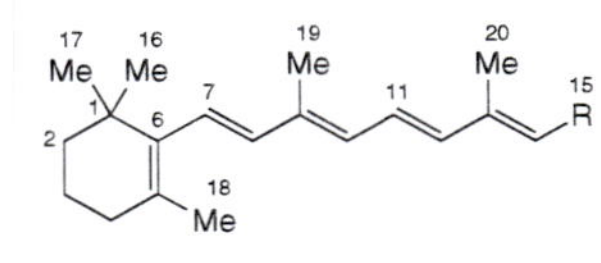

R = CH_2OH, CHO, COOH

234

"Retinol" (**234**, R = CH_2OH)

- die "(*all-E*)"-Konfiguration ist im Namen impliziert
- **trivial "Vitamin A_1"**
- **"Vitamin A_2"** ist "3,4-Didehydroretinol"

"Retinal" (**234**, R = CHO)

"Retinsäure" (**234**, R = COOH)

Englisch: 'retinoic acid'

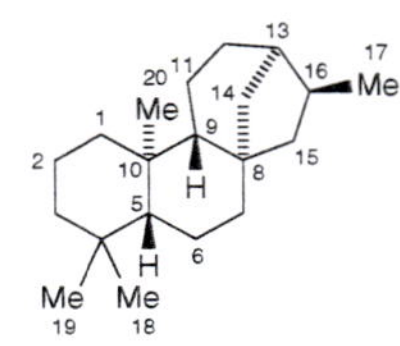

235

"Kauran" (235)

- die absoluten Konfigurationen "(5β,8α,9β,10α,13α,16β)" sind im Namen impliziert
- **in IUPACs RF-Empfehlungen[7]) wird das Enantiomere von 235 mit "Kauran" bezeichnet**

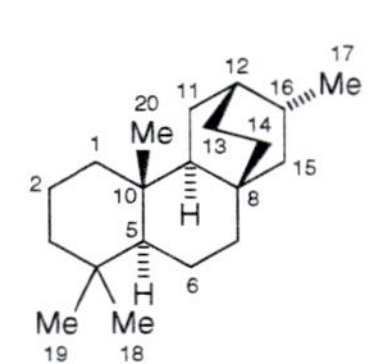

236

"Atisan" (236)

- die absoluten Konfigurationen "(5α,8β,9α,10β,12β,16α)" sind im Namen impliziert
- **in IUPACs RF-Empfehlungen[7]) wird ein Stereoisomeres von 236 mit "Atisan" bezeichnet** (d.h. Inversion der Konfiguration an C(5) und C(9))

A.1

(e) **Sesterpene** (C_{25}-Verbindungen): Zu den Sesterpenen werden die sogenannten **"Prenole"** (= "Isoprenoid-Alkohole") der allgemeinen Formel **237** gezählt. Ein Vertreter ist **238**.

237

"Prenole" (237)

238

"(2*E*,6*E*,10*E*,14*E*)-3,7,11,15,19-Pentamethyleicosa-2,6,10,14,18-pentaen-1-ol" (**238**)

trivial "(*all-E*)-Geranylfarnesol"

(f) **Triterpene** (C_{30}-Verbindungen): **Anstelle von Trivialnamen** verwendet CA z.B. **für 239 und 240 systematische Namen** nach *Kap. 1 – 6*.

Kap. 1 – 6

239

"(6*E*,10*E*,14*E*,18*E*)-2,6,10,15,19,23-Hexamethyltetracosa-2,6,10,14,18,22-hexaen" (**239**)

- im 'Index Guide 1999' ist der Stereodeskriptor von **239** noch "(*all-E*)-"; vgl. dazu **238**
- **trivial "Squalen"**

240

"(4a*R*,5*S*,6*S*,8a*S*)-Decahydro-1,1,4a,6-tetramethyl-5-{(4*R*)-4-methyl-6-[(1*R*,6*R*)-2,2,6-trimethylcyclohexyl]hexyl}naphthalin" (**240**)
- Englisch: '...naphthalene'
- **trivial "Ambran"** oder **"8,14:13,18-Disecogammaceran"**
- Numerierung in Formel trivial

Triterpene mit Stereostammnamen sind

z.B.

241

"Gammaceran" (241)
die absoluten Konfigurationen "(5α,8β,9α,10β,13β,14α,17β,18α)" sind im Namen impliziert

242

"Lanostan" (242)
die absoluten Konfigurationen "(5α,8β,9α,10β,13β,14α,17β,20*R*)" sind im Namen impliziert

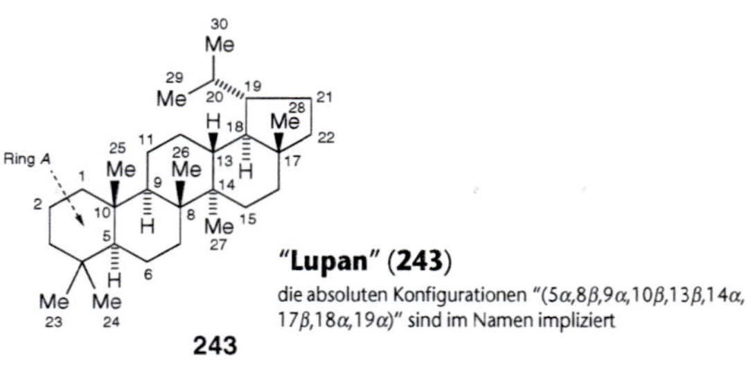

243

"Lupan" (243)
die absoluten Konfigurationen "(5α,8β,9α,10β,13β,14α,17β,18α,19α)" sind im Namen impliziert

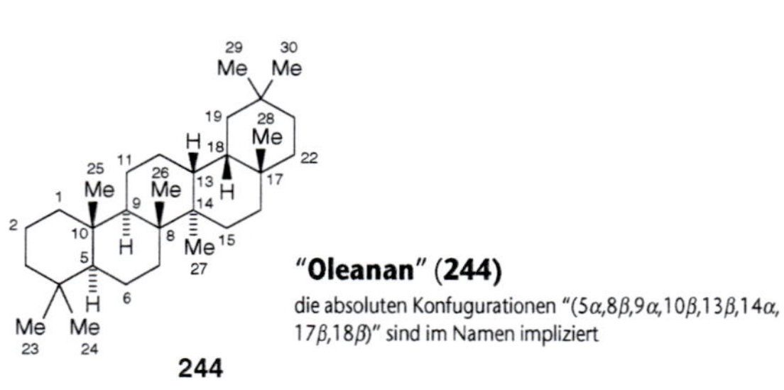

244

"Oleanan" (244)
die absoluten Konfugurationen "(5α,8β,9α,10β,13β,14α,17β,18β)" sind im Namen impliziert

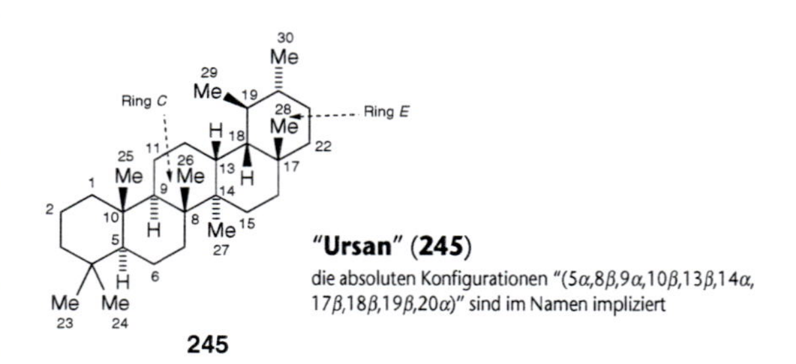

245

"Ursan" (245)
die absoluten Konfigurationen "(5α,8β,9α,10β,13β,14α,17β,18β,19β,20α)" sind im Namen impliziert

Stereostammstruktur-verändernde Vorsilben (= modifizierende Vorsilben):

- **"Cyclo"-Vorsilbe für einen zusätzlichen Ring**, gebildet durch eine Bindung zwischen zwei schon vorhandenen Ringatomen oder zwischen einem Ringatom und einer angularen Me-Gruppe oder einem Seitenkettenatom.

z.B.

246

"1,19-Cyclolanostan" (246)
- die absoluten Konfigurationen "(1α,5α,8β,9α,10β,13β,14α,17β,20*R*)" sind im Namen impliziert
- für "(1α)", s. **177**
- s. **242**

- **"*A*´-Neo"-Vorsilbe**: Sie wird nur noch für die Umlagerung von Ring *A*´ von "Gammaceran" (**241**) verwendet:

247

"*A*´-Neogammaceran" (247)
- die absoluten Konfigurationen "(5α,8β,9α,10β,13β,14α,17β,18α,21α)" sind im Namen impliziert
- s. **241**
- **trivial "Hopan"**

Die folgenden, bis 1996 für pentacyclische Triterpene empfohlenen modifizierenden **Vorsilben werden nicht mehr in Stammnamen verwendet** (entsprechende Verbindungen sind systematisch oder als Derivate anderer Triterpene zu benennen; vgl. dazu auch IUPACs RF-Empfehlungen[7]):

- **"Nor"-Vorsilbe für Ringverengerung**, z.B. "*A*(4),23,24-Trinorlupan" für **243** ohne C(4) von Ring *A* und ohne die daran gebundenen geminalen Me-Gruppen Me(23) und Me(24).
- **"Homo"-Vorsilbe für Ringerweiterung**, z.B. "*E*-Homoursan" für **245** mit einer zusätzlichen CH_2-Gruppe (Lokant "22a") im Ring *E* zwischen C(22) und C(17) oder "C(14a)-Homoursan" für **245** mit einer zusätzlichen CH_2-Gruppe (Lokant "14a") im Ring *C* zwischen C(14) und C(8).
- **"Seco"-Vorsilbe für Ringöffnung**, s. z.B. **240**.
- **"Abeo"-Vorsilbe für Bindungswanderung**, z.B. "5(4→3)-Abeolupan" für **243**, in welchem formal die Bindung C(5)–C(4) geöffnet und die neue Bindung C(5)–C(3) gebildet wird.
- **"Friedo"-Vorsilbe für die Verschiebung von angularen Me-Gruppen** (unter Beibehaltung der ursprünglichen Numerierung), nämlich

"*D*-Friedo-":	Me an C(14)	verschoben nach C(13);
"*D*:*C*-Friedo-":	Me an C(14)	verschoben nach C(13) und
	Me an C(8)	verschoben nach C(14);
"*D*:*B*-Friedo-":	Me an C(14)	verschoben nach C(13),
	Me an C(8)	verschoben nach C(14) und
	Me an C(10)	verschoben nach C(9);
"*D*:*A*-Friedo-":	Me an C(14)	verschoben nach C(13),
	Me an C(8)	verschoben nach C(14),
	Me an C(10)	verschoben nach C(9) und
	Me an C(4)	verschoben nach C(5).

- **"*A*-Neo"-Vorsilbe für die Umlagerung von Ring *A*** analog derjenigen von Ring *A*´ in **241** unter Bildung eines Fünfrings (s. **247**).
- **"*A*:*B*-Neo"-, "*A*:*C*-Neo"- und "*A*:*D*-Neo"-Vorsilbe für die Gerüst-Umlagerung des Rings A** entsprechend "*A*-Neo-" **und zusätzliche Verschiebung von angularen Me-Gruppen**, nämlich

"*A*:*B*-Neo-":	"*A*-Neo"-Umlagerung und	
	Me an C(10)	verschoben nach C(5);
"*A*:*C*-Neo-":	"*A*-Neo"-Umlagerung,	
	Me an C(10)	verschoben nach C(5) und
	Me an C(8)	verschoben nach C(9);
"*A*:*D*-Neo-":	"*A*-Neo"-Umlagerung,	
	Me an C(10)	verschoben nach C(5),
	Me an C(8)	verschoben nach C(9) und
	Me an C(14)	verschoben nach C(8)

(g) *Carotinoide* (Tetraterpene; C_{40}-Verbindungen): In die Klasse der Carotinoide ('carotinoids') gehören die **Carotine** ('carotenes'; Kohlenwasserstoffe) und die **Xanthophylle** ('xanthophylls'; O-haltige Derivate der Carotine), in denen **acht "Isopren"-Einheiten** (= "2-Methylbuta-1,3-dien"-Einheiten) so miteinander verbunden sind, dass sich ihre Anordnung im Zentrum der Struktur umkehrt. **Die Carotin-Stereostammstrukturen werden von der Struktur 248 hergeleitet; dabei werden die End-Gruppen** C(1) bis C(6) und C(1´) bis C(6´) (inkl. je drei Me-Gruppen) **mit griechischen Buchstaben bezeichnet** (die (*all-E*)-Konfiguration ist jeweils in den Namen impliziert):

Anhang 3

248

Struktur der Carotine **248**

"ψ" "β" "ε"

"κ" "φ" "χ"

Die End-Gruppen an den Extremitäten lassen sich kombinieren, wobei die **ungestrichenen Lokanten der End-Gruppe mit dem zuerst zitierten griechischen Buchstaben** zugeordnet werden (β > ε > κ > φ > χ > ψ).

z.B.

249

"β,ε-**Carotin**" (**249**)
- Englisch: 'β,ε-carotene'
- **trivial "α-Carotin"**

250

"β,β-**Carotin**" (**250**)
- Englisch: 'β,β-carotene'
- **trivial "β-Carotin"**

251

"ψ,ψ-**Carotin**" (**251**)
- Englisch: 'ψ,ψ-carotene'
- **trivial "Lycopin"** ('lycopene')

Kap. 3.2

Subtraktions- ("**Dehydro-**"), Additions- ("**Hydro-**") und **Substitutionsnomenklatur mit den üblichen Präfixen und Suffixen** ("**-säure**" ('-oic acid), "**-al**", "**-on**", "**-ol**") werden verwendet (s. **252**), **ausser wenn formal eine Doppelbindung durch Addition von H_2O oder MeOH abgesättigt wird. In letzteren Fällen werden die "Dihydro-hydroxy"- bzw. "Dihydro-methoxy"-Präfixe verwendet** (s. **253**). Die **"Dihydro-hydroxy"-Präfixe** werden **auch** verwendet, **wenn** das Suffix **"-ol" nur einige** aber nicht alle **OH-Gruppen bezeichnen kann** (s. **254**). O-Brücken werden mittels des **"Epoxy"-*Präfixes*** ausgedrückt, wobei je ein H-Atom substituiert wird (s. **252** und **254**). **"Apo"-Namen** sind seit 1997 **nicht mehr** zugelassen (IUPAC lässt sie zu), dagegen werden **"*retro*"-Namen zur Bezeichnung der Verschiebung der alternierenden Einfach- und Doppelbindungen** verwendet (s. **255**).

z.B.

252

"5,6:5′,6′-Diepoxy-5,5′,6,6′-tetrahydro-β,β-carotin-3,3′-diol" (**252**)
- Englisch: '...carotene-3,3′-diol'
- **trivial "(*all-E*)-Violaxanthin"** für das "(3*S*,3′*S*,5*R*,5′*R*,6*S*,6′*S*)"-Stereoisomere
- IUPAC: "5,6:5′,6′-Diepoxy-5,6,5′,6′-tetrahydro-β,β-carotin-3,3′-diol"; beachte die nicht-systematische Anordnung der Lokanten

253

"1,2-Dihydro-1-hydroxy-ψ,ψ-carotin" (**253**)
- Englisch: '...carotene'
- **trivial "(*all-E*)-Rhodopin"**
- IUPAC: "1,2-Dihydro-ψ,ψ-carotin-1-ol"

254

"6,7-Didehydro-5′,8′-epoxy-5,5′,6,8′-tetrahydro-3,3′,5-trihydroxy-β,β-carotin" (**254**)
- Englisch: '...carotene'
- IUPAC: "6,7-Didehydro-5′,8′-epoxy-5,6,5′,8′-tetrahydro-β,β-carotin-3,5,3′-triol"; beachte die nicht-systematische Anordnung der Lokanten

255

"4′,5′-Didehydro-4,5′-*retro*-β,β-carotin-3,3′-dion" (**255**)
- Englisch: '...carotene-3,3′-dione'
- im Lokantenpaar "4,5′" vor "*retro*" bezeichnet der erste Lokant ("4") das C-Atom, dass ein H-Atom verloren hat, und der zweite Lokant ("5′") das C-Atom, das ein H-Atom gewonnen hat
- **trivial "(*all-E*)-Rhodoxanthin"**

CA ¶ 224 und 293

A.1.9. VITAMINE ('VITAMINS')[8])

Die Vitamine haben sehr verschiedene Strukturen.

Vitamine A

A.1.8

"Vitamin A_1" hat den Stereostammnamen **"Retinol"** (**234**) und **"Vitamin A_2"** heisst **"3,4-Didehydroretinol"** (s. *A.1.8*).

Vitamine B

256

"{3-[(4-Amino-2-methylpyrimidin-5-yl)methyl]-5-(2-hydroxyethyl)-4-methylthiazolium}-chlorid" (**256**)
- systematischer Name
- **trivial "Thiamin"** (nur wenn Anion Cl^-) oder **"Vitamin B_1"**

257

"Riboflavin" (257)
- Stereostammname
- **trivial** auch **"Lactoflavin"**, **"Vitamin B_2"** oder **"Vitamin G"**
- systematisch: "1-Deoxy-1-(3,4-dihydro-7,8-dimethyl-2,4-dioxobenzo[*g*]pteridin-10(2*H*)-yl)-D-ribitol" (s. *A.1.3***(h)(i)**)

258

"Pyridin-3-carboxamid" (**258**)
- systematischer Name
- **trivial "Vitamin B_3"**

259

"1*H*-Purin-6-amin" (**259**)
- systematischer Name
- **trivial "Vitamin B_4"** oder **"Adenin"**

260

"*N*-[(2*R*)-2,4-Dihydroxy-3,3-dimethyl-1-oxobutyl]-*β*-alanin" (**260**)
- halbsystematischer Name
- **trivial "Vitamin B_5"** oder **"Pantothensäure"**

261

"3-Hydroxy-5-(hydroxymethyl)-2-methylpyridin-4-carboxaldehyd" (**261**)
- systematischer Name
- **trivial "Pyridoxal"**, ein **"Vitamin B_6"**

262

"4-(Aminomethyl)-5-hydroxy-6-methylpyridin-3-methanol" (**262**)
- systematischer Name
- **trivial "Pyridoxamin"**, ein **"Vitamin B_6"**

263

"5-Hydroxy-6-methylpyridin-3,4-dimethanol" (**263**)
- systematischer Name
- **trivial "Pyridoxin"** oder **"Pyridoxol"**, ein **"Vitamin B_6"**

264

"(3a*S*,4*S*,6a*R*)-Hexahydro-2-oxo-1*H*-thieno[3,4-*d*]imidazol-4-pentansäure" (**264**)
- Englisch: '...pentanoic acid'
- systematischer Name
- **trivial "Vitamin B_7"**, **"Vitamin H"** oder **"Biotin"**

265

"Vitamin B_{12}" (265)
- Stereostammname
- **trivial "Cyanocob(III)alamin"**, **"Cobamin"** oder "Cobinamid-cyanid-[dihydrogen-phosphat(Ester)]-Innensalz 3'-Ester mit 5,6-Dimethyl-1-*α*-D-ribofuranosyl-1*H*-benzimidazol"
- für Namen von Vitamin-B_{12}-Derivaten sind die IUPAC-Empfehlungen zu konsultieren[8]); vgl. dazu auch **266** und **267**

Die Gerüst-Stammstruktur von Vitamin B_{12} heisst **"Corrin"** (**266**) und wird wie **"Porphyrin"** (**280**) (s. *A.1.10*) numeriert, unter Weglassen von C(20). Für Derivate werden die Stereostammnamen **267a–g** verwendet.

A.1.10

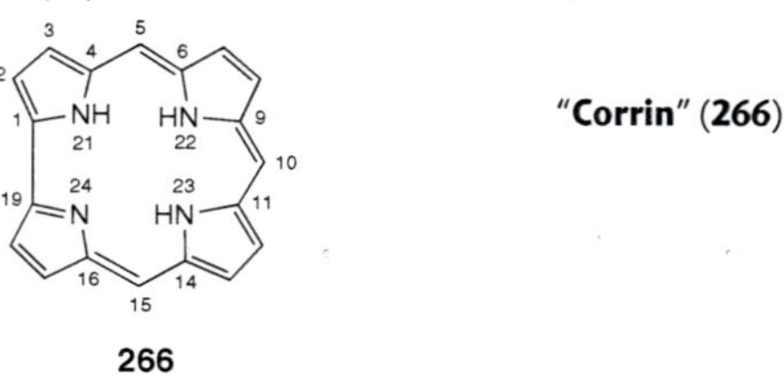

266

"Corrin" (266)

267a-g

"Cobyrinsäure" (R = R´ = COOH; **267a**)
Englisch: 'cobyrinic acid'

"Cobyrinamid" (R = R´ = $CONH_2$; **267b**)

"Cobinsäure" (R = COOH, R´ = $CONHCH_2CH(Me)OH$; **267c**)
- Englisch: 'cobinic acid'
- vgl. **265** für R´

"Cobinamid" (R = $CONH_2$, R´ = $CONHCH_2CH(Me)OH$; **267d**)
vgl. **265** für R´

"Cobamsäure" (R = COOH, R´ = $CONHCH_2CH(Me)O–P(=O)(O^-)–$(D-Rib); **267e**)
- Englisch: 'cobamic acid'
- vgl. **265** für R´

"Cobamid" (R = $CONH_2$, R´ = $CONHCH_2CH(Me)O–P(=O)(O^-)–$(D-Rib); **267f**)
vgl. **265** für R´

"Cobyrinol" (R = R´ = CH_2OH; **267g**)

---

[8]) **IUPAC-Empfehlungen:**

IUPAC-IUB, **'Nomenclature of Carbohydrates'**, *Pure Appl. Chem.* **1996**, *68*, 1919.

IUPAC-IUB, **'Nomenclature of Steroids'**, *Pure Appl. Chem.* **1989**, *61*, 1783.

IUPAC-IUB, **'Nomenclature of Retinoids'**, *Pure Appl. Chem.* **1983**, *55*, 721.

IUPAC-IUB, **'Nomenclature of Vitamin D'**, *Pure Appl. Chem.* **1982**, *54*, 1511.

IUPAC-IUB, **'Nomenclature of Tocopherols and Related Compounds'**, *Pure Appl. Chem.* **1982**, *54*, 1507.

IUPAC-IUB, **'Nomenclature of Corrinoids'**, *Pure Appl. Chem.* **1976**, *48*, 495.

IUPAC-IUB, **'Definitive Nomenclature for Vitamins B-6 and Related Compounds'**, *Pure Appl. Chem.* **1973**, *33*, 445.

Vitamin C

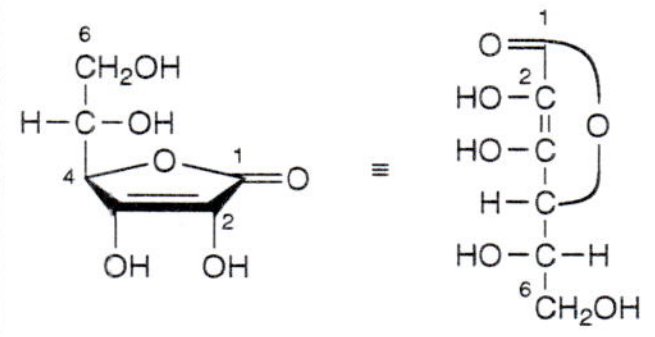

"L-Ascorbinsäure" (268)
- Englisch: 'L-ascorbic acid'
- **trivial "Vitamin C"** oder halbsystematisch (s. *A.1.4*) "L-*threo*-Hex-2-enonsäure-γ-lacton"

268

Vitamine D

A.1.7

Die **Vitamine D** werden bei CA als **Secosteroide** (s. *A.1.7*) bezeichnet.

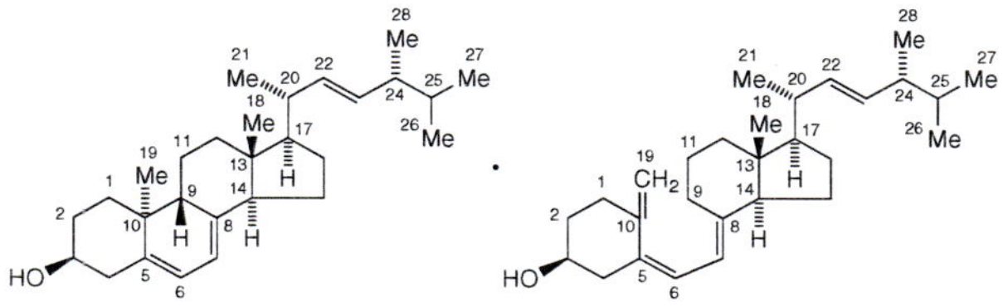

269

"[(3β,9β,10α,22E)-Ergosta-5,7,22-trien-3-ol]-Verbindung mit (3β,5Z,7E,22E)-9,10-Secoergosta-5,7,10(19),22-tetraen-3-ol (1:1)" (**269**)
- die absoluten Konfigurationen "(13β,14α,17β,20R,24R)" sind im Namen impliziert; vgl. **171**
- **trivial "Vitamin D_1"**
- Additionsverbindung von **"Vitamin D_2" (270) und "Lumisterol"**

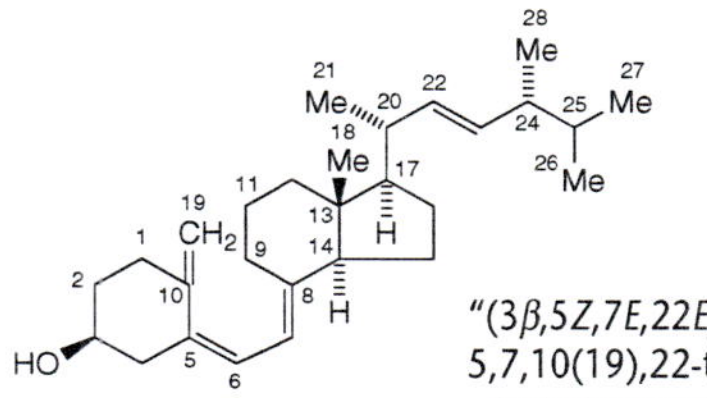

"(3β,5Z,7E,22E)-9,10-Secoergosta-5,7,10(19),22-tetraen-3-ol" (**270**)
- die absoluten Konfigurationen "(13β,14α,17β,20R,24R)" sind im Namen impliziert; vgl. **171**
- **trivial "Vitamin D_2", "Ergocalciferol"** oder **"Ercalciol"**

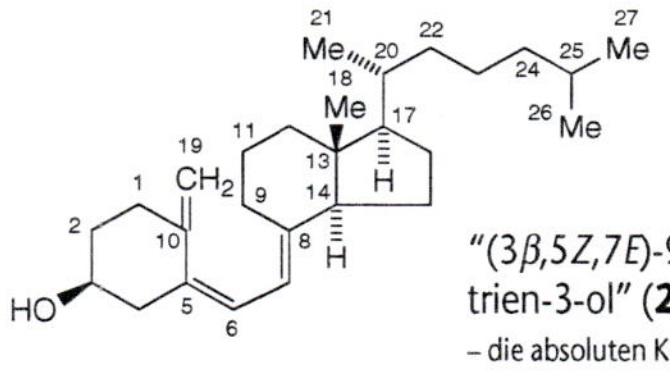

270

"(3β,5Z,7E)-9,10-Secocholesta-5,7,10(19)-trien-3-ol" (**271**)
- die absoluten Konfigurationen "(13β,14α,17β,20R)" sind im Namen impliziert; vgl. **170**
- **trivial "Vitamin D_3", "Cholecalciferol"** oder **"Calciol"**

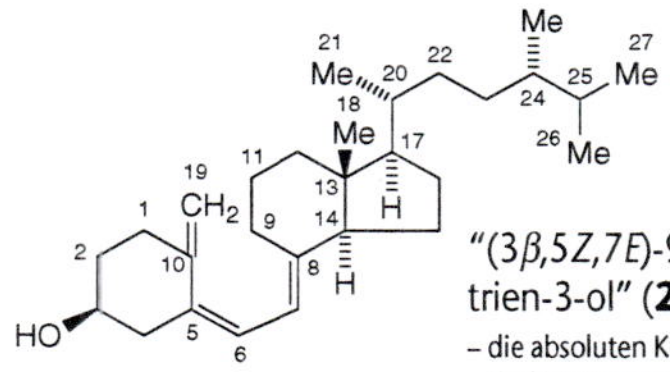

271

"(3β,5Z,7E)-9,10-Secoergosta-5,7,10(19)-trien-3-ol" (**272**)
- die absoluten Konfigurationen "(13β,14α,17β,20R,24S)" sind im Namen impliziert; vgl. **171**
- **trivial "Vitamin D_4", "22,23-Dihydroercalciol"** oder **"(24S)-24-Methylcalciol"**

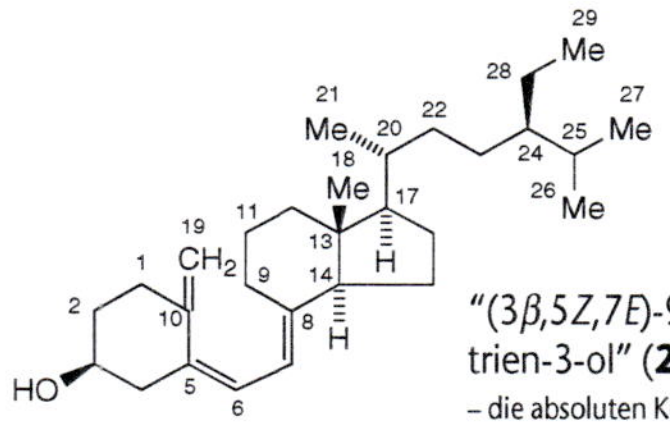

272

"(3β,5Z,7E)-9,10-Secostigmasta-5,7,10(19)-trien-3-ol" (**273**)
- die absoluten Konfigurationen "(13β,14α,17β,20R,24R)" sind im Namen impliziert; vgl. **172**
- **trivial "Vitamin D_5"** oder **"(24R)-Ethylcalciol"** (bei IUPAC-IUB, vermutlich irrtümlicherweise, "(24S)-Ethylcalciol"[8]))

273

Vitamine E

Vitamin E und Derivate, auch **"Tocopherole"** genannt, werden bei CA systematisch bezeichnet.

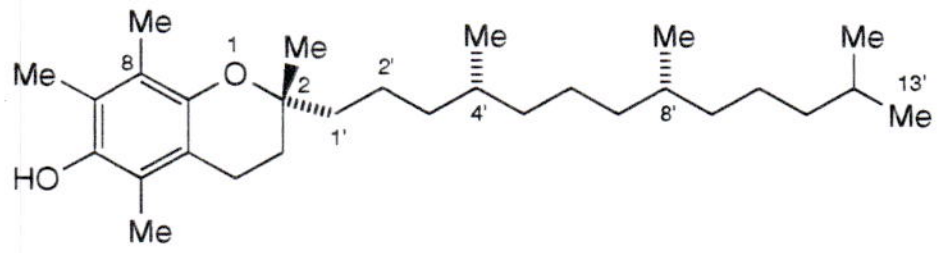

274

"(2R)-3,4-Dihydro-2,5,7,8-tetramethyl-2-[(4R,8R)-4,8,12-trimethyltridecyl]-2H-1-benzopyran-6-ol" (**274**)
- CA bis 1999: Stereodeskriptor '[2R-[2R*(4R*,8R*)]]-'; s. *Anhang 6 (A.6.3)* für Stereodeskriptoren
- **trivial "Vitamin E", "α-Tocopherol"** oder **"(R,R,R)-α-Tocopherol"**

Vitamine K

Die Vitamine K werden bei CA systematisch benannt.

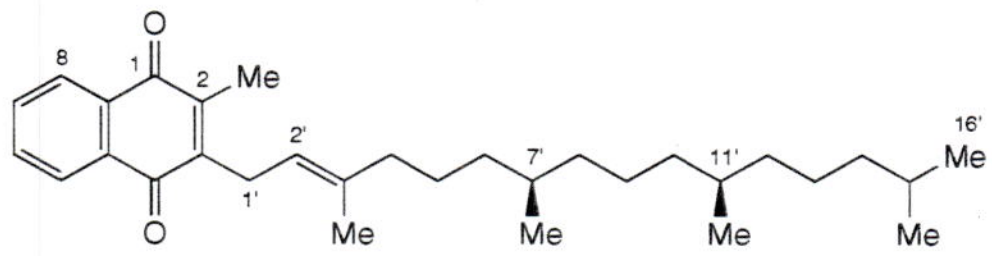

275

"2-Methyl-3-[(2E,7R,11R)-3,7,11,15-tetramethylhexadec-2-enyl]naphthalin-1,4-dion" (**275**)
- CA bis 1999: '...naphthalene-1,4-dione, [R-[R*,R*-(E)]]-'; s. *Anhang 6 (A.6.3)* für Stereodeskriptoren
- **trivial "Vitamin K_1", "Vitamin $K_{1(20)}$"** oder **"Phyllochinon"** ('phylloquinone')

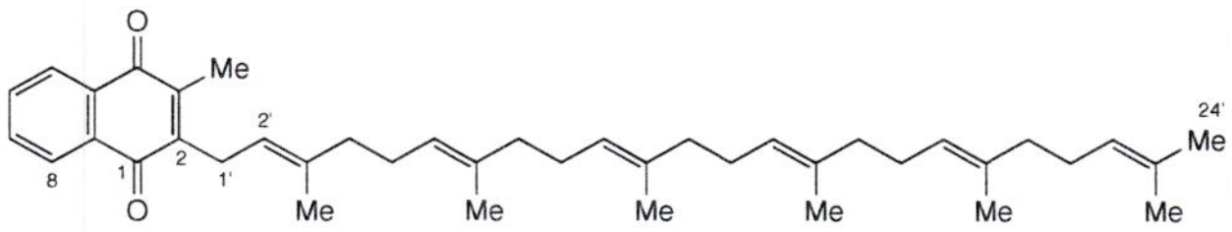

276

"2-[(2E,6E,10E,14E,18E)-3,7,11,15,19,23-Hexamethyltetracosa-2,6,10,14,18,22-hexaenyl]-3-methylnaphthalin-1,4-dion" (**276**)
- CA bis 1999: '...naphthalene-1,4-dione, (*all-E*)-'
- **trivial "Vitamin K_2", "Vitamin $K_{2(30)}$"** oder **"Farnochinon"** ('farnoquinone')

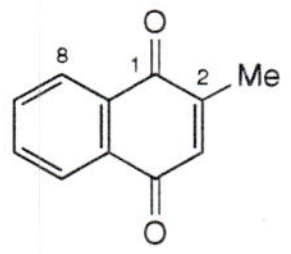

"2-Methylnaphthalin-1,4-dion" (**277**)
- Englisch: '...naphthalene-1,4-dione'
- **trivial "Vitamin K_3"**

277

Vitamin N

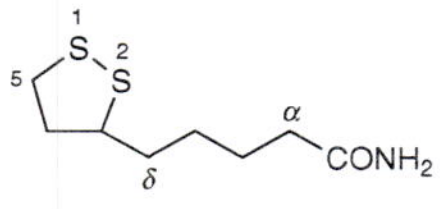

"1,2-Dithiolan-3-pentanamid" (**278**)
trivial "Vitamin N"

278

Vitamine P

Die Vitamine P werden bei CA systematisch benannt.

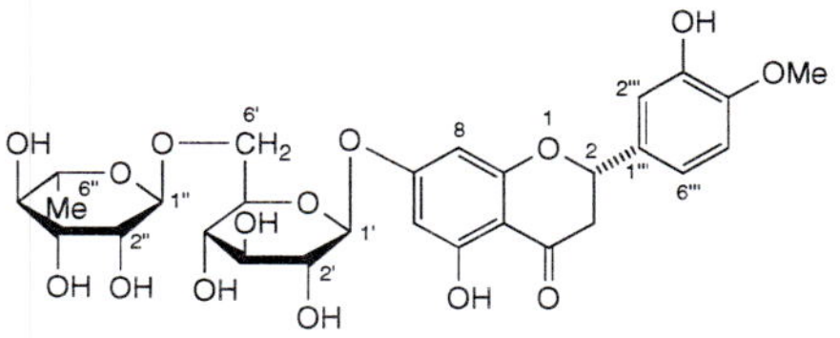

279

"(2S)-7-{[6-O-(6-Deoxy-α-L-mannopyranosyl)-β-D-glucopyranosyl]oxy}-2,3-dihydro-5-hydroxy-2-(3-hydroxy-4-methoxyphenyl)-4H-1-benzopyran-4-on" (**279**)
ein **"Vitamin P"**

CA ¶ 223 und 278

A.1.10. Porphyrine und Gallenfarbstoffe ('bile pigments')[9])

Porphyrine sind cyclische Tetrapyrrole, in welchen CH-Gruppen die Pyrrol-Ringe paarweise verbinden. Die Gerüst-Stammstruktur der Porphyrine heisst **"21*H*,23*H*-Porphin" (280)**:

"21*H*,23*H*-Porphin" (280)
- Englisch: '21*H*,23*H*-porphi**ne**'
- IUPAC: auch **"Porphyrin"** ('porphyr**in**')

280

Kap. 4.6.4 bzw. 4.6.3 Tab. 3.1 und 3.2 A.1.9

Austauschnamen und Anellierungsnamen können nach *Kap. 4.6.4* bzw. *4.6.3* mit Hilfe von **280** geprägt werden (s. **281** - **284**). Ausserdem wird die übliche Substitutionsnomenklatur mit Präfixen und Suffixen verwendet. Für **Corrine**, s. "Vitamin B_{12}" (**265**) sowie **266** und **267** in *A.1.9*.

"21*H*-5-Oxaporphin" (**281**)
IUPAC: auch "21,23-Didehydro-21*H*-5-oxaporphyrin"

281

"21*H*,23*H*-5,15-Diazaporphin" (**282**)
IUPAC: auch "5,15-Diazaporphyrin"

282

"23*H*,25*H*-Benzo[*b*]porphin" (**283**)
beachte die Numerierung der Porphin-N-Atome (nach *Kap. 4.6*)

283

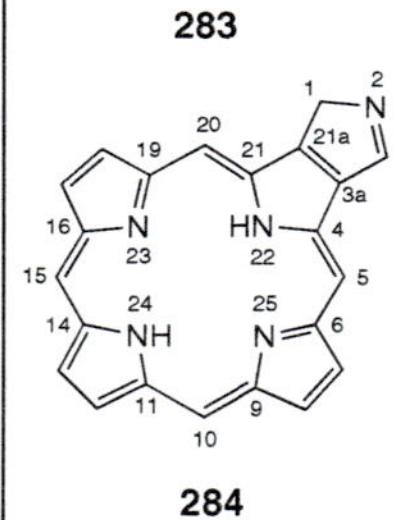

"1*H*,22*H*,24*H*-Pyrrolo[3,4-*b*]porphin" (**284**)
beachte die Numerierung der Porphin-N-Atome (nach *Kap. 4.6*)

284

Ausnahmen:

"**21*H*,23*H*-Porphyrazin" (285)**
Stereostammname

285

"29*H*,31*H*-Phthalocyanin" (286)
ein Tetrabenzoporphin mit Stereostammnamen

286

"Phorbin" (287)
- indiziertes H-Atom wird nicht angegeben
- Stereostammname
- zusätzliche Unsättigung wird mittels des "Dehydro"-Präfixes ausgedrückt, z.B. **"3,4-Didehydrophorbin"**
- IUPAC[9]): "2^1,2^2,17,18-Tetrahydrocyclopenta[*at*]porphyrin" (andere Numerierung)

287

Der **Stereostammname der Gallenfarbstoffe**, inklusive von gesättigten oder partiell gesättigten Derivaten, ist **"21*H*-Bilin" (288)**, dessen Numerierung sich von derjenigen von "21*H*,23*H*-Porphin" (**280**) herleitet (ohne C(20)). Ist **H–N(21) abwesend**, dann ist der Stereostammname **bevorzugt "22*H*-Bilin"**.

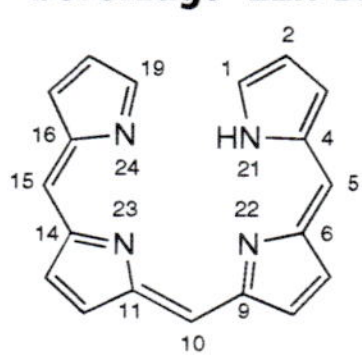

"21*H*-Bilin" (288)
die "(*all-Z*)"-Konfugation ist im Namen impliziert

288

"22,24-Dihydro-2,3,7,8,12,13,17,18-octamethyl-21*H*-bilin-1,19-dion" (**299**)
dies ist auch der bevorzugte Name für das tautomere "1,19-Dihydroxy"-Derivat

289

CA ¶ 222 und 277

A.1.11. Polymere[10])

Man unterscheidet:

(*a*) Definitionen;
(*b*) Polymer-Namen, die auf einer strukturellen Repetiereinheit (SRE) basieren;
(*c*) Polymer-Namen, die auf dem Namen des(r) Monomeren basieren;
(*d*) Namen von Peptiden;
(*e*) Namen von Polynucleotiden;
(*f*) Namen von Polysacchariden (s. *A.1.4(j)*).

[9]) **IUPAC-Empfehlungen**:
IUPAC-IUB, '**Nomenclature of Tetrapyrrols**', *Pure Appl. Chem.* **1987**, *59*, 779.

[10]) **IUPAC-Empfehlungen**:
IUPAC, '**Glossary of Basic Terms in Polymer Science**', *Pure Appl. Chem.* **1996**, *68*, 2287.
IUPAC, '**Structure-Based Nomenclature for Irregular Single-Strand Organic Polymers**', *Pure Appl. Chem.* **1994**, *66*, 873.
IUPAC, '**Nomenclature of Regular Double-Strand (Ladder or Spiro) Organic Polymers**', *Pure Appl. Chem.* **1993**, *65*, 1561.
IUPAC, '**Nomenclature for Regular Single-Strand and Quasi Single-Strand Inorganic and Coordination Polymers**', *Pure Appl. Chem.* **1985**, *57*, 149.
IUPAC, '**Source-Based Nomenclature for Copolymers**', *Pure Appl. Chem.* **1985**, *57*, 1427.
IUPAC, '**Stereochemical Definitions and Notations Relating to Polymers**', *Pure Appl. Chem.* **1981**, *53*, 733.
IUPAC, '**Nomenclature of Regular Single-Strand Organic Polymers**', *Pure Appl. Chem.* **1976**, *48*, 373.

CA ¶ 222 und 277

Für die Registrierung von Polymeren in den CA-Indexen, s. CA ¶ 222 und 277.

(a) *Definitionen:* CA verwendet für Polymere unter andern (z.B. Hancelsnamen) ein

- **Name, der auf einer strukturellen Repetiereinheit (SRE)** ('structural repeating unit' ('SRU')) **basiert**, d.h. auf einem multivalenten Substituenten (s. ***(b)***):

  "Poly(Präfix des multivalenten Substituenten)"

- **Name, der auf dem Namen des(r) beteiligten Monomeren basiert** (s. ***(c)***):

  "Monomer" | + | modifizierende Angabe **"Homopolymer"**

  "Monomer A" | + | modifizierende Angabe **"Polymer" mit Monomer B"**

- **Peptid-Name** (s. ***(d)***),
- **Polynucleotid-Name** (s. ***(e)***),
- **Polysaccharid-Namen** (s. *A.1.4(j)*).

A.1.4(j)

Namen, die auf einer SRE basieren, werden verwendet **für**:

- **Polymere mit genau definierter Struktur**;
- Polymere, für welche eine SRE mit grosser Wahrscheinlichkeit angenommen werden kann, d.h. für
  - **Polyamid aus dibasischer Säure** (oder einem Derivat) **und Amin**,
  - **Polyamid aus Aminosäure oder Lactam**,
  - **Polyester aus dibasischer Säure** (oder einem Derivat) **und Diol**,
  - **Polyester aus Hydroxysäure oder Lacton**,
  - **Polyurethan aus Diisocyanat und Diol**,
  - **Polycarbonat aus Kohlensäure** (oder einem Ester- oder Halogenid-Derivat) **und Diol**.

(b) *Polymere mit Namen der strukturellen Repetiereinheit* (SRE):

***Allgemeines Vorgehen*:**

- **Man bestimmt einen multivalenten Substituenten als SRE**, der **gegebenenfalls aus mehreren multivalenten**, möglichst grossen **Komponenten** zusammengesetzt wird, **und benennt ihn mit einem Präfix**, das gegebenenfalls zusammengesetzt ist (s. *Tab. 3.3* in *Kap. 3.2* und *Kap. 5*).
- **Jeder multivalente Substituent** (oder jede multivalente Komponente) **behält seine ursprüngliche Numerierung bei und wird** wenn möglich **so orientiert, dass diejenige freie Valenz** in der SRE **links zu liegen kommt, die einen möglichst tiefen Lokanten hat** (s. **291**, **295**, **297**, **302**, **304** *etc.*); bei Wahl muss die Gesamtheit der freien Valenzen möglichst tiefe Lokanten haben (s. **309**). So lässt sich eine zusammengesetzte **SRE sequentiell von links nach rechts benennen** bzw. eine SRE von ihrem Namen von links nach rechts herleiten.
- **Die SRE muss möglichst wenig freie Valenzen aufweisen**, d.h. ungesättigte multivalente Substituenten sind als SRE bevorzugt (s. **292** und **294**).
- **Alle Nebensubstituenten** an einem multivalenten Substituenten oder an einer multivalenten Komponente **werden als Präfixe** (s. z.B. *Tab. 3.1* und *3.2*) **und Unsättigungen mit den Endsilben "-en-", "-dien-", "-in-"** (Englisch: '-yne-') *etc.* **bezeichnet und mit möglichst tiefen Lokanten versehen** (s. **291**, **293**, **296**, **302**, **305** *etc.*). **Unsättigungen haben vor Präfixen von Nebensubstituenten Priorität für einen möglichst tiefen Lokanten** (s. z.B. **294**). Auch funktionelle Derivate wie **Ester, Hydrazone, Oxid-Gruppen** an Heteroatomen *etc.* werden wie andere Nebensubstituenten mit Präfixen benannt (nicht modifizierende Angaben) (s. **297**).
- **Salze von Säuren und Anionen von quaternären Kationen** ("Onium"-Verbindungen *etc.*) gehören zur SRE und werden in den SRE-Namen aufgenommen (s. **298**–**300**).
- **Der Name einer zusammengesetzten SRE beginnt mit dem Substituentennamen der** darin enthaltenen **bevorzugten multivalenten Komponente, die nach den Kriterien *(i)* - *(iv)*** (s. unten) **gewählt wird** (s. **296**–**299** *etc.*).
- **Bei gemäss den Kriterien *(i)* - *(iv)* gleichwertigen multivalenten Substituenten** oder Komponenten (z.B. bei gleich langen Kohlenwasserstoff-Ketten) ist der(die)jenige bevorzugt, der (die) **am meisten Nebensubstituenten** trägt, dessen (deren) Nebensubstituenten als Gesamtheit möglichst tiefe Lokanten haben und schliesslich dessen (deren) Nebensubstituenten alphabetische Priorität haben (s. **311** und **322**).

Tab. 3.3 in Kap. 3.2 und Kap. 5

Tab. 3.1 und 3.2

Kap. 3.5

- Innerhalb einer zusammengesetzten SRE muss der **Weg von der zuerst genannten, bevorzugten Komponente zu einer andern gleichen Komponente** (sofern vorhanden) **möglichst kurz** sein (kleinste Anzahl Atome zwischen den beiden Komponenten), **dann der Weg zur nächst-bevorzugten Komponente** *etc.* (s. **312**–**318**).
- Sind die **Endgruppen am α-Terminus** (links) **und ω-Terminus** (rechts) eines Polymers mit SRE-Namen **bekannt**, dann werden sie mittels Substituentenpräfixen und den Lokanten "α" (linker Terminus) und "ω" (rechter Terminus) bezeichnet. Die α-Endgruppe wird immer zuerst angeführt (s. **321** und **322**).

  "α-Präfix-ω-Präfix′-poly(Präfix des multivalenten Substituenten)"

- **Stereodeskriptoren** (s. *Anhang 6*) stehen direkt vor dem betroffenen Strukturteil (s. **292**, **294**, **296** und **308**).
- Für **Leiter- und Spiropolymere**, s. die Beispiele **323**–**327** und *Fussnote 11*.

Anhang 6

***Auswahlkriterien*:**

Die bevorzugte (zuerst genannte, in der Struktur links stehende) **multivalente Komponente einer SRE ist**

(i) **ein Heterocyclus**, s. **299** und **301**–**303**;
(ii) **ein acyclisches Heteroatom** in der Prioritätenreihenfolge O > S > Se > Te > N > P > As > Sb > Bi > Si > Ge > Sn > Pb > B > (Hg), s. **296**, **298** und **306**–**322**;
(iii) **ein Carbocyclus**, s. **297**, **300**, **304** und **305**;
(iv) **eine Kohlenwasserstoff-Kette**.

z.B.

$[-CH_2-]_n$ **290** — "Poly(methylen)" (**290**)

291 — "Poly(1-methylethan-1,2-diyl)" (**291**)
"**1**-Methyl" > "**2**-Methyl"

292 — "Poly[(1*E*)-ethen-1,2-diyl]" (**292**)
- möglichst wenig freie Valenzen, d.h. nicht "Poly(ethan-1,2-diyliden)" ([=CH–CH=]ₙ)
- "(1*E*)" nach *Anhang 6 (A.6.3)*

293 — "Poly(1,2-dioxobutan-1,4-diyl)" (**293**)
- "**1,2**-Dioxo" > "**1,4**-Dioxo"
- Keto-Gruppen werden als Präfixe angegeben

294 — "Poly[(1*E*)-3-methylbut-1-en-1,4-diyl]" (**294**)
- Unsättigung > Nebensubstituenten für möglichst tiefen Lokanten
- "(1*E*)" nach *Anhang 6 (A.6.3)*

295 — "Poly(bicyclo[2.2.1]hept-5-en-2,3-diyl)" (**295**)
freie Valenzen > Unsättigung für möglichst tiefe Lokanten

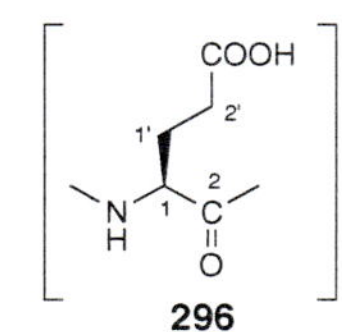

296 — "Poly{imino[(1*S*)-1-(2-carboxyethyl)-2-oxoethan-1,2-diyl]}" (**296**)
- Priorität nach ***(ii)***
- "(2*S*)" nach *Anhang 6 (A.6.3)*
- auch "**L-Glutaminsäure-Homopolymer**" ('L-glutamic acid homopolymer'), s. ***(c)***

A.1

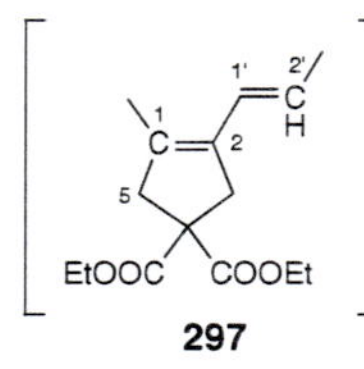

297

"Poly{[4,4-bis(ethoxycarbonyl)cyclopent-1-en-1,2-diyl]ethen-1,2-diyl}" (**297**)
- Priorität nach ***(iii)***
- freie Valenzen > Nebensubstituenten für möglichst tiefe Lokanten
- Ester werden nicht mittels modifizierender Angabe sondern mittels Präfix bezeichnet (vgl. *Kap. 6.14*)

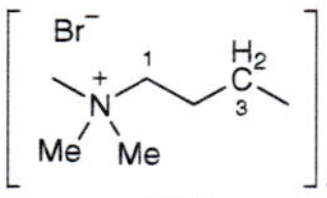

298

"Poly{[(dimethyliminio)propan-1,3-diyl]-bromid}" (**298**)
- Englisch: 'poly[(dimethyliminio)propane-1,3-diyl bromide]'
- Priorität nach ***(ii)***
- Anion-Namen werden in den SRE-Namen aufgenommen

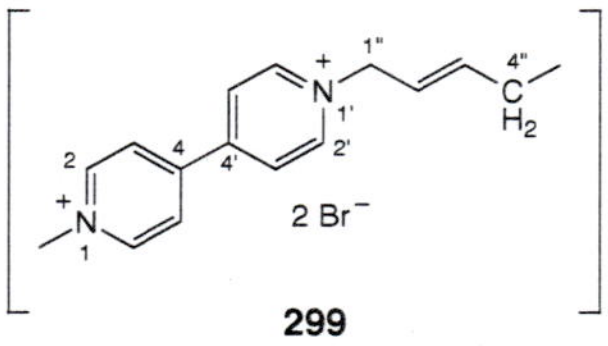

299

"Poly{[4,4´-bipyridinium]-1,1´-diylbut-2-en-1,4-diyl-(dibromid)}" (**299**)
- Englisch: 'poly([4,4´-bipyridinium]-1,1´-diylbut-2-ene-1,4-diyl dibromide)'
- Priorität nach ***(i)***
- Anion-Namen werden in den SRE-Namen aufgenommen

300

"Poly{[(3,3´-disulfo[2,2´-binaphthalin]-7,7´-diyl)-methylen]-Dinatrium-Salz}" (**300**)
- Englisch: 'poly[...methylene disodium salt]'
- Priorität nach ***(iii)***
- Salz-Bezeichnungen werden in den SRE-Namen aufgenommen

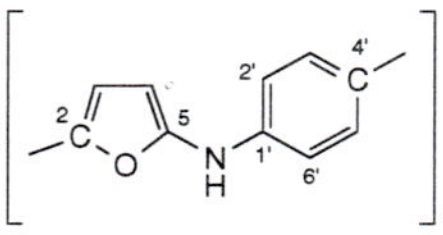

301

"Poly(furan-2,5-diylimino-1,4-phenylen)" (**301**)
Priorität nach ***(i)***

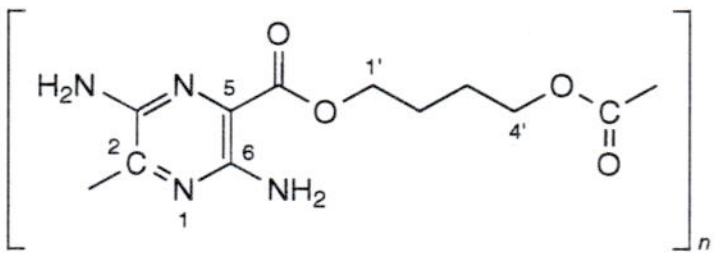

302

"Poly[(3,6-diaminopyrazin-2,5-diyl)carbonyloxybutan-1,4-diyloxycarbonyl]" (**302**)
- Priorität nach ***(i)***
- freie Valenzen > Nebensubstituenten für möglichst tiefe Lokanten

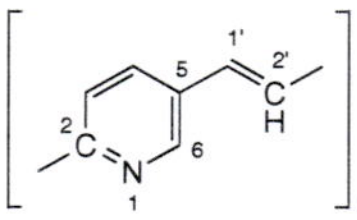

303

"Poly(pyridin-2,5-diylethen-1,2-diyl)" (**303**)
- Priorität nach ***(i)***
- "Pyridin-**2**,**5**-diyl" > "Pyridin-**3**,**6**-diyl"

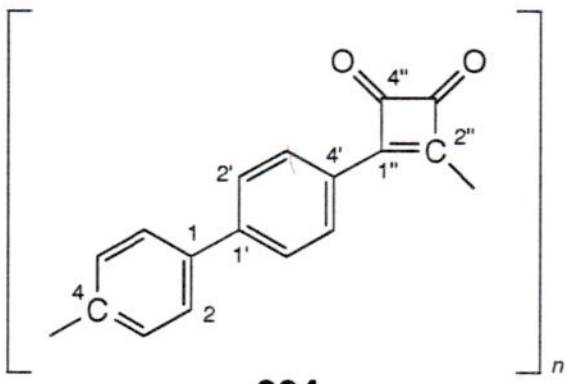

304

"Poly{[1,1´-biphenyl]-4,4´-diyl(3,4-dioxocyclobut-1-en-1,2-diyl)}" (**304**)
- Priorität nach ***(iii)***, "Biphenyl" > "Cyclobuten"
- freie Valenzen > Unsättigung > Nebensubstituenten für möglichst tiefe Lokanten im *ω*-Terminus

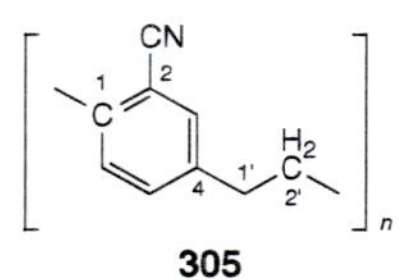

305

"Poly[(2-cyano-1,4-phenylen)-ethan-1,2-diyl]" (**305**)
- Priorität nach ***(iii)***
- "**2**-Cyano" > "**6**-Cyano"

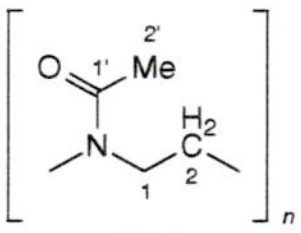

306

"Poly[(acetylimino)ethan-1,2-diyl]" (**306**)
Priorität nach ***(ii)***

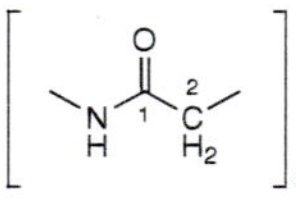

307

"Poly[imino(1-oxoethan-1,2-diyl)]" (**307**)
Priorität nach ***(ii)***

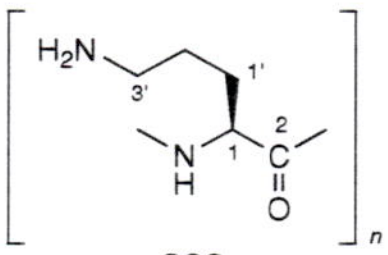

308

"Poly{imino[(1*S*)-1-(3-aminoprop-yl)-2-oxoethan-1,2-diyl]}" (**308**)
- Priorität nach ***(ii)***
- "(1*S*)" nach *Anhang 6 (A.6.3)*
- auch "**L-Ornithin-Homopolymer**", s. ***(c)***

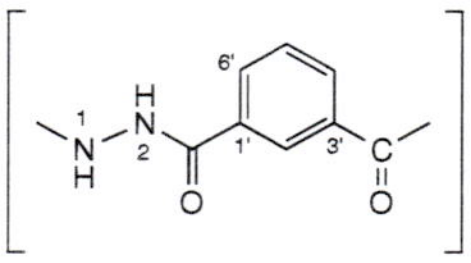

309

"Poly(hydrazocarbonyl-1,3-phenylencarbonyl)" (**309**)
- Priorität nach ***(ii)***
- "**1**,**3**-Phenylen" > "**1**,**5**-Phenylen"

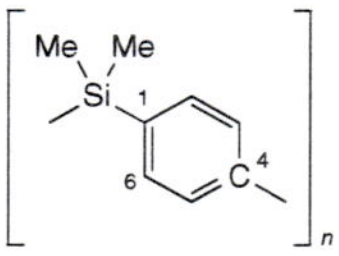

310

"Poly[(dimethylsilylen)-1,4-phenylen]" (**310**)
Priorität nach ***(ii)***

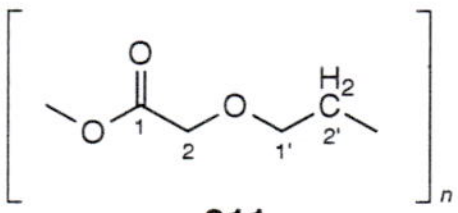

311

"Poly[oxy(1-oxoethan-1,2-diyl)oxyethan-1,2-diyl]" (**311**)
- Priorität nach ***(ii)***
- substituierte Komponente > unsubstituierte gleichartige Komponente (C_2-Kette)

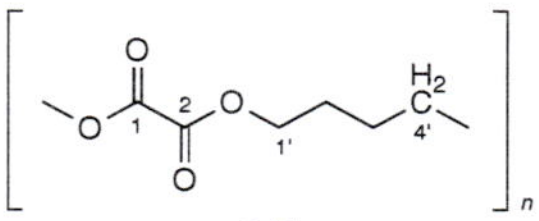

312

"Poly[oxy(1,2-dioxoethan-1,2-diyl)oxybutan-1,4-diyl]" (**312**)
- Priorität nach ***(ii)***
- möglichst kurzer Weg (2 Atome) zwischen den beiden bevorzugten Komponenten (**die Kettenlänge ist kein Auswahlkriterium**)

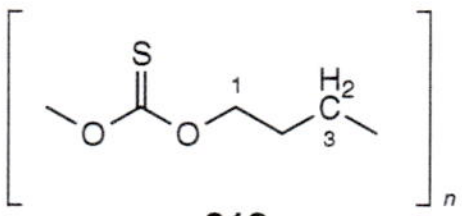

313

"Poly(oxycarbonothioyloxy-propan-1,3-diyl)" (**313**)
- Priorität nach ***(ii)***
- möglichst kurzer Weg (1 Atom) zwischen den beiden bevorzugten Komponenten

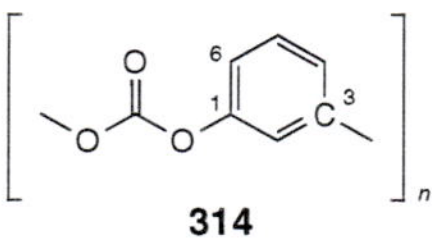

314

"Poly(oxycarbonyloxy-1,3-phenylen)" (**314**)
- Priorität nach ***(ii)***
- möglichst kurzer Weg (1 Atom) zwischen den beiden bevorzugten Komponenten

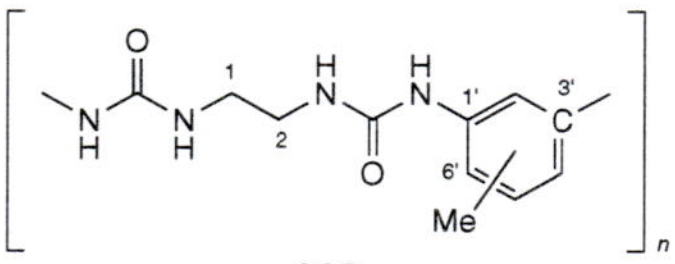

315

"Poly[iminocarbonyliminoethan-1,2-diyliminocarbonyl-imino(methyl-1,3-phenylen)]" (**315**)
- Priorität nach ***(ii)***
- möglichst kurze Wege zwischen den bevorzugten Komponenten (1, **2** und 1 Atome > 1, **3** und 1 Atome)
- die Stellung der Me-Gruppe im *ω*-Terminus ist nicht festgelegt

316

"Poly[dithioethan-1,2-diylthio-1,2-phenylenimino(1-oxoethan-1,2-diyl)dithio(2-oxoethan-1,2-diyl)imino-1,2-phenylenthioethan-1,2-diyl]" (**316**)
- Priorität nach *(ii)*
- von den zwei möglichen 8-Atome-langen Wegen zwischen den beiden bevorzugten Komponenten $-S_2-$ führt der bevorzugte Weg über die nächst-bevorzugte Komponente -S- (S > N)

317

"Poly[oxy(2-nitro-1,4-phenylen)sulfonyl(3-nitro-1,4-phenylen)oxy-1,4-phenylen(1-methylethyliden)-1,4-phenylen]" (**317**)
- Priorität nach *(ii)*
- von den zwei 9-Atome-langen Wegen zwischen den beiden bevorzugten Komponenten -O- führt der bevorzugte Weg über die nächst-bevorzugte Komponente -S- (S > C)

318

"Poly(nitrilomethantetraylnitrilo-1,4-phenylenmethylen-1,4-phenylen)" (**318**)
- Priorität nach *(ii)*
- möglichst kurzer Weg (1 Atom) zwischen den bevorzugten Komponenten

319

"Poly[nitrilo(dichlorophosphoranylidin)]" (**319**)
- Englisch: '...phosphoranylidyne)]'
- Priorität nach *(ii)*

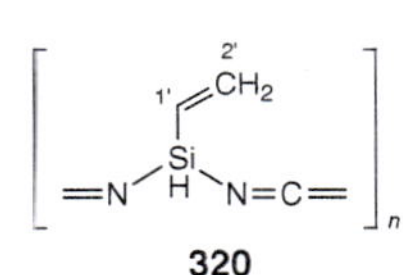

320

"Poly[nitrilo(ethenylsilylen)nitrilomethantetrayl]" (**320**)
- Priorität nach *(ii)*
- von den zwei 1-Atom-langen Wegen zwischen den beiden bevorzugten Komponenten =N- führt der bevorzugte Weg über die nächst-bevorzugte Komponente -Si- (Si > C)

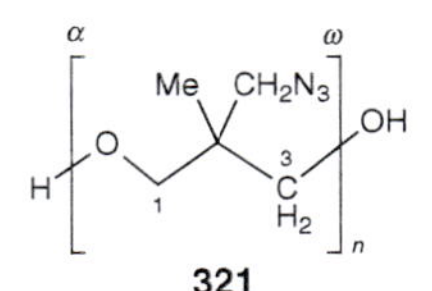

321

"α-Hydro-ω-hydroxypoly{oxy[2-(azidomethyl)-2-methylpropan-1,3-diyl]}" (**321**)
- CA: 'poly[oxy[...diyl]], α-hydro-ω-hydroxy-'
- Priorität nach *(ii)*

322

"α-(6-Hydroxyhexyl)-ω-hydroxypoly[oxy(1,6-dioxohexan-1,6-diyl)oxyhexan-1,6-diyl]" (**322**)
- CA: 'poly[oxy...diyl], α-(6-hydroxyhexyl)-ω-hydroxy-'
- Priorität nach *(ii)*
- substituierte Komponente > unsubstituierte gleichartige Komponente (C_6-Kette)

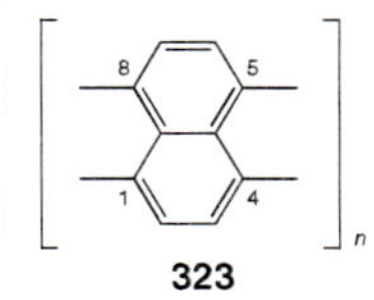

323

"Poly(naphthalin-1,8:4,5-tetrayl)" (**323**)
ein Leiterpolymer: möglichst wenig freie Valenzen[11])

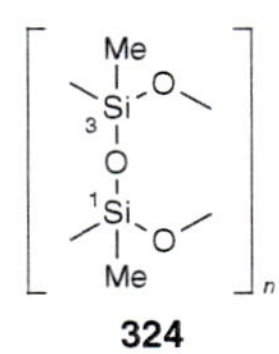

324

"Poly[(1,3-dimethyldisiloxan-1,3:1,3-diyliden)-1,3-bis(oxy)]" (**324**)
ein Leiterpolymer: tetravalente Komponente > divalente Komponente[11])

325

"Poly{[9-(4-decylphenyl)-1,4-dihexyl-9*H*-fluoren-2,3:6,7-tetrayl]-6-[(4-decylphenyl)methylen]}" (**325**)
ein Leiterpolymer: die bevorzugte tetravalente Komponente hat möglichst wenig freie Valenzen und möglichst tiefe Lokanten für die "Hexyl"-Substituenten[11])

326

"Poly([1,4]dioxino[2,3-*b*]-1,4-dioxino[2´,3´:5,6]pyrazino[2,3-*g*]chinoxalin-2,3:9,10-tetrayl-9,10-dicarbonyl)" (**326**)
- Englisch: 'poly(...quinoxalin...)'
- ein Leiterpolymer: die Öffnung des partiell gesättigten Carbocyclus gewährt eine maximale Anzahl intakter Heterocyclen[11])

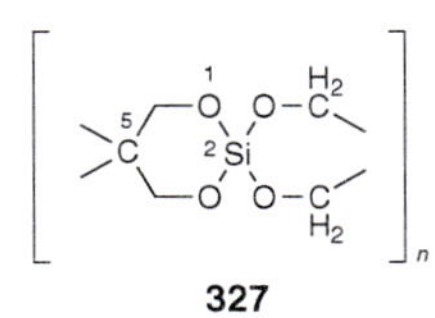

327

"Poly[1,3-dioxa-2-silacyclohexan-5,2-diyliden-2,2-bis(oxymethylen)]" (**327**)
ein Spiropolymer: die SRE wird durch den kürzesten Weg vom Ring-Si-Atom zu den acyclischen O-Atomen (O > C) bestimmt[11])

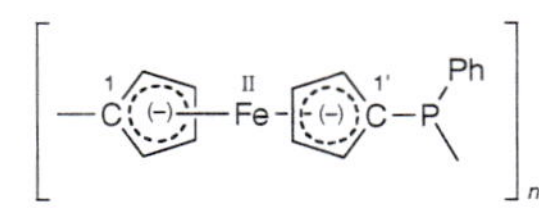

328

"Poly[ferrocen-1,1´-diyl(phenylphosphiniden)]" (**328**)
- zur Priorität: CA behandelt "Ferrocen" wie einen Heterocyclus
- **für polymere Koordinationsverbindungen, s. *Kap. 6.34(h₂)*,** dort **310** und **311**

[11]) Im Fall von **Leiterpolymeren** ('ladder polymers') wird die **SRE** so gewählt, dass bei der formalen Ringöffnung

- **möglichst wenig freie Valenzen** entstehen,
- die verbleibende Ringstruktur die **maximale Anzahl an bevorzugten Heteroatomen** enthält,
- die **bevorzugte Ringstruktur intakt** bleibt.

Muss ein Leiterpolymer als eine **SRE aus einer (oder mehreren) tetravalenten Komponenten** bezeichnet werden, **die über eine (oder mehr) divalente Komponente(n)** mit der nächsten SRE **verknüpft ist (sind)**, dann wird **zuerst die vorrangige tetravalente Komponente** angeführt, dann die nächst-vorrangige tetravalente Komponente *etc.*, und schliesslich die am meisten bevorzugte divalente Komponente.

(c) ***Polymere aus bekannten Monomeren*** werden von CA im allgemeinen bei dem(n) **Namen des(r) Monomeren** angeführt, **mit einer modifizierenden Angabe**: 'homopolymer'; 'polymer with'; 'polymer with..., graft'; 'polymer with..., alternating'; 'polymer with..., block'; 'telomer with...' *etc.*

z.B.

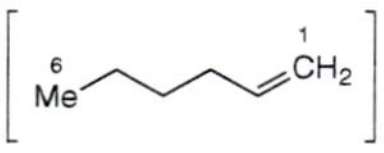

"Hex-1-en-Homopolymer" (**329**)
CA: '1-hexene, homopolymer'

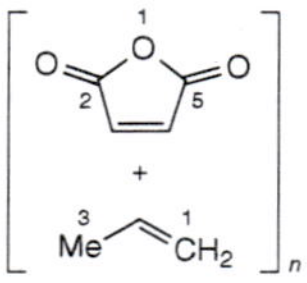

329

"Furan-2,5-dion-Pfropfenpolymer mit Prop-1-en" (**330**)
CA: '2,5-furanedione, polymer with 1-propene, graft' (bevorzugt); analog auch unter '1-propene' registriert

330

A.1.3
Kap. 6.16**(b)**

(d) ***Peptide*** bekannter Struktur werden nach *Anhang 1* (*A.1.3*) und *Kap. 6.16(**b**)* benannt. **Homopolymere** von α-Aminocarbonsäuren bekommen sowohl SRE-Namen **nach *(b)*** (s. **296** und **308**) **als auch** Polymer-Namen basierend auf dem Monomer-Namen **nach *(c)*** (s. **331**). Auch **andere Peptide** werden **nach *(c)*** benannt (s. **332**).

z.B.

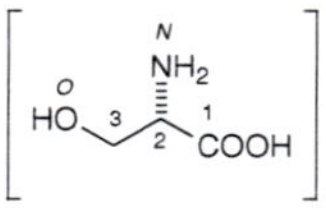

"L-Serin-Homopolymer" (**331**)
- CA: 'L-serine, homopolymer'
- nach *(c)*

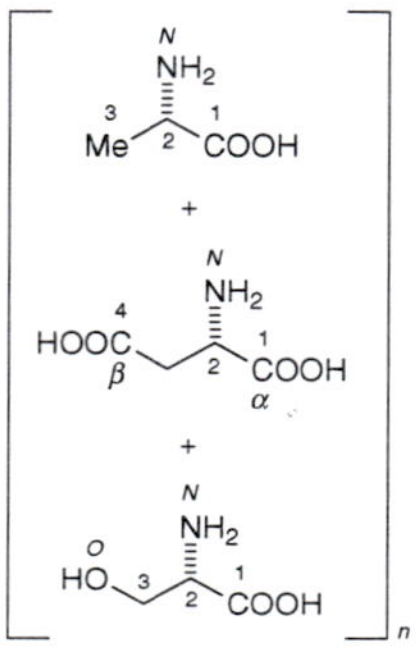

331

"L-Alanin-Blockpolymer mit L-Asparaginsäure und L-Serin" (**332**)
- CA: 'L-alanine, polymer with L-aspartic acid and L-serine, block'; analog auch unter 'L-aspartic acid' und 'L-serine' registriert
- nach *(c)*

332

A.1.6(**e**)

(e) ***Polynucleotide*** werden **nach *(c)*** benannt (für Oligonucleotide, s. *Anhang 1* (*A.1.6(**e**)*)). **Polynucleotide, die miteinander assoziiert sind**, werden als "**Komplexe**" bezeichnet (s. **336** und **337**).

z.B.

[—A—A—A—A—]$_n$

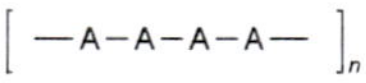

333

"5′-Adenylsäure-Homopolymer" (**333**)
- CA: '5′-adenylic acid, homopolymer'
- nach *(c)*

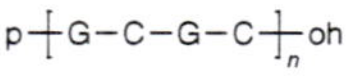

p[G—C—G—C]$_n$oh

334

"5′-*O*-Phosphonoguanylyl-(3′→5′)-cytidin-Homopolymer" (**334**)
- CA: 'cytidine, 5′-*O*-phosphonoguanylyl-(3′→5′)-, homopolymer'
- nach *(c)*; s. *A.1.6(**e**)* für Monomer

[— (A,G,U) —]$_n$

335

"5′-Guanylsäure-Polymer mit 5′-Adenylsäure und 5′-Uridylsäure" (**335**)
- CA: '5′-guanylic acid, polymer with 5′-adenylic acid and 5′-uridylic acid'; analog auch unter '5′-adenylic acid' und 5′-uridylic acid' registriert
- nach *(c)*

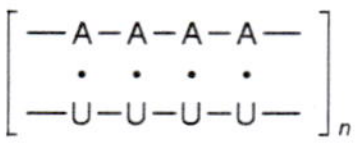

336

"(5′-Adenylsäure-Homopolymer)-Komplex mit 5′-Uridylsäure-Homopolymer (1:1)" (**336**)
- CA: '5′-adenylic acid, homopolymer, complex with 5′-uridylic acid homopolymer (1:1)'; analog auch unter '5′-uridylic acid' registriert
- nach *(c)*

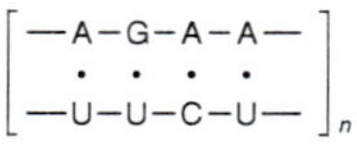

337

"(5′-Guanylsäure-Polymer mit 5′-Adenylsäure)-Komplex mit (5′-Uridylsäure-Polymer mit 5′-Cytidylsäure) (1:1)" (**337**)
- CA: '5′-guanylic acid, polymer with 5′-adenylic acid, complex with 5′-uridylic acid, polymer with 5′-cytidylic acid (1:1)'; analog auch unter allen andern Nucleotiden registriert
- nach *(c)*

A.1.4(**j**)

(f) ***Polysaccharide*** werden nach *A.1.4(**j**)* benannt.

A.1.12. SPEZIELLE VERBINDUNGSKLASSEN (LIT.), INTERNET-ADRESSEN, COMPUTERPROGRAMME

In folgenden werden erläutert:

(a) Hinweise zur Nomenklatur von nicht oder nur teilweise besprochenen speziellen Verbindungsklassen;

(b) nützliche Internet-Adressen;

(c) Computerprogramme zur Nomenklatur.

CA ¶ 295 - 308

(a) ***Speziell Verbindungsklassen:*** Ein **ausführliches Literaturverzeichnis** zur Nomenklatur von chemischen Verbindungen ist **in CA ¶ 295 - 308** zu finden.

CA ¶ 192 und 265A

- **Additionsverbindungen**:

  CA ¶ 192 und 265A: '**Molecular Addition Compounds**',
  - Additionsverbindungen mit Lösungsmitteln, Aminen, Säuren, Alkoholen, Wasser, Ammoniak *etc.*;
  - Ozonide, 'Bisulfit'-Additionsverbindungen, *Diels-Alder*-Addukte;
  - Catena-Verbindungen und Rotaxane.

CA ¶ 214 und 232
CA ¶ 215 und 242
CA ¶ 217 und 245
CA ¶ 219 und 257

- **Anorganische Verbindungen**:

  CA ¶ 214 und 232: '**Alloys**';

  CA ¶ 215 und 242: '**Coordination Compounds**';

  CA ¶ 217 und 245: '**Elementary Particles**';

  CA ¶ 219 und 257: '**Inorganic Compounds**';

  IUPAC, '**Nomenclature of Inorganic Chemistry**' ('**Red Book**'), Blackwell Scientific Publications, Oxford - London - Edinburgh - Boston - Melbourne, 1990;

  IUPAC, '**Nomenclature of Organometallic Compounds of the Transition Elements**', *Pure Appl. Chem.* **1999**, *71*, 1557;

  IUPAC, '**Nomenclature of Inorganic Chains and Ring Compounds**', *Pure Appl. Chem.* **1997**, *69*, 1659;

  IUPAC, '**Names for Hydrogen Atoms, Ions, and Groups, and Reactions Involving Them**', *Pure Appl. Chem.* **1988**, *60*, 1115;

  IUPAC, '**Nomenclature of Inorganic Chemistry: Nomenclature of Hydrides of Nitrogen and Derived Cations, Anions, and Ligands**', *Pure Appl. Chem.* **1982**, *54*, 2545;

  IUPAC, '**Nomenclature of Inorganic Chemistry: Isotopically Modified Compounds**', *Pure Appl. Chem.* **1981**, *53*, 1887;

  IUPAC, '**Recommendations for the Naming of Elements of Atomic Numbers Greater than 100**', *Pure Appl. Chem.* **1979**, *51*, 381.

- **Bor-Verbindungen**:

  CA ¶ 159: **'Boron Molecular Skeletons'**;

  CA ¶ 160: '**"Hetero" Polyboranes**';

  CA ¶ 182 und 239: **'Boron Compounds'**;

  IUPAC, **'Nomenclature of Inorganic Chemistry'** (**'Red Book'**), Blackwell Scientific Publications, Oxford – London – Edinburgh – Boston – Melbourne, 1990;

  IUPAC, **'Nomenclature of Inorganic Boron Compounds'**, *Pure Appl. Chem.* **1972**, *30*, 681.

- **Catena-Verbindungen**:

  CA ¶ 192 und 265A: **'Molecular Addition Compounds'**.

- **Cluster-Verbindungen**:

  CA ¶ 215: **'Coordination Compounds'**;

  CA ¶ 219: **'Inorganic Compounds'**.

- **Enzyme**:

  CA ¶ 218 und 246: **'Enzymes'**;

  IUBMB, **'Enzyme Nomenclature 1992'**, Academic Press, Orlando, Florida, 1992 (Korrekturen und Ergänzungen in *Eur. J. Biochem.* **1994**, *223*, 1; *ibid.* **1995**, *232*, 1; *ibid.* **1996**, *237*, 1; *ibid.* **1997**, *250*, 1; *ibid.* **1999**, *264*, 610); s. auch ***(b)***

  IUPAC-IUBMB, **'Biochemical Nomenclature and Related Documents'**, 2. Auflage, Portland Press Ltd., London – Chapel Hill, 1992.

- **Farbstoffe**:

  CA ¶ 216 und 244: **'Dyes'**.

- **Fullerene**:

  CA ¶ 163A: **'Fullerenes'**;

  A.L. Goodson, C.L. Gladys, D.E. Worst, **'Numbering and Naming of Fullerenes by Chemical Abstracts Service'**, *J. Chem. Inf. Comput. Sci.* **1995**, *35*, 969;

  IUPAC, **'Nomenclature and Terminology of Fullerenes: a Preliminary Study'**, *Pure Appl. Chem.* **1997**, *69*, 1411.

- **Lignane**:

  IUPAC-IUBMB, **'Nomenclature of Lignans and Neolignans'**, *Pure Appl. Chem.* **2000**, *72*, 1493;

- **Lipide**:

  IUPAC-IUBMB, **'Nomenclature of Glycolipids'**, *Pure Appl. Chem.* **1997**, *69*, 2475;

  IUPAC-IUB, **'The Nomenclature of Lipids'**, *Eur. J. Biochem.* **1977**, *79*, 11.

- **Naturprodukte**:

  IUPAC, **'Revised Section F: Natural Products and Related Compounds'**, *Pure Appl. Chem.* **1999**, *71*, 587; im Appendix dazu: viele **Alkaloid-, Steroid- und Terpenoid-Strukturen mit Namen sowie Strukturformeln für "Flavan", "Cepham", "Penam", "Prostan" und "Thromboxan"**.

- **Rotaxane**:

  CA ¶ 192 und 265A: **'Molecular Addition Compounds'**.

- **Salze**:

  CA ¶ 198 und 281A: **'Salts'**;

  CA ¶ 192 und 265A: **'Molecular Addition Compounds'**.

- **Solvate**:

  CA ¶ 192 und 265A: **'Molecular Addition Compounds'**.

- **Tautomere**:

  CA ¶ 122 und 289A: **'Tautomers'**;

  J. Mockus, R.E. Stobaugh, **'The Chemical Abstracts Service Chemical Registry System VII. Tautomerism and Alternating Bonds'**, *J. Chem. Inf. Comput. Sci.* **1980**, *20*, 18.

CA ¶ 159
CA ¶ 160
CA ¶ 182 und 239
CA ¶ 192 und 265A
CA ¶ 215
CA ¶ 219
CA ¶ 218 und 246
CA ¶ 216 und 244
CA ¶ 163A
CA ¶ 192 und 265A
CA ¶ 198 und 281A
CA ¶ 192 und 265A
CA ¶ 192 und 265A
CA ¶ 122 und 289A

(b) ***Nützliche Internet-Adressen:***

- http://www.cas.org/STNEWS/naming.html

  Hinweise auf neue CA-Richtlinien.

- http://www.chem.qmw.ac.uk/iupac

  IUPAC-Empfehlungen.

- http://www.chem.qmw.ac.uk/iubmb

  IUBMB-Empfehlungen (IUBMB = International Union of Biochemistry and Molecular Biology).

- http://www.acdlabs.com/products/name_lab

  Computerprogramme 'ACD/Index Name Pro' (CA) und 'ACD/IUPAC Name Pro'(s. ***(c)***).

- http://beilstein.com/products/autonom/

  Computerprogramm 'AutoNom' (s. ***(c)***).

- http://www.cheminnovation.com/index.html

  Computerprogramme 'Nomenclator' und 'NamExpert' (s. ***(c)***).

(c) ***Computerprogramme zur Nomenklatur:***

- **'ACD/Index Name Pro, Version 4.5'** (2000);

  'ACD/IUPAC Name Pro, Version 4.5' (2000);

  Namen nach CA ('ACD/Index Name Pro') **oder nach IUPAC** mit 'links' zu Empfehlungen ('ACD/IUPAC Name Pro') **ausgehend von einer gezeichneten Strukturformel und *vice versa*** ('ACD/IUPAC Name Pro').

  Advanced Chemistry Development Inc., 90 Adelaide Street W, Suite 702, Toronto, Ontario, M5H 3V9, Canada; **Internet**, s. ***(b)***.

- **'AutoNom 2000'**.

  Namen nach IUPAC ausgehend von einer gezeichneten Strukturformel.

  MDL Information Systems GmbH, Theodor-Heuss-Allee 108, D-60486 Frankfurt/Main, Deutschland; **Internet**, s. ***(b)***.

- **'Nomenclator, Version 6.0'** (2000);

  'NamExpert, Version 6.0' (2000).

  Namen nach IUPAC ausgehend von einer gezeichneten Strukturformel ('Nomenclator') **und *vice versa*** ('NamExpert').

  ChemInnovation Software Inc., 9450 Mira Mesa Bvld., #B262, San Diego, CA 92126, USA; **Internet**, s. ***(b)***.

A.1

CA ¶ 110, 111, 266 und 309
IUPAC R-4.1

Anhang 2. Multiplikationsaffixe[1]) ('multiplicative prefixes', 'multiplying affixes')[1])

Je nach Art der zu multiplizierenden Strukturteile werden folgende Multiplikationsaffixe verwendet:

- **Mehrfaches Auftreten**

  eines einfachen Substituenten (für Präfix oder Suffix, s. *Kap. 3.1*), — Kap. 3.1

  einer Kohlenwasserstoff-Kettenkomponente mit Hauptgruppe (für Kettenstammname mit Suffix in einem Konjunktionsnamen, s. *Kap. 3.2.2*; **nicht** für Funktionsstammname oder Klassenname, s. unten), — Kap. 3.2.2

  eines mittels einer einfachen modifizierenden Angabe bezeichneten Strukturteils (s. z.B. *Kap. 6.14* und *6.19*), — Kap. 6.14 und 6.19

  einer Heteroatom-Vorsilbe (s. z.B. *Kap. 4.3* und *4.5*), — Kap. 4.3 und 4.5

  sowie als numerische Vorsilbe und/oder Angabe der Unsättigung in Kohlenwasserstoff- und "a"-Namen (s. z.B. *Kap. 4.2*): — Kap. 4.2

  ***Multiplikationsaffix aus* Tab. A1**[2]) — Tab. A1

  Ausnahmen:

  Zur Vermeidung von Zweideutigkeiten:
  "**Bis**(methylen)-" (2 $-CH_2-$),
  "[Methylen**bis**(oxy)]-" ($-OCH_2O-$),
  "Methylen**bis**(thio)]-" ($-SCH_2S-$) *etc.*

  Beispiele:

"**Di**methyl-",	"-**tri**hydrazon",
"**Tetra**amino-",	"-**tetra**oxid",
"-**tri**on",	"**Tetra**azaundecan",
"-**tetr**amin",	"**Tetr**azan",
"-**hex**ol",	"**Tetr**azol",
"-**di**carbonyl-**di**chlorid",	"**Pent**an",
"-**tetra**acetonitril",	"**Dodecadi**en",
"-**di**ethyl-ester",	"Cyclo**octatetra**en".

- **Mehrfaches Auftreten**

  eines zusammengesetzten Substituenten (für zusammengesetztes Präfix, s. *Kap. 3.1*), — Kap. 3.1

  eines mittels einer zusammengesetzten modifizierenden Angabe bezeichneten Strukturteils (s. z.B. *Kap. 6.14* und *6.19*), — Kap. 6.14 und 6.19

  einer identischen Struktureinheit bei Multiplikationsnamen (s. *Kap. 3.2.3*; **IUPAC** empfiehlt "-di-", "-tri-" *etc.*; für Stammname (+ Suffix + (gegebenenfalls) Präfixe), Funktionsstammname oder Klassenname), — Kap. 3.2.3

  sowie zur Vermeidung von Zweideutigkeiten (z.B. bei Namen, die mit einer Heteroatom-Vorsilbe ("Aza-", "Oxa-" *etc.*), einem Anellant-Namen ("Benzo-", "Naphtho-" *etc.*) oder einer modifizierenden Vorsilbe ("Cyclo-", "Bicyclo-" *etc.*) beginnen; s. auch oben, Ausnahmen):

  ***Multiplikationsaffix aus* Tab. A1** — Tab. A1
  \+
  "-kis"

  z.B. "Tetrakis-" (4 x), "Heneicosakis-" (21 x).

  Ausnahmen:

  "**Mono-**" (1 x), "**Bis-**" (2 x) und "**Tris-**" (3 x).

  Beispiele:
  "**Bis**(1,1-dimethylethyl)-",
  "**Bis**(anhydrosulfid)",
  "**Tris**(dihydrogen-phosphat)",
  "-**tetrakis**(1-methylethyl)-ester",
  "**Bis**(*O*-methyloxim)",
  "2,2′,2′′-Nitrilo**tris**[ethanol]",
  "1,4-Phenylen**bis**[phosphonsäure]",
  "Cyclopentyliden-**bis**[hydroperoxid]",
  "**Bis**(aziridin-1-yl)-",
  "Benzo[1,2-*c*:3,4-*c*′]**bis**[1,2,5]oxadiazol",
  "**Bis**cyclopenta[5,6]pyrido[4,3-*b*:3′,4′-*c*]pyridin",
  "**Bis**(benz[*a*]anthracen-1-yl)-",
  "**Bis**([1,1′-biphenyl]-4-yl)-",
  "**Bis**(bicyclo[2.2.1]hept-2-yl)-",
  "**Bis**(methylen)-",
  "[Ethan-1,2-diyl**bis**(oxymethylen)]-",
  "**Bis**(diazo)-",
  "**Tris**(decyl)-";

- **Zwei- oder mehrfaches Auftreten von identischen Ringkomponenten**, die durch Einfachbindung(en) verbunden sind (= **Ringsequenzen**, s. *Kap. 4.10*; **nicht für acyclische Verbindungen**): — Kap. 4.10

  Multiplikationsaffixe "Bi-", "Ter-", "Quater-", "Quinque-", "Sexi-", "Septi-", "Octi-", "Novi-", "Deci-", "Undeci-" *etc.*

  Beispiele:
  "2,2′-**Bi**pyridin",
  "1,1′:4′,1′′-**Ter**phenyl".

A.2

[1]) S. auch IUPAC, *Pure Appl. Chem.* **1986**, *58*, 1693.
[2]) Zur **Elision** (Auslassen) des endständigen "a" von Multiplikationsaffixen, s. *Kap. 2.2.2*.

Tab. A1. Multiplikationsaffixe für das mehrfache (*n*) Auftreten eines einfachen Substituenten oder numerische Vorsilbe zur Benennung von Kohlenwasserstoffen

Multiplikationsaffix[z]) bzw. numerische Vorsilbe[a])	*n*
"**Mono-**" oder "**Hen-**"[b])[c])	1
"**Di-**" oder "**Do-**"[b])[c])	2
"**Tri-**"[b])	3
"**Tetra-**"[b])	4
"**Penta-**"	5
"**Hexa-**"	6
"**Hepta-**"	7
"**Octa-**"	8
"**Nona-**"	9
"**Deca-**"	10
"**Undeca-**"	11
"**Dodeca-**"	12
"**Trideca-**"	13
"**Tetradeca-**"	14
"**Pentadeca-**"	15
"**Hexadeca-**"	16
"**Heptadeca-**"	17
"**Octadeca-**"	18
"**Nonadeca-**"	19
"**Eicosa-**" (**IUPAC**: "Icosa-")	20
"**Heneicosa-**" (**IUPAC**: "Henicosa-")	21
"**Docosa-**"	22
"**Tricosa-**"	23
"**Tetracosa-**"	24
"**Pentacosa-**"	25
"**Hexacosa-**"	26
"**Heptacosa-**"	27
"**Octacosa-**"	28
"**Nonacosa-**"	29
"**Triaconta-**"	30
"**Hentriaconta-**"	31
"**Dotriaconta-**"	32
"**Tritriaconta-**"	33

Mulitplikationsaffix[z]) bzw. numerische Vorsilbe[a])	*n*
...	...
"**Tetraconta-**"	40
"**Pentaconta-**"	50
"**Hexaconta-**"	60
"**Heptaconta-**"	70
"**Octaconta-**"	80
"**Nonaconta-**"	90
"**Hecta-**"	100
"**Henhecta-**"	101
"**Dohecta-**"	102
...	...
"**Decahecta-**"	110
"**Eicosahecta-**" (**IUPAC**: "Icosahecta-")	120
"**Triacontahecta-**"	130
"**Tetracontahecta-**"	140
...	...
"**Dicta-**"	200
"**Tricta-**"	300
"**Tetracta-**"	400
"**Pentacta-**"	500
"**Hexacta-**"	600
"**Heptacta-**"	700
"**Octacta-**"	800
"**Nonacta-**"	900
"**Kilia-**"	1000
"**Dilia-**"	2000
"**Trilia-**"	3000
"**Tetralia-**"	4000
"**Pentalia-**"	5000
"**Hexalia-**"	6000
"**Heptalia-**"	7000
"**Octalia-**"	8000
"**Nonalia-**"	9000

[a]) In Namen von **Kohlenwasserstoffen** (s. *Kap. 4.2* und *4.4*) entfällt das endständige "a" des Multiplikationsaffixes vor einer Endsilbe, die mit einem Vokal beginnt, z.B. "Hex**a**n", "Cyclopent**e**n". Im Namen von **homogenen Heteroketten** (s. *Kap. 4.3.3.1*) entfällt das endständige "a" des Multiplikationsaffixes vor "a", z.B. "Tetr**a**zan" (IUPAC: "Tetr**aa**zan").

[b]) Die numerischen Vorsilben für **C_1-, C_2-, C_3- und C_4-Kohlenwasserstoffe** sind trivial: "**Metha-**" (C_1), "**Etha-**" (C_2), "**Propa-**" (C_3) bzw. "**Buta-**" (C_4).

[c]) Tritt die Zahl 1 oder 2 allein auf, wird "**Mono-**" bzw. "**Di-**" verwendet, im Verbund mit andern Zahlen jedoch "**Hen-**" bzw. "**Do-**", z.B. "Butandisäure-**mono**methyl-ester", "**Di**chlorobenzol", *vs.* "**Hene**icosan" (**IUPAC**: "Hen**i**cosan"), "**Do**decan".

IUPAC R-0.1.8.1, R-0.1.8.2, R-1.2.6 und C-16.1

Anhang 3. Modifizierende Vorsilben ('modifying syllables')

Die folgenden **modifizierenden Vorsilben** werden als zum Gerüst-Stammnamen gehörend und nicht als Präfixe betrachtet; es handelt sich um **nicht-abtrennbare Namensteile** ('non-detachable parts')[1]:

- "**Cyclo**-", "**Bicyclo**-" *etc.*, "**Spiro**-", "**Dispiro**-" *etc.* zur näheren Bezeichnung einer Ringstruktur; (Kap. 4.4–4.10)
- "**Seco**-" und "**Nor**-" bei Spezialnamen, z.B. Steroid-Namen; (Anhang 1)
- "**Homo**-", "**Abeo**-", "**Iso**-" "***sec***-", "***tert***-" *etc.* bei Trivialnamen, z.B. Steroid-Namen nach IUPAC, "Isopropylamin" (IUPAC), "(*tert*-Butyl)-alkohol" (IUPAC); (Anhang 1 und Kap. 4.2)
- "**Benz(o)**-", "**Naphth(o)**-", "**Pyrido**-" *etc.* bei Anellierungsnamen; (Kap. 4.6 und 4.8–4.10)
- "**Oxa**-", "**Thia**-", "**Aza**-", "**Azonia**-" *etc.* bei Namen von Heteroatom-haltigen Gerüst-Stammstrukturen; (Kap. 4.3 und 4.5–4.10)
- **indiziertes H-Atom**; (Anhang 5)
- "**Ethano**-", "**Benzeno**-", "**Epoxy**-"[2] *etc.* bei überbrückten Gerüst-Stammstrukturen mit Anellierungsnamen. (Kap. 4.8)

Beispiele:

1

"1-Methyl**cyclo**hex-1-en" (**1**)

4

"1,4,4a,8b-Tetrahydro-1,4-**epoxy**biphenylen" (**4**)

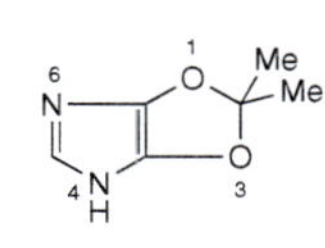

2

"2,2-Dimethyl-4***H***-1,3-**dioxolo**[4,5-*d*]imidazol" (**2**)

5

"3a,4,9,9a-Tetrahydro-4,9-**ethano**-1***H*-benz**[*f*]-isoindol" (**5**)

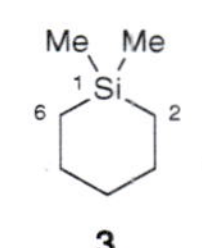

3

"1,1-Dimethyl**sila**cyclohexan" (**3**)

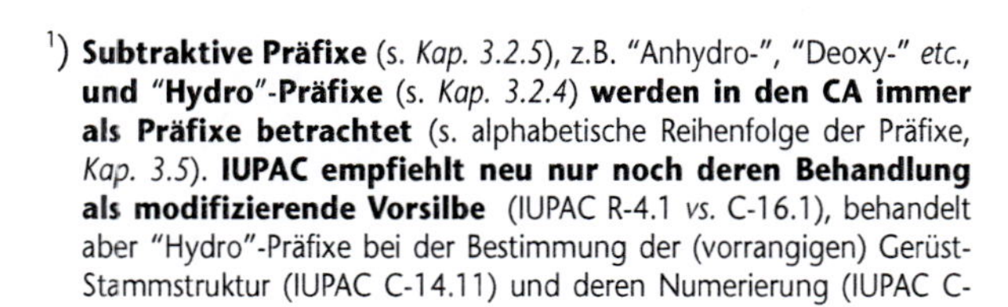

[1]) **Subtraktive Präfixe** (s. *Kap. 3.2.5*), z.B. "Anhydro-", "Deoxy-" *etc.*, **und "Hydro"-Präfixe** (s. *Kap. 3.2.4*) **werden in den CA immer als Präfixe betrachtet** (s. alphabetische Reihenfolge der Präfixe, *Kap. 3.5*). **IUPAC empfiehlt neu nur noch deren Behandlung als modifizierende Vorsilbe** (IUPAC R-4.1 *vs.* C-16.1), behandelt aber "Hydro"-Präfixe bei der Bestimmung der (vorrangigen) Gerüst-Stammstruktur (IUPAC C-14.11) und deren Numerierung (IUPAC C-15.11) wie andere Präfixe (s. auch IUPAC R-3.1.2 und R-3.1.3). Im Fall von einigen Spezialnomenklaturen empfiehlt auch IUPAC, subtraktive und "Hydro"-Präfixe als Präfixe zu betrachten (s. *Anhang 1*, z.B. Kohlenhydrate, Cyclitole, Nucleoside und Nucleotide).

[2]) In Spezialnomenklaturen wird "Epoxy-" als Präfix betrachtet, z.B. in der Carotinoid-Nomenklatur (s. *Anhang 1*): "1,2-Epoxy-1,2-dihydro-ψ,ψ-carotin".

A.3

CA ¶ 128
IUPAC R-9.3[1]),
D-1.61 und
D-1.62

Anhang 4. Heteroatom-Vorsilben und Element-Namen[1])

Eine sogenannte **"onia"-Vorsilbe** wird **für ein Kation-Zentrum** an einer Gerüst-Stammstruktur mit Austauschnamen verwendet. Eine "onia"-Vorsilbe leitet sich von der entsprechenden "a"-Vorsilbe durch **Ersatz des endständigen "-a-" durch "-onia-"** her, z.B. **"Aza-"** (>N–) → **"Azonia-"** ($>N^+<$). **In einem Namen folgt eine "onia"-Vorsilbe direkt der "a"-Vorsilbe des gleichen Atoms**, z.B. "1,3-Diaza-5-azoniaspiro[4.5]decan" ($CH_2(CH_2)_3CH_2–N^+–NHCH_2NHCH_2$). **Bei Wahl** hat aber das **"onia"-Heteroatom Priorität für einen möglichst tiefen Lokanten, vor dem neutralen "a"-Heteroatom des gleichen Elements** (s. *Kap. 6.3.2.1*).

Kap. 6.3.2.1

Tab. A2. Heteroatom-Vorsilben ("a"-Vorsilben; ''a' prefixes')[a]), geordnet nach *abnehmender* Priorität (höchste Priorität, *1*), **sowie Element-Namen und "at"-Namen für Organometall- und Koordinationsverbindungen, geordnet nach *zunehmender* Priorität** (höchste Priorität, *96*)

Priorität	Element	Übliche Bindungszahl *n* (Standard-Valenz)[b])	"a"-Vorsilbe[a])	Element-Name	"at"-Name
1	F	1	**"Fluora-"**[c])	**"Fluor"** ('fluorine')	**"Fluorat"**
2	Cl	1	**"Chlora-"**[c])	**"Chlor"** ('chlorine')	**"Chlorat"**
3	Br	1	**"Broma-"**[c])	**"Brom"** ('bromine')	**"Bromat"**
4	I	1	**"Ioda-"**[c])	**"Iod"** ('iodine')	**"Iodat"**
5	At	1	**"Astata-"**[c])	**"Astat"** ('astatine')	**"Astatat"**
6	O	2	**"Oxa-"**	**"Sauerstoff"** (**IUPAC**: auch "Oxygen"; 'oxygen')	**"Oxygenat"**
7	S	2	**"Thia-"**	**"Schwefel"** (**IUPAC**: auch "Sulfur"; 'sulfur')	**"Sulfat"**
8	Se	2	**"Selena-"**	**"Selen"** ('selenium')	**"Selenat"**
9	Te	2	**"Tellura-"**	**"Tellur"** ('tellurium')	**"Tellurat"**
10	Po	2	("Polona-")	**"Polonium"**	**"Polonat"**
11	N	3	**"Aza-"**	**"Stickstoff"** (**IUPAC**: auch "Nitrogen"; 'nitrogen')	**"Nitrat"**
12	P	3	**"Phospha-"**	**"Phosphor"** ('phosphorus')	**"Phosphat"**
13	As	3	**"Arsa-"**	**"Arsen"** ('arsenic')	**"Arsenat"**
14	Sb	3	**"Stiba-"**	**"Antimon"** ("Stibium"[d]); 'antimony')	**"Antimonat"**
15	Bi	3	**"Bisma-"**[e])	**"Bismut"** ('bismuth')	**"Bismutat"** ('bismuthate')
16	C	4	**"Carba-"**	**"Kohlenstoff"** (**IUPAC**: auch "Carbon"; 'carbon')	**"Carbonat"**
17	Si	4	**"Sila-"**	**"Silicium"** ('silicon')	**"Silicat"**
18	Ge	4	**"Germa-"**	**"Germanium"**	**"Germanat"**
19	Sn	4	**"Stanna-"**	**"Zinn"** ('Stannum"[d]); 'tin')	**"Stannat"**
20	Pb	4	**"Plumba-"**	**"Blei"** ("Plumbum"[d]); 'lead')	**"Plumbat"**
21	B	3	**"Bora-"**	**"Bor"** ('boron')	**"Borat"**
22	Al	3	("Alumina-")	**"Aluminium"** (**CA**: 'aluminum'; **IUPAC**: 'aluminium')	**"Aluminat"**
23	Ga	3	("Galla-")	**"Gallium"**	**"Gallat"**
24	In	3	("Inda-")	**"Indium"**	**"Indat"**
25	Tl	3	("Thalla-")	**"Thallium"**	**"Thallat"**
26	Zn	2	("Zinka-" ('zinca-'))	**"Zink"** ('zinc')	**"Zinkat"** ('zincate')
27	Cd	2	("Cadma-")	**"Cadmium"**	**"Cadmat"**
28	Hg	2	("Mercura-")	**"Quecksilber"** ("Hydrargyrium"[d]); 'mercury')	**"Mercurat"**
29	Cu	–	("Cupra-")	**"Kupfer"** ("Cuprum"[d]); 'copper')	**"Cuprat"**
30	Ag	–	("Argenta-")	**"Silber"** ("Argentum"[d]); 'silver')	**"Argentat"**
31	Au	–	("Aura-")	**"Gold"** ("Aurum"[d]); 'gold')	**"Aurat"**

[a]) **"a"-Vorsilben in Klammern** werden von CA **nicht für Austauschnamen**, sondern zur Herleitung von Metallocen- und "at"-Namen verwendet (*Kap. 6.34*).

[b]) Die **Bindungszahl *n* eines Gerüst-Atoms** in einer Gerüst-Stammstruktur bezeichnet die **Summe der Valenzbindungen** zu benachbarten Gerüst-Atomen und zu an ihm haftenden H-Atomen. Die **übliche Bindungszahl *n*** bezeichnet die übliche Valenz, d.h. die **Standard-Valenz** eines Gerüst-Atoms. Nichtstandard-Valenzen werden mittels der λ- und δ-Konvention bezeichnet (*Anhang 7*[1])).

[c]) Die "Halogena"-Präfixe werden zur Benennung von Heteromonocyclen mit kationischen Halogen-Atomen verwendet (*Kap. 4.5.3*).

[d]) Die in Klammern stehenden Namen **"Stibium"** (Sb), **"Stannum"** (Sn), **"Plumbum"** (Pb), **"Hydrargyrium"** (Hg), **"Cuprum"** (Cu), **"Argentum"** (Ag), **"Aurum"** (Au) und **"Ferrum"** (Fe) basieren auf dem Atomsymbol und werden **von IUPAC zugelassen**.

[e]) Die entsprechende "onia"-Vorsilbe lautet **"Bismutonia-"** ('bismuthonia-'; **IUPAC**).

[1]) S. auch IUPAC, *Pure Appl. Chem.* **1984**, *56*, 769; *ibid.* **1988**, *60*, 1395.

A.4

32	Ni	–	("Nickela-")	**"Nickel"**	**"Nickelat"**
33	Pd	–	("Pallada-")	**"Palladium**	**"Palladat"**
34	Pt	–	("Platina-")	**"Platin"** ('platinum')	**"Platinat"**
35	Co	–	("Cobalta-")	**"Cobalt"**	**"Cobaltat"**
36	Rh	–	("Rhoda-")	**"Rhodium"**	**"Rhodat"**
37	Ir	–	("Irida-")	**"Iridium"**	**"Iridat"**
38	Fe	–	("Ferra-")	**"Eisen"** ("Ferrum"[d]; 'iron')	**"Ferrat"**
39	Ru	–	("Ruthena-")	**"Ruthenium"**	**"Ruthenat"**
40	Os	–	("Osma-")	**"Osmium"**	**"Osmat"**
41	Mn	–	("Mangana-")	**"Mangan"** ('manganese')	**"Manganat"**
42	Tc	–	("Techneta-")	**"Technetium"**	**"Technetat"**
43	Re	–	("Rhena-")	**"Rhenium"**	**"Rhenat"**
44	Cr	–	("Chroma-")	**"Chrom"** ('chromium')	**"Chromat"**
45	Mo	–	("Molybda-")	**"Molybdän"** ('molybdenum')	**"Molybdat"**
46	W	–	("Wolframa-" ('tungsta-'))	**"Wolfram"** ('tungsten')	**"Wolframat"** ('tungstate')
47	V	–	("Vanada-")	**"Vanadium"**	**"Vanadat"**
48	Nb	–	("Nioba-")	**"Niob"** ('niobium')	**"Niobat"**
49	Ta	–	("Tantala-")	**"Tantal"** ('tantalum')	**"Tantalat"**
50	Ti	–	("Titana-")	**"Titan"** ('titanium')	**"Titanat"**
51	Zr	–	("Zircona-")	**"Zirconium"**	**"Zirconat"**
52	Hf	–	("Hafna-")	**"Hafnium"**	**"Hafnat"**
53	Sc	–	("Scanda-")	**"Scandium"**	**"Scandat"**
54	Y	–	("Yttra-")	**"Yttrium"**	**"Yttrat"**
55	La	–	("Lanthana-")	**"Lanthan"** ('lanthanum')	**"Lanthanat"**
56	Ce	–	("Cera-")	**"Cer"** ('cerium')	**"Cerat"**
57	Pr	–	("Praseodyma-")	**"Praseodym"** ('praseodymium')	**"Praseodymat"**
58	Nd	–	("Neodyma-")	**"Neodym"** ('neodymium')	**"Neodymat"**
59	Pm	–	("Prometha-")	**"Promethium"**	**"Promethat"**
60	Sm	–	("Samara-")	**"Samarium"**	**"Samarat"**
61	Eu	–	("Europa-")	**"Europium"**	**"Europat"**
62	Gd	–	("Gadolina-")	**"Gadolinium"**	**"Gadolinat"**
63	Tb	–	("Terba-")	**"Terbium"**	**"Terbat"**
64	Dy	–	("Dysprosa-")	**"Dysprosium"**	**"Dysprosat"**
65	Ho	–	("Holma-")	**"Holmium"**	**"Holmat"**
66	Er	–	("Erba-")	**"Erbium"**	**"Erbat"**
67	Tm	–	("Thula-")	**"Thulium"**	**"Thulat"**
68	Yb	–	(Ytterba-")	**"Ytterbium"**	**"Ytterbat"**
69	Lu	–	("Luteta-")	**"Lutetium"**	**"Lutetat"**
70	Ac	–	("Actina-")	**"Actinium"**	**"Actinat"**
71	Th	–	("Thora-")	**"Thorium"**	**"Thorat"**
72	Pa	–	("Protactina-")	**"Protactinium"**	**"Protactinat"**
73	U	–	("Urana-")	**"Uran"** ('uranium')	**"Uranat"**
74	Np	–	("Neptuna-")	**"Neptunium"**	**"Neptunat"**
75	Pu	–	("Plutona-")	**"Plutonium"**	**"Plutonat"**
76	Am	–	("America-")	**"Americium"**	**"Americ*i*at"**
77	Cm	–	("Cura-")	**"Curium"**	**"Curat"**
78	Bk	–	("Berkela-")	**"Berkelium"**	**"Berkelat"**
79	Cf	–	("Californa-")	**"Californium"**	**"Californat"**
80	Es	–	("Einsteina-")	**"Einsteinium"**	**"Einsteinat"**
81	Fm	–	("Ferma-")	**"Fermium"**	**"Fermat"**
82	Md	–	("Mendeleva-")	**"Mendelevium"**	**"Mendevelat"**
83	No	–	("Nobela-")	**"Nobelium"**	**"Nobelat"**
84	Lr	–	("Lawrenca-")	**"Lawrencium"**	**"Lawrencat"**
85	Be	–	("Berylla-")	**"Beryllium"**	**"Beryllat"**
86	Mg	–	("Magnesa-")	**"Magnesium"**	**"Magnesat"**
87	Ca	–	("Calca-" (**CA**: 'calcia-'))	**"Calcium"**	**"Calc*i*at"**
88	Sr	–	("Stronta-")	**"Strontium"**	**"Strontat"**
89	Ba	–	("Bara-")	**"Barium"**	**"Barat"**
90	Ra	–	("Rada-")	**"Radium"**	**"Radat"**
91	Li	–	("Litha-")	**"Lithium"**	**"Lithat"**
92	Na	–	("Soda-")	**"Natrium"** ('sodium')	**"Sodat"**
93	K	–	("Potassa-")	**"Kalium"** ('potassium')	**"Potassat"**
94	Rb	–	("Rubida-")	**"Rubidium"**	**"Rubidat"**
95	Cs	–	("Caesa-" (**CA**:'cesa-'; **IUPAC**: 'caesa-'))	**"Caesium"** (**CA**: 'cesium'; **IUPAC**: 'caesium')	**"Caesat"** (**CA**: 'cesat'; **IUPAC**: 'caesate')
96	Fr	–	("Franca-")	**"Francium"**	**"Francat"**

A.4

CA ¶ 135, 136 und 256 IUPAC FR-9[1]), R-1.3, A-21.6, A-23.1, B-4.2(b), C-15.11, C-15.21, C-56.1, C-82.2, C-314 und C-315

Anhang 5. Indiziertes H-Atom ("*H*") ('indicated hydrogen')

Definition: Mit indiziertem H-Atom ('indicated hydrogen' und 'added hydrogen'[1])) bezeichnet man einen **Lokanten gefolgt von einem kursiven Buchstaben *H*,** z.B. "...-2*H*-..." oder "...(2*H*)..."[1]).

Im folgenden werden erläutert:

(a) indiziertes H-Atom in Namen von Ringgerüst-Stammstrukturen zur Unterscheidung von Doppelbindungsisomeren;

(b) gesättigtes angulares Zentrum in Ringgerüst-Stammstruktur (kein indiziertes H-Atom);

(c) gesättigtes Zentrum zwischen zwei bivalenten Heteroatomen in Heteromonocyclen mit *Hantzsch-Widman*-Namen oder in anellierten Heteropolycyclen (kein indiziertes H-Atom);

(d) Lokant für indiziertes H-Atom: allgemeine Richtlinien;

(e) indiziertes H-Atom in überbrückten anellierten Polycyclen (ohne angulare Brückenköpfe, Heteroatom-Brückenköpfe oder ungesättigte Brückentermini), Spiropolycyclen und Ringsequenzen;

(f) überbrückte anellierte Polycyclen mit angularen Brückenköpfen, Heteroatom-Brückenköpfen oder ungesättigten Brückentermini sowie geladene überbrückte Strukturen:

(f_1) der unüberbrückte anellierte Polycyclus braucht kein indiziertes H-Atom:

(f_{11}) ein angularer Brückenkopf *etc.*,

(f_{12}) zwei angulare Brückenköpfe *etc.*;

(f_2) der unüberbrückte anellierte Polycyclus braucht ein indiziertes H-Atom:

(f_{21}) ein angularer Brückenkopf *etc.*,

(f_{22}) zwei angulare Brückenköpfe *etc.*;

(f_3) der unüberbrückte anellierte Polycyclus braucht ein indiziertes H-Atom, das sich aber nicht dem angularen Brückenkopf *etc.* zuordnen lässt;

(f_4) Spezialfälle: geladene überbrückte anellierte Polycyclen;

(g) Spiropolycyclen und Ringsequenzen, die sich nicht nach ***(e)*** behandeln lassen: 'addiertes' indiziertes H-Atom[1]);

(h) indiziertes H-Atom in Anwesenheit einer Hauptgruppe oder einer freien Valenz mit dem gleichen Lokanten;

(i) indiziertes H-Atom in Anwesenheit einer Hauptgruppe oder einer freien Valenz mit verschiedenem Lokanten:

(i_1) Paare von Hauptgruppen oder Paare von freien Valenzen (kein indiziertes H-Atom);

(i_2) Hauptgruppe oder freie Valenz, die sich nicht nach ***(h)*** oder ***(i_1)*** behandeln lässt: 'addiertes' indiziertes H-Atom[1]).

Kap. 4.5, 4.6 und 4.8 – 4.10

(a) **Indiziertes H-Atom wird dem Namen einer Ringgerüst-Stammstruktur** mit maximaler Anzahl nicht-kumulierter Doppelbindungen[2])[3]) **vorgestellt, um diese Struktur von einem seiner *Doppelbindungsisomeren*** mit ebenfalls nicht-kumulierten Doppelbindungen **zu unterscheiden**[4]).

Indiziertes H-Atom gibt im allgemeinen die Lage eines gesättigten Atoms an, das zur Formulierung einer Ringgerüst-Stammstruktur notwendig ist[3]), nachdem die maximale Anzahl nicht-kumulierter Doppelbindungen eingeführt worden ist[4]).

z.B.

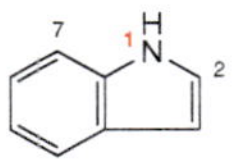

"1*H*-Indol" (**1**)
IUPAC: "Indol"

1

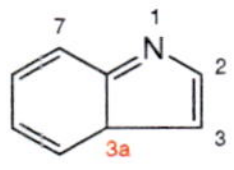

"3a*H*-Indol" (**2**)

2

z.B.

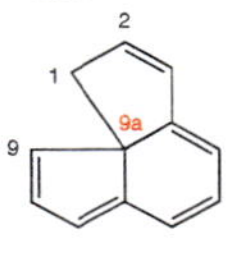

"1*H*-Cyclopent[*d*]inden" (**3**)
das gesättigte Atom **C(9a)** ist zwingend

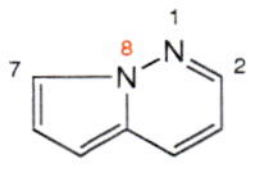

3

"Pyrrolo[1,2-*b*]pyridazin" (**4**)
das gesättigte Atom **N(8)** ist zwingend

4

(b) Ist zur Formulierung einer solchen Ringgerüst-Stammstruktur[4]) mit der maximalen Anzahl nicht-kumulierter Doppelbindungen **ein *gesättigtes angulares Zentrum*** (ohne H-Atom) **unumgänglich, dann wird das im Namen nicht erwähnt.**

Kap. 4.5.3 und 4.6

(c) Bei Hetermonocyclen mit *Hantzsch-Widman*-Namen und bei anellierten Heteropolycyclen bekommt ein ***gesättigtes Zentrum zwischen zwei bivalenten Heteroatomen*** **kein indiziertes H-Atom** zugeordnet[5]).

z.B.

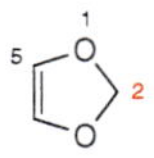

"1,3-Dioxol" (**5**)
IUPAC: auch "2*H*-1,3-Dioxol"

5

A.5

[1]) CA nennt den Ausdruck in Klammern **'added hydrogen'**, IUPAC dagegen "indizierter Wasserstoff zweiter Art" (IUPAC R-1.3). In der ausführlichen 1998-Abhandlung zur Benennung von anellierten Polycyclen und überbrückten Polycyclen empfiehlt **IUPAC** eine nur geringfügig von den CA-Richtlinien abweichende Art der Angabe von indiziertem H-Atom (IUPAC FR-9; *Pure Appl. Chem.* **1998**, *70*, 143).

[2]) **Kumulierte Doppelbindungen** bedeutet, dass mindestens drei Gerüstatome miteinander durch Doppelbindungen verbunden sind, z.B. –CH=C=C=CH–, –N=C=CH–. Jede andere Anordnung von zwei oder mehr Doppelbindungen wird als **nicht-kumulierte Doppelbindungen** bezeichnet, z.B. –CH=CH–CH=CH–, –CH=CH–CH_2–CH=CH–, –N=CH–N=CH–, –O–CH=N–CH=CH–, –O–CH=N–CH_2–N=CH–.

[3]) CA spricht in diesem Zusammenhang von definierbaren, stabilen Ringsystemen.

[4]) **Für überbrückte anellierte Ringstrukturen, Spiroverbindungen und Ringsequenzen aus identischen Struktureinheiten, s. *(e)* – *(g)*. Für mit Hauptgruppen oder freien Valenzen versehene Ringstrukturen, s. auch *(h)* und *(i)*.**

[5]) Ist dieses gesättigte Zentrum ebenfalls ein Heteroatom (z.B. P), dann wird es in ***(e)*** und ***(f)*** (s. unten) wie ein C-Atom behandelt.

"4H-1,3-Benzodithiin" (**6**)
- Englisch: '...dithiin' (bei CA kein endständiges 'e')
- IUPAC: auch "2H,4H-1,3-Benzodithiin"

"4H-1,3,2-Dioxagermin"[5]) (**7**)
- Englisch: '...dioxagermin' (bei CA kein endständiges 'e')
- IUPAC: auch "2H,4H-1,3,2-Dioxagermin"

"4H-1,3,2-Dioxaphospholo[4,5-c]pyran"[5]) (**8**)
- Englisch: '...dioxaphospholo[4,5-c]pyran'
- IUPAC: auch "2H,4H-1,3,2-Dioxaphospholo[4,5-c]pyran"

Kap. 3.4

(d) Besteht eine Wahl, dann bekommt **indiziertes H-Atom** einen **möglichst niedrigen, nicht-angularen**, mit der vorgegebenen Numerierung der Ringgerüst-Stammstruktur vereinbaren **Lokanten**[4]). Sind Hauptgruppen oder freie Valenzen vorhanden, dann sind ausser ***(h)*** und ***(i)*** (s. unten) auch die Numerierungsregeln zu beachten.

z.B.

"2H-Pyran" (**9**)
- Englisch: '2H-pyran'
- nicht "6H-Pyran"

"2,3-Dihydro-1H-pyrrol" (**10**)
nicht z.B. "1,2-Dihydro-3H-pyrrol"

"3a,5-Dihydro-4H-inden" (**11**)
nicht "4,5-Dihydro-3aH-inden"

Kap. 4.6 und 4.8
Kap. 4.9.3
Kap. 4.10

(e) **Überbrückte anellierte Polycyclen** (ohne angulare Brückenköpfe, Heteroatom-Brückenköpfe oder ungesättigte Brückentermini und ohne geladene Strukturteile; vgl. dazu ***(f)***) sowie **Spiropolycyclen und Ringsequenzen** (identische Ringe):

Indiziertes H-Atom wird zuerst dem unüberbrückten anellierten Polycyclus, den einzelnen Spirokomponenten bzw. der identischen Ringstruktur gemäss *(a)* – *(c)* zugeordnet.

Im Falle von überbrückten anellierten Polycyclen trägt dann das möglichst tief numerierte Atom das indizierte H-Atom oder dasjenige, das wegen einer Hauptgruppe oder einer freien Valenz **nach *(h)* sowieso ein indiziertes H-Atom benötigt.**

Im Falle von Spiropolycyclen oder Ringsequenzen ist das indizierte H-Atom wenn möglich (maximale Anzahl nicht-kumulierter Doppelbindungen!) **an der Verknüpfungsstelle,** wobei jedoch auch angulare Atome in Frage kommen (vgl. ***(d)***). Wenn für die unverknüpften Spiro- oder Ringsequenz-Komponenten kein indiziertes H-Atom nötig ist oder es nicht gemäss ***(e)*** zugeordnet werden kann, dann ist nach ***(g)*** vorzugehen.

z.B.

Brücke entfernen und *(a)(d)(e)* — Brücke einführen — Sättigung berücksichtigen

"4,5-Dihydro-1,4-epoxy-1H-2,3-benzodioxepin" (**12**)

"1H-2,3-Benzodioxepin" (**13**)
Englisch: '...dioxepin' (bei CA kein endständiges 'e')

"1,4-Epoxy-1H-2,3-benzodioxepin" (**14**)

Brücke und Substituenten entfernen und *(a)(d)(e)* — Brücke einführen — Hauptgruppe einführen (s. *(h)*) — Sättigung und Substituenten berücksichtigen

"1,3,3a,4,7,7a-Hexahydro-1,3-dioxo-4,7-epoxy-2H-isoindol-2-essigsäure" (**15**)

"1H-Isoindol" (**16**); "4,7-Epoxy-1H-isoindol" (**17**)

"4,7-Epoxy-2H-isoindol-2-essigsäure" (**18**); Englisch: '...2-acetic acid'

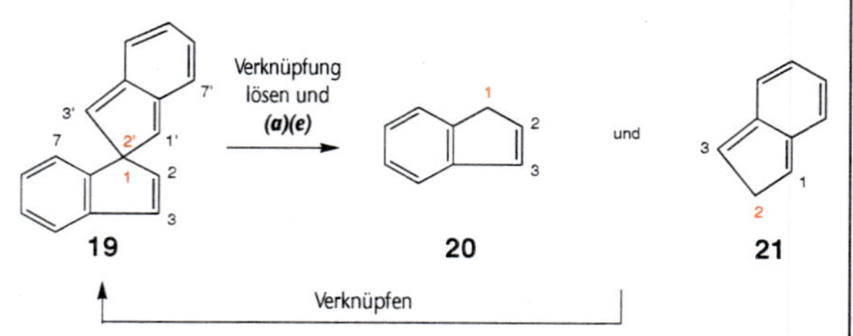

"Spiro[1H-inden-1,2´-[2H]inden]" (**19**)

"1H-Inden" (**20**) und "2H-Inden" (**21**)

Verknüpfung lösen und *(a)(e)* — Verknüpfen und Sättigung berücksichtigen (für "...1'(3'H)..." s. *(g)*)

"3,4-Dihydrospiro[2H-3-benzazepin-2,1´(3´H)-isobenzofuran]" (**22**)

"2H-3-Benzazepin" (**23**) und "Isobenzofuran" (**24**)

Verknüpfung lösen und *(a)(b)(d)(e)* — Verknüpfen und Sättigung berücksichtigen (für "...7´a(5´H)..." s. *(g)*)

"5,6,6´,7,7´,7a-Hexahydro-1,7´a(5´H)-bi-1H-pyrrolizin" (**25**)

"1H-Pyrrolizin" (**26**)

Kap. 4.8

(f) **Überbrückte anellierte Polycyclen mit angularen Brückenköpfen, Heteroatom-Brückenköpfen**[5]) (z.B. N) **oder ungesättigten Brückentermini** (z.B. "Metheno-" (–CH=), "Nitrilo-" (–N=), "Alkanyliden-" (–CH$_2$...CH=) **sowie geladene überbrückte Strukturen** (s. ***(f$_4$)***): Für ungeladene Strukturen sind die Fälle ***(f$_1$)*** – ***(f$_3$)*** möglich.

(f$_1$) **Der unüberbrückte anellierte Polycyclus braucht kein indiziertes H-Atom:**

(f$_{11}$) **Ein angularer Brückenkopf** (analog für: ein Heteroatom-Brückenkopf[5]) oder ein ungesättigter Brückenterminus): **das** wegen der Brücke nötige, eigentlich dem (in der überbrückten Struktur) gesättigten angularen Atom zukommende **indizierte H-Atom wird einem möglichst tief numerierten Atom** (angular oder nicht-angular) **zugeordnet oder demjenigen, das** wegen einer Hauptgruppe oder einer freien Valenz **nach *(h)* sowieso ein indiziertes H-Atom benötigt.**

Im Namen: **Angabe** des indizierten H-Atoms **vor Brückenname.**

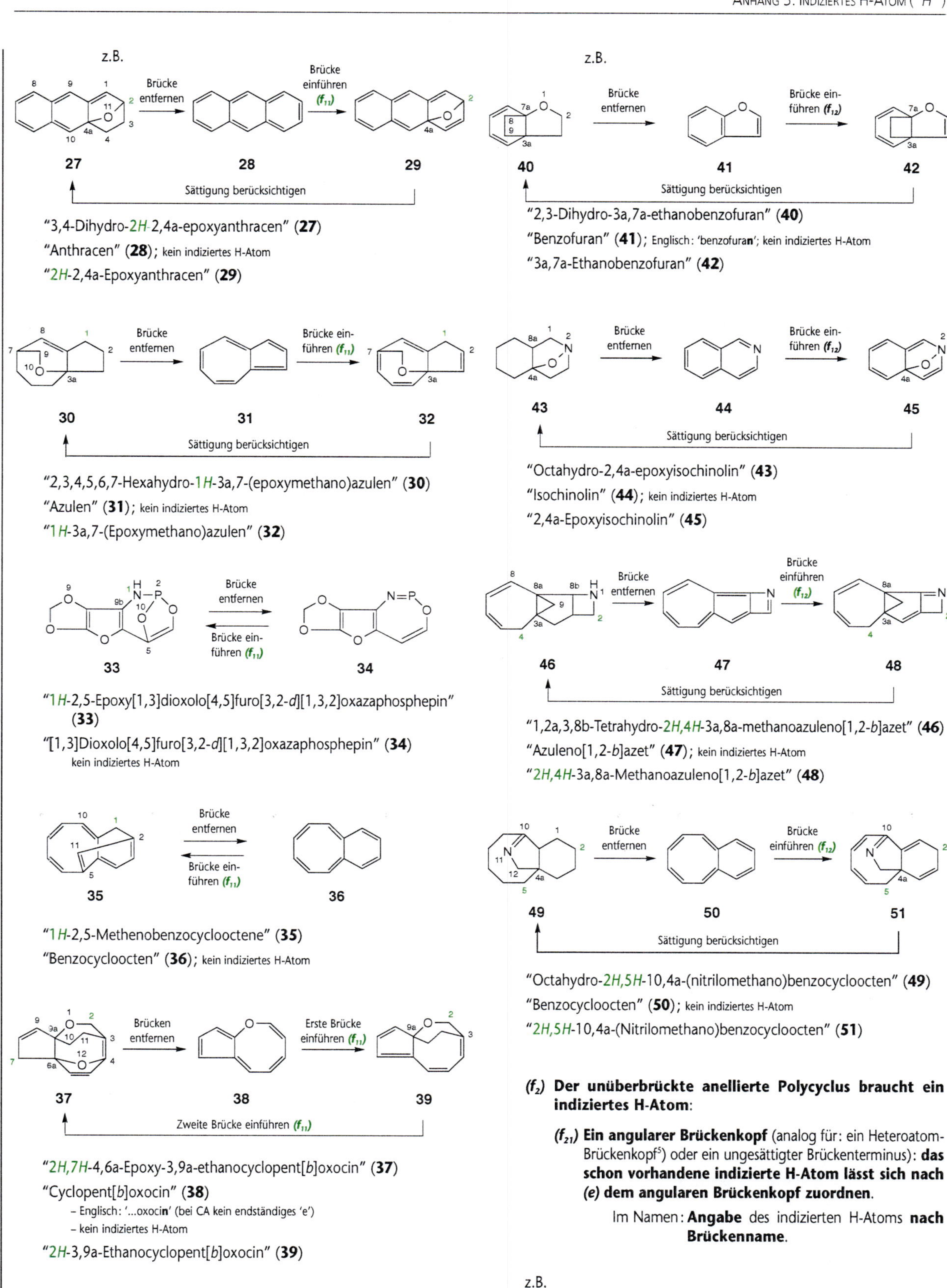

"3,4-Dihydro-2*H*-2,4a-epoxyanthracen" (**27**)
"Anthracen" (**28**); kein indiziertes H-Atom
"2*H*-2,4a-Epoxyanthracen" (**29**)

"2,3,4,5,6,7-Hexahydro-1*H*-3a,7-(epoxymethano)azulen" (**30**)
"Azulen" (**31**); kein indiziertes H-Atom
"1*H*-3a,7-(Epoxymethano)azulen" (**32**)

"1*H*-2,5-Epoxy[1,3]dioxolo[4,5]furo[3,2-*d*][1,3,2]oxazaphosphepin" (**33**)
"[1,3]Dioxolo[4,5]furo[3,2-*d*][1,3,2]oxazaphosphepin" (**34**)
kein indiziertes H-Atom

"1*H*-2,5-Methenobenzocyclooctene" (**35**)
"Benzocycloocten" (**36**); kein indiziertes H-Atom

"2*H*,7*H*-4,6a-Epoxy-3,9a-ethanocyclopent[*b*]oxocin" (**37**)
"Cyclopent[*b*]oxocin" (**38**)
- Englisch: '...oxoci**n**' (bei CA kein endständiges 'e')
- kein indiziertes H-Atom

"2*H*-3,9a-Ethanocyclopent[*b*]oxocin" (**39**)

"2,3-Dihydro-3a,7a-ethanobenzofuran" (**40**)
"Benzofuran" (**41**); Englisch: 'benzofura**n**'; kein indiziertes H-Atom
"3a,7a-Ethanobenzofuran" (**42**)

"Octahydro-2,4a-epoxyisochinolin" (**43**)
"Isochinolin" (**44**); kein indiziertes H-Atom
"2,4a-Epoxyisochinolin" (**45**)

"1,2a,3,8b-Tetrahydro-2*H*,4*H*-3a,8a-methanoazuleno[1,2-*b*]azet" (**46**)
"Azuleno[1,2-*b*]azet" (**47**); kein indiziertes H-Atom
"2*H*,4*H*-3a,8a-Methanoazuleno[1,2-*b*]azet" (**48**)

"Octahydro-2*H*,5*H*-10,4a-(nitrilomethano)benzocycloocten" (**49**)
"Benzocycloocten" (**50**); kein indiziertes H-Atom
"2*H*,5*H*-10,4a-(Nitrilomethano)benzocycloocten" (**51**)

(f_{12}) **Zwei angulare Brückenköpfe** (analog für: zwei Heteroatom-Brückenköpfe[5]; ein Heteroatom-Brückenkopf[5] + ein angularer Brückenkopf; ein ungesättigter Brückenterminus + ein angularer Brückenkopf *etc.*): **kein indiziertes H-Atom oder zwei indizierte H-Atome** sind nötig, **die möglichst tief numerierten Atomen zugeordnet werden oder denjenigen, die** wegen einer Hauptgruppe oder einer freien Valenz **nach *(h)* sowieso ein indiziertes H-Atom benötigen**.

Im Namen: **Angabe** des indizierten H-Atoms **vor Brückenname**.

(f_2) **Der unüberbrückte anellierte Polycyclus braucht ein indiziertes H-Atom**:

(f_{21}) **Ein angularer Brückenkopf** (analog für: ein Heteroatom-Brückenkopf[5]) oder ein ungesättigter Brückenterminus): **das schon vorhandene indizierte H-Atom lässt sich nach *(e)* dem angularen Brückenkopf zuordnen**.

Im Namen: **Angabe** des indizierten H-Atoms **nach Brückenname**.

z.B.

"1,5,6,7-Tetrahydro-4a,7-epoxy-4a*H*-2-benzopyran" (**52**)
"4a*H*-2-Benzopyran" (**53**); Englisch: '...pyra**n**'
"4a,7-Epoxy-4a*H*-2-benzopyran" (**54**)

"1,3,4,5,6,7-Hexahydro-2,5-ethano-2*H*-azocino[4,3-*b*]indol" (**55**)
"2*H*-Azocino[4,3-*b*]indol" (**56**)
"2,5-Ethano-2*H*-azocino[4,3-*b*]indol" (**57**)

"Octahydro-2,6-metheno-6*H*-furo[2,3-*g*][1,3]oxazocin" (**58**)
"6*H*-Furo[2,3-*g*][1,3]oxazocin" (**59**)
"2,6-Metheno-6*H*-furo[2,3-*g*][1,3]oxazocin" (**60**)

(f₂₂) **Zwei angulare Brückenköpfe** (analog für: zwei Heteroatom-Brückenköpfe[5]); ein Heteroatom-Brückenkopf[5]) + ein angularer Brückenkopf; ein ungesättigter Brückenterminus + ein angularer Brückenkopf *etc.*): **das schon vorhandene indizierte H-Atom wird einem möglichst tief numerierten Atom zugeordnet oder demjenigen, das** wegen einer Hauptgruppe oder einer freien Valenz **nach *(h)* sowieso ein indiziertes H-Atom benötigt.**

Im Namen: **Angabe** des indizierten H-Atoms **nach Brückenname.**

z.B.

"Hexahydro-8a,4a-(epoxyethano)-2*H*-1-benzopyran" (**61**)
"2*H*-1-Benzopyran" (**62**); Englisch: '...pyra**n**'
"8a,4a-(Epoxyethano)-2*H*-1-benzopyran" (**63**)

"Octahydro-2,5a-epoxy-3*H*-2-benzazepin" (**64**)
"3*H*-2-Benzazepin" (**65**)
"2,5a-Epoxy-3*H*-2-benzazepin" (**66**); nicht "6*H*-...Epoxy-1*H*-"

(f₃) **Der unüberbrückte anellierte Polycyclus braucht ein indiziertes H-Atom, das sich aber nicht an einem der** (in der überbrückten Struktur) **gesättigten angularen Brückenköpfe unterbringen lässt** (oder am Heteroatom-Brückenkopf[5]) oder am ungesättigen Brückenterminus). **Ein zusätzliches indiziertes H-Atom wird dann einem andern, möglichst tief numerierten Atom zugeteilt oder demjenigen, das** wegen einer Hauptgruppe oder einer freien Valenz **nach *(h)* sowieso ein indiziertes H-Atom benötigt, dann** wird nach ***(f₁)*** verfahren.

Im Namen: **Angabe** des indizierten H-Atoms **vor Brückenname.**

z.B.

"4,5,7,8,9,10-Hexahydro-3*H*-3,10a-epoxy-1*H*-cyclohept[*c*]oxepin" (**67**)
"1*H*-Cyclohept[*c*]oxepin" (**68**)
- Englisch: '...oxepi**n**' (bei CA kein endständiges 'e')
- nicht: "3*H*-..."; "10a*H*-" nicht möglich

"3*H*-3,10a-Epoxy-1*H*-cyclohept[*c*]oxepin" (**69**)

"5,6,7,7a-Tetrahydro-4*H*-3a,6-methano-3*H*-1,2-benzoxathiazol" (**70**)
"3*H*-1,2-Benzoxathiazol" (**71**); "3a*H*-..." nicht möglich
"4*H*-3a,6-Methano-3*H*-1,2-benzoxathiazol" (**72**)

"5,6,7,8-Tetrahydro-3*H*,4*H*-3a,6a[1´,2´]-*endo*-cyclobuta-1*H*-cyclopenta[*c*]furan" (**73**)
"1*H*-Cyclopenta[*c*]furan" (**74**); Englisch: '...fura**n**'; "3a*H*-..." oder "6a*H*-..." nicht möglich
"3*H*,4*H*-3a,6a[1´,2´]-*endo*-Cyclobuta-1*H*-cyclopenta[*c*]furan" (**75**)

"4a,5,6,8a-Tetrahydro-3*H*-6,4-metheno-1*H*-2-benzopyran" (**76**)
"1*H*-2-Benzopyran" (**77**); Englisch: '...pyra**n**'; "4*H*-..." nicht möglich
"3*H*-6,4-Metheno-1*H*-2-benzopyran" (**78**)

(f₄) **Spezialfälle: geladene überbrückte anellierte Polycyclen.**

Beispiele:

"Octahydro-2*H*-2,5-epoxychinolizinium" (**79**)
"Chinolizinium" (**80**); Englisch: 'quinolizinium'
"2*H*-2,5-Epoxychinolizinium" (**81**)

"Hexahydro-5*H*-4,7-epoxy-1*H*-indolizinium" (**82**)
"1*H*-Indolizinium" (**83**)
"5*H*-4,7-Epoxy-1*H*-indolizinium" (**84**)

"Hexahydro-2*H*,6*H*-1,5-ethanopyrido[1,2-*a*]pyrimidin-5-ium" (**85**)
"Pyrido[1,2-*a*]pyrimidin-5-ium" (**86**)
"2*H*,6*H*-1,5-Ethanopyrido[1,2-*a*]pyrimidin-5-ium" (**87**)

"Octahydro-2*H*-1,5-ethano-1*H*-pyrimido[1,2-*a*]azepin-5-ium" (**88**)
"1*H*-Pyrimido[1,2-*a*]azepin-5-ium" (**89**)
"2*H*-1,5-Ethano-1*H*-pyrimido[1,2-*a*]azepin-5-ium" (**90**)

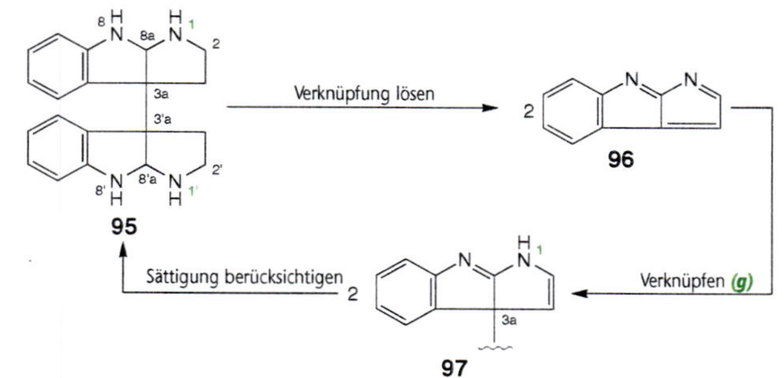

"2,2´,3,3´,8,8´,8a,8´a-Octahydro-3a,3´a(1*H*,1´*H*)-bipyrrolo[2,3-*b*]indol" (**95**)

"Pyrrolo[2,3-*b*]indol" (**96**)
kein indiziertes H-Atom

"...-3a,3´a(1*H*,1´*H*)-..." (**97**)

"4,4',5,5'-Tetrahydro-10a,10´a(3*H*,3´*H*)-bi-1*H*-cyclohepta[*c*]oxepin" (**98**)
hypothetisch

"1*H*-Cyclohepta[*c*]oxepin" (**99**)
- Englisch: '...oxepi**n**' (bei CA kein endständiges 'e')
- "10a*H*..." nicht möglich

"...-10a,10´a(3*H*,3´*H*)-..." (**100**)

Kap. 4.9.3 und 4.10

(g) ***Spiropolycyclen und Ringsequenzen*** aus Komponenten, **deren Verknüpfungsstellen nicht nach *(e)* benannt werden können**:

Entweder lässt sich die nicht-verknüpfte Komponente überhaupt ohne indiziertes H-Atom formulieren, oder es ist unmöglich (maximale Anzahl nicht-kumulierter Doppelbindungen!), das schon vorhandene indizierte H-Atom an der Verknüpfungsstelle unterzubringen. In beiden Fällen wird ein eigentlich der Verknüpfungsstelle zukommendes **zusätzliches (indiziertes) H-Atom an ein anderes, möglichst tief numeriertes Atom addiert**[1]) **oder an dasjenige, das** wegen einer Hauptgruppe oder einer freien Valenz **nach *(h)* sowieso ein indiziertes H-Atom benötigt**[6]).

Im Namen: **Angabe** des 'addierten' indizierten H-Atoms **in Klammern nach den Lokanten der Verknüpfungsstelle**[1]).

z.B.

"1,3,3´,4´-Tetrahydrospiro[2*H*-inden-2,2´(1´*H*)-naphthalin]" (**91**)

"Naphthalin" (**92**)
- Englisch: 'naphthalene'
- kein indiziertes H-Atom

"2*H*-Inden" (**93**)
s. ***(e)***

"...2´(1´*H*)-naphthalin" (**94**)

"[3,3´(4*H*,4´*H*)-Bichinazolin]-4,4´-dione" (**101**)

"Chinazolin" (**102**)
- Englisch: 'quinazoline'
- kein indiziertes H-Atom

"...-3,3´(2*H*,2´*H*)-..." (**103**)

(h) **Wenn** die Gerüstforderungen von ***(a)*** – ***(c)*** und ***(e)*** – ***(g)*** erfüllt sind und **für den Lokanten des indizierten H-Atoms mehrere Möglichkeiten offenstehen, dann wird dafür derselbe *Lokant* gewählt, welcher *der Hauptgruppe oder der freien Valenz*** [7]) **zugeordnet werden muss** (Hauptgruppen oder freie Valenzen an Brückenatomen werden dabei nicht berücksichtigt). **Dies gilt im Fall einer monovalenten Hauptgruppe** (z.B. –OH) **oder einer freien Valenz** (Ar–) ***nur*, wenn sie an einem angularen gesättigten tetravalenten Atom** (z.B. C-Atom; s. **104**) **oder an einem nicht-angularen gesättigten trivalenten Atom** (≠ Brückenkopf) (z.B. N-Atom; s. **107**) **haftet.** Monovalente Hauptgruppen und freie

[6]) Bei Wahl haben **indizierte H-Atome nach *(a)* – *(c)*, *(e)* – *(f)* und *(h)*** gegenüber diesem 'addierten' indizierten H-Atom ('added hydrogen') **Priorität für einen möglichst tiefen Lokanten.**

[7]) Zum Beispiel –COOH, [C]=O, –OH, $-NH_2$ *etc.*, eine Protonierung, eine Seitenkette mit Hauptgruppe (Konjunktionsnomenklatur) *etc.* bzw. mono- oder divalente Substituenten der Ringgerüst-Stammstruktur.

Valenzen an andern Atomen beeinflussen die Angabe von indiziertem H-Atom nicht. **Eine divalente Hauptgruppe** (z.B. [C]=O; s. **110**), **zwei monovalente Hauptgruppen am gleichen Atom** (z.B. [C](COOH)$_2$; s. **116**) **oder eine zweifache freie Valenz am gleichen Atom** (Ar= oder Ar<; s. **122**) **haftet immer an einem nicht-angularen tetravalenten Atom** (≠ Brückenkopf).

z.B.

"1,5,6,7,8,8a-Hexahydro-4a*H*-4,1,2-benzoxadiozin-4a-ol" (**104**)
"1*H*-4,1,2-Benzoxadiazin" (**105**), isomer zu "4a*H*-4,1,2-Benzoxadiazin"
"4a*H*-4,1,2-Benzoxadiazin-4a-ol" (**106**)

"1,2,4,5-Tetrahydro-3*H*-3-benzazepin-3-carbonsäure" (**107**)
"1*H*-3-Benzazepin" (**108**), isomer zu "3*H*-3-Benzazepin"
"3*H*-3-Benzazepin-3-carbonsäure" (**109**)

"2,3,4,6,7,8-Hexahydro-5*H*-1-benzopyran-5-on" (**110**)
"2*H*-1-Benzopyran" (**111**), isomer zu "5*H*-1-Benzopyran"
Englisch: '...pyra**n**'
"5*H*-1-Benzopyran-5-on" (**112**)

"2,3,3a,4-Tetrahydro-6a*H*-cyclopenta[*b*]furan-6a-methanol" (**113**)
"2*H*-Cyclopenta[*b*]furan" (**114**), isomer zu "6a*H*-Cyclopenta[*b*]furan"
Englisch: '..fura**n**'
"6a*H*-Cyclopenta[*b*]furan-6a-methanol" (**115**)

"1,2,3,4,4a,5,7,11b-Octahydro-6*H*-dibenzo[*a,c*]cyclohepten-6,6-dicarbonsäure" (**116**)
"1*H*-Dibenzo[*a,c*]cyclohepten" (**117**) isomer zu "6*H*-Dibenzo[*a,c*]cyclohepten"
"6*H*-Dibenzo[*a,c*]cyclohepten-6,6-dicarbonsäure" (**118**)

"1,3-Dihydro-2*H*-isoindolium" (**119**)
"1*H*-Isoindol" (**120**), isomer zu "2*H*-Isoindol"
"2*H*-Isoindolium" (**121**)

"1,3-Dihydro-2*H*-azepin-2-yliden-" (**122**)
"1*H*-Azepin" (**123**), isomer zu "2*H*-Azepin"
"2*H*-Azepin-2-yliden-" (**124**)

"2,3-Dihydro-3a*H*-inden-3a-yl-" (**125**)
"1*H*-Inden" (**126**), isomer zu "3a*H*-Inden"
"3a*H*-Inden-3a-yl-" (**127**)

"2,3-Dihydro-4*H*-benzoxazin-4-yl-" (**128**)
"2*H*-1,4-Benzoxazin" (**129**), isomer zu "4*H*-1,4-Benzoxazin"
"4*H*-Benzoxazin-4-yl-" (**130**)

Weitere, kompliziertere Beispiele:

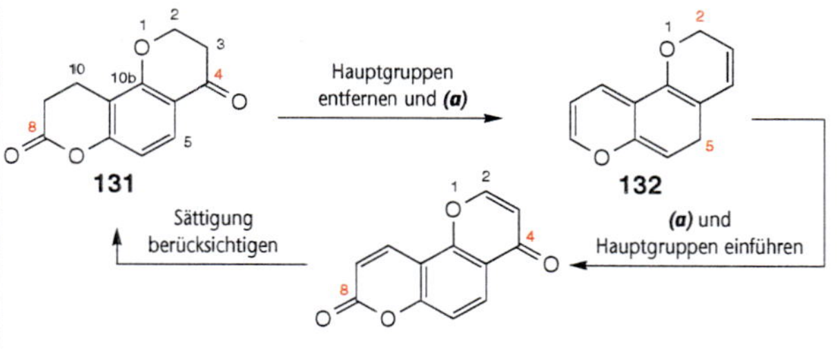

"2,3,9,10-Tetrahydro-4H,8H-benzo[1,2-b:3,4-b′]dipyran-4,8-dion" (**131**)

"2H,5H-Benzo[1,2-b:3,4-b′]dipyran" (**132**), isomer zu "4H,8H-Benzo[1,2-b:3,4-b′]dipyran"; Englisch: '...dipyran'

"4H,8H-Benzo[1,2-b:3,4-b′]dipyran-4,8-dion" (**133**)

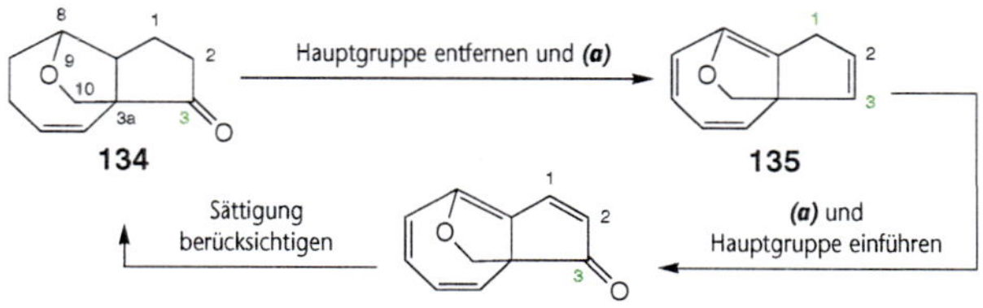

"1,2,6,7,8,8a-Hexahydro-3H-8,3a-(epoxymethano)azulen-3-on" (**134**)

"1H-8,3a-(Epoxymethano)azulen" (**135**), isomer zu "3H-8,3a-(Epoxymethano)azulen"; s. (f_{11})

"3H-8,3a-(Epoxymethano)azulen-3-on" (**136**)

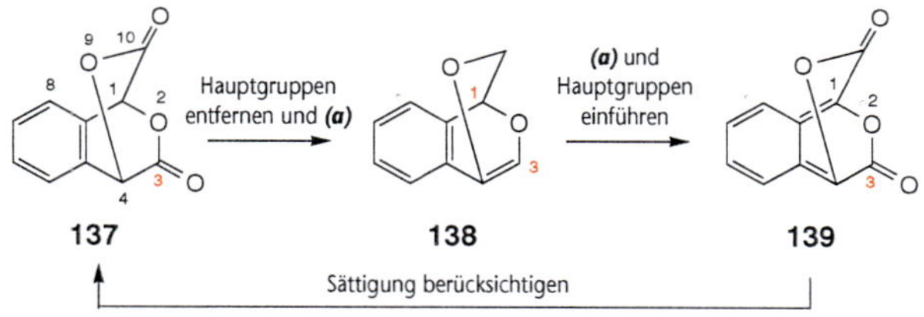

"1,4-Dihydro-4,1-(epoxymethano)-3H-2-benzopyran-3,10-dion" (**137**)

"4,1-(Epoxymethano)-1H-2-benzopyran" (**138**), isomer zu "4,1-(Epoxymethano)-3H-2-benzopyran"; Englisch: '...pyran'; s. *(e)*

"4,1-(Epoxymethano)-3H-2-benzopyran-3,10-dion" (**139**)

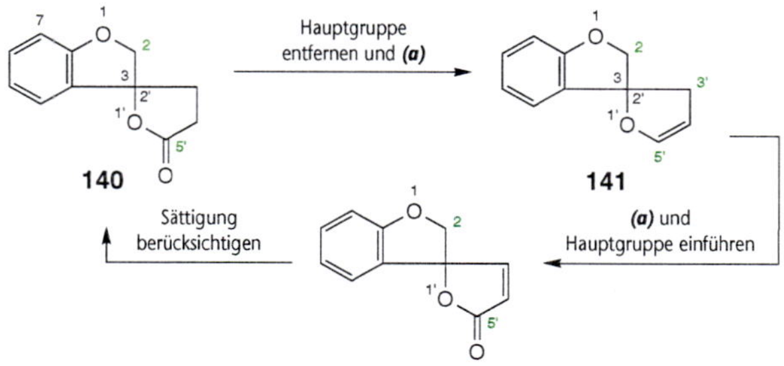

"3′,4′-Dihydrospiro[benzofuran-3(2H),2′(5′H)-furan]-5′-on" (**140**)

"Spiro[benzofuran-3(2H),2′(3′H)-furan]" (**141**), isomer zu "Spiro[benzofuran-3(2H),2′(5′H)-furan]; Englisch: '...furan'; s. *(g)*

"Spiro[benzofuran-3(2H),2′(5′H)-furan]-5′-on" (**142**)

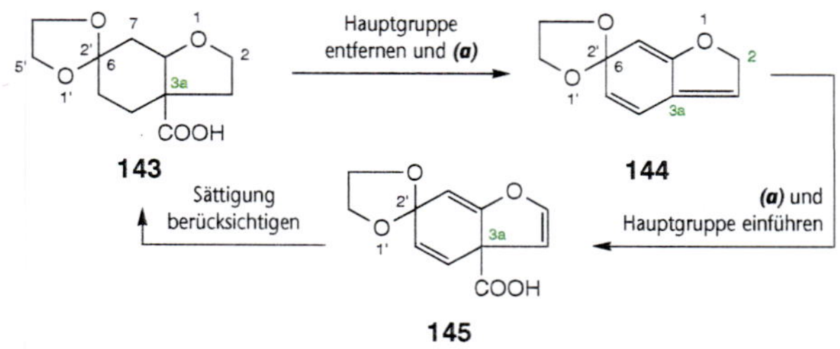

"Hexahydrospiro[benzofuran-6(3aH),2′-[1,3]dioxolan]-3a-carbonsäure" (**143**)

"Hexahydrospiro[benzofuran-6(2H),2′-[1,3]dioxolan]-4-carbonsäure" ist der Name des Isomeren mit –COOH an C(4) (s. *(g)*)

"Spiro[benzofuran-6(2H),2′-[1,3]dioxolan]" (**144**), isomer zu "Spiro[benzofuran-6(3aH),2′-[1,3]dioxolan]"; s. *(g)*

"Spiro[benzofuran-6(3aH),2′-[1,3]dioxolan]-3a-carbonsäure" (**145**)

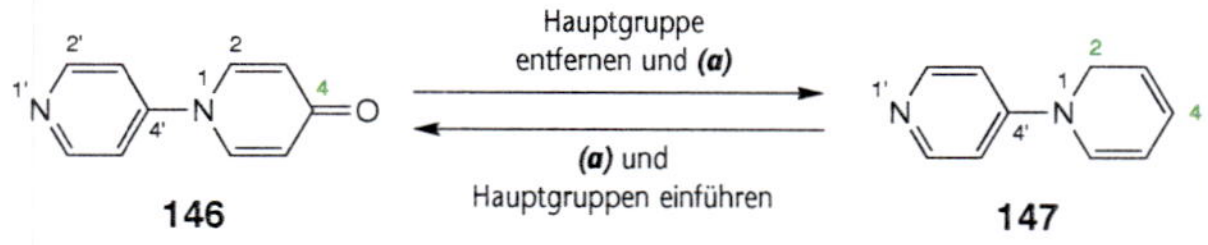

"[1(4H),4′-Bipyridin]-4-on" (**146**)

"1(2H),4′-Bipyridin" (**147**), isomer zu "1(4H),4′-Bipyridin"; s. *(g)*

(i) Wenn die Gerüstforderungen von *(a)* – *(c)* **und** *(e)* – *(g)* **sowie** *(h)* berücksichtigt sind und sich **keine Stelle mit indiziertem H-Atom** finden lässt, **die nach** *(h)* **gleichzeitig die** ***Hauptgruppe oder freie Valenz*** [7]) **tragen kann**, dann wird nach (i_1) und/oder (i_2) vorgegangen:

(i_1) **Wird unter Entfernen einer Doppelbindung** ***ein Paar*** **Hauptgruppen oder** ***ein Paar*** **freie Valenzen beigefügt** (angular oder nicht-angular), **dann entfällt die Angabe von indiziertem H-Atom**[8]). Lässt sich durch Beifügen eines solchen Paares keine Doppelbindung entfernen, dann ist (i_2) anzuwenden.

z.B.

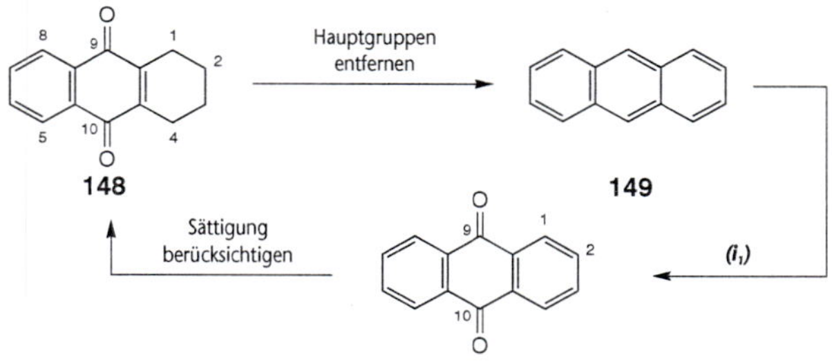

"1,2,3,4-Tetrahydroanthracen-9,10-dion" (**148**)

"Anthracen" (**149**)

"Anthracen-9,10-dion" (**150**)

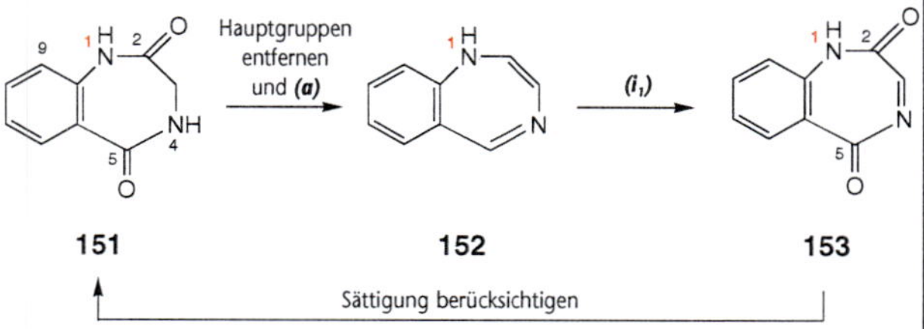

"3,4-Dihydro-1H-1,4-benzodiazepin-2,5-dion" (**151**)

"1H-1,4-Benzodiazepin" (**152**)

"1H-1,4-Benzodiazepin-2,5-dion" (**153**)

---

[8]) Monovalente Hauptgruppen oder freie Valenzen sowie Protonierungen sind in diesem Fall immer an einem tetravalenten angularen oder Brückenkopf-Atom oder an einem trivalenten Heteroatom (≠ angular; ≠ Brückenkopf).

A.5

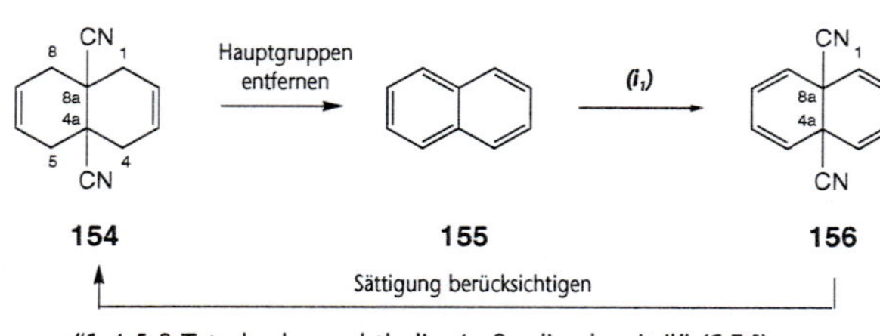

"1,4,5,8-Tetrahydronaphthalin-4a,8a-dicarbonitril" (**154**)
"Naphthalin" (**155**); Englisch: 'naphthalene'
"Naphthalin-4a,8a-dicarbonitril" (**156**)

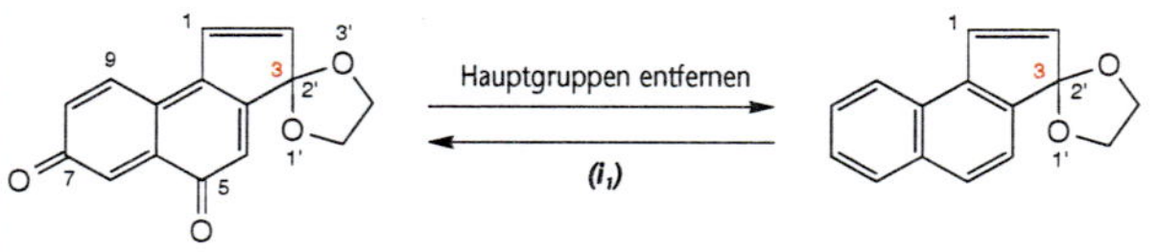

Hauptgruppen entfernen

(*i*₁)

157 **158**

"Spiro[3*H*-benz[*e*]inden-3,2´-[1,3]dioxolan]-5,7-dion" (**157**)
"Spiro[3*H*-benz[*e*]inden-3,2´-[1,3]dioxolan]" (**158**); s. (*e*)

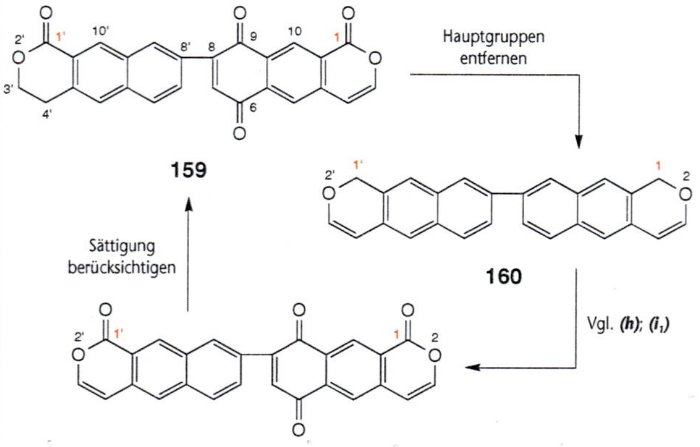

Hauptgruppen entfernen

159

Sättigung berücksichtigen

160

Vgl. (*h*); (*i*₁)

161

"3´,4´-Dihydro[8,8´-bi-1*H*-naphtho[2,3-*c*]pyran]-1,1´,6,9-tetron" (**159**)
"8,8´-Bi-1*H*-naphtho[2,3-*c*]pyran" (**160**); Englisch: '...pyran'; s. (*e*)
"[8,8´-Bi-1*H*-naphtho[2,3-*c*]pyran]-1,1´,6,9-tetron" (**161**)

(*i*₂) **Gleichzeitig mit der Hauptgruppe oder der freien Valenz wird, wenn nötig, an einem Zentrum** (angular oder nicht-angular) **mit möglichst tiefem Lokanten ein zusätzliches** (indiziertes) **H-Atom addiert**[1)][6)][8)]. Dabei kann der Lokant dieses 'addierten' indizierten H-Atoms höher sein als derjenige der Hauptgruppe oder freien Valenz (Ausnahme von den Numerierungsregeln); **bei Wahl** hat aber die **Hauptgruppe Vorrang vor diesem 'addierten' indizierten H-Atom für einen möglichst tiefen Lokanten** (s. **165**). **Entsprechendes gilt für ein Paar Hauptgruppen oder ein paar freie Valenzen**, wenn (*i*₁) nicht anwendbar ist (s. **173**, **177**, **180** und **183**).

Im Namen: **Angabe** des 'addierten' indizierten H-Atoms **in Klammern nach dem (den) Lokanten der Hauptgruppe(n) oder freien Valenz(en)**[1)].

z.B.

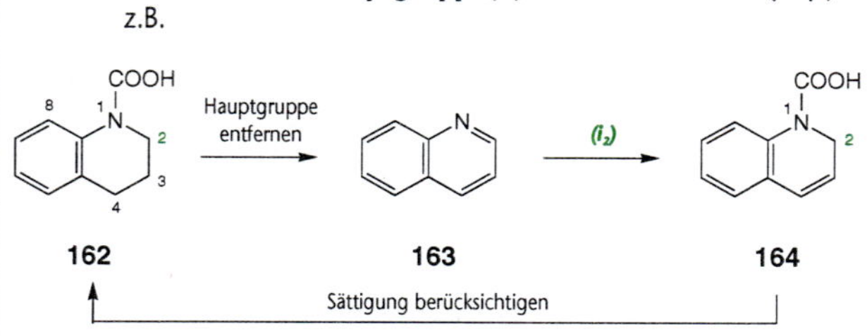

"3,4-Dihydrochinolin-1(2*H*)-carbonsäure" (**162**)
"Chinolin" (**163**); Englisch: 'quinoline'
"Chinolin-1(2*H*)-carbonsäure" (**164**)

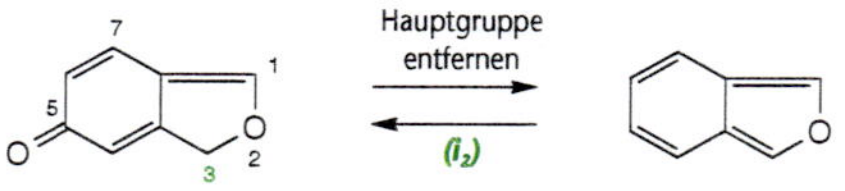

Hauptgruppe entfernen

(*i*₂)

165 **166**

"Isobenzofuran-5(3*H*)-on" (**165**); nicht "Isobenzofuran-6(1*H*)-on"
"Isobenzofuran" (**166**)

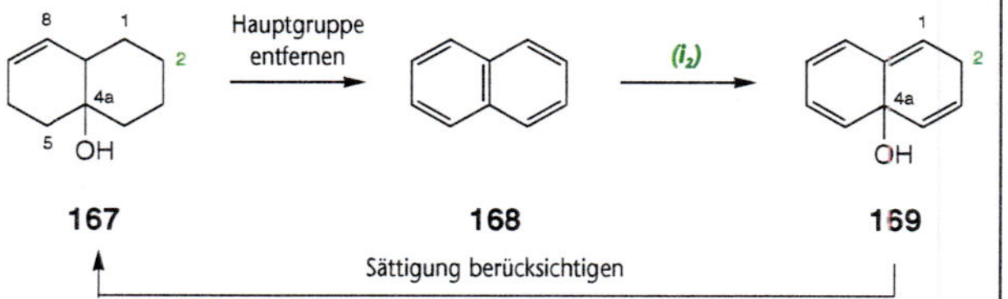

Hauptgruppe entfernen

(*i*₂)

167 **168** **169**

Sättigung berücksichtigen

"1,3,4,5,6,8a-Hexahydronaphthalin-4a(2*H*)-ol" (**167**)
"Naphthalin" (**168**); Englisch: 'naphthalene'
"Naphthalin-4a(2*H*)-ol" (**169**)

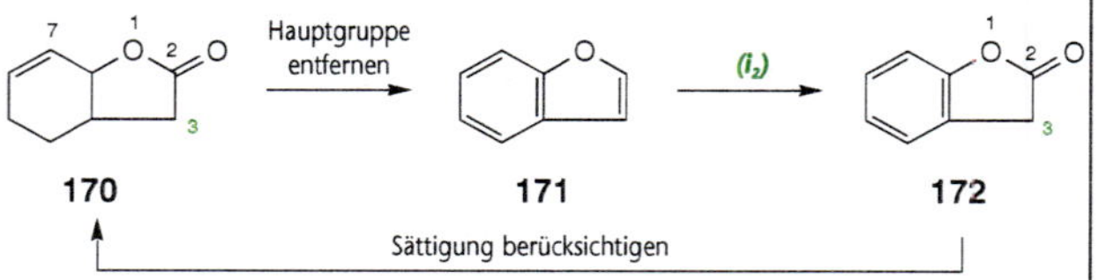

Hauptgruppe entfernen

(*i*₂)

170 **171** **172**

Sättigung berücksichtigen

"3a,4,5,7a-Tetrahydrobenzofuran-2(3*H*)-on" (**170**)
"Benzofuran" (**171**); Englisch: 'benzofuran'
"Benzofuran-2(3*H*)-on" (**172**)

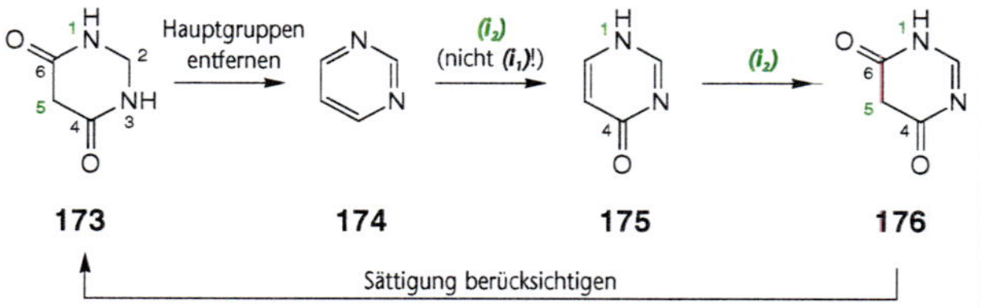

Hauptgruppen entfernen

(*i*₂) (nicht (*i*₁)!)

(*i*₂)

173 **174** **175** **176**

Sättigung berücksichtigen

"2,3-Dihydropyrimidin-4,6(1*H*,5*H*)-dion" (**173**)
"Pyrimidin" (**174**)
"Pyrimidin-4(1*H*)-on" (**175**)
"Pyrimidin-4,6(1*H*,5*H*)-dion" (**176**)

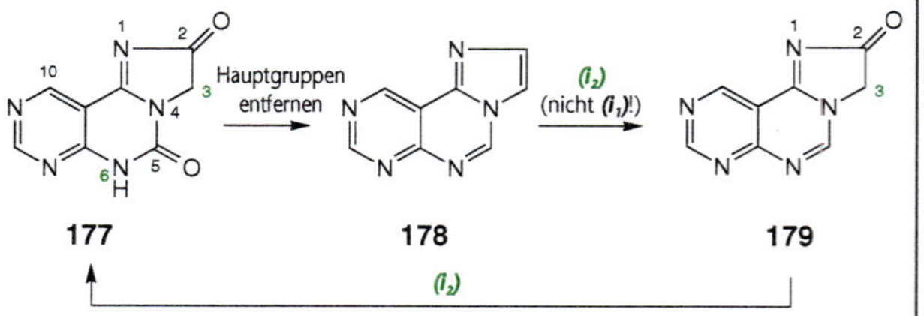

Hauptgruppen entfernen

(*i*₂) (nicht (*i*₁)!)

177 **178** **179**

(*i*₂)

"Imidazo[1,2-*c*]pyrimido[5,4-*e*]pyrimidin-2,5(3*H*,6*H*)-dion" (**177**)
"Imidazo[1,2-*c*]pyrimido[5,4-*e*]pyrimidin" (**178**)
"Imidazo[1,2-*c*]pyrimido[5,4-*e*]pyrimidin-2(3*H*)-on" (**179**)

A.5

"4,6,7,8-Tetrahydro-2*H*-1-benzopyran-2,5(3*H*)-dion" (**180**)
"2*H*-1-Benzopyran" (**181**); Englisch: '...pyran'
"2*H*-1-Benzopyran-2,5(3*H*)-dion" (**182**)

"7a,7b-Dihydro-1*H*-cyclopent[*cd*]indazol-1,2(2a*H*)-dicarbonsäure" (**183**)
"1*H*-Cyclopent[*cd*]indazol" (**184**)
"1*H*-Cyclopent[*cd*]indazol-1,2(2a*H*)-dicarbonsäure" (**185**)

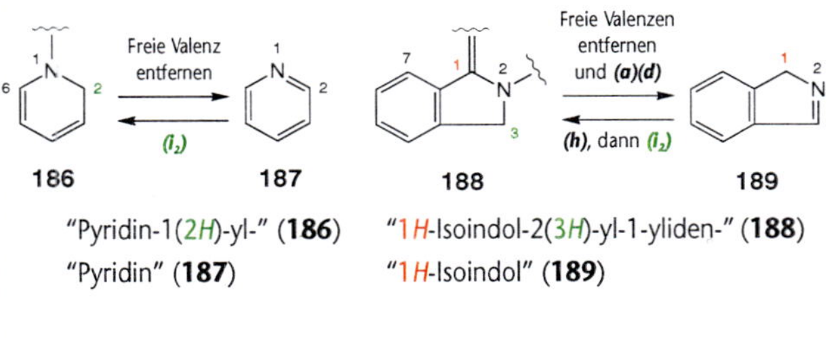

"Pyridin-1(2*H*)-yl-" (**186**)
"Pyridin" (**187**)
"1*H*-Isoindol-2(3*H*)-yl-1-yliden-" (**188**)
"1*H*-Isoindol" (**189**)

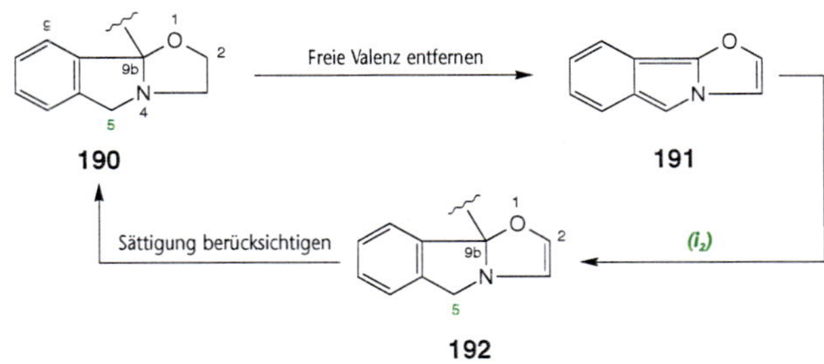

"2,3-Dihydrooxazolo[2,3-*a*]isoindol-9b(5*H*)-yl-" (**190**)
"Oxazolo[2,3-*a*]isoindol" (**191**)
"Oxazolo[2,3-*a*]isoindol-9b(5*H*)-yl-" (**192**)

"3,4,4a,9a-Tetrahydroanthracen-1,9,10(2*H*)-trion" (**193**)
"Anthracen-9,10-dion" (**150**)
"Anthracen-1,9,10(2*H*)-trion" (**194**)

"Hexahydro-1,4-ethano-1*H*-inden-7a(2*H*)-carbonyl-chlorid" (**195**)
"1,4-Ethano-1*H*-inden" (**196**); s. **(e)**
"1,4-Ethano-1*H*-inden-7a(2*H*)-carbonyl-chlorid" (**197**)

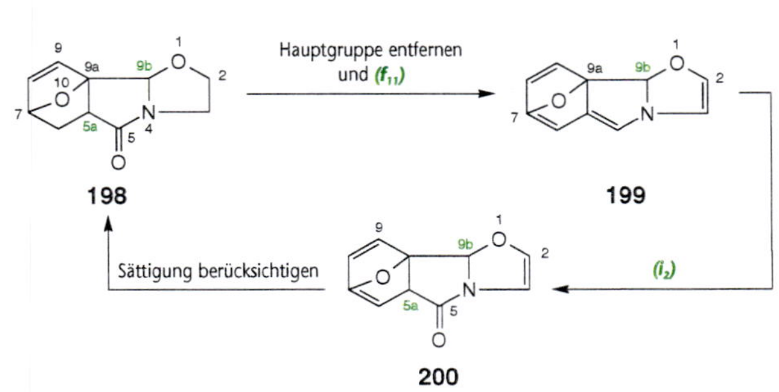

"2,3,6,7-Tetrahydro-9b*H*-7,9a-epoxyoxazolo[2,3-*a*]isoindol-5(5a*H*)-on" (**198**)
"9b*H*-7,9a-Epoxyoxazolo[2,3-*a*]isoindol" (**199**); s. **(f_{11})**
"9b*H*-7,9a-Epoxyoxazolo[2,3-*a*]isoindol-5(5a*H*)-on" (**200**)

"Tetrahydro-3a,7-ethano-3a*H*-inden-7,7a(1*H*,4*H*)-diol" (**201**)
"3a,7-Ethano-3a*H*-inden" (**202**); s. **(f_{21})**
"3a,7-Ethano-3a*H*-inden-7(4*H*)-ol" (**203**)
"3a,7-Ethano-3a*H*-inden-7,7a(1*H*,4*H*)-diol" (**204**)

"Decahydrospiro[7*H*-benz[*e*]inden-7,2´-[1,3]dioxan]-9b(6*H*)-essigsäure" (**205**); Englisch: '...9b(6*H*)-acetic acid'
"Spiro[7*H*-benz[*e*]inden-7,2´-[1,3]dioxan]" (**206**); s. **(e)**
"Spiro[7*H*-benz[*e*]inden-7,2´-[1,3]dioxan]-9b(6*H*)-essigsäure" (**207**)

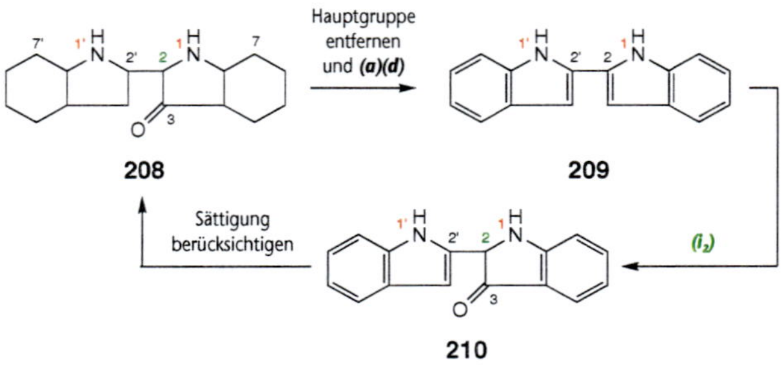

Hauptgruppe entfernen und (a)(d)

208 209

Sättigung berücksichtigen

(i₁)

210

"Tetradecahydro[2,2´-bi-1H-indol]-3(2H)-on" (**208**)

"2,2´-Bi-1H-indol" (**209**)

"[2,2´-Bi-1H-indol]-3(2H)-on" (**210**)

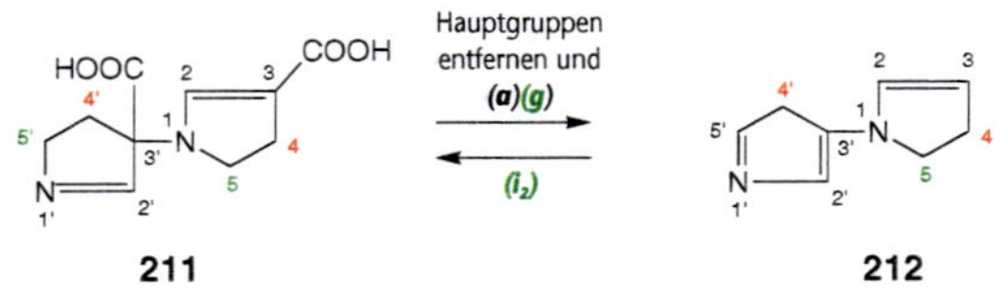

Hauptgruppen entfernen und (a)(g)

(i₂)

211 212

"[1(5H),3´-Bi-4H-pyrazol]-3,3´(5´H)-dicarbonsäure" (**211**)

Englisch: '...3,3´(5´H)-dicarboxylic acid'

"1(5H),3´-Bi-4H-pyrazol" (**212**); s. (g)

A.5

CA ¶ 202–212, 284 und 285
IUPAC R-7 und E

Anhang 6. Konfigurationsbezeichnungen in Namen

Im folgenden werden erläutert:

- Definitionen; (A.6.1)
- das CIP-System zur Spezifikation der Konfiguration eines stereogenen Zentrums, einer stereogenen Achse (inklusive Chiralitätsebene) oder einer stereogenen Doppelbindung; (A.6.2)
- Stereodeskriptoren zur Bezeichnung der absoluten und der relativen Konfiguration; (A.6.3)
- Konfiguration von Organometall- und Koordinationsverbindungen. (A.6.4)

A.6.1. Definitionen

Eine **Zusammenstellung von Grundbegriffen der Stereochemie** wurde von **IUPAC** 1996 veröffentlicht[1]); darin werden auch **Angaben zur eindeutigen graphischen Darstellung von dreidimensionalen Strukturen** gemacht. Eine neuere Abhandlung zur Nomenklatur und zum Vokabular der organischen Stereochemie stammt von *G. Helmchen*[2]); sie basiert auf der grundlegenden Mitteilung zur **Spezifikation der Konfiguration eines Stereoisomers von *R.S. Cahn, C.K. Ingold* und *V. Prelog***[3]), das heute **CIP-System** genannt wird, und auf der **1982 erschienenen Revision des CIP-Systems von *V. Prelog* und *G. Helmchen***[4]), **die eine bedeutende Vereinfachung der Spezifikation der Konfiguration erlaubt.**

Die graphischen Darstellungen **1** – **5** werden für dreidimensionale Strukturen empfohlen[1]):

1a **1b** **1c** **1d** **1e**

z.B. stereogenes Zentrum

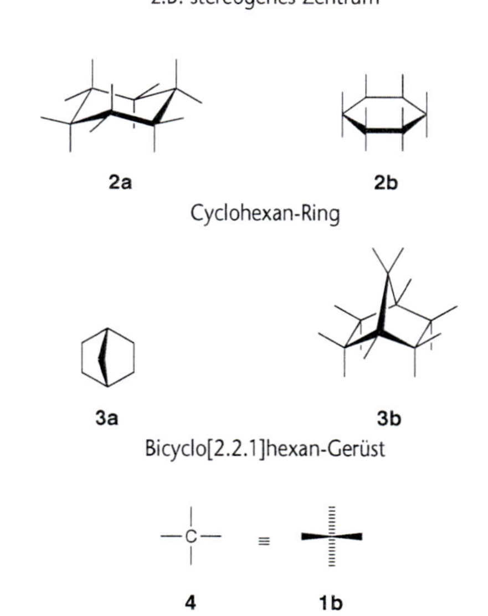

Fischer-Projektion eines stereogenen Zentrums

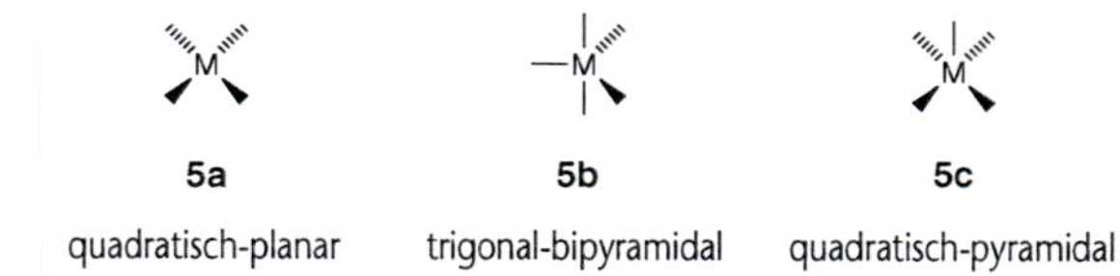

quadratisch-planar — trigonal-bipyramidal — quadratisch-pyramidal

Koordinationsverbindungen

Die Darstellungen **2b** (***Haworth*-Projektion**) und **4** (***Fischer*-Projektion**) werden vor allem im Rahmen von Spezialnomenklaturen (s. *Anhang 1*) verwendet, z.B. für Kohlenhydrate.

z.B.

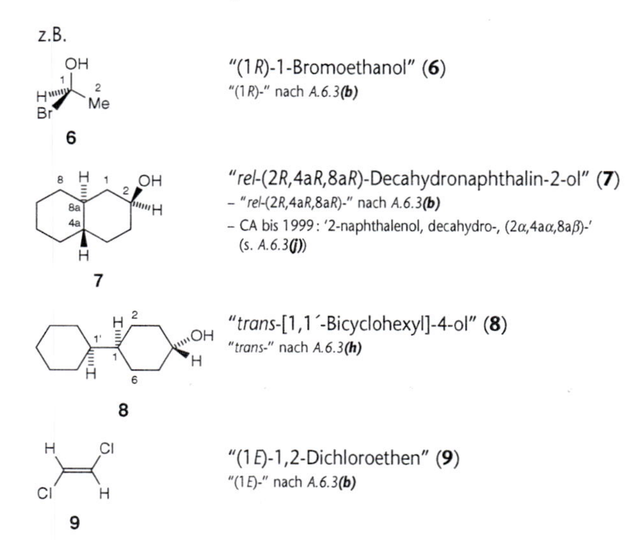

"(1*R*)-1-Bromoethanol" (**6**)
"(1*R*)-" nach *A.6.3(**b**)*

"*rel*-(2*R*,4a*R*,8a*R*)-Decahydronaphthalin-2-ol" (**7**)
- "*rel*-(2*R*,4a*R*,8a*R*)-" nach *A.6.3(**b**)*
- CA bis 1999: '2-naphthalenol, decahydro-, (2α,4aα,8aβ)-' (s. *A.6.3(**j**)*)

"*trans*-[1,1′-Bicyclohexyl]-4-ol" (**8**)
"*trans*-" nach *A.6.3(**h**)*

"(1*E*)-1,2-Dichloroethen" (**9**)
"(1*E*)-" nach *A.6.3(**b**)*

Für Nomenklaturzwecke werden die Begriffe Konstitution und Konfiguration eines Moleküls folgendermassen definiert:

- **Die *Konstitution* beschreibt die Art der Atome und die Art der Bindungen zwischen diesen Atomen** im Molekül. **Moleküle** der gleichen Molekularformel (z.B. C_5H_{12}), aber **verschiedener Konstitution sind Konstitutionsisomere**; sie haben **verschiedene topologische Eigenschaften**; z.B. **10** und **11**.

Me, Me, Me (**10**): "2-Methylbutan" (**10**)
Molekularformel C_5H_{12}

Me, Me (**11**): "Pentan" (**11**)
Molekularformel C_5H_{12}

- **Die *Konfiguration* beschreibt die räumliche Anordnung der Atome eines Moleküls**. Durch Energiebarrieren getrennte **Moleküle** der gleichen Konstitution, aber **verschiedener Konfiguration sind Stereoisomere** (= **Konfigurationsisomere**), z.B. **12a** und **12b** oder **13a** und **13b**.

[1]) IUPAC, 'Basic Terminology of Stereochemistry', *Pure Appl. Chem.* **1996**, *68*, 2193.

[2]) G. Helmchen, 'Houben-Weyl, Methoden der organischen Chemie', Vol. E 21a, 'Stereoselective Synthesis', G. Thieme-Verlag, Stuttgart – New York, 1995, S. 1.

[3]) R.S. Cahn, C.K. Ingold, V. Prelog, *Angew. Chem.* **1966**, *78*, 413; *ibid., Int. Ed. Engl.* **1966**, *5*, 385; und dort zit. Lit.

[4]) V. Prelog, G. Helmchen, *Angew. Chem.* **1982**, *94*, 614; *ibid., Int. Ed. Engl.* **1982**, *21*, 567.

Konformere sind Stereoisomere, die durch Rotation um Bindungen ineinander übergehen; Stereoisomere, die durch **Rotation um Bindungen zwischen koplanaren planaren trigonalen Zentren** ineinander übergehen, werden hier ebenfalls als **Konfigurationsisomere** betrachtet, z.B. (*E*)/(*Z*)-Isomere von Olefinen, Enolaten, Amiden *etc.*[2])[4]).

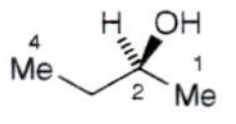

"(2*S*)-Butan-2-ol" (**12a**)
"(2*S*)-" nach *A.6.3(b)*

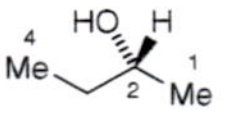

12a

"(2*R*)-Butan-2-ol" (**12b**)
"(2*R*)-" nach *A.6.3(b)*

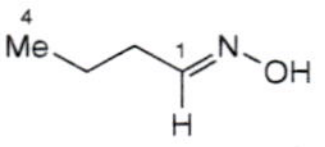

12b

"(1*E*)-Butanal-oxim" (**13a**)
"(1*E*)-" nach *A.6.3(b)*

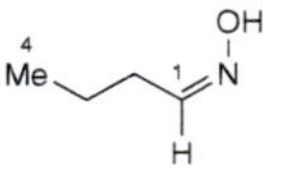

13a

"(1*Z*)-Butanal-oxim" (**13b**)
"(1*Z*)-" nach *A.6.3(b)*

13b

Zur Spezifikation der Konfiguration eines Stereoisomeren wird ihm ein **Stereomodell** zugeordnet, d.h. eine **geometrische Figur**, die **aus** einer starren Anordnung von **Punkten** besteht, **die durch Geraden verbunden sind**; die **Punkte** entsprechen den **Lagen der Atomkerne** und die **Geraden** den **Bindungen** des Stereoisomeren. **Ein Stereomodell mit bekannter absoluter (Gesamt)konfiguration ist chiral**, d.h. es kann nicht mit seinem Spiegelbild in Deckung gebracht werden, **d.h. es ist reflexionsvariant** (oder permutationsvariant), d.h. es hat keine Symmetrieebene ($\sigma = S_1$), kein Inversionszentrum ($i = S_2$) und keine Reflexionsachse (S_{2n}):

- **Stereoisomere, deren Stereomodelle zueinander Spiegelbilder sind, heissen Enantiomere**; ihre Stereomodelle sind **enantiomorph** und haben gleiche geometrische Eigenschaften, aber **verschiedene topographische Eigenschaften**.
- **Stereoisomere, die nicht Enantiomere sind, heissen Diastereomere**; ihre Stereomodelle sind **diastereomorph** und haben **verschiedene geometrische Eigenschaften**.

Ein Stereomodell mit bekannter relativer Konfiguration kann chiral oder achiral sein.

Die gemäss den *Kap. 1 – 6* hergeleiteten Namen beschreiben mit wenigen Ausnahmen (z.B. α-Aminocarbonsäuren, s. *Kap. 6.7.2.2*) nur die Konstitution eines Moleküls. **Die Konfiguration eines Stereoisomeren wird durch Beigabe eines Stereodeskriptors zum systematischen Namen bezeichnet.** Alle nach den CA-Richtlinien[5]) oder IUPAC-Empfehlungen hergeleiteten **Stereodeskriptoren beruhen auf dem *Cahn-Ingold-Prelog*-System zur Spezifikation der Konfiguration**[2])[3])[4]). Das CIP-System in seiner nicht-revidierten Fassung von 1966 ist in den E-Regeln von IUPACs 'Blue Book' kurz beschrieben.

Kap. 1-6
Kap. 6.7.2.2
CA ¶ 203
IUPAC E

A.6.2. DAS CIP-SYSTEM ZUR SPEZIFIKATION DER KONFIGURATION EINES STEREOGENEN ZENTRUMS, EINER STEREOGENEN ACHSE (INKLUSIVE CHIRALITÄTSEBENE) ODER EINER STEREOGENEN DOPPELBINDUNG

Im folgenden werden erläutert:

(a) **Aufgliederungsregel**: Aufgliederung ('factorization') der Gesamtkonfiguration in stereogene Einheiten:
- ***(a₁)*** stereogenes Zentrum (Chiralitätszentrum, 'pseudoasymmetrisches' Zentrum),
- ***(a₂)*** stereogene Achse (Chiralitätsachse, 'pseudoasymmetrische' Achse),
- ***(a₃)*** stereogene Doppelbindung;

(b) **Zuordnungsregel** (Chiralitäts- und Helizitätsregel) zur Spezifikation der Konfiguration einer stereogenen Einheit mit maximal vier Liganden (Substituenten):
- ***(b₁)*** stereogenes Zentrum,
- ***(b₂)*** stererogene Achse,
- ***(b₃)*** stereogene Doppelbindung;

(c) **Umwandlungskonventionen** für nichtquadriligante Strukturteile:
- ***(c₁)*** formale Umwandlung ungesättigter Strukturteile,
- ***(c₂)*** formale Umwandlung einer Ringstruktur,
- ***(c₃)*** formale Umwandlung einer mesomeren Ringstruktur,
- ***(c₄)*** formale Umwandlung negativ geladener Strukturteile oder von Strukturteilen mit einsamen Elektronenpaaren;

(d) **Sequenzregeln** ('sequence rules'):
- ***(d₁)*** Vergleich der Konstitutionseigenschaften (*Sequenzregeln 1* und *2*),
- ***(d₂)*** Vergleich der geometrischen und topographischen Eigenschaften (*Sequenzregeln 3 – 5*).

(a) ***Aufgliederungsregel:***

Der **erste Schritt** bei der Spezifikation der Konfiguration besteht in der **Aufgliederung** ('factorization') **der Gesamtkonfiguration**, d.h. **zuerst müssen die stereogenen Einheiten** ('stereogenic units') **im Stereoisomeren identifiziert werden**. Eine stereogene Einheit setzt sich zusammen aus einem zentralen **achiralen 'Kern'** ('core') von Bindungen und/oder Atomen (s. **i** – **viii**) und aus den daran gebundenen **Liganden** (Substituenten) und ist

- ein **stereogenes Zentrum** (s. **14** und **15**),
- eine **stereogene Achse** (inklusive stereogene Ebenen) (s. **16** – **19**),
- eine **stereogene Doppelbindung** (s. **20** und **21**).

Ein Atom kann sowohl ein stereogenes Zentrum als auch ein Atom sein, das eine stereogene Achse definiert. In einem solchen Fall muss **zuerst das stereogene Zentrum** berücksichtigt und spezifiziert werden.

(a₁) **Ein *stereogenes Zentrum* ist ein Chiralitätszentrum** (früher: 'asymmetrisches Atom') **oder ein 'pseudoasymmetrisches' Zentrum**: es ist durch ein einziges Atom definiert, d.h. ein stereogenes Zentrum **muss mit einem Atom zusammenfallen. Eine tetraedrische Einheit mit vier verschiedenen** (isolierten)[6]) **Liganden *a* – *d* oder eine tripodale Einheit**[7]) **mit drei veschiedenen** (isolierten)[6]) **Liganden *a* – *c* ist ein stereogenes Zentrum** (s. **14** und **15**), **da eine ungerade Anzahl von** paarweisen Ligandaustauschen, d.h. **Permutationen, zwei verschiedene Stereoisomeren erzeugt.**

Sind die vier Liganden *a* – *d*, isoliert[6]) **betrachtet, achiral und** in ihren Konstitutionseigenschaften und geometrischen Eigenschaften (s. ***(d)***) **verschieden, dann sind die beiden Stereoisomeren**, die durch diese Permutation erzeugt werden, **Enantiomere** (d.h. ihre Stereomodelle sind zueinander Spiegelbilder), und das sterogene Zentrum ist ein **Chiralitätszentrum** (s. **14**). Für Chiralitätszentren vom Typ X(*aabb*), X(*aaab*) und X(*aaaa*), s. ***(b₁)***.

Sind von den vier Liganden *a* – *d*, isoliert[6]) **betrachtet, zwei zueinander enantiomorph**, d.h. z.B. *c* und *d* sind zueinander Spiegelbilder (*d* = ↄ), **dann sind die beiden Stereoisomeren**, die durch diese Permutation erzeugt werden, **Diastereomere** (d.h. die Spiegelung des Stereomodells erzeugt kein neues Stereomodell), und das stereogene Zentrum ist ein achirales '**pseudoasymmetrisches' Zentrum** (s. **15**).

A.6

---

[5]) Für die von CA bis 1999 verwendeten Konventionen, s. auch J.E. Blackwood, P.M. Giles, Jr., *J. Chem. Inf. Comput. Sci.* **1975**, *15*, 67.

[6]) **Ein isolierter Ligand (Substituent) bedeutet, dass er von der stereogenen Einheit abgetrennt zu betrachten ist**; d.h. ein acyclischer ('monodentater') Ligand ist nach dem Bruch seiner Bindung zur stereogenen Einheit leicht als isolierter Ligand erkennbar; dagegen muss ein cyclischer ('polydentater') Ligand nach dem in ***(c)*** beschriebenen Verfahren zuerst in einen acyclischen Liganden umgewandelt werden.

[7]) **Eine tripodale Einheit oder eine trigonal-digonale Einheit wird durch Beifügen eines Phantom-Atoms** ('dummy atom') der Ordnungszahl Null **zu einer tetraedrischen Einheit** (s. **14** und **15**) **bzw. zu einer trigonal-trigonalen Einheit** (s. **16** und **17**).

i

zentraler achiraler 'Kern' **i**: **tetraedrisch**, z.B. **C-Atom** eines gesättigten Kohlenwasserstoffes, **Si-Atom** eines Silans, **N-Atom** eines Amin-oxids, **P-Atom** eines Phosphin-oxids

ii ≡ iii

- zentraler achiraler 'Kern' **ii**: **tripodal**[7]), z.B. **N-Atom** eines Amins, **P-Atom** eines Phosphins, **S-Atom** eines Sulfoxids oder Sulfonium-Kations
- 'Kern' **iii**: **tetraedrisch**[7]), o = Phantom-Atom

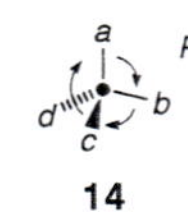

14

stereogenes Zentrum = **Chiralitätszentrum** der Konfiguration *R* (Prioritätenreihenfolge *a* > *b* > *c* > *d*; s. ***(b₁)***)

15

stereogenes Zentrum = **'pseudoasymmetrisches' Zentrum** der Konfiguration *r* (*c* und ɔ sind zueinander enantiomorph; Prioritätenreihenfoge *a* > *b* > *c* > ɔ ; s. ***(b₁)***)

(a₂) **Eine *stereogene Achse* ist eine Chiralitätsachse oder eine 'pseudoasymmetrische' Achse**: sie ist durch zwei oder mehrere Atome definiert, die miteinander durch eine ***lineare* Anordnung aufeinanderfolgender Bindungen** verknüpft sind (z.B. C–C, C=C=C; **Verknüpfungen durch Ringe** (z.B. Spiropolycyclen, Adamantane) **sind ausgeschlossen**, s. Beispiele in ***(d₁)***). **Die nicht-planare Anordnung von zwei planar-trigonalen Zentren mit je zwei verschiedenen** (isolierten)[6]) **Liganden *a* und *b*** oder die nicht-planare Anordnung eines planar-trigonalen und eines digonalen[7]) Zentrums **ist eine stereogene Achse**, da durch Rotation um diese Achse zwei verschiedene Stereoisomere erzeugt werden (s. **16** und **17**).

Sind die zwei Liganden *a* und *b*, isoliert[6]) **betrachtet, achiral und** in ihren Konstitutionseigenschaften und geometrischen Eigenschaften (s. ***(d)***) **verschieden, dann sind die beiden Stereoisomeren**, die durch diese Rotation erzeugt werden, **Enantiomere** und die stereogene Achse ist eine **Chiralitätsachse** (s. **16**).

Die Anordnung eines planar-trigonalen Zentrums mit zwei verschiedenen (isolierten)[6]) **Liganden *a* und *b* und eines tetraedrischen Zentrums mit einem bevorzugten Liganden *a* vom Typ 18 ist ebenfalls eine Chiralitätsachse** (⇔ ***Chiralitätsebene***[2])[4])).

Entsprechend dem 'pseudoasymmetrischen' Zentrum (s. ***(a₁)***) kann eine **'pseudoasymmetrische' Achse** vom Typ **17** oder **19** definiert werden, wenn z.B. die beiden Liganden *c* und ɔ zueinander enantiomorph sind.

iv

zentraler achiraler 'Kern' **iv** aus vier sich überlappenden Helix-Einheiten: **trigonal-trigonal**, z.B. **Allene**, **Biaryle**

v ≡ vi

- zentraler achiraler 'Kern' **v** aus zwei sich überlappenden Helix-Einheiten: **trigonal-digonal**[7])
- 'Kern' **vi**: **trigonal-trigonal**[7]), o = Phantom-Atom

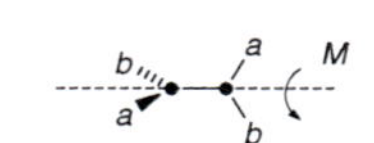

16

stereogene Achse = **Chiralitätsachse** der Konfiguration *M* (**CA**: *R*; früher: *aR*; Prioritätenreihenfolge *a* > *b*; s. ***(b₂)***)

17

stereogene Achse = **'pseudoasymmetrische' Achse** der Konfiguration *m* (*c* und ɔ sind zueinander enantiomorph; Prioritätenreihenfolge *a* > *b*/*c* > ɔ; s. ***(b₂)***)

18

stereogene Achse = **Chiralitätsachse** (⇔ **Chiralitätsebene**) der Konfiguration *M* (**CA**: *S*; früher: *pS*; Prioritätenreihenfolge *a* > *b*; s. ***(b₂)***)

vii

zentraler achiraler 'Kern' **vii** aus sechs sich überlappenden Helix-Einheiten: **trigonal-tetraedrisch**, z.B. ***para*-Cyclophane**

19

stereogene Achse = **'pseudoasymmetrische' Achse** der Konfiguration *m* (*c* und ɔ sind zueinander enantiomorph; Prioritätenreihenfolge *a* > *b*/*c* > ɔ; s. ***(b₂)***)

(a₃) **Eine Doppelbindung** (planar) **mit je zwei Liganden *a* und *b* an jedem der beiden an der Doppelbindung beteiligten Atome ist eine *stereogene Doppelbindung***, da durch Austausch der beiden Liganden *a* und *b* (am gleichen Atom) ein Stereoisomer erzeugt wird, nämlich ein Doppelbindungsisomer (früher: 'geometrisches' Isomer). **Sind die zwei Liganden *a* und *b*, isoliert**[6]) **betrachtet, achiral und** in ihren Konstitutionseigenschaften und geometrischen Eigenschaften (s. ***(d)***) **verschieden, dann sind die beiden Doppelbindungsisomeren**, die durch den Ligand-Austausch erzeugt werden, **Diastereomere** (s. **20**).

Entsprechend dem 'pseudoasymmetrischen' Zentrum (s. ***(a₁)***) kann eine stereogene Doppelbindung vom Typ **21** formuliert werden, wenn z.B. die beiden Liganden *c* und ɔ zueinander enantiomorph sind.

viii

zentraler achiraler 'Kern' **viii**: **Doppelbindung**, z.B. **Olefine**, **Oxime**, **Hydrazone**, **Amide**, **Enolate**

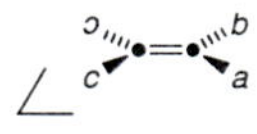

20

stereogene Doppelbindung der Konfiguration *Z* (Prioritätenreihenfolg *a* > *b* (s. ***(b₃)***)

21

stereogene Doppelbindung der Konfiguration *Ul*[2])[4])

(b) ***Zuordnungsregel:***

Die Konfiguration einer stereogenen Einheit mit maximal vier (isolierten)[6]) **Liganden** (Substituenten; s. **14 – 21**) **wird zugeordnet, nachdem die Liganden *a* – *d*** gemäss den in ***(d)*** beschriebenen Sequenzregeln **geordnet worden sind** (**Prioritätsbuchstaben *a* > *b* > *c* > *d***).

Sind alle vier Liganden des Stereomodells **14** oder **14´** voneinander verschieden, dann heisst die Zuordnungsregel auch **Chiralitätsregel**. Im Fall der Stereomodelle **16** oder **16´** und **18** oder **18´** spricht man auch von **Helizitätsregel**.

(b₁) ***Stereogenes Zentrum*** (Chiralitätsregel): Man betrachtet das Stereomodell **14** bzw. **14´** des Chiralitätszentrums so, dass der **Ligand *d* tiefster Priorität vom Beobachter am weitesten entfernt** ist; **entspricht unter diesem Blickwinkel** (Symbol ◁) **die Reihenfolge der Liganden *a* → *b* → *c*** (Prioritätenreihenfolge *a* > *b* > *c* > *d*; s. ***(d)***) **einer Rechtsdrehung** (Uhrzeigersinn), **dann** wird dem Chiralitätszentrum die **Konfiguration** (= **Chiralitätssinn**) ***R*** (*rectus* = rechts) zugeordnet (s. **14**); entspricht sie dagegen einer **Linksdrehung**, dann wird die **Konfiguration** (= **Chiralitätssinn**) ***S*** (*sinister* = links) zugeordnet (s. **14´**).

14 ⇔ **14a** ≡ **14b** ≡ **14c**

Chiralitätszentrum **14**
- Uhrzeigersinn, denn *a* > *b* > *c*
- Konfiguration oder Chiralitätssinn *R*
- **Stereodeskriptor "(*R*)-"**

14' ⇔ **14'a** ≡ **14'b** ≡ **14'c**

Chiralitätszentrum **14´**
- Gegenuhrzeigersinn, denn *a* > *b* > *c*
- Konfiguration oder Chiralitätssinn *S*
- **Stereodeskriptor "(*S*)-"**

Stereogene Zentren vom Typ X(*aabb*) (z.B. Spirostrukturen der Symmetrie C_2), X(*aaab*) (z.B. Hydrophenalene der Symmetrie C_3) und X(*aaaa*) (Strukturen der Symmetrie D_2) **mit rotationsäquivalenten, topologisch aber unterscheidbaren Liganden sind ebenfalls Chiralitätszentren**[2][3][4]**. Sie werden** mittels des hierarchischen Digraphen (s. unten, **22**) **spezifiziert, indem einem der rotationsäquivalenten proximalen Atome willkürlich der höchste Rang a_1 zugeordnet wird**, wodurch es bei der Anwendung der Sequenzregeln (s. ***(d)***) immer bevorzugt ist. **Die übrigen proximalen rotationsäquivalenten Atome werden dann aufgrund ihrer topologischen Entfernung vom bevorzugten a_1** mittels des hierarchischen Digraphen (d.h. auf dem Weg der höchsten Priorität) **eingeordnet**, d.h. **je kürzer die Distanz zu a_1, desto höher die Priorität** (s. unten, **53**):

- X($a_1a_2b_1b_2$) mit $a_1 > a_2 > b_1 > b_2$, wobei sich b_1 von b_2 dadurch unterscheidet, dass b_1 näher bei a_1 liegt;
- X($a_1a_2a_3b$) mit $a_1 > a_2 > a_3 > b$, wobei sich a_2 von a_3 dadurch unterscheidet, dass a_2 näher bei a_1 liegt;
- X($a_1a_2a_3a_4$) mit $a_1 > a_2 > a_3 > a_4$, wobei sich a_2 von a_3 und a_4 dadurch unterscheidet, dass a_2 näher bei a_1 liegt; entsprechend ist a_3 näher bei a_1 als a_4.

Im Fall eines **'pseudoasymmetrischen' Zentrums** (s. **15**) werden die entsprechenden Konfigurationen *r* oder *s* zugeordnet. In Namen werden dafür keine Stereodeskriptoren verwendet (vgl. dazu jedoch *A.6.3***(c)**(**g**)–(**l**)).

z.B.

- in ***(c)***: **23**, **28** – **34**, **39** und **46** – **49**
- in ***(d)***: **50** – **53** und **63** – **67**
- weitere Beispiele in *A.6.3*

A.6.3

(b₂) ***Sterogene Achse*** (Helizitätsregel): Unter den sich überlappenden Helix-Einheiten einer **Chiralitätsachse** wird **zuerst** die **vorrangige Helix-Einheit** (rot) bestimmt, d.h. diejenige, **welche durch die beiden bevorzugten Liganden *a*** (Prioritätenreihenfolge $a > b$; s. ***(d)***) **an den beiden Enden der Achse** (d.h. an den beiden trigonalen Zentren) in den Stereomodellen **16** bzw. **16´** oder **18** bzw. **18´ definiert ist.** Man betrachtet dann das Stereomodell **16** bzw. **16´** oder **18** bzw. **18´** der Chiralitätsachse so, dass **ein** (beliebiges) **Ende der beiden Enden der Achse vom Beobachter am weitesten entfernt** ist; **entspricht unter diesem Blickwinkel** (Symboll ◁) **der Schraubensinn der vorrangigen Helix-Einheit** (zwischen den beiden bevorzugten Liganden *a*) **einem negativen Torsionswinkel** τ, **dann** wird der Chiralitätsachse die **Konfiguration (= Helizität) *M*** (*minus*) zugeordnet (s. **16** und **18**); entspricht er dagegen einem **positiven Torsionswinkel** τ, dann wird die **Konfiguration (= Helizität) *P*** (*plus*) zugeordnet (s. **16´** und **18´**).

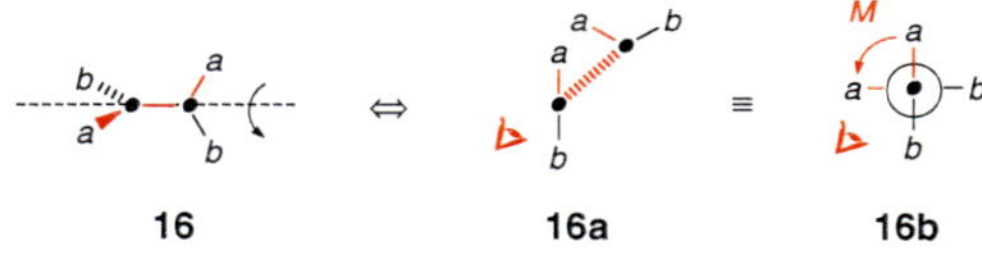

16 **16a** **16b**

Chiralitätsachse **16**
- linksgängige Helix (τ negativ), denn $a > b$
- Konfiguration oder Helizität *M*
- **Stereodeskriptor "(*M*)-"** (**CA**: '(***R***)-'); früher "(*aR*)-", s. unten ***(i)***

16' **16'a** **16'b**

Chiralitätsachse **16´**
- rechtsgängige Helix (τ positiv), denn $a > b$
- Konfiguration oder Helizität *P*
- **Stereodeskriptor "(*P*)-"** (**CA**: '(***S***)-'); früher "(*aS*)-", s. unten ***(i)***

18 **18a** **18b**

Chiralitätsachse (⇔ Chiralitätsebene) **18**
- linksgängige Helix (τ negativ), denn $a > b$
- Konfiguration oder Helizität *M*
- **Stereodeskriptor "(*M*)-"** (**CA**: '(***S***)-'); früher "(*pS*)-", s. unten ***(i)*** und ***(ii)***

18' **18'a** **18'b**

Chiralitätsachse (⇔ Chiralitätsebene) **18´**
- rechtsgängige Helix (τ positiv), denn $a > b$
- Konfiguration oder Helizität *P*
- **Stereodeskriptor "(*P*)-"** (**CA**: '(***R***)-'); früher "(*pR*)-", s. unten ***(i)*** und ***(ii)***

Stereogene Achsen vom Typ X(*ab*)···X(*ac*), X(*ab*)···X(*bc*), X(*ab*)···X(*cd*), X(*abc*)···X(*ac*) *etc.* sind chiral und werden analog behandelt.

Im Fall einer **'pseudoasymmetrischen' Achse** (s. **17** und **19**) werden die entsprechenden Konfigurationen *m* oder *p* zugeordnet. In Namen werden dafür keine speziellen Stereodeskriptoren verwendet (vgl. dazu jedoch *A.6.3***(c)**(**g**)–(**l**)).

Beachte:

(i) Eine **Chiralitätsachse vom Typ 16 oder 16´** wurde im CIP-System **früher**[3]) **als verlängertes Tetraeder** mit den vier Liganden *a*,*b*/*a*,*b* behandelt und ihre Konfiguration **mit den Stereodeskriptoren "(*aR*)-" oder "(*aS*)-" (*a* = axial)** statt mit "(*M*)-" bzw. "(*P*)-" beschrieben (s. auch IUPAC E, Appendix 2). Ebenso wurde eine **Chiralitätsachse vom Typ 18 oder 18´** im CIP-System **früher**[3]) **als Chiralitätsebene** behandelt und ihre Konfiguration anhand eines Pilot-Atoms *a* **mit den Stereodeskriptoren "(*pR*)-" oder "(*pS*)-" (*p* = planar)** statt mit "(*P*)-" bzw. "(*M*)-" beschrieben (s. auch IUPAC E, Appendix 2). **Die Zuordnung der Konfiguration einer Chiralitätsachse oder einer Chiralitätsebene mittels der *Helizitätsregel***, wie sie in der Revision des CIP-Systems 1982 vorgeschlagen wurde[2][4]), ***führt zu einer bedeutenden Vereinfachung*** (s. **16** bzw. **16´** und **18** bzw. **18´**) des ursprünglichen[3]) Vorgehens. **CA hat bis jetzt die ursprünglichen Stereodeskriptoren** (ohne '*a*' (axial) und '*p*' (planar)) **beibehalten**. Es gelten die folgenden **Äquivalenzen**:

IUPAC E, Appendix 2

IUPAC E, Appendix 2

"(***aR***)-" (CA: '(***R***)-') ⇔ "(***M***)-" (s. **16**)
"(***aS***)-" (CA: '(***S***)-') ⇔ "(***P***)-" (s. **16´**)
"(***pS***)-" (CA: '(***S***)-') ⇔ "(***M***)-" (s. **18**)
"(***pR***)-" (CA: '(***R***)-') ⇔ "(***P***)-" (s. **18´**)

(ii) Bei der Wahl des bevorzugten Liganden *a* am tetraedrischen Zentrum einer **Chiralitätsachse vom Typ 18 bzw. 18´** werden der Reihe nach folgende Kriterien angewandt (***Klyne-Prelog*-Konvention**)[8]):

Der bevorzugte Ligand am tetraedrischen Zentrum ist

- **der nach dem CIP-System bevorzugte Ligand *a*** (s. ***(d)***), wenn das tetraedrische Zentrum drei verschiedene Liganden *a* – *c* trägt;
- **der verschiedenartige Ligand *a***, wenn das tetraedrische Zentrum zwei gleiche Liganden *b* und einen verschiedenartigen Liganden *a* trägt (unabhängig vom CIP-System);
- **der Ligand, der den kleinsten Torsionswinkel** τ **ergibt**, wenn alle drei Liganden am tetraedrischen Zentrum gleich sind.

[8]) W. Klyne., V. Prelog, *Experientia* **1960**, *16*, 521.

A.6.3

z.B.
- in *(d)*: **54 - 60**
- in *A.6.3*: **75**

(b₃) ***Stereogene Doppelbindung:*** Man vergleicht im Stereomodell **20** bzw. **20´** die **Lage der beiden bevorzugten Liganden *a*** (Prioritätenreihenfolge *a* > *b*) an jedem der beiden Doppelbindungsatome **bezüglich der Referenzebene**, welche die beiden Doppelbindungsatome enthält und senkrecht zur Doppelbindungsebene mit den direkt daran geknüpften Atomen steht. Liegen die beiden bevorzugten **Liganden *a* auf der gleichen Seite bezüglich der Referenzebene**, dann wird der Doppelbindung die **Konfiguration *Z*** (**z**usammen) zugeordnet (s. **20**); liegen sie jedoch **auf den gegenüberliegenden Seiten bezüglich der Referenzebene**, dann wird die **Konfiguration *E*** (**e**ntgegen) zugeordnet (s. **20´**).

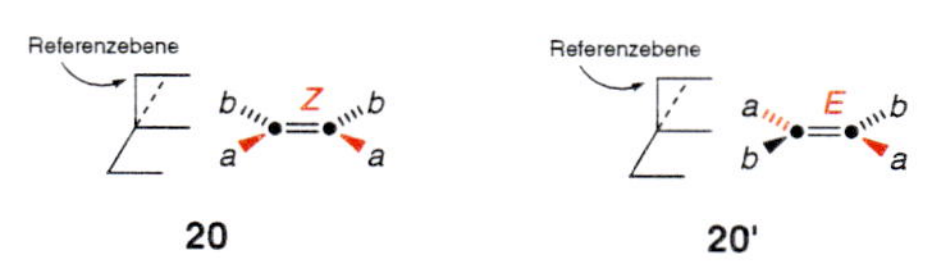

20 stereogene Doppelbindung **20**
- Konfiguration *Z*, denn *a* > *b*
- **Stereodeskriptor "(*Z*)-"**

20' stereogene Doppelbindung **20´**
- Konfiguration *E*, denn *a* > *b*
- **Stereodeskriptor "(*E*)-"**

Stereogene Doppelbindungen vom Typ X(*ab*)=X(*ac*), X(*ab*)=X(*bc*) (*a* > *b* und *b* > *c*, d.h. *a* und *b* sind je vorrangig), X(*ab*)=X(*cd*) *etc.* werden analog behandelt.

z.B.
- in *(d)*: **61 - 64**
- in *A.6.3*: **119 - 135**

A.6.3

(c) ***Umwandlungskonventionen für nicht-quadriligante Strukturteile:*** Zur Einordnung der Liganden *a* – *d* einer stereogenen Einheit (s. **14** – **20**) in die Prioritätenreihenfolge gemäss den Sequenzregeln von *(d)* wird meist ein sogenannter **hierarchischer Digraph 22** erstellt, **mit dessen Hilfe jeder Ligand *a* – *d*** ausgehend vom 'Kern' der stereogenen Einheit **auf einem Weg nach 'aussen'** (→) **analysiert wird** (s. auch **23** und ***(d)***). **Dabei muss jedes auf diesem Weg angetroffene Atom** an vier Liganden gebunden, d.h. **quadriligant sein, mit Ausnahme der H-Atome**.

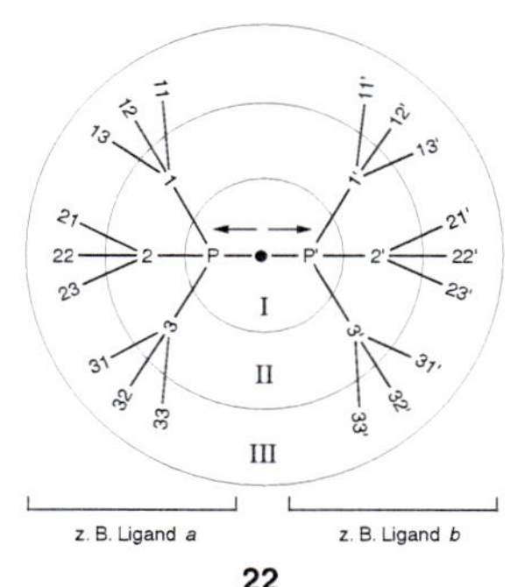

22
hierarchischer Digraph

•	'Kern' der stereogenen Einheit
p, p´	proximales Atom der Sphäre I des Liganden *a* bzw. *b*
1, 2, 3	Atome der Sphäre II des Liganden *a*
1´, 2´, 3´	Atome der Sphäre II des Liganden *b*
11, 12, 13, 21, 22...	Atome der Sphäre III des Liganden *a*
11´, 12´, 13´, 21´, 22´...	Atome der Sphäre III des Liganden *b*

z.B.

23 ⇔ **23b**

"(3*R*)-3,5,5-Trimethylhexan-1-ol" (**23**)
- Zuteilung von *a* – *d* nach ***(d₁)*** (Entscheid für *a* und *b* in der Sphäre III)
- Chiralitätssinn *R* nach ***(b₁)***

Atome, die gemäss der Konstitution des Stereoisomeren **nicht quadriligant sind, müssen formal mit Hilfe von Duplikat-Atomen und/oder Phantom-Atomen** ('dummy atoms') **zu Atomen mit der Ligandzahl vier umgewandelt werden**[9]) (Vorsicht bei Liganden =O u.ä., auf welche die *Konvention b* von *Fussnote 9* zutrifft; so wird z.B. =O von Sulfoxiden (>S=O) als 'monodentater' Ligand aufgefasst (>S→O, s. **45**)).

Ein Duplikat-Atom (z.B. (C), (O), (N)) **wird** in runde Klammern gesetzt und **mit Phantom-Atomen** (o) **zur Ligandzahl vier ergänzt** (s. ***(c₁)*** – ***(c₄)***). Ein **Phantom-Atom** wird **auch für ein einsames Elektronenpaar** an einem diliganten O- oder S-Atom (s. **23**), an einem triliganten N- oder P-Atom *etc.* **oder für eine negative Ladung** verwendet. **Ein Duplikat-Atom wird** bei der Anwendung der Sequenzregeln nach ***(d)*** **wie das entsprechende reale Atom behandelt** (z.B. (O) wie O, d.h. beide haben die gleiche Ordnungszahl), **ein Phantom-Atom dagegen wie ein Phantom der Ordnungszahl Null**.

Auf diese Art und Weise werden formal umgewandelt (s. auch *A.6.4**(b)*** für Organometall- und Koordinationsverbindungen):

(c₁) ein ungesättigter Strukturteil,
(c₂) eine Ringstruktur,
(c₃) eine mesomere Ringstruktur,
(c₄) ein negativ geladener Strukturteil oder ein Strukturteil mit einsamen Elektronenpaaren.

A.6.4(b)

(c₁) ***Formale Umwandlung eines ungesättigten Strukturteils***[9]) (für mesomere Ringstrukturen mit mehreren Valenzbindungsstrukturen, s. ***(c₃)***): Ein **Atom** eines Liganden, **das** wegen einer Mehrfachbindung **an weniger als vier Atome gebunden ist** (z.B. C von –C(=O)–, C von –C≡N), **wird mit** einem bzw. zwei **Duplikat-Atom(en) versehen, die das daran mehrfach gebundene Atom 'verdoppeln' bzw. 'verdreifachen'** (z.B. O von –C(=O)–, N von –C≡N).

A.6

[9]) Bezüglich Unsättigungen und Aromatizität gelten die folgenden vier *Konventionen* (s. *Fussnote 3*): "*a*) Hyperkonjugation wird vernachlässigt. *b*) **Beiträge von d-Orbitalen** an die Bindungen quadriliganter Atome **werden vernachlässigt**. *c*) **Ein mesomeres System wird durch seine 'üblichen' Valenzbindungsstrukturen dargestellt.** Als solche sollen **diejenigen** gelten, **welche die geringste Zahl formaler Ladungen und Radikalstellen haben**, dabei wo immer möglich geschlossen konjugierte Systeme aufweisen und unter Erfüllung dieser Bedingungen vorzugsweise Mehrfachbindungen und insbesondere konjugierte Systeme derselben besitzen. *d*) **Ein mesomeres System mit mehreren 'üblichen' Valenzbindungsstrukturen wird durch eine konventionsmässige Mittelung derselben dargestellt**, der die Annahme zugrunde liegt, dass jede delokalisierte Bindung die nächsten Nachbaratome des Systems in gleichem Masse bindet. **Die für die Bindung charakteristische Ordnungszahl ist das arithmetische Mittel aus den Ordnungszahlen dieser Nachbaratome.** Delokalisierte Bindungen zu Phantomatomen werden so gewertet, als seien sie gleichmässig auf ihre verschiedenen Stellungen aufgeteilt."

z.B.

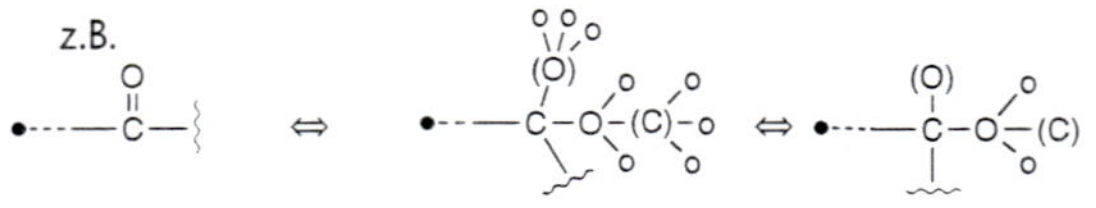

24 ⇔ 24a ⇔ 24b[10])

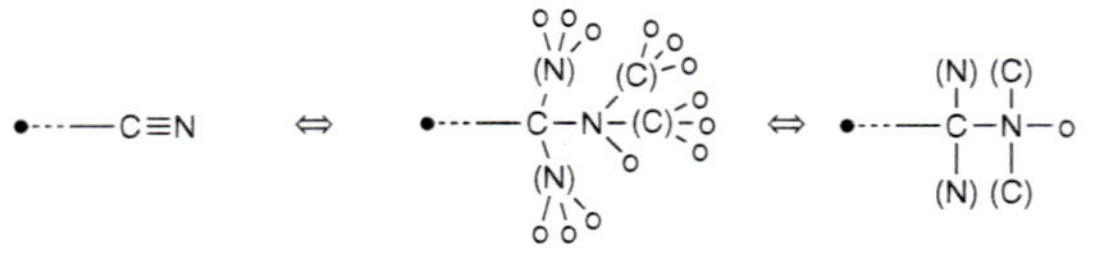

25 ⇔ 25a ⇔ 25b[10])

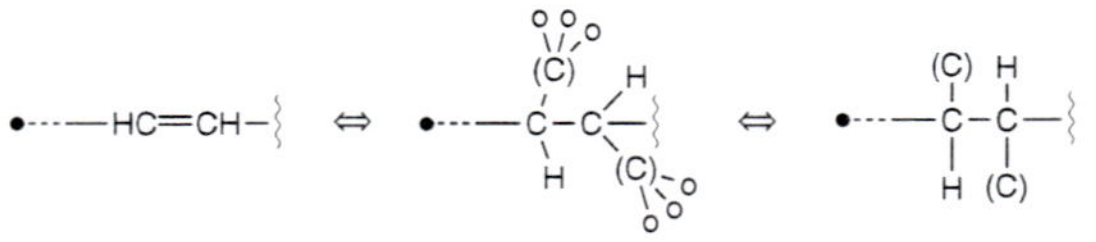

26 ⇔ 26a ⇔ 26b[10])

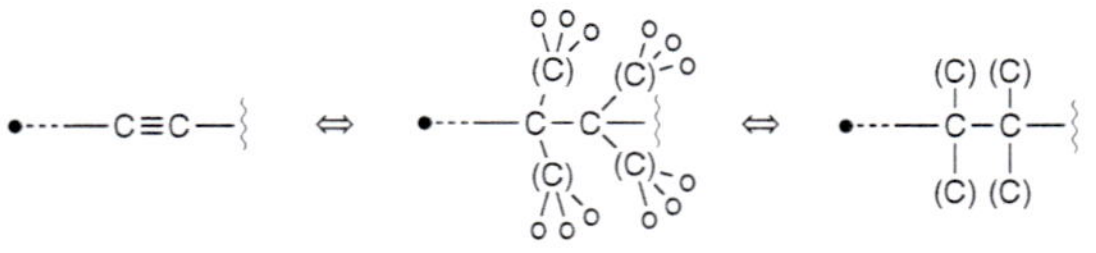

27 ⇔ 27a ⇔ 27b[10])

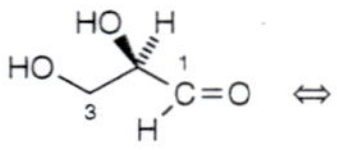

28 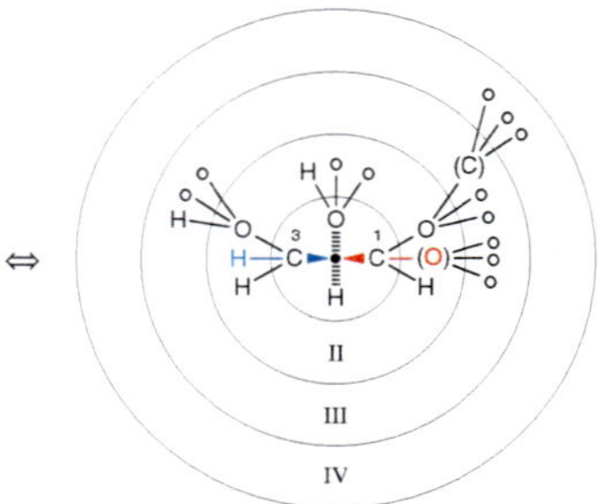 ⇔ 28a

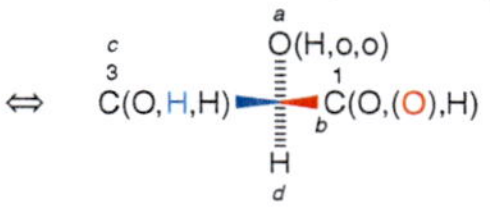

⇔ 28b

"(2*R*)-2,3-Dihydroxypropanal" (**28**)

- Zuteilung von *a* – *d* nach ***(d₁)*** (Entscheid für *b* und *c* in der Sphäre II)
- Chiralitätssinn *R* nach ***(b₁)***
- trivial "D-Glyceraldehyd" (s. *A.6.3(**a**)*)

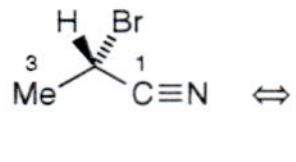

29 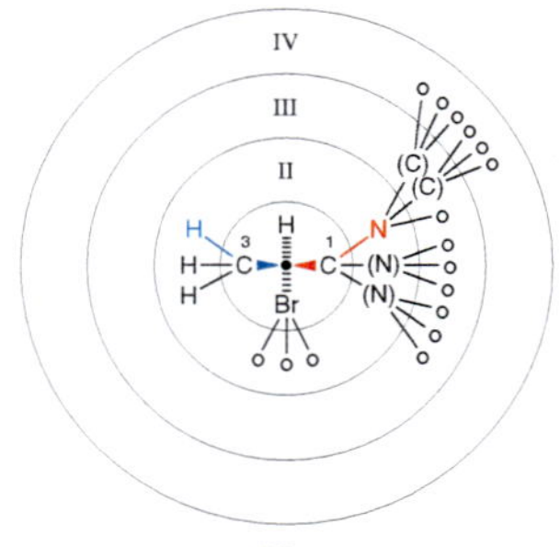 ⇔ 29a

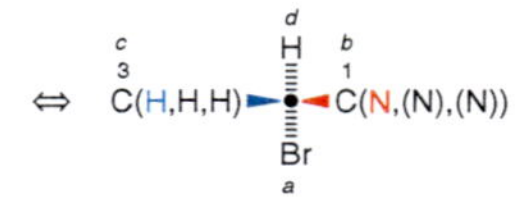

⇔ 29b

"(2*S*)-2-Bromopropannitril" (**29**)

- Zuteilung von *a* – *d* nach ***(d₁)*** (Entscheid für *b* und *c* in der Sphäre II)
- Chiralitätssinn nach ***(b₁)***

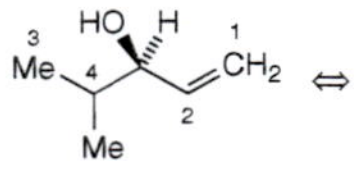

30 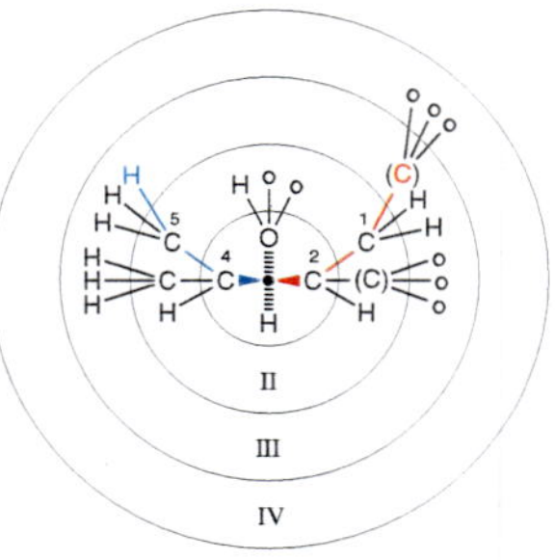 ⇔ 30a

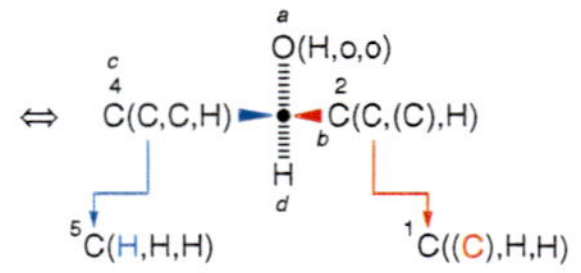

⇔ 30b

"(3*R*)-4-Methylpent-1-en-3-ol" (**30**)

- Zuteilung von *a* – *d* nach ***(d₁)*** (Entscheid für *b* und *c* in der Sphäre III)
- Chiralitätssinn *R* nach ***(b₁)***

(c₂) ***Formale Umwandlung einer Ringstruktur in einen acyclischen Liganden:*** Das im folgenden beschriebene Vorgehen wird **sowohl für eine Ringstruktur in einem Liganden** (s. **31** und **32**) **als auch für einen 'polydentaten' Liganden** (d.h. die stereogene Einheit ist Teil der Ringstruktur; s. **33** und **34**) verwendet. Trifft man im hierarchischen Digraphen **22** auf dem Weg nach aussen auf ein gesättigtes **Ring-Atom eines Monocyclus**, dann muss man den **Monocyclus nach diesem Ring-Atom formal zweimal öffnen** (/ /), d.h. eine Bindung bleibt jeweils intakt; **dadurch werden zwei acyclische Äste erzeugt, die beide an ihrer Extremität mit dem Duplikat-Atom des zuerst angetroffenen Ring-Atoms versehen werden** (s. **31**). Analog wird das tertiäre Brückenkopf-Atom eines Bicyclus behandelt; **nach dem Brückenkopf-Atom wird der Bicyclus formal dreimal geöffnet** (/ / /), wodurch drei acyclische Äste erzeugt werden, die an ihrer Extremität nach einer weiteren Aufspaltung mit je zwei Duplikat-Atomen des zuerst angetroffenen Brückenkopf-Atoms versehen werden (s. **32**). Im Fall eines **'polydentaten' Liganden** erfolgt die zweifache (/ /) oder mehrfache **Ringöffnung unmittelbar nach dem 'Kern' der stereogenen Einheit** (s. **33** und **34**).

Viele Strukturen, deren Konfiguration ursprünglich[3]) **aufgrund einer 'stereogenen Achse' spezifiziert wurde** (z.B. Spiropolycyclen, Adamantane), **können** mit diesen einfachen Massnahmen (s. CIP-Revision[2])[4])) **jetzt problemlos mittels eines stereogenen Zentrums spezifiziert werden** (s. unten, **65** – **67**).

(c₃) **Formale Umwandlung einer mesomeren Ringstruktur in einen acyclischen Liganden**[9]): Eine mesomere Ringstruktur wird durch die **sukzessive Anwendung der Konventionen *(c₁)* und *(c₂)*** unter Berücksichtigung der *Fussnote 9* in einen acyclischen Liganden umgewandelt. Beim Anwenden von ***(c₁)*** ist darauf zu achten, dass bei mesomeren Strukturen mit mehreren Valenzbindungsstrukturen die Duplikat-Atome gemittelt werden müssen[3]).

z.B.

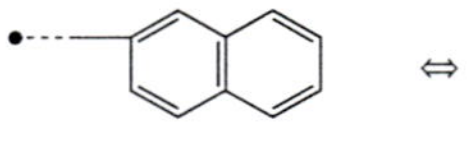

35 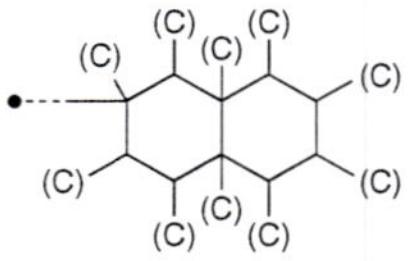 ⇔ 35a[10])[11])

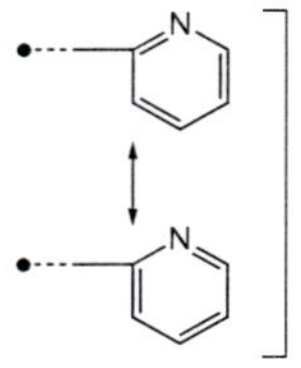

36 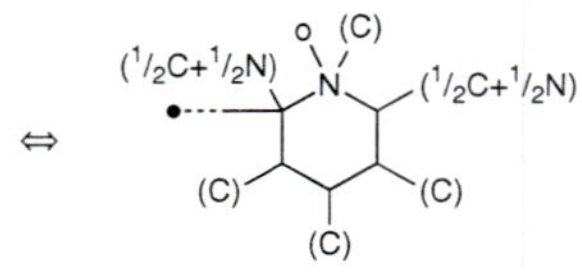 ⇔ 36a[10])[11])

s. ***(c₄)*** für Phantom-Atom am N-Atom

[10]) Der besseren Übersicht wegen sind die Phantom-Atome an den Duplikat-Atomen weggelassen.

[11]) Der besseren Übersicht wegen sind die H-Atome des C-Gerüsts weggelassen.

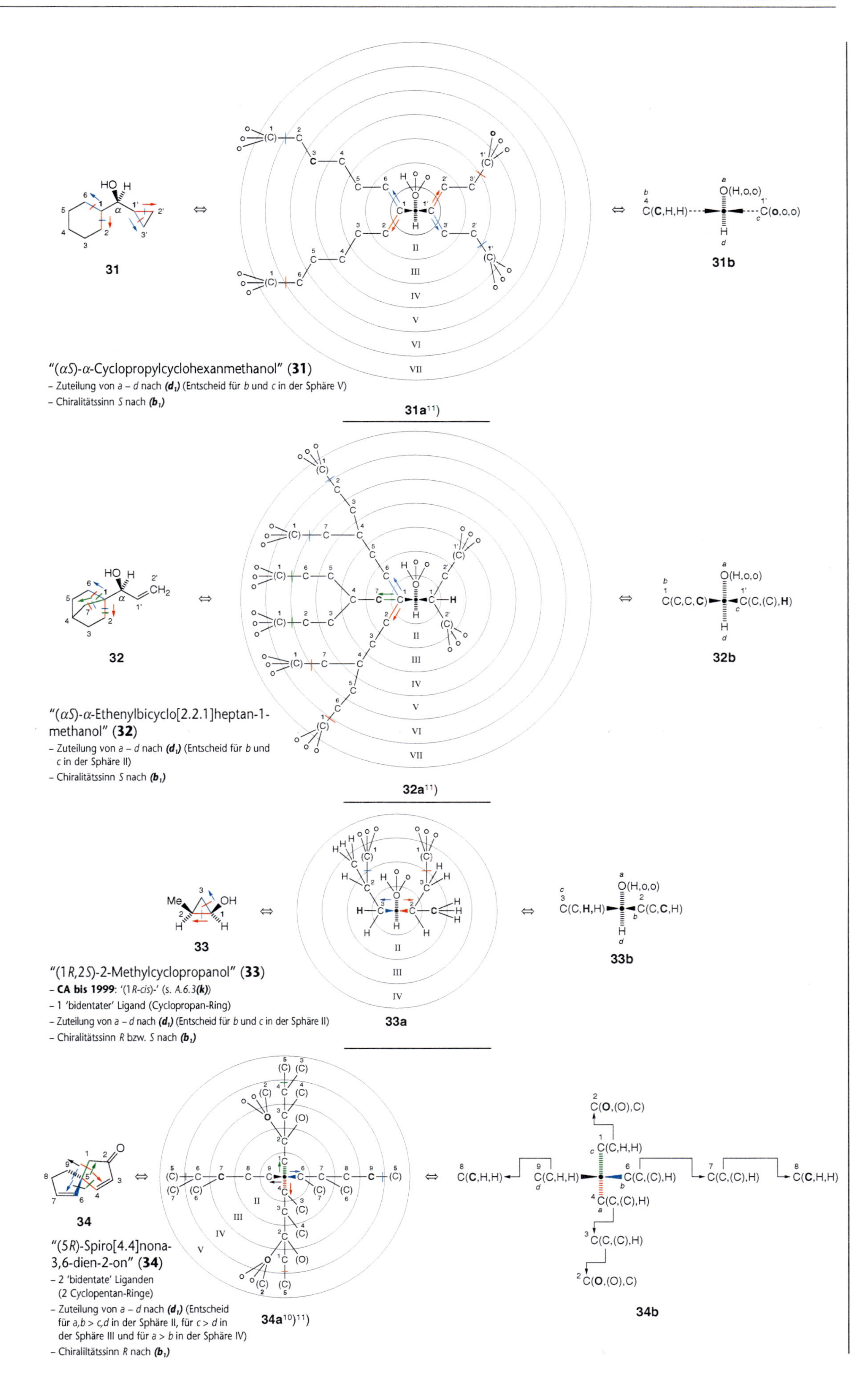

"(αS)-α-Cyclopropylcyclohexanmethanol" (**31**)
- Zuteilung von *a* – *d* nach ***(d₁)*** (Entscheid für *b* und *c* in der Sphäre V)
- Chiralitätssinn *S* nach ***(b₁)***

"(αS)-α-Ethenylbicyclo[2.2.1]heptan-1-methanol" (**32**)
- Zuteilung von *a* – *d* nach ***(d₁)*** (Entscheid für *b* und *c* in der Sphäre II)
- Chiralitätssinn *S* nach ***(b₁)***

"(1*R*,2*S*)-2-Methylcyclopropanol" (**33**)
- **CA bis 1999**: '(1*R-cis*)-' (s. *A.6.3(**k**)*)
- 1 'bidentater' Ligand (Cyclopropan-Ring)
- Zuteilung von *a* – *d* nach ***(d₁)*** (Entscheid für *b* und *c* in der Sphäre II)
- Chiralitätssinn *R* bzw. *S* nach ***(b₁)***

"(5*R*)-Spiro[4.4]nona-3,6-dien-2-on" (**34**)
- 2 'bidentate' Liganden (2 Cyclopentan-Ringe)
- Zuteilung von *a* – *d* nach ***(d₁)*** (Entscheid für *a*,*b* > *c*,*d* in der Sphäre II, für *c* > *d* in der Sphäre III und für *a* > *b* in der Sphäre IV)
- Chiralitätssinn *R* nach ***(b₁)***

aber:

37

37a[10][11]

- die besternten Duplikat-Atome resultieren nicht aus einer Mittelung
- s. **(c_4)** für Phantom-Atom am N-Atom

38

38a[10][11]

39

39a[10]

39b

"(αR)-α-Phenylpyridin-2-methanol" (**39**)

- Zuteilung von *a* – *d* nach **(d_1)** (Entscheid für *b* und *c* in der Sphäre II)
- Chiralitätssinn *R* nach **(b_1)**

(c_4) ***Formale Umwandlung eines negativ geladenen Strukturteils oder eines Strukturteils mit einsamen Elektronenpaaren:*** **Eine negative Ladung oder ein einsames Elektronenpaar wird**, unter Berücksichtigung von *Fussnote 9*, **durch ein Phantom-Atom dargestellt** (Vorsicht bei **Sulfoxiden**, **Sulfoximinen** *etc.*, deren Doppelbindungen wegen der *Konvention b* von *Fussnote 9* als Einfachbindungen betrachtet werden; s. **47** – **49**).

z.B.

40

40a[10][11]

s. auch **(c_3)**

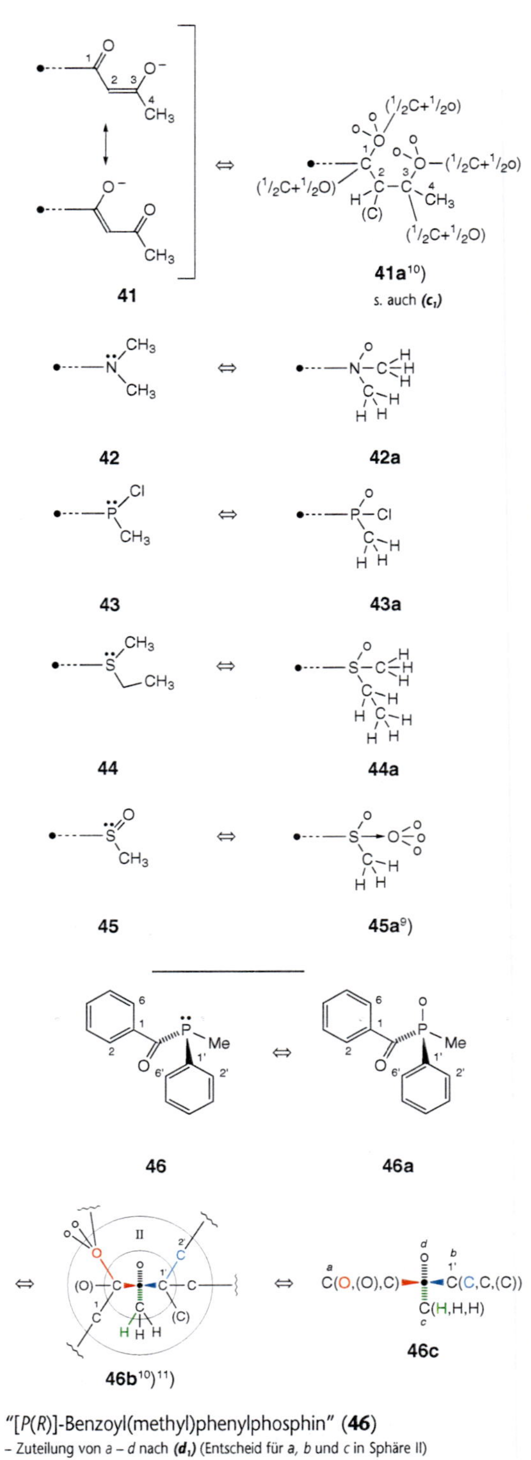

41 41a[10] s. auch **(c_1)**

42 42a

43 43a

44 44a

45 45a[9]

46 46a

46b[10][11] 46c

"[*P*(*R*)]-Benzoyl(methyl)phenylphosphin" (**46**)

- Zuteilung von *a* – *d* nach **(d_1)** (Entscheid für *a*, *b* und *c* in Sphäre II)
- Chiralitätssinn *R* nach **(b_1)**

47 47a[9]

47b 47c

"[(*S*)-Methylsulfinyl]ethan" (**47**)

- Zuteilung von *a* – *d* nach **(d_1)** (Entscheid für *b* und *c* in Sphäre II)
- Chiralitätssinn *S* nach **(b_1)**

48 ⇔ **48a**[9)]

⇔ **48b**[10)][11)] ⇔ **48c**

"[P(R)]-(2-Methoxyphenyl)(methyl)phenylphosphin-oxid" (**48**)

- Zuteilung von *a* – *d* nach ***(d₁)*** (Entscheid für *b* und *c* in Sphäre III)
- Chiralitätssinn *R* nach ***(b₁)***

---

49 ⇔ **49a**[9)]

⇔ **49b**[10)][11)] ⇔ **49c**

"[S(S)]-S-Methyl-S-phenylsulfoximin" (**49**)

- Zuteilung von *a* – *d* nach ***(d₁)*** (Entscheid für *c* und *d* in Sphäre II)
- Chiralitätssinn *S* nach ***(b₁)***

***(d)* Sequenzregeln:**

Die Liganden *a – d* eines stereogenen Zentrums, einer stereogenen Achse oder einer stereogenen Doppelbindung **werden geordnet, indem man ausgehend vom 'Kern' der stereogenen Einheit** (Symbol •) **im hierarchischen Digraphen 22 entlang den Bindungen in jedem Liganden auf dem Weg der höchsten Priorität nach 'aussen' (→) schreitet. Dabei werden nach jedem Schritt,** d.h. nach jeder durchlaufenen Bindung, **die Ligand-Eigenschaften aufgrund der folgenden Sequenzregeln miteinander verglichen. Jede Sequenzregel muss erschöpfend** bis zu äusserst in jedem Liganden **angewandt werden,** d.h. jede weitere Sequenzregel kommt erst zum Zug, wenn die vorhergehende kein Ordnen der Liganden erlaubt hat.

***Sequenzregel 1*:** Eine **höhere Ordnungszahl** von Atomen ('atomic number') hat **Vorrang vor** einer **niedrigeren** (z.B. ${}_{8}O > {}_{7}N > {}_{6}C > {}_{1}H$).

***Sequenzregel 2*:** Eine **höhere Massenzahl** von Atomen ('mass number') hat **Vorrang vor** einer **niedrigeren** (z.B. $^{18}O > ^{16}O$, $^{13}C > ^{12}C$, $^{2}H > ^{1}H$).

Sequenzregel 3*[4)]:** ***cis* hat Vorrang vor *trans*.** Die Eigenschaft *cis/trans* betrifft die **Lage des vorrangigen Atoms** (oder der vorrangigen Atomgruppe) **an einer Doppelbindung *in Bezug auf den 'Kern' der stereogenen Einheit (s. **63** – **65**).

***Sequenzregel 4*[4)]:** **Vorrang haben gleiche Paare** (*l* = 'like') **von Deskriptoren vor ungleichen** (*u* = 'unlike'), nämlich *R,R* oder *S,S* (= *l*) vor *R,S* oder *S,R* (= *u*), *M,M* oder *P,P* (= *l*) vor *M,P* oder *P,M* (= *u*) (auch *R,M* oder *S,P* vor *R,P* oder *S,M*) (s. **66**).

Sequenzregel 5*[4)]:** ***R hat **Vorrang vor *S*, *M* vor *P*** und schliesslich ***r* vor *s*** (s. **67** und **147**).

Die *Sequenzregeln 1* und *2* betreffen Konstitutionseigenschaften, die *Sequenzregeln 3* und *4* geometrische Eigenschaften und die *Sequenzregel 5* topographische Eigenschaften der Liganden[2)].

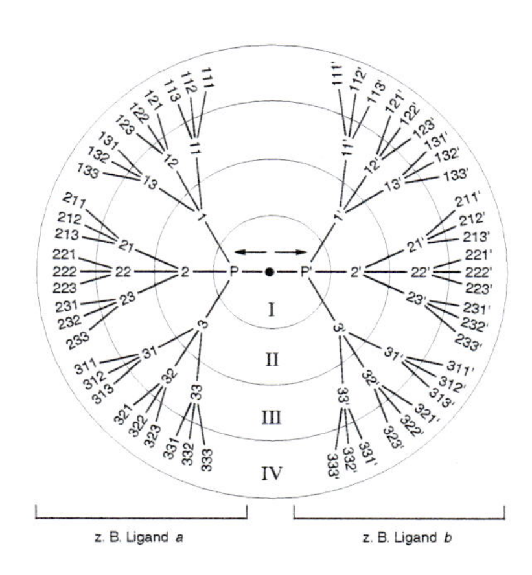

22

hierarchischer Digraph

•	'Kern' der stereogenen Einheit
p, p´	proximales Atom der Sphäre I des Liganden *a* bzw. *b*
1, 2, 3	Atome der Sphäre II des Liganden *a*
1´, 2´, 3´	Atome der Sphäre II des Liganden *b*
11, 12, 13, 21, 22,...	Atome der Sphäre III des Liganden *a*
11´, 12´, 13´, 21´, 22´,...	Atome der Sphäre III des Liganden *b*

Atome der Sphäre *n* sind über je *n* Bindungen an den 'Kern' gebunden.

Beachte:

- **Atome der Sphäre I haben Priorität vor den Atomen der Sphäre II,...** Atome der Sphäre *n* haben Priorität vor den Atomen der Sphäre *n* + 1 (tiefere Zahlen haben Vorrang vor höheren Zahlen), d.h. 1, 2, 3 und 1´, 2´, 3´ > 11, 12, 13... und 31´, 32´, 33´ > 111, 112, 113... und 331´, 332´, 333´.
- **Der Rang eines Atoms in der Sphäre *n* hängt ab vom Rang des Atoms in der Sphäre *n* – 1, an das es gebunden ist,** d.h. **der einmal einem Atom einer Sphäre zugeteilte Rang** bleibt für den ganzen Ast erhalten, der von diesem Atom aus nach 'aussen' führt, d.h. dieser Rang **wird sozusagen auf die höheren Sphären vererbt.** Es gilt z.B. wegen 1 > 2 > 3 in der Sphäre II des Liganden *a* die Rangfolge 11 > 12 > 13 > 21 > 22 > 23 > 31 > 32 > 33 innerhalb der Sphäre III des Liganden *a*.

***(d₁)* Vergleich der Konstitutionseigenschaften** (*Sequenzregeln 1* und *2*):

***Sequenzregel 1*:** Die meisten Konfigurationen lassen sich mit *Sequenzregel 1* spezifizieren, d.h. durch **Vergleich der Ordnungszahlen** der Atome in den Liganden mittels des hierarchischen Digraphen **22**. Das Prozedere wird deshalb hier im Detail beschrieben (s. **22**). **Haben das Atom p** des Liganden *a* **und das Atom p´** des Liganden *b* **der Sphäre I die gleiche Ordnungszahl** (z.B. p = p´ = ${}_{6}C$), **dann werden die Atome der Sphäre II verglichen.** In jedem der beiden Liganden *a* und *b* werden die Atome der Sphäre II zuerst nach fallenden Ordnungszahlen angeordnet, d.h. im Liganden *a* **1 > 2 > 3** bzw. im Liganden *b* **1´ > 2´ > 3´**. Ergibt der sukzessive paarweise Vergleich, d.h. **zuerst Vergleich des Paares 1/1´, dann des Paares 2/2´ und schliesslich des Paares 3/3´**, paarweise gleiche Ordnungszahlen (z.B. ${}_{6}C/{}_{6}C$; ${}_{6}C/{}_{6}C$; ${}_{1}H/{}_{1}H$), dann werden analog die Atome der Sphäre III verglichen, d.h. die Atome 11 > 12 > 13 > 21 > 22 > 23 > 31 > 32 > 33 des Liganden *a* werden mit den Atomen 11´ > 12´ > 13´ > 21´ > 22´ > 23´ > 31´ > 32´ > 33´ des Liganden *b* paarweise verglichen, d.h. der Reihe nach erfolgt der **Vergleich der Paare 11/11´ > 12/12´ > 13/13´ > 21/21´ > 22/22´ > 23/23´ > 31/31´ > 32/32´ > 33/33´** (z.B. ${}_{8}O/{}_{8}O > {}_{6}C/{}_{6}C > {}_{1}H/{}_{1}H$; ${}_{6}C/{}_{6}C > {}_{1}H/{}_{1}H > {}_{1}H/{}_{1}H$ *etc.*) *etc.*

***Sequenzregel 2*:** Lassen sich die beiden Liganden *a* und *b* mit *Sequenzregel 1* nicht ordnen, dann werden sie analog ausgehend vom 'Kern' des hierarchischen Digraphen **22** mit *Sequenzregel 2* untersucht, d.h. durch Vergleich der Massenzahlen der Atome in den Liganden.

A.6

Chiralitätszentren:
(s. auch **23**, **28** – **34**, **39** und **46** – **49**):

z.B.

50

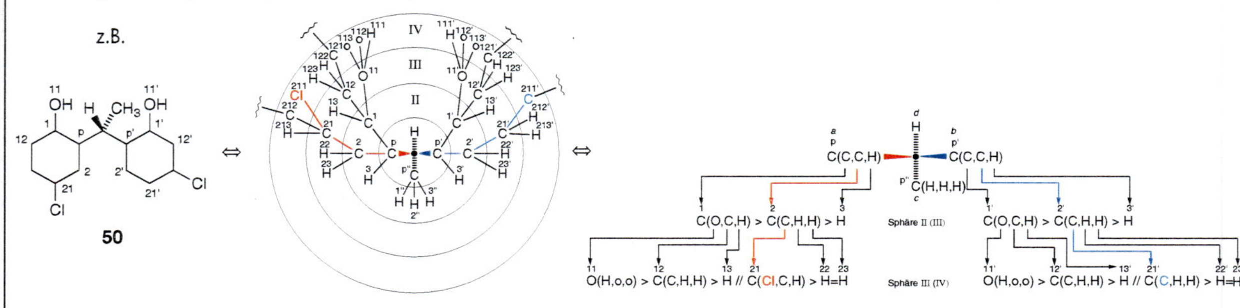

50a **50b**

Cahns Beispiel (50)[2]

- hypothetisch; **Numerierung wie im Digraphen 22**
- Chiralitätssinn *R* am exocyclischen C-Atom
- systematischer Name (ohne Stereodeskriptoren): "4-Chloro-2-[1-(4-chloro-2-hydroxycyclohexyl)ethyl]cyclohexanol"

- **Sphäre I**: Vergleich von p, p′, p′′ und H ⇒ **H = *d***
- **Sphäre II**: Vergleich des Klammerninhalts von C^{p}(**C**,C,H) = $C^{p'}$(**C**,C,H) > $C^{p''}$(**H**,H,H) ⇒ **$C^{p''}$ = *c***
- **Sphäre III**: Vergleich des Klammerninhalts von C^{1}(O,C,H) = $C^{1'}$(O,C,H) > C^{2}(C,H,H) = $C^{2'}$(C,H,H) > H^{3} = $H^{3'}$ ⇒ **kein Entscheid**
- **Sphäre IV**: Vergleich des Klammerninhalts von O^{11}(H,o,o) = $O^{11'}$(H,o,o) > C^{12}(C,H,H) = $C^{12'}$(C,H,H) > H^{13} = $H^{13'}$; dann C^{21}(**Cl**,C,H) > $C^{21'}$(**C**,H,H) ⇒ **C^{p} = *a* und $C^{p'}$ = *b***

---

51 ⇔

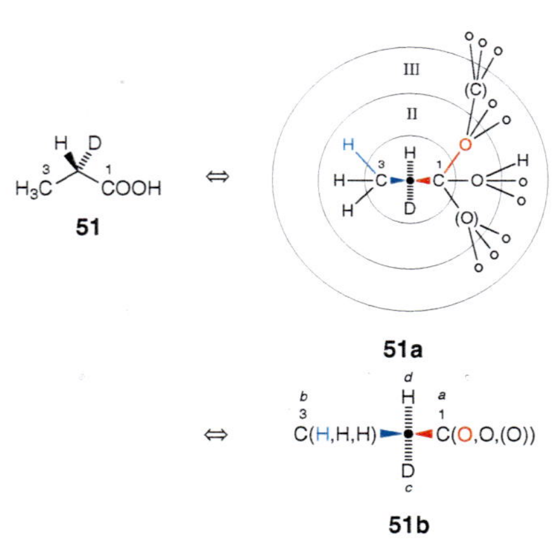

51a

⇔ **51b**

"(2*S*)-Propansäure-*2-d*" (**51**)

- D > H (Entscheid für *c* und *d* in Sphäre I)
- IUPAC: "(2*S*)-(2-$^{2}H_{1}$)Propansäure"
- Chiralitätssinn *S* nach ***(b₁)***

---

52 ⇔

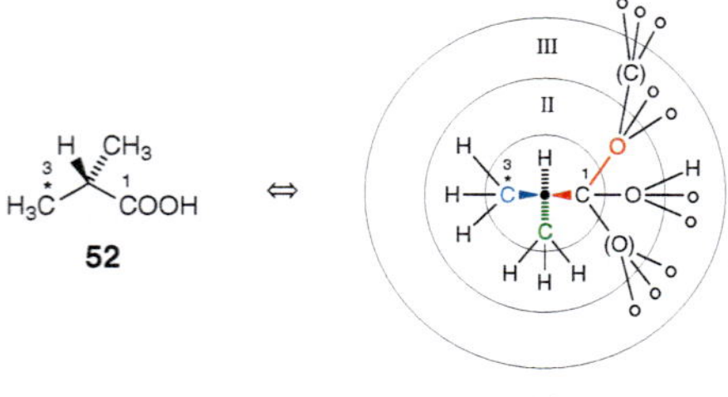

52a

⇔ **52b**

"(2*S*)-2-Methylpropan-3-^{13}C-säure" (**52**)

- ^{13}C (= *C) > ^{12}C (Entscheid für *b* und *c* in Sphäre I)
- IUPAC: "(2*S*)-2-Methyl(3-^{13}C)propansäure"
- Chiralitätssinn *S* nach ***(b₁)***

53 ⇔

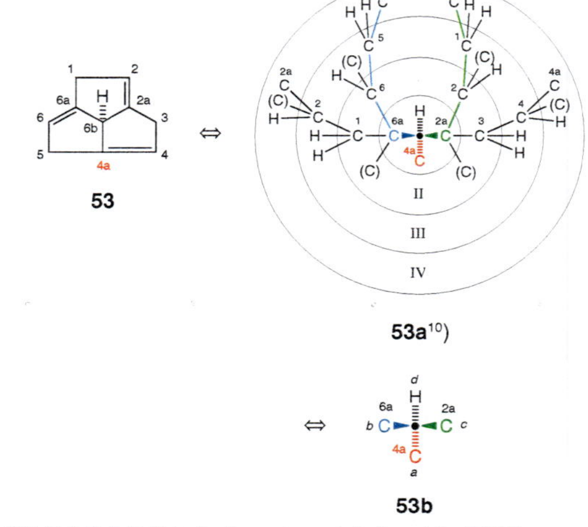

53a[10])

⇔ **53b**

"(6b*R*)-1,3,5,6b-Tetrahydrocyclopenta[*cd*]pentalen" (**53**)

- hypothetisch
- C(6b) ist ein stereogenes Zentrum vom Typ X($a_1a_2a_3b$) (s. ***(b₁)***): C(4a) wird willkürlich als Ligand *a* (= a_1) gewählt; **auf dem Weg der höchsten Priorität** gelangt man von C(6a) aus schneller zu C(4a) als von C(2a) aus, d.h. C(6a) ist Ligand *b* (= a_2) und C(2a) ist Ligand *c* (= a_3) (Entscheid in Sphäre IV); H ist Ligand *d* (= *b* in X($a_1a_2a_3b$))
- Chiralitätssinn *R* nach ***(b₁)***

Chiralitätsachsen:

z.B.

54 ⇔ **54a**

"(*P*)-Penta-2,3-dien" (**54**) ⇔ **54b**

- früher Stereodeskriptor "(*aS*)-"[3])
- **CA: Stereodeskriptor '(2*S*)-'**
- Helizität *P* nach ***(b₂)*** (s. dort ***(I)***)

A.6

H_3C 5 4 3 1 Br C=C=C H_3C H

55 ⇔ 55a

H_3C 3 CH_2CH_3 Br C=C 1 C H

a Br; d C(H,H,H); c 4 C(C,H,H); H b

⇔ 55b

"(*P*)-1-Bromo-3-methylpenta-1,2-dien" (**55**)
- früher Stereodeskriptor "(*aS*)-"[3])
- **CA: Stereodeskriptor '(1*S*)-'**
- Helizität *P* nach ***(b₂)*** (s. dort ***(i)***)

Br NO_2 6 2' 1 1' 2 6' NO_2 Br

56 ⇔ 56a

Br 2 C=C 6 NO_2 2' Br C 1 C 1' C 6' NO_2

b 2' C(C,C,(C)); b 2 C(C,C,(C)); 6 a C(**N**,C,(C)); 6' C(**N**,C,(C)) a

⇔ 56b

"(*M*)-2,2´-Bis(bromomethyl)-6,6´-dinitro-1,1´-biphenyl" (**56**)
- früher Stereodeskriptor "(*aR*)-"[3])
- **CA: Stereodeskriptor '(1*R*)-'**
- Helizität *M* nach ***(b₂)*** (s. dort ***(i)***)

1 2 2a 3 4 4a 5 6 6a 12d 12c 12e 12b 12a 13 16a 16

57 ⇔ 57a

2a C 12d C 12e C 12c C 4a C 12b

4 C(C,(C),**H**)=C(C,(C),H) 5
b 4a C(C,C,(C)); 2 C(C,(C),**H**)=C(C,(C),H) 3
c 12e C(C,C,(C)); d 2a C(C,C,(C))
12b C(C,C,(C)) a
16a C(C,C,**(C)**)>C(C,(C),H) 13
12a C(C,C,**(C)**)=C(C,C,(C)) 6a

⇔ 57b

"(*P*)-Phenanthro[3,4-*c*]phenanthren" (**57**)
- **CA**: kein Stereodeskriptor, nur Angabe der optischen Drehung '**(+)**-'
- Helizität *P* nach ***(b₂)***; beachte die Wahl der bevorzugten Helix-Einheit: C(12e)–C(12d)–C(12c)–C(12b) > C(13)–C(12e)–C(12d)–C(12c); die Helix-Einheit C(12a)–C(12b)–C(12c)–C(12d) ist ebenfalls bevorzugt und führt zum gleichen Resultat
- IUPAC: "**(*P*)-Hexahelicen**" (triviale Numerierung nach *Kap. 4.6.2, Tab. 4.2*)

Chiraltitätsebenen (= Chiralitätsachsen):

z.B.

3 2 H 13 14 8 9 H 1 12 11 10 H COOH

58 ⇔ 58a

8 CH_2 12 1 2 CH_2 HOOC 11 13 9 C 10 14 H H

a 8 C(C,H,H); c 11 C(C,C,**(C)**); 14 d C(C,(C),**H**); H b H b

⇔ 58b

"(*M*)-Bicyclo[8.2.2]tetradeca-10,12,13-trien-11-carbonsäure" (**58**)
- früher Stereodeskriptor "(*pS*)-"[3])
- **CA: Stereodeskriptor '(*S*)-'**
- Helizität *M* nach ***(b₂)***; beachte die Wahl der bevorzugten Helix-Einheit (C(8)–C(9)–C(10)–C(11) > C(8)–C(9)–C(10)–C(14) oder C(3)–C(2)–C(1)–C(12) *etc.*)

3 H_3C 15 16 10 2 11 H 1 12 H H 14 13 H COOH

59 ⇔ 59a

10 CH_2 14 1 2 CH_2 HOOC 13 15 CH_3 11 C 12 16 H H

a 10 C(C,H,H); c 13 C(C,C,**(C)**); 16 d C(C,(C),**H**); H b H b

⇔ 59b

"(*M*)-15-Methylbicyclo[10.2.2]hexadeca-12,14,15-trien-13-carbonsäure" (**59**)
- früher Stereodeskriptor "(*pS*)-"[3])
- **CA: Stereodeskriptor '(*S*)-'**
- Helizität *M* nach ***(b₂)***; beachte die Wahl der bevorzugten Helix-Einheit (COOH an C(13) > CH_3 an C(15); s. auch **58**)

H 11 12 H H 10 1 H 9 14 13 2 5 OCH_3 8 3 H 7 4 H H 15 16 H

60 ⇔ 60a

2 H_2C 15 7 8 CH_2 16 3 C 4 5 OCH_3 H H

a 2 C(C,H,H); d 16 C(**C**,C,(C)); 5 c C(**O**,C,(C)); H b H b

⇔ 60b

"(*P*)-5-Methoxytricyclo[8.2.2.2^{4,7}]hexadeca-4,6,10,12,13,15-hexaen" (**60**)
- früher Stereodeskriptor "(*pR*)-"[3])
- **CA: Stereodeskriptor '(*R*)-'**
- Helizität *P* nach ***(b₂)***; beachte die Wahl der bevorzugten Helix-Einheit (C(2)–C(3)–C(4)–C(5) > C(2)–C(3)–C(4)–C(16) oder C(3)–C(2)–C(1)–C(12) *etc.*)

Stereogene Doppelbindungen:

z.B.

5 H_2C 2 1 I

d H b H 3 C(C,H,H) c a I

61 ⇔ 61a

"(1*Z*)-Iodopenta-1,4-dien" (**61**)
Konfiguration *Z* nach ***(b₃)***

OH 6 5 4 3 2 1 Me Me Me Me

c H a 4 C(**O**,C,H) 7 C(H,H,H) b b C(**H**,H,H)

62 ⇔ 62a

a 4 C(**O**,C,H) c H C(**H**,H,H) b b 1 C(H,H,H)

⇔ 62b

"(2*E*,5*E*)-3,5-Dimethylhepta-2,5-dien-4-ol" (**62**)
Konfiguration *E,E* nach ***(b₃)*** (C(4) an C(3) > Me an C(3); C(4) an C(5) > Me an C(5))

(d₂) **Vergleich der geometrischen und topographischen Eigenschaften** (*Sequenzregeln 3 – 5*):

Sequenzregel 3: Diese Regel wurde 1982 revidiert[4]), d.h. sie **betrifft** jetzt **nur** noch **planare tetraligante Atome oder Doppelbindungen**. Wenn sich zwei Liganden, die je eine Doppelbindung enthalten, nur darin unterscheiden, dass in einem **das Atom oder die Atomgruppe höherer Priorität** (an der Doppelbindung) **in *cis*-Stellung *zum* '*Kern*'** der stereogenen Einheit liegt, dann hat dieser Ligand **Priorität**: ***cis* > *trans*** (**die Konfiguration *E* oder *Z* der Doppelbindung spielt keine Rolle!**).

A.6

z.B.

63

63a

63b

"(1*Z*,3*R*,4*E*)-1,5-Dichloro-3-methylpenta-1,4-dien" (**63**)
- hypothetisch
- Chiralitätssinn *R* auch vor der Revision[4]), nach ***(b₁)***; Konfiguration *Z,E* nach ***(b₃)***
- **CA bis 1999**: Stereodeskriptor '[*R*-(*Z,E*)]-' (s. *A.6.3(j)*)

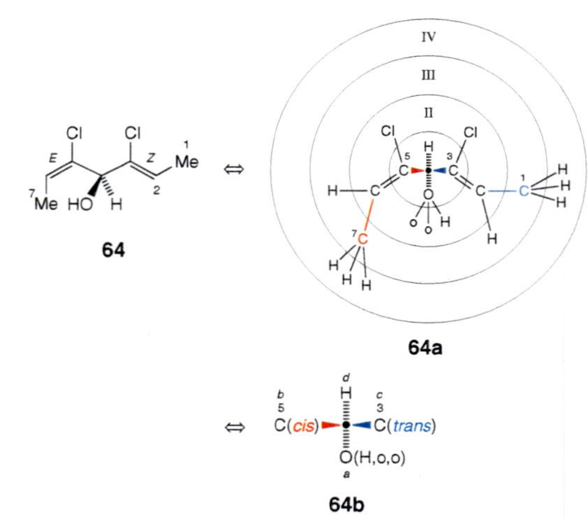

64

64a

64b

"(2*Z*,4*R*,5*E*)-3,5-Dichlorohepta-2,5-dien-4-ol" (**64**)
- hypothetisch
- Chiralitätssinn *R* nach ***(b₁)***; Konfiguration *Z,E* nach ***(b₃)***; vor der Revision[4]) hätte *seqcis* (= *Z*) > *seqtrans* (= *E*) den Chiralitätssinn *S* ergeben (keine solchen Beispiele bis 1982 bekannt)
- **CA bis 1999**: Stereodeskriptor '[*R*-(*Z,E*)]-' (s. *A.6.3(j)*)

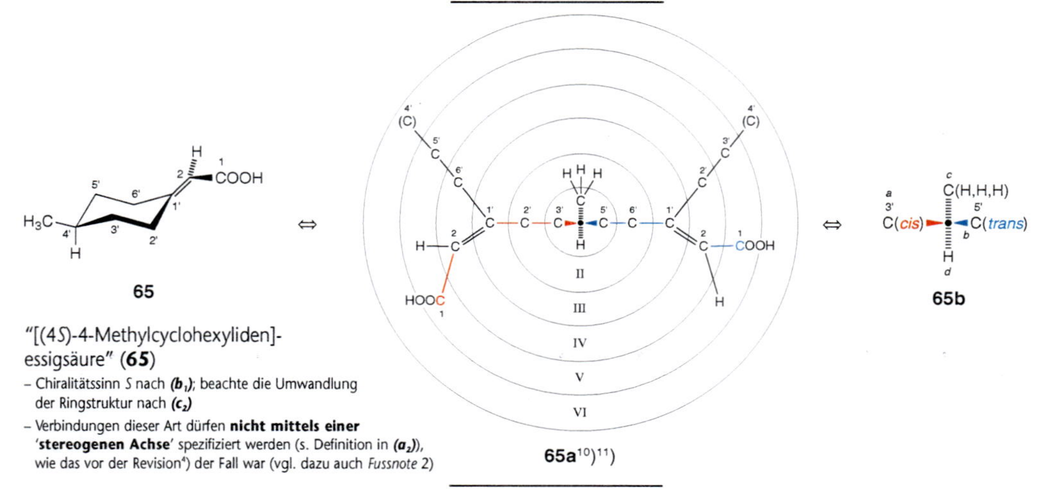

65

65a[10]) [11])

65b

"[(4*S*)-4-Methylcyclohexyliden]-essigsäure" (**65**)
- Chiralitätssinn *S* nach ***(b₁)***; beachte die Umwandlung der Ringstruktur nach ***(c₂)***
- Verbindungen dieser Art dürfen **nicht mittels einer 'stereogenen Achse'** spezifiziert werden (s. Definition in ***(a₂)***), wie das vor der Revision[4]) der Fall war (vgl. dazu auch *Fussnote* 2)

Sequenzregel 4: Diese Regel wurde 1982 revidiert[4]), d.h. sie **betrifft nur die *cis/trans*-Isomerie in cyclischen Verbindungen** (d.h. diastereomere Liganden). Das detaillierte Vorgehen ist in der Revision[4]) beschrieben. Es wird empfohlen, aus dem ursprünglichen hierarchischen Digraphen (s. **66a**) einen zweiten herzuleiten (s. **66b**), in welchem man die mit den *Sequenzregeln 1 – 3* spezifizierten Atome oder Einheiten durch die **Hilfsdeskriptoren "R_o" und "S_o"** bzw. "M_o" und "P_o" ersetzt.

z.B.

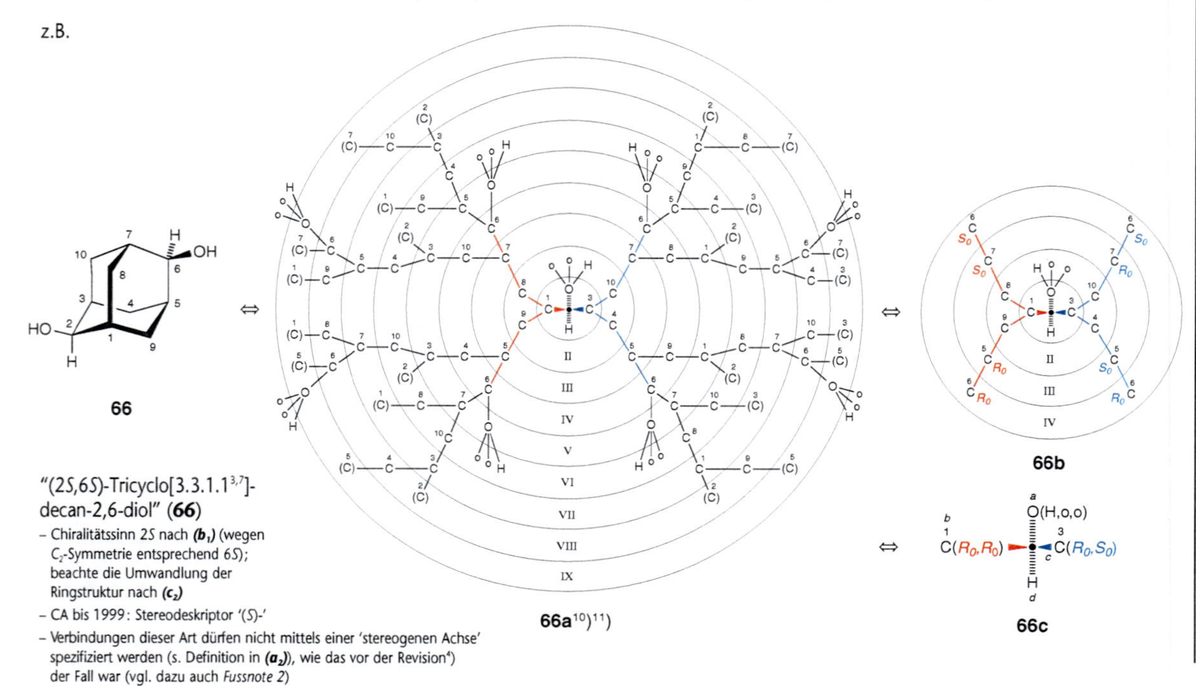

66

66a[10]) [11])

66b

66c

"(2*S*,6*S*)-Tricyclo[3.3.1.1^{3,7}]-decan-2,6-diol" (**66**)
- Chiralitätssinn 2*S* nach ***(b₁)*** (wegen C_2-Symmetrie entsprechend 6*S*); beachte die Umwandlung der Ringstruktur nach ***(c₂)***
- CA bis 1999: Stereodeskriptor '(*S*)-'
- Verbindungen dieser Art dürfen nicht mittels einer 'stereogenen Achse' spezifiziert werden (s. Definition in ***(a₂)***), wie das vor der Revision[4]) der Fall war (vgl. dazu auch *Fussnote 2*)

Sequenzregel 5: Diese Regel wurde 1982 nur geringfügig revidiert[4]), d.h. das **Kriterium *r* > *s*** kommt **als letztes** an die Reihe. Das detaillierte Vorgehen ist in der Revision[4]) beschrieben. Wie für *Sequenzregel* 4 wird empfohlen, aus dem ursprünglichen hierarchischen Digraphen (s. **67a**) einen zweiten herzuleiten (s. **67b**), in welchem man die mit den *Sequenzregeln 1 – 4* spezifizierten Atome oder Einheiten durch die **Hilfsdeskriptoren "R_o" und "S_o"** bzw. "M_o" und "P_o" ersetzt und damit gegebenenfalls *r* und *s* herleitet.

z.B.

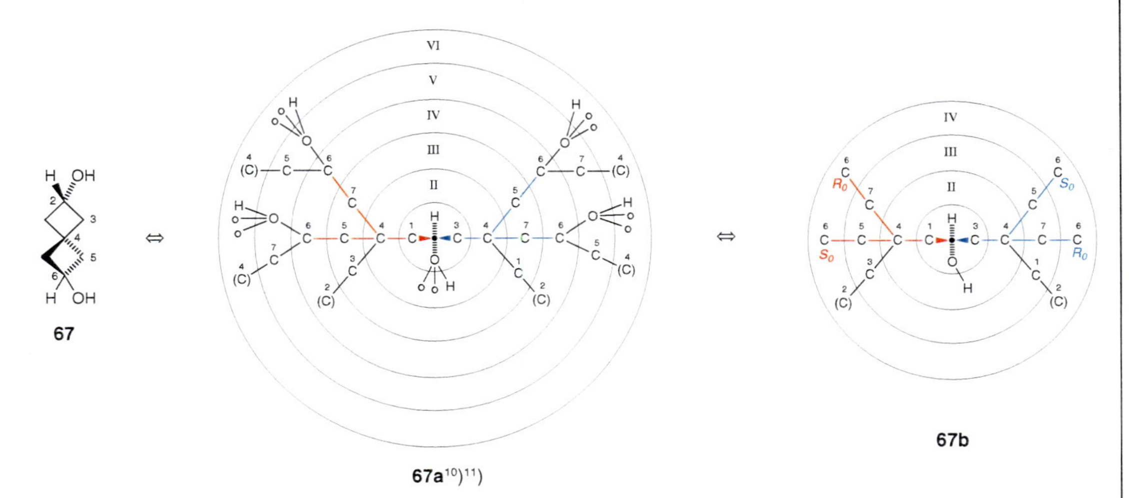

67a[10])[11])

67b

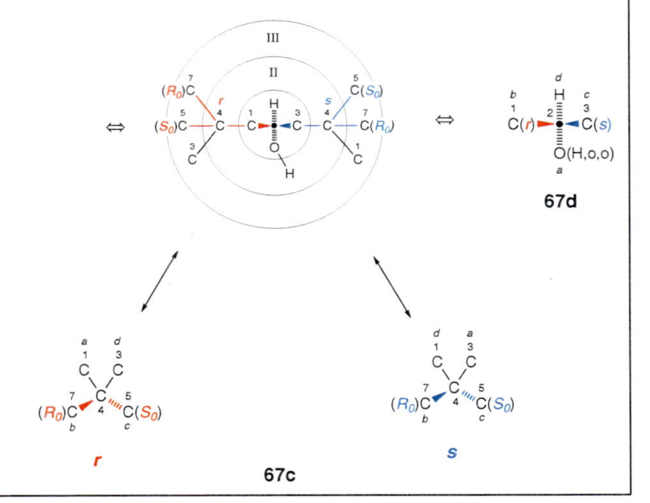

67d

67c

"(2*R*,6*R*)-Spiro[3.3]heptan-2,6-diol" (**67**)

- Chiralitätssinn 2*R* nach ***(b₁)*** (wegen C_2-Symmetrie entsprechend 6*R*); beachte die Umwandlung der Ringstruktur nach ***(c₂)***
- **CA bis 1999**: Stereodeskriptor '(*S*)-' (vermutlich entsprechend '(*aS*)-'[3]); in CA ¶ 203 wird zwar die Revision[4]) zur Umwandlung von Ringstrukturen zitiert ⇒ ?)
- Verbindungen dieser Art dürfen **nicht mittels einer 'stereogenen Achse'** spezifiziert werden (s. Definition in ***(a₂)***), wie das vor der Revision[4]) der Fall war (vgl. dazu auch *Fussnote 2*).

CA ¶ 2C3
IUPAC R-7
und E

A.6.3. Stereodeskriptoren zur Bezeichnung der absoluten und der relativen Konfiguration

Im folgenden werden die von CA seit 1999 (ab Vol. 129) verwendeten Richtlinien zur Angabe von Stereodeskriptoren **besprochen**, die besser mit den IUPAC-Empfehlungen (IUPAC R-7 und E) und mit in der Primärliteratur verwendeten Stereodeskriptoren übereinstimmen als die bis 1999 gültigen, zum Teil schwierig zu handhabenden CA-Konventionen. Da **die bis 1999 gültigen CA-Richtlinien** im '13th Coll. Index' und teilweise vermutlich auch noch im '14th Coll. Index' verwendet werden, **sind** sie **ebenfalls angeführt** (s. ***(j)*** und Beispiele am Ende von *A.6.3*).

Im folgenden werden erläutert:

(a) Stereoisomere mit Stereostammnamen;
(b) absolute und relative Stereodeskriptoren in systematischen Namen;
(c) zusätzliche Richtlinien zu den relativen Stereodeskriptoren,
(d) Stereoisomere mit partiell bekannter Konfiguration;
(e) Angabe der optischen Drehung im Namen;
(f) Empfehlungen für Racemate;
(g) relative Stereodeskriptoren "*endo*"/"*exo*" und "*syn*"/"*anti*" in systematischen Namen;
(h) relative Stereodeskriptoren "*cis*"/"*trans*" in systematischen Namen;
(i) relative Stereodeskriptoren "*α*"/"*β*" in systematischen Namen;
(j) bis 1999 gültige CA-Richtlinien.

A.6

Anhang 1

A.1.4

(a) Lässt sich ein Stereoisomer als **Stereostammstruktur** nach *Anhang 1* identifizieren, dann wird bevorzugt der entsprechende *Stereostammname* gewählt, **der meist komplexe spezifische absolute Konfigurationsangaben impliziert**. Stereostammnamen (Titelstammnamen in CA) können auch explizit ausgedrückte Stereodeskriptoren enthalten:

- **In Kohlenhydrat-Stereostammnamen** (s. *A.1.4*) wird **für** das sogenannte **Referenzatom** (= Referenzzentrum) der **Stereodeskriptor "D-"/"L-"** verwendet (s. **68**), der sich vom Aldehyd **28** mit dem Trivialnamen "D-Glyceraldehyd" (**28**) mit positiver (***dexter*** = rechts) optischer Drehung herleitet (entsprechend "L-" bei negativer (*laevus* = links) optischer Drehung). Das Referenzzentrum von C_5- und C_6-Monosacchariden ist das höchstnumerierte stereogene Zentrum (s. *A.1.4(**g**)*). Im Fall von **28** gilt:

  "D-" entspricht "(2*R*)-", und "L-" entspricht "(2*S*)-".

- **In den Stereostammnamen von proteinogenen *α*-Aminocarbonsäuren** (s. *Kap. 6.7.2* (dort **81** – **108**) und *A.1.3*) (z.B. **69**) gilt analog zu den Kohlenhydraten:

  "L-" entspricht "(2*S*)-", und "D-" entspricht "(2*R*)-".

Ausnahmen: "**L-Cystein**" (**70**) und "**L-Cystin**" haben die Konfiguration *R*.

A.1.4(**g**)

Kap. 6.7.2
A.1.3

A.1.7 bzw. A.1.8

- **In den Stereostammnamen von Steroiden und Terpenen** (s. *A.1.7* bzw. *A.1.8*) bezeichnen die **Stereodeskriptoren** *"α-"/"β-" absolute* Konfigurationen (**Vorsicht**: nicht mit den *relativen* Stereodeskriptoren aus **(i)** verwechseln). **Abweichungen von** in einem Stereostammnamen **implizierten absoluten Konfigurationen** am Ringgerüst werden deshalb mit **"(*x*α)-" oder "(*x*β)-"** (*x* = Lokant) angegeben, bei unbekannter modifizierter Konfiguration mit **"(*x*ξ)-"** (Xi) (bei CA als modifizierende Angabe); stereogene Zentren ausserhalb des Ringgerüsts der Stereostammstruktur werden dagegen mittels "(*xR*)-"/"(*xS*)-" nach **(b)** bezeichnet, und die absolute Konfiguration an C(5) von Steroiden muss immer angegeben werden (s. **71** und **72**).

z.B

28

"(2*R*)-2,3-Dihydroxypropanal" (**28**)
- trivial "**D-Glyceraldehyd**" (rechtsdrehend)
- Konfiguration *R*

68

"D-Glucose" (**68**)
- IUPAC: auch "D-*gluco*-Hexose"; "*gluco*" ist ein relativer Stereodeskriptor für die vier Zentren C(2) bis C(5)
- das Referenzzentrum C(5) bestimmt den Stereodeskriptor "D-" und hat die Konfiguration *R*

69

"L-Alanin" (**69**)
Konfiguration *S*

70

"L-Cystein" (**70**)
Konfiguration *R*

71

"(5α)-Androstan" (**71**)
- CA: 'androstane, (5α)-'
- der Name "Androstan" impliziert die absoluten Konfigurationen "(8β,9α,10β,13β.14α)"
- **"5α" bedeutet, dass das H-Atom** (bzw. ein Substituent) **an C(5) unterhalb der Papierebene liegt, d.h. unterhalb der Projektionsebene des Ringgerüsts**

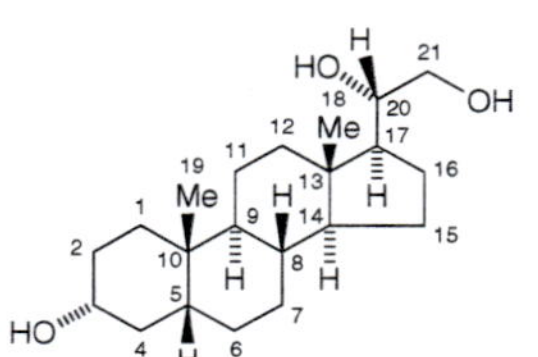

72

"(3α,5β,20*S*)-Pregnan-3,20,21-triol" (**72**)
- CA: 'pregnane-3,20,21-triol, (3α,5β,20*S*)-'
- der Name "Pregnan" impliziert die absoluten Konfigurationen "(8β,9α,10β,13β,14α)"
- für "5β" und "3α", s. **71**; die Konfiguration an C(20) der Seitenkette wird nach **(b)** bezeichnet

A.6 A.6.2

(b) ***Absolute und relative Stereodeskriptoren in systematischen Namen:*** Zuerst muss festgestellt werden, ob die absolute oder nur die relative Konfiguration eines Stereoisomeren bekannt ist. Die **Stereodeskriptoren** werden dann **mittels des CIP-Systems** zur Spezifikation der Konfiguration[2])[3])[4]) **bestimmt**, wobei **wenn möglich** die Stereodeskriptoren **"*R*"/"*S*"** sowie **"*E*"/"*Z*"** zu verwenden sind. Man unterscheidet

- **Stereodeskriptoren zur Bezeichnung der absoluten Konfiguration** einer oder mehrerer stereogener Einheiten, d.h. von stereogenen Zentren oder stereogenen Achsen (**absoluter Stereodeskriptor für ein chirales Stereoisomer**):

  "*R*"/"*S*", entsprechend dem Chiralitätssinn (s. **14/14´** in *A.6.2(**b**₁)*),

  "*P*"/"*M*" **(nicht bei CA)**, entsprechend der Helizität (s. **16/16´** und **18/18´** in *A.6.2(**b**₂)*).

- **Stereodeskriptoren zur Bezeichnung der relativen Konfiguration** einer oder mehrerer stereogener Einheiten, d.h. von stereogenen Zentren, stereogenen Achsen oder stereogenen Doppelbindungen (**relativer Stereodeskriptor für ein chirales oder achirales Stereoisomer**):

"*E*"/"*Z*"	(s. **20/20´** in *A.6.2(**b**₃)*),
"*rel*-", kombiniert mit "*R*"/"*S*"	(**IUPAC**: auch "*R**"/"*S**") (s. **(c)**),
"*endo*"/"*exo*", "*syn*"/"*anti*"	(s. **(g)**),
"*cis*"/"*trans*"	(**IUPAC**: auch "*r*"/"*c*"/"*t*") (s. **(h)**),
"α"/"β"	(s. **(i)**).

Kap. 3.4

Die Stereodeskriptoren mit jeweils vorgestelltem Lokanten aller stereogenen Einheiten **stehen in der Reihenfolge steigender Lokanten** (Buchstabenlokanten > Zahlenlokanten) **in einem Satz** in Klammern **vor dem vollständigen Namen** des Stereoisomeren **beziehungsweise vor dem Namensteil des betroffenen Strukturteils** (z.B. vor einem Substituentenpräfix, vor einer modifizierenden Angabe); dabei werden **"*cis*"/"*trans*"** jedoch ausnahmsweise **keine Lokanten** zugeteilt, und **bei "*E*"/"*Z*"** wird **nur der tiefere Lokant der Doppelbindung** angegeben.

Im CA-Index erscheint der zum Titelstammnamen gehörende Stereodeskriptorensatz als modifizierende Angabe, die übrigen Stereodeskriptorensätze jedoch vor den betroffenen Namensteilen (s. Beispiele **74** - **77**, **81**, **85**, **87**, **109**, **113**, **119**, **126**, **130**, **137**, **140**, **144**, **150** und **151**).

A.1.11

Für die Angabe von Stereodeskriptoren in **Namen von Polymeren**, s. *Anhang 1* (*A.1.11*).

Stereodeskriptoren:

"(*xR*)-"/"(*xS*)-" **"[*P*(*R*)]-"/"[*P*(*S*)]-"** **"[*S*(*R*)]-"/"[*S*(*S*)]-"** **"(*P*)-"/"(*M*)-" (nicht bei CA)** **"(*xE*)-"/"(*xZ*)-"** **"[C(*E*)]-"/"[C(*Z*)]-"** **"(*xR*,*yS*,*zS*...)-"** **"*rel*-(*xR*,*yR*,*zS*...)-"** **"*rel*-(*xS*,*yS*...)-...[(*uR*)...]-"** **"(*xE*,*yZ*,*zE*...)-"** **"(*xE*,*yR*,*zZ*,*uS*...)-"** **"(*xS*,*yZ*,*zS*,*uE*...)-"** *etc.*	Anordnung nach steigenden Lokanten *x*, *y*, *z*....

Für die relativen Stereodeskriptoren, s. **(c)** und **(g)** - **(h)**. Besteht eine Wahl, dann bekommt "*E*" einen tieferen Lokanten als "*Z*" (s. **120**). **Lässt sich nach (b) - (h) kein Stereodeskriptor zuordnen, dann** wird der Name des Stereoisomeren durch die **modifizierende Angabe "Stereoisomer"** ergänzt (s. **150** und **151**).

A.6.2

Beispiele:
- in *A.6.2*: **23**, **28** - **34**, **39** und **46** - **49**;
- unten: **74** - **151**.

(c) ***Die relativen Stereodeskriptoren*** **"rel-(xR,yS,zR...)-", "rel-(xS,yS...)-...[(uR)...]-"** *etc.* in systematischen Namen **werden für *chirale* Stereoisomere verwendet**, von denen nur die relative Konfiguration bekannt ist, **sowie für gewisse *meso*-Verbindungen**, die nicht nach **(g)** - **(i)** bezeichnet werden können (s. **104** und **105**). **Gehören *alle* stereogenen Zentren zur Gerüst-Stammstruktur, dann wird dem Zentrum mit möglichst tiefem Lokanten *x* willkürlich die Konfiguration *R* zugeordnet.** Das Zentrum *y* der Gerüst-Stammstruktur wird dann mit "*R*" oder "*S*" bezeichnet, je nachdem ob es die Konfiguration *R* oder *S* hat, wenn das Zentrum *x* die Konfiguration *R* hat. **Kommen stereogene Zentren zusätzlich oder ausschliesslich in Substituenten oder Strukturteilen vor, die als Präfix bzw. modifizierende Angabe bezeichnet werden, dann wird *R* willkürlich dem im *invertierten* Indexnamen von CA zuerst zu spezifizierenden stereogenen Zentrum zugeteilt** (im Namen "*R*"), z.B. dem stereogenen Zentrum mit möglichst tiefem Lokanten des gemäss alphabetischer Reihenfolge im Namen möglichst früh als Präfix zu benennenden Substituenten (s. **109**, **137** - **140**, **142** - **144** und **146**) oder dem stereogenen

Zentrum des als modifizierende Angabe bezeichneten Strukturteils (z.B. Alkohol-Komponente eines Esters; s. **113**). Alle andern stereogenen Zentren werden dann mit "*R*" oder "*S*" bezeichnet, je nachdem ob sie die Konfiguration *R* oder *S* haben, wenn das bestimmende Zentrum die Konfiguration *R* hat. Der globale Ausdruck **"*rel-*" steht immer vor dem vollständigen Namen**, nicht vor dem Namensteil des allfällig allein betroffenen Strukturteils. **Ausnahmen**: in Namen von **Koordinationsverbindungen** steht "*rel-*" im allgemeinen vor dem vollständigen *Ligand*-Namen (s. *A.6.4(**a$_4$**)* und **186**).

A.6.4(a$_4$)

Im CA-Index erscheint "*rel-*" in der modifizierenden Angabe immer *nach* dem Stereodeskriptorensatz des Titelstammnamens (z.B. '(*xR,yS*)-*rel-*', "(*xS,yS*...)-*rel-*'; s. Beispiele **81, 85, 87, 109, 113, 137, 140** und **144**).

IUPAC lässt entsprechend auch die relativen Stereodeskriptoren "*R**"/"*S**" zu, d.h. "(*xR*,yS**...)-" entspricht "*rel-*(*xR,yS*...)-" (IUPAC R-7.2.2 und E-4.10). Für "*cis*"/"*trans*", s. ***(h)***.

Stereodeskriptoren:

"***rel-*(*xR,yR*)-**" "***rel-*(*xR,yS,zS*...)-**" "***rel-*(*xE,yR,zS*...)-**" "***rel-*(*xS,yS*...)-...[(*uR*)...]-**" "***rel-*(*xS,yR*...)-...[(*uE,vR*)...]-**" "***rel-*(*xE*)-...[(*uR,vS*)...]-**" *etc.*	Anordnung nach steigenden Lokanten *x, y, z*... bzw. *u, v*...; [...] beinhaltet ein Präfix oder eine modifizierende Angabe

Beispiele (unten): **81, 85, 87, 89, 94, 97, 104, 105, 107** und **118** sowie alle Beispiele mit absoluten Stereodeskriptoren.

(d) *Stereoisomere mit nur partiell bekannten Konfigurationen* bekommen Stereodeskriptoren nach ***(b)***, ***(c)*** und ***(g)*** – ***(i)***, wobei nichtspezifizierte stereogene Einheiten einfach ignoriert werden (der Ausdruck "[*partial*]" wird nicht mehr verwendet).

Beispiel (unten): **149**.

(e) *Das Symbol der optischen Drehung "(+)-"/"(–)-"* **steht vor dem Namen** eines chiralen Stereoisomeren, **wenn nur eine stereogene Einheit unbekannter Konfiguration vorhanden ist.** Besitzt das Stereoisomere **mehrere stereogene Einheiten unbekannter absoluter**, aber bekannter relativer **Konfiguration**, dann steht "(+)-"/"(–)-" **vor "*rel-*"** (s. ***(c)***).

Im CA-Index erscheint '(+)-'/'(–)-' in der modifizierenden Angabe, gegebenenfalls nach dem Stereodeskriptorensatz und nach "*rel-*", z.B. '(*xR,yR*)-*rel*-(–)-'.

IUPAC setzt im Rahmen von Spezialnomenklaturen (s. *Anhang 1*) "(+)-"/"(–)-" vor den Stereodeskriptor, z.B. "(+)-D-Glucose" (vgl. **68**); die Bezeichnungen "*d*-" anstelle von "(+)-" und "*l*-" anstelle von "(–)-" dürfen nicht mehr verwendet werden.

Stereodeskriptoren:

"(+)-" "(–)-" "(+)-***rel-*(*xR,yS,zE*...)-**" "(–)-***rel-*(*xE*)-...[(*uR,vR*)...]-**" *etc.*	Anordnung nach steigenden Lokanten *x, y, z*... bzw. *u, v*...; [...] beinhaltet ein Präfix oder eine modifizierende Angabe

Beispiele (unten): **123, 130, 131** und **148**.

(f) *Empfehlungen für Racemate:* **CA** verwendet das Symbol der optischen Drehung "(±)-" **seit 1999 nur noch zur Beschreibung von racemischen** statt absoluten ***Stereostammstrukturen*** (s. ***(a)*** und *Anhang 1*).

Anhang 1

Für die Primärliteratur bestimmte Namen von racemischen chiralen Stereoisomeren werden am besten mit den **Stereodeskriptoren "*RS*"/"*SR*" oder "*PM*"/"*MP*" aus dem CIP-System** versehen (s. ***(b)***). Entsprechendes gilt für "(*E*/*Z*)"-Gemische. Dabei wird dem **Zentrum mit möglichst tiefem Lokanten *x* willkürlich die Konfiguration *R*** zugeordnet. Das Zentrum *y* wird dann mit "*RS*" oder "*SR*" bezeichnet, je nachdem ob es die Konfiguration *R* oder *S* hat, wenn das Zentrum *x* die Konfiguration *R* hat, analog dem in ***(c)*** beschriebenen Verfahren (vgl. dazu IUPAC E, Appendix 2).

IUPAC E, Appendix 2

IUPAC empfiehlt im Rahmen von Spezialnomenklaturen ebenfalls das Symbol der optischen Drehung "(±)-" zur Bezeichnung eines Racemats, z.B. "(±)-Glucose" (auch "DL-Glucose"; vgl. **68**). Manchmal wird **auch "*rac-*"** vor den vollständigen Namen gesetzt.

Stereodeskriptoren (nicht bei CA):

"**(*RS*)-**" "**(*PM*)-**" "**(*E*/*Z*)-**" "**(*xRS,yZ/E,zRS*...)-**" "**(*xE,yRS,zSR,uZ*...)-**" *etc.*	Anordnung nach steigenden Lokanten *x, y, z, u*...

z.B.

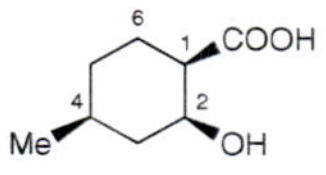

73

"(1*RS*,2*SR*,4*SR*)-2-Hydroxy-4-methylcyclohexancarbonsäure" (**73**)
- die Formel stellt das "(1*R*,2*S*,4*S*)"-Enantiomere dar
- CA seit 1999: vermutlich ohne Stereodeskriptor
- **CA bis 1999**: 'cyclohexanecarboxylic acid, 2-hydroxy-4-methyl-, (1α,2α,4α)-'; vor 1998: '..., (1α,2α,4α)-(±)-'; für 'α', s. unten ***(c)***

(g) *Die relativen Stereodeskriptoren "exo"/"endo" und "syn"/"anti"* in systematischen Namen werden **nur noch für *achirale* 'pseudoasymmetrische' stereogene Zentren am Gerüst von Bicyclo[*X.Y.Z*]alkanen** und ihren Heteroanaloga (inkl. ungesättigte Strukturen) **mit *X* ≥ *Y* > *Z* > 0 und *X* + *Y* < 7** verwendet, und nicht zusammen mit andern relativen Stereodeskriptoren im gleichen Stereodeskriptorensatz. Die Lokanten *x, y, z*... der Stereodeskriptoren "*exo*", "*endo*", "*syn*", "*anti*" werden von letzteren durch einen Bindestrich abgetrennt.

Definition:

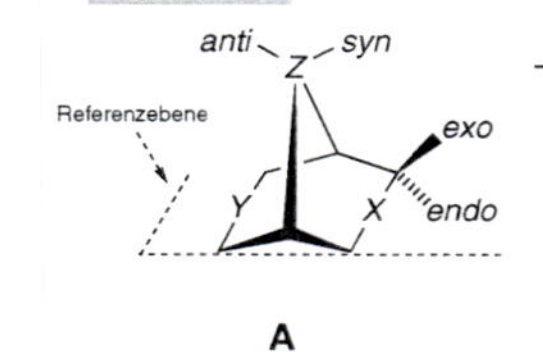

A

- ***exo/endo*** bedeutet, dass **der CIP-bevorzugte Ligand** an einem achiralen stereogenen Zentrum des Hauptrings (*X* + *Y*) **von A auf der gleichen/gegenüberliegenden Seite** der Referenzebene **wie die *Z*-Brücke** liegt;
- ***syn/anti*** bedeutet, dass **der CIP-bevorzugte Ligand** an einem achiralen stereogenen Zentrum der *Z*-Brücke **von A auf der gleichen/gegenüberliegenden Seite wie der *X*-Ast** liegt.

Stereodeskriptoren:

"**(*x-exo*)-**" "**(*x-endo*)-**" "**(*x-endo,y-exo*)-**" "**(*x-endo,y-anti*)-**" *etc.*	Anordnung nach steigenden Lokanten

Beispiel (unten): **148**.

(h) *Die relativen Stereodeskriptoren "cis"/"trans"* (ohne Lokanten und Klammern) in systematischen Namen werden **nur noch für maximal 8-gliedrige *Monocyclen* mit zwei *achiralen* 'pseudoasymmetrischen' stereogenen Zentren** verwendet, und nicht zusammen mit andern relativen Stereodeskriptoren im gleichen Stereodeskriptorensatz. Im Fall von **Ringsequenzen aus identischen Monocyclen** (z.B. "Bicyclohexyl", s. **80**) werden diese relativen Stereodeskriptoren in der Folge der Ringe mit ungestrichenen, einfach gestrichenen, zweifach gestrichenen *etc.* Lokanten angeordnet.

Definition:

cis/trans bedeutet, dass die **CIP-bevorzugten Liganden** an den beiden achiralen stereogenen Zentren **auf der gleichen/gegenüberliegenden Seite der Referenzebene** (= mittlere Ringebene) liegen.

IUPAC lässt die relativen Stereodeskriptoren "*cis*"/"*trans*" auch noch anstelle von "*Z*"/"*E*" für Doppelbindungsisomere zu sowie für chirale oder achirale Monocyclen mit zwei stereogenen Zentren. Auch die **relativen Stereodeskriptoren "*r-*"/"*c-*"/"*t-*" für chirale oder achirale Monocyclen** mit zwei oder mehr stereogenen Zentren werden noch empfohlen (IUPAC R-7.1.1, E-2.3.1, E-2.3.3 und E-2.3.4). Der Referenzsubstituent (= Hauptgruppe oder CIP-bevorzugter Ligand am Ringatom mit möglichst tiefem Lokanten) bekommt den Deskriptor "*r-*" (Referenz) und der CIP-bevorzugte Ligand an jedem weiteren stereogenen Zentrum den Deskriptor "*c-*" (*cis*) oder "*t-*" (*trans*), je nachdem ob er zum Referenzsubstituenten in *cis-* oder *trans*-Stellung liegt (vgl. *Definition*). Die Deskriptoren "*r-*"/"*c-*"/"*t-*" werden jeweils direkt vor dem entsprechenden Lokanten in den Namen aufgenommen (s. Beispiele **91, 92** und **94**).

A.6

Die Deskriptoren "*cis*"/"*trans*" und "*cisoid*"/"*transoid*" **zur Bezeichnung der Beziehungen zwischen zwei Brückenkopf-Substituenten in gesättigten anellierten Polycyclen** sollten nicht in systematischen Namen verwendet werden (vgl. dazu IUPAC E-3) (s. Beispiele **96** und **97**).

Stereodeskriptoren:

"*cis*-"
"*trans*-"
"(*cis,cis*)-"
"(*trans,cis,cis*)-"
etc.

Beispiele (unten): **76** und **80**.

(i) ***Die relativen Stereodeskriptoren "α"/"β"*** in systematischen Namen werden **nur noch für gewisse *meso*-Ringstrukturen** verwendet, **welche sich nicht nach *(b)* – *(h)* spezifizieren lassen.** Diese Stereodeskriptoren werden nicht zusammen mit andern relativen Stereodeskriptoren im gleichen Stereodeskriptorensatz zitiert.

Definition:

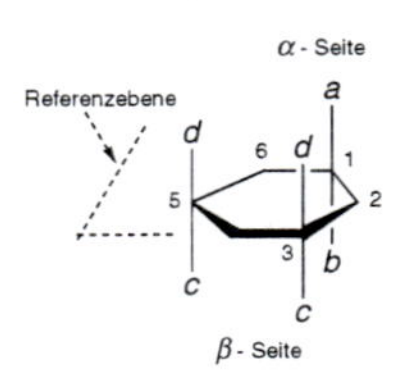

B

"(1α,3β,5β)-"
(a > b > c > d)

α/β bedeutet, dass **der CIP-bevorzugte Ligand** an einem stereogenen Zentrum **auf der α- bzw. β-Seite** der Referenzebene des Ringes **von B** liegt. Die **α-Seite** der Referenzebene ist die **Seite, auf welcher der CIP-bevorzugte Ligand** des stereogenen Zentrums **mit dem tiefsten Lokanten liegt** (*a* in **B**).

Stereodeskriptoren:

"(*x*α,*y*β,*z*α...)-" "(*x*β,*y*α,*z*α...)-" *etc.*	Anordnung nach steigenden Lokanten *x, y, z...*

Beispiel (unten): **90b**; vgl. dazu **104** und **105**.

(j) ***Die bis 1999 gültigen CA-Richtlinien*** zur Angabe der Stereodeskriptoren sind **z.T. schwierig** zu handhaben. Darnach wurde für ein chirales Stereoisomeres **nur der absolute Stereodeskriptor '*R*'/'*S*'** (entsprechend dem Chiralitätssinn, s. **14**/**14´** in *A.6.2(b₁)*) **eines** zu wählenden **Referenzzentrums** spezifiziert; **zusätzlich vorhandene stereogene Zentren** wurden dann **mittels relativen Stereodeskriptoren in Bezug auf das Referenzzentrum** bezeichnet, wenn nötig mit vorgestellten Lokanten[5]). Im Falle einer einzigen stereogenen Einheit wurde der Lokant weggelassen.

Die alten CA-Richtlinien bedingen eine schrittweise Analyse des zu bezeichnenden Stereoisomeren **mittels der Kriterien *(a´)* – *(k´)***, die im Detail bei den Beispielen (s. unten) beschrieben sind:

(a´) zwei stereogene Zentren in einem Drei- bis Achtring, auch wenn er anelliert oder Teil eines Spirocyclus ist (absolute und relative Konfiguration): '*R*'/'*S*' und '*cis*'/'*trans*';

(b´) stereogene Zentren am Gerüst von Bicyclo[*X.Y.Z*]alkanen und ihren Heteroanaloga mit $X \geq Y > Z > 0$ und $X + Y < 7$ (absolute und relative Konfiguration): '*R*'/'*S*' und '*exo*'/'*endo*'/'*syn*'/'*anti*';

(c´) zwei oder mehrere stereogene Zentren in cyclischen Strukturen, die nicht nach ***(a´)*** oder ***(b´)*** bezeichnet werden können (absolute und relative Konfiguration): '*R*'/'*S*' und 'α'/'β';

(d´) zwei stereogene Zentren in zwei verschiedenen Ringstrukturen, oder je eines in einer Ringstruktur und in einer Kettenstruktur oder beide in der gleichen Kettenstruktur (absolute und relative Konfiguration): '*R*'/'*S*' und '*R**'/'*S**';

(e´) drei oder mehr stereogene Einheiten in acyclischen Strukturen oder in cyclischen Strukturen, die nicht nach ***(b´)*** oder ***(c´)*** bezeichnet werden können (absolute und relative Konfiguration): '*R*'/'*S*' und '*R**'/'*S**';

(f´) stereogene Doppelbindungen: '*E*'/'*Z*';

(g´) stereogene Einheiten sowohl in cyclischen als auch in acyclischen Strukturteilen (absolute und relative Konfiguration): '*R*'/'*S*' und 'α'/'β', '*R**'/'*S**' und/oder '*E*'/'*Z*';

(h´) stereogene Einheiten in zwei verschiedenen Ringstrukturen oder in zwei Komponenten einer Spirostruktur (absolute und relative Konfiguration): '*R*'/'*S*' und 'α'/'β', '*R**'/'*S**' und/oder '*E*'/'*Z*';

(i´) achirale Zentren in einem Ring und chirale stereogene Einheiten ausserhalb des Ringes: '*cis*'/'*trans*', '*endo*'/'*exo*'/'*syn*'/'*anti*' oder 'α'/'β' und '*R*'/'*S*';

(j´) Stereoisomeres mit nur teilweise spezifizierbarer Konfiguration (absolute und relative Konfiguration): '*R*'/'*S*' und '*cis*'/'*trans*', '*exo*'/'*endo*'/'*syn*'/'*anti*', 'α'/'β', '*R**'/'*S**' und/oder '*E*'/'*Z*', gefolgt von '-[*partial*]-';

(k´) Stereoisomeres ohne herleitbare Stereodeskriptoren: 'stereoisomer'.

Beispiele:

74

"(2*R*)-2-Aminopropanol" (**74**)
- CA: 'propanol, 2-amino-, (2*R*)-'
- nach ***(b)***
- **CA bis 1999**: '..., (*R*)-' nach ***(j)***

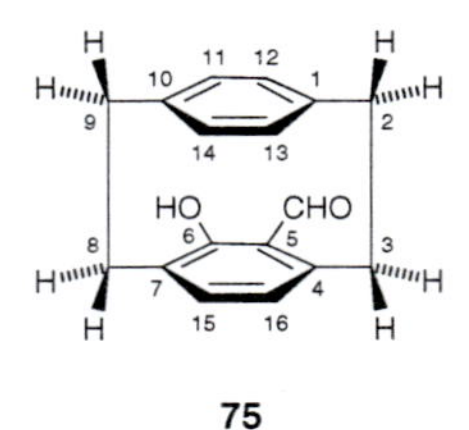

75

"(*M*)-6-Hydroxytricyclo[8.2.2.2^{4,7}]hexadeca-4,6,10,12,13,15-hexaen-5-carboxaldehyd" (**75**)
- CA: '...carboxaldehyde, 6-hydroxy-, (*S*)-'
- nach ***(b)***
- die bevorzugte Helix-Einheit ist C(9)–C(8)–C(7)–C(6), d.h. OH > CHO
- **CA bis 1999**: '(*S*)-' nach ***(j)***

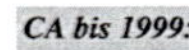

(a´) **Zwei stereogene Zentren in einem Drei- bis Achtring** (auch wenn er anelliert oder Teil eines Spirocyclus ist):

Definition:

cis/trans bedeutet, dass **die CIP-bevorzugten Liganden** an den beiden stereogenen Zentren **auf der gleichen/gegenüberliegenden Seite** der Referenzebene (= mittlere Ringebene) liegen.

Absolute Konfiguration:

Stereodeskriptor

'**(*xR-cis*)-**'/'**(*xS-cis*)-**' '**(*xR-trans*)-**'/'**(*xS-trans*)-**'	*x* = Lokant des Referenzzentrums

- nur der Chiralitätssinn *R*/*S* des Referenzzentrums wird angegeben;
- **Referenzzentrum *x* = stereogenes Zentrum mit dem tieferen Lokanten.**

Relative Konfiguration:

Stereodeskriptor

'***cis***-'/'***trans***-'

Beachte:

- **An einer gesättigten Anellierungsstelle** eines anellierten Polycyclus (s. *Kap. 4.6.1*) **oder am Brückenkopf einer "Null"-Brücke** eines Polycyclus nach *von Baeyer* (s. *Kap. 4.7*) als stereogenem Zentrum **ist der Bezugsligand** immer **der** nicht an der Ringstruktur beteiligte **Substituent**, auch wenn er nicht CIP-bevorzugt ist (s. **79**).
- Ein **internes "Spiro"-Atom** (= stereogenes Zentrum), das an einer *ortho*-Anellierung beteiligt ist (s. *Kap. 4.6.1*), wird **mittels *R**/*S*** und Lokanten nach ***(e´)*** spezifiziert (s. **81**).
- **Grössere Ringe als Achtringe** mit zwei stereogenen Zentren werden **mittels *R**/*S*** und Lokanten nach ***(e´)*** spezifiziert (s. **82**).

76

"*cis*-Cyclohexan-1,4-diol" (**76**)
- CA: '1,4-cyclohexanediol, *cis*-'
- nach ***(h)***
- **CA bis 1999**: '*cis*-' nach ***(a´)***

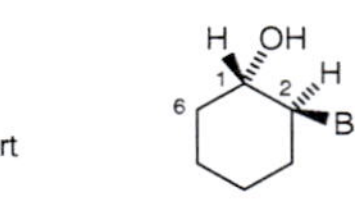

77

"(1*S*,2*S*)-2-Bromocyclohexanol" (**77**)
- CA: 'cyclohexanol, 2-bromo-, (1*S*,2*S*)-'
- nach ***(b)***
- relativer Deskriptor: "*rel*-(1*R*,2*R*)-" nach ***(c)***
- **CA bis 1999**: '(1*S-trans*)-' bzw. '*trans*-' nach ***(a´)***

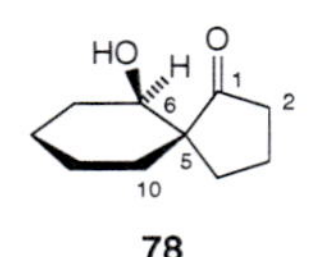

78

"(5*R*,6*R*)-6-Hydroxyspiro[4.5]decan-1-on" (**78**)
- nach ***(b)***
- relativer Deskriptor: "*rel*-(5*R*,6*R*)-" nach ***(c)***
- **CA bis 1999**: '(5*R-cis*)-' bzw. '*cis*-' nach ***(a´)***

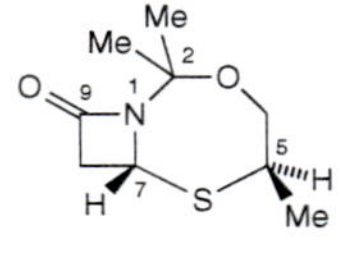

79

"(5*R*,7*R*)-2,2,5-Trimethyl-3-oxa-6-thia-1-azabicyclo[5.2.0]nonan-9-on" (**79**)
- nach ***(b)***
- relativer Deskriptor: "*rel*-(5*R*,7*R*)-" nach ***(c)***
- **CA bis 1999**: '(5*R-cis*)-' bzw. '*cis*-'; '*cis*' bezieht sich auf Me an C(5) und H an C(7); nach ***(a´)***

80

"(*cis,trans*)-4-Ethyl-4-fluoro-4´-propyl-1,1´-bicyclohexyl" (**80**)
- nach ***(h)***
- **CA bis1999**: '..., [*cis*(*trans*)]-' nach ***(a´)***

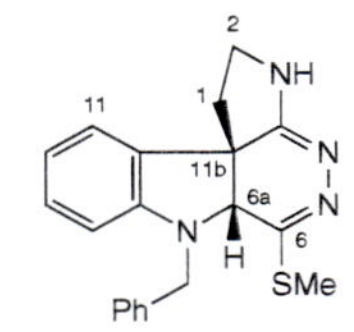

81

"*rel*-(6a*R*,11b*S*)-2,3,6a,7-Tetrahydro-6-(methylthio)-7-(phenylmethyl)-1*H*-pyrrolo[3´,2´:5,6]pyridazino[4,5-*b*]indol" (**81**)
- CA: '..., (6a*R*,11b*S*)-*rel*-'
- nach ***(c)***
- **CA bis 1999**: '(6a*R**,11b*S**)-', d.h. wegen "Spiro"-Atom C(11b) nach ***(e´)***

82

"(8*R*,10*R*)-8-Hydroxy-10-methyloxecan-2,4-dion" (**82**)
- nach ***(b)***
- relativer Deskriptor: "*rel*-(8*R*,10*R*)-" nach ***(c)***
- **CA bis 1999**: '[8*R*-(8*R**,10*R**)]-' bzw. '(8*R**,10*R**)-'; wegen Zehnring nach ***(e´)***

CA bis 1999:

(b´) **Stereogene Zentren am Gerüst von Bicyclo[*X.Y.Z*]alkanen** und ihren Heteroanaloga (inkl. ungesättigte Strukturen) **mit $X \geq Y > Z > 0$ und $X + Y < 7$, wenn die Struktur keine andere bekannte stereogene Zentren enthält**:

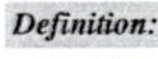

Definition:

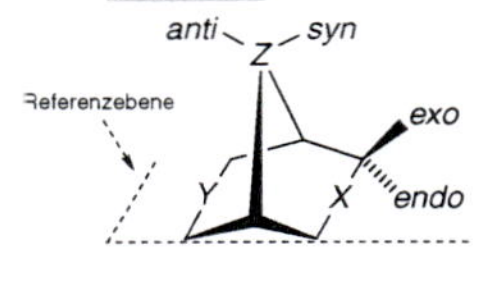

A

- ***exo/endo*** bedeutet, dass **der CIP-bevorzugte Ligand** an einem stereogenen Zentrum des Hauptrings (*X* + *Y*) **von A auf der gleichen/gegenüberliegenden Seite** der Referenzebene **wie die *Z*-Brücke** liegt.
- ***syn/anti*** bedeutet, dass **der CIP-bevorzugte Ligand** an einem stereogenen Zentrum der *Z*-Brücke **von A auf der gleichen/gegenüberliegenden Seite wie der *X*-Ast** liegt.

Absolute Konfiguration:

Stereodeskriptor	
'(1***R-endo***)-'	Lokanten *x, y, z, u*... steigend
'(1***S-anti***)-'	
'[1***S***-(2-***endo***,3-***exo***)]-'	
'[1***R***-(***endo,endo,syn***)]-'	
'[1***R***-(***x-endo,y-exo,z-anti***)]-'	
'[1***S***-(***x-endo,y-endo,z-syn,u-anti***)]-'	
etc.	

- Anordnung von '*exo*' und '*endo*' vor '*syn*' und '*anti*'; Lokanten werden weggelassen, wenn der Deskriptor eindeutig bleibt;
- nur der Chiraltiätssinn *R*/*S* des Referenzzentrums wird angegeben;
- **Referenzzentrum = stereogener Brückenkopf mit Lokant 1.**

Relative Konfiguration:

Stereodeskriptor
'endo-'
'anti-'
'(*endo,endo*)-'
'(2-*endo*,3-*exo*)-'
etc.

Beachte:

- Eine Struktur vom Typ **A**, die noch **weitere stereogene Zentren in andern Strukturteilen** (z.B. in Substituenten) enthält, wird nach ***(c´)*** **mittels** *α*/*β* und Lokanten sowie nach ***(g´)(h´)*** spezifiziert (s. **88**).
- Eine Struktur vom Typ **A mit $X + Y \geq 7$** wird nach ***(e´)*** **mittels *R**/*S**** und Lokanten spezifiziert (s. **89**).
- Eine Struktur vom Typ **A** mit einem **Brückenkopf in abnormaler Konfiguration** oder mit einer Doppelbindung an einem Brückenkopf wird nach ***(e´)*** mittels *R**/*S** spezifiziert.

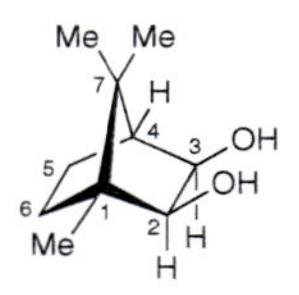

83

"(1*R*,2*S*,3*R*,4*S*)-1,7,7-Trimethylbicyclo-[2.2.1]heptan-2,3-diol" (**83**)
- nach ***(b)***
- relativer Deskriptor: "*rel*-(1*R*,2*S*,3*R*,4*S*)-" nach ***(c)***
- **CA bis 1999**: '[1*R*-(*exo,exo*)]-' bzw. '(*exo,exo*)-'; die Lokanten '2' und '3' sind überflüssig; nach ***(b´)***

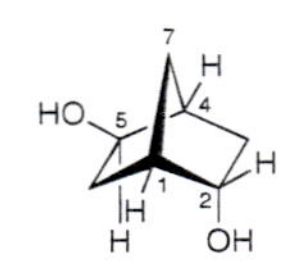

84

"(1*S*,2*S*,4*S*,5*R*)-Bicyclo[2.2.1]heptan-2,5-diol" (**84**)
- nach ***(b)***
- relativer Deskriptor: "*rel*-(1*R*,2*R*,4*R*,5*S*)-" nach ***(c)***
- **CA bis 1999**: '[1*S*-(2-*endo*,5-*exo*)]-' bzw. '(2-*endo*,5-*exo*)-' nach ***(b´)***

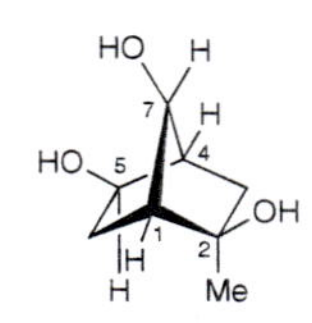

85

"*rel*-(1*R*,2*R*,4*S*,5*R*,7*R*)-2-Methylbicyclo-[2.2.1]heptan-2,5,7-triol" (**85**)
- CA: '..., (1*R*,2*R*,4*S*,5*R*,7*R*)-*rel*-'
- nach ***(c)***
- **CA bis 1999**: '(2-*exo*,5-*exo*,7-*anti*)-' nach ***(b´)***

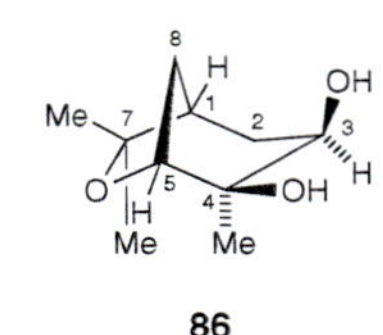

86

"(1*R*,3*R*,4*R*,5*R*)-4,7,7-Trimethyl-6-oxabicyclo[3.2.1]octan-3,4-diol" (**86**)
- nach ***(b)***
- relativer Deskriptor: "*rel*-(1*R*,3*R*,4*R*,5*R*)-" nach ***(c)***
- **CA bis 1999**: '[1*R*-(*exo,exo*)]-' bzw. '(*exo,exo*)-' nach ***(b´)***

87

"*rel*-(1*R*,2*S*,5*R*)-2-Iodobicyclo[3.3.2]decan-9-on" (**87**)
- CA: '..., (1*R*,2*S*,5*R*)-*rel*-'
- nach ***(c)***
- **CA bis 1999**: '*endo*-' nach ***(b´)***

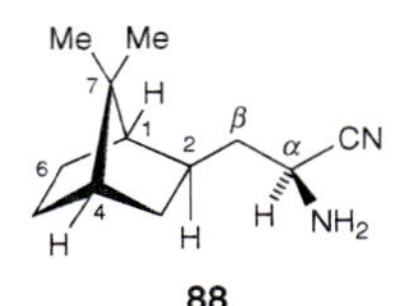

88

"(*α**S*,1*R*,2*R*,4*S*)-*α*-Amino-7,7-dimethylbicyclo[2.2.1]heptan-2-propannitril" (**88**)
- nach ***(b)***
- relativer Deskriptor: "*rel*-(*α**R*,1*S*,2*S*,4*R*)-" nach ***(c)***
- **CA bis 1999**: '[1*R*-[1*α*,2*α*(*S**),4*α*]-' bzw. [1*α*,2*α*(*S**),4*α*]-'; wegen stereogenem Zentrum in der Seitenkette nach ***(c´)*** und ***(g´)***; der Bezugsligand am Referenzatom C(1) ist C(7)

89

"*rel*-(1*R*,5*R*,6*S*)-5-Hydroxy-1-methylbicyclo[4.3.1]decan-7-on" (**89**)
- nach ***(c)***
- **CA bis 1999**: '(1*R**,5*R**,6*S**)-'; wegen $X + Y = 7$ nach ***(e´)***

CA bis 1999:

(c´) **Zwei oder mehr stereogene Zentren in cyclischen Strukturen, die nicht nach *(a´)*** (*cis/trans*) **oder *(b´)*** (*exo/endo, syn/anti*) **bezeichnet werden können**; betroffen sind:
- **Drei- bis Achtringe** mit mehr als zwei stereogenen Zentren (vgl. ***(a´)***) (s. **91** – **94**);
- **Polycyclen**, ausser den in ***(a´)*** und ***(b´)*** besprochenen (s. **95** –**107**).

Definition:

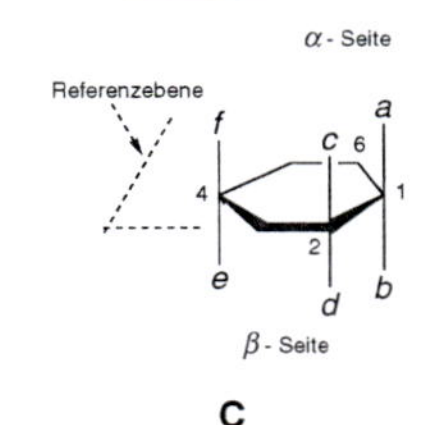

C
"(1*α*,2*α*,4*β*)-"
(*a* > *b* > *c* > *d* > *e* > *f*)

α/*β* bedeutet, dass **der CIP-bevorzugte Ligand** an einem stereogenen Zentrum **auf der *α*- bzw. *β*-Seite** der Referenzebene des Ringes **von C** liegt. Die *α*-**Seite** der Referenzebene ist die **Seite, auf welcher der CIP-bevorzugte Ligand des stereogenen Zentrums mit dem tiefsten Lokanten liegt** (*a* in **C**); dieses Zentrum ist das **Referenzzentrum *x*.**

Absolute Konfiguration:

Stereodeskriptor	
'[***xR***-(***xα,yβ,zα***...)]-'	Anordnung nach steigenden Lokanten *x, y, z*...
'[***xS***-(***xα,yα,zβ***...)]-'	
etc.	

- nur der Chiralitätssinn *R*/*S* des Referenzzentrums wird angegeben;
- **Referenzzentrum *x* = stereogenes Zentrum, das im Titelstammnamen zuerst zitiert wird** (C(1) im Beispiel **C**) und dessen CIP-bevorzugter Ligand die *α*-**Seite** bestimmt;
- **in den runden Klammern** wird das **Referenzzentrum** mit Lokant *x* **repetiert und mit '*α*' bezeichnet**, unabhängig vom zugeordneten Chiralitätssinn, d.h. immer '[*xR*-(*xα*...)]-' oder '[*xS*-(*xα*...)]-'; die übrigen Zentren *y, z*... werden dann mit '*α*' oder '*β*' spezifiziert, entsprechend **C**.

A.6

Relative Konfiguration:

Stereodeskriptor

'(xα,yβ,zα...)-' **'(xα,yα,zβ...)-'** *etc.*	vgl. absolute Konfiguration

Beachte:

- **Das Referenzzentrum entspricht dem im Titelstammnamen** (= Stammname oder Stammname + Suffix) von CAs 'Chemical Substance Index' **zuerst auftretenden** (zitierten) **stereogenen Zentrum**, auch wenn es im Namen nicht explizite ausgedrückt ist, z.B. C(1) in "Cyclobutancarbonsäure" **92** oder C(1) in "Bicyclo[2.2.2]oct-5-en-2-carboxaldehyd" **101**.
- **An einem angularen** (gesättigten) **Zentrum** (= **Anellierungsstelle**) eines anellierten Polycyclus (s. *Kap. 4.6.1*) **ist der Bezugsligand** immer **der** nicht an der Ringstruktur beteiligte **Substituent**, auch wenn er nicht CIP-bevorzugt ist (s. **95** - **100** und **106**).
- **Eine Brücke in einem anellierten Polycyclus** (s. *Kap. 4.8*; z.B. "Methano-") wird **wie zwei Substituenten** am Polycyclus nach dem CIP-System und **C** behandelt (s. **106** und **107**).
- **Die *Z*-Brücke eines Polycyclus nach *von Baeyer*** (s. *Kap.4.7*) wird ebenfalls **wie zwei Substituenten** am Hauptring nach dem CIP-System und **C** behandelt (s. **101**, **102**, **104** und **105**); **an einer "Null"-Brücke** sind aber immer die **Substituenten** die **Bezugsliganden**, auch wenn sie nicht CIP-bevorzugt sind (s. **103** - **105**).
- **Zusätzliche stereogene Atome in Brücken** werden **mittels *R*/S*** und Lokanten nach ***(e')*** spezifiziert (s. **107**).
- **Grössere Ringe als Achtringe** werden **mittels *R*/S*** und Lokanten nach ***(e')*** spezifiziert (s. **108**).
- **In systematischen Namen bedeuten *α/β* *nicht unterhalb/oberhalb* der Referenzebene**; in Spezialnomenklaturen kann dies jedoch der Fall sein (z.B. in der Steroid-Nomenklatur, s. **71** und **72** in ***(a)***).

90a

"*rel*-(4*R*,5*R*)-4,5-Dimethyl-2-(phenylethinyl)-1,3-dioxolan" (**90a**)
- nach *(c)*; **C(2) ist nicht-stereogen**
- **CA bis 1999**: '(2α,4β,5α)-' nach *(c')*
- vgl. dazu **90b**

90b

"(2α,4α,5α)-4,5-Dimethyl-2-(phenylethinyl)-1,3-dioxolan" (**90b**)
- nach *(i)*; **C(2) ist achiral stereogen** ('pseudo-asymmetrisch')
- **CA bis 1999**: '(2α,4α,5α)-' nach *(c')*
- vgl. dazu **90a** sowie **104** und **105**

91

"(1*R*,2*R*,3*S*,4*R*)-Cyclohexan-1,2,3,4-tetrol" (**91**)
- nach *(b)*
- relativer Deskriptor: "*rel*-(1*R*,2*R*,3*S*,4*R*)-" nach *(c)*
- **CA bis 1999**: '[1*R*-(1α,2α,3α,4β)]-' bzw. '(1α,2α,3α,4β)-' nach *(c')*
- **IUPAC**: relative Konfiguration auch nach *(h)*, d.h. "Cyclohexan-*r*-1,*c*-2,*c*-3,*t*-4-tetrol"

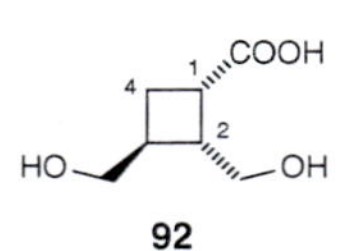

92

"(1*S*,2*R*,3*S*)-2,3-Bis(hydroxymethyl)-cyclobutancarbonsäure" (**92**)
- nach *(b)*
- relativer Deskriptor: "*rel*-(1*R*,2*S*,3*R*)-" nach *(c)*
- **CA bis 1999**: '[1*S*-(1α,2α,3β)]-' bzw. '(1α,2α,3β)-' nach *(c')*
- **IUPAC**: relative Konfiguration auch nach *(h)*, d.h. "*c*-2,*t*-3-Bis(hydroxymethyl)cyclobutan-*r*-1-carbonsäure"

93

"(1*R*,4*R*,5*S*)-1-Methyl-4-(1-methylethyl)spiro[4.5]decan-7-on" (**93**)
- nach *(b)*
- relativer Deskriptor: "*rel*-(1*R*,4*R*,5*S*)-" nach *(c)*
- **CA bis 1999**: '[1*R*-(1α,4α,5β)]-' bzw. '(1α,4α,5β)-' nach *(c')*

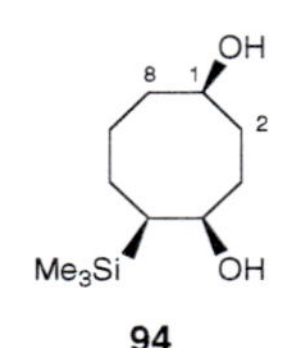

94

"*rel*-(1*R*,4*R*,5*S*)-5-(Trimethylsilyl)cyclooctan-1,4-diol" (**94**)
- nach *(c)*
- **CA bis 1999**: '(1α,4α,5α)-' nach *(c')*
- **IUPAC**: relative Konfiguration auch nach *(h)*, d.h. "*c*-5-(Trimethylsilyl)cyclooctan-*r*-1,*c*-4-diol"

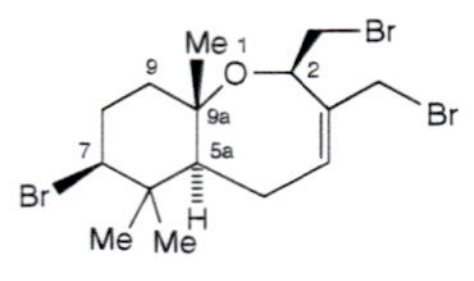

95

"(2*R*,5a*S*,7*S*,9a*S*)-7-Bromo-2,3-bis(bromomethyl)-2,5,5a,6,7,8,9,9a-octahydro-6,6,9a-trimethyl-1-benzoxepin" (**95**)
- nach *(b)*
- relativer Deskriptor: "*rel*-(2*R*,5a*S*,7*S*,9a*S*)]-" nach *(c)*
- **CA bis 1999**: '[2*R*-(2α,5aβ,7α,9aα)]-' bzw. '(2α,5aβ,7α,9aα)-'; die Bezugsliganden an den angularen Zentren C(5a) und C(9a) sind H bzw. Me; nach *(c')*

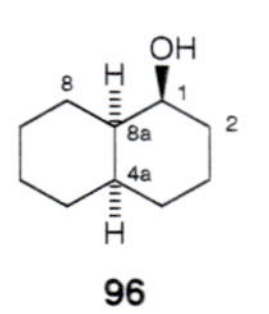

96

"(1*S*,4a*R*,8a*R*)-Decahydronaphthalin-1-ol" (**96**)
- nach *(b)*
- relativer Deskriptor: "*rel*-(1*R*,4a*S*,8a*S*)-" nach *(c)*
- **CA bis 1999**: '[1*S*-(1α,4aβ,8aβ)]-' bzw. '(1α,4aβ,8aβ)-'; die Bezugsliganden an den angularen Zentren C(4a) und C(8a) sind die H-Atome; nach *(c')*
- **beachte**: **96** ohne OH-Gruppe an C(1) wird von **IUPAC** auch "***cis*-Decahydronaphthalin**" (früher "***cis*-Decalin**") genannt, s. *(h)*

97

"*rel*-(4a*R*,8a*S*,9a*R*,10a*R*)-Tetradecahydroacridin" (**97**)
- nach *(c)*
- **CA bis 1999**: '(4aα,8aα,9aα,10aβ)-'; die Bezugsliganden an den angularen Zentren C(4a), C(8a), C(9a) und C(10a) sind die H-Atome; nach *(c')*
- IUPAC früher: "*cis*-4a-*transoid*-4a,10a-*trans*-10a-Tetradecahydroacridin", s. *(h)*

98

"(1*R*,4a*R*,7*R*,8a*S*)-Decahydro-1,4a-dimethyl-7-(1-methylethyl)naphthalin" (**98**)
- nach *(b)*
- relativer Deskriptor: "*rel*-(1*R*,4a*R*,7*R*,8a*S*)-" nach *(c)*
- **CA bis 1999**: '[1*R*-(1α,4aβ,7β,8aα)]-' bzw. '(1α,4aβ,7β,8aα)-'; die Bezugsliganden an den angularen Zentren C(4a) und C(8a) sind Me bzw. H; nach *(c')*
- **trivial "Eudesman"** (CAs 'Index Guide')

99

"(1*S*,4a*R*,7*R*,8a*S*)-Decahydro-1,4a-dimethyl-7-(1-methylethyl)naphthalin" (**99**)
- nach *(b)*
- relativer Deskriptor: "*rel*-(1*R*,4a*S*,7*S*,8a*R*)-" nach *(c)*
- **CA bis 1999**: '[1*S*-(1α,4aα,7α,8aβ)]-' bzw. '(1α,4aα,7α,8aβ)-' nach *(c')*
- **trivial "Selinan"** (CAs 'Index Guide')

100

"(1a*R*,3a*S*,4*R*,7*S*,7a*R*,7b*S*)-Decahydro-1a,4-dimethyl-7-(1-methylethyl)naphth[1,2-*b*]oxiren" (**100**)
- nach *(b)*
- relativer Deskriptor: "*rel*-(1a*R*,3a*S*,4*R*,7*S*,7a*R*,7b*S*)-" nach *(c)*
- **CA bis 1999**: '[1a*R*-(1aα,3aβ,4β,7α,7aβ,7bα)]-' bzw. '(1aα,3aβ,4β,7α,7aβ,7bα)-'; die Bezugsliganden an den angularen Zentren C(1a), C(3a), C(7a) und C(7b) sind Me und H (nicht Epoxy!); nach *(c')*

101

"(1*R*,2*S*,4*R*)-Bicyclo[2.2.2]oct-5-en-2-carboxaldehyd" (**101**)
- nach *(b)*
- relativer Deskriptor: "*rel*-(1*R*,2*S*,4*R*)-" nach *(c)*
- **CA bis 1999**: '[1*R*-(1α,2α,4α)]-' bzw. '(1α,2α,4α)-'; der Bezugsligand an C(1) und C(4) ist die *Z*-Brücke (C > H); nach *(c')*

102

"(1*R*,2*R*,3*R*,5*R*)-2,6,6-Trimethylbicyclo-[3.1.1]heptan-2,3-diol" (**102**)
- nach *(b)*
- relativer Deskriptor: "*rel*-(1*R*,2*R*,3*R*,5*R*)-" nach *(c)*
- **CA bis 1999**: '[1*R*-(1α,2α,3β,5α)]-' bzw. '(1α,2α,3β,5α)-'; der Bezugsligand an C(1) und C(4) ist die *Z*-Brücke (C > H); nach *(c')*

103

"(1*R*,2*S*,3*S*,5*R*)-2,5-Dimethylbicyclo-[3.2.0]heptan-2,3-diol" (**103**)
- nach *(b)*
- relativer Deskriptor: "*rel*-(1*R*,2*S*,3*S*,5*R*)-" nach *(c)*
- **CA bis 1999**: '[1*R*-(1α,2α,3β,5α)]-' bzw. '(1α,2α,3β,5α)-'; die Bezugsliganden an C(1) und C(5) ("Null"-Brücke) sind H bzw. Me; nach *(c')*

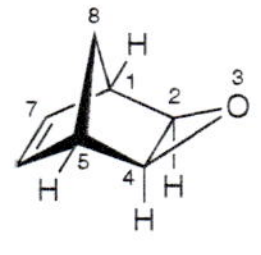

104

"*rel*-(1*R*,2*R*,4*S*,5*S*)-3-Oxatricyclo-[3.2.1.$0^{2,4}$]oct-6-en" (**104**)
- nach ***(c)***
- nicht nach ***(l)***, da **tri**cyclische *meso*-Verbindung (vgl. **90b**)
- **CA bis 1999**: '(1α,2β,4β,5α)-'; der Bezugsligand an C(1) und C(5) ist die *Z*-Brücke (C > H); die Bezugsliganden an C(2) und C(4) ("Null"-Brücke) sind die H-Atome; nach ***(c´)***; vgl. **103**

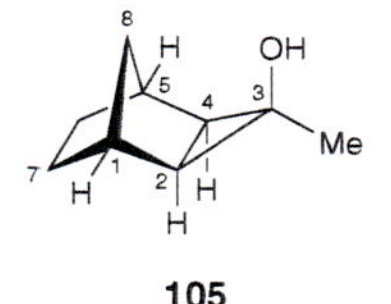

105

"*rel*-(1*R*,2*S*,4*R*,5*S*)-3-Methyltricyclo-[3.2.1.$0^{2,4}$]octan-3-ol" (**105**)
- nach ***(c)***
- nicht nach ***(l)***, da **tri**cyclische *meso*-Verbindung (vgl. **90b**)
- **CA bis 1999**: '(1α,2β,3α,4β,5α)-'; der Bezugsligand an C(1) und C(5) ist die *Z*-Brücke (C > H); die Bezugsliganden an C(2) und C(4) ("Null"-Brücke) sind die H-Atome; nach ***(c´)***; vgl. **104**

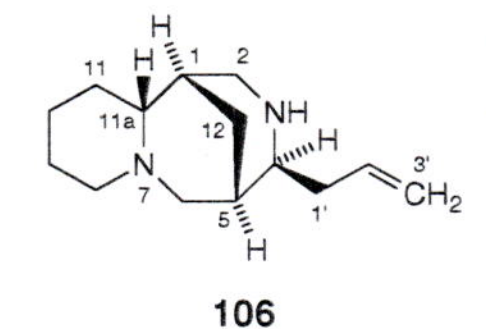

106

"(1*S*,4*S*,5*S*,11a*R*)-Decahydro-4-(prop-2-enyl)-1,5-methano-2*H*-pyrido[1,2-*a*][1,5]diazocin" (**106**)
- nach ***(b)***
- relativer Deskriptor: "*rel*-(1*R*,4*R*,5*R*,11a*S*)-" nach ***(c)***
- **CA bis 1999**: '[1*S*-(1α,4α,5α,11aα)]-' bzw. '(1α,4α,5α,11aα)-'; der Bezugsligand an C(1) und C(5) ist die C(12)-Brücke (C > H) und am angularen Zentrum C(11a) das H-Atom; nach ***(c´)***

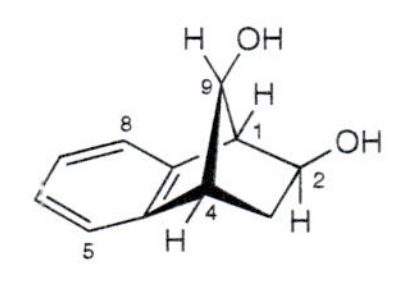

107

"*rel*-(1*R*,2*S*,4*R*,9*R*)-1,2,3,4-Tetrahydro-1,4-methanonaphthalin-2,9-diol" (**107**)
- nach ***(c)***
- **CA bis 1999**: '(1α,2α,4α,9*R**)-' nach ***(c´)***; der Bezugsligand an C(1) und C(4) ist die C(9)-Brücke (C > H); '9*R**' bedeutet, dass der Chiralitätssinn an C(9) der gleiche ist wie am Referenzzentrum C(1), das nach ***(e´)*** willkürlich mit *R** spezifiziert wird

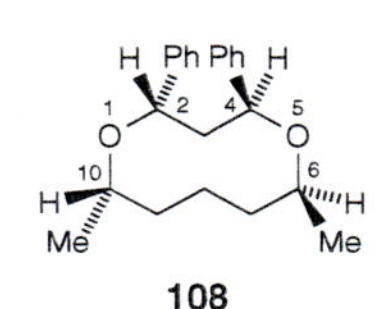

108

"(2*S*,4*S*,6*S*,10*S*)-6,10-Dimethyl-2,4-diphenyl-1,5-dioxecan" (**108**)
- nach ***(b)***
- relativer Deskriptor: "*rel*-(2*R*,4*R*,6*R*,10*R*)-" nach ***(c)***
- **CA bis 1999**: '[2*S*-(2*R**,4*R**,6*R**,10*R**)]-' bzw. '(2*R**,4*R**,6*R**,10*R**)-'; wegen Zehnring nach ***(e´)***

CA bis 1999:

(d´) **Zwei stereogene Zentren**
- **in zwei verschiedenen Ringstrukturen,**
- **je eines in einer Ringstruktur und in einer Kettenstruktur,**
- **in der gleichen Kettenstruktur:**

Absolute Konfiguration:

Stereodeskriptor

'[*R*-(*R,*R**)]-'** **'[*S*-(*R**,*R**)]-'**	die beiden Zentren haben den gleichen Chiralitätssinn
'[*R*-(*R,*S**)]-'** **'[*S*-(*R**,*S**)]-'**	die beiden Zentren haben verschiedenen Chiralitätssinn

- nur der Chiraltätssinn des Referenzzentrums wird angegeben (ohne Lokanten);
- **Referenzzentrum = stereogenes Zentrum, das den Liganden mit höchster CIP-Priorität trägt;**
- **in den runden Klammern** wird zuerst das **Referenzzentrum repetiert und mit '*R**' bezeichnet**, unabhängig vom zugeordneten Chiralitätssinn, d.h. immer '[*R*-(*R**,...)]-' oder '[*S*-(*R**,...)]-'; das zweite Zentrum wird dann mit '*R**' oder '*S**' spezifiziert, je nachdem, ob es den gleichen bzw. verschiedenen Chiralitätssinn wie das Referenzzentrum hat (vgl. dazu **(c)**).

Relative Konfiguration:

Stereodeskriptor

'(*R,*R**)-'** **'(*R**,*S**)-'**	vgl. absolute Konfiguration

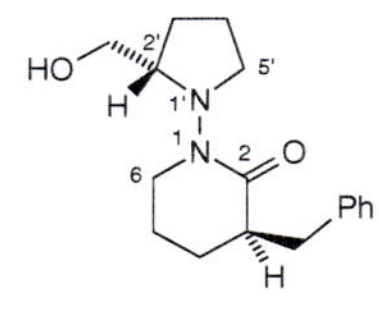

109

"(3*R*)-1-[(2*S*)-2-(Hydroxymethyl)pyrrolidin-1-yl]-3-(phenylmethyl)piperidin-2-on" (**109**)
- CA: '2-piperidinone, 1-[(2*S*)-2-..., (3*R*)-'
- nach ***(b)***
- relativer Deskriptor: "*rel*-(3*S*)-1-[(**2*R***)-2-..." nach ***(c)***; in CA: '2-piperidinone, 1-[(**2*R***)-2-..., (3*S*)-*rel*-'; "(**2*R***)" des Präfixes ist bestimmend
- **CA bis 1999**: '[*S*-(*R**,*S**)]-' bzw. '(*R**,*S**)-'; C(2´) trägt den Liganden mit höchster CIP-Priorität, d.h. N(1´), und ist deshalb das Referenzzentrum; nach ***(d´)***

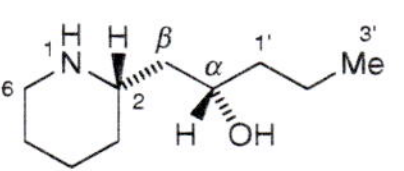

110

"(α*S*,2*S*)-α-Propylpiperidin-2-ethanol" (**110**)
- nach ***(b)***
- relativer Deskriptor: "*rel*-(α*R*,2*R*)-" nach ***(c)***
- **CA bis 1999**: '[*S*-(*R**,*R**)]-' bzw. '(*R**,*R**)-'; C(α) trägt den Liganden mit höchster Priorität, d.h. OH, und ist deshalb das Referenzzentrum; nach ***(d´)***

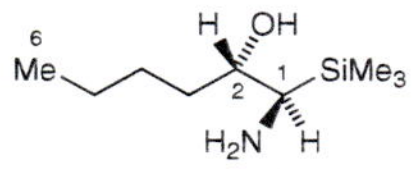

111

"(1*R*,2*S*)-1-Amino-1-(trimethylsilyl)-hexan-2-ol" (**111**)
- nach ***(b)***
- relativer Deskriptor: "*rel*-(1*R*,2*S*)-" nach ***(c)***
- **CA bis 1999**: '[*R*-(*R**,*S**)]-' bzw. '(*R**,*S**)-'; C(1) trägt den Liganden mit höchster CIP-Priorität, d.h. Si, und ist deshalb das Referenzzentrum; nach ***(d´)***

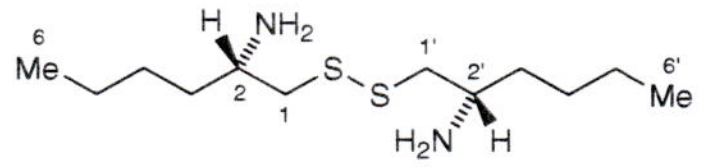

112

"(2*S*,2´*S*)-1,1´-Dithiobis[hexan-2-amin]" (**112**)
- nach ***(b)***
- relativer Deskriptor: "*rel*-(2*R*,2´*R*)-" nach ***(c)***
- **CA bis 1999**: '[*S*-(*R**,*R**)]-' bzw. '(*R**,*R**)-'; nach ***(d´)***

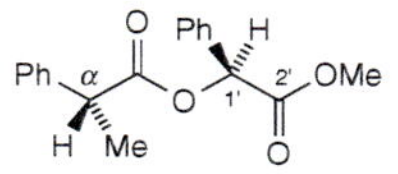

113

"(α*R*)-α-Methylbenzolessigsäure-[(1*S*)-2-methoxy-2-oxo-1-phenylethyl]-ester"/"[(1*S*)-2-Methoxy-2-oxo-1-phenylethyl]-[(α*R*)-α-methylbenzolacetat]" (**113**)
- nach ***(b)***
- relativer Deskriptor: "*rel*-(α*S*)-α-Methylbenzolsäure-[(**1*R***)-2-methoxy-2-oxo-1-phenylethyl]-ester"/"*rel*-[(**1*R***)-2-Methoxy-2-oxo-1-phenylethyl]-[(α*S*)-α-methylbenzolacetat]"; CA: 'benzeneacetic acid, α-methyl-, (**1*R***)-2-methoxy-2-oxo-1-phenylethyl ester, (α*S*)-*rel*-'; "(**1*R***)" der Alkohol-Komponente ist bestimmend
- **CA bis 1999**: '[*S*-(*R**,*S**)]-' bzw. '(*R**,*S**)-'; C(1´) trägt den Liganden mit höchster Priorität, d.h. O, und ist deshalb das Referenzzentrum; nach ***(d´)***

CA bis 1999:

(e´) **Drei oder mehr stereogene Einheiten**
- **in acyclischen Strukturen,**
- **in cyclischen Strukturen**, die nicht nach ***(b´)*** (*exo/endo, syn/anti*) oder ***(c´)*** (α/β) bezeichnet werden können, z.B. **Neunringe und grössere Ringe**:

Absolute Konfiguration:

Stereodeskriptor

'[*xR*-(*xR,*yS**,*zR**...)]-'** **'[*xS*-(*xR**,*yS**,*zR**...)]-'** *etc.*	Anordnung nach steigenden Lokanten *x*, *y*, *z*...

- nur der Chiralitätssinn des Referenzzentrums wird angegeben;
- **Referenzzentrum *x* = stereogenes Zentrum mit möglichst tiefem Lokanten;**
- **in den runden Klammern** wird zuerst das **Referenzzentrum** mit Lokant *x* **repetiert und mit *R** bezeichnet**, unabhängig vom zugeordneten Chiralitätssinn, d.h. immer '[*xR*-(*xR**,...)]-' oder '[*xS*-(*xR**,...)]-'; die übrigen Zentren *y*, *z*, ... werden dann mit '*R**' oder '*S**' spezifiziert, je nachdem, ob sie den gleichen oder verschiedenen Chiralitätssinn wie das Referenzzentrum haben (vgl. dazu **(c)**).

Relative Konfiguration:

Stereodeskriptor

'(*xR,*yS**,*zR**...)-'** *etc.*	vgl. absolute Konfiguration

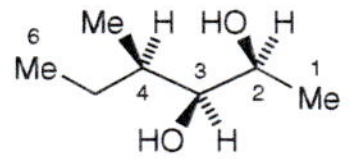

114

"(2*S*,3*S*,4*R*)-4-Methylhexan-2,3-diol" (**114**)
- nach ***(b)***
- relativer Deskriptor: "*rel*-(2*R*,3*R*,4*S*)-" nach ***(c)***
- **CA bis 1999**: '[2*S*-(2*R**,3*R**,4*S**)]-' bzw. '(2*R**,3*R**,4*S**)-' nach ***(e´)***

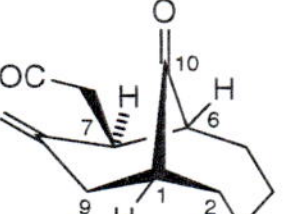

115

"(1*R*,6*S*,7*S*)-8-Methylen-10-oxobicyclo[4.3.1]decan-7-essigsäure" (**115**)
- nach ***(b)***
- relativer Deskriptor: "*rel*-(1*R*,6*S*,7*S*)-" nach ***(c)***
- **CA bis 1999**: '[1*R*-(1*R**,6*S**,7*S**)]-' bzw. '(1*R**,6*S**,7*S**)-' nach ***(e´)***; s. ***(b´)***: *exo/endo* nicht möglich, da *X* + *Y* = 7

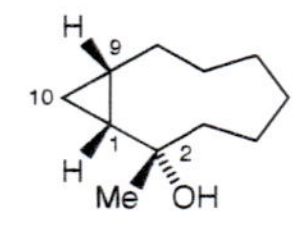

116

"(1*R*,2*S*,9*S*)-2-Methylbicyclo[7.1.0]-decan-2-ol" (**116**)
- nach ***(b)***
- relativer Deskriptor: "*rel*-(1*R*,2*S*,9*S*)-" nach ***(c)***
- **CA bis 1999**: '[1*R*-(1*R**,2*S**,9*S**)]-' bzw. '(1*R**,2*S**,9*S**)-' nach ***(e´)***; s. ***(c´)***: α/β nicht möglich, da Neunring

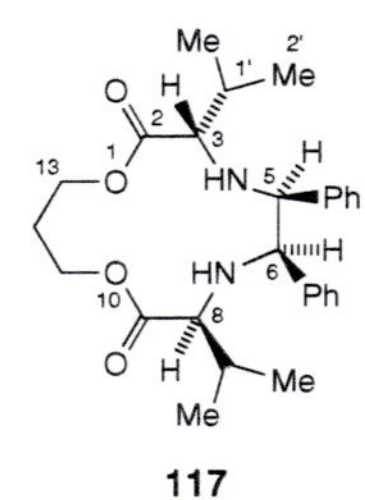

117

"(3*S*,5*S*,6*R*,8*S*)-3,8-Bis(1-methylethyl)-5,6-diphenyl-1,10-dioxa-4,7-diaza-cyclotridecan-2,9-dion" (**117**)
- nach ***(b)***
- relativer Deskriptor: "*rel*-(3*R*,5*R*,6*S*,8*R*)-" nach ***(c)***
- **CA bis 1999**: '[3*S*-(3*R**,5*R**,6*S**,8*R**)]-' bzw. '(3*R**,5*R**,6*S**,8*R**)-' nach ***(e´)***; s. ***(c´)***: α/β nicht möglich, da Dreizehnring

118

"*rel*-(13a*R*,15*S*,17a*R*)-15-(1,1-Dimethylethyl)tetradecahydro-1,4,7,10,13-benzopentaoxacyclopentadecin" (**118**)
- nach ***(c)***
- **CA bis 1999**: '(13a*R**,15*S**,17a*R**)-' nach ***(e´)***; s. ***(c´)***: α/β nicht möglich, da Fünfzehnring

---

CA bis 1999:

(f´) **Stereogene Doppelbindungen**:

Referenzebene

D

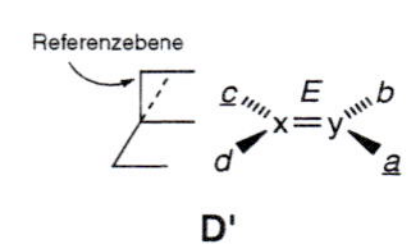

Referenzebene

D'

Definition:

Z*/*E bedeutet, dass **die CIP-bevorzugten Liganden** ***a*** (an y) und ***c*** (an x) **auf der gleichen/gegenüberliegenden Seite** (s. **D** bzw. **D´**) der Referenzebene liegen, die senkrecht zur Doppelbindung steht (vgl. **20** bzw. **20´**).

Bezeichnungen:

Stereodeskriptor

'**(*E*)**-'
'**(*Z*)**-'
'**(*E*,*Z*)**-'
'**(*Z*,*E*)**-'
'**(*E*,*Z*,*E*)**-'
'**(*xE*,*yZ*,*zE*)**-'
'**(*all*-*E*)**-'
etc.

- **Anordnung der Deskriptoren '*E*' und '*Z*' in der Reihenfolge der Priorität der Doppelbindungen**, wenn nur Doppelbindungen spezifiziert werden müssen oder wenn zusätzlich nur die Deskriptoren '*R*'/'*S*' oder '*R**'/'*S**' ohne Lokanten (s. ***(j)*** und ***(d´)***) vorhanden sind; **die ranghöchste Doppelbindung trägt den Liganden mit höchster CIP-Priorität**;
- **Lokanten** *x, y, z*... sind nötig, **wenn** die **Prioritätenreihenfolge** der Doppelbindung im Fall von mehr als zwei Doppelbindungen **nicht eindeutig** ist;
- in Kombination mit den Deskriptoren '*R*'/'*S*' oder '*R**'/'*S**' ohne Lokanten (s. ***(j)*** und ***(d´)***) werden die relativen Deskriptoren '*E*'/'*Z*' durch einen **Bindestrich und runde Klammern** abgetrennt (s. **123** und **130** – **132**); in Kombination mit Deskriptoren, die Lokanten enthalten, werden auch '*E*'/'*Z*' mit Lokanten versehen (s. **133** und **134**);
- '**(*all*-*E*)**-'/'**(*all*-*Z*)**-' wird verwendet, wenn **mehr als drei Doppelbindungen die gleiche Konfiguration** haben.

119

"(2*E*)-Butandisäure" (**119**)
- CA: 'butanedioic acid, (2*E*)-'
- nach ***(b)***
- **CA bis 1999**: '(*E*)-' nach ***(f´)***
- IUPAC: auch "Fumarsäure"

120

"(2*E*,6*Z*)-2,7-Bis{[(phenylmethoxy)carbonyl]amino}octa-2,6-diendisäure" (**120**)
- nach ***(b)***
- Bezugsliganden sind N und C(4) bzw. C(5) und N
- **"*E*" hat Priorität für möglichst tiefen Lokanten**
- **CA bis 1999**: '(*E*,*Z*)-' nach ***(f´)***

121

"(1*Z*)-1-Bromo-1,2-difluoro-2-methoxy-ethen" (**121**)
- nach ***(b)***
- Bezugsliganden sind das Br-Atom an C(1) ($_{35}$Br > $_{9}$F) und das F-Atom an C(2) ($_{9}$F > $_{8}$O)
- **CA bis 1999**: '(*Z*)-' nach ***(f´)***

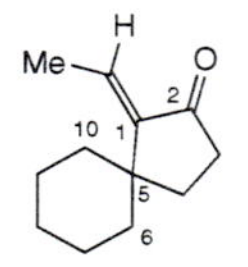

122

"(1*E*)-1-Ethylidenspiro[4.5]decan-2-on" (**122**)
- nach ***(b)***
- **CA bis 1999**: '(*E*)-' nach ***(f´)***

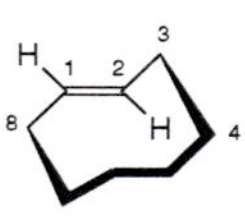

123

"(1*E*,*P*)-Cycloocten" (**123**)
- CA: '(1*E*,1*R*)-'
- nach ***(b)***
- die bevorzugte Helix-Einheit ist C(4)–C(3)–C(2)–C(1)
- relativer Deskriptor: z.B. "(+)-*rel*-(1*E*)-"
- **CA bis 1999**: '[*R*-(*E*)]-'; der relative Deskriptor wird durch eine runde Klammer abgetrennt; nach ***(f´)***

124

"(9*Z*)-3,4,7,8-Tetrahydro-10-phenyl-2*H*,6*H*-1,5-dioxecin" (**124**)
- nach ***(b)***
- **CA bis 1999**: '(*Z*)-' nach ***(f´)***

125

"(1*Z*)-Diphenyldiazen" (**125**)
- nach ***(b)***
- **CA bis 1999**: '(*Z*)-' nach ***(f´)***

126

"(1*E*)-1-(Furan-2-yl)ethanon-oxim" (**126**)
- CA: 'ethanone, 1-(2-furanyl)-, oxime, (1*E*)-'
- nach ***(b)***
- **CA bis 1999**: '(*E*)-' nach ***(f´)***

127

"(2*E*,3*E*)-Butan-1,2-dion-dihydrazon" (**127**)
- nach ***(b)***
- **CA bis 1999**: '(*E*,*E*)-' nach ***(f´)***

128

"(2*Z*,6*E*)-2-Fluoro-3,7,10-trimethylundeca-2,6,9-trienal" (**128**)
- nach ***(b)***
- **CA bis 1999**: '(*Z*,*E*)-'; C(2)=C(3) ist die bevorzugte Doppelbindung (*Z*); nach ***(f´)***

129

"(2*E*,6*E*,10*Z*,14*Z*)-6-Formyl-2,10,14-trimethylhexadeca-2,6,10,14-tetraendisäure" (**129**)
- nach ***(b)***
- **CA bis 1999**: '(*E*,*Z*,*E*,*Z*)-'; C(2)=C(3) (*E*) > C(14)=C(15) (*Z*) > C(6)=C(7) (*E*) > C(10)=C(11) (*Z*); nach ***(f´)***

A.6

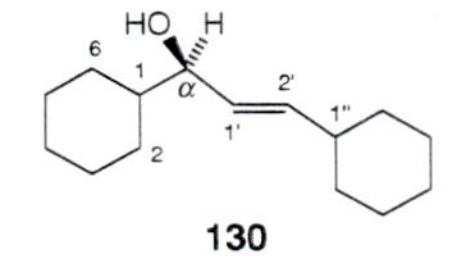

130

"(αR)-α-[(1E)-2-Cyclohexylethenyl]-cyclohexanmethanol" (**130**)

- CA: 'cyclohexanemethanol, α-[(1E)-2-cyclohexyl-ethenyl]-, (αR)-'
- nach ***(b)***
- relativer Deskriptor: z.B. "(+)-*rel*-α-[(1E)-2-..." nach ***(c)*** und ***(e)***: in CA: '..., α-[(1E)-2-cyclo-hexylethenyl]-, *rel*-(+)-'
- **CA bis 1999**: '[R-(E)]-' bzw. z.B. '(E)-(+)-'; der relative Deskriptor 'E' wird durch einen Bindestrich und runde Klammern abgetrennt; nach ***(f')***

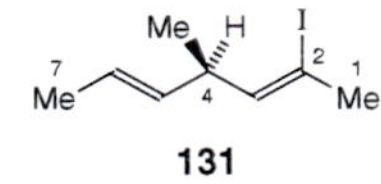

131

"(2Z,4R,5E)-2-Iodo-4-methylhepta-2,5-dien" (**131**)

- nach ***(b)***
- relativer Deskriptor: z.B."(–)-*rel*-(2Z,5E)-" nach ***(c)*** und ***(e)***
- **CA bis 1999**: '[R-(Z,E)]-' bzw. z.B. '(Z,E)-(–)-'; die relativen Deskriptoren 'Z,E' werden durch einen Bindestrich und runde Klammern abgetrennt; nach ***(f')***

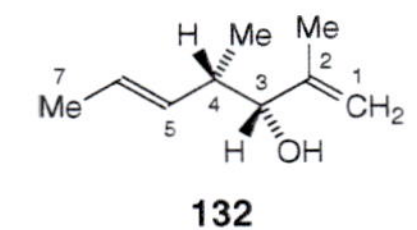

132

"(3R,4S,5E)-2,4-Dimethylhepta-1,5-dien-3-ol" (**132**)

- nach ***(b)***
- relativer Deskriptor: "*rel*-(3R,4S,5E)-" nach ***(c)***
- **CA bis 1999**: '[R-[R*,S*-(E)]]-' bzw. '[R*,S*-(E)]-'; der relative Deskriptor 'E' wird durch einen Bindestrich und runde Klammern abgetrennt; nach ***(f')***

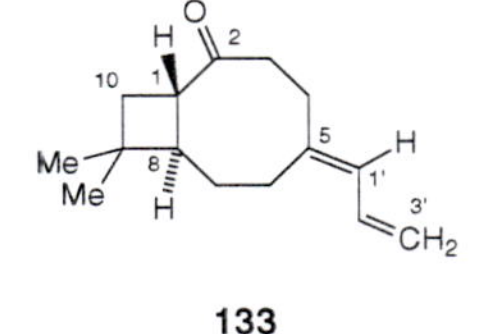

133

"(1S,5E,8R)-9,9-Dimethyl-5-(prop-2-enyliden)bicyclo[6.2.0]decan-2-on" (**133**)

- nach ***(b)***
- relativer Deskriptor: "*rel*-(1R,5E,8S)-" nach ***(c)***
- **CA bis 1999**: '[1S-(1α,5E,8β)]-' bzw. '(1α,5E,8β)-' nach ***(c')(f')***, da drei stereogene Einheiten (nicht nach ***(a')***); sind im relativen Deskriptor Lokanten nötig, dann wird auch der relative Deskriptor 'E' mit einem Lokanten versehen (ohne Klammern)

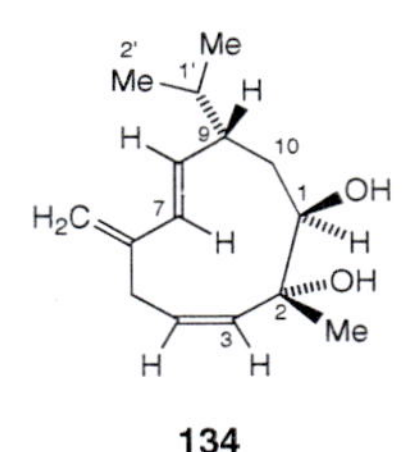

134

"(1R,2R,3Z,7E,9S)-2-Methyl-6-methyl-en-9-(1-methylethyl)cyclodeca-3,7-dien-1,2-diol" (**134**)

- nach ***(b)***
- relativer Deskriptor: "*rel*-(1R,2R,3Z,7E,9S)-" nach ***(c)***
- **CA bis 1999**: '[1R-(1R*,2R*,3Z,7E,9S*)]-' bzw. '(1R*,2R*,3Z,7E,9S*)-' nach ***(e')(f')***; sind im relativen Deskriptor Lokanten nötig, dann werden auch die relativen Deskriptoren 'Z,E' mit einem Lokanten versehen (ohne Klammern)

135

"(2E,4E,6E,8E)-Deca-2,4,6,8-tetraen-1-ol" (**135**)

- nach ***(b)***
- **CA bis 1999**: '(*all*-E)-' nach ***(f')***

CA bis 1999:

(g') **Stereogene Einheiten sowohl in cyclischen als auch in acyclischen Strukturteilen**:

- Es werden die **Regeln *(c')*** (α/β; 2 und mehr stereogene Zentren in cyclischer Struktur), ***(d')*** (R*/S*; 2 stereogene Zentren), ***(e')*** (R*/S*; 3 oder mehr stereogene Einheiten) **und *(f')*** (E/Z) angewandt.
- **Im Fall von *(c')* ist die Ringstruktur die 'Referenzstruktur'** ('parent'), und das dafür zuerst zitierte α-Zentrum ist das Referenzzentrum (wie üblich), dem implizite R* zugeteilt wird (s. 136 – 138, 140 und 141). Auch im Fall von **Strukturen**, die entsprechend ***(e')*** bezeichnet werden, ist offenbar die **Ringstruktur die 'Referenzstruktur'** (s. 139 und 142).
- Die **Deskriptoren von stereogenen Einheiten eines 'externen' Strukturteils** (d.h. eines Teils, der nicht zur 'Referenzstruktur' gehört) **sind 'R*' oder 'S*'**, je nachdem, ob sie den gleichen oder verschiedenen Chiralitätssinn wie das Referenzzentrum der 'Referenzstruktur' haben, **sowie 'E'/'Z'. Diese Deskriptoren erscheinen in Klammern direkt nach dem Deskriptor der stereogenen Einheit der 'Referenzstruktur', an welcher der 'externe' Strukturteil haftet** (s. **136** – **139**), **bzw. nach dem** (wiederholten) **Lokanten** dieser stereogenen Einheit, wenn der 'externe' Strukturteil am nicht CIP-bevorzugten Liganden dieser stereogenen Einheit haftet (s. **140**), bzw. nach dem Lokanten eines nicht-stereogenen Zentrums, an welchem der 'externe' Strukturteil haftet (s. **141** und **142**).

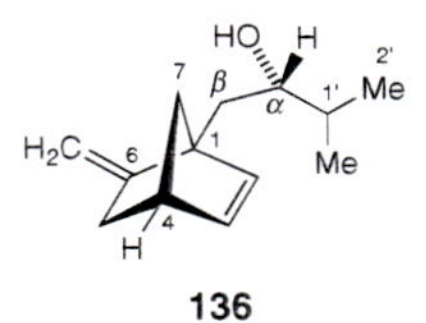

136

"(αS,1R,4R)-6-Methylen-α-(1-methylethyl)bicyclo[2.2.1]hept-2-en-1-ethanol" (**136**)

- nach ***(b)***
- relativer Deskriptor: "*rel*-(αR,1S,4S)-" nach ***(c)***
- **CA bis 1999**: '[1R-[1α(S*),4β]]-' bzw. '[1α(S*),4β)]-' nach ***(c')(g')***; Bezugsligand an C(1) ist C(β)

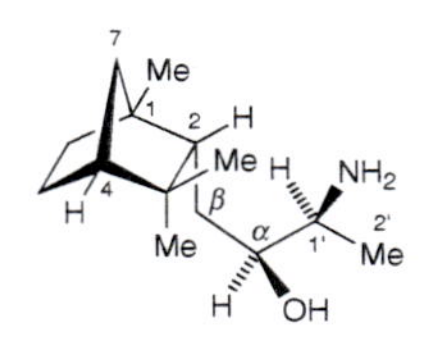

137

"(αS,1S,2S,4R)-α-[(1S)-1-Aminoethyl]-1,3,3-trimethylbicyclo[2.2.1]heptan-2-ethanol" (**137**)

- CA: 'bicyclo[2.2.1]heptane-2-ethanol, α-[(1S)-1-aminoethyl]-1,3,3-trimethyl-, (αS,1S,2S,4R)-'
- nach ***(b)***
- relativer Deskriptor: "*rel*-(αR,1R,2R,4S)-α-[(**1R**)-1..." nach ***(c)***; in CA: '..., α-[(**1R**)-1-aminoethyl]-1,3,3-trimethyl-, (αR,1R,2R,4S)-*rel*-'; "(**1R**)" des Präfixes ist bestimmend
- **CA bis 1999**: '[1S-[1α,2β[R*(R*)],4α]]-' bzw. '[1α,2β-[R*(R*)],4α]-' nach ***(c')(g')***; Bezugsligand an C(1) ist C(7)

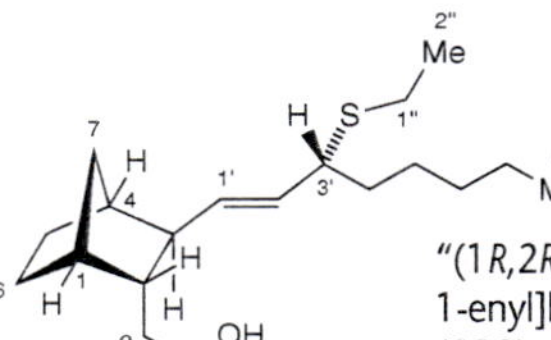

138

"(1R,2R,3S,4S)-3-[(1E,3R)-3-(Ethylthio)oct-1-enyl]bicyclo[2.2.1]heptan-2-ethanol" (**138**)

- nach ***(b)***
- relativer Deskriptor: "*rel*-(1R,2R,3S,4S)-3-[(1E,**3R**)-3..." nach ***(c)***; "(**3R**)" des Präfixes ist bestimmend
- **CA bis 1999**: '[1R-[1α,2β,3α(1E,3R*),4α]]-' bzw. '[1α,2β,3α(1E,3R*),4α]-' nach ***(c')(g')***; Bezugsligand an C(1) ist C(7)

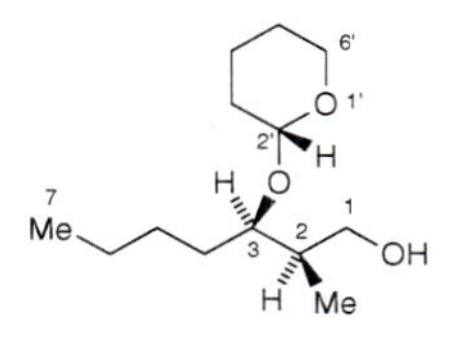

139

"(2R,3R)-2-Methyl-3-{[(2R)-tetrahydro-2H-pyran-2-yl]oxy}heptan-1-ol" (**139**)

- nach ***(b)***
- relativer Deskriptor: "*rel*-(2R,3R)-2-Methyl-3-{[(**2R**)-tetrahydro..." nach ***(c)***; "(**2R**)" des Präfixes ist bestimmend
- **CA bis 1999**: '[2R-[2R*(2R*,3R*)]]-' bzw. '[2R*(2R*,3R*)]-' entsprechend ***(e')(g')***; die 'Referenzstruktur' ist der Ring, das Referenzzentrum ist C(2')

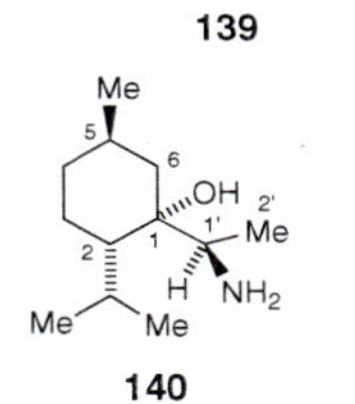

140

"(1S,2S,5R)-1-[(1R)-1-Aminoethyl]-5-methyl-2-(1-methylethyl)cyclohexanol" (**140**)

- CA: 'cyclohexanol, 1-[(1R)-1-aminoethyl]-5-methyl-2-(1-methylethyl)-, (1S,2S,5R)-'
- nach ***(b)***
- relativer Deskriptor: "*rel*-(1S,2S,5R)-1-[(**1R**)-1..." nach ***(c)***; in CA: '..., 1-[(**1R**)-1-aminoethyl]-5-methyl-2-(1-methylethyl)-, (1S,2S,5R)-*rel*-'; "(**1R**)" des Präfixes ist bestimmend
- **CA bis 1999**: '[1S-(1α,1(S*),2α,5β]]-' bzw. '(1α,1(S*),2α,5β)-' nach ***(c')(g')***; das 'externe' stereogene Zentrum haftet am nicht CIP-bevorzugten Liganden von C(1), d.h. nicht '[1S-[1α(S*),...]]-'

141

"(βR,1R,5S)-β-Hydroxy-6,6-dimethyl-α-methylenbicyclo[3.1.1]hept-2-en-2-propannitril" (**141**)

- nach ***(b)***
- relativer Deskriptor: "*rel*-(βR,1R,5S)-" nach ***(c)***
- **CA bis 1999**: '[1R-[1α,2(R*),5α]]-' bzw. '[1α,2(R*),5α]-' nach ***(c')(g')***; der Bezugssubstituent an C(1) und C(5) ist C(7); das 'externe' stereogene Zentrum gehört zu einem Substituenten, der an einem nicht-stereogenen Zentrum haftet, weshalb nur der Lokant '2' der Verknüpfungsstelle zitiert wird

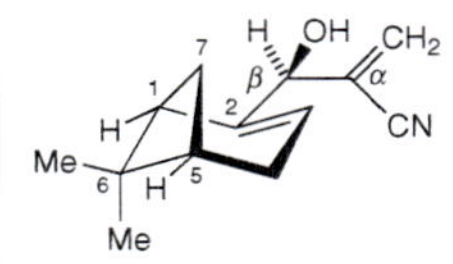

142

"(αR,3S)-2,3,6,7-Tetrahydro-α-methyl-5-[(1R)-1-methyl-2-(phenylmethoxy)ethyl]-2-oxo-3-(phenylmethyl)-1H-azepin-1-acetamid" (**142**)

- nach ***(b)***
- relativer Deskriptor: "*rel*-(αR,3S)-2,3,6,7-Tetrahydro-α-methyl-5-[(**1R**)-1-..." nach ***(c)***: "(**1R**)" des Präfixes ist bestimmend
- **CA bis 1999**: '[3S-[1(S*),3R*,5(S*)]]-' bzw. '[1(S*),3R*,5(S*)]-' entsprechend ***(e')(g')***; die 'Referenzstruktur' ist der Ring, das Referenzzentrum ist C(3); die 'externen' stereogenen Zentren gehören zu Substituenten, die an nicht-stereogenen Zentren haften, weshalb nur die Lokanten '1' bzw. '5' zitiert werden

A.6

CA bis 1999:

(h') **Stereogene Einheiten in zwei verschiedenen Ringstrukturen** (oder in zwei Komponenten einer Spirostruktur):

- Es werden die **Regeln** ***(c')*** (*α*/*β*; 2 und mehr stereogene Zentren in cyclischer Struktur), ***(d')*** (*R**/*S**; 2 stereogene Zentren), ***(e')*** (*R**/*S**; 3 oder mehr stereogene Einheiten) **und** ***(f')*** (*E*/*Z*) angewandt, nach Wahl der 'Referenzstruktur' (s. unten). **Zusätzliche stereogene Einheiten** werden **nach** ***(g')*** bezeichnet.
- Die 'Referenzstruktur' ('parent') ist mit abnehmender Priorität:
  - die Ringstruktur (oder Komponente) mit den meisten stereogenen Zentren (s. **143** und **145**),
  - die nach *Kap. 3.3* bevorzugte Ringstruktur (= Gerüst-Stammstruktur) (s. **144** und **146**),
  - die Struktur mit dem tieferen Deskriptorensatz (s. **147**),
  - die Struktur, welche den Liganden mit höchster CIP-Priorität trägt.

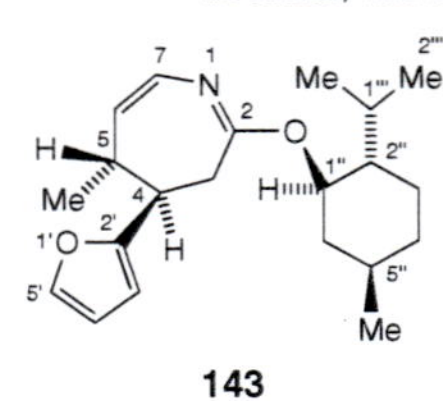

143

"(4*R*,5*R*)-4-(Furan-2-yl)-4,5-dihydro-5-methyl-2-{[(1*R*,2*S*,5*R*)-5-methyl-2-(1-methylethyl)cyclohexyl]oxy}-3*H*-azepin" (**143**)

- nach ***(b)***
- relativer Deskriptor: "*rel*-(4*R*,5*R*)-4-(Furan-2-yl)-...2-{[(**1***R*,2*S*,5*R*)-5-..." nach ***(c)***; "(**1***R*)" des Präfixes ist bestimmend
- **CA bis 1999**: '[1*R*-[1*α*(4*R**,5*R**),2*β*,5*α*]]-' bzw. '[1*α*(4*R**,5*R**),2*β*,5*α*]-' nach ***(c')(h')***; 3 stereogene Zentren im Cyclohexan-Ring > 2 stereogene Zentren im Azepin-Ring, das Referenzzentrum ist C(1'')

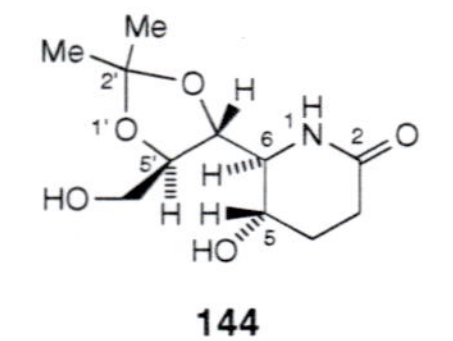

144

"(5*S*,6*S*)-5-Hydroxy-6-[(4*R*,5*R*)-5-(hydroxymethyl)-2,2-dimethyl-1,3-dioxolan-4-yl]piperidin-2-on" (**144**)

- CA: '2-piperidinone, 5-hydroxy-6-[(4*R*,5*R*)-5-(hydroxymethyl)-2,2-dimethyl-1,3-dioxolan-4-yl]-, (5*S*,6*S*)-'
- nach ***(b)***
- relativer Deskriptor: "*rel*-(5*S*,6*S*)-5-Hydroxy-6-[(**4***R*,5*R*)-5..." nach ***(c)***; in CA: '..., 5-hydroxy-6-[(**4***R*,5*R*)-5-..., (5*S*,6*S*)-*rel*-; "(**4***R*)" des Präfixes ist bestimmend
- **CA bis 1999**: '[5*S*-[5*α*,6*β*(4*R**,5*R**)]]-' bzw. '[5*α*,6*β*(4*R**,5*R**)]-' nach ***(c')(h')***; N-haltiger Heterocyclus > O-haltiger Heterocyclus (s. *Kap. 3.3*), das Referenzzentrum ist C(5)

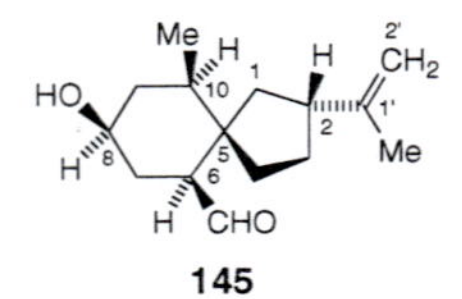

145

"(2*R*,5*S*,6*S*,8*S*,10*R*)-8-Hydroxy-10-methyl-2-(1-methylethenyl)spiro-[4.5]decan-6-carboxaldehyd" (**145**)

- nach ***(b)***
- relativer Deskriptor: "*rel*-(2*R*,5*S*,6*S*,8*S*,10*R*)-" nach ***(c)***
- **CA bis 1999**: '[5*S*-[5*α*(*S**),6*β*,8*β*,10*β*]]-' bzw. '[5*α*(*S**),6*β*,8*β*,10*β*]-' nach ***(c')(h')***; 4 stereogene Zentren in Sechsring-Komponente > 2 stereogene Zentren in Fünfring-Komponente, das Referenzzentrum ist C(5)

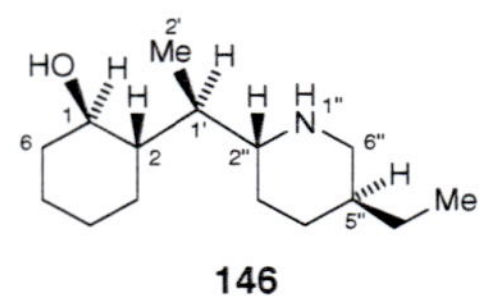

146

"(1*R*,2*S*)-2-{(1*R*)-1-[(2*R*,5*S*)-5-Ethylpiperidin-2-yl]ethyl}cyclohexanol" (**146**)

- nach ***(b)***
- relativer Deskriptor: "*rel*-(1*R*,2*S*)-2-{(**1***R*)-1-[(2*R*,5*S*)-5..." nach ***(c)***; "(**1***R*)" des Präfixes ist bestimmend
- **CA bis 1999**: '[2*R*-[2*α*[*R**(1*R**,2*S**)],5*β*]]-' bzw. '[2*α*[*R**(1*R**,2*S**)],5*β*]-' nach ***(c')(h')***; Heterocyclus > Carbocyclus (s. *Kap. 3.3*), Referenzzentrum ist C(2'')

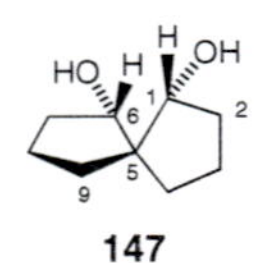

147

"(1*R*,5*S*,6*S*)-Spiro[4.4]nonan-1,6-diol" (**147**)

- nach ***(b)***; C(5) ist ein Chiralitätszentrum mit topographisch verschiedenen Liganden (s. *A.6.2(d₃)*)
- relativer Deskriptor: "*rel*-(1*R*,5*S*,6*S*)-" nach ***(c)***
- **CA bis 1999**: '[1*R*-[1*α*,5*α*(*S**)]]-' bzw. '[1*α*,5*α*(*S**)]-' nach ***(c')(h')***; Referenzzentrum ist C(1)

CA bis 1999:

(i') Wenn **achirale Zentren eines Ringes mit relativen Stereodeskriptoren aus** ***(a')*** (*cis*/*trans*), ***(b')*** (*exo*/*endo*, *syn*/*anti*) oder ***(c')*** (*α*/*β*) beschrieben werden können, dann kann jede beliebige **chirale Einheit ausserhalb des Ringes** nach ***(a')*** - ***(h')*** spezifiziert werden.

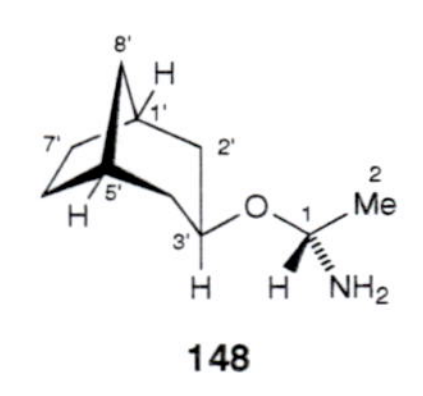

148

"(1*R*)-1-[(3-*exo*)-Bicyclo[3.2.1]oct-3-yloxy]ethanamin" (**148**)

- nach ***(b)*** und ***(g)***
- relativer Deskriptor: z.B. "(+)-*rel*-1-[(3-*exo*)-..." nach ***(c)*** und ***(e)***
- **CA bis 1999**: '[3(*R*)-*exo*]-' bzw. z.B. '*exo*-(+)-'; die 'Referenzstruktur' ist der Bicyclus (vgl. ***(g')*** und ***(h')***) mit dem relativen Deskriptor '[...*exo*]-' nach ***(c')(i')***; das 'externe' Chiralitätszentrum haftet an C(3) (= C(3')) der 'Referenzstruktur' (vgl. dazu ***(g')***)

CA bis 1999:

(j') Ist die **Konfiguration** eines Stereoisomeren **nur teilweise spezifizierbar**, dann wird der Stereodeskriptor so weit wie möglich nach ***(a')*** - ***(i')*** hergeleitet, wobei bei unvollständigem Deskriptor der 'Referenzstruktur' (s. ***(g')(h')***) immer '*rel*-(*xR*,*yS*...)-' (entsprechend '*R**'/'*S**' nach ***(e')***; nicht '*α*'/'*β*') verwendet wird. Der Deskriptor wird in allen Fällen durch ein **nachgestelltes '-[*partial*]-'** ergänzt; das '-[*partial*]-' wird weggelassen, wenn nur die Konfiguration einer oder mehrerer stereogener Doppelbindungen unbekannt ist.

149

"(1*S*,2*S*,3*S*,4*S*)-4-[(1*E*)-3-Hydroxybut-1-enyl]-3,5,5-trimethylcyclohexan-1,2-diol" (**149**)

- nach ***(b)*** und ***(d)***
- relativer Deskriptor: "*rel*-(1*R*,2*R*,3*R*,4*R*)-4-[(1*E*)-3..." nach ***(c)***
- **CA bis 1999**: '[1*S*-[1*α*,2*β*,3*β*,4*α*(1*E*)]]-[*partial*]-' bzw. '[1*α*,2*β*,3*β*,4*α*(1*E*)]-[*partial*]-'; der Deskriptor der 'Referenzstruktur' (Ring) ist vollständig bekannt, d.h. ***(c')*** ist erlaubt; die Konfiguration von C(3') am 'externen' Strukturteil ist unbekannt, d.h. '-[*partial*]-' nach ***(j')***

CA bis 1999:

(k') Kann **nach** ***(a')*** - ***(j')*** **kein Stereodeskriptor** hergeleitet werden, **dann** wird dem Namen des Stereoisomeren die **modifizierende Angabe 'stereoisomer'** beigegeben.

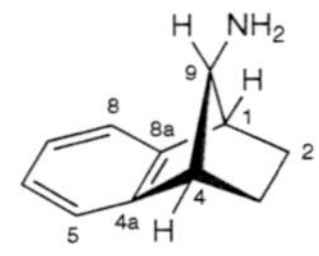

150

"1,2,3,4-Tetrahydro-1,4-methanonaphthalin-9-amin-Stereoisomer" (**150**)

- CA: '1,4-methanonaphthalene, 1,2,3,4-tetrahydro-, stereoisomer'
- nach ***(b)***; "*syn*"/"*anti*" nach ***(g)*** für das achiral stereogene ('pseudoasymmetrische') C(9) ist nicht möglich, da kein Bicyclus
- **CA bis 1999**: '*syn*'/'*anti*' nach ***(b')*** ist nicht möglich, da kein Bicyclus; '*R**'/'*S**' nach ***(e')*** ist nicht möglich wegen der Symmetrie des Stereoisomeren; nach ***(k')***

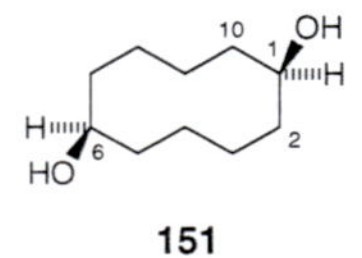

151

"Cyclodecan-1,6-diol-Stereoisomer" (**151**)

- CA: '1,6-cyclodecanediol stereoisomer'
- nach ***(b)***; "*α*"/"*β*" nach ***(l)*** für die achiral stereogenen ('pseudoasymmetrischen') Zentren C(1) und C(6) ist nicht möglich wegen der Ringgrösse
- **CA bis 1999**: '*cis*'/'*trans*' oder '*α*'/'*β*' nach ***(a')*** bzw. ***(c')*** ist nicht möglich wegen der Ringgrösse; '*R**'/'*S**' nach ***(e')*** ist nicht möglich wegen der Symmetrie des Stereoisomeren; nach ***(k')***

A.6

CA ¶ 203
IUPAC 'Red Book' (I-10.5, I-10.6.3 und I-10.7)

A.6.4. KONFIGURATION VON ORGANOMETALL- UND KOORDINATIONSVERBINDUNGEN[12])

Im folgenden werden erläutert:

(a) Definition des Stereodeskriptors einer einkernigen Organometall- oder Koordinationsverbindung:

(a_1) Polyeder-Symbol;

(a_2) Koordinationszahl und Zuordnung der Prioritätszahlen,

(a_3) Chiralitätssymbole "*R*"/"*S*", "Λ"/"Δ" und "*A*"/"*C*",

(a_4) Ligand-Segment;

(b) Umwandlungskonventionen für nicht-quadriligante Strukturteile in den Liganden des Zentralatoms;

---

[12]) Für eine ausführliche Beschreibung der Herleitung von Stereodeskriptoren in der anorganischen Chemie, s. T.E. Sloan, 'Topics in Inorganic and Organometallic Stereochemistry', Ed. G. Geoffroy, Vol. 12 von 'Topics in Stereochemistry', Ed. E.L. Eliel und N.L. Allinger, John Wiley & Sons, 1981, S. 1.

(c) Bestimmung der Konfigurationszahl und des Chiralitätssymbols:
- ***(c_1)*** tetraedrisches Koordinationspolyeder (*T*-4),
- ***(c_2)*** quadratisch-planares Koordinationspolyeder (*SP*-4),
- ***(c_3)*** trigonal-bipyramidales Koordinationspolyeder (*TB*-5),
- ***(c_4)*** quadratisch-pyramidales Koordinationspolyeder (*SP*-5),
- ***(c_5)*** oktaedrisches Koordinationspolyeder (*OC*-6),
- ***(c_6)*** trigonal-prismatisches Koordinationspolyeder (*TP*-6),
- ***(c_7)*** Koordinationspolyeder mit der Koordinationszahl 7, 8 oder 9;

(d) Stereodeskriptor einer einkernigen Koordinationsverbindung mit π-Ligand(en) (hapto-Liganden);

(e) Stereodeskriptor von Metallocenen;

(f) Stereodeskriptor von mehrkernigen Koordinationsverbindungen.

Kap. 6.34**(a)** - **(e)**(**g**)

(a) Der **Stereodeskriptor einer einkernigen Organometall- oder Koordinationsverbindung** mit einer Koordinationszahl ≥ 4 setzt sich zusammen aus

Polyeder-Symbol + Konfigurationszahl + Chiralitätssymbol (+ Ligand-Segment)

Das Polyeder-Symbol, die Konfigurationszahl und das Chiralitätssymbol müssen in dieser Reihenfolge bestimmt werden. **Der Stereodeskriptor steht vor dem gesamten Namen der Verbindung** (CA: modifizierende Angabe), **ausser dem Ligand-Segment, das in den entsprechenden Ligand-Namen angeführt wird.**

Ausnahmen:

Kap. 6.34(**d_1**)

Kap. 6.29

A.6.2 und A.6.3

Nach *Kap. 6.34(**d_1**)* benannte ladungsneutrale **organische Derivate von "German"** (Ge), **"Zinn"** (Sn) und **"Blei"** (Pb) **mit ihren Standard-Valenzen** (Ge^{IV}, Sn^{IV} und Pb^{IV}; s. auch *Kap. 6.29*) werden als quadriligante tetraedrische stereogene Einheiten behandelt und bekommen Stereodeskriptoren nach *A.6.2* und *A.6.3* (s. **174**).

Das Polyeder-Symbol und die Konfigurationszahl sind auch im *Kap. 6.34(**i**)* kurz für tetraedrische (*T*-4), quadratisch-planare (*SP*-4), trigonal-bipyramidale (*TB*-5), quadratisch-pyramidale (*SP*-5) und oktaedrische (*OC*-6) Koordinationspolyeder beschrieben.

Tab. A3

(a_1) Das ***Polyeder-Symbol*** ('symmetry-site term') **bezeichnet die geometrische Anordnung der Gesamtheit der koordinierenden Atome um das Zentralatom** und besteht aus einer **Abkürzung für das entsprechende Polyeder und** aus der **Koordinationszahl** (s. *Tab. A3*).

Tab. A3. Polyeder-Symbole[13])

Geometrie des Koordinations-polyeders	Koordina-tionszahl	Polyeder-Symbol
tetraedrisch	4	***T*-4**
quadratisch-planar	4	***SP*-4**
trigonal-bipyramidal	5	***TB*-5 (IUPAC:** *TBPY*-5)
quadratisch-pyramidal	5	***SP*-5 (IUPAC:** *SPY*-5)
oktaedrisch	6	***OC*-6**
trigonal-prismatisch	6	***TP*-6 (IUPAC:** *TPR*-6)
pentagonal-bipyramidal	7	***PB*-7 (IUPAC:** *PBPY*-7)
oktaedrisch, eine Fläche überdacht ('face monocapped')	7	***OCF*-7**
trigonal-prismatisch, eine Rechteckfläche überdacht ('square face monocapped')	7	***TPS*-7 (IUPAC:** *TPRS*-7)
kubisch	8	***CU*-8**
quadratisch-antiprismatisch	8	***SA*-8 (IUPAC:** *SAPR*-8)
dodekaedrisch	8	***DD*-8**
hexagonal-bipyramidal	8	***HB*-8 (IUPAC:** *HBPY*-8)
oktaedrisch, zwei *trans*-angeordnete Flächen überdacht ('*trans*-bicapped')	8	***OCT*-8**
trigonal-prismatisch, beide Dreiecksflächen überdacht ('triangular face bicapped')	8	***TPT*-8 (IUPAC:** *TPRT*-8)
trigonal-prismatisch, zwei Rechtecksflächen überdacht ('square face bicapped')	8	***TPS*-8 (IUPAC:** *TPRS*-8)
trigonal-prismatisch, alle Rechtecksflächen überdacht ('square face tricapped')	9	***TPS*-9 (IUPAC:** *TPRS*-9)
heptagonal-bipyramidal	9	***HB*-9 (IUPAC:** *HBPY*-9)

(a_2) ***Die Konfigurationszahl*** ('configuration number', 'configuration index') **ist eine** ein- bis neunstellige **Zahl aus den Prioritätszahlen der Liganden** und steht im Stereodeskriptor nach dem Polyeder-Symbol. **Die Konfigurationszahl beschreibt die Positionen der einzelnen koordinierenden Liganden an den Ecken des Koordinationspolyeders und erlaubt die Unterscheidung von Diastereomeren.**

Bestimmung der Prioritätszahlen:

A.6.2(**d**)

Zur Bestimmung der Konfigurationszahl und vieler Chiralitätssymbole (s. ***(c)***) muss man die **Liganden** des Zentralatoms **gemäss den Sequenzregeln des CIP-Systems** mit Hilfe des hierarchischen Digraphen **22** (s. *A.6.2(**d**)*) **in eine Prioritätenreihenfolge einordnen**, d.h. jeder Ligand wird ausgehend vom Zentralatom auf einem Weg nach 'aussen' untersucht. Dabei entsprechen den CIP-Prioritätsbuchstaben *a* > *b* > *c* > *d*... die CIP-Prioritätszahlen ① > ② > ③ > ④..., d.h. ① = **Ligand *a* höchster Priorität**, ② = Ligand *b* zweithöchster Priorität *etc.* **Liganden gleicher Priorität bekommen die gleiche Prioritätszahl** (s. unten).

z.B.

[M*abcd*]	[Ma_2b_2]	[M$a_2b_2c_2$]
a > *b* > *c* > *d*	*a* = *a* > *b* = *b*	*a* = *a* > *b* = *b* > *c* = *c*
① > ② > ③ > ④	① = ① > ② = ②	① = ① > ② = ② > ③ = ③

M = Zentralatom

a, *b*, *c*, *d* = Liganden abnehmender Priorität gemäss dem CIP-System

Unterscheidung von Liganden mit gleicher Prioritätszahl für die Koordinationszahlen 4, 5 und 6 (für mehrzähnige Liganden, s. auch unten):

Haben in einer Organometall- oder Koordinationsverbindung (chiral oder achiral) **mehrere Liganden die gleiche CIP-Prioritätszahl, dann hat von diesen der Ligand den Vorrang, der in '*trans*'-Stellung** (diagonal gegenüberliegend auf einer Polyederachse) **zum Liganden mit einer möglichst hohen Prioritätszahl** (d.h. mit möglichst tiefer Priorität) **liegt**. Diese Konvention heisst ***trans-Maximaldifferenz der Prioritätszahlen*** ('*trans* maximum difference of priority numbers'). So hat z.B. im oktaedrischen [M$a_2b_2c_2$] der Ligand *a* (①) diagonal gegenüberliegend Ligand *c* (③) die höchste Priorität, wenn eine Wahl besteht zu Ligand a (①) diagonal gegenüberliegend Ligand *b* (②) (s. z.B. **177**, **198**, **202** und **207** – **209**). Für zwei Liganden, die sich nur im Chiralitätssinn unterscheiden, gilt **(*R*)-Ligand > (*S*)-Ligand.**

Prioritätszahlen mehrzähniger Liganden:

A.6.2

Mehrzähnige Liganden werden **wie einzähnige Liganden unter Berücksichtigung der Umwandlungskonventionen nach *(b)*** (Chelat-Ringe!) nach dem CIP-System in die Prioritätenreihenfolge eingeordnet. Sind **zwei oder mehr gleiche zwei- oder dreizähnige Liganden** vorhanden, dann wird die **Strich-Konvention** verwendet. Sie gilt (nach CA) **nur für oktaedrische Koordinationspolyeder** (*OC*-6) **mit zwei gleichen *dreizähnigen* Liganden** (s. ***(c_5)***), **für trigonal-prismatische Koordinationspolyeder** (*TP*-6) **mit zwei oder mehr gleichen mehrzähnigen Liganden** (s. ***(c_6)***) und für alle Koordinationspolyeder mit der Koordinationszahl 7, 8 oder 9 (s. ***(c_7)***): **Mehrere gleiche mehrzähnige Liganden werden durch Zuordnung von gestrichenen Prioritätszahlen für CIP-äquivalente koordinierende Ligand-Atome unterschieden. In symmetrischen vierzähnigen, fünfzähnigen**

[13]) Abbildungen dieser Koordinationspolyeder sind in CA ¶ 203 oder in IUPACs 'Red Book' (IUPAC I-10.5.2, Table I-10.7) zu finden.

oder sechszähnigen Liganden (z.B. symmetrische Makrocyclen) werden CIP-äquivalente koordinierende Ligand-Atome unterschieden durch **Zuordnung von gestrichenen Prioritätszahlen in einer Hälfte des Liganden**; dadurch wird der mehrzähnige Ligand zu "gleichen" zwei- oder dreizähnigen Liganden reduziert. **Eine ungestrichene Prioritätszahl hat vor einer äquivalenten gestrichenen Prioritätszahl Vorrang** (z.B. ① > ①´, ② > ②´ *etc.*), nicht aber vor einer nicht-äquivalenten gestrichenen Prioritätszahl (z.B. ②´ > ③). Wenn nötig wird auch hier die Konvention der ***trans*-Maximaldifferenz der Prioritätszahlen** beigezogen (s. oben) (s. **203** - **206**).

Beachte:

Für **oktaedrische Koordinationspolyeder** (*OC*-6) **mit zwei oder drei gleichen zweizähnigen Liganden** (s. ***(c$_5$)***) sind gestrichene Prioritätszahlen nicht nötig (das Chiralitätssymbol wird mittels der Konvention der windschiefen Geraden bestimmt, s. ***(a$_3$)***) (s. **207** - **209**).

Kap. 6.34

Beispiele in *(c)* sowie in *Kap. 6.34* (dort **230** - **233**, **235** - **237**, **249**, **251**, **254**, **255**, **265**, **268**, **269**, **275**, **278** und **279**).

(a$_3$) **Das *Chiralitätssymbol*** hängt von der Geometrie des Koordinationspolyeders ab und **spezifiziert die absolute Konfiguration eines stereogenen Zentralatoms** (Koordinationszahl ≥ 4). Es kann erst nach der Bestimmung des Polyeder-Symbols und der Konfigurationszahl ermittelt werden und steht im Stereodeskriptor nach diesen beiden Angaben. **Das Chiralitätssymbol erlaubt die Unterscheidung von zwei Enantiomeren.**

Chiralitätssymbol:

A.6.2

- ***"R"/"S"*** **für ein tetraedrisches Koordinationspolyeder** (*T*-4), nach dem CIP-System (s. *A.6.2*), z.B. für (*T*-4)-[M*abcd*];
- **"Δ"/"Λ"** **für ein oktaedrisches Koordinationspolyeder** (*OC*-6) **mit zwei *cis*-ständigen zweizähnigen** (und zwei *cis*-ständigen einzähnigen) **Liganden**, z.B. für (*OC*-6) -[M($a^\frown a$)($b^\frown b$)c_2], **oder mit drei zweizähnigen Liganden**, z.B. für (*OC*-6)-[M($a^\frown a$)($b^\frown b$)($c^\frown c$)], nach der Konvention der windschiefen Geraden (s. unten);
- ***"C"/"A"*** **für alle andern Koordinationspolyeder** (*TB*-5, *SP*-5, *OC*-6, *TB*-6, *PB*-7 *etc.*), z.B. für (*SP*-5-[M*abcde*], nach der CIP-Konvention für Koordinationsverbindungen (s. unten).

Zur Bestimmung der Chiralitätssymbole *"R"/"S"* und *"C"/"A"* werden die nach ***(a$_2$)*** bestimmten Prioritätszahlen benötigt.

Chiralitätssymbol "R"/"S":

Das Chiralitätssymbol ***"R"/"S"*** **einer chiralen tetraedrischen Struktur** (*T*-4) wird **wie** in *A.6.2* und *A.6.3* **für ein tetraligantes stereogenes Zentrum** zugeteilt (vgl. **14** und **14´** in *A.6.2**(b$_1$)***).

Beispiele in *(c$_1$)*.

① *a*, *R*, ④ *d*—M···*b* ②, *c* ③

152

"(*T*-4-*R*)-[M*abcd*]" (**152**)

① *a*, *S*, ④ *d*—M···*c* ③, *b* ②

153

"(*T*-4-*S*)-[M*abcd*]" (**153**)

Chiralitätssymbol "Δ"/"Λ":

Das Chiralitätssymbol "Δ"/"Λ" **bezeichnet die Helizität einer chiralen oktaedrischen Struktur** (*OC*-6), in der **mindestens zwei zueinander *cis*-ständige zweizähnige Liganden** einer rechts- oder einer linksgängigen Helix zugeordnet werden können. **Diese beiden zweizähnigen Liganden können** in einer chiralen Struktur, z.B. in **154** oder **155**, **durch zwei windschiefe Geraden** ('skew lines') **A–A und B–B dargestellt werden** (A–A und B–B sind die Verbindungslinien zwischen den koordinierenden Atomen der zwei zweizähnigen Liganden). A–A und B–B schneiden sich nicht, sind zueinander weder parallel noch senkrecht und haben eine und nur eine Normale gemeinsam. **Die Projektion einer** (beliebigen) **der beiden windschiefen Geraden A–A und B–B** entlang dieser Normalen **auf eine Ebene parallel zu beiden Geraden definiert den Gang der Helix**: s. **154´** bzw. **155´**, in denen man sich A···A hinter und B–B vor der Zeichenebene denken muss. Die Beziehung von A···A (hinten) zu B–B (vorn) über den spitzen Winkel der Projektion **154´** wird mit dem **Chiralitätssymbol** "Δ" (**Uhrzeigersinn, rechtsgängige Helix**) bezeichnet und diejenige der Projektion **155´** mit dem **Chiralitätssymbol** "Λ" (**Gegenuhrzeigersinn, linksgängige Helix**). Δ/Λ ist unabhängig von der Wahl des zweizähnigen Liganden für A···A. **Dasselbe Prozedere ist auf eine entsprechende chirale oktaedrische Struktur mit drei zweizähnigen Liganden übertragbar.**

Beispiele in *(c$_5$)*.

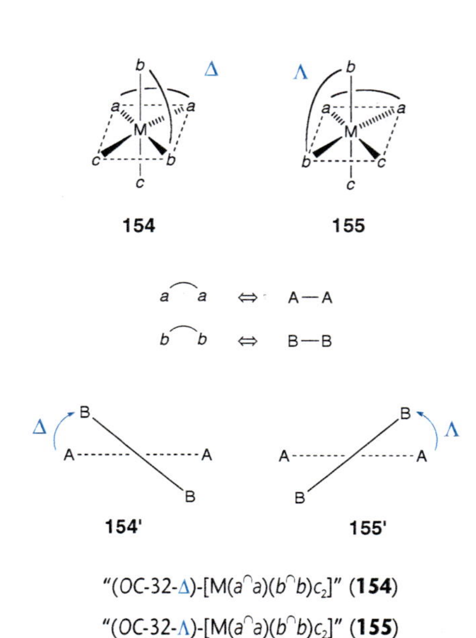

"(*OC*-32-Δ)-[M($a^\frown a$)($b^\frown b$)c_2]" (**154**)

"(*OC*-32-Λ)-[M($a^\frown a$)($b^\frown b$)c_2]" (**155**)

Chiralitätssymbol "C"/"A":

Das Chiralitätssymbol **"C"/"A"** ('**c**lockwise'/ '**a**nticlockwise') **wird einer chiralen trigonal-bipyramidalen** (*TB*-5), **quadratisch-pyramidalen** (*SP*-5), **oktaedrischen** (*OC*-6; für Ausnahmen, s. oben "Δ"/"Λ"), **trigonal-prismatischen** (*TP*-6), **pentagonal-bipyramidalen** (*PB*-7) *etc.* **Struktur zugeordnet**, indem man das Koordinationspolyeder entweder ausgehend vom Liganden höchster Priorität (tiefste Prioritätszahl) auf der Hauptachse des Polyeders, oder ausgehend von einem Punkt auf einer Hauptachse des Polyeders oberhalb der bevorzugten Fläche betrachtet. Das **Chiralitätssymbol** ist dann **"C"**, **wenn in der Ebene** senkrecht zur gewählten Hauptachse **der Weg vom Liganden höchster Priorität** (möglichst tiefe Prioritätszahl) **zum benachbarten Liganden der höheren Priorität** (Ligand mit tieferer Prioritätszahl) **im Uhrzeigersinn erfolgt** (**"A" für Gegenuhrzeigersinn**). Haben die beiden **benachbarten Liganden gleiche Priorität**, dann werden die beiden nächstfolgenden Liganden in der Ebene miteinander verglichen, *etc.*, bis ein Entscheid gefällt werden kann. Das genaue Vorgehen ist in ***(c)*** für die verschiedenen Koordinationspolyeder beschrieben.

Beispiele in (c_3) – (c_7).

z.B.

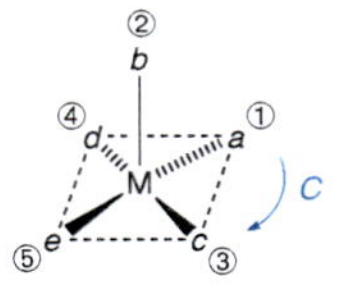

"(*SP*-5-25-*C*)-[M*abcde*]" (**156**)
"*C*", denn ① → ③ > ① → ④

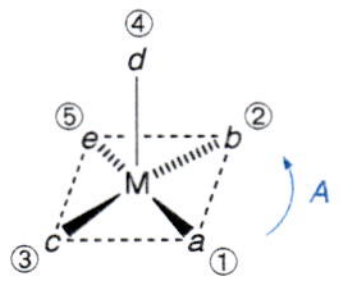

156

"(*SP*-5-45-*A*)-[M*abcde*]" (**157**)
"*A*", denn ① → ② > ① → ③

157

A.6.2 und A.6.3

(a_4) Das *Ligand-Segment* besteht aus den üblichen Stereodeskriptoren für die organischen Liganden, wie sie in *A.6.2* und *A.6.3* **nach dem CIP-System** hergeleitet werden. **Diese Stereodeskriptoren werden, wenn möglich** (vgl. dazu die relativen Deskriptoren bei den Beispielen **172** *vs.* **184** – **186**), **im zugehörigen Ligand-Namen angeführt** (s. jedoch CA ¶ 203(III), wo irrtümlicherweise noch die alten Richtlinien beschrieben sind, trotz Querverweis auf die neuen Richtlinien).

CA bis 1999:

Entsprechend den Angaben von *A.6.3(j)* stand das Ligand-Segment im Stereodeskriptor der Organometall- oder Koordinationsverbindung am Schluss, ausser im Fall von zum Ligand-Namen gehörenden Stereodeskriptoren von Stereostammnamen (z.B. Aminocarbonsäure- oder Kohlenhydrat-Liganden, vgl. *A.6.3(**a**)*; s. **196**, **213** und **220**). Das Ligand-Segment wurde vom Chiralitätssymbol durch einen Bindestrich und Klammern abgetrennt. Bei Mehrdeutigkeit wurde die CIP-Prioritätszahl des Liganden als 'Lokant' vor die Klammern mit dem entsprechenden Ligand-Stereodeskriptor gesetzt (möglichst tiefer Lokant bei einem mehrzähnigen Liganden; s. **186**).

Beachte:

Achirale Liganden können durch die Koordination an ein Zentral-Atom chiral werden (s. **185**).

Beispiele in $(c_2)(c_3)$ (s. **172**, **173**, **183** – **186**, **191**, **196**, **213**, **220** und **223**).

(b) ***Umwandlungskonventionen für nicht-quadriligante Strukturteile in den Liganden des Zentralatoms:***

A.6.2(d)

Zur Bestimmung der CIP-Prioritätszahlen, d.h. der Konfigurationszahl und/oder der Chiralitätssymbole "*R*"/"*S*" oder "*C*"/"*A*", **werden die Liganden** eines Zentralatoms **gemäss den Sequenzregeln des CIP-Systems** mit Hilfe des hierarchischen Digraphen **22** (s. *A.6.2(**d**)*) **in eine Prioritätenreihenfolge eingeordnet.** Dazu wird jeder Ligand *a*, *b*, *c*, *d*... ausgehend vom Zentralatom auf einem Weg nach 'aussen' untersucht. Auf diesem Weg angetroffene **Atome eines Liganden müssen** ihrerseits **an vier Liganden gebunden, d.h. quadriligant sein, mit Ausnahme der H-Atome.** Nicht-quadriligante Strukturteile müssen deshalb mittels **Duplikat-Atomen** (z.B. (C), (O), (N)) und/oder **Phantom-Atomen** (o) nach dem in *A.6.2(**c**)* beschriebenen Verfahren umgewandelt werden[9]:

- **ungesättigter Strukturteil** (z.B. –C=C–, –C≡N) nach *A.6.2(c_1)*, (A.6.2(c_1))
- **Ringstruktur** (z.B. zwei- oder mehrzähniger Ligand) nach *A.6.2(c_2)*, (A.6.2(c_2))
- **mesomere Struktur** (z.B. Pyridin) nach *A.6.2(c_3)*, (A.6.2(c_3))
- **negativ geladener Strukturteil oder Struktur mit einsamen Elektronenpaaren** nach *A.6.2(c_4)*. (A.6.2(c_4))

z.B.

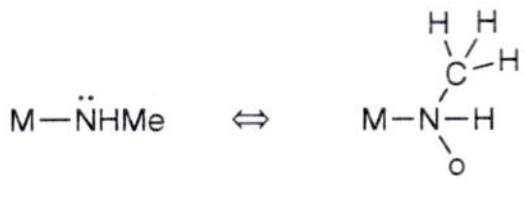

M—NHMe ⇔ M–N(–H)(–o)–CH₃

158 **158a**

$M—NH_2Me$ ⇔ M–N(–H)(–H)–CH₃

159 **159a**

$M—NHMe_2$ ⇔ **160a**

160 **160a**

M—NHEt(Me) ⇔ **161a**

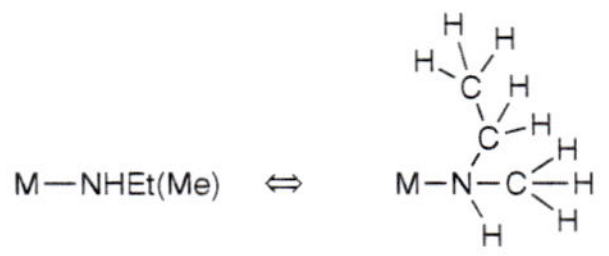

161 **161a**

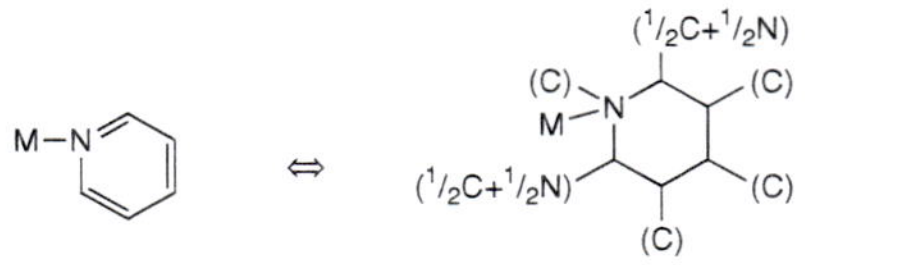

162 **162a**[10][11]

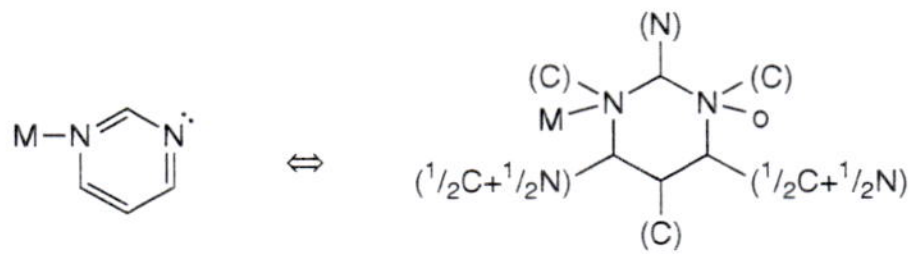

163 **163a**[10][11]

Die Prioritätenreihenfolge der Liganden von **158** – **163** ist: **163** > **162** > **161** > **160** > **159** > **158**.

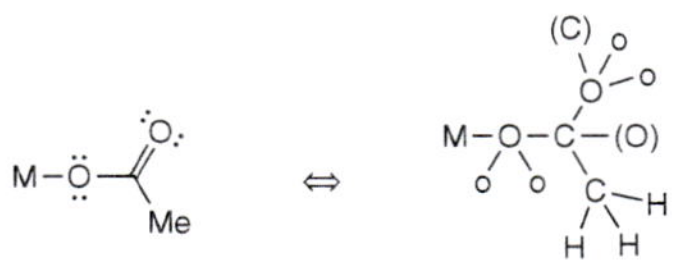

164 **164a**[10]

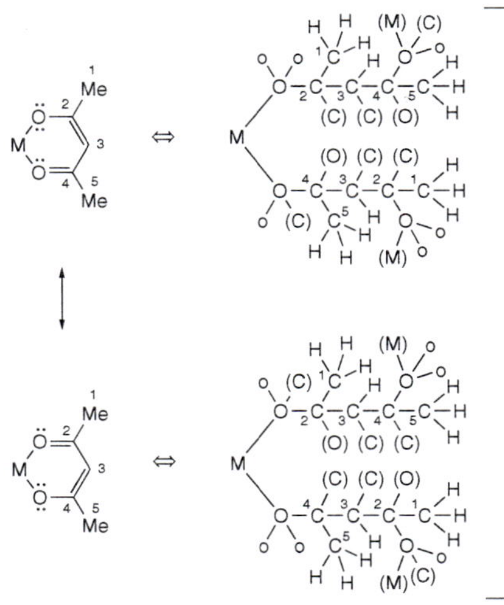

165 **165a**[10]

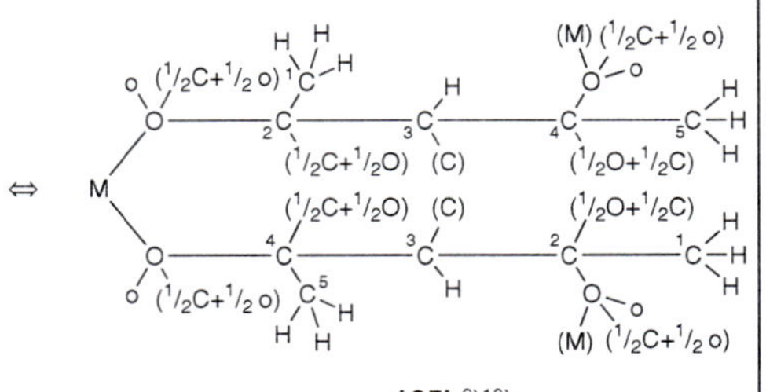

165b[9][10]

Die beiden Ligand-Äste von **165** haben die gleiche CIP-Priorität und die höhere Priorität als der Ligand von **164** (vgl. **165b** mit **164a**: O(C,$^1/_2$**C**+$^1/_2$o,o) > O(C,**o**,o), d.h. Entscheid in der Sphäre II (s. **22**)).

Für einige häufig vorkommende anorganische Liganden und *N*-Oxide werden die folgenden Umwandlungskonventionen vorgeschlagen (vgl. dazu *Fussnote 9*):

M–C≡O: ⇔ (C) (C) O–C–(O) (O)

166 **166a**[10])

M–N̈=Ö ⇔ M–N–(O)

167 **167a**[10])

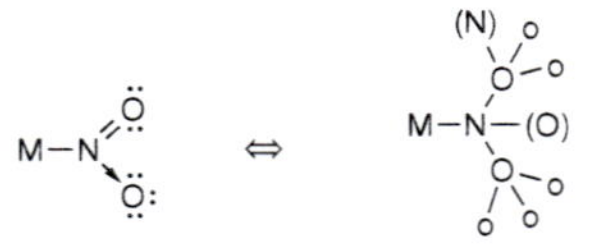

168 **168a**[10])

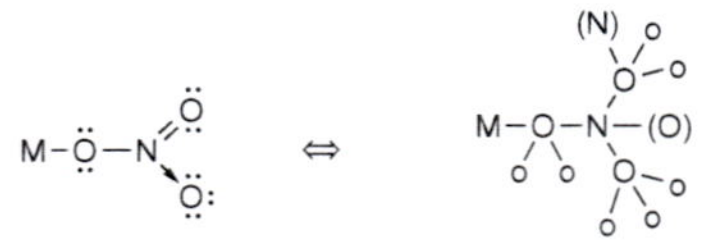

169 **169a**[10])

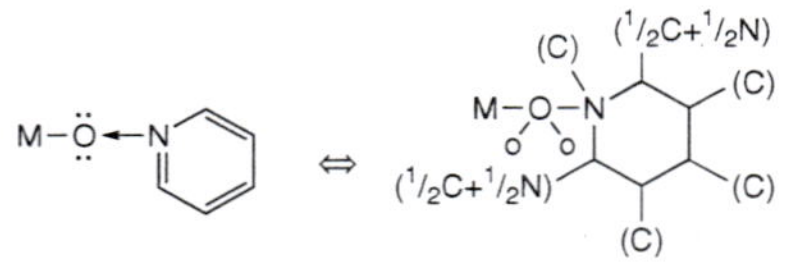

170 **170a**[10])[11])

Die Prioritätenreihenfolge der Liganden von **166** – **170** ist: **169** > **170** > **168** > **167** > **166**.

In der Abhandlung von *T.E. Sloan*[12]) werden die N-Atome von **167** – **170** zur Ligandzahl fünf ergänzt, was nicht mit den Konventionen des CIP-Systems vereinbar ist (s. *Fussnote 9*) und die folgenden Prioritätenreihenfolge ergibt: **170** > **169** > **168** > **167** > **166**.

(c) ***Bestimmung der Konfigurationszahl und des Chiralitätssymbols***[14]):

Nachdem aufgrund der Struktur der einkernigen Organometall- oder Koordinationsverbindung das Polyeder-Symbol (s. ***(a₁)***) bestimmt ist, werden die Konfigurationszahl (s. ***(a₂)***) und das Chiralitätssymbol (s. ***(a₃)***) unter Berücksichtigung der Prioritätenreihenfolge der Liganden (s. ***(a₂)***) bestimmt.

(c₁) ***Tetraedrisches Koordinationspolyeder*** (*T*-4)[14]):

- **Konfigurationszahl**: keine (keine Diastereomeren sind möglich);
- **Chiralitätssymbol**: "*R*"/"*S*" für die absolute Konfiguration von M (s. ***(a₃)***);
- **Deskriptor**: "(*T*-4)-", "(*T*-4-*R*)-"/"(*T*-4-*S*)-" *etc.* (**CA bis 1999**: Ligand-Segment im Deskriptor, z.B. "[*T*-4-(*S*)]-", "[*T*-4-2(*R*),3(*S*)]-"[15]) *etc.*).

Beachte:

Als **Ausnahmen** (s. ***(a)***) bekommen **tetraedrische organische Derivate von "German"** (GeH_4), **"Stannan"** (SnH_4) **und "Plumban"** (PbH_4) Stereodeskriptoren nach *A.6.2* und *A.6.3*, d.h. **"(*R*)-"/"(*S*)-" ohne Polyeder-Symbol**, s. **174**.

A.6.2 und A.6.3

z.B.

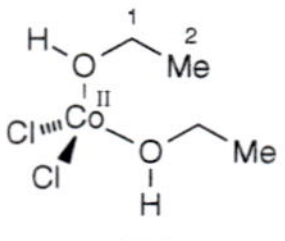

"(*T*-4)-Dichlorobis(ethanol)cobalt" (**171**)

171

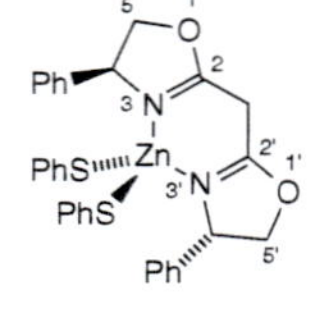

172

"(*T*-4)-Bis(benzolthiolato){(4*S*,4´*S*)-2,2´-methylenbis[4,5-dihydro-4-phenyloxazol-κ*N*³]}zink" (**172**)

- "(4*S*,4´*S*)" nach *A.6.3****(b)***
- relativer Deskriptor nach *A.6.3****(c)***: Stellung von **"*rel*-" im Ligand-Namen**, d.h. "(*T*-4)-Bis(benzolthiolato){*rel*-(4*R*,4´*R*)-2,2´-methylen...}zink"
- **CA bis 1999**: Stereodeskriptor '[*T*-4-[*S*-(*R**,*R**)]]-' mit Ligand-Segment nach *A.6.3****(j)(d´)***

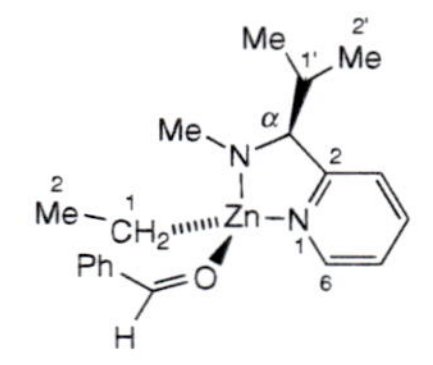

173

"(*T*-4-*S*)-(Benzaldehyd)ethyl[(α*S*)-*N*-methyl-α-(1-methylethyl)pyridin-2-methanaminato-κ*N*¹,κ*N*²]zink" (**173**)

- "(α*S*)" nach *A.6.3****(b)***
- **CA bis 1999**: Stereodeskriptor '[*T*-4-*S*-(*S*)]-' mit Ligand-Segment nach *A.6.3****(j)***

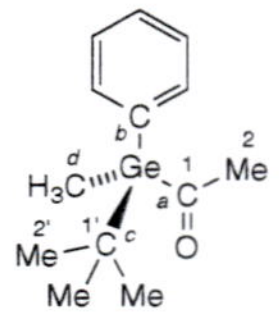

174

"(*S*)-Acetyl(1,1-dimethylethyl)methyl-(phenyl)german" (**174**)

Ausnahme: German-Derivat (s. ***(a)***)

(c₂) ***Quadratisch-planare Koordinationspolyeder*** (*SP*-4)[14]):

- **Konfigurationszahl**: einstellige Zahl, nämlich die Prioritätszahl, die der Prioritätszahl ① diagonal gegenüberliegt; bei gleichen Prioritätszahlen erfolgt die Wahl nach der Konvention der *trans*-Maximaldifferenz der Prioritätszahlen (s. ***(a₂)*** und **177**);
- **Chiralitätssymbol**: keines ist möglich;
- **Deskriptor**: "(*SP*-4-1)-", "(*SP*-4-3)-" *etc.* (**CA bis 1999**: Ligand-Segment im Deskriptor, z.B. "[*SP*-4-1-(*R*)]-", "[*SP*-4-(*E*,*Z*)]-", "[*SP*-4-1-(*Z*),(*Z*)]-", "[*SP*-4-1-2(*R*),3(*S*)]-"[15]) *etc.*)

z.B.

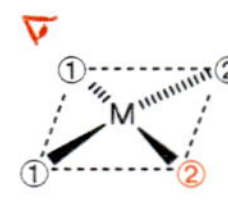

175

"(*SP*-4-2)-[Ma_2b_2]" (**175**)

traditionell "***cis*-[Ma_2b_2]**"

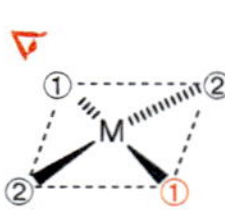

176

"(*SP*-4-1)-[Ma_2b_2]" (**176**)

traditionell "***trans*-[Ma_2b_2]**"

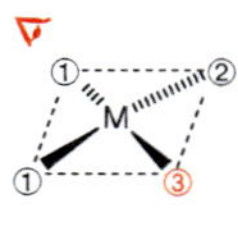

177

"(*SP*-4-3)-[Ma_2bc]" (**177**)

- traditionell "***cis*-[Ma_2bc]**"
- *trans*-Maximaldifferenz der Prioritätszahlen: ③ minus ① (= 2) > ② minus ① (= 1)

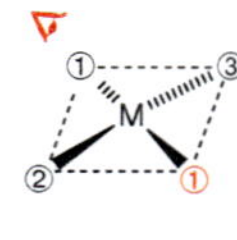

178

"(*SP*-4-1)-[Ma_2bc]" (**178**)

traditionell "***trans*-[Ma_2bc]**"

[14]) Für eine ausführliche Beschreibung der **Herleitung der Anzahl Stereoisomeren** für ein vorgegebenes Koordinationspolyeder, s. A. von Zelewsky, 'Stereochemistry of Coordination Compounds', John Wiley & Sons, Chichester – New York – Brisbane – Toronto – Singapore, 1996.

[15]) Die 'Lokanten' unmittelbar vor den runden Klammern sind die Prioritätszahlen der Liganden, deren Stereodeskriptoren sich innerhalb der runden Klammern befinden (**CA bis 1999**, s. ***(a₄)***).

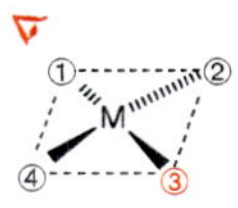

179

"(*SP*-4-3)-[M*abcd*]" (**179**)

das traditionelle "*cis*"/"*trans*" erlaubt keine Unterscheidung der drei möglichen Diastereomeren **179** – **181**

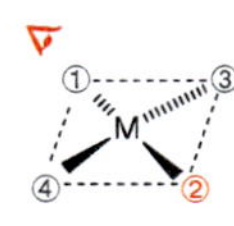

180

"(*SP*-4-2)-[M*abcd*]" (**180**)

s. **179**

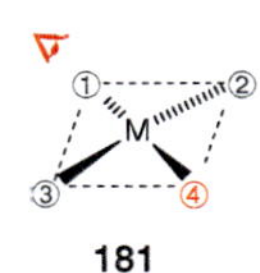

181

"(*SP*-4-4)-[M*abcd*]" (**181**)

s. **179**

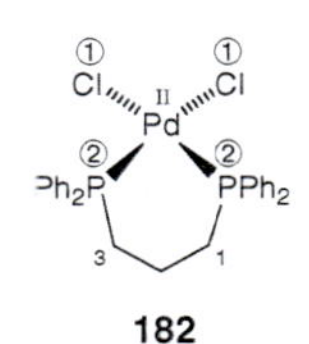

182

"(*SP*-4-2)-Dichloro{propan-1,3-diylbis-[diphenylphosphin-*κP*]}palladium" (**182**)

$_{17}$Cl > $_{15}$P

183

"(*SP*-4-4)-Bromo{2-{1-{[(1*R*)-1-phenylethyl]-imino-*κN*}ethyl}phenyl-*κC*}(triphenylphosphin)palladium" (**183**)

- $_{35}$Br > $_{15}$P > $_{7}$N > $_{6}$C
- "(1*R*)" nach *A.6.3(**b**)*
- **CA bis 1999**: Stereodeskriptor '[*SP*-4-4-(*R*)]-' mit Ligand-Segment nach *A.6.3(**j**)*

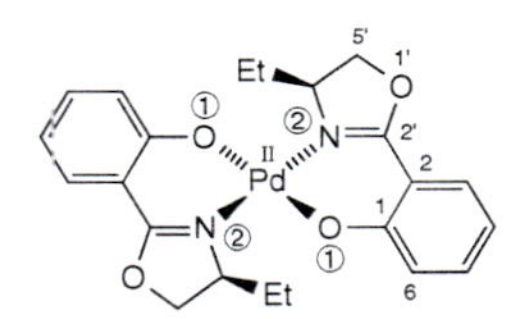

184

"(*SP*-4-1)-Bis{2-[(4*S*)-4-ethyl-4,5-dihydrooxazol-2-yl-*κN*^{3}]phenolato-*κO*}palladium" (**184**)

- $_{8}$O > $_{7}$N
- "(4*S*)" nach *A.6.3(**b**)*
- relativer Deskriptor nach *A.6.3(**c**)*: Stellung von "***rel-***" **vermutlich vor der Gesamtheit der Ligand-Namen**, d.h. "(*SP*-4-1)-*rel*-Bis{2-[(4*R*)-4-ethyl...}palladium"
- **CA bis 1999**: Stereodeskriptor '[*SP*-4-1-(*S*),(*S*)]-'; gleicher Deskriptor für die beiden zweizähnigen Liganden, weshalb keine 'Lokanten' nötig sind (s. (***a***$_4$)); Ligand-Segment '(*S*),(*S*)' nach *A.6.3(**j**)*

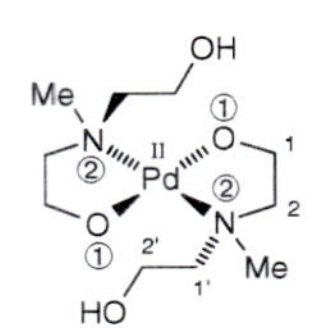

185

"(*SP*-4-1)-{2-{[*N*(*R*)]-(2-hydroxyethyl)methylamino-*κN*}ethanolato-*κO*}{2-{[*N*(*S*)]-(2-hydroxyethyl)methylamino-*κN*}ethanolato-*κO*}palladium" (**185**)

- $_{8}$O > $_{7}$N
- die Liganden sind durch die Koordination chiral geworden; "[*N*(*R*)]-" bzw. "[*N*(*S*)]-" nach *A.6.3(**b**)*
- relativer Deskriptor nach *A.6.3(**c**)*: Stellung von "***rel-***" **vermutlich vor der Gesamtheit der Ligand-Namen**, d.h. "(*SP*-4-1)-*rel*-{2-{[*N*(*R*)]-...}...}{2-{[*N*(*S*)]-...}...}palladium"
- **CA bis 1999**: 'palladium, bis[2-[(2-hydroxyethyl)methylamino-*κN*]ethanolato-*κO*]-, [*SP*-4-1-(*R*),(*S*)]-'; die beiden zweizähnigen Liganden sind gleich, weshalb keine 'Lokanten' nötig sind (s. (***a***$_4$)); Ligand-Segment '(*R*),(*S*)' nach *A.6.3(**j**)*

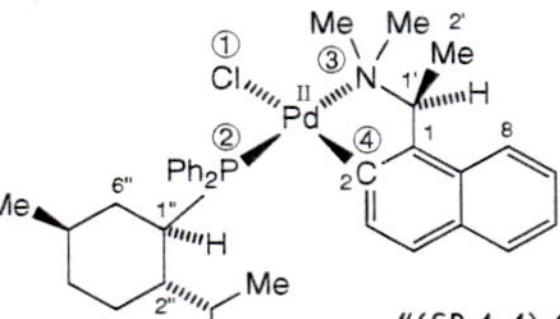

186

"(*SP*-4-4)-Chloro{1-[(1*S*)-1-(dimethylamino-*κN*)ethyl]naphthalin-2-yl-*κC*}{[(1*R*,2*S*,5*R*)-5-methyl-2-(1-methylethyl)cyclohexyl]-diphenylphosphin}palladium" (**186**)

- $_{17}$Cl > $_{15}$P > $_{7}$N > $_{6}$C
- "(1*S*) bzw. "(1*R*,2*S*,5*R*)" nach *A.6.3(**b**)*
- relativer Deskriptor nach *A.6.3(**c**)*: Stellung von "***rel-***" **vermutlich vor der Gesamtheit der Ligand-Namen**, d.h."(*SP*-4-4)-*rel*-Chloro{1-[(1*R*)-1-...]...}{[(1*S*,2*R*,5*S*)-5-...]...}palladium"
- **CA bis 1999**: 'palladium, chloro[1-[1-(dimethylamino-*κN*)ethyl]-2-naphthalenyl-*κC*][[5-methyl-2-(1-methylethyl)cyclohexyl]diphenylphosphine]-, [*SP*-4-4-2[1*R*-(1*α*,2*β*,5*α*)],3(*S*)]-'; für das Ligand-Segment sind 'Lokanten' notwendig (s. (***a***$_4$)); für den zweizähnigen Liganden wird der tiefere 'Lokant' angeführt ('3', nicht '4'); Ligand-Segment '[1*R*-(1*α*,2*β*,5*α*)]-' nach *A.6.3(**j**)(**e**')* und '(*S*)' nach *A.6.3(**j**)*

(*c*$_3$) *Trigonal-bipyramidale Koordinationspolyeder* (*TB*-5)[14]):

- **Konfigurationszahl**: zweistellige Zahl aus den Prioritätszahlen an den beiden Extremitäten der dreizähligen Achse des Koordinationspolyeders, angeordnet in der Reihenfolge zunehmender Werte (① > ② > ③ > ④ > ⑤);
- **Chiralitätssymbol**: "C"/"A" für die absolute Konfiguration von M gemäss steigender Prioritätszahlen in der Ebene senkrecht zur dreizähligen Achse des Koordinationspolyeders (s. (***a***$_3$));
- **Deskriptor**: "(*TB*-5-12)-", "(*TB*-5-23)-", "(*TB*-5-34-*C*)-", "(*TB*-5-14-*A*)-" *etc.* (**CA bis 1999**: Ligand-Segment im Deskriptor, z.B. "[*TB*-5-12-1(*R*),3(*S*)]-"[15]) *etc.*).

z.B.

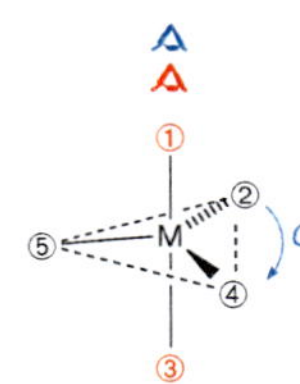

187

"(*TB*-5-13-*C*)-[M*abcde*]" (**187**)

- für (*TB*-5)-[M*abcde*] können 9 Diastereomere mit den Konfigurationszahlen 12, 13, 14, 15, 23, 24, 25, 34 und 45 formuliert werden (d.h. 18 Enantiomere)
- "*C*", denn ② → ④ > ② → ⑤

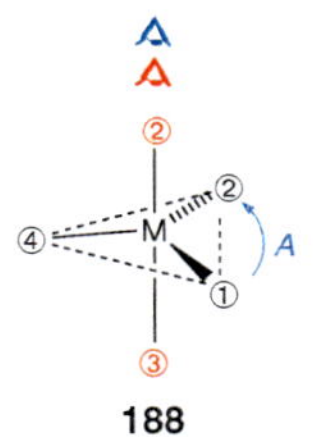

188

(*TB*-5-23-*A*)-[M*ab*$_2$*cd*]" (**188**)

- M muss mindestens vier verschiedene Liganden tragen für zentrale Chiralität, wobei die zwei gleichen Liganden nicht auf der dreizähligen Achse des Koordinationspolyeders liegen dürfen (s. **191**)
- "*A*", denn ① → ② > ① → ④

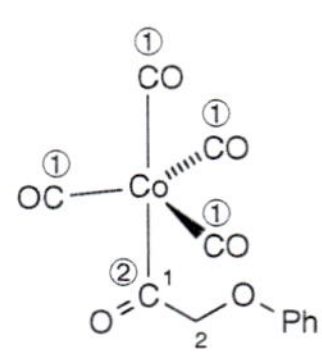

189

"(*TB*-5-12)-Tetracarbonyl(phenoxyacetyl)-cobalt" (**189**)

C(O,(O),(**O**)) > C(O,(O),**C**)

190

"(*TB*-5-14)-Carbonyl{ethan-1,2-diylbis[diphenylphosphin-*κP*]}nitrosyl(1-oxobut-3-enyl)eisen" (**190**)

- $_{15}$P > $_{7}$N > $_{6}$C(O,(O),(**O**)) > $_{6}$C(O,(O),**C**)
- das Chiralitätssymbol für das dargestellte Enantiomere wäre "*A*"

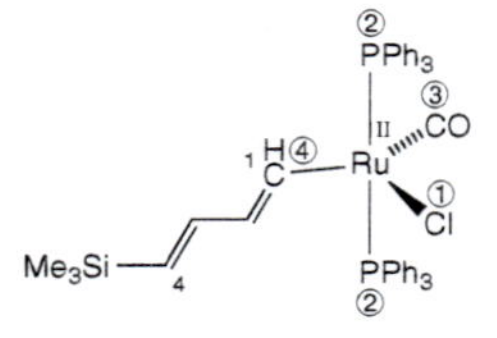

191

"(*TB*-5-22)-Carbonylchloro[(1*E*,3*E*)-4-(trimethylsilyl)buta-1,3-dienyl]bis(triphenylphosphin)ruthenium" (**191**)

- $_{17}$Cl > $_{15}$P > $_{6}$C(**O**,(O),(O)) > $_{6}$C(**C**,(C),H)
- keine zentrale Chiralität (s. **188**)
- "(1*E*,3*E*)" nach *A.6.3(**b**)*
- **CA bis 1999**: Stereodeskriptor '[*TB*-5-22-(*E*,*E*)]-' mit Ligand-Segment nach *A.6.3(**j**)(**f'**)*

(c₄) ***Quadratisch-pyramidale Koordinationspolyeder*** (*SP*-5)[14]:

- **Konfigurationszahl**: zweistellige Zahl aus der Prioritätszahl an der Extremität der vierzähligen Achse des Koordinationspolyeders (Apex), gefolgt von der Prioritätszahl, die der tiefsten Prioritätszahl in der Ebene (senkrecht zu dieser Achse) diagonal gegenüber liegt; bei gleichen Prioritätszahlen in der Ebene erfolgt die Wahl nach der *trans*-Maximaldifferenz der Prioritätszahlen gemäss ***(a₂)***;
- **Chiralitätssymbol**: "*C*"/"*A*" für die absolute Konfiguration von M gemäss steigender Prioritätszahlen in der Ebene senkrecht zur vierzähligen Achse des Koordinationspolyeders (s. ***(a₃)***);
- **Deskriptor**: "(*SP*-5-15)-", "(*SP*-5-32)-", "(*SP*-5-14-*C*)-", "(*SP*-5-34-*A*)-" *etc.* (**CA bis 1999**: Ligand-Segment im Deskriptor, z.B. "[*SP*-5-34-*A*-[*R*-(*R**,*R**)]]-" *etc.*).

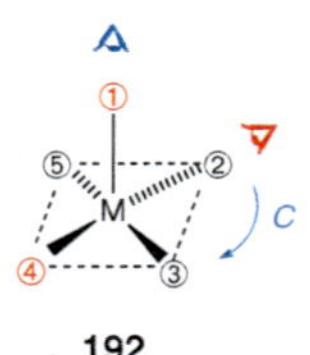

192

"(*SP*-5-14-*C*)-[M*abcde*]" (**192**)

- für (*SP*-5)-[M*abcde*] können 15 Diastereomere formuliert werden (d.h. 30 Enantiomere)
- "*C*", denn ② → ③ > ② → ⑤

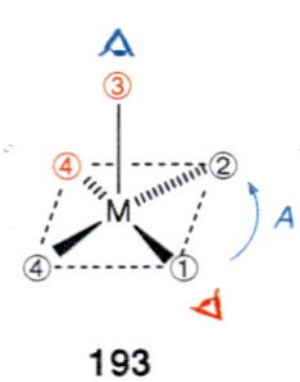

193

"(*SP*-5-34-*A*)-[M*abcd*$_2$]" (**193**)

"*A*", denn ① → ② > ① → ④

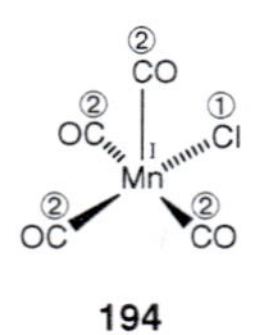

194

"(*SP*-5-22)-Tetracarbonylchloromangan" (**194**)

$_{17}$Cl > $_{6}$C

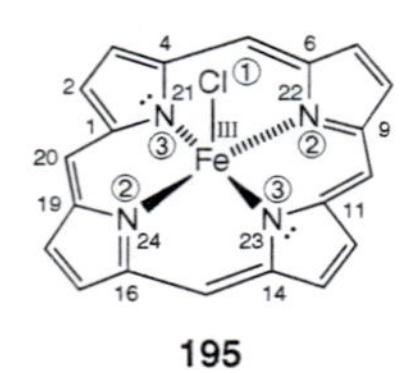

195

"(*SP*-5-12)-Chloro[21*H*,23*H*-porphinato(2–)-κ*N*[21],κ*N*[22],κ*N*[23],κ*N*[24]]eisen" (**195**)

$_{17}$Cl > $_{7}$N; N[22](C,C,(**C**)) = N[24](C,C,(**C**)) > N[21](C,C,**o**) = N[23](C,C,**o**)

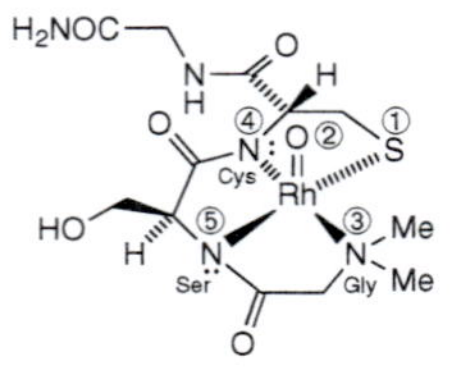

196

"(*SP*-5-25-*C*)-[*N*,*N*-Dimethylglycyl-κ*N*-L-seryl-κ*N*-L-cysteinyl-κ*N*,κ*S*-glycinamidato(3–)]oxorhenium" (**196**)

- $_{8}$O muss als O(o,o,o) betrachtet werden (vgl. *Fussnote 9*), was hier irrelevant ist (vgl. **213**)
- $_{16}$S > $_{8}$O > $_{7}$N$_{Gly}$ = $_{7}$N$_{Ser}$ = $_{7}$N$_{Cys}$ erlaubt die Zuteilung von ① und ②; N$_{Gly}$(C,C,**C**) > N$_{Cys}$(C,C,**o**) = N$_{Ser}$(C,C,**o**) erlaubt die Zuteilung von ③; N$_{Cys}$[C(O,(O),C) > C(C,C,H)] = N$_{Ser}$[C(O,(O),C) > C(C,C,H)] erlaubt keinen Entscheid; auf dem Weg höchster Priorität, d.h. über je C(O,(O),C) ergibt sich schliesslich N$_{Cys}$[...C(N$_{Ser}$,**C**,H)] > N$_{Ser}$[...C(N$_{Gly}$,**H**,H)]
- **CA bis 1999**: Ligand-Segment im Stereodeskriptor nicht nötig wegen Stereostammnamen (s. ***(a₄)***).

(c₅) ***Oktaedrische Koordinationspolyeder*** (*OC*-6)[14]:

- **Konfigurationszahl**: zweistellige Zahl aus der Prioritätszahl, die der Prioritätszahl ① diagonal gegenüberliegt, gefolgt von der Prioritätszahl, die der tiefsten Prioritätszahl in der Ebene (senkrecht zur ① enthaltenden vierzähligen Achse des Koordinationspolyeders) diagonal gegenüberliegt; bei gleichen Prioritätszahlen erfolgt die Wahl nach dem Prinzip der *trans*-Maximaldifferenz der Prioritätszahlen gemäss ***(a₂)*** (s. **198**, **202** und **207** – **209**); bei gleichen drei- oder mehrzähnigen Liganden werden ungestrichene und einfach gestrichene Prioritätszahlen nach ***(a₂)*** verwendet (s. **203** – **206**);
- **Chiralitätssymbol**: "*C*"/"*A*" für die absolute Konfiguration von M gemäss steigender Prioritätszahlen in der Ebene senkrecht zur ① enthaltenden vierzähligen Achse des Koordinationspolyeders (s. ***(a₃)***);

  "Δ"/"Λ" für die absolute Konfiguration von M im Fall von mindestens zwei zueinander *cis*-ständigen zweizähnigen Liganden (z.B. [M(*a*⌒*a*)(*b*⌒*b*)*c*$_2$], [M(*a*⌒*b*)(*a*⌒*b*)*c*$_2$] *etc.*) oder von drei zweizähnigen Liganden (z.B. [M(*a*⌒*a*)(*b*⌒*b*)(*c*⌒*c*)] *etc.*) (s. ***(a₃)***);
- **Deskriptoren**: "(*OC*-6-12)-", "(*OC*-6-64)-", "(*OC*-6-11')-", "[*OC*-6-3'3)-", "(*OC*-6-65-*C*)-", "(*OC*-32-Δ)-" *etc.* (**CA bis 1999**: Ligand-Segment im Deskriptor, z.B. "[*OC*-6-12-3(*R*),5(*S*)]-"[15]) *etc.*).

z.B.

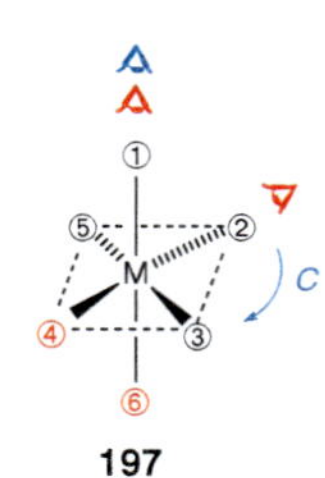

197

"(*OC*-6-64-*C*)-[M*abcdef*]" (**197**)

- für (*OC*-6)-[M*abcdef*] können total 15 Diastereomere formuliert werden (d.h. 30 Enantiomere)
- "*C*", denn ② → ③ > ② → ⑤

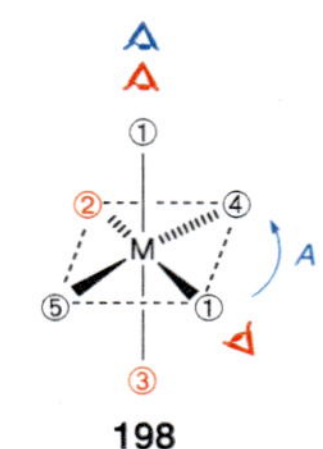

198

"(*OC*-6-32-*A*)-[M*a*$_2$*bcde*]" (**198**)

- Priorität hat die Achse ①–③ wegen der *trans*-Maximaldifferenz der Prioritätszahlen
- "*A*", denn ① → ④ > ① → ⑤

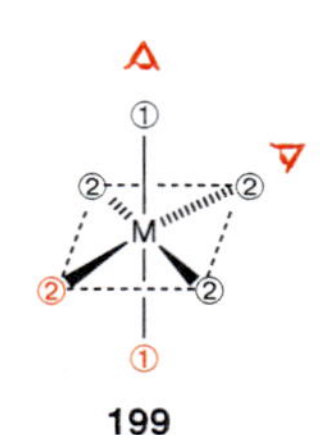

199

"(*OC*-6-12)-[M*a*$_2$*b*$_4$]" (**199**)

traditionell "***trans*-[Ma₂b₄]**" (① rel. zu ①)

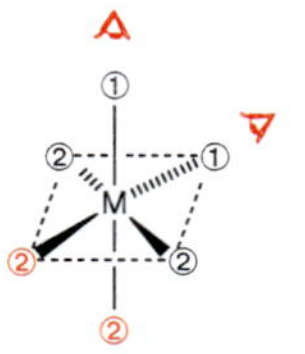

200

"(*OC*-6-22)-[M*a*$_2$*b*$_4$]" (**200**)

traditionell "***cis*-[Ma₂b₄]**" (① rel. zu ①)

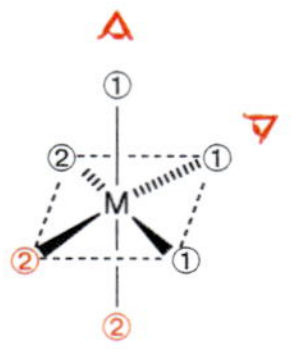

201

"(*OC*-6-22)-[M*a*$_3$*b*$_3$]" (**201**)

traditionell "***fac*-[Ma₃b₃]**" (① rel. zu ① rel. zu ①)

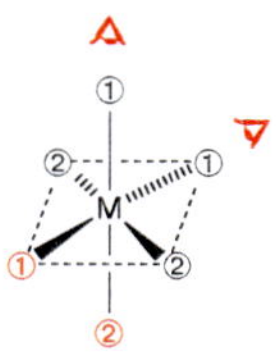

202

"(*OC*-6-21)-[Ma_3b_3]" (**202**)

- Priorität hat die Achse ①–② wegen der *trans*-Maximaldifferenz der Prioritätzahlen
- traditionell "***mer*-[Ma_3b_3]**" (① rel. zu ① rel. zu ①)

203

"(*OC*-6-1´1´)-[M(a⌒b⌒a)$_2$]" (**203**)

- **zwei dreizähnige Liganden a⌒b⌒a**: ein Ligand a⌒b⌒a bekommt ungestrichene Prioritätszahlen, der andere gestrichene; es gilt ① > ①´ > ② > ②´ (s. ***(a₂)***)
- z.B. a⌒b⌒a = $^-$**O**OCCH$_2$–**NH**–CH$_2$CO**O**$^-$: "{*N*-[(Carboxy-*κO*)methyl]glycinato(2–)-*κN*,*κO*}" = "**[Iminodiacetato(2–)]**" (**trivial**; Abkürzung "**(ida)**"; a⌒b⌒a = $^-$**O**–C$_6$H$_4$–**NH**–C$_6$H$_4$–**O**$^-$: "{{2,2´-(Imino-*κN*)bis[phenolato-*κO*]}(2–)}"
- analog "(*OC*-6-1´2´)-[M(b⌒a⌒b)$_2$]", wenn in **203** a⌒b⌒a durch b⌒a⌒b ersetzt wird;
  z.B. b⌒a⌒b = H$_2$**N**–CH$_2$CH$_2$–**NH**–CH$_2$CH$_2$–**NH**$_2$: "{*N*-[2-(Amino-*κN*)ethyl]ethan-1,2-diamin-*κN*,*κN*´}" = "**(Diethylentriamin)**" (**trivial**; Abkürzung "**(dien)**")

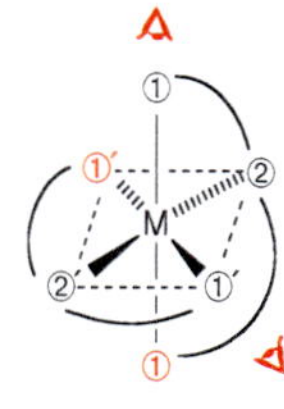

204

"(*OC*-6-11´)-[M(a⌒b⌒a)$_2$]" (**204**)
analog **203**

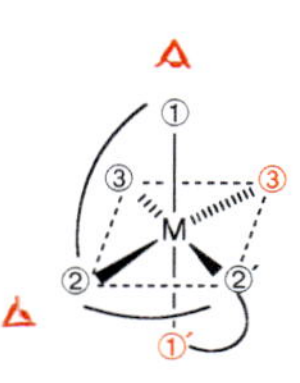

205

"(*OC*-6-1´3)-[M(a⌒b⌒b⌒a)c$_2$]" (**205**)

- **ein linearer vierzähniger Ligand a⌒b⌒b⌒a**: die Hälfte der koordinierenden Ligand-Atome bekommt ungestrichene Prioritätszahlen, die andere gestrichene; es gilt ① > ①´ > ② > ②´> ③ (s. ***(a₂)***)
- z.B. a⌒b⌒b⌒a = $^-$**O**–C$_6$H$_4$–CH=**N**–CH$_2$CH$_2$–**N**=CH–C$_6$H$_4$–**O**$^-$: "{{2,2´-{Ethan-1,2-diylbis[(nitrilo-*κN*)methylidin]}bis[phenolato-*κO*]}(2–)}" = "**{*N*,*N*´-Bis(salicyliden)ethylendiaminato(2–)}**" (**trivial**; Abkürzung "**(salen)**")
- dagegen "(*OC*-6-33)-[M(b⌒a⌒a⌒b)c$_2$]", wenn in **205** a⌒b⌒b⌒a durch b⌒a⌒a⌒b ersetzt wird;
  z.B. b⌒a⌒a⌒b = H$_2$**N**–CH$_2$CH$_2$–**NH**–CH$_2$CH$_2$–**NH**–CH$_2$CH$_2$–**NH**$_2$: "{*N*,*N*´-Bis[2-(amino-*κN*)ethyl]ethan-1,2-diamin-*κN*,*κN*´}" = "**(Triethylentetramin)**" (**trivial**; Abkürzung "**(trien)**")

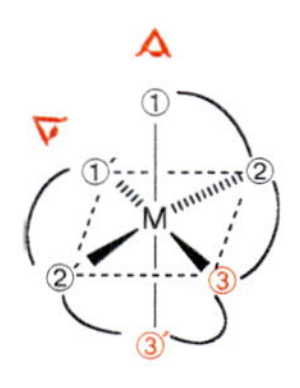

206

"(*OC*-6-3´3)-[M(a⌒b⌒c⌒c⌒b⌒a)]" (**206**)
ein sechszähniger Ligand; es gilt ① > ①´ > ② > ②´> ③ > ③´

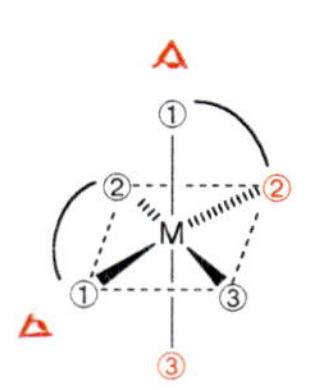

207

⇔

207'

(*OC*-6-32-Δ)-[M(a⌒b)$_2$c$_2$]" (**207**)
Priorität hat die Achse ①–③ wegen der *trans*-Maximaldifferenz der Prioritätszahlen

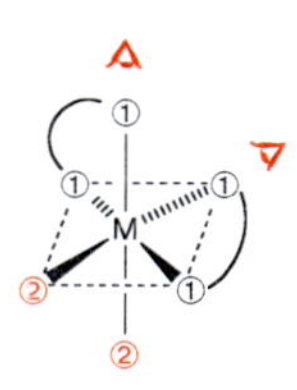

208

⇔

208'

"(*OC*-6-22-Λ)-[M(a⌒a)$_2$b$_2$]" (**208**)
Priorität hat die Achse ①–② wegen der *trans*-Maximaldifferenz der Prioritätszahlen

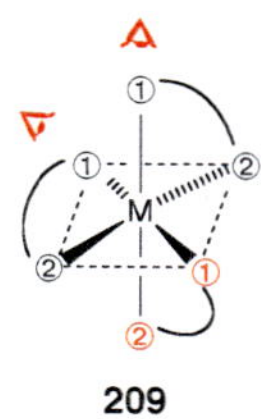

209

⇔

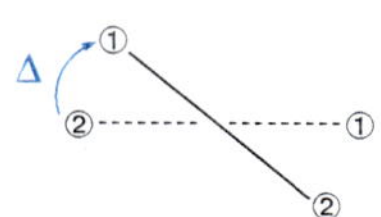

209'

"(*OC*-6-21-Δ)-[M(a⌒b)$_3$]" (**209**)
Priorität hat die Achse ①–② wegen der *trans*-Maximaldifferenz der Prioritätszahlen

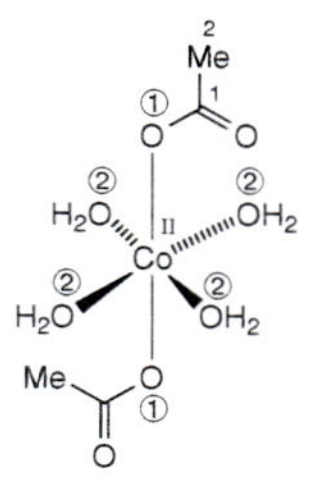

210

"(*OC*-6-12)-Bis(acetato-*κO*)tetraaquacobalt" (**210**)
O(**C**,o,o) = O(**C**,o,o) > O(**H**,H,o) = O(**H**,H,o) = O(**H**,H,o) = O(**H**,H,o)

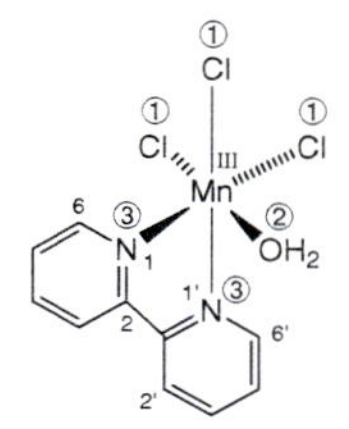

211

"(*OC*-6-33)-Aqua(2,2´-bipyridin-*κN*[1],*κN*[1´])trichloromangan" (**211**)

- $_{17}$Cl = $_{17}$Cl = $_{17}$Cl > $_8$O > $_7$N = $_7$N
- Priorität hat die Achse ①–③ wegen der *trans*-Maximaldifferenz der Prioritätszahlen

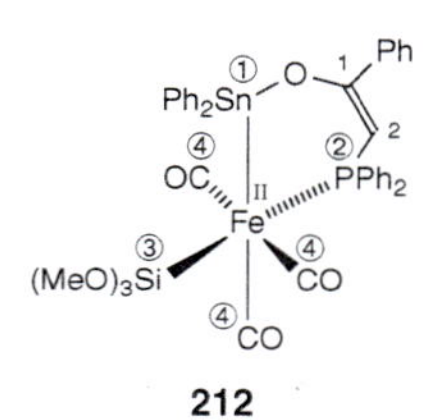

212

"(*OC*-6-43)-Tricarbonyl{{[2-(diphenylphosphino-*κP*)-1-phenylethenyl]oxy}-diphenylstannyl-*κSn*}(trimethoxysilyl)-eisen" (**212**)
$_{50}$Sn > $_{15}$P > $_{14}$Si > $_6$C = $_6$C = $_6$C

213

"(*OC*-6-65-*C*)-[3-(Mercapto-*κS*)-D-valinato(2–)-*κN*,*κO*]{methyl-[3-(mercapto-*κS*)-D-valinato-*κN*]}oxorhenium" (**213**)

- $_{16}$S = $_{16}$S > $_8$O = $_8$O > $_7$N = $_7$N; O=Re muss als O←Re betrachtet werden, d.h. O(**C**,o,o) > O(**o**,o,o) erlaubt die Zuordnung von ③ und ④; die S- und N-Ligandteile müssen gemäss ***(b)*** in offenkettige Liganden umgewandelt werden, was ihre Unterscheidung erlaubt: S,O,N-Ligand > S,N-Ligand, da die Atome S und N des S,O,N-Liganden im entscheidenden Vergleich zum Duplikat-Atom (Re) führen
- **CA bis 1999**: Ligand-Segment im Stereodeskriptor nicht nötig wegen Stereostammnamen (s. ***(a₄)***)

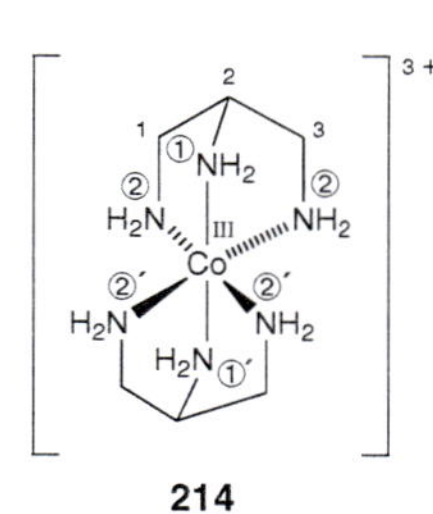

214

"(*OC*-6-1´2´)-Bis(propan-1,2,3-triamin-*κN*,*κN*´,*κN*´´)cobalt(3+)" (**214**)

- zwei dreizähnige Liganden b⌒a⌒b (s. ***(a₂)*** und **203**)
- N(①) > N(①´) > N(②) = N(②) > N(②´) = N(②´)

215

"(*OC*-6-11´)-Bis[pyridin-2,6-dicarboxylato(2–)-*κN*[1],*κO*[2],*κO*[6]]manganat(1–)" (**215**)

- zwei dreizähnige Liganden a⌒b⌒a (s. ***(a₂)*** und **203**)
- $_8$O(①) = $_8$O(①) > $_8$O(①´) = $_8$O(①´) > $_7$N(②) > $_7$N(②´)

A.6

216

"(*OC*-6-1´2)-Bis[2,6-di(pyridin-2-yl-κ*N*)-4-(pyridin-2-yl)-1,3,5-triazin-κN^1]eisen(2+)" (**216**)
- zwei dreizähnige Liganden *b*⌒*a*⌒*b* (s. ***(a₂)*** und **203**)
- N(Triazin; ①) > N(Triazin; ①´) > N(Pyridin; ②) = N(Pyridin; ②) > N(Pyridin; ②´) = N(Pyridin; ②´)

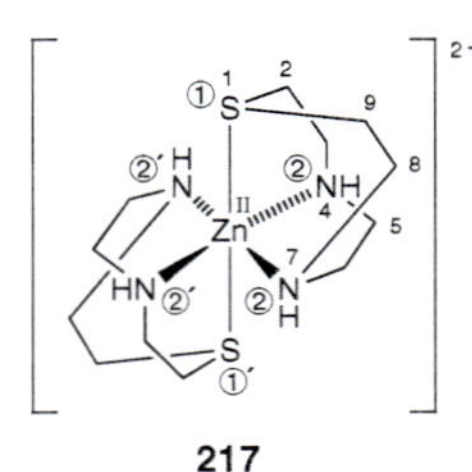

217

"(*OC*-6-1´2´)-Bis(octahydro-1,4,7-thiadiazonin-κN^4,κN^7,κS^1)zink(2+)" (**217**)
- zwei dreizähnige Liganden *b*⌒*a*⌒*b* (Abkürzung "**([9]anSN$_2$)**" (s. ***(a_2)*** und **203**)
- $_{16}$S(①) > $_{16}$S(①´) > $_7$N(②) = $_7$N(②) > $_7$N(②´) = $_7$N(②´)

218

"(*OC*-6-33´)-Bis{3-{[(pyridin-2-yl-κ*N*)methyl]imino-κ*N*}butan-2-on-(oximato-κ*N*)}cobalt(1+)" (**218**)
- zwei dreizähnige Liganden *a*⌒*b*⌒*c* (s. ***(a_2)*** und **203**)
- $_7$N((①) > $_7$N((①´) > $_7$N(②) > $_7$N(②´) > $_7$N(③) > $_7$N(③´)

219

"(*OC*-6-11-Δ)-Tris(pentan-2,4-dionato-κ*O*,κ*O*´)cobalt" (**219**)
trivialer Ligand-Name "(Acetylacetonato)" (Abkürzung "**(acac)**")

220

"(*OC*-6-22-Λ)-Tris(L-alaninato-κ*N*,κ*O*)chrom" (**220**)
- $_8$O = $_8$O = $_8$O > $_7$N = $_7$N = $_7$N
- **CA bis 1999**: Ligand-Segment im Stereodeskriptor nicht nötig wegen Stereostammnamen (s. ***(a_4)***)

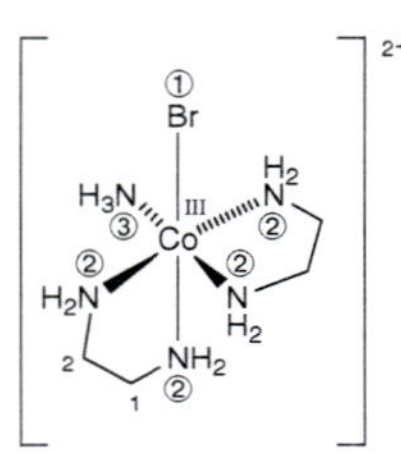

221

"(*OC*-6-23-Λ)-Amminbromobis(ethan-1,2-diamin-κ*N*,κ*N*´)-cobalt(2+)" (**221**)
- $_{35}$Br > $_7$N(**C**,H,H) = $_7$N(**C**,H,H) = $_7$N(**C**,H,H) = $_7$N(**C**,H,H) > $_7$N(**H**,H,H)

222

"(*OC*-6-32-Λ)-(2,2´-Bipyrimidin-κN^1,κ$N^{1'}$)(1,10-phenanthrolin-κN^1,κN^{10})(4,4´,5,5´-tetramethyl-2,2´-bipyridin-κN^1,κ$N^{1'}$)ruthenium(2+)" (**222**)
- $_7$N(Bipyrimidin; ①) = $_7$N(Bipyrimidin; ①) > $_7$N(Phenantrolin; ②) = $_7$N(Phenanthrolin; ②) > $_7$N(Bipyridin; ③) = $_7$N(Bipyridin; ③)
- Priorität hat die Achse ①–③ wegen der *trans*-Maximaldifferenz der Prioritätszahlen

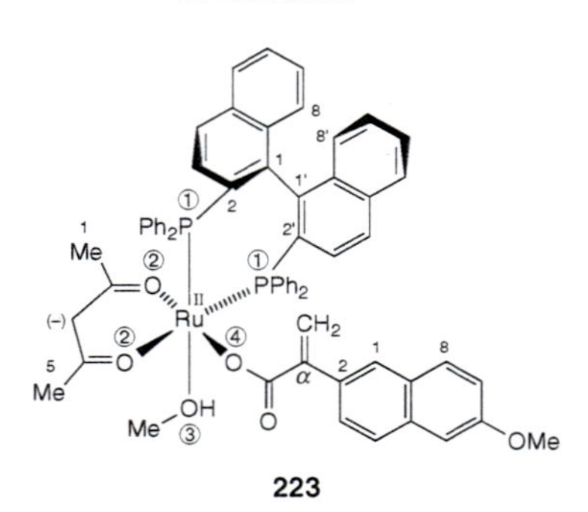

223

"(*OC*-6-32-Δ)-{[(*P*)-[1,1´-Binaphthalin]-2,2´-diyl]bis[diphenylphosphin-κ*P*]}(methanol)(6-methoxy-α-methylen-naphthalin-2-acetato-κ*O*)(pentan-2,4-dionato-κ*O*,κ*O*´)-ruthenium" (**223**)
- $_{15}$P = $_{15}$P > O(C,$^1/_2$**C+o**,o) = O(C,$^1/_2$**C+o**,o) > O(C,**H**,o) > O(C,**o**,o) (vgl. **165**)
- Priorität hat die Achse ①–③ wegen der *trans*-Maximaldifferenz der Prioritätszahlen
- "(*P*)" nach *A.6.3****(b)***: der Ligand ①⌒① (Abkürzung "**[(*S*)-binap]**") kann als stereogene Achse der **Helizität *P*** spezifiziert werden; **CA** nach *A.6.3****(b)*** für Ligand ①⌒①: '[[(**1*S***)-[1,1´-binaphthalene]-2,2´-diyl]bis[diphenylphosphine-κ*P*]]'
- **CA bis 1999**: Stereodeskriptor '[*OC*-6-32-Δ-(*S*)]-' mit Ligand-Segment nach *A.6.3****(j)*** (s. ***(a_4)***)

(c_6) ***Trigonal-prismatische Koordinationspolyeder*** (*TP*-6):

- **Konfigurationszahl**: dreistellige Zahl aus den drei Prioritätszahlen der nicht-bevorzugten Dreiecksfläche, die ekliptisch gegenüber den drei Prioritätszahlen der bevorzugten Dreiecksfläche liegen. Die bevorzugte Dreiecksfläche enthält die maximale Anzahl CIP-bevorzugter Liganden (d.h. möglichst tiefe Prioritätszahlen). Die Prioritätszahlen der Konfigurationszahl (d.h. der ekliptischen Liganden) werden in der Reihenfolge steigender Prioritätszahlen der bevorzugten Dreiecksfläche angeordnet;
- **Chiralitätssymbol**: "*C*"/"*A*" für die absolute Konfiguration von M gemäss steigender Prioritätszahlen in der nicht-bevorzugten Dreiecksfläche (s. ***(a_3)***);
- **Deskriptor**: "(*TP*-6-121)-", "(*TP*-6-526-*A*)-" *etc.*

z.B.

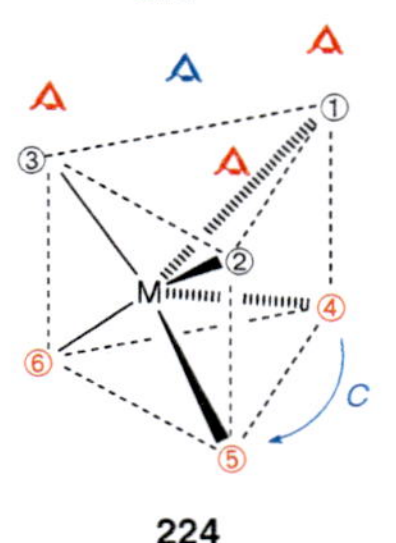

224

"(*TP*-6-456-*C*)-[M*abcdef*]" (**224**)
- ④ ist ekliptisch zu ①, ⑤ zu ② und ⑥ zu ③
- "*C*", denn ④ → ⑤ > ④ → ⑥

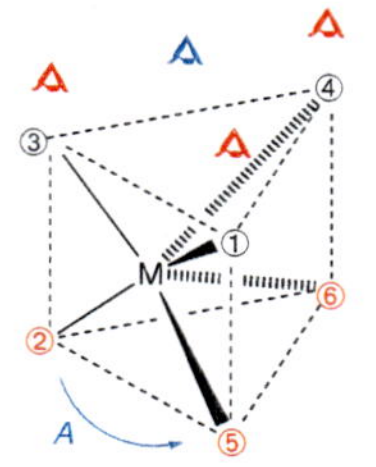

225

"(*TP*-6-526-*A*)-[Mabcdef]" (**225**)
- ⑤ ist ekliptisch zu ①, ② zu ③ und ⑥ zu ④
- "*A*", denn ② → ⑤ > ② → ⑥

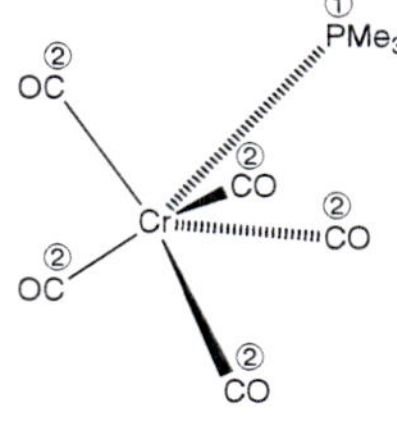

226

"(*TP*-6-222)-Pentacarbonyl(trimethylphosphin)chrom" (**226**)

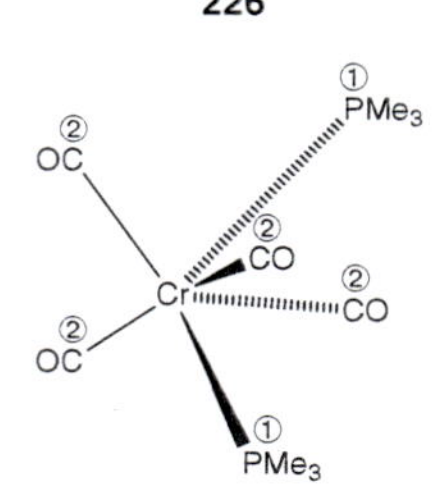

227

(*TP*-6-212)-Tetracarbonylbis(trimethylphosphin)chrom" (**227**)

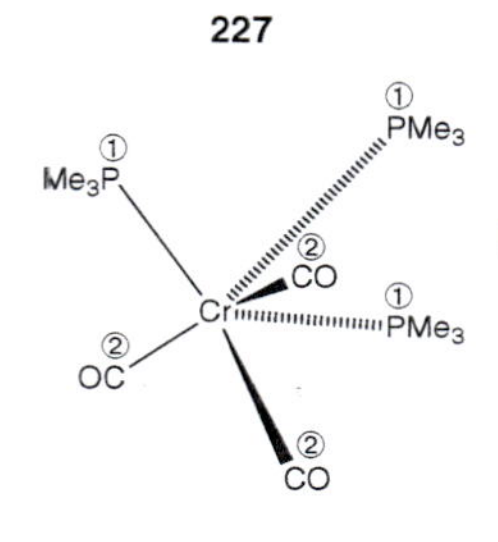

228

"(*TP*-6-122)-Tricarbonyltris(trimethylphosphin)chrom" (**228**)

(c₇) ***Koordinationspolyeder mit der Koordinationszahl 7, 8 oder 9:***

Es ist nach den allgemeinen Richtlinien von ***(a)*** vorzugehen. Beispiele sind in CA ¶ 203 beschrieben (vgl. dazu auch [16])).

z.B.

229

"(*PB*-7-34-12342-*A*)-[$Mab_2c_2d_2$]" (**229**)
- die Konfigurationszahl besteht aus zwei Gruppen, nämlich aus den beiden Prioritätszahlen auf der fünfzähligen Achse des Koordinationspolyeders, gefolgt von den fünf Prioritätszahlen in der Ebene senkrecht zu dieser Achse; Anordnung in den beiden Gruppen nach steigenden Prioritätszahlen
- "*A*", denn ① → ② → ③ > ① → ② → ④

230

"(*PB*-7-11-11223)-(Diwasserstoff-κ*H*,κ*H*′)hydrotetrakis(trimethylphosphin)eisen(1+)" (**230**)

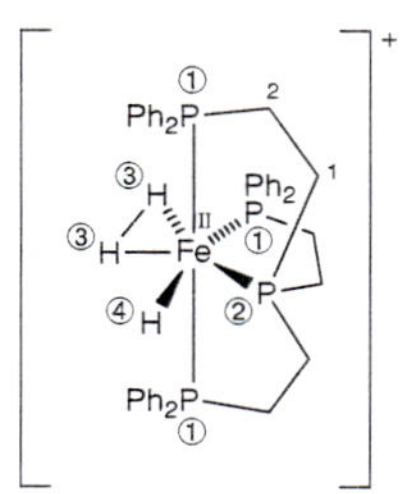

231

"(*PB*-7-11-12433)-(Diwasserstoff-κ*H*,κ*H*′)hydro{tris[2-(diphenylphosphino-κ*P*)ethyl]phosphin-κ*P*}eisen(1+)" (**231**)

(d) ***Stereodeskriptor einer einkernigen Koordiationsverbindung mit π-Liganden*** (hapto-Liganden):

Kap. 6.34(b₂)

CA bezeichnet die Konfiguration eines stereogenen Zentralatoms M mit π-Liganden nur mit der modifizierenden Angabe '**stereoisomer**'; das **Ligand-Segment** wird **wie in *(a₄)*** beschrieben hergeleitet und nach *A.6.2* und *A.6.3* zitiert, auch wenn die Konfiguration am Zentralatom unbekannt ist.

A.6.2 und A.6.3

In einfachen Fällen wird empfohlen[2)][3)][12)], **einen π-Liganden als Pseudoatom** (PA) **zu behandeln**, das über eine Einfachbindung an das Zentralatom gebunden ist. Die '**Ordnungszahl**' ('atomic number') des Pseudoatoms ist gleich der **Summe der Ordnungszahlen aller an das Zentralatom gebundenen Atome des π-Liganden**; z.B. η^8-C_8H_8, η^7-C_7H_7, η^6-C_6H_6, η^5-C_5H_5, η^4-C_4H_4 und η^3-C_3H_3 werden als Pseudoatom der Ordnungszahl 48 > 42 > 36 > 30 > 24 > 18 behandelt. Vgl. dazu auch die **CIP-Konvention für π-Komplexe**[2)] (s. ***(e)***).

z.B.

232 ⇔ 232a

"Acetylcarbonyl(η^5-cyclopenta-2,4-dien-1-yl)(triphenylphosphin)eisen-Stereoisomer" (**232**)
Empfehlung: "(***T*-4-*R***)-Acetylcarbonyl(η^5-cyclopenta-2,4-dien-1-yl)(triphenylphosphin)eisen" (s. ***(c₁)***)

233

"(η^4-Buta-1,3-dien)dicarbonyl(triethylphosphin)eisen-Stereoisomer" (**233**)
- das **Koordinationspolyeder** von **233** ist nach Literatur **quadratisch-pyramidal** (*SP*-5), die Konvention der Pseudoatome lässt sich nicht anwenden
- **Empfehlung**: "(***SP*-5**)-(η^4-Buta-1,3-dien)dicarbonyl(triethylphosphin)eisen"

234

"[(1,2,3-η)-But-2-enyl](2,5-dichlorophenyl)(triphenylphosphin)palladium-Stereoisomer" (**234**)
- das **Koordinationspolyeder** von **234** ist nach Literatur **quadratisch-planar** (*SP*-4), die Konvention der Pseudoatome lässt sich nicht anwenden
- **Empfehlung**: "(***SP*-4**)-[(1,2,3-η)-But-2-enyl](2,5-dichlorophenyl)(triphenylphosphin)palladium"

(e) ***Stereodeskriptoren von Metallocenen:***

Kap. 6.34(f)

Vor der Spezifikation der **Konfiguration eines nicht-symmetrisch disubstituierten Metallocens** muss die **CIP-Konvention für π-Komplexe**[2)] auf die koordinierenden Ligand-Atome des π-Liganden angewandt werden:

"Diejenigen Ligand-Atome eines ungesättigten Liganden, die ein Metall-Atom in einem π-Komplex binden, werden so behandelt, als binde jedes das Metall-Atom mit einer Einfachbindung, wobei ihre Ligandatomzahl 4 dadurch erhalten bleibt, dass man die Multiplizität der Mehrfachbindungen, an denen sie innerhalb des Liganden teilhaben, um eins vermindert"[2)].

A.6

[16)] B.P. Block, W.H. Powell, W.C. Fernelius, 'Inorganic Chemical Nomenclature', ACS Professional Reference Book, American Chemical Society, Washington, DC, 1990.

Mittels dieser CIP-Konvention für π-Komplexe und der Angaben in *A.6.2* für ein stereogenes Zentrum **lässt sich die Konfiguration am tetraliganten** (nicht-tetraedrischen) **Zentrum höchster CIP-Priorität der Cyclopentadienyl-Einheit des Metallocens mittels "(*R*)-"/"(*S*)-" bezeichnen**, d.h. am Zentrum, das den CIP-bevorzugten Substituenten trägt. Dazu werden die vier Liganden an diesem Zentrum nach *A.6.2(**d**)* in die Prioritätenreihenfolge eingeordnet. Die Konfiguration der übrigen Zentren der Cyclopentadienyl-Einheit ist dadurch festgelegt. Die Konfiguration in Substituenten an der Cyclopentadienyl-Einheit wird nach *A.6.2* und *A.6.3* bezeichnet.

A.6.2(**d**)

A.6.2 und A.6.3

z.B.

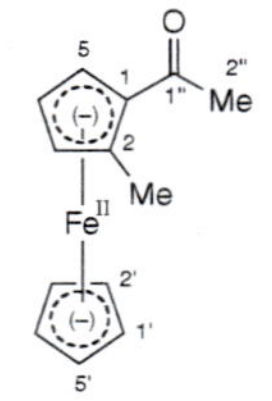

235 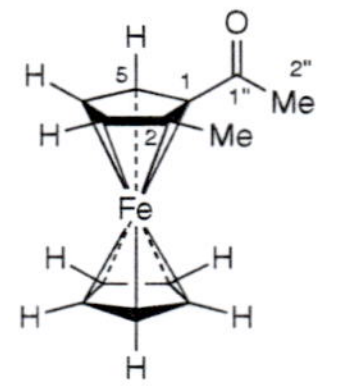 ⇔ **235a** 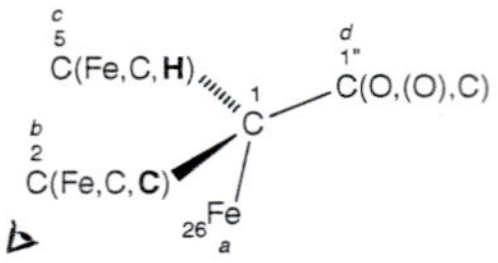 ⇔ **235b**

"(1*S*)-1-Acetyl-2-methylferrocen" (**235**)
- das CIP-bevorzugte Zentrum ist C(1)
- **CA bis 1999**: '(*S*)' nach *A.6.3(**j**)*
- früher wurden Metallocene nach dem Konzept der planaren Chiralität spezifiziert, was für **235** den Chiralitätssinn *R* ergab (vgl. dazu[12]))

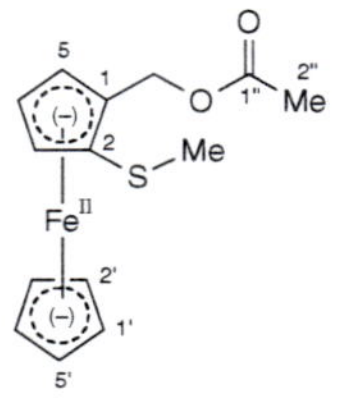

236 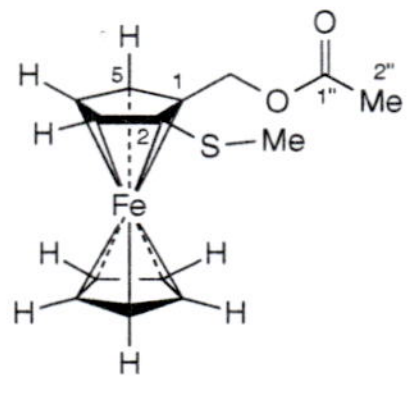 ⇔ **236a** 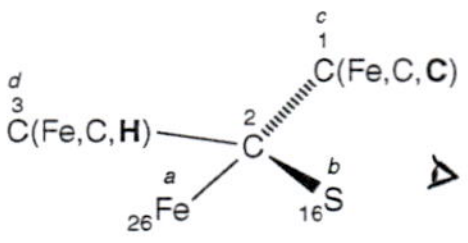 ⇔ **236b**

"(2*R*)-1-[(Acetyloxy)methyl]-2-(methylthio)-ferrocen" (**236**)
- das CIP-bevorzugte Zentrum ist C(2)
- **CA bis 1999**: '(*R*)' nach *A.6.3(**j**)*
- früher wurden Metallocene nach dem Konzept der planaren Chiralität spezifiziert, was für **236** den Chiralitätssinn *S* ergab (vgl. dazu [12]))

---

aber:

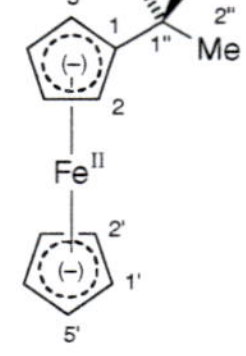

237

"[(1*R*)-1-Hydroxyethyl]ferrocen" (**237**)
- O(H,o,o) > C[1'](**Fe**,C,C) > C[2'](**H**,H,H) > H
- "(1*R*)" nach *A.6.3(**b**)*
- **CA bis 1999**: 'ferrocene, (1-hydroxyethyl)-, (*R*)-' nach *A.6.3(**j**)*

(*f*) ***Stereodeskriptor von mehrkernigen Koordinationsverbindungen:***

Kap. 6.34(**h**)

Unter Berücksichtigung der neuen CA-Richtlinien für Stereodeskriptoren in systematischen Namen (s. *A.6.3*) **sollten vermutlich neu die folgenden Fälle unterschieden werden** (s. jedoch CA ¶ 203(III) von 1999 und (***a***$_4$)):

- Konfiguration aller Zentralatome bekannt:
  modifizierende Angabe 'stereoisomer';
- Konfiguration der Zentralatome unbekannt, Konfiguration aller oder nur einiger Liganden bekannt:
  Angabe der Ligand-Konfiguration wenn möglich im zugehörigen Ligand-Namen (s. (***a***$_4$)).

CA unterschied bis1999 folgende Fälle:
- Konfiguration aller Zentralatome bekannt,
  modifizierende Angabe 'stereoisomer';
- Konfiguration aller Zentralatome unbekannt, Konfiguration aller Liganden bekannt,
  Angabe der Ligand-Konfigurationen nach *A.6.2* und *A.6.3*, d.h. so, dass alle Ligand-Konfigurationen in einem einzigen Deskriptor zusammengefasst sind;
- Konfiguration nur einiger Liganden bekannt,
  keine Angabe.

z.B.

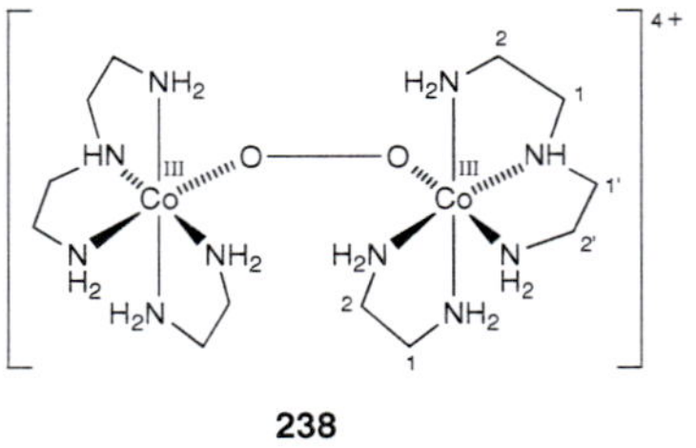

238

"Bis{*N*-[2-(amino-κ*N*)ethyl]ethan-1,2-diamin-κ*N*,κ*N*′}bis(ethan-1,2-diamin-κ*N*,κ*N*′)[μ-(peroxy-κ*O*:κ*O*′)]dicobalt(4+)-Stereoisomer" (**238**)
'end-on'-Stereoisomer (M–O–O–M); isomer dazu ist das 'side-on'-Stereoisomer (M<O$_2$>M)

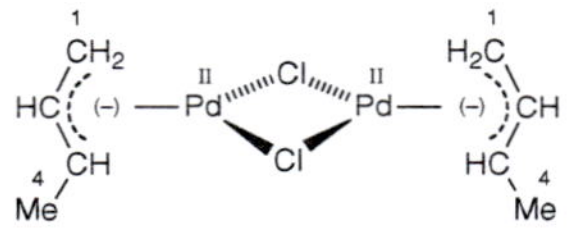

239

"Bis[(2*E*)-(1,2,3-η)-but-2-enyl]di-μ-chlorodipalladium" (**239**)
- "(2*E*)" nach *A.6.3(**b**)*
- **CA bis 1999**: 'palladium, bis[(1,2,3-η)-2-butenyl]di-μ-chlorodi-, (*E,E*)-' nach *A.6.3(**j**)(**f**′)*

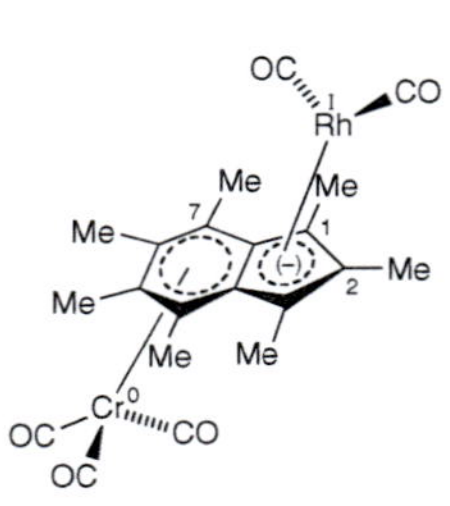

240

"Tricarbonyl(dicarbonylrhodium){μ-[(1,2,3,3a,7a-η:3a,4,5,6,7,7a-η)-1,2,3,4,5,6,7-heptamethyl-1*H*-inden-1-yl}chrom-Stereoisomer" (**240**)
Stereoisomer mit Rh und Cr '*trans*'-ständig

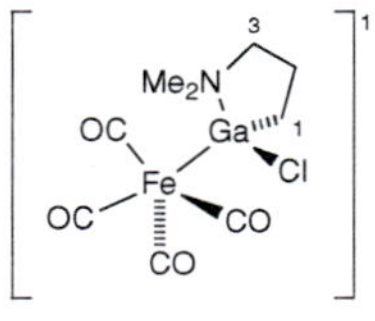

241

"Tetracarbonyl{chloro[3-(dimethylamino-κ*N*)propyl-κ*C*]gallat}ferrat(1−)(*Fe–Ga*)-Stereoisomer" (**241**)
das Ga-Atom ist ein Chiralitätszentrum

A.6

CA ¶ 158 und 281
IUPAC R-1.1

Anhang 7. λ-Konvention

Die von IUPAC eingeführte λ-Konvention[1]) ist eine Möglichkeit, **formal ladungsneutrale Strukturen, die Heteroatome mit Nichtstandard-Valenzen enthalten**, auf einfache Art zu benennen. CA verwendet die λ-Konvention neben anderen Konventionen (s. unten) seit dem '12th Coll. Index'.

IUPAC empfiehlt die **λ-Konvention**[1]) **in einem weiter gefassten Strukturbereich** als CA und schlägt zusätzlich für cyclische Gerüst-Stammstrukturen mit kumulierten Doppelbindungen die δ-Konvention[2]) vor (s. ***(d)***). Letztere wird von CA nicht verwendet.

Definition:

Die Bindungszahl *n* eines Gerüst-Atoms in einer Gerüst-Stammstruktur **bezeichnet die Summe der Valenzbindungen** (= Bindungsäquivalente zu benachbarten Gerüst-Atomen und zu allfällig an ihm haftenden H-Atomen).

Anhang 4

Standard-Valenzen von Heteroatomen haben Standard-Bindungszahlen *n* nach *Anhang 4*; sie **werden in Namen nicht speziell erwähnt**, z.B. O^{II}, S^{II}, Se^{II}, Te^{II}, N^{III}, P^{III}, Sb^{III}, Bi^{III}, Si^{IV}, Ge^{IV}, Sn^{IV}, Pb^{IV}, B^{III}.

Nichtstandard-Valenzen von Heteroatomen werden unter gewissen Bedingungen (CA) **in Namen durch das Symbol** "λ^n" (*n* = Bindungszahl) **angegeben** (s. unten, ***(c₁)***).

Man unterscheidet (nach CA):

(a) Nichtstandard-Valenzen von Radikal- und Ionenzentren, molekularen Additions- und Koordinationsverbindungen, Sulfon- und Sulfinsäuren, Phosphon- und Phosphinsäuren, P- und As-haltigen Ketten, Sulfonen, Sulfinen, Sulfoximinen, Sulfiliminen, Schwefel-diimiden *etc.* und Analoga und Derivate solcher Verbindungen sowie von Substituenten aus *Tab. 3.1*;

Tab. 3.1

(b) Nichtstandard-Valenzen von N-, P-, As-, Sb-, Bi-, S-, Se- oder Te-Atomen in Heterocyclen oder funktionellen Gruppen (s. jedoch ***(a)***), hervorgerufen durch Addition von O^{II}, S^{II}, Se^{II} oder Te^{II}: Additionsname (*Kap. 3.2.4*) "-oxid"/"Oxido-", "-sulfid"/"Sulfido-" *etc.*;

Kap. 3.2.4

(c) Nichtstandard-Valenzen von Heteroatomen in Heterocyclen (s. jedoch auch ***(a)***, ***(b)*** und ***(d)***):

(c₁) λ-Konvention,

(c₂) "Hydro"-Präfix,

(c₃) Iod-haltige Heterocyclen;

(d) Nichtstandard-Valenz von Heteroatomen in Heterocyclen mit kumulierten Doppelbindungen (δ-Konvention).

(a) **Nichtstandard-Valenzen von Heteroatomen** sind im Fall der folgenden Verbindungsklassen und Stammstrukturen **in den** entsprechenden **Endungen/Präfixen oder Namen berücksichtigt** und werden deshalb im Namen nicht speziell erwähnt (s. *Tab. 3.2*):

Tab. 3.2

- **Radikal- und Ionenzentren** in Radikalen, Kationen, Anionen, Zwitterionen, Radikalionen, **molekularen Additionverbindungen** und **Koordiationsverbindungen** (s. **1** – **4**); (Kap. 6.2 – 6.6 und 6.34)
- **Sulfon- und Sulfinsäuren** (sowie Se- und Te-Analoga) und Derivate (s. **5**); (Kap. 6.8 und 6.13 – 6.17)
- **Schwefel- und Schwefligsäuren** sowie **Salpetersäuren** und Derivate; (Kap. 6.10 und 6.13 – 6.17)
- **Phosphon- und Phosphinsäuren** (sowie As-Analoga) und Derivate (s. **6**); (Kap. 6.11 und 6.13 – 6.17)
- **gewisse P- und As-haltige Ketten** (Phosphorane *etc.*, s. **7**); (Kap. 4.3.3.1)
- **Sulfone und Sulfoxide** (sowie Se- und Te-Analoga), **Sulfoximine, Sulfilimine, Schwefel-diimide** *etc.* (s. **8** und **9**); (Kap. 6.31 und 6.25)
- **Substituenten aus *Tab. 3.1*** (s. **10**) (Tab. 3.1)

z.B.

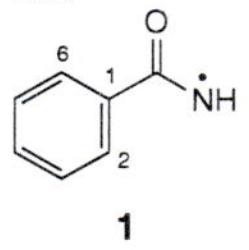

1 "Benzoylamidogen" (**1**)
- Radikal (*Kap. 6.2.3*)
- IUPAC: "Benzamidyl"

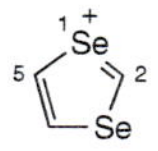

2 "1,3-Diselenol-1-ium" (**2**)
- Kation (*Kap. 6.3.4*)
- IUPAC: "1λ^4,3-Diselenol-1-ylium" (s. auch ***(c₁)***)

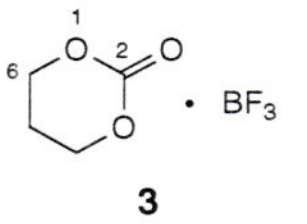

3 "(1,3-Dioxan-2-on)-Verbindung mit Trifluoroboran (1:1)" (**3**)
- CA: '1,3-dioxan-2-one, compd. with trifluoroborane (1:1)'
- IUPAC: "(1,3-Dioxan-2-on)-trifluoroboran (1/1)"

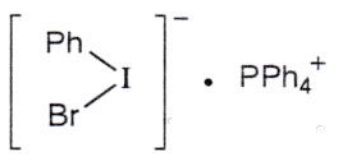

4 "Tetraphenylphosphonium-bromophenyliodat(1–)" (**4**)
- Kation (*Kap. 6.3.2.1*) und Anion (*Kap. 6.34*)
- IUPAC: vermutlich "Bromo(phenyl)(λ^5-tetraphenylphosphanyl)-λ^3-iodan" (s. auch ***(c₁)***)

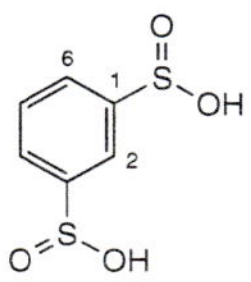

5 "Benzol-1,3-disulfinsäure" (**5**)
- Englisch: 'benzene-1,3-disulfinic acid'
- Sulfinsäure (*Kap. 6.8*)

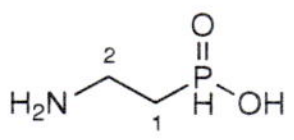

6 "(2-Aminoethyl)phosphinsäure" (**6**)
- Englisch: '(2-aminoethyl)phosphinic acid'
- Phosphinsäure (*Kap. 6.11*)

$H_3P{=}PH_3$ **7** "Diphosphoren" (**7**)
- homogene Heterokette (*Kap. 4.3.3.1*)
- IUPAC: auch "1λ^5,2λ^5-Diphosphen" (s. auch ***(c₁)***)

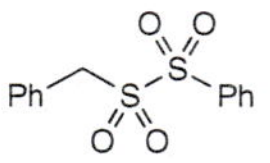

8 "Phenyl-(phenylmethyl)-disulfon" (**8**)
- Englisch: 'phenyl phenylmethyl disulfone'
- Polysulfon (*Kap. 6.31*)

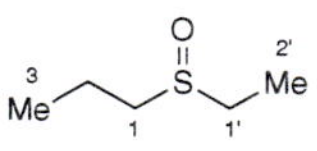

9 "1-(Ethylsulfinyl)propan" (**9**)
- Monosulfoxid (*Kap. 6.31*)
- IUPAC: auch "Ethyl-propyl-sulfoxid"

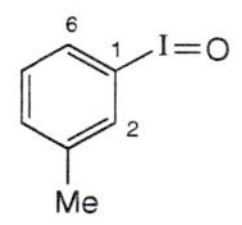

10 "1-Iodosyl-3-methylbenzol" (**10**)
- Englisch: '...benzene'
- Halogen-Verbindung (*Kap. 6.33*)

[1]) IUPAC, 'Treatment of Variable Valence in Organic Nomenclature (Lambda Convention)', *Pure Appl. Chem.* **1984**, *56*, 769.

[2]) IUPAC, 'Nomenclature for Cyclic Organic Compounds with Contiguous Formal Double Bonds (The δ-Convention)', *Pure Appl. Chem.* **1988**, *60*, 1395.

A.7

Kap. 3.2.4

(b) **Nichtstandard-Valenzen** in Gerüst-Stammstrukturen, Stammsubstituenten oder Hauptgruppen, die **durch das Beifügen eines Heteroatoms O^{II}, S^{II}, Se^{II} oder Te^{II} an ein Heteroatom N^{III}, P^{III}, As^{III}, Sb^{III}, Bi^{III}, S^{II}, Se^{II} oder Te^{II}** zustande kommen, werden mittels Additionsnomenklatur nach *Kap. 3.2.4* benannt:

Modifizierende Angabe	**"-oxid"**	(=O)
	"-sulfid"	(=S)
	"-selenid"	(=Se)
	"-tellurid"	(=Te)
Pseudopräfix	**"Oxido-"**	(O=)
	"Sulfido-"	(S=)
	"Selenido-"	(Se=)
	"Tellurido-"	(Te=)

z.B.

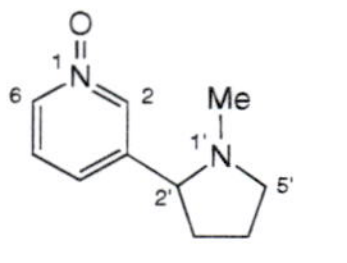

11 "3-(1-Methylpyrrolidin-2-yl)pyridin-1-oxid" (**11**)
Stickstoff-Verbindung (*Kap. 6.33*)

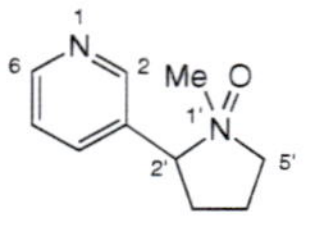

12 "3-(1-Methyl-1-oxidopyrrolidin-2-yl)pyridin" (**12**)
- Stickstoff-Verbindung (*Kap. 6.33*)
- IUPAC: vermutlich "3-(1-Methyl-1-oxo-1λ^5-pyrrolidin-2-yl)pyridin"

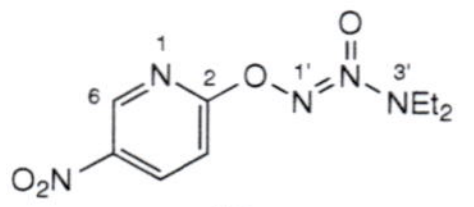

13 "2-[(3,3-Diethyl-2-oxidotriaz-1-enyl)oxy]-5-nitropyridin" (**13**)
- Stickstoff-Verbindung (*Kap. 6.33*)
- IUPAC: vermutlich "2-[(3,3-Diethyl-2-oxo-2λ^5-triaz-1-enyl)oxy]-5-nitropyridin"

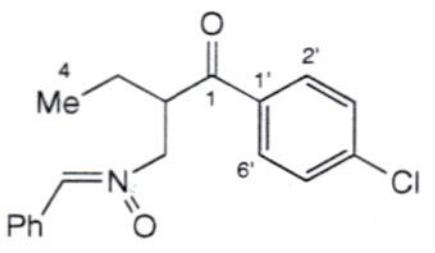

14 "1-(4-Chlorophenyl)-2-{[oxido(phenylmethylen)amino]methyl}butan-1-on" (**14**)
- Keton (*Kap. 6.20*) mit "(Oxidoamino)"-Präfix (*Kap. 6.23*)
- IUPAC: vermutlich "1-(4-Chlorophenyl)-2-[(benzylidenazinoyl)methyl]butan-1-on" (*Kap. 6.23*)

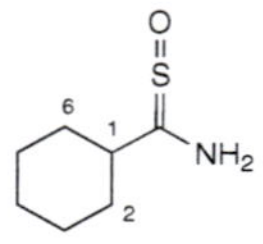

15 "Cyclohexancarbothioamid-*S*-oxid" (**15**)
Carboxamid (*Kap. 6.16*)

(c) **Nichtstandard-Valenzen von Heteroatomen in Heterocyclen, die sich nicht nach *(a)* oder *(b)* bezeichnen lassen und keine kumulierten Doppelbindungen**[3]) (s. ***(d)***) **enthalten**, werden folgendermassen bezeichnet:

(c₁) mittels der λ-Konvention;

(c₂) mittels des "Hydro"-Präfixes, wenn die Gerüst-Stammstruktur nicht wie üblich substitutiv benannt werden kann;

(c₃) mittels eines Namens ohne "λ" und "Hydro"-Präfix im Fall von Iod-haltigen Heterocyclen.

(c₁) Der Name eines **Heterocyclus** (für entsprechende Substituenten, s. ***(c₁₂)***), **der ein ladungsneutrales Heteroatom mit Nichtstandard-Valenz der Bindungszahl *n* und die maximale Anzahl nicht-kumulierter Doppelbindungen**[3]) **aufweist**, setzt sich zusammen aus

"xλ^{n}" + | **Stammname des Heterocyclus mit Standard-Valenz** | x = Lokant des Heteroatoms

Bis zum '12th Coll. Index' bezeichnete CA Nichtstandard-Valenzen in Heterocyclen mittels eines kursiven Element-Symbols für das betroffene Heteroatom **und einer hochgestellten römischen Zahl**, die der Bindungszahl *n* entspricht; diese Konvention wird von CA **nur noch im Fall von kumulierten Doppelbindungen** verwendet (s. ***(d)***).

IUPAC empfiehlt die λ-Konvention im Gegensatz zu CA **auch für Heterocyclus-Substituenten** (s. ***(c₁₂)***) **und Heteroketten** (*Kap. 4.3*): "λ^{n}" steht dann unmittelbar nach dem im Namen schon vorhandenen Lokanten des entsprechenden Gerüst-Atoms oder, falls explizit kein Lokant angeführt werden muss, mit dem entsprechenden Lokanten vor dem Namen (s. **16** und **17** und ***(c₁₂)***).

z.B.

SH_4 **16** "λ^4-Sulfan" (**16**)
CA: 'hydrogen sulfide (H_4S)'

$H_4P—PH_3—PH_4$ **17** "1λ^5,2λ^5,3λ^5-Triphosphan" (**17**)
CA: 'triphosphorane' (*Kap. 4.3.3.1*); s. auch ***(a)***

Kap. 4.5.2, 4.5.3, 4.6.2, 4.6.3, 4.8, 4.9.3 und 4.10

(c₁₁) **Trivial- und *Hantzsch-Widman*-Namen für Heteromonocyclen, Trivial- und Anellierungsnamen für anellierte Heteropolycyclen** (inkl. überbrückte) sowie entsprechende Heterospiropolycyclen (s. jedoch ***(c₁₃)***) und Heteroringsequenzen:

"λ^{n}" **mit dem entsprechenden Lokanten steht *zusätzlich* zu allfällig schon vorhandenen Lokanten** vor dem Stammnamen, aber nach allfällig notwendigem indiziertem H-Atom[4])

z.B.

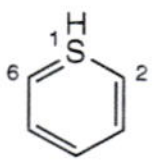

18 "1λ^4-Thiopyran" (**18**)
- Englisch: '1λ^4-thiopyra**n**'
- Heteromonocyclus mit Trivialnamen (*Kap. 4.5.2*)
- die Se- und Te-Analoga haben *Hantzsch-Widman*-Namen (*Kap. 4.5.3*): "1λ^4-Selenin" ('1λ^4-seleni**n**') bzw. "1λ^4-Tellurin" ('1λ^4-telluri**n**')

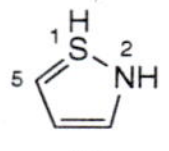

19 "2*H*-1λ^4-Isothiazol" (**19**)
- Heteromonocyclus mit Trivialnamen (*Kap. 4.5.2*)
- indiziertes H-Atom nach *Anhang 5**(a)(d)***[4])

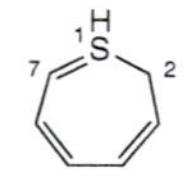

20 "2*H*-1λ^4-Thiepin" (**20**)
- CA: '...thiepi**n**'
- Heteromonocyclus mit *Hantzsch-Widman*-Namen (*Kap. 4.5.3*)
- indiziertes H-Atom nach *Anhang 5**(a)(d)***[4])

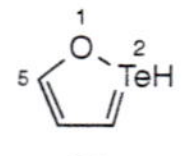

21 "2λ^4-1,2-Oxatellurol" (**21**)
- Heteromonocyclus mit *Hantzsch-Widman*-Namen (*Kap. 4.5.3*)
- IUPAC: "1,2λ^4-Oxatellurol"

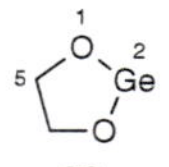

22 "2λ^2-1,3,2-Dioxagermolan" (**22**)
- Heteromonocyclus mit *Hantzsch-Widman*-Namen (*Kap. 4.5.3*)
- IUPAC: "1,3,2λ^2-Dioxagermolan"

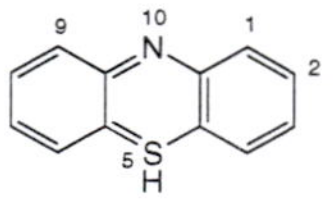

23 "5λ^4-Phenothiazin" (**23**)
Heteropolycyclus mit Trivialnamen (*Kap. 4.6.2*)

---

[3]) **Kumulierte Doppelbindungen:**

mindestens drei Gerüst-Atome sind miteinander durch Doppelbindungen verbunden, z.B. –CH=C=C=CH–, –N=C=CH–.

Nicht-kumulierte Doppelbindungen:

jede andere Anordnung von zwei oder mehr Doppelbindungen, z.B. –CH=CH–CH=CH–, –CH=CH–CH$_2$–CH=CH–, –N=CH–N=CH–, –O–CH=N–CH=CH–, –O–CH=N–CH$_2$–N=CH–.

[4]) **Nach dem Zuordnen der maximalen Anzahl nicht-kumulierter Doppelbindungen**[3]) **zur Struktur mit Nichtstandard-Valenzen wird indiziertes H-Atom** nach *Anhang 5* jedem Ringatom mit $n \geq 3$ **zugeteilt**, das mit (mindestens zwei) benachbarten Ringatomen nur über Einfachbindungen verknüpft ist und ein oder mehrere H-Atome trägt; eine Ausnahme bilden gesättigte angulare Ringatome, die zur Formulierung einer Struktur mit der maximalen Anzahl nicht-kumulierter Doppelbindungen unumgänglich sind (vgl. dazu *Anhang 5**(b)***; s. **26**) sowie gesättigte Zentren zwischen zwei bivalenten Heteroatomen (vgl. dazu *Anhang 5**(c)***).

24

"4λ^4,5λ^4,9λ^4,10λ^4-Tetraseleneto[1,2-*a*:3,4-*a'*]bis[1,2,3,5]diselenadiazol" (**24**)
Heteropolycyclus mit Anellierungsnamen (*Kap. 4.6.3*)

25

"5*H*-5λ^5-[1,4,2,3]Diazadiphospholo[2,1-*b*][1,3,5,2,4]triazadiphosphorin" (**25**)
- Heteropolycyclus mit Anellierungsnamen (*Kap. 4.6.3*)
- indiziertes H-Atom nach *Anhang 5(**a**)*[4])

26

"11λ^5-[1,3,2]Diazaphospholo[2,1-*b*:2,3-*b'*]bis[1,3,2]oxazaphosphol" (**26**)
- Heteropolycyclus mit Anellierungsnamen (*Kap. 4.6.3*)
- kein indiziertes H-Atom[4])

27

"2,2'-Bi-2λ^4-1,2,3,5-diselenadiazol" (**27**)
Heteroringsequenz (*Kap. 4.10*)

Kap. 4.5.4, 4.5.5, 4.6.4, 4.7, 4.9.2 und 4.10

(c_{12}) Austauschnamen für Heteromonocyclen, anellierte Heteropolycyclen (inkl. überbrückte), **Heterobrückenpolycyclen nach *von Baeyer*, Heterospiropolycyclen sowie Heteroringsequenzen**:

"λ^n" steht unmittelbar nach dem im Stammnamen schon vorhandenen Lokanten

z.B.

28

"1,3-Dioxa-2-thia-4λ^2-silacyclobutan" (**28**)
Heteromonocyclus mit Austauschnamen (*Kap. 4.5.5*)

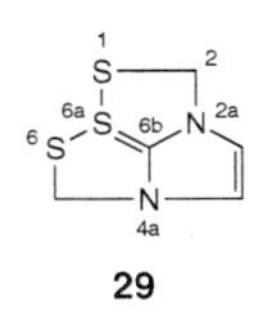

29

"2*H*,5*H*-1,6,6aλ^4-Trithia-2a,4a-diazacyclopenta[*cd*]pentalen" (**29**)
- Heteropolycyclus mit Austauschnamen (*Kap. 4.6.4*)
- indiziertes H-Atom nach *Anhang 5(**a**)*[4])

30

"2,8,9-Trioxa-1λ^4-selena-5-azabicyclo[3.3.3]undecan" (**30**)
Heterobrückenpolycyclus nach *von Baeyer*

31

"1,6-Dioxa-4,9-diaza-5λ^5-arsaspiro[4.4]nonan" (**31**)
Heterospiropolycyclus (*Kap. 4.9.2*)

32

"6λ^2-Stannadispiro[4.1.4.2]trideca-1,3,8,10-tetraen" (**32**)
Heterospiropolycyclus (*Kap. 4.9.2*)

Kap. 4.9.3

(c_{13}) Heterospiropolycyclus-Namen mit unveränderten Namen der Ringkomponenten:

"λ^n" für ein Spiroatom steht unmittelbar nach *beiden* Lokanten der Spiroverknüpfung, oder bei identischen Komponenten vor dem gesamten Namen mit dem entsprechenden Lokanten (nicht in den Namen der einzelnen Komponenten).

Nichtspiroatome mit Nichtstandard-Valenzen werden, wenn nötig, nach **(c_{11})** oder **(c_{12})** bezeichnet.

z.B.

33

"Spiro[3*H*-2,1-benzoxathiol-1,2'λ^4-[3*H*-1,2]oxathiol]" (**33**)
- Heterospiropolycyclus (*Kap. 4.9.3*)
- indiziertes H-Atom nach *Anhang 5(**a**)(**d**)*

34

"Spiro[1,3,2-benzodiazaphosphorin-2(1*H*),2'λ^5-[1,3,2]dioxaphospholan]" (**34**)
- Heterospiropolycyclus (*Kap. 4.9.3*)
- indiziertes H-Atom nach *Anhang 5(**g**)*

35

"Spiro[1,3,2-benzodioxaphosphol-2,1'λ^5(2'*H*)-[1,2]diphosphet]" (**35**)
- Heterospiropolycyclus (*Kap. 4.9.3*)
- indiziertes H-Atom nach *Anhang 5(**g**)*

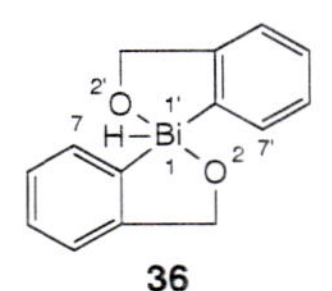

36

"1λ^5-1,1'(3*H*,3'*H*)-Spirobi[2,1-benzoxabismol]" (**36**)
- Heterospiropolycyclus (*Kap. 4.9.3*)
- indiziertes H-Atom nach *Anhang 5(**g**)*

CA ¶ 158

(c_2) Nichtstandard-Valenzen von Heteroatomen in Heterocyclen werden durch **Beifügen des "Hydro"-Präfixes** bezeichnet, **wenn der Name der Heterocyclus-haltigen Struktur nicht nach den üblichen Regeln der Substitutionsnomenklatur geprägt werden kann**; dies gilt (nach CA) insbesondere **für Heterocyclus-*Substituenten* mit der Nichtstandard-Valenz am Gerüst-Atom**, das nach der üblichen Substitutionsnomenklatur die freie(n) Valenz(en) tragen würde (s. **38** und **39**). Solche Strukturen würden sich jedoch auch mittels der λ-Konvention nach **(c_1)** benennen lassen; die CA-Richtlinien sind diesbezüglich nicht sehr explizit (s. Beispiele).

IUPAC empfiehlt in allen Fällen die λ-Konvention nach **(c_1)**.

z.B.

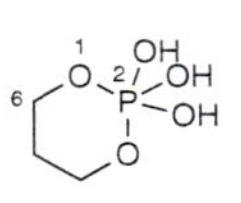

37

"2,2-Dihydro-2,2,2-trihydroxy-1,3,2-dioxaphosphorinan" (**37**)
- Pseudoalkohol nach *Kap. 6.21(**b**)*
- Variante nach **(c_{11})**: "2,2,2-Trihydroxy-2λ^5-1,3,2-dioxaphosphorinan" (nicht bei CA)
- IUPAC: "2,2,2-Trihydroxy-1,3,2λ^5-dioxaphosphinan"

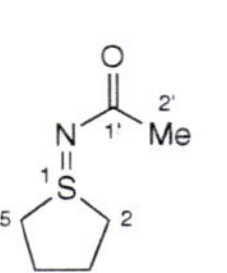

38

"1-(Acetylimino)-1,1,2,3,4,5-hexahydrothiophen" (**38**)
- Variante nach **(c_{11})**: "*N*-(2,3,4,5-Tetrahydro-1*H*-1λ^4-1-thienyliden)acetamid"[4]) (nicht bei CA)
- IUPAC: "*N*-(2,3,4,5-Tetrahydro-1*H*-1λ^4-thienyliden)-acetamid"[4])

39

"1-(1-Carboxy-2-oxopropyliden)-2,5-dichloro-1,1-dihydrothiophen" (**39**)
- Variante nach **(c_{11})**: "2-(2,5-Dichloro-1*H*-1λ^4-1-thienyliden)-3-oxobutansäure"[4]) (nicht bei CA)
- IUPAC: "2-(2,5-Dichloro-1*H*-1λ^4-thienyliden)-3-oxobutansäure"[4])

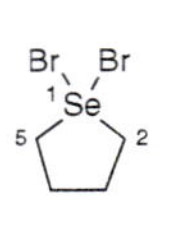

40

"1,1-Dibromo-1,1,2,3,4,5-hexahydroselenophen" (**40**)
Variante nach **(c_{11})** und IUPAC: "1,1-Dibromo-2,3,4,5-tetrahydro-1*H*-1λ^4-selenophen"[4]) (nicht bei CA)

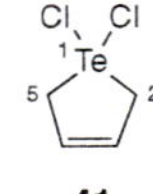

41

"1,1-Dichloro-1,1,2,5-tetrahydrotellurophen" (**41**)
Variante nach **(c_{11})** und IUPAC: "1,1-Dichloro-2,5-dihydro-1*H*-1λ^4-tellurophen"[4]) (nicht bei CA)

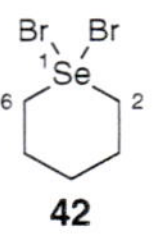

42

"1,1-Dibromo-1,1-dihydroselenan" (**42**)
Variante nach **(c_{11})** und IUPAC: "1,1-Dibromo-1λ^4-selenan" (nicht bei CA)

43

"2,2-Dihydro-2,2,2-trimethoxy-4,5-diphenyl-1,3,2-dioxaphosphol" (**43**)
- Variante nach **(c_{11})**: "2,2,2-Trimethoxy-4,5-diphenyl-2λ^5-1,3,2-dioxaphosphol" (nicht bei CA)
- IUPAC: "2,2,2-Trimethoxy-4,5-diphenyl-1,3,2λ^5-dioxaphosphol"

A.7

44

"2,2-Dihydro-4,5-dimethyl-2,2,2-triphenyl-1,3,2-dioxaphospholan" (**44**)
- Variante nach **(c_1)**: "4,5-Dimethyl-2,2,2-triphenyl-2λ^5-1,3,2-dioxaphospholan" (nicht bei CA)
- IUPAC: "4,5-Dimethyl-2,2,2-triphenyl-1,3,2λ^5-dioxaphospholan"

45

"3,3-Dihydro-2*H*-1,2,4,3-selenadiazaphosphet" (**45**)
- indiziertes H-Atom nach *Anhang 5(a)(d)*
- Variante nach **(c_1)**: "2*H*-3λ^5-1,2,4,3-Selenadiazaphosphet"[4]) (nicht bei CA)
- IUPAC: "2*H*-1,2,4,3λ^5-Selenadiazaphosphet"[4])

Kap. 4.5.3

(c_3) Iod-haltige Heteromono- und Heteropolycyclen haben Namen, in welchen die Nichtstandard-Valenz des I-Atoms impliziert ist (s. auch *Kap. 4.5.3*). Solche Heterocyclen würden sich jedoch auch mittels der λ-Konvention nach **(c_1)** benennen lassen.

IUPAC empfiehlt die λ-Konvention.

z.B.

46

"1,2,6-Iodadioxan" (**46**)
- Variante nach **(c_1)**: "1λ^3-1,2,6-Iodadioxan" (nicht bei CA)
- IUPAC: "1λ^3,2,6-Iodadioxan"

47

"1,2,3-Benziodoxazol" (**47**)
- Variante nach **(c_1)**: "1λ^3-1,2,3-Benziodoxazol" (nicht bei CA)
- IUPAC: "1λ^3,2,3-Benziodoxazol"

48

"1*H*-1,2,3-Benziodoxathiol" (**48**)
- indiziertes H-Atom nach *Anhang 5(a)(d)*
- Variante nach **(c_1)**: "1*H*-1λ^3-1,2,3-Benziodoxathiol"[4]) (nicht bei CA)
- IUPAC: "1*H*-1λ^3,2,3-Benziodoxathiol"[4])

(d) **Wird die Nichtstandard-Valenz eines Heteroatoms in einem Heterocyclus durch kumulierte Doppelbindungen**[3]) in der Gerüst-Stammstruktur **hervorgerufen, die an diesem Heteroatom enden, dann** enthält der Name des Heterocyclus ein **kursives Elementsymbol** für das entsprechende Heteroatom, **ergänzt durch eine hochgestellte römische Zahl, die der Bindungszahl *n* entspricht** (s. **50** – **55**); wenn nötig wird ein kursiver Lokant vorgestellt (s. **52**, **54** und **55**).

Kap. 3.2.5 und 3.2.4

Kumulierte Doppelbindungen[3]) in Carbo- und Heterocyclen, **die an Atomen mit Standard-Valenzen enden** und sich nicht mit "-dien", "-trien" *etc.* nach *Fussnote 5* bezeichnen lassen, werden dagegen mit dem **"Dehydro"-Präfix, meist in Kombination mit dem "Hydro"-Präfix**, nach der Subtraktions- und Additionsnomenklatur bezeichnet (s. **56** – **59**); wenn diese Methode versagt, wird indiziertes H-Atom verwendet (s. **60**)[5]).

IUPAC empfiehlt für alle cyclischen Strukturen mit kumulierten Doppelbindungen, ausser für die in *Fussnote 5* erwähnten, die δ-Konvention[2]) (IUPAC R-1.1.4), oft in Kombination mit der λ-Konvention (s. **(c_1)**). **Dabei bezeichnet das Symbol "δ^c" ein Gerüst-Atom, an dem mehr als eine Doppelbindung endet** (c = Anzahl dieser Doppelbindungen). Im Namen steht "δ^c" nach dem Lokanten des entsprechenden Gerüst-Atoms und gegebenenfalls nach dem Symbol "λ^n" (vgl. **(c_1)**). Indiziertes H-Atom wird erst nach dem Einfügen aller Doppelbindungen nach *Anhang 5* zugeordnet (vgl. *Fussnote 4*).

z.B.

50

"Thiophen(S^{IV})" (**50**)
IUPAC: "1$\lambda^4\delta^2$-Thiophen"

51

"3*H*-Thio(S^{IV})pyran" (**51**)
- Englisch: '...pyra**n**'
- indiziertes H-Atom nach *Anhang 5(a)(d)*
- IUPAC: "3*H*-1$\lambda^4\delta^2$-Thiopyran"

52

"1,2,4,3,5-Triselena(*4-Se*^{IV})diazol" (**52**)
IUPAC: "1,2,4$\lambda^4\delta^2$,3,5-Triselenadiazol"

53

"5*H*-1,3,2-Oxathi(S^{IV})azol" (**53**)
- indiziertes H-Atom nach *Anhang 5(a)*
- IUPAC: "5*H*-1,3$\lambda^4\delta^2$,2-Oxathiazol"

54

"1,3,5,2,4-Trithia(*3-S*^{IV})diazepin" (**54**)
IUPAC: "1,3$\lambda^4\delta^2$,5,2,4-Trithiadiazepin"

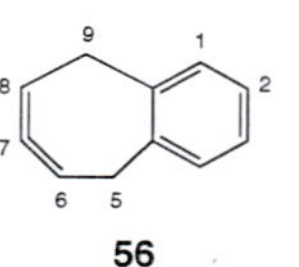

55

"Selenolo[3,4-*c*]selenophen-*5-Se*^{IV}" (**55**)
- beachte den Anellant-Namen "Selenolo-" (nicht "Selenopheno-"; s. *Kap. 4.6.3*(**d_1**))
- IUPAC: "2$\lambda^4\delta^2$-Selenolo[3,4-*c*]selenophen"; **Nicht-standard-Valenzen haben nach IUPAC Priorität für tiefste Lokanten, in der Reihenfolge sinkender Bindungszahlen**

56

"6,7-Didehydro-6,9-dihydro-5*H*-benzocyclohepten" (**56**)
- indiziertes H-Atom nach *Anhang 5(a)(d)* (Priorität für möglichst tiefen Lokanten)
- IUPAC: "5,9-Dihydro-7δ^2-benzocyclohepten"

57

"7,8-Didehydro-6,7-dihydro-5*H*-benzocyclohepten" (**57**)
- indiziertes H-Atom nach *Anhang 5(a)(d)* (Priorität für möglichst tiefen Lokanten)
- IUPAC: "8,9-Dihydro-6δ^2-benzocyclohepten"; **ein Gerüst-Atom mit hoher Zahl *c* hat nach IUPAC Priorität für möglichst tiefen Lokanten**

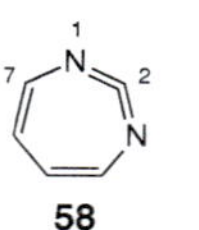

58

"1,2-Didehydro-1*H*-1,3-diazepin" (**58**)
- indiziertes H-Atom nach *Anhang 5(a)(d)*
- IUPAC: "2δ^2-1,3-Diazepin"

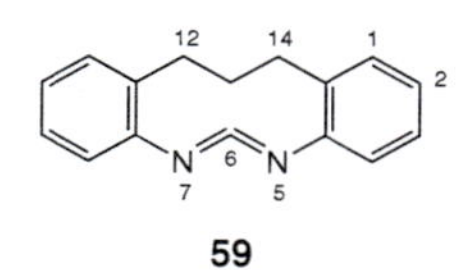

59

"5,6-Didehydro-5,12,13,14-tetrahydrodibenzo[*d,i*][1,3]diazecin" (**59**)
IUPAC: "13,14-Dihydro-12*H*-6δ^2-benzo[*d,i*][1,3]diazecin"

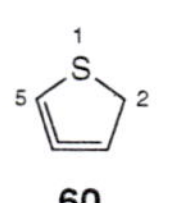

60

"2*H*-Thiophen" (**60**)
- indiziertes H-Atom nach *Anhang 5(a)(d)*
- IUPAC: "5*H*-3δ^2-Thiophen"; **ein Gerüst-Atom mit hoher Zahl *c* hat nach IUPAC Priorität für möglichst tiefen Lokanten, vor indiziertem H-Atom**

A.7

[5]) **Kumulierte Doppelbindungen**[3]) in Ketten- und Ringstrukturen, deren Namen auf einer gesättigten Struktur basieren, nämlich **in Kohlenwasserstoff-Ketten** (*Kap. 4.2*), **Heteroketten** (*Kap. 4.3*), **Carbomonocyclen** ausser "Benzol" (*Kap. 4.4*), **Heteromonocyclen mit Austauschnamen** (*Kap. 4.5.4* und *4.5.5*) **Brückenpolycyclen nach *von Baeyer*** (*Kap. 4.7*) **und Spiropolycyclen mit Carbomonocyclus- oder Heteromonocyclus-Komponenten** (*Kap. 4.9.2*) und entsprechende Ringsequenzen **werden mittels** der Endsilben "**-dien**", "**-trien**" *etc.* **ausgedrückt**.

z.B.

49

"Cyclohepta-1,2-dien" (**49**)

CA ¶ 220
IUPAC
R-8 und H-1 – H-4

Anhang 8. Isotop-modifizierte Verbindungen

Im folgenden werden erläutert:

A.8.1 - Vorbemerkungen,
A.8.2 - IUPAC-Empfehlungen,
A.8.3 - CA-Richtlinien.

Die IUPAC-Empfehlungen und die CA-Richtlinien werden getrennt besprochen.

A.8.1. Vorbemerkungen

Prinzip:

Kap. 3 – 6
Tab. A4

Eine organisch-chemische Verbindung mit einer von der natürlichen Isotopenzusammensetzung (Nuclidzusammensetzung)[1]) der konstituierenden Elemente **abweichenden Isotopenzusammensetzung bekommt grundsätzlich** und wenn möglich **denselben Namen wie die Isotop-unmodifizierte Verbindung** (ausser den Lokanten bei CA, s. unten), d.h. eine **Isotop-Modifikation wird** meist nur **durch einen speziellen, dem Namen beigefügten Isotop-Deskriptor aus Lokanten und Nuclid-Symbolen ausgedrückt** (s. *Tab. A4*).

Das von **CA** verwendete, sogenannte modifizierte *Baughton*-System zur Bezeichnung Isotop-modifizierter Verbindungen **unterscheidet im Gegensatz zu** dem von **IUPAC** empfohlenen Nomenklatursystem **nicht zwischen den unterschiedlichen Arten der Isotop-Modifikation**, d.h. zwischen Isotop-Substitution und Isotop-Markierung (s. jedoch unten, ***A.8.3(f₂)*** und ***(f₄)***).

Tab. A4. Häufig vorkommende Nuclid-Symbole zur Benennung von Isotop-modifizierten Verbindungen

Atom	Atom-Name	Nuclid-Symbol im Namen CA	Nuclid-Symbol im Namen IUPAC
^{2}H oder D	**"Deuterium"**	**"*d*"**	**"^{2}H"** ("D"[a])
^{3}H oder T	**"Tritium"**	**"*t*"**	**"^{3}H"** ("T"[a])
^{13}C	**"Kohlenstoff-13"** ('carbon-13')	**"^{13}C"**	**"^{13}C"**
^{14}C	**"Kohlenstoff-14"** ('carbon-14')	**"^{14}C"**	**"^{14}C"**
^{15}N	**"Stickstoff-15"** ('nitrogen-15')	**"^{15}N"**	**"^{15}N"**
^{32}P	**"Phosphor-32"** ('phosphorus-32')	**"^{32}P"**	**"^{32}P"**
^{17}O	**"Sauerstoff-17"** ('oxygen-17')	**"^{17}O"**	**"^{17}O"**
^{18}O	**"Sauerstoff-18"** ('oxygen-18')	**"^{18}O"**	**"^{18}O"**
^{35}S	**"Schwefel-35"** ('sulfur-35')	**"^{35}S"**	**"^{35}S"**
^{37}Cl	**"Chlor-37"** ('chlorine-37')	**"^{37}Cl"**	**"^{37}Cl"**

[a]) **"D"** ("Deuterium") und **"T"** ("Tritium") sind **nur** zulässig, **wenn keine andern Nuclid-Symbole im Namen nötig sind** (wegen deren alphabetischer Anordnung).

A.8.2. IUPAC-Empfehlungen

IUPAC teilt Isotop-modifizierte Verbindungen in zwei Hauptklassen (mit Unterklassen) ein:

(a) Isotop-substituierte Verbindungen;
(b) Isotop-markierte Verbindungen:
  (b₁) spezifisch Isotop-markierte Verbindungen,
  (b₂) selektiv Isotop-markierte Verbindungen,
  (b₃) nicht-selektiv Isotop-markierte Verbindungen,
  (b₄) Isotop-defizitäre Verbindungen.

IUPAC R-8.2, H-1.23 und H-2.1

(a) *Isotop-substituierte Verbindung:* Im wesentlichen **alle Moleküle** einer Verbindung **haben die modifizierenden Isotope** nur in den angezeigten Stellungen.

Das Nuclid-Symbol, wenn nötig **mit Subskript** "2,3...", **wird** im Namen zusammen **mit** vorgestellten **Lokanten** (wenn nötig) **in *runden* Klammern *vor* dem dadurch modifizierten Namensteil angeführt**. Sind mehrere verschiedene Nuclid-Symbole nötig, dann werden sie alphabetisch angeordnet.

z.B.

$\overset{2}{C}{}^{2}H_3-\overset{1}{C}H_2-{}^{18}OH$

1

"(2,2,2-^{2}H$_3$)Ethan(^{18}O)ol" (**1**)
CA: 'ethan-*2,2,2-d₃*-ol-^{18}*O*' (*A.8.3(**e**)*)

IUPAC R-8.3 und H-1.24 – H-1.29
IUPAC H-2.2

(b) **Isotop-markierte Verbindungen**:

(b₁) *Spezifisch Isotop-markierte Verbindung:* **Eine *einzige* Isotop-substituierte Verbindung** (s. ***(a)***) wird formal **gemischt mit der** analogen, meist in grossem Überschuss vorhandenen **nicht Isotop-modifizierten Verbindung**.

Das **Nuclid-Symbol**, wenn nötig **mit Subskript** "2,3...", **wird** im Namen zusammen **mit** vorgestellten **Lokanten** (wenn nötig) **in *eckigen* Klammern *vor* dem dadurch modifizierten Namensteil angeführt**. Sind mehrere verschiedene Nuclid-Symbole nötig, dann werden sie alphabetisch angeordnet.

z.B.

$^{13}CH_3-C^{2}H_2-O^{2}H$ + CH_3-CH_2-OH } $[^{13}\overset{2}{C}]H_3-\overset{1}{C}[^{2}H_2]-O[^{2}H]$

2

"[2-^{13}C,1,1-^{2}H$_2$]Ethan[^{2}H]ol" (**2**)
CA: 'ethan-*1,1-d₂*-ol-*2*-^{13}C-*d*' (*A.8.3(**e**)*)

[1]) Die natürlichen Isotopenzusammensetzungen der Elemente sind im sogenannten '**Green Book**' von IUPAC zusammengefasst: IUPAC, 'Quantities, Units and Symbols in Physical Chemistry', Blackwell Scientific Publications, Oxford – London – Edinburgh – Boston – Palo Alto – Melbourne, 1988; deutsche Übersetzung: IUPAC, 'Grössen, Einheiten und Symbole in der physikalischen Chemie', Verlag Chemie, Weinheim, 1996.

IUPAC H-2.3

(b_2) ***Selektiv Isotop-markierte Verbindung:*** ***Mehrere*** **Isotop-substituierte Verbindungen** (s. **(*a*)**) werden formal **gemischt mit der** analogen, meist in grossem Überschuss vorhandenen, **nicht Isotop-modifizierten Verbindung, wobei die Stellung, nicht aber die Anzahl der modifizierenden Isotope definiert ist.** Das **Nuclid-Symbol ohne Subskript wird** im Namen zusammen **mit** vorgestellten **Lokanten** (wenn nötig) **in *eckigen* Klammern *vor* dem dadurch modifizierten Namensteil angeführt.** Sind mehrere verschiedene Nuclid-Symbole nötig, dann werden sie alphabetisch angeordnet.

z.B.

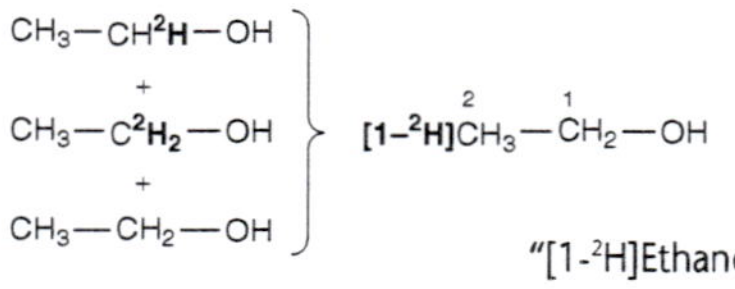

CH_3-CH^2H-OH + $CH_3-C^2H_2-OH$ + CH_3-CH_2-OH → $[1\text{-}^2H]\overset{2}{C}H_3-\overset{1}{C}H_2-OH$

3 "[1-^{2}H]Ethanol" (**3**)
CA: 'ethanol, labeled with deuterium (*A.8.3(f₄)*)

Besteht die **Mischung aus *genau bekannten* Isotop-substituierten Verbindungen** (s. **(*a*)**) **und der analogen nicht Isotop-modifizierten Verbindung**, dann kann das **Nuclid-Symbol mit Subskripten** versehen werden, **welche die mögliche Anzahl der Isotope in der betreffenden Stellung angeben**.

z.B.

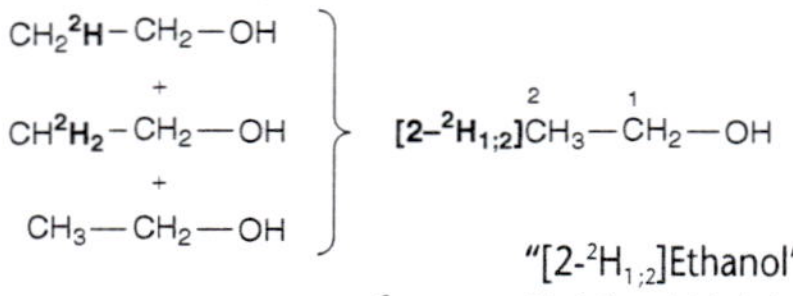

$CH_2{}^2H-CH_2-OH$ + $CH^2H_2-CH_2-OH$ + CH_3-CH_2-OH → $[2\text{-}^2H_{1;2}]\overset{2}{C}H_3-\overset{1}{C}H_2-OH$

4 "[2-$^2H_{1;2}$]Ethanol" (**4**)
CA: 'ethanol, labeled with deuterium' (*A.8.3(f₄)*)

$CH^2H_2-CH_2-{}^{18}OH$ + $CH^2H_2-CH_2-OH$ + CH_3-CH_2-OH → $[2\text{-}^2H_{2;2},{}^{18}O_{0;1}]\overset{2}{C}H_3-\overset{1}{C}H_2-OH$

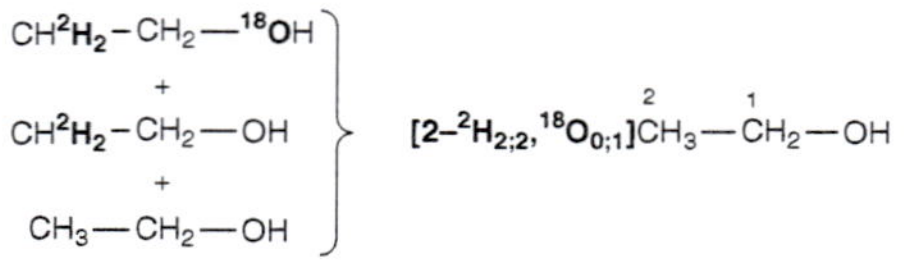

5 "[2-$^2H_{2;2}$,$^{18}O_{0;1}$]Ethanol" (**5**)
CA: vermutlich 'ethanol-^{18}*O*, labeled with deuterium' (*A.8.3(f₄)*)

IUPAC H-2.4

(b_3) ***Nichtselektiv Isotop-markierte Verbindung:*** **Weder die Stellung noch die Anzahl der modifizierenden Isotope** in der Verbindung **ist definiert**. Das **Nuclid-Symbol ohne Subskript und ohne Lokanten wird im Namen in *eckigen* Klammern *vor* dem dadurch modifizierten Namensteil angeführt.** Sind mehrere verschiedene Nuclid-Symbole nötig, dann werden sie alphabetisch angeordnet.

z.B.

$[^2H]\overset{2}{C}H_3-\overset{1}{C}H_2-OH$

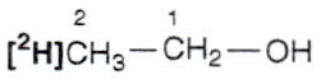

6 "[^{2}H]Ethanol" (**6**)
CA: 'ethanol, labeled with deuterium' (*A.8.3(f₄)*)

IUPAC H-2.5

(b_4) ***Isotop-defizitäre Verbindung*** (= Isotopenmangelverbindungen): **Der natürliche Isotopengehalt**[2]) eines oder mehrerer Elemente der Verbindung **ist verringert.** Das **Nuclid-Symbol mit vorgestelltem "*def*" wird** im Namen zusammen **mit** vorgestellten **Lokanten** (wenn nötig) **in *eckigen* Klammern *vor* dem dadurch modifizierten Namensteil angeführt.** Sind mehrere verschiedene Nuclid-Symbole nötig, dann werden sie alphabetisch angeordnet. Alternativ kann eine Isotop-defizitäre Verbindung manchmal **auch nach (*b₁*)** benannt werden (s. **7**).

z.B.

$\overset{2}{C}H_3-[def\ {}^{13}\overset{1}{C}]H_2-OH$ oder $\overset{2}{C}H_3-[{}^{12}\overset{1}{C}]H_2-OH$

7 "[1-*def*^{13}C]Ethanol"/"[1-^{12}C]Ethanol" (**7**)
CA: 'ethanol-*1-*^{12}*C*' (*A.8.3(e)*)

CA ¶ 220

A.8.3. CA-Richtlinien

Das von CA verwendete modifizierte *Baughton*-System wurde ursprünglich zur Bezeichnung von Deuterium- und Tritium-modifizierten Verbindungen entwickelt und später auf andere Isotop-Modifikationen ausgeweitet. Im folgenden werden erläutert:

(*a*) Allgemeine Richtlinien:
- **(a_1)** Isotop-Deskriptor; Stammname, Stammname + Suffix, Funktionsstammname bzw. Klassenname (= Titelstammname);
- **(a_2)** Numerierung der Gerüst-Stammstruktur;
- **(a_3)** Stellung des Isotop-Deskriptors im Namen:
  - **(a_{31})** der Stammname oder Stammname + Suffix besteht aus einem Wort,
  - **(a_{32})** der Stammname + Suffix oder Funktionsstammname besteht aus mehreren Wörtern (z.B. Säure-Namen) oder ist ein Konjunktionsname,
  - **(a_{33})** Substituentennamen;
- **(a_4)** Angabe der kursiven Lokanten:
  - **(a_{41})** der nicht-modifizierte Name hat keine Lokanten,
  - **(a_{42})** der nicht-modifizierte Name hat Lokanten,
  - **(a_{43})** Spezialfälle (Säuren, Alkohole, Amine, Imine);

(*b*) Isotop-Modifikation durch Deuterium (D) oder Tritium (T) in der Gerüst-Stammstruktur;

(*c*) Isotop-Modifikation durch Deuterium (D) oder Tritium (T) in Verbindungen mit Hauptgruppen:
- **(c_1)** vollständige Deuterium- bzw. Tritium-Modifikation;
- **(c_2)** unvollständige Deuterium- bzw. Tritium-Modifikation;

(*d*) Isotop-Modifikation durch Deuterium (D) oder Tritium (T) in Substituenten (≠ Hauptgruppen);

(*e*) Isotop-Modifikation durch andere Isotope als Deuterium oder Tritium in Strukturen mit oder ohne Hauptgruppen und in Substituenten (≠ Hauptgruppen);

(*f*) Spezialfälle:
- **(f_1)** Isotop-Modifikation in der modifizierenden Angabe;
- **(f_2)** Isotop-Modifikation in Organometall- und Koordinationsverbindungen;
- **(f_3)** Isotop-Modifikation bekannt aber nicht lokalisiert;
- **(f_4)** Anzahl modifizierter Atome unbekannt.

(*a*) Allgemeine Richtlinien:

(a_1) ***Isotop-Deskriptor:*** **Der Name einer Isotop-modifizierten Verbindung besteht grundsätzlich aus**

Kap. 3 – 6

- dem **Namen der nicht Isotop-modifizierten Verbindung** nach *Kap. 3 – 6*, **ausser den Lokanten** (s. **(*a₂*)**), aber **inklusive** der gewählten **Multiplikationsaffixe**[2]),
- einem **Isotop-Deskriptor**, zusammengesetzt **aus**:
- **Lokanten** (wenn nötig) **in Kursivschrift**,
- **Nuclid-Symbol(en)** gemäss *Tab. A4*, wenn nötig alphabetisch angeordnet,
- einem numerischen **Subskript** für jedes Nuclid-Symbol zur Bezeichnung der Anzahl modifizierender Isotope (das Subskript "1" wird immer weggelassen).

Tab. A4

[2]) Eine **unsymmetrische Isotopenverteilung in sonst identischen Struktureinheiten** kann **nicht** durch Modifikation eines **Multiplikationsnamens** (*Kap. 3.2.3*) angezeigt werden; es ist ein Substitutionsname (*Kap. 3.2.1*) zu verwenden, der möglichst viele Nuclid-Symbole im Titelstammnamen (s. **(*a₁*)**) berücksichtigt.

Beachte:

Der **Stammname**, der **Stammname + Suffix**, der **Funktionsstammname** oder der **Klassenname (d.h.** der **Titelstammname** in CAs 'Chemical Substance Index') **muss möglichst viele Nuclid-Symbole enthalten** (s. **55** und **65** – **67**), bei Wahl diejenigen, die im Alphabet früher erscheinen[2]).

Die verschiedenen **IUPAC**-Varianten zur Benennung Isotop-modifizierter Verbindungen sind in *A.8.2* angeführt. Im folgenden werden jeweils nur die IUPAC-Namen für Isotop-substituierte Verbindungen angegeben (*A.8.2(a)*). Andersartig Isotop-modifizierte Verbindungen können aufgrund dieser Namen und *A.8.2* leicht benannt werden.

(a₂) ***Numerierung der Gerüst-Stammstruktur:*** **Möglichst tiefe Lokanten bekommen mit abnehmender Priorität** (Wahl des Titelstammnamens nach ***(a₁)***!):

- **Hauptgruppen,**
- **Unsättigungen** (Unsättigungen in acyclischen Strukturen und in *aliphatischen* Mono- und Polycyclen (nicht in anellierten Polycyclen)),
- **Isotop-modifizierte Atome** der Gerüst-Stammstruktur, bevor andere Kriterien angewandt werden (vgl. Numerierungsregeln). Dies ergibt **manchmal abweichend von den Numerierungsregeln höhere Lokanten für Substituenten, die als Präfixe bezeichnet werden** (s. z.B. **11**, **12**, **15** und **16**). Bei Wahl enthält der Isotop-Deskriptor möglichst tiefe Lokanten[3]) (z.B. "*1,**1**,1,2*" > "*1,**2**,2,2*"; s. **71**); bleibt eine Wahl offen, dann bekommen Isotope mit alphabetischer Priorität tiefere Lokanten (s. **10**).

Kap. 3.4

IUPAC behält die Numerierung nach *Kap. 3.4* für nicht Isotop-modifizierte Verbindungen unverändert bei (IUPAC H-3).

(a₃) ***Stellung des Isotop-Deskriptors im Namen:***

Grundsätzlich erscheint der Isotop-Deskriptor ***nach*** **dem unmodifizierten Namen oder *nach* dem unmodifizierten Namensteil, der die Teilstruktur mit dem modifizierenden Isotop enthält.** Die kursiven Lokanten und das Nuclid-Symbol sind voneinander und vom Namen sowie von andern kursiven Lokanten und dem dazugehörenden Nuclid-Symbol durch **Bindestriche** abgegrenzt, z.B. "*...-d*", "*-1-^{13}C*", "*-1-d-2-t*", "*-1-^{13}C-3,3-d_2*".

Man unterscheidet:

(a₃₁) Der **Stammname oder Stammname + Suffix** besteht **aus einem Wort** (für Säuren und Säure-Derivate, s. ***(a₃₂)***!), z.B. "Ethan", "Acetamid": der **Isotop-Deskriptor** steht **nach dem ganzen Namen** (s. **8** – **19**, **22** – **26**, **39** – **45**, **68** – **80** *etc.*).

Ausnahmen:

Im Fall der H-haltigen Hauptgruppen von Alkoholen, Aminen und Iminen wird der zugehörige Isotop-Deskriptor ***"d"*** **bzw.*"t"*** **separat nach dem Suffix des Alkohols, Amins bzw. Imins** gesetzt (vgl. ***(a₃₂)***), der **übrige** Isotop-Deskriptor ***"d"*** **bzw. *"t"*** **dagegen direkt nach dem Stammnamen** angeführt (s. **20**, **21**, **31** – **38**, **84** und **91**) (*Beachte*: andere Nuclid-Symbole werden regulär behandelt, d.h. erscheinen nach dem ganzen Namen, s. z.B. **84** und **91**).

(a₃₂) Der **Stammname + Suffix oder der Funktionsstammname** besteht **aus mehreren Wörtern** (z.B. Namen von Säuren (im Englischen aus zwei Wörtern!) und Säure-Derivaten), z.B. "Acetyl-chlorid", **oder** es handelt sich um einen **Konjunktionsnamen**, z.B. "Benzolethanol": der **Isotop-Deskriptor** erscheint **nach jedem betroffenen Namensteil** (s. **27** – **30**, **35**, **46** – **52**, **87** – **90**, **92** – **105** und **108**).

(a₃₃) **Substituentennamen** für modifizierte Substituenten: der **Isotop-Deskriptor** erscheint ***nach*** **dem Substituentennamen** und der ganze Ausdruck wird, **wenn nötig** (s. ***(d)***), **in Klammern** gesetzt (s. Beispiele in ***(d)*** sowie **86** und **105** – **113**).

(a₄) ***Angabe der kursiven Lokanten:*** Manchmal ist neben kursiven **Zahlen- und Buchstabenlokanten auch** ein **kursiver Wortteil** zur Lokalisierung eines modifizierten Atoms nötig, z.B. "*carboxy*", "*carbonyl*", "*formyl*" (s. **44**, **45**, **76**, **80**, **82**, **94**, **98** und **100**).

Man unterscheidet:

(a₄₁) **Der nicht-modifizierte Name** (Stammname, Stammname + Suffix, Funktionsstammname) **oder der nicht-modifizierte Namensteil** (z.B. Präfix) **beinhaltet keine Lokanten**: das (die) **Nuclid-Symbol**(e) **bekommt** (bekommen) auch **keine Lokanten**, **wenn** der **Name eindeutig** bleibt (s. z.B. **8**, **9**, **15**, **19**, **27** – **32** *etc.*); **bei Zwei- oder Mehrdeutigkeit** sind jedoch **Lokanten** zu verwenden (s. z.B. **11**, **16**, **33**, **35**, **39** – **45** *etc.*).

(a₄₂) **Der nicht-modifizierte Name** (Stammname, Stammname + Suffix, Funktionsstammname) **oder der nicht-modifizierte Namensteil** (z.B. Präfix) **beinhaltet Lokanten**, z.B. für Hauptgruppen, Unsättigungen, Heteroatome, indiziertes H-Atom, Spiro-Verknüpfungsstellen, Verknüpfungsstellen von identischen Struktureinheiten, Brücken in anellierten Polycyclen oder freie Valenzen eines Substituenten: das (die) **Nuclid-Symbol**(e) **bekommt** (bekommen) **immer Lokanten** (s. z.B. **12**, **14**, **69**, **75** *etc.*), auch wenn der Name ohne diese Lokanten eindeutig wäre (s. **13**, **18**, **21** und **26**).

(a₄₃) **Keine Lokanten** sind nötig **für *"d"* oder *"t"* nach "-säure"** ('... acid') **oder nach dem Suffix eines Alkohols, Amins oder Imins** (s. **20**, **21**, **28** – **33** *etc.*).

(b) ***Isotop-Modifikation durch Deuterium (D) oder Tritium (T) in der Gerüst-Stammstruktur***[4]) (in den folgenden Namen wird meist "*d*" (Deuterium) verwendet; Analoges gilt für "*t*" (Tritium)):

z.B.

CH_3D

8

"Methan-*d*" (**8**)
IUPAC: "($^2H_1$)Methan"

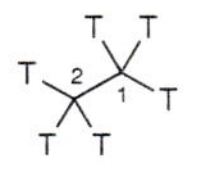

9

"Ethan-t_6" (**9**)
IUPAC: "($^3H_6$)Ethan"

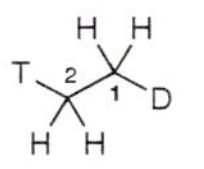

10

"Ethan-*1-d-2-t*" (**10**)
- alphabetische Reihenfolge "*d*" > "*t*"
- Numerierung nach ***(a₂)***
- IUPAC: "(1-$^2H_1$,2-$^3H_1$)Ethan"

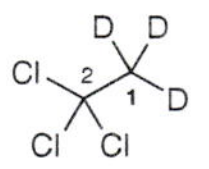

11

"2,2,2-Trichloroethan-*1,1,1-d_3*" (**11**)
- CA: 'ethane-*1,1,1-d_3*, 2,2,2-trichloro-'
- Numerierung nach ***(a₂)***
- IUPAC: "1,1,1-Trichloro(2,2,2-$^2H_3$)ethan"

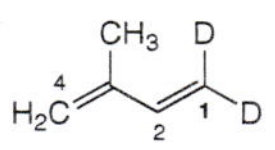

12

"3-Methylbuta-1,3-dien-*1,1-d_2*" (**12**)
- CA: '1,3-butadiene-*1,1-d_2*, 3-methyl-'
- Numerierung nach ***(a₂)***
- IUPAC: "2-Methyl(4,4-$^2H_2$)buta-1,3-dien"

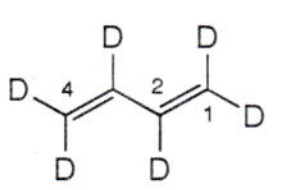

13

"Buta-1,3-dien-*1,1,2,3,4,4-d_6*" (**13**)
- Lokantenangabe nach ***(a₄₂)***
- IUPAC: "(1,1,2,3,4,4-$^2H_6$)Buta-1,3-dien"

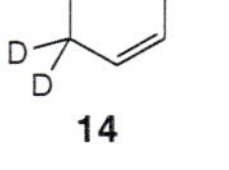

14

"Hexa-1,3-dien-*5,5-d_2*" (**14**)
IUPAC: "(5,5-$^2H_2$)Hexa-1,3-dien"

[3]) Diejenige Folge von Lokanten ist vorrangig, die am ersten Unterscheidungspunkt die tiefere Zahl hat.

[4]) In CAs 'Chemical Substance Index' ist der entsprechend modifizierte Stammname der Titelstammname (vgl. *Kap. 3.3*, dort *Fussnote 1*).

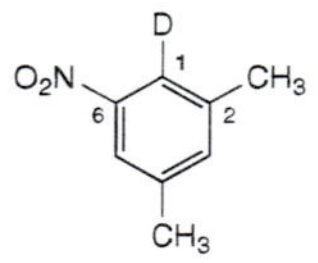

15

"2,4-Dimethyl-6-nitrobenzol-*d*" (**15**)
- CA: 'benzene-*d*, 2,4-dimethyl-6-nitro-'
- Numerierung nach ***(a₂)***
- IUPAC: "1,3-Dimethyl-5-nitro(4-^{2}H)benzol"

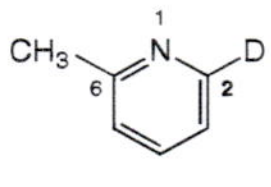

16

"6-Methylpyridin-*2-d*" (**16**)
- CA: 'pyridine-*2-d*, 6-methyl-'
- Numerierung nach ***(a₂)***
- IUPAC: "2-Methyl(6-^{2}H)pyridin"

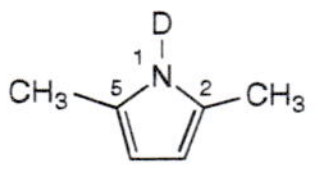

17

"2,5-Dimethyl-1*H*-pyrrol-*1-d*" (**17**)
- CA: '1*H*-pyrrole-*1-d*, 2,6-dimethyl-'
- Lokantenangabe nach ***(a_{42})***
- IUPAC: "2,5-Dimethyl(1-^{2}H)pyrrol"; die Angabe von indiziertem H-Atom ist nicht empfohlen

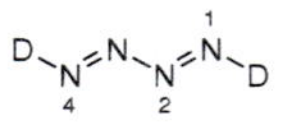

18

"Tetraza-1,3-dien-*1,4-d_2*" (**18**)
- Lokantenangabe nach ***(a_{42})***
- IUPAC: "(1,4-$^{2}H_2$)Tetr**aa**za-1,3-dien"

(c) ***Isotop-Modifikation durch Deuterium (D) oder Tritium (T) in Verbindungen mit Hauptgruppe(n)***[5]) (in den folgenden Namen wird meist "*d*" (Deuterium) verwendet; Analoges gilt für "*t*" (Tritium)):

(c_1) **Vollständige Deuterium- bzw. Tritium-Modifikation:**

z.B.

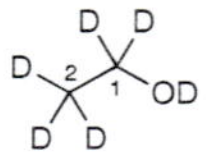

19

"Ethanol-d_6" (**19**)
IUPAC: "($^{2}H_5$)Ethan(^{2}H)ol"

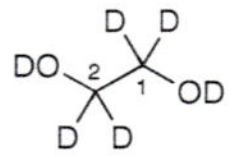

20

"Ethan-*1,1,2,2-d_4*-1,2-diol-d_2" (**20**)
- CA: '1,2-ethane-*1,1,2,2-d_4*-diol-d_2'
- Deskriptorstellung nach ***(a_{31})*** (Ausnahme)
- Lokantenangabe nach ***(a_{42})*** bzw. ***(a_{43})***
- IUPAC: "(1,1,2,2-$^{2}H_4$)Ethan-1,2-($^{2}H_2$)diol"

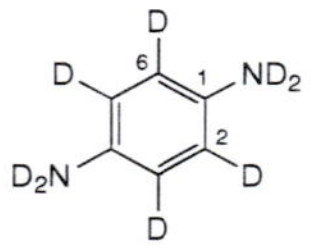

21

"Benzol-*2,3,5,6-d_4*-1,4-di(amin-d_2)" (**21**)
- CA: '1,4-benzene-*2,3,5,6-d_4*-di(amine-d_2)'
- Deskriptorstellung nach ***(a_{31})*** (Ausnahme)
- Lokantenangabe nach ***(a_{42})*** bzw. ***(a_{43})***
- **nicht** "**-bis(amin-d_2)**" (s. ***(a_1)***)
- IUPAC: "(2,3,5,6-$^{2}H_4$)Benzol-1,4-($^{2}H_4$)diamin"

CD_3—ND_2
22

"Methanamin-d_5" (**22**)
IUPAC: "($^{2}H_3$)Methan($^{2}H_2$)amin"

GeD_3—C≡N
23

"Germancarbonitril-d_3" (**23**)
IUPAC: "($^{2}H_3$)Germancarbonitril"

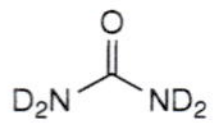

24

"Harnstoff-d_4" (**24**)
- Englisch: 'urea-d_4'
- IUPAC: "($^{2}H_4$)Harnstoff"

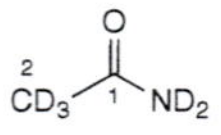

25

"Acetamid-d_5" (**25**)
IUPAC: ($^{2}H_3$)Acet($^{2}H_2$)amid"

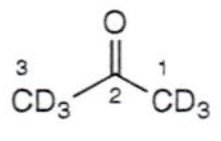

26

"Propan-2-on-*1,1,1,3,3,3-d_6*" (**26**)
- CA: '2-propanone-*1,1,1,3,3,3-d_6*'
- Lokantenangabe nach ***(a_{42})***
- IUPAC: "($^{2}H_6$)Aceton"

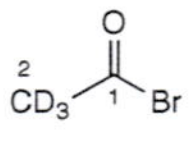

27

"Acetyl-d_3-bromid" (**27**)
- CA: 'acetyl-d_3 bromide'
- Deskriptorstellung nach ***(a_{32})***
- IUPAC: "($^{2}H_3$)Acetyl-bromid"

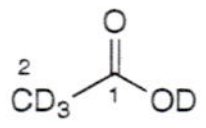

28

"Essig-d_3-säure-*d*" (**28**)
- CA: 'acetic-d_3 acid-*d*'
- Deskriptorstellung nach ***(a_{32})***
- IUPAC: "($^{2}H_3$)Essig(^{2}H)säure"

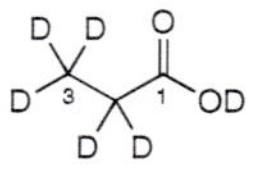

29

"Propan-d_5-säure-*d*" (**29**)
- CA: 'propanoic-d_5 acid-*d*'
- Deskriptorstellung nach ***(a_{32})***
- IUPAC: "($^{2}H_5$)Propan(^{2}H)säure"

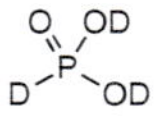

30

"Phosphon-*d*-säure-d_2" (**30**)
- CA: 'phosphonic-*d* acid-d_2'
- Deskriptorstellung nach ***(a_{32})***
- IUPAC: "(^{2}H)Phosphon($^{2}H_2$)säure"

(c_2) **Unvollständige Deuterium- bzw. Tritium-Modifikation:**

z.B.

CH_2D—OH
31

"Methan-*d*-ol" (**31**)
- Deskriptorstellung nach ***(a_{31})*** (Ausnahme)
- IUPAC: "($^{2}H_1$)Methanol"

CH_3—OD
32

"Methanol-*d*" (**32**)
IUPAC: "Methan(^{2}H)ol"

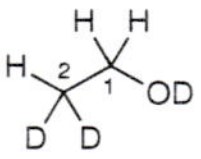

33

"Ethan-*2,2-d_2*-ol-*d*" (**33**)
- Deskriptorstellung nach ***(a_{31})*** (Ausnahme)
- IUPAC: "(2,2-$^{2}H_2$)Ethan(^{2}H)ol"

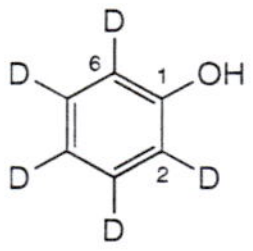

34

"Phen-d_5-ol" (**34**)
- Deskriptorstellung nach ***(a_{31})*** (Ausnahme)
- IUPAC: "(2,3,4,5,6-$^{2}H_5$)Phenol"

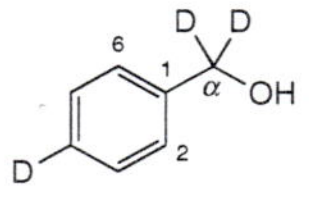

35

"Benzol-*4-d*-methan-*α,α-d_2*-ol" (**35**)
- Englisch: 'benzene-*4-d*-...'
- Konjunktionsname
- Deskriptorstellung nach ***(a_{31})*** (Ausnahme) bzw. ***(a_{32})***
- IUPAC: "(4-^{2}H)Benzol(*α,α*-$^{2}H_2$)methanol"

CHD_2—NH_2
36

"Methan-d_2-amin" (**36**)
- Deskriptorstellung nach ***(a_{31})*** (Ausnahme)
- IUPAC: "($^{2}H_2$)Methanamin"

SiH_3—ND_2
37

"Silanamin-d_2" (**37**)
IUPAC: "Silan($^{2}H_2$)amin"

DCH=ND
38

"Methan-*d*-imin-*d*" (**38**)
- Deskriptorstellung nach ***(a_{31})*** (Ausnahme)
- IUPAC: "($^{2}H_1$)Methan(^{2}H)imin"

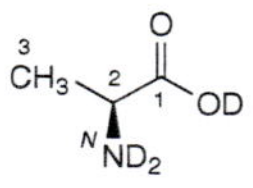

39

"L-Alanin-*N,N,1-d_3*" (**39**)
IUPAC: "L-(*N,N,O*-$^{2}H_3$)Alanin"

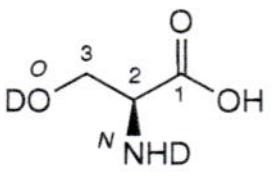

40

"L-Serin-*N,O-d_2*" (**40**)
IUPAC: "L-(*N,O*^{3}-$^{2}H_2$)Serin"

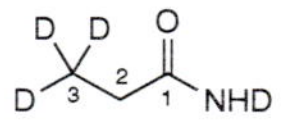

41

"Propanamid-*N,3,3,3-d_4*" (**41**)
IUPAC: "(3,3,3-$^{2}H_3$)Propan($^{2}H_1$)amid"

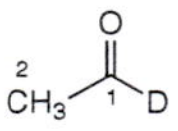

42

"Acetaldehyd-*1-d*" (**42**)
IUPAC: "Acet(^{2}H)aldehyd"

[5]) In CAs 'Chemical Substance Index' ist der entsprechend modifizierte Stammname + Suffix oder der entsprechend modifizierte Funktionsstammname der Titelstammname (vgl. *Kap. 3.3*, dort *Fussnote 1*).

43

"Benzaldehyd-*2-d*" (**43**)
IUPAC: "(2-^{2}H)Benzaldehyd"

44

"Benzaldehyd-*formyl-d*" (**44**)
- Lokantenangabe nach ***(a₄)***
- IUPAC: "Benz(^{2}H)aldehyd"

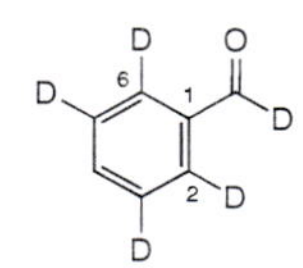

45

"Benzaldehyd-*formyl,2,3,5,6-d_5*" (**45**)
- Lokantenangabe nach ***(a_4)***
- IUPAC: "(2,3,5,6-$^2H_4$)Benz(^{2}H)aldehyd"

46

"Essig-*d*-säure" (**46**)
- CA: 'acetic-*d* acid'
- Deskriptorstellung nach ***(a_{32})***
- IUPAC: "(2-$^2H_1$)Essigsäure"

47

"Essigsäure-*d*" (**47**)
- CA: 'acetic acid-*d*'
- IUPAC: "Essig(^{2}H)säure"

48

"Phosphon-*d*-säure-*d*" (**48**)
- CA: 'phosphonic-*d* acid-*d*'
- IUPAC: "(^{2}H)Phosphon($^2H_1$)säure"

49

"Carbamid-d_2-säure" (**49**)
- CA: 'carbamic-d_2 acid'
- IUPAC: "(*N,N*-$^2H_2$)Carbamidsäure"

50

"Benzolessig-*α,α*-d_2-säure" (**50**)
- CA: 'benzeneacetic-*α,α*-d_2 acid'
- Konjunktionsname
- Deskriptorstellung nach ***(a_{32})***
- IUPAC: "(*α,α*-$^2H_2$)Benzolessigsäure"

51

"Benzol-*2,3,4,5*-d_4-essigsäure" (**51**)
- CA: 'benzene-*2,3,4,5*-d_4-acetic acid'
- Konjunktionsname
- Deskriptorstellung nach ***(a_{32})***
- IUPAC: "(2,3,4,5-$^2H_4$)Benzolessigsäure"

52

"(Ethanol-*1,1*-d_2)-format" (**52**)
- CA: 'ethanol-*1,1*-d_2, formate'
- der kommune 'Class-I'-Alkohol $MeCH_2OH$ ("Ethanol") wird wegen der Isotop-Modifikation zu einem exotischen 'Class-II'-Alkohol, d.h. Ester-Name nach *Kap. 6.14(d)*
- IUPAC: z.B. "[(1,1-$^2H_2$)Ethyl]-formiat"

(d) ***Isotop-Modifikation durch Deuterium (D) oder Tritium (T) in Substituenten (≠ Hauptgruppen)*** (in den folgenden Namen wird meist "*d*" (Deuterium) verwendet; Analoges gilt für "*t*" (Tritium)): Der **Substituentenname** (Präfix oder Stammsubstituentenname) **mit dem nachstehenden Isotop-Deskriptor** (s. ***(a)***) wird **nur in Klammern** gesetzt, **wenn vor dem Substituentennamen ein Lokant steht, der nicht zum Substituentennamen gehört** (s. **53** – **55** *vs.* **56** – **59**). Ebenfalls in Klammern steht wie üblich ein zusammengesetzter Substituentenname.

Die Namen von **verschieden modifizierten, ursprünglich identischen Substituenten werden separat angeführt**, in der Reihenfolge **unmodifiziert > einfach modifiziert > zweifach modifiziert** bei gleichartigem Isotop (s. **62** – **64**). Bei Wahl hat der **unmodifizierte Substituent** vor dem modifizierten Substituenten **Priorität für einen möglichst tiefen Lokanten** (s. **62**).

Ausnahme:

Verschieden modifizierte "Hydro"-Präfixe werden nicht separat angeführt (s. **66** und **67**).

IUPAC macht keine expliziten Angaben zur Anordnung von unmodifizierten und modifizierten Substituentennamen für ursprünglich identische Substituenten (IUPAC H-2.71; vgl. dazu **111** – **113** sowie **62** – **64**). Dagegen wird empfohlen, bei Wahl im Gegensatz zu CA dem modifizierten Substituenten Priorität für einen möglichst tiefen Lokanten zu geben (IUPAC H-3.22; s. **62** und **63**; vgl. auch **111** – **113**).

z.B.

53

"2-(Methyl-*d*)benzol-*d*" (**53**)
- CA: 'benzene-*d*, 2-(methyl-*d*)-'
- Numerierung nach ***(a_2)***
- IUPAC: "[($^2H_1$)Methyl](2-^{2}H)benzol"

54

"*N*-(Methyl-d_3)acetamid-*N*-*d*" (**54**)
IUPAC: "*N*-[($^2H_3$)Methyl]acet(^{2}H)amid"

55

"2-(Chloromethyl-d_2)-2-hydroxypropan-*3,3,3*-d_3-säure" (**55**)
- CA: 'propanoic-*3,3,3*-d_3 acid, 2-(chloromethyl-d_2)-2-hydroxy-'
- "Propan-*3,3,3*-d_3-säure" > "Propan-*3,3*-d_2-säure" (s. ***(a_1)*** und ***(a_2)***)
- Deskriptorstellung nach ***(a_{32})***
- IUPAC: "3-Chloro-2-hydroxy-2-[($^2H_3$)methyl]-(3,3-$^2H_2$)propansäure" (s. ***(a_2)***)

56

"Amino-d_2-oxoessigsäure-*d*" (**56**)
- CA: 'acetic acid-*d*, amino-d_2-oxo-'
- IUPAC: "[($^2H_2$)Amino]oxoessig(^{2}H)säure"

57

"Phenyl-d_5-phosphonsäure" (**57**)
- CA: 'phosphonic acid, phenyl-d_5-'
- IUPAC: "(2,3,4,5,6-$^2H_5$)Phenylphosphonsäure"

58

"Ethyl-*1-d-1-t*-phosphonsäure" (**58**)
- CA: 'phosphonic acid, ethyl-*1-d-1-t*-'
- IUPAC: "(1-$^2H_1$,1-$^3H_1$)Ethylphosphonsäure"

59

"1*H*-Benzimidazol-2-yl-*4-t*-carbamidsäure" (**59**)
- CA: '...carbamic acid'
- IUPAC: "(4-^{3}H)Benzimidazol-2-ylcarbamidsäure"; die Angabe von indiziertem H-Atom ist nicht empfohlen

60

"(Phosphon-*d*-säure)-di(ethyl-d_5)-ester"/"Di(ethyl-d_5)-(phosphonat-*d*)" (**60**)
- CA: 'phosphonic-*d* acid, di(ethyl-d_5) ester'
- **nicht "bis(ethyl-d_5)"** (s. ***(a_1)***)
- IUPAC: "[(*P*-^{2}H)Phosphonsäure]-di[($^2H_5$)ethyl]-ester"/"Di[($^2H_5$)ethyl]-[(*P*-^{2}H)phosphonat]"

61

"4,6-Di(methyl-d_3)benzol-*1,2,3*-d_3" (**61**)
- CA: 'benzene-*1,2,3*-d_3, 4,6-di(methyl-d_3)-'
- Numerierung nach ***(a_2)***
- **nicht "4,6-Bis(methyl-d_3)-"** (s. ***(a_1)***)
- IUPAC: "1,3-Di[($^2H_3$)methyl](4,5,6-$^2H_3$)benzol"

62

"1-Methyl-3-(methyl-*d*)benzol" (**62**)
- Englisch: '...benzene'
- Numerierung nach ***(a_2)***
- IUPAC: "1-[($^2H_1$)Methyl]-3-methylbenzol" (?)

A.8

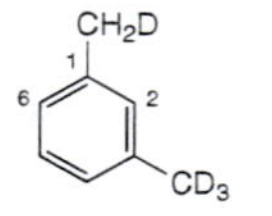

63

"1-(Methyl-*d*)-3-(methyl-d_3)benzol" (**63**)
- Englisch: '...benzene'
- Numerierung nach ***(a₂)***
- IUPAC: "1-[($^2H_1$)Methyl]-3-[($^2H_3$)methyl]benzol" (?)

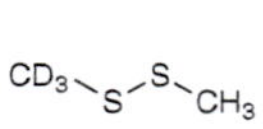

64

"Methyl-(methyl-d_3)-disulfid" (**64**)
- CA: 'disulfide, methyl methyl-d_3
- IUPAC: "[($^2H_3$)Methyl]-methyl-disulfid" (?)

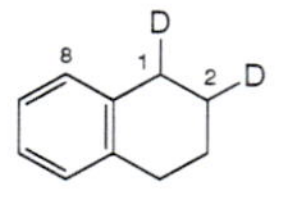

65

"1,2,3,4-Tetrahydronaphthalin-*1,2*-d_2" (**65**)
- CA: 'naphthalene-*1,2*-d_2, 1,2,3,4-tetrahydro-
- der Stammname enthält möglichst viele Isotope (s. ***(a₁)***; vgl. **66**
- IUPAC: "(1,2-$^2H_2$)-1,2,3,4-Tetrahydronaphthalin"; das "Hydro"-Präfix wird als nicht-abtrennbar, d.h. als modifizierende Vorsilbe betrachtet (s. *Anhang 3*)

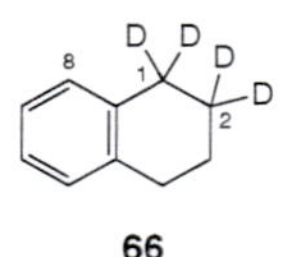

66

"1,2,3,4-Tetrahydro-*1,2*-d_2-naphthalin-*1,2*-d_2" (**66**)
- CA: 'naphthalene-*1,2*-d_2, 1,2,3,4-tetrahydro-*1,2*-d_2-'
- modifizierte "Hydro"-Präfixe werden nicht separat angeführt (Ausnahme); vgl. **65**
- IUPAC: "(1,1,2,2-$^2H_4$)-1,2,3,4-Tetrahydronaphthalin"; vgl. **65**

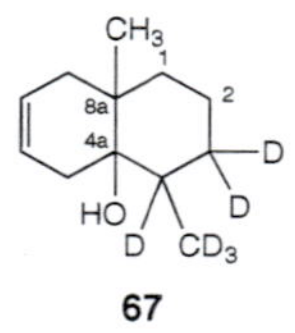

67

"1,3,4,5,8,8a-Hexahydro-*3*-*d*-8a-methyl-4-(methyl-d_3)naphthalin-*3,4*-d_2-4a(2*H*)-ol" (**67**)
- CA: '4a(2*H*)-naphthalen-*3,4*-d_2-ol, 1,3,4,5,8,8a-hexahydro-*3*-*d*-8a-methyl-4-(methyl-d_3)-'
- modifizierte "Hydro"-Präfixe werden nicht separat aufgeführt (Ausnahme); vgl. **65**
- indiziertes H-Atom nach *Anhang 5(l₂)*
- IUPAC: "4-[($^2H_3$)Methyl]-8a-methyl(3,3,4-$^2H_3$)-1,3,4,5,8,8a-hexahydronaphthalin-4a(2*H*)-ol" (?); vgl. **65**

(e) ***Isotop-Modifikation durch andere Isotope als Deuterium oder Tritium in Strukturen mit oder ohne Hauptgruppen und in Substituenten*** (≠ Hauptgruppen): Mehrere **verschiedene Nuclid-Symbole** im gleichen Isotop-Deskriptor werden **alphabetisch angeordnet** (s. ***(a₁)***). **Modifizierte Substituenten** werden **analog *(d)*** benannt (s. **105** – **113**). **Modifizierte Atome sind in Formeln mit * (und ˣ) sowie D und T bezeichnet.**

z.B.

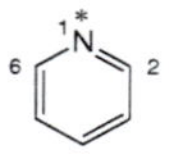

68

"Pyridin-^{15}N" (**68**)
IUPAC: "(^{15}N)Pyridin"

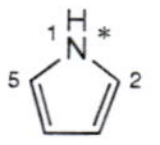

69

"1*H*-Pyrrol-*1*-^{15}N" (**69**)
- Lokantenangabe nach ***(a₄₂)***
- IUPAC: "(^{15}N)Pyrrol"; die Angabe von indiziertem H-Atom ist nicht empfohlen

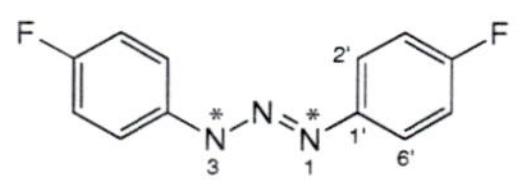

70

"1,3-Bis(4-fluorophenyl)triaz-1-en-*1,3*-$^{15}N_2$" (**70**)
IUPAC: "1,3-Bis(4-fluorophenyl)(1,3-$^{15}N_2$)triaz-1-en"

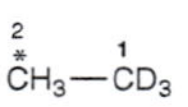

71

"Ethan-*2*-^{13}C-*1,1,1*-d_3" (**71**)
- Numerierung nach ***(a₂)***: "*1,1,1,2*" > "*1,2,2,2*"
- IUPAC: "(2-^{13}C,1,1,1-$^2H_3$)Ethan"

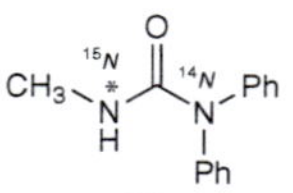

72

"^{15}N-Methyl-^{14}N,^{14}N-diphenylharnstoff-^{15}N" (**72**)
- Englisch: '...urea-^{15}N'
- IUPAC: "^{15}N-Methyl-*N,N*-diphenyl(^{15}N)harnstoff"

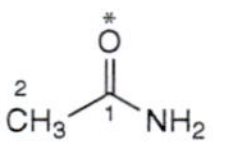

73

"Acetamid-^{18}O" (**73**)
IUPAC: "(^{18}O)Acetamid"

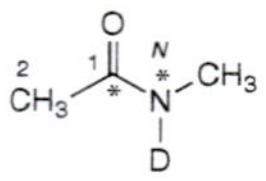

74

"*N*-Methylacetamid-*1*-^{13}C-*N*-*d*-^{15}N" (**74**)
IUPAC: "*N*-Methyl(1-^{13}C)acet($^2H_1$,^{15}N)amid"

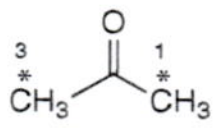

75

"Propan-2-on-*1,3*-$^{14}C_2$" (**75**)
IUPAC: vermutlich "(α,α'-$^{14}C_2$)Aceton"

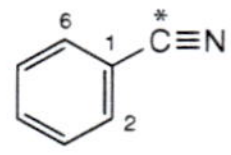

76

"Benzonitril-*cyano*-^{13}C" (**76**)
IUPAC: "(*cyano*-^{13}C)Benzonitril"

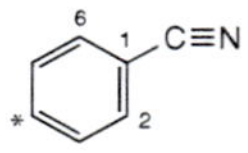

77

"Benzonitril-*4*-^{13}C" (**77**)
IUPAC: "(4-^{13}C)Benzonitril"

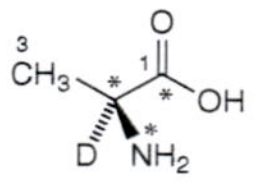

78

"L-Alanin-*1,2*-$^{13}C_2$-*2*-*d*-^{15}N" (**78**)
IUPAC: "L-(1,2-$^{13}C_2$,2-^2H,^{15}N)Alanin"

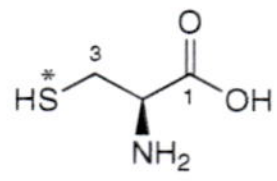

79

"L-Cystein-^{35}S" (**79**)
IUPAC: "L-(^{35}S)Cystein"

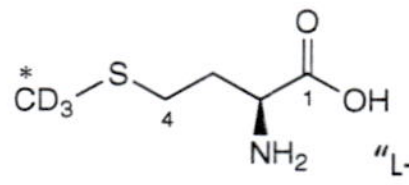

80

"L-Methionin-*methyl*-^{13}C-*methyl*-d_3" (**80**)
IUPAC: "L-[*methyl*-(^{13}C,$^2H_3$)]Methionin"

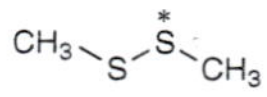

81

"Dimethyl-disulfid-^{33}S" (**81**)
IUPAC: "Dimethyl-(^{33}S)disulfid"

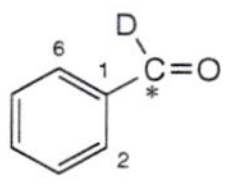

82

"Benzaldehyd-*formyl*-^{13}C-*formyl*-*d*" (**82**)
IUPAC: "Benz(^{13}C,^2H)aldehyd"

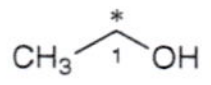

83

"Ethanol-*1*-^{13}C" (**83**)
IUPAC: "(1-^{13}C)Ethanol"

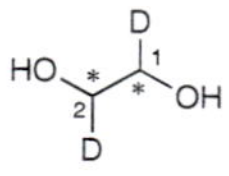

84

"Ethan-*1,2*-d_2-1,2-diol-*1,2*-$^{13}C_2$" (**84**)
- CA: '1,2-ethane-1,2-d_2-diol-*1,2*-$^{13}C_2$'
- Deskriptorstellung nach ***(a₃₁)*** (Ausnahme)
- IUPAC: "(1,2-$^{13}C_2$,1,2-$^2H_2$)Ethan-1,2-diol"

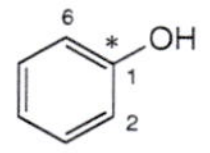

85

"Phenol-*1*-^{14}C" (**85**)
IUPAC: "(1-^{14}C)Phenol"

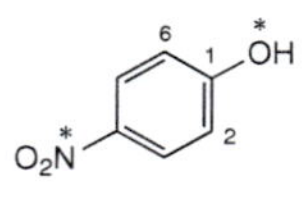

86

"4-(Nitro-^{15}N)phenol-^{18}O" (**86**)
IUPAC: "4-[(^{15}N)Nitro](^{18}O)phenol"

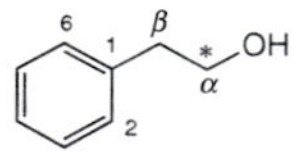

87

"Benzolethanol-α-^{13}C" (**87**)
- Englisch: 'benzeneethanol-α-^{13}C'
- Konjunktionsname
- IUPAC: "Benzol(α-^{13}C)ethanol"

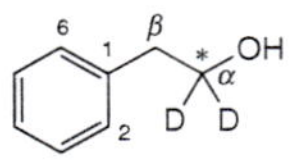

"Benzolethan-*α,α-d*$_2$-ol-*α*-^{13}*C*" (**88**)
- Englisch: 'benzeneethan-*α,α-d*$_2$-ol-*α*-^{13}*C*'
- Konjunktionsname
- Deskriptorstellung nach (*a*$_{32}$)
- IUPAC: "Benzol(*α*-^{13}C,*α,α*-^{2}H$_2$)ethanol"

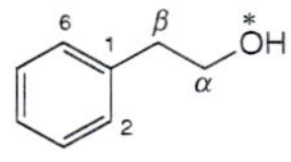

"Benzolethanol-^{18}*O*" (**89**)
- Englisch: 'benzeneethanol-^{18}*O*'
- Konjunktionsname
- IUPAC: "Benzolethan(^{18}O)ol"

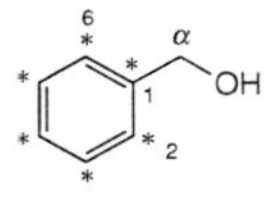

"Benzol-^{13}*C*$_6$-methanol" (**90**)
- Englisch: 'benzene-^{13}*C*$_6$-methanol'
- Konjunktionsname
- IUPAC: "(1,2,3,4,5,6-^{13}C$_6$)Benzolmethanol"

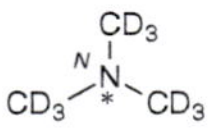

"*N,N*-Di(methyl-*d*$_3$)methan-*d*$_3$-amin-^{15}*N*" (**91**)
- Deskriptorstellung nach (*a*$_{31}$) (Ausnahme)
- **nicht "*N,N*-Bis(methyl-*d*$_3$)-"** (s. (*a*$_1$))
- IUPAC: z.B. "Tri[(^{2}H$_3$)methyl](^{15}N)amin"

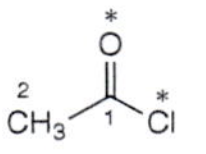

"Acetyl-^{18}*O*-chlorid-^{35}*Cl*" (**92**)
- CA: 'acetyl-^{18}*O* chloride-^{35}*Cl*'
- Deskriptorstellung nach (*a*$_{32}$)
- IUPAC: "(^{18}O)Acetyl-(^{35}Cl)chlorid"

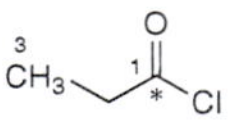

"Propanoyl-*1*-^{13}*C*-chlorid" (**93**)
- CA: 'propanoyl-*1*-^{13}*C* chloride"
- Deskriptorstellung nach (*a*$_{32}$)
- IUPAC: "(1-^{13}C)Propanoyl-chlorid"

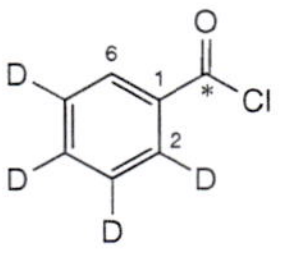

"Benzoyl-*carbonyl*-^{13}*C-2,3,4,5-d*$_4$-chlorid" (**94**)
- CA: 'benzoyl-*carbonyl*-^{13}*C-2,3,4,5-d*$_4$ chloride'
- Deskriptorstellung nach (*a*$_{32}$)
- IUPAC: "(*carbonyl*-^{13}C,2,3,4,5-^{2}H$_4$)Benzoyl-chlorid"

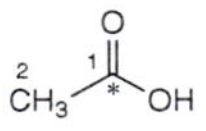

"Essig-*1*-^{13}*C*-säure" (**95**)
- Englisch: 'acetic-*1*-^{13}*C* acid'
- Deskriptorstellung nach (*a*$_{32}$)
- IUPAC: "(1-^{13}C)Essigsäure"

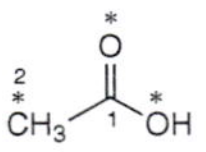

"Essig-*2*-^{13}*C*-^{18}*O*$_2$-säure" (**96**)
- CA: 'acetic-*2*-^{13}*C*-^{18}*O*$_2$ acid'
- Deskriptorstellung nach (*a*$_{32}$)
- IUPAC: "(2-^{13}C,^{18}O$_2$)Essigsäure"

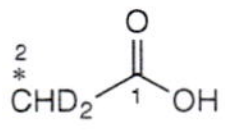

"Essig-*2*-^{13}*C-2,2-d*$_2$-säure" (**97**)
- CA: 'acetic-*2*-^{13}*C-2,2-d*$_2$ acid'
- Deskriptorstellung nach (*a*$_{32}$)
- IUPAC: "(2-^{13}C,2,2-^{2}H$_2$)Essigsäure"

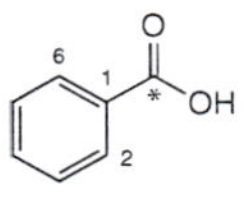

"Benzoe-*carboxy*-^{13}*C*-säure" (**98**)
- CA: 'benzoic-*carboxy*-^{13}*C* acid'
- Deskriptorstellung nach (*a*$_{32}$)
- IUPAC: "(*carboxy*-^{13}C)Benzoesäure"

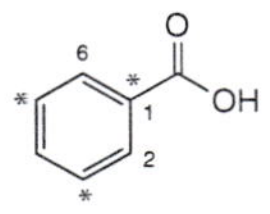

"Benzoe-*1,3,5*-^{13}*C*$_3$-säure" (**99**)
- CA: 'benzoic-*1,3,5*-^{13}*C*$_3$ acid'
- Deskriptorstellung nach (*a*$_{32}$)
- IUPAC: "(1,3,5-^{13}C$_3$)Benzoesäure"

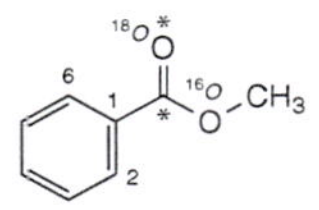

"(Benzoe-*carboxy*-^{13}*C*-^{18}*O*-säure)-^{16}*O*-methylester"/"^{16}*O*-Methyl-(benzoat-*carboxy*-^{13}*C*-^{18}*O*)" (**100**)
- CA: 'benzoic-*carboxy*-^{13}*C*-^{18}*O* acid, ^{16}*O*-methyl ester'
- Deskriptorstellung nach (*a*$_{32}$)
- IUPAC: "[(*carboxy*-^{13}C,^{18}O)Benzoesäure]-O-methylester"/"O-Methyl-[(*carboxy*-^{13}C,^{18}O)benzoat]"

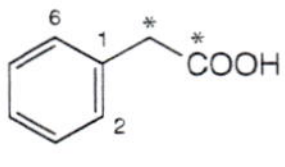

"Benzolessig-^{13}*C*$_2$-säure" (**101**)
- Englisch: 'benzeneacetic-^{13}*C*$_2$ acid'
- Konjunktionsname
- Deskriptorstellung nach (*a*$_{32}$)
- IUPAC: "Benzol(^{13}C$_2$)essigsäure"

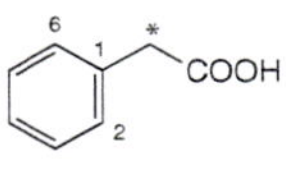

"Benzolessig-*α*-^{13}*C*-säure" (**102**)
- Englisch: 'benzeneacetic-*α*-^{13}*C* acid'
- Konjunktionsname
- Deskriptorstellung nach (*a*$_{32}$)
- IUPAC: "Benzol(*α*-^{13}C)essigsäure"

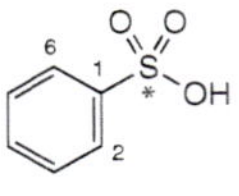

"Benzolsulfon-^{35}*S*-säure (**103**)
- Englisch: 'benzenesulfonic-^{35}*S* acid'
- Deskriptorstellung nach (*a*$_{32}$)
- IUPAC: "Benzol(^{35}S)sulfonsäure"

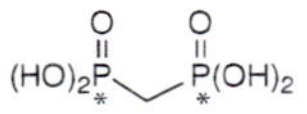

"Methylenbis[phosphon-^{32}*P*-säure]" (**104**)
- CA: 'phosphonic-^{32}*P* acid, methylenebis-'
- Multiplikationsname
- Deskriptorstellung nach (*a*$_{32}$)
- IUPAC: "Methylendi[(^{32}P)phosphonsäure]"

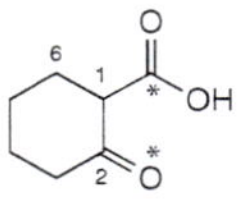

"2-(Oxo-^{17}*O*)cyclohexancarbon-^{14}*C*-säure" (**105**)
- Englisch: '2-(oxo-^{17}*O*)cyclohexanecarboxylic-^{14}*C* acid'
- Deskriptorstellung nach (*a*$_{32}$)
- IUPAC: "2-[(^{17}O)Oxo]cyclohexan(^{14}C)carbonsäure"

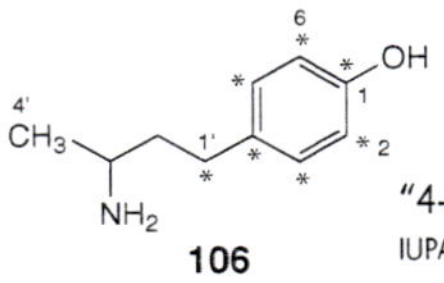

"4-(3-Aminobutyl-*1*-^{14}*C*)phenol-^{14}*C*$_6$" (**106**)
IUPAC: "4-[3-Amino(1-^{14}C)butyl](^{14}C$_6$)phenol"

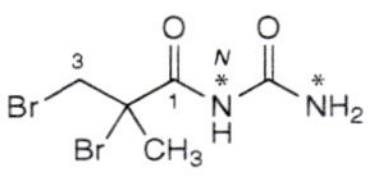

"*N*-(Amino-^{15}*N*-carbonyl)-2,3-dibromo-2-methylpropanamid-^{15}*N*" (**107**)
- Carboxamid > Harnstoff
- IUPAC: "*N*-[(^{15}N)Aminocarbonyl]-2,3-dibromo-2-methyl(^{15}N)propanamid"

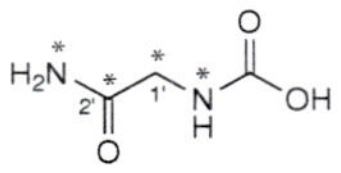

"[2-(Amino-^{15}*N*)-2-oxoethyl-^{13}*C*$_2$]carbamid-^{15}*N*-säure" (**108**)
- Englisch: '...carbamic-^{15}*N* acid'
- Deskriptorstellung nach (*a*$_{32}$)
- IUPAC: "{2-[(^{15}N)Amino]-2-oxo(^{13}C$_2$)ethyl}(^{15}N)carbamidsäure"

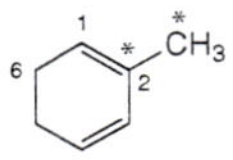

"2-(Methyl-^{13}*C*)cyclohexa-1,3-dien-*2*-^{13}*C*" (**109**)
IUPAC: "2-[(^{13}C)Methyl](2-^{13}C)cyclohexa-1,3-dien"

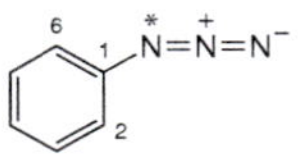

"Azido-*1*-^{15}*N*-benzol" (**110**)
- Englisch: '...benzene'
- keine Klammern nötig (s. (*d*))
- IUPAC: "[(1-^{15}N)Azido]benzol"

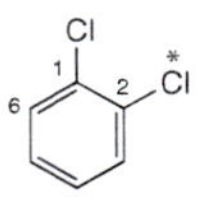

"1-Chloro-2-(chloro-^{38}*Cl*)benzol" (**111**)
- Englisch: '...benzene'
- Reihenfolge der Präfixe und Numerierung nach (*d*)
- IUPAC: "1,2-(1-^{38}Cl)Dichlorobenzol" (IUPAC H-3.22)

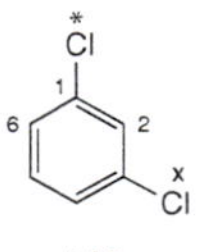

"1-(Chloro-^{35}*Cl*)-3-(chloro-^{37}*Cl*)benzol" (**112**)
- Englisch: '...benzene'
- Reihenfolge der Präfixe und Numerierung nach (*d*)
- IUPAC: "1,3-(3-^{35}Cl,1-^{37}Cl)Dichlorobenzol" (IUPAC H-3.22)

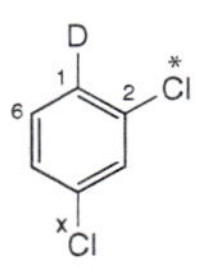

"2-(Chloro-^{35}*Cl*)-4-(chloro-^{37}*Cl*)benzol-*d*" (**113**)
- Englisch: '...benzene-*d*'
- Reihenfolge der Präfixe nach (*d*), Numerierung nach (*a*$_2$)
- IUPAC: "1,3-(3-^{35}Cl,1-^{37}Cl)Dichloro(4-^{2}H)benzol" (IUPAC H-3.22)

(f) *Spezialfälle:*

(f_1) Die Isotop-Modifikation betrifft einen Strukturteil, der als modifizierende Angabe bezeichnet wird: es ist analog ***(a)*** - ***(e)*** zu verfahren.

z.B.

114

"Propan-2-on-[(1,1-dimethylethyl)hydrazon-*d*]" (**114**)
- CA: '2-propanone, (1,1-dimethylethyl)hydrazone-*d*'
- s. *Kap. 6.20***(f)**
- IUPAC: "Propan-2-on-[(*tert*-butyl)($^2H_1$)hydrazon]"

115

"Essigsäure-[Kupfer(2+)-^{64}*Cu*]-Salz"/ "[Kupfer(2+)-^{64}*Cu*]-acetat (1 :2)" (**115**)
- CA: 'acetic acid, copper(2+)-^{64}*Cu* salt'
- s. *Kap. 6.4.1* und *6.7.5*
- IUPAC: "(^{64}Cu)Kupfer(2+)-acetat"

$CH_3CH_3D^+$

116

"mono(protoniertes-*d*) Ethan" (**116**)
- CA: 'ethane, mono(protonated-*d*)'
- s. *Kap. 6.3.2*
- IUPAC: "($^2H_1$)Ethanium"

117

"*N,N*-Dimethylmethanamin-(hydrochlorid-^{35}*Cl*)" (**117**)
- CA: 'methanamine, *N,N*-dimethyl-, hydrochloride-^{35}*Cl*'
- s. *Kap. 6.3.2*
- IUPAC: "Trimethylammonium-(^{35}Cl)chlorid"

(f_2) Organometall- und Koordinationsverbindungen: es ist analog ***(a)*** - ***(e)*** zu verfahren, wobei **"Hydro"-Liganden wie "Hydro"-Präfixe** zu behandeln sind (s. ***(d)*** und **121**).

z.B.

118

"(*OC*-6-11)-Hexa(aqua-d_2)aluminium(3+)" (**118**)
- CA: 'aluminum(3+), hexa(aqua-d_2)-, (*OC*-6-11)-'
- s. *Kap. 6.34***(b_4)(c)**

119

"(*OC*-6-22)-Pentaamminammin-d_3-cobalt(3+)" (**119**)
- CA: 'cobalt(3+), pentaammineammine-d_3-, (*OC*-6-22)-'
- s. *Kap. 6.34***(b_4)(c)**

120

"Di-*μ*-hydroxy-*d*-diphenylbis(triphenylphosphin)dipalladium" (**120**)
- CA: 'palladium, di-*μ*-hydroxy-*d*-diphenylbis(triphenylphosphine)di-'
- s. *Kap. 6.34***(b_3)(b_4)(b_6)(h)**

121

"(*OC*-6-31)-Dihydro-*d*-{tris[2-(diphenylphosphino-*κP*)ethyl]phosphin-*κP*}eisen" (**121**)
- CA: 'iron, dihydro-*d*-[tris[2-(diphenylphosphino-*κP*)ethyl]phosphine-*κP*]-, (*OC*-6-31)-'
- s. *Kap. 6.34***(b_3)(b_4)(b_1)(e)**

122

"Bromotetracarbonyl(diwasserstoff-*d-κD,κH*)mangan" (**122**)
- CA: 'manganese, bromotetracarbonyl(dihydrogen-*d-κD,κH*)-'
- s. *Kap. 6.34***(b_3)(b_4)(b_1)(e)**

123

"(*SP*-5-12)-Chloro[5,10,15,20-tetraphenyl-21*H*,23*H*-porphinato(2−)-*κN*^{21},*κN*^{22},*κN*^{23},*κN*^{24}]eisen-^{57}*Fe*" (**123**)
- CA: 'iron-^{57}*Fe*, chloro[5,10,15,20-tetraphenyl-21*H*,23*H*-porphinato(2−)-*κN*^{21},*κN*^{22},*κN*^{23},*κN*^{24}]-, (*SP*-5-12)-'
- s. *Kap. 6.34***(b_3)(e)**

(f_3) Die Isotop-Modifikation einer Verbindung ist bekannt, lässt sich aber nicht lokalisieren: es wird nach ***(a)*** - ***(e)*** verfahren, wobei Lokanten (s. **(a_2)** und **(a_4)**) weggelassen werden.

z.B.

124

"Prop-1-en-^{13}*C*" (**124**)
IUPAC: "(^{13}C)Prop-1-en"

125

"4-(Ethyl-^{14}*C*)benzoesäure" (**125**)
- Englisch: '...benzoic acid'
- IUPAC: "4-[(^{14}C)Ethyl]benzoesäure"

126

"Pyrimidin-2,4(1*H*,3*H*)-dion-$^{14}C_2$" (**126**)
- indiziertes H-Atom nach *Anhang 5***(l_2)**
- IUPAC: "($^{14}C_2$)Pyrimidin-2,4(1*H*,3*H*)-dion"

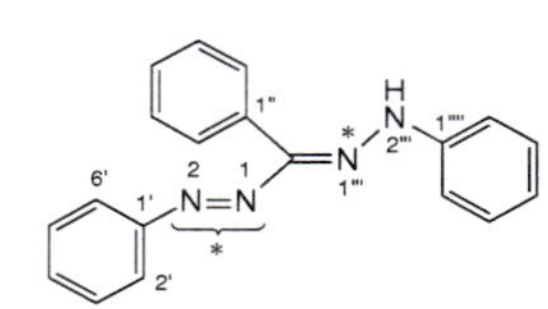

127

"2-Phenyl-1-[phenyl(phenylhydrazono-*1*-^{15}*N*)methyl]diazen-^{15}*N*" (**127**)
IUPAC: "2-Phenyl-1-{phenyl[phenyl(1-^{15}N)hydrazono]methyl}(^{15}N)diazen"

(f_4) Die Anzahl *x* modifizierter Atome einer Verbindung ist nicht bekannt: die Isotop-Modifikation wird mittels einer **modifizierenden Angabe** umschrieben.

z.B.

128

"mit Kohlenstoff-14 markiertes Acetamid" (**128**)
- CA: 'acetamide, labeled with carbon-14'
- ein oder beide C-Atome sind modifiziert (*x* = ?)
- IUPAC: "[^{14}C]Acetamid" (?)

129

"mit Kohlenstoff-14 markiertes Benzolamin-hydrochlorid" (**129**)
- CA: 'benzeneamine, hydrochloride, labeled with carbon-14'
- eine unbestimmte Anzahl C-Atome ist modifiziert (*x* = ?)
- IUPAC: "[^{14}C]Anilin" (?)

REGISTER

Fettgedruckte Seitenzahlen verweisen auf Haupttextstellen. (T) hinter Seitenzahlen verweisen auf Tabellen.

B

C

D

E

H

I

K

L

M

N

O

P

Q

R

S

T

U

V

W

X

Y

Z

Tabellen